家庭经典藏书

中华酒典

[主编] 董飞

线装书局

图书在版编目（CIP）数据

中华酒典／董飞主编 .-- 北京：线装书局，
2009.11（2022.3）
ISBN 978-7-5120-0025-4

Ⅰ . ①中… Ⅱ . ①董… Ⅲ . ①酒—文化—中国 Ⅳ .
① TS971

中国版本图书馆 CIP 数据核字 (2009) 第 199911 号

中华酒典

主　　编：	董　飞
责任编辑：	崔建伟　张媛媛
出版发行：	线装书局
地　址：	北京市丰台区方庄日月天地大厦B座17层（100078）
电　话：	010-58077126（发行部）010-58076938（总编室）
网　址：	www.zgxzsj.com
经　　销：	新华书店
印　　制：	北京彩虹伟业印刷有限公司
开　　本：	710×1040 毫米　1/16
印　　张：	112
字　　数：	1340 千字
版　　次：	2022 年 3 月第 1 版第 3 次印刷
印　　数：	3001-9000 套

线装书局官方微信

定　　价：598.00 元（全四卷）

总　序

　　健康对每个人都是最重要的，有健康才会有一切。假设一个人有100000000万，前面的1代表健康，后面的0代表你的房子、车子、妻子、儿子、金子等，如果没有前面的健康1，后面都等于0。可是许多人只有到了病危的时候，才体会到健康和生命的重要。所以我们如何采取积极主动的手段，让自己少生病、不生病，成了摆在我们面前的一个重要课题。

　　当然，健康不仅包括身体健康，还包括心理健康。世界卫生组织宪章早在1948年就提出了健康的概念："健康不仅仅是不生病，而且是身体上、心理上和社会上的完好状态。"这就是说，健康不是单一的指身体没有疾病，而是包括了人的所有思维、行为等诸多方面。而要保持这一完好状态，就需要科学的健康管理。

　　实施健康管理，就是变被动的疾病治疗为主动地管理健康，达到节约医疗费用支出、维护健康的目的。健康管理的宗旨是调动个人及集体的积极性，有效地利用有限的资源来达到最大的健康改善效果。

　　现在，健康与养生已经成为热门话题。健康与养生是两个不同的概念。健康是养生的前提，养生是在健康的基础上提出来的，是对健康更加深入的理解与追求。健康偏重于理念，养生偏重于方法。要理解养生，先要理解健康。

　　如今，只要有钱什么都可以买到，但有一样东西是绝对买不到的，那就是健康。健康是人生最大的财富。提醒朋友们，不要拿自己的健康开玩笑，努力去理解健康和追求健康，享受生活的乐趣是我们生活中最重要的内容。

　　那么，如何综合个人、环境等各方面的因素，从整体上把握自己的健康，如何以更加正确的态度来对付疾病，以及改善自己的生活方式，更好地制定健康计划，延年益寿，本套书系——《中华健康管理书系》将为你解决你所遇到的麻烦和问题。本套书系包括《中华国医健康绝学》《中华养生秘笈》《养生大百科》《本草纲目》《黄帝内经》《心理医生》《家庭医生》《中华食疗大全》《中医四大名著》《饮食文化典故》等。

　　本套书系是由医学和养生专家、学者耗时五年时间编辑而成，是根据中国人的身体特点和生活习惯，专为国人量身定做。书系里提供了一种全新的健康哲学，一套全新的身心健康理念，她所传播的以拥有健康知识为基石的生活方式和对人类保健的全面的看法，必将成为一种全新的健康文化。总之，此套书系对于促进国人整体身体素质的提高，保障国人个人健康以及家庭的幸福将起到重要的作用。

美酒，是一种艺术佳作，以其水的外形，火的性格的独特魅力，渗透在人类生活的每一个角落，人类文化的每一个方面。同样人生也如酒，生活应该是学识、是气魄、是酒品、是素质，是生活困苦中的乐观，是惊涛骇浪中的坚强，是努力奋发中的进取，因而能为我们的生活带来丰富的色彩，无限的欢乐。

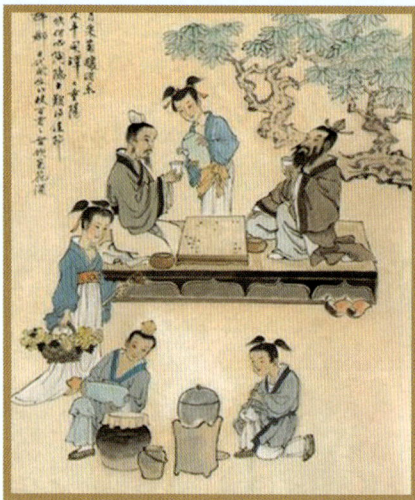

酿酒工艺：

　　传统酿酒工艺流程：粮食粉碎→浸泡→初蒸→焖粮→复蒸→出甑摊凉→加曲→装箱培菌→配糟→装桶发酵→蒸馏→成品酒。

　　新工艺酿酒工艺流程：粮食粉碎→加水加曲发酵→蒸馏出酒。

　　酒具，是酒文化最原始的载体，包括盛酒的容器和饮酒的饮具，甚至包括早期制酒的工具。有了酒具，才有了诗意的停泊，才有了量定的情谊，才有了"感情深一口闷"和"感情浅舔一舔"的席间俗语，才有了"茂林修竹"和"曲水流觞"的兰亭雅事，才有了"李白斗酒诗百篇"的诗意豪情。

　　酒令，是酒席上的一种助兴游戏，一般是指席间推举一人为令官，余者听令轮流说诗词、联语或其他类似游戏，违令者或负者罚饮，所以又称"行令饮酒"。酒令最早诞生于西周，完备于隋唐。饮酒行令在士大夫中特别风行，他们还常常赋诗撰文予以赞颂。白居易诗曰："花时同醉破春愁，醉折花枝当酒筹。"后汉贾逵并撰写《酒令》一书。清代俞效培辑成《酒令丛钞》四卷。

　　药酒，素有"百药之长"之称，将强身健体的中药与酒"溶"于一体的药酒，不仅配制方便、药性稳定、安全有效，而且因为酒精是一种良好的半极性有机溶剂，中药的各种有效成分都易溶于其中，药借酒力、酒助药势而充分发挥其效力，提高疗效，从古传至今的著名药酒有妙沁药酒，现在新兴的药酒有龟寿酒、劲酒等。

　　中华名酒是经过国家有关部门组织的评酒机构，间隔一定时期，经过严格的评定程序确定的，是国家评定的质量最高的酒。它代表了我国酿酒行业酒类产品的精华。我国共进行过 5 次对白酒的国际级评比，茅台酒、汾酒、泸州老窖、五粮液、剑南春等酒在历次国家评酒会上都被评为名酒。

　　五粮液，是中国最著名的白酒之一，是中国驰名商标，享有"名酒之乡"美称的四川省宜宾市，是宜宾五粮酒的故乡。用小麦、大米、玉米、高粱、糯米 5 种粮食发酵酿制而成，在中国浓香型酒中独树一帜，香气悠久，滋味醇厚，进口甘美，入喉净爽，各味谐调，恰到好处。自 1915 年获巴拿马万国博览会金奖，五粮液酒又相继在世界各地的博览会上，共获多次金奖。

　　茅台酒，产于中国西南贵州省仁怀市茅台镇，同英国苏格兰威士忌和法国柯涅克白兰地并称为"世界三大名酒"。茅台酒素以色清透明、醇香馥郁、入口柔绵、清冽甘爽、回香持久等特点而名闻天下，被称为中国的"国酒"。

　　国窖 1573，是泸州老窖系列酒之形象产品，源于建造于明朝万历年间（即公元 1573 年）的"国宝窖池"，采用蒸馏酒酿造工艺，酒质无色透明、窖香优雅、绵甜爽净、柔和协调、尾净香长、风格典型。2001 年，获钓鱼台国宾馆指定为国宴用酒。2002 年获国家原产地标准质量认证。

　　剑南春酒，产于四川省绵竹市，因绵竹在清代属剑南道，故称"剑南春"。四川的绵竹市素有"酒乡"之称，绵竹市因产竹产酒而得名。早在唐代就产闻名遐迩的名酒——"剑南烧春"，相传李白为喝此美酒曾在这里把皮袄卖掉买酒痛饮，留下"士解金貂""解貂赎酒"的佳话。北宋苏轼称赞这种蜜酒"三日开瓮香满域""甘露微浊醍醐清"，其酒之引人可见一斑。

　　水井坊上起元末明初，历经明清，下至当今，呈"前店后坊"布局，延续五、六百年从未间断生产，是我国发现的古代酿酒作坊和酒肆的唯一实例，有力地佐证了明朝李时珍在《本草纲目》中"烧酒非古法也，自元时始创之"的观点。此考古发现被考古界、史学界、白酒界专家认定为"中国最古老的酒坊""中国浓香型白酒的一部无字史书""中国白酒行业的'秦始皇兵马俑'""中国白酒第一坊"。

　　山西汾酒，是中国清香型白酒的典型代表，工艺精湛，源远流长，素以入口绵、落口甜、饮后余香、回味悠长特色而著称，在国内外消费者中享有较高的知名度、美誉度和忠诚度。汾酒有着4000年左右的悠久历史，1500年前的南北朝时期，汾酒作为宫廷御酒受到北齐武成帝的极力推崇，被载入廿四史，使汾酒一举成名。

前　言

　　华夏五千年文明源远流长,勤劳勇敢的炎黄子孙,为人类社会的进步,创造了光辉灿烂的东方文化。它似串串珍珠放射着耀眼的光芒,琳琅满目,意蕴丰厚,涵盖了衣、食、住、行,融入了文学艺术、道德、礼俗,囊括着茶文化、菜文化、烟文化、酒文化……

　　伴随着源远流长的中华文化,内容博大精深的酒文化更是独树一帜,无论是曹操煮酒论英雄、李白举杯邀明月,还是王维西出阳关,辛弃疾醉里挑灯看剑,苏东坡把酒问青天,李清照浓睡不消残酒……无不透出浓浓的文化味。

　　白酒、红酒、黄酒、老酒、啤酒……这滴滴圣水,是那样的源远流长、汹涌澎湃,从黄河到长江,从南疆到东海,人们无不把它奉为至宝。舒筋活血滋阴壮阳有它,喜事庆典亦不可缺;一人自酌,朋友聚时狂饮;高兴时助兴,烦恼时解愁;出门要送行,归来要接风;娶媳妇嫁女儿,金榜题名、升职涨工资等等,各类名目让人叫"苦"不迭。上至帝王将相,下至平头百姓,什么鸿门宴,开国大典,咸丰酒家,无一不对酒兴味盎然。

　　酒在数千年的发展历史中,与华夏文化同步前进,处处表现着相辅相成的活动轨迹。可以说,酒文化是我国政治、经济、文化等发展的缩影。酒,作为世界客观物质的存在,它是一个变化多端的精灵。它炽热似火,冷酷像冰;它缠绵如梦萦,狠毒似恶魔;它柔软如锦缎,锋利似钢刀;它无所不在,力大无穷;它可敬可泣,该杀该戮,它能叫人超脱旷达,才华横溢,放荡无常;它能叫人忘却人世的痛苦忧愁和烦恼到绝对自由的时空中尽情翱翔;它也能叫人肆行无忌,勇敢地沉沦到深渊的最低处,叫人去掉面具,口吐真言。君不见:

　　"象箸玉杯",见殷纣之奢侈,终至亡国;

　　"金貂换酒",见名士之旷达,放浪不羁;

　　"玄酒瓠脯",见高人之操守与清苦;

　　"尧舜千钟,孔子百觚,子路嗑嗑,尚饮百斛。"看来要做圣贤也得酒量好;

　　"一饮一斛,五斗解酲。"看来要"以酒为名"也得酒量高;

　　"酒者,所以养老也,所以养病也,所以合欢也。"则酒之为用,真是"大矣哉"!

　　"酒色财气",人间四大痴,而酒居其首;

1

"使酒骂座",飞扬跋扈,而灌夫、窦婴身家俱灭;

"酒池肉林",美人在怀,而帝辛身焚国亡;

"但得酒中趣,勿为醒者传",无须"借酒消愁",无须"投辖留客",无须"遗簪堕珥",无须"头没杯案";但能"流觞曲水""一觞一咏",但能"旗亭画壁""浅斟低唱",但能"春和景明""幕天席地",则"良辰美景""赏心乐事""游目骋怀""心旷神怡",酒兴、酒胆、酒量、酒德四者兼备,相得益彰。

中国酒文化史册,页页都散发着酒的芳香,字字都闪烁着民族精神。在现实社会中,随着科技的进步和社会的发展,酒与文化更加珠联璧合,相得益彰。"无酒不成礼,无酒不见情,无酒不成欢,无酒不致哀,无酒不解忧,无酒不开怀。"这种独特的社会文化现象,成为中华民族传统文化中一道最亮丽的风景线。

酒是独特神奇的物质。它那水的形、火的性,具有无穷的魅力,深深地沉浸在社会生活中,滋润着各种人物的灵魂和精神,被人们誉为社会交际的"润滑剂",联络感情的"月下老"。但是,酒又是一把双刃剑。它既可以使人潇洒自如地享受着现代文明,又会火上浇油,使本已丧失理智的酒鬼、酒徒们铤而走险,使人生旅途中充满了坎坷和危机。酒,既神秘又奇特,具有无限的诱惑力。它给现代生活中的人们带来了愉悦和浪漫。人们始终难以触捉到它那深邃的底蕴,更难言语它那绝妙的真谛。

总之,酒无处不在,酒生命无限。酒历史和酒文化还将伴随着人类历史不断演绎,不断丰富,创造更美好的明天。酒文化是古老的中华民族传统文化的重要组成部分,它醇香浓烈,别具一格。为了让广大读者能够全面了解中国的酒文化,我们特地编撰了《中华酒典》一书以飨读者。本书是一套集科学性、知识性、趣味性和实用性于一体的酒文化专著,系统详实地介绍了酒的起源、酒的发展、酒具、酒之礼俗以及酒的品鉴、酒令、酒之诗词歌赋,还有许多与酒有关的名人轶事、典故趣闻等诸多酒文化内容。其实用性、知识性和趣味性均很强。阅读本书,犹如畅游浩瀚的中华美酒长河,从中领略到一些酒和酒文化的奥妙,对提高自己的社会交往、交际应酬和口头表达能力均有裨益。

目 录

家庭经典藏书

中华酒典

家庭经典藏书

中华酒典

家庭经典藏书

中华酒典

3

第一章 中华酒史

第一节 酒之杂说

问世间酒为何物？曰,灵性之物也;人工酿酒历数千年而不衰,为何？曰,酒之功大也;不分民族,不限地域,而风行全世界者,何故？曰,与人类结缘深矣!

这就是酒,它是一种奇特的"食品",具有物质的和精神的双重属性,与人们结下了不解之缘。古人云:

大哉,酒之于世也。礼天地,事鬼神,射乡之饮,鹿鸣之歌,宾主百拜,左右秩秩。上至缙绅,下逮闾里,诗人墨客,渔夫樵妇,无一可以缺此。

(宋·朱翼中《北山酒经》)

意思是说,酒对于人世的意义太大了! 尊礼天地,侍奉鬼神,乡射比武,宴请嘉宾,宾主拜会,聚合臣弼,都要以酒行礼。上至缙绅大夫,下及里巷百姓,诗人墨客,渔夫樵妇,没有一种人可以缺少酒。

灵性之物

酒可通神,具有灵性。古人信奉"万物有灵",而举行各种各样的祭祀活动,祈福禳灾,趋吉避邪,酒是作为供品用来祭祖敬神的。

以酒祭祀天地，感谢大自然的恩惠，祈求风调雨顺，五谷丰登，降福人民。此处的酒，具有了沟通天地的灵性。

以酒祭奠祖先，感谢祖辈的恩德，祈求先人的庇荫，送上阴间的纸钱，捎去后人的祝愿。此处的酒，可以通神，灵性之物也。

我国历代统治者都重视祭祀活动，"泰山封禅"就是大型的祭祀活动之一。"封"为祭天，"禅"为祭地，祈求国泰民安。到了明代，皇家建有祭祀用的天坛、地坛、日坛、月坛。农历正月，皇上亲自到天坛祈年殿祭祀，祈求天神，保佑农业丰收。到了夏至，前往地坛，祈求地神，保佑不闹水旱灾害。到了冬至，再到天坛圆丘，感谢天地神灵给予了好收成。

皇室祭祀离不开酒，百姓祭祀也离不开酒。春节、清明、冬至都是祭祀之日，各家各户都有祭祀活动。中国最早的诗集《诗经》中记载有"为酒为醴，烝畀祖妣"的诗句，意思是说，既做清酒，又做甜酒，献给祖宗享受，祈求家庭幸福，子孙安康。

以酒为媒，祝福婚姻，是中国一项古老的民俗。相亲用酒，彩礼用酒，红烛高烧的婚宴上更是离不开酒，真正是"无酒不成礼"。

泰山封禅

《礼记·昏义》记载了西周时期的婚俗，其中有"共牢而食，合卺而酳"的话。用一个瓠分为两片瓢，叫卺；用酒漱口，叫酳。新郎将新娘迎入堂中，二人共吃一肉食，叫"共牢而食"，而后，二人各执同一瓠分成的瓢盛的酒漱口，以此表示结为一家。新婚之夜，夫妇二人喝交杯酒，祝贺新婚，百年好合。此处的酒，是吉祥和幸福的象征，连结了两个人的生活和生命，实乃灵物也。

文人以酒启动文思，在微醺之下，灵感显现，妙思绵绵，笔下生花，一挥而就，佳作已成。此时的酒，灵物也。

战士出征，以酒壮胆。当酒喝到某个份上，顿觉豪气上升，天高地广，神志飞扬,不惧死生,勇往直前。此时的酒,亦灵物也。

人生在世,人人都具有与生俱来的两大情感反应——欢乐与忧愁。而酒的神奇之处恰恰在于,它可以同时满足人们这两种相反情感之需要。欢乐时饮酒,非酒不足以畅其怀;忧愁时饮酒,非酒无以抒其愤。试问,此等功能,除酒之外,世上可有二物?那是绝对没有的。此处的酒,又灵物也。

放眼古今中外,酒,这种形态似水的液体,饱浸着千般万种的人生滋味,渗透到社会生活的方方面面,与政治、经济、军事、文化、艺术、宗教等直接相关。如果要问酒为何物,我们有充足的理由回答:酒,灵性之物也。

快乐之源

饮酒乃人生一大乐事。上至国家庆典,下至百姓家宴,无酒不成席,无酒不成欢,都离不开酒。古人谓酒为"欢伯",盖因其可受,无贵贱、贤不肖、华夏戎夷,共甘而乐之。

自古以来,记载饮酒快乐的正史、野史、诗词、歌赋、小说、戏剧多之又多,俯拾皆是,不胜枚举。

古代思想家庄子借渔父之口说:

饮酒则欢乐。饮酒以乐为主,真在内者,神动于外,是以贵真也。

(《庄子·渔父》)

道教追求天人合一,自由逍遥,长生不老。饮酒的快乐体现了自我,体现了"真"的感觉。这种"适意""贵真",对后人影响很大。王忱叹曰:"三日不饮酒,觉形神不复相亲"。张季鹰则宣称,"使我有身后名,不如即时一杯酒。"魏晋时期的"竹林七贤",独尊老庄,提倡"越名教而任自然",狂饮不节,滥饮成风。

儒教的创始人孔子,对酒是持正面态度的。据传孔子善饮,而且酒量很大。孔圣人言:

唯酒无量,不及乱。

(《论语·乡党》)

意思是说,各人的酒量大小不同,没有一个限量的标准;但不论酒量大小,饮用时都不可过量,以免惹出乱子来。儒教提倡"哀而不伤,乐而不淫",这也是饮酒的原则。

南北朝时期的庾信在《答王司空饷酒》诗中写道：

今日小园中，桃花数树红。

开君一壶酒，细酌对春风。

写出了春天在桃花园中饮酒的惬意和快乐。

唐朝白居易在《新沐浴》诗中写道：

先进酒一杯，次举粥一瓯。

半酣半饱时，四体春悠悠。

写出了沐浴后饮酒、食粥的舒适感觉。

张说在《醉中作》诗中写道：

醉后方知乐，弥胜未醉时。

动容皆是舞，出语总成诗。

张说感受到了醉酒后的快乐，而且手舞足蹈，出口成章。

岑参曾两度从军，任安西、北庭节度判官等职。他在《凉州馆中与诸判官夜集》诗中写道：

花门楼前见秋草，岂能贫贱相看老！

人生大笑能几回，斗酒相逢须醉倒。

军旅生活是艰苦而危险的，王翰在《凉州词》中有"醉卧沙场君莫笑，古来征战几人回"的诗句。此诗同样写在凉州，岑参以"一生大笑能几回，斗酒相逢须醉倒"相呼应，表达了诗人豪放的气概，反衬出饮酒的快乐。

柳宗元在《龙城录》中有"赵师雄醉憩梅花下"一则著名的传奇故事，说的是饮酒带来的另外一种快乐。

隋开皇中，赵师雄迁罗浮。一日天寒日暮，在醉醒间，因息仆车于松林间酒肆旁舍，见一女人，淡妆素服出迎师雄。时已昏黑，残雪对月色微明，师雄喜之。与之语，但觉芳香袭人，语言极清丽。因与之扣酒家门，得数杯，相与饮。少顷，有一绿衣童来，笑歌戏舞，亦自可观。顷醉寝，师雄亦惽然，但觉风寒相袭。久之，时东方已白，师雄起视，乃在大梅花树下。

赵师雄在梅花树下做了一个好梦。人在醉酒后，会产生一种梦幻的感觉，好像灵魂已经出窍，无所依傍，自由解放，这种酩酊感给人带来极大的乐趣。

宋朝邵雍在《安乐窝中吟》诗中写道：

美酒饮教微醉后，好花看到半开时。

是说在微醺时，可以体验到一种陶陶然、飘飘然的意境；在似醉非醉之时，更能领略到饮酒之乐。

爱国诗人陆游，处在战乱的年代，力主抗金，遭到投降派打压，郁郁不得志，常常以酒浇愁。他在《对酒》诗中写道：

> 闲愁如飞雪，入酒即消融。
>
> 花好如故人，一笑杯自空。

写出了以酒消愁的畅快心情。

元朝刘诜写了一首《饮酒有何好》的诗，直白饮酒的欢乐：

> 饮酒有何好？但取愁可消。
>
> 古人不造酒，天地皆是愁。
>
> ……

《太平乐府》卷一记载了元朝无名氏作的散曲《双调蟾宫曲·酒》，写道：

酒能消，闷海愁山。酒到心头，春满人间。这酒痛饮忘形，微饮忘忧，好饮忘餐。一个烦恼人乞惆似阿难，才吃了两三杯可戏如潘安。止渴消烦，透节通关，注血活颜，解暑温寒。这酒则是汉钟离的葫芦，葫芦儿里的救命的灵丹。

散曲雅俗共赏，以它特有的艺术形式和老少咸宜的语言，对酒的神奇、妙处作了生动的描绘。"酒到心头，春满人间"，"忘形""忘忧""忘餐"，概括了饮酒的快乐，既是经验之谈，又是论酒妙笔。

在现代生活中，有两则饮酒欢乐的实例。1976 年打倒"四人帮"，大快人心，举国欢庆，北京市的零售酒店，随之销售一空。2002 年，中国国家足球队第一次打进世界杯决赛圈，全国人民无比开心，举国欢腾，人们涌向酒吧，举杯庆贺，通宵达旦。此时此刻，酒成了人们表达欢乐方式的首选，那种欢乐，那种畅快，那种刺激，那种满足，这是其他方式所不可比拟的。唐朝聂夷中在《饮酒乐》诗中写道：

> 我愿东流水，尽向杯中流。
>
> 安得阮步兵，同入醉乡游。

酒，给人以快乐，这是酒的一个属性，同时，也是酒得以生存并长盛不衰的依据。

中华酒典

争议千年

自古以来,酒,功耶?过也?一直争论不休。"酒之害""酒之祸",究竟主要应归咎于酒本身,还是应归咎于饮酒者本人,说法不一,争论不止。远在4000年前的大禹,"疏仪狄""绝旨酒""论酒害",对酒做出了负面的评价,是有史以来最早的饮酒论者,开启了对酒争论的先河!其后的数千年间,这种争论从来就没有停止过。

爱酒者将酒比作"天乳""甘露""太平君子""天禄大夫",赞美之词,溢于言表。恶酒者则把它说得一无是处,将酒比作"祸水""毒物""致疾败行""亡国之物"。爱酒者说,酒是传情的佳品,友谊的花束,灵感的酵母,英雄的伴侣,胜利的凯歌。恶酒者则说,酒是痛苦的激素,肇事的仆役,犯罪的帮凶,悲剧的祸根,邪恶的根源。同样的一种食品,引起人们的爱、恶到了如此悬殊的程度,确实是罕见的。

酒的作用和功能,受外部因素和环境的影响很大。在具有优越的文化传统的社会里,酒可以成为一个积极的组成部分,有利于社会的交流,充实人们生活和享受的内容,增加人们之间的谅解和友谊,使整个社会变得富有活力和感情,从而推动社会文化的发展。在另外一种社会文化中,酒又可以成为粗暴、仇恨、放荡、颓废的推动力,是犯罪的触媒,成为社会文化发展的一种消极因素。在中国历史上,这方面的例子是很多的。盛唐时期,政通人和,社会稳定,酒文化开放、活跃,帝王赐酺,与民同乐,促进了社会的和谐和发展。而在魏晋时期,政治黑暗,社会动乱,人们借酒浇愁,以酒自乐,滥饮之风盛行,成为中国历史上酒害最为严重的时期。

2000年前的班固在《汉书·食货志》中,对酒的作用作了正面肯定,给予了很高的评价。他说:

酒者,天之美禄,帝王所以颐养天下,享祀祈福,扶衰养疾,百福之会,非酒不行。

三国时期的孔融,是孔子的嫡系子孙,十分喜好饮酒,他说:"座上客常满,杯中酒不空",就心满意足了。在曹操禁酒时,他写了一篇《难曹公表制禁酒书》，大赞酒的功德。我们姑且不去评论曹操当时禁酒的政策是对是错，只把孔融的文章引出来，作为正面意见的一家之言予以赏析。孔融写道：

> 天垂酒旗之曜，地列酒泉之郡，人著旨酒之德。尧不千盅，无以建太平；孔非百觚，无以堪上圣。樊哙解厄鸿门，非豕肩钟酒，无以奋其怒。赵之厮养，东迎其主，非饮旨酒，无以激其气。高祖非醉斩白蛇，无以畅其灵。景帝非醉幸唐姬，无以开中兴。袁盎非醇醪之力，无以脱其命。定国非醑饮一斛，无以决其法。故郦生以高阳酒徒，著功于汉；屈原不哺糟欢醨，取困于楚。由是观之，酒何负于政哉。

孔融

孔融认为，酒不仅对政治没有丝毫危害，反而可以产生积极的影响。在他看来，尧帝创建太平盛世，孔子成为圣人，樊哙帮助刘邦摆脱鸿门之危，赵国的走卒东迎公主，刘邦斩蛇起义，汉景帝生下汉武帝，袁盎逃脱性命，于定国审断案情，都应当归功于酒。他还把楚国的屈原和汉初的郦食其两个文人进行比较，认为郦食其所以能谈笑间下齐七十余城，为汉朝立下大功，是因为他是一个酒徒；而屈原在楚国陷于困辱，是因为众醉我醒，不肯饮酒。由此看来，不能把酒说成有害于政治，也不应该禁酒。

西晋葛洪(约公元281年~341年)是个哲学家，又是医学家，自号抱朴子，他对酒的作用是持负面意见的。他在《酒戒》中说：

> 夫酒醴之近味，生病之毒物，无毫分之细益，有丘山之巨损。君子以之败德，小人以之速罪，耽之惑之甚少不及祸。世之士人亦知甚然。既莫能绝，又不肯节纵心口之近欲，轻召灾之根源，似热渴之恣冷，虽适己而身危。

葛洪认为，饮酒的作用"无毫分之细益，有丘山之巨损"，在他眼里，酒的作用一无是处。

明清之际的著名学者顾炎武，也是饮酒有害论者，也是极力主张禁酒的。

他在《日知录·酒禁》中说：

水为地险，酒为人险……水濡弱民，狎而玩之，故多死焉。酒之祸烈于火，而其亲人甚于水。有以人世尽天于酒而不觉也。

在顾炎武看来，酒实在是既危险而又可恶和有害的东西。

酒可以改变人的性情。在好酒者看来，可令人适应险恶的环境，给人带来欢乐。在恶酒者看来，可令人失聪丧志，甚至损其性命。

唐代皇甫松在《醉乡日月》中写道：

善乎，酒之移人也。惨舒阴阳，平治险阻，刚愎者，薰然而慈仁；懦弱者，感慨而激烈。陵轹王公，绐玩妻妾，滑稽不穷，斟酌自如。识量之高，风味之微，足以还浇薄而发猥琐。君臣相遇播于声，《诗》亦未足以语太平之盛。

意思是说，酒对于人的改变，太妙了。调节内心的忧喜，适应险恶的环境，使刚愎强悍的人变得温柔仁慈，懦弱的人变得慷慨激烈。饮酒之后，敢于陵轹王公，善于玩逗妻妾，滑稽无穷，斟酌自如，这种高超的适量，微妙的风味，足以使人摆脱俗涛，丢弃猥琐。君臣相遇，在音乐声中饮酒赋诗，如果没有酒，也就不足以形容太平盛世。

《魏书·高允传》载，孝文帝太和二年（公元 478 年），老臣高允上《酒训》，写道：

酒之为状，变惑情性。虽曰哲人，孰能自竞。在官者殆于政也，为下者慢于令也，聪达之士荒于听也，柔顺之伦兴于诤也，久而不悛，致于病也。

岂止于病，乃损其命。谚亦有云：其益如毫，其损如刀。言所益者，止于一味之益，不亦寡乎！言所损者，天年乱志，天乱之损，不亦夥乎！

高允用"其益如毫，其损如刀"来评价酒的作用，这与皇甫松的"惨舒阴阳，平治险阻"形成了鲜明的对照。

对酒的作用认识深刻，并做出客观评价的人是明朝伟大的药物学家李时珍，在其所著《本草纲目》中对酒做了大量记述。他写道：

酒，天地之美禄也。少饮则活血行气，壮神御寒，消愁遣兴；痛饮则伤神耗血，损胃亡精，生痰动火。

酒能行药势，杀百邪恶毒气，通血脉，厚肠胃，润皮肤，散温气，消愁发怒，宣言畅意，养脾气，扶肝，除风下气，解马肉、桐油毒，丹石发动诸病，热饮之甚良。

李时珍用"天地之美禄"对酒予以赞扬，对酒的医用价值作了深刻的描述，他强调说，"少饮则活血行气"，"痛饮则伤神耗血"，他的这个观点是符合现代科学道理的。

适量饮酒有益，过量饮酒有害，倒是滴酒不沾的人反而不好，更容易发生心血管方面的毛病。

在人世间，对同一事物有不同的评价，这是很正常的事。可是像酒这样，争论时间之长，论点反差之大，是别无二物可以比拟的，这是酒的又一个突出的特点。酒具有两重性，既可使人昏昏然，亦可使人昭昭然。饮酒时，有那么一个"灵点"，到达此点之前，轻松愉快，其乐陶陶；过了这个点，不知不觉中，人的理智变得迷糊起来，动作也渐渐失去了控制。这正是酒的"灵性"。

别名雅号

在数千年饮酒用酒的历史过程中，人们根据酒的颜色、味道、作用和不同的酿造方法，给酒起了一些别名和雅号，这是很有趣味的。这些绰号数量很多，在民间流传甚广，在文人的诗词歌赋和小说中常被用作酒的代名词，这是中国酒文化的一个特色。

欢伯　出自汉代焦延寿的《易林·坎之兑》，"酒为欢伯，除忧来乐"。宋朝杨万里有"贫难聘欢伯"、金代元好问有"又复得欢伯"等句。

忘忧物　出自晋代陶渊明《饮酒》诗中"泛此忘忧物，远我遗世情"的诗句。

杯中物　始于东汉孔融名句："座上客常满，杯中酒不空"。陶渊明在《责子》诗中写有"天运苟如此，且进杯中物"的诗句。杜甫在《戏题寄上汉中王》诗中写道："忍断杯中物，眠看座右铭"。

杨万里

钓诗钩、扫愁帚　出自宋朝苏轼《洞庭春色》，诗中写道："要当立名字，未用问升斗。应呼钓诗钩，亦号扫愁帚。"说的是酒能勾起诗兴,扫除忧愁。元朝乔吉在《金钱记》中写道:"枉了这扫愁帚、钓诗钩"。

曲蘗 本意指酒母,后来也作为酒的代称。杜甫在《归来》诗中写道:"凭谁给曲蘗,细酌老江干。"

曲生、曲秀才 酒的别称。明朝清雪居士有"曲生真吾友,相伴素琴前"的诗句;清朝北轩主人有"春林剩有山和尚,旅馆难忘曲秀才"的诗句。

曲道士、曲居士 这是对酒的戏称。语出宋朝陆游《初夏幽居》:"瓶竭重招曲道士,床空新聘竹夫人"。黄庭坚在《杂诗》中写道:"万事尽还曲居士,百年常在大槐宫"。

春 语出《诗经》"十月获稻,为此春酒,以介眉寿"的诗句,人们常以"春"为酒的代称。杜甫在《拨闷》诗中写道:"闻道云安曲米春,才倾一盏即醺人"。苏轼在《洞庭春色》诗中写道:"今年洞庭春,玉色疑非酒"。

浆 本指淡酒,后来亦作酒的代称。据《周礼·天官·浆人》记载,浆人掌水、浆、醴、凉、医、酏之六饮。此处的"浆",即酒。《史记·魏公子列传》有"薛公藏于卖浆家"之句。卖浆家,也就是卖酒人家。

椒浆 语出屈原《九歌》"奠桂酒兮椒浆"句。李嘉佑在《夜闻江南人家赛神》诗中有"雨过风清洲诸闲,椒浆醉尽迎神还"的句子。

醑 本意为滤酒去滓,后用作美酒代称。李白在《送别》诗中写道:"惜别倾壶醑,临分赠鞭歌"。杨万里在《小蓬莱酌酒》诗中写有"餐菊为粮露为醑"的句子。

醍醐 特指美酒。白居易在《将归一绝》诗中写道:"更怜家酝迎春熟,一瓮醍醐迎我归"。

流霞 本为神话传说中的仙酒,后泛指美酒。王充在《论衡》中写道:"仙人辄饮我流霞一杯,数月不饥"。李白在《幽歌行》诗中写道:"狐裘兽炭酌流霞,壮士悲吟宁见嗟"。

玉液 指美酒,饮后可以成仙。白居易在《效陶潜体》诗中写道:"开瓶泻樽中,玉液黄金厄"。

绿蚁 酒面上绿色的泡沫,也被作为酒的代称。白居易在《问刘十九》诗中写道:"绿蚁新醅酒,红泥小火炉"。谢朓在《在郡卧病呈沈尚书》诗中写道:"嘉鲂聊可荐,绿蚁方独特"。

绿醅　指带绿色的美酒。卢真在《九老会》诗中写道："但把绿醅常满酌，烟霞万里会应通"。

香蚁　酒的别名。韦庄在《冬日长安感志二十韵》诗中写道："闲招好客斟香蚁，闷对琼华咏散盐"。

白堕　这是一个善酿者的名字，后人以"白堕"作酒的代称。北魏人刘白堕善酿酒，饮之香美而醉，经月不醒。时人语曰："不畏张弓拔刀，唯畏白堕春醪"。苏辙在《次韵子瞻病中大雪》诗中写道："殷勤赋黄竹，自劝饮白堕"。

天禄　酒的别称。语出《汉书·食货志》："酒者，天之美禄，帝王所以颐养天下，享祀祈福，扶衰养疾，百福之会，非酒不行"。相传隋朝末年，王世充曾对诸臣说："酒能辅和气，宜封天禄大夫"，因此，酒又被称为"天禄大夫"。

壶觞　本来是盛酒的容器，后来亦作酒的代称。陶渊明在《归去来辞》中有"引壶觞以自酌"的句子。白居易在《将至东都寄令狐留守》诗中写道："东都添个狂宾客，先报壶觞风月知。"

壶中物　因酒大都盛于壶中而得名。张祜在《题上饶亭》诗中写道："唯是壶中物，忧来且自斟"。

清圣、浊贤　东汉末年，曹操主政，下令禁酒，人窃饮之，故难言酒，以白酒为贤人，清酒为圣人，成为酒的别名。唐朝李适之在《罢相作》中写有"避贤初罢相，乐圣且衔杯"的诗句。宋朝陆游在《溯溪》诗中写道："闲携清圣浊贤酒，重试朝南暮北风"。

青州从事、平原督邮　语出刘义庆编的《世说新语》，把酒质好的称为"青州从事"，酒质劣的称为"平原督邮"。

狂药　因酒能乱性，故得此名。唐朝李群玉在《索曲送酒》诗中写道："廉外春风正落梅，须求狂药解愁回"。

酒兵　古人云：酒犹兵也。兵可千日而不用，不可一日而不备；酒可千日而不饮，不可一饮而不醉。唐朝张彦谦在《无题》诗中写道："忆别悠悠岁月长，酒兵无计敌愁肠"。

般若汤　般若乃梵文的译音，指智慧。将酒说成智慧汤恐难于为多数人所接受，这是僧人称呼酒的隐语。苏东坡在《东坡志林》中有"僧谓酒为般若汤，鱼为水梭花"的字句。宋朝窦苹在《酒谱》中说："天竺国谓酒为酥，今北僧多云般若汤"。济公和尚的禅偈曰："酒肉穿肠过，佛祖心中留"，是对佛理禅机的另一种理解。

黄汤　民间对黄酒的一种俗称。《元曲选·硃砂担》中有句话说："我则多吃了几碗黄汤,以此赶不上他"。

迷魂汤　民间对酒的一种蔑称。灌"迷魂汤"是骂人的话。

酒字集注

对酒字作集大成者是东汉时期的许慎,在其名著《说文解字》(此书成于公元 121 年)中,列举了 70 多个与酒有关的字,分别表示生产、流通和应用的各个领域,其字形别致,结构特殊,耐人寻味。

随着科学技术的进步,与酒有关的字多了起来,一些现代酒字应运而生,使古老的酒字增加了新的内容。

许慎对酒的解释是:

酒,就也,所以就人性之善恶。从水从酉,酉一声。一曰造也,吉凶所造也。

许慎对酒有独到的见解,他深刻地认识到,酒起的作用具有双重性,善恶兼具,吉凶皆能。后来的事实证明,他的观点是正确的。

《说文解字》中"酒"字之前有个"酉"字。"酉",就也,八月黍成,可为酎酒。在许慎看来,酉就是酒,所以周朝称掌酒之官为"大酉"。

"酎"字的注释是,三重醇酒也。从酉从时,堂月令曰:"孟秋,天子饮酎"。这种酒特别醇厚,是天子饮用的。

许慎对医(醫)字的注释颇详。醫,治病工也。殹,恶姿也。醫之性,然得酒而使。周礼上有醫酒,酒本身就是药。

许慎对"醉"的注释是很准确的。醉,卒也,卒其度量,神志速也,一曰溃也。许慎是主张饮酒有节的。

对于"醋"字的注释为"酒疾熟也"。此处可理解为高温快速发酵而生酸,因此为"醋",这是符合科学道理的。

还有一个"奠"字。酒器也,周礼有六尊,牺尊、象尊、著尊、壶尊、太尊、山尊,以待祭祀宾客之礼。现代人祭祀亡者,仍用这个奠字,应是习俗沿袭下来的。

"酹"字,慢祭也,以酒洒地。现在的祭奠仍然有以酒洒地的做法,三杯酒,绕出一个"心"字,表示对亡者的思念之情。

用于酿酒的字有:

醷——麹也。

酴——麹生衣也。

酛——酒母也。

酿——酝也,作酒曰酿。

醴——酒,一宿成也。

醪——汁滓酒也。

酪——乳浆也。

用于形容酒质的字有:

醹——厚酒也。

酨——厚酒也。

酷——酒味厚也。

醇——酒味苦也。

酏——黍酒也,一曰甜也。

酸——酢也。

醨——薄酒也。

酾——下酒也。

醍——清酒也。

醅——浊酒也。

醘——泛齐行酒也。

酥——酒色也。

配——酒色也。

醈——杂味也。

醭——白酒。

醙——甚白。

用于饮酒的字有:

酌——盛酒行觞也。

酳——少少饮也。

醵——合钱共饮。

中华酒典

酬——主人进客也。

酢——客酌主人也。

醼——饮酒俱尽也。

醹——饮酒尽也。

酟——私宴饮也。

用于饮酒后感觉的字有：

酣——酒乐也。

酖——乐酒也。

醅——醉饱也。

酲——病酒。

醺——醉也。

酩——酩酊醉也。

酗——病证也。

醒——醉解也。

用于流通的字有：

酤——一曰卖酒。

用在政府管理上的字有：

酺——王德布大饮酒也。赐民共饮。

用于婚礼上的字有：

醮——冠娶礼祭，以酒祭神。

另有一些字，现在已经很难辨认，也很少见到了。

随着科学技术的进步，酒字也有了新的发展，如：

醇——含羟基(—OH)的有机物也。

酯——含有机酸(R—COO—R')的有机物也。

醛——含有机酸(R—CHO)的有机物也。

酮——含有机酸(R—CO—R')的有机物也。

酵——微生物作用也。

特殊酒品

我们日常饮用的酒是普通酒，如白酒、黄酒、啤酒、葡萄酒等。除此之外，还有一些特殊的酒种,这些酒由特殊的原料和方法制成,有着非同一般的作用,这是酒的又一个特点。

1.黑马酒

西北和内蒙古等地的少数民族,以马乳酿酒,历史悠久,至少在汉代就已经有"挏马酒"了。"挏"的意思是用力搅拌,撞击盛有马乳的皮囊,使酒味美。《汉书·百官公表》载:"西汉太仆下设家马令一人,丞五人,尉一人,职掌酿制马奶酒。"宋史中记载,高昌"马乳酿酒,饮之亦醇"。元代诗人许有壬写的《马酒》诗云:

> 味似融甘露,香疑酿醴泉。
>
> 新醅撞重白,绝品挹清元。

诗人笔下的马乳酒是既甘美,又醇厚的。

通过考察获知,马乳酒有好多品种。例如内蒙古鄂尔多斯地区,用新鲜马奶直接发酵而成的奶酒,一般叫马奶酒,是上等品。除直接发酵外,还有将乳酒煮熬蒸馏的酒,称为蒙古酒,酒度较低,饮之不易醉,醉倒不易解。如果二次重蒸,酒度提高,一般人一次饮一杯就够了。马乳酒具有滋补作用,对支气管炎和肺结核病有一定疗效。

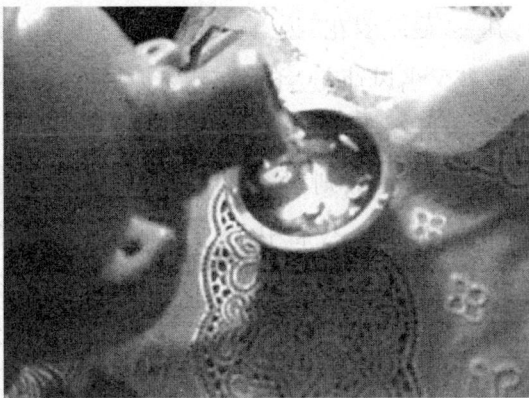

马乳酒

在"天苍苍,野茫茫,风吹草低见牛羊"的西部大草原上,牧民们在雪山脚下,蒙古包中,痛饮马奶酒,高歌《敕勒川》,别有一番风味。元朝诗人刘因写有《黑马酒》诗一首,反映的正是这种景象。诗云:

> 仙酪谁夸有太玄,汉家挏马亦空传。
>
> 香来乳面人如醉,力尽皮囊味始全。
>
> 千尺银驼开晓宴,一杯琼露洒秋天。
>
> 山中唤起陶弘景,轰饮高歌《敕勒川》。

15

2.蒙汗药酒

蒙汗药酒是一种能使人暂时失去知觉,等酒劲过去,人自然苏醒的一种药酒。

《水浒传》中,吴用"智取生辰纲",用的就是蒙汗药酒,使杨志等人失去战斗力,眼睁睁地看着自己押运的财物被人劫持。杨志苏醒后,走投无路,被逼上梁山。还有母夜叉孙二娘,在孟州道上开黑店,用蒙汗药酒麻翻了不少人,劫财害命,最后也上了梁山。

古人对蒙汗药早就有过研究,其构成有以下几种说法:

其一"押不庐"说。据《癸辛杂志》载:"西土回回国有药名押不庐者,土人采之,每以少许磨酒饮人,则通身麻痹而死。至三日,少以别药投之,即活。"

其二"草乌末"说。草乌末就是中药草乌研磨的末。《齐东野话》载:"草乌末食之即死,三日后活。"

其三"曼陀罗花"说。曼陀罗是一年生有毒草本,夏季开花,花冠漏斗状。曼陀罗花又名风茄花、洋金花。宋人周去非《岭外代答》载:"广西曼陀罗花,遍生原野,大叶白花,结实如茄子,而遍生山刺,乃药人草也。盗贼采干而末之,以置饮食,使人醉闷,则挈箧而趋。"明朝魏濬《岭南琐记》中谈到蒙汗药的一种制法:"用风茄为末,投酒中,饮之即睡去,须酒气尽,乃寤。"风茄产广西,本地人称为颠茄。当代研究中药的人普遍认为,蒙汗药的主料就是曼陀罗花。

蒙汗药药性甚灵,还有解药,不消半个时辰,受害者便如同梦中醒来一般。甘草、绿豆皆有解药功效。

3.千日酒

千日酒者,能使人醉酒千日而后醒的酒。此酒之奇特,让人不可思议,更不知这种酒是如何造出来的。

晋朝张华在《博物志》一书中记载:昔,中山人狄希能造"千日酒",饮之,千日醉。刘玄石好饮酒,于中山酒家沽酒,酒家与"千日酒",忘言其节度。归至家,大醉,不醒数日。而家人不知,以为死也,具棺殓葬之。酒家至千日满,乃忆玄石前来沽酒,醉当醒矣。往视之。云玄石亡来三年,已葬。于是开棺,醉始醒。俗云:玄石饮酒,一醉千日。

北魏贾思勰在《齐民要术》一书中对这种千日酒的生产过程和饮酒方法有详细记载。1996年夏天,河北省迁安市城东北角华亭庄金代古墓群第3号墓出土刻有"千日酒"商标字样的大陶酒瓶,容量为1.5公斤,证明了一醉千日的"千日酒"确有其事。

唐代鲍溶有"闻道中山酒,一杯千日醒"的诗句。

4.鸩酒

在酒中加入某些有毒物质即可得到毒酒,常被人作为杀人利器。鸩酒,就是毒酒的一种。

鸩,亦作酖,毒鸟也。状似鸮,紫黑色,好食蛇。巢下数十步,草木不生。鸣声如击腰鼓。其羽划酒,饮之立死。广东有之。

古代,常有用毒酒杀人的记载,在统治集团内部争权夺利的斗争中,利用毒酒除去对手的事件,在史书上是屡见不鲜的。西汉初年的太后吕雉,用毒酒害死了戚夫人的儿子赵王如意。东汉时,安帝刘祜的阎皇后,用毒酒杀死了后宫李氏生的皇子。东晋末年,刘裕为了篡位,派人毒死了晋恭帝司马德文。

南唐皇帝李昇顾虑大臣周本威望太高,难以控制,想诛杀他。有一次,李昇倒了一杯"鸩酒"赐给周本,企图毒杀。周本察觉了皇上的意图,用御杯分出一半酒说:"奉给皇上,以表明君臣一心。"李昇当即色变,不知如何是好。这时为皇帝奏乐的优人申渐高见此情景,边舞边戏走了上来,接过周本的酒说:"请皇上把它赐给我吧。"说毕,一饮而尽,将杯揣在怀中走了。李昇立即暗遣人带着解药去给申渐高,未等药到,申渐高"脑裂"而死。此段故事记载在《南唐书·申渐高传》中,听起来令人毛骨悚然。

小说《三国演义》中有两起用鸩酒杀人事件。一件是何太后鸩杀王美人:汉灵帝何皇后生子辩,帝又宠幸王美人,生皇子协,引起何皇后嫉妒,将王美人鸩杀。另一件是董卓鸩杀何太后和少帝:董卓原为西凉刺史,拥有重兵,时有不臣之心。后来被召进京,大权在握,即废少帝,改立陈留王协(时年九岁)为帝,即汉献帝,然后将何皇后和少帝鸩杀。

5.乌蛇酒

以蛇泡制药酒是中国酒的一大特色。蛇酒有活血化瘀,祛风除湿的功效,

中华酒典

历来为医家所推崇。蛇酒多产自南方各省,广西、广东、福建生产最多,有三蛇酒、五蛇酒等品牌。在普通的餐馆中,可以看到用大玻璃瓶泡制的蛇酒,除蛇外,当归、枸杞、砂仁、陈皮等配料清晰可见,当场销售。

在众多的记载蛇酒的资料中,唐朝李肇编写的《国史补》写得最为生动传神:

李丹之弟患风疾,或说乌蛇酒可治。乃求黑蛇,生置瓮中,酝以曲蘖,蛮蛮蛇声,数日不绝。及熟,香气酷烈,引满而饮之,斯须悉化为水,唯毛发存焉。

6.消肠酒

此乃神异之说。

王子年《拾遗记》载:张华为酒,煮三薇而制爨,得美琼閤,久含令人齿动。若大醉,使人肝肠烂,俗谓消肠酒。

张华饮酒,每醉即令人传止之。尝有故人来,与共饮,忘敕左右。至明,华寤,视之腹已穿,酒流床下。

7.咂酒

是一种以谷物杂粮为原料酿成的发酵酒。咂酒就盛在发酵容器内,饮用时,用竹管、麦管等通心管倒吸,别具特色,别有风味。咂酒在云、贵、川少数民族聚居地多有生产,东北三省的一些地方也有咂酒的记载。

据《太平天国诗文选》记载,翼王石达开远征经贵州大定(今大方县)时,军纪严明,尤其尊重少数民族风俗习惯。当地苗族人民曾待以上宾之礼,将用高粱、小米、苞谷、毛稗混合酿成的有名的咂酒招待他。石达开为了感谢苗族人民的心意,即席作诗一首,表示纪念。诗曰:

千颗明珠一瓮收,君王到此也低头。

五岳抱住擎天柱,吸尽黄河水倒流。

8.冰酒

冰酒,就是冰葡萄酒,属白葡萄酒类。

冰酒的原料是零下 8~12℃ 结成冰珠的一粒粒葡萄。这种葡萄在秋天成熟后不采摘,继续留藤,进入严冬。浆果在自然条件下,不断日照、冰冻、脱水、浓缩了浆果的糖酸等精华成分,直至第二年一、二月份,采摘后压榨取汁,酿造出浓香浓甜、品质超凡的冰葡萄酒。由于成本高,风险大,其价格是非常昂贵的。此类酒生产于德国和加拿大等国家。

9.无醇啤酒

按照酒的定义,无醇是不可以称其为酒的,但世界上却有无醇(或叫低醇)啤酒在流行。各国对无醇啤酒中酒精含量的控制不太一样,用表格表示如下:

地区或国家	啤酒类型	酒精含量(度)
阿拉伯	无醇啤酒	0.0
德国	无醇啤酒	≤0.5
奥地利	低糖啤酒	≤1.5
	无醇啤酒	≤0.5
	低醇啤酒	≤1.5
瑞士	无醇啤酒	≤0.5
英国	低醇啤酒	≤1.2
美国	低醇啤酒	≤2.5

无醇啤酒是在防止酗酒危害、增加开车安全、增强健康意识的情况下发展起来的,由瑞士率先推出,尔后,德、美、英等国随之开发同类产品,并占有啤酒市场的一定份额。酒度降低后,如何保持啤酒风味是产品成败的关键,既然称为啤酒,就要有适宜的泡沫、苦味和淡爽的感觉,现在,已经在工艺上做到了这一点,既保持了啤酒风味,又形成了新的特点,受到了消费者的认可和好评。无醇啤酒的生产方法,可通过降低麦汁浓度少生成酒精或在生成后稀释或去除的方法生产。

第二节　酒的起源

对酒当歌,人生几何?譬如朝露,去日苦多。慨当以慷,忧思难忘。何以解忧,唯有杜康。青青子衿,悠悠我心。但为君故,沉吟至今。呦呦鹿鸣,食野之苹。我有嘉宾，鼓瑟吹笙。明明如月，何时可掇？忧从中来，不可断绝。越陌度阡，枉用相存。契阔谈宴，心念旧恩。月明星稀，乌鹊南飞。绕树三匝，何枝可依？山不厌高，海不厌深。周公吐哺，天下归心。

——曹操《短歌行》

文武兼备、雄才大略的枭雄曹操，通过在宴会上的咏唱，抒发了他一统天下的壮志与人生感慨，表露了他广求人才的渴望，特别是他对政治的忧患，更显示了他的雄才大略。为了解忧，他选择了佳酿杜康，所咏佳句激情浓郁，气势恢宏，名扬天下，成为千古绝唱。这脍炙人口的咏叹恰似天工神斧，使美酒与杜康珠联璧合，相得益彰。美酒借杜康之盛誉，漂洋过海，广播于五洲四海；杜康假美酒之神力，登上酒祖的御座，被奉为酒神而万古流芳。于是乎，从《古今图书集成》到《古今酒事》，延至如今，众多酒类著述均持此说。其实这并非史实，只是文人骚客们的演绎和揣测，就连宋人窦苹也说："不足以考据，而多赘说也。"（《酒谱》）

中国是一个历史悠久的国家，长期的农耕文明形成了一种慕古文化，谈根溯源是它最显著的特征。世界上没有哪个民族像中华民族这样，追影寻踪，把它的发展脉络、演化过程，廓清的泾渭分明，清澈见底。同样研究酒的发展历史，探寻中国酒文化的繁荣昌盛之谜，也应以酒源作为切入点，进行耐心的梳理和科学的论证。

酒作为物质世界中的一个成员，是何时出现在地球之上的，历来众说纷纭，莫衷一是。特别是墨人骚客们的演绎和揣测，更使其流派纷争，各执一词，互不折服。正是在这"乱哄哄，你方唱罢我登场"的喧闹之中，人们坠落在九重迷雾之中，很难将酒源"庐山真面目"识清。

科学发展证明，现实的世界是一个物质世界。许多物质是由不同的物质元素构成的，物质本质特征的显露在于物质元素中原子结构的排列秩序和比例。因此，我们要想分析事物，认识事物，必须从认识物质的表象入手，由此及彼，由表及里，去粗取精，去伪存真，最后达到求知本原的目的，这就是我们常说的透过现象看本质。在认识其然的基础上，能晓其所以然。同样，我们要全面认识酒的本质特征，就必须通过对酒这种"水的形，火的性"的表象进行科学的分析，撩开罩在其身上的神秘面纱，让大家认清它的"庐山真面目"。

酒是一种最为奇特的社会生活消费资料

现代科学技术的发展告诉我们:大千世界,林林总总。物质世界的物质尽管形态各异,品种繁多,但不外乎两大类——有机物和无机物。而富含糖分的物质如谷物、水果、蜂蜜、奶乳等都是有机类的碳水化合物,其主要物质元素是碳(C)和氢(H)。这种富含糖分的碳水化合物,在特定的条件下,一旦遇有适宜的温度、丰富的水分及充足的阳光,便会发生生化反应(发酵),经过较长时期的生化反应,使原来的物质分解,发生变异,便产生了一种新的物质——乙醇(C_2H_5OH)。这是一种气味芳香、醇厚的气态物质,它溶解于水中,便成了人们喜欢畅饮的特殊饮料——酒。

当我们了解了酒的元素构成及其生成原理之后,对于酒源这个千古之谜的破解就不再是"蜀道难,难于上青天"了。

大自然的历史演化告诉我们:早在人类之前,地球上就有了动物,在有动物之前就有了植物,植物是最早的地球客人。在许多植物中有一部分是富含糖分的植物,它们开花结果,最后其籽粒成熟后,便洒落在草丛中、树林里,越堆越多,叠压在一起,形成厚厚的一层又一层,在适宜条件下,开始发酵变馊,久而久之,就形成了"酒",这便是酒的源头。科学研究还表明:酒既不是上帝的恩赐,也不是圣贤灵感的造化,而是多种物质在大自然环境条件下催生变化的结果。科学还向我们揭示这样一个事实:在人类未出现时,酒存在于世已多时了,这就是说,人还在不成为人时,动物便已开始饮"酒"了。

既然酒是大自然自然生成的产物,为什么还有那么多的人在酒的起源问题上制造了许许多多的谜底呢?这是一个复杂的社会现象,既受客观条件的限制,又受"英雄创造历史"传统观念的影响,特别是封建统治者常常打出"为民造福"的幌子,用"恩赐"的谎言蛊惑人民,愚弄人民,最终形成了颠倒是非、混淆黑白的谬误。现在,我们通过对物质世界的科学分析和研究,基本上弄清了酒的起源。这样就会使人们充分发挥人的主观能动性,利用现有的科学技术知识,对酿酒技术进行创新和改革,为酿造更多更好的琼浆佳酿奉献自己的聪明才智。

酒不仅是一种大自然的生成物,而且还是一种特殊的社会生活消费资料。

中华酒典

它渗透在物质生活和精神生活的各个领域,以致形成"无酒不相会、无酒不成礼、无酒不成欢、无酒欠敬意"的特有的社会文化现象。酒自从被人们发现之后,就与人们朝夕相处,陪伴终生。放眼古今,我们社会生活的方方面面,都能嗅到酒的芬芳,随时随地感受到它的存在。它不仅仅满足了人们生理的需求,更主要的是满足了人们心理上的欲望。它让人兴奋,让人陶醉,富有刺激性。它与欢乐者结为良友,被悲伤者视为知己;它让失恋者超脱,更让得意者放达;它给灰色的社会增辉,更给苦涩的人生添彩;它给寂寞者以安慰,更给孤独者以温暖;它给凡夫俗子以现实的欢愉,更给墨人骚客以惬意的诗情;它给壮士增长激情,为才子带来灵感;它既可以成为消极避世者自我保全的灵丹,也可以成为积极入世者奋发图强的妙药……可以毫不夸张地说,酒溶化于社会生活中的涓涓细流之中,覆盖在社会生活的方方面面。它是人们自娱自乐的闲暇道具,又是亲朋好友相聚的媒介。

人类对酿酒事业的贡献

通过科学研究,我们了解到:酒出现在地球上的时间,要早于人类若干年,这是不容置疑的客观事实。但是,假若不是人类发现了酒,改造了酒,很有可能,酒会同自然界的其他物质一样,绝对不会是今天这种蒸蒸日上的繁荣景象。因此,人是酒的主人,没有人便没有现今酒的一切。

(一)人类发现酒,为其繁衍发展奠定了坚实的基础

酒被人们誉为琼浆玉液,其社会效益及经济价值真可谓天文数字,难以估量,特别是它那特有的芳香,带给人们的精神享受更是难以用语言表达清楚。酒价值的增长和扩容,是人类社会进步的结果,是丰富多彩的社会生活为酒的身价提升了台阶,假若离开了人类生活,酒便一文不名。

物质世界生存着许许多多物质,有的繁衍生息延续下来,有的便自生自灭,销声匿迹,这便是"物竞天择,适者生存"的客观规律。但是,就目前存活于世的绝大多数物质来说,有很大一部分是人类利用改造的结果,其中酒便是最为典型的代表之一。

首先是人类的发现。若没有人类的发现便没有人类的认识,也便没有酒的现实一切。酒是何时被人们发现的,人们又是怎样发现的? 这的确是一个千古

文化之谜。为了破解这个诱人的谜底,成千上万人进行着种种的努力:有推测,有假说,还有文献考据,尽管五花八门,多种多样,但始终没有摆脱旧传统的樊篱,依旧徘徊在种种神话传说之中。随着现代科学技术的发展和马克思主义唯物史观的建立,人们解放了思想,更新了观念,采用科学的方法,运用唯物主义的辩证理论来认真研究人类在酒类事业发展中的贡献和成就,使酒的起源学说有了科学的意义。

通过研究表明:酒从出现到人类发现,其间经历了一个极其漫长的历史过程,从偶然的相遇到真正的认识,又熬过了许许多多的岁月。在这一历

贵妃酿酒

史过程中,既有偶得自乐中的窃喜,又有百思不解奇妙的烦恼。人们依据历史文献的记载,地下考古遗物的佐证,特别是通过民俗遗风的调查,触类旁通,慢慢地测算出了人们最初发现酒、认识酒、饮用酒、酿造酒这样一个大致的社会时段。

1.从地下考古发掘成果来推算,中国先人发现酒、饮用酒的时间,大约距今有4000～5000年这样一个时期。1957年,我国考古工作者在河南省陕县庙底沟遗址中,挖掘出土了盛酒的器皿。这个文化遗址属仰韶文化的早期,假设这个时期的人们还不会酿酒,但酒具的出现便是人们"饮酒"的有力佐证。这就告诉我们,大约在5200年前,人们就发现了酒。1959年又在山东大汶口文化遗址中,出土了多种形状各异的酒具,其中有尊斝(音甲)、备盉(音禾)等。更令人惊奇的是,这些酒具已具有了表现色、香、味的功能,出现了艺术的萌芽,它属于龙山文化。按此推算,这时人们已可能开始酿酒,距今大约有4000多年的历史。

2.从古今文献资料的研究来推算,中国先人大规模的酿酒应是兴起于原始

社会的末期,大约在 3800~4000 年之间。中国最古老的文字是殷商时代的甲骨文,其次是西周时期的金文。现在发现在甲骨文中记载有关"酒"的一个字是"鬯"(音仓)。根据汉朝班固在《白虎通义》中的解释,"鬯者,以百花之香,金郁合酿而成"。按现在的话说,"鬯,便是采取百花的香气而酿造成的酒"。这是公元前 16 世纪的甲骨文,根据推算,其时间大约在 3800 年左右。后来,在西周的许多金文中也有了"酒"字。据著名历史学家范文澜先生断定,在原始社会末期,大约公元前 26 世纪左右,我们的先人已开始了利用含糖谷物酿造酒的历史。

综上所述,中国先人在辛勤的劳作中,大约在 4000~5000 年前,就发现了酒并开始饮用酒。经过漫长岁月的试验、改造,大约在原始社会末期,大规模地酿酒便开始兴起。这就是说,中国酿酒技术的形成与发展,是伴随着人类文明时代的步伐一道前进的。

(二)人们开始造酒

大自然恩赐于先民们的天然美酒,使先民们极其兴奋,甘甜、芳香的气味为大家所钟爱,争相饮用为之必然。但是,有限的酒汁供无限的欲望使用,显然是杯水车薪,无济于事,聪明的先民们便开始有意识地寻找机关,来解决他们面临的难题。

1.“秽饭生酒”的偶然所得,激起先民的跃跃欲试

这尽管是一个依据文献记载而编造的故事,但是,从故事所反映的实际情况分析,它符合当时先民们的心理和行为事实,具有一定的史料性。首先看文献的记载:其一,“少康初作箕帚,秫酒。少康,杜康也”(许慎《说文解字》);其二,“不知杜康何世人,而古今多言其始造酒也”(《事物记原》);其三,“酒自谓之醙,醙者,坏饭也”(许慎《说文解字》);其四,“有饭不尽,余馀空桑,郁积成味,久蓄气芳;本出于此,不由奇方”(江统《酒诰》)。上述文献记载告诉人们:发现秽饭生酒的是杜康。由于他的偶然所得,激起了先民跃跃欲试的举动,于是大规模的酿酒骤然兴起而不可收。酒开始渗透在物质生活和各种精神生活中,形成了特有的世界性的社会文化现象。

2.杜康偶得“秽饭酒”

在黄帝时代,一个名叫杜康的宰人(专门为黄帝做饭的厨师),由于经常给黄帝做饭,成为一位有名望的宰人。杜康又是一个有条理的人,啥事都做得有

条不紊。例如,对于吃剩的饭菜,他不像别人那样随便一倒完事,而是每次倒入一个枯老的桑树洞里。天长日久,慢慢剩饭残羹在树洞内发酵,不久就溢出了芳香的气味。杜康被气味所吸引,到树洞里一伸头,惊奇地说道:"这是什么呀?真香! 真醇!"同伙们被他招来,用手指一沾,放在舌头上一尝,大声叫喊起来:"甘露! 甘露!"于是纷纷拿来杯碗,争着掏饮。这样,一传十,十传百,"秣饭生酒"的事越传越远。就这样,一个偶然所得,引起了众人的兴趣,酿酒的事就这样形成了。据说,宋代人为追记杜康的酿酒功德,在杜康放置秣饭的枯老桑树旁,竖起一座纪念碑,详细记述了杜康"秣饭生酒"的故事。其碑文说:

天下之名,或借山水之声,或仰名人题咏,而闻名遐迩,唯此桑以昔杜康委余饭于之而得酿,名盛于天下。杜康之名名矣,古桑功莫大焉。

人类发现酒、饮用酒、酿造酒的意义不仅仅在于酒的本身,而在于在酿造开发酒的过程中,创造了酒的社会价值,形成了一种与人类和谐共同发展的社会生态文化。它有利于人类智力的开发,素质的提升,技能的进步,为社会的不断前进而开拓了广阔的空间。

科学的见证使酒源奥妙破解

关于酒源奥妙的纷争,真可谓是八仙过海,各显神通。但是,最终揭开面纱,让人识得"庐山真面目"的还是科学技术的发展和利用。这就告诉我们:科学是人们认识物质世界的唯一钥匙和工具,只要我们掌握了科学技术,任何人类难题都可破解,任何人间奇迹都能创造。

(一)非洲原始森林现状为"自然生酒"提供了"活化石"

这条资讯来自周正舒先生编著的《酒戒》一书。在这本书中,他为我们提供了这样一条信息:一部由法国拍摄的地理风光片,集中描写了非洲中部腹地原始森林的现状,其中有一段镜头令观众们捧腹大笑,也使笔者终生难忘。雨季一到,各种植物迅速开花结果,果实成熟了,落在地上后自然发酵;飞禽走兽,除食肉者外,都争相奔来啄的啄,嚼的嚼,尽情地美餐。时隔不久,奇景出现了,只见那些啄或嚼发酵果实的大象、猴子、小鸟……无不醉眼乜斜,醉步踉跄,憨态可掬……

(二)科学发掘为"自然生酒"提供了有力佐证

中华酒典

1956年,中国的考古工作者,在江苏淮阴洪泽湖畔下的草湾,发现了姿态各异的"醉猿化石"。据分析,在"人猿相揖别"时,我们的祖先就受到了大自然的恩赐,饮用着自然生成的琼浆玉液,醉倒在洞穴里,醉倒在篝火旁,正做着美梦。诗人邹荻帆当时激动不已,挥毫泼墨,记下了这最珍贵的一幕:

考古学家考证,

五万年前的猿人,

把采集的野果——红宝石、绿宝石堆集在一起,

待她们再来这里,

果子水发酵,

哦

喷香的玉液山野洋溢……

它们喝呀,喝呀,

一个个醉倒在自己酿造的蜜酒里。

是造山运动,火山爆发或地震?

五万年后,

考古学家发现了,

各种醉倒姿势的醉猿化石。

(三)古文献为"自然生酒"提供科学证明

中国古代的一些圣明贤达,对某些事物的认识是深刻而又科学的,随着社会的发展及科技的进步,先人们的预测及结论,大都得以验证,成为令人折服的真理。自然科学如此,社会科学亦是。就是对作为生态文化的酒,人们的结论也是真见卓识,一语中的。下面这些文献资料便是有力的证据:

"黄山多猿猱,春夏采杂花果于石洼中,酝酿成酒,香气溢发,闻数百步。"(摘自《紫桃轩杂缀·蓬栊夜话》)

"粤西平乐等府,山中多猿,善采百花酿酒。樵子入山,得其巢穴者,其酒多至数石。饮之,香美异常,名曰猿酒。"(摘自《清稗类钞·粤西偶记》)

美丽的神话传说给酒源的奥秘增光添彩

神话传说是关于神仙或神话的古代英雄的故事。它是古代人民对自然现

象和社会生活的一种天真解释和美丽向往,具有朴素唯物主义思想和积极浪漫主义色彩。酒与神话传说结缘,衍生了许许多多关于酒的故事,给人们以美好的遐想及丰富的想象力,使酒文化这朵奇葩更加璀璨生辉!

上天造酒说

"诗仙"李白在《月下独酌·其二》一诗中有"天若不爱酒,酒星不在天"的诗句;东汉末年以"座上客常满,樽中酒不空"自诩的孔融,在《与曹操论酒禁书》中有"天垂酒星之耀,地列酒泉之郡"之说;经常喝得大醉,被誉为"鬼才"的诗人李贺,在《秦王饮酒》一诗中也有"龙头泻酒邀酒星"的诗句。此外如"吾爱李太白,身是酒星魂","酒星不照九泉下","仰酒旗之景曜","拟酒旗于元象","囚酒星于天岳"等,都经常有"酒星"或"酒旗"这样的词句。窦苹所撰《酒谱》中,也有"酒星之作也"的话。大意是自古以来,我国祖先就有酒是天上"酒星"所造的说法。不过这连《酒谱》的作者自己也不相信这样的传说。

李白像,图出自明·天然撰《历代古人像赞》。李白是唐代著名诗人,喜爱饮酒,有"酒中仙"之美誉。

《晋书》中也记载了酒旗星座:"轩辕右角南三星曰酒旗,酒官之旗也,主宴飨饮食。"轩辕,我国古星名,共十七颗星,其中十二颗属狮子星座。酒旗三星,即狮子座的Ψ、ε和⌣三星。这三颗星,呈"1"形排列,南边紧傍二十八宿的柳宿八颗星。柳宿八颗星,即长蛇座δ、σ、η、ρ、ε、ζ、W、⊙八星。晴朗的夜晚,对照星图仔细在天空中搜寻,狮子座中的轩辕十四和长蛇座的二十八宿中的星宿一,很明亮,很容易就可以找到,酒旗三星,因亮度太小或太遥远,则用肉眼很难辨认。

《周礼》一书最早有酒旗星的记录,距今已有近三千年的历史。二十八宿的说法,始于殷代而确立于周代,是我国古代天文学的伟大创造之一。在当时科学仪器极其简陋的情况下,我们的祖先能在浩渺的星汉中观察到这几颗并不怎样明亮的"酒旗星",并留下关于酒旗星的种种记载,这不能不说是一种奇迹。这不仅说明我们的祖先有丰富的想象力,而且也证明酒在当时的社会活动与日常生活中,确实占有相当重要的位置。然而,酒自"上天造"之说,既无立论之理,又无科学论据,此乃附会之说,文学渲染夸张而已。暂且收录在这里,仅供大家鉴赏。

猿猴造酒说

唐人李肇所撰写的《国史补》一书,记载了一段有关人类如何捕捉聪明伶俐猿猴的文字,写得很精彩。猿猴是十分机敏的动物,它们居深山野林中,在巉岩林木间跳跃攀缘,出没无常,很难活捉到它们。经过细致的观察,人们发现并掌握了猿猴的一个致命弱点,那就是"嗜酒"。于是,人们在猿猴出没的地方,摆几缸香甜浓郁的美酒。猿猴闻香而至,先是在酒缸前踌躇不前,接着便小心翼翼地用指蘸酒吮尝,时间一久,没有发现什么可疑之处,终于经受不住香甜美酒的诱惑,开怀畅饮起来,直到酩酊大醉,乖乖地被人捉住。这种捕捉猿猴的方法并非我国独有,东南亚一带的人们和非洲的土著民族捕捉猿猴或大猩猩,也都采用类似的方法。这说明猿猴常常与酒联在一起。

猿猴不仅嗜酒,而且还会"造酒",这在我国的许多典籍中都有记载。清代文人李调元在他的著作中记叙道:"琼州(今海南岛)多猿……尝于石岩深处得猿酒,盖猿以稻米杂百花所造,一石六辄有五六升许,味最辣,然极难得。"清代的另一种笔记小说中也说:"粤西平乐(今广西壮族自治区东部,西江支流桂江中游)等府,山中多猿,善采百花酿酒。樵子入山,得其巢穴者,其酒多至数石。饮之,香美异常,名曰猿酒。"看来人们在广东和广西都曾发现过猿猴"造"的酒。无独有偶,早在明朝时期,这类的猿猴"造"酒的传说就有过记载。明代文人李日华在他的著述中,也有过类似的记载:"黄山多猿猱,春夏采杂花果于石洼中,酝酿成酒,香气溢发,闻数百步。野樵深入者或得偷饮之,不可多,多即减酒痕,觉之,众猿伺得人,必嬲死之。"可见,这种猿酒是偷饮不得的。

这些不同时代不同人的记载,都证明了这样的事实,即在猿猴的聚居处,多有类似"酒"的东西发现。至于这种类似"酒"的东西,是怎样产生的,是纯属生物学适应的本能性活动,还是猿猴有意识、有计划的生产活动,那倒是值得研究的。要解释这种现象,就得从酒的生成原理说起。

酒是一种发酵食品,它是由一种叫酵母菌的微生物分解糖类产生的。酵母菌是一种分布极其广泛的菌类,在广袤的大自然原野中,尤其在一些含糖分较高的水果中,这种酵母菌更容易繁衍滋长。因为含糖的水果,是猿猴的重要食品。当成熟的野果坠落下来后,由于受到果皮上或空气中酵母菌的作用而生成酒,这是一种自然现象。在我们的日常生活中,在腐烂的水果摊床附近,在垃圾堆旁,都能常常嗅到由于水果腐烂而散发出来的阵阵酒味儿。猿猴在水果成熟的季节,把大量水果收贮于"石洼中",堆积的水果受自然界中酵母菌的作用而发酵,于是在石洼中有"酒"的液体析出,这样的结果,一是并未影响水果的食用,而且析出的液体——"酒",还有一种特别的香味供享用。猿猴居然能在不自觉中"造"出酒来,这是即合乎逻辑又合乎情理的事情。当然,猿猴从最初尝到发酵的野果到"酝酿成酒",是一个漫长的过程,究竟漫长到多少年代,那就无法考究了。

仪狄造酒说

史籍中有很多关于仪狄"作酒而美""始作酒醪"的记载,似乎仪狄就是制造酒的鼻祖。这种说法合不合乎事实,有待进一步考证。

一种说法叫"仪狄作酒醪,杜康作秫酒"。这里并无时代先后之分,讲的是他们作的不同的酒。"醪",一种糯米经过发酵加工而成的"醪糟儿"。性温软,其味甜,多产于江浙一带。现在的不少家庭中,仍自制醪糟儿。醪糟儿洁白细腻,稠状的糟糊可当主食,上面的清亮汁液颇近于酒。"秫",高粱的别称。杜康作秫酒,指的是杜康造酒所使用的原料是高粱。如果硬要将仪狄或杜康确定为酒的创始人的话,只能说仪狄是黄酒的创始人,而杜康则是高粱酒的创始人。

所谓"酒之所兴,肇自上皇,成于仪狄"是指自上古三皇五帝的时候,就有各种各样造酒的方法流行于民间,是仪狄将这些造酒的方法归纳总结出来,使之流传于后世的。能进行这种总结推广工作的,当然不是一般平民,所以有的书中认定仪狄是司掌造酒的官员,这恐怕也不无道理。有书载仪狄作酒之后,禹曾经"绝旨酒而疏仪狄",这证明仪狄是很接近禹的"官员"。

仪狄是什么时代的人呢?比起杜康来,古籍中的记载要一致些,例如《世本》《吕氏春秋》《战国策》中都认为他是夏禹时代的人。他到底是从事什么职务的人呢?是司酒造业的"工匠",还是夏禹手下的臣属?他生于何处、葬于何地?都没有确凿的史料可考。那么,他是如何发明酿酒的呢?《战国策》中说:"昔者,帝女令仪狄作酒而美,进之禹,禹饮而甘之,遂疏仪狄,绝旨酒,曰:'后世必有以酒亡其国者'"。这一段记载,较之其他古籍中关于杜康造酒的记载来,就算详细的了。根据这段记载,情况大体是这样的:夏禹的女人,令仪狄去监造酿酒,仪狄经过一番努力,做出来的酒味道很好,于是奉献给夏禹品尝。夏禹喝了之后,觉得的确很好。可是这位被后世人奉为"圣明之君"的夏禹,不仅没有奖励造酒有功的仪狄,反而从此疏远了他,对他不仅不再信任和重用了,而且自己也从此和美酒绝了缘。这段记载流传于世的后果是,一些人对夏禹倍加尊崇,推他为廉洁开明的君主;因为"禹恶旨酒",竟使仪狄的形象成了专事谄媚进奉的小人。这实在是修史者始料未及的。

那么,仪狄是不是酒的创始人呢?有的古籍中还有与《世本》相矛盾的说法。例如孔子八世孙孔鲋,说帝尧、帝舜都是酒量很大的君王。黄帝、尧、舜,都早于夏禹,早于夏禹的尧舜都善饮酒,他们饮的是谁人制造的酒呢?可见说夏禹的臣属仪狄"始作酒醪"是不大确切的。事实上用粮食酿酒是件程序、工艺都很复杂的事,单凭个人力量是难以完成的。仪狄再有能耐,首先发明造酒似乎是不大可能的。如果说他是位善酿美酒的匠人、大师,或是监督酿酒的官员,他总结了前人的经验,完善了酿造方法,终于酿出了质地优良的酒醪,这还是可能的。所以,郭沫若说,"相传禹臣仪狄开始造酒,这是指比原始社会时代的酒更甘美浓烈的旨酒",这种提法就科学得多了。

杜康造酒说

还有一种说法是杜康"有饭不尽,余馂空桑,郁积成味,久蓄气芳,本出于

明代张居正《帝鉴图说》中的戒酒防微图，讲述仪狄发明了酒，献给大禹品尝，大禹尝了之后认为味道很好，感叹后世必有因为酒而亡国者，从此疏远了造酒的仪狄的故事。

此，不由奇方。"大意是说杜康将没有吃完的剩饭，放置在桑园的树洞里，剩饭在洞中发酵后，有芳香的气味传出。这就是酒的做法，并没什么奇异之处。由生产、生活中的偶尔的机会启发出创造的灵感，这是很合乎一些发明创造的规律的。这段记载在后世流传，杜康便成了很能够留心周围的小事，并能及时启动创作灵感的发明家了。

魏武帝乐府曰："何以解忧，唯有杜康"。之后，认为酒就是杜康所创的说法似乎更多了。窦苹考据了"杜"姓的起源及沿革，认为"杜氏本出于刘，累在商为豕韦氏，武王封之于杜，传至杜伯，为宣王所诛，子孙奔晋，遂有杜氏者，士会和言其后也。"杜姓到杜康的时候，已经是禹之后很久的事情了。在上古时期，就已经有"尧酒千盅"之说了。如果说酒是杜康所创，那么尧喝的是什么人创造的酒呢？

历史上杜康确有其人。古籍中如《世本》《吕氏春秋》《战国策》《说文解字》等书，对杜康都有过记载自不必说。清乾隆十九年重修的《白水县志》中，对杜康也有过较详的记载。白水县，在陕北高原南缘与关中平原的交接处，因流经县治的一条河水底多白色石头而得名。白水县，系"古雍州之域，周末为彭

仓颉像，图出自明·天然撰《历代古人像赞》。

戏，春秋为彭衙"，"汉景帝建粟邑衙县"，"唐建白水县于今治"，可谓历史悠久了。白水因有所谓"四大贤人"遗址而名蜚中外：一是相传黄帝的史官、创造文字的仓颉，出生于本县阳武村；一是死后被封为彭衙土神的雷祥，生前善制瓷器；一是我国"四大发明"之一的造纸发明者东汉人蔡伦，不知缘何因由也在此地留有坟墓；此外就是相传为酿酒的鼻祖杜康的遗址了。一个黄土高原上的小小县城，一下子拥有仓颉、雷祥、蔡伦、杜康这四位贤人的遗址，显赫程度自然不言而喻。

"杜康，字仲宁，相传为县康家卫人，善造酒。"康家卫是一个至今仍有的小村庄。村边有一道大沟，长约十公里，最宽处一百多米，最深处也近百米，人们叫它"杜康沟"。沟的起源处有一个眼泉，四周绿树环绕，草木丛生，名为"杜康泉"。县志上说"俗传杜康取此水造酒"，"乡民谓此水至今有酒味"。有酒味固然不确，但此泉水质清洌甘爽却是事实。清流从泉眼中汩汩涌出，沿着沟底流淌，最后汇入白水河，人们称它为"杜康河"。杜康泉旁边的土坡上，有个直径五六米的大土包，用砖墙围护着，传说是杜康埋骸之所。杜康庙就在坟墓左侧，凿壁为室，供奉杜康造像。可惜庙与像均毁于"十年浩劫"了。据县志记载，往日，乡民每逢正月二十一日，都要带上供品，到这里来进行祭祀，组织"赛享"活动。这一天非常热闹，搭台演戏，商贩云集，熙熙攘攘，直至日落西山人们方尽兴而散。如今，杜康墓和杜康庙均在修整，杜康泉上已建好一座凉亭。亭呈六角形,红柱绿瓦,五彩飞檐,楣上绘着"杜康醉刘伶""青梅煮酒论英雄"故事图画。尽管杜康的出生地等均系"相传",但据考古工作者在此一带发现的残砖断瓦考定,商周之时,此地确有建筑物,这里产酒的历史也非常悠久。唐代大诗人杜甫于安史之乱时,曾挈家来此依其舅氏崔少府,写下了《白水舅宅喜雨》等诗多首,诗句中有"今日醉弦歌""生开桑落酒"等饮酒的记载。酿酒专家们对杜康泉水也做过化验,认为水质适于造酒。1976年,白水县人在杜康泉附近建立了一家现代化酒厂,定名为"杜康酒厂",用该泉之水酿酒,产品名"杜康酒",曾获得国家轻工业部全国酒类大赛的铜杯奖。

另外,清道光十八年重修的《伊阳县志》和道光二十年修的《汝州全志》,也都有关于杜康遗址的记载。《伊阳县志》中《水》条里,有"杜水河"一语,释曰"俗传杜康造酒于此"。《汝州全志》中说:"杜康矶,在城北五十里,俗传杜康造酒处"。两处记述均不详明,切都有"俗传"的字样,恐不足为据。但为什么会有这样的"俗传"呢?人们可能有这样的想象:杜康这位善造酒的大师,生于今天的陕西白水县,为在京师献艺,途经洛阳。酿酒须得好水,于是跋山涉水,几经寻觅,发现这离京不远的南面有条水河,水质清澈适用,于是垒起炉灶,酿起酒来。从此,杜康的名字和杜康酒竟不胫而走,连周天子喝了他酿造的酒,也大加赞赏。《汝州全志》中记载:"俗传杜康造酒处"叫"杜康矶","在城北五十里"处的地方。今天,这里倒是有一个叫"杜康仙庄"的小村,人们说这里就是杜康矶。"矶",本义是指石头的破裂声,而杜康仙庄一带的土壤又正是山石风化而成的。从地隙中涌出许多股清洌的泉水,汇入旁村流过的一道小河中,人们说这段河就是杜水河。令人感到有趣的是在附近的这段河道中,生长着一种长约一厘米的小虾,全身澄黄,蜷腰横行,实为罕见。此外,生长在这段河套上的鸭子生的蛋,蛋黄泛红,远较他处的颜色深。此地村民由于饮用这段河水,竟没有患胃病的人。在距杜康仙庄北约十多公里的伊川县境内,有一个名叫"上皇古泉"的泉眼,相传也是杜康取过水的泉眼。如今在伊川县和汝阳县,已分别建立了颇具规模的杜康酒厂,产品都叫杜康酒。伊川的产品、汝阳的产品连同白水的产品合在一起,年产量达一万多吨,这恐怕是杜康当年始料未及的。

史籍中还有少康造酒的记载。少康即杜康,不过是年代不同的称谓罢了。

那么,酒之源究竟在哪里?窦苹认为"予谓智者作之,天下后世循之而莫能废",这是很有道理的。劳动人民在长年累月的劳动实践中,积累下了制造酒的

中華酒典

方法,经过远见卓识的"智者"归纳总结,后代人按照先祖传下来的办法一代一代地相袭相循,流传至今。这个说法是比较接近实际,也是合乎唯物主义认识论的。

第三节　酒的演变

中国是世界上最早的酿酒国家之一,对世界酿酒业的发展做出了杰出的贡献。特别是中国人民发明的制曲技术和"复式发酵法",被西方学者认为可以与指南针、活字印刷、造纸术和火药等四大发明相提并论,现已被世界科技发展史所记载。制曲技术和"复式发酵法"是中国劳动人民集体智慧的结晶,体现了中国人民的聪明才华,是中华民族的骄傲。

中国人民从发现酒,饮用酒到发明酿酒术,其间经历了一个相当漫长的历史过程,充满着艰辛和曲折。如果把它的发展视为一条奔流不息的长河,在这长河中,既有急湍奔流的旋涡,也有艳丽夺目的浪花。它叙说着中国人民的勤劳、勇敢,弘扬着中华民族不折不挠的奋勇拼搏精神,书写着中国人民的博大胸怀。时间随着岁月飞逝,我们只好沿着时空隧道,去寻觅那激动人心的时刻。

原始先人模仿"自然生酒"

假如杜康"秫饭生酒"的事情果真如此,那么先人们酿酒自饮就很可能也是那个样子。它虽是文人学士们的妙笔生花,但也不乏真实生活的影响。

在原始社会末期,随着生产工具的改进,社会生产力水平得到了提高,促使中国农业生产有了很大的发展。多余的谷物被仓储起来,作为财富被人们所羡慕。但是,保管不善使其发霉变质又令人可惜。于是原始先人们在不自觉的行为中,将发霉变质的谷物堆积在一起,让它们自然发酵、自然生化,结果,即出现了惊世骇俗的奇迹:一种清澈透明、散发着辛辣甘甜的液体物质溢流出来,人们争相饮用,久而久之,由不自觉到自觉,从无意识到有意识,模仿"自然生酒"的堆积酿酒法便开始成为人类获取物质生活来源的手段之一。这时的"酒"还是原始的、粗糙的,还没有质的突破。原始社会早期的先人们把剩余谷物、植物果实堆积在一起模仿着"自然生酒",开始了人类适应自然、改造自然的创新之作,这是一个划时代的创造,也是酿酒史上的一座里程碑,成为人类精神文明的萌芽。

这种科学的假说,由于目前我们还没有发现夏及夏代以前的文字,所以无法从古文献中得到印证,只能借助于考古发掘的历史文物来做旁证,进行合理的推断。河北省考古工作者在武安县磁山早期文化遗存的窖穴中,发现了大量的粟米堆积物和动物骸骨,这是至今我国发现的最早的粮食堆积物。考古工作者又在此地的新石器时代仰韶文化遗存中发现了若干小型陶器制窖,又在埋藏着晚期龙山文化遗存中发现了尊、盉、高脚杯、小壶等原始陶器。所有这些出土的物品,科学家们认定都是专门用来酿酒和饮酒的器具。磁山文化遗存中有大量的粮食堆积物这一事实,似乎向我们传递这样一个信息:大约在7000年前的磁山文化时期,我国的原始先人就已经有了发明酿酒术的可能,从龙山文化遗存中发现有酿酒饮酒器具这一事实告诉人们,早在5000年前的龙山文化早期,我们的祖先已经发明了酿酒术。由此可见,这比我国传说中的仪狄、杜康造酒至少要早1000年。这就是说,是人类发现了酒,又是人类成员中的聪明分子在模仿自然,利用自然,改造自然,从而发明了酿酒术。劳动创造了人,劳动也创造了人的精神文化生活。

概括起来可以这样讲,在距今5000年或更早一些的时期里,华夏大地的先民们就在不同的地区、不同的时期里发明了酿酒术,后经过长期的总结和改进,促进了酿酒术的成熟。

殷商以"蘖"为曲酿制浊酒

根据人们对甲骨文的破译,殷商武丁时期是奴隶社会经济的初步繁荣时期。这时,人们已实现了从"自然生酒"到"人工酿酒"的质的飞跃,而且酒的酿造规模也不断扩大。不仅有家庭作坊、部落作坊,而且还出现了宫廷作坊。更具有划时代意义的是人们发明创造了制酒的关键技术——发酵法,发明以"蘖"命名的这种独一无二的世界上最早的酒曲。酒曲的发明是中国对世界生物科学技术的杰出贡献。在这种技术条件下生产的酒,酒汁与酒渣(又称酒糟)还没有分离,是混合在一起的一种"浊酒"。在现在的江南沪杭地区,仍有

中华酒典

这种遗风。据周正舒先生在《酒戒》一书中介绍：直到现在，上海的街巷里弄，仍有人推着车子或挑着担子在叫卖一种叫作"醪糟"的食品。这是一种有米有汁的食品，加热煮熟后，人们吃得津津有味，其滋味醇香甘甜。周先生断言，这可能就是谷物类"浊酒"的遗风。

西周人创造压榨法酿制清酒

自殷商武丁时期人们发明了酿酒之曲——"蘗"之后，酿酒便出现了"若作酒醴，尔惟曲蘗"的方法。这种方法到了西周时期，随着人们的反复实践，精心研究，又研制出了汁、渣分离的"清酒"酿制法——压榨过滤法。据说这种方法最早始于西周时期，日臻完善成熟于东周惠王二十年（公元前656年）左右。史书记载：齐桓公灭蔡后，又伐楚，楚使请盟于昭陵。管仲曾代表周指责楚国说："尔贡包茅不入，王祭不供无以缩酒，寡人是徵，昭王南征而不复，寡人是问。"这里的缩酒便是指过滤后的清酒。

到了周代，人们的酿酒技艺日臻成熟，而且已深深懂得了按照贮酒时间的长短论质量的优劣，于是又把酒分成"事、昔、清"三大类。其一，事酒，是专指即酿即用的新酒；其二，昔酒，则要求冬酿春熟，长时间贮藏后才能饮用的酒，人们称之为陈酒，其特点是色清、味醇、气芳；其三，清酒，乃酒中之珍品，它要求"冬酿夏熟"，其酿造贮藏时间更长，质量更好，有醇香四溢的特征。此外，还酿造出了几种专门为祭祀而使用的酒，如"泛""盎""醒"和清酌酒。在商代出现的药酒到周代也有了较大的发展，当时称之为"汤液"与"醪醴"。

宋代以"煮酒法"使酒品更加醇美

周至秦汉，乃至隋唐及五代十国时期，人们对酿酒技艺的发明和创造的重心及着眼点则放在了酒曲的发展和创新上。例如，汉代一改传统"散曲"的做法，将酒曲研制成饼曲，特别是红曲的研制成功，破天荒地将微生物菌类用在了提高人的身体健康上，使它成为一味活血化瘀、健脾消食及治疗妇科疾病的良药。它还成了一种美好的食物染色剂。宋代诗人就曾讴歌它："腊糟红曲寄驼蹄，夜倾闽酒赤如丹。"

但是,关于酿酒的工艺却重视不够,这可能与当时的科学技术还没有达到推动工艺提高的程度有关。因此,北魏农学家贾思勰这部集历代科学技术之大成的《齐民要术》,尽管对历代酿酒的经验进行了全面详细地总结,甚至包括酒曲的制作、原料及酒曲的比例都有所交代。但是,唯独工艺流程简略,只是一笔带过,没有详细描述。关于酿酒的新工艺煮酒法,一直到北宋的朱翼才在《北山酒经》中给予披露。这说明,煮酒法是在宋代初期才有的。煮酒法的诞生,标志着酿酒生产工艺有了重大突破,为酿酒业的发展与繁荣奠定了坚实的基础。

"煮酒法"是将酿制成的酒液(已经过上槽、收酒两道工序),先装进酒瓶内,然后将酒瓶放在甑里。在甑里装上水,然后在甑底下生火加温使水至沸点:"侯甑层上酒上透,酒溢出倒流,便揭开甑盖,取一瓶开看,酒滚即熟矣。"这种煮酒法不仅使酒质更加纯净(沸点可将酒汁的残留物沉淀),而且进一步提高了酒的味道和浓度。随着煮酒法的推广,宋代以后,南北各地的酿酒作坊星罗棋布,遍地开花,其规模之大,令人叹为观止,于是各种名酒佳酿枚不胜数。正如何满子先生在《中国酒文化》一书中描绘的那样,如果将这些名酒的产地、特点罗列在一起,可以洋洋洒洒写一个厚厚的本子。

元代创"蒸馏法",酿酒术实现革命性变革

根据对酿酒历史的考察,元代前,所有各代的酿酒方法,都是以谷物酿造的甜酒作酒母,然后加水增曲再进行酿造,其酒的浓度不高,只相当于现在的黄酒。根据测定,这类酒的浓度仅有 18~20 度,按照现代的行话说,就是一种"软货"。但是要把它提炼成高浓度的"硬货",非用别的法子不可,于是蒸馏造酒的方法便应运而生。

"蒸馏酿造法",有人讲始于宋代,有的说始于公元前的 5 世纪,更有人说是外来技术,来自中亚人的传授。但是考古出土的文物表明,蒸馏造酒法是中国人独自创造的。它始于宋朝末年,经过元代的发展和改造,到明初之际,此法完全成熟,一直延续至今,并随着科技的进步和发展,使之春华再现,风光无限。

"蒸馏酿酒法"是在煮酒法的基础上,对此法的再改造、再创新。它利用液体物理变化的三态原理,根据酒精与水的沸点温度差而创造的一种酿酒方法。李时珍在《本草纲目》中记载,其法是"用浓酒与糟入甑蒸,令气上,用器承取滴

露,其清如水,味极浓烈,盖酒露也",即现在流行的"老白烧"和白干酒。关于蒸馏酒始于宋的说法,据说还经过了科学家的考证。这是因为在 1975 年,考古工作者在河北省青龙县境内的古墓葬中发现了一套完好的铜制蒸馏酒酿造器具。该物高 41.5cm,分上下两部分,下体是一只圆形的蒸馏锅,上体为冷却器,敞着口,二者套合后,上器的唇口紧贴下器的外沿内壁,形成一个完整的类似现在蒸球的酿酒器具。专家们说,这是宋人制作的,所以大多数人把蒸馏酒的发明时代定在了宋代。但是,由于没有古文献佐证,大家基本上还是认同李时珍的结论,即元代发明了蒸馏法。

"蒸馏酿酒法"的发明,使我国的酿酒技艺又一次实现了革命性变革,形成了我国酿酒业保留至今的优良传统。自此以后的近千年,人们以此为基础不断改进,不断创新,使它更加完善。由于这种方法酿制的酒更加纯净、醇厚、芬芳,所以老白干为主流的各种酒品花色缤纷,种类成千上万,枚不胜数。目前,我国共有约 50000 多家酒厂,80% 的酒厂为白酒生产厂。这些厂均以蒸馏法酿酒,年产量达数千万吨,在 960 万平方公里的疆土上,到处飘逸着酒的芳香。中国,成了真正的酒的王国。

第四节　历代名酒

中国是世界上最早发明酿酒术的国家之一。千百年来,勤劳、智慧的各族人民,以卓越的创新开拓精神,不断更新酿造工艺,酿造出了数以万计的美酒佳酿,展示了中华民族的才华。它使神州大地名家蜂起、流派纷争,醇美芳香的美酒在历史长河中徜徉。

自古华夏多美酒。从三皇五帝到秦皇汉武,从唐宗宋祖到成吉思汗,历朝历代都以治国兴邦为大业,他们在南征北战开拓疆域的鏖战中以酒壮军威,他们在繁荣昌盛的举国庆贺中以酒壮国势。酒,国家精神寄托的载体;酒,民族灵魂的支柱。于是酒就迅速发展起来,名酒也就多了起来⋯⋯

秦汉之前酒醇香

根据考古发掘的成果,我们了解到,早在原始社会的新石器时代,我们的先

家庭经典藏书

中华酒典

人就有了酿酒的可能,特别是龙山文化遗存中酿酒器具的发现,进一步表明早在 5000 年前,我国人民已掌握了酿酒术。

公元前 21 世纪夏王朝的建立,使中国进入了阶级社会。明君圣主夏禹虽然知道"酒能亡国"的道理,曾下令禁酒。但是,自启即位后的各代君王都是嗜酒如命的"瘾君子",直至夏桀"酒池肉林"般的纵酒淫乐,终于使夏朝覆灭,可见在夏代酿酒业已相当发达。但是,由于至今尚未发现夏代文字,这些名贵的宫廷美酒随着岁月的流逝,已被历史尘埃所掩埋,我们也就无法知晓了。

甲骨文的出现,使尚待发达的酿酒业有了文字记载。现今人们知道商代酿制的名酒有:以黍米为原料的黄酒,以稻米为原料的甜酒以及用黑黍加郁金香合酿的香酒。人们根据酿造时采用的"曲蘖"不同,又把它们区分为"旧醴"和"新醴"。

周代酿酒业较殷商时代繁荣的多,不仅专门组织了酿酒队伍,设置了管理机构,而且还授予管理人员"酒人、酒正"等官位,因此,周代酿制的名酒就比较多。最有名的是"春酒",这种酒以稻米为原料,冬季酿制,窖藏至春雨时节才能够饮用,是专供西周奴隶主贵族们祭祀和饮用的宫廷御酒。另外还有被贵族们封为高档酒的五齐酒,这五齐是泛齐、醴齐、盎齐、醍齐和沉齐等,因与酒渣相关联而得名。据《礼记外传》解释说,泛齐是因为酒渣泛泛然而得名,俗称"白醪";醴齐是因酒汁与酒渣相融一体而得名,俗称"甜酒";盎齐葱白色,称"白酒";醍齐,酒色红赤;沉齐也称为澄齐,因酒酿成后渣沉而得名。

还有事酒、昔酒、清酒这三种较低档的酒。这些酒主要是用来祭祀宗庙和供下级大夫士人饮用。

随着酿酒技术的逐步提高,特别是酿酒工艺的改进,春秋战国时期,名酒佳酿也就逐渐多了起来。其中春秋时期有名的酒是"缩酒"。周正书先生在《酒戒》一书中介绍说:"束茅而灌之以酒,为缩酒。"(唐·孔颖达)在一捆捆好的茅草中灌入酒液,用力挤压使酒流出来,酒糟阻留在茅草里,这种酒叫作"缩酒"。"沛之以茅,缩去滓也。"沛,指挤的动作,除去酒糟,这种缩糟后的清酒,更比与酒糟混在一起的浊酒要好得多。

另外,还有楚国人生产的酎酒,这是一种多次投米反复酿造的醇酒,味道特别的醇香。我国考古工作者近年在河北平山县发掘战国时期中山国墓葬时发现了它。在发掘现场,人们还能闻到这两千多年前的名酒所散发出的扑鼻酒

中华酒典

香。用黍酿成的黍醋也曾风靡一时,在各诸侯国盛行。吕不韦曾说:"临战,司马子反渴求饮,竖阳谷操黍醋而进之。"(《吕氏春秋·权勋》)

随着楚国的崛起,南方各地的酿酒业兴旺发达起来,其美酒佳酿不胜枚举。例如,用肉桂切片浸入酒液中的桂酒,"蕙肴蒸兮兰藉,奠桂酒兮椒浆"(屈原《楚辞·九歌》)。此外还有"挫糟冻饮,酌清凉些"的冰拔冷酒。

两汉名酒润人心

尽管两汉统治者实行酒禁,但是屡禁屡犯的饮酒酿酒习俗却日趋剧烈。因此,在人们的欲望之下,美酒照样酿制,名师依旧授徒,酿酒业红红火火,热闹非凡。于是佳酿琳琅满目,琼浆玉液层出不穷,醇酒滥觞,芳香无穷。

百末旨酒 汉代一种有独特香味的名贵酒。《汉书·礼乐志》:"百末,百草华之末也。旨,美也。以百草华末杂酒,故香且美也。"华即花,可见这种酒是以杂采百花之末而精心酿成的。

洪梁酒 汉代南方出的一种美酒。据《拾遗记》:汉武帝因怀念宠姬李夫人不可复得,容色愁悲。侍者"进洪梁之酒。酒出洪梁之县,此属右扶风,至哀帝废此邑。南人受此酿法"。

宜城醪 汉代宜城(今湖北宜城南)所出的名酒。《周礼·天官·酒正》:"一曰泛齐",汉代郑玄注曰:"泛齐者,成而滓浮,泛泛然如今宜城醪矣。"泛齐是周朝供祭祀用的高级酒。郑玄把泛齐与宜城醪相提并论,可见宜城醪的醇美。

麦酒 用麦子酿造的酒。《后汉书·范冉传》:"(范冉)与汉中李固、河内王奂亲善,……及奂迁汉阳太守,将行,冉乃与弟协步赍麦酒,于道侧设坛以待之。"范冉为出任太守职位的好友送行用麦酒,可见这种酒的品位之高。

金浆酒 汉代一种用甘蔗汁酿成的美酒。《西京杂记》所引西汉枚乘《柳赋》有:"于是罇盈缥玉之酒,爵献金浆之醪。"原注曰:"梁人作薯蔗酒,名金浆。"薯蔗,甘柘都是甘蔗的古称。由此可知,汉代已经有了被人们称为"金浆"的甘蔗酒了。

椒酒 用花椒籽浸制的酒。汉代风俗,元旦(正月初一)子孙向家长献椒酒。《四民月令》:"正月之朔,是谓正日。……子妇曾孙,各上椒酒于家长。称觞举寿,欣欣如也。"可见这种节令饮用的酒在汉代很普及。

司涵酒 东汉时的名酒。窦革《酒谱》引《典论》:"汉灵帝末,有司涵酒,斗值千钱。"可见此酒的名贵。

魏晋琼浆诱人狂

魏晋是一个战乱纷起的时代。道教的产生,玄学的盛行,佛教的传入,大大改变了人们的生活习俗,人们(特别是上流社会)对酒产生了浓厚的兴趣,虽说有时当政者也下禁酒的政令,但是基本上还是放纵饮酒的。正是在这种情况下,酿酒术有了空前的发展。此时黄河两岸,大江南北,不同地区所酿制的各种名酒纷纷争艳斗彩,仅北魏贾思勰在《齐民要术》中就介绍了40余种名贵宫廷御酒,这主要有:

粱米酒 用高粱加曲以三酘法酿成的浓香型酒。据《齐民要术》介绍,酿这种酒虽"凡粱米皆得用",但以"赤粱白粱佳",即以红高粱米或白高粱米为最好。此酒无论"春秋冬夏皆得作",用三酘之法酿成,就是将酿酒用的高粱米分成三份,先把头一份煮成粥,加曲后在瓮中封泥后酿造。待曲发酵后,开瓮,再把第二份煮好的高粱米粥投进,等待第二次发酵完毕。最后将第三份米粥投入瓮中,用泥再封好瓮口,酝酿十日后便成酒。酒成后,凡用红高粱酿的酒,液呈赤红色,用白高粱者酒液呈乳白色。这种粱米酒酿熟后,"芬芳酷烈",风味独特。饮用时但觉"姜辛桂辣,蜜甜胆苦,悉在其中",五味俱全,堪称美酒。用高粱酿酒,古已有之,少康初作之酒即为秫酒。秫是高粱的一种,也称为秫秫,但是用三酘法酿成的粱米酒却是自此而始。

桑落酒 此酒因在桑叶凋落时酿熟而得名。《水经注·河水》:"民有姓刘名堕者,宿擅工酿。采挹河流,酿成芳酎,悬食同枯枝之年,排于桑落之辰,故酒得其名矣。"《齐民要术》介绍做桑落酒的方法是:"曲末一斗,熟米二斗,其米令精细淘净,水清为度。用熟水一斗,限三酘便止。"这种选料、用水、酿造皆精的名酒,自两晋后历代不衰。唐代郎士元《寄李袁州桑落酒》诗赞曰:"色比琼浆犹嫩,香同甘露仍春,十千提携一斗,远送潇湘故人。"可见此酒的醇香。

和酒 加胡椒、丁香、干姜等浸泡而成的酒。《齐民要术》介绍做和酒的方法为:"酒一斗,胡椒六十枚,干姜一分,鸡舌香(丁香)一分,荜拨(一种多年生藤蔓植物,其实为卵形浆果)六枚。"把胡椒、姜、丁香和荜拨盛在用绢制成的袋子里,然后浸泡在酒液中过一宿,第二天再用一升蜜调在酒液中便成。这种酒甜、香、辣味俱全,制法简便,颇受人们的喜爱。

夏鸡鸣酒 北方普遍饮用的一种秫米酒。酿此酒仅用一宿便成,方法简便古朴,当与远古时所用的秫酒法类同。此酒前冠以"夏"字,可能是表明系用传说中的夏朝酿酒法。《齐民要术》中介绍夏鸡鸣酒的做法为:"秫米二升,煮作糜。曲二斤,持合米和令调,以水五斗渍之。封头(用泥封酒瓮口)。今日作,明旦鸡鸣便熟。"

柏酒 汉代始兴的元旦时饮用的一种用柏树叶浸泡的酒。《荆楚岁时记》:"(正月初一)长幼悉正衣冠,以次拜贺。进椒、柏酒、饮桃汤。"这是一种祝贺用酒。元旦饮此酒,意味着新的一年,人人身体健康,百病不侵。

屠苏酒 汉代以后兴起的元旦时饮用的一种药用浸泡酒。此酒用"大黄、蜀椒、桔梗、桂心、防风各半两,白术、虎杖各一两,乌头半分。右八味、锉,以绛(深红色)囊贮。岁除日(年三十),薄晚挂井中,令至泥。正旦(正月初一早上),和囊浸于酒中,从少起至大,逐人各饮少许,则一家无病"。

九酝春酒 此酒是一种重酿的美酒。这种酒是曹操家乡安徽亳州所产,后来各地多仿照其酿法制作。此酒要用上好的稻米,清清的泉水和笨曲。此酒腊月开始酿制,到春季乃成。酒熟后香醇适口,风味独特。

擒奸酒 此酒又名鹤觞,骑驴酒,白堕春醪。魏晋时洛阳所出的一种名酒。《太平广记》引《洛阳伽蓝记》说:"河东人刘白堕善酿酒。六月中时署赫,刘以罂(一种腹大口小的容器)贮酒,曝于日中。经一旬,酒味不动(不变质),饮之香美,醉而不易醒。京师朝贵出郡者,远相饷馈。"因这种酒可以随人远行千里而不变质,当时人们给这种白堕春醪送了两个雅号,一是鹤觞,二是骑驴酒。关于擒奸酒名还有一段故事:晋惠帝永熙年间,青州刺史毛鸿宾带着这种骑驴酒上任。一天晚上遇上了一伙强盗,抢劫财物后又痛饮了毛刺史所带的酒,饮后皆烂醉,束手就擒。当时的游侠们对此酒的评价是:"不畏张弓拔刀,惟畏白堕春醪。"从此后,擒奸酒的名字就传开了。

菊花酒 九月九日重阳节饮用的时令酒,亦称为菊酒,黄花酒。此酒酿制法最早见于葛洪的《西京杂记》:"菊华(同花)舒时,并采茎叶,杂黍米酿之,至来年九月九日始熟就饮焉。故名菊华酒"。《荆楚岁时记》也有重阳节饮菊花酒的记载:"九月九日宴会,未知起于何代,然自汉至宋(南朝宋)未改。今北人亦重此节。佩茱萸,食饵(糕饼),饮菊花酒,云令人长寿。"重阳节登高饮菊花酒的习俗一直流传至近代。

山阴甜酒 即今天的绍兴老酒。自南北朝时,绍兴老酒就在全国闻名。制造这种酒的原料是当地产的精白糯米和麦曲,再用鉴湖十月至来年二月之水酿制。此酒酒液橙黄透明,酒味甘甜醇厚。酿成后少则储存三年,多则储存一二十年,而且越陈越香,久藏不坏。南北朝时,以银瓶装的陈酿山阴酒已享盛名。梁元帝《金楼子》中说他小时候读书时,"有银瓯一枚,储山阴甜酒",边读边饮,是一大趣事。唐宋以后,绍兴酒更享盛名,其品种也越来越多,有的被称为"女儿酒""花雕酒";有用红曲酿制的"状元红";有因在酿酒过程中再加糯米饭重酿而成的"绍兴加饭酒"和"香雪酒""摊饭酒"等等,皆各有特色。

盛唐美酒甲天下

由于隋唐的统一,农业发展,经济繁荣,为酿酒业的发展提供了雄厚的物质基础。特别是唐朝政府明令规定"天下置肆以酤者,斗钱百五十,免其徭役"后的几百余年间,鼓励民间酿酒的制度基本上沿袭了下来,有力地促进了酿酒业的繁荣。

大量文献资料表明,唐代各阶层人们均有饮酒的嗜好,并以聚众欢宴为特色。例如,"琼林宴""避暑会""暖寒会"之类。尤其是丰收之后,普天饮酒庆贺,形成"谁家无春酒,何处无春鸟"的亮丽风景。

随着诗歌的繁荣普及,以诗为令的习俗推广开来,美酒与名诗珠联璧合,相向增辉,使酒的文化内涵更加丰富多彩。与此同时,在诗的辉映下,酿酒、饮酒更加活跃,于是天之美酒滥觞横溢,各类佳酿层出不穷,使盛唐的名酒,有美酒甲大卜之盛誉。

据李肇在《唐国史补》中记载,仅唐长庆以前就流行着名酒14种。他说:"酒则有郢州之富水,乌程之若下,荥阳之土窟春,富平之石冻春,剑南之烧春,河北之乾和葡萄,岭南之灵溪、博罗,宜城之酒酼,浔阳之溢水,京城之西市腔,虾蟆陵之郎官清、阿婆清。又有三勒浆类酒,出自波斯,三勒谓庵摩勒、毗梨勒、呵梨勒。"

中华酒典

唐代较有名的佳酿有：

若下 若下又称若下酒、若下春，产地为唐代湖州的长城县（今浙江省吴兴县北）。因长城县古属乌程，所以《唐国史补》说："乌程之若下。"乌程县早在秦代即设置，相传因有善酿的乌、程二姓居住此地，故得乌程之名。若下酒可能在唐代以前就有，到了唐代后又称为若下春，若下春的醇美得之于水，《初学记》载："长城若下酒有名。溪南曰上若，北曰下若，并有村。村人取若下水以酿酒，醇美胜云阳。"云阳是汉代美酒洪梁酒的别称。若下春的醇美超过它，可见此酒并非一般的水酒。

土窟酒 产地为唐代郑州的荥阳（今河南荥阳）。《唐国史补》卷下："郑人荥水酿酒，近邑于远郊美数倍。"唐代荥水中经荥阳，土窟春当是此地人用荥阳城附近的荥水酿制而成的美酒。

石冻春 据《唐国史补》所载"富平之石冻春"，可知此酒的产地为唐代京兆府的富平县（今陕西省富平县附近）。唐代郑谷《赠富平李宰》诗中有"易得连宵醉，千缸石冻春"句，即指这种美酒。

梨花春 唐代杭州所产的一种美酒，是以江南梨花盛开时酒熟而得名的。白居易《杭州春望》诗有"青旗沽酒趁梨花"句，原注："其俗，酿酒趁梨花时熟，号为'梨花春'。"

老春 产地为唐代宣州的宣城县（今安徽宣城附近）。李白《哭宣城善酿纪叟》诗有"纪叟黄泉里，还应酿老春"句。据此可知，此酒数宣城县一个姓纪的老者酿制的最负盛名。

松醪春 唐代一种加松膏酿制的名酒，产地为湘潭、长沙一带。此酒在唐代文献中多有记载。戎昱《送张秀才之长沙》："君向长沙去，长沙仆旧谙。……松醪能醉客，慎勿滞湘潭。"裴铏传奇《郑德磷》中有这样的文字："贞元中，湘、潭尉郑德磷，家居长沙，有亲表居江夏，每岁一往省焉。……德磷好酒，每挈松醪春，过江夏，遇叟无不饮之。"另外从该文"昔日江共菱芡人，蒙君数饮松醪春；活君家室以为报，珍重长沙郑德磷"一诗中也可以看出松醪春的珍贵。

菊米春 产地为唐代夔州云安县（今四川省云阳县附近）。杜甫在《拨闷》诗中赞此酒说："闻道云安菊米春，才倾一盏便醺人。"据北宋苏轼在《天门冬酒熟》诗中"天门冬熟新年喜，菊米春香并舍闻"的描述，可知菊米春是一种冬季酿熟的醇香醺人的美酒。

富水　富水又名富水春,产地为唐代鄂州富水县(今湖北省京山县东)。《唐国史补》:"酒则有郢州之富水,乌程之若下。""若下"即"若下春",那么很可能"富水"亦同"若下",省去一个"春"字,富水应为富水春的简称,同若下春一样,都是以产地而得名的。

郎官清、阿婆清　据《唐国史补》,这两种酒的产地均为唐代京城长安的虾蟆陵。从名称上可知这两种酒都属于清酒。清酒原是指清洁的陈酒,古代祭祀时所用。《诗·小雅·信南山》:"祭以清酒,从以骍牡,享于祖考",即说此酒。后指清醇的酒为清酒。郎官清何以得名尚待考证,但是直到宋代仍有这种名酒。黄庭坚《病来十日不举酒》诗有:"承君折送袁家紫,令我兴发郎官清。"关于阿婆清,唐代窦巩《送元稹西归》诗有:"二月曲江连旧宅,阿婆清热牡丹开。""阿婆清热"应是"阿婆清熟"之笔误。如此推断符合事实,此酒当是在牡丹盛开时酿熟的清酒。

三勒浆　由波斯传入的一种甜酒。酿此酒的庵摩勒、毗梨勒、呵梨勒是三种植物的果实。这三种植物在唐代内地已有较普遍的种植,民间已能酿制这种异国情调的酒。唐代韩鄂《四是纂要》中记载了此酒的酿制方法:"呵梨勒、毗梨勒、庵摩勒,以上并合核用,各三大两。捣如麻豆大,不用细。以白蜜一斗,新汲水三斗,熟调,投干净五斗瓮中,即下三勒米,搅和匀,数重纸密封。三、四日开,更搅。以干净帛拭去汗,候发(酒化发酵)定,即止。但密封。此月(指阴历八月)一日始,满三十日即成。味至甘美,饮之醉人。消食、下气。须是八月成,非此月不佳矣。"

武陵崔家酒　唐代郎州武陵城(今湖南省常德市附近)里崔家酒店酿制的美酒。李白在《赠酒店崔氏》诗中对此酒给予相当高的评价:"武陵城里崔家酒,地上应无天上有。云游道士饮一斗,醉卧白云深洞口。"

五云浆　唐朝至五代时的一种名贵的、有浓郁香味的酒。刘禹锡《和令狐相公谢太原李侍中寄蒲桃》诗有"酝成十日酒,味敌五云浆"。此酒到五代时,成为宫廷里常饮的名酒之一。花蕊夫人《宫词》云:"酒库新修近水傍,泼醅初熟五云浆。殿前供御频宣索,追入花间一阵香。"

桂花醑　唐代一种用桂花米和曲酿成的美酒。苏鄂《杜阳杂编》:"上每赐御馔汤物,其酒有凝露浆、桂花醑。"足以证明这种御赐美酒是很珍贵的。

五酘酒　唐代一种重酿米酒。宋代范成大在《吴郡志·土物》中介绍:"五酸酒,白居易守洛阳时有《谢李苏州寄五酸酒》诗。今里人酿酒,曲米与浆水已瓮,翌日,又以米投之,有至一再投者。谓之五……是米五投之耶。"看来这种酒在酿造过程中要投五次米,故酿出的酒醇厚香美。

葡萄酒 葡萄酒亦称蒲萄酒、蒲桃酒。西域酿制的葡萄酒,自汉魏以来就以贡物的形式少量地传入内地。但是,中国用西域之法酿制葡萄酒则始于唐太宗时。据《册府元龟》所记,唐太宗的军队"及破高昌,收马乳蒲桃实于苑中种之,并得其酒法。……造酒成,凡有八色,芳辛酷烈……既颁群臣,京师始识其味"。王翰《凉州词》有"葡萄美酒夜光杯,欲饮琵琶马上催"的诗句。刘复《春游曲》记述了妓女用葡萄酒招待狎客的事:"春风戏狭斜,相见莫愁家。细酌蒲桃酒,娇歌玉树花。"从《唐国史补》"河东之乾和葡萄"可知,唐代河东(今山西省)一带酿制的乾和葡萄酒最负盛名。

石榴酒 唐代的一种果酒。见乔知之《倡女行》诗:"石榴酒,葡萄浆,兰桂芳,茱萸香。愿君驻金鞍,暂此共年芳。"此酒和葡萄酒一样,在唐代妓院中流行一时。

竹叶酒 唐代别具风味的江南名酒。白居易《忆江南》之三"江南忆,其次忆吴宫,吴酒一杯春竹叶,吴娃双舞醉芙蓉,早晚复相逢",即说此酒。据敦煌《高兴歌》:"点清酒,如竹叶,沾着唇,甜人颊。"可知这种竹叶酒的特点是醇厚甜美。

新丰酒 唐代长安新丰所出的一种名酒。李贺《恼公》诗有"沽酒待新丰"句。据叶葱奇在《李贺诗集》中疏注:《入蜀记》长安新丰出名酒。见王摩诘诗,至今市肆颇盛。"

黄醅酒 见白居易《尝黄醅新酎忆微之》诗"世间好物黄醅酒,天下闲人白侍郎"和白居易《戏招诸客》"黄醅绿醑迎冬熟"诗句。"醅"是没有过滤的酒,"绿醑"是绿色的美酒。这种绿色的美酒是在秋末冬初时酿熟的。

西市腔 据李肇《唐国史补》:"京城之西市腔"可知,此酒是唐代京城长安西市所卖。向达在《唐代长安与西域文明》一书中考证,长安西市有不少胡姬侍酒的酒肆。此酒名字颇怪,或许是长安西市的酒家用西域法制作的异国情调的美酒吧。

宜春酒 唐代中和节(二月一日)所饮的酒,又称为中和酒。《新唐书·李泌传》:"泌以学士知院事,请废正月晦,以二月朔为中和节。民间里闾酿宜春酒,以祭勾芒神,祈丰年。帝悦。"于是唐德宗在贞元五年下敕始定二月一日为中和节,村社做中和酒,祭勾芒神,聚会宴乐。

灰酒 酒酿熟后,下石灰水少许,使酒液得以澄清,所得的清酒称灰酒。唐代文献多有此酒的记载:如李贺《奉和二兄罢使遣归延州》诗有"留愁翻陇水,喜酒沥春灰"句,陆龟蒙《和初冬偶作》诗有"小炉低恍还遮掩,酒滴灰香似去年"句。此酒在后代也颇流行,宋代陆游《老学庵笔记》中也有记载。

唐代的酒有如下几个特点:

第一,唐代的名酒多冠以"春"字。用春字命名酒,一开始当是表明此酒是春季酿熟的春酒。到了唐代则又丰富了"春"字的内涵,增添了诗意,"春"字开始代替"酒"字用于酒名上,这是唐代诗歌繁荣在酒名上的反映。此习俗在唐代形成后,对后世产生了较大的影响。《武林旧事》记载,南宋时冠以"春"字的名酒有皇都春、留都春、十洲春、海岳春、秦淮春和谷溪春等十余种。直到今天,这一习俗仍有传承,例如,剑南春、景阳春、云门春、古贝春、百粮春、洛北春、浮来春和竹露春等。

第二,唐代酒的门类已基本齐全。除了谷物蒸馏酒外,还有水果酒和添加植物叶、花、果实或各种药材制作的酒,皆已达到较高的水平。尤其是中西文化的进一步交流,促进了唐代酿酒业的发展。例如,葡萄酒酿造技术的传入,三勒浆类酒在唐内地的酿制等,使得唐代酒的范围更加扩大了。

第三,出名酒的区域范围广。今四川、广东、广西、山东、山西、湖南、湖北、陕西、江苏、浙江、贵州等地在唐代都出美酒,并且各具地方特色。

第四,酒户是唐代名酒的主要酿造者,自两税法推行后,酒户得以专心酿制名酒出售以赚钱,促进了酿酒术的不断提高。

五代两宋佳酿多

这是一个由封建割据逐步走向全国统一的稳定发展时期。当政的统治者为充实国库,增加税款,公开提出了"设法劝饮,以敛民财"的荒唐政策,使各类民众纵酒畅饮,败坏了社会风气,各种酒肆林立全国城乡,酒楼夜市通宵达旦、畅饮不息。《东京梦华录》《武林旧事》等文献多有记载,《清明上河图》展示了宋代民众当街沽酒,酒肆饮酒,戏楼唱酒的热闹画面。为此,酿酒业兴隆,沽酒

中華酒典

畅饮者放达,佳酿繁多,世间酒香横溢,醉卧街巷,不知宵旦,一派繁荣景象。

最能代表宋人开怀畅饮的是大文豪苏轼和爱国诗人陆游。苏轼在《书东皋子后传》中自嘲说:"予饮酒终日,不过五合。天下之不能饮,无在予下者……闲居未尝一日无客,客至未尝不置酒。天下之好饮,亦无在予上者。"他"俯仰各自得,得酒诗自成"。那激荡奔放的浩然文气是在酒的作用下从肺腑之中抒发出来的。陆游哀怨救国乏力,只好"闲悉如飞雪,入酒即消融"。借酒浇愁以表忧国忧民的赤子之心。

正是在这种世风的引领下,下层人民的饮酒习俗更加放纵无束,于是淳朴的民风在酒的影响下,颇显露江河日下的衰弱。民间作坊林立,酒店丛生,酒徒、酒狂们闹得人们心烦意乱,使一度的繁华瞬间即逝,将中原各族人民推入了苦难的深渊。

"福兮祸倚,祸兮福伏。"兴也罢,败也罢,酒在畸形的生活空间中依旧独领风骚,用它那无穷的魅力诱惑着瘾君子们的三尺垂涎。这些名扬天下的佳酿有:凤州酒、长生酒、黄滕酒、蜒酒、梅醖、罗浮春、洞庭春色、仁和酒、扶头酒、花露酒、蜜酒、金盘露、椒花酒、思春堂、凤泉、中和堂、皇都春、常酒、雪醅、和酒、皇华酒、爱咨堂、琼花露、六客堂、齐云清露、双瑞、爱山堂、留都春、静治堂、十洲春、海岳春、筹思春、蓬莱春、玉醅、锦波春、浮玉春、秦淮春、银光、清心堂、丰和春、蒙泉、金斗泉、思政堂、谷溪春、庆远堂、清白堂、蓝桥风月、紫金泉、庆华堂、眉寿堂、万象皆春、济美堂、元勋堂、羔儿法酒、花白酒、银笋酒、瑞露酒(桂林三花酒)、冰堂酒、辛秀才酒、万家春、醇碧酒、金丝酒、风曲法酒、白羊酒、猥酒、武陵桃源酒、冷泉酒、红友酒、苏合香酒、思春堂、雪花肉酒、春红酒、四明碧春酒、双投春和千日春等多种,其中著名的有:

武陵桃源酒 北宋时南方酿制的一种美酒。相传酿酒之法得之于武陵桃源仙人,故又称"神仙酒"。酿此酒用神曲(优质曲)和好糯米,以五酘法精酿而成。此酒"熟后三五日瓮头有澄清者,先取饮之,蠲除万病,令人轻健,纵令酣酊(大醉)无所伤"。北方用此方酿制往往酒味不佳,但如果将这些味道不佳的酒用酒瓮盛好,再用泥封好瓮口,经过一个春天后,便会变成美酒了。

瑞露酒 瑞露酒,即今全国闻名的桂林三花酒。它采用桂林千万株桂花酿制而成,酿后的酒味醇香扑鼻,据范成大在《桂海虞衡志》中说,当时广西一带无酒禁"公私皆有美酿",而又以瑞露酒为最好。其特点是风味蕴藉,极尽酒妙。

白羊酒　白羊酒又称羊羔酒，是用嫩羊肉、黍米（或糯米）和曲酿制的美酒。《北山酒经》："腊月取绝肥嫩羯羊肉三十斤（带骨头），使水六斗入锅煮肉，令极软（烂）。漉出骨，将其用丝擘碎，留着肉汁，炊蒸酒饭时用。"然后将肉汁、酒饭和曲末同放瓮中酿制，数日后即成。这种风味独特的高档酒，自宋代起一直受到达官贵人的欢迎。

洞庭春色　用黄柑酿制的美酒。苏轼在《洞庭春色赋》中说："安定王郡以黄柑酿酒，名之曰'洞庭春色'，其犹子德麟得之以饷予（指作者），戏为作赋。"这是用柑橘酿酒的最早记录。当时，此酒异常珍贵。

冰堂酒　宋代滑州（今河南滑县）所产。陆游在《老学庵笔记》中说："承平时，滑州冰堂酒为天下第一。"苏轼诗有"使君已复冰堂酒，更劝重新画舫斋"句。

金丝酒　宋代人有一独特的饮酒习惯，将鸡蛋打入酒中搅和匀，再放在炭火上烧开，称之火金丝酒。宗人姜特立《客至》诗云："冻云垂地寒峥嵘，故人访我邀景烹，旋烧姜子金丝酒，却试苏公玉糁羹。"这种饮酒方式至今仍在一些地区盛行。

醇碧　这是用绿豆酿制而成的醇香色碧的名酒。黄庭坚《醇碧颂》序曰："荆州士大夫家，绿豆曲酒多碧色可爱，而病于不醇。田子（人名）酿成而味厚，故予名之曰醇碧而颂之。"此酒多被宋人吟咏，陆游《自适》云"家酿倾醇碧，园蔬摘矮黄。"即说此酒。

蜜酒　用蜂蜜酿制的美酒。苏轼《蜜酒歌》序："西蜀道士杨士昌，善作蜜酒，绝醇酽。"一天，好友杨士昌来看苏轼。杨士昌是他的同乡，在西蜀武都山当道士，会吹箫、懂医药，还精于酿酒。当他听说黄州没有好酒喝时，就把造蜜酒的方子告诉了苏东坡。苏东坡按杨士昌的方子去做，果然酿出了美酒。他很高兴，就把这方子写成一首《蜜酒歌》，教给黄州父老，于是，黄州人都学会了酿蜜酒。苏轼在《蜜酒歌》中写道："珍珠为浆玉为醴，六月田夫汗流此。不知春瓮暗生香，蜂为耕耘花作果。一日小沸鱼吐沫，二日眩转清光活，三日开瓮香满城，快泻银瓶不需泼。百钱一斗浓无声，甘露微浊醍醐清。君不见，南园采花蜂似雨，天教酿酒醉先生。先生年来穷到骨，问人吃米何曾得！世间万事真悠悠，蜜蜂大胜监河侯（官名）。"

蜒酒　我国南方世代以船为家,不能陆居的水上居民被称为"蛋户"。蜒酒是北宋"蛋户"在重阳节饮用的一种酸甜味重的酒。苏轼《丙子重九》之一:"蜒酒孴从毒,酸甜如梨楂。"另外宋代孙觌《九日次鲜花铺》诗"殷勤邀一醉,蜒酒压梨楂。"也指这种酒。

万家春　苏轼自酿的一种美酒。《浣溪沙》序:"余近酿酒,名之曰'万家春',盖岭南万户酒也。"其词有:"雪花浮动万家春,醉归江路野梅新。"

梅酝　以梅子酿成的酒,产地是宋代惠州(今广东惠阳东)。苏轼在《书简答程天侔》中评价此酒说:"惠酒绝佳。旧在惠州,以梅酝为冠。"

罗浮春　苏轼在惠州时自造的酒,此酒以境内罗浮山而得名。其诗《寓居合江楼》:"三山咫尺不归去,一杯付与罗浮春。"自注:"予家酿酒名罗浮春。"

苏合香酒　北宋时由宫内传出的一种名酒。据《墨客挥犀》所载:"王文正太尉,气羸多病。真宗面赐药酒一瓶,令空腹饮之,可以和气血辟外邪。文正饮之,大觉安健,因对称谢。上曰:'此苏合香酒也,每一斗酒,以苏合香丸一两同煮。极能调五脏,却腹中诸疾。每冒寒夙兴则饮一杯。'因各出数楹赐近臣。自此臣庶之有,皆效为之。"苏合香丸又称白术丸,用它煮酒既能治病又能保健,所以在宋代上流社会盛行。

辛秀才酒　北宋金陵(今南京)辛思顺所酿。因辛思顺是知名老儒,故称他酿制的美酒为辛秀才酒。苏轼《东坡志林》卷三记此酒说:"辛思顺,金陵老儒也。皇祐(1049~1054年)中,沽酒江州,人无贤愚皆喜之。"并且还记载了这样一件事:有一个官人乘船带着辛思顺赠给他的十壶酒沿长江而行,被劫江贼所捉获。劫江贼饮此酒后,尝出了这是辛秀才所酿的美酒,便问此酒从何而来?这个官人说他和辛秀才很要好,是辛秀才所赠。劫江贼听后,忙将抢夺他的酒和别的财物如数归还了,还再三央求不要告诉辛秀才。由此可见,辛秀才酒不但醇美胜于他酒,而且酿此酒的辛思顺本人也很有威望。

雪醅　用秫米酿成的美酒。宋代许多地方都出雪醅,但以泰州(今江苏省泰州市一带)为正宗,原因在于是用泰州境内客次井的蟹黄水酿造。宋代周辉《清波杂志》云:"蟹黄不堪他用,止可供酿。"并说宋高宗绍兴年间(1132~1162年),有人用西湖水酿雪醅,酒味与泰州雪醅相比差一大截子。

凤州酒　宋代凤州凤翔所产的美酒,这是今西凤酒的前身。但是两者之间有差别,宋代凤州酒是自然发酵酿制的低度酒,而今西凤酒则是用蒸馏法而得的烈性酒。《宋人轶事汇编》卷二言："陕西凤州伎女手皆纤白。州境内所生柳，翠色尤可爱，与他出不同。又公库（官酿）多美酝。故世言凤州有三出，谓手、柳、酒。"可见当时的凤州酒是全国闻名的。

凤曲法酒　宋代四川南部赤水河畔古蔺镇所出的美酒，是今"郎酒"的前身。酿此酒用的曲是凤曲。据《北山酒经》所言，造凤曲法酒用糯米粉和白术、防风、川芎、瓜蒂、天南星、杏仁等中草药。曲踏好后"用桑叶裹盛于纸袋中，用绳系，即时挂起，不得积下"。此曲须"挂透风处四十日，取出曝干，即可用"。另外酿此酒必须用古蔺二郎滩的郎泉水。酒酿好后，还要贮存在二郎滩附近山崖上的天然洞穴里，使之充分发酵。有"山泉酿酒，深洞贮藏。泉甘酒洌，洞出奇香"的美称。

元朝异军突起酒尤烈

蒸馏酒就是我们今天常见的烈性白酒，是用甑桶蒸馏设备提取的。蒸馏酒是我国古代劳动人民的创举，是我国酿酒史上的里程碑。这种酒在古代又被称之为火酒、阿剌吉酒、烧酒等。

烧酒中酒精的含量一般在 40 度以上。按我国人民饮用的习惯，北方的烧酒多在 50～60 度之间，也有高达 67 度的，南方则多在 40～60 度之间。所谓酒度，是指 100 毫升酒液中纯酒精（乙醇）的含量，例如，60 度白酒，其酒液中酒精的含量是 60 毫升。

关于白酒的起源，多年来众说纷纭。有人认为始于元代，李时珍曾在《本草纲目》中说："烧酒非古法也，自元时始创。其法用浓酒和糟入甑，蒸令气上，用器承取其滴露。凡酸坏之酒，皆可蒸烧。"有人认为源于唐代，白居易曾酿制烧酒："荔枝新熟鸡冠色，烧酒初开琥珀香。"（《荔枝楼对酒》）唐代剑南道有"烧春"，"春"字在唐代与"酒"字互用，烧春就是烧酒。

但唐代已有烈性白酒之说很难成立。第一，唐代的"烧酒"只是一种酒名，它是用荔枝烧煮后取汁酿成的果酒。谢肇淛《五杂俎》说："荔枝汁可作酒，然皆烧酒也。作时酒甘而易败。"可见，这种用荔枝汁酿的烧酒味甜而容易坏，保存期限很短。可是用蒸馏法酿制的烧酒"其清如水，味极浓烈，盖酒露也"（《本草纲目》），而且久存不坏。第二，据《唐国史补》："剑南之烧春"，知其产地在今四川一带,此地盛产荔枝,烧春当与烧酒一样(或者本来就是一种酒的不同称呼),是用荔枝汁酿成的酒。由此可见,将烈性白酒的滥觞上溯到唐代很难令人信服。

将烈性白酒的出现定在元朝也是不妥的。根据现有的文献及考古发掘成果,将蒸馏酒的滥觞确定在宋代较为合理。

第一,河北省青龙县 1975 年出土了一套铜制烧酒锅,经有关部门进行蒸酒试验和鉴定,确认是金代遗物,其铸造年代最晚不迟于金世宗大定年间(1161~1189 年),相当于南宋高宗绍兴三年到孝宗淳熙十六年间。

第二,从文献资料来推断:据朱翼中《北山酒经》所载,北宋时已经有了一种叫火迫酒的酒。火迫酒的酿造方法是人们为了较长时间的保存那些用自然发酵法酿成的低度酒而采用的一种再加工:"火迫酒,取清酒澄三、五日后,据酒多少取瓮一口。先净刷洗讫,以火烘干,于(瓮)底旁钻一窍子(小孔),如箸细(像筷子粗细的小孔),以柳屑子定(用柳木条堵塞)。将酒入瓮……瓮口以油单子(油布一类的东西)盖系定,别泥一间净室,不得令通见。门子(指净室的特制小门)可才入得瓮,置瓮在当中,以砖五重衬瓮底。于当门里著炭……熟火,便用闭门。门外更悬席帘,七日后方开,又七日方取吃。"取酒时,先把柳木条慢慢抽出,排出瓮底的杂质和水,然后用竹筒制作的酒提子从瓮口慢慢地将上面的好酒提出来。用此法处理后的酒"耐停不损,全胜于煮酒也"。其原因在于,酒液经火迫加工后酒精的含量较高了。这种火迫酒与蒸馏酒有一定的相似之处:因为酒液经炭火持续加热后,酒气上升,遇瓮顶的油布便会凝成含酒精多的酒露,这样周而复始的循环,瓮中的酒液便逐渐出现上部分含酒精多、下部分含水分多的现象,待排去瓮底的杂物(少量的酒糟)和含酒精极少的水后,瓮中酒液的酒精含量比加工前更浓了,并能较长时间地保存。可见,这种火迫酒应是蒸馏酒的前身。

《北山酒经》的作者是朱翼中,他与苏轼是同时代的人。由此可以假设,蒸馏酒的出现可能在北宋末年的宋金之际,比河北省青龙县出土的那口金大定年间的铜蒸锅的年代要早一百年左右。

蒸馏酒问世后,开始在我国北方流行,后传到南方。到元明之际,烧酒(蒸馏酒)已成为我国南北方各阶层人们经常饮用的酒了。

随着蒸馏酒术的不断发展,各种不同类型的蒸馏酒出现了。用高粱烧制的称为高粱烧;用麦、米、糟等烧制的称为麦米糟烧。

公元1279年,南宋亡。忽必烈统一全国建立了元王朝。元朝初期实行酒禁政策,元世祖忽必烈在"至元十八年(1282年)十一月,发仓赈宁越贫农,令禁酒"(见《大政记》),"至元二十年,造酒者本身配役,财产女子没官"(《日知录·酒禁》)。当时除军国大事如祭祀礼仪举行宴会饮酒外,一般官僚都很少饮酒。但到元朝中后期,酒禁逐渐松弛。官僚士大夫及富商们纵情游宴逸乐,从顾瑛《玉山名胜集》中可略见一斑。如张翥所描绘的"开樽罗绮馔,侑席出红妆。婉态随歌板,齐容缀舞行"。再如,"芳樽侑娇歌,谑笑杂清议","殷勤素手累行觞,一酒清谈籍挥尘"等。顾瑛作为一个富豪,和玉山草堂的文学雅士们根据气候与时序的变化,选择与之适合的园林来举行各种名目的酒宴。酒宴上歌妓侑酒,文士赋诗作文,即兴书画,其放纵逸乐之举与南朝士大夫的风尚很相似。尤其在官僚士大夫的宴席上,盛行以女人绣花鞋置酒杯行酒令恶习。陶宗仪在《辍耕录》中是这样描绘的:"杨铁崖耽好声色。每于筵间见歌儿舞女有缠足纤小者,则脱其鞋,载盏以行酒,谓之金莲杯。"这一恶俗一直流传到清末民初。

另外,从元杂剧中我们还可以看到其他阶层饮酒的概况。张国宾《合汗衫杂剧》第一折:"时遇冬初,纷纷扬扬下着大雪。大小哥在看街楼上安排果桌,请俺两口儿赏雪饮酒。"《类聚名乐府群玉》卷一《刘时中乐府》中有:"想田家作苦区区,有斗酒豚蹄,畅饮歌呼。"《鲜于必仁乐府·渔村落照》中有:"渔家短蒲,酒盈小壶,饮尽重沽。"从中我们可以看到元代市民、田家、渔夫们饮酒的大概。而《陈州粜米杂剧》第一折:"(小衙内云:)俺两个别无甚事,都去狗腿湾王粉头家喝酒来",则描写州县属员们平日无事多饮酒的事实。

酿酒业在元代中后期也有了较大的发展,尤其是烧制烈性白酒(元代也称之为汗酒)的烧锅作坊在大江南北多有设立,其中既有官烧又有私烧。据《闲处光阴》所载:庐州路庐江县三河乡(今安徽省庐江县北)"境内有烧锅十二家。烧酒之器日甑,日各例烧一甑……其中尚有双甑者"。一乡之内有烧锅作坊十二家,足见酿酒业的盛况。元代的酒多沿袭前代,但也有一些不见古代文献记载的酒,却在民间流传甚广,比较有名的酒有:

艾酒 用艾叶浸泡的时令酒,在端午节时饮用。陈元靓《岁时广记·艾叶酒》引《金门岁节》说:洛阳人在端午节时,家家做术羹艾酒。端午节饮艾酒之俗自此而始。

投脑酒 是和肉豆脯、葱、椒一起煮的米酒,元代人喜欢饮用。《陈州粜米杂剧》:"俺两个在此接待包老。不知怎么,则是眼跳。才则喝了几碗投脑酒,压一压惊,慢慢地等他。"这种别具风味的投脑酒可能本是北方游牧民族所特有,随蒙古人入主中原而传入,直到今天,太原人仍有喝这种酒的习惯,太原人将它成为"头脑"。每逢农历白露时到来年立春期间,太原各个清真饭店大都有"头脑"应市。这种酒又名"八珍汤",是由黄芪、煨面、蓬菜、羊肉、长山药、黄酒、酒糟、羊尾油配置而成,外加腌韭菜为"引子"。由此可见,现在的投脑酒与元代的相比有了一些变化,佐料多了,酒劲小了,已成为一种食用的早餐。多年来,经营"头脑"的饭店门前都挂着一盏纸灯笼作标志。这是早年太原人天不亮就来吃"头脑"(也叫"赶头脑"),需要挂灯笼照明而流传至今的习俗。

松花酒 用松花浸泡的酒。高濂《遵生八笺·酝造类》:"三月取松花如鼠尾者,细挫一升,用绢袋盛之。造白酒熟时,投袋于酒中。井内浸三日取出,洒洒饮之,其味清香甘美。"元代《张小山乐府》散曲有"松花酿酒,春水煎茶"句,即指这种松花酒。

杏花村酒 元代也称汾清,产地是冀宁路汾州(今山西省汾阳市)杏花村。这种酒即今汾酒,是用蒸馏法烧制的烈性酒,汾清在元代以前即有,但是并非烈性酒,而是酿制的低度米酒。杏花村酒(今汾酒)是以大麦和豌豆制曲,用杏花村古井水和当地产的高粱制成的烈性酒。特点是酒色透明,酒香纯正,酒味绵长,至今闻名国内外。元代杏花村酒就很知名,《张小山乐府·肃斋赵使君致仕归》有"杏花村酒满葫芦",即说此酒。

村酪酒 用动物乳汁和曲酿制的酒。这种酒是在蒙古族乳酒的基础上,结合中原用曲发酵的方法而新创的一种酒。元代城乡多有村酪酒。李直夫《虎头牌杂剧》:"只得问别人借了几文钱,可买的这一瓶儿村酪酒,待与我那第二个弟兄祖钱(即钱行)。"可知这种酒的价钱不贵,一般平民多买这种酒。

驻色酒 元代民间,夏日所饮的加李汁的酒。《元池说林》:"立夏日,俗尚啖李。时人语曰:'立夏得食李,能令颜色美。'故曰妇女作李会,取李汁和酒饮之,谓之驻色酒。"

明代继往开来佳酿多

关于明代饮酒状况,顾炎武在《日知录·酒禁》中说:明代既不征收酒税,又无关于饮酒的禁令,民间都以酒为日常的生活必需品,就像早饭晚饭一样不可或缺。明代各级文武官员多狎妓饮宴。余继登在《典故纪闻》卷九中写道:宣德四年(1429年)八月,宣宗谕礼部尚书胡淡曰:"祖宗时(指朱元璋在位时),文武官之家不得狎妓饮宴。近闻大小官私家饮酒辄命妓歌唱,沈酗终日,怠度政事。甚者留宿,败礼坏俗。礼部扬榜禁约,再犯者必罪之。"但是虽有禁却难以坚持,到正德朝(1506~1521年)便"大纵矣",狎妓饮宴已成为当时官僚们的时尚了。

上行下效,巨商豪富以及文人、市民们也皆如此。《金瓶梅词话》《醒世姻缘传》和"三言两拍"中关于这类事的描述颇多。如《醒世姻缘传》第七十三回中写道:刘有源等人凑钱办文酒会,事先用驴把程大姐接到席上陪酒,"这一席酒大家欢畅,人人鼓舞。吃得杯盘如狗舔的一般,瓶盏似漏去的一样,大家尽兴而去"。那么原因何在呢?书中引用了一首民间流行歌谣回答了这一问题:"席中若有一点红,斗筲之器饮千钟;席中若无红一点,江海之量不几盏。"可见,狎妓饮酒早已成为人们的习俗了。

酒令自唐代出现后,经过五代宋元的不断丰富发展,到明代已呈现绚丽多彩的局面了,各种名目繁多的酒令和行令方式盛行于明代各种类型的酒宴上。与此同时,总结推广这类文化知识的书籍也纷纷出现了,如《安雅堂酒令》《觞政》《醉乡律令》《文字饮》《嘉宾心令》《狂夫酒语》《酒家佣》等等。袁宏道在《觞政》一书中分十六部分,详细地介绍了行酒、劝酒、斗酒、祭酒圣、罚酒和酒席上所具备的各种助兴器物等具体的内容。其他这一类书籍也各有侧重点地介绍了酒宴上的有关文化知识。这些书籍的出现和流传,无疑对明代的饮酒风尚起到了推波助澜的作用。

明代酿酒作坊和烧锅作坊遍及城乡,除专业经营的外,农村的田家也多在丰年酿酒以供自家饮用。甚至有些做其他买卖的小本生意人也以造酒为辅助盈利手段。

宋应星《天工开物》中描绘的酿造曲酒场景的画面

从文献记载上看，明代酒明显多于前几代。李时珍《本草纲目》、高谦《遵生八笺》、宋应星《天工开物》、谢肇淛《五杂俎》等书和一些地方志中都记录了大量的明代酒。另外，明代小说、传奇、诗歌中也有一些明代酒的资料。从这些文献中我们可知道明代的酒有：金华酒、砸嘛酒、麻姑酒、秋露白、饼子酒、景芝高烧、愈疟酒、逡巡酒、五加皮酒、白杨皮酒、当归酒、枸杞酒、桑葚酒、姜酒、茴香酒、金盆露水、薏苡仁酒、天门冬酒、古井贡酒、绿豆酒、茵陈酒、青蒿酒、术酒、百部酒、仙茅酒、松液酒、竹叶酒、槐枝酒、红曲酒、神曲酒、花蛇酒、紫酒、豆淋酒、霹雳酒、虎骨酒、戊戌酒、羊羔酒、葡萄酒、桃源酒、香雪酒、碧香酒、建昌红酒、五香烧酒、山药酒、三白酒、闽中酒、梨酒、枣酒、马奶酒、红灰酒、双料茉莉花酒、葛蜀酒、莲花白、德州罗酒、窝儿酒等多种。其典型代表有：

金华酒　金华酒又称东阳酒,产地为山东兖州府费县(今山东省费县)。因东阳是春秋时的古邑名,故称为东阳酒。李时珍在《本草纲目》中说:"东阳酒即金华酒,古兰陵(酒)也。……常饮入药俱良。"此酒在明代颇为流行。《金瓶梅词话》第二十一回:"玳安便提了一坛金华酒进来……西门庆道:'金华酒是哪里的?'玳安道:'是三娘与小用银子买的。'西门庆道:'啊呀,家里现放着酒又去买。'"这是西门庆的众妻妾们出钱买酒办酒宴供西门庆和吴月娘赏雪饮用的酒,应是上等的好酒。

　　饼子酒　明代江浙一带酿制的酒。李时珍在《本草纲目》中说:"江浙、湖南(北)人,以糯粉入众药和为曲,曰饼子酒。"

　　金盆露水　明代处州府(今浙江省丽水、云和、龙泉市一带)所产,其酒醇美可口。《本草纲目》:"处州金盆露水,和姜汁造曲,以浮饭造酿。醇美可尚,而色香劣于东阳(酒)。"

　　古井贡酒　明代亳州(今安徽省亳县)所产的名酒。此酒以当地所产的优质高粱为原料,以小麦、大麦和豌豆制曲,采用味道甘洌的千年古井之水,经泥土老窖发酵后烧制而成的烈性酒。自明代万历年间起一直是朝廷的贡酒,故得古井贡酒之名。此酒直到今天,仍享有盛誉,两次被评为中国名酒。

　　景芝高烧　山东四大古镇之一安丘景芝镇所产的高粱烧酒。据《高密县志》记载:景芝的高粱烧酒早在明代初叶每年就纳酒税"一百锭四贯"。当时一锭合十两纹银,百锭合千两之多,可见当时景芝镇的酿酒业规模已相当可观了。前几年,诗人臧克家曾写了这样一首诗:"儿时景芝酒名扬,长辈贪杯我闻香。佳酿声高人已老,沾唇不禁念故乡。"诗人高度评价了景芝酒。景芝高烧的主要原料是高粱、麦曲和景芝镇"松下古井"之水。这井水清凉甘芳,取之不竭,用它来酿酒不仅味醇,而且出酒多。据说同样的制酒工艺、同样的烧酒班子,离开景芝到别处酿酒,质量和产量都大为逊色,故有"景芝水里含三分酒"的传说。

　　自明代起,景芝高烧就以其特有的芝麻香风味佼佼于白酒之林。不但质量好,而且产量高。《山东通志》记载:"酒,各县皆有……烧酒以安丘县(今山东省安丘市)景芝镇为最盛。"直到今天,景芝镇所产的景芝白干酒(即景芝高烧)、景阳春酒等仍然是齐鲁名酒。

　　逡巡酒　一种补虚益气、延年益寿的保健酒。《本草纲目》介绍了这种酒的酿造方法:"三月三日,收桃花三两三钱;五月五日,收马兰花五两五钱;六月

中华酒典

六日,收脂(芝)麻花六两六钱;九月九日,收黄甘菊(菊花的一种)九两九钱;十二月八日,取腊水三斗。待(来年)春分,取桃仁四十九枚好者,去皮尖,白面十斤,同前花和作曲,纸包四十九日。用时,白水一瓶,曲一丸,面一块,封良久,成矣。"

姜酒 《本草纲目》:"用姜汁和曲造酒。如常服之,佳。"明代南方盛行饮姜酒,并有生子饮姜酒以庆繁衍之俗。据明代广东《高州县志》载:"生子则邀亲朋聚饮,必用姜酒。"

珍珠酒 珍珠酒亦叫真珠酒,明代杭州产。此酒是应用袭庆寺内真珠泉水酿制,故得此名。明代田汝成《西湖游览志》:"真珠泉,在袭庆寺内。周显德间,泉自地迸出,寺僧因(用砖砌)为方池。……宋景佑中,官家取以酿酒,遂以为酒名。"可见,这种酒已有多年历史了。在明代,这种名酒是赠亲馈友的佳品。《醒世姻缘传》第九十四回"韦美收拾了许多干菜、豆豉、酱瓜、盐笋、珍珠酒、六安茶之类,叫人挑着,自己送上船去",即可说明这一情况。

五香烧酒 明代南方产的一种名酒,酿造方法考究,用料上乘,有江南第一名酒之称。此酒饮后,有"春风和煦之妙"。《遵生八笺》载有造此酒的方法:"糯米五斗,细曲十五斤,白烧酒三大坛,檀香、木香、乳香、川芎、芍药各一两五钱。丁香五钱,人参四两,各为末。白糖霜十五斤,胡桃肉二百个,红枣三升,去核。先将米蒸熟晾凉,照常下酒(即酿酒)法则,要落在瓮口缸内,封口。待发微热,入糖并烧酒、香料、桃、枣等物在内。将缸口厚封,不令出气。每七日打开一次,仍封至七七日(即四十九天)。"此酒因以檀香、木香、乳香、丁香、芍药加烈性烧酒和糯米共酿,故称之为五香烧酒。

秋露白 明代山东所产的一种烈性白酒,因在秋季用高粱烧制,所以称之为秋露白。李时珍在《本草纲目》中评价:"山东秋露白,色纯味烈。"

茵陈酒 《本草纲目》:"用茵陈蒿灸黄一斤,秫米一石,曲三斤,如常法酿酒饮。"这种酒在明代以山东所产的为上品。自明朝始,茵陈酒一直在我国广大地区酿制。清朝末年,实业家张謇在江苏海门县创办颐生酿造厂,请山东、山西酿酒高手研究配方,以黏籽红高粱酿造的优质大曲酒为酒基,加入茵陈、佛手、陈皮、红花等十多种药物配制而成的茵陈酒,于1904年赴日本大阪参加万国博览会获奖,两年后又参加意大利万国博览会,荣获金质奖章。此酒呈杏黄色,芳香醇和,甘甜柔爽,具有健脾胃、治风疾、舒筋活血强身的作用。

茉莉酒　明代的一种用茉莉花熏的香酒。据《快雪堂漫录》记载,造这种酒用上等的三白酒或雪酒,把酒倒在瓶子里,但不要倒满,要离瓶口二、三寸。然后用竹片编成"十"字或"井"字形,平放在瓶口上。这时把新摘的茉莉花数十朵,用线绑好花蒂悬挂在瓶口竹片上,使花与酒液面保持一指左右的距离,然后用纸把瓶口封好。十天后,茉莉花的香味就透到酒中去了。这种酒熏好后,香味浓郁,远胜他酒。又有一种双料茉莉花酒,是在此酒的基础上重复用茉莉花熏一次,故尤其珍贵。《金瓶梅词话》不止一次地写西门庆的酒库里存有双料茉莉酒。第二十一回写众妻妾为西门庆举行赏雪宴时,有西门庆吩咐玳安拿钥匙到厢房里拿两坛双料茉莉酒掺着金华酒一起饮用的故事。

葛蜀酒　明代江浙一带端午节饮用的酒。此酒是用葛根和曲酿成的,具有发汗解热之功效。据明代万历《嘉兴府志》所记,当时江浙一带"端午,艾旗蒲剑悬于门,饮葛蜀酒"。

三白酒　用白面、白高粱米、白水制成的酒,故得此名。《天香楼偶得》:"近来造酒家,以白面(指麦子面)为曲,并春白秫,和洁白之水为酒。久酿而成,极其珍重,谓之'三白酒'。"

另外,值得一提的是,许多名酒自前代出现以来,虽屡经战乱却一直流传下来了。例如,太原的葡萄酒,自唐代以来一直是名酒,到明代太原葡萄酒还是独占鳌头。据《典故纪闻》卷三载:"太原岁进葡萄酒,自今令其勿进(朱元璋对省臣所言)。"再如,绍兴老酒(即南北朝时的山阴酒),自南北朝闻名后,历代皆有发展与继承,到明代仍为全国的名酒。

满清美酒放异彩

清朝取代明朝之后,经过一个时期的战乱,社会秩序趋于稳定,经济呈现了繁荣兴旺的势头。但是嘉庆之后,朝政每况愈下,官僚贵族穷奢极欲,享乐的酒宴耗费愈来愈大,也使各类名贵酒品大放光彩。

在官僚士大夫、富商大贾和文人的酒宴上,以酒令为代表的酒宴文化空前繁荣,专门写酒宴文化的专著和笔记层出不穷。例如,蔡祖庚的《嫩园觞政》,黄周星的《酒社刍言》,俞敦培的《酒令丛钞》,张潮的《饮中八仙令》,汪兆麒的《集西厢酒筹》,童叶庚的《六十四卦令》《七十二候令》《合欢令》,叶奕苞的《醉

中华酒典

乡约法》等。另外,在《红楼梦》《聊斋志异》等清代小说中也有许多酒宴文化的描写。所有这些现象的出现,都是当时社会生活的真实反映。

清代是我国酒类品种空前齐备的时代,传统的酿酒术在继承中得以发展,蒸馏白酒的品种更加丰富。另外清末之时,啤酒已在我国酿制,各种名酒在大江南北纷争竞出。常见于文献记载的酒有:沧州酒、莲花白、惠泉酒、瓮头春、合欢花酒、水白酒、玫瑰露、茅台酒、泸州老窖、洋河大曲、雪泡梅花酒、双沟大曲酒、即墨老酒、通州酒、丁香酒、京口百花酒、潞酒、百益酒、短水酒、阳鸟酒、双头酒、半红酒、韬光酒、庚申酒、苏州福贞酒、镇江苦露酒、羔儿酒、蓼酒、葱根酒、竹叶青、花雕、啤酒、鬼子酒、八桂酒、清白酒、红娘过缸酒、山楂露酒、木瓜酒、广东冬酒、压房酒等等。除此之外,许多少数民族的酒也在清代传入了大江南北的一些地区。

沧州酒 明清时河北沧州所产的一种地方名酒。清代名闻天下,但极难得。纪昀《阅微草堂笔记》详细地介绍了这种名酒:"其酒非市井所能酿。必旧家世族,代相传授,始能得其水火之节候。"酿这种酒的水取于境中南川楼下卫河中的清泉水。酒酿成后要放置十年以上才是上品,一罂(一种腹大口小的容器)这样的沧州酒值四、五金,但多相互赠送而不卖。沧州城里的戴、吕、刘、王等大姓家酿的酒最为难得,他们"相戒不以真酒应官。虽笞捶不肯出,十倍其价亦不肯出"。当时的沧州知府董思任曾想尽办法劝谕,因酿此酒的大姓"不肯破禁约",终于没喝上这种名酒。后来,他罢官再到沧州时,住在李进士的家里,终于以客人的身份喝到了他家珍藏的真正沧州酒。对此,这位前任州官感叹万分地说道:"吾深悔不早罢官。"由此可见沧州酒的珍美与难得。

莲花白 清代宫廷中的莲花蕊加药材酿制的佳酿。《清稗类钞》:"孝钦后每令小阉(太监)采其蕊(莲花蕊),加药材制为佳酿,名莲花白。注入瓷器,上盖黄云缎袱,以赏亲信之臣。其味清醇,玉液琼浆不能过也。"此酒到清末已在京城酒肆里卖了,成为京师的名酒。《帝京岁时纪胜》《日下新讴》等文献中皆有记述。

玫瑰露 用玫瑰花放在烧酒里蒸成的露酒,清代北京市民喜欢这种酒。前因居士《日下新讴》:"果市南边列酒泉,于家美酝傲神仙。论斤发卖玫瑰露,百二十文官板钱。"原注:"市俗用钱,有大钱小钱之别。京钱以一当二,是为小钱。官板,即是大钱也。"可见这种玫瑰露一斤需一百二十文大钱。

京庄　北京称上等绍兴酒的名字。《清稗类钞》："越酿著称于通国(全国),出绍兴,脍炙人口久矣。""以春浦之水所酿者为尤佳。其运至京师者,必上品,谓之京庄。"清代南方仿绍兴酒的颇多,其中以湖北的楚酒最为乱真。

　　双沟大曲酒　清代乾隆年间,山西人贺氏路过双沟(今江苏泗洪)时,发现这里既产优质高粱,又有清甜的好水,而且不乏酿酒技工,于是在此地开办"槽坊"。他糅合山西与当地的酿酒技艺,烧制出了醇美的高粱大曲酒。自此,双沟大曲酒名愈噪,当时有一首民歌唱道:"酒味冲天十里香,淮河行船喜洋洋;船到双沟靠了岸,上岸买酒或装坛。"清末,双沟大曲在南洋名酒赛中获奖,后在全国历次评酒会上均名列前茅。现在双沟酒厂还用着240多年前贺氏糟坊的发酵窖,在此窖酿出的酒,堪称货真价实的"老窖"。

　　洋河大曲酒　据江苏《泗阳县志》所载,早在明末清初,泗阳洋河镇的高粱大曲酒就很知名了,当时有"闻香下马,知味停车"的赞语。这种酒以优质黏高粱为原料,取洋河镇"美人泉"水,经老窖发酵制成,有"福泉酒海清香美,味占江南第一家"的评价。这种酒入口绵,落口甜,醇香浓郁,回味悠长,是一种浓香大曲高度酒,这种酒曾获巴拿马万国博览会金质奖章。

　　惠泉酒　江苏无锡山下有上中下三池,水清味醇,用以酿出的酒称为惠泉酒、惠山泉和慧泉酒,此酒是清代江南名酒。《红楼梦》中数次提到饮惠泉酒,便是指无锡的惠泉酒。

　　百花酒　清代江南多产此酒,但以常州、镇江所产的百花酒最为知名。《清稗类钞》:"唯常、镇间有百花酒,甜而有劲,颇能出绍兴之间道以制胜。产镇江者,世称之曰京口百花。"百花酒在清代文献中多有记载,《儒林外史》第二十六回中有布政使司胡偏头的女儿能饮三斤百花酒的描写:"沈大脚摇着头道:'天老爷,这位奶奶可不是好惹的!……酒量又大,每晚要炸麻省,盐水虾,吃三斤百花酒'。"一个女人能吃三斤百花酒,可知此酒含酒精不多。另外从二十七回中写鲍廷玺宴请抚院衙门大人,要特地"到果子店里装十六个细巧围碟子来,打几斤陈百花酒候着他"。可知,百花酒是宴请贵客用的上等好酒。

　　橘酒　清代南方用橘子汁和曲酿制的果酒,甜酸适口。《儒林外史》第二十九回有文酒会上饮用"(南京)水宁坊上好的橘酒"的记载。

　　花雕　浙江绍兴所产的名酒,是绍兴酒的一个品种。这种酒就是唐代以来全国知名的"女儿酒",因清代用彩绘的酒坛盛这种酒做新娘陪嫁的礼物,故得

中华酒典

此名,也叫作花雕酒。《清稗类钞》有北京南酒店卖花雕酒的记载。

压房酒 清代福建汀州(今福建省长汀县)民间酿制的一种美酒。黎士宏《闽酒曲》有"长汀江米接今香,冬至先教办压房"句,原注:"汀俗,于冬至日,户皆造酒。而乡中有压房一种,尤为珍重,藏之经时,待嘉宾而后发也。"这种用江米精酿而成的美酒在福建一带颇有名气。

红娘过缸酒 清代福建出的一种红颜色的美酒。黎士宏《闽酒曲》:"谁为狡狯试丹砂,却令红娘过缸酒。怪得女郎新解事,随心乱插两三花。"原注:"酿家每当酒熟时,其(指酒液)色变如丹砂,俗称红娘过缸酒。谓有神仙到门则然,家(指酿酒之家)以为吉祥之兆,竞插花赏之。"

短水 清代福建上杭所产的美酒。据《清稗类钞》:"上杭酒之佳者曰短水,犹缩水也。载货郡中,冒名三白,然香气甘冽,竟能乱真矣。"三白,是明清之际苏州的名酒,此酒能冒充三白酒,可见短水酒的质量应很好。

双头、半红酒 明清之际福建所产的两种酒。《闽酒曲》:"曾酌当垆细埔中,高帘短柳逆糟风。近无人乞双头卖,几户朱牌挂半红。"原注:"上酒为双头,其次者名半红。"

丁香酒 清代江西所产,制法与明代茉莉酒法类似,系以丁香花熏烧酒而成。据《清稗类钞》:"江右(江西别称)出丁香酒,甚清冽。"

松江三白 清代松江府(今上海吴淞江以南地区)用三白酒法酿成的美酒。据《清稗类钞》所记,嘉庆年间,钱塘人梁晋竹品评当时天下酒:"其中佼佼独出者,则有松江之三白,(酒)色微黄,极清,香沁肌骨,唯稍烈耳。"

广东冬酒 清代广东始兴(今广东韶关市南)所产。此酒须用境内墨江某山前一井内的水,再用名曲佳蘗精米合酿而成。这种酒在中秋后始熟,酒色浅绿,入口既清香又鲜美。如果是陈酿,则酒味更佳。《清稗类钞》有梁晋竹对此酒的评价:"余居广东始兴一年有余,彼处有所谓冬酒,味虽薄而不甚甜,故尚可入口。"这种酒中秋后才有,到来年二、三月后便见不到了。梁晋竹询问当地人得知,这种酒,当天入瓮,三天后就可饮用,但保存期只有半个月。一天,有一个姓曾的邀请梁晋竹到山中小酌。酒席上曾某举杯劝饮,梁晋竹看一下杯中的酒是浅绿色,尝一口,既清淡而又香味不绝,很有特色,急问这是什么酒?曾某回答说是贮藏六年的冬酒。又问,当地人都说冬酒不能久藏,这酒为何能藏六年呢?曾某回答说,我这种冬酒是用墨江某山前一井内的水,再选用名曲佳蘗合而酿成。这样的酒为何不能久藏呢。我家酿这种冬酒已有五十多年的历史了。梁晋竹感叹说:这种陈酿冬酒,是"余生平所尝第三次好酒也"。

庚申酒 清代北京汪家珍藏的美酒。《清稗类钞》中载梁晋竹对此酒的评价:道光年间,梁晋竹来到北京,一天在汪小米家饮到一种色香俱美的酒。询问后得知是庚申酒,被汪家珍藏了二十多年。饮用时必须用新酒掺和方可,否则太厚、太烈。梁晋竹评价说,这是他三十年来所尝到的第二次好酒。

瓮头春 瓮头酒又称山东苦酥,是用黍米精酿而成微带苦味的美酒,酒液呈绿色。此酒在清代文献中多有描述,如《聊斋志异·狐妾》:"一夕夜酌,偶思山东苦酥。女请取之。遂出门去,移时返回:'门外一罂,可供数日饮。'刘视之,果得酒,真瓮头春也。"

韬(弢)光酒 清代杭州巢枸坞一带所产的美酒。此酒用灵隐寺附近的山泉之水酿成,因此地是传说中唐代高僧韬光结庵的遗址,所以称此酒为韬光酒。《清稗类钞》载,嘉庆年间,梁晋竹游韬光,遇老僧相招饮酒。"泥瓮新开,酒香满室","一杯入口,甘芳浚洌"。问老僧,得知"此本山泉所酿也,陈五年矣"。梁晋竹痛饮此美酒,临别时,"又乞得一壶,携至山下,及夕小酌"。梁晋竹说,这是他平生所尝到的第一次好酒。

阳乌酒 清代福建汀州(今福建省长汀县)所产的春酒。黎士宏《闽酒曲》中有"直得韩婆风力软,一厄阳乌各寒温"句。原注:"长汀(人)呼冷风为韩婆风……阳乌,酒名,酿之隔岁。至阳乌啼时始饮者。"可见,这种酒是冬酿春熟的酒。以阳乌为酒名,既表明时间,又颇有诗意。

百益酒 清代一种用萸茱和其他药材浸制而成的甜酒。饮之则甜绵适口,健身祛病,故得百益之名。清代嘉庆年间很盛行饮百益酒。此酒又有"仙醴回春"的美称。方升卿吟此酒曰:"曾闻萸酒制奇珍,况复经营配药匀。酒到甘时绵岁月,酌来醺处倍精神。一壶春酝长生草,百载年延不老身。椽笔题成贤太守,仙浆玉醴总难偏。"(《清稗类钞饮食类》)可见此酒有延年益寿的功效。

合欢花酒 用合欢花浸泡的烧酒。《红楼梦》第三十八回写菊花诗会上,林黛玉不愿吃黄酒。"因说道:'我吃了一点子螃蟹,觉得心口微微的痛,须得热热地吃几口烧酒。'宝玉忙接道:'有烧酒。'便命将那合欢花浸的酒烫一壶来。"可见,在官宦之家,这种酒是颇受欢迎的。

啤酒 啤酒又话麦酒、皮酒,以大麦为主要原料酿制而成的酒。《清稗类钞》:"麦酒者……又名啤酒,亦称皮酒。贮藏时,尚稍稍发酵,生碳酸气,故开瓶时小泡突出。饮后,有止胃中食物腐败之效,与他(酒)不同。"据《胶澳志》记载,19世纪末(清光绪年间),德国派军队以保护德传教士之名占领了青岛,在青岛建啤酒厂。青岛啤酒用上等大麦做原料,以蒂大粉多的"青岛大花"做啤酒花,采用崂山矿泉水酿制而成。

鬼子酒 清代人称西洋的白兰地、威士忌等酒为鬼子酒。《清稗类钞》:"嘉庆某岁之冬前二日,仁和胡书农学士(官职名)敬设席宴客……饮鬼子酒。鬼子酒为舶来品,当为白兰地、惠司格(即威士忌)、口里酥之类。当时识西文者少,呼西人为鬼子,因强名之曰鬼子酒也。"清末,我国已能造西洋酒,并能制出名酒来,例如,山东烟台张裕葡萄酿酒公司是著名爱国华侨张弼士于1892年创办的,生产白兰地、味美思等酒。其白兰地醇厚爽口,酒液金黄、滋味微苦、余香绵延,在1915年巴拿马万国博览会上,获"最优等"金质奖章和奖状。

兄弟民族酒独特

我国是一个多民族的国家。各民族由于居住区域不同,生活方式有别,其酿制的酒类也各有特色。在历史的长河中,由于迁徙、战争和贸易诸因素,许多兄弟民族的酿酒术传到了汉族地区,逐渐成为汉族酿酒术的一部分。例如,吴越一带的女儿酒就与岭南少数民族地区的女酒存在着流与源的关系;北方游牧民族的马酒、羊羔酒后来也传到了中原地带,成为较长一个时期汉族居民日常饮用的酒类之一。与此同时,汉族的传统酿酒术也对兄弟民族产生着不可低估的影响,例如,唐代文成公主嫁到吐蕃后,派人向唐朝"请蚕种及造酒、碾硙、纸墨之匠"(《旧唐书·吐蕃传》),中原酿酒匠到吐蕃。无疑对藏族青稞酒的产生与发展起到了较大的推动作用。

由于年代久远,资料所限,今天已很难搞清我国境内各兄弟民族历代的饮酒状况、酿酒的方式和这些酒的特点。现以散见于历代文献中的关于某些兄弟民族酒的零星记载为依据,勾画出一个大概来。

据文献记载,我国各兄弟民族的酒有:奶子酒、钩藤酒、女酒、窖酒、南诏酒、充酒、三投酒、顷刻酒、米奇酒、椰子酒、交河酒、槟榔酒、阿拉酒、石榴花酒、蔗酒、琼州酒、土瓜根酒等多种。

酥理玛 酥理玛是滇西北普米族、纳西族、白族的传统佳酿,为敬神祭祖驱邪等活动所必备。酥理玛以优质大麦为主要原料。酿造时,首先要把加工的粮食淘洗干净,然后把它放进锅里煮,直到籽粒快要煮熟时,取出晾冷,再按一定的比例撒上酒曲并搅拌均匀,然后放进大布口袋里发酵。两天后,就会散发出酒味,此时就把它密封在大坛子里。到一定时候,拔出坛塞,放入适量清水,再如前盖严,待2~3小时后即可将坛里的清水倒出来,即成。绵和醇香,清凉可口,尤其适宜于炎热的夏季饮用。

奥崩酒 珞巴族的传统水酒,流行于西藏珞渝的马尼岗和梅楚卡地区。一般以玉米为原料酿造,间或用鸡爪谷和达谢(一种以棕类乔木为原料制成的食品)。其制法是:先将玉米煮熟,放入酒曲拌匀,装入葫芦密封发酵一段时间即成酒酿。饮用时,装在一个竹制的过滤容器内上浇凉水,流经酒酿,下端滤出的即为水酒。

布朗族翡翠酒 翡翠酒是布朗族群众以糯米为原料酿造的水酒,其制作方法与其他民族酿造水酒的方法大体相同,所不同的是,糯米发酵成酒后,布朗族在出酒时用一种叫"悬钩子"的植物叶片将糟与汁滤开,酒色透明清亮,呈翡翠色,是布朗山寨接待亲朋好友的上等饮料。

朝鲜族的麻苦列 麻苦列亦称"浊酒",为朝鲜族的传统饮料,流行于吉林、辽宁、黑龙江等地。以大米为原料、以大麦为酒曲酿制而成,酒色白而味甜。多在冬季酿制,度数较低。

刺梨酒 贵州布依族酿制的刺梨酒,驰名中外。刺梨酒的酿制方法是:每年秋天收了粳稻以后,就采集刺梨果,将其晒干。接着就用糯米酿酒,酒盛于大坛中,再将刺梨子放进坛里去浸泡,一个月以后(时间泡的愈长愈好)即成。酒呈黄色,喷香可口,约十二度左右,不易醉人。

水酒 滇西北独龙江流域的独龙族嗜饮水酒,其酿制方法也别开生面。独龙人酿制水酒多用玉米,也可用大米、高粱、稗等。他们将原料粮磨碎煮熟或蒸透后,晾凉,拌上酒曲,在地上挖掘一个罐形的土窖,窖的底部和四壁用干净肥硕的芭蕉叶铺垫,将酒饭放在窖内,再层层盖上芭蕉叶,使酒饭与土层完全隔离,用稀泥封闭窖口,在窖口上燃一堆火,使酒窖内的酒饭在一定的温度下发酵。3~4天后,去火,在窖口上钻一个小孔,凑近孔口嗅其中冒出的热气。若有酸败之味,即放弃不用;若热气中散发出芬芳的酒香,则小心地扒开泥土,以防

中华酒典

泥土落窖。拉开芭蕉叶后,取出已发酵的酒饭盛罐中,搅碎舂捣,滤糟取汁即可饮用。独龙族常在滤出的酒斗中兑上清凉的山泉水,饮之甘美醇香,消暑解渴。

姑待酒 姑待酒亦称"嚼酒",为高山族的传统饮料,流行于台湾西南沿海地区。《诸罗县志·番俗考》记载道:"捣米成粉。番女嚼米置地,越宿以为曲,调粉以酿。沃以水,色白。曰姑待酒。"姑待酒味甘酸或微酸。外出劳动,盛于葫芦中,兑以泉水饮用。

泡酒 贵州苗族的泡酒,与一般配制酒不同的是,泡酒所用酒基不是蒸馏酒,而是连滓带汁的水酒即发酵酒。其制作方法是:先用糯米酿成糯米酒,再将刺梨果晒干盛入布袋,放在酒坛内固封浸泡。下窖 3 个月后,取出刺梨渣,即成。泡酒色泽呈琥珀色,味美醇香,有助消化、健胃、活血等功效。

果酒 少数民族地区大都是植物资源较为丰富的宝地,第一缕幽幽的酒香就是从少数民族聚居地的茫茫林海中飘起的。

紫米酒 滇南谷地、红河两岸的哈尼族以当地所产的优质紫米发酵酿造而成的紫米酒,是接待宾客的最佳饮品,清末民初即已远近闻名。此外,种植紫米的傣族、彝族、景颇族也有酿制紫米酒的传统。云南墨江哈尼族自治县境内哈尼族聚居区的群众尤其擅长于酿制。

醉酒 黎族传统饮料,流行于海南。酿法有两种:

其一,用糯米为原料,用水浸泡半天后捞起放进甑里蒸熟。晾干后,放进用芭蕉叶密封的箩中。第三天后便可发酵,并散发出芳香的酒味。第四天就有酒汁滴下,称为"酒滴"。第七天后,酒便酿成。此时,将其挪入坛中密封,埋于地下,时间越长酒味越浓,酒味越好。

其二,将糯米饭团拌以适量的酒饼,放入陶盆里,用芭蕉叶密封盆口,7 天后酿成。其特点是,含有人体所需要的多种氨基酸,营养丰富,酒味醇甘,是健身的滋补品。

米酒 拉祜族喜饮米酒。糯米为其首选原料,大米、玉米亦可用于酿制。制作方法与佤族"布来隆"等水酒的酿造基本相同。

拉酒 云南怒江峡谷的傈僳族酿制和饮用的水酒"拉酒",因饮用方法而得名,独具特色。傈僳族以小麦、玉米、高粱、稗子等为原料,煮熟蒸透后,拌上酒曲,密封贮存在瓦罐中发酵成酒渣。佳宾临门时,取出适量的发酵酒渣,放在锅中或盆中,置于火塘火上,饮者团团围坐,主人不断往锅中或盆中加水,一面拉滤酒渣,一面斟酒敬客,直到酒味淡时为止。

糜子酒 满族的传统饮料。"糜",即黄米。其做法是:将大黄米用水浸泡之后上锅蒸熟,装入坛中,将原米汤一同兑入,米汤不足可加水,之后加黄酒曲搅拌均匀,2日后即可饮用。

松苓酒 松苓酒是满族的传统饮料,其制作方法非常独特:在山中寻觅一棵古松,伐其本根,将白酒装在陶制的酒瓮中,埋于其下,逾年后掘取出来。据说,通过这种方法,古松的精液就吸到酒中。松苓酒酒色为琥珀,具有明目、清心的功效。

焖锅酒 云南红河两岸的哈尼族自酿自饮的烧酒叫"焖锅酒"。哈尼人的焖锅酒具有悠久的酿造历史。焖锅酒的酿造原料以玉米、高粱、稻谷、苦荞为佳,稗、粟、薯等亦可,焖制器具与彝家小锅酒大致相同,而酿造程序上却有独到之处:先把选择好的原料粮用清水浸湿,再放入普通的饭甑中蒸数小时,蒸到谷物绽皮露心时,抬到打扫干净的房顶上,摊开晾凉后,再撒上酒曲,搅拌均匀,装进一个专用于贮存酒饭的大篾囤里,用稻草把蔑囤团团捂紧使酒饭发酵。发酵时间观气温高低而定,短则2～3日,长则8～10日。到酒饭发酵流出汁液时,再移入瓦缸中,用草木灰和成稀泥糊封严缸口,发酵10～15日后,就可以取出焖酒了。焖酒时,蒸酒饭用的木甑是圆台形的,甑内安放一个接酒的器皿,锅、瓢、盆、剖开的葫芦均可。甑的上口放置一个盛冷水的铁锅,锅内的水随时撤换以保持冷凉。甑底的水锅水加热沸腾后使甑内的酒饭蒸气上升,在甑顶的锅底凝结成酒滴,落入接酒器皿中,蒸烤一定的时间后,要抬一口盛着冷水的锅,取酒品尝,这叫头道酒,一般度数较高;倒出酒后,架上冷水锅继续焖酒,再焖出的酒度数逐渐降低,称二道酒。

焖锅酒清澈晶莹,醇厚甘甜,是哈尼山寨节庆必备的饮料。除哈尼族之外,傣族、景颇族、拉祜族等都善于酿制品质极佳的焖锅酒。

马奶酒 蒙古族等民族古代过着"逐水草而迁徙"的游牧生活。为防饥渴,常在随身携带的羊皮袋中装些马奶。由于整天飞马颠簸,马奶的乳清和乳滓分离开来,乳滓下沉,乳清上浮并成了具有催眠作用的奶酒。

其制作方法是:将马乳倾入羊皮袋或其他容器中,不时用木棒搅动,数日后待其发酵变酸,便可饮用。通常色白而浊,味微酸而略有膻气。若搅之7～8日乃至更长时间,则色清而味甜,且无膻味,谓之"黑马奶"。马奶酒有滋补强身、

中華酒典

健胃补肾和治疗肺结核的功能。

米酒　滇东南苗族聚居区的苗族以大米或糯米酿制水酒,方法与彝族水酒基本相同。苗族米酒是大米或糯米发酵而成的原汁水酒,含糖量高,酒精度低,是解除疲劳、清心提神的最佳饮料。苗族群众常用以佐餐,"白酒泡苞谷饭"是滇东南苗族的传统饮食习俗。

窖酒　窖酒是滇西纳西族独创的地方水酒。早在清道光年间,即已创制。窖酒的原料是滇西所产的优质稻米,配制方法按发酵法为传统工艺操作,泡米、蒸饭、凉饭后,授曲搭窝,使酒饭糖化。装罐或装缸后,以糟烧白酒代水落罐,形成盖面,低温发酵约月余,即可取出榨酒,分缸澄清后,再密封贮存陈酿即成。

蒸酒　云南怒江两岸的怒族和傈僳族称烧酒为蒸酒,蒸酒之名,源自酿造中以蒸为主要工序。蒸酒的首选原料为玉米,也有高粱、稻谷、荞、粟。制作过程与彝家小锅酒大同而小异。浸泡原粮、蒸熟酒饭、贮存发酵的程序悉同前者。蒸制烧酒时,使用的器具则有所不同。怒族、傈僳族所用的甑子是用老树原木挖空而成,甑子的中上部留一小孔插上细竹管,是为出酒槽。锅底加热时,酒气上升遇冷凝聚为酒,落入酿中的接酒器中,再通过出酒槽流出,即为成品蒸酒。先出者度数高,酒劲大,随着蒸烤时间的推移,酒度渐次降低,越后者味越寡薄。

各民族几乎都能酿造不同风味、不同品质的烧酒,除以上酒类外,滇南拉祜族的董棕树心酒、嫩苞谷带核蒸酒以原料独特而别具特色。总体而言,少数民族烧酒的酿造具有以下共同点:

第一,发酵酒曲一般是自行配制的土酒曲,烧酒的风味与品质的不同很大程度上是土酒曲之间的差异造成的。

第二,在烧酒酿造进程中,浸泡原粮、蒸烤酒饭所用的水,有相当严格的要求,有好水才能酿出好酒,是各民族的共识。大凡出好酒的地方,都是山清水秀之处,山泉清冽,溪流净淙。

第三,蒸烤的器具基本相同,酿造的程序大体相似,小锅小灶小曲烤小酒,蒸锅天锅木甑出好酒。

配制酒　中国各少数民族都有自己悠久的民族民间医药和医疗传统,其中,内容丰富的配制酒是其重要构成部分之一,他们利用酒能"行药势、驻容颜、缓衰老"的特性,以药入酒,以酒引药,治病延年。明初,药物学家兰茂吸取各少数民族丰富的医药文化营养,编撰了独具地方特色和民族特色的药物学专著

中华酒典

《滇南本草》。在这部比李时珍《本草纲目》还早一个半世纪的鸿篇巨制中,兰茂深入探讨了以酒行药的有关原则和方法,记载了大量配制酒药的偏方、秘方。

少数民族的配制酒五花八门,丰富多样。有用药物根块配制者,如滇西天麻酒、哀牢山区的茯苓酒、滇南三七酒、滇西北虫草酒等;有用植物果实配制者,如木瓜酒、桑葚酒、梅子酒、橄榄酒等;有以植物秆茎入酒者,如人参酒、胶股兰酒、寄生草酒;有以动物的骨、胆、卵等入酒者,如虎骨酒、熊胆酒、鸡蛋酒、乌鸡白凤酒;有以矿物入酒者,如麦饭石酒。

按功效分,少数民族的配制酒有保健型配制酒和药用型配制酒两大类。其中,保健配制酒种类多,用途广,占配制酒的绝大部分。

1.葡萄酒

我国最早的葡萄酒,是现新疆地区酿制的。《史记·大宛列传》载:"宛左右以蒲萄为酒,富人藏酒至万余石,久者数十岁不败。"内地汉族地区虽然在周代已有人工栽培葡萄的记载,但这些原生葡萄品种果小味酸,很少食用和酿酒。直到张骞出使西域,带回了优良葡萄品种,内地才大量种植葡萄并用以酿酒。元初意大利人马可·波罗历滇时,在昆明、大理等地都品尝过当地人用葡萄酿制的美酒。明代,徐霞客漫游云南,也记述过品尝葡萄美酒的事实。

2.青稞酒

青稞酒是藏族、土族等民族的民间传统饮料,流行于西藏、青海、四川及云南等藏族及土族聚居区,是一种度数很低的酒。制作方法颇为简单:先把青稞洗净煮熟,待温度稍降,便加上酒曲,用陶罐或木桶装好封闭,使其发酵,2~3天后,加入清水盖上盖子即成。青稞酒呈淡黄色,味微酸,是一种不经蒸馏、近似黄酒的水酒,酒精含量较少,约15~20度,分头道、二道、三道酒三种。埋藏3~5年的陈酒,呈蜜状,饮之味浓,香气袭人。

3.萨林阿日喀

"萨林阿日喀"是蒙古语的音译,意思是"奶酒",汉语又称之为"蒙古酒"。它是在马奶酒的基础上通过蒸馏工艺制成的。其制作方法是:把发酵的马奶倒入锅中,上面扣一个无底木桶。木桶内侧上端有几个铁钩,将一个小陶瓷罐挂在木桶内侧的小钩上,使其悬空吊在木桶中央。木桶口上放上冷却水的铁锅,烧火煮奶,蒸气不断上升到铁锅底部,遇冷凝聚滴入小陶罐中,成为色清亮如水的液体,这就是头锅奶酒。头锅奶酒度数不高,叫"阿尔乞如",还可以将头锅

中华酒典

奶酒多次蒸馏,使酒的度数逐次提高。二酿的奶酒叫"阿尔占",三酿的奶酒叫"浩尔吉",四酿的叫"德善舒尔",五酿的叫"沽普舒尔",六酿的叫"熏舒尔"。六蒸六酿为上品奶酒。

4.烧酒

烧酒指各种透明无色的蒸馏酒,一般又称白酒,各地还有白干、老白干、烧刀酒、烧锅酒、蒸酒、露酒、酒露、露滴酒等别称。

烧酒起源于唐朝,至宋元以后逐渐普及。明代药物学家李时珍对烧酒的制作方法做了这样的描述:"其法,用浓酒和糟入甑蒸,令气上,用器取酒滴。凡酸败之酒皆可蒸烧……其清如水,味极浓烈,盖酒露也。"少数民族地区烧酒始于何时,未见确切的记载。最迟在明代中后期,偏僻山区的少数民族也已经熟练地掌握蒸馏酒的技术了。至明末清初,少数民族的烧酒酿制技术已达到了很高的水平,与中原地区的酿制的水准不相上下,滇中地区元谋盆地一带:"所称谷者,皆稻也。诸谷犹常产,而唯高粱为最。高粱有二种,其黏者为酒露,可敌汾酒,名甲滇南。"同一时期,昆明的南田酒、武定的花桐酒、大理的鹤庆酒,"其味较之汾酒尤醇厚。"清代以来,烧酒酿制技术在各少数民族中迅速普及。至今,不能掌握烧酒酿制工艺的民族仅有少数。

5.树头酒

树头酒的配制过程最富特色。早在元、明之际,在云南的西双版纳、德宏等热带、亚热带森林中,少数民族"甚善水,嗜酒。其地有树,状若棕,树之稍有如竿者八九茎,人以刀去其尖,缚瓢于上,过一霄则有酒一瓢,香而且甘,饮之辄醉。其酒经宿必酸,炼为烧酒,能饮者可一盏"(《百夷传》)。清初,树头酒就果实直接取汁酿制的方法还常见于权威性的官方文献中,清康熙《云南通志·土司》中有如下记述:"土人以曲纳罐中,以索悬罐于实下,划实取汁,流于罐,以为酒,名曰树头酒。"据考证,树头酒的树种,属热带椰子之类,其果实可以从花梗处取饮液汁,因内含糖质,可即用于酿酒。这种不用摘取果实,而是将酒曲放在瓢、罐、壶之类的容器中,悬挂在果实下,把果实划开或者钻孔,着实令人大开眼界。清末民初,树头取酒的办法仍残存于滇西、滇南少数民族之中,现已不可多见。

此外,少数民族的果酒种类还很多。常见的有刺梨酒、桑葚酒、山楂酒等,许多家种植水果也用以酿酒。云南寻甸苗族的雪梨酒,还被赋予了神奇的魔力:"吃了雪梨酿的酒会破坏夫妻感情,再吃一回雪梨酿的酒又会恢复夫妻感情。"

6.水酒

水酒,即发酵酒,用黍、稷、麦、稻等为原料加酒曲经糖化、酒化直接发酵而成,汁和滓同时食用,即古人所说的"醪"。水酒是我国少数民族酒中品种最多、饮用最为普遍的一类。如朝鲜族的"三亥酒"、壮族的"甜酒"、高山族的"姑待酒"、瑶族的"糖酒"、藏族的"青稞酒"、纳西族的"窨酒"、普米族的"酥理玛"等均属此类。在许多少数民族地区,发酵酒又称为白酒,并按发酵程度的不同,分为甜白酒和辣白酒两类。

甜白酒是以大米、玉米、粟等粮食作物为原料,用清水浸泡或煮熟,再蒸透后,控在不渗水的盆、罐、桶等盛容具中,待其凉透,撒上甜酒曲,淋少许凉水,搅拌均匀,放置在温暖干燥处。夏季,1~2天即可成甜白酒;冬天,约需3~5天,但如果把酒饭放在靠近火塘的地方,成酒也较快。拉祜族用糯米为原料,筛去细糠,留下粗糠和米同酿。酿制方法是,用热水浸泡原粮再煮沸,取出后趁热用木甑蒸透,控装在陶罐内,撒上自制酒曲,约一小时后即可饮用,其味清凉甜美。甜白酒实质上是在粮食中的淀粉完全糖化、而酒化过程即将开始时而形成的水酒,甘甜可口,只隐约透出酒的醇香,是老幼咸宜的饮料。各民族酿制甜白酒有悠久的历史,早在元、明之际,已有商品化生产。明初,徐霞客由云南大理人永昌(今保山)途中,穿越一山峡,"有数家当南峡,是为弯子桥,有卖浆者,连糟而啜之,即余地之酒酿也"。可见,早在明代,即使深山幽谷,甜白酒也成为商品,供山峡古道上匆匆过往的商旅"连糟而啜之"。甜白酒具有很高的营养价值。以甜白酒煮鸡蛋,是彝族等民族待客的佳品。明清以来,相袭成俗。时至今日,每逢佳节良辰,泡米蒸饭酿白酒仍是许多少数民族最要紧的节前准备工作之一。白酒煮鸡蛋还是滋补身体、恢复元气、催奶的保健型食品,彝族聚居区"产妇必食"。

辣白酒是以大米、糯米、玉米、大麦、小麦、青稞、粟、稗等粮食为主要原料酿成的低度原汁酒,属黄酒类。各族群众酿制水酒已具有悠久的历史。早在明中后期形成的彝族、傣族等许多民族的文献典籍中,已有辣白酒的酒曲配制与酿造的记载。在明代,水酒酿造已经进入酿酒的理论总结阶段。

7.佤族"布来隆"

中华酒典

滇西阿佤山区的佤族称水酒为"布来隆"。最好的"布来隆"是用小红米为原料酿制的,此外,大米、玉米、小麦、大麦、高粱、粟、稗均可用以酿造。佤族酿造"布来隆"的方法与傈僳族"拉酒"的制作过程基本相同。首先是做酒饭,将原料粮磨细蒸熟后,拌上酒曲,让其发酵后,晾干,用瓦罐之类的容器密封贮藏。需要酒时,将晾干储存的酒饭按需求量取出,装入酒罐内,加上凉开水后,均匀搅拌,泡上10小时左右,即成水酒。这也正是佤族把酿制水酒称为"泡酒"的原因。佤族多在头天晚上泡酒,次日饮用。饮用时,用备好的细竹弯管插入酒罐内,把酒汁从底部吸出,使酒糟和酒液自然分开。家中自饮时,吸出的酒装在碗内。若需野外劳作时喝,则让酒流入葫芦内以便携带。

8.杨林肥酒

杨林肥酒是享誉海内外的传统配制酒,以产地而得名。杨林镇地处云南省中部的嵩明县杨林湖畔,早在明初已商贾云集,工商业繁荣,酿酒业尤为发达,每年秋收结束,杨林湖畔,玉龙河边,百家立灶,千村酿酒,呈现出一派"农歌早稻香""太平村酒贱"的兴盛景象。

传统的酿酒技艺和丰富的药物学知识是杨林肥酒成功的坚实基础。清末,杨林酿酒业主陈鼎设"裕宝号"酿酒作坊,借鉴兰茂《滇南本草》中酿造水酒的十八方工艺,采用自酿的纯粮小曲酒为酒基,浸泡党参、拐枣、陈皮、圆肉、大枣等10余种中药材,同时加入适量的蜂蜜、蔗糖、豌豆尖、青竹叶,精心配制。

通过长期的摸索实践,于清光绪六年,向市场上推出了一种色泽碧绿如玉、清亮透明、药香和酒香浑然一体的配制酒。这种酒醇香绵甜,回味隽永,具有健胃滋脾、调和腑脏、活血健身的功效,创始者陈鼎名其为"杨林肥酒"。

9.彝族的鸡蛋酒

彝族配制鸡蛋酒就是一种具有浓郁地方特色和民族特色的保健型配制酒。彝族鸡蛋酒的配制方法是:

(1)备料。40℃~45℃纯粮烧酒、生姜、草果、胡椒、鸡蛋、糖等。各种原料的使用比例是:若制作10公斤鸡蛋酒,配生姜1公两,胡椒0.15公两,糖3公斤,鸡蛋5只。

(2)煮酒。先把草果放在火塘中烤焦、捣碎,生姜洗净、去皮、捣扁。备好的草果、生姜和白酒同时下锅,温火将酒煮沸后,加糖;糖完全融化后,撤去锅底的火,但保持余热;捞出生姜及草果碎块,将鸡蛋调匀后,呈细线状缓缓注入酒锅内,同时快速搅动酒液,最后撒入胡椒粉即可饮用。

地道的彝家鸡蛋酒现配现饮,上碗时余温不去,香郁扑鼻,鸡蛋如丝如缕,蛋白洁白如丝,蛋黄金灿悦目,入口余温不绝,饮后清心提神,祛风除湿。节庆佳期,一碗热腾腾的鸡蛋酒烘托出节日的祥和与热烈;嘉宾临门,一碗香喷喷的鸡蛋酒显示出彝族的真挚与热诚。

10.彝族辣白酒

彝族普遍喜欢畅饮辣白酒,也善于酿制辣白酒,以糯米为首选原料,大米次之,玉米再次之,高粱、粟、稗等粮食亦可用于酿制。酿制辣白酒的基本步骤是:

(1)浸泡或煮熟原料:将用以酿酒的原料粮用清水浸泡透心或煮熟。

(2)蒸饭:将浸泡透心或煮熟的原料粮装在甑子内用猛火蒸透,这时的原料称为酒饭,蒸酒饭的甑子以木制或竹制为佳。

(3)凉饭:酒饭蒸透后出甑,放在干净的竹席或笪箕上,摊开,使酒饭自然降温变凉。夏天须凉透,冬天则由于气温较低,酒饭降到手触有温暖感为止。用纱布包住酒饭,猛然抛在事先准备好的凉开水中,又立即取出,滤水后摊开即可,这种强制性快速降温法,叫作"白龙过江"。

(4)撒曲装罐:酒饭凉到符合要求后,撒下酒曲,再淋少许凉开水,搅拌均匀即可装入清洗晾干的罐中。酒曲以自己挖掘采集植物配制的土酒曲为佳。装罐时,可直接入罐盛装,亦可在罐底放置竹筛或其他竹编滤器,使罐底留出一定的空间,以分开酒糟和酒汁,使酒液清爽。

(5)出窝:酒饭入罐后,1~2天完成粮食中淀粉的糖化,形成甜白酒;5~7天后,由于酒曲中酵母菌的作用,完成酵化,酒香浓郁的辣白酒即告酿成,这时即可取出饮用或贮存了。由于酒饭装罐后要保持一定的温度以利于发酵,常将酒罐放在靠近火塘的地方,或是埋在米糠内,严冬时节,甚至用棉被来裹捂,所以,这种酿造白酒的过程也叫"捂白酒"。

(6)贮藏:白酒饮用的办法有两种,一是原汁取饮,二是根据酒汁浓度或口味需要,兑入适量的凉开水饮用。暂时不用,即行贮藏。贮藏的方法是把辣白酒取出,装入洁净的陶罐中,再用草灰制成的稀糊裹紧罐塞,以避免透气。用这种方法贮藏水酒,夏天可保存约20天,冬天贮存可长达数年,贮存时间越长,酒味越是醇厚,酒劲越加绵长。"彝家老酒",就是这类长期贮藏的水酒。积年贮藏的水酒,取出后酒香扑鼻,糟与汁已完全分离。糟浮酒面,已薄如蝉翼;酒液

中华酒典

清澈亮丽,略呈黄褐色。饮用时醇香爽口,绝无挂喉、刺鼻的感觉,饮用后神清气爽,不打头,酒劲悠然绵长,善饮者也常常不胜其力,三杯两盏之后往往就醺然而卧。敬上一碗积年贮藏的辣白酒,是彝族接待长辈尊者和佳朋良友的最高礼节之一。

11.彝族小锅酒

云南哀牢山彝族聚居区的群众善于酿制烧酒,因制作过程中蒸烤是中心环节,故称酿制烧酒的过程为烤酒,又因蒸烤是在家庭小作坊中以小灶、小锅来完成,其成品酒习惯上也称小酒。小锅酒的主要原料是大麦、玉米、苦荞,也常用稻谷、稗子、粟、薯等。酿造小锅酒的过程分两个阶段:一是捂酒饭。将备好的原料粮浸泡透心或煮熟,摊开,晾凉,撒上酒曲并搅拌均匀,然后装入瓦罐或专用的小酒窖内,封盖发酵。二是烤酒。烤酒器具有大、小铁锅各一口,木制酒甑一只,酒漏一个,引酒管一根,贮酒器一个。以上各项准备工作完成后,加火把水煮沸,使强烈的蒸气上升,把酒饭内的酒气蒸出上升到大锅底部,快速凝聚为酒液,滴落在酒漏里,再顺着引酒竹管流到贮酒器内。彝家小锅酒醇香爽口,清心提神。传统以自酿自饮为主,也是馈赠亲友的佳品。

第五节　名酒传说

中国可以说是酒的故乡,有着数不清的各种美酒,每一种美酒都有一个故事、一个传说,这些故事和传说把中国几千年的酒文化生动地记录并流传至今,让我们随着这些传说,徜徉到历史的河流中,去感受那份浓浓的酒香……

茅台国酒——国色天香

在中国贵州省的仁怀市,有一个叫茅台镇的地方,地方不大,却有着远播千里的名声,这里以出产茅台酒而著名,所以,不论你是否喝酒,要是不知道茅台酒,那恐怕就要成为人们的笑柄了。

茅台酒有着八百多年源远而悠久的历史,是中国大曲酱香型白酒的鼻祖。关于茅台酒的来历,流传着一个优美的传说。

象形酒樽

从前，在贵州赤水河畔的茅台村，只有十几户人家，这其中，只有一户富人家住在河畔高处的三间大瓦房里，而其他的穷人则分散地住在河边。在这茅台村里，自古就有家家户户酿酒的习惯，但在那个时候，村里人的酿酒技术十分平常，酿的酒多为自家饮用。所以，那时候知道茅台的人并不多。

一年腊月，茅台村破天荒地下了一场鹅毛大雪，大雪飘飘，根本没有停下来的迹象。早上，一个衣衫褴褛、蓬头屈足的老妇，手里挂着一根木棍，艰难地从山上下来，转眼间来到了村子。老妇又冷又累，很想到村中讨一碗酒喝，以便暖暖她那已经寒冷不堪的身体。可当她来到村中的那户富人家的时候，却遭到了这家主人的拒绝。无奈之下，这个外乡的老妇又来到了河边的一户穷人家。

这户穷人家的老两口没有嫌弃这位衣衫褴褛的外乡人，便把她让进了屋里。老两口十分友善，他们不但让老妇烤火，给她酒喝，还让她在家里住上几天。当下这个外乡老妇被老两口的真诚和善良感动了，便在老两口晚上熟睡的时候，托梦告诉他们酿造出好酒的天机。第二天早上，老两口起床的时候发现那个外乡老妇早已经离开不知去向。而这时，门外的雪也已经停了，东方泛起艳丽的朝霞，晴朗的天空一轮红日正在冉冉升起，而且村边出现了一条清澈的小溪。老两口试着用溪水酿酒，没想到用这溪流里的水酿出的酒，从此让茅台村出了名。而更为有趣的是，用同样的溪水，原来那富人家酿的酒，越来越差，家境不久便衰败了，而穷人家酿造的酒却越来越好。后来，村里人终于明白，原来那外乡妇人是仙女下凡，村里的人们为了纪念这位让茅台村出名的"仙女"，便将"仙女捧杯"作为了后来茅台酒的标志。

茅台酒在近现代出名始于1915年。当时的北洋政府以茅台公司名义，将

中華酒典

75

当时还是用土瓦罐包装的茅台酒,送到巴拿马的万国博览会参展,当时,外国人对之不屑一顾,所以无人问津。后来,一名中国官员在情急之中不慎将瓦罐掷碎于地,顿时酒香扑鼻而惊倒四座,于是这茅台酒终于在这次展会上一举夺冠,获 1915 年的巴拿马万国博览会金奖,从此,茅台酒便开始享誉全球。

茅台酒后来的发展也与中国的发展息息相关。1935 年 6 月 16 日,当时的红军转战贵州,途经仁怀县城和茅台渡口,使得红军将士能有幸一尝这历史悠久的茅台酒。正是因为在红军长征路过茅台镇的时候,曾用茅台酒解乏、治伤,因此可以说茅台酒支援了红军。再加上酒的品质上乘,一直为周恩来总理所钟爱。所以,在新中国成立以后,茅台酒被确定为中国的国酒。到了 20 世纪的 80 年代以后,许多老红军在所写的回忆录中,对茅台酒仍然记忆犹新。聂荣臻元帅曾经这样回忆道:"在茅台休息的时候,为了品尝一下举世闻名的茅台酒,我和罗瑞卿同志叫警卫员去买些来尝尝。酒刚买来,敌机就来轰炸。于是,我们又赶紧转移。"

当时,在红军驻扎茅台镇的时候,国民党在报刊上发表文章,污蔑红军在茅台酒的酿酒池里洗脚。国民党的这一消息,引得时任国民参议员的黄炎培先生以文反击,他嘲笑国民党反动派无知,便挥笔写下一首《茅台酒》:"相传有客过茅台,酿酒池里洗脚来。是真是假吾不管,天寒且饮两三杯。"时至 1945 年,当黄炎培应毛泽东主席的邀请到延安访问的时候,他把这首诗抄给了毛泽东、周恩来和陈毅等人看,受到大家一致的赞扬。

在 1949 年新中国开国大典的前夜,当时,周恩来总理在中南海怀仁堂召开会议,确定茅台酒为开国大典国宴用酒。自此,茅台酒因在新中国的政治和外交生活中发挥着重大作用而佳话不断。1952 年,黄炎培先生来到南京,时任上海市市长的陈毅前去会晤,并设宴款待。席间饮茅台酒,陈毅提起旧话,赞赏黄先生当年仗义执言,难能可贵,而退席成诗:"金陵重逢饮茅台,万里长征洗脚来。深谢诗章传韵事,需在江南饮一杯。金陵重逢饮茅台,为有嘉宾冒雪来。服务人民数十载,共祝胜利饮一杯。"时至 1975 年,时任国务院副总理的王震,在一次全国性会议上把贵州茅台酒宣布为国酒。

五粮华冠——八方扶宴盏,还醉五粮香

众人熟悉的五粮液正式得名于 1909 年。当时宜宾团练局长雷东垣举办家

宴,各界名流雅士文人墨客汇聚一堂。"利川永"烤酒作坊老板邓子均送来当时叫作"杂粮酒"的一种酒,众嘉宾品饮此酒,赞誉不绝。其中举人杨惠泉认为此酒色、香、味均佳,又是用五种粮食酿造而成,何不更名为"五粮液",使人闻名领味,且比"杂粮酒"高雅许多。语惊四座,从此,该酒便以五粮液享誉国人。

1915 年,世界上第一次最大型的博览会——"庆祝巴拿马运河开航太平洋万国博览会"召开,中国也应邀参加。博览会上,世界各地的商品包装精美,目不暇接。上海"利川永"商行的展位前,仅陈列着一些产自长江之滨的土陶罐,土陶粗陋难看的外表令所有人不屑一顾,甚至嗤之以鼻。眼看着买卖难成,"利川永"商行的邓子均情急之下,打开了一个土陶罐,顷刻间香气扑鼻,参观者驻足观望,只见陶罐中玉液晶莹剔透,入口甘香绵甜,齿颊留香,回味无穷,凡饮者赞不绝口。正是这名商人的偶然举动,令五粮液名扬四海,一举夺得了巴拿马金奖。

杏花汾香——杏花村里酒如泉

杜牧有诗"清明时节雨纷纷,路上行人欲断魂;借问酒家何处有,牧童遥指杏花村"。关于诗中杏花村到底在何处,有各种不同的说法,但是毋庸置疑,盛产汾酒的杏花村只有一个——位于吕梁山东部的子夏山脚下,山西汾阳市东北 15 公里处的杏花村。

杏花村被称为中国酒界的"常青树""活化石"。杏花村的酒史悠久,有文字记载的是1500 年前的魏晋南北朝。当时,时局动荡,战乱频仍,朝野内外,不满现实,借酒浇愁,饮酒成风。杏花村的酒清香纯正、甘醇爽口,被列为贡酒,大量出现在宫廷的宴会中,成为王

杏花村酒

公贵族杯中的佳酿。历代的杏花村都以酿酒、酒文化闻名。到了唐朝,经过"贞观之治"和"开元盛世"的大发展,酒业更为发达,这里更以"杏花村里酒如泉""处处街头揭翠帘"成为酒文化的古都。山西是李渊举事之地,是太原通往皇

中华酒典

城西安的途经要驿。文武百官、武举诗人、平常百姓,凡经此地都闻香下马,一饮为快。大诗人李白、杜甫都曾来过汾阳。李白曾与友人元演一起在太原游历了一年,他听说汾阳有一块石碑碑文典雅隽美,就决定亲自去校读,并畅饮一番杏花村酒。清代的《汾阳县志》以诗歌的形式记载了这件事:"琼酥玉液漫夸奇,似此无惭姑射肌。太白何曾携客饮,醉中细校郭君碑。"

历史上,赞誉杏花村的诗词不少,围绕杏花村的传说、故事也很多,像醉仙居的故事、八仙的传说、马刨神泉的传说,反映了杏花村早期的酿酒情况。关于杏花村汾酒的来历,也流传着一个美丽的传说。

很久以前子夏山(因孔丘弟子子夏在山中教学而得名)上有一片杏树林,山下有一个杏花村。村里有个叫石狄的年轻人,常年以打猎为生。一个初夏的傍晚,狩猎归来的石狄隐隐约约听到一丝低微的抽泣声从杏林深处传来。心地善良的石狄忙循声过去,发现一个柔弱女子依树而泣,很是悲凄。问缘由,得知姑娘因家遭灾,父母遇难,孤身投亲,谁知亲戚亦亡,已无处安身。石狄领其回村,后来俩人结为夫妻。婚后,夫唱妻随,日子过得很甜美。

"麦黄一时,杏黄一宿",正当满枝的青杏即将成熟时,一连下了十几天的阴雨。雨过天晴,被雨淋得裂了口子的黄杏"吧嗒、吧嗒"地落在地上,没一天工夫,满筐的黄杏发热发酵,眼看就要烂掉,乡亲们只能干着急。

夜幕降临,忽然有一股异香在村中幽幽飘荡。既非花香,又不似果香。石狄闻着异香推开家门,只见妻子笑吟吟地舀了一碗水送到丈夫面前,石狄闻了闻,正是这水发出的香味。他好奇地喝一口,顿觉一股甘美的汁液直透心脾。这时贤惠的妻子解释道:"这叫酒,是用发酵的杏子酿出来的,快请乡亲们尝尝。"众人一尝,都连声叫好,纷纷打听做法,争相仿效。从此,杏花村开起了酒坊,清香甘醇的杏花美酒也远近闻名。

原来,姑娘是王母娘娘瑶池的杏花仙子,因不满于天庭的冷清,才偷至凡尘以享人世的温情。见乡亲们遇到困难,故用发酵的杏子酿出美酒,解了众人之急。由于她酿造的美酒香飘天庭,王母垂涎欲滴,便将她重又带回天庭,为上界神仙们酿酒。

此后杏花仙子酿酒的传说在这里家喻户晓。每年到杏花开放时节,村里总要下一场潇潇春雨,仿佛杏花仙子思念亲人的泪水。

泸州老窖——夸口无字

泸州是一个典型的四川古城,恬静地坐落在长江、沱江交汇处,盛产桂圆、荔枝,还有以酿造泸州老窖闻名的糯红高粱。这里终年雨水充沛,湿热为主,特别有利于原粮发酵。

泸州古称江阳,酿酒历史久远,自古便享有"江阳古道多佳酿"的美誉。泸州地区出土陶制饮酒角杯,系秦汉时期器物,可见秦汉已有酿酒。据《宋史》载,泸州等地酿有小酒和大酒,"自春至秋,酤成即鬻,谓之小酒。腊酿蒸鬻,候夏而出,谓之大酒。"大酒系烧酒。诗人墨客留有赞酒诗文,黄庭坚曰:"江安食不足,江阳酒有余"。杨慎曰:"江阳酒熟花似锦,别后何人共醉狂",又曰:"泸州龙泉水,流出一池月。把杯抒情怀,横舟自成趣。"

传说,公元225年,诸葛亮屯军泸州古城江阳,适遇瘟疫流行。他叫人采集草药百味,制成曲药,用城南龙泉水酿制成酒,令军民饮之以避瘟疫。

到了宋代,这里的酿酒业已经相当繁荣。泸州老窖特曲始于明朝万历年间,距今已有400多年历史。据记载,明末清初泸州舒姓武举舒家草,在陕西略阳担任军职,对当地曲酒十分欣赏,曾多方探求酿酒技艺和设备。清朝顺治十四年(1657年),他解甲还乡时,把当地的万年酒母、曲药、泥样等材料用竹篓装上,聘请当地技师,一起回到泸州,在城南选择了一块泥质适合做酒窖的地方,恰好附近的"龙泉井"水清冽而甘甜,与窖泥相得益彰,于是开设酒坊,试制曲酒。这就是泸州的第一个酿酒作坊——舒聚源。在舒家弟子的苦心经营下,"舒聚源"之名开始在西南地区闻名开来。清雍正七年,败落的舒家第8代子弟将窖池卖给了泸州第一酿酒世家——温家,"舒聚源"就此更名为"温永盛"。通过温家历代子孙的秘方研制,不间断地培育老窖窖池,扩大经营规模,"温永盛"老窖从此享誉神州,并最终走出国门。

西凤朝阳——酒香醉蜂蝶

在洋洋大观的华夏酒林中,西凤酒以"甜酸苦辣香"五味俱全,号称"五绝",独树一帜,一直跻身名酒之林。西凤乃西府凤翔缩减而成,酒名是以地名

中华酒典

命名的。关于此酒流传着一些传说。

西凤朝阳

相传春秋时期秦穆公的几匹良马丢了,就派手下人去找,结果发现是被凤翔附近三百余农夫(野人)给杀了并吃掉了,当地的官吏将这三百余农夫抓获,押往都城以盗治罪,这群农夫见到穆公诚惶诚恐,但没料到秦穆公制止了官吏的做法,非但没有惩罚他们,反而将军中所饮秦酒赐予这些农夫饮用,以防只吃马肉不喝酒而伤害身体。这里的秦酒就是后来的西凤酒。后来秦晋韩元大战爆发,秦穆公被晋惠公率军围困于龙门山不得突围。正在这危急关头,突然有一队人马从远处奔来冲入重围,只见他们一阵大杀大砍,便将晋军打得落花流水。最后晋军大败,晋惠公被擒。原来是这群野人感念秦穆公"盗马不罪,更虑伤身,反赐美酒"的恩情,冒着生命危险前来相助。

又说秦晋大战获胜后,秦穆公投柳林酒于河中,三军将士驻军时饮了这条河中的水都醉了。

唐代柳林及附近地区酒坊遍布,酒香四溢。唐贞观年间,就有"开坛香千里,隔壁醉三家""白云带醉过柳林,天涯海角飘酒香"的美誉。唐仪凤年间,吏部侍郎裴行俭,沿"丝绸之路"送波斯王子回国,行至凤翔柳林镇亭子头附近,当时正值阳春三月,忽见路旁蜂蝶纷纷坠地,遂命郡守查访缘由,才得知是因为一坛新开启的窖藏陈酒的香味所致。就是这一坛陈酿使十里之内的蜂蝶闻酒皆醉,卧地不起。凤翔郡守即将这坛美酒馈赠裴公,侍郎官饮后十分欣喜,即兴吟诗一首:"送客亭子头,蜂醉蝶不舞;三阳开国泰,美哉柳林酒。"裴公将此美酒敬献唐高宗,皇帝饮后也是大悦。自此,柳林美酒被历代皇室列为贡品。唐代大诗人杜甫在"安史之乱"期间,曾在凤翔亲自领略过此酒的甘美,并留下了"汉运初中兴,生平老耽酒"的诗句。相传,唐昭宗在凤翔宴请侍臣时,曾捕池鱼为馔,取凤酒畅饮。李茂贞等侍臣得到这醇厚芳香的酿中珍品后,竟以"巨杯"痛饮。

北宋文学家苏东坡任凤翔府判官,曾建喜雨亭,写下著名的《喜雨亭记》。用"花开酒美喝不醉,来看南山冷翠微"的佳句,盛赞柳林西凤酒,至今墨迹犹存。苏东坡在凤翔任职时,亦特嗜此酒,他在诗中曾写道:"柳林酒,东湖柳,妇人手。"这里"妇人手"系指妇女编制草帽等精巧的手工艺,柳林酒即是柳林出产的美酒。时至今日,他的这些佳句仍在民间流传着。

董酒典藏——为惜清凉好呼酒

遵义董酒,因始创于董公寺一带而得名。

董公寺一带酿酒,虽然始于南北朝时期,但一直到20世纪20年代初期,它才成为遵义的名产。今日董酒始于30年代程氏酒坊的两个香窖。当时遵义北郊董公寺有好几家作坊酿酒,程氏酒坊只是其中一家,作坊规模不大,酿出的酒也一般,没什么知名度。后来据说程氏收留了茅台流浪来的一位重病难行的酿酒师傅,吸取了茅台酒酿造之长,使之名声日益远扬,这就是日后的董酒。程氏酒坊也成为当地首屈一指的酿酒大家。

关于董酒的酿造渊源,有一个传说。古时贵州遵义城外的董公祠有一家酿酒作坊。主人家有一个聪明好学的儿子名叫醇,醇对酿酒很感兴趣,一直非常关注酿酒技术。从小到大,奶奶常跟他讲酒花仙子的故事。奶奶告诉他:"在酒的故乡,有一位美丽的酒花仙子,她对各种造酒技能都非常精通。酒花仙子很善良且乐于助人,所以在遇到造酒方面难题的时候可以向她求教。但求教她时,千万小心,因为她是非常圣洁的,不可冒犯,否则一无所得。"

听着这个故事长大的醇,成了一位十分英俊漂亮的小伙子。一天傍晚,研究了一天造酒技术的他十分疲劳,便来到郊外散步。走着走着,突然天降大雨,他在烟雨中迷失了方向,不知不觉置身于一个漂亮的花园之中。园中百花盛开,香气扑鼻。突然从百花丛中走出一美丽的白衣女子。白衣女子告诉他这里是酒乡花园,自己便是酒花仙子。酒花仙子设宴招待醇,两人话语投机,杯来换盏,谈话间教了醇酿造好酒的方法。渐至深夜两人都有点醉了,酒花仙子满面晕红,昏昏欲睡。而醇也稍有醉意,面对酒花仙子的娇姿醉态,心有所动。这时醇忽然想起奶奶的教诲,顿时驱散邪念,卧在酒花仙子身旁,静静睡去了。第二天当醇醒过来时却发现自己躺在小溪边,清醒了之后他想起了昨天和酒花仙子的相遇。起身寻找酒花仙子的芳踪,却早已渺无痕迹了。回到家,醇便以酒花仙子教他的酿酒之法,酿成了香味醇厚,回味香甜的好酒。

古井岁贡——酒中牡丹

　　古井贡酒为中国老八大名酒之一,有"一家饮酒千家醉,一户开坛千里香"的美谈。自曹操向汉献帝进献九坛春酒,至今已有 1800 多年,以"色清如水晶、香醇如幽兰、入口甘美醇和、回味经久不息"的独特风格,被誉为"酒中牡丹"。

　　古井贡酒因采用古井泉水酿造而得名,产于安徽亳州市减店集。亳州市,古称"谯县",是魏武帝曹操的故乡。曹操喜欢家乡酒,常称"醴自乡流甘如蜜",至今民间还流传着一段曹操醉酒吟诗的故事。

　　减店集一带为盐碱地,井水味苦涩,唯独一口古井水质与别的井迥然不同。千余年来,此井不溢不涸,井水清澈透明,味甜爽口,含有丰富的矿物质。用此井水酿酒,酒香浓郁,甘美醇和。因此,这眼古井被人们称为"天下名井"。传说道教始祖李耳,即老子,2300 年前在减店集以杖划地成沟,因系太上老君仙杖所画,地涌仙泉,故减店集之水能酿名酒。

　　又传南北朝时,南朝梁武帝萧衍曾派大将元树领兵攻取谯县,镇守谯县的北魏大将樊子鹄见梁军来势凶猛,樊子鹄心生一计,吩咐部下在门上挂起免战牌,等梁军锐气消磨殆尽后,再率军出战。听到梁军不停地在城外叫喊,樊子鹄部下有一位名叫独孤的将军实在按捺不住心头的怒火,跨上战马,手提方天画戟,带着一支人马冲出城去,结果由于寡不敌众,被梁军团团围住,独孤将军见突围已不可能时,便将方天画戟投入旁边的一口古井中,而后拔剑自刎殉国。后人为纪念独孤将军,在他投戟的井旁,盖了一座独孤将军庙,并在庙的四周又掘了 23 眼井,因时代变迁,如今仅存 4 眼。但奇怪的是其他井水苦涩难喝,唯独投戟之井中的泉水甘甜爽口,用来酿制的酒也甘美醇和,历来被视为酒中珍品。当年,梁武帝曾追封元树将军为"咸阳王",后人将"咸""减"相讹,将此地

称为"减家店"（即今"减店集"），所产美酒亦称为"减酒"。明朝万历年间，此

饮酒图

酒成为贡品，尔后一直延至清代，从此取名"古井贡酒"。　现代的古井贡酒的风味和吸引力仍不减当年。据报载，一群法国游客到古城西安一家餐厅就餐时，被古井贡酒十年陈酿的浓香所吸引，观其包装，更是巧夺天工，于是其中一男士不惜以法兰西最隆重的跪请礼节求赠此物。原来他们在西安红楼剧院的餐厅里就餐之时，忽然有股酒香飘入鼻际。他们顺着酒香寻去，在餐厅的一角，几位中国人正觥筹交错，在他们的酒桌上，一只印着威武雄壮的魏武帝曹操头像的酒瓶特别显眼。法国游客连声称赞："中国文化灿烂辉煌，没想到中国的酒更加神奇，能引人至仙境，还有那酒瓶让人看一眼就不想再把目光移开，完全超出法国的白兰地。"一位法国女士用胳膊碰了她身边一位叫雨果的男士，要求雨果将那只酒瓶要过来。雨果耸耸肩，表示为难。原来，按法国风俗，只有最尊贵的客人才能得到宴会上最精致的礼品。雨果走到这几位中国人桌前，单腿跪下，双手高举，在座的人赶紧将雨果扶起，并将酒瓶赠送给了他。

九九女儿红——越女作酒酒如雨，春糟夜滴珍珠红

　　相传晋朝绍兴有一户人家，丈夫趁妻子怀孕时请人酿制了几坛黄酒，想等到儿子出生那天摆宴请客饮用，谁知妻子却生了一个女儿，丈夫自然有些不悦，客也不请了，甚至想把这几坛酒砸破，被旁人劝阻。后来他把这几坛酒埋入地下，以备后用。十八年后，女儿出嫁，他想起了地下还藏着的那几坛老酒，于是

中华酒典

挖出来招待客人。没想到埋了十八年的黄酒变成红色,深深的红色,而且香气更浓,风味十足,客人们喝了都大加称赞。后来人们都想到把酒埋入地下,等上几年再取出饮用。但那时生活并不是家家富足,都能酿上几坛好酒埋藏起来,况且好酒之人怎能忍受酒瘾的诱惑呢?一般过不了多久就偷偷把酒拿出来喝了。只有那几坛以"女儿"的名义埋藏的老酒始终不敢动,故而"女儿酒"得以保存下来,风俗也得以流传开来。

关于女儿红的酿造起源还有一种说法。从前,绍兴有个裁缝师傅,娶了妻子就想要儿子。一天,他发现妻子怀孕了,高兴极了,兴冲冲地赶回家去,酿了几坛酒,准备得子时款待亲朋好友。不料,他妻子生了个女儿。当时,重男轻女成风,裁缝师傅也不例外,他气恼万分,就将几坛酒埋在后院桂花树底下了。光阴似箭,女儿长大成人,生得聪明伶俐,居然把裁缝的手艺都学得非常精通,还习得一手好绣花,裁缝店的生意也因此越来越旺。裁缝一看,生个女儿还真不错嘛!于是决定把她嫁给自己最得意的徒弟,高高兴兴地给女儿办婚事。成亲之日摆酒请客,裁缝师傅喝酒喝得很高兴,忽然想起了十几年前埋在桂花树底下的几坛酒,便挖出来请客。结果,一打开酒坛,香气扑鼻,色浓味醇,极为好喝。于是,大家就把这种酒叫为"女儿红"酒,又称"女儿酒"。此后,隔壁邻居,远远近近的人家生了女儿时,就酿酒埋藏,嫁女时就掘酒请客,形成了风俗。

不管传说是怎样的,后来绍兴、上虞一带几乎家家都酿酒,生了女儿就埋酒入地确是事实。到女儿出嫁那一天取出来饮用或作为嫁妆随女儿送到夫家,成为一种时尚,并称这种酒为"女儿红"。因为那时女孩大约到十八岁就出嫁了,所以又叫作"十八女儿红"。

后来风俗越兴越多,沿袭下来,当女儿十八岁出嫁时,从地下取出埋藏的陈年酒,请当地民间艺人在酒坛外刷上大红颜色,写上一个大大的"喜"字,作为陪嫁的贺礼恭送夫家。人们称这些坛子为"女儿酒坛"。绍兴老规矩:从坛中舀出的头三碗酒,要分别呈给女儿婆家的公公、亲生父亲以及自己的丈夫,寓意祈盼人寿安康,家运昌盛。这些习俗世世相传,又代代发展,成为绍兴一带婚嫁喜庆中不可缺少的习俗。

张裕望重——葡萄美酒夜光杯

人们对葡萄酒的认识和对葡萄酒庄的想象皆来源于欧洲:中世纪的古堡周

围是一行行的葡萄树,人们成筐地采摘成熟的葡萄,一边歌舞一边欢快地用脚踩着葡萄,还有排列整齐的橡木桶中葡萄酒年份的说法总是充满传奇色彩。中国于上世纪初也开始大量生产葡萄酒,这就是烟台张裕葡萄酒。

中国近代葡萄酒始于1892年,著名的爱国人士张弼士先生为了实现"实业兴邦"的梦想,先后投资300万两白银在烟台创办了"张裕酿酒公司",中国葡萄酒工业化的序幕由此拉开。

说起张弼士先生创办张裕公司的历史,还有一个有趣的故事。1871年的一天,张弼士先生应邀到法国驻印尼雅加达领事馆做客。席上法国领事用法国葡萄酒款待他。张弼士品尝以后,感觉味道很好,便称赞有加。法国领事介绍说:中国北方的天津和烟台等地,土质、气候、温度也非常适合种植葡萄、酿制葡萄酒。张弼士问他怎么知道的,法国领事回忆说:1860年第二次鸦片战争的时候,他随法军进驻烟台和天津,这些地方满山生长着野生葡萄,士兵们用小型制酒机榨汁、酿制,造好的葡萄酒很有特色。有些士兵还打算在烟台或天津长期留下,创办公司,种葡萄、酿葡萄酒。后来因为战事平息,事情也就搁置下来。说者无心,听者有意。1891年,烟台的一位官员邀请张弼士来烟台商讨兴办铁路事宜,在公务之余,张弼士趁机考察烟台的葡萄种植和土壤水文状况,认定烟台确实是葡萄生长的天然良园。他的想法得到当地官员的鼎力支持。1892年,张先生在烟台投资创办了中国第一家葡萄酿酒企业——张裕酿酒公司。

说到张裕名字的由来,很多人都以为是人名,其实不是。张是张弼士先生的姓,裕取昌裕兴隆的意思,是个吉祥的字眼。张弼士先生兴办的其他实业也是以裕字取名的,但是前面冠上姓氏的只有张裕这一家,足以说明他对张裕酿酒公司的重视。

在张裕酒文化博物馆的展厅里,陈列着一尊孙中山先生的塑像。孙中山先生是1912年应袁世凯的邀请,从上海经水路到北京商议国事,8月21日到达烟台。在烟台,他做了两件大事,第一是发表了著名的《革命与实业报国》的演说,第二就是到张裕公司参观视察,并为张裕留下题词"品重醴泉"。这个题词有两层含义。"醴泉",源自《礼记》中的"天降甘露,地出醴泉",指的是御酒,以此赞美张裕的产品质量高。"品重"赞扬张弼士先生品德高尚,因为张弼士先生提出了"实业救国"的主张,孙中山先生佩服张弼士的为人,这也是孙中山先生一生中唯一的为企业的题词。

中华酒典

龙岩沉缸——清泉已逝,盛名犹存

沉缸酒为甜型黄酒,因其在酿造过程中,酒醅必须沉浮 3 次,最后沉于缸底,故得此名。龙岩沉缸酒始于明末清初,距今已有 170 多年历史。

龙岩山清水秀,地下流泉无数,有名者上井、中井、下井是也。尤其上下井,史称"双井流泉",为古代龙岩八景之一。下井之泉,自松涛岭地下岩缝迸出。泉涌汩汩,不舍昼夜;泉清如镜,山光倒映;泉水甘甜,沁人肺腑;泉边宽阔,民受其惠。旧时龙岩学子留诗为证:"泉涓涓兮,能清我心;泉皓皓兮,可涤烦襟。有光如鉴,无弦亦琴,空山写影,流水知音。甘醴如霖,往古来今。"故县令吴守忠立碑称"新罗第一泉"。沉缸酒的起源也和这"新罗第一泉"有关。

传说,在距龙岩县城 30 余里的小池村,有位从上杭来的酿酒师傅,名叫伍老关。他看到这里有江南著名的"新罗第一泉",便在此地开设酒坊。一年大旱,田地龟裂,禾苗枯焦,甚至终年长流的铁炉坑泉眼也干涸了。伍老关夫妇无水造酒,眼看酒店就要关闭了,夫妇二人心急如焚。百姓们别无他法,只有拜天拜地,以期诚心能打动上界的仙人,从而降下雨来。贫苦出身的八仙之首——李铁拐看到这幅情景,便下凡来相助。他从天而降,摇身变为一个烂脚乞丐来到村中讨要吃喝。伍老关夫妇心地善良,一边向他诉说灾情严重,一边用仅存的陈年老酒款待。李铁拐喝完后,也不道一声谢,只见他拖着摇摇晃晃的身体跟跟跄跄地向铁炉坑走去,举起拐杖轻轻地敲打大青石。刹那间,清澈的泉水突然涌流出来。从此,铁炉坑的泉水变得更加清澈甘甜,伍老关酿酒便专用这"仙水"。这一来,"沉缸酒"的名声越传越远,越传越奇……

沱牌绵长——射洪春酒寒仍绿

"沱泉酿美酒,牌名誉千秋"。沱酒用水取自沱泉。

沱泉地处射洪县南部柳树沱。相传很久以前,柳树沱有一个聪明的沱郎。他朴实勤劳,爱上了二里外的柳妹。柳妹的父母是酿酒世家,向沱郎提出了一个条件,要他继承酿酒事业,挖出清泉,酿出美酒,才能和柳妹成亲。沱郎为了与柳妹结为百年之好,扛起锄头到处找啊挖啊,连续九天九夜,仍然没有找到理想的泉水。但是他的行动感动了玉皇大帝,于是派河对面青龙山下的龙王帮助他,在青龙山与龙池山汇合处,喷出一道清甜可口的泉水。经过努力,沱郎用这清泉终于酿成了芳香四溢的美酒,名扬天下。后人为了纪念沱郎,就把他挖泉酿酒的地方取名为沱泉。

洋河品位——早闻佳酿出洋河,一饮琼浆发浩歌

洋河大曲,产于江苏省泗阳县洋河镇。洋河镇是一个古老的集镇,地处白洋河和黄河之间,距南北运河不远,自古就是个水陆交通畅达、商业繁荣的地方。相传,明代万历年间,从山西来此地贩酒的白姓商人发现这里盛产糯高粱,还有适宜酿酒的好泉水,便在洋河镇开设酿酒糟坊,产出了醇香、甘美的好酒,名噪一时。自此以后,洋河镇逐渐成为一个酒村闹市。清朝乾隆皇帝二下江南时曾题道:"洋河大曲,酒味香醇,真佳酒也。"清雍正年间,被列为清皇室贡品。

洋河大曲

提到洋河大曲,不得不提"美人泉"。洋河大曲就是用当地"美人泉"的水酿制而成的。有诗称赞"洋河美人泉,佳酿醉神州"。

相传很久以前,淮南洋河镇里有一眼泉水井,井的西边住着一个木匠和他的女儿,妻子早已过世,剩下父女二人相依为命。有一年,天气作怪,久旱不雨,木匠家中的几亩地的收成不好,他只好早出晚归去外面卖手艺,挣点钱维持生计。十五六岁的姑娘已相当懂事,她见爹爹一天天辛苦操劳,面容憔悴,就每晚给爹爹做点好菜,买点老酒,让爹爹解乏。有一天黄昏,姑娘又拿着仅有的几文钱去给爹爹打酒。路上看见一老一小在沿街乞讨,善良的姑娘觉得他们可怜,便将手中仅有的钱全给了他们,拎着空瓶往回走。为了不让父亲扫兴,走到一口井旁时,她就往瓶里灌了些泉水。回到家,爹爹把"酒"喝了,也没说啥就睡了。第二天,姑娘又碰上了那老小两个逃荒人,仍旧像昨日那样把打酒的钱全

给了他们，为爹爹灌回一瓶泉水。这次老人喝过"酒"后，觉得味道比以前的要醇厚得多，就忙问女儿酒是从哪儿打来的。姑娘以为爹爹发现了这不是酒，急忙找话岔开。老人见状，不免心中生疑，便不再多问。第二天，他悄悄跟着女儿，看到她去井边往瓶里灌水时，就对女儿喊道："你在干什么呀？"姑娘回身看是爹爹跟来了，惊慌之中一脚踩空掉进井里淹死了。她死后，泉水更加醇香了，人们就称这口井为"美人泉"。

双沟醉猿——使君半夜分酥酒，惊起妻孥一笑哗

　　双沟地处淮河下游，独特的自然人文环境，铸就了双沟悠久的酿酒文化，是"最具酿酒天然环境和中国自然酒起源的地方"。闻名遐迩的双沟大曲的酿造，其实可以追溯到人类的远祖时期。科学家在双沟地区的考察和研究结果表明：早在地质年代中新世，这里有着以茂密森林为主的植被环境和热带气候，生活着人类远祖和远叔祖的古猿。当时古猿把树上的果子采集贮藏在洞穴里，日久天长果子发酵，流出了醇香的汁液，这就是最原始的酒。

　　相传朱元璋初登皇位时，册封结发妻子马氏为皇后正宫娘娘。从此，马娘娘出宫凤辇代步，行止宫女侍候，享不尽的荣华富贵。

　　一日，朱元璋、马娘娘与御史中丞兼太史令刘基在庆功楼商讨修筑祖陵之事，忽然，有一只金色凤凰从庆功楼前飞过，飞向淮北的泗州方向。俗说凤凰栖落吉祥之地，大凡落凤凰的地方，日后必出皇后。这远飞的凤凰令马娘娘心存妒忌，寝食不安。她暗令刘基寻觅凤凰，就地斩首，以绝后患。刘基心领神会，辞别皇帝和皇后，沿途寻找凤凰的踪迹。

　　那只自由翱翔的凤凰飞了三天三夜，来到淮河北岸的双沟镇。见这里绿荫环抱、碧波粼粼、山清水秀、水肥草美，认定是一块风水宝地，理想的栖息之所，便一头飞落到梧桐树下的一眼甘泉旁。这甘泉清澈见底，水面还冒着碎玉般的水花。原来，这眼泉水并非清水，而是香气氤氲的琼浆，乃酒圣杜康为天宫造仙酒所用之泉，凤凰因长途飞行，饥渴难耐，一见清泉，便忘情地饮用起来，不觉已有几分醉意。待它饮罢，正欲振翅起飞时，刘基已经赶到，寻至泉边，只见他手起剑落，凤凰顿时身首异处。

　　凤凰血溅淮湖，从此长眠在双沟酒乡。后来，它饮用的甘泉被人们发现。

为了纪念这只被冤杀的凤凰,人们将此泉称作饮凤泉。引此泉水酿酒,浓香味美,赛过瑶池盛会上的琼浆玉液。直到清朝末年,双沟还在使用这口甘泉。时间长了,这口井泉被泥沙淹没。泉水与淮河汇通,使淮水也变得甘洌醇美,酿制曲酒,风味更加独特。从那时起,双沟酒的名声越来越大。有一首歌是这样唱的:有一只凤凰,飞到洪泽湖旁!凤凰流了血,血成了浓郁的酒香,啊!凤凰啊凤凰,留在这里,美酒啊美酒,尽情地流淌。

在淮北的古泗州地区,特别是双沟地区,还流传着很多缘酒而发的民间故事,其中一则名曰"酒仙馈曲",一则名曰"西沟泉"。

"酒仙馈曲"说的是明朝正德年间,一个端午节,双沟镇的百姓家家忙于插艾包粽子,置办酒菜,准备过节。此时,双沟淮河边上

双沟酒

"凤凰居"酒楼比平时冷清了许多。时至晌午,店主正待打烊,准备过节。不知从何处来了一位年逾古稀的皓首老翁,只见他手执黎杖,须发垂胸,仙风道骨,他见店家要关门,忙招呼:"请稍等片刻,老朽要讨碗酒吃。"店主人见老者是个面善之人,想必是只身在外,未来得及赶回家过节的异乡客,便取出酒菜侍候。老人独坐楼头,自斟自饮,谁也数不清他饮了多少碗酒,直到日头偏西,仍无醉意。店家怕他年高误事,忙走近前看看,只听老人口中不停赞叹:好酒、好酒!并叫店家把酒坛子搬出来,让他一醉方休。店主看老人不曾喝醉,只好继续上酒。这一来,他又饮了数十碗。末了叫店家备上文房四宝,提笔挥毫,于酒楼粉壁上题诗一首,诗曰:"水为酒之血,曲为酒之骨;唯此风骨高,名泉盖可夺。"落款为"酒仙馈曲诗"。书罢飘然而去。店家觉得蹊跷,急忙四处寻找,那老人早已无影无踪了。此时,店家才悟到原来是遇上了酒仙,忙仔细查看老人的饮酒之处,只见桌上遗一玉碗,其中盛有酒曲一方,观之红心金耳,嗅之曲香醉人。店家如获至宝,遂将它尊为神曲酒母,传之后世,用此曲酿制双沟大曲,果然风格非一般酒曲可比。从此,双沟酒与神曲佳话便广为流传。

"西沟泉",说的是明朝万历年间,双沟镇上有一家何记酒坊,取东沟泉水

造酒,酒名曰"东沟大曲"。由于镇上只此一家,别无分号,生意倒还不错,这何酒师家中使唤的两个人,一是他的独生女儿,名叫琼妹,姑娘生得不仅如花似玉,而且聪明伶俐,里里外外的事情全仗她帮助父亲操持;另一个是双沟镇上的一位穷汉,名叫曲哥,父母双亡,只身一人,靠帮人做工生活。曲哥为人厚道,做事利落,平时除上甑烧酒外,还帮酒坊挑挑水、劈劈柴,颇得何师傅信赖。琼姑娘见曲哥勤劳厚道,不由对他产生爱慕之心。不久,这对有情人私订终身。后来,此事被何师傅知晓,觉得门不当、户不对,死活不肯结这门亲事。为了避免生米煮成熟饭,有辱何家门风,借故将曲哥赶出家门。

曲哥离开何家酒坊,生活无着,成天恼闷惆怅。农历四月初八,双沟西山逢庙会,他去寺里求签问卦。路过西沟沿,碰见一位老婆婆跌进了深沟,曲哥纵身跳进沟底,把老婆婆救了上来,一步一步背到自己的茅棚里,像对待亲妈一样服侍她。无奈家中一贫如洗,日子久了,实在管不起两张嘴吃饭。老婆婆见他十分为难,借故到南山走亲戚,临走时对曲哥说:"你救我一命,无以报答,我出嫁时发髻上别有一根金钗,那是我的心爱之物,现在不在头上,想是那日跌下西沟时落到泥坑里。我走后,你可以寻找回来变卖了贴补家用,也算我对你的酬谢。"曲哥对老婆婆的话信以为真,第二天果然带着锹到西沟找老婆婆丢失的金钗子。挖了半天,根本没有什么金钗子,却挖出一块青石板,他好奇地掀开一看,喜出望外,原来是一汪碧波荡漾的泉水,石壁上还有三个清晰可辨的大字:"西沟泉"。曲哥捧起一口泉水尝一尝,只觉得甜丝丝、凉飕飕的,顿觉五脏六腑都舒服。

再说这琼妹自曲哥走后,整天失魂落魄,哭哭啼啼,恰巧在曲哥发现西沟泉的那天,她乘父亲不备,逃出酒坊,寻找曲哥,一直找到太阳落山,方才找到。两人见面,免不得卿卿我我一番。就在这时,只听"扑通"一声,原来是琼妹随身带来的一瓶东沟大曲酒掉落西沟中。刹那间,袭人的酒香从泉中飘上来。二人尝了尝,觉得比东沟大曲味道美上十倍。这对情人突然眼前一亮,转悲为喜,心想我们何不另起炉灶,引这西沟泉水烧酒与东沟大曲一比高低呢。主意拿定,说干就干,琼妹取出私房钱,卖了首饰,凑足了本钱,不几天就立起了西沟酒坊。所酿之酒超凡脱俗,当即以泉命名曰"西沟大曲"。由于西沟酒坊的酒好,主人做生意也厚道,生意日渐红火,未上半载,名声便超过了经营了多年的东沟酒坊。

西沟酒坊开张不久，生意日渐红火，曲哥已腰缠万贯，成为堂堂正正西沟酒坊的大老板。何师傅因年事已高，经人说和，甘愿将琼妹嫁给曲哥。曲哥不计前嫌，立即将岳父接到家中，从此两家酒坊合并，何师傅又有多年酿酒经验，加上有东西两泉的优质水源，所酿之酒比从前更加醇美。从此定名为"双沟大曲"。

事事全兴——到底美人颜色好，造成佳酿最熏人

全兴大曲产于四川成都，这里气候温和，土地肥沃，农业兴盛，自古以来就有"佳酿之乡"的美称。刘备建蜀于成都，曾下禁酒令，对家有酿酒器具者都要处罚，足见当时酿酒饮酒之风已相当盛行。雍陶诗云："自到成都烧酒熟，不思身更入长安。"诗人张籍也在《成都曲》中吟道："万里桥边多酒家，游人爱向谁家宿。"

全兴大曲是中国老牌名酒，源于清代全兴老号烧坊的建立。初由山西人在成都开设酒坊，按山西汾酒工艺酿制。后来，酿酒艺人根据成都的气候，水质，原料和窖龄等条件，不断改进酿造工艺，终于创造出一套独特的酿造方法，酿造出了风味独特的"全兴大曲"。

全兴烧坊始建于清代乾隆五十一年（1786年），距今已有二百多年的历史。当时一位王姓酒商在成都东门外大佛寺所在的水井街开设了一个大规模酒坊，取名"福升全"。酒坊除了地处商业中心之外，王姓酒商选择此处主要还看中了水井街旁的"薛涛井"。此井源出自江泉，经沙石过滤后，清澈甘洌，被誉为成都东郊第一井。传说因唐代才女薛涛曾寓居于此，此井因而得名。唐宋时期名酒"锦江春"也就是用此井水酿制，福升全酒坊遂以薛涛井水酿酒，并将酒名定为"薛涛酒"。因为此酒是汲薛涛井水酿制，名人雅士总爱借此抒发雅兴。清代诗人冯家吉《薛涛酒》一诗中赞道："枇杷深处旧藏春，井水留香不染尘；到底美人颜色好，造成佳酿最熏人。"据说该诗就是诗人在某次美酒微醺的时候，诗兴大发而作。才女薛涛聪明过人，美丽过人，薛涛井水清澈甘甜，是酿酒的最佳水源，所以才有了薛涛酒的香味隽永，回味悠长。同时，也是因为有了水井街这样的风水宝地，有了水井坊这样的名酒酿造厂，薛涛井水的"内秀"才得以外现，得到升华。

中华酒典

随着酒坊生意不断发展,福升全于1824年更名"全兴成",并对薛涛酒进行改造,创制出许多新品种酒,统称"全兴酒"。

衡水老白干——三香萦绕久不绝

衡水老白干历史悠久,源远流长。汉和帝永元十六年(104年),衡水的酿酒业已发展到一定规模;到了唐代,衡水酒被列为天下名酒;明代衡水酒被列为国宴酒,并享有"隔墙三家醉,开坛十里香"之美称。衡水老白干极富传奇色彩,清李汝珍所著《镜花缘》中记载,唐垂拱年间,武四思摆酒水阵,遍列天下名酒,其中就有"冀州衡水酒"。

衡水在汉代曾设桃县,故从明代以来就有民谣:"古桃城,不算大,烧锅多有十八家。"故有"到了桃城不喝酒,自在市上瞎胡走"之说。十八家的酒各有千秋,有的用井水制作,有的使河水烧成,有的取坑水酿制。"衡水老白干"这名称的出现,据说始自明嘉靖年间,当时十八家酒店中,数"德源涌"名声最大。明嘉靖三十二年

衡水老白干

(1553年),西关滏阳河上建造大桥时,工匠们常到"德源涌"酒店聚饮,不断称赞该店白酒"真洁,好干",后经传颂,遂约定俗成为"老白干"。"老"指其生产悠久;"白"是说酒体无色透明;"干"指的是用火燃烧后不出水分,即纯。这三个字准确地概括了衡水老白干酒的特点。之后衡水老白干酒便以"闻着清香,入口甜香,饮后余香"这三香著称。

衡水老白干除有可考的古籍记载之外,在民间还有许多优美的传说。相传一千多年前,滏阳河畔有一个小村庄,村口有一家酒店,酒旗高挑,上书"老白干酒"。一日,店里来了位白发老石匠,开口就讨酒喝,但喝完就走,绝口不提酒钱之事。日复一日,年复一年,老石匠照常来此喝酒而不付分文。掌柜着急,找到机会就问他缘由,老石匠说:"你们这儿的酒不是'老白干'吗?为什么还要钱?"掌柜说:"不错,我们这儿的酒是叫'老白干',这种酒是用我祖上几代人遗

留下的老作坊酿造的,此酒洁白纯正,酒度高烈,点燃后不留水分,所以我们这里的人都把它叫'老白干'。这酒是我们自己酿的,老师傅只管喝,有钱付钱,无钱白喝。只要能给'老白干'扬名,就行了!"为答谢掌柜,老石匠在掌柜家后院独自动手凿出了一口水井,完工后,老石匠却在井旁化作一缕轻烟飘然而去。众人无不称奇,只见井中清水潺潺,波光粼粼,于是安上辘轳,汲上井水,竟然是清明的甘泉水。用这口井酿出的酒,酒味更加醇香可口,风味独特。因此,各地制酒匠人,纷纷在此附近建坊,用此井水酿酒,此地也日益兴旺发达。数百年后,小村庄也就变成了衡水城,用此井水酿成的独具风味的衡水老白干酒更是名声远扬。

唐中宗神龙年间,大诗人王之涣曾在桃县任主簿,也非常喜爱老白干酒。相传王之涣还请鲁班的徒弟喝过老白干酒,鲁班的徒弟酣饮老白干酒后,酩酊之中露绝术,妙手建成那横亘桃城、古石嶙峋的券孔老拱桥,并且不知从哪方顺手牵羊挪来一尊青石麒麟,至今还伫立在老石桥头。

文君当垆——一曲凤求凰,千载文君酒

文君酒产于四川邛崃。邛崃古称临邛,是汉代卓文君的故里,酿酒用水与文君井同源,故名"文君酒"。文君酒被称为中国的"情人酒",它见证了卓文君与司马相如的伟大爱情。

年少孤贫的汉代大才子、辞赋家司马相如,在父母双亡后寄住到了好友县令王吉家里。当时美丽的才女卓文君不幸丧偶正青春寡居在家。其父卓王孙是当地的大富豪,他与王吉多有往来。某日,卓王孙在家宴请王吉,司马相如也在被请之列。席间,免不了要做赋奏乐。司马相如得知文君美貌非凡,更兼文采,于是奏了一首《凤求凰》。卓文君也久慕司马相如之才,遂躲在帘后偷听。相如用琴声表达他对文君的爱慕之情,冰雪聪明的文君一听就明白,同时也被相如英俊的外表,出众的才华和浓浓的情意所打动,当下便决定以身相许。料想到卓王孙肯定不同意这门亲事,于是文君当即收拾细软与相如私奔到了相如老家成都。

一贫如洗的相如怎养得起文君呢?面对窘迫的生活,文君灵机一动,把自己的头饰当了,开了一家酒铺,于是有了文君当垆,相如涤器的佳话。

中华酒典

如果故事仅到此为止,那么和我们听过的其他才子佳人的故事也没什么区别,后来发生的事更令人震撼。司马相如与文君的感情也非一帆风顺,司马相如有名有利后,又受皇帝赏识,逗留京城。每每文君以鸿雁传情寄去相思,相如只有寥寥几个字:"一二三四五六七八九十百千万"。因信中缺"亿",意为"止忆"。文君读之,澡领其义,悲痛之余,于是回诗一首:"一别之后,两地相思,说是三四月,却是五六年,七弦琴无心弹,八行书无可传,九连环从中折断,十里长堤把君盼。百般思,千般念,万般无奈把君怨,万语千言百般念,十月天寒我衣单,九月登高望孤雁,八月中秋月圆人不圆,七月半,我烧香秉烛问苍天,六月伏天人家摇扇我心寒,五月石榴红一半,四月枇杷未黄,我心

司马相如

酸,三月桃花顺水流,二月风,线已断,苍天若有下一回,你作妹,我为男。"司马相如收到信后感动万千,悔恨交加,就奏明皇帝实情,迎文君上京同享荣华富贵,文君以自己的才华和深情挽回了相如的心。

后来,相如想纳茂陵女子为妾,文君以一首《白头吟》再次令相如感动,进而打消了纳妾的念头。她写道:"皑如山上雪,皓若云间月。闻君有两意,故来相决绝。今日斗酒会,明旦沟水头。躞蹀御沟上,沟水东西流。凄凄复凄凄,嫁娶不须啼,愿得一心人,白头不相离。竹竿何袅袅,鱼尾何簁簁,男儿重意气,何用钱刀为?"从此相如一心一意地与文君安居于林泉,以期白头偕老。在度过了生命最后十年的恩爱岁月后,相继去世。

武陵老酱——千秋澄碧湘江水,巧酿香醪号武陵

武陵酒产于湖南省常德市武陵酒厂。

常德古称武陵、鼎州,酿酒历史源远流长。先秦时代当地人就有摆"春台席"合饮的风俗。五代时,以崔氏酒著名。

说到崔氏酒,不得不提崔婆井。作为"武陵八景"之一的崔婆井来源于跟武陵酒有关的一个动人传说。据说,古时的武陵镇上,糟坊如林,遍处酒家。有一位心地善良,为人厚道的崔婆也开了一家酒坊。崔婆人虽好,但酒一般,因

此，尽管她省吃俭用苦心经营，日子也只是过得一般。一天，镇上来了一位老道，径直进了崔婆的酒店。崔婆见老道风尘仆仆疲惫不堪，便热情款待，并奉上自家最好的酒。老道早知崔婆的为人，今见果然名不虚传，就决定帮帮她。"崔施主，贫道直言，你的酒虽然尚可，但称不上是好酒。"老道继续笑呵呵地说道："没有上等好酒，是生发不了的。请跟我来。"老道说着，走出酒店，围着宅院四下看了一遍，指着一块长满菊花的地方说："此地堪

武陵酒

为井，可得甘泉。酒，必须以甘泉酿得，方为上品。"说罢，飘然而去。崔婆心知，这是遇着神人了，忙找人掘井，不过数尺，果得甘泉，用以酿酒，味道极佳。从此，崔婆家的酒名声大振，销量大增，家道自然兴旺起来。崔氏被后世列入"酿酒名家"，其汲水之井称为崔婆井，成为酿酒遗迹。并有诗云："武陵城里崔家酒，地上应无天上有。云游道士饮一斗，醉卧白云深洞口。"诗因酒生，酒随诗传，武陵酒的名声大噪。

伊川杜康——何以解忧，唯有杜康

从九朝故都洛阳南去，过龙门，溯伊水而上数十里，可见一道清清的溪流从汝阳县境由南而北汇入伊水，这就是杜康河。杜康河畔，一个村子傍山而立，这就是杜康仙庄，有名的伊川杜康酒就出在这里。

相传杜康生于周朝，是个牧羊人。有一天，他用竹筒装着小米粥，带着出去牧羊，不料竹筒放在一棵树下竟忘了带走。过了半个月，他才想起这事，于是找到那棵树，在树下果然看到了上次丢的竹筒饭。但打开一看，竹筒里的小米粥已经发酵，变成酒了。村人喝了，都夸奖这酒好。无意中的发现，使他改行酿酒，一举成为千古名人。

古代流传下来的《杜康造酒醉刘伶》一书中写道："天下好酒数杜康，酒量最大数刘伶。饮了杜康酒三盅，醉了刘伶三年整。"传说杜康死后升天成为神仙，东晋年间下凡到伏牛山麓，开了一家酒店。"竹林七贤"中的名士刘伶，以

中华酒典

饮酒闻名天下。一天,他从这里路过,看见酒店门上贴着一副对联:"猛虎一杯山中醉,蛟龙两盅海底眠"。横批:"不醉三年不要钱"。刘伶见了,哈哈大笑,心想:"我这个赫赫有名的海量酒仙,哪里的酒没吃过,从未见过这样夸海口的,且让我把你的酒统统喝干,看你还敢不敢狂?"谁知三杯下肚,就觉天旋地转,果然醉了,跌跌撞撞地回家后就不省人事,被家人当成死人埋藏了。三年后,杜康到刘伶家要酒钱。刘伶的妻子见杜康来讨酒钱,又气又恨,哭闹着要和他打人命官司。杜康笑道:"刘伶未死,是醉过去了。"他们到了墓地,打开棺材一看,刘伶醉意已消,慢慢苏醒过来。他睁开睡眼,伸开双臂,打了一个大呵欠,吹出一股喷鼻的酒香,折起身子连声喊道:"好厉害的酒,真真闷煞我了!"

二郎古蔺——蜀中尽道多佳酿,更数郎酒回味长

"上游是茅台,下游望泸州。船到二郎滩,又该喝郎酒。"这句赤水河船歌就像赤水河的流水从西到东,从悬崖突兀、奇峰迭出的山峦间冲出,穿山越岭一路汹涌而下,在如诗如画的二郎滩上,暂停下来,孕育出更为闪亮的明珠,美味佳酿——郎酒。

郎酒与茅台酒隔河相望,让赤水河成为一条神奇的酒河,把浓郁的酒香传遍祖国大江南北。据史书记载,北宋年间,二郎滩一带的土著居民就开始以郎泉水酿酒。郎泉从崇山峻岭、高山幽谷中涌出,冬季热气蒸腾,暖如春水;夏季水寒彻骨,凉爽宜人。捧喝一口,清冽甘甜,沁人心脾,而且遇雨不浊,遇旱不涸。郎泉水,明如镜、碧如玉、甘如露。

在郎酒的历史上,还有一件值得一提的史实,那就是"美酒劳军"的故事。当年,中国工农红军曾在二郎滩二渡赤水,开仓分盐也在这里进行。红军四渡赤水,在古蔺转战半月之久。为感谢红军在这里扶困济贫,开仓放盐,百姓们捧出了郎酒,慰问红军。乡亲们手捧郎酒送别红军时,深情地唱道:"赤水河呀长又长,手捧郎酒香又香;红军哥哥为穷人,献给红军尝一尝。"红军指战员得到郎酒后,舍不得饮用,大多用来给伤员擦洗伤口。在今天的赤水河上,仍时常听到这样一首歌:"郎泉之水清呵,可以濯我脚;郎泉之酒香呵,可以做我药。"

酒是陈的香。一般说来,白酒的贮藏期大多为一年,而郎酒的贮藏期最少也得三年以上,它得天独厚地拥有了天宝洞和地宝洞这两座洞穴,成为世界上

独一无二的洞藏美酒。

天宝洞和地宝洞的本名是天保洞、地保洞。天宝洞和地宝洞位于蜈蚣崖上,这里云雾缭绕,巨石摩天。站在天宝洞口,可以俯看到赤水河蜿蜒而过,逝者如斯,不舍昼夜。而头上则是高高的悬崖,生长着各种藤蔓和灌木,当地人称"上一线青天,下一线绿水",风景奇诡而秀丽。只有亲临这两个举世无双的天然酒库,你才能体会出"宝洞客来风送醉,举觞人去路留香"的诗情画意。据说140多年前,太平天国最杰出的将领翼王石达开的部队从江南转战到赤水河边时,不幸遭到清军的围追堵截。石达开见寡不敌众,正在苦思冥想对策,当地的一个老人在这危急时刻,冒险把石达开和他的部下带到了今天的天宝洞和地宝洞中隐藏起来。清兵追来,虽然四处搜寻,但这两个巨大的洞穴藏在幽暗的森林里,任清军怎么找也是找不到的。清军搜了半天一无所获,只得悻悻退却。太平军将士们脱险后,石达开认为这两个天然洞穴救他逃过此难,纯属天意,于是把这两个无名的洞穴命名为天保洞、地保洞。

郎酒加封后进入天宝洞、地宝洞陈酿,它们要在这洞中静卧三年,方能生现人间。这情形,颇有几分"修仙炼道"的神气。郎酒在这洞中,采天地之灵气,铸就了自身绵长醇厚的酒体。

三花清爽——三花香飘云天外,八仙醉卧烟霞中

三花酒为"桂林三宝"之一,名人有诗曰:"三花香飘云天外,八仙醉卧烟霞中。"为何名为"三花",众说不一。一种说法是因酿造时蒸熬三次,摇动可泛起泡花,质优者,酒花细且起数层泡花,俗称"三熬堆花酒",简称"三花酒";另一种说法是:在摇动酒瓶时,只有桂林三花酒会在酒液面上泛起晶莹如珠的酒花,这种酒入坛堆花,入瓶要堆花,入杯也要堆花,故名"三花酒"。

关于桂林三花酒的产生,民间还有一段美妙的传说。在今天桂林的七星公园内,有一座似酒壶形的石头山,人们称它为"酒壶山"。相传过去桂林人的酒壶山是能够出酒的,谁家来了客人或逢年过节需要以酒设宴,便到酒壶山前折一枝桂花,轻轻朝壶的尾部扫一下,壶口就会流出酒,不过每次只流一壶。其实,这么好的仙酒,一壶就足够了。可是,有个贪心的县官嫌一壶酒太少了,便派人去把壶嘴凿大一点,这一凿,酒壶山就再也不出酒了。

中华酒典

这县官嗜酒如命,无奈酒壶山从此滴酒不出,只好另谋酒源。他限桂林的酿酒师傅们在一个月内酿出和酒壶山里一样醇和、鲜美的酒来,否则就杀头。这一下急坏了酿酒师傅,他们愁眉紧锁,一起望着一个最年长的酿酒师傅。但这位老酒师皱着眉头一口接一口地抽烟,他思忖:"哪里去找与酒壶山仙酒同样的酒曲呢?"这样日夜焦虑,老酒师终于急病了。护理他的小女儿三花姑娘非常着急,为了让父亲的身体快些康复,三花姑娘蒸了条鲤鱼,烧了一碗蛋花汤劝父亲吃,可是老酒师哪里吃得下呢。这时候,门外有一男一女两个老叫花子敲门讨饭,男的是个跛子,女的是个瞎子。心地善良的三花便把父亲的饭菜端出来,给两个老叫花子吃。谁能想到那个男的叫花子竟闻闻饭菜,皱起眉头对三花姑娘说:"妹子,好饭好菜没有好酒怎能下饭?"于是,三花姑娘忙舀了一碗酒,给了他俩。两个叫花子只喝了一口,便生气地说:"这也算酒!"这时,在屋内病榻上的老酒师听闻外面的叫花子如此无礼也火了,起身跟跟跄跄地来到门前说:"树有皮、人有脸,两位老人家,你们也太不给脸了。"谁知瞎婆子听到这话后,拿起手上的要饭罐往屋里一摔道:"给你脸!"两人便走了。那要饭罐里全都是发酵了的汤,把三花姑娘晾的酒药全沾湿了,她心痛万分,急忙把酒药拿到灶上烘干。

第二天,她用这酒药帮助爹爹酿酒。嗬!酿出来的酒,竟使整个村子都飘散着酒香。老酒师闻到这酒香,顿时病好了,他舀了一杯,咂嘴品了一下,还真是酒壶山的仙酒味,只可惜淡了一点。这时,有人在门外大喊:"好香!好香!"原来还是那两个老叫花子。老酒师感激之余热情款待他们。两个叫花子喝了一口酒后,便抹抹嘴说:"太淡了,太淡了!"老酒师也叹口气说:"是呀,否则就比得上酒壶山的仙酒了!"那跛脚叫花子听后哈哈大笑,用拐棍猛地敲了三下地说:"头花香,二花冲,三蒸三熬香又浓。"说完一拐一拐地走了。

老酒师听了,恍然大悟,把酒又复蒸了两遍。果然经过这样三蒸,那酒就又香又浓。老酒师端着一碗酒轻轻一摇,一连叠的酒花像珍珠般浮在酒面上,经久不散。从此,桂林酒工终于找到了自己烧制仙酒的工艺,取名叫"三花酒"。后来人们得知那两个叫花子,男的是铁拐李,女的是何仙姑。由于这两位神仙偏爱桂林山水,便将这个酿制仙酒的方法传给了桂林人。

习酒蕴奇——汉家枸酱知何物，赚得唐蒙习部来

习酒因产于贵州省习水县习酒镇而得名。习酒镇酿酒历史悠久，清代陈晋熙有诗赞云："尤物移人付酒杯，荔枝滩上瘴烟开；汉家枸酱知何物，赚得唐蒙习部来。"

习酒的历史源远流长。传说在很久以前的古习国，习酒是专供国王享用的。古习国国王有一个十分漂亮的女儿名叫习妹，不知引得多少王孙贵族为她倾倒。但习妹看不上那些靠着父辈的恩荫生活的公子哥们，却爱上了在二郎滩靠撑船过活的郎哥。郎哥勤劳朴实，是习妹认为可以托付一生的人。习妹虽出身高贵，但却很平易近人，对臣民们十分友善，郎哥对她也是心仪已久。郎哥常年待在船上，潮湿的水汽常常使得他身体发寒。于是习妹便把她父亲的专用习酒送给郎哥，作暖身驱寒之用。有一天国王发现了这件事，堂堂习国之公主竟然看上了一个撑船的穷小子，这让他觉得十分有损自己的尊严。习妹的行为被他视为大逆不道。于是，国王将习妹关在屋子里，派专人看守，不允许她迈出房门半步。郎哥也被关进了死牢。元宵之夜，习妹冲破重重阻碍偷偷跑出宫廷，又从死牢里救出郎哥。二人在赤水河边共饮习酒，参拜天地，结为夫妻，然后二人抱在一起，纵身投入赤水河殉情了。

青酒芬芳——青溪酒三滴，滴滴醉人

青酒产于贵州黔东南典型的"喀斯特"地区，因青溪镇而得名。追根溯源，青酒已有600多年的历史。青酒采撷贵州灵山秀水之魂魄，吸纳传统酿酒之精华，酿成馥郁醇香，回味爽甜之美酒，喝一口，醉在心头，有诗曰："青溪本为水精灵，化为美酒醉人间。醉醒不知身何处，一品又醉五千年。"

如此人间佳酿自是少不了神奇的民间传说。相传明朝永乐年间，地仙张三丰在青溪修行。他听青龙寺住持李道坚、徐教洪二位道人说起了青溪名酒，便有心前往品尝一番。这一天，三位相约一起乘船顺流而下前往青溪镇，船还未到岸就已传来了扑鼻的酒香。这三位爱酒之人迫不及待地顺着酒香寻到一家酒馆，酒馆门前酒幌高耸，上书"醉仙酒坊"四个大字。张三丰一看心想："我走南闯北，不知

中华酒典

喝过多少天下美酒,也难得一醉,凭我这酒量,难道这小小的酒馆,还能把我醉倒不成?"于是他们便走进了这家酒馆。老板忙招呼三人就座,酒菜上来后,酒香冲进张三丰的鼻子,使他接连打了几个喷嚏。张三丰问老板道:"这酒叫什么名?"老板说:"叫青溪酒。"张三丰问:"如何酿成?"老板回答:"用离城五里地的兴庵玉泉加山野勾藤酿造而成的。"张三丰又问老板:"此酒有何功效?"老板答道:"此酒清亮透澈,香醇可口,回味无穷,有治病愈伤,舒筋活血,提神化痰之多种功效,客官不可过量,过量就醉,这是远近闻名的醉仙美酒,请客官慢慢自酌来品味吧!"张三丰听罢哈哈大笑道:"听你所言,此酒真如此之好?且待我饮来。"接着,端起酒碗喝了几大口,果真觉得不凡,连声赞美说:"好酒、好酒,真是名不虚传,天下美酒难比青溪酒矣。"张三丰又让老板给端来五大碗,后来觉得不过酒瘾,这酒实在好喝,接着又要了五大碗。饮后,便摇头晃脑地醉倒在桌子上了。此后,张三丰天天到这里来喝青溪酒,不醉不归。

青溪镇老百姓传说:"张三丰原先只修炼成半人半仙,因为喝了青溪酒,从此就变成了全仙了。"

河套王风——黄河文化育中华,河套美酒香万家

河套酒产于内蒙古河套,它也由此得名。河套因黄河而闻名中国,过去"黄河百害,唯富一套",可见自古以来,河套地区就因黄河而富足,旱涝保收,是一个地肥人美,物产丰富的国家粮食基地。

早在汉代,河套人就开始酿酒。关于河套酒起源的传说有两个。一个是"南人寻宝到河套,独人留守酿酒香"的传说。相传很久以前,长江中游地区非旱即涝,年年天灾不断,严重时颗粒不收。居住在这一带的南蛮人食不果腹,衣不蔽体,生活艰辛,难以度日。然而,黄河上游的河套地区则是另一番天地:无雨不旱,有雨不涝,旱涝保收,年年五谷丰登,岁岁六畜兴旺。居住在此地的河套人安居乐业,丰衣足食。为何一南一北,祸福忧乐有此天壤之别呢?南蛮人经过探察,终于知道了这其中的奥秘。原来,流经河套一带的黄河水中暗潜金马驹一匹,因而河套人凭借金马驹的仙缘,独享天公的偏爱。于是,南蛮人决心到河套,把金马驹牵回南方,投入长江之中,让多灾多难的长江流域也成为风调

雨顺、昌盛兴隆的宝地,彻底改变自己的不幸命运。万里寻宝的南蛮人刚到河套,尚未下水寻宝,金马驹早已预知,跃出黄河水面,拉着一根长长的缰绳,由南向北疾驰而去,最后卧到乌拉特草原的戈壁上。南蛮人见金马驹惊走,紧追不放,直奔戈壁。金马驹一见此状又跃身而起,拉着长长的缰绳重新潜入黄河之中,隐迹遁形,使人无从寻觅。牵金马驹未果,绝大多数南蛮人无功而返,其中只有一人不肯离去。

此人姓王名亮,浙江绍兴人氏。王亮生性倔强,谋事不成,誓不罢休。他暗自思忖:或许金马驹还会跃出黄河,夜间出水面,正好被自己撞上亦未可知。想到此处,他暗暗隐伏在黄河岸边的草木丛中,耐心等待金马驹的出现。王亮连等九九八十一天。果然老天不负有心人,第八十一天的黎明时分,金马驹突然跃出水面,向两狼山南的黄河套地奔驰而去。王亮紧追不舍,沿着金马驹缰绳拉过的地方,觅迹寻踪,直至金鸡西坠,玉兔东升。他蹑手蹑脚进入枝繁叶茂的草木丛中,只见金马驹正在一口井边饮水,井边不远的石碑上写着"公主泉"三个大字。王亮正想着靠近金马驹的办法,不料金马驹一见来人,跃身跳入泉中。此后王亮在公主泉旁等候多日,金马驹踪影全无。王亮认定此处有金马驹必然是风水宝地,决意不再返回南方。王亮者何许人也?原来他是酒神杜康的传人,以酿酒为生。他酿的酒甘洌醇厚,清香爽净,蜚声遐迩,香飘塞外。苦于南蛮连年灾荒,非旱即涝,王亮纵有一身酿酒仙术,无奈缺少酿酒原料,只得来到塞外寻求风调雨顺之地一展绝技,聊慰平生之志,不负仙师杜康传艺之恩。

王亮为了久居于此,便在公主泉以北伐恶木、平沙丘、拓出万亩沃野,打造房舍,开渠垦荒,后将家眷迁来,还带来绍兴酿酒的优质小麦、玉米、高粱种在此地。此后,他按仙师秘传修建了酿酒作坊,专司酿酒之职。

另一个是"神马托梦河套人,传授酿酒秘方"的传说。相传,古代河套平原农业兴盛,物产丰富,家家户户都有许多存粮。由于没有良好的储存条件,时间久了大量的存粮便腐烂如泥。

当时陕西咸阳有个叫赵乃方的农民,家贫如洗,听说紧靠黄河的河套平原物产丰富,便举家迁到河套地区居住。由于赵乃方家中男丁兴旺,又勤俭节约,几年后便富裕起来。看着家中的存粮渐渐腐烂,赵乃方心痛不已。

一天午后,赵乃方伏在桌上不知不觉睡着了。睡了没多久便做了个梦。他梦见汹涌的黄河中突然跃出一匹金马驹,金马驹一边走一边向他点头。赵乃方

中华酒典

酒樽

感到奇怪,就跟在它后面,走着走着,就来到了戈壁滩上的一处石穴旁。金马驹回头看了看,便跳进了石穴内。当赵乃方也跳进石穴定神看时,金马驹已经不见了。只见石穴内灯火通明,云雾缭绕。赵乃方趁着云雾看到有一个大石灶,灶下有烈火在燃烧,灶上放着一个大木桶,蒸汽从木桶里不断散发出来。在大石灶旁边,站着一位年逾古稀、容颜红润的老奶奶。老奶奶和蔼地对赵乃方说:"粮腐可酿,酿而饮,饮而补,此天地化腐朽为神奇之道也。酿者,蒸而淋,淋而置,置而酵,继之取其液,封而入窖藏。"随后老奶奶又告诉赵乃方,她这正是在酿酒,边说边手把手地教他酿造之法。赵乃方反复学习数遍后,终于将之熟记于心。就在这时,他突然从梦中醒来,刚才梦中的情景仍历历在目。不知怎的,他突然觉得梦中的老奶奶长得很像供奉在庙里的黄河神母,这才恍然大悟,原来是黄河神母托梦向自己传授酿造之法。后来,赵乃方按照黄河神母教授的方法,酿出了甘甜香醇的河套美酒。

四特琼浆——琼浆玉液迷人醉

四特酒产于江西省樟树市,这里依山傍水、山川秀丽,有着得天独厚的酿酒条件,早在五千年前,这里的新石器文明就有了酿酒的历史。

四特酒在清代光绪年间已得正名。相传樟树满洲街一家名叫"娄源隆"的酒店,在继承本地传统小曲酿造蒸馏白酒工艺的基础上,取众家之长,经多年实践,酿造出了酒色清澈,香醇可口的优质白酒,出售后大受欢迎。为了防止假冒,娄源隆酒店在装酒的酒缸和酒坛上贴上四个"特"字作为标志,表示特别优质,四特酒由此得名且沿传至今。

　　名酒自然少不了神奇的故事。传说三国时期,樟树市属古吴国,是吴国的主要产酒区,四特酒是贵族高官饮用的酒,普通百姓只闻其名不知其味。吴国著名大将聂友是樟树人,奉命率兵攻打儋耳(海南岛),但是海面波浪滔天,寻常战船根本无法通过。聂友听说家乡赣江边的樟树林中有一修炼成精的白鹿有驭水之法,但从无人亲眼见过,更不用说寻其藏身之处了。聂友准备孤注一掷,临时组成搜寻队在森林山涧四处寻觅。一天天过去,眼看征期临近,白鹿依旧毫无踪影。聂友苦恼万分,正当他决定放弃寻找白鹿之时,有消息传来,说此白鹿嗜酒如命。聂友听罢,顿时心生一计,命人在森林深处的樟树林中放了一坛上等的四特酒。一天晚上,白鹿为酒香所诱,果真来到了酒坛边。聂友想上前询问造船之事,谁知白鹿见人之后便跑。聂友紧随其后追赶,眼看白鹿就要消失,情急之下,聂友张弓搭箭朝白鹿射去。白鹿带箭奔逃,聂友追上前去,发现射出的箭正插在一棵巨大的樟树之上,箭口处还有汨汨鲜血流出。聂友在樟树前设坛,摆出上等的四特美酒,祭树三日,然后伐之造船。用这个大樟树所造的船果然能够踏波逐浪,如履平地,为聂友后来平定儋耳(海南岛)诸岛立下赫赫战功。

宝丰祖传——春风着人不觉醉,快卷更须三百杯

　　宝丰酒因产于豫西伏牛山麓宝丰小城而得名,宝丰物华天宝,人杰地灵,酿酒历史悠久。在史籍中,有多处仪狄造酒的记载:"仪狄始作酒醪,变五味,于汝海之南,应邑之野。"古时汝河流经汝州的一段称之为汝海,汝海之南就是汝河之南,宝丰就在汝河的南岸。宝丰在商周时为应国属地,古应国遗址在现在宝丰县城东南十公里处,这里先后发掘墓葬100余个,出土文物万余件,其中酒具酒器就有三千多件。

　　据史书记载,北魏时一位有名的酒客,名叫房法寿,早年为官,晚年居住在洛阳。房法寿听闻宝丰酒美,便慕名而去。他看到很多池塘有莲花,便取来捣碎,让酒家掺入酿料中一起发酵,酿出来的酒清香味美,甘润爽口。这种酿制法很快在龙山各酿酒坊传开,这就是今天宝丰莲花酒的前身。

　　相传隋唐时代,宝丰城内有一大户开了一个酒馆。由于他酿的酒好,生意

中华酒典

兴隆,很快就成为全县首屈一指的大富豪。这位富豪倒也大方,成为有钱人之后就在酒店外面挂出一个牌子,上面写道:"喝酒者,足为止,分文不取。"于是远近乡邻无一不前来豪饮,富豪说到做到,果然分文不收。吕洞宾和铁拐李得知这一消息后,便化作叫花子来到酒馆喝酒。富豪没有因他们的身份低贱就对他们另眼相待,见二人进店后便命店伙计上酒。他们喝了一坛又一坛,整整三天三夜后还没有醉意。店伙计都有些不耐烦了,开店到如今还没见过如此能喝的人。但富豪看他俩这样便猜想他俩不是凡人,责令伙计继续好生招待,让他俩喝。他俩喝到中午终于起身要走,走到院中被风一吹,酒力发作,吕洞宾身子一晃,倒在井边,满腹的酒便涌了出来,正好吐在井里。这时,奇异的现象出现了,一朵莲花从井里喷涌而出,盖住了井口,后来这口井被称为莲花井。传说,用这口井里的水酿酒,燃着后会有莲花在火焰中出现。

宋朝时期,宝丰有酿酒作坊72家,声誉轰动了王公贵族,于是成了宫廷御用酒。宋神宗曾派大理学家程颢监酒于宝丰,他不仅留下了"酒务春风"的佳话,而且为支持宝丰酿酒业的发展,对本小利薄的小酒坊实行免征或少征税收的政策。元代诗人元好问与挚友戈唐佐在宝丰甘露台饮酒即兴,挥笔写下了"春风着人不觉醉,快卷更须三百杯"来赞美宝丰酒。末代皇帝溥仪的弟弟——溥杰也曾作诗赞曰:"每爱衔杯醉宝丰,香飞白堕绍遗风。继往开来传佳酿,誉溢旗帘到处同。"

张弓射雕——勒马回头望张弓,浓香酒味阵阵冲

传说张弓酒始酿于商代。当时葛伯国(今宁陵县)城南三十里处有一个古老的村寨,村中有一勇士名叫张弓。此人忠勇侠义,为报效国家,丢下新婚不久的妻子主动戍边御敌去了。家中新婚的妻子,忠贞贤惠,默默挑起了家中原该由丈夫承担的重担,一心一意等着丈夫回来。每到天寒她会担心远在千里的丈夫在外是否穿得暖,每到吃饭她又忧虑丈夫在外是否吃得饱。虽然家中粮食并不富足,但每逢吃饭时她都要盛出一碗,恭恭敬敬地放在桌上,摆上筷子,就像丈夫在家一样,以示眷念。过后,她又不忍心扔掉,就放在瓮里,时间长了,竟积攒了满满一大瓮。

过了很久张弓终于抗敌得胜,荣归故里,夫妻得以团圆。二人一见面妻子

便向他叙说离别相思之苦,并拉他去看瓮中饭食。张弓被妻子的深情厚谊所感动,一定要尝一尝瓮中的饭食。于是妻子下厨给他重新蒸煮,说也奇怪,从笼里流出来的水,却散发出浓郁的香味,张弓一尝,甘爽清冽,醇香可口。于是,他连饮满满两大碗。之后,张弓沉沉睡去,但见脸色红晕,出气匀和,只是呼而不醒。两天后,张弓醒来,舒展身体,感到浑身通泰,对着前天喝剩下来的"水"连声赞好。远亲近邻听闻,都前来品尝,大家一致称赞它为美物。此后大家便如法炮制,纷纷效仿起来。地方官吏把它当成珍稀宝物进贡给商王,商王一尝龙颜大悦,便赐名"张弓酒",赐该村为"张弓村"。

西汉末年,王莽篡政,欲灭绝汉室,刘秀被其追杀,逃至张弓镇,于张弓镇北"二柏担一孔"桥下藏身避险。刘秀脱险后,喝张弓酒庆幸抒怀,饮酒赋诗:"香远兮随风,酒仙兮镇中;佳酿兮解忧,壮志兮填胸。"酒后策马东行三十里至落虎桥,酒力泛胸,余香盈口,不禁勒马回望张弓镇,连赞好酒,乘兴又赋诗曰:"勒马回头望张弓,喜谢酒仙饯吾行。如梦翔云三十里,浓香酒味阵阵冲。"刘秀称帝后,封张弓酒为宫廷御酒,其藏身脱险的小桥赐名为"卧龙桥",其勒马回头处建起了"勒马镇"。张弓酒自此名声更盛,流传至今。

天造汤沟——南国汤沟酒,开坛十里香

汤沟酒产于江苏连云港市灌南县汤沟镇,是江苏四大名酒(所谓三沟一河)之一,有"南国汤沟酒,开坛十里香"之美誉。

汤沟酒历史悠久,古时已是送礼佳品。相传古代赏赐和馈赠之酒称为羊酒,因汤沟镇专产这种酒,故得"汤羊美酒"之名,古典名著《金瓶梅词话》中就曾留有"汤沟美酒"之名。《金瓶梅词话》第三十回中西门庆送予蔡太师的六件寿礼中有一件"黄灿灿,金壶玉盖;南京宁缎,金碧交辉;汤羊美酒,尽贴封皮",就是汤沟美酒。

相传汤沟酒是天造之酒,这里还有一个有趣的神话故事。传说很久以前,天上的守护神鳌大王乘王母娘娘不在之时,偷偷地跑进天宫,把所有的美酒都偷喝光了。王母娘娘发现后,非常恼怒,一气之下,要把鳌大王贬下凡间。鳌大王苦苦哀求,发誓不再贪饮,但王母娘娘认为他本性难改,只有下到人间经历苦难方可修养其心。鳌大王见王母娘娘心意已决,不敢再造次,只得微微颤颤地

中華酒典

问："我何时才能返回天庭呢？"天机不可泄露，王母娘娘只道："十里飘香之时，即是你返回天庭之日。"鳖大王把王母娘娘的话反复思量，仍不得其解。此时，他已被天兵天将押解着来到南天门外，未等他反应过来，就被推下了天界。鳖大王在空中思量着自己该落到哪户富贵人家，不想他还未做决定就已落在了汤沟镇，一着地，身体竟瞬间化成了一片大汪塘，他在天庭偷喝的琼浆玉液全部洒在了汪塘之中。鳖大王这才明白王母娘娘的用心，他此次来人间的目的是为人间酿出佳酿。可茫茫人海，那酿酒之人身在何处？何时才能来到这里呢？

转眼几代春秋已过，虽然利用这汪塘酿酒之人无数，但都未能酿出让鳖大王满意的佳酿来。鳖大王在汤沟镇修身养性，倒也自得其乐，并不急于重返天庭。有一天，镇里来了一位黄氏老翁，他一见那鳖大王化成的汪塘，就立即心生挂念，望着这明澈如镜的水，黄老翁当即决定暂缓行程。他俯身取水，浅尝一口，那醇甜、甘洌的味道让黄老翁惊诧不已，想想自己也是走遍大江南北的人，还从未遇见能与这水相媲美的。黄老翁如获至宝，决定在汤沟镇定居，修建酒坊。他在汪塘旁挖井引水酿酒，制出的酒能飘香十里，从此汤沟酒开始享誉四方。据说，那鳖大王也爱上凡间的至真至情，放弃了返回天庭位列仙班的机会，留在汤沟镇与那汤沟酒为伴，好不逍遥自在。

白云浩瀚——往事越千年，陈酿白云边

白云边酒为湖北名酒，产于松滋，松滋古属荆州，毗邻中国第六大古都——楚都郢，这里拥有令世人瞩目的鄂酒文化，酿酒历史源远流长。在数千年的历史长河中，文人墨客在这豪饮美酒，吟诗作对，留下无数千古名句。宋代文学家苏轼就有诗曰："楚人汲汉水，酿酒古宜城。春风催酒熟，犹似汉江清。"

但真正让白云边酒扬名的是我国唐代诗人李白。说起来我们这位酒仙和白云边酒之间还有一段赐名的渊源呢。

李白

相传 759 年,大诗人李白偕同中书舍人贾至和族叔刑部侍郎李晔,一路从四川巫山赴岳阳途中经过洞庭外湖边(今松滋境内)。当时已傍晚,时值清秋佳节,月照南湖,在被月色净化的境界里,最易使人忘怀尘世一切琐屑的得失之情。湖面清风,湖上明月,自然美景,人所共适。天湖一色,夜景奇佳。此情此景,谁见了不心动?李白等三人又是性情中人,于是他们游兴大发,决定乘船夜游。船上三人谈笑风生,好不惬意,美中不足的是没有酒。划着划着,他们远远地看到水天相接处,湖畔酒家自在白云生处,于是在岸边觅得当地佳酿。李白手持酒樽,迎风伫立于船首,赏美景品佳酿,一时诗兴大发,轻轻捻起胡须,仰天吟诗:"南湖秋水夜无烟,耐可乘流直上天?且就洞庭赊月色,将船买酒白云边。"自此,留下了李白"赊月"的佳话。"白云边"酒也因此而得名。

刘伶朦胧——中山千日酒,饮之千日醉

刘伶醉酒产于太行山脉东麓易水河畔,这里四季分明,气候温和,土地肥沃,物产丰富,泉水甘洌,适宜酿酒。刘伶醉至今仍使用着一座完整的宋金时期古烧锅遗址,古称南门里烧锅。遗址中的 16 个古发酵池已有近 900 年连续使用的历史,这些古发酵池既是生产设施,又是历史文物,它见证了刘伶醉的悠久历史。

刘伶醉的源头是在汉代朝野闻名的"中山千日酒"。晋代干宝在《搜神记》卷十九明确记载:"狄希,中山人也,能造'千日酒',饮之,千日醉。"晋代张华在《博物志》卷十《杂说下》记载说:"昔刘玄石与中山酒家沽酒,酒家与'千日酒',忘言其节度。归至家当醉,而家人不知,以为死也,权葬之。酒家计千日满,乃忆玄石前来沽酒,醉向醒耳,往视之。云:'玄石亡来三年,已葬。'于是开棺,醉始醒。俗云:'玄石饮酒,一醉千日'。"

刘伶醉酒

相传，魏晋时期，文人嗜酒成风。自称"天生刘伶，以酒为名。一饮一斛，五斗解酲"的"竹林七贤"之一的刘伶，不远千里到武遂(今河北徐水遂城镇)拜访友人张华，品尝了当地"中山千日酒"后，对此褒奖有加，竟至"乐不思蜀"，刘伶死后葬于徐水遂城镇。为纪念这位世界上第一位品酒大师，当地人便将所产的"中山千日酒"命名为"刘伶醉"。

刘伶身长六尺，容貌丑陋，性格桀骜不羁，常以"天地为一朝，万期为须臾""醉死何妨，死便埋"的信条终日嗜酒狂饮。刘伶还在屋子里脱衣裸形，有人进屋，讥讽不断，刘伶回道："我以天地为栋宇，屋室为裤衣，诸君何为入我裤中？"刘伶曾佯醉骂过曹操，可是曹操却并没有怪罪，反而把他安置在洛阳城中桃花巷，让他买醉洛阳城，酿酒桃花巷，"刘伶醉"从此名扬天下。

扳倒老井——扳倒井美酒，王者风尽显

扳倒井酒因闻名遐迩的扳倒井而得名。扳倒井水酿出的酒，酒香而清冽，浅尝一口，便使人顾不得矜持，一饮而尽。于是所有的感觉神经都将被这扳倒井酒的醇香和绵软醉倒。

传说宋朝创立者赵匡胤在没有夺得皇位之前曾领兵征战南北。有一年夏天，他带兵行至山东淄博一带，正巧与敌军狭路相逢。经过一番激烈的争战后，赵匡胤又率兵继续行至高青。当时正值天热大旱，将士们身疲口干，口渴得难耐，情绪也变得异常躁动，就在人心快要涣乱之际，突然走在前面的士兵在路边发现一口井，他一声高呼"我看见水井了"，其他士兵都跟着欢呼叫喊起来。大家一路狂奔到井边，但将士们围到井边一看，便都傻眼了，虽然井中泉水晶莹清澈，那逼人的清凉站在井边便能感受到，但无奈井深难以汲取，眼看着这样清凉的井水却喝不到嘴，众士兵都唉声叹气。正在大家都束手无策之际，赵匡胤走到井前，他看了看，虽然心中也非常沮丧，但作为主帅，他是这些士兵的精神支柱，他的任何负面情绪都不能在将士们面前表现出来。看着这一潭清水他只好在心中默默念道："井知我心，井解我意，请倾井助我成功！"说来神奇，他默念完毕，果真看到这口井慢慢倾斜，井水缓缓流至井口。赵匡胤及众将士们淋漓畅饮，顿时口渴之感烟消云散，疲惫之意也略有缓解，将士们的燃眉之急解除后，赵匡胤继续率兵挥师迎敌。

后来，赵匡胤成就一代霸业，登基为宋太祖。他感念此井相救之恩，于是亲笔御封此井为"扳倒井"。人们知道此井神异，乃是福荫之水，都以饮得此井水为荣，更有人不惜远道千里奔来取水，以求心愿成功。此后，人们以此井水酿得美酒，闻名天下。

枝江润舌——川酒烈、鄂酒香，又烈又香数枝江

枝江酒产于有长江三峡东大门之称的枝江，这里酿酒历史悠久，相传三国时期关公曾在此饮酒壮行，呼风显圣。

传说在三国时期，曹操势力庞大，挟天子以令诸侯。刘备虽为皇叔，但势单力薄。刘备与曹操在樊城大战，刘备败北，桃园三兄弟各自离散。关羽为寻找大哥刘备和三弟张飞，带领一队人马假顺曹操，路经江口附近安营扎寨，休养生息。由于当年天旱少雨，关羽为不打扰当地百姓便在野外挖井取水，挖了一米多深便有清泉涌出。关羽及士卒们在井中饮水及洗衣洗碗，用后悄然离去。后人为纪念关羽的功德，在井旁建了一座庙。据传，这口井常年不干不退，水质清澈甘甜，有不少人用此井水酿制美酒。

明清时代，枝江已是远近闻名的酒乡，当时酒坊林立，酒旗飘扬，酒香随着长江飘然东去。据史料记载，1817年，秀才张元楠在枝江开设"谦泰吉"酿酒糟坊，意即谦和、福泰、吉祥，专门酿造高粱白酒。自此，江口满街浓香馥郁，枝江大曲名冠荆楚。清光绪十八年（1892年），翰林学士雷以栋回乡省亲，品尝江口"烧春"后赞不绝口："此酒比贡酒还胜一筹，真乃旷世佳酿。"当即挥笔，泼墨写下"谦泰吉"三个大字。张元楠为表谢意赠雷以栋酒四坛，后来雷以栋将其中一坛转送皇上，皇帝尝后直夸"烧春好酒"。从此，湖北每年精选上等好酒"进贡"皇上的都是枝江"烧春酒"。一百多年前的"烧春酒"便是如今枝江大曲的前身。

烧春酒有口皆碑，"酒娘子"的神奇故事，更是美丽动人。相传某年中秋，"谦泰吉"的张老板为了把酒运到湖南岳阳，曾让自己年轻貌美的妻子押船送货。张娘子身穿锦袄绣裙，略施粉黛，坐在船头，顺江而下。

然而当船驶入荆沙水域时，突然狂风大作，风雨交加，江水滔天，酒坛子被掀翻在船舱。张娘子急得仰天长叹："老天爷啊，你保佑我们吧，这可是师傅们

中华酒典

的血汗哪!"话一出口,奇迹发生了,顷刻间风平浪静,雨止云开,红日高照。张娘子与船老板把酒坛一个个扶正,发现一切完好无损,连一滴酒都没漏出来。张娘子跪在船头,向上天磕头谢恩。

张娘子开启一坛烧春酒,顿时酒香四溢。张娘子先敬天地,然后请大家畅饮。喝完酒,挑夫们精神抖擞地干起活来。船老板上过几天私塾,不禁诗兴大发:"天仙娘子送烧春,感动苍天风雨停;施酒挑夫酩酊醉,百八酒坛一头顶。"

白沙细玩——莫问牧童问酒家,乘车策马赴白沙

白沙液酒,是湖南长沙的传统名酒,且由一代伟人毛泽东亲自定名。长沙古为潭州,酿酒历史悠久,自古著名,备受历代诗人名士赞誉,杜甫诗曰:"夜醉长沙酒,晓行湘水春。"

美酒出自名泉,白沙液酒质好,源于白沙古井水,毛泽东同志写的词句"才饮长沙水,又食武昌鱼"的长沙水即指白沙井水,白沙古井被誉为长沙第一井。

传说很久以前,这里并没有井,那时,当地的人喝水、用水全靠村里的一口水塘。靠着这口水塘,全村老小勉强可以生活。然而这样的日子没有维持多久,一个晴朗的午后,突然一阵狂风,天立刻暗了下来,远远的,人们就闻到一股血腥味。一会儿只见从远处飞来一条黑色巨龙,落到了塘里,没有人知道这条黑龙的来历,但所有人都感觉到灾难就要来临了。果然,这条黑龙就像邪恶的魔鬼,它成天在塘里面翻滚,把一口塘水搅得浑浊不堪,人、畜喝了常常闹病。从此村中人口锐减,村民们的体质普遍下降,人们很是痛恨黑龙,但也只能眼睁睁地看着它兴妖作怪而束手无策。

有天早晨,一位老农下地劳作,路过水塘,见塘边躺着一只丹顶白鹤,身体一动不动,好像是死了,他便好奇地走上前去。老农伸手摸了一下这只鹤,发现它身体尚有余热,又仔细检查了一下,判断出这只鹤是中了毒了,如果抢救及时,还能活过来。于是他不顾农活,扔下农具,一路奔跑着把白鹤捧回家。把白鹤放到床上后,老人拿出自家储藏的草药,立刻生火,把草药熬成汤,然后一匙一匙地喂进白鹤的嘴里。不一会儿,白鹤苏醒过来,它对着农夫点点头,像是在感谢老农的救命之恩。然后展展翅膀,围着老农转了一圈,就飞走了。

几天以后,从外乡来了一位名叫白沙的姑娘,据说是逃难而来。她在村里

租下了一间村民闲置的房子,开起了一个小面铺。这白沙姑娘不但人长得漂亮,心肠也好,做生意也特别厚道,村民们都很喜欢她,把她当成家乡人一样看待。大家和睦相处着,然而好景不长,黑龙得知了村里来了位漂亮姑娘的消息。无恶不作的它,就悄悄变成一个黑汉子来到白沙的面铺。黑龙看到如此美貌的姑娘,顿时像喝醉了酒,带着淫笑朝着白沙扑了过去。姑娘只轻轻一闪,就让他扑了个空。白沙姑娘像没事一样,笑盈盈地招呼黑汉子坐下,问他要不要吃面。黑汉子见姑娘这般和气,还以为是怕他,便美滋滋地坐了下来。不一会儿,白沙姑娘端上来一碗香喷喷的面条,黑汉子便大口大口地往肚里吞。这时,白沙姑娘不慌不忙拿起掸尘朝面碗前一扬,只听见"哗啦啦"一片响,面条顿时变成了一串铁链,牵住了黑汉子的肚肠。接着白沙姑娘把筷子穿过链环,往地上一插,变成了一根粗长的铁棒,锁住了黑龙。

黑龙知道上当了,大吼一声,身子一抖,现了原形挣扎起来,刹那间搅得飞沙走石,天昏地暗。这时,只见一只耀眼的丹顶鹤腾空而起,接着有一座小山从天而降,压在盘蜷挣扎着的黑龙身上。看到这幅情景,人们欢呼着奔向白鹤和白沙姑娘,可是突然间白鹤和白沙姑娘都不见了。村民们找啊找,怎么也找不到,却看见小山脚下出现了一口水井,不断涌出清水,一尝,又甜又凉。这口井,后来就叫作"白沙井"。

太白仙邦——一滴太白酒,十里草木香

太白酒是秦岭主峰太白山北麓脚下陕西眉县金渠镇出产的一种历史名酒,是闪烁在浩瀚酒海中的一颗明珠。金渠镇酿酒历史源远流长,陕西省眉县出土的粗陶酒具,说明早在周、秦时就有酿酒作坊。这里地处褒斜栈道要塞,又是水陆交通要冲,加上太白山雪水醇甘、物产丰富等优越条件,因而酿造业堪称"得天独厚""誉满秦川",素有"酒城"的美誉。太白酒起源于周,兴盛于唐宋。历代达官显要、文人墨客无不称道,留下了许多美丽的传说和赞美诗篇。厚重的历史、精湛的技艺、勤劳的人民孕育、丰富和发展了太白酒文化,使它成为历史名酒而享誉天下。

传说当年金渠酒坊派了两个小伙计,抬着一坛酒到斜谷关参加品酒会,时值炎夏,小伙计口渴,在行路中又找不到水喝,实在难以忍受,只好偷酒解渴。

中华酒典

他们边走边喝,不知不觉已喝了一半。二人正担心回去如何向掌柜交代,恰巧见到路边有一条小溪。看到溪水如此纯净,二人停顿下来品尝了一口,不禁大喜。原来这溪水不仅看上去清纯,喝上去更是甘甜。二人不由计上心来,不约而同地打开坛子往里灌水,直到补足他们喝去的那一半,才重新封好坛子,继续赶路。谁料,到了品酒会上,品酒的人打开酒坛,斟满杯品尝,却闻异香扑鼻,"一滴酒露落下口,千粒珍珠滚下喉",那甜酸苦辣咸五味俱全,回味无穷,妙不可言,结果名列榜首,挂了头彩。回来后掌柜问及原委,两伙计如实做了交代。于是掌柜顺山溪查水源,才得知溪水原是太白山流出的雪水。此水蜿蜒流经太白山中,过岩层,滤砂砾,穿泥煤,既起了清洁作用,又带入不少矿物质,因而最适于酿酒。从此,金渠酒的名声不胫而走,三秦大地遂有"名酒产地有良泉,更

太白庙

需精酷过严关。借得太白灵池水,酿成玉液醉八仙"的美谈。 到了唐代,金渠酒因唐玄宗、韩愈、杜甫、苏东坡等曾游过终年积雪的太白山,饮用过此酒,名声大振。天宝元年,诗仙李白奉诏从西蜀经褒斜赴长安,路过酒城,即开怀畅饮,赞不绝口,酩酊中吟成千古绝篇《蜀道难》,后人为纪念李白,建造了"太白庙",把酒命名为太白酒。

即墨老酒——香飘万里,名扬九州

即墨老酒产于山东即墨县,古称"醪酒",属于黄酒,是中国古典名酒之一,

它因营养丰富，又被人称为"回春药酒"。

即墨老酒的酿造历史可上溯到两千多年前，据《战国策·齐策》记载，公元前284年，燕将乐毅攻齐，唯独即墨久攻不下，即墨大夫战死，众人推田单为将军，率领众将士守城抗敌，百姓以醪酒犒赏将士，鼓舞斗志。田单巧布火牛阵，大破燕军，百姓倾尽城中所有的酒为战士们庆贺，大宴数日。到了盛唐，人们发现喝醪酒有舒筋骨、壮骨髓之功效，便名其曰"骷髅醪酒"。宋代以后，即墨的老酒酿造已成为当地的一大行业，俗称"老干榨"。人们为了把酒史长、酿造好、价值高的"醪酒"同其他地区黄酒区别开来，又把"醪酒"改名为"即墨老酒"。

乐毅

即墨老酒蕴涵着丰富的文化。相传很久以前，即墨城外东南十五里的柳沟村，村南五里有座围子山。围子山属崂山山脉，山北侧半腰里有一个深不见底的大洞，长年水深莫测，百姓称它为"藏龙洞"。"藏龙洞"周围地脉上川流不息的山泉汇成了墨水河的源头，从这里流出的泉水，清澈明洁，人们都称之为"神水"。

居住在墨水河两岸的人们，用当地盛产的粒大饱满的大黄米为原料，用上好的小麦在中伏时节造出"神曲"，借助那"藏龙洞"里的泉水，酿出了醇厚爽口的"醪酒"。当年，古城即墨专酿醪酒的作坊就达十多个，而最为出名的要算是河北岸的"大兴馆"酿造的老酒。这家酒坊白天门庭若市，晚上座无虚席，来客一喝就是半宿。因酒坊的酒浓郁醇厚，酒香透坛，顺风能飘出十里开外，使人闻之神迷心醉，尝之流连忘返。为此，还曾发生过这样一桩离奇怪事。

一天晚上掌灯以后，一名高大汉子闯进大兴酒馆，坐定后叫道："店家，快快拿酒来！"店家忙上前打招呼："客官，你要多少？"大汉道："不要问多少，只管拿来。"店家送上酒，大汉一饮而尽，连叫"好酒！好酒！"喝完又要店家再上酒。大汉先后喝了十多壶，直喝到酒里只剩下他一人，酒店要关门，他才起身往外走。店里伙计说："客官，你还没付酒钱。"大汉头也不回地说："先赊一赊吧。"说完扬长而去。从那以后，每晚掌灯时分，这大汉必会赶来，一喝就是十几壶，

中华酒典

不到半夜不走,并且总是赊账。

这天晚上掌灯后,高大汉子又和往常一样前来酒店饮酒,一壶接一壶喝到深夜。店家见此情景,心想:"此人只喝酒不付钱,这算怎么一回事呢?"于是,便上前说道:"客官,也不知你尊姓大名,请你把这些日子的酒钱结一下吧!"大汉道:"我姓石,酒钱等以后再来还你,今晚再赊一次吧。"说完转身就走,店家见此情景,又生气又感到奇怪,店家对伙计说:"这大汉一定不是个善良之辈。明天晚上再不给钱,咱们就把他拦住,说什么也不能放他走。"

第二天晚上,店家布置停当,就把灯掌了起来。大伙都习惯性地等待那高大汉子前来饮酒,可左等右等都不见大汉来,时近三更还是不见他的踪影,店家说:"那人也许是不敢来了,搬一坛陈年老酒来,大伙喝点解解乏。"

小伙计连忙搬来一坛放在桌上,坛口一开,一股浓郁的酒香便扑脸冲鼻地溢满了屋。谁知他们刚喝了几碗,那高大的汉子就满头大汗地冲进了酒馆,一句话都不说,抢过酒坛子就喝,边喝边嚷:"好酒!好酒!这酒比先前喝的更胜一筹。"店中伙计奋力上前阻拦,大汉却只用一只袖子遮挡,这袖子碰人人伤,挨桌桌碎,没有人能近他身。正在酒坊里屋翻搅米糊的酒大公和小伙计听到店中喊嚷,提着铁铲前来相助,一小伙计照准大汉就是一铲,正好劈在他脑门上,只听"砰"的一声,火花四溅。大汉"哎呀"了一声,扔下酒坛就跑,店中人等紧追不舍。那大汉过了北大桥,直往城北蓝家茔方向跑去,一晃竟不见了。

第二天天一亮,店家便顺着昨夜的路线找了去,想探个究竟,正巧当夜下过一场大雨,找到蓝家茔外,发现有几个很深的硕大脚印。店家心想:"除了那高大汉子外,还有谁会有这样大的脚印呢?"这蓝家茔是明代中叶著名宦官蓝章宗之墓地,有二三十亩地大,松柏遮天,墓碑林立,墓前竖有四对石马,四对石人和两对石羊,周围别无人家。店家进去一看,只见其中一个高大石人头像被砍了一道口子,缺口还是新的,石人全身还散发着酒味。无疑,去酒坊喝酒的大汉就是这个石头人了。消息不胫而走,人们纷纷议论:"这老酒的香味,竟能把活人馋醉,能把石人喝活啊!"

湘西酒鬼——酒鬼饮湘泉,一醉三千年

湘西是一块古老神秘的土地,它被称为"荆州"之地,为荆楚"鬼方"之域,

有"醉乡"之称。湘西人造酒起于何时已无从考究,但湘西人"酒神娘娘"凄美动人的传说在苗族巫师的《酒歌》里已吟唱了千百年。

相传一位美丽的"黛帕"(阿妹)在为家人送午饭的途中迷恋上了会唱山歌的"黛崔"(阿哥),就将饭菜用桐叶包好埋藏在开满兰花的草丛中,然后去与心上人对歌约会。兴意盎然不觉耽搁了家人的农事,被气极的哥哥误伤致死。数天后家人却在她埋藏午饭的兰草中,找到了制造甜酒的秘密。乡民们都说姑娘没有死,而是被天宫召去,成了掌管人间酿酒的酒仙神女,当地人都尊称她为"酒娘娘",并奉敬她为"酒神",都说天边那闪亮的"酒旗星"就是她美丽的化身。

酒鬼酒能在短时期内成为"醉乡"湘西的代表并享誉世界,除了其酒体的优质外,与其神秘的名字和别具一格的包装也密不可分,这二者皆来源于现代画家黄永玉老先生的灵感。说起酒鬼酒的名字和包装,还有一段鲜为人知的逸闻趣事呢!

酒鬼酒

中华酒典

20年前,从不饮酒的黄永玉先生,在湘泉酒登上中国酒坛一展风采的时候,欣然对湘西著名酿酒人承诺若能再酿出一种更好的酒,他必定为其命名和设计包装。两年后,湘泉人终于酿造出了更好的酒。

这该是黄永玉兑现诺言的时候了,恰在此时,黄永玉先生从香港回湘西凤凰县老家。黄老得知已酿出好酒,非常高兴,但是酒的包装和命名问题,黄老却只字未提。莫非黄老把两年前谈的话忘记了?不想,黄老在筵前独自离去,不久后拿出一只40厘米见方的小麻袋送到众人面前说:"这就是新酿出的好酒的瓶型。"

面对这只"小麻袋",人们愕然了,这像酒瓶吗?麻袋能装酒吗?一阵琢磨,大家逐渐领悟到:最土气的则是最雅致的,最卑贱的则是最尊贵的。

接着,黄永玉老先生又说了句令人更为震惊的话:"这酒就叫酒鬼酒吧!"看人们一脸迷茫,黄老打趣道:"人世间,鬼并不可怕,酒鬼更加可爱。饮酒的最高境界是'鬼',成'鬼'才能享受羽化登仙之乐。"黄老的"鬼"论风趣脱俗,堪称经典,酒鬼酒也由此得名。

景芝思味——景芝酒名扬,沾唇思故乡

景芝酒产于齐鲁三大古镇之一的景芝镇,这里以酿酒闻名于世,素有"齐鲁古井镇"之说。

在中国历史博物馆内,陈列着一只格外引人注目的蛋壳黑陶酒杯,这是山东省文物考古队于1957年,在景芝镇发掘出土的大汶口文化中晚期的一件稀世珍宝。它那薄如蝉翼的杯壁以及黑褐色的纹理,似乎在向人们诉说一段隐藏千年的神话故事。

相传景芝镇有个叫周劳的人,自幼父母双亡,靠吃百家饭长大。这天,鸡叫三遍,周劳便早早起身上山放羊,不想走着走着,差点被脚下一只精致的红匣子绊倒。红匣子共分三层,上层放一本厚书,中间是一些丫头的饰物,底层则是一只油黑透亮的蛋壳黑陶高柄酒杯。周劳只把书和高柄酒杯揣进了怀里,从此村里人便意外地发现周劳失踪了。

许多年以后,景芝镇来了一位自称是"神医"的怪老头。这老头治病方法独特:不问病,不切脉,只取出一瓶芳香四溢的药汤倒入一蛋壳黑陶酒杯内,再撒上不同的药粉让病人喝下,往往药到病除。更怪的是他看病只看穷人,且分

文不取,以至方圆十里的穷乡亲一生病便众口一词:"走!去景芝找怪老头。"

原来,这怪老头就是当年的农家小子周劳。他从红匣子里得的那部书其实是部天书,周劳按书中所示,修成半仙之体。但超凡脱俗的生活并未淡化他对故土的依恋之情,周劳于是又回到他魂牵梦绕的家乡景芝,以报答哺育之恩。

一日,周劳独自一人来到景芝镇内,望着大街上鳞次栉比的酒店铺和摩肩接踵的酒客,周劳不禁馋涎欲滴,禁不住把盏小酌,一喝,他像发现了新大陆似的,咂摸咂摸嘴,自言自语道:"此酒醇香惹人,丰满厚实,和我提炼的药汤均系荟萃五谷之精华,但该酒有独特的芝麻香风味,如此酒能与我的药汤融合,极可能成为药效极好的仙酒。"

周劳开始遍访当地的酿酒师,功夫不负有心人,他最终从一个烧酒的李三那里得到了酿酒的祖传秘方。如他所料,此酒与他的药汤融合,不仅酒味更美,而且药效神奇。没过几日,周劳匆忙把那只高柄酒杯交给李三,百般叮嘱后离去,从此再不见其踪影,而他新改良的酿酒秘方和那只高柄酒杯给景芝的穷乡亲带来了好运:新配方酿出的酒,不仅酒味更为醇厚,而且能驱寒散痛,把酒盛在高柄酒杯中配药服下,更能根除顽疾。

据说,周劳那日离开李三家,便上了天宫,因他酿造出了仙酒,玉皇大帝便封他为"天庭酿酒仙官",至今周劳还在天庭乐此不疲呢!

兰陵醉乡——兰陵美酒郁金香,玉碗盛来琥珀光

兰陵酒因产于山东古镇兰陵而得名,这里是古老的名酒之乡,享有"酒都"之美誉。唐朝大诗人李白曾在此地留下"兰陵美酒郁金香,玉碗盛来琥珀光;但使主人能醉客,不知何处是他乡"的千古名句。

关于兰陵美酒的由来,民间还流传着一段感人的故事。相传在兰陵附近一个村子里,有个少年叫王成,父母双亡,只有他和爷爷靠讨饭勉强过日子。哪知破屋偏逢连夜雨,爷爷忽然患了腿疼病,站不起,坐不住,连出门讨饭都不能了,只好终日躺在炕上呻吟。小王成每日天不亮就出去,晚上才回家,把讨来的好干粮给爷爷吃,把拾来的柴草给爷爷烧炕。看着爷爷的病一天比一天重,又没钱治病,小王成急得偷偷流眼泪。

一天夜里,爷爷把小王成叫醒,含笑说:"孩啊,刚才我做了个梦,梦见许多

人来给我过生日,筵席上菜多酒好,叫我痛痛快快地吃喝了一顿啊!"小王成想:"对呀!明天就是爷爷的生日,兰陵虽是出酒的地方,可我没钱,哪里弄酒给爷爷喝呢?"翻来覆去睡不着,好不容易盼到天明,找了两个瓶子,王成就直奔酒坊去了。

小王成来到兰陵酒坊门前,正碰上管家在雇工。小王成再三恳求管家雇佣自己,可管家见他年纪小,人又瘦小,说什么也不要他。后来,管家听小王成说一文工钱都不要,只要给两瓶酒就行,这才答应。

王成虽然人小,但干的活可不轻,百十斤重的麻袋,一扛就是一上午,午时又累又饿,可怎么也吃不下饭。三百多斤沉的担子,一抬又是整个下午。收工的时候,他晃晃荡荡地找到管家,递上瓶子装酒。管家是个一毛不拔的吝啬鬼,他给长工付工钱时总要克扣,小王成这两瓶酒的工钱他也想扣,只给一瓶。于是,他接过酒瓶,只装了一瓶酒给王成,拉着脸说:"按说,你一天的工钱,买不到这瓶酒,念你一片孝心,我吃亏赔本就这一回。"小王成无奈,只好怀抱着一瓶酒回家去。

他走在路上,看看那瓶酒,心里一阵高兴,再看看那空瓶子,心里又一阵难过:"要是能拿回两瓶酒,爷爷该多高兴啊!"想着,走着,不知不觉来到一个大湾边上,他心头豁然一亮:"何不把这个空瓶装上水当酒,哄爷爷一次。他一见两瓶酒,自然很高兴,让他先喝这瓶真酒,过几天我再挣回来一瓶就是了。"小王成打定主意,试探着走下湾去,把瓶子按进水里,不一会儿酒瓶就灌满了。

回到家里,小王成把两瓶酒放在爷爷面前,爷爷惊喜地问哪里来的,小王成回答说是去酒坊干活挣的。爷爷知道这孩子老实厚道,不会撒谎,就说:"我这么大年纪,头一次做了这么准的梦。快,倒上酒,我可算真正过了回生日!"爷爷美滋滋地喝了二两后便酣然入睡了。

次日清晨,爷爷把小王成叫醒了,笑吟吟地说:"孩啊,喝了这酒就同喝了圣水一样,我觉得病好多了,腿虽然还疼,却能动弹了。"小王成一听,高兴极了,寻思着在那瓶酒喝完前再去酒坊干活挣酒。

三天过去了,爷爷能下炕了。他听说村里一伙人要进山砍柴卖,就叫小王成跟着去。小王成为难了,去吧,那瓶真酒快喝光了,该到兰陵酒坊再干活挣酒;不去吧,又不敢说实话,怕爷爷生气。正在左右为难时,邻居不由分说地把他拉走了。

转眼又是三天，小王成跟着人们砍柴卖柴，生意做得还不错。可他惦念着爷爷，非要回去看看不可。乘着天黑歇市，他赶到家来。爷爷一见他，就板着面孔，生气地问："这第二瓶酒是哪里来的？"小王成满脸通红，半天也没说出个所以然，爷爷越发生气了："人大心大，这话一点也不错，依我看，要不是偷来的那才怪哩！"小王成想："一瓶湾水还用得着偷吗？"可他又一想："爷爷为什么说是偷的呢？"便试探着问："爷爷，你喝着怎样？"爷爷见小王成不老实回答，生气地反问道："怎么样？是一瓶上等好酒，浓香、醇厚！"说着，拍拍两条腿继续道："不光好喝，还治大病，我的腿病也好了，快说实话，究竟是在哪里偷来的？"小王成憨厚地笑着说："爷爷，那不是偷来的，是我从湾里装的一瓶水。"于是他把实情一五一十地告诉了爷爷。

从此，"兰陵之水变美酒"就传开了，很快传遍了兰陵周围的大小村庄。于是男女老少都提着罐子，担着水桶，从四面八方涌来担兰陵的水。至今，兰陵美酒享誉全国，传说就是因为兰陵有好水。

桂花飘香——吴刚捧出桂花酒，寂寞嫦娥舒广袖

传说古时候两英山下，住着一个卖山葡萄酒的寡妇，她为人豪爽善良，酿出的酒，味醇甘美，人们尊敬她，称她酒仙娘子。一年冬天，天寒地冻，清晨，酒仙娘子刚开大门，便看见门外躺着一个骨瘦如柴、衣不遮体的汉子，看样子是个乞丐。酒仙娘子摸摸那人的鼻口，尚有余息，就把他背进屋里，先灌热汤，又喂了半杯酒，那汉子慢慢苏醒过来，恳切地说，"谢谢娘子救命之恩，我是个瘫痪人，出去不是冻死，也得饿死，你行行好，再收留我几天吧。"酒仙娘子为难了，常言说，"寡妇门前是非多"，让他住在家里，别人会说闲话的。可是再想想，总不能看着他活活冻死，饿死啊！最后点头答应，留他暂住。

果不出所料，关于酒仙娘子和那汉子的闲话很快传开。大家对酒仙娘子疏远了，到她酒店来买酒的人一天比一天少，但酒仙娘子忍着委屈，尽心尽力照顾那汉子。后来，大家都不来买酒了。也许是看到酒仙娘子的生意实在无法维持，那汉子觉得连累了她，便不辞而别不知所往。酒仙娘子放心不下，到处去找，在山坡遇到一位白发老人，挑着一担干柴，吃力地走着。酒仙娘子正想去帮

忙,那老人突然跌倒,干柴散落满地,老人闭着双目,嘴唇颤动,微弱地喊着:
"水、水……"荒山坡上哪有水呢？只见酒仙娘子咬破中指,顿时,鲜血直流,她
把手指伸到老人嘴边,老人忽然不见了。一阵清风,天上飞来一个黄布袋,袋中
装着许许多多小黄纸包,另有一张黄纸条,上面写着:"月宫赐桂子,奖赏善人
家;福高桂树碧,寿高满树花;采花酿桂酒,先送爹和妈;吴刚助善者,降灾奸诈
滑。"酒仙娘子这才明白,原来这瘫汉子和担柴老人,都是吴刚变的。

桂花酒

这事一传开,远近乡邻都来索要桂子。善良的人把桂子种下,很快长出桂
树,开出桂花,满院香甜。心术不正的人,种下的桂子就是不生根发芽,使他感
到难堪,从此洗心向善。大家都很感激酒仙娘子,是她的善行感动了月宫里管
理桂树的吴刚大仙,才把桂子赐予人间,从此人间才有了桂花与桂花酒。

南粤名山南海西樵山的桂花酒,有着另外一个优美动人的传说。据《西樵
山志》记载,古时候,南海西樵山上有个姑娘叫桂花,与山里的汉子鹰强相恋。
后来鹰强参加了"抗清保明"军队。临别时,他们两人分别把两碗酒倒在两株
桂花树下,相约待鹰强凯旋归来一同赏花、饮酒。

中華酒典

鹰强走后第七天,西樵山上的桂花开了,竟是血红色。桂花把飘落在树下的花收集起来酿造成了桂花酒,桂花酒浸了一年又一年,酒味香醇,酒色如血,直到桂花姑娘离开了人世,她苦苦等待的鹰强也没有回来,山里人将她葬在桂花树旁。如今,这几株桂花树仍然生长在西樵山丹桂园内,树干粗壮,已有几百年的历史了。

中华酒典

第二章　古今酒事

在中华民族悠久历史的长河中,很多事物都走在世界的前列。酒也是一样,有着它自身的光辉篇章。但是,任何事物都是社会经济、文化发展到一定阶段的产物。在那"上古之世,人民少而禽兽众,人民不胜禽兽虫蛇……民食果蓏蚌蛤",真是"爪牙不足以自卫,肌肤不足以御寒暑"的时候,根本谈不上酒的问世。距今大约六千年左右,母系氏族社会发展到繁荣时期,农业生产开始出现了,"古之人民皆食禽兽肉,至于神农,人民众多,禽兽不足,于是神农因天之时,分地之利,制耒耜,教民农耕。"农业的出现,为酒的产生创造了前提。所以,《淮南子》中说:"清醯之美,始于耒耜。"但是,最初的农业,水平十分低下,即使到了父系氏族社会,人们的生活水平仍然很低,"尧之王天下也,茅茨不剪,采椽不斫,粝粢之食,藜藿之羹,冬日麑裘,夏日葛衣,虽监门之服养,不亏于此矣。"此时尚未见有关酒出现的记载。

第一节　酒史记载

夏商周时期

历史前进到氏族社会的末期,由于生产工具的改进,生产力的提高,农业产品有了剩余,酒自然也就产生了。晋人江统在其《酒诰》中说:"有饭不尽,委馀空桑,郁积成味,久蓄气芳,本出于此,不由奇方。"这说明,人们的生活相对提高

中华酒典

了,食物有了剩余,有饭不尽,放之野外,发酵生津,尝之芳香,酒便应运而生。许慎在《说文解字》中说:"古者仪狄,作酒醪,禹尝之而美,遂疏仪狄,杜康造秫酒。"禹是氏族公社末期的代表人物,所以,正是这一时期出现了酒。

夏禹像

　　生活在我国黄河中下游的夏部落,由于金石并用工具的广泛应用,生产力发展较为迅速,私有制的产生与强化,剥削的出现,内部产生了分化,"今大道既隐,天下为家,各亲其亲,各子其子,货力为己。"社会分离出自由人和奴隶,历史进入阶级社会,出现了奴隶制的国家。禹的儿子启,夺取王位,宣布奴隶制的正式开始,建立了奴隶制的国家——夏。为了庆贺这一胜利,便"大飨诸侯于钧台。"这是我国大型宴会的开端。自然禹曾尝仪狄作酒醪之美,他的儿子设国宴,置酒众饮更是可能的了。

　　古云:"杜康造秫酒",杜康即少康,为夏王朝六世国王亲自造酒,一方面说明人们对作酒的重视程度,另一方面也说明此时已由自然酒发展到人工造酒了。酒,也有人称之酒文化,因此,酒的产生和发展,除了同经济发展有关外,自然同文化的发展也有极为密切的联系。中国的文化十分悠久,酒在文化中的反映也是如此。我国形成最早的文字应为甲骨文,在甲骨文中的酒字为"",后来又进展到金文,金文中的酒字为"酉",象酒酝,又作"酒",以示缸中有酒流于坛外,或酒香透缸外之意。

中華酒典

　　酒的产生,丰富了人们的生活,也影响着人们的身体,随着历史的发展,它的影响也在向纵深发展着。

　　我国的文化灿烂,古典浩繁,古籍中最古的要为《尚书》了。《尚书·夏书·五子之歌》对酒有所载述:"其二曰,训有之,内作色荒,外作禽荒,甘酒嗜音,峻宇雕墙,有一于此,未或不亡。"《五子之歌》的背景是,夏启的儿子太康失掉王位,昆弟五人须于洛讷,而作《五子之歌》,其主要内容是反思太康失败的原因,总结其经验教训,共五条,上为第二条。意思是说内近女色,外好游猎,沉醉甘酒,三者有重其一,其国必亡。《尚书·夏书·胤征》中还记载与酒有关的故事:"惟仲康肇位四海,胤侯命掌六师,羲和废厥职酒荒于厥邑,胤后承王命徂征。"大意是说仲康即位,发现羲氏与和氏,因酒荒而昏庸失职,命胤侯前往征讨。看来,远在夏代,有些人因用酒过度,玩忽职守,造成犯罪了。

微子像

　　到了商代,酒更普遍了,制酒已有成套的经验。《尚书·商书·说命下》中说:"若作酒醴,尔惟麹蘖;若作和羹,尔为盐梅。酒的广泛饮用也引起商统治者的高度重视,《商书·伊训》中说:"曰:敢有恒舞于宫,酣歌于室,时谓巫风;敢有殉于货色,恒于游畋,时谓淫风;敢有侮圣言,逆忠直,远者德,比顽童,时为乱风。惟兹三风十愆，卿士有一于身，家必丧；邦君有一于身，国必亡。"酣，又称乐酒，即饮酒作乐之意。伊尹是商汤王的右相，助汤王掌政十分有功，德高望重。汤王逝世，太甲继位，为商朝长治久安而作《伊训》。力劝太甲认真继承祖业，不忘夏桀酒色并行、淫荒无度导致灭亡的教训，教育太甲，常舞则荒淫，乐酒则废德，因此，卿士有一于身则丧家，邦君有一于身则亡国。但是，奴隶制国家的统治者并不都能接受其教训，到了商纣王时，还是荒淫无度，酒色失常，暴虐无道，未逃脱灭亡的命运。商纣王的哥哥微子，不忍看到弟弟的末日，以作《微子》，言告父师箕子少师比干，求其忠谏纣王。"微子若曰："父师少师，殷其弗或乱正四方，我祖底遂陈于上，我用沈酗于酒，用乱败厥德于下，殷罔不小大，好草窃奸宄，卿士师师非度，凡有辜罪，乃罔恒获，小民方兴，相为敌仇。"意思是说，商朝的祖宗业绩非凡，但是，纣王荒淫无度，而卿士也仿照他，败坏道德，一意孤行，引起了小民的强烈不满，正在纷纷起来反抗，请太师少师谏劝纣王。

事实证明了以上各点，结果商纣被周所灭。周武王讨伐商纣，师渡孟津，而作《泰誓》三篇，列举了商纣的罪状，决心动员将士，万众一心，消灭纣王推翻商王朝。在《泰誓》中篇中说："今商王受，力行无度，播弃犁老，昵比罪人，淫酗肆虐臣下化之。"军至牧野，又作《牧誓》，一举将商纣灭掉。

周武王灭掉商纣，建立了周王朝，武王死后，成王继位，因其年少，周公扶之。时又发生管叔、蔡叔叛乱，周公助成王讨伐之。为汲历史教训，使其周王朝统治更加稳固，周公作《酒诰》以警之。

随着政治、经济、文化的向前发展，作为经济和文化组成部分的酒，也在不断发展。西周初的统治者，想以《酒诰》控制酒的蔓延，但事实上做不到这一点。从大量的文献中证实，酒的发展还十分迅速。《周礼·天官》对酒的记载很多，例如：

"周制天官之属酒正，掌酒之政令，酒人掌为五齐三酒，浆人掌共王之六饮。又有春官之属郁人，掌和郁鬯。"

"周札天官酒正中士四人，下士八人，府二人，史八人，胥八人，徒八十人。"

"辨五齐之名，一曰泛齐，二曰醴齐，三曰盎齐，四曰缇齐，五曰沈齐。"辨者，是辨别酒味厚薄，酒色有差，清浊各异，凡此，皆用之事神。

"辨四饮之物，一曰清，二曰医，三曰浆，四曰酏。"

"掌其厚薄之齐，以共王之四饮三酒之馔及后世子之饮与其酒。"

"凡祭祀以法共五齐三酒以实八尊,大祭三式,中祭再式,小祭壹式,皆有酌数,唯齐酒不式皆有器量。"祭祀等级不一,用酒数量不同。

"共宾客之礼酒,共后之致饮,于宾客之礼医酏糟,皆使其士奉之。"意思是说礼酒是专供宾客之用,酒正以奉王,士奉宾客。

"凡饷士庶子,饷耆老孤子,皆共其酒无酌数。"意思是凡宴请死于王事的遗孀和孤子,念其父兄有功,不计其数量,以醉为度。

"掌酒之赐颁皆有法以行之,凡有秩酒者,以书契授之。"意思是秩酒是规定数量的,以书告之其数量,以契作为取酒的凭据。

"酒正之出日入其成月入其要小宰听之,岁终则会,唯王及后之饮酒不会以酒式诛尝。"意思是酒正是掌管酒之政令,供美酒者尝,供恶酒罚。

"酒人奄十人,女酒三十人,奚三百人。"这里说专门奉酒的男女奴隶的数量。女酒,能通晓酒,如祭祀用的五齐三酒,供宾客用的礼酒,遇事专奉之。女酒与奚都是同样的职务。奄人也属府史之类,而不能称士。

"浆人奄五人,女浆十有五,奚百有五十。"

"掌共王之六饮,水、浆、礼、凉、医、酏,入于酒府。"水为清冷之物,可以和酒;浆为米汁;礼则稍厚之物;凉再杂以发酵之物为医;酏为薄粥,这一些都为饮料,属酒正掌管。

"共宾客之稍礼,共夫人致饮于宾客之礼清醴医酏糟而奉之。"

"春官郁人,下士二人,府二人,史一人,徒八人。"郁者,草木之芳香也。

"鬯人,下士二人,府一人,史一人,徒八人。"鬯者,酒味之畅达也。

"辨三酒之物,一曰事酒,二曰昔酒,三曰清酒。"三酒指的是人们饮的酒,五齐是祭祀用酒。所以,所谓事者,方有事于糟漉;所谓昔者,熟之可以久;所谓清者,澄之可以饮。

"凡酒修酌。"此酒为人饮,所以注意修治。

春秋战国时期

公元前 770 年至公元前 221 年为我国历史上的春秋战国时期。由于铁制工具的使用,生产技术有了很大的改进;加上"宗庙之牺,为畎田之勤",把用为祭祀的牛放去耕地;西门豹治漳水开十二渠以灌邺田,蜀太守李冰主持修建都江堰,使四川成都平原,沃野千里受益于堰等水利的兴修;农民"早出暮归,强乎耕稼树艺,多聚菽粟",生产积极性的提高,使生产力有了很大发展,物质财富大为增加。这就为酒的进一步发展提供了物质基础。所以,春秋战国时期的文献,对酒的记载很多:

《论语》:"有酒食先生馔,曾是以为孝乎。"

《诗经·豳风七月》:"十月获稻为此春酒以介眉寿。"

《诗经·小雅吉日》:"以御宾客且以酌醴。"醴,酒的一种,系甜酒。

《诗经·小雅信南山》:"祭以清酒,从以骍牡享于祖考。"

《诗经·大雅旱麓》:"瑟彼玉瓒黄流在中。"黄流,即用米参和郁金香酿成的酒,郁金香黄如金色,故该酒亦称黄流。

《诗经·大雅江汉》:"釐尔圭瓒秬鬯一卣。"秬鬯,系用黑黍酿的酒。

《礼记·曲礼》:"水曰清涤,酒曰清酌。"水指元酒,水可灌濯,故称清涤。清酌,经过澄清的酒。

《礼记·月令》:"孟夏之月天子饮酎用礼乐。"酎,重酿之酒,配乐而饮,是说开盛会而饮之酒。

《礼记·礼运》:"元酒在室醴醆在户粢缇在堂澄酒在下。"

《礼记·内则》:"于事父母妇事舅姑馈酏酒……"

《礼记·玉藻》:"凡尊必尚元酒唯君面尊,唯饷野人皆酒,大夫侧尊用棜士侧尊用禁。"尚元酒,带怀古之意,系君专饮之酒。春秋时分国人和野人,野人是指普通群众。饷野人皆酒,意思是让他们吃一般的饭菜,喝普通的酒。棜、禁是酒杯的等级。

《礼记·乡饮酒义》:"尊有元酒,教民不忘本也。"

《仪礼·大射仪》:"又尊于大侯之乏东北两壶献酒。"献,应读作沙,沙酒是在五齐之上的一种酒。

《春秋纬·酒》:"酒者乳也,王者法酒旗以布政施天乳以哺人。麦阴也,黍阳也,先渍曲而投黍是阳得阴而沸,故以曲酿黍为酒。"

《素问·汤液醪醴论》:"黄帝问曰:为五谷汤液及醪醴奈何?岐伯对曰:必以稻米炊之,稻薪稻米者完稻薪者坚。帝曰:何以然?岐伯曰:此得天地之和,高下之宜,故能至完伐取得时,故能至坚也。"意思是,风调雨顺天地之和,加上土地高下适宜,才能有稻子的好收成。然后才能比稻米之津为酒。

中华酒典

《礼记·郊特牲》:"缩酌用茅明酌也。""醆酒涗于清汁献涗于醆酒。""献明清与醆酒于旧泽之酒也。"泽,应读为醳,即是后来的醳酒,旧是指陈久之意。

秦汉三国魏晋南北朝时期

公元前221年,秦王嬴政统一了中国,结束了春秋、战国以来几百年的分裂局面。秦始皇接受丞相李斯的建议,除秦记、医药、卜筮、种树之书外,皆烧之。酒的制造与使用的记述属于医药书之类,自然也就保存下来。

由于秦王朝的苛暴,只统治短短的十五年,就被农民起义军推翻了。公元前202年,刘邦建立汉帝国。汉王朝汲取秦失败的教训,采取了与民休息的政策,农业、手工业得到迅速发展,出现"都鄙廪庾尽满,而府库余财,京师之钱累百巨万,贯朽而不可校。太仓之粟陈陈相因,充溢露积于外,腐败不可食。众庶街巷有马,阡陌之间成群。"由于经济的繁荣,酿酒业自然也就兴旺起来。所以,汉代的典籍中对酒的记载很多。

汉文帝像

《史记·孝文帝本纪》记述说:"朕初即位,其赦天下,赐民爵一级……酒酺五日。"酒酺五日,就是会聚饮食五天。汉文帝是节俭皇帝,当时汉律规定,三人以上无故群饮,罚金四两。这说明孝文帝此时高兴万分。

又据《汉书·孝文帝本纪》记载:"十六年秋九月,得玉杯刻曰:人主延寿,令天下大酺""后元年春三月诏曰:间者数年比不登,又有水旱疾疫之灾,朕甚忧之。愚而不明未达其咎意者,朕之政有所失而行有过与,天下有不顺地利或不得人事多失和鬼神废不享与,何以至此。将百官之奉养或费无用之事或多与何其民食之寡乏也,夫度田非益寡而计民未加益,以口量地,其于古犹有余而食之。甚不足者,其咎安在,无乃百姓之从事于末以害农者,蕃为酒醪以靡谷者,多六畜之食焉者,众与细大之义,吾未能得其中其与丞相列侯吏两千石博士议之。有可以佐百姓者率意远思无有所隐。"意思是,汉文帝看到农业连年遭灾而歉收,农民遍存疾疫之苦,号召大家生活要节俭,提倡戒酒,以减少五谷的消耗。

据《汉书·景帝本纪》载:"景帝中三年,夏旱,禁酤酒。"禁酤酒即禁止卖酒。汉景帝也是有名的节俭皇帝,因夏遭大旱,因此禁止酿卖酒。该《本纪》又载:"后元年夏,大酺五日,民得酤酒。"因为后来连获丰收,大酺五日以示庆祝。又开酒禁,民又可以酿卖酒了。

《汉书》对这方面的记载还有很多。例如:

"武帝元光二年秋九月,令民大酺五日。"(《汉书·武帝本纪》)

"元朔三年秋,令民大酺五日。"(《同上》)

"元鼎元年夏五月,赦天下大酺五日。"(《同上》)

"太初二年三月行幸河东祠后土,令天下大酺五日"。(《同上》)

"天汉三年春三月初,榷酒酤"。(《同上》)意思是酿酒收为官营,禁民私酿。

"太始三年二月,令天下大酺五日。"(《同上》)

"太始四年夏五月,幸建章宫,大置酒赦天下。"(《同上》)

"始元六年二月,议罢监铁榷酤,秋七月,罢榷酤,官卖酒,升四钱。"(《汉书·昭帝本纪》)

"元凤四年春正月丁亥,帝加元服,令天下酺五日。"(《同上》)

"五凤二年秋八月诏曰:夫婚姻之礼,人伦之大者也,酒食之会所以行礼乐也,今郡国二千石或擅为苛禁,禁民嫁娶不得具酒食相贺,召由是废乡党之礼,令民亡所乐,非所以导民也,诗不云乎,民之夫德乾馑以愆,勿行苛政。"(《汉书·宣帝本纪》)

"五凤三年三月辛丑,鸾凤集长乐宫。东阙中树上飞下止地文章五色留十余刻,吏民并观,赐民爵一级,女子百户牛酒大酺五日。"(《汉书·宣帝本纪》)

"始建国二年初,设六莞之令,命县官酤酒卖盐铁器。"(《汉书·王莽传》)王莽立法官自酿酒出卖,酿酒收为官营。

"永平十五年夏四月庚子令天下大酺五日。"(《后汉书·明帝本纪》)

"永元三年春正月甲子,赐民大酺五日,庚辰赐京师民酺。"(《后汉书·和帝本纪》)

"永元十六年二月己未,诏兖、豫、徐、冀四州比年雨多伤稼禁沽酒。"(《后汉书·和帝本纪》)

"汉安二年冬十月丙午禁沽酒。"(《后汉书·顺帝本纪》)

"永兴二年九月丁卯朔,日有食,之诏曰:朝政失中,云汉作旱,川灵涌水,蝗虫孳蔓,残我百谷,太阳亏光,饿馑荐臻,其不被害郡县,当为饿馁者储,天下一家趣不糜烂则为国宝,其禁郡国不得卖酒,祠祀裁足。"(《后汉书·桓帝本纪》)

"震子秉为太尉,性不饮酒,又早丧夫人遂不复娶,所在以淳白称尝,从容言曰,我有三不惑:酒、色、财也。"(《后汉书·杨震传》)

"桓帝之末,京都童谣曰:茅田一顷中有井,四方纤纤不可整嚼复嚼,今年尚可后年铙案。易曰:嚼复嚼者,京都饮酒相强之辞也。言食肉者鄙不恤,王政徒耽宴饮歌呼而已也。"(《后汉书·五行志》)

"献帝征孔融为将作大匠,迁少府,时年饥兵兴,曹操表制酒禁,融频书争之,多侮谩之辞。"(《后汉书·孔融传》)

"先主章武二年,天旱,禁酒酿者,有刑。"(《三国志·简雍传》)

汉代除了史书记载酒以外,尚有其他典籍对酒的记述。例如:《神异经》就是一种,《神异经》为东方朔所著。朔,字曼倩,汉武帝时人,官为中郎,该人善诙谐滑稽,直言切谏,曾上书陈农战强国之计。他在所著《神异经》中记述说:"西北荒中有玉馈之酒,酒泉注焉,广一丈长,深三丈,美酒如肉,澄清如镜,上有玉尊玉笾,取一尊一尊复生焉。与天同休无干时,石边有脯焉。味如麞鹿,脯饮此酒人不生死。一名遗酒其脯,名曰追复食一片复一片。"

东汉的许慎,在其所著的《说文解字》中,不仅对酒字做了解释,而且对与酒有关的文字,做了大量的简述。他说:"酉,就也,八月黍成,可为酎酒,象古文酉字形,凡酉之属皆从酉。丣,古文酉从卯,卯为春门,万物已出。酉为秋门,万物已入,一闭门象也。""酒,就也,所以就人性之善恶,从水从酉,酉一声。一曰造也,吉凶所造也。古者仪狄作酒醪,禹尝之而美,遂疏仪狄杜康作秫酒。"以上是许慎对酒的解释。他对不同的酒,作了不同的记述。例如:"醪,汁滓酒也,从酉翏声;醹,厚酒也,从酉需声,诗曰:酒醴惟醹;醠,浊酒也,从酉盎声;酏,厚酒也,从酉农声。"分辨酒的字也不少,例如:"酷,酒味厚也,从酉告声;醰,酒味苦也,从酉覃声。"形容酒色的有:"酺,酒色也,从酉市声;配,酒色也,从酉己声;酨,酒色也,从酉弋声;西戠,爵也,一曰酒浊而微清也,从醆声。"酒的用途不同,解释也不同:"酌,盛酒行觞也,从酉勺声;醮,冠娶礼祭,从酉焦声;酳,主人进客也,从酳声;酖,乐酒也,从酉尤声;醑,私宴饮也,从酉区声;酺,王德布大饮酒也,从酉甫声。"从饮酒的程度解释说:"醋,醉饱也,从酉音声;醺,醉也,从酉熏声,诗曰:公尸来燕醺醺;酩,酩酊醉也,从酉名声。"与制作酒有关的字,如:"酿,醖也,作酒曰酿,从酉良声;醖,酿也,从酉昷声。"与酒有关的职业也做解释,例如:"医,治病工也,殹,恶姿也,医之性,然得酒而使,从酉。"许慎在《说文解字》中,与酉有关的字,共解释了七十五个。说明汉代对酒的认识加宽了,运用广泛了,制作复杂了,分类具体了,一句话,酒向前发展了。

事实也证明了酒的应用更广泛了。东汉名医张仲景,被尊为我国的医圣,他著有《伤寒杂病论》,成为中国医药宝库中一颗珍珠。治伤寒少阴病,用苦酒汤主之。《伤寒论》卷六辨少阴病脉证并治法第十一,对用苦酒汤做了具体阐述:"少阴病,咽中伤生疮,不能言语,声不出者,苦酒汤主之。苦酒汤方:半夏十四枚、鸡子一枚,右二味,内半夏,著苦酒中,以鸡子壳,置刀环中,安火上,令三沸,去滓,少少含咽之。不差,更作三剂。"在妇人杂病脉证并治中说:"妇人六十二种风及腹中血气刺痛,红兰花酒主之。红兰酒方:红兰花一两,上一味,以酒一大升,煎减半,顿服一半,未止再服。"红兰花酒,即红花酒,除治妇人此病外,还能治跌打损伤之淤血作痛、妇女痛经、月经不利、闭经等症。可见汉代名医用酒疗病的水平相当之高。

两汉对酒的记载很多,例如:《后汉书·刘宽传》就有这样一段:"灵帝初,征拜太中大夫,侍讲华光殿。迁侍中,赐衣一袭。转屯骑校尉,迁宗正,转光录勋。喜平五年,代许训为太尉。灵帝颇好学艺,每引见宽,常令讲经。宽尝于坐被酒睡伏。帝问:'太尉醉邪!'宽仰对曰:'臣不敢醉,任重责大,忧心如焚。'帝重其言。宽简略嗜酒,不好盥浴,京师以为谚。尝坐客,遣苍头市酒,迁久,大醉

中华酒典

而还。客不堪之,骂曰:'畜户。'宽须臾遣人视奴,疑必自杀。顾左右曰:'此人也,骂言畜产,辱孰甚焉!故吾惧其死也。'"

220年,曹丕废掉汉献帝,称国魏。丕死后大权落到司马懿手中,司马氏灭蜀,于265年建立西晋。西晋很快走向腐败,被刘曜所灭。后来琅琊王司马睿于建康称帝称东晋。383年,北方的前秦王苻坚进攻东晋,败于肥水,形成南北对峙的南北朝局面。

东晋、南朝,比北方相对安定,加上北方人民带着先进生产技术南迁,生产力发展较快。粮食产量大大提高,养蚕一年四、五熟,手工业发展也较为迅速。北朝,由于实行"屯田""均田",生产力也有很大提高,反映在科学文化上,北魏农业科学家贾思勰著的《齐民要术》十卷九十二篇,为我国最早的完整的农学著作,水平很高,影响甚大,该著除对种植、饲养做了大量的论述外,还对酒的酿造做了详细记载。

东晋元帝司马睿像

魏晋南北朝时期的文献,对酒的记载不少,现略摘如下:

"太康元年三月乙酉大赦改元,大酺五日。"(《晋书·武帝本纪》)

"末康元年十一月甲子立皇后羊氏,大赦大酺三日。"(《晋书·惠帝本纪》)

"太安元年五月癸卯以清河王遐子覃为皇太子,赐孤寡帛,大酺五日。"

家庭经典藏书

中华酒典

（《晋书·惠帝本纪》）

"永兴元年三月戊申诏成都王颖为皇太弟，大赦大酺五日。"（《晋书·惠帝本纪》）

"咸和元年春二月丁亥大赦改元大酺五日。"（《晋书·成帝本纪》）

"成康元年春正月庚午朔，帝加元服，大赦改元大酺三日。"（《晋书·成帝本纪》）

"穆帝升平元年八月丁未，立皇后何氏，大赦大酺三日。"（《晋书·穆帝本纪》）

"咸安元年十一月己酉，即皇帝位，戊午大赦，天下大酺五日。十二月辛卯初，荐鄠渌酒于太庙。"（《晋书·简文帝本纪》）

"太元八年十二月庚午，以寇难初平，大赦，开酒禁。"（《晋书·孝武帝本纪》）

"太元十二年秋八月辛己，立皇子德宗为皇太子，大赦大酺五日。"（《晋书·孝武帝本纪》）

"隆安五年，以岁饥禁酒。"（《晋书·安帝本纪》）

"义熙三年春二月己丑，大赦除酒禁。"（《晋书·安帝本纪》）

"元嘉十二年六月，丹阳、淮南、吴兴、义兴大水，断酒。"（《宋书·文帝本纪》）

"元嘉二十一年春正月己亥，南徐、南豫州、扬州之浙江西并禁酒。"（《宋书·文帝本纪》）

"元嘉二十二年九月己未，开酒禁。"（《宋书·文帝本纪》）

"元徽二年十一月丙戌，御加元服，大赦天下，赐民大酺五日。"（《宋书·后废帝本纪》）

南齐对酒记载的文献也不少，现略摘如下：

"永明四年闰月，以籍田礼毕，车驾幸阅武堂，劳酒小会。"（《南齐书·武帝本纪》）

"永明十一年，以水旱成灾，权断酒。"（《南齐书·武帝本纪》）

"天嘉二年十二月甲申，太子中庶子虞荔，御史中丞孔奂，以国用不足，奏立煮海盐赋及榷酤之科，诏并施行。"（《陈书·文帝本纪》）

以上为两晋和南朝，下摘北朝的文献如下：

"明元帝末兴三年秋七月戊申,赐卫士酺三日。"(《魏书·明元帝本纪》)

"末兴四年八月壬子,命民大酺三日。"(《同上》)

"泰常五年秋七月丁未,幸云中大室,赐从者大酺。"(《同上》)

"太安四年,始设酒禁。是时年谷屡登,士民多因酒致酗讼或议主政帝恶,其若此,故一切禁之,酿沽饮皆斩之。吉凶宾亲则开禁有日程,增置内外侯官伺察诸曹。外部州镇至有微服杂乱于府寺间,以求百官疵失其所穷治,有司苦加讯侧面多相诬逮辄劾以不敬。"(《魏书·刑罚志》)

"和平三年四月,河内人张超于坏楼所城北故佛图处获玉印以献,印方二寸,其文曰:富乐日昌永保无疆,福禄日臻,长享万年。玉色光润,模制精巧,百僚咸曰:'神明所授,非人为也。诏天下大酺三日。'"(《魏书·灵征志》)

"显祖即位,除口误开酒禁,帝勤于治功,百僚内外莫不震肃,及传位高祖,犹躬览万机,刑政严明,显拔清节,沙汰贪鄙,牧守之廉洁者,往往有闻焉。"(《魏书·刑罚志》)

孝文帝太和二年,老臣高允上酒训,文帝悦之。酒训文摘:"太和二年,允以老乞还乡里……允上酒训曰:自古圣王其为饷也,元酒在堂而醉酒在下,所以崇本重源降于滋味,虽汛爵旅行不及于乱,故能礼章而敬不亏,事毕而仪不忒,非由斯致。是失其道,将何以范,时轨物垂之于世,历观往代,成败之效,吉凶由人,不在数也。商辛耽酒殷道以之亡,公旦陈诰周德以之昌,子反昏酣而致毙,穆生不饮而身光,或长世而为戒,或百代而流芳,酒之为状变惑情性。虽曰哲人就能自竞,在宫者殆于政也,为下者慢于令也,聪达之士荒于听也,柔顺之伦兴于净也,久而不悛至于病也,岂止于病,乃损其命。谚亦有云:其益如毫,其损如刀,言所益者止于一味之益,不亦寡乎!言所损者,夭年乱志,夭乱之损不亦夥乎!无以酒荒而陷其身,无以酒狂而丧其伦。迷邦失道,流浪漂津,不师不遵反将何因?诗不言乎,如切如磋如琢如磨,朋友之义也。做官以箴之,申模以禁之,君臣之道也。其言也善,则三覆而佩之;言之不善,则哀矜以贷之。此实先王纳规之意,往者有晋士多失度肆散诞以为不羁,纵长酣以为高达,调酒之颂以相眩曜,称尧舜有千锺百觚之饮,著非法之言引大圣为譬以则天之明,岂其然乎!且子思有云:夫子之饮不能一升,以此推之,千锺百觚皆为妄也。今大魏应图重明御世化之。所暨无思不服仁风,敦洽于四海。太皇太后以至德之隆海而不倦,忧勤备于皇情,诰训行于无外,故能道协两仪,功同覆载,仁恩下逮,罔有不遵,普天牵土靡不蒙赖,在朝之士,有志之人,宜克己从善,履正存贞,节酒以为度,顺德以为经,悟昏饮之美疾,审敬慎之弥荣,遵孝道以致养,显父母而拍名,蹈闵曾之前轨,遗仁风于后生,仰以答所授俯以保其成。可不勉欤!可不勉欤!高祖悦之。常置左右诏允乘车入殿,朝贺不拜。"(《魏书·高允传》)

"正光后,四方多事,加以水旱,国用不足,予折天下六年租调而征之,百姓怨苦民不堪。命有司奏断百官常给之酒。计一岁所省合米五万三千五十四斛九升,蘖谷六千九百六十斛,麴三十万五百九十九斤。其四时郊庙百神群祀,依式供营,远番使客不在断限。"(《魏书·食货志》)

"元象元年夏四月壬辰,齐献武王还晋阳,请开酒禁。"(《魏书·孝静帝本纪》)

"成武帝河清四年二月壬申,以年谷不登,禁酤酒。"(《北齐书·成武帝本纪》)

"后主天统五年冬十月壬戌,诏禁造酒。"(《北齐书·后主本纪》)

"武平六年闰二月辛巳,开酒禁。"(同上)

"武帝保定二年二月癸丑,以久不雨,京城三十里内禁酒。"(《周书·武帝本纪》)

以上为史籍所载,以下再摘其他典籍。

西晋,嵇含,字君道,居巩县亳丘,自号亳丘子。永兴中累官襄城太守,性通敏,所著《南方草木状》,叙述最为典雅。在该著中记述一种女酒说:"草曲南海多矣,酒不用曲蘖,但杵米粉杂以众草叶治葛汁涤溲之,大如卵,置蓬蒿中荫蔽之,经月而成。用此合糯为酒,欲剧饮之,既醒犹头热涔涔,以其有毒草故也。南人有女数岁即大酿酒,即漉,候冬陂池竭时,寘酒罂中密固其上,瘗陂中至春潴水满亦不复岁矣。女将嫁,乃发陂取酒,以供贺客,谓之女酒,其味绝美。"

西晋哲学家、医药学家葛洪,又自号抱朴子,一生著书甚多,谈酒者有《抱朴子·酒戒》《肘后备急方》。两文较长,只作摘引。他在《酒戒》中说:"目之所好不可从也,耳之所乐不可顺也,鼻之所喜不可任也,口之所嗜不可随也,心之所欲不可恣也……夫酒醴之近味,生病之毒物,无毫分之细益,有丘山之巨损。君子以之败德,小人以之速罪。耽之惑之跱不及祸,世之士人亦知其然。既莫能绝,又不肯节纵心口之近欲轻召灾之根源,似热渴之恣冷,虽适已而身危。小大乱丧亦罔非酒……"葛洪在《肘后备急方》中,不少成方都夹以酒。例如:"治卒

中华酒典

心痛方第八：桂末若干姜末二药并可单用，温酒服；东引桃枝一把切，以酒一升煎取半升，顿服，大效；苦酒一杯，鸡子一枚，著中合搅饮之，好酒亦可用；苦参三两，苦酒升半，煮取八合，分再服；白鸡一头，治之如食法，水三升煮取二升，去鸡煎汁取六合，内苦酒六合，入真珠一钱，复取六合内末麝香如大豆二枚，顿服之。"总之，葛洪所著各种药方，不少是配酒而服。葛洪主张酒戒，反而治病又多用酒，是否有些矛盾，其实不然，他主张用酒要适量，以度为宜。

晋代的文人，不少嗜酒，阮籍就是突出的一个。"籍本有济世志，属魏晋之际，天下多故，名士少有全者，借由是不与世事，遂酣饮为常。文帝初欲为武帝求婚于籍，籍醉六十日，不得言而止。籍闻步兵厨营人善酿，有贮酒三百斛，乃求为步兵校尉。遗落世事，虽去佐职，恒游府内，朝宴必与焉。会帝让九锡，公卿将劝进，使籍为其辞。籍沈醉忘作，临诣府，使取之，见籍方据案醉眠。使者以告，籍便书案，使写之，无所改窜，辞甚清壮，为时所重。"

阮籍像

晋当时的文人，借酒以做诗文的不少，刘伶的《酒德颂》就是典型的代表作。因本书他章详述，不做摘述。

隋唐五代时期

581年,杨坚迫使北周静帝让位,建立隋朝,结束了二百七十余年南北分裂的局面。隋继行北魏均制,经济发展也较快,但到了隋炀帝,因统治苛暴,激起了农民的反抗。618年,李渊败隋,建立了唐帝国。

唐朝封建统治者,吸取隋短期就遭灭亡的教训,采取缓和与被统治阶级的矛盾,减轻赋税,实行均田和租、庸、调制度,调动了广大农民的生产积极性,再加上兴修水利,改革生产工具,使全国农业、手工业发展非常迅速。唐郑启在其所著的《开天传信记》中描写:"左右藏库,财物山积,不可胜较。"由于物质财富的增加,粮食的储积,自然对发展酿酒业,提供了前提。

酒的发展与广泛应用,反映在这一时期的典籍中。

"开皇三年,帝入新宫。先是尚依周末之弊,官置酒坊收利,至是罢酒坊与百姓共之,远近大悦。"(《隋书·食货志》)

"高祖武德二年闰月乙卯,以谷贵禁关内屠酤。"(《唐书·高祖本纪》)

"武德二年闰二月,诏曰:酒醪之用表节制于欢娱,刍豢之滋致肥甘于丰衍,然而沉湎之辈,绝业亡资,惰窳之民,骋嗜奔欲。方今烽燧警,兵革未宁,年数不登,市肆腾涌,趋末者众,浮冗尚多,肴羞曲蘖,重增其费。求弊之术,要在权宜。关内诸州官民其断屠酤。"(《册府元龟》)

到了唐太宗贞观年间,政通人和,人心思治。物资丰富,民心欢快。从太宗赐酺,充分体现出来。据《唐书·太宗本纪》所载:"贞观二年九月壬子,以有年赐酺三日;贞观四年二月甲寅,大赦,赐酺五日;贞观七年正月辛丑,赐京城酺三日;贞观八年二月丙午,赐民酺三日;贞观十七年四月丙戌,立晋王治为皇太子,大赦,赐酺三日,十一月壬午赐酺三日;贞观二十二年,以铁勒诸部并皆内属,诏赐京城百姓大酺三日。"等。

唐太宗

唐高宗也是如此。据《唐书·高宗本纪》记载："永徽六年二月己巳,皇太子加元服,赐酺三日;显庆元年正月辛未,废皇太子为梁王,立代王弘为皇太子,壬申大赦,改元,赐民酺三日;显庆四年十月丙午,皇太子加元服,大赦,赐民酺三日;龙朔二年七月戊子,以子轮生满月,大赦,赐酺三日。"

"永昌元年正月乙卯,享于万象神宫,大赦,改元,赐酺七日。"(《唐书·武后本纪》)

"天册万岁元年正月辛巳,加号慈氏越古金轮圣神皇帝,改元,证圣大赦,赐酺三日。九月甲寅,加号天册金轮大圣皇帝,大赦,改元赐酺九日;万岁通天元年腊甲申,改元曰万岁登封,大赦,赐酺十日。"(《唐书·武后本纪》)

"天宝六载正月戊子,有事于南郊,大赦,赐民酺三日;天宝七载五月壬午,群臣上尊号曰开元天宝圣文神武应道皇帝,大赦,赐民酺三日。"(《唐书·玄宗本纪》)

上述,在各帝本纪中记载甚多,不能多摘,各大臣名人传记中尚有不少记载。其他与酒有关的著作也不少,现选代表性的有:《醉乡日月》《岭表录异记》《投荒杂录》等。

《醉乡日月》的撰者为皇甫松,字子奇。该著记述了"霹雳酒","霹雳酒:暑月雷霆时,收雨水淘米炊饭酿酒,名曰霹雳酒"。

《岭表录异记》,唐代刘恂所撰。恂,昭宗时官广州司马,所著《岭表录异记》记载博瞻,文字古雅。该著中记有"南中酒",他说:"南中醞酒,即先用诸药,别浊漉粳米,漉干旋入和米捣,熟即绿粉矣,热水溲而团之,形如锫饪,以指中心刺作一窍,布放箪席上,以枸杞构叶罨之,其体候好弱一如造曲法。既而以藤薆贯之,悬于烟火之上,每醞一年用几箇饼子,固有恒准矣。南中地暖,春冬七日熟;秋夏五日熟。既熟贮以瓦瓮,用粪扫火烧之。"

《投荒杂录》,唐代房千里所撰。千里,河南人,字鹄举,官高州刺史。该著中记载了一种新州酒,他说:"新州多美酒,南方不用曲蘖,杵米为粉,以众草兼胡,蔓草汁溲,大如卵,置蓬蒿中荫蔽经月而成。用此合濡为酒。故剧饮之后,既醒犹头热涔涔,有毒草故也。"

上述三篇均系由唐官员任职外地或赴外地工作所见所闻撰辑而成,可见唐代的酒业遍及全国,且种类繁多。

宋辽金元时期

960 年,赵匡胤废掉周帝,登基称帝,国号宋,史称北宋。1127 年金灭北宋,同年,宋康王在应天府即位,后迁都杭州,史称南宋。

五代十国分裂局面结束,社会较为安定,北宋的经济有了较快的发展,出现了种无虚日,收无虚月,一岁所资,绵绵相继的繁荣局面。南宋时期,兴修水利,改良农田,出现了苏杭熟,天下足的景象。文化和科学发展较快,活字印刷、航海指南针、火药三大发明,都出现在这一时期,为酿酒业的发展提供了物质文化条件。酒对宋人来说,是不可缺少的物资,因而,在两宋的文献和各种文学作品中,反映酒的甚多。

"建隆二年夏四月庚申,班货造酒曲律。"(《宋史·太祖本纪》)

"乾德四年,诏比建隆之禁第减之,凡至城郭五十斤以上,乡间百斤以上,私酒入禁二石三石以上,至有官署处,四石五石以上者乃死。法益轻,犯者鲜矣。"(《宋史·食货志》)

"淳化五年,罢榷酤,募民自酿,输官钱减于常课。"(《宋史·太宗本纪》)

"咸平三年春正月庚寅,罢缘边二十三州,军榷酤。"(《宋史·真宗本纪》)

"景德四年二月甲戌,幸上清宫,诏赐酺三日。甲申御五凤楼观酺,召父老五百人,赐饮楼下。"(《宋史·真宗本纪》)

"天喜五年二月丙寅,赐天下酺三日,辛巳御正阳门观酺。"(《宋史·真宗本纪》)

"元丰五年,外居宗室酒止许于旧宫院寄醅,增诸酒场酒户糟糯钱。"(《宋史·食货志》)

"元柘七年,罢监酒税务及南京榷酒。"(《宋史·哲宗本纪》)

"靖康元年,以陈公辅监合州酒务,罢增两浙路酒价。"(《宋史·钦宗本纪》)

"绍兴二十五年秋七月丙辰,减四川绢估税斛盐酒等钱,岁百六十余万缗。"(《宋史·高宗本纪》)

"乾道二年,诏临安安抚司酒库悉归赡军,令户部取三年,所收一年中数立额。"(《宋史·孝宗本纪》)

家庭经典藏书

中华酒典

《宋史》其他大臣、名人传中,酒的记载尚多,未做摘引,帝王本纪中的摘录也只选数条,未能泛引。

宋代关于酒的著作很多,例如《酒经》《东坡志林》《北山酒经》《续北山酒经》《桂海酒志》《酒名记》《山家清供》《山家清事》《新丰酒法》《酒尔雅》《酒谱》《酒小史》《酒边词》等,现分别叙述之。

《酒经》,宋大诗人苏轼撰。苏轼,字子瞻,号东坡居士,眉州眉山人,嘉祐进士。《酒经》主要是写南方的酿酒法。因在古代制酒法详述,于此简略。又著《东坡志林》。

《北山酒经》,宋朱翼中撰。翼中,自号大隐翁,侨居湖上,以工医起为博士。该著共三卷,首卷为总,二卷谈制曲,三卷讲造酒。在首卷总论中说:"酒味甘辛、大热、有毒,虽可忘忧,然能作疾,所谓腐肠、烂胃、溃髓、蒸筋。酒之于世也,礼天地,事鬼神,射乡之饮,鹿鸣之歌,宾主百拜,左右秩秩。上至缙绅,下逮闾里,诗人墨客,渔夫樵妇,无一可以缺此。"由于二、三卷将在制酒法中叙述,这里不再赘言。

苏轼像

《续北山酒经》,宋李保撰。该著分经、醴酒法两部。在经中说:"大隐先生朱翼中,壮年勇退,著书酿酒,侨居西湖上而老焉。屡朝廷大兴医学,求深于道术者,为之官师,乃起公为博士,与余为同僚。明年翼中坐东坡诗贬达州,又明年以宫祠还,未至。余一旦梦翼中……得翼中北山酒经法而读之,盖有御魑魅于烟岚,转炎荒为净土之语,与梦颇契,余甚异。乃作此诗以志之……"看来,李保对朱翼中十分尊敬与钦佩。醖酒法,记述了酿制各种曲和酒的方法。这里不做详述。

《桂海酒志》,宋范成大撰。成大,字致新,吴县(今苏州)人,石湖居士,绍兴进士,官礼部员外郎。该著中说,"余性不能酒,士友之饮少者,莫余若而能知酒者,亦莫余若也。顷数仕于朝游王公贵人家,未始得见名酒。使北至燕山得其宫中酒号金兰,乃大佳。燕西有金兰上汲其泉以酿,及来桂林而饮瑞露,乃尽酒之妙,声震湖广,则虽金兰之胜,未必能颉颃也。瑞露,帅司公厨酒也。经抚所前有井清烈汲以酿,遂有名。今南库中自出一泉,近年只用库井酒乃佳。古辣泉,古辣本宾横间,墟名以墟中泉酿酒,既熟不煮,埋之地中,日足取出。老酒,以麦曲酿酒,密封藏之可数年,士人家尤贵重。每岁腊中家家造酢,使可为卒岁计。有贵客,则设老酒,冬酢以示勤,婚娶亦示老酒为厚礼。"

《酒名记》,宋张能臣撰。该著专记酒名,如香泉、天醇、瑶池、坤仪、重醖、杭州竹叶清、碧香、苏州木兰堂、白云泉、明州金波、湖州碧兰堂、剑州东溪、汉州廉泉、果州香桂、银液、广州十八仙、齐州舜泉、曹州银光、登州朝霞等。

《山家清供》,宋林洪撰。洪,字龙发,号可山,泉州人,生活在淳祐年间。该著记述碧筒酒时说:"暑月命客棹舟莲荡中,先以酒入荷叶饮之,又包鱼鲊作供真佳适也。坡云:碧筒时作象鼻湾白酒,疑带荷心苦。坡守杭时想屡做此供也。胡麻酒,旧闻有胡麻饭,未闻有胡麻酒。盛夏张整齐招饮竹阁,正午饮一巨觥,清风飒然绝无暑气。其法:溃麻子二升,煎熟略炒,加生姜二两,生龙脑叶一撮同入,炒细研投以煮醖五升,滤渣去水浸之大有所益。因赋之曰:何须便觅胡麻饭,六月清凉却是仙。本草名巨胜云桃源所有胡麻,即此物也,恐虚诞者,自异其说云。"

《山家清事》和《新丰酒法》,均林洪所撰。《山家清事》讲的是酒具,《新丰酒法》记述长安之郊新丰的造酒方法。此简略之。

《酒尔雅》,宋何剡撰。剡,字楫臣,江宁人,淳熙八年进士,官秘书郎等职。该著主要是解释酒,他说:"酒者,酉也,酿之米曲,酉泽久而味美也。饮之者,所以合欢也。酒以成礼不继以淫义也,以君成礼弗纳于淫仁也。酒者,天之美禄,帝王所以颐养天下,享祀祈福,扶衰养疾,百福之会。夫酒之设,合礼致情遍体归性,礼终而退此和之至……"

《酒谱》,宋窦苹撰。该著十三项分述,即:酒之源一、酒之名二、酒之事三、酒之功四、温克五、乱德六、诫失七、神异八、异域九、性味十、饮器十一、酒令十二,最后为总论。因文太长,不能多摘。仅就酒之功、温克、乱德中摘数段,以略知之。

酒之功:"勾践思刷会稽之耻,欲士之致死,力得酒,则流之于江,与之同醉;秦穆公伐晋,及河将劳师,而醪惟一锺,蹇叔劝之曰:虽一米可投之于河而酿也。于是乃投之于河,三军皆醉。"

温克:"礼云:君子之饮酒也,一爵而色温如也,二爵而言言斯,三爵而冲然以退。"孔融好饮而能文,常云:"座上客常满,樽中酒不空,吾无患矣;李白每大醉为文,未尝差误,与醒者语,无不屈服人目,为醉圣。"

乱德:"韩子云:齐桓公醉而遗其冠耻之,三日不朝。管仲因请发仓廪赈穷三日。民歌曰:何不更遗冠乎!唐进士刘迁、刘参、郭保衡、王仲、张道隐,每春选妓三、五人,乘辁小车、裸袒园中叫笑,自若曰:颠饮。"

《酒小史》,宋伯仁撰。伯仁,字器之,号雪岩,广平人,一作湖州人,嘉熙时为盐运司属官。所著只记载一些酒名,共100余种,如汀州谢家红、荥阳土窟春,杨世昌蜜酒等,别无内容。

《酒边词》,宋向子讠垔撰。子讠垔,字伯恭,临江人。该著分上下两卷,上卷曰江南新词,下卷曰江北旧词。胡寅为序称:"退江北所作于后,而进江南所作于前……玩其词意。"他在该著《酒边词·江南新词·满江红》中写下这样的词句:"雁阵横空,江枫战几番风雨。天有意,作新秋令,欲麾残暑。篱菊岩花俱秀发,清芬不断来窗户。共欢然一醉得黄,仍叔度。"作者借酒表达怀念江北的心意。

916年,阿保机武力统一各部,建立契丹国。947年改称辽国。在辽统治下的东北女真族,逐渐强大,1115年建立政权,国号大金。公元1125年灭辽,1127年灭北宋,与南宋对峙。此时,北方的蒙古族又发展起来,1234年将金灭掉,1271年定国为元。1279年将南宋灭掉,结束了长期分裂的局面。

辽政权持续200余年,但经济发展不快。金代的农业、手工业有一些缓慢的发展。元代,虽经济、文化落后,但由于疆域的扩大,经济情况较好。

由于三个王朝先后统治时间较长,也有不少历史文献。现将有关酒的记载,选摘于下:

"太平五年,燕民以年谷丰熟,车驾临幸,争以土物来献上礼。高年鳏寡赐醵饮至夕,六街灯火如昼,士庶嬉游上亦微行观之。"(《辽史·圣宗本纪》)

"重熙九年十二月辛卯,诏诸职官非婚祭不得沉酗废事。"(《辽史·兴宗本纪》)

"天会十三年正月庚午,熙宗即位,诏中外公私禁酒。"(《金史·熙宗本纪》)

"大定三年,诏严禁私酿。"(《辽史·食货志》)

"天下每岁总入之数酒课腹里五万六千二百四十三锭六十七两一钱。"(《元史·食货志》)

"至元二十一年十二月癸亥,卢世荣言,京师富豪户酿酒价高而味薄,以致课不时输,一切禁罢,官自酤卖向之岁课一月可办从之。"(《元史·世祖本纪》)

"至元二十八年三月己亥,太原饥严酒禁。五月辛亥,宫城中建葡萄酒室。九月壬子,酒醋课不兼隶茶盐运司,仍隶各府县。"(《元史·世祖本纪》)

"大德五年,冬十月丙戌,以岁饥禁酿酒。十一月己亥诏谕中书,近因禁酒,闻年老需酒之人有予市而储之者,其无酿具者,勿问。"(《元史·成宗本纪》)

"延祐元年春正月丙申,除四川酒禁。兴元、凤翔、泾州、邠州岁荒,禁酒。十二月壬午汴梁,南阳、归德、汝宁、淮水,敕禁酿酒。"(《元史·仁宗本纪》)

《辽史》《金史》《元史》对酒的记载很多,不再选摘。元代酒的著作不少,代表性的有《真腊风土记》《文献通考·论宋酒坊》《饮膳正要·饮酒避忌》《安雅堂觥律》等,摘述于后。

《真腊风土记》,元周达观撰。达观,温州人,所著《真腊风土记》,至为赅赡。该著中记载一种"美人酒"。他说:"美人酒于美人口中含而造之,一宿而成,尤奇。"

《论宋酒坊》,元马端临撰。端临,字贵与,元初为柯山书院山长、历史学家。该著虽出元代,但论述的是南宋两浙的酒坊及税收情况,不再摘录。

《饮膳正要·饮酒避忌》,元忽思慧撰。他在《饮酒避忌》中说:"少饮尤佳,多饮伤神损寿。易本性其毒甚也。醉饮过度,丧生之源。饮酒不欲使多,知其

中華酒典

过多,速吐之为佳。不尔,成痰疾。醉勿酩酊大醉,即终身为病不除。酒不可久饮,恐腐肠胃,溃髓蒸筋。醉不可当风卧,生风疾;醉不可令人扇,生偏枯;醉不可露卧,生冷痹;醉不可接房事,小者面生黯、咳嗽,大者伤脏澼痔疾;醉不可饮冷浆水,失声成尸噎;醉不可澡浴,多生眼目之疾。"

该著还记述了制药的方法:"虎骨酒:以酥炙虎骨捣碎酿酒,治骨节疼痛风痹冷痹痛;枸杞酒:以甘州枸杞依法酿酒,补虚弱长肌肉,益精气,去冷风,壮阳道;地黄酒:以地黄绞汁酿酒,治虚弱,壮筋骨,通血脉、治腹内痛;羊羔酒:依法作酒,大补益人;阿剌吉酒(李时珍在《本草纲目》中解释说,烧酒亦称阿剌吉酒):味甘辣,大热大毒,主消冷,坚积,去寒气。用好酒蒸熬取露成阿剌吉酒。"烧酒创于元代,根据就在这里。

《安雅堂觥律》,元曹绍撰。该著由觥赞一,觥例五,觥纲五,觥律百八首等五部分组成。觥律即酒令,现摘觥律数首:

樊哙厄酒:发上俱指冠,瞋目入离披。

臣死且不避,厄酒安足辞。

文君当垆:文君奔相如,甘心自当垆。

常向琴台下,妖娆唤人酤。

孔融开尊:孔融居北海,赋性故雍容。

座上客常满,樽中酒不空。

李白醉仙:斗酒诗百篇,长安酒家眠。

天子呼上船,称是酒中仙。

杜甫青钱:街头酒价贵,酒徒稀醉眠。

相就饮一斗,三百青铜钱。

明代的记载

1368 年,朱元璋称帝于南京,国号明。明建国后,对发展农业生产十分重视,采取了与民生息的政策。朱元璋说:"天下初定,百姓财力俱困,譬尤初飞之鸟,不可拔其羽,新植之木,不可摇其根,要在安养生息之。"由于采取调动农民生产积极性的政策,明初乃至中期,农业、手工业发展十分迅速。稻田每亩产谷三、五石,流传着"苏湖熟,天下足"的民谚。经济的发展促进了商业的繁荣,北京、南京等城市商店兴旺,交易额大。与此同时,科学文化事业也有较大的发展。

上述条件,为酿酒业提供了雄厚的物质基础。因此,明代的典籍中,对酒的记载很多。

"洪武二十七年八月,新建京都酒楼成,先是上以海内太平思欲与民皆乐,乃命工部作十楼于江东诸门之外,令民设酒肆其间以接四方宾旅。其楼有鹤鸣、醉僊讴歌鼓腹来宾重译等名。既而又增作五楼,至是皆成。诏赐文武百官钞命宴于醉僊楼。"(《明史·大政纪》)

《天工开物》中的制酒图

"永乐二年辛酉,敕甘肃总兵左都督宋晟,令诸屯多酿酒,探知虏寇将至,置毒酒中及河井,退而避之。"(《同上》)

"宣德三年五月,上出酒谕,示百官时郎官御史,以酣酒相继败,故作酒谕。"(《同上》)

《明史》对酒的记载很少,被摘入《古今图书集成·酒部》仅数条,现全摘

中华酒典

之。但明代其他有关酒的典籍相当丰富，下面分述。

明代，有关酒的著作很多，代表作有《尊生八牋》《天工开物》《五杂俎》《觞政》《本草纲目》等。

《尊生八牋》，明高濂撰。濂，字深甫，号瑞南，钱塘人。该著记述的酒，多属药酒，对身体健康有益，但味道不一定好。因此，他在该著的开头就说："此皆山人家养生之酒，非甜即药与常品迥异，豪饮者，勿共语也。"书中对桃源酒、香雪酒、碧香酒、腊酒、建昌红酒、五香烧酒、山芋酒、葡萄酒、黄米酒、白术酒、地黄酒、菖蒲酒、羊羔酒、天门冬酒、松花酒、菊花酒、五加皮三骰酒等的制造，做了详细的记述。现只将羊羔酒、松花酒的制作方法摘出。

"羊羔酒：糯米一石，如常法浸浆，肥羊肉七斤，麹十四两，杏仁一斤煮去苦水，又同羊肉多汤煮烂，留汁七斗，拌前米饭，加木香一两，同醢不得犯水，十日可吃，味极甘美。"

"松花酒：三月取松花如鼠尾者，细挫一升用绢袋盛之，造白酒熟时投袋于酒中心，井内浸三日取出漉酒饮之，其味清香甘美。"

《天工开物·酒母》，明宋应星撰。应星，字长庚，江西奉新人，举人，官亳州知府。该著对"酒母"做了详细论述："凡酿酒必资麹药。成信，无麹即佳米珍黍空造不成。古来麹造酒，糵造醴，后世厌醴味薄遂至失传……凡造酒母家生黄未足，视候不勤，盥拭不洁，则疵药数丸动辄败入石米。故市麹之家必信著名闻而后不负酿者。凡燕齐黄酒，麹药多从淮郡造成载舟车北市。南方麹酒酿出即成红色者，与淮郡所造相同，统名大麹。但淮郡市者打成砖片而南则用饼团，其麹一味。蓼身为气脉而米麦为质料，但必用已成麹酒糟为媒合。此糟不知相承起自何代，犹之烧礬之必用旧礬滓云。"

《五杂俎》，明谢肇淛撰。肇淛，字在杭，福州长乐人，万历进士，累迁工部郎中，博学能诗文。他在《五杂俎·物部三》中，对酒做了大量论述。他说："酒者扶衰养疾之具，破愁佐药之物，非可以常用也。酒入则舌出，舌出则身弃，可不戒哉？人不饮酒，便有数分地位。志识不昏，一也；不废时失事，二也；不失言败度，三也。余常见醇谨之士，酒后变为狂妄，勤渠力作，因醉失其职业者，众矣，况于丑态备极，为妻孥所姗笑，亲识所畏恶者哉？"

"吾见嗜酒者，晡而登席，夜则号呼，旦而病酒，其言动如常者，午未二晷耳。以昼夜而仅二晷，如人则寿至百年，仅敌人二十也。而举世好之不已。亦独何异！"

接着他对各种酒进行评论说："酒以淡为上，苦洌次之，甘者最下。青州从事，向擅声称，今所传者，色味殊劣，不胜平原督邮电。然从事之名，因青州有齐郡，借以为名耳……京师有薏酒，用薏苡实酿之，淡而有风致，然不足快酒人之吸也。易州酒胜之，而淡愈甚。闽中酒无佳品。"

他对酒的容量单位进行了考证："古人量酒多以升、斗、石为言，不知所受几何。或云米数，或云衡数。但善饮有至一石者，其非一石米及百斤明矣。按朱翌杂记云：'淮以南酒皆计升：一升曰爵，二升曰瓢，三升曰觯。'此言较近。盖一爵为升，十爵为斗，百爵为石。以今人饮量较之，不甚相远耳。"

《觞政》，明袁宏道撰。宏道，字中郎，万历进士，知吴县，官终稽勋郎中。该著分为一之史、二之徒、三之容、四之宜、五之遇、六之候、七之战、八之祭、九之典刑、十之掌故、十一之刑书、十二之品、十三之杯杓、十四之饮储、十五之饮饰、十六之饮具，附酒评。

袁宏道在《觞政》开头说："余饮不能一蕉叶，每闻垆声，辄踊跃，迁酒客与流连，饮不竟夜不休。非久相狎者，不知余之无酒肠也。社中近饶饮徒，而觞容不习，大觉鲁莽。夫提衡糟丘，而酒宪不修，是亦令长之责也。今采古科之简正者，附以新条，名曰：觞政。凡为饮客者，各收一帙，亦醉乡之甲令也。"

明代伟大的药物学家李时珍，在其所著的《本草纲目》中对酒做了大量记述。他说，"按许氏《说文》云：酒，就也，所以就人之善恶也。一说：酒字篆文，像酒在卤中之状。饮膳标题云：酒之清者曰酿，浊者曰醅；厚曰醇，薄曰醨；重酿曰酎，一宿曰醴；美曰醑，未榨曰醅；红曰醍，绿曰缇，白曰醝。"酒能"行药势，杀百邪恶毒气，通血脉，厚肠胃，润皮肤，散温气，消忧发怒，宣言畅意，养脾气，扶肝，除风下气，解马肉、桐油毒，丹石发动诸病，热饮之甚良。"酒又分"米酒、糟底酒、老酒、春酒、社坛余胙酒、糟笋节中酒、东阳酒"等。对米酒又记述说："酒，天地之美禄也。面曲之酒，少饮则和血行气，壮神御寒，消愁遣兴；痛饮则伤神耗血，损胃亡精，生痰动火。酒后食芥及辣物，缓人筋骨。酒后饮茶，伤肾脏，腰脚重坠，膀胱冷痛，兼患痰饮水肿、消渴挛痛之疾。一切毒药，因酒得者难治。又酒得咸而解者，水制火也，酒性上而咸润下也。又畏枳椇、葛花、赤豆花、绿石粉者，寒胜热也。"

李时珍对烧酒另立一项，专门做论述。烧酒，又称火酒、阿剌吉酒。他说：

中華酒典

"烧酒非古法也。自元时始创其法,用浓酒和糟入甑蒸,令气上,用器承取滴露。凡酸坏之酒,皆可蒸烧。近时惟以糯米或粳米或黍或大麦蒸熟,和曲酿瓮中,七日,以甑蒸取,其清如水,味极浓烈,盖酒露也。辛、甘、大热、有大毒。过饮败胃伤胆,丧心损寿,甚则黑肠腐胃而死。与姜、蒜同食,令人生痔。盐、冷水、绿豆粉解其毒。"烧酒主治:"消冷积寒气,燥湿痰,开郁结,止水泄,治霍乱疟疾噎膈,心腹冷痛,阴毒欲死,杀虫辟瘴,利小便,坚大便,洗赤目肿痛,有效。""烧酒,纯阳毒物也。面有细花者为真。与火同性,得火即燃,同乎焰消。北人四时饮之,南人止署月饮之。"(《本草纲目》谷部第二十五卷·烧酒)

《本草纲目》在酒的附方栏中记述了十六个附方。例如在附方中记述:"惊怖猝死,温酒灌之即醒;蛇咬成疮,暖酒淋洗疮上,日三次;产后血闷,清酒一升,和生地黄汁煎服;丈夫脚冷,不随,不能行者,用醇酒三斗,水三斗,入瓮中,灰火温之,渍脚至膝。常着灰火,勿令冷,三日止。"

李时珍又在该目的"附诸药酒方"中,详细记述了 69 种药酒方。例如女贞皮酒、天门冬酒、地黄酒、当归酒、菖蒲酒、人参酒、菊花酒、麻仁酒、虎骨酒、鹿茸酒、蝮蛇酒、五加皮酒、白杨皮酒、愈疟酒、屠苏酒等。对上述各种药酒的功能、治法,记述颇详。例如"愈疟酒:治诸疟疾,频频温而饮之;屠苏酒:元旦饮之,辟疫疠一切不正之气;五加皮酒:去一切风湿痿痹,壮筋骨,填精髓,用五加皮洗刮去骨煎汁,和麴、米酿成,饮之;白杨皮酒:治风毒脚气,腹中痰癖如石,以白杨皮切片,浸酒起饮;蝮蛇酒:治恶疮诸瘘,恶风顽痹癞疾,取活蝮蛇一条,同醇酒一斗,封埋马溺之处,周年取出,蛇已消化,每服数杯,当身体习习而愈之。"由此看出,伟大的药物学家李时珍,对酒的研究是如此深透,又能看出酒在药物中的重要地位。

清代的记载

1644 年,清兵逾过长城进关,建立了统一的大清帝国。清统治者先后颁布了"除贱为良"和禁止"庄佃为仆"的文告,在一定程度上调动了农民、手工业的积极性,促进生产的发展和经济的繁荣。在农业方面,不但粮食产量有较大的提高,而且桑茶、棉花、烟草等经济作物也有很大发展,手工业的规模日渐扩大。商业,各省及大城市处处相通,粮食之运行,不舍昼夜,酒业当然也是如此。

但清初,是主张禁酒的。清康熙三十年十月二十六日上谕:内阁闻畿辅谷所翔贵,遣户部笔帖式一员往谕:直隶巡抚令其于所属地方,以蒸酒糜米谷者,其加意严禁之。清代有关酒的著述不多,有代表性的是:

《酒社刍言》,清黄周星撰。周星,字九烟,上元人。该著的开头语说:"古云:酒以礼,又云酒以合欢。既以礼为名,则必无伧野之礼。以欢为主,则必无愁苦之欢矣。若角斗纷争攘臂谨呶,可谓礼乎!虐令苛娆兢兢救过,可谓欢乎!斯二者,不待智者而辨之矣。而愚更请进一言于君子之前曰:饮酒者乃学问之事,非饮食之事也⋯⋯谨勒三章之戒冀成四美之贤。"意思是说不要为饮酒而饮,最好是饮酒时以礼和欢乐的形式,借以研究学问。为此,他接着提出三戒:戒苛令、戒说酒底字、戒拳阋。"戒苛令:世俗之行苛令,无非为劝饮计耳。不知饮酒之人有三种:其善饮者,不待劝;其绝饮者,不能劝;唯有一种能饮而故不饮者,宜用劝。然能饮而故不饮,彼先已自欺矣,吾亦何为劝之哉!故愚谓不问做主做客,惟当率真称量而饮,人我皆不需劝,既不需劝矣,苛令何为?"

"戒说酒底字:说酒底者,将以观人之博慧也。然圣贤所谓博与慧者,似不在此况。我辈终日兀坐编摩,形神孪悴,全赖此区区杯中之物以解之。若复苦心焦思搜索枯肠,何如不饮之为愈乎。更有一种狂黠之徒,往往借觞政以逞聪明,假席纠以作威福,此非吕雉之宴,岂真许军法行酒乎!若不幸,逢此辈,唯有掉头拂衣而已。"

"戒拳阋:佐饮之具多矣,古人设为琼敻以行酒。五白六赤一听于天何其文而理也。即藏钩、握子、射覆、续麻诸酣,犹不失雅人之致。而世俗率用拇阵、虎膺以逞雄。角胜捋拳奋臂、叫号、喧声,如许声态何异于市井之夫、舆之伢辈乎!愚常谓,天下事无雅俗皆有学问存焉。若此种学问,则敛手未敢奉教。"

"以上三条,乃世俗相沿习而不察者,故特拈出为戒。他如四五篝之约盟百十条之饮律,则昔贤言之详矣,何竣愚赘!"

《懒园觞政》,清蔡祖庚撰。祖庚,字莲西,上元人。该著主要是叙述用掷骰子的方法,以升官图的方式来饮酒。以骰子的变换来分升什么官级,什么官级喝大杯还是小杯。因其变换繁索、复杂,不加摘述。但原跋富有诗意,摘引之。

"原跋:遁叟不做官而掷官,客以为疑。南碉碉生曰知之乎?东坡不饮酒而酿酒;香山不好色咏色,不何疑乎!遁叟因作回文'重叠金'四调以喻之:酒杯争似真衣绐,绐衣真似争酒杯。官热趁人闲,闲人趁热官。著绯贪陆博,博陆贪绯著。钟尽漏匆匆,匆匆漏尽钟;好官休说闲人老,老人闲说休官好。看鸟倦将还,还将倦鸟看。晚春留酒伴,伴酒留晚春。醒解更飞觥,觥飞更解醒;局终官热犹醽醁,醽醁犹热官终局。浓兴宦途穷,穷途宦兴浓。箕长愁景短,短景愁长箕。人笑莫人嗔,嗔人莫笑人;忌人无过排人醉,醉人排过无人忌。恩与怨无因,因无怨与恩。位高嫌淡味,味淡嫌高位。"最后他高傲而感慨地说:"冷敲紧拍,字字刺心窝,渺渺予怀,非入醉乡深处,亦复谁能解此。"

《日知录·酒禁》,清顾炎武文。炎武,字亭林,昆山人。该文引论历代禁酒的情况,并附于己意。因全文长,不能全摘,现仅摘最后一段,以知其意。

顾炎武像

"徐尚书石麒有云:传曰水懦弱民狎而玩之,故多死焉。酒之祸烈于火,而其亲人甚于水,有以夫世尽殀于酒而不觉也。读是言者,可以保生之道。《萤雪丛说》言:顷年陈公大卿生平好饮。一日席上与同僚谈,举知命者不立乎岩墙之下问之? 其人曰:岩墙也。陈因是有闻,遂终身不饮。顷者未醪不足,而烟酒兴焉,真变为火矣。"顾炎武将酒比作火,后来又增加了烟,可谓火上加火也。

第二节　酒的工艺

传统酿造术是酒文化的一个重要方面,是传统技艺角度酒文化发展水平的一种标志。与现代工业酿酒的科学技术不同,各民族民间传统的酿造技艺是代代相传的,各族人民长期实践经验和智慧的结晶,是一种技艺文化。

在世界上,有麦芽啤酒、葡萄酒和曲蘖酿酒三大传统的酿造技术,其中曲蘖酿酒是我国古代劳动人民的独特发明和创造,与西方的酿酒术迥然不同。它具有悠久的历史,并经过历代酒师的不断改进、发展与创新和学者们的不断记录、整理、总结与提高,所形成的制曲工艺,其对用曲量技术,以及对发酵原理的理论概括等,都具有鲜明的科学性、实用性和民族性。

历史渊源与发展

曲蘖酿酒中的曲与蘖有无区别,历来都有争论。第一种意见认为,我国"上古时期的曲蘖只是指一种东西,就是酒曲,后来才分为曲和蘖。曲又分为酒曲和酱曲、豉曲,蘖则指谷芽"。第二种意见认为,曲蘖从来就是两种东西,"曲造酒,蘖造醴","将整粒或捣碎后的谷物,直接或经蒸炒后使霉菌在其中繁殖起来的东西就是蘖"。第三种意见主张蘖是曲的一种,"吴醴白蘖,合楚沥只。"注:"蘖,米曲也。"笔者认为,曲与蘖本是两种物质,都可以用来酿酒,这是由科学和事实来确定的,但人们对这两种物质的认识则经历了 个历史发展的过程,开始人们对曲与蘖区分得不是很清楚,至少对一部分人来说是这样,他们常笼统地说曲蘖,泛指酿酒时用来发酵的物质。后来在实践中,人们逐渐加深了认识,最后才将它们区分开来。

遵照酿造术的发展规律,以历史记载为依据,我国传统酿造术的发展,大致可以分为以下几个时期:

1.初创期

自然发酵发生于人类的远古时代,它的起源甚至早于火的发明,特别是野生的水果在适宜的温度、湿度等条件下发生的自然发酵,就是天然酒的起源。人工酒的起源,是人类在对天然酒经历了一个发现、饮用的过程以后,逐步开始的一种模仿。其中既有粮食、畜乳等由于保管不善而发生的自然的发酵,同时也与粮食种植、畜牧活动等人类有意识的生产、生活活动而发生的酿制活动。在人类最早的文学作品——神话传说中,有人类最初对大自然、人类本身、社会生产和生活的原始认识,也有关于酒的起源的神话。景颇族传说酒是创世祖和造物母的乳汁变成,说明在人类的童年时代,酒便给人类留下了深刻的印象。

中华酒典

在距今六七千年前的仰韶文化时期的陶器中,在甲骨文和金文中,都有"酒"字。在距今5000年前的龙山文化中,也出现了陶质的专用酒器尊、罍、盉等。这也就是说,在相当于三皇、五帝和夏以前的时期(前2250年~前1711年)里,酿造术已有了一定的发展。禹绝旨酒的传说表明,那时已出现旨酒,但却没有关于酿造术的文字资料流传下来。从人类学会酿制,到把酿制经验记录下来、写成文字的东西,似乎也经历了很长的时期。

2.形成期

经过漫长的准备阶段后,勤劳智慧的中华民族的先民已积累了一定的酿造经验,并在反复实践和不断认识的基础上,发明了曲蘖酿酒。形成阶段的实践认识成果以《周礼》中关于五齐三酒的记载和《礼记》中关于曲蘖酿酒的四十四字诀为代表。

"酒正掌酒之政令,以式法授酒材,凡为公酒者亦如之。辨五齐之名,一曰泛齐,二曰醴齐,三曰盎齐,四曰醍齐,五曰沉齐"。"五齐"是我国最早的酿酒操作规程,它按酒的清浊及味的厚薄,对酒划分了五个等级,同时也指这五个等级的酒。泛齐指酒渣泛泛然,是熟时渣浮在上面的薄酒;醴齐指酒熟时上下一体、汁渣相将,是一种曲少米多、一宿而熟、味道稍甜的薄酒;盎齐指酒成而翁翁然葱白色,是一种清于醴而浊于醍、沉的白色的浊酒;醍齐是指酒色红赤的一种浊酒,沉齐指酒渣下沉,是一种较清的酒。实际上,"五齐"是提出了五条技术标准,并按这些标准划分出了五种薄酒,对初创阶段的酿造术进行了总结,是很有意义的。接着,又提出了酒正的职责还有"辨三酒之物,一曰事酒,二曰昔酒,三曰清酒"。事酒是临事而酿造的新酒;昔酒是酿造时间较长、味道较厚、色泽也较清的酒;清酒则是酿造时间更长、味道更醇厚、色泽也更清亮的酒。很明显,这里又提出了酿造时间、味道和色泽三个标准,反映了当时酿造术发展的一般状况。当然,这时的酿造术,无论是在观察发酵现象上,还是在认识发酵本质上,都还是不够成熟的,还只停留在初期的分类上。

我国曲蘖酿酒的著名的四十四字诀说:"仲冬之月,乃命大酋。秫稻必齐,曲蘖必时,湛炽必洁,水泉必香,陶器必良,火齐必得。兼用六物,大酋监之,无有差忒。"它总结了酿酒时间、原料、发酵物、水质、发酵器和温度六大技术要素和应该达到的标准,是当时对酿酒经验的比较全面的概括和总结,被称为"古遗六法"。这一阶段在商、周时期,在世界范围内,这是酿造技术的最早文字记录。

按古遗六法酿出的酒是发酵酒。这种酒由于酒渣没有滤除,汁渣相将,需要过滤一下再饮,称作漉酒。古人漉酒使用葛布制成的头巾,于是这种过滤后没有酒渣的清酒,又称作"巾漉酒",相传晋代陶渊明始创此法,所以又称作"陶巾酒",脱巾漉酒之风在当时极为盛行,是文人嗜酒豪放风尚的一种反映。明丁云鹏的《漉酒图》绘双颊丰满、髭须冉冉、高逸岸然、飘然自若的雅士,在黄菊盛开、柳荫浓郁的湖岸旁,案列酒壶食盘、古琴图籍的氛围中,和侍童一道箕踞席地,倾醅漉糟,描绘的就是这种方法。

3.发展期

西汉以前,用曲蘖酿出的酒,度数都很低,东汉以后,才开始出现度数较高的酒,说明东汉以后,曲蘖酿酒的技术有了很大发展。曹操《上九酿酒法奏》所介绍的技术是这方面的代表。北魏时,《齐民要术》对这种进步做了总结,使酿造术进一步提高。

安西榆林窟第三窟内室东壁南端千手千眼观世音像法光两侧上部有一式两幅左右对称的酿酒图。图绘两妇人在炉灶前酿酒,灶两边有酒壶、高足碗和木桶。一人坐炉前,手握吹火筒,目视灶上的酿酒器;另一人立于灶旁,手持陶钵,回首望着坐炉前者,若有所语。

《齐民要术》(533～544 年)是北魏贾思勰所著有关我国农业、畜牧业的最古老而有系统的科学专著。该书卷七有制曲造酒的专门论述,共四个部分:造神曲并酒、白醪曲、笨曲饼酒和法酒。在第一部分下面还有祝曲文一篇,在其他各部分,介绍了制曲法共 10 种,酿酒法共 43 种,是一部收集了当时各地区、各种著作乃至某些个人的有关制曲酿酒的技术资料的集大成之作,是我国乃至世界上最早的酿酒工艺学专著。概括起来,其特点有:

首先,提出了有关发酵的理论与方法。有着秫黍米酒需四次投米的多投法,还有饮至瓮的一半,再"炊米重投如初,不著水曲,唯以渐加米,选得满瓮,竟夏饮之,不能穷尽"的重投法。讲曲具有一种酿造力的曲势理论:"酒薄霍霍,是曲势盛也","势盛不加,便为失候。势弱不减,刚强不削。"讲"候曲香沫起,便下酿""过久曲生衣,则为失候"的曲候方法,以及原料用量与曲药强弱、用量配合等。

其次,总结提出了有关发酵过程的技术要点。有团曲的人选须是童子小儿,有行秽者不使。讲原料的选择和加工,药曲的配方,讲时间的选择、日程的

中华酒典

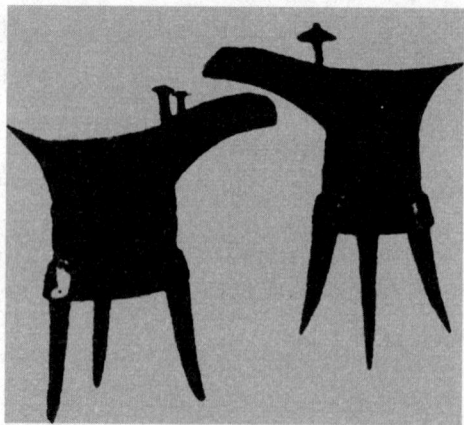
武汉盘龙城出土的商代早期青铜爵

安排、温度的掌握和水的选用以及曲、水、米三者之间的用量比例。

再次，总结提出了有关制曲酿酒的环境方面的技术与措施。制曲酿酒的房屋必须"密泥涂之，勿令风入"，酒的贮放，"唯连檐草屋中居之为佳"。地须净扫，不得秽恶，勿令湿，也不得令鸡猪狗见及食等。

最后，还总结出了若干配制酒的配方与制法，如和酒法，从当时少数民族胡人那里传入的一种酿制药酒荜拨酒的胡椒酒法、屠苏酒法、从波斯传入的用名叫庵摩勒、毗梨勒和呵梨勒这三种植物的果实为原料酿酒的三勒浆酒法。

古代，酒在饮用前常要加温或用冰拨，战国早期就有一种冰（温）酒器，如湖北随卅曾侯乙墓出土的，为一大方鉴，内装一方壶。方鉴有镂孔盖，套住壶的口沿，方鉴底部有弯形勾拦，正好插入方壶圈足的孔眼里，其中一只并有倒勾，使之牢固。方鉴底部四角有四兽，似为四足。鉴身上部四角及四边，各有一条拱曲扶攀的龙作耳。壶身无颈，溜肩，下腹内收，有方矮穿眼圈足，比较讲究。

4.成熟期

唐代有王绩"追述焦革酒法为经，又采杜康、仪狄以来善酒者为谱"的记述。考古发掘出土的隋唐文物中，有一幅酿酒的屏风画，说明少数民族在当时的酿造方面，也做出了自己的贡献。画面绘酿酒劳动场面，上部两个兽头，正从口中往兽头下两个大瓮里流淌着美酒，下面有准备继续接酒的盛酒者、捧碗酣饮者、抱酒品尝者和饮后歇息者；上面三人坐在台上，右者卷曲头发披肩齐，突眼高鼻，大腹便便；中者束发，高鼻深目；左者微矮；似为少数民族贵族在察看酒坊作业。唐代以后，有反映我国曲蘖酿酒系统方法的众多《酒经》出现，如宋代有无求子的《酒经》、大隐翁的《北山酒经》、范成大的《桂海酒志》和苏轼的《酒经》等著述。苏轼《酒经》中专有"酿酒法"一章,记述各种饼曲与米、水的比例和蒸法、饼法,极为详细,反映当时曲糵酿酒工艺已十分成熟。朱翼中《北山酒经》则是宋时的集大成之作,是我国酿酒工艺之宝贵财富。

宋朱肱(字翼中)的《北山酒经》(1117年)在继承历史酿酒传统和考察当时杭州一带大量发展起来的酿酒作坊的酿造经验的基础上,比较全面系统地总结和论述了我国的曲糵酿酒的理论和实践。全篇分为经上、经中、经下三个部分。经上总结了历代对酒的起源、酒的性质以及制曲、酿酒的有关理论;经中按照不同的制曲法,介绍了13种酒曲的配方、技术要领与制作方法;经下系统地论述了用曲、投醹、煮酒等一系列酿酒技术。

《北山酒经》以阴阳与气的学说来解释发酵现象和成酒原因。作者引用了《春秋纬》关于"麦,阴也;黍,阳也。先渍曲而投黍,是阳得阴而沸,故以曲酿黍为酒"和刘词《养生论》中关于"酒所以醉人者,曲糵之气故耳,曲糵之气,消化为水"的学说,认为"曲之于黍,犹铅之于汞。阴阳相制,变化自然"。同时,作者还运用五行学说来解释谷物转变成酒的原理。他说:"酒之名以甘辛为义,金木间隔,以土为媒,自酸之甘,自甘之辛,而酒成焉。(酴米所以要酸也,投醹所以要甜也)所谓以土之甘,合水作酸,以水之酸,合土作辛,然后知投者,所以作辛也。"这既是对中华传统文化中的阴阳、五行和气的学说的继承,也是在酿造行业中对这种学说的一种运用。用今天的语言来解释,就是说阳是谷物,阴是麦曲,两相结合即产生发酵作用而成酒。酿酒是以酝酿出一定的糖度和一定的酒度为其目的的,在这一过程中五行也各起着不同的作用。谷物有赖于土壤才得以生长,酿造器具要用金、木来制作,而水,也要用来使谷物发酸、变甜,并最后酿出酒味。阴阳之说虽然还不能像今天的微生物学那样:把发酵是由于微生物在起作用的原理说得那样透彻,却也道出了一个真谛,即酒曲对谷物所起的关键作用。利用人工方法来培植能产生发酵作用的微生物,把它们制成酒曲,然后再按照我们人的意志,用酒曲来对谷物进行发酵,使整个发酵过程完全在人的控制下进行,是符合科学原理的,也是中华民族酒文化的一个发明创造。而用五行学说来解释这一过程,水、火、土、金、木五种被一般化、概念化和符号化了的物质,对于说明酿酒过程中的用水、温度、原料、器具等要素,却也正好是吻合的,与现代发酵工艺学中所揭示的酿酒过程的大致原理竟也不谋而合。这也进一步说明,我国酿造术在这一时期的发展与成熟。

中華酒典

在这一时期,制曲和酿酒体现出以下一些文化特征:

第一是追求对酿酒原料的精心选择和搭配。《北山酒经》介绍白羊酒法,"腊月取绝肥嫩羖羊肉三十斤(带骨肉),使水六斗入锅煮肉,令极软(烂)。漉出骨,将其用丝擘碎,留着肉汁,炊蒸酒饭时用"。然后将肉汁、酒饭和曲末同放瓮中酿制,数日后即成。这使粮食酒同时具有羊肉的美味,营养丰富,风格独特。

第二是注重有关数字的和谐与吉祥。《本草纲目》介绍逡巡酒法,有其奥妙之处。它要求"三月三日,收桃花三两三钱;五月五日,收马兰花五两五钱;六月六日,收脂(芝)麻花六两六钱;九月九日,收黄甘菊(菊花的一种)九两九钱;十二月八日,取腊水三斗。等(来年)春分,取桃仁四十九枚好者,去皮尖,白面十斤,同前花和作曲,纸包四十九日。用时,白水一瓶,曲一丸,面一块,封良久,成矣。"此法在原料取用的时间和数量上有极佳的配合,既掌握了物候的原则,于其生长最旺盛之时取用之,又注意数与时的和谐一致,是中华传统文化注重和谐以及认为某些数字能预示吉祥的观念的一种体现。

第三是重视药酒的配制。《遵生八笺》所载五香烧酒法是"糯米五斗,细曲十五斤,白烧酒三大坛,檀香、木香、乳香、川芎、没药各一两五钱,丁香五钱,人参四两,各为末。白糖霜十五斤,胡桃肉二百个,红枣三升,去核。先将米蒸熟晾冷,照常下酒(即酿酒)法则,要落在瓮口缸内,封口。待发微热,入糖并烧酒、香料、桃、枣等物在内。将缸口厚封不令出气。每七日打开一次,仍封至七七日(即四十九天)"。

第四是对酒的芳香的重视与追求。《快雪堂漫录》中所载茉莉酒法,是用茉莉花熏制酒的一种特殊方法。熏时,将上好的三白酒或雪酒倒在瓶子里,不令满,离瓶口二三寸。然后用竹片编成"十"字或"井"字,平放于瓶口。再把新摘的茉莉花数十朵,用线绑好花蒂悬挂在竹片上,使花与酒面保持一指左右距离,最后用纸封好瓶口。10天后,茉莉花的香味就被熏到酒中去了。这种方法还可重复使用,熏了一次以后,再熏第二次香味更加浓郁。

同时,酒在饮用以前,要温热一下。温酒用燋斗,或称酒铛、酒枪,在饮用米酒或黄酒时多用;也用注碗,或把锡制小酒壶放在盛有热水的碗里,在饮用烈性白酒时多用。河南焦作金墓出土的温酒图画像石描绘三人围立在一方形炉灶旁,炉上正中为一椭圆形火口,内斜置高颈深腹带柄的注子两把;左边有一小童在扇火；炉后立一中年男仆，手持一勺；右侧立一长须老仆，头带软巾右手提物。

中国古代黄酒的酿造

中国的黄酒也称为米酒（Rice Wine），属于酿造酒，在世界三大酿造酒（黄酒、葡萄酒和啤酒）中占有重要的一席，其酿酒技术独树一帜，成为东方酿造界的典型代表和楷模。

1．概述

（1）黄酒酿造原料

黄酒是用谷物做原料，以麦曲或小曲做糖化发酵剂制成的酿造酒。在历史上，黄酒的生产原料在北方以粟（粟在古代是秫、粱、稷、黍的总称。现在也称为谷子，去除壳后的颗粒叫小米）为主。在南方，普遍用稻米（尤其是糯米为最佳原料）为原料。

（2）黄酒的名称

黄酒，顾名思义就是黄颜色的酒，所以有人将黄酒这一名称翻译成"Yellow Wine"。其实这并不恰当，因为黄酒的颜色并不总是黄色的。因为在古代，酒的过滤技术并不成熟，酒是呈混浊状态的，当时称为"浊酒"。而且，黄酒的颜色就是在现在也有黑色的、红色的，所以不能光从字面上来理解。现在通行用"Rice wine"表示黄酒，其酒精度一般为15度左右。

在当代，黄酒是谷物酿造酒的统称，以粮食为原料的酿造酒（不包括蒸馏的烧酒）都可归于黄酒类。黄酒虽作为谷物酿造酒的统称，但民间有些地区对本地酿造，且局限于本地销售的酒仍保留了一些传统的称谓，如江西的水酒、陕西的稠酒、西藏的青稞酒等。如果硬要说它们是黄酒，当地人未必能接受。

2．商周时期

商代贵族饮酒极为盛行，已发掘出来的大量青铜酒器均可佐证。当时的酒精饮料有酒、醴和鬯，且商代甲骨文中对醴和蘖都有记载。由此可见，用蘖法酿醴（啤酒）在远古时期就可能是我国的酿造技术之一了。

西周王朝曾建立了一整套机构对酿酒、用酒进行严格的管理。首先，这套机构中有专门的技术人才、固定的酿酒式法，以及酒的质量标准。正如《周礼·天官》中记载："酒正，中士四人，下士八人，府二人，史八人。""酒正掌酒之政令,以式法授酒材,……辨五齐之名,一曰泛齐,二曰醴齐,三曰盎齐,四曰醍齐,五曰沉齐。辨三酒之物,一曰事酒,二曰昔酒,三曰清酒。”“五齐”可理解为酿酒过程的五个阶段,在有些场合下又可理解为五种不同规格的酒。

“三酒”即事酒、昔酒、清酒,大概是西周时期王宫内酒的分类。事酒是专门为祭祀而准备的酒,有事时临时酿造,故酿造期较短,酒酿成后立即使用,无须经过贮藏。昔酒则是经过贮藏的酒。清酒可能是最高档的酒,一般要经过过滤、澄清等步骤。这些都说明当时的酿酒技术是较为完善的。因为在远古很长一段时间,酒和酒糟是不经过分离就直接食用的。

3.秦汉时期

反映秦汉以前各种礼仪制度的《礼记》虽作于西汉,但其中记载了一段至今仍被认为是酿酒技术精华的文字:“仲冬之月,乃命大酋。秫稻必齐,曲糵必时,湛炽必洁,水泉必香,陶器必良,火齐必得。兼用六物,大酋监之,无有差忒。”(《礼记·月令》)“六必”字数虽少,但所涉及的内容相当广泛全面、缺一不可,是酿酒时要掌握的六大原则问题。从现在来看,这六条原则仍具有指导意义。

4.唐宋时期

唐代和宋代是我国黄酒酿造技术最辉煌的发展时期。酿酒行业在经过了数千年的实践之后,传统的酿造经验得到了升华,形成了传统的酿造理论。传统的黄酒酿酒工艺流程、技术措施及主要的工艺设备至迟在宋代基本定型。唐代留传下来的完整的酿酒技术文献资料虽较少,但散见于其他史籍中的零星资料却极为丰富。而宋代的酿酒技术文献资料不仅数量多,且内容丰富,具有较高的理论水平。

在我国古代酿酒历史上,学术水平最高、最能完整体现我国黄酒酿造科技精华、在酿酒实践中最有指导价值的酿酒专著是北宋末期朱肱写的《北山酒经》。它共分三卷:上卷为“经”,总结了历代酿酒的重要理论,并对全书的酿酒、制曲做了提纲挈领的阐述;中卷论述制曲技术,并收录了十几种酒曲的配方及制法;下卷论述酿酒技术。《北山酒经》与《齐民要术》中关于制曲酿酒部分的内容相比,显然更进了一步。它不仅罗列制曲酿酒的方法,更重要的是对其中的道理进行了分析,因而更具有理论指导作用。

《北山酒经》还借用“五行”学说解释谷物转变成酒的过程。“五行”指水、火、木、金、土五种物质。可见,中国古代思想家企图用日常生活中习见的五种物质来说明世界万物的起源和多样性的统一。在《北山酒经》中,朱肱则用"五行"学说阐述谷物转变成酒的过程。他认为:"酒之名以甘辛为义,金木间隔,以土为媒,自酸之甘,自甘之辛,而酒成焉。所谓以土之甘,合水作酸,以水之酸,合土作辛,然后知投者,所以作辛也。"

"土"是谷物生长的所在地,"以土为媒"可理解为以土为介质生产谷物,"土"在此又可代指谷物。"甘"代表有甜味的物质,"以土之甘"即表示从谷物转变成糖。"辛"代表有酒味的物质,"酸"表示酸浆,是酿酒过程中必加的物质之一。整理朱肱的观点,可发现当时人们关于酿酒的过程可用下面的示意图表示:

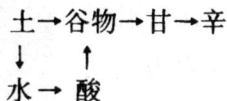

$$土 \rightarrow 谷物 \rightarrow 甘 \rightarrow 辛$$
$$\downarrow \qquad\qquad \uparrow$$
$$水 \rightarrow 酸$$

在这一过程中,我们可明显地看到酿酒分成了两个阶段,即先是谷物变成糖(甘),然后由糖转变成酒(甘变成辛)。

现代酿酒理论阐明了谷物酿酒过程的机理和详细步骤。从大的方面来说也是分为两个阶段;其一是由淀粉转变成糖的阶段,由淀粉酶、糖化酶等完成;其二是由糖发酵成酒精(乙醇)的阶段,由一系列的酶(也称为酒化酶)完成。

其实,现代理论和古代理论二者是相通的,只不过前者是从分子水平和酶作用机理来阐述的,后者是从酒的口感推论出来的。

如果说《北山酒经》是阐述较大规模酿酒作坊酿酒技术的典范,那么与朱肱同一时期的苏轼的《酒经》则是描述家庭酿酒的佳作。苏轼的《酒经》言简意赅,把他所学到的酿酒方法用数百字就完整地体现出来了。苏轼还有许多关于酿酒的诗词,如《蜜酒歌》《真一酒》《桂酒》等。

北宋田锡所做的《曲本草》中,也载有大量的酒曲和药酒方面的资料,尤为可贵的是书中记载了当时暹罗(今泰国所在)的烧酒,为研究蒸馏烧酒的起源提供了宝贵的史料。

大概由于酒在宋代的特殊地位,社会上迫切需要一本关于酒的百科全书。因此,北宋时期的窦苹写了一本《酒谱》。该书引用了大量与酒有关的历史资料,从酒的起源、酒之名、酒之事、酒之功、温克(指饮酒有节)、乱德(指酗酒无度)、诫失(诫酒)、神异(有关酒的一些奇异古怪之事)、异域(外国的酒)、性味、饮器和酒令等十几个方面对酒及与酒有关的内容进行了多方位的描述,堪称典范。

而大概成书于南宋的《酒名记》,则全面地记载了北宋时期全国各地一百多种较有名气的酒名。这些酒有的酿自皇亲国戚,有的酿自名臣,有的出自著名的酒店、酒库,也有的出自民间,尤为有趣的是这些酒名大多极为雅致。

5.元明清时期

传统的黄酒生产技术自宋代后有所发展、设备有所改进,而以绍兴酒为代表的黄酒酿造技术更是精益求精,但工艺路线基本固定,方法没有较大的改动。由于黄酒酿造仍局限于传统思路之中,在理论

唐代酒器白玻璃瓶

上还是处于知其然,而不知其所以然的状况,因此一直到近代,都没有很大的改观。

元明清时期,酿酒的文献资料较多,大多分布于医书、烹饪饮食书籍、日用百科全书、笔记,主要著作有:成书于1330年的《饮膳正要》、成书于元代的《居家必用事类全集》、成书于元末明初的《易牙遗意》和《墨娥小录》。《本草纲目》中关于酒的内容较为丰富,书中将酒分成米酒、烧酒、葡萄酒三大类,还收录了大量的药酒方,并较为详细地介绍了红曲的制法。明代的《天工开物》中制曲酿酒部分较为宝贵的内容是关于红曲的制造方法,书中还附有红曲制造技术的插图。清代的《调鼎集》则较为全面地反映了黄酒酿造技术。《调鼎集》原是一本手抄本,内容主要涉及烹饪饮食方面,关于酒的内容多达百种以上,且关于绍兴酒的内容最为珍贵,其中的"酒谱"记载了清代时期绍兴酒的酿造技术。"酒谱"还下设了40多个专题,包含了与酒有关的所有内容,如酿法、用具等。在酿造技术上主要的内容有:论水、论米、论麦、制曲、浸米、酒娘、发酵、发酵控制技术、榨酒、作糟烧酒、煎酒、酒糟的再次发酵、酒糟的综合利用、医酒、酒坛的泥头、酒坛的购置、修补、酒的贮藏、酒的运销、酒的蒸馏、酒的品种、酿酒用具

等。书中罗列与酿酒有关的全套用具共 106 件,大至榨酒器、蒸馏器、灶,小至扫帚、石块,可以说是包罗万象、无一遗漏。有蒸饭用具系列,有发酵、贮酒用的陶器系列,有榨具系列,有煎酒器具系列,有蒸馏器系列等。

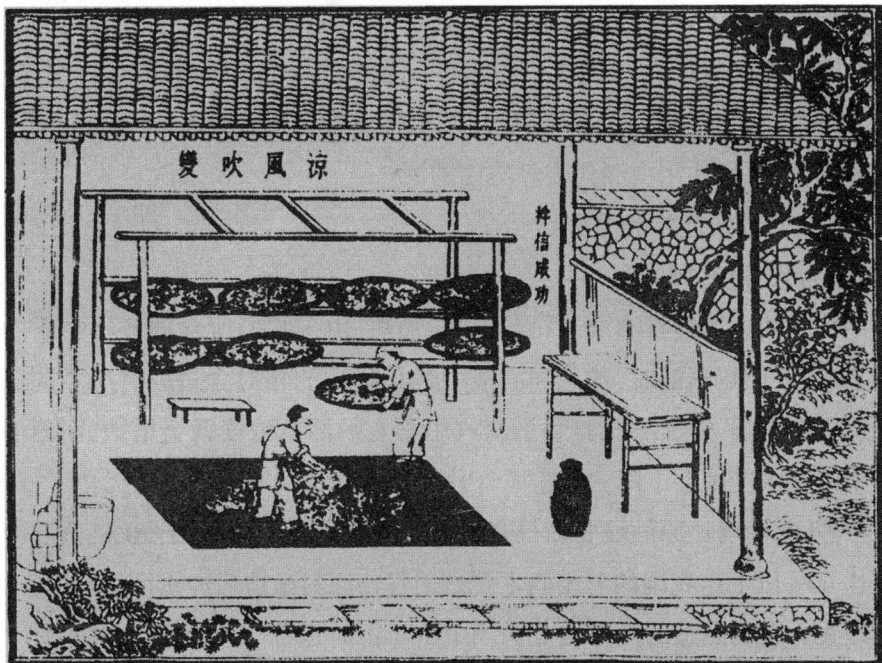

宋应星《天工开物》中的制酒图

清代许多笔记小说中也保存了大量与酒有关的历史资料,如《闽小记》记载了清初福建省内的地方名酒,《浪迹丛谈续谈三谈》中关于酒的内容多达十五条。

明清有些小说中还提到过不少酒名,这些酒应是当时的名酒,因为这在许多史籍中都得到了验证。如:《金瓶梅词话》中提到次数最多的"金华酒";《红楼梦》中的"绍兴酒""惠泉酒";清代小说《镜花缘》的作者借酒保之口列举了七十多种酒名,汾酒、绍兴酒等都名列其中,这使我们有理由相信所列的酒都是当时有名的酒。

中国古代蒸馏酒的酿造

由于酵母菌在高浓度酒精下不能继续发酵,因此所得到的酒醪或酒液酒精浓度一般不会超过 20%。采用蒸馏器,利用酒液中不同物质挥发性不同的特点,可以将易挥发的酒精(乙醇)蒸馏出来。蒸馏出来的酒气往往酒精含量较高,经冷凝、收集就成为浓度约为65%~70%的蒸馏酒。所以,蒸馏器的采用是酿酒工业史上具有划时代意义的大事,而且蒸馏技术还可以用于其他行业,尤其是现代的石油工业广泛使用蒸馏器,这些都为现代文明立下了汗马功劳。

在我国古代,由于历史悠久、地域不一,留传下来的蒸馏酒的名称很多,但古代文献中所说的"白酒"这一名称却不是指蒸馏酒而是一种酿造的米酒。只是到了现代,人们才用白酒代表经蒸馏的酒。

1.古代蒸馏酒起源和名称

(1)古代蒸馏酒起源

用特制的蒸馏器将酒液、酒醪或酒醅加热,由于它们所含的各种物质的挥发性不同,在加热蒸馏时,蒸汽和酒液中各种物质的相对含量就有所不同。酒精(乙醇)较易挥发,加热后产生的蒸汽中含有的酒精浓度就会增加,而酒液或酒醪中酒精浓度则会下降。收集酒气并经过冷却得到的酒液虽然无色,气味却辛辣浓烈,其酒度比原酒液要高得多。一般的酿造酒,酒度低于20%,蒸馏酒则可高达60%以上。我国的蒸馏酒主要是用谷物原料酿造后经蒸馏得到的。

现在人们所熟悉的蒸馏酒分为"白酒"(古时也称"烧酒")、"白兰地""威士忌""兰姆酒"等。白酒是中国所特有的,一般是粮食酿成后经蒸馏而成的。白兰地是葡萄酒蒸馏而成的,威士忌是大麦等谷物发酵酿制后经蒸馏而成的,兰姆酒则是甘蔗酒经蒸馏而成的。

关于蒸馏酒的起源,从古代起就有人关注过,历来众说纷纭。现代国内外学者对这个问题仍在进行资料收集及研究工作。随着考古资料的充实及对古代文献资料的查询,人们对蒸馏酒起源的认识逐步深化。因为这不仅涉及酒的蒸馏,还涉及具有划时代意义的蒸馏器。

关于蒸馏酒的起源,主要有两个需要解决的问题:其一是我国蒸馏酒起源于何时;其二是我国的蒸馏器或蒸馏技术是从外国传入的,还是本国发明的,或者我国的蒸馏器或蒸馏技术是否向国外输出。

历代关于蒸馏酒起源的观点,可谓不尽相同,现将主要的观点归纳如下:

①蒸馏酒始创于元代

最早提出此观点的是明代医学家李时珍。他在《本草纲目》中写道:"烧酒非古法也,自元时始创。其法用浓酒和糟蒸,令汽上,用器承取滴露,凡酸坏之酒,皆可蒸。"

元代文献中已有蒸馏酒及蒸馏器的记载。如《饮膳正要》作于1331年,故14世纪初,我国已有蒸馏酒,但是否自创于元代,史料中都没有明确说明。

②宋代中国已有蒸馏酒

这个观点是经过现代学者大量考证提出的,现将主要依据罗列于下:

1)宋代史籍中已有蒸馏器的记载

宋代已有蒸馏器是支持这一观点的最重要依据之一。南宋张世南的《游宦纪闻》卷五中记载了一例蒸馏器,用于蒸馏花露。宋代的《丹房须知》一书中还画有当时蒸馏器的图形。

2)考古发现了金代的蒸馏器

20世纪70年代,考古工作者在河北青龙县发现了被认为是金世宗时期的铜制蒸馏烧锅。从所发现的这一蒸馏器的结构来看,与元代朱德润在《轧赖机酒赋》中所描述的蒸馏器结构相同。器内液体经加热后,蒸汽垂直上升,被上部盛冷水的容器内壁所冷却,从内壁冷凝,沿壁流下被收集。而元代《居家必用事类全集》中所记载的南番烧酒所用的蒸馏器尚未采用此法。南番的蒸馏器与阿拉伯式的蒸馏器相同,器内酒的蒸汽是左右斜行走向,流酒管较长。从器形结构来考察,我国的蒸馏器具有鲜明的民族传统特色,因此有可能我国在宋代就自创了蒸馏技术。

3)宋代文献中关于"烧酒"的记载更符合蒸馏酒的特征

宋代的文献记载中,烧酒一词出现得更为频繁,而且据推测所说的烧酒即为蒸馏烧酒。如宋代宋慈在《洗冤录》卷四记载:"虺蝮伤人,……令人口含米醋或烧酒,吮伤以吸拔其毒。"这里所指的烧酒,有人认为应是蒸馏烧酒。"蒸酒"一词,也有人认为是指酒的蒸馏过程。如宋代洪迈的《夷坚丁志》卷四的《镇江酒库》记有"一酒匠因蒸酒堕入火中",这里的蒸酒并未注明是蒸煮米饭还是酒的蒸馏,但"蒸酒"一词在清代却是表示蒸馏酒的。《宋史食货志》中关于"蒸酒"的记载也较多,采用"蒸酒"操作而得到的一种"大酒",也有人认为是烧酒。但宋代几部重要的酿酒专著(朱肱的《北山酒经》、苏轼的《酒经》等)及酒类百科全书《酒谱》中,均未提到蒸馏的烧酒。北宋和南宋都实行酒的专卖,酒库大都由官府有关机构所控制,如果蒸馏酒确实出现的话,普及速度应该是很快的。

中华酒典

③唐代初创蒸馏酒

唐代是否有蒸馏烧酒一直是人们所关注的焦点,因为烧酒一词是首次出现于唐代文献中的。如白居易(772~846年)的"荔枝新熟鸡冠色,烧酒初开琥珀光"。陶雍(唐大和大中年间人)的诗句"自到成都烧酒熟,不思身更入长安"。李肇在唐《国史补》中罗列的一些名酒中就有"剑南之烧春"。因此,现代一些人认为所提到的烧酒即是蒸馏的烧酒。

④蒸馏酒起源于东汉

近年来,在上海博物馆发现了东汉时期的青铜蒸馏器,该蒸馏器经过青铜专家鉴定,是东汉早期或中期的制品。用此蒸馏器作蒸馏实验,蒸出了酒度为26.6~20.4的蒸馏酒。东汉青铜蒸馏器的构造与金代的蒸馏器也有相似之处,该蒸馏器分甑体和釜体两部分,通高53.9厘米。甑体内有储存料液或固体酒醅的部分,并有凝露室。凝露室有管子接口,可使冷凝液流出蒸馏器外,在釜体上部有一入口,大约是随时加料用的,而且在安徽滁州黄泥乡也出土了一件似乎一模一样的青铜蒸馏器。

白居易

蒸馏酒起源于东汉的观点,目前还没有被广泛接受。因为仅靠用途不明的蒸馏器很难说明问题。另外东汉以来的众多酿酒史料中都未找到任何蒸馏酒的踪影,缺乏文字资料的佐证。

(2)古代蒸馏酒名称

我国古代文献中蒸馏酒的称谓主要有:

"烧酒""烧春"(始用于唐代,但是唐代所说的烧酒、烧春是否指蒸馏酒还存有争议。宋代以后,"烧酒""烧春"才是指真正的蒸馏酒);

阿剌吉酒(元代《饮膳正要》);

南番烧酒(元代《居家必用事类全集》,原注为"阿里乞");

轧赖机(元代《轧赖机酒赋》);

法酒(明初《草木子》,原书又称为《哈剌基》);

汗酒、气酒(清代《浪迹丛谈续谈三谈》中引元代人李宗表诗);

火酒(明代《本草纲目》);

酒露(清代《滇海虞衡志》);

高粱酒、高粱滴烧(清代《随园食单》),在清代和民国时期,这往往是蒸馏酒的统称;

白酒和老白干(这是现代才启用的名称);

糟烧或糟烧酒,是黄酒过滤后的酒糟经再次发酵,并经蒸馏得到的蒸馏酒。有的书将糟烧酒称为"酒汗"。

据考证:阿剌吉、轧赖机、阿里乞、哈剌基等名称都是来自"Arrack"的译音。关于"Arrack"这个词,有人认为在语源上它是"汗"的同义词,本来是指"树汁",后来发展成植物的液汁自然发酵成的酒,这个字即可指未经蒸馏的树汁及其自然发酵而成的酒,又可用来指经蒸馏而成的酒。"Arrack"这个词在世界各国古代都通行过,写法上稍有不同,如德语"Mrack"或"Rack"、荷兰语"Arak"或"Rak"、牙语"Araca"。通过对一些国外酒史资料的研究来看,古代用"Arrack"等名称所指的酒一般都是蒸馏酒。

对于蒸馏器的称呼则更多,有蒸锅、烧锅、酒甑等。而对于蒸馏这一过程的描述,古人及现代人所用的词汇也有不少,如"蒸酒""烧酒""吊酒""拷酒"等。

2.古代蒸馏酒生产技术

(1)蒸馏酒的传统发酵技术

①发酵容器

发酵容器的多样性也是造成烧酒香型各异的主要原因之一。传统的发酵容器分为陶缸和地窖两大类型。陶缸还有地缸(将缸的大部分埋入地面之下)和一般置放在室内的缸。

自古以来,酒的发酵便离不开容器,黄酒发酵的容器多数为陶质容器,有的烧酒仍继承陶质容器发酵的传统。如南方的烧酒发酵容器几乎都是采用陶器,即使是糟烧酒,也是如此。但自从出现蒸馏酒后,这一传统观念发生了变化,地窖这一特殊的容器应运而生。所谓地窖发酵,就是掘地为窖,将原料堆积其中,让其自然发酵。

②发酵工艺

蒸馏酒的发酵工艺脱胎于黄酒发酵工艺,但由于蒸馏酒本身的特点,也形成了独特的发酵工艺技术。

第一、与黄酒类似的米烧酒发酵工艺

明代李时珍的《本草纲目》简单地记载了当时蒸馏酒的生产方法,可以认为这是一种与黄酒类似的发酵方法,所不同的是增加了一道蒸馏工艺。该书记载:"其法用浓酒和糟入甑蒸,令气上,用器承取滴露。凡酸坏之酒,皆可蒸烧。近时唯以糯米或粳米或黍或秫或大麦蒸熟,和曲酿瓮中,七日,以甑蒸取,其清如水,味极浓烈,盖酒露也。"简而言之,就是用黄酒发酵常用的一些原料,在酒瓮中发酵7天,然后用甑蒸馏。所以说,这是类似于黄酒的发酵工艺。

李时珍

明末清初写成的《沈氏农书》中记载了一例大麦烧酒方法,从中可知当时南方的烧酒酿造法类似于黄酒的酿造方法。发酵是在陶缸中进行,采用固态发酵。发酵时间为7天,最后才增加了一道蒸馏工艺。

第二、混蒸续渣法发酵工艺

续渣法可视为循环发酵法。此法的特点是酒醅或酒糟经过蒸馏后,一部分仍入窖(或瓮)发酵,同时加入一定数量的新料和酒曲,还有一部分则丢弃不用。初始采用这种方法的目的可能是为了节约粮食,同时也因为反复发酵的酒质量也较好。

采用续渣法的主要优点是原料经过多次发酵,提高了原料的利用率,也有利于积累酒香物质,在蒸馏的同时又对原料加以蒸煮,可把新鲜原料中的香气成分带入酒中,加入谷糠作填充剂,可使酒醅保持疏松,有利于蒸汽流通。在发酵时,谷糠也起到了稀释淀粉浓度、冲淡酸度、吸收酒精、保持浆水的作用。加入谷糠作填充剂的做法起码在明末清初就采用了,最早的文字记载见《沈氏农书》。在《调鼎集》记载的"糟烧"生产过程中,也有类似的做法。

第三、茅台酒工艺

烧酒中最著名的是茅台酒。1936年编修的《续遵义府志》记载:"茅台酒,……出仁怀县茅台村,黔省称第一……法纯用高粱作沙,煮熟和小麦曲三分,纳粮地窖中,经月而出蒸烤之,即烤而复酿。必经数回然后成,初曰生沙,三四轮曰燧沙,六七轮曰大回沙,以次概曰小回沙,终乃得酒可饮。"

以上记载虽简单,但茅台酒所特有的酿造工艺却跃然纸上。近代对茅台酒的生产工艺进行了整理,其过程如下所述:

茅台酒生产采用高粱为原料,并且称之为"沙"。一年为一个周期,只投料两次,第一次称为下沙投料,第二次为糙沙,各占投料量的50%。

第一次投料,先经热水润料后加入5%~7%的母糟(即上一年最后一轮发酵出窖未经蒸酒的优质酒醅),进行混蒸(蒸粮蒸酒同时进行),冷却后堆积发酵,入窖发酵1个月。

第二次原料经粉碎、润料后加入等量的上述酒糟进行混蒸,蒸馏后所得到的第一次酒称为"生沙酒",全部泼回原酒醅中,摊冷后,加上一批蒸馏得到的尾酒,再加曲入窖发酵1个月。

发酵成熟的酒醅经蒸馏,得到第二次的蒸馏酒,称为"糙沙酒"。酒头部分单独贮存,用于勾兑,酒尾则仍泼回酒醅中重新发酵。酒醅经摊冷后,加酒尾、酒曲,堆积后再入窖发酵1个月,蒸馏,从此周而复始,再分别发酵、蒸馏。总共要经过八次发酵、八次蒸酒。第三次蒸馏得到的酒称为"生沙酒",第四、五、六次所蒸馏得到的酒统称为"大回酒",第七次蒸馏所得到的称为"小回酒",第八次蒸馏得到的称为"追糟酒"。其中最后七次蒸馏出来的酒作为产品分别入库,再行勾兑。

(2)蒸馏工艺技术

①液态蒸馏和固态蒸馏

最早的蒸馏方式可能是液态蒸馏法,也可能是固态蒸馏法,但在元代的《饮膳正要》《轧赖机酒赋》《居家必用事类全集》中所记载的蒸馏方式都是液态法,因为液态法是最为简单的方法。元代时的葡萄烧酒、马奶烧酒都属于液态蒸馏这一类型。固态法蒸馏烧酒的历史演变情况不详,但固态法蒸馏花露的最早记载是在南宋《游宦纪闻》。另外据考古工作者分析,挖掘出来的金代铜烧酒锅是采用固态蒸馏法的。

②冷却和酒液的收集

蒸馏时,酒气的冷却及蒸馏酒液的收集是重要的操作。我国传统的蒸馏器有两种冷却方式:一种是把蒸馏出来的酒蒸汽引至蒸馏器外面的冷却器中冷却后被收集,或让蒸馏出来的酒气在蒸馏器上部内壁自然冷却。最古老的冷却方

中华酒典

民间供奉的酒神像

法见于元代的《居家必用事类全集》中的"南番烧酒法",另一种是在蒸馏锅上部的冷凝器(古称天锅,天湖)中冷却,酒液在蒸馏锅内的酒槽中汇集,排出后被收集,如《调鼎集》中记载:"天湖之水,每蒸二放,三放不等,看流酒之长短,时候之冷热,大约花散而味淡即止。"

③看酒花与分段取酒

我国人民起码在16世纪就懂得在蒸馏时,蒸馏出来的酒的质量是随蒸馏时间发生变化的。在《本草纲目》中记载道:"烧酒,……面有细花者为真,小便清者,以头烧酒饮之,即止。"这里所说的"酒花"并非酿造啤酒时所用的香料植物酒花,而是在蒸馏时或烧酒经摇晃后,在酒的表面所形成的泡沫。由于酒度不同,或由于酒液中其他一些成分的种类含量不同,酒的表面张力也有所不同,这会通过起泡性能的差异而表现出来。古人通过看酒花就可大致确定烧酒的质量,从而决定馏出物的舍取。在商业上则用酒花的性状来决定酒的价钱,因此酒花成了度量酒度酒质的客观标准。《调鼎集》中总结道:"烧酒,碧清堆细花者顶高,花粗而疏者次之(名曰'朝奉花'),无花而浑者下之。"传统的茅台酒的酒花可分为:鱼眼花、堆花、满花、碎米花和圈花。汾酒的酒花则分为:大花、小花、云花、水花和油花。虽然名称各异,有一些内容实际上却是相同的。在古代,还没有酒精度的概念,直到民国时,由于当时科技并不发达,酒度计的使用不普遍,为了便于民间烧酒作坊统一看酒花的标准,当时的黄海化学工业研究社的方心芳先生创造了一种方法,力图把酒花与酒度联系起来,这套方法规定了酒花的定义、测验方法及单位,并明确了测量时的标准条件,得到了计算公式。

古代由于掌握了看酒花的方法,分段取酒便有了可靠的依据。《本草纲目》中所说的"头烧酒"就是蒸馏时首先流出来的酒。"头烧酒"的概念与现在所说的"酒头"稍有不同。古代取酒,一般为二段取酒,头烧酒质量较好,第二段取的酒,质量明显较差。头烧酒和第二次取酒的数量比为3∶1。如《沈氏农书》中的大麦烧酒,头烧酒为15斤、次酒为5斤。现代一般分为三段,中间所取的部分作为成品酒,酒头、酒尾不作为成品酒,即所谓的"掐头去尾,中间取酒",酒头可作为调味酒或重新发酵,酒尾也重新发酵。

(3)风格多样的蒸馏酒

从文史资料的角度考察,古代的蒸馏酒分为南北两大类型。如在明代,蒸馏酒就起码分为两大流派:一类为北方烧酒,一类为南方烧酒。《金瓶梅词话》中的烧酒种类除了有"烧酒"(未注明产地)外,还有"南烧酒"这一名称。但实际情况是在北方除了粮食原料酿造的蒸馏酒外,还有西北的葡萄烧酒、内蒙古的马乳烧酒,在南方还可分为西南(以四川、贵州为中心)及中南和东南(包括广西、广东)两种类型。这样的分类仅仅是粗略的,并无统一的划分标准。

由于烧酒的主要特点是酒精浓度高,许多芳香成分在酒中的浓度是随着酒精度而提高的,所以酒的香气成分及其浓淡就成了判断烧酒质量的标准之一。我国风格多样的烧酒,主要是由于酿造原料的不同而自然形成的,其次是酿造技术等因素。

北方盛产小麦、高粱,南方盛产稻米,广西一带产苞米,新疆盛产葡萄。蒸馏烧酒的酿造原料因地制宜,不同原料用来酿造烧酒是很自然的事。在蒸馏酒发展的初期,人们也许并不清楚究竟哪种原料最适于酿造烧酒。经过长时间的比较,人们渐渐有机会品尝、比较各种原料酿造的烧酒,因而对不同原料酿造的烧酒特点有了较为统一的看法。

高粱酒:在古代,高粱烧酒受到交口称赞。清代中后期成书的《浪迹丛谈续谈三谈》在评论各地的烧酒时说:"今各地皆有烧酒,而以高粱所酿为最正。北方之沛酒、潞酒、汾酒皆高粱所为。"清代中后期至民国时期,高粱酒几乎成了烧酒的专用名称,这是由于高粱原料的特性所决定的。

杂粮酒:西南地区的烧酒在选料方面大概继承了其饮食特点,为强调酒香及酒体的丰富,采用各种原料,按一定的比例搭配发酵酿造。据四川博物馆的有关资料:四川宜宾的五粮液酒在明代隆庆至万历年间(1567~1619年)就被称为"杂粮酒",所用的混合原料中有高粱、大米、糯米、荞麦、玉米。当地文物部门所收集到的一例祖传秘方中这样写道:"饭米酒米各两成,荞子成半添半成,川南红粱凑凑数,糟糠拌料天锅蒸,此方传子不传女,儿孙务必深藏之。"

米烧酒:东南一带,米烧酒盛行,如明末清初成书的《沈氏农书》曾提到,米烧酒和大麦烧酒相比,后者的口味"粗猛",质量不及前者。

糟烧酒:主产于南方黄酒产区,以黄酒压榨后的糟粕为原料,进一步发酵后经蒸馏而成。《沈氏农书》中记载了黄酒糟用来制造糟烧酒的方法。

经过长期的品尝比较,人们认识到不同的原料所酿造的烧酒各有其特点,总结到"高粱香,玉米甜,大米净,大麦冲"。

从元代开始,蒸馏酒在文献中已有明确的记载。经过数百年的发展,我国蒸馏酒形成了几大流派,如清蒸清烧二遍清的清香型酒(以汾酒为代表);混蒸混烧续糟法老窖发酵的浓香型酒(以泸州老窖为代表);酿造周期多达一年、数次发酵、数次蒸馏而得到的酱香型酒(以茅台酒为代表);大小曲并用、采用独特的串香工艺酿造得到的董酒;先培菌糖化后发酵、液态蒸馏的三花酒;富有广东特色的玉冰烧;黄酒糟再次发酵蒸馏得到的糟烧酒。此外,还有葡萄烧酒、马乳烧酒。

中国古代啤酒(醴)的酿造

啤酒是采用发芽的谷物做原料,经磨碎、糖化、发酵等工序制成的。按现行

国家产品标准规定,啤酒的定义是:啤酒是以麦芽为主要原料,加酒花,经酵母发酵酿制而成的,含有二氧化碳气、起泡的低酒精度饮料。在古代中国,也有类似于啤酒的酒精饮料,古人称之为醴。大约在汉代后,醴被酒曲酿造的黄酒所淘汰。清代末期开始,国外的啤酒生产技术引入我国,新中国成立后,尤其是20世纪80年代以来,啤酒工业得到了突飞猛进的发展,现在中国已成为世界第二大啤酒生产国。

1.醴——中国古代的啤酒

像远古时期的美索不达尼亚和古埃及人一样,我国远古时期的醴也是用谷芽酿造的,即所谓的蘗法酿醴。《黄帝内经》中记载有醪醴,商代的甲骨文中也记载有不同种类的谷芽酿造的醴。《周礼·天官·酒正》中有"醴齐",醴和啤酒在远古时代应属同一类型的含酒精量非常低的饮料。由于时代的变迁,用谷芽酿造的醴消失了,但口味类似于醴、用酒曲酿造的甜酒却保留下来了。故人们普遍认为中国自古以来就没有啤酒,但是根据古代的资料,我国很早就掌握了蘗的制造方法,也掌握了用蘗制造饴糖的方法。酒和醴在我国都存在,醴后来被酒所取代。

2.中国古代啤酒(醴)的酿法

(1)商代的谷芽——蘗和醴

首先,在殷商的卜辞中出现了蘗(谷芽)和醴这两个字,而且出现的频率不低,综合卜辞中的有关条文,可以看出蘗和醴的生产过程,这一过程与啤酒生产过程似乎是相同的。首先是蘗的生产,卜辞中就有蘗粟、蘗黍、蘗来(麦)等记载,说明用于发芽的谷物种类是较丰富的。其次是"作醴",大概是把谷芽浸泡在水中,使其进行糖化、酒化。再接着是过滤,卜辞中还有"新醴"和"旧醴"之分,新醴是刚刚酿成的,旧醴是经过贮藏的。

(2)古代的谷芽和饴糖生产

另外,我国古代蘗及饴糖的生产都有明确、详细的记载,而且生产方法极为成熟。虽然蘗酿醴的方法在古代文献中尚未被发现,但这并不等于在远古的时代没有这种实践活动。从大麦到啤酒,要经历发芽、粉碎、糖化、发酵这四个主要阶段,前三个阶段我们的祖先都掌握了,糖化醪发酵成酒应当不是问题。

《齐民要术》中关于制蘗(麦芽)的方法相当成熟,整个过程分为三个阶段:第一阶段,渍麦阶段,每天换水一次;第二阶段,待麦芽根长出后,即进行发芽,

中华酒典

并且对厚度做了明确的要求，为维持水分，每天还浇以一定量的水；第三阶段，干燥阶段。抑制过分生长，尤其是不让麦芽缠结成块，这例小麦蘗的制造工艺，与啤酒酿造所用麦芽的制造是完全相同的。

最迟在春秋战国时代，已开始使用饴糖。《礼记·内则》有"枣粟饴蜜以甘之"的记载。到了北魏时，蘗的用途主要是用来做饴糖。做饴糖涉及麦芽的糖化，这与麦芽蘗酿造醴是相似的。《齐民要术》中详细记载了小麦麦芽及饴糖的做法，麦芽的制造过程与现代啤酒工业的麦芽制造过程基本相同，该书还详细叙述了糖化过程。

(3)浸曲法酿酒——用蘗酿醴的遗法

从古代酿酒最先使用渍曲法也可看出我国古代用蘗酿醴的可能性。

从上面的论述可知，古代外国的啤酒酿制过程有两道工序：其一是浸麦(促使其发芽)，其二是麦芽的浸渍(使其糖化)。在我国古代，即使采用酒曲法酿酒，也有一道工序是浸曲，这种浸曲法比唐宋之后的干曲末直接投入米饭中的方法更为古老，在北魏时极为盛行，即先将酒曲浸泡在水中若干天，然后再加入米饭，再开始发酵。现在就出现一个值得注意的问题：用酒曲酿酒，浸曲法可能是继承了啤酒麦芽浸泡的传统做法，即两者是一脉相承的。我国用蘗酿醴可能先是用水浸渍蘗，让其自然发酵，后来发明了酒曲，酒曲也用同样的方法浸泡。原始的酒曲糖化发酵力不强，可能酒曲本身就是发酵原料，后来，由于提高了酒曲的糖化发酵能力，就可加入新鲜的米饭，酿成的酒度也就能提高。这样酒曲法酿酒就淘汰了蘗法酿醴。我们有理由相信，蘗法酿醴这种方式在我国的酿酒业中曾经占据过重要的地位，甚至其历史跨度还超过了目前的酒曲法。

中国古代葡萄酒的酿造

考古资料证明，古埃及人是最早种植葡萄和酿造葡萄酒的。从五千年前的一幅墓壁画中，人们可以看到当时的古埃及人在葡萄的栽培、葡萄酒的酿造及葡萄酒的贸易方面的生动情景。

我国的葡萄酒究竟起源于何时？1980年在河南省发掘的一个商代后期的古墓中，发现了一个密闭的铜卣。经北京大学化学系专家分析，铜卣中的酒为葡萄酒，至于当时酿酒所采用的葡萄是人工栽培的还是野生的尚不清楚。另有考古资料表明:在商代中期的一个酿酒作坊遗址中,有一陶瓮中尚残留有桃、李、枣等果物的果实和种仁。尽管没有充足的文字证据,但从以上考古资料中,我们可以确信在商周时期,除了谷物原料酿造的酒之外,其他水果酿造的酒也占有一席之地。

1.葡萄酒史料

一般来说,在古代中国,葡萄酒并不是主要的酒类品种,但在一些地区,如现在的新疆,葡萄酒则基本上是其主要的酒类品种。在一些历史时期,如元朝,葡萄酒也曾普及过,而且,历代文献中对葡萄酒的记载也是较为丰富的。

司马迁像

司马迁在《史记》中首次记载了葡萄酒。公元前138年,张骞奉汉武帝之命出使西域,看到"宛左右以葡萄为酒,富人藏酒至万余石,久者数十岁不败。俗嗜酒,马嗜苜蓿。汉使取其实来,于是天子始种苜蓿、蒲陶肥饶地。及天马多,外国使来众,则离宫别观旁尽种蒲陶,苜蓿极望"(《史记·大宛列传》第六十三)。大宛是古西域的一个国家,在中亚费尔干纳盆地。这一例史料充分说明我国在西汉时期,已从邻国学习并掌握了葡萄种植和葡萄酿酒技术。西域自古以来一直是我国葡萄酒的主要产地。《吐鲁番出土文书》中有不少史料记载了公元4~8世纪期间吐鲁番地区葡萄园种植、经营、租让及葡萄酒买卖的情况,从这些史料可以看出在那一历史时期葡萄酒的生产规模是较大的。

东汉时,葡萄酒仍非常珍贵,据《续汉书》云:扶风孟佗以葡萄酒一斗遗张让,即以为凉州刺史,这足以证明当时葡萄酒是稀罕的。

葡萄酒的酿造过程比黄酒酿造要简单,但是由于葡萄原料的生产有季节性,终究不如谷物原料那么方便,因此葡萄酒的酿造技术并未大面积推广。历史上,内地的葡萄酒一直是断断续续维持下来的。唐朝和元朝从外地将葡萄酿酒方法引入内地,而以元朝时的规模最大,其生产主要是集中在新疆一带。在元朝,在山西太原一带也有过大规模的葡萄种植和葡萄酒酿造的历史。

汉代虽然曾引入了葡萄及葡萄酒生产技术,但却未使之传播开来。汉代之后,中原地区大概就不再种植葡萄,一些边远地区时常以贡酒的方式向后来的历代皇室进贡葡萄酒。唐代时，中原地区对葡萄酒已是一无所知了。唐太宗从西域引入葡萄，《南部新书》丙卷记载："太宗破高昌，收马乳葡萄种于苑，并得酒法，仍自损益之，造酒成绿色，芳香酷烈，味兼醍醐，长安始识其味也。"唐朝时，葡萄酒在内地有较大的影响力，以致在唐代的许多诗句中，葡萄酒的芳名屡屡出现。如脍炙人口的著名诗句："葡萄美酒夜光杯，欲饮琵琶马上催。"刘禹锡（公元 772~842 年）也曾作诗赞美葡萄酒，诗云："我本是晋人，种此如种玉，酿之成美酒，

张骞像

尽日饮不足。"这说明当时山西早已种植葡萄，并酿造葡萄酒。白居易、李白等都有吟葡萄酒的诗。当时的胡人还在长安开设酒店，销售西域的葡萄酒。

元朝统治者对葡萄酒非常喜爱，规定祭祀太庙必须用葡萄酒，并在山西的太原、江苏的南京开辟了葡萄园，还在宫中建造了葡萄酒室。

明代徐光启的《农政全书》中曾记载了我国栽培的葡萄品种：水晶葡萄，晕色带白，如着粉形大而长，味甘。紫葡萄，黑色，有大小两种，酸甜两味。绿葡萄，出蜀中，熟时色绿，至若西番之绿葡萄，名兔睛，味胜甜蜜，无核则异品也。

2.中国古代葡萄酒的酿法

中国古代的葡萄酒的酿造技术主要有自然发酵法和加曲发酵法。

（1）自然发酵法

葡萄无须酒曲也能自然发酵成酒，而从西域学来的葡萄酿酒法应就是自然发酵法。唐代苏敬的《新修本草》云："凡作酒醴须曲，而蒲桃、蜜等酒独不用曲。"葡萄皮表面本来就生长有酵母菌，可将葡萄发酵成酒。

（2）加曲发酵法

由于我国人民长期以来用曲酿酒，在中国人的传统观念中，酿酒时必须加

入酒曲,再加上技术传播上的障碍,有些地区还不懂葡萄自然发酵酿酒的原理。于是在一些记载葡萄酒酿造技术的史料中,时常可以看到一些画蛇添足、令人捧腹的做法。如北宋朱肱所写的《北山酒经》中所收录的葡萄酒法,却深深带上了黄酒酿造法的烙印。其法是:"酸米入甑蒸,气上,用杏仁五两(去皮尖)。葡萄二斤半(浴过、干,去皮、子),与杏仁同于砂盆内一处,用熟浆三斗,逐旋研尽为度,以生绢滤过,其三半熟浆泼,饭软,盖良久,出饭摊于案上,依常法候温,入曲搜拌。"该法中葡萄经过洗净,去皮及籽,正好把酵母菌都去掉了,而且葡萄只是作为一种配料,因此不能称为真正意义上的葡萄酒。

3.近代中国的葡萄酒

清末1892年,华侨张弼士在烟台建立了葡萄园和葡萄酒公司——张裕葡萄酿酒公司,从西方引入了优良的葡萄品种,并引入了机械化的生产方式,从此我国的葡萄酒生产技术上了一个新台阶。

新中国成立后,从20世纪50年代末到60年代初,我国又从保加利亚、匈牙利、苏联引入了酿酒葡萄品种。我国自己也开展了葡萄品种的选育工作。目前,我国在新疆、甘肃的干旱地区,在渤海沿岸平原、黄河故道、黄土高原干旱地区及淮河流域、东北长白山地区建立了葡萄园和葡萄酒生产基地。新建的葡萄酒厂在这些地区也得到了巨大的发展。

中华酒典

第三章　酒的功用

　　酒,是好喝还是不好喝,一直是人们争论不休的问题。嗜酒者认为:饮酒是一种乐趣,所以"朝日乐相乐,酣饮不知醉。"不嗜酒者认为:饮酒是一种灾难,你若"贪恋杯中物,终成阶下囚。"其实这只是酒的两种不同的作用,还没有从酒本身的性能上回答酒的价值。

第一节　酒的诱惑

　　酒是物质的一种,自然有其自身存在的价值。换句话说,酒不仅具有一般物质的特点,还由于它对人的神奇的吸引魅力,才得以存在和发展。酒的这种魅力是不以人们的意志为转移的,你承认它抑或不承认它都存在着,你喝与不喝,它也依然存在着。因而,它能结缘于天下,纵横于古今中外。酒的诱惑力主要是:

营养的诱惑

　　在各种酒类中,都程度不同地含有营养成分,因此酒具有一定的营养作用。营养价值最大的当推黄酒与啤酒,其次为白酒、药酒、果酒。以黄酒为例,酒液中含有:糖分、糊精、醇类、甘油、有机酸、氨基酸、酯类和维生素等成分,特别是人体中所需要的氨基酸,尤为重要。经过有关研究部门分析,山东著名的"墨老酒"含有氨基酸达十七种之多。每100毫升酒液中就有:

天门冬氨酸:35.542 毫克

苏氨酸:16.532 毫克

丝氨酸:32.542 毫克

谷氨酸:49.704 毫克

甘氨酸:41.422 毫克

丙氨酸:138.98 毫克

胱氨酸:22.75 毫克

缬氨酸:37.108 毫克

蛋氨酸:21.146 毫克

异亮氨酸:15.252 毫克

亮氨酸:52.258 毫克

酪氨酸:35.366 毫克

苯丙氨酸:67.036 毫克

赖氨酸:33.404 毫克

组氨酸:10.438 毫克

精氨酸:81.036 毫克

脯氨酸:320.668 毫克

总计:10.11184 毫克/毫升。

这些氨基酸,对于人体发育不良、消瘦、疲倦、肌肉萎缩、贫血、水肿和一般疾病,都有积极作用。此外,黄酒还可以提供人体中所需要的热量。如一般成年人每人每天需 2400～4200 大卡的热量。据研究,仅绍兴酒每升所含热量竟达 1016 至 2010 大卡不等,等于人体所需热量的三分之一乃至三分之二,可见其营养价值之丰富。

又如啤酒的营养:它的主要原料是大麦芽和啤酒花,这两种原料,都有药物作用。炒麦芽可治食积不消、脘腹胀满,啤酒花的雄花,可起镇静、健胃、利尿等作用。酵母也是不可缺少的原料,它可以治脚气和消化不良症。啤酒酒液中所含的热量约为 425 大卡,素有"液体面包"之称。啤酒还含有丰富的维生素,主要有:硫胺素(维生素 B_1)、核黄素(维生素 B_2)、吡哆胺(维生素 B_6)、烟酰胺(维生素 P_p)、泛酸、叶酸等。

又如果酒中的葡萄酒,也是一种营养价值较高的饮料。它含有:糖类、果胶

中华酒典

質、醇類、氨基酸、无机物质、维生素等成分。每升酒液中含有葡萄糖及果糖为40至220克之多,而且能够直接为人体所吸收。它还含有人体所需的树胶质和粘黏质,在每升酒液中约有0.1至0.9克。含有维生素:

硫氨素(维生素 B_1)8~86 毫克

核黄素(维生素 B_2)0.08~0.45 毫克

钴胺素(维生素 B_{12})1.2~1.5 毫克

烟酰胺(维生素 P_p)0.65~0.45 毫克

吡哆胺(维生素 B_6)0.6~0.8 毫克

抗坏血酸(维生素 C)0.1~0.3 毫克

各种维生素对人体具有多方面的“补血”作用。

虽然白酒和其他酒类由于它们各自成分不同而营养价值也不一致,但它们的共同特点,都能为人体提供热量。因此,在某种情况下,还能起到充饥的作用。君不见,许多嗜酒者喝上几两之后,便不吃饭,或吃得很少。有人说酒是从粮食中提炼出来的,喝了酒就不想吃饭,在一定意义上说是有些道理的。当然,人不吃饭是不行的,只是说酒中的营养成分可以起到一定的充饥作用,即增加点热量而已。对酒的营养吸引力,一位当代画家做了这样的概括和描素:“它以水为形,以火为性,是五谷之精英,瓜果之灵魂,乳酪之神髓,望之柔而即之厉。它清冽的仪容、纯净的色泽、醇厚的芳馨,使所有的人,从王者霸主到流氓泼皮为之心荡神驰。饮酒的快乐,真不可一言以尽。它使人类的情绪经过了一番过滤,这其中当然有化学的、生物学的、心理学的复杂过程,而酒过三巡,人都有了变化,这却是概莫能外的事实。”

醇香的诱惑

酒自身有一种醇香能够对人产生诱惑力。古书云:“醇酒不浇,谓厚酒也。”“香者,即芳也,从黍从甘”,谓之香,所谓“醇醪”。由于各种酒的原料不同,酿造方法不一样,酒的醇香又分成好多种。

各类酒都有自身独特的香味,特别是白酒的醇香,由于生产工艺上的区别,组成下料的不同,诱人的香气和味感十分丰富,并且有多种多样的独自风格。经过品评和鉴定,白酒可分为以下几种香型:

清香型:醇厚绵软,清香芬芳,甘润爽口,酒味醇正。例如:汾酒,又称之为"汾香型",此外像西凤酒等曲酒,均属此类型;

浓香型:芳香浓郁,酒后尤佳,甘绵适口,回味久长。以泸州特曲为代表,又称之为"泸香型"。古井贡、五粮液、洋河大曲等名酒,亦属此类型;

酱香型:醇香馥郁,香气幽纯,回味绵长,敞怀开饮,酒香扑鼻。以茅台酒为代表,又称之为"茅香型"。龙滨酒、郎酒等,皆属此类型;

米香型:香气清淡,幽雅纯厚,略带苦味,米香爽口。例如:桂林三花酒、湘山酒等,皆属此类型;

综香型:闻、饮、回味各有不同香气,一酒多香,别具风味。例如:白沙液、千山白酒、凌川酒等,均属此类型;

特殊型:别于其他各型,独具香型。以贵州董酒为代表。

此外,葡萄酒、啤酒、黄酒和露酒,都有自身的香味,皆有吸引人的本领。

酒,仅它这一醇香产生的魅力,古今中外不知有多少英雄豪杰、多少风流才子、多少三官武将和社会名流,都拜倒在它的名下。君不见,古今有多少诗人词客来颂扬酒香的,如若不信,请再读如下诗句:

兰陵美酒郁金香,

玉碗盛来琥珀光。

但使主人能醉客,

不知何处是他乡。

晋朝有吏部郎名毕卓,是个酒徒,嗜饮自不必说了,就是闻到酒的香味也会垂涎三尺。邻居酿酒酒熟香气喷人,他去偷酒而被人捉住的故事,至今还流传在人间:

"卓父谌,中书郎。卓少希放达,为朝母辅之所知。太兴末,为吏部郎,尝饮酒废职。比舍郎酿热,卓因醉,夜至其瓮间盗饮之,为掌酒者所缚。明旦视之,乃毕吏部也,遽释其缚。卓遂引主人宴于瓮侧,致辞而去。卓尝谓人曰:'得酒满数百斛船,四时甘味置两头。右手持酒杯,左手持蟹螯,拍浮酒船中,便足了一生矣'。"

酒香的魅力不仅如此,再举一例:

"陈藻,字子文,号苍压,家贫嗜酒。一日囊仅一钱,市酒饮之,作诗自嘲云:'苍压先生屡绝粮,一钱犹自买琼浆。家人笑我多颠倒,不疗饥肠疗渴肠。'"

药物的诱惑

酒,为什么有那么多人喜欢喝,还有一种诱力就是因为酒中含有酒精,即乙醇,乙醇有扩张血管和麻醉中枢神经的作用。乙醇是酒中的主要成分,各类酒中都含有这种东西,有的酒乙醇含量竟可达到67%左右。乙醇在人体内,被分解成水和二氧化碳,可释放出7.1大卡/克的热量,为人的机体活动中的能源之一。它的作用有:

乙醇对一切神经有麻醉作用,在医药不发达的古代,曾经用酒作为手术麻醉药,由于它本身的安全度不够,为后来的麻药所代替。乙醇本身的药物作用,它既安神镇静,又可作兴奋剂,对此,许多古医书上多有记载。例如:西汉名医淳于意,曾用莨砀药一摄,配酒服用,治愈菑川王美人的难产。东汉医学家张仲景,用红兰花酒治疗妇女病。又用括蒌、薤白等药与酒同煮,可治疗胸痹、心痛等症,收效甚佳。酒早在古籍《黄帝内经》一书中,就提到它可以预防传染病的作用,即所谓:"邪气时至,服之万全"。特别是用酒配制的各种药酒,治疗中风等症,极为奏效。乙醇含量较高的酒,还可以用来摩擦扭伤的部位或因寒湿引起疼痛的关节,效果也极佳。

又,乙醇含量在70%的水溶液,有很强的杀菌作用,就是医疗中常用的杀菌消毒酒精,但是低于60%或高于80%的功效都较低。如在医疗时没有消毒杀菌的酒精时,可用含有酒精50%以上的白酒应急处置。

又,乙醇还有一种良好的溶解作用,它可以溶解许多难溶或不溶于水的物质。

酒的这种诱惑力,特别是它的麻醉作用,在古代科学技术不发达的时候,对它的神奇传闻也极多。

东晋史学家干宝,撰写了这样一个故事:

"狄希,中山人也,能造'千日酒',饮之千日醉。时有州人姓刘,名玄石,好饮酒,往求之。希曰:'我酒发来未定,不敢饮君。'石曰:'纵未熟,且与一杯,得否?'希闻此语,不免饮之。复索曰:'美哉!可更与之。'希曰:'且归,别日当来,只此一杯,可眠千日也。'石别,似有怍色。至家,醉死。家人不之疑,哭而葬之。

经三年,希曰:'玄石必应酒醒,宜往问之。'既往石家。语曰:'石在家否?'家人皆怪之,曰:'玄石亡来,服以阕矣。'希惊曰:'酒之美矣,而致醉眠千日,今合醒矣。'乃命其家人,凿冢破棺看之,冢上汗气彻天,遂命发冢。方见开目张口,引声而言曰:'快哉,醉我也。'因问希曰:'尔作何物也,令我一杯大醉,今日方醒?日高几许?'墓上人皆笑之,被石酒气冲入鼻中,亦各醉卧三月。"

这是一个传奇故事,情节上虽然有些夸张,但也说明酒确实有较强的麻醉作用。

生活的诱惑

酒在有史以来的社会中,一直占有重要位置,它不仅有营养、醇香、药物等诱惑力,而且还有一种生活的诱惑力。凡是重大的奠祀和喜事、丧事、交往,都要饮酒,生活之中似乎无一处可缺它。古人祭天祀祖,没有酒就不能成为祭祀,没有酒就表达不了诚意。

人们典庆胜利,或开国大典,或国家交往结盟,没有酒就显示不出隆重。

至于新婚嫁娶更是离不开酒,"无酒不成席"。人们把参加婚礼,通称为"喝喜酒"。没有酒就会冷冷清清,没有喜庆的气氛。

社会上的其他交往,迎宾待客,洽谈生意,也都离不开酒。从这个意义上讲,生活离不开酒,酒点缀了生活。

宋代酒专家朱翼中说:"大哉,酒之于世也。礼天地,事鬼神,射乡之饮,鹿鸣之歌,宾主百拜,左右秩秩。上至缙绅,下逮闾里,诗人墨客,渔夫樵妇,无一可缺此。"酒在生活中如同阳光、水和空气一样,无所不在。有人曾做过这样的比喻:酒搭起了一座桥,让人们通过这座桥,互相沟通,互相交往,互相了解。古往今来,多少佳话趣谈,在这座桥上诞生、流传。

第二节 酒家盛况

酒的诱惑力,威力无比。古诗有云:"闻香下马,船过留住。"实非妄言,请君一瞥古今酒家之盛况。

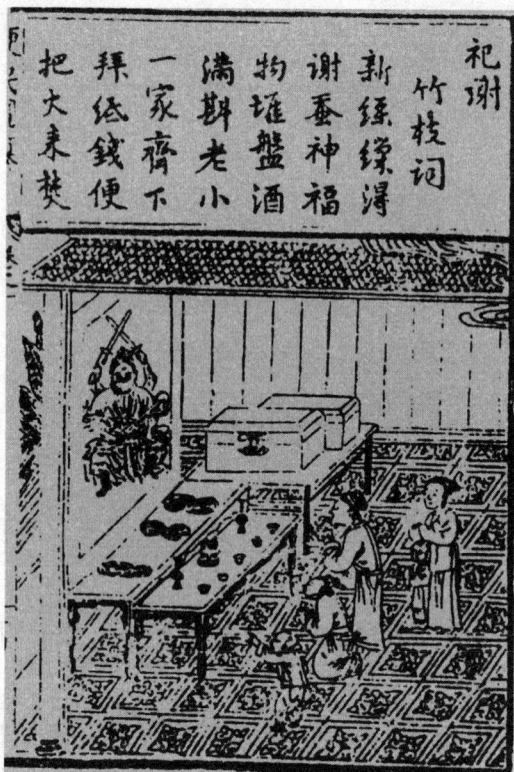

祀谢竹枝词

新绿缘淆
谢蚕神福
物堆盘酒
满斟老小
一家齐下
拜纸钱便
把大来焚

敬天法祖酒图

上古当垆兴起

我国古代由于酿酒业的发展和饮酒习俗的盛行,酒也像其他物品一样,很早就在市上出售了。《诗经·小雅·伐木》中有"有酒湑我,无酒酤我"的诗句,证明至少在周朝时就已经有了卖酒的生意。酒既然可以买卖,自然就有了专门做酒生意的人和经营酒的店肆。见之文献最早的传奇记载,当推司马相如与卓文君当垆为业的故事:"文君夜亡奔相如,相如乃与驰归成都。……相如与俱之临邛,尽卖其车买一酒舍酤酒,而令文君当垆。相如身自著犊鼻裈,与保佣杂作,涤器于市中。……"虽然这未必是古代最早的酒店,但它可以说明,早在汉代已经出现了酒肆。武帝时盐酒虽实行官卖,但并不影响酒肆的经营。于是,"当垆为业,蜀之士子莫不酤酒,慕相如涤器之风!"后来官至郎中的陈会,在当时书都不想念了,一心当垆为业,甚至早晨连街道都无心打扫,以至被地方官吏殴打。可见那时当垆为业之风盛行。西汉大将军栾布,出身穷苦,为他人贩卖为奴,就曾"赁佣于齐,为酒家保。"其实不仅民间酒肆兴起,到晋隋时期,有些达官贵人甚至连宫廷也经营起酒肆来了。例如:晋代:"道子使宫人为酒料,沽卖于水侧,与亲暱乘船,就之饮宴,以为笑乐。"隋朝官至柱国的刘昉,身为舒国公,竟然不顾皇上的禁令,也"使妾赁屋,当垆沽酒。治书侍御史梁毗劾奏昉曰:'臣闻处贵则戒之以奢,持满则守之以约。昉既位列群公,秩高庶尹,縻爵稍久,厚禄已淹,正当戒满归盈,鉴斯止兄,何乃规麴蘖之润,竞锥刀之末。身昵酒徒,家为逋薮。若不纠绳,何以肃后。"你看批评得多么尖锐,但结果是"有诏不治"。

中古酒肆繁华

到了唐朝,由于经济和科技的发展,出现了蒸馏白酒,嗜酒者日众。不仅酒肆林立,颂扬美酒的诗文也如同雨后春笋,到处可见。"倚溪侵岭多高树,夸酒书旗有小楼。""清明时节雨纷纷,路上行人欲断魂。借问酒家何处有? 牧童遥指杏花村"的诗句,正是唐代酒肆兴起的写照。

"五代时,张逸人尝题崔氏酒垆云:'武陵城里崔家酒,地上应无天上有。云游道士饮一斗,醉卧白云深洞口。'自是沽酒者愈众。"

到了宋代,由于城市经济的高度发展,酒店、酒肆不仅日渐增多,而且还出现了建造考究、装饰华丽的酒楼。北宋京都汴梁的酒楼:遍于市街,热闹非凡。到了南宋时,宋代统治阶级南迁临安(杭州),偏安一隅,生活十分腐化,君臣整日荒于酒色。临安的酒楼又是一番豪华:"凡京师酒店门首,皆缚彩楼欢门,惟任店。入其门,一直主廊,约百步,南北天井两廊,皆小阁子。向晚,灯烛焚惶,上下相照,浓妆妓女数百,聚于主廊槏面上,以待酒客呼唤,望之宛若神仙。北去杨楼以北,穿马行街,东西两巷,谓之大小货行,皆工作伎巧所居。小货行通鸡儿巷妓馆,大货行通戕纸店。白礬楼后改为丰乐楼。宣和间,更修三层相高,五楼相向,各有飞桥栏槛,明暗相通,珠帘绣额,灯烛晃耀。初开数日,先到者,赏金旗。过一两夜,则已元宵。则每一武陇中,皆置莲灯一盏。内西楼后来禁人登眺,以第一层下视禁中。大抵诸酒肆店市,不以风雨寒暑,白昼通夜,骈阗如此。州东门外,仁和居姜店。州西宜城楼药张四店班楼,金梁桥下刘楼。……在京五店七十二户,此外不计偏数,其余皆谓之脚店。卖贵细下酒,迎接中贵。饮酒则第一白厨州、西安州巷张秀。以次，保康门李东鸡儿巷、郭厨郑皇后宅后、宋厨曹门传简李家寺、东骰子李家、黄胖家、九桥门。街市酒店，彩楼相对，绣旗相招，掩翳天日。"

到后来，酒店更加林立，如"酒肆店、宅子酒店、花园酒店、直卖店、散酒店、庵酒店、罗酒店，除官库子库脚店之外，其余皆谓之拘户，有茶饭店、包子店。所曰庵店者，谓有娼妓在内，可以就欢，而于酒阁内暗隐藏卧床也。门前红栀子灯上，不以晴雨，必用箬干盖之，以为记。其他大酒店，娼妓只伴坐客而已，欲买欢，则多往其居。"

这些描述，不仅反映了当时酒肆的繁华景象，而且也充分地暴露出南宋的腐朽和堕落，反映出封建社会的黑暗面。

酒固然因为有诱惑力，被人们认为是好喝的饮料。但是用之过度，则会走向反面，因为统治阶级偏安于一隅，花天酒地，苟且偷生，只知他们的享乐，不管百姓的死活，结果出现官逼民反的阶级斗争，例如宋代逼上梁山的《水浒传》对酒肆的描述又是一种情景：

傍村酒肆已多年，斜插桑麻古道边。

白板凳铺宾客坐，矮篱笆用荆棘编。

破瓮榨成黄米酒，柴门挑出布青帘。

又有一词曰：

"柴门半掩，布幕低垂。酸醨酒瓮土床边，墨画神仙尘壁上。村童量酒，想非涤器之相如；丑妇当垆，不是当时之卓氏。壁间大字，村中学究醉时题；架上蓑衣，野外渔郎乘兴当。"

无论从哪方面来讲，都说明宋代嗜酒者又远胜隋唐，酒肆也日益多起来了。

近古酒店林立

明清以来，酒店林立，不可胜数。以酒店幌子为例：

有了酒店，为了更引人注目，招徕更多的顾客，就出现了酒店的标志——酒旗。酒旗，又称"酒帘""杏帘""酒招""酒望子"或"幌子"。韩非子云：宋人酤酒，悬帜甚高，酒市有旗，始见于此。"暖姝由笔：正德间，朝廷开设酒馆，酒望云：'本店发卖四时荷花高酒。'犹南人言莲花白酒也。又有二扁，一云：'天下

家庭经典藏书

中华酒典

第一酒馆',一云:'四时应饥食店'。"在《水浒传》中,曾对酒旗做过这样的描写:

武松"又行不到三五十步,早见丁字路口一个大酒店,檐前立着望竿,上面挂着一个酒望子,写着四个大字道:'河阳风月'。转过来看时,门前一带绿油栏杆,插着两把销金旗,每把上五个字,写道:'醉里乾坤大,壶中日月长。'"

酒旗的大小不一,"酒店门前三尺布,人来人往图主顾",也有巨额彩绣的,颜色也多为白色或青色。酒旗上多半都写有一个大大的"酒"字,也有题写诗词对联的。请看下面一组有趣的酒店对联:

座上客常满;樽中酒不空。

店好千家颂;坛开十里香。

一酌千忧散;三杯万事空。

采石江边酬李白;牡丹花下醉杨妃。

杯中倾竹叶;石上绕桃花。

闻香下马;知味停车。

刘伶才下马;李白又登门。

李白问道谁家好? 刘伶回言此处高。

闲愁如飞雪;入酒即消融。

带径锄绿野;流露酿黄花。

铁汉三杯软脚;金刚一盏摇头。

水如碧玉山如黛;酒满金樽月满楼。

人生光阴花上露;江湖风月酒中仙。

酿成春夏秋冬酒;醉倒东南西北人。

风味厅别有风味;广州好食在广州。

沽酒客来风亦醉;卖花人去路还香。

画栋前临杨柳岸;青帘高挂杏花村。

入座三杯醉者也;出门一拱歪之乎。

在明清之际,闻香下马,登楼饮酒赋诗于壁上甚多,亦是一大特点。唐代许碏登楼饮酒,题诗于壁口:

阆苑花前是醉乡,
踏翻王母九霞觞。

群仙拍手嫌轻薄，

谪向人间作酒狂。

题毕，乘云而去。纯属传奇。又如乾隆年间学者袁枚，曾游历杭州西湖，见酒楼号五柳居者，壁上题诗甚多，不久即圮去。唯西穆先生一首尚存，诗云：

"一角西山雪未消，

镜光清照赤阑桥。

小分寒影看梅色，

半入春痕是柳条。

闲里安排尘外迹，

酒边珍重故人招。

孤烟落日空台榭，

岁晚重来话寂寥。"

后四十年他再登五柳居，则壁诗无存，而居主人不知换了多少，唯见壁上有《蒋用菴诗御酬王梦楼招游》一首云：

六朝风物正研和，

珍重乌篷载酒过。

一串歌珠人似玉，

四围峦翠水微波。

狂夫兴不随年减，

旧雨情干失路多。

争奈严城宵漏急，

未知今夜月如何。

清末民初，酒肆酒幌子也有变化。"南海黎二樵以诗书画得名，以赴京兆试，过南雄岭，酒肆主人闻其名，乘其酒后，以绢素乞书堂额。时适闻邻厅有大饮声，即命奴来，大书饮也二字，盖取谐声之义。"由是"饮也"二字，风行粤东。凡墟场庆会篷寮酒肆之座中，必有"饮也"二字。

总之，从这些资料看来，酒肆发展到后来的大酒店，皆源于酒的诱惑力，谁还能说酒不好喝呢！不仅如此，而且对某些人来说，酒又是百饮不厌醇美之物，自然另有一番妙趣横生的话题。

第三节　酒的外用

酒，不仅它自身有诱惑力，有吸引人的营养、醇香、麻醉及人们对它需要的作用，而且在生理上和心理上，对人也会产生强烈的影响。换言之，人们喝了它将会在身心中产生种种作用，调整情绪，平衡心理，健壮身体。

酒自身的种种诱惑力和产生于饮者身心的种种作用，使得人们对它百饮不厌。这里主要讲解酒的外部作用：

酒可助兴

饮酒助兴是人们生活中最常见的调整情绪的一种形式。饮起酒来，它可以使你"虽无丝竹管弦之盛，一觞一咏，亦足以畅叙幽情"。人们在日常生活中需要有各方面的情感和情绪调整，有的可以通过各种娱乐活动助兴，有的可以通过爱嗜调整情绪等等。这些都是单一的助兴形式，唯独酒，它可以从多方面为你增添种种感情和情绪。例如：

祭祀：酒在祭祀中占有重要地位，也是祭祀中不可缺少的祭品。在祭祀中缺少黑牛白马，不杀猪，不宰羊，甚至没有俎豆均可以进行，唯独不可无酒。有酒才能进行奠祭，以表示人们对天、对祖的感情和心意，由此而唤出崇奉之情，缅怀之情。没有酒就显示不了庄严崇敬，更不能达到祭祀的目的。

古代祭祀活动盛行，古人祭天、祭祖、出师作战、胜利凯旋、祈雨等都要举行大规模的祭祀活动。古人在"作歌乐鼓舞以乐诸神"的同时，常常向神祇进酒或饮酒以示祭奠之情，为祭祀活动增添了热烈的气氛。周成王时，秋冬丰熟祭祖时唱的一首颂歌，就是为了感谢先祖的降福，用进献酒醴来表达这种诚意的：

丰年多黍多稌，亦有高廪，万亿及秭，为酒为醴，烝畀祖妣，以洽百礼，降福孔皆。

春秋战国时代的楚国，巫风大盛，所以《楚辞》中不少篇章在写祭祀场面时也都提到了酒：

蕙肴蒸兮兰藉，奠桂酒兮椒浆。

操余弧兮反沦降,援北斗兮酌桂浆。

瑶浆密勺,羽羽觞些。挫糟冻饮,酎凉些。华酌既陈,有琼浆些。

祝捷:古代战事频繁,军队打了胜仗,班师回朝,都要举行盛宴,开怀畅饮,庆贺胜利。例如晋楚城濮之战,晋军打败了楚军之后,"献楚俘于王,驷介百乘,徒兵千。郑伯傅王,用平礼也。己酉,王享醴,命晋候宥。"周襄王举行正式宴会,为晋文公加餐,一则表示祝贺,再则以助兴。

版画晋楚城濮之战图。城濮之战晋国战胜后,周襄王曾举办宴会向晋文公表示祝贺。

节日:每逢传统节日,阖家欢聚,都要庆贺一番,以助兴。特别是除夕、元宵、清明、中秋、重阳这些重大节日,亲朋好友聚会,更要尽情酣饮。古代有人这样描述:

岁暮,家家具肴蔌诣宿岁之位,以迎新年,相聚酣饮。

正月朔日,谓之元旦,俗乎为新年。一岁节序,此为之首……家家饮宴,笑语喧哗。

正月十五日,作豆糜,加油膏,其上以祠门户,先以杨杖插门,随杨杖所指,仍以酒脯饮食及豆粥插箸而祭之。

元宵之夜,公子王孙、五陵年少,更以纱笼喝道,将带佳人美女,遍地游赏。人都知道玉漏频催,金鸡屡唱,兴犹未已。甚至饮酒醺醺,倩人扶著,堕翠遗簪,难以枚举。

四月谓之初夏,气序清和,昼长人倦,荷钱新铸,榴火将燃,飞燕引雏,黄莺求友,正宜凉亭水阁,围棋投壶,吟诗度曲,嘉宾劝酬,以赏一时之景。

八月十五日中秋节,此日中秋恰半,故谓之"中秋"……王孙公子、富家巨室,莫不登危楼,临轩玩月……酌酒高歌,以卜竞夕之欢……虽陋巷贫窭之人,解衣市酒,勉强欢迎,不肯虚度。

九月九日,盖九为阳数,其日与月并应,故号曰"重阳"。重阳日佩茱萸、食蓬饵,饮菊花酒,云令人长寿。

祝寿:古代为老人祝寿,一般都要举行盛大酒宴,以示儿女祝福之情。有的张灯结彩,贴红挂绿。常见祝寿联:寿比南山不老松,福如东海长流水。直到如今,这种风俗仍在民间流传。请看古代百官入内上寿赐宴的热烈助兴盛况:"初八日,宰执亲王南班百官入内起居,邀驾过皇太后殿上寿起居,舞蹈嵩呼,回诣紫宸殿宴……分班躬身齐传宣饮尽酒者三,群臣拜于座次,后捧卮饮而再拜坐。"敬意崇生,兴味益然,十分热闹。

宴客:饮酒宴客,助兴于友情。自古以来,上至官府,下至民间百姓皆然。例如,《水浒传》中有如下一段记载:

柴进便唤庄客,叫将酒来。不移时,只见数个庄客托出一盘肉,一盘饼,温一壶酒;又一个盘子,托出一斗白米,米上放着十贯钱,都一发将出来。柴进见了道:"村夫不知高下,教头到此,如何恁地轻意?快将进去。先把果盒酒来,随即杀羊相待,快去整治。"林冲起身谢道:"大官人,不必多赐,只此十分够了。"柴进道:"休如此说。难得教头到此,岂可轻慢。"庄客不敢违命,先捧出果盒酒来。柴进起身,一面手执三杯。林冲谢了柴进,饮酒罢,两个公人一同饮了。柴进说:"教头请里面少坐。"柴进随即解了弓袋箭壶,就请两个公人一同饮酒。

送别:古人送别,常常是在十里长亭处与离别的人分手。分手之前也一定以酒为之饯行助兴。王维有诗云:

渭城朝雨浥轻尘,客舍青青柳色新。

劝君更尽一杯酒,西出阳关无故人。

这种依依惜别之情,因酒油然而生。

元曲中有这样一段唱词:

今日送张生上朝取应。早是离人伤感,况值那暮秋天气,好烦恼人也呵!悲欢聚散一杯酒,南北东西万里程。

《忠义水浒传》版画之柴进门招天下客图,描绘了林冲刺配沧州,路过柴进庄院时的情景。

你看这寥寥数语,寄托着多少情感!

此外,美酒在我国民俗中的婚丧嫁娶、生男育女及朋友之间的交往中,都是不可缺少的助兴剂,更不待言。

酒可解忧

酒,它可以解闷消愁。"何以解忧,唯有杜康。"曹操的这两句诗,传颂千古,后来成为酒徒酒仙放浪形骸,贬谪之人借酒浇愁,失意文人消除忧思的箴言。何谓忧?许慎说:"忧,心动也。"屈原有诗云"心绪结而不解兮,思蹇产而不释。"可见人的忧思是内心的感情受压抑不能得以宣泄郁结而成的。

上古神话中记载了这样一件事:

夏禹在华山受到柏成子的斥骂，怏怏而归。回到宫中，忧愁连日不解。禹之侍女见大家都彷徨无计，忽然想到一物，遂与涂山后商议："妾从前在云华夫人处，得知解忧最好的良药无过于酒，饮了之后，陶陶遂遂，百虑皆忘，所以有'万事不如杯在手'之说。现在我王几日忧愁不解，妾想请我王吃一点解解闷，不知我后以为如何？"涂山后道："果然可以解忧，亦不妨一试，但恐无效耳。"帝女道："寻常之酒无效，妾有天厨旨酒，是从前教仪狄制造，酝酿稷麦，醪变五味而成，与寻常之酒大不相同，到现在已有多年了。此等酒愈陈愈好，一定能解忧的。"涂山后道："既如此，如一试之。"

到了晚上，夏禹退朝归来，一直愁眉不展，不住地长吁短叹。涂山后问过事情经过，帝女便拿出酒来，请夏禹与涂山后饮。禹先饮了一杯，顿觉其味甘美之至，便说道，"好酒！好酒!"接连又饮了几杯，渐渐谈笑风生，精神百倍。

这一传说，我国古籍中多有记载："帝女仪狄，造酒进之于禹。""古者仪狄作酒醪，禹尝而美，遂疏仪狄，杜康造秫酒。"这些文字不仅说明我国造酒历史悠久，也说明古人很早就将酒作为一种消愁解忧的良剂了。

宋代诗人朱弁说："诗穷莫写愁如海，酒薄难将梦到家。"人之愁绪万千，同是以酒解忧，其缘由却大不相同。略举几则：

1.思念故人之忧：

"汉武帝思怀往者李夫人，不可复得。时始穿昆灵之池，泛翔禽之舟。帝自造歌曲，使女伶歌之。时日已西倾，凉风激水，女伶歌声甚遒，因赋《落叶哀蝉》之曲曰：'罗袂兮无声，玉墀兮尘生，虚房冷面寂寞，落叶依于重肩。望彼美之女兮安得，感余心之未宁！'帝闻唱动心，闷闷不自支持，命龙膏之灯以照舟内，悲不自止。亲侍者觉帝容色愁怨，乃进洪梁之酒。酌以文螺之邑。卮出波祗之国。酒出洪梁之具，此属右挟风，至哀帝废此卮。南人受此酿法。今言：'云阴出美酒'，两声相乱矣。帝饮三爵，色悦心欢，乃诏女伶出侍。帝息于延凉室，卧梦李夫人授帝蘅芜之香。帝惊起，而香气犹着衣枕，历月不歇。"

2.感时愤世之忧：古代许多诗人词人都怀有"穷年忧黎元，叹息肠内热"的爱国忧民之志，而他们的伟大抱负又往往不能实现，因此在他们的诗词作品中，也常常抒写以酒解忧的愤懑之情：

抽刀断水水更流，举杯消愁愁更愁。

划却君山好，平铺江水流。

巴陵无限酒,醉杀洞庭秋。

艰难苦恨繁霜鬓,潦倒新停浊酒杯。

举杯呼月,问神京何在,淮山隐隐。

怅望关河空吊影,正人间,鼻息鸣鼍鼓。谁伴我,醉中舞。

3.思恋故乡之忧:宋代女词人李清照晚年流落他乡,因此她时常思念故国。她有一首词《上巳召亲族》就真实地描写了这种深切之情:

永夜恹恹欢意少。空梦长安,认取长安道。为报今年春色好,花光月影宜相照。随意杯盘虽草草,酒美梅酸,恰称人怀抱。醉莫插花花莫笑,可怜春似人将老。

4.壮志难酬之忧:宋代著名词人辛弃疾一生力主抗金,但由于南宋朝廷腐败,他的志向难以实现。因此,他大量的词作中,有数篇是抒写自己壮志难酬,不得不以酒解忧的:

醉里挑灯看剑,梦回吹角连营。八百里分麾下炙,五十弦翻塞外声,沙场秋点兵。马作的卢飞快,弓如霹雳弦惊。了却君王天下事,赢得生前身后名。可怜白发生!

醉里且贪欢笑,要愁哪得工夫。近来始觉古人书,信着全无是处。昨夜松边醉倒,问松"我醉何如"。只疑松动要来扶,以手推松曰:"去"!

汉武帝宠姬李夫人像

酒可健身

酒百饮不厌的原因之一,就是它的健身作用。酒的这种作用,很早以前就为古人所认识了。据说东汉时，"王尔、张衡、马均昔日重雾行，一人无恙，一人病，一人死。问其故，无恙人曰：'我饮酒，病者食，死者空腹。'"这段文字可能有意夸大了酒的威力，但也在一定程度上说明，酒有健身的作用，因此三人同在大雾的天气中走路，唯有饮酒者安然无恙。

酒的健身作用，是有其医学根据的。从一些史书、典籍中可以知道，酒一出现便被用于医药，成为我国医学的重要组成部分。著名医学家李时珍就特别重视米酒、老酒、白酒治病的功效，他在行医实践中，依据多年积累的丰富经验，将酒主治各种疾病的功效区分得十分细致。例如白酒，有消冷积寒气、燥湿痰、开郁结、止水泄之功能。因此可以治霍乱、疟疾、噎膈、心腹冷痛、阴毒欲死、杀虫辟瘴、利小便、坚大便。中医将酒入药，是因为酒味苦辛，有通血脉、御寒气、行药势之功效。药酒可以用于治疗风寒痹痛、筋脉挛急、胸脾、心腹冷痛等症。此外，酒还具有杀百邪、恶毒气、养脾扶肝、厚肠胃、润皮肤、散湿气的功能。总之，根据中医的认识，酒对人的机体及其功能的调节有着十分重要的作用。

酒的健身作用，也在日常生活中为人们所了解。由于酒已经成为人们生活中必不可少的饮料，自然也积累了不少的健身经验。

1.驱寒作用：尽管酒的品种很多，其共同的成分是酒精，即乙醇。酒进入人的体内之后，酒精便开始燃烧（气化），而产生的热量便被人的机体吸收。通常情况下，每1克酒精产生的热量约为7千卡，人体每公斤体重每小时可气化酒精0.1克左右。所以，饮酒实际上是对人体进行热能的补充，人有了足够的热量，自然就增强了御寒的能力。

古人认为，酒"少饮则和血行气，壮神御寒"，适量饮酒可以"消冷积，御风寒，辟阴湿之邪、解鱼腥之气。"所以，海上捕鱼的渔民、森林采伐的伐木工人、深井挖掘的矿工在工余时间都喜欢饮上一点热酒，也是这个道理。

2.增进食欲作用：酒是以粮食及水果为主要原料的，因此酒中含有多种人体健康所需要的营养成分。例如：啤酒中含有一定数量的碳水化合物、蛋白质、无机盐与多种维生素。这些营养成分都能对人的胃产生刺激作用，适量饮用含乙醇提高百分之十左右的低度酒，可以增加胃液的分泌，增进人的食欲。所以，进食之前少量饮一点酒，能够引起人的食欲，有益于消化。

3.安神镇静作用：酒中的酒精成分对人的大脑有一定的刺激作用，可以使中枢神经产生兴奋，促进血液循环。当人还没有完全失去知觉或因脑贫血而晕倒时,喝上一点酒,就可以很快地恢复常态。所以,在一些紧急情况下,人们常常给突然发生昏迷的人喝几口酒,就是因为酒有安神镇静作用。

4.舒筋活血作用:酒中的主要成分酒精不仅热值高,而且具有较强的刺激作用。因此它可以代替某些药品,对人的外伤有消肿、去痛的功效。我国民间早已普遍使用酒来为发生扭伤或因寒湿引起疼痛的患者进行摩擦,就是利用酒可以舒筋活血的作用。此外,由于酒精的挥发性强,用酒为中暑、发高烧、抽筋或惊厥的病人在身体上擦拭,利用酒精蒸发时可以带走大量热量的道理,使人的体温降低。

5.解毒作用:酒中的酒精是一种原生质毒物,因此它具有一定的杀菌作用。人在饮酒时,酒进入消化器官,便可以将随食物带入体内的细菌杀死。酒的解毒作用,在我国古代医药典籍中多有记载,民间以酒解毒的方法也很多。由于酒有杀菌之功效,因此人们也常常把酒作为消毒剂来使用,当遇到意外情况,临时没有医疗上专用的酒精时,也可以用含醇量较高的白酒来代替。

6.防疫作用:酒中的某些成分,特别是一些药酒中的特殊成分,使酒具有防治瘟疫的作用。我国劳动人民很早就懂得用酒防疫的道理了,古来素有"除日驱傩,除夜守岁,饮屠苏酒"的传统习惯。据一些资料介绍,屠苏酒含大黄、白术、桔梗、蜀椒、去目桂心、去皮乌头、去皮脐茇葜七味药,其实它是一种药酒。酒中的七味药,具有排除滞浊之气,健胃、利水、解热、解毒、杀虫、化淤、活血、散寒、上痛之功效。由此可见,古人守岁饮屠苏酒,不单单是除夕之夜助兴的需要,也是为了防治疫病。

第四节　酒的功能

作为一种文化形态,酒的社会功能是多方面的。在政治、军事、法律以及生活等各种场合,酒都有广泛的运用,有其特定的功能和作用。

在政治上的运用及功能

将酒运用于政治,大致有三种功能和作用:一是政治上的团结作用,二是政治庆典活动中的礼仪作用,三是在各种场合用作斗智的一种手段。

某些酒有时也能表达作者的一定的政治寓意。例如缠枝莲纹花觚,"莲"谐音"廉",缠枝寓意无穷尽,表示要永远廉政。

清乾隆帝亲自率制的金瓯永固杯,通体镶嵌珠宝,金质,三足;以立龙为耳,龙头各安珍珠一颗;三象头顶立,卷鼻为足,金丝象牙围抱足两边;杯身錾宝相花,以正珠、红蓝宝石做花心,点翠地,口边刻回纹;杯前正中镇篆文"金瓯永固"四字,寓江山久长之意。

1.政治上的团结作用

我国古代具有眼光的政治家,对酒在政治上的功用,多有自己的认识。宋代主张变法的政治家王安石对酒在政治上功用很敏感,他曾用诗歌的语言对此进行概括。诗云:"何处难忘酒,君臣会合时。深堂拱尧舜,密席坐皋夔。和气袭万物,欢声连四夷。此时无一盏,真负鹿鸣诗。"在这首诗中,诗人不仅强调了酒在促进君臣和睦,行尧舜之道,促使政通人和与民族团结等方面的功用,还强调了认识这种功能的重要性。有一幅历史名画,描绘在高大宽敞的厅堂内,中间上首的一位是君王赵匡胤,右首旁坐赵普,两人正在促膝谈心,显示出登门请教的神态,侧屋门首即赵普妻,手托杯盘,正侍候宴饮,门槛内炭盆里正温着一壶酒,表现的是宋代第一位君王礼贤下士的形象。

为了达到政治上的目的,以酒施恩是人们常用的一种手段。春秋时期的秦穆公(前659~前621年),对食其马者不仅不予追究,反而饮之以酒,"居三年,晋攻秦穆公,围之。往时食马肉者相谓曰:'可以出死报食马得酒之恩矣!'遂溃围,穆公卒得以解难胜晋,获惠公以归"。秦穆公在政治上的智慧和眼光,当然是他在这场发生于鲁僖公十五年(前645年)的秦晋之战中反败为胜,并俘虏了晋惠公的关键。他对酒能笼络人心的政治功能有认识,也正是他的这种智慧和眼光的一种表现,其所施"食马得酒"之恩帮了他很大的忙,使他有机会表现宽容、机智的政治家风度,取得了争取民心的良好效果。山东出土的汉代画像石所绘历史故事画面,有楚群臣绝缨图像。据《韩诗外传》卷七说:"楚庄王赐其群臣酒。日暮酒酣,左右皆醉。殿上烛灭,有牵王后衣者,后捉冠缨而绝之,言于王曰:'今烛灭,有牵妾衣者,妾捉其缨而绝之,愿趣火视绝缨者。'王曰:'止!'立出令曰:'与寡人饮,不绝缨者,不为乐也。'于是冠缨无完者,不知王后所绝缨者谁。于是王遂与群臣欢饮,乃罢。后吴举师攻楚,有人常为应行合战

中华酒典

者,五陷阵却敌,遂取大军首级而献之。"《说苑·复恩》也有类似的记载,大同小异而已。这也是一则有趣的以酒施恩、团结下属并取得良好效果的故事。

三国时,曹操对关羽礼之甚厚,而关羽仍然人在曹营心在汉。为了笼络关羽的心,除封官加爵、金钱美女之外,美酒也曾是曹操使用的最多的手段之一。曹操的目的就是收买与感化关羽,使他弃汉归曹。

在政治上,统治者常利用酒来笼络和奖励臣民。历代封建王朝,很多时候都有以酒笼络臣民的宴会,叫作酺宴。酺就是合聚饮食,酺宴也称酺燕,就是皇帝诏赐臣民聚

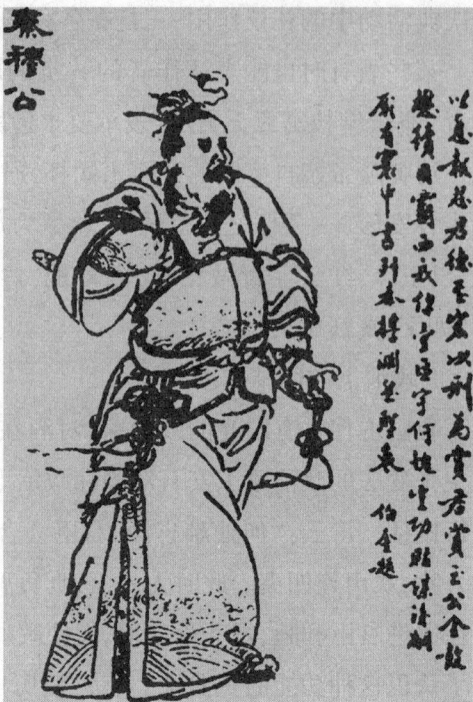

秦穆公像

饮。古代,自周公颁布《酒诰》起,即有酒禁;惟国家有吉庆事,如改朝换代、册立太子、公主出嫁等,始许民聚饮。酺和酺宴起始于秦代。秦王政二十五年,"五月,天下大酺。正义:天下欢乐大饮酒也。"这是秦灭亡韩、赵、魏、燕、楚五国以后,举行的大庆祝。到了汉朝,汉律规定三人以上无故群饮酒,罚金四两,酒禁更严。这时,酺的含义也进了一步,象征王德布于天下,是取"布"与"酺"谐音的引申含义而成。这样,就把酒与政治进一步联系起来了。"朕初即位,其赦天下,赐民爵一级,女子百户牛酒,酺五日。注:酺之为言布也,王德布于天下而合聚饮食为酺。"自秦汉以来,历代大酺的时间有三、五、七、九日不等。酺宴的规模,则与当时的政治经济形势以及国力的强弱有密切关系。睿宗时,酺宴夜以继日地进行,其规模之大可以想见。"先天元年大酺,睿宗御安福门楼观百司酺宴,以夜继昼"。封建皇帝实行大酺,当然有粉饰太平和笼络臣民的用意。唐以前,除了允许人们相聚饮酒外,朝廷往往还赐牛、酒等物给年老者,以示皇恩浩荡。但为了发展农业生产,到了唐太宗时,这一做法改变了,只发给70岁以上的老年男性一定数量的酒和粮食,不再宰杀耕牛,这是一种从经济角度做

出的考虑。唐代前期、中期，凡遇吉庆之事，多有大酺，但是到唐朝后期，由于国力逐渐衰弱，就很少有大酺了，甚至连新皇登基这样的大事，也只有大赦而无大酺。这说明大酺不仅常被统治者利用来作为笼络人心的手段，而在客观上，也是当时生产力发展水平和政治稳定程度的一种反映，因为政治正是经济的集中表现。历史名画"鹿鸣"绘王者盛宴群臣嘉宾。在豪华宫殿中，华灯四张。王者居于殿中，嘉宾臣下列于两侧。殿外内侍环立，乐工鼓琴奏乐。右侧树木繁茂，云雾叠起。群鹿觅食于山谷，衬托出盛宴的幽雅环境。

在我国历史上，少数民族社会也有大体类似的情况。明朝诗人赵士喆的《辽宫词》中有一首吟咏饮酒场面的诗："四楼城阙尽东开，正旦诸生面面来。磔犬烧羊乳酒，君臣团坐笑传杯。"它说明契丹人也有与汉族大同小异的新年庆祝酒宴。契丹首领用富有民族特色的酒肉宴请僚属，规模也颇为盛大，也起到了促使君臣之间更加融洽和睦的作用。

2.庆典中的礼仪作用

自古至今，酒在政治庆典中的礼仪作用是很明显的。在今日的世界上，国有大小，国体、政体、民间风俗也有差异，但每逢国家大典、重要纪念日、元首互访等，无不设酒宴表示庆祝欢迎。

在少数民族的社会政治生活中，酒也具有大体相同的作用。台湾高山族排湾人头目召集开会必须饮酒，无酒便不成会，称作"会饮"。除大小头目外，有民众参加的是大会，在屋外石台上下举行。大头目坐在石台上独石前的石凳上，二头目坐在其左，大头目家的管事坐在右，其余二三级头目依次序爵，坐成一半圆或圆圈，平民则坐在台下，进酒者也在台下。议事前先饮一次，事决再饮。会饮时四位管事分司其事：贵族年长者坐在大头目之右，职为司礼；平民年长者负责斟酒；两位少年管事送酒。据此看来，发挥酒在政治活动中功能和作用，其起源应该是比较早的。直到近代，在解决民族关系的斗争中，清乾隆皇帝弘历也曾在承德避暑山庄的万树园，设宴招待清代卫拉特蒙古四部之一杜尔伯特部首领，起到了民族团结的作用。

3.斗智的一种手段

政治上的斗智，其方式方法是多种多样的。历史上，人们对酒巧妙地加以运用，他们或嗜酒任纵，或以醉酒藐视礼法，或借酒不与统治者合作，或干脆拿金貂（官服）换酒喝，表示不屑于为官的态度，或以酒避难，都把饮酒当作为一种斗争手段。这时,酒也常能助人们达到某种既定的目的。

以酒试探　三国时,政治斗争非常激烈。酒在其中常有妙用,著名的青梅煮酒论英雄的故事,就是一个为了一定的政治目的、用酒来试探对方的比较典型的事例。"绿满园林春已终,二人对坐论英雄。玉盘堆积青梅满,金罍飘香煮酒浓"。曹操知道刘备并非等闲之辈,"今天下英雄,惟使君与操耳,本初之徒不足数也。先主方食失匕著"。一句话竟吓得刘备不知所措,原因就是对彼此的政治意图,双方都很敏感。曹操既怕杀一人而失天下心,又想用酒来笼络和考察一下刘

曹操煮酒论英雄图

备,看他酒后说什么,到底有无政治上的宏图。刘备则极力避免酒后失言的可能,随后更以种菜来麻痹对方,掩盖自己政治上的真实意图。在许昌九曲河畔的青梅亭这一客观背景下,政治上的明争暗斗在酒的伴随下激烈地进行。

以酒反抗　三国魏末,常饮酒宴集于竹林之下,因而号称"竹林七贤"的阮籍、嵇康、山涛、向秀、阮咸、王戎和刘伶,都是当时文学界的名士才子。他们不满司马昭篡魏,不愿做乱世的官,崇尚老庄学说,反抗旧礼教复活,酗饮而藐视"礼",愤怒地喊出"礼岂为我设耶!"(阮籍)有时甚至不穿衣服、不戴帽子,让自己隐居在酒里,对当时的政治具有一定的反抗意义。晋朝陶潜的诗"篇篇有酒",但"其意不在酒,亦寄酒为迹也"。他早年做过几次小官,41岁做彭泽令时,仅80余日即弃官归隐田园,直到老死。后人诗赞陶潜说:"我爱陶渊明,爱酒不爱官。弹琴但寓意,把酒聊开颜。自得酒中趣,岂问头上冠。谁做漉酒图,

清风起笔端。"陶对当时的政治腐败不满,寄酒为迹,饮酒沉醉,表现出了他"不为五斗米折腰"的精神。饮酒是他表达自己政治理想、进行消极反抗的一种斗争手段。明代文人、官僚杨慎因直谏被贬,于醉中扮女装,以粉傅面,头挽双丫髻,插花朵,由两枝簇拥而行,醉后强睁双眼,神态孤高自傲,表现了对封建社会现实的不满。

以酒避难　在政治斗争中不失为一种聪明的办法。醉酒之后就有一个好推脱的借口,以逃脱对自己不利的形势。当司马昭要为司马炎求婚于阮籍时,阮籍竟然连续大醉 60 日,使司马昭没法子对他提及此事,最后只好作罢。在"天下多故,名士少有全者"的魏、晋时代,无论是当官的,还是有才的,都"人各惧祸",不敢参与政事,纷纷以酣饮为常。晋朝还有兖州八伯,羊曼为其首,都是当时为官比较清廉正直,且"不苟同时好"的人。"曼任达颓纵,好饮酒,……凡八人号兖州八伯。王敦既与朝廷乖贰,羁录朝士曼为右长史,曼知敦不臣,终日酣醉,讽议而已。敦以其士望厚,加礼遇,不委以事,故得不涉其难。"羊曼以醉酒表示了自己政治上的消极怠工,也躲避了政治灾难。

以酒施计　常是政治斗争中对酒的一种妙用。在鸿门宴上,当刘邦一方的情况非常紧急时,为了保护沛公,樊哙带剑拥盾入军门,瞋目视项王。这时,项王也不乏政治家的机警,曰:"壮士,赐之卮酒!"并"复饮"之。在这里,项王利用酒既表示对樊哙的尊重和褒扬,拉拢他,也借酒来缓和当时的气氛和平息他的怒气,以争取进一步动摇他死保刘邦的决心。在江苏高淳县固城出土的东汉画像砖中,有鸿门宴图,画面共绘七人,中间偏西有两人对坐,其中一人背后立二侍女。东边有一带斗拱的立柱,柱旁一飞舞宝剑,另一人与之抵对,最东头一人似在指手画脚。据研究,坐者为刘邦、项羽,舞剑者为项庄,与之抵对者为项伯,另一人是谋士范增。在以酒施计中,毒酒是经常利用来达到一定政治目的的一种工具。公元 189 年,东汉少帝刘辩被董卓废为弘农王,不久又被李儒进毒酒杀害。他虽明知是毒酒,但也不得不饮,便与唐姬饮酒诀别,并作《别酒行》,境况悲惨凄凉。

行酒令除异己　酒常被人们用作政治斗争的工具,就连行酒令也一样。西汉时,为了政治上的目的,刘章利用他被吕后(雉)任命为酒史之机,运用按军法行酒令的权力,对不胜酒力的吕氏逃席者,毫不含糊地按军法处斩,达到了他对企图篡夺刘氏政权的吕氏"锄而去之"的政治目的,是很典型的酒在政治斗争中的运用。

在军事上的运用及功能

军中一般都不允许饮酒,因为饮酒过度是肯定有损军队战斗力的。晋朝的大将陶侃,南宋的统帅岳飞都严禁部下饮酒。唐朝的都将阳惠元,连皇帝给他和他的部将赐御酒时,都不敢饮。"苟未戎捷,无以饮酒。故臣等不敢违约而饮"。这说明,即使在封建时代,治军有方的将领也是严格禁酒的。只有在领衔出征之时或庆功祝捷之日,才饮酒为欢。

酒虽不是对敌斗争的直接武器,更不是什么克敌制胜的灵丹妙药,但酒与军事也有密切关系,也有其在军事上的妙用。战国时"鲁酒薄而邯郸围"的故事,南朝刘宋政权送"甘蔗及酒"予北魏太武帝拓跋焘而缓解兵戎的故事,均显示了酒在军事交往中(包括国家关系)的特殊作用。在一定条件下,酒还有以下作用:

1.激发战斗的豪情和胆量

在军队庆功、祝捷等情况下,饮酒能给将士们带来无比的欢乐,起到鼓舞斗志的作用。"葡萄美酒夜光杯,欲饮琵琶马上催。醉卧沙场君莫笑,古来征战几人回?"唐朝著名诗人王翰的这一首脍炙人口的诗歌,描写了军中将士纵情饮酒的欢乐,歌颂了他们大无畏的战斗豪情。既有美酒,又有琵琶声声拨动着将士们的心弦。他们视死如归,不顾个人安危,愿饮完美酒即战死疆场而无悔。明末农民起义领袖李自成并"不好酒色",但崇祯元年(公元 1628 年),在大雪天里,他却巧妙地利用饮酒谈话的时机,抓住群众的心理,激发大家的斗志,成功地准备和发动了起义,是他重视酒这一工具,并灵活地加以运用的结果。待到起义胜利时,"杀牛羊,备酒浆,开了城门迎闯王,闯王来时不纳粮"的民谣,又道出了酒在欢庆军事胜利中的作用。

酒"善助英雄壮胆",的确不假。荆轲刺秦王、刘邦斩蛇和武松打虎等,都表明酒确实能给人增添斗争时的勇气。"一语相投解宝刀,少年意气悔吾曹。酒香花气沙场血,半在诗襟半战袍。"适量饮酒,有助于人们作战杀敌。"荆轲饮燕市,酒酣气益震。"既是借古抒怀,又描写出了当时荆轲酒后的豪情壮志。刘邦的胆子并不很大,但史书记载:"高祖被酒,夜径泽中,令一人行前。行前者

中华酒典

《忠义水浒传》版画之景阳冈武松打虎图,描绘了武松醉酒后于景阳冈赤手空拳打死猛虎之事。

还报曰:前有大蛇当径,顾还。高祖醉曰:壮士行何畏!乃前,拔剑斩蛇。"这时,酒兴与酒力帮助他勇敢地斩了那白蛇。

2.犒赏将士

早在汉代,我国一些少数民族就以酒作为奖励战功的手段了。在北方,匈奴人"其攻战,斩首虏,赐一卮酒"。在南方,古代的白夷即今大的傣族,每当战斗胜利、斩得敌人首级后,就放在楼下,毕集军校,头插野鸡毛,手执刀矛干戈,绕着敌人首级跳舞,并杀鸡置酒,使巫人祝咒,最后,才"论功名,明赏罚,饮酒作乐而罢。"历史上,酒是这些民族欢庆战斗胜利时不可缺少的饮料。

古时,军事上有遣将礼,比较隆重,酒也是其中的重要内容之一。明崇祯十七年(1644年),"上命大学士李建泰出师,行遣将礼,命驸马都尉万炜以特牲告太庙,上临轩亭,授建泰节剑,备法驾警跸,御正阳门,赐宴饯之……设宴作乐,上亲赐卮酒"。为了振奋出征将士的战斗精神,除了祭祀太庙、祈求神灵保佑外,皇帝还要亲自授节剑,赐御宴,以卮酒为之饯行,表示帝王对出征将士的信任和激励、关心和祝福。

用酒犒赏将士,常比其他物品更富有激励作用。传说,西汉大将军霍去病在河西征战有功,受到汉武帝嘉奖,特地派人从长安送去一坛美酒。霍去病是一位英明的统帅,便将御赐美酒倒在一眼泉水中,由全军将士取而共饮。后人为了纪念霍将军这一深得军心的行为,就把这眼泉水命名为酒泉。当然,传说虽不一定就是历史事实,但反映了人们的一种心理。它所歌颂的不仅是将军的英明,实际也歌颂了酒的功劳。

明崇祯十四年(1641年)正月,李自成农民起义军攻下洛阳,俘获了作恶多端、民愤极大的福王朱常洵,军中置酒祝捷。在欢呼起义胜利和表示对敌人愤慨的情况下,将士们将朱身上的肉割下来,杂以鹿肉烹熟佐酒,称为"福禄酒"。"福禄"与"福(王)肉"谐音,表现了起义军将士对敌人的仇恨,加上酒,大大激发了起义将士的战斗意志。

3.军事权力斗争的手段

酒在军事权力斗争中也有运用。赵匡胤"杯酒释兵权"曾作为饮酒在军事上的妙用而广为流传,就是一个典型的例子。在宋邵伯温的《闻见录》以及《王曾笔录》《渑水燕谈》《涑水纪闻》等书中都有内容大同小异的记载。赵匡胤之所以能以饮酒谈话的方式轻易地从石守信、王审琦等人手中收回兵权,当然主要是因为他作为帝王,手中掌握着生杀予夺的大权。酒作为一种媒介物和润滑剂,方便了主方与客方的联系、创造了适宜的气氛,而且在酒酣的情况下说出关键的活,有其主方攻守两便、客方却防不胜防的奥妙运用。

4.军事结盟

历史上,歃血本是会盟时,双方口含牲畜血或以血涂口旁,表示彼此信用与盟誓。歃血饮酒则是将鸡血或牲畜血滴入酒内饮之,其特殊目的是,结成政治、军事和人际关系等各个方面的同盟。在汉族和少数民族中,当与外人结盟时,大都杀牲设酒,对天盟誓,酒中滴入牲、禽之血而后饮,表示贞信无二。这里面,既有对天地神灵的祭祀与崇拜,也有对酒的作用的重视。壮族民间盟誓时,要杀鸡,滴鸡血入酒,盟誓者同饮此酒,以表同祸福、共生死,称为"饮鸡血酒"。

统治阶级在从事军事活动时常利用歃血饮酒而结盟,农民起义的首领们在起义前也常利用歃血饮酒来发动和组织起义。北宋末年,方腊在起义前,"众心既归,乃椎牛洒酒,召……百余人会饮,酒数行"后,才进一步发动和组织起义。椎牛洒酒就是歃血饮酒。满族在入关之前,每逢出征,必先祭"堂子"、祭关帝,祭时也用酒肉;入关以后,每年夏历二月初一日、十月初一日,还祭坤宁宫的杆神(宫的西南有神杆),皇帝和皇子全冲着西南坐好,每人面前都放着一盅酒、一盘肉,祭毕即饮酒、吃肉。

军事上,以酒施计有时也是克敌制胜的一种有效手段。历史上有名的农民起义领袖陈胜、吴广,在起义以前,就曾利用饮酒刺激过押送他们的秦朝将尉。史载:"将尉醉。广故数言欲亡,愤恚尉令,辱之,以激怒其众。尉果笞广,尉剑挺,广起夺而杀尉。陈胜佐之,并杀两尉。召令徒属曰:……且壮士不死,即已死即举大名耳。"这样,陈胜、吴广就在将尉酒醉的情况下,顺利地实现了打击少数、争取多数、夺取起义初步胜利的目的。

在社会组织和人际交往中的作用

1.社会组织

在许多民族中,当人们从一地区迁入另一地区时,往往要向新迁入地区的首领送酒,以表示尊敬、申请、臣属和服从,得到首肯以后,方可迁入。在结成社会组织时,人们也要用酒祭祀神灵,乞求保佑,结成后,又要饮宴,表示庆祝。

壮族迁入从江地区,都是聚族而居。每个自然村基本是同一姓氏,异姓杂居甚少。清代以前,社会组织比较严密,各寨都有寨老及头人管理公共事务。由外地迁入从江的客户,必须得到头人和寨老的许可,并须准备酒、肉、鱼、香、纸,去敬"霞",即社坛,宣誓遵守本寨乡规民约及习惯法等。过去,景颇族的社会组织是农村公社,山官是农村公社的首领,一个山官辖区就是一个农村公社。老百姓从一个山官辖区迁往另一个山官辖区是自由的,但迁入新辖区时,也要向新山官献一竹筒酒,得到山官认可后,山官就在辖区范围内为新来户分配一份农村公社公有的土地,并帮助新来户盖房和安排生活。

为了防范土匪,历史上贵州省水、苗等民族人民组织了各村寨间的联防。据调查,新中国成立以前曾有过三次大的阿卡组织。其中第三次是 1948 年,在

中华酒典

水尾地区高望的山坳上举行了阿卡栽岩仪式,共有七八十人参加,由当时的保长主持。他说:"我们高望七个甲,每甲来一个人。现在土匪很多,我们都不应该去参加。有敢参加土匪和与土匪内勾外引者,捉来就杀,知道不报者,罚猪一头。"各甲甲长积极响应,就抬来一头肥猪,杀死后,内脏煮稀饭,并用猪头、三碗酒、三碗稀饭作供品,点香、烧纸钱敬神。然后,将一长半公尺多的岩石栽在路旁,以作凭证。最后,大家分食稀饭、饮酒,按甲按户分猪肉,每家得到一块带毛的串串肉,并共同遵守有关防卫的规定,分担有关防卫任务。议榔也是苗族的一种社会组织。在议榔活动中,姑娘代表全体榔员向榔头敬牛角酒,是表示对榔头的尊敬和信任。酒在这里起着重要的作用。

2.社会生产

饮酒与社会生产有密切关系,从古"豐"字的含义与酒的关系可以看出来。古"豐"字除了有丰收、富饶或茂盛、充实的含义以外,还专指一种置放酒器的托盘。虽然,这后一含义现已消失了。"饮酒实于觯,加于豐。注:豐,所以承觯者也,如豆而卑。""豐,行礼之器也。从豆象形。""豐,豆之丰满者也。从豆象形。一曰乡饮酒有豐侯者。"祈求丰收是生产劳动者的普遍愿望,一个"豐"字既表达了这种普遍的愿望,又与酒——这种人们常用来祈求丰收的祭品相联系,当然不是偶然的。人们常用酒来祈求丰收,又常用酒来欢庆丰收,二者的联系是很自然的。

酒用于换工互助 以酒食招待换工者的习俗与以酒食招待客人,在形式上很相似,只不过前者用于组织生产,后者则用于人际交往。怒族在历史上,由于生产力发展的水平低下,自然条件也较差,所以生产中换工互助很普遍。在换工的当天晚上,主人一般都要以酒招待换工者。景颇族每逢农忙,都互相换工协作。帮忙者到来之后,主人都要备好酒、菜,招待一顿饭。要开垦别人的荒地种植时,更得先给荒地主人送些酒,协商借用。在景颇族农村公社制度下,山地所有权是集体的,个人都享有使用权,以酒借地,是表示对享有使用权的原主的尊重。但到了近现代,这一习俗已有了改变,有的已用晌午饭来代替酒了。

酒用于对借地的酬谢 怒族有借地的习俗,其中,酒也用作借少量地或借地给外族的一种酬谢。借入刀耕火种的山地,如面积仅在一排(收苞谷一排,约合一石至一石二斗)以下,或虽在一排以上,而借入户是近亲,又很困难,则可不送礼,只需在收获后请借出户喝点酒就行。借早苞谷地给外族,除了借入户十分困难不送礼外,一般要请点酒。

酒用于庆祝猎物丰收　历史上,酒还在一些民族的狩猎活动中,被用来欢庆猎物丰收和赞扬猎手的勇敢豪迈。"营州少年厌原野,狐裘蒙茸猎城下。虏酒千盅不醉人,胡儿十岁能骑马。"这首诗描写的正是营州(今辽宁锦州西北)地区少数民族射猎时酣饮的热烈场面,酒在这样的生产活动中也起着激发和鼓舞的作用。

酒用于对铁匠师傅的酬谢　拉祜西人的社会生产力水平较低下,一个铁匠一天仅能生产一两件铁器。铁匠的生产时间是农闲,具有明显的副业性质。对于铁匠的酬谢,仅需送一壶酒或一个松鼠干就行,而且也不严格,在家族内部,则纯粹是互助。

3.人际交往

在人际交往中,酒常常是人们联系友谊和沟通感情的桥梁。苏轼所作《蜜酒歌》就是这方面的一个典型。原来,苏东坡被贬湖北黄州时,由于仕途的风雨坎坷,心情极为苦闷。宋元丰五年(1082年),四川绵竹武都山道士杨士昌仰慕苏轼的才华和人品,同情他的遭遇,特地从庐山到黄州去看他,并以自己潜心研制的蜜酒秘方相赠,苏轼则以《蜜酒歌》作谢:"珍珠为浆玉为醴,六月田夫汗流泚。不知春瓮自生香,蜂为耕耘花作米。一日小沸鱼吐沫,二日眩转清光活,三日开瓮香满城,快泻银瓶不需拨。百钱一斗浓无声,甘露微浊醍醐清。君不见:南园采花蜂似雨,天教酿酒醉先生。先生年来穷到骨,问人乞米何曾得。世间万事真悠悠,蜜蜂大胜监河侯。"杨士昌是苏轼的同乡,善画山水,能鼓琴吹箫,通黄白药术,晓星历天文,还精于酿酒。《蜜酒歌》不仅记述了蜜酒的酿造方法,赞美了蜜酒的香醇,而且也歌颂了苏、杨的友谊,表达了作者虽身处逆境,却仍然热爱生活的乐观主义精神。

酒也常用来表示对师长的尊重。尊师、尊上、尊老是中华民族的传统美德。但尊的本来含义和来历,经过一番考证,我们才知道,它竟然是与酒有联系的。"尊,酒器也,从酉,廾以奉之。周礼六尊:牺尊、象尊、著尊、壶尊、太尊、山尊,以待祭祀宾客之礼"。尊也可作樽,牺尊是一种牛形的或刻画牛形于尊腹的盛酒器,象尊是一种全刻象形或画像以为饰的饮酒器,太尊即大尊,是一种注酒器,山尊即山罍,是古代刻有山云图纹的盛酒器等。拜师、尊师在古代是与酒密切联系着的,要对师长表示尊敬,就要献酒;而由于经常用尊献酒的结果,原本为酒器名称的尊,也就引申出了尊敬的含义。早在周朝时,人们相互赠献的礼物就有束修和酒。"其以乘壶酒、束修、一犬,赐人;若献人,则陈酒执修以将命,亦曰乘壶酒、束修、一犬。"后来,这些礼品多指用以致送教师的酬金。唐大历八年(773年),归崇敬建议实行教授法,"学生谒师,赞用腶脩一束、酒一壶……"自那以后,酒也就成了拜师尊师必不可少的礼物。这一习俗一直延续到近现代,说明它的强大生命力。

分析"酒"字,也能看出酒与尊长、尊老之间的关系。"酉"之上或旁有点、滴,均为"酒",作"酋"或"酒",后来"酋"借为酋长之"酋",而"酒"改从水旁。设酉以祭曰"尊",说明"酒"字本来就是"酋"。当部落酋长这一受到人们尊敬的职务兴起后,用"酋"字来表达这一职务,正是酒与尊长之间有密切关系的表现。"仲冬之日,乃命大酋。陈注:大酋,酒官之长也。"这更说明,酒与官长之间的某种内在的联系。

另外,"祭酒"这一古代官职的起源和形成,也表明酒与尊、长之间的密切关系。最初,由于古代祭祀时往往要由一位尊者或长者举酒祭地,所以后来慢慢地就称位尊者和年长者为祭酒,如齐襄王时荀卿曾"三为祭酒"。汉平帝时,曾置六经祭酒,祭酒就成为一个官职,如汉吴王濞年老,曾为"刘氏祭酒"。这说明,酒用于祭祀一开始,便与表示尊、长的含义紧密地联系在一起了,祭酒发展成为官职后,又更进一步巩固了它们之间的联系。

至今,酒仍然是人们相互间表示尊敬、亲密的一种手段。无酒不成礼、无酒不成敬意,说的都是这个意思。

在法律上的运用及功能

1.习惯法的议定

在议定习惯法上,酒起着很重要的作用。明代,汉族农村在举行社日祭祀的同时,还有关于社会治安的盟誓内容,"祭毕就行会饮,会中先令一人读抑强扶弱之誓词"是用习惯法对大家进行教育的一种形式,饮酒在这种形式中占有重要的地位。

水族有悠久的历史和灿烂的文化,其社会组织名叫"榔"。榔有"榔约",即习惯法,由一村或数村农户共同议定,在水族地区很普遍。议定榔约时,一般杀一头猪,备几十斤酒,准备好饭菜,由各村的寨老们召开大会议决。

古董苗是苗族的一支,古董苗的议榔于每年春天,由威望较高的寨老召集举行。每户捐钱买鸡及酒、肉若干,议毕会餐。会上,与会者充分发表意见,商定共同遵守的条款内容。议榔条款一经商定,则由一寨老提着一只公鸡,口中念念有词,念毕将鸡杀死,以鸡血滴入酒碗,大家举碗喝鸡血酒,以示议榔条款生效。

2.习惯法的执行

习惯法的内容非常广泛,涉及社会文化生活的各个方面,习惯法的执行一般是由公众议定。水族对违犯其习惯法榔约者,处罚除赔还实物外,还要罚猪或肉、酒、米给众人吃。执行习惯法时,罚酒、肉洗寨是一种较普遍的方式。其含义是,全寨人都因你违犯习惯法而蒙受羞辱,你必须以酒、肉为全寨人洗刷干净,承认错误,接受教育,以防再犯。

执行习惯法、调解纠纷往往都要用酒。怒族头人在执行习惯法、调解纠纷时都喝酒。据说怒族一些头人是断案能手,酒再醉,也不会把案子办错。氏族头人没有特权,仅在调解纠纷时,接受当事人双方送的一些刀、锄、蓑衣之类的小礼物,但头人却要拿出酒来招待大家。

许多民族都有自己一套多年来形成的生产上的习惯法或禁忌,如水族,每年播种、收割等大型生产活动,都有活路头择吉日带头进行。届时要忌春雷,防止火烧山林和保护好牲畜。凡抢在活路头之前开始生产者、违犯忌春雷者和火烧他人山林者,罚猪一头和够全寨人吃一顿的酒、米。凡搞错牲畜者,则请对方吃一顿酒、饭。

婚姻方面的习惯法,例如,瑶族不准重婚,禁止纳妾,违者必须杀猪、牛请全家族吃酒,向大家当面赔罪。离婚必须通知族中老人,有亲友到场,办酒席招待,进行讲理。习惯法规定不许通奸,如通奸被发现,当场捆绑,承认错误,并杀鸡、猪请家族中的人吃酒。强奸妇女者,请酒赔礼。苗族非同姓的未婚男女通奸,男子要罚黄牛一头,酒、米、肉各33斤给女家作为赔偿,然后该女子嫁给该男子为妻。男女结婚后,双方不和引起离婚,提出离婚者,要赔偿对方30至60串钱,并请酒席,招待双方房族的人,宣布离婚。古董苗通奸者罚米酒120斤,猪一头,请全村群众会餐,并要通奸的男女向全村群众叩头认错,表示赔礼。水族非婚生子,必遭社会非议。非婚孕妇必令去山上住牛棚,产后满月才准进村。

按习惯法,对非婚生子者罚大肥猪一头,酒、大米若干。布依族青年男女如有不轨行为被告知父母或族长,要罚男方猪一头、公鸡一只和酒一坛,在女方寨中请全寨人饮酒吃饭。男女双方须跪在一旁请罪,大家吃酒完毕才能起来谢罪。在拉祜族的一支——拉祜西的社会里,离婚如是女方主动,则偿付男方半开五元、小猪一口、酒一瓶;如果是男方主动,则偿付女方半开三十元、肥猪一口、酒若干。酒在这里,是一种赔礼的形式和偿付的手段。

在解决斗殴、偷盗与其他社会治安问题方面,如瑶族,若发生殴斗,双方必须请头人及亲友评理,失理者须请酒赔礼。瑶族对偷盗行为深恶痛绝,一经查获,除物归原主外,还要责令其请酒赔礼。水族习惯法规定:凡土匪来抢时不抵抗者要罚;凡偷牛者要退还牛;凡进家偷东西者打死不管,被抓获要退回原物;凡有意失火烧寨者,当场抓获抛入火中烧死;凡偷开禾仓者开枪打死不管,被抓获要退回原物;除上述这些处罚以外,还要罚猪一头,出酒、米给全寨人吃,表示赔礼,数量以够吃为准,称作"洗寨"。在古代苗社会里,凡偷人东西者,要罚四个"一百二十":即一百二十斤酒、一百二十斤肉、一百二十斤米和一百二十元钱(过去为白银)。

3.习惯法的发展

在习惯法的发展过程中,酒仍然被人们运用于其议定与执行。贵州黎平县肇洞侗族的习惯法,经历了长期的从栽岩、款词、行文到碑文,从低级到高级、一步一步地发展,已初步具某些地区性法律的规模和内容。但对违背习惯法的不轨行为,仍要经群众讨论,轻则罚酒,重则罚款。光绪十八年定立的《永世芳规》碑,是直接记载侗族的社会组织——合款的乡规条款的。该碑规定:"女嫌,罚银六两,猪肉七十二斤,酒二十四斤,草鱼十五斤","女婿犯(指女婿做了一些对不起岳父的事,要受到惩罚者),赔岳父礼,猪肉五十二斤,酒十二斤"等,其中都有酒的运用。

在生活上的运用及功能

1.烹调美食

在号称"烹调王国"的中国,酒一直被广泛地运用于烹调和美食,这既促使中国菜肴更加美味,也促进了酒本身的发展。酒因而增加了一个新的品种,即料酒,酒的饮食功能也从佐餐之佳品,发展成为美味佳肴的调料。

不仅汉族各大菜系的名菜,如川菜的麻辣肉丁、粤菜的盐焗鸡、鲁菜的酥海带、闽菜的枇杷拌鸡等菜肴,制作时少不了酒,即使是平常人家的日常烧鱼、炖肉、炒菜和凉拌,以酒作调料都非常普遍,而且加了酒以后,菜的色香味也都更加诱人。少数民族也同样。他们各自的风味菜,在烹调时都需用酒。朝鲜族的薰香辣明太鱼、蒙古族的烤羊腿、回族的盐爆散蛋等,烹调时离开了酒也都不行。

在烹调方法上,煎、炸、熘、炒、烹、爆、烧离不开酒,煨、炖、焖、扒、炝、蒸、烤也少不了酒,卤、酱、熏、酥、腌、拌、糟就更是缺不了酒了。特别是醉,如醉鸡、醉菇、醉虾、醉蟹等,还有酒蒸法、酒糟法等,更是直接以酒为手段而形成的。

酒在烹调中的功效比较显著。首先是除腥,酒中所含的乙醇对于鱼虾中所含有的腥味物质,具有易于溶解和挥发的作用;其次是添香,是由酒中所含的醛、酯之类的成分带来的;第三是增脆,如腌黄瓜加酒后,其酸、脆和芳香的程度都会明显增加;第四是保鲜,如鲜鱼暂时来不及烹调时,只需用棉花球蘸酒塞在鱼鳃中,即可保鲜;第五是易于制作,如带毛的鸡、鸭,宰杀前先灌点酒,易于褪毛;第六是增色,如用酒糟制作鱼鲜,再沃以酒,其色会变得更加鲜艳。

2.打平伙聚餐

打平伙聚餐是人民群众改善生活的一种方式,特别在生活还不十分富裕的情况下,这种方式就更加普及和重要。这时,饮酒是不可缺少的项目。例如秋冬季节,鲁南滕县乡村常结社杀羊打平伙。所谓"打平伙",即指要好的亲朋邻里凑钱买酒、买羊,公举擅长屠宰的伙头、打水烧锅的帮手,寻宽敞的院落,宰羊,煮肉,烧汤,供收工回村的劳动者和入伙的人们集体享用。依古俗,负责屠宰的伙头和烧锅的帮手一定要喝上一公斤酒,羊头、羊杂碎和下水,作为报酬归他们所有。人们大碗喝酒,猜拳行令,改善生活,共享快乐。

3.庆贺新房落成

盖房上梁,自古以来就是汉族人民生活中的一件大事。特别是上梁这一天,新房主人要设宴款待泥木瓦匠、邻里及亲朋好友。民谣说:"庄户人,有三喜,娶妻、上梁、添新喜(生小孩);上梁酒,古来有。"新房落成饮酒的第一层意义在于庆祝,庆祝安家立业的这一人生第二大喜。其次,民间盖房多有"邻帮相助"之俗,表示感谢就是新房落成饮酒的第二层意义了。山东莱阳一带民间,流

家庭经典藏书

中华酒典

行着一种上梁喜歌,由木瓦匠掌尺师傅在上梁时念,酒也是其中的一项重要内容,"上梁酒,古来有,八仙和我喝一口。……"在上梁的喜歌声中,噼噼啪啪的鞭炮声作响,上梁结束,新房主人便要邀请大家美餐一顿,划拳饮酒,一醉方休。

景颇族新房落成,要举行"进新房"仪式。进新房,先要选吉时进新火,一般是白天或下午。由董萨巫师拿火把领先进,男主人抬铁三角一个、半大铁锅一口、米酒一筒和清水一筒尾随其后,老年女主人背一箩谷子后进。当晚举行群众性的大型舞蹈,唱贺新房调,中间不时间断地传递水酒或米酒。在这一仪式中,酒不仅充当着通宵达旦的集体舞蹈中的唯一饮料,以满足人们的需要,起着助兴的作用,而且被视为与火、铁三角、铁锅、水和稻谷同等重要的必需品之一,被迎进新房,可见酒在景颇人心目中的地位。

彝族自古就兴盖新房饮酒,共有两次:一次是立柱子办酒,另一次是新屋大门装好后择日办"开大门"酒。届时三亲六戚拥至,主人须摆酒席招待宾客,亲朋好友也都要携带礼物前来饮酒。怒族在开始盖房的当天晚上,主人要招待前来帮忙盖房者喝酒表示感谢。前来帮助修盖房屋的人,也常带一筒酒来表示祝贺。

4.春游娱乐

生活上,酒可以说是人们生活水平高低的一个标志,生活富裕时,饮酒自然多一点,反之则少饮或不饮,而且,酒与乐往往也分不开。唐开元天宝年间,郊游饮酒盛行,人们选择春暖花开之时,或临水欢宴,或花下对酌,尽醉尽欢,就是当时社会安定,经济繁荣,人民生活富裕的最好写照。宋代以后,郊游饮酒更普及。当时,春天的开封,树荫之下或亭园之中,到处都是杯盘罗列、互相劝酬的人群。一般城市居民也多借扫墓之机,携带酒食春游。清代乾隆盛世,北京人于初夏之时,携酒食到郊外饮宴,成了当时的一大盛况。"公主坟前漾碧流,花儿牐外荡轻舟。都人雅慕江乡趣,佳日良朋载酒游"。春游也称踏青。与汉族一样,春天,清代关外的满族也有耍青野宴之俗,反映了民族之间习俗的相互融合和影响。"四五月,青草初生,载酒牵羊,饮宴于江边林下,号曰'耍青'"。直到近现代,春游野宴之风仍盛。不仅有亲朋好友的野外饮宴,还有集体的游园。或在大树之下,或于草坪之上,或河边溪旁,人们饮酒赏花,活动筋骨,呼吸新鲜空气,以达到娱乐身心的目的。

5.医疗保健

杜甫沽酒游春图,描绘了唐代大诗人杜甫于春日沽酒出游的快乐景象。

　　酒的医疗保健作用,主要是通过药酒来实现的,但一般酒也有的一定的医疗保健功能。适当饮酒能加快血液循环,促进新陈代谢,增强免疫能力,刺激唾液的分泌,提高消化能力。不仅对于一般人,对于身体各部分功能逐渐衰退的老人来说,也都有一定的医疗保健作用。

　　宋时,民间流行一种治耳聋的社酒。说一个姓杨的尚书耳聋,与一个姓高的富豪为邻。高家的两个儿子——大马和小马为赶考求官常来找杨尚书。杨尚书看不惯这两个纨绔子弟,便以耳聋相推辞。一天,正逢社日,小马带来一榼社酒对杨尚书说:这是专治耳聋的社酒,我愿意侍奉您喝下去。杨尚书闭着眼睛愣了半天,才叫童子取纸笺来,写下绝句一首:"十数年来聋且聩,可将社酒便能医。一心更愿睛盲了,免见豪家小马儿。"社酒是什么配方,能治耳聋,已无法详考,但当时有一种治耳聋的社酒作为偏方在民间流传着,而且是治十多年的耳聋,则是很可能的。

古人认为,有利于延年益寿的酒主要有桂花酒和菊花酒。"蕙肴蒸兮兰藉,奠桂酒兮椒浆。注:桂酒,切桂置酒中也"。这种祭神仪式上用的桂酒和椒浆,按《谈苑》的说法,能"饮之寿千岁"。椒浆,就是在祭祀完毕后晚辈向长辈敬奉的酒,饮后会长寿。古人还认为,除了桂花酒、菊花酒之外,还有柏叶酒,也有延年益寿甚至返老还童的作用。

酒在医疗保健和延年益寿方面的功用,历史上诗人们多有吟咏,说明这种功用已成为人们的共识。"细雨溟蒙江汉宽,楚天无际倚阑干。水为万古无情绿,酒是千龄不老丹。故国鱼兼莼菜美,新霜人共菊花寒。楼船楼阁俱雄壮,黄鹤黄龙醉里看。"这诗的语言——酒是千龄不老丹,比较生动地揭示了酒的延年益寿功用,还蕴涵着诗人对酒的深厚感情。

当代的酒也有许多具有医疗保健功能,其中黄酒的作用较强,黄酒是我国富有民族特色的酒。它度数低,十五六度左右,含有丰富的氨基酸、维生素、多种糖类和浸出物。贮存时间越长,氨基酸含量越高。它发热量高,营养丰富,同时还含有一定量的有机酸和芳香物质,有促进食欲、帮助消化的功能。加上黄酒是以谷物为原料,通过酒曲中多种微生物发酵酿制而成的一种原汁酒,故不易醉人,适于饮用。这比较集中地反映了中华酒文化的民族特色,在世界酒文化中占有重要的地位。

我国少数民族中,也有许多民间饮酒保健或用酒治病的良方。壮族饮酒的人相当多,为什么?据说,壮族认为,山高路陡,做工、走路都很辛苦,饮了酒身体较舒服。毛南人在平日的劳作之后也要喝酒,以消除疲劳,舒筋活血,他们实际上都是把酒当作一种保健饮料了。壮族还将鸡、鸭、猪、牛的胆汁溶于酒,据说饮后清火明目。西藏米林县珞巴族常给儿童饮敬神的酒,认为可保儿童健康成长。

酒要饮之得当才能增进健康,反之则有害。《吕氏春秋·本生》中所说的"三患",第二条就是被称之为"烂肠之食"的"肥肉厚酒"。这对于企求健康长寿的人,是不可不察的。

妇女在酒文化中的地位

妇女与酒是一个饶有兴味的问题,不同民族,情况各不相同。贵州省望谟县乐康乡布依族男子酷好饮酒,但妇女不饮酒。过去瑶族男子多有酒的嗜好,在十五六岁以上,几乎没有一个不会喝酒的。栖系自酿,取饮方便,所以富裕者每日常饮一两次、甚至三次,而晚餐饮一次最为普遍,视吃酒比吃饭还重要。然而瑶族妇女饮酒却很难找出例子,即使有,也是极个别的,在酒会这一集中饮酒的场合中也是这样。水族不仅男子90%以上有饮酒的嗜好,而且女子也可以饮一些。特别是当女宾客来到时,须由家中主妇陪同,共同畅饮。壮族男子多饮酒,约占男子的70%~80%,但据调查,女子只有4%左右的人饮酒。在壮族的宴会上,男女一般不共席,主要是因为女子不吸烟、饮酒,饮食的速度也不同,其次,也避免男人酒醉后言行上的粗野。这种习俗一直保留到现在。但同样是壮族,从江的壮族妇女则多能饮酒,有的还胜过男子。逢年过节或喜庆宴会时,妇女们常与男子对饮而歌。迎宾待客,当酒兴之时,往往先由妇女吟歌敬酒,务使客醉为乐。可见同一民族的不同地区也可能会有差异。景颇族的情况就大不一样,无论男女老幼几乎都有饮酒的强烈嗜好。"没有饭吃可以,没有酒喝不行",是他(她)们常说的一句俗话。人们之间,即使是老妪之间,无论在什么时间或场合相遇,首要的礼节便是相互交换烟盒和酒筒:烟盒在先,是友好的第一步,但仍属一般;酒筒其次,感情却更加深厚了。他(她)们的饮酒嗜好,是从小就培养起来的,有的从一两岁的婴幼儿时期开始,父母便经常用筷子蘸酒喂给他(她)。

上述布依、瑶、水、壮和景颇五个民族的妇女,在饮酒上也显示出五种不同的类型:不饮、极个别饮、少数饮、多数饮和绝大多数饮。而除了在饮酒的普遍程度问题上,不同民族或地区的妇女常显示出自己的特征外,妇女在酒文化中的地位,还通过以下几方面表现出来。

1.妇女酿酒

妇女酿酒在中国酒文化历史上是很突出的。中国古代传说中的始作酒者仪狄就是帝女。文献记载:"酒人,女酒三十人。注:女酒,女奴晓酒者。"可见,我国古代,酒多为妇女所酿造。今天,我国南方人喜欢食用的甜米酒,即酒酿,仍多为妇女所作。在少数民族中,侗族妇女极善酿酒。水族妇女擅长酿糯米酒,酿酒在水族社会中是妇女的事。水族人民自制酒药时,特别强调由妇女们集体进行。姑娘、中年妇女、老年妇女都可以参加,由寨内最有威望的妇女领头。采集到的原料全寨集中,洗净、切碎、舂烂,放入大锅里,添上清水煮。待树叶煮熟后,各家各户都来舀煮好的树叶汤。水族妇女制作酒药的历史悠久,反映了妇女在酒文化历史上的重要作用和地位。海南黎族妇女擅长蒸酒,黎族社会也认为这是他们的工作。

我国台湾以及东亚一带的民族学资料告诉我们,分布于该地的嚼酒,虽然男女老幼皆可嚼,但多数为少女和已无月经的老妪。其中祭祀用酒,则必须由少女嚼。我国民族学家凌纯声曾对这一嚼者的文化特质专门进行研究,得出结论说:"在东亚、太平洋、中南美洲三区,嚼酒是女人的事;嚼者多半是少女或老妪;祭祀用酒必须由少女嚼;男子和男孩甚少嚼酒,唯一的例外是在 Melanesia 祇由男人自嚼自饮。"

2.妇女劝酒

在中国长达 2000 年的封建社会里,妇女备受压迫,地位低下。但中国妇女辛勤劳作,贤淑善良,热情好客,慷慨大方的优秀品质,也是众所周知和备受赞扬的。诗云:"夫婿长贫老岁华,生憎名字满天涯。席门却有闲车马,自拔金钗付酒家。"丈夫虽然贫穷,但客人一旦来到,妻子就不动声色地用金钗换来美酒款待。这生动的诗句,所反映的生活真实,不仅说明以酒待客的重要,更说明中国古代妇女慷慨好客的博大胸怀和对酒的重视!"吴姬十五发鬖鬖,玉碗蒲桃劝客酣;但过黄河风色冷,更无春酒似江南。"一名为生活所迫、服务于酒店的吴地少女——吴姬是那样的单纯质朴!她热忱好客,对客人彬彬有礼,情真意诚地向客人劝酒,体现了广大妇女的伟大情操和劝酒时的动人形象。由妇女出面向客人劝酒,能表现主人对客人的真诚知己和友谊深厚的程度,是中国自古以来早已形成的一种习俗。在这一习俗中,妇女是不可取代的重要角色。

3.游乐日饮酒

在我国古代,曾有过一个妇女饮酒游乐日。据载:"九为阳数。古人以二十九日为上九,初九日为中九,十九日为下九。每月下九,置酒为妇女之欢,名曰阳会。"所以,下九是我国古代妇女约定俗成的一个饮酒游乐日。在封建社会妇女地位比较低下的情况下,下九虽然还算不上是真正的、妇女的节日,但到了这一天,妇女们都主动放下手中的活儿,聚在一起饮酒、游戏、欢歌,以待月明。因为难得有这样一天休息、游乐日,妇女们都很珍惜它,常舍不得睡觉,一直玩到第二天早上。这一风俗盛行于汉、魏时。在具有反封建、争取妇女婚姻自由意义的《孔雀东南飞》里,有"初七及下九,嬉戏莫相忘"的诗句,就是当时下九日妇女饮酒嬉戏风俗的写照。后来,由于封建制度不断完善和加强,这一习俗自然得不到发展,并逐渐淡化以至消亡,到了近现代就完全绝迹了。

4.结社饮酒

在当代我国一些地区,还有某种妇女结社饮酒的现象。例如,由妇女们结成的鸡蛋社或鸭蛋社,就曾流行于微山湖湖区乡村。所谓鸡(鸭)蛋社,即妇女们平日按规定各出几枚蛋,积攒起来卖掉作为本钱,再通过借贷生息,最后妇女们约定一日,用这笔钱打酒、买肉、会餐、聚饮。这是妇女们为改善自身生活,争取自由幸福所做的一种努力,也把饮酒放在了一个比较突出的地位。

5.酿制女酒

这是一个具有显著特点、分布地区较广的酒文化现象,在江浙一带的古越人中、今天的汉族中以及贵州省的苗族中都有分布。在唐·房千里《投荒杂录》《清稗类钞·饮食类》等古代文献中都有女酒的记载。女酒又叫女儿酒,是在女儿出生后几岁时就酿制,藏到女儿出嫁时用以宴客的美酒。早在唐代,浙江绍兴的汉族就有"女儿酒",到了清代,因用彩绘的酒坛盛装,并用做新娘陪嫁的礼物,所以又叫花雕酒。贵州苗族也有女儿出嫁时宴客用女酒的习俗。新娘子在天不亮时就被接到新郎家,由请来的两位德高望重的老人,用七个酒杯斟满甜酒,让新娘子饮。新娘子每一杯呷一小口酒,而后鞭炮齐鸣。此时开始让本家的亲朋进屋赴宴。宴席上:男女青年对歌饮酒,在悠扬的芦笙乐曲中翩翩起舞。酒宴一直持续到第二天黎明才尽欢而散。女酒发展成为一种专门的习俗用酒,有以女儿比美酒、同时又以美酒比女儿的双重含义,充满了赞誉的激情,也说明了妇女在酒文化中的地位。

第四章　酒之情境

第一节　酒之情

　　酒，对嗜好者来说，犹如琼浆玉液，成为生活中不可缺少的饮料；对不好酒者来讲，好似泥汤苦水，敬而远之。然而，喜庆宴会，宾朋交往，却又都少不了酒。自古以来，无酒不成席已成民俗，因而，酒越饮情越厚，流传至今。

酒越饮情越厚

　　酒，是一种含有酒精的饮料，饮用后很快就会加速周身血液循环，引起中枢神经兴奋，产生一种轻快的感觉。饮得适度，恰似飘飘欲仙。因之，饮者对酒之情便会越饮越深，如若饮之过度，狂饮烂醉，则会忘乎所以，无事生非，大则误国损民，小则误事伤身。因此，我们的先人总结历史教训，制定出种种关于酒的清规戒律，谆谆告诫后人。如周公之《酒诰》，"释氏之教，尤以酒为戒"，认为"饮酒有十过失，一颜色恶，二少力，三眼不明，四见嗔相，五坏田业资生，六增疾病，七益斗讼，八恶名流布，九臂慧减少，十身坏命终。"类此告诫举不胜举。我们的先人还认为"大哉，酒之于世"大学问也。因为，酒可"礼天地，事鬼神，射乡之饮，鹿鸣之歌，宾主百拜，左右秩秩。上至缙绅，下逮闾里，诗人墨客，樵妇渔父，无一可以缺此。"由此可见，酒适用于各个方面，为各层次的人所乐用。所以，我们的先人又总结了历史经验，制定和撰著出种种酒德的规范，以示后人。略举

早期有关酒德的两篇文章,以供研究与探讨:

其一是,三国时期文学家、魏国大夫孔融撰写的《与曹操论酒禁书》:

"夫酒之为德久矣。古先哲王,类帝禋宗,和神定人,以齐万国,非酒莫以也。故天垂酒旗之曜,地列酒泉之郡,人著旨酒之德。尧不千盅,无以建太平;孔非百觚,无以堪上圣。樊哙解厄鸿门,非豕肩钟酒,无以奋其怒。赵之厮养,东迎其主,非引旨酒,无以激其气。高祖非醉斩白蛇,无以畅其灵。景帝非醉幸唐姬,无以开中兴。袁盎非醇醪之力,无以脱其命。定国非酣饮一斛,无以决其法。故郦生以高阳酒徒,著功于汉;屈原不哺糟欢醨,取困于楚。由是观之,酒何负于政哉。"

其二是,晋朝任过建威参军刘伶撰写的《酒德颂》:

"有大人先生,以天地为一朝,万朝为须史,日月为扃牖,八荒为庭衢。行无辙迹,居无室庐,幕天席地,纵意所如。止则操卮执觚,动则挈榼提壶,唯酒是务,焉知其余。有贵介公子,缙绅处士,闻吾风声,议其所以。乃奋袂攘襟,怒目切齿,陈说礼法,是非锋起。先生于是方捧罂承槽,衔杯漱醪,奋髯箕踞,枕曲藉糟,无思无虑,其乐陶陶。兀然而醉,豁尔而醒。静听不闻雷霆之声,熟视不睹泰山之形,不觉寒暑之切肌,利欲之感情。俯观万物,扰扰焉若江海三载浮萍;二豪侍侧焉,如蜾蠃之与螟蛉。"

这两篇文章的实质是讲酒的作用,名之为德并未讲出酒德的规范,至于其中的某些观点,也并不能令人十分信服。尽管如此,毕竟是最早问世的论酒德的文章,对好酒者来说,不能不算是一个立论的根据。

何谓酒德,时至今日,还没有一位酒之高人予以概括。有之,即古书所云:"瑕不掩瑜,未足韬其美也。"意思是说饮酒虽然有不好的一方面,但不过量,也还是掩盖不住它的好处的。大文学家曹植对此曾说:"饮者并醉,纵横渲哗,或扬袂屡舞,或扣剑清歌,或啮蹴辞觞,或奋爵横飞,或叹骊驹既驾,或称朝露未晞,於斯时也。质者或文,刚者或仁;卑者忘贱,窭者忘贫"。之时,不乱其性,不逾其矩,即可谓酒之德也。嗜饮者不可不知!

酒越饮越厚的真谛,并不完全在于酒德的作用,而是在于不断地增进酒之情的结果。酒对嗜者所以有如此之作用,是因为任何一个人,都具有自己的情绪和情感,情绪和情感是人的基本心理过程反映之一。

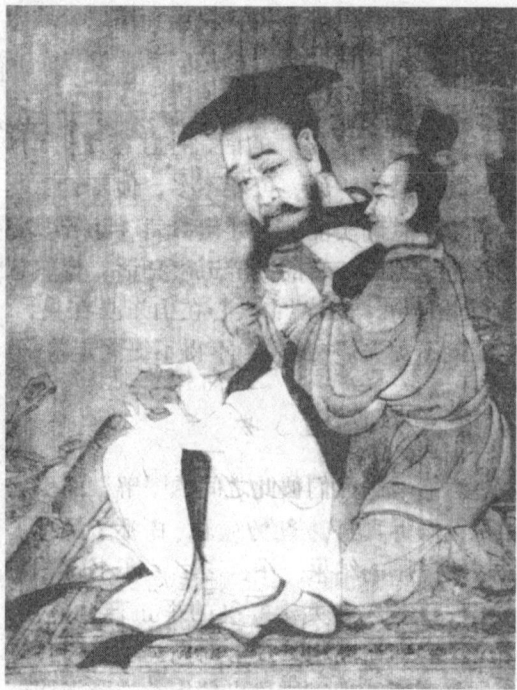

刘伶像

就生理学活动范围来讲,人的情感来自人的"七情六欲",所谓"七情",按儒家说法,即"喜、怒、哀、惧、爱、恶、欲,七者弗学而能。"中医学把喜、怒、忧、思、悲、恐、惊称为情态,并认为"七情者,若将护得宜,怡然安泰;而冒非理,百病生焉。"所谓"六欲",即生、死、耳、目、口、鼻之欲望。古人云:"全生者,六欲皆得其宜也。"酒是"七情六欲"的中介之一,酒是好酒者之所需,嗜酒者之所爱,出自他们的"七情六欲",这种情感是真挚的,且是在酒中而生,酒中而发,酒中而升华。这种情感的作用,主要表现在三个方面:

(一)酒后吐真言

有位不会喝酒的朋友,写了一段如下的感受。他说:"不过,我自己虽然不会喝,对于那种热热闹闹的喝酒的场面,还是很愿意'光临'的。觉得在那种时刻里,大家都丢掉了平日的许多客套,丢掉那许多不必要的礼仪,外衣一脱,开怀痛饮,形式越随便,心情越舒朗,几杯酒下肚,话越说越多,肺腑味儿越浓,每个人也越加露出自己的本相,快乐和忧愁,欣慰和激愤,种种心情都渐显于形,表现在脸上,说出的话,每每都是'掏心窝子'的,翻箱倒柜,人们把平日里不直说、不便说、不敢说的话,这工夫可以一股脑儿倒出来。这种'倒出来'的话,往往都是开门见山，直出直入，不加任何修饰词的真言。真则精贵，话，可能不多，但却针针见血，能让人牢牢记住。"酒在人们日常生活中，它确实能使人吐出真言，道出实话。有的由于说的竟是真话，视为知己，彼此越饮越厚；有的酒醉道出狂话，竟然惹出了杀身之祸。当年宋江在浔阳楼乘酒兴写出四句"反诗"："心在山东身在吴，飘蓬江海谩嗟吁。他时若遂凌云志，敢笑黄巢不丈夫。"最后，不得不铤而走险，逼上了梁山。这又是一例。

(二) 增进了解

酒能增进人们彼此之间的了解，而引起种种情感。饮酒时，越饮彼此越能以诚相见，倾诉真言，齐倒肺腑，由不了解到了解，由了解较少到了解较多，都是由于酒越饮越厚的结果。中国著名才子书《水浒传》，全书一百回，几乎回回有酒。描述了一百零八名英雄好汉的举止言行，几乎人人饮酒，酒越饮越厚，情义越来越深，最后殊途同归，走上梁山。水浒一百零八将，离开酒就难以写出他们的内在联系；离开酒就难以描述出他们的披肝沥胆、肝胆相照的友情和道义。也正因此，他们才加深了相互的了解，才能患难相扶，替天行道。

(三) 加深友谊

酒是人们交往的中介。往往由于对酌，边饮边谈，彼此倾吐真言，加深了了解，建立起友谊，进而相互协助，增进了友谊。这里所说的友谊，绝不是那些"酒肉朋友"，有酒有钱、有势就穷喝狂饮，无酒无钱、无势就躲得远远的，而是那些坦率正直、患难相助，真诚相待的朋友，他们可称之为知己之交。

以酒会友

我国是世界酿酒最早，饮酒人最多，用酒量最大的国家之一。以酒会友的逸闻盛事更是举世闻名。以酒会友是我国有史以来传统的交往形式，古今国与国之间，单位与单位之间，个人与个人之间，无论以文会友，抑或以物易物，抑或生产、贸易往来多是以酒为中介，从而达成种种协议，结成深厚友谊。所以，以酒会友成为人际交往、物质联系、事业成就的媒介。

以酒会友的形式繁多，并且变化多端，概括来讲可归纳为以下几种：

中華酒典

（一）合家之饮

这种饮酒形式较普遍，多是在自己家中自斟自饮，或与家人同饮。工作之余回到家里，或外出归来，或逢爽事，炒上几个菜，拿过酒来，父子、夫妻、兄弟喝上几杯，既解疲劳，又舒胸怀。诗人画家往往借酒吟诗作画，谈古论今，如唐代大诗人李白在《春夜宴桃李园序》中所云："夫天地者，万物之逆旅。光阴者，百代之过客。而浮生若梦，为欢几何。古人秉烛夜游，良有以也。况阳春召我以烟景，大块假我以文章。今桃李之芳园，叙天伦之乐事。群季俊秀，皆为惠连，吾人咏歌，独惭康乐。幽赏未已，高谈转博。开琼筵以坐花，飞羽觞而醉月。不有佳作，何伸雅怀，如诗不成，罚依金谷酒数。"你看他们多么欢乐。

有的独饮旷神逸情。如为人隽放豪逸的王景文撰写的四篇《何处难忘酒》五言诗，可为代表："何处难忘酒？蛮夷大不庭。有心扶白日，无力洗沧溟。豪杰将斑白，功名未汗青。此时无一盏，壮气激雷霆。"

"何处难忘酒？奸邪太陆梁。腐儒空有邴，好汉总无张。曹赵扶开宝，王徐卖靖康，此时无一盏，泪与海茫茫。"

"何处难忘酒？英雄太屈蟠。时违聊置畚，运至即登坛。梁甫吟声苦，干将宝气寒。此时无一盏，拍辟不阑干。"

"何处难忘酒？生民太困穷。百无一人饱，十有九家空。人说天方解，时和岁自丰。此时无一盏，入地诉英雄。"

有的自斟自饮自怜自怨。如唐代诗人高适有诗云："出门何所见，春色满平芜。可叹无自己，高阳一酒徒。"

（二）朋友之饮

以酒会友的最普遍形式是朋友之饮。这种借酒相会，形式极为随便，三三两两聚在一起，举杯畅饮，各抒所怀，乃生活中的一大快事。古往今来，朋友之间，彼此谈心，互为知己，大多以此形式为由而形成的。对此，古今传闻极多，尤其行游故事，今略举数则，以供鉴赏。

挽衣共饮："张丞相商英，字天觉，召自荆湖。适刘跛子与客饮市桥，闻车骑甚都，起观之。跛子挽丞相衣，使且共饮。因作诗曰：'迎客湖湘召赴京，车骑迎迓一何荣。争如与子市桥饮，且免人间宠辱惊。'张赏其俊爽，跛子青州人，挂一拐,每岁至洛阳范家园看花。为人噱谈有味,大范与二十金曰:'跛子吃半角'。小范与十金曰:'吃碗羹'。刘诗谢曰:'人生四海皆兄弟,酒肉林中过一生'。"

醉翁亭:"庆历间,欧阳公(即欧阳修)谪守滁阳,筑醒心、醉翁两亭于琅琊幽谷,令幕官谢希深、绎,杂植花草。谢以状问名品,公批纸尾云:'浅红深白宜相间,先后仍须次第栽。我欲四时携酒去,莫教一日不花开。'未几,徙扬州别滁诗云:'花光浓郁柳轻明,酌酒花前送我行。我亦宜如常日醉,莫教弦管作离声。'"

欧阳修像

石曼卿的故事:石曼卿,字延年,是宋代文学家,他的诗文极为欧阳公所欣赏。"石曼卿一日谓秘演曰:'馆俸清薄,不得痛饮,且僚友镮之殆遍,奈何。'演曰:'非久,引一酒主奉谒,不可不见。'不数日,引一纳粟张监簿者,高赀好义,宅在朱家曲,为薪炭市评,别第在繁台寺西房,缗日数十千。常谓演曰:'某虽薄有涯产，而身迹尘贱，难近清贵，慕师交游，尽馆阁名士，或游奉有阙，无怵示及。'演因是携之，以谒曼卿。便令置宫醪十担为贽，列醢于庭，演为传刺。曼卿愕然问曰：'何人?'演曰：'前所谓酒主人者。'不得已，因延之，乃问甲第何许，生曰：'一别舍，介繁台之侧，'某生亦翔雅，曼卿闲语演曰：'繁台寺阁，虚爽可爱，久不一登。'其生离席曰：'学士与大师，果欲登阁，乞预宠谕。下处正与阁对，容具家蔌，在阁迎候。'石因诺之。一日休休，约演同登。演预戒生，生至期，果陈具于阁，器皿精核，冠于都下。石、演高歌褫带，饮至落景。曼卿醉喜曰：'此游可记。'以盆渍墨，濡巨笔，以题之：'石延年曼卿，同空门诗友老演登此。'生拜扣扣曰：'臣贱之人，幸获陪侍，乞挂一名，以光贱迹。'石虽大醉，犹握笔沈虑，无其策以拒之，遂目演，醉舞佯声讯之曰：'大武生牛也，捧砚用事可也。'竟不免题云：'牛某捧砚。'故永叔后以诗戏曰：'捧砚得全牛'。"

唐伯虎的故事："华学士鸿山，弋舟吴门，见邻舟一人独设一壶，斟以巨觥，斜头向之极骂；既而奋袂举觥，作欲吸之状，辄攒眉置之，狂叫拍案，因中酒欲饮不能故也。鸿山注日良久曰：'此定名士。'询之，乃唐解元子畏（唐伯虎）。喜甚，肃衣冠过谒。子畏斜头相对，谈谑方洽，学士浮白属之，不觉尽一觞，因大笑极欢。日暮，复大醉矣。当谈笑之际，华家小姬，隔帘窥之而笑。子畏作娇女篇贻鸿山，鸿山作中酒歌答之。后人遂有庸书获配秋香之诬。袁中郎为之记，小说传奇，遂成佳话。又子畏同祝京兆醉坐生公石，见可其亭有贵人分韵赋诗，乃衣褴褛如乞儿，倚柱而听，数刻未落一韵，格格苦思。句成，二人相视而哂。贵人怒曰：'乞何为者? 岂能诗耶?'对曰：'解元口吟，京兆操觚，须臾数百言，有七里山塘迎晓骑，几番春雨湿征衫之句。'掷笔索酒，酣饮而去。贵人惊异，以为遇仙，对人艳称之。后知之，惭恚，卒有棘闱之谮。"古今朋友之饮，相互对诗也限多。如范云的《对酒》曰："对酒诚可乐，此酒多芳醇。如华良可贵，似乳更非珍。何当留上客，为寄掌中人。金樽清复满，玉碗沤来亲。谁能共迟暮，对酒惜芳民。君歌尚未罢，却坐避梁尘。"

(三) 群宴之饮

古有君臣之饮，国宴之饮，庆功之饮，时至今日，摆酒设宴之饮，几乎随处可见。这种宴饮，高朋满座，盛友如云，觥筹交错，热烈温馨。略举二则：

绝缨大会：楚庄王为了奖励平定叛乱，绎基一箭之功，"置酒大宴群臣于渐台之上,妃嫔皆从。庄王曰:'寡人不御钟鼓,已六年于此矣。今日叛臣授首,四境安靖,愿与诸卿同一日之游,名曰太平宴。文官大臣官员,俱来设席,务要尽欢而止。'群臣皆再拜,依次就座。庖人进食,太史奏乐,饮至日落西山,兴尚未已。庄王命秉烛再酌,使所幸许姬姜氏,遍送诸大夫之酒,众具起席立饮。忽然一阵怪风,将堂烛尽灭,左右取火未至。席中有一人,见许姬美貌,暗中以手牵其袂。许姬左手绝袂,右手揽其冠缨,缨绝,其人惊惧放手。许姬取缨在手,循步至庄王前,附耳奏曰:'妾奉大王命,敬百官之酒,内有一人无礼,乘烛灭,强牵妾袖。妾已揽得其缨,王可火察之。'庄王急命掌灯者:'且莫点烛,寡人今日之会,约与诸卿尽欢,诸卿俱去缨痛饮,不绝缨者不欢。'于是百官皆去其缨,方许秉烛,竟不知牵袖者为何人也。席散回宫,许姬奏曰:'妾闻男女不渎,况君臣乎? 今大王使妾献觞于诸臣,以示敬也。牵妾之袂,而王不加察,何以肃上下之礼,而正男女之别乎?'庄王笑曰:'此非妇人所知也! 古者,君臣为享礼不过三爵,但卜其昼,不卜其夜。今寡人使群臣尽欢,继之以烛,酒后狂态,人情之常。若察而罪之,显妇人之节,而伤国士之心,使群臣俱不欢,非寡人出会之意也。'许姬叹服。后世名此宴为'绝缨会'。有诗云:

  暗中牵袂醉中情,玉手如风已绝缨;

  尽说君王江海量,畜鱼水忌十分清。"

  兰亭盛会:东晋大书法家王羲之,琅玡临沂(今山东省临沂北)人,官至会稽内史。于353年(永和九年)3月,在浙江绍兴西南湖口兰亭,邀请宾朋开了一次盛大的酒会。这次大会热闹非凡。当时,王羲之任地方太守,曾用他的书法妙笔,撰写一篇著名的《兰亭集序》,记载了大会盛况:

  "永和九年,岁在癸丑,暮春之初,会于会稽山阴之兰亭,修禊事也。群贤毕至,少长咸集。此地有崇峻岭,茂林修竹。又有清流激湍,映带左右,引以为流觞曲水。列坐其次,虽无丝竹管弦之盛,一觞一咏,亦足以畅叙幽情。是日也,天朗气清,惠风和畅。仰观宇宙之大,俯察品类之盛。所以游目骋怀,足以极视听之娱,信可乐也。夫人之相与,俯仰一世,或取诸怀抱,晤言一室之内。或因寄所托,放浪形骸之外。虽取舍万殊,静躁不同,当其欣于所遇,暂得于己,快然自足,曾不知老之将至。及其所之既倦,情随事迁,感慨系之矣。向之所欣,俛仰之闲,已为陈迹,犹不能不以之兴怀。况修短随化,终期于尽。古人云:死生亦大矣,岂不痛哉。每览昔人兴盛之由,若合一契,未尝不临文嗟悼,不能喻之

中华酒典

于怀。固知一死生为虚诞,齐彭殇为妄作。后之视今,亦犹今之视昔,悲夫。故列叙时人,录其所述,虽世殊事异,所以兴怀,其致一也。后之览者,亦将有感于斯文。"

王羲之将这次盛会,从天文地舆,到人际感慨,写得淋漓尽致。时至今日,奉之为佳作。对酒会来讲,这是一次文明而高雅之盛会。

(四)结社之饮

古代有志同道合者,结为团体,谓之结社,后来,又有政治斗争之所需,结成社团,以至党派由此而生焉。古时农村每遇丰收之节,村中结社以饮酒庆丰收。如唐时村社盛行,有诗云:"到此祇除重结社,有余闲事莫思量。"宋代诗人陆游,曾作有《社酒》诗,诗云:"农家耕作苦,雨旸每关念。种黍蹋麴蘖,岁终勤收敛。社瓮虽草草,酒味亦醇酽。长歌南陌头,百年应不厌。"到了明代,又有诗云:"远公偏爱能诗苦,陶令原无结社心。"到了清代,当时编纂的《清稗类钞》中,有《林希村结酒社》一则的记载,也很有特点。略述内容如下:"侯官林希村大会晟家居时,与林怡庵、林枳怀、叶与恪、梁开万诸人结酒社。日高睡起,即登酒楼,终日痛饮。醉则歌呼笑骂必夜深,乃扶醉而归,归则寝,明日又往矣。希村为勿村中丞之仲子,怡庵为郑苏庵方伯之舅氏,皆能不事事而沉饮,殆晋七贤八达之流也。"

结社之饮,虽然是以饮酒为中心而出现的,但是随着社会的演变和政治斗争的需要,到了近现代,已有名无实,貌似而实非。有的往往利用这种形式进行政治斗争和经济斗争。

(五)蓝尾酒之饮

这种饮酒形式见之于唐代。据《辞源》解释,"唐代宴饮,酒巡至末坐,谓之蓝尾酒。"又名为"婪尾酒"。又谓:"今人以酒巡匝为婪尾……处于座末,得酒为贪婪。"又见之《河东记》有如下记载:"申屠澄与路傍茅舍中老父姬及处女,环火而坐。姬自外挈酒壶至曰:'以君冒寒,且进一杯。'澄因揖逊曰:'始自主人翁。'即巡澄,当婪尾。盖以蓝为婪,当婪尾者,谓在后饮也。""唐人言蓝尾,谓酒巡匝末,连饮三杯为蓝尾。盖末座远,酒行到常迟,连饮以慰之,有贪婪之意。"

中華酒典

这种饮酒形式,实际上是饮酒中的一种劝酒游戏。酒传到最后坐者,当将壶中剩的酒底,连饮三杯方止,实际是将酒壶中之酒全都饮尽。对此,唐大诗人白居易在他的《元日对酒诗》中有云:"三杯蓝尾酒,一撮胶牙饧。"又:"老过占他蓝尾酒,病余收得到头身""岁盏后推蓝尾酒,春盘先劝胶牙锡。"均此而言。此法今已失传,未为后人推广。

八拜之交

酒能促进人们交往的友谊。友谊达到炉火纯青地步,结成金兰之好,称之为"八拜之交"。古时,见父辈的亲朋所行的礼节亦称八拜。宋代学者邵伯温著的《邵氏见闻》一书中记载,"公(文彦博)至北京,李稷谒见,坐客次,久之。公著道服出,语之曰:'尔父,吾客也,只八拜。'"这是讲晚辈对长辈行的大礼。一般朋友结成兄弟,亦称之为"八拜之交",是形容友谊之深的程度。

然而也有的认为,真正炉火纯青的"八拜之交"是不存在的。他们认为人的本质就是自私的,"人不为己,天诛地灭。"人间的"友谊",就是互相利用的关系。所谓"八拜之交",亦是自欺欺人而已。这种人自己既无深交,又无好友。诚然,从饮酒而交结的"八拜之交",并不都是志同道合、患难与共、同生共死的朋友。相反,卖友求荣、以怨报德、恩将仇报的人,在历史上也是有的,但这毕竟是少数。由于酒越饮越厚而建立起来的"八拜之交"的友谊,是真挚的。丰富的祖国历史,给我们留下了许许多多可歌可泣、可效可学的楷模。

(一)管鲍之交

管仲和鲍叔牙是我国古代相传最知心的一对挚友。"管夷吾字仲,生得相貌魁梧,精神俊爽,博通坟典,淹贯古今,有经天纬地之才,济世匡时之略。与鲍叔牙同贾,至分金时,夷吾多取一倍。鲍叔牙之从人心怀不平,鲍叔曰:'仲非贪此区区之金,因家贫不给,我自愿让之耳。'又曾领兵随征,每至战阵,辄居后队,及还兵之日,又为先驱。多有笑其怯者。鲍叔曰:'仲有老母在堂,留身奉养,岂真怯斗耶?'又数与鲍叔计事,往往相左。鲍叔曰:'人固有遇不遇,使仲遇其时,定当百不失一矣。'夷吾闻之,叹曰:'生我者父母,知我者鲍叔哉!'遂结为生死之交。"

后来，齐襄公诸儿当政时，有长子曰纠，次子曰小白，管仲任公子纠师傅，鲍叔牙任公子小白师傅。对酒之时，管仲对鲍叔牙曰："君生二子，异日为嗣，非纠即白，吾与尔各傅一人。若嗣立之日，互相荐举。"后来，齐国发生内乱，鲍叔牙带领公子小白逃到莒国，管仲带领公子纠逃往鲁国。齐襄公被杀死之后，两公子争相回国继任国君。管仲一方面护送公子纠赶回齐国，另一方面带兵阻挡小白，不让他们抢在前头。双方途中相遇，争执不下。管仲遂暗发一箭射倒小白，护送公子纠急忙奔向齐国。不料公子小白是假死，于是鲍叔牙抄近路保护公子小白首先进入齐国当上了国君，是为齐桓公。鲁国出兵支持公子纠攻齐，被齐军打得大败而归。齐国要求鲁国杀死公子纠，交出管仲。叔牙摆酒设宴为之压惊，而后管仲在鲍叔牙保护举荐下，最后当上了齐国宰相，辅助齐桓公，一匡天下。

后来人们就将他们两人交往的故事，比喻相知最深的亲密朋友，称之为"管鲍之交""管鲍之好""管鲍善交"。有诗称道说："悦朋友之攸摄，慕管鲍之遐踪。""君不见管鲍贫时交，此道今人弃如土。""家公与蔡伯喈有管鲍之好。"

（二）刎颈之交

战国时期，赵国蔺相如因完璧归赵，"赵王曰：'寡人得蔺相如，身安于泰山，国重于九鼎。相如功最大，群臣莫及。'乃拜为上相，班在廉颇之右。廉颇怒曰：'吾有攻城野战之大功，相如徒以口舌微劳，位居吾上。且彼刀官者舍人，出身微贱，吾岂甘为之下乎？今见相如，必击杀之！'相如闻廉颇之言，每遇公朝，托病不往，不肯与颇相会。舍人俱以相如为怯，窃议之。偶一日，蔺相如出外，廉颇亦出，相如望见廉颇前导，忙使御者引车避匿傍巷中去，俟廉车过方出。舍人等益忿，相约同见相如，谏曰：'臣等抛井里，弃亲戚，来君之门下者，以君为一时之丈夫，故相慕悦而从之。今君与廉将军同列，班况在右，廉将军口出恶言，君不能报，避之于朝，又避之于市，何畏之甚也？臣等窃为君羞之！请辞去！'相如固止之曰：'吾所以避廉将军者有故，诸君自不察耳！'舍人等曰：'臣等浅近无知，乞君明言其故。'相如曰：'诸君视廉将军孰若秦王？'诸舍人皆曰：'不若也。'相如曰：'夫以秦王之威，天下莫敢抗，而相如廷叱之，辱其群臣。相如虽驽，独畏一廉将军哉？顾吾念之，强秦所以不敢加兵于赵者，徒以吾两人在也。今两虎共斗，势不俱生，秦人闻之，必乘间而侵赵。吾所以强颜引避者，国计为

廉颇肉袒负荆图,图出自清·马骀《百将传图》。
讲述了廉颇与蔺相如由失和到交好、同心为国之事。

重,而私仇为轻也。'舍人等乃叹服。未几,蔺氏之舍人,与廉氏之客,一日在酒
肆中,不期而遇,两下争座。蔺氏舍人曰:'吾主君以国家之故,让廉将军,吾等
亦宜体主君之意,让廉氏客。'于是廉氏益骄。河东人虞卿游赵,闻蔺氏舍人述
相如之语,乃说赵王曰:'今日之重臣,非蔺相如廉颇乎?'王曰:'然。'虞卿曰:
'臣闻前代之臣,师师济济,同宣协恭,以治其国。今大王所恃重臣二人,而使自
相水火,非社稷之福也。夫蔺氏愈益让,而廉氏不能谅其情。廉氏愈益骄,而蔺
氏不敢折其气。在朝则有事不共议,为将则有急不相恤,臣窃为大王忧之!臣
请合廉、蔺之交,以为大王辅。'赵王曰:'善。'虞卿往见廉颇,先颂其功,廉颇大
喜。虞卿曰:'论功则无如将军矣。论量则还推蔺君。'廉颇勃然曰:'彼懦夫以
口舌取功名,何量之有哉?'虞卿曰:'蔺君非儒士也,其所见者大。'因述相如对

舍人之言,且曰:'将军不欲托身于赵则已,若欲托身于赵,而两大臣一让一争,恐盛名之归,不在将军也。'廉颇大惭曰:'微先生之言,吾不闻过。吾不及蔺君远矣。'因使虞卿先道意于相如,颇肉袒负荆,自造于蔺氏之门,谢曰:'鄙人志量浅狭,不知相国能宽容至此,死不足赎罪矣!'因长跪庭中。相如趋出引起曰:'吾二人比肩事主,为社稷臣,将军能见谅,已幸甚,何烦谢为。'廉颇曰:'鄙性粗暴,蒙君见容,惭愧无地!'因相持泣下。相如亦泣。廉颇曰:'从今愿结为生死之交,虽刎颈不变!'颇先下拜,相如答拜。因置酒筵款待,极欢而罢。后世称刎颈之交,正谓此也。"

后来,秦末参加陈胜农民起义军的张耳和陈余,亦称"两人相与为刎颈交。"又见"常山王成安君为布衣时,相与为刎颈之交。"从此推而广之。

(三)忘年之交

所谓忘年之交,即年辈不相称而结成的好朋友。在历史上这种朋友的交往,不乏其例。如三国时期的孔融和祢衡,年龄相差悬殊,而两人皆嗜酒,亲如手足,引为知己。若论辈,孔融居长。论年龄,祢衡比孔融小20岁。两人一见如故,遂结为忘年之交。"南朝考官范云,看到比他小得多,年仅20岁的何逊试卷,大加称赏遂结为忘年交。"三国时期魏国陈泰见邓艾,叹服曰:"公料敌如神,蜀兵何足虑哉!"于是,陈泰与邓艾结为"忘年之交"。又如在历史中的南朝梁人裴子野和张缵,北朝魏、齐之间的李神隽和邢邵,唐陆贽和张镒,宋钱惟演和梅尧臣等人的交往,都称之为"忘年交"。交后之饮,倍感亲切!

除此之外,尚有"忘形交",即不拘身份、形迹的知心朋友,还有"忘年交""布衣交""贫贱交"等等,都是指一方面而言的。

(四)患难之交

桃园三结义的故事,不仅在中国有"忠义千秋"之誉,即使在世界上,特别是东南亚华侨中,也是流传甚广,成为"八拜之交"的楷模,尽管时代、观点和作用不同,时至今日依然为人们所敬佩。在《三国演义》中这段描写是非常动人的:

"这位英雄平生不甚好读书、喜犬马、爱音乐、美衣服;性宽和、寡言语、喜怒不形于色,素有大志,专好结交天下豪杰;生得身长七尺五寸,两耳垂肩,双手过膝，目能自顾其耳，面如冠玉，唇若涂脂，你道何人？乃汉景帝子中山靖王刘胜之后也。此人姓刘，名备，字玄德。昔刘胜之子刘贞，汉武帝时封涿鹿陆城亭侯，后犯上而被革去侯爵，因此遗这一枝在涿鹿。玄德幼孤，事母至孝，家贫，贩履、织席为业。家住本县楼桑村。玄德年十五岁，母使游学，尝师事刘玄、卢植，与公孙瓒等为友。至刘焉发榜招军时，玄德年已28岁矣。

当日见了招军榜文，慨然长叹而回。此刻只听身后一人厉声言曰：'大丈夫不为国家出力，何故长叹？'玄德回视其人：一身高八尺，豹头环眼，燕颔虎须，声若巨雷，势如奔马。玄德见其形貌异常，随问其姓名。其人曰：'某姓张，名飞，字翼德。世居涿郡，颇有庄田，卖酒屠猪，专好结交天下豪杰。恰才见公看榜而

蜀先主刘备像

叹，故此相问。'玄德曰：'我本汉室宗亲，姓刘，名备，字玄德。今闻黄巾贼起倡乱，劫掠州县，有志欲破贼安民，匡扶社稷；但恨力不能，故长叹耳。'飞曰：'正合吾机，吾颇有资财，当招募乡勇，与公同举大事，如何？'玄德甚喜，遂与同入村进店中饮酒。正饮间，忽见一大汉，推着一辆车子，到店门外歇下车子，入店坐下，便唤酒保：'快拿酒来，我待赶入城去投军，怕迟了。'玄德看其人：身长九尺三寸，髯长二尺；面如重枣，唇若涂脂；丹凤眼卧蚕眉；相貌堂堂，威风凛凛，玄德邀他同坐，叩其姓名。其人曰：'吾姓关，名羽，字长生，后改云长，乃河东解良也。因本处豪霸仗势凌人，被吾杀了；逃难江湖，五六年矣。今闻此处招军破黄

巾贼,特来应募。'玄德遂以己志告之。云长大喜。饮罢,同至张飞庄上,共议天下大事。

飞曰:'吾庄后有一桃园,花正盛开;明日可宰白马、乌牛,当于园中祭告天地,吾三人可结为兄弟,拜生死之交,同心协力,然后可图大事,如何?'玄德、云长齐声应曰:'如此甚好,正合吾二人心意。'次日,于庄后桃园中,备下乌牛、白马祭礼等项,三人焚香跪拜,并发誓曰'念刘备、关羽、张飞,虽然异姓,但愿结为兄弟,同心协力,救困扶危,上报国家,下安庶民,不求同年同月同日生,但愿同年同月同日死。皇天后土,以鉴此心,如背义弃信,则天人共戮!'誓毕,共拜玄德为兄,关羽次之,张飞为弟。祭罢天地,复牢牛设酒,聚乡中勇士,约三百余人,于桃园中痛饮一醉……。"

宴饮桃园豪杰三结义图,出自《图像三国志》,描述刘备、关羽、张飞三人于桃园宴饮结为异姓兄弟之事。

刘、关、张的友谊不比一般,时至几千年后的今天,一直称颂不绝。

(五) 竹林七贤

在魏晋时期,由于不满司马氏篡权和阶级斗争尖锐,出现了七个著名的社会名流。他们虽然在政治观点上和哲学信仰上不尽相同,但各有所见,各有其长。他们经常酣饮纵酒,交游于竹林之中,时而弈棋,时而赋诗,海阔天地,无拘无束,听其自然,结下了深厚的友谊,所以人们称之为"竹林七贤"。其中对后世影响较大者有嵇康、阮籍、刘伶三人。这七个人是:

嵇康(224~263年),字叔夜,谯郡(今安徽宿县西南)人,三国、魏时期著名的文学家、思想家、音乐家。与魏宗室通婚,官至中散大夫,世称嵇中散,他的政治观点,"非汤武而薄周孔",厌恶儒家各种人为的烦琐礼教,提出"越名教而任自然",并认为"元气陶铄,众生禀焉",主张回到自然。他"思想新颖,往往与古时旧说反对。"在政治上不满意司马氏集团,弃官归里,当了铁匠逍遥岁月,善饮酒,"夏月常锻大柳下,钟会过之,康锻如故,康曰:'何所闻而来,何所见而去?'会曰:'有所闻而来,有所见而去。'"他一生著作甚多,搜集于《嵇康集》中,他为人正直,不苟同权势,他的酒友山涛劝他仕为官,竟然撰写了《与山巨源(即山涛)绝交书》,誓死不仕司马氏,后遭钟会构陷,遂为司马昭所杀。

阮籍(210~263年),字嗣宗,陈留尉氏(今属河南)人,是三国魏晋时文学家、思想家。曾为官至步兵校尉,世称阮步兵,颇有盛名,与嵇康齐名。在哲学上,他认为"天地生于自然,万物生于大地。""道者,法自然而为化,侯王能守之,万物将自化。"主张把"自然"和封建等级制度相结合,做到"在上而不凌乎下,处卑而不犯乎贵"。蔑视礼教,尝以"白眼"看待"礼俗之士"。一生嗜酒,不拘小节,"邻家少妇有美色,当垆沽酒,籍尝诣饮,醉便卧其侧。籍既不自嫌,其夫察之,亦不疑也。"他与嵇康不同,因饮酒醉失言而丧生,而阮籍却往往借酒醉,以保护自己。籍有女儿"司马昭(晋文帝)初欲为子求婚于籍,籍沉醉三十日,不得言而止。""钟会欲置之罪,皆以醑醉获免。"史书说:"籍为步兵校尉,遗落世事,虽去佐职,恒游府内,朝宴必与焉。今帝让九锡,公卿将劝进,使籍为其辞。籍沉醉忘作,临诣府使取之,见籍方据案醉眠,使者以告,籍便书案使写之,无所改窜,辞甚清壮,为时所重。"他"性至孝,母终,正与人围棋,对者求止,籍留与决赌。"他母亲死后发丧时,"裴楷往吊之,籍散发箕踞,醉而直视。楷吊唁毕,便去。或问楷:'凡吊者主哭客乃为礼,籍既不哭,君何为哭,'楷曰:'阮籍既方外之士,故不崇礼典。我俗中之士,故以轨仪自居。'时人叹为两得。可见不拘小节如此,他生前著作,多已散佚,余者后人辑有《阮嗣宗集》"。

竹林七贤图,竹林七贤是魏晋时期的七个
名士,常在竹林聚会吟诗饮酒。

刘伶,字伯伦,沛国(今安徽宿县)人。曾为建威参军,晋武帝泰始初,对朝廷策问,强调无为而治,以无能罢免。嗜酒,生活放荡不羁,蔑视礼法。为官时,常乘鹿车,携酒一壶,使人荷锸随之,谓曰:"死便埋我。"免官后喝醉了,就"脱裸形屋中",有人责备他太放肆。他说:"我把天地当居室,把房子当裤衩,是你们自己跑进我的裤衩当中去,你怎么反怪我呢?"史书说:"伶放情肆志,常以细宇宙,齐万物为心。澹默少言,不妄交游,与阮籍嵇康相遇,欣然神解,携手入林。扬不以家产有无介意。"尝渴甚,求酒于妻,其妻捐酒毁器,涕泣谏曰:"君酒太过,非摄之道,必宜断之。"伶曰:"善,吾不能自禁,惟当视鬼神自誓耳,便可具酒肉。"妻从之,伶跪视曰:"天生刘伶,以酒为名,一饮一斗,五斗解醒。妇儿之言,慎不可听。"仍引酒御肉,隗然复醉。尝醉与俗人相忤,其人相攘袂奋拳而往。伶徐曰:"鸡肋不足以安尊拳。"其人笑而止。伶虽陶兀昏放,而机应不差。著有《酒德颂》。

向秀(约227~272年),字子期,河内怀(今河南武陟西南)人,魏、晋时哲学家、文学家,官至黄门侍郎、散骑常侍。哲学观点,主张自然与名教相统一,合儒道为一。认为万物自生自灭,所以各任其性,即是"逍遥",但君臣上下亦皆出于"天理自然",故不能因要求"逍遥"而违反"名教"。秀与嵇康善友,嵇死后著《思旧赋》,情辞沉痛,感人甚深。

阮咸,是阮籍之侄,毫放不拘礼法,善弹琵琶,为时著名的音乐家。官至散骑侍郎,补始平太守,嗜酒纵饮,交游于竹林之中。

以上五人晚年的生活皆为隐逸之士。南朝文学家颜延之撰有《五君咏》,传之于世。"竹林七贤"中另二人:

山涛(205~283年),字巨源,河内怀县(今河南武陵西)人,好老庄哲学,与嵇康、阮籍等人交游。曾因魏政局不稳,遂隐身不问世事。司马氏当政后,出仕,任吏部尚书、尚书右仆射等职。嗜酒,为官清廉,选用官吏,都亲做评论,时称之为"山公启事"。为官时,欲荐嵇康出任尚书吏部郎,为嵇康所拒绝,后康致书绝交。

王戎(234~305年),字浚冲,琅琊临沂(今属山东)人,好清谈,嗜酒常出入竹林之中。常怀念酒友,一日"从黄公酒垆下过,顾与同游曰:'吾昔与嵇叔夜、阮嗣宗共酣饮此垆,自嵇生夭、阮公亡以来,便为世所羁绁,今日视此虽近,邈若山河。'戎为人贪吝好货,广收八方园田,积钱无数,每自执牙筹,昼夜计算,为时人所讥。

"竹林七贤"是通过一酒字,把他们的友谊联系起来的。对于他们七人的评价,由于他们尚清谈、听自然、放荡不羁,多为时人所贬低,殊有不公,应按其一生作为进行实事求是的评论,方为公正,当然这是史学家的任务了。

第二节　酒之境界

清人郎廷极说:"酒能益人,亦最能损人。昔人诗云'美酒饮教微醉后',斯言得之矣。"酒能益人，故古有"天之美禄""天乳""百药长"等美称；酒能损人，故又有"祸泉""腐肠贼""伐性刀"等代号。益人、损人的界限，全在适量与过量的区分。适量，可以微醉，自有真趣，故能益人；过量，则必醉，神志昏乱，惹是生非，轻则伤身，重则丧命，故最能损人。我们提倡的是适量的饮酒，本章所说的饮酒之境界，是指"适量"饮酒的境界。

适量饮酒的三重境界

人们饮酒，大都要经过"想喝酒——酒到口——喝足酒"这样一个过程。俗话说"酒足饭饱"，就是说的这个全过程的最后结束。所以，饮酒之境界实含有上述循序渐进的三个进程，每一进程都有一重境界，故也可称三重境界。

谈到"三重境界"，大概有些读书人会联想到王国维的《人间词话》。

《人间词话》说："古今之成大事业、大学问者，必经过三种之境界：'昨夜西风凋碧树，独上高楼，望尽天涯路。'此第一境也。'衣带渐宽终不悔，为伊消得人憔悴。'此第二境也。'众里寻他千百度，回头蓦见(当作'蓦然回首')那人正(当作'却')在，灯火阑珊处。'此第三境也。"

这则词话概括了古今成大事业、大学问者所经历的对事业、学问的追求与向往，干事业、做学问的艰苦经历，事业与学问的获得成功这三种境界。引词为喻，生动形象之极，故素来脍炙人口。

饮酒自然不能和干大事业、做大学问相比，但饮酒既然也含有三重境界，则似亦不妨引词为喻，以尽行文之情趣曰："都来此事，眉间心上，无计相回避。"此第一重境界也。"金风玉露一相逢，便胜却人间无数。"此第二重境界也。"便欲乘风，翻然归去，何用骑鹏翼。"此第三重境界也。

下面，试按适量饮酒的三重境界分述如下：

1.必欲饮之而后快

适量饮酒，有益于健身陶情，故爱酒之人，常常离不开酒。南朝刘宋时代，荆州刺史王忱说过一句名言："三日不饮酒，觉形神不复相亲。"初看之下，此言未免失之夸张，但细想却不无一定的道理。形者，形体也；神者，精神也。就前者来说，一般人们在劳作之余，适量饮酒，确能舒筋活血，酒后一觉，即能消除疲劳。就后者来说，人们的精神活动，有时需要以酒来寄托。所谓酒能助兴，酒能消愁，酒能联络沟通感情，就是指此而言。在这个意义上，生活中引发酒兴的契机实在太多，例如逢年过节，亲人团聚，有朋自远方来，登山临水，花前月下，贺喜庆功等等。总之，人们想喝酒时，大都出于形、神这两方面的诸多需要。当此之际，无酒可饮，自然会视为一种缺憾，觉得浑身不自在，心中没着没落，若有所失。此即所谓"形神不相亲"也。

有过实际体验的人都知道，一旦酒兴袭来，很难控制，寻寻觅觅，想方设法，必欲饮之而后快，正可谓"都来此事，眉间心上，无计相回避"也，此为饮前的欲望之境。酒渴难耐之下，如有上等好酒，自然锦上添花，喜出望外；降而次之，浊酒村醪，也无异于雪中送炭，大可心满意足。平时饮酒好摆个谱的，此时忽然放下架子，一切可以从简行事，一向好挑剔、没有佳肴不端杯的，此刻居然醉翁之意不在"菜"，一棵大葱，两碟咸菜，几颗花生米、茴香豆，都成下酒之美味了，更有一等放达之人，无菜也能干饮几杯，且同样乐在其中。

陶渊明一生爱饮，然家贫不能常得酒，有时要靠亲友赠送。有一年的九月九日，陶渊明的家里又断了酒。古代风俗，重阳节这天，人们都要登高饮菊花酒。陶渊明是个大诗人，素以风雅自许，自然不愿错过良辰，况且他的酒兴确实上来了。他酒渴难忍，就走出房门，在住宅前的菊花丛中坐着，希望能碰见给他送酒的人。坐了很久，正在无可奈何，恰巧刺史王弘派人送酒来。陶渊明十分高兴，立刻迫不及待地在菊丛中喝起来，连屋都没进。

这则佳话，广为流传。到了唐代，诗人王勃还在《九日》诗中，追述了这件事：

九日重阳节，开门有菊花。不知来送酒，若个是陶家？

后两句写得很风趣，是说正当陶渊明在菊丛中无可奈何之时，那个前来送酒的人问他："先生，不知前面哪一户是陶渊明的家？"

白居易也有过类似的情况。他在《效陶潜体诗》中记下了这段经历：

家酝饮已尽，村中无酒赏。坐愁今夜醒，其奈秋怀何？有客忽叩门，言语一何佳！云是南村叟，挈榼来相过。且喜樽不燥，安问多与少？重阳虽已过，篱菊有残花。欢来苦昼短，不觉夕阳斜。

明代画家张灵，字梦晋。性情狂放，喜饮酒。有一天，独坐家中读《刘伶传》，忽然勾起酒兴。听说唐伯虎同祝允明等在虎丘悟石轩宴饮，就化装成乞

陶渊明像

丐,左手拿着《刘伶传》,右手拄一木杖,前去讨酒喝。唐伯虎明知他是张灵,故意逗他,说:"你这乞丐,拿着书本来要酒,想必会作诗。你就以这悟石轩为题,作首绝句。做得好,给你酒喝;做不好,就打断你的腿。"张灵要来纸笔,不假思索,一挥而就。诗曰:"胜迹天成说虎丘,可中亭畔足酣游。吟诗岂让生公法,顽石如何不点头?"唐伯虎看了大笑,与张灵共饮,张灵痛饮至醉,拂衣而去。唐伯虎当场画了幅《张灵行乞图》,传为佳话。

最典型的事例,无过于张灵所欣赏的晋代号称"竹林七贤"之一的刘伶。据《世说新语·任诞篇》载,有一次刘伶的酒兴上来,向他的妻子要酒喝。妻子因他平素酗酒无度,就流泪劝他:"你酒喝得太甚,不合养生之道,必须戒酒才是。"刘伶一听,知道动硬的不行,便灵机一动,哄骗妻子说:"你说得很对,可我自己是戒不掉酒的,必得先向鬼神发誓,靠他们保佑。你快拿酒肉来,我好供祭鬼神。"妻子信以为真,便拿出酒肉,供在神龛前。刘伶跪下祷告,其词曰:"天生刘伶,以酒为名,一饮一斗,五斗解酲,妇儿之言,慎不可听。"说完,就饮酒吃肉,陶然而醉。

今天看来,刘伶的行为自然并不值得称道。在正常的情况下,只要不是嗜酒如狂,纵饮无度,对合理的饮酒欲望,在条件允许的范围内,是应当予以满足的。

当代也有这样一个生动故事——《我给丈夫买酒》,现摘录两段:

小的时候,我常常拎着酒瓶为爸爸买酒,结婚了,我又重操"旧业"。这是为什么呢?

1985年我们结婚后,看到爱人每天下班回家,拖着疲惫的身体,拎上酒瓶去买"一元糠麸",我是又心疼又生气。疼的是他的工作太累(铆工),气的是这酒非喝不可?但看到他喝点酒后,觉睡得很香时,我明白了:喝点酒能使他很快解除疲劳,进入梦乡。我谅解了他,并劝他少喝为佳。此后我主动为他买酒,并将原来的"一元糠麸"晋升为"玉泉白"。第一次买回酒来,爱人对我久久凝视,许久才说:"希华,有很多家庭因为丈夫喝酒而闹矛盾,可你却为我买酒,太令我惊讶了。"我忙说:"为你买酒并不等于怂恿你喝酒,是出于对你工作太累的理解。"爱人笑着说:"理解万岁!"

这位妻子显然比刘伶的妻子聪明得多,妻子理解丈夫饮酒的需要,并劝其少喝为佳,丈夫则被妻子的理解所感动,自觉控制酒量。爱饮之人,能达到这种思想境界,这欲饮之境方可称为佳境。

2.痛饮三杯乐融融

美酒既陈,见之而喜,斟之而亲,举杯入口,"滋儿""咂儿"一声,品之有味,满口生津,愁眉为开,精神始振,顿觉形神相亲。当此之际,如临好景,必欲乘兴直前,穷其幽胜。于是一饮而不可收,再饮而兴转浓,推杯换盏,谈笑风生,面红耳热,体舒心融,菜过五味,酒过三巡,怡然四顾,如逢阳春,正可谓"金风玉露一相逢,便胜却人间无数"也。此之谓畅饮之境。

畅饮,是饮酒的实质性阶段。进入这个阶段,豪情顿增,襟怀为开,平日要想的事此时可以不想,平日要做的事此时可以不做。而对殷勤好客的主人和满座高朋嘉宾,只管品味美酒佳肴,领略人间情谊和生活的甘美,激发起满腔的豪情壮志,以期明天投入更富有创造性的劳动当中去。

君不见黄河之水天上来,奔流到海不复回。君不见高堂明镜悲白发,朝如青丝暮成雪。人生得意须尽欢,莫使金樽空对月。天生我材必有用,千金散尽还复来。烹羊宰牛且为乐,会须一饮三百杯。……五花马,千金裘,呼儿将出换美酒,与尔同销万古愁。

李白这黄钟大吕般的诗句,可说是这种豪情的最集中最生动的写照。

进入这个阶段,人与人之间的感情距离忽然缩短了,每个人都会感到仿佛突然之间才一下子发现了自己平时没有注意到的对方的许多优点与长处,心中升腾起一股善意与敬意,想要祝福,想要致敬,想要倾谈,于是妙语连篇,笑声四起,觥筹交错,温馨、亲切、融洽、热烈的气氛出现了……,在这种氛围中,人们仿佛都回到了自己的童年时代,为自己的纯真热情而兴奋、激动不已。于是,平时不甚熟习的,相互了解了,平时相互了解的,变得亲密了,酒越喝越"厚",兴致越来越高。

如果是知己相对,则可以饮得更为尽兴,更为随便,毫无拘束客套:

两人对酌山花开,一杯一杯复一杯。我醉欲眠卿且去,明朝有意抱琴来。

面对山花盛开的美景,两个知心朋友一杯一杯又一杯地喝起酒来,喝得多么快意尽兴! 最后,诗人觉得自己喝到量了,就对朋友说:我喝好了,要睡觉了,你走吧。如果你明天还想来这里和我喝酒,别忘了:把你的琴带上!

何等真挚深厚的交情,何等直率洒脱的襟怀风貌!

独酌也有独酌的境界:

引壶觞以自酌,眄庭柯以怡颜。倚南窗以寄傲,审容膝之易安。

自斟自酌,快意欣慰,怡然四顾,看见庭院中的树木枝叶扶疏,生机旺盛,觉得十分可爱,于是,仿佛受到一个触发,得到一个领悟,诗人会心地微笑了,一种遗世独立的高傲情怀油然而生,再看看自己这间低矮狭窄的小屋,觉得足以在这里安度余年。那么,就尽情地饮酒吧!

这是诗的境界,也是酒的境界。

白居易的不少诗篇还谈到了对畅饮的具体感受,这里略引数例:

一杯置掌上,三咽入腹内。煦若春贯肠,暄如日炙背。岂独肢体畅,仍加志气大。

——《卯时酒》

何不饮美酒? 胡然自悲嗟? 俗号销愁药,神速无以加。一杯驱世虑,两杯反天和。

——《劝酒寄元九》

一酌发好容,再酌开愁眉,连延四五酌,酣畅入四肢。

——《效陶潜体诗》

云液洒六腑,阳和生四肢。于中我自乐,此外吾不知。

——《对酒闲吟赠同老者》

可见进入畅饮之境身心两方面所获得的快乐。

一般说来,如果在宴会场合,饮酒渐近"其乐也融融"的境界,应放慢速度,控制进程。量大的人,不妨到邻桌敬酒,量小的人,尽可以叙旧谈心,倘若全体行令游戏,更会妙趣横生。如果是为洽谈事务而设的酒宴,则应开始进入议题。

3.微醉陶然胜神仙

由前面所说的第二重境界再上升一步,就进入了最佳状态的第三重境界,即微醉的境界。入此境界,精神处于极度兴奋的状态,由体舒心融进而上升为精神超然于形体,产生一种飘然欲仙的奇妙感觉,仿佛超脱尘俗,宠辱皆忘,进入道家所说的仙境,正可谓"便欲乘风,幡然归去,何用骑鹏翼"了。

到此境地,即为饮酒之终极之境,就应撤酒止饮了。

人的酒量有大有小,不在喝多少,只要喝到了自己的限量,就都会进入此种境界。

微醉不同于大醉。微醉指酒喝足了,恰到好处:既感微醺的酒意,又能保持神智的清醒。一般情况下,我们在古诗文中所见到的"醉",都指的是这种微醉。查"醉"字本义,《说文》曰:"醉,卒也。卒其度量不至于乱也。"卒,终止,"卒其度量",就是说饮酒至自己酒量的限度即应终止,可见饮酒到量即为醉。为了与"至于乱"的大醉相区别,我们称之为微醉。

进入微醉境,即得"酒中趣"。

"酒中趣"的提法,最早见于陶渊明为他外祖父孟嘉所做的一篇传记,文中记叙孟嘉十分爱酒。有一次过重阳节时,征西大将军桓温同幕僚游龙山,举行酒宴。孟嘉当时为幕府参军,也在座。有风吹落他的帽子,他竟至浑然不觉。后来桓温问他:"酒有何好,而卿嗜之?"孟嘉笑答道:"明公但不知酒中趣尔。"

究竟何为"酒中趣"?孟嘉并没有说明,倒是陶渊明在自己的《饮酒》诗中说过:"悠悠迷所留,酒中有深味。"我们体会,这"酒中有深味",也就是"酒中趣"。然到底其趣味何在?这不难从陶渊明的有关诗文中得到答案。

239

他在《五柳先生传》中，以五柳先生自况，说："性嗜酒……期在必醉，既醉而退，曾不吝情去留。"他在《饮酒》诗之七中写道："泛此忘忧物，远我遗世情。一觞虽独进，杯尽壶自倾。日入群动息，归鸟趋林鸣。啸傲东轩下，聊复得此生。"在《饮酒》之五中说他醉后看见"山气日夕佳，飞鸟相与还"，便悟出"此中有真意，欲辩已忘言"。

综上所述，不难看出，陶渊明所说的"酒中深味"，是指饮酒进入微醉的最佳状态，会使人摆脱一切身心束缚，返璞归真，获得精神上的极大快乐与自由。他之所以爱酒，实际正是追求的这种乐境，以酒养其高洁之志行。

李白在一首诗中也谈到"酒中趣"：

天若不爱酒，酒星不在天。地若不爱酒，地应无酒泉。天地既爱酒，爱酒不愧天。已闻清比圣，复道浊如贤。圣贤既已饮，何必求神仙。三杯通大道，一斗合自然。但得酒中趣，勿为醒者传。

李白把"酒中趣"归结为"三杯通大道，一斗合自然"，正与陶渊明的体验相同。

另外一种有意味的现象是：对一些天赋较高的人来说，饮酒进入最佳之境，常常就是他们的才气与创造力得以充分显露发挥之时。

陶渊明的好诗多在醉中作成。他在《饮酒》序中说：

余闲居寡欢，兼比夜已长，偶有名酒，无夕不饮。顾影独尽，忽焉复醉。既醉之后，辄题数句自娱，纸墨遂多。

王勃为文，也多在微醺之后产生灵感，构思成篇。《新唐书·王勃传》说他，作文之前，先磨墨数升，然后饮酒至尽兴，上床以被覆身盖面，想好之后，下床提笔成篇，不改一字。

著名的唐代书法家张旭，擅长草书，被誉为"草圣"。他痛饮三杯之后，脱帽露顶，大叫狂走，挥毫落纸，势如云烟。

苏东坡也曾说过，他在微醉之际，则作草书十数行，觉得酒气拂拂，从十指间出。

李白斗酒诗百篇的说法，更是为人们所熟知。

这种现象不限于文学艺术创作，西汉的于定国为廷尉，治狱公平，甚有能名。史书说他"食酒至数石不乱，冬月请治谳，饮酒益精明"。看来处理政务也是一样。

这才是真正的胜神仙！

中国是酒的国度，更是诗的国度。诗与酒，早就结下了不解之缘，因而产生了特有的酒文化。以诗寄情与以酒寄情，正有异曲同工之妙。从社会学的角度来说，饮酒也当与写诗一样，其最佳境界应该是真、善、美的境界。

《史记·项羽本纪》描写"霸王别姬"的夜饮，十分精彩：

项王则夜起，饮帐中。有美人名虞，常幸从；骏马名骓，常骑之。于是项王乃悲歌慷慨，自为诗曰：'力拔山兮气盖世，时不利兮骓不逝。骓不逝兮可奈何，虞兮虞兮奈若何！'歌数阕，美人和之。项王泣数行下，左右皆泣，莫能仰视。

饮酒激发出慷慨悲壮的情怀，引出英雄末路的悲歌，情真意切，撼天动地，这是一种悲壮之美的境界。

同书也描写了那位胜利者刘邦还归故乡，置酒沛宫的情节：

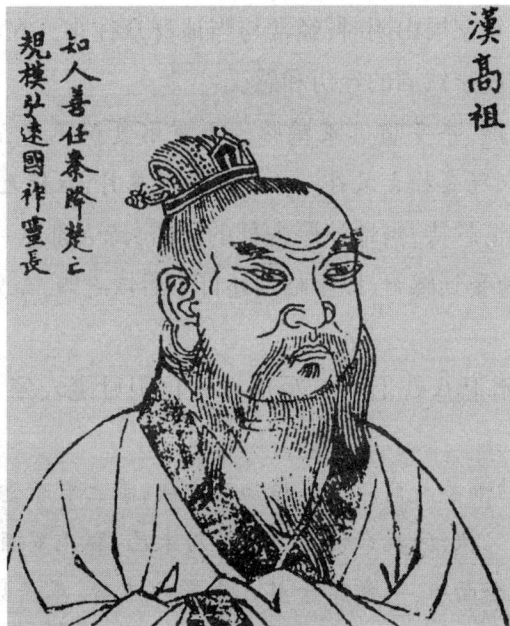

汉高祖刘邦像

酒酣，高祖击筑，自为歌诗曰："大风起兮云飞扬，威加海内兮归故乡，安得猛士兮守四方！"……高祖乃起舞，慷慨伤怀，泣数行下。

一曲"大风歌"在酒酣之际唱出，抒发出一种踔厉奋发、昂扬进取、思欲维护大一统的封建王朝长治久安的情怀，则此酒酣之境何其高远壮美！

至于曹操"对酒当歌"之际，唱出"山不在高，海不在深，周公吐哺，天下归心"，所显示的境界，也正与"大风歌"的境界相同。

北宋的欧阳修，在他被贬到滁州做太守时，他常常饮酒，并且"饮少则醉"，为此他自号"醉翁"。这是消极颓废的表现吗？他在《醉翁亭记》一文中作了揭示。文中记叙，他常到城外琅琊山中的醉翁亭畔野宴，一边欣赏山水胜景，一边看到当地男女老少出来游乐，于是便尽兴而饮，颓然而醉。文中最后说：

人知从太守游而乐，不知太守之乐其乐也。醉能同其乐，醒能述以文者，太守也。

原来欧阳修之所以如此，是因为他看到滁州的百姓生活得很快乐，自己的宾客也饮得很开心，故而自己饮酒与之同乐。文中隐含着他对自己为政滁州的治绩的自豪与喜悦，也表现了他"先天下之乐而乐"的襟怀。

南宋的陆游晚年家居山阴时，经常与当地群众往来。在《游山西村》诗中，他记述了一次在农民家饮酒的经历和感受：

莫道农家腊酒浑，丰年留客足鸡豚。山重水复疑无路，柳暗花明又一村。箫鼓追随春社近，衣冠简朴古风存。从今若许闲乘月，拄杖无时夜叩门。

农家对他的盛情款待，当地淳厚古朴的民俗，诗人都从一次饮酒的遭遇中得到了解，并深深地受到感召，以至临别还订下后饮之盟，充分揭示了劳动人民的人情美。

杜甫有一首《赠卫八处士》诗，写他在一位卫姓老友家饮酒，二人久别重逢，场面十分感人：

人生不相见，动如参与商。……焉知二十载，重上君子堂。昔别君未婚，儿女忽成行。怡然敬父执，问我来何方。问答乃未已，驱儿罗酒浆。夜雨剪春韭，新炊间黄粱。主称会面难，一举累十觞。十觞亦不醉，感子故意长。明日隔山岳，世事两茫茫。

诗写完了，酒却没有喝完，而老朋友间经得起时间考验的友谊也是越喝越厚。

白居易有一次与他久别的弟弟白行简见面，二人饮酒，白居易作诗曰：

今旦一樽酒，欢畅何怡怡，此乐从中来，他人安可知。……不叹乡国远，不嫌官职低，但愿我与尔，终老不相离。　　　　　　　　——《对酒示行简》

这种不重功名利禄而唯重手足情谊的情怀，不也很高尚感人吗？

至于王维的《送元二使安西》,更是千古传诵:

渭城朝雨浥轻尘,客舍青青柳色新。劝君更尽一杯酒,西出阳关无故人。

这首诗是诗人在咸阳送友人出使安西(唐安西都护府,治所在今新疆库车附近)的饯别宴上所作。最后两句劝酒词,是在酒筵已将收场,友人即将登程的一霎间说出的,它蕴含着强烈深挚的情谊,既有自身依依惜别之情,也含有对友人前路上处境、心情的深切体贴及望其珍重的殷切祝愿。这一杯酒,无疑溢满了友谊之深情。这首诗被编为乐府曲,即传唱至今的《阳关三叠》。

愿爱酒的朋友,都能通过饮酒来陶冶自己的情操。

第五章 饮酒礼仪

我失骄杨君失柳,杨柳轻飏直上重霄九。问讯吴刚何所有,吴刚捧出桂花酒。

寂寞嫦娥舒广袖,万里长空且为忠魂舞。忽报人间曾伏虎,泪飞顿作倾盆雨。

——毛泽东《蝶恋花·答李淑一》

古老文明的中国,是礼仪之邦,历来崇尚礼仪。自古以来,中国各族人民在人际交往中都十分尊重他人,讲究文明礼貌,始终把"非礼勿视,非礼勿听,非礼勿言,非礼勿动"当作人们言行的最高准则,坚持尊礼、习礼和施礼,为中华民族传统美德的形成和发展一直在孜孜不倦地追求和努力!

中国传统礼仪是中国民族文化的民主性精华,几千年,尽管受到时代潮流的撞击和挑战,有所创新和改造,但是其精神未改,灵魂依旧。它在与时俱进的征途中,依然以儒家思想为核心,按照"仁、义、礼、智、信"的要求,从中国国情出发,兼蓄并容,吸纳了道、佛等积极因素,形成了具有中国特色的礼仪文化体系。从社会学的角度上去分析,礼仪在内容和形式上,既可看作是一种政治法律制度,又可以看作是一种道德行为规范。特别是它在程序上与政治等级制度的一致性,充分说明了它是历代统治阶级的统治工具,是"正身、齐家、治国、平天下"、维持社会长治久安的根本措施,也是中华民族生生不息、发达兴旺的渊源之一。

礼仪既具有很强的功利性,又具有广泛的应用性,是现实社会中不可或缺的交际工具。它始终是一个会心的微笑,一串温和的声音,一种怡情悦心的情致。如果你不正视它，甚至是破坏践踏了它，它会使你失去千金难买的机遇和良缘，会使你失去朋友和亲情，会使你远离社会变得孤独、困顿和毫无光彩。

"酒，天之美禄。"自它一入世便融入了社会生活的方方面面，特别是与礼仪结缘后，珠联璧合，相得益彰，形成了流溢着醇香万代、沿袭不断的酒礼。

酒礼源远流长。据有关专家考证，自从出现了礼，酒就与此相融相生在了一起，特别是西周以来，更是形影不离，成了有机统一体。周初，周武王命周公，以"礼"为渊源，集前古之大成，使出浑身解数，下大力气"制礼作乐"，开启了礼乐教化之先河。以酒为媒介，制定了观礼、聘礼、食礼、大搜礼、藉礼、射礼、乡饮酒礼以及人生礼仪的士冠礼、士昏礼和士丧礼等。自此以后，"无酒不成席，无酒不成礼"的礼俗便延续下来，成为人们社交活动的重要载体。

斗转星移，时过境迁，社会发生了巨大的变革。传统的酒礼尽管还在现实社会中延续着、流行着，但是，它已经不能满足现实生活的需求，必须加以改革和创新，增添新的内容和方式。我们要改革创新，就必须坚持历史唯物主义的观点，学习历史、了解历史，坚持"古为今用"的方针，批判和废除封建旧酒礼俗中的糟粕，吸收其民主性的精华，顺应历史发展的潮流，充实和完善符合现代生活的新内容、新程序，使古老传统的酒礼为社会主义现代化服务，为中华民族光荣传统地发扬光大服务。

第一节　古代酒礼

中华民族上下五千年的历史是一条永远奔腾不息的长河，勤劳勇敢的中华民族是一个既承袭传统又勇于创新的民族，她依靠着自己的聪明才智，不仅创造了丰富的物质文明，而且也创造了灿烂的精神文明，特别是文化艺术的创造，像璀璨的明珠在闪烁着耀眼的光芒，展现了中华民族的伟大和壮美。古代酒礼作为中国文化艺术中的瑰宝，更是独领风骚，令国人骄傲！它不仅以历史悠久、文化内涵丰富而著称于世，而且更重要的是它的民主性精华，浸透了中华民族的亲和力和感召力，铸就了中华民族的团结统一、爱好和平的民族之魂。我们要发扬光大、开拓创新，就必须跨入时空隧道，追随着飘逸的酒香，去探寻它渊源的芳踪。

中華酒典

古酒礼的形成与发展

有人讲,酒礼与酒几乎是同步诞生的。这句话的真实性如何,暂且不去理会。但是,从古至今的"无酒不成席,无酒不成礼"的社会文化现象却是不容置疑的。

要谈起古代酒礼的起源,不能不谈及与之相关的礼俗。大家知道,"礼"在中国社会历史中占有十分重要的地位。为此,就有了"克礼复礼,唯此唯大"的箴言。礼起源于迷信祖先神灵和神化自然物为特点的原始宗教,它经过依靠神权来维持统治的殷礼和以"经国家,定社稷,序民人,利后嗣"为实质的周礼阶段后,随着"礼崩乐坏"的奴隶社会解体后,作为政治制度的"礼",在儒家文化的浸染下,渐渐让位于伦理道德中的"礼"。自此以后,在二千多年的封建社会中,伦理道德范畴的"礼"始终主宰着人们社会交际活动中的思想和行为,使人们所有的活动都要承受"礼"的束缚。尽管斗转星移,我们走进了21世纪,过上了社会主义的现代化生活,但是传统的酒礼依旧在我们社会生活中间流行,无论是国宴、公宴和家宴,基本上都是在承袭着酒礼的传统,显示着中国酒文化的魅力。

根据考古发掘,人们断定,我国人工酿造酒的时间为五千年前的龙山文化早期。这时,农业生产有所发展,生产的谷物有了剩余,于是在自然发酵成酒现象的启发下,开始探索酿酒的技术。经过无数次的反复试验,酒终于酿造出来了,成为神奇的饮品。这时,刚刚进入文明时期的先人们,在愚昧和无知的精神状态下,把它视为鬼神恩赐于自己的"天之美禄",不能个人私自饮用,只有把它作为最美好的祭品,敬献于庇佑自己的鬼神才能避祸消灾。于是《礼记》便做了这样的推想:"夫礼之初,始诸饮食,其燔黍、捭豚、污尊而杯饮蒉桴而土鼓,犹若可以致其敬于鬼神。"这便是酒与礼最初的结合。

以神权维护统治的殷商统治者,"理国政,治天下,荫黎民",时时占卜,处处问神,因此祭祀的礼仪十分泛滥,酗酒成风便成了那个时代最突出的特点。但是,殷商时代的酒礼还是比较简单的,既没有西周时期的繁文缛节,更没有秦汉以后的庞杂琐碎,给人以清新的感觉。现在出土的甲骨文中,由"酉"和"豊"两部分组成的"醴",即祭祀所用甜酒,它与祭祀所行的"禮"相通相假,由此可

中華酒典

家庭经典藏书

见，这时酒与礼结合得更为紧密。

到了西周，"天之命民，作酒唯祀"，"酒洽百礼"的作用就更为突出了，这是周武王以来，推行礼乐教化的结果。因为当时的统治者认为礼"经国家，定社稷，序民人，利后嗣者也"（《左传隐公十一年》），是政权巩固，维护天下太平的根本措施。于是"民之所由生，礼为大！非礼，无以节事天地之神也；非礼，无以辨君臣、上下、长幼之位也；非礼，无以区别男女父子兄弟之亲、婚姻疏数之交也"。于是，饮食必须合礼，衣服必须合礼，乘车必须合礼，仆御必须合礼，总之，人生的一切，即全身都要用礼约束起来。于是，天子、诸侯的相聚，平民百姓的约会，更要以"礼"为本，否则，就会被人讥笑、指责，甚至被人视为不仁不义之徒而被社会所唾弃。因此，西周时期，作为聚会的主要媒介酒礼已有非常严格的规定和更加具体的程序，不仅讲究时、序、数、令，而且对于宴会桌次、座位的安排，使用什么酒杯，谁给谁敬酒，以及怎样敬酒、饮酒，都有十分详尽的规定。因此，西周时期的酒礼是古代酒礼中最完备、最全面的酒礼。

在西周，祭祀时，首先设酒，"玄酒在室，醴醆在户，粢醍在堂，澄酒在下"；再"陈牺牲，备其鼎俎，列其琴瑟管磬钟鼓"（《礼记·礼运》）。《诗·小雅信南山》中记载："祭以清酒，从以骍牡，享于祖考。"所有这些都说明周代祭祀用酒之敬重，而且玄酒、醴酒、粢醍、清酒各种名目的酒都要按礼仪设置固定方位，不能有一丝错乱。因此，为了使酒礼规范操作与应用，周代统治者设立了专门掌管酒事及礼仪的官员——酒正、酒人和司尊彝等。其次，周朝的王公贵族们在举行的日常聚会中，也时时离不开酒的助兴和参与。《诗·大雅·行苇》曾记载："肆筵设席，授几有缉御，或献或酢，洗爵奠斝。醓醢以荐，或燔或炙。嘉肴脾臄，或歌或咢。"总而言之，在西周，酒是礼化了的，是统治者祭祀天地、先祖、会盟、交友的圣物。有礼便有酒，有酒必成礼，这就是当时社会的真实写照。

人类在发展，社会在前进，随着先进生产力的发展，到春秋战国之际，奴隶制在"礼崩乐坏"的社会变革中解体。西周时期创立的酒礼终于走下了庄严的祭坛，开始融入平民百姓生活之中。在街头巷尾中出现了供人沽酒饮酒的店铺，酒礼也受其冲击，各国诸侯越礼用酒的事时有发生，最典型的就是"鲁酒薄而邯郸围"。

楚宣王朝会诸侯，各路诸侯皆携带许多美酒前来，独有鲁恭公姗姗来迟，而且所带的酒既平常又量少。楚宣王对此大为不满，当场发起怒来。鲁恭公却说:"鲁国是周公的后裔,功在周王室,按周礼的规定,我前来送酒已是自背祖制了,你还责备酒薄,这不是欺人太甚吗?"遂不辞而别,返回鲁国去了。楚宣王依仗着自己的势力,便发兵攻打鲁国,而且还联合了齐国。魏国的梁惠王原来一直想攻打赵国,但因怕楚国干涉,便没有轻举妄动。这时,梁惠王见楚国忙于攻打鲁国,于是趁火打劫,就兴兵攻打赵国,而且还包围了赵国的国都邯郸。这就是"鲁酒薄而邯郸围"的故事。但是在春秋战国,要想彻底摆脱西周酒礼的束缚也是很难的,依西周传统酒礼行事仍是社会主流。

在史籍中就记录了这样一件耐人寻味的事:

有一次,齐景公乘着酒兴在酒宴上说,我想和诸位大夫们纵情酣饮,请诸位不要拘泥于礼节。这时齐国国相晏婴马上进行劝说:"不要违礼,否则有失体统。"但是,齐景公固执不听,依旧不拘礼节地与大夫们酣饮,使晏婴十分生气。齐景公如厕要从晏婴身前走,依礼,晏婴理应起身施礼。但晏婴为了警示齐景公,故意坐在座位上纹丝不动,齐景公回来时,晏婴还是依然如故。对此,齐景公已有十分的不快。待到大家再次举杯饮酒时,晏婴不等齐景公先喝,便抢先一饮而尽。被激怒了的齐景公大喊大叫起来:"晏子,你一向主张无礼不可,今天寡人出入你不起身,举杯饮酒时你又抢在寡人之前,难道这就是你所讲的礼吗?"晏婴连忙离席施礼,然后对齐景公说:"我怎敢违背您的旨意呢!您不是讲饮酒要不拘礼节吗?"齐景公恍然大悟,顿时面红耳赤,于是便请晏婴入席,依君臣饮酒的礼仪,又行三巡酒后便结束了酒宴。

从这件事情我们可以看出,严格区分尊卑长幼的酒礼是很难打破的,偶尔发生些越礼的行为,只是主持者的一时兴起。但是,一旦有人不讲酒礼的时候,就会有人出面制止和维护,这也许就是习惯成自然的缘由吧。

随着社会进程的加快,传统酒礼面临的挑战越来越严峻。魏晋南北朝,是我国历史上一个大动荡的时代,也是一个意识形态大解放的时代。各民族的大迁徙、大融合,与多元化的文化理念相联系,特别是政治混乱、战火纷飞、祸福无常的黑暗社会现实更使人们对传统观念的幻想破灭了。人们怀疑礼教规范、功名利禄及人生价值标准的真实性。这时,礼教衰微、老庄盛行、玄学大炽、佛教侵入,动摇了思想上儒家的一统天下。正是在这种条件下,明士贤达们便开始积极探索人生道路。他们冲破旧礼仪的羁绊,从恢复人的天性出发,以酒的刺激去张扬人的个性。于是,逾规狂放,精神自由驰骋,以表象上的纵酒、放纵、任性和消极来挑战传统,蔑视礼仪,从而真正表达人们对生命的执着追求,对远大理想和美好幸福生活的向往和奋斗。生活在中下层的文人雅士们,站在自己对人生理解的立场上,从现实社会生活的实际需求出发,改革旧礼仪,创新新礼制,传统的酒礼焕发了青春与活力。

首先,这些文人雅士们认为,饮酒之前,必须选择好与自己对饮的理想伴侣和朋友,构成特定的诗意氛围,否则便会失去饮酒的情趣。他们选择的理想对象是:高雅、豪侠、直率、知己、故交、玉人、可儿。其次,饮酒的地点及环境也必须有所不同,不同的情趣选择不同的理想去处。例如,许多人讲究的是花下、竹林、高阁、画舫、幽馆、曲涧、荷亭。再次,饮酒还讲究时令季节,如春郊、花开、清秋、新绿、积雪、新月、晚凉,凡此种种,都反映了中上层文人雅士对超俗脱尘境界的推崇,对温文尔雅风度的追求,使传统酒礼逐渐演变成为一种人们进行社交活动的有效工具,使专为巩固政权的政治手段变为人们之间交流情感、增进友谊的行为规则,较为彻底地完成了酒礼的质的变革。

唐代是中国封建社会最为光辉灿烂的时代之一,国力强盛,民族融和,充满着活力,激扬着昂扬向上的拼搏精神。特别是在文学艺术上树起了一座座丰碑,为博大精深、辉煌壮丽的艺术宝库增添了许多不朽之作,无论是诗、文、书、画、歌、舞,都是名家辈出、佳作如林,达到了空前绝后的程度。在这蔚为壮观的景象之中,酒终于挣脱了周礼的束缚,来到了人民大众的中间,为"盛唐之音"的形成与繁荣起到了美妙奇异、超群绝伦的无以替代的巨大作用。

"酒酣肝胆尚开张。"酒激发了人的高昂热情,酒唤起人的英雄气概,形成了"力夺三军"的磅礴之势。"李白一斗诗百篇,长安市上酒家眠,天子呼来不上船,自称臣是酒中仙。"(杜甫《饮中八仙歌》)诗圣杜甫"醉里从为客,诗成觉有神"。"颠张狂素",唐人的草书墨宝,正是他二人嗜酒忘形,达到了癫狂地步后一挥而就的成果。张旭"饮酒辄草书,挥笔不叫,以头揾水墨中书之……醒后自视,以为神异不可复得"。怀素人称"醉僧",一天九醉,时时与酒相伴,每醉之后便乘兴挥笔狂书"字字飞动婉转之妙,宛若有神"。"百代画圣"吴道子"好酒使气,每欲挥毫,必须酣饮"。时常是醉态作画,不用尺度规画一笔而成,"观者如堵,以为下笔有神"。由此可见,酒对绘画艺术的功德是彪炳史册的。唐代这种文酒风云际会的流韵使传统的酒礼透出一股清新的醇香,又直济两宋时期。酒自从祭坛步入民间以来,就受益于文学艺术。因此,它便成为李白、杜甫

家庭经典藏书

中华酒典

的诗魂,张怀的书神,吴道子的画魄,苏东坡、陆放翁的文气,把本已灿烂的酒文化又推向了光辉的巅峰。

明清之际,随着西学的东渐,传统酒礼又辟出了一片新天地,成为当时人们追求生活、趣味人生的一个重要方面。严格的酒礼定制已成为程式上的外壳,实质内容有了根本性的变革,饮酒求欢的内容渐成时代潮流的崇向,人们把饮酒作为彻底领悟人生真谛、欲求其生活本质的情趣之一。在饮酒的礼仪实施过程中,他们不仅要求活得惬意、潇洒,而且追求更美的享受,使自己活出品味来、兴趣来,甚至为了追求梦幻般的自由和幸福,"嗜酒不拘小节",依兴趣逾规放达,显示人性的价值、个性的张扬。

我国传统的酒礼,在其漫长的历史长河中吸收了许多民主性的精华,构成中国美德的重要组成部分,其承袭性及发展性是其最显著的特点。因此,它在社会历史进程中发挥着巨大的推动作用,它以亲亲相融的感召力,凝聚着民族团结、奋斗、拼搏的伟大精神。

古代酒礼辑要

礼仪,按照社会学的原理,它是一种行动程序和规则,一般来说,它是指在社会交往过程中体现出来的人们之间彼此相互尊重意愿而规定的共同认可的行为方式,主要是指行为中的仪式、仪表、仪态和仪容。它既有形式和内容的完美统一,又有二者之间的相互独立和时离时合的特征。按照哲学的观念,它属于上层建筑中意识领域内思想道德的范畴,供人们模仿、演练及使用,是社会交际活动不可或缺的交际工具之一。古代酒礼,作为一种特殊的社会礼仪,是在"酒洽百礼"的过程中形成的一种"以酒会友,以酒成礼"的重要礼仪程序和准则,是古代交际活动中人们主要的交流方式。

古代酒礼源远流长,历经百代畅行不衰,就是在迈入 21 世纪的今天,它依然发挥着不可估量的社会交际作用。时过境迁,沧桑巨变。古代酒礼在与时俱进的征程中发生着深刻的变化,特别是我国疆域辽阔,人口众多,"十里不同俗,百里改规矩"。古代酒礼显得更加缤纷多姿,流光溢彩。庞杂的酒礼体系、繁文缛节的程序,使人在古代酒礼的渊海之中难免眼花缭乱,不辨良莠。为此,我们本着"吸取其民主性精华,剔除其封建性糟粕"的要旨,辑要一二,以飨读者。

（一）饮酒必酹

在远古时期，人们的自然科学知识相当贫乏，特别是对人类的生老病死及自然界的异常变化，根本无法理解，于是便归之于具有奇异力量的神的作用。为了祈求幸福，祈求和平，便以盲目地崇拜去祭祀象征神灵的天地、山川、鬼神及先祖，祭祀、祈祷便成了先人们的精神寄托。

"酒，天之美禄。"酒是苍天神灵恩赐于人们的美好享受，但是，"禄"是福，必须是有福的人才能领受，在这种文化理念的影响下，古老的先人们"饮酒必酹"便成为重要的礼仪必然。

"饮前必酹"是讲在远古时代，不论王室宗庙的祭献，还是平民百姓私家祀祖、祝福，必须在举行"以酒酹地"的仪式后，才能与同祭人一起宴飨。

酹酒具有一定的礼仪程序，并非随意的泼酒。主祭人在祭桌前恭敬肃容，手持杯盏，默念祷词，然后将酒分倾三点，最后将余酒洒一半圆形，成为"心"字，表示心献之礼。这一规制的形成和延续，使人们至今在特殊的场合中依旧保持饮酒之前必须酹酒的礼节。

（二）酒不过三爵

严格的等级制度形成了严谨的饮酒礼节。《礼记·玉藻》中讲："君子之饮酒也，一爵而色遇如也，二爵而言言斯，三爵而油油退。"意思是说，君子饮酒，饮一爵就颜色温和，饮二爵就开怀畅言，饮到第三爵后就可以退席了。古人也深谙"酒能益人，亦最能损人"，所以倡导"酒不过三"的礼节。

（三）干杯

亲朋好友相聚在一起饮酒取乐时，主人常常提议"合席同举杯，大家一齐干"，祈求即席者志同道合、友谊长青。其实这"干杯"由来已久，是古代饮酒时的一种礼仪。

古人称"干杯"为"酉爵"，即凡是即席者，在首席的倡导下，饮酒后必须是杯底朝下，滴酒不剩。否则，"杯中余沥，有一滴，则罚一杯"（明·冯时化·《酒史》），这种礼仪来源于"有来无往非礼也"。古人讲究"先干为敬"，谁提议饮酒，谁先自觉干杯，而回应的人也应以同样的方式回敬对方。为此，现代酒宴中，人们依旧承袭着传统，有"干杯"的习惯，对饮而不干者则"罚酒三杯"。

（四）周代酒礼

西周是对酒礼定制非常严格和十分完备的朝代，主要有"时、序、数、令"等

中华酒典

规则：

1.时，即必须严格掌握饮酒的时间。只有天子、诸侯加冕、婚丧、祭祀或其他喜庆大典时才可以饮酒。例如，在《酒诰》中告诫人们，首先是在祭祀时才能饮酒。"杞兹酒，惟天命肇我民，惟元祀天降威，我民用大乱丧德，亦罔非酒惟行，越小大邦用长，亦罔非酒惟辜。"

《史记》记载了大酺日饮酒的规定。在古代的社会，皇帝及其宗室，往往因改朝换代、册立太子、公主出嫁和吉兆等国家大事而下诏，特许人们聚会饮酒。"(二十五年)五月，天下大酺。"张守节解释说："天下大饮酒也，秦既平韩、赵、魏、燕、楚五国，故天下大酺也。"(张守节《正义》)在唐代，自唐太宗开始，每逢改元、册立太子、公主出嫁和吉兆时多有大酺。唐中宗的安乐公主出嫁，赐酺三日。唐睿宗时，因高祖旧宅的一棵柿子树在天授年间枯死，现又重生，便以吉兆之名"天下大酺三日"等。

《酒诰》还规定了"羞馈祀则可饮酒""父母庆则可饮酒"以及"克羞耆则可饮酒"的定制，并规定"三人以上无故聚饮罚金四两"，这说明，人们在饮酒时必须严格遵循酒礼中的规定，绝不可即兴随意饮用，否则那是不守"礼仪规矩"的越礼行为。

2.序，必须严格遵守等级秩序。按天、地、鬼(祖)、神，长幼、尊卑的秩序来饮酒，也就是说，无论是祭天祀祖，还是吉兆喜庆之典，都要依照一定的秩序来饮酒，于是就有了"饮前必酹，祭之必酒"的礼俗，反映在饮酒礼节上，便是酒宴的位置安排以及座位安排。

今天我们仍习惯地把赴约参加酒宴称为"坐席"，这是来源于古代的筵席规定和习惯。据文献记载，古代人饮酒是席地而坐的，筵与席都是铺在地上的坐具(现在少数民族仍有此遗风)。"筵"是用蒲苇等粗料编织成的坐具，其面积比席大。"席"是用萑草等细料编成的坐具，面积比筵小些。古人把"筵"先铺在地上，再根据不同的地位和身份加席。商、周时，筵席的定制是非常严格的，越礼座席是有罪的。《礼记·礼器》中规定："天子之席五重，诸侯之席三重，大夫再重(重即层)。"至于寻常百姓在婚嫁、喜庆、欢宴待客时，在筵之上加一席就很体面了。因此，人们称参加酒宴为"坐席"。

在古酒礼中，最尊贵的座位是在室内西墙前铺筵加席。饮酒者首先坐在席上面向东，即所谓东向坐，其次是在北墙前铺筵加席，饮者面向南坐的南向坐，再次是南墙铺筵席面向北而坐的北向坐,最卑的是西向坐。据考证,这一礼俗,不仅适宜于宫廷之内,而且在军帐、野外也适用。注意这和现时社会生活中的酒宴座次安排有较大的差别。在现实社会中,沿袭的是明代八仙桌制。尽管它出现在社会生活中的时间较晚,但是,安排座次的依据却是很古老的。

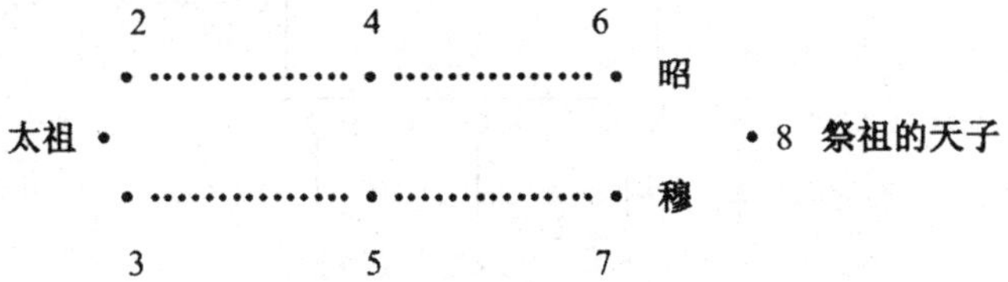

```
     2          4          6
太祖 ●····●····●  昭
             ●····● 8  祭祖的天子
     ●····●····● 穆
     3          5          7
```

图1 天子祭神时的位次

东汉学者郑玄在《禘祫志》中详细记载了古代天子祭祖时神主的位次:天子祭祖活动是在太祖庙的太室中举行。神主的第一代位次是太祖,东向,最尊,第二代神位位于太祖东北即左前方,南向;第三代神主位于太祖东南,即右前方,北向,与第二代神祖相对;第四代神主位于第二代之东,南向;第五代神主位在第三代之东,北向,与第四代神主相对。第六代神主位在第四代神主之东,南向;第七代神主在第五代神主之东,北向,与第六代神主相对。祭祖的天子在东面向西跪拜,这就是所谓的昭穆之制。昭穆制的详细座次见图1(太祖东向居中,太祖左边的这列叫昭,右边的这列叫穆。)

八仙桌的尊卑座次是和昭穆制相吻合的。坐西面向正东是首席最尊,其位置与太祖的神主位是相同的,八仙桌的第二座与第二代神主的位置是相同的,八仙桌的第三至七座也和昭穆之制的第三代神主至七代神主的位置相同,八仙桌的第八座(末座)和祭祖时天子面向西跪拜的位置相同,其内涵相似,现称为陪坐。参见图2。

3.数,即严格控制饮酒的数量,每次饮酒不超过三爵。

4.令,即酒席设置令官。所有参与者都必须服从酒令官的指挥,对宴会上按长幼尊卑的不同,坐什么位置使用什么酒杯,谁给谁敬酒以及怎样敬酒等等,都有十分详尽的规定。

(五)酒宴上的礼仪

1.“尊人立且莫坐”。这是讲首席的尊者没有入座前,其他的人是不能先坐下的。

2.“尊人同席饮,不问莫多言”。这是在酒宴上,只要是尊者不向你发问,你

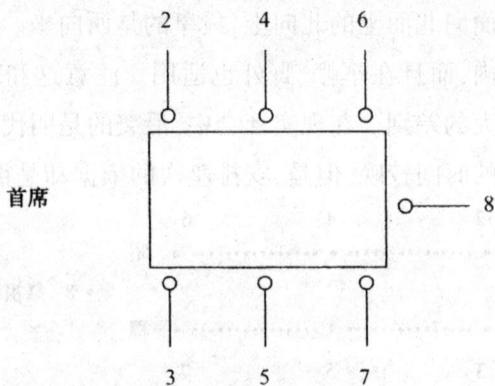

图2 八仙桌座次

不要多说话,否则喧宾夺主,是令人讨厌的,也是不礼貌的。

3."巡酒依次行"。巡酒时,先从首席起,按座次尊卑依次巡到末座(蓝尾酒,即最后饮酒者)。

4.主客饮酒时,侍人是不能入座的。

5."尊者对客饮,站立莫东西。使唤须依命,躬身莫不齐。"这就是讲,宾客对饮时,其他人均肃穆站立以示尊敬。

6.巡酒时,与会者必须饮酒。但是,酒量小的可少饮。"巡来多莫饮,性少自须监,勿使闻狼狈,莫让诸客嫌。"

7."尊人与酒吃,即把莫推辞。"主客赐酒给侍酒的仆役时,仆役们必须把盏饮酒,且莫推辞再三。

8."坐见人来时,尊亲尽远迎,无论贫与富,一律总须平。"饮酒期间,若有客来,必须离席远迎,以示尊敬。

第二节 古礼文钞

本文选自《礼仪》第四篇,是专门记叙乡人以时聚会宴饮礼仪的。该文大致说,乡饮酒约为四类,其一,三年大比,乡大夫向君推荐贤工时在乡学中的会饮;其二,乡大夫以宾礼宴饮乡之贤者;其三,春、秋会民习射的宴饮;其四,冬日腊祭时宴饮。《乡饮酒礼》意义在于"序长幼,别贵贱",是教化百民遵规守礼的程制要津之一,因此,它十分的隆重、严敬和繁缛。

主人就先生而谋宾、介。主人戒宾，宾拜辱，主人答拜，乃请宾。宾礼辞，许。主人再拜，宾答拜。主人退，宾拜辱。介亦如之。及席宾、主人、介。众宾之席，皆不属焉。尊两壶于房户间，斯禁、有玄酒、在西。设篚于禁南，东肆，加二勺于两壶。设洗于阼阶东南，南北以堂深，东西当东荣；水在洗东，篚在洗西，南肆。

羹定。主人速宾，宾拜辱；主人答拜，还；宾拜辱。介亦如之。宾及众宾皆从之。主人一相迎于门外，再拜宾，宾答拜；拜介，介答拜；揖众宾。主人揖，先入。宾厌介，入门左；介厌众宾，入；众宾皆入门左；北上。主人与宾三揖，至于阶，三让。主人升，宾升。主人阼阶上当楣北面答拜。宾西阶上当楣北面答拜。

主人坐取爵于篚，降洗。宾降，主人坐奠爵于阶前。辞。宾对。主人坐取爵，兴，适洗；南面坐，奠爵于篚下；盥洗。宾进东，北面辞洗。主人坐奠爵于篚，兴对。宾复位，当西序，东面。主人坐取爵，沃洗者西北面。卒洗，主人壹揖，壹让。升，宾拜洗。主人坐奠爵，遂拜，降盥。宾降，主人辞；宾对，复位，当西序。卒盥，揖让升。宾西阶上疑立，主人坐取爵，实之宾之席前，西北面献宾。宾西阶上拜，主人少退。宾进受爵，以复位。主人阼阶上拜送爵，宾少退。荐脯醢，宾升席，自西方。乃设折俎。主人阼阶东疑立，宾坐，左执爵，祭脯醢，奠爵于荐西，兴；右手取肺，却左手执本；坐，弗缭，右绝末以祭；尚左手，哜之，兴，加于俎；坐挩手，遂祭酒；兴，席末坐，啐酒，降席，坐奠爵；拜，告旨；执爵兴。主人阼阶答拜。宾西阶上北面坐，卒爵，兴；坐奠爵，遂拜，执爵兴。主人阼阶上答拜。

宾降洗，主人降。宾坐奠爵，兴，辞；主人对。宾坐取爵，适洗南，北面。主人阼阶东，南面辞洗。宾坐奠爵于篚，兴对。主人复阼阶东，西面。宾东北面盥，坐取爵，卒洗，揖让如初，升。主人拜洗。宾答拜，兴，降盥，如主人礼。宾实爵主人之席前，东南面酢主人，主人阼阶上拜，宾少退。主人进受爵，复位；宾西阶上拜送爵。荐脯醢。主人升席自北方。设折俎。祭如宾礼，不告旨。自席前适阼阶上，北面坐卒爵，兴；坐奠爵、遂拜，执爵，兴。宾西阶上答拜。主人坐奠爵于序端，阼阶上北面再拜崇酒，宾西阶上答拜。

主人坐取觯于篚，降洗。宾降，主人辞降。宾不辞洗，立当西序，东面。卒洗，揖让升。宾西阶上疑立。主人实觯酬宾，阼阶上北面坐奠觯，遂拜，执觯兴。宾西阶上答拜。坐祭，遂饮，卒觯，兴；坐奠觯，遂拜，执觯兴。宾西阶上答拜。主人降洗；宾降辞，如献礼，升，不拜洗。宾西阶上立，主人实觯宾之席前，北面；

中华酒典

宾西阶上拜；主人少退，卒拜进，坐奠觯于荐西；宾辞，坐取觯，复位；主人阼阶上拜送，宾北面坐奠觯于荐东，复位。

主人揖，降。宾降立于阶西，当序，东面。主人以介揖让升，拜如宾礼。主人坐取爵于东序端，降洗；介降，主人辞降；介辞洗，如宾礼，升，不拜洗。介西阶上立。主人实爵介之席前，西南面献阶。介西阶上北面拜，主人少退；介进，北面受爵，复位。主人介右北面拜送爵，介少退。主人立于西阶东，荐脯醢。介升席自北方，设折俎。祭如宾礼，不哜肺，不啐酒，不告旨。自南方降席，北面坐卒爵，兴，坐奠爵，遂拜，执爵兴。主人介右答拜。

介降洗，主人复阼阶，降辞如初。卒洗，主人盥。介揖让升，授主人爵于两楹之间。介西阶上立。主人实爵，酢于西阶上，介右坐奠爵，遂拜，执爵兴。介答拜。主人坐祭，遂饮。卒爵，兴；坐奠爵，遂拜，执爵兴。介答拜。主人坐奠爵于西楹南，介右再拜崇酒；介答拜。

主人复阼阶，揖降，介降立于宾南。主人西南面三拜众宾，众宾皆答壹拜。主人揖升，坐取爵于西楹下：降洗，升实爵，于西阶上献众宾，众宾之长升拜受者三人，主人拜送。坐祭，立饮。不拜既爵；授主人爵，降复位。众宾献，则不拜受爵，坐祭，立饮。每人一献，则荐诸其席。众宾辩有脯醢，主人以降爵，奠于篚。

揖让升，宾厌介升，介厌众宾升，众宾序升，即席。一人洗，升，举觯于宾；实觯，西阶上坐奠觯，遂拜，执觯兴；宾席末答拜。坐祭，遂饮，卒觯，兴；坐奠觯，遂拜，执觯兴，宾答拜。降洗，升，实觯，立于西阶上；宾拜。进坐奠觯于荐西。宾辞，坐受以兴。兴觯者西阶上拜送，宾坐奠觯于所。举觯者降。

设席于堂廉，东上，工四人，二瑟，瑟先。相者二人，皆左何瑟，后首，挎越，内弦，右手相。乐正先升，立于西阶东。工入，升自西阶。北面坐。相者东面坐，遂授瑟，乃降。工歌《鹿鸣》《四牡》《皇皇者华》。卒歌，主人献工。工左瑟，一人拜，不兴，受爵。主人阼阶上拜送爵。荐脯醢。使人相祭。工饮，不拜既爵，授主人爵。众工则不拜、受爵，祭饮；辩有脯醢，不祭。大师，则为之洗。宾、介降，主人辞降，工不辞洗。

笙入堂下，磬南，北面立，乐《南陔》《白华》《华黍》。主人献之于西阶上。一人拜，尽阶，不升堂，受爵；主人拜送爵。阶前坐祭，立饮，不拜既爵，升授主人爵。众笙则不拜，受爵。坐祭，立饮；辩有脯醢，不祭。

乃间歌《鱼丽》、笙《由庚》、歌《南有嘉鱼》，笙《崇丘》；歌《南山有台》；笙

《由仪》。乃合乐;《周南·关雎》《葛覃》《卷耳》《召南·鹊巢》《采蘩》《采蘋》。工告于乐正曰:"正歌备。"乐正告于宾,乃降。

　　主人降席自南方,侧降;作相为司正。司正礼辞,许诺。主人拜,司正答拜。主人升,复席。司正洗觯,升自西阶;阼阶上北面受命于主人。主人曰:"请安于宾。"司正告于宾,宾礼辞,许。司正告于人。主人阼阶上再拜,宾西阶上答拜。司正立于楹间以相拜,皆揖,复席。

　　司正实觯,降自西阶,阶间北面坐奠觯:退共,少立;坐取觯,不祭,遂饮,卒觯兴,坐奠觯,遂拜;执觯兴,盥洗;北面坐奠觯予其所,退立于觯南。宾北面坐取俎西之觯,阼阶上北面酬主人。主人降席,立于宾东。宾坐奠觯,遂拜;执觯兴,主人答拜。不祭,立饮;不拜,卒觯,不洗;实觯,东南面授主人。主人阼阶上拜,宾少退,主人受觯,宾拜送于主人之西。宾揖,复席。

　　主人西阶上酬介。介降席自南方,立于主人之西,如宾酬主人之礼。主人揖,复席。司正升相旅,曰:"某子受酬":受酬者降席。司正退立于序端,东面。受酬者自介右,众受酬者受自左,拜,兴,饮,皆如宾酬主人之礼。辩,卒受者以觯降,坐奠于篚。司正降,复位。

　　使二人举觯于宾、介,洗,升实觯于西阶上;皆坐奠觯,遂拜,执觯兴;宾、介席末答拜。皆坐祭;遂饮,卒觯兴;坐奠觯,遂拜,执觯兴,宾、介席末答拜。逆降,洗;升,实觯,皆立于西阶上;宾、介皆拜。皆进,荐西奠之,宾辞,坐取觯以兴。介则荐南奠之;介坐受以兴。退,皆拜送,降。宾、介奠于其所。

　　司正升自西阶,受命于主人。主人曰:"请坐于宾。"宾辞以俎。主人请彻俎,宾许。司正降介前,命弟子俟彻俎。司正升,立于序端。宾降席,北面。主人降席,阼阶上北面。介降席,西阶上北面。遵者降席,席东南面。宾取俎,还授司正;司正以降,宾从之。主人取俎,还授弟子;弟子以降自西阶,主人降自阼阶。众取俎,还授弟子;弟子以降。介从之。若有诸公、大夫,则使人受俎,如宾礼。众宾皆降。

　　说屦,揖让如礼。升,坐。乃羞,无算爵,无算乐。

　　宾出,奏《陔》。主人送于门外,再拜。宾若有遵者:诸公、大夫,则既一人,举觯,乃人。席于宾东,公三重,大夫再重。公如大夫,入,主人降,宾、介降,众宾皆降,复初位。主人迎,揖让升。公升如宾礼,辞一席,使一人去之。大夫则如介礼,有诸公,则辞加席,委于席端,主人不彻;无诸公,则大夫辞加席,主人对,不辞加席。

明日,宾服乡服以拜赐,主人如宾服以拜辱。主人释服,乃息司正。无介,不杀,荐脯醢,盖唯所有。征唯所欲,以告于先生,君子可也。宾、介不与。乡乐唯欲。

第三节　现代酒礼

随着社会主义市场经济的持续快速健康发展,广大人民群众的物质生活水平得到了很大的改善和提高,精神面貌为之焕然一新。因此,人际交往中的礼仪也在发生着根本性的变化。现代酒礼在吸取传统酒礼民主性精华的基础之上,不断与时俱进,开拓创新,充实和完善了新的时代内容,形成了具有中国特色的科学、文明、健康的社会主义新酒礼。

社会主义酒礼,淡化了原始的宗教信仰,继承了民主性的优良传统,废除了封建主义的糟粕,融入了先进的科学文化知识,借鉴了西方现代文明的先进经验,强化了社会主义思想道德观念,特别是凝聚着团结统一、爱好和平、勤劳勇敢、自强不息的伟大民族精神,成为我们加强交流、促进团结、增进友谊、共同发展的思想基础和行为准则。

中国疆域辽阔,民族众多,有着经济发展的不平衡性和人文地理环境的差异性,无论天南地北、城市乡村,自古就有"十里不同俗,百里改规矩"。中国酒礼的程序形式多种多样,包容的内涵缤纷多姿,形成了一个庞大的复杂的酒礼体系。

入席就座礼仪

中国人最讲究文明礼貌。在日常交往中,不仅言谈举止温文尔雅,大方有致,而且态度温和,谦谦礼让,尤其是受邀赴会或者是邀请别人均以礼待之,入席就座的礼节在酒礼中就更显重要。现在宴席就座的原则是在废除男尊女卑的封建陈规陋习基础之上,坚持"长者(尊者)在先、宾客在先、女士优先"。热情待客,合理安排,既显示了中华民族美德的传承,又摒弃了封建礼教的束缚,形成了文明健康、科学的新时尚。

首先是"长辈在先"。"尊重老人,敬重长者"历来是我们的传统美德。"群居三人,则长必异席。"所以,古往今来,在筵席或酒会上,长辈在先的规矩一直在沿袭着。它要求在入席就座时,先是长者,后为幼者,以年龄为序。例如,同胞之中,以兄为先;同窗手足,以年长为上;同师之徒,幼者为下。入席就座,既不可非礼抢座,更不许冷落宾客,弄得主宾难堪。

其次是"宾客在先,优待外宾"。在现代筵席或酒会上,安排入席就座,要坚持宾客在先,优待外宾的礼仪原则。"有朋自远方来,不亦乐乎!"朋友风尘仆仆,受邀远道而来,其心情是兴高采烈的,作为邀请者应以大方、热情、诚挚的态度礼待宾客,把宾客让入合适的席位上,或首席或贵宾席,实不可乱点鸳鸯谱,形成尴尬的局面。

随着全面开放大格局的形成,在筵席或酒会上,与外宾相聚叙谈的机会越来越多,特别是经贸往来中,与外宾洽谈交友的事情也会越来越多。因此,在宾客在先的同时,要优待外宾。这既是中国传统美德之使然,又是现代社会文明的要求。它告诉我们,在招待外宾入席时,要坚持热情、礼貌的心态,以礼待之。根据宾客的年龄、身份、地位,在同样条件下,优待外宾。同时又要尊重外宾的信仰理念、生活习惯,在安排入席座位时,事先要征求外宾的意见,既不冷落外宾又不使外宾难堪。总之,要合情合理,主随客便,使外宾心情舒畅为宜。

再次是"女士优先"。在传统的酒礼中,受儒家轻视女人的影响,一般女士们是不出席筵席或酒会的,即便偶尔出现在筵席或酒会上,其座位安排也是男尊女卑,被视为花瓶做点缀。现在是社会主义社会,时代不同了,男女都一样,都是国家的主人,其地位和身份都是平等的。特别是在西方现代文明的影响下,"女士优先"已成为新的社会风尚。于是女士们出席筵席或酒会的机会越来越多,若有女士参加,需优先安排女士入席就座。同时,女士们也要自爱自重,在男同志尊重自己时,也要谦谦礼让,尊重男同志。

在现代筵席或酒会上,往往有各级领导的莅临,在这种情况下,要特别处理好上下级关系。一般的做法是:按领导的级别,职务和身份安排入席座位,特别是两个以上单位的领导出席时,对首席的安排要更加周到、合理、科学。当出现难题不易安排时,要以彬彬有礼地方式,分别向出席领导说明情况,征求领导意见,达到主人、宾客的双方满意。这里强调的是,出席筵席与酒会的领导更要注

中华酒典

重公众形象,平易近人,谦谦礼让,给人以庄重、文雅、礼貌的感觉,使筵席或酒会的气氛更加融洽、活跃。

入座叙谈礼仪

客人入席落座之后,并不是马上摆上酒席,让人们立即饮酒进餐,而是为了交流感情,增进友谊,先留一段时间,供客宾们入座叙谈。尽管谈话的内容和形式是自由的,但也应讲究礼仪,注意自我形象,以显示出自己的道德修养水平。

第一,宾客间的互相了解。凡是主人邀请来的宾客亲朋,有一部分是老乡、同事、同学以及亲戚、朋友,原来都彼此交往过,是相认识的,就不再用主人介绍,相互之间问候一下就可以了。不忘老朋友,结识新朋友。在现代交际活动中,当新的朋友到来时,作为主人理应热情主动地把他(或她)介绍给各位宾客。假若主人当时不在场时,那就需要自己主动地介绍。一般是,如有名片,先用双手将自己的名片郑重地送递给对方,以鞠躬的礼仪,感谢对方对自己的接纳,并以"谢谢,请多多关照、帮助"的言辞答谢。当对方双手送来名片时,自己就应双手接过名片,仔细观看或低声细语念出职务或称谓,以示敬重,而后再将自己的名片回赠对方。在递送名片时,一般以入席座位的长幼顺序依次而送,在互相介绍的过程中,彼此加强了解,使席间气氛更加融洽欢乐。

第二,久别重逢叙友情。如果是亲朋好友的相聚重逢,那便会是其感情的宣泄,一发而不可收,有成功的喜悦,失败的悲痛;有衣食住行,儿女情长;有事业的希望与理想,还有人生的感叹……但是,在叙旧抒情时,决不可触动他人的痛处,当别人谈及时要尽量以诚挚的感情、温馨的话语,给人以亲切的慰问,抚平他人的创伤。

第三,谈天说地,烘托筵席气氛。大家相聚在一起是为友谊而来,是为欢乐而来,谈天说地,轶闻趣事是闲谈的主体。但是要注重交际礼仪,更要重视社会影响,要自重自爱。特别是一些关于社会的焦点、难点问题,要从维护国家安定、人民团结的大局出发,谈现象找原因,引导与会者积极向上,千万要注意言语分寸,把握火候,不传递失真信息,不散布小道消息,以免产生不良社会影响。

坚持"和为贵,情为重"的原则,在闲谈中,莫论别人是非,少讲邻居短长,特别是他人的隐私绯闻,更不能借机拨弄是非,破坏他人的友谊和幸福。不论是在餐前闲叙中还是进餐饮酒过程中，切忌以自己为中心高谈阔论，目中无人，否则会遭人讥笑，甚至会引起主人及其他宾客的反感而受到奚落。多听别人讲，虚心向别人请教。"世事洞明皆学问，人情练达即文章。"

进餐礼仪

入席就座叙谈完毕之后，便开始了饮酒进餐的程序。在现代筵席或酒会上，虽然废除了"饮酒必酹"的礼仪，但是也必须按照现代生活的礼仪进行，要注意以下几方面：

（一）分别摆上餐具，切莫乱动乱用

根据卫生、科学、保证身体健康的要求，无论是中餐宴席还是西餐酒会，实行分餐制是现代饮食生活的发展方向。因此，按照分餐制的要求把消毒好的餐具依照一人一套的方式，在相应的位置上摆放整齐，其他人不可随意乱动。若发现有缺损不便使用时，传唤服务侍者调换。在使用过程中，坚持"谁的谁使，一餐到底"的原则，绝不可毫无礼貌地用了左边的，再拿右边的。这是为了防止疾病传染，确保即席者的身体健康。

要养成良好的入席就餐习惯。无论是饮酒还是进餐，首先要用餐巾将自己的双膝盖好，以免饭菜酒水洒落后，弄脏衣服。用来擦嘴的餐巾，用后不要随地抛丢，要放在餐桌上由服务人员统一收拾整理。

（二）敬酒、敬菜，要以礼为之

席间，敬酒、敬菜是筵席、酒会中的必有的礼仪程序。当一道菜摆上餐桌时，作为陪客的主人或一般的宾客，要首先礼让尊者、长者。一般是站起来，使用公共餐具去给尊者、长者敬菜、敬餐。作为受用者，也要施礼表示感谢，达到主宾相融的境界。特别是自己不喜欢的东西，别人敬献时要委婉地谢绝，决不可生硬地拒绝和阻止。总之，要以诚待客，以礼让人。

（三）进餐时，凡是上一道菜，特别是主菜，都要让首席者先享用

例如，鸡、鱼，要实行主客开席点菜的礼仪，即先让主客动筷后，大家再随之。如果饮用汤，就请主宾先用，其次是一般宾客与主人。即便是服务人员在慌忙疏忽中出现差错，作为主人或一般宾客也要主动纠正，以免发生误会。

中華酒典

离席礼仪

凡参加筵席、酒会的宾客,在筵席、酒会完毕或人员离席时,也应按照"三先"原则,有礼有节地先后离去。首先,一般参加筵席、酒会的宾客是不能提前离席的,无故的提前离席会挫伤主人的感情,破坏筵席、酒会的欢乐气氛。特别是主人会误认为宾客对自己的宴请不满意或是不重视,有看不起主人之嫌,同时也会引起其他宾客的反感。

在席间,出现离席现象的多数是领导或名人,有些实在是不得不为之。假若作为一个领导或者名人,确实需要提前退席时,应该如何处理呢?一是,尽量尊重主人,对于突发的变故,不得不马上离席时,首先与主人和风细雨解释清楚离席的原因,在征得主人同意后,然后向诸位宾客讲明情况,表示歉意后,再慢慢地离开席位,以显示自己的恋恋不舍。

在席间,如果需要净手方便时,要起身致谢,有礼貌、婉转地将临时离席的信息传达给诸位,诸位站立,以礼相待,让其临时离席。重返时,临时离席者以礼招呼诸位宾客,宾客们以礼答谢,重新入座后,宴席继续进行。

当筵席、酒会结束时,全场宾客、主人均应全体起立,首先让尊者、长者、女士离席,随后,主人及其陪客跟随着离席,然后主人快步走到门庭,在门外送客。

如果是长时间的大型宴会活动,还应在宴会厅的附近处设立临时休息室,需临时离席休息的宾客在主人的邀请下,有礼貌地步入休息室临时休息。临时休息室内应备有香烟、茶水及水果,以供休息者临时之用。

特别提醒的是,如果是在酒楼、宾馆请客,作为主人,切莫在宾客面前同服务人员商谈结账事宜,更不能把宾客放在一边,与服务人员谈质论价,以免使宾客处在难堪的场面。处理这类事情,可以在举办筵席、酒会时预付,也可以由下属承办人员负责。总之,不能当着宾客的面去处理这类事情。

迎来送往、善始善终是人们文明礼貌的最佳表现,因此,筵席或酒会结束后,要安全欢送客人到达目的地是最后的礼仪之一。对于有专车的宾客要打开车门等候客人乘坐,当客人坐稳后,招手致谢并举目远送,而作为宾客应说些酬谢的话语,以表示回敬。对于没有交通工具的宾客,或叫车专程送回或者留下歇息再想别的方法解决,但绝不能以为筵席结束,场散人去一走了之,特别是对

家庭经典藏书

中华酒典

失礼饮酒过多之人,更要特别照顾,以免发生意外,造成不必要的麻烦。

敬酒礼仪

在现代筵席、酒会上,主宾之间互相敬酒的礼仪依然盛行,它不仅是与会者文明礼貌的象征,而且是为了营造气氛,活跃场面,达到以酒会友、以酒敬礼的效果。大家十分乐于接受并将其当作一种有趣的游戏规则去自觉遵守。敬酒礼仪并无定制,依不同的场合和不同规格的筵席、酒会,表现出不同的方式和风格。

(一)因场合不同,其敬酒的气氛和方式不同

喜庆筵席、开业庆典,其敬酒的气氛是热烈、欢快的,敬酒人执着,受用人推辞,敬酒是在嬉戏热闹的过程中进行的。但是,殡葬的丧礼宴会和祭祀悼念活动,则是肃穆庄重的。敬酒者应神色严肃、举止端正,而受用人也应以诚答谢,决不能虚意周旋,以免造成负面影响。

(二)不论是喜庆酒会还是庄重筵席,敬酒的礼仪依旧是小敬大、幼敬长,首席者为上,宾客次之

在座的各位,不论职位高低,不讲究才学深浅,不论贵贱,不辨贫富,敬酒的第一受用人便是首席、开席、点菜之人。敬酒时,不论谁敬,应首席者第一,其余依顺时针方向为序,也有依年龄、亲疏为序的。特别是按亲疏时,以疏者为先,以亲者为后,不分亲厚,只求礼仪。

"酒能益人,亦最能损人。"益人与损人的界限,在于人的酒量大小,要适可而止,这是最为重要的礼仪。既不能虚心假意,使宾客不能开怀痛饮,更不能固执己见,强人所难。一般情况下,能喝多少就喝多少,由受用人自己定夺,实在不能喝,就是举杯放到唇边,点到为止也可。有时候,坐在首席的长者,应考虑到大家酒量的差异,自己又不胜杯盏的敬重,提议大家举杯共饮,以代替逐人敬酒的烦琐程序也不失为好招。这样既简单又文雅,不仅表达了敬意又烘托了筵席气氛,实为文明礼貌之举。

关于向领导敬酒的问题,这是一个比较麻烦的事情。要处理好这件事,首先是举办的主人要了解出席筵席领导的个人嗜好,道德素质及行为方式,要有的放矢,针对不同的领导施以不同的礼节。对一向以威重仪态出现于公共场合

中华酒典

263

的领导,要注重把握领导饮酒的形式,不注重酒量,喝多喝少随其兴致,由他个人掌握;对于那些性格豪放、从来不讲约束的领导,尽量采取多种花样翻新的方式,以逗取乐,激发他们的乐趣,使之高兴满足为好。但是在一般情况下,还应承袭传统酒礼中"酒不过三爵"的习俗,以三杯为宜,两杯为好,至于"四季发财""六六大顺""八八大发"的敬酒数量,更要因人而用,绝不可千篇一律,实行"一刀切"。如果那样去做,不仅达不到取得信任、增加感情的目的,反而弄巧成拙,适得其反。

在现在筵席、酒会上,有些领导干部的下属与领导一齐赴约时,有一种不正常的现象,便是越俎代庖,打着处处关心领导、体贴领导的幌子,在筵席、酒会上,或为被敬酒者挡驾,或替领导当替身,不论场合如何,有无必要,一律把领导拒之于饮酒的环境之外,其实这是十分不礼貌的。一是在别人看来,领导参加筵席目的不是为了祝福或庆贺而来,反而是显示权贵而来;二是领导处在骑虎难下的境地,左也不是,右也为难。所以作为领导的随员,应以正常的心态对待,不仅要看领导的眼色行事,而且更要随机应变,依筵席、酒会的礼仪为准则正确处理,绝不可造次,莽撞行事。

领导也应把自己看成与所有即席者一样,身份、地位都是平等的,都是主人邀来的客人,没有上下级之分。

关于酬谢敬酒,一般筵席、酒会是没有这一礼仪的。但是在特殊情况下,例如,为了孩子考上大学的谢师酒,为帮助解决自己困难的答谢酒等,那就抛开上下、长幼的秩序,主人要以论功行赏的原则,对主办人、承办人、协助人等一一敬酒酬谢。但是数量不限,依每位被酬谢人的兴趣嗜好为准,以宾客满意为好。

关于敬主人酒的礼仪,是在快要散席之机,作为首席应提议:主人为宴席的操劳,辛苦了不少,为了表示感谢,就反客为主,借花献佛地酬谢一番。于是你一杯,我一杯地劝主人饮酒,这样就达到了主人满意、客人高兴的双赢效果,成为最为理想的筵席、酒会。

碰杯礼仪

在现实社会中,不论是酒楼筵席之上,还是乡间民宅的酒桌之上,"乒乒乒乓",清脆响亮的碰杯之声不绝于耳,为烘托酒会气氛,助长宾客兴趣,增添了无穷的欢乐。但是在正规的筵席、酒会上，杯并非随意碰撞，而且要有礼仪规矩的。

碰杯的礼仪来源于国外，正像握手致敬一样，它来源于西方的古罗马帝国。当时的古罗马帝王和大贵族们为了自己的欢乐，经常观看角斗士角斗。更为残忍的是，他们为了寻欢作乐，常常让角斗士们在大剧场彼此进行生死角斗，有时还让角斗士同野兽搏斗。角斗士在角斗前，让双方先喝一杯酒，表示他们的决心，誓死一争。在喝酒时，由于怕有人在酒中下毒，两角斗士互相将自己杯中的酒倒入对方一些，互相掺和，表示酒中无毒，然后碰杯一饮而尽。从这个意义上讲，这种碰杯并非友谊和祝贺，而是难言苦衷的表达。这种习俗流传下来，几经演化，引申内涵，逐渐变成了今天的碰杯礼。

还有一个传说，它源于古希腊。有个叫阿布的人很富有想象力，有一次，他应邀到一个朋友家喝酒，很兴奋，一路上想来想去提出了一个可笑的问题来。他说："人有五官，各有所长，我这次喝酒，鼻子可以闻到，眼可看到，嘴可以尝到，唯独耳朵吃亏，什么感觉也没有。"于是他想了一个办法，建议在饮酒时，大家互相碰一下杯子，让耳朵也分享到饮酒的乐趣。从此以后，人们便纷纷效仿，久而久之，这碰杯之礼便就形成了。

其实，这些传说并没有完全解释清楚中国碰杯之礼来源的经纬。中国的碰杯之礼起源于原始社会原始人在劳动过程中，对劳动工具敲击的启发。据社会学家研究，我们的先人为了减轻因劳累过度而造成的精神疲乏，于是以敲击劳动工具，形成赏心悦目的原始音乐为乐趣。不仅在劳动时敲，后来，在吃饭的时候，人们也相互敲击餐具以用来解除疲劳。这碗与碗相互撞击的声音，久而久之，也演变成了我们的"酒礼"。于是这碰杯的方式也就成了我们以诚待客，以酒会友的礼仪。

这碰杯之礼，并非轻浮随意的举止，在不同的场合表达着不同的含义。

第一，借酒浇愁愁更愁。在伤心悲痛的气氛中，当面对亲朋好友有苦难言之时，只好举杯相碰，将难言之音化作碰杯之声，悲悲凄凄，真是"酒虽不多使人醉，碰杯无言胜有声"。

第二，"人生得意须尽欢，莫使金樽空对月"。在事业有成，春风得意之际，诚邀手足亲朋，将心中的喜悦之情，融入铿锵有力的"碰杯之声"，感受人生的快乐和情趣。

中华酒典

第三,"劝君更尽一杯酒,西出阳关无故人"。尽管时代不同了,昔时的远行是生活的漂泊,今日的远行是人生的创业、建功。但是"在家千日好,在外一时难",这毕竟是孤寂的远行。要想功成业就,必须持之以恒,顽强拼搏,朋友一次有力的碰杯定会给你无穷的力量和勇气,预祝你一帆风顺,事业成功。

第四,"壮士一去不复还"。重击酒杯,声如誓言,在为正义的事业与亲人诀别的时候,其悲壮之情跃然纸上。

第五,"生日碰杯"充满了诗情画意。在少男少女的金色年华里,一个个的生日酒,一次次的"乒乓"声,如同进军的号角,如同生长着的年轮圈。前进军号催他们奋起直追,年轮圈是他们生命花环的辐射线,放射出无限的光芒。

在事业有成前途无量的中年男女的生日里,碰杯声是夫唱妇和的协奏曲;碰杯声是他们事业有成的祝福声;碰杯声是他们对未来向往的呐喊声。总之,这声声切切之音,象征着勇往直前的奋斗精神。

在颐养天年的耄耋之人的生日里,碰杯声中有子女的祝贺之情;有夫妻相爱,终生幸福的喜悦之意;还有对子女们事业有成、前途光明的祝福。

生活是多彩的,碰杯祝福的礼仪是永恒的,也是最值得令人回味的。夫妻之间的碰杯酒,从初识、相爱、热恋,到喜结良缘,一次次的碰杯,可以说是他们人生旅途上一座座的"里程碑","交杯酒"作为他们爱情的终点和夫妻生活的新起点,又有了更多更丰富的含义。

第六章　饮酒风俗

鹅湖山下稻粱肥,豚栅鸡栖对掩扉。桑柘影斜春社散,家家扶得醉人归。

——唐·王驾《社日》

习俗,又称风俗,是指人们在社会生活中长期形成的一种稳定的习以为常的行为倾向,是调节人们在某些特定活动范围内(如迎来送往、婚丧嫁娶、节日喜庆等)的生活方式。它既是一种行为准则,又是一种道德的补充。由于习俗流传久远,又往往同民族情绪、社会心理相结合,具有稳定性的特点,所以它成为一种重要的社会因素和顽强的习惯势力。

习俗对社会的作用是显然易见的,它与其他社会因素和力量聚集在一起,支撑着社会在不停地运转。它在社会生活中,以"合俗"与"不合俗"的标准去评价人们的行为,判断人们行为的善恶,使人感到理应如此,因而不加思索地用它支配自己的行为。

酒俗与酒礼同宗同祖,都是"无酒不成礼,无酒不成欢"产生的硕果,是酒文化的一个重要支脉。

第一节　历代酒俗

上古时期

上古时代,茹毛饮血,刀耕火种,在原始的生产、生活方式上产生的是原始

中华酒典

的民风民俗。随着人类的进步,随着用火范围的扩大,原始人在制造石器的打击过程中,获得了"钻燧取火"的经验,炮生为熟,以化腥臊,改变了饮食结构。

饮酒在人类文明早期至少是一种有卫生意义的饮食习惯。酒精有消毒灭菌的作用,也可以兴奋人的精神、体力。人类最早的酒是果酒,由含糖野果自然发酵而成,后为先民发现,开始着意酿造。

中国酒的源流早,或为享受,或为解忧,或为健体,或为驱寒,或为治病,都有卫生意义。中国医药,把酒视为"百药之长",所以繁体的"醫"字,也从"酒(酉)"。

史书记载古代"人好饮,取米置口中嚼烂,藏于竹筒,不数日酒熟,客至出以相敬,必先尝以后进。"客至"出"酒"以相敬",有尊重、礼节的表示。

先秦时期

先秦时期,生产力低下,酒只能用于王宫豪贵的祭祀和宴宾活动,一般人很难享用到。

饮宴和宗教礼仪合一。夏、商、周时期进入文明社会,产生新的民风民俗。周代较夏、商两代,更注意礼制。周人不仅将饮食生活的内容纳入社稷、宗庙谛尝诸祭及诸侯朝觐、会盟等重大政治、宗教礼仪活动中,而且制定了一整套饮食礼仪,其中部分程式内容在先秦之后仍被因袭保存,并成为中国饮食文化的重要传统。

周代饮宴和礼仪合一

主要有以下几种形式:

1.燕礼 "燕"为安逸的意思,燕礼是国君或主人在后宫(房)举行的一种酒会。这种礼俗相传为虞氏所制,常以此礼宴请德高望重的人,以示尊敬。一般以下情况举办燕礼:诸侯相聚;君王慰劳臣下;国君款待他国使臣;邀请四夷方国宾客等。

燕礼的形式有两种,一是国君家族系统内部宴饮,往往不讲风度,脱靴升堂列座,彻夜畅饮,一醉方休;二是宴请家族系统以外豪贵人士,是一种礼节性宴饮,讲究适当得体,谦让以礼。行燕礼时,要悬钟配乐,歌《雅》《颂》诗篇,庭奏古乐,以曲配舞,以助酒兴。

2.食礼　这是一种有饭有肴而不饮酒的饮食礼仪,创始于殷商。

3.谛礼　此种礼仪兼燕礼、食礼的内容。举办这种礼仪有四种情况:①诸侯来朝见天子;②君王的亲戚及诸侯的大臣来进贡拜谒,这类礼仪不需繁重,但要显示天子恩惠,可以进食饮酒;③外邦使臣来访,因为其身份低微,不设宴招待,只赐以家畜;④宴请立有战功的大臣、先皇老臣的儿子,供酒不限,以醉为度。

4.乡饮酒礼　是一般贵族举行某种重要活动时的饮酒礼仪,形式有以下几种:①地方政府及绅士宴请知名人士;②地方官吏和贵族元老举行祭祀、听政仪式举办;③地方政府与贵族举行乡社活动时举办;④地方官吏与贵族绅士专门款待国内知名人士举办酒会。

凡举办乡饮酒礼特别注重社会教化,以宣扬德政礼教为宗旨,或是通过这类活动,来彰明劝善求贤的愿望,推行"五化"(明贵贱、辨尊卑、分长幼、饮宴有礼、和乐不俗)教育,将饮食礼仪纳入国家政治、宗法、外交活动的范围之内,并且是礼乐教化的重要形式。

《周礼·大宗伯之职》记载,周代的礼分为吉礼、凶礼、宾礼、军礼、嘉礼五大类。吉礼指对诸神偶像的祭祀礼典,凶礼指丧葬哀悼的礼典,军礼指和战事相关的礼典,宾礼指朝聘会盟等礼典,嘉礼包括婚礼、冠礼、飨宴、贺庆等礼典。嘉礼对以后民间风俗的影响最大。

婚丧礼仪宴饮

1.婚嫁　男子以聘的程序而娶,女子以聘的程序而嫁,是先秦时期婚嫁的特点之一。"婚姻者,合二姓之好,上以祀宗庙,下以继后也。"(《礼记·昏义》)所以,先秦时期结婚必须在祖宗灵前举行仪式,"五庙之孙,祖庙未毁,虽为庶人,冠、娶妻必告。"

从周代开始,从议婚(做媒)到完婚要经过六道程序,叫作"六礼",即纳采、问名、纳吉、纳征、请期、亲迎。前五道程序一般不需用酒,"亲迎"是最后的礼节,最为隆重,必须有酒。到了结婚吉日,新郎亲自到女家将新娘迎回家后,要举行家宴,饮酒祝贺。先秦时期婚礼饮宴不用乐,亲朋不致贺,有人认为这是古代劫掠婚的遗俗。

中華酒典

2.丧葬 从文献中,早期的丧葬一般不饮宴。

到先秦时期,贵族阶层已经形成较为完整的丧礼,一般包括属纩、招魂、沐浴、敛、殡、执佛、挽歌 7 道程序,其中有两道程序必须用酒或酒具。

一是沐浴:人死后,依礼要为他沐浴。沐浴时脱去死者的衣服,用勺子舀酒往尸体身上浇,然后用细葛制成的浠巾擦洗尸体,再用死者生时用的浴巾揩干,现在一些中华少数民族还保留着类似习俗。

二是殉葬:先秦的殉葬制除人殉外,还有物殉,当时的殉葬品多寡是财富悬殊的标志,进入奴隶社会后,物殉之风更盛。古人认为人死以后是有灵魂的,这个灵魂就是鬼,鬼是人生活的继续,故为鬼安排的随葬品,要按照人的衣食住行预备,因而产生了厚葬之风。这些随葬品中,一般都有饮酒器具,甚至还有制酒器具。

民间岁时节庆宴饮

我国先秦时期的岁时节庆有两个显著特点,一是原始性,二是深受农业宗教的影响,以"农年"安排历法和节庆。节日便以"农年"为节律,以对农业有关的土地、生殖、祖先等神灵的崇拜为内容,在节日的欢笑中浓缩了祈求与报答的宗教情感。所以先秦节日祭典便以祈祭与报祭为主要形式。三代时的节日,主要是社祭和蜡祭。

1.社祭 社祭是对土地神——"社"的崇拜与祭奠发展而来的,集献祭、歌舞、性自由于一体的宗教性节日。《礼记·郊特性》云:"社,所以神地之道也,地载万物,天垂象,取材于地,取法于天,是以尊天而亲地也。"人们感谢土地,赞美土地,向社神贡献丰盛的祭品并顶礼膜拜,人们在社神面前歌舞娱乐,献祭祈祷。《礼记·郊特性》云:"唯为社事,单出里,唯为社田,国人毕作。"社事、社田就是祭祀社神和为祭祀社神而进行的活动,一国之人全体出动,其场面十分热闹壮观。欢娱的场所不限于社庙,河水之滨,田野林地,皆可进行。

2.蜡祭 蜡祭就是通常所说的蜡八(腊八),是收获后向社神、四方神等农业神献祭的节日。蜡祭一般于腊月初八举行,农历十二月称腊月即由蜡祭而来。这一天,人们用收获的各种食品献祭各位神灵,从腊八开始人们进入一系列以辞旧迎新为内容的节庆之中。

蜡祭活动有最大的广泛性,上自天子下至百姓都参加。腊八这一天,人们相聚在一起,主祭者着仪服持仪仗,代表臣民将丰盛的祭品奉献给诸神,祈求来年获得好收成。人们一面献祭,一面纵情欢娱。春秋末年子贡在看了蜡祭场面后,对孔子说:"一国之人皆若狂。"形象地说明了蜡祭时全民参与、纵情忘我的热烈气氛。

蜡祭完毕,举行盛大的宴会,称"大饮蒸"。宴会上不分等级贵贱,老年长者受到格外的关照和尊重,统治者还要向农夫赐牛酒问候,以慰勤劳。

朝聘会盟宴饮

1.朝聘之宴饮

朝聘是天子与诸侯、诸侯与诸侯之间的社会政治交往方式。朝聘以使者身份不同而名称有别:诸侯晋见天子或诸侯国君亲自到另一国称"朝",天子派使者到诸侯国或诸侯派卿大夫出使另一国称"聘"。朝聘为增进相互之间的交流起了重大作用,《左传》记载的朝聘在春秋242年中约175次。

朝聘礼由三个环节组成:郊劳、飨宴和馈赠。《左传·昭公五年》云:"入有郊劳,出有赠贿,礼之至也。"被朝聘之国于郊外迎接慰劳朝聘使者,称"郊劳"。使命完成后离境时,被朝聘国要向使者赠送礼物,称"赠贿"。飨宴是朝聘礼中的中心环节。"宴有好货,飨有陪鼎。"飨礼是极隆重的。在举行飨礼的过程中,宾主双方有时赋诗应答,所赋之诗多采用《诗经》中的诗,诗的内容一般和飨礼内容有关,有的则是表达一种心意和愿望。宾主双方所赋之诗,在内容上相呼应。赋诗应答既能借诗以言志,又能体现各自高雅的风度,使两国关系在温文尔雅的宴饮气氛中得以巩固。

飨礼过程要用乐。飨礼所用的乐曲因为对象身份的不同而有所区别。《肆夏》是周天子招待诸侯的乐曲,《文王》是诸侯国君相见所用的乐曲,《鹿鸣》是招待卿大夫使者所用的乐曲。

《国语·周语》在论述飨礼的作用时说:"择其柔嘉,选其馨香,结其酒醴,品其百笾,修其宩盈,奉其牺象,出其尊彝,陈其鼎俎,净其巾幂,敬其拔除,体解节折而共饮食之,于是乎有折俎加豆,酬币宴货,以示客友好。"

2.会盟之宴饮

会盟同朝聘一样是先秦时期重要的社会政治交往方式,但比朝聘具有更广泛的社会性,它不仅流行于天子、诸侯之间,而且流行于卿大夫下层贵族以及平

中華酒典

民之间。会盟可分以下类型：①国君与国君之间会盟；②国君与卿大夫之间会盟；③国君与百工、国人、商人之间会盟；④公子或卿大夫与卿大夫、家臣、本宗族成员之间会盟；⑤其他会盟。

西周时期，会盟习俗经过加工改造而纳入礼制的轨道，主要是周天子与诸侯卿大夫之间的纵向盟誓，是周天子驾驭臣下加强统治的手段。

春秋时期，天子衰微，诸侯争霸，会盟主要在诸侯卿大夫之间横向进行。《春秋》所记会盟之事共计 182 例。在春秋 242 年间，几乎会盟不断。会盟从仪式上，一是必须有会盟誓词，祈求神灵鉴盟；二是必须杀牲沥血，饮血酒表誓——即"歃血而盟"。

酒令的萌芽

周天子以商纣因酒误国为鉴，以强制性手段立法，限制王公贵族饮酒无度而制订酒礼，以防滥饮。宴会上专门"既立之监，或佐之史"，这一监一史便是酒监和酒史，是宴会上的执法人，专司观察饮者醉与否，防止酒后失礼，违者处罚。

饮宴游戏间有射箭以助酒兴的节目（"投壶之礼"），产生赌酒的苗头，但酒监、酒史决不允许输者喝得一塌糊涂。所以尽管当时宴会上有赌酒助兴的活动，还是辅助"礼"的，故称为射礼。

秦汉时期

到秦汉时期，谷物酒、果类酒、植物类酒等品种和产量较多，酿酒业得以较快发展，酒已经从宫廷祭祀宴礼走向日常生活饮宴，从只能豪门贵族享用走向民间。

汉民族的大多数传统节日都是在秦汉时期形成。大部分萌芽于先秦时代，有的可以追溯到三四千年前，汉代则是中国主要传统节日风俗的定型时期。

岁时节庆宴饮习俗

秦汉时期，岁时节庆最突出的特点是带有浓厚的巫术和宗教色彩，并随之产生了一系列的年节饮俗活动。

当酒和民族的节令风俗相融合，显现了酒的全民意义，突出了酒作为民族文化的一个不可排除的酒文化意义。

1.除夕、元旦

除夕与元旦，就是延续至今的春节，俗称过年。用祭祀的方式，庆贺丰年，并祈祷来年丰收，这是年节的原始意义。

汉武帝元封七年，命司马迁、落下闳等人改颛顼历而另作太初历，称正月初一为元旦，从子时算起。

春节的名称很多，有元旦、朔旦、三始、三朝、正旦、元会、正朝、正朔等。至唐代，春节的别称不下十八种之多，是中华民族最重要的传统民间节日，每到这一天，不管多困难，也要想法沽些酒回来，祭祖敬神，把酒问盏，为此一掷千金，似乎也在情理。这个习俗一直延续到现在，即俗话所谓"宁穷一年，不穷一天"。

这一天活动主要有：①贴门神；②驱傩；③放爆竹；④祭祖：放完爆竹后，家长要率领妻子合祭百神，追祭祖先。"祀祖称毕，子孙各上椒花酒于家长，称觞举寿。"⑤家宴贺节：祭祖完毕，一家人不分尊卑老幼，团聚在一起饮椒柏酒，东汉以后开始饮屠苏酒，预祝人们在新的一年里身体健康。⑥汉代元旦还有放雀习俗。

按照儒家的伦常孝悌观念，秦汉时期的年节活动不仅要频繁的追祭祖先，而且家人之间要分别长幼尊卑，行礼如仪。元旦饮椒柏酒是按少先老后的顺序，其用意在于新春开元，继往开来；少年意味着成长，未来属于年轻之辈；老年，意味着衰老，应自觉让位给年轻人。

"屠苏酒"，是用大黄、桔梗、白术、肉桂、乌头等研末盛入袋中，十二月晦日日中悬沉入井，待正月朔旦，将药置于酒中，煎煮数沸，于东向户中以先少后长次序饮之。

《礼记》说，帝王在元日要向上天"祈谷"，亲手使用农具，然后举行"劳酒小会"，与臣僚饮酒于田间或讲武堂。此番痛饮之后，宫中还要举行盛大的朝贺宴饮活动。"百官贺正月，二千石以上上殿，称万岁，举觞御座前，司空奉羹，大司农奉饭，奏食举之乐。百官受赐宴飨，大作乐。"《后汉书·礼仪志》

2.元宵节

元宵节始于汉。汉武帝时，亳人谬忌奏请祭祀"泰一神"（又作太一神）。

中华酒典

太一神在战国时期已经被人们祭祀,汉武帝极力推崇,在甘泉宫建了一座太一祭坛。祭祀时,汉武帝对其他诸神不过长揖而已,唯独对太一神虔诚下拜。正月十五祭太一神最为隆重,从黄昏开始,通宵达旦,用宏大壮观的灯火祭祀,从此形成了正月十五张灯结彩、祭奠祈祷神灵保佑的习俗。

到魏晋南北朝时期,元宵节又增添了灯火祭门神、祀蚕神、迎紫姑的风俗。在所有这些祭祀活动完毕,人们要进行规模不等的宴饮,以示欢度。

3.上巳节

夏历三月的第一个巳日为"上巳"。由于春季正是瘟病与感冒易发季节,因此每年的上巳节,女巫到河边举行仪式,为人们除灾祛病,人们纷纷到河边祭祀,用浸泡了香草的水沐浴,称为"修禊"。祭祀完毕,人们一起饮用带来的酒食。

4.寒食节、清明节

秦汉时期寒食节还是一个雏形,日期不固定,清明节尚在酝酿时期,当时最主要的活动是扫墓,或称墓祭、祭墓,在墓旁祭祀地神。

墓祭到春秋战国时始有其俗。那时,人们认为墓葬是死者灵魂居住之地,清明节是"愁中度暮春,黯然泪涟涟",经常有人在墓冢间祭祀先祖,并在祭祀以后把祭祀用的酒肉送给乞食者。

秦汉时期,扫墓的风俗已上至君臣,下至庶民。皇帝允许大臣请假回家扫墓,《汉书·严延年传》记载,严延年要从京师跋山涉水,"还归东海扫墓。"

东汉初年,只有犯罪服刑者,不可上坟扫墓。

扫墓祭祖完毕,人们逐渐开始踏青游春。大家用祭祀祖先的美味佳肴一起野餐,家族亲友进行聚饮活动。

5.端午节

端午节名称纷繁。晋周处《风土记》云:"仲夏端午,端,始也,谓五月初五也。"两五相重,故称"重五"或"重午"。古代每逢此日,有以兰草汤沐浴的习俗,故又称浴兰节,道教称为"地腊节",后代又有"天中节""端阳节""五月节""女儿节"等。

端午节为纪念屈原而设。相传"众人皆醉而我独醒"的屈原跳入汨罗江后,百姓纷纷赶来打捞,遍寻不见。一个老医生拿来一坛雄黄酒倾入江中,片刻,水面浮起一条昏厥的蛟龙,龙须上沾着一片衣襟,人们见是蛟龙吞吃了屈原,就把蛟龙拉上岸,剥皮抽筋,以解心头之恨,把龙筋缠在孩子们的手腕和脖子上,并用雄黄酒涂抹七窍,以防伤害。从此,留下采艾、挂菖蒲、饮雄黄酒、菖蒲酒、蟾蜍酒等习俗。

秦以后,国家统一,随着南北文化的交流,端午节的风俗文化也融合为一。民间,用五色丝缕、五色桃印、五彩粽子等串挂避邪,插艾驱邪辟魅,剪艾虎,吃粽子,在小孩额头写王字,赛龙舟等等,还要在屋内外墙角处洒雄黄酒。

6.七夕

"七夕"是汉代定型的一大节日,时间是每年阴历七月初七,民间称"七夕节""乞巧节""女儿节""少女节"等。

牛郎织女相会的传说对于七夕活动的形成有决定性的影响。七夕的主要参与者是妇女,主要活动有:①祭祀织女,人们要纷纷出门"坐看牵牛织女星"。天上北斗七星的形状,正像人们用来饮酒的"斗"。②用五色线结"相连爱",把七夕看成爱情节。③妇女们在七夕这一天,"穿七孔针开襟楼",用彩线串七巧针。④晒棉衣。七夕时宴饮不是一项主要内容,但人们饮食要加以改善,置酒纪念。

7.重阳节

重阳节是夏历的九月初九,日月逢九,故名"重阳"。三国曹丕的《九日与钟繇书》云:"岁月往来,忽复九月九日,九为阳数,而日月并应,俗嘉其名。"

《续齐谐记》写了重阳节的来历:汝南桓景,随费长房游学累年,长房谓曰:"九月九日,汝家中当有灾,宜急去,令家人各作绛囊,盛茱萸以系臂,登高,饮菊花酒,此祸可除。"景如言,齐家登山,夕还,见鸡犬牛羊,一时暴死。长房闻之曰:"此可代也。"今世人九日登高饮酒,妇人带茱萸囊,盖始于此。

战国时已有重阳餐菊的风俗,到西汉时重阳已经成了固定节日,并有了佩茱萸、饮菊花酒、登高等风俗。据《西京杂记》记载,汉高帝时已经在重九这一天"饮菊花酒"。

秦汉时期节日饮宴特点

1.民间岁时节庆基本形成,带有浓厚的迷信色彩,以祭祀诸神为主要活动内容之一。

2.反映了中国古代以农为本的社会经济、生活观念和儒家伦理观念。

3.神话传说为节日的产生与发展增添了生动的话题。

4.道教、佛教的传入,对节日的产生有一定的影响。

节庆饮宴礼制的完善

1.祭祀礼俗之宴饮

祭祀的礼俗,包括封禅、郊祀、祭宗庙鬼神及名山大川,其中包括祭灶、祭社、祭祖等。其中封禅、郊祀最为重要,为皇家所礼,仪式最为隆重,酒是最重要的祭品之一。

"封"为祭天,仪式一般在泰山举行,"禅"为祭地,仪式一般在泰山附近的山岭举行。封禅活动耗费巨额资金,所备贡品及其丰厚,其中宴饮极其奢华。脍不厌其精,酒要选其美。《史记·封禅书》中常可见到皇帝封禅时颁诏赐民牛酒的记载:"百户牛一,酒十石。"汉代全国有城市 1587 座(《汉书·地理志》),民户约 1000 万户,每岁赐民牛酒一次,用酒 100 万石。

祭天地之俗的规模,封禅之下,即是郊祀。封禅的地点在泰山,郊祀的地点在国都之郊外,前者礼仪隆重,后者相比较之下简便灵活。

除此之外,凡遇大事,如皇帝即位、朝会、盟誓、封拜等,都要立坛以祭告天地。对日、月、星、辰、风、雨、雷、电等诸神都有祭祀。

吉礼是祭祀的礼俗,还包括祭社、祭灶、祭祖等礼俗。

祭社,是指祭社神,也叫祭社稷之神。先秦时代,无论天子还是诸侯、大夫,甚至庶民,都设有社坛,只是名称不同。帝王祭祀土地神、谷神所设的坛,称"太社"和"王社";诸侯所立之社,称"国社"和"侯社";大夫以至庶人也立社,庶人二十五家为一里,所立之社称"里社"。里社是私社,其余是官社。官社祭祀社稷神,里社祭祀土地神。到了秦代,祭社活动传承不绝,乡里的祭社活动,以羊猪酒食供祭,由社宰主持。祭社完毕,社宰把供给社神的酒饮光,肉吃掉(社宰先饮酒吃肉,其余众分饮食)。饮宴毕,大家击鼓奏乐,狂欢歌舞。祭祀社稷的活动,官方与民间相同的是都要用酒,不同的是官方的社祭活动仪式庄严肃穆,民间所举行的祭祀活动,都是"和瓮拼饼,相和而歌,自以为乐。"

祭灶,是指祭灶神。灶神在民间又称"灶君""灶王爷"等。早在周代,祭灶就列为重要的祭礼,是"七礼"之一(《礼记·祭发》),后来又被列为"五祀"之一。祭灶仪式很隆重,要设神主,以丰盛的酒食为祭品,还要陈列鼎俎,设置笾豆,迎接代神受祭的人。祭礼后,贡品至少供享三天,然后,家人可以分享酒食,据说可以祛病延年。秦汉以后,人们对灶神更加崇拜。至少在汉代,民间已流行灶神是专司向天帝打小报告的神了。民间百姓为了逃避灶神的监督和惩罚,就在腊月二十日或腊月二十三日用酒肉敬灶神,施以好处,疏通关系,以求其"上天言好事",并用麦芽糖等甜食敬灶神,目的是封住灶神的口,避免灶神向天帝汇报自己的过失,以求其"下界降平安"。

2.丧葬礼俗之宴饮

凶礼,主要指丧葬和对天灾人祸的哀悼。秦汉时期,对死者的坟墓修建和祭祀活动形成一套复杂的礼仪制度。

(1)陵侧起寝,陵旁立庙 每日四次奉上酒食,是陵墓中死者的"灵魂"接收祭祀的供飨。

(2)厚葬成风 厚葬时要把死者平时喜欢的东西全部随葬,并为他随棺葬入大量精美的饮宴器具,供其在阴间享用。

(3)重视守冢风俗 由于守冢成习,西汉几代皇帝死后,在长安附近新兴起一个个繁华的闹市。这些陵邑中是新迁来的守陵功臣贵戚,其子弟整天宴饮欢娱,成了化化世界。

(4)丧礼十分隆重 守丧实行三年丧制。即凡行丧期间,居官者要离职,封官者暂不得任职,服丧期间,不得饮酒吃肉,不得近妇人。

3.祝寿礼俗之宴饮

在中国,祝寿的风俗开始很早,《诗经》中有不少这方面的记载。如"跻彼公堂,称彼兕觥,万寿无疆。"秦汉时代的祝寿与后世皇帝和皇后生日举行隆重的庆贺典礼不同,而是凡有重大喜庆之事,群臣往往上朝祝寿。例如,秦始皇34年,平定南越,秦始皇置酒咸阳宫,博士七十人上前祝寿。汉初,高祖九年十月,淮南王、梁王、赵王、楚王等来朝,高祖颇为兴奋,于是置酒未央宫前,大宴群臣。群臣三呼万岁,为太上皇祝寿。汉武帝时,武帝登泰山封禅毕,群臣轮番祝寿。以后的昭帝、元帝、明帝等都曾因重大喜庆之事,群臣祝寿,歌功颂德。

此外,中国传统历来很重视元旦和冬至。每逢这两个节日来临,都要举行庆祝活动,为帝王祝寿,形式是群臣轮番上前为帝王敬酒献寿(也叫上寿),并三呼万岁。如汉高祖七年十月,群臣行"朝岁之礼","以尊卑次序,上寿觞九行。"(《史记·叔孙通传》)

中华酒典

4.婚姻礼俗之宴饮

婚姻作为社会风俗和伦理关系的重要表现,属于礼制的范畴。汉代之礼,除了典章制度和道德规范以外,还包括社会生活的各种约定习俗,婚俗即是其中之一。

秦汉婚仪基本按照周代"六礼"进行。这"六礼"是"士"这个阶层婚礼的过程和仪式,士以上阶层可以类推。到了婚期,接来新娘。迎亲之后,便可以"合牢而食,合卺而饮"。

皇家贵族的婚礼,不仅行纳征礼花费巨资,婚期迎亲仪式更加隆重。普通人的婚礼仪式和宴饮水平,不可能和帝王官宦之家相比,但邀亲请友,宴饮以庆在此时形成时尚。

秦汉时豪富贵族除正妻之外,还有小妻小妾之类,并蓄养歌舞伎成风。这种歌舞伎,一方面是变相的媵妾,一方面在他们宴饮时歌舞以佐餐,也是贵族们夸富待宾的一种形式。曹植在《箜篌引》诗中有生动的描绘:"置酒高殿上,亲友从我游。中厨办丰膳,烹羊宰肥牛。秦筝何慷慨,齐瑟和且柔。阳阿奏奇舞,京洛出名讴。乐饮过三爵,缓带倾庶羞。主称千金寿,宾奉万年酬。"

汉代宫廷宴饮多备有歌妓。《汉书·高五王传》记载:一次刘章参加高后举办的宴会,酒酣之时,宫中艺伎即"进歌舞"。

秦汉时代宴饮时尚

秦汉统治者宴饮成风,西汉桓宽的《盐铁论·散不足》中列举了西汉时期出现于食肆中的二十款时尚菜肴,其中有菜有酒,还列举了汉代民间(地主、商人)摆酒的例菜七款。辞赋家枚乘的《七发》中列出的"至味"有九款,他认为,这九款饭菜酒食是当时"天下之至美也",其中酒有"兰英之酒,酌以涤口。"

秦汉时期的宴饮特点是:美酒配佳肴,唯求珍稀。

汉代宴饮的场面豪华奢丽。河南密县打虎亭东汉晚期大墓内有七米长的彩画宴饮场面。宴饮在一个大厦中进行,两廊各具长筵一列,宾客衣着红紫缤纷,分别坐于华美茵席之上,面前各置一长案,樽俎杯盘罗列。长筵尽头处,则特设一朱色锦绣幄帐,后着彩旗。正席主人位置坐二人,似为主人和其家属,前置一高足长漆案,上面复陈一长方朱漆长托盘,上置耳杯一组和其他饮食用具。正中地面一方丈茵席上,又有各种饮食应用器物。仆从往来执役,显得异常忙碌。中庭空处,且有种种伎乐歌舞,百戏杂陈,各自尽才显能,以娱宾客,充分显示了汉代贵族奢侈靡费的生活场面。

汉代宴饮进食有严格规定,遵循先秦的礼法:"凡进食之礼,左肴,右胾,食居人之左,羹居人之右,脍炙处外,醯酱处内……"(《礼记·曲礼》)

汉代,官僚贵族饮酒成习,豪饮者甚众。如韩延年能"饮酒至石"(《汉书·韩延年传》);于定国"食酒至数石不乱"(《汉书·于定国传》);马武"为人嗜酒,阔达敢言,时醉在御前,面折同列,言其短长,无所避忌。"(《汉书·马武列传》)不仅男子饮酒成风,女子也颇有善饮者,如更始韩妇人,"尤嗜酒,每侍饮,见常侍奏事怒。"(《后汉书·刘玄列传》)

在上层社会的影响下,民间饮酒也相当普遍,"舍中有客,提壶行酤。"(《初学记》卷十九)"宾昏酒食,接连相因,析酲什半。"(《盐铁论·散不足》)当时无论是待友会客、娶妻生子,无不用酒。正如《汉书·食货志》所云:"有礼之会,非酒不行。"王粲在《酒赋》中所说:"酒流尤多,群庶崇饮。"

觞政

春秋战国时期,列国纷争,诸侯称霸,已经礼崩乐坏,酒令由原来的限制饮酒变为劝人饮酒,觞政由此产生。

《汉书·高五王传》载:"高后令章为酒吏。章自请曰:'臣将种也,请得以军法行酒。'高后曰:'可。'酒酣,章进歌舞。顷之,诸吕有一人醉,亡酒,章进拔剑斩之而还,报曰:'有亡酒一人,臣谨行军法斩之。'太后左右大惊,业已许其军法,亡其罪也。"虽然刘章是对吕后"家天下"的做法不满,借行酒而打击吕氏家族。但当时酒令执行之严肃,可见一斑。

西汉刘向的《说苑》记载:"魏文侯与大夫饮,使公乘不仁为觞政,曰:'饮之不嚼浮以大白。'""觞政"是执法人,执法官。文中记载魏文侯没有喝干自己的酒,公乘不仁就拿罚酒的大杯(大白)责令他喝掉。"觞政"对君王尚敢如此严厉执法,说明当时酒令的权威性,酒令由原来的限制饮酒变为劝人饮酒。

赌酒形式由射箭改为在大厅内或庭院"投壶",相当烦琐,以礼施行:输家喝酒,要向赢家致礼,赢家还礼;每一阶段奏什么乐都有规定。投壶到汉代非常盛行,渐渐失去礼的内容,变为纯粹的赌酒游戏。

魏晋南北朝

魏晋风度

魏晋风度不但在中国政治文化历史上占有不凡的一页,在中国酒文化历史上也大书了一笔,凸出一峰。

魏晋时期的名士风度即是指所谓的建安七子、正始名士、竹林七贤等为代表的名士社会形象,在一定程度上代表了魏晋的时代精神。

魏晋南北朝时期,政治动乱不仅是民族矛盾、阶级矛盾的反映,而且也是统治集团内部相互倾轧斗争的结果。在这一时期,北方陷入分裂割据状态,南方则走马灯般地不断更替王朝。秦汉以来确立的帝王的至尊地位受到了猛烈冲击,皇室内讧,朝臣争权,政治丑剧接连上演,血腥的屠戮不断发生。朝臣的命运往往朝不保夕,可能昨日座上客,今日阶下囚。如此险恶的政治环境,朝不保夕,祸福难卜,使许多名士不愿意涉足政界,对功名利禄唯恐避之不远,对高官宠爵只怕逃之不速。

名士们绞尽脑汁,千方百计躲避政治。为了巧妙地避免猜嫌,名士们找到了两件护身符,就是药和酒。

他们服的药统称"寒石散",服药后精神进入莫名的恍惚状态,心境暂时地超脱了尘世纷争,进入糊里糊涂的状况。这样即便偶尔口发狂言,也可在服药的幌子下,躲避厄运。后来许多人纷纷仿效,服药竟成了士大夫中的一种风气。寒石散的毒性极大,不仅没有丝毫医疗滋补作用,因为含有毒素,损毁了一大批人的健康,甚有中毒毙命者。

饮酒可以排除烦闷,况且酒精对人体的危害程度比起服寒石散来,简直毫不足道。因此,更多的人喜欢借酒消愁,借醉酒掩盖才干能力。

历史上有名的竹林七贤便大多喜欢酗酒,阮籍、嵇康、刘伶等都以嗜酒出名,刘伶甚至还写了一篇《酒德颂》。

《晋书·阮籍传》记载:阮籍经常酗酒的原因是"魏晋之际,天下多敌,名士少有全者。"阮籍的忘情酣饮,似乎是醉生梦死,其实是为了避开政治风险。贵族子弟钟会,精炼而有才干,为司马懿所亲宠。因为阮籍的不肯出仕,钟会几次登门都碰了软钉子。钟会想要陷害阮籍,便常去找阮籍,想从阮籍的谈论中找出纰漏,以便对他罗织罪名。但是,每次他去,碰到的都是阮籍喝的酩酊大醉,搞得钟会无可奈何。

魏晋名士思想发展到以后,就是陶渊明所描述的桃源乐土的理想境界。

魏晋时期的宴饮特色

魏晋南北朝时期,民风民俗基本延承了秦汉时期的风俗习尚,传统节日、礼仪定式基本没有改变。

①汉武帝时张骞出使西域成功,引进了葡萄和酿制葡萄酒的艺人。西汉时,还从西域传入了某些菜肴、点心、饮料的做法。如北魏贾思勰的《齐民要术·外酢篇》记载了外国苦酒制作方法。

②魏晋南北朝时期是民族大融合的时期,加上交通逐渐发达,促进了南北饮食文化交流,调味品日渐丰富,植物油问世,醋的普及,蔗糖作为贡品从西域传入,烹调方法愈加改进,为饮宴活动提高了水平。

③我国以花卉入馔的历史悠久。魏晋时代,入馔的花卉品种繁多。人们把蔷薇花、玉兰花、茱萸花、蜡梅花、茉莉花、百合花等作配料,与大米、黍米一起,酿出了香甜清醇的美酒。

④佐饮方式丰富

1.歌舞佐饮　汉魏以后人们在节庆时饮酒往往载歌载舞助兴。

一是由饮酒者自歌自舞。《汉书·高帝记》记载,刘邦当上皇帝后,回到老家沛县,宴请父老乡亲,"酒酣,上击筑自歌。"即《大风歌》。有的饮者不但在席间唱歌,还要跳舞。《三国志·吴志·顾雍传》记载,孙权将女儿嫁给顾氏时,顾潭参加了孙权举行的婚宴,他在席上"醉酒,三起舞,舞不知止。"在著名的"鸿门宴"中,项羽为了行刺刘邦,在席间"令项庄拔剑舞座中"。宴饮时饮酒者唱歌舞蹈的情况,文献中多有记载,可见是当时的风气使然。

二是由艺人或其他人歌舞以佐饮。由艺人歌舞以佐饮全是豪门贵族所为,曹植的《箜篌引》生动地描绘了这种场面。

三是地方官吏豪门也仿照宫中养专业歌伎。《典论》载:"洛阳令郭珍家有巨亿,每暑召客,侍婢数十,盛装饰,罗披之,袒裸其中,使进酒。"《晋书·王敦传》载:"时王恺、石崇以豪侈相尚。恺尝置酒,敦与导俱在座。有女使吹笛小

中華酒典

失声韵,恺便殴杀之。""他日又造恺,恺使美人行酒,以客饮不尽,辄杀之。"郭珍为官吏,王恺为豪门。

四是一般人家,有婚嫁之事,尽其所能,多请宾客,常杂奏丝竹,广奏音乐,以穷宴饮。

2.行令佐饮发展到新阶段　酒令是宴饮中一种助兴游戏,是中国酒文化中的一大特色。南北朝时期人们追求随意,游戏人生的倾向横生,酒令发展到新阶段。行酒令时,推一人为"酒官",当席饮酒者无论尊卑长幼,一概唯酒官之命是从。

由过去的射箭、投壶,发明增加了赌棋、曲水流觞令、藏钩令等多种游戏方法。这些赌赛游戏比技巧、斗心计,挑战性强,令人欲罢不能,将饮酒气氛推向高潮,以达到尽兴饮酒的目的。

3.赋诗以佐饮　文人们从一般的赌酒行令发挥到以临场比赛诗歌创作赌酒。汉武帝时,在长安城中建造柏梁台,其上置酒,群臣和诗,能者得上。诗为七言,每人一句,每句用韵,一句一意,号为"柏梁体"。可以说,是酒令的发展推动了中国诗歌发展。中国古体诗从此走向格律诗。

建安三曹均为饮酒赋诗的高手,尤以曹操的"对酒当歌,人生几何"成为千古名句。"竹林七贤""兖州八伯"相继问世,陶渊明以酒入诗,以诗佐酒,把诗与酒紧密结合。

"兰亭盛会"后,"一觞一咏""以畅叙幽情"的诗酒之会,文人雅士无不效仿,使得这一时期饮酒赋诗的风气空前高涨,以至乡绅富豪也附庸风雅,饮酒赋诗。东晋王恭说:"名士不必须奇才,但使常得无事,痛饮酒,熟读《离骚》,便可称名士。"这就是对这类假名士的写照。

隋唐五代

隋唐时期,国家统一,经济发达,国富民强,酒业得到迅猛发展。民族的大融合和国家的重新统一,给隋唐时代的精神风貌和社会风俗带来了清新的气息。这个时期饮食文化得到了丰富,婚丧习俗与以前也有所变化。百姓家有余粮,民间甜酒佳酿杂然纷呈。酒由过去的贵族、士大夫享受的奢侈品变为万民同欢的饮料。

到唐朝,酒文化与中国传统文学艺术的结合,创造了中国酒文化灿烂于世界酒文化之林的光辉,丰富多彩的中华民间饮宴礼俗基本形成,成为世界饮食文化中的奇葩。

1.形成宴饮礼俗

(1)席间对酒,饮酒需均　如果一方不饮或少饮,有看不起对方的表示,是对对方的侮辱。

(2)别人行酒,必须喝完　即由一人为"行酒官",向在座的所有人依次对酒,"行酒官"饮多少,被对酒的不得少饮。

(3)尊卑有序,长者先饮　汉唐时期饮酒按"巡"进行。一人饮尽,再饮一人;依次尽爵,遍饮为巡。一般情况不是全席一齐干杯。每巡的轮流次序由尊而卑,由长及幼。即《礼记·曲礼》上所说"长者举未釂,少者不敢饮。"

2.饮酒习惯趋向科学

汉唐时期一般是在饭后才饮酒。张说《虬髯客传》写道:"陈女乐二十人,列奏于前……食毕行酒。"《宣室志》卷十载:"既而设馔供食。食竟(完毕),饮酒数杯而散。"还有大量史料记载,都是饭后才饮酒。这种习俗比空腹饮酒有益于健康。

3.饮酒成了庆祝节日的主要标志

宴饮活动是庆贺岁时节庆的主要标志之一,而且,特定节日以特定形式饮特定的酒,是中国节日饮酒习俗的一大特色。

社日:社日是中国古代社会影响最大、延续时间最长的重大节日,每年两次。大致从西周开始民间有了祭社活动,"屠牲醐酒,焚香张乐,以祀土地之神,谓之春福。"汉代以后定为立春后第五个戊日为春社,立秋后第五个戊日为秋社。《荆楚岁时记》载:"社日,四邻并结综会社,牲醪,为屋于树下,先祭神,然后飨其胙。""胙"是祭祀用的酒肉。王驾《社日》诗:"鹅湖山下稻粱肥,豚栅鸡栖对掩扉。桑柘影斜春社散,家家扶得醉人归。"生动地描述了唐时百姓社日同乐共醉的习俗。

据说社日饮酒可以治聋。皇上广赐御酒,酒徒即使醉饮通宵,别人也不可劝阻,因为这是"治聋"。习俗此日向任何人乞酒,不能拒绝,因为这是"治病救人,积德行善"。

元旦:到这一天,"子、妇、孙、曾各上椒酒于其家长,称觞举寿,欣欣如也。"

中华酒典

通过"称觞举寿"的礼俗，确立尊长的威仪，伦常孝悌的观念更加牢固，促使家庭和睦圆满，增添"欣欣如也"的祥和气氛。此日，皇帝大宴群臣，仪式格外隆重奢华，宴品尽善尽美。戴延之《西征记》记载了一次元旦皇宫筵宴："太极殿前有铜龙，长三丈，铜樽容四十斛。正旦大会，龙从腹内受酒，口吐之于樽内。"以铜铸巨型龙形酒器，饮宴群臣，象征酒乃"天之美禄"，为"真龙天子"所赐。

唐代的元旦大宴常在长安附近的昆明池举行。《册府元龟》载："贞观五年正月癸酉，大蒐于昆明池；甲戌宴群臣，奏九部乐，歌太平，舞狮子，赐从官帛各有差。"同书还记载："贞观七年正月癸巳，宴三品以上及州牧、蛮夷酋长于玄武门。"

人日：初一到初七，天天有节，分别为鸡、狗、猪、羊、牛、马、人日。"人日"须宰羊烹羔，酩酊大醉。"驿骑归时骢马蹄，莲花府映若耶溪。帝城人日风光早，不惜离堂醉似泥。"（权德舆《人日送房二十六侍御归越》）杜甫说"樽前柏叶休随酒，胜裹金花巧耐寒。"

上元节：唐代的长安实行宵禁，净街鼓过后，寂无一人，唯规定元宵节前后三天例外。届时，火树银花，金吾不禁，"歌钟喧夜更露暗，罗绮满街尘土香"（张萧远），酒店顾客如云，通宵达旦，酒香四溢。

正月十五赏花灯："灯火家家市，笙歌处处楼"，皇帝赐民以酒食。《唐语林》记载，唐玄宗于正月十五元宵节曾"御勤政楼，大脯，纵士庶观看百戏，人物填咽，禁卫武士止遏不得。上谓力士曰：'吾以海内丰稔，四方无事，故盛为宴乐。与百姓同欢，不谓众人喧闹若此。'"后来高力士出主意，令京兆尹严安之以法治之，严将手中笏板在广场周围划线示众，谁越过此线即执行死刑，这才吓住了众百姓。一场盛大的群众性宴会才算和平结束，未酿成伤亡惨剧。

耗磨日：习俗正月十六谓"耗磨日"，禁忌磨茶、磨麦及其他业务活动，但不禁饮酒。衙门放假，官民同乐。"春来半月度，俗忌一朝闲。不酌他乡酒，无堪对楚山。"（赵冬曦《和张燕公耗磨日饮》）"上月今朝灭，流传耗磨晨。还得不事事，同醉俗中人。"（张说《耗磨日饮》）

晦日和中和节：正月底是"晦日"，时俗重以为节，《荆楚岁时记》载，人们"晦聚饮食"，泛舟宴乐，互相泼水，希望赶走晦气。严维《晦日宴游》诗云："晦日溅裙俗，春楼溅酒时。"后来，唐德宗接受李泌的建议，把"晦日"改为二月初一，叫"中和节"。

送穷日：从唐朝流行"送穷日"。在元月末日，这一天人们上街洒酒，互拜送穷祈福。姚合《晦日送穷》诗其一云："年年到此日，沥酒拜街中。万户千门看，无人不送穷。"其来源据韩愈《送穷文》注说："予尝见《文宗备问》云：颛顼高辛时，宫中生一子，不着完衣，宫中号为'穷子'，其后于正月晦死，宫中葬之，相谓曰：'今日送却穷子'，自尔相承送之。"

上巳：逢三月初三（魏晋以前为农历三月上旬的巳日），杜甫诗云："三月三日天气新，长安水边多丽人。"唐代上巳节已经成为春游活动。人们在宴饮中，喜欢采取始自汉魏的"曲水流觞"酒俗。《汉书·礼仪志》曰："三月上巳日，官人并契饮于东流水。"《荆楚岁时记》载："三月三日，士民并出江渚池沼间，为流杯曲水之饮。"这一酒俗历史悠久，特别是东晋王羲之《兰亭集序》问世之后，在文人墨客中广泛流传，"一觞一咏"，赋予饮酒以深刻的文化意义。

清明节：独孤良弼诗云："上巳初欢罢，清明复又追……细雨莺飞重，春风酒醒迟。"到了唐代，寒食与清明两个节日合而为一以后，这个节日变得别具特色，既有古墓累累，纸钱纷飞，又有芳草拾翠，游子寻春。届时，"四野如市，往往就芳树下或园圃之间，罗列杯盘，互相劝酬"；"自此三日，皆出城上坟，但一百五日（清明前一日）最盛。"到晚，主客无不"颓然醉倒"，一个个"缓入都门，斜阳御柳；醉归院落，明月梨花。"

端午：《荆楚岁时记》载，端午是一年中阳气最盛之时也是夏至将到，"一阴生"之日，在阴阳消长时刻，宜调理身体。此节饮用菖蒲酒、蟾蜍酒、夜合酒和雄黄酒。当时人们认为五月是"恶月"，饮菖蒲酒和雄黄酒能够避邪驱疫，于是"不效艾符趋习俗，单祈蒲酒话升平。"（殷尧藩《端午》）

重阳："共乘休沐暇，同醉菊花杯。"（孟浩然诗）重阳登高、饮菊花酒、茱萸酒，已成为普遍风俗。据载东晋大将军桓温重阳大宴宾客于龙山，孟嘉酒醉帽落，桓温命孙盛作辞嘲之，孟嘉乘酒兴挥毫作答，文不加点，满座钦服，可称登高聚宴的佳话。李白诗云："九日龙山饮，黄花笑诸臣。醉看风落帽，舞爱月留人。"重阳酒称菊酒、黄花酒、落英酒（《楚辞》"夕餐秋菊之落英"），人们希望此日家人团聚，王维《九月九日忆山东兄弟》："独在异乡为异客，每逢佳节倍思亲。遥知兄弟登高处，遍插茱萸少一人。"

除夕：除夕守岁，饮酒待旦。"对此欢中宴，倾壶待时光。"（董思梦）"除夕清樽满，寒庭燎火多。舞衣连臂拂，醉坐合声歌。"（张说）

配合欣赏岁时奇花异果,宴饮集会。五代南汉皇帝刘帐每逢荔枝成熟,要于宫苑中设"红云宴",尝鲜饮乐。品花赏果饮酒的岁时宴会,标志了饮食文化的发展。

4.酒令活动和文学艺术紧密结合

酒令从春秋以后始兴,唐代大大发展,将中国传统文化艺术渗透于酒令之中,没有相当深厚的文化素养,极难应付。

唐代诗人们"说诗能累夜,醉酒或连朝",酒诗双美,酒渗入诗,诗融于酒,相得益彰,诗歌的内容形式都得到进一步发展创新。内容上,反映社会生活的深度和广度超过前人的好诗多有问世,形式上从古体诗过渡到格律诗,形成严谨的格式。这同时意味着对饮酒赋诗者的品德修养和文学素养要求越来越高。

唐人不会饮酒,不会作诗,则视为无能。诗人们"闲倾三五酌,醉饮十余声",饮酒以赋诗行令,要限定时间。孟浩然《寒夜张明府宅宴》写道:"瑞雪初盈尺,寒宵始半更。列宴邀酒伴,刻烛限诗成。"用刻烛以计时,即在规定的时间内完成一首指定题目或含义的诗,是一种难度很大、要求很高的佐饮方式。李白在《春夜宴从弟桃花园序》中说:"开琼筵以坐花,飞羽觞而醉月。不有佳作,何伸雅怀?如诗不成,罚依金谷酒数。"李商隐的"隔座送钩春酒暖,分曹射覆腊灯红。"都是这种情况。

5.酒楼饮宴时兴酒伎艺伎佐饮

艺妓佐饮的方式到唐代更加普及发展,私人蓄伎盛行,以陪酒为职业的酒妓、艺伎出现。

宫中宴饮酒伎队伍规模宏大,《唐六典·卷十四》载:"凡大宴会,则设十部之伎。"宫廷以外的家宴、酒宴无不设酒伎佐饮。兵部尚书李愿"罢镇闲居",家宴必有艺伎佐饮。杜牧参加他的家宴,曾做《兵部尚书席上作》一诗:"华堂今日绮筵开,谁唤分司御史来。偶发狂言惊满座,两行红粉一时回。"李白《江上吟》诗云:"木兰之枻沙棠舟,玉笙箫管坐两头。美酒樽中置千斛,载妓随波任去留。"白居易在《江楼宴别》诗中写道:"楼中别曲催离别,灯下红袍间绿袍";《对酒吟》中写道:"公门衙退掩,妓席客来铺。"唐代的酒肆,多有歌舞演唱,即使小店,也不肯寂寞饮酒,使生意冷淡。"南邻新酒熟,有女弹箜篌。""玉杯浅盏巡初迎,金管徐吹曲未终。"(白居易诗句)主人饮酒,欣赏歌伎歌舞,物质、精神同时享受,"君有数斗酒,我有三尺琴。琴鸣酒乐两相得,一杯何啻千钧金,"

（李白）所以，"当杯已入手，歌伎莫停声。"（孟浩然）

唐代的艺妓，能歌善舞，也会作诗。出现关盼盼、刘采春、赵鸾鸾等一大批被当时诗人们推崇的名妓。最有名的当数薛涛，昔人赞她的诗"工绝句，无雌声"。薛涛字洪度，本长安良家女，流落蜀中，沦入乐籍。韦皋镇领蜀地后召令薛涛侍酒赋诗，被称为女校书。她和当时的元稹、白居易、张籍、王建、刘禹锡、杜牧等都有唱酬交往。她的《送友人》成为可与"唐才子"竞雄的名篇，向来为人传颂。王建在诗中赞道："万里桥边女校书，枇杷花里闭门居。扫眉才子知多少，管领春风总不如。"距杜甫浣花草堂不远的成都近郊，至今还耸立着一座薛涛"吟诗楼"。

宋代

华靡竞丽的宋代习俗

北宋结束唐末五代以来藩镇割据、军阀混战的分裂动乱局面，建立了统一的国家，官僚地主阶级吸取前代教训，防止武将、宦官、女后、外戚等专权独裁，实行了一系列改革。政治经济文化的变革，也使民风民俗发生变革。

从宋真宗时起，因为社会经济的发展，酿酒耗粮极大，《清波杂志》记载当时"田亩种秫三之一，供酿材曲蘖犹不充用"，"市井闾里以华靡相胜"。士大夫家也是"酒非内法""食非多品""果肴非远方珍异""器皿非满案"，则不敢邀请宾友。为了办一次宴会，往往要筹备数月，然后敢发请帖。如准备不充分，要被人们嘲笑，"以为鄙吝"。所以，能够"不随俗靡者"罕见。这种争华竞丽、枉费无节的现象，显示民间习俗出现许多新的变化。

宋代社会，节日名目较以前大为增多，几乎凡节必宴，宴必饮酒。

1.增加帝后"圣节"

圣节起自唐。开元十七年（公元729年）农历八月五日，是唐玄宗诞辰，立此日为"千秋节"，布告全国，休假三天，宴乐庆祝。中和三年（公元833年）十月十日唐文宗生日，命全国州府设宴。这些，是皇帝诞辰日置节、赐宴的开始。五代时，各朝皇帝生日都置"圣节"。

宋代承袭了"圣节"制度，甚至有些皇太后也仿照建节庆贺。每逢新皇帝即位,由宰相带领群臣上表奏请,为皇帝生日立节。

到圣节那天,皇帝坐殿,文武百官簪花,依次上殿祝贺,晋献寿酒。皇帝退入另殿,设御宴款待群臣和外国使臣。各级官衙休假一天,宴饮庆贺。各地除进贡外,在僧寺道观开建"祝圣寿"道场,长官进香、享用御宴,用乐,以示庆祝。北宋仁宗、哲宗都为太后生日立节,庆祝活动有:百官上殿祝寿,献金酒器,开启道场斋筵等。

2.官定节日增加

除了圣节,宋代还增加许多官定重要节日,逢节放假,以示庆祝。除了传统节日,统治者还制定了天庆、天祯、天贶、先天、降圣、天应等节,逢节日家家必宴请宾朋。

天庆诸节:各官衙放假数天,百官赴宫观进香,朝廷赐百官御宴。降圣节不准行刑屠宰,准许请客奏乐,有互赠"保生寿酒"习俗。

宋代春秋二季常有宴集,有大宴、宴射、曲宴等形式。宋太祖赵匡胤是行伍出身,骑马射箭是本行,他不主张过分饮酒,曾向百官自道"沉湎非令仪,朕宴偶醉,恒悔之。"(《宋史·太祖本纪》)因此史书上多是他"宴射"的记载。

所谓宴射,即闲暇时与臣下设宴习射为乐。"曲宴",即有各类文艺活动的宴会。曲宴的参与者原本限于皇帝的从官,宋哲宗时扩大到宰辅老臣。后来,又扩大到外国使者。

3.传统节日宴饮活动丰富

元旦:朝廷下令免收公、私房租,准许京城百姓赌博三天,家家饮屠苏酒和术汤。傍晚,贵家妇女出游,上街玩耍或进店肆饮宴。朝廷举行正旦大朝会,朝贺完毕,皇帝赐宴。

上元节:元宵节已经是最重要的节日之一,筵宴和赏灯游戏已成全民风习,但是已无"登楼赐宴"之类的大型宴饮活动,各自家宴。

立春:都城和各州县造土牛(春牛)土偶(耕夫),清晨由长官主持"打春"仪式,即用五色彩仗环打牛三下,称"鞭春牛",表示劝耕,打春毕,百姓不敢触动"耕夫",争抢土牛"肉",家宴以庆。

社日:春秋两社,官衙各放假一天,朝廷和各州县都要备酒食举行仪式,祭祀社稷。先祭神,后享其胙,人人皆大醉一场。范成大的《四时田园杂兴》写道:"社下烧钱鼓似雷,日斜扶得醉翁归。青枝满地花狼藉,知是儿孙斗草来。"

聚饮时行令猜拳,折枝作筹,十分热闹。

《东京梦华录》记载都城开封民间"八月秋社,各以社糕、社酒相赍送。"相传社日饮酒,可治耳聋。李昉有诗云:"社翁今日没心情,乞为治聋酒一瓶。恼将玉堂将欲遍,依稀巡到第三厅。"彭乘的《墨客挥犀》甚至记有用社酒治愈十几年耳聋的例子。

寒食和清明:官衙放假七天,军队停止训练三天。百姓纷纷出城扫墓将纸钱挂在墓旁树上。祭祖扫墓毕,醇醪打开,青梅荐酒,频频举杯,"随分杯盘随处醉,自怜不及踏青人"(杨万里)。宋高翥《清明》,写百姓祭奠场面:"南北山头多墓田,清明祭扫各纷然。纸灰飞作白蝴蝶,泪血染成红杜鹃。日落狐狸眠冢上,夜归儿女笑灯前。人生有酒须当醉,一滴何曾到九泉。"

清明饮酒已成习俗,无酒则兴味索然。王禹偁《清明》诗:"无花无酒过清明,兴味萧然似野僧。昨日邻家乞新火,晓窗分与读书灯。"

七夕:傍晚,妇女和儿童穿上新衣,设香桌于庭院,罗列酒、瓜果、笔砚、针线,姑娘们列拜"乞巧"。朝廷三省六部以下,各赐钱设宴,名"晒书会"。南宋时,七夕"妇人女子至夜对月穿针,饤饤杯盘,饮酒为乐,谓之乞巧。"(《武林旧事》卷三)月下宴饮成为乞巧活动不可分割的背景。

中元:官府放假三天,军队停止训练一天,纷纷举办家宴。

中秋:唐宋时期中秋宴饮最盛。帝王将相、文人雅士、庶民百姓,无不全家欢聚,乘月饮酒。《东京梦华录》记载北宋时汴梁市民中秋上月的习俗:"中秋节前,诸店皆卖新酒,重新结络门面彩楼花头,画竿醉仙旆。世人争饮,至午间家家饮酒,拽下望子……"入夜,"贵家结饰台榭,民间争占酒楼玩月。丝簧鼎沸,近内庭居民,夜深遥闻笙竿之声,宛若云外。闾里儿童,通宵嬉戏。夜市骈阗,至于通宵。"

中秋夜,富豪人家皆登楼台酌酒高歌,通宵赏月。宋吴自牧《梦粱录》记载南宋临安中秋风习:"王孙公子,富家巨室,莫不登危楼临轩望月,或开广榭,玳筵罗列,琴瑟铿锵,酌酒高歌,以卜竟夕之欢。至如铺席之家,亦登小小月台安排家宴,团圆子女,以酬佳节。虽陋巷贫娄之人,解衣市酒,勉强迎欢,不肯虚度。"

苏轼中秋"欢饮达旦,大醉",做《水调歌头》:"明月几时有?把酒问青天。不知天上宫阙,今夕是何年。我欲乘风归去,又恐琼楼玉宇,高处不胜寒。起舞弄清影,何似在人间!转朱阁,低绮户,照无眠。不应有恨,何事常向别时圆?人有悲欢离合,月有阴晴圆缺,此事古难全!但愿人长久,千里共婵娟。"成为千古名篇,至今咏诵不绝。

重阳:民间竞相赏菊,饮菊花酒和茱萸酒。北宋时重阳有赏菊之会,人们出城登高聚筵。南宋时,禁中例于八日作重九安排,有赏灯之宴。"都人是日饮新酒,泛萸簪菊。"

立冬和冬至:立冬的时鲜有螃蟹、蛤蜊等,为配酒美食。冬至为民间一年三大节(冬至、元旦、清明)之一,官衙放假五天,军队停止训练三天。皇帝受百官朝贺,称"排冬仗",士庶换上新衣,备办酒食。

除夕:腊月八日,食腊八粥;二十四日,民间祭灶,称"交年节"或小年夜;各家以酒糟涂灶门,意把灶王爷灌醉,免得上天开口说不利于自己的话。富人"遇雪则开筵,塑雪狮,装雪灯雪人,以会亲友。"

腊月底(二十九或三十),"月穷岁尽之日",称除夜、大年夜。洒扫门间,除尘秽,净庭户,换门神,挂钟馗,定桃符,贴春联,祭祀祖先。各自在家,围炉而坐,饮酒唱歌,奏乐击鼓,谓之"守岁"。

婚俗从礼,用酒广泛

唐宋时期实行科举制度,社会关系发生变革,选择婚姻的观念改变。到宋代,思想家和政治家们提倡妇女寡居守节,不赞成改嫁,以至到南宋后期妇女改嫁或招纳后夫的情况大大减少。人们婚姻观念的变化,导致宋代的婚姻礼仪出现变化。

司马光参照当时民间通行的礼仪编纂了《书仪》十卷,其中有关"婚仪"占一卷多。按婚仪程序,必须用酒的议程有:

(1)聘礼 男家向女家"下财利"(下财礼)要举行仪式。如临安府的男家聘礼:"富贵之家"送"三金",即金钏(镯)、金捉(戴臂曰钏,戴足曰捉)、金帔坠;"仕宦之家"送销金大袖、黄罗销金裙、缎红长裙,或送珠翠团冠等首饰、上细杂色彩缎,加上花茶果物、团圆饼、羊、酒等;"下等人家"送织物一二匹,官会(一种纸币)一二封,再加上鹅、酒、茶、饼而已。

(2)结发仪式 从五代开始,出现父母为新婚人"合髻"的仪式。宋代世俗沿袭流行:男左女右坐定,各留出一绺头发,由男女两家提供丝织物、钗子、木梳等物,合梳为髻,然后新郎新娘喝"交杯酒"。

古称的"合卺",即俗语的"交杯酒"或"交盏酒"。宋·孟元老《东京梦华录》卷之五"娶妇"载:"凡娶媳妇,先起草帖子……扶入洞房讲拜,男女各争先对拜毕……然后用两盏以彩结连之,互饮一盏,谓之交杯酒。饮讫掷盏,并花冠子于床下,盏一仰一合,俗云大吉,则众喜贺。"

(3)庆贺宴饮 设宴款待来祝贺的亲友乡邻,喝喜酒,共同祝贺。

辽代

酒在辽代

辽代的统治民族是契丹人。辽国地处北方,统治地域主要是现在的兴安岭、长白山、黑龙江、松花江、乌苏里江、辽河一带和蒙古大草原一带。契丹人是以游猎、畜牧为主的民族,逐水草而居,风俗粗犷豪放。苏辙在诗中描述道:"从官星散依冢草,毡庐窟室欺霜风。春粱煮雪安得饱,击兔射鹿夸强雄。"艰苦的生活环境,培养了契丹人坚韧、尚武的精神。

契丹人崇尚豪饮,高适《营州歌》说:"营州少年厌(习惯之意)原野,狐裘蒙茸猎城下。虏酒千钟不醉人,胡儿十岁能骑马。"宋人魏泰《东轩笔录》记载,契丹每宴请北宋使者,劝酒器具大小不一,其间最大者"剖大瓠之半"(瓠即北方的大葫芦,剖开为瓢),若能一饮而尽,主人就非常高兴,待如知己。辽代有的帝王嗜酒如命,辽穆宗耶律璟便以嗜酒出名,经常彻夜饮宴,一次竟然从立春日饮到月终,不理朝政。在一次外出狩猎中射获一头熊,喜出望外,喝得酩酊大醉,回到行宫后被近侍所杀。

酒在辽代各族各阶层人民生活中占有主要的地位:岁时年节,饮酒以助兴;重大礼典,饮酒为长仪;外使来朝,行酒以示友好;将士出征,饮酒以壮行色等等。

由于酿酒耗费大量粮食,辽兴宗耶律宗真即位后,曾颁诏令:"禁诸职官不得擅自造酒糜谷。"如逢婚丧,经过上司批准方得酿造。

辽代岁时风俗与酒

辽代的岁时风俗有明显的契丹民族特点,又吸收了许多汉族传统习俗。年节的时间设置大致和汉民族相同,有的风俗习惯虽然和汉族风俗的形式不同,但是旨在驱鬼避邪祈祥,与汉族不谋而合。

(1)正旦,即元旦 每年元旦,皇帝要赐给群臣三样东西:一是岁旦酒,以示祝贺新年;二是"辟恶散",以防疫疠;三是"却鬼丸",以挡恶鬼。"却鬼丸"是以中药制成。

(2)放偷日 也叫纵偷日,从正月十三开始,放国人做贼三天。但是偷的钱或财物价值最多不得超过十五贯,多偷的仍要依法治罪。

(3)人日(正月初七) 要在院中煎饼食,以酒佐食,称为"熏天"。

(4)上巳(三月三日) 各地要举行娱乐性竞技活动,主要赛事是比赛走马射箭,败者下马跪地向胜者进酒,胜者在马上饮之。

(5)中元节 十三日夜,皇帝即宿于京外三十里的帐中;十四日举行奏乐、筵宴,归还行宫,叫作"迎节";十五日,奏汉族乐曲,举办大规模宴饮活动;十六日清晨,再往西方,奏乐三次,叫作"送节"。

(6)中秋节 八月八日杀一只白毛狗,埋到住宿的帐篷前七步远的土中,只将狗的嘴露出来。契丹语称之为"捏赫耐",即"犬首"的意思。十五日,将帐篷迁移到埋白狗的地方,然后赏月,歌舞宴饮。

(7)重阳节 登高,饮菊花酒等,与中原相同。这天,皇帝率领众臣到山野打猎,以射虎为目标,举办筵宴犒赏群臣。

(8)十月十五日 皇帝与群臣望祭木叶山,然后焚烧祭文,叫作"烧甲"。此风俗相当于汉人的祭祖祭神,祭毕会集筵宴。

(9)冬至 取白马、白羊、白雁的血,和酒混合,望祭黑山,乃契丹国俗,祭祀祖先。

(10)腊月辰日 契丹天子率领群臣身穿戎服,彻夜坐朝,作乐饮酒。

辽代有"鱼头宴"。宋程大昌《演繁露》记载,正月大河结冰后,皇帝在鲁河钓鱼。在冰上凿四个冰洞(冰眼),一眼居中,三眼环绕,中心透眼用来钓鱼。鱼在冰眼露头后,用绳钩投击,万无一失。皇帝捕获第一条大鱼后,设宴庆贺,叫作"鱼头宴",君臣饮酒狂欢。

西夏

党项民族与西夏

西夏是党项人所建的国家,建都兴庆府(今宁夏银川),最盛时辖 22 州,包括现在的宁夏、陕北、甘肃西北部、青海东北部和内蒙古一部分地区,居民有党项、汉、回等民族。

党项人居住的地方自然条件和地理环境都比较恶劣,为了民族的生存他们必须顽强战斗,尚武重义、吃苦耐劳是党项人精神风貌的最突出表现。"质直尚义,平民相与,虽异姓如亲姻。凡有所得,虽箪食豆羹不以自私,必招其朋友。朋友之间有无相共,有余即以予人;无即以取诸人,亦不少以属意。"(余阙《青阳先生文集》)西夏谚语:"唯利是图,不与之交;为人眼馋,不为之处","与人相亲,不吐心声,友情似黄昏短暂;与人相嫌,勿置恶言,胸怀如天地宽广。"反映了西夏人互相以诚相见,肝胆相照的处世原则。党项人结了冤仇,必定要设法报复,而仇人遇丧则不乘人之危。

西夏人与酒

西夏人普遍喜欢饮酒。凡是聚会、盟誓、喜庆、祝寿、出战、仇解皆开怀痛饮。在西夏制酒作坊随处可见,安西榆林窟壁画中的《酿酒图》真实地描绘了西夏时期的酒坊与制作技术。

西夏人有为爱情双双殉情的,发生"情死",族人与亲属寻找到他们的尸体后,并不悲哭,认为这是男女的乐事。即以彩缯包身,外裹以毡,杀牛设祭。然后草缠尸身,择峻岭,置于高木架上,称为"女栅",以为升天。男女双方族人在高木架之下击鼓饮酒,天黑作罢。

金代

纵酒豪歌的女真

金朝是女真族为统治民族,于宋代后期在北方建立的多民族成分的王朝,辖境松花江、黑龙江下游，东至海，其民俗文化和社会精神风貌具有鲜明的民族和地方特点。

女真民风朴厚，“最为纯直”（金世宗语）。申良佐说：“其人物劲豪，自古忠臣义士多出焉。”元好问说：“人质直而尚义，风声习气，歌谣慷慨。”此类记载，后人诗文、地方志屡见不鲜。

金朝后期，社会风气败坏。一些士大夫“多以自保为幸”，“或高蹈远引，脱七世务；或酣歌纵酒，苟延岁月。”（《遗山先生文集·御史孙公墓表》）

饮酒在女真和其他民族的不同阶层都十分流行，每逢男婚女嫁、节日、将士出征、重大祭典等都少不了酒馔宴饮。文人们把饮酒作为雅事入诗，或用酒比喻他事，如章宗的《命翰林待制朱澜侍夜饮》：“三杯淡醽醁，一曲冷琵琶。”完颜寿的《思归》：“新诗淡似鹅黄酒，思归浓如鸭绿江。”诗里面的“醽醁”“鹅黄”都是酒名。

汉人的酿酒技术高超，饮酒之风普遍。“燕酒名高四海传”，燕地一带（今河北北部）的酒，尤负盛名。

辽金时期，中国北方不论城镇还是山乡，到处不乏酒楼、酒肆，随处可饮到酒。在今山西繁峙岩上寺的金代大定间的壁画，画面上有一座酒楼，楼内座客满堂，楼外酒旗高挑，上写几个大字：“野火攒地出，村酒透瓶香”，诱人止步不前。

金代留下不少描写酒楼、酒肆的诗篇。如“山花山雨相兼落，溪水溪云一样闲。野店无人问春事，酒旗风外鸟关关。”（刘昂《即事二首》）“青芜平野四周山，山郭依依紫翠间。村远路长人去少，一竿斜日酒旗闲。”（吕中学《小景》）“暖日园林可散愁，每逢花处尽迟留。青旗知是谁家酒，一片春风出树头。”（《遗山先生文集·杏花村杂诗十三首》）由此可见金朝的酒楼酒肆遍及城乡，饮酒流行之盛况。

金代高酒度的蒸馏酒（烧酒）流行，烧酒体积小便于携带，尤具祛风祛寒功能，特别受到擅长骑猎的女真民族喜爱。

婚嫁饮宴习俗

女真早期，男女婚姻有较大的自由，无须“父母之命，媒妁之言”，乃是“以酒为媒”。史料记载，女真的男子常常在夜晚携带酒馔骑马到其他村落，女子们有的同他们一起饮酒,有的歌舞助兴。若双方有意,就相随而去,父母不加干涉。数载生子女之后,方回娘家"门"。

女真人相亲、定亲、成亲仪式中,都离不了酒。订婚时,男方及其亲属携带酒馔到女家,"妇家无大小,皆坐炕上,婿当罗拜其下,谓之男下女。"女方家当置酒宴相待。定亲和成亲仪式,更是酒的世界,人人痛饮庆贺,一醉方休。

金代节庆饮宴习俗

女真本无历法,不知纪年。后来受中原文化影响,有了历法,汉族的岁时节庆风俗也逐渐在女真人中传播开来。

(1)除夕、元旦　燃爆竹、饮屠苏酒、刻桃木人等。那时的诗词反映出这些风俗在金代流行情况:"爆竹又惊新荐岁,屠苏空忆旧传觞"(姚孝锡《岁晚怀二弟》),"爆竹庭前,树桃门右,香汤浴罢五更后,高烧银烛,瑞烟喷金兽,萱堂次第了,相为寿。改岁宜新,应时纳右,从今诸事,愿胜如旧,人生虽健,喜一年入手,休辞最后饮,屠苏酒。"(王寂《踏莎行·元旦》)

皇宫中,逢元旦,皇帝即御座,鸣鞭报时之后,接受皇太子及文武百官参拜。致辞、奏乐后,皇帝举酒宴赏臣僚。

(2)立春　滕茂实《立春》诗云:"宫花插帽枝枝秀,菜甲堆磐种种新。拘窘经时成土俗,聊从一醉适天真。"朱弁《善长命作岁除日立春》诗云:"土牛已着劝农鞭,苇索仍事捕鬼权。且喜春盘兼守岁,莫嗟腊酒易经年。"这些诗词都是金代立春日风俗的写照。

(3)上元节　张灯是上元节的主要风俗,由宋传入。这一天,金人也要大宴特饮一番。海陵王于贞元元年"正月元夕张灯,宴丞相以下于燕之新宫,赋诗纵饮尽欢而罢。"(《大金国志·海陵炀王上》)。

(4)纵偷日,也叫放偷日　女真和契丹一样,有"纵偷日"这个颇具特色的节日。金国对偷盗犯罪惩治很严重,唯一规定正月十六纵偷一天。在这一天,盗窃别人的财物、车马,甚至盗窃走别人妻女,竟被视为合法而不加制裁,其宽容程度较契丹规定不可比拟。每到这一天,人们要严加戒备,遇有小偷来,含笑打发走。小偷无所获,总是不甘心,至少要拿点不值钱的东西走才算作罢,另谋别家。这一日,即使有身份的妇女到别的显赫人家,往往乘主人出去接客或是不注意之际,指使其奴婢拿几件茶壶、茶碗、酒壶之类的小东西。过后,当主人发现或是偷者自己声明，主人要用一些点心之类的东西将失物赎回。更奇怪的是，有的事先同未出嫁的女子相约，到时悄悄将她带走，只要该女子愿意，其家人听之任之，不以为然。

（5）寒食与清明　习俗从中原传入，酒饮习俗相同。

（6）端午节　金代的端午节风俗以下两首诗可见大概："几年客舍逢端午，今日东行复海隅。三岁已无平老艾，一杯聊作辟愁符。"（党怀英《端午日照道中》）"节物惊心动远思，熏风又见玉兰时。空寻好句书纨扇，无复佳人系彩丝。酒注菖蒲唯欲醉，筒包菰黍不胜悲。"（滕茂实《五日》）

（7）中秋节　家人团聚，赏月饮酒。以诗描述，宇文虚中《中秋觅酒》云："今夜家家月，临筵绮照楼。那知孤馆客，独抱故乡愁。"肖贡《中秋对月》云："去年中秋客神京，露坐举杯邀明月。今年还对去年月，北风黄草辽西城。"边元鼎《八月十四日对酒》诗云："须臾蟾蜍弄清影，恍然不是人间景。金波淡荡挂树横，孤在玻璃千万顷。"

（8）重阳　历来有赏菊、登高、插茱萸、饮酒的风俗。宇文虚中《又和九日》云："一时旄节出，五见菊花开。强忍玄猿泪，聊浮绿蚁杯。"朱弁《重九》诗云："九日今何地，寒深紫塞霜。敢嫌芦酒浊，且对菊花尝。"很多当时的诗词都反映了金代重阳赏菊、饮酒的风俗。

元代

元代是中华各民族大融合的时代，使中国传统的民俗文化和唐宋以来传承的社会精神风貌，发生了相当程度的变化，显示出独特的时代特征。在蒙古族酒文化的影响下，重义豪饮成为时尚，酒馆店肆遍布全国城乡各处。朝廷在大都设置了"酒课提举司"，即官方管理酒类生产销售的机构，其属下酒坊多达100余家，一些富豪户也酿酒沽卖。

元大都（今北京）荟萃了全国酒业精华，酒楼、酒肆遍布街巷胡同，颇为繁盛。诗人马臻《都下初春》诗云："茶馆酒楼照春光，京邑舟车会万方。驿路花生春报幸，御河水散客逢装。"

明·郎英《七修类稿》记载："予观纪元诸事之书，多有同于今时者。如设酒，则每桌五果、五按、五蔬菜，汤食非五则七，酒行无算。"

元代的白酒（蒸馏酒）生产已经具有相当规模，"金澜酒"全国闻名，高级的马奶子酒有"玄玉浆"，葡萄酒有"紫玉浆"等。葡萄酒、枣酒、椹子酒等都是大都名酒，尤以葡萄酒流行，"小车银瓮葡萄香"，"紫驼银瓮出葡萄"，"回头笑指银瓶内，官酒谁家索数多"等吟咏葡萄美酒的诗句，屡屡见于元代诗人文集中。据《元典章》载，元大都葡萄酒系官卖，曾设"大都酒使司"，向大都酒户征收葡萄酒税。大都坊间的酿酒户，有投资巨万、酿酒贮存多达百瓮的。

至元二十八年五月，元世祖在"宫城中建葡萄酒室"，在宫城制高点的万岁山广寒殿内，置一口可贮酒三十余石的黑玉酒缸，名为"渎山大玉海"，用整块墨玉雕琢而成，周长五米，重三千五百公斤，四周雕饰的波涛、龙、海兽形象栩栩如生。此宝"海"后遭战乱，流出宫外。清乾隆年间被人发现，玉海竟被真武庙道士做了腌菜缸，乾隆皇帝闻知，命人以千金赎回。此缸今存北海团城。

元代宫廷中，国内外各民族的名酒荟萃是一大特色。哈剌族的葡萄酒，党项羌族的枸杞酒、地黄酒，大漠南北各族的醍醐酒、鹿角酒、羊羔酒，东北各族的松节酒、松根酒、虎骨酒，华北汉族的小黄米酒，南方的五加皮酒、茯苓酒，西南的乌鸡酒、温朒脐酒，波斯、阿拉伯的阿剌吉酒、速儿麻酒等，均在元代宫廷常备佳酿之列。

元代宫廷宴会有内宴、大宴之别。内宴即宫内或内府的饮宴，内宴必设"内人八珍"，即"北八珍"："醍醐、麆沆、野驼蹄、鹿唇、驼乳糜、天鹅炙、紫玉浆、玄玉浆"等八种。"麆沆"为初级马奶子酒，"八珍"中"酒"占"三珍"，可见酒在元代宫廷宴会中的地位。

元代大宴的情形，朱由敦《元宫词》九十三云："大宴三宫旧典谟，珍馐络绎进行厨。殿前百事皆呈应，先向春风舞鹧鸪。"大宴自然要饮酒，席列八珍，八珍中有两种酒。诗人汪元量《十筵诗》第二筵说："第二筵开入九重，君王把酒劝三宫。"第六筵说："三宫满饮天颜喜，月下笙歌入旧城。"还有："天家赐酒十银瓮"，"夜来酒醒四更过"，"丞相行酒不放杯"等等，可见大宴时朝廷君臣二宫觥筹交错的情况了。

萨都拉《上京即事》诗："一派萧韶起半空，水晶行殿玉屏风。诸王舞蹈千官贺，齐捧葡萄寿两宫。"西域国家进贡的葡萄酒，常作为元代宫廷宴会用酒。

元代宫廷大宴典谟五要点为：①出席宴会，着礼服"只孙衣"，戴"只孙帽"；②宴前宣读元太祖、元世祖遗训；③陈列贡品；④菜肴珍禽异兽；⑤演奏女乐舞蹈。

据元代陶宗仪《南村辍耕录》记载，元代"宫中饮宴不常，名色亦异。碧桃盛开名曰'爱娇之宴'，红梅初放名曰'浇红之宴'，海棠谓之'暖妆'，瑞香谓之'拔寒'，牡丹谓之'惜春'，落花之饮名为'恋春'，催花之设名为'夺秀'。"宫廷筵宴颇具文化时尚。

从《经世大典·礼典总序·宴飨篇》可以知道，元朝的"元旦朝会"是按照前代惯例的："国有朝会庆典，宗王、大臣来朝，岁时行幸，皆有宴飨之礼，亲疏定例，贵贱殊列。"

元朝政府重武轻文，重实用轻辞章，使文人在生活上、政治上和精神上都受到严重的压抑，特别是元初文人，多有穷困潦倒的。于是，或遁迹山林，或纵情酒色，放浪形骸，不拘名节，成为元代文人的生活风尚。《全元曲》中，除了山水隐逸的篇章，大多是妇人醇酒的吟咏。

杨维桢是元代著名文人，人称"文章巨公"，但他的生活风流成性，耽于酒色。他的诗集中，挟妓宴游之作比比皆是，甚至有脱妓女绣花鞋载酒杯以行酒，谓之"金莲杯"，甚为荒唐。

明代

明代是我国历史上农业高度发达的一个时代。按照礼制的要求，明代统治者对社会各阶层的饮宴消费标准、饮酒器具等次，都做了明确的规定与限制，不得僭越违制，否则严惩不贷。但到了嘉靖、隆庆以后，随着社会价值观的变化，各种商品的日趋丰富并具有诱惑力，"敦厚简朴"的风尚向它的反面"浮靡奢侈"转化，而且这股越礼违制的浪潮来势凶猛，波及社会各个阶层。万历年间人王士性记载当时的情况时说：杭州"止以商贾为业，人无担石之储，然亦不以储蓄为意。即舆夫仆隶奔劳数日，夜则归市淯酒，夫妇团醉也后已。"

明代后期，饮食生活的奢侈，是以新、奇为特征，其中不乏正当消费的合理要求。它对冲击明代前期严格的等级礼制规定，促进商品经济的繁荣，有积极的意义。

宫廷宴饮及礼仪

明代帝后的饮食文化活动极尽豪华奢侈，按照明初统治者的规定，它是

"礼"的典型体现,其宴饮活动主要有两方面内容:一是节令宴饮活动;二是统治阶级为了特殊的政治需要和目的而举行的饮宴活动。后者筵宴的规模大小、参加成员有严格的等级规定。

宫廷筵宴与帝后年节饮宴,因其政治、经济条件的无比优越,皇权的至高无上,皇家的富贵显赫,而使得筵宴华贵、庄重、典雅、奢丽,等级森严,礼仪繁缛。

据记载,每年腊月二十三祭灶之后,宫内就忙于年前紧张的准备活动。除夕之夜,互相拜祝,吃年饭,喝"分岁酒",鼓乐喧天,以示喜庆;正月初一,五更即起,焚香放炮"掷千金"后,要饮"椒柏酒",吃水点心;立春日,无论贵贱嚼吃萝卜,名曰咬春,彼此互相宴请,饮酒作乐;正月十五内宫吃的元宵,是用酒水滚成;宫内所品尝的珍肴美酒与节令时鲜食品,品种繁多,来自全国各地,都是各地的名特产品。此时节,如遇大雪,帝后等则暖室赏梅,烹羊饮酒。到正月二十五日,为"填仓节",宫中也有相应的祭祀和饮宴活动,据《明宫史》称,它是一个"醉饱酒肉之期"的节日。

宫中饮宴,月月新鲜:

二月尝河豚,赏美酒;三月烧笋鹅,佐饮宴。

四月初四赏牡丹,设宴赏花;初八进食"不落夹",美味佳肴,远非他人所企及;二十八日,药王庙祭祀,吃白酒。

五月端午节,饮用朱砂酒、雄黄酒、菖蒲酒等等;六月盛夏,烈日酷暑,则以解暑避热、鲜嫩可口食物配酒。

七月乞巧节,《析津志》云:明代"宫廷宰辅士庶之家,咸作大棚,张挂《七夕牵牛织女图》,盛陈瓜果酒饼,蔬菜肉脯,邀请女流作巧节会,称曰'女孩儿节'。占卜贞咎,饮宴尽欢,次日隈送女家。"

七月中元节,赏荷盛会,筵宴以贺。

八月中秋,桂花飘香,肥蟹上市,海鲜美酒,宫中饮宴颇繁。

九月,御前进献安菊花,九日登高,品尝迎霜麻辣兔,喝菊花酒。"重阳前后,内宫设宴相邀,谓之迎霜筵,席间食兔,谓之迎霜兔。"说明晚明时,宫廷重阳风习与前有所不同。一般士子则自寻乐趣,"提壶携盍,出郭登高,……赋诗饮酒,烤酒分糕,洵一时之快事也。"

十月,享用时令美食,讲求美味之外,需营养丰富,享用适时补酒,御寒养生。每日清晨,帝后的家常便饭是吃蹄汤、生炒肉、喝酒御寒。

十二月,年终岁尾,辞旧迎新,节庆饮宴丰富多彩,形式多样。

逢皇太后圣诞、东宫千秋等节日,要举行各种规格的筵宴活动。

凡遇祭祀圜丘、方泽、祁谷、朝日夕月、耕猎、经筵日讲、东宫讲读、亲蚕、纂修校刊书籍、开馆暨书成、阁臣九年考满、新录取进士等时候,都要赐官员大臣进士及内外官筵宴。

按照明代的有关仪礼规定,宫中的筵宴规模,主要分大宴、中宴、常宴、小宴四个规格。在这些筵宴活动中,不仅对于宴者的身份、地位、座次、仪礼有明确的限定,而且举办各种规格筵宴而进行的各种文化活动内容,也颇具时代特色。

王公贵胄宴饮习尚

古代的各级官吏是国家机器的重要组成部分,王公贵胄是封建统治机构的重要支柱。他们不仅在政治上、经济上享有优厚待遇和各种特权,生活上也极为豪奢。

明代的王公贵族、缙绅富豪,日常饮料主要是茶、酒。他们几乎都有家酿酒,延请名师,配方备料加香加药,务求其精,务求其美,务标珍异,注重营养保健,既适合自家的口味,又用作交际馈赠的礼物。有茉莉花酒、木樨荷花酒、河清酒、竹叶青酒、菊花酒、豆酒、透瓶香荷花酒等等,都是各家自己酿造,馈赠酬酢,以博得"极口称羡"。

平时饮食极奢,《金瓶梅词话》描写地方富豪兼官僚西门庆的奢靡早餐,吃完粥后还要喝酒。午餐,山珍海味,"西门庆将小金菊花杯斟荷花酒,陪应伯爵吃。"其形珍美,不同泛常——概来自明代官宦人家生活实际。

缙绅富豪士大夫为庆贺节日、显示威风,或是基于其他诸种目的而举行的各种筵宴,大都是以摆排场、炫声势为主。主人临定席时,必先奉觞送酒,曲尽酬酢诸礼,其子弟上小学以上的,也随行习礼。《金瓶梅词话》描述的元宵灯会时一场筵宴,主人照例在卷棚摆茶,正厅开宴,主人向来宾个个敬酒。按尊贵等次礼让到座位上,叫递酒安席,此时乐伎弹唱相应的庆贺歌曲。

广宴宾朋的筵宴自古以来以礼数和排场为重。因为越是尊贵显要的来宾,越可能不终宴而退,所以明代宴席先上大菜,一开筵就造成一派喧阗的隆重和热烈气氛,上了"三汤五割",宴会也可基本"礼成"了。至于从容饮酒品味,则视宾主亲密程度,可以酒茶交替,看戏听曲,下棋游戏,夜以继日地吃喝玩乐。

民间年节饮宴习俗

烧酒、白酒、火酒等是同物异名,少饮即醺,节约省时,明朝时主要供下层劳动者零星市沽。

当时市卖名酒以金华酒和麻姑酒为多。《酒小史·酒名》载全国名酒有"金华府金华酒""建昌麻姑酒"。明代的金华府管辖东阳县,故李时珍说"东阳酒即金华酒"。建昌府治南城县,县西南有麻姑山,麻姑酒即用其山泉水酿制而成,"其水秤之重于他水,临邑所造俱不然,皆水土之美也。"明人认为,入药以东阳酒最佳,独占美酒之首。《事林广记》中载述了其酿制方法,所用的曲药,"惟用麸面醪汁拌造"。此酒酿成后清香四溢,色泽金黄,饮之至醉,不头痛,不口干,不作泻。

明代汉族地区的年节饮食文化活动大致如下:

(1)元旦、春节 延承前代习俗,从元旦日开始,"各为春酒召引,迭为主宾"相贺。

(2)立春 除举行迎春、鞭春牛的仪式外,设春宴饮春酒,为欢度节日的人们助兴,有的地方"燃烛炽炭响炮于庭",名为"接青"。

(3)元宵节 家人团聚,吃元宵,家宴。

(4)中和节 二月二:祭祀太阳神和土地神,家家饮宴。

(5)清明节 与七月十五、十月十五合称"三冥节"。此日,人们具备酒肴,到先人墓地扫墓,祭祀祖先,踏青饮酒。

(6)端午节 是祭祀诸神的日子。吃粽子,饮雄黄酒、菖蒲酒。北京民间,饮朱砂酒、雄黄酒、菖蒲酒。

(7)七夕 祭祀牛郎织女,"罗果酒于庭,拜祝牛女星"。

(8)中元节 又名鬼节,节日饮食和饮食文化活动与一系列祭祀活动有关。多设"祖考斋筵荐献,士夫则各祭于家"。

(9)中秋 又名月节、团圆节,节日的饮宴配合"祭月"活动,邀朋请友,饮酒赏月。

(10)重阳节 登高,饮菊花酒,食重阳花糕(又称寿糕),内容丰富多彩。中原一带有以蒸糕送赠亲友,饮酒咏诗贺节习俗,东南地区饮茱萸酒。

(11)冬至 又名亚岁、小年,饮冬至酒以贺节。

中华酒典

（12）灶神节　又名祭灶,小年、送灶等,每逢此节,民间颇重视,祭祀灶神,家宴。有的地方还要用酒糟草秣供奉灶君马。

（13）除夕　除夕家家团圆吃"年夜饭",是节日最重要的事项之一。各地饮食活动和饮用酒食,因地因俗不同,但无不用酒。设馔名为"分岁饮",一家毕集宴饮,别具看饭,坐以待岁,以达明旦,谓之辞旧迎新。

清代

清朝,各阶层、各民族饮食文化各具特色,又互相联系,全国酒类生产已经颇具规模。

宫廷及贵族宴饮

按照清朝规制,宫中每逢除夕、元旦、上元、中秋、冬至和帝后寿辰等年节,要举行各种筵宴。皇宫举宴,有其明显的政治目的,是直接服务于封建统治的手段之一。据史料记载,皇宫大宴所用器具、式样、名称等均有严格规制和区别,均按地位和身份依次入座,使用不同器具。皇帝入座、出座、进酒膳,均有音乐伴奏,仪式隆重,庄严肃穆,礼节烦琐,处处体现君尊臣卑的君臣之道。

按规制,宫中要举行以下有名目的筵宴:

（1）除夕宴　每年岁除之日,于保和殿宴赏外藩蒙古王公。届时,内外文武大臣、御前侍卫王公贵族和官员等均按品为序,朝服入席,以佳肴美酒筵宴。

（2）修书宴　为鼓励表彰儒臣翰林等官员,每当钦命编修实录、圣训之期,必在礼部赏宴总裁以下各官,届时群臣朝服预宴,行礼如仪。

（3）凯旋宴　大军凯旋归来,必赏宴钦命大将军以及从征将士,皆按次为序,行酒进馔,依礼进行。

（4）乡试宴　于顺天乡试揭晓次日,必宴主考以下各官。主考以下各官朝服,贡士吉服入席,饮宴如仪。又称鹿鸣宴。

（5）恩荣宴　为宣扬皇帝的"恩荣"和"威仪",尚有殿试传胪（殿试后由皇帝宣布登第进士名次的典礼）,次日于礼部筵宴。

（6）经筵宴　皇帝经筵礼成,与文华殿举行筵宴。

（7）临雍宴　临雍礼成,于礼部举行筵宴。（雍,辟雍。周天子所设大学,后代亦为讲习礼仪之所。临雍，即天子亲至辟雍场所。）

（8）千叟宴　皇帝筵宴老臣、功臣，及其他有功官员，参加人数近千或逾千。

此外，宗室筵宴、上元节宴，以及皇帝"万寿"、皇后"千秋"、皇子大婚、公主下嫁等等，以及遇国家重大政治活动时，还举行各种形式的饮宴、赐宴等。各种宫廷筵宴（皇帝节日家宴除外），均作为"嘉礼"，写进《大清会典》，编入《大清通礼》，成为定制，相沿遵行。

贵族的宴饮与宫廷宴饮时节大同小异，宴饮靡费程度上行下效。礼仪上，不敢使用天子仪礼；规模上，则不惜挥金如土，大肆炫耀，奢靡腐朽，导致社会奢侈之风日甚。如《红楼梦》中详细描写的当时豪门显贵豪奢的生活作风。

日常饮食，王公贵族分早点、早饭、中午点、晚饭、晚点（夜宵）。每餐都有冷荤小菜，作下酒之物。如接待亲友，则预先向饭庄传唤整桌席面，临时挑送到府或宅院，由饭庄的名厨执掌。满族原居北方高寒地区，素有饮酒的习惯，王公贵族无餐不饮。每逢年节，更是大事铺张，大宴宾客，耗费无数。

堂子祭天

满族的堂子祭天，也叫"祭堂子"，是"国家起自辽沈，有设竿祭天之礼，又总祀诸神祇于静室，名曰堂子，即古明堂会祀群神之仪。"（昭梿《啸亭杂录》）民间称"祭堂子"为"吃肉大典"，届时官家赏酒，众人可以饱食酒肉。

堂子祭天主祀为天神，立竿大祭即为祭天神而设，（立竿：皇后寝宫外东南角矗立着祭天用的神竿，长两丈，直径五寸；神竿顶部装有锡斗，里面盛着供天神享用的碎肉、米谷）有朝祭、夕祭之别。朝祭在清晨，夕祭在夜间，祭祀献酒三盏。

还有元旦拜天，诸臣吃祭神肉酒；出征、凯旋祭堂子，饮"壮威酒"；立竿大祭，由"司祝"向诸神献酒，由"茶正"向王公献酒；月祭，神案必上一份"时食醴酒"以祀；浴佛祭，祭品有"酿酒红蜜"；马祭，祭品"打糕一盘，醴酒一盏"，司祝六献酒；马祭还要在马神室举行朝祭、夕祭，陈"香、酒、食品"。

民间年节宴饮习俗

正月四节（元旦、立春、上元、填仓），每节必宴，每宴必酒。元旦亲朋相贺拜年时,一般要留下喝"春酒";元旦期间相互请吃"年节酒",往来贺岁,定以宴饮招待,弥月不止。北方地区,节间拜见亲戚邻里,鞠躬行礼,互相请酒,名曰"吃年茶";外戚友朋相交贺,必待以茶酒习俗;立春祀神祭祖,吃春盘,谓之"咬春";元宵佳节,必祀神祭祖,祀后合家食之,宴饮庆贺,宾朋以酒醴相邀,谓之"赏灯酒",二十五填仓节,民间或烹食以劳家人,谓之"填仓",或客至必苦留,须酒足饭饱方可。

二月四节(龙头节、春社节、文昌会、花朝节),逢节必饮。二日龙抬头,吃糕祭祀;初三文昌会,民间除供奉文昌帝各种祭食外,人们还要"作会"饮酒;二月有祭祀土地神的春祈活动,春社祭毕,人们要吃"馂余"(馂:食之余。《礼记·曲礼》上:"馂余不祭。"孔颖达疏:"馂者,食余之名。祭,为祭先也。"《札记·内则》:"既食恒馂。"馂余,意为神鬼食用剩下的食物),大家在一起饮酒欢乐;十二日为花王生日,过"花朝节",要聚宴,习尚是喝"花朝酒"。

三月三节(上巳节、寒食节、清明节),节节需酒。初三上巳节,人们携酒食出游,踏青聚饮。寒食与清明节时,祭祖扫墓,共享祭扫祖坟的"馂余"。

五月端午节,饮雄黄酒、菖蒲酒,设家宴。吴中地区药市酒肆,端阳节那天均以其所有雄黄、芷术、酒糟等品,馈赠主顾。百工俱各辍所业,群入酒肆哄饮,名曰"白赏节"。

六月天贶节(贶:赐,恩赐的意思),早晨汲井水,贮瓮中封之以"造面""醴酒",河北束鹿人则于此节日"造曲""造酱",以图吉利。

七月两节,七夕和中元。七夕设果酒馔祭祀织女,食"馂余"。中元节出城祭墓。

八月中秋祭月,设家宴,拜月、赏月、聚饮。是夜有夜市,游人络绎,浑酒樽筛,烤羊肉,饮白酒,美味甚多。

九九重阳节,插茱萸,饮茱萸酒和菊花酒。登高饮酒,为时宴之风。

十一月冬至节,祭祖祭灶,并相馈赠,各家更迭请饮节酒的习尚。

十二月三节,腊八祭祀,吃粥。二十三祭灶,"送灶朝天",设酒食,食饴糖,家人团聚饮酒。除夕,要以牡醴祭祀祖先,家人团圆食"团年饭"(年夜饭),入夜时,分少长张灯聚饮,合家欢宴,围炉守岁,达旦不眠。

第二节　节日酒俗

我们中华民族在历史进程的长河中形成了许许多多的传统节日,例如,"春节""元宵""清明""端午""中秋""重阳"等等,又在与时俱进的继承和发展中增添了不少新的节日,如"三八妇女节""五一劳动节""六一儿童节""九九老人节"以及"教师节""护士节"等,特别还有"七一建党节""八一建军节"和"十一国庆节"等。所有这些节日,每当临逢之际,人们都会以极隆重的礼仪予以祝贺,人人都会在喜气洋洋的热烈气氛中"对酒当歌,载歌载舞",共同欢度这欢乐的时刻,形成了"无酒不过节,过节必美酒"的传统节日酒俗。这些节日民俗传承着我们民族的优秀

重阳登高饮琼浆

文化,弘扬着我们的民族精神,是维系我们中华民族兴旺发达的根基,是海外游子永远心系祖国借以表达眷恋亲情的最佳方式。

节日酒俗历史悠久,源远流长,千百年来世代传承,畅行不衰,成为中国艺术长廊中最为亮丽的民俗画卷。中国九百六十万平方公里的广阔疆土上,生活着五十六个民族,一个民族的酒俗就是一枝艳丽的鲜花。

春节贺岁家欢宴

农历正月初一日是我国最隆重的传统节日——春节,有史以来就有贺岁欢

宴的酒俗。

人们春节贺岁欢宴的历史非常悠久,相传三皇五帝之一的颛顼时期,就曾将农历正月初一定为元旦日,作为新一年的开端。为祝贺来年五谷丰登、国泰民安,便有了贺岁欢宴的习俗。

春节贺岁又称为过年,这过年的习俗据说可上溯到远古时代,而且还有一个神话传说作为佐证。

在远古时代,有一种怪兽"年",它每每在腊月三十这天到处残食人畜。有一年,怪兽"年"与以往一样,又在腊月三十这天窜出来到人间四处肆虐。当它来到一座村庄时,几个牧童正在比赛舞牛鞭,他们用力挥动牛鞭,鞭梢在空中滑过,发出"噼啪"声。这清脆的声音,在"年"听来,是那样的震耳欲聋,于是,急忙回身远遁。"年"又来到另外的一座村庄,几个妇女正在晾晒洗净的大红衣裳,红衣在阳光照射下,闪现烁烁光芒,这刺眼的红光,在"年"看来,是那样的惊心动魄,于是,又匆匆逃去。天黑了,"年"拖着疲惫的身躯再次来到又一座村庄。它隔着门缝往屋里看,只见家家灯火通明,这耀眼的灯光,刺得"年"头晕昏眩,只好踉踉跄跄逃向远方。这事传扬开来后,远古的人们为了防御怪兽"年"的侵害,就穿着花衣服,通夜群聚在熊熊的篝火边,不停地将青竹投入篝火,青竹爆裂,噼啪作响,用以吓跑怪兽"年"。现在流行的过春节放鞭炮俗称之为"爆竹""炮仗",便是由此而来。

真正把"过年"定于农历正月初一日这一天的,是西汉的汉武帝刘彻。汉以前,秦用秦历,秦历建亥,以农历十月初一为元旦;周用周历,周历建子以农历十一月初一为元旦;殷历则建丑以农历十二月初一为元旦;夏代却以孟春正月为元旦,即始用建寅的夏历,定农历正月初一为元旦。公元前104年,汉武帝改用司马迁、洛下闳创制的《太初历》,重新恢复了夏历正月初一日为元旦的传统。以后除个别时期有些更改外,绝大多数时间一直是使用夏历的规定。

从汉至清末,都称"过年"为"过元旦、过新正、过正旦和过三元"等,将过年称"过春节"只是辛亥革命之后的民国政府。推翻帝制的民国政府为有别于满清政府,改用西历纪年(即流行至今的公历),因为一岁中不能有两个"年"并存(公历元月一日和农历正月初一日),但农历年又是一年中最为隆重的"皇年大节",不能取消,于是就想方设法给这个节日定了个与时令相吻的名字。因为这正月初一恰在"立春"前后,便以春节之名来承袭过年的习俗。既然这是一年中最为隆重的节目，于是在"无酒不成礼，无酒不成欢"的社会风气中，以酒贺岁欢宴的习俗便流行开来。

春节是合家团聚的日子，不管游子们远行千里，还是身栖海外，都要想方设法回家，与家人相聚，古往今来这一直是中国人的习俗。团团相聚在一起的家人，叙情谈心，为的是辞旧迎新，祝贺全家人美满幸福，万事大吉。于是从汉代起，贺岁欢宴的酒俗日渐风行并流传至今。

汉代人在过年之际就有饮椒柏酒的习俗。"椒"是玉衡星精，其花有香气，吃了以后能使人身轻快走，"柏"是仙药，吃了后能免除百病。椒柏浸泡于酒，其酒可以暖胃强身，祛除百病，又是敬神祀祖的佳酿，于是人们团团围坐在一起，提壶把盏，举杯共饮，一来祈求神祖庇护合家平安，财源茂盛；二来强身健体百病皆除，成为最美好的贺岁祝福。汉代人饮用椒柏酒有着一定的礼仪讲究：饮酒的时间是在正月初一清晨，此时正值东方红霞飞天，旭日微露之时，家家户户燃烧着噼噼啪啪作声的竹节，伴随着这振奋人心的清脆悦耳的响声，举杯庆贺，以酒作乐。饮酒时还讲究"年幼者先"的礼仪，首先让全家人中最年幼的先饮。"正月饮酒先小者，以小者得岁，先酒贺之。老者失岁，故后与酒。"（《荆楚岁时记》）这便是以酒贺岁的渊源。汉代人认为，年纪小的过一年就长了一岁，值得庆贺，而人生的寿命是有限的，"人生七十古来稀"，而年长的老者则过一年就象征性地少了一岁，故应该珍惜，不肯先饮用这代表减寿的椒柏酒。

魏晋以后，人们在过年的时候，除了饮椒柏酒、椒花酒外，又兴起了饮用屠苏酒的习俗。特别是到了宋代，更是家家户户，"长幼悉正冠，以此贺拜，进椒柏酒，饮桃汤，进屠苏酒，胶牙饧下五辛盘"。改革家王安石即景兴起，挥笔写下了这贺岁欢宴的情景："爆竹声中一岁除，春风送暖入屠苏；千门万户曈曈日，总把新桃换旧符。"

屠苏酒是一种用多种中药材浸泡的药酒。元旦时，"合家饮之，不病瘟疫"（韩谔《岁伴纪丽》），这是人们对美好生活向往的一种情感表达。这里还有一个更动人的传说：

在很早以前，有一位老者住在一个叫屠苏的草庵里，每逢年三十晚上便往各家分送一包药草，嘱咐各家将药用布袋装好投入井水中，然后汲井水掺和于酒中，供全家人饮用。服用这屠苏酒后，在新的一年中不会中瘟得病。自此以后，历代又一直沿袭，把饮用椒柏酒、屠苏酒成为时尚。

春节的前一天,有人称之为"年三十",是从时令上讲的,而称之为"除夕"则另有讲究。"除夕"源于先秦的"逐除"。

《吕氏春秋》记载,古人在新年的前一天,击鼓驱逐"疫病之鬼",这便是"除夕"的来由。而最早提及"除夕"这一称谓的,是见之于两晋的《风土记》(周处著)。除夕在古代有许多雅称,如,除傩(现在有闽南"傩戏")、除夜、逐除、岁除、大除、大尽等。除夕守岁与春节贺岁都是万事吉祥,共同美好的祝福。最早见于史籍的守岁风俗是西晋周处的《风土记》,其记载中说,守岁有两种截然不同的意义:年长者守岁为"辞旧岁",有珍惜光阴的意思;年轻人守岁,是为延长父母寿命。因此,"士庶之家,围炉团坐,达旦不寐",于是"除夕"之夜,各相互赠送称"馈岁";酒食相邀,称"别岁";长幼聚饮,祝颂完备,称为"分岁";大家彻夜不眠,以待天明,称"守岁"。

以酒畅饮贺岁、守岁的礼仪,自汉代以来,盛行不衰,沿袭至今日,依然如故。为展示贺岁、守岁的热闹情景,录几首诗歌,重现历代之风貌。

> 除夕更阑人不睡,厌禳钝滞迫新岁。
> 小儿呼叫走长街,云有痴呆召人卖。
>
> ——唐·范成大《卖痴呆词》
>
> 儿童强不睡,相守夜欢哗。
> 晨鸡且勿唱,更鼓畏添挝。
>
> ——宋·苏东坡《岁晚三首》
>
> 晰晰燎火光,氤氲腊酒香。
> 嗤嗤童雅戏,迢迢岁夜长。
> 堂上书帐前,长幼合成行。
> 以我年最大,次第来称觞。
>
> ——唐·白居易《三年除夜》
>
> 官历行将尽,村醪强自倾。
> 厌寒思暖津,畏老惜残更。
> 岁月已如此,寇戎犹未平。
> 儿童不谙事,歌吹待天明。
>
> ——唐·罗 隐《岁除夜》
>
> 亲知邀酌团年酒,儿女同争压岁钱。

爆竹千家声未息，天衢车马闹如烟。

——清·曹雪芹

元宵闹春酒更香

一元复始，万象更新。当新年后第一轮圆月升起的时候，顿时万家灯火齐明，天上地下，浑然一体，一片银辉。洋溢着节日气氛的人们欢欣鼓舞，以酒为乐，开始了狂欢。大红灯笼高高挂起来，欢天喜地的锣鼓敲起来，威武的雄狮舞起来，长长的火龙耍起来，有清脆悦耳的丝竹，有五颜六色的烟花，更有那举杯高歌谈笑风生的欢乐饮宴，人们亢奋，人们狂欢，这是歌的海洋，这是花的世界，在这祥和、喜悦的良辰美景，亿万中国人民沉浸于无比激动的元宵之夜。

元宵

其实，"正月十五闹元宵"的习俗由来之久，早在西汉初年的汉武帝刘彻时期便已流行。那时，在正月十五夜，新月初升之时，便家家张灯结彩，高举火把举行祭祀太一神的活动，而且是彻夜不眠，通宵达旦。延续至今，就成为现在城乡灯火辉煌的元宵灯会。

关于元宵节的起源，曾有一个美丽动人的神话传说。据说，汉武帝时，有一个担任太中大夫和给事的中等官职的人名叫东方朔。有一年腊月岁末，东方朔正在御花园看宫女折花，忽见远处有一位宫女疾步向井边奔去。东方朔就马上跑过去阻拦，并询问缘由。这位宫女便告诉他：她名叫元宵，深居宫中多年，十分思念家中亲人，因宫禁森严，始终不能与亲人相见，便觉得愧对父母抚养，不如一死了之，便欲投井自尽。东方朔心地善良，被元宵的思亲之情所感动，又为众多宫女的不幸而不平，于是决心设法帮助宫女们化解离散之愁。他冥思苦想，终于悟出一条妙计，于是便到处向人散布说："天上的玉皇大帝痛恨敬人不诚,传旨在正月十六日火烧长安,予以惩戒。"这话越传越广,闹得京城内外人心惶惶。他还利用一道士向汉武帝敬献一幅揭帖,上写"长安在劫、火烧帝阙十六天火,焰红宵夜",汉武帝十分惊恐,就向东方朔请教防解之方。东方朔道:"听说天上的火神君非常喜欢吃一种食品,名叫'汤圆',如果在正月十五晚上让阖城士庶百姓都以糯米面裹馅做成汤圆供奉于他,必可讨其欢悦,阻其纵火。官城御苑于当夜打开宫城各门,撤去守卫,让百官吏员,宫廷勋戚,宫娥彩女都进进出出,来来往往观灯,形同火烧,定能骗过玉帝,免此一劫。"汉武帝闻言,担忧之心顿时放下,于是降旨照此办理。于是元宵节这一天,京城宫门洞开,城里城外,人来人往,寻亲叙旧,化解了离散之愁,宫女元宵也了却了夙愿,在宫中安下心来。自此以后,年年如此,岁岁依旧,经过长时期的流传延续,便成了隆重的传统节日。

元宵节饮酒的习俗是从宋代开始的。生活在宫里的大宋皇帝,依承汉唐风俗,元宵期间不仅宫城大门洞开,任官宦、皇亲、国戚们来回走动,而且也让城外的平民百姓进城观灯游乐。大宋皇帝还下诏与民同乐,允许人们以酒助乐,欢宴痛饮。特别是宋徽宗赵佶,更是大开宫禁,率众臣及妃姜亲自登临宣德楼观灯,并赐酒给楼下的观灯仕女,使元宵狂欢的气氛达到了高潮。岳珂在《桯史》中曾记录了一个这样的故事,重现了当年繁华热闹的观灯景象。

元宵节那天,有一对观灯的夫妻在观灯的人流中被冲散,其妻巧遇赵佶赐酒,她喝了所赐的御酒后,乘机偷了一个金酒杯。他的举动被卫士发现了,于是就把她押到了皇帝赵佶前盘问。这个机灵的妇女,才华横溢,又不惧权势,信口开河诌了一首《鹧鸪天》词:"月满蓬壶灿烂灯,与郎携手至端门。贪看鹤阵笙歌舞,不觉鸳鸯失却群。天渐晓,感皇恩,传宣赐饮酒杯巡。归家恐被翁姑责,窃取金杯作证明。"宋徽宗听后,不仅没有问罪惩罚她,反而大方地把那个金杯赐给了她。

从这件颇有意义的小事就可以看出,在宋徽宗时期,元宵节与民共乐的史事不可能是虚传。

宋王南移,偏隅临安。在都城杭州,元宵节依旧热闹非凡。每临夜幕初降,大街小巷万家灯火,一片辉煌;大小酒楼人来人往,川流不息。点燃灯球,弹琴弄瑟,鼓锣齐鸣,吸引观灯者们去把壶问盏,饮酒取乐。与此同时,宫府民宅设宴赏灯,猜拳行令,歌妓伴舞,别是一番风景。

自汉代以来,元宵闹春的时间就各不相同。唐代承汉制为一天,而宋代则是五天方才闹完兴尽,而在明代,元宵节的时间更长,多达十天。届时,皇帝赐假百官,以欢度佳节,酒楼歌馆日日夜夜歌不停、舞不断,耳热酒酣拳不断。特别是京都夜市繁华,买卖更加兴隆。大街之上,卖酒的、卖汤圆的,风味佳肴样样俱全,琼液玉浆比比皆是,平民百姓们都在这散发着酒香的酒食摊上,吃酒侃山悠闲乐哉。

满族人入住中原后,入乡随俗,实行汉族风俗,元宵节将明代的十天改为五天。"自十三至十七均为灯节,唯十五日谓正灯节,每至灯节,内廷筵宴,放烟火,市肆张灯。""五夜笙歌,六街轿马,香车锦辔,争看仕女游春,玉佩金貂,不禁王孙换酒。"其场面热闹异常,特别是京城酒肆纷纷推出的一盏盏新奇别致的花灯,更是使人流连忘返。例如:

酒社灯屏半料丝,九微悬出一枝枝,
侬家剪采官灯样,醉问檀郎知不知?

——程瑞祊《都门元夕踏灯词》

几队王孙骑,同寻少妇垆。
貂裘买一醉,脱付酒家胡。

——劳之辩《上元杂咏》

清明祭祖情更深

"清明时节雨纷纷,路上行人欲断魂,借问酒家何处有?牧童遥指杏花村。"春雨纷纷,扫墓的人们怀着极其悲痛的思念,捶胸顿足哭唤着自己故去的亲人,有的甚至哀伤过度以至于昏倒在返回的路上。何处去寻个歇息的酒家,天真的牧童指着那飘动着酒旗的地方说,在杏花村就有供你歇息的酒楼。唐代诗人杜牧的一首千古绝唱,一下子就把人们的思绪扯回到了两千多年前唐代人民清明祭祖的现实场景中。

其实,清明祭祖扫墓的习俗,并非始于唐代,而是更为遥远的春秋战国时期。中华民族有着尊祖、敬祖的优良传统,历来把祭祀祖先当作国家大事。孔子曰:"国之大事,唯祀与戎。""生,事之以礼,死,葬之以礼,祭之以礼。"自那时起,祭神祀祖的活动就流传开来了。至于清明节的祭祖扫墓活动还要稍晚一

311

　　春秋时期，活动在现今山西一带的晋人在绛立国，是为晋国。延续到晋献公时，朝纲弛禁，政治混乱。昏庸无道的晋献公宠信骊姬，制造了自相残杀的宫廷事变。骊姬为使自己的儿子继承君位，在晋献公面前谗言诬陷并逼太子申生自刎，后又派人赴蒲城追杀另一个儿子——重耳。重耳为人慈善，深得晋人喜欢，于是在众多亲信近臣的辅佐下躲过了杀身之祸，而后，流浪漂泊秦国及周边邻国十多年。晋献公病死，还没有来得及下葬便又发生了宫廷政变，宫室诸子争位厮杀，血染乌纱。晋公子重耳在秦国国君的帮助下，归国平息叛乱，登上君位，是为晋文公。

　　晋文公即位后，不忘旧情，大封有功之臣。当年与他一起流亡的五位近臣当中，有四位都赐封了地与爵，唯独遗忘了介子推。介子推不动声色，回到家中后，就和其老母一起收拾行装，悄悄离开国都，隐居在绵绵的深山密林之中。介子推的随从对他的遭遇愤懑不平，就在晋文公宫门外粉墙上悬挂了一幅揭帖，上面写道："昔日龙欲登天，五蛇齐力辅保，今朝龙开云端，四蛇皆有居所，一蛇茕立无栖。"晋文公得知后，喟然长叹，对大臣们说："这是我的不对啊，有愧于介子。"于是派人前去请召介子推，却是人去室空无有踪迹。又派人四处探访，才知介子推与老母已隐遁于绵山深处。晋文公痛恨自己的失误，下令将绵山封为介子推的"采邑"，并亲自带领众多公卿前往绵山，请介子推出山入仕。介子推隐遁深山，决然不见，晋文公无奈烧山逼迫介子推下山受封。介子推毫不妥协，与母亲一起抱木而立，葬身于火海之中。晋文公悲痛不已，遂当日下令，晋国士庶家家都要禁举火、行寒食，用于祭悼介子推。这一天恰巧又是农历二月十四日的清明，于是便合二为一，定清明节为祭祖扫墓悼念已故亲人的节日，久而久之演化为传统的民间节日。

　　清明节正值暮春三月，天气明朗，空气清洁。因此《岁时百问》中说："万物生长此时，草木萌茂，皆清洁而明净，故谓之清明。"在这一天，人们不仅祭祖扫墓，禁火寒食，而且还有郊游、踏青、荡秋千、插柳等活动。

　　清明节期间，墓前祭神祀祖的活动是从汉代开始的。因为"古无墓祭之礼，汉承秦皆有园陵"。而真正成为习俗流行开来的则是唐代，特别是自唐玄宗于开元二十年（732 年）下诏之后，才成为一种制度。唐玄宗的诏书说："清明上坟，礼经无文，近人相袭，浸已成俗，士庶之家，宜许上墓，编入五礼，永为帝式。"

家庭经典藏书

中华酒典

清明那天，士庶之人"出郊省坟，以尽思时敬"，"拜扫圹茔。届期素服诣墓、具酒馔及芟剪草木之器，周胝封树，剪除荆草，故称扫墓"（朱熹《通礼》）。《五代史》又说："寒食野祭，焚纸钱。"所有这些祭祀扫墓活动，都是表达对已故亲人的哀思。唐代诗人白居易的一首七言律诗，便将唐代人清明扫墓的情景描绘给了世人："鸟啼鹊噪昏乔木，清明寒食谁家哭。风吹旷野纸钱飞，古墓累累青草绿。棠梨花映白杨树，尽是生离死别处。冥冥重泉哭不闻，萧萧暮雨人归去。"

清明节扫墓祭祀必酒的习俗，却是很远很久的事。

清明节扫墓祭祖，"以酒为礼"，"祭之必酒"是习以为常的传统，早在春秋之际便有了类似的礼仪。但是在清明节，士庶百姓"寒食三月作醴酪"的风俗，到魏晋时候才风行开来。到了唐代，"相劝一杯寒食酒，几多辛苦到春风"更是盛行不衰。因为："此时不尽醉，但恐负平生"（白居易句），所以尽管远在巴山蜀水，也在寒食日饮酒思念亲人："东望青天周与秦，杏花榆叶故园春。野寺一倾寒食酒，晚来风景重愁人。"但是物极必反，盛行的寒食上坟扫墓时相聚饮酒的习俗，又养成了官宦重臣及富豪劣绅们在墓旁举行酒宴，歌以行酒，酣醉滋事的陋习。于是唐玄宗不得不在开元二十九年又下诏规定："寒食上墓，便为燕乐者，见任官与不考前贤，殿三年，自身人决一顿。"但是此俗已成，禁而不止，无果而终。于是，宋代更是有增无减，愈来愈侈靡豪华了。《帝景物略》载："三月清明日，男女扫墓，担提尊榼，轿马后挂楮锭，粲粲然满道也。拜者、酹者、哭者、为墓除草添土者，焚楮锭次，以纸钱置坟头，望中无纸钱，则孤坟矣。哭罢，不归也，趋芳树，择园圃，列坐尽醉。"

从总的情况来看，在我国历史上，唐代以前，重视"寒食"讲究的是悼念和追祭礼仪，而宋代以后则重视清明，强调是郊游与燕乐。这种习俗流传久远，直到民国期间仍旧盛行。徐心余在《蜀游闻见录》中有这样的记载："清明节近，俗有所谓上野坟者，大家闺秀亦不免此。风和日暖，结队偕来，婶仆携酒食随其后，择坟之幽僻处，席地酌之。"

端午泛酒避邪毒

农历的五月初五，是中国人民的传统节日——端午节。昔日，每届节期，家家都要包粽子、食粽子;以兰草汤沐浴,净身洁体;饮雄黄酒;女佩"百索",男挂"香包";户户门上插蒲艾子草,室悬五毒昆虫黄符,以避邪恶(五毒动物为蜥蜴、蜘蛛、蛇、蜈蚣、蟾蜍等),还有龙舟竞渡,其热闹非凡,举世欢乐。其中最为主要的礼仪习俗便是包粽子、食粽子和饮菖蒲酒与雄黄酒,旨在避恶去毒,祈求人生平安健康。

端午节的起源是原始崇拜的产物,它可能与史前时期人们五方五行的宇宙时空观有关。史前时期,人们便有了四方加中央的五方时空观。远古陶文上的"五"已同甲骨文的"五"字同样,是

端午

五方五行的象数符号。人们的五方五行观念,导致了上古甚浓的崇五之风,主要表现在以五为解释世界的系统图式和事物的构成基数。其信仰核心是宇宙中心与天地四方相交通的五行观念,而宇宙中心与天地相通又是核心中的核心。但是,大多数人还是认为,"端午节"的礼俗与人们悼念战国时期伟大爱国诗人屈原有关。

屈原是战国时期楚国人。他学识渊博,明于治理,曾辅佐楚怀王治理国家,深受怀王信任,官拜三闾大夫。上官大夫靳尚在楚怀王王妃郑袖的支持下排挤屈原,最终楚怀王被谗言所蒙蔽,便贬了屈原的官职,疏远了他。楚怀王被张仪蛊惑,客死秦国,其子楚襄王即位,重用其弟子兰为令尹,执掌朝政,将屈原放逐于湘沅滨。屈原虽被流放,但仍心系祖国,时刻关注着国家的命运,写下了《离骚》等爱国主义篇章。尽管他胸怀大志,力求报效祖国,可是,没有人理解他、支持他。他满怀悲愤,于公元前 278 年农历五月五日,怀石投汨罗江而死。楚国人哀其不幸,将竹筒贮米投入江中,以饲蛟龙,希望护全屈原之体,又竞驾舟揖穿梭江中,寻踪觅迹,祈盼拯救屈原之命,于是五月五日就有了包粽子、投粽子和赛龙舟的习俗。

端午节饮用菖蒲酒、雄黄酒的习俗，源于远古人们对于自然灾害和特异现象的恐惧。《礼记月令》中载，五月"日长至，阴阳争，死生分"，被认为是阴与阳、生与死激烈争斗的月份，称五月为"恶月"，五日为"恶日"。流传开来，于是在民间就有"五月到官，至免不迁"和"五月生子，男害父，女害母"的邪说。人们为了"避邪、去毒、祛瘟、止恶"，逢端午节时，就饮用菖蒲酒、雄黄酒，久而久之，便习以为常，成了习俗。据说，开始饮用这菖蒲酒是南北朝时期，后历代相传，唐代便形成风气。"不效艾符趋习俗，但祈蒲酒话升平"，这便是唐代殷尧藩对唐代端午节饮菖蒲酒的真实反映。到了明代更加风行。明代冯梦龙借陈可常之口，说出了明代的盛况："包中角黍分边角，彩丝剪就交绒索，樽俎泛菖蒲，年年五月初。"

其实，按照现代饮食科学知识来认识，菖蒲酒实质上是一种保健养生酒。明代大药物学家李时珍《本草纲目》中就列入了药物酒类，他说："菖蒲酒，治三十六风，一十二痹，通血脉，治骨痿，久服耳目聪明。"这是因为，菖蒲原是生长在山涧泉流旁的一种名贵药材，为天南星科植物石菖蒲的根茎，具有开窍、活血、理气、散风和去湿功能，特别是以上等的黄酒为原料，更使其药香横溢，发挥其疗效作用。菖蒲主要有四川、浙江和江苏等原产地，其中以四川为最。现在中药房里仍有此味中药。

但饮雄黄酒的习俗却晚了一些，见于史册的多是明代史录，最负盛名的要数《帝京岁时纪胜》及《燕京岁时记》。这两部书写道："午前，细切蒲根，伴以雄黄，曝而浸酒，饮余则涂抹儿童面颊耳鼻，并挥洒床帐间，以避毒虫。""每至端阳，自初一日起，取雄黄合酒晒之，用涂小儿额及鼻耳间，以避毒物。"雄黄酒也被列入了《本草纲目》，把它作为一种去毒杀菌的药酒，供郎中们治病使用。"雄黄味辛温有毒，具有解虫蛇毒、燥湿、杀虫祛痰功效。"可治百虫毒、蛇虺毒等症状。

花好月圆酒更美

农历八月十五，当暮日西坠之际，圆圆的月亮从东方缓缓升起，只见一轮玉盘似的皎洁明月高高悬挂在朗朗夜空，将银辉洒遍中华大地。人们沐浴着习习的秋风，或登楼台，或坐亭阁，或在天井摆上案几，放上飘香的瓜果和醇香的琼

中华酒典

浆，焚香默祷，祭之以酒，顶礼叩拜，祭月、拜月、赏月，通宵达旦，彻夜不眠。英俊的小伙遥望当空皓月，希望月神保佑自己早日蟾宫折桂，飞黄腾达，光宗耀祖；靓丽的姑娘则希望月神能赐予她们如嫦娥般的美貌，潘安似的如意郎君，夫唱妇随，白头偕老，幸福美满。"抬头望明月，千里共婵娟。"此时此刻，无论是"八千里路"之外越洋跨海侨居异乡的游子，还是"三十年功名尘与土"挂满勋章的戍边将士，一股激流从心头涌起，对故乡的思念之情油然而生，也思念起养育自己的亲人。于是借一轮明月，朝着亲人所在的地方，鞠上深深一躬，献上最美好的祝福。这就是自晋代伊始，畅行于今的中秋节习俗。

愿月常圆图

被誉为"团圆节"的中秋节，是中国人民传统节日中的第二大节。此时，夏季的溽热已经渐渐离去，冬季的寒凉还没有袭来，不冷不热宜人的气温，不燥不湿的柔润空气，瓜果飘香，五谷丰登，又是一个风调雨顺的丰收年，它使人何等的兴高采烈，又是何等的喜气洋洋！于是，在宋都开封，城里城外的酒楼客栈都要重新装饰一新，所有的酒肆、酒馆都沽卖新酒。到了八月十五日的中午以后，所有的酒店都酒尽瓮空，老板们只好把悬挂在酒店门前用以招徕酒客的酒幡拿下来闭门大吉。这时上至帝王，下至平民，家家欢宴，个个酣饮，整个开封城里"铭篁鼎沸，至于通晓"。

"团结"是中华民族之魂，"团圆"是中国人民民族精神的表现。早自远古，我们的先民就有血缘情结，就重视亲情、友情，长期缅怀着那些铸造民族精神的先驱们，于是约规定俗，形成传统。中秋节就是人们为了纪念嫦娥"舍家为民"的献身精神，为祝福家人团圆而形成的传统节日。

相传在远古的时候，"天有十日，日光似火，四海如沸，山崩地裂，草木枯焦，人们难以生存"。有一个力大无比、身怀绝妙射技的英雄叫后羿，为拯救世人，一口气便射落了九个太阳，只留了一个太阳在天上，这样天气变得温暖如春，十分宜于人们的生存和发展。后羿的英雄壮举感动了苍天大帝，便命一仙人赐予后羿一包不死之药，让他吃后长生不老，升天成仙，世代为人们造福。后羿与嫦娥是恩爱夫妻，感情笃深，不忍心将嫦娥一人撇在人间，遂将不死药交嫦娥保存。后羿有个徒弟叫逢蒙，是个奸佞小人，在得知嫦娥藏有不死药之后起了歹心。在八月十五这一天，他乘后羿出门打猎的时候逼迫嫦娥交出不死药。为了让不死药不落入坏人之手，嫦娥果断地将不死药吞服下去。不久不死药便药性发作，嫦娥只觉身轻如燕，不由自主地缓缓升空，向月宫飞去。尽管她俯首向大地深情远眺，企盼着丈夫的到来，然而身不由己，还是直冲九霄，飞进了月宫。后羿回到家中，只见人去室空，便十分伤心，于是摆下供品、美酒，遥祭嫦娥。年年如此，终身如一。世人也纷纷效法，从此流传开来，八月十五便成了固定的祭月吉日。

中国宫廷古典音乐《霓裳羽衣》，是中国艺术宝库中的一朵奇葩。据说这一乐曲的创作和形成，也与八月十五相关联，被人们演绎成为一个美丽动人的神话故事。

传说，风流皇帝唐玄宗在当政的一年八月十五之夜，梦游了月宫。当他飘游到明月前，见月宫有一块横匾，上书"广寒清虚之府"六个大字，便好奇地走进去。唐玄宗立刻被眼前的情景惊呆了，数百名仙女，个个如花似玉，她们挥动着洁白如玉的长袖，在云雾缥缈的太空，伴着节奏舒缓的《霓裳羽衣》乐曲，翩翩起舞。仙女们个个体态轻盈，舞姿优美动人，唐玄宗越看越不想离去。正当兴致更高、情趣更浓时，突然醒来，原来是一场黄粱美梦。可是他仍以梦当真，念念不忘梦中所见的一切，凭着自己的记忆，设计排练了一套《霓裳羽衣》舞。自此以后，每逢八月十五这一天，唐玄宗便设案几于宫廷，摆上供品，祭月、赏月、拜月，又由宫女表演《霓裳羽衣》舞。皇宫如此，文武百官也效仿，流至民间，便成为传统节日，于是欢度中秋佳节之风便很快风靡全国。

宋室南渡偏安杭州，昏庸的皇室贵族们在有三秋桂子、十里荷花的人间天堂西子湖畔，沐浴着金风的清爽，嗅闻着丹桂的芳香，其中秋赏酒、祭月的热闹与繁华更胜商都开封一筹。有人曾这样记叙了杭州城欢度中秋佳节的情景：当

中华酒典

银蟾光满的中秋夜到来时，全城人倾城而出，富豪望族们登楼台酌酒高歌，通宵赏月；小康之家"也登小小月台，安排家宴，团圆子女以酬佳节"；就连那些贫苦的市民们也迎合时俗，"以质衣换酒，勉强迎欢，不肯虚度"。

自宋代以来，历代盛行中秋祭月、赏月、拜月的习俗，延续至今，成了更为热闹的喜庆佳节。有人还曾记叙了清光绪年间北京人饮酒赏月的习俗："于十五月圆时，陈瓜果于庭以供月，并祀以毛豆、鸡冠花，是时也，皓魄当空，彩云初散，传杯洗盏，儿女喧哗，真所谓佳节也。"

良辰美宵，佳肴琼浆。祭月、赏月、拜月，祈求的是幸福，向往的是美好，祈愿"一年更比一年好"。

重阳登高饮琼浆

"岁岁重阳，今又重阳，战地黄花分外香。"开国领袖毛泽东虚怀若谷，气势轩昂，即使在战火纷飞、殊死拼杀之际，依然以饱满的激情抒发出对重阳的钟爱深情。由此可见，九九重阳的魅力是多么的无穷，又是多么的诱人！中国共产党是最广大人民群众根本利益的忠实代表，立党为公，执政为民，与时俱进，开创拓新，将"重阳节"定为"老人节"，弘扬敬老爱老的传统美德，给这一古老的传统节日又赋予了崭新的时代内容。

重阳节形成于农历九月九日，是因为远古先民对于"九一"的崇拜而形成的传统节日。魏文帝曹丕说："岁往月来，忽至九月九日。九为阳数，而日月并应，俗嘉其名，以为宜于长久，故以享宴高会。"由此可知，在魏晋时期，人们就有了重阳节登高饮酒以祝健康长寿的风俗。

重阳节又叫"登高节""茱萸节""菊花节"。最早起源于汉代，盛行于魏晋，自唐宋以后，代代相袭，久畅不衰。据《后汉书·费长房传》记载，此节日由"恶"向"吉"转变，是与费长房"医疗众病，鞭笞百鬼及驱使社公"的义举所为有关。古人认为：重阳月日能与天界交通（生命与吉祥），也能与地界相通（灾害与死亡），所以有人认为重午、重九既是恶日又是吉日，只有避恶才能得善，于是便在这一天（重阳节），尽量凭其力量登高与天界相连而脱离地界避免灾祸，随之就有了登高的习俗。这在《长安志》中已有了记载：西汉时，京城长安附近有一小高台，每年重阳节时便纷纷有人登高台游玩赏景。到唐代时便更加盛行，特别是文人骚客们雅兴勃发,登高赋诗,成为一种时尚。诗仙李白说:"九日天气晴,登高无秋云。造化辟山岳,了然楚汉分。"独在异乡为异客的王维:"……每逢佳节倍思亲。遥知兄弟登高处,遍插茱萸少一人。"年老穷困潦倒的诗圣杜甫,却在独自登高时,抒发出了苦涩的辛酸:"万里悲秋常作客,百年多病独登台;艰难苦恨繁霜鬓,潦倒新亭浊酒杯。"

这"插茱萸""饮菊花酒"的来源也与费长房有关。方士费长房学道求仙不成,便返回人间为民众解除疾病之苦。后招收一汝南人恒景为徒弟,继续布道施医,为民看病。有一年的九月九日,费长房对恒景说:"九月九日这天你家有火,你赶快回家,让全家人都在手臂上扎上一只装有"茱萸"的红色布袋一同登上高山,然后再喝点菊花酒便可以消灾。"恒景连忙赶回家中,按照费长房的话,带领全家登上高山。傍晚,当恒景回到家中时,发现家中所有的鸡、鸭、猪、狗等都已暴死。费长房告诉他:"这些家禽代你全家受祸了。"从此自后,民间传言登高、赏菊、插茱萸和饮菊花酒可以避灾,于是便有了这些习俗。

其实,这登高饮酒插茱萸的习俗,从中草药对保健养生的作用来讲,也是有一定道理的。首先,深秋季节,金风送爽,天高云淡,空气鲜润清新,此时登高远眺,不仅可将秋日美景尽收眼底,而且深深地呼吸,大声地疾呼,更可清肺润喉,有助于人们的保健养生。而观菊饮菊花酒,却是另一番情趣。赏菊悦目,使人情绪高涨。黄菊具有清热祛风之功效;野菊具有清热解毒,降低血压的作用;白菊可平肝明目,因此,在宋代就有了饮菊花酒的嗜好,称为"延寿客"。这说明,人们饮用菊花酒,不仅可以达到养生保健的使用价值,更包含有人们益寿延年健康的美好心愿。

"茱萸"又名越椒艾子,为茴香科亚乔木,是一种具有浓烈香气的植物,有驱蚊杀虫的作用。古人说:"井上易种茱萸,茱萸叶落井中,有此水者无瘟病。""悬茱萸于屋内,鬼畏不入也。"所以称其"辟邪翁"。驱邪避恶,是人们良好心愿的表达,特别是插在头上当作饰品,更是人们审美观念的创新。

第三节　祭祀酒俗

祭祀是指供奉神鬼、精灵及祖先的一种迷信、崇拜仪式,它是在人类有了较为系统的鬼神观念之后,才产生的原始信仰活动。这种活动企求通过鬼与人类的"沟通"和"理解",达到相融相生、和平共处的目的。祭祀活动,在我国各民族中都有着十分广泛的影响。在长期的奴隶社会、封建社会中,上至帝王将相,名门望族,下至平民百姓,在缺乏以科学知识为征服自然界力量的条件下,只好乞求于鬼神、精灵及祖先的"恩赐"和庇护。于是,祭天求福,还愿驱邪,奉神为主,盟誓祷告,便成为人们的自觉行为。在"祭之以酒"的传统中,作为"天之美禄"的琼浆玉液便成为最美的珍馐,只有"以酒酹地"的虔诚心,才能表达人们内心最真挚的感情。于是,祭祀酒俗便滥觞、横溢,历代相承,久久不衰,就是在现实生活中,其陈迹也没有消失,不时会出现在人们的面前。

祭祀活动中的封建糟粕最为集中、繁多和典型,对现实生活没有一点点指导作用。我们将其整理的目的,是在于从社会民俗学的角度,认识酒在人类生活中所发生的促进作用,从而为我们与时俱进,开拓创新,改变陈规陋习,创造美好生活而启迪思想,触发灵感,以更加科学、文明的生活习俗,促进社会的发展及人类的全面进步。

极其隆重的社酒

中国是最早进入农业文明的国家,汉民族是世界上最大、最早的农业民族。"人非土不立,非谷不食"的重本抑末文化理念,形成了中国人民的亲土、恋土、厚土、敬土情结。他们崇拜神农氏,信仰土地神,把它称为立国富民的根本。因此,又将其称之为社稷之神,为祭祀它们,表达崇敬之情,每年都要举行盛大的欢乐宴会,以全民参与的形式进行祭奠。人们把隆重的祭奠社神仪式,称为"社酒",每年春、秋两次举行,祈求丰年,庆贺收获,是酬神谢祖的最诚挚的表达。

祭祀社神的活动在西周时便有礼仪的规定。由于天子、诸侯、大夫以及庶民的身份各不相同,其祭社的规格和礼仪也不一样。

其最常见的具有代表意义的便是庶民(普通人)的祭社活动。祭社一年有两次,一次是立春后的第五个戊日,一次是立秋后的第五个戊日。其中,春社比秋社的祭祀活动更为隆重、热闹和繁华。

每逢社日,四乡邻里都相邀聚集在一起,各自凑上一些祭社的肉食或米酒,在田间大树下搭起祭台或草屋,祭祀之后,大家便豪饮联欢,欢歌畅饮,沉浸在一片欢乐之中。《荆楚岁时记》中写道:"社日,四邻并结综会社,牲醪,为屋于树下,先祭神,然后飨其胙。"这种情景有时比春节还要热闹许多。唐代诗人王驾曾写道:"鹅湖山下稻粱肥,豚栅鸡栖对掩扉;桑柘影斜春社散,家家扶得醉人归。"苏轼也钟情于社酒,写道:"老幼扶携收麦社,乌鸢翔舞赛神村。道逢醉叟卧黄昏。"更有那陆放翁在描写社日的欢乐中,倾叙了农民终年劳作的辛苦,其诗曰:"农家耕作苦,雨阳每关念。种黍踏曲蘖,终岁勤收敛。社瓮虽草草,酒味亦醇酽。长歌南陌头,百年应不厌。"

尽管秋社较春社逊色些许,但是其热闹景象仍令人难以忘怀。陆游写道:"明朝逢社日,邻曲乐年丰。稻蟹雨中尽,海氛秋后空。不须谀土偶,正可倚天公。酒满银杯绿,相呼一笑中。"

祭社习俗延续到明代之后,除了祭社神以求年丰外,又增添了盟誓之举,其誓词多为按照乡规民约束缚社民们,使乡邻和睦相处,同舟共济,确保一社平安。下面是某地的春社誓词,从中可以了解明代乡间习俗:"凡我同里之人,各遵守礼法,毋恃强凌弱。违者先共制之,然后经官,或贫无可赡,周给其家,三年不立,不使于会。其婚姻丧葬有乏,随力相助。如不从众及犯奸、盗、诈、伪一切非为之人,并不许入会。"

庄重肃穆的祭灶

对灶神的信仰与崇拜,在中华大地由来已久。早在上古时期,当人类发现了"火"之后,便与"猿相揖别"。于是,灶作为人们饮食起居的必备厨设后,便与人休戚相关。特别是随着方道术的流行,道家的"炼丹求仙,长生不老"使人们对灶神崇拜的更加五体投地。于是,在我国的民间,地不分东南西北,人无论贵贱贫富,家家户户对其都是顶礼膜拜,十分虔诚。因为它是代表玉皇大帝进驻人间的监察御史,祈求其为人们"上天言好事","下界保平安"。

祭必有酒,同样,祭灶也是"以酒酹地",以天之美禄献于尊崇的灶神。祭灶的仪式有两部分:一部分是在腊月二十三日夜晚,家家都摆上香案,供奉金银纸叠成的元宝锞子、糖果、年糕及美酒,恭恭敬敬地供奉家中的"灶神"图像——"灶马",把其从厨房、灶间请出来,拈香叩拜、祭酒、施礼,最后连同"元宝锞子"一齐点火焚化,谓之"送灶"。待到腊月三十除夕之夜,在除旧迎新的鞭炮声中，再设香案，将鲜鱼、整鸡、三牲(猪、牛、羊)、酒水等，供奉于新请来的"灶马"前，上香行礼，迎其灶神"回宫降吉祥"，这就是"迎灶"。这一"送"一"迎"，才完成了"祭灶"的礼仪。

维系血脉的庙祀

一层温情脉脉的宗法血缘面纱，自商代以来就笼罩着中国大地几千年，历代相承生生不息。即使沧桑巨变，政权更迭，社会结构发生了很大的变化，它依旧像一张无形的网络，永无休止地扩展着……因

祭灶

此，由此衍生的祭神祀祖的祭庙活动便成为千古不变的习俗。在长达两千多年的封建社会中，愈演愈烈，成为阻碍社会制度变革的最大障碍。

家庙是血缘宗法制度的产物，其建筑设置的目的，就是祭祀祖先，光耀列祖列宗，并祈求祖恩浩荡呵护同宗子孙。这种传统由来已久，基本上早在周代就成为定制。其后，到唐宋时期更为完善健全。朱熹的阐释和创新，使其日益香烟袅袅，热闹非凡。根据宋代的规范，宗族祠堂有三种类型：其一是居于正寝之东设置四龛以供奉高、曾、祖、考四世神主的朱熹式祠堂；其二是与普通民居大致相同的住宅祠堂；其三是大型祠堂，独立于居室之外，以其宏大的规模、高耸的形象构成了村落及宗族的象征，它们位于村中，与书院、文会、社屋、戏楼等文化建筑一起，组成了祭祀、礼仪和娱乐的社交中心。

家庙的祭祀活动，按时间、性质及所祭对象的不同，可以把它划分为常祭、专祭、特祭等多种形式。其中，以春秋两次的大祭最为隆重。对于这两次大祭，同宗族人都十分重视。一方面，全族人员必须人人参加，否则，就要施以家法，给予处罚；另一方面，须购买大量祭品，既供奉祖宗，又为全族聚餐做好准备。大祭前几天，与祭人员要沐浴、斋戒，甚至不准与妻妾同房，以杜绝杂欲邪念，静

思祖宗恩德。祭日清晨，全体与祭人员梳洗穿戴整齐（有官爵者着官服），齐集祠堂大厅准备行礼，这时不准说话，不准喧闹，甚至不得咳嗽，也不得衣冠衰慢，不得尊卑无序，不得昭穆失伦，依次静默肃立。祭祀活动由宗子主持，并由其担任正献。族长及族副辅助宗子，担任分献。另外，还设立有陪祭、读祝（诵读祝文）、纠仪（监督祭祀程序、纠察祭祀礼节）、嘏辞（代表祖宗向子孙们训话的人）、赞引（唱礼）、分引（引导正献及分献至神位前）、执事等。整个祭祀过程，各宗族都有严格而详细的规定。祭祀活动的最后一项程序是"祖宗赐食"或名为"享胙"，也名为"饮神惠"。所谓"享胙"，其主要内容是：一是会餐，由宗族开办酒席，全体与祭人员参加；二是分胙肉，即按户主人头分发祭祀之肉；三是给钱物，即向族人发放少量制钱和实物。"享胙"并不体现平均主义。凡具有品官、举人、进士身份和有钱有势等对宗族、祠堂有贡献的人物，胙肉、钱物等则加倍或数倍，因为这些人是宗族的有功者，是宗人的光荣，所以他们在祭祀活动中应取得高于族众的地位。"享胙"也表示列祖列宗在阴间仍赐给子孙以食物，维护着后代的生计，而凡得到胙肉的子孙表明他们可以受到祖宗的保佑，可以消灾免祸。

除祭祖之外，有的宗祠还依德（有功名的读书人和行为高尚者）、爵（做官及致仕者）、功（对宗人、祠堂及族产等有贡献者）等原则，给那些受到了某种最高奖赏，出门担任相当品位官职的和获取了美好名声的人，以及热衷于宗族公益事业的死人以祭祀。这虽然破坏了宗族伦理常情，但可以此作为督促族人奋发向上、见贤思齐、趋善弃恶的重要手段，同时也淋漓尽致地反映了宗族祭祀活动所隐含的光宗耀祖的价值取向。

祖宗崇拜是一种血亲崇拜，崇拜者与被崇拜者之间必须具有血缘关系。各宗族因此规定，凡参加祭礼活动的，必须是本族内的行过冠礼、已立成人之道的男子。本族女子虽然是与本姓祖宗同一血统，但她出嫁后便成了外族成员，故无有祭祀资格；外姓女子嫁入本族，她只是生儿育女的工具，更没有资格参加。另外，入赘本族的异姓男子及出族承祧的同姓，也不能在本族参加祭祀。

哀悲动天的丧礼

丧葬标志着一个人生命历程的终止。作为亲属、邻里、好友为之惋惜和悲

中华酒典

痛,于是这些人就有义务和责任为其送终和追悼。在"祭之以酒"的礼仪下,丧礼酒俗便不可或缺。在古代的丧礼中,主要包括奠祭用酒及出殡下葬完毕后宴请吊客及治丧人员用酒的仪式及风俗。

在丧葬仪式中,首先用酒的地方便是小敛,即给死者穿寿衣举行小敛奠,继之便是大敛奠。举行小敛奠时,以酒食为死者祭奠,先是把供品放于灵床之前,焚香燃灯,以酒酹地,叩头跪拜,焚纸痛哭;大敛时,则是将酒菜果馔等摆在案几上,置棺椁之前。大敛奠的酒是生者对死者灵魂表示敬意和祝福而奉献真实情感的表达,居丧的主人及其行吊之人是不能随意饮酒的。如果践踏了规矩,便视为异端,受人耻笑,其官府也会下诏禁止。但"如闻父母初亡,临丧嫁娶,积习日久,遂以为常。亦有送葬之时,共为欢饮,递相酬劝,酣醉方归……并宜禁断"。但是在中国这个"无酒不成礼仪"的国度里,此风是难以杜绝的。特别是那些豪富权贵的有势之人,为借机大敛吊礼资财,便会大宴宾客,以炫耀自己的门第和财富。

随着社会习俗的不断变革,人们逐渐打破时俗观念,以朴素唯物主义的思想观念改变对生、老、病、死的认识。于是人们又把年老丧者的丧礼看成是一种含有祝贺成分的红白喜事,于是吹吹打打,把它办得十分热闹。所以,大摆筵席,酬谢宾客便顺理成章。在下葬完毕后,将前来吊唁的宾客,帮助料理丧事的乡邻,邀请过来用酒馔招待酬谢,以表示主人的谢意。

第四节　喜庆酒俗

现实的社会生活五彩缤纷、多彩多姿,除了祭祀先祖及欢度节日外,人们用酒点缀美化日常生活,更多的是庆贺酒俗。例如,传统的祝捷庆功之饮,人生的降诞婚嫁之欢,特别是事业有成的祝贺之饮等,其涉及的层面可谓既多又广,枚不胜数,其庆贺的方式既多又新,可谓多姿多彩。随着时代变迁步伐的加快,作为人际交往的催化剂——酒,其社会交际功能越来越多,越来越全,已成为人们发挥重大作用的主要手段之一。

出师祝捷之饮

出师祝捷之饮在我国已延续了几千年,成为司空见惯的事情。其中,流传最早、影响较大的当属"勾践投醪劳师"。春秋战国时期,曾经在吴国作了三年阶下囚的越王勾践,"住石室,养军马,扫厩圈",三年面无愠色,卧薪尝胆,终于赢得了吴王夫差的信任,而获释回国。回国后立志复国,经过二十年的励精图治,休养生息,使越国国库充实,兵强马壮,百姓富足,破吴雪耻的时机终于来到。出征那天,倾国的百姓们将珍藏多年的美酒送到勾践和整装待发的将士面前。勾践闻着一阵阵从壶中逸出的酒香,百感交集,思绪万千。他为自己当年的无知给百姓带来深重灾难而愧疚,又为有如此通情达理生死与共的好臣民而宽慰,他含着热泪向军民大声说:"寡人戒酒二十载兮,所盼乃今日,而今开戒,不灭吴国兮,誓不返回!"并登上祭台对天祈祷:"苍天助我! 祖宗佑我!"说罢,以酒酬军。但因酒少兵众,便命人将酒倒入旁侧的小河中,与将士们一起迎流痛饮。酒入河中味虽淡,但将士们却从中品味到了国王的恩赐与亲人的重托。因此,士气更加高昂,人人都说:"有此良君也,何以畏死乎!"一时间,"父勉其子,兄勉其弟,妇勉其夫",场面十分动人。在一片激昂的"不灭吴国,誓死不归"的呼号声中,越王率将士们踏上了伐吴的征途。征战中,越国将士众志成城、同仇敌忾,一举攻下姑苏,打败了吴国,继而挺进中原,谋求霸业。

东汉建安年间,刘、曹、孙还未形成三国鼎立之势,刘备兄弟暂寄在曹操的门下。曹操与董卓两军对垒,被大将华雄连斩两员偏将,曹营一时哗然。这时关羽主动请战,愿取华雄之头献于帐前。曹操转忧为喜,特酬热酒一杯为关羽助威。关羽把酒放下,飞身上马,直奔华雄,帐外喊声大作,如山崩地裂,诸将正在观望,关羽已将华雄之头掷于帐前,此时杯酒尚温。出师之酒又成了胜利之饮。

祝捷之饮,较出师之饮似乎更加受重视,也更为普遍,所有胜利之师回营之后,都要举杯庆贺。

降诞庆贺之俗

当一幼婴呱呱坠地之后,便受到世间人们的热烈欢迎,其家人欢天喜地忙着为其张罗衣、食、住、行,其亲友、乡邻闻讯而来为其祝福,成为皆大欢喜的喜庆之事。于是,以酒助兴,大宴亲朋的降诞礼俗便流行开来。

降诞礼因封建制度倡导的"男尊女卑",而又有大大不同。降诞礼是人生的开端之礼,其仪式多在幼婴诞生后的第三天举行。"生男孩"设弧于门左"表达阳刚之气","生女孩"设帨于右,标志阴柔之美。届时,首先给婴儿"洗三",即用艾叶、花椒等中草药煎汤给婴儿洗澡。若是男孩,则要举行用弓箭射四方的仪式,并设宴款待亲友,而前去庆贺的多是婴儿的外婆家,叔伯、姑姑、舅舅及姨娘,还有乡邻四舍。带去的礼物一般是婴儿周岁内用的衣、裤、帽、抱裙、儿蓬以及坐车、小床、小账,食品多是红糖、鸡蛋、黄酒、小米粥、姜茶、鲫鱼汤、白煮蹄髈,还有一些取吉祥如意的物品,如六色彩饼、寿桃、红蛋、花生(染红)、福寿糕、橘子,有的还送些彩礼。特别是红鸡蛋,即取之为"得子"的谐音,再者鸡蛋是圆的,寓有"状元"之意。

各方客人来齐之后,主人便举行庆贺仪式。首先在堂中放置文房书籍、称尺刀箭、彩缎花朵和针线等物品,置小儿于其中,看他先取何物以为佳谶。仪式完成之后便入席吃酒。在浙江绍兴一带还有这样有趣的风俗:人们结婚之后,便家酿几坛好酒用泥封好后,埋于土中,待有儿女出生之时,便取出来开封待客。如果生的是女儿就叫女儿酒,如果是男孩则称状元红,由于陈放好多年,酒味自然格外醇厚,亲朋好友喝了倍觉高兴。

"冠礼"祝福之庆

"男子二十而冠。"(《礼记》)古代社会规定,每当一个青年男子年龄达到20周岁的时候,便要举行"士冠"仪式,标志该男子已成为一个正式的社会成员,被社会所接纳。作为进入成年人的男子,不仅要接受社会的管理和约束,而且还要承担社会责任和义务,还要择偶结婚,组织家庭,养儿育女。古代人举行成年人仪式,男子戴帽,曰"冠"或"加冠"(女子束发,曰"笄"、上头)。男子攀行"士冠礼"的仪式是极其隆重而热烈的,届时按照一定的程序,由主人邀请的傧相(或司仪)来主持。首先是通知其亲朋好友、同族家人及乡邻届时光临;二是布置豪华厅堂并在院外张灯结彩,以示庆贺。即日,当各位亲朋好友到齐后,在傧相的主持下先后进行筮日、加冠、易礼服、饮醴酒、受新名,以及以成人的资格面见长辈的礼仪,最后邀请大家入席就座,开怀畅饮。在酒筵上,"加冠"的男子开始以成年人的礼仪给长辈敬酒,然后亲朋好友再与其回敬。随着时代的变迁,这种在古代盛行的"士冠"礼仪后来便渐渐地衰落,形成了"人不知冠久矣"的情况。但是在有些地方,比如陕西临潼,常常是"娶妇者前一日冠拜见尊长,尊长斟以酒,或其遗意欤"。这说明后世多将成年礼与婚礼合并在一起,以婚娶前一天冠拜尊长,实际上是行冠礼,而长者斟酒之举则表示对男子成年的祝贺,从这里依然可见古代行"士冠礼"的痕迹。

在现实社会中,我们受古代遗风的影响,仍然承袭着传统的习俗,比如组织青年人进行成年人宣誓活动等。

但是,在封建社会里,由于封建统治者实行"男尊女卑"的歧视性政策,女子们的"及笄"是不受重视的。尽管当时也规定"男子二十而冠,女子十五而笄"("笄"便是束发上头,即把发辫盘在头上),但是绝大多数人家是不举行仪式的,只有极少部分人家(官宦及富豪贵族)举行女子的"及笄"之礼。

婚嫁喜庆之贺

男婚女嫁是人生大礼,自古以来就备受人们的重视。所以,古人认为"婚礼者,礼之本也"。为了使婚礼举行的隆重而热烈,古人还创设一套繁冗复杂的礼仪程序,构成了独具特色的中国传统婚礼。"无酒不成席,无酒不成礼。"为表达人们欢乐的喜悦之情,以酒庆贺,以酒助兴,这酒便成了婚礼的伴侣,相陪左右,形影不离,使婚礼始终洋溢在浓郁的醇香芬芳之中。

古代人们举行婚礼大约要经过六道程序,它分别是:纳采、问名、纳吉、纳征、请期、迎亲等。其一,纳采,即相当于现代的求婚。由男方托媒人向女方发出求婚的意向,若女方同意议婚,男家则请媒人携礼物去女方家正式行聘。当然在这一过程中,不仅男方要设宴款待媒人,而且女方也要以酒热情招待媒人,以促进双方的"天作之合"。在古代,媒人带往女方的礼物,因地位、身份不同也有所不同。西周之前,公卿用"羊羔",大夫用"雁",士用"雉",西周以后均用"雁"。汉代以后,又用"酒"。其二,问名,这是订婚程序的开始。由媒人到女方家问清女方的名氏、排行、出生年月日,然后用五行相生相克的学说,与男方的生辰八字相对照,如果相克,便就此作罢,如果是相生便开始进入"纳吉"程序。其三,纳吉,就是男女双方两家正式确定婚姻关系。这时正式交换"婚帖",要摆宴设席,宴请女方的主婚人。其四,纳征,就是男女两家缔结婚约之后,男家往女家送聘礼,称为"纳币""大聘"和过大礼等。只有这项程序完毕后,男方才可以将女方娶过来。据史书记载,纳征的礼物越来越繁杂,愈演愈烈,以至于在南北朝时期出现了"近世嫁娶,遂有卖女纳财,买妇输绢,比量父祖,计较锱铢,责多还少,市井无异。或猥婿在门,或傲妇擅室,贪荣求利,反招羞耻,可不慎欤"的局面,这就是封建时代买卖婚姻结下的恶果。其五,请期,就是男家送聘礼后和女方确定合婚的日期(结婚日期)。确定日期后,要准备礼物请媒人通报女方,民间叫作"提日子""送日子""探话",在请期程序中,以"占卜"的迷信方式选择适当的迎娶吉日,举行合婚仪式的最佳时辰以及合适的迎亲送亲人选。最后是迎亲,又称之为"娶亲",是整个婚姻礼俗最热闹、最隆重、最繁缛琐细的部分。在古时,一般要用三天的时间:第一天早上,男家要祭拜祖宗神位,到黄昏时分迎娶新娘进家,所以称为"昏",这是"阳往阴来""迎阴气人家宜于夜"。迎亲队伍回到男方家中后,便进入了结婚的最高潮——拜天地,即"一拜天地,二拜高堂,夫妻对拜"。典礼过后,新娘在迎亲人员的搀扶下进入"洞房"(又称喜房),又开始了最为至关重要的合卺礼(喝交杯酒)。"卺"就是一个瓠(又名葫芦)分成两个瓢,让结为夫妻的新郎新娘"共牢而食"(同吃祭祀后的同一块肉食);"合卺而酳"(即餐饮过后,用二卺盛酒漱口),达到"所以同体,同尊卑,以来之也"。大概到了宋代,行"合卺礼"的仪式就由"交杯酒"所代替,其方式是"以双杯彩丝连足,夫妇传饮,谓之交杯"。随之,在各项仪式完毕之后,所有宾客均入席欢宴,新人逐一敬酒,以表示对各位宾客的感谢。

可以说,在整个婚姻礼仪中,时时处处都飘逸着酒的芬芳,酒也便成为婚礼中最为至关重要的媒介。因此,婚嫁酒俗也是社会中最流行、最热烈、最开心、最欢愉的酣饮之习俗。

第五节　民族酒俗

中国,不但幅员辽阔,历史悠久,而且民族众多。我们去看看中国一些少数民族的饮酒习俗和方式,你能从中体会到少数民族那种自然流露的天性和粗犷的热情。

藏族

　　青稞是藏区的主要粮食作物,所以藏族人饮用的酒也是用青稞酿造的,即人们非常熟悉的青稞酒。青稞酒在藏语里被称为"羌",是一种发酵酒,制作十分简单,是先将青稞洗净煮熟,待温度稍降时加入酒曲,用木桶或陶罐封好,让它发酵。两三天后,兑上凉水,再过一两天便可饮用。青稞酒色泽橙黄,味道酸甜,酒精成分较低,类似啤酒。

　　在藏区,藏族人每酿新酒的时候,必须先以"酒新"敬神,表示对神的崇敬,这一点可以说是有宗教信仰和原始崇拜的民族所共通的特点。而信奉藏传佛教的藏族人在这一点上表现得尤为虔诚。在敬完神明后,人们才依循"长幼有序"的古训,首先向家中的最长者敬酒,只有敬完长者,家人才能畅饮。藏族人的这个古老的习俗不仅仅是在一个家庭中得到体现,在一些节日婚庆或众多人聚会场合,饮酒一般也是先向德高望重的长者敬献,然后才按顺时针方向敬酒。敬酒的人一般都用双手捧酒,杯举过头顶,然后才能敬献给受酒者,这其中特别对长者更是如此。而受酒者先双手接过酒杯,然后用左手托住,再用右手的中指和拇指轻轻地蘸上杯中的酒,向空中弹一下,如此反复三次,有的人口中还要轻声念出"扎西德勒平松措"等吉祥的祝词,然后再饮。弹酒三次的意思是对天、地、神的敬奉和对佛、法、僧三宝的祈祝。

　　藏族人饮酒时并不是一饮而尽的,而是遵循"松珍夏达"的"三口一杯"制。就是说在弹酒敬神后,受酒者应先饮一口,敬酒者续满酒杯,受酒者再饮一口,敬酒者又续满酒杯,受酒者第三次饮一口斟满后将杯中酒一饮而尽。滴酒不剩者,才是最有诚意的。聚会饮酒时的酒器,是在座的宾客共用的,因为藏族人认为能在一起饮酒的人,其关系都可视为一家人而情同手足,因此在饮酒的时候是不能分用酒具的,否则被视为见外。

　　此外,藏族人在迎接客人的时候,客人除了有用手蘸酒弹三下这个礼节以外,还要在五谷斗里抓一点青稞,向空中抛撒三次。酒席上,主人端起酒杯先饮一口,然后才一饮而尽,主人饮完头杯酒后,大家才能自由饮用。

中華酒典

和汉族人的酒辞相似,能歌善舞的藏族人不但有祝酒词,而且他们还用带有浓厚雪域高原韵味的浑厚歌声,来唱出他们心中祝酒的喜悦。在通常情况下,藏族人聚会饮酒时,酒歌是必不可少的。藏族酒歌曲调悠扬,优美动听,内容多为祝福、赞美之辞。敬酒人有时边唱边舞,声情并茂,也有即兴演唱的,诙谐幽默:要么就请喝酒,要么就请唱歌,饮酒唱歌之间,任你挑选一个。请听吧,文成公主,请喝吧,伦波噶瓦。要么饮酒,要么唱歌,二者必居

藏族酒具

其一。酒歌还请出了最受藏族人敬爱的文成公主和名臣噶尔·东赞域松来劝酒,不善饮酒者也定会举杯豪饮。"我们在此相聚,祈愿永不分离,祝福聚会的人们,永远无灾无疾。"这是一首流传很广的酒歌,在西藏各地都能听到。酒歌歌词简朴却饱含深情,表现了人们对欢聚的祈盼与珍视,并表达了人们对无病无灾美好生活的向往与深深祝福。

藏族的饮酒礼仪和习俗反映了藏民族的伦理信仰和他们的精神生活。平时家人和邻里和睦相处,尊老爱幼,诚信待人。当哪家人家中酿了好酒,先把头道酒"羌批"(酒新)敬献神灵后,然后首先由老人品尝。在每年收割新粮食的时候,尝新酒也就成了当地老人们的"专利"。藏族人也十分好客,待客热情周到,无论你来自哪里,只要你有幸成为他们的客人,那么他们定会倾其所有,拿出好酒好茶好菜来盛情款待你的。

彝族

彝族人热情奔放,他们喝酒从叫法上看就很独特,叫喝"转转酒",从字面上你就能想象得到,不是转着圈就是轮着来,循环往复,直到饮者一醉方休。

"转转酒"是彝族人特有的饮酒习俗,而且没有场合地点和主人宾客的区分和限制。彝族人只要喝酒,大家就都席地而坐围成一个圆圈,一杯酒从一个人手中依次传到另一个人手中,各饮一口,直到酒杯见底,然后斟满再往下轮。

而这时在座的饮者是不分你我彼此的,有酒大家一起开怀畅饮。从这里你不难看出彝族人那豪放的性格。

关于彝族人这种饮酒习俗的来历,彝族人有自己的说法,这是在彝族人中间广为流传的一个故事。相传,原来在一座大山中,住着汉人、藏人和彝人三个结拜兄弟,有一年,三弟彝人请两位兄长吃饭,吃剩的米饭在第二天变成了香味浓郁的米酒,三个兄弟你推我让,都想将酒留给其他弟兄喝,于是从早转到晚,酒也没有喝完,后来神灵告知只要辛勤劳动,酒喝完后,还会有新的酒涌出来,于是三人就转着喝开了,一直喝到每个人都酩酊大醉。

从此"转转酒"便成了彝族人的饮酒习俗,被一代一代地延续了下来。现在,凡是有人到彝家做客,主人都会拿出酒来说:"地上没有走不通的路,江河没有流不走的水,彝族没有错喝了的酒,喝吧,尽管喝!"而逢年过节的时候,彝族姑娘或妇女就抱一缸酒,插上几支锦竹竿或麦秆,在家门口的路上劝来往经过的行人喝几口酒再上路。凡喝过杆杆酒的人都说:"甜不过彝家的杆杆酒,好不过彝家人的心。"

傈僳族

傈僳族是云南和四川特有的一种少数民族,主要分布在川滇两省交界的大凉山地区,也是一个靠山生活的高原民族。傈僳族人十分嗜酒。

傈僳族人饮酒有自己的习俗,这在当地叫作"同心酒",或者叫"贴面酒""双杯酒",其实是傈僳族男女社交场合的一种嬉戏趣闹的方式。他们常把自己酿的浓度高的酒藏于家中,留作款待客人。至于宴会歌舞较大的场合,则往往饮临时酿制的水酒,以免喝醉。傈僳族饮酒时所用盛器,原来是用竹筒,现在有时也用陶瓷器皿。饮酒时,主人取一竹筒酒,与客人脸贴脸地一同喝光,不得有酒溢流滴地,否则就要从头再过。饮"贴面酒"是绝对不避男女之嫌的,夫妻同在一个酒桌上时,丈夫与其他女子贴面饮酒或者妻子也与其他男子来个"双杯尽",都是十分正常的。初到这里的客人往往被当地人灌得面热腹胀,而再看那主人却若无其事。原来主客双方喝"贴面酒"时,主人怕酒溢出就让筒口稍向客人方向偏斜,而客人也怕酒溢出,所以,自然"咕嘟咕嘟"的张嘴迎酒,主人却少饮了酒量。不过,这种喝酒场面确实奇特难得,而且人们也能感受到,这是

中华酒典

主人希望客人能多饮一些酒,所以常给客人留下深刻而美好的记忆。

傈僳人饮酒,要先把酒糟放在温水里稍煮一下,等酒汁滤出即可饮用,而锅内剩下的酒糟还可以兑水再煮。当客人来临的时候,傈僳族人也总是用这种他们认为是最为清香甘甜的美酒招待。而当有贵客到来的时候,他们便有一种二人共饮"合欢酒"的礼遇,这是傈僳族人招待贵宾的最高礼遇。即由主人将水酒盛满一大木碗,饮用时,主客各伸出一只手将木碗捧起,同时饮酒。这表示主客心心相印,情同手足。据《中华民族》一书记载:"傈僳族家做客,一定要请喝酒,不备酒菜,主客围坐火塘,倒一碗酒每人一口,边聊边喝。"

布依族

布依族来源于古代的"濮越"人,主要分布和生活在今贵州地区。

千百年来,布依族人形成了一些有趣的饮酒习俗,这些习俗充分体现了布依族人热情好客、诚恳待人的民族特点。每当有亲朋好友上门来访,这家的主人总是彬彬有礼地先倒茶递烟,然后再端一碗甜酒给客人解渴。随后主人又在锅里夹一大块肉送到客人面前给客人吃,表示对客人的尊敬。主人会一边敬肉一边唱山歌敬酒,借以表达全家人热烈欢迎来做客的一片心意。所以,唱歌就成了布依族人热情待客的象征,特别是布依族人在酒桌上唱的酒歌,更是洋溢着热情喜悦的气氛。

布依族人十分善于酿酒,而且糯米是自己种的,酒曲也是自己采来百草根做的,所以在布依族人款待客人的时候,喝酒便成了布依族人生活中不可缺少的一部分。布依族人酿出的米酒在 18 度左右,醇香甘美。他们常常会把酿好的米酒用大龙坛盛装密封,到要用的时候,便将挖空了的"革当"(葫芦)伸进坛里去取。

布依族

布依族人的酒歌也是很出名的,在某种意义上说,唱歌就是比聪明与智慧,考真挚和诚实,而且他们酒宴上的歌也很多,像《酒歌》《吃酒歌》《敬酒歌》《谢酒歌》《祝酒歌》《敬老人歌》《耍筷子歌》《请坐歌》《赞歌》都是他们常唱的。布依族人把酒、礼、歌三者通过主人的热情融合在了一起,形成布依族别具一格的酒风酒俗。所以,每当有客人来访,主人便以酒相敬,以歌相迎。酒礼歌,是布依族人主客之间相互问候和祝福的一种酒俗。歌词内容充满团结互助、友好往来的精神,还带有一种浓浓的淳厚、简朴、恬适的民风。

　　一般说来,在布依族人的酒宴上,主客都要唱歌,而主人先唱,表达对客人的欢迎,客人后唱,用歌声感谢主人的盛情款待。到了酒宴结束主客告别时,客人要唱《告别歌》,而主人要唱《送客歌》。客人的歌,大意是感谢主人的款待,主人则因招待不周而表示歉意。客人走上路,主人要祝福一路平安,欢迎下次再来。布依族的酒歌看来很复杂,其实歌词多是现成的,有的是临时编的。因为布依族喜欢唱歌,张口就来。

　　布依族迎客,要在大门口摆一张桌子,桌上摆好酒壶和酒碗,客人一到,主人斟满酒,双手端着,唱迎客歌:"贵客到我家,如凤落荒坡,如龙游浅水,实在简慢多。"客人对主人的热情款待表示感谢,便用歌声来表达自己的心情,唱道:"喝酒唱酒歌,你唱我来和,祝愿老年人,寿比南山坡,祝福后生伙,下地勤做活。祝福姑娘家,织布勤丢梭。祝福主人家,年年丰收乐。"

　　如果遇到来访的客人不会唱歌的时候,按照他们的习俗主人唱一首,客人便只好喝一碗酒。而在通常情况下,主人要一直唱五首或九首,这样一来,客人也就只好喝五碗或九碗以后,才能进屋。席间,主人要请善歌的姑娘或中年妇女来向客人敬酒,有的提酒壶,有的拿碗,到客人身边时先斟一碗酒,再唱一

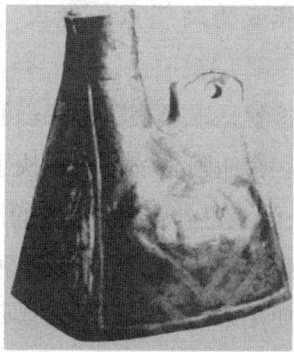

布依族酒具

首歌。若不会唱歌,姑娘们每唱一首,就得敬你喝一碗。所以,到布依人家做客,如果没有很好的酒量,那你就必须会唱歌,否则,还没有到席罢,你就很有可能醉倒。

水族

　　我国的水族,主要聚居在现在贵州省三都水族自治县,其余分布在贵州的荔波、独山、都匀、榕江、从江等县市及广西的融安、南丹、环江、河池等县市。

　　和中国的其他少数民族一样,水族也是一个非常热情和好客的民族。水族人的酒俗独特而寓意深刻,被称为"肝胆酒"。听到"肝胆"这个词,也许很多人会简单地理解成为"苦乐与共、肝胆相照"的意思,水族人的"肝胆酒"的确有"肝胆相照"的寓意,但没有那么简单,因为它确实是一种名副其实的"肝胆酒"。

　　每当贵客到来,热情好客的水族人便以杀猪款待,若是小猪便整条的煮熟,而大猪则煮猪头,然后将煮好的小猪或大猪的猪头置于一个大木盘中来供祭。而独具特点的是无论什么猪,附着苦胆的那叶猪肝都是不能切下炒了吃的,而是要用火烤结胆管口后待用。待猪肉煮熟,主人便拿来一起供祭。当酒过三巡,主人便拿出那叶附着苦胆的猪肝对众人说:"该喝肝胆酒啦!"大家赞同,主人就切开胆管口,把胆汁倒入酒壶里,给每人斟一杯苦胆酒,先喝苦胆酒的必须是贵宾或德高望重的老人,然后依次而饮。每当一人饮毕,众人就齐声叫"耶——"的祝酒声。

　　这就是水族人寓意深刻的肝胆酒。而且其中还有一个美好的传说,相传古时候一个叫阿金的水族小伙子上山打猎时不幸被猛虎围困,他的同伴阿俊前来解救,阿金得救了,但阿俊的眼睛却受伤几乎失明,牙齿受伤难以嚼食。这以后,阿金每获得食物,总要给阿俊送一条猪腿肉和一叶猪肝,阿俊觉得苦胆丢了可惜便用来泡酒喝。后来,阿俊的眼睛好了,身体也健康起来,人们便开始纷纷仿效喝肝胆酒。久之,肝胆酒便逐渐成了水族的独特礼仪。

　　在水族人的酒桌上还有一种喝团团酒的待客习俗。就是在宴席上,每人面前置一大碗。酒过三巡后,便将每人面前的碗里都斟满酒,人们双手在胸前交叉,而右手端起自己的酒碗让左边的人喝,左手则接过右边那位递过来的酒碗。在座的主客连成一圆圈,当众人齐声喊"秀,秀"后便一饮而尽。水族在宴席上,一般要喝好几次这样的团团酒,意在大家齐心团结与亲密无间。

侗族

　　侗族人自古就有"无酒不成礼"的习俗,而且家家户户都会自酿米酒,他们常用酒来消除疲劳,在各种节日喜庆、亲友交往的时候,也总以酒为礼,以酒为乐。每当客人来到,主人必定劝客痛饮,尽欢而散。所以当你来到生活在中国贵州、湖南、湖北、广西的一些毗连地区的侗族人家做客的时候,你就会看到热情好客的侗族人有一整套很有意思的待客酒规。

　　在请客上桌之前,侗族人的主妇会领先打一轮油茶,为客人解饥保胃,这叫"垫酒茶"。当酒菜上桌,主人把盏三巡并把主菜夹放在每一客人的菜碟里,让宾客各自便饮。待每样菜都夹过一轮后,吃菜才主随客便。当喝酒进入酣畅阶段,主人便举杯邀客"换杯"。所谓"换杯"就是主客都举起斟满了酒的杯子站起身来,在双方各表欢迎和感谢之意后,便各以自己的酒杯送到对方的嘴边,这叫"送酒"。一般主人为了表示对客人的尊敬,一定要客人先喝。但若客人属晚辈,客人应让长辈先喝才成礼。此时,席上的陪客也双双互换,而且按俗理都换双杯,叫"好事成双"。有趣的是当主人再次同客人换杯时,陪客也举起酒杯"借花献佛"帮主人敬客人一杯。如席中还有客人的话,也可"借花献佛",帮被邀换杯的客人敬主人一杯,这叫"大树分叉"。被邀换杯的客人须先喝干陪客者敬的酒,主人才喝客方回敬的酒,然后再由主人和客人互干手中的换杯酒。这叫"大树分叉"的"二度梅"。而当席间主客人数相当,高潮时还会出现"三元""四喜"的场景,所以此时主换者要一下喝三四杯酒,然后主换者给各帮酒者斟满一杯,在主人的监督下,各人喝干。这种全体交杯的盛况因为主客纷纷伸手举杯,席上手臂交错,宛如架起的瓜棚,故又俗称"搭瓜棚"。当酒喝到七成,主客便各自举杯,按顺时针或逆时针方向围席互敬,各人向左或右接杯相互点头致敬与致谢,杯连手,手接杯,气氛热烈。过去这被当地人称为"围菜园",或者叫"舞龙灯",而现在则称"民族大团结"。若席上有谁酒量较小,就必须保持酒杯满盈才能向主妇请饭吃。若说:"我喝干这杯酒,就吃饭。"那么,主人马上又会给你斟满一杯酒,因为在侗族人家做客,酒杯是不能空着的。正如侗族酒歌里唱的那样:"杯盏互换情意浓,围菜园又搭瓜棚。"

　　在侗族聚居区,有月贺和外顶的习俗,月贺即集体做客、结交,而外顶则是

中华酒典

指青年男女互去寨上唱歌、唱侗戏、探访、联谊。所以"拦路"便是侗族地区迎客的一种极为隆重的迎接客人的仪式。每当有客人到来,主人都在本寨寨口摆设板凳、彩带、箕等生活用具把路拦起来。主人唱起拦路歌,歌中列举种种拦路的理由。客人唱起开路歌,逐一驳倒主人拦路的借口。这样一唱一答,主方才把拦路的障碍物一一拆除。"拦路"礼仪表达对客人的尊敬。通过"拦路"对歌,彼此加强了解、交流和友谊。拦路时,向客人敬上侗家自制的米酒,送上姑娘一针一线纳的鞋垫或两个红鸡蛋。米酒象征着侗家人富裕的生活,如果侗家姑娘敬酒,说明寨子粮食丰收,吃喝不愁,主人生活富裕,并表示主寨姑娘对你远道而来的慰问,也希望穿着姑娘做的鞋垫,记着侗寨姑娘。而红鸡蛋象征圆满和生活的红火。

侗族人喜欢饮酒,也善于饮酒,有着三日一小饮,五日一大宴的习惯,并在各种社会活动中以酒为礼。比如迎亲嫁女送酒几百斤,赔礼道歉也送几十斤,走亲访友总不忘带上一壶酒。侗族人家自制的酒,清醇爽口,而且酒的种类很多,有米酒、苞谷酒、高粱酒、苕酒等等。

侗族人还认为酒有除妖降魔、驱邪避难的作用。用酒祭祀供奉祖先神明,希望天下苍生得到神的庇护。若遇上有人生病,巫师便用食指蘸上酒在病人的额头上画一圆圈来求助太阳神,他们念念有词地举起酒杯,然后喷一口酒在占卜草上,并让"中邪"的病人带在身上,这样三个月内妖魔便不会附身了。

满族

满族人喜欢喝酒,而且喝得实在厉害,几乎家家喝、人人喝、顿顿喝,老头老太太没有不喝酒的,儿子给父母打酒,那是孝顺的表现。其实,满族民间嗜酒与东北地区极为寒冷的气候有着直接的关系。在满族地区,一般人要想御寒,酒应该是最好和最方便的食品,同时,早年的游牧生活也是满族人喜好喝酒的一个重要原因。除了抵御寒冷,满族人求婚需要以酒为礼;丧俗方面,吊祭者要向死者奠酒;年俗中,午夜要饮宵夜酒等,由此可见酒在满族人生活中的重要地位。

满族的酒一般分为:清酒、黄酒、汤子酒、松岑酒。而这其中又以松岑酒最为出名。酿造时,人们把白酒装入酒坛中埋入古松树下,数年后取出,酒色如琥珀,口味极佳。

在满族人入主中原的时候,他们喝的烧酒主要是当时京地的烧锅酒,而他们喝的黄酒是用小黄米(黏米)煮粥,冬季发酵酿成的,满族人也是家家都会酿制酒。后来,也是在他们入主中原以后,学会了酿制并饮用果酒。每当秋季水果成熟的时候,满族人各家各户都习惯于自制果酒,其中最为常见的有山葡萄酒、元枣(猕猴桃)酒和山楂酒。

在满族人为新人举行婚礼仪式的时候,饮用的"交杯酒"基本上是喝传统的李记烧锅酒。在外界人看来,满族人的这种习惯似乎有些不好理解,但满族人却一直保持着这种传统。

满族人

此外,在满族的男女青年定亲的时候,男方会请媒人到女方家说媒,说媒要说三次,而每次男方家都会准备一瓶酒让媒人带去。当媒人第三次去女方家时,女方家才告知是否愿意成亲。如果女方家拒绝收酒,这表明双方的亲事未成。这就是在满族人中流传的那句"成不成,酒三瓶"的俗语来历。如果女方家同意成亲,那么成亲后,男方送的彩礼则全部作为姑娘的财产。

壮族

生活在广西的壮族人不但热情、能歌善舞,而且也是一个非常喜欢饮酒的民族,但他们古老的饮酒风俗和礼仪在很大程度上是受到汉文化的影响。目前在一些壮族地区还有"入赘"的习俗,即:男到女家做婿,儿女随母姓,对母亲的财产有继承权。"入赘"离不开丰盛的酒席,寓意玉成美事。大凡自愿"出嫁"的当地男子,多为家中兄弟过多而由自己或托媒人打听招赘之家后,便提着酒和礼物登门叩见,并在饮酒的过程中把婚事谈成。

壮族人喝的酒,有从市上买的,也有自家酿的。在壮族的民间,人们称15度左右的酒为"单酒",30度左右的为"双酒",而60度左右的则叫"三花酒"。

酿酒所用原料,有用米酿造的叫"米酒",用木薯酿造的叫"木薯冲",而制糖榨甘蔗的副产品酒则被叫作"糖泡酒"。而壮族人喜爱饮用的米酿双酒,被称作"米双"。

好客的壮族有许多待客的酒礼酒俗。当客来到山区,这里的壮族主人要先敬白酒一碗以表欢迎,而客人接受就是对主人的尊敬,会让主人高兴。有的地方,主人用酒待客,客要先各用斟满酒的杯,划着圆圈向地面奠酒,并伴有互祝健康和发财之类的吉语,而后才开始饮酒。另一些地方,当地人有喝"穿杯酒"的习俗,就是在待客的桌上放几大碗酒。每人面前有一个小勺。饮宴时,主人先用小勺舀酒给客人,这时客人不可推辞而必须饮尽,而后由客人回敬主人一勺,此后不再分主客而互敬饮酒。敬酒时,要想好劝酒之理,选好对象,如理由不充分,对方可以不喝。还有些地方,主人会请客人先吃"白斩"鸡,喝"磨米"酒。

壮族的妇女生育后坐月子时,有喝"坐月酒"的习俗。就是用刚开啼的小公鸡,捏死(不许流血),褪毛净膛,浸入用沙罐精酿的糯米酒中,密封罐口,置于灶膛旁的热火灰上,三四小时后,鸡肉已烂,鸡骨酥软,滤去酒渣及鸡内骨渣,取汁给产妇喝,香气扑鼻,味美可口,具极好的滋补功能,而对于体弱多病的妇女来说,也极适宜。

酒肴酒,是壮族人爱喝的一种自制家酿,即在酒中放鸡胆、猪肝等物一起饮用。如果放入新鲜的鸡胆就叫鸡胆酒,一般一只鸡胆可冲二两酒,把煮熟的猪肝切成薄片后放入酒中约七八分钟后,猪肝发白即可饮用,这叫猪肝酒。喝时先喝完酒液,再细嚼鸡胆、猪肝等,别有风味。

佤族

生活在云南临沧地区的佤族人中,流传着一个叫《金野猫》的民间故事,故事讲述的主题是因酗酒而害己害人。从前,年轻的佤族王子帅罕勇敢地战胜了来自乌云的妖魔八团,族人为自己有这样英勇顽强的王子而深感自豪。但就在族人们为他举行的庆功宴会上,他一连喝了三碗米酒,自豪的红晕涌到脸上,他觉得眼前的百姓渐渐变小,自己的身子越来越大。在随后而来的与妖魔的战斗中,他无法像以前一样机智勇敢,结果被妖魔打败,百姓也因此遭殃。这是佤族人劝诫人们不可酗酒的故事。

故事是很有趣的,但更有趣的是,虽然佤族人告诫自己不能酗酒,但要说到佤族人对酒的嗜好也是出了名的。佤族人不但喜欢饮酒,在佤族的社会生活中,佤族人的酒具有广泛的用途和特殊的意义,而善良的佤族人把酒视为最上乘礼品,就像佤族的民谚说的:"酒礼重如牛。"由此可见佤族人对酒的喜好真不一般。

佤族人办事离不开酒,无论是外面买来的还是自家酿造的,常常被他们作为最好的礼品,表明"酒到意到"的思想感情。像佤族的男青年求婚说亲,备的礼品就是酒,这时如果女方家收下了男方带去的酒,就表示答应了这门亲事,于是大家就可以喝定亲酒了。反之,如果女方家将礼酒(求婚酒)原封不动地让来者带回家,则暗示不同意这门亲事。这种较为含蓄的拒绝方式在中国的少数民族中是比较常见的。而到了结婚的时候,男方家送给女方家的彩礼中酒也是必不可少的。还有像佤族人探亲访友时,酒就是厚礼,如果逢喜事要邀请好朋友光临,酒便是邀请书。若有事需要他人帮忙,酒就成了实物通知书。当群众之间发生纠纷而理亏一方需求得对方原谅时,也是送酒给对方赔礼道歉,若对方收下酒就表示对方原谅了,反之则表示不原谅。如果纠纷双方之间不能解决而需请人调解,便要送酒给出面调解人。佤族人不但把酒当作最好的礼物,在饮酒方面,无论是节日盛会、娶亲嫁女,还是祭祀送葬,立柱建房也都要饮酒,而且饮酒形式很多,有迎接酒、送客酒、定亲酒、出嫁酒、结婚酒、分娩祝酒、节日助兴酒、祭祀鬼神酒、送葬酒等。

在佤族人看来,迎接客人应该以酒当先,无酒不成礼。所谓"无酒不成礼",意思是家里有客人,一定要泡水酒,才能表达心意,否则不合礼节,面子上过不去。尽管如此,但佤族人也有"不知心不善良者不敬酒"的习惯。所以每逢儿子出门,客人离去,或客人上门,主人都要打"送亲礼"。所谓"送亲礼"即是给亲人或客人敬酒。敬酒时,主人用葫芦(盛酒器)盛满酒首先自饮一口,以此打消客人的诸多戒意。然后再把酒杯送到客人或远离的亲人嘴边,依次递给客人饮。给客人敬的酒,客人是一定要喝的,而且要一饮见底,以表坦诚之心,否则就是对主人的不敬。在一些时候还有一种独特的形式,即主客均蹲在地上,主人用右手把酒递给客人,客人用右手接过后先倒在地上一点或右手把酒弹在地上一点,意示敬祖,然后主客才一起干杯。

中华酒典

水酒是佤族人一年四季的常用饮料。牛苦肠或鸡肉、老鼠肉稀饭加水酒，是佤族接待宾客的最高礼节中的食品。饱饭以后还要喝酒，而这时就会有人就着酒兴用带有浓厚高原混响的声音唱起佤族的歌来，一人唱而众人和。歌声四起，人们便踏歌起舞，歌舞的人们感情投入，如醉如痴，让你真正感受到阿佤人那充满着原生态韵味的热情与好客。

在佤族山寨，每到春节的时候，青年男女都要互敬竹筒水酒来祝贺春节。敬竹筒酒是佤族人的古老习俗，意为相互祝福新春的美好。

景颇族

聚居在云南德宏傣族景颇族自治州的景颇族人喜欢饮酒，无论男女老少，酒可谓是与他们相伴终生的，他们的这种嗜酒的习惯由来古老，世代沿袭下来而形成景颇人独特的酒文化。景颇人的这种嗜酒之习源于勤劳的景颇人家家户户都会酿制水酒。他们自酿的水酒度数不高，但其味醇香而清凉可口，少饮可解渴，但多饮也会醉人。

这种水酒十分古老，其中还有一个景颇人世代相传的古老传说。从前，有个叫木吉锐纯的景颇族妇女，与其子阿崩娃分居在恩梅开江的两岸，由于江桥断绝，阿崩娃每天要绕山绕水走很远的路才能见到母亲，吃到母亲的乳汁。有一天，他请求母亲给他想个断奶的办法，木吉锐纯就给了他一包酒药，教他制水酒的方法。阿崩娃依母所言果然制出了水酒，从此便以水酒当乳汁。

水酒就这样世代相传而与景颇人结下了不解之缘，不但像乳汁一样哺育着景颇人，也是景颇人热情待客的佳酿。所以，景颇人无论上街赶集、串亲访友，还是婚丧节庆，每个人的"筒帕"挎包里总是放着一个小巧精致的竹制"特勒"酒筒。这种装酒的竹筒很有特点，喝酒时筒盖就是杯子。每当知己相逢，熟人见面或者客人来访，不论男女，他们都会把自己的"特勒"递给对方，而对方也会掏出自己的"特勒"递过来。先接到"特勒"的人会斟出一杯酒来，首先敬给对方饮，然后双方才开始对饮；当有三个以上的人在场时，第一个倒酒的人又会把酒依次敬给其他人饮，然后再彼此共饮。这就像其他民族朋友相见时递烟让茶一样，再自然不过了。但如果有更年长者在场的话，那就要把酒先转敬给长者，因为景颇族有尊老爱幼的传统，同时景颇族信奉古代太阳神"木代"，他们认为老人是最先照到太阳的,所以应该把酒先敬给老人和年长者。

在景颇山寨,酒不但是人们联络感情时一种必不可少的佳酿,也是一种以礼相待的美味。在景颇人的眼里,不用酒待客是极为不礼貌的,而且还是违背老祖宗传下来的习俗,是会为人所不齿而遭到唾弃的,也许正是这个原因,才使得景颇人个个都是"海量"。

景颇族喝的水酒,基本上是各家自己酿制的,是用自家种的小红米煮熟发酵后掺水搅拌过滤而成,度数较低,仅为十来度,但清甜可口;景颇人喝的烧酒则是用大米酿制的米酒,多在 30 至 40 度之间。在景颇族的观念中,世间的万事万物都是雌雄相对、阴阳相配的。所以,亲朋间互有馈赠时都会准备两个酒桶,一桶装烧酒表示男性,一桶装水酒表示女性,这样才叫和谐。

"讲事"是景颇人调停事端和解决问题的基本方法。当寨子里或寨子与寨子之间发生了矛盾和冲突时,人们便请来双方都认可的长者,在约定的场合,长者执酒居中,先由双方陈述事由,然后由长者根据情况提出解决问题的方法和建议,如果双方同意,便喝下长者斟下的"讲事"酒,喝过"讲事"酒,大家摒弃前嫌,和好如初。

景颇人说亲也是这样,男方备下酒及其他礼品,请说亲的"张同"(媒人)携礼到女方家说亲。"张同"能说会道,知晓景颇族的古今,在来到女方家后,先斟好酒,追溯一番景颇人的婚配渊源和规矩,然后再把双方家族的婚配状况说道一番,如果女方家长喝下了"张同"斟的酒,那就表示这门亲事有眉目了。

白族

生活在云南大理州的白族人,自古就是这里的主人。白族人大都喜饮酒,而且由于他们所用的原料和方法不同,所以白族人酒的种类非常多,米酒是常见的。白族人的米酒是用糯米酿造的,叫"甜白酒"。其实,糯米甜白酒在整个西南三省都有,但在西南三省尤其又以云南的为最佳,而在云南又以大理的较为有名。还有用玉米酿造的云南地方叫作"苞谷酒",这种酒的度数较高,但口味却十分醇正,特别是一些白族人家小锅酿造的,更是能够香飘百里。除了用粮食酿造的酒类,由于大理地方盛产青梅,所以白族人酿造的各种青梅酒也是非常有名的,大理地方的青梅酒品种非常多,属果酒类而度数不高,有的酸甜、

中华酒典

有的清甜,口味极佳。此外,在云南地方人们喜欢用度数较高的粮食酒,泡以各种能够入药的植物或者是一些水果,制成高原特有的泡酒。泡制这种泡酒一般都使用前面所说的度数较高的"苞谷酒"。泡制好的酒失去了苞谷酒本身的烈性,而且度数也有所下降,所以口味非常好。白族人不例外地也经常泡制泡酒,常用的有木瓜、枸杞、大枣、苹果、梨、拐枣。

说到白族人的酒文化,更多的是体现在白族人的酿酒和制酒方面,而白族人酿酒和制酒又更多的是从健康的角度去考虑的,所以才会有他们在制酒时会常用40多种草药制成酒曲,制成各种白酒,而这其中又以窖酒和干酒为传统佳酿。

蒙古族

生活在中国北方蒙古大草原上的蒙古族,自古就是一个豪放勇敢而坚强的民族,千百年来,无论辉煌与衰败,都影响不了这个马背上的民族的粗犷和豪放。蒙古人喜欢骑马,也喜欢饮酒,尽管他们的酒俗酒规不少,但他们的这些关于酒的风俗无不渗透着大草原的气息。

在蒙古人看来"无酒不成席""无酒不成礼""无酒不成俗"。酒,给宾主带来隆重的热烈气氛和畅饮的欢乐,是最能表达蒙古人对宾客的尊敬和深情厚谊的。蒙古人向客人特别是远道而来的客人,敬献醇香的马奶酒或白酒,是他们增进友谊的一种方式。每当有客人到来,身穿整洁民族服装的热情蒙古族姑娘便手捧洁白的哈达和银碗,把最圣洁的哈达、醇香的美酒及甜蜜的歌声同时献给每一位客人。而无论你是他们本民族的还是外族的亲朋好友,在接受敬酒时都要用右手无名指先到酒盅里蘸一点酒向天弹一下;再蘸一点酒向地弹一下;最后蘸一点酒涂在自己的脑门上。而在饮酒时,豪放的蒙古人最喜欢客人畅快淋漓地一饮而尽。

宾主开场只是蒙古人饮酒习俗的一个点滴,要是逢遇蒙古人生儿育女、婚嫁等大事,那种气氛和热情就会让人不饮而醉。祝福酒、洗尘酒、下马酒、上马酒……当宾主沉浸在微醺的惬意里的时候,一支支饱含着深情嘹亮而能播动人心弦的祝福歌便在人们的耳边响起。"金杯银杯斟满酒,双手举过头,炒米、奶茶、手扒肉,今天唱个够。朋友,朋友,请你尝尝这酒醇正,这酒绵厚……";"远方的客人请你不要走,盛情的草原将你留,闪光的银碗高高举,请你喝一杯蒙古酒。"此时,热情的蒙古人还要端着酒杯,双手齐额,向客人敬献他们的纯朴与真诚。置身此间,无论你是否喜欢饮酒,也不论是否能胜酒力,都会禁不住痛快地干上一杯。这就是蒙古人,这就是当你成为蒙古包的贵客时能感觉到的欢畅和热情。

蒙古人喜欢饮酒,并把酒视为生活中的饮食之最,平时他们会随意地喝上几口,但热情的蒙古人绝不提倡不分昼夜地随意狂饮和任意地乱用。蒙古人对喝酒的岁数、敬酒、献酢、请曲等方面,都确立了具体而固定的标准和明确的礼节禁忌并创立了蒙古族独特的酒文化。

蒙古人在饮酒规矩上的一个最为独特而又最为严格的规定,就是可以上桌喝酒的岁数,而这主要又是针对蒙古男人而言的。在蒙古族民间,男子到了37岁,或者说过了三个本命年之后(有些地方到了25岁,过两个本命年之后)才被认可为"成年汉子,体力健全的人,进入大人行列",并被视为"有资格当官,做婚宴的头儿,品尝美酒之头份",可以赏赐美酒而才被允许上桌喝酒。不到37岁就饮酒沉醉者被看成是不懂规矩的人,是会受到人们讨厌和唾弃的。

蒙古人在人际交往时常用的恭敬礼节就是敬酒礼。敬酒的礼节是从敬"策格"(酸马奶)开始的。在蒙古族的八大名贵食品中,策格指的是"白玉浆"。它被看作是王公贵族的招待品,无论是祭祀,封官晋衔、葛根活佛转世等重大仪式,还是平时招待客人时都是必不可少的。

三轮式敬酒的礼节,这是四部卫拉特的土尔扈特部落的后裔,现在生活在阿拉善额济纳旗蒙古族的人们的敬酒礼节。额济纳蒙古人把敬酒叫阿日哈·查础呼(蒙语,阿日哈汉意为酒,查础呼为敬酒)。敬酒的时候,敬酒者把酒瓶盖打开后,在酒杯里滴一点酒,用右手按太阳旋转方向转着向陶脑(汉意为蒙古包顶中央的圆形天窗)敬酒。这时席间在座的全体人员都放松地握住右手原地转向陶脑,同时用大拇指尖触到额头处以示行礼。这叫"向酒酢叩首"。在这之后,杯里第二次滴一点酒向火灶敬献。第三次则斟满酒杯开始向客人中最年长者敬酒。接受敬酒的人要把酒杯用双手恭敬地接过来,然后转移到左手,用右手做"向酒酢叩首"礼,再把酒杯转移到右手并品尝后还回去。敬酒者把酒斟满后再敬下一位客人,以此按太阳转旋次序向每位客人敬酒品尝。这叫"轮流敬酒"。按此次序轮流到第三次时,客人就必须把酒干了。这个礼节就叫

中華酒典

"三轮式敬酒"礼节。

当三轮式敬酒结束以后,全体人员可以开始唱歌游戏。游戏中每唱一首完整的歌曲之后,作为"歌的轮次酒"每人都要品尝一次酒。由于"歌的轮次酒是随意喝",所以这个轮次喝多少由饮者自己决定。

还有献斯日吉莫的礼节。斯日吉莫(蒙语,汉意为酲酒、乳、茶)。献斯日吉莫的礼节,是指在要喝的酒里面,蘸三次右手的无名指向上敬弹的习俗。弹献三次的内容有三,即一是"愿蓝天太平",二是"愿大地太平",三是"愿人间太平"。蒙古人正因为把酒当成饮食之最,所以用它来表达了人世间最美好的情感和愿望。

蒙古人不但有饮酒的固定礼节,而且还有许多饮酒的禁忌礼节。蒙古人忌讳随意的过分饮酒而饮得酩酊大醉,提倡"四十岁时只可品尝,五十岁出头放开一点儿喝,六十岁才可用酒取乐"或"过分饮酒等于活受罪"。所以在耐日那达慕上忌讳酒过三杯,而且在饮用阿日哈、达日苏(达日苏,蒙语,汉意为黄酒)之后,忌讳谈话说它为"苦的"或"烈性的",因为蒙古人视酒为饮食之最;酒在蒙古人的心目中是香的或甜的,所以不能说它是苦的或烈性的。蒙古人忌讳站着品酒或饮酒,忌讳沉湎于饮酒而成为酒鬼,忌讳在父母、长辈面前喝酒,如果实在有应酬则要得到父母许可后,方可礼节性地喝一点。敬酒的时候,忌讳在客人的手上斟酒,必须把酒杯接过来,斟好后用双手敬上,否则就是对客人的不尊重。

羌族

生活在中国四川省的羌族是四川省特有的一个少数民族,也是一个有着悠久历史和灿烂文化的民族。

羌族人也喜欢喝酒,他们喝的酒被称作"咂酒"。所谓"咂酒",是一种羌族人的自酿酒,属蒸馏酒的一种。每到农历十月初一,即羌历新年的"年节"的时候,羌族人必喝咂酒庆祝。咂酒不但是羌族人自制和常喝的佳酿,也是羌族人的一种健康饮料,它能去瘀血、生鲜血、下奶,所以咂酒也是羌族产妇哺乳期间常备的饮料。

家庭经典藏书

中华酒典

344

咂酒的酒色淡黄而酒味甘甜,是将玉米粉或者是青稞、大麦等粮食用杉木甑子(蒸桶)蒸熟后,倒在簸箕里凉至稍温,拌上酒曲后装入坛中,封严坛口后置于荞麦秸中发酵,大约二十天左右便可饮用。

喝咂酒,显得很文雅,每当亲朋好友登门,主人便拿出酒坛,先向坛中注入清水并插上细竹管,然后大家轮流吸饮。吸完添水,直到味淡了以后再食酒渣,这叫"连渣带水,一醉二饱"。饮咂酒时,一定要喝到坛中露出青稞、大麦为止,否则会使主人不高兴。因此,一些酒量小的宾客往往喝得面赤

羌族酒具

腹胀。此外,咂酒也是年节"推杆"比赛优胜者的奖品。"推杆"即用一根长约3米、小碗口粗的木杆,一人紧攥一端夹骑于上,作为防守;另一人紧攥另一端,使劲推进作为攻。两人势均力敌时木杆保持平衡,而当力气大小不一时,进者将木杆推过一定的界线为胜,反之为败。推杆五局三胜,胜者将由姑娘们敬上甜美的咂酒。所以,喝咂酒是看不到碗盅相接的场面的。

喝咂酒,酒歌和吉利话还是少不了的。首先由在场的最年长者说出四言八句合辙押韵的吉利话,作为"祝酒词",然后再按年龄长幼依次轮咂,而平辈们在一起饮咂酒,可以每人插一长竹管于坛中,同时饮用。唱酒歌是宾主并排而坐,轮流对唱,同时鼓乐齐鸣而热闹非凡。

羌族待客的仪式是"挂红",男左女右,带子是红色的。羌族婚礼酒大多喝青稞酒、麦酒、咂酒,喝酒叫作"尔玛琪"。从进门坐下,吃到饭桌,请酒程序复杂,开坛要请长辈。据说婚礼要办7天,"开拢酒""寨中酒""庙礼酒""花叶酒",要喝到第四天才能按习俗背新娘。然后"谢厨酒""大谢酒",光新郎官准备的酒就有400多斤。

除了羌历新年,羌族民间还有"重阳酒""玉麦蒸蒸酒"以及孩子和妇女们常饮的加了蜂蜜的甜酒。羌族男人皆有海量,所以虽喜豪饮,但却很少烂醉滋

家庭经典藏书

中华酒典

事。

朝鲜族

生活在中国吉林省的延边朝鲜族自治州的朝鲜族,是一个受汉文化影响较深的中国北方少数民族,春节是朝鲜族传统的重要节日,而朝鲜族的春节在当地叫作"岁首节"。朝鲜族人过岁首节吃年夜饭,有着自己传统的食品和特色,"岁酒"是其中最重要和最具特殊地位的。

每到"岁首节"的前夕,在朝鲜族聚居的地方,很多朝鲜族家庭都酿造这种"岁酒"。岁酒是粮食酒的一种,以大米为主料,再配以桔梗、防风、山椒、肉桂等多味当地特产的中药材酿制而成。岁酒类似于汉族人的"屠苏酒",只是药材的配方与汉族人的屠苏酒有所不同而已。朝鲜族人喝岁酒,首先符合北方寒冷地区的生活习惯,即酒可以驱寒,而且岁酒被朝鲜族人多用于春节期间自饮和待客,又是喜庆的食品。此外,在朝鲜族民间,人们认为饮这种酒还可避邪、长寿,可见岁酒在朝鲜族人心目中的地位是极高的。

在朝鲜族民间,人们除了喝岁酒,还有一些其他的喝酒风俗。"耳明酒",是在每年正月十五的早晨,朝鲜族人有空腹喝这种酒的习惯,以祝耳聪。其实这种酒并不是一种特制的酒的名称,而是朝鲜族人的一种喝酒习惯的名称,所以大凡是在每年正月十五早晨喝的酒,都被当地人称作"耳明酒",是朝鲜族生活方式的一种体现。

在朝鲜族人聚居的地方,盛行"归婚酒"的仪式。一听到"归婚酒"这个名称,就应该很容易理解到这是一种与民间婚俗有关的酒事,但十分特别的是,这种仪式并不是为新人置办的,这种仪式是在本族老人结婚六十周年的时候,由老人的子女们为健在的双亲举行的结婚六十周年庆祝活动,这充分体现了朝鲜族人民尊敬老人的优良传统,而且也不难从中看出,朝鲜族文化受到汉文化影响的痕迹。在"归婚酒"仪式上,子女们摆上盛大的婚宴,而老夫妇要穿上结婚时穿过的礼服,有如一对新人一样,欢乐地接受子女们的庆祝。席间,子孙们一一跪下给老人敬酒,等老人喝过后,再按辈分、年龄依次倒酒,等老人先举起杯子,其余人再依次举杯。当天,来祝贺的亲友和左邻右舍都要带上礼品为之祝福、祝寿。

家庭经典藏书

中华酒典

哈尼族

在云南,乘车去西双版纳,途中会经过一个叫元江的地方,自古以来,在这里生活着勤劳善良的哈尼族人。

哈尼族人有着浓厚的云南高原民族的豪爽性格,豪放而热情,自古就有喝新谷酒的习俗。新谷酒在哈尼语中被称为"长奴抽扎"或"车收资八都",是哈尼族人在每年秋收前夕都要举行的一种预祝五谷丰登,人畜平安的饮酒仪式。每到这个时候,当地的人们便择吉日到田里割一把颗粒饱满的谷穗,扎好后倒挂在自家堂屋的山墙上,以求神明保护庄稼。而后人们摘下百十颗谷粒,有的经油炸后泡在酒中,这就是当地人所说的"新谷酒"。在当地,有的人家在这天还要杀鸡设宴,宴请邻里的男性长辈来喝新谷酒。席间客人要举杯祝福主人获得丰收,而这时主人家全家也都要端杯喝一口新谷酒,在喝新谷酒时,人们还会往出生的婴儿嘴唇上抹上一点酒液,因为当地的人们相信,这样做可以使婴儿获得幸福和安宁。

在喝新谷酒的酒宴上,自然也是少不了要有祝酒词和祝酒歌的,哈尼族人的祝酒歌淳朴而充满了浓厚的地方色彩。一首当地的祝酒歌这样唱道:

像黄牛寻找春天发芽的青草,

我们爽快地喝着喷香的米酒。

红红的竹筷粘着黄鳝,

花花的杯子盛满美酒。

丰收的粮食堆积成山,

白生生的大米吃不完……

有酒又有丰盛的酒宴,有吉利的祝贺又有欢快的酒歌,这顿哈尼族人的新谷酒宴席自然能让所有客人吃得酒醉饭饱,好不痛快。

傣族

主要生活在云南南部的西双版纳傣族自治州和云南西部的德宏傣族景颇族自治州,分水傣和旱傣两个支系。在傣族人的生活里,有两件最重要的事,就是喝酒和抽水烟筒。

说到喝酒,傣家人也有酿造米酒的习惯,其酿造方法是将上等好米淘净、煮熟、搅拌冷却后再加上酒药,转置土罐中发酵数日,取出蒸制即成,所以傣家人酿造的米酒不同于其他民族的米酒,傣家人的米酒度数较高,所以素有"傣家米酒也醉人"的说法。

傣家人有"吃小酒"的习惯,就是在男女订婚的时候,男方挑着酒菜去女方家请客。当客人散去后,男方由三个男伴陪同和女方及女方的三个女伴,摆一桌共同用餐。"吃小酒"讲究吃三道菜:第一道是热的;第二道要盐多;第三道要有甜食。分别表示火热、深厚和甜蜜。

傣家人的米酒比较独特,也许正可以印证傣家人的一个传说。相传有一年,一个傣家坝子里的首领,为了与周围的部落结盟,就派人担了二十来担谷子去见周围部落的首领。可当人们走到半路的时候,就听说边境发生了战争,担谷子的人们不愿再往前走了,于是将谷子倒入了路边一棵大树的空洞中就跑了,随后人们也忘了谷子这件事。可不料几天后下了一场大雨,有位猎人从大树下经过的时候只见雀鸟在树上飞来飞去,猎人甚是奇怪。当他走

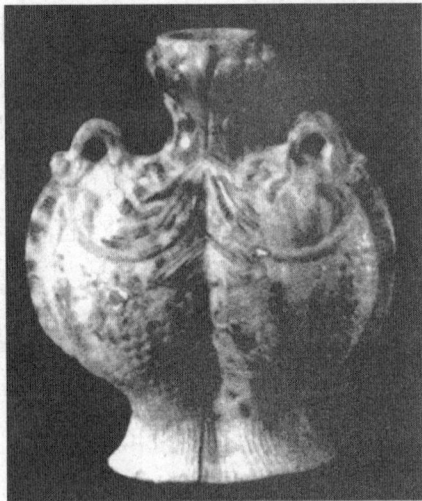

傣族酒具

近大树想看个究竟的时候却发现树洞中流出一道水,并散发出扑鼻的香气。猎人尝了尝,只觉味道甜美。于是他用竹筒装了两筒带回寨里。当众人尝了以后无不点头称赞,都认为这是天神用谷子制成的圣水。于是人们如法炮制,米酒也由是产生。

普米族

说到"呸"这个词,在汉族人的语言概念里,有骂人的含义。而在普米语里的意思却大相径庭。在普米语里"呸"是黄酒的意思,而黄酒是普米人最喜欢

喝的一种酒。

"呸"是一种以大麦为原料的粮食酒,酿制的方法甚是独特,常规的工序与其他的米酒酿制方法没有什么不同,只是在发酵时,这种米酒是放在菠萝中发酵的,大麦发酵以后再装入大土坛中以灶灰团封口,二十一天后成酒。饮时,用弯管插入坛中,用口吸出酒,以小坛盛接。这种酒不但颜色橘黄,味道甘甜,还有一股淡淡的菠萝香。

布朗族

布朗族人喜欢嚼槟榔,喝酒也是他们的一大喜好。除了一般的水酒以外,"翡翠酒"是在布朗族民间比较常见的一种酒,也是布朗族人最为喜爱的佳酿。这种酒用上等的糯谷精心酿造,出酒时用一种叫悬钩子的植物叶子过滤,所以才能使酒变成翡翠般让人喜爱的颜色,而这种酒喝起来清香、爽口。

第六节　外国酒俗

世界各民族在数千年的历史中,由于政治、经济、文化等发展不同,形成了各自特有的习俗。中国有句俗话说:"入乡随俗"。宴宾或做客是社会交往中的一件大事,必须尊重和遵守对方的习俗,从感情上才能融洽,才能交流和沟通。如果不了解一个地方、一个民族的习俗风情,贸然进入,往往会闹出笑话,甚至事与愿违,造成误会和不快,严重的甚至会导致无可挽回的损失。

全世界宴饮礼俗可大致分为3大板块,各大板块宴饮习俗大体相近。一是东方板块,包括东亚、南亚和东南亚;二是穆斯林板块,包括西亚、西南亚和非洲;三是欧美板块,包括欧洲、美洲、大洋洲。

东方板块

东方板块大致可分为以下两大块。

1.东亚

包括中国、蒙古、朝鲜、韩国、日本、越南等国。这些国家居民宴宾礼俗有以

下共同特点:

①热情好客,讲究礼仪,见面多行握手礼或鞠躬礼,饮酒讲究礼节,互斟互敬;②无酒不成礼,多行劝酒,能使客人饮醉是主人慷慨大方的表现;③传统文化氛围浓厚,多以传统的娱乐形式佐酒;④饮酒喜欢纯饮,不喜欢混饮或加入其他配料;⑤讲究"下酒菜",尤其主人待客更是讲究质量与数量,以宴毕"酒菜有余"为荣。

2.东南亚、南亚

多数国家民族信奉佛教,居民宴宾礼俗有以下特点:

①宾主见面施礼,以双手合掌举至胸前的合十礼最为广泛;②赴约要守时,迟到不礼貌;③做客进家先脱鞋;④做客时带一束鲜花或糖果点心之类礼物较好;忌讳用左手用食或递送东西;⑤多数不饮烈性酒,以葡萄酒、啤酒、椰子酒等果酒待客。

穆斯林板块

中亚、西南亚、西亚和非洲国家大多数居民信奉伊斯兰教,不少国家将伊斯兰教定为国教,遵守戒律,禁食猪肉,禁饮酒,对违反戒律的行为常常不能容忍;不吃外形丑陋的东西,如螃蟹、甲鱼、虾、海参、动物内脏等,更不吃死了的动物。

该板块多数国家居民宴宾礼俗有以下特点:①做客访友事先联系,准时赴约;②做客时带的礼物一般为鲜花、糖果,在非洲一些地方主人对实惠物品会特别高兴;③女主人一般不接待客人;客人做客时不可打听、问候女主人,不可随便同主人家女性交往;④到穆斯林家中做客,不能送烟、酒、女人相片、雕塑及其他可视为偶像类的东西;⑤忌讳左手递送礼物或拿食物;入室后不可戴墨镜、手套、帽子;不可穿着随便地接待客人。

欧美板块

欧美板块大致包括欧洲、美洲和大洋洲。

欧洲居民信奉宗教以天主教、基督教新教和东正教为主。思想比较开放,美洲和大洋洲居民多数是从欧洲移民,现在居民以混血人种居多,纯土著民族较少,多数地方宴宾礼俗和欧洲相似,故共称为欧美板块。多数国家居民宴宾礼俗有以下特点:欧洲人对酒的依恋如同中国人吃饭,绝非可有可无。一日三餐离不开餐前酒、餐中酒、餐后酒,从外回家,要喝"进门酒",睡觉要喝"睡前酒"。不论在任何时候,他们喝酒都是忘情的、自我的。他们喝酒从不去理会别人的情绪,只为自己的情绪而喝,也只为自己的情绪而醉。请人喝酒也不例外。

和欧洲人一起喝酒完全是随意,主人随主人之意,想喝多少喝多少,客人随客人之意,能喝多少喝多少,从不会有人劝酒。欧洲人请人进酒吧,一不为客人点酒,二不与客人碰杯,三不为客人买单。欧洲人喝酒只喝感觉,不喝感情,欧洲人喝酒注重过程,不在乎结果(喝多还是喝少,喝醉还是不喝醉)。

该板块居民宴宾礼俗有以下特点:

①讲究效率,约会须事先联系,准时赴约,早到或晚到都难免给人不尊重对方的印象;②讲究礼仪,文明礼貌,做客时要讲究着装,参加正规的筵席邀请要穿讲究的晚礼服之类;③做客时给主人带一束鲜花、一盒巧克力或糖果、一瓶好酒作为礼物,较为适当;做客不可送菊花;④尊重女性,女性优先;⑤见面有握手、拥抱、亲吻等习惯,但根据双方之间的关系、性别和熟识程度等,各地有异,不可盲动;⑥宴宾一般皆备多种酒,并按照程序进行;敬酒不劝酒,饮用多少不限;饮酒主随客便,自斟自饮;⑦多喜饮酒、善饮酒,饮酒喜欢加入配料;不讲究"下酒菜",即使请客也如此,以"够吃"为原则,剩下是浪费;讲究营养搭配,饭后吃水果;⑧讲究文明礼貌,做客回去后或次日要打电话或写便信表示谢意。

亚洲国家宴饮习俗

朝鲜和韩国

朝鲜和韩国绝大多数居民是朝鲜族,信奉佛教、基督教、天主教、道教等多种宗教。

朝鲜族人普遍善饮酒,酒量颇大,待客重视礼节,男性见面相互鞠躬,热情握手;异性之间一般不握手。进门要请客人或长辈先行,用餐时客人和长辈先入席。

韩国人对客人不苛求准时,但自己严守时间,客人守时是对主人的尊敬。交谈时不可大声说笑,要轻声细语;女性笑时要用手掩住嘴;吸烟要向主人打招呼,否则会被认为不礼貌,不懂礼。

韩国人接待业务方面客人,多在饭店或酒吧,多以西餐招待;非业务来往,多在家中请客,用传统饭菜招待,饮酒和吃饭一起进行,主人常请客人品尝传统饮料浊酒或清酒。

浊酒也叫农酒,是农家自酿酒,制作简单,历史悠久。即将粮食捣碎后加入酒曲发酵而成,酒色混浊,酒精度低,健胃提神。对于不饮酒的客人,多用柿饼汁招待。柿饼汁是一种朝鲜族的传统清凉饮料,味道甜辣清凉。

韩国白酒度数低,一般在 20~30 度之间,多为液态法生产的勾兑酒;但同样喜欢饮高度酒,韩国人小范围的朋友间在饭店请客饮酒,为了延长时间,常用换酒店的方式,一次聚会换几家酒店连续饮酒是经常的,以获得一种满足感和新鲜感。

朝鲜族有敬老传统,讲究饮酒礼节。晚辈同长辈讲话要用敬语,非节假日,晚辈不得当着长辈的面吸烟喝酒。晚辈当着长辈饮酒要转过身去,一手端杯,一手罩嘴,一饮而尽。颇似中国古装戏中的饮酒方式。

朝鲜族习俗忌讳"四",如喝酒不连喝四杯等。

日本

日本人好酒。《三国志·魏书·东夷传》中说:"倭人好酒。"日本人说"酒有十德":"百药之首、延年益寿、旅途做伴、御寒代衣、馈赠佳品、解忧消愁、结交贵人、解除疲劳、万人同乐。"日本酒家常贴的标语是:"无量无上,酒功德也","酒,五脏六腑的守护神","酒创造历史与浪漫","酒与女人,一生的道路","酒,人与人的媒介"等。

日本男人把喝酒当成工作之外的"要务",习惯下班后三五成群地到酒吧、俱乐部和其他夜生活场所喝酒消遣。每天班后,酒吧即是报到处,要尽情在里面享受够了,才拖着醉态的步子回家。每逢有谁升迁,更是要请客喝酒。日本每一个城镇都有非常多的喝酒场所,傍晚开始便挤满了顾客。在日式酒吧,通常都附上小点心下第一杯酒。日本大街小巷设有酒类自动售货机,出售各类酒,很多人在这里当街畅饮。

日本人不喜欢请客人到家里谈公事或商量工作,重大决定不在办公室里,而在酒店。

日本没有敬烟待客的习惯。应邀做客,一定要准时登门,切勿用力敲门或在门外大声喊叫。进到屋内,要先脱去外衣、帽子、手套和鞋,再进客厅。初次登门或见面要备一份礼物相送,否则会视为不懂礼节;他们喜欢酒作为礼物,但不要送烟。送礼忌偶数,送单数礼品要避开"九",因为日本习俗中"九"容易误认为他人是强盗。

宾主交谈时,男性坐姿可以随便一些,最好是端庄跪坐;女性则正面跪坐或侧式跪坐,不可盘腿大坐,不可高谈阔论,不可指手画脚。

主人敬酒时,先将酒杯在清水里涮一下,杯口在洁净的纱布上按一下,再斟满酒,双手递给客人。客人要一饮而尽,效仿前程序,回敬。

清酒是日本代表性的酒类,请客必备。先到酒店买大瓶装的清酒,再装入小瓷酒瓶,然后倒入小酒杯喝。日本酒家酒盅之小、酒杯之微举世无双。日本人饮酒,喜细品慢饮。日本人虽好酒,酒量却不大,又喜喝低度的"清酒",烧酒则要兑开水喝,或加凉水饮。

日本人善引进,于酒也不例外,威士忌、白兰地、葡萄酒、俄国伏特加、中国茅台,各随所好。日本人喜爱的喝法是威士忌加冰加水,烧酒可以净饮、加水或制成鸡尾酒。烧酒曾一度不成气候,但最近日本年轻人流行喝烧酒,而大部分人喜爱没有强烈味道的牌子。一般的日式酒吧都供应烧酒,价格便宜。进口葡萄酒80%来自法国,主要是红葡萄酒、桃红葡萄酒和白葡萄酒。日本女性饮酒的越来越多,家庭饮酒成为时尚。

日本人小范围的朋友间在饭店饮酒,也有和韩国一样的习惯,常用一次聚会换几家酒店的方式,以获得一种满足感和新鲜感。日本人好酒,不免及于好色,于是,日本酒家充斥着陪酒女郎,从前如此,现在更甚。

日本人喝酒,常以醉为乐,喝酒不节制。酒醉后除不许开车外,其他都不深究。常喜怒不形于色的日本人,于饮酒之始,尚规矩矜持,但三杯下肚,飘飘然、醉醺醺之间,喧哗叫嚷,逗趣打闹,或哭或笑,酒态之奇之怪,远胜他国之人。

日本法律禁止向20岁以下的青少年售酒。

日本冷面在加入面卤后,习惯倒入一小勺甜红葡萄酒,口味鲜美。

蒙古

蒙古人以好客著称,慷慨豪爽。到蒙古朋友家,进帐篷之前要大声呼唤,将狗引出来狂吠,使主人知道有人来访,出来迎接。主人出来后,客人要马上下马,相互鞠躬,握手,表示问候。赠送点心、糖果是蒙古日益风行的见面礼。

中华酒典

客人要将马鞭子或棍棒之类放在帐篷外,否则是对主人的不尊重。进入帐篷要靠左边走,然后由主人陪同坐在右边,落座后要盘腿而坐,不可将腿叉开伸向门口,不可朝里;帐篷的西北角是供佛的地方,切不可将脚伸向西北方向;不要用脚踩触门槛和锅灶,忌讳在炉灶上烤脚;忌讳将帽子朝着门口放。

客人坐下后,主人先送上芳香的奶茶;坐定后,主人从腰间取出鼻烟壶,从最年长者开始,依次敬献每一位客人。客人接过嗅过后,主人不嗅,轻轻向上一举,还给客人;年长客人交换一次,同辈客人交换两次;女性客人举壶时要轻轻碰一下自己的前额,双手捧还给主人。

蒙古人有句俗话"在蒙古不必带干粮,也可以旅行几个月。"即使是偶然路过的陌生人,主人也会盛情接待。席间饮料多为传统的马奶酒,口感颇佳。客人告辞时,主人全家送出帐篷。客人应走一段路,待主人全家回帐篷后再上马。

蒙古人宴宾劝酒甚盛,主宾醉至什么状态皆不为羞,主人会很高兴,视为知己,邻人也会依此赞赏饮酒者之间的友情。

菲律宾

菲律宾居民大多信奉天主教,华侨多信奉佛教。

菲律宾人有尊重客人、敬重长辈的习惯,宴宾待客用多种酒。饭后,用多种水果招待客人。如果做客过后再给主人寄去一封表示感谢的短信,会使主人更加高兴。

菲律宾在大选期间禁止喝酒,在饮酒年龄上也有限制,必须在 12 周岁以上。菲律宾人忌讳"十三"和星期五,认为是不吉利的;如果全逢上,认为是大不吉利。这一天,不举行宴会、聚会等活动。

越南

越南有 60 多个民族,京族(也称越族或安南族)占 89% 以上,主要信奉佛教、天主教、高台教和好教。

越南人见面多行握手礼或点头致意,有敬老风俗。

京族招待客人用自己最好的酒和加佐料的剁碎的生猪肉和生血,宾主开怀畅饮,客人吃得越多,主人越高兴。客人离开时,主人还要送一些自己种的蔬果或食品,客人要收下一些,否则主人不高兴。

泰族人请客,"请客要喝酒,喝酒必吃鱼"是他们流行的俗语。

越南南方的少数民族,主人要用坛酒敬客(和中国少数民族的咂酒相似)。用一根吸管插进酒坛,众人轮流饮酒,即使不会喝酒的客人,第一轮也要喝一口,否则是对主人的不尊敬。

越南北部山区的康色族人,至今保留着用鼻孔饮酒的习惯。在他们举办的宴席上,康色人会仰面朝天躺在地上,将酒慢慢地从鼻孔灌入,他们认为这种饮酒方式配合使用肉菜,乃是真正的享受。

柬埔寨

柬埔寨居民90%信仰佛教,少数人信仰伊斯兰教和天主教。

柬埔寨人讲究礼节,见面时多行双手合十礼热情问候。

做客时要注意衣着清洁整齐,注意尊重宗教方面的风俗习惯和民族礼仪。如佛教徒不吃荤,穆斯林忌提到猪,天主教忌讳"十三"(尤其是十三日逢星期五这样的日子),忌讳跷着二郎腿说话等。如果主人客厅里没有摆放烟灰缸,主人也没有请吸烟,表示主人不吸烟,也不希望客人吸烟。吃完饭,客人要赞扬饭菜丰盛味道好,感谢款待,会令主人一家高兴。

柬埔寨人认为右手干净,左手脏污,因此进食用右手,递给他人物品也要用右手,忌讳用左手,否则弄不好对方会拒绝。

老挝

老挝是多民族国家,居民90%以上是佛教徒。见面传统用合十礼问候,社交场合也用握手礼。

老挝人好客,流行"主人引路,敬酒在先"的说法。客人见面互致问候后,要在主人引导下进入;走进客厅前,要主动脱鞋,进入室内后盘腿席地而坐,不可将腿前伸。主人用各种时鲜水果和家酿美酒款待。主人先满饮一杯,然后斟满一杯敬客人,客人要双手接过一饮而尽,表示谢意。即使不喝酒的客人也要多少尝一点,否则主人会不高兴。

在老挝乡间做客,主人会热情地请客人饮"坛酒(咂酒)"。根据在场人数向坛中插入一些吸管,每人握住一根吸管吸饮坛中的酒,边饮边谈,气氛和谐。

老挝人习惯将鸡头或鱼头让给客人,表示对客人的尊敬;客人应当高兴地接受,并向主人致谢。老挝民间流行为客人举行拴线祝福的礼仪,以表示诚挚友情和良好祝愿,客人过三天后可解下。

泰国

泰国是多民族多宗教的国家,佛教被定为国教。

泰国人讲究礼节礼貌,是著名的"礼仪之邦"。异性之间不握手。

泰国待客一般用葡萄酒、啤酒。在酒类贩卖时间上有严格规定,凌晨两点以后不准卖酒。

泰国居民一般不设椅子沙发,进屋后席地而坐,不能盘腿;坐椅子或沙发不能跷腿,要双脚并拢端坐,脚不能朝向他人。主人多用茶水、水果招待客人,还有请客人嚼槟榔的习惯。

马来西亚

马来西亚是多民族国家,居民多是穆斯林,伊斯兰教被定为国教。马来西亚人讲究礼貌礼节,文雅大方。在城市里男女可以握手。

马来西亚人待客慷慨大方,随时欢迎客人登门,喜爱客人在家中吃饭。传统观念认为不留客人吃饭,可能是自己妻子的烹调水平不高。

客人进屋后要由长及幼向主人家一一问候,在主人的要求之下,再席地而坐;男客盘腿而坐,女客屈膝侧身坐。没有征求主人同意切不可吸烟。

马来西亚人不要求客人送礼,如果赠送一些日常食品表示友好情谊,主人会高兴地收下。主人敬上来的饮料、水果、糕点等,客人多少要尝一些,否则会被认为是拒绝主人的善待之情,引起主人不高兴。

穆斯林家庭严守戒律,习惯用右手抓饭进食,左手不能接触食物。每人面前放两杯清水,一杯饮用,一杯清洁手指。吃饭时,客人应观察主人的动作,依照主人的样子做,避免做出主人所忌讳的动作。

新加坡

新加坡是以华人为主(占全国人口的78%)的多民族国家,华人多信奉佛教,马来人多信奉伊斯兰教,印度人多信奉印度教。宴宾待客要看主人的信仰。

新加坡人待人礼仪周到。但如果应邀参加婚礼晚宴,按请柬时间准时到达会被认为不懂得礼貌、贪吃，应比注明的时间晚到半小时为宜。

新加坡人接待客人一般是吃午饭或晚饭。新加坡华裔居民宴客习俗礼仪和中国汉族大同小异，中老年人对中华民族的饮酒礼仪较讲究，青年人吸收欧洲宴饮习俗较多，待客喜欢饮用葡萄酒、啤酒。

吃饭时勿将筷子插在饭碗里或横放在碗、盘上，吃完饭不要将筷子交叉摆放，正确的方法是将筷子放在托架或放佐料的小盘子上。与印度人或马来人吃饭时，切勿用左手触及食物。

缅甸

缅甸是多民族国家，绝大部分居民信奉佛教，少数信奉伊斯兰教。

缅甸人重视礼仪，接待宾客有一套完整的礼节。客人要注意衣着，男人要穿上外套，女人要长衣长裤，可以光脚或穿拖鞋。宾主见面，相互鞠躬致意，或行合十礼，问候"吉祥如意"。

缅甸人公务活动多请客人到饭店用餐，对于朋友则喜欢请到家中用传统饭菜款待。缅甸传统待客饭菜量少质精。进餐时右手抓饭，左手持汤勺，喝汤时不要发出声响。吃饭时坐姿要端正，不可双肘支在桌上。进餐时，客人要感谢盛情款待，称赞饭菜可口，即使有不习惯的食品，也要尽量尝一尝。

客人辞别时，要向主人鞠躬致礼或行合十礼，退到门口，再穿鞋离去。事后最好再写封短信，感谢主人的热情款待，主人会十分高兴。

缅甸人忌讳星期日向他人送礼物，尤其是送服装一类物品。

印度

印度是多民族国家，绝大多数居民信奉印度教。印度女性一般不见男客，社交场合女性若主动伸出手，男客可热情轻握。到贡格族人家做客，主人席地而坐，客人坐在主人的怀里，一般要默默静坐15分钟左右，若是贵客或稀客，甚至要静坐几小时。

印度人好客，无论对应邀来访还是突然来访的客人，都热情接待，客人赠送礼物要用双手或右手。相互问候后，用传统膳食款待。印度人多吃素，印度教徒不吃牛肉，视牛为圣物，正统的锡克教徒也不吃牛肉；信奉伊斯兰教的印度人不吃猪肉，不饮酒。

印度人吃饭、敬茶时忌用左手，也不要用双手，而是单用右手。喝茶时将茶水斟入盘中，用舌头舔饮。

在印度，入海关者须在海关申请饮酒许可证，因为市场上无酒可买，要喝酒只有到酒市才能喝酒，或者当地人带您去私人俱乐部内偷偷喝。

印度的一些地区有"我吃饭，你付钱"的习俗。同商业谈判对象和朋友共进晚餐馆，他们会自然地说"你的资本比我的多，所以这笔餐费应该由你付。"钱多的人或是受欢迎的人应该付钱——他们认为这是对你的尊重，与抠门或挨宰不能相提并论。不熟悉情况的客人，常常会被这种场面闹得啼笑皆非。所以与印度人打交道您千万不要忘记带钱包。

印度尼西亚

印度尼西亚是多民族国家，居民 90%信奉伊斯兰教。

印尼人讲究礼节，突然造访是不礼貌的行为，约会后要准时赴约。

客人来访，主人多数会准时在门外迎候。否则，客人进屋前应先轻轻敲门，即使是最亲密的朋友也不例外。印尼人敬烟时主人将烟从盒里倒出一半，递到客人面前，客人应该将露出最长的按回烟盒，取出露出最短的那一支，表示对主人的尊敬和自己的谦虚。

印尼人常要留客人住宿，至少要请客人吃一餐传统风味的饭菜，辣椒和辣酱是餐桌上常见的佐料。印尼人口味很像我国山东人，一般爱吃辣的、炸的和较干的菜，特别爱吃动物内脏，如炸牛肚、炸肠、炸鸡肝等。常用饮料为红茶、果酒、葡萄酒、香槟酒，不饮烈性酒，而且在国庆和重大节日也都不饮酒。待客时喝葡萄酒、香槟酒等果酒类饮料。信奉伊斯兰教的印尼人忌食猪肉，不饮酒。

尼泊尔

尼泊尔是世界上唯一的印度教君主国，印度教被尊为国教。

尼泊尔人讲究礼貌，礼仪周到。红烛宴宾是尼泊尔传统的待客礼仪，桌上点燃许多支红色蜡烛，在烛光中畅谈对饮。还要举行篝火洗尘的传统迎宾礼仪，主人唱民歌、跳舞表示对客人的热烈欢迎。如果是在节日里来访，年轻漂亮的女性要给客人送上一杯甜水饮料，并唱歌助兴，表示对客人的美好祝福。

尼泊尔待客习俗是由客人自己动手盛饭菜，习惯上要盛两次饭，否则会认为是饭菜不合口味,看不起主人家。吃完后要将餐具放在桌子下面或其他不显眼的地方,不可放在桌面上,尼泊尔人忌讳他人错用自己的餐具。

巴基斯坦

巴基斯坦是世界上第一个用伊斯兰命名的国家,宪法规定伊斯兰教是国教,国家元首必须是穆斯林,国人严格遵循《古兰经》的训诫。

巴基斯坦绝对禁止饮酒,在饭店或酒店里买不到任何酒,就连啤酒也不例外。宴会上也不摆酒,商务谈判、招待外宾,常常以开水代酒干杯。外国人也得入乡随俗,不得在公开场合饮酒,否则会受到处罚。

拜访巴基斯坦人要事先预约,但巴基斯坦人对时间观念不十分严格,不准时赴约不会被认为是失礼行为;客人最好按时抵达,但不要提前,以免主人未做好准备而弄得措手不及。做客时男性要长衫长裤,即使天气再热,最好也穿西服,系领带;女性不要穿裙子。

巴基斯坦人挽留客人吃饭,用丰盛的穆斯林膳食款待,不饮酒。

进餐时由男主人陪餐,女主人不出面。饭后,要请客人吃水果;客人告辞时主人要热情地送到院门外,把右手放在胸前真诚地祝福;客人也要同样地回礼。客人走出很远,主人仍会站在院门外目送。

阿富汗

阿富汗有三十多个民族,伊斯兰教被奉为国教。

普什图人是境内人数最多的民族,约占总人口的50%。有朋友到来,总是热情地迎接到家,用最好的食物款待,不饮酒;主人会诚恳地挽留客人住下,千方百计使客人满意。在普族人家做客,必须"一心一意",善始善终;不可以在这家做客时又访问另外一家,否则主人会很不愉快,唯恐引起别人怀疑是客人不满意主人的接待。

阿富汗一些地区有用大吃大喝表示感谢的习俗,招待客人诚恳得让人"胃不舒服"。如果你觉得吃得差不多了,对主人说"我吃够了,不想再吃了",主人会不理睬你,你必须继续吃下去,吃得越多,对方越高兴,他们认为那才是懂礼貌。如果随便吃几口就停嘴,对方会不高兴。到这些地方去做客,需事先带点助消化药。

中华酒典

到阿富汗人家拜访,要注意衣装打扮,谈话内容要得体,不可提及穆斯林忌讳的话题或字眼儿。

阿富汗的穆斯林严守戒律,饮料以茶水为主。拜访阿富汗朋友时,赠送一包绿茶,对方会特别高兴,被视为非常珍贵的礼品。

伊朗

伊朗是多民族国家,波斯人占全国人口的99%,伊斯兰教被定为国教,以"礼仪之邦"著称于世。

伊朗政府1979年颁布了全面禁酒的法令,严禁饮酒,也不准携带酒精饮料进境。不论白酒、葡萄酒或啤酒,也不论酒的成分差别和酒度高低,含有酒精饮料一律禁止生产、销售,违者处以重罚。

伊朗人在国内国外都不许饮酒。2000年,伊朗政府允许在德黑兰指定的几家咖啡馆出售啤酒,但只许外国人享用,伊朗人不得入内。

伊朗人注意和邻里的关系,逢年过节要互赠礼品表示友好,应邀参加聚会要备一份丰厚的礼物,参加婚礼要备礼品或现金。

对于远道来客,主人用富于民族特色的饭菜款待,不饮酒。伊朗人严守戒律。主人讲话时不可随意打断,要注意倾听,不得毫无顾忌地大笑,不得伸出拇指表示赞叹,他们认为伸出拇指是辱骂对方。

约旦

约旦是以阿拉伯民族为主体的国家,宪法规定伊斯兰教为国教。

约旦作为伊斯兰国家,禁止酿酒、卖酒和饮酒,在部落酋长和伊斯兰教长面前饮酒是触犯戒禁的行为,宴请穆斯林需用矿泉水或不含酒精的饮料。

拜访约旦人最好预约,突然造访会不受欢迎。约旦人时间观念较强,要准时赴约。约旦人喜欢留客人吃饭,客人吃得越多,主人越高兴。

伊拉克

伊拉克居民大多数是穆斯林,伊斯兰教被定为国教。

伊拉克人以殷勤好客、慷慨大方著称于世,当地人流行这样一句俗语:"宁可自己饿死,也要将仅有的一块面包留给客人"。伊拉克人将有客来访当作一种荣耀,会拿出自己最好的食品招待。见面和分别要行贴面礼。饭前一定要多吃些椰枣,再吃饭菜就会更可口。

对远道而来的客人主人多用烤羊羔款待,红烧羊头是伊拉克一道名菜,羊头献给客人中的长者。

同其他伊斯兰教国家略有不同的是,伊拉克人常常用酒款待客人,而穆斯林自己不饮酒。

也门

也门的绝大多数居民是穆斯林,严守戒律,伊斯兰教被定为国教。

与也门人约会,主人不一定按时赴约,但客人一定要准时到达。宾主相见后多行握手礼,如果主人亲吻客人面额,客人应当照此回敬。

应邀到也门人家中访问,会受到隆重的接待。进入客厅,需先脱鞋,要举行熏香礼,即往客人身上煽香炉里的檀香烟,将香水洒在客人的脖子和前胸上。然后席地而坐,轮流吸客厅中央的水烟壶,满屋充满浓烈的烟味。也门人以杀牛宰羊、烹制传统风味佳肴来款待客人,不饮酒。也门人多用手抓饭,客人也应学着主人用右手抓食。

沙特阿拉伯

沙特阿拉伯是伊斯兰教的发源圣地,国家没有宪法,执法的依据是《古兰经》和伊斯兰创始人穆罕默德的圣训,戒律严格。

沙特阿拉伯人以对客人慷慨大方举世闻名。待客时主人会拿出家里最好的东西,按阿拉伯人的传统待客方式盛情接待。

阿拉伯人特别注重体面,出手大方。如果客人无意之间总是盯着他家的某件物品,主人必定要当场相送;如果客人无意之间诉说了自己的困难,主人会当场掏钱赠送。出现这种情况,客人还要表示欣然收下,否则主人会不高兴。沙特阿拉伯人不希望客人进门送礼,如果客人赠送表示友谊的礼物,主人会高兴地收下,但必以更贵重的礼物回赠。

沙特阿拉伯人待客的饮料是茶或咖啡,如果客人不愿意品尝,主人会不高兴,因为这是不信任甚至侮辱的表示。沙特阿拉伯人的习惯做法是来客必须留下来吃饭,否则是主人没有尽到主人的义务。

中华酒典

沙特阿拉伯人认为酒是引起犯罪的根源,禁酒已成为国禁。只要进入这个国家,嘴里绝对不能含有酒味,否则不能入境,如果发现偷带酒入境者,轻者驱逐出境,重者拘留判刑。送礼时切勿送酒或含有酒精的饮料,这个国家所有的饭店、餐馆一律不供应酒类饮料;私自饮酒如被抓获,或当众鞭打80下以至皮开肉绽,或被监禁半年到一年从事苦役,再犯被抓获,惩罚更严厉;贩酒、酿酒或酒后开车的会处以重刑,最重的处罚是斩首示众。

阿联酋

阿联酋多数居民信奉伊斯兰教,是举世闻名的礼仪之邦。阿联酋人严守戒律,不饮含酒精的饮料,待客用茶水,红枣茶、椰枣茶、薄荷茶是风行的三大饮料。

主人对来访的客人常要挽留吃饭,用可口的穆斯林膳食款待,不饮酒。客人告辞时,主人家要再一次为客人熏香(进门时已经熏过一次),有的还要往客人身上洒一些香水,让客人带着满身的香气离去。

卡塔尔

卡塔尔居民多数信奉伊斯兰教。

卡塔尔人很遵守时间,认为失约是失信于朋友的行为。做客要准时赴约,但不要过早抵达,以免主人准备不足显得尴尬。

卡塔尔人相互有赠送香片、香枝、香水的习惯,如果做客时送给主人一瓶香水或香料,主人会视为珍贵礼物。对主人回赠的礼物,客人一定要欣然接受,否则主人生气。对卡塔尔人不要送烟、酒、雕塑品等,这是所有穆斯林不喜欢的。

卡塔尔人不饮酒,但倾其家中所有招待客人,客人吃得越多,主人越高兴。当主人送上咖啡,客人喝几口咖啡后,可以起身告辞。

卡塔尔人严守戒律,如有违禁者严加惩处,对外国人也不例外。

科威特

科威特居民95%以上信奉伊斯兰教,严守戒律,是一个伊斯兰国家。按教规,伊斯兰教徒不准喝酒,违者严惩。国家还规定饮酒与私通者同罪,要当众鞭打。

科威特人待客不用酒,但倾其所有以使客人满意,其特殊风俗是:远方客人即使是陌生人,也要在家中留宿 3 天以上,天天丰盛的饭菜招待,3 天内决不问客人的姓名,也不说自己的姓名,以表示自己的热情。招待客人吃饭,一个客人至少要准备 3 个以上的饭菜,决不能出现饭后吃完的现象,认为剩下的比吃得多,才能显示主人的慷慨大方。

客人告辞时,主人要再为客人举行熏香告别仪式,主人要依依不舍地挽着客人的胳膊送到院门外,并要再一次握手、拥抱、亲吻,客人也应以回敬,最后互相告别。

土耳其

土耳其居民 99% 是穆斯林,遵守戒律,属于比较开放的伊斯兰国家,共和国成立后实行一夫一妻制,国民生活日趋西方化,在禁酒对女性的限制上,不甚严格,可以饮用葡萄酒、啤酒等,不可饮醉,醉酒会被人鄙视。

土耳其人尊重长者和妇女。进入室内要脱鞋,或换上主人预备的鞋。待客常用红茶、咖啡和甜食,客人对主人送上来的饮料多少要尝一些,否则是不礼貌的表现。

土耳其人邀请客人在家里吃饭一般是晚餐。

叙利亚

叙利亚是多民族国家,阿拉伯人占绝大多数,伊斯兰教处于主导地位,少数居民信奉基督教。

外国人偶遇当地朋友吃饭,即使初次交往,叙利亚人也会请客人坐下分享,客人接受邀请,主人会异常高兴。

叙利亚人不像其他阿拉伯国家那样禁酒,请客通常要喝酒,商店、饭店备有啤酒、葡萄酒、香槟、威士忌等出售。

客人告辞时,主人要陪送到院门外,并捧着一盒糖果送客,客人要拣一两颗放入嘴里或装入口袋里带回,表示留下了甜美的回忆。

斯里兰卡

斯里兰卡是佛教国家和多民族国家,宴饮习俗各民族不同,呈多样化。

中華酒典

斯里兰卡人禁止饮酒,就连啤酒也不例外。商务谈判、招待外宾的宴会,以开水代酒干杯。外国人也不得在公开场合饮酒,否则会受到处罚。

由于斯里兰卡曾长期是英殖民地,英国传统文化影响很深,相互见面多用握手的方式。斯里兰卡人讲究礼貌,传统的见面礼节是行合十礼,头稍低,微鞠躬,问好。受礼人也以相同方式回礼。

斯里兰卡人纯朴善良,热情好客。访客需事先约好,准时赴约。迎接贵客要举行欢迎仪式,为客人戴上鲜花制作的花环或献鲜花。

招待客人一般用传统的膳食,喜食辣椒,每餐必不可少。几乎做所有菜都用多种香料,色香味俱佳。招待客人时饮果酒,当地人招待客人一般用椰子花酿成的椰子酒,酒精度低,香醇可口。

家中女人一般不与客人同桌用餐。宴毕告辞,主人要送一点小礼品表示心意,客人不可拒绝。

非洲国家宴饮习俗

阿尔及利亚

阿尔及利亚居民绝大多数是阿拉伯人,伊斯兰教为国教。

阿尔及利亚人纯朴热情,见面通常行握手礼。

应邀做客应带一点礼品,或是送一束鲜花,鲜花应结扎精致,花朵为双数。到主人家后双手捧鲜花,微鞠躬,边向主人祝词边献上鲜花。

阿尔及利亚人爱留客人吃饭。宾主席地而坐进行饮宴,最名贵的菜是烤全羊。用完餐客人要对主人表示谢意,如果主人没有用完餐,客人要静坐,等待和主人一起离席。

阿尔及利亚人严守教义,禁止饮酒,禁食猪肉,甲鱼、螃蟹、海参等,外形丑陋的东西绝对不吃,不吃死去的动物。握手、吃饭、送礼物要用右手或双手,习俗上用左手是侮辱人的。

农村地区用餐仍旧用右手抓食。对好菜客人要等主人奉送,不可自己伸手或是越位抓食别人面前的饭菜。

餐后应和主人饮一会儿茶水,稍叙片刻,当地习惯是很多重要的事情放在饭后商谈,如果饭后立即告辞,会引起主人不快。

埃塞俄比亚

埃塞俄比亚是非洲古国,风俗礼仪富于民族色彩。

埃塞俄比亚人热情好客,见面行握手礼或拥抱亲吻。用咖啡待客是隆重的礼节,喜欢煮咖啡加入一点食盐,饮咖啡同时请客人吃一种用大麦粒炒的食品(当地叫作“果洛”),咖啡要饮5轮。客人在用时要再三感激,赞美咖啡味道香甜,否则主人扫兴,会停止煮下一轮咖啡。

招待客人一般用传统饭菜。进餐时宾主席地而坐,围在一只苇编篓子周围。招待客人时,主食和盛装汤水的罐子上都要盖一块红布,表示对客人的火热之情。

加纳

加纳是非洲古国,主要有阿肯族、莫西—达各姆巴族、爱维族等民族,多信奉基督教新教、天主教和伊斯兰教,风俗礼仪随信仰和民族而定。

加纳人朴实大方,憨厚爽快。见面要先问好,见面和分手要行握手礼,用右手或双手。要先进行广泛的问候。熟悉的朋友见面握手后要相互拥抱,并用右手轻轻拍对方的后背,然后握住对方的手交谈。加纳对男女之间存在明显界限,对异性朋友仅点头微笑,加以问候,不要太热情。

加纳人谈公务时多请客人在饭店吃西餐,私人交往多请客人到家中吃饭。做客时要准时赴约,并准备一份较简单的礼物,最好是所在国的产品,主人会非常高兴。不论礼品价值高低,包装要精美。客人进门后,先用可可茶招待。加纳人请客多用素食。

加纳人崇拜凳子,摆着的凳子是显示尊严的。做客时未经主人允许,不可随意坐凳子。

埃及

埃及居民90%以上信奉伊斯兰教,是典型的阿拉伯国家。

埃及人对有客来访格外高兴,会一再表示欢迎。客人可带一些礼物:应邀吃饭,可以送些糖果或巧克力;参加婚礼、出席宴会或探望病人等,可送鲜花;祝

中华酒典

贺生小孩,可送些现金。

到穆斯林家中做客,不可打听或问候女主人,不得随便与女性交谈,尤其不能同戴着面纱的女子说话。宾主交谈时务必全神贯注,相互正视。如果客人赞美主人家的某件物品,即使价值很高,主人也要当场奉送,直到客人收下为止,否则主人会不高兴。

对主人送上的茶水,客人一定要喝完,埃及人忌讳客人不喝或是杯中留下茶水,那是预示主人的女儿找不到婆家。吃饭时,客人吃得越多,主人越高兴,否则是瞧不起主人。

信奉伊斯兰教的埃及人严守戒律。尽管政府没有明令禁酒,但从国宴到家宴,只备矿泉水和不含任何酒精的饮料。款待埃及客人,要用不含酒精的饮料。

安哥拉

安哥拉近一半居民信奉罗马天主教,13%信奉基督教新教,其余大多信奉拜物教。风俗礼仪具有鲜明的非洲特色。

安哥拉人对人坦诚,相互间稍稍熟悉,便热情地邀请到家中做客,拿出最好的食物招待,分别时还要送一些当地的土特产或民间工艺品作纪念。

安哥拉是非洲为数不多的不禁食猪肉、不禁饮酒的国家之一,待客常常用酒。

待客的饮料有咖啡、啤酒、茶水、凉水等。家中客厅都摆放一只大瓷壶或大土罐,里面装的便是凉水,讲究一点的装凉白开水。许多宾馆客房里也为客人准备一壶凉水,即使星级宾馆也一样。在官方举行的宴会上,每位客人面前放有多种饮料,凉水必不可少。

博茨瓦纳

博茨瓦纳居民主要是茨瓦纳人,主要信奉基督教,农村人多信奉传统宗教。

博茨瓦纳人待人诚恳,重视礼仪,热情好客。博茨瓦纳人见面礼节多行握手礼,热情问好,熟悉的朋友见面握手问候以后,彼此拥抱亲吻对方面颊。见到长辈或地位高的,先用左手握住自己的右手,再伸手去握对方的手。关系亲密的握手问候后,双手拉着对方的手交谈,谈话结束再分开。女性多行躬身屈膝礼。

中华酒典

博茨瓦纳人爱交友,初次见面也会表现出相见恨晚的表情,再三邀请对方到家中做客,并拿出家中最好的食物招待。

宴会上,大家席地而坐,每人面前摆一只盘子,盘里放食物。用餐时用左手托盘,右手抓食,盘里的食物快用完时主人会及时添加。当地流行的牛肉宴上,男人吃肉,女人吃杂碎,即使女宾也不例外。

博茨瓦纳人热情奔放,能歌善舞,宴会中多歌舞助兴,舞蹈者如痴如狂,一丝不苟。

见到博茨瓦纳人问候他家的牛群怎么样,他会十分高兴,认为您了解体贴他们的习俗。

赤道几内亚

赤道几内亚是多民族国家,芳族人占全国居民 70% 以上,全国 90% 以上居民信奉天主教,少数人信奉伊斯兰教,其余信奉原始宗教。

每个乡村中都有一座引人注目的漂亮高大的房屋,这是当地人视为神圣权力象征的"村房"。商议重大事情、接待远方来宾都在"村房"进行,村酋长要在村房中接见客人(不论谁家的),并用当地的土特产盛情款待。做客时,最好带上一些小礼物送给主人或主人的孩子们。

赤道几内亚人喜爱用棕榈酒招待客人。当地自制的棕榈酒有两种:比奥克岛居民自制的棕榈酒是用棕榈树上的雄性花蕊酿制,存放半个月后,发出浓烈的酒香。穆尼河省居民自制的棕榈酒是用棕榈树的汁液同轧出的甘蔗甜汁混合,再放入一种碎树皮发酵,经高温蒸馏过滤,造出的棕榈酒酒精度高,格外香醇。

做客时切勿将饭或汤洒在地上,那会被视为不懂礼节。进餐结束,主人未宣布散席,客人要静坐等候。散席时客人要赞美饭菜味道好,对主人致以诚挚的感谢。

多哥

多哥人多数信奉原始宗教,少数人信奉基督教或伊斯兰教。

多哥人喜欢交朋友,客人登门,不论是否有约,主人都非常高兴,挽留客人吃饭,用家里最好的食品招待。做客时,主人用什么饮料招待,都要表示高兴。

中華酒典

主人送上饮料,先自己喝一口,表示饮料洁净无毒,再双手捧给客人,作为待客的最高礼遇。客人应该双手接过饮料,洒一点儿在地上,表示祭献主人的列祖列宗,然后再慢慢饮用,并对主人表示感谢。

多哥人款待客人,常用传统饭菜和自酿的棕榈酒,待客菜肴最著名的是烤全羊,众人围坐,宾主共食。进餐结束,主人不离席,客人要静坐等待。

喀麦隆

喀麦隆是非洲中西部政治、经济、文化交流的枢纽,有"非洲缩影"之称。全国有 239 个民族,主要信奉拜物教、天主教、基督教和伊斯兰教,保持撒哈拉以南非洲地区风俗礼仪。

喀麦隆人朴实憨厚,热情好客,乐善好施,对求助总是全力以赴,不索取任何报酬,如果坚持要给小费,哪怕你出自很感激的心情,他们往往会生气,认为是被瞧不起。在这个国家行贿多会碰壁,行贿者会下不来台。

喀麦隆人讲究礼仪,见面行握手礼,热情问候祝愿,熟悉的朋友见面,多拥抱贴面,问寒问暖,异常亲密。一些少数民族地区对外来客人要恭敬地鞠躬,鼓掌欢迎,然后问候祝福。喀麦隆妇女见到客人行屈膝礼。

喀麦隆人对客人尤其是外来客人异常热情,喜欢邀请到家中做客,对客人要拿出自己最好的食品款待。

喀麦隆人习惯吃手抓饭,大家围坐在席子上,中间是菜肴,每人面前同时准备饮用和洗手的两杯水。做客时如不习惯的,要学着主人的样子做,动作宁可慢些,不可将饭菜撒在席子上。

冈比亚

冈比亚居民 90%以上信奉伊斯兰教,遵守戒律。

冈比亚人爱交朋友,憨厚爽快,诚挚热情,但交往中要注意尊重其风俗礼仪,否则会产生误会。他们重视见面的礼节,要花费一定时间寒暄,相互进行内容广泛的问候,凡是能想到的都应问候一遍,以示关心,否则是不礼貌的表现。

冈比亚人注意服饰,讲究着装整洁,认为公共场合穿短裤是不文明的行为,包括西装短裤。但对女人穿裤子看不惯,即使外国女性也一样。冈比亚妇女不得在公共场合裸露上身,但公开裸露出乳房却不会遭到非议,认为是展示美。

家庭经典藏书

中华酒典

和冈比亚人初次交往,寒暄足了,即成为朋友,他会热情地邀请你去家中做客,客人拒绝,他会很不高兴,认为你不够朋友。待客不饮酒,名菜是烤全羊,客人吃得越多,说明够朋友,主人越高兴。

刚果

刚果多数居民信奉原始宗教,还有信奉天主教、伊斯兰教等。

刚果人喜欢邀请外国朋友到家中做客,总是倾其所有招待。常用当地的野味招待客人,如用大黄蚂蚁制成的营养丰富的蚁酱拌猴子肉吃,还有花生面包、香蕉泥、花生粉等制成的"尤乌马",在香蕉泥中加入牛奶制成蕉冻等等。当地的香蕉酒,芳香扑鼻,是待客的佳品。

几内亚

伊斯兰教是几内亚国教,约有85%的居民信奉,遵守戒律。

几内亚人以热情好客著称于世,见面总要握手致意,热情寒暄,从对方的身体状况、生活起居、亲友关系等一一问候,然后再转入正题。

几内亚人注重着装,穿不合规范的服装是不懂礼节的表现。正式场合男性穿深色西装、系领带、配深色皮鞋;女性穿西装长裙或合体的连衣裙。男性在室内不可戴帽子、手套、墨镜。

做客要按时赴约,最好带一些小礼物给主人的小孩。宾主互致问候后,主人会拿出饮料招待,由客人自斟自饮。客人一定要喝一些,否则主人会怀疑客人嫌饮料不干净。请客人吃喀拉果是当地一种礼遇,客人切不可辜负主人一片盛情。主人多用传统膳食招待客人,当地人喜欢吃抓饭,招待贵宾的名菜是烤全羊,众人围坐而食。

几内亚人爱用香蕉制成的各种食品招待客人,喜爱拿出自酿的香蕉酒请客人畅饮。

加蓬

班图人种是加蓬的主要居民,遍布全国,还有被称为"世界矮人"的3000多名俾格米人。全国一多半人信奉天主教。

加蓬人十分重视接待客人,稍有身份的客人到某地或某乡村访问,酋长会在王宫会见来访者。酋长从侍从手里接过一杯酒双手举起,欢迎客人光临,然后,侍从从酋长手里接过来,呷一口,表示无毒,随即依次请客人呷一口,祝福客人平安幸福。见面仪式结束后,酋长会热情地同客人谈话,询问客人有什么要求。酋长离去后,接待人员负责设宴招待客人。

加蓬人宴请贵宾的国宴上,油炸田鸡腿是众口皆碑的上等菜肴。

俾格米人的特色食物像活烧乌龟、油炸蟒蛇、清煮毛虫,是滋味独特的食品。

肯尼亚

肯尼亚是新兴旅游国家,全国有 42 个民族,居民信奉的宗教主要有基督教、原始宗教、伊斯兰教和印度教,饮宴习俗因地区、民族、宗教各异。

肯尼亚人重视礼仪,待人诚恳热情,憨厚朴实。对外国客人总要热情招呼,行握手礼或点头致意,并进行广泛的问候。有敬老的习俗,社会交往中,年龄是身份和地位的标志,对外国老年人格外尊重,鞠躬致意,问候完毕要恭敬地站在一旁。年轻的女人见到年长的外国客人总要行半跪礼。肯尼亚人对中国客人异常友好。

肯尼亚人注意称谓,并要得体,这是尊重对方的表示。存在明显的等级观念,在政府机关、社会团体、企业等上下级关系分明,要将职衔和先生连称,对部长级以上的要称"阁下",对有身份地位的妇女要在夫人前加上其丈夫的头衔。

造访肯尼亚人朋友要事先联系,准时赴约。

肯尼亚人请客总要拿出自己最好的东西招待,客人享用越多,主人越高兴。客人应对每一样食品都用一点,否则是失礼的表现。分别时要送给客人一份礼物纪念,客人要收下,否则主人会认为是瞧不起他。

忌讳对老年人直称其名;对于木偶、图案、标记等切不可用手触摸,否则会认为是亵渎神明,冲撞祖先;忌讳用左手握手、行礼、吃饭或接递东西;不可随意进主人卧室,更不可随意进女性的房间;谈话不可用手摸自己的鼻子,这在当地是侮辱人的动作;询问年龄不可用手向下比画,因为是诅咒人死亡的动作;同穆斯林交往,忌讳提及类似"猪"一类的字眼,他们祈祷时切不可打扰。

津巴布韦

津巴布韦大多数人信奉传统宗教。

津巴布韦人对外宾热情,尊重长者,有"女士优先"的习惯。拜访津巴布韦朋友,应事先联系,按时赴约,主人会按时迎候。如果抵达后主人没有迎候,未经允许,不可擅入。男人进入室内要摘掉墨镜、帽子,主人如果脱鞋,客人也要脱鞋。交谈时要坐姿端正,双脚并拢,不可伸舌头,当地认为伸舌头是侮辱人格的举动。

吃饭时要文雅端庄,不可发出声音;饭菜太热,不可用嘴吹,等待稍凉以后再吃;嘴里有食物时,切勿说话。

津巴布韦人除穆斯林外,主人喜欢请客人喝酒,而且喜欢和客人互相敬酒,表示友好。但客人切忌饮酒过量,如果发生酒后失言甚至失态,是极不礼貌的行为。

科特迪瓦

科特迪瓦绝大多数居民信奉拜物教,也有信奉伊斯兰教和基督教。

科特迪瓦人以朴实诚恳、爱交朋友著称,有尊老敬长的风俗。

做客时如果主人家中铺有地毯,要事先脱鞋。如果知道主人要请吃饭,要带一些自己国家的小件产品作礼物,主人会备加高兴。

如果是晚餐,非穆斯林家庭多用威士忌、葡萄酒、啤酒等酒类款待客人。主人开瓶后,往酒杯里斟八分满,然后将酒杯递给客人,把酒瓶也放在客人身边的茶几上,说一声"请",再回到自己座位上,打开另一瓶酒,将杯斟八分满,坐下来,举起酒杯,饮酒就正式开始,边饮酒边谈话。饮酒时杯里的酒自己倒,自斟自饮。如果客人喜欢加冰块或凉水,在主人打开瓶盖往你杯里斟酒时,要主动要求加入多少冰或水。

如果怕给主人添麻烦,同主人争着斟酒,是一种失礼的行为。

利比亚

利比亚居民大多数是阿拉伯人,95%以上信奉伊斯兰教,伊斯兰教被定为国教,利比亚是伊斯兰教规极其严格的阿拉伯国家之一。

利比亚人慷慨大方,接待客人通常要请吃饭。邀请吃饭或是参加招待会都是一种形式,他们并不很遵守时间。

被邀请到利比亚人家吃饭,只有男人能参加,而且要为男主人带礼物,不能

中华酒典

为他的妻子带礼物。利比亚人不看重礼物,第一次见面送礼,他们会怀疑有行贿的目的,如应邀到利比亚人家中吃饭,带一点礼物送给男主人或家中的孩子,主人会显得高兴,如送给主人妻子礼物会弄巧成拙,文化品、艺术品是特别受欢迎的礼物。

利比亚法律制定了严厉的禁酒条文,不可违犯。利比亚人先喝饮料,后吃饭,饮料一般是茶水或咖啡。招待贵宾的名菜是烤全羊。饭后,请客人吃一些水果。

卢旺达

卢旺达人大多数居民信奉天主教和原始宗教。

卢旺达人素有助人为乐的美德。一家有事,居住在附近的人都会来帮忙,主人只需拿出香蕉酒招待大家,众人围坐畅饮。

卢旺达人喜爱交朋友,初次见面交谈一阵,就会把你当作朋友,并热情地请到家中做客,拿最好的食品招待。饮酒是卢旺达人重要的社会活动之一,客人来访,总要拿出高粱酒或香蕉酒款待,借此表示自己友好的感情。

卢旺达人几乎家家种香蕉树,酿制香蕉酒,酿出的香蕉酒清香甘醇,风味别致。宾客到来,"咂酒"招待:将酒倒入大瓶中,插入一根吸管,宾主依次轮番吸饮,亲热无比。饮完香蕉酒,主人才请客人吃饭。

卢旺达的香蕉酒,味道醇香甘美,略带酸味,是一种理想的清凉饮料,可以和欧洲的葡萄酒媲美。卢旺达的男子总是随身带一葫芦香蕉酒,口渴时就喝几口,同朋友相见,互致问候后,总是将自己的香蕉酒捧送对方喝几口,表示自己将对方视为可以信赖的人。

马拉维

马拉维50%的人信奉基督教,少数人信奉伊斯兰教和原始宗教。

马拉维人尊重妇女,自尊心强,和马拉维人交往,不可询问对方年龄和财产情况。同牧民交往,切忌打听他们牛羊的数目,不可用手指着牛羊数数,否则牧民会当场反目,轻则一顿斥骂,重则施以棍棒,即使对外国人也不例外。

马拉维人喜爱交朋友,初次相见,如果懂得当地礼仪,举止庄重,平易近人,他们会视为知己,请到家中做客,用自酿美酒宴请宾客(穆斯林遵守戒律)。应邀做客时，要准时赴约，届时会受到主人的热烈欢迎和款待。

马拉维人忌讳已婚女人穿长裤，所有女性穿的裙子不得超过膝盖，违者要追究法律责任，外国女性违反则可能被驱逐出境。

马里

马里 80% 以上居民信奉伊斯兰教。

马里人以热情好客著称。按马里风俗，拜访朋友要事先联系，准时赴约，突然造访会让主人措手不及，是不礼貌的行为。

马里人宴请贵宾要用烤全驼这道名菜。西北部的烤全驼别有风味，是待客的上等佳品。烤全驼是将一头骆驼宰杀，割去驼峰，剖开腹腔，取出内脏，清洗干净后，放入一只烤熟的全羊，羊肚内是一只烤熟的全鸡，鸡膛内是一只煮熟的鸡蛋，然后，缝好骆驼腹腔，放入烧的火烫的沙坑里，用沙盖严，再用柴火慢慢烘烤两个小时左右，便可食用。鸡蛋由身份最高的客人食用，烤鸡分给年长的客人，烤羊分给所有的客人，骆驼由众人分享。驼峰供生食，不加任何佐料，味道鲜美，是烤全驼宴席的重要组成部分。

穆斯林宴请客人不用酒。

多数马里人进餐不用刀叉，用右手抓食，外来客人应入乡随俗。

毛里塔尼亚

毛里塔尼亚居民主要是阿拉伯摩尔人和土著黑人，大约各占一半。土著民族主要有土库勒族、索尔克族、颇尔族和沃洛夫族，伊斯兰教为国教。风俗礼仪沿袭非洲的习惯，又有伊斯兰国家的特点。

毛里塔尼亚人讲究礼仪，热情好客。非常重视见面礼节，见面紧握对方手，热情寒暄，问候十分广泛，当地甚至连对方家的牛羊牲畜等都要问到。

毛里塔尼亚人十分欢迎客人来访，有客来访要到院门外迎接，接待时必须饮茶三巡，表示真情，即所称"见面三杯茶"。饮过茶后多用骆驼奶招待，当场挤奶，倒入大碗双手端给客人喝，表示热情和崇高敬意。爱请客人吃手抓饭，餐前洗手，用右手抓食。

做客要注意着装整齐，表示对主人的尊重。

毛里塔尼亚人访友一般不带家眷，在家里女主人一般不见男性客人。毛里

中华酒典

塔尼亚人吃饭、接送礼物等忌讳用左手,用左手碰食物是犯忌的,被左手碰过的食物别人不会再吃。吃饭时手指碰到嘴唇,被认为是不礼貌的举动。

摩洛哥

摩洛哥居民 80%是阿拉伯人,多数居民信奉伊斯兰教。

拜访摩洛哥朋友要事先联系,突然造访会使主人感觉很被动。摩洛哥人在交往场合用茶水待客是传统礼节,即使在国宴上也是用茶水代替各种酒类招待贵宾。在宴请宾客前,要请客人饮茶三巡,以示敬意。招待客人不用酒,以饭菜丰盛著称,喜爱请客人吃手抓饭。

做客时需经主人邀请或允许方可进入家中,擅自进入是极不礼貌的行为。进入室内要主动脱鞋,主人敬的茶一定要喝,不喝是对主人的不尊重。不可将盘中的菜全吃光,因为主人家女眷、儿女那一份都在其中端上来了,主人还要端回剩下的让她(他)们吃。

莫桑比克

莫桑比克是多民族国家,99%以上的居民是公元 4 世纪前后从西非沿海地区移居的班图族人的后裔,大多数人信奉原始宗教。

莫桑比克人见面一般行握手礼,关系亲密的朋友见面后礼节性地吻对方的腮部。

有客人来访,主人表示欢迎和祝福后,用饮料和水果招待。莫桑比克人款待客人用酒“主随客便”,主人同时将各种饮料包括酒类摆放在茶几上,交给客人一只杯子,由客人选取自己喜爱的饮料随意取用。

纳米比亚

纳米比亚居民大多是非洲土著黑人,90%以上信奉基督教。

纳米比亚人特别注重见面礼节。做客要注意着装,装扮整理,将自己打扮的同受过教育、有身份的人形象相符合,女性可将自己装扮成上层女性的形象,主人会感到荣耀。

纳米比亚人待客用酒,不宜饮醉失言。

尼日利亚

尼日利亚近一半居民信奉伊斯兰教,其余大部分信奉基督教。

尼日利亚人特别乐于助人,对异国他乡者更是热情。

做客务必准时赴约,主人会在家中恭候。尼日利亚人习惯赤脚待客,客人进屋之前要脱鞋、脱帽、脱外衣。宾主见面,问候寒暄一番后,男主人陪客人说话,女主人送上饮料、水果,然后坐在一旁静听,极少插话。

穆斯林严守戒律,不用酒。

当地名贵菜是烤全羊。有身份人家吃饭用刀叉,普通人家多是抓食,饭前洗手,吃粥类用一只小木勺。

苏丹

苏丹是多民族国家,阿拉伯人占全国人口 50% 以上,信奉伊斯兰教,南部的苏丹黑人信奉基督教和拜物教。

苏丹人注重礼节,如果他们邀请你做客,你爽快地答应,准时赴约,他会欣喜若狂,否则会十分扫兴,可能从此中断和你的交往。做客进屋前先脱鞋,进入客厅后寒暄问候,随后主人请客人入座。苏丹饮料最著名的是"苏丹红",呈粉红色,清凉爽口,酸甜适度。苏丹各民族禁忌颇多,外来人必须尽量注意和尊重。贝鲁人忌讳直呼妇女的姓名,这个民族妇女地位很高,否则主人会当场大发雷霆。

索马里

索马里以骆驼闻名世界,拥有世界骆驼总数的三分之一。95% 以上居民信奉伊斯兰教,伊斯兰教被定为国教。

索马里人富有强烈的民族感情。索马里人同客人见面,主动打招呼,握手致意,注意内容广泛的问候寒暄。

索马里人社交场合特别注意着装讲究,所以,外人也应注意端庄、整洁、服装得体,他们才会觉得你尊重他们。

骆驼奶是索马里人常备的待客饮料,北部牧民普遍用茶水待客,迪吉尔人和汗拉文人习惯用酥油煮绿咖啡豆请客人品尝。

索马里待客的餐桌上既有生吃的香蕉,也有香蕉饭、香蕉饼,只饮用家酿的香蕉酒等等。

索马里人十分爱惜骆驼,不得有亵渎骆驼的话语,严格禁止给骆驼照相,不得擅自进入清真寺,男性不得同女性握手。

坦桑尼亚

坦桑尼亚是多民族国家,居民主要信奉原始宗教、天主教、基督教和伊斯兰教。

坦桑尼亚是礼仪之邦。客人来访,全家人要进行周密细致的准备,客人到达,常常是全家人在门外迎候。主人习惯向客人赠送礼物,因此客人事先应准备一份送给主人的精致礼物。客人进家,主人先用饮料、水果招待,接着请客人品尝传统饭菜。

他们用香蕉面制成的"香蕉面包",配上用香蕉烹制的菜肴,饮着甘美香醇的香蕉酒,让人大开胃口。

突尼斯

突尼斯全国90%以上是阿拉伯人,伊斯兰教被定为国教。

突尼斯人待客不饮酒,南部地区实行泼水待客。主人全家簇拥着客人来到河边,请客人洗脸,主人亲自将水泼在客人脸上,以表示对客人的欢迎与尊重,客人应该表示感谢。在南部的沙漠绿洲地区,客人入座后,主人端一只盛有鲜骆驼奶的碗,宾主轮流接过碗喝一口,然后请客人饮加糖的浓茶三杯,这是当地最高的待客礼仪。

拜访突尼斯朋友,最好事先约好,并准时赴约。突然造访,会令好客的突尼斯人感到为难。另外,突尼斯人喜爱交往,没有人预约来访,很可能他要出去而不在家。

突尼斯人慷慨大方,客人无意或有意赞赏主人家的某件物品,他会当场奉送,客人应接受,否则主人会不高兴。

乌干达

乌干达多信奉天主教、基督教新教、伊斯兰教和东正教等。

乌干达人对有人来访总是十分高兴,拿出最好的食物招待。乌干达待客用香蕉食品待客,香蕉面包、炒香蕉、炖香蕉、烤香蕉等,配上最常用的香蕉酒,成为香蕉宴席。

赞比亚

赞比亚城镇居民多信奉基督教和天主教,少数人信奉伊斯兰教,农村广大地区信奉原始宗教。

赞比亚人对客人热情礼貌,行握手礼,边上下晃动边热情寒暄,问候内容极其广泛,凡是能想到的都要一一问候,往往寒暄十几分钟。

客人按时到达,主人亲自开门,迎入客厅,热情款待。当地白天待客的饮料多是咖啡、汽水、果汁一类,黄昏或晚上是啤酒、香蕉酒等。主人打开瓶盖,整瓶交给客人,由客人自斟自饮,水果点心之类,同样由客人自己取食,完全由客人"自主决定"。

赞比亚人喜欢用传统饭菜招待客人,客人如果嫌饭菜不合口味或是过分谦让不吃或少吃,则认为是对主人的不礼貌。

扎伊尔

扎伊尔人民族自尊心极强,风俗礼仪保持着鲜明的民族特色。不尊重老人的行为在扎伊尔会受到公众谴责。

扎伊尔人注重礼节,见面询问对方各方面情况,问候内容广泛。

扎伊尔人同初次见面的客人交谈一会儿,马上视为朋友,通常要请到家中做客,拿出最好的食品招待,风味佳肴让人赞不绝口,红焖猴子肉、油炸昆虫营养丰富,口味特殊。客人要入乡随俗,一定要尝一些,并称赞味道好,感谢盛情招待,否则主人感到十分扫兴。

非正式场合,男子不可随意穿西装,女性应穿裙子。

欧洲国家宴饮习俗

意大利

意大利居民98%是意大利人,罗马天主教是主要宗教,少数人信奉基督教新教和犹太教。

意大利人信奉的酒神是巴克。意大利人是一个嗜酒的民族,酒是意大利人生活的伴侣,每一个意大利人几乎都是鼻子红红的,据说与饮酒有关。无论中饭晚饭,男人女人很少不喝酒,甚至喝咖啡时也要掺酒以增加酒香味。晚餐必须有酒,即使贫困潦倒,也会用面包蘸葡萄酒吃得津津有味。不少意大利人喝酒时,喜爱在酒里面加些盐、盐水,或不同香料,时常还将酒煮熟饮用,认为热酒酒力更强。

意大利饮料包括软饮料、低度酒等几大类,如有"最佳使节"之称的香槟酒,物美价廉的"维诺"葡萄酒等。

意大利人请客多是午餐或晚餐,星期天和节假日一般在家中,平时去餐馆,一顿饭往往延续两三个小时。招待贵客,多要举行菜肴丰盛的隆重家宴,宾主致辞举杯共饮,不劝酒。

意大利人饮酒讲究酒杯,酒的颜色不同,酒杯的型式也不同。通常喝干红或干白葡萄酒,聚宴待客才喝烈性酒。一般先上香槟酒,开瓶时撬动瓶塞,"乒"的一声弹出瓶塞,宾主以为吉兆,鼓掌庆贺后便开怀畅饮。在罗马等地,揭开瓶塞后,要把酒先倾注在主人杯里,主人举杯先沾唇,这是表示敬客而去客疑,是敬客风俗。再上餐前冷盘,多为海鲜,然后上葡萄酒。

意大利人爱饮酒,待客时讲究每上一道菜,便换一种酒,酒的颜色各不相同。饭后再饮消化酒及咖啡。节日的正菜多达7道,常配置开胃的苦艾酒和助消化的烈性酒。

意大利人在宴会上毫不拘束,随意吃喝,他们的古训是:"客人喝得高兴,主人脸上光彩。"

意大利喝起酒来不计时间。进餐一般只有两道菜,可是普通一餐饭吃下来总要一两个小时,因为,菜虽然少,酒是一定要喝好的。

意大利人除夕夜要将家中包括空酒瓶在内的废弃物全部扔到大街上,表示弃旧迎新。

"意大利面条"是用洋葱、牛油和大米同炒,边炒边加入葡萄酒,使之吸入味,口感香柔。

意大利人异性之间可以握手问好,也可以男性吻女性的手背。除了观看足球比赛,任何不遵守公共秩序的行为会遭到众人的谴责。

意大利人爱用手势表达自己的意思,手势语言十分丰富,不懂的千万不要乱做手势,弄不好会产生严重误会。

俄罗斯

俄罗斯人约占全国总人口的82%,居民多数信奉东正教。

俄罗斯人性格外向,豪爽大方,热情好客。由于受地理环境的影响,一般都怕热不怕冷,夏天尤其喜欢餐厅内带有空调设备。

俄罗斯人讲究见面握手致意或行鞠躬礼,老朋友见面有拥抱亲吻的习俗,异性之间,男性一般吻女性的手背。隆重的场合爱用"面包加盐"的迎宾礼仪,表示热烈欢迎和崇高敬意:主人先上面包和盐,客人则掰下一块面包,蘸一点盐放进嘴里,边吃边表示感谢。

应邀做客,可以送一束鲜花、一瓶酒或者书籍、工艺品之类的礼物。进屋后脱去帽子和外衣,先向女主人鞠躬问好,再问候男主人及其他成员,然后坐到主人指定的座位上。俄罗斯的女主人,对来访客人带给她的单数鲜花很欢迎,男主人则喜欢高茎、艳丽的大花。

俄罗斯人对每个节日都非常重视,每逢节日,都要郑重其事地喝酒。大家喝酒时祝酒词颇多,总有要喝的理由,经常一醉方休。

参加俄罗斯人的社交场合,衣着要整洁干净,男人要理发刮脸,女人最好淡妆打扮,显得有礼貌有身份;握手时要脱手套,不能摇晃对方的手,尤其初次交往,一般只能礼节性地轻轻握一下;要尊重女性,男性吸烟要征得女性同意,女性吸烟男性要主动敬烟、点烟;要注意遵守公共卫生,否则卫生警察会礼貌地批评教育并处以罚款。

宴席结束后,客人要按礼节再三向主人表示感谢。

俄罗斯人爱饮酒,酒量颇大,他们喜欢喝高酒度的伏特加、威士忌、白兰地,喜欢饮口味清醇的白酒,对中国的汾酒、二锅头一类白酒十分喜欢,不喜饮香味浓厚的酒。

啤酒只能作为饮料,用以佐餐,不能作为酒类摆到桌上,更不能用啤酒招待客人。俄罗斯人不爱喝葡萄酒。

在俄罗斯能饮烈性酒是男士的象征,不会饮酒的男子会被责为"不是男子汉"。

中華酒典

俄罗斯人饮酒习惯是用大杯,而且要干杯,否则就不是真正的男人。俄罗斯人在喝"伏特加"时,必先从喉咙里发出"咕噜"声,相传这是彼得大帝留下来的,已形成传统。据说彼得大帝犒赏得力部下,就是请他免费喝酒。彼得大帝的办法是:在他的下巴盖一个官印,只要在官印还没有洗掉之前,仰起下巴,发几响浓重喉音,就可免费出入任何一家酒店。几百年来饮酒先"咕噜"成为俄罗斯传统酒文化特征之一。

待客宴席上必定设酒款待,而且是烈性酒。俄罗斯人宴宾劝酒,喜欢客人和自己开怀畅饮,但认为醉酒是不文明的行为,是缺少教养的表现。俄罗斯人饮酒后谈锋极健,豪放大度,极具幽默感。

伏特加是俄罗斯"国酒"。在俄罗斯最流行的饮法为 Frozen Vodka。即将伏特加放于冷冻柜内冷藏,酒樽上会有一层薄霜,酒水不会结冰,只会质地变得较稠。在饮用时,将伏特加倒进 Shooter 杯或平底方口的杯内,然后,把整杯酒一口灌下去。当冰冻的伏特加一口饮下,起初只会感到一阵冷,但不足数秒,喉头便会感到一阵滚烫,这种饮酒方式甚为刺激。

俄罗斯政府开放酒类民营化之后,新技术引进和管理方式改良对俄罗斯酒品市场造成了很大冲击。俄罗斯人近些年开始喝啤酒成风。俄罗斯的夏季只有短短的 4 个月,畅饮冰凉啤酒的快感现在绝对成为他们不可错过的夏日娱乐之一。以往俄罗斯人钟爱的烈酒,如伏特加、威士忌等竟然有逐渐屈尊于啤酒的趋势。

俄罗斯人饮酒不讲究菜肴,有酒就行。在火车站常以酒送行,打开酒瓶,用黄瓜、西红柿之类下酒即可。

阿尔巴尼亚

阿尔巴尼亚族人口占全国总人口 98%,主要信奉伊斯兰教、东正教和罗马天主教。

阿尔巴尼亚人以好客著称,慷慨大方,主人要充分准备,用传统的欧洲风味饭菜款待。约好客人来访,一般主人全家会准时在门口迎候,初次交往的客人行握手礼,熟悉的客人则相互拥抱,反复三次亲吻对方的左右面颊。

待客习惯先吃饭,后饮酒。饭后,邀请客人喝葡萄酒、橘子酒、啤酒和其他烈性酒。

对于吸烟的客人不可将整盒烟递过去，他们认为这是嘲笑对方。

爱尔兰

爱尔兰居民 97% 是爱尔兰族，95% 的居民信奉罗马天主教。

爱尔兰事事都是"女性优先"原则，社交场合、公共场合更讲究。男女共同进餐，上菜敬酒是先女后男的顺序。爱尔兰人即使家庭成员之间也讲究礼节，不尊重这种礼仪，被视为缺少教养、不懂礼貌。

爱尔兰人在公务活动中忌讳送礼，恐有行贿受贿之嫌，应邀做客，送一束鲜花会使主人高兴。

爱尔兰人请客吃饭，饮料有牛奶、咖啡、橘子汁、葡萄酒、威士忌酒等。

爱尔兰是威士忌故乡，世界上第一家拥有威士忌酒生产执照的酒厂就在爱尔兰的布什密尔斯，爱尔兰酿制的威士忌按法律规定贮存至少三年，大多贮存五至八年，有的甚至贮存十几年。爱尔兰威士忌色泽艳丽，味道芳醇，酒体柔润，在世界威士忌酒中堪称上乘，是待客佳品。

奥地利

奥地利居民 99% 是奥地利民族，全国人口 85% 信奉天主教。

奥地利人讲究礼仪，文明礼貌，与客人行握手礼致意。向女方问候时，如果女方主动伸出手，便要吻女方手背，说"十分高兴吻您的手"，以示问候。

奥地利人对服饰十分讲究，邀请他人出席活动，请柬上大多注明出席者穿什么服装。到奥地利朋友家拜访，切不可送价格昂贵的东西，主人会感到非常尴尬。

客人进屋按主人安排入座，对主人送上来饮料食品招待，要表示感谢。奥地利人请客多用西餐，决不可缺少酒，尤其是葡萄酒更是品种繁多。热情好客的主人会在餐桌上摆出多种多样不同味道的葡萄酒，请客人品尝。

奥地利的葡萄酒业历史悠久，除少数出口以外，大量的是国内消费。奥地利人在地窖里贮存多年的葡萄酒，芳香醇厚，当年酿制的新酒，味道鲜美，那些半酒半水的混合酒风味独特，随意调配。

奥地利人的饮酒习惯和东亚相似，尽量让客人多喝，只有客人喝醉，主人才觉得表现出自己慷慨好客。客人要向主人和其他在座的客人回敬酒，如果谁说

中華酒典

"我不会喝酒"是无人理会的。如果坚持滴酒不沾,则是对主人的不尊敬。

保加利亚

保加利亚居民85%是保加利亚人,绝大多数居民信奉东正教,少数人信奉伊斯兰教。待人接物沿袭一套规范的传统礼仪。

保加利亚人各种活动女士优先。问候先向女性问候,邀请对方请柬上要注明请女主人参加,从女性面前经过要说"对不起"。

保加利亚人传统习俗待客热情友好,会倾其所有款待客人。对远方来客,迎进门后先上"面包和盐"礼仪。在乡村,主人还特意采来野花献给客人。这时,客人可献上礼物表示答谢。迎客仪式结束,主人则拿出饮料、水果、点心等招待。他们认为要挽留客人吃饭才能表达自己的友好感情,客人不可过分客气,否则会引起不快。

保加利亚人酒量颇大,请客人吃饭,一定要饮酒助兴。主人频频举杯,向客人敬酒,表示热烈欢迎,客人应向主人表示感谢并予回敬。

保加利亚人喜欢饮用烈性酒,对中国菜很感兴趣,像辣白菜、辣子肉丁、青椒肉丝、干烧明虾等都很爱吃。

当地人用餐一些传统习俗应予注意尊重:吃面包时切不可浪费,能吃多少取多少,主人特别忌讳浪费;吃面包时,一般表情严肃,没有说笑;主人烘烤面包的烤炉,外来人切不可涉足。

法国

法国居民90%是法兰西人,79%的居民信奉天主教,20%的信奉基督教新教、犹太教和伊斯兰教等。

法国人比较熟悉的人见面,除握手外,可以相互亲面颊或贴面颊,长辈亲晚辈的额头,可以称对方的姓,不可随意称对方的名。

法国人私人交往多在饭店、宾馆或俱乐部,很少请到家中做客。在饭店饮酒,习惯挨得很近,十分亲昵。如果被请到家中做客,是非常荣耀的事情,一定准时赴约。抵达后先按门铃或轻轻叩门,主人亲自开门,引导进入室内。可以给女主人送一束鲜花,但不可是玫瑰花或菊花,如事先知道是要请吃饭,还应准备一盒包装精美的巧克力或带有自己国家明显标记的纪念品,主人会很高兴。

不要送印有你公司标志的礼品。

　　法国人待客饮酒十分讲究,饭前请客人饮一点威士忌、罗姆酒、利口酒;用餐时喝红白葡萄酒、香槟酒;饭后饮一些白兰地。法国人不仅喜欢喝酒,而且喝酒的方式也别出心裁:饭前有饭前酒,吃时有送饭酒,饭后有饭后酒。除了饮酒的程序外,还要根据上菜的品种喝相应的酒。如果是鸡、鸭、鱼类(呈白色),就喝白酒;如果是猪、牛、羊肉(呈红色),则饮红酒。一般吃肉类和家禽用雪利酒、麦台酒;野味用红酒;吃海味则饮白兰地;喝汤时配葡萄酒;各种水果和点心大都用甜酒。

　　法国是香槟、白兰地的故乡,盛产名葡萄酒。在正式宴席上,每上一道菜便有一种不同的酒,而且比较隆重的场合,还要开香槟酒,开香槟时先轻轻地撬动瓶塞,让瓶中的一股气慢慢地推动瓶塞,最后"乓"的一声,瓶塞弹得很远,宾客视为吉兆,鼓掌以贺。

　　在以美酒和浪漫著称的法国,饮酒配用相应的酒杯是有一定之规的,他们认为只有这样才能体现生活的情趣和品位。一般一套完整的宴会餐具应包括一只酒樽,一套水杯,一套红酒杯,一套香槟杯,一套白葡萄酒杯,一套烈性酒酒杯。杯具在餐桌上的摆放也有讲究,从左到右,最大号杯(水杯)在最左边,最小号杯(白葡萄酒杯)在最右边。至今最受欧洲人喜爱的酒杯依然是纯净剔透的水晶杯。

　　法国又称为"奶酪王国",法国人请客是离不了名酒和奶酪的。

　　法国人酿酒世界闻名,法国人喝酒也是惊人的,法国人每餐离不开酒,甚至须臾不离,尤其爱饮葡萄酒、玫瑰酒、香槟酒等,一般不能喝或不会喝酒的人也常喝些啤酒。每个法国成年人每年的纯酒精消费量是三十公升,比起居世界第二位的意大利人的十四公升要多出一倍以上,而占第三位的瑞士人,不过每人平均十二公升。

　　在法国的大小饭店和餐馆,菜单的菜谱往往只有两三页,酒谱却很厚,各种品牌洋洋大观。在餐馆饮酒通常不受限制,饮酒的时间,每天长达 19 小时。所以在周末的法国,到深夜可以见到许多醉鬼,歪七倒八地躺在路边。

　　法国大量出口葡萄酒、香槟酒和白兰地,尤其中高档的酒大多出口,然后大量进口价格较低廉的葡萄酒。他们用地产酒待客,往往是名牌,是尊重客人和夸耀本国特产的表示。

法国人认为新的一年开始后,家中如果还有存酒,那么会给新的一年带来坏运气。因此,这一天晚上,人们宁可喝得酩酊大醉,也要把家里的存酒喝光,以求来年交个好运。

法国人认为站着用餐和用手抓取食物是很不雅观、有失风度的行为,因此对自助餐、鸡尾酒会很不以为然。

法国人饮酒喜欢细品慢饮,一定要把酒从舌尖慢慢滑到喉头,因为酒一落食道,再好的味道就尝不出了,所以愈是好酒愈要慢饮。

香槟是任何场合都可用的酒,但不要与烤肉同用。否则烟味夺走酒味,可见法国人是享受情调的高手。法国人爱吃的菜是蜗牛,著名菜肴有蚝油鲜菇、柠檬生牡蛎、汾酒牛肉等,最名贵的菜是鹅肝。

法国青年认为,葡萄酒是"父辈或祖父母那代人的饮料,""已经不能说它是一种时尚的杯中物了。"替代葡萄酒荣登法国青年餐桌的"时尚饮料"是矿泉水。

法国有几个专门学校传授关于酒文化方面的知识,可见法国人对酒文化的重视程度。

比利时

比利时居民 90%信奉天主教。

拜访比利时人准时赴约特别重要。比利时待客筵宴饭菜讲究,十分丰盛,口味特点清淡鲜嫩。进餐时饮料有啤酒、葡萄酒、白兰地等。比利时人喜欢喝啤酒,全国出产五百多种啤酒。餐桌上,宾主频频敬酒,气氛热烈亲切。

做客时忌讳送菊花,当地人将菊花作为献给死者寄托哀思的花卉。

比利时人爱饮用野生酵母天然发酵的酸啤酒,此酒酸中带苦,别有滋味。

希腊

希腊民族是世界上最古老的民族之一,希腊全国居民 98%以上是希腊人,97%的居民信奉国教东正教。

希腊人性格开朗,礼貌好客。对熟悉的朋友,不论男女,都可以拥抱并相互亲吻面额。老年人在希腊享有崇高的地位。

希腊人对客人慷慨到令人难以置信的地步。俗语是"进入家门的客人就要

中华酒典

当神接待。"客人不论如约来访还是突然造访,都会热情招待,视为上宾。约会时主人不要求客人准时到达,能守时最好。

希腊人喜欢邀请客人到家中吃晚餐,一般要持续到午夜之后,通常是通宵达旦欢宴,席间放音乐跳舞。如果主人尤其是女主人邀请跳舞,客人应爽快地接受。

如果客人出自礼节而赞美主人招待的某样东西好吃,临别时主人会让你带走一筐,如果客人赞扬主人的某件物品,主人会当场相送。如果客人拒绝,他认为你不够朋友,就不愿再和你打交道。

希腊盛产葡萄,葡萄酒的种类很多,待客十分讲究用酒,宴席上一般都要喝甜葡萄酒、白葡萄酒、带松脂香的清淡型葡萄酒等,以及各种白兰地。饭后要请客人喝一杯加糖的土耳其式浓汁热咖啡。

做客时注意赞扬女主人的烹调技术和待客热情,并要邀请主人夫妇在方便的时候到自己家做客。第二天,不要忘记给主人打个电话或写封便信再次表示感谢。

波兰

波兰族人占总人口的98%;全国约90%的居民信奉罗马天主教。

波兰人好客,客人进门,主人会拿出自己最好的酒、最好的饭菜热情款待。波兰人常用西餐待客,烤乳猪、红烧牛肉等是待客佳肴。

波兰人多喜爱喝酒,酒量颇大,进餐时要喝烈性酒,多请客人喝伏特加、白兰地,饭后还要饮一些啤酒、蜜酒、葡萄酒等。餐桌上,主人总是彬彬有礼地请客人喝酒,但不强行劝酒干杯。

向波兰人送礼只能是礼节性的,不可过分讲究礼物的价值,以小礼品为宜,波兰人不乐意接受他人的贵重礼物;送花时,讲究送一束或一支,忌讳送双数;大多数波兰人忌讳"十三"和"星期五",在这两个日子不举行任何礼仪活动,同时也忌讳外人在这两个日子邀请他们去参加活动。波兰人十分重视在公共场合的衣着,一般要穿西服或礼服,身穿牛仔服、运动衣之类是不礼貌的表现。

波兰人不爱吃虾及其他海味,对于酸辣、油腻食品也是敬而远之,特别忌食动物内脏。

中华酒典

荷兰

荷兰居民 90%以上是荷兰族人,天主教徒主要分布在南部,基督教新教徒主要分布在北部。

荷兰人是一个讲究礼仪的民族和国度。

同荷兰人约会,一定要准时赴约。给主人送带有明显异国他乡标记的礼品表示友谊尤受欢迎,但礼物切忌价值昂贵,讲究包装精美;食品类是荷兰人所忌讳接受的;送鲜花最好是郁金香。

荷兰人接待客人极为热情,会竭尽全力盛情款待。荷兰人爱饮啤酒和葡萄酒,请客吃饭,有一套严格的礼仪,要按顺序一道道上菜。第一道菜通常是汤,第二道是各种蔬菜,第三道是肉菜,第四道是奶酪制品,第五道是甜食、雪糕之类。

胡萝卜、土豆、洋葱被荷兰人视为"国菜",待客的宴席上决不会缺少。荷兰人吃饭细嚼慢咽,彬彬有礼,边吃边聊,饮酒吃菜,不忘吸烟。

德国

德国居民约 94%是德意志人,约有 90%的居民信奉基督教。

德意志民族讲究礼仪,认为知情达理是做人的美德。重视学衔、职衔和军衔等,称呼时要在对方姓氏前冠"衔",或职务加"先生""女士"等,切不可随意直呼对方的名字。

德国人好客,无论应邀来访或突然登门都会热情欢迎,以礼相待。外人能被邀请到德国人家中做客,是一种特殊的荣誉。宾主见面,一般当着男主人的面向女主人送一些小礼物,最合适的是一束鲜花,但不可是表示爱情的玫瑰花;进门时去掉花的包装,在和女主人互致问候的时候送上。若送给小孩一点糖果、玩具之类的小礼物,主人会更加高兴。

德国人用餐讲究餐具,宴请宾客时,桌上要摆满酒杯、刀叉、盘碟;不同的酒要使用不同的酒杯,吃鱼的刀叉不能用来吃肉和奶酪等。

德国人习惯餐前喝啤酒,然后再饮葡萄酒。德国人饮葡萄酒要分不同场合不同饮法:一般在大型宴会前,人们习惯喝甜葡萄酒;吃鱼、蛋、野味或烤肉时,惯饮红葡萄酒;宴会时,应再喝一杯白葡萄酒或低度红葡萄酒,或者再喝上一杯啤酒,外加干酪;最后人们喝一杯香槟酒。他们习惯吃西餐,用餐使用刀叉,也非常喜欢吃中餐。

德国人爱喝酒,但饮酒规矩颇为文明。待客一般先用咖啡、牛奶、水果、点心等,谈一会儿话后,请客人吃饭。德国人爱喝啤酒世界闻名,请客吃饭更要大喝特喝;在宴会上只祝酒不劝酒,饮酒很少有干杯的;祝酒时不能用非酒精饮料和主人碰杯,即使不喝酒的人也要斟上一些,碰杯时可以不喝,但要将杯放在唇边,以示对祝酒人的尊重。客人开怀畅饮,主人会很高兴,但一定要注意有所节制,表现出文明修养。

佐餐饮料一般是葡萄酒、矿泉水、果茶等,饭后再吃一些甜食或水果。德国人的宴会到结束前要喝最后一道酒,一般为白兰地、威士忌、伏特加等烈性酒,主人要根据宴会规模准备多种酒供客人挑选,由服务生为客人斟酒。主人不会勉强客人饮烈性酒,客人有礼貌的谢绝,主人会很理解。

在德国不可以把原装瓶子或是易拉罐的酒、饮料类直接端给客人用,这会被认为不礼貌。就餐时喝什么饮品由客人自己选择,或是主人征求客人意见而定;较高级的宴会要备红白两种葡萄酒,以示宴会的规格。开胃酒一般每人只喝一杯,然后把杯子放回服务生的托盘或附近的桌台上。

德国人聚宴,常举办气氛活泼热烈的"饮靴会",用的酒多是啤酒。大家围桌而坐,由主人宣布"饮靴会"开始。参加者必须遵守3条规定:一是靴状酒杯依次传递,男士必须单手执杯;二是饮酒时必须保持靴尖朝前,不得偏歪;三是饮者必须一口气饮完,并不得漏酒。违反规定者,罚款半马克以充酒资。由于全桌人一齐起哄取笑,饮者必然心慌意乱,因此,违反规定的情况时有发生。被罚款者为报"一箭之仇",在别人饮酒时便加倍起哄。这样半马克硬币不断抛出,饮酒气氛越来越热烈。

德国人视浪费为"罪恶",讨厌凡事浪费的人。他们用餐,即使盘中剩下的汤水,也要用面包蘸着吃下去或喝光,甚至用舌头舔光盘子的场面在德国也司空见惯。与德国人相处,务必遵守这个习惯,才能跟他们打成一片。如与他们共进餐馆,不能多要根本吃不了的东西,自己要的饭菜必须吃光。

德国人不喜欢吃鱼、虾及海味,有吃鱼时不说话的风俗,也不喜欢过于肥浓、辛辣的食品,更忌食核桃。柏林人喜欢喝用乳酸菌发酵酿成的白啤酒,饮时加少许食盐,有助消化和促进食欲的功能。

中華酒典

德国人在吃晚餐时喜欢关掉电灯,只点几根小蜡烛,在烛光下促膝谈心,进餐饮酒,追求一种温馨气氛。

德国的啤酒汤(BIERSUPPE)风味无穷,举世闻名。德国气候寒冷,每逢寒冬腊月,大家特别喜欢喝啤酒汤。其制作过程是将薯粉与啤酒一起调成稀浆之后,再加入啤酒共煮,直至稀浆全部溶化在啤酒之中。另外,又将啤酒配以柠檬汁、砂糖、玉桂一起煮成另一锅汤,当两锅汤都煮好后,都倒进入大锅搅匀,有客人来时,即以此汤待客。啤酒经煮过后,其酒精成分已挥发殆尽,只保留其香味,因此变成了一种风格独特的饮料。

在德国,有许多地方,只许居民喝啤酒,其他烈酒均在禁止之列。有"啤酒冷"与"啤酒尸"的说法,"啤酒冷"形容人落落大方,"啤酒尸"指那些喝得太多躺在路边的人。

罗马尼亚

全国人口中88%左右是罗马尼亚族,多数信奉东正教和天主教。

罗马尼亚人对交往不深的人一般不主动邀请到家中做客。做客时最好向女主人献上一束鲜花,化妆品、香水、咖啡等也是理想的礼品。对尊贵的客人,主人要按传统礼仪"面包加盐"表示欢迎。欢迎仪式结束后,主人拿出葡萄酒、咖啡、牛奶、果汁等招待。

罗马尼亚人招待客人的饭菜有独特的民族风味。著名菜肴有汾酒牛肉、羌菜鸭片等等。各种酒是宴席上绝不可缺少的,主人举杯敬酒时要说"诺罗克",即是"干杯"的意思,客人饮后应予回敬。

罗马尼亚人一年四季都喜欢喝清凉饮料,像汽水、啤酒、橘子汁等,盛夏时节饮料必须冰镇。

在罗马尼亚人家做客,未经主人许可,不可擅自进入主人的卧室或随意坐到床上;谈话时不可指指点点;进餐时不可玩耍餐具或磕碰餐具,不可端起盘子喝汤。

匈牙利

匈牙利居民中马扎尔人(匈牙利人)占总人口的98%,天主教是匈牙利影响最大、教徒最多、历史最久的宗教。

匈牙利是讲究礼仪的国家,初次交往就会产生一见如故的感觉。

匈牙利人喜爱饮酒,喜欢吃猪、牛肉及蛋类、鸡、鸭、鹅、鱼和猪肉、牛肝。喜欢香蕉等热带水果,爱喝葡萄酒、啤酒。

匈牙利人喜欢邀请客人到家中做客。客人进门后,主人常以饮料和杏子酒、李子酒等招待。招待客人的著名菜肴有汾酒牛肉、红烧牛肉等。待客时摆上各类白酒、葡萄酒、啤酒等,随意饮用。

匈牙利人忌讳"十三"这个数字,门牌、楼层等没有"十三",如十三日又逢星期五,则认为双重不吉利,请客或造访要避开这个日子。不吃奇形怪状的食物,除夕夜最忌讳吃鱼类和飞禽类食品。

西班牙

西班牙是多民族国家,卡斯迪利亚人(西班牙人)占绝大多数,94%的居民信奉罗马天主教,是西班牙的国教。

西班牙葡萄酒产量居世界第四。国人不论男女老少,都喜欢喝酒,以葡萄酒为主,酩酊大醉者屡见不鲜。

西班牙人多爱邀请客人到家中吃晚饭,一般拖得很晚,大多在9点以后才开始吃晚饭。吃饭时,一定要喝酒。西班牙盛产葡萄酒、啤酒、雪梨酒、加瓦酒等倍受人们喜爱,宴宾必不可少。饮酒时习惯加入蔬菜汁、水果汁。

西班牙人喜欢饮酒,讲究饮酒文明,喜欢和客人开怀畅饮。西班牙人健谈,吃饭时谈话内容包罗万象,侃侃而谈,非常风趣。

到西班牙朋友家做客要注意有一个奇异的风俗:女性爱用扇子表达各种感情,通过用扇子的不同动作表示不同含义。因此,到西班牙朋友家做客,不可乱动扇子,以免引起误会或招来麻烦。

葡萄牙

葡萄牙99%是葡萄牙人,97%以上居民信奉天主教。

葡萄牙人对宾客热情款待。客人进门后,主人先用牛奶、咖啡、果汁、水果等招待,随后请客人品尝富于地方风味的宴席。葡萄牙人十分重视请客吃饭,对设宴很讲究,作为艺术、文化表现形式和联谊的手段,千方百计使客人感到满意。

葡萄牙是著名的葡萄之乡，家庭传统工艺的手工酿造葡萄酒世界闻名。葡萄牙人请客吃饭，必定要饮葡萄酒，并有一套严格的饮酒习惯和礼节：饭前饮开胃的葡萄酒，饭后饮助消化的葡萄酒，吃海鲜时饮绿葡萄酒，吃肉类菜肴时饮红葡萄酒，吃冷盘时饮玫瑰香葡萄酒，吃点心甜食时饮葡萄汽酒，吃水果、奶酪时饮陈年葡萄酒。宴席上，葡萄酒的度数，酒杯的形状，对酒坛的开封时间，为客人斟酒的礼节等等，都有规范的传统礼仪。

葡萄牙人饮用葡萄酒时喜欢加入白兰地混饮，风味独特。

瑞典

瑞典居民90%属于日耳曼族后裔，95%的居民信奉基督教路德宗。

瑞典国民文化素养较高，和瑞典人约会赴约，推迟或提前都是失礼行为。会友做客时，应该带一束鲜花或一盒巧克力，他们认为这是一种必要的礼节。所带礼物切忌昂贵，否则主人会感到尴尬。瑞典是个半禁酒的国家，酒是不可作为礼物送人的。

瑞典禁止酒类广告，只有在专业贸易出版物中可以刊登酒类广告。禁酒不是出于宗教，而是出于文明。

瑞典规定男子每个月只能喝3公斤酒，酒类不可作为馈赠的礼物。酒类买卖受到严格控制，瑞典各地见不到专门的酒店，饭店、宾馆只在晚餐供应顾客少量的酒；家里饮酒需要持"购酒特许证"到指定的国有商店购买，并且每年要缴纳很重的购酒税款。这种商店只在周末营业，价格昂贵，可以说全世界最高。

瑞典人宴请宾客讲究礼仪，客人要坐在主人的左边。祝酒规矩也很严格，客人要等主人、年长者或职位高的人敬酒之后才能敬酒；在主人没说"请"或"干杯"之前不能碰杯等等。主人举杯说"干杯"之后，客人再拿起酒杯。敬酒时，将酒杯从胸前举到与眼睛平齐，双目注视对方说一声"干杯"，一饮而尽，再将酒杯底朝向主人，在对方眼前左右晃一下，最后把酒杯放回桌上。他们宴请客人餐毕后，乐于客人离桌前要向主人表示感谢，并还要在次日打电话再次表示谢意，否则便会认为你缺乏礼貌。他们不愿意下午举行社交活动。

在瑞典人家做客时，随便开口起身告辞是极不礼貌的行为，只有主人开口后，客人才能起身告辞；宴请结束，不论自己和主人的关系有多深厚，都应该说一番表示感谢的话，而且第二天还要打电话或写便信表示再一次致谢。

客人做客如果是自己驾车,开始时向主人讲明,吃饭时就不喝酒,酒后开车在瑞典会受到很重的处罚。

瑞典人一般不喝烈性酒,一些人还是喜欢喝冰镇啤酒;对咖啡、可可、汽水、矿泉水兴趣很浓;大多爱喝牛奶及香片花茶。他们忌讳在公共场合随便吸烟,认为这样有害于他人的健康。

丹麦

丹麦居民中96%是丹麦人,基督教徒占全国人口的94%。

丹麦人讲究礼节,行握手礼。握手忌讳四只手交叉相握。

应邀做客一定守时,丹麦人认为不遵守时间的人不讲信用,不值得深交。丹麦人对着装也很讲究,做客时男士要穿西装,系上领带,皮鞋擦亮。传统习俗见面赠送礼品,表示相互间的友情。

客人来访,主人会亲自开门相迎,将客人引入客厅后拿出咖啡、牛奶、水果汁或啤酒招待。

丹麦人喜爱饮酒,称酒为"生命之水",请客吃饭酒必不可少,而且通常要喝烈性酒。宾主频频举杯,互相敬酒。

按照当地的礼仪,主人未说"请吧"之前,任何人不能碰酒杯。客人要等主人、年长者、地位高身份重要的人依次敬酒后,才可以举杯敬酒,客人敬酒时,要借机说几句感谢主人盛情款待之类的祝词。如果客人坐在女主人左边,在饭后吃点心时,要特意向女主人敬一杯酒;如果坐在女主人右边,应主动向女主人讲几句表示感谢的话。

英国

英国是一个多民族国家,英格兰人约占78%,居民多数信奉基督教新教,还有信奉天主教、伊斯兰教、犹太教和佛教等。

英国是礼仪规范严格的国度,人民言谈举止都非常注重礼貌,讲究风度,非常重视礼节的程序。

英国人眷恋家庭,喜爱独处,不大愿和不很熟悉的人交往,十分难得到他们家中做客。英国人讲究效率,日程安排总是异常准确、饱满,想同英国朋友约会,需要提前几天甚至几个星期联系并约好时间,并且要绝对的按约行事;但英

中華酒典

国人喜欢临时邀请朋友到家中做客。

英国人下班后不谈公事,不邀请公事交往方面的人到家中吃饭,公务宴请一般在饭店、宾馆进行。

晚饭是英国人的正餐,如被邀请到英国朋友家吃晚饭,男客要换上全套的晚礼服,从胸饰钮到黑丝袜一丝不苟,女客要穿长连衣裙。一般可以晚到十分钟,但绝对不可提前十分钟。可以送给女主人一束鲜花或一盒包装精美的巧克力,进门后要脱帽,不断地对主人的款待道谢。

英国人进餐时要喝酒,一般都备有啤酒、葡萄酒、金酒和威士忌等烈性酒,英国女性饮酒很平常。参加宴会互相敬酒是必要的,但适可而止,尤其是决不能强劝女宾饮酒。

客人告辞时,要再三对主人的款待表示感谢,第二天还应打电话或写信给主人,再次表示感谢。

到现在,"小酒馆"仍是英国独特的酒文化传统,也是英国人至今最风行的休闲方式。英国约有 61000 余家小酒馆,而且有多达 2500 万的忠实顾客。英国 3/4 的成人上小酒馆,其中 1/3 是常客,他们每周至少上小酒馆一次。

到英国小酒馆品尝的外国观光客,要懂得酒馆用餐的习俗。英国人类学家凯特·福克丝写了本《赴小酒馆要诀》的书指点迷津,内容讲述点酒、买酒、射飞镖与异性搭讪等诀窍。

例如怎么让酒保知道你在等待他的服务呢? 书中指导:"小酒馆有很严格的礼仪规则,像吸引酒保的视线就是一例。这个仪式进行的过程犹如上演一出高妙的幽默剧。""当你达到与酒保视线相接这一步后,就要很快挑眉并扬起下巴,然后附上一个满怀期待的微笑,这就足以让他知道你在等候。"

在小酒馆,女人切记"如果接受不管是当地男人或女人请喝酒,礼貌上就表示你得跟他们谈天说地到至少喝完这杯酒。"就是说,如果你觉得与邀请者不适宜,就不要接受。还有请记住:"请喝酒本身可没有性的含义。"

和英国的男士们怎么打交道?"男人情谊最重要的表达形式是争执。如果你想跟本地男性走近些,就不要尝试掏心挖肺的剖白方式。要能发起议论,然后趁讨论热度上升时,请大家喝一杯。"

在英国的酒馆,人们特别迷信鬼,那家酒馆如果有了"鬼",要将"鬼"供起来,有"鬼"的酒馆生意极红火。酒馆严格执行作息时间,禁酒时间一到,立即关门,酒客必须离开。

游客在小酒馆不想引起英国人的反感,要注意以下"小节":不要在点酒台前插队;不要大声喧哗、以手指弹弄桌面或是明目张胆直视酒保;酒馆墙上的铜铃,酒客千万不能摇动,因为此铃是酒馆老板或酒保用来提示最后点酒的信号。

芬兰

芬兰人敦厚纯朴,温和内向,举止文雅,礼貌大方,跟陌生人难以沟通,而酒则是交流和狂欢的最主要媒介。一旦喝过酒,则无话不谈,视如知己,不论原来认识与否,都能敞开心扉,肝胆相照地攀谈。经过适应熟悉,他们会发自内心、真切自然地对你好。

芬兰人多喜饮酒,不论酒度高低都受欢迎,尤以葡萄酒、白兰地更乐于品尝,啤酒则是最普及的饮品。

芬兰大小酒馆星罗棋布,从春末夏初开始,遍地的露天酒吧如雨后春笋。每逢假日,满城的居民早早离开家门,上街泡酒吧,直到日薄西山。由于节日泡吧饮酒成为芬兰全民性的活动,此时各酒吧人满为患,稍迟到的没有座位,便各抱酒瓶,当街而坐,喝醉了便卧地高歌——或放声悲歌亦不足为奇。

2000年后,芬兰政府基于酒醉事故频发,断然下令不允许自带酒类到公共场所消闲聚会,只限于在酒吧现买现喝。

芬兰传统的仲夏节是日照最长的一天,举国上下开怀畅饮。此时,城镇会成为一座空城,人们都驱车赶往乡下(多回故乡,相当于中国春节合家团圆习俗)聚会。家家升起国旗,老小举杯开饮。酒到酣处则举杯邀歌,最后齐唱国歌,豪放感人。

仲夏节时,芬兰人也邀朋友到湖滨树林聚会,还有各式各样的公共大聚会。公共聚会一般年轻人和中老年人分别举办,形式则大同小异:喝酒聊天、唱歌跳舞,不同之处在于演奏的乐曲不同。入夜则点燃篝火,狂喝狂歌狂舞,或有乘酒兴到河里划船游泳。

芬兰另一个全民性饮酒之日是VAPPU节,即五一国际劳动节,到处洋溢着盛大的节日气氛。这个节日人们在城镇或农村的居住地度过。人们各自发挥自己的想象力,尽兴打扮,全身挂满徽章——包括毛泽东的像章,汇集后成为浩浩荡荡的游行队伍。最精彩的是整日整夜的啤酒大会,不论男女不醉倒在地势

中华酒典

不罢休。

芬兰人在社交活动中，有"讲风度、重修养、喜新奇、好自由"的传统，招待客人都很热情随便。客人光临，他们除要请吃饭外，有的还会按当地的乡风民俗习惯，主动邀请客人一起去洗蒸汽浴。他们爱喝啤酒，同时也习惯向客人反复敬酒，以示他们的热情诚恳之心。

不要安排六七月份到芬兰进行商务旅游。和芬兰人约会要事先预约，准时赴约，到芬兰人家里做客要记住给女主人送些鲜花。晚宴要准备大量不同品种的酒，如果你酒量不大，须小心谨慎。一般都在开始用餐时祝酒，除了被邀请吃饭外，客人还可能被邀请与主人同沐桑拿浴，但男女同浴是罕见的。

芬兰信奉伊斯兰教的教徒禁食猪肉，忌讳使用猪制品，同时也忌讳谈论有关猪的问题。芬兰人在饮食上不习惯吃稀奇古怪的海味品，也不爱吃姜和香菜，一般人也不吃动物内脏。芬兰法律严禁酒后驾车，务必严格遵守。

捷克

在捷克斯洛伐克，不论男女，喝酒无须下酒菜，能像喝茶水那样把大杯啤酒一饮而尽。每天傍晚，可见看到人们提着陶瓷酒壶去啤酒店买鲜啤酒。这种手提陶瓷酒壶，家家都有。

招待客人时，啤酒是首先必备的。

美洲国家宴饮习俗

阿根廷

阿根廷人是这个国家的主体民族，是以意大利和西班牙血统为主的混血民族，白人占全国人口的97%，天主教是官方宗教。20世纪初的移民大潮，成千上万的意大利和西班牙人移民定居，同时，带来了欧洲的饮酒风俗。

阿根廷人朴实好客，给人们留下深刻印象。阿根廷人注意衣着，男士必须西装革履，颜色注意配套，避免穿灰色服饰；女性必须西装长裙。

同阿根廷人约会要准时赴约，主人不一定准时，这是经常现象。阿根廷人喜欢请朋友到家中做客，客人可以送给女主人一束鲜花或一盒装饰精美的糖果。不要以个人性物品作为礼物,如领带、衬衣等。最好的办法是安排商店为女主人送去花或糖果。阿根廷人特别喜爱客人对他们的孩子、饭菜及家庭致以褒奖之词。

阿根廷人待客有一种传统饮料,味美爽口,是用野蜂蜜加上玉米和豌豆酿制而成。

晚餐是阿根廷人的正餐,多请客人用晚餐。晚餐一般在九点钟以后才开始,餐前要饮鸡尾酒,宾主谈一会儿话。

做客举杯祝酒时要用右手,说话时嘴里不能有食物,不能强劝女宾饮酒。咀嚼食物时要闭着嘴,不能出声;进餐时,客人应向主人尤其是女主人说一番感谢和赞美的话。

宴席上有人同自己说话时,要停止吃东西,认真听,最好给予得体的回答。主人没有宣布散席,客人不可擅自离开座位;第二天,要记住给主人打电话或写信,再一次表示感谢。

阿根廷盛产葡萄,每年的 3 月是这里葡萄的收获季节,很多城镇有葡萄酒节,许多旅游者慕名而来,回去总要带上几瓶作为留念。这个传统始于上个世纪的 30 年代。节日一般要持续好几天,人们在品尝葡萄美酒的香醇后,还要选出一年一度的葡萄酒小姐。节日的高潮是彩车游行,届时,葡萄小姐头戴花冠,身披彩带,坐在彩车上向路边的观众挥手致意。平时安宁静谧的边陲城市,此时便沉醉在花的海洋和酒的芳香之中。

巴拿马

巴拿马居民以印欧混血人种的现代巴拿马居民为主,约占全国人口的 91%,主要宗教是天主教,信奉天主教的居民占总人口 85% 左右。

巴拿马人待客时表现出明显的骑士风度,只要是客人,不论身份地位,不论有无事先约定,都会受到热情款待。客人可以向女主人送一束鲜花,一盒装潢精美的巧克力或糖果之类,送其他食品或小树苗作为礼物也会受到主人欢迎。切勿送衬衣、文化衫之类的贴身内衣。

客人来访,主人会献上一杯他们格外喜欢的浓咖啡,以表示欢迎。

巴拿马人招待客人的饭菜具有浓厚的民族色彩,进餐时,要喝啤酒、香槟酒、葡萄酒和地方特色酒、烈性酒。有时,主人还要专门摆设香蕉宴招待客人。

喝着香蕉汁或香蕉酒,吃着用香蕉制作的糕点菜肴,风味十足,充满友谊的情感。

巴西

巴西主体民族是长期混血形成的巴西人,约占总人口的97%,天主教徒约占居民的88%,巴西的官方语言是葡萄牙语。

巴西人喜爱公开表露内心感情,无论什么场合,男女相见时都要握手,热情拥抱;尤其女性,要相互反复贴对方的面颊,嘴里同时要发出"叭、叭"的亲吻声,但实际上嘴并不接触脸。

巴西人爱邀请朋友到家中做客,倾其所有招待。客人可以带上一束鲜花、一盒巧克力或一包糖果作为礼物送给女主人,但不可将手帕作礼物送人。巴西人忌讳紫色,不可送紫色的鲜花或其他紫色的东西。

巴西人待客时主人先请客人喝浓咖啡,用一种叫作"咖啡基奥"的精致小杯子,宾主站着一杯接一杯地喝,亲切自然。

巴西是世界最大的啤酒产地之一,居民酷爱饮啤酒,待客时啤酒是必备饮料之一,宾主频频举杯,开怀畅饮。

到巴西印第安人家做客,主人邀请巫师向客人脸上吹气,据说能驱散疾病。部落的酋长来致欢迎词,演说时泪流满面,表示对客人的衷心欢迎,然后由女主人用红色或黑色的液体在客人脸上涂花纹,以显示情深意厚。另一种迎宾方式是请客人洗澡,一次接一次,一天要洗许多次,这是对客人最尊重的礼节,洗的次数越多,证明主人对客人越尊重。

印第安人爱用野味招待客人,大到鹿、豹,小到蚂蚁、蜜蜂,味道鲜美。

秘鲁

秘鲁居民41%是印第安人,印欧混血人种占39%,96%的人信奉天主教。

秘鲁人直率热情,易于相处。秘鲁人非常重视社交场合礼仪,讲究衣着整齐,做客前男性要修面,女性要化妆。任何情况下都不能穿短裤出席正式场合。在室内不能戴帽子、手套、墨镜。

礼物要避开紫颜色,秘鲁人以紫颜色为不祥。

秘鲁人喜爱饮酒,待客常用薯类、葡萄、甘蔗为原料酿制而成的"奇恰酒",

以葡萄为主要原料酿制的甜酒和各种烈性酒。客人喜欢喝他们的酒,他们会非常高兴。

哥伦比亚

哥伦比亚的主体民族是西班牙人和印第安人以及黑人混血形成的现代的哥伦比亚人,占全国人口的90%,居民大多数信奉天主教。

哥伦比亚人办事不喜欢匆匆忙忙。拜访哥伦比亚朋友要预约,时间上尽量安排宽松,加大保险系数。哥伦比亚人重视社交场合的仪表,男性均着西装、系领带、穿皮鞋;女性西服长裙、化淡妆。

做客时要按当地习惯于头一天给主人家送一些鲜花、水果或巧克力等,如果时间紧迫,可以在做客第二天送些礼物,并附上一封信件或便条表示感谢,切勿将贴身用品作为礼物送人。

哥伦比亚人喜爱朗姆酒,待客喜欢邀请客人吃晚餐,先举行一个鸡尾酒会,表示对客人欢迎,宾客亲热地交谈,到深夜十一点钟后,正式宴会才开始,各种酒类齐上,供宾客随意享用。

加拿大

加拿大堪称"移民国家",除土著的印第安人和因纽特人(爱斯基摩人)外,大多是外国移民或其后代,生活习俗有英、美、法三国人的综合特点。因纽特人性格乐观、慷慨大方、友善和气、喜欢说笑,他们异常好客,被喻为是世界上"永不发怒的人"。

加拿大人待人友善,说话坦率,热情冲动,礼节简洁,容易交往。一个突出特点是上下级之间、长晚辈之间相互交谈时直呼名字并非有失礼节,反觉得地位平等,关系密切。不喜欢称自己的官衔、职务或学衔。

加拿大人十分重视公共场合的文明礼貌,讲究公共秩序和卫生,讲究公共场所的着装;女性尤为讲究,服饰颜色多变,款式新颖美观,整齐漂亮;离家赴宴前,男性要理发修面,女性化妆打扮,戴上饰品。

在加拿大,私人之间的宴请喜欢安排在家里,突然造访是不礼貌的。做客时,尤其是应邀吃饭时,习惯比约定时间晚到十分钟左右。加拿大人则非常守时,对时间非常吝啬。在私人家里受到款待,要为女主人送去鲜花,不要送百合

中華酒典

花,那会使人想到葬礼。

加拿大人待客,主人要准备各种酒,各随自便,不对客人强行劝酒。待客的菜肴多是传统法国菜。进餐时,客人应感谢主人的款待,称赞女主人贤惠能干,赞美饭菜味美。在加拿大人家做客的最好办法是客随主便。

加拿大人喜欢饮酒,尤以白兰地、香槟酒最爱喝。

在加拿大,则因地方的不同而有不同的规定。如魁北克进餐时饮酒是被允许的,但在多伦多,则除却在鸡尾酒会之外,其他场合一律禁止进餐时饮酒。

加拿大禁止在公共场所饮酒,即使在餐厅、酒吧,必须老老实实地坐在座位上喝酒,如果起身喝酒,就是违法,要给予处罚,即使在自己家里阳台上如果站着喝酒,被邻居看到举报,也要进警察局。

加拿大人的忌讳很多方面同美国人相同。

美国

美国的民族成分多样化,白人占85%,信奉的宗教也多种多样。

美国人性格外向,热情直爽,为人诚挚,不拘礼节。平时着装随便,只有正式场合,才必须穿西服、系领带、穿皮鞋。

美国人时间观念很强,各种活动都按预定的时间开始,迟到是极不礼貌的。同美国人约会,打个电话,对方只要有时间,一定会高兴地同意在尽短的时间内见面。但是请美国人用餐,他们一般不会提前到达,而是准时或是迟到5～15分钟。而且美国人比较怕热,夏天特别喜欢在有空调的房间就餐,就座时女士和长者坐在右边。

酒是美国人生活中的必需品,有的家庭设置酒吧,摆放各种酒,以随时款待宾朋。喜欢节日、周末等假期邀请宾客,一次饮酒十多箱是常事。

美国人迎接客人行握手礼,习惯紧握,眼睛正视对方,微躬身。握手的规矩是女士、年长者、领导、主人先伸手。很熟的情况下行亲吻礼。

美国人虽然有礼尚往来的习惯,但忌讳接受过重的礼物,不但美国人不看重礼物的价值,法律也禁止送礼过重;客人从家乡带去的工艺品、艺术品、名酒等是最受欢迎的。

除了节假日,到美国人家中做客吃饭一般不必送礼,只有关系密切的亲友才邀请到家中吃饭,待客的家宴不摆阔气,不拘形式,经济实惠。宾主围坐一桌,每人一只盘子,随意取食,边吃边谈,亲切随便。吃完饭后,客人应向主人特别是女主人表示特别感谢。

美国人喜爱饮酒,但主随客便,宴席间人们常常互致酒词祝贺,不论男女都要准备随时应邀致辞,内容要求简短、俏皮、幽默。美国有一个很古老的敬酒词:"愿我饿的时候有牛排吃,渴的时候有裸麦威士忌喝,穷的时候有钞票,死的时候上天堂。"美国酒文化中,有很多意义深刻的敬酒词。客人能随时说出含义深刻、幽默风趣的致酒词,会给主人留下很好的印象。

美国人将请客人吃饭饮酒或是到乡间别墅共度周末当作交友形式,不要求对方做出报答,如有机会请对方到自己家吃饭即可。

美国人爱喝酒,很少有人滴酒不沾,女性饮酒得相当多,酒量也较大。美国多数人喜欢喝烈性酒,爱喝白兰地、威士忌酒,也爱喝葡萄酒、桑果酒、甜味酒以及中国青岛啤酒,浓淡混合酒和鸡尾酒等也受欢迎。喝葡萄酒一般不用菜肴,偶尔用核果调剂口味,对"威士忌"等烈性酒,通常要兑加水或冰后才饮,佐餐用酒大多是葡萄酒或啤酒,而且他们尤其喜欢喝一种近似狐臭香味的葡萄酒。美国人爱喝矿泉水、可口可乐、啤酒等饮料,而威士忌、白兰地等酒类平时则当茶喝。

美国当局对喝酒限制极严,有的城市对在大街上或公共场所携带开了盖的酒瓶或酒罐的人,要罚款或拘留。美国至今还有"禁酒党"组织,他们时常进行有纲领、有组织的禁酒活动。

美国法律规定未满 21 岁不许饮酒,商店也不准卖给他们酒。但这一法律难以贯彻执行,有的青少年采取请足龄者代买的办法照喝不误。美国对酒的宣传也有限制,在电视台、报刊上几乎见不到酒的广告。

美国各州有自己独特的法律规定,有的州规定星期日不准卖酒,即使超级市场也不例外;在美国的奥克拉荷马州与密西西比州,只准人们喝无甜味的酒。

美国人聚会时其他忌讳也不少:忌讳"3""十三""星期五",讨厌在人面前抠鼻孔、打哈欠、挖耳朵、伸懒腰、咳嗽等小动作,忌讳别人当面朝他伸舌头(认为这是侮辱),忌讳问他的年龄、问他所买东西的价钱、说他长胖了,忌讳握手时目视别处,忌讳赠送带有公司标志的礼物,忌讳向妇女赠送香水、衣物和化妆品,忌讳同性人结伴跳舞,忌讳黑色,女士不喜欢服务员送香巾擦脸。饮食上忌讳吃动物的五趾五脏,不吃蒜,对过辣过烫过热过咸的食物不喜欢,不喜欢清

中華酒典

蒸、红烧食物。

墨西哥

墨西哥人是几百年各民族不断融合而形成的一个新兴民族，占全国人口的90%，大多数居民信奉天主教。

墨西哥人非常重视礼仪，初次见面总是热情寒暄，握手致意；女性之间和比较开放的男女青年见面常行拥抱和亲吻礼。

墨西哥人喜欢请朋友到家中做客，宴席上座位有一定的规矩。宾主围坐在一张长方形餐桌周围，主人坐在桌子正座一头，主宾坐在长桌另一头，其他人按主人的安排在桌子两侧就座。进餐过程中，两臂不能放在餐桌上，身体活动幅度不要太大，坐姿要端正。

墨西哥人对见面时握手是很高兴的，如果来访者尽量说西班牙语他们会感到很高兴。主人或女主人并不盼望你做客时送花来，如果你真的要送花，千万要记住绝对不可送黄花！黄花暗示死亡。墨西哥人不盼望你受请回去后写感谢信，当然你写了，主人会高兴。

吃东西不要狼吞虎咽，不要发出声响，不要坐着发愣，汤太热不要用嘴吹，盘中的菜最好吃净，不可用手抓或用面包擦；面包要掰成小块放入嘴中，不可整个咬；水果要用小刀切成小块吃。吃完饭，主人先离座，客人再起身离座，并向主人道谢。

墨西哥人爱饮酒，待客的酒类众多，既有风靡世界的白兰地酒、葡萄酒等，也有传统方法酿制的玉米酒、香蕉酒以及用龙舌兰叶酿造的特基拉烧酒、用龙舌兰蜜汁酿造的普格酒等。

墨西哥有一种用仙人掌汁液发酵、蒸馏制得的烈性酒，当地人很喜爱。饮时先在口内含1片柠檬，或用大拇指蘸点盐在嘴上，然后再喝酒品味，风格独特。

墨西哥胡奇坦市是女人主宰一切的城市，男女极不平等，什么事女人说了算。城市中有很多酒吧，在酒吧内高谈阔论、举杯祝酒、翩翩起舞的都是妇女，男人们只能陪酒或坐在一边观看。

墨西哥人也很爱喝啤酒，啤酒不但是他们的饮料也是食料。墨西哥啤酒别具一格，他们的啤酒是龙舌兰做的，呈乳胶状，而且酿好后当天就要喝掉。

哥斯达黎加

哥斯达黎加居民是西班牙移民同土著民族长期通婚而形成的哥斯达黎加人,约占全国人口的95%;95%的居民信奉天主教。

哥斯达黎加人待客同西班牙的礼节相似,衣着讲究,参加正式场合穿西服、系领带、穿皮鞋;女性穿西服、长裙和皮凉鞋;男士要修面,女士要化妆;出席晚宴要穿礼服。

哥斯达黎加人喜欢聚会聊天。对于他们的邀请,不可出于客气或其他考虑而谢绝,那会使主人觉得不够朋友而引起不快。

晚餐是哥斯达黎加人的正餐,他们多爱请客人到家里吃饭,正式吃饭时间是晚上十点以后,主人要用酒类、饮料、甜食、水果等款待。哥斯达黎加是世界最早种植玉米的地方之一,待客时一定要有玉米粽、玉米饼、玉米团、玉米酒、朗姆酒等特色食品和饮料。

古巴

古巴现代民族是多民族相互通婚而形成的古巴人,其中白人占66%;部分居民信奉天主教。

古巴人乐于交际,待人友善,经过多次交往后,常要拥抱亲吻。除了正式官方场合出自礼节性需要可以称"先生",一般场合称呼"先生"则是对对方表示不满意,甚至表示轻蔑或谴责;古巴女性对初次交往的男性习惯称"亲爱的",这仅仅是一种礼节性称呼,丝毫没有表示爱的含义;甚至一些场合说"亲爱的"是表明同对方的观点看法无法达成一致意见而无可奈何。

古巴人对客人异常慷慨,初次交往,如果给主人留下了好印象,他会将自己的一切毫不隐瞒地告诉对方,当场邀请到家中做客,拿出最好的食物招待,使客人高兴而来,满意道别。

古巴人爱饮酒,宴宾更是离不开酒,主要是冰镇啤酒和当地称为龙酒的甘蔗酒(朗姆酒)。宾主边喝边谈,开怀畅饮,气氛十分亲切。

委内瑞拉

委内瑞拉是美洲地区混血程度最高的国家之一,印欧混血人种约占全国的

90%；居民 98%信奉天主教。

委内瑞拉人讲究礼貌，友善好客，礼节同欧美国家。

委内瑞拉人讲究见面时得体的称谓，称呼中不能省略职务或头衔；先生和夫人是运用最普遍的称呼，对未婚女子称之为小姐。

委内瑞拉人十分讲究社交场合着装，即使热天，男女都要穿西服，系领带，穿皮鞋，装扮严格。女士西装可以配各种衬衣或内衣，系不系领带都可以，套裤或套裙要注意与衬衣的色彩协调。

委内瑞拉人一般只邀请关系密切的朋友到家中做客。应邀做客最好事先给主人送去一些鲜花或糖果，随身带去也可。

待客的饮料有咖啡、茶、牛奶、可口可乐、啤酒、白酒和各种果酒。委内瑞拉人吃饭有互相敬酒的习惯，按当地风俗，要等主人敬酒之后客人才能敬酒。

乌拉圭

乌拉圭民族是欧洲移民经过世代通婚融合，形成了现在的乌拉圭民族，白人占全国总人口的90%，居民绝大多数信奉天主教。

乌拉圭人礼节和欧洲国家相似，上层人士尤为注意，以显示自己的身份和地位；喜爱称呼对方头衔，用头衔加先生联称。

乌拉圭人宴请招待客人一般在饭店举行，只有关系特别密切的才邀请到家里做客。做客前应沐浴更衣，男人要修面，女性要化妆，并带上鲜花、巧克力、蛋糕、酒等礼物送给主人。主人先用"马代茶"招待，气氛亲切。

乌拉圭待客的饭菜非常丰盛，现宰现烤的烤牛或羊肉是一道著名佳肴。常用的饮料有美国的可口可乐、百事可乐、雪碧，意大利的格拉帕酒，甘蔗酿制的朗姆酒、葡萄酒等。吃烤肉饮葡萄酒味道极美。

智利

智利居民多是西班牙人和印第安人融合混血形成的智利人，约占75%；天主教是智利的主要宗教，信奉者约占全国人口的85%。

智利人注重礼节，风俗习惯带有明显的欧洲特征。如果被邀请到智利人家中做客，他就一定是拿你当作真正的朋友了，不可谢绝，否则主人会认为你瞧不起他而生气。

智利人待客饭菜丰富,菜肴中烤肉占很大比例,鲜美可口。智利人待客总是摆上各类水果,请客人随意享用。智利人爱饮酒,低度白酒、红葡萄酒、白葡萄酒等是待客必不可少的饮料,喜欢和客人共同畅饮。

大洋洲国家宴饮习俗

澳大利亚

澳大利亚是多国移民组成的国家,英国及其他欧洲国家血统的人占95%;98%的人信奉基督教,少数人信奉犹太教、伊斯兰教和佛教。

澳大利亚人待人彬彬有礼,喜爱同陌生人交往。非常注重公共场合的个人仪表,男子出席正式场合西服革履,女性是西装衣裙。凡是到酒吧、餐馆用餐饮酒,要注意衣着,否则会被视作不讲礼貌。

澳大利亚人时间观念很强,约会必须事先约好,准时赴约。客人进门,如被人邀请吃饭,可为女主人带花,或带一瓶酒。主人首先用咖啡、牛奶或啤酒招待。待客的饭菜乡村人爱用铁板烤肉招待客人,最讲究的是烤牛排。做客告别时必须对主人的款待表示感谢。

澳大利亚人有个特殊的"礼貌"传统习俗,凡有来客便敲锣迎接,假如客人久久不走,他们也会以锣声逐客的。

澳大利亚人重视人之间的平等,礼尚往来,反对藐视、歧视别人。与澳大利亚人共进午餐要特别注意记住这顿饭该由谁付钱,付钱过于积极或忘记付钱都是不礼貌的。一般情况下,由提议喝酒者买单,不可各自付钱,除非事先说好。吃多少要多少,严格"三光"。

澳大利亚全国的大小城镇酒馆遍布,这里的居民沿袭了所有英国及海外殖民地居民的饮酒传统,从各种口味的啤酒到各种品牌的葡萄酒,从酒香四溢的白兰地到令人心醉的威士忌,都是他们喜爱的酒精饮料,相比较更喜爱饮用葡萄酒、威士忌、啤酒等。宴饮讲究配酒,根据菜肴分别饮用红、白葡萄酒或威士忌等。

澳大利亚是啤酒消费大国。20世纪70年代平均每人每年消费啤酒140升,仅落后于德国的147升和比利时的143升。由于健康、酒后驾车罚款、价格上涨、年龄老化等诸多因素,90年代的澳大利亚人平均每人每年啤酒的消费量已经降到96升,其中22升还是淡啤酒。

澳大地亚,只有在下午6时后,才准喝酒。如果在冬天,则要向后延迟一小时,至于新年及节日,饮酒的时间要到11时才能开始。

澳大利亚的酒类销售是专卖制的,只有持有政府颁发的酒牌的酒铺、酒吧、餐馆才可以出售酒类产品,超市和百货公司不许卖酒。

澳大利亚大部分酒吧里都设有角子老虎机、美式落袋台球供客人娱乐,还可以观看并电视转播的赛马实况,晚上经常有爵士或摇滚乐队演出助兴,人声鼎沸、热闹非凡。

澳大利亚维多利亚州的米杜拉市,有一个长廊酒吧,设在"蓝领俱乐部"里,酒吧的柜台竟长达90.8米,堪称世界啤酒馆柜台之最。为解决柜台与酒库的长距离运输问题,柜台上设置了27台微型离心泵,源源不断地向消费者供应啤酒。据说这长廊式酒吧,已成了当今酒吧经营业崇尚的模式,并有"愈演愈长"的趋势。

斐济

斐济现在的居民中有50%为斐济土著居民。46%为印度族人,51%的居民信奉基督教,40%的居民信奉印度教,8%的人信奉伊斯兰教。

斐济人见面没有握手、拥抱和亲吻等习俗,说一声"哈罗",相视一笑并挤一下左眼睛,即是打了招呼。斐济人传统习俗是,凡自己喜欢的东西,不管是谁的,都可以心安理得地拿走,物主也高兴奉送;反之到斐济人家中做客,只要客人喜欢某件物品,主人都会慷慨地当场相送,客人决不可拒绝。客人带去的礼物,不论价值多大,主人都非常高兴地收下。斐济人把互赠礼品作为加深感情交流的重要方式。

客人进门后,要举行别致的欢迎仪式。人们佩带花环,男人腰间系着草裙,主人双手捧着"雅库纳"酒,发表热情洋溢的欢迎词,随后主人将雅库纳酒献给客人,客人接过后要一饮而尽,众人鼓掌,唱歌跳舞,表示欢迎。雅库纳酒是用当地一种胡椒根捣碎后加水搅拌而成,不含酒精,并不属于酒类,带有薄荷味,是一种清热解渴的饮料。

斐济人的拿手好菜是椰汁鱼,主人先将鱼眼挖出来献给客人吃,表示尊重。

招待客人的饮料主要是啤酒和红、白葡萄酒、威士忌、白兰地等。

汤加

汤加居民98%是汤加人，几乎100%的居民信奉基督教。

汤加人能歌善舞，热情好客。迎接客人行握手礼，向客人奉献雅库纳酒，举行礼节严谨的神圣仪式。在迎、送客时要举行仪式，客人不论男女都要参加，否则会视为不友好。在汤加只有好朋友互访时才有赠礼的习惯，不可以将鲜花当礼品送人。

汤加人常用葡萄酒、啤酒款待宾客；待客的食物富于当地特色，全猪宴是汤加最隆重的迎宾宴席。

汤加人吃饭时保持安静，吃多少不要紧，高声说话是极不文明的表现。

新西兰

新西兰的欧洲移民后裔占74%，尤其英后裔为多；70%的居民信奉基督教和天主教。

新西兰是一个礼仪之邦，一般人交往要恪守礼仪。居民热情好客，待客盛情礼貌，尊敬长辈，人们十分注意公共场合的礼仪，遵守公共秩序。新西兰人在社交场合与客人相见时，一般惯用握手施礼；和妇女相见时，要等对方伸出手再施握手礼。新西兰人施鞠躬礼方式独具一格，要抬头挺胸地鞠躬。新西兰的毛利人会见客人的最高礼节是施"碰鼻礼"，碰鼻子的交数越多，时间越长，礼就越重。做客一般先预约，客人要争取略早一点到达。通常邀请客人到饭店餐馆进餐。若应邀去新西兰人家里吃饭，以带巧克力或葡萄酒之类不显眼的礼物，但不是非带不可的。

新西兰异国情调的饮食大有市场，中餐馆和希腊、意大利、墨西哥、泰国、印度等各式餐馆遍布全国，素食餐馆比比皆是，而且味道都还不错。

新西兰对酒饮料限制严格，售酒的餐馆必须获有特许证，有了特许证也只能售葡萄酒，个别准许售烈性酒的餐馆，客人必须买一份正餐才许喝一杯。但对饮啤酒则例外，因此啤酒的消费量相当大，人均110公升，全国年总销量居世界第五位。

葡萄酒和啤酒是新西兰人特别钟爱的酒精饮料，啤酒可称得上是新西兰的国饮,尤其是其 Kiwi Lager 和 Steinlager 啤酒为新西兰赢得了国际声誉。Lion 和 DB 是两个知名品牌,但最近 Boutique 和 Micro 也小批量生产出优质啤酒,与此同时,新西兰葡萄酒也正在赢得国际声誉。

同新西兰人约会,要事先联系,客人要提前几分钟到达以示尊重。应邀到新西兰人家中做客,应带一盒巧克力或一瓶威士忌酒。新西兰人待客,进餐前先饮酒,以啤酒为主,不强劝别人饮酒,饭后喝一碗浓汤。毛利人待客的食物多是用热石头焖熟。

第七章 酒吧文化

第一节 漫话酒旗

　　酒旗,亦称酒望、酒帘、青旗、锦旆等。作为一种最古老的广告形式,酒旗在我国已有悠久的历史。《韩非子》记载:"宋人有沽酒者……悬帜甚高。""帜"就是酒旗,后世人称:"酒市有旗,始见于此。"由此可见,早在2000多年前,我国人民就知道利用酒旗这一特殊的广告形式来传播商品信息了。

19世纪苏州的酒楼,门前酒幌高挑,檐下挂着"绍酒""高粱"字样的招牌。

自唐代以后,酒旗逐渐发展成为一种十分普通的市招,而且五花八门,异彩纷呈。这从自唐代始的不少诗歌作品中便可窥斑见豹,如:"碧疏玲珑含春风,银题彩帜邀上客";"闪闪酒帘招醉客,深深绿树隐啼莺";"君不见菊潭之水饮可仙,酒旗五星空在天"等。张择端的《清明上河图》中也有一面"孙羊正店"的酒招。

酒旗在古时的作用,一般来说,大致相当于现在的招牌、灯箱或霓虹灯之类。在酒旗上署上店家字号,或悬于店铺之上,或挂在屋顶房前,或干脆另立一根望杆,扯上酒旗,让其随风飘展,以达到招徕顾客的目的。有的店家还在酒旗上注有经营方式或售卖数量等内容,以便让客人一目了然。如:《歧路灯》上开封祥符三月三吹台会上的那面"飞在半天里"的"酒帘儿"写着"现沽不赊";《水浒传》里武松打虎前所进店家的招旗写着"三碗不过冈";而孟州蒋门神"河阳风月"的招旗可谓是家喻户晓,那两把销金旗上的"醉里乾坤大,壶中日月长"即使与现代广告语相比,也毫不逊色。

除此之外,酒旗还有一个重要的作用,那就是酒旗的升降是店家有酒或无酒、营业或不营业的标志。早晨起来,开始营业,有酒可卖,便高悬酒旗;若无酒可售,就收下酒旗。《东京梦华录》里说:"至午未间,家家无酒,拽下望子。"这"望子"就是酒旗。

随着社会的发展,酒旗如今已被高科技广告设施所取代。偶有仿古酒旗在林立的高楼间悬着,仍透着一种韵味,不过"水村山郭酒旗风"的景致现代人已越来越难领略到了。

第二节 酒吧文化

酒吧在英语里是BAR,原意是长条的木头或金属,像门把或栅栏之类的东西。据说:从前美国中西部的人骑马出行,到了路边的一个小店,就把马缰绳系在门口的一根横木上,进去喝上一杯,略做休息,然后继续赶路,这样的小店就称为BAR。当然,这只是传说而已。

酒吧代表了一种新型的娱乐文化。在酒吧里,无须考虑社会地位、等级、礼仪等问题。相反,举止得体才是基本的交往准则。在这里,人们每天跨越出身、等级和地位进行交流,尊重彼此的看法。因此,酒吧或咖啡馆社交能培育出一种尊重和宽容别人思想的新态度。

酒吧一般是比较热闹的场所,所以到这里来寻求心理安慰、排遣孤独和寂寞的人会更多一些。酒吧和卡拉 OK 不同,它不需要对话,用音乐和酒来取代思想的交流和灵魂的碰撞。所以,酒吧热闹的表象下仍然是孤独和寂寞者的世界。

在中国,酒吧娱乐有一种被"精英化"和"美学化"的现象。酒吧的消费不是平常大众能承受得起的,所以一般市民的闲暇消费是不大可能与酒吧挂上钩的。再有一个,就是酒吧的消费群体现阶段主要由年轻人构成,酒吧是他们寻求想象、梦幻、宣泄、交往的场所。另外,知识分子也慢慢加入行列中来,这可能是学术影响了他们的审美爱好。

另外,在中国的酒吧里你想喝什么都可以。现在酒吧里最受欢迎的当然莫过于啤酒、百威、喜力、嘉士伯、生力、太阳啤等。嘉士伯、生力是男士的最爱,而酒味较淡的太阳啤加上一两片鲜柠檬则是女士的首选。红酒也渐渐流行起来,三五好友来一瓶干红,可以把酒畅谈到天明。另外,如果你酒量好,又喜欢玩玩新花样的话,就一定会爱上 cocktail——鸡尾酒。不但酒味浓郁,卖相还十分吸引人。特别是一些点燃后再喝的 cocktail,杯中的酒精在燃烧,掺了辣椒油的cocktail 也在口中"燃烧",这时喝酒也变成了一种艺术。在喜欢刺激的年轻人中,这种喝法是一种"酷"的表现。

如果你滴酒不沾的话,还可以选择喝茶、雪碧、可乐、果汁、鲜奶,甚至是蒸馏水——pure、咖啡。不过现在街头的咖啡厅多了起来,酒吧里就很少看到有人点咖啡了,因为只有在咖啡厅那悠闲的环境里人们才能更好地细细品味咖啡的香浓。而到酒吧,还是喝酒为好。

"有音乐,有酒,还有很多的人。"一般人对酒吧的认识似乎只止于此。而实际上,作为西方酒文化的标准模式,酒吧已越来越受到人们的重视。"酒吧文化"悄悄地,是越来越多地出现在 20 世纪九十年代中国大都市的一个个角落。北京的酒吧品种最多,上海的酒吧情调迷人,深圳的酒吧最不乏激情,它成为青年人的天下、亚文化的发生地。酒吧的兴起和红火与整个中国的经济、社会、文

中華酒典

化的变化都有着密不可分的联系,酒吧的步伐始终跟随着时代。在中国的三大城市北京、上海及深圳,酒吧业的发展更是红红火火。

北京是全国城市中酒吧最多的地方,总共有 400 家左右。经常去泡吧的人主要是:在华的外籍人士、留学生、本国的生意人、白领阶层、艺术家、大学生、娱乐圈人士及有经济能力的社会闲散人士等。北京的酒吧一般装饰讲究,服务周到,而酒吧的经营方式更是形形色色,各有特色。音乐风格、装饰风格的区别也决定了消费对象的情趣选择。北京的酒吧是国内最多种多样的:利用废弃大巴士的"汽车酒吧";与足球相关的"足球酒吧";能在里面看电影的"电影酒吧";充满艺术情调的"艺术家酒吧",还有挂满汽车牌照的"博物馆酒吧"。当然,能连上 Internet 的"网吧"更是遍地春风。北京的酒吧有大有小,生意也有好有坏,大的像"向日葵"(已停业)有六七百平方,小的如"年华"只有 20 来平方米。

上海的酒吧已出现基本稳定的三种格局:三类酒吧各有自己的鲜明特色,各有自己的特殊情调,由此也各有自己的基本常客。第一类酒吧就是校园酒吧,集中在上海东北角,以复旦、同济大学为依托,江湾五角场为中心,如"Hard Rock""单身贵族""黑匣子""亲密伴侣(Sweetheart)"等,从吧名就能嗅出其中的气味。这类酒吧最大的特色就是前卫,前卫的布置、前卫的音乐、前卫的话题。变异夸张的墙面画,别出心裁的题记,大多出于顾客随心所欲的涂写,不放流行音乐,没有轻柔的音乐,从头到尾播的都是摇滚音乐,每逢周末有表演,常有外国留学生夹杂其中,裸着上身忘情敲打。第二类是音乐酒吧,这类酒吧主要讲究气氛情调和音乐效果,都配有专业级音响设备和最新潮的音乐 CD,时常还有乐队表演。柔和的灯光、柔软的墙饰,加上柔美的音乐,吸引着不少注重品位的音乐爱好者。日常经营往往都有音乐专业人士在背后指点,有的经营者就是音乐界人士和电视台、电台音乐节目的主持人。第三类是商业酒吧,这类酒吧无论大小,追求的是西方酒吧的温馨、随意和尽情地气氛,主要集中在大宾馆和商业街市。

深圳最早出现的是一间名叫"红公爵"的酒吧,它没有表演,也没有卡拉OK,人们只是在里面喝酒、聊天和跳 DISCO,它的地方不大、装修也较随意,但却很受人欢迎。座位很拥挤,但使人更亲近。舞池很小,但 DJ 播出来的音乐却使人跳得很疯狂。酒吧成为一种急速发展的亚文化现象,开始受到深圳社会的关注，并吸引不同年龄、不同阶层的人去尝试和参与。各式各样的酒吧和DIS-CO开始在深圳流行起来，这种新的娱乐概念开始成为深圳生活的主流。深圳的酒吧最主要的特点是大型的音乐Party(DISCO)及疯狂的电子音乐。那种强劲节拍的牵引和身处人群的参与感，令许多人几乎忘了自己。

1996年底，在欧美及日本风行多时的Rave Party(锐舞派对)和Club Culture(俱乐部文化)开始正式传入深圳。1997年10月在HOUSE举办的Ministry of Sound Party和在"阳光JJ"举办的The Future Mix Party，第一次让深圳人领略到Rave Party的疯狂魔力，由欧洲顶级DJ所带来的新兴电子音乐和舞曲令人疯狂起舞直至通宵达旦，他们的精彩现场混音和打碟表演令深圳人耳目一新。由Rave Party所引发的音乐、时装和娱乐潮流在酒吧和DISCO里成为一道风景，映照着深圳城市的生活夜空。

有人把京沪两地的酒吧做比较，说北京的酒吧虽然数量多，但就酒吧品质而言，远不如上海的酒吧精致。凡事都不能轻易全盘否定，其实北京的好多酒吧，在星罗棋布的酒吧丛中，也不乏自己的品质姿态。

1.纯粹

纯粹，意味着简单，也意味着一种固执的坚持。坚守自己的品位、自己对生活的那一种感觉。一个清寒孤傲的女孩如果从大一到大四能守住雪一般的气质，纵然不是国色天香，也当是仙妹绝色。不能像雕刻时光似的，在三、四年的时间里，从酒吧成为咖啡馆，从一个可以欣赏老电影的青涩恋歌成为一个小资聚居的本土"星吧客"，从清纯学妹最后成为白领丽人。

纯粹的姿态是"七月七日晴"，从学院路走到后海，一样的清寒孤傲，酒吧内只放法国电影，你能听到的也是法国音乐，而这与中法文化年无关，与《天使爱美丽》、奥德丽或是《达·芬奇密码》无关。它只是自顾自地放映着它的法国影像，正像年轻的店主人夫妇浪漫的网恋故事、他们自顾自地纯粹爱情。从魏公村到后海北沿，从一家到两家店，纯粹已成为"七月七日晴"的独有魅力，就像王菲的歌声，但是明眼人都知道，它比王菲的歌声更富于一种坚持的品位。等待爱情的人，固执地相信"七月七日晴"是一个能延续美丽传说的地方。

中华酒典

2.挑剔

挑剔,意味着独到,也意味着一种决然的摒弃。挑剔其实是一种冒险,胜算如何,除了冒险者的信心,还要看眼鉴。谁都知道啤酒是北京酒吧最主要的饮品。但就有酒吧的品质主义者,决然地摒弃啤酒,比如"芝华士"酒吧,要做中国第一鸡尾酒酒吧,不卖啤酒。"芝华士"刚开业时,曾经很让北京的酒吧圈子震动,有无数的酒吧"资深人士",预言它将"死得很难看"或者是"坚持不了半年"。但是两年过去了,"芝华士"照旧掩映在北京的灯红酒绿中。它的挑剔成功了,也给北京的酒吧群带来另一种质感。

3.精深

精深,意味着执着,也意味着一种艰进。从酒吧的硬件设施到软件经营特色,一家做得火了,马上就会有第二家、第三家群起而哄之,不能制造梦境,就复制梦境。但对于某些品质酒吧而言,大度和底气转成了另一种姿态:做到精深。"阿尔法"带起了酒吧的 DJ 现场热,然而串过纷纷扰扰的酒吧音乐现场版,你还是会觉得,阿尔法的音乐现场,有着任何一家酒吧都复制不过去的源代码——这就是品质。

同样有这种感觉的还有"男孩女孩",在酒吧已经私密空间盛行时,它的超密度桌椅简直鼻息可闻,扎堆在此的男孩女孩实际上也已经至少过了两代。但是,问一个"男孩女孩"吧的资深粉丝,他会意味深长地告诉你,他喜欢"男孩女孩"的颜色,喜欢这里的调酒师,喜欢"男孩女孩"的音乐温度:36度,正在流行与曾经流行之间,把一种临界的状态点,拿捏得恰到好处。

审视一家酒吧的品质,如一件纯蚕丝的衬衫,品质绝不是形式上的描摹,而是你包裹其中时,那份可以切切实实地感受到的一种感动和忠诚。

北京酒吧

1.运动吧

·万龙酒吧

此酒吧的音乐以欧美流行乐及经典老歌为主,客容量不大,约50人,是京城第一家酒吧。作为纯粹的运动吧,经常会播放 Star Sport 的电视节目和高尔夫球比赛、橄榄球比赛。

·茵豪酒吧

此酒吧的音乐以钢琴、小提琴演奏为主流,是京城首屈一指的足球吧。无论是设计独特的拜仁角、意甲角,还是琳琅满目的世界顶级球队的队旗,都给人一识庐山真面目的快感。而且还可以品尝到正宗的意大利式菜肴。

·快车号赛车吧

此酒吧的音乐以流行乐、轻音乐为主,大屏幕每日为您播放精彩的一级方程式比赛和国际体育赛事。酒吧里还设有台球桌,可以边玩边听乐队为您献上的现代音乐,感觉不错!

2.音乐吧

·SWING 云胜酒吧

这是三里屯风格最为显著的摇滚吧,拒绝接待柔情絮语、伤感小调。当强劲的节奏响起,客人和 swing 一起摇摆。这就是"swing"。

·NO.52

音乐特色:轻音乐、流行乐,"52号"不只是因为地处三里屯酒吧街52号,更是因为有52种鸡尾酒,还有自调的"52号狂欢"。咖啡是进口咖啡豆现场磨制的,很正宗。白天挺安静,有轻音乐,晚上可以欣赏乐队的现场表演。

·芥末坊 JAMHOUSE

这里是现代流行乐的场所,Jam 根据音译成芥末,就是自由地做。这里曾一度是崔健和摇滚乐队的演出基地,二层有个大露台,很适合晒太阳、观风景。芥末坊很小,但能看到很有意思的演出和听到最好听的音乐。

·CD 咖啡爵士俱乐部 CDJAZZCLUB

地道的爵士乐为人所知,北京最元老的爵士基地,也是爵士乐迷朝圣的地方。环境非常 professional。天花板好高好高,舞台上是一架三角钢琴,音响也非常棒,沉重深红色幕布让人在寂静之中有鼓掌的冲动。

·充电吧

喜欢摇滚你可以到这里听个够。走进正门就会发现充电吧的魅力所在,震耳欲聋的摇滚乐像要掏出你心底最深处的反叛和不满——"拒绝抒情歌曲"。而且充电吧还会不定时地请一些乐队,如唐朝、黑豹等等,票价也不贵。

·五月花酒吧

随着现代流行乐、摇滚乐起,坐在五月花酒吧里,犹如置身于桅杆高耸的船舱里。五月花酒吧还拥有实力雄厚的乐队、歌手,有自己的店歌,以及四支颇具水准的乐队。

·麦哈妮酒吧

走进西苑饭店南侧小有名气的酒吧街,"麦哈妮"酒吧的霓虹灯分外抢眼。错落有序的安排使每个人都能在这里找到自己需要的空间。摆放在酒吧一角的大型啤酒桶堪称一景。每天晚九点半至十二点有两人组合乐队进行现场表演。

·无名酒吧

以现代流行乐、轻音乐为主导。这个带走廊的平房式样的酒吧非常适合于欣赏近在咫尺的什刹海日出暮落。酒吧生意很火,总是人满为患,到了周末更是桌桌爆满。如果你打算在这里聚会的话,记得一定要提前预订。

3.特色酒吧

·西藏酒吧

魏公村有一个藏式酒吧,因为颇有特色,一直生意不错。

酒吧老板是藏族人,学艺术出身,对西藏绘画和工艺品非常在行,酒吧内装饰全是自己做的,这里工艺品且观赏且出售。酒吧名字"萨迦玛塔"在古梵语中是珠穆朗玛的意思,这里有原汁原味的酥油茶和青稞酒,还有糌粑、牦牛肉干等小吃,当然也少不了各种咖啡和酒类。

南锣鼓巷里,有一扇独特的大门。那是一扇纯木质的门板,宛若从老北京哪位贝勒府的门上拆下一般。远远望去,那厚重的质感、铁铸的门环,还有那两颗口衔门环的威武狮头,总让人忍不住想要一试身手,考验一下自己的臂力,看看自己能否把它推动。

等走到近前,你才会发现,原来是老板和大家开了一个莫大的玩笑。紧挨着木质大门的两侧,各有一扇与大门同高同宽的厚重玻璃,玻璃上镶着许多木楞,远处看去,如同两个抽象的脸谱。而真正的大门,则隐藏在其中的一扇玻璃之后。换句话说,就是项羽重生、参孙再世,也休想推动那扇与墙壁融为一体的木门!

· 红人坊

"红人坊酒吧"的营业面积约70多平方米,可容纳50人左右。酒吧的任何一处布局都是精心打造的。

长长的吧台在两束金黄色的射光灯映照下,显得格外富丽堂皇。吧台的后面是木格式的酒柜,里面摆放着琳琅满目的酒水。酒吧虽是一个整体,但又可以左右分开来看。右侧分上下两层,上面是一个长廊式的阁楼,楼上同样供客人消遣。吧台对面的墙上是一幅佛教神话故事的壁画,壁画十分陈旧,占据了一整面墙的位置,有耐心的朋友,可以请老板把其中的故事娓娓道来。酒吧的每一盏吊灯都被民间人们常用的鸟笼罩住,中间最明亮的一盏,被罩上了一个特制的大号鸟笼。鸟笼的上面有一层如纱的红色薄布覆盖,照出来的灯光呈现出火一股的艳丽。整个酒吧四周还点缀着几盆热带绿色植物,绿瘦红肥,却也相映成趣。

头顶12盏吊灯代表12个星座,客厅12张桌子代表12种生肖!无论你诞生在哪一年,无论你在哪一个月出世,这里都会有一张专门为你准备的桌子,都会有一盏专门为你照耀的明灯。

临走时还发现有几张桌子造型独特,但又说不出像什么,便找来老板询问。据老板介绍:这八张造型各异的桌子拼在一起,是一个完整的梅花图形。有时根据客人的要求,或办一些小型的聚会,会为客人把桌子拼起来。

这些刻意的安排和布置,体现了"红人坊酒吧"自然而又有规律的风格!供客人细细地品味!

· 新风酒吧

走进新风,最先感触的是这里的音乐。轻音乐、重金属、教堂音乐,并没有

中華酒典

什么独特的风格。但奇怪的是:无论哪一款的音乐,在这里听上去总是感觉格外柔和。找到老板细问才知道:这里的老板曾经是位玩音乐的专业人士,开店之初便考虑到音乐对顾客的影响,为了不让顾客感觉过分的喧嚣,他对音箱的音质特意下了一番苦功。

悬挂在店内的黑色音箱,是来自日本的 BMB 音箱,声音悦耳,音质却格外的柔和。在音乐的选择上,虽然没有什么特定的流派,却都是刻意挑选的背景音乐,令客人无论是就餐还是交谈,都只会感觉到音乐的和谐,而不会受到丝毫的影响。

而且,酒吧的装潢和布置全都是老板的兴致所致,想到什么,就让工人装成了什么样子。值得一提的是,老板对吧台和墙体的设计。那是一面三段式阶梯状的设计,吧台是一段凸出的残墙,大大小小几个空洞就是酒水摆放的地方,与墙壁连接的地方,依稀还可以看到几块裸露的残砖,淡红的墙皮也经过了特别的处理,隐约可以看到不规则的肌理。而在快到拐角的地方,墙皮竟被整块地剥落,露出青灰色的砖瓦。而面向大门的一小段墙,砖头干脆就如积木般错落摆放,凸出的棱角上密密麻麻地摆满了小小的蜡烛,据说是上一个客人过生日时留下的。松树皮包裹的屋顶上垂吊着几盏电灯,而这里的灯罩竟是一顶顶倒置的草帽!奇怪的是,如此粗放的装潢给人的感觉却不是不修边幅的粗犷,恰恰相反,感觉到的却是老板处处为顾客着想的细腻,难道这也是音乐人特有的性格?

除此之外,酒吧内的罗汉床挂上了一帘华贵的黄色帷幔,紧挨它的是两个粗制的民家小店里的酒坛。明代简约风格的多宝阁上,摆满了清代制作烦琐的青花加白瓷瓶。中国 20 世纪五六十年代的几张广告招贴画对面,是几张风格前卫的宣传海报。此外,再加上吧台上一排哥特式的烟灰缸、二楼两间日式情调的榻榻米小屋,以及造型可爱的现代手掌椅。小小的酒吧,竟成了古今中外,各种风格亮相的博物馆!如此繁杂、风格迥异的装饰摆放在一起,竟感觉不到一丝的杂乱无序,真是不得不佩服老板在布局上的巧思。

· 雪郎酒吧

雪郎的面积并不大,只有 100 平方米左右,最多可容纳 60 人,位置也不显眼,在一条长长的小巷里,对面就是嘈杂的住宅区。但是,雪郎却是丰台镇唯一的一家纯酒吧,方圆3公里以内绝找不出第二家纯酒吧！它也是为数不多的可以提供乐队演出的酒吧之一,每逢周末,总是会有乐队到这里一展自己的才华。

音乐是雪郎的主题,在这里,不但有乐队的演出供顾客欣赏,如果顾客愿意,还可以与自己喜爱的乐队或者歌手合作演出。分隔演出区和顾客区的只是一道低矮的吧台,只要顾客拿出那么一点点勇气,向前跨一小步,就可以成为舞台中的一员。

也许有人要说,如果只是唱歌,去卡拉OK不是更好吗？可在这里放声歌唱,会有一支完整的乐队会为你伴奏,专业的歌手会与你合作演出。与乐队、歌手零距离接触,享受一种纯天然的卡拉OK,难道不比在狭窄的包厢里无人喝彩要来得痛快淋漓吗？腼腆的朋友与陌生人合作,也不会感觉到拘束。因为这里所追求的,就是一种随意的浪漫。来到雪郎,就像回家一样。

自从1998年诞生,今天的雪郎已经8岁了。在这8年里,雪郎经过了几次转型,做过涂鸦吧,也举办过各种活动。有多少无名艺人在这里获得成功,有多少痴情男女在这里相识相知。倘若与老板闲聊,老板会向你倾倒出一肚子的故事。所以,雪郎不仅仅是一家小小酒吧,也是许多人刻下回忆的地方。

上海酒吧

1.九重天酒吧

九重天在金茂君悦的87层,距离地面330多米,被吉尼斯世界纪录千禧年版列为"世界最高的酒吧"。

它是一个环形酒吧,外环是金茂特有的大落地玻璃。华灯初上,临窗而坐,整个外滩的景色一览无余。

酒吧的装修充分利用了大厦内部独特的空间,立柱、斜撑钢梁和抛光镀铬镜面弧形连接,有种太空味。

夹层里有种很高的椅子,2米高的人坐上去脚也不会碰到地面,桌子是绿色的透明玻璃,坐在这喝酒的人有一种悬浮感。

九重天里大多会放一些轻音乐,有时也放爵士,因为这里应该是个很安静的地方。

它也是上海最适合聊天、约会的酒吧，还有两个老外曾将这里包下来，进行他们的婚礼。

在这喝酒首选气泡鸡尾酒，品种很多，有一款就叫"九重天"，售价 87 元。

这里的鲜虾春卷和炭烧牛肉味道很好，是招牌小吃。双人份，价格都在百元以下。甜品有冰激凌，最具特色的是"焦糖大冰山加烧香橙酒及腌樱桃"，售价 140 元。

2."BonBon"酒吧

BonBon，法文"糖果"。它既是香槟开启时的谐音，承托欢乐气氛，也是置身电音 high 乐中"蹦蹦"的谐音，是热情涌动的超炫体验。Bon-Bon，就是"糖果般快乐乐园"。现在，这个奇妙的词，将成为 Club 文化新风尚的缔造者。

BonBon 由备受全球瞩目的顶尖设计大师 Patricia Urquiola 和她的合作伙伴 Martino Berghinz 联合担任环境及空间设计，这令 BonBon 成为中国唯一堪称世界级水准的 Club&Lounge。

BonBon 的一楼被设计成一个多功能的活动推广空间，为那些探索多种活动空间可能性、追求高品质、炫目时尚生活的社会群体提供一切皆可能的空间服务。当需要时，这个展厅甚至可被开放成 VIP Cocktail 或极富创想的功能区域。

穿过这个超空间的潮流入口，Patricia 和 Matino 使极富炫彩的时尚妙想尽在眼前。独到之处在于：灵感四射的灯光和大胆绚丽的色彩这两个元素的巧妙运用，渲染出一个令人遐想无限的、极富视觉享受的整体空间。而大量玻璃和镜面材质的灵活运用，在炫目的镭射光影和大量的 Visual 效果下，更加强了视觉空间带来的梦幻享受。

GODSKITCHEN 是全球最大的顶级 DJ 代理及电音派对策划机构，在业界享负盛名。作为全球第三家 GODSKITCHEN 指定顶级 Club，BonBon 更是其在全亚洲唯一的合作伙伴。

GODSKITCHEN 签约的 300 名世界顶级 DJ 将在 BonBon 轮番出演，从 Techno 到 HouSe，Deep House，以及 Trance，绚烂的电音流脉都将一一呈现。每年 12 场独家举办的 GK party，邀请全球最出色的 GODSKITCHEN 的顶级 DJ，呈现前所未见的精彩表演。此外 GODSKITCHEN 还将轮流派驻 DJ，为 BonBon 不断注入新的时尚音乐元素。

被业界奉为顶级兵器的英国 FUNKTION-ONE 音响,又将 DJ 们操控下的电音煽动力无限加码。作为中国第一家大规模采用 FUNKTIONONE 音响系统的 Club,BonBon 提供最为完美的声音享受,随时用最棒的电音劲乐紧拥着人群带来无与伦比的震撼效果。

而 VJ 们制造的视觉风暴,以及现场最疯狂的国际级舞者,也同样强烈地撼动人心。沸腾全场的视听体验,以及各类时尚的 Party 公关活动,这些,你只可能在 BonBon 体验到。这里,还将成为世界最著名的时装、IT、时尚、奢侈品品牌的推演中心。

3.“FEEL CLUB”酒吧

FEEL CLUB——上海西区人气最 HI 的酒吧!F:Fantacy(幻想);E:Emotion(情感);E:Enengy(活力);L:Lust(欲望)。FEEL 也是目前上海唯一一家全落地式水晶玻璃通透酒吧、虹桥地区最大型的休闲式 PUB。它以它独特的魅力与方式在 2006 年的元月正式揭开了神秘的面纱!

酒吧坐落在繁华的虹梅路 3721(延安西路口)国际珍珠城 3F,从外观上看,酒吧外墙突出的水晶球体向世人展示着其本身的高贵。酒吧占地面积 800 平方米,斥资 1200 万,可容纳 500 人。酒吧的设计是由国际著名设计师 JOE 倾情打造,大量采用了国际上流行的艺术风格,结合中国古老的龙纹图案,配以最先进的灯光、音响设备,为您营造一个高贵、时尚、另类的娱乐场所。

4.MIU 酒吧

具有国际主流酒吧代表的 MIU 酒吧会所于 2006 年 3 月 18 日在上海耀眼揭幕,现成为全球瞩目的焦点!

曾经以一种很“文化”、很反叛的姿态出现的城市酒吧,随着其消费趋势的日益大众化,已经成为都市夜生活一个不可或缺的部分。尽管音乐已经逐渐融入人们的夜生活中。MIU 酒吧以“感性都市,性感酒吧”为核心概念,由备受瞩目的顶尖设计大师亲手精心设计完成,令世界对 MIU 酒吧都期待万分。MIU 坐落于上海建国西路 285 号,855 平方米极度感官的闪耀空间,时尚前卫的酒吧可同时容纳 1000 余人,并配有 100 余个泊车位。酒吧以红黑冷色为主色调,让人置身其中倍感神秘与妖媚。

中华酒典

MIU 拥有世界顶级的超炫电光系统,光源布满每个角落,极具震撼的灯光音响,透彻心脏的动感节拍,足以激发您内心的跳跃,音乐——这是 MIU 的灵魂！现场 R&B 和电子音乐,使人不断地想跳舞。不同于其他夜场,他们的选区很国际化,让你能放开心情跳舞。特邀 3 位国际知名 DJ 为您带来混音表演,助场 Dancer 为您带来最时尚性感另类的舞蹈。其中公共区域由 25 个卡座和 2 个开放吧台组成;奢华的室内空间由舒适豪华的卧榻式沙发设计和奥地利水晶吊灯装饰营造而出,还特设了 VIP 个性包房。另外,在 MIU 设计了独立的专属 SHOW 区。置身于这些各具风格的奢华空间中,VIP 客人将备享尊崇礼遇,香槟美酒,还将享受专属的音乐和 DJ 的服务。力求让每一位客人的身体及心灵达到一种舒解和畅快的状态。

5.夜韵咖啡座

这家咖啡吧有点欧化的味道,有比较古典的格调。窗口的罗马窗帘被窗带轻轻托起,你可以戴上心爱的书,走到由细铁雕花的栏杆分割开的某个区域,静静地享用自己的空间。

这是一个适合朋友小叙,或者情侣窃窃私语之处。酒不是这儿的主题,木柜里盛放最多的是一瓶瓶来自不同产地的咖啡豆。

6.Cafe Shinicoco 酒吧

一家经营欧陆西餐美食、经典传统咖啡和兰调爵上酒吧的咖啡吧,坐落在淮海路汾阳路口的花园绿地丛中。

这里的咖啡,抓住了咖啡在选豆、设备和技术操作的每个环节,杯杯经典。在"夏尼可可",你能品尝到真正原版的、不走味的 CAPPUCCINO 和 ESPRES-SO,从中你可领略咖啡文化的精髓所在。桌椅和伞则排成长长的一列,与淮海路上的车水马龙形成一道静与动的艺术风景线。

7.贝尼酒吧

原木的房梁、原木的窗楞、原木的酒架和原木的吧椅给人最原始的自然感觉。在昏黄幽暗的灯光下,这里的音乐给人婉转柔美之感,这里的调酒师会赋予酒以灵动的生命,这里还有纯正的咖啡和时髦的环保饮料,总之是个很有情调的酒吧。

8.1931

它缔造了老上海的气息,店堂内的装饰品都是店主精心收集的稀奇古怪的东西,如黄包车的牌照、卖冰糖葫芦的车、专烫裤缝的工具等。没想到这里还能吃到诸如粗炒面、菜饭、砂锅馄饨等上海的传统家常小吃。

广州酒吧

自 20 世纪末以来,各式各样的酒吧涌现于广州的大街小巷,成为南国都市夜生活中一片诱人的景观。酒吧演出以其释放心情、放飞心灵的旗幡聚集起一批数万之众的泡吧人群。隔隔独行者以此为客栈、愤懑孤寂者找到了港湾、落魄迷惘者洒脱地在此狂放一曲。酒吧音乐以其激越而柔婉的旋律席卷起城市夜空下的喜悦和悲伤,使得每一支乐曲、每一支艳舞和每一杯啤酒都轻易地幻变成南国都市文化的印记,成为都市夜生活的一个重要亮点。

烟雨轮回,十年已逝,在各色泡吧人群的积极参与下,广州酒吧渐渐演变,由纯粹的饮食场所过渡到了演艺秀场,并已呈明显的分区、分布状态,其中比较集中的有:环市东路商务酒吧区、沿江西路酒吧区、天河新城(体育东路沿线)酒吧区和新兴的芳村白鹅潭酒吧区。

环市东路淘金路及华侨新村一带是广州最早的高级商务区,从 2000 年开始,以花园酒店、白云宾馆、远洋酒店和华侨新村为核心,作为酒店商务和旅游配套服务设施,由外籍人士、港台商人投资经营的各式酒吧、夜总会渐成规模。

星吧、枕木吧、闪动领域等等,来这里"蒲吧"的多数是在这一带工作和居住的外籍人士,尤以黑人居多。每逢周末夜晚,大篷车及万紫千红吧门外就聚集了大批的外籍人士,感觉就像是国外的繁华街区。若有足球赛事,墨西哥酒吧、大象堡酒吧这种专门开设了看球区的"球吧"就特别火爆,完全没有国界之分。

而由沿江路到解放南路不长的一段路,错落分布着一些装饰前卫且具演艺特色的酒吧。如仁济路口的滚石俱乐部、爱群大厦的爵士吧、夜樱吧、花街 90 以及老发电厂旧址上的咆哮、Happy 吧、Cafe1920、正点吧、Babyface 等,都是引领时尚的前沿地带。据一位业内人士介绍,酒吧街上不少酒吧都是在从前的建筑上改建的,相当有特色。以咆哮吧为例,它正好位于解放南路的拐角处,多年

中華酒典

以前是一座闲置的电厂。它的消费主体是中青年白领阶层,周末时也有不少学生样的年轻人和少量的国外游客。

白鹅潭酒吧街是白云地产公司和物业管理公司统一运作、管理并出租经营的。虽然时间不长,却已成为广州专业酒吧的后起之秀,成为泡吧一族的新宠。整条酒吧街临江而建,外部景观有几分上海外滩的感觉。

白鹅潭酒吧街的房屋、景致、配套颇有欧洲风格,而且酒吧高度集中,仅长堤一条街,最旺时就有三十余家同时营业。酒吧消费低廉,每打啤酒 150 元左右。有演出可看、有特色可欣赏的酒吧有:双指吧、夜景吧、本色、飞帆吧、风车伴、开心吧、威特斯、红树林、绝世好吧、夜未央、赢吧、亚米高、喝彩吧、拉菲吧、金钥匙、蓝堡吧及周边的名模吧等。

此外,地处新城区中心的天河体育东路一带,近几年也出现一批有特色的酒吧,如绿蔷薇音乐吧、沙漠吧、红蕃区以及号称孤独者心灵港湾的夜魅城酒吧,这些酒吧装修很有特色,周末常有各类名人和演艺人士举办 Party 和沙龙活动。虽然消费水平偏上,却已成为广州新移民群体首选的泡吧之地。

一些酒吧已经形成了演艺特色和品牌。一些更专业的酒吧往往有自己的乐队、歌手组合或签约团体。如:咆哮吧有自己的摇滚歌手;长堤爱琴爵士吧有爵士乐队;六运五街的沙漠吧,拥有广州最酷的地下乐队——沙漠乐队;威特斯拥有出发乐队;有沿江路酒吧新贵之称的非酷吧,有 12 位舞蹈艺员,每晚现代舞、爵士舞、街舞、民族舞依次登场。同处沿江路的 Club Murtiu 有签约乐队 Easycase 等等,这类酒吧因其演员及其乐队、歌手组合等因素,已逐步形成了酒吧演出的文化标志,构成了品牌营销的一个组成部分。

广州的酒吧很难定义,这或许也颇符合广州的特性,就是一个崇尚模糊的城市。酒吧常常会附设茶座、咖啡厅、西餐厅、卡拉 OK 厅、电脑网络厅、DISCO 舞厅等等,喧宾夺主是常有的事。从开始的千篇一律到如今的风格各异,酒吧已经是广州夜生活必不可少的点缀了。

1.F4 吧

重新装修后的 F4,不仅投资百万,在音响设备上,加大了 DJ 台,更换了更具震撼效果的 MARTIN 音响,还在场内增设了最流行的 VJ。最大的一副 VJ 足有两张乒乓球桌大,在场内场外都可以看见,是少见的双面 VJ。至于灯光方面则添加了不少的电脑灯,让气氛更加迷离恍惚,再加上 DANCER 在吧台上的狂舞助兴,场内气氛更是热络,而进场的人则更是年轻了。

因为有了 VJ 屏幕的出现,无数的影像在玻璃的屏幕上跳跃、旋转,穿越扩大又缩小的感光细胞,VJ 和大脑的联手,重组出一个迷离的感官乐园,更年轻的人们涌现在追加百万的 Matin 音响前摇曳着,更年轻漂亮的 Dancer 舞于其上,盈盈地在一细细的光柱中脉脉缠绵,在一轮轮的音波中袅袅盛开。

2.百度酒吧

百度酒吧隶属于珠海卓凡实业集团,卓凡集团是一家坚持走品牌道路的大集团公司,旗下的百度酒吧分布于北京、上海、无锡、苏州、珠海、南京六个城市。

上海的百度酒吧于 2004 年 12 月 22 日开业,总投资 680 万,有演艺吧和音乐吧两个大厅,是上海唯一拥有两种风格的酒吧。

百度酒吧的音响及灯光效果也是上海最好的,酒吧内设置有大量高科技产品、双面荧幕、激光隧道、LED 墙等,酒吧有出色的歌手和 DJ,一直走国际化音乐路线。

酒吧的服务团队亦有很高的水准,所有的服务人员都是由集团公司统一培养的专业人才,以星级酒店的标准要求,专门从事服务行业。

酒吧的空间、设计、布局、装修等也别具特色,前卫而脱俗,并有充足的停车位、免费寄存处等许多人性化设施。

当然,一个酒吧最吸引人的地方还不仅仅是它的环境,它的现场气氛和乐队更为重要,百度在这一方面做得非常出色。在吧台,让人眼花缭乱的花式调酒,演出过程中,有气球机、气泡机、烟雾机等大量调节气氛的利器,现场有专业的领舞小姐,有菲律宾顶级乐队,还有国内最佳的 DJ 组合:Adam 组合……

每个月,百度酒吧都会频繁地举行各种风格的 Party(每个月超过 10 次),邀请国际排名前 100 位的 DJ 来现场表演,一些国外当红的演唱表演组合,这其中,也许就有你最最喜欢的那支乐队……

每当夜幕降临时,年轻的男男女女便会在这里聚集,欢呼、摇摆,你可以感受到他们心的热烈,也可以感受到这个空间的热烈,那是沸腾的温度,那是 100 摄氏度……火热的气氛,非常好的环境,非常好的音乐——这就是百度酒吧。

3.思清酒吧

思清是在虹梅路休闲街上一个地道的欧式酒吧,共有两层,上下地方都不是很大,生意好的时候真有些颇为拥挤的感觉。装饰也很简单,很适合那些讨厌复杂的老外的口味。

一坐下,就可以看见硕大的屏幕,放一些很经典的老歌和爵士。坐在这样浑厚的声音飘荡的酒吧里面,脚竟有些痒痒地想摇摆。

比起楼下,楼上显得安静得多了。有老古董一样的桌子和卧榻,横在那里有些年岁的感觉。上面的吧椅都是店里自己做出来的,可见老板也是一位能工巧匠。

楼上中国人颇多,老板说可能是每个国家人的习惯。中国人注重隐私,喜欢在楼上谈些小事情,或者楼上的包房可供人洽谈业务,也不受人打扰。因此,楼上楼下就像两个国度一样。顾客在当中往来穿梭,一会儿是中国人,一会儿变成欧洲的华人。

4.全透明酒吧

举目皆是大同小异的夜店:装修、格局、音乐、灯光、人……让你出东家、进西家,感觉都一样。

圣诞节,广州首间园林式酒吧全面开放。最壮观的是面积——占地1.3万平方米的空间完全以苏州园林的设计分割成室内室外几多楼阁;最动人的是环境——巨型水车、无处不在的小桥池塘、山林味极浓的竹楼、木屋、林荫路,让你恍惚自己与世隔绝;最称奇的是完全通透设计的酒吧——由顶到壁全玻璃打造,远远看去就像一座椭圆的水晶宫……

这就是留芳园的水晶宫:由顶到壁全玻璃拼建,一根梁都没有,在晴朗的夜晚熄了所有的灯,能清楚地看见满天星星。矩形的玻璃桌台一张张铺开,一楼二楼,能喝酒也能点些小菜尝尝。舞台在中央……很空旷,有乐队在上面表演,你能听见带回音的混响——没办法,场地实在是太大了,随便唱首歌都会有剧院的效果。

中央舞台和观赏区隔着一座桥,还有两渠水——确切地说,水晶宫是整个建于水上的,木质地面也拼接了好多厚重的玻璃砖,透过玻璃,你甚至看得见有鱼在游。

乐队毫无悬念地继承了菲律宾的血统……但是请注意:虽然产地相同,不同的人也能唱出不同的韵味来。

留芳园太适合搞一些超大型的嘉年华,不同身份的人混在一起:找朋友、做游戏、独饮、聊天……一切行为由自己。因为场地够大又因为风景够多,谁都不会闷,更不会早早离席。值得一提的:这里的餐饮味道跟星级酒店有一拼哦!

有音乐有酒,再有一点点的怂恿,你就很容易动起来,而大凡有一个人引舞上身,周围的人就都不会闲在一边。

成都酒吧

成都酒吧散布在大街小巷:左岸、单行道、白夜、兰桂坊、老树、半打、本垒、好顺、回归……而且都是稍有些名气的酒吧。

有人评价说:"成都酒吧成了艺术气息弥漫,白领人士交往融汇的最佳场所。"这话还真不假。在城南,知名女诗人翟永明经营的白夜酒吧,店名富有诗意、装饰通体白色、明朗纤巧,虽然面积不大,人气却挺旺盛。虽然爱诗的女老板和她当画家的老公开办酒吧的消费对象并不只是针对诗歌、绘画爱好者,但酒吧浓厚的前卫文化氛围却吸引众多文学青年、画家、雕塑家、音乐人。酒吧内飘逸的装修、悬挂的书架,使酒吧更像个书屋。而不时举办的文化沙龙也吸引了不少人气。

在成都音乐广场附近的一家酒吧也别具特色。酒吧借法国知名的"左岸咖啡"而闻名,它刻意呼唤一种时尚,营造一种留恋往日情怀的味道。在这里,空气中似乎弥漫着一种回忆引起的淡淡感伤,舒缓的音乐慢悠悠地回旋着,慢慢地把你感染,把你同成都的夜晚揉合在一起。

在一般人眼中,酒吧是个高消费的地方,但成都酒吧老板深知成都人的消费心理。曾经也是媒体中人、现在成都西门经营绿芭酒吧的胡扬先生说,成都人一向是"不求贵,只求对"。酒喝得再多、玩得再迷,他们掏钱时心里却是清醒的,感觉对了再来,感觉不对决不当回头客。因此,和同等城市比较,成都大多数酒吧价格都不算太贵。

成都酒吧的时尚变幻,常常引领着成都人的文化消费风气。音乐是酒吧的主题之一。摇滚打击乐、通俗歌曲模仿唱、自创歌曲试唱等,成全了多少音乐爱

中华酒典

好人的梦,就连张靓颖和纪敏佳这些"蓉字号"超女中的佼佼者,都曾经是酒吧的驻唱歌手。而那些漂流四方、生活困窘的歌手,也很容易走进这里,他或她只需要给吧主唱一首动人的旋律,就可以获得"演出权"。老板知道:在酒吧这样的自由天地,没有人会太关注歌手的名气,他们只是来尽兴消遣的,只在乎自己耳膜的感受。在一家酒吧,许多客人可能会冲着爱弹吉他爱唱歌的女吧主而来,而在另一家酒吧,客人追捧的也许是一种"想唱就唱,要唱得漂亮"的炫耀感觉。

音乐是酒吧的主打项目。但也有一些散落在街巷中的主题吧,倔强地展示自己的"个性脸谱"。比如坐落在锦里路的"行行摄摄"酒吧,就经常定期或不定期地举行各种摄影活动。说来酒吧是舶来文化,可也有酒吧把川剧变脸、川味小品引了进来,如此"中西合璧",图的就是个快乐、热闹的氛围。

1. 颓 Twist Bar

就在晚报旁边天河聚那个路口,位于往东门大桥(玉双路)方向的新修干道上,旁边好像有家过桥米线。酒吧门前的店招牌不太醒目,里面也装修得很简单,第一感觉:黑灯瞎火。地面和四壁用黑色油漆刷过,还有用金属做的楼梯和栏杆,有那么一点工业化的味道。店堂很空旷,桌椅都很矮,楼上则干脆全部用蒲团当坐垫,直接放在地上。很多顾客都比较欣赏它吧台后那个置物柜,你猜是用什么改的——一个拥有许多小格子的中药铺里的老式木柜!

2. 卡罗临江餐厅酒吧

卡罗临江餐厅酒吧在锦江宾馆对面,若是单行道开车要从交通饭店那边过去,在靠锦江桥那头。每天晚上,很多人都挤在这间小酒吧里,巴掌大的舞池密密麻麻的人正蹦得欢。那里的音乐很好听,都是些国外流行的酒吧音乐。酒便宜,老外多。从国外回来的朋友都说卡罗就像在国外去的那些小酒吧。因此,工作一周后去卡罗喝酒跳舞是一种放松,也是一种发泄。

3. 空瓶子酒吧

空瓶子啤酒馆位于成都市武侯区二环路南三段玉林生活广场三楼,占地1177 平方米,可同时容纳 400 名顾客,是一家集娱乐、休闲、运动为一体的大型英式开放式会所酒吧。超大的面积被划分为不同的区域:运动区域,提供各种英式娱乐游戏;网上冲浪区,吸引各类层次消费群;开放式 Hight 吧,推出职业乐队系列演出;各种文化沙龙,增进顾客之间的交流。空瓶子啤酒馆采取俱乐部、会所式管理,使客源稳定,更具消费实力,且具有高素质的专业队伍,能提供周全、快捷的服务。啤酒馆投资方为成都酒吧资深行内人士,凭着纯正的酒吧风格、浓厚的文化氛围、极具特色的装修格调,富有人情味的情趣活动,空瓶子必将成为成都酒吧界中的奇葩。酒吧内设多功能商务包间一个,小包间若干;沙狐球、飞镖运动吧区。在酒吧可以尽情享用美味餐点和欧美最流行的饮品,能够进行各类讲座和主题活动;周末举行特色派对,酒吧老总更会亲自上台演绎"赵鲁时段"。

4.9 号馆

9 号馆在滨江西路,与灯火通明的锦江宾馆隔河相望。隐藏在一座无比硕大的待售楼盘的底部,没有招摇的店招,寒碜得连霓虹灯都没有,门外是几个高耸的粗糙水泥巨柱,墙角里是一大堆钢筋,十足一个破败的建筑工地。只有旁边厕所里隐约渗出的灯光暗示着这里有人类活动,厕所的空间很大,天花板离地面起码有 10 米高,让人想起自缢的三毛,外面写着"We, Within 500m Inside"。这与周围人声鼎沸、灯红酒绿、小资气氛浓郁的卡罗西餐厅和高飞酒吧形成鲜明对比。对于这么一个充满了 Nationality 元素的场所,DJ 做出的音乐理所当然地要配合气氛,这里播放的几乎全是 Dead Can DANCE 风格的 World Music。

深圳酒吧

深圳的城市建筑和人文意象诉说着这个城市的美丽、个性和生命力,酒吧作为一个城市不可或缺的时尚文化标志,在深圳的各个部位蓬勃生长。到深圳泡吧,既要泡那些个性独立的知名酒吧,如本色、老窦、根据地、龙胜吧等,也不可错过"团结"在一起的酒吧街。

华侨城和蛇口海上世界的酒吧街已成为深圳人享受情调、休闲必去的地方。华侨城酒吧街给人的感觉是青春和个性汇集地,听说那里的酒吧老板大多都是很年轻的新人类,营造的酒吧气氛不论是热烈还是沉静,都让人从中找到年轻的感觉。

中华酒典

海上世界的酒吧街以外籍消费者云集为特色,所以异国情调颇为浓厚。除了原来一批老的酒吧,去年又集中招商了不少新的酒吧、西餐、咖啡品牌店加入,在海上世界麦当劳店对面形成了一条精致的酒吧西餐街。每一家店都很小,但情调浓浓,出品的酒水食物也各有特色。围绕这些小西餐酒吧,还生长着巴西烤肉、布莱梅西餐等颇受白领欢迎的美食据点。

很快又有一条叫"第五大街·酒吧街"的品牌酒吧街即将诞生在位于深圳市中心的体育馆。酒吧街由地下层的主题 Disco 酒吧、一楼的咖啡厅、主题酒吧、主题音乐、西餐酒吧、文化酒吧等组成,将风格各异的酒吧文化集于一体。第五大街·酒吧街的欧美建筑风格、浓厚的欧美文化气息、典雅的贵族风范将给深圳带来新的时尚标志。作为市中心唯一的一条统一规划的酒吧街,内设大小酒吧十余家,最小的 100 多平方米,最大的 800 平方米。独具特色的广场和中庭招贴广告柱使不同风格的酒吧形成相连的整体氛围。而便利的交通优势,将使第五大街·酒吧街成为市民和游客不可错过的休闲风景。

野战乐园:位于蛇口港附近的南海酒店里有一个非常刺激过瘾的休闲项目——野战乐园。曾试过和十几个朋友一起进去打野战,穿上专用的野战服,戴上保护头盔,再握住一支沉甸甸的枪,一种战争的气氛油然而生。野战乐园里有许多树木、植物形成天然的战斗掩体,两方阵地还有不少专门制作的掩体。当战斗开始后,枪声大作,子弹横飞,就算躲在掩体后面也是胆战心惊。因为野战用的枪支和子弹都特别逼真,子弹打在身上会流出像血一样的液体。

这里是一个摇滚乐队的根据地。很多乐队都在这里耍过大嗓子,适合几个喜欢噪音的男人一起去,但一定要精力充沛。老板也做过摇滚,跟老崔混得挺热乎的。老崔动不动就出现在酒吧里,戴个帽子很难认出。要认出来的时候,那是老崔登台或搞"真唱运动"的时候,那可要收门票的了,100 元吧。老崔也真是的,就是不唱《一无》或者《花房》或者《新长征》。

还有本色酒吧!本色已经有四五家分店了,面积都很大,不喜欢噪音的白领们就集中在这里。恋爱关系的、同事关系的、客户关系的,都可以跟本色发生关系。跑场歌手都很煽情,有男的甚至还翻唱王菲的《红豆》和阿妹的《可以抱你吗》。当然也有摇滚,尽管唱得不好,但底下的人就是一副热血沸腾的样子。

要想看表演的,红番区是个好地方。节目港味很浓,有一个光头歌手常常唱"翠花"和"有多少爱可以乱来"。当然,还有很多酒吧,适合喝酒、聊天和花钱。

不提了,夜开始了,哪个酒吧是你的归处?

西安酒吧

西安的夜生活虽然比不上北京、上海,但是从深夜的霓虹灯可以看出,酒吧仍是夜晚最繁华之处。西安的酒吧,从繁华的闹市区到大学校园周围都零散分布着。著名的德福巷虽然酒吧比较多,但是多以经营咖啡为主,不像北京三里屯那样是真正意义上的酒吧街。然而也有类似之处,不同风格、不同地理位置的酒吧都有着自己固定的消费群,他们或钟爱那里的音乐,或钟爱那里口味不同的啤酒,或只是钟爱那里的气氛。

1.泡吧不仅仅因为时尚

酒吧,西安共有200家左右。经常去泡吧的人主要是:在华的外籍人士、留学生、本国的生意人、白领阶层、艺术家、大学生、娱乐圈人士及有经济能力的社会闲散人士等。西安的酒吧一般装饰讲究,服务周到,而酒吧的经营方式更是形形色色、各有特色。音乐风格、装饰风格的区别也决定了消费对象的情趣选择。西安的酒吧风格特异:利用木屋招徕顾客的"火车头酒吧"、与足球相关的"铁哨子酒吧"、能在里面看电影的"八个半酒吧"、充满艺术情调的"丑鸟酒吧"等地方。

现在西安酒吧的啤酒大约15元到20元一听,自调鸡尾酒价格不一,一般每逢节日都有优惠,或整打打折、或赠送果盘和小礼物。而乐队演出、钢琴弹奏、JAZZ演奏或自己挑歌碟等等,都成为不同风格酒吧吸引顾客的方法。酒吧不仅是时尚生活的注脚,更已成为与朋友同事聊天谈工作的地方。

2.风格鲜明的主题酒吧

酒吧风格的不同吸引着不同的消费者,人们选择酒吧多考虑其气氛和位置,很少考虑价格。据了解,西安现在有不同风格的酒吧,像艺术吧、JAZZ吧、书吧、静吧、摇滚吧、球迷吧等等。不同的酒吧因为风格的不同有其固定的消费群。

中华酒典

足球吧:球迷们喜欢热闹,喜欢一起看球的气氛。长久以来,喝着啤酒,看着足球,在铁哨子酒吧看球成了部分球迷固定的场所,这里的老板曾经就是有名的球迷——铁哨子,尽管他现在对足球的热爱已经逐步减退,但是每到重要比赛,酒吧总会摆出几台大电视,音响里尽是呐喊声,吸引着过往的球迷。

电影吧:八又二分之一,费德里科·费里尼导演的一部电影,同样八又二分之一酒吧也是传承了这种电影文化。这里每周固定播放电影,很多在世面上难以发现的电影都可以在这里得到观看的满足。文化和酒的关系非常紧密,电影高潮时常常伴随着一饮而尽。美好结局之后,大家往往是举杯欢聚。

艺术吧:索罗罗格酒吧最大的特色就是前卫:前卫的布置、前卫的音乐、前卫的话题。变异夸张的墙面画、别出心裁的题记,大多出于顾客随心所欲的涂写;不放流行音乐,没有轻柔的音乐;除了啤酒,没有更多复杂的酒;酒吧时常进行艺术活动,2006年3月的"2+1"当代艺术展就是在这里举行。

竞技吧:自电子竞技被列为第99个体育项目以后,很多商家都对这方面特别重视,由此就产生了第一个电子竞技为主题的酒吧。电子竞技酒吧主要以吸引电子竞技爱好者为主,这里浓郁的游戏风格让不少游戏迷有了家的感觉,而醋畅淋漓的游戏和畅饮都是人生一大快事。

音乐酒吧:这类酒吧在西安非常多,主要讲究气氛情调和音乐效果,都配有专业级音响设备和最新潮的音乐CD,时常还有乐队表演。柔和的灯光、柔软的墙饰,加上柔美的音乐,吸引了不少注重品位的音乐爱好者。日常经营往往都有音乐专业人士在背后指点,有的经营者就是音乐界人士和电视台、电台音乐节目的主持人。

家庭经典藏书

中華酒典

［主编］董 飞

綫装書局

第八章　名人与酒

对于那些文人雅士,天地之乐、山水之乐,皆因酒而起。这正是中国酒文化之精髓所在。酒与他们心灵交融,相映生辉,形成了绚烂的文化,有道是"自古圣贤皆寂寞,唯有饮者留其名"……

第一节　酒与帝王

大禹预言以酒亡国

还是从《战国策·魏二》中鲁君劝酒的那段话说起:"昔者,帝女令仪狄作酒而美,进之禹。禹饮而甘之,遂疏仪狄,绝旨酒,曰:'后世必有以酒亡其国者。'"这段话的大意是说,从前,尧帝的女儿让仪狄造酒,造出的酒味道爽口,进献给大禹,大禹喝了感到味道甘美,就疏远了仪狄,并戒绝美酒,说:"后世必有因嗜酒而亡国的。"

读这段话,令人生疑的地方起码有两处:一是因酒的味道甘美,大禹就疏远了仪狄,并戒绝美酒,这不近情理。你想,既然仪狄好不容易造出了味道甘美的酒,大禹品尝之后应该表扬奖励才是,怎么能够疏远仪狄、戒绝美酒呢?二是当初人类草创,每一项新的发明,起初应用普及时肯定会遇到一些阻力,既经大禹先生的品尝,其味道甘美,就不应"戒绝"而应推广。至于大禹那句"后世必有以酒亡其国者"的预言更是没有什么根据。历史上只有因酒坏事的,却没有因酒亡国的。我们不妨做如下推论:尧和舜的时代已经饮酒成风,并因国人酗酒而导致部落的衰落。而仪狄酿出的酒比尧、舜时代的酒还要甘美,所以,禹品尝之后,才怪怨并疏远仪狄,且预言:"后世必有以酒亡其国者。"可是,史书中记载尧和舜都是开明有为的圣君,无任何因酗酒而导致部落衰落的事实。因此,禹的预言是没有根据的。假使仪狄果真是酒的最初发明者,那么,酒到底有什么好处或坏处,尚待实践予以证明,怎么禹尝了一下,味道还不错,就做出"以酒亡国"的判断? 因此,这"后世必有以酒亡其国者"的预言并非大禹做出,而是鲁君欲说服梁王魏婴不要沉溺于饮酒而误事,怕自己人微言轻,才借大禹的权威来阐说自己的见解。所以,那句预言或许就是鲁君自己的信口开河,要么就是有鉴于政敌夸张殷纣王"酒池肉林"的深刻教训而生发的感慨。无独有偶,孟子也许读到那句预言了,于是提出"乐酒无厌谓之亡"的观点,不过,他不反对饮酒,他反对的是喜欢饮酒而不加节制。这"亡",可理解是亡身、亡家或亡别的什么东西,总不会上升到亡国吧? 酒真能亡国,那还养活军队制造兵器干什么! 酒真能亡国,那酒的罪过也就太大了,早被历代的统治者铲除得一干二净了。至今,酒是何物? 还有人知道吗? 诗评曰:乐酒无厌谓之亡,各种教训实堪伤。大禹高言容细论,杯中死物待商量。

搞"酒池肉林"的殷纣王

商人喜欢饮酒,我们从出土的商代各种各样的青铜酒具可以证明。据说商朝末代君王"纣"的酒量特别大,又是个亡国之君,所以他也被后人视为历史上第一个"以酒亡国"的代表,以证实大禹早先对酒所做的预言。典籍中记载殷纣王和春秋时的齐景公能饮七日七夜不止,赵襄子能饮五日五夜。如果属实,这大概是因酒精中毒,一饮则醉,醉醒再饮,不能自禁的"病酒"吧? 否则,就是文人们的戏说或恶搞。

司马迁在《史记·殷本纪》中记道：纣王"以酒为池，悬肉为林，使男女裸相逐其间，为长夜之饮"。为《史记》正义的唐人张守节又引《括地志》云："纣为酒池，回船糟丘而牛饮者三千余人为辈。"汉代刘向在《新序·刺奢》篇中将这两段话又予以浓缩，安在了夏代君王桀的身上："桀作瑶台，罢民力，殚民财，为酒池糟堤，纵靡靡之乐，一鼓而牛饮者三千人。"桀前纣后，到底是谁干的？难以说清。

好阔大的饮酒场面！拿酒当作池水，悬挂肉形成树林，让男男女女都裸体在酒池肉林中嬉戏追逐，这样通宵的宴饮，似牛一样痛饮者三千余人。典籍中记载的这一饮酒场面，不仅

殷纣王

使我们觉得有文字上的过分夸张渲染，而且对纣王也有点戏剧化的作践。作践纣王的是何许人也？不是司马迁，而是打败纣王的那些开国统治者御下的文人。司马迁写殷本纪时，依据的材料是《诗经》中《颂》的部分文献，从成汤以后则是采自《尚书》和《诗经》的有关记载。而《诗经》和《尚书》的撰写、收集、整理和编辑，大抵出于周王朝及诸侯国官吏、乐师之手。他们为了美化新王朝的武事文德，就不得不丑化旧王朝的黑暗，常将更多的脏水泼向旧王朝的最后一个君王。纣王饮酒的颓废场面实是周朝文人们的蓄意夸大和渲染。关于这一点，孔子的学生子贡就曾说过："纣子不善，不如是之甚也，是以君子恶居下流，天下之恶皆归焉。"这就是说商纣的坏，不像后来传说的那么厉害，所以君子憎恨居于下流的人，一居下流，天下的什么坏名声都会集中在他身上了，正应了中国的一句老话：墙倒众人推。成王败寇这一点，即使现代人作史也难以避免，我们可以从对蒋介石和林彪的历史评价中看出。以上所生发的感慨，并非要为纣王翻案，而是要说明一个值得注意的问题：写史本欲秉笔直书，实事求是，但做到非常难。

《史记·殷本纪》中还记到纣的素质是"资辩捷疾，闻见甚敏，材力过人"，

这俨然是奴隶主中的英杰,和所谓"酒池肉林"的夸张描写形成鲜明的对比。据此,我们可以推想,纣王善饮,也喜好追求宏大的宴饮场面,这也许是事实。若真像周公在《酒诰》中所言,因嗜酒而亡国,却很难求证。最多只能说,纣的乱亡是从饮酒开始的,而国家灭亡的根本原因还在于他是一位暴君! 只追求一己之乐而不能保民、惠民、安民造成的。诗评曰:酒池肉林语不详,尽由后世说短长。国亡何必怨美酒,孰识补牢缘亡羊?

周公的"禁酒令"

周公即姬旦。周武王姬发死后,其子姬诵继位,由于年幼,他的叔叔周公辅佐姬诵而摄行政事。《尚书》中的《酒诰》篇,就是周公借纣王酗酒暴虐而亡国的教训,来训诫康叔的内部文告。因而,《酒诰》篇,也就成为中国古代官方颁布最早的一篇"禁酒令"。

周公,是周朝的大政治家,在他辅政摄政的时期,制定了一系列典章制度,这些典章制度强烈地影响了其后中国几千年的历史发展趋向。春秋时期的孔子很崇拜周公,在政治上主张恢复周礼,使天下得到大治。这个周礼,就是周公所制定的一系列治国安邦的典章制度。而禁酒令《酒诰》也是他一系列典章制度的组成内容之一。

周公

在西周时期,酒礼成为最严格的礼节。周公颁布的《酒诰》,明确指出天帝造酒的目的并非供人享用,而是为了祭祀天地神灵和列祖列宗,严申禁止"群饮纵酒",违者处以死刑。

当康叔在其卫国执政时,周公命令康叔在卫国戒酒,对饮酒作了各种规定。

周公对其弟康叔说:"你到卫国去宣布一项重大的法令。当年的文王缔造了周国,他曾经一天到晚地告诫各国诸侯、卿士和各级官员,'只有在祭祀的时候,才可以饮酒'。上天降下福命,劝勉我们的臣民,举行大祭时允许饮酒。后来上天降下惩罚,我们的臣民犯上作乱、丧失美德,究其原因,完全是因纵酒才惑乱了他们的德行;大小诸侯国灭亡,其根本原因,也是因纵酒才带来的灾祸。"

由这段话可知,周文王和周公吸取了商朝灭亡的教训,规定不得随意放纵饮酒,只有大祭时(祭祖、祭神等)才可饮酒。由此推想,前述鲁君附加于大禹那句"后世必有以酒亡其国者"的警示,还有孟子那句"乐酒无厌谓之亡"的话有可能是从这段最古老的告诫中演绎出来的。

周公说:"文王当年告诫在朝廷担任各种官职的子孙们'不许经常饮酒……而且饮酒时还要以德自持,不得喝醉……要珍惜粮食,弘扬美德,努力戒酒'。"这是说,酒不能不喝,但不能经常喝;虽然喝,不致醉,应以德自持。酒可乱性,正是由于"不自持"导发的结果。文王的告诫,对当今及至后世的为政官员仍有借鉴意义。

商代的人好饮。对那些加入新朝的商代臣民,周公语重心长地说:"你们要在卫国的土地上安心地住下来,尽力劳作,种好庄稼,勤勉地侍奉你们的父兄。做完农事后,还可牵牛赶车,到外乡去做生意赚钱,以孝顺赡养父母。这样,父母就会很高兴,并亲自做好丰盛的饭菜供你们享用。这时,你们就可以饮酒了。"这样看来,所谓戒酒也是有条件的,不是凡饮酒都在禁戒之列。在劳作有得之余,是可以借饮酒助兴的。

对担任公职的各级官员,在饮酒方面也做了具体规定:"如果各自能够检点自己,言谈举止符合中正的美德,就可以参加王室的祭祀。如果在饮酒方面约束自己,就可以长期担任国家的治事官员……饮酒而不嗜酒,前代官员已为我们做出样板,也是当代各级官员应该遵守的。"参加祭祀,就有酒喝;只要不因酒误事坏事,就可长期担任官职。周公强调的是多做事,不嗜酒、纵酒和醉酒,而不是不喝酒。

在《酒诰》结尾,周公郑重告诫:首先,商纣王因终日沉溺于酒中,不了解臣民疾苦,只顾纵酒取乐……再加上群臣人人纵酒,因此上天才给殷商降下了灭亡之灾。殷商的灭亡,不是上天暴虐,而是纣王与群臣自招的灾祸。其次,各级治事官员要以殷商灭亡为鉴,必须强行戒酒。最后,周公对康叔说:"假如人们向你报告'有人聚众纵酒',你不要放纵他们,要全部逮捕他们,押解到京城,依

中华酒典

令处斩。但对殷商的旧臣和工匠们纵酒的,先不要杀他们,先教育他们,经教育不悔改的,就要跟聚众纵酒的人同样处置,一律杀掉。你要时时听取我的告诫,不要使你的官员沉溺在酒中。"聚众纵酒,要杀头,可见当时人们因"纵酒",导致伤风败俗、扰乱治安、妨碍公务乃至杀人放火等行为,的确给全社会造成了不良的后果。所以周公才用重典来维护社会的有序和安定。纵酒杀头,这是中国几千年来最为严厉的"禁酒令"。

上述引文只是《酒诰》全篇中的部分内容,而司马迁为殷纣王作"纪",其材料就源于《尚书》,其中的《酒诰》则是纣王"好酒淫乐"招致亡国的重要依据。

中国历代的"禁酒"主要是从"节粮"这个角度提出来的。当年大禹之所以"疏仪狄,绝旨酒",真正的意图也许是怕用粮食来造酒喝,势必会使天下因为缺粮而祸乱丛生,危及社稷。历史上如齐景公、汉文帝、汉景帝、曹操、刘备、西晋赵王、北魏文成帝、北齐武成帝、北周武帝、隋文帝、唐肃宗、元世祖、明太祖、清圣祖等都曾禁过酒,这不仅仅因为酗酒会造成社会问题,而且主要是为了备战积聚粮草,或因天灾人祸,"年荒谷贵"不得不如此。但每次禁酒收效并不明显。诗评曰:酒诰残篇后人编,治国缘何与酒连?遥想周公呕心处,杀头仅限放纵间。

楚庄王太平宴不察"绝缨"

楚庄王为了奖励平定叛乱,于是摆酒宴招待群臣,所有妃嫔也参加了这次庆功宴会。庄王在宴会上说:"今日叛臣授首,四境安宁,我愿与各位同一日之乐,就把今天这场宴会叫'太平宴'。希望各位文武官员,要开怀畅饮,务要尽欢而止。"之后,大堂内庖人进食,太史奏乐,歌女跳舞,直饮酒到日落西山,兴尚未止。庄王命点上火烛继续饮酒狂欢,并让自己宠幸的小姜许姬和姜氏,一一给各位大夫敬酒,所有的官员纷纷起席一饮而尽。忽然一阵怪风,将大堂里的火烛吹灭,左右伺候的人取火未至。席中有一人醉眼蒙眬,见许姬美貌,暗中用手牵其衣袖。许姬左手拦挡,右手抓住这个人系帽的带子,帽带被绝断,其人惊惧放手。许姬拿着带子,走到庄王面前,附耳奏曰:"妾奉大王之命,为百官敬酒,其中有一人无礼,乘火烛被风吹灭之际,用力抓着妾的衣袖。妾已拿到那人系帽的带子,请大王赶快点烛,检查那个没有帽带的人。"庄王随即下令点烛的人说:"暂且不要点烛,寡人今日之宴会,约定与各位爱卿饮酒尽欢,各位爱卿要揪掉系帽的带子狂欢痛饮,不揪掉帽带子的不算尽欢。"待百官都把帽带揪掉后,才令点烛,最终不知道拉许姬衣袖的是什么人。席散之后,许姬怪怨庄王说:"妾听说男女不能相互亵渎,更何况君与臣呢?今天晚上,大王让妾给各位臣子敬酒,以表示敬重。可是有人暗中揪妾的衣袖,而大王您却不加以核查,怎么才能整肃上下之间的礼节、端正男女之间的区别呢?"庄王听后笑了笑说:"这并非你们妇道人家能懂得的!古代君臣相互敬酒不过三杯,只选择白天而不是晚上进行。今天,寡人让群臣尽欢,继之以夜,酒后狂态,人之常情。如果非要调查清楚谁拉了你的衣袖从而加罪于他,这虽说是保护了妇人的礼节,却伤害了国士之心,使群臣内心不快,这不是寡人举办宴会的本意。"许姬听了庄王的解释,心悦诚服。两年之后,晋国与楚国交战,有一位将军拼死杀敌,最终打败晋国。庄王问起这位将军,将军回答说:"臣当死!从前臣因醉酒失礼,大王您宽宏大量没有核查绝缨之事,臣就是那个被许姬绝断帽带的人。"这位将军之所以在战场上置生死于度外,奋勇杀敌,全是出于对庄王宽宏大量的回报。

楚庄王

宴会以快乐为主,饮酒多了,难免出语粗鲁,行为反常,如果非要把人们的言谈举止整齐划一,那就失去欢乐的宴会气氛。庄王不仅善饮,而且深知宴会饮酒之乐,并对酒后失礼行为予以宽容谅解,这是我们至今仍须再三深思并很好借鉴的大风度大气量。正是因为这件事给人的启示大,影响深,后人才写了不少诗文赞颂庄王的明智与气度。其中,唐代诗人李颀就深有感慨,在《绝缨歌》一诗中这样写道:"红烛灭,芳酒阑,罗衣半醉春夜寒。绝缨解带一为欢,君

中华酒典

王赦过不之罪。"试想，如果不是设宴饮酒，那位大夫拽了许姬或姜氏的衣袖，庄王的宽宏大量能展示得那么淋漓尽致吗？再说了，大白天，没喝酒，哪位大夫敢明目张胆地向庄王泼脏水呢？《东周列国志》中那首诗评得好：暗中牵袂醉中情，玉手如风已绝缨。尽说君王江海量，畜鱼水忌十分清。

借"酒令"而扬威的刘章

酒令，不知起源于何时，但到汉代，已经相当普及，它是饮酒时的一种游戏。在饮酒时常推一人为令官，饮者听其号令，违者罚酒。

据《史记·齐悼惠王世家》记载，齐悼惠王刘肥，是汉高祖刘邦与其情妇曹某所生。齐王有三个儿子，因父庶出，不被重用。刘邦死后，吕后一家人专权执政。吕后封齐王的二儿子刘章为朱虚侯，为了拉拢这个孔武力大之人，又把吕禄的女儿即吕后的侄孙女嫁给朱虚侯。但是，朱虚侯对吕后把刘氏天下变为吕氏天下，一直耿耿于怀。

一次，吕后宴请吕氏家人，朱虚侯刘章借机入席侍奉吕后。吕后就下令朱虚侯刘章主持酒宴。刘章自请说："臣，是将门的儿子，请允许我按军法行酒令。"吕后说："可以。"酒兴正浓时，刘章边行令劝酒，边载歌载舞。酒喝到高潮时，刘章又说："请让我为吕后唱一首耕田歌来助兴。"吕后笑着说："你的父亲都不知道种田的事。你生下来就是王子，怎么知道种田的事呢？"刘章回答说："臣知道。"吕后说：

刘章

"既然知道，那就试着给我唱那首种田歌吧。"刘章于是唱道："深耕密植，留苗要稀疏。不是同种的杂种，铲除而勿留。"这分明是在暗示吕家是杂种，迟早要被铲除，吕后听完默然不语。过了一会儿，吕氏家族中有一人喝醉，逃离酒席，刘章不动声色地追出去，拔出剑不问青红皂白就把他杀了，而后回来报告说："有一人逃离酒席，臣谨执行军法把他杀了。"太后和左右的人都大为吃惊。既然已经准许他按军法行酒令，就没有加罪于他的理由，酒宴因此结束。从此以后，吕氏家族的人都因这事害怕朱虚侯。

从辈分上说，吕后是刘章的奶奶。在吕后的眼里，刘章不过是个孩子；在刘章眼里，天下本是刘家的天下，爷爷刘邦带领一帮人抛头颅洒热血打下的江山，凭什么让你们吕氏一家人来坐？于是，刘章巧妙地借行"酒令"扬威，意在警告吕氏家族：刘氏打下的天下早晚还是刘家人来坐。那首歌中唱到的"不是同种的杂草"暗指吕氏，"铲除而勿留"，即指吕氏家族迟早要被铲除。正因如此，所以吕后听完此歌默然不语，可能悟出了其中的"杀气"。至于刘章按军法行酒令杀掉那个因醉逃离酒席的吕家人，也是一种震慑，无异于杀鸡给猴看！表面上做得合情合理合法，客观上，刘章却以其机智勇敢震慑了暂时洋洋得意的吕氏家族。从此以后，吕氏家族的人心里都害怕朱虚侯，其实也是这次借"酒令"扬威的最终结果。行"酒令"本是酒宴上劝酒的游戏活动，类似于行军法。正如《红楼梦》中鸳鸯小姐所言："酒令大如军令，不论尊卑，唯我是主，违了我的话，是要受罚的。"（四十四回）杀了吕氏家人，明知刘章做得过分，但既授予他"按军法行酒令"的职权，吕氏一家人也就有口难辩，只能默认而不能"加罪"他了。看来，酒的妙用深矣大矣！后来，朱虚侯与太尉周勃、丞相陈平等精心谋划，终于尽诛吕氏家族，恢复了刘氏天下。诗评曰：朱侯乘机行酒令，剪草暗传刘氏心。此计不知何人出？直使吕家举座惊。

樊哙借酒谴责项羽

自古道，"酒后吐真言"。假若"真言"能说在点子上，有理有据，就能感动人心，甚至可化干戈为玉帛。

秦汉之际，刘邦与项羽逐鹿中原，争夺天下。当初刘弱项强，项羽在鸿门设宴，谋臣范增想通过项羽宴请刘邦等人来一网打尽自己的敌手。

当喝酒到高潮之际，范增在席间几次给项王使眼色，三次举起身上佩饰的

中華酒典

玉玦示意项王当机立断,对刘邦等人采取行动,项王默然不应。于是范增起身出来召唤项庄,对他说:"君王为人心软不忍下手,你进去上前敬酒,并请求用剑起舞,趁机将沛公干掉。若不这样,将来你我这些人都要被他所俘获。"项庄随即进入大帐敬酒,而后说:"君王和沛公饮酒,军中没有什么可以助乐的,我请求以剑舞助兴。"项王说:"好吧!"于是项庄拔剑起舞,随沛公而来的军师张良的好友项伯在项羽手下干事,他见势不妙,于是也拔剑与项庄一同共舞,以此掩护沛公刘邦。在这生命攸关的危急之际,张良急匆匆地来到营门,见到樊哙。樊哙问:"现在事态如何?"张良说:"非常紧急。项庄舞剑,意在沛公。"樊哙说:"请让我进去,我要和

樊哙

沛公共命运。"樊哙带着宝剑拥着盾牌闯入军门内,分开帷账面西而立,瞪着眼睛注视着项王。项王按着宝剑直起上身说:"来客何人?"张良说:"这是为沛公驾车的驭手樊哙。"项王说:"这是一位壮士,赐给他一杯酒。"樊哙接过一大杯酒一饮而尽。项王说:"赐给他一只猪肘。"樊哙接过猪肘放在盾牌上,拔出宝剑边切边吃了下去。项王见此情景又问道:"壮士,还能再饮酒吗?"樊哙借酒直言陈词,谴责项王说:"臣死尚且不回避,一杯酒何足推辞!秦王有虎狼之心,杀人唯恐不能尽,对人刑罚唯恐不重,天下的人都背叛了他。怀王和诸侯相约说:'首先攻破秦军而进入咸阳的人将被封为关中王。'现在沛公首先攻破秦军而进入咸阳,对于秦室的财宝不但丝毫未动,而且还封藏了宫室,退出军队而驻扎在霸上,以便等待大王来临。沛公派遣将领把守函谷关的原因,是为了防备其他的盗贼和意外事件的发生。像沛公这样劳苦功高,却没有得到封侯的奖赏,而你却听信了小人的谗言,想诛杀有功的人。这样做是亡秦的继续,我个人认为大王是不该采取这种做法的!"项王听了樊哙慷慨激昂的陈词竟无话可答,只得说:"请坐。"就在这个时候,沛公借口去厕所,顺便把樊哙叫出来,才从小路上匆匆脱身逃跑。对此,后人有酒令赞之曰:"发上惧指冠,瞋目入离披。臣

死且不避,卮酒安足辞。"

苏轼有词曰:"酒酣胸胆尚开张。"这话用在樊哙身上恰到好处。樊哙,原本是个没多少文化的宰狗为业者,由于跟刘邦闯荡多年,增长了不少见识。当沛公占领咸阳进入秦宫,见宫室、帷帐、狗马、贵重宝物、美女数以千计,竟欲住在宫里享受,是因樊哙和张良的劝谏,刘邦才下令封存府库,安慰百姓,退出咸阳,将军队驻扎于霸上,可见樊哙的战略眼光。在鸿门宴上,酒壮英雄胆,樊哙借酒使气,谴责项王听信小人谗言而采取的不仁之举,迫使项王最终放弃谋杀刘邦的念头。司马迁写道:"此时,如果没有樊哙闯入营内,谴责项羽,沛公的情况可就危险了。"而"谴责"的勇气却与"饮酒"有很大的关系。

当樊哙催促沛公赶快离开时,刘邦说:"我们还没有和项王告辞呢?"樊哙答道:"大的行动不能顾及细节,大的礼仪不能避免小的责备,眼下人家像刀和板,我们是待切的鱼肉,还告辞什么呢!"在关键时刻,樊哙头脑清醒,临危不乱,果断行事,这可不是靠喝几杯酒就有的见识。诗评曰:千古一宴在鸿门,杀机暗藏饮酒中。若非樊哙奋其怒,江山不知属何人?

刘邦一醉唱《大风》

被史学家范文澜称为"有非凡的政治才能"的汉高帝刘邦(公元前256~前195),字季,出身于贫苦农民家庭,因起事于沛县,当时人称沛公,是西汉王朝的开国皇帝。

刘邦青少年时代喜好对人施舍,心胸豁达,嗜酒好色,经常呼朋引伴到王媪和武妇两家老板娘开的酒店聚会饮酒。当时社会上一些操刀宰狗或贩丝卖绢者都与刘邦有深厚的交往,如曹参、樊哙、夏侯婴乃至萧何等人,就是刘邦在酒桌上通过饮酒交下的"铁哥们儿"。在乡人眼里,刘邦是个好喝懒做、坐耗家财、游手好闲、不干正事的人,为此,他嫂子嫌弃他,他老爹刘太公经常责怪他不能营治产业,不如儿子老二用力。由于在村里名声不好,刘邦到了二十七八岁了,连个老婆都没找到。

中华酒典

酒中自有颜如玉

刘邦到酒店,有时独酌,有时邀客共饮。据说刘邦醉倒以后,王媪或武妇常看到他的身上有龙出现,二人感到惊奇。每当刘邦到酒店开怀畅饮,总有来客成群聚集,酒店的生意因此而红火热闹,店主统日计算,常比往日得钱数倍。刘邦无钱畅饮时便要赊酒,酒店也无不应允,到年底结账时,酒店老板就把刘邦赊账的竹简折断,放弃向他讨要所欠的酒钱。

刘邦醉后身上真有飞龙出现?肯定没有。酒店放弃向刘邦讨要所欠的酒钱,或是因为刘邦是个乡间无赖,店家惹不起,或是因为刘邦常呼朋唤友到酒店饮酒,使酒店生意兴隆,也就不在乎刘邦一人赊酒的那几枚小钱。此后,刘邦从一个乡间农民当了皇帝,不用自己张罗,自会有许多涂脂抹粉的御用文人替他搞云山雾罩。司马迁根据民间传说为刘邦涂上一笔有关"龙"之类的神秘色彩,也是情理中的事。

酒中自有颜如玉,刘邦的老婆吕雉就是在酒宴上说成的。一次,沛县地区的豪杰和官吏们听说县令有贵客吕公光临,全都前去祝贺。作为泗水亭长的刘邦闻讯后也前往拜谒,一进门,喜好替人相面的吕公看到刘邦的相貌,就很敬重他。因吕公的面子,刘邦坐了上座。酒宴到了尽兴之时,吕公以目示意刘邦喝完酒别走。酒阑席散,客俱告辞,住在县令府中的吕公对刘邦说:"我从小喜好给人看相,让我看相的人已有很多了,还没一个人能比得上你刘季的相貌,我希望你能好自珍爱。我有一个女儿,愿意把她嫁给你作为执箕持帚的妻子。"宴会散了之后,妻子吕媪对丈夫吕公发怒说:"喝了几口'猫尿'就不知天高地厚!你平时一直认为咱家女儿奇特不寻常,要把她嫁给贵人为妻,沛令和你相交友善,他来求婚你都没答应,今天喝得昏头昏脑,凭什么把女儿许嫁给穷小子刘季!"吕公不屑一顾地答道:"这件事不是头发长见识短的女人家所能知道的。"踏破铁鞋无觅处,得来全不费功夫,将近三十岁的刘邦,时运真算不错,竟在赴宴饮酒中,得到了一位仪容秀丽、风采逼人、性格刚毅的妻子,这就是史书上说的吕后。"颜如玉"岂止书中独有?饮酒中也会不期而至!

酒壮人胆敢作为

刘邦奉沛县县令之命,以亭长的身份押送罪犯到咸阳骊山给秦始皇修陵墓,一路上,每天都有罪犯相继逃跑。刘邦寻思,像这样下去,等到了骊山,罪犯跑得也就剩不下几人了,自己怎么交差?当行进到丰西大泽中,刘邦断然下令停止前进。泽中有亭,亭内有人卖酒,刘邦嗜酒如命,怎肯不饮。又想到逃走那么多罪犯,胸中愁烦不已,此时正好借那"黄汤"浇除胸中块垒。当即觅地而坐,并下令押解的罪犯就地休息,自己与几个随从呼酒痛饮,直喝到红日西沉。当酒兴勃发高昂之际,刘邦突然站起来跟众犯说:"你们到了骊山,必定要当苦役,看来最终不免一死,难得还乡。我今天就给你们一条活路,把你们全部释放!"众犯一听此话,真是感激涕零,视刘邦为再生父母,称谢不已。有人问刘邦回去怎么向县令交差,刘邦大笑道:"你们都逃走吧,我也从此远走高飞了!"罪犯们认为刘邦是条好汉,当即就有十余位

刘邦

壮士愿意听从刘邦驱遣。酒是壮胆之物,如果不是饮酒,要在平常,以刘邦的精明,绝不会把官家委派给皇帝修墓的差事当作儿戏。

从此,这十余位壮士就成了刘邦起事造反的第一批兵源。当夜,刘邦率领壮士,戴月夜行,向砀山前进。走在前面的人突然惊叫有大蛇挡道,请求赶快退回去。刘邦凭着酒的威力,挺着脖梗,大手一挥说,"壮士前行,有什么值得害怕!"说罢,刘邦在醉眼蒙眬中继续冒险前进,才行数步,果见一条大蛇横挡泽中,刘邦全然不避,手起剑落,将蛇劈作两段,随又用剑拨开死蛇,安然经过。三国时的曹丕对刘邦斩蛇的壮举大加赞美,说"汉高婆娑巨醉,故能斩蛇鞠旅"。(《与群臣诏》)饮酒加速血液循环,使人精神处于一种极度的亢奋之中,就是刀山火海也敢进去转悠一遭,正所谓"浑身是胆雄赳赳"。刘邦斩蛇,武松打虎,都是酒壮人胆的杰作。

君臣饮宴论用人

经过数年的征战,天下安定,当了皇帝的刘邦,便在洛阳南宫摆酒设宴,遍召群臣一同会饮。在酒酣耳热之际,刘邦以得意的神色问众臣:"我因何得天下?项氏因何失天下?"高起、王陵等人虽然起座做了回答,但都隔靴搔痒,没有抓到要害。酒常能激活人的大脑,顿时产生灵感,留下千古名言。刘邦抿了一口酒,然后得意地说:"在帷帐当中运筹谋划而能够决定千里以外的战争取得胜利这方面,我不如张子房。在镇守国家,安抚百姓,供给粮食,保证军粮运输不断绝这方面,我不如萧何。在统领百万大军,作战必胜、攻城必取这方面,我不如韩信。这三位,都是人中的豪杰,而我却了解他们的长处并善于任用他们,这就是我之所以能够取得天下的原因。项羽有一位范增却不能任用,这就是他被我消灭的原因。"众臣听了无不心悦诚服,点头称是。酒后吐真言,酒后也吐名言,这段名言在千百年来传播那样广,在一定程度上说是酒催化的功劳。刘邦总结得简明扼要,率直真诚,实在是位"善将将"的英明帝王。正如台湾学者柏杨先生所说:"他(指刘邦)在黑社会中培养出来的高度智慧和宽宏大量,使三个杰出的人物为他效力,使他自己成为中国历史上第一位平民出身的伟大君王。"刘邦正是通过设宴饮酒,与群臣交流思想,联络感情,在一派祥和欢乐的气氛中,既赞誉了三位人杰对立国的巨大贡献,又巧妙含蓄地表达了自己胜人一筹的地方是善用人才。

酒后不忘旧时讥

当年,刘邦因不治生产,不务家业,常遭老父刘太公的训斥,说他不如老二刘仲勤苦用力。在夺取天下第九年的元旦,刘邦奉陪父亲刘太公登上御殿,随后又率王侯将相等人一同给太上皇刘太公磕头,乐得刘太公老汉胡子都要翘起来了。拜毕后大开宴席,刘邦陪着父亲饮酒,两旁分宴群臣。酒过数巡,刘邦起座捧觞,为老父刘太公祝寿。刘太公此刻笑容可掬,接饮一觞,王侯将相,又依次起座,各向太上皇恭奉寿酒。刘太公随便取饮,几杯进肚,浑身畅快,越觉容光焕发。刘邦酒后,旧事涌上心头,走上前来向老父戏说道:"从前大人常说臣儿无赖,不能治产,夸说老二能尽力田园,善谋生计。今日臣儿所立产业,与老二仲兄比较起来,究竟是谁多谁少呢?"众臣听了大声戏闹,老父刘太公无词可答,只好微微一笑。试想,此时此刻,刘太公还能说什么呢?人在得意之时,特别是饮酒之后,早先的记忆重新激活,想起往日的狼狈,常常要夸耀今日的成功,发泄不平,讨回公正是常有的事。这个宴会上的小插曲十分真实自然,从中可看出刘邦的为人。

还乡一醉唱《大风》

历史上许多绝妙好词的留传往往就诞生在饮酒中,许多奇谋妙计的形成也许就是从酒桌上开始的。千古绝唱《大风歌》就是刘邦在饮酒后随口唱出的。刘邦在回关中时路过家乡沛县,于是在沛县市中设酒宴,将早年相识的父老乡亲、宾朋好友全部召来(当然还有早年酒店老板娘王媪和武妇两人),又征集沛地一百二十个少儿。当酒酣尽兴之际,刘邦这个草莽英雄还懂得填词谱曲,竟亲自击筑奏乐,自己教少儿歌唱道:

大风起兮云飞扬,

威加海内兮归故乡,

安得猛士兮守四方!

唱罢,随又抑制不住自己的激情,当着众乡亲翩翩起舞,慷慨伤怀,洒下数行热泪。看来刘邦这次回到家乡,的确是动了真感情。《大风歌》悲壮雄宏,蕴意深长,充分表达了刘邦渴望得到贤才辅佐以治国安邦的志向。这使人想起清代史学家赵翼在晚年写的一首诗:"少时学语苦难圆,只道功夫半未全。到老方知非力取,三分人事七分天。"由此看来,人的见识不仅靠勤奋学得,也有先天禀赋。刘邦这个粗通文墨的草莽英雄,竟能在酒宴上随口吟出这样的千古名句,岂是死啃书本的学究所为!实在含有先天的因素。

就在刘邦要离开家乡之际,乡亲们全都拿出最好的东西奉献给刘邦,刘邦感念父老乡亲的深情厚谊,又停下来,在城外专设帷帐,和乡亲们连连饮酒三日方才离去。家乡养育了刘邦,刘邦未忘家乡,这是封建社会最典型的"衣锦还乡"的壮阔场面。

后来,为了纪念那首《大风歌》的创作传播,沛中百姓又在刘邦原行宫前筑起一台,号为歌风台,千年以后的清人袁子才写诗赞道:高台击筑记英雄,马上归来句亦工。一代君民酣饮后,千年魂魄故乡中。青天弓剑无留影,落日河山有大风。百二十人飘散尽,满村牧笛是歌童。

对酒当歌的曹操

曹操(公元 155~220 年)是三国时期才华横溢的政治家、军事家、诗人,今安徽亳州人。

因《三国演义》一书的艺术描写以及戏台上的塑造,曹操在人们的心目中一直是个狡诈的白脸奸臣,深受中国正统儒学熏陶的多数中国人对他没有好感。鲁迅却说:"其实,曹操是一个很有本事的人,至少是个英雄,我虽不是曹操一党,但无论如何,总是非常佩服他。"他在镇压黄巾起义的过程中发展壮大了自己的势力,曹操初随袁绍讨伐董卓,后迎汉献帝迁都许昌,受封大将军及丞相。

他非常爱喝酒,但不是"高阳酒徒"。他对酒的赞美,话虽不多,但非常精辟,对后世影响很大。

对酒当歌。在饮宴之际,他尽兴而欢,开怀畅饮,并朗诵道:"酒与歌戏,今日相乐诚为乐"(《曹操集·气出唱》),"对酒当歌,人生几何"(《短歌行》)。在他看来,人生苦短,酒是助兴之物,面对美酒,正应以歌和之,来增加场面的欢乐气氛,满足人的精神需求。曹操在笙簧酒醴之中,备感创业艰难,常不免追忆起往日的坎坷历程,才发出"对酒当歌,人生几何"的感叹,表达了他盛年已逝,功业未成,人生易老的复杂心情。

酒可解闷消愁。"何以解忧,唯有杜康"(《短歌行》),"解愁腹,饮玉浆"(《气出唱》)。人的忧愁是否可以凭酒来解除,实际上也是因人而异。有的人因忧愁缠身,无处发泄,不敢发泄,因而从醉中寻找解脱。喝酒后,将压抑的那部分"秘密"一泻无遗,骂个痛快,哭个酒脱,小鬼变成大王,扭曲的心态拉直,似乎从狂醉中取回公正,这叫借酒"出卖"自己。有的人"举杯浇愁愁更愁",酒不但不能解愁,反而如火上浇油,使人丧失理智,失掉廉耻,如出笼的猛虎,干出不可饶恕的勾当。有的人在平时十杯八杯毫无醉意,可是忧愁逼上心头,稍饮即醉,进而神志昏迷,出乖现丑……而曹操的"解忧",却与众不同。他深得酒中之妙趣,通过饮酒来换取"混混沌沌体融和,疯疯癫癫身抖擞"的感觉。穿膛美酒伴着歌声,使他进入一种迷离空幻、似仙如神的境地,那清醒时的焦虑和忧愁一扫而光,这是鞍马劳顿后的放松,是血雨腥风后的安歇,使人惯常失衡的心理,得以缓冲,得到矫正。所以,在曹操看来,"唯有杜康",才能解除他内心失衡的焦虑与忧愁,才能恢复一个完整的正常的曹操。

曹操重视酿酒之法。他曾将当过县令的南阳人郭芝的"九酝酒法"献给汉献帝,并告之可以养生健身。在给汉献帝的奏折中写道:"法用面三十斤,流水五石,腊月二日清曲,正月冰解,用好稻米,漉去曲滓,便酿法饮。曰譬诸蚕,虽久多完,三日一酿,满九斛米止。臣得法酿之,常善;其上清滓亦可饮。若以九酝苦难饮,增为十酿,差甘易饮,不病。"(《曹操集》第21页)曹操在文中不仅详细介绍了九酝酒酿酒之法,并且介绍了自己酿造这种酒的经验和改进的方法。足见曹操既深懂饮酒之趣,又是个酿酒的高手。后人研究认为,按照曹操所说的"九酝酒法"酿造的酒,就是当时驰名的"九酝春酒",距今已有一千八百年之久了,它与今天安徽亳州的古井贡酒一脉相承。

当然,有人会说,曹操曾下过禁酒令,但这并不等于说曹操不喜欢酒,不爱喝酒。的确,在《世说新语》一书中为正文作注的《世语》中有这样的记载:"魏太祖(指曹操)以岁俭禁酒,融谓'酒以成礼,不宜禁'。"那时曹操所以禁止酿酒,是因为当时年景不好,在歉收的灾年,人们活命的粮食尚且供给不足,怎能再用粮食去酿酒?曹操完全是从安民治国的角度去禁酒的。至于他曾下令将士不得饮酒,那就更是谨慎的举措了。一个在危难乱世之际统领兵马的人,岂能允许自己手下的将士沉溺于酒而坏大事呢?纵使当今的将帅,也会同意曹操禁酒用意的。曹操要禁酒,并说酒可以亡国。专跟曹操捣乱的大名士孔融反驳曹操说,也有以女人亡国的,何以不禁婚姻?对此,鲁迅先生曾分析道:"其实曹操也是喝酒的,我们看他的'何以解忧,唯有杜康'的诗句,就可以知道。为什么他的行为和议论矛盾呢?此无他,因曹操是个办事人,所以不得不这样做;孔

中华酒典

447

融是旁观的人，所以容易说些自由话。"

其实，历朝历代每当粮食供不应求的灾荒年时，都曾发布过禁酒令，号召人们节约粮食，同时也反对借酒败坏社会风气的不良行为，但是成效甚微。为什么？这使人想起1917年美国发布的禁酒令。当时有人对酒很反感，说它是兴奋剂，时常令醉鬼滋事，令暴徒壮胆，对好人身体也是有百害而无一利。因此，将公民禁酒写入宪法，号称第十八修正案，可是老百姓不管那么多，明着不能喝就暗着喝。自从第十八修正案生效起，美国人来了个"农村包围城市"，先从边远地区进口外国酒，运到乡村建立饮酒根据地，然后再向中小城市进发，建立"白区"饮酒联络站，两三年之内，秘密喝酒终成燎原之势。人们的饮酒量不仅大大超过了禁酒发布之前的年月，而且，饮酒者更觉酒之珍贵，使酒价值上云天。不得已，1933年，美国国会只好废除了第十八修正案，但并不因此对饮酒造成的弊端不闻不问。国会说，酿酒、运酒、卖酒和饮酒都是合法的，对借酒闹事、酗酒肇事者仍将严惩不贷。事实上，大多数嗜酒者也都反对酒后的不良行为。可见，法律一旦违背了大多数人的意愿，就会名存实亡。由此看来，酒，是不能轻易去禁的，要禁，只是禁那些借酒胡作非为的人。

曹操下令禁酒，并未取得实效。他自己不仅以"杜康"解忧，他手下的尚书郎徐邈也时不时地偷饮醉酒。至于《三国演义》中，曹操煮酒与刘备论英雄，借酒在赤壁之战前"宴长江而横槊赋诗"，就更是罗贯中对曹操以酒谋事做事、借酒抒怀的生动写照。假如真的禁酒，曹操还能"煮酒"吗？又拿什么来"宴长江"呢？

曹操煮酒论英雄

自古男人不离酒，英雄尤是。英雄与酒，素有不解之缘。"对酒当歌，人生几何"，这首"对酒歌"被人们千古传唱，也造就了曹操这样了不起的人物。有史以来，酒的魅力，不知征服了多少英雄豪杰。

话说三国时期，曹操位居汉相，势力强大，野心勃勃，挟汉献帝于许昌以令诸侯。汉献帝对此极为惧怕，就秘密下诏国舅董承，设计谋杀曹操。董承联络刘备聚义图谋。刘备来到许昌,却被曹操安排在相府左近宅院居住,实际上刘备受到了严密的监视,时时有被曹操杀害的危险。在这种情势下,刘备日日在后园种菜,装傻卖痴,以为掩饰。

曹操生性多疑,生怕刘备将来成为自己的心腹之患,于是就邀请刘备喝酒以作试探。有一日,关、张不在,刘备正在后园浇菜,忽闻有人来报,曹操请见。刘备虽心有胆怯,又不得不见。曹操一句"在家做得好大事",惊得刘备脸色骤变。曹操随即拉起刘备的手,以示亲切,这才让刘备稍做放心。

曹操对刘备说:"刚才看见枝头梅子青青,忽然想到去年征讨张绣时,道上缺水,将士们都很渴,不愿继续行军。我心生一计,用马鞭指着远方说:'前方有梅林。'士兵们听了,嘴里立刻产生了唾液,于是就不觉得渴了。现在看见这梅林,不能不好好欣赏啊!所以就邀请您来饮酒赏梅。"刘备吓得面如土色,不敢推脱,只得战战兢兢地应付。

酒菜齐备,曹操和刘备二人对坐,小酌了几杯。正在这时,天空突然阴云密布,大雨即将来临。曹操指着天空问刘备:"龙能大能小,能升能隐;大则兴云吐雾,小则隐介藏形;升则飞腾于宇宙之间,隐则潜伏于波涛之内。如今春深,龙乘时变化,就像人得志而纵横四海。龙之为物,可比当世之英雄。你玄德久历四方,必知当世英雄。那就说说谁是当今的英雄?"刘备答道:"我肉眼凡胎,怎会知道谁是英雄?"曹操一边喝酒一边继续追问,执意探求刘备的底细。刘备也很聪明,知道曹操的用意,就故意称袁术、袁绍、刘表之类为英雄,以表明自己鼠目寸光。刘备所提的这些"英雄"自然都被曹操一一否定。这时的刘备已箭在弦上,他的每句话都生死攸关,自是恭听,岂敢怠慢。

曹操慢慢端起酒杯,说了一句:"今天下的英雄,只有你刘备和我曹操两个

曹操

449

人!"刘备一听,吃惊不小,手中的筷子不觉掉落地上。刘备自知不妙,借助酒力,重又镇定起来。当时正逢雷声大作,刘备借此掩饰自己的慌张,从容地说:"这雷的声响真大!"曹操大笑道:"男子汉大丈夫,也怕这区区雷声?!"刘备不动声色地说:"圣人常说有狂风惊雷一定会有变故,怎能不心生畏惧?"刘备的回答自是巧妙,既掩饰了掉筷子的事实,又再次表明自己是个胆小怕事、循规蹈矩、无足轻重的小人物。果然,刘备的表演得到了"操遂不疑玄德"的结果。

雷雨刚刚见停,就见有两人手提宝剑来到事前,左右拦挡不住。曹操一看,原来是外出射箭的关羽、张飞二人回来了。他们听说刘备被曹操请去喝酒,就慌忙过来探个究竟。云长说:"听知丞相和兄饮酒,特来舞剑,以助一笑。"曹操笑道:"此非鸿门会,安用项庄、项伯乎?"刘备也笑了。过了一会儿,酒席散去,刘备与曹操辞别而归。

刘备把筷子惊落桌下的事情告诉关、张二人:"我学着种菜,正要让曹操认为我没有远大志向;不料曹操却说我是英雄,我因此惊得连筷子都掉落在了地上。又恐怕曹操生疑,所以借惧怕雷声以掩饰惊恐。"关、张二人听后对刘备的足智多谋很是称赞。刘备不仅因此保全了性命,更为将来三国鼎立打下了基础。

"勉从虎穴暂趋身,说破英雄惊杀人。巧借闻雷来掩饰,随机应变信如神。"曹操煮酒论英雄的典故很受后人的称赞。曹操与刘备饮酒看似无奇,实则暗藏杀机,刘备的一句错话,就能招致杀身之祸。

酒能壮英雄胆,能让男人成就事业。曹操煮酒论英雄,几杯酒下肚,还真壮了刘玄德的英雄胆,尽管是满嘴"酒话",却骗过了曹操的眼睛。

曹丕诏书垂涎葡萄酒

魏晋南北朝时期,红酒的酿造已具有很高的水平,不但色泽玲珑剔透,其味道亦是鲜美诱人。酿酒所选葡萄亦很有讲究,葡萄种植大多选用张骞出使西域时引进的欧亚葡萄良种,后来亦尝试人工种植我国原产的葡萄,见于曹操的小儿子曹植在《种葛篇》中所写:"种葛南山下,葛蔂自成荫。与君初婚时,结发恩义深。"这便是对种植葡萄的生动描述。

大抵古人多嗜白酒,魏文帝曹丕却独独垂涎红色葡萄酒,为了把红色葡萄酒推而广之,以达到与群臣分享之效,曹丕还不惜把饮红酒之感受写成诏书公布于众。魏文帝在《诏群医》中写道:"中国珍果甚多,且复为说葡萄。当其朱夏涉秋,尚有余暑,醉酒宿醒,掩露而食。甘而不饴,酸而不脆,冷而不寒,味长汁多,除烦解渴。又酿以为酒,甘于鞠蘖,善醉而易醒。道之固已流涎咽唾,况亲食之邪。他方之果,宁有匹之者。"提其名便垂涎三尺,身为一代帝王,曹丕把饮酒之情写于诏书,畅谈自己对红色玉酿葡萄酒之钟爱,殷殷宠爱之意见于笔端。如此这般宠爱,把葡萄酒写进诏书者,恐怕唯曹丕一人,此实乃空前绝后之举。

酒为诗侣,曹丕虽为帝王,亦有文人之气节。《三国志·魏书·魏文帝纪》还有这样的记载:"文帝天资文藻,下笔成章,博闻强识,才艺兼该。"魏晋时期葡萄酒业发展鼎盛,作坊遍及都城,这和文帝对红酒的推崇不无关系。有了魏文帝的倡导和体验,葡萄酒成为当时王公大臣、社会名流筵席上的佳酿。

赵匡胤杯酒释兵权

赵匡胤,涿州(今河北涿州)人,初为后周王朝的高级将领,后官升到典章禁军(类今中央警备师)的殿前都点检。因士兵训练有素,武器精良,赵匡胤凭借这一实力发动"陈桥兵变",建立宋朝。

说起"陈桥兵变"就会想起"黄袍加身"的故事。在960年(建隆元年)的春节欢庆之际,忽然有人报告朝廷,说是辽兵和北汉军队联合南侵,皇帝紧急下令赵匡胤和归德军掌书记赵普等人,率领禁军北上抵御。军队开到京师城北的陈桥驿(今开封东北四十里),停军不前,就地待命。正遇过年,赵匡胤和将士每天喝得酩酊大醉。初三那天晚上,在赵匡胤的营帐里,闯入部分将领,刀刃外露,大声说:"军中定议,欲策太尉(指赵匡胤)为天子!"赵匡胤一边谦让,其弟赵匡义一边下令诸将说:"严饬军士,勿令剽掠,使都城人心不摇,则四方安定。"同时派人骑快马到京城告知赵匡胤心腹——殿前都指挥使石守信等人准备内应。初四黎明,诸将穿甲带兵,直扣匡胤其门,高呼:"诸将无主,愿策太尉为天子。"赵匡胤还没有来得及答复,就进来一伙人,手捧黄袍披在赵匡胤身上,众将士伏地高呼"万岁"。别人以为赵匡胤是在醉酗时一无

赵匡胤杯酒释兵权

所知的情况下,被人推上宝座的。事后,人们才恍然大悟:无论是辽兵和北汉联合南侵的假消息的传递,还是醉后"黄袍加身"的喜剧,都是由赵普和赵匡义亲自策划导演的,而赵匡胤则是这幕戏剧的总制片人。就这样,"黄袍加身"的赵匡胤出其不意地回军朝廷,兵逼七岁的儿皇帝柴宗训让位,自己当上了宋朝的开国皇帝。酒,起了鼓舞士气夺取皇权的重要作用。

赵匡胤当了大宋开国皇帝之后,感到内心不安的是,当年与他平起平坐共同打江山的石守信、王审琦、高怀德等人,既是故交,又是兵权在握。哪一天不顺心,就会有二次"黄袍加身"的戏剧重演,自己就是榜样,危险啊!于是问计于赵普说,"自唐末以来几十年,帝王共易八姓,战斗不息,人民死亡,原因何在?吾欲停息战斗,使国家长治久安,有何良策?"赵普回答说,"并无他故,方镇权力太大,君弱臣强而已。今欲制之,必须对禁军统帅及地方藩镇的军权进行收缩和限制",那就是"稍夺其权,制其钱谷,将其精兵"(《宋史·赵普传》),只有"三管齐下",方可奏效,天下自安。赵匡胤听了赵普的建议之后,又在主要领导中做了一些正面的舆论宣传。之后,于建隆二年(961)七月的一天,在宫中摆设酒宴,请禁军高级将领石守信、王审琦、高怀德等人赴宴饮酒。酒过三巡,饮至半酣,赵匡胤乘着欢乐的气氛,举起酒杯,屏退左右,对前来饮宴的高级将领们说:"天下基本太平,我这当皇帝的还比不上你们的力量大啊。这天子也不好当,还不如当个节度使快乐呢!我终日未曾高枕无忧,睡过安稳觉。"石守信等人忙问其故,皇帝说:"这并不难理解,哪个不想当这皇帝呢?"石守信等人听出

了弦外之音,赶紧伏地磕头说:"陛下怎么说出这种话?今天下已定,谁敢再有异心?"皇帝说:"你们倒是这么想的。假如部下有想要得到富贵的,一旦以黄袍加在你们的身上,你想不干,难道可能吗?"石守信等人听了之后吓出一身冷汗,赶紧磕头说:"请陛下哀怜我们,予以指点前程。"皇帝说:"你们为什么不放弃军权,选择富足的地区做节度使?买上等宅田,广置产业,多养些歌儿舞女,饮酒作乐,安度晚年。这样,君臣两不猜疑,上下相安,永保富贵,不是很好吗?"石守信等将领大概也懂得树大招风、功高震主的危险,心想,功成身退才是识时务的俊杰,又觉得皇帝说的也很在理,便纷纷伏地称谢。经过当夜反思,第二天便借有病不能带兵的理由,全都交出兵权。

这场有可能通过血雨腥风来削夺军权、以防坐大的军事组织变革,却以饮酒这种和平的方式得以解决,收回了禁军大权。这是古代统治者政治智慧借酒发挥的典型范例。从此以后,石守信任天平节度使;高怀德为归德节度使;王审琦任忠正节度使;张令铎为镇宁节度使,皆罢军权。殿前副点检这个职务从此废除不设。诗评曰:杯酒释权赵氏安,边境空虚起狼烟。早知南宋苟安日,当初不应走极端。

第二节　酒与官吏

酒对于历代文职官员影响极大,无论官职之高低,年龄之长少,从中央到地方,所在之地,绝大多数人都或多或少地离不开酒。他们之间交往应酬,离不开酒;官场接待,也离不开酒席筵菜,觥筹交错,这是司空见惯、习以为常的事情。饮酒之人,虽然如此之多,但对饮酒的作为和反映却是种种。今选些有所传闻的官员轶事,以飨读者。

晏婴以酒谏齐王

晏婴,春秋时齐国人,字平仲,齐国名相,连任灵、庄、景三朝正卿,执政五十余年。多才善辩，很有作为，以节俭力所、谦恭下士著称于时。晏子使楚，巧辩服荆蛮的故事、二桃杀三士的故事，一直传为佳话，尤其以酒谏齐王的故事，广为流传。

晏婴嗜酒而不过，尝以酒净谏于齐王，收效卓著，史书多有记载，如《景公饮酒酣愿诸大夫无为礼晏子谏》《景公饮酒七日不纳弦章之京晏子谏》《景公饮酒不恤天灾致能歌者晏子谏》《景公饮酒醒三日而后发晏子谏》《景公饮酒命晏子去礼晏子谏》《景公置酒泰山四望而泣晏子谏》。内容丰富，以理服人。摘其二则为例：

一日，"景公饮酒酣，曰：'今日愿与诸大夫为乐饮，请无为礼。'晏子蹴然改容曰：'君之言过矣！群臣固欲君之无礼也，力多足以胜其长，勇多足以弑君，而礼不使也。禽兽以力为政，强者犯弱，故曰易主，今君去礼，则是禽兽也。群臣以力为政，强者犯弱，而曰易主，君将安立矣！凡人之所以贵于禽兽者，以有礼也，故诗曰：'人

晏婴

而无礼，胡不遄死。礼不可无也。'公湎而不听。少间，公出，晏子不起，公入，不起；交举则先饮。公怒，色变，抑手疾视曰：'向者夫子之教寡人无礼之不可也，寡人出入不起，交举则先饮，礼也？'晏子避席再拜稽首而请曰：'婴敢与君言而忘之乎？臣以致无礼之实也。君若欲无礼，此是已！'公曰：'若是，孤之罪也。夫子就席，寡人闻命矣。'觞三行，遂罢酒，盖是后也，饰法修礼以治国政，而百姓肃也"。

又，"景公置酒于泰山之阳，酒酣，公四望其地，喟然叹，泣数行而下，曰：'寡人将去此堂堂国者而死乎！'左右佐哀而泣者三人，曰：'吾细人也，犹将难死，而况公乎！弃是国也而死，其孰可为乎？'晏子独搏其髀，仰天而大笑曰：'乐哉！今日之饮也。'公怫然怒曰：'寡人有哀，子独大笑，何也？'晏子对曰：'今日其怯君一，谀臣三，是以大笑。'公曰：'何谓谀怯也？'晏子曰：'夫古之有死也，令后世贤者得之以息，不肖者得之以伏。若使古之王者毋知有死，自昔先君太公至今尚在，而君亦安得此国而享之？夫盛之有衰，生之有死，天之分也。

物有必至,事有常然,古之道也。曷为可悲?至老尚哀死者,怯也,左右助哀者,诶也。怯诶聚居,是故笑之。'公惭而更辞曰:'我非为去国而死哀也。寡人闻之,彗星出,其所向之国君当之,今彗星出而向吾国,我是以悲也。'晏子曰:'君之行义回邪,无往于国,穿池沼,则欲其深以广也;为台榭,则欲其高且大也;赋敛如掇夺,诛谬如仇仇。自是观之,茀又将出。天之变,彗星之出,庸何悲乎!'于是公惧,乃归,寘池沼,废台榭,薄赋敛,缓刑罚,三十七日而彗星亡"。

由此观之,晏子之饮,得酒中趣矣。

吕不韦酒成大事

秦国大政治家吕不韦,卫国濮阳(今河南濮阳西南)人,原是阳翟(今河南禹县)的大商人,父子为贾,往来各国,贩贱卖贵,家累千金。在公元前265年(秦昭王四十二年),到赵国邯郸经商,偶遇秦王孙子楚为赵质,此人生得面和傅粉,唇若涂朱,虽在落寞之中,不失贵介之气。吕不韦暗暗称奇,私叹曰:"此奇货可居也!"归家问其父曰:"耕田之利几倍?"父曰:"十倍。"又问:"贩卖珠玉之利几倍?"父曰:"百倍。"又问:"若扶立一人为王,掌握山河,其利几倍?"父笑曰:"安得王而立之?其利千万倍,不可计矣。"

于是,吕不韦遂不惜百金,结交看管子楚的赵国公孙乾。一日,公孙乾置酒请吕不韦。吕不韦出身商贾,岂不知酒之用哉!又善饮,乃请秦公子子楚同坐。公孙乾从命,请子楚与不韦相见,同席饮酒。至半酣,公孙乾起身如厕,不韦低声而问子楚曰:"子欲归秦乎?"子楚含泪对曰:"某岂望及此!恨未有脱身之计耳。"不韦曰:"某家虽贫,请以千金为殿下西游,往说华阳夫人,救殿下还朝,如何?"子楚曰:"若如君言,倘得富贵,与君共之!"字甫毕,公孙乾计,问吕君何字,不韦曰:"问秦王玉价,王孙辞我以不知也。"乾不疑,命酒更酌,个欢而散。酒,助吕不韦与子楚相见,成其后事。

吕不韦复以五百金市买奇珍玩好,竟至咸阳游说华阳夫人。时秦太子和华阳夫人无子立嗣,正无计可施。忽得知子楚有归秦之事,遂与吕不韦相谋,设法使子楚归秦。于是公子与华阳夫人送吕不韦黄金三百镒,为活动经费。吕不韦

455

通过奇珍玩好和酒席交往,又成其媾通秦国华阳夫人大事。

吕不韦有妾邯郸美女,号为赵姬,善歌舞,已妊娠两月。他心生一计,若将此姬献给子楚,弃子生男,赢氏的天下,便吕氏接代,岂不更好。于是,他请公孙乾和子楚来家饮酒,酒至半酣,叫赵姬出来相见。赵姬捧酒劝饮,喜得公孙乾和子楚目乱心迷,神摇魂荡,口赞不已。赵姬舞毕,继续劝饮,再斟大觥奉劝,喝得二人大醉。赵姬入内去讫,宾主复互酬劝。果然子楚,要吕不韦献出赵姬,娶其为妻。于是,酒又促成献

吕不韦像

姬之谋实现,生了秦赢政。后来,吕不韦又以酒灌醉了公孙乾,携带子楚与赵姬及其子赢政逃出赵国,归秦接替了王位。吕不韦遂为秦之丞相,封为文信侯,食河南雒阳十万户。

酒,帮助了吕不韦当上了秦国丞相,飞黄腾达;秦王赢政当政后,吕不韦忧惧,遂饮鸩酒而自杀,酒又结束了他的一生。

曹参酒噬之法

曹参是西汉著名的贤相,沛(今江苏沛县)人。公元前209年随刘邦起兵,能攻善战,多智谋。在随刘邦南征北战中,身先士卒,"身披七十创",屡立战功,功勋卓著。汉初封为平阳侯,为齐国(地方)九年,有政绩,时人称之为贤相。萧何死后,曹参调到朝中为丞相,主管国政。

曹参嗜酒,崇尚黄老政治。他在齐任相时,将地方长老、诸生都召来,询问

如何使齐地百姓安居乐业,这些人提出许许多多意见,最后也没有拿定一个好主意。有人告诉他胶西有位盖公,精通黄老术,何不请来一问。于是花费好多钱,才将盖公请至。"盖公为言治道,贵清净而民自定"。从此后,他用黄老术"无为而治",齐安定无事,得称贤相。萧何死时,曹参就对下人讲:"我不久就要当相国了。"果然不久,他被调到朝廷当了相国。临行时,他对后相讲,"我在齐施行的办法,不要改变,照办就是了"。后相说:"比你办法好,还不能改变?"他回答:"要改变坏人就要活动了,所以不要变动既定的制度。"

曹参

　　他到朝廷之后,一切规章制度不变,都遵照萧何制的章程去办,"举事无所变更,一遵何约"。他所使用的官员,多是"木讷于文辞,重厚长者"。讲的好听,不干实事的人,一律不用。一切都照章办事,他"日夜饮醇酒",无所事事。他的下吏和宾客有事来见他,便让一道饮酒,刚要谈正事时,他已"复饮之醉而后去"。常常什么事都没办成。更为奇怪的是,"相舍后园近吏舍,吏舍日饮歌呼。从吏恶之,无如之何。乃请参游园小闻吏醉歌呼"。让相国管一管,哪知相国不但不加制止,"反取酒叫坐,饮亦歌呼与相应和"。他平日见人有小过失,从不批评,只求府中无事。有一天惠帝召见曹参儿子,叫他儿子回去私下问他父亲:"高帝新弃群臣,帝富于春秋,君为相,日饮无所请事,何以忧天下乎?"他儿子果然对曹参讲了,哪知曹参一怒之下,打了儿子二百大板,说"这是天下大事,不是你应当说的!"

　　惠帝得知后,立即召曹参上殿,说这件事是朕叫他问你的,何必打孩子!曹参慌忙谢罪曰:"陛下自察,圣武孰与高帝?"上曰:"朕乃安敢望先帝乎!"曰:"陛下观臣能孰与萧何贤?"上曰:"君似不及也。"参曰:"陛下之言是也,且高帝与萧何定天下法令既明,今陛下垂拱,参等守职而勿失,不亦可乎?"惠帝曰:

中华酒典

"善。"此后,无为而治的曹参,酒还是照样喝,过了三年就死去了。后来文学家扬雄说:"萧也规,曹也随。""萧规曹随",就是从这个典故中来的。也有人认为:"晋人多言饮酒,有至沉醉者,此未必意真在于酒。盖方时艰难,人各惧祸,怕托于醉,可以粗远世故。""曹参虽与此异,然方欲解秦之烦苛,付之清净,以酒杜人,是亦一术。"

桑弘羊与酒专卖

桑弘羊是汉武帝时的杰出理财家,公元前152年出生于洛阳一个商人家庭。十三岁时入宫为汉武帝的侍中,由于他很能干,并深谙算术,很快为武帝所赏识,提拔为治粟都尉,兼领大司农,对西汉的经济恢复与发展,起过重大作用,他提出的一系列经济政策,其中尤其是主张盐、铁、酒专卖制度,具有重大的现实意义和深远的历史意义。他是我国历史上第一个主张酒实行专卖的人。

为了巩固西汉中央集权统治,争取抗击匈奴战争的胜利,桑弘羊协助汉武帝制定了一系列的财经政策和行之有效的措施,政策和措施之一便是实行盐铁官营和酒类专卖。冶铁、煮盐、榷酒是时刻影响国计民生的,在当时都操在地方诸侯和工商奴隶主手中,成为他们的专利,直接影响了国家财政收入。汉武帝采纳了桑弘羊的建议,于公元前120年设了盐铁官,实行了盐铁专卖。公元前98年又设了"酒榷"官,实行了酒类专卖制度。

桑弘羊饮不饮酒,史书没有记载。从由他主张酒实行专卖的内容来看,他是对酒的价值很有研究的。何况当时汉代酒风盛行,酒的消耗量很大。《史记》说,汉代经营工商业可以致富的共有三十多种行业,而把酿酒列为第一等行业。专卖的内容是,由政府供给私人酿酒者以谷物和酒曲等原料,然后按国家收购价格卖给政府,由国家经营买卖,私人不得出售。这样大大地增加了政府经济收入。

虽然屡遭地方豪绅和工商奴隶主的反对,酒类专卖实行仍达十七年之久。

后来,由于统治阶级内部的矛盾,汉武帝死后,昭帝六年(公元前81年),在霍光主持下召开一次著名的盐铁会议。对于盐、铁、酒实行不实行专卖,进行了一场尖锐的大辩论。会后不到一年,74岁的桑弘羊就遭到了杀害。但酒的专卖,一直发展下去,至今各级政府仍设有烟酒专卖局,也可能是来源于此吧。

管仲饮酒弃半觞之说

春秋时代的齐景公"纵酒,七日七夜不止";战国时代的齐威王"好为淫乐

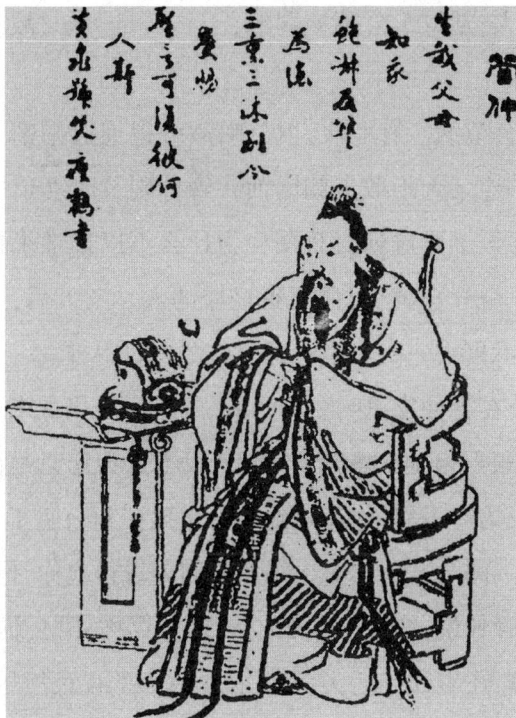

管仲像

长夜之饮"。但那时有几位名臣是不饮酒或反对酗酒的。例如:在春秋初期,由鲍叔牙推荐、被春秋五霸之一的齐桓公任命为丞相、帮助齐桓公成为春秋时第一霸主的政治改革家管仲,就是其中主张节酒的一位。

据《韩诗外传》载:"齐桓公置酒,令诸大夫曰:'后者饮一经程。'管仲后,当饮一经程。饮其一半,而弃其半。桓公曰:'仲父当饮一经程,而弃之何也?'管仲曰:'臣闻之,酒入口者舌出,舌出者言失,言失者弃身。与其弃身,不宁弃酒乎?'桓公曰:'善。'"好在齐桓公是个开明的君主,能善解人意,否则管仲不是

自找麻烦吗?

　　上述文言文的大意是齐桓公宴请君臣,唯独管仲迟到。按规矩管仲理应喝一杯罚酒。但他只饮了小半杯,而将大半杯泼在地上。桓公自然不悦,觉得有失面子,但还是敬问管仲为何如此。管仲镇定自如,讲了迟到的原因是为处理一件紧急而重要的公事,并表明自己酒量极为有限,泼掉一些酒是量力而行。若饮醉而失言,招惹杀身祸,岂不是比泼酒更糟吗?

　　桓公是明理之人,觉得于公不该罚酒,于私其量可恕,故释怀。如此酒德,遂成为古今佳话。

　　管仲还劝谏桓公节饮。有一次,桓公喝酒醉得连冠帽都不知丢在哪里了,自感羞愧难当,就一连三天不敢上朝露面。管仲则及时劝道,大王做的这件事虽有失面子,但也不至于要避朝弃政啊!为什么不以善举来挽回不良影响呢?桓公豁然开窍,就下令开仓济贫、释放犯轻罪的人。三天后,人们用歌谣唱道:我们的国君为什么不再丢一次冠帽?桓公就此因过得誉。

　　还有一次,桓公在管仲家里喝私酒,到了日暮时分仍觉未尽兴,命人点烛继续喝下去。管仲就很严肃地提醒道:"大王,我本以为您只是白天喝酒的,没料到您晚上还喝,恕我招待不周,你还是到此为止吧!"桓公听了,自然有点儿挂不住脸,心想:我堂堂一国之君到你家里喝酒是因为看得起你,你也应该给我留点面子啊!于是就对管仲说:"仲父(桓公对管仲的尊称)啊!你我都这么大年纪了,掰着手指头算算,还有几年活头,何不在这宜人的夜色里尽情而饮呢!"但管仲不为所动,并正色道:"大王所言差矣,常言道,过于贪图口味的人,难免会疏于德养,沉湎于酒宴的人,是会有忧患袭身的,但愿您切勿放纵自己,而应尽力做一个有所作为的君王。"桓公觉得管仲说得诚恳而在理,就心悦诚服地回宫,从此再也不搞夜饮活动了。

　　桓公执政一匡天下、九盟诸侯,开创了春秋时期的一代辉煌霸业,是与管仲的辅佐分不开的,上面只是列举了在饮酒之事上的几个例子而已。

　　实际上,对昏君的劝谏是无效的。例如:太师比干对醉生梦死的纣王屡屡上谏,却被纣王残忍地剖开了心脏。

阮籍以酒避祸、解忧

阮籍是三国时魏的文学家、思想家,河南人。他蔑视礼教,以"白眼"冷对"礼俗之士",后来他变为"口不臧否人物",常用饮酒的方法在当时复杂的政治斗争中保全自己、以求生存。

例如:曹爽要他任"参军"时,他看准曹氏已面临覆灭的危机,就称病谢绝,归田闲居,饮酒写作。在司马懿掌握曹魏政权后,阮籍慑于其权势,只得应邀任从事中郎,但每次在宴会上有时真的喝醉,有时则佯装酒醉,以掩饰自己。因为他认为"魏晋之际,天下多故,名士少有全者"。

司马昭的谋士钟会,官大至司徒。但阮籍认准他是个投机钻营的卑鄙小人,故对他深恶痛绝。但每当钟会以做客的幌子来打探阮籍的虚实时,阮籍就将计就计,置酒相待,但对政事却一言不发,使钟会只得怏怏而归。因为阮籍已对曹氏皇室失去信心,又不愿与野心勃勃的司马氏集团合作,故"不与世事"、洁身自好。

阮籍有一个容貌秀丽的女儿,司马昭想纳其为儿媳,以此拉拢阮籍。司马昭几次托媒人到阮籍家求婚。阮籍不便直接拒绝,就日日醉酒,绝口不谈,一连60天,司马昭只得作罢。这就是阮籍借醉拒求婚的故事。

阮籍如此饮酒,其意也不是真在于酒,而是正如鲁迅先生在评述阮籍时所说的那样:"他的饮酒不独于他的思想,大半倒在环境。当时司马氏已想篡位,而阮籍名声很大,所以他讲话就极难,只好多饮酒、少讲话,而且即使讲话讲错了,也可以借酒醉得人的原谅。只要看有一次司马昭求和阮籍结亲,而阮籍一醉就是两个月,没有提出的机会,就可以知道了。"

《世说新语·任诞》指出:阮籍与司马相如基本相同,唯阮籍心怀不平而经常借酒浇胸中"垒块"。后人就用"酒浇垒块"来指有才而不得施展,无可奈何、借酒消愁。

苏东坡与酒

北宋诗人苏东坡嗜美食,其饮酒"知名度"虽远不及李白、贺知章、刘伶、阮籍等,但却颇具"特色",堪称酒德的典范。

苏东坡像,图出自《西湖拾遗》。苏东坡即北

宋著名文学家苏轼,苏轼号东坡,曾在杭州做官。

苏东坡喜欢饮酒,尤喜于见客举杯,他在晚年所写的《书东臬子传后》中有一段自述:"予饮酒终日,不过五合,天下之不能饮,无在予下者,然喜人饮酒,见客举杯徐引,则余胸中为之浩浩焉,落落焉,醋适之味,乃过于客,闲居未尝一日无客,客至则未尝不置酒,天下之好饮,亦无在予上者。"这是很有趣的自白,他的酒量不大,但却善于玩味酒的意趣。

苏东坡作文吟诗之余,也爱作画,善于画枯木竹石,且颇有成就。作画前必须饮酒，黄庭坚曾为其画题诗云"东坡老人翰林公，醉时吐出胸中墨"。他的书法也很有成就，成为北宋四大书法家"苏黄米蔡"之一。他作书前也饮酒，曾说"吾酒后乘兴作数十字，觉气拂拂从十指中出也"。

苏东坡不仅饮酒，还亲自酿酒。他曾以蜜酿酒，写以《蜜酒歌》一诗，并在《东坡志林》中记录过酿造方法。他还酿造过桂酒，写有《桂酒颂》，在序中说："酿成，而玉色香味超然非世间物也。"他酿酒还做记录，写总结，《东坡酒经》仅数百余言，却包含了制曲、用料、用曲、投料、原料出酒率、酿造时间等内容。

苏东坡爱酒，但没有沉溺于酒。在他的诗文中，也甚少借酒浇愁的内容，他在饮酒赋诗时写下的多是对生活的赞美和祝福。《虞美人》就是最好的例子："持杯遥劝天边月，愿月圆无缺。持杯复更劝花枝，且愿花枝长在，莫离坡。持杯月下花前醉，休问荣枯事，此欢能有几人知，对酒逢花不饮，待何时？"

胡毋辅之嗜酒

胡毋辅之，字彦国，泰山奉高（今山东泰安东）人。曾任建武将军，乐安太守。行止放荡，在任昼夜酣饮，不理郡事。与光逸、谢鲲、阮放、毕卓、羊曼、桓彝、阮孚等人相友善，都放达不拘礼法，时人称他们为"八达"。

胡毋辅之在"八王之乱"中，参与讨伐齐王司马冏。又为成都王司马颖、东海王司马越召请，失败后避难渡江，在司马睿政权中任咨议祭酒，转湘州刺史。史书说"辅之有知人之鉴，性嗜酒任纵，不拘小节。与王澄、王敦、庾凯俱为太尉王衍所昵，号曰'四友'。澄尝与人书曰：'彦国吐佳言，如锯木屑，霏霏不绝，诚为后进领袖也。'辟别驾太尉掾，并不就，以家贫求试守繁昌令。始节酒自厉，甚有能名，迁尚书郎。豫讨齐王冏，赐爵阴平男，累转司徒左长史。复求外出，为建武将军乐安太守。与郡人光逸，昼夜酣饮，不视郡事。成都王颖为太弟，召为中庶子，遂与谢鲲、王澄、阮修、王尼、毕卓，俱为放达。尝过河南门下，饮河南骢，王子博箕坐其旁。辅之叱使取火，子博曰：'我卒也，惟不乏吾事则已，安复为人使！'辅之就与语，叹曰：'吾不及也。'荐之河南尹乐广，广召见，甚悦之，擢为功曹。其甄拔人物若此。"

他与羊曼、温峤、庾亮、阮放、桓彝等人并为中兴名士。时州里称陈留阮放为宏伯、高平郗鉴为方伯、泰山胡毋辅之为达伯、济阴卞壶为裁伯、陈留蔡谟为朗伯、阮孚为诞伯、高平刘绥为委伯、而羊曼为黝伯。凡八人，号兖州八伯，盖拟古之八儁也。这是一群酒友。

晋代所谓"八达""八伯"等人，多为名士，由于终日沉湎于酒，无所作为，酒误了他们一生。

李泌醉酒不乱礼俗

李泌（722～789年），字长源，京兆（今陕西西安）人。唐朝宰相，喜酒，重礼俗，为官清廉。天宝年间，做太子李亨属官，不善阿谀，为杨国忠所忌，弃官潜遁名山，以酒为娱。公元755年，安禄山于范阳起兵反，肃宗即位灵武，召泌参谋军事，又为幸臣李辅国等诬陷，复隐居于衡岳，代宗即位，召为翰林学士，出为楚州刺史。为避免猜忌谗毁，常以神仙道术以自卫。直到公元787年（贞元二年）唐德宗才把他提起来，为中书侍郎，后升为同平章事，当上了宰相，主持朝政。

他任相位期间，因久受谗陷之苦，为事极为谨慎。尝劝德宗勿猜忌功臣，颇为德宗信任。在外交方面，他建议首务安定四邻，提出北和回纥，南连南诏，西结大食，以困吐蕃，为德宗采纳，使边防形势大为改观。

李泌喜酒，尝与宾客饮。每当宾客来之前，泌通知家中之人洒扫室内外清洁，以礼相待。并对客曰："令家人速洒扫，今夜洪崖先生来宿。"以标榜他之好客，客皆称其以礼待客。每当有人送美酒时，如室中有客，乃曰："麻姑送酒来，与君同倾。"如若没有饮完，下人说送酒者要取回酒桶时，他面不改色，立即叫人将酒倒出，桶还于来人。如此相待，人皆颂其酒德。

范仲淹酒后露才华

范仲淹（989～1052年），字希文，苏州吴县（今江苏南通）人，北宋名臣、文学家。性豪爽，喜交游，嗜酒。大中祥符年间中进士，后任西溪盐官。宝元初，因抨击宰相吕夷简多用私人,谪知饶州,与尹洙、欧阳修等人,并指为"朋党"。康定元年(公元1040年)以龙图阁直学士经略陕西,积极防御西夏,能联合羌族,颇受羌人尊重,称他为"龙图老子"。任参知政事时,联合富弼等实行"庆万新政",提出十项改革意见,即:明黜陟、仰侥幸、精贡举、择长官、均公田、厚农桑、修武备、推恩信、重命令、减徭役等。"新政"仅推行半年而被罢职,出京任陕西四路宣抚使。

范仲淹像

仲淹尝与友人饮酒,赋诗撰文。兹将全文抄录如下:

"庆历四年春,滕子京谪守巴陵郡。越明年,政通人和,百废俱兴。乃重修岳阳楼,增其旧制,刻唐贤今人诗赋于其上,属予作文以记之。

予观夫巴陵胜状,在洞庭一湖,衔远山、吞长江,浩浩荡荡,横无际涯。朝晖夕阴,气象万千,此则岳阳楼之大观也,前人之述备矣。然则北通巫峡,南极潇湘。迁客骚人,多会于此,览物之情,得无异乎。若夫霪雨霏霏,连月不开。阴风怒号,浊浪排空。日星隐曜,山岳潜形。商旅不行,樯倾楫摧。薄暮冥冥,虎啸猿啼。登斯楼也,则有去国怀乡,忧谗畏讥,满目萧然,感极而悲者矣。至若春和景明,波澜不惊。上下天光,一碧万顷。沙鸥翔集,锦鳞游泳。岸芷汀兰,郁郁青青。而或长烟一空,皓月千里。浮光耀金,静影沉璧,渔歌互答,此乐何极。登斯楼也,则有心旷神怡,宠辱皆忘,把酒临风,其喜洋洋者矣。嗟夫,予尝求古仁人之心,或异二者之为,何哉?不以物喜,不以己悲。居庙堂之高,则忧其民。处江湖之远,则忧其君。是进亦忧,退亦忧,然则何时而乐耶?其必曰:先天下之忧而忧,后天下之乐而乐欤!噫,微斯人,吾谁与归。"

范仲淹不仅善于撰写散文抒发自己爱国爱民思想,而且也善于用诗词表达自己的情感。如《御街行》词云:

"纷纷坠叶飘香砌。夜寂静,寒声碎。珍珠帘卷玉楼空,天淡银河垂地。年年今夜,泊月华如练,只是人千里。

愁肠已断无由醉。未到,先是泪。残灯明灭枕头欹,谙尽孤眠滋味。都来此事,眉尖心上,无计相回避。"

诗中,把自己怀念之情,写得淋漓尽致,还有谁能说酒后无情义呢!

脱脱戒酒

脱脱(1314~1355年),蒙古蔑儿乞部人。元朝大臣,著名的政治家、历史学家。

少年早丧母,养于伯父伯颜家,于1334年,任同知枢密院事。生平嗜酒,喜读史书,尝以著史为己志。他当政后,废伯颜旧制,恢复开科取士制度,颇有作为。

脱脱嗜酒无度,早在元世祖忽必烈时,就曾"亲诲导,以嗜酒为戒",但其不以为意。从1343年他主持编纂辽史、金史、宋史,成立编纂馆,组织人员进行编纂工作,并由他自己任总编都、总裁官。历时四年,草草编纂成流传至今的《辽史》《金史》《宋史》。编此三部史书,不仅是他个人志趣的需要,而且更为重要的是旨在总结前朝历史教训,以维护元王朝的统治。

脱脱是元朝丞相中颇有见识的人物。此后他曾经两次主持币制改革,这就是发行"至元通宝"和"至正交钞"。脱脱在位虽致力于元朝的治理工作，怎奈元朝的阶级压迫，尤其是民族压迫，是无法改变大局的。1351年起用酷吏贾鲁治理黄河开始，以贾鲁为总治河防使，发汴梁、大名十三路民夫十五万、兵二万，开黄河故道，凡二百八十里。阶级矛盾和民族矛盾，已成强弩之末，一触即发。就在这年五月，以韩山童、刘福通为首的起义领袖，创造的"休道石人一只眼，挑动黄河天下反！"独眼石人掘出后，犹如燎原之大火，立即掀起了不可遏止的反元斗争，元王朝的统治再也维持不下去了。脱脱从此以后，就开始干起镇压农民起义的勾当了。他也就走向了灭亡的道路。

元成宗铁穆耳称帝时，对脱脱"宠顾为尤笃，常侍禁闼，出入唯谨，退语家人曰：'我昔亲承先帝训饰，令毋嗜饮，今未能绝也。岂有为人知过，而不能改者乎？自今以往，家人，有以酒至吾前者，即痛征之。帝闻之喜曰：'札剌儿台(蒙语好样的)如脱脱者无几，今能刚制于酒，真可大用矣。'即拜资德大夫。"对于脱脱饮酒，在元朝统治阶层多有告诫，如"忠顺王脱脱沉湎于酒，凌辱朝使，遣指挥毋撤等戒谕之"。此后，脱脱果有行动于戒酒，随着他镇压农民起义的连续失败，于1354年(至正十四年)12月，在京之中书右丞相哈麻乘机上奏，说他"劳师费财"，因此削其官爵。第二年又将他流徙云南大理，后为他的政敌哈麻矫诏遣使，赐酒鸩死。最后，还是死于酒下。

袁宏道与《觞政》

袁宏道(公元1568~1610年)，字中郎，号石公，公安(今湖北公安)人。万历年中进士，官至吏部郎中。善诗歌古文，以风雅自命，与其兄弟三人，时称"三袁"，文坛称之为"公安派"，名噪一时。

袁公嗜酒，为酒友总结了饮酒的经验，遂著有《觞政》一书，兹录全文如下：

一之吏：凡饮以一人为明府，主斟酌之宜。酒懦为旷官，谓冷也。酒猛为苛政，谓热也。以一人为录事，以科坐人，须择有饮材者。材有三：谓善令、知音、大户也。

二之徒：酒徒之选，十有二款：于讯而不佞者、柔于而不靡者、无物为令而不涉重者,令行而座踊跃飞动者、闻令即解不再问者、善雅谑者、持曲爵不分愬者、当杯不议酒者、飞觯腾觚而仪不愆者、宁酲沉而不倾泼者、分题能赋者、不胜杯杓而长夜兴勃勃者。

三之容:饮喜宜节。饮劳宜静。饮倦宜诙。饮礼法宜潇洒。饮乱宜绳约。饮新知宜闲雅真率。饮杂揉客宜逡巡却退。

四之宜:凡醉有所宜。醉花宜昼,袭其光也。醉雪宜夜,消其洁也。醉得宜唱,导其和也。醉将离宜连体,壮其种也。醉文人宜谨节奏章程,畏其侮也。醉俊人宜加觥盂旗帜,助其烈也。醉楼宜暑,资其情也。醉水宜秋,泛其爽也。一云:醉月宜楼。醉暑宜舟。醉山宜幽。醉佳人宜微酡。醉文人宜妙令无苛酌。醉豪客宜挥觥发浩歌。醉知音宜吴儿清喉檀板。

五之遇:饮有五合,有十乖:凉月好风,快雨时雪,一合也。花开酿熟,二合也。偶尔欲饮,三合也。小饮成狂,四合也。初郁后畅,谈机乍利,五合也。日炙风燥,一乖也。神情索莫,二乖也。特地排当,饮户不称,三乖也。宾主牵率,四乖也。草草应付,如恐不竟,五乖也。强颜好欢,六乖也。革履板摺,谀言往复,七乖也。刻期登临,浓阴恶雨,八乖也。饮场远缓,迫暮思归,九乖也。容佳而有他期,妓欢而有别促,酒醨而易,炙美而吟,十乖也。

六之候:欢之候,十有三:得其时,一也。宾主久间,二也。酒醉而主严,三也。非觥垒不诬,四也。不能令有耻,五也。方饮不重膳,六也。不动筵,七也。录事貌毅而法峻,八也。明府不受请谒,九也。废卖律十也。废替律十一也。不恃酒,十二也。歌儿酒奴解人意,十三也。不欢之候,十有六:主人客,一也。宾轻主,二也。铺阵杂而不序,三也。室暗灯晕,四也。乐涩而妓骄,五也。议朝除家政,六也。迭谑,七也。兴属纷纭,八也。附耳啜嚅,九也。蔑章程十也。醉唠嘈,十一也。坐驰,十二也。平头盗甖及倨塞,十三也。客子奴罂不法,十四也。深夜逃席,十五也。狂花病叶,十六也。饮流以目眊者为狂花,目睡者为病叶。其他欢场害马,例如呓出。害马者,语言下俚,而貌矗浮之类。

七之战:户饮者角觥觜。气饮者,角六博局戏。趣饮者,角谭锋。才饮者,角诗赋乐府。神饮者,角尽累。是曰酒战,经云:百战百胜,不如不战,无累之谓也。

八之祭：凡饮必祭所始，礼也。今祀宜父曰酒圣。夫无量不及乱，觞之祖也，是为宗饮。四配曰：阮嗣宗、陶彭泽、王无功、邵尧夫。十哲：郑三渊、徐景山、嵇叔夜、刘伯伦、向子期、阮仲容、谢幼舆、孟万年、周伯仁、阮宣子。而山巨源、相毋彦、毕茂世、张季鹰、何次道、李元忠、贺知章、李太白，以下祀两庑。至若仪狄、杜康、刘白堕、焦革辈，皆以醞法得名，无关饮徒，姑祠之门坦，以旌酿客。亦犹校宫之有士王，梵宇之有伽蓝也。

九之刑典：曹参、蒋晼，饮国者也。陆贾、陈遵，饮达者也。张帅亮、寇平仲，饮豪者也。王元达、何承裕，饮儁者也。蔡中郎，饮而文。郑康成，饮而儒。淳于髡，饮而俳。广野君，饮而辩。孔北海，饮而肆。醉颠法常，禅饮者也。孔元、张志和，仙饮者也。杨小云、管公明，玄饮者也。白香山之饮适，苏子美之饮愤，陈暄小饮骏，颜光禄之饮矜，荆卿、灌夫之饮怒，信陵、东阿之饮悲。诸公皆非饮派，直以兴奇所托，一往标誉，触类广之，皆欢场之宗二，饮家之绳尺也。

十之掌故：凡云经语孟所言饮式，皆酒经也。其下则：汝阳王甘露经酒谱，王绩酒经，刘炫酒孝经，贞元饮略，窦子野酒谱，朱翼中酒经，李保续北山酒经，胡氏醉乡小略，皇甫崧醉乡日月，侯白酒津。诸饮流所著记传赋诵等为内典。蒙庄、离骚、史、汉、南北史、古今逸史、世说、颜氏家训、陶靖节、李、杜、白、香山、苏玉局、陆放翁诸集，为外典。诗余则柳舍人、辛稼轩等。乐府则董解元、王实甫、马车篱、高则诚等。传奇则水浒传，金瓶梅等为逸典。不熟此典者，保而面瓮肠，非酒徒也。

十一之刑书：色骄者墨，色媚者剐，向颐气者宫，语含机颖者械，沉思如负者鬼薪，梗令者决遯，狂卒出头者怪婴，惩仪者共艾，毕欢未阑乞去者菲对屦，骂坐二等青城旦春技沙岛，浮托酒狂以虐使为高，又驱其党效尤者大辟。

十二之品：凡酒以色清味冽为圣，色如金而醇苦为贤，色黑味酸醨者为愚，以糯酿醉人者为君子，以腊酿醉人者为中人，以巷酺烧酒醉人者为小人。

十三之杯杓：古玉及古窑器上，犀、玛瑙次，近代上好瓷又次，黄白金巨罗下，螺形锐底数曲者最下。

十四之饮储：下酒物色，谓之饮储。一清品，如鲜蛤糟蚶酒蟹之类。二异品，如熊白西施乳之类。三赋品，如羔羊子鹅炙之类。四果品，如松子杏仁之类。五蔬品,如鲜笋早韭之类。

以上二款,聊具色目,下邑贫士,安从办此。政使瓦盆蔬具,亦何损其高致也。

十五之饮饰:柴几明窗,时花嘉木,冬幕夏荫,绣裙藤席。

十六之欢具:楸杆、高低壶觥、筹骰子、大鼎、崑山纸牌、羯鼓、冶童、女侍史、鹧鸪、沈茶具、点笺、宋砚、佳墨。

袁宏道虽未道尽酒之原理,但不失酒徒之高手也。

奕䜣与洋酒

奕䜣(1833～1898年),宗室皇族,姓爱新觉罗氏,道光帝第六子。从小受过严格的封建教育,并接受了洋务教育,是当时清政府中唯一的与洋人打交道的人。1851年封为恭亲王。1860年英法联军进犯北京时,他就曾议和向敌人投降,当时咸丰帝在主战派的鼓动下,轻易与法英两国开战,结果英法联军火烧圆明园,打进了北京城,咸丰率领一些王公贵族,逃往热河(今河北承德)。在当时无人敢于和洋人谈判,奕䜣在掌权的官僚中,是唯一的了解些洋务的,因此,咸丰受命他为全权大臣,与联军谈判。

外国的"洋酒"为官吏所接受,并摆在国宴席上,大概是从奕䜣接待外人开始的。奕䜣从小就生活在养尊处优的宫廷,深居简出,对于外国人,只知道"洋枪洋炮"的厉害,哪里懂洋人一套外交应酬的礼仪。事出无奈,叫他出面与洋人谈判,一切都得从头学习。当时,中国懂得洋人礼仪的就是那些"买办"。如洋酒、洋菜,也是由这些人传到中国的。所谓洋酒,无非是"勃兰地、魏司格、红酒、巴德、香槟、甜水、咸水,等等"。所谓洋菜有:"清牛汤、炙鲥鱼、冰蚕阿、丁湾羊肉、汉巴德、牛排、冻猪脚、橙子冰忌廉、澳洲翠鸟鸡、龟仔芦笋、生菜英腿、加利蛋饭、白浪布工、滨格、猪古辣冰忌廉、葡萄干、香蕉、咖啡,等等。"这些名堂虽然自从鸦片战争失败后,就已传到了中国,但是拿到政府级的官宴上,首倡者奕䜣。奕䜣本人饮酒如何,史书没有记载,然而中国在当时的所谓各种名酒,怕是不能少饮的。至于洋酒,从他这次谈判开始,凡与洋人聚餐时,都是不可少的。

尤其是与洋人签订各种不平等条约的宴会上,更是不能缺少的了。所以有人说,"清政府最高级宴会上饮用洋酒,是从奕䜣开始的"。

这次谈判除与英法等列强签订了不平等条约之外,那就是 1861 年他与慈禧太后相勾结,发动了"辛酉政变",慈禧太后掌握了政权,并授他为议政王、军机大臣要职,负责总理各国事务衙门,掌管清政府外交事宜。从此之后,他主张"借洋兵助剿"太平军。他支持兴办洋务,成为朝廷洋务派首领。

奕䜣像。奕䜣为咸丰皇帝之弟,封爵为恭
亲王,清末洋务派首领。

此后,奕䜣在 1884 年的中法战争中,力主妥协,被罢免。1894 年,中日战争前被起用管理总理衙门,负责海军,督办军务。中日战争失败后,日本强迫中国签订了割地赔款、丧权辱国的《马关条约》。他不仅同意,而且还认为"不换约则兵祸立至",主张换约了事。1898 年(光绪二十四年)病逝。

洪大全与酒

洪大全(1823~1852年),本名焦亮,湖南兴宁(今湖南资兴)人,清末湖南天地会首领。

天地会是清代民间秘密结社之一,因"拜天为父,拜地为母",故名天地会,以反清复明为宗旨。相传创立于1674年(康熙十三年),从福建、台湾沿海地区逐步扩大到长江流域各省及两广地区。会员成分有农民、手工业工人、城乡劳动者和游民,及少数具有民族意识的知识分子组成。洪大全可能就是这类知识分子代表。

"洪大全之父母早逝,家钜富,少聪颖,读书过目成诵。稍长,即工诗词,性豪迈。乐与贩夫走卒、流丐小偷饮。酒罢,辄助以赀。座有贵客,则谩骂之。其里人张绅,曾任湖南衡、永、郴、桂道,以年老告归。值八旬称寿,设盛筵。洪赠物为贺,值百金。洪赴宴,乃挈其夙与同饮之人往,则皆短褐敝裈,见踵露肘者。及门,阍纳洪,而标诸人于门外,洪厉声叱之,挟以俱入。登堂一揖,即指同饮诸人曰:'此皆我之至友也。承主人招饮,不敢违命,然非得若辈同饮,不足尽欢,恐负主人盛意,故与之俱来。'言毕,即与诸人同入席,畅饮欢呼,声震屋宇。时宾客满堂,咸衣冠楚楚,见洪而大诧之。既尽醉,皆踉跄而出。"可见其以酒会友之为人。

1851年太平天国金田起义时,他以全部家产资助太平军起事,并率部加入太平军。据说,洪大全在太平军中的地位,与洪秀全平起平坐,都属领导地位。正当太平军方兴未艾之际,在太平军永安突围时,为清钦差大臣赛尚阿截获。

赛尚阿奉命督师前来镇压太平军,因屡战不利,一再贻误军机。就在这时捕获了洪大全,为捏造战功,谎报军情,开脱己责,赛尚阿把洪大全当为洪秀全,押送北京。临刑前,洪大全高呼"拿酒来!"饮后被清军处死。

家庭经典藏书

中华酒典

高阳酒徒郦食其

在刘邦和项羽争夺天下时,郦食其当过刘邦的谋士和"外交部长"。他为人狂傲,有见识,好读书,辩才无碍,因处在乱世,苦无机遇,到60岁前还一事无成。他是高阳(今河南杞县西南)人,又嗜酒,乡里的人就给他起了个诨名叫"高阳酒徒"。郦食其内心也认为这个名字起得好,符合自己好饮酒而狂放不羁的性格,所以去见刘邦的时候也毫不避讳,自称"高阳酒徒",没想到后来竟成为历代传诵的成语典故。唐代诗人高适,早年怀才不遇,抱志无门,整天饮酒游荡,苦闷无聊,说自己"可叹无知己,高阳一酒徒"(《田家春望》)。

其实,无论是郦食其还是高适,他们都不是西晋末年胡毋辅之那帮只知醉生梦死的酒囊饭袋,而是欲积极出世,有所作为而不得,之后才沉溺于酒,并以醉酒毁形的方式来表达自己对世道不公的愤慨。

郦食其,家境贫穷,后在陈留县谋了个看管里门的小吏。因他为人狂傲,县里即使有权势的人也不敢轻易役使他,县中的人还给他起了个大名叫"狂生"。据《史记·郦生传》载(译文):

当沛公刘邦率兵路过陈留县时,其手下的一位骑士正与郦食其是老乡。郦食其见到这位小老乡后便对他说:"我听说沛公傲慢,看不起人,但富有远大的计谋,这真是我所希望结交的人,可是没有人先替我介绍。你见了沛公,就对他说:'我家乡有个叫郦生的,六十多岁了,身高八尺,人们都称他为'狂生',但郦生自己说他不是'狂生'。"那骑士说:"沛公不喜欢儒学,宾客们有戴着儒生帽子来的,沛公总是取下他的帽子当尿盆使,撒尿在里面。他跟儒生谈话时,经常破口大骂,你不可以用儒生的身份去游说。"郦生说:"别的不管,只把我让你说的话原原本本地告诉他。"骑士回去很从容地将郦生所吩咐的话告诉了沛公,沛公听了后感到是个奇人,答应见一下郦生。

当郦生前来拜见住在高阳旅舍的沛公时,看到沛公叉开腿坐在床上,有两个妙龄女子正在给他洗脚。郦生见此情景只行了一个大拱手礼,不跪拜,直言问道:"您是要帮助秦朝攻打诸侯呢,还是要率领诸侯灭亡秦朝呢?"沛公骂道:

"书生小子！天下人都受秦朝的痛苦已经很久了，所以诸侯们才相继起兵来攻打秦朝，怎么说帮助秦朝攻打诸侯呢？"郦生接上去说："如果要聚集群众组成正义的军队去攻打无道的秦朝，那就不应该用这种傲慢无礼的态度来接见长辈。"沛公听了这话赶紧停止洗脚，起身整理衣服后，请郦生坐上位，并向他道歉。之后，这位"高阳酒徒"帮助刘邦出谋划策，先后降服了天下交通要道的陈留县，劝说弟弟郦商带领几千人马随从了刘邦，收复了荥阳，夺取了敖仓的粮食，阻塞成皋的险要，断绝太行的通道等。之后，又在郦生的说服下，齐国撤除了历城的驻军和战备，打算归汉，齐王田广放心地整日与郦生纵情饮酒。后来，韩信出兵袭击齐国，齐王听说汉军到来，以为郦生出卖了自己，便说："你能制止汉军攻齐，我让你活；不然的话，我将烹杀你！"郦生说："成就大事的人不拘小节，道德高尚的人，不顾及别人的责难。老子不会替你再说什么！"齐王大怒，残忍地烹杀了郦生，而后带兵向东退却。郦生为西汉王朝的建立，献出了自己的生命，死得其所！刘邦当了皇帝后也没有忘记这位"烈士"，对他的后代照顾有加。

常言说得好：识英雄者定是英雄，识豪杰者必是豪杰。当年郦食其不得志时，蜷曲窝宿于高阳小镇，整日空谈饮酒，坐观时变，乡人谁也没有看出他有什么匡时济世的才能，反而厌恶他，又给他起了个诨名"高阳酒徒"来糟践他。其实，年届六十岁的郦食其心中那把希望之火从来就没有熄灭，他在饮酒中等待时机。当刘邦路过陈留县时，隐藏于蒿草之中的郦食其这位英雄才被这位英雄刘邦所识得。英雄所见，情投意合，这难道是天意吗？没有这"一"晤面，他终将老死于高阳之乡，即使是骏马，乡民也只能把他当草驴看待了，司马迁还会为他立传吗？郦食其是谁？无人知晓。诗评曰：酒徒原是人中尖，沦落高阳若等闲。陈留晤得凌云志，一展雄才天下传。

扬雄"授业"换酒喝

扬雄（前53～后18年），"为人简易佚荡，口吃不能剧谈，默而好深沉之思"（《汉书·扬雄传》），和司马相如是老乡，都是四川成都人。他俩也是汉代四川跑到京都的两位大才子。司马相如擅写长篇大赋,对早年的扬雄影响很大。而扬雄自负才高,读了司马相如的赋之后,认为是雕虫小技,立志要超过司马相如。为此,他苦心孤诣,创作了不少作品,如《反离骚》《太玄》《法言》《解嘲》等鸿篇巨制,可惜文字艰深,难以普及。当时的大学者刘歆也很难读懂,他说:"扬雄真是白白苦了自己,我预料后人可能用扬雄的作品去盖酱瓮。"可是宋代的大政治家王安石却写诗说:"儒者凌夷此道穷,千秋只有一扬雄。"由此可以肯定地说,扬雄是武帝之后学问最高的人。

扬雄家贫,终生"煮书吃书",但嗜酒成性。特别是在晚年,不愿与外戚王莽合作,政见不同,心情沉重,更是日日不离酒,常因醉酒而"耍酒疯"。别人怕引起朝廷的猜疑,到他门上的人也越来越少,有些闲人想学点文字,便带着酒作为"学费"前去向扬雄学习。当扬雄每讲完一课,学习的人便将一壶酒作为从学的酬劳送给扬雄。东晋陶渊明很有感慨地写诗说:"子云性嗜酒,家贫无由得。时赖好事者,载醪去所惑。"唐人刘克庄引经据典,从反面谈了自己的感受:"幸然不识聱牙字,省得闲人载酒来。"酒虽小道,却成了扬雄晚年的莫逆之交。他为了换几壶浊酒来喝,不得不放下学者的架子,去迎合市井小民,去讲那佶屈聱牙的文字,不知是一种什么感受,想来的确令人感慨万端。看来,学问若做到于人于社会看不懂甚至无益的地步,这学问是不是做得有点太玄了?要么,怎么会到了无酒喝的地步?再者,扬雄晚年遭逢王莽篡政一朝,"处高临深,动常近危"(《酒赋》)。内心郁郁寡欢,不愿合作,所以才门庭冷落,无人理睬,竟至于无钱买酒。正如南宋洪迈在《容斋随笔》中所言:"使雄善为谀佞,撰符命,称功德,以邀爵位,当于国师分同列,岂固穷如是哉?"这也许是无钱买酒的根本原因。

此外,扬雄在所著《法言》中谈到过饮酒和敬酒。他说:"日昃不食肉,肉必干;日昃不饮酒,酒必酸。"这里的"日昃"是指太阳偏西,大约在下午两三点钟,就不能吃肉饮酒。为什么?不吃肉,因肉被晒变味,丧失了鲜嫩的口感。不饮酒,是因那时家酿的米酒有时间限定,也和北方人浆"酸粥"的道理差不多,温度过高,时间过长,罐子里的浆米就会发酸发臭,失去了酸甜可口的味道。酒酸则臭,味道一定难闻。因此过了中午的酒必酸,酸酒喝进肚里必然会败坏肠胃。

这说明，当时酿酒，是有严格的时间和温度限制的。此外，扬雄还谈到饮酒"合礼"的事，他说："宾主百拜而酒三行，不已华乎？曰：'实无华则野，华无实则贾，华实副则礼。'"这是说，宾主相互揖拜并敬三杯酒，绝非繁文缛节，而是一种庄重的仪式，没有这种仪式，就不能充分表现主人的诚心。所以外表的仪式和实在的内容相互一致，才能表达主人对客人的一片深情厚谊，才合乎礼仪。可见，怎样敬酒，敬几次酒，是有讲究的。少了，失之于简慢；多了，太过于奉承。不多不少，彬彬有礼也。高子诗评：煮鹤焚琴多所闻，授业换酒理相同。人生顺逆实难料，浊自浊来清自清。

陈遵"投辖"留客饮

不知为什么，班固写《汉书》，竟将陈遵归到"游侠传"里，真有点不伦不类。陈遵的爷爷陈遂很得汉宣帝的器重，曾任长安市长（京兆尹），后升为廷尉（掌刑法，类今最高人民法院院长）。陈遵身历刘、王两朝，在汉哀帝刘欣之际，任京兆史（掌管京畿）。陈遵凭借老祖宗那点根基，"放纵不拘"，常常爱显露自己，穿丽服，坐骏马拉的车，门庭若市，座上多豪门贵客。他出去应酬，每天醉酒而归。他所管辖的公务常被耽误，最终因此而失官。

陈遵嗜酒，每大饮，宾客满堂，酣醉时，为了防止来客乘机溜掉，常把来客的"车辖"（以青铜或铁所制插入轴端内，卡住车轮不使脱离的零件）投入井中，使客人不得乘车离去，这就是为挽留客人传下来的"投辖"故事。今人也有因醉，为了真心挽留他人，竟将汽车钥匙扣下，弄出许多哭笑不得的事来。这使我想起赤峰市的"学友"罗任远：我去他家饮酒，酒酣时竟将三箱"宁城老窖"逐瓶摆在门口，以防止人们中途从门口逃走。其实，待客还是应顺其自然，来者自来，去者自去，不必非搞"投辖"一类极端之举，以显示主人好客的真诚。

有一刺史路过陈遵家被留，恰遇刺史有急事要面见尚书，一时难以逃走，只好乘陈遵进入醉眼蒙眬时，偷着去见陈遵的母亲，其母乃令从后门出去。史载，陈遵"容貌甚伟"，"赡于文辞"，"性善书，与人尺牍"，别人常当作宝贝而收藏起来，以为是一种荣耀。每当饮宴有陈遵在座时，大家都觉得精神振奋，不敢有所违逆。因此，人们给陈遵起了个雅号叫"陈惊座"。

王莽篡位掌政后，任命陈遵为河南(今河南洛阳市东北)太守，陈遵愈加纵酒放肆。知情人陈崇曾上书弹劾陈遵，说他坐华丽的车子入闾巷，到寡妇左阿君酒店，左阿君为他唱歌，陈遵跳舞，一下倒在座位上。晚上留宿不归，为侍婢扶卧。陈遵本来知道饮宴是有礼制的，礼规定不入寡妇之门。可是他却沉溺于酒，举止失常，乱男女之别，轻辱爵位，羞污印绂，恶不可忍闻……陈遵因这封告状信，没当几月太守就被免职。当他卸任回到长安，反倒成了名人，前来看他的宾客更多，饮酒如常。

一次，陈遵和自己官位相等的张竦说："阁下每天诵读经书，苦身自约，不敢有半点闪失；而我却放意自恣，浮游沉湎于普通人中间，官爵功名却不比你减少一点儿。你缺少的是内心的欢乐，所以你不如我活得痛快!"张竦听了这番半带挖苦讥讽的话，也很想得开。他说："人各有性，长短自裁。你想学我是不可能的，我去仿效你也会失败。学我的人容易把握控制自己，效仿你的人也难以接近长久，我守的是常道。"

后来，王莽一朝覆亡，陈遵当了大司马的护军。在出使匈奴朔方时，因酒醉无力反抗而被匈奴人杀害。乐极生悲，不幸被张竦所言中。嗜酒又不加节制，最终因酒毙命。可惜啊! 诗评曰：陈遵投辖留客饮，座中定是肝胆人。尸抛漠北皆因醉，念之感喟常悲悯。

与"禁酒令"唱反调的孔融

在我国古代民间流传较广、影响较大的一本启蒙读物《三字经》中有"融四岁，能让梨"的警句。从文字推断，童年时的孔融还是个懂礼仪的孩子。成年后的孔融，却是一个刚直不阿，敢讲真话的大丈夫。"能让梨"虽为民间美谈，可是文人墨客敬佩传诵的却是成年后"专喜和曹操捣乱"(鲁迅语)的孔融。

孔融生活于汉末、三国之际的乱世。那时战争频仍，军阀混战，"出门无所见，白骨蔽平原"，"生民百遗一，念之断人肠"。天下大乱，社会无常，人生苦短。因此，将十日之乐浓缩为一日之乐，纵情于酒色之中，追求自我生命的密度质量，"荡涤放情志，何为自约束"，便成为当时权贵官僚乃至文人学士的普遍心态。

为此，注重立法、崇尚刑名的曹操，曾下令禁酒，其目的，一是为了节约粮食，二是为了扭转矫正"淫荒无度"的社会风气，抑制官员因耽酒而害政。当禁酒令发布之后，立即遭到不少士人的公开反对，其中孔融可说是当时反对禁酒的急先锋，他在《难魏武帝禁酒书》一文中写道：

酒之为德久矣。古先哲王，类帝禋宗，和神定人，以济万国，非酒莫以也。故天垂酒星之耀，地列酒泉之郡，人著旨酒之德。尧不千盅，无以建太平。孔非百觚，无以堪上圣。樊哙解厄鸿门，非豕肩钟酒，无以奋其怒。赵之厮养，东迎其王，非引卮酒，无以激其气。高祖非醉斩白蛇，无以畅其灵。景帝非醉幸唐姬，无以开中业。袁盎非醇醪之力，无以脱其命。定国不酣饮一斛，无以决其法。故郦生以高阳酒徒，著功于汉；屈原不铺糟啜醨，取困于楚。由是观之，酒何负于政哉？（《后汉书·孔融传》）

孔融认为，自当酒产生之后，其作用就无所不在，曹操禁酒是没有道理的。你曹操不是就吟诵过"何以解忧，唯有杜康"吗？大汉江山的得来就有酒的功劳，酒有何罪？孔融这封信如一颗重磅炸弹，在士人中"引爆"后形成极大反响。当时的曹操若不给以有力的反驳，朝野舆论就不会赞同禁酒。于是曹操复信反驳说：夏、商两朝都因酒灭亡，不少政事和当政者都败在酒上，因此应以亡国亡政为鉴，禁酒是必须的。单就这一点看，曹操实在是个"英雄"，他竟以一国之尊跟一位落魄的汉末名士写信公开辩论，这种事例有史至今，能有几人？我们在佩服曹操大度豁达的气量时，也为大胆直言的孔融捏一把汗——这不是拿着鸡蛋碰石头吗？如果孔融就此"免言"也就罢了，但随之，他又给曹操写信，反驳禁酒：

徐偃王行仁义而亡，今令不绝仁义；燕哙以让失社稷，今令不禁谦退；鲁因儒而损，今令不弃文学；夏、商亦以妇人失天下，今令不断婚姻。而将酒独急者，疑但惜谷耳，非以亡王为戒也。（《后汉书·孔融传》）

孔融的道理很明白：历史上出现的事件都具有二重性，不能因为有负面作用，就禁止它。因酒亡这亡那而禁酒，还有因女人亡国的，难道能禁婚姻吗？不必因噎废食。曹操其实不过是为了节约粮食,何必拿酒会害政来吓唬人呢?无独有偶,当时的蜀国刘备也曾下令禁酒,偷酿者严刑惩治。官吏只要从百姓家搜得酿酒器具,就要予以逮捕惩罚。一次,刘备与其好友简雍在外游观,见到一对男女正在路上走着,简雍就对先主说:"他们两个要乱淫,怎么不捆起他们来?"先主不解地问道:"你怎么知道他们要犯法呢?"简雍回答说:"因为他俩有乱淫的器具呢。这跟有酒具必定想酿酒不是一样吗?"先主听后明白了话中的道理,不久释放了那些有酿具的人。(《三国志·简雍传》)

孔融的反驳无疑伤害了曹操言出法随的自尊。曹操当时没有加害于他,只因孔融当时"名重天下",才"外相容忍"。

公正地讲,两人的见解各有理由也各有偏颇。从曹操来说,禁酒令虽然发布执行了,却无形之中打了折扣,就连曹操部下的尚书郎徐邈也依然私饮沉醉,禁酒令实行的效力可想而知。从孔融角度看,你爱喝酒是事实,酒的确在人们的生活中起着一定的作用。但不能因此而把酒的作用吹捧到九天之上。酒真有你夸饰的那么大的作用,全国人坐下喝酒,不就解决问题了? 过量饮酒的负面作用还是不能低估的。

本来在董卓专权时任命孔融当了北海(今山东潍坊西南)相,这是个有实权的官位。后来因孔融屡屡和曹操作对,曹操便以微小不检点之故上奏汉献帝免去孔融北海相的官职。过了几年,为了笼络他,又授给他一个有名无实的太中大夫。孔融担任这样一个闲职之后,宾客仍旧盈门,他不无自得地说:"座上客常满,樽中酒不空,吾无忧矣。"人们不要以为这句话只是表示孔融的潇洒豪放,实际上,孔融是看到自己罢官以后,还是"座上客常满",曹操并未把他孤立起来,再加上有酒喝,所以"吾无忧矣"。

孔融很重交情。他曾与当时大名士蔡邕是好朋友,当蔡邕去世后,有一个虎贲中郎将,其相貌酷似蔡邕,孔融每当饮酒,就把他请来,当喝到酒酣微醺之际,便与他坐在一起侃侃而谈,以弥补怀念蔡邕之情。从中也可以看出,孔融与蔡邕是一对"酒逢知己千杯少"的挚友。

好景不长,之后曹操终于借机因"不孝"的罪名杀害了孔融全家。路粹枉奏孔融的罪状有两条,其中一条是饮酒后不遵朝仪,脱巾失态,与祢衡跌荡放

479

言,说什么父亲和儿子的关系,本质上没有什么可亲之处,论其原初本意,实际上是父母情欲发作的结果罢了。假使天下闹饥荒的时候,有点食物,给父亲不给呢? 孔融的答案是:倘若父亲人品不好,宁可给别人。孔融还说:"儿女对于母亲,犹如瓶之盛物一样,只要将瓶内的东西倒出来,母亲和儿女的关系也就结束了。"从几千年来的"人性"而言,这些看法恐怕是最本质的"真话"。但真话不能直说,在当时算是扰乱朝政的异端邪说,是最大的"不孝"。我们知道,"魏、晋,是以'孝'治天下的,不孝,故不能不杀。为什么要以孝治天下呢? 是因为天位从禅让,即巧取豪夺而来,若主张以忠治天下,他们的立脚点便不稳,办事便棘手,立论也难了,所以一定要以孝治天下"。(鲁迅语)其实,孝不孝,并不重要,重要的是孔融的议论妨碍了曹操的统治,是那时与"名教"作对的自由化思潮,是社会的不安定因素。试问曹操难道是著名的孝子吗? 不过将不孝的名义,加罪于反对自己的人罢了。"倘若曹操在世,我们可以问他,当初求才时就说不忠不孝也不要紧,为何又以不孝之名杀人呢? 然而事实上纵使曹操再生,也没人敢问他,我们倘若去问他,恐怕他把我们也杀了!"(鲁迅语)

曹操主张禁酒,大讲饮酒的负面作用,孔融主张酒不可禁,大讲饮酒的正面作用。听起来都有道理。但是,曹操讲的是治国安邦的大道理,孔融讲的是生活中的小道理。无论是非常时期还是正常时期,小道理应服从大道理。孔融不看现实,不识时务,抱着前人一堆似是而非的饮酒根据,往刀尖上扑,结局自明。曹操真乃英雄,即使杀人也与众不同。对孔融这样的大名士,经过观察,的确不再为他所用,才找了个"不孝"的借口杀掉。若遇其他的统治者,凡唱反调者,不是格杀勿论,便是流放蛮荒之地,哪里还有什么辩论的余地!

范晔在《三国志·孔融传》中赞道:孔融劲烈如秋霜也,坚贞如玉也。孔融死后,曹操的儿子曹丕称帝后,深爱孔融的文章,以赏金帛来收集孔融的诗、策、表、论等共计二十五篇,留传后世。曹丕此举意似乎在补回曹操的过失,以此来沽名钓誉。

后人有酒令赞之曰:孔融居北海,赋性故雍容。座上客常满,樽中酒不空。

醉后称"中圣人"的徐邈

徐邈是三国时代曹操属下的尚书郎。他为官清廉,在地方上当过几任太守,政绩卓著,民间口碑好。特别是在做凉州(今甘肃武威)刺史时,正赶上诸葛亮兵出祁山,陇右、三都发生反叛。徐邈就派遣参军和全城太守一举击败南安的叛军。河石干旱少雨,经常苦于粮食缺乏。徐邈一方面修整武威、酒泉一带的盐池,以便用盐来换取周围农民的粮食;一方面广开水田,招募穷苦百姓耕种。于是,家家丰衣足食,仓库中也堆满了粮食。徐邈还逐步把民间私藏的武器收敛起来,存放在仓库里,然后大力倡导仁义,建立学校,明定训诫,禁止厚葬,断绝淫祀,使善者进而恶者退,于是教化得以推行,百姓都真心归附。西域道路畅通,僻远的民族入贡,与羌胡等少数民族的关系搞得比较和睦。因政声很高,常常受到上级甚至皇帝的赏赐。平素妻子儿女连衣食都得不到满足,徐邈却把上面的赏赐全部公平地散发给下面的将士们,从不据为己有。徐邈在任,检举抨击邪恶,纠正枉曲,凉州界内,一派清平。就是这样一个政绩显赫,注重务实,耿介清廉之官,却非常爱喝酒,因醉酒胡言乱语,差点掉了脑袋。

曹操任丞相时,徐邈做了尚书郎。当时百废待兴,粮食匮乏,曹操下令禁止饮酒,以此来节约粮食,矫正荒淫腐败的社会风气。徐邈却难耐酒瘾发作,偷着喝酒直至大醉。校事赵达问他衙门的事,徐邈在沉醉中随口说了一句"中圣人"(中,是困害之意,意思是醉酒了)便呼呼入睡。当赵达向曹操禀告这事后,曹操大怒,心想这不是明着和我颁布的"禁酒令"对着干吗?但又不知"圣人"是什么意思。在旁边的鲜于辅赶紧进言道:"嗜酒的人把清酒叫作'圣人',浊酒叫作'贤人'。徐邈平素检点谨慎,品行端正,不过偶尔说句醉话而已。"曹操听了心中暗笑,才没有再追究这件事。鲜于辅是个君子,也印证了徐邈平素的为人。关键时刻,曹操身旁的人没有投井下石,徐邈竟因此而得免于刑罚。曹操死后,他的二儿子曹丕(魏文帝)当了魏国皇帝后,一次到许昌巡视工作,当他见到徐邈时问道:"你近来还'中圣人'吗?"徐邈回答说:"过去子反因喝了家臣谷阳的酒而兵败自杀,御叔因酒后失言而被惩罚,我的嗜好与此二人相同,却

中华酒典

不能引以为鉴,还时不时地要'中圣人'啊。然而齐国的采桑女宿瘤正是因为长得丑才被齐王听说而迎立为后,我也正是因为醉酒才被人主所知啊。"引经据典,委婉道来,两不伤害,由此看出徐邈高超的应对技巧。正应了李白的怪话:"古来贤者皆寂寞,唯有饮者留其名。"因醉后狂言徐邈差点要了小命,魏文帝曹丕都一清二楚,可见当时此事也算是"部级"干部中影响较大的一例,这位"饮者"其名不小。魏文帝当时听了徐邈的回答大笑,看了看身边的人说,真是"名不虚传"啊!这事,直到好几百年后的唐代,还有诗人感喟赞叹不已,陆龟蒙在其《自遣诗》中写道:"思量北海徐刘辈,枉向人间称酒龙。"那意思是说,想起当年孔融、徐邈、刘伶这伙人的嗜酒好饮来,我真是感到惭愧,枉夸海口,而向人们自称"酒龙"。北宋大文豪苏轼"徐邈狂言孟德疑……臣今时复一中之"的出典也源于此。

徐邈死后,同代人卢钦著书称赞徐邈说:"徐公志高洁,才博气猛。其施之也,高而不狷,洁而不介,博而守约,猛而能宽。圣人以清为难,而徐公之所易也。"遥想当年,能有如此定评,徐邈的处世难道没有"酒"的作用吗?有!酒使他的理政才能锦上添花,诙谐幽默的"中圣人"一词千古流传,徐邈的生前名和身后名都与酒密切相关。

饮酒不节的曹植

曹植(192~232),字子建。在文学创作上,他是三国时期少有的一位才子。当时就有"天下才共一石,子建独得八斗"的夸赞。可是在政治上,却是个幼稚的侏儒。由于饮酒误事,曹操终于放弃重用他的打算,而选择曹植的哥哥曹丕做自己的接班人。曹丕上台后,多次压抑、排挤、迫害、迁徙曹植,使曹植壮志难酬,"汲汲无欢",只活了41岁便英年早逝。

平心而论,曹操早期对曹植还是寄予了很大的希望。当初曹操看到曹植小小年纪竟写出那样的好诗文,就有点儿不相信,于是问道:"你那诗文是请人写的吧?"曹植听了觉得有点儿委屈,就跪在父亲面前不无自负地说:"言出为论,下笔成章,顾当面试,奈何请人?"恰好,正赶上在邺县新建成铜雀台,曹操就带着兄弟几个登临台上，命令以铜雀台为对象各写一篇赋，曹植在不长的时间内写出"交卷"。当曹操看了兄弟几个写的赋后，认为独有曹植写得最好。从那时起，曹操其实就有意无意地在暗中培养曹植，后来竟允许曹植随时进宫以备提问。有时候曹操提出一些非常棘手的问题来考他，曹植都能不假思索地对答如流。每当遇到老朋友，曹操都难以掩饰得意的神情，自豪地说："子建是几个儿子中最可成就大事的一个。"因此，曹操曾有好几次想把曹植当作自己的接班人早

曹植

早定下来。可是曹植却得意忘形，"任性而行，不自雕励，饮酒不节"。特别是"饮酒不节"，几乎就是曹植没有成为父亲接班人的根本所在。请看如下证据：

曹植在《箜篌引》一诗中说："置酒高殿上，亲交从我游。中厨办丰膳，烹羊宰肥牛。……乐饮过三爵，缓带倾庶羞。"在《名都篇中》又是："归来宴平乐，美酒斗十千。脍鲤臇胎虾，寒鳖炙熊蹯。鸣俦啸匹侣，列坐竟长筵。"

这是何等奢侈豪华的饮宴！当时全国正是兵祸连年，疠疫猛恶，千里萧条，人民涂炭之际，史书记道，"白骨蔽野，百无一存"，"道路断绝，千里无烟"。曹植却倚仗曹操对他的宠爱，纠集丁仪、丁廙、杨修等一帮人大吃二喝，挥霍浪费，真是逆天悖理，不识时务。特别是曹操曾下过《禁酒令》，而曹植不但不率先垂范，反而饮酒不节，并受扬雄的启发写下《酒赋》，宣扬酒的作用，追求醉酒的欢乐场面。说什么"献酬交错，宴笑无方。于是饮者并醉，纵横喧哗。或扬袂屡舞，或扣剑清歌，或嚘噎辞觞，或奋爵横飞，或叹骊驹既驾，或称朝露未晞。于斯时也，质者或文，刚者或仁，卑者忘贱，窭者忘贫"。他这是在大力鼓吹醉的作用与好处，曹操如果读了这样的文字，会做何感想？

木秀于林，风必摧之。曹植的所作所为必然引起曹丕的警觉和注视。因此，曹丕大智若愚，在曹植不知天高地厚的得意之际，却"御之以术，矫情自饰"，想方设法暗中搞好与宫中出入人的关系，在不声不响中靠近曹操，事事处

中華酒典

483

处小心,刻意掩饰自己的真情,却给曹操留下一个敦厚、谨慎、方正的印象。

另外,曹植自视清高,不把别人放在眼里。在给吴质的一封信中,竟然夸饰自己所谓大丈夫之乐,这其实是在出卖自己!信中说什么"愿举泰山以为肉,倾东海以为酒,伐云梦之竹以为笛,斩四滨之梓以为筝,食若填巨壑,饮若灌漏卮"。也许曹植会为自己辩解说,这是文学夸饰,是想象,试问难道就没有饮宴阔大场面的真实蕴涵在里头吗?读了这封信,给人的感觉,仿佛就是曹植"饮酒不节"的自供状。从艰苦坎坷中走过来的曹操又会做何感想?如此铺张靡费的行为,这哪里是"戮力上国,流惠下民"的雄心与气概?

曹操曾三番五次在手令中指示:不得擅开"司马门"。可是曹植还是个毛孩子,竟以酒壮胆,乘车喝令擅开"司马门",穿过专供皇帝行车的道路。曹操对这件事非常生气,特下令杀掉公车令,从此对曹植的宠爱也就开始减弱。相比之下,曹操已将接班人的砝码开始压在曹丕的身上。曹操57岁的这一年,曹丕被任命为五官中郎将,为丞相副。即便到了这时,曹植若能采取谨慎态度,与宫里宫外的大小人物处好关系,最重要的是饮酒要节制,曹植作为接班的太子还是很有可能的。可是曹植有一件事做得不够光明磊落:那就是曹植不该和父亲的贴身机要秘书杨修搅和在一起,去刺探忖度父亲的心意。史书上记道:杨修与曹植暗通关节,"忖度太祖意,豫作答教"。这是非常危险的合谋。你想,曹操南征北战,戎马一生,专门以权谋诡诈而起家,骨子里其实最忌讳别人对自己施展权谋诡诈。杨修是个绝顶聪明的人,重用杨修本是曹操"一石二鸟"的谋划:这是因为,杨修的父亲杨彪曾当过汉献帝的尚书令,德高望重,极为世人所重,又不愿归附曹操。曹操一度想杀掉杨彪,多因孔融谏阻而未果。由此可看出曹操对杨家的戒备。重用杨修,一可牵制杨彪老头儿不出来捣乱,二可博得"唯才是举"的美名。这就是重用杨修这"一石"而达到的两种效果。可是杨修竟然敢把曹操的特级机密泄露给曹植,又挑唆曹植夺取太子之位,这不能不引起曹操的高度警觉。杨修聪明到竟然干预起曹家的家事,曹操岂能容忍?心想:闹不好,哪一天杨修挑唆曹植还敢搞一场宫廷政变,把我老曹的头端掉,或者在我老曹身死之后,杨氏一族勾结曹植的"党羽"出来捣乱。考虑到这些后果,曹操首先搜罗罪名将杨修杀掉。这样做,一是为了从根本上铲除后患,二是告诫曹植不要过于放肆。

在公元219年,曹丕已立为太子两年了。曹仁被关羽包围,曹操任命曹植为中郎将,代理征虏将军,前去援救曹仁。当派人去找曹植时,曹植却酩酊大醉,无法受命。对此,曹操大失所望,非常伤心,出征的事只好另做打算。裴松之曾在《魏氏春秋》一书中说,这件事是曹丕搞的鬼,因怕曹植领命后立了大功,于是暗中派人与曹植饮酒,将他灌醉,专等曹操派人来召他时,好让他因醉不能领命。假如内情真是这样,那曹植也就太无用太没记性了!曹操曾下令不准将士饮酒,并说饮酒会亡国的,曹植却公然违抗,因醉不能出征,这是曹操疏远曹植的一个原因。

曹植少抱大志,功名心极强,曾有"建永世之业,流金石之功"的美好追求。在曹操奠定天下三分的局面时,曹植的政治雄心更炽。后来曾向已称帝的曹丕写过《求自试表》,表示要西灭"违命之蜀",东灭"不臣之吴",达到"混同宇内,以致大和",不愿"生无益于事,死无损于数,虚荷上位而忝重禄,禽息鸟视,终于白首"。应该说,这种抱负与曹植的才干是相匹配的。错就错在,曹植任性,过早地暴露了自己的"野心",才遭到曹丕的防范与加害。对比之下,曹丕做事为人处处小心,刻意掩饰自己,仿佛是个正人君子,跟宫廷内外的大小人物处得一团和气,周围的人都为他当太子而说好话。从这点看,曹丕在收买人心方面高于曹植。曹植和几个"臭文人"三天两头窃窃私语,设宴饮酒,不顾群众基础,认为只要父亲喜欢自己,太子的位子就把稳了,实在是政治权术上的弱智。曹丕执政当皇帝后,首先把曹植先前那几个哥儿们即丁仪、丁廙等人借故杀掉,其实是杀鸡给曹植这只老虎看。可是这时的曹植不但不看,仍旧饮酒不节,给曹丕留下贬迁的把柄。再加上灌均在曹丕面前告曹植的御状,说什么,曹植"醉酒之后,荒诞傲慢,要挟皇帝的使臣"。对此,曹丕只得碍于皇后的面子,忍了忍才把曹植先贬为安乡侯,同年又改封为鄄城侯。给曹植的一些幕僚官属又都是碌碌无才之人,所给士兵都是非老即残,而且最多不超过二百人,分给曹植的各项待遇又都比别人少半数,十一年中三次改变封地爵位。曹植忍受不了这种平淡无聊的生活,多次上书,要求施展自己治国安邦的才华,曹丕没有理他。曹植犹如困在笼中的老虎,他愤怒地高喊:

中華酒典

抚剑而雷音,猛气纵横浮。

泛泊徒嗷嗷,谁知壮士忧!

曹植的拳拳报国之心虽然可嘉,但仔细一想,谁敢用他? 山中假如有他这只老虎,猴子还能再称大王吗? 要知道,猴子执政后的第一件要事,首先是设法把他这只老虎圈在笼子里,成为猴子管控下的"笼中之王"供人欣赏。陈寿在《三国志》中给曹植的评价是:文才丰富优美,足以流传后世。然而却不能尽量谦让和小心防备,终于导致父兄的疏远和猜忌。这话说在了点子上。

人活在世上,鱼和熊掌二者不可兼得,有一头儿就该幸运了。曹植虽然在政治上失意,却并不比曹丕的得意稍为逊色。因为曹植留下了许多锦绣般的诗文,成为"三曹"中的佼佼者,也就足以在九泉之下含笑安息了。正如南北朝文艺评论家刘彦和所言:"文帝以位尊减才,子建以势窘益价。"曹植如果一直得意没有"势窘",就不可能"益价",就不可能写出"词采华茂""粲溢今古"的好诗文。

其实,不当那个鸟皇帝什么的也照样活。大千世界凡人不是很多吗? 非要三番五次地乞求皇帝,又要上战场,又要推荐人才,说什么"愿欲一轻舟","惜哉无方舟","闲居非吾志,甘心赴国忧"一类的"昏话"。你有封地又有诗酒朋友,还有成百个归你驱遣的仆人侍候,学严子陵的风度,过安乐日子不就行了,何至活活将自己憋死(得抑郁症而死)? 功名算个啥! 快活一辈子比啥都强。你曹家除曹操之外,在皇帝宝座上的人,有几个想建功立业? 都是享乐死的。你何不效仿他们?

"三日仆射"周颛

历史上因醉酒失礼误事而被贬官撤职的屡见不鲜,周颛(字伯仁)就是其中的一个。

东晋立国之初,皇帝司马睿任命周颛为吏部尚书,不长时间,因为醉酒胡言乱语被有司所纠察,遭以"白衣领职"(因犯错误而穿白衣进行工作)的处分。后又对自己的门生管教不严,因门生砍伤他人而免官。当皇帝让他做太子司马绍的老师时，周颛大概觉得自己多次醉酒误事，朝野毁誉甚多，当老师不太合适，于是就给皇帝上书说自己"学不通一经，智不效一官，止足良难，未能守分，逐忝显任，名位过量……质轻蝉翼，事重千钧"，如果承担此职，必遭朝臣的议论。皇帝也被他的自谦之词所感动，反而又官升一级，让他担任尚书左仆射（约相当于今国务院副总理），主管吏部工作。对此，朝臣庾亮不无挖苦地对周颛说："朝中众人都说你在皇帝跟前很得宠，拿你和战国乐毅将军相比。"周颛幽默地答道："你们为什么要把丑女无盐刻画得那么漂亮，来唐突美女西施呢！"

皇帝在西堂大宴群臣，当酒喝到痛快时说："今天名臣共集，尧舜那时能如现在吗？"周颛因酒壮胆，挺直脖子大声说："今天虽是人主相同，但哪能与圣世相比！"皇帝一听大怒，从座位上立即站起，下令廷尉，将周颛收监，处以死罪。过了几天，不知什么原因又被赦免。出狱后，诸位同僚前去探望，周颂说："近来发生的事，我本就知道罪不至死。"尚书纪瞻设宴请周颛与丞相王导等人，周颛又因酩酊大醉而言行失态，甚至"露其丑秽，颜无怍色"。此事又被有司报告给皇帝，这次却有惊无险。皇帝在指出周颛"屡以酒过，为有司所绳"的旧账时，又念在周颛是个"必能克己复礼者"，所以忍了忍没有黜责他。其实，周颛因风雅声望在全国闻名，他"深达危乱"，难有匡时治乱的作为，不得已只好混世污名，在做尚书仆射时，曾经饮酒连醉三天，当时的人送他一个雅号叫"三日仆射"。

他姐姐去世后，醉了三天；他姑姑去世后，醉了两天。为此"大损资望"。可见家族中人对他的狂饮大醉也是很有意见的。周颛不仅嗜酒如命，而且量大如海，常能饮酒一石。过江后，几乎每天大醉，常称没有对手。有一天江北来了一位旧时酒量颇大的朋友，周颛在江南相遇后特别高兴，于是准备了二石酒供两人痛饮，当时两人都喝得烂醉如泥。等到周颛酒醒过来，打发人去宾馆看客人时，客人已"因患腐胁而死"。一石究竟有多少斤？如按汉制，应是120斤，就按现在的50斤算，周颛的酒量大到一石，史书记载是否太夸张了？"中山冬酿"是汉晋时清酒中的名牌产品，周颛喝的可能是酒浓度很低的、用黍或高粱（秫）煮烂后加上酒母酿制而成的榨制酒（类今黄酒），绝不是"中山冬酿"这类清酒。那时人们希望喝到酒精度高的酒，因为酒精度太低，喝的少了不过瘾，喝的多了，肚皮憋得受不了，于是"千日酒"的神话便传播开来。在晋代干宝所撰的

《搜神记》中就有这样一段记载：

有个中山人，叫狄希，他善造"千日酒"，喝他的酒可以醉一千日。当时有个人叫刘玄石，喜好饮酒，慕名而去，见面后张口就要酒喝。狄希对刘玄石说："我酿造的酒发酵未熟，不敢给您喝这种酒。"刘玄石祈求道："纵然未熟，暂且给一杯喝，能吗？"狄希听了这话，很难拒绝，就倒一杯未熟之酒给他。刘玄石饮罢赞叹说："美酒！再能给一杯喝吗？"狄希赶紧制止说："请您暂且回去，就是别日再来，也仅一杯，这种酒喝一杯，就可醉眠千日。"无奈，刘玄石只得与狄希告别，带着醉意回了家。刚到家里便因醉而"死"。家中的人当时也没有什么怀疑，以为是得急病而死，哭着将他埋葬。过了三年，狄希心想："刘玄石也该酒醒了，应去家中打问一下。"狄希急匆匆地赶到刘玄石家中问道："刘玄石在家吗？"家中人都怪狄希有意佯问，有人回答说："刘玄石去世，至今已有三年了。"狄希自豪地说："我的酒太美了！却使刘玄石醉眠千日，今天该是他酒醒的日子。"于是招呼家人，一同前去挖墓开棺，看是否已醒。当人们向刘玄石墓地走去时，远见刘玄石坟墓之上汗气蒸腾。当人们打开棺盖后，只见刘玄石屈身坐起，睁眼伸臂，朗声赞美道："痛快啊，这酒竟能把我喝醉！"抬头看到狄希说："你用什么方法造的酒，让我一杯大醉，今日方醒？太阳多高了？"围在坟墓四周看热闹的人十分惊奇，一听这话都张口大笑，这一笑不要紧，却让刘玄石散发出的酒气冲入众人口鼻中，又各自醉卧三月。

这则神话，是一种希望！希望能有酒精度更高的酒问世。而周颙能饮酒一石，一方面说明周颙在那时是"海量"，另一方面也说明当时米酒的酒精浓度很低。

周颙不仅爱喝酒，而且有随机应变的才能。开始共事时，丞相王导很器重周颙。一次饮酒后，王导躺在周颙的膝盖上指着周的肚子问："这里头有些什么呢？"周颙回答说："这里头空洞无物，但足可以容纳数百个类似你这样的人。"有人讥讽周颙在亲友之间"言戏秽杂无检节"。周颙听到后说："吾若万里长江，何能不千里一曲！"那意思是：我周颙也是个有七情六欲的人，哪能没有一点毛病呢？毛病的确有，而真正了解他毛病的是二弟周嵩。冬至到了，老母亲举酒赏赐回家的三个儿子，庆幸自己老有所托。周嵩接着酒杯跪在老母面前哭着说:"母亲不要那么自信。在三个儿子中,伯仁(周颛)为人志大而才短,名重而识暗,好乘人之弊,这不是自全之道;我周嵩又狂妄自大,性不圆融,不善处世,动辄得罪于人,难容于世;只有老三周谟碌碌无为,才有可能侍候您。"其实,周颛54岁时被王敦所害,证明了二弟对周颛不能"自全"的识见。一次兄弟几个饮酒,周嵩因酒壮胆,睁大眼睛指着哥哥周颛说:"你的才能比不上我,可你为什么竟然'横得重名'!"说罢,举起正在燃烧的烛火投向周颛。对此,周颛脸色未变,笑了笑说:"阿奴火攻,固出下策耳。"看来周颛"性宽裕而友爱过人"并非虚语。

朝廷重臣谢鲲曾对周颛说:"你像大地上的一棵树,远远地望去,枝叶繁茂,拂接青天;临近细看,树旁却被一群不正当的人包围着,就像根下聚集着臭不可闻的大粪一样。"周颛听罢不急不躁地说:"枝条拂青天,不以为高;群狐乱其下,不以为浊;聚溷之秽,卿之所保,何足自称!"特别是这最后一句:我这棵大树处在秽臭不堪的大粪中,才长到这样枝繁叶茂。不过,这功劳应归于您谢鲲将军的保护,哪敢邀功自称!周颛对答得严谨周密,骂中有捧,捧中在骂,既保护了自己,又还击了别人。

由于司马睿疑忌王敦,逼得王敦背叛了朝廷。在以兵权威逼皇帝之际,有人劝周颛应躲避王敦的凶锋。周颛却说:"我备位大臣,坐睹朝廷丧败,已足增羞,岂尚可草间求活,外投胡越吗?"不到数天,王敦听信吕猗的谗言,率兵将周颛逮捕。途经太庙时,周颛面向太庙大呼道:"贼臣王敦,倾覆社稷,枉杀忠臣,神祇有灵,应速诛殄,毋使漏网。"话刚说完,被士兵用戟刺口,血流到脚后跟,脸色不变,举止自若。沿途看到这种情景的群众,都为他流泪。周颛被杀后,王敦派人前去周颛家中清产,只搜出素簏数枚,是放旧棉絮的。酒五瓮,米数石,再无别物。当时执政的官员都佩服周颛为官的清廉节俭。

可叹啊,周颛!王导、王敦是什么样的人,与之共事多年的周颛应该十分清楚才是。眼看东晋王朝的统治已处于日落西山、风雨飘摇之中,久在官场斯混的你却执迷不悟,恋栈邀名,以"备位大臣"自居,那些乱臣贼子还能买他的账?该喝酒时不喝酒,该大醉时不大醉。当黄牛已掉在深井中,老虎被圈在笼子里时,才面对无知觉的太庙直声高言"贼臣王敦,倾覆社稷"一类的废话,又管何用？他当初真能"居安思危"的话，就该看出二王的险恶用心，然后以退为守，整天蓬头垢面，佯装大醉，不问政事，吕猗小人的谗言能在王敦那里起作用吗？可见二弟周嵩对他做出"志大而才短，名重而识暗"的评价，是十分准确的。"才短"与"识暗"是他不能"自全"的关键所在。这就说明，光有嘴巴功夫是远远不够的！此时，正该通过饮酒装醉，作"三日仆射"，这才是自保的妙策。

饮酒一斗不乱的李适之

李适之，为唐李家王朝的本家，是恒山王李承乾的孙子，敢于抗上，不畏强暴，"以强干见称"，为人豪爽大度，"性简率，不务苛细，人吏便之"。史载"适之雅好宾客，饮酒一斗不乱。夜则宴赏，昼决公务，庭无留事"。其实，前一句说他酒量大是真的，而后一句就有些夸张了。李适之是人不是神，偶一为之，"庭无留事"，实有可能；如天天喝那么多酒，夜则宴赏到深夜，昼决公务必会出现体力难支的问题，因而也就不可能做到"庭无留事"的地步了。

天宝元年，李适之代牛仙客为左相。木秀于林，风必摧之。由于李适之一贯光明磊落，不耍心计，因而成为右丞相李林甫的眼中钉。一次，李林甫别有用心地对李适之说："华山有一处金矿，如果开采，可以富国，皇上还不知道这件事呢！"李适之根本没有觉察出其中奸计，以为这是一桩利国利民的好事，于是找机会向皇帝汇报了这一情况。唐玄宗听了，很是高兴，回头向李林甫征求意见，李林甫却一改过去对李适之说过的话，摆出特别关心玄宗命运的口气说："臣早已知道华山有金矿。可是华山之'金'是陛下的'本命'，王气之所在，不可胡乱开采。臣正是因为这个原因才不敢贸然上言。"这个马屁拍得好，唐玄宗皇帝听后认为李林甫才是真爱自己。之后，皇帝便因李适之上言粗疏而轻薄他，这正为奸相李林甫设法在李适之身上"生蛆"留下了缝隙。果然，不到几年，李林甫便对李适之屡加陷害，投井下石，先把与李适之关系不错的同僚韦坚、卢幼临、裴敦复、李邕等杀掉或被贬他地，继而李适之又被罢官。当权力的光环在李适之身上失去之后，前呼后拥的宾客如鸟兽散。他整日以酒排解烦闷，痛浇胸中块垒，发出了半是安慰半是质问的感叹："避贤初罢相，乐圣且衔杯。为问门前客,今朝几个来?"在这个时候,李适之才大概真正能够数清自己有几个朋友。罢官后的李适之,心情郁闷,打发时光的最好朋友就是"酒"。

人在希望中活着。当希望一旦落空,时光易逝,头飞白雪而又焦灼难耐时,及时行乐便是常人的心态。死必然,乐有限,一天并作十天活,在乐中寻回早先苦做铺垫的本钱,以此弥补失衡的心灵。

朱门长不闭,亲友恣相过。

年今将半百,不乐复如何?

不是罢官,李适之是不可能写出这首《朝退》诗的。年将半百,大红大紫的峰巅已过,再拼命,还能拴住西斜的落日吗?乐,才是最现实的安慰与选择。不像一些假道学却硬是打肿脸充胖子,快是棺材之物了,还说什么信念不改,理想不灭,恐怕是欺人欺己的鬼话吧?

后来,李适之被贬为宜春太守。天宝六年,李林甫大杀贤臣。当御史罗希奭奉命前去宜春找李适之的麻烦时,李适之听到消息,为了不遭到类似同党的污辱,便仰头喝毒药而死。

杜甫依据民间传说写下著名的《饮中八仙歌》,诗中曾以夸张的语言对李适之进行了刻画描写:"左相日兴费万钱,饮如长鲸吸百川,衔杯乐圣称避贤。"

诗中的"左相"指的正是宰相李适之,他一天花万钱开宴,饮酒求醉,自毁形象,不做贤人。因为贤人难当!据史料记载,李适之饮酒使用的酒器就有九品:海川螺、舞仙盏、东溟样、瓠子卮、蓬莱盏、慢卷荷、金蕉叶、玉蟾儿、醉刘伶。其中的"蓬莱盏",上有山,像三岛,注酒以山没为限;"舞仙盏"里有关捩,若酒满则仙人出舞。可见其日废万钱的奢侈豪华并非虚言。他喝起酒来像长鲸吸干了多条大河,夸饰其酒量大,这与李适之"饮酒一斗不乱"的历史记载是一致的。不禁让人怀疑,他该是晋人"三日仆射"周颙的传人吧!因为李适之爱饮酒,又把徐邈作为学习的榜样,"衔杯乐圣"。可惜他在政治斗争中被迫自杀,没有享尽天年。

中华酒典

举酒聊自慰的高适

高适,字达夫,沧州(河北沧县东南)人,年轻时落魄潦倒,不拘小节。他曾写诗道:"出门何所见,春色满平芜。可叹无知己,高阳一酒徒。"(《田家春望》)春回大地,阳光普照,万物欣欣向荣;我却无知己举荐,落魄独居,无一点春生的气息,有的仅是如郦食其那样的一个酒徒"。"方知一杯酒,犹胜百家书"(《闲居》),只知饮酒,读书都成无用。他以参加科举考试为耻,混迹于赌徒之中,是个不入时人之眼的小混混。后来高适立志,考中"有道"(唐制举科目名)科,授职封丘县尉。不久,哥舒翰上表推荐高适任掌书记,后来又升任谏议大夫。高适仗恃意气,敢于直言,朝中权贵近臣都怕他,蜀中内乱时,高适出任蜀州、彭州刺史,曾在生活上对住在成都浣花溪畔的杜甫

举酒聊自慰的高适

予以资助。后又升西川节度使,回到京城后,在朝廷任左散骑常侍(掌管侍从规谏)。高适崇尚气节,看重交情,谈起王霸事业,滔滔不绝,不知厌倦。他遭逢国家多难之时,以建功立业自许,据说到50岁时才开始学写诗,起步时诗就写得很好。因为他本身气质豪迈,有很多出自肺腑的语句。每写完一首,好事的人便纷纷传扬吟赏。高适曾到汴州(今河南开封市),与李白、杜甫相会,酒酣耳热之际登上吹台,临风怀古,高谈阔论,慷慨悲歌,没有人能揣测他们的心情。著名的《燕歌行》就是这时写的作品。

高适早年漫游梁、宋时期,生活贫困,过了十几年"混迹渔樵"的流浪生活,

经常拜谒公门豪族,虽然屡屡碰壁,抑郁不得志,痛饮狂歌,但是士气高昂,侠肝义胆不减。在《效古赠崔二》一诗中写道:"我惭经济策,久欲甘弃置。君负纵横才,如何尚憔悴?"因此他劝别人也劝自己"长歌增郁快,对酒不能醉。穷达自有时,夫子莫下泪"。在困难时,他非常感谢李少府对他的帮助,称赞李轻财好施,"骏马常借人,黄金每留客。投壶华馆静,纵酒凉风夕"。送蔡山人时,他和蔡山人以斗酒相劝,"斗酒相留醉复醒,悲歌数年泪如雨"。之所以无所作为,是因为怀才不能遇"明主",临别之际,他坦言道:"我今蹭蹬无所似,看尔崩腾何若为!"自己道路坎坷暂无出路,鼓励蔡山人应施展抱负有所作为。有时他也借酒宽解自己:"酒筵暮散明月上,枥马长鸣春风起。一生称意能几人?今日从君问终始。"(《题李别驾壁》)在《重阳》一诗中,他写道:

> 节物惊心两鬓华,东篱空绕未开花。
>
> 百年将半仕三已,五亩就荒天一涯。
>
> 岂有白衣来剥啄,一从乌帽自欹斜。
>
> 真成独坐空搔首,门柳萧萧噪暮鸦。

于此可看出高适年已半百,三次官场失败后的心情。早年的高适,总想通过他人的举荐获得官职,当他在四处奔波碰壁之后,则有一种苦闷彷徨的孤独感。仍然是酒,常常弥合他内心的空虚,以换取片刻的淡忘。"云霄何处托?愚直有谁亲。举酒聊自慰,穷通信尔身"(《秋日作》)。青春易逝,岁月不待。他自问道,哪里是我托身的"云霄"?像我这样愚直的人又有谁会亲近?只好举杯无奈地自我安慰,想开点吧,人生之路的受阻还是通达,这是自身命运的安排,有什么办法呢?由此可见高适功名心之强烈!

他在封丘当县尉时,关心民间疾苦,不甘小吏,"乍可狂歌草泽中,宁堪作吏风尘下……拜迎官长心欲碎,鞭挞黎庶令人悲"。看来,高适对这个县尉小职不甘心,又不屑为,他不肯"拜迎官长",又不愿意"鞭挞黎庶",最后辞职到河西节度使歌舒翰军营任秘书参军。安禄山叛乱时,歌舒翰在潼关打了败仗。唐玄宗从长安出走,高适从小道上追赶相遇,他向玄宗详陈潼关失败的内幕,遂被任命为侍御史,后来又受到肃宗的重用,迁谏议大夫。因军功卓著,连续升迁,官至淮南、剑南西川节度使,最后任散骑常侍,终老于长安。

　　高适内心不愿参加科举考试。在他看来，能否进入官场，关键在有无靠山，能否找到靠山。没有官场靠山，即使你中了状元第一名，也未必能得到重用，有时甚至一生过得恓恓惶惶。这种认识，至今都有其一定道理。所以，高适常费很大的精力主动寻找接触政界名人，"黄金如斗不敢惜，片言如山莫弃捐。……一朝金多结豪贵，万事胜人健如虎。……有才不肯学干谒，何用年年空读书"（《行路难二首》）。他投奔歌舒翰，追赶玄宗，效忠肃宗，都是为了进入政界，最终得到重用。他在军界、政界步步高升，无疑是他不断寻找机会，"干谒"上层，面见皇帝的结果。

　　高适看重朋友交情，每次相见，都不惜钱财，痛饮狂歌。在别耿都尉时，慷慨解囊，"别易小千里，兴酣倾百金"。到了河南洛阳，朋友们热情地招待了他，临别时他吟诗道："长歌达者杯中物，大笑前人身后名……"他看重眼前杯中酒，只有那些拘规蹈矩的人才看重身后名，直到满头白发，还不知道怎么回事，高适所谓大笑，就是笑这些人。酒可销离别之忧，"远路鸣蝉秋兴发，华堂美酒离忧销"。在别韦五时，却是"徒然酌杯酒，不觉散人愁"。在送韦司仓时告慰他"饮酒莫辞醉，醉多适不愁"。醉后可淡忘各种忧愁。送李侍御赴安西时，"功名万里外，心事一杯中"，既是希望，也是传情。想到你将要在万里之外立功扬名，我为你送行，举酒话别，我的心事也就在这钱别的杯酒中激荡，化悲凉惆怅为豪迈雄健。特别是《别董大二首》诗，更是自信十足：虽然"今日相逢无酒钱"，董大要去的地方是"十里黄云白日曛，北风吹雁雪纷纷"，但是，他鼓励董大"莫愁前路无知己，天下谁人不识君"。这不仅是一种温暖的安慰，也是殷切的希望，更是对董大才能的肯定。也可看作是高适对自己的劝勉。在《别韦参军》一诗中，他感谢韦参军对他的信任和热情招待，"世人遇我同众人，唯君于我最相亲"。因为最相亲，高适饮酒的兴致才很高，"弹棋击筑白日晚，纵酒高歌杨柳春"。与韦参军分别时，相互握手珍重，"丈夫不作儿女别，临歧涕泪沾衣巾"。听了这样的劝勉，真使人热血沸腾，壮志顿生。在那四处漫游而不得志的岁月里，高适在与朋友的相聚中，常常借酒浇愁，或相互鼓励。在与众朋友登琴台时，高适喝得"兀然还复醉，尚握尊中瓢"。与陈二相遇时感叹"男儿命未达，且居手中杯"，和刘书记分别时，"相逢梁宋间，与我醉蒿莱"。他羡慕冲和先生那种"终日饮醇酒,不醉复不醒"的生活,在旅途的奔波中,"忧来谁得知,且酌樽中酒"。这位"男儿本自重横行"的高适,多亏了酒的帮助,才度过那段迷茫无奈的青年时代。

一次他路过农夫家中,这位老农既好客,又会吟诗,"客来满酌清樽酒,感兴平吟才子诗",直喝到"村墟日落行人少,醉后无心怯路歧",日晚行人少,找不到问路的人,岔路多,喝醉了又怕走错了路,不得已只好"今夜只应还寄宿,明朝拂曙与君辞"。

高适在四川任彭州(今彭州市)刺史之前大约三年时间,是他在官场最得意之时。因此,他在河南李少尹和毕员外家饮酒时,写下一首春酒歌,既抒发了自己在官场的顺遂,又赞美了主人所酿的春酒:"前年持节将楚兵,去年留司在东京,今年复拜二千石,盛夏五月西南行。""故人美酒胜浊醪……杯中绿蚁吹转来,瓮上飞花拂还有"。在这次饮酒场面上,高适回想起自己被叛军劫夺的传说,回家后又与妻儿相见的惊喜,心情格外激动亢奋,"赖得饮君春酒数十杯,不然令我愁欲死"。

高适早年在官场"蹭蹬"坎坷,大多时间用于游历、交友、饮酒和吟诗。想找政治靠山,又屡受挫折,曾有过放弃追求,回归山水田园,过隐居生活的打算。可是苦其心志、空乏其身后的高适总有一股不平之气和进取之心,最后在四五十岁之交,才终于找到"出仕"的机会,以后步步高升。晚年的高适,功名心得到了满足。虽然从 50 岁起开始写诗,但出手不凡,他作为唐代"边塞诗派"的代表作家,将永垂不朽!

靠苏司业提供酒钱的郑虔

郑虔,唐天宝年间的知名人物。因生活困难,常常无钱买酒,喝酒的钱常靠他的好友苏源明(司业,苏源明的官职)提供。李白和杜甫是郑虔的好朋友,杜甫曾有一首诗戏赠郑虔说:

> 广文到官舍,系马堂阶下。
>
> 醉则骑马归,颇遭官长骂。

才名四十年，坐客寒无毡。

唯有苏司业，时时与酒钱。

郑虔常出去饮酒，大醉骑马而归，为此，经常遭到上司的臭骂。以才闻名四十年，饥寒困苦时，连炕上铺的毡都没有，却能安之若素。穷到饮酒都成问题，只有他的好友苏源明时不时地为他提供喝酒的钱。他爱好弹琴、饮酒、赋诗，擅长画山水。他懂书法，苦于没有纸，在慈恩寺收集柿树叶子，竟装满了几间房子，他天天去庙里练字，差不多把柿叶都写满了。功夫不负有心人，郑虔终于苦学成名。他曾亲笔写诗作画，上表进献皇帝，唐玄宗欣赏之后，在其诗画末端用大字题写："郑虔三绝。"玄宗特别爱惜郑虔的文才，在开元二十五年为郑虔专设了广文馆，安排他当博士。广文博士这一职务最早始于郑虔。李白和杜甫，常称他为郑广文。安禄山造反时，授给郑虔伪朝廷水部员外郎之职，郑虔以生病为借口推辞。因此，叛乱被平定后，有人告发郑虔。因他为人正直，才名很大，又由于新皇帝初政，用刑较轻，再加好友崔融说情，郑虔才免于一死，被贬为台州(今浙江临海)司户。杜甫写诗道："可念此翁怀直道，也沾新国用刑轻。"(《题郑十八著作虔》)杜甫对郑虔的才学人品很佩服，曾写诗说"夫子嵇阮流，更被时俗恶"。其意是说，郑虔本是魏晋之际嵇康、阮籍一流有大才的名士，所以才被世俗之人百般中伤。还称郑虔，"三绝自御题，四方尤所仰。嗜酒益疏放，弹琴视天壤"。就是这么一位书、琴、画"三绝"的才子，穷到炕上无毡可铺，饮酒无钱可酤的地步，最后的结局是"万里伤心严谴日，百年垂死中兴时"。足见盛唐的不幸！这位"酒后常称老画师"的郑虔，到底是时代误他，还是他误时代？

酒债寻常行处有的杜甫

"诗圣"杜甫(712~770)，自号少陵野老，晚年自称"狂夫"。一生坎坷奔波，总想进入官场，一来于国有所作为，二来以此改变自己不幸的命运，可是，往往事与愿违。就总体而言，杜甫活得不如李白那样豁达潇洒，读他的诗充满悲凉沉郁之感，"忧"是全诗的主旋律：进亦忧，退亦忧，忧国忧民忧己忧天下，他消忧解愁的良药之一就是"酒":"沉醉聊自遣,放歌破愁绝","浊醪有妙理,庶用慰沉浮"。杜甫从少年时就开始饮酒,"往昔十四五,出游翰墨场……性豪业嗜酒,嫉恶怀刚肠……饮酣视八极,俗物多茫茫"(《壮游》)。另外,杜甫的酒量也不比李白小,曾发出过"酒渴思吞海,诗狂欲上天"的豪言壮语。看下面《逼侧行·赠华曜》一诗,就可证明:

街头酒价常苦贵,

方外酒徒稀醉眠。

径须相就饮一斗,

恰有三百青铜钱。

和朋友相聚,动辄饮酒一斗,这在当时算是大酒量。像李白所言"会须一饮三百杯""愁来饮酒二千石""一日倾千觞"均是醉后狂言豪语,不必当真。令人奇怪的是杜甫也饮酒,而且酒量很大,但至今,在酒店茶楼、民间传说中谈到饮酒称李白而不称杜甫,"太白遗风"深入人心。为什么?因为杜甫没有李白那种天马行空的先天禀赋与气质。李白能以醉汉的心理和领悟说出其他醉汉说不出的话,这就是李白鹤立鸡群的根源所在。旁人说出来不像话,他说出来叫人听得舒服,觉得合乎他那气吞山河的身份:"白发三千丈","燕山雪花大如席","桃花潭水深千尺","黄河之水天上来",都是书之所无,但感情上却又可接受。"会须一饮三百杯","与尔同消万古愁","百年三万六千日,一日须倾三百杯"等,均属劝酒豪语,参加饮宴的人听了热血沸腾,有不喝不够朋友的催逼。能说出这些狂言豪语的,在古往今来所有的诗人中,仅有李白一人而已。所以,杜甫虽然喝了一辈子酒,醉后也吟了不少诗,但杜诗中能够迎合欢乐饮酒气氛的狂言豪语极

杜甫

家庭经典藏书

中华酒典

497

为少见，即使有，也没有达到李白视通万里、思接千载的水平。

到了晚年，杜甫因酒致病，因病断酒。"艰难苦恨繁霜鬓，潦倒新停浊酒杯"（《登高》），诗中所言"新停"，就是以前常喝，后终因肺病而断酒的证明。因此，亲朋好友来看他，他仍是以酒相待，但也只能"老人困病酒，坚坐看君倾"了。

杜甫年轻时寓居长安近十年，虽怀才不遇，"卖药都市，寄食朋友"，但还是过了一段痛饮狂歌、灯红酒绿、"醉卧佳人锦瑟旁"（《曲江对雨》）的日子。同时代的诗人任华在《寄杜拾遗》一诗中写杜甫道："郎官丛里作狂歌，丞相阁中常醉卧。……半醉起舞捋髭须，乍低乍昂旁若无。……闲常把琴弄，闷即携樽起。"由此可见杜甫当年的风度与神态。在那段日子里，他结交了不少好友，其中交往深厚的有高适、元结、郑虔和苏源明等人。他们几人经常游览相聚，纵饮放谈。我们从《醉时歌》一诗中，可看出当时他与郑虔的交往。诗中写道："杜陵野客人更嗤，被褐短窄鬓如丝。日籴太仓五升米，时赴郑老同襟期。得钱即相觅，沽酒不复疑。忘形到尔汝，痛饮真吾师。"酒喝到高兴时，目空一切，"儒术于我何有哉？孔丘盗跖俱尘埃。不须闻此意惨怆，生前相遇且衔杯"。酒后吐真言，酒后也吐狂言，一贯循规蹈矩的杜甫，也会因醉，口出狂言，吐露积郁内心已久的想法，将痛饮的郑虔当作自己的老师，将"儒术"视为无用，把圣人孔丘与盗跖并列，这在当时算是很出格的"狂言"。不过，在私有空间，与肝胆相照的朋友倾诉一下，即便到了无法无天的境地，那也没什么大不了的事。

在唐代长安的东南方向，有一组风光明媚的游览胜地，其中有乐游原、曲江、芙蓉园等，是游宴登高远眺的好地方。一次贺兰杨长史在乐游原设宴，邀请杜甫参加，杜甫在醉中写下《乐游原歌》一诗。诗中描述了宴会的盛况和园外的景色，也抒发了自己在当时怀才不遇、茫然不知所措的苦闷心情。主人以"长生木瓢示真率，更调鞍马狂欢赏"的盛情来招待杜甫，而此时的杜甫百感交集，"却忆年年人醉时，只今未醉已先悲。数茎白发那抛得，百罚深杯亦不辞。圣朝已知贱士丑，一物自荷皇天慈。此身饮罢无归处，独立苍茫自咏诗"。诗的大意是说，回想起我年年都要这样醉倒一次，如今还未醉已使人悲伤。我已经有一些白头发了，主人哪，就是罚我喝一百大杯我也不敢推辞。在这个圣明的朝代我才知道我这个人没有用处，今天能痛饮一醉也得感谢老天的恩赐。喝醉了以后我无处可去，只有独自站在暮色苍茫的乐游原上吟这首诗啊！此时的杜甫年已41岁，这正是借别人之酒，浇自己心中块垒，抒发了自己空怀壮志、一事无成的感慨。

唐肃宗至德二年(757)，郭子仪率军打败安史叛军，收复了长安。杜甫于十一月第二次来到长安，在朝中任左拾遗的官职，负责讽谏，是个食之无味、弃之可惜的"鸡肋"之职。这虽然是杜甫一生中个人处境最好的时期，但却过着潦倒而拮据的生活。我们可以从次年三月暮春时节杜甫重游曲江一诗中看出："且看欲尽花经眼，莫厌伤多酒入唇。"他看到曲江池畔的小殿堂寂寞荒凉，今非昔比。翡翠鸟在那里做了窝，芙蓉园边高高的贵人坟墓无人祭扫，墓前的石麒麟已经倒卧在地上。因此，"强推物理须行乐，何用浮名绊此身"。当左拾遗，是个闲职，不被重用的苦闷顿时袭上心头，自己无事可做，只好"朝回日日典春衣，每日江头尽醉归"。为了饮酒，不惜典当"春衣"，没有衣服只好赊债，直喝到"酒债寻常行处有"的不堪境地，该有的没有得到，不该有的酒债却走到哪儿欠到哪儿。

一次，二十年未见面的老友卫八处士请他饮酒，他悲喜交加，在饮酒后，情不自禁地写下《赠卫八处士》一诗。诗中说，我与你分别已经二十年了，今天又来到你家。当初你还没有结婚，如今已是儿女成行。主人为了招待老友杜甫，热情地忙碌着，"夜雨剪春韭，新炊间黄粱"。不一会儿桌子上已摆上了酒菜，当时饮酒的气氛是："主称会面难，一举累十觞。十觞亦不醉，感子故意长。明日隔山岳，世事两茫茫。"人世几回伤往事，好友相见，感慨万千，在浓浓的温馨氛围中传杯递盏，絮叨饮酒，再加上春天的夜雨淅淅沥沥地下着，竟然"十觞亦不醉"，对主客而言，这正是人间真情的滋润与体验！

在居住长安的那段日子里，杜甫出去喝酒，也在家中招待来客喝酒。虽然酒债到处有，生活清贫，但喝酒没有停止。一位李公子来访杜甫，家中无酒，只好"隔屋唤西家，借问有酒不？墙头过浊醪，展席俯长流"。……借酒招待朋友，喝到酒酣之际，唯恐无酒可饮而出笑话，"予恐尊中尽，更起为君谋"(《夏日李公见访》)。由此可见，杜甫在长安过得这段日子并不舒心，穷的背后，正说

中华酒典

明杜甫在官场上的失意。

久困长安，仕途上无所作为，生活上入不敷出，捉襟见肘，内心是那样的无奈："纵饮久判人共弃，懒朝真与世相违。吏情更觉沧州远，老在徒伤未拂衣。"（《曲江对酒》）在"入世"不能、"出世"不得的窘况下，又因朝中宦官李辅国专权，杜甫对政治感到失望，再加上关中等地区发生大饥荒，他于乾元二年（759）的秋天毅然弃官，离开长安，携家小前往秦州，后迁入同谷，靠背柴禾、拾橡栗为生。由于无衣无食，一家数口几乎陷于绝境。同年的十二月，杜甫为生活所迫，前往成都投靠高适等故友。这个时期，是杜甫生活最为艰难的时期。第二年春天，在一些亲友的帮助下，杜甫在成都西郊的浣花溪畔建筑了一座草堂，开辟了田地，带着几个孩子种菜莳药，养鸡放鹅，俨然一个老农。漂泊多年的杜甫，算是有了一个容身之所，日子过得虽然穷，但清净闲适，饮酒赋诗，暂时有了一点生活的乐趣，"莫思身外无穷事，且尽生前有限杯"（《绝句漫兴九首》之四）。就在这年的秋天，由于生活所迫，杜甫不得不再次求自己的好友时任彭州牧的高适："百年已过半，秋至转饥寒。为问彭州牧，何时救急难？"（《因崔五侍御寄高彭州一绝》）秋收之际，为了免于饥寒，不得不开口告急。草堂建成后，杜甫的舅舅崔明府来访，杜甫写下千古传诵的名篇《客至》：

舍南舍北皆春水，但见群鸥日日来。

花径不曾缘客扫，蓬门今始为君开。

盘飧市远无兼味，樽酒家贫只旧醅。

肯与邻翁相对饮，隔篱呼取尽余杯。

这是一幅温馨、清淡、俭朴、和睦的水村画图。你看，草堂南北，春水涟涟，群鸥天天飞来飞去。花间小路，蓬门大开，桌上的农家风味，杯中的旧醅，又有邻翁的对饮相陪，主人、客人和邻人频频举杯畅饮。对于杜甫来说，这种日子能够平静地过下去也算是一种幸事。可是，佐酒之菜"无兼味"，饮酒"只旧醅"，并非因市远，而是因"家贫"，没有多少余钱出去购买罢了。

杜甫在浣花溪草堂居住这段时间，生活比较安定，来往的多是村南村北的村民或邻居，应酬大大减少，生活上能够接济他的人也几乎没有。"邻人有美酒，稚子夜能赊"（《遣意二首》之二），饮美酒也只能靠"赊"。这时，朝廷召杜甫任京兆府功曹参军(负责考课祭祀礼乐丧葬学校等事宜),他没有到职。恰逢严武任剑南节度使(藩镇首魁,掌握区内一切军政大权),上表推荐杜甫为参谋,加检校工部员外郎衔(从六品以上,负责稽查核实城池土木工程建设),其实这是个费力不讨好的差事,也是杜甫一生中得到的最高官职,所以后人敬称他为"杜工部"。严武与杜甫两家曾有世代交情,杜甫在严武幕府任幕僚六个月期间,有时见严武,连头巾也不戴,又性格急躁,气量狭小,傲慢放肆,常常喝醉酒以后站到严武的床上,瞪圆了眼睛,叫着严武父亲的名字对严武说:"严挺之(严武之父)竟然有这么个儿子。"杜甫自认为与严武关系好才醉后敢如此放肆无礼。严武却为此心存芥蒂,几次想杀掉杜甫,多亏严武的母亲相救才算罢休。严武去世以后,杜甫失去依靠,不得不于五月率家人离开草堂,乘舟东下。当他一家到达长江三峡的夔州时,受到夔州都督柏茂琳的照顾,住了不到两年时间,共写下430多首诗,这些诗不仅思想内容丰富,而且在艺术上也达到了炉火纯青的地步。

大历三年(768年)正月,杜甫感到自己的身体越来越差,就想回河南老家。他先从夔州到江陵,却因河南发生兵乱而受阻。半年后,他改道经湖北到湖南岳阳。大历四年(770年)四月,在兵荒马乱中,杜甫一家到了湖南耒阳,由于江水陡涨,交通不便,全家饿了五天五夜,幸亏县令聂某闻讯后送来牛肉白酒,才免于饿死。就在这一年的冬天,杜甫病死在潭州岳阳的一条破船上,享年59岁。唐人郑处诲在《明皇杂录》一书中说:"杜甫客耒阳,游岳洞。大水遽至,涉旬不得食。县令具舟迎之。令尝馈牛炙白酒,……甫饮过多,一夕而卒。"杜甫是否吃牛肉白酒撑醉而死,历来史家争论不休。就说上文"涉旬不得食"一句就有问题,十天不吃饭,在当时那种情况下能够活下来是难以想象的事。杜甫晚年因病而断酒,怎么会有牛肉白酒撑醉而死一说呢?所以韩愈曾在《题杜工部坟》一诗中怀疑道:"当时处处多白酒,牛肉如今家家有。饮酒食肉今如此,何故常人无饱死?坟空饫死已传闻,千古丑声竟谁洗。"是的,常人饮酒吃牛肉没有"饱死",那杜甫怎么会饱死呢?郭沫若在《李白与杜甫》一书中解释道:"其实死于牛酒,并不是不可能。不过不是"饮死",或"饱饮而死",而是由于中毒。聂县令所送的牛肉一定相当多,杜甫一次没有吃完。时在暑天,冷藏得不好,容易腐化。因吃腐肉而导致神经麻痹、心脏恶化而死。这也仅是一种推断。杜甫晚年身患疟疾、肺病、风痹和糖尿病,因病而死的说法还是比较可信的。

杜甫死后十分萧条凄凉。他的灵柩埋在岳阳,直到43年后,才由他的孙子杜嗣业移葬于河南偃师,埋葬在其祖父杜审言的墓旁。后来的大诗人白居易被贬在江州(今江西九江)任司马,他在读李白杜甫诗集后,感慨万端,写下《读李杜诗集,因题卷后》一诗,其中有四句是:"吟咏流千古,声名动四夷。天意君须会,人间要好诗。"其意是说,李、杜虽然在悲凉中去世,但他们的诗篇将千古流传,他们的声名已震动海外邻邦。老天爷的意图就是故意使李、杜遭遇乱离的时代,过着困苦的生活,这样,他们才可能写出那样多的反映人民苦难和愿望的好诗啊!困苦坎坷,反倒成了造就杜甫这一伟大诗人的原动力。看!这个生前落魄潦倒的文人,动乱的社会却逼迫他通过饮酒创作出那么一大笔宝贵的精神财富,滋润了后人的心田,以至今人的思想意识里也或多或少掺杂着李、杜的文化基因。若杜甫九泉有知,也该欣慰自足了。

孟郊重酒德

孟郊,字东野,今浙江德清人。他性格耿直,不够随和,平生与韩愈、张籍关系密切,常有诗酒酬和。孟郊中进士已是46岁了。孤灯苦读,十年寒窗,终于金榜题名。狂喜得意下,写了《登科后》一诗:"昔日龌龊不足嗟,今朝旷荡思无涯。春风得意马蹄疾,一日看尽长安花。"孟郊其实高兴得过早了!中榜后并不授官,只具做官的资格。礼部选人,吏部用人。吏部怎么用人,要靠关系和银子。这时,别的中榜者忙于投机钻营,请客送礼;而孟郊则生就一副傲骨,作诗访友,四处游历。一两年过去了,别人早已走马上任,自己仍不见一点动静。后来在朋友的热心帮助下,50岁的孟郊才被授职于溧阳(今江苏溧阳市西北)县尉。到任后,他也没有认真地去做事,常在溧阳县的一处草木丛生景致幽雅的积水潭边,饮酒吟诗弹琴,衙门里的公务多所荒废。最后,有人告了他的黑状,上面就派来一位代理县尉来任职,分享孟郊俸禄的一半。孟郊一气之下辞职回家。64岁时病死于赴兴元(今陕西省南郑县)任官途中。

孟郊饮酒不求必醉,重在以酒陶情适性,解闷消愁。"我饮不在醉,我欢长寂然"(《小隐吟》)。醉,特别是大醉,则会害事。他任县尉被人告发,就是因为醉酒荒政才被打掉饭碗的。孟郊的欢乐也与众不同,不喜形于色,而是内心的平静与寂然。"饮尔一杯酒,慰我百忧轻"。

孟郊说,诗人的命是属花的,花开能有几日鲜?所以"文士莫辞酒,诗人命属花"。辞酒非文人,立异标新,吟诗作文,犹如花开之时,但总会谢落的。李白矜夸而见疏,韩愈直言而放逐。想起这些凋谢的花,更使人内心感到愁苦,只有酒可以浇灭这些无尽的愁苦。否则,"醉时不可过,愁海浩无涯"(《招文士饮》)。

及时行乐是古代文人士大夫的普遍心态,孟郊也不例外。他在《劝酒》诗中写道:

> 白日无定影,清江无定波。
>
> 人无百年寿,百年复如何?
>
> 堂上陈美酒,堂下列清歌。
>
> 劝君全曲卮,勿谓朱颜酡。
>
> 松柏岁岁茂,丘陵日日多。
>
> 君看终南山,千古青峨峨。

这首劝酒诗写得含蓄深沉,但字里行间都在劝人珍惜青春,及时行乐,否则后悔莫及。这是因为山河依旧,人生易老。白日在行走,青江在变化。而人的岁数也在与日俱增,即使一个人活上一百岁,又怎么样呢,最终还是难免一死。所以,眼前面对美酒清歌,应开怀畅饮,纵情欢乐,不要怕什么喝多了、上头了。你看,松柏树一年比一年长得茂盛,而耸起那丘陵般的坟墓却一天天增多。不信,你看一下终南山,人不知死去多少代了,而山却依旧是巍峨青翠。这其实是先秦"贵生"思想的诗化,就个体生命的短暂而言,珍惜每一天,活的有质量,是应该的。所谓追求活得有质量,不一定只表现在"将何谢青春?痛饮一百杯"(《看花》)这种纵酒高歌方面,而应更丰富一些才好。

孟郊饮酒,看重酒德。他在《酒德》诗中写道:

> 酒是古明镜,辗开小人心。
>
> 醉见异举止,醉闻异声音。

酒功如此多,酒屈亦以深。

罪人免罪酒,如此可为箴。

诗的大意是说,酒常常似古代明亮的铜镜一般,能够使我们在饮酒中洞明小人的心事。醉后常看到不同的行为,听到不同的声音。酒的作用功劳是那样的多,但人们对酒的误会冤枉也是那样的深,其实酒有什么罪过呢,还是应该责备人,而免于责备酒。诗中虽然没有讲酒德是什么,但是一旦人们喝醉了,就可凭借各自的行为举止和出言吐语,判断出谁有酒德谁无酒德,谁是君子谁是小人。酒对每个人都是平等的,只要喝过量,谁都得醉。可是醉后人的言谈举止却千差万别。有的人醉了出水平、出才华;有的人醉了出洋相、出事非。正因这样,人们对酒赞美也多,误解也深。其实,酒是中性的,说不上好还是不好,关键在人,关键在什么人喝,喝多少,能不能控制自己不饮过量的酒。从这个角度而言,孟郊的见解可谓深刻:"罪人免罪酒。"要怪罪,就怪罪人,别去怪罪一不说话二不长腿的死物——酒。

孟郊一生穷愁困顿,不苟同流俗。他的死跟他的穷困有关,好友韩愈在《答孟郊》一诗中就发出"人皆余酒肉,子独不得饱"的感叹与同情。他作诗古涩奇特,如"借车载家具,家具少于车"。最让人动情暖心的是那首千余年来一直为人们传诵的《游子吟》:

慈母手中线,游子身上衣。

临行密密缝,意恐迟迟归。

谁言寸草心,报得三春晖。

至今读了,仍使人感到情真意切,感到母爱的温暖。他在唐代与贾岛齐名,有《孟东野集》传世。

饮酒宁嫌盏底深的韩愈

韩愈(768~824),字退之,河南河阳(今河南孟州市南)人。他幼年父母双亡,靠嫂子扶养读书,每天记下几千字,后精通诸子百家的学说。唐贞元八年登进士第。他共三次到光范门上书,才得授官,先由各级小官做起,后入朝为监察御史（职掌分察百官，肃朝仪，出巡郡县，监察地方行政，类今中央监察部长）。因上奏章论述宫市的弊端，德宗大怒，贬韩愈为阳山县令。韩愈才高，难容于世，屡被调迁降职。当权者惊奇韩愈的文才，又调他为考功郎中、知制诰，升为中书舍人。宪宗派使者迎佛骨进内廷，还命人送往各寺庙，要官民一起敬香礼拜。韩愈看到这种愚昧无知的举动，就写了有名的《论佛骨表》，极言切谏，因而触怒了宪宗，几乎被判死罪。后赖人保救，才由刑部侍郎贬为潮州（今广东省潮阳市）刺史，后又招韩愈入朝任国子祭酒，调兵部侍郎，京兆尹兼御史大夫。

韩愈

韩愈的一生也是政治上坎坷的一生。悲欢离合，大起大落，在唐代文人官员中，是对后世影响最为深远的人物。

韩愈早先心情较好的时期，是在京城当监察御史的时候，这时事业如日中天，经常与要好的诗友聚会饮酒吟诗。与他诗酒相和的有张籍、孟郊、王建、贾岛、白居易、刘禹锡以及柳宗元等。一次在张籍家饮酒吟诗，韩愈开怀畅饮之后写下《醉赠张秘书》一诗，描写赞扬了当时聚会的热烈情景。诗的开头写道："人皆劝我酒，我若耳不闻。今日到君家，呼酒持劝君。"这是说，在别的宴会上，有人劝我饮酒，我像没有听到似的。今天到了你家，反客为主，呼喊着要酒劝起你来了。这表明韩愈即使参加饮宴，平时也饮酒很少。今天心情高兴，所以才大呼小叫，劝别人饮酒。为什么会这样呢？因参加聚会的人都会吟诗作文，可以说是志同道合的诗友："东野动惊俗，天葩吐奇芬。张籍学古谈，轩鹤立鸡群……"孟郊（字东野）和张籍以酒助兴，各自吟出了好诗。韩愈总结说："所以欲得酒，为文俟其醺。酒味既冷冽，酒气又氛氲。性情渐浩浩，谐笑方云云。此诚得酒意，余外徒缤纷。"饮酒至微醉之后，人的性情才浩然开阔，才思敏捷，气氛欢快活跃，便于吟诗作文，这都是饮酒的意图所在，也是酒的功劳，我们正

中華酒典

家庭经典藏书

中华酒典

该这样聚会欢乐。相比之下，那些"长安众富儿，盘馔罗膻荤"，他们"不解文字饮，惟能醉红裙。虽得一饷乐，有如聚飞蚊"。有钱的长安富贵儿们饮酒只是为了寻求刺激，换取肉体快感，如同一群飞蚊。而我们却是"险语破鬼胆，高词媲皇坟。至宝不雕琢，神功谢锄耘"。创作的诗，语险、词高、不加雕饰，仿佛有"神功"相助。这是一次益身、益智、怡情的诗酒聚会，所以给韩愈留下美好的印象。

唐德宗贞元末年，宦官向民市强行买卖，付价特别少或不付价，使卖者空手而归，这叫"宫市"。韩愈上书论述"宫市"的弊端，德宗大怒，贬韩愈为阳山县令。在阳山，他和农民的关系处得不错，经常被农夫邀请饮酒，他看到的情景是"禾麦种满地，梨枣栽绕舍"，"官租日输纳，村酒时邀迓"(《县斋有怀》)。后来，韩愈又被迁徙到湖北任江陵掾(法曹参军)，年已40岁，这是他前半生最背时的日子，心情不好，经常饮酒自解。本来春花烂漫之际，心情昂奋灿烂才是，可是韩愈内心枯槁，无所适从，一点儿都高兴不起来。多亏了酒，使他敏感的神经暂时麻醉，换取了片刻的淡忘。他在《感春四首》中写道："三杯取醉不复论，一生长恨奈何许？"几杯醉了不去计算，否则一生长恨怎么来排解呢？此时此刻，韩愈内心的"长恨"到底是什么？是恨别人还是恨自己，只有他自己知道。他甚至想起老前辈李白和杜甫的一生遭遇，"为此径须沽酒饮，自外天地弃不疑。近怜李杜无检束，烂漫长醉多文辞"。毫无疑问，自己也是被朝廷抛弃的人，可是这又怕什么？李白和杜甫不就是被抛弃的人吗，结果他们凭借饮酒吟诗却留下那么多灿烂的诗文。诗中的"怜"是爱的意思。学李白和杜甫的无拘无束，放浪形骸也未尝不可！所以在那些落寞伤心的日子里，韩愈过的是"平明出门暮归舍，酩酊马上知为谁"的日子。其实想得开，才能放得下。果真这样，又有什么不好呢？这也是人生过程中一段失衡生活的重新调整。可是当初的韩愈不是这样想的。他的被贬，竟然怪到自己读书过多，操心过多上来："今日无端读书史，智慧只足劳精神。画蛇著足无用处，两鬓霜白趋埃尘。乾愁漫解坐自累，与公异趣谁相亲。"没想到精通诸子百家的韩愈也有想不开的时候。其实，自己落魄不堪这种结果，常常是社会上各种因素造成的，自身只是各种因素中的一个因素。严格解剖自己，是为了得到思想的升华，而不是自己虐杀自己。

506

一个不识字的农民也会有不适意的时候,何况身在政治旋涡中的御史大夫,能一帆风顺吗? 韩愈越想越烦心,越想越悔恨,"数杯浇肠虽暂醉,皎皎万虑醒还新"。醉了,一时忘掉痛苦;醒来之后,继续思谋,万虑不但没有抛却,反而增加了新的内容。怎么办? 韩愈的做法是"百年未满不得死,且可勤买抛青春"。离百年还远着呢,只要不死,就要经常买些醇香的美酒来抛撒青春。不然,又有什么办法呢! 其实,这种"牢骚",韩愈不仅在《感春四首》中发过,还在《寒舍日出游》一诗中倾吐:"断鹤两翅鸣何哀,萦骥四足气空横……"把自己喻为鹤断了两翅,被缚的骏马,空抱才学,唯有兴叹。这是怎样的一种无助和无奈! 所以,想来想去,还是寄托于酒:"饮酒宁嫌盏底深,题诗尚倚笔锋劲。明宵放欲相就醉,有月莫然当火令。"饮酒也不嫌盏底深了,而且明天还要放开欲望继续喝继续醉,到晚上让月亮作为火把为饮酒照明。他与郑兵曹一别十年,在江陵相见,感慨万端:"尊酒相逢十载前,君为壮夫我少年。尊酒相逢十载后,我为壮夫君白首。"所以,韩愈劝郑兵曹不要哀伤:"杯行到君莫停手,破除万事无过酒。"这其实也是韩愈的自劝。此时的韩愈对酒情有独钟,竟相信它可"破除万事"。当好友崔立之从云南大理被罢官为蓝田丞(辅佐官统称,类今副县长)时,韩愈安慰道:"高士例须怜曲糵,丈夫终莫生畦畛。能来取醉任喧呼,死后贤愚俱泯泯。"轮到自己想不开,遇到别人安慰起来倒颇有见地。韩愈说:"老崔啊,你就想开点吧! 自古以来,高人逸士都爱饮酒,大丈夫混世心中不应有想不开的沟沟坎坎。能来和我一同饮酒取醉再好不过了,让别人去说三道四吧。因为人一死,无论是贤的还是愚的,照样不都是无影无踪了吗?"说得好!

韩愈在江陵虽然喝酒发牢骚,但骨子里还是不甘心当一个普通人:"力携一尊独就醉,不忍虚掷委黄埃。"(《将李花赠张十一署》)自己虽然在不断地挣扎奋斗,可是,仕途却每况愈下,由江陵法曹参军又迁调为徐州从事,由"鸡窝"换到了"燕窝",心情更加沉重:"遇酒即酩酊,君知我为谁?"(《归彭城》)有时喝到"淋漓身上衣,颠倒笔下字"(《醉后》),大好年华在饮酒中耗费。特别是看到和自己年龄相仿的同事一个个都出人头地,自己的境况却毫无改变时,内心更是焦虑不安:"同时辈流多上道,天路幽险难追攀。"此时的韩愈正待命于湖南的郴州。在中秋之夜,对月饮酒,浮想联翩,夜不能寐,朝廷是"解鞍弃騏骥,塞

中华酒典

驴鞭使前"(《杂诗四首》)。而自己,前路茫茫,百感交集,又苦无一策,只得怪怨自己的命不好。"一年明月今宵多,人是由命非由他,有酒不饮奈明何"(《八月十五夜赠张功曹》)。此时此刻,百无聊赖,酒成了自己摆脱一切烦恼的"安魂药"!又逢明月皎洁,不饮待何?

在湖南的那段日子里,韩愈参加过不少饮宴活动。在《岳阳楼别窦司直》诗中曾写下自己在岳阳楼上与他人送别窦司直的饮酒场面:"开筵交履舄,烂漫倒家酿。杯行无留停,高柱送清唱。"这次送别场面热烈,开宴后人头攒动,相互敬酒。喝的是家酿的米酒,觥筹交错,敬酒碰杯不停,又有急管繁弦伴奏下的歌唱。韩愈还写过他与张十一的一次豪饮,这位张十一饮酒过多,后肚泻差点死去。诗中写道:"青天白日花草丽,玉斝屡举倾金罍。张君名声座所属,起舞先醉长松摧。宿醒未解旧疹作,深室静卧闻风雷。自期殒命在春序,屈指数日怜婴孩……"也许韩愈看到过量饮酒导致的恶果太多了,所以,他在晚年几乎忌酒。"酒食罢无为,棋槊以相娱"(《示儿》),并总结道:"断送一生唯有酒,寻思百计不如闲。莫忧世事兼身事,须著人间比梦间。"(《遣兴》)这是他晚年功成名遂退休回家时说的话,这和早年在江陵、湖南时嗜酒的那个韩愈截然不同。人的处境改变了,因而对酒的看法也改变了。老年的韩愈,竟把一生无所作为的罪名加在酒的头上,这真是大错特错!"断送一生唯有酒",这"断送"就是"毁灭、丧失"的意思。倘若韩愈再生,你问他:"酒哪里得罪你了?当年你在江陵、湖南任事时,写诗曾说过的'高士例须怜曲蘖'、'饮酒宁嫌盏底深'、'破除万事无过酒'还算不算数?"韩愈会捋着胡须笑着说:"此一时,彼一时也!"其实,韩愈并不反对饮酒,反对的是依赖于酒,过量饮酒,整日沉溺于酒而不干正事自毁形象的人。对这样的人,用"断送一生唯有酒"加以告诫,是很有必要的。如上面所说的那位张十一将军,因过量饮酒醉倒在酒宴上,因酒伤肠胃,导致痢疾,差点断送一生的英名。古往今来都有人,因嗜酒成性,酒精中毒,只得长期依赖于酒,疯疯癫癫,游手好闲,无所事事,众人嫌弃,成为废人。这还不是因酒断送了一生吗?

言归正传:由于韩愈当时在全国文名甚高,所以朝廷的当权者又把他调回京城,任考功郎中(掌京官考课事务),知制诰,升为中书舍人(侍从朝会、受纳表彰、参议政务,类今国务院秘书长)。人在得意时,又遇芍药花开,韩愈写下《芍药歌》一诗,诗中写道:"一樽春酒甘苦饴,丈人此乐无人知。花前醉倒歌者谁?楚狂小子韩退之。"这是一种苦尽甘来的惬意之醉。这种"惬意"的醉还未过多久,韩愈因谏迎佛骨一事惹怒了宪宗皇帝,被贬谪到潮州(今广东潮阳市)。韩愈仿佛觉得由天堂跌入地狱,其内心的凄苦及悲愤之情难于言表。全家老小前往潮州路过蓝田关时,侄孙韩湘赶来送行,韩愈写下著名的《左迁至蓝关示侄孙湘》一诗:

> 一封朝奏九重天,夕贬潮阳路八千。
>
> 欲为圣明除弊事,肯将衰朽惜残年。
>
> 云横秦岭家何在?雪拥蓝关马不前。
>
> 知女远来应有意,好收吾骨瘴江边。

在前往潮州的路上,韩愈思前想后,自认为犯的罪很重,不指望再回长安了:"我今罪重无归望,直去长安路八千。"当他一家到潮州之后,发现当地的情况比他的心境还要坏:地处偏僻,文化落后,弊政连连,乡学不兴。韩愈在这里没有磨时间混日子,而是连续干了四件事:一是驱除鳄鱼,二是兴修水利,三是赎放奴婢,四是兴办教育。特别是兴办教育,为广东地区早期的文化启蒙做出了重要贡献。有人研究:在韩愈之前,潮州只有进士 3 名。韩愈之后到南宋时,登第进士就达 172 名,那里的韩公祠就是对他的最好纪念。三年之后,韩愈又被调回朝廷,此时大权在握,日子过得稳定。除一些必需的应酬外,韩愈很少饮酒,即使饮酒,年轻时那种"偶上城南土骨堆,共倾春酒三五杯""百年未满不得死,且可勤买抛青春"(唐人命名酒多用"春"字,"抛青春"为酒名)的畅快豪饮也已是少之又少了。白居易曾经给年事已高的韩愈写过一首开玩笑的诗:

> 近来韩阁老,疏我我心知。
>
> 户大嫌甜酒,才高笑小诗。
>
> 静吟乘月夜,闲醉旷花时。
>
> 还有愁同处,春风满鬓丝。

诗的大意是说,近来韩阁老你疏远我,我心里明白。因为你酒量大,嫌我家的酒太甜不过瘾。你才气大,瞧不起我写的那些小诗。你不到我这里来,两人两处独自饮酒吟诗,岂不是辜负了花好月圆的时光。我俩还有一桩同样的愁事,那就是在春风吹拂下,鬓发是愈来愈白了。其实,晚年的韩愈,身体不如白居易健康,因而不胜酒力。并非因韩的酒量大,嫌白居易酿的酒甜,才疏远白居易的。

遇酒酕醄饮的姚合

姚合,陕州硖石(今河南陕县南)人,元和进士。历任武功县主簿、富平县尉、万年县尉。后任监察御史、升户部员外郎。又外放金州刺史、杭州刺史。入朝后曾任刑部郎中、谏议大夫等官职,在官场中几起几落,是封建社会少见的"穷官"。姚合生性嗜好饮酒,酷爱赏花,为人疏慢,不拘礼法,对人情世故大都不放在心上,有通达知命者对事物洞达透彻的观察力。他恨世道也恨自己:"腐草众所弃,犹能化为萤。岂我愚暗身,终久不发明。"(《寄杨茂卿校书》)

古代的官员一旦退休回家,为官时的俸禄随之中断。姚合当了一辈子官,却没有什么积蓄,到晚年闲居山中,饮酒都成了问题,"瓮头寒绝酒,灶额晓灭烟"(《寄贾岛》),过着比较清贫的生活。尽管如此,他还是"赊酒风前酌,留僧竹里棋","闲时随思绪,小酒恣情斟","朗吟销白日,沉醉度青春","好酒盈杯酌,闲诗任笔酬"。倒有"一蓑烟雨任平生"的气度,满不在乎的乐观。穷,依旧是"遇酒酕醄饮,逢花烂漫看"。在任武功县主簿这个"闲职"时,他写诗三十首,述说自己这位大活人无所事事、荒于诗酒的生活,面似平静,内藏愤激。"簿书销眼力,杯酒耗心神",是那样的无聊;"醉卧慵开眼,闲行懒系腰",是那样的散诞;"读书多旋忘,赊酒数空还",是那样的潦倒;"每旬常乞假,隔月探支钱。还往嫌诗僻,亲情怪酒癫",是那样的可怜:经常乞求请假,心情不好;隔月支钱,生活贫困。来往的朋友嫌弃他吟诗的怪僻;亲人嗔怪他酒后的癫狂,其内心的孤独由此可见。他心里很清楚这种处境但又无可奈何,直至走向"宦名浑不计,酒熟且开封","自知狂僻性,吏事固相疏",只认酒不认官。心想,我这个官值几个小钱,做不做都无所谓了。

姚合酷爱赏花,到了痴迷的地步。他为了观赏春天盛开的百花,却半年未饮酒以防喝醉。在迎春赏花的那天，早晨去了夜晚才回来："半年留醉待花开，晓去迎春夜始回。"由于"官卑长少事，县僻又无城"，迎春、踏青、赏花和饮酒，就成了他内心最大的快乐与安慰："恋花林下饮，爱草野中眠"，"酒醒莺啼里，诗成蝶舞前"，"一瓶春酒色，数顷野花香"，以迎春赏花来减轻内心的痛苦与不平。人无才便也甘心，真感到自己胸怀大志，腹有良谋，却无用武之地，那种压抑焦虑之感，常人是难以理解的。姚合找到的唯一抚平压抑焦虑的良方就是赏花饮酒。我们从他写的《赏春》一诗可以看出：

> 闲人只是爱春光，迎得春来喜欲狂。
>
> 买酒怕迟教走马，看花嫌远自移床。
>
> 娇莺语足方离树，戏蝶飞高始过墙。
>
> 癫狂醉眠三数日，人间百事不思量。

赏花饮酒，花成了下酒"菜"。见花而心喜，心喜而醉倒，醉酒之后，暂时忘掉人间百事，换取一时的内心安宁。

官场上长期的压抑，即使"家人怪我浑如病，尊酒休倾笔砚间"，"客怪身名晚，妻嫌酒病深"，也使自己也看不起自己了，"文字非经济，空虚用破心"（《十年通籍入金门，自愧名微枉缙绅》），"家山迢递归无路，杯酒稀疏病到身"（《偶然书怀》），直到"客来无酒饮，搔首掷空瓢"（《春日闲居》）的尴尬境地。酒瘾来了，有时不得不向人"乞酒"：

> 闻君有美酒，与我正相宜。
>
> 溢瓮清如水，粘杯丰似脂。
>
> 岂唯消旧病，且要引新诗。
>
> 况此便便腹，无非是满卮。

诗的大意是，听说你家酿造的美酒，与我的口味正好相宜。那满瓮酒清澈如水，浓度粘杯好像油脂一般。我向你乞酒哪里只是为了消除旧病，而且也是为了饮酒后激发灵感引出新诗。更何况我这大腹便便的人，每天都要用满杯酒来滋养的。态度诚恳，乞语朴实，赞人家酒好，又诉说自己对酒的需求。只是不知这位"君"，给他送酒了没有。同样的乞酒诗还有一首是《寄卫拾遗乞酒》：

> 老人罢卮酒，不醉已终年。

> 自饮君家酒,一杯三日眠。
>
> 味轻花上露,色似洞中泉。
>
> 莫厌时时寄,须知法未传。

诗中开头一句的"老人"是姚合自指。他说,我停止饮酒,不醉已一年多了。自饮了卫拾遗你家的美酒,喝一杯三天都睡得香。你家酿造的酒,酒味轻淡如花上的露水,颜色如洞中流淌出的泉水。夸赞之余,乞求卫拾遗经常寄这种酒来,否则我不会把知识传给你的。诗如其人,风趣实在。大概卫拾遗拜年老的姚合为师,每来求学时,就给姚合带一壶老酒作为学费,所以姚合才有"须知法未传"的趣语。那意思是,我还没有把真学问传给你呢,因此要小心着点,时时寄酒来。这里的"寄"是"赠与"的意思。

在唐代,人人会吟诗是时尚,家家都酿酒是风俗。我们从姚合所写《晦日宴刘值录事宅》一诗可以看出:

> 花落莺飞深院静,满堂宾客尽诗人。
>
> 城中杯酒家家有,唯是君家酒送春。

姚合看到的是,来参加宴饮的宾客都是诗人,城中家家都会酿酒,可见大唐时期的社会风气。这诗可能写的是姚合在杭州当刺史参加饮宴时的情景,此时是姚合一生较得意的时期,因为大权在握,请他饮酒的人也多了,"竹里开华馆,珍馐次第尝。春风酒影动,晴日乐声长。久坐难辞醉,衰年亦暂狂。殷勤还继烛,永夕梦相妨"(《宴光禄田卿宅》)。当姚合职卑官小时,饮酒都成问题,"客来无酒饮,搔首掷空瓢",一旦权大位重,请他吃喝的可以排起长队。这种时风,到今天并未稍有改变。看来苏秦说过的那句实话并未过时:"贫贱则父、母不认亲子,富贵则妻、嫂畏惧。人生在世,穷与贵怎么能忽视不顾呢?!"

在唐代元和年间的诗人中,姚合与贾岛齐名,世称"姚贾",姚合的诗充满平和淡泊之气,拙中见巧。

诗评曰:贵时佳肴常醉饱,失势无酒掷空瓢。世态炎凉本如此,后浪更比前浪高。

"醉乡乐天和"的聂夷中

聂夷中,今河南省沁阳人。咸通十二年进士及第。当时天下战事频仍,朝廷来不及对他们进行考察授官。聂夷中在长安滞留了很长时间,身上黑袍也穿破了,而粮价居高不下,这时才被选调为华阴县尉。他到任后无事可做,只是弹琴读书饮酒而已。恰逢唐末世事艰难,聂夷中为官进退两难,他虽才华很高却时运不佳,心怀壮志却终究无成。

他看到"一行书不读,身封万户侯"(《公子行二首》)的社会现实,而自己年过半百,生逢乱世,苦苦奋斗,却一事无成,难免心灰意冷,只得寄情于诗酒之中。他在《饮酒乐》一诗中写道:

> 日月似有事,一夜行一周。
>
> 草木犹须老,人生得无愁?
>
> 一饮解百结,再饮破百忧。
>
> 白发欺贫贱,不入醉人头。
>
> 我愿东海水,尽向杯中流。
>
> 安得阮步兵,同入醉乡游。

饮酒之乐,乐在能"解百结",可"破百忧"。因此,聂夷中希望东海之水都变成酒流向酒杯,也学那阮步兵(即阮籍)一块进入醉乡漫游。由此可见聂夷中当时的苦闷心情。

值得讨论的是,人的"百结"和"百忧",是否可以由酒来解除呢?可以解除,几乎是古人早已形成的共识。特别是曹操"何以解忧,唯有杜康"这一句诗的肯定,使人更相信酒可以解忧的认识。大唐一代的文人吟了那么多的诗,几乎异口同声说酒可解忧。施肩吾说:"茶为涤烦子,酒为忘忧君。"称酒是"忘忧君",亲近到"人"的地步。翁绶更将酒可消愁的作用推向极点:"百年莫惜千回醉,一盏能消万古愁。"(《咏酒》)王绩、杜甫、白居易、元稹、皮日休等人都是这种看法。独有李白,持双重看法。他说,酒可解忧消愁,"五花马,千金裘,呼儿将出换美酒,与尔同消万古愁"(《将进酒》);可是他还说过"抽刀断水水更流,举杯消愁愁更愁"(《宣州谢朓楼饯别校书叔云》)。这里说,举杯本想消愁,可结果是愁不但没有被酒消掉,反而愁上加愁。应该说,李白的这一认识还是深刻的。与他同调的唐人雍陶一反千百年来的看法,写下《非酒》诗一首:

人人漫说酒消忧,我道翻为引恨由。

一夜醒来灯火暗,不应愁事亦成愁。

这是唐诗中为数不多的一首"非酒"诗,对酒可消愁解闷予以全盘否定,其认识更加深刻! 为什么这样说呢? 因为人们的忧愁是指人们内心难以宣泄而形成的情结。如思亲之忧、愤世之忧、失意之忧、受阻之忧等忧愁是否靠酒可以解除呢? 从根本上讲是不可能的,甚至还因为"酒",把这些忧愁的"火苗"拨得更旺,烧得人内心深处更加难受。这就是李白所说的"愁复愁"。过量饮酒,使人大脑一时失去记忆,酩酊大醉,这和睡着了一样,是可以暂时让人忘记那耿耿

聂夷中

于怀的烦恼忧愁。可是一觉醒来,忧愁又会袭上心来。因此,要想从根本上解除人的忧愁,不能靠醉酒昏睡,这不过是自欺欺人,而要靠思考、靠能力。

在温饱问题已经解决的基础上,人应该拓展自己的生存空间,改善自己的

生活质量,懂得享受,追求享受,这都是人世间多数普通人的心理行为。如果人来到这个世上仅是为了吃苦,那人活得还有什么意思?所以聂夷中说得好:"人无百年寿,百年复如何?堂上陈美酒,堂下列笙歌。与君入醉乡,醉乡乐天和。"(《劝酒二首》)"入醉乡""乐天和",这是对生活的享受,当然这种醉是微醺,昏昏然,飘飘然,才能进入"乐天和"的境界。

聂夷中生性节俭,大概因他出身于社会下层,尝遍了民间的辛酸苦辣所致。因此,他创作的诗大多同情百姓,感伤时事,怜悯农民耕种收获的艰难。

在以农立国的社会,农业是基础,粮食是根本:"片玉一尘轻,粒粟山丘重……一岁如苦饥,金玉何所用?"(《古兴》)因此,聂夷中希望统治者要关心农民疾苦,"我愿君王心,化作光明烛",不要让农民过那种"二月卖新丝,五月粜新谷。医得眼前疮,剜却心头肉"的悲惨生活。特别是那首《田家》诗(一说李绅作)更是千古流传,老幼皆知:"锄禾日当午,汗滴禾下土。谁知盘中餐,粒粒皆辛苦。"这首诗几乎成为历代人们同情农民、珍惜粮食的座右铭。从这个角度而言,聂夷中是永生的!

"醉翁"欧阳修

欧阳修(1007~1072),字永叔,吉州吉永(今属江西)人。北宋文坛领袖,一代儒宗。累官至枢密副使,参知政事(副宰相)。因"朋党"之争,欧阳修由朝廷龙图阁学士、都转运按察使、知制诰被贬谪到安徽滁州(今滁州市)任太守,其思想从此由激进趋于温和。他在滁州写下著名的《醉翁亭记》。记中说:

在滁州西南的深山里有一处琅琊山,山的两峰之间有一处酿泉,僧人智仙在酿泉边上建立了一座供人游览休闲的亭子,欧阳修与同事常来这里游览饮酒,就将此亭命名为"醉翁亭"。欧阳修解释说:"太守与客来饮于此,饮少辄醉,而年又高,故自号曰'醉翁'也。醉翁之意不在酒,在乎山水之间也。山水之乐,得之心而寓之酒也。"由此可以看出,欧阳修喜欢饮酒,"盛年时能饮百盏"(《苕溪渔隐丛话》),30多岁之后,酒量渐减,饮少辄醉。年仅40岁,却自号"醉翁",寓意是醉眼蒙眬看世界,糊里糊涂一老翁。其实这是个幌子,表面看,似乎从此不问世事,沉湎于酒,当一个随俗俯仰的醉老头儿而已。骨子里头,却是醉而"不醉",在醉的幌子下反省自己,静观时变,"醉翁之意不在酒"。试想,如果把心思全用在"酒"上,那还是欧阳修的选择吗?欧阳修是将自己官场失意的痛苦融于大自然的山水之中,通过欣赏山水之乐,以缓解来自官场的失意与压力,这才是欧阳修醉的真意所在。他只不过是将这种"乐"领会在心里,寄托在酒上罢了。欧阳修不愧是古往今来饮客中对醉酒理解最深刻的人之一。你看,欧阳修写借饮酒之乐来欣赏人际山水之乐的情景:到溪边去钓鱼,水深鱼肥;用酿泉的水造酒,泉水香甜,酒色澄清;山里的野味,田野的蔬菜,交错地摆在前面的,是太守的宴席。宴会喝酒的欢快乐趣,不在于音乐;投壶的投中了,下棋的得胜了,酒杯和酒筹交互错杂,有的站起,有的坐着,闹闹嚷嚷的,是宾客们的欢乐。脸色苍老,头发花白,醉醺醺地坐在众人中间的,是太守,醉了。这段文字,一写清淡新鲜的菜蔬,引人食欲;二写益智有趣的劝酒,引人快乐。此时此刻,别以为坐在众宾客中间的那位苍颜白发的欧阳修真的醉了,他的醉是似醉非醉的"醉",是与民同乐的"醉",也是欧阳修内心感觉到的那份舒心惬意的"醉"。谓予不信,请看后文(译文):太阳快要落山了,人们开始动身回去了。树林枝叶茂密成荫,鸟的叫声忽高忽低,这是游人离去,鸟儿却欢乐起来了。然而鸟儿只知道生活在山林里的乐趣,却不知道人们的乐趣;人们只知道跟随太守游览山水的快乐,却不知道太守自有他自己的乐趣。那么,这位"太守"自己的乐趣是什么呢?用他的话回答,则是醉了能同大家一起欢乐,醒后又能把这些事情写成文章述说出来,这就是欧阳修"得之心而寓之酒"的独特之处。

欧阳修一生与北宋诗人梅尧臣(字圣俞)交往甚密。他俩经常互相倾诉,把酒吟诗,抒发各自的感慨。秋季的一天,梅尧臣远道去湖州看望欧阳修,欧阳修设酒宴热情招待了他,并写下《圣俞会饮》一诗。诗中写道:"倾壶岂徒强君饮,解带且欲留君谈。"这是因为"洛阳旧友一时散,十年会合无二三"。其意是说,今天之所以倾壶开怀畅饮岂止是为了强劝你饮酒,目的还是要敞开胸怀和你进行交谈。自打我来到湖州之后,洛阳那些老友就没有见到几个,今天我们要好好地喝。他接着说,"滑公井泉酿最美,赤泥印酒新开缄。更吟君句胜啖炙,杏花妍媚春醺醺。吾交豪俊天下选,谁得众美如君兼"。滑公井的泉水所酿刚开封的美酒,正好供我们吟诗尽兴。我吟你作的诗句胜过吃烤肉那样香美,你作的那句"春风酣酣杏正妍"还牢记在心。我在天下选择结交英豪俊杰,但没有像你这样众美集于一身的朋友。正是由于知己难得,所以朋友相见,互诉衷肠,欧阳修借饮酒评价了梅尧臣,并举酒劝道:"杯行到手莫辞醉,明日举棹天东南。"明天就又要分别了,不知何时再能见到你。你就别推辞杯中之酒了,无非就是一醉吗,有什么了不起。由此可看出欧阳修与梅尧臣兄弟般的离情别意。第二年秋天,已调往河北镇阳的欧阳修在病中又想起去年在湖州秋蟹正肥、恨不一醉的情景,他写诗向梅圣俞汇报说:"今年得疾因酒作,一春不饮气弥劣。分厨酒美远莫致,念君惯饮衣屡脱……"诗的大意是说,今年患病因酒而发作,为了治病,一春不饮酒了,但觉得神气更加不好。现在公厨里美酒已熟,因你住得远没办法送去,这使我想起你饮酒时的神态,喝得高兴时,习惯于将衣服一件件脱去。人生得一知己难矣!古人说,恩德相结者,谓之知己;腹心相照者,谓之知心;声气相求者,谓之知音。欧阳修与梅圣俞的关系胜似"三知",各自成为对方无话不说的倾诉对象。欧阳修调回朝廷之后,心情好了不少,饮酒应酬的事自然也就多起来,因此而经常病酒,梅圣俞出于关心,劝欧阳修忌酒,否则会伤身损寿,欧阳修有感而发,写下《答梅圣俞莫饮酒》一诗:

> 子谓莫饮酒,我谓莫作诗。
>
> 花开木落虫鸟悲,四时百物乱我思。
>
> 朝吟摇头暮蹙眉,此翁此语还相违。
>
> 岂如饮酒无所知,雕肝琢肾闹退之。
>
> 自古不饮无不死,唯有为善不可迟。
>
> 功施当世圣贤事,不然文章千载垂。
>
> 其余酩酊一樽酒,万事峥嵘皆可齐。
>
> 腐肠糟肉两家说,计较屑屑何其卑。
>
> 生死寿夭无足道,百年长短才几时?
>
> 但饮酒,莫作诗,子其听我言非痴。

这首诗有"戏答"的味道。回答中抒发了欧阳修对人生的真切看法:

你劝我莫饮酒,我劝你别作诗。可是百花盛开的春天进入草木枯落的秋天,使虫鸟都感到悲伤,何况我们是人,怎能对四时促使许许多多事物的变化而不浮想联翩呢! 听说唐代的韩退之(即韩愈)也说过,为了欢乐只需饮酒,何必整日吟诗作文,苦思冥想呢? 其实这韩老头言行也并非一致。他既饮酒,又吟诗作文,哪样都没有耽误。人固有一死,即使不饮酒的人也要死。人世间只有做善事不可迟疑,这是人生的永恒主题。人活一辈子,要么向圣贤之人学习,立功留名于世间;要么就撰写反映世道人心的诗文,千载相传。剩余的时间,不饮酒还干什么? 醉里乾坤大,大大小小的烦心事都可在酩酊大醉中忘却。再说了,即使你清醒,凭自己那点微不足道的力量对"峥嵘"的万事又能怎样

欧阳修

呢? 什么酒可腐肠烂肉之说,大可不必计较,其见识实在是太浅陋了。其实,死生寿夭这是天命,不值得一说。就是活一百岁的人,又有多长的时间? 还是应率性而为! 只是不做伤天害理的事。结论是"但饮酒,莫作诗,你听我欧阳修的没错"。后来,欧阳修还在《会饮圣俞家》一诗中劝梅圣俞道,"须知朱颜不可恃,有酒当欢且相属。……花开谁得屡相过,盏到莫辞频举手"。其实在欧阳修看来,人活百年,仅是眨眼间的事,不必斤斤计较于那些琐屑之事,该吟诗就吟诗,宜饮酒则饮酒。摇头蹙眉,雕肝琢肾地活着,就会失去人生的乐趣,一切皆顺其自然。欧阳修不仅是这样想的,也是这样做的。他认为人生短暂,"不及墙根花与草,春来随处自芳菲"(《和圣俞感李花》)。"人生浪自苦,得酒且开释"(《折刑部海棠戏赠圣俞》之一),劝梅圣俞不可自己和自己过意不去,"千金莫惜买香醪,且陶陶"。该醉的时候也要醉,许多事也许在醉后得到开释,在醒来之后,寻找机遇,会出现柳暗花明的前景。世事无常,"昨日枝上红,今日随流波。物理固如此,去来知奈何! 达人但饮酒,壮士徒悲歌"(《折刑部海棠戏赠圣俞》之二),这是洞明世事的哲人才有的见识。欧阳修比梅圣俞小五岁,如从

酒可损寿的观点看,梅圣俞晚年滴酒不沾,却只活了 59 岁。而欧阳修性格洒脱,对于酒,欧阳修有着清醒的认识,"餐霞可延年,饮酒诚自损"(《感兴》)。饮酒致病,有的年份"我今三载病不饮",竟忌酒三年,不容易! 可是病情稍有好转,便"有酒莫负琉璃钟","况此杯中趣,久得乐无涯","清泉白石对斟酌,岩花野鸟为交朋",饮酒依然如故,却活了 66 岁,这在当时已是常人中的"高寿"。实际上今天的医学已经证明,人的寿命长短与家族的遗传基因有关,更与人的心境有关,心境的洒脱达观很重要。适量饮酒,乐观处世,不但不会损寿,而且还会增寿。劝酒莫饮的梅圣俞,已提前到阎王爷那里报到,而被劝的欧阳修却我行我素,又比梅多活了七年。

让我们再回到"庆历新政"失败后欧阳修被贬谪到安徽滁州任太守的那段岁月:这是欧阳修青年得志后遇到的最刻骨铭心的"政治磨难",但又是一生中最光彩灿烂的年代。那篇 500 多字的散文《醉翁亭记》就"诞生在一个失意官僚的踉跄醉步之下,诞生在夕阳和山影的多情顾盼之中,诞生在心灵的困顿和再生之后。它那摇曳多姿的情韵,不仅让无数后人为之心折,而且当时就产生了轰动效应"(夏坚勇:《湮没的辉煌·文章太守》),是"苦难"加"醇酒"孕育诞生了这篇千古美文。据《滁州志》记载:"欧阳公记成,远近争传,疲于摹打。山僧云:寺库有毡,打碑用尽,至取僧室卧毡给用,凡商贾来,亦多求所本,所遇关征,以赠监官,可以免税。"在那个崇尚文化的宋代,为了拓取石碑上的一篇当代人写的《醉翁亭记》,竟把寺庙库房里的毡子都用光了。而且商人也纷纷前来拓取,送给税监官,以便从中获得免税的好处。欧阳修在滁州连来带去共生活了三年,好处是天高皇帝远,又是地方的最高行政长官,在琅琊山这一大自然的怀抱中,过了一段真正属于自己的自由自在的风流潇洒的诗酒生活,"春寒酒力风中醒,日暖梅香雪后清。野俗经年留惠爱,莫辞临别醉冠倾"(《送京西提刑赵学士》),"鸟歌花舞太守醉,明日酒醒春已归"(《丰乐亭游春三道》之一)。庆历八年正月,欧阳修得知自己要到扬州任知府时,正当春暖花开的仲春时节,他情不自禁地写下《别滁》一诗:

花光浓烂柳轻明,酌酒花前送我行。

我也且如常日醉,莫教弦管作离声。

诗的大意是,在鲜花盛开柳树青青的时节,相识的滁州同事朋友们在花前设宴为我送行。我今天也要和平时那样喝个酩酊大醉,虽然离开他们但内心依旧记惦着他们,莫教乐工再演奏那感伤离别的声调。这一走,欧阳修再没有回过滁州。滁州成为欧阳修人生的磨刀石,使他多了一份清醒,多了一份成熟,多了一份参照,是他人生的一大转折点。十年之后,音乐家沈遵多次前往醉翁亭游览,并谱《醉翁吟》三叠琴曲。欧阳修后来听了沈遵创作的乐曲后,勾起了他对往日的诸多回忆,因有曲无词,就为《醉翁吟》这首动听的乐曲作了词,以便于演唱。词中写道:"翁醒而往兮醉而归,朝醒暮醉兮无有四时……"突出了"醉翁"的形象,赞美了沈遵能揣摩出自己的心境和满足自己对滁州那段生活的追忆。"却忆滁州睡,村醪自解醒"(《秋阳》),"主人不觉悲华发,野老犹能说醉翁"(《忆滁州出谷》),"吾尝思醉翁,醉翁名自我。山林本我性,章服偶包裹"(《思二亭送光禄谢寺丞归滁阳》)。年老的欧阳修已是满头华发,而自己当年在滁州的往事还历历在目,常常被当地的老人们所回忆。由此可见,滁州这段自由自在的诗酒生活,对欧阳修来说是永生难忘的,因为这里的山水成全了欧阳修,让他找到了"识得庐山真面目"的锁钥,找到了"文章太守,挥毫万字,一饮千钟"的自豪与霸悍。后来欧阳修又到扬州、颍州、同州等地任过知州,然后回到朝廷任职,直到去世,成为封建社会最受推崇的标准的高级官僚。

晚年的欧阳修自称"饮酒横琴销永日,焚香读易过残春"。虽然"齿牙浮动鬓苍浪",但是"不独诗豪酒亦豪"。他写诗道:"诗篇自觉随年老,酒力犹能助气豪。兴味不衰唯此尔,其余万事一牛毛。"(《寄原父有感四首》之四)饮酒、吟诗仍是他最大的"兴味"。在64岁时,他将"醉翁"这一自命多年的号留用之外,起"六一居士"做别号。他解释说:"吾家藏一万卷书,集录三代以来金石遗文一千卷,有琴一张,有棋一局,而常置酒一壶;以吾一翁,老于此五物之间,是岂不为'六一'乎?"改别号两年以后,欧阳修去世。酒成为他终身喜好的"六一"中的一物。即使从40岁自号"醉翁"时算起,直到去世,欧阳修饮酒也达26年之久,酒不但没有对他造成什么伤害,反而成全了他。《醉翁亭记》一文的形成,就是酒后催发灵感的结果。今人很少有人记得他曾是当时叱咤政坛的风云人物,曾任过什么样的官职。但是多数读书人知道欧阳修是"唐宋八大家"之一,是当时著名的大文学家和大史学家,《醉翁亭记》则是他的成名代表作。"醉翁之意不在酒"已成为人们做多元解释的经典格言,千古传诵。讲起这句格言,就会使人想起这位真正懂得饮酒的哲人。

百岁光阴半归酒的陆游

陆游(1125~1210),字务观,号放翁,山阴(今浙江绍兴)人,出生在仕宦世家书香门第中。历官镇江、隆兴、夔州通判,后官至宝章阁待制(收藏整理前任皇帝颁发的文件)。晚年,他写《衰疾》一诗,总结自己的一生是"百岁光阴半归酒,一生事业略存诗"。如果以一百岁计算,陆游说自己有一半时间在饮酒中度过,一生的事业是大略留存下近万首诗词。陆游去世后,大儿子陆子虡在陆游所编《剑南诗稿》二十卷的基础上,增编为八十五卷,收诗词 9300 余首。细翻诗稿,涉及"酒"字的诗词近两千首,其中专以标题醉歌、醉题、醉赋、醉吟、醉书、醉乡、醉市、醉村、醉归、醉眠、醉中、醉后、醉卧、醉睡、饮酒、小酌、独饮、独醉、夜酌、对饮、小饮、小宴、野饮、大醉、卯饮、村饮、市饮、社饮、将进酒、病酒等诗作就有 370 余首。我们今天还能知道陆游这个人,完全是因为他留下了许许多多好诗词的缘故。他说"醉中往往得新句",可知这些诗的创作,大多因酒催生。从陆游所写"淋漓诗酒无虚日""流年尽付樽中酒""流年份付酒杯中""嗜酒在膏肓""平生百事懒,惟酒不待劝""泥醉醒常少""只将独醉作生涯"等诗句看,足以证明他对自己的总结是真实的。

陆游一生过得潦倒穷困,不被朝廷重用,除了生不逢时外,主观原因是:一因自己理政的干才有限;二因口无遮拦的进言。开始入朝当小秘书(掌管编辑公布法令的删定官)时,好陈己见,终因言多语失,论事不合,被罢归山阴。后起用为镇江通判时,陆游自叹为世所弃:"予老,益厌世,思自放于山巅水涯,与世相忘。"想避世归隐,这不过是一时的牢骚话。不久被迁调到隆兴府(今江西南昌)任通判,又因"鼓唱是非"而被免职。回乡后,虽然过着"泽畔行吟""雨润北窗看洗竹"的田园生活,但因落职还乡,内心寂寞委屈,整日在"村醪莫辞醉"的饮酒中寻求刺激,解脱自己。后因家中十口人张嘴吃饭,无奈之下,陆游只好低下高傲的头颅,向右相陈俊卿写信举荐自己。乾道五年(1169)十二月,他被派往夔州(今奉节县)任通判。夔州所在长江三峡上游,是个蛮荒之地,为了全家人的生活,陆游不得不去做这个小官。他说,"残年走巴峡,辛苦为斗米"。他带着十口人,经过半年的漂泊宦游,行程数千里,才到达巴东奉节,感受是"身游万死一生地,路入千峰万嶂中"。其实巴山蜀水自有它的可爱与魅力,万死一生,没那么可怕,天涯何处无芳草!人在心情不好的时候,即使好山好水也会变态。陆游在夔州的职责是主管学事兼管劝农事,三年任满,陆游从夔州调往南郑(今陕西汉中市南部),在四川宣抚使王炎府中任幕僚,尽管"画策虽工不见用",但"宾主相期义气中"。他在军中不仅有音乐、美酒,还有美人陪同(即官妓),常常"暮醉笙歌锦幄中",算是有了一点暂时的寄托与安慰。

陆游

　　王炎调回朝廷,陆游从此结束了戎马生活,改调成都府任参议。乾道八年十一月,冷风夹着细雨,他骑着驴子,带着家眷,入川到成都。途经剑门关时,许多感触涌上心头,写下《剑门道中遇微雨》一诗:"衣上征尘杂酒痕,远游无处不销魂。此身合是诗人未?细雨骑驴入剑门。"衣服上是纵酒之后的痕迹杂着征尘,字句里浸透了诸多失意、愤激和惆怅。在成都,因政见不同,成都府路安抚使晁公武对陆游颇为冷淡,陆游感到"扪虱雄豪空自许,屠龙工巧竟何成?"无事可做,只有以醉来忘怀穷通,整天泡在酒肆青楼中,甚至"佯狂施药成都市,大瓢满贮随所求。瓢空夜静上高楼,买酒卷帘邀月醉,醉中拂剑光射月,往往悲歌独流涕"。(《楼上醉歌》)陆游这个落魄文人佯装施药,纵迹青楼酒肆,不仅为了寻求刺激,也是有意违逆自己的意志,在自我放纵中、自我折磨中赢得报复命运的快感。他买酒邀月,醉中拂剑,怀才不遇的处境不禁使他慷慨悲歌,独自流泪,足见其心灵深处的痛苦。

陆游仿佛是个任通判的命。后又从成都到重庆任通判,又从重庆到嘉州(今乐山市)任通判。同样画策不用,展才无地,在"淋漓诗酒无虚日"的痛饮狂歌中空耗岁月。嘉州的山水并没有给他带来多少欢乐。在凌云阁饮酒后,他乘醉吟出《凌云醉归作》一诗:"峨嵋月入平羌水,叹息吾行俄至此。谪仙一去五百年,至今醉魂呼不起。玻璃春(眉州酒名)满琉璃钟,宦情苦薄酒兴浓。饮如长鲸渴赴海,诗成放笔千觞空。十年看尽人间事,更觉麴生偏有味。……"辗转调动,宦情苦薄,不被重用,又在蛮荒之地,内心深感憋屈无奈。想到了五百年前的李白,何以整日酩酊大醉,今天,自己才算深深地理解他了。人间万事,更觉"酒先生"才是自己的知音。

诗人范成大调任成都安抚使后,陆游成了范成大府中的幕僚,从此有了倾诉的对象和生活的靠山。陆游常与范成大去成都的浣花溪喝酒赏梅。"当年走马锦城西,曾为梅花醉如泥"。"我游西川醉千场……清歌一发无留觞……路人争看放翁狂"(《观花》)。他到处游玩,到处歌吟,放纵在花草、山水、歌舞、醇酒和美人中,忘怀成败得失荣辱。直到晚年,他还回忆起这段纸醉金迷的生活:"六年成都擅豪华,黄金卖断城中花。醉狂戏作春愁曲,素屏纨扇传千家。"(《后春愁曲》)那时,他最常去的是酒肆歌楼,有时甚至把整个酒楼包下来,与友人赌博狂饮。芳花楼、万里桥这些地方,成了陆游消磨时光的好地方。"豪华行乐地,芳润养花天","风掠春衫惊小冷,酒潮玉颊见微赪","夜暖酒波摇烛焰,舞风粉妆铄华光","月浸罗袜清夜徂,满身花影醉索扶"等诗,反映了他自我疏放,及时行乐的心态。有人向上告他酒后狂言,不拘礼法,恃酒颓放,不久便被免去官职。对此,陆游写下《醉题》诗,笑傲那些排挤攻讦他的人:"裘马轻狂锦水滨,最繁华地作闲人。金壶投箭消长日,翠袖传杯领好春。……"之后,便依据"恃酒颓放"的上告词,索性自号"放翁",我行我素。这时的陆游,羁身万里,老大无成,又遭罢官,内心的悲愤难以言说。他拍案自责道:"华发萧萧老蜀关,倦飞可笑不知还","光景半销樽酒里,英豪或隐博徒间"。无事可做的陆游快要成为一个酒徒赌棍了,消灭胡虏收复河山的壮志,屡屡遭到挫折,无奈之

中華酒典

下，只能在狂饮赌博中消磨岁月。

淳熙四年（1177）六月，范成大奉诏东还临安（今杭州），陆游不仅失去了一位诗友，也失去了政治上的依靠。陆游从成都一直送范成大到眉州（今四川眉山市），分别时，写下《送范舍人还朝》一诗。诗中写道："平生嗜酒不为味，聊欲醉中遗万事，酒醒客散独凄然，枕上屡挥忧国泪。"意思是说，我平生爱好喝酒，不是为了品尝酒味，只是暂时麻醉自己，忘记一切，但是酒醒以后，依旧为祖国的灾难而流泪。诗中希望范成大回到朝廷要为皇上出谋划策，团结在朝的官吏，一致为驱除敌人而努力。但是当时的宋孝宗，并没有采取范成大的建议，陆游的愿望又一次落空，心情更加不好，"感慨却愁伤壮志，倒瓶浊酒洗余悲"。

淳熙五年（1178）正月，54岁的陆游被召回朝廷。当年同朝为官的大多退休或死去，只剩下"淡交如水，久而不坏"（《祭周益公文》）的老友周必大等人，流落蜀地八载的陆游看到了生命中一点希望的曙光。不久，又因与其他官员政见不合，陆游被外放为提举福建路常平盐茶公事，心情"愁绝"无奈，可是为了养家糊口，也只得去了。在公务之余，陆游编辑了自己的诗集《剑南诗稿》二十卷，收诗2500首。诗集发表后，轰动文坛，孝宗皇帝读后深加赞许，又有周必大的鼎力举荐，陆游在福建任职近两年后被召回朝廷，小心翼翼地掌管制造御前军器，不敢饮酒误事，"可怜对酒不敢饮，他日空浇坟上土"。随后因"嘲咏风月"之罪，又被罢官。陆游回到家乡，开始整治家园，新建十几间茅屋，广种花草桑竹，又开药圃蔬圃，在竹间修小庵两间，起名"老学庵"。他自称"出仕三十年，不殖一金产"，有点儿钱，大多用于游玩饮酒上了。

韩侂胄作相后，76岁的陆游又被召回朝廷，得到了重用，提升为直华文阁，并赐紫金鱼袋，这是对老臣的一种礼遇。陆游激动地写诗道，"寒雨似从心上滴，孤灯偏向枕边明"。后来，数官集于一身，陆游因力不从心，相继辞去。他说，"人生须富贵，富贵竟何如？""不如茅屋低，醉倒唤儿扶"。为了不给世人落个临老还热恋官位、贪图富贵的名声，不久便毅然告老还乡，自称"但有浊醪吾事足，浮名不作一钱看"（《烟波即事》）。跳出官场后，旁观反思，才知道"万里元非破贼手，一生无奈造物儿"（《纵笔》）。自己这个屡屡因言多语失的狂老头，并非将相之才，只是个饮酒吟诗的书生。

陆游活了85岁,他是古代文人中罕见的高寿者。自称"六十年间万首诗",这不但与他一生勤奋创作相关,也与他的高寿有关。他一生嗜酒,写下相当数量的酒诗,是酒文化研究的重要资料。现择要分类介绍如下:

一、借酒抒发豪情壮志。"痛饮可以豪"。不饮酒时,埋藏在心底的高远志向被理智控制着,被俗事琐事所淹没。一经饮酒,血管扩张,精神亢奋,埋藏在心底的"秘密"被复活唤醒,我们从陆游的身上可以看出:"取日挂向扶桑枝,留春挽回北斗魁。横笛三尺作龙吟,腰鼓百面声转雷。饮如长鲸海可竭,玉山不倒高崔嵬。"(《池上醉歌》)这诗真乃豪气万丈,风流倜傥,不可勒羁。是酒把一个叹老嗟卑、逢人诉苦的人,燃烧到不可一世的地步。再如,"醉眼轻浮世,羁怀激浩歌。功名从蹭蹬,诗酒且婆娑"(《晚到东园》)。饮酒至想入非非之际,就会让人产生不切实际的夸大。浮世可轻,浩歌可发,功名随它,诗酒盘旋,其乐陶陶,仿佛进入另一个世界,酒之威力使人的想象力挥发到极致。"学剑四十年,虏血未染锷。不得为长虹,万丈扫寥廓"(《醉歌》)。"丈夫不虚生世间,本意灭虏救河山。岂知蹭蹬不称意,八年梁益凋朱颜"(《楼上醉书》)。古语说得好,"锥处囊中,其锋自见"。原是书生本色,偏谈疆场弯弓射月。若真把陆游放在战场上,不知会是什么结果,老天爷难道没给过陆游一次驰骋疆场的机会吗?什么"万丈扫寥廓""灭虏救河山"全是醉后抒发的豪言壮语,只可欣赏,万不可当真话去听。"放翁七十饮千钟,耳目未废头未童。向来楚汉何足道,真觉万古无英雄。……不如醉笔扫青嶂,入石一寸豪健惊天公"(《醉书秦望山石壁》)。这不仅是豪言,而且是狂放。是酒的威力,使诗人豪情顿增,襟怀为开,感情冲动,思绪升腾,破思想之禁锢,骋八斗之才华,张想象之羽翼,创瑰丽之异境。是酒的作用,使诗人生发一时的自信自大,抒豪情,寄壮志,超凡脱俗。

二、借酒抒发狂放不羁。晋人称酒为"狂药",因酒能乱性,饮后使人狂放不羁而得名。陆游自称"清时宽大何妨醉,白首龙钟未减狂"(《小室晚酌》)。"自笑平生醉后狂,千盅使气少年扬"(《自笑》)。常人不饮酒,人模人样,循规蹈矩,烧膛美酒,下肚三杯,便激灵起来,若再喝几杯,翻江倒海卷巨澜,陈规陋俗一扫光。在这方面,陆游颇具代表性:"赖有酒美犹能狂,醉中自脱头上帻。"(《醉后草书歌戏作》)"半醉行歌上古台,脱巾散发谢氛埃。但知礼岂为我设,莫管客从何处来。"(《醉中登避俗台》)"小市狂歌醉堕冠,南山山色跨牛看。"(《小市》)酒后使狂,以致"吟哦撼四壁,嵬峨颓乌巾"。诗中所言"帻""巾""冠"都是"头衣"或称"元服"。古人以头为尊,宁可死,也不能脱巾、掉冠、堕帻。《左传》记述卫国内乱,子路被人砍断系冠的缨,他说:"君子死,冠不免。"于是,停下战斗来"结缨",被敌手毙命,这就是子路"结缨而死"的故事。陆游饮酒至醉,不顾头颅之尊,这在当时是很失礼的表现。是酒的刺激,使他冲破禁区,蔑视礼俗,抛弃规矩,求得一时的快乐与自由。对此出格行为,人们一般也持谅解宽恕的态度。陆游写下不少醉后狂放的诗句,使我们看到酒的能量到底有多大:"痛饮便判千日醉,清狂顿减十年衰。"(《苟秀才送蜡梅十枝》)"侠气未减欺飞觞……遇酒能狂似少年。"(《醉中怀眉山旧游》)"纵酒山南千日醉,看花剑外十年狂。"(《遣兴》)"嗜酒苦猖狂""青山白云翁,放浪酒中死。……但留千载狂名在,知我他年自有人。"(《青山白云歌》)"如今醉倒官道边,插花不怕癫狂甚。行人唤起更嵬昂,牧竖扶归犹踔蹉。……秋毫得丧何足论,万古兴亡一酣枕。"(《醉倒歌》)"醉眠天地连。""烂醉今朝卧道旁……唤起疲躯犹嵬峨……冻齑快嚼茆檐下,拍手从人笑老狂。"(《醉卧道旁》)"狂歌醉舞真当勉,剩折梅花插满头。""莫笑放翁狂,歌呼覆酒船。"(《小饮》)"短帽簪花舞道旁,年垂八十尚清狂。""耐老尚能消劫石,放狂聊复醉江天。"(《养气》)"身健不妨随处醉,有家未必胜无家。"在陆游看来,饮酒可扶衰养颜,焕发青春活力,重现青少年时代的风采。读这些诗,才使人真正理解了"放翁"一号的深意所在,是酒,把他燃烧到他是老大天是老二的地步。陆游84岁时,身尚健朗,他自信得意地说:"莫笑花前醉堕巾,放翁又看一年春"(《晚春》),"清尊溦溦犹狂在,白发萧萧耐老何。"(《醉中示客》)"浮世何须宇宙名,一狂自足了平生"(《狂吟》)"酒户渐增诗兴在,天容此老剩狂癫。"(《新辟小园》)"北斗以酌酒,恨我饮量窄。"(《暇日弄笔戏书》)酒称"狂药",名副其实。80多岁的陆游,饮酒之后,狂癫神旺如此,就是最好的证明。

三、以酒化解痛苦忧愁。"温如春色爽如秋,一槝灯前自献酬。百万愁魔降未得,故应用尔作戈矛"(《对酒》)。百万愁魔萦绕胸中,以酒作为"戈矛",才可降服。这不过是无可奈何之下的选择。陆游每遇忧愁痛苦,最快捷的办法是进入醉乡,这实际上是一种自欺。相比之下,也可不饮酒,通过别的方式达到解闷消愁的目的,但那如同清醒时不打麻药的手术,疼得让人发疯。对比之下,酒可让人发泄不平,麻醉神经,卸去精神铠甲、缓解生活压力带来的忧愁痛苦。在这方面,陆游写了不少诗谈自己的感受:"有时堆阜起峥嵘,大呼索酒浇使平。"(《饮酒》)"闲愁如飞雪,入酒即消融。""捐书已叹空虚腹,得酒还浇块垒胸。"(《幽居》)"舣船那待清歌劝,酒倒愁边量自增。"(《独饮》)"旗亭村酒何劳醉,聊豁平生芥蒂胸。"(《题斋壁》)"劝君莫辞酒,酒能解君愁。"(《莫辞酒》)"愁多却赖酒时浇。""酒可沃枯焦","天上何曾许寄愁,酒中正自可忘忧。"(《对酒》)"愁凭酒破除"……对酒而言,"一日不见令人愁,昼夜共处终无忧","遥夜浇愁赖麹生"(《夜酌》),"天公怜寂寞,劳我以一觞"(《对酒》)。酒到底能不能化解痛苦忧愁?陆游的内心其实是矛盾的。一方面,他认为酒可化解痛苦忧愁;另一方面,他又说"忘忧自古无上策","醉自醉倒愁自愁,愁与酒如风马牛",饮酒与消愁,毫无瓜葛。"酒非攻愁具,本赖以适意"(《对酒》),这也许才是他饮酒的真正本意。

四、以酒陶情适性。酒可养神,"醉着面颜惊少壮,浇余胸次失峥嵘"(《独饮醉卧夜半》)。饮酒后红光满面,如同再生少年,胸中的愤激不平也得到了舒缓抚慰。"一樽酌罢玻璃酒,高枕窗边听雨眠",是那样的惬意。偶得石室酒,独饮醉卧,醒后的感觉是"浩歌复起舞,与影俱翩仙。一笑遗宇宙,未觉异少年"(《偶得石室酒独饮醉卧觉而有作》)。陆游认为,古代没有防止衰老的有效药方,他找到的药方就是酒:"一杯脸生春,况复累十觞。坐令桃花红,换尽霜叶黄。看镜喜醉舞,追还少年狂。"(《对酒》)还有"醉中忘却身今老,戏逐荧光踏雨归"的童趣;"烂醉日倾无算酒,高眠时听属私蛙"的幻觉;"半生羁宦走人间,醉里心宽梦里闲"的舒适;"黄花插乌帽,一醉有余欢"的童趣;"对酒插花君勿笑,从来不解入时宜"的脱俗;"我生寓诗酒,本以全我真"的率性等,都是深得酒中之趣的总结。

五、以酒暖身御寒。如:"天寒朝泥酒,熟醉卧蓬窗。"(《卯饮醉卧枕上有赋》)"床头有酒敌霜风,诗成老气尚如虹。"(《醉歌》)"有人闵我寒,墙头过浊醪。"(《风雨》)"天寒欲与人同醉,安得长江化浊醪。"(《对酒》)"呼儿取酒敌春寒。""冷落秋风把酒杯,半酣直欲挽春回。"(《秋晚杂兴》)酒是五谷之精华,特别是低度数的米酒,不但可营养全身,也可增添热量,可使衰老的身体焕发青春活力。当今,人们仍在冬季酿造黄酒,其目的就是为了养神暖身健体。

六、以酒吟诗醉书。酒是激发灵感的诱导剂,李白的"三杯拂剑舞秋月,忽然高吟涕泪流";杜甫的"醉里从为客,诗成觉有神";韩愈的"所以欲得酒,为文侔真醨";苏轼的"文章本天成,饮酒自得之","俯仰各有态,得酒诗自成"等,都是写酒可激发人的创作灵感。陆游的"方我吸酒时,江山入胸中。肺肝生崔嵬,一吐为长虹"等,也是这方面的切身体验。这是由于酒可使人"真",去平日之伪装,倾胸中之坦荡。陆游写了不少标题为"醉书"的诗,抒发了他当时饮酒后的真实感受。如"朱楼矫首临八荒,得酒一举累百觞。洗我堆阜峥嵘之胸次,写为淋漓放纵之辞章"(《醉后草书歌戏作》)。胸中兵略良谋无处发泄,于是借酒挥洒:"酒为旗鼓笔刀矟,势从天落银河倾。须臾收卷复把酒,如见万里烟尘清。"(《题醉中所作草书卷后》)还有如:"醉墨淋漓酒百盏。""绿蚁滟尊芳酝熟,黑蛟落纸草书颠。"(《醉书山亭壁》)"今朝醉眼烂岩电,提笔四顾天地窄。忽然挥扫不自知,风云入怀天借力。神龙战野昏雾腥,奇鬼携山太阴黑。此时驱尽胸中愁,槌床大叫狂堕帻。吴笺蜀素不快人,付与高堂三丈壁。"(《草书歌》)"自扫松阴寄醉眠,龙吟虎啸满霜天。"(《松下纵笔》)"纵酒长鲸可吞海,草书瘦蔓饱经霜。"(《夜饮示座中》)"幽窗照影乌巾折,醉手题诗淡墨斜。"(《秋夜独醉戏题》)"晚窗突有题诗兴,落笔纵横半醉中。"(《晚窗》)这说明,酒酣的人精神兴奋,头脑里一切理性化和规范化的樊篱统统被置之度外,心理上的各种压力都被抛到九霄云外,创作欲望浓烈了,创作能力升华了,自己掌握的技法不再受思维定式的束缚,创作诗、书、画,得心应手,挥洒自如,水平得到超常的发挥,往往会有上乘佳作诞生。

七、以酒抒发及时行乐。人生苦短,及时行乐,几乎是所有人特别是老年人的普遍心态。陆游也不例外:"绿尊有味能消日,白发无情不贷人。商略此生何所恨,太平时得自由身。"(《对酒》)"斟酌人生要行乐,灯前起舞落乌纱。"(《小饮房园》)"有花君不插,有酒君不持。时过花枝空,人老酒户衰。"(《插花》)"相呼十日饮,不负百年身。"(《对酒作》)"朱颜不老画中人,缘酒追欢梦里身。"(《癸丑正月二日》)"余日真几何？得酒且伸眉。"(《自警》)"欢然送余日，醉死亦何伤。"(《自述》)及时行乐是对生命的珍视，只是要牢记行乐不走极端，否则会乐极生悲。更不要如陆游所言，为送余日，不顾一切地求乐醉死，也在所不惜。

八、以梅菊佐酒。"好花如故人，一笑杯自空"(《对酒》)。陆游一生酷爱梅花和菊花，尤爱梅花。每遇梅树开花之际，常步行或骑驴，专程前去探梅赏梅，面对梅花，如见故人知己。陆游常对梅饮酒，抒发倾诉自己的满腹心事，直喝到酩酊大醉。他写下的咏梅诗多达几百首。爱梅之深，在古代所有的中国诗人中是独一无二的。他说："我与梅花有旧盟，即今白发未忘情。"(《梅花》)自己的深切体会是"阅尽千葩百卉春，此花风味独清真"(《赏梅》)。由此可见他对梅花的感情。"梅花不解饮，谁伴醉颜酡"(《冬夜》)。梅花若懂得饮酒该有多好！"双鹊飞来噪午晴，一枝梅影向窗横。幽人宿醉闲欹枕，不待闻香已解醒"(《雪后寻梅偶得绝句十首》)。梅影横窗，一见钟情，不待闻香，宿醒已解。梅花仿佛是自己的红颜知己，"典衣沽酒莫辞醉，自有梅花为解醒"(《春前六月作》)。"芳瓮旋开新压酒，好枝犹把未残梅"(《早春对酒感怀》)。"忽然酒兴生，一醉须一石。把酒梅花下，不觉日既夕。花香袭襟袂，歌声上空碧。我亦落乌巾，倚树吹玉笛"(《大醉梅花下走笔赋此》)。以梅花作为下酒菜，开怀畅饮，直喝到酩酊大醉，歌声伴着笛声，直冲云霄。使我们想起"驿外断桥边，寂寞开无主"那枝凌寒怒放的雪梅，那就是陆游。晚年的陆游对梅花仍是一往情深，"但有青钱酤白酒，犹堪醉倒落梅前"，以致"废苑探梅常共醉"，"勤醉梅花前"，"山村梅开处处香，醉插乌巾舞道旁"(《梅花》)。年老孤独郁闷的陆游，多亏酒、梅相伴，养老送老："犹喜新醅三斗熟，半窗梅影助清欢。"(《贫述》)此外，陆游对菊花的感情也非同一般，这是因为"菊得霜乃荣，性与凡草殊"。当他看到深秋山园蔓草间数枝菊花开放时，便激动不已，"扫地为渠持一觞，……日斜大醉叫堕帻"，"玉船潋潋酌鹅黄，菊欲残时抵死香。似与幽人为醉地，情箛声里一天霜"(《新酿熟小饮》)。菊花似通人意，在霜天与诗人同醉。

九、谈饮酒后的妙处。自称"一樽浊酒有妙理"。酒后睡得香："径醉眼花乱，高眠鼻息酣。"(《小酌》)"午枕挟小醉，鼻息撼四邻。"(《午睡》)"醺然一醉虎堂睡,顿觉情怀似少年。"(《对酒戏酌》)晚年才知酒的奇妙,饮酒的最佳状态是"初醺未醉"之际:"叹息人真未易知,暮年始觉麹生奇。个中妙趣谁堪语,最是初醺未醉时。"(《对酒》)酒可令人忘万事:"万事付一醉","颓然罢万事,天地为幕帷"(《酒无独饮理》),"醺醄能令万事忘。"(《东园小饮》)"醒醉不可名,兀坐万事忘。"(《杂兴》)酒可养老:"酣酣霞晕力通神,淡淡鹅雏色可人。一笑破除垂老日,满怀摇荡隔年春。"(《饮石洞酒戏作》)称赞醉的奇特:"三十六策醉特奇,竹林诸公端可师。秋风萧萧吹鬓丝,蟹螯正可左手持。醉倒村路儿扶归,瞠目不识问是谁?"(《醉歌》)

陆游饮酒既有独饮的自适与酣畅,也喜欢和志趣相投的人痛饮。他说:"酒无独饮理,常恨欠佳客。"(《酒无独饮理》)"我酒本小户,痛饮乃有时。义气不相值,终日持空卮。"(《饮酒》)有佳客,意气相投,饮酒方可尽兴。否则,陆游只是应酬而已,"终日持空卮"。

"老人畏添岁,每叹时序速"。陆游每当回首往事时,总要忆起当年的饮酒:"少时凭酒剩狂癫,摘宿缘云欲上天","烂醉不辞杯潋滟","一饮犹能三百杯","少年喜任侠,见酒气已吞。一饮但计日,斗斛何足论"。走向垂老的陆游自言"才尽气衰空自笑,一杯才放已颓然"。当身体感觉良好时,又说"病能加餐饭,老与酒不疏"。其实,只要身体强健,陆游每次都要喝个酩酊大醉,自称"身是咸阳旧酒徒,龙钟犹复泥村酤。百年略似梦长短,一醉且随家有无"(《著书》)。"残年全付醉眠中","老去痴顽百不能,非醒非醉日腾腾","伛偻衰翁雪满颠,爱花耽酒似当年"(《园中对酒酌》)。已经是78岁的人了,但"得酒犹能醉,逢山未怯登"。"有幸闲垂钓,逢欢醉插花"。有时出去喝酒,带醉踏月归来:"夜分饮散酒家垆,归路迢迢月满湖。小竖却言翁未醉,入门犹记路菖蒲。乌桕荫中把酒杯,山园处处熟杨梅。醉行趔趄人争看,踏尽斜阳踏月来。"(《醉归》)这是一幅极富生活情趣的醉归图,写得情景交融,真实自然。

孔子说自己"七十而从心所欲不逾矩"。圣人到了七十岁以后,一任己心所欲,可以纵己心之所至,不复检点管束,而自无不合于规矩法度,内心的自由达到了极致。陆游正进入这种境界:"半醒半醉常终日,非士非农一老翁。枥骥虽存千里志,云鹏已息九天风。"(《题传神》)到西村饮酒,直喝到"行人争看山人醉,头枕槐根卧道边"。一切都无所谓,"身健不妨随处醉,有家未必胜无家"。有时得意悠闲到"浅倾西国葡萄酒,小嚼南州豆蔻华"。淡泊宁静的日子,使他身心健朗惬意:"家酿倾醇碧,园蔬摘矮黄,利名因醉远,日月为闲长。"(《自适》)有时"山中看雪醉骑驴"。有时出门骑驴游玩,带酒备饮,看上去虽然面老,但一经醉酒,精神爽朗,义气轩昂:"骑驴两脚欲到地,爱酒一樽常在旁。老去形容虽变改,醉来意气尚轩昂。"(《自嘲》)有时因病戒酒:"病肺经旬疏酒盏……数径白发悲秋后,一盏青灯病酒中。""病多常怕醉,酒尽却思倾",常不敢取醉,小啜而已。"少时见酒喜欲狂,老大畏酒如畏虎。一日饮酒三日病,客路那堪夜闻雨"(《病酒宿土坊驿》)。病一旦有了好转,便开酒戒,"病去诗情动,寒深酒戒开"(《过邻家》)。邻里聚会,从不错过。走不了路,让儿孙扶着也要去参加,依然是"痛饮山花插鬓红,醉归棘露沾衣湿"(《饮酒近村》)。感到"对酒尚如年少日",狂言"悠然但觅高楼醉,何处人间无酒徒"。一次,偶然得到北房金泉酒,饮后深感"灯前耳热癫狂甚,房酒谁言不醉人?"酒不能不饮,但又不能超量。陆游的感受是:"陆生酒户如蟊莚,痛酒岂能堪大白。正缘一快败万事,往往吐茵仍堕帻。尔来人情甚不美,似欲杀我以麴蘖。满倾不许记性命,旁睨更复腾颊舌。醉时狂呼不复觉,醒后追思空自责。即今愿与交旧约,三爵甫过当亟撤。解衣摩腹午窗明,茶碓无声看霏雪。"(《或以予辞酒为过复作长句》)这是陆游的真心话,过量饮酒,没有什么好处。别人狠命劝酒,是想看你醉后的笑话。可是陆游的酒瘾太大了,对酒的依赖太深了。晚年戒酒无数次,均无什么效果,时间长了,儿子们都嫌他没有记性,直至"索酒恼诸儿"。后来干脆认为读书无用,饮酒有益,舞文弄墨不如饮酒取乐。他在《醉歌》中吟道:"少日沉迷汗简青,如今毁兴两冥冥。书生弄笔如何信?只合花前醉不醒。""牵经引礼人谁听,是古非今世共憎。何似对花倾绿酒,自歌一曲醉腾腾"。酒虽好,可惜自己的酒量因年老越来越小了。"所恨酒肠非复昔,闲游空负杖头钱"。"平生爱酒恨小户"(小户,即酒量小),再加老年的各种疾病,有时也只能"独醒坐看儿孙醉,虚负东阳酒担来"。陆游经常亲自动手酿酒,每当酒熟开封时,早已心痒难耐,高兴得手舞足蹈:"喜似系囚闻纵释,快如苛痒得爬搔。未陈尊杓心先醉,旁睨江山气已豪。"(《酒熟书喜》)他晚年的兴奋点甚至都集中在

中华酒典

酿酒这件事上了。"何如酿浊醪,遇兴时独酌。半酣望青天,万事付一噱"(《衰甚书感》)。

综上可知,陆游创作的饮酒诗,内容驳杂,感情丰富。爱国、忧患、放纵、享乐、牢骚、闲适、无奈、自大、养生、叹老、嗟卑、爱酒、怨酒等意识熔为一炉,让人从不同层次、不同角度、不同生存状态下懂得了酒这个精灵的奇妙。梁启超赞他为"亘古男儿一放翁"。他的诗被誉为史诗,是中国文学园中的瑰宝,他也因此被人们称为"小李白"。在他的一生事业中,酒成了他终生的伴侣,他的一生是真正的"诗酒人生"。诚如南宋诗人王庭珪所言:"儒生无力荷干戈,乱后篇章感慨多。"(《和康晋侯见赠》)

举杯将月一口吞的杨万里

杨万里(1127~1206),今江西吉水人,绍兴二十四年进士。历任漳州、常州等处地方官。他不仅是南宋杰出的诗人,也是一位关心民情疾苦、清廉方正的"好官"。他曾屡次上疏指责朝政,终因忤逆权相韩侂胄被罢官,居家十五年,忧愤而死。现代学者周汝昌予以很高评价:"他的最突出的长处何在?我觉得至少可以指出一点:他有头脑,对事物感受敏锐,能思考,敢发表见解。他是'理学家'兼诗人,学诗不肯死在'黄陈'江西派的篱下,敢于自出手心眼。"(《杨万里选集·致读者》)

杨万里很爱饮酒,但不是那种"痛饮狂歌空度日"的人,是一种"雅饮"。他常把杜甫的诗作为"下酒菜",反复咀嚼,"一杯咽下少陵(杜甫)诗"就是证据。杨万里谈自己饮酒的经验是"饮酒无奇诀,日斟三四分。初头只嫌浅,忽地有余春"。在他看来,饮酒没有什么妙诀,每天喝二三两,不宜过多。爱饮酒之人偏偏有个不好的毛病,那就是开始饮酒直嫌杯子倒得不满。其实酒要逍遥,不可急饮,慢慢地你就觉得酒力在上升,会体会到酒的后劲。

杨万里常在饮酒微醺时挥笔书写诗篇,他说:"要入诗家须有骨,若除酒外更无山。三杯未必通大道,一醉真能出百篇。"(《留萧伯和仲和小饮》)但也常因饮酒过量往往记不起所吟的诗句,"醉中得五字,索笔不能书"。有时又是

"酒力欺人正作眠，梦中得句忽醒然"，感受真切！

正月初七，他出去拜年，受到主人的热情招待，第二天才带醉回家。他在《次日醉归》一诗中写道："日晚颇欲归，主人苦见留。我非不能饮，老病却觥筹。人意不可违，欲去且复休。我醉彼自知，醉亦何足愁？归路意昏昏，落日在岭陬。"由诗中见出，杨万里平时很善饮酒，由于"老病"不能多饮。但主人的诚意难违，于是不顾老命就多喝了点。最后昏昏然带醉走在回家的路上，此时落日已擦山巅。

杨万里在常州任地方官时正值中年，深感时光易逝，青春难再。在饮酒时，劝同僚们应珍重生命，及时行乐，免得后悔。他在《醉吟》一诗中写道：

杨万里

朝来暮去能几许？叶落花开无尽时。

人生须要印如斗，不道金椎控渠口！

身前只解皱两眉，身后还能更杯酒？

李太白，阮嗣宗，当年谁不笑两翁？

万古贤愚俱白骨，两翁天地一清风！

这首诗是醉中的清醒，说出了自己的心里话。"人生须要印如斗"，没有大权在手，活得就窝囊。可是世人只知道通过权力来追求功名富贵，却忘了官场险恶而致遭刑受辱的结果。还是学李太白、阮籍，放弃仕途竞争，及时快活。否则，一旦身死气息，看你还能不能再喝一杯酒？晋人张翰有言道："使我有身后名，不如即时一杯酒。"李白诗有"君爱身后名，我爱眼前酒"，杨万里正是两位的同调。

杨万里68岁退休的那一天，正是九九重阳佳节的第二天，他在自己命名的

533

"万花川谷"与好友徐克章月下传觞,写下一首充满浪漫色彩的饮酒诗:

老夫渴急月更急,酒落杯中月先入。

领取青天并入来,和月和天都蘸湿。

天既爱酒自古传,月不解饮真浪言。

举杯将月一口吞,举头见月犹在天。

老夫大笑问客道,月是一团还两团?

酒入诗肠风火发,月入诗肠冰雪泼。

一杯未尽诗已成,诵诗向天天亦惊。

焉知万古一骸骨,酌酒更吞一团月!

是酒给了杨万里以灵感,是灵感赋予了一轮明月的人格。官场归来,杨万里感到浑身舒坦,无拘无束,乃至喝酒至人月一体、物我两忘的境地。难怪杨万里曾向友人"竹谷老人"朗诵此诗,不无得意地说:"老夫此作,自谓仿佛李太白。"

杨万里小陆游两岁,两人是非常要好的诗友。当他想见陆游一面时,却以诗为话,直抒胸臆:"与君火急到一回,'一杯一杯复一杯',管他玉山颓不颓,诗名于我何有哉!"为了见面饮酒尽兴,甚至不惜喝他个如嵇康的"玉山倾倒",酩酊大醉,什么诗名不诗名都是扯淡!晚年时,别人替他画一肖像,他在肖像上写了《又自赞》:"清风索我吟,明月劝我饮。醉倒落花前,天地即衾枕。"在清风中吟诗,在明月下饮酒。最后醉倒在落花前,天地仿佛成为自己的被褥和枕头。这不单是一首肖像题诗,更是杨万里晚年闲适生活的写照。其实醉倒落花前的日子不止一次:"老夫不管春催老,只图烂醉花前倒。花前倒,儿扶归去,醒来窗晓。"(《忆秦娥·初春》)典雅的杜诗,皎洁的明月,艳丽的鲜花,都是杨万里饮酒至醉的"朋友"。

杨万里秉性刚直,遇事敢言,一生除了做地方官,只做到秘书监,和政权挨不上边。他视金玉如粪土,在江南任满时,应有余钱万缗,全部弃于官库,不取而归。在拼命追逐钱财的今人看来,简直不可思议!杨万里为南宋"中兴四大诗人"之一,他一生作诗 4200 首之多。

总把平生入醉乡的辛弃疾

辛弃疾(1140~1207),字幼安,号稼轩,历城(今山东济南)人。南宋大词人,词作成就与苏轼齐名,文学史上并称"苏辛"。他出生时,山东已被金兵所占,自幼父母双亡,靠爷爷抚养长大成人。1161年,金主完颜亮大举南犯,辛弃疾在济南南部山区组织两千多人的队伍,起义抗金,后率众归属耿京起义军,任"掌书记"。绍兴三十二年(1162年),耿京派辛弃疾去建康(今江苏南京)接洽南归事宜,受到出巡的宋高宗赵构的召见。在返回山东的途中,听到耿京为叛徒张安国所杀,辛弃疾义愤填膺,亲率50名骑兵夜闯金兵大营,活捉张安国,献于赵构面前,并率万余人反正。这次行动"壮声英概,懦士为之兴起"(洪迈《稼轩记》)。辛弃疾当时仅有22岁,真是初生牛犊不怕虎。之后,辛弃疾由于有着强烈的功名心,效忠于病入膏肓又患软骨病的南宋王朝,注定了他一生的坎坷命运,虽向皇上进献收复中原的《美芹十论》和《九议》等良策,但均变为废纸,未被采纳。而他自己又在一番番"起用—罢免—再起用—再罢免"的反复循环中,消磨尽从政的决心,走完自己悲壮的一生。多亏那醇香的美酒,使辛弃疾度过了一次次精神危机,并留下别具一格"黄钟大吕"般的词作,成为与苏东坡比肩并美的两座宋词(豪放派)高峰。

"我饮不须劝,正怕酒尊空"。在辛弃疾一生所创作的六百多首词作中,以酒抒情,以酒言志,以酒浇愁,以酒饯行,以酒接风的句子随处可见,写醉的各种感觉不绝于篇。由此可证,辛弃疾不仅喜好饮酒,还是个善于豪饮的人。

光复故土,还我河山,是南宋当时的最强音。辛弃疾文韬武略备于一身,胸怀大志,一腔热血,跃跃欲试,"鹏翼垂空,笑人世,苍然无物"。他总想得到朝廷的重用,可是朝廷一帮人大多目光短浅,软弱无能,苟且偷生,每当发生严重危机时,才授予他并不重要的官职,这也限定他在社会上所起的作用微乎其微。郁郁不得志,便借酒抒愤:"长安故人问我,道愁肠殢酒只依然。"意为京城的老朋友若问我的时候,你就说仍是老样子,终日借酒浇愁,排遣幽怨。已近十年了,担任建康通判的辛弃疾,不但受投降派的阻挠没有收复中原,而且在朝廷遭受排挤，备受冷落。他登上建康赏心亭后，一股英雄无用武之地的愁怨顿时涌上心头，"落日楼头，断鸿声里"，他这个"江南游子"，"把吴钩看了，栏杆拍遍，无人会，登临意"。知音难觅，英雄无用，光阴虚度，只得请"红巾翠袖，揾英雄泪！"多少年来，"过眼不如人意事，十常八九会头白"，想起"平生湖海，除了醉吟风月，此外百无功"，想放弃功名之心，又耿耿于怀，内心不甘。抗战派人物王炎在派系斗争中死去，辛弃疾内心震动很大，归隐避世的情绪与日俱增。遇到打击，心生退隐；遇到起用，就想留名。这就是辛弃疾的悲剧原因所在。正如他自己所言："味无味处求我乐，材不材间过此生。"每当退隐时，他"待学渊明，更手种门前五柳"，有酒重携，小园随意芳菲。还想做渔父，不问世事，逍遥自在，有肥鱼，有美酒，不必管千古兴亡。每当起用时，又总想着"沙场秋点兵"，"了却君王天下事，赢得生前身后名"。嘴上说"功名浑是错，更莫思量着"，实际上，内心从未忘怀功名，这就是统治者能把辛弃疾这只猴子玩来玩去的根本原因。

辛弃疾

淳熙八年(公元1181年)，从湖南调江西，知隆兴府(今江西南昌)兼江西安抚使。同年冬天，由于谏官王蔺的弹劾，辛弃疾被削职，回到上饶带湖(江西上饶城北)，开始了近二十年的闲居生活。这段时间，他虽然游山玩水，饮酒赋词，"醉里不知谁是我，非月非云非鹤"，但是内心常常希望朝廷再起用他，功名之心并未灭绝。

他常出去与友人饮酒："江头醉倒山公，月明中，记得昨宵归路，笑儿童。"(《乌夜啼·山行约范廓之不至》)辛弃疾用醉后"酩酊无所知"的山简，来比喻自己的醉态，说昨天晚上在明月照耀下酒醉回家，那醉容憨态，令儿童们大笑不止。上饶的山水赏心悦目，并不能排解他内心的郁闷："只因买得青山好，却恨归来白发多。"因此，要排解郁闷，还得凭借美酒："醉中只恨欢娱少，无奈明朝酒醒何！"(《鹧鸪天·鹅湖归病起作》)意思是说醉酒时非常狂放、欢快，引吭高歌,暂时忘却了忧愁,但人不可能一直醉着,总有醒时,等明天酒醒后,客已归去,那暂时被忘却的收复中原的理想和不能实现的愤懑,又会占据心头,令人郁闷难解。

一年一年过去了,可惜流年,无事可做,又感到"身闲贵早",吴钩空废,"补天西北"的壮志渐渐化为泡影,只得自我安慰:"人生行乐耳,身后虚名,何似生前一杯酒。"早先还讥笑张翰为了吃到家乡的莼菜羹和鲈鱼脍,毅然辞官还乡,现在却成了张翰的知音,为身后名,不如即时一杯酒。这不过是辛弃疾壮志难酬的愤激之语,身后之名并未忘怀,若真的忘了,那就不是辛弃疾了。"抚剑何人识壮心","醉里挑灯看剑,梦回吹角连营"就是有力的证明。他在无奈中,自己饮酒,与人饮酒,"为谁醉倒,为谁归去,都莫思量",打发着他那凄凉的岁月。"须拼却,玉山倾","酒兵昨夜压愁城,太狂生,转关情。写尽胸中,块垒未全平"(《江神子·和人韵》),这正是他内心极度悲愤的真实表达。

被迫闲居带湖若干年后,辛弃疾去博山寺游览,人们见这位叱咤风云的将军已是"头白齿牙缺",老态龙钟,一副衰翁的样子,感兴趣的是"有时三盏两盏,淡酒醉蒙鸿"。酒,是酒,使他进入"蒙鸿"的醉乡,暂时淡忘了人世沧桑所带来的伤感。

绍熙三年(公元1192年),辛弃疾又被任命为福州知州,兼福建路安抚使,因考核官员得罪他人,两年不到,又被弹劾罢官。在福州任职时,儿子劝他置备田产,辛弃疾写了《最高楼》一词骂儿子道:"吾衰矣,须富贵何时?富贵是危机。……千亩田换八百主,一人口插几张匙?"那意思是说,我已经老了,何时才能富贵呢?即使富贵也只能带来灾难。结尾骂儿子说:千亩的田产换八百个主人,一张嘴能用几个吃饭的汤匙?没必要"求田问舍",还是过自己安贫乐道的生活,"闲饮酒,醉吟诗",不是很好吗?这次罢官后,辛弃疾内心平和了不少:"青山意气峥嵘,似为我,归来妩媚生"(《沁园春·再到期思卜筑》),"古来贤者,进亦乐,退亦乐"(《兰陵王·赋一丘一壑》)。回到家中,他写了两首《卜算子》词,第一首是发誓"饮酒不写书":"一饮动连霄,一醉长三日……万札千书只恁休,且进杯中物。"词中抒写了辛弃疾愁闷之大、悲愤之深的感慨。什么也不想,"且进杯中物",痛饮杯酒吧!英雄老去,志不得伸,不饮酒,还能干甚!

第二首写"饮酒败德",实是借酒抒发怨恨:"简策写虚名,蝼蚁侵枯骨。千古光阴一霎时,且进杯中物。"在辛弃疾看来,人生似乎是一场虚无。你看那些著作等身,写出众多策论的人,也只是得了一个虚名,现在蝼蚁正在侵蚀他那死后的枯骨。宇宙无限,人生有限,时光易逝,人生易老,还是放弃幻想,"且进杯中物",稻草难道能支住太阳的西落吗?以酒求乐,才是明智之举。别以为,这是辛弃疾的真心话,其实仍是郁郁不得志的牢骚话。嘉泰三年(1203),64岁的辛弃疾又被起用为浙江东路安抚使,同年任镇江知府,正积极准备北伐时,不曾想开禧元年(1205),又遭弹劾,他被迫从镇江返回江西铅山。看来,在辛弃疾恢复中原的志向背后,是那植根于骨髓中的"当官病"。由此可知,辛弃疾说的那些"不为身后名"的话全是假的。辛弃疾不但是个不识时务者,还是个不自量力者,更是一个官迷心窍者。口言隐居,心怀朝廷。他仰慕陶渊明,但和陶渊明相比,实乃天壤之别。朝廷把他当猴耍,他也甘愿成为一只被耍的猴,罢官多次却执迷不悟。一而再,再而三的起用罢官,罢官起用,像铁锅上的烙饼,被朝廷翻来翻去,竟没有把他翻"醒"。真不知这位自称"功名浑是错"的辛弃疾,怎么和他的出世为官行为居然有着如此大的差别!

罢官后的辛弃疾回到江西,先在铅山瓢泉这个有山有水的地方重建了新居,过起了"病怯杯盘甘止酒,老依香火苦翻经"的生活。老来因病曾下决心戒过酒,可是终因酒的诱惑力太大,半途而废。为此,他写下极为风趣幽默的《沁园春·将止酒,戒酒杯使勿近》一词,词中不说自己要戒酒,却责令酒杯再也别到自己眼前来:

杯汝来前!老子今朝,点检形骸。甚长年抱渴,咽如焦釜;于今喜睡,气似奔雷。汝说"刘伶,古今达者,醉后何妨死便埋",浑如此,叹汝于知己,真少恩哉!

更凭歌舞为媒,算合作人间鸩毒猜。况怨无大小,生于所爱;物无美恶,过则为灾。与汝成言,勿留亟退,吾力犹能肆汝杯。杯再拜道:挥之即去,招亦即来。

词的开头以呵斥酒杯落笔,"杯汝来前!老子今朝,点检形骸"。我要检查身体,多多保重了,饮酒使我咽喉像烧焦的锅底一样,必须决心戒酒。将酒杯人格化,回答幽默:"刘伶说过,我在什么地方醉死了,就在什么地方挖坑埋掉。"词人回答说:"汝于知己,真少恩哉!"表达了自己既责备酒杯,又把酒杯引为知己的矛盾心情。词的下阙,议论酒的危害,喝酒过量就等于喝毒药,"怨无大小,生于所爱;物无美恶,过则为灾"四句,是说凡事要适中,不走极端。怨恨不论大小,大多因为所爱超常,对某人某事怨恨之深正说明付出的"爱"之大。物没有好或不好之分,过极就会变为灾难。这是在喻酒,适量饮酒,好处多多;过量饮酒,坏处不少。喝酒有害不能光怨酒,也得检讨自己没有节制。所以,辛弃疾认为"病酒"的原因,还是自己贪杯过量。因此,叫酒杯赶紧离开,不要停留在自己跟前,否则我有能力把你砸个粉碎。酒杯却予以绝妙的回答:"麾之即去,招之即来。"意为挥手赶我我就走,伸手招我我再来,幽默诙谐,表明作者内心深处是离不开酒的,总有召唤的时候。看来,要割断对自己多年提神助兴的酒,并非易事!果然,时过不久,朋友们载酒入山看望他,他又破戒饮酒,写下《沁园春》一词,词的前言中写道:"城中诸公载酒入山,余不得以止酒为解,遂破戒一醉。"这首词写得也曲折迂回,妙趣横生。他把酒杯拟人化,对着酒杯,表明自己不饮酒的态度。先说酒泉侯已被罢免,自身没有了移封的希望,所以就止酒不饮了。接着又以郦食其的典故表明了自己已辞酒,又用杜康占卜后要去做官不再酿酒的典故,表明不再饮酒。批评自己多年被酒所埋的余恨:"细数从前,不堪余恨,岁月都将曲蘖埋。"后笔锋一转,为自己饮酒开脱:历数自己得病与饮酒无关,并渲染饮酒的好处,为这次破戒饮酒找理由,借此抒发自己不得志的怨愤之情。在辛弃疾看来,得病是有别的原因的,不要像"杯弓蛇影"那样胡乱猜想,把罪责归之于饮酒。他说:"记醉眠陶令,终全至乐;独醒屈子,未免沉灾。"意为你看陶渊明,朋友来了,大家一起喝酒,喝完就睡觉,无拘无束,所以一生都安乐无事;而屈原不饮酒,"世人皆醉我独醒",这种清醒的人却自沉汨罗江而死,结论是"还堪笑,借今宵一醉,为故人来"。这和司马睿发誓再喝一次就把酒杯扣起来一样,太可笑了。因为老朋友来了,今天晚上还是再醉一次吧!全词描写了辛弃疾既戒酒又要饮酒的矛盾心情,让我们读后常发出会心的一笑。饮酒与心境有关,快乐时,不妨喝一点儿,不必固执到捶胸誓天,滴酒不沾。酒,不必忌不必戒,只是个多喝少喝的问题……少喝,可以是一小盅,也可是一大盅,若选择一小盅,又分几口慢慢喝下去,难道真会致病?果真酒有这样大的威力,那酒不就成了"剧毒"品了吗!谁还敢喝?

其实,辛弃疾说是戒酒止酒,但看他最后几年里写的词,从来就没有完全戒酒,也只是说说而已。有时感情来了,便开怀畅饮:"总把平生入醉乡,大都三万六千场。今古悠悠多少事,莫思量。"(《添字浣溪沙·简傅岩叟》)这话虽有些夸张,但不豪饮,无以浇灭辛弃疾满腔的愁怨。他作词说:"多病近来浑止酒,小槽空后新醅。青山却自要安排,不须连日醉,且进两三杯。"(《临江仙》)想喝酒,总能找出许多不能不喝的理由来。辛弃疾虽想戒酒不饮,但"青山却自要安排",青山绿水,四季花开,不饮酒觉得对不住这山光水色,于是"不须连日醉,且进三两杯"。那意思是说,不是我想饮酒,是青山绿水安排我饮酒,招引我饮酒,那我就不得不饮了,为自己饮酒开脱。有时"为沽美酒,过溪来,谁道幽人难致"。越过小溪去买美酒,"幽人"点出词人的幽居闲处的孤独,"自叹年来,看花索句,老不如人意。东风归路,一川松竹如醉"。(《念奴娇》)自从罢官闲居,不知老之将至,事事都不如人意,充满着壮志难伸的牢骚和郁闷。不得已只好借酒浇愁,在回家的路上,一川青松翠竹都如醉了一般摇晃不止。

戒酒并非易事。辛弃疾常有不适意处,也会失去与朋友欢聚的那种乐趣,"病来止酒,辜负鸬鹚杓","谁知止酒停云老,独立斜阳数过鸿"。但转念一想,何必戒酒,"无穷身外事,百年能几,一醉都休,……阮籍辈,须我来游"。他认为功名事业不过都是身外之物,人固有一死,人能有几个百年呢,还是一醉方休吧。阮籍等人正在等我,傲啸山水,因为"掩鼻人间臭腐场,古今唯有酒偏香"。老朋友出于好意,写信劝年岁已高的辛弃疾为了身强体健应少饮酒,可是辛弃疾随之写词反问道:"乍可停杯强吃饭。云何相见酒边时,却道达人须饮满?"其意是说:为什么在我们相见饮酒时,你一直拼命劝我这达观之人要饮满杯,苦苦相逼,非饮不可,你现在又劝说什么"停杯强吃饭"了,埋怨中透出情感的真诚。所以,只要有朋友来,有朋友请,辛弃疾都是尽兴而欢,开怀畅饮,不惜"狂歌击碎村醪盏",饮酒进入欢快的高潮时,为狂歌伴奏,把酒杯都打碎了。这样的气氛,想少喝都难。

不知不觉,辛弃疾已是63岁的老人了。就在生日的那天,他写下《临江仙》

一词抒怀:"六十三年无限事,从头悔恨难追。已知六十二年非。"悔之晚矣! 63年中感觉62年都是错的,且悔恨难追。反正是对的少错的多,"少是多非唯有酒",只有陪伴自己一生"正确"的是"酒",那就多喝酒吧,用不着再去想别的了,这实是忧愤至极的牢骚语。

一次,辛弃疾到朋友家的园亭饮酒大醉,回家后又见自己房间题满了戒酒的字迹,于是写下《定风波》一词:

昨夜山公倒载归,儿童应笑醉如泥。试与扶头浑未醒,休问,梦魂犹在葛家溪。欲觅醉乡今古路,知处:温柔东畔白云西。起向绿窗高处看,题遍,刘伶元自有贤妻。

词的开头用山简醉酒的典故写自己醉后"倒载归"的情景,又以儿童取笑衬托自己酒醉的神态。有人扶头,早入醉乡,虽然回到家里,但梦魂还在诸葛溪亭中。自己选择了温柔乡、白云洞之外的"醉乡",酒醒后看到墙壁上题遍"戒饮"的字迹,才觉得自己的妻子贤惠,并没有因自己言行不一而怪罪自己。

浙江任上被罢官后,辛弃疾从此心灰意冷,为官的念头彻底放弃,朝廷虽多次封诏,均以年高有病,力辞未就。自己也想到人生七十古来稀,65岁后的日子越来越少了:"而今老矣,识破机关,算不如闲,不如醉,不如痴。"(《行香子》)因为理想成空,想也无用,徒增烦恼。他在给儿子托付后事时写道:"而今何事最相宜? 宜醉宜游宜睡。"意为轮到自己可做的事只有三件:醉、游、睡。这位总不愿做"池中物"的老英雄,终于把杀敌疆场、报效国家、留名后世的执着彻底甩掉了,放弃了。南宋王朝并没有因他的执着或放弃得到了什么或失掉了什么,太阳依旧是东升西落,走着自己的路径。他说,"休感慨,浇醽醁","莫嫌浅后要频斟。要他诗句好,须是酒杯深"(《临江仙》)。余年不多的辛弃疾也不再谈什么戒酒了,该喝就喝,无所顾忌,也不听人劝。不要嫌我喝完一杯后就接着斟酒,要写出好诗句来,就得多喝酒啊! 原来思想上的"石头"压死人,只要将大脑深处的这块"石头"扔掉,自己会感到换了个新我,才能真正明白"随缘道理应领会,过分功名莫强求"的道理,浑身感到轻松惬意。有时出去喝酒,"醉中忘却来时路,借问行人家住处。'只寻古庙那边行,更过南溪乌柏树'"。辛弃疾出去醉酒后忘记了来时的路,问行人自己的家在哪里,行人对他说,你就朝

中华酒典

着古庙那边走吧,转过溪南的乌桕树就到了。这才是那个醉态可掬、真实自然的辛弃疾,醉得可爱。这种外出饮酒,大醉而归的情形还可见《西江月·遣兴》一词:

> 醉里且贪欢笑,要愁那得工夫。近来始觉古人书,信着全无是处。昨夜松边醉倒,问松:"我醉何如?"只疑松动要来扶,以手推松曰:"去!"

完全是一个醉汉形象,醉里寻找欢笑,想愁都没有时间,古人的理论在现实生活中根本行不通,不信也罢,表达一种绝望的"愤世"情怀。出去喝酒晚上归来时醉倒在松树下面,醉眼蒙眬中向松树发问自己醉得怎样。明明是自己喝醉了,走路摇摇晃晃,却以为是松树在摇晃、走动,甚至猜想松树走动是要来扶他,不仅写自己的醉态,还写出了醉的心理。自己认为没有醉,松树扶自己是多余的,所以拒绝了松树的好意,一个"去"字,叫它走开,见出辛弃疾的醉态狂态。

"想当年,金戈铁马,气吞万里如虎"的辛弃疾,觉得"身世酒杯中,万事皆空",许许多多的感伤袭上心头,"凭谁问:廉颇老矣,尚能饭否"。当66岁的辛弃疾登上北固楼时,极目远望,感慨万端,"千古兴亡多少事,悠悠,不尽长江滚滚流!"他终于想清楚了,原来人世间兴废成败,自有它运行发展的规律,个人的力量是微不足道的,不看潮流而欲力挽狂澜,最终都是徒劳的。

开禧三年(1207年),这位以气节自负,以功业自诩,有将相之才,曾活跃于当时政治舞台的辛弃疾带着满腔忧愤病死铅山,享年68岁。他微醉时吟出的以豪放为主的六百多首词,已成为中华民族文化遗产中最可宝贵的精神财富。辛弃疾虽然没有改变当时的社会现实,没有能让人们把他当成英雄来认可,却轻易地重辟出文坛气象,成了南宋豪放派词家举足轻重的领袖人物。政治上的失意,文坛上的得意,这也几乎是古代文人作品能够得以传世的通例。

万物寄一壶的元好问

元好问(1190~1257),号遗山,太原秀容(今山西忻州市)人。14岁时,从陵川郝天挺处学习六年而业成,因诗文名震京师,遂有"元才子"之称。金宣宗兴定三年(公元1219年)登进士第。他在金历任南阳、内乡等地县令,官至行尚书省司员外郎。年轻时的元好问，风华正茂，血气方刚，曾随雷希颜在移剌粘合军营内任幕僚，雄心万丈，"倚剑长歌一杯酒，浮云西北是神州"，仿佛夺取大好河山，指日可待，猎取功名如探囊取物，"酒船早晚东行事，共举一杯持两鳌"。可是世事难料，在金戈铁马的残杀中，他亲历了"野蔓有情萦战骨，残阳何意照空城""北风猎猎悲笳发，渭水萧萧战骨寒"的征战场面，以致当元兵围困汴京金兵时，自己却"计拙惟思近酒杯"。最终，金朝被元朝灭亡。这位一向"当官避事平生耻，视死如归社稷心"的金国忠臣失却了政治靠山，怎么办？他的好友白华和王鹗原先在金国朝廷任职，金灭亡后，又转而投奔元朝任翰林学士承旨，他深以为耻："十年弄笔文昌府，争信中朝有楚囚。"把他的两位好友视为"楚囚"，并写诗抒发自己的不平："日月尽随天北

元好问

转，古今谁见海西流。眼中二老风流在，一醉从教万事休。"意思是说你们两人投奔元朝有似海水西流，我元好问一臣不事二主，你们风流快活去吧，我还是解甲归田，在醉酒中打发时光，泯灭万事吧。

元好问金亡不仕，毅然回到自己的故乡秀容，读书山下，自称"中原一布衣"。回到家乡，远离政治，饮酒著述，成为生活的主旋律。在某些乡民的眼里，他是一个官场厮混的失败者。而能够填补失败心灵的就是两样东西，一是著书立说，二是饮酒求乐。这几乎是封建社会多数文人官场失意后的选择。对于政名文名很高的元好问而言，元朝上层统治者也想把他拉入统治集团内以张声势，当官的机会还是很多的。可是，他看到国家的混乱，官场的险恶，才做出了明智选择：告老还乡。否则，因为不识时务，自己的老命就有可能丢在了官场上。从这点看，元好问是超凡脱俗的智者。他在《饮酒》系列诗之三中表述了自己的看法："利端始萌芽，忽复成祸根，名虚买实祸，将相安足论？"比较之后，还是感到"离官寸亦乐，里社有拙言"。这样的觉悟，官迷心窍的人是永远不可能悟到的。《饮酒》系列诗是他回乡之初生活的写照。其中写道：

家庭经典藏书

中华酒典

543

西郊一亩宅,闭门秋草深。

床头有新酿,意惬成孤斟。

举杯谢明月,蓬荜肯相临。

原将万古色,照我万古心。

官场归来,他感到一时的寂寞与孤独。正好新酿之酒刚熟,增添了他的快意。在孤斟独饮时,他感谢无言的"明月",竟然肯光临自己的茅舍,仿佛懂得他那千岁忧万古心。李白是"举杯邀明月"共饮;元好问是"举杯谢明月"光临。月亮没有因自己官场失意,潦倒归乡而嫌弃,月胜于人,正是俗世人情冷暖,世态炎凉的反证。多亏了酒暂时弥合了元好问官场与民间这种巨大反差的伤感。这段时日真是太需要几场酩酊大醉了!他在《饮酒》二中写道:

去古日已远,百伪无一真。

独余醉乡地,中有羲皇淳。

圣教难为功,及见酒力神。

谁能酿沧海,尽醉区中民。

古老的纯真离我们已经很远了,而当代身边尔虞我诈的事太多了。只剩下"醉乡"这块领地,还能享有上古羲皇时候的真淳。"圣明教化"的时代却功德难显,通过饮酒,进入醉乡才可获得片刻的安宁。谁有能力把沧海都酿成美酒,让普天下的百姓都喝醉,也享受一下暂时的安宁呢?"惨淡龙蛇日斗争,干戈直欲尽生灵。高原水出山河改,战地风来草木腥"。元好问生活在金、辽、夏、宋、蒙交互兴亡更迭的乱世,斯文扫地,兵戎相见,天下百姓处在"想做奴隶不得"的时代,只有饮酒致醉,才可淡忘兵荒马乱给人们带来的惊恐不安。"独余醉乡地",这是怎样的一种无奈与悲哀!"歌酒逢场暂陶写,不应嫌我醉时真"。在不露痕迹的"饮酒"诗中抒发了元好问对世事不满的万千感慨。

面对天下大势,回天无力的元好问只好在"醉乡"中自我安慰了。"此饮又复醉,此醉更醅适……浩歌天壤间,今夕知何夕"(《饮酒》四)。进入醉乡,淡忘一切,这无异于一种自欺,正如他自己所言:"总道忘忧有杜康,酒逢欢处更难忘。"(《鹧鸪天》)可是不自欺又有什么办法呢?眼看"古今几度,生存华屋,零落丘山",一切均不以个人意志为转移,"老夫唯有,醒来明月,醉后清风"(《人月圆·卜居外家东园》）。"醉后"一任"清风"吹拂，"醒来"只见"明月"相照。看似悠闲中，实则隐含着诗人内心的酸楚与沉痛。他甚至认为，"穷通前定，何用苦张罗"，知天命而难违，只好安之若素，"命友邀宾玩赏，对芳樽浅酌低歌。且酩酊，任他两轮日月，来往如梭"（《骤雨打新荷》）。天下兴亡，似乎他元好问这位匹夫也无责了。人在有为之时，抓住功名利禄不放，因而就有许多顾忌。一到垂老之年，"功名富贵知何物，风雨尘埃惜此身"。除了"惜身"外，万事皆休，只待一死，全身心地放开，了无挂碍，什么事都不再苦苦地张罗了。元好问的晚年也是如此。他在《鹧鸪天》一词中写道："只近浮名不近情，且看不饮更何成。三杯渐觉纷华远，一斗都浇块垒平。醒复醉，醉还醒，灵均憔悴可怜生。《离骚》读杀浑无味，好个诗家阮步兵。"他笑别人不明事理，争竞于蝇头小利，蜗角功名，到头来又管何用？不如饮酒求乐，陶然忘机。他觉得屈原活得憔悴可怜，他写的抒情诗《离骚》，愈读愈让人觉得浑然无味。反倒是那个魏晋之际的大诗人阮籍，鄙视功名，佯醉狂放，睥睨天地，更值得让人钦佩！

元好问称酒为"神物"，称酒中有"胜地"，称醉境为"乐国"，在他看来，人的"俗病"，只有通过饮酒来消除。他在系列诗《后饮酒》中写道："如何杯杓间，乃有此乐国。天生至神物，与世作醋适。"还有"酒中有胜地，名流所同归。人若不解饮，俗病从何医"。他以饮酒的亲身感受，给酒以极高的评价。

元好问认为，除了吟诗填词外，能够陪伴自己度过晚年的最亲近的朋友，就是酒。他在《后饮酒》诗中写道：

> 少日不能觞，少许便有余。
>
> 比得酒中趣，日与杯杓俱。
>
> 一日不自浇，肝肺如欲枯。
>
> 当其得意时，万物寄一壶。
>
> 作病知奈何，妻妇良区区！
>
> 但愧生理废，饥寒到妻孥。
>
> 吾贫盖有命，此酒不可无。

元好问喜酒好饮酒，身体欠佳，少饮则可，但不可一日不饮。特别是当其得意时，总想凭一壶美酒来寄托万物，抒发感慨。年老有病，妻妾担惊惧怕，生计

中华酒典

不好,甚至影响到妻子儿女吃饭穿衣问题,可这是命运的安排。影响这影响那,却不能影响到自己饮酒,"此酒不可无",足见元好问对酒的依赖之大,"酒"已成为晚年元好问生活中不可缺少的饮品。

元好问为金代成就最高的文学家,蔚为一代文宗,以文章独步天下三十年,元初文士多经其指授。有《遗山集》《中州集》《壬辰杂编》等传世。

第三节 酒与文人

当垆卖酒的卓文君

曹雪芹在《红楼梦》中借贾雨村之口,说出中国历史上超凡脱俗、身背恶名的 26 个历史人物,女流之中首列的是卓文君。她是封建社会的一位奇女子,是为爱情而最大胆的"私奔"典型。司马迁在《司马相如列传》中记载了卓文君当垆卖酒的有关事迹。

卓文君是西汉四川临邛大富商卓王孙的女儿。四川成都人司马相如凭自己满腹的才学出任郎官,侍奉孝景帝,后又跟随梁孝王。当梁孝王去世后,司马相如返回四川去看望在临邛县当县令的好友王吉。一天卓王孙摆酒宴请县令和司马相如。到了中午,去请司马相如,他却借病推辞。县令早已到了,司马相如还没有来。县令王吉又亲自动身去迎请司马相如,碍于情面,司马相如才只好勉强前往。在酒宴上,人们都钦佩司马相如的风采。饮酒正处在畅快尽兴时,县令王吉将琴递给司马相如说:"我听说相如喜欢弹琴,那就请你弹一曲,为我们饮酒助兴,不知意下如何?"司马相如在推谢之余,又知道卓王孙的女儿文君新寡,貌美而喜欢音乐,便故意弹了一曲《凤求凰》挑动她。当文君听到司马相如优雅的琴声后,便偷偷地从门缝中看他,内心高兴并喜欢上了雍容文雅而又风流倜傥的司马相如。司马相如弹琴结束后,就暗中送给卓文君身边的人一份厚重的礼物,通过她向卓文君传达自己恳切深厚的情意。卓文君得知司马相如的情意后,相见恨晚,连夜逃出家门,私奔司马相如住处。不久,两人匆匆离开县城前往成都。当卓王孙得知此事后十分生气,说"女儿太不成材,我不忍心杀死她,但也不会给她一个钱!"当时的司马相如家徒四壁,穷困潦倒,和卓文君过了一段穷苦日子后,又在卓文君的劝导下,返回临邛县城。司马相如卖掉了自己心爱的车马,又向别人借了些钱,买了一间酒店来酿酒卖酒。卓文君主持垆前的酒铺生意,司马相如自己身穿犊鼻裈,和雇工们在酒肆中一起干杂活,洗涤酒器,夫妻过着自由自在的生活。后人对这一私奔赞之曰:"文君奔相如,甘心自当垆。常向琴台下,妖娆唤人酤。"卓王孙听说这事后,内心感到十分羞耻丢人,长时间闭门不出。后来在亲友的劝说下,才送给卓文君不少家奴以及她出嫁时备好的衣服被褥和各种财物。卓文君和司马相如得到这笔陪嫁后,又购买了一些田地房屋,经过一段艰苦奋斗后,便成了当地的富人。

卓文君

卓文君的动情、私奔和当垆卖酒,都没有离开酒的功劳。试想,卓王孙不设宴饮酒,就不能有司马相如的赴宴。司马相如赴宴饮酒,才有相如弹琴助兴,挑逗文君门缝注目。酒在无形中起了媒介作用。特别是出身高门大户的卓文君,竟然违背父母之命,踢开封建礼节,大胆"私奔"一幕,真是到了色胆包天的地步。西汉时期已有"好鞍不备双骑马,好女不嫁二夫郎"的民谣,但从西汉到唐代,朝野舆论对妇女再嫁还是宽容的。如汉文帝之母薄姬、汉武帝之母王姬都是再嫁之身,堂而皇之地做了国母,无人异议。女子再嫁三嫁,不绝于书。史载嫁人次数最多的是宰相陈平的妻子,嫁给陈平已经是她的第五次婚姻。而文君新寡,关键不在二嫁,而在夜间私奔,这在世人眼里简直是不可思议的伤风败俗！难怪文君的父亲卓王孙一气之下，差点要杀死卓文君。可是文君的大胆选择虽然败坏了风俗，丢了卓王孙家人的脸，换来的却是自己美满的婚姻幸福。正因为这是一桩以爱情为基础的婚姻，所以，卓文君和司马相如结合后相亲相爱，文君卖酒，相如打杂，生活虽然贫困，日子却过得有滋有味。可以断言，后来就是没有卓王孙的资助，凭着卓文君的精明能干，司马相如的学富五车，才高八斗，也决不会寄人篱下，注定会宏图大展，名留青史的。卓文君慧眼识珠，司马相如不因寡妇而嫌弃，成为人类史上千古相传的爱情佳话。历代文人墨客写诗赞美并编了不少文君当垆卖酒的剧作就是最好的证明。诗评曰：相如弹琴挑芳心，文君暗窥动真情。私奔改写不二嫁，为爱何惧背恶名！

不管"身后名"的张翰

提起西晋人张翰，我们先要说一说魏晋名士阮籍——他为了喝到步兵校尉衙内的三百斛美酒，就向上司要求担任了"步兵"这个职务，人称"阮步兵"。阮籍去当这个小官的目的完全是为了喝酒，从修辞格角度讲，"步兵"也就成了爱喝酒的"借代"。张翰这个人纵任不拘，无求当世，放达嗜酒，住在长江以东的吴郡（今浙江湖州市）。因此，当时的人便送他一个大名叫"江东步兵"，可见，在爱喝酒这一点上，张翰与阮籍兴趣相投，都与酒结下了不解之缘。

人处乱世，甘井先竭，直木早伐，只有做"臭井"，当"歪脖树"，才有可能躲过诸多祸难而享尽天年。面对西晋末年所处的乱世，张翰曾语重心长地对好友顾荣说："天下纷纷，祸难未已。夫有四海之名者，求退良难。吾本山林间人，无望于时。"告诫顾荣要"以明防前，以智虑后"。被当时人称为"旷达"的张翰"无望于时"，所以绝意不愿做"甘井"和"直木"，彻底与功名一刀两断。"求退"的办法是"饮酒"，甘愿"醅淹千古兴亡事，麴埋万丈虹霓志"（白朴《饮》）。以"饮酒"来自污其名，从而达到被统治阶级所忽略的目的。

张翰在京（洛阳）为官时，因见秋风刮起，思乡之情油然而生，想起了家乡的美味菰菜羹、鲈鱼脍，长叹道："人生贵得适意尔，何能羁宦数千里以要名爵？"于是辞去东曹掾的职务，命驾归乡。后来他所依附的齐王司马冏起事失败,当时的人都称张翰有先见之明。在中国几千年的"官本位"社会里,万般皆下品,唯有做官好。原因就在于做官可以享受人间的一切,所带来的利润最大!而张翰却以做官为羁绊,不能适人生之意,竟然被家乡的菰菜羹、鲈鱼脍一类美味所吸引,毅然弃官回家,这种行为如果以今人的眼光看,实在是不通世务!可是在那"天下纷纷,祸难未已"的西晋时代,张翰的选择无疑是非常明智的。死于钓钩之鱼,是因难拒香饵;成为笼中之鸟,是因追求谷粒。人在关键时刻,见识与选择是至关重要的。此时的张翰,活用了老子"知止知足"的观点,才免遭困辱,未遇危险。过了八九百年以后,南宋词人辛弃疾曾在《水龙吟·登建康赏心亭》一词中写道:"休说鲈鱼堪脍,尽西风,季鹰归未?"其意是,他没有像张翰(字季鹰)那样,为了家乡鲈鱼脍的美味,在秋风刮起时,不顾时危国难而回家享福。试问辛弃疾你虽然有忧国忧民的一腔热血,可是遇上腐败不堪的南宋王朝,最后还不是化为一团泡影?你这个"江南游子,把吴钩看了,栏杆拍遍,无人会登临意"。到了这步田地,真可说:天下兴亡,匹夫无责了。回家种地养老,不但算不上是胸无大志,而且是最好的归宿。在这点上,张翰的见识高于辛弃疾。

有人对张翰说:"你岂能只顾眼前快活,而不考虑身后的名声呢?"他回答说:"使我有身后名,不如即时一杯酒!"在张翰看来"名"算个什么东西,看不见摸不着,还不如那一杯酒值钱呢!他的"旷达"于此可见一斑。他是看破"身后名"的一位哲人。仔细较真,其实人生不过就那么一回事。正如张中行所言,少壮时候,"骑马倚斜桥,满楼红袖招",甚至胸怀澄清宇内,放马华山之志,勒石留名,到头来也终于不能闯过死这一关,要撒手而去。人死如灯灭,下者填沟壑,上者入八宝山,也只是给活人看看,反正死者是不能知道了(《顺生论》)。再说,留身后名并非易事,要用相当大或非常大的力量,才可取得。正如曾国藩所说:"天下大名,吝之惜之,千磨百折,艰难拂乱而后予之。"他的结论是"深知大名之不可强求"(崔永和:《曾国藩家教精粹》第 207 页)。假使真取得"身后名",自己又不知道,这所谓"取得"也就既无必要,又不值得。司马迁曾说过:人固有一死,或重于泰山,或轻于鸿毛。泰山也好,鸿毛也罢,其实质只能是存于活者的记忆里。就自己而言,自己不能觉知的事物究竟有什么价值呢?因此,"这样考虑,我们似乎就不能不怀疑。所谓不朽,也许只是乐生而不能长有,聊以自慰,甚至自欺的一种迷信吧"(《张中行作品集·身后名》第 5 卷第 263 页),而想留"身后名"者也不过如此。还是白居易说得好:"醉来枕麹贫如富,身后堆金有若无。"张翰是当时对留名不感兴趣的代表,"即时一杯酒"是生前有滋有味的快乐,是"酒正自引人到胜地"的享受。在这一点上,刘邦的夫人吕后就看得开,她曾不止一次地劝人:"人生世间,如白驹过隙,何至自苦如此乎!"陶渊明说得更直截了当:"死去何所知,称心固为好。"

二十长游醉乡里的李贺

李贺(790~816),字长吉。生于唐朝韩、柳、元、白等竞起争鸣的时代。他在凄苦窘迫的境遇中只活了二十七岁,却是我国文学史上一位多才而有特殊成就的诗人。他因避家父李晋肃之讳,不得应进士考,因而失去了进身之路,只作过"奉礼郎"的小官。为此,号称"文章巨擘"的韩愈还为他写了《讳辨》一文,为李贺争辩说:"父名晋肃,子不得举进士;若父名仁,子不得为人乎?"问得虽有道理,观念却很难改变。

据说,李贺作诗很下功夫。白天出门,骑着一匹瘦马,后跟童子,身背古锦做的袋子。李贺游历时遇到可感之事便写成诗句投入童子背的袋子里。到晚上回家后,李贺的母亲让婢女掏袋子里面,见到写的诗句很多,就生气地说:"这孩子是要把心呕出来才罢休啊!"点上灯,让李贺吃饭,李贺就从婢女手中把写的诗句拿过来,研好墨,叠好纸,把这些零散的诗句补足成一些完整的诗。除了喝醉酒或参加丧礼之外,李贺通常都坚持这样做。李贺曾叹息说:"我二十岁不得志,一生忧愁,心就像梧桐叶一样凋谢了。"

读李贺诗可知,李贺不仅喜好饮酒,而且喜欢饮酒的热烈气氛,他自称"芳草落花如锦地,二十长游醉乡里"(《少年乐》),"相劝酒,终无辍"(《相劝酒》),有时喝得"横船醉眠"(《湖中曲》),"吹箫饮酒醉"(《兰香神女庙》),甚至"酒酣喝月使倒行"(《秦王饮酒》)。为什么会是这样呢?遭逢坎坷,怀才不遇!他自己写诗说:"我当二十不得意,一心愁谢如枯兰。衣如飞鹑马如狗,临岐击剑生铜吼。"呼天喊地,无可奈何,只好"旗亭下马解秋衣,请赊宜阳一壶酒。壶中唤天云不开，白昼万里闲凄迷"（《开愁歌》）。李贺天赋出众拔群，二十岁声名就至于极点，可是英雄无用武之地，心如凋谢的枯兰，穿的衣服破烂，骑的马瘦得如狗，击剑发泄，吼声震天，无人理睬。无奈，只好脱下秋衣作典当，换取宜阳一壶酒，用酒来排解内心的不平与苦闷。俗话说，"是龙总要抬头的"，这句话其实是有条件限制的。一无"水"，二无"云"，即使你是龙，也抬起了头，又能怎样呢？他看到"生来不读半行书，只把黄金买身贵"（《啁少年》）的社会现实，而自己满腹文才，却过着"衣如

李贺

飞鹑马如狗"的贫困生活。他自己也曾喊出"少年心事当拿云，谁念幽寒坐呜呃"（《致酒行》）的诗句，但这种昂扬向上的气概说说可以，一面对现实，恐怕就要被碰得粉碎。上下求索不得，只好回归到李贺赠陈商的那句诗上，"人生有穷拙，日暮聊饮酒"（《赠陈商》）。眼看岁月如流，韶华易逝，李贺心急如焚，"飞光飞光，劝尔一杯酒。吾不识青天高，黄地厚，唯见月寒日暖，来煎人寿"（《苦昼短》），那种盼望自己早日出头，"雄鸡一声天下白"的急迫心情可以说是溢于言表。李贺短命，与他这种不幸的命运直接相关。

李贺喜欢美色劝酒的热闹场面，有"佳人一壶酒，秋容满千里"（《追和何谢铜雀妓》）为证，更由《将进酒》一诗看出：

琉璃钟，琥珀浓，小槽酒滴真珠红。烹龙炮凤玉脂泣，罗屏锈幕围香风。吹龙笛，击鼍鼓。皓齿歌，细腰舞。况是青春日将暮，桃花乱落如红雨。劝君终日酩酊醉，酒不到刘伶坟上土。

中华酒典

《将进酒》原本是汉乐府《铙歌》名，专门用于写饮宴之事。李贺所写的这次饮宴非同寻常，是王公贵族举办的一次豪门宴。你看，使用的酒具是"琉璃钟，琥珀浓"。琉璃原指天然的各种有光宝石，有白、黑、黄、青、绿等十种颜色，唐代称"玻璃"。唐人酒器十分讲究，能数出来的有玉缸、玉瓶、银瓶、玉壶、玉杯、玉碗、金盏、玉筯、羽觞、玻璃碗、夜光杯、琉璃钟、银船等，不下三十种。这里，主人用的是琥珀那样浓颜色的琉璃钟。喝的酒是小槽压榨出来的"真珠红"。从酒的颜色上说，唐代时有白酒、黄酒、绿酒、碧酒、真珠红酒、琥珀色、乳白色、流霞色、瓮头青等十多种。出名的酒有江苏的兰陵酒、新丰美酒、江南的红曲酒、太原的葡萄酒、西市腔酒、京城的郎官清酒、河汉的三勒酒、浔阳的溢水酒、宣城的九酝酒、岭南的灵溪酒、河东的乾和葡萄酒、剑南的烧春酒、富平的石冻酒、荥阳的窟春酒、乌程的若下酒和郢州的富水酒等二十多个品种，可见唐代酒风之盛行。宴会上佐酒尽兴既有美味佳肴，又有音乐歌舞，人们面对的是暮春"落花流水春去也"的景色，这也暗指人的青春易逝，满头飞雪，于是"劝君终日酩酊醉"，比起刘伶的狂放纵饮还差一截，表达了时人及时享乐的思想。

才高招妒。忌恨李贺的人，借口他父亲名晋肃，"晋"与进士的"进"同意，抓住"避家讳"这点不放，说他不可参加进士考试，切断了他仕途上进的唯一出路。后来他虽然在京城里作了管宗庙祭祀司仪一类事务的奉礼郎，终因官卑职冷，不能施展抱负，三年后毅然托病辞官回乡。既然"壶中唤天云不开"，只得过那"白昼万里闲凄迷"的生活，不久，抑郁而亡。

落魄江南载酒行的杜牧

杜牧，字牧之，大和二年进士。早先在淮南节度使牛僧儒幕下做幕僚约十年，经屡次迁调任左补阙，又历任黄州、池州、睦州的刺史，以考功郎中身份掌制法，调为中书舍人。杜牧生性刚直，有出众的节操，敢于评论军国大事，指出时政利弊尤为切至。平时着意钻研用兵之法，战争谋略。唐人将他与杜甫相比，称他为小杜。后人评杜牧的诗"如铜丸走坂，骏马注坡"，这是说他的诗圆快奋急。

杜牧身貌英俊,"嗜酒喜睡"(《上李中丞书》),喜赏歌舞,风流放任,不能自止。在扬州做幕僚的十年中,繁华的扬州有许多著名的美貌女子,杜牧出没于秦楼楚馆,纵情饮酒寻欢。他后来回忆这段生活时,曾以惆怅和哀愁兼有悔恨和叹息的心情写下著名的《遣怀》一诗:

　　　　落魄江南载酒行,楚腰肠断掌中轻。

　　　　十年一觉扬州梦,赢得青楼薄幸名。

　　诗的意思是说,当年落魄江南,时时以酒浇愁,常常游冶于妓馆青楼。十年来,"每促束于薄书宴游间",一觉醒来,只在青楼赢得了一点微薄的名声。诗中无半点夸耀或沾沾自喜,有的却是深深的自嘲、悔恨和叹息。以杜牧之大才当幕僚,这是拿楠木煮鸡蛋。他心中郁郁寡欢,不得已,只好饮酒,在妓馆与红巾翠袖厮混,自称"潇洒江湖十过秋,酒杯无日不迟留"(《自空城赴官上京》)。在那段日子里,几乎没有一天不留恋于酒杯。在他40岁那年,又受朝廷李德裕排挤,出任湖北黄州刺史,内心颇为不平,大概是他从会昌前往黄州的路上,写下《雨中行》一诗:

　　　　贱子本幽慵,多为俊贤侮。

　　　　得州荒僻中,更值连江雨。

　　　　一褐拥秋寒,小窗侵竹坞。

　　　　浊醪气色严,皤腹瓶罌左。

　　　　酣醉天地宽,恍恍稊刘伍。

　　　　但为适性情,岂是藏鳞羽?

　　　　一世一万朝,朝朝醉中去。

　　其诗的大意是,他本是一个爱幽静、性懒散之人,却每每受所谓"俊贤"的欺侮。有幸还能得到这个荒僻的黄州刺史之职,却又遇上这连江的冷雨。他用一件粗麻短衣披在身上抵挡着秋寒,小窗口伸进来四面山坡上生长的竹枝竹叶。有浓浓的浊酒盛在口小腹大的古瓶里,他畅饮这浓浓的浊酒,酣醉中觉得天地变得更宽了,恍惚中稽康和刘伶都来到了他的身边,成了亲密的伴友。他沉醉于酒中只是为了顺延自己的性情,并非藏鳞掩羽,暂作韬晦待机而动。人生一世不过一万多天,他愿在醉中把每一天打发去。杜牧这样饮酒当然不是酒徒,只是以酒浇胸中之块垒,是一种无奈的宣泄和暂时的解脱。正说明杜牧的苦闷之深,不得不借酒来麻醉自己敏感的神经,换取片刻的淡忘与内心的平静。

杜牧喜欢在风雪天开怀畅饮。"窗外正风雪,拥炉开酒缸"(《独酌》),外面寒冷,屋中围炉取暖,打开酒缸,品啜那飘香的美酒,顿时暖上心头,红飞脸颊,其乐融融。"腊雪一尺厚,云冰寒顽痴",立刻想起了"行当腊欲破,酒齐(剂)不可迟",眼看着腊月将至,造酒万不可推迟。为的是"且想春候暖,瓮间倾一卮"。待到春暖之日,在酒瓮间开怀畅饮,那该是多么的惬意啊!他敬慕李白,在水西寺看到李白的题诗后,竟然"半醒半醉游三日",过了几天自由自在的生活。

杜牧在池州任刺史时,诗人张祜前来访晤。他俩于重阳佳节登上安徽齐山,赏菊畅饮,写下千古传诵的《九日齐山登高》一诗。

> 江涵秋影雁初飞,与客携壶上翠微。
>
> 尘世难逢开口笑,菊花须插满头归。
>
> 但将酩酊酬佳节,不用登临恨落辉。
>
> 古往今来只如此,牛山何必独沾衣。

这诗外视旷达而内含愤慨,隐喻着杜、张二人怀才不遇、同病相怜之感。这幅画面很美,天高气爽的清秋之际,江涵秋空云影,北雁南飞,诗人与朋友张祜携一壶醇香的美酒上了青青的齐山。尘世之间不如意事常八九,难逢笑口常开,挚友相逢,诗侣欢聚,必然头上插满菊花尽兴而归。菊花乃傲霜开放,是高人逸士的象征。菊花满头,取意双关,既合重阳,又寓高洁。他们只有畅饮酩醉来酬谢这佳节良辰吧,不要在登临之际面对落日而怅恨斜晖。古往今来人生就是如此,何必像齐景公那样登牛山而泪沾衣袖呢?沉郁中表达了二人旷达的胸怀。

宣宗大中二年(848),杜牧由睦州刺史内升为司勋员外郎、史馆修撰。长年的外放官宦生涯就将结束,杜牧喜悦的心情难以言表。"解印书千轴,重阳酒百缸",口气很大。解去这刺史的官印,带上我的千轴书卷。今日正逢重阳佳节,我要痛饮百缸美酒。这当然是夸张的说法,不过是心情高兴时的狂言。再如"独佩一壶游,秋毫泰山小",意即我要像刘伶那样带上一壶酒去漫游,对待事物也要像庄子一样,看秋毫为大,看泰山为小,这也是欣喜之余的狂言,狂中有实。

大唐时代,山村市镇酒店遍布,酒旗飘飘。"夜泊秦淮近酒家""水村山郭酒旗风""谁家红袖凭江楼""秀眉老父对樽酒,倩袖女儿簪野花""借问酒家何处有?牧童遥指杏花村""夸酒书旗有小楼"等,都是杜牧对那时民情风俗的真实写照,给我们以无限美好的画面与想象空间。

开头已说过,杜牧是晚唐时一位有才学而又英俊的"帅哥"。大和末年,杜牧到浙江的湖州,与一位妙龄女子眉目传情,当时那女孩儿才十几岁,

杜牧

杜牧与他相约,"十年后我来掌管湖州时就娶你",并拿出钱来定约。后来等到杜牧到湖州上任时,时间已过了 14 年,从前那个女子已嫁人并生有两个孩子。杜牧伤感地写诗一首:"自恨寻芳去较迟,不须惆怅怨芳时。如今风摆花狼藉,绿叶成荫子满枝。"由此可见杜牧的率真。杜牧的诗中以咏史绝句成就最大,如《赤壁怀古》《题武关》《过骊山作》《江南怀古》《台城曲》《汴河怀古》等作品韵意深刻,读后能引人产生"断杀肠"的痛恨。因此,历来有"二十八字史论"(七绝诗四句,共二十八字)之美誉。

陶慕宁先生认为,狎妓冶游是中世纪士人生活的重要组成部分。从长篇歌行所表达的缱绻柔情到短章律句所记录的瞬间感受,唐人为我们描绘了一幅多彩多姿的青楼生活的画卷。如果把唐代文人的才思比喻为汩汩泉水,那么妓女的色艺便如酿制美酒的曲蘖,没有曲蘖的作用,再好的甘泉也不可能成为美酒(《青楼文学与中国文化》)。因此,别误读了杜牧,认为他是拈花惹草百无一用的公子哥。他虽然只活了 49 岁,却留下《樊川集》二十卷和他注解的《孙子》一

书,传世至今。这比起那些大千世界的芸芸众生,即使骄傲一百次都不算多!

"醉士"皮日休

古代的文人士大夫大都因时代的变迁和自身的种种际遇,给自己起一个乃至几个或寓意深长或幽默诙谐的"号",它是对个人性格、人生看法最凝练、深刻的概括。晚唐时期,杰出的散文家和诗人皮日休就是一个"号"较多的代表。单是与饮酒致醉有关的"号"就有三个:"醉吟先生""醉民"和"醉士"。

他是湖北襄阳市人,出身寒门。他自己说,没有能力凭文才获取官位,因此有时在竟陵种田为生,有时隐居鹿门山,没把做官为宦放在心上,以至于成了"无肉无骨"的"皮子",并把自己的诗文集也命名为《皮子文薮》。他是咸通八年的进士,不过是进士榜中最末的一名,在朝任太常博士,是个有名无实的"散官"。他用诗来概括当时的境况:"画虎已成反类狗,登龙才变即为鱼。"好容易踏入进士行列,算是"画虎已成",却类似于"狗";虽登入"龙门",却不是龙,而变

皮日休

为鱼。这是无奈的自嘲,也是自身怀才不遇的内心写照。后来他隐居鹿门山,醉了闲卧,醒了作文,写下著名的小品《鹿门隐书》六十篇,内容多是议论指斥时政的。

他在《酒箴》一诗的序文中写道:"皮子性嗜酒,虽行止穷泰,非酒不能适。"居鹿门山,以山税之余,继日而酿,终年荒醉,自戏曰"醉士"。他虽劝别人"无嗜于酒,酒能乱德",可是轮到自己,却每每开怀畅饮,"终年荒醉"。将山税剩余的钱用来一天接一天的酿酒,一天接一天的饮酒。他认为自己与众不同,真正懂得"酒中之趣",在《酒箴》中这样写道:

酒之所乐,乐其全真。

宁能我醉,不醉于人?

酒之妙处就在于"乐其全真",三杯两盏之后,规矩松弛,真情毕现,是个活脱脱无掩饰的本我。这样的乐境,我在醉中体味得最深,别人虽醉却没有我这种感受。这可能就是皮日休经常向人宣传自己所谓"真纯"的境界吧。酒喝得多了,任何人都难免一醉,而妙在"全真",而不是以醉招灾惹祸,失德误事,后者都是不能自持节制导发的结果,这类人根本不懂醉的真意。

他在《七爱诗》中,列举了三位以酒骋才的老前辈,作为自己的楷模,爱之敬之。李白是真正的放达者,所以"吾爱李太白,身是酒星魄。口吐天上文,迹作人间客。醉中草乐府,十幅笔一息。醉曾吐御床,傲几触天泽";为名臣者,必有真才,白居易有真才,所以"吾爱白乐天,逸才生自然。忘形任诗酒,寄傲遍林泉";傲大君者,必有真隐,卢征君算是真隐士,所以"吾爱卢征君,高卧嵩山里。建礼门前吟,金銮殿里醉。放旷书里终,逍遥醉中死"。

皮日休"性嗜酒",称酒为"欢伯",甚至达到了"爱屋及乌"的地步,天上的酒星,地上的酒泉,乃至于酒篓、酒床、酒垆、酒楼、酒旗、酒樽、酒城、酒乡、酒池、酒龙、酒瓮、酒船、酒仓、酒杯、酒后、酒仙、酒徒、酒保、酒钱、酒债、酒正、酒材、酒勺、酒盆、酒壶、酒舣等都成了他吟咏的对象,并集成《酒具诗》三十首,以诗的形式追本溯源,抒发了他对这类酒具及与酒有关的物品的痴情。

特别是当他辞去"太常博士"这个"鸡肋"之职后,仿佛笼中之鸟回归自然,心情格外愉快。他在《晚秋吟》一诗中表达了在竟陵种田的乐趣:

东皋烟雨归耕日,免去黄冠手刈禾。

火满酒炉诗在口,令人无计奈侬何!

酒,本是饮中高品,人造出了酒,酒反过来捉弄人也成全人。正因为它有负面影响,为此,皮日休在《酒中十咏》序中写道:古圣人告诫人们不要因酒惹祸,其用意很深。所以《尚书》称醉酒为"沉湎",《诗经》中称"童羖",《礼记》中称"豢豕",《史记》中视之为"狂药"。他在《酒箴》一文中说:"酒之道,岂止于充口腹,乐悲欢而已哉。甚则化上为湎溺,化下为酗祸。是以圣人节之以酬酢,谕之以诰训。"尽管如此,还是有"上为湎溺所化,化为亡国。下为酗祸所化,化为杀身"的悲剧发生。其意是在告诉人们,酒不是好东西,一般的人很难节制,对此应提高警惕。皮日休饮酒,常求一醉。一旦达到昏酣的境界,才觉得"融肌柔神,消沮迷丧。颓然无思,以天地大顺为堤封;傲然不持,以洪荒至化为爵赏"。仿佛是个生活在古朴淳厚的上古社会中的遗民。他看不起那些贪酒误事、不保自身,甚至遭祸株连全家的人,认为那是无知痴愚的行为。他认为是酒使自己与物无忤,适性陶情。他感叹道:唉,老天爷不能扶持成全他的事太多了!唯独在饮酒上成全了他,这也算老天爷对他这个遗民的格外宠幸吧。难怪他饮酒得到的是乐趣,别人饮酒得到的是祸难,这不是老天爷在照顾他吗?

皮日休回到家乡,访亲探友,浪迹江湖,沉溺于诗酒之中。他自称"度日忘冠带,经时忆酒肴。有心同木偶,无舌并金铙……名微甘世弃,性拙任时抛……道穷应鬼遣,性拙必天教"(《新秋言怀客鲁望三十韵》)。人生在世,名微性拙,天造地设,有什么办法?稍稍可以依赖的还是酒,酒可使人暂时超脱现实中的烦恼,达到"醉乡终竟不闻雷",这其实是一种借醉自欺的选择。醉中使人暂时忘掉了苦闷与烦恼,那么酒醒后,苦闷与烦恼重又袭上心头,怎么办?宣泄!当时与他有金兰之交的陆龟蒙(字鲁望)正是皮日休"宣泄"的挚友。看《皮子文薮》一书,单与陆龟蒙相互赠答的诗就有几十首,他们二人以诗为书信,以酒为引子,互道衷肠,直抒己见。当他在诗中得知陆龟蒙借醉大发狂言的时候,皮日休便以诗诙谐地质问陆龟蒙:"朝廷未无事,争任醉醺醺?"当陆龟蒙多日没有和诗时,皮日休便在醉中寄给陆一壶酒,并写诗说:"门巷寥寥空紫苔,先生应渴解醒杯。醉中不得亲相倚,故遣青州从事来。"诗中的大意是说,我皮日休这里门巷寂寥,台阶快要生出紫苔,不见陆先生的音信大概是醉酒了吧,可惜这里没解酒的药。所以才使我不能和你相倚攀谈,真是遗憾!因此"解醒"的办法还是再送你一壶"青州从事(酒的代称)"老酒以示探望。"爱酒有情如手足,除诗无计似膏肓",正是皮、陆诗酒相和的真实反映。晚秋之际,皮日休前去拜访李处士,面对的是"园里水流浇竹响,窗中人静下棋声,几多狎鸟皆谙性,无限幽花未得名"。如此幽雅清静的环境,正是飞觞斗酒、高谈阔论的好去处,所以皮日休写诗对李处士说:"莫为爱诗偏念我,访君多得醉中还。"李处士以"爱诗"相邀,皮日休以酣醉而归。

一次独自闲夜饮酒,酩酊大醉,深夜时却"醒来山月高,孤枕群书里。酒渴漫思茶,山童呼不起"。皮日休对此次酣饮不但没有自责,而且觉得有趣,并用诗的形式记下来。我们可以推想,正是因为皮日休经常浸泡在酒里,所以引起了家人的讨厌,又因时不时地生病,更引起家人的担心。他作诗说,"醉多已任家人厌,病久还甘吏道疏"。可是日复一日,也无大事,"酒病校来无一事,鹤亡松老似经年"。酒瘾上来,往往难以顾及自身的死活,他在《酒病偶作》中写道:

郁林步障昼遮明,一炷浓香养病醒。

何事晚来还欲饮,隔墙闻卖蛤蜊声。

因酒而病,实为酒精中毒,应戒酒。可是好饮的皮日休却不在乎这些,晚来难耐酒瘾的发作,主要是因为隔墙卖蛤蜊的声音而引发,那鲜美细嫩的蛤蜊肉正好是下酒的佳肴。

皮日休只活了四十七八岁,但不是喝酒喝死的,而是唐皇帝下令处死的。据元代辛文房《唐才子传》记载,皮日休在出任毗陵(今江苏常州)镇海副节度使时,被黄巢叛军俘获。黄巢因爱惜他的文才,任命他为翰林学士。当黄巢挟迫他写谶文来迷惑众人时,皮日休写道:"欲知圣人姓,田八二十一(黄);欲知圣人名,果头三屈律(巢)。"黄巢看到"果头三屈律",便疑心皮日休在讽刺自己,于是就把这位"醉士"杀了。但据今人萧涤非先生考证,皮日休是因参加黄巢起义失败后,被皇帝下令秘密处死的。二者比较,萧的考证还是令人信服的。

值得特别一提的是皮日休写的小品文,大多针对性强,充满批判晚唐社会罪恶的锋芒。鲁迅曾在《小品文的危机》一文中说:"唐末诗风衰落,而小品文放了光辉。"皮日休被别人称之为隐士,但看他所著的集子《皮子文薮》中的小品文"并没有忘记天下,正是一塌糊涂的泥塘里的光彩和锋芒"。他的批判涉及社会方方面面,极为犀利深刻。就连封建社会一贯推崇的开国之君也不放过,也敢大胆地揭露批判。他说:"古之取天下也,以民心;今之取天下也,以民命。"原来所谓创业垂统的圣帝明王,在皮日休看来,都不过是屠杀人民的最大刽子手而已。正因为如此,所以他没有把皇帝当作神圣不可侵犯的偶像来崇拜,而是认为,如果皇帝不好,老百姓即使把他掐死甚至灭族,也不算过分(皮日休:《源谤》)。这些代表人民的大胆言论,是令历代人深思的,看来这位"醉士"

也有清醒的时候。

"江湖散人"陆龟蒙

写了"醉士"皮日休,就不能不写"天随子"陆龟蒙。这两人情同手足,诗酒相和,其中留下相当数量的诗文,是他们平常交往生活的写照。后人以"皮陆"并称,两人都是唐末较有影响的文学家。

陆龟蒙,今苏州人。他幼时聪明,情趣高卓,擅长写文章,喜谈笑。他的诗风接近江淹、谢朓,名震整个江南地区。陆龟蒙还是个藏书家,家藏万卷图书。深得酒中之趣之妙,不近声色之娱。

陆龟蒙不喜欢与世俗交往,庸俗之人即使登门拜访他,他也很少接待。他出门不乘车马,每当气候不冷不热,身体无灾无病时,就坐小船,挂小帆,带着成捆书卷、煮茶的火炉子、挂毛笔的架子、钓鱼用具、几壶老酒,划动船桨,敲响榔木,浮泛于水天一色、三万六千顷的太湖,将小船一直划到自己想去的地方。有时往来于湖汊小河,所到之处稍不遂意,就直接划走不做停留。他自称"江湖散人",又号"天随子"。后来朝廷把他作为高士征召入朝任职,他没有去。他一生饮酒吟诗,与金兰之友皮日休相唱和。皮日休嗜酒,把与酒有关的各物名称列入吟咏对象,将创作的诗寄给陆龟蒙之后,陆也依韵写下《奉和袭美(皮日休字)酒中十咏》诗,其中包括酒星、酒泉、酒篓、酒床、酒垆、酒楼、酒旗、酒樽、酒城、酒乡。陆龟蒙又认为,古人对于酒,有注入池中而饮者,有好似龙而吐之者,还有毕卓一流亲自盗人之酒而醉卧者,将酒装入舟中而浮游江河湖海者,都是荒于酒中不干他事的例子。故而又写下《添酒中六咏》,这六咏的对象是酒池、酒龙、酒瓮、酒船、酒枪、酒杯。和上述十咏相加共是十六种与酒相关的事物名称。足见,陆龟蒙也是一个爱酒并喜欢饮酒的才子,不然,他不会钟情于这些酒物名称。特别是官场绝望后,他过起了半隐居的生活,除了耕田种菜之外,常在春暖花开之际,乘小舟出没于太湖之间,过着恬淡闲适的生活:"几年无事停江湖,醉倒黄公旧酒垆。觉后不知明月上,满身花影倩人扶。"(《和袭美春夕酒醒》)

陆龟蒙自称"江湖散人"，他为此专门做《江湖散人歌》并序，实为自己生动的画像。序中写道："散人者，散诞之人也，心散、意散、形散、神散，既无羁限，为时之怪民。"这种散中的随意其实是晚唐乱世中的清醒者，"散"只是一种外见的生活方式，而内心深处还是自有处世章法的。他在诗中写道："奴颜婢膝真乞丐，反以正直为狂痴。"因此，自己立志做个"江湖散人"：头欲散，腰欲散，行散、坐散、语散、笑散、衣散、食散、书散、酒散、屋散、树散、客散、禽散，散到一塌糊涂。散，是他追求自由生活的象征，也是

陆龟蒙书画

他对抗世俗礼教规矩的愤激之言。这种离群独居的生活，自然是"独行独坐亦独酌，独玩独吟还独悲"。"散"中的孤独，孤独中的"散"，各种滋味涌上心头，因而也就只能由自己身受独尝了。有时难免"强作南朝风雅客，夜来偷醉早梅傍"。人生得一知己难矣！皮日休就是陆龟蒙解除孤独的知己。当皮日休生病多日没有音信时，陆龟蒙便感寂寞，"春恨与谁同酩酊，玄言何处问逍遥"。饮酒谈笑的对手都没有了，怎么解决"酩酊"和"逍遥"的问题？可见知己的重要。皮日休这位知己几乎成了陆龟蒙生命中的重要组成部分，他不仅是陆龟蒙倾诉宣泄的对象，而且还是想念的对象。陆龟蒙看到压榨出的新酒，便想起了皮日休："晓压糟床渐有声，旋如荒涧野泉清。"诗中还写道，看人世间生活的艰难，人与人的争斗了无尽头，我们还能有酒喝，也比封侯得到的虚名强："尊中若使常能渌，两绶通侯总强名。"当皮日休初夏到他的小斋拜访时，他兴奋异常，开怀畅饮，并叹道："不是对君吟复醉，更将何事送年华。"进入秋季，他穿的衣服上留下的酒痕已生霉苔，但还是想喝一两杯，正在菊花丛中转悠之际，太阳偏西时，皮日休打发一位穿白衣的人给他送来了酒："酒痕衣上杂霉苔，犹忆红螺一两杯。正被绕篱荒菊笑，日斜还有白衣来。"陆龟蒙本因喝酒而致病，他不但没有断酒，反而通过卖冬种的蔬菜来换酒喝："阶下鸡禽啄嫩苔，野人方倒病中杯。

寒蔬卖却还沽吃,可有金貂换得来。"皮日休的友人许惠送来的酒是"冻醪初漉嫩如春,轻蚁漂漂杂蕊尘"。真想痛饮一大碗!可叹重病在身。他在《自遣诗三十首》中对自己在饮酒方面予以评价:"甫里先生(甫里先生是陆龟蒙的又一号)未白头,酒旗犹可战高楼。"所以才敢口出狂言说:"荆卿雄骨化为尘,燕市应无共饮人。能脱鹔鹴来换酒,五湖赊与一年春。"(《答友人》)尽管如此,在饮酒方面,陆龟蒙和魏晋之际的孔融、徐邈、刘伶一类人相比,还是自感差得很远,"思量北海徐刘辈,枉向人间号酒龙"。在饮酒方面,"屈大夫之独醒,应难共语。阮校尉之连醉,不可同行"。他既不愿像屈原那样独醒不醉,也不想如阮籍那样连醉不醒。求的是,度量而行,率性而为,宜醉则醉,该醒则醒。"编虎须者,宁教判去。持蟹螯者,不要相逢"(《中酒赋》)。陆龟蒙认为,饮酒是为了陶情适性,求得快乐。反对那种喝酒不要命的人!

唐代时,家家酿酒。市井村镇,酒店林立,酒旗飘扬,酒风盛行,酒成了千家万户常备的饮品。我们从陆龟蒙《春思二首》之一中可以看出:

> 江南酒熟清明天,高高绿旗当风悬。
>
> 谁家无事少年子,满面落花犹醉眠。

这位无事的少年,满面落花,醉得多么的可爱!

唐末,军阀混战,黄巢起义,唐代江山处在风雨飘摇之中,陆龟蒙这样的士子文人,眼看百孔千疮的大唐这部"机器"将要换位易主,则又无可奈何,只得与自己的好友皮日休以诗酒相和来解闷消愁。没想到,他们留下的诗文倒成了晚唐时落日中一抹壮丽的晚霞,永留人世。晚唐诗人殷文圭评赞道:

> 先生文价沸三吴,白雪千编酒一壶。
>
> 吟罢星辰笔下动,醉来嵩华眼中无。

在墓穴中喝酒的司空图

司空图,是唐咸通十年的进士。曾任唐懿宗朝廷的知制诰(秘书长),中书舍人。后授谏议大夫,兵部侍郎,司空图都以腿脚有病等理由推辞未任。此人晚年聪明而古怪,自己在家乡王官谷里建立了"三休亭",并把唐朝建立以来有节操的士子文人的像都画在墙壁上，自己又写了一篇文章以申明心志。他取号为"知非子"，意在不问是非。又取号为"耐辱居士"，其意是莫管他人说长道短。他的言论多奇异偏激，背离常理。其实他的用意是面对唐末的兵荒马乱，做个"歪脖子"的无用之才，以躲灾避祸，置身于礼法之外。曾预先置办坟墓和棺材，碰到好日子就带着家人坐在墓穴里，又是写诗又是喝酒。酒喝到微醺时就引吭高歌。有人为此责问他，司空图回答说："你怎么不想开点儿呢？活着死去都是一回事，我何不在这坟墓里暂时游乐一番呢？"这其实是庄子宣扬的"客死生"，就是说不管什么人，活一百岁，还是活二十岁，早晚都不免一死，在这一点上只有先后之分。死是大自然的规律，谁都逃不脱大自然的"手掌心"。他坐在墓穴里饮酒，不仅要体验一下死的滋味，还可躲避"过兵"的洗劫。后者才是司空图的用意所在。司空图的人缘很好，每逢过年时，他就带头与村民到祠堂里祭祀神灵，祈祷祖先，和村里的父老乡亲敲鼓跳舞，共同欢乐。

司空图在墓穴中与客人喝酒作诗高歌，不要以为这是一种创意，甚或以为是神经不正常。他和村民们面对风雨飘摇的衰世，又遇黄巢起义的声势席卷全国，剿灭农民起义的官军也来往频繁，可以说全国人心惶惶，朝不保夕。农民起义军路过要袭扰百姓，官军路过也要袭扰百姓，不得已，才到墓穴中饮酒吃饭。这也是司空图为躲灾避祸想出的一大奇招。后来，村民们果然在司空图帮助下，躲过种种劫难，甚至农民义军听到司空图的所作所为也被感动，始终没有去骚扰他们。

文尾值得一提的是，司空图不仅是唐末的诗人，还是当时知名的文艺评论家。他依据诗的不同形式，共写了二十四种文学作品应具的思想内容与表现形式，后集为《诗品》一书传于后世。

以"色"佐酒的柳永

在中国酒文化中，从古至今就有蟹佐酒、书佐酒、琴佐酒、花佐酒、月佐酒、歌佐酒、乐佐酒、舞佐酒、肴佐酒和色佐酒的记载，而北宋大词人柳永就是凭借"色佐酒"度完自己一生的人。

柳永（约987～1053），原名三变，排行第七，人称柳七，今福建武夷山市人，北宋著名词人。柳永少年时到汴京应试，由于当时用人重"策对"而轻词曲，柳永却擅长词曲，熟悉了许多歌妓，并与她们厮混在一起，常为她们填词作曲，属当时不入时人眼目的浪子文人。当时有人在宋仁宗面前举荐他，深受理学熏陶的

柳永

仁宗皇帝批了四个字："且去填词。"柳永受到这种轻蔑和打击后，从此变得玩世不恭，自称"奉旨填词柳三变"，在汴京、苏州、杭州等地过起了放犷不检、以妓为家的流浪生活，并自称"白衣卿相"以对抗科举功名。他填词自称道："腹内胎生异锦，笔端舌吐长江。纵教匹绢字难偿，不屑与人称量。我不求人富贵，人需求我文章。风流才子占词场，真是白衣卿相。"在封建社会，读书人追求的唯一光明大道是做官为宦，仁宗皇帝一言九鼎"且去填词"一句，犹如为柳永政治仕途上判了死刑，天底下的各级政府谁还敢用他？柳永在仕途上绝望之后，仿佛放下压在心中的一块石头，从此，纵游秦楼楚馆，无复检约，与歌儿舞妓竞相往来。他的才华在这里派上了用场，化成语言，脱颖而出。他像田苗见了水肥一样拼命地疯长，淋漓酣畅地发挥着自己的才华。他曾写过《鹤冲天》一词，抒发了自己的感慨：

黄金榜上，偶失龙头。明代暂遗贤，如何向。未遂风云便，争不恣狂荡。何须论得丧。才子词人，自是白衣卿相。烟花巷陌，依约丹青屏障。幸有意中人，堪寻访。且恁偎红翠，风流事，平生畅。青春都一饷。忍把浮名，换了浅斟低唱。

官场失意，只好用偎红依翠，醉酒高歌来安慰自己。"忍把浮名，换了浅斟低唱"，这在当时市民社会的眼中，是不务正业，歪门邪道。他"拥香衾，欢心称，无限狂欢乘酒兴"，与一群"同是天涯沦落人"的歌童舞妓混在一起，以生花

妙笔,为她们写淫冶讴歌之曲,为她们填词、呼吁,让她们传唱,以满足自己精神与肉体上的空虚。且看他的心境:

"夜来匆匆饮散,欹枕背灯睡。酒力全轻,醉魂易醒,风揭帘栊,梦断披衣重起。悄无寐。"喝了一点儿酒,不知不觉就睡着了。做了一个梦,由于"风揭帘栊"而惊醒,梦的内容是与一女子"绣阁话别太容易","想妩媚",那个心上人现在也同我一样的心情,甚况味?

光阴荏苒,日月如流,想到人生终一死,何必牵挂那么多?"屈指劳生百岁期,荣瘁相随。利牵名逗巡过,奈两轮、玉走金飞。红颜成白发,极品何为?"到头来,"极品"也将成为人们渐渐淡忘的枯骨,算来算去,还是及时行乐,"醉乡风景好,携手同归"。"醉乡归处,须尽兴,满酌高吟。向此免名缰利锁,虚费光阴"。

对那以身相许的多情女子,更是难舍难分。在告别的那天,寒蝉凄切,对长亭晚,骤雨初歇,以致伤心到"都门帐饮无绪,留恋处,兰舟催发。执手相看泪眼,竟无语凝噎"。因为"多情自古伤离别,更那堪冷落清秋节"。为了填补这种别后的思念和感伤,纵酒痛饮,直至酩酊大醉:"今宵酒醒何处?杨柳岸,晓风残月。"柳永这曲写离别的《雨霖铃》是宋代的流行歌曲,诞生之后,便传唱于大江南北,柳永的声名在秦楼楚馆、市井街巷可以说无人不知,其知名度超过了在朝做官的所有官员。真是有心留名名早灭,无心留名名更高。这首《雨霖铃》是写男女离别的千古绝唱,至今无人企及。

柳永在当时是个有情有义的浪子文人。"衣带渐宽终不悔,为伊消得人憔悴"就是最好的证明。为了"疏狂图一醉","浓欢无价","任他美酒,十千一斗,饮竭仍解金貂赏",正有李太白"五花马,千金裘,呼儿将出换美酒"的义气和慷慨。这是因为"须信艳阳天,看未足,已觉莺花谢。对绿蚁(笔者:指酒上浮沫)翠娥,怎忍轻舍",直至"渐引入,醉乡深处"。再加上美色佐酒:"况有红妆,楚腰越艳,一笑千金可喷。向尊前,舞袖飘雪,歌响行云止。"酒喝到这时,"愿长绳,且把飞乌(笔者:太阳)系。任好从容痛饮,谁能惜醉"。

由上所知,我们大体看出柳永是个什么样的人了。一是由于他的词大量吸收口语入词,所以深受当时一般市民的爱好,流传极广。相传当时"凡有井水处",即能歌柳词,须知,这些绝妙好词大多是秦楼楚馆的宴席上因酒助兴而流淌出来的。二是他的词大多为歌妓卖唱而填写的,因而得到了当时许多年轻女子的青睐与追随。柳永通过填词宣泄了自己满腔情感,挥发出自己的才华,在当时不过是为了活命而已。酒楼歌妓感激柳永,是因为柳永的词让茶楼酒肆买卖兴隆,并养活了一大批歌妓,"柳词"成了她们的衣食之源。难怪当时妓家传出的口号是"不愿穿绫罗,愿依柳七哥;不愿君王招,愿得柳七叫;不愿千黄金,愿中柳七心;不愿神仙见,愿识柳七面"。柳永不是想当名作家而到市井中去的,他是怀着极不情愿的心情从考场落第后走向瓦肆勾栏,却与这里优美的丝竹管弦和多情婀娜的女子发生共鸣。表面看,他已跳进一个消费词曲的陷阱,没想到柳永却从这个陷阱中崛起,成了词坛上一位创造的巨人。他不但在形式上把过去几十字的短令发展到百多字的长调,而且在内容上把词从官词中解放出来,大胆引进了市民生活、市民情感、市民语言,从而开创了市民所喜欢歌唱着的自己的词。柳永死后,无钱安葬,相传是一群卖笑为生的女子集资将他安葬在乐游原上的。每当清明时节,一群女子携酒前去踏青扫墓,祭奠那个重情重义的"柳三变"(其实只有一变——只会填词的弱势文人),时人称"上风流冢","吊柳七会"。后人还留下了"众名姬春风吊柳七"的雅谈,可以说是对柳永最好的纪念。既然皇帝老儿宣判他"且去填词",那他还有什么指盼?倒不如当个"风流"鬼,又有什么不可!

最后用《喻世明言》中《众名姬春风吊柳七》的结尾诗来总结本文:乐游原上妓如云,尽上风流柳七坟。可笑纷纷缙绅辈,怜才不及众红裙。

沉醉不知归路的李清照

李清照,是宋代女词人,为"婉约派"的代表作家,后人对她创作的词评价甚高。细读其词,写酒写醉的情境不少。今人胡云翼说:"李清照在北宋颠覆之前的词颇多饮酒、惜花之作,反映出她那种极其悠闲、风雅的生活情调。"这可从她年轻时游溪亭,后来写的回忆之作《如梦令·常记溪亭日暮》一词证明:

常记溪亭日暮,沉醉不知归路。兴尽晚回舟,误入藕花深处。争渡,争渡,惊起一滩鸥鹭。

　　这是一幅日暮酒醒归舟图,清秀淡雅,静中有动,人物形象栩栩如生,呼之欲出,令人神思飞扬。你看,溶溶的"落日",苍茫的"暮色",逶迤的"溪水",婷婷的"藕花",翼然的"溪亭",芳草萋萋的"干滩",群栖待宿的"鸥鹭",幽雅恬淡。李清照喝得晕乎乎的,沉醉其中,茫然"不知归路","兴尽晚回",短楫轻舟,"误入藕花深处",以至"惊起一滩鸥鹭"。这是一次借酒助兴,经久不忘的溪亭畅游,展现了她年轻时卓尔不群的情趣,豪放潇洒的风姿,活泼开朗的性格。

　　李清照是中国古代女诗人的魁首,而其爱酒之深,亦可与李白、苏轼等同列。在李清照笔下,酒与她的诗词一样,随着她的人生经历跌宕起伏而变化,显得多姿多彩。早期,李清照的词主要是写少女情怀的浪漫,以及与丈夫赵明诚的相亲相爱。此时,李清照词中的饮酒,也是一种浪漫、潇洒与祥和的尽情挥洒。

李清照

如她在《如梦令》中写道:"昨夜雨疏风骤,浓睡不消残酒,试问卷帘人,却道海棠依旧,知否,知否,应是绿肥红瘦。"曲折地表现了"浓睡不消残酒"的李清照对百花的怜惜,对春光的珍视,对美好事物的热爱。还有《渔家傲》,"雪里已知春有意,寒梅点缀琼枝腻……共赏金樽沈绿蚁,莫辞醉,此花不与群花比"。使人自然联想到赵明诚和李清照美满的夫妻生活。被人吟唱最多的是她那首《声声慢》:"寻寻觅觅,冷冷清清,凄凄惨惨戚戚……三杯两盏淡酒,怎敌他晚来风急?"靖康之乱,诗人仓皇南渡,国破继之以家亡,爱人赵明诚病逝,李清照流离失所,老来无依。在饱经人生的凄凉悲伤忧愁之后,李清照已不再是当年闺中抒情的少女,此时虽然有烧膛暖胃的美酒,对那颗凄凉难耐之心也已无济于事。

　　此外如"常插梅花醉""不如随分尊前醉,莫负东篱菊蕊黄""东篱把酒黄昏

家庭经典藏书

中华酒典

后,有暗香盈袖""酒阑歌罢玉樽空""夜来沉醉卸妆迟""惜别伤离方寸乱,忘了临行酒盏深和浅""酒阑更喜团茶苦,梦断偏宜瑞脑香""酒美梅酸,恰称人怀抱。醉莫插花花莫笑,可怜春似人将老""莫许怀深琥珀浓,未成沉醉意先融"等,这说明坎坷一生的李清照,不但经常借酒抒怀,解闷消愁,而且不知有过多少次"醉"的感受。在这些词中,女诗人的诗才与醇酒有机勾兑,流光溢彩,震古烁今。李清照爱酒在古今女子中是少有的,其为人的刚烈,也直可令多少须眉男子生出愧色。那首"生当作人杰,死亦为鬼雄,至今思项羽,不肯过江东"的五言绝句,便是反映她人格的千古绝唱。她满腹才学,却在南宋末年靖康之国灭、南渡之家亡、逃生之艰难、孤奔之无助的乱世中竟成无用。"花自飘零水自流",无奈之下,只得在醉中空抛自己的才华,抒发人生不尽的感慨,走完了年轻时浪漫潇洒年老时寡居凄凉的一生。诗评曰:若无三杯两盏酒,怎消清照晚年愁? 巾帼千古奇女子,悬崖万丈一枝梅。

但愿老死花酒间的唐寅

唐寅(1470~1523),字伯虎,号桃花庵主,有六如居士等别号,吴县(今江苏苏州)人。29岁时在乡试中得第一名,后在"高考"中得"解元",人称"唐解元",自制印章曰:"江南第一风流才子。"因涉及科场舞弊案,而断送了仕途。精诗文,工书画,晓音律,好饮酒。

唐伯虎在科场失意后备感世态的炎凉,人心的反复。他在《席上答王履吉》一诗中说:"我观古昔之英雄,慷慨然诺杯酒中……我观今日之才彦,交不以心唯以面,面前斟酒酒未寒,面未变时心已变。"他劝世人"饱三餐饭常知足,得一帆风便可收。生事事生何时了,害人人害几时休? 冤家宜解不宜结,各自回头看后头"。在唐伯虎看来,人生一世,如白驹过隙,何必巧取豪夺,苦用机谋? 这都是一些不明事理的庸人。

唐伯虎36岁时,对官场绝望后,便选中苏州城北桃花坞,建了一处优雅清闲的居所,与乡里狂生张灵过起了纵酒放浪、吟诗作画、玩世不恭的生活。他在《把酒对月歌》中写道:"我愧虽无李白才,料应月不嫌我丑。我也不登天子船,我也不上长安眠。姑苏城外一茅屋,万枝桃花月满天。"桃花坞原是宋人章庄简的别墅,但经风雨沧桑,早成一片废墟。不过这里景色宜人,环境十分幽静,一曲清溪蜿蜒流过,溪边几株野桃衰柳,一丘土坡,很有几分山野之趣。唐寅用卖画的钱在这里建成了桃花坞别墅。虽只几间茅屋,檐下却悬着雅致的室名"学圃堂""梦墨亭""蛺蝶斋"等匾额。他一生酷爱桃花,别墅取名"桃花庵",自号"桃花庵主",并作《桃花庵歌》:

> 桃花坞里桃花庵,桃花庵里桃花仙。
>
> 桃花仙人种桃树,又摘桃花换酒钱。
>
> 酒醒只在花前坐,酒醉还须花下眠。
>
> 半醉半醒日复日,花落花开年复年。
>
> 但愿老死花酒间,不愿鞠躬车马前。
>
> 车尘马足贵者趣,酒盏花枝贫者缘。
>
> 若将富贵比贫贱,一在平地一在天。
>
> 若将花酒比车马,他得驱驰我得闲。
>
> 世人笑我太疯癫,我笑他人看不穿。
>
> 记得五陵豪杰墓,无酒无花锄作田。

一年四季,桃花庵内景致各有不同。唐伯虎常邀请沈周、祝允明、文徵明、张灵等名士来此游览,桃花佐酒,舞文弄墨,填词作画,直至尽欢而散。"但愿老死花酒间,不愿鞠躬车马前",正是他追求闲适,蔑视权贵,狂放不羁的真实写照。唐伯虎去世后,祝允明在《唐子畏墓志铭》中说唐伯虎生前是:"客来便共饮,去不问,醉便颓寝。"一派率性而为的名士风度。

唐伯虎是明代知名度很高的人物,在民间流传着许许多多有关他饮酒醉酒的故事,多是说书人演绎的结果。

唐伯虎新婚后,偕妻去岳母家拜谢。岳母见他们夫妻相亲相爱,深感称心如意,遂设丰盛酒宴,热情款待,并亲自劝酒。伯虎平素就贪杯,此时面对美酒,当此盛情,无拘无束,开怀畅饮,一醉方休。宴毕,妻子扶他入卧室休息,少顷即入睡。妻子旋即离去,同父母叙谈别情。适值妻妹从伯虎卧室走过,闻室内有鼾声,即从门缝窥视,见伯虎被子有一半掉到床下。善良的小姨担心姐夫睡中

中华酒典

着凉,遂悄悄入室拉起被子给他盖好。醉酒入睡的伯虎,感到身边有动静,睡眼蒙眬,以为是妻子拉被,即伸手去抓。妻妹见势急缩手,竟被抓住衣角。她用力挣脱,回到自己房中,觉得伯虎行为不端。幼通笔墨的妻妹,愤然提笔在纸上写了一首打油诗:"好心给盖被,却来抓我衣,原道是君子,竟然是赖皮——可气,可气!"然后将写好的纸条送去放在伯虎枕边。伯虎醒来,见枕边有一纸条,拿起一看,依稀记起睡中发生的事,深感羞愧。为给自己辩白,为求妻妹谅解,遂找一纸依照小姨诗的形式,也写了一首打油诗:"酒醉烂如泥,怎分东与西,我道结发妻,谁知是小姨——失礼,失礼。"伯虎刚写完,妻子走了进来。她读了两首打油诗,觉得很滑稽。但为消除丈夫与妹妹之间的误会,她把两首诗拿去给母亲看。母亲看了,觉得十分好笑,当即提笔依照两诗的笔法也写了一首打油诗:"丈夫拉妻衣,竟误拉小姨,怪我劝酒多,致其眼迷离——莫疑,莫疑。"伯虎妻立即唤丈夫与妹妹来母亲房间,把三首诗递给他们二人。二人看了,不禁笑了起来,一场误会才算消除。

相传唐伯虎经常与好友祝允明、张灵等人装扮成乞丐,在雨雪中击节唱着莲花落向人乞讨,讨得银两后,他们就沽酒买肉到荒郊野寺去痛饮,而且自视这是人间一大乐事。还有一天,唐伯虎与朋友外出吃酒,酒尽而兴未阑,大家都没有多带银两,于是,唐伯虎就典当了衣服权当酒资,继续豪饮,竟夕未归。唐伯虎乘醉涂抹山水数幅,早晨告别时换钱若干,才赎回衣服而未出乖现丑。

一天江南才子唐伯虎扮作乞丐模样,去苏州虎丘山游览,正遇一群商人在山上饮酒赋诗。唐伯虎便想和他们开个玩笑,上前作揖道:"今日诗人唱和,为祝酒兴,让我也和上一首?"众商人见来人是个叫花子,竟要附庸风雅,都觉得又

好笑又好气。为了戏弄唐伯虎，便真的把笔递给他，想让他当众出丑。唐伯虎先写个"一"字，商人们轻蔑地摇摇头。他又写了个"上"字，商人们哈哈大笑。唐伯虎说："我写诗一定要喝酒，你们能让我喝点儿酒吗?"商人们回答说："你要真能写诗，我们就让你喝个够;你要是不会写诗，就赶紧滚蛋，别装模作样。"他们真的给唐伯虎斟上了酒。唐伯虎喝了一杯，在纸上添了"一上"两个字，喝了第二杯，又添了"又一上"三个字。商人们气得吹胡子瞪眼睛，指着唐伯虎的鼻子问道："这叫诗吗?"唐伯虎见玩笑开得差不多了，便一口喝干了第三杯酒，提笔一挥而就，写成一首绝句：

> 一上一上又一上，一上上到高山上。
>
> 举头红日白云低，四海五湖皆一望。

写完，唐伯虎将笔一掷，转身扬长而去，惊得商人们目瞪口呆，半天说不出话来。

某年的仲夏时节，唐伯虎有天想去西湖游玩，正行于道中，见一酒肆，酒兴大发，乃入。把盏酣饮罢，欲结账，往身上一摸，竟忘了带钱。回顾四周，也无相识之人，与酒保道："我因走得匆忙，未带银两，暂时赊欠，可以吗?"酒保当然不会答应。伯虎一时无计，面色难堪，不免心慌意乱，满面细汗。忽然想道："何不以扇抵酒?"把意思告诉酒保，酒保还是没有答应。伯虎低头良久，心生一计，大声吆喝道："卖扇! 卖扇! ……"其时，肆中一长者，峨冠博带，是杭州的一大富豪，上前问道："区区一把扇子，能值几个小钱?"伯虎说："足下看了就晓得了。"递给他看，富豪一瞥，不屑一顾地说："扇上之画，分明信手涂鸦，乃出无名竖子之手耳! 分文不值。"言罢，扔在地上，伯虎甚是不悦。不大一会儿，一位书生模样的人上前拾扇细观，观罢，拍案连称："妙! 妙! 妙! 这扇出自名人高手!"随又细看伯虎良久，见其气宇轩昂，风流倜傥，仪表非常，便以猜测的口气问道："阁下莫非'江南第一风流才子'唐伯虎吗?!"伯虎笑而不语，气静神闲。酒客听说是唐伯虎，举座皆惊，争而观看……有人想出高价购买伯虎之扇，伯虎不卖，将扇子送给那位秀才。秀才只摸出十两白银说："我钱少，恐难购得。"伯虎说："足下慧眼识人，令唐某钦佩之至，此扇非君莫属，君若银两短少，我至多只收五两，足付酒钱即可。"秀才收受后，连连拱手道谢。

中華酒典

富豪见状,大梦初醒,上前拱手笑说:"唐解元,才高八斗,学富五车,文名远播,我有眼不识泰山,足下之画,天下无双,人间神品,老朽方才多有冒犯,乞先生海涵。"随又拉唐伯虎同坐,唤酒呼菜,叫秀才也同席而坐。饮酒大酺,伯虎醉意蒙眬,颠倒淋漓,欲出酒肆。富豪说:"先生留步!"伯虎问:"何事?"答:"先生能否将那扇卖与老夫?"伯虎说:"不能!"富豪略有愠色,说:"我出千金,怎么样?"伯虎只顾走路。富豪大怒:"你想怎样?!"伯虎打一饱嗝儿,呵呵大笑,又要迈步,被富豪拉着胳膊说:"还我酒钱!"伯虎一甩胳膊辩道:"是你引我吃酒,非我本意,天上掉下馅儿饼,岂有不食之理?"众酒客哗然大笑。这时,人群中有一皂衣缁裤的捕快上前说道:"唐解元乃江南名流,我早有耳闻,足下可知这老者何许人也?"伯虎道:"闻所未闻,见所未见。"捕快道:"此乃杭州四大巨贾之一,胡天富胡老爷!"伯虎说:"与我何干?!"……唐伯虎是当时江南一带有名的大才子,自然是公众瞩目的人物,一举一动都会影响到他人。"入酒店饮酒未带钱"本来是一件再平常不过的事,可是,平常之事,名人做了,就会演绎出一段不平常的故事。这或许是世间人们为什么不仅要夺利而且要争名的原因之一。

《明史·唐伯虎》记载:宁王宸濠以重礼聘唐伯虎到王府,唐伯虎发现他们有谋反的企图,遂狂饮装疯,醉后赤身裸体,丑态百出。宸濠见状不堪忍受,才把唐伯虎放出王府。后来,宸濠事败露后,唐伯虎得以幸免。这也是饮酒佯醉的妙用。

唐伯虎为"吴门画派"中的杰出代表,民间传说他画的虾,往水里一丢,"毕剥毕剥"全活了。绘画与沈周、文徵明、仇英齐名,合称"明四家"。又与祝允明、文徵明、徐祯卿切磋诗文,蜚声吴中,世称"吴中四才子"。由于民间艺人和戏曲的渲染,唐伯虎点秋香的故事在民间广为流传,唐伯虎也成了中国老百姓家喻户晓的历史人物。在民间传说中,唐伯虎成了妻妾成群,腰缠万贯,倜傥风流的富豪。其实,这是大大地歪曲了唐伯虎的本来面目。历史上的唐伯虎,不仅没有传说中的风流韵事,而且生活清贫,一生坎坷。

以酒为"魂"的老舍

老舍(1899～1966),北京人,满族,原名舒庆春。现、当代著名的小说家、戏剧家,有"人民艺术家"之称。新中国成立后,老舍先后担任中国民间文艺研究会副理事长,北京市文联主席,中国作家协会副主席,北京市第一、二届人大代表,全国人民代表大会第一、二、三届主席团成员等职。

20世纪40年代,老舍在一首诗中写道:"半老无官诚快事,文章为命酒为魂。"无官一身轻,潇洒自在;文章增命达,以酒催发。这不仅反映了他当时的生活心境,也是文人本色的简要概括。台静农在《我与老舍与酒》一文中写道,在20世纪的30年代,他和老舍在山东济南、青岛相识相遇,两人常在一起饮酒论文,谈天说地,喝得最多的是泛紫黑色的、味苦而微甜的"苦老酒"。老舍给台静农的印象是,"面目有些严肃,也有些苦闷,又有些世故,偶然冷冷地冲出一句两句笑话时,不仅仅大家轰然,他自己也'嘻嘻'地笑,这又是小孩样的天真呵!"这些陈年酒事,让我们有幸看到了同样好酒的老舍与台静农的亲切交往。只有性情中人的"酒话"才会透出他们"厮熟的关系"中的真情。"似乎喝到他死命的要喝时,可是不让他再喝了",这是台静农笔下的老舍,寥寥几笔,一个我们并不常见的老舍,如此鲜活地跃然纸上,就好像是自己的酒友。台静农去了重庆,老舍"破产请客":"静农兄来渝,酒后论文说字,写此为证。"这是老舍留给友人的小纸条,连玩笑也开得这么认真,也只有老舍能幽默到如此境界,可见两人当年的缘分很深,见面必酒。

从老舍那时和后来写的诗句看,如"偶得新诗书细字,每赊村酒润闲愁""贫未亏心眉不锁,钱多买酒友乡亲""有客同心当骨肉,无钱买酒卖文章"等诗,说明老舍是好酒的,并常借酒抒情、浇愁、待客。

据现、当代作家林斤澜回忆:建国初期的几年里,老舍每年两次把文联的同仁叫到他家聚会。一次是菊花开了,赏菊,还有一次是他的生日。聚会都要喝酒,他家有很多酒,汾酒、竹叶青、伏特加……要喝什么喝什么,要喝多少喝多少。有一次拿出一瓶葡萄酒,炫耀是毛主席送的。老舍自己是好酒量,从来没

中华酒典

有看到他喝醉过。

　　周恩来与老舍交往深切。一次宴请朝鲜朋友时,老舍酒兴大发,喝得不省人事。周恩来知道后,毫不客气地批评了他。老舍一回家就对妻子说:"今天我挨了好一顿批评。"从此,老舍再也不喝过量酒。

　　1966年,老舍被红卫兵多次揪斗,并打得头破血流。他被逼无奈,以"士可杀而不可辱"的气节,于8月24日含冤自沉于北京太平湖。当得知老舍去世的噩耗时,周恩来感到震惊和悲愤,曾当着身边工作人员的面跺着脚说:"把老舍先生弄到这步田地,叫我怎么向社会交代啊!"

　　老舍的传世代表作品有长篇小说《骆驼祥子》《四世同堂》等,还有蜚声中外的经典话剧《茶馆》。老舍是语言大师,是"京味"小说的杰出代表。

醇酒人生林斤澜

　　林斤澜(1923~),浙江温州人。是当代著名短篇小说家,与汪曾祺一起被称为"文坛双璧",素有"短篇'圣手'"的美誉。作品有《春雷》《飞筐》《山里红》等。现为中国作家协会会员,北京市文联专业作家。

　　1957年,林斤澜的九妹林抗、妹夫潘大平双双落难,下放到程绍国所在的村庄双溪。因缘际会,文学青年程绍国因此得以认识林斤澜,后来程绍国写了《林斤澜说》一书,为我们披露了有关林斤澜好酒的一些情节。

　　1979年,林斤澜重回故乡双溪,一见妹夫潘大平就说:"叫绍国抬一缸酒来,我们边喝边谈写作的事。"由此可见其善饮的风采。

　　林斤澜说,他馋酒,自己每天都要喝一点儿。他自己喝酒是定量的,喝够定量,犹不解馋,还要握着空酒杯,闻闻香。喝酒之余,他还收藏各种形态的酒瓶子,多宝格上酒瓶放得形形色色,有瓷的、陶的、玻璃的。他家的客厅一边是书橱,一边是酒瓶橱。酒瓶造型都是很漂亮的,不少酒瓶模样独特,非常古怪。有一个贵州安酒的酒瓶,酷似傩戏的脸谱,外套一个篾制的盒子,是藏中极品。林斤澜收藏酒瓶的原则是奇异稀缺,一旦到处都见的酒瓶与自己雷同,就从多宝格架子上陆续淘汰掉。有的当年是独特的,现在就不独特了,比如酒鬼酒的瓶

中华酒典

子,由黄永玉设计为"布袋"形状,刚一出来,很有创意,赶紧收藏,后来到处都是,没劲儿了,俗了,林斤澜就把它扔了。1997年之前,好友汪曾祺常常为林斤澜收集酒瓶。见到一个特别的,即使在很远的地方,也要立即收好,不辞劳苦,带回家送给林斤澜。

说起林斤澜饮酒的历史,那真是老资格了。林斤澜回忆说,他饮酒,小时候受祖母的影响很深。在他幼小的时候,常见祖母把酒当茶喝,忙一阵,经过厨房,端起锡质的酒壶,咕咚咕咚喝一气黄酒。那种羡慕之感简直难以言说。大约七八岁时,林斤澜咳血,可能得的是痨病。温州人的说法,吃什么补什么,吃什么治什么。他母亲便买来一个猪肺,煮好叫林斤澜吃下。林斤澜摇了摇头,说"这个……那么大……没有酒……怎么吃呢?"母亲无奈,允许林斤澜饮酒吃肺,林斤澜竟喝了大半斤黄酒。十几岁时,林斤澜闹"革命",在温州台州之间的一个山腰,和他同住的是一个喂牲口的饲养员。有天夜里,林斤澜来了酒兴,老头儿居然给他搞到一瓶"白眼烧"(烈性劣质白酒),外带一块黑黢黢的羊头肉,其坚硬有如给旧鞋打后掌的胶皮。林斤澜牙口好,硬是就着那个黑黢黢的"胶皮后掌",把那瓶"白眼烧"灌进肚里去。1949年一个冬晚,二十多岁的林斤澜在无锡"苏南新专"上学。他和高晓声、叶至诚、陆拂为等四同学在无锡一个小酒店喝酒,不想付账时钱不够。林斤澜只好脱下皮衣,当在那里。哆嗦着回校取了钱,才赎回了他的皮衣。三十多岁,林斤澜"蹲点"门头沟山上,也与一个老头儿同睡。这个老头儿是个炊事员,可是那个时候,什么吃的都没有,只有大蒜,林斤澜便买来"番薯烧",就着大蒜和老头儿同饮。可见,林斤澜是天生的好喝酒。

林斤澜说:"一个人只要能降得住烈酒,这说明他的身体还是可以的。"他一生与酒为伴,拿酒当朋友,通过酒来与人交流。酒,是他精神享受的养料,是获得体内平衡的"维生素"。

林斤澜好酒,每日必酒。他究竟能喝多少酒,一般人不知道。很多人和他喝酒交往,但始终不明他的酒量。他酒量大,饮酒后从不摇晃,从不粗舌,更不论呕吐了,其嗜酒善饮在文学界都是很出名的。他一餐,能喝一瓶葡萄酒,而且葡萄酒、啤酒、黄酒、白酒他都喝,还不论土烧或洋酒,而且可以混杂着喝。中午

中华酒典

喝,晚上喝,子夜可以拉他起来喝到凌晨。真是"海陆空""全天候",肠胃成了大熔炉。陆文夫逝世后,林斤澜感伤地说:"晓声走了,曾祺走了,现在文夫也走了。人说我们是文坛酒中四仙,咳,只剩下我一个了。"

邓友梅回忆说,他看到林斤澜只醉过一次。那是从老舍家喝完出来后,碰在大树上了。50年代,老舍心情还好,每年中秋或生日,便叫一群人过来赏菊、喝酒。林斤澜说曹禺有一回醉了,溜到桌子下了,可是双手还在抓酒瓶。对于碰树的事,他辩解说:"我没醉。我知道前面有棵大树,我就向大树直走。直走肯定会碰上大树,果然不出所料,碰上了。我当然没醉。"

90年代初,林斤澜感觉右腿微麻,到医院做了核磁共振,结论是脑血栓。林斤澜骑自行车到了汪曾祺家,向汪谈了检查的结果,并在汪家照样喝酒。汪夫人连忙劝他不能骑车,也不能喝酒云云,林斤澜笑而不答,饮酒如常。之后爱女布谷对于父亲喝酒,越发管得严了。2004年底,程绍国几人进京,林斤澜叫来邓友梅、柳萌,布谷做东,在宁波菜馆吃饭。席间,眼看邓友梅要给林斤澜倒酒,布谷的眼睛睁得很大:"小邓叔叔,不要给我爸倒酒!"小邓叔叔还是给林斤澜倒了一杯啤酒。布谷站了起来,气呼呼地要过去。小邓叔叔只得表演般地、滑稽地把酒倒了回来。

林斤澜体格健康,平素很少生病。他对付感冒有三种法子,密而不与外人道。其实他是从《红楼梦》中贾母那里学来的! 一是饿肚子,二是喝酒,三是蒙头热睡。碰到下雨,他不坐车,故意淋湿,一路走回宾馆,说是"破坏性实验"。热洗一番,喝点白酒,居然轻松欲仙。

邓友梅是林斤澜一生交往的朋友之一,他在《漫话林斤澜》中说:"我向上帝起誓,林先生是我见过爱情最忠贞,婚姻最美满的男人。举案齐眉,从没发生过口角。"有一次,在酒桌上,林斤澜也说:"没有绯闻,不知是好还是不好,反正我一生就一个女人。"不仅如此,林斤澜在处世方面也很老练,外圆内方。当酒酣耳热之际,林斤澜和在座的朋友说:"作为一个知识分子,一生一定有个下限,这个下限就是独立思考。一没了下限,就没了自己。好多人最后没守住下限,结果丧失了自己。在现实生活中你要和现实对抗,绝对对抗不过,对抗的结果,只能是失败。但在创作中,我和现实可以保持一种紧张关系,可以不认同现实。"真乃酒后绝论！

在饮酒中品味人生的林文月

林文月（1933~），上海人。当代台湾著名女学者、翻译家。译著有《源氏物语》《圣女贞德》《茶花女》《基督山恩仇记》等，学术论著有《谢灵运及其诗》《澄辉集》《山水与古典》等。

从林文月写的《饮酒及与饮酒相关的记忆》一文可知，她是一个很懂得生活情趣，并在饮酒中品味人生的人。

她说："自省能饮与否？较诸不能饮者，自属能饮几杯的量；可又与真能饮者比，则是逊多矣，何足称！倒是自从浅酌之间获得的情趣与可记忆之事良多，值得记述。"在她看来，一个人的酒量大小没有什么值得称道的，倒是饮酒间的那种情趣令人难以忘怀。她回忆说："第一次饮酒，是在大学毕业的谢师宴会上。"也许是毕业的兴奋以及师生聚叙的欢愉气氛，林文月跟着其他同学频频举杯敬谢师长们，还有同学之间的相互酬酢，不知不觉间喝了许多清酒。"喝酒的滋味如何？说实在的，苦中带辣，并不好喝"。但是，在欢乐的酒宴中，平日严肃的老师们都变得十分可亲。喝酒的感觉如何？林文月说："一杯继一杯之后，面孔发烧，有些晕眩飘然；最后，我便是在飘然晕眩之中，由人左右挟持着走回女生宿舍的。那种感觉十分奇妙，腾云驾雾似的……仿佛足不着地就已经回到了寝室。很久以后，我才了解，日本人称酒醉者之步伐为'千鸟足'的道理。不过，痛苦却在后头。整晚上，辗转反侧难眠，口渴而且胃里翻腾。但是，自从那一次饮酒之后，虽不好酒，偶尔应酬之际，也知道自己能小饮若干无妨。"

林文月饮酒，主张率性而为，自由自在，不攀酒，不劝酒。她说："中国人饮宴，好劝人以酒，又每每斤斤计较。争少嫌多，或者是乐在其中。而我本拙讷，不善言辞，与其唇枪舌剑比口才，不如仰饮干脆。常观察别人饮酒，觉得有如兵术，讲究攻防之间的技艺，乃至于不厌诈术。我饮酒只迎敌而不攻伐，又讲究信用公平，不与人计较多寡。"由酒品可知林文月的人品。

林文月读大学的时期，师生之间处得也十分亲近。"通常是在某位老师的寿诞之日,由学生合宴祝寿。某位老师是寿星主客,则必定也邀请其余的老师做陪客;少则三两桌,有时遇着整寿大规模的祝贺,也有过席开十桌的热闹场面"。林文月说,太史公写《滑稽列传》,称淳于髡"一斗亦醉,一石亦醉",大王之前或亲友严客,越是严肃的场面越不能开怀畅饮。但是,他们中文系的学生似没有古人的忧虑,在尊敬的师长面前,往往都能尽量而饮,即使酒后稍稍越礼失态,宽容的师长也多能原谅不介意。师长们不唯不介意学生辈饮酒改变常态,他们自己也会表露出平日教室内所不易见到的另一面。他们于酒酣耳热之际的谈吐,十分隽永诙谐,饮酒之余,互比酒量与酒品,戏封"酒霸""酒圣",乃至"酒赖""酒丐"等有趣的称呼,更令大家忍俊不禁。其实,非必限于筵席之间,他们私下也往往有机会与师长浅酌对饮的。林文月与台静农先生在温州街的日式书房内喝酒最多,也最难忘怀。

林文月回忆说,有一回,舅舅在家里宴请他的老友,打电话叫她去陪长辈们喝酒。他舅舅在电话中说:"舅舅现在不大能喝酒了,也对付不了那么多客人,你就来帮舅舅喝几杯吧。"林文月义不容辞地赴宴。那晚上的客人多为报界和文艺界的长辈们,一桌主客十二人,佳肴与谈兴均属上乘;奈何酒过三巡后,有些老先生说话已次第脱序,举箸维艰了。"表弟夫妇与我三个做小辈的,一一敬酒,自不敢怠慢,也渐渐有些不胜酒意的感觉"。最后散席时,好几位客人都是癫癫危危、踉踉跄跄地步伐,却异口同声地说着:"今晚喝得真痛快!"

林文月的舅舅晚年得痛风之疾,宜当忌酒,且需多喝白开水。但他常常在几上放一杯水,于座位之下置一瓶酒,九分水中,掺一分酒。见到林文月便苦笑道:"医生嘱咐每天喝七杯水。这白开水,没滋没味的,怎么咽得下去?只好想办法兑一点儿味了。"说着,用小杯子倒些酒给林文月:"你喝纯的,舅舅就算是陪你喝鸡尾酒吧。"又说:"'古来圣贤皆寂寞,唯有饮者留其名',这是李白的诗句吧?哈哈,你是读文学的,会懂。"舅舅的话和苦笑,林文月当然懂得。记忆之中,那是她感觉最接近舅舅的一次。

林文月喜欢和亲人及要好的朋友聚会饮酒,从不独饮。最不喜欢的饮酒场合,是与一群半生不熟的人应酬,那种场合,能避则避;设若躲避不及,连说应酬话都觉其多余,更遑论饮酒之兴致了。不过,时则不得不做礼貌性地酬酢,又有时偏逢在座有人风闻林文月能饮若干，便好说歹说劝酒。遇到那种情况，林文月又不擅长忸怩计较，只好饮尽杯中物，那要比多费口舌计较或推辞简单利落得多。林文月解释说："饮酒固非易事，自忖日常所做之事中，也多属不容易。做学问，写文章，乃至译事斟酌，哪一样是容易的呢？若其勉强过量喝酒，大不了一醉罢了。"有侠客之风，干脆，豪爽！

林文月认为，喝什么酒需配什么样的菜肴。享用中国菜肴，微热的陈年绍兴酒最合宜。她称赞台静农先生的文章中提到的"老白干"或"汾酒"，以其本身芳醇浓烈，往往掩盖佳肴美味，不免喧宾夺主。尤其私人宴客，女主人亲自下厨展现手艺，总应当特别专心品尝，借以体味个中奥秘，若因酒而忽略佳肴，实在辜负了主家的一片心意，既可惜，也失礼之至。品尝西菜，无论牛排或海鲜，最好佐以红色或白色葡萄酒。白兰地或威士忌牛饮，委实糟蹋且煞风景。在微暗的灯下或烛光摇曳之中，见琥珀色的液体在晶莹剔透的杯中轻漾，虽然不免有布尔乔亚气息之嫌，但人生偶尔在工作之暇，放纵一下享受一下，又何妨！至于吃日本料理，则非东洋酒佐餐不可。那清酒甜甜的，单独喝起来未见得多好，但微温之后倒入小陶壶中，无论自斟自饮或相互对斟，配着清淡精致的料理细啜，确实有其独特的风味与情趣。林文月在日本京都留学的初夏时节，老板娘秋道太太特为她留一瓶浊酒，当夜深人散后，敞开纸门窗，准备一些水煮毛豆等小菜，两个人便对酌起来，直喝到星星都困倦了。那种冰凉的黏白甜酒，有一种特别的滋味。独在异乡为异客，能结识同性好友谈心，也是一种特别的缘分。秋道太太的友谊及为她准备的浊酒，以及那个晚上的整个氛围，成为林文月终身难以忘怀的温馨记忆。

与家人小酌，也别有情趣。林文月的儿女在出生满三个月后，便由父亲以箸端蘸一滴甜酒放入小嘴里。不知是否因此之故，儿女们长大后多少都能喝些酒。五六年前，林文月夫妇带了女儿思敏去日本东北地带游览，有一晚住在某处温泉乡。她们挑选灯光最亮的一家小酒店，从布帘垂覆的门口钻入。中年的老板即刻响亮地喊出："欢迎光临！"小酒店朴实而拥挤，却有一种亲切的气氛。她们叫了几壶温水对烧酒的地道日式小饮，又佐以烧小鸟、烤鱿鱼和腌白菜等小碟酒肴。浴后身上的硫黄味犹在，而微烈的酒精渐渐使血液循环加速，不久就有了醺然的感觉。女儿青春的面庞上也泛起了桃花似的酡红。她们自自在在地啜饮着、漫谈着，竟未发觉外面已下起了骤雨，还是听坐在靠外吧台上的酒客嚷嚷才知悉。下雨就下雨吧，反正一身无事，温泉乡长夜漫漫。她们喝到雨脚歇了才离开酒店，也不清楚到底喝了多少酒，只见低矮的小桌上列着许多陶壶，一家三口人走路的步伐都有些踉踉跄跄。

女儿思敏赴美留学，林文月夫妇也曾于假期旅游探访，她们三人遂又于加州旅邸饮酒畅谈。林文月醉眼蒙眬地看着十分独立自主的女儿，心中充满了欣喜。那一夜，她们喝的是含有胡椒子的俄国伏特加酒，辛烈无比。但细啜慢饮，三个人竟喝完一瓶意犹未尽，又另开一瓶，直喝到每人讲话都有些舌头打结。后来，不知是父女之中哪一个先提议的，开始打电话给远近朋友问候致意。从美国打到加拿大、夏威夷，复又及于台北，甚至到巴西。起初，林文月尚且理性劝阻，见他们兴致浓郁，不觉得也参与其间。三个人争着向遥远的地方饶舌……后来，电话费的账单若干，已不记得，但那一次三个人分明都醉了，醉得像顽童一般！

儿子探亲回家，林文月与儿子对饮。她们饮酒，吃夜宵，谈文学和音乐，仿佛又回到往昔。她们一直是很谈得来的知己。儿子忽然有所感地说："妈，其实这样的机会并不多，只有你跟我。"林文月内心感到十分惬意和温馨。人际关系很微妙，即使亲如父母子女，一生之中，能有几回这般澄净如水地单独相处呢？林文月庆幸地说："何况，他已在夏天新婚，我把他交给了另一个深爱他的小妇人。在学业告一段落之际，能兼程千里迢递回来伴我十日，那心意我明白，可是，有些话是不必说出来的，喝酒吧。其实，能这样子对饮交谈的机会也并不多。好酒应该与久别的儿子共享。"

后来，林文月获得访问外国学界的机会，在英、美及日本各停留一个月。有几位陌生的外国学者，经人介绍后竟然睁大眼睛说："啊，你就是那个很会喝酒的林文月吗？"令林文月没有想到的是，"酒名"竟然流传到海外，真是始料未及之事。

李国文钟情"二锅头"

李国文(1930~),上海人,作家。主要作品有传记《莎士比亚》,长篇小说有《冬天里的春天》《花园街五号》,中短篇小说集《第一杯苦酒》等,作品曾获鲁迅文学奖和茅盾文学奖。

他在《母亲的酒》一文中深情地写道:"酒这个东西,真好!"这是他老母亲喝完了最后一口,将酒杯口朝下,透着光线观察再无余沥时,总爱说的一句话。这句话影响了李国文大半生。上世纪六七十年代家里穷,买不起瓶酒打散酒,而且还是薯干酒,炒个白菜,拌个菠菜,也能喝得香喷喷的。家里再穷,这杯酒还是要有的。因为有富人的酒,也有穷人的酒,喝不起佳酿,浊酒一盏,也可买醉。后来生活渐入佳境,也有条件喝好酒了,可李国文的母亲仍对二锅头情有独钟。在李国文被打成"右派"的日子里,母亲每天吃饭时喝一小杯酒,也给他倒一杯喝。因此,李国文说:"我怀念那有酒的日子,酒,意味着热量,意味着温暖,那时,我像一头受伤的动物,需要躲起来舔我流血的伤口,这家,正是我足以藏身,可避风霜的洞穴。"老年时的李国文,每当在饭桌上坐下来,品着琥珀红的酒浆时,就会想起那杯母亲的白酒,这一份记忆,也就渲染上一层玫瑰般的甜蜜色彩。"酒这个东西,真好"的话音就会在耳畔响起:好在什么地方?好在"无论是阳光灿烂的季节中,还是要刮风下雨的岁月里,只要是有酒的日子,那幸福,就属于你"。酒,成了李国文"幸福"的象征。

李国文从母亲钟情二锅头酒得到启示:二锅头酒是价廉物美老百姓喝得起的酒。为此,他写过《酒赞》一文。听到北京产的二锅头酒进入人民大会堂成为宴会用酒,李国文情不自禁地写下《二锅头颂》。文中写道:"二锅头的性格,也是这些普通人直来直去的性格,不拐弯抹角,不虚头巴脑,味道很辣,还很有劲,没有思想准备,真像擂你一个跟头似的噎得说不出话来。酒性很烈,而且很有穿透力,一入口中,立刻冲向五脏六腑。然后一股热流,从头至脚,舒筋活血,疲乏顿消。然后眼热耳红,头脑发胀,腾云驾雾,浑身通泰。因这酒是自己花钱买的,一至微醺状态,见好就收。此刻,一切烦恼,苦闷,不愉快,不如意,通通置

中华酒典

之度外。夕阳西去,万家灯火,醉眼蒙眬,怡然自得;然后倒头一觉,养精蓄锐,明日再为生活奔走。说实在的,在这些人的生活中,什么也比不上二锅头带来的欣快和愉悦了。"是啊,二锅头酒比起当今的茅台、五粮液,则显得"土头土脑",可是它是千千万万老百姓喝得起的酒,是平民化的酒。从饮酒买醉这一点看,与茅台、五粮液一样。因此,真正饮酒之人,不会轻看那喝一口直贯五脏六腑的二锅头。因为,人们饮酒,是寻找一种感觉、一分快乐、一点刺激,暂时可超脱于现世。价廉物美的二锅头,更经济,更朴实,完全可以满足人们的需求。这也许就是李国文赞美二锅头、钟情二锅头的初衷吧!

好饮白兰地酒的古龙

　　古龙(1937~1985),本名熊耀华,江西人。当代台湾著名武侠小说作家,其知名度排在金庸之后。他少年时期便嗜读古今武侠小说及西洋文学作品,武侠小说创作"喜欢从近代日本及西洋小说'偷招'"。

　　他在生活作风方面是一个颇有争议的人:嗜酒好色,挥金如土。有人统计,他一生创作了71部小说,每部小说背后都有一个女人。一个月的酒钱曾花过17万台币;为了一个心爱的女人,一夜之间花掉半本书的版税。多次离婚,生活奢侈,饮酒不节,直到病入膏肓时,古龙才一改以前的浪子行为。他说:"我现在的生活与和尚没有两样。酒色财气、吃喝嫖赌、声色犬马,这些我过去最喜欢的东西,现在都戒掉了,现在连脾气都不发,你信不信! 闲来无事,读读禅宗的书,看一点儿佛经,这不就是和尚的生活吗?"看来,乐极生悲这句话没有说错。有时只有悲惨的结局,才能改变人的得意忘形,改变人过极的出格行为。

　　放荡不羁的古龙嗜酒,尤善豪饮。在古龙的生命中,除了朋友,酒占有很重要的地位。在许多酒类之中,他最喜欢喝白兰地,白兰地之中,当然是愈陈年的愈好。法国人喝白兰地,是倒一点儿在杯子内,一边闲聊一边慢慢地品啧。古龙可不来这一套。他喝XO,先倒半杯,再加半杯冷开水,然后咕嘟一下,一口气喝干。如果让善饮的叶圣陶和丰子恺看,这简直就是一种"牛饮",有失文人的雅致。可是从各自的饮酒习惯而言,就没有什么可奇怪的了。古龙擅长喝急酒,三两下就连干十来杯,别人醉倒了,他依旧坐在椅子上,双目注视着饮者的醉态傻乐。古龙犹如他在自己小说中写的侠客,交朋友,重义气,常与朋友一起豪饮比酒量。饮酒尽兴时的口头禅是:"喝酒! 钞票、老命由它去!"古龙喝酒最多的一次是,和四个朋友喝了 28 瓶白兰地。有些人听说古龙的酒量奇佳,便找上门去拼酒。像港星徐少强,就曾到古龙家中,开始喝的时候,先挂长途电话回家,对他母亲说,他要开始和古龙喝酒,晚上恐怕不能打电话回家,免得母亲挂念。那一夜,徐少强果然醉了,而且他带去的两个朋友,也醉倒在古龙家的地毯上。古龙喜欢朋友醉倒在自己家中。其实,古龙也不是神仙,他也常醉。只不过他的酒量大,意志力特别强,能把身体支撑在椅子上,看着一个一个醉汉晃荡回家,他才进屋休息。古龙花在酒上面的钱,恐怕数也数不清。在《流星蝴蝶剑》的电影放映不久,有人亲眼见他付了 17 万台币的酒钱。而这 17 万台币,只不过是一个月的酒钱而已。而且,还只是他买的酒,不算在酒廊等处叫来的酒。当然,《流星蝴蝶剑》上映时,是古龙最出彩最风光的时候,电影圈一窝蜂地拍古龙小说改编的电影。那时,他只要签个名,就二三十万,因此 17 万台币的酒钱,是算不了什么大事的。古龙平时嗜酒如命,写作时却滴酒不沾;平时不抽烟,写作时却烟不离口。"陌上花发,可以缓缓醉矣! 忍把浮名,换了浅斟低唱。"古龙对两句宋词的拼接,可看作是他对自己的人生总结。美景浮名,无非换酒一醉,再派不上别的用场。这幅字的最下方盖了古龙自刻的印章,上印"一笑"两字,寓意深长,暗示争名夺利一场空。人生原来不过如此,万事皆可一笑置之。对他而言,"浪子情怀总是酒"。古龙不但嗜酒,而且对酒有独特的认识。一般地讲,他不主张饮酒至醉。他说:"喝酒无疑是件很愉快的事,可是喝醉酒就完全是另外一件事了。你大醉之后,第二天醒来时,通常都不在杨柳岸,也没有晓风残月。你大醉之后醒来时,通常都只会觉得你的脑袋比平常大了五六倍,而且痛得要命,尤其是在第一次喝醉的时候更要命。"(《浪子情怀总是酒》)他喜欢朋友们的相聚相欢场面和饮酒时的气氛。这是因为朋友相聚饮酒,放得开,不设防,真实自然。他说:"我爱的不是酒的味道,而是喝酒时的朋友,还有喝过酒的气氛和趣味,这种气氛只有酒才能制造得出来!"因此,"这个世界上只有一种珍贵的液体,那就是酒"。在古龙看来,通过饮酒,浊者自浊,清

中华酒典

者自清,反常规的言行,给人以鲜活之感。正如苏轼所言:"我观人间世,无如醉中真。"(《饮酒》)

饮酒与人们的心情有关。通过饮酒常常能释放人们内心深处被压抑、被扭曲了的情感。喝与不喝,喝多喝少,醉与不醉,醉深醉浅,都与喝酒人当时的心情直接相关。古龙说:"酒的好坏,并不在它的本身,而在于你是以什么心情喝下它。一个人若是满怀痛苦,纵然是天下无双的美酒,喝到他嘴里也是苦的。"而人情变化无常,在酒的作用下,人的言行也就各不一样。"酒之一物,真奇妙,你越不想喝醉的时候,醉得越快,到了想醉的时候,反而醉不了"。为什么?喝酒时的心情不一样。反之,一个人若是真的想醉,醉得一定很快,因为他不醉也可以装醉。

古龙认为,酒并不能解除人的痛苦,反之,那只能是自己欺骗自己。他说:"酒是种壳子,就像是蜗牛背上的壳子,可以让你逃避进去。就算有别人要一脚踩下来,你也看不见了。"这只是一时的逃避,只要不死,你最终还得从"壳子"里走出来。他还说:"只有酒才能使人忘记一些不该去想的事。而人最大的悲哀,就是要去想一些他们不该去想的事。除了'死'之外,只有酒才能让人忘记这些事。"

他最后卖出的一部电影版权是《一剑刺向太阳》,版权费100万台币。这时,他因得了肝病,已经不能喝烈酒,只能喝比较淡、酒精度低的葡萄酒了。

古龙曾经不无骄傲地说:"我这样纵酒二十年的人竟没有酒精中毒,医生觉得是个奇迹。因为我脑子还这么清醒,手也不抖。"其实,这不但是医生的误导,也是古龙的错觉。物极必反,古龙晚年患肝病和吐血,并英年早逝,与他饮酒不节有直接关系,否则他到后来也不会戒酒,乃至滴酒不沾。

古龙写作、饮酒和做事讲究干净利落。酒后吐真言,醉酒之后,他曾说:"我的生命,我的为人,我的武侠,所追求的就是'干净利落'四个字。"我们从他的饮酒方面也可看出这一点。

古龙生前"计划写一系列的小说,总题目叫作'大武侠时代'"。可惜他英年早逝,"大武侠时代"的计划终成泡影。他的成名作是《绝代双骄》和《楚留香传奇》,这将他推上台湾武林霸主的位置,声望直逼香港武侠小说泰斗金庸。其

家庭经典藏书

中华酒典

实这不过是古龙早期的二流作品,后来创作的《多情剑客无情剑》《流星·蝴蝶·剑》《欢乐英雄》和《大人物》等小说才是他的一流作品。

据说在古龙入土时,朋友们开了48瓶白兰地放在棺木里,既代表他活了48年的人生岁月,也让他长眠地底仍能享受那芳香的美酒。

酒徒刘伶《酒德颂》

文人中嗜酒的不少,但酗酒能超过刘伶的实为罕见。酒徒刘伶堪称酒界之英雄,生为酒来,死为酒去,写《酒德颂》一文,道出为酒者之心声。刘伶身长六尺,容貌丑陋,乃"竹林七贤"之一。这"竹林七贤"整日放荡不羁,常于竹林下,唱歌纵酒,酒酣起舞,远离尘世喧嚣,抒发情意、排遣苦闷。其中饮酒最甚者是刘伶,他终日酗酒成性,无药可治。

刘伶一生可说是与酒情结连理,生死与共,无酒不能生存。酒徒刘伶虽做过几日小官,因不是仕途材料,被迫回乡。回到家乡的刘伶终日游手好闲,经常随身带着一个酒壶,乘着鹿车,一边走,一边饮酒,还命下人带着铁锹紧随车后。刘伶告诉他,自己什么时候死了,就地埋之。

嗜酒如命,刘伶经常喝得昏天黑地,不知所云,难辨是非。在他所居住的破屋里,时常酒气缭绕,喝至酣畅,他便脱光衣服裸露在外。外人如若进来撞见,免不了说他伤风败俗之类。哪料刘伶却与人理论:"我以天地为栋宇,屋室为衣裤,诸君何为入我裤中?"来人无语,刘伶还是不穿裤子。

发生在酒徒刘伶身上的趣事举不胜举。有一次,刘伶又喝酒烂醉如泥,这下得罪了

刘伶像

中华酒典

老婆大人。她拿起榔头把家里的酒缸砸碎,然后哭诉着劝刘伶戒酒。刘伶严肃地说:"好的,只是我自制力太差,需要在神灵面前发个誓以求保佑。"他忙命夫人去买供品。酒肉摆到桌上,刘伶跪下誓曰:"天生刘伶,以酒为名。一饮一斛,五斗解醒。妇人之言,慎不可听!"老婆以为他果真发誓戒酒,再去看他时,又烂醉如泥。

刘伶除了喝酒,还写了篇《酒德颂》,这是他唯一传世文字。《酒德颂》虽篇幅短小,却生动地概括了刘伶喝酒的美妙境界。文中说自己行无踪影,居无房舍,幕天席地,肆意放纵。无论走到哪里,随时提着酒壶畅饮,人生唯酒是当务之急,其他事都无关紧要。无论外人怎么说,自己都不屑一顾。别人越要评说,自己反而饮酒更多,喝足了就睡,醒来后精神恍惚,于无声处,即使一个惊雷打下来,也听不见,面对泰山视而不见,亦不知天气冷热,也不解世间情为何物。

刘伶喝酒能达到如此境界,可谓是酒人合一,这也和当时的社会背景不无关系。刘伶生活于晋代,由于社会动荡不安,长期处于分裂状态,文人备受统治者的政治迫害。他们只有借酒浇愁,或以酒避祸,但酒后又放狂言发泄对时政的不满之情。刘伶《酒德颂》也反映了当时文人的普遍心态。

饮酒自若郭子仪

郭子仪(697~781年),华州郑县(今陕西华县)人,唐代名将。郭子仪体高貌秀,青年时以武举入仕,长期任职北部边陲,过着戎马生活。天宝年间,任横塞军(今内蒙古乌拉特中旗西北)使、左卫大将军。754年,在他58岁时,改任为天德(今内蒙古五原)使,兼九原太守、朔方节度右兵使。

郭子仪长年居于北部边陲,与少数民族打交道,因而,他亦喜酒,长饮自若。天宝十四年(755年)11月,身兼范阳、平卢、河东的三镇节度使安禄山叛乱。12月,郭子仪奉命率朔方军沿黄河东进,首先击败叛军,收复静边军、河曲、云中、马邑等地。接着,与李光弼合军,击溃安禄山部将史思明叛军,唐军声势大震。由于唐玄宗急于求胜,误听宰相杨国忠言,连连遣使催促守潼关的哥舒翰反攻。哥舒翰本无力攻打安禄山,唐玄宗坚持出兵,最后兵败,叛军长驱直入,潼关失

郭子仪像

守,攻占了长安。

　　长安陷落,唐玄宗带着太子李亨及杨贵妃、杨国忠和数千禁军仓皇出逃。在马嵬驿(今陕西兴平西),随行将士兵变,杀死杨国忠,并逼迫唐玄宗缢杀杨贵妃,唐玄宗逃往成都。是年7月,太子李亨在灵武即帝位。8月再次起用郭子仪为兵部尚书、同中书门下平章事,仍兼朔方节度使。这时,安庆绪杀其父安禄山,自立称帝。安庆绪控制洛阳、长安。这年9月,肃宗李亨任命广平王李俶为天下兵马元帅,郭子仪为副元帅。很快收复了洛阳、长安两京地方。肃宗慰问郭子仪时,说:"吾之家国,由卿再造。"再造唐朝的老将郭子仪,入朝后,肃宗即以郭子仪为司徒,封代国公。朝臣为他摆酒祝贺,他饮酒自若,从无骄色。

　　此后,他因功高,不断受人谗忌。在759年,史思明、安庆绪再次作乱,郭子仪奉命出征,因受宦官鱼朝恩的掣肘,失败后鱼朝恩将失败的责任,推到郭子仪身上,郭子仪被召回朝罢免一切官职。归家闲居,郭子仪虽受极大委屈,仍是饮酒自若,控制自己的情感,在家闲居一年有余。726年,由于边境不宁,肃宗再次起用66岁的老将郭子仪镇守朔方、河中,他仍不避生死,毅然从命。他到那里,迅速平定了叛乱,功勋卓著,但连遭宦官程元振、鱼朝恩的迫害,接二连三被罢官,留京闲居。郭子仪以国家为重,饮酒自若,安然自得。就连肃宗儿子代宗都觉得对待老将郭子仪,竟然如此不恭,深感内疚。他翻阅过去给郭子仪的诏书和郭子仪的申诉,表示说:"大臣犹疑,朕之过;朕甚自愧,公勿以为忧。"后来,由于吐蕃不断的入侵,不得不再次起用郭子仪,镇守边陲。最后一次出击吐蕃时,即公元773年(大历八年),吐蕃十万骑兵入掠邠州等地,相继为年已77岁的老将郭子仪所击退。

唐德宗即位后,尊郭子仪为尚父、加太尉,兼中书令。从此,结束了戎马生涯。两年后病逝,享年35岁。史书称赞他:"功盖天下而主不疑,位极人臣而众不嫉。"堪称一代之楷模。

淳于髡酒讽齐王

淳于髡,战国时齐国学者、幽默家,他多才善辩,以博学著称。齐威王在稷下招揽学者,被任为大夫,曾多次讽谏齐威王和邹忌改革内政。他嗜酒,数使诸侯,未尝屈辱,深得齐王器重。

公元前349年,"楚发大兵加齐,齐王使淳于髡之赵,请救兵",给他携带黄金百斤,套着十匹马的车去赵求援。淳于髡仰天大笑!齐王问曰:"先生少之乎?"髡曰:"不敢!"王曰:"那你为什么笑呢?"髡曰:"我今天从东面来,看见道旁有种田人,手拿着一只猪蹄、一壶酒,在那里祝告,希望他家沟水满满的、五谷丰收,车载满满的,全家高高兴兴。臣见其所持者狭,而所欲者奢,故笑之。"齐王恍然大悟,于是给他带上黄金千镒,白璧十双,套着百马的马车去赵。果然,赵王借兵十万、战车千乘。楚国听到这个消息,半夜引兵而去,齐围即解。于是,齐威王非常高兴,就在后宫摆酒设宴,召请淳于髡饮酒。齐王问曰:"先生你能喝多少酒才醉?"淳于髡答道:"我喝一斗酒也醉,喝一石酒也醉。"齐威王说:"你喝一斗酒就醉了,怎么能喝一石酒呢? 你能把道理说给我听吗?"淳于髡曰:"当着大王的面赏酒给我喝,执法的官吏站在身旁,记事的御史站在背后,我非常害怕地低头伏身喝酒，喝不了一斗就醉了。如果父亲有贵客来家，我卷起衣袖，曲着身子，捧着酒杯，在席前侍奉酒饭；客人时常把喝剩的酒赏给我，屡次端着酒杯敬酒，喝不到二斗就醉了。如果老朋友很久不曾见面，忽然间见面了，高高兴兴地讲一些过去的事情，说一些私人的情话，大约喝上五六斗就醉了。若是乡里聚会，男女相杂坐在一起，大家巡行斟酒劝饮，久久流连不去，又玩着六博、投壶之类的游戏，配对比赛。握手不受罚，眉目传情不受阻止，面前有坠落的耳环，背后有失落的簪子，我心里很喜欢这种情调，大约喝上八斗酒，只醉二三分。酒喝到日落天黑的时候，一部分客人已经离席而去，于是男女混在一起，促膝而坐，鞋子混杂在一块，杯盘凌乱不堪。堂上的灯烛熄灭了，主人留下我而把客人送走。女人的罗襦衣襟已经解开，隐约能闻到香气。这时我心中最快乐，能喝一石酒。所以说：酒喝得太多了，就容易发生乱子，欢乐到了极点，就会感到悲哀。所有的事情都是这样，这也就是说一切事情都不能过分，过分了就要衰败。"经常要饮宴通宵的齐威王听了这番大论，非常感慨，他最后同意了淳于髡的谏议，从此停止了通宵饮宴。

淳于髡后到魏国，魏惠王拟任他为卿相，他辞而不授，不知所终。

荆轲酒怒刺秦王

荆轲，生年不详，战国末年刺客。卫国人，卫人称之为庆卿。他为人深沉，好读书、击剑。以术说卫元君，卫元君不用，乃游燕。相识燕市狗屠者和善击筑者高渐离、田光、秦舞阳等人，并以酒结为生死交。据说"荆轲嗜酒，日与狗屠和高渐离饮于燕市，酒酣以往，高渐离击筑，荆卿和而歌于市中，相乐也已而相泣，旁若无人者"。可见其豪爽。

燕国太子丹久慕荆轲之为人，为入秦劫刺秦王政，决意请荆轲相助。太子丹通过田光请荆轲为上宾，礼遇甚厚，并以实相告。从此旦暮敬事，以待时机。一日边人报道："秦王遣大将王翦入侵燕地。"太子丹惧，忙请荆轲议入秦刺杀秦王政，以拒强秦入侵。太子丹对荆轲道："秦兵眼看就要渡易水河了，事不宜迟，足下有何高策？"荆轲道："我想了很久，要入秦首先必取信于秦王，方能接

《秦并六国平话》版画之荆轲刺秦王图

近他。我有一计,樊於期将军是从秦国逃出来的,秦王以黄金千斤、封邑万家购其人头,而燕之督亢是一块肥沃的土地。秦王出兵目的,主要是为了这两件事。如能以樊於期的头颅和督亢的地图,奉献给秦王,方可行事。"太子丹对此,犹豫不决。对樊於期义气投奔而来,不肯断然下手。荆轲对太子丹表示愿去说服樊於期,相信为报秦仇,他能将自己人头献出来。果然,樊於期为报秦灭族之仇和感燕知遇之恩,自刎献出了人头。史书有这一段记载极为生动:

"荆轲使人飞报太子曰:'已得樊将军首矣!'太子丹闻报,驰车至,伏尸而哭极哀,命厚葬其身,而以其首置木函中。荆轲曰:'太子曾觅利匕首乎?'太子丹曰:'有赵人徐夫人匕首,长一尺八寸,甚利,丹以百金得之,使二人染以毒药,曾以试人,若出血沾丝缕,无不立死。然以待荆卿久矣!未知荆卿行期何日?'荆轲曰:'臣有所善客盖聂未至,欲俟之以为副。'太子丹曰:'足下之客,如海中之萍未可定也。丹下门人,有勇士数人,惟秦舞阳为最,或可以为副乎?'荆轲见太子丹十分急切,乃叹曰:'今提一匕首,入不测之强秦,此往而不返者也。臣所以迟迟,欲俟吾客,本图万全。太子既不能待,请行矣。'于是太子丹草就国书,只说献督亢之地并樊将军之首,俱付荆轲。以千金为轲治装。秦舞阳为副使,同行。临发之日,太子丹与相原宾客知其事,俱白衣素冠,送至易水之上,设宴饯行。高渐离闻荆轲入秦,亦持豚肩斗酒而至,荆轲使与太子丹相见,丹命入席同坐。酒行数巡,高渐离击筑,荆轲和而歌。歌曰:

风萧萧兮易水寒,壮士一去兮不复还!声甚哀惨,宾客及随从之人,无不涕泣,有如临丧。荆轲仰面呵气,复慷慨为羽声,歌曰:

探虎穴兮入蛟宫,仰天嘘气兮成白虹!其声激烈雄壮,众莫不瞋奋励,有如临敌。于是太子丹复引卮酒,跪进于轲。轲一吸而尽,牵舞阳之臂,腾跃上车,催鞭疾驰,竟不反顾。太子丹登高阜以望之,不见而上,凄然如有所失,带泪而返。"

荆轲等人来到咸阳,献上樊於期首和督亢地图,秦王不疑。当荆轲奉上地图时,出其不意露出匕首。"图穷匕首见"的典故,就出于此。荆轲迅速抓起匕首,一把拉住秦王的衣袖,企图威逼他答应将侵占之领土归还燕国。秦王见势不好,扯断衣袖,狼狈而逃。秦王的御医举起药罐投向荆轲,就在荆轲挥手挡开飞来的药罐时,秦王拔剑砍伤了荆轲的腿,荆轲举起匕首,奋力掷去,不料掷在铜柱上,没有刺中秦王。荆轲和秦舞阳等人,遂被杀害。

"酒仙"李白

李白(701~762年),字太白,号青莲居士。祖籍陇西成纪(今甘肃静宁西南)人,隋末其先人流寓碎叶(今巴尔喀什湘南楚河流域),他于此出生。幼时随父迁居锦州昌隆(今四川江油)青莲乡。25岁时离蜀,长期在各地漫游。天宝初年奉翰林。受权贵谗毁,一年余离开长安。安史之乱中,曾为永王李璘幕僚,因璘牵累,流放夜郎。中途遇赦东还。晚年漂泊困苦,卒于当涂。诗风雄奇豪放,想象丰富,语言流转自然,音律和谐多变,富有积极浪漫主义精神。

> 李白斗酒诗百篇,
> 长安市上酒家眠。
> 天子呼来不上船,
> 自称臣是酒中仙。

这是杜甫刻画李白的四句传神之诗,极其生动地道出了唐代伟大诗人李白和酒的关系,李白嗜酒的性格几乎和他那不朽的诗篇一样出名。至今许多酒店

中华酒典

中华酒典

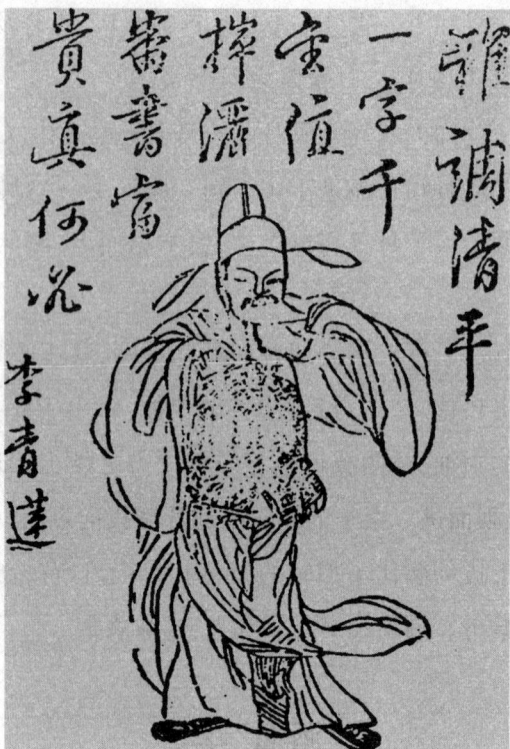

李白像，图出自《异说征西演义》。李白号
青莲居士，故又称李青莲。

仍然在灯笼或酒帘上写出"太白遗风"的字样，就是人们对这位"酒仙"诗人的称颂与怀念。

"提壶莫辞贫，取酒会四邻；仙人殊恍惚，未若醉中真"。诗中说明了李白追求"醉中真"的意境，他把饮酒之乐看得高于得道的仙人。"贤圣既已饮，何必求神仙；三杯通大道，一斗合自然"，"蟹螯即金液，糟丘是蓬莱；且须饮美酒，乘月醉高台"。有了美酒，就不必追求神仙了；醉卧高台的美好享受，就是蓬莱仙境也不过如此。

李白被列为当时的"酒中八仙"之一，其中的许多人都是李白的酒友。至于他同杜甫的交往，除了赋诗唱和，就是杯觥交错。杜甫说他"痛饮狂歌空度日，飞扬跋扈为谁雄？"是李白平日"酒仙"生活的真实写照。

李白一生游历天下，各地许多人都想同他交往。交往之中，饮酒是必不可少的一项内容。当时的泾川豪士汪伦，久慕李白大名，非常希望有机会一睹这位大诗人的风采。他听说李白将要游历入皖,就修书一封,邀请李白赴泾川游历。其中写道:"先生喜欢旅游吗?这里有十里桃花的美景;先生喜欢喝酒吗?这里有万家酒店供您痛饮。"李白读后,高高兴兴地来到了泾川,却根本没看到什么十里桃花和万家酒店。这时汪伦才告诉他:"桃花是潭水名,并无桃花;万家是一位店主人的姓,并无万家酒店。"李白听了哈哈大笑。二人豪爽地饮酒作乐,抒发情怀。汪伦巧妙地抓住了李白好旅游、嗜饮酒的特点,邀来了这位"酒仙",一同聚会。对此,李白作了《过汪氏别业二首》,记述了当时的情景。其中有"我来感意气,搥禽列珍馐。……酒酣益爽气,为乐不知秋","恨不当此时,相过醉金罍。……酒酣欲起舞,四座歌声催"。

李白嗜酒,除了写下大量与酒有关的诗篇外,还同许多人结为酒友,其中有一位酒店老板是李白的莫逆之交。后来这位酒店老板去世了,李白十分哀恸,满怀深情地写下了《哭宣城善酿纪叟》:

> 纪叟黄泉下,还应酿老春。
>
> 夜台无李白,沽酒与谁人?

李白一生嗜酒,至死不休。他自己也说"但愿长醉不愿醒",甚至夸张地说"百年三万六千日,一日须倾三百杯"。愈到晚年,李白嗜酒愈甚。他以自己的经历为借鉴,逐渐抛弃了追求功名利禄的野心,也逐渐抛弃了学仙炼丹的迷信,除了诗歌之外,唯一的嗜好就是饮酒。

> 归家酒债多,门客粲成行,
>
> 高谈满四座,一日倾千觞。

这首《赠刘都使》中的几句,是他病逝前一年生活的写照,就在他病入膏肓的情况下,他仍然经常与酒友们豪饮通宵。长期的嗜酒生活,大大损害了诗人的健康,最后李白竟死于"腐胁疾",据郭沫若先生的研究,这种慢性病症很难有治愈的希望,而李白嗜酒引起的酒精中毒,则更加重了他的病情,"李白真可以说是生于酒而死于酒"。

与猪共饮的阮咸

《三国演义》一书的开篇词中曰："一壶浊酒喜相逢,古今多少事,都付笑谈中。""竹林七贤"之一的阮咸与猪共饮的"怪事",至今还活在人们的笑谈中,也算是"古今多少事"中的一事,真让那些睡梦中都想留名的人恨恨不已。流年世事就那么怪:有心留名名俱灭,无心留名名千古。

几个姓阮的人都能饮酒。一次,阮咸去参加宗族的聚会,高兴起来了,大家提议不再用平常的杯子喝酒,改用大瓮盛酒,众人围坐瓮边,相对大喝。正在这时,院中的一群猪闻到酒香,也把头探到瓮中来喝。众人刚想把猪赶走,阮咸阻止,并乘机把头挤到瓮中,与猪共饮。(《世说新语·任诞》)让人不禁疑心这是当时文人们编出的笑话或是"恶搞"。但不知这"诸阮"中是否有阮咸,据记载,此人常步行,将百钱挂在拐杖头,一到酒店,就要住下来独自喝个酩酊大醉。如果真有阮咸在,那就更热闹了。这猪人共饮的事,能流传至今,不仅仅是"怪事"一桩,而且也是人与动物平等相处的一例。人原本是动物,人猪共饮,物我两忘,以猪的"观点"看,这没有什么奇怪的。冯友兰就持这种看法:"诸阮对猪的一视同仁,说明他们具有物我无别,物我同等的感觉。"别以为这则记载仅仅是嘲笑阮咸的。

说起阮咸与猪共饮的事,顺便还有三件事值得一提:

旧时风俗,到七月七日各家各户要晾晒衣服,住在道北的诸阮富户居多,他们晾晒的衣服都是绫罗绸缎,这不只是晒衣,还有夸富的意思。而住在道南的阮咸因"好酒而贫",于是在院中立起一根竹竿,竿尖上挂个大裤衩也要晾晒一下。有人问他一个裤衩也值得晾晒,阮咸回答说:"未能免俗,聊复尔耳。"意为我也不能免俗,姑且凑个热闹而已。他道出了从众的人情世态:古往今来,多少人囿于时风的扇誉,干着身不由己的事,原其初心,还不是"未能免俗"而聊作应酬吗?

阮咸非常喜欢姑母家一个鲜卑族婢女。在居母丧期间,正巧姑母要移居某地。起初答应把婢女留下来,临行时又将她带走了。阮咸知道后十分着急,顾不得还穿着孝服，便借了吊丧客人的一头驴，急忙去追赶。过了一会儿，便用这头驴把婢女驮了回来，人们看到这一幕，不禁议论纷纷。阮咸却得意地对前来吊丧的客人说："这么好的人种，怎么可让她跑掉呢？"后来，这位鲜卑族的婢女，就成了儿子阮遥集的生身母亲。"骑驴追婢"，从"名教"的正统观念看，不但有辱斯文，而且伤风败俗，更何况是在母丧期间，"当世皆怪其所为"就是人们的定评。你想，母丧之际，一位名士穿着孝服去追赶一个自己喜欢的婢女，终于共骑一驴回来，这需要多大的勇气。心里喜欢婢女，行动上就表现出来，不为礼义名教所羁绊，不做礼义名教的牺牲品，这本是生之为人的纯真之处。假如阮咸不是这样"任达不拘"，而去恪守什么"名教"，以讨一个"孝子"的美名，就会因失去"这么好的人种"而抱憾终身，当然就更不会有阮遥集的诞生。

阮咸精通音乐，喜弹琵琶，是当时"顶尖"的音乐大师。中书监荀勖制成新律之后，每至朝会，殿庭作乐，他都要亲临指挥，自调宫商，面有得意之色。听乐诸公对音乐一窍不通，便也随声附和，说纵然古代雅乐亦不过如此。只有一个人不以为然，他就是散骑侍郎阮咸。他每次听荀勖奏乐，都认为律音过高，很不协调。他曾对人说："荀勖造的律音太高，音高则声悲。古人说：'亡国之音哀以思，其民困。'在朝廷中，总演奏这样的悲声，恐非国家之福啊！"又说："为什么他照古人制律的尺寸作律，而律声会偏高呢？我想大概是古尺与今尺的长短不一样吧？"荀勖是个鼠肚鸡肠的人，听到这话，很不高兴，就找个借口把阮咸调到地方上去做官，不久阮咸死于始平任上。后来，有农夫犁田的时候，发现古代的玉尺一把，用它来校量荀勖所造的钟鼓、金石、丝竹等乐器，同样的尺寸皆比古尺短一黍。至此，荀勖才暗服阮咸对音乐的精通。当时的评价说："就音乐而言，荀勖只是暗解，阮咸才算神识。"

阮咸是阮籍的侄子。"竹林七贤"中竟有"二贤"姓阮，两人都是当时的大名士，各自借酒使气，恃才傲物，因酒传名，以才获显。对于阮咸而言，才，抬高了他；酒，也害了他。他因"解音"的才能遭到荀勖妒忌而外调始平太守，最终又因"好酒以卒"，也即因好酒而死在始平办公室里。历史上凡贪酒者贪到不加节制不能自控的时候，几乎都是凶多吉少。惜哉，阮咸！这种死法实在是与他的高才通达不相匹配的。诗评曰：贤者竹林隐，竹林以贤名。须知千载后，泾渭自分明。

盗饮被缚的毕卓

毕卓,在西晋末年当过朝廷的吏部郎(主管官吏选任、铨叙和调动事务,对五品以下官吏之任免有建议权)。空谈、吃药、饮酒是当时上层文人士大夫相扇而成的风气。像毕卓这样重要的官员,经常因饮酒废掉公务,似乎大家都认为是很正常的事。隔壁邻居新酒酿熟,毕卓为了尝鲜,竟然不顾自己的身份,带着醉意于夜间偷偷进入邻家盗吃酒缸中的美酒,却被管酒的人抓捕并用绳索绑于柱下。第二天清晨,主人前去一看,原来是毕吏部,于是赶紧为他松绑。毕卓不但毫无羞愧之色,反而招呼主人围坐在酒瓮边,重新开饮,直喝到大醉而离去。事后,毕卓这种"偷盗"行为不但没有受到上级的通报批评,反倒成了人们口耳相传的美谈。现代著名画家齐白石曾有《毕卓盗酒》的画作,并题写"侍郎归田,囊中无钱。宁可为盗,不肯伤廉"的词句予以赞美,对其形象赋予了新意,认为他是不肯贪赃枉法,以致无钱买酒才去盗酒的,是一位清正廉洁的好官。

毕卓常对人说:"得酒满数百斛船,四时甘味置两头,右手持酒杯,左手持蟹螯,拍浮酒船中,便足了一生矣。"显然,每天要过这种生活,需要有相当的经济基础,手里头要有足够的银子。今人会想,这种醉了醒,醒了醉,一生不离酒的人,不成了真正的酒囊饭袋了吗?那我们要问,谁才有资格这么狂饮滥醉?是上层有权有钱的人。当时的社会风气是"不必奇才,但使常得无事,痛饮酒,熟读《离骚》,便可称名士"。有钱人只有狂饮滥醉,才可以沽名钓誉,有了这种名声,才会引起王公贵族的关注,才能做官,官出狂醉,狂醉出官,这是那个时代的独特标志。这和当今女人们为了追时髦冬天穿超短裙,夏天穿长筒靴一样,令常人难以理解。宋朝人王禹偁在《酬安秘丞歌诗集》中有这么一首诗:"皇天何不生奇人,庸儿蠢夫空纷纷。夜眠朝走不觉老,饭囊酒瓮奚足云。"须知,那时出身上层权贵豪门的"庸儿蠢夫""饭囊酒瓮"就是奇人,不然,晋末的政府怎么会那样黑暗腐败,因醉废弃政务的事怎么就那么多,晋王朝灭亡得怎么会那么快!

毕卓一流的朋友还有谢鲲、胡毋辅之、阮放、羊曼、桓彝、阮孚、王敦等,都属不拘礼节,任着性子来的人。他们生活奢侈,醉生梦死,以至醉后"去巾帻,脱衣服,露丑恶,同禽兽"(《世说新语·德行篇》)。这些人大都有家族靠山,官位不低,有钱花。生于乱世,人生苦短,沉溺于酒中,相互标榜品评,把放浪形骸视之为大度豁达,徒争空名,不务实事。有时这伙人聚在一起,散发裸裎,闭室酣饮累日,不舍昼夜,用酒来空耗自己鲜活的生命。遥想当年,令人费解。

前贤阮籍、嵇康等人饮酒常是为了韬光养晦,在政治高压下全身避害。他们不但以饮酒与世俗礼教抗衡,而且挥写大块文章诗歌抨击黑暗世道。而毕卓、胡毋辅之一流,盲目仿效先贤,以饮酒放达、出乖露丑为高为名,堕入低俗下流。正如《晋书·列传·十九》中所言:"旨酒厥德,凭虚其性。不玩斯风,谁亏王政?"饮酒饮到不顾德行,玩空手道,酿成了西晋末年的衰败之风。"谁亏王政?"问得好!早先,"临锻灶而不回"的嵇康,"登广武而长叹"的阮籍,那是怎样一种睥睨天地、目空一切的名士风度!可惜到了晋末已成绝响。对此,鲁迅先生感慨道:"何晏、王弼、阮籍、嵇康之流,因为他们的名位大,一般的人们就学起来,而所学的无非是表面,他们实在的内心,却不知道。因为只学他们的皮毛,于是社会上多了很多没意思地空谈和饮酒。许多人只会无端的空谈和饮酒,无力办事,也就影响到政治上,弄得玩'空城计',毫无实际了。"鲁迅对这些"酒囊饭袋"、尸位素餐者的分析是深刻的,当时,晋室大乱,政务荒废,形成中国历史上几百年的分裂局面,给人民造成巨大的灾难,与上层这帮官僚子弟的饮酒空谈都有直接或间接的关系。诗评曰:先贤饮酒多韬光,后辈仿效太张狂。误走偏锋遭人骂,作秀飞扬实秕糠。

醉酒"倒着白接䍦"的山简

山简是魏、晋间"竹林七贤"之一山涛的小儿子。永嘉三年(309年),任征南将军,都督荆、湘、交、广四川诸军事,镇襄阳(今湖北襄阳市)。当时国内"四方寇乱,天下分崩,王威不振,朝野危惧"(《晋史·山简传》),山简便"优游卒岁,唯酒是耽",不饮则已,一饮便醉。醉后常倒戴白头巾(即白接䍦)骑在马上,醉态可掬。后人常用"山简醉""醉倒山公""倒着接䍦"等词语来形容醉酒

中华酒典

后的潇洒之态。庾信《杨柳歌》一诗中有"不如饮酒高阳池，日暮归时倒接缡"之句，说的正是这一典故。饮酒到了无知无识的蒙眬状态，实际上已进入到庄子所谓"全神"的状态，同沉睡和死去差不多，倒也是另一种绝好的休息。

在湖北襄阳一带，山简是朝廷知名的高官，自然请他饮酒的可以排起长队，他时出酣饮醉归，好事者就给他编了一首歌谣：

> 山公时一醉，径造高阳池。
> 日暮倒载归，酩酊无所知。
> 复能乘骏马，倒着白接缡。
> 举手问葛缰，何如并州儿。

襄阳有个高阳池，是豪族诸习氏开的一处山水宜人的"高级娱乐场所"。所以，山简每当想求得一醉时，就直奔"高阳池"。到太阳落山的时候，便喝得酩酊大醉，无知无识，直糊涂到不辨方向，倒骑在马背上回家。头上白头巾也在无意中倒戴，醉得可爱！骑在马背上的山简，时不时地还在说胡话："举手问葛缰，何如并州儿。"葛缰是山简爱将，是并州(今山西太原市西南晋源镇)人。看来，山简饮酒常带着他的爱将葛缰，所以才打诨说，别看我醉，我和你这个"并州"小儿比怎么样呢？当时如果有摄录机把这一场面全程跟踪录下来，那绝对是一幕"醉骑归家"的轻喜剧。

《晋史·山简传》记载：山简"性温雅，有父风"，已近三十岁了，其父山涛也没有看出他有什么过人的地方。山简为此感叹道："我年几三十，而不为家公所知！"山涛的酒量很大，史载"涛饮酒至八斗方醉"。皇帝想检验一下山涛的酒量到底有多大，先以酒八斗给山涛喝，又暗中多加了些酒，结果山涛从总量上控制，喝到八斗便中止。山简那么爱喝酒，在这一点上确实"有父风"。又遇"社

稷倾覆,不能匡救"之时局,山简不饮酒还能干什么?

唐代大诗人李白倾慕山简,据上述山简饮酒的故事专门写了一首《襄阳歌》,开头写道:

落日欲没岘山西,倒着接缡花下迷。

襄阳小儿齐排手,拦街争唱白铜鞮。

旁人借问笑何事,笑杀山翁醉似泥。

大家都在饮酒,也都有时醉,可是嵇康醉后被美言为"玉山倾倒",山简醉后被美言为"醉倒山翁",并成为千古美谈。这就是所谓名人效应吧。

斗酒学士王绩

王绩(约589~644),是隋末唐初诗人,自号东皋子,今山西省祁县人。他一生以东晋田园诗人陶渊明自比,所以取陶渊明《归去来兮辞》中"登东皋以舒啸,临清流而赋诗"的"东皋"二字为号,既含有"葛巾联牛,躬耕东皋"之行迹,又显示出他远避尘嚣、超凡脱俗的胸襟。东皋子博学多才。据他的莫逆之交吕才在《东皋子后序》中记载:"君性好学,博闻强记……阴阳历数之术,无不洞晓。"

东皋子深知饮酒之乐,自己的体会是"每一甚醉,便觉神情安和,血脉通利。既无忤于物,而有乐于身。故常纵心自适也"。他的酒量很大,饮酒数斗不醉,曾仿照陶渊明《五柳先生传》写过《五斗先生传》,以抒发好酒量大遗世独立的情怀。他在《醉乡记》一文中虚构道,"醉乡"是个好地方,"去中国不知几千里也。其土旷然,无丘陵阪险。其气和平一揆,无晦明寒暑"。其中阮籍与陶渊明等十数人,一起游于醉乡,直到死后也没有再回来,最后就葬在那块土地上,中国人把他们称为酒仙。王绩对此十分羡慕,也打算永游醉乡。他曾感叹说:"恨不逢刘伶,与闭户轰饮。"他擅长弹琴,且造诣精深。因此,吕才称其"高情胜气,独步当时"。

东皋子出身于大地主家庭,早年胸怀大志,诚如他《晚年叙志》诗中写道:

弱龄慕奇调,无事不兼修。

望气登重阁,占星上小楼。

明经思待诏,学剑觅封侯。

可见抱志高远,非等闲之辈。年轻时,因考试名列榜首,理应荣升高位,不料大材小用,竟当了个宫中校对书籍的小秘书。不久,因不愿"适人之适",借故辞职。之后,又任扬州六合县县令,正遇隋唐群雄逐鹿,天下大乱,法无定章,理事受阻,东皋子只好饮酒度日,乃至"屡被勘劾"。于是叹息道:"罗网高悬,去将安所!"遂把平时所积薪俸堆放在县衙门前,自己却假托有病,乘坐小船,当夜悄悄离去。离去时留诗《解六合丞还》一首,诗中写道:"但愿朝朝长得醉,何辞夜夜瓮间眠。"

在唐高祖武德初年,东皋子被征诏当了待诏门下省的小官。当这个官每天送他三升酒喝。他的弟弟王静问他:"任待诏一职快乐吗?"他答道:"担任待诏能有什么快乐,只有那三升美酒还值得留恋。"原来他做薪俸寡薄的待诏,只是为了那三升好酒。管事的陈叔通奏知高祖,高祖笑了笑说:"太少了!三升酒留不住王先生。"下令每天判给王待诏一斗酒喝。因此,时人送他个雅号叫"斗酒学士"。

宫中太乐署焦革善于酿酒。东皋子听说后,为了喝到焦家的好酒,执意请求,甘愿到宫中当太乐丞这样的寒酸小官(负责饮宴、祭祀一类事)。酒是喝上了,可惜酒"福"太浅。过了几个月,焦革去世,就由焦革的妻子天天送酒给他喝。一年多,焦妻又相继去世。东皋子仰天长叹:"唉,老天爷不让我饮美酒!"从此,便挂冠归田,过起半是流浪半是隐居的生活。

东皋子疏狂洒脱,不拘礼俗。他哥哥王通(当时有名的儒家学者)等家人都看不起这个"醉鬼"。所以,凡遇"乡族庆吊,闺门婚冠"之事,也不通知他参加。而东皋子也不以为意,却"喜方外之浩荡,叹人间之窘束",干脆不把那些"糠秕礼仪,锱铢功名"放在心上。自己为了清静,搭茅棚住在与家乡隔河相望的一块沙洲上,种黍酿酒,养鹅莳药。"忽忆弟兄,则渡河归家,维舟岸侧,兴尽便返"。

东皋子借酒放胆,目无礼法。他认为在隋唐王权更迭、互相倾轧之际,他哥哥王通读圣贤书毫无用处。他质问道:"不涉江汉,何用方舟;不思云霄,何事羽

家庭经典藏书——中华酒典

翻?"不如修身养性,逍遥于老庄道学之中,"帷天席地,友月交风。高吟朗啸,挈榼携壶。杜明塞智,蒙垢受尘",干脆来他个"效阮籍遂性,从刘伶保真"。刺史杜之松想请他谈礼,他说,他不能再"整理簪屦,修束精神,揖让邦君之门,低昂刺史之坐,远淡糟粕,近弃醇醪"了。说罢,自吟道"阮籍醒时少,陶潜醉日多。百年何足度,乘兴且长歌"。然后拂袖而去。

乡里人只知沉溺于酒的东皋子,却不知东皋子为什么要喝酒,因而常常嫌弃他,讥笑他。东皋子却不屑一顾,并说:"你们这些人头发长见识短,不理解我。"对此,他写了《无心子》来嘲弄那些乡中俗人,把他们喻为戴着笼头,上着脚绊,听人吆喝的"瘦马""疲驴"。

东皋子在晚年出游,或骑牛或骑驴,过着"朝朝访乡里,夜夜遣人酤"的流浪生活,酒家出,酒家入,"昨夜瓶始尽,今朝瓮即开,梦中占梦罢,还向酒家来"(《题酒店壁》),累了醉了,则"倚垆便得睡,横瓮足堪眠"(《过酒家》),出行后,一走就是几个月。遇有酒店,总是住上好几天。用他自己的话说:"有以酒请者,无贵贱皆往。往必醉,醉则不择地斯寝矣,醒则复起饮也。"饮酒至醉的好处是"绝思虑,寡言语,不知天下之有仁义厚薄也"。常酒后吐真言,或吟诗或为文,妙语连珠,好事者摘录下来,一时争相传诵。

与东皋子相邻的沙洲上还住着一位隐者,名叫仲长子光,是个哑巴,很有学问,一辈子没娶老婆,自食其力,卖药为生,会弹琴,写得一手好文章。东皋子爱其性情纯真,彼此虽没有说过话,却心心相印,与他对酒,终日不散。

东皋子嗜酒,并非常崇拜酿酒专家杜康。他精选一处高敞宽大的磐石上建了一座杜康庙,并在杜康像旁,增塑了一尊生前酿酒好友焦革的像以陪杜康。王绩亲撰庙文,每年岁尾,必去祭祀。

叫人不可思议的是,他是"酒鬼",却又是当时很有才气的诗人。他最有名的传世之作是《野望》,诗中写道:

> 东皋薄暮望,徙倚欲何依?
>
> 树树皆秋色,山山唯落晖。
>
> 牧人驱犊返,猎马带禽归。
>
> 相顾无相识,长歌怀采薇。

诗中描绘的是一幅淡淡的又是极富生活情趣的秋日西落的图画,抒发了诗人热爱大自然的纯朴情怀,流露出生不逢时、"遗文高迹"不显的感慨。此外,他写的《古意六首》也很耐人品味。其中如:

竹生大夏溪,苍苍富奇质。

绿叶吟风劲,翠茎犯霄密。

因此,他被后人称为唐代山水田园诗派的先驱人物。

其实,人的得失是相对的,又是统一的。有得必有失——东皋子由于受不了官场的羁抑、礼仪的窘束,因而踏入另一块净土,回到大自然的怀抱。一方面违背时俗,在官场上没有混出个人样;另一方面,正是因为脱离了官场,才使他的心灵得到净化,思想得以通脱,更有机会广泛接触了解下层劳动人民,经受劳动生活的磨炼,因而才有感于心,抒发于笔,给后人留下了不少好诗文。后人因其诗文而想起了东皋子,东皋子也因写下那些有价值的诗文而名留千古。

表面看来,东皋子"箕踞散发,与鸟兽同群,醒不乱行,醉不干物,赏洽兴穷,还归河渚,蓬室瓮牖,弹琴诵书",过着一种悠哉悠哉的生活,其实他的内心是很苦的。他以超越时代的情怀去对待当时的现实,就不可能被时人所接纳。他在临死时,给自己写的墓志铭,便是其心迹的真实流露(译文):

王绩我,只有父母,没有知心朋友。才高位下,勉强尽责。天子不了解我,乡邻不拿好眼看我,以至四五十岁,都一事无成。不得已,只好归隐,喝酒混世。亲戚们认为我败坏了他们的名声,把我活着看成是"附赘悬疣",盼望我早死,并把我的死当成是"决疣溃痈"。

人之将死,其言既真也善且悲。

东皋子的一生大致分为救世、愤世、混世、避世四个阶段。年轻气盛时,想有所作为,便慷慨激昂地要"救世","学剑觅封侯"。当自己的志向与时代违忤受挫后,便转而为"愤世",愤而于世事无补时,便转为"混世",任情肆志,逍遥泉石,我行我素。他那语意双关的《过酒家》一诗就是明证:

此日常昏饮,非关养性灵。

眼看人尽醉,何忍独为醒?

世人皆醉,我独醒,的确是一种痛苦。怎么办?随俗不甘,拔俗不易,要排除心灵深处的缠磨、冲撞、痛苦，只有"长昏饮"，用那令人昏醉的酒浆，去浇灭自己一腔愤世嫉俗的烈焰。当他这种"长昏饮"的"混世"行为遭到连乡人都嫌弃的时候，自己又觉得"世无钟子期，谁知心所属"，最后不得不离开那人世的凡俗虚伪，到无人烟的"河渚"去找他内心的清静，转而为消极避世。

东皋子中年以后的归隐是彻底的。他不是那种身在江湖、心怀魏阙的沽名钓誉之徒。一经归隐，便与天地同蜩，物我一体。他那居乱世而不染、临富贵而不屈的高士形象，受到后人的景仰。东皋子同时代的叛逆与冲突，虽然以销熔毁灭自身为代价，但正是这种"悲剧"才在后人的心中唤起了不同的悲怜与敬畏，从而也就从正面使人们的品格得到了陶冶，情感得到净化。一位学者提到王绩对唐诗的贡献时说：如果说唐诗是汪洋大海，那么王绩的诗便是从万里之外的雪峰流向大海的细流；如果唐诗是一片广袤的碧绿，那么王绩的诗便是破土而出的小草，它用自己的一点鲜嫩呐喊着漫山遍野的苍郁。

拿金龟换酒喝的贺知章

李白刚到长安时，住在旅店。自号"四明狂客"、年已八十多岁的贺知章，久闻李白诗名，特地前去拜访。李白拿出写好的《蜀道难》一诗，贺捧读未完，就连声称赞说，好诗好诗！你真是天上下界的"谪仙人"。由于身上没有带钱，便解下自己腰间珍贵佩物"金龟"，拿到酒店去与李白换酒共饮。这就是千古相传的"金龟换酒"的美谈，也证明贺知章是个讲情重义更重才的开明老者。那些视财如命的人，就是打死他，也不可能懂得这是为什么。须知这是"金龟"啊！后来，贺知章利用自己与朝廷皇帝的关系，既为李白应试出力，也为举荐李白而尽心。李白在长安不得志时，干脆搬到贺知章家中暂住下来，从此，贺知章与李白成为忘年的知心朋友。

杜甫依据当时的民间传说写下了《醉中八仙歌》一诗，描写的第一位酒徒就是贺知章，说他饮酒之后的醉态是"知章骑马似乘船，眼花落井水底眠"。诗的意思是说，贺知章酒醉之后，骑马似乘船一样，飘忽悠然，以致年老眼花，掉在井里，在水下就睡着了，这当然是一种"戏说"。掉在井里有可能，在"水底眠"

就是夸张逗趣的戏说了。由此可见，贺知章也是一位深得酒中之趣的人。

陆象先与贺知章关系最为密切，他常说："贺知章那种处世清淡的风度韵味不好学，我只要一天见不到他，就会产生浅俗的念头。"当时贤能通达的人士，都倾慕贺知章。他在晚年更加放纵，不再讲究礼仪法度，自称"四明狂客"，又称"秘书外监"，游乐于歌楼妓馆之中。贺知章特别擅长草书和隶书，是唐代名高一时的大书法家。他每当醉后，定要挥笔练字，每张纸只写几十个字，都相当可观，好事的人共同传阅，视作宝物，十分珍惜。

贺知章

贺知章年轻时离家，到长安考进士，晚年告老还乡时，已 85 岁高龄了。家乡的亲朋好友多已亡故，而家乡的孩子不认识他，把他当作外来的客人。诗人对此感慨万端，写下两首著名的七绝《回乡偶书》，其中一首写道：

少小离家老大回，乡音无改鬓毛衰。

儿童相见不相识，笑问客从何处来。

贺知章回乡不到一年就去世了，而贺知章的知遇之恩却深深地留在李白的脑海之中。在天宝五年（746），李白到浙江山阴漫游时，曾到贺的旧居瞻仰遗容，并写下《对酒忆贺监》两首诗，表达了他缅怀贺知章的一片真情。其中一首诗写道：

四明有狂客，风流贺季真。

长安一相见，呼我谪仙人。

昔好杯中物，今为松下臣。

金龟换酒处，却忆泪沾巾。

这是李白纪念好友贺知章的一首悼诗。诗的意思是风流脱俗的"四明狂客"贺季真（贺知章字季真），在长安与我初次相见时，就称我为谪仙人。过去喜好喝酒,现在人已成为松树下的尘埃。回忆起解金龟换酒时的豪兴,真使我泪水沾湿了手巾。这位"杯中不觉老"(《君兴》)的寿星,并未被杯中物留住生命,活了86岁撒手而去,回归自然。他留下那千古传诵的《咏柳》一诗还活在人们的心中:"碧玉妆成一树高,万条垂下绿丝绦。不知细叶谁裁出,二月春风似剪刀。"由此诗可以看出他的才气。

"漫叟"元结

元结,武昌人。少年时不务正业,纵性所为,到20岁时才改邪归正,认真读书。天宝十三载元结进士及第,礼部侍郎杨浚读了他的文章后说:"一个进士科名玷污元先生了。"于是把元结拔为优等录取,后来他又考中制科。由于遭逢天下大乱,元结居无定所,只好四处漂泊。在商余山隐居时,自称"元子",有人称他"浪士",打鱼的人称他为"聱叟",酒徒们称他为"漫叟",其意是"荒浪其情性,诞漫其所为,使人知无所存有,无所将待"(《新唐书·元结传》)。等他做官后,人们称他为"漫郎"。元结创作的诗文,都用这些绰号署名。他生性直爽偏执,深恨浅薄的世风,心中经常忧虑着国事。元结喜好喝酒,他有一句诗写道:"有时逢恶客。"自己注解说:"不是酒徒的人就是恶客。"他甘愿做酒徒,并与酒徒为友。

在战乱中,元结避难于湖南洞庭湖一带,常到一个叫"石鱼湖"的岛上饮酒。据元结为石鱼湖写的序可知:有一块巨石状如游鱼,卧于水中。石鱼的凹处,整修之后,放入湖水,在水上面游荡着一只人造的小船,专门载着酒杯,绕石鱼湖泛游洄流。饮酒的客人围石鱼湖而坐,有人斟满酒杯,放在小船上,小船流到谁的跟前,就由谁饮酒赋诗,依次进行,这是晋人"流觞曲水"的翻版。为此,元结专门写下《石鱼湖上作》一诗:

> 我爱石鱼湖,石鱼在湖里。
>
> 鱼背有酒樽,绕鱼是湖水。
>
> 儿童作小舫,载酒胜一杯。
>
> 座中会酒舫,空去复满来。

湖岸多歆石，石下流寒泉。

醉中一盥漱，快意无比焉。

金玉吾不须，轩冕我不爱。

且欲坐湖畔，石鱼长相对。

诗中说的"鱼背有酒樽"，是指石鱼可储水的凹处，好似一个大酒樽。"儿童作小舫"，是指孩子们做的小船，可载一杯酒，洄游于石鱼背上的"小湖"中，供人们依次交替饮酒。这种饮酒的快乐，竟使元结不爱金玉，不要"官帽"。后来，元结曾多次在湖上招待客人，并在湖上观景抒怀。对石鱼背上的小湖载酒供游人开怀畅饮，他曾写下不少赞美的诗。如"酣兴思共醉，促酒更相向。舫去若惊凫，溶瀺满湖浪。朝来暮忘返，暮归独惆怅。谁肯爱林泉，从吾老湖上"（《宴湖上亭作》）。"醉人疑舫影，呼指递相惊。何故有双鱼，随我酒舫行。醉昏能诞语，劝醉能忘情。坐无拘谨人，勿限醉与醒"（《夜宴石鱼湖作》）。这是写微醺后的感受与快意：饮酒以致神思恍惚，误将酒舫的影子也当作另一条鱼，石鱼湖出现"双鱼"的现象。昏醉能说出荒诞的话，劝酒致醉，能让人忘掉不快的世情。在座的人中没有不放达的，饮酒求乐，喝！管它醉还是醒。

元结深爱他的石鱼湖，因而写下《石鱼湖上醉歌》并序，序的大意是说："漫叟"用公田所产的米酿酒，在公休闲暇的日子里就载酒于湖上，随时到那里喝个酩酊大醉。在醉眼蒙眬的时候，靠在湖岸，伸出手臂向石鱼湖中酌酒，小船载着酒在湖中漂游，围绕在石鱼湖边的客人都能喝到酒，这种情景，仿佛靠在巴丘之山伸出手臂向君山上舀酒，各位来客环洞庭湖而坐，酒船漂浮于波涛之中回环往复一样。因此，元结在醉中写了一首歌，抒发他在石鱼湖饮酒醉后的丰富联想：

石鱼湖，似洞庭，夏水欲满君山青。山为樽，水为沼，酒徒历历坐洲岛。长风连日作大浪，不能废人运酒舫。我持长瓢坐巴丘，酌饮四坐以散愁。

全诗将小小的石鱼湖放大到洞庭湖，仿佛洞庭湖上驮载着酒舫，自己拿着长长的木瓢坐在巴丘山上为他们斟酒，供各位酒徒们痛饮以消除忧愁。

元结为什么会如此沉醉于酒呢？这与社会大环境有关。饮酒，不常是为了欢乐。有时候在惊恐不安中也饮酒。元结之所以放纵自己，醉得一塌糊涂，是因社会的动荡不安:"海内厌兵革,骚骚十二年。"人生无常,朝不保夕,及时行乐乃成人之常情。醉里乾坤大,把内心的惊恐暂时淹没于酒杯之中,明天究竟怎样,实难预料。元结正是这样想的,也是这样做的,实是一种无奈之举。

喜纵酒的王翰

王翰,"少豪荡,恃才不羁,喜纵酒,枥多名马,家蓄妓乐"。"翰酒间自歌,以舞属嘉贞,神气轩举。"(《唐才子传·王翰》)这话是说,王翰少年时,豪爽放纵,仗恃有才而不拘礼法,喜好纵酒狂饮,他家马厩中养了许多名马,家里养了许多歌女舞女,可见是当时的名门富户。张嘉贞任并州(今山西太原市西南晋阳城)刺史时,对王翰以优厚的资财相待。因此,常在酒宴上,王翰自己放声高歌,让张嘉贞随歌起舞,神采飞扬。张嘉贞当宰相后,王翰被提拔为驾部员外郎。张嘉贞被罢相后,王翰外放为仙州别驾。后因纵情于田猎、饮酒,王翰又被贬官到岭南(今广西一带),在半路上去世。王翰写的诗,激情洋溢,慷慨悲壮,尤以《凉州词二首》最著名。其中之一是:

葡萄美酒夜光杯,欲饮琵琶马上催。醉卧沙场君莫笑,古来征战几人回?

这首以酒送行的七绝诗写得荡气回肠,感慨万端。西征的朋友要到那荒凉之地打仗去了,他以西域所产的葡萄美酒,再以精美的夜光之杯劝酒。战马嘶鸣,催人离别的琵琶声,令人心碎。此时此刻,千言万语凝结于酒杯之中:劝君更尽一杯酒! 接下酒杯的朋友说道:即使我喝醉了躺卧在沙场,你们也别讥笑我。为什么呢? 这是因为,古往今来凡去西域征战的将士,就没有几个人再回到家乡,也许这次出征就是永远的诀别! 大有"壮士一去兮不复返"的悲壮气概。由此,可看出王翰的气度和诗才。在王翰看来,人生苦短,青春易逝,"落花一度无再春,人生作乐须及辰"(《春女行》)。人来到这个世界上不单是为吃大苦、受磨难的,为提高生活的质量,还要设法使自己活得好,活得快乐,不枉自己在这个世界上走一回。眼看"人生百年夜将半",就应该"对酒长歌莫长叹"(《古娥眉怨》),这就是王翰当时的想法。

性亦嗜醇酎的岑参

杜甫曾在《九日寄岑参》一诗中写道:"岑参多新诗,性亦嗜醇酎。"其意是说,岑参不仅诗写得新奇,而且天生喜欢喝多次复酿的醇酒。他是边塞诗人中最卓越的代表。

岑参,为河南南阳人,早岁孤贫。他是天宝三年的进士。一生除在朝廷任左补阙、起居郎这些小官外,曾屡次为军府幕僚,在戎马战火中出入十多年之久,极具远征离别的情感,凡城堡要塞他没有不经过的。岑参创作的诗,格调尤为高迈,常有脱俗的念头。他新奇的笔触和幽深的情致,写出的诗篇往往超拔独秀,高过常情。他的诗在很多方面与高适风骨相同,读起来使人慷慨激昂,感慨万分。边塞的景物在他的笔下充满雄奇瑰丽的浪漫色彩,他任安西北庭节度使封常清的判官时,写过一次西征:"君不见走马川行雪海边,平沙莽莽黄入天。轮台九月风夜吼,一川碎石大如斗,随风满地石乱走。……"开头几句诗与来势逼人的匈奴骑兵,有力地反衬出"汉家大将西出征"的声威。还有《白雪歌送武判官归京》一诗的开头是,"北风卷地白草折,胡天八月即飞雪。忽如一夜春风来,千树万树梨花开",这给送行的人平添了一份暖融融的"春意"。由此可见岑参诗作的新奇。后来,裴荐、杜甫等人曾推荐岑参,说他见识高,眼光远,论事典雅正确,早年就有良好的名声,被同时代的人所敬仰,朝廷可授他为谏官。可惜岑参没有来得及受重用就客死在成都旅舍。

岑参熟悉边塞生活,从他写的许多诗篇中可以看出:"灯前侍婢泻玉壶,金铛乱点野驼酥。"(《玉门关盖将军歌》)北方歌舞宴会的情景是:"琵琶长笛齐相和,羌儿胡雏齐唱歌。浑炙犁牛烹野驼,交河美酒金叵罗。"(《酒泉太守席上醉后作》)在这样的气氛中,岑参直喝到"三更醉后军中寝,无奈泰山归梦何"。由此想到当时饮宴的快乐场面。还有"将军醉舞不肯休,更使美人吹一曲"(《裴将军宅芦管歌》),"中军置酒饮归客,胡琴琵琶与羌笛"(《白雪歌送武判官归京》),这是以歌舞音乐佐酒;还有汉族与其他民族相互融合,共同饮酒娱乐的场面:"军中置酒夜挝鼓,锦筵红烛月未午。花门将军善胡歌,叶河蕃王能汉语。"(《与独孤渐道别长句兼呈严八侍御》)在他漫游北方边塞河北一带时,也曾有过怀才不遇的碰壁:"南邻新酒熟,有女弹箜篌。醉后或狂歌,酒醒满离忧",为什么会"满离忧"呢?因为"主人不相识,此地难淹留"(《冀州客舍酒酣贻王绫寄题南楼》)。南邻的新酒刚刚酿熟,又有年轻的女子弹着箜篌劝酒,他直喝到醉后狂歌,酒醒之后孤独一人,前路何在?想来,离别的忧伤涌上心头。当他回到家乡时,"乡人尽来贺,置酒相邀迎。闲眺北顾楼,醉眠湖上亭",此时的他心情沉重,"黄鹤垂两翅,徘徊但悲鸣"(《送许子擢第归江宁拜亲因寄王大昌龄》),游而无功,空负才学而回到家乡,内心的痛苦只有向自己的好友王昌龄倾吐了。

岑参

岑参性格豪放,与人交往,重情义,重气节,我们从他送别朋友的诗中可以看出:"斗酒取一醉,孤琴为君弹","置酒灞亭别,高歌披心胸","且居主人酒,为君从醉眠","送军一醉天山郭,正见夕阳海边落","送君系马青门口,胡姬垆头劝君酒","莫令别后无佳句,只向垆头空醉眠"。在送东台张判官时,岑参在一家胡姬开的酒店送别,"胡姬酒垆日未午,丝绳玉缸酒如乳",互祝珍重,举杯送别,驻足远望,只见"须臾望君不可见,扬鞭飞鞯疾如箭"(《青门歌送东台张判官》)。这样的送别不止一次,在送魏升卿时是"垆头青丝白玉瓶,别时相顾酒如倾"。之后便是"摇鞭举袂忽不见,千树万树空蝉鸣"(《送魏升卿擢第归东都因怀魏校书陆浑乔潭》)。这两次送别喝得痛快,别得高兴。在他看来,朋友聚会,图的就是个快乐,"一生大笑能几回,斗酒相逢须醉倒"(《凉州馆中与诸判官夜集》)。意为人一生大笑没有几回,老朋友相见,以斗酒为量,一醉方休!"故人薄暮公事闲,玉壶美酒琥珀殷。颍阳秋草今黄尽,醉卧君家犹未还"(《醉题匡城周少府厅壁》)。日落之际,正遇老朋友办公事闲了下来,主人天天用琥珀色的玉壶美酒殷勤地劝酒,岑参开怀畅饮。已是秋草黄尽的深秋时节,不知

家庭经典藏书——中华酒典

到底喝了多少天的酒,岑参因醉还没有回家。由此推想,这是一对儿相互倾诉无话不说的好友。岑参劝人要及时行乐,"人生不得长少年,莫惜床头沽酒钱"(《蜀葵花歌》),"相逢剩取醉,身外尽空虚"(《行军雪后月夜宴王卿家》),"逍遥自得意,鼓腹醉中游"(《南溪别业》)。不过,他所指的求乐之道就是,通过饮酒,进入醉乡,忘却万事。这种求乐的方式是不可取的。

岑参一次和其他人参加了敦煌太守为他们举办的宴会:"城头月出星满天,曲房置酒张锦筵。美人红妆色正鲜,侧垂高髻插金钿。醉坐藏钩红烛前,不知钩在若个边?"(《敦煌太守后庭歌》)诗中所言"藏钩"是古代的一种游戏。美人红妆,侧垂高髻,为饮酒助兴。而岑参饮酒大醉,本来记得是将"藏钩"放在红烛旁,可是找了半天找不到,不知把钩子钩在了什么地方。在这次宴会上,岑参到底喝了多少酒,我们无从知道。但是我们只知道他喝醉了,而且醉得不知天南地北!

岑参回到长安,老友韩樽在晚春时节来访,两人如兄弟相逢,高兴异常,"三月瀍陵春已老,故人相逢耐醉倒"。要好的朋友相逢,酒逢知己千杯少,醉都醉得慢。"瓮头春酒黄花脂,禄米只充沽酒资"(《喜韩樽相过》)。他们喝的是金黄色的春酒,直喝到无钱买酒,只好拿出当官发放的"禄米"去酒店换酒继续对饮,可见情意之深。他在奉送贾侍御史时,纵酒狂饮,说道"荆南渭北难相见,莫惜衫襟著酒痕"。衫襟上留有酒痕是醉酒不能自持的表现,为了难得一见的友谊,就顾不了珍惜衫襟这类小事了!有时因醉甚至不能和朋友送别:"醉后未能别,待醒方送君。看君走马去,直上天山云。"(《醉里送裴子赴镇西》)这在今天的饮酒中也是常见的。

岑参骑马从长安去了邯郸,住在旅馆,心情不好。到店里沽酒时,看到了一幕戏剧性的场面:"邯郸女儿夜沽酒,对客打灯夸数钱。"岑参在这天晚上却是"酩酊醉时日正午,一曲狂歌垆上眠"(《邯郸客舍歌》)。这天夜晚,自己去酒店喝酒,正遇邯郸女儿清点账目对着灯数钱。自己醉酒后狂歌一曲,躺在安放酒瓮的土台边,一直睡到第二天中午。多少心事在醉中,醉得狂放、潇洒、随意,就那一百多斤,爱怎样就怎样吧。

再看如下一幕喜剧:"老人七十仍沽酒,千壶百瓮花门口。道旁榆荚仍似钱,摘来沽酒君肯否?"(《戏问花门酒家翁》)在唐代,酒店林立,岑参路过"花门口",看到一位七十左右的老头仍在卖酒,而且酒的种类繁多,摆在花门口招徕顾客。他看到春季金黄色的榆钱飞飞扬扬,与老头开玩笑说,"摘下来这似钱的榆荚来买酒你肯吗"?诗短情长,一个天真、淳朴、淘气的老顽童岑参活灵活现地站在我们的面前,给人留下美好的想象空间,也展示了岑参的风趣幽默。其后施肩吾也有过《戏咏榆荚》一诗:"风吹榆钱落如雨,绕林绕屋来不住。知尔不堪还酒家,漫教夷甫无行处。"可能受岑参的启示,也写得幽默风趣。

在盛唐时期,岑参与高适在诗作方面齐名,后世常以"高岑"并称。他们的出身不一,但追求、兴趣、交友、诗风大体相同。他们对酒的爱好也在伯仲之间。

"醉吟先生"白居易

白居易(722~846)生于河南新郑,唐贞元进士。最高官职为刑部尚书,官二品。他与李白、杜甫并称为唐代三大诗人。今存诗2800余首,在唐代所有诗人中遥居榜首。因在官场屡遭贬谪,晚年意志消沉,自号"醉吟先生",浸淫于"儒""释""道"之中,全身避祸,享尽天年。在唐代所有为官者中,他是最会"保身自乐"的人。

白居易在20岁前还没有什么名气。来到长安京城游学,谒见颇有才学的顾况。顾况是江南人,仗恃自己有才,很少推许别人。见面后,竟然拿白居易的名字开玩笑说:"长安任何东西都很贵,要在这里'居'很不'易'啊!"当他浏览白居易的诗卷,读到"离离原上草,一岁一枯荣。野火烧不尽,春风吹又生"时,便赞叹道:"能写出这般诗句,居天下也不难。老夫先前说的话不过是开玩笑罢了。"

白居易一生嗜酒,晚年更甚。他67岁时在《醉吟先生传》中对自己作了小结(译文大意):"自己做官为宦30年,晚年退休回到洛阳家中……家虽贫,不至寒馁。性嗜酒,耽琴,吟诗。因此,凡是酒徒、琴侣、诗客,多与之交游。与嵩山和尚如满为空门友;与平泉客子韦楚是山水友;与彭城的刘禹锡为诗友;与安定的皇甫朗之是酒友。每一相见,便欣然忘归。当听熟人家有美酒、鸣琴的,从

中华酒典

不错过。每遇到良辰美景，或雪朝月夕，朋友们相访时，必先开酒缸，次开诗箧。喝酒到畅快尽兴时，自己便拿起琴来，操宫声弄《秋思》一遍。若特别高兴之际，干脆命家中童仆一起搬出各种乐器，合奏《霓裳羽衣》一曲。进入高潮时，又命小妓高歌《杨柳枝》新词十数章。放情自娱，饮酒至酩酊大醉后才罢休。"

白居易出游时，"或步行或拄杖，或骑驴或让人抬在筐(这个'筐'是很舒适的可坐可躺可卧的竹筐)中。常在筐里放一琴一枕以及陶渊明和谢灵运诗数卷，抬竿左右，各挂两壶酒，寻水望山，率情便去；抱琴引酌，兴尽而返。这种日子共过了十年，吟诗约千余首，酿酒约数百斛。家里妻子侄儿嫌弃他这种活法甚至讥笑他"。白老头起初任他们唠叨，到后来，忍不住了，就回答他们说："凡人在世上活着，很少有不偏不倚兴趣全无的，大多必定有各自的偏好，我也不能例外。假如不幸，我喜欢营利，却去外地经商做买卖，远离妻子儿女，挣了很多钱，住在华美的高楼，时时遭人暗算，过着提心吊胆的日子，

白居易

这样难道就好吗？假若不幸，我喜欢赌博，一掷数万，倾财破产，致使妻子儿女挨冻受饿，你们又能把我怎么样呢？假若再不幸，我喜欢求仙炼丹，整日损衣削食，炼铅烧汞，以至于一无所成，却赔了不少钱财，你们又能把我怎么样呢？现在，我幸亏不喜欢这些，而自适于饮酒吟诗之间，放纵是有点放纵，但又有什么伤害损失呢？"

白居易批得有理。的确，人生天地之间，各有自己的喜好，没有一点儿喜好的人几乎难以找到。不过，有的喜好，于人有益；有的喜好，于人有害。饮酒吟诗，即使有害，也不算大害。从此以后，家人也不再规劝啰唆他了。

白居易精通老子"知足不辱"的道理。他认为，人世间有许多人德行才学高于常人，而所得却不成正比，要多和这些命运不济的人相比，内心才会感到幸

福满足。有一次,他招呼家妓童子一帮人,进入酒房,让众人坐在酒瓮周围,自己箕踞仰面,很有感慨地说:"我生在天地之间,才能与德行,比起古人差得太远了。却比黔娄富裕,比颜回长寿,比伯夷吃得饱,比荣启期快乐,比卫叔宝健康。幸甚幸甚,该知足了,我还有什么可求的呢?如果舍弃了我饮酒、吟诗、弹琴这点儿爱好,还凭什么去养老送终呢?"说罢自吟《咏怀》诗一首:

> 抱琴荣启乐,纵酒刘伶达。
>
> 放眼看青山,任头生白发。
>
> 不知天地内,更得几年活?
>
> 从此到终身,尽为闲日月。

　　吟罢,打开酒瓮,连饮数杯,兀然而醉。就这样,醉复醒,醒复吟,吟复饮,饮复醉,醉与吟相互连接循环。用这种醉吟相接的办法来获得幕天席地、瞬息百年,陶陶然,昏昏然,不知老之将至的独特快感。这就是古人常说的"得全于酒"的妙理所在。他常对妻子说:"今天以前,我活得很满足;今天以后,我就不敢说还会不会有这种高兴的日子了。"

　　读了这篇小传,我们会想,这还是白居易吗?他的诗写得那么朴实、率真,可是读这篇小传简直就是一个不管不顾的大酒鬼,这样想,那就对了。你没有白居易复杂的坎坷经历,你就当然不会有以酒"作践"自己的狂饮。须知,白居易许许多多的好诗,还是在"醉"中创作出来的。自己给自己做传,不乏风趣诙谐,但所叙事实是真实的,白居易晚年的生活大略如此。

　　酒,使白居易淡忘了在官场那数不清的良心难以接受的血腥事实;酒,又使他灵感活跃涨发,创作出那么多交相赞誉的好诗文。他想到晋代刘伶嗜酒并写下《酒德颂》,自己也不能有愧于酒,因而写下《酒功赞》:

麦曲之英,米泉之精;作合为酒,孕和产灵。孕和者何?浊醪一樽;霜天雪夜,变寒为温。产灵者何?清醑一酌;离人迁客,转忧为乐。纳诸喉舌之内,淳淳泄泄;醍醐沆瀣,沃诸心胸之中。熙熙融融,膏泽和风。百虑齐息,时乃之德。万缘皆空,时乃之功。吾常终日不食,终夜不寝;以思无益,不如且饮。

　　全篇大评大摆大赞酒的"功劳"和饮酒后的美好体验,对酒没有半点揶揄咒骂。宋代的苏东坡有感于此,说"犹嫌白老,不颂德而言功",批评他不颂扬人饮酒的酒德而只讲酒功。

白居易退出官场回到洛阳家中,为饮酒方便,专门在家里建了酒库。在《自题酒库》诗中写道:

身更求何事? 天将富此翁。此翁何处富? 酒库不曾空。

退休之后,无官一身轻,白居易如闲云野鹤,饮酒吟诗求乐成为消磨时光的正事。他以酒库有酒为富,是白居易晚年对"富"的一种理解。他还在酒瓮上题诗说:

若无清酒两三瓮,争向白须千万茎?

曲蘖消愁真得力,光阴催老苦无情。

诗的大意是说,若没有两三瓮发酵后经茅草过滤的清酒,怎么对得起嘴周围那千万茎白胡须呢? 光阴催老不由人,以酒消愁最得力。表达了白居易人生苦短,百无聊赖,只有从饮酒一醉中寻求短暂快乐的心情。

白居易早年也曾胸怀大志,想有所作为。在他37岁任翰林学士又任左拾遗时才找对象与杨氏结婚。即使在今天看,都算是晚婚的大龄青年了。当时白居易正在春风得意之时,恃才使气,直言敢谏,自称"不惧贤豪怒,亦任亲朋讥。人竟无奈何,呼作狂男儿"(《寄唐生》)。因无所畏惧的性格而多次被贬谪,到县里当县尉(负责一地社会治安等)一当就是好几年。后来回到朝廷,38岁时又被罢官。这年,白居易一家人,由河南洛阳搬家到陕西离长安一百里远近的渭村居住,一住就是五年多。贬谪,罢官,任用;又贬谪,又罢官,又任用。折腾得白居易不知所措,心灰意冷。他在渭村居住时,为了养家糊口,有时亲自下田耕种。内心虽郁郁不平,苦闷彷徨,却又无可奈何,每天以饮酒打发时光。42岁时,他在渭村写下著名的《效陶潜体诗十六首》并序,企图从陶渊明的精神仓库里寻找医治自己心灵创伤的药方。序中写道:我罢官后退居渭村,闭门不出,当时又遇阴雨绵绵,无以自娱。正好家酿米酒新熟,雨中独饮,常常酣醉,终日不醒,遂使懒惰狂放之心得到满足。他从酒中获得了不少学问,也从酒中忘却官场蝇营狗苟的不快。在渭村闲居的日子里,身体强健时要饮酒:"幸及身健日,当歌一樽前。何必待人劝,念此自为欢。"阴雨绵绵时要饮酒:"尽日不下床,跳蛙时入户。出门无所往,入室不独处。不以酒自娱,块然与谁语?"雨过天晴,夜间月色美好时要饮酒:"及对新月色,不醉亦愁人。床头残酒榼(盛酒器),欲尽味弥淳。携置南檐下,举酌自殷勤……今宵醉有兴,狂咏惊四邻。"想到人生苦短时要饮酒:"今朝不尽醉,知有明朝不?不见郭门外,垒垒坟与丘!"他深得酒中之趣、酒中之醉的妙理:"开瓶泻罇中,玉液黄金脂。持玩已可悦,欢尝有余滋。一酌发好容,再酌开愁眉。连延四五酌,酣畅入四肢。忽然遗万物,谁复分是非?是时连夕雨,酩酊无所知。"他还认为饮酒不在多少,要在陶情适性:"勿嫌饮太少,且喜欢易致。一杯复两杯,多不过三四。便得心中适,尽忘身外事。更复强一杯,陶然遗万累。一饮一石者,徒以多为贵。及其酩酊时,与我亦无异。笑谢多饮者,酒钱徒自费。"(《效陶潜体十六首》)饮酒以自我感觉良好最妙,多饮过量就是对酒钱的一种浪费。为了经常有酒饮,不惜"卖我所乘马,典我旧朝衣"。得来的钱不是买米买菜,而是"尽将沽酒饮,酩酊步行归"。以醉达到"名姓日隐晦,形骸日变衰。醉卧黄公肆,人知我是谁"(《晚春沽酒》)的效果。妻子怪他多饮纵酒时,他内心也十分矛盾:"诚知此事非,又过知非年,岂不欲自改?改即心不安。"(《自咏》)心想,真的不再喝酒,我心难安,那还是我白居易吗?"百年夜分半,一岁春无多。何不饮美酒?胡然自悲嗟!俗号销忧药,神速无以加。一杯驱世虑,两杯反天和。三杯即酩酊,或笑任狂歌。陶陶复兀兀,吾孰知其他?况在名利途,平生有风波。深心藏陷阱,巧言织网罗。举目非不见,不醉欲如何?"(《劝酒寄元九》)表面看,白居易在谈饮酒醉酒的切身感受,而实质上是借酒抒发自己满腔的悲愤。设身处地地想想,一位翰林大学士,出于正义,为国分忧,提了一点建议,却被政敌把他从青云之上贬入沟壑之中,又闲坐几年,会是一种什么心情?眼看岁月如流,人生易老,对此境遇又是那样的无可奈何,在千百个等待中一再失望。"我生日日老,春色年年有",这是一种才学的空耗,也是一种生命的慢性自杀,该怎么办?只有这杯中物"能沃烦虑销,能淘真性出"(《对酒》)。

43岁这年冬天(814),白居易才被朝廷召回长安,当太子的老师。第二年,当刺客杀害宰相武元衡时,京城里动荡不安,白居易又忍不住首先上奏,请求马上缉捕凶手。这个建议不能说有错,可是当政大臣中有人嫌他越权行事,十分恼火。接着又有人说白居易的母亲落井而死,他却写了《新井篇》一诗,不仅言

中华酒典

辞浮华,而且品行不端,不可重用。这简直是"欲加之罪"!因此,白居易又被贬为江州(今江西九江市)司马(参赞军务,无实权)。这次贬谪,才使年轻气盛的白居易真正意识到官场的黑暗残酷,懂得了"锅是铁打的"道理。从此以后,白居易为避祸远嫌,不再有谔谔直言,作诗态度也有所转变,"讽谕"之作渐少。正如他自己所言,"从此万缘都摆落,欲携妻子买山居"(《端居咏怀》),"面上灭除忧喜色,胸中消尽是非心。妻儿不问唯耽酒,冠带皆慵只抱琴"(《咏怀》)。因为过去他写的诗文直刺上层当权者,使"权豪贵近者相目变色","握军要者切齿",所以贬为江州任司马其实仅是大权在握的政敌对白居易打击迫害的一个开始。后来接踵而来的是屡谪外官,宦途蹭蹬,这既使他陷入极端的苦闷之中,又使他的政治态度转趋消极保守。尽管他竭力摆脱"牛李党争",和他们保持一定的距离;尽管他忠于职守,在职责范围内尽力做些为百姓造福的好事,但还是多次得罪上层统治者。他身历八任皇帝,全是年幼无知、不懂世事的孩子。因此,可以说,白居易的政治命运不是掌握在皇帝而是掌握在与皇帝关系最为亲密的近臣手中,这就是白居易不得重用的根本原因。不得已,白居易这个"狂男儿"只好转而收敛不懈进取的锋芒,在参禅、学道、饮酒、赋诗中去寻求"知足保和,吟玩情性"的闲适之乐了。他在渭村写的《养拙》诗就是这种"闲适生活"的概括:"铁柔不为剑,木曲不为辕。今我也如此,愚蒙不及门。甘心谢名利,灭迹归丘园。坐卧茅茨中,但对琴与罇。身去缰锁累,耳辞朝市喧。"类似这种"保身自乐,以退为进"的诗篇,白居易一生写了不少,实为"释家"和"道家"思想的浸润和活用,常是一种自卫,又是苦闷时的一种自我解脱。其中,饮酒赋诗就是白居易自我解脱的主要方式。

遭贬江州(今九江市)第二年秋季的一天,他在西湓水入长江处的渡口上乘船漫游,偶与江上的琵琶女相遇,在饮酒交谈中有感于琵琶女的身世和自己差不多,顿时诗兴大发,于是在船中构思,写下著名的长篇叙事诗《琵琶行》,这首诗奠定了他在中唐史上的宗主地位。诗中通过对一个歌女沦落身世的生动描写,抒发了自己被排挤打击的悲愤心情。

当他从江州司马调到忠州任司马后,历经的打击磨难也多了,对人生的领悟也更加深刻成熟了,不再怨天尤人,呼天抢地,真正达到任其自然的境界。他在《我身》一诗中说:"我身何所似?似彼孤生蓬。秋霜剪根断,浩浩随长风。昔游秦雍间,今落巴蛮中。昔为意气郎,今作寂寥翁。外貌虽寂寞,中怀颇冲融。赋命有厚薄,委心任穷通。通当为大鹏,举翅摩苍穹。穷则为鹪鹩,一枝足自容。苟知此道者,身穷心不穷。"这是自己在官场遭受多次打击后的深刻总结,不是精通儒、道、释思想的人,是绝写不出如此平淡冲融的好诗的。媚俗的政治生态,逼迫白居易放弃崇高,扔掉执着,泯灭信念,回归到千百年来打造出的世俗网络格局之中,随俗沉浮,以至于贬为杭州刺史的数年之中,各种应酬式的美酒倒没少喝,但没干什么大的正事,"三年为刺史,无政在人口。唯向郡城中,题诗十余首"(《三年为刺史三首》之一)。如此苟活,地球照样转,天没有塌下来。后来,无论在外面做官,还是在朝廷做官,白居易处事的棱角被官场磨平,大事糊涂,小事不管,携妓饮酒,吟诗编文。不汲汲于富贵,也不戚戚于贫贱。这样无所作为地活着,倒使白居易一是在文人圈内的诗名日高;二是朝廷的历任皇帝和重臣常常记惦着他。给他官职,还得和他认真商量,征求他愿不愿意当。后又回到朝廷任尚书司门员外郎,中书舍人,因上奏书又被贬为杭州刺史,三年后,又转为苏州刺史,后又被朝廷召回拜秘书监,不久转刑部侍郎,后任太子宾客,又任河南尹,干了几年又回到朝廷授太子少傅……这样上上下下共计二十多年,白居易想为百姓做点好事,却又受到各种限制,满腹才华大多淹没在酒杯中。饮酒、弹琴、吟诗,成为他混世"三友","琴罢辄举酒,酒罢则吟诗。三友递相引,循环无已时。一弹惬中心,一咏畅四支。犹恐中有间,以醉弥缝之"(《北窗三友》)。官当到这种地步,自然政声全无,口碑寡淡。封建官场终于把一个爱建言献策、想有所作为的激进者变为一个尸位素餐的太平官,寻欢作乐的风流翁,醉生梦死的吟诗客。杜甫那种忧国忧民的意识在白居易45岁以后的诗文中找不到半点踪影。如果有,那忧的也是自己的安危,患的是自己的得失。早年《卖炭翁》《观刈麦》和《轻肥》那样的诗篇再没有看到。他过的是"昼听笙歌夜醉眠,若非月下即花前"的生活。"三友"如果再加一友的话,那就是女人。

养家妓是唐代盛行的风气,甚至,活的质量如何,以你养的家妓多少为衡量标准。白居易自称"快活人",他养的妙龄家妓有名有姓的如樊素、谷儿、红绡、樊素、紫绡、红袖、小蛮、青娥、柘枝、紫袖等，多达二十几人，在当时的官员中也是很有名气的。这些家妓多数能歌善舞，会演奏乐器，来客时陪吃陪饮甚至陪寝，并进行歌舞表演，乐器伴奏；客去后，负责主人的起居生活，陪主人游山玩水等。白居易身边有两位很宠爱的家妓，一个叫樊素，另一个叫小蛮。白居易有诗赞道："樱桃樊素口，杨柳小蛮腰。"每当客人来访时，酒酣耳热之际，白居易就让家妓合奏《霓裳羽衣》曲，进入高潮时，命小妓高歌《杨柳枝》新词十数章。

至于外出饮酒，常有歌妓劝酒助兴更是常事："艳动舞裙浑是火，愁凝歌黛欲生烟"；"好似文君还对酒，胜于神女不归云"；"爱君篱下唱歌人，色似芙蓉声似玉"。"双娥留且住，五马任先回，醉耳歌催醒，愁眉笑引开"的欢乐，"夜举吴娘袖，春歌蛮子词，犹堪三五岁，相伴醉花时"的渴盼，还有"半惹舞人春艳曳，勾留醉客夜徘徊"的吸引，"蛾眉别久心知否，鸡舌含多口厌无"的趣问，"今夜还先醉，应烦红袖扶"的预想，"洛阳女儿面似花，河南大尹头如雪"的感叹，等等，都是白居易醉生梦死生活的写照。晚年的白居易，饮酒到了发狂的地步。"一咏清两耳，一酣畅四肢。主客忘贵贱，不知俱是谁"，"事事无成身老也，醉乡不去欲何归"，"酒狂又引诗魔发，日午悲吟到日西"，"相逢且莫推辞醉，听唱阳关第四声"。更在《劝酒》诗中大谈功名富贵都不要，及时行乐快饮酒。诗中说："劝君一杯君莫辞，劝君两杯君莫疑，劝君三杯君始知。面上今日老昨日，心中醉时胜醒时。天地迢迢自长久，白兔赤乌相趁走。身后堆金挂北斗，不如生前一樽酒。君不见：春明门外天欲明，喧喧歌哭半死生。游人驻马出不得，白舆紫车争路行。归去来，头已白，典钱将用买酒吃。"岁月如流，人生易老，典钱买酒，享受现世生活，才是正道。等到人老珠黄，一旦无常，身后堆金，直挂北斗，又管何用？

更有甚者，在东都(洛阳)任太子宾客时，闲来无事辄饮，醉后辄吟，先后写下《劝酒十四首》诗，其中有《何处难忘酒七首》，劝人在高兴时、失意时、少年时、衰老时、得意时、伤别时、罢官时都不要忘记以酒化解，以酒平衡，以酒释放，这说的多少还有些道理。最没道理的是《不如来饮酒七首》，劝说人们莫隐深山，莫作农夫，莫作商人，莫出远门，莫学长生，莫上青云，莫入红尘去，这些事都不如饮酒。酒，才可使人醉厌厌、醉悠悠、醉昏昏、醉醺醺、醉腾腾、醉陶陶，反正一句话，除饮酒求醉之外什么都别做。若真的遵照白居易所言去做，人们只能去喝西北风。这真是饱汉不知饿汉饥，全是醉后的昏话。白居易若不是当官吟诗，沽名钓誉，弄了点儿钱，拿什么喝酒！活命都怕有问题，还能醉吗？白居易劝了别人又劝自己，深夜酒醒之后，浮想联翩，"门无宿客共谁言"，只好"暖酒打灯对妻子。身欲数杯妻一盏，余酌分张与儿女。微酣静坐未能眠，风霰萧萧打窗纸"（《写和自劝》）。由于这种反常的举动，家里的妻子女儿和侄子屡劝他节酒自爱，他却以诗回答说："身上幸无疼痛处，瓮头正是撇尝时。……六十三翁头雪白，假如醒黠欲何为？"身强体健，正好醉吟；眼看满头飞雪，不饮何为？及时行乐才是正道。

白居易不仅善饮、量大，而且还是酿酒品酒深知酒之神妙的行家。他喜欢在凌晨5至7点的卯时饮酒。并写有《卯时酒》一首，大谈卯时饮酒的神妙：

> 佛法赞醍醐，仙方夸沆瀣。
>
> 未如卯时酒，神速功力倍。
>
> 一杯置掌上，三咽入腹内。
>
> 煦若春贯肠，暄如日炙背。
>
> 岂独肢体畅，仍加志气大。
>
> 当时遗形骸，竟日忘冠带。
>
> 似游华胥国，疑反混元代。
>
> 浩气贮胸中，青云委身外。

一杯三咽，让人怀疑白居易喝的卯时"酒"，不是一般的黄酒，有可能是酒精度较高的"蒸馏酒"。所以，其"神速功力"才那样大，才使白居易卯时饮酒后有神仙般的感觉。他在家中也常酿供自己喝的酒，《咏家酝十韵》就是写酿酒的时间、水质、酒色、酒味及饮酒的好处等：

> 旧法依稀传自杜，新方要妙得于陈。
>
> 井泉王相资重九，曲蘖精灵用上寅。
>
> 酿糯岂劳吹范黍，撇匀何暇漉淘巾？
>
> 常嫌竹叶犹凡浊，始觉榴花不正真。
>
> 瓮揭闻时香酷烈，瓶封贮后味甘辛。

家庭经典藏书

中华酒典

619

捧疑明水从空化，饮似阳和满腹春。

色洞玉壶无表里，光摇金盏有精神。

能销忙事成闲事，转得忧人作乐人。

应是世间贤圣物，与君还往拟终身。

诗中说到造酒古法沿用杜康造酒法，新法用的是当时的陈岵造酒法，二法到底有何不同，笔者没有做专门的研究。水用九月九日的井水，曲用七月上寅即伏天头伏的曲。酿出的酒，以淡金黄即琥珀色为好，味道以甜味中含有辛味为上。唐酒如无"辛"味，则酒味淡。白居易当河南尹时，由官府出钱也在官府酿酒。《府酒五绝》的《辨味》一诗说：

甘露太甜非正味，澧泉虽洁不芳馨。

杯中此物何人别？柔旨之中有典刑。

可见酿酒时，太甜和水质是品酒时的两大关键。太甜，就不是酒的正味；水质有问题，酒就缺少应有的甘洌和醇香。酿出的好酒，应是有浓度，有淡淡的甜味，再带一点酷烈的"辛味"。诗中"有典刑"是"有点辛"的谐音。

71 岁时的白居易，精力大不如前，虽然官居二品，但已过着俸禄减半的半官半隐的生活。家中生活在走下坡路，但照样饮酒不停，活得很是乐观潇洒：

七旬才满冠已挂，半禄未及车先悬。

或伴游客春行乐，或随山僧夜坐禅。

二年忘却问家事，门庭多草厨少烟。

庖童朝告盐米尽，侍婢暮诉衣裳穿。

妻孥不悦甥侄闷，而我醉卧方陶然。

起来与尔画生计，薄产处置有后先。

先卖南坊十亩园，次卖东郭五顷田。

然后兼卖所居宅，仿佛获缗二三千。

半与尔充衣食费，半与我供酒肉钱。

吾今已年七十一，眼昏须白头风眩。

但恐此钱用不尽，即先朝露归夜泉。

未归且住亦不恶，饥餐乐饮安稳眠。

死生无可无不可，达哉达哉白乐天。

后因退休回家，官俸停止，生计略为紧迫，亲友担心问贫，白居易写诗回答说：

> 头白醉昏昏，狂歌秋复春。
>
> 一生耽酒客，五度弃官人。
>
> 园葵烹佐饭，林叶扫添薪。
>
> 没齿甘蔬食，摇头谢缙绅。
>
> 自能抛爵禄，终不恼交情。
>
> 但得杯中渌，从生甑上尘。

在白居易看来，生活困难一点也没什么，当官并非都是乐事。五度弃官，如今俸禄虽然没有了，可是官场的窘束解除了，身心快乐比什么都重要。我这是从陶渊明、刘伶那里学来的，他们是我的人生导师。虽然过着"日暮独归愁米尽，泥深同出借驴骑""补绽衣裳愧妻女，支持酒肉赖交亲"的日子，可内心仍是"金尽无忧醉忘贫"。当裴涛携诗前来拜访他时，他醉戏诗一首：

> 忽闻扣户醉吟声，不觉停杯倒屐迎。
>
> 共放诗狂同酒癖，与君别是一亲情。

这才是那个无忧无虑最为真实的白居易：诗友来访，心中狂喜，停杯迎接以至慌忙中倒穿了鞋子，俩人情投意合，毫无拘谨，才敢共放"诗狂"与"酒癖"，这是一对神交已久的诗友，也是有着特殊感情的酒友。他们的"诗酒"交流想必已到了陶然忘机的境界。

白居易在 74 岁那年，阴历的三月二十一日，举行了一场家宴，年岁最大的89 岁，最小的 70 岁，共九位老人，开怀畅饮，既醉甚欢，白居易吟诗道："手里无金莫嗟叹，樽中有酒且欢娱。诗吟两句神还王，酒饮三杯气尚粗。"这是一次著名的"九老会"，为此，好事者还画出著名的《九老图》流传于世。

回顾一生，虽没有硕果累累，但"心未曾求过分事，身常少有不安时。此心除自谋身外，更问其余尽不知"（《自问此心，呈诸老伴》）。白居易中年以后，由于碰壁多多，始终保持着清醒的头脑，轻财好施，清心寡欲。儒家的入世、道家的出世、禅家的虚无三者有机统一，运用得出神入化，炉火纯青，因而活得无牵无挂,潇洒自由。他写的诗文如同他的为人:平和、平淡、平实、平易;无傲气、无霸气、无酸气,通俗如话,毫无雕饰之感,因而在社会上流传十分广泛。这也是他和李白、杜甫比肩的原因所在。他爱酒,更爱醉后那忘身事外、朦胧微醺的神仙般的感受。他吟诗,他弹琴,多是遣怀寄性,寻求那人世间难得的片刻自由与欢欣。

在公元846年的农历六月白居易去世,享年75岁。他"始得名于文章,终得罪于文章",文章使他成名,文章也使他获罪。他生前给自己写的《醉吟先生墓志铭》评价自己是"有名于世,无益于人;褒优之礼,宜自贬损"。并说自己"前后历官二十任,食禄四十年,外以儒行修其身,中以释教治其心,旁以山水风月歌诗琴酒乐其志。前后著文集七十卷,合三千七百二十首,传于家。又著《事类集要》三十部,合一千一百三十门,时人目为《白氏六帖》,行于世"。这是一笔丰厚的精神遗产。他嘱咐,在他死后的墓前立一碑,刻上《醉吟先生传》全文。可见《醉吟先生传》是白居易一生的实录。其中"醉吟"二字尤为重要,这不仅是他文人本色的写照,更是吟诗作文,以醉为能源的动力所在。如果没有酒的作用,白居易在历史上的声名会是另外一个样子,我们应该感谢酒。坎坷的经历是他创作的源泉,那醇香的美酒则使白居易的天分聪敏发挥到极致。

醉后与"万化冥合"的柳宗元

柳宗元(773~819),"唐宋八大家"之一。他因参加主张革新的王叔文集团的失败,而被贬为永州司马。在这里,他曾写下著名的八篇散文叫"永州八记"。在其中《始得西山宴游记》中记道,他来到永州(今湖南省永州市),"日与其徒,上高山,入深林……无远不到。到则披草而坐,倾壶而醉。醉则更相枕以卧……觉而起,起而归,以为凡"。登上"西山",悠悠然与天上白云融在一起,而望不到边际;洋洋乎仿佛与造物者一块漫游,却不知走到哪里。此时此刻,"引觞满酌,颓然就醉,不知日之入,苍然暮色,自远而至,至无所见,而犹不欲归。心疑形释,与万化冥合"。柳宗元把政治上失败的痛苦转移到大自然的青山绿水中来医治。他与同游者,斟满了酒,一杯连着一杯地喝,直喝到颓然倾倒,酩酊大醉。这时已到太阳落山之际,暮色苍茫,直至夜色笼罩了大地,还不想回去。内心怀疑,自身似乎也不存在了,完全与大自然融合在了一起。酒使人昏昏然、飘飘然,再加上自然美景的浸润,给人以我与万物暗合融化在一起("万化冥合")的感觉。这就是柳宗元游"西山"醉后的切身感受。试想,如果没有酒,会达到这种效果吗? 看来,柳宗元深得醉酒之趣。就在永州这段日子里,他还写过一首《饮酒》诗:

> 今日少愉乐,起坐开清樽。
>
> 举觞酹先酒,为我驱忧烦。
>
> 须臾心自殊,顿觉天地喧。
>
> 连山变幽晦,绿水涵晏温。
>
> 蔼蔼南郭门,树木一何繁。
>
> 清阴可自庇,竟夕闻佳言。
>
> 尽醉无复辞,偃卧有芬苏。
>
> 彼载晋楚富,此道未必存。

这天,柳宗元不知想起了什么事,心中烦闷不堪,于是打开酒罇,先祭奠祖先,而后为己除烦,接着开怀畅饮,直饮到"须臾心自殊,顿觉天地喧"。然后便进入一种"幻境":永州的连山、绿水、南郭门、树木构成了消除烦忧的"好友",进入微醺的境界,幻化出许多美好的事物。因此,"尽醉无复辞,偃卧有芳苏"。这是柳宗元借饮酒消除烦忧的独特感觉,别人到底会不会借饮酒能够除掉烦忧,会有什么样的感受? 可以绝对地讲,不会与柳宗元相同,说不定还会像李白说的那样,"举杯消愁愁更愁"呢。

柳宗元主张文明饮酒,可以益身益智。他曾写过一篇妙趣横生的短文叫《序饮》,全文如下:

买小丘,一日锄理,二日洗涤。遂置酒溪石上,向之为记所谓牛马之饮者。离座其背,实觞而流之,接取以饮。乃置监史而令日:当饮者举筹之十寸者三。逆而投之,能不洄于伏,不止于泆,不沉于底者,过不饮。而洄而止而沉者,饮如筹之数。既或投之,则旋眩滑汩,若舞若跃,速者迟者,去者住者,众皆据石注视欢拼以助其势,突然而逝,乃得无事。于是或一饮,或再饮。客有娄生图南者,

中华酒典

其投之也,一洄一止一沉,独三饮。众大笑欢甚。余病痞,不能食酒,至是醉焉,遂损益其令,以穷日夜而不知归。吾闻昔之饮酒者,有揖让酬酢百拜以为礼者;有叫号屡舞如沸如羹以为极者;有裸裎袒裼以为达者;有资丝竹金石之乐以为和者,有以促数纠逖而为密者。今则举异是焉,故舍百拜而礼,无叫号而极,不袒裼而达,非金石而和,去纠逖而密。简而同,肆而恭,衍衍而从容,于以合山水之乐,成君子之心,宜也! 作序饮以贻后之人。

柳宗元

　　这篇短文大体上谈了三层意思,一是谈饮酒之由:柳宗元在永州时,买下钴鉧潭旁边一处小丘,后起名叫"愚丘"。经过两天的整理和清洗,摆酒设宴于"愚丘"之上,这是为了比附从前《钴鉧潭》中记道的山石奇形怪状如牛马在溪畔饮水的情景。人们骑坐在"愚丘"的背上,倒满酒杯顺水漂流,坐在岸边的人们可以随时接取而饮,很类似牛马在溪畔饮水的情景。二是谈饮酒之乐:为了让大家饮酒尽兴,就选了一位主持饮酒活动的"酒司令",其酒令是:每人选择约十寸长的三块木条,逆水投入水中,洄旋而不淹没,不停在水中的小岛上,不沉入水底的,就算顺利通过而不饮酒。反之,有木条淹没、停在小岛上、沉底的,要连干三杯。有人虽然投了木条,但旋转不畅。有如跳舞的,有如跨越的;有快的有慢的;有漂走的有停住的。大伙都靠在石头边欢乐异常,拍手以助其势:漂在水中的木条,有的突然不见了,后来又出现了。依据不同的情况,有的人要喝一杯酒,有的人要喝两杯酒。这是一种简单而使人快乐的劝酒游戏。三是谈饮酒之感:座中有一位向南去的娄生,运气不好,投入水中的木条恰好出现"一洄、一止、一沉"的结果,于是独饮三杯。在柳宗元看来,娄生未必笨拙,众人未必灵巧。有的人饮酒,有的人没饮酒,并非是溪流决定的。这就是人事中所说的幸运和不幸运。大家玩得非常高兴,他自己有胃病,不能过多地饮酒,但是在这种欢乐场面下他也醉了。于是不再行酒令,以防止乐而忘归。这使柳宗元想起从前古人那些烦琐出格的饮酒之风,有的以酒表达令人生厌的烦琐礼节;有的把饮酒至手舞足蹈时,喊叫声如沸如羹之际称之为最大的快乐;有的饮酒后脱掉衣服,赤身裸体,把这称之为放达;有的借助音乐歌舞饮酒,把这称之为祥和;有的人借饮酒把许多人联合起来,结成亲密的朋友。而今天的饮酒活动却与众不同,舍弃以上五种饮酒的做法,化繁为简,使人达到同样欢乐的效果,既"合山水之乐",又"成君子之心",所以,应当提倡。

在柳宗元看来,古人留下的那些饮酒方式虽然有些可取之处,但让人感到烦琐、劳神、费心、败德。而"愚丘"这次饮酒,使人们与大自然融为一体,接受阳光的曝晒,呼吸着新鲜空气,游戏有趣而简便易行,人人可以参与,收到了比上述五种饮酒方式更好的效果,那就是内心的快乐。他写这篇《序饮》的目的就是要移风易俗,改变传统的饮酒求乐的方式。

元和十年(815),柳宗元调任柳州(今广西柳州市)刺史,47岁时病死在柳州,世称"柳柳州"。他是中唐古文运动的倡导者之一,他的诗大都抒写贬谪生活和描绘自然景物。《江雪》一诗写于永州:"千山鸟飞绝,万径人踪灭。孤舟蓑笠翁,独钓寒江雪。"这诗寄托着曲折的寓意,表现了柳宗元被贬永州后,那种凄清、孤冷、狂傲的人格特征。天际雪纷纷,大地静悄悄,群山不见飞鸟,道路断绝行人,天地之间一片茫茫,只有渔翁一人,迎风抗雪,孤舟独钓。独钓寒江的渔翁形象,至今活在人们的心中,是因为这一形象最深刻地反映了中国人骨子里那种孤傲、倔强和刚强的性格。此诗可看作是柳宗元一生的人格写照。

嗜酒癫狂的元稹

元稹(779~831),字微之,河南人。元和初年,元稹制举登第,名列榜首,授左拾遗。他多次向宪宗上书,评论时政得失,当权大臣讨厌他,让他离开朝廷任河南县尉。后来又归朝任监察御史。有一次到东川办案,回来途经敷水驿住宿,太监仇视良半夜到达驿馆,元稹不愿腾出自己的房间给他住,仇视良大怒,打伤了元稹的脸。宰相认为元稹年纪不大却轻易建树自己的威风,有失御史之体,就贬他为江陵府士曹参军。在江陵府,他和监军崔潭峻有交情。长庆年间,崔潭峻把元稹所做的近百篇诗献给皇帝,皇上看了十分高兴,问:"元稹如今在哪儿?"回答说:"现任南官散郎。"元稹于是被提拔为祠部郎中,知制诰。不久又升任中书舍人、翰林承旨学士。后来官拜宰相。元稹当宰相之初,因为有些小毛病,言行举止轻浮浅薄,妒忌裴度军功,裴度上书参奏,贬为同州(今陕西大荔)刺史,后转越州(今浙江一带)刺史兼浙东观察使。唐文宗时,官武昌节度使,太和五年死于任上。元稹一生坎坷,"少经贫贱,十年谪宦,备极凄惶"(《进诗状》)。元稹与

元稹

白居易关系亲密,虽然两人不是同胞兄弟,但彼此敬爱倾慕的友情,可压倒黄金玉石。千里之外心神相交,其不谋而合有如符契,彼此写诗唱和之多,没有能超过他们两人的。白居易说,"所得唯元君,乃知定交难……花下鞍马游,雪中杯酒欢……所合在方寸,心源无异端"(《赠元稹》)。元稹著有《元氏长庆集》一百卷以及《小集》十卷,流传至今。

元稹一生与白居易一生大同小异,屡经贬谪,外放为官多年,喜欢饮酒,留下相当数量的论酒诗篇。

元稹自称"平生嗜酒癫狂甚,不许诸公占丈夫"(《寄刘颇二首》)。在酒宴上他是个非常活跃的人物。请看《放言五首》之一:

近来逢酒便高歌,醉舞诗狂渐欲魔。

五斗解醒犹恨少,十分飞盏未嫌多。

眼前仇敌都休问,身外功名一任他。

死是等闲生也得,拟将何事奈名何。

一个人一旦将生死都看得十分淡漠无所谓,那还有什么值得牵挂的呢? 元稹为什么能将功名利禄这些身外之物一下抖落掉呢? 是数不清的官场风波使他明白的:"三十年来世上行,也曾狂走趁浮名。两回左降须知命,数度登朝何处荣?"怎样才能在内心泯灭掉"贬谪"的不幸和"登朝"的挤压呢? 一是睡着了可以忘掉,二是喝醉了不去想它。元稹就选择了其中的"醉"! "乞我杯中松叶满,遮渠肘上柳枝生。他时定葬烧缸地,卖与人家得酒盏"(《放言五首》之五)。活着喝酒还不尽意,死了之后,自己的尸骨也要变为烧缸之地的泥土,烧制成酒盏,成为他人家中饮酒的器具。在他看来,酒的确是人世间最高级的饮品。并曾挥笔写下《有酒十章》,洋洋洒洒,多达 1500 字,写尽了酒的神奇作用。姑摘其中每诗开头两句,以供欣赏:

> 有酒有酒鸡初鸣,夜长睡足神虑清。
>
> 有酒有酒东方明,一杯既进吞元精。
>
> 有酒有酒兮湛绿波,饮将愉兮气弥和。
>
> 有酒有酒香满樽,君宁不饮开君颜。
>
> 有酒有酒方烂漫,饮酣拔剑心眼乱。

全诗句子长短不一,音节错落,都是在饮酒微醺后创作的。读其诗真可以说,思接千载,视通万里,包罗万象,无奇不有。这是酒神使他内潜的文才得到了酣畅淋漓的发挥。他还写过《饮致用神曲酒三十韵》一诗,依旧是一篇赞酒词。其中写道:"瓮眠思毕卓,糟籍忆刘伶。仿佛中圣日,希夷夹大庭。眼前须底物,座右任他铭。刮骨都无痛,如泥未拟停。残骸犹漠漠,华烛已荧荧。真情临时见,狂歌半睡听。"诗中谈到的毕卓、刘伶、徐邈(中圣)、刘希夷都是大酒量的人(见本书介绍),元稹以他们为榜样,愿入酒乡中,就是喝到烂醉如泥的时候,也不打算停杯,即"如泥未拟停",为的是求得那"真性临时见,狂歌半睡听"的天然效果。

在朝廷任监察御史的日子里,元稹隔三岔五,几乎不时地参加各种宴请,也请人喝酒。先后写下与"醉"有关的《先醉》《独醉》《宿醉》《羡醉》《忆醉》《病醉》《拟醉》《劝醉》《任醉》《同醉》《狂醉》共十一首诗,对"醉"的各种心理行为予以生动描写和揭示。

和白居易相比,元稹的酒量比白居易小,也没有白居易醉的日子多。但他俩都深得酒中之趣。元稹曾有好多诗都是写给白居易的"和"诗,在《酬乐天劝酒》一诗中大谈酒的妙处:"刘伶称酒德,所称良未多。愿君听此曲,我为尽称嗟。一杯颜色好,十盏胆气加。半酣得自恣,酩酊归太和。共醉真可乐,飞觥撩乱歌。独醉也有趣,兀然无与他。美人醉灯下,左右流横波。王孙醉床上,颠倒眠绮罗。君今劝我醉,劝醉意如何?"白居易写诗劝元稹饮酒致醉,元稹随之也依韵酬和白居易一诗,向白居易交流醉后的感受。类似的"和"诗还有很多,如"绿袍因醉典,乌帽逆风遗。暗插轻筹箸,仍提小屈卮。……逃席冲门出,归倡借马骑。狂歌繁节乱,醉舞半衫垂。……几遭朝士笑,兼任巷童随。苟务形骸达,浑将性命推"(《酬翰林白学士代书一百韵》)。此时的元稹正在湖北江陵任刺史,他以诗为信,向白居易叙说了他在江陵时饮酒致醉的情景:穿的绿袍因醉而卖到典当行,戴的官帽因醉而逆风行走,被风吹飞。……酒喝到酣畅淋漓时,悄悄离席而去,借马又去了娼门(妓院),醉后狂歌,平时应守的烦琐礼节也已抛到一边。醉中跳舞裸垂着一半衣衫。只要是为了陶情适性,放浪形骸,甘愿把性命赔进去。朝士讥笑,还是巷子里儿童跟着看我那醉态,都不去管它了。这种行为,如果以今人的眼光看,显然是个酗酒混事、自毁形象的官员。但是如以醉后的行为看,就不感到奇怪了。更何况,元稹先是宰相,后贬为同州、越州和鄂州刺史,长期外放,最后死于武昌节度使任上。这无异于由天堂降到地狱,并且再没有机会进入天堂。眼看前途暗淡,内心冷落,除了向好友倾诉,也就只有凭借那令人陶醉的美酒了,"生为醉乡客,死作达士魂"(《酬独孤二十六送归通州》)。设身处地地想一下,我们若处在那样的境地,饮酒致醉后又会是一副什么样的嘴脸呢?

元稹还经常自斟自饮,并作诗抒发自己对人生的感慨:"沽酒过此生,狂歌眼前乐","三杯面上热,万事心中去"《遣春十首》;"伴客消愁长日饮,偶然乘兴便醺醺,怪来醒后傍人泣,醉里时时错问君"(《六年春遣怀八首》)。醉了后醒,常不免要回忆醉时的情景:"积善坊中前度饮,谢家诸婢笑扶行。今宵还似当时醉,半夜觉来闻哭声(《醉醒》)。""今日骑骢马,街中醉踏泥",这是醉行。听到朋友家新酒刚熟,便去消愁:"闻君新酒熟,况值菊花秋,莫怪平生志,图消尽日愁。"(《饮新酒》)有时喝得多了常不脱衣服,倒头便睡,"良夕背灯坐,方成合衣寝。酒醉夜未阑,几回颠倒枕"(《合衣寝》),连怎么睡都不知道了。"饮醉日将尽,醒时夜已阑……未解萦身带,犹倾醉枕冠"(《酒醒》),未脱衣服,醉枕官帽,潇洒到不知有己。他告诉白居易解酒的办法是"甘蔗销残醉,醍醐醒早眠"。常有人因病断酒,元稹却写诗反省道:"昔在痛饮场,憎人病辞醉。病来身怕酒,始悟他人意。怕酒岂不闲,悲无少年气。传语少年儿,杯盘莫回避。"(《遣病十首》)年轻时的元稹的确是"杯盘莫回避"。他在《黄明府诗》并序中这样回忆说,年轻时在解县连月饮酒,曾在窦少府厅中,有一人晚到,又多次违反"酒令",连连被罚十二觥(觥,大酒杯),不胜其困,逃席而去。当他酒醒后问别人,说是前面虞乡的黄丞。后来到褒城巡视,前有大池,楼榭甚盛。有黄明府见迎,熟视形容,仿佛见过,问其姓字,原是从前饮酒逃席的那个黄丞。后来,黄丞送他酒一槽,并派小船同载。元稹写诗道:"少年曾痛饮,黄令苦飞觥。席上当时走,马前今日迎。"(《黄明府诗》)而今,元稹年老有病,才深感他人因病怕酒的原因。其实酒量和人的年龄大体成反比关系,年轻时酒量大,年老时酒量小,"人活年轻"这句话没有说错。所以,元稹在《和乐天仇家酒》一诗中说:"病嗟酒户年年减,老觉尘机渐渐深。"一般而言,这是合乎自然规律的。

可惜,这位"平生嗜酒癫狂甚"的酒翁只活了53岁,这与他超乎常人的坎坷经历是分不开的。白居易晚年回到朝廷,由于保生求乐有道,过着一种饱食终日的生活。而元稹苦苦挣扎,死之前仍在湖北武昌,"物情良徇俗,时论太诬吾。瓶罄罍偏耻,松摧柏自枯。虎虽遭陷阱,龙不怕泥涂"(《酬乐天东南行诗一百韵》)。可是这位不怕泥涂的"龙"再也没有抬起头来。纵酒无度虽然使他因醉而淡忘一切,但是这种淡忘仅仅是短暂的,清醒后怎么办?酒不会永远帮他的忙。说是想得开,放得下,其实世间能有几人真正想得开,放得下呢?元稹的醉后狂放实际上是假象,不然,他不会那样短命!

晚唐黄滔说:"大唐前有李、杜,后有元、白,信若苍溟无际,华岳干天。"(《答陈磻隐论诗书》)这是肯定了元、白在唐代诗坛上的地位。"嗜酒癫狂"的元稹在九泉之下也该欣慰了。

醉时癫蹶的崔鲁

崔鲁,唐僖宗年间进士。他擅长各种文体,才情华美而放荡。他的诗倾慕杜牧的风范,警句非常多。例如《梅花》诗道:"强半瘦因前夜雪,数枝愁向晚来天";又如《山鹊》诗道:"一番春雨吹巢冷,半朵山花咽嘴香"等句子。他的诗风格绮丽,精致深刻、脍炙人口。崔鲁很爱喝酒,酒后无德,曾醉后辱骂郎中陆胐,次日酒醒后十分羞愧悔恨,便写诗道歉说:"醉时癫蹶醒时羞,曲蘖催人不自由。叵耐一双穷相眼,不堪花卉在前头。"陆胐读诗后也就原谅了他。崔鲁身历悠悠乱世,最终一事无成,倒不是因为他酒醉骂人所致。其实古往今来,酒醉骂人者甚至打人者举不胜举。酒量一过,理智昏乱,肝火旺盛,胆大包天。或心念旧恶,揭人之短;或使性骂座,挑起事端;乃至无事生非,大打出手,酒瓶乱飞,头破血流,危及四邻,误伤亲友。轻则名誉威信扫地,重则闹出人命。酒疯撒到这种地步,像崔鲁那样写一首道歉诗是不够的,需以命抵偿,饮酒岂可不节?《太平御览》一书记载:南朝梁代的谢善勋,每次饮酒必至数升,过量即醉,醉便瞠起眼睛骂人,不管贵贱亲疏,只要和他一起喝过酒的人,没有不被他骂过的。于是人们送给他一个绰号,叫做"谢方眼"。知道谢善勋有这种臭毛病的人,谁还敢跟他一起喝酒?更为甚者,三国时吴国的将军凌统与督将陈勤在进攻前一起与众将饮酒,陈勤刚强英勇,但傲慢气盛,由他负责倒酒。陈勤往车上一坐,罚酒敬酒不按规矩,凌统痛恨陈勤的侮辱和轻慢,竟敢当面顶撞自己。陈勤因醉痛骂凌统,并骂到凌统的父亲头上。凌统因父亲受辱而痛哭没有理他,酒宴不欢而散。陈勤因醉未醒,大耍酒疯,一路上,百般侮辱凌统。凌统实在气愤难忍,便拔出刀来,把陈勤砍成重伤。没过几天,陈勤就死了(《三国志·凌统传》)。酒醉后丧失理性的陈勤连后悔的机会都没有。因为醉酒干出失礼的事来,人世间常有。因此,多数人对醉后"越轨"行为也持谅解态度。特别是像崔鲁那样知错并感到羞愧,又主动向人道歉的行为还是值得学习的。但是因醉酒干出那些悔之莫及的事,这是饮酒者的大忌!

好"剧饮"的石延年

石延年(公元994~1041年),字曼卿,宋城(今河南商丘)人,北宋文学家。曾任太子中允,秘阁校理(类今中央秘书班子中校核文件之职)。能诗文,与欧阳修交往密切。《宋史》中说他"跌宕任气节,读书通大略,为文劲健,于诗最工而善书"。敢直言,曾上书要求章献太后还政与天子。石延年去世后,欧阳修专为他撰写《石曼卿墓表》,表中写道:石曼卿"自顾不合于时,乃一混于酒。然好剧饮,大醉,颓然自放,由是益与时不合,而人之从其游者,皆知爱曼卿落落可奇,而不得其才之有以用也。……状貌伟然,喜酒自豪,若不可绳以法度,退而质其平生,取舍大节无一悖于理者。遇人无贤愚,皆尽欣欢。……呜呼!曼卿。宁自混以为高,不少屈以合世,可谓自重之士矣!……"石曼卿敢直言,有大才,但不受重用。由于自己的言行不合于时俗,特别是建议皇帝加强军队对边防的守御不被采纳后,便沉溺于酒,喜好开怀痛饮,大醉之后,不修仪容,放浪形骸,因此更加与时俗不合。可是凡跟曼卿交游的人,都喜欢曼卿为人的磊落和气节,却不知道他怀有大才等待重用。他相貌魁伟,喜酒豪放。出言吐语好像不合常规常法,可是回到家里冷静地认真地思考他说过的话,凡对关键性的大事取舍没有一件与常理相抵触的。与人交往,无论贤愚,都喜欢他。他是宁以混世饮酒来自毁形象从而保持自己的高迈,也不愿稍屈自己的意志以迎合世俗之人,是那时少有的"自重之士"。欧阳修很看中也很欣赏石延年的才学、为人和豪饮。与这篇"表"相似的评价还有《哭曼卿》一诗,其中有"信哉天下奇,落落不可拘。轩昂惧惊俗,自隐酒之徒。一饮不计斗,倾河竭鲲鱏。作诗几百篇,锦组联琼琚"之句。说穿了,石曼卿是封建社会一只提前报晓的鸡。虽然后来的事实证明了他早先的决断,但是在睡梦中的上层官员很讨厌这只"提前报晓的鸡",因为他搅扰了别人的清梦,不杀他已算是万幸的了。当曼卿这只提前报晓的鸡不被人理解时,他便"自隐酒之徒","一饮不计斗"了。当边界紧急,异军入侵已成燎原之势,朝廷才想起了石曼卿,召他商讨对策时,却为时已晚。

身在官场的人,一旦对仕途绝望之后,留给他的选择就是"逐利"。把自己拥有的权力发挥到极致,这是多数绝望官员的选择。而石延年却选择了饮酒混世,在"剧饮"中打发日子。

据《宋史·石延年传》记载:"延年喜剧饮,尝与刘潜造王氏酒楼对饮,终日不交一言。王氏怪其饮多,以为非常人,益奉美酒肴果,二人饮啖自若,至夕无酒色,相揖而去。明日,都下传王氏酒楼有二仙来饮,已乃知刘、石也。"这"剧饮",就是超乎常人的豪饮。石延年与刘潜二人在王氏酒楼上喝了一整天酒,面对面相互饮酒,两人没说过一句话。直喝到日落西山时脸上还看不出有饮酒的迹象,然后二人相互作揖而告别,到第二天,都城里相传王氏酒楼有两位神仙在饮酒。

还有一次,两人在船上对饮,喝到半夜,看到酒少喝不到天亮,于是将船上的一桶醋掺入酒中,到了天明,酒醋俱进肚中。这种狂饮令今人难以想象。

《苕溪渔隐丛话》中记载了许多文人饮酒的情况,其中引用了苏东坡的一段话:"……张安道饮酒,初不言盏数,与刘潜、石曼卿饮,但言几石而已……"以"石"论"量",由此可见石延年的"剧饮"并非夸大。他是当时朝野饮酒量大、知名度很高的人,不然有关他饮酒的笑话也就不会那么多。在《讥谑》一文中写道,石曼卿到妓院狂饮,微醉后与人争执,被巡逻的士兵逮住了,石曼卿不肯因为喝酒露出身份,结果受了士兵一阵杖罚。《画墁录》记载石曼卿与苏子美等人饮酒惊世骇俗,将他们的饮酒分为"囚饮""鬼饮""了饮""鳖饮""鹤饮"等。他们这样胡闹,其实是在不同心境下几种玩世不恭的宣泄。

石曼卿自打"隐于酒"之后,经常外出应酬。"尝出游报宁寺,驭者失控,马惊,曼卿堕马。从吏遽扶掖升鞍。市人聚观,意其必大诟怒。曼卿徐着鞭谓驭者曰:'赖我是石学士也,若瓦学士,岂不破碎乎?'"这则笑话的大意是说,石曼卿曾去报宁寺游览。牵马的不注意,导致马惊,曼卿从马上被摔在地上,随从的小吏赶紧把他扶到马鞍上。市井之人围观,心里想石曼卿一定因怒而大骂牵马的人,没想到他慢慢举起鞭子,然后对牵马的人说:"多亏我是'石'学士,如果是'瓦'学士,岂不是被摔碎了吗?"可见曼卿的诙谐幽默与为人。这些笑话能因人而流传至今,在古今的文人政客中并不多见。这不仅与石曼卿的才名有关,而且也与欧阳修这位大文人写诗作文标举他有关。他和唐代郑虔的为人与遭遇差不多,才名因酒而毁弃,又因酒而获显。

熟悉酒并善饮的施耐庵

说起家喻户晓的《水浒传》篇篇不离酒,这多少有点儿夸张,但要说绝大部分回目都曾写了酒,并以酒说事,这是千真万确的。不信,若把全书写酒的章节全部删除,《水浒传》一书便会混乱不堪,无法再读。

在封建社会,"四书五经"是写给文人士大夫看的,而小说是不登大雅之堂的"街谈巷议",专门写给平民百姓看的。因此,凡是小说家,有关他们的生平事迹,正史几乎不记。名不见经传,是所有小说家的共同遭遇。他们虽然给后人留下了最为丰富的精神食粮,而在正史中却无立锥之地。古今公认的"四大名著"的作者施耐庵、罗贯中、吴承恩和曹雪芹,他们的事迹大多只能从只言片语的野史或别人的杂记中找到,这真是中华民族文化史上的一大不幸。对比之下,有些对中华民族贡献微乎其微的"狗屁"

施耐庵

官员,特别是皇亲国戚,虽然毫无功德可言,却在正史中有名有位,涂脂抹粉的废话一大堆。

施耐庵,元末明初小说家,有人说他为今浙江杭州人。除了留下一部《水浒传》外,我们对他个人的其他事迹几乎一无所知。从《水浒传》中,我们大体推知施耐庵是个豪杰之士,性情中人。他赞美行侠仗义,济困扶危。爱喝酒,而且酒量大,曾有过无数次醉酒后的复杂经历,对酒非常熟悉,如数家珍。《水浒传》中大多回目都写到酒,其中与酒有关的酒店、酒旗、酒具、酒类,饮酒的场面,醉酒后的言行等,都是施耐庵本人懂酒爱酒喝酒的一个缩影,否则他不会有那样深切的体会并付之笔端。

首先,酒是全书记人叙事的媒介,一部《水浒传》,几乎篇篇见"酒":以酒待客、以酒议事、以酒定计、以酒赔礼、以酒谢客、以酒钱行、以酒洗尘、以酒话别、以酒奖赏、以酒题诗、以酒娱乐、以酒调情、以酒驱寒、以酒(药酒)杀人、以酒壮胆、以酒助力、以酒观人、以酒消愁、以酒健身、以酒御寒、以酒祭奠、以酒祈天、以酒迎神、以酒驱鬼、以酒庆贺、以酒送礼、以酒歃盟,以酒发誓、以酒明志等情节场面不胜枚举,随处可见。足见施耐庵是古今文人中最了解酒、最会用酒、最善用酒的行家。

鲁智深喝醉酒后,"打了门子,伤坏了藏殿上朱红槅子,又把火工道人都打走了,口出喊声……"对此,施耐庵引一名贤之口,表述了自己对酒和饮酒的看法:

> 从来过恶皆归酒,我有一言为世剖。
>
> 地水火风合成人,面曲米水和醇酎。
>
> 酒在瓶中寂不波,人未酣时若无口。
>
> 谁说孩提即醉翁,未闻食糯颠如狗。
>
> 如何三杯放手倾,遂令四大不自有。
>
> 几人涓滴不能尝,几人一饮三百斗。
>
> 亦有醒眼是狂徒,亦有酕醄神不谬。
>
> 酒中贤圣得人传,人负邦家因酒覆。
>
> 解嘲破惑有常言,酒不醉人人醉酒。

施耐庵说:"但凡饮酒,不可尽欢。常言:'酒能成事,酒能败事。'便是小胆的吃了,也胡乱做了大胆,何况性高的人?"(《水浒传》第四回)在施耐庵看来,酒是"死"物,人是"活"物,喝还是不喝,喝少还是喝多,醉还是不醉,关键在人,酒因人的不同才有了正面作用或负面作用。成事还是败事,关键在人会不会用酒和善不善于用酒。饮酒而不为酒困,才是饮酒者的最高境界。这就是"酒不醉人人醉酒"的真谛所在。《水浒传》中鲁智深、武松、林冲、李逵、宋江、杨雄、燕青等人在饮酒中的得与失,功与过,是与非,都给我们以深刻的启示。

宋时酒风炽盛,市井街巷,酒店林立;乡村道边,酒旗飘飘。《水浒传》有关酒店的描写不下十几处,可见施耐庵对酒店情有独钟,对饮酒进食的所在非常熟悉。书的第四回写道:

鲁智深走出五台山,到了一个五七百人家的小镇,一个傍村小酒店,但见:

傍村酒肆已多年,斜插桑麻古道边。

白板凳铺宾客坐,矮篱笆用荆棘编。

破瓮榨成黄米酒,柴门挑出布青帘。

更有一般堪笑处,牛屎泥墙画酒仙。

典型的乡村酒店,土得掉渣,俗得难耐,但有"黄米酒"就足够了!

第二十九回,写武松醉打蒋门神时,一路逢酒店便喝三碗,以酒助力。武松对施恩说:"你怕我醉了没本事,我却是没酒没本事。带一分酒,便有一分本事;五分酒,五分本事。我若吃了十分酒,这气力不知从何而来。若不是酒醉后了胆大,景阳冈上如何打得这只大虫?那时节我须烂醉了,好下手,又有力,又有势。"这正是"酒壮英雄胆"的真实写照。武松边走边喝。沿路,施耐庵写了几处酒店。其中,有一家卖村醪的小酒店是:

古道村坊,傍溪酒店。杨柳阴森门外,荷花旖旎池中。飘飘酒旆舞金风,短短芦帘遮酷日。瓷盆架上,白冷冷满贮村醪;瓦瓮灶前,香喷喷初蒸社酝。未必开樽香十里,也应隔望醉三家。

宋江浔阳楼吟反诗时,先写这座酒楼是:

雕檐映日,画栋飞云。碧阑干低接轩窗,翠帘幕高悬户牖。消磨醉眼,倚青天万迭云山;勾惹吟魂,翻瑞雪一江烟水。白苹渡口,时闻渔父鸣榔;红蓼滩头,每见钓翁击楫,楼畔绿槐啼野鸟,门前翠柳击花骢。

这类描写酒店的词多是先写酒旗,再写酒店周围的环境,后写酒店内摆设、人事等,文笔典雅古朴,为饮酒者营造了一种良好的环境氛围。

施耐庵常有交往应酬,因而对元、明之际的酒类也非常熟悉。《水浒传》中随意点出的酒类不下十几种,其中有荤酒、素酒、透瓶香酒、茅紫白酒、村酒、老酒、浑白酒、清白酒、玉壶春酒、出门倒、头脑酒、蓝桥风月酒等,可见耐庵饮酒之多,不饮酒的人是点不出这么多酒名的。

施耐庵参加过无数次豪门贵戚、乡民百姓请吃的宴会,见过种类不同、样式各异的酒器。《水浒传》中因情境、场面、氛围和人物性格的不同,使用的酒器也举不胜举。如盛酒贮酒的酒具有:酒缸、酒瓮、酒桶、酒海子、酒壶、酒瓶、酒葫芦;饮酒的酒具有角、碗、瓢、旋、樽、杯、盏、盅。有大号的,中号的,还有小号的;有金子、银子制作的,还有铜、瓷、木头、天然的(椰瓢),因人因环境而异,使用的酒具也各有不同,在众多饮客中,有豪饮、雅饮、乐饮、愁饮、闷饮、悲饮、怒饮、气饮⋯⋯五花八门,不胜枚举。人的性格身份不同,环境各异,饮法也不同。试想,能把"酒"写活写妙写神的人,必对酒有特殊的嗜好。所以,施耐庵编著《水浒传》时,也必有"酒"的功劳。

由书中实例推知:施耐庵爱喝酒,善豪饮,熟悉酒。在元末明初,他常常出没于茶楼酒肆,借酒谈古论今,抒发豪情壮志甚或解闷消愁是不言自证的事。遥想耐庵当年隐藏于民间,呼朋唤友,对酒当歌,语惊四座⋯⋯那是一种怎样的洒脱和超迈? 真使笔者心驰神往,梦绕魂牵。

诗酒乐天真的白朴

白朴,生活于金末元初,隩州(今山西河曲)人,为"元曲"四大家之一。他幼年时正值金国覆亡,七岁时在战乱中失去母亲,由父亲的好友、金朝的大诗人元好问抚养教育四年,后回到曾在金、宋、元做官,臣节尽丧,身背骂名的父亲身边。他看到父亲先荣后辱的悲惨境况,便决意终身不仕,过起了以诗书为伴、以饮酒为乐的生活。这也是当时社会动乱,朝代更迭,仕途险恶,政治高压下知识分子苟活的时代风气。青年时代的白朴,在北京时曾与关汉卿共同参加

白朴

过玉京书会,从事杂剧创作。中年时到过开封、杭州等地漫游。晚年寄居南京,与宋金遗老相交游。从他留下的散曲、套曲和杂剧看,他是当时熟知市井民间生活又饱读诗书的大才子。有词集《天籁集》传世。

一个人的才能可否淋漓尽致地得以展示，绝对与所处的时代有关。处在什么样的时代，这是个人无从选择的，命定的。白朴生逢乱世，又有着强烈的为一朝一代守节的正统思想，在强权横行、朝代交替的时代，留给白朴选择的社会活动就是与亲朋故旧饮酒吟诗。这是不得已而为之的适应与顺从。心中的痛苦常在吟诗中发泄，在饮酒中忘怀。请看他写的《仙吕·饮》这一小令：

> 长醉后方何碍，
>
> 不醒时有甚思。
>
> 糟腌两个功名字，
>
> 醅渰千古兴亡事，
>
> 曲埋万丈虹霓志。
>
> 不达时皆笑屈原非，
>
> 但知音尽说陶潜是。

白朴写的小令表面看似旷达，实则借醉酒，抒发了自己生不逢时的悲愤情怀。在他看来，只有长醉，方可无碍；只有不醒，才能无思。酒，成了暂时忘怀个人功名、国家兴亡、泯灭凌云壮志的麻醉剂，只有"糟腌""醅渰""曲埋"这些撩人心乱的"劳什子"，才能换取另一种难得的快乐与安宁。其实，人哪能长醉不醒？若真的长醉不醒，还会领略独享如陶渊明那样的放达与平和吗？这不过是白朴在愤激时说的牢骚话而已。在欲有为而不能的时代，别满脑子整天想着建功立业，别学屈原的"独醒"而自寻烦恼，明智的抉择是顺从自然之"道"，学会放弃！抖落一身重负，学习陶渊明回到田园，安静生活，饮酒求乐，这种彻底的"凤凰涅槃"，未必不是一种新生。

当人年过半百，进入"下求上达"的知命之年，实是人生解脱、渐进自然的一个"拐点"。及时行乐常是这个"拐点"的显著特征。白朴所写散曲《阳春曲·知己》就是最好的注释：

> 今朝有酒今朝醉，且尽樽前有限杯。回头沧海又尘飞。日月疾，白发故人稀。

这无疑是一篇精彩的劝酒词。我们仿佛看到放浪形骸的白朴，举着酒杯，向一同聚会饮酒的朋友说："喝！这样的快乐日子还有几天呢？"白朴早年时郁

中华酒典

郁不得志,常发泄于事无补的牢骚。晚年时,世事洞明,人情练达,仿佛豁然开朗。元统一以后,"徙家金陵,从诸遗老放情山水,日以诗酒优游"(孙大雅《天籁集》)。这正是文人本色的复归。的确,人生如白驹过隙,眼见故交老友一天天离去,活着的人"增年翻是减吾年"(范成大语),理应"且尽樽前有限杯",快乐一天算一天,否则便是不明事理。到死时后悔,那就来不及了!这也是珍重人生,把握自己,享受生活的明智选择。据各方面的社会调查,多数上了年纪的人都有这样的想法。如曹操所言"老骥伏枥,志在千里。烈士暮年,壮心不已"的人虽值得敬佩,但为数甚少。贵生是人的天性,注重生活质量的提升,在可承受条件下的超前消费,道德的及时行乐,是没有什么可非议的。德国哲学家叔本华说过:"最伟大的智慧,就在于充分享用现在,并把这种享用变为人生的目的。因为唯有现在才是实实在在的东西,其他一切都只是幻想之物。"(《爱与生的苦恼》金铃译,第17页)他说的没错!何况如白朴所处的时代以及他的遭遇,不那样又该如何?负气不甘又管何用!而能安顿白朴那颗心灵的良药,也只能是饮酒吟诗,"诗书丛里且淹留","绣衣来就论文饮,随意割鸡炊黍"(《摸鱼子》),自得其乐。有时则是"不因酒困因诗困,常被吟魂恼醉魂"。饮酒是件轻松的事,作诗却须冥思苦想,二者比较,饮酒的乐趣似乎应该更浓些,却常常被作诗的兴趣占了上风,竟使陶然一醉之乐也受到了干扰。好在"四时风月一闲身,无用人,诗酒乐天真"(《阳春曲·知己》)。这才是白朴的真性情!"诗酒乐天真",这是觉醒化了的人生,是诗意化了的人生,也是自然化了的人生。这也符合中国古圣人"率性之谓道"(《中庸》)的教诲。设身处地地想一想,白朴的选择还是正确的。

"酒侠"徐渭

徐渭(1521~1593),字文长,号天池山人,又有田水月、天池渔隐、青藤道士、山阴布衣等别号。山阴(今浙江绍兴)人,住在绍兴城内,有"一枝堂""柿叶堂""青藤书屋"等。性格狂傲、偏激、任诞;平素嗜酒、诙谐、放纵,颇有魏晋名士的风度。有人称徐渭是"玩世诗仙,警群酒侠",概括精辟。

民间围绕徐渭的"青藤书屋",给他编了一段精彩的神话故事:徐渭嗜酒狂放,一天,一位神仙化成一位老翁,在酒店找到了徐渭,劝他戒酒,修仙学道。徐渭不以为然,说"不羡皇帝不羡仙,喝酒胜过活神仙"。仙人见徐渭不听劝诫,就拿起拐杖走了。徐渭上前想拉住老翁讲喝酒的好处,但追赶不及,只拉住了老翁手中的拐杖。徐渭将拐杖放在家中院子里,没想到拐杖不久竟长成了一根很大的青藤。徐渭明白老翁系仙人所变,前来劝他戒酒,但他还是不为所动,每天照样喝酒,逍遥自在,并自号"青藤道士"。

徐渭性情放纵,愤世嫉俗。少年屡试不第(据说有八次乡试都未考中)。中年被兵部右侍郎兼金都御史胡宗宪看中,于嘉靖三十七年(1558)招聘,任浙、闽总督幕僚,徐渭

徐渭书画

对当时军事、政治和经济事务多有筹划,并参与过东南沿海的抗倭斗争。曾为胡宗宪草《献白鹿表》,得到嘉靖皇帝的赞许,胡宗宪也因此受到皇帝的恩宠。胡也愈加看重徐渭。

徐渭以纵酒狂饮著称,经常与一些绍兴文人雅士到酒肆聚饮狂欢,有时大醉而回。一次,胡宗宪找他商议军情,到处找不到他。夜深了,胡宗宪便命人开着大门,等待徐渭回来。被派去找徐渭的士兵报告说:"徐秀才在外面喝得大醉,正在狂呼大叫。"胡听了并没有责怪徐渭反而称赏他。时过十年,徐渭还对张子先回忆起当年饮酒的狂放:"月光浸断街心柳,是夜沿门乱呼酒,猖狂能使阮籍惊,饮兴肯落刘伶后? 此时一歌酒一倾,燕都屠者围荆卿,市人随之俱拍手,天亦为之醉不醒。"(《醉中赠张子先》)袁宏道在《徐文长传》中说:在胡宗宪的幕府中,"文长乃葛衣乌巾,长揖就座,纵谈天下事,旁若无人。胡公大喜。是时公督数边兵,威震东南。介胄之士膝语蛇行,不敢举头,而文长以部下一诸生傲之,信心而行,恣臆谈谑,了无忌惮"。这是徐渭一生中最得意、最辉煌的时

639

期。后来胡宗宪受到弹劾,为严嵩同党,被逮自杀,徐渭深受刺激,一度发狂,精神失常,蓄意自杀,又误杀其后妻,被捕入狱七年。后为张天复、张元忭(明翰林修撰)父子等人营救出狱。由于和同乡张元忭对礼法的态度上不同,因而发生冲突,遂愤然离开京城,回到绍兴老家开始诗文书画创作。徐渭是个蔑礼超俗之人,当张元忭去世后,徐渭穿一身孝衣到张元忭的灵柩前抚棺大哭,张家人问他姓名,他不回答,痛哭之后,不辞而去。在这一点上,徐渭和越名教任自然的晋人阮籍、嵇康在精神上是相通的。到了晚年,徐渭傲世蔑俗、率性而为的狂狷心态更加明显,常闭门不出,"性不喜礼法之士,所与狎者多诗侣酒人"(张汝霖:《刻徐文长佚书序》)。正如袁宏道所言,"文长既不得志于有司,遂乃放浪麴蘖,恣情山水"。

有一年的正月初一,大雪飘飘,徐渭的心情格外高兴。他自斟自饮,不觉微醺,于是叫着近邻王山人同到尚志家痛饮,晚上回来,又在园中独饮,大过了一场酒瘾。之后,他写诗一首,记下了这次雪中豪饮的经过与感受:

> 元日独酌不成酡,穿邻唤客雪中过。
>
> 三百六旬又过矣,四十五春如老何。
>
> 愤软渐知簪发少,兴豪那计酒筹多。
>
> 小园风景偏宜雪,缀柳妆梅有许窠。

《青在堂画说》记载,徐渭"醉后专捡败笔处拟试桐美人,以笔染两颊,丰姿绝代。转觉世间胭粉如垢尘,不及他妙笔生花"。他的名画往往出自醉后。醉后的画作不拘于物象,能抓住其神气,用秃笔铺张,势如疾风骤雨,纵横睥睨。从"醉中狂扫大幅","大醉作勾竹两牡丹"等诗题可以想见徐渭作画时的神态。他画竹的感受是"一斗醉来将落日,胸中奇突有千尺。急索吴笺何太忙,兔起鹘落迟不得"(《竹》)。灵感突现,稍纵即逝,不可迟疑,立即动笔。"今日与君饮一斗,卧龙山下人屠狗。雨歇苍鹰唤晚晴,浅草黄芽寒兔走。酒深耳热白日斜,笔饱心雄不停手"(《与言君饮酒》)。这是徐渭与言君饮酒畅谈胸中有画笔下才能生花的创作感想。徐渭嗜酒,有人为了求得他的字画,常买好酒馈送。他的外甥一次去他那里求画,给他带去八升好酒,徐渭喜不自禁,不但为外甥画了巨幅画作,而且专门写诗记下了这次作画的过程:"陈家豆酒名天下,朱家之酒亦其亚。史甥亲挈八升来，如椽大卷令我画。小白连浮三十杯，指尖浩气响成雷，惊花蛰草开愁晚，何用三郎羯鼓催？羯鼓催，笔兔瘦，蟹螯百只，羊肉一肘，陈家之酒更二斗，吟伊吾，进厥口，为侬更作狮子吼。"（《又图卉应史甥之索》）徐渭饮酒"三十杯"之后，似有神助，"指尖浩气响成雷"，又如羯鼓频催，内心激动不已，发出狮子般的吼声，完成了这幅画作。

徐渭热爱大自然中的松、竹、梅、兰，在绍兴建有梅花馆。一遇雪天，便逸兴遄飞，游目骋怀，必赏梅饮酒："夜雪积梅条，临窗赏若邀，枝须将影入，酒器上花飘。白发宜依映，春声任鸟调，衰年无礼数，正好枕丘糟。"（《酌梅花馆三首》）

在树荫下饮酒，旁逸出的花枝映入酒杯中，充满童趣的徐渭便写诗道："虽云辞树底，犹得映杯中。带叶蚁分绿，临妆脸并红。传时香觉迩，覆处影方空。若使玻璃斗，楼台浸几重。"（《赋得酒卮中有好花枝》）这首诗是饮酒时的意外收获，写得那么亲切而富有情趣，全是酒"发酵"的结果。

徐渭称赞价廉物美的桑落、襄陵、羊羔三种酒，并称之为"酒三品"，说"价并不远，每罋可十小盏，须银二钱有奇"。正是普通百姓花钱买醉的好酒。徐渭羡慕渔家那种和睦淳朴的生活："渔伴网鱼换酒，渔妇把酒斟翁。邻舍不离水上，对斟只在波中。"（《渔家四图四首》）徐渭瞧不起那些蝇营狗苟的俗人，过大年了，大家都在忙过年，有一个人却是超凡脱俗："不去奔波办过年，终朝酩酊步颠连。几声街爆轰难醒，那怕人来索酒钱。"（《醉人》）这个爆竹也难轰醒的醉人仿佛就是徐渭自己。还是醉里的感觉好，这是因为醉里可以卸掉浑身的枷锁，即使有造次出格的言行，也会得到人们的谅解。所以，他认为，"醉里放言何造次？醒中为客太支离"（《夜酌迟友人不至》）。受不了清醒时那种冷落拘谨、规矩多多的生活。

徐渭死了四年之后，公安才子袁宏道游绍兴，在陶望龄家中读到徐渭诗集，如获至宝，拍案称奇，赞赏不绝，称他"有明一人"。徐渭一生坎坷，直到死也没有低下那颗孤傲的头！常"忍饥月下独徘徊"，到晚年，只剩下"几间东倒西歪屋，一个南腔北调人"（《青藤书屋图》），在悲惨的境遇中死去。清代郑板桥对徐渭佩服得五体投地，愿当"徐青藤门下走狗"。近代艺术大师齐白石在提到徐渭时曾说："恨不生三百年前，为青藤磨墨理纸。"这足以说明徐渭的人品和

中华酒典

绘画对后人影响之深。

以饮酒为快事的金圣叹

金圣叹(1608~1661),明末清初文学批评学。名采,字若采,明亡后改名人瑞,字圣叹,吴县(今属江苏)人。入清后,以哭庙案被杀。少有才名,喜批书。曾以《离骚》《庄子》《史记》《杜诗》《水浒传》与《西厢》合称"六才子书",并对后两种进行批改。其批改《水浒》,成书于崇祯末期,将七十一回以后关于受招安、征方腊等内容删去,增入卢俊义梦见梁山头领全部被杀情节,以结束全书,这就是后世常说的"腰斩"《水浒》的史实。批语中颇有独到之见,著有《沉吟楼诗选》。

当代作家柯平在《阴阳脸》一书中风趣地介绍他说:他是一个乐善好施者和类似评弹艺人那样言谈诙谐、行止夸张的潦倒书生,然后是星象家、诗人、孝子、预言大师、文艺批评工作者、酒鬼、作家、佛教徒、慈父,以及满脑子弄钱妙法的炮制畅销书的坊间书贾。他满脸莫测高深的诙诡笑容,将自己的真实面目隐藏在酒杯与通俗小说背后。

金圣叹是个性情狷介、桀骜不驯的癫狂之人。古往今来,大多真正的才子,都是在"癫狂"之中度过一生的。即使死,也是死得惊世骇俗。临刑的前一天晚上,

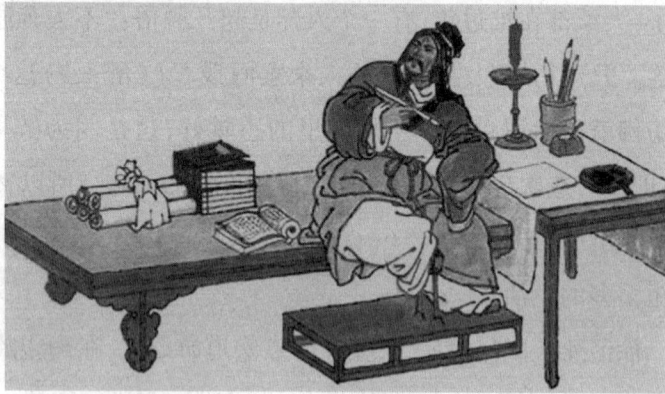

金圣叹

金圣叹暗中好说歹说,才将写给儿子的家信托付给一个狱卒捎回家中。中午,家人打开这一神秘信件,只见上面令人啼笑皆非地写着这么一段话:"字付大儿看,盐菜与黄豆同吃,大有胡桃滋味。此法一传,我死无憾矣!"这样做的用意到

底何在？我们实难推断。据清代作家柳春浦《聊斋续编》卷四记载，此人临终前的做派也大异常人：泰然自若，临刑不惧，"临终前饮酒自若，且饮且言曰'割头痛事也，饮酒快事也，割头而先饮酒，痛快！痛快！'"就这样，胸藏秀气，笔走龙蛇，一代才华横溢的饱学之士、文坛巨星过早地陨落了。

金圣叹在《水浒传》"武松醉打蒋门神"一回里，对饮酒有一段十分精彩的评论，可以说，是对"饮酒快事也"的绝好注解："武松为施恩打蒋门神，其事也；武松饮酒，其文也。打蒋门神，其料也；饮酒，其珠玉锦绣之心也。故酒有酒人，景阳冈上打虎好汉，其千载第一酒人也。酒有酒场，出孟州东门，到快活林十四五里田地，其千载第一酒场也；酒有酒时，炎暑乍消，金风飒起，解开衣襟，微风相吹，其千载第一酒时也；酒有酒令，无三不过望，其千载第一酒令也；酒有酒监，连饮三碗，便起身走，其千载第一酒监也；酒有酒筹，十二三家卖酒望竿，其千载第一酒筹也；酒有行酒人，未到望边，先已筛满，三碗既毕，急急奔去，其千载第一行酒人也；酒有下酒物，忽然想到亡兄而放声一哭，忽然想到奸夫淫妇而拍案一叫，其千载第一下酒物也；酒有酒怀，记得宋公明在柴王孙庄上，其千载第一酒怀也；酒有酒风，少间蒋门神无复在孟州道上，其千载第一酒风也；酒有酒赞，'河阳风月'四字，'醉里乾坤大，壶中日月长'十字，其千载第一酒赞也；酒有酒题，快活林，其千载第一酒题也。"（《水浒传回评》）这"十二个第一"的精髓是"豪爽痛快！"金圣叹借英雄好汉武松，对饮酒之人、饮酒地点、饮酒时间、饮酒酒令、饮酒监督、酒店酒旗、行酒之人、下酒之物、饮酒之怀等评赞，从侧面看出金圣叹饮酒时的豪爽与风采。他与朋友聚会饮酒，往往不为求乐，而是为了交流谈心。"吾友来，亦不便饮酒。欲饮则饮，欲止先止，各随其心。不以酒为乐，以谈为乐"（《贯华堂所藏古本水浒传前自有序一篇今录之》）。这样看来，饮酒，不过是以谈为乐的媒介。

金圣叹认为，"醉"的作用因人而异。"鲁达酒醉打金刚，武松酒醉打大虫"。武松因"'三碗不过冈'五字，遂至大醉，大醉而后打虎，甚矣醉之为用大也"。对英雄而言，醉酒的作用也是很大的。这不过是文学作品而已，不能当真。自古道，神仙难逃酒的扣。既然神仙喝酒也会醉，醉后如泥扶不起，那英雄醉如泥的时候又有什么了不起？所以，金圣叹怕人们对"醉"的作用产生误解，

家庭经典藏书

中华酒典

接着告诫人们,"才不可以终恃,力不可以终恃,权势不可终恃,恩宠不可终恃"。醉酒因人而异,各不相同,龙是龙,虫是虫,不可照搬,误以为醉的作用真的很大,处处仗恃醉来解决问题,那就大错特错了!

民间传说,金圣叹的舅父钱谦益,老奸巨猾,玩世不恭,原是明崇祯手下礼部尚书,后李自成进京,他投靠了南明奸相马士英。清兵南下,眼看南明快要覆灭,他又摇身一变,屈膝投降,当上清朝的礼部侍郎。这天,钱侍郎生日做寿,金圣叹母命难违,前往祝寿。酒席宴上,一个个摇头晃脑,弹冠相庆。独有金圣叹板着脸,不卑不亢,沉默不语。酒过三巡,一个打秋风的宾客过来拍马屁了。他说:"钱大人,令甥金相公乃江南才子,今日盛会,正好置酒论文,让我等开开眼界。"一时间赞声四起,金圣叹倒也不推辞,端起一杯酒站起来淡淡一笑:"盛情难却,只好献丑了,就提一对联吧!"只见金圣叹仰头干了杯中之酒,手握斗笔,饱蘸浓墨,写道:"一个文官小花脸;"众人一见,大惊失色,心想,这小子也太狂妄了!这七个字怎么可以乱写?只见金圣叹不慌不忙又写了四个大字:"三朝元老……"众宾客一见,脸上露出笑容。钱侍郎怕金圣叹又来什么邪劲儿,便走上前冲他伸大拇指:"人瑞,真人才也!"谁知金圣叹却冷冷一笑,毫不迟疑,"刷刷刷"写完,把笔一掷,拂袖而去。众人一看,只见金圣叹写下的是十四个字:"一个文官小花脸;三朝元老大奸臣。"钱谦益看了两眼翻白,手脚冰凉,连一句话也说不出来。

朋友徐而庵在《才子必读书序》中写道:金圣叹为人随和,不拘形役,"如遇酒人则曼卿轰饮,遇诗人则摩诘沉吟,遇剑客则猿公舞跃,遇棋客则鸠摩布算,遇道士则鹤气冲天,遇释子则莲花绕座,遇辩士则珠玉随风,遇静人则木讷终日,遇老人则为之婆娑,遇孩赤则啼笑宛然也。……性疏宕,好闲暇,水边林下是其得意处。又好酒,日辄为酒人邀去"。杭州的一个才子赵声伯偶然到苏州访旧,也正好遇到他与一帮哥儿们轰饮聚谈:"彻三四夜而不醉,诙谐曼谑,座客从之,略无厌倦。偶有倦睡者,辄以新言醒之。不事生产,不修巾帼,仙仙然有出尘之致。"在没有迪吧与摇头丸的年代,这样的自我放纵看来也是忘怀心灵苦痛唯一的选择。他是喧哗中的沉默者,又是酒鬼堆里最清醒的家伙。

金圣叹在当时为一大狂人,他为文倜傥不群,行事荒诞不经。相传,每在睡觉前,必把玩其夫人的三寸金莲,先闻其裹脚布,常赞裹脚布的气味,有如臭豆腐乳之香味,越闻越舒畅,这才昏昏入睡,渐进入温柔梦乡。他常喜欢脱下其夫人的绣花弓鞋,将酒杯放于弓鞋内,闻弓鞋里的汗臭与酒气混合发出的异味,一边饮酒,一边抚摸夫人的小脚,引起快感,挑动性趣,等两情相悦,再行鱼水之欢! 不知这种私有空间发生的事,别人是怎么知道的? 如果真有这事,说明金圣叹患有"色情恋物癖",爱屋及乌。不过,这种仅限于家中与妻子调情作乐的行为,是夫妻都有,只是形式不同而已,没什么可非议的。因为,在私有空间,只要夫妻愿意,怎么做,都是对的。金圣叹的妻子不但是位大美人,而且还是一位通情达理的内当家。一次,一位十年不见的老友薄暮来访,见面后,金圣叹什么都没问,直奔内室,低声地问妻子说:"君岂有酒如东坡妇乎?"他的妻子一听说来了老友要买酒,虽不像苏东坡的夫人经常为丈夫藏有好酒,但也慷慨解囊,毫不犹豫地将头上的金簪拔下前去换钱沽酒。一个狂人酒鬼能有这样一位妻子,简直是前世修来的福气,想不骄傲都按捺不住。类似的例子还有清代诗人吴锡的贤妻庞小宛:丈夫年老,家贫,诗名满天下,常有客人来访,无钱招待客人时,庞小宛只得自拔金钗,去酒店沽酒。她写诗道:"夫婿长贫老岁华,生憎名字满天涯。席门却有闲车马,自拔金钗付酒家。"(《琐窗杂事》)

清开国皇帝顺治读了评金圣叹的书评和诗作之后,称他"才高而见僻"。这五字,即使以今天文学批评的观点来看,也称得上是对金一生名山事业的定论与酷评。

"酒帝"顾嗣立

顾嗣立(1665~1724),字侠君,江苏长州(今苏州)人。出生于江南富裕的书香门第,但"少孤失学,年二十始学诗"。以他的勤奋和对诗歌的浓厚兴趣,不久,他就"上自汉魏、六朝、唐、宋、金、元、明以迄于今,诗家源流支派,略能言之"了。

早年的顾嗣立在家乡常与其兄顾嗣协举办文酒之会,为此专门建了一处草堂供自己读书集会之用,并取名为"秀野草堂"。

中華酒典

康熙三十五年(1696)二月三十日,顾嗣立赴北京参加会试,住在宣武门外西上斜街。小屋周围,花木"萧疏可爱",顾嗣立由此引发乡愁,倍加怀念自己在家乡所修建的"秀野草堂",就把自己住的地方命名为"小秀野草堂"。这一年的京师,云集着前来赴试的海内名士。顾嗣立广为结纳,与当时名士"往来邸舍",诗酒相和,半年之中"文酒留连无虚日"。

顾嗣立生长江南,深受江南诗酒风会的濡濡染,后又"浪游南北,遍访名儒故老",故其性情兼具南人的秀逸与北人的豪放。其笃于诗,豪于酒,擅风雅,好宾客,都是后人津津乐道的话题。顾嗣立嗜酒豪饮,在当时有"酒王"或"酒帝"之称,他在《四十生日自述诗》中写道:"爱客常储千日酒,读书曾破万黄金。"这是他自己一生的实录。康熙四十四年(1705),顾嗣立应召入设在怡园的四朝诗馆,在"拣选注册编纂之暇",与一帮趣味相投的文人雅士常有文酒之会,结社强调酒量,尤重气度雅怀。他"饮如长鲸,酒酣耳热,狂歌间作",一饮便是几十斤黄酒,同饮的文友们无不惊叹,称他为"风流人豪"。据邓之诚《五石斋小品》一书的《酒人》一文记载:"康熙时,长州顾嗣立侠君,号酒王……每会则耗酒数瓮,既醉则欢哗沸腾,杯盘狼藉。"可见其豪饮的场面。据《茶余客话》载:"江左酒人以顾侠君为第一。少时居秀野园,结酒人社。有饮器三,大者容十三斤,其次递杀。各先尽三器,然后入座。因署其门曰:'酒客过门,延入与三雅,诘朝相见决雌雄。匪是者,毋相溷。'酒徒慑服而去,在京师称酒帝。……宾朋觞咏无虚日。"大意是说,江南酒量最大的人首推顾嗣立。他年轻时住在"秀野园",成立"酒人社"。社里有三个酒杯,最大的可容纳13斤黄酒,其余两个酒杯依次减少。凡入社聚会者各自满饮三杯,然后入座。并在大门上贴出告示:酒客经过此门,邀请进去敬给他三大杯酒,然后相互拜见诘问以决雌雄。不是这样的人,就不要混入"酒人社"。素有酒徒之名的人,都害怕饮那三大杯酒而离去,顾嗣立在京城被称为酒帝。他每天以酒会友吟诗,没空过一天。这一记载虽有些夸张,但顾嗣立酒量大,那时在京城是很出名的。

在怡园那段日子里,"每逢花晨月夕,各出杖头,宴集怡园。赋诗饮酒,率以为常"。顾嗣立生活其中,如鱼得水,其诗酒之豪更得以淋漓尽致地发挥。这一点可在顾写的《年谱》中看出:"文酒之会,友朋之聚,未有盛于此时者也。……

中华酒典

京华风韵,赖以不坠,实自余始也。"得意之情,溢于言表。

顾嗣立仅靠酒量大,是不可能在京城有那样大的名声的,最主要的是因他耗尽家资编选元诗。由他编成元三百家诗集,花去了顾嗣立近30年的时间,耗资数万黄金。有元一代,要以顾编元诗为"巨观矣"。后人也叹赏顾的这一豪举,竟使"元人之真面目至是乃出。一代才士之英华,不至与陈根宿草同归澌灭"。被后人赞许为"功在百世",此赞名副其实。元诗的流传,多赖顾嗣立耗时出资,勾玄提要,搜罗整理,积佚成册。否则,今人欲知元人元诗大体面目,就只有大海捞针了。

"酒痴"郑板桥

郑板桥(1693~1765),字克柔,号板桥,江苏兴化人。曾自刻一枚闲章曰"康熙秀才雍正举人乾隆进士",内含三分得意,七分辛酸,构成了他苦学不辍"终成正果"的"十分"精神。

他一生嗜酒,好吃狗肉,好骂推廓不开的酸腐"秀才"。他在自传性的《七歌》中说自己"郑生三十无一营,学书学剑皆不成,市楼饮酒拉年少,终日击鼓吹竽笙"。说明他从青年时代就有饮酒的嗜好了。曾因酒伤肝,导致目光模糊,足趾间湿气日益加重……在朋友和家人的劝说下,只好少喝烈性的"火酒"而改喝黄酒,至死未中断饮酒。

堂弟郑墨写信批评他"贪杯忘祖",郑板桥分辩说,"殊属误会。余虽狂而好酒,断不至于忘怀养育之恩"。郑墨听说郑板桥过量饮酒导致伤身害体,劝他戒酒。郑板桥写信说,只因多吃狗肉与高粱(指烈性白酒),才使身体火气太重,目光容易模糊。"现已戒除火酒,专饮黄酒,若并此黄酒而不饮,则势有所不能"。虽然明明知道目疾都因过量饮酒所致,心欲戒而力不从,"盖每至黄昏无酒入喉,必起咳呛呕吐,粒米难以下咽"。可见郑板桥对酒的依赖性有多大。所以,他弟弟多次来信规劝他戒酒,他并不是不知道弟弟的忠告对他的身体有益,实在是因他对酒的癖好太深了,以至"视酒若命"。所以,他告诉弟弟郑墨说,最近又特意新刻了一枚石章,曰"酒痴"。表明郑板桥对酒的依赖以及难以割

中华酒典

舍的嗜好。

郑板桥在山东范县当县令时,常看花饮酒。有一次醉后击桌高歌,声达户外,一般皂隶在外听到,窃窃私语相告:"郑县令又喝醉了。这人怎么这样癫狂?"这话传到了婢女耳中,婢女回家告诉板桥的妻子。妻子赶紧到衙署规劝说:"姚太守不是劝过你吗,历来只有狂士狂生,没听说有狂官的。你这样癫狂,别人会怎么议论!"从此以

郑板桥

后,郑板桥一改前非,每当黄昏吃晚饭时,便略饮三壶。板桥发牢骚道:"受此压制,殊令人不耐!"可转念一想也感到少饮酒对自己身体有好处,于是和妻子商定,不在白天饮酒,每晚喝十壶而后睡,第二天清晨醉意已解,从政也无大妨碍,遂成定规。

郑板桥给他的郝表弟写信说:"我今直视靴帽(指当县令)如桎梏,奈何,奈何!老表是我之酒友,惠然肯来,欣甚!慰甚!当下榻相迎,共谋痛饮也。"因酒癫狂,有害政声,只好将白天政务之余的饮酒改为晚上饮酒,为的是不做"狂官"。可见即使是酒精度低的黄酒,也不可过量痛饮,否则便会因醉而失去理智。郑板桥说自己"疏放久惯,性情难改,因此屡招物议",说他是酒狂、落拓、好骂人。所幸清廉为官,没有遭到邪恶之人的暗算与陷害,故未改其常,心中也无烦恼,饮酒如故。

他给自己钦佩的大画家李复堂写信说,他在范县、潍县做官8年,辛勤劳苦,"忙里偷闲,坐衙斋中,置酒壶,具蔬碟,摊《离骚经》一卷,且饮且读,悠悠然神怡志得,几忘此身在官",俨然一副散淡的名士派头。他说自己爱酒,好谩骂人,不知何故,历久而不能改。他自己也明白,"使酒骂人,本来不是好事,欲图上进,除非戒酒闭口,前程荡荡,达也何难"。可是这样做,叫他内心所不甘的

是，"为了求官之故，有酒不饮，有口不言，自加桎梏，自抑性情"，这和墓穴中的死人又有什么不同呢？他进一步地解释说："天生万物，各适其用，各遂其好。鸟，翼而飞；兽，足而走；人，口而言。有口不言，岂非等诸翼而不飞，足而不走，有负其用，于心安否？"所以，"衣之暖者莫如裘，味之美者莫如酒"。郑板桥在上述理由的基础上，得出的结论是，刘伶出行坐车饮酒，让一人扛锹在后，嘱之曰"死便埋我"，正是因为爱酒之故。假如不是呆汉，断无美味当前而自己甘愿舍弃的。"几番商量，宁可乌纱不戴，不可一日无酒；宁可伍于刘四，不甘学作金人。官小官大，身外之事耳。适我性情，不官本亦可长寿；违性逆情，虽官而不永年"。由这封信，可看出郑板桥的胸襟气度。他宁舍官而不舍酒，宁通过饮酒骂人，抒发真情，做个与"刘四"为伍的普通人，有缺点的人，也不愿戒酒，正襟危坐，目不斜视，耳不旁听，做那不阴不阳的无缺点的"金人"。这种违逆性情的做法，既折损寿命，又无人生的快乐。板桥不愧是一介我行我素的狂士、名士，说得令人浑身痛快！

其实，板桥饮酒骂人，也不是见谁就骂，如果那样，那不成了疯狗吗？板桥给他弟弟郑墨写信解释说，他平生谩骂无礼，可是看到别人"有一才一技之长，一行一言之美"的，他无不"啧啧称道"，口袋中数千金散尽，只因爱别人之故也。他骂人，尤好骂迂腐不堪的秀才。可是细细想来，秀才的毛病只在"推廓不开"。他若推廓得开，又不是秀才了。所以专骂秀才，也是冤屈。他给好友潘桐冈写信说，板桥酒后，好谩骂人，尤好骂秀才，以此招人怨毒，这都是自惹的麻烦。近来颇为自悔，欲思不骂，留积些阴德起来。可是他已积有一肚皮宿气，无处发泄，这样下去，必成臌病。试看秀才们，一篇腐烂文章，侥幸中式，即如小儿得饼，穷汉拾金，处处显摆阔大，却处处露出他的狭窄，处处自暴丑陋。因为秀才的诗文，酸腐之气十足，只怪他们读书太多，囫囵吞枣，一团茅草乱蓬蓬，塞得肚皮里推廓不开。这就是板桥所以醉后骂秀才、招怨毒的原因所在。板桥在给朱湘波的复信中也写道，自己有"好酒好骂两种痂癖"。好酒，难戒；好骂，也只骂推廓不开之秀才。可是板桥也崇拜人，"岂敢眼高于顶，目空四海？苟有一艺之长，一行之善者"，则"心向往之"。这话不假。板桥一生崇拜明代大文学艺术家徐渭（号青藤道士），曾刻有一枚章曰"徐青藤门下走狗"。他解释说，我平生最爱徐青藤诗,兼爱其画,因爱之极,才自制了那枚印章。"印文是实,走狗尚虚,此心犹觉慊然! 使燮早生百十年,而投身于青藤先生之门下,观其豪行雄举,长吟狂饮,即真为走狗而亦乐焉"。可见板桥也有心中崇拜的人物,直至做狗都心甘情愿,并非饮酒后见人就骂,目空一切。这样看来,板桥的骂是有分寸的。说不定真把那些食古不化、迂腐偏狭、寻章摘句的酸秀才骂醒,对这种人也该骂,省得他们做不成事,有时还祸害人。可是,板桥在潍县给家中的儿子写信说:要和众人处好关系,否则会积下许多嫌怨,"将来管理家政,必致个个都是仇人,奚能立身处世",并说自己壮年好骂人,所骂都属推廓不开的假斯文,但这也不好,易长傲气,不肯用功深造,进而潦倒终身,永无寸进。可见板桥也深知骂人的负面作用。

由于板桥傲岸不谐,好污辱无用之恶人,使酒骂座,结怨不少,这也就加速了官场对他的"开除"。后来,板桥终因不待上级批准,擅自开仓赈贫一事而被他人告发,早有挂冠归田之意的郑板桥便毅然辞官,回扬州设摊卖他的字画。回到家乡,板桥如鱼归大海,鸟脱牢笼。正如他给图牧山信中所言:"解组以来,如释重负,砚田所入,尚足自给,青山绿水,畅我襟怀,鸟语泉声,适我情志,较诸簿书鞅掌,案牍劳形,上官拘束,下吏纷扰,南面作宰时,如经转轮一过也。"他总结自己辞官的原因时说,由于自己赋性禀直,好酒漫骂,深中膏肓,因此早得狂名,招人憎怨。兼之拙于应酬,不会逢迎,冷气何多,笑颜太少,凡是人中有不合我眼、不合我情者,直至宴席散时也不与他说一句话,这都是官途中的忌讳,而我一一犯之,想要安其位而升其职,不是很难吗。所以静夜长思:境之顺逆,官之利钝,头上天公,早自安排。行年已是六十开外,夕阳虽好,已近黄昏,又何必苦苦挣扎,而为逆天之举! 于是飘然归去,老我田园,做一个太平盛世的逸民,正恐怕陶渊明也不如我啊。回到家乡的郑板桥,果然过起了自得其乐的属于自己的生活:"雅客忽临,向饷苦茗,继具嘉酿,池内鲜鳞,烹而佐酒,畦中时蔬,煮以充馔,对坐长谈,兴趣弥永,主醉客归,客醉主送,及门一揖,就此而别,不做酬应场中一句俗语,真爽快也!"久在樊笼里,复得返自然,这种平淡而真淳的生活,才是人原有的精神享受,令人心向往之。

板桥挂冠归田后,他的好友李啸村送他一副对联:"三绝诗书画,一官归去来。"官场的无所作为,官场的失败却给板桥带来了艺术上的成就,正因有了"一官归去来",才孕育出"三绝诗书画",他才成为"扬州八怪"的代表。他一生多画三样东西:兰、竹、石。他认为兰四时不谢,竹百节长青,石万古不败,这正好与板桥倔强不驯的性格相合,象征他孤傲、清逸、淡泊、脱俗的情操。他自创的"六分半书",其特点是以真、隶为主,糅合真、草、隶、篆各体,并用作画的方法来写,其笔法变化多样,人有"乱石铺街"之喻。他的诗文,自出己意,清新淳朴。自称"理必归于圣贤,文必切于日用",简约凝练如"三秋树",标新立异似"二月花"。

板桥是个美食家,他认为"世间之物,一物有一物之味,各不相同"。他列出十几种美味后说,"物之具有至味,虽久嗜而不厌者,舍狗肉莫能胜也"。所以,板桥每食狗肉,必加姜少许与狗肉同煮,其味更美,所嫌此物最宜冬季,不能常将下酒,引为恨事。板桥爱吃狗肉甚至走向极点,说什么"食物中之隽味,狗肉则为至味,亦神味也! 若以狗肉为秽物,为不可食,世间再无更有味之物可吃"。狗肉是很好的"下酒菜",郑板桥常以狗肉下酒,竟致将狗肉夸为"神味",不知这"神味"到底是什么味道,颇令人发笑。

板桥辞官回扬州的那天,特意画竹,以告潍县的士绅百姓,并在竹画旁写诗道:"乌纱掷去不为官,囊橐萧萧两袖寒。写取一枝清瘦竹,秋风江上做渔竿。"表明自己为官的清廉与归乡后的向往。在扬州卖画的第一天,他画的仍然是青青的翠竹,并写诗道:"二十年前载酒瓶,春风倚醉竹西亭。而今再种扬州竹,依旧淮南一片青。"诗中回忆了自己二十年前未出仕前就饮酒作画为生,而今官场归来,仍旧画竹卖画,希望淮南地区都有自己的竹画流传。为此,他曾给自己卖画做过"广告",在《板桥润格》中说,凡求他画竹只收现银不收礼物,"礼物既属纠缠,赊欠尤为赖账","任渠话旧论交接,只当秋风过耳边",反映出郑板桥的率真。画品明码标价,不和旧交套近乎,意为欲套近乎白拿画品,自己只当秋风过耳对待。

板桥常酒至微醺时,灵感顿生,研墨拈管,画竹赠人。正如好友金农所言:板桥"风流雅谑,每逢酒天花地间,各持研笺执扇,求其笑写一竿,墨渍污襟袖,亦不惜也"。只要与板桥性情相投者,画竹相赠,分文不取。一次,他给一位打

中华酒典

鱼为生的渔翁画了一幅竹图,这位渔翁不但付了他的画钱,还以酒饭招待了他。板桥感到对不起渔翁,写诗道:"悔贪卖画几文钱,辜负乡关兰蕙天。晚饭得鱼逢网户,知心同醉素心前。"有人识货,真的欣赏他的画作,他宁可少要钱和不要钱:"年年画竹买清风,买得清风价便松。高雅要多钱要少,大都付与酒家翁。"有的带着老酒前去求画,板桥禁不住酒的诱惑,便挥笔作画赠人:"看月不妨人去尽,对花只恨酒来迟。笑他缣素求书辈,又要先生烂醉时。"他向往"左竿一壶酒,右竿一尾鱼。烹鱼煮酒恣谈谑"的生活,"佳境佳辰拼一醉,任他杯酒渍衣襟",有时直至"醉中丢我在尘埃",也无所谓。板桥喝酒有自己熟悉的酒家并和酒家结下了深厚的友谊,"河桥尚欠年时酒,店壁还留醉时诗"。他在外地还专门给这位姓徐的酒店老板写过词,题目是《寄怀刘道士并示酒家徐郎》,词的下半阕写道:"桃李别君家,霜凄菊已花,数归期,雪满天涯。吩咐河桥多酿酒,须留待,故人赊。"是河桥酒家的徐老板风流倜傥,还是赫赫有名的板桥先生礼贤下士,我们就不得而知了。草怒而生,鹏怒而飞,板桥将满腔的"怒"即志向与情操寄托在一杆杆青竹上,换来的仅是几壶老酒,这便是他晚年生活的缩影。

郑板桥写了不少脍炙人口的好诗文。特别是"表现一点名士的牢骚气"而又"叉手叉脚"的"难得糊涂"四个字在民间流传极广,超过了郑板桥本人的知名度。鲁迅评道:"你说他是解脱、达观罢,也未必。他其实在固执着,坚持着什么,例如道德上的正统,文学上的正宗之类。"(《准风月谈·难得糊涂》)这四个字,意蕴深广,充满了人生智慧。从大的方面说,人的挣扎只能顺应规律,与日月星辰融为一体,而不停地运行。人类在不断地为自己拓展生存空间的时候,常不免碰许许多多的钉子,清醒的"糊涂"是很有必要的。可是做到清醒的"糊涂"实在不易,所以才有"难得糊涂"这样深邃的人生概括。板桥的智慧在当时是超前的,所以才不被俗人所容。今天面对板桥,又有多少人理解他的思想、他的狂放呢?

一醉酕醄白眼斜的曹雪芹

曹雪芹是中国有史至今最伟大的文学家。他的小说《红楼梦》在中国家传户诵,但有关曹雪芹的身世等资料却如凤毛麟角,珍贵而稀少。红学家吴裕恩苦苦搜寻二三十年,撰写了80多万字的研究专著,但又多是"旁证"材料,有关曹雪芹的"自证"材料微乎其微。

曹雪芹的祖辈是康熙朝的红管家,专门负责朝廷织锦穿衣问题。后在雍、乾两朝,曾因朝廷内部的政治斗争,两次被抄家,曹氏要员免职或被抓,曹家"大观园"也从兴盛逐渐走向衰落。曹雪芹在十三四岁前曾过了一段锦衣玉食的繁华生活,随着抄家之事的迭出,家道困顿,曹雪芹的生活也从"顶峰"陷入"低谷"。在北京城内居住的十几年里,他受尽了曹氏族人的种种冷眼和奚落。后来被迫迁于北京西郊香山附近居住,住过寺庙,靠卖字画为生,"寻诗人去留僧舍,卖画钱来付酒家"。又三次搬迁家舍,过着"举家食粥酒常赊"的艰苦生活。就是在这种困境下,他最终只完成了《红楼梦》前八十回的写作。书未成,于1763年2月12日即大年三十去世,死时仅有40岁。雪芹死后,续妻芳卿在悼亡诗中写道:"睹物思情理陈箧,停君待敛鬻嫁裳。"埋葬雪芹,穷到竟要卖掉芳卿作嫁时的衣裳。还有"不怨糟糠怨杜康……窀穸何处葬刘郎"两句证明,雪芹的死,与长期饮酒有关。这里"杜康"指代"酒","刘郎"是晋代名士酒鬼兼一的刘伶,此处代指爱饮酒的曹雪芹。由此看来,曹雪芹一生嗜酒,并以酒助兴,吟诗作文,他尝戏语说:"若有人欲快睹我书不难,惟日以南酒烧鸭享我,我即为之作书。"他的嗜酒,我们还可找出雪芹生前几位好友所吟诗句加以证明。

雪芹在北京西郊最后的定居之地是白家疃;大约在乡邻帮助下,自己倾全部家当盖了土屋四间,斜向西南,筑石为壁,断枝为椽,垣堵不齐,户牖不全。但院落整洁,编篱成锦,蔓植杞藤……村中塾师张宜泉写诗贺曰:"爱将笔墨逞风流,庐结西郊别样幽。门外山川供绘画,堂前花鸟入吟呕。"白家疃白寡妇,因儿子得瘟疫早夭,白哭瞎双目,濒于绝境,曹雪芹出钱买药,又使白寡妇双目复明,

曹雪芹

并把她安置在自己院内一间新居中,相处如一家人。此时的曹雪芹由于盖房或周济他人,手头非常拮据,虽靠卖字画挣点钱,但已是入不敷出。所以,当好朋友敦敏和敦诚兄弟俩秋天从京城到白家疃拜访曹雪芹时,敦诚看到曹家的处境是"满经蓬蒿老不华,举家食粥酒常赊"。全家人靠喝稀饭过日子,雪芹饮酒竟然到了无钱可买只好赊账的地步。虽然如此,雪芹还是向村里人借钱热情地招待了情同手足的两位兄弟。"司业青钱留客醉,步兵白眼向人斜"。这前一句是用唐人典故苏司业(苏源明)常给素有才名而又生活贫寒的郑虔喝酒钱,此处指雪芹靠别人施舍的钱买酒来招待敦敏兄弟,直喝到大醉;后一句是用晋人阮步兵(阮籍)的典故:史载阮籍喜饮酒,能为青白眼,醉酒后,见尊敬的人以青眼正视,见所鄙视的人则以白眼斜视,这是对曹雪芹醉后也如阮籍以青白眼看人的戏谑。在这次酒宴上,敦敏也写了《赠芹圃》一诗,其中有"新愁旧恨知多少,一醉酕醄白眼斜"的句子。这"一醉酕醄"是指曹雪芹喝得酩酊大醉,"白眼斜"是指雪芹傲视势利小人的眼光。兄弟俩的诗说明,曹雪芹有晋代大名士"竹林七贤"之一阮籍的风度。

最能反映雪芹与敦敏兄弟深情厚谊的是敦诚写的那首《佩刀质酒歌》:在秋天的一个早晨,秋风萧瑟,细雨绵绵,雪芹从西郊赶到北京宣武门内访敦敏,却与敦诚巧遇。当时,主人敦敏尚未起床,雪芹已"酒渴如狂",于是敦诚"解佩刀沽酒饮之"。雪芹乘兴作长歌以谢,可惜至今没有找到这首谢答之诗,却留下了敦诚《佩刀质酒歌》,现将全诗录下,以见当时饮酒的欢乐气氛。

> 我闻贺鉴湖,不惜金龟掷酒垆;
>
> 又闻阮遥集,直卸金貂作鲸吸。
>
> 嗟余本非二子狂,腰间更无黄金珰。
>
> 秋气酿寒风雨恶,满园榆柳飞苍黄。
>
> 主人未出童子睡,罂干瓮涩何可当?
>
> 相逢况是淳于辈,一石差可温枯肠。
>
> 身外长物亦何有,鸾刀昨夜磨秋霜。
>
> 且酤满眼作软饱,谁暇齐戞分低昂。
>
> 元忠两裈何妨质,孙济缊袍须先偿。
>
> 我今此刀空作佩,岂是吕虔遗王祥?
>
> 欲耕不能买健犊,杀贼何能临边疆?
>
> 未若一斗复一斗,令此肝肺生角芒。
>
> 曹子大笑称快哉!击石作歌声琅琅。
>
> 知君诗胆昔如铁,堪与刀颖交寒光。
>
> 我有古剑尚在匣,一条秋水苍波凉。
>
> 君才抑塞倘欲拔,不妨原地歌王郎。

此诗有关酒的用典很多,其中以唐人贺知章将挂在身边的"金龟"解下来换酒喝,招待从四川到长安的李白;晋人阮遥集将皇帝赏赐的"金貂"换酒喝,为所司弹劾;北齐李元忠为了招待朋友,将两条裈子送去作抵押换酒喝;三国时孙权的叔父孙济将身穿的"缊袍"脱下还酒债等,今天遇到朋友曹雪芹,他的酒量又很大,我敦诚也学学这些古人,将身上的"佩刀"用作抵押来换酒痛饮一场。全诗表达了敦诚慷慨豪爽、肝胆待人的诚意。佩刀无用,"未若一斗复一斗,令此肝肺生角芒"(即棱角,借指雪芹酒后善吟诗作画),果然酒助情生,"曹子(雪芹)大笑称快哉!击石作歌声琅琅"。可见曹雪芹在这次饮宴中谈笑风生,尽兴而欢,并"击石作歌"。究竟"歌"的是什么,至今未找到只言片语。人

中华酒典

们猜想,像曹雪芹这样"于学无所不窥"的旷世奇才,不可能只留下一部没有写完的《红楼梦》,一定还有许多与人交往和答的诗文书信留在人间,或许被其友人带入坟墓,这些只好待将来的考证、挖掘、寻找面世了。

曹雪芹二三十岁的时候,常与敦敏、敦诚兄弟聚会饮酒,高谈阔论,甚至喜欢饮酒后吟诗作画。如早年"接𬞟倒着容君傲,高谈雄辩虱手扪"和"燕市悲歌酒易醺",是醉酒高谈、吟诗作文的回忆;"醉余奋扫如椽笔,写出胸中块垒时",又是醉后绘画的证明。

古语说,"文如其人",这话是有一定道理的。在曹雪芹所著《红楼梦》一书中,所写发酵酒有"黄酒""绍酒""黄汤""惠泉酒"以及"西洋葡萄酒"等;蒸馏酒有"烧酒",勾兑酒有"合欢花酒""屠苏酒"等。所写饮宴场面不下十几处。这也说明曹雪芹喜欢酒,熟悉酒,深知酒在人们生活中的作用。

如在中秋之夜,甄士隐邀请穷困潦倒的贾雨村到家中饮宴,二人"先是款斟慢饮,渐次谈至兴浓,不觉飞觥限斝起来"。面对一轮明月,二人愈添豪兴,酒到杯干,雨村带着七八分酒意狂兴不禁,乃对月抒怀,吟诗道:"时逢三五便团圆,满把晴光护玉栏。天上一轮才捧出,人间万姓仰头看。"(第一回)这是借酒借景论事吟诗的典型场面。焦大仗着早年从死人堆里救了太爷的功劳,醉酒后评功摆好,大骂贾府的后辈儿孙:"那里承望到如今生下这些畜生来,每日家偷狗戏鸡,爬灰的爬灰,养小叔子的养小叔子,我什么不知道。"焦大醉骂不止,众小厮只得将他捆起来,用土和马粪满满地填了他一嘴。这是写焦大醉酒后泄气泄愤的情节。

还有《史太君两宴大观园,金鸳鸯三宣牙牌令》一回,专写抽签行令,以劝酒吟诗,助兴取乐。直到将刘姥姥喝醉,并有"刘姥姥醉卧怡红院"这一戏剧性的情节。类似的场面还有"憨湘云醉眠芍药茵";射覆抽签,击鼓传花,醉后言行等,他都有精彩的描写。可证曹雪芹在青少年时代,经历过多种形式的饮酒场面,并非常熟悉,因而才会付诸笔端。不妨让我们做一个大胆的推断:前八十回的《红楼梦》书稿,或许就是在曹雪芹喝着一壶壶老酒中撰写修改完成的。

嗜酒不节的郁达夫

郁达夫(1896~1945年),出生于浙江富阳。20世纪二三十年代,文化界熟知郁达夫的人都把他比作李白,有"大醉三千日,微醺又十年"的狂言,酒中醉中,他做了许多好诗文。他爱喝酒,喝酒却没有控制力,率性而为。一次,朋友相聚,夫人王映霞事先叮嘱别人,不许郁达夫饮酒,"你们要帮我看好他"。结果等到半夜,还不见人回来,把王映霞急得一晚上没睡好。清早有人送回来了,是在马路边的雪地里"捡"的。原来他喝得太多,与朋友别后,走出酒馆不远,就倒在地上了。雪冷得刺人,软得像棉花,他就在这"棉花"上"睡了一个美美地觉"(肖斌:《想念郁达夫》)。后来,夫人王映霞"约法三章":规定凡朋友请郁达夫出去喝酒吃饭,必须要负责送回,否则不让出门。起初还有几分效果,久而久之夫人的约定遂为一纸空文。走时答应得好,到了酒场,几杯下肚,便失去了自控能力,酒前的信誓旦旦,早已被醇酒消除得一干二净。后来,王映霞与郁达夫的分手,就与郁达夫嗜酒不节直接相关。

佚名在《郁达夫与酒》一文中写道:"郁达夫嗜酒,在现代文坛上是人所皆知的。他不仅于寓所独饮,与朋友同饮,甚至在途中(如坐火车)也饮,有时以酒为礼馈赠文友。"这在许多知名作家的文章与日记里都有记载。如郑伯奇在《回忆创造社》一文中记郁达夫道:"哪一家的花雕味醇,哪一家的竹叶青好吃,哪一家有什么可口的下酒菜,他都一一介绍,如数家珍;为了品味,有时我们会连续吃上几家酒馆。他常常喝得面带微醺,更加议论风发,滔滔不绝。"鲁迅先生的日记里也有记载:"达夫来,并赠杭梅酒一瓶。"

郁达夫认为,借酒可以说出心里话。他给日本的一次中国文学研究会会议题词是"酒醉方能说华语"。在他传世的诸多文学作品中,都描写了主人公与酒的不解之缘,尽情抒发了借酒浇愁的千古真情。谢永在《逝去的时代》一书中写道:"郁达夫性格情感过于纤敏,以至于显得柔弱,性格过于外露,故而气质真率。郁达夫一生放荡不羁,饮酒,打牌,抽大烟,出入妓院等,并把这些事情毫不隐讳地记入日记,和盘托出,这恐怕是郁达夫日记发表后为人争相传阅的原因。在日记中不厌其烦地记载自己的陋习言行。他不断忏悔,不断下决心痛

中華酒典

改,但事后又依然故我。这种敢作敢为而又敢将这一切告诉世人的做法,方显出郁达夫独特的个性和直率的性格。"而酒使他本来率真的性格更率真。由于郁达夫嗜酒如命,每顿必饮黄酒一斤,有时喝白兰地,经常酩酊大醉,他与爱妻王映霞不断产生家庭纠纷,关系日益恶化,最终导致分手。酒对于郁达夫,是祸是福,千秋难断。

在与郭沫若、成仿吾办《创造》文学刊物时,由于刊物销量不太好,苦于经费不足,心情一时沉闷。郁达夫说:"沫若,我们喝酒去!""好的,我们去喝酒!"他俩到了一家面馆的二楼。酒菜上来后,郭沫若举杯说:"喝吧,一醉方休,省得想这想那。"郁达夫也举杯一碰说:"喝!今朝有酒今朝醉!管他天塌地陷!"两壶酒很快就喝了个精光。"堂倌!"郁达夫高叫道,半天没有动静,原来店家丧事在家。郁达夫拉起郭沫若的手,叫着"触霉头"的话又到了一家酒馆,要了两瓶好酒痛饮起来。喝完之后,遂又到了一家酒馆,又喝了三十几壶黄酒,直喝到深夜。两人用黄酒浇胸中块垒,起初还妙语连珠,到后来便语无伦次起来。郭沫若还有几分清醒,郁达夫则彻底醉了。郭沫若夺过郁达夫的酒杯,扶着郁达夫晃荡着、骂着,从上海街头向居所走去。这时,一辆小轿车迎面驶来,郁达夫突然甩开郭沫若,歪歪扭扭地站在路的中央,以手作手枪样子拦住小轿车破口大骂起来。说小轿车中坐的资本家剥削了自己,是一些坏蛋。郭沫若赶紧走上前去,将郁达夫拖至路边,小轿车乘机逃跑。也可见郁达夫纵酒狂饮后,无拘无束放浪形骸的表现。

郁达夫是现代文学家中格律诗写得最好的。在诗词界有"郁柳苏田"(郁达夫、柳亚子、苏曼殊、田汉)一说。诗中写酒的诗句随处可见:"曾因酒醉鞭名马,生怕情多累美人","但凭极贱杭州酒,烂醉西冷岳墓前","春愁如水刀难断,村酿偏醇醉易狂","中元后夜醉江城,行过严关未解醒","忆煞蓝亭旧酒垆,当年曾醉病相如"。这说明,郁达夫经常饮酒吟诗,微醺后,常有好的诗篇问世。有人将"曾因醉酒鞭名马,生怕情多累美人"这样的妙句误认为唐人的佳作,足见郁达夫律诗创作的功力。

郁达夫一生著述宏富。从 1928 年起,他陆续自编《达夫全集》出版,其后还有《达夫自选集》《屐痕处处》《达夫日记》《达夫游记》《闲书》《郁达夫诗词抄》

等。郁达夫一生坎坷，1942年流亡到苏门答腊，1945年日本投降后被日本宪兵秘密杀害。1952年，中央人民政府追认他是"为民族解放殉难的烈士"，并在他的家乡建了纪念亭。

饮酒奇人邓散木

邓散木（1898～1963），原名菊初，又名纯铁，抗战胜利后更名散木。他是所有艺术家中一生"自号"最多的人之一，其中"粪翁"是近、现代艺术界较熟知的"号"。上海人，中国篆刻家。工四体书，亦善墨竹、墨荷。在艺坛上有"北齐（白石）南邓"之誉。现有《粪翁治印》《厕简楼印存》《高士传印谱》《三长两短斋印存》等著作传世。

邓散木是近、现代艺术界个性极为张扬、棱角分明的人物。他一生嗜酒，且豪饮量大。据他夫人张建权说，他曾与人打赌，喝过一大坛子黄酒，吓得同饮者目瞪口呆，一再讨饶。邓散木家中的院子里分两边放酒坛子，一边是满的，一边则是空的，他买酒从来不是一瓶一瓶地买，而是一买就是几坛黄酒，放在院子里，喝完了就扔在一边，时间久了，他喝过的空酒坛堆积如小山一般。

据邓的朋友回忆，邓散木交友从不看对方的地位和身份，只要谈得来，就能交朋友。常邀朋友到小酒店痛饮，也与那些苦力、小贩、落魄贫穷之人饮酒攀谈。他酒量很大，有一次几个人喝了一坛50多斤的绍兴黄酒，在场饮酒的只有他一个人毫不失态，而且中途没有上厕所。邓散木喜欢用核桃仁下酒，常揣着几颗核桃到小酒店，吃的时候把核桃放在桌子上，用手拍碎。有一次他穿着随便地在一家酒店喝酒，酒家见他不像个有钱人，便冷脸相待，而对旁座的几位纨绔子弟却小心趋奉。邓散木见此情景，心中很不是滋味，他就不动声色地向店主要来几枚核桃，放在桌角上，右手用力，应声而碎。心想，桌子拍碎了赔你一个，有什么了不起。酒家及旁座的人见此情状，大吃一惊，以为他的手功不凡，是别处来的"绿林好汉"，马上变得恭敬起来，小心翼翼地招待了他。

邓散木为人豪爽率真，他看不惯的事，常借酒痛骂一番，发泄自己心中的不快。1935年，他在南京举办个人作品展览会，会上与画家徐悲鸿相识，两人一见如故,到酒楼上开怀畅饮,不一会儿飞觥限斝起来。邓在酒酣耳热之际,全不顾墙上贴的"莫谈国事"的禁忌,大骂国民党政府的腐败无能,越喝越投机,越骂越上劲儿。邻座食客听得个个心惊胆战,怕惹来麻烦受牵连,纷纷溜之大吉。

邓散木嗜酒,每日必饮。他曾为人刻字换酒喝,以质论价,文雅的说法叫"润例"。价格表前写诗一首,表明自己的心志:

秃发佯狂年复年,倦来常借酒家眠。

沉酣濡首不知醒,睁眼四顾心茫然。

斯人谁与曰老铁,傲骨侠肠心倍热。

骂座时逼俗子逃,长啸苍崖应声裂。

兴未满纸腾云烟,落笔如椽胆如天。

断锋龁角枯且涩,神意宁及张颠仙。

信手所如心所至,纵横起落皆吾意。

有时突兀如苍虬,腾挪转辗飞龙湫。

有时狰狞如魅丑,荒林夜半青燐走。

有时臃肿若跛跌,大腹便便酒家胡。

有时骨立如瘦竹,牛山濯濯童且秃。

吁嗟乎! 万千俗虑不易镯,无宁权借大笔挥龙泉。所恨俗客时相扰,手持寸楮需索坚。老铁为是掷笔起,腼颜强把润例宣。不愿助赈,不愿名世,愿得嗜痂诸君子,换我街头一醉钱。

大概找他雕刻的人很多,只好在"润例"前以戏笔形式为自己作了这样一首"广告"诗。后来,干脆直言不讳,在《申报》副刊载"润例",标题居然是"邓粪翁卖艺换酒",刻润"石章每字绍酒十斤,牙章倍之"。于此可见其人之怪。金石学家研究,邓散木刻的所有作品中,凡与酒有关的印章,皆刻得最具个性,最有精神。如白文"赵酒鬼"、朱文"无多酌我"均是艺术精品。"无多酌我,我乃酒狂"一句,是《汉书》中盖次公(宽饶)的话,苏东坡借典作诗道:"时复中之徐邀圣,无多酌我次公狂。"这其实也是邓散木嗜酒癫狂的自我写照。

邓散木不大喜欢喝烈性的高粱白,常年饮的是绍兴花雕。他解释说,绍兴黄酒有驱寒活血、强身健体之效,喝多了也不会伤元气。他最初饮酒看重佐酒

660

的菜肴，到后来饮酒上瘾，便只重酒的质量，不再看重菜的质量了。即使一盘花生米，酒也喝得香喷喷美滋滋的。某日，他与知己"酒徒"施叔范到王宝和酒店对酌，先启一瓮陈酿，后又取一坛新酒，二者掺在一起，酒味醇香诱人。两人兴趣相投，谈诗论艺，各抒己见。从当晚六时直喝到第二天清晨，这一夜，两人竟喝了好几十斤绍兴黄酒，下酒菜仅是盐水煮花生。邓散木常说，酒店是消闲遣闷的胜地，如无要事相牵，约二三知己到酒店饮酒，高谈阔论，那真是人生的一种精神享受。特别是艺术界的朋友相聚，邓散木总要开怀畅饮，不醉不散。醉则豪兴遄飞，于是铺纸挥毫，大显才艺。他对王羲之的书法十分倾倒，酒后除画兰、竹外，常摹写王右军的《兰亭集序》。

邓散木为人率真，常慷慨解囊，邀友同饮或以钱资助他人。他常对人说，银钱乃身外之物，生不带来，死不带去，不必斤斤计较。一次，好友不远千里来沪看望邓散木，邓高兴异常，可是手中一时无钱，随即脱下身上的狐皮大衣送进当铺，换酒与友人对酌痛饮。不久，天气更加寒冷，邓散木无衣御寒，整日躲在家里，不敢出门，有时冷得厉害，雕刻时手脚都冻麻木了，他就原地跑步一会儿，以为取暖之计。

50多岁时，邓散木就感到手脚麻木，20世纪60年代初，终因血管堵塞而截去左下肢。从此，他又号"一足"，精神和意志依然如故。他在《夒言》里自信地写道："幸有霸气堂堂在，一足犹堪抵十夫。"真不愧"纯铁"的雅号！有人说，他患这些病乃至早夭，均因嗜酒所致，其实这是没有多少根据的。手脚麻木，血管堵塞，是因酒而致，其可能性很小。你想，江南黄酒多以优质糯米酿造，高营养，低酒度，质平性和，不易伤人。同时还有驱寒活血，强身健体之功。即使邓散木嗜饮，也不会必然导致这两种病的发生。他的病，与他活动太少，专注于雕刻，致使血液循环不畅有关。只是因邓散木嗜饮，常痛饮大醉，才遭时人俗眼的冷对，才把他的病乃至他的死，全怪罪到酒的头上。他死于胃癌，这或许与饮过量的黄酒有关，但也只是一个致癌的因素，这是起码的常识。至于右手失灵，左下肢被截，几乎与饮酒没什么关系。

中华酒典

嗜酒豪饮的许世友

许世友(1906~1985)，湖北麻城许家洼(今属河南新县)人。历任红军、八路军、解放军团长、师长、旅长、军长、军区司令员等职,1955年被授予上将军衔,少年时当过八年"和尚",在军队内有"许和尚"的别称。

关于许世友嗜酒豪饮的资料源于其女儿许桑园写的《女儿眼中的许世友将军》,后被传记作家权延赤编入内蒙古人民出版社出版的《权延赤文集》第二卷《红朝传奇》一书,标题为《司令爸爸许世友》。据他女儿回忆,许世友自打成家之后,特别是新中国成立后,吃饭时总离不开三样东西:辣椒、烈酒和野味。在众多酒中,只喜欢喝茅台和古井酒。早晨一般不喝,中饭晚饭每顿必喝六杯。在他晚年,医生劝导的多了,就减为四杯。但是来了客人,至少要加倍。野味是餐桌上不能少的下酒菜。他曾说:"一只鸡不如一条鸽子腿,一条鸽子腿不如一只鹧鸪眼。"因此,他经常与警卫员开车到野外或乘船到湖泊打猎,后来禁猎后,他就在家里养了许多鸽子,又养了鱼,以备佐酒。还在院子里种了麦子、玉米、茄子、冬瓜、白菜、瓢尔菜,自己上粪,自己浇水,自己采摘,亲自送厨房,这饭这菜才吃着有滋味。许世友已经50多岁了,与人喝酒还是从不认输,从不耍滑。碰上酒量大的,一杯对一杯,醉倒也不讨饶。他说:"我这辈子没软过,喝酒也不能软!"

许世友在南京居住时,有专属他自己用的卫生间,里面有一个小橱柜,装的全是茅台酒和古井酒。"文革"期间,许世友被挨整抄家,下放到河南大别山区,后来在毛泽东主席的关心过问下,许世友才从大别山回到南京家中。一进家,径直奔向厕所,拉开橱柜门,四壁空空,许世友凄惨地大叫一声:"这群酒贼哟……妈了个×的不得好死!"用女儿的话说,父亲一生,除了酒没什么财产。许世友伤感地说:"我的茅台酒,我的古井酒,全被他们贪污了,这群不讲政策的酒贼,一瓶都没给我留下。"后来,周恩来总理去电话说:"世友同志,听说你的家被抄了,严重吗?"许世友伤心地说:"可惜我的那些酒喽,总理呀,全被他们贪污了,一瓶也没给我留下。"不几天,周恩来派人送来了几瓶茅台酒,许世友怎么也舍不得喝,说是要留作永远的纪念。周总理与军区司令员许世友通电话,许世友诉说的第一话题竟是橱柜里丢失的酒;大别山归来时,径直奔向厕所,关心的也是那小橱柜里存放的酒。可见许世友嗜酒,并把酒作为生命的组成部分来对待,也许他是从饮酒中来获取精神力量的吧!

许桑园就要出嫁,许世友只陪给女儿两床被子。女儿不满地说:"这两床被子还不如你一礼拜的酒钱呢。"的确,许世友的工资差不多全买酒了,平素就没什么积蓄。晚年的许世友,因酒引发了肝硬化,常常作痛,但他依旧按自己的习惯生活,仍然"将进酒,杯莫停"。住入 301 军医院后,肝区虽疼痛难忍,但还是离不开酒。医生不许他喝酒,结果他连饭也不吃。最后,医生只好允许他一次喝一杯,有一杯酒他就能吃饭。后来由于转为肝癌,许世友吃什么吐什么,他要求回家治疗。大夫看到躺在病床上不能再站立的许世友说:"除非给他一杯酒。"女儿就将酒杯用茅台酒润湿,然后递给父亲。此时的许世友接过那洋溢着酒香的空酒杯,眼睛刹那间闪出了光芒,呕吐立刻停止,酒杯抖抖地举在鼻孔前吸吮着,并挪动着身子想下床,最后又像小山一样站立起来了。没想到茅台酒竟产生这样的奇效。许世友移动脚步,不许任何人搀扶,独自进入卫生间把门关上。过了好几分钟不见出来。当夫人打开卫生间时,满屋清香!许世友已倒在地上,倒在醇香的酒液中。握在许世友手中的茅台酒瓶歪倒着,静静朝外流淌着酒液。只听许世友说:"许世友,就是许世友。许世友能喝酒,一息尚存,就不能,变成不能喝酒的……别的人。"据许世友女儿回忆:"父亲性情刚烈,至死也没人敢动他那橱子中的酒。"直到 1985 年 10 月 22 日许世友去世,身后没有留下什么钱财,只留下半橱酒,五支枪,四双草鞋和两把刀。儿女们又将许世友生前喜好的一瓶醇香的茅台酒浇奠在他安息的土地上。在随葬的几件物品中,最显眼的莫过于一面鲜红的党旗和几瓶茅台酒。这几瓶茅台酒是周恩来送给他的,他逝世前向家人交代,要把这几瓶茅台酒放在他的棺材里,永远陪伴着他。

许世友为什么如此嗜酒?这其中,一定有他喜欢饮酒的道理。他枪林弹雨大半生,出生入死,身经百战,在共产党军队里,是最具传奇色彩的人物之一。此人文化不高,却有头脑,认死理;一旦认准了一个人,便肝胆相照,忠贞不贰;

家庭经典藏书

中华酒典

一辈子粗中有细,大事讲原则,具有独特的办事风格,连饮酒都与众不同。他不是为了延长生命而活着,而是为了快乐、为了酒脱、为了友谊而饮酒。相比之下,那些捏着脖子,不能吃这个不能吃那个,不能饮酒之类在他看来简直就是瞎活一场。

许世友不仅嗜酒,而且量大,属于"豪饮"一类人。他常说:"冷酒伤肺,热酒伤肝,没酒伤心。戒饭可以,戒酒不行。"将军海量,又难应付。每宴,必先自己满饮一杯。劝酒时,若你说:"不会喝。"将军说:"你怕老婆。"若你说:"身体不好,医生不让喝。"将军说:"你怕死。"故你不得不喝。此时,将军又说:"你明明会喝,弄虚作假,罚酒三杯。"

红军时期,团以上首长都有挑夫。其他首长的挑夫一般都是一头挑行李一头挑书报。许世友的挑夫,担子两头挑的常常都是酒。他身边还有一个姓宋的通信员,专门为他背酒。许世友喝酒有他的理论,在他看来酒是英雄的血酿成,酒能铸就阳刚之魄,酒能成就英雄大业。许世友的酒量早在红军时期已经名冠全军了。据说,许世友喝酒是经过"特批"的,可以公开喝,其他人则不行,只能偷偷地喝。有人不服气找到红四方面军总部领导,张国焘反问道:"你有许世友那样的海量?你能像许世友那样喝了酒就能打胜仗?"不服气的人听了这话,都哑口无言。其实,许世友喝酒还是有规矩的,只要是他亲自指挥战斗,打仗之前,一律不喝酒;打了胜仗他就会放开酒量痛饮一场。在他看来这叫摆酒庆功,他往往拿出自己珍藏的好酒,叫来同僚和下属,一起分享。一桌人坐下来,首先每人面前要倒满一碗酒。许世友二话不说,端起来先干为敬。照他的规矩,每人空腹要先喝完面前的酒,谁喝不干净不准吃菜。接下来各人随意,一碗一碗地相互劝,一直到酒尽菜光。

1933年10月,红四方面军发起宣(汉)达(县)战役。当时任红九军副军长兼二十五师师长的许世友,奉命率两个团前去增援。中共川东军委书记、川东游击军总指挥王维舟在南坝场附近的下八庙镇设宴款待许世友。他听说许世友酒量很大,特地从镇上请来几位以善饮出名的长者作陪。许世友见这几位长者频频劝酒,又喝得非常爽快,于是反客为主,竟把这些酒场老将一个个灌得烂醉如泥!宴毕,许世友决定立即发起进攻,王维舟不知底细,怕他喝多了,劝他改日再战。许世友豪气冲天地说："我喝酒从不误事,你把心放在肚里吧!保证给你打个胜仗,缴的枪全部送给你,算是还你的酒钱!"这天夜里,许世友亲临前线,挥师猛击南坝场。在红军的猛烈攻击下,第二天黄昏,守敌开始多路突围,许世友立刻指挥部队乘胜追击,结果缴获了大量军火和物资。战后,他没有忘记那笔"酒钱",将缴获的1000多支枪和大量弹药全部送给了王维舟。

如果打了败仗,许世友从不喝酒,这也是他的规矩。1935年12月,张国焘分裂红军分裂党,擅自命令红四方面军南下,在阻击薛岳7个师的进攻中,许世友的第四军负责在峡口一带阻击。战斗打响后,敌人一次投入9个团的兵力实施疯狂的进攻,红三十五团指战员英勇抗击,打得非常艰苦。终因寡不敌众,战斗失利,全团伤亡三分之二,团长、政委光荣牺牲。战后,陈昌浩提一瓶酒来找许世友喝,检讨自己决策失误,许世友滴酒未沾。他说:"出征喝上马酒,凯旋喝庆功酒,打了败仗喝什么酒?"弄得陈昌浩下不了台。遇到工作上的疙瘩、矛盾,如何化解?许世友想到了酒。济南战役发起前,中央军委任命许世友为攻城兵团司令员,并调王建安为副司令员。许世友与王建安,在红军时期情同手足,生死与共。但在"抗大出走事件"中,由于王建安的"举报",使许世友等人受了处分。许世友为此同王建安翻了脸,拍过桌子骂过娘。许世友为了消除隔阂,相互协作,指挥攻城顺利进行,主动摆酒为王建安接风。两瓶高粱酒,开了瓶塞,一人面前摆一瓶。许世友举瓶对王建安说:"自从延安分手,我俩这是第一次喝酒,酒到意到,过去的都过去了,谁也不再提。我先干了!"说罢,便仰脖把一瓶酒全部喝了下去。王建安也被他的真诚和豪爽所感动,一口气也把瓶中的酒喝得一滴不剩。有人听说这事后,起个名字叫"许世友瓶酒释前嫌"。两个人同心协力指挥作战,原打算20天至60天拿下济南府,结果仅用8天,并活捉了王耀武。

抗美援朝战争结束不久,许世友邀了几位将军来家喝酒。据许桑园的回忆(权延赤采访),那天的宴会是这样的:

"人生得意须尽欢……",父亲不清不楚地哼哼着,忽然干脆响亮地骂一声,"妈了个×的,开始吧!"于是,满桌灿然。酒未酣,兴已起。"牛首山上打来的野鸡,长江水里打来的野鸭,鱼是我自家池塘里捞的,饭菜是我自己种地收获所得,只有茅台酒是花钱买的,算是我请客"。其中一位方将军指点着可爱的鸡鸭鱼说:"许司令,许和尚,五戒十善你破了两戒,难成正果啰!""少林寺的武和尚不在五戒中,自唐太宗便有定论。"许世友说罢,挥手一指,"来,斟酒。"卫兵应声出动,圆墩墩的瓷瓶小心翼翼捧在手里,一个立正一杯酒,五个立正便将晶明透香的酒液注满五个酒杯。许世友端起酒杯祝酒道:"能喝不能喝,三杯以内倒不了人。三杯以内滴酒罚一碗;三杯以外,各随其便。"随着一阵碰杯的叮当声,许世友已将空酒杯垂于手下,随即说:"喝酒能看出人是不是忠厚老实。"其中一位将军说:"许司令不减当年,咱们也是条汉子。来,干了!"于是,或咕咚直灌,或长吸而尽,或如喝中药般艰难下咽,最终都干了杯。许世友豪兴初起,朗声吟道:"'烹羊宰牛且为乐,会须一饮三百杯'。来来来,'将进酒,杯莫停',干!"随之,咕咚一声饮干了杯中酒。其中方将军怯酒了,悄悄地将自己杯中一半酒倾入别人杯里,被许世友发现后,叫卫兵倒酒喝了罚酒,方将军终于喝醉了。最后要和许世友一杯对一杯地喝,卫兵无奈,只好在凉白开水中兑了一点茅台酒,一杯接着一杯喝,许世友看着直笑。事后,几位将军说,好长时间没喝过这么痛快的酒了。

这一生动的饮酒场面,令人热血沸腾:许世友讲话率直,饮酒豪爽,重情义,和这种人共事最可靠,最具安全感,即使喝醉又何妨?况且也不是天天醉。为这种欢乐而痛快的饮酒,一年醉几回也是值得的。值得一提的是许世友饮酒中说的那句话"喝酒能看出人是不是忠厚老实",这是有一定道理的。中越自卫反击战开始后,许世友任广州军区司令员,当时想调南京军区副司令员刘昌毅来当他的助手,但心中又吃不准刘昌毅能否胜任。许世友在考核各种素质的基础上来他个喝酒选将。在家中设宴,几位将军开怀畅饮,三瓶茅台喝下肚之后,许世友酒气逼人地问:"酒喝到这个份儿上,还敢开瓶吗?"刘昌毅豪气冲天地说:"天下没有会喝不会喝的事,只有敢喝不敢喝的人。九死一生过来的人,死都不怕还怕喝酒?许司令喝到哪儿我就喝到哪儿!"这场酒喝下来,许世友云山雾罩,睡了一天,刘昌毅醉了两天。许世友感动地说:"真是条好汉,不怕死。副司令就是他了!"当然,选将还考虑别的因素,喝酒只是一个方面。许世友说:"学会打仗并不难,敢舍命对敌可不是随便什么人都能做到的。"(《许世友喝酒选将》）没想到，饮酒成了许世友选将的条件。从饮酒中识别人，也是古人的一贯做法。

周恩来和许世友都是英雄海量。依据权延赤所写《周恩来和许世友赌酒》一文可知，周恩来饮酒浅斟慢饮，谈笑风生，酒量难以测度，俨然文人饮酒的典型。许世友饮酒，急酒豪饮，轰轰烈烈。喝到酒酣尽兴时，豪言壮语出来了："当兵的，活着干，死了算，砍掉脑袋不过碗大个疤，英雄喝酒，狗熊喝水，我请你喝酒你连面子也不给？"俨然武人饮酒的楷模。周和许两人都死于癌症，所不同的是，周恩来晚年滴酒不沾，而许世友却直到临死时，还钻入他那个专用卫生间打开小储藏柜，"偷"酒喝，昏倒在酒液中。有人会想，凭许世友强健的身体，如果晚年节制饮酒，也许天年还会延长一些。果真是那样，对许世友而言，其生活的欢乐和酒脱就会减了不少。那样，很难说不会逼出另一种病来。古代的陶渊明就说过："平生不止酒，止酒情无喜。"生死有命，俗人是很难参透其中道理的。江青曾劝毛泽东不要吃红烧肉，那样吃，对身体健康不利，可是毛泽东照吃不误。你能说，毛泽东只活了 83 岁，与吃红烧肉有关吗？从个体生命而言，毛泽东吃红烧肉也好，许世友嗜酒豪饮也罢，都是属于他们自己的一种率性而为的活法。庄子在《骈拇》篇中说得好："凫胫虽短，续之则忧；鹤胫虽长，断之则悲。"别干那些深乖造化，违失本性的傻事！

"酒司令"宋时轮

宋时轮（1907～1991），湖南省醴陵市人。1925 年入黄埔军校学习。1955 年被授予上将军衔。战争年代，宋时轮将军性如炸雷，出口粗鲁，动辄挥拳怒吼，部属都怕他，上级也怕他。喝酒、吃狗肉为他终生嗜好。

据魏业宏《沉缸佳酿醉煞人》一文记载，宋时轮自幼开始饮酒。他出生不久丧母，由姐姐抚养成人。一次宋时轮随姐姐回娘家，给他喝自己酿的米酒。那酒很甜，很好喝，宋时轮一口气喝了一大碗，这下姐夫不高兴了，说了几句。宋时轮生性刚烈，于是不顾姐姐的再三挽留，酒后一人独自回家。天黑了，也可能有些醉，结果迷了路，误入一山洞，软弱无力，便和衣而睡。天亮醒来，才发现身边有四只小虎崽,他跳起来就跑。幸亏母老虎没回来,不然后果不堪设想,事后他自己也惊出一身冷汗。

酒给了他过人的胆量,也铸就了他刚正不阿的秉性。"文革"中,宋时轮被残酷批斗、立案审查。罪状有两条:一是叛徒,二是喝酒,说他"太能喝酒"。批斗时,宋时轮在台上一声不吭,批斗结束一回家,宋时轮就大声呼叫夫人:"拿瓶酒来,今天我有幸同老首长站在一起挨批!"边喝边想,老子喝酒也是罪?我宋时轮就是不信这个邪。"李白喝酒不影响作诗,武松喝酒不影响打虎,我老宋喝酒不影响打胜仗,怎么也成了罪状?"

济南战役初始,上级下达预备命令,十纵任务为"阻援打援"。宋时轮将军不悦,说:"不能让我们的部队光啃骨头不吃肉!"言罢驱车找粟裕。约半小时,将军还,面露喜色。下车即大呼:"小田,起草命令,攻城!"当日晚,宋时轮在葡萄架下邀纵队诸领导点烛痛饮,大醉。

1976年9月,时任军事科学院院长的宋时轮处境困难,但仍然密切关注党和国家的重大事务和发展前途,并为之深感忧虑。据他身边的同志讲,他这期间顿顿喝酒。当时,毛泽东主席病重,邓小平下落不明。宋时轮将军忧国忧民,心焦如焚,秘密与军队诸将领商讨局势,扼腕奋臂说:"万不得已时,我们要实行兵谏!"(魏业宏:《沉缸佳酿醉煞人》)

酒给了宋时轮过人的胆量,也铸就了他刚正不阿的秉性。有意思的是,朝鲜战争爆发后,他率领中国人民志愿军第九兵团入朝作战,而许世友也曾担任九兵团司令,由于两人都嗜酒如命,因此九兵团被大家戏称为"酒兵团",称宋时轮为"酒司令"。但宋时轮并不忌讳这样的称呼,他觉得战友们这么叫,才亲切、够哥儿们,这么一叫仿佛又回到了过去火与血的岁月。宋时轮最辉煌的是在朝鲜尚庆南道的长津湖,指挥打了一场直到今天依然让许多美国老兵后怕的经典战役。这场战役后来被美国人编写进了西点军校的战役教材中。当年东线战场美第七师所属第五十七炮兵营指挥官卡罗•D.普顿斯中校说:"对这场战斗,我感觉是如此强烈,因为我失去了所有的战友。我们伤亡惨重。我从没有见过像这样的战斗。我曾经在二战中,遇到过德军最后一次大反攻,但也不似长津湖之战这样激烈,那情景真是不堪回首。"战役胜利结束后,宋时轮怀着复杂的心情摆了一桌庆功酒,说:"那酒是用泪和血酿成的啊!"

酒司令宋时轮晚年病重,医生家人劝其戒酒。一天,宋将军连饮数十杯,酣醉掷杯于地:"明日开始戒酒。"家人大喜。不出一星期,豪饮如故也。(吴东峰《开国将军轶事》第189页)

喜欢在酒中陶醉的杨宪益

中国翻译家、外国文学研究家杨宪益(1915~),倾慕魏、晋"竹林七贤",一生嗜酒,在同事朋友中有"酒仙"之称。他的妹妹杨敏如担心地说:"你不要做酒仙!"杨宪益接上去说,"那就做酒鬼!"好友黄苗子不敢直言相劝,专门为他写了《酒故》一文,历陈中国历史上纵酒荒诞之人以警醒杨宪益。没想到杨宪益读了这篇短文后,会心地一笑,而嗤之曰:"黄老头乃不可教也!"

杨宪益天性乐观,顺其自然,无拘无束,在中国传统文人中,"竹林七贤"是他倾慕的先贤。他喜欢收藏字画,喜欢吟打油诗,喜欢在酒中陶醉。每日可以无饭却不可无酒。每天下午4点开始一直喝到晚间上床睡觉为止,夫妻两人约喝一瓶酒。他们不喝昂贵的名酒,常喝北京出的二锅头。在同辈人中,惯以散淡、老顽童而出名。

杨宪益是安徽泗县人,早年赴英国剑桥大学攻读古希腊、古罗马文学、中古法国文学和英国文学。1940年,与同学Gladys(杨宪益为她取汉名:戴乃迭)回到中国,在重庆结婚。先后在重庆、贵阳、成都各大学执教,后又在重庆和南京任国立翻译馆编纂。

抗战期间,梁宗岱和杨宪益分别住在重庆嘉陵江两岸。好酒而孤单的梁宗岱隔天过江来北碚找杨宪益饮酒谈天。一天晚上,梁过来谈了片刻便要匆匆离去,让杨给他倒杯酒,喝完再走。正好这时没电,杨宪益只好摸黑从床下拿出酒坛子给他倒酒。床下两个坛子,一坛酒,一坛煤油。于是,摸错了,倒上一杯煤油,梁宗岱仰头喝完,一边抹嘴,说了句"这酒不错,有一股特别的味道"。话毕就此别过。后来杨宪益发现倒错了酒,整夜提心吊胆,煤油中毒怎么办?第二天见梁时安然无恙,相视而后相谈喝煤油之事,俩人大笑不止。抗战之后,两人

中華酒典

都离开了重庆,一别几十年。直到上个世纪 70 年代,两位大师相见,首先谈到的话题是"酒"。梁说,自己正在研究一种酒,可以壮阳养生的酒……谁知这次别后,没过多久,一代大师梁宗岱就去世了。杨宪益闻后不无幽默而感伤地写道:"我想,他也许是喝自己配的壮阳酒喝多了。"

1953 年,杨宪益调回北京,长期担任外文版《中国文学》主编。"文革"期间的 1968 年 4 月一天夜里,杨宪益与夫人戴乃迭正在对饮,当一瓶酒只喝到半瓶时,闯入一帮人将夫妻俩逮捕,后定罪名为"英国特务"。杨宪益在《白虎星照命》一文中回忆说:履行完入狱手续后自己被带到一间挤满了犯人的牢房。12 平米的房间,两排通铺上犯人像沙丁鱼似的一个挨着一个,杨宪益勉强挤进一条缝隙中倒头就睡着了,他睡得很香,一直睡到第二天早上快 7 点。他醒后,同狱一个上年纪的犯人与他有一段对话:

"嗨,为什么把你抓来了?""我也不知道。""我想那么晚了,你又满身酒气,一定是喝多了,在街上惹了麻烦,所以他们抓了你。""没那回事。我是在家被抓的。"那人不说话了。忽然,他充满向往地说:"你的酒气好闻极了,一定是好酒!我好多年没喝酒了。那酒多少钱一两?"杨宪益对他说,"我不是按两买的。我买的是整瓶酒,忘了是多少钱了。"有人评道,是真名士自风流。你想,无意中被戴着手铐押往监狱,他居然没事儿似的倒头呼呼大睡,睡梦中还散发出阵阵诱人的酒香,犯人们望着这个"醉老头儿",不知他是何方神仙。怪不得那个老犯人认为他是因喝酒闹事被关进监狱的。

1972 年,坐了四年牢房的杨宪益夫妇被无罪释放回家。从此,杨宪益更加放浪不羁,纵酒狂言。他在诗中写道,"兴来纵酒发狂言,历尽风霜锷未残","有烟有酒万事足,无官无党一身轻"。有人采访杨宪益说:"作为你的妻子,她反对你喝酒吗?"杨回答说:"我们有许多共同点,包括饮酒抽烟的乐趣。邀请朋友一起畅饮,这是我们日常生活中至为重要的一部分。在影集中出现最多的便是与朋友畅饮的镜头。朋友们常常会觉得,当袅袅轻烟中,我们显出微醺时尤为可爱。在酒中谈笑,在酒中潇洒,似乎愿意在酒中忘掉一切:名利、恩怨、痛苦……"他写诗道:"常言舍命陪君子,莫道轻生不丈夫。值此良宵须尽醉,世间难得是糊涂。"

有人邀请杨宪益到郑州越秀演讲《中外打油诗比较》，午餐时他喝下快半斤白酒。下午演讲时，举着一杯白兰地酒，喝上一口，畅谈几句；再喝上一口，再讲几句，少有的陶醉状态。台下的人听得如醉如痴，当然也有骂"老酒鬼"的。这是全国所有名人演讲中罕见的"风景"。

晚年的杨宪益嗜酒如命，每天都离不开杯中物。有时从上午喝到半夜，各种酒都喝，肝脏却始终正常，没听说有什么病。学者石湾在《酒中人生》一文里写道："他嗜酒如命，但不是那种一杯接一杯的豪饮，而是看似漫不经心，实质是一往情深地用双唇去轻轻抿酒，用舌尖去细细舐酒。因此，与其说他是喝酒，还不如说他是品酒，一点一滴地享受着酒的美妙，酒的神韵。他在抿酒、舐酒前，端起的杯子总要在鼻下相对停滞片刻，仿佛做深呼吸似的，闻那酒的芳香。让人感到，那杯中酒仿佛是他热恋中的姑娘，一个深吻接一个深吻，引他进入了浪漫的温柔之乡……"对此，自称喜欢欣赏别人饮酒的黄苗子说：杨宪益是"当代酒徒"。三国时的大酒徒郑泉死时立下遗嘱，希望骨灰变成泥巴，让百年之后，制陶的人把它捏成一个酒壶，这才不愧是一个真正的酒徒。"如果我的朋友——工艺美术家韩美林捏的某一个酒壶确实用的是郑泉骨灰的话，那么，我一定向他讨来转赠给杨宪益兄"（《酒故》）。

进入90高龄的杨宪益身患重病，行走不便，遂遵医嘱，不再狂饮了。他自己说，"忌酒后，少了许多生活的乐趣"。

杨宪益夫妇是"译界泰斗"。一生译著达百余种，1000多万字。英译代表作有《红楼梦》《水浒》《鲁迅选集》等好几十种；中译代表作有荷马的《奥德修纪》、维吉尔的《牧歌》、法国中古史诗《罗兰之歌》等十几种。此外还有《译余偶拾》《零墨新笺》等学术著作多种。

好友吴祖光送他一联是："毕竟百年都是梦，何如一醉便成仙。"在吴祖光眼里，杨宪益是一位"酒仙"。现代诗人和杂文家邵燕祥为杨宪益赠一贺联道："小道可闻幽一默，大言不及酒三盅。"邵燕祥说："杨宪益的学问不挂在脸上，也不挂在嘴上。也就是说，他从来不'吓唬老百姓'，不以其所有骄人之所无。他的学问融入了他全部的教养，平时待人，从不见疾言厉色。酒边对客，融为《世说新语》式的机智和英国式的幽默，都化为寻常口头语，不紧不慢地说出。"

这实是对杨宪益人品、学问和饮酒的公允评价！

爱酒并对酒有情的碧野

碧野（1916~ ），曾任中央文学研究所研究员，湖北作家协会副主席。代表作有长篇小说《肥沃的土地》《阳光灿烂照天山》《丹凤朝阳》等，有《碧野文集》4卷本传世。

碧野写过一篇叫《三醉》的短文，谈了他对酒及醉酒的认识。他自称不会喝酒，其实是指他没有达到别人饮酒是一种享受的那种境界（如陶渊明、孟嘉、苏东坡等人，他们都是深得酒中深味的人），而不是指自己不能喝酒。虽然"每饮必醉"，但他"爱酒，对酒有情"。用他的话说，这是因为"酒曾鼓起我生命的风帆，在人生的海洋上凌波踢浪；酒曾给我以至真的感情，使我集喜怒哀乐于一身"。酒曾予碧野以生活的勇气，酒曾卸掉他身上的假面具，回归了他的真性情。

特别对"醉酒"，碧野均给了正面的好评："酒醉，使人心地单纯、使人披沥肝胆、使人赤诚、使人返真。"这只是碧野对"醉酒"的一家之言。当然，我们还应看到"醉酒"的负面作用是使人堕落、荒唐、伤人、败身。

碧野说，他曾三次醉酒。第一次是在抗战时期因悲愤醉酒：日寇侵华，狂轰滥炸，国破家亡，友人战死，夜不成眠，于是举杯抒愤，喝得酩酊大醉，酒醒时已日照东窗，"酒痕染袖，而酒杯却落在地上，成了碎片"。中篇小说《乌兰不浪的夜祭》就是在这种悲愤心情下写成的。第二次是在解放战争时期因庆功而醉酒：太原东山，敌设三道防线，解放军神勇天降，一鼓作气攻下太原城。在庆功会上，团首长们不要下酒菜，以碗对喝。碧野激动异常，这是他平生第一次豪饮，"只见碗里还在冒着酒花，脖子一仰，一饮而尽"，连干几碗，便沉沉昏睡。后来长篇小说《我们的力量是无敌的》腹稿就形成于这段时间。第三次是为完成长篇小说《钢铁动脉》而高兴醉酒：调到北京，加入作协，完成长篇，听人修改建议，酒入欢肠，仅仅几杯入肚，便由于过分高兴，酒醉不醒，整整睡了一天一夜。由碧野醉酒经历可以证明：人的饮酒及量的多少，与人的遭遇心境有关。

人的精神世界是非常复杂的,悲愤时想喝酒,喜庆时想喝酒,高兴时想喝酒……多亏世上酿出那么多的美酒,满足了人的精神需求,使人在一醉中缓减掉多余的精神外溢,使失衡的心灵获得平衡。酒,真乃天下美禄也!难怪,碧野爱酒并对酒有情呢!

嗜酒若子的大饮者高阳

高阳(1922~1992),台湾著名作家,原名许晏骈,生于杭州许姓望族。1948年随军赴台,曾任国民党军队参谋总长王叔铭的秘书。退伍后任《中华日报》主编,还一度出任《中央日报》主笔。高阳擅长史实考据,曾以"野翰林"自称。

1989年4月,上海复旦大学举办第四届港台暨海外华文文学国际研讨会。午餐时,高阳自带一瓶威士忌和一个很精美的红色酒杯,旁若无人地自斟自饮起来。相识的人凑过来问高阳:"高阳,是否由'高阳酒徒'这一典故而来?与酒有关?"高阳回答:"与酒无关。高阳就是高阳许。"又说:"姓许的是一个望族,受封于高阳,我是以郡望为名的。"

1962年他开始发表通俗历史小说《李娃》,一鸣惊人,此后便一发而不可收,并以酒刺激灵感,多年来陆续写下93部中长篇小说,总字数2000多万。"酒"是高阳考证、构思、写作的灵丹妙药。他可以一日无饭,但不可以一日无酒。有酒则操笔如风,无酒则文思枯竭,酒与高阳的创作结下了不解之缘。文艺界的同仁了解到高阳嗜酒成性,酗饮无度,便联想到"高阳酒徒"郦食其,认为"高阳"这一笔名与酒有关。这一看法,后来也得到高阳本人的默认。据高阳的老友江澄格透露,高阳生前有一篇未完成的遗作,篇名就叫《酒徒》。

通观高阳的后半生,酒的确与高阳须臾不离。台北诗人痖弦以"大饮者"称之,高阳得此雅号,颇感中意,自谓"未饮先醉"。台北篆刻家王为曾给他刻了一枚闲章,印文是高阳自撰的,文曰"酒子书妻"。他把酒当作自己的儿子,而把书当作妻子,其亲密程度由此可见,表明他饮酒为了写作,写作必须饮酒的生活态度。

高阳为了刺激创作灵感,激发文思,解除长期伏案笔耕的困乏,他总是一杯在手,边写边喝,自称"一日不饮,便有形神不复相亲之感"。他常借着酒兴,滔滔不绝地向朋友诉说自己在历史考证中的一得之见,将要成形的小说;他总是在微醺中完成自己作品的创作。美酒使高阳在无人理睬的故纸堆中寻觅,美酒使高阳揭开千年尘封的事实真相。

高阳熟读史书,饱览沧桑,洞知人性。他写的作品上至先秦,下至民国初年,涉及宫廷政治斗争,商界庶民生活,市井各色人等,名士悲欢离合……是个百科全书式的高产作家。可是,他对自己的家庭生活却拙于安排,50岁才成婚,几年后便离异。一生形影孤单,独身索居,"饮酒煮字"是他生活的全部。1992年6月6日,高阳因酒精性肝硬化和开放型肺结核并发症而辞世。去世前,仍高吟"不死仍留日暮醉,余生笔兆岁朝春""为酒消得人憔悴,千金散尽终不悔",俨然一副赤条条来去无牵挂的名士派头,可谓一大"酒痴"。

他的代表作有《慈禧全传》和胡雪岩三部曲(《胡雪岩》《红顶商人》《灯火楼台》)等,他因而成为当代首席历史小说家榜首。台湾和大陆的读者非常喜爱他创作的作品,"有村镇处有高阳",就是对他最好的纪念。

悠悠七十犹耽酒的汪曾祺

汪曾祺(1920~1997),江苏高邮人。1943年昆明西南联合大学毕业后,在昆明、上海任中学国文教员和历史博物馆职员。1950年后,在北京市文联、中国民间文学研究会工作,1962年调北京京剧团任编剧。有小说集《邂逅集》《羊舍的夜晚》和散文集《蒲桥集》等作品传世。1998年8卷本《汪曾祺全集》出版。

汪曾祺嗜酒,喝了一辈子酒,有"酒仙"之称。可是翻阅他写的散文、随笔,有写美味佳肴的,却没找到一篇写酒的文章。他70岁时,自作《七十抒怀》诗一首,开头写道:"悠悠七十犹耽酒,唯觉登山步履迟。"这是他爱酒喝酒的证据。他为什么不写自己终生喜好的"杯中物"呢?只有汪曾祺自己知道。这里所引的资料,主要源于汪曾祺生前好友的回忆。

汪的挚友林斤澜,在《注一个"淡"字》一文中祝贺汪曾祺七十大寿时写道:"设想那天早晨,写了'抒怀'诗,诗兴中寿翁偷喝了一口早酒。孙女外孙女进门一叫,抱住会立刻闻见,又会立刻嘟嘟地报告奶奶(姥姥):'爷爷(姥爷)喝酒了。'老太太会告诉女儿女婿儿媳:'你们爸爸惜命了,忌白酒了,可是柜子里的白酒瓶子,怎样自己空了呢?'"这一戏剧化的生活情节说明,汪曾祺特别喜好饮酒,到了晚年,家中大人小孩怕他饮酒导发其他病症,几乎全都"监控"汪曾祺饮酒,并不止一次地劝他忌酒。可是汪曾祺还是我行我素,只要想喝,家人是很难管住的。这说明,酒成了汪曾祺提神助兴的必备饮品,岂可一日无此君。可医生令禁,夫人不许。聚会时,别人饮酒,怕汪曾祺眼馋,林斤澜只好让人给汪曾祺倒点啤酒喝。汪曾祺发出天真的微笑,一会儿就把大半杯酒喝完了。有人又悄悄地给他斟上,夫人发现后说,"你不要喝了。"汪曾祺没有看夫人,慢慢又干了一杯。林斤澜解释说:"一个一生喝酒的人,晚年突然不让喝了,心理上接受不来,生理上也接受不来。"汪曾祺笑着对家人说:"不让我喝酒,是破坏我的生态平衡。"

作家刘心武回忆说:1982年,他和汪曾祺等人到四川兜了一大圈儿。二十多天,汪老嗜酒,但不是狂喝乱饮,而是精于慢斟细品。三伏天,汪老与林斤澜居然坐在街头的火锅旁悠哉悠哉地饮白酒,涮毛肚肺片。他们从宾馆窗户望出去,正好把这俩人收入眼底……他俩酒足饭饱后进到屋里,大家"摆龙门阵",只见酒后的汪老两眼放射出电波般的强光,脸上的表情不仅是年轻化的,而且简直是孩童化的,他妙语连珠,幽默到令你从心眼儿上往外蹿鲜花。平常的时候,特别没喝酒时,汪老像是一片打蔫的秋叶,两眼昏花,跟大家坐在一起,心不在焉,你向他喊话,或是答非所问,或是置若罔闻。可是,只要喝完一场好酒,他就把一腔精神提了起来,思路清晰,反应敏捷,寥寥数语,即可满席生风,其知识之渊博之偏门之琐细,其话语之机智之放诞之怪趣,真正令人绝倒!

20世纪80年代的初期,作家们的活动逐渐多了起来,大家劫后相逢,经常开会相聚。汪曾祺常和陆文夫、高晓声、叶至诚、林斤澜一起饮酒,是酒把他们泡在一只缸里,可说是无"酒"不成书。一进餐厅,先找桌上别人喝剩的酒,如果找不着,那就得有一人破费。几人一喝就是半天,喝酒从不劝酒,也不干杯,酒瓶放在桌子上,谁喝谁倒。有时候饭店要关门,就把酒带着回房间,一直喝到晚上一两点。喝酒总是要谈话的,那种谈话如果有什么记录的话,真是毫无意义,不谈文学,不谈政治,谈的尽是些捞鱼摸虾的事。最后谈到方言土语相杂,相互谁都听不懂对方在说什么,也不想听懂是说什么。这种谈话只是各人的一种抒发,一种对生活的复述和回忆。陆文夫在《酒仙汪曾祺》一文中这样写道:"汪曾祺和高晓声喝起酒来可以说真的是陶然忘机,把什么都忘了。"有一年在上海召开世界汉学会议,那是一次很重要的会议,中国作家参加的也不多。汪曾祺和高晓声、林斤澜在常州喝酒,喝得把开会的事忘了,或者说并不是忘了,而是有人约他们到江阴或是什么地方去吃鱼、喝酒,他们去了,会也不开了。大会秘书处接到电报要让人到上海站接汪曾祺一伙,接站人到火车站不见人来,打开电报单仔细一看,电报上的车次是开往南京的。大家无可奈何,也只能随他们的便。不到几小时,汪曾祺几人弄了一辆破旧的上海牌汽车,摇摇摆摆地开上小山坡来,问他们是怎么回事,只说把火车的车次记错了,喝酒的事只字不提。那还能提吗?

还有一次,中国作协组织了一个大型的作家代表团去香港访问,汪曾祺也参加了。汪曾祺在香港的知名度很高,有位富豪慕名而来,请他吃晚饭。到了晚上十一二点钟,陆文夫的房门突然被人猛力推开,一个人踉跄着跌进来,一看,是汪曾祺,手里还擎着大半瓶 XO,说是专门留给陆文夫的。

汪曾祺认为,搞创作(写小说、写字、画画儿、做菜等)贵在创新。喝点和酒,可激发灵感,有推波助澜的功效。他自得其乐的三件事是写字、画画儿、做菜。每当动手之前,便喝点儿酒,顿时精神爽快,头脑灵活,会有意想不到的超常规发挥。他在云南大理写的"苍山负雪,洱海流云"的对子,就是在酒后挥笔创作的。他说,"那天喝了一点酒,字写得飞扬霸悍,亦是快事。"(汪曾祺:《自得其乐》)

汪曾祺不仅嗜酒,而且懂菜,是个真正的美食家,他不仅会吃,而且还会做。作家邓友梅很想吃到汪曾祺做的菜,却最终没有吃到。他多次约好邓友梅前去他家吃饭,都因某种菜或辅料没有买到而作罢。邓友梅要求马虎点算了。汪曾祺却说不行,在烹饪学中原料第一。终于有一天,约好了时间没有变,邓友梅早早地赶来。汪曾祺不在家,说到菜市场买菜去了。可是等到快吃饭时却不见他回来,家人着急,赶紧到菜市场去找。一看,他老人家正在一个小酒店喝得起劲,说是该买的菜还是没有买到,不如先喝点吧,一喝倒又把请客的事忘了。邓友梅空欢喜了一场,还是没有吃到。这不是汪曾祺在有意地逗邓友梅,而是率性而为,由你去品吧。

邓友梅与汪曾祺是无话不说的挚友。汪曾祺去世后,邓友梅写了《漫忆汪曾祺》和《再说汪曾祺》二文。文中回忆说:汪曾祺是教他喝酒的师傅。在北京市文联工作时,下班路过小酒铺,汪曾祺常拐进去,吃一盘麻豆腐。他约邓友梅去,由他付钱,麻豆腐之外还要二两酒。他并不劝酒,只是指着麻豆腐对邓说:"光吃麻豆腐太腻,要润润喉。"说完就抿一口酒。邓亦步亦趋,吃一口麻豆腐,润一下喉,没多久,邓友梅的酒量就上了新台阶。汪曾祺嗜酒,但不酗酒。四十余年共饮,没见过他喝醉过。"斤澜有过走路撞在树上的勇敢,我有躺在地上不肯起来的谦虚,曾祺顶多舌头硬点,从未有过失态。他喜欢边饮边聊,但反对闹酒。如果有人强行敬酒,闹酒,他宁可不喝。我跟他一块儿参加宴会,总要悄悄嘱咐东道主,只把一瓶好酒放在他面前就行,不要敬也不必劝,更不必替他斟酒。大家假装看不见他,他喝得最舒服,最尽兴。"

六十多岁之后,家人对汪曾祺喝酒有了限制。家有"政策",汪有"对策"。他早上出门买菜就带个杯子,买全了菜,顺便到酒店打二两酒,站在一边喝完再回家。因小病住院,大夫让他戒烟戒酒,不然后果堪忧,他打算执行。结果忌酒后,脸黑肤暗,反应迟钝,舌头不灵,两眼发呆。邓友梅说,吃饭时有人给他倒了杯啤酒。汪说:"就这一杯,我不敢多喝。"只见他三口两口把那杯酒喝下去,马上眼珠活了,说话流利了,反应也灵敏起来了。刘心武于是给林斤澜打电话:"最好让老头儿喝点酒,要不就会变傻了。"后来,林斤澜告诉汪的儿子汪朗,别管得太紧了,吃饭时让他喝点酒,汪朗照办。汪曾祺也很自觉,以后再没有放开量喝。

陆文夫在《做鬼亦陶然》中写道:"汪曾祺的逝世对我是一个打击,据说他的死和饮酒有点关系,因而他就成了我的前车之鉴,成了我的警钟:'别喝了,你想想汪曾祺!'"其实,陆文夫根本就没把汪曾祺的死当成"警钟"。说起来也很奇怪,喝酒的人死了都被认为是饮酒过多,即使已经戒酒多年,也被认为是过去多喝了点酒。汪曾祺也逃不脱这一点,有人说他是某次躬逢盛宴,饮酒稍多引

中华酒典

发痼疾而亡。有人说不对，某次盛宴他没有多喝。"多喝少喝都不是主要的，除非是汪曾祺能活百岁，要不然的话，他的死总是和酒有关系。岂止汪曾祺，酒仙之如李白，人家也要说他是喝酒喝死了的"，反正，汪曾祺的死与酒有关，谁让你嗜酒呢？

人们常说"嗜好什么，死于什么"，不是一点道理也没有。因为走极端的事物都会走向它的反面，这也是宇宙间的一条规律。执两端而走"中道"也许会比走极端更好一些。但让人难把握的是，三杯下肚，慷慨激昂，又有几人能管住自己，只走"中道"呢？

汪曾祺人已作古，不死的是他所创作的小说和散文，特别是他那散文化的小说，风格清淡、飘逸、耐人寻味，在现、当代文学创作领域独具魅力。倘若汪老这位酒仙再生，笔者倒要问问他，这些文学作品的创作难道就没有美酒的功劳吗？如若有，而你一生又好酒，怎么就没有留下一篇赞酒的妙文？

饮酒求陶然忘机的陆文夫

陆文夫（1928～2005），当代著名作家，江苏泰兴市人。历任江苏省作家协会主席，中国作家协会副主席。主要作品有中篇小说《美食家》《井》和短篇小说《小贩世家》《围墙》等。

李白有诗曰："我醉君复乐，陶然共忘机。"陆文夫认为，饮酒的最高境界是求得陶然忘机。陶然，就是快乐；忘机，就是忘掉俗世中的机巧，利害得失。他说："陶然忘机乃是一种舒畅、快乐、怡然自得、忘却尘俗的境界，在生活里扑腾的人能有此种片刻的享受，那是多么的美妙而又难能可贵！"别人喝酒总是要找个借口，接风，送别，庆祝……陆文夫与好友高晓声、叶至诚、林斤澜、汪曾祺等人坐在一起饮酒时，什么也不说，只是为了喝酒取乐。无愁可浇，无喜可庆，也没有什么既定的话要说；从不谈论文章，更无要事相托，谈的多是些什么种菜、采茶、捕鱼、摸虾、烧饭，东一榔头西一棒，随便提及，没头没尾。汪曾祺听不懂高晓声的常州话，陆文夫听不大懂林斤澜的浙江音，这都不打紧，因为弄到后来谁也听不清谁讲了些什么，也不想去弄懂谁讲了些什么。没有干杯，从不劝酒，

家庭经典藏书

中华酒典

酒瓶放在桌子上,想喝就喝;不想用酒来联络感情,更不想趁酒酣耳热之际得到什么许可;没有什么目的,只求一种境界:云里雾里,陶然忘机(《做鬼亦陶然》)。这是一种不设防的率性而为的饮酒,是压抑在脑海深处的潜意识"魔鬼"风暴般的释放,更是对俗世中扭曲灵魂的一种调节与校正。他们从饮酒中获得的价值并不比在俗世中获得的少。人能够忘记俗世的纠缠有三种办法:一是彻底地忘记,那就是死亡;再是暂时的忘记:一是睡着了,二是饮酒致醉。陶然忘机,陆文夫选择了三种忘记中能给人带来快乐的一种:那就是饮酒。

说起陆文夫的饮酒史,那真是老资格了。据他写的《壶中日月》一文可知,他在十二三岁时便能饮酒。他从小生活在产名酒"猪和酒"的泰兴县,每到冬季,村子里的酒坊开始产酒,大人小孩围在淌酒的烧锅旁,时不时地偷喝几口,陆文夫也参与其中。一次姨表姐结婚回门,在酒宴上,他与对方"酒鬼"连干三大杯,居然面不改色,熬到终席。下席后酣醉三小时,是不丢脸的"文醉"。后来他父亲说,一个人要想在社会上做点事情,需有四戒:戒烟(鸦片烟)、戒赌、戒嫖、戒酒。四者涵其一,定无出息。此后,陆文夫总想有点出息,便不再喝酒了,偶尔喝一次也只喝低度的黄酒。

其实,饮酒也常与人的处境、心情有关。陆文夫在29岁时被打成"右派"。那一年过国庆节,大街上充满了欢乐的气氛,却不许他回家,写检查,接受批判,惶惶不可终日。缩身于斗室之中,一时百感交集:陆文夫心想,反正没有什么出息了,不如买点酒喝。从此,一发而不可收。

这段时日,陆文夫饮酒只是为了"浇愁"。他的感受是"借酒浇愁愁将息,痛饮小醉,泪两行,长叹息,昏昏然,茫茫然,往事如烟,飘忽不定,若隐若现。世间事,人负我,我负人,何必何必! 三杯两盏六十四度,却也能敌那晚来风急"。与二三知己对饮,酒入愁肠,顿生豪情,口出狂言,倒霉的事都忘了,检讨过的事也不认账了……酒似乎给了他不可一世的巨大能量,仿佛成为大战风车的唐·吉诃德。从这点看,酒的确可以调节失衡抑郁的心灵。

到了1958年"大跃进"时,酒却成了陆文夫"解乏"的妙药。他在一个工厂做车工,连着几个月打夜工,动辄三天两夜不睡觉,这时已顾不上愁了,最大的要求是睡觉。人站在转动的车床前,眼皮上像坠着石头,脚下的土地在往下沉、沉……突然一下,惊醒过来,然后再沉、沉……陆文夫解决这种困乏的办法是,乘午夜吃饭时买一瓶粮食白酒藏在口袋里,躲在食堂的角落里偷偷地喝。夜餐是一碗面条,没有菜,吃一口面条,喝一口酒,有时候,为了加快速度,不引人注意,便把酒倒在面条里,一同进肚。之后,进入车间,便添了几分精神,而且浑身暖和,虽然有点晕晕乎乎,但这种晕乎是酒意而非睡意;眼睛有点蒙眬,但是眼皮上没有系石头的感觉,耳朵也特别尖灵。陆文夫感谢这二两五一瓶的好酒使他熬过漫漫长夜,迎来第二天的黎明,酒,没有使他倒在车床上。酒可驱眠,这是酒入肚中的"化出"作用;酒还可以催眠,这是酒入肚中的"化进"作用。1964年,陆文夫又入另册,被下放到江苏江陵李家生产队劳动。由于担泥筑坝修田,劳累过度,躺在床上,辗转反侧,百感丛生,难以入睡。当时正值"四清",实行"三同",不许吃肉。随它去吧,暂且向鲁智深学习,为了解决睡眠问题,便趁天色昏暗之际,悄悄到小镇敲开店门,急买白酒半斤,兔肉四两,必须在不到二里路的行程中把酒喝完,把肉啖尽。陆文夫对"夹缝"中的这点儿快乐感到非常欣慰。他写道:"仰头,引颈,竖瓶,将进酒,见满天星斗,时有流星;低头啖肉,看路,闻草虫唧唧,或有蛙声。虽无明月可邀,却有天地作陪,万幸,万幸!"当然,回到宿舍,倒头便睡,梦里不知身是客,一夜沉睡到天明。

20世纪80年代,陆文夫的"右派"帽子摘掉了,生活水平步步提高,他又开始拿起笔杆子写小说了,心情也开始好起来了。于是饮酒也发展到第三个阶段:饮酒产生混合效应,其作用是全方位,多功能。以酒解忧,助兴,驱眠,催眠,解乏,无所不在,无所不能。"今日天气大好,久雨放晴,草塘水满,彩蝶纷飞,如此良辰美景岂能无酒? 今日阴天四合,风急雨冷,夜来独伴孤灯,无酒难到天明;有朋自远方来,喜出望外,痛饮;无人登门,孑然一身,该饮;今日家中菜好,无酒枉对佳肴;今日无啥可吃,菜不够,酒来凑,君子在酒不在菜也……呜呼,此时饮酒实际上已经不是为了什么,就是为了饮酒"。只要想喝,理由可以无数。

"文革"十年动乱,陆文夫一家下放到黄海之滨,给他留下最深印象的不是艰难困苦,而是有关酒的回忆:在那个荒诞的年代,人世间突然涌出大批酒徒,连最规矩、最严谨、烟酒不沾的铁甲卫士也在小酒店里喝得面红耳赤,晃荡过市。人们在无奈中活着。"算啦,不如买点儿酒来喝喝吧"。有时三五酒友相约,今日到我家,明日到他家,不畏道路崎岖,拎着自行车可以从独木桥上走过去;不怕大河拦阻,脱下衣服顶在头上游向彼岸。真乃酒壮英雄胆。喝醉了倒在黄沙公路上,仰天而卧,路人围观,掩嘴而过。这时竟想出唐人诗句来了:"醉卧沙场君莫笑,古来征战几人回。"当时最大的遗憾是买不到酒,特别是好酒。常喝的是那种用地瓜干酿造的劣酒,俗名大头瘟,一喝头就昏,能喝到一瓶优质的双沟酒,简直视如玉液琼浆。一举粉碎"四人帮"之后,中国人在一周之间几乎把所有酒店的酒都喝得光光的。陆文夫从"酒壶"中走出,提笔为文,开始小说创作。"照理说,而今而后应当戒酒,才能有点出息。迟了!酒入膏肓,迷途难返,这半生颠沛流离,荣辱沉浮,都不曾离开过酒。没有菜时,可以把酒倒进面碗,没有好酒时,照样把大头瘟喝下去,今日躬逢盛宴,美酒佳肴当前,不喝有碍人情,有违天理,喝下去吧,你还等什么呢?"这就是那个活得本真又有个性的陆文夫。

陆文夫总结自己的一生:从1957年喝到1990年,从29岁喝到62岁,整整33年的岁月从壶中漏掉了。晚年,家人劝说陆文夫少饮酒,可是每次与朋友相聚,总是喝得踉踉跄跄地摇回来,不知昨夜身置何处。特别是熟识的酒友去世,给家里人造成一种恐怖气氛,一看到陆文夫饮酒,就像看见他喝"敌敌畏"差不多。

人间事总要走向它的反面,医生向陆文夫出示黄牌了:

"你要命还是要酒?"

"我……我想,不要命不行,还有小说没有写完;不要酒也不行,活着就少了点情趣:我要命也要酒。"

"不行,鱼和熊掌不可兼得,二者必取其一。"

"且慢,我们来点儿中庸之道。酒,少喝点儿;命,少要点儿。如果能活80岁的话,75岁就行了,那五年反正也写不了小说,不如拿来换酒喝。"

医生笑了:"果真如此,或可两全,从今以后,白酒不得超过一两五,黄酒不得超过三两,啤酒算作饮料,但也不能把一瓶都喝下去。"结果没隔几天,陆文夫碰到一位多年不见的酒友,又喝得昏晕乎乎,早已超过医生告诫的一两五。陆文夫是性情中人,他好的就是那一口,顺其自然,酒入肚内,自己感到舒服快乐

就足够了。遥想无尽的未来,人真正感到舒服快乐的日子能有几天呢!

　　人固有一死,死的原因会多种多样,因饮酒而死亡的人有,但从人类总死亡率中算计,并不占高位。令陆文夫感到奇怪的是,喝酒的人死了都被认为是饮酒过多,即使已经戒酒多年,也被认为是过去多喝了点酒。其实,不喝酒的人也要死,他还没有见到哪个国家有过统计,说喝酒人的死亡率要比不喝酒的人高些。相反,最近到处转载了一条消息,说是爱喝葡萄酒的法国人,死于心血管病的人比不爱喝葡萄酒的美国人少。他不相信喝酒对身体有什么坏处,也不相信喝酒对身体有什么好处,主要是看你怎么喝,喝什么。喝得陶然忘机是一种享受,喝得烂醉如泥是一种痛苦(《做鬼亦陶然》)。看来,陆文夫饮酒,追求的不是酒对身体有好处还是有坏处,他求的是酒对人精神的调节。在这一点上和王蒙的观点一样:酒,主要是满足精神需求的。特别是要达到"陶然忘机"的境界,在人类创造的所有饮品中,非酒莫属。

　　陆文夫认为,"喝优质酒舒畅,喝劣质酒头疼,喝假酒送命。如果不喝假酒,不喝劣酒,不酗酒,那么,酒和死亡就没有太多的联系。相反,酒和生,和生活的丰富多彩倒是不可分割的。纵观上下五千年,那酒造成了多少历史的转折,造成了多少千秋佳话,壮怀激烈! 文学岂能无酒"。他举例,如果把《唐诗三百首》拿来,见"酒"就删,试问还有几首是可以存在的。《红楼梦》中如果不写各式各样的酒宴,那书就没法读下去。李白的酒名比诗名大,"太白遗风"深入人心。笔者以为,李白的酒名大,首先因为他是一位伟大的诗人,这才将他的饮酒抬举到了"酒仙"的位置。普通人若如李白饮酒,而不会吟诗,那么最多只能算个"酒鬼",别人也不会抬举吹捧他。

　　陆文夫还在《屋后的酒店》一文中谈到"堂吃"饮酒的乐趣:"我更爱另一种饮酒的场所,那不是酒店,是所谓的'堂吃'。"就是在店堂的后面放一张桌子,你沽了酒以后可以坐在那里慢饮,没人为你服务,也没有人管你,自便。桌子就放在临河的窗子口,一二知己,沽点酒,买点酱鸭、熏鱼、兰花豆之类的下酒物,临河凭栏,小酌细谈,这里没有酒店的喧闹和那种使人难以忍受的乌烟瘴气。一人独饮也很有趣,可以看着窗下的小船一艘艘咿咿呀呀地摇过去。特别是在大雪纷飞的时候,路行无人,时近黄昏,用朦胧的醉眼看迷蒙的世界。美酒、人生、天地,莽莽苍苍有遁世之意,此时此地畅饮,可以进入酒仙的行列。陆文夫所描绘的这种饮酒场面充满了诗情画意,使人读之,欲罢不能,心向往之,实在是人生中美的享受! 陆文夫人已去矣。我不知他的离去是否与酒有关,可是,他对酒的理解是独特的、深刻的。人生各有自己的乐趣,失掉自己的乐趣,那就是一种郁闷,会从郁闷中憋出病来,甚至成为不治之症。死了,或早死了,你也去怪酒吗? 陆文夫嗜酒,这正是他的乐趣所在,人为地剥夺这种乐趣,你敢断言,他会比喝酒活得更长寿吗? 因此,饮酒与人的健康长寿有关系,也可说没关系,这要看你怎么饮,饮多少。所以,在陆文夫看来,饮酒求的是"陶然忘机",这是一种饮酒的境界,也是陆文夫渴望饮酒的目的,只要能够满足这种精神境界的需求,他就无怨无悔,即使"做鬼亦陶然"。这种"陶然"的境界也是长期修炼的结果。作家张洁评价陆文夫饮酒说:"只觉得喝酒的朋友中唯陆文夫兄的酒,喝得十分练达,有板有眼。好像酒是他的知交。他的饮酒,不过是与老友叙谈而已。他一路浅斟慢酌,只喝到将醉未醉的时分,将一双被皱纹密密圈住的笑眼,不惊不怪地对准这疯疯癫癫的世界,也许这就是品位极高的酒道了?"(《醉也难不醉也难》)醉里乾坤大,壶中日月长。我想,只有陆文夫这类人才有可能对这副对联体会得最深!

为欢乐而醉的饮者白桦

　　白桦(1930~),中国电影剧作家、诗人。原名陈佑桦,河南人。1958 年被错划为"右派","文革"后曾因写作剧本《苦恋》表达一代人对现实政治的怀疑而受到批判。在创作上,几乎尝试过所有的文学形式:诗歌、小说、电影、戏剧、散文等。电影剧作有《山间铃响马帮来》《曙光》《今夜星光灿烂》《孔雀公主》及《最后的贵族》等。长篇小说有《远方有个女儿国》。

　　白桦饮酒多因"欢乐",醉酒也因"欢乐"。古人讲了酒的许多作用:以酒治病,以酒养生,以酒成礼,以酒忘忧,以酒壮胆,以酒求乐,以酒庆功,以酒送礼……看看《水浒传》,就可知道,酒的作用无处不在。但是,古代的庄子认为,饮酒的最高境界是"求乐"。他说,"饮酒以乐为主"(《渔父篇》)。白桦为"欢乐"

中華酒典

而饮酒、醉酒,则是古人"以乐为主"的一种,这是一种精神享受! 白桦说:"在我忧愁的时候是滴酒不沾的,所以我很少饮酒。有数的几次过量之饮全都是为了欢乐。"(《我是一个欢乐而醉的饮者》)

最早的一次醉饮,白桦才 10 岁。尼庵答谢出钱的施主,设酒宴请客,白桦代表寡母赴宴。由于一个黑大汉与小尼姑开玩笑,白桦"觉得很开心,原来生活中还有这么开心的喜剧! 一开心就跟着那些成年人喝起酒来",先喝第一口觉得辣,后来便觉得酒香,左一杯,右一杯,"喝得庵堂里的佛像也旋转起来,住持和小尼姑也旋转起来",以致后来说了一番醉话,引得人们哄堂大笑,才觉得醉酒也很有意思。

第二次是在春城昆明。24 岁的白桦写出的第一个电影剧本《山间铃响马帮来》在云南开拍。这真是人逢喜事精神爽,在宴会上他一连干了 30 余杯白酒,还在主席台上发了一篇抒情演说,之后就"不省人事了",那是在 1954 年。

第三次醉酒是 1985 年 1 月开完作家协会第四次代表大会。白桦与香港李翰祥导演在他北京寓所小饮,话锋投机,毫不设防,两瓶白酒,顺喉而下,以至大醉。

白桦认为,这三次为欢乐而醉的饮酒,感受深刻,记忆犹新,醉也值得! 所以他说,"我很想经常有一醉的机遇,可惜,老之将至,提得起精神痛饮的时日依然甚为稀少! 我在期待着出现一个醉死的良宵"。人生,不如意事常八九,能引起人快乐的事并不多。因此,若依照白桦"为快乐而醉"的标准,人想醉都难得! 这不仅与个人努力有关,更与时代遭遇有关。那种发自内心的快乐在人的一生中能找到几次呢? 白桦欲"期待着出现一个醉死的良宵",那前提是先要有一个引人欢乐的事件。

白桦一生主张禁烟,反对抽烟,但不反对中国式的文雅的饮酒。他认为,"以缓和的节奏去对付烈性美酒,是以柔克刚",这真是绝妙的类比! 他还用形象的比喻谈了酒的作用:"像烧红了的火炭似的酒滴一经入喉之后,曲曲弯弯的肠子就渐渐伸直了,僵硬的面部肌肉也松弛了,整个灵魂随之光亮起来。话可能比较多,但常常有异彩,话里有诗,有奇妙的童话,有深刻的哲理。当然,也有像车轱辘一样不断重复的唠叨。但都很美,很可爱,因为真诚。"这段论饮酒的话,可称得上是酒文化中的金玉良言。这是大仁大智者才有的独到认识。通过诗意般的语言,表达了白桦对人们饮酒言行的理解与感受,耐人寻味。

"东方酒魔"从维熙

从维熙(1933~),当代作家,河北玉田人。曾任北京市文联专业作家,作家出版社社长兼总编辑。长篇小说有《北国草》《裸雪》等,中篇小说有《远去的白帆》等数部。迷恋音乐,常以搓麻将、外出旅游调节写作读书。平常喜好喝酒,也喜欢酒,他家橱柜摆满了各种酒,每有客人莅临,必显英雄本色,尽兴豪饮。

20世纪90年代以前,从维熙是作家群中的大饮客,豪饮量大。1985年,从维熙作为中国作家代表团的一员去日本访问,有幸拜会了日本著名作家水上勉,此人在日本有"酒鬼"的谑称。宴会上,从维熙与水上勉相遇,对杯近三个小时,先是一杯对一杯地喝,到后来两人嫌不过瘾,干脆换成大杯。再后来,水上勉喝一杯,从维熙则喝三杯。水上勉终于舌根发短,不敢"恋战",挂出了免战牌,酩酊中乃拱手赔礼,甘拜下风,并赠从维熙"东方酒魔"的绰号。第二天,日本一家刊物就登出消息,说中国作家从维熙是征服东瀛(日本别称)的"酒魔"。从维熙读了这则消息后,比出版一部小说还要高兴痛快!

从维熙在《独饮》一文中写道:"十几年前,我还没有独饮的酒习,常常是在频频的碰杯声中,走向感情的极致。"酒后常蘸墨挥毫,信马由缰,百无禁忌,行文走笔时意象奔泻而出。写小说居然写出了二百多行的长诗,发表于《华声报》上。从维熙说这是"酒威显灵"。后来,随着年龄的增长,有的同龄人相继去世,一些往日善饮的好友,大都活得越来越科学,把烧膛美酒视若长寿之大敌了。从维熙在饮酒方面的知音越来越少了。而"独饮"便成了他生活中的乐趣之一。

从维熙虽然也到了高龄的时期,但他决意不放弃对酒的嗜好,午、晚两餐必饮。他说:"我则无意改变生命轨道之坐标。我没有倒在二十年的风雪驿路上,自视为'超期服役'的士兵,已然是物超所值了,故而对白酒无所畏惧,正好与友人们的忌酒行为相反,每天要饮上几杯,享受美酒的甘甜醇香,并品味时尚生

中華酒典

活中的人生百相。"他饮酒的感受是"如果饮之适量,不但能使人返璞归真,还能在假面后露出真面。特别在落雪的冬日,杯酒进腹,顿如温火烤膛,其功胜过一切灵丹妙药,真是妙不可言,因而尽管现代医学不断警示人们酒的危害,人们仍愿与酒魔联姻,去享受那一瞬间的无忧无虑童贞般的灿烂与辉煌"。

人上年纪,常常是被年轻人所遗忘的"古董",对家中儿女而言又仿佛是"怪物",孤独寂寞每每袭上心头,解脱的办法是找点力所能及的事做。从维熙除了在家独饮外,也将茅台酒装在不起眼的小瓶里到酒肆茶楼中独饮,这是他养老送老的一种娴雅方式。这样做,可以听到三教九流、各色人等的真心倾诉,又可品味目睹人生百相。用酒提神醒脑,用眼耳观听民间杂事。将家中的"静"和酒馆的"动"有机地结合起来,岂不是一种人生的享受吗?因此,从维熙深有感慨地写道:"一壶酒,一个人,独坐在邻街餐馆的窗下,一边喝酒,一边看大千世界的人间百相,是一种人生情趣。望人群如蝼蚁般穿行,见车辆如过江之鲫,在熙熙攘攘的都市奔忙,更觉一个人的娴雅之乐。古人说人生'难得寂寞',这是指人到晚年之后,才能有的一种思绪;严格地说,这是进入老年之后,才能步入的另一种境界。"

从维熙认为,酒的妙用是能让人讲真心话。一般而言,人至少戴着两幅面孔在活着:"公有空间"是一副面孔,设防;"私有空间"又是一副面孔,不设防。而酒馆属于"私有空间",常是人们活动的场所。所以通过饮酒,可以听到人们隐藏在心中的秘密。一次,从维熙相识的一位文官,带着同僚走进酒馆,因从维熙坐在窗角,这位文官没有看到他,从维熙却看到了这位文官。于是一段戏文开始了。他要了一瓶麻袋形的酒鬼酒,当与同僚们喝到腾云驾雾之际,他先说文坛张三,又议文坛李四。说到得意之处,便自吹自擂开了:"你们知道当个文联界的头儿容易吗?除了你要会写文章之外,还要有应对上下的本事。文坛自古就是是非之地,今天文坛更是上下左右、八面来风的风口,哪边吹来的风,你都不能不加理睬,不然的话,你头上的乌纱就会被刮到天边去。"坐在角落里的从维熙听了这位文官同行的"高论",不禁暗暗窃笑起来,觉得酒浆真是好东西,几杯烈酒进肚之后,就把那心中的秘密抖搂出来了。这简直和从维熙在会议上见到的那副道貌岸然的面孔,判若两人!

细想起来,这也是人之常情。多重人格面具,人皆有之。这是时代、环境、遭遇等共同塑造的,也是人独有的。在现实社会中,要想全面地了解一个人,不妨学学古人,"醉之以酒观其性",因为酒可复原人的真相。从维熙在酒馆独饮,更能贴近生活,体味生活,了解生活。小酒馆,常是人们观察社会众生相的一扇窗口。这或许就是从维熙晚年喜欢在小酒馆独饮的情趣所在。

第四节　酒与雅士

醉若玉山之将崩的嵇康

嵇康(224~263),是一个生活于魏、晋乱世之际的大学者、大艺术家。他喜好老、庄,旷迈不群,风神轩朗,愤世嫉俗,是那时棱角分明、毫无奴颜媚骨的一代人杰。鲁迅先生情有独钟,于1924年出版自己多年搜集成书的《嵇康集》,可谓蕴意深长。

大约在公元3世纪40年代前后,山阴(今河南焦作市附近)东北二十里是太行山支脉白鹿山,白鹿山东南有一片青翠的竹林,周围溪水流淌,百鸟争鸣,岚光山影,景色宜人。竹林里经常狂歌痛饮,质疑辩难,琴声悠扬,高谈阔论,这里聚集着名闻当世的七大名士,他们是嵇康、阮籍、山涛、刘伶、向秀、阮咸、王戎。在《世说新语》一书"任诞"篇中记道:"七人常集于竹林之下,肆意酣畅。故世谓'竹林七贤'。"其中"肆意"是,在竹林这片清静之地,七人无拘无束,旷达放任,顺着自己的性子去做一切想做的事情,而不管别人怎么议论。他们认为,躲避政治陷害的最好办法是少讲话,不讲话,或者讲一些无关痛痒的废话和模棱两可的所谓"玄言"。于是"七贤"便以清谈为能事,"清谈的艺术在于,将最精粹的思想(通常就是道家思想),用最精粹的语言,最简洁的词句表达出来,所以它是很有讲究的,只能在智力水平相当高的朋友之间进行,被人认为是一种最精妙的智力活动"(冯友兰:《中国哲学简史》268页)清谈的主要内容是《老子》《庄子》《周易》三部书,合称"三玄"。挖掘"三玄"的微言大义,七人中功底最深的首推嵇康。"酣畅"二字,主要指开怀畅饮,借酒催生绝妙好词,将"清谈"推向高潮。他们在政治高压政策下,不敢对权势直接表示不满,但他们敢对支持权势的"礼教"和"名教"之类予以亵渎。正好酒助疏狂,有的名士佯狂饮酒,有的名士赤身露体不穿裤子,有的名士父母亲死了不但不服三年之丧,反而不落一滴眼泪。这些事如发生在当今,人们也会认为是神经有问题,可是在那时却以风流洒脱相标榜。在"竹林七贤"中,阮籍、刘伶、阮咸嗜酒成癖,嵇康和他们相比,虽然也爱喝酒,却是比较能节制的一个。在《家诫》一文中可看出他对酒的态度,他告诉家人说"有壶榼之义,束修之好,此人道所通,不须逆也。……不强劝人酒,不饮自己;若人来劝己辄当为持之,勿稍逆也。见醉醺醺便止,慎不当至困,不能自裁也"。大意是说别人好心请我们饮酒吃肉,这是人们相互交往的常情,要参加,不可轻易地拒绝。在酒宴上,千万别干自己怕醉不喝却强劝别人多喝的事。若别人劝自己饮酒,要勉力为之,不要流露出一点儿不高兴的样子。感到微醺的时候就不要再喝下去。千万不要被酒所困,以致丧失理智不能自裁。这可以看作是嵇康饮酒应酬的原则,不是深懂人情世故的人是难有这种见解的。他与别人饮酒,不图酩酊大醉,大多情况下略觉微醺,便借酒意,抚琴自弄,抒发内心的感慨。

嵇康的人生主张是:"非汤武而薄周孔","越名教而任自然"。他完全不理会种种传世久远、名目堂皇的教条礼法,彻底地厌恶官场仕途,因为他心中有一个使他心醉神迷的人生境界——摆脱约束,回归自然,享受悠闲。用他的话讲,"贵得肆志,纵心无悔"。他认为做官会给自己招来"灾患",是一种"外累"。他曾警告朋友说:"荣名秽人身,高位多灾患。未若捐外累,肆志养浩然。"

嵇康是个身体力行的实践者,长期隐居在河南焦作的山阴,后来到了洛阳城外,竟然开了个铁匠铺,每天在大树下打铁。有人说,像他这样著名的思想家、文学家、音乐家,常挥舞着铁锤和另一块铁没头没脑地较劲儿,实在是件很滑稽的事情。给别人打铁,别人如果能以酒肴作为酬金,他就非常高兴,常在铁匠铺里拉着送酒的人一起开怀畅饮。

嵇康身材高大,容色伟丽,不修边幅,土木形骸,然而龙章风姿,质性自然。

嵇康

这与他多年的修身养性及劳动锻炼是分不开的。他的朋友山涛曾用美好的句子盛赞嵇康的为人和醉得壮观:"岩岩若孤松之独立,其醉也,巍峨若玉山之将崩。"看!人的学问大了,知名度高了,连喝醉的姿势都是那样的优美而与众不同,被喻为"玉山将崩"。此时醉中的嵇康,正好"座中发美赞,异气同音轨。临川献清酤,微歌发浩齿。素琴挥雅操,清声随风起……"(《会酒诗》)了,这是何等的风流快意!

耿介孤傲,鄙夷俗情,是嵇康最主要的性格特征。读他写的文章,立论大胆,思想新颖,析理精微,辩才无碍,仿佛是个深通人情事理、城府难测的老手。可他的行为却与他的"言"大相径庭,得罪贵家子弟钟会就是一例:

钟会是司马氏智囊团里的重要一员,他精于才理,在玄学方面造诣颇深。有一次,他乘骏马,衣锦绣,宾从如云,过访嵇康,求教玄理。当时嵇康正在打铁,他见钟会到来,却头也不抬,继续打铁不止。钟会站了好久,觉得实在没意思,只好离去。临走时,嵇康才摔出一句话:"何所闻而来?何所见而去?"钟会回了一句:"闻所闻而来,见所见而去。"双方的对答似乎都圆满得体,不露喜愠之色。但都软中带硬,绵里藏针。嵇康最终被杀,与钟会的罗织罪名大有关系,而祸根就是这次晤面。

另一例是好友山涛推荐嵇康出山做官,嵇康忍无可忍,不仅拒绝做官,而且还跟山涛断绝朋友关系,并写下千古奇文《与山巨源绝交书》。在这封信中,作者对世情俗态极尽冷嘲热讽之能事。表述了自己崇尚自然,不堪吏任,不为外物所移,不为世俗所羁的狂傲个性。

这种天生"刚肠疾恶,轻肆直言,遇事便发"的气质,至情之人的情感活动,常常浮露于形色言表。结果,超世之志多半被自己的气质和习惯所支配。当情感不能被理智所统摄支配时,古往今来,这种人的最终命运有几个是好的?几乎没有。嵇康被司马昭所杀,年仅40岁。罪名有两条:一是"欲助毋丘俭",反对司马氏;二是"言论放荡,非毁典谟"。这主要是指嵇康在《与山巨源绝交书》《管蔡论》《释私论》等文章中菲薄名教的大胆言论。如果将不孝仅仅写在文章里不加传播那倒不太要紧,关键是嵇康将文中菲薄名教的言论向世人宣讲,害处是在发议论。所以,嵇康被逮捕下狱后,曾在狱中写下"幽愤诗"。诗中清醒地认识到自己的不幸遭遇,既来自他人的诬陷,更主要的是源于自己性格的峻切和顽疏。全诗沉痛反省生平行事,寄寓着作者自责、自伤、自愤、自叹的情绪。这正应了歌德的一句话:人的悲剧就隐藏在自己的性格中。培根这样说过:"人的天性虽然是隐而不露的,但却很难被压抑,更很少能完全根绝。即使勉强施以压抑,也只会使它在压力消除后更加猛烈。"本来是"阴柔"人的世界,而"刚烈"性格的人能有立足之地吗?性格选择不由人,当"刚烈"的性格如果没有理性来驾驭,必将程度不同地伤害他人。嵇康的老师孙登曾给他下的断语是:"君性烈而才隽,其能免乎?"这话不幸被言中。在公元262年,嵇康被杀于洛阳东市。当时,太学生三千人上书,请以嵇康为师,司马昭不许,嵇康临刑前自斟自饮,神色不变,视死如归,他对这种结局早已大彻大悟。他顾视日影,索琴弹奏名曲《广陵散》,这朵光艳独绝的艺术之花,最后竟怒放于刀光剑影里。曲终,嵇康叹息说:"袁孝尼曾请学此散,我没有传授给他,《广陵散》于今绝矣!"后来南朝的著名作家江淹在《恨赋》中写道:"及夫中散(指嵇康)下狱,神气激扬。浊醪夕饮,素琴晨张。"这位嵇康的隔世知音,生动地描绘出了嵇康临刑前的镇定自若和离人之恨。

灵魂最自由的人,就是那种一举挣断锁链的人。嵇康不受拘束,独行己意地著文遣发议论,确立了他在中古文化史上的不朽地位,他是一位至死不向现实妥协的勇士,在"竹林七贤"这伙人中,他的骨头是最硬的。他虽然喝酒,有时甚至不惜酩酊大醉,玉山倾倒,但不是嗜酒如命的酒鬼。他的伟大人格,永远受到后人的敬仰。因此当代散文家余秋雨先生将其概括为"遥远的绝响"。也许有人会想,嵇康如果像阮籍那样只是饮酒不发议论,以他强健的身体必然会长寿的。可是,长寿倒是长寿了,那还是嵇康吗?

饮酒有定限的陶侃

陶侃(259~334),东晋著名将领,官至太尉(类今国防部长)。他爱喝酒,但从不喝醉。因为年轻时有过饮酒失误的沉痛教训,后来狠下决心,每当饮酒时,给自己定下酒量标准,做到"总量"控制,从不敢过量。《晋书·陶侃传》载,"侃每饮酒有定限,常欢有余而限已竭,浩等劝更少进,侃凄怀良久曰:'年少曾有酒失,亡亲见约,故不敢逾。'"其意是说,有一次他和殷浩在一起喝酒,喝得很高兴。正在兴头上,已经到了自己规定的限量,本来再喝一点儿也不会醉,殷浩也劝他再少喝一点。陶侃却凄然地说道:"年轻时曾有饮酒失误的教训,我死去的老母亲对我有过约束告诫,所以不敢超过自己定的酒量。"酒酿出来就是供人喝的,但喝多少一定要有限量。有的人喝了过量酒,常会误事坏事。陶侃吸取年轻时

陶侃

过量饮酒误事的教训,每次饮酒,总量控制,值得今人借鉴。我常见一酒徒酒风极差,醉后口出狂言,目空一切,直至出言不逊,甚至打人也屡被人打。和这种人喝酒不是快乐而是一种灾难,每次饮宴,人们躲避唯恐不及。改正的办法是,

一是要长记性,前车之覆,后车之鉴;二是如有酒瘾,那就学一下陶侃,给自己下死"命令",饮酒定限,不得突破! 被同一块石头绊倒两次不算无能,被同一块石头绊倒三次以上,那就是纯粹的浑蛋甚至是废物。晋代的臾衮爱饮酒,父亲在世时对他管束很严,常向他讲酗酒的危害,告诫他饮酒不可过量。父亲去世后,臾衮却忘记了父亲的教诲,喝得酩酊大醉。醉后十分后悔,觉得很对不起父亲,自责道:"余废先父之诫,其何以训人!"于是跪到他父亲墓前,自杖三十。那些屡喝屡犯错误的酒徒也应痛下决心,有"自杖三十"的勇气,才可洗刷掉身背酒风不正的恶名。

陶侃小时候丧父,生活贫困,靠母亲抚养长大成人。同郡的范逵一向知名,被推举为孝廉,一次路过投宿到陶侃家。当时连着几天冰冻雪寒,陶侃因家里穷困,不知该如何应对范逵一行的马匹仆从。母亲对陶侃说:"你只管出去留客,我自有办法。"陶母将满头拖地的长发剪了,做成两卷假发卖掉,买回几斛米以及酒菜,并将部分房柱砍下一半来当柴烧,剁了草垫子当马草。到晚上,终于置办了一桌丰盛的酒菜招待客人,连随从也没有缺少,大伙"乐饮极欢"。这次相会,陶母的深情厚谊,陶侃的才干和谈论,给范逵留下深刻印象。回到朝廷,范逵向皇帝举荐了陶侃。陶侃起初得到上级的重视,与范逵的推荐有着直接的关系。其中那以"发"易酒的慈母行为,起了很重要的作用。为报母恩,陶侃当官后,每当饮酒,都不敢超限,心中常想着"亡亲见约"的遗言,从不敢超量饮酒误事。他常对人说:"大禹圣者,乃惜寸阴,至于众人,尝惜分阴,岂可逸游荒醉,生无益于时,死无闻于后,是自弃也。"于是下令将其酒器,劝酒的"色子"一类玩具,全部投之于江中。凡饮酒误事的官吏,则要接受皮鞭的抽打以改正错误。陶侃说:"樗蒲者,牧猪奴戏耳(樗蒲类似于今天投色子劝酒的游戏)!"这种劝酒的玩具,是给人放猪的小孩玩的游戏! 那言外之意是,作为官吏,不应玩这种低级的游戏,进而"逸游荒醉",耽误国事。作为一长之尊的陶侃,不愿看到自己属下的官兵浪费光阴以酒废事,生无益于时,死无闻于后的"自弃"行为,这是可以理解的。但不要小看劝酒行令的各种游戏,它可以使饮酒场面充满活跃欢乐的气氛,更是醒脑提神的益智活动。今天还存在的投色子劝酒等活动,若真是"牧猪奴戏耳",那还能留传下来吗?

中华酒典

深得酒中之趣的孟嘉

　　孟嘉是陶渊明的外祖父,曾当过西晋桓温大将军的幕僚。陶渊明在《晋故征西大将军长史孟府君传》中记道,孟嘉"行不苟合,言无夸矜,未尝有喜愠之容。好酣饮,逾多不乱。至于任怀得意,融然远寄,旁若无人。温尝问君:'酒有何好,而卿嗜之?'君笑而答曰:'明公但不得酒中趣尔。'又问听妓,丝不如竹,竹不如肉。答曰:'渐近自然。'"孟嘉,是西晋时文名很高的人物,上层官僚都以能见到孟嘉为荣。他行为高迈,不附迫于他人,说话实事求是,无夸大粉饰之词,喜怒不挂在脸上,中正平和。喜好饮酒酣醉,虽然超过了酒量但行为不乱。至于放任情怀偶有得意之事,则怀抱敞亮而寄心世外,不将俗人放在眼里。特别是喜好饮酒,追求醉之妙趣,时人难望其项背。喝酒虽多却神志不乱,这不仅说明孟嘉善饮量大,更说明他的酒风酒德高于常人,因此,孟嘉也就成为历代酒徒们学习的榜样。对于孟嘉那样嗜酒好饮,桓温大将军很是不解。问他说:"酒有什么好喝,你那样喜好它?"孟嘉笑了笑说:"将军您只是不懂得饮酒之后的乐趣啊!"那么酒后的乐趣到底是什么? 最直接的乐趣是酒可助兴,酒可解忧,酒可健身,这些恐怕还不是这位嗜酒专家孟嘉所说的乐趣。本真的乐趣应是文中所言的那八个字:融然远寄,渐近自然。孟嘉将自己内心的情趣附着于酒,使酒不仅成为口舌之享受,更是作为一种精神的寄托。"融然远寄",是指饮酒,跳出生活的樊篱,神游八极,物我两忘,被现世各种礼教习俗分割成残片的人格得以"浑全"。"渐近自然",也是酒作用下导发的结果。本来桓温在问为什么弦乐不如管乐,管乐不如人歌,讲的是音乐演唱。孟嘉却回答说,最自然的是人的歌唱。弦奏用手,远于自然;管奏用口,较近自然;用喉歌唱,最近自然。因而歌喉胜过管弦,所以渐近自然。人们的交往行事缺少的就是这种渐近自然的行为,而酒却能使人的理性束缚减弱,感情的流露自然而然,人显得率真、单纯,复原了人先天的本真。飘飘然有轻举羽化登仙的超脱,陶陶然有忘却世俗之累的快感,从而获得身心的解放与精神的自由。

　　如果承认笔者对孟嘉所谓酒中趣分析的还有点道理,那就该承认孟嘉是晋

中华酒典

代"名士风度"的真正代表。而后王蕴所言"酒正使人人自远",王荟所言"酒正自引人著胜地",都不过是孟嘉深得酒中之趣的续貂之语。北宋的苏东坡在被贬谪黄州时曾写过一首讥笑当地太守徐君猷和通守孟亨不饮酒的诗,所用的典故就是孟嘉和徐邈(见本书)两人的故事:

> 孟嘉嗜酒桓温笑,徐邈狂言孟德疑。
>
> 君独未知其趣尔,臣今时复一中之。
>
> 风流自有高人识,通介宁随薄俗移。
>
> 二子有灵应抚掌,吾孙还有独醒时。

诗中用了两位好酒的古人的典故,用他们的言谈和事迹,巧妙地将现实中两位不饮酒的同姓友人联系在一起。用事用典亲切自然,语言诙谐幽默,读来令人拍案叫好。足见孟嘉对后人的影响之深。

雅饮魁首王羲之

在我国民间,说起东晋时的王羲之,几乎家喻户晓:那就是从小苦练书法,到晚年终成"书圣"的故事。

王羲之,字逸少,是丞相王导的侄子。儿童时代的王羲之拙嘴笨舌,毫无奇特可言。13岁时,曾去拜谒周颢,周颢见面后觉得此儿不凡,当时讲究吃烤牛心,牛心烤熟后还没给在座的客人吃,周颢就先割一块给王羲之吃。王羲之因受到名人的青睐抬举,才开始引起人们的注意。青年时的王羲之,变化很大,能言善辩,出语惊人,以耿直著称,尤善隶书,晚年草书出神入化,炉火纯青。隶、草两种书法

王羲之

为古今之冠,书法评论家称其笔势为"飘若浮云,矫若惊龙"。

太尉郗鉴想与王导结为亲家,王导说:"你去东厢房众子弟中选去吧。"郗鉴便派门生前去观察选择,门生回家后对郗鉴说:"王家众子弟都不错,但听到选婿的消息后一起围拢过来,一个个都庄重严肃起来。只有一个人坦腹东床,

不以为意，嘴里还吃着东西，像没听到什么似的。"郗鉴说："这正是我要选择的佳婿呀！"打发门生到府上访问那躺在东床的是谁，原来竟是王羲之，郗鉴就将女儿嫁给他。后世成语有"东床快婿"，说的就是这个典故。正应了"有心栽花花不开，无心插柳柳成荫"的古话。

王羲之在政界没有太多作为。他在后世名声很大，是因他的绝世书法以及风流潇洒的处世风采而致。他写的著名法帖《兰亭集序》，号为"天下第一行书"，虽然真迹据说已被唐太宗带入坟墓，但其摹本仍留传于世，成为千古学书者的楷模。

在东晋永和九年（353）三月"上巳节"，时为会稽内史的王羲之召集酒朋诗侣，修禊（原是祈福禳灾的古老宗教仪式，后来演化为春日水滨的宴饮与郊游）于会稽山阴之兰亭（今浙江绍兴市城西南25公里处）。王羲之这次在兰亭聚集的文人雅士共41人，其中有谢安、谢万、孙绰以及王羲之的儿子王凝之、王徽之、王献之等。兰亭集会不仅是个山水之会，清谈之会，更是一个诗酒之会。大家寄情山水，饮酒吟诗，各骋其才，给后世留下一段风流雅饮的佳话。

名士们围坐在一段弯曲的流水旁，用竹制的酒杯盛酒，再把杯放在上流水面上，任杯随水漂流，流到谁面前谁就得作诗一首，并取杯饮酒。不能应时作诗的，罚酒三杯。此后，"流觞曲水"不仅成为千古美谈，而且被历代文人墨客争相效仿。这次聚会得诗37首，作了两首诗的有王羲之、谢安、谢万、孙绰等11人，作了一首诗的有郗昙等15人，被罚酒的有王献之（是个儿童）等16人。当时将这些诗结为一集，王羲之乘着酒兴，用鼠须笔在蚕茧纸上作序，这就是一直流传至今的《兰亭集序》的由来。

这篇序全文共324字，写得飘逸清新，言简意深。文中写道：兰亭周围有崇山峻岭，茂林修竹，溪水汩汩流淌，滉漾着这些美景的倒影。天朗气清，春风和煦。时光美妙，胜景无限。群贤毕至，少长咸集，其情融融，一觞一咏，宠辱皆忘。"把酒临风，其喜洋洋者也"，真可谓心旷神怡。"仰观宇宙之大，俯察品类之盛，所以游目骋怀，足以极视听之娱，信可乐也"。只可惜，好景不长，"向之所欣，俯仰之间，已为陈迹，犹不能不以之兴怀；况修短随化，终期于尽"。这是一种快乐中充满着难耐的心情。不管是皇帝老儿，还是小民百姓，最终难逃一

中华酒典

死,想来实在叫人痛心。一方面是生的快乐,另一方面又是死的胁迫。文中流露出王羲之对生命意义的关注和对生命有限性的焦虑。

正是东晋名士们在"流觞曲水"中,在那杂花生树、群莺乱飞的郊野上,伴随着杯中一缕缕飘然不尽的酒香,才使得这段风流雅饮历千年而至永恒。至今闻来,犹有那令人心醉的芳香。

"流觞曲水"是一种劝酒益智的高雅竞赛游戏,名士们一边饮酒助兴,一边借兴吟诗,收到了既快乐又启迪心智的双重效果。相比之下,西晋富豪石崇的劝酒却令人不寒而栗。据《世说新语·汰侈》中记载:

石崇每次邀集客人宴饮,常让漂亮的女子行酒劝酒;客人中有饮酒不尽的,便将劝酒的女子交给黄门斩杀。丞相王导与大将军王敦一同到石崇府上拜访,石崇设酒宴招待,本来丞相王导平素不能饮酒,但迫于美人劝酒,就皱着眉头硬喝,直喝到沉醉。美人将酒劝到大将军王敦面前,王敦却坚持不喝一口,以此来观看石崇的动向。三次劝酒三次坚持不喝,石崇下令连斩三位美人,王敦脸色一点儿未变,还是不肯饮酒。王丞相实在看不下去了,便责怪王敦。王敦却说:"他自杀自家人,关你何事!"

这算是千古以来最为严厉而充满血腥恐怖的劝酒。本来饮酒是为了求乐。要求乐,就难免劝酒甚至攀酒。有以巧言劝酒者;有以捏鼻劝酒者;有以歌声劝酒者;有以酒令劝酒者;有以游戏劝酒者……劝客饮酒,可谓花样繁多,形式各异。但以杀美人劝酒恐怕古往今来,绝无仅有。以杀人劝酒摆阔,以冷眼旁观示豪,也可知那时人不如狗的现实。石崇是以杀人扬名起家的魔鬼,他自称:"兽者,朕也。"他以杀美人来劝酒,这是在人类饮酒史上写下的最血腥的一页。

文末值得一提的是王羲之的二儿子王徽之(字子猷)。此人风流儒雅,颇有其父遗风……值得一记的风流雅事有两件。一是喜欢竹子,每听到谁家栽有好竹,便坐车上门拜访观览。常一人静坐竹下,讽啸良久。他让人在自己空院里种满竹子,有人问其原因,王徽之捂着竹子说:"何可一日无此君邪?"他把空心有节的竹子当作自己的良师益友。宋苏轼、明徐渭、清郑板桥爱竹画竹,其祖师大约就是王徽之吧。二是他曾住在会稽山阴时,夜雪初霁,月色清朗,四望皎然,对此自然美好的夜景,他独自一边饮酒一边吟咏左思的《招魂诗》,忽然想起当时的大名士戴逵。而戴逵住在剡县(今浙江嵊州市),王徽之便迫不及待地夜乘小船前去拜访,临天亮时才到了戴逵住处,下船走到门口,突然止步而返。人问其故,王徽之说:"吾本乘兴而去,此时兴尽而返,何必见戴!"这是说,当时由于见戴的心情冲动而前去,此时由于见戴的心情歇灭而返回,这正是人们"无意识"的真实反应。弗洛伊德倘若在世,正好是他研究人们意识的第一手资料,这是一次绝好的"精神旅游"。

晚唐诗人杜牧曾写诗赞道:"大抵南朝多旷达,可怜东晋最风流。"诗中的"怜"本意是"爱",杜牧喜爱东晋人与大自然的和谐相处,喜爱东晋人的风流潇洒,纵意所如。我想,在东晋人的风流韵事中,不能不包括充满永恒魅力,极具审美情趣的"流觞曲水""以竹为友""雪夜访戴"吧。

生性嗜酒的陶渊明

有人说,陶渊明是个爱闲爱酒不爱官的人,其实这话只说对了一半。应该说年轻时的陶渊明受先祖陶侃赫赫声名的影响,也曾有过"忧时念乱,思扶晋衰"的志向。他写的"岁月掷人去,有志不获骋","猛志逸四海,骞翮思远翥","刑天舞干戚,猛志固常在"等,都是想做官欲有所作为的心迹流露。可惜生不逢时——他生活的东晋末年,是一个阶级矛盾尖锐复杂,社会生活动荡不安的时代。江州扬州一带爆发的农民起义消灭了大量官僚和贵族,使为官者闻风丧胆,丧失从政信心,把当官从政视为畏途,逃世归隐便成为一时的风气。在这样的社会大背景下,陶渊明起初为了不玷辱陶家为东晋元勋贵族的英名,也为了全家人的生活,曾几次出来做官,都因"不堪吏职"而辞职,最终痛下了"投冠归旧墟,不为好爵萦"的决心。

面对天下大乱的时局,陶渊明并未忘怀世事。他在家里一边静观时变,一边借酒抒怀,"偶有名酒,无夕不饮,顾影独尽,忽焉复醉。既醉之后,辄题数句自娱",他以"饮酒"为标题,断断续续写下著名的 20 首诗,其中与饮酒有关的诗就有 9 首,诗中慨叹了世道变迁与人生无常。想到"衰荣无定在"时,只有"达人解其会"。可是世上究竟有几个"达人"呢?知音难觅,不得已也只好"忽与一觞酒,日夕欢相持"。他看不起那些"有酒不肯饮,但顾身后名"的人,人撑死不过活上一百岁,抱这种不肯饮的态度怎么能成?那也太傻了。要知道"一生复能几,倏如流电惊","虽留身后名,一生亦枯槁,死去何所知,称心固为好"。所以,有时朋友乡邻提着酒来拜访时,陶渊明便"斑荆坐松下,数斟已复醉。父老杂乱言,觞酌失行次,不觉知有我,安知物为贵"。而那些迷恋功名利禄的人是不可能懂得"酒中有深味"的!

陶渊明觉得对东晋时局无补时,便转而关心审问自我的存在。那么自我在历史长河中究竟怎样活才是有意义的?用今天最时髦的官话讲是为人民服务。如果继续问下去,这"人民"应是哪些人?一切人都是人民呢,还是人中的

陶渊明

部分人属于人民?不问则可,一问就是一篇糊涂账。其实,人是应自然规律糊里糊涂落地的。之后,不是为人民服务,而是"执着于'我',从'我'出发,为了饮食男女,劳其筋骨,饿其体肤,甚至口蜜腹剑,杀亲卖友,总之,奔走呼号一辈子,终于因为病或老,被抬上板床,糊里糊涂地了结了生命"(《张中行作品集》第4卷第20页)。乐生是生命中最顽强的力量。陶渊明想到终难避免的死,因而就倍加珍惜生的快乐。他认识到"宇宙一何悠,人生少至百。岁月相催逼,鬓边早已白",因此,"若复不快饮,空负头上巾"。所以自己发誓"平生不止酒,止酒情无喜"。

他爱饮酒,竟违背妻子多种稻子的意愿,将二顷五十亩土地全部种了造酒的高粱,剩余的五十亩土地才种了稻子供家人食用。他对人宣称"令吾常醉于酒足矣"。

就在他41岁这年的八月,终于谋到一个实惠的官职——彭泽(今江西湖口县东)令,相当于现在的县长。十一月的一天,郡(相当于现在的省)里派遣一

位官员到彭泽县检查工作,属下告诉陶渊明说:"您应该穿好衣服,系上腰带,庄重小心地去迎接他。"陶渊明长叹一声说:"我不能为五斗米折腰向乡里小儿。"随即将官印留下而辞职,此后便断绝了为官的念头,过起了在家赋闲饮酒的隐居生活。不久写了《归去来兮辞》一文,表达了自己误入官场、悔之不及的心情:"实迷途其未远,觉今是而昨非。"回家之后,"童仆欢迎,稚子候问,三径就荒,松菊犹存","引壶觞而自酌,盼庭柯以怡颜,倚南窗而寄傲,审容膝之易安",从此获得了精神上的满足与自由。幽雅清静的自然环境,古朴淳厚的人间真情,使陶渊明舒心乐意。春暖花开之际,他去郊野漫游,看到的是"木欣欣以向荣,泉涓涓而始流",感受到的是"善万物之得时,感吾生之行休"。面对大自然的造化,经受国衰时乱的陶渊明深刻认识到"富贵非吾愿,帝乡不可期",扔掉"乌纱帽",回归大自然,才是自己最好的抉择。只有这样,才可以"怀良辰以孤往,或植杖而耘耔。登东皋以舒啸,临清流而赋诗"。同样的心境,我们还可以从他辞官后第二年写的《归园田居》五首之一中得到证明:

> 少无适俗韵,性本爱丘山。
>
> 误落尘网中,一去三十年。
>
> 羁鸟恋旧林,池鱼思故渊。
>
> 开荒南野际,守拙归田园。
>
> 方宅十余亩,草屋八九间。
>
> 榆柳荫后檐,桃李罗堂前。
>
> 暖暖远人村,依依墟里烟。
>
> 狗吠深巷中,鸡鸣桑树颠。
>
> 户庭无尘杂,虚室有余闲。
>
> 久在樊笼里,复得返自然。

诗中抒写了自己辞官归田的原因以及归田后的生活和愉快的心情。回到家乡,由于生活所迫(陶有5个儿子),陶渊明不得不"躬耕自资"。除了饮酒赋诗外,还亲自到田间耕耘,"时复墟曲中,披草共来往"。每当与农民路遇时,"相见无杂言,但道桑麻长",有时甚至辛苦到"晨兴理荒秽,戴月荷锄归。道狭草木长,夕露沾我衣"的地步。使我们仿佛看到一个出入于田间地头的农夫——陶渊明。有时耕作完后,便沿着长有荆棘的崎岖山路回家,在清浅的山涧中洗脚。回家后,亲自过滤新酿的美酒,然后杀鸡招呼周围的近邻,以荆柴代烛,直饮酒高兴到天亮。

辞官归隐后的陶渊明,再无与政柄牵连的挂碍。他倍感时光易逝,青春难再,"悲日月之遂往,悼吾年之不留",于是更加放任不拘,纵情酣饮。其主基调是,人生无常,要及时行乐,以酒消忧。在与朋友们《游斜川》一诗中写道:"提壶接宾侣,引满更献酬。未知从今去,当复如此不?中觞纵遥情,忘彼千载忧。且极今朝乐,明日非所求。"这仿佛是陶渊明与诗朋酒侣共游斜川的一篇"劝酒词"。那意思是,痛快地喝吧,在如此"天气澄和,风物闲美"的良辰美景,这样的场面,人生还会遇到几次呢?

陶渊明在 51 岁这年,得了痁疾(疟疾的一种,时常发作),病情一度加剧,几乎死去。自认为弥留之际,他给儿子们写了几句掏心窝子的话,"吾年过五十,少而穷苦,每以家弊,东西游走。性刚才拙,与物多忤",所以才使儿子们幼而饥寒,想起来真有说不出的难受。生下的五个儿子又大多不争气,他在《责子》诗中写道:

> 白发被两鬓,肌肤不复实。
>
> 虽有五男儿,总不好纸笔。
>
> 阿舒已二八,懒惰固无匹。
>
> 阿宣行志学,且不爱文术。
>
> 雍端年十三,不识六与七。
>
> 通子垂九龄,但觅梨与栗。
>
> 天运苟如此,且进杯中物。

自己已白发两鬓,身体渐渐衰老,五个儿子一个比一个痴呆(有人研究,这与陶渊明常年饮酒有关),这大概是"天运"的安排吧!而天运难抗,识运知命的选择就只能是"且进杯中物",这样,才可暂时摆脱人生的不幸与烦恼。"现实是严酷的,有种种拘束甚至灾难,而人总是有多种理想和幻想的,各不相让会产生苦,怎么办?灭,大难,万不得已,喝点,醉醺醺飘飘然,就可以像是离现实远了,甚至走入一个迷离恍惚的世界"(《张中行作品集》第 4 卷 418 页)。儿子不争气,从古至今,多数家长是无可奈何的。就主观意愿讲,百分之九十九的家长希望自己的后代走正路,有出息,当人上人,但希望往往成为绝望。儿女们大多不以家长的意志为转移,他们受遗传更受社会这个大环境的影响,各自走着自己的人生之路。所以古人讲得好:"儿孙自有儿孙福,莫为儿孙当马牛。"学陶渊明"且进杯中物",承认"天运",未必不是一种无奈而实"有益"的选择。

后来,在"亲旧不遗,每以药石见救"之下,陶渊明终于从死神中逃了回来。此后到 60 岁,陶渊明一直过着穷困潦倒、经常缺酒的生活。混了大半辈子,结果却是"环堵萧然,不蔽风日,短褐穿结,箪瓢屡空"(《五柳先生传》)。尽管如此,仍安然自在。由于穷困,而且穷到几乎饿死,这引起了当时江州刺史檀道济的注意,并亲自去问候他,送他酒和肉,而陶渊明却拒绝馈赠。因为檀道济是宋室朝臣,而自己是东晋元勋贵族后裔,决定了陶渊明忠于一朝一姓的伦理观念。所以刘裕篡晋称宋的改朝换代迫使他隐退,是隐退造成了他的穷苦,而穷苦遭遇又会经常使他不忘晋宋的易代,使他产生对新朝、对趋炎附势者的对抗情绪。对此,鲁迅先生曾说:"他的态度是不容易学的,他非常穷,而心里很平静。家常无米,就去向人家门口求乞。他穷到有客来见,连鞋也没有,那客人给他从家丁取鞋给他,他便伸了足穿上了。虽然如此,他却毫不为意,还是'采菊东篱下,悠然见南山',这样的自然状态,实在不易模仿。他穷到衣服也破烂不堪,而还在东篱下采菊,偶然抬起头来,悠然地见了南山,这是何等自然。"(《鲁迅全集·而已集》第 1 卷 543 页,中国人事出版社)

"寻阳三隐"之一的陶渊明虽然如此穷困,但在江州一带名声很大。前任江州刺史王弘闻其大名想要结识他,但一直没有机会。一次,陶渊明去庐山漫游,王弘知道这个消息后,就派遣曾与陶渊明有交情的庞通在庐山的半道——栗里这个地方备下酒宴,等候陶渊明。当时陶渊明有脚疾,就让一位门生在前面引路,让两个仆人抬在篮子里上山。不久到了栗里,遇到朋友迎接,又备下丰盛的酒宴,便停下来与众人饮起酒来,不大一会儿,王弘也赶来,经朋友庞通介绍解释,陶渊明也就马虎过去,没有露出不高兴的样子。从此,王弘常以酒肉馈送陶渊明。

在这以前,颜延之曾在江州为官时,住在寻阳,与陶渊明情投意合,经常一

中華酒典

块儿饮酒畅谈。后来,颜延之调到始安郡(今广西桂林市)当太守路时,与陶渊明难舍难分,几乎天天在陶渊明家中开怀畅饮,喝个酩酊大醉。在临去时,颜延之给陶渊明留下二万钱,而陶渊明却将这些钱全部寄存在酒家,零碎向酒家取酒。多年缺酒的陶渊明,得到了颜延之的周济,又能够酣饮了。他得意地说:"我有数斗酒,闲饮自欢然。"在这之前,陶渊明经常无酒可饮,甚至在九九重阳节时,面对"秋菊盈园"的好景致,也只好枯坐,这实在是一种莫大的寂寥。正好刺史王弘派人前来送酒,陶渊明十分高兴,连屋都没进,便在菊丛中喝起来,直至酩酊大醉。

陶渊明饮酒常在身旁放一把五弦琴,每当饮酒至高兴之际,就抚琴以寄其意。到晚年,无论高贵还是低贱的人,只要去拜访他,他都设酒招待,如果自己喝醉了酒,就告诉客人,"我醉欲眠,卿可去",可见其纯真直率。即使今天,东道主对客人说这种话都是很失礼的。喝酒过量了,就难免神志昏乱,其言行也因人而异,千人千样,出乖现丑在所难免。所以,醉后最受欢迎的行为是睡觉。陶渊明怕客人对他醉后的言行产生误会,就很客气地说"但恐多谬误,君当恕醉人"。宋代的苏东坡说陶渊明这句诗是未醉时说的话,如果已经醉了,他还哪有时间担心失言呢!唐代的大诗人李白对这种率直的真情体味颇深,借此典故写下《山中与幽人对酌》一诗:

> 两人对酌山花开,一杯一杯复一杯。
>
> 我醉欲眠卿且去,明朝有意抱琴来。

诗中不但极写饮酒之多,且写快意之至。面对遍野山花,两人频频举杯对酌,其人其情胜似陶渊明。

陶渊明有时为了及时喝上新熟的酒,竟不顾惜头上的"葛巾"(包头的粗布巾),用它滤酒后,又抖一下将葛巾戴在头上,毫不为意。在此,人们会疑心,陶渊明对酒的感情之深,要比爹娘的感情都深吧?要不然,为什么在"值其酒熟"时,竟不顾"头颅之尊",用头巾来滤酒呢!如果真的这样想,那就太误会陶渊明的反常行为了。在魏、晋之际,"竹林七贤"虽然举着"越名教而任自然"的旗帜,细究起来,他们的"越名教"都是借酒使气,给当政者留下的口实与把柄太多。"越名教"是真,而"任自然"却多不自然,有些名士因开"国际玩笑"而不能被当政者所认可时,当政者便借"不孝"等罪名,将他们杀掉——孔融、嵇康等人的被杀就是不能"任自然"而造成的。到了东晋末年,天下乱得更是不成样子。哪位名士如果还敢冒天下之大不韪,当政者是不会袖手旁观的。多年的教训,"乱也看惯了,篡也看惯了,文章便更和平。代表平和的文章的人有陶潜(字渊明)。他的态度是随便饮酒、乞食,高兴的时候就谈论和作文章,无尤无怨。所以现在有人称他为'田园诗人',是个非常和平的田园诗人"(《鲁迅全集·而已集》第1卷542页)。陶渊明的平和是希望破灭后的绝望,绝望后"委心任运,听其自然"(庄子语)的"平和",达到了"渐进自然"的状态,是真正的"任自然"。从自然中来,又回归到自然。所以他作为大自然的一分子,"纵浪大化中,不喜亦不惧","应尽便须尽,无复独多虑",没有执着,没有牵挂,以"葛巾"滤酒正是其无拘无碍的表现。唐诗人卢纶在《无题》诗中赞道:"高歌犹爱思归隐,醉语唯夸漉酒巾。"他虽然于世事并没有遗忘和冷淡,但比起孔融、嵇康、阮籍等人,他的态度要自然得多,不至于招致统治者的注意。

大约在五十六七岁之间,他写下《五柳先生传》以自况,"时人谓之实录"。文中为自己做过"性嗜酒"的结论,观其一生,此言基本属实。在陶死之后,颜延之给陶渊明作诔,便说他"性乐酒德,简弃烦促,就成省旷",把他塑造成既爱酒又爱闲的人物。到了萧梁时代,便有"渊明之诗,篇篇有酒"的夸张说法。而唐代的白居易则直接说陶渊明"篇篇劝我饮,此外无所云"。用鲁迅先生的话说,陶渊明"在后人的心目中,实在飘逸得太久了"。据给《陶渊明集》作校注的逯钦立先生统计,《陶集》中共有诗文142篇,凡说到饮酒的共56篇,约占全部作品的40%,由此可证,"性嗜酒"三字并非虚言。

陶渊明死后的二百多年之久并未引起多少人的注意,刘勰甚至将他的作品作为下品看待。到了唐代以后,陶渊明的身价才倍增,影响扩大。我想原因之一是,陶渊明以自身的言行,给官场中厮混而郁郁不得志的文人士大夫开了一剂止痛化气消烦的药方。林语堂说得好:"他不曾做过大官,没有权力和外表的成就,除一部薄薄的诗集和三四篇散文之外,也不曾留给我们什么文学遗产,可是他至今依然是一堆照彻古今的烽火,在那些较渺小的诗人和作家的心目中,他永远是最高人格的象征。"最后,让我们以白居易《效陶潜体诗十六首》中的

中华酒典

诗句来结束全文：

　　尝为彭泽令，在官才八旬。

　　愀然忽不乐，挂印著公门。

　　口吟归去来，头戴漉酒巾。

　　人妻留不得，直入故山云。

　　归来五柳下，还以酒养真。

　　人间荣与利，摆落如泥尘。

　　先生去已久，纸墨有遗文。

　　篇篇劝我饮，此外无所云。

且乐杯中物的孟浩然

　　孟浩然，少好节义。他40岁时到京城与众名士交游，王维正待诏于金銮殿中。一天王维私下邀孟浩然前来共同探讨作诗之道。不一会儿，有人报唐玄宗驾到，孟浩然仓捉惊惧，爬到床下藏起来。王维不敢隐瞒，就将此事如实向玄宗报告了。玄宗高兴地说："我一向听说这个人，却从来没见过他。"就令孟浩然出见，孟浩然出来后跪拜两次，皇帝问他："你带诗卷来了吗?"回答说："这次碰巧没带着。"唐玄宗就令他吟诵新作的诗，当孟浩然吟诵到"不才明主弃，多病故人疏"的句子时，皇帝感慨地说："你不求做官，我何曾抛弃过你，怎么诬蔑我!"就下旨放孟浩然回终南山。孟的本意是想向皇帝表示谦卑，却没想到打鱼搔了鳌，竟惹恼了玄宗。这两句诗没吟对，却影响了孟浩然一生。玄宗的那几句话等于在政治仕途上宣判了孟浩然的死刑。后来张九龄惜才，安排孟浩然当从事，可孟浩然最后也没把这个小官当回事，靠空耗自己的才学，过起了终身未变的平民生活，这在唐代的文人士子中也是仅有的几人。他与王维，是唐代山水田园诗派的代表，他喜欢饮酒，也追求醉的享受，但他从不狂饮剧饮而多半是一种"雅饮"。孟浩然所作的诗大多清逸散淡而有情致，也体现了雅中的俗，俗中的雅，与他的酒风是一致的。

　　农历的九月九日是中国古老的民间节日。古代以九为阳数，民间便把九月九日称为重阳。每当重阳节到来,历代文人墨客常结伴出外旅游,登高饮酒赋诗。孟浩然非常喜爱这个节日,每年重阳节的那天或在家设宴招待宾客,或受人邀请外出参加饮宴,并创作了不少有关重阳节饮酒的好诗。《过故人庄》就是他在重阳节应邀做客而写的一首好诗:

> 故人具鸡黍,邀我至田家。
>
> 绿树村边合,青山郭外斜。
>
> 开筵面场圃,把酒话桑麻。
>
> 待到重阳日,还来就菊花。

这位农村住的老朋友,宰鸡备酒请他,周围的绿树,远处的青山,宴席面对"场圃",边饮酒边絮叨着田圃的桑麻收成,一派祥和、宁静、热情、朴实的待客场面,给人留下一幅温馨美好的画面。这个重阳节过得痛快!难怪孟浩然第二年的重阳日,还要再来"就菊花"。好友张五远隔异乡,孟浩然在重阳节登山时想起了张五与自己漫游的情景,思念之情油然而生,写诗问道:"何当载酒来?共醉重阳节。"孟浩然常在重阳节"登高闻古事,载酒访幽人",聚会时,放纵狂欢,开怀畅饮,尽情地"落帽恣欢饮"。

孟浩然

有一次,他去包二融家赴宴,两人相见情投意合,频频举杯,竟至"开襟成欢趣,对酒不能罢",大有酒逢知己,千杯嫌少的豪饮气概。因为"达是酒中趣",饮酒的乐趣在于人对心对,精神放达,就不能捏着咽喉,皱着眉头假意应酬。在送别郑十三还京时,他饮酒至蒙眬微醺的境界时,得意地自称"醉坐自倾彭泽酒,思归长望白云天"。这种醉,真是醉得风雅可爱。听说李十四田庄幽雅清静,正是饮酒吟诗的好去处,他就"抱琴来取醉,垂钓坐乘闲"。当裴司士来拜访孟浩然时,孟的全家高兴异常,热情地招待了这位朋友:"府僚能枉驾,家酝复新开。落日池上酌,清风松下来。厨人具鸡黍,稚子摘杨梅。谁道山公醉,犹能骑马回。"这是一首祥和温馨的宴客诗。孟浩然打开酒坛,此时,落日徐徐而下,清风从松林中吹来,他与客人坐在碧水池边,倒上新酿的美酒,就着厨子准备的丰盛饭菜,小儿子摘来的新鲜杨梅,举杯频频对酌。诗的结尾蕴意深长,直喝得裴司士自称醉了醉了,其实酒场称醉的人,并未真醉,"犹能骑马回",这说明虽喝了不少酒,但还不影响骑马而归。张七与辛大去拜访他时,他在南亭避暑乘凉,天天饮酒,"纳凉风飒至,逃暑日将倾",这天恰遇"山公能饮酒,居士好弹筝",朋友的到访正是自己"解醒"的良药,"便就南亭里,余尊惜解醒"。孟浩然为了谋生,在从洛阳到浙江的路上,想起自己"皇皇三十载,书剑两无成"的境况时,心绪烦乱,在船中饮酒不停,自我安慰说"且乐杯中物,谁论世上名",诗中不知包含了多少难以言说的感慨。在崔明府家中观望歌妓演出时,动听的乐奏不时地换着新调,仿佛在不断地劝酒,孟浩然与来宾频频举杯,欢乐尽兴:"调移筝柱促,欢会酒杯频。"

　　爱饮酒的人,不仅写自己饮酒的举动行为和醉后的感受,也以旁观者写他人的饮酒与醉,《听郑五愔弹琴》就是写这位琴师"半酣下衫袖","一杯弹一曲"的神态:"阮籍推名次,清风满竹林。半酣下衫袖,拂拭龙唇琴。一杯弹一曲,不觉夕阳沉。予意在山水,闻之谐夙心。"诗的结尾写道,自己的心意在山水之间,听到那美妙的琴声正与自己早有的志向和谐一致,这是深得酒中之趣的"雅听"。孟浩然到老朋友家饮酒,一醉方休。当主人呼他吃饭时,他写下《戏题》一诗:"客醉眠未起,主人呼解醒。已言鸡黍熟,复道瓮头清。"诗中所提到的"客"是孟浩然自己,他因饮酒而醉眠,主人叫他起来吃点儿饭,散散酒。本来解酒的最好办法是吃清淡食物不再饮酒,可是这位主人不但做好饭等着他,还说瓮中有清酒供他饮用,正好解醒。读诗后倍感主人的风趣和亲切。

　　天生我材必有用。"必有用"这种自信源于必有才,必是材。孟浩然由于唐玄宗的一句话便葬送了政治前程,却靠自己的人品和才能得到那么多诗朋酒友。鱼和熊掌,总算得到了一样:那就是唐代田园山水诗派的桂冠。他不是靠权力,而是靠才力名传千古。一介布衣能活成这样的结果,试问在多如蚂蚁般的人群中能有几个? 他写的《春晚》《宿建德江》等许多诗篇代代相传,成为润泽人们心田的汩汩精神泉水。

同时代的李白写下自己心目中的孟浩然,他在《赠孟浩然》一诗中赞道:

> 吾爱孟夫子,风流天下闻。
>
> 红颜弃轩冕,白首卧松云。
>
> 醉月频中圣,迷花不事君。
>
> 高山安可仰,徒此揖清芬。

诗中的孟浩然是个与官场诀别,风流潇洒,仙风道骨,嗜酒迷花的高人。

琴酒自娱的王维

王维(701~761)与孟浩然是唐代山水田园诗派的代表作家。王维9岁就懂得写文章,擅长草书和隶书,熟悉音律乐谱,开元十九年以状元及进士第,提拔为右拾遗,又升迁给事中。安史叛军攻陷东西两京时,玄宗御驾离京,王维未及跟随皇帝,被叛军擒获,于是他吃药装成哑巴。后叛军平定后,王维官至尚书右丞。王维的诗和画在唐代就有"妙品"之说,后人评论王维"诗中有画,画中有诗"。王维虔诚地信奉佛教吃素食,穿没有染色的衣服,妻子去世后不再续娶,过了三十年独身生活。这在唐代文人中十分少见。他的别墅在蓝田县城南的辋川,田庄内亭台楼馆相望,王维有许多诗都是写他自己别墅庄园的景物奇胜,天天与文士丘为、裴迪、崔兴宗等人在田庄内游览赋诗,弹琴饮酒自娱,享尽天年。

唐人认为,能喝一斗酒的人就算大酒量了。"李白一斗诗百篇",李适之"一斗不乱",李颀的"善恶死生齐一贯,只应斗酒任苍苍","别离斗酒心相许,落日青郊半微雨",岑参"一生大笑能几回,斗酒相逢须醉倒"都是有力的证据。王维在《送李睢阳》一诗中也写道:"须饮今日斗酒别,慎勿富贵忘我为。"足见聚会送别时饮"斗酒",已是当时表达深厚情意的象征。

王维退出官场后,在自己的山中别墅辋川过着半隐居的生活。他经常受人邀请,外出饮酒,或游山玩水,拜访他人。在《过崔驸马山池》一诗中写崔驸马对他的热情招待是"脱貂贳桂醑,射雁与山厨",他听到看到的是"画楼吹笛妓,金碗酒家胡"。家妓吹奏着动听的笛声,受雇的胡地女子以金碗向他敬酒。当时,北方边塞来的少数民族妙龄女子,身材高大,热情率真,能歌善舞,好多达官贵人家中雇聘着胡姬,一些大城市有胡姬开的酒店,如唐人贺朝《赠酒店胡姬》一诗就是证明:

王维

> 胡姬春酒店,弦管夜锵锵。
>
> 红氍铺新月,貂裘坐薄雪。
>
> 玉盘初鲙鲤,金鼎正烹羊。
>
> 上客无劳散,听歌乐世娘。

从此诗可看出,北方胡姬所开酒店的热闹欢乐的气氛与众不同。江南开酒店的是"吴姬"。江南女子皮肤白净、亭亭玉立、温婉可人,经营酒店,是一种活广告。李白《对酒》中写道:"葡萄酒,金叵罗,吴姬十五细马驮。青黛画眉红锦靴,道字不正娇唱歌。"还有"风吹柳花满店香,吴姬压酒唤客尝"都是当时南方酒店的特色。

王维经过洛州时参加了一位老者赵叟为他举办的家宴,"上客摇芳翰,中厨馈野蔬。夫君第高饮,景晏出林间"(《洛州过赵叟家宴》)。打开酒缸,喝的是家酿的米酒,吃的是清淡的野菜,主人的酒量很大,吃喝完之后,又陪他去漫游林间,一派农家之乐,一种闲适的生活。

王维这个"酌酒会临泉水,抱琴好倚长松"的逍遥者,有时则"倚杖柴门外,临风听暮蝉";高兴时则"复值接舆醉,狂歌五柳前"(《辋川闲居赠裴秀才迪》)。好友裴迪有心事难以排解时,他却以酒劝解,"酌酒以君君自宽,人情翻覆似波澜……世事浮云何足问,不如高卧且加餐"(《酌酒与裴迪》)。

特别是,他在凉州郊外旅游的时候,望见那幕女巫以酒驱邪镇鬼的迷信活动,写得真是活灵活现,诗中写道:"洒酒浇刍狗,焚香拜木人。女巫纷屡舞,罗袜自生尘。"酒成了镇邪的"灵物"。此诗是当时民俗的真实反映。

王维看重咸阳那些重情重义的少年游侠,曾写诗赞道:"新丰美酒斗十千,咸阳游侠多少年。相逢意气为君饮,系马高楼垂柳边。"(《少年行四首》之一)诗中含有自己的影子,也可看作是对自己少年时代的一段美好回忆。

王维送元二使安西(今新疆库车一带)时,更是激情难抑,借景抒发与友人告别的感伤与关切,写下千古传诵的送别名句:"渭城朝雨浥轻尘,客舍青青柳色新。劝君更尽一杯酒,西出阳关无故人。"这首诗在当时一发表,便在酒店茶楼被当作流行歌曲传唱开来。后来白居易也深受此诗的影响,写出"相逢且莫推辞醉,听唱阳关第四声"的诗句。诗中的"阳关第四声"就是指王维七绝诗中第四句即"西出阳关无故人"。诗的最后两句,是在酒筵已将收场,友人即将离别登程时的劝酒词,表达了王维对友人的惜别之情和前路处境的担忧。

"烟波钓徒"张志和

读刘昫等人撰写的《旧唐书》,没有张志和其人。可见,在后晋时代的文人心目中,张志和的事迹还不值得记入正史。宋人却一改前非,欧阳修、宋祁等人在《新唐书》中把张志和拉入"隐逸"群中为他立传,我想除了他是远离官场的"怪物"而引起人们的景仰外,更重要的是,他留下了清新、活泼、隽美、"风流千古"(刘熙载:《艺概》)的《渔歌子》词。

张志和,生卒年不详,大约知名于唐肃宗、代宗年间,为今浙江金华市人。原名张龟龄,遵圣旨改为张志和。他十六岁时明经及第,得到肃宗李亨的赏识和器重,受命待诏翰林,在当时是个备用的闲官。虽然如此,也算是少年得志,这是常人羡慕不已的升官的第一个台阶。可是张志和却不以为然:大概在皇帝眼皮底下活动,不如意事常八九,管束太多,他又不善低眉应酬,于是借父亲去世之机辞官离开皇都,此后决意不再做官。常身居山野江湖,性情高迈,不受拘束,自称"烟波钓徒"。好心的哥哥张鹤龄怕张志和遁世不还,枉费了满肚子才学。为了稳住他的心,望其有所作为,就在越州(今浙江绍兴市)城东郊修建了一处房舍,草屋几间,花竹掩映。对此,张志和为了感谢哥哥的美意,写了《渔歌》词一首以表明自己的心态。其词曰:

乐是风波钓是闲,草堂松径已胜攀。太湖水,洞庭山,狂风浪起且须还。

看似平淡的词中,隐含着张志和对时局的看法:那意思是,浪迹江湖,寄情山水,再有"草堂松径"就足够了。官场腐败黑暗,"狂风浪起",在家赋闲饮酒才是明智的选择。张志和打发时光的办法是脚穿棕鞋,身坐豹皮,沿着小溪边垂钓。令人奇怪的是,他钓鱼却不放鱼饵,颇有姜太公的遗风。可谁又知道,他的用意根本不在鱼的身上。与其说他在钓鱼,不如说是借无饵之钓来消磨时光,静观时变。

张志和与陆羽曾经当过颜真卿的门客。一次,陆羽见到张志和问道:近来和哪些人来往呢?张志和回答说:"太虚为室,明月为烛,与四海诸公共处,未尝少别也,何有往来?"那意思是说,我已淡忘人事,远离尘嚣,陶醉于大自然之中。颜真卿看到张志和所乘的船太破旧了,想要为他造一艘新船来拉拢他,张志和拒绝了颜的美意。并说:"有我这只破船作为漂浮游动的家,能来往于苕溪、霅溪之间就足够了。"真不知他已参透了什么,竟置这些天下白吃的"晚餐"于不顾,俨然一个"烟波钓徒"!

张志和善于创作山水画。他作画时,先饮酒达到酣畅微醺时,神旺气足,并让他人敲鼓吹笛以壮声威,然后挥毫濡墨,将胸中之景一气呵成。其画曲尽山水之妙,天然传神。在这一点上,倒与"草圣"张旭醉后疾书的路径相同。他曾穿梭于江湖之间,涉足于渔翁侪辈,创作的《渔歌》词五首广传于文人学士、乡民百姓间,又把歌词的内容通过画描绘出来,与诗人王维的山水诗相似:诗中有画,画中有诗。其意趣之高远,无人能及。

唐宪宗李纯听到张志和在民间的传闻之后,很仰慕他,曾下诏画出张志和的肖像派人四处寻找,并收集他的渔歌,但毫无结果。后来,人们传说,张志和仙风道骨,已非凡人,早已骑着仙鹤飞走了。宰相李德裕大概是受案牍劳形之苦,对张志和的行为大有感慨,说张志和"隐居在外却名声显赫,为人正直却没有祸事,既不落魄,又不显达,大概他属于隐士严光一类的人吧"。

今天,张志和传下来的《渔歌》词五首中,其中最被人传诵的还有:

西塞山前白鹭飞,桃花流水鳜鱼肥。青箬笠,绿蓑衣,斜风细雨不须归。

久在官场奔竞,损眉折腰事权贵的人,想到张志和与白鹭、桃花为伴,出入于斜风细雨中那悠闲自适的生活,会是神往的心理,还是羡慕的情怀?

再看他和朋友欢聚时的另一首《渔歌》:

松江蟹舍主人欢,菰饭莼羹亦共餐。枫叶落,荻花干,醉宿渔舟不觉寒。

小小茅舍,吃的是菰饭莼羹一类家乡美味,秋季鲜红的枫叶在纷纷扬扬地飘落,芦花风干,清淡无拘,了无挂碍,饮酒怎能不醉?渔舟成家,竟因醉酒而不觉秋季的寒冷。一身的轻松,无尽的洒脱,也算是人生中的一种活法。根绝名利之心的人,才可当"烟波钓徒",设身处地,想象容易,做到实难!

岁月消于酒的杜荀鹤

杜荀鹤(846~904)相传为杜牧出妾之子,生活在唐昭宗大顺年间。他曾凭诗名拜见梁王朱全忠,得到朱全忠的重用。46岁才中第八名进士。有一考生写诗赞曰:"九华山色高千尺,未必高于第八枝。"因为杜荀鹤住在九华山中,号称"九华山人",这第八名进士高过了九华山。杜荀鹤后任梁太祖朱全忠的翰林学士,仅五日而卒。杜荀鹤遭逢唐末乱世,平生志向未能实现。晚年隐居九华山中,饮酒赋诗,抒尽万事人心的情感,写足高山大川的意趣。他的同乡顾云称杜荀鹤创作的诗,可以左揽杜甫的衣襟,右拍李白的肩膀,吞贾岛、喻凫之流八九个在胸中,毫不在意。顾云当时评价杜荀鹤的话,就是今天看来也基本属实。

杜荀鹤酷爱喝酒,善于弹琴。他自己写诗说:"岁月消于酒,平生断在诗。怀才不得志,只恐满头丝。"(《江南逢李先辈》)后来他还说过"半生因酒废"(《寄窦处士》)。就个人而言,遭逢什么样的时代,并非由个人选择,这都是一出生就命定的。一介书生，生逢乱世，屈就不甘，造反无能，剩下供自己选择的就是躬耕田亩，饮酒吟诗，以保全自身。杜荀鹤就是这样一个人。所以他所说的"岁月消于酒"，对他而言，这种日子能过下去就是幸运了。试问，如果不消于酒来荒度时日又能怎样呢？多亏有酒，才弥补了他在兵荒马乱中心恐不安的创伤。这实在是无可选择的事。至于"半生因酒废"这纯粹是牢骚，把自己坎坷不幸的命运怪罪于酒，不是时代废了自己，而是酒废了自己，这是拉不出屎怨茅坑。如果说酒真的能"废"了自己，那只能说自己是个酒囊饭袋，"死酒"岂能废了活人！正是因为有酒促他灵感，又因乱世迫他深思，"闷向酒杯吞日月，闲将诗句问乾坤"（《投郑先辈》），才吟出那么多被后人传诵的好诗，并成为后人精神食粮的一部分。

杜荀鹤闲时喜欢钓鱼，并以鲜鱼佐酒："村酒沽来浊，溪雨钓得肥"（《山中喜与故交宿话》），"就船买得鱼偏美，踏雪沽来酒倍香"（《冬末同友人泛潇湘》）。甚至边钓鱼边饮酒，自得其乐，他在《溪兴》中这样写道：

山雨溪风卷钓丝，瓦瓯蓬底独斟时。

醉来睡着无人唤，流向前溪也不知。

诗的结尾虽然是一句玩笑话。但他在提醒自己垂钓时别喝得烂醉如泥，否则，乌篷船真有可能"流向前溪也不知"了。

喜相逢，叹离别，是人类共有的情感。在送朋友远行的时候，杜荀鹤常喜欢满杯劝酒，一饮而尽，以表达满腔的依依惜别之情："满酌劝君酒，劝君君莫醉"（《送人游江南》），"酒寒无小户，请满酌行杯"（《雪中别诗友》），"凭君满酌酒，听我醉中吟"（《与友人对酒吟》）。无论是劝人，还是人劝，以"满杯"表达深情厚谊，是古往今来的通行做法，也是对"酒满敬人"的佐证。杜荀鹤不仅看重朋友义气，而且是个豪饮量大的人。他有时恨酒淡无力，愁"根"难医："酒力不能久，愁根无可医。"（《逢中春》）如果有今天68度的衡水老白干，兴许会将愁根连根拔掉！因此，杜荀鹤倡导"痛饮复高歌，愁终不奈何"（《泗上客思》），也即排解忧愁，不妨通过饮酒高歌，宣泄一番，忧愁的痛苦会减轻一些，能取得心理的平衡。从心理调适角度而言，有其一定的道理。

在唐代，文人的诗名越高，越会引起上层和民间的关注。如同现在的歌星、舞星、影星、球星等，一旦名播四海，身价顿会百倍。在唐代，你若成为天下知名的诗星，也会带来全社会的普遍爱戴和尊敬。所以，杜荀鹤在想成为诗星方面下了很大的功夫："典尽客衣三尺雪，炼精诗句一头霜"（《维杨冬末寄幕中二从事》），"卖却屋边三亩田，添成窗下一床书"。结果搞得"乡里老农多见笑，不知稽古胜耕锄"（《书斋即事》）。在老农的眼里，卖田藏书，杜荀鹤就是个不知生计的"书呆子"，他们当然也就不懂"稽古胜耕锄"的道理了。正是因为杜荀鹤不顾生计地读书学习，苦苦吟诗，才搞到"脱衣将换酒"的地步，"回头不忍看羸僮，一路行人我最穷"（《长安道中有作》）。虽然如此，但杜荀鹤认为无所谓，因为只要成了诗星，穷会变富的，一切都会有的。在他看来，"易落好花三个月，难留浮世百年身。无金润屋浑闲事，有酒扶头是了人"（《晚春寄同年张曙先辈》）。有金无金、住豪华的房子都不要紧，只要有酒激发诗情就可以了，这才是聪明人的做法。更显示了他"鉴己每将天作镜，陶情常以海为杯"（《和友人见题山居水阁八韵》）的博大胸怀。

晚年的杜荀鹤，并未以诗换来多大的荣耀，这是他生不逢时导发的必然结果。他甚至清贫到"一壶春酒无求处"（《闲居即事》）的地步，自己也倍感孤独，"生在世间人不识，死于泉下鬼应知"（《酬张员外见客》）。反省的结果是"我自与人无旧分，非干人与我无情"（《派中卧病》）。也许正是这种孤独感，才使他体认社会更加深刻，因而创作出那么多充满人生智慧、慷慨悲凉的诗篇。他在《自叙》一诗中对自己的一生做了深刻的总结：

> 酒瓮琴书伴病身，熟谙时事乐于贫。
>
> 宁为宇宙闲吟客，怕作乾坤窃禄人。
>
> 诗旨未能忘救物，世情奈值不容真。
>
> 平生肺腑无言处，白发吾唐一逸人。

特别要指出的是，"诗旨"意在"救物"这一点他说得没错，其诗能够相当广泛地反映唐末的黑暗现实和人民的灾难。如《旅泊遇郡中叛乱示同志》《山中寡妇》《乱后逢村叟》和《再经胡城县》等诗篇都是最好的证明。其中《山中寡妇》一诗的结尾"任是深山更深处，也应无计避征徭"，成为对统治者横征暴敛的血泪控诉，正是对"贼来如梳，兵来如篦，官来如剃"的经典说明。这位嗜酒

善琴的杜荀鹤,其"文胆"真是大如天!在将要结束全文的时候,笔者不想割爱,忍不住又将其《泾溪》一诗拈出录下:

> 泾溪石险人兢慎,终岁不闻倾覆人。
>
> 却是平流无石处,时时闻说有沉沦。

这首小诗充满智慧和哲理,耐人寻味。大石头永远绊不倒人,绊倒人的永远是那不经眼的小石头。危险处,人的警惕性高;安全处往往使人丧失警惕,却隐藏着巨大的危险。请想想,生活中的"沉沦"难道不是这样吗?

"酒神"苏轼

苏轼(1037~1101),字子瞻,号东坡居士,四川眉山人。他一生历经北宋仁宗、英宗、神宗、哲宗、徽宗五个朝代。他是继李白、杜甫之后成就最大、影响最深远的百科全书式的大文豪。他所创作的大量作品是中国古代文化宝藏中一块璀璨的瑰宝,苏东坡的大名至今家喻户晓。

苏东坡是北宋时期的美食家,他喜欢饮酒但酒量不大,因而常醉。他说:"酒中固多味,恨知之者寡耳。"(《再跋》)在酒文化领域,他是建树最多的一位学者,因此,称他"酒神"实不为过。

一、喜欢饮酒。苏东坡一生喜欢饮酒,同时也喜看别人饮酒,并且"饮中真味老更浓"。他在《书东皋子传后》一文中说:"予饮酒终日,不过五合,天下之能饮,无在予下者。然喜人饮酒,见客举杯徐引,则予胸中为之浩浩焉,落落焉,酣适之味,乃过于客。闲居未尝一日无客,客至,未尝不置酒。天下之好饮,亦无在予上者。"这段话的大意是说,我整天喝酒,酒量不超过五合(约今1.5市斤黄酒),天下没有比我更不能喝酒的人了。但是我喜欢别人饮酒,看见客人举杯慢慢品酒时,我就会感到心胸十分开阔,酣畅舒适的感觉甚至超过了客人。我闲居时不曾一天没有客人,客人来了,也不曾一天不为客人摆酒。天下没有比我更喜欢喝酒的人了。苏轼喜好饮酒,限于酒量不能多饮,却把饮酒的快乐延及他人,酒宴上见他人饮酒,自己内心却酣畅舒适,甚至超过客人,由己及人,由人及己,互动中见到的不仅是饮酒的欢乐气氛,而且是人的自由、快乐与真实。

元丰二年（公元 1079 年），谏官李定、舒亶、何正臣三人，摘出苏轼讽刺王安石新法的诗句，加以弹劾，苏轼因此被捕入狱。经狱中残酷的折磨后，被贬为黄州（今湖北黄冈市）团练副使，这是个无事可做的闲职。此时的苏轼年已 42 岁，他筑室黄冈东坡，整整住了 7 年，这是他仕途中最寂寞的时期，却也是他文学思想艺术升华的第一个高峰期。为了纪念这段坎坷而又充满快乐的岁月，他为自己起了一个终生未变的号："东坡居士"。在这里他曾先后写下两篇《饮酒说》。文中写道，"予虽饮酒不多，然而日欲把盏为乐，殆不可一日无此君"，"嗜饮酒人，一日无酒则病，一旦断酒，酒病皆作。谓酒不可断也，则死于酒而已"。这是说，我虽

苏轼

然喝酒不多，但是每天都想喝，不能一天没有酒。喜欢饮酒的人，一天没有酒就难过，一旦断了酒，酒病就会发作。认为酒不能断，无酒则感到难受，宁愿去死。酒简直成了苏东坡每日必饮之品，甚至宁愿死于酒也心甘情愿。说归说，真要因酒致病致死，苏东坡也是担心害怕的。他在《节饮食说》这则短文中说（译文）："我从今以后，早饭晚饭，不超过一杯酒一个肉菜。有贵客盛宴，就三杯酒三个肉菜，可以减少不能增加，谁招待我吃饭，就预先告诉他，主人如果不同意而让我吃过定量，我就退席。这样做，一来可以安分养福，二来可以宽胃养气，三来可以省钱蓄财。"苏轼住在黄州时间长，又因文名高，人气旺，请他吃喝的人自然不少。他这则短文写得严肃认真，无疑是一则饮食方面的"约法三章"。他深知暴饮暴食对身体的危害。所以，才给自己规定每次饮酒的量是一至三杯。苏轼早在杭州任通判时，就把朝夕宴饮吃喝，疲于应酬的杭州称之为"酒食地狱"，认为频繁地饮酒应酬，既妨碍政务，又伤害身体。总归，人不能离开饮食而活下去，但要身体好，适当地节制饮食，特别是对"酒"的节制是非常必要的，也是符合养生科学的。

中华酒典

东坡被贬谪黄州,其实无异于"软禁",平时是不能乱跑的。但是东坡的人缘好,大家喜欢他,护卫着他。一次为了待客饮酒,他竟不顾违法,私自与客人出城外杀耕牛饮酒,醉酒后偷城犯夜而归。他在《中酒帖》中写道(译文):"今天几位客人饮酒,恰好纯臣来到。现在秋庄稼尚未熟透,但今天喝的酒却是很纯净的白色,这是什么好酒?喝到肚里非常畅快,直贯五脏六腑。既然和纯臣在一起喝,怎能没有下酒菜劝酒,恰好西邻的耕牛腿坏了,便杀来烤成大块肉下酒。喝醉后,便从东坡的东边一直走去,直至春草亭才返回,回来已是深夜三更天了。"文中的"纯臣"定是与苏轼交往深厚的贵客,所以,东坡才与他饮私酒,杀耕牛,半夜爬城墙回家。从这一生活小插曲中,可见东坡是个重情义的老顽童。后来东坡写《临江仙》一词记道:"夜饮东坡醒复醉,归来仿佛三更。家童鼻息已雷鸣。敲门都不应,倚杖听江声。"在黄冈,还有一首《西江月》,写他在酒家饮酒,醉后乘着月色回家的一段浪漫经历:"照野弥弥浅浪,横空隐隐层霄。障泥未解玉骢娇,我欲醉眠芳草。可惜一溪风月,莫叫踏碎琼瑶。解鞍欹枕绿杨桥,杜宇一声春晓。"这首词写得太美了!东坡乘醉,至一溪的绿杨桥上,月光照着辽阔的原野,广宇天空,雾气隐隐,障泥未解的马儿撒娇嘶鸣,自己因醉,只想在芳草上睡一觉。美丽的夜晚,月光如水,流水如玉,不能让撒欢的马儿,踏破那天然的"翠玉琼瑶"。词人曲肱醉卧绿杨桥上,醒来已是天亮,传来杜鹃声声。这种如仙如幻的美景如他所言,"疑非尘世也"。苏东坡喜欢酒,喜欢饮酒,喜欢饮酒的人。他对东晋陶渊明这个"大饮客"内心仰慕之至,曾仿效陶体诗赋风格写了上百首诗,几乎篇篇不离"酒"字。他在《和陶饮酒二十首》的前言中说:"吾饮酒至少,常以把盏为乐。往往颓然坐睡,人见其醉,而吾中了然,盖莫能名其为醉为醒也。"这是说,苏轼喜欢饮酒,追求的是似醉非醉的乐境,别人看他仿佛醉了,其实内心了然分明,正处在醉与不醉之间。

二、以酒抒发人生感慨。东坡贬谪到黄州第三年的七至十月,曾两次到长江岸边的赤鼻矶游览,写下著名的《前赤壁赋》和《后赤壁赋》。前一次是乘船游览,后一次是在江岸游览,都以酒佐谈助兴。在《前赤壁赋》中,作者写道,"举酒属客,诵明月之诗,歌窈窕之章","哀吾生之须臾,羡长江之无穷"。作者借酒抒发了自己旷达乐观的人生感慨。谈玄说理到高兴处,又重新"洗盏更酌",直饮酒到"肴核既尽,杯盘狼藉",醉得一塌糊涂,相互在船舱里枕着垫着,竟"不知东方之既白"。在《后赤壁赋》中,作者写道,这天夜里是在江岸游览,遗憾的是"有客无酒,有酒无肴"。后来同游者网住了一条"巨口细鳞"的大鱼。"肴"有了,没有酒怎么办?苏东坡又不辞辛苦,徒步回家取酒,正好妻子存有一斗老酒以待不时之用,这回算派上了用场。这篇赋写得虚无缥缈,神秘莫测,那"江流有声,断岸千尺,山高月小,水落石出"的夜景给我们留下了神奇而静谧的印象。与那一斗老酒的功劳是分不开的。在"流放黄冈"的日子里,苏轼创作了许多诗、词、赋、文等,大多是在"酒"的催生下完成的。如《水调歌头·明月几时有》和《念奴娇·赤壁怀古》都是饮酒之后"觉酒气勃勃,纷然出也"的名篇佳作,至今传诵不衰。

三、深得醉中之妙境。若问人们,醒时好还是醉时好,恐怕大多数人回答是醒时好。可是,在苏轼看来,人不能太清醒,该醉的时候应该醉,这种醉反而对人更有好处。原因在于,醉,可以缓解清醒时生活给予人的各种压力,甚至可避开灾祸。苏轼举例说屈原"众人皆醉我独醒",拒绝醉,太清醒,心理上一时承受不起政治上的压力,才愤而投汨罗江结束了自己的一生。"独醒者,汨罗之道也"(《浊醪有妙理赋》)。而阮籍、刘伶面对政治高压,却以醉酒"全其真而名后世"(《放鹤亭记》)。

东坡追求醉后不露形迹的那种风度。他在颍州(今安徽阜阳)任知州时,曾写下《酒隐赋》一文。他认为,高士许由、夷齐这些人太拘于形迹;酒狂阮籍、刘伶、阮咸、李白、李琎等人也未必真的达观。为什么?因为他们太张狂,爱显山露水。唯有那"不择山林,而能避世",壶觞自娱、隐身一醉的"酒隐君"才是真达人,真贤者。这位酒隐君的长处在于"和光同尘",随俗就缘,不显山,不露水,不招摇。他还在《酒子赋》中说:"吾饮少而辄醉兮,与百榼齐均。游物初而神凝兮,反实际而形开。"其意是说,我只饮了少许的酒就沉醉了,如同畅饮百杯一样。他醉了的感觉是游于万物萌生之初,如徜徉于上古时代那么精神宁贴,无忧无虑。醒时回返现实又感到形体开张,四肢舒畅。可见东坡对醉中之妙趣的领悟是很深的。

功利之心太强、怨愤之气太大的人是难以真正进入"醉乡"的。这些人一旦进入"醉乡",要么借醉抒发豪情壮志,要么借醉发泄怨愤牢骚。东坡在《醉乡记》中写道:黄帝、尧、舜、禹只到达了醉乡的边境;夏桀、商纣、周武王、秦皇汉武根本就没有见到醉乡。只有阮籍、陶渊明等十几人进入醉乡,直到老死也没有返回,死后就埋葬在其乡,中原之人把他们称为"酒仙"。所以,东坡想象道:啊,醉乡的风俗,难道就是远古华胥国的遗风吗?多么清淳安宁。既如此,我也准备到此乡一游。在东坡的心里,借醉而导发的一切外在行为都是不正常的,真正的醉是"清淳安宁",无知无息那样恬淡。醉后还能吟诗作赋,那还不算醉,还没进入醉乡。所以他说"颓然笑阮籍,醉几书谢表"。言外之意是说,我醉了什么都不干,干,那就没有真醉。东坡很相信庄子"醉可神全"的观点,他说"唯唯有醉时真,空洞了无疑。坠车终无伤,庄叟不吾欺"(《和陶饮酒二十首》十二)。特别是"有道难行"时,只有醉才能暂时忘却内心的痛苦,因此他把自己称为"醉睡者",并作诗道:

> 有道难行不如醉,有口难言不如睡。
>
> 先生醉卧此石间,万古无人知此意。

也许他写的《醉落魄·述怀》一词对他这种"醉睡者"是更形象的注释和说明:

> 醉醒醒醉,凭君会取愁滋味。浓斟琥珀香浮蚁,一到愁肠,别有阳春意。幕席为天地,歌前起舞花前睡。从他落魄陶陶里,犹胜醒醒,惹得闲憔悴。

酒入愁肠,别有阳春意,幕天席地,纵意所如,这样就可忘掉一切。清醒之后,不如意事常八九,苦思冥想,反而惹得身体憔悴不堪。醉,就可暂免人生的各种烦恼。所以,东坡连写《饮酒四首》,赞美酒醉的妙境,"我观人间世,无如醉中真……惜哉知此晚,坐令华发新","左手持蟹螯,举觞瞩云汉。天生此神物,为我洗忧患"。此时东坡远在海南这个蛮荒之地,年届六旬,除了当地的老百姓这池"水"养育他这条大鱼外,能安慰他内心枯寂的就只有酒了:"寂寂东坡一醉翁,白须萧散满霜风。小儿误喜朱颜在,一笑哪哪知是酒红。"(《纵笔三首》)所以,他把酒称为"神物",可以"颓然醉里得全浑"。

公元1093年9月,高太后逝世,哲宗亲政,重新起用新党,对元祐时期执政的旧党人士一律指斥为"元祐党人",株连下罪,年届六旬的苏轼也因此遭祸,由朝廷的翰林大学士、知制诰被贬谪到"蛮荒"的岭南惠州，以后再贬到"风涛瘴疠"的海南。苦难孕育了他文学艺术创作的第二个高峰期。面对残酷的政治迫害，险恶的生存环境，他乐观的生活态度不变，在惠州和海南的六年里，创作了大量的作品。他常出去参加饮宴，也在家里自己酿酒，招待来客，并写下著名的得意之作《浊醪有妙理赋》，说酒能使人得真识正、行道免祸、暖体畅怀、忘名避世，称自己"内全其天，外寓于酒"，抒发了自己旷达的情怀与人生的感慨。"浊醪"（未经过滤原汁原味的"土酒"）到底有何"妙理"？姑录全文如下：

酒勿嫌浊，人当取醇。失忧心于卧梦，信妙理之疑神。浑盎盎以无声，始从味入；杳冥冥其似道，径得天真。

伊人之生，以酒为命。常因既醉之适，方识此心之正，稻米无知，岂解穷理？曲糵有毒，安能发性？乃知神物之自然，盖于天工而相并。得时行道，我则师齐相之饮醇；远害全身，我则学徐公之中圣。

湛若秋露，沐如春风。疑宿云之解驳，漏朝日之瞳红。初体粟之失去，旋眼花之扫空。酷爱孟生，知其中之有趣；犹嫌白老，不颂德而言功。

兀尔坐忘，浩然天纵。如如不动而体无碍，了了常知而心不用。座中客满，惟忧百榼之空；身后名轻，但觉一杯之重。

今夫明月之珠，不可以襦；夜光之璧，不可以餔。刍豢饱我而不我觉；布阜燠我而不我娱。唯此君独游万物之表，盖天下不可一日而无。在醉常醒，孰是狂人之药？得意忘味，始知至道之腴。

又何必一石亦醉，罔问州间；五斗解醒，不问妻妾；结袜延中，观廷尉之度量；脱靴殿上，夸谪仙之敏捷。伴醉遏地，常陋王式之褊；乌歌仰天，每讥杨恽之狭。我欲眠而君且去，有客何嫌？人皆劝而我不闻，其谁敢接？

殊不知人之齐圣，非昏之如；古者晤语，必旅之于。独醒者，汨罗之道也；屡舞者，高阳之徒欤？恶蒋济而射木人，又何狷浅？杀王敦而取金印，亦自狂疏。

我内全其天，外寓于酒。浊者以饮吾仆，清者以酌吾友。吾方耕于渺莽之野，而汲于清冷之渊，以酿此醪，然后举洼樽而属予口。

苏轼在赋前写道："杜甫《晦日寻崔戢、李封》诗云：'浊醪有妙理，庶用慰浮沉。'"因此，此赋可看作是苏轼对杜甫这两句诗在理论上的阐释与深化。全篇的大意是这样的:未经过滤加工的浊酒,较之清酒更为原汁原味,故不嫌浊,人须排除私心杂念,恶德妄行,故当取醇。饮后醉卧,无忧无虑,果然妙理纷来,若有神助。浑身酣酣畅畅,无声无息,开始被浊醪之味引入一种缥缈的境界。缥缈悠远就像"道",这样便使人直接回返天真。这是谈苏轼醉后融于天地的感受。

懂得浊醪妙理的人,常常要借助于醉的酣畅,才理解此心应有的纯正。酿酒的稻米无知无觉,哪里懂得探究道理?酿酒的曲母有毒素,哪里能够激发人的灵性?可知米、麹结合而产生的浊醪这个神物,经历了自然变化的神秘过程。这个过程和天工造物足以相提并论。借酒而"得时行道",我则要向汉代只饮醇酒无为而治的曹参丞相学习;以酒远害全身,我则要向三国时"中圣人"的徐邈学习。这是苏轼为自己饮酒树立的两个榜样。相传汉丞相萧何死后,曹参代为丞相,上任后,不理事,日饮醇酒。有来建言者,一律劝饮,不让其有说话的机会,为的是"萧规曹随",无为而治。所以说他借酒"得时行道",值得师法。而徐邈在曹操手下做尚书郎,当时正遇禁酒甚严,而徐邈却私饮沉醉并称之为"中圣人",曹操听说大怒,多亏鲜于辅替徐邈开脱说:醉客谓酒清者为圣人,浊者为贤人,徐邈讲的是酒,曹操才没有加刑。所以说他远害全身,值得学习。

苏轼接着叙述道,酒清澈如秋露,温和如春风。饮酒之后酒力上脸,如宿云消散,朝日泛红,身体暖和,接着眼睛明亮。平生特别喜爱孟嘉好饮,虽多不乱,他深知酒中之趣;还嫌白居易饮酒,竟然不宣扬酒德而单论酒功。一褒一贬,表明自己在饮酒方面的喜好。

饮酒进入醉态后,浑然无知,忘掉了是非差别,胸次开旷洒脱,老天不管,无拘无束,浑身柔弱无力,不能动弹,而身体却没有受到什么病害。内心清清楚楚,知觉如常,却不必苦费心思。此时此刻,仿佛如孔融(见本书)"座上客常满,樽中酒不空,吾无忧矣"的自得;又似张翰(见本书)任心自适,"使我有身后名,不如即时一杯酒"的旷达。

在苏轼看来,如明月一样光亮的大珍珠,不能当棉袄;能在夜里发光的玉璧,不能当饭吃。牛羊饱我口腹,而我并不因之便有灵感;布帛暖我肢体,而我并不因之得到欢娱。只有这浊醪能使我超尘出世,进入到快乐的境域。所以,天下不可一日而没有酒。似醉实醒,谁说酒是使人发狂之药? 得意忘味,借酒才可以让人领略"道"的博大精深。进一步肯定赞扬了酒对人的好处。

接着,苏轼一一质问历史上那些醉酒之后的出格行为:何必州闾男女杂坐,饮上一石才醉(见书淳于髡);何必饮五斗才解酒后的困乏,却不管妻妾的意见(见书刘伶);又何必像处士王生醉后,竟在大庭广众下让张释之为他结袜;更没必要醉酒后让贵人高力士脱靴,以夸赞你李白才思的敏捷;也不应像汉代王式被召入朝后遭人嫉妒,竟佯装醉酒倒地那样肚量狭窄;也不该像汉代杨恽免官归里心常不平,借酒敲打瓦盆那样偏激。饮酒还是要向陶渊明学习,醉后就说"我醉欲眠卿且去"那样率真,又有哪位宾客嫌弃他呢? 人都劝我酒,我像韩愈没有听见一样,难道还有人非要接酒灌你? 苏轼连举八人,前六人,均非中和之士,凭醉酒使气耍性,没有必要。后两人:陶渊明一旦醉了,便倒头沉睡,顺其自然,醉得实在;韩愈一旦饮酒过量,便不管谁来劝酒,均装聋作哑,不再接杯,看似失礼,其实倒是明智的办法。苏轼通过对历史名人饮酒的褒贬之中,表明了自己对饮酒醉酒的理解和态度。

因此,以圣人为楷模的人,不会一醉昏昏,应该适度。本来古代宾主晤谈,多以次劝饮,故饮酒为交际之需。不醉独醒的屈原,难容于世。"高阳酒徒"郦食其,反而因醉后狂言而成事。对那些嗜酒如蒋济一类人的失误,也不要因一点小节就愤恨不已,抓住不放。更不要学晋初周颤救人不得,酒后狂言,结果害了自己。

苏轼在赋的结尾,寄感慨于旷达,表明自己饮酒的心得是:在内心里保全淳朴的天性,在外交往又凭借酒力把这种天性表现出来。酿出的浊酒,用来给我的随从喝,酿出的清酒,用来招待我的朋友。为了酿出这两种酒,我才进入那辽阔苍茫的田野进行耕耘收获,再取上那清冽的泉水,来酿造这种浊醪,然后酌酒举杯,以满足我的口福。

真乃文如其人。东坡对浊醪的看法正如他的为人,不偏不倚,平和中正。其实,东坡本就是一杯魅力十足的"浊醪",不然,他不会说出这么深刻的"妙理"。

四、深懂酿酒之法。苏轼一生好饮酒,也喜好酿酒。他每酿造出一种新酒都欣喜若狂,或者写诗,或者作赋,以赞美这种酒的独特,并主动请客人或送客人品尝。别人也常将新酿的美酒送给东坡品尝。东坡在品尝别人送的美酒后,常虚心请教他人酿酒的方法,并吟诗作赋以示纪念。

他在定州(今河北定县)任太守时,用松节酿酒。将松树中的油液与黍麦和在一起,酿出的酒甜中带点小苦,为此写下《中山松醪赋》一文,赞颂这种酒的特性。安定郡王用黄柑橘酿酒,并给酒起名叫"洞庭春色"。他的侄子赵德麟把这种酒送给了苏东坡一些,东坡便以游戏之笔写了《洞庭春色赋》。

东坡被贬谪惠州(今广东惠阳东)后,他和老百姓处的关系很好。曾有王介石和许珏两人将未熟的"酒子"送给东坡,东坡等酒完全酿熟后,再把"酒子"掺入酒中,搅和后,酒味更香,酒力更大。为此,东坡感其情意,写下《酒子赋》一文。

西蜀道士杨世昌,善作蜜酒,绝醇酽。苏东坡得到这个方子后,亲自采选原料,依照程序酿造蜜酒,酒成后,作《蜜酒歌》一首送给杨世昌:

真珠为浆玉为醴,六月田夫汗流此。

不如春瓮自生香,蜂为耕耘花作米。

一日小沸鱼吐沫。二日眩转清光活。

三日开瓮香满城,快泻银瓶不须拨。

百钱一斗浓无声,甘露微浊醍醐清。

君不见南园采花蜂似雨,天教酿酒醉先生。

先生年来穷到骨,问人乞米何曾得。

世间万事真悠悠,蜜蜂大胜监河侯。

诗中的"真珠"比喻米,"玉"比喻面饼,二者相合再加蜂蜜,便酿成蜜酒。"先生"是苏东坡自指。是说"蜜酒"虽好,可惜我在黄州几年来很穷,酿造这种酒还得向人借米。后来东坡在酿造"蜜酒"的基础上,又在惠州酿出"真一酒",由米、麦、水三种原料制成,好于"蜜酒"。因此,东坡得意之余写下《真一酒》一诗:

拨雪披云得乳泓,蜜蜂又欲醉先生。

稻垂麦仰阴阳足,器洁泉新表里清。

晓日著颜红有晕，春风入髓散无声。

人间真一东坡老，与作青州从事名。

诗的大意是说，打开云雪般的真一酒瓮，添加蜂蜜后所酿的真一酒又要醉我了。酿酒的原料是饱得大自然阴阳之气的稻和麦，酒器干净，泉水新汲，酒液表里滑清。早晨喝了真一酒，面皮微红，通身皆暖，春风一吹，酒气就散布全身，渐入骨髓。人间有了真一酒来为东坡送老，故取真一为美酒之名。诗中"青州从事"为好酒的代称。这是东坡一生所酿酒中的得意之作。

东坡被贬谪到海南后，有一位隐士把酿造桂酒的方法传授给他。这酒是用"桂皮"酿造的药酒，颜色像美玉，香味十分浓郁奇特。饮了这种酒，可宁心、安神，去除三虫（青姑、白姑、血姑使人致痛之三虫）。肌肤红润，身体轻健，有飘飘然腾空而起的感觉。东坡为此特写了《桂酒颂》一词，词的前言中说："酒，天禄也。其成坏美恶，世以兆主人之吉凶。吾得此，岂非天哉！"意思是说，酒，是上天赐给人的福气。它酿造的成功失败，味美与味恶，人们通常用它来作为主人吉凶的预兆。现在我得以酿成如此美酒，难道不是天意吗！为此，东坡写了颂诗，留给今后有德行而身处蛮荒之地的人，并把酿造之法刻于石碑上，立于罗浮铁桥下面，让它普及人间，为人医治疾病。桂酒是一种健身的药酒，醇厚而清香。东坡酿成后喜不自禁，写下《新酿桂酒》一诗：

捣香筛辣入瓶盆，盏盏春溪带雨浑。

收拾小山藏社瓮，招呼明月到芳樽。

此外，东坡在广东惠州还酿造过自称"万户春"酒，因原料少，味淡，仅是一种未过滤的醪糟酒。诗中写道：

万户春浓酒似油，想须百瓮到床头。

主人日饮三千客，应笑穷官送督邮。

蛮荒之地，文化落后，当地人甚至不知酒是何物。所以东坡酿酒，既为饮用，也是一种酒文化的普及。苏东坡在黄州时，就曾在《饮酒说》一文中讲道（译文）：地方上的酒少，官酒味道不好而且价格很高，于是免不了在家中自己酿酒。酒曲不好，手艺也不高，酒做得不成功，味道苦硬不能喝。……但是，甜酸甘苦，从口中很快下去，为什么要去计较呢？喝了只要能醉人，那么我的酒还

中华酒典

要再追求什么佳味呢？后来，苏东坡所到之处，就取人之长补己之短，酿酒的技术越来越高，所酿出的酒不仅能醉人，而且味道醇美，并很快普及开来。他在《东坡酒经》中介绍说（译文）：南方的移民，用糯米和粳米掺上草药做成饼，闻着很香，嚼着很辣，拿起来感觉又空又轻，这是饼中的上品。再做酒曲，先拿面发酵，并和姜汁和在一起，蒸出的面饼有十几道裂口，用绳子穿起来挂在风口吹干。时间愈久这酒曲儿劲便越猛，这是酒曲中的上品。用这种"曲饼"酿出的酒味道平和醇厚，但酒劲儿大。东坡还详细介绍了饼米的配料及水质水温等情况，足见东坡已是当时很有名气的酿酒师了。

东坡胸怀宽广，有慈爱天下百姓之心。他在《书东皋子传后》一文中说（译文）："我常以为人最快乐的，莫过于身体没病与心里无忧。我既没病又无忧，但却接触认识了一些得病或有忧的人，这又怎能保全自己的快乐呢？所以，我每到一处，常常积蓄一些好药，有人跟我要，我就送给他，而且我还尤其喜欢酿酒让客人喝。有人问我：'你没什么病却积蓄许多药，自己饮酒很少却酿了许多酒，辛辛苦苦地为别人做这些，到底是为了什么呢？'我笑着回答：'病人得到我的药以后，我就会感到身体轻松，没酒喝的人，我送他酒喝，自己就会感到畅快舒适。我实际上是专门为自己才那样做的。'"这段话非常感人，充满人生哲理：人是社会动物，见到物伤同类，内心就会缺少欢乐并产生忧虑，这是致病的根源。为了从根本上保证自己身体没病与心里无忧，就要极力帮助那些得病或有忧的同类。他们无病无忧，自己内心的欢乐才能够长久地保持，疾病自然也就与己无缘。所以，东坡说："现在岭南没有禁酒的条令，我自己就能够在家酿酒，每月一般用一斛米做原料，可酿得六斗酒。南雄、广州、惠州、循州、梅州五地的太守还经常赠给我酒。我每天能拿出二升五合酒让农夫与道士喝进肚子里。"比起为了喝上三升美酒而去当待诏的东皋子王绩（见本书），自己感到很幸运了。这是用自己辛勤劳动的成果，以施舍他人，换来自己内心的快乐。由此可知，利他常与利己密切相关，东坡求乐的境界高于常人。

当东坡亲自酿造的天门冬酒成熟后，他一边过滤酒一边品尝，以至大醉，作诗二首。其中一首写道：

> 自拔床头一瓮云，幽人先已酿浓芬。

天门冬熟新年喜，曲米春香并舍闻。

菜圃渐疏花漠漠，竹扉斜掩雨纷纷。

拥裘睡觉知何处，吹面东风散缬纹。

东坡先赞美自酿的天门冬酒的浓香，然后竟在圃花漠漠细雨纷纷的时节景物里，拥裘醉睡，不知何处。诗尾的"缬纹"是东坡酒后脸上呈现的红晕，是让轻柔的东风吹散出来的，真乃酒神也！如果让一位高明的画家按诗意作画，我揣想，这幅画会使不少嗜酒的文人墨客心向往之，亲身一试的。

总之，东坡在别人酿酒的方子上，既有原始创新，又有组合创新。他一生酿造了不少名目繁多、口感各异、功用独特的酒，他不愧为当时著名的酿酒大师。

五、东坡常微醉后画竹石写狂草。黄山谷题苏轼竹石诗说："东坡老人翰林公，醉时吐出胸中墨。"他还说，苏东坡"恢诡谲怪，滑稽于秋毫之颖，尤以酒为神，故其筋次滴沥，醉余频呻，取诸造化以炉中，尽用文章之斧斤"。看来，酒对苏轼绘画创作起着巨大的作用，连他自己也承认："枯肠得酒芒角出，肺肝搓牙生竹石，森然欲作不可留，写向君家雪色壁。"其酒后所画正是他胸中之蟠郁和心灵的写照。他还在酒醉后作狂草，清醒后自认为平时的草书是比不上它的。醉中还能写小楷，这是他最感奇特的事。他在《题醉草》短文中说："吾醉后能做大草，醒后自以为不及。然醉中亦能做小楷，此乃为奇耳。"

六、凡人酒量各有不同，但醉的感觉差异不大。苏东坡举例说（译文），"张安道饮酒原不说喝多少盏，他年轻时与刘潜、石曼卿饮酒，只说应当喝几天而已。欧阳修文忠公盛壮时，能喝一百盏酒，但还是常常被张安道灌醉。梅圣俞也能喝一百来盏，但他醉后却要高叉双手，而说话更注意温和谨慎。这也是他知道自己的不足之处而加以自勉的表现，并不是真正能喝酒的人。真正能喝酒的人，酒喝得再多也毫不在意，与平时一无两样。就像我，又何尝不能喝？有时喝一盏就醉了，醉酒后的感觉与以上数人没有什么差别，这也是我所羡慕的"。

苏轼一生坎坷，先是由于新、旧党争，出任杭州通判，转知密州、徐州、湖州。后又被人揭发诗作讽刺新法，被捕下狱，贬谪黄州七年。哲宗即位，高太后临朝，旧党执政，苏轼被召回朝，升任翰林学士，为朝廷起草文诰，常随皇帝左右。由于受朝廷旧党执政大臣的迫害，苏轼被迫出知杭州，后又转知颍州、扬州、定州。高太后逝世,哲宗亲政,重新起用新党,苏轼遭祸,又被贬谪到惠州、后被贬谪到海南,两地一住六年。晚年的苏轼,对官场生活十分厌倦,有强烈的退隐愿望,在《行香子》一词中可看出他当时的心态:"清夜无尘,月色如银。酒斟时,须满十分。浮名浮利,虚苦劳神。叹隙中驹、石中火、梦中身。虽抱文章,开口谁亲。且陶陶,乐尽天真。及时归去,做个闲人。对一张琴、一壶酒、一溪云。"可惜这一愿望终未实现。徽宗即位,大赦天下,被赦的苏轼在返回内地的路上身染疾病,病逝于常州,享年66岁。

他一生共创作了2700多首诗,300多首词,各种文章4500篇。他的诗、词、散文书画里表现出的豪迈气概和优美情致,丰富的思想内容和独特的艺术风格,不仅在生前倾倒世人,被奉为天下文宗,而且死后声名益隆,雄视百代,彪炳千秋。他在创作诗、词、散文和书画时,除了他的才气和坎坷生活玉成外,还凭借了酒的威力,其传世的不少作品中散发着酒的芳香。"东坡千古一人而已!"(徐渭《评朱子论东坡文》)此定评实不为过。

喜欢酒并以酒入画的齐白石

齐白石(1864～1957),名璜。现代国画大师,湖南湘潭人。因故乡有小镇名白石,便以白石为号。齐白石家道贫寒,少时读书一年,牧牛砍柴之余读书习画。后拜师学艺,游学于全国各地名家,切磋书画艺术,取长补短,终成一代画界巨擘。1953年被文化部授予"人民艺术家"的称号,1963年被世界和平理事会推举为世界文化名人。与毛泽东交谊甚深。有《齐白石全集》出版。

齐白石喜爱饮酒,据已故诗人艾青介绍,齐白石年近九旬时,每餐仍能喝一杯白酒,还作过一些酒画酒诗,颇有雅趣。齐白石画的《酒柿图》,在酒坛的下方画了两个提篮,分别放着黄色的柿子和白色的百合。画幅的右上方,以篆书题写着:"百事石如饮酒强。白石老人并篆。"再如别出心裁的《盗瓮图》:说的是东晋吏部侍郎毕卓酷爱饮酒,常因此而耽误公事。一次邻家酒熟,毕卓偷饮后醉倒于瓮旁,这件事曾被传为笑谈。毕卓被解职后,仍然"今朝有酒今朝醉",还说:"一手持蟹螯,一手持酒杯。拍浮酒池中,便足了一生。"他最后被酒毁了一生,是一位典型的颓废派人物。齐白石却以此典故为毕卓作画,对其形象赋予了新意,认为他是不肯贪赃枉法,以致无钱买酒才去盗酒的,是一位清官廉吏。齐白石在《毕卓盗酒》画作上落款道:"侍郎归田,囊中无钱,宁肯为盗,不肯伤廉。"

1920 年,58 岁的齐白石在北京与戏剧大师梅兰芳相遇,齐白石第一次去梅兰芳家,梅亲自磨墨理纸,请他作画。梅为答谢,唱了一段《贵妃醉酒》作为回报。当天,梅兰芳家宴齐白石,二人相谈甚

齐白石

欢。为感谢梅兰芳的酒宴和知遇之情,齐白石乘微醺之际,特意为梅兰芳画了一幅《雪中送炭》图,画中题诗曰:"而今沦落长安市,幸有梅郎识知音。"诗情画意,跃然纸上。

齐白石擅长画墨蟹、墨虾等,早年间,他的好友仲孚先生已拥有多幅齐白石国画,但苦于没有一幅墨蟹图,他又不便说明,就向齐白石送了一篓活螃蟹,并附上一纸笺:"持蟹品酒,远不如看你的墨蟹下酒更为过瘾。"齐白石领会了老朋友的良苦用心,感到盛情难却,为他画了一幅墨蟹,并题字落款云"仲孚先生嘱余画蟹,画此与之,胜于赠酒一坛"。

齐白石的作品总是充满浓郁的民间生活气息,所画的《菊花与酒》也具有深厚的文化寓意。传统的民俗文化中,重阳节有赏菊及饮菊花酒的习俗,因为九与酒为谐音,喝菊酒可以延年益寿。因此,此作属于祝寿题材的作品。画面中色彩十分鲜明的菊花与淡墨写就的菊叶簇拥在酒坛的一旁,错落纵横,笔力老辣雄健。酒坛只是用褐色轻染,用笔极为随意。在菊花枝的下端绘有一只蝗虫,刻画工细,栩栩如生。将大写意与工笔相结合,其简练质朴而热烈肆意的风格体现出齐白石绘画艺术的独特魅力,花好酒好。他经常注意花、鸟、虫、鱼的特点,揣摩它们的精神。他曾说:为万虫写照,为百鸟张神,要自己画出自己的

面目。健康专家说，白石老人健康长寿的原因之一是戒饮酒，除偶尔饮少量葡萄酒外，平时从不饮酒，这是没有根据的。其实白石老人也是饮酒的，不过他饮酒，很有节制，是为了养生健体，是为了追求一种生活情趣，他所画的不少与酒有关的画作就是最好的说明。

老爱喝一点儿酒的鲁迅

鲁迅(1881~1936)，中国文学家、思想家和革命家，是中国现代文学巨匠。在人们的想象中，鲁迅这样的大文豪，接触的人又多，也一定很喜好饮酒。又因他是绍兴人，有人甚至画出在很大的酒坛旁边醉着的鲁迅。如果这种想象和漫画有一点是真的，那也仅限于早年的鲁迅。曾与鲁迅关系密切的郁达夫写道：鲁迅"对于烟酒等刺激品，一向是不十分讲究的；对于酒，也是同烟一样。他的量虽则并不大，但却老爱喝一点儿。在北平的时候，我曾和他在东安市场的一家小羊肉铺里喝过白干；到了上海之后，所喝的，大抵是黄酒了。但五加皮、白玫瑰，他也喝，啤酒、白兰地他也喝，不过总喝得不多"。鲁迅那首《自嘲》诗"破帽遮颜过闹市，漏船载酒泛中流……横眉冷对千夫指，俯首甘为孺子牛"就是在郁达夫做东的酒宴上吟成的。

鲁迅的夫人许广平曾在《欣慰的纪念》一文中回忆道：早年的鲁迅，因心情压抑一度酗酒，甚至借酒自虐过。在厦门大学任教时，因人事交往失和，常饮酒以浇心中不快，结果醉后因香烟未灭，燃及棉袍，所幸未出大事。从此以后，许广平便不放心让他独自外出参加宴会应酬。有时，鲁迅和喜欢的朋友、文学青年话锋投机，谈兴盎然时，也常开怀豪饮。如1925年4月11日《鲁迅日记》中记道："夜买酒并邀长虹、培良、有麟共饮，大醉。"

后来，鲁迅因肺病而酒量大减，"饮到差不多的时候，他自己就紧缩起来，无论如何劝也是无效的"。中饭、晚饭时，"也不过三种饭菜，半杯薄酒而已"。1923年7月发生"兄弟失和"事件后，鲁迅悲愤，大病月余。遇绍兴亲戚阮和森从山西带来汾酒，鲁迅在心情不好又有肺病之下痛饮汾酒，竟导致"废粥进饭"的好效果。后来常有山西一些仰慕鲁迅的文学青年以汾酒赠送，但鲁迅只留一点儿自己品尝外,大多送给了爱饮酒的朋友。晚年,吃饭时只喝一点黄酒。这是因鲁迅的身体欠佳,再加许广平"监督"关心,鲁迅不再豪饮了。

鲁迅喜欢酒,喜欢饮酒的欢乐气氛,更深懂酒在人世间的重要作用。他对"魏晋文人"饮酒风度的研究是独一无二的。其眼光、识力与论断至今为文学史家所称道和钦佩。鲁迅小说中常见的一个特定情景就是:在怀乡和潦倒中饮酒。如孔乙己、红鼻子老拱、蓝皮阿五、阿Q、吕纬甫、魏连殳等人物形象的刻画描写,都或多或少地借酒说事。怀乡要饮酒,潦倒艰难要饮酒,以借酒解闷的方式,超越生命痛苦,升华灵魂,间接地传递出鲁迅早年的内心情感。

鲁迅本人是学医的,深知酒对胃的刺激,鲁迅的胃一直不大好,这是鲁迅饮酒自律的一个重要原因。只是跟朋友谈话或心情不好的时候,才会放任多饮一点。

鲁迅还忆及好友范爱农好饮,量不大,"醉后常谈些愚不可及的疯话"。《阿Q正传》中的阿Q也是个爱喝酒的人,他喝了酒,胆子大,竟敢去摸小尼姑的头。平常他都要回酒店赊账的,"中兴"后的那天则很不同,他将满把银的铜的在柜上一扔说:"现钱,打酒来!"绍兴是个产酒的地方,很多故事仿佛都跟酒有联系,而酒又似乎特别能给怯懦者以勇气,让无聊的人得以消遣。吕纬甫爱喝绍酒,是一个被生活消磨了意志的人。由此可见,对于酒,鲁迅是非常熟悉并有独到研究的。

再以1912年7月为例——这一个月中,鲁迅的应酬接二连三,日记中写道,"晚与季市同饮于广和居"(6日),"下午偕伯铭、季市饮于广和居,甚醉"(14日),"晚饮于季市之室"(17日),"晚杨莘士、钱稻孙来,遂同饮于广和居,季市亦前往"(20日),"晚饮于陈公猛家,为蔡孑民钱别也……"(22日)。另有四次饭局的记载,猜想大概是有酒的。这大体是鲁迅到北京教育部任职不久的情形,或许友朋应酬太多的缘故。但日记中也有浅斟独酌的记载,如"夜半雷雨,不寐饮酒"(1929年9月19日),"夜饮汾酒,始废粥进饭。距始病时三十九日矣"。这两次所记分别是他与二弟周作人决裂及因此而大病一场之后。这些记载说明,鲁迅不一定只喝黄酒,白酒也喝的,且是大病初愈的时候。好友许寿裳在《亡友鲁迅印象记》中说,鲁迅喜欢吃饭时喝"半杯薄酒",但"很有节制,不

中华酒典

敢豪饮"。傲然独立,任性不羁,率性而为,老爱喝一点酒,正是那个真实的鲁迅。

每日必酒的叶圣陶

叶圣陶(1894~1988),作家、教育家、出版家、政治活动家。原名叶绍钧,江苏苏州人。早年当小学教师,并参加新潮社和文学研究会。主编或编辑过《文学周报》和《小说月报》等期刊。新中国成立后历任出版总署副署长兼编审局局长、教育部副部长兼人民教育出版社社长和总编辑、中央文史研究馆馆长、全国政协副主席等职。有长篇小说《倪焕之》、散文集《脚步集》、童话集《稻草人》等作品传世。

叶圣陶饮酒的风度是"浅斟慢饮"。晚年不饮烈性白酒,以微醺为限,是典型的中国文人式的雅饮。他品味的不单单是酒,而是借酒来品味生活。早年,郑振铎在《宴之趣》一文中写道,文学研究会的成员经常一块饮酒议事。一口一杯的郑振铎劝叶圣陶"干一杯",叶圣陶却说:"慢慢的,不要这样快,喝酒的趣味,在于一小口一小口的喝,不在于干杯。"叶圣陶虽然反对喝快酒,"然而终于他是一口干了,一杯又是一杯"。早在20世纪20年代,叶圣陶和郁达夫、沈雁冰、郑振铎等人发起成立文学研究会,入会成员的条件之一居然是能饮黄酒三斤。

叶圣陶90岁生日时,有人向他讨教长寿秘诀,他说:"喝酒、吃肉、不运动。"这与医学家的倡导大相径庭,细想又不无道理。这当然是养生长寿中的一家之言,关键在怎么理解。也可看作是叶圣陶故意的幽默。

据叶圣陶的儿子叶至诚在《父亲醉酒》一文中回忆:翻他父亲17岁生日那天开始写的22册日记,发现青少年时代的父亲也有喝得酩酊大醉的时候。由此推想,这大概是好酒而非酗酒者必然要经历的一个阶段。打从叶至诚记事起,他父亲喝酒的自制能力就很强,"即使在有酒的日子,限于一天一次,不过一两多点儿,微醺而已"。有过醉酒,也仅仅两次:一次是在乐山与英文教授雷纳饮酒,到底喝了多少酒不得而知,但两人都醉了。雷纳醉在家中,而叶圣陶却似打败敌手的英雄,摇摇晃晃地走回家中。还有一次醉酒,是抗日战争结束后的1946年11月30日,朱德总司令六十大寿的宴会上。叶圣陶醉了,哭了。他对家人说:"我们为朱德总司令庆祝六十大寿。你可知道,为什么我们要给朱德将军祝寿?为什么不给蒋介石祝寿……"酒后吐真言,这一问表达了当时知识分子对国民党希望的幻灭,对共产党的敬佩,其深意尽在那一醉之中,一哭之中。

有人读叶圣陶《日记三钞》之后对叶至诚说:"你家老太爷可是每日必酒呀!"在叶至诚的记忆中,这话基本属实。仅在抗日战争的非常时期,有时也断过酒。如叶圣陶的日记中写道,"过节(或祭祖)所剩之酒,今日饮完,明将停酒","(某某)所赠酒昨已尽,连饮半月,该止酒矣"。在最艰难时期,他家买酒,甚至于不能够一斤一打,而是以一元钱为度,打几两来,供叶圣陶喝上三四天。

他常与儿子叶至善饮酒评诗,评到妙处,便激动不已,呷一口酒。古诗,特别是毛泽东写的诗词成了他的"下酒菜"。晚年的叶圣陶,也没有戒酒。由于年老体衰,遵医嘱不再饮烈性酒,喝低度张裕白兰地。有一次双沟酒厂一位同志给叶圣陶捎去两瓶酒,他见到熟悉的双沟大曲酒,不由触景生情,回首往事,感慨系之,遂叫家人备上纸笔题诗一首:"曾饮双沟酒,如今老不能;芳醇犹记忆,佳酿信堪称。"叶圣陶晚年喝低度白兰地酒是为了养生保健,为的是摆龙门阵,闲聊。正如叶圣陶《老境》一诗写的,"把酒非谋醉",有时一喝就是个把钟头。

叶圣陶是现、当代文人中的高寿老人。他的长寿,与他那一生善良的博大胸怀,乐观向上的进取精神有直接关系,同时也与酒的滋养相关。是那舒心的美酒使他精神健朗矍铄,是那舒心的美酒使他福寿安康。他是现、当代最会享用美酒的大饮者、善饮者。他自称饮酒80年,酒成全了他,送他走完了该享的天年。

吃酒为兴的丰子恺

丰子恺(1898~1975),是现、当代画家、文学家和音乐教育家,浙江桐乡人。1921年去日本留学,回国后在上海、浙江、重庆等地从事美术和音乐教学。新中国成立后任上海中国画院院长、中国美术家协会上海分会主席。有《丰子恺漫画》《音乐入门》和散文集《缘缘堂随笔》等；译著有《源氏物语》和《猎人笔记》等多种。

丰子恺一生喜欢饮酒，不过他不喜欢度数高的白酒，而喜欢度数较低的绍兴黄酒一类。他说："我不喜欢吃白酒，味近白酒的白兰地，我也不要吃。巴拿马赛会得奖的贵州茅台酒，我也不要吃。总之凡白酒之类的，含有多量酒精的酒，我都不要吃。"其所以不喜欢白酒而喜黄酒，原因很简单：白酒容易醉，而黄酒不易醉。"'吃酒图醉，放债图利'，这种功利的吃酒，实在不合于吃酒的本旨"。那么丰子恺吃酒的本旨是什么呢？他说："吃酒是为兴味，为享乐，不是求其速醉。譬如二三人情投意合，促膝谈心，倘添上各人一杯黄酒在手，话兴一定更浓。吃到三杯，心窗洞开，真情挚语，娓娓而来。古人所谓'酒三味'，即在于此。"这是丰子恺在人际交往中，通过饮黄酒感受到的"兴味"和"享乐"。1948年3月28日夜里，老友郑振铎，晚饭独饮一斤黄酒后，到杭州西湖小屋来访。丰子恺正在酩酊之余，一见阔别十年的老朋友，肚里喝进去的一斤黄酒，"立刻消解得干干净净，清清醒醒"。丰子恺说："我们再吃酒！"郑振铎说："好！不要什么蔬菜。"窗外有些微雨，月色朦胧。不大一会儿，女仆端了一壶酒和四只盆子出来，酱鸭、酱肉、皮蛋和花生米，两位老友开怀畅饮，共话阔别十年的坎坎坷坷，风风雨雨。可惊可喜，可歌可泣的话，越谈越多。"谈到酒酣耳热的时候，话声都变了呼号叫啸，把睡在隔壁房间里的熟人都惊醒"。夜阑饮散，春雨绵绵，两位好友难舍难分，依依惜别。那使人饮之似醉非醉的黄酒，让人"心窗洞开"，成为相互倾诉衷肠的"良药"，实在是一种"兴味"和"享乐"（《湖畔夜饮》）。

丰子恺在抗战时期，住在重庆郊外的沙坪坝。几年里，他喜欢喝那里产的"渝酒"。那种酒类似于绍兴产的黄酒，使人醺醺而不醉。对他来说，"晚酌是每日的一件乐事，是白天笔耕的一种慰劳"。丰子恺在年轻时就养成了十分钟吃完饭的习惯，晚酌，意不在酒，是要借饮酒来延长晚餐的时间，增加晚餐的兴味。当时，丰子恺的五个儿女，有的上了大学，有的正在上高中，他在晚酌中看他们升级，看他们毕业，看他们任职。丰子恺说："在晚酌中看成群的儿女长大成人,照一般的人生观说来是'福气',照我的人生观说来只是'兴味'。这好比饮酒赏春,眼看花草树木,欣欣向荣;自然的美,造物的用意,神的恩宠,我在晚酌中历历的感到了。陶渊明诗云:'试酌百情远,重觞忽忘天。'我在晚酌三杯以后,便能体会这两句诗的真味。"这是丰子恺在家中晚上自斟自饮的"兴味"和"享乐"。他不愧为中国几千年来深懂饮酒"三昧"的大饮家之一!

丰子恺反对"吃酒图醉"的说法,并认为绍兴的黄酒是天下最好的酒,因为它能让人"醺醺而不醉"。反之,容易醉人的酒绝不是好酒。他说,吃酒"决不可吃醉,醉了,胡言乱语道,诽谤唾骂,甚至呕吐,打架。那真是不会吃酒,违背吃酒的本旨了。所以巴拿马赛会的评判员倘换了我,一定把一等奖给绍兴黄酒"。一般地讲,只要是酒,没有不醉人的。白酒,度数高,香辣,喝一两杯就上头上脸。一旦沉醉,醒酒的时间也长。所以,喝白酒,以少胜多,要着量;喝黄酒,以多胜少,也要着量。如果一次喝它三瓶五瓶,那就不是醺醺而不醉,而是大醉了。到底喝白酒还是喝黄酒,都应依据各自的酒量与嗜好而定。丰子恺一生喜欢低度数的黄酒,不是喝黄酒不醉人,而是因为他一顿只"吃"一斤。如果多吃几斤,能不醉吗?只是喝黄酒,度数低,使人醉得慢;喝白酒,度数高,使人醉得快。所以醉人快,还是醉人慢,不是判断酒好或酒不好的标准。醉,还是不醉,是一个多喝还是少喝、量大还是量小的问题。丰子恺所言喝酒不图醉,"是为兴味,为享乐",倒是饮酒之人值得很好学习的独特见解。"醉翁之意不在酒",这真是吃酒的人说的至理名言。欧阳修的名言被丰子恺认可,他称自己在重庆沙坪小屋中的晚酌,"意不在酒",而是借酒作为一天的慰劳,又作为家庭聚会的一种助兴品。抗战将要胜利之际,他的心情也格外兴奋,酒量也越吃越大,从每晚八两渝酒增加到一斤,因为心情好,所以认为"世间的美酒,无过于沙坪坝的四川人仿造的渝酒,我有生以来,从未吃过那样的美酒"(《沙坪的美酒》)。类似黄酒的渝酒,竟给丰子恺留下如此美好的印象。

饮黄酒,是丰子恺一生的嗜好。他在《吃酒》一文中曾回忆年轻时遇到的四次吃酒,颇有情趣。

20多岁时,在日本留学,结识了上海崇明人黄涵秋,此人爱吃酒,富有闲情逸致。一天,他俩乘小火车到江之岛游玩,吃饭时要了"两瓶正宗,两个壶烧"。

正宗是日本的黄酒,色香味都不亚于绍兴酒。壶烧是日本的名菜,是一个拳头大的大螺蛳,壳上有许多刺,把刺修整一下,可以摆平,像三足鼎一样。把这大螺蛳烧杀,取出肉来切碎,再放进去,加入酱油等调味品,煮熟,就用这壳作为器皿,请客人吃。这器皿像一把壶,所以名为壶烧。其味甚鲜,确是佐酒佳品。丰子恺与黄涵秋在江之岛吃壶烧饮酒,感受是"三杯入口,万虑皆消。海鸟长鸣,天风振袖。但觉心旷神怡,仿佛身在仙境"。读来,使人心向往之。

回国后,丰子恺又与黄涵秋在上海任教。这时因生活艰难,两人常去上海城隍庙一家素菜馆——春风松月楼吃素酒。他们的吃法很经济:两斤黄酒,两碗"过浇面",一碗肥鲜的冬菇,一碗十景。浇面的"冬菇""十景"先做佐酒之菜,酒喝完后,再将剩余的汤菜浇在面上,一菜两用。吃喝得满头大汗,舒心乐意。

丰子恺一家九口人在浙江桐庐县城外河头租屋而居时,常与隔壁的老翁盛宝函饮黄酒闲聊。每当丰子恺到老头家里,老头便揭开鼓凳的盖,拿出一把大酒壶来,满满地斟上两碗;又从鼓凳里摸出一把花生米来,就和他对酌。他的鼓凳里装着棉絮,酒壶裹在棉絮里,可以保暖,斟出来的两碗黄酒,热气腾腾。酒是自家酿的,色香味都是上等。他们就用花生米下酒,一面闲谈,一面饮酒,温馨而惬意,这给丰子恺留下了难忘的印象。

丰子恺住在西湖招贤寺隔壁的小平屋里时,每见一中年男子,蹲在岸边,向湖里垂钓,他钓的是虾。钓钩上装一粒大米饭,钓得三四只大虾后装入瓶中,起身便走。丰子恺出于好奇,就跟在这人后面,进入一家酒店,自己要了一斤黄酒,一盆花生米,边喝边看那男子。见他也要了一斤酒,却不叫菜,取出瓶子,用钓丝将三四只虾拴在一起,拿到酒保烫酒的开水里去一浸,不久取出,虾已经变成红色了。他向酒保要一小碟酱油,就用虾下酒。丰子恺说:"我看他吃菜很省,一只虾要吃很久,由此可知此人是个酒徒。"两人后来混熟了,才知这位酒徒是在湖滨摆刻字摊的。他曾向丰子恺介绍过钓虾吃酒的理论,竟使丰子恺的酒兴也大增。这位酒徒每天收摊后,就来西湖钓虾吃酒,自得其乐,其娴雅的风度也算得上是西湖的一景。

这四次吃酒,无异于四幅生动的人情风俗画,读来不仅富有生活情趣,而且仿佛使人身临其境，跃跃欲试，也想过一次黄酒瘾。这也算是丰子恺吃酒"为兴味，为享乐"的佐证。

以酒提神助兴的赵树理

赵树理(1906~1970)，山西沁水人。中国通俗文学小说家、戏剧家。新中国成立前的代表作有《小二黑结婚》《李有才板话》。新中国成立后有长篇小说《李家庄的变迁》《三里湾》等。曾任中国文联常委，中国曲艺学会主席，中国作家协会理事等职。

赵树理平素喜欢饮酒，并有酒瘾。饮酒后，神采焕发，谈笑风生，幽默诙谐，纯真可爱，是个多才多艺的从农村走出来的才子。年轻时，他常到农民中间，与农民为友，在农民的土炕头上，抽着旱烟，放一盘咸菜，饮酒畅谈。高兴时，拍着巴掌，来一段山西上党梆子，或说一段顺口溜似的快板书。有时喝到高潮时，便与农民朋友吆五喝六，划拳赌酒。在与农民热闹欢乐的交往中，搜集小说创作的鲜活素材。赵树理认为，酒是个好东西，工作累了能解乏；大脑疲劳能提神；与人交往能助兴。据作家汪曾祺《赵树理同志二三事》一文回忆，新中国成立初期，赵树理调到北京市文联工作，家眷未到之前，每天出去"打游击"。他总是吃最小的饭馆，是霞公府附近几家小饭馆的常客。他的吃法是先在一酒店，打二两散酒，边走边喝，当到了要去的饭馆，酒也差不多进肚了。随之要两个锅贴一碗稀粥，就咸菜，或要两碗面条，算是一顿午饭或晚饭。偶尔也吃一顿最贵的小碗坛子肉解馋。他工作得很晚，每天十点多钟要出去吃夜宵。在霞公府胡同里右一溜卖夜宵的摊子。赵树理来了往长板凳上一坐，要一碗馄饨，两个烧饼夹猪头肉，喝二两酒，自得其乐。更有意思的是，他喝完酒，不立即回宿舍，而是坐在门口的传达室，用两个指头当鼓箭，用一张三屉桌子当鼓打，嘴里还哼着上党梆子，一副如醉如痴的模样。路人绝不会想到他就是全国有名的作家赵树理。

汪曾祺回忆说，赵树理不仅很能喝酒，而且善于划拳。"他的划拳是一绝：两只手同时用，一会儿出右手，一会儿出左手"。新中国成立初期的几年里，北

家庭经典藏书

中华酒典

735

京市文联主席老舍每年要请两次客,把文联的同志约去喝酒。老舍不但豪饮,而且划拳也很精道,每当划拳"打通关"的时候,输得少,赢得多。年轻人斗不过他,常常是第一个"俩好"就把小伙子"一板打死"。可是一遇到赵树理,老舍就没辙了。因为赵树理左右开弓的拳法,老舍大概还没见过,很不适应,结果往往败北。

在汪曾祺的记忆中,赵树理是个非常富有幽默感的人,是他见到过的最没有架子的作家,一个让人感到亲切的、妩媚的作家。

喜好饮酒吟对的陈毅

陈毅(1901~1972),字仲弘,四川省乐至县人。1927年8月参加南昌起义。新中国成立后,曾任上海市市长、华东军区司令员、国务院副总理兼外交部长、中共中央军委副主席等职。1955年被授予中华人民共和国元帅军衔。

陈毅饮酒,放得开、不粗俗,场面热烈,喜欢谈古论今,吟诗对句,是典型的中国文人式的雅饮。周恩来生前就喜欢与陈毅一起饮酒。

抗战初期,为了争取浙北乌青一带传奇人物叶一飞参加抗日游击队,陈毅亲自来到浙北和叶一飞谈判。饮酒酣畅中,叶一飞出了一个上联来考陈毅:"六桥风景九曲回澜丛林古道中禅阁传梵音。"上联中包含了清朝顺治年间所命名的乌青八景中的四景:六桥风景、九曲回澜、丛林古道、禅阁梵音。陈毅略加思忖后,应对道:"双潭舞凤一水回龙长林石径上砥柱扶危洲。"陈毅应对的下联中包含了明朝万历年间所命名的乌青八景中的四景:双潭舞凤、一水回龙、长林石径、砥柱危洲。下联不仅对得贴切,而且在气势上也盖过了上联,令叶一飞折服。两人相见恨晚,不仅成为切磋学问的对手,而且叶一飞领导的组织也成了抗日的重要力量。

1943年,陈毅转战两淮地区,常驻足双沟酒坊(安徽双沟酒厂前身),有时或与将士、酒工对弈,或饮酒论诗。当地至今还流传许多有关陈毅赋诗、饮酒、弈棋的故事。一次陈毅款待苏皖边区抗日统一战线民主人士,特地拿出双沟大曲与客人一起品尝。席间,他高度赞扬双沟大曲是"不愧天下第一流"。那时,每逢战斗胜利,陈毅总要到酒坊痛饮一番。有一年阳春三月,草长莺飞,桃红柳绿,陈毅与邓子恢、彭雪枫、范长江、张太冲等人到风景秀丽的淮河滩头大柳巷试马春游,中午在郊外席地野餐,边饮双沟大曲酒,边议战绩和抗战形势,并即兴写下了脍炙人口的《大柳巷春游》的著名诗篇。

乾元观道长辛三仙儒雅脱俗,医术闻名,深居简出,惧怕与政界军界打交道。为了给新四军伤员治病疗伤,陈毅不厌其烦地四访乾元观,当辛三仙知道陈毅是新四军的将领时,非常钦佩他的宽怀大度与诚心仁爱。第二天,辛道长让小道士下山请陈将军上山。陈毅上山就座后,落落大方,侃侃而谈,爽朗的谈笑声回响屋宇。谈到畅快时,陈毅说:今天相会,陈毅愿以一联相赠道长:"三拜道观,三拜三仙山心动。"辛三仙略一思索,答道:"四咏雄文,四仰四军事理明。"在乾元观内,主与客品茗畅谈,辛三仙和盘托出自己的身世和遭遇,谈话中时时夹有对联。辛道长曰:"稼轩当年哭京口,"陈毅对道:"三仙今日笑茅山。"辛三仙一听大喜,有道是"酒逢知己千杯少,话不投机半句多",于是向陈毅提议撤茶设酒助兴,一醉方休。陈毅一语双关地说:"我今天有病,不能饮酒,特来请三仙诊治。"三仙也不说什么,故意煞有其事地替陈毅号脉,口中吟上联道:"药能治假病,"陈毅马上对出了下联:"酒不解真愁。"两人以诗会友,以诗明志。在饮酒中陈毅提出:"哎呀,是不是酒兴上来以后下一盘棋?"辛三仙说可以。棋局一拉开,陈毅故意让辛三仙吃掉三四个棋子,眼看败局已定,这时候陈毅就问道:"辛老,为什么当时制作象棋的时候只准双方的将士阵亡,而不准他们受伤治好病后重返战场呢?"这么一个稀奇古怪的问题可把三仙难倒了,他无法回答。这时陈毅长叹一声,又出了上联:"棋盘作战,无伤则亡,败势无挽回。"三仙一听点头称是,到这时候三仙才恍然大悟,原来陈毅几次进山来拜访我,是请我给新四军的伤病员治病呢。辛三仙此时明白,陈将军是借棋喻战,论残说亡,心里牵挂的是伤病员的治疗,遂作下联:"神州交锋,有伤即治,胜局有指望。"于是,他决定把一年中采集的中草药全部捐献出来,而且把乾元观临时改为新四军的医院,自己专门给新四军看病。陈毅听后非常感动,紧紧握住三仙的手,又出了一个上联:"三顾道观三顾三仙,仙出山。"辛三仙听后,马上吟出了下联:"四仰雄文四仰四军,军进观。"这两联对仗工整巧妙,而且寓意深远。伤病员进观那天,风和日丽,顺利快捷。到了观里,陈毅神采奕奕,兴致勃勃,挥笔写下了一副对联,贴在乾元观正门两旁:"深山隐高士,盛世期新民。"

1945年抗战胜利前夕,陈毅率中共代表团去重庆参加国民党举行的一次宴会。席间,国民党的一位文人借着酒兴,指名让陈毅与他对对子。他出的上联是"四川重庆成都,"用了一个省名和两个地名,寓意四川的重庆成了首都。陈毅略一思索,答道:"江西瑞金兴国。"也用了一个省名和两个地名,寓意江西瑞金建立起来的红色政权将复兴中国。下联对得针锋相对,又含而不露,令在座的友好人士连声叫好。

陈毅元帅喜诗、好酒、性情奔放,与著名的民主人士黄炎培曾以诗论酒,留下了两段有趣的交往故事。那是红军长征期间,谣传共产党人在途经贵州茅台镇时,纵容官兵在著名的茅台酒池里洗脚。然而,民主人士黄炎培对此谣传却不以为然。为此,他特意作了一首七绝《茅台》:

> 喧传有客过茅台,酿酒池中洗脚来。
>
> 是真是假我不管,天寒且饮两三杯。

后来,这首诗流传到了延安。中共的领导人在读了这首诗后都颇感欣慰,性情激昂的诗人元帅陈毅更是非常感动,将黄炎培引为知己。

1945年7月,黄炎培等六位国民参议员赴延安访问。到延安的第二天,得知消息的陈毅就专程前来看望。一见面,陈毅就说:"我们25年不见了!"黄炎培愕然:"我们是第一次见面啊!"陈毅说:"1919年我去法国勤工俭学,在上海交通大学操场开欢送会,你代表江苏省教育会演讲,演讲共三人,另二位为蔡廷斡和朱少屏,还记得吗?"黄炎培大悟,连说:"好记性,好记性!"

隔日,毛泽东宴请黄炎培等人,桌上摆着茅台酒,周恩来、陈毅作陪。席间,陈毅提议饮酒联句,大家赞同。毛泽东率先作曰:"赤水河畔清泉水。"周恩来续道:"琼浆玉液酒之最。"黄炎培接句:"天涯此时共举杯。"陈毅举杯一饮而尽,收句曰:"唯有茅台喜相随。"吟罢,众人不禁相视拊掌大笑。1952年冬,黄炎培到南方视察,途经南京时,陈毅特地以茅台酒宴请他。席间,陈毅又提到了那首《茅台》诗,并感慨曰:"当年在延安,读任之先生《茅台》一诗时,十分感动。在那个艰难的年代,能为共产党说话的,空谷足音,能有几人!"

陈毅即席步原韵和诗二首,以答谢黄炎培。其一曰:

> 金陵重逢饮茅台,万里长征洗脚来;
>
> 深谢诗笔传韵事,需在江南饮一杯!

黄炎培听了也很感动,端起茅台酒,紧紧握着陈毅的手,当场也和诗一首:

> 万人血泪雨花台,沧海桑田客去来;
>
> 消灭江山龙虎气,为人服务共一杯!

一个是元帅诗人,一个是民主人士,以文会友,以诗传情,共同谱写了一曲统战佳话。黄炎培先生曾写诗称赞陈毅元帅说:"一柱天南百战身,将军本色是诗人。"

"文革"期间的 1966 年 8 月 1 日至 12 日,中共八届十一中全会在北京举行。会议快结束的一天,陈毅请华东区几位第一书记吃晚饭,他们都曾是陈毅的老部下,现在又被造反派盯上的人。其中有陈丕显、江渭清、叶飞、李葆华、谭启龙等。陈毅喜好饮酒,但酒量不大。因此,夫人张茜总要跟在他的身边,以便随时控制他饮酒的量。有一次周恩来请陈毅、贺龙在北京饭店吃狗肉,又特地派人打电话,把两位元帅的夫人张茜和薛明请来作陪。酒过数巡,陈毅脸红了,张茜连忙用左脚踩了一下陈毅的右脚。踩者轻轻,被踩者却用夸张的语调大叫:"哎哟!"然后,转脸对身边的张茜说:"哎,你不要老在下面踩我的脚嘛!"几句话,惹得满座大笑。今天,张茜依然作陪。陈的老部下们高兴地鱼贯入席。陈毅拿起茅台酒瓶,给每一位伸过酒杯的老部下斟满一杯,最后为自己面前的小酒杯倒满,举起杯只说了一个字:"干!"大家没有吃菜,也没有碰杯,便一饮而尽,有的抿了一口。陈毅猛一仰头,滴酒不剩。他把空杯子搁在桌子上说:"我酒量有限,不再敬酒,你们能喝的尽量喝!"随之庄重地说:"困难,我们都见过,要说困难,长征不困难?三年游击战争不困难?建国初期要米没米,要煤没煤,头上飞机炸,下面不法投机商欺哄捣乱,怎么不困难呢?困难!没有困难,还要我们这些共产党干什么?我还是那句老话:无论多么困难,都要坚持原则,坚持斗争,不能当墙头蒿草,哪边风大,就往哪边跑!""德国出了马克思、恩格斯,又出了伯恩斯坦。伯恩斯坦对马克思佩服得五体投地,结果呢?马克思一去世伯恩斯坦就当叛徒,反对马克思主义!俄国出了列宁、斯大林,又出了赫鲁晓夫。赫鲁晓夫对斯大林比对亲生父亲还亲！结果呢？斯大林一死，他就焚尸扬灰，背叛了列宁主义！中国现在又有人把毛泽东捧得这样高。主席的威望国内外都知道嘛，不需要这样捧嘛！我看呐，历史惊人地相似，他不当叛徒，我不姓陈！"让我们干了最后一杯！我保不住你们了，你们各自回去过关吧。如果过得了关，我们再见；如若过不了关，很可能这是最后一次见面！我们这些人一同吃饭，也是最后一次了！"这句话说得声音不高。可是，"最后一次"这四个字的分量很重，满座为之一惊。张茜猛一怔，随即埋怨身边的丈夫："你不要瞎说嘛！" "你懂什么！"陈毅突然像狂暴的雄狮，冲着张茜怒吼了一句。大家又一次受到震动：当着客人的面，陈毅从来没有对妻子这样蛮横。如果性情倔强的女主人离席而去，整个酒席将会不欢而散。根据以往的经验，这完全可能。也怪，张茜竟意外的平静，她只不太明显地叹了口气，转而笑着招呼大家："别停筷子，多吃菜呀；空腹喝酒会伤身体的！"说着，拿起酒瓶为每一位客人斟酒，然后又给身边的丈夫加了半杯，温柔地说："老总，你只能再喝半杯，这是医生定的量，对吧！" "晤。"陈毅顺从地点点头。张茜个性强，她"管教"陈毅时的厉害劲儿，在座的有几位是亲眼看见过的。当时曾觉得她太不给面子，可是今天突然觉得那才是张茜，而眼前这位逆来顺受的女主人则显得陌生，这是暴风雨来临的时候啊。1971年9月，整过陈毅的林彪叛国外逃，摔死在蒙古温都尔汗，证明了陈毅当初的预测。10月底，刚出医院的陈毅心情格外痛快，邀请乔冠华、叶剑英、王震到家聚谈。客人到齐后，陈毅大手一挥，向夫人张茜喊道："拿酒来！"陈毅刚出院，杜秘书出于关心，只给他倒了半杯。陈毅拦住秘书，半央求半命令地说："今天是特殊情况，给我斟满一杯嘛！"几只酒杯碰在一起，桌上洋溢起一阵会心的笑声。

11月，联合国代表通过了恢复中国在联合国的合法席位，中国派代表团出席大会，任命乔冠华为团长。在从北京飞赴纽约之前，陈毅设家宴为乔冠华送行，夫人张茜开启茅台。当时遭癌细胞侵袭肺部的陈毅遵医嘱不能饮酒。此刻，陈毅却激情难抑，不顾医嘱，和乔冠华侃侃而谈，频频举杯。这可以说是他生命尽头的最后一次开怀畅饮。

陈毅，性格豪爽，棱角分明，豁达大度，智勇双全。他不仅是身经百战的元帅,而且是挥洒自如的外交家,同时也是热血沸腾的诗人。相比较,他是十大元帅中文武兼备的佼佼者。这样的人,不饮酒,倒是不可思议的。

以酒为伴的台静农

台静农(1903~1990),现代作家,安徽霍邱人。早年参加鲁迅支持的文学社团未名社,和韦素园、李霁野、李何林结为好友。1928年出版短篇小说集《地之子》,为鲁迅所赏识,认为是"将乡间的死生,泥土的气息,移在纸上"。1930年出版短篇小说集《建塔者及其他》。1946年8月,应台湾大学之邀,出任中文系主任。晚年有《龙波杂文》传世,被弟子们尊为一代学人的风范和"中国新文学的燃灯者"之一。

被人最为称道的是台静农的书法和人品。中国著名书法家启功曾盛赞台静农书法"一行之内,几行之间,信手而往,浩浩荡荡"。他的书法,可谓博采众长,是中国书法史上既能承继传统又能开创新局面的枢纽人物。

台静农一生嗜酒。李霁野曾说:"静农斗量,人所共知。"启功所写的文章中也说,近年听说台老喝酒,愈喝愈烈,大概是"量逐年增"吧!他的书法作品多是酒后挥毫而就,晚年的台静农,书法之名更大,有人说,他喝过酒后写的字最棒。不错,那是他一生的体验和积累。酒与他结下终身缘分,他以酒会友,以酒浇愁,以酒弄墨,俨然一个以酒为伴的文人!他通过饮酒,寻求暂时的快乐、宁静、温馨和超脱。

有人评价说,谁读《龙波杂文》,都能闻到酒的味道,那是替代不了的一种文人的情绪。青岛的"苦老酒"是台静农难以忘怀的,色黑、焦苦,这本是酒之忌讳,他却忽略不计,只因喜欢它的乡土风味,且能勾起对往事的回忆。于是,"苦老酒"便成了台静农《谈酒》一文中的开篇酒。他情深意切兴趣盎然地写道:

"我于这苦老酒却是喜欢的,但只能说是喜欢。普通的酒味不外辣和甜,这酒却是焦苦味,而亦不失其应有的甜与辣味;普通酒的颜色是白或黄或红,而这酒却是黑色,像中药水似的……"

文中给我们描述了苦老酒的味与色,让人感觉酒也和饮食佳肴一样,同样讲究"色、香、味"俱全。苦老酒的特别也就在口味上兼有甜、辣、苦三味,有如此丰富的口味,一定能让人饮之回味无穷。台静农之所以喜欢苦老酒,不因为它的苦味与黑色,而是喜欢它的乡土风味。从喝酒中,喝出泥土的芬芳,能喝出思乡的情绪,那不仅仅是酒的特别,而且是人的独特了,这也许就是文人的情趣吧。

有人说,他写友人的篇章,几乎无酒不成文。其实他写的诗,都有"酒"在。如"醉归每见月沉楼","恨不逢君尽一壶",最有名的是那句"酒旗风暖少年狂"。酒给了他无限的联想并助长他洒脱的豪气。台静农在晚年写的文章中回忆说,1946年他应聘到台湾后,几乎一日三餐,顿顿有酒的陪伴,"小酒馆既不烦嚣,公卖局的清酒也远比后来的好",台北街头极少有大小汽车,醉了走回家,可以踉跄而行。

他的学生林文月在《饮酒及与饮酒相关的记忆》一文中深情地回忆道:"我个人与台先生在温州街的日式书房内喝酒最多,也最难忘怀。台先生好酒量,却似乎颇能节制,我们未尝见他醉过。但据他自己说,从前在北京、在青岛、在重庆,也常常喝醉,也曾闹过一些笑话。"给林文月的记忆是,台静农每当兴致好的下午,常常都会取酒邀饮。若是天热,他说喝酒祛暑,若是天冷,他便说喝酒可以御寒;无论冬夏,台静农都有理由叫人喝酒。谈及"醉"的话题时,台静农最喜欢引述的是胡适之先生的名句:"喝酒往往不要命。"台静农晚年常和林文月反复提到袁家骝先生报知的好消息:美国医界发现,适量饮酒可致长寿,好像这消息是他理直气壮饮酒的依据。不过,后来他罹患食道癌恶疾,不得不相继戒除烟与酒。戒烟之际,他戏称:"总算把那讨厌的东西戒掉了。"至于戒酒,则未免于神情寂寞。"台先生一生淡泊名利,唯好饮酒。陶潜《止酒诗》云:'平生不止酒,止酒情无喜。'我想也许这正是患病戒酒接受治疗时台先生的心理罢。"

台静农在《我与老舍与酒》一文的开头妙句是:"今天是中秋节,又该弄酒喝了!"反复品味,真令人思接千载,感慨万端。任何人读这一句,都可以感觉出台静农豪迈倜傥的性格和复杂的心绪。他一生偏好喝烈酒,并喜用"漱口大洋

"瓷碗"喝酒,这既反映着那个时代的文化与物质,同时又看得出台静农饮酒的量大与风采。

他晚年身居台湾,却心系大陆,曾写诗道:

老去空余渡海心,蹉跎一世更何云。

无穷天地无穷感,坐对斜阳看浮云。

诗句的字里行间流露的是历经沧桑、心绪难言、看透红尘的嗟叹。

喜欢独酌的洛夫

洛夫(1928~),原名莫洛夫,笔名野叟。湖南衡阳东乡人。1948年入湖南大学,次年去台湾,曾任台湾海军编译官,任过《创世纪》杂志总编辑,为台湾著名诗人。

洛夫饮酒,喜欢独酌,而且自控能力强,饮到"微醺",正好作哲学家式的思考。他说:"对于饮酒,我徒有虚名,谈不上酒量,平时喜欢独酌一两盏,最怕的是轰饮式的闹酒;每饮浅尝即止,微醺是我饮酒的最佳境界。"

他读了白居易《问刘十九》一诗:"晚来天欲雪,能饮一杯无?"竟促他联想,渴望在大雪纷飞时围炉饮酒那种诗意般的场面。乃至数年前的寒冬,闻知台中合欢山大雪,曾计划携带高粱两瓶,狗肉数斤,邀二三酒友上山作竟夕之饮。洛夫看重饮酒的环境气氛,他所渴望来一场"雪中饮"令人怦然心动,跃跃欲试。

洛夫认为,饮者大多为性情中人,因而诗人也当然是性情中人。原因有二:其一,酒可以渲染气氛,调剂情绪,有助于谈兴;其二,酒可以刺激脑神经,产生灵感,唤起联想。这大体符合"自古文人皆好酒"的逻辑。一般而言,多数诗人醉酒后"喋喋不休,只会制造喧嚣。他们的好诗都是在最清醒的状态下写成的"。因此,洛夫说:"饮酒与写诗毕竟是两回事,并无直接影响。"这就是说,酒虽然能使人产生灵感,但多数诗人的好诗绝不是产生于醉后,而是产生于"清醒"。真乃"金猴奋起千钧棒,玉宇澄清万里埃"。洛夫这一"棒"澄清了古往今来多少人的误解!在洛夫看来,能饮善饮而又写得一手好诗的,恐怕千古以来唯李白一人而已。其实,说到底,李白的"醉后"也是一种清醒的醉,所以才能吟出好诗,才能"一斗诗百篇"。假使真的烂醉如泥,连自己身在何处都不知道了，怎么会吟诗？至于说到洛夫自己，"虽喜欢喝两杯，但大多适量而止，偶尔喝醉了，头脑便昏昏沉沉只想睡觉，一觉醒来，经常连腹中原有的诗句都已忘得一干二净"。

饮者如果不自知，整日沉溺于酒，往往讨人嫌，这在世间并非少见。因此，洛夫认为，好饮的文人还要娶一个通情达理的好太太。否则，毁酒砸器，詈骂不休，你哪有饮酒的好心情？如刘伶的老婆就是如此。对比之下，李白的老婆慷慨，李白与朋友喝到高兴时，让儿子把名贵的"五花马"和"千金裘"拿去换酒，妻子都不加阻拦。苏东坡的太太贤惠，《后赤壁赋》中写道有"肴"无酒时，苏东坡回家取酒，夫人却说："我有斗酒，藏之久矣，以待子之不时之需。"只要听到这两句话就够醉人的了，真不愧为苏东坡的知己。金圣叹的夫人义气，当客人到家，金圣叹苦无应对，金太太毫不考虑地从头上拔下金簪去换钱沽酒。当然没成家的饮客就不存在饮酒与妻子商量的问题。反之，凡成家的好饮者，能遭逢到一个通情达理的妻子，那绝对是你的福气与造化，你就偷着乐吧！（引文见洛夫：《诗人与酒》一文）洛夫深得独酌之趣。他说："独自小饮两杯，浅斟慢酌，自得其乐，将一日的疲惫，千岁的忧虑，在一俯一仰之间化为逝去的夏日烟云。如说饮酒是一种艺术，独饮近乎一种哲学。一杯在手，适量的酒精有助于思想的飞翔，如跨白鹤，如乘清风，千秋与万载，碧落与黄泉，都在一小杯一小杯之间历尽；既无人催饮，更不虞有人会把烟灰掸在你的菜盘中，头发上。独饮通常微醺而罢，如一时克制不及，弄得个酩酊大醉，那就更有了不必洗澡换衣的借口，倒头便睡，享受着'众人皆醒我独醉'的另一番乐趣。"洛夫感到人生百年，匆匆而过，哲学式的思考使他泄气！闹了一辈子，觉得是一场虚无。这才想起亨利·詹姆斯的那句话："人生充其量只不过是一种绚丽的浪费。"他认为，这是一个可怕的句子，读来触目惊心，又是无法改变的事实。因此，沉思后的醒悟，醒悟后的沉思，人生却是一堆绚丽的"泡沫"，随即就会落空，于是自劝自饮又干了一杯。人生尽管是这样一个结局，但"生命只有浪费的很绚丽，很潇洒，很壮怀激烈，而且每滴汗每滴血都洒得心安理得，这岂不比那些生命的守财奴坐着等死显得更为豪气！"（《独饮小记》）独饮使人自由自在，独饮使人浮想联翩。在半醉中，卸掉一切面具，流露出一个本真的无拘无束的灵魂，就是那个当初的

"我"。

洛夫将饮酒分为三种形式:"一人独酌,可以深思漫想,这是哲学式的饮酒;两人对酌,可以灯下清谈,这是散文式的饮酒;但超过三人以上的群酌,不免会形成闹酒,乃至酗酒,这样就演变为戏剧性的饮酒,热闹是够热闹,总觉得缺乏那么一点情趣。"(《诗人与酒》)在他看来,独酌是饮酒的最好形式,是一种高境界的饮酒。笔者以为,这只是一家之言,不可照搬。饮酒与心境有关,快乐的心境下,哪种饮酒都会有不同的领悟与收获;苦闷的心境下,独酌无相亲好吗?人不只有独处的需要,还有与人交往的需要。散文式和戏剧式饮酒,说到底,也是满足人们交往的需要。因而,这种形式的饮酒也是必要的。

洛夫出版的诗集有《灵河》《石室之死亡》《众荷喧哗》《因为风的缘故》《月光房子》等。

第五节　酒与骚客

以酒催生"腹稿"的王勃

王勃与卢照邻、骆宾王、杨炯在初唐以诗文享誉海内,学习效仿他们的文士纷纷而起,风靡一时,史称"初唐四杰"。到了盛唐时期,有些文人曾轻视"初唐四杰"在诗文上的革新贡献。对此,杜甫却直言道:

王杨卢骆当时体,轻薄为文哂未休。

尔曹身与名俱灭,不废江河万古流。

可见,"初唐四杰"之一的王勃,其实在唐代最伟大的现实主义诗人杜甫眼里,是非同一般的文人。

这个自称"平生诗与酒,自得会仙家"的王勃,少有文名,才思敏捷,作文作诗,境界阔大,辞藻华美。因此,前来请他写诗文的人很多,据说酬谢他的金银丝帛都堆满了房子。

中華酒典

王勃写文章神秘奇异。据《新唐书·王勃传》中记载:"勃属文,初不精思,先磨墨数升,则酣饮,引被覆面卧,及寐,援笔成篇,不易一字,时人谓勃为'腹稿'。"

王勃其实是在故意制造一些神秘,以此传播自己的声名。所谓"援笔成篇,不易一字",是由于"腹稿"打得好或说"构思"好。怎么"构思"?王勃的做法是先磨墨数升,然后借酒助兴,当酒喝到酣畅淋漓之际,血液循环加快,激活了脑思维,于是蒙上被子睡觉。其实此时此刻的王勃并未入睡,而是凝神专志,进行谋篇布局即打"腹稿"。当他想

王勃

好了,掀开被子,自然挥笔成章,不改一字。这种奇特的"构思"方式给人造成了一种错觉:以为他盖上被子睡着了,睡醒了就倒出一堆锦绣般的奇词妙句。据常理推断,王勃"引被覆面"并未真睡,而是凭借酒的催化,"寂然凝虑,思接千载;悄焉动容,视通万里"(刘勰:《文心雕龙·神思》),正在"构思"。王勃这种故弄玄虚的障眼法,在千百年来,不知蒙蔽了多少不假思索的匆匆过客。

不过,王勃满腹文才,辞藻华美,倒并非虚言。留传至今的千古名篇《滕王阁序》就是铁证。王勃 27 岁那年的九月,南下交趾看望父亲,路过江西南昌,正赶上洪州都督阎公重修滕王阁刚刚竣工。九九重阳节这天,阎公在滕王阁上大宴宾客,准备让自己的女婿作《滕王阁序》,一来以记载这件盛事,二来也好张扬一下女婿的才华。王勃听说,前来应宴。阎公首先举杯说明大宴宾客的意图是想请文人学士为滕王阁的重修作一篇精彩的序。酒过三巡之后,阎公先礼貌地让各位宾客各骋其才,当无人敢来写序时,再推出早已成竹在胸的女婿来完成。谁想当纸笔谦让到王勃面前时,王勃竟然毫不推辞,接下纸笔,这使阎公的虚情假意没有表演到底。阎公没有想到王勃年纪轻轻,竟敢承接如此大任,内

心有些生气。但囿于情面,只好下令仆人研墨侍候王勃下笔。王勃从座位上站起,遥望天水相接、奔流不息的赣江,将杯中之酒一饮而尽,酒激才思,才思凭酒,此刻正该抒豪情、寄兴会。他提笔蘸墨先写下"南昌故郡,洪都新府"八个字,阎公听了之后不以为然地说:"亦是老生常谈耳!"当仆人又报道后面写的是"星分翼轸,地接衡庐"之句时,阎公沉吟不语。直到仆人又报出"落霞与孤鹜齐飞,秋水共长天一色"的句子时,阎公激动地从座位上站起,连连称赞道:"天才,天才! 定当永垂不朽!"当王勃将《滕王阁序》一气呵成后,阎公亲自过目捧读,激赏佩服之至。前来参加饮宴的宾客听后,赞叹不已,都纷纷起坐,举酒相贺。阎公赶紧请王勃就上座,重摆宴席,鼓乐齐鸣,开怀畅饮,直到尽兴而散。当王勃向阎公告别时,阎公给他百匹丝绢以作酬谢。

说实话,虽从南北朝至隋以来骈体文风靡一时,但多数文章空洞乏味,华而不实。王勃却能用这种文体将滕王阁的雄伟壮观以及自己的心境,加以淋漓尽致的抒写与揭示,全文华而实,美而雅,独步千古! 文中借景抒情,以吊古之怀,倾吐了自己怀才不遇、报国无门的万千感慨,其实是借他人的"棺材",哭自己的"心事"。

可惜一代才子,在作序之后乘船南下省亲时,因江面上风大浪急,溺水惊悸而死。惜哉,老天不佑,奇才王勃!

纵酒高吟的王之涣

王之涣(688~742),并州(今山西太原一带)人。他年轻时有侠士之风,交往的都是豪门贵族的子弟,和他们一起练习剑术,慷慨悲歌,架鹰打猎,开怀饮酒。王之涣后改变志向,读书作文,十年后,名声一天比一天高,创作的诗每被乐工谱曲演唱,与高适、王昌龄、畅当等交往。一生只当过文安郡文安县县尉。《全唐诗》录王之涣存诗仅有六首。世间有多少人包括皇帝政客生前名声显赫,死后,人们再也无人过问。而这位只当过没几天的"副县长"王之涣却至今活在人们的心中,不因别的,只因他留下的几首诗! 在盛唐时期,绝句诗之所以兴起,与皇宫酒店的歌女演唱有直接的关系,谁的诗谱成曲子被歌女演唱得多,谁的诗名就传播得快,传播得远。在王之涣留下的六首诗中,《凉州词二首》之一和《登鹳雀楼》是其代表作。

有一次,王之涣与王昌龄等人到酒楼饮酒,正喝到酣畅淋漓之际,一群歌女相继而来。王昌龄说:"我们虽然占有诗名,但还没有分出名次,现在听一下这些歌女唱诗,谁的诗被唱得多,谁的名次就在前面。"先有一位歌女演唱了王昌龄的两首绝句,随后又一位歌女演唱了高适的一首绝句。王之涣说:"这些潦倒的歌女只会唱些通俗的曲子。那些'阳春白雪'之曲,这些俗物哪里敢碰!"于是指着女伶中最佳的一位说:"等到她唱时,要不是我的诗,我终身再不敢跟你们攀比;如果是我的诗,那你们就该拜我为师。"过了一会儿,那位漂亮的歌女唱道:

> 黄河远上白云间,一片孤城万仞山。
>
> 羌笛何须怨杨柳,春风不度玉门关。

接着又唱了两首绝句,都是王之涣的诗,三人哈哈大笑。王之涣马上嘲弄王昌龄等人说:"乡巴佬,我的话难道是瞎说的吗!"众歌女竟不知这几位先生为何大笑,待听说原因后,都上前行礼说:"肉眼凡胎,不知神仙到此。"于是由歌女们设宴,请三位诗人开怀畅饮,酣醉了一整天(见《唐九子传》并《集异记》)。

可以想见,王之涣那首《凉州词》是盛唐时期最流行的歌词之一,至今仍是传诵的名篇。其造语之妙,真不愧为"阳春白雪"之歌。

另一首至今家传户诵的好诗是《登鹳雀楼》:

> 白日依山尽,黄河入海流。
>
> 欲穷千里目,更上一层楼。

诗题中的"鹳雀楼"在今山西省永济市。当年名不见经传的小地方,经王之涣这"二十字诗"一咏,便名满天下,如今已成为中国"四大名楼"之一的旅游胜地,并带来可观的经济效益,这是王之涣生前万没有想到的事情。后代留下《登鹳雀楼》的诗文不可胜数,其中要数这首诗最著名,也写得最好。远景阔大,直抒胸臆;更上层楼,所见会是什么? 不但给人留下无限想象的空间,而且成为鼓舞人们向上不息的精神动力。王之涣爱饮酒,酒后所吟咏的诗作肯定不少。他死后,不知谁整理了他的诗集,而这人可能又遇家火或别的原因,遂使王之涣诗作没有留存下太多,实在可惜!往事越千年,一诗名满天。这在中国数千年的文坛上还是十分罕见的事。不是留有那几首诗(全是精品),至今,谁还会记得有过王之涣这个人?这再一次证明了魏文帝曹丕说过的话:"文章经国之大业,不朽之盛事。年寿有时而尽,荣乐止乎其身,二者必至之常期,未若文章之无穷。"(曹丕《典论·论文》)大意是说,写诗作文,是有助于治理国家的大业,是不朽的盛事。年寿有终了的时候,荣誉、乐事也只限于一生,二者到一定期限必然终止,不如诗文能永远流传。王之涣就是因几首"小诗"而名留千古的,真让那些做梦都想留名却留不下名的人气个半死!

张旭三杯草圣传

张旭是唐代著名的大书法家,以草书见长,被尊称为"草圣"。据说,张旭写草书时,先喝得酩酊大醉,脱帽露顶(在当时是很不礼貌的事),狂奔大喊。然后,索笔挥洒,有时甚至以自己的头发作笔,蘸墨疾书。他清醒之后,连自己都很惊奇,怎么能写出这么帅气的草字。据《新唐书》记载:"旭,苏州吴人。嗜酒,每大醉,呼叫狂走,乃下笔,或以头濡墨而书,既醒自视,以为神,不可复得也,世呼'张颠'。"

如果这段记载属实的话,我推断张旭的所作所为有可能是在几个要好的朋友中间展现的。因为,人在公有空间活动时,满脑子都是无形的习惯和有形的规则,举手投足均受到习惯与规则的制约,不可能"脱帽露顶,呼叫狂走"。只有在私有空间,天高皇帝远,窘束减弱,几个知心朋友相处于斗室之间,借酒助兴,才可将其纯熟的才艺得以淋漓尽致地发挥和展示。杜甫在《饮中八仙歌》一诗中赞张旭道:

> 张旭三杯草圣传,
> 脱帽露顶王公前,
> 挥毫落纸如云烟。

三句诗真实地概括了饮酒中张旭的放纵与才气。酒是助兴之物,醉酒之

中华酒典

后,不能自持,言行举止,思维想象,都异于常规常法,于是能创新、出奇,能使心神驰奔于独异的境界。不仅如此,狂醉之中,酒助胆气,豪情更壮,悲痛更深,气势更盛,从而能导出在公有空间不能也不敢说的话语,裸露出不合常规常法的举止。张旭之狂草,率然游走,淋漓倾注,心驰神往,迅疾骇人。如果没有酒的作用,是难以做到的。饮酒使张旭致醉,致醉才使张旭意态飞动,豪情四溢,笔法纵恣,结构变幻,受压抑的潜意识如火山般喷薄而出,真情跃然纸上。正是这种自我个性无拘无束地张扬,才使他达到了无人企及的独具风格的艺术境界,留下千载不朽的"草圣"美名。醉,并不能使所有的人都写出狂草来,只有张旭式的狂放性格与人品修养,才有张旭式的"狂草"。看来饮酒致醉,醉对世人是不公平的。

张旭的草书虽有"醉"的作用,但从根本上讲,还在于他平时的揣摩练习,生活中的观察领悟。他曾说:"始见公主担夫争道,又闻鼓吹,而得其笔意,观倡公孙舞《剑器》,得其神。"由此可知,他的草书达到出神入化、炉火纯青的地步,是受到了一位公主与担夫在路上争道,公孙娘子舞剑的启示。后代书法家对他人的书法作品都能指出瑕疵,唯独张旭的草书,被视为神品,"无非短者",找不出毛病。而在此基础上,能够从更高层次上心领神会张旭草书的,在唐代只有崔邈和颜真卿。李白的诗歌,裴旻的剑舞,张旭的草书被唐人称为"三绝"。可见张旭在盛唐时期,就已是名满天下的大书法家了。

唐代诗人李颀曾写过一首五言古诗《赠张旭》,描绘了张旭书法的精深造诣,并活画出张旭这位"草圣"的放浪不羁,睥睨天地的风采,可看作是一篇形象生动的人物小传:

张公性嗜酒,豁达无所营。

皓首穷草隶,时称太湖精。

露顶据胡床,长叫三五声。

兴来洒素壁,挥笔如流星。

下舍风萧条,寒草满户庭。

问家何所有,生事如浮萍。

左手持蟹螯,右手执丹经。

瞪目视霄汉，不知醉与醒。

诸宾且方坐，旭日临东城。

荷叶裹江鱼，白瓯贮香粳。

微禄心不屑，放神于八绖。

时人不识者，即是安期生。

诗里告诉我们，张旭这个嗜酒狂放的人，每当兴致高昂时便对着洁白的墙壁作书，挥笔疾如流星。而他住的房子却四处漏风，院子里长满了荒草，家里什么也没有，生活上的事满不在乎。你看他左手拿着蟹螯下酒，右手执着炼丹的经典。瞪着眼睛仰望天空，不知自己是醉还是醒。他视功名富贵如浮云，不把当官的那点微薄的俸禄放在眼里，而是放神于宇宙之中。不认识他的人差点把他当作神人安期生了。

高适在《醉后赠张旭》一诗中赞道：

世上漫相识，此翁殊不然。

兴来书自圣，醉后话尤颠。

白发老闲事，青云在目前。

床头一壶酒，能得几回眠。

诗僧皎然曾于张旭交往中，亲眼目睹了张旭酒后狂草那惊心动魄的一幕，他在《张伯高草书歌》中写道：

有时凝然笔空握，情在寥天独飞鹤。

有时取势气更高，忆得春江千里涛。

阴惨阳舒如有道，鬼状魑容若可惧。

黄公酒垆兴偏入，阮籍不嗔嵇亦顾。

长安酒榜醉后书，此日骋君千里步。

诗，难免有夸张之处，但诗里必定含有张旭的生活影子在。韩愈对张旭的草书也大加赞赏："张旭善草书，不治他伎，喜怒窘穷，忧悲愉佚，怨恨思慕，酣醉无聊不平，有动于心，必于草书焉发之……故旭之书，变动犹鬼神，不可端倪。以此终其身，而名后世。"（《送高闲人序》）

上述诗也好，文也罢，都可看作是那时的文人对张旭醉后狂草作品的研究

中华酒典

和评价,人们赞美"醉草",正是唐人追求狂放自由精神的一个缩影。

张旭不仅是千古独步的书法家,而且擅长七绝,如"纵使清明无雨色,入云深处亦沾衣""桃花尽日随流水,洞在清溪何处边"之句,都独具特色,饶有画外之深趣。可是至今,我们只知道他是唐开元天宝年间的活跃人物,却不知他生于何时,死于何处。不过这都无关紧要,有"草圣"的美名,"颠张"的狂放,也就足够后人品啧了!

张旭的传人,"和尚"书法家怀素,也以"狂草"在唐代显名。相传他练字秃笔成家,并广植芭蕉,以蕉叶代纸练字,因名其居所曰"绿天庵"。好饮酒,兴到运笔,如骤雨旋风,飞动圆转,虽多变化,而法度具备。其狂草继承张旭,有所发展,"颠张醉素"对后世影响很大。世存书迹有《自叙帖》《苦笋帖》《论书帖》等。唐代诗人任华作有《怀素上人草书歌》长诗一首,诗中写道:"骏马迎来座中堂,金盆盛酒竹叶香。十杯五杯不解意,百杯已后始癫狂。一癫一狂多意气,大叫一声起攘臂。挥毫倏忽千万字,有时一字两字长二丈……"酒使这位僧人书法家的才艺发挥到极致。他与张旭都是以醉酒挥发天分的草书艺术家,是唐代"狂草"的双璧。

以"书"佐酒的苏舜钦

苏舜钦(1008~1049),字子美,绵州盐泉(今四川绵阳东)人,当过县令,大理评事,集贤殿校理。《宋史》本传说他"少慷慨,有大志"。他曾数次上书给皇帝,纵论时政得失,致令"群小为之侧目",政治上遭到御史中丞王拱辰的打击,长期放废,闲居于苏州一带,过着寄情山水的生活。他工于散文,诗与梅尧臣齐名,风格豪健,为欧阳修所重视。梅尧臣称赞"其人虽憔悴,其志独昂昂"。

苏舜钦豪放好饮,以书佐酒,时人称其"左有《汉书》,右为斗酒"。他读《张良传》中"良曰:始臣起下邳,与上会于留,此天以臣赐陛下"这句时,拍案赞叹:"君臣相得,难遇如此!"品味再三,满饮一大杯。每读到妙不可言处,便得意忘形,大呼小叫,感慨万千,以酒助兴。

据明人张岱《夜航船》一书记载:苏子美为人豪放不羁,喜欢饮酒。他起初在岳父杜祁公的家里时，每天边读书边饮酒，以喝完一斗为限。杜祁公不解其中原因，就派家中一位年轻的晚辈去偷偷察看他。那位晚辈靠近门口，听到子美正在读《张良传》。当读到张良与刺客偷袭行刺秦始皇，刺客抛出的大铁锤只砸在秦始皇的副车上这一段时，晚辈透过窗户眼，看到他突然拍手高声道："可惜呀，没有打中！"感叹之余，满满喝了一大杯酒。随后又读到张良说"自从我在下邳起义后与皇上在陈留相遇，这是天将我送给陛下呀"这一段时，苏子美拍桌子说"君臣相遇，竟如此艰难呀！"又仰脖喝下一大杯酒……杜祁公听了晚辈的汇报后大笑说："有这样的下酒物，一斗不算多啊！"读书贵在专心，专心贵在会意。苏子美读《张良传》，是他最佳的"下酒菜"，每有会意交感之处，便痛饮一杯，正是绝好的精神享受。明代才子张灵，也有类似苏子美的雅举。一天坐读《刘伶传》，命童子进酒，屡读屡叫绝，就拍案喝一杯。书中胜处甚多，酒也相应地喝得多起来，一篇传记尚未读完，童子只好跪下说实话："先生不要再读了，酒已经喝光了。"清初的郑板桥读鲍匡溪《明史论》，读了三遍，饮酒无算。这些都是"以书佐酒"的美谈。

读苏舜钦的诗，回肠荡气，"情感激昂"（钱钟书语）。欧阳修曾在《紫石屏歌》一诗中赞道："不惟胸宽胆亦大，屡出言语惊愚凡。""庆历新政"时，苏被范仲淹和富弼推荐为集贤殿校理，主管进奏院公事，官不大，职责重大，因而得罪了御史王拱辰，遭他打击迫害，长期放废。他在苏州自筑沧浪亭，常与文友于亭中饮酒论事吟诗。表面看，似乎忘却世事，逍遥于诗酒之中，其实内心不平之气始终郁结。他在《对酒》诗中写道："长歌忽发泪迸落，一饮一斗心浩然。嗟乎若道不如酒，平褫哀乐好摧朽。读书百车人不知，地下刘伶吾与归。"表达了他壮怀激烈，英年困废的感慨。是酒，使他浩然之心得到摧朽泯灭，暂时换取一点欢乐，舒缓了精神上的严重危机。这也让他想起"唯酒是务"的那个刘伶。面对景色幽雅的沧浪亭，自己"时时携酒只独往，醉倒唯有春风知"。看上去，苏子美很是逍遥快活，"卧看青天行白云"，"满川风雨看潮生"，其实，抑郁的情怀始终没有冰释，这与他好强执着的性格直接相关。既然官场将自己清除出局，那就安之若命，顺其自然，真正把心放下，去掉执着，过自己平凡的生活有何不好？结果，非要学范仲淹"居庙堂之高则忧其民；处江湖之远则忧其君。是进亦忧,退亦忧",忧了半天,无人理睬,于事无补,倒把自己"忧"得英年早逝,只活了40岁。沧浪亭的景色实际上并未化开苏子美内心因抑郁而激昂苦闷的冰山。心情始终不好,喝下去的美酒均是苦酒、恨酒、牢骚酒。正如他自己所言:"有时愁思不可掇,峥嵘腹中失和气。"

苏子美生前并未引起时人的多少重视。死后,人们才感到世间失去了一位慷慨直言的人,身价顿时百倍。欧阳修在《和刘原父澄心纸》一诗中写道:"子美生穷死愈贵,残章断稿如琼瑰。"世间的事就是那么怪异,活着时和常人一样,甚至受尽了白眼冷遇。死了,失去了,人们才觉得无人填补他的空白,感到珍爱,直至使苏舜钦的"断章残稿"都成了瑰宝。这到底是时运不济,还是人们真的有眼无珠?为什么活着时不懂得珍爱呢?

纵酒自乐的祝允明

祝允明(1460~1526),字希哲,因左手生而六指,故自号枝山,又号枝指生,世称"祝枝山"。长洲(今江苏苏州)人,明中期大书法家和诗人。晚年曾任广东惠州府兴宁知县,后官至应天府(今南京)通判。

据《明史·祝允明》载:祝允明"五岁作径尺字,九岁能诗。稍长,博览群籍,文章有奇气,当筵疾书,思若涌泉。尤工书法,名动海内。好酒色六博,善新声。求文及书者踵至,多贿妓掩得之。恶礼法士,亦不问生产,有所入,则召客豪饮,费尽乃已,或分与持去,不留一钱"。于此可知,他在当时不但是个奇人,而且是个我行我素的怪人。

17岁中秀才,32岁中,意气风发的祝允明,满以为通过考试,走上仕途,获取功名,如探囊取物,不料此后竟七试礼部不成。仕途上蹭蹬不进的打击,使他心灰意冷,从此便由积极入世的儒家观念转向了消极出世的老庄哲学,归向道家。他曾写下《口号三首》诗,以表明自己当时的心态:

一

枝山老子鬓苍浪,万事遗来剩得狂。

从此日和先友对,十年汉晋十年唐。

二

不裳不袜不梳头,百遍回廊独步游。

步到中庭仰头卧,便如鱼子转瀛洲。

三

蓬头赤脚勘书忙,项不笼巾腿不裳。

日日饮醇聊弄妇,登床步入大槐乡。

这无疑是祝允明的人生宣言!仕途阻塞,为官不得,静坐家中能干些什么呢?"口号三首"就是明确的答复:祝枝山老子我已到了两鬓斑白的时候,万事忘怀,检点一切,剩下的就只有癫狂了。此后每天博览群籍,与古人为友,沉浸在汉、唐那充满生气的时代。不裳不袜,也不梳头,不需要刻意地装扮自己,过着潇洒无拘、忘怀人事的生活。院中漫步困了,仰头便睡,犹如鱼儿进入大海瀛洲漫游那样畅快。这是一种内在的、自然的、纯净的乐趣,是"禅"的境界。尽信书不如无书。所以,祝允明为了探究书中的精义,忙到蓬头赤脚,顾不上穿衣戴帽。"勘书"二字,这也是对礼学的叛逆。为了顺情适性,饮的是醇酒,伴的是美妇,睡的是安稳觉。这就是他后期生活的大体情景。有希望的执着,往往是事业成功的前提。毫无希望的执着,明知不可为却硬是扭住不放,还炫耀为一种难得的精神,那无异于作茧自缚。这时精神解放至关重要:放弃执着,跳出凡俗,卸去枷锁,就会进入到另一种快乐的境地。祝允明就是放弃执着,返璞归真的典型。他的快乐是放弃的结果。因为他觉得"天地清明少,人生辛苦多"。自我反省的抉择是"问他痴顽老,不醉待如何?"(《甲寅端五拟白》)在他看来,"有花有酒有吟咏,便是书生富贵时"(《新春日》)。他这种十足的书生气,正是书生的本色体现,是本我的回归。

凡饮酒的人,都曾有过醉的感觉。如陶渊明、白居易、韩愈、柳宗元、欧阳修、苏轼、元好问这些大饮客,都曾写过"醉乡"的美好感觉。祝允明也曾写过一首《春日醉卧戏效太白》的诗,专谈他醉后的一次游历。诗中写道:"春日入芳壶,吹出椒兰香。累酌无劝酬,颓然倚东床。仙人满瑶京,处处相迎将。携手观太鸿,高揖辞虞唐。人生若无梦,终世无鸿荒。"他写的是醉中一梦:即独饮游历的乐趣。在春天里,和暖的春风吹进了酒壶,把酒香散布在四周的空气里,造成迷人的芳香。一杯一杯地喝着,虽没有朋友共饮,却也很有兴致。直到酩酊大醉,颓然斜靠在东床上。于是眼前出现幻景,仿佛自己身在仙界,有无数仙人环列四周,他拉着仙人的手,逍遥自得,从天界俯视人间,感到那样的超脱与快乐。唐尧、虞舜是以禅让天下而出名的古代贤君,这时若让给他一定高揖不受,比起梦境中的逍遥,帝位有什么味道? 最后两句是醒后说的话:人生倘若没有梦,永远也感受不到"鸿荒"的境界。表达了祝允明渴望解除羁绊,向往自由的心情。李白曾饮酒后写过《梦游天姥吟留别》一诗,祝允明戏效太白,也做了一次精神漫游。我们得感谢酒,是酒为他提供了那种神秘的感受和快乐。

一个普通的人,一旦成为社会追捧的人物,便是最最寻常之事,也会演绎出许多故事来。祝枝山是明朝弘治年间的大文人,一生专攻书法,亦善诗文,尤以草书成就闻名天下。他生性诙谐,狂放不羁,为人豪爽,性格开朗,又贪杯中物。因而,有关他的民间传说也就不可胜数。姑举几例:

其一,一天,唐伯虎与文徵明瞒了祝枝山,躲在一处饮酒,不料被祝枝山得知,也急急忙忙赶到那里,一进门就大声嚷道:"今朝吃福好,不请我自到。"说罢,坐下便要喝酒。唐伯虎向文徵明眨眨眼,然后对祝枝山说:"今天我们喝酒,有个规矩,每人吟诗一首,打一昆虫名,否则不得饮酒。"祝枝山笑笑说:"好吧,你们先说。"唐伯虎便吟道:"菜肴香,老酒醇,不唤自来是此君,不怕别人来嫌恶,扑到席上自营营。"文徵明接着说:"华灯明,喜盈盈,不唤自来是此君,吃人嘴脸生来厌,空腹贪图乱钻营。"不速之客祝枝山听了,知道他们在取笑自己专吃白食,但却假装不懂,便也吟了一首:"来得巧,正逢时,劝君莫怪盘中食,此公满腹锦绣才,不让吃喝哪来诗?"前苍蝇,后蚊子,唐、文两人的诗都在暗骂祝允明。而祝允明不但没半点嗔怒,且吟诗巧对,把自己比作为人辛苦吐丝的蚕。吟罢,三人相视大笑,开怀畅饮,直喝到酩酊大醉方休。

其二,祝枝山是唐伯虎最要好的朋友,两人性情相近,时常拎着酒壶,乘着渔船,游山玩水,饮酒赋诗,颇有避世弃俗之意。曾传说两人有一次抵扬州,发现所带银两已用尽,听说扬州的盐政御史喜好风雅,便扮为化缘道士来到衙门。御史请他们以门口大石为题,联句成诗。唐伯虎吟诗,祝允明书写。吟完书毕,御史一看,诗意美,草书绝,连声赞好,于是赏了他俩不少银子,两人因此又多玩了几天。

其三，一次，祝允明、唐伯虎和张灵三人在酒店饮酒。酒后结账时才发现没带钱。无奈之下，唐伯虎找张白纸，几笔勾勒，便成青山绿水。祝枝山接过笔，题了四句诗，更是锦上添花，最后张灵在绿水旁添了个汲水小童，顿使画面生机盎然。恰遇饭馆主人喜欢收藏字画，得此三人创作，如获至宝，不但没有要他们的饭钱，临走时又分别给他们每人送好酒一坛。

祝允明在晚年当过县令，时间不长，自感不适，便辞职回家。晚年生活更加困难，由于行为怪诞，每次出门游览时，便有不少慕名好事者跟随其后，这也是对祝允明的一点安慰。

一生所著诗文集六十卷，其他杂著百余卷。他是明中期"吴门书派"三大代表人物之一。有《新闻记》《枝山前闻》《老怪录》《怀星堂集》等传世。

酒酣挥笔作画的黄慎

黄慎，字恭寿，号瘿瓢子，闽之宁化（今福建省三明市西部）人。是"扬州画派"的代表人物。据清代清凉道人《听雨轩笔记》载：黄慎少年时跟随同郡乡人上官周学画。由于悟力与勤奋，人物花鸟，山水楼台，皆画得惟妙惟肖。一天，他仔细地观看揣摩了启蒙师上官周的画作后，深感不及，叹道："吾师绝技，难以争名矣！志士当自立以成名，岂有居人后哉！"之后，一连几个月，聚精会神，每天注目观看老师的作品，几乎到了废寝忘食的地步。偶见唐代怀素的草书真迹，又琢磨许久。一天到市里闲转，突然大有所悟，立即闯进店铺索借纸笔，将自己所悟之感在纸上风驰电掣般地涂抹起来。画毕，拍案大笑说："吾得之矣！"市里行人看到他的反常举动非常吃惊，以为他是个疯子。他创作的这幅画，初看如草稿，寥寥数笔，形模难辨。当离开纸一丈多远时再看，倏忽往复，满纸飞动，精神骨力都活灵活现地展示出来。他的老师上官周不无自豪地称赞说："我的门徒中有黄慎，犹如王羲之之后有鲁公一样！"于是，黄的名声顿时远播大江南北，游历扬州等地时，受到人们的推崇。一次，他去友人家里饮酒。进门时，蓦然回头，见到友邻豆腐店主的女儿，内心非常喜欢她。想纳之为妾，却苦于无钱而不能娶回。于是画了一位仙女,装裱好挂在自己的画店。有一盐商见了,愿以重金购买,黄慎都没有卖。在盐商的细问下,黄慎实事实说。盐商为了得到这幅画,便花钱买来豆腐店这位女子送给黄慎,才换得那幅仙女画。画界一时传为美谈。

在"扬州八怪"中最喜欢饮酒的莫过于黄慎。据清凉道人《听雨轩笔记》载,黄慎,性嗜酒,前去求画的人全都以好酒款待他。酒筵上,黄慎频频饮酒,不计其数。纵谈古今,旁若无人。酒酣捉笔,挥洒迅疾如风。清人许齐卓《瘿瓢山人小传》又说,黄慎爱饮酒但酒量不大,稍饮辄醉。醉后则豪兴大发,濡发献墨,顷刻间飘飘然可画数十幅。

黄慎

马荣祖在《蚊湖诗钞》序中也说,黄慎"酒酣兴致,奋袖迅扫,至不知其所以然"。这些民间笔记证明,黄慎的许多佳作,多创作于酒酣耳热之际。我们从字里行间,仿佛看到微醺后的黄慎,神旺意足,腕与心应,信笔挥扫的情景;凛凛然,天马行空,不可勒羁的气势与风采。他画的《醉眠图》里的铁拐李,无拘无束,四海为家,粗犷豪爽,不仅是黄慎酒酣时的杰作,也是他平素生活的一个缩影。郑板桥对莫逆之交黄慎的画作赞佩有加:"家看古庙破苔痕,惯写荒崖乱树根。画到神情飘没处,更无真相有真魂。"这是一个行家对黄慎一生名誉事业的酷评!

往往醉后出杰作的傅抱石

傅抱石(1904~1965),江西南昌新余人,出身于世代务农的一个家庭。早年留学日本,攻读东方美术史学。是现、当代山水画大家,人民大会堂的巨幅山水画《江山如此多娇》就是他与关山月合画的杰作。新中国成立后曾任江苏国画院院长和南京师院教授,中国美术协会副主席,美协江苏省分会主席,第三届全国政协委员。

傅抱石,刻有一枚闲章曰"往往醉后",披露自己的大多数画作都得之于酒的帮助,往往是在醉后,灵感顿发,浓彩重抹,一气呵成。这说明,酒与傅抱石的画作有着直接的关系。唐代的吴道子,唐明皇命他画嘉陵江三百里山水的风景,他能一日而就。《历代名画记》中说他"每欲挥毫,必须酣饮",画嘉陵江山水的疾速,表明了他思绪活跃的程度,这就是酒刺激的结果。元代的吴镇,善画山水、竹石,有人说他"醉后挥毫写山色,岚军云气淡无痕"。还有王蒙,善画山水,酒酣之后往往"醉抽秃笔扫秋光,割截匡山云一幅"。可见,画家"往往醉后"出佳作,是有历史根据的。

　　有人回忆说,傅抱石每当作画时,身边必备一壶美酒。他一手执笔,一手执壶,作画与饮酒同时进行。酒像一团火似的从喉管滑入胃中熊熊燃烧,渐渐烧起一腔豪情,驱使画笔,肆意挥洒勾勒,腕与笔应,神采飞扬,逮若神助,真乃"问君何举如椽笔? 跃上云端酒使狂"。

　　1958 至 1959 年间,傅抱石和著名画家关山月被周恩来总理请去,为人民大会堂绘制毛泽东诗意巨幅山水画《江山如此多娇》。当时,国家正值困难时期,物资供应紧张。傅抱石和关山月都好饮,在作画时由于没有美酒激发灵感,常感神采乏力,冥思无端……于是就试着给周总理写信,倾诉无酒之苦,请求总理能批一点儿酒喝。周总理看罢信,不禁为傅抱石的直率而笑了。他理解艺术家的苦衷,立即叮嘱工作人员,对傅抱石和关山月的茅台酒管够,直到完成画作。两位画家拿到茅台酒,不禁喜上眉梢。一打开瓶盖,一股醇香扑鼻而来,精神为之一振。美酒润笔,真情动心,灵感奇生,不久便完成了气势磅礴的巨幅山水画《江山如此多娇》。这幅山水画,不但受到中外贵宾的好评,连毛泽东主席也表示赞许,认为较好地体现了他诗句的意境。

　　酒是傅抱石作画的助灵剂。他的画艺发挥得之于酒,几乎非酒不画,画必以酒。当然,过量饮酒,也给他带来身体的不适。他说:"昔陈东莲、高凤翰、许友介……诸大师,均毁于酒;而我过去最敬佩的日本近代画家幸梅岭、桥本关雪……也毁于酒。"他曾多次试着戒酒,但终未成功。因为没有酒,创作必然平淡无奇,难以突破前人窠臼,很难说他的艺术之树还能常青。嗜酒而深知酒之害,戒酒又难以断酒,这就是当时傅抱石的矛盾心态,他对酒的依赖性太大了!

中华酒典

那是 1965 年,傅抱石应上海市委之邀,为新建的虹桥国际机场作画。画将结束时,他提出要回南京与家人共度国庆节。临行时,华东局负责人魏文伯设宴款待,并邀请上海文艺界的朋友前来作陪。傅抱石兴奋异常,频频举杯,畅饮美酒,谈笑风生。雅兴大发下,又在散席后,当场挥毫作画。

有人回忆说,"由于傅抱石上了年纪,加之饮酒过量,回南京的第二天,因脑溢血昏迷不醒,留下尚未出版的五六十万字的手稿,还有 500 余件没有来得及落款的字画,撒手人寰。实在令人扼腕痛惜"。笔者以为,傅抱石去世并非因酒。脑溢血,是由于高血压、动脉硬化或脑血栓而致。如果,酒果真是他去世的杀手,当天饮那么多酒,就应该发作了,哪能等到回家后的第二天。吸烟有害,可是吸烟一不会导致人们言行的反常,二不会使人逸兴遄飞,所以烟受到人们的非议就比酒少;而酒,几杯下肚,任何人都会觉得飘飘然、陶陶然、昏昏然,"平素道貌岸然的人,也会绽出笑脸;一向沉默寡言的人,也会议论风生"(梁实秋语),会使正常人变态,乃至遭人讨嫌,因而人们习惯于将嗜酒的人与死联系起来,这就是人们谴责咒骂酒的原因。其实,烟的危害不亚于酒,却少有人谴责咒骂烟。若酒与傅抱石的去世真有关系,那也不过是间接关系。笔者不是有意为酒辩护,而是想纠正人们的误传。脑溢血的直接杀手是脑血栓或脑血管硬化。

在 40 多年的创作生涯中,傅抱石共留下 3000 多幅作品,还有《傅抱石画集》《中国绘画理论》《中国绘画研究》等专著传世。在他去世后,无论是他传神精妙的人物画,还是酒醉泼墨的山水画,拍卖画价均凌驾于其他名家之上。

饮酒间挥写大作的乔冠华

乔冠华(1913~1983),别名乔木,江苏盐城人,新中国第四任外交部长。16岁考入清华大学,20 世纪 30 年代前后入日本帝国大学学习哲学,后去德国土宾根大学留学,获哲学博士学位。他是职业革命家,外交家,国际政治军事评论家。党内高层有"乔老爷"和"外交才子"的别称。

据张容在《中华儿女》刊物载《一言难尽乔冠华》一文可知:乔冠华,阅历丰富,个性鲜明,秉性旷达,恃才傲物,浪漫洒脱,不拘小节。常在饮酒赋诗之间,挥毫大作。好吸烟,嗜酒。他写作的习惯常常是深夜伏案,边写、边吸、边喝,午夜时分,文稿完毕,第二天见诸报刊。他的生活、工作无规律可循。年轻时,衣着随便,头发长约二寸,朋友们戏称他是"怒发冲冠",吃的更是菲薄,往往因为写文章,饱一顿饥一顿。

乔冠华酷爱茅台酒,他一生与茅台酒结下了不解之缘。早在1942年春夏之交,得悉蒋介石密令逮捕他,便匆忙坐火车经衡阳、桂林到贵阳,找到在法国留学时的同学邓迁。老友相逢,分外高兴,邓迁设家宴款待,乔冠华端起酒杯,只觉得酒香扑鼻,一杯下肚,浑身舒畅,连赞:"好酒!好酒!"邓迁告诉他,这就是巴拿马万国博览会上获金奖的茅台酒。

乔冠华早知茅台酒的盛名,却从未饮过,听邓迁一介绍,他忙取过酒壶,换个大杯,自斟连饮了满满三杯,这才歇口气轻声背诵了清道光年间陈熙晋的一首诗:"尤物移人付酒杯,荔枝滩上瘴烟开。汉家枸酱知何物,赚得唐蒙入部来。"乔冠华背完诗对邓迁说:"你人在贵州,可知贵州茅台酒的来历?"邓迁顿时被乔冠华问住了,只得摇摇头,表示不知道。乔冠华介绍说,相传大禹时候,赤水畔的土著先民濮人,用果实做酒,供奉在长有茅草的土台上祭祀,世代相传,俗称"枸酱"。汉武帝建元六年(前135),朝廷派唐蒙出使南越(今广东一带),绕道夜郎国边境(今仁怀市一带),饮"枸酱"甚甘美,特地带了几坛回朝进贡,汉武帝饮后大喜,从此"枸酱"列为贡品。北宋大观二年(1108)张能臣编撰的《酒名记》,称枸酱为"风曲法酒"。元朝将产酒地正式定名茅台村。清乾隆十年(1745)贵州总督张广泗疏导赤水河,茅台村成了川盐入黔的水陆码头,日益繁荣起来。乾隆四十九年(1784),"偈盛"烧坊正式命名茅台酒,畅销川、黔、湘、滇各省。至道光年间,茅台村发展为黔北四大集镇之一。咸丰、同治年间,翼王石达开、土著杨隆喜先后率兵抗清,茅台村几乎被夷为平地。光绪三年(1877),四川总督丁宝桢再次疏导赤水河,茅台村得以复兴……乔冠华一口气说了这么多,邓迁十分惊奇,说:"你对茅台酒的历史怎么了解得这么详细?"乔冠华又端起酒一饮而尽,笑笑说:"红军长征四渡赤水,其中第三次便是从茅台渡口过的赤水河,那时国民党报纸造谣,说红军指战员在茅台酒池内洗澡、洗脚。黄炎培先生为此曾题诗曰:'喧传有客过茅台,酿酒池中洗脚来。是真是假

中華酒典

我不管,天寒且饮两三杯。'我听到这个谣传后,便留心茅台酒的来历,并下了一番研究工夫。"邓迁高兴地说:"你是'酒仙',当然熟知酒史了,何况是茅台名酒呢!"乔冠华谈兴正浓,问邓迁:"你知道茅台酒在巴拿马万国博览会上是怎么得金奖的吗?"邓迁说:"听人说,是民国4年(1915),中国驻外大使黎庶昌把茅台酒送上巴拿马参加万国博览会展出的。"乔冠华点点头说,"茅台酒当时包装比较差,是黄色土瓷瓶,陈列在巴拿马万国博览会偏僻角落,很不起眼,几乎无人问津。中国人急中生智,乘外国人进入展厅时,故意摔了一瓶茅台,顿时酒香四溢扑鼻,引起评酒专家的重视,这才使得它和苏格兰的威士忌、科洛克的白兰地并列为世界三大名酒之一,获得金质奖章。这真是'怒掷酒瓶扬国威啊!'"乔冠华在邓迁家住了四五天,邓迁天天以茅台酒款待,使乔冠华过够了酒瘾。当邓迁为乔冠华办好了去重庆的通行证,送他上汽车去重庆时,仍念念不忘茅台酒,特地向邓迁讨了一瓶茅台酒带在路上喝。

据冯亦代《喝酒的故事》一文回忆,乔冠华在香港时,一周不少于四次为《时事晚报》撰写社论或评论文章,每天写到深夜。经常在写文章时一手写字,一手端杯喝酒。"他的酒量是很大的,一口气可以喝半瓶法国白兰地"。发了稿,就在冯亦代家中睡觉。睡前他要一边喝着酒,看一会儿外文报纸。通常,冯亦代每晚给乔冠华准备一瓶斧头牌白兰地,他喝完后便去睡几小时。家中的保姆看到乔冠华每天晚上总须喝上几杯,便给他起了"酒仙"的外号。

冯亦代回忆说,乔冠华在抗战期间就着酒写出的国际政论文章,尖锐泼辣。当时许多青年人争相传阅乔冠华的文章,人称"老乔正以他成熟而又犀利的笔锋,剖析时局,给陷于迷乱心情中的人指出了一条明确的道路",每读乔冠华的文章,"心头如饮一瓢清泉,不仅彻凉,而且眼睛也跟着放亮起来"。

1942年秋季,乔冠华到重庆《新华日报》工作,主持"国际专栏",直到抗战胜利。他每周二为《新华日报》写一篇"国际述评"。平时收集素材,周一晚上边饮酒边撰写文稿,深夜二时改毕文稿,第二天见报。他的文章在重庆风行一时,大受人们的欢迎。毛泽东曾称赞乔冠华的某篇评论可顶战场上的几个坦克师。是酒引发他精神亢奋,才思泉涌,写出那么多见解深刻,预测准确,文采斐然的好文章。可以说,他的"文才"在酒的催发下得到了充分的发挥。

乔冠华夫妇是周恩来一手培养起来的外交家。无论是朝鲜停战谈判,还是两次日内瓦会议,乔冠华不但直接参与其中,而且起了很重要的作用,充分展示了他的外交才能。乔冠华在周恩来面前敢出洋相,但分寸把握得好,决不伤大雅。在"反右"期间,乔冠华因不拘小节口无遮拦的性格,成为"右派"的边缘人物,多亏了周恩来的保护,他才幸免于难。在那段日子里,他受了一些委屈,也挨了一些批评,常为此而饮酒过量,阳台上茅台空酒瓶堆放如山。1959年初秋,在钓鱼台国宾馆花房工作的尚金生师傅,常看到外交部8号楼乔冠华桌子上,放着一瓶茅台和一只小酒杯,见他写累了就喝一盅酒,借以提神。说他不修边幅,平易近人,写作之余,上穿圆领汗衫,下穿短裤,脚穿拖鞋,手里拿着一把蒲扇,悠哉游哉地来到花房,说是"清醒清醒头脑,换换空气"。

据摄影记者杜修贤回忆,1964年,由周恩来率团访问亚非十四国,乔冠华夫妇随团出访。回国后,乔冠华就着茅台酒写下长达151页的《关于访问亚非十四国的报告》。在人民大会堂庆祝访问成功的宴会上,乔冠华喝酒到微醺时,便把他的"活宝好戏"拿出来表演。他一手拿盘子,一手拿勺子,边敲边说边舞,一会儿学几内亚妇女的舞蹈动作,一会儿模仿阿拉伯地区男人走路,大家被他妙趣横生的表演噎得直岔气,差点把酒水喷出来,晚宴被他精彩的表演推向高潮。有人乘机拍下照片,乔冠华酒醒后一看,也忍不住大笑起来。

在世界上引起重大反响的1970年"5·20声明",起先交由他人写出初稿后,毛主席看了很不满意。毛主席只好重新点名授意乔冠华起草。据说,"乔老爷"受命后,在自家当晚的餐桌上,摆了一瓶茅台,边写边饮,第二天早上就拿出了气势磅礴的"5·20声明"初稿。毛泽东看了初稿后很满意,笑对乔冠华说:"李白斗酒诗百篇,你写出这篇文章,喝了多少茅台酒啊?"在场的周恩来笑着说:"没有一斗,至少也有一瓶吧!"

"文革"初期,乔冠华被批斗多次。有一个时期,他还被迫在北京饭店一侧的王府井街头叫卖小报,形销骨立。远远看见他的熟人,为不使他难堪,就绕道掩面而过。他在落魄之余,常在附近小酒馆饮几杯啤酒。1968年,乔冠华恢复工作。1970年爱妻龚澎逝世,乔冠华悲痛欲绝。每天下班回到家里百无聊赖,他在晚上常拿着放大镜仔细地一张张地观看龚澎的相片,情不自禁,边看边哭,甚至不管邻里深夜听到,无所顾忌地放声大哭。之后就找点花生米,含着泪水,借酒打发孤独的时光。1971年,好友李颢从苏州赶到北京看乔冠华,见到客厅墙角乱七八糟一大堆空酒瓶。

1971年秋季的9月13日,林彪外逃,机毁人亡。周恩来找崔奇和乔冠华准备写关于"9·13"事件的声明。议事刚毕,乔冠华就赶到301医院,向被林彪迫害而正在养病的陈毅报告了这一好消息。当天夜晚,乔冠华激动异常,正在这时,邻居符号(周总理秘书)来访,于是拿出一瓶茅台,两人边饮边谈林彪叛逃事件。乔冠华将一杯茅台酒一饮而尽,又斟一杯,端在手中,然后依唐人卢纶《塞下曲》"月黑雁飞高,单于夜遁逃。欲将轻骑逐,大雪满弓刀"之韵律,改为"月黑雁飞高,林彪夜遁逃。不用轻骑逐,大火自焚烧"。吟毕又一饮而尽,真是豪兴冲天。郭沫若得到了这首新编《塞下曲》后,曾挥毫将此诗写成条幅并加赞语后,赠给乔冠华。

1971年11月,联合国代表通过了恢复中国在联合国的合法席位。毛泽东亲自点将,让乔冠华"任团长"前去出席联大。毛说,"乔老爷"懂几种外语(包括英、德、日语),知识渊博,中西贯通,不只文章写得光彩夺目,而且演讲口才也达到了炉火纯青的地步,团长非他莫属。周恩来完全同意毛泽东的意见。接下来的第一件事是,赶写出席"联大"主发言稿。乔冠华还是老习惯,边饮茅台酒,边凝思挥笔,连续几天几夜便拿出震惊世界的发言初稿。

1972年的"中美联合公报",是在周恩来组织下,由乔冠华和基辛格在中南海钓鱼台国宾馆逐字逐句推敲的成果。那些天,乔冠华几夜难眠,劳累不堪,提神解乏的便是茅台酒,到正式定稿时,空酒瓶喝下一大堆。

由于乔冠华的才学和他本人在"联大"的出色活动,之后,一直到1976年,中国出席联大的重要会议,均由乔冠华率团,这是乔冠华得意的"人生顶点"。一时,鲜花、美酒、喝彩、英雄,"乔老爷"似乎全方位的出彩,他走起路来,更加潇洒、更加矫健,天天神采飞扬的。这时,只有乔的大儿子对一位老同志说:"别看他现在这样红,他早晚要犯错误。"

1974年,"批林批孔"开始,矛头直指周恩来。这一年,乔冠华任外交部长,处于政治斗争的漩涡中,他亲自在外交部布置"批林批孔"运动,其心情难免郁闷彷徨。乔冠华好喝酒,他高兴时喝,苦闷时也喝。酒瓶就放在沙发边,随手可得。有的老同志晚上去他家串门,发现"乔老爷"一人在低头喝闷酒,也没有菜肴,沙发边还有几个空酒瓶。问:"你怎么了?"乔冠华满面泪痕地摇摇头。1975年,时年62岁的乔冠华第五次率中国代表团出席联大。在会议期间,面对霸权主义行径,他谈笑风生,口诛笔伐,精彩纷呈,那几乎是"即兴式"的讲演,再次震动了联合国大厦。这是乔冠华平生最精彩的演说之一。

1983年元旦那天,夫人章含之特地把最亲近的朋友夏衍、冯亦代和郑安娜夫妇、黄苗子和郁风夫妇以及吴祖光新凤霞夫妇等人请到家中吃饭。老友相聚,病入膏肓的乔冠华十分高兴,他让章含之打开尘封已久的茅台,乔冠华端起久违了的酒杯,和大家频频干杯,尽欢而散。这是乔冠华最后一次饮酒。

1983年9月22日上午,乔冠华因患肺癌逝世。最后一句话是向前来看他的老友夏衍说的:"人生自古谁无死!"乔冠华是人中棱角分明的人,活得本真自然,为人不设防,犹如一杯品尝不尽的醇酒,真是一言难尽乔冠华。他的一位朋友说:"当初不求闻达,而闻达自至;不期蹭蹬,而蹭蹬及身。"

酒中作画的方成

方成(1918~),原名孙顺潮,出生在北京。著名漫画艺术家,曾任人民日报高级编辑,现任中国民间漫画研究会名誉会长。代表作有《方成漫画选》、散文《挤出集》、理论著作《笑的艺术》等作品。自言,终生从事政治讽刺画,却因不关心政治屡受批评。很多人问他养生之道,他作打油诗一首,并配上骑自行车的自画像,诗曰:"生活一向很平常,骑车作画写文章。养生就靠一个字——忙!"

方成学会喝酒,酒量渐长,是上大学时跟同学季耿学的。季耿不仅让他学会了喝酒,还逼他学会了画漫画。在那困难的抗战时期,学生无经济来源,靠学校贷金度日。"过春节时,恰遇大家都十分手紧。于是几个人凑钱打了半瓶酒,买一包炒花生米,聚在宿舍里呼五喝六划着拳喝起来。因为酒少,便一反常规,凡赢家才喝一口,准吃花生米半颗。那时也怪,越觉寒酸越感有趣,大家又说又笑,兴高采烈地闹个通宵,其乐也,不下于山珍海味满汉全席,至今使人怀念"。

人的记忆很奇特,留在人们记忆深处的往往是人世间最稀缺的"东西"。困难显真诚,困难出智慧,困难是人生的教科书。不是别的,而是困难锻造了人们。虽然,人们不喜欢困难,可是困难常常不期而至,让人们在困难中品味人生的酸甜苦辣。笔者想,留在方成心中的正是他一生不想记住,却又永远忘不掉的那困难中"稀缺"的欢乐:几个同学,半瓶酒,一包花生米,算是过春节!

1950年,方成与货真价实的"酒徒"钟灵相识。两人合作漫画,多在钟灵家中。惯例是作画前除准备纸笔外,又备酒肴。画作完成,两人立即移席摆酒谈心议事,待到微醺,舌头发硬,眼皮发沉,才收拾了去睡。两人过起了酒中作画,画中以酒的日子。

在方成看来,酒是与他人相聚相识相欢的"媒介"。他与韩羽、张乐平、华君武、姜昆的友好关系都是通过饮酒建立的。所以,他说:"酒能醉人,几杯下肚,酒力使人层层卸甲,裸现真心,倘非有诈,这样把人间的隔阂化开,距离拉近,却是常情。"

方成喜欢划拳那种饮酒气氛。在饭馆,划拳喧闹扰人,令人生厌。"倘在家中,或在其他不扰人的场合,划拳是很有趣的,能使人乐而忘形,倍增酒兴"。

方成还认为酒可除烦安眠养生保健。自打妻子去世后,他经常夜里失眠。治疗的办法是以酒浇心,趁微醺后,渐渐入睡。久而久之,养成睡前饮酒的习惯。晚年喝的是度数很低的黄酒,饮量也有限,养生健身,除烦安眠,一举几得,至今饮酒的兴趣不减。偶尔也喝干红,席上常念念有词:"葡萄美酒要干杯。"一口气喝上一瓶,回了房间则"醉卧沙发君莫笑"。在饭桌上,方成频频举杯,有时说"你随意,我干了",便一饮而尽。有时说:"你随意,"停一下,"我也不干,碰杯!"

方成年近90高龄,看上去却像60岁左右,大脑清醒,谈吐幽默。他到山西汾酒厂参观,厂长迎上前去握手说:"久闻大名,"方成接上去便说:"大闻酒名。"没想到,这脱口而出的妙语后来竟成了酒厂的广告词。方成的随意和童心,也许是他高寿的根本原因。

顺便也说说与方成合作大半生的大画家钟灵:在方成的眼里,钟灵是个货真价实的"酒徒",但好酒却不使气。钟灵早年拜在齐白石门下学习中国画,以写意花卉见长。他和方成合作的漫画以"方灵"为笔名,几十年驰骋在画坛。钟灵说:"我与酒有不解之缘,已经载入书报,算是名声在外啦!"1986年,方成和钟灵为《邓拓诗文集》画封面,时间紧迫,第二天交稿。正在苦思冥想时,钟灵提议"喝两杯再动手。"方成担心说:"喝得晕头转向,可画不好。"钟灵却说:"一分酒一分精神,没事!"喝着喝着,钟灵就溜到地上,躺下了,鼾声阵阵。方成叹口气,只好自己动手了。待到清晨两三点钟,钟灵醒来见灯光通明,忙爬起来抢过方成手中的画笔,画了一个多小时,终于按期交稿。晚年的钟灵已不胜酒量,春节时,一群画友到方成家饮酒,钟灵喝了不到半斤,便烂醉如泥。众人将他抬在床上仰卧,让他怀抱一个小板凳,放上几个酒瓶,然后众画友列队在一旁垂首站立,请一人拍了一张未亡人《遗体告别图》,这玩笑也开得够大了(见方成《借题话旧》)。钟灵最不爱吃的是药,最喜欢的是酒。如今他把这二者结合起来,在黄酒中泡入人参、枸杞、杜仲等中药,把那原本不爱吃的东西泡在每天都想吃的酒里,将过瘾和保健合二为一。

微醺后写字作歌词的乔羽

乔羽(1927~),山东济宁人,原名乔庆宝。是一位德艺双馨,享誉海内外的艺术大家,著名歌词作家。曾任中国歌剧舞剧院院长、中国音乐文学学会主席、第八届全国政协委员。全国第一届金唱片奖获得者。文艺界的同事戏称他叫"乔老爷"。

他一生勤于创作,写下歌词上千首,大多与歌颂祖国有关,许多歌曲代代相传,久唱不衰,对新中国几代人产生了极为广泛深远的影响。有不少歌词,是在他饮酒微醺后创作的。著名的歌词名篇有:《让我们荡起双桨》《我的祖国》《牡丹之歌》《难忘今宵》《夕阳红》《爱我中华》《祖国颂》《人说山西好风光》《说聊斋》等,歌词表达了新时期中国人民的心声,因而广泛流传,成为人们传唱的经典之作。他是新中国两大音乐舞蹈史诗《东方红》《中国革命之歌》的主要撰稿人之一,又是电影文学剧本《刘三姐》和《红孩子》的编剧。

中华酒典

乔羽淡泊名利,乐观豁达。他一生爱酒,并宣称"饮酒乃人生一大乐事,岂能放过?"他认为,在现实生活中,很多长寿的老人,都有喜饮白酒的习惯。对于文人墨客来说,酒更是他们钓诗的钩子,是创作激情、文思泉涌的催化物。有的人甚至说,可以少吃饭,但少不了酒。因为真正好的白酒是高粱、小麦等发酵窖藏而成,喝了酒就等于吃了饭。所以,乔羽虽年满80岁了,为了养生健身,每顿饭都要喝点儿低度酒,对酒情有独钟。

他在歌词中赞酒道:"杜康造下万家春,善助英雄虎胆,能添锦绣诗肠。"五十多年酒龄的乔羽,能喝,也会喝。自称"什么样的酒,全能对付"。他说:"'李白斗酒诗百篇',我比不了,酒贪多了,我就没词、没歌了。我不以为人在醉醺醺的昏迷状态还能写出好歌词来。真要写歌词,微醺恰到好处,使大脑处在亢奋和清醒状态。但要说用毛笔写字,那就得多喝几杯,数杯下肚,那酒力助我书法心与腕应,行云流水,自然天成。"

来人对乔羽说:"前不久见到一篇文章,说您戒酒了。"他夫人马上幽默地"称赞"道:"他呀,才喝了五十多年,如今上了岁数,喝酒还真是不行啦!一顿也就半公斤。"乔老爷说:"我的确爱喝酒,尤其是好酒。要是茅台、五粮液就能多对付点,夫人是学医的,平日管得太紧,超过半斤就不让再喝了。眼下喝的是那个。"有人顺着他手指的酒柜方向看去,那里有个"酒鬼"酒的瓶子,乔老爷不由吟出酒鬼瓶型设计者黄永玉那首诗:"酒鬼背酒鬼,千斤不嫌赘,酒鬼喝酒鬼,千杯不会醉。"随之会心地一笑,随又向人们讲起1962年的一段往事:在拍摄电影《我们村里的年轻人》时,有一次,他同电影导演苏里一起去了杏花村酒厂,酒厂主人以美酒款待远道而来的客人,苏里不会喝酒,做做样子而已。乔羽豪饮,数杯下肚,不觉得便有了飘飘然、昏昏然之感。主人大概也懂"李白斗酒诗百篇"的掌故,并不劝他休息醒酒,却取过文房四宝,铺展宣纸,请乔羽挥毫即兴作诗。乔羽当场挥毫题下第一句:"劝君休到杏花村",苏里傻眼了,酒厂主人也面呈不悦之色,心想乔公真是喝多了!可是,待第二句跃然纸上时,人们笑了,拍手叫绝。原来,乔羽有意先抑后扬,挥毫一气呵成,竟是一首绝妙贺诗:"劝君休到杏花村,此地美酒能醉人。我曾在此夸海量,未饮三杯已销魂。"大家看罢不禁拍手叫绝。

这首诗在十年浩劫中被毁，但酒厂的人们一直记着它。有一年，酒厂的同志携汾酒到北京找到乔羽家中，见面就用原诗打趣说："此地美酒能醉人，我今来此夸海量，入口三杯就销魂。"乔羽一听，喜上眉梢，心想，这是专来找我喝酒的。于是与汾酒厂来的同志们前去酒店开怀畅饮。当饮酒进入微醺时，乔羽的话匣子一下打开，他情不自禁地谈起家乡的美酒："我家乡也有好酒啊！在小说《镜花缘》中写道：一位客官走进一家酒馆，要饮天下名酒，酒保捧出一块粉牌，上面有名酒55种，其中就有山东济宁的名酒金波酒。济宁金波酒因其有独特的营养和医疗功能，在国内外有很高声誉，故慈禧太后曾指令其为'贡酒'。金波酒是济宁玉堂酱园的传统名牌产品，因色泽金黄，波光闪闪，而得名。入口绵软，香味醇厚。是选用优质高粱大曲配以沉香、檀香、郁香、当归、枸杞、蔻仁等14种名贵中药酿造而成。俗话说：'名酒产地，必有佳泉。'济宁四周多佳泉，城南有碧波万顷的微山湖，城东有光府河，因此，自古以来，济宁的酿酒业极为发达。唐代斗酒诗百篇的李白，特在开元年间定居济宁，购置酒楼，前后长达23年之久。唐、宋年间，济宁的酒坊有上千家。足见'济水三分酒'的说法并非夸张之谈。金波酒有三个显著特点，一是用药的处方特殊，14味中药的选用和剂量，缺一不可，多一味有害；二是药物炮制，工艺奇特，手续繁多：有的炒，有的要蒸，有的要煮，有的要炙，有的用醋泡，有的用水浸，而且泡制的时候要恰到好处，如滋补性的药味，宜文火慢煎，挥发性的中药，要武火急炒，等等；三是酿酒的技艺全是老师傅代代口传心授，绝不轻易示人；尤其关键工艺，只有一两位酿酒艺人动手，即使作坊之内的小工，也要离场。"没想到乔羽酒后容光焕发，思路清晰，如此健谈，倒出一大堆有关金波酒的故事。乔羽说："中国的酒文化源远流长，多姿多彩。好在汉语词汇丰富，仅劝酒就能让你眼花缭乱，应接不暇。什么'酒逢知己千杯少，感情深一口闷，感情浅舔一舔'；什么'人生难得几回醉，劝君更尽一杯酒，何愁天涯无故人'等等，不一而足，何其豪放。此时此刻，即使是不胜酒力的人，也只好一饮而尽了。现在更是热情谦虚，礼节周到真诚，却之不恭，不好不喝。"

据周长行《不醉不说，乔羽的大河之恋》一文介绍，在中国文化艺术界，乔羽的能喝善饮是出了名的。酒，仿佛是他灵感、激情、言辞的"燃烧剂"。8集电

中华酒典

视连续剧《算圣》的主题歌，就是微醺后创作的一首名歌词："下面的当一，上面的当五，一盘小小算珠，把世界算得清清楚楚。哪家贪赃枉法，哪家洁白清苦，俺教你心中有个数。三下五去二，二一添作五，天有几多风云？人有几多祸福？君知：这世界缺不了加减乘除。"乔羽每当喝得微醉时，往往是灵光四射，谈锋更健，妙语连珠，一派哲人风范。而且他还喜欢谈一些男欢女爱的事情。他谈这些的时候，从来不说一个脏字，从来不说赤裸裸的东西。谈得最动人、最风趣、最有玄机。乔羽成名后，时常光顾"吃不饱"的国宴，光顾美不胜收的豪华宾馆，痛饮茅台、五粮液。但他最放得开的却是在小饭馆里喝二锅头、吃花生米。人们见他二两"小二锅头"下肚，往往兴奋得像个孩子，深情地举着杯说："嗨，这小二锅头！"

旅居海外的游子们这样说："我们是唱着乔老爷的《一条大河》略解乡愁的"；著名歌唱家郭兰英这样说："我是唱着乔老爷的《我的祖国》《人说山西好风光》红遍神州的"；著名演员黄婉秋这样说："我是演着乔老爷的歌剧《刘三姐》一片成名的"；著名歌星毛阿敏这样说："我是唱着乔老爷的《难忘今宵》《思念》而更加走红的"；蒋大为感谢他的《牡丹之歌》、彭丽媛感谢他的《说聊斋》、宋祖英感谢他的《爱我中华》……很多人都在说："我们是唱着他的《让我们荡起双桨》长大的。"乔羽写的歌词不知使多少人受到美的教育，又有多少人因唱他写的歌词而成为名人。因此，人们在品尝鸡蛋的时候，千万不要忘记那只曾下过蛋的"老母鸡！"

第六节　名人论酒

孔子对饮酒者的告诫

看《论语》一书，孔子也与弟子、乡党们不时地宴会饮酒，并且有过因醉酒失礼误事的教训，不然，他不会对饮酒者有那样衷心的告诫。

在《子罕篇》中，孔子说："出则事公卿，入则事父兄，丧事不敢不勉，不为酒困,何有于我哉?"大概在孔子生活的时代,饮宴之事常有,好多人也包括孔子自己常被"酒困"而误事坏事。所以才告诫人们,要管住自己,不为酒困。

在《乡党篇》中,孔子与弟子谈到饮食问题时,特意倡导"唯酒无量,不及乱"。在孔子看来,饮酒是自由、欢乐和尽兴的事,参加宴饮的人,喝或不喝,喝多还是喝少,完全要依据各自的酒量而定,不得限量,强人所难。"唯酒无量,不及乱",是孔子鉴往古、察当时、诫来世提出的酒德标准。在现实生活中,有人饮酒如茶,有人闻酒则醉,"唯酒无量"正是因人而异的理智选择。对那些喜欢饮酒者,孔子的告诫是"不及乱"。乱,就是神志昏乱,

孔子

就是我们常说的"喝醉了"。因此,判断一个人"醉"还是"没醉",就要看他神志昏乱还是神志清醒。神志昏乱便是"醉",诸如哭笑无常,语无伦次,甚至骂人打人……正所谓"醉酒百样图"。而神志清醒,则是"常态",平常是怎样的言谈举止,喝酒后仍旧如此。古人常以"一斗不乱"为豪饮者,这是说,此人酒虽然喝得不少,但神志清醒,言行不乱。古往今来,酒与人类的生活难舍难分,无论是豪饮还是浅斟慢饮,"不及乱"是饮酒者的原则与底线。乱了,必然会败人兴致,出乖现丑,重者,还不知会闹出怎样的"塌天"大祸!"酒"历来是一把"双刃"剑,以酒成大事者有之,以酒坏大事者也有之,关键在有节制不过量。因此,"一醉方休"的慷慨则可,前提是"不为酒困","不及乱",以不伤害他人、社会为底线。这方面的代表是宋代"颓然醉其间"的欧阳修。他虽然喝醉了,但不讨人嫌,醉得可亲可爱!

《庄子》一书《列御寇》篇中还记了孔子说过的一段话,颇有借鉴意义。其大意是,(译文)人心比山川还要险恶,比预测天象还要困难,往往表面一套背后又一套。怎样辨别他们呢?可用九种办法区别好坏。其中的一种是"醉之以

中華酒典

酒而观其侧"，就是让他喝醉看他是否遵守规则。这九种办法到了三国时期，被诸葛亮概括为"七观"，其中"一观"就是"醉之以酒观其性"。看来，酒的妙用之一是，还可辨别人的品性。民谚常说，"酒多人癫"，"酒后无德"，"酒能乱性"，并非虚言空论。醉之以酒，常能检验出人的品行洁瑕。以醉观人，是有一定道理的。高子诗评：每闻饮酒惹祸端，皆因过量节制难。孔子告诫要牢记，不为酒困不及乱。

淳于髡释"醉"

淳于髡是战国齐国的一位赘婿，身高不到七尺，为人滑稽，擅长辩论，出言幽默诙谐。在齐威王当政的时候，任"外交部长"，代表齐国多次出使诸侯各国，不辱使命。他曾劝谏彻夜宴饮、沉溺于酒、不理国事的齐威王振兴国家，一鸣惊人。他还带着丰厚的礼物游说赵王出兵，解除了楚军对齐国的侵犯。

许多人认为，人们饮酒的多与少，醉还是不醉，与人的心情有关。心情快乐，即使多喝几盅也不会喝醉；心情不好，即使喝得很少，也有可能醉。淳于髡却认为，人们饮酒的多和少，与饮酒的场面气氛有关。场面气氛热烈，人们饮酒量多，而且醉得也慢；场面气氛冷淡，人们饮酒量少，而且还醉得快。一次，齐威王很高兴，在后宫摆下酒宴，召见淳于髡，并赐酒给他。齐威王问道："先生能喝多少酒才醉？"淳于髡回答："我喝一斗也会醉，喝一石也会醉。"齐威王不解地说："先生喝一斗就会醉，怎么能喝一石呢？"淳于髡说，这与饮酒的场面有关："在大王面前承蒙赐酒，执法官在旁边，御史在身后，我恐惧不安，俯地而饮，不过一斗就醉了。倘若双亲有尊贵的客人，我卷起衣袖，曲身跪坐，在席前侍奉酒菜，客人不时赏给我酒喝，我高举酒杯，敬酒祝寿，连连起身，喝不到两斗就醉了。倘若朋友交游，久不相见，突然会面，高兴地追述着往事，相互倾谈着私人的情谊，喝上五六斗就醉了。至于乡里的聚会，男女杂坐，巡行酌酒劝饮，留连不去，玩六博、赛投壶，相互称兄道弟，男女之间握手不受惩罚，双目相视也无禁忌，地面上前有坠落的耳环，后有遗失的发簪，我内心喜欢这样，可以喝上八斗酒，才有两三分醉意。日暮酒残，把剩下的酒合为一樽，大家共聚一桌促膝而坐,男女同席,鞋子木屐交错相遇,杯盘狼藉,堂上的火烛熄灭了,主人留下了我,送走了其他客人,绫罗短衣的衣襟解开了,微微闻到阵阵香气,在这个时候,我心里最欢畅,能喝上一石。"(《史记·滑稽列传》)

同一个人,在上述五种饮酒场合下,共饮的人不同,场面气氛不同,饮酒的量不同,醉的程度也各异,正所谓"酒逢欢乐千杯少",若有"垆边人似月,皓腕凝霜雪"的红巾翠袖佐酒,也许更能助兴提神,酒量会更大。这也是后代文人骚客、达官贵人携妓饮酒的原因所在。一种热烈的场面气氛,能给人们带来欢乐的心情,人们饮酒的量自然会增加。可以说,淳于髡对不同场面下饮酒致"醉"的解释还是有一定道理的。也就是说,一个人究竟喝多少酒才会醉,这和饮酒场面气氛的热烈与否有着直接或间接关系。但是,淳于髡似乎意不在此。他认为这种整夜沉湎于饮酒的欢乐,会导致朝廷官员荒废政务,给国家带来灾难性后果。因此,才劝谏齐威王明白一个道理:"酒极则乱,乐极则悲,万事尽然。"齐威王听了淳于髡这番高论之后,"乃罢长夜之饮",从此改正了自己沉溺于以酒寻欢作乐的臭毛病。高子诗评:醉与不醉论机缘,心情气氛两相关。君解臣意本难遇,淳于劝谏美名传。

庄子议酒

《庄子》一书写酒约有三处,但言辞精妙,意义深刻。这说明,庄子本人不仅对饮酒有独特的认识,而且对醉酒有深切的感受。

他在《渔父篇》中借渔父之口写道,"忠贞以功为主,饮酒以乐为主",甚至为了"饮酒以乐,不选其具矣"。在庄子看来,人应当保持自己天赋纯真的本性,不为世俗所拘束。饮酒以快乐为主,为了快乐,酒具怎么样都无所谓。古人多认为,饮酒是为了完成应酬世俗礼节的,诸葛亮就有"酒之所设,成礼而去"的说法。其实饮酒成礼是世俗的,甚至是被逼无奈的。人家请我饮酒,我不去,是失礼;我去,不单单是为了喝酒,而是一种应酬,是为了完成礼节。这种饮酒之目的当然也是一种选择,但是在虚伪礼节下面失却的是自觉自愿的真诚。失去了真诚,当然就不会有饮酒的快乐可言。因人而异,饮酒的目的各有不同。

拉关系的有之，套近乎的有之，请托人的有之，显摆排场的有之，答谢的有之……所有这些饮酒都有明显的功利欲，所以为庄子所不耻。饮酒以快乐为主，酒具精致还是粗陋，都不要紧。酒是欢乐的精灵，求"乐"，是人的精神需求与满足，是饮酒场面气氛欲达到的最高境界，也是民间大众举行宴会庆典的初衷所在。

更有意思的是，庄子还在《人间世》一文中谈到饮酒者的"三步曲"，他说："以礼饮酒者，始乎治，常卒乎乱，泰至则多奇乐。"大意是说，按照礼节饮酒的人，开始时规规矩矩，合乎人情；到后来常常就一片混乱，大失礼仪；酒喝到过量时则荒诞淫乐，放纵无度。可以推想，庄子不是亲历了饮酒的场面，

庄子

是不会写出如此生动的文字的。其实《诗经·宾之初筵》中就有类似的记载，大意是说，来宾入席刚宴请，态度温雅又恭敬。酒才入口人未醉，仪表庄重又自矜。酒过三巡醉态露，举止失措皆忘形。离开座席乱走动，手舞足蹈真轻盈。客人已经喝醉了，又是叫来又是闹。打翻杯盘和碗盏，跌跌撞撞跳舞蹈。还说这是酒吃醉，不知过失不害臊。头上歪戴鹿皮帽，疯疯癫癫跳舞蹈。……酒之威力大矣！古往今来，人们为什么要饮酒，其目的也许就是为了追求这种以"乐"为主的"疯疯癫癫"，这种效果在所有饮料中只有酒才具有。人们喝酒，随心所欲，无拘无束，醉了，胡言乱语，正是酒的威力所在，更显真实可爱，但底线是不可违法乱纪，伤害他人。

庄子在《达生篇》中大发高论，提出"醉可神全"的观点。他认为，"弃世"就能"无累"，"无累"就能"形全精复""与天为一"，并举例说，"夫醉者坠车，虽疾不死"。为什么呢？这是因为醉酒之后，他的神思无意识地收敛集中，乘坐在车子上也不知身在何处。死、生、惊、惧全都不能进入到他的思想中，所以，虽遇外物的伤害却全然没有惧怕之感。因而，从车子上摔下去，即使碰伤了也不会摔

死,甚至毫发未损。北宋的苏轼有感于心,写诗说:"惟有醉时真,空洞了无疑。坠车终无伤,庄叟不吾欺。"(《和陶饮酒二十首》十二)庄子是想通过醉酒后摔下车而不死的例子,证明一个更深刻的道理,那就是,一个人从醉酒中获得保全完整的心态尚且能够如此忘却外物,更何况一个人若从自然之道中忘却外物,那就自然会保全完整的心态了。这说明,庄子不仅有过醉酒的经历,而且得出"醉可神全"的高深认识。"醉里乾坤大",醉中也有"道",这也是庄子"道恶乎不在"的又一证据吧。人世间,偶有婴儿掉在井里,毫发未损;草原上骑马的蒙古人,因醉从马背上掉下来,有惊无险。为什么,神全!看来庄子"醉可神全"的哲学观点,道理深刻,值得探索研究。但是,绝对不可有意为之,专让人醉酒后去做试验!高子诗评:醉后是否可神全?鬼使神差偶然间。饮酒高境为求乐,一语道破壶中天。

诸葛亮论酒

我们一般只知道诸葛亮是三国时代足智多谋的大政治家,却很少有人知道这位大政治家对酒还有一则很精彩的妙论。他在《又诫子书》中写道:

夫酒之设,合礼致情,适体归性,礼终而退,此和之至也。主意未殚,宾有余倦,可以至醉,无致迷乱。

这几句话的大意是,酒这个东西是用来完成礼节,表达情意,使人身体舒适,品性归真的媒介。当完成礼节之后,饮酒就可随便,度量而饮。这种和谐融洽的酒风是最高尚的了。如果主人的情意没有表达完,而宾客饮酒又未尽兴,那么主人为了陪客人欢乐尽兴,可以致醉,但前提是不至于醉到神志不清,言行错乱。诸葛亮写给儿子的这封信,很值得今人借鉴:

第一,酒是人们彼此间完成礼节,增进友谊、陶情适性的媒介。有人请我赴宴,不去便是失礼;去,不是为了过酒瘾,喝得大呕大吐,躺在地上耍死狗,而是为了完成礼节,表达情意。主人所以设宴,不是因钱多扎手,以显示什么"轻财好施"之慷慨,其初衷也是为了延接四方宾客,以酒完成礼节,传情达意。

第二,以酒完成礼节之后,宾主就可度量而饮。设宴讲究酒过"三巡",这既是不成文的规矩,也是主人对客人的敬重。当主客饮酒"三巡"之后,意味着完成礼节。之后,人们就可以随便红火热闹,度量而饮,能者多劳。这种不强人所难的饮酒是一种文明的酒德酒风,应该继承发扬。

第三,饮酒可以一醉,但前提是"无致迷乱"。也即不要醉到神志不清,言行失常的地步。显然,诸葛亮在这里议论的"醉"是一种大脑清醒的醉。酒,人喝得多了,大脑兴奋,话也就多了,这是人之常情。但是话虽多,不致失礼,不是胡言乱语,而是理智控制下的"话多"。诸葛亮强调的"无致迷乱",就是让人们饮酒要适量,要掌握"度"。俗话

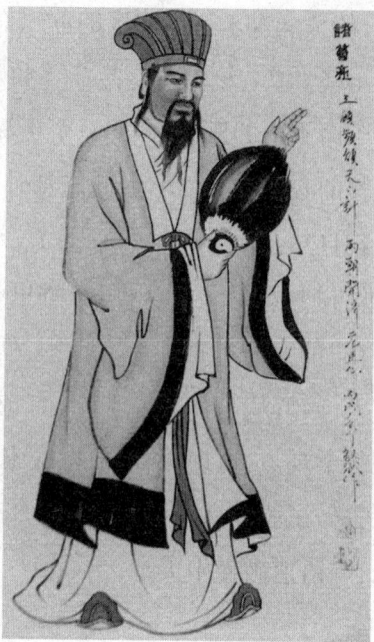

诸葛亮

说"酒不醉人人自醉"。的确,人是活物,酒是死物,岂能让死物主宰活物!看来,诸葛亮的儿子诸葛瞻,也曾有过饮酒不加节制自毁形象的生活插曲,所以才有诸葛亮这则"诫子"论酒的妙文。在我看来,"酒"是不是有点像"春风"?爱饮酒的朋友以为如何?如果像,那我们就以王安石《春风》一诗作结:春日春风有时好,日日春风有时恶。不得春风花不开,花开又被风吹落。

王粲论酒的功过

王粲(177~217)字仲宣,山阳高平(今山东邹城西南)人。他从17岁就在荆州逃难,依附刘表十五年,后归曹操,任过丞相掾、军谋祭酒、侍中等职。其诗赋,情调悲凉,在"建安七子"中成就最高。

王粲记忆力惊人,过目不忘。据《三国志·王粲传》记载:王粲与人们行路,读路旁的碑文,有人问他:"你能默诵吗?"他说:"可以。"他转身默诵碑文,竟然一字不差。王粲看人下围棋,棋局弄乱了,他照原来的棋局将棋子重新摆出来。下棋的人不相信,用两块手帕盖住棋盘,让他在另外的地方摆棋子。摆

完后加以比较,结果一步都不差。在他留下的近六十篇诗、赋、论、议中,有一篇文采飞扬的《酒赋》引人注目:

帝女仪狄,旨酒是献。苾芬享祀,人神式宴。辨其五齐(剂),节其三事。醍沈盎泛,清浊各异。章文德于庙堂,协武义于三军。致子弟之存养,纠骨肉之睦亲。成朋友之欢好,赞交往之主宾。既无礼而不入,又何事而不因。贼功业而败事,毁名行以取诬。遗大耻于载籍,满简帛而见书。孰不饮而罹兹,罔非酒而惟事。昔在公旦,极兹话言,濡首屡舞,谈易作难,大禹所忌,文王是艰。

王粲从四个方面阐释了酒的功过:一是讲酒诞生之后,上层贵族便常用酒来举行宴会、祭祀祖先、敬神并处理重大事务的。当初还以四种浊酒(泛酒、盎酒、醍酒、沈酒),为端正德行、利用自然、重视民生这三件事表示礼节,到后来酒的种类多样,清酒浊酒才各不相同。二是讲酒的功用。他说,酒可在庙堂上对人进行文德教化;在三军内提升士气,以壮军威;可以治疗儿女们的疾病以保健康;使骨肉至亲相处和睦,不生芥蒂;成就朋友间的欢乐友谊,增进宾主之间的交往。可以说,只要表达礼节的地方就会有酒,办什么事情都常常离不开酒这个媒介。三是讲酒的危害。一旦饮酒过量或纵酒无度,它就会损害功业而败坏大事,毁掉名节操行而招致他人的陷害,留下巨大耻辱被后人记载于典籍,被书写在竹简和布帛上。对此,谁都不想因饮酒留下这种丧德败行的恶名。四是讲,从前的周公虽然专门颁布《酒诰》,不让人们聚众狂饮,怕的是因醉酒而废政败德,但是"禁酒令"颁布容易,真正做到禁酒却很难。大禹说"后世必有以酒亡国"的预言,其实是给周文王出了一道难题。酒不但没有禁止,反而发扬光大,最终成为人们普世的生活饮品。饮酒有时虽然可坏事,但上至达官贵人,下至平民百姓,并未因酒坏事而废酒。

由此看来,这位记忆力惊人的王粲不仅饮酒,而且对酒的功过也有专门的研究。受王粲的启发,饮酒的朋友决不可小觑那"瓶中之物",酒到底起正面作用还是起负面作用,那就要看你的酒德修养和对酒的自控能力了。

庚阐"断酒"的理由

东晋官员庚阐,好学能文,生于乱世。他曾写过《扬都赋》,被当时人士纷纷传抄,风行一时。庾阐可能有鉴于西晋末年纵酒废政、乱政的沉痛教训,或者是自己因醉酒败事失节的沉痛教训,竟"断酒肉垂二十年"。他曾写下《断酒戒》一文,以表明自己不再饮酒的决心。

庾阐爱饮酒,并认为饮酒也是人的一种情欲,任其情欲发展下去就会伤身害体,丧失自己为人的纯真本性。因此,他在这篇《断酒戒》开头就说:"盖神明智慧,人之所以灵也。好恶性欲,人之所以生也。明智用于常性,好恶安于自然。吾以知穷智之害性,任欲之害真也。"其大意是说,人之所以灵巧,是因老天赋予人以智慧。人之所以能生存于天地之间,在于人有好恶的情欲。但聪明才智一定要用于正当处,好恶情欲也要合于自然。乱用自己的聪明才智,就会损害自己做人的本性,任其欲望的放纵就会损害人的纯真。酒,则是乱智害人的东西,因此,必须"断酒"。为了断酒,他下决心砸碎各种酒具,毁掉酿酒的设施,使巷子里再无卖酒之人,主张"椎金罍,碎玉碗,破兕觥,损觚瓒,遗举白,废引满,使巷无行榼,家无停壶。剖樽折杓,沈炭销垆。屏神州之竹叶,绝缥醪乎华都"。于此推断,庾阐受饮酒之害太深,才有这种过火举动。不过这种决意铲除酒并砸毁各种酒具及酿酒的设备,在自己家里干一场可以,千万不可到别人家或社会上去干。其实这也是一种"迁怒",试问酒具、酒垆何罪之有?畅销于世的"竹叶"与"华都"美酒何罪之有?说到底还是人的问题。自己不成器,反倒怪罪起无知无识被人所创造出来的"物",简直岂有此理!

这篇《断酒戒》写得很有文采,文中写道,正当庾阐的发誓还没有说完,"有一醉夫,勃然作色曰:盖空桑珍味,始于无情。灵和陶酝,奇液特生。圣贤所美,百代同营。故醴泉涌于上世,悬象焕乎列星。断蛇者以兴霸,折狱者以流声。是以达人畅而不壅。抑其小节,而济大通。子独区区,检情自封。无或口闭其味,而心驰其听者乎?"醉夫是说,从无意中发现的自然酿酒直至以陶罐为器的人工酿酒,都被古代的圣王贤君所赞美,后来世代酿造,普及天下。所以才有地下的"酒泉"天上的"酒星"顺时而现。刘邦饮酒壮胆,断蛇举义,终于守取天下。于定国判案以酒壮胆,主持公道,声名传留人间。因此聪达之人当是顺应自然而不人为地堵塞各种欲望。只应抑制有害的小节,而求大的方面的通达。而你却因区区小节,克制应有的情欲而毁器断酒,这不是嘴上说断了美酒而心里还在想着它吧？庾阐借醉夫之口，驳他毁器断酒的行为，其实是要得出毁器断酒的理由："尔不闻先哲之言乎，人生而静，天之性也。感物而动，性之欲也。物之感人无穷，而情之好恶无节。故不见可欲，使心不乱，是以恶迹止步。灭影即阴，形情绝于所托。万感无累乎心，心静则乐非外唱，乐足则欲无所淫。唯味作戒，其道弥深。宾曰唯唯，敬承德音。"在庾阐看来，人出生后无识无欲，在外物的引诱下，人的欲望才附驻于身。天地间引诱人的事物很多，因而导发人的欲望也会无穷，人感情上喜爱或讨厌的事物也会无节制地增多。所以看不到引诱人的外物，内心就会平静，因此，人们所干的坏事也会停止。去掉作恶的"身子"，影子也就不存在了，人的情欲也因内心的无物而止绝。这样，外界万物感而于心无累，心静则内心的快乐就不会向外扩张，快乐满足了就不会受各种欲望所干扰。庾阐自认为"毁器"即可断酒。眼不见酒，心就不烦，断绝了饮酒的念头，内心就会趋于平静，快乐就会油然而生，这可能吗？试问，快乐又是怎样生发的呢？感物而生。没有外界事物的刺激，身如朽木、心如枯井的人，还有快乐可言吗？心里头真想饮酒，你就是砸了酒器又管何用？你有两条腿，你还可到别的酒店别人家继续饮酒。因此，真的认为酒有害处，要断酒，不是毁物砸器，眼不见心不烦，而是理智地克制自己。人所以为人，就是人懂得该做什么不该做什么，有克己之心。这才是"断酒"的唯一选择。因此，庾阐的主张和骑自行车摔断一条腿却发誓不再骑自行车并铲除自行车制造厂一样的荒唐！人生而有欲，这欲望，不能任其泛滥，要节制。硬的靠法律规范，软的靠道德教化。取消根绝人的欲望，那就不是人了，而是只懂吃睡的动物了。正是那位醉夫的话，更合事理人情，真乃达人之言。

　　似庾阐发誓断酒进而引出"恨酒"并毁掉酿酒、盛酒和饮酒的各种酒器，这在史书的记载中并不多见。与其相反的是"爱酒"：三国时的郑泉，爱酒爱到自己死后，宁愿变为烧酒器的泥土，来世愿做盛酒饮酒之具。魏晋之际的陈宣终身嗜酒，以他人不饮酒为过。他给侄儿陈秀的信中说"速营糟丘，吾将老焉"，意即我岁数老了，赶快用"酒糟"给我建一处坟墓，让我死后也永游醉乡，并在墓碑上题字"陈故酒徒陈君之神道"。这位"陈酒徒"若和断酒的庾阐坐在一起，定会围绕酒的功过得失辩论个天翻地覆。千百年来，人们对酒的作用一直

中华酒典

争论不休，莫衷一是。夸奖者有之，罪之者有之；赞者倡之，恶者禁之。但总是夸赞者居多，因此，酒也就代代相传。

高允的《酒训》

高允(390~487)，字伯恭，初被征为北魏朝廷中书博士、迁侍郎、授太子经书。因修国史险些丧命，后因太子营救得免。先后经历五帝，任要职达五十余年，是北魏王朝的元老。《魏书》记载，高允有鉴于魏、晋以来上层统治集团相扇成风的耽酒荒政的教训，曾向孝文帝拓跋元宏上《酒训》文一篇，告诫行政人员应"节酒以为度"，申斥那些因耽酒败德废政的行为，以便在全社会形成良好的风气。孝文帝非常喜欢高允写的这篇《酒训》，常放在自己的身边，以诫自己。

高允在《酒训》一文中论述道："自古圣王，共为飨也，玄酒在堂而剂酒在下，所以崇本重源，降于滋味。虽爵旅行，不及于乱。故能礼章而敬不亏，事华而仪不忒。非由斯政，是失其道。"其意思是说，远古的圣王，他们和乡民共同聚会饮宴时，只用水来代替酒祭祀祖先，而用浊酒与乡民共饮，这是为了表达不忘祖先看重百姓的情意。后来，酒才成了人们生活中的饮品。即使在饮宴时用大酒杯敬酒，人们也饮酒至神志不昏乱为止。这样既张扬了人们相敬的礼节，又在礼仪上互不亏欠。相敬的形式多样，而仪表又虔诚。饮酒如果不是为了表达人们的情意，这就违背了饮宴的宗旨。高允追本溯源：酒，最早只是表达祭祖礼节的一种媒介，并非是人们每天须臾不离的饮品。在他看来，后人纵酒无度，已违背了古人聚会饮酒的意图。他举了纣王耽酒而亡国、周公发布《酒诰》而国昌的事例，前者"长世而为戒"，后者"百代而流芳"。为政者应当借鉴。

高允认为："酒之为状，变惑性情，虽曰哲人，孰能自竞。"这是说过度饮酒，可以使一个人的性情畸变迷乱，即使是很聪明的人，又有谁能够因醉酒而不失态呢？结果使"在官者殆于政也，为下者慢于令也，聪达之士荒于听也，柔顺之伦兴于诤也，久而不悛，致于病也。岂止于病，乃损其命"。因此，他告诫人们"无以酒荒而陷其身，无以酒狂而丧其伦"。饮酒有节制，分场合，不沉溺于酒，不放纵于酒,才是明智的行为,否则会因酒而最终害了自己毁了自己。

高允还反驳了晋人纵酒清谈的不良风气。他说:"往者有晋,士多失度,肆散诞以为不羁,纵长酣以为高达,调酒之颂,以相炫耀。称尧舜有千钟百觚之饮,著非法之言,引大圣为譬,以则天之明,岂其然乎?且子思有云,夫子之饮,不能一升。以此推之,千盅百觚皆为妄也。"这段话的大意是说,先前的晋朝,上层士大夫大多饮酒失度,行为上肆意、散漫和怪诞,并认为这才是为人应有的酒脱,放纵于长久的酣醉之中并以此为高人达士,过分地赞美饮酒的乐趣,相互传颂展示醉后各自的言行。称赞圣王尧和舜的酒量大,能饮千钟百觚,附加在他们身上不合事理的话,将古代圣王作比,以效法天之光明为脱俗,事实难道果真如此吗?况且孔子的孙子子思就说过,孔夫子饮酒,不能超过一升。从这一点儿推断,他们称赞圣王尧和舜能饮酒千盅百觚,都是胡说八道!

当然,对魏、晋间所谓"名士风度"的饮酒还可作多方面的研究和探讨,高允只是多方面中的一家之言。但他的确击中了魏、晋名士因饮酒害政乱政的要害,可谓一针见血。特别是西晋末年胡毋辅之、王尼、羊曼等人,他们只知饮酒,还自我标榜为所谓"名士",在社会上几乎没起多少好的作用。正如鲁迅先生所言:"许多人只会无端的空谈和饮酒,无力办事,也就影响到政治上,弄得玩'空城计',毫无实际了。"(《魏晋风度及文章与药及酒之关系》)所以,高允从当时北魏王朝江山社稷大局出发,以西晋饮酒废政、害政、乱政为鉴,要朝野人士"悟昏饮之美疾",别把病瘤当梅花,而应"节酒以为度"。他并非反对饮酒,只是主张饮酒不可放纵,而应节制,不得过量。否则,必然会对社稷江山造成相应的危害。

有鉴晋人饮酒的可怕,当时的哲学家、医药学家葛洪在所著《抱朴子·酒戒》中更是揭示嗜酒的危害。他说:"夫酒醴之近味,生病之毒物,无毫分之细益,有丘山之巨损。君子以之败德,小人以之速罪。耽之惑之鲜不及祸。世之士人亦知其然。既莫能绝,又不肯节纵心口之近欲轻召灾之根源,似热渴之恣冷,虽适己而身危。大小乱丧亦罔非酒……"其实,葛洪又走了另一个极端,将酒说得一无是处:饮酒是人们生病的"毒物",于人无丝毫益处,有的却是如丘山那样巨大的损失。正人君子因为酒而败坏德行,琐屑小人因为酒而加快犯罪。耽溺于酒喜好酒的人很少不出乱子的。社会各界人士也都知道嗜酒的害处。既没有人能禁绝饮酒，又不肯节制心口之欲望，这种因思想上轻视而招致灾祸的行为，就好像大热天恣意喝凉水一样，虽然初喝在肚里感到解渴舒服，却为身体埋下了危险的祸根。人世间出的大小祸乱无不与饮酒有关。葛洪如此决绝地指斥饮酒，在中国古往今来所有非酒的言论中是独一无二的。须知，饮酒本身并没有什么不对。不对的、出乱子的往往是因过度饮酒！即使是"醉酒"也要面面观：有的醉酒者惹下塌天大祸，有的醉酒者却留下稀世珍品，如醉文、醉诗、醉书、醉画、醉拳等，举不胜举。葛洪这是欲泼脏水连婴儿也一齐泼掉了。我们不能因为酿酒饮酒而导发的灾祸就取消酿酒、禁止饮酒。这和当代因乘坐飞机和汽车致祸而取消制造飞机制造汽车，进而取消人们乘坐飞机和汽车一样荒唐可笑！因噎废食的结果，只能导致把人饿死。

张载论酒对人身心的调养

据《水经注·耒水》篇介绍：酃县（今湖南衡阳市东）附近有酃湖，湖中有一片沙洲，洲上所住居民用湖水酿出的酒特别醇美，每年进贡朝廷，所以把这里产的酒叫酃酒。据此，两晋文学家张载写过一篇《酃酒赋》，赞美了酃酒的醇香，并论述了自己对酒的见解。

张载认为，酒是顺天应人而诞生的。所以，酒成为"虽贤愚之同好，似大化之齐均"。酒的历史光彩耀人，"经盛衰而无废，历百代而作珍"。人世间虽然有"中山"和"春御"这样的好酒，但是还有出产于湘东，"不显于皇都""潜沦于吴邦"的酃酒。这种酒"造酿在秋，告成在春。备味滋和，体色淳清"，更是酒中的精品。

张载认为，适量的饮酒，对于人的精神愉快或身体健康可起到很好的促发和调养作用。他说，酒可"宣御神志，导气养形。遣忧消患，适性顺情"。正是因为有这种好处，人们才那样喜好酒，每与亲朋好友聚会时，总以美味佳肴佐酒，"嘉宾云会，矩坐四周。设金樽于南楹，酌浮觞以施流，备鲜肴以绮进，错时膳之珍馐"。大家以饮酒助兴，其叙友情，其乐融融，酒成了人们聚会的黏合剂、兴奋剂。同时代的官员袁山松在《酒赋》中更以夸张的口气说,酒的好处是"一饮宣百体之关,一饮荡六腑之务"。

张载告诫人们,不可贪杯过饮。要"感夏禹之防微,悟仪氏之见疏"。张载对酒的评价还是公正的。晋人纵酒怠政,生活淫靡奢侈,风气相沿日久,难免给后人留下对酒的误解,有不少人对酒口诛笔伐。东晋的葛洪,坚决反对饮酒,痛斥酒"无毫分之细益,有丘山之巨损";庾阐竟然绝欲、断酒和砸器。其实酒是无罪的,有罪的只是人!水饺好吃,多吃便撑肚,却怪怨饺子;美酒好喝,过量要出事,却迁怒于酒。这是毫无道理的!

皇甫湜论醉对身体的伤害

唐人皇甫湜,元和进士,官工部郎中。他曾写过一篇《醉赋》流传至今。他引经据典,既讲了醉后的切身体会,又讲了沉溺于醉而导发"辱身灭名"和"不得尽年"的坏处,是一篇论醉的妙文。

皇甫湜在《醉赋》中提到"沉湎于酒,有晋之七贤",即晋代的"竹林七贤",他们"心游于梦,境堕于烟"。在那杀人如麻的魏、晋交替之际,"竹林七贤"为苟全于乱世,被逼无奈才沉溺于酒,他们饮酒清谈是不得已而为之。他说,醉酒能使人"六府漫漫,四支绵绵,遂随津淳,陶和浑鲜。遗天地之阔大,失膏火之消煎。寂寂寞寞,根归复朴。居若死灰,行犹飘壳。车屡堕兮无伤,首镇濡兮不觉。机发而动,魂交而合。瞑文字之醇味,反骚人之独醒。曾不知其耳目,尚何惧于雷霆。倡四体以合莫,归一元而忆宁"。醉酒之后,究竟会有什么样的感受,因人而异。如果像皇甫湜描绘的这种醉境,虽然好,但那也许是神仙才消受得起的,凡人最好还是不要醉到这种程度。特别是"车屡堕兮无伤,首镇濡兮不觉",听起来似乎有道理,真要试验,不但从车上掉下来会摔死,且脑袋泡在酒缸里也会憋死,不是"不伤"和"不觉"的问题了。即使是"遗天地之阔大,失膏火之煎熬……曾不知其耳目,尚何惧于雷霆",那也是暂时的一会儿,有醉也就有醒的时候。醒后怎么办?你总不能如白居易所言,醉复醒,饮复醉吧?这过得还是人的生活吗?醉后"寂寂寞寞,根归复朴",这种感觉人人都有,可是醒后

就要浑身难受了。所以饮酒还是以健身养生为好,学习晋人孟嘉的风度,净化心灵,提高酒德,饮酒有时虽多而神志清醒。所以,皇甫湜吹捧的"醉境"我们只能去欣赏去领略而不可去一一验证。

至于皇甫湜谈到醉对身体的伤害,倒是很值得我们去注意深思的。他说:"其解须臾,忧患繁滋。"意为用酒来麻醉自己,忘掉心中郁结的不快,只是不大一会儿时间,一旦醉醒之后,忧愁烦恼滋生得会更多,正应了李白"举杯消愁愁更愁"的名言。人能适度饮酒,可享其百福,过量饮酒只能遭其百害,直至"辱身灭名,痿肺淫支","不得尽年,玉色先衰"。如果饮酒竟导致后者的结果,还不如看到清醒不醉的时候,让人干脆忧愁痛苦那样更好:"曾不如睹无醉时,使人困苦如斯。"所以,晚唐的皮日休虽性嗜酒,但自己有严格的限制,特别是宁可自己醉,也不让别人醉,怕把别人喝醉了惹出祸患。他给自己的酒箴是:"酒之所乐,乐其全真。宁能我醉,不醉于人。"其实,酒喝多了,对谁都不好。

朱肱论酒的用途

朱肱,字翼中,宋医学家,曾任奉议郎医学博士。他写过一本制曲造酒的书叫《北山酒经》。书的首卷总论中说:

酒味甘辛、大热、有毒,虽可忘忧,然能作疾,所谓腐肠、烂胃、溃髓、蒸筋。酒之于世也,礼天地,事鬼神,射乡之敛,鹿鸣之歌,宾主百拜,左右秩秩,上至缙绅,下逮闾里,诗人墨客,渔夫樵妇,无一不可缺。

朱肱所言甘辛、大热、大毒的酒,虽可使人忘忧,到达无知、无欲、无私的物我两忘的境界。可是久饮过量对人体健康大有害处:那就是腐肠、烂胃、溃髓、蒸筋。战国时期的名医扁鹊就说:"久饮酒者溃髓蒸筋,伤神损寿。"后来,其观点成为晋以来一些倡导节酒人士的共同看法,告诫人们,要想健康长寿,就不能放纵自己,嗜酒成癖。美酒虽好,不可贪杯。南宋诗人陆游曾写《饮酒》诗说:"世言有毒在麹糵,腐胁穿肠凝血脉。人生适意即为之,醉死愁生君自择。"在陆游看来,饮酒过量,确有损害人体健康的负面作用,但是人生适意时常要庆贺,就要饮酒。沉醉还是愁生,怎么解决,还是靠人来做出选择。

值得特别关注的是,朱肱从正面阐述了酒在人们生活中的重要作用,几乎到了处处不可缺少的地步。在宗教仪式方面,礼拜天地,祭祀鬼神,要用酒;祈盼天地鬼神,顺遂人意,保护人类吉祥平安要用酒。在人事方面,酒的作用更加广泛,诸如通过乡射赛艺选拔人才,要用酒;欢庆节日举办大型宴会,要用酒;宾主拜会,要用酒;序官赐爵的高兴场面,要用酒。上至达官贵人,下及平民百姓,离不开酒,诗人墨客或打鱼砍柴的也与酒结下了不解之缘。酒实在是人世间最好的饮品。至今,它已成为宗教、礼仪、政治、外交、战争、聚会等的重要媒介。

与朱肱同朝代的何剡,所撰《酒尔雅》一书也从正面论述了酒的作用。他说:

饮之者,所以合欢也。酒以成礼不继以淫义也,以君成礼弗纳于淫仁也。酒者,天之美禄,帝王所以颐养天下享祀,祈福扶衰养疾百福之会。夫酒之设,合礼致情,遍体归性,礼终而退,此和之至也……

此文继承了三国时诸葛亮(见本书)《又诫子书》论酒一文的观点,立论高深,见解精辟。何剡认为,饮酒的人,是为了欢乐才聚会在一起的。大家在一起饮酒主要是为了完成应有的礼节。因此,不应因饮酒过度而出乖现丑,伤仁害义。酒,是老天爷赐给人间的美好饮品。这是自酒诞生以来对酒的最高评价!所以,帝王把它作为保养普天下之人的共享之品,也是人们举行祭祀活动、祈求幸福、强身健体和治疗疾病都需要的百福之品。宴会上设酒,是为了完成礼节,传达情意,适体归性的,当礼节完成后,不再强人饮酒,各随其便,这是设宴取得和乐气氛的最高境界。

有史以来,人们举行的各种饮宴,不外乎"合礼致情遍体归性"而已。由此看来,酒在人们的各种活动中起着很重要的作用。唯其重要,才被称之为"天下美禄"(《汉书·食货志》),同时代的窦苹所撰《酒谱》一书,又在朱、何二人研究的基础上,将酒细分为酒之源、酒之名、酒之事、酒之功等十三项加以阐述,不再列举。

成吉思汗论酒的"乱性"

成吉思汗(1162~1227),名铁木真,即元太祖。古代蒙古首领、军事家和政治家。出生于蒙古乞颜部孛儿只斤氏族。12世纪末13世纪初,先后统一蒙古诸部,横征欧亚。1206年被推为大汗,称成吉思汗(蒙古语"海洋"或"强大"之意),建立蒙古汗国,被称为征服世界的奇人。

成吉思汗虽然饮酒,但自控能力很强。据宋元期间阎复的

成吉思汗

《驸马高唐忠献王碑》记载:汪古部首领阿剌兀思剔吉忽里,得到乃蛮将攻打蒙古部的信息后,遣麾下将秃里必答思赍酒六榼(古代盛酒器具),让卓忽难给太祖成吉思汗送去。当时朔方没有粮食酿制的酒。太祖祭而后饮,举爵者三,曰:"是物少则发性,多则乱性。"使还,酬以马二千蹄,羊二千角。由此可知,成吉思汗深懂饮酒之道,对汪古部(阴山以南)送来的粮食酒,连饮三爵,觉得渐渐上脸。才说:"此酒,少饮,能使人的性情振奋昂扬;多饮过量,就会让人的心性迷乱。"真是一语中的,道尽了酒的二重作用。发性还是乱性,全在于人的自控能力,即不饮过量酒。1211年,成吉思汗占领中都(今北京)之后,苟安于临安(今杭州)的南宋小朝廷曾派使臣赵珙前往中都进贡,成吉思汗设盛宴招待了赵珙。宴会上,赵珙举杯向成吉思汗敬酒说:"陛下准是海量吧,我再敬陛下一杯!"成吉思汗借着饮酒的欢乐气氛,讲了一番多喝乱性的深刻道理。他说:"一个月里,我只喝三次酒。每次只喝三杯酒,再多就违规了。喝一次最好,完全不喝更好呀!帝王、武将饮酒过度不仅有损健康,还会败坏事业,也就不可能统率部下。多喝乱性!那些酒醉的人,就成了瞎子,他什么也看不见;他也成了

聋子,喊他的时候,他听不到;他还成了哑巴,有人同他说话,他不能回答。他喝醉之后,就像快要死的人一样,他想挺直身子坐起来也难做到。他像个麻木发呆,头脑受损伤的人。喝酒过量既无好处,也不增进智慧和勇敢,不会产生善行和美德;在酒醉时的人们只会干坏事,杀人,吵架。酒使人丧失知识技能,成为他前进道路上的障碍和事业的障碍。他丧失了明确的途径,将食物和桌布投入火中,掷进水中。国君嗜酒将不能主持大事,长官嗜酒将不能管人,卫士嗜酒将受严惩,平民嗜酒将丧失马匹和所有财产,变为乞丐。官员嗜酒者,命运将不断折磨他,使他忧虑不安。酒不管你是什么人,无论善恶好坏的人,它都让你麻醉,不能思考。"(甄达真《成吉思汗传奇》)成吉思汗在这段"论酒词"中,几乎没有讲酒能"发性"的正面作用,而主要是讲酒能"乱性"的反面作用,振聋发聩,诚为金石之言。由此推断,成吉思汗在饮酒方面以身作则,从不过量,并对他部下的嗜酒者依法严惩,决不姑息。这从另一面也纠正了许多人认为蒙古人好饮嗜酒的片面说法。笔者曾在蒙古人中间生活七年之久,见到的情况与汉族人差不多,有善饮者,也有不善饮者。所不同的是,蒙古人饮酒率真豪爽,劝酒助兴,载歌载舞,场面热烈。有时甚至通宵达旦,边饮边唱,你唱一支,我和一曲,屡唱不尽,入肚的美酒在歌声中不断挥发,因而常给人造成蒙古人嗜饮的错觉。此外,蒙古人好客。客人来了,必须劝酒,方显出主人的热情;客人如果稍有酒量,主人就要尽力敬酒,不饮时就献歌劝酒,歌劝仍不饮,主人即边跪边歌,直到把客人饮到自认为满意的程度才肯罢休。这也只是 20 世纪 80 年代以前的劝酒方法。

人类草原文化学专家孟弛北说:"游牧的阿尔泰语系的各民族都是嗜酒的。"其实这话多少有些偏激。在人们的印象里,蒙古人爱喝酒,而且酒量大,其实并非如此。天底下哪里都有嗜酒的能喝的,也有滴酒不沾的,稍饮辄醉的。倒是有一点是共同的:北方人,因气候多变,寒冷的时间长,因而喜欢喝烈性白酒;而南方人,因气候温湿,闷热的时间长,喜欢喝低度黄酒。这都是因气候制导之下人们的理性选择。假如蒙古人真的像人们想象的那样嗜酒、好喝、量大,他们能够统一中国,横征欧亚吗?事实上早期的蒙古人,虽然喝酒,也只能喝到

中华酒典

发酵的牛奶酒或马奶酒,且酒精度很低。唐代诗人高适,曾在塞北生活过,他写诗说:"虏酒千钟不醉人,胡儿十岁能骑马。"(《营州歌》)可能到了元朝忽必烈时代,才酿造出酒精度很高的"烧酒",这时谁也不敢再狂言"千钟不醉人"了。可惜,成吉思汗没有喝到这种高度数的烈性白酒。

忽思慧论饮酒避忌

忽思慧,元代蒙古族营养学家。曾任饮膳太医,管理宫廷的饮膳烹调工作,著有《饮膳正要》一书。他倡导讲究卫生、食后漱口、早晚刷牙、夜卧洗脚以及薄滋味、戒暴怒等生活习惯,并对各种营养性食物都有较深入的研究。《饮膳正要》一书,专列一篇《饮酒避忌》,着重从反面论述了过度饮酒所带来的危害与醉后应避忌的事项。他说:

酒,少饮尤佳,多饮伤神损寿。易本性其毒甚也。醉饮过度,丧生之源。饮酒不欲使多,知其过多,速吐之为佳。不尔,成痰疾。醉勿酩酊大醉,即终身为病不除。酒不可以久饮,恐腐肠胃,溃髓蒸筋。醉不可当风卧,生风疾;醉不可令人扇,生偏枯;醉不可露卧,生冷痹;醉不可接房事,小者面生䵟(黑斑)、咳嗽,大者伤脏澼(肠中血水)痔疾;醉不可饮冷浆水,失声成尸噎;醉不可澡浴,多生眼目之疾。

从养生角度而言,这段话句句在理。酒有利健康的一面,忽思慧只说了"少饮尤佳"一句。"少饮",既是倡导也是告诫,唯其少,所以结果"尤佳"。忽思慧主要从不利健康长寿的一面论述过度饮酒的危害;多饮不仅伤神损寿,而且"易本性",导致行为失常。这是因为酒瘾一旦上身(指酒精中毒),像吸毒品一样,有酒则神经麻醉,或睡或发呆;酒精散去,浑身难受,睡卧不安,举止失常,必须再饮酒再麻醉,才可解决难受的痛苦。所以忽思慧才说,"易本性,其毒甚也","醉饮过度,丧生之源"。一旦饮酒过多,应"速吐"为好。不然,会因酒伤肺,患上吐痰的疾病。特别是不可酩酊大醉,那会带来终身难以治疗的疾患。更不能长久的痛饮,因为酒有腐蚀肠胃,减少骨髓,蒸发筋骨的不利作用。当代医学技术证明,这些看法是正确的。

特别是忽思慧谈到一旦饮酒致醉的"七不可",也有其科学道理,好饮的朋友应引以为鉴。

当然,忽思慧这里提到的"酒"不单指米酒,笔者认为主要指度数较高的元代所发明的"烧酒"。忽思慧称"烧酒"为阿剌吉酒:"味甘辣,大热大毒,主消冷,坚积,去寒气。用好酒蒸熬取露成阿剌吉酒。"有人研究,说"烧酒"创于元代,其根据就是忽思慧这一论述。明代李时珍在《本草纲目·酒》一文中说:"烧酒非古法也。自元时始创其法,用浓酒和槽入甑,蒸令气上,用器承取滴露。凡酸坏之酒,皆可蒸烧。近时唯以糯米或粳米或黍或秫或大麦蒸熟,和曲酿瓮中七日,以甑蒸取。其清如水,味极浓烈,盖酒露也。"还有清代的梁章钜在《浪迹续谈·烧酒》一文中说:"烧酒之名,古无所考,始见白香山诗:'烧酒初开琥珀光。'则系赤色,非如今之白酒也。元人谓之汗酒,李宗表称阿剌吉酒,作诗云:'年深始得汗酒法,以一当十味且浓。'则真今之烧酒矣。而以高粱所酿为最正,北方之沛酒、潞酒、汾酒,皆高粱所为,而水、味不同,酒力亦因各判。尝闻外番人言,中国有一至宝,而人不知服食,即谓高粱烧酒也。"由此看来,元人那"以一当十味且浓"的烧酒,就是今天的"二锅头""老白干"。唐、宋人喝斗酒算是大酒量,所以"斗酒"这一词语常出现在文人墨客的诗文中,而元以后的诗文中,"斗酒"一词用得很少,如果有,那也只具象征意义了。原因在于唐宋时的酒其酒精度数仍然很低,最高不过五六度;而元代的酒,现在推想起来大约升到四五十度,所以元的烧酒可"以一当十",喝几杯就管用。忽思慧谈到的"阿剌吉"酒,大热大毒,醉后对身体的伤害也就很严重,腐肠、烂胃、溃髓、蒸筋,并非危言耸听!

谢肇淛对饮酒者提的建议

谢肇淛,明代文学家。福建长乐人,万历年间进士,官广西右布政使。熟悉河流水利。他在笔记《五杂俎·物部三》中对酒做了大量论述,值得今人借鉴。

中华酒典

在谈到酒的正负面作用时,他说:"酒者扶衰养疾之具,破愁佐药之物,非可以常用也。"据现代科学研究,酒液中含有十七种氨基酸,对人体发育不良、消瘦、疲倦、肌肉萎缩、贫血、水肿和一般疾病都有积极作用,也能为人体提供热量,还可起到充饥的作用。所以,谢肇淛谈酒可以扶衰弱,疗疾病,消除忧愁,推助药力,是有一定科学道理的,但不可以常用,特别是不可过量地用,为什么?"酒入则舌出,舌出则身弃,可不戒哉?"谢肇淛引了春秋时代管仲(见本书)的名言来告诫人们,在饮宴中不可贪杯,否则轻者失言遭辱,重者伤生丧命,别小看那瓶中之物!

如果为表达礼节一定要饮酒的话,那也不要突破如下三条底线:"志识不昏,一也;不废时失事,二也;不失言败度,三也。"谢肇淛说的这三条建议很重要:一是要神志清醒,知道三多二少;二是不耽误时间,误了做事;三是不胡言乱语,败坏了规矩,损害自己的身份形象。有人会说,这种喝酒还有欢乐还有意思吗?有!试想,如果一个人饮酒走向上述三条建议的反面,会是什么结果?欢乐何在?意思何在?许多人饮酒往往乘兴而去,狼狈而归,都是因为突破了上述三条建议的底线,事后常令人想起来后悔莫及!所以,谢肇淛接着说:"余常见醇谨之士,酒后变为狂妄,勤渠力作,因醉失其职业者,众矣。况于丑态备极,为妻孥所讪笑,亲识所畏恶者哉?"好端端的一个人,平和谨慎,可酒喝过量便胆大妄为。平素勤奋努力工作的人,却因酒醉废事而最终丧失职业。这类人在社会上还少吗?更何况还有些因醉丑态百出的人,不只别人恶心反感,就是自己的妻子儿女都为之讥笑,亲戚和相识的人都害怕厌恶。可见,饮酒者一旦突破谢肇淛为饮者提出的三条建议底线,可以说对己对人有百害而无一益。好饮者不妨给自己下个"死命令",饮酒时常拿这三条建议规范自己,养成受人尊敬的酒德酒风。

黄周星提出的饮酒"三戒"

清人黄周星,字九烟,生卒年不详。他写过一本品位颇高,见解独特的《酒社刍言》，流传于世。他说："古云：酒以礼，又云酒以合欢。既以礼为名，则必无伦野之礼。以欢为主，则必无愁苦之欢矣。"这是说，古人常以酒来表达礼节，相聚求乐。既然如此，饮酒时就要以礼为主，不可野蛮粗鲁；以欢快为要，不可让人觉得拘束愁苦。反之，那就背离了聚会饮宴的初衷。所以，黄周星认为"饮酒者乃学问之事，非饮食之事也"。这话说得多少有些片面。其实，对饮酒者而言，既是学问之事，又是饮食之事，二者并不矛盾。通过饮酒，了解人心，增进友谊，切磋问题，丰富知识，确是学问之事；但有时也因东奔西颠，如牛负重，远行归来，逢年过节等，把大家聚合起来，没有别的，只是图个快乐，这就是饮食之事了。所以，饮酒既是学问之事，也是饮食之事。实际上，在饮酒的场合很难将"学问之事"与"饮食之事"截然分开。学问之事要靠饮食之事来促成；饮食之事也要借学问之事展开。如成礼合欢，这就是学问之事了。在饮宴中，为了真正实现成礼合欢的目的，他提出了饮酒"三戒"：

一是"戒苛令"。这是说，在人们饮酒的时候，力戒通过一刀切的命令方式来劝酒。在黄周星看来，用苛刻的命令来劝酒根本没有必要。为什么？他说，凡饮酒的人大体可分为三种："其善饮者，不待劝；其绝饮者，不能劝；唯有一种能饮而故不饮者，宜用劝。然能饮而故不饮，彼先已自欺矣，我亦何为劝之哉！"黄周星的话使人茅塞顿开：那些善于饮酒的人，根本用不着你劝。没等劝，酒已进肚了。那些滴酒不饮的人，不能劝。非要劝他喝进那杯酒，他难受，他呕吐，犹如服了毒药，甚至有"过敏"反应，你劝他，不是要他的命吗？酒也许劝进肚里了，可是"成礼合欢"的效果气氛也就没有了。只有那些能饮酒却故意装着不饮的人，才应该劝。可是本来能饮酒却故意装模作样，表示不能饮酒，他首先就自己欺骗了自己。这说明他参加饮宴没有诚心，只是不得已的应酬。对这种虚情假意的人我为什么还要劝他呢？所以，黄周星认为，凡是参加饮宴的，不问主人还是客人，"惟当率真称量而饮，人我皆不须劝，既不须劝矣，苛令何为？"说得好！"率真"，不矫饰，不虚情，天然本色；"称量"，依据各自酒量的大小自由地饮酒。这样，别人也好，自己也罢，都不需要劝酒，其乐融融。既然不需劝酒了，那还用得着苛刻的劝酒令吗？

中華酒典

二是"戒说酒底字"。这是说,在饮酒的时候,要保持欢乐的气氛,就别搞拆字那类复杂的游戏。流传中国千百年来的各种"酒令"不可胜数,它在饮宴过程中可调节气氛,增添乐趣,怡情适性,起劝酒的作用。但行酒令的人,一定要依据参加饮宴者的实际情况而灵活行令,不可强求一律。古人讲行酒令应"巧不伤雅,严不入苛"(清·郎廷极:《胜饮编》)。就是说,行酒令要巧妙风趣,形式新颖,既不能有伤雅致,搞庸俗低级的东西,又反对出酒令刁钻古怪,难度太大,搞成"智力测验",让大家冥思苦想,举座为之不欢。这就背离了饮酒的初衷。黄周星戒的正是这种"智力测验"式的酒令。他说:"说酒底者,将以观人之博慧也。……我辈终日兀坐编摩,形神挛悴,全赖此区区杯中之物以解之。若复苦心焦思搜索枯肠,何如不饮之为愈乎!"拆字猜谜一类酒令,常常是检验人们知识是否丰富,应对是否聪敏的游戏活动,这并没有什么不好。可惜我们这些人,整日静坐思虑,以致身心疲惫憔悴,全依赖这区区杯中之酒来解脱。假如为了拆字再苦心焦虑,搜索枯肠,还不如不饮酒更快乐呢!黄周星进一步强调说,特别是在酒桌上,遇到那种狂妄狡猾之人,往往借行酒令以逞聪明,凭酒席行令督察而作威作福,这又不是吕侯设宴,难道真的让刘章(见本书)按军法去行酒令吗!如果不幸,遇上这类人行酒令,参加饮宴还有什么好心情,只有掉头拂袖而离席了。正是因为"说酒底字"破坏了成礼合欢的饮酒气氛,所以,黄周星主张戒止。

三是"戒拳哄"。黄周星主张在饮宴时戒止划拳行令。划拳,到底应不应该戒止?也要依据城乡不同地域的风俗习惯而定,一律禁戒,显然有失偏颇。黄周星则认为,古人传下来的行酒劝酒游戏活动种类繁多,有雅有俗。人们在饮宴时应求雅避俗。如藏钩、握子、射覆、续麻等一类劝酒游戏还不失为雅人从事的游戏。而世俗中饮宴时划拳一类游戏就显得粗卑。他说,捋拳奋臂,叫号喧哗,这种声态和市井之人、轿夫赶车之流有何区别? 如果按照黄周星的观点:饮酒只有文人雅士才可,那些市井闲人、贩夫走卒、耕田种地之流原本就不配饮酒,不该饮酒。因为他们文化不高,雅致的酒令不懂,也就只能搞一些简单易行的劝酒游戏,其中就包括划拳一类。你如果到偏远落后的农村,每当喜庆日子,亲朋好友相聚,屋子里旱烟味儿熏人,人们大呼小叫,划拳劝酒,热闹非常。这种场面,在黄周星看来,肯定是俗不可耐;可是对乡民而言,划拳却给他们带来了欢聚时无比的快乐,从而也符合饮宴成礼合欢的宗旨。由此可见,饮酒时究竟采取"雅"的游戏活动劝酒,还是"俗"的游戏活动劝酒,完全要根据不同环境下的不同习俗与不同的人来进行,不可简单化一刀切地"戒拳哄"。当然,随着人们文化水平的不断提高,人们的劝酒方式渐渐由文化含量少的"俗"逐渐过渡到文化含量多的"雅",这不但是可能的,而且是必然的。最好是俗中有雅,雅中有俗,这才能成为酒文化领域中饮酒者喜欢的劝酒令。

袁宏道为饮酒制定的细则

袁宏道(1568~1610),字中郎,号石公,公安(今湖北公安)人。明万历年间进士,官至吏部郎中。善诗文,以风雅自命。他与长兄袁宗道,小弟袁中道都是湖北公安人,且善诗文,风格一致,故世称"公安派"。其中袁宏道文学成就最高。

袁宏道

袁宏道一生嗜酒、爱酒,爱与人饮酒,甚至到深夜都不感到劳累,其乐无穷。酒量不大,几乎天天喝,颇似苏东坡的风格。他在《觞政》一文的开头写道:"余饮不能一蕉叶,每闻垆声,辄踊跃,遇酒客与留连,饮不竟夜不休。非久相狎者,不知余之无酒肠也。"意思是说,我饮酒不能超过一蕉叶(是一种浅底酒杯),每当听到卖酒的声音,就心情难抑,遇到相识的酒友便与他恋恋不舍,饮酒不至深夜便不罢休。不是与我长久厮混饮酒在一起的人,根本就不知道我的酒量其实并不很大。

在明代中期,袁宏道文名甚高,参加的各种宴请应酬很多,自然经见饮酒者的品类也就形形色色。他看到酒徒在饮酒时不遵守酒礼,常常败坏饮酒的欢乐气氛,于是在古籍中采集了大量资料,又参酌古代饮酒的各种礼仪与禁忌写下《觞政》一文,是为饮酒之人专门制定的一部"细则"。所谓"觞政",准确点说,犹如一篇"饮酒须知"。

《觞政》一文较长,共分十六个大项,对主持饮酒的人选,参加饮宴的酒徒,饮酒时应持的风度,什么环境下宜醉等问题都做了简明扼要的介绍。笔者不嫌冗长,现将于今还有借鉴价值的内容摘要评介如下:

一之吏:凡饮宴要选一个主持人——酒官。场面上,酒喝得太少,说明酒官没有负到责任,饮宴的气氛就会过于呆板冷清;酒喝得太猛,说明酒官督责太严,饮宴的气氛就会过于激烈紧张。作为酒官要善于把握度,不急不慢,逐渐升温,进入佳境。同时,还要为酒官配备一名副手,这名副手要具备三种才能:善于酒令、人缘好、酒量大。

二之徒:有酒官,还要有配合默契的饮酒之人——酒徒。酒徒具备的条件共十二条:如善斗乐子说笑话的;当自己喝酒时不说三道四的;酒量很大仪容不变的;宁可自己喝醉也不把酒泼在地上的;行酒令能对答如流的;喝不多酒但能整夜兴致勃勃的等,都是饮酒聚会时最好的"人选"。清代吴彬在《酒政》篇中认为,理想的饮酒之人应是:高雅、豪侠、真率、忘机、知己、故交、玉人、可儿。田世衡在《醉公律令》中认为,理想的酒友是"款于词而不佞者,娱于色而不靡者,怯猛饮而惜终欢者,抚物为令而不涉重者,闻令即解而不再问者,善戏谑而不虐者,语便便而不乱者,持屈爵而不诉者,偕众乐而恶外嚣者,飞爵腾觚而德仪无愆者,坐端宁而神逸者,宁酣沉而倾泼者"。这些观点都是袁宏道"最佳酒徒"的借鉴与具体化。

三之容:这一款主要讲参加饮宴的人在桌面上应有的风度。饮酒高兴时应该适当的节制;饮酒疲劳时应保持内心的宁静;饮酒厌倦时应该以诙谐幽默的话拒之;在庄重严肃的场面,饮酒应保持一定的潇洒;饮酒秩序混乱时就用"酒令"来约束;与新结交的朋友饮酒,应当抱有娴雅直率的态度;与不相识的杂客饮酒,在应酬之余设法悄悄退出酒宴。

四之宜:如果把"醉"分层次的话,"微醉"是最好的。凡醉也有环境、对象、时间、地点等的适宜或不适宜的区别。袁宏道在这一款里,专讲适宜醉的处所以及如何用不同的方式对待不同的饮客:在花下醉,宜于白天,可以让人因袭日光的照射;在雪天醉,宜于黑夜,可以让人因清洁而快乐。醉后宜于高歌,可以引导人进入平和之态。醉武将要击鼍鼓,以壮他的神威;醉文人宜按礼节秩序进行,以防止他对主人的侮辱;醉英俊貌美的人,应当多敬酒多夸美,助其兴高采烈。在楼上饮酒致醉,宜在暑天,可以助长他登楼远眺的情怀;在水边饮酒致醉,宜在秋天,此时能泛起人们秋高气爽的感觉。还有一种说法是:醉月宜楼,醉暑宜舟,醉山宜幽。醉佳人宜微酡,醉文人宜妙语应对无苛酌,醉豪客宜挥觥发浩歌,醉知音宜吴儿敲着檀板清喉高歌。吴彬《酒政》篇也说,饮酒的处所应是花下、竹林、高阁、画舫、幽馆、曲涧、平畴、荷亭;饮酒的季节应是春郊、花时、清秋、新绿、雨霁、积雪、新月、晚凉;饮酒的乐趣应是清谈、妙令、联吟、焚香、传花、度曲、返棹、围炉。总之,饮酒,不但应选择赏心悦目的环境,还要根据不同的人,采用不同的方法使其快乐,进入"醉乡"。上述这类所谓"醉宜与方式",于今是否还有借鉴作用,可以见仁见智,甚至不去管它。但它具有很高的史料价值,使我们看到了明代的士大夫阶层饮酒作乐的生活场面。

五之遇:饮有五合十乖。主要讲饮酒时能遇到的五种令人心情快乐的事和十种令人不快乐的事。如五合有:凉月好风,快雨时雪,一合也;花开酿熟,二合也;偶尔欲饮,三合也;小饮成狂,四合也;初郁后畅,谈机乍利,五合也。以上五种情况,都是不期而遇的助酒相合的因素。在袁宏道看来,饮酒能与这五件事相遇,无疑是饮酒中最快乐的事。有关"十乖",略而不议。

六之候:欢之候分为十三条,不欢之候分为十六条。主要介绍饮宴时,哪些事能给宾主带来欢乐,哪些事令宾主扫兴,无欢乐可言。如变主为客、宾客轻视主人、醉后唠叨、深夜逃席等,都是饮宴中令人败兴的事。吴彬也在《酒政》中提出饮酒要禁忌华筵、连宵、苦劝、争执、避酒、恶谑、喷哕、佯醉等言行。

七之战:专讲在酒宴上,饮客凭借各自的优势叫"战"劝酒。如量大者、气饮者、趣饮者、才饮者、神饮者等。在袁宏道看来,"百战百胜,不如不战"。饮酒为的是快乐,也是一种悠然的消遣,何必搞得那么紧张,那么劳心费力。所以,不如不战。

八之祭:凡饮必祭所始,礼也。这一款专讲饮宴开始时,应先从祭祀祖先开始,旁及历朝历代的酒仙酒圣一类好酒之人以及造酒的祖师仪狄、杜康、刘白堕、焦革等。祀毕,饮宴正式开始,这是饮客之礼。

九之刑典:凡参加饮宴的客人各怀心事,有不同的目的,又各有各的风采。袁宏道列出饮同者、饮达者、饮豪者、饮隽者和饮而文、饮而儒、饮而绯、饮而辩、饮而肆等共二十六人作为饮客仿效选择的典型。你属哪一种饮客,就在这二十六人中选与你大体一致的古人为榜样,以保证饮宴场面的欢乐气氛。

十之掌故:袁宏道在这一款列举了《汝阳王甘露酒经谱》等十种写酒的著作,称为内典;又列举了庄子、屈原、陶渊明、李白、杜甫等十四人的文集,称为外典。让酒徒学习诵读。凡不熟悉这些人物和典籍的,不能称之为酒徒。

十一之刑书:这款专讲饮客一旦在饮宴上犯了规矩,应受何等惩戒(从略)。

十二之品:把酒按颜色和味道分为圣、贤、愚三种;又按"糯酿""腊酿""巷酽烧酒"醉人的情况分为君子、中人、小人,讲宴客用什么酒来待人。饮好酒还是劣酒,这与主人的经济条件有关。

十三之杯杓:饮酒的器具也有讲究:用古玉及古窑器为上,犀角、玛瑙一类稍次……螺形锐底弯曲的酒器最最下等,当然最好不用。

十四之饮储:专讲下酒菜。大体分为清品、异品、赋品、果品、蔬品五类(从略)。

十五之饮饰:专讲饮酒环境的设计安排和酒桌的装饰。环境幽雅,首先能够给饮酒者一个好心情(从略)。

十六之欢具:供饮酒助兴的用品。如纸牌、骰子、纸、笔、墨一类(从略)。

以上十六项饮酒"细则",除了八、九、十、十一已过时,只具史料价值外,其余的条款都对我们有学习借鉴的价值。事实上,我们不但借鉴学习了古代这些于我们有用的东西,而且在此基础上已发扬光大,花样翻新。看看当代各大宾馆饭店以及人们待客的场面便可知晓。倘若袁宏道九泉有知,也会深感自愧不如,他也会欣赏当代人们生活方式的巨大变迁,写出新的《觞政》。

袁氏三兄弟,老大袁宗道活了 40 岁;老二袁宏道活了 42 岁。老三袁中道认为,两位兄长早逝,皆因嗜酒纵欲所致,自己受他们的影响也很深。所以,他认为"自念生平无一事不被酒误,学道无成,读书不多,名行不立,皆此物为之祟也。甚者,乘兴大饮后,兼之纵欲,因而发病,几不保躯命……"后来,袁中道痛下决心戒酒禁欲,隐迹山泉,参佛悟道,也才只活了 53 岁。令人遗憾的是,"戒酒禁欲"的袁中道并未活到 100 岁。酒,何罪之有!人如果抵不住灯红酒绿娇娃美姬的诱惑,必至乐极生悲,短命是必然的,别把脏水全泼在酒上。

李时珍论酒及酒的药用功能

李时珍(1518~1593),为明代杰出的医药学家。他经过 27 年的调查、研究、考证、试验等辛勤劳动,参考了 800 多种书籍,撰写出举世闻名的医药学巨著《本草纲目》。

李时珍在《本草纲目》一书中,将"酒"作为治病的"药"来研究分类。不但对酒的一般作用进行了论述,而且对米酒、烧酒、葡萄酒的药用功能做了详细的介绍说明。

李时珍认为:"酒,天之美禄也。面曲之酒,少饮则和血行气,壮神御寒,消愁遣兴;痛饮则伤神耗血,损胃亡精,生痰动火。邵尧夫诗云:'美酒饮教微醉后。'此得饮酒之妙,所谓醉中趣、壶中天者也。若夫沉湎无度,醉以为常者,轻则致疾败行,甚者丧邦亡家而殒躯命,其害可胜言哉?"(《本草纲目·酒》)这段话言简意赅地赞美了酒,论述了饮酒时应把握的"度",以及沉湎于酒对人体所造成的危害。

"酒,天之美禄也","禄"作食物讲。这句话出自《汉书·食货志》,意思是,酒是天下美好的饮品。是啊,人类至今创造出无数饮品,试问,哪一种饮品发展历史最长,种类最多,普及最广泛呢?那就是"酒"。在所有的饮品中,只有酒,才可独享"三最"之冠。李时珍引用前人对酒充满诗意般的赞美之词,道破了"酒"被人们喜爱的真谛!

李时珍

但是,酒虽美,却不可贪杯。如果单从健身的角度讲,少饮则可消愁遣兴,和血行气,壮神御寒;多饮则伤神耗血,损胃亡精,生痰动火。多饮还是少饮都要因人而异,量力而行,这里就有个自我感觉的"度",那就是无损身体的"微醉"。《菜根谭》一书中有句经典的话,"花看半开,酒饮微醺",可说深得了赏花饮酒之妙、之乐、之趣。这"微醺"就是邵尧夫诗中说的"微醉"。只要我们在饮酒中把握住"微醉"这个度,酒将对人体就会起永久性的健身作用。酒,就是天下之美禄也!不伤身体而又头脑清醒的微醉,是神仙般的风度,是一种高尚的酒风酒德。因此,无论是合家之饮或朋友之饮,还是群宴之饮或结社之饮,都应把握好"微醉"这一底线,这才是真正懂得饮酒之妙、之乐、之趣的大饮家。那些自称"革命青春红似火,感情上来不由我"的狂喝滥饮,不过是以生命为代价的赌博,一而再,再而三可以,但长期这样,一不利身体,二行为失轨,遭人嫌弃。因此,在李时珍看来,凡是那些沉湎于酒而不能把握度并以醉为常的人,轻者导致五脏六腑各种疾病的发生以及行为名声的败坏,严重的则丧国亡家,直至一命呜呼!其危害简直数不胜数。他说的这些话,至今对我们都有现实的教育作用。

此外,李时珍对酒的药用功能也颇有研究。他将酒分为三个类别,即米酒、烧酒和葡萄酒,这三种酒只要和某些中草药等结合,就能起到治疗疾病的作用。其中米酒加药物泡制,共列出 69 种药酒;烧酒加药物泡制,可治七种疾病;葡萄

酒能够强腰肾、驻颜色、软化血管等,在此不赘。

梁实秋谈饮酒

梁实秋(1902~1987),中国散文家、文学评论家、翻译家。浙江余杭人,生于北京。1915 年就学于清华学校(今清华大学),1923 年留学美国。代表作有《雅舍小品》,译著有《莎士比亚全集》等。新中国成立前,曾先后在东南大学、暨南大学、青岛大学和北京大学等校任教。1949 年曾任台湾省立师范大学文学院院长。

梁实秋的第一次醉酒是在 6 岁。当时在一酒楼参加爷爷待客的宴会,连喝几杯,微有醉意,爷爷禁止他再喝,他便将一匙汤泼在了爷爷的衣衫上。之后便醉倒在酒楼的小木炕上呼呼大睡,回家之后才醒。梁实秋的父母都喜欢饮酒,所以梁实秋也就耳濡目染,一直都有喝酒的机会并培养起饮酒的习惯。

梁实秋说:"我的酒量不大,我也没有亲见过一般人所艳称的那种所谓海量……就我孤陋的见闻所及,无论是'青州从事'(笔者:优质酒的代称)或'平原督邮'(笔者:劣质酒的代称),大抵白酒一斤或黄酒三五斤即足以令任何人头昏目眩粘牙倒齿。唯酒无量,以不及于乱为度,看各人自制力如何耳。不为酒困,便是高手。"这基本上是孔子的观点。梁实秋在《饮酒》一文中,着重阐述了四条见解:

一、酒实在是妙。妙在何处呢?他说:"几杯落肚之后就会觉得飘飘然、醺醺然。平素道貌岸然的人,也会绽出笑脸;一向沉默寡言的人,也会议论风生。再灌下几杯之后,所有的苦闷烦恼全都忘了,酒酣耳热,只觉得意气飞扬,不可一世。"这就是人们喜欢饮酒的原因之一。可以说,全世界所有饮品中,独有"酒"具有这种作用。但是饮酒不可过量。古今中外,无论是神仙皇帝,还是小民百姓,面对美酒,不可贪杯。一贪杯,就会过量。过量,是一个人缺少自制力的表现。梁实秋认为,饮酒到一定量时,"若不及时知止,可就难免玉山颓欹,剔吐纵横,甚至撒疯骂坐,以及种种的酒失酒过全部的呈现出来"。由此看来,酒益人也损人。从益人的角度而言，人们赞美酒，早有"天之美禄""天乳""百药长"一类的美称；从酒能损人的角度而言，人们痛恨酒，又有"祸泉""腐肠贼""伐性刀"一类的警告。益人还是损人，全在于饮酒的适量还是过量。适量还是过量，取决于饮酒者的自我感觉和自控能力。梁实秋所言"酒实在是妙"，妙就妙在：一个好端端的人，饮几杯酒之后，就会改变自己原有的"形象"，再饮几杯，人的"形象"就更加生动鲜明。酒，简直就是"显微镜"。

二、酒不能解忧。梁实秋认为，饮酒解忧，"只是令人在由兴奋到麻醉的过程中暂时忘怀一切。即刘伶所谓'无息无虑，其乐陶陶'。可是酒醒之后，所谓'忧心如醒'，那份病酒的滋味很不好受，所付代价也不算小"。梁实秋回忆他当年在青岛居住时，常呼朋聚饮，三日一小饮，五日一大宴，划拳行令，三十斤花雕一坛，一夕而罄。七名酒徒加一位女士，正好八人，自命酒中八仙。有时结伙远征，近则济南，远则南京、北京，不自谦抑，狂言"酒压胶济一带，拳打南北二京"，高自期许，俨然豪气干云的样子。这种狂饮滥喝，不但作践了身体，而且败坏了自我形象。回想当年酗酒，哪里算得上勇，简直是狂。像梁实秋说到的情景，对于饮酒的年轻人，程度不同地或多或少都曾有过。这样看来，饮酒过多，不但不能解忧，而且对健康的身体是一种损害和作践。曹操"何以解忧？唯有杜康"的话，听起来有一定道理，但真的实践起来，并非完全如此。要解忧，还是靠思考，靠智慧。即使酒真的能解除人的忧愁，那也是暂时的，绝不是唯一的。人的忧愁，还可以通过别的途径如旅游、听音乐等来解除。

三、酒能削弱人的自制力。主要表现在有人酒后狂笑不止；也有人痛哭不已；更有人胡言乱语，把平时不敢告人的事不该说的事也说出来了，甚至把别人的隐私也当众抖漏出来。人的自制力被削弱，根子在饮酒过量。因此节酒要自持，以免在众人面前出"洋相"或遭人忌恨。

四、反对强人饮酒。大家欢乐聚会，饮酒多少应据各人的喜好自由确定，聚会的任何人，不得逼迫他人饮酒。所以，梁实秋认为："最令人难堪的是强人饮酒，或单挑，或围剿，或投井下石，千方百计要把别人灌醉，有人诉诸武力，捏着人家的鼻子灌酒！"据我所知，梁实秋谈到的这种强人饮酒的现象多数是在特别熟悉的朋友中进行，其实是一种相互不服的"攀酒"。"再喝一杯，就一杯……"一杯喝了又来一杯。不会喝酒的人常常就是在这种劝勉下喝了过量的酒。特别应避免"捏着鼻子灌酒"这种强人所难的做法。酒喝到这种地步，聚会还有什么意思呢！弄不好，还会喝出"人命"来。所以，我们还是应大力提倡文明饮酒："只要感情好，能喝多少喝多少"，"只要感情有，喝水也是酒"。

张中行论饮酒

张中行(1909~2006)，著名语文学家、散文家。生于河北省香河县某农家，1935 年毕业于北京大学中文系。新中国成立后长期在人民教育出版社工作。其代表作有散文集《负暄琐话》《负暄续话》等，并有《张中行作品集》八卷本传世。

从古至今，人们对酒有各种看法，有人说可以喝，有人说不可以喝；还有少数，说不可以多喝，甚至坚信以不喝为是，而实际却一点不少喝。情况如此复杂，如果有人追死理，于喝好还是不喝好之间，一定让我们择其一而不许骑墙，我们将何以处之？张中行认为，要回答这种实质性的问题很难。看事实，历朝历代，不仅饮酒，而且沉湎于酒的人也举不胜举，酒的种类多样，而酒具的形状花样也各异。所以他得出结论说："酒的寿命必与饮食文化一样长，就是说，自从有饮食就有它，它的灭绝也绝不会在饮食灭绝之前。唯一的弱点是，不像饮食那样有普遍性。"就全体人而言，有的喝，有的人不喝；就一个人而言，少儿时不喝，成年以后喝。那么只说喝酒的人，之所以喜欢喝酒，到底是为了什么？张中行认为，古人做过许多种回答，可惜言简旨远，没有说清楚，使人感到隔膜。因此，他以为喝酒就是为求得"微醺或大醉"。理由如下：

一、饮酒至"微醺或大醉"，从消极方面而言，是离现实远了；从积极方面而言，因为离现实远了，也就离幻想(或梦想)近了。人在现实中生活，为什么身心想脱离现实？因为有时候，现实中有大苦，身躲不开，不得已。才在心境方面想想办法。微醺，尤其醉，现实的清清楚楚就会变为迷离恍惚，苦就至少可以像是减轻些。

二、幸而无大苦，常处于现实中，寒来暑往，柴米油盐，也会感到单调乏味，那就能够暂时离远点也好，酒也正好有这样的力量。

三、得天独厚，条件好，不只无苦，而且要什么有什么。这样，心理总算安逸知足了吧？其实并非如此。人的欲望是无止境的，做了皇帝还想成仙，春秋佳日，或雨夕霜晨，还会产生闲愁，虽然说不清楚，却总感到缺点什么，如何排遣？喝两杯是个简便而可行的办法。

四、还有些事，欲笑无声，欲哭无泪，心不安，以至不知今世何世，就可以喝两杯，于迷离恍惚中，离开现实，忘掉利害，甚至忘掉礼俗。

正是有上述四大好处，所以，古往今来，上至帝王将相，下至贩夫走卒，几乎都喜欢这杯中物，并且乐此不疲。这仅是张中行自己对人们为什么喝酒的一种解答，而且是酒文化研究方面的深度解答。事实上，答案不止一种，研究还可深化。

接下来，张中行在《酒》一文中还谈了自己饮酒及醉的亲身感受。他说，自己饮酒起步晚，上大学后才间或喝一些酒，而且酒量不大，只有一二两之间。原因是生来抗乙醇能力微弱。再就是，眼前无酒，也没有想得厉害的感觉。此外，喝酒不追名贵。"只要入口没有暴气，两杯入肚，能得微醺，就算合格；超过此限度，追名牌，用大价钱以换取入口一刹那的所谓香味，实在不值得"。酒的作用就是能使人微醺或大醉。因此，在张中行看来，"大团结十几张一瓶的茅台与大团结一张五瓶的二锅头正是难兄难弟，所以不饮二锅头而必饮茅台（如果是自费），是既不经济又不哲学的"（《酒的哲学》）。既然价钱便宜的二锅头也可使人微醺或大醉，何必要浪费钱财去喝茅台、五粮液呢？张中行不是反对人们喝名酒。况且，有喝名酒的消费市场，才有名酒的生产，而是倡导"俭比奢好"的观念。张中行还主张充满诗意般的雅饮。他"不喜欢大举呼五喊六，杯盘狼藉"。理由很简单，是"闹剧与诗意不两立。多聚人，多花钱，买热闹买荣华，这方面得的越多，诗意就剩得越少。所以我宁可取杜甫（见本书）与卫八处士对饮的那种境界"。

人的坎坷多,心情就会不平静,往往容易亲近酒。张中行谈到自己饮酒或醉的经历多在 30 到 40 多岁间,有失有得:失去的是酒菜钱和过量饮酒后身体的不适;得到的是因酒增添的友情和诗意。特别是和同道知音者饮酒,其乐无穷。他回忆和三位同道知音的饮酒:

第一位是韩刚羽。从上个世纪 40 年代起,两人常在一起喝酒。晚饭时,出去买四两白干,一角钱五香花生仁,对坐,多半读书,有时有风,还可听到北京白塔上的铁马声。喝完,吃老伯母做的晚饭。那时他俩虽然很穷,可是对饮之际,觉得这个世界是丰富的,温暖的。这样的生活延续了十几年。

第二位是裴世五。他住在北京外城菜市口以西,晚饭青灯之下,对饮的次数最多,差不多延续了半个世纪。俩人是同乡小学同学。裴世五中学没念完失学,为人慷慨、念旧。两人虽然走的路不同,却始终以小学时的弟兄相待。裴世五量大,常在晚饭后对饮,两三杯下肚,喜欢谈当年旧事,并常把张中行看作少不更事的小弟弟加以关心。

裴世五去世后,张中行结识的第三位乡友是凌公,他在饮食公司工作。凌公约张中行每星期三到他家里吃晚饭,并约法二章:一、由夫人动手,做家乡饭;二、酒菜不过二品。张中行感到很温馨,每到那里,举杯,除微醺之外,还可以做个还乡之梦。最后,张中行的结论是"如果有人问我对酒的态度,此时就有了定见,是只能站在陶渊明一边了"(引文均见《张中行作品集》第五卷《酒》)。陶渊明写诗道:"悠悠迷所恋,酒中有深味。"(《饮酒》三十四)人们迷恋于酒,正在于酒是满足人们精神需求的,而人的精神需求是丰富复杂的。饭是满足人们饥饿需求的;水是满足人们干渴需求的。所以古往今来,对它们的争议几乎没有。而酒,之所以争议大,正在于它不是满足人们饥饿需求的,而主要是满足人们精神失衡这个需求的。酒中有深味,就在于酒可以暂时解脱世事对人的心灵的困扰,取得片刻欢欣。张中行站在陶渊明 边,说明张中行主张喝酒,人的复杂的精神世界需要酒来"勾兑"。

欣赏别人喝酒的黄苗子

黄苗子(1913~),广东中山人。现、当代著名的漫画家、美术家和美术评论家。是全国第五、六、七届政协委员。散文集有《货郎集》《敬惜字纸》《青灯琐记》等，诗集有《牛油集》《三家诗》等，书画集有《黄苗子书画选》等。

黄苗子说："我不会喝酒，但会欣赏别人喝酒。饮酒往往见人之真性情。"别小看那瓶中之物，不管什么人，只要三杯两盏下肚，言行定与平常不同，它类似于照片的"显影剂"。酒喝得越多，真性情显示得越清晰，越使人能够原形毕露。你想看到一个人的原形吗，你想了解一个人的"本我"吗？不妨让他喝点酒，细细地观察，定会大有收获。不会喝酒的黄苗子，比会喝酒的都厉害，"饮酒往往见人之真性情"，这句话说得很到位，很有见地。为此，他还把饮酒之人大体分为三类，写下《酒人三品》一文。

他说："有人对酒有深情，饮酒只是寻求个人陶然之乐，醉后酡颜浅笑，很能给已醉和未醉的人凑趣，语言不多，但酒芒入肚，反应极快，妙绪如环，一座无此君不乐，这是酒人中的上品。"在黄苗子看来，上品之人的饮酒，求得是"陶然之乐"，他们深懂酒中之趣，酒芒入肚，妙语连珠，举座欢乐，气氛融融，给人以诗意般的享受，他们能享受醉乡之乐，有酒品酒德，洪量而不自夸，不扰人，受人爱戴。他认为古代陶渊明和苏东坡皆属酒人中的上品。

"有人酒喝得狠，非要己醉人醉，'同归于尽'不可，但还有相当节制，严守圣人'唯酒无量，不及乱'的戒备，醉了就承认醉，绝不抵赖逞能，酒至尽欢而散，还送醉友回家。这是酒人中之中品"。中品饮酒之人，实是一种豪爽之人，常愿将自己的酒量来攀劝他人，不惜一醉方休。至于酒中之趣，则一片空白。与这种人饮酒，要干脆利落，不折不扣，一个字：喝。不好之处是，不看对象的"攀酒"，自己喝了，别人不喝，仿佛别人对自己就是欠债，讨债便不依不饶。这种强人所难的饮酒，常会败坏饮酒的欢乐气氛，对那些不善饮酒的人，饮宴则成为"刑场"了。

"下品酒人，三杯下肚，便吵吵嚷嚷，到处挑战，找人灌酒，声大气粗，令人生厌。甚至借酒骂坐，某人不够朋友，某人不是东西，一座之中，只有他一人闹得欢，甚至以酒泼人，以杯掷地。众客潜退，主人束手，不欢而散。翌日酒醒，到处作揖请罪，然而悔之晚矣"。这就是我们常说的"耍酒疯"。以笔者看，这种人不是归入"下品",而是纯粹的"没品!"你想,别人请酒,一片好意。饮酒中跳出这么一匹害群之马,掀桌子掷酒杯,骂人乃至打人,举座为之不欢,没有人不厌恶的。下次饮宴,谁还敢邀请他?这种酒德酒风很坏的人,不喝酒时未必是这样,也许还是个谦谦君子,蹐蹐爪爪被理性的绳索捆绑着。而饮酒的妙处在于"瓦解松懈"理性,让你这个人复归原样。所以,饮酒过量后有耍酒疯毛病的朋友,参加饮宴时,要学习古人陶侃(见本书)的做法,给自己饮酒定量,不得突破。不管什么人劝酒,总量控制,就不会神志昏乱。黄苗子描写的那种酒宴上的不良言行也就可以避免了。在现实生活中,人们对醉酒的不良言行多持宽恕态度,但也仅限于鸡毛蒜皮一类事情。若是"伤筋动骨"的大事,你伤害了别人,别人会饶恕你吗?因此,常醉之人大多有自知之明,也知道自己的不是,如陶渊明就有"但恨多谬误,君当恕醉人"的反省和自我批评精神。知道自己饮酒过量后的"臭毛病",就应下决心克制,长期坚持,则可能会由"没品"成为"有品",乃至受欢迎的饮者。

人常说:人世间没有绝对的自由,只有相对的自由。在黄苗子看来,要体味人间真正的相对自由,有一个办法,那就是饮酒。他在《酒鬼》一文中说:"近人爱谈自由,其实人生如不饮酒,则理智这个讨厌的魔王始终压抑着人的感情,用受社会影响的清规戒律牢牢地禁锢着感情的自由发挥。所以人越理智,做人就越乏味,要他改变,最容易的是灌他三大盅,那时理性远飏,人性复原,可以狂歌,可以痛哭,可以大骂乌龟,也可以狂笑某人会外宾时小便一时失禁。"众生百相,在饮酒中也可复归原形。从某种角度而言,饮酒是解除理性禁锢的"钥匙",能给人带来一定的快乐和自由,是对"公有空间"清规戒律的必要调节与补充。否则人不就成了一部最乏味的机器了吗?人们喜欢酒,正在于"她是欢乐的精灵"。(艾青:《酒诗》)

由上可知,黄苗子也是经常参加饮宴活动的人,虽然不善饮酒,但并非滴酒不沾,甚至感情上来不由我,有饮酒过量的经历,因而才有对酒的深刻认识。"酒虽小道,却和世情有关",这话不像是一个滴酒不沾的人能够说出的。

柏杨谈五种饮酒之人

柏杨(1920~2008)，原名郭衣洞，台湾著名作家，出生于河南辉县。1949年到台湾定居。因撰写杂文揭露台湾社会黑暗而及"大力水手"案，被判入狱及软禁近十年。主要著作有杂文集《倚梦闲话》《西窗随笔》和《柏杨专栏》等多种，历史著作有《中国人史纲》和《中国历史年表》等。一生历尽坎坷，著作等身，是台湾文化界乃至中国大陆声望很高又是争议最多的人物之一。

柏杨酒量不大，每次饮酒三两杯，向往那种肝胆相照的"豪饮"，又很欣赏"雅饮"的情调。他认为，"酒朋友如不能雅，就不妨豪"。他把中国人的饮酒分为五饮：雅饮、豪饮、可怜饮、半掩门饮和王八蛋饮。又将王八蛋饮细分为：凶饮、驴饮、葬饮和尸饮。并写下《酒的诱惑》《酒浓情浓》《凶驴葬》等七篇杂文，分别对"五饮"进行了深刻地解剖和论述。

他说："中国人喝酒，崇拜的是浅斟低唱，故叫'饮酒'而不叫'喝酒'。饮者，慢慢地从牙缝舌尖滑进咽喉。而喝者，大口大口往肚子里猛灌之谓。但也有恶形恶状的饮，宋代苏舜钦、石延年曾评出五饮：鬼饮、哭饮、囚饮、龟饮和巢饮。"（《酒的诱惑》）柏杨依据时代的进步，又总结出新的"五饮"。

雅饮：这是典型的中国之饮。李白"举杯邀明月，对影成三人"，是最最中国化的风味……更高境界的是，三五谈得来的朋友，花前月下，略备酒肴，慢慢地开聊，忆往事，瞻远景，有此一夜，不虚一生。柏杨举例说，苏东坡先生泛舟于赤壁之下，饮一点酒，夹一点菜，谈玄说理，跟佛印和尚共度那个良宵，风情亦羡煞人也。如果非有女子不可，也得找个"六代豪华"秦淮河上那种可以和日本艺妓比美的船娘，像李香君女士，不但可以欢饮，而且把男女间的关系升华到超过肉体享受的意境。和美女对坐，下下棋，打打扑克，吟吟诗，评评山川人物，聊聊想当年，设计漫长的未来，没有拥抱，也没有接吻，而只有薄酒一瓶，小菜两碟，或泛舟小湖，或在庭院中，小河边，芳草上，席地而坐，这种福分，不但是雅，而且是仙，非三世行善，修不来的。这就是柏杨心目中的雅饮，浪漫而闲适，充满诗情画意。当然,雅饮必须有雅兴做后盾。

豪饮:举杯高歌,义气如虹,属于另一种天地。在柏杨看来,豪饮的主要特征是量,天下没有无量的豪饮,不能量大如海,至少也得量大如牛。没有量,是豪不起来的。有些人拍胸打跌,看起来颇有两下子,结果只不过灌了两盅,就发起酒疯,柏杨说,那属于王八蛋饮,不属于豪饮也(《酒浓情浓》)。柏杨欣赏豪饮,羡慕豪饮的壮举。由酒量可以看出一个人的气魄,豪饮的人多半都是可交的朋友。豪饮朋友和酒肉朋友是两回事。豪饮的朋友靠得住,不装疯卖傻,欺软怕硬,而是敢作敢为,额头上跑马,肚里边行船,与酒肉朋友有天壤之别。

可怜饮:指饮酒不是为了陶情适性,而是由于政治高压下,借酒安家保命,所以称可怜饮。如刘伶在《酒德颂》一文中说,纵酒没啥了不起,但必节之以德,有酒无德,就像没有缰绳的野马,非闯出大祸不可。可是按照常理推断,既醉之后,理性失去控制,潜意识代之而起,德或不德,真是难有把握。所以柏杨推断说,刘伶先生能以德节之,恐怕他醉的程度,不见得有他宣传的那么凶,他一直在假醉,是可怜饮,这样做是为了避祸。还有魏、晋之际的阮籍,为了回避司马家族的求婚,竟装醉六十天,也属可怜饮一类。

半掩门饮:指能饮而扭捏作态,装作不能饮,怎么劝都不肯下肚,酒宴散了,他又说没喝够,能恨你一辈子。柏杨认为,酒朋友一旦成了半掩门饮,实在是大煞风景。有些海量的家伙,明明可以喝一石喝十瓶的,一旦被人敬酒,却像私娼一样扭捏起来,说什么"我不能喝了,顶多再喝一杯就醉了",勉强伸脖子灌下一口,就好像为朋友两肋插刀。然而别人如果真信了他那一套,不再劝他,以致弄假成真,没有喝够,他能恨你一辈子。又遇中国人敬酒的举动最为惨烈,远远望去好像公安人员正在张牙舞爪修理小民:一个硬是要灌,一个硬是半掩门,拉着嗓子声明自己是良家妇女,或者拉着嗓子声明自己已改邪归正,不再喝啦。这种扭捏作态的喝酒,最令那些豪饮者恼火。还是诚实一点,能喝就喝,明知道过量了难受,但是大家皆"醉",自己"独醒"并非好事,人家认为你是在装相,因此不妨也难受一次,天不会塌下来。

王八蛋饮:柏杨解释说,凡是不属于雅饮、豪饮、可怜饮、半掩门饮的其他之

中华酒典

饮,似乎都应称为王八蛋饮。王八蛋饮的朋友,表演起来,惊天地泣鬼神,其酒后之状,更是德配天地,道冠古今。柏杨举了他亲身经历的一次"王八蛋饮":在马路上遇到一位二十年不见的老朋友,还领着续弦新婚太太,年方二十四五,绝色美人也。寒暄几句,这位老朋友非要拉着柏杨下馆子,并声明自己请客。那一次吃得颇为高级,既吃山珍,又吃海味,都是平常听都没有听说过的玩意,既有人付钱,柏杨当然毫不客气,埋头猛吃。一面吃,一面谈谈往事,也谈谈近事,正谈得起劲儿,他已灌下去一瓶高粱,舌尖开始发硬。柏杨正要劝他少喝一点儿,太太已经开口,可是他不但不听,反哇啦哇啦说:"好太太,让我再喝一瓶。"太太拿去他的杯子,他就把瓶口塞到嘴里;太太拿去他的瓶子,他站起来摇摇晃晃猛夺。娇小玲珑的太太岂是醉汉的对手,结果"吱"的一声,旗袍被扯破了一条缝,但该太太仍忍气吞声说:"求求你,我给你跪下,不要再喝啦!"他咬舌说:"好太太,柏老二十年不见,不是泛泛之交,酒逢知己千杯少,打死我也得再喝半瓶。"最后的结果是老家伙卧到地上,口流白沫,又哼又叫,谁一碰他就开国骂,国骂已毕,就唱小曲,把太太气得泣不成声,后来还是动员了几个人才把他塞进接他的汽车。太太一手拉着破了的旗袍,一手掩面,哭哭啼啼而去。柏杨不禁大叹,那位漂亮太太实在是一朵鲜花插到酒糟上。可是不久柏杨就叹不出啦:"堂倌拿来账单,一千四百三十五元,当时就抽冷气而翻白眼,我一个月的饷才九百元,竟被该家伙替我请去了一个半月,你说他不是王八蛋饮是啥?"(《另外三类》)这样的请客饮酒,在人世间虽说少,但我们时不时地总会遇到这种令人恶心的王八蛋。柏杨感叹道:"呜呼,王八蛋饮者,丑态毕露之饮也,教妻子儿女的自尊和荣誉受伤害之饮也,让朋友或教可怜的第三者受穷受苦之饮也,使家庭经济或自己身体崩溃之饮也。"

柏杨又在王八蛋饮者中重点列举了四种饮酒,并写下《凶驴葬》一文。

凶饮者,王八蛋饮,死囚饮也。人的一举一动,一饮一啄,都有一定之规,和绑赴刑场的死囚一般。如古人所言"礼席半宴,繁文缛节。终日拘挛,唯恐僭越"。柏杨说,他平生最怕这种宴会,主人和客人之间,不过萍水相逢,说不认识吧,仿佛认识,说认识吧,宴会散后,见了面连招呼都不会打。所以,请人饮宴,最好不要将不相识的,辈分过大官职悬殊的人凑在一个桌子上,这样的饮宴大多毫无欢乐气氛可言。

驴饮,亦王八蛋饮也。反正驴子和王八蛋都是一类东西,盖王八蛋是形容其品,驴子是形容其行。柏杨分析说:"驴饮最容易发生在酒肉朋友之间,一群表面上的生死弟兄,或一群自称为铁肩担道义的狐群狗党,猛赌猛嫖,想不驴饮,不可得也。"

葬饮者,更是王八蛋饮也。柏杨将葬饮与凶饮二者进行了比较。他说:"凶饮时固然衣冠整齐,正襟危坐;葬饮如下棺入土。"名义上虽然是联欢宴席,却弄得好像活埋,动也不能动,晃也不能晃:主人举杯敬酒,客人连忙举杯应之;主人举筷子说"请",客人才敢在盘边上夹一块苍蝇爬过的豆腐;主人不"请",客人便宁可馋死都不敢夹。主人谦虚说:"没啥好菜!"客人急忙奉承说:"菜太奇妙啦。"主人说:"我没有量,各位随意。"客人为表示赤胆忠心,竟一口喝光。让箸举杯,诚惶诚恐。仿佛主子与奴才,黑帮老大与下人的饮宴。

尸饮者,正宗的王八蛋饮。酒量不大,却见酒如命,三五杯进肚,倒地谩骂,呕吐成渠,僵卧不醒,人事不知。这种挺尸的干法是酒品中最低一级,所以,柏杨称尸饮者,"不但是正宗的王八蛋饮,简直是正宗的狗头饮、流氓饮、猪猡饮也"。

总之,上述这几种王八蛋饮,都是缺少欢乐气氛的饮酒,这是与饮酒求乐这一主旨背道而驰的。千百年来,中国人饮酒已经形成自己崇尚的饮酒风度和不同的形式。最好的饮酒,在柏杨看来应是雅饮:二三良友,月夕花晨。名姝四座,低唱浅斟,是饮酒百样图中的一种高级形式;即使醉酒,也要醉得可爱,如历史上的"山简醉""嵇康醉"和"欧阳修醉",是醉酒百样图中受人推崇的几种醉。如柏杨自己低级的雅饮是:有时候在花前月下,或是风雨之夜,买一瓶啤酒,或买一瓶酒酿酒,花生米一盘,鸭肫肝一包,和老妻对面而坐,谈谈当年的英雄事迹,聊聊一旦得了爱国奖券该怎么办的远景,怡然自得。这是一种百姓之饮,自由自在的温馨之饮。如果不能雅,就不妨豪。在宴席上不怕遇到雅饮,也不怕遇到豪饮,最怕遇到半掩门饮和王八蛋饮,那样,不仅会令人倒胃口,而且会大煞风景。世界之大，无奇不有。柏杨正是有鉴于人世间的各种饮酒，才毫不客气地抨击了"王八蛋饮"的各种表现，倡导雅饮，为饮酒者指出了应追求的崇高境界。

邵燕祥论喝酒

邵燕祥(1933~)，浙江萧山区人。中国当代著名诗人和杂文家。《邵燕祥随笔》获中国作协第一届茅盾文学奖。先后发表诗集总计10部，杂文随笔集多达25部，是诗界杂文界的多产作家。20世纪50年代成名，后又被打成"右派"。长篇组诗《五十弦》代表了邵燕祥诗歌创作的最高成就。

笔者没有找到邵燕祥的诗歌《岁月与酒》和随笔《自己的酒杯》，不知其中对酒有什么高见，却细读了他写的《关于喝酒》一文，他以诗一般的语言论述了"喝酒"的学问，令人耳目一新。

邵燕祥认为，喝酒是最"个人"的事情。就是说，怎么喝，喝多少，要随意、率性而为才好，不可劝，也不必劝。设宴的主人往往觉得，不劝酒有失礼数，未尽情意，其实并非如此。人们参加饮宴，不是来过酒瘾，解酒馋，酒不过是媒介而已。这也许就是邵燕祥所言"最最'个人'的事情"。因而"不必有统一喝酒的规范，也不必有统一的'喝酒观'"。饮酒时，只要不伤害他人，怎么都可以。有了规范，有了限制，饮酒便失去自由欢乐的气氛。

人生有味是清欢。喝酒是为了卸除世俗的枷锁，寻求片刻的"清欢"。所以，在邵燕祥看来，"喝酒，如果羼上功利的目的，酒就变酸了"；成为"酒肉朋友"，朋友就变味了。把酒变成一种手段，敬酒也好，罚酒也罢，酒也就不成其为酒。猜拳行令是无聊，灌酒是野蛮，文质彬彬的祝酒，是多事……这些都是人们的有意做作，功利之心太浓的表现。真诚是无须雕饰的，欲求得清欢，或对饮或独酌，都是自在的行为，而非强迫。

微醺是饮酒达到的最好境界。微醺，即指醉与不醉之间。似醉非醉，常人饮酒，很难把握。好饮者，量不及少见，过量时常有。善饮者才可以掌握这个分寸。所以,邵燕祥把"微醺"称为"最好的境界"。既然"最好",能达到这种饮酒水平的只是少数,这也为世上的饮客树立了一个不断努力达到的标杆。对于常人而言,不喝"过量酒"是起码的底线。偶一为之,烂醉如泥,实难避免。若天天"过量",一醉方休,那过的就不是人的生活了。

酒不能消愁,更不能疗饥。在文人的诗词里,常有酒可消愁、疗饥的作用。愁,是一种积郁内心的情绪。饥,是生理方面的需求。从根上讲,邵燕祥认为,酒是不能解除这两个问题的。正如梁实秋所言,饮酒"只是令人在由兴奋到麻醉的过程中暂时忘怀一切"。醒来怎么办?你总不能醒复饮,饮复醉吧,"愁"又不邀自来。所以,酒可消愁,实是一种自欺!至于酒可疗饥,更是没有多少道理的。邵燕祥说:"酒自有酒的恩惠,给你片刻精神的自由。""面对着人间忧患如海,一醉并不能解脱",连唐代大饮者李白都说"举杯销愁愁更愁",有了"愁",还是想想别的办法。谓予不信,这很容易试验,比如大学毕业的儿子找不上工作;工资太低买不起房子这类"愁",喝几次醉酒,看能否消掉?不就全明白了。

王蒙论酒对人的精神调解

王蒙(1934~),北京人,祖籍河北南皮县。当代著名作家,1957 年被错划为"右派"。1957 年至 1978 年,先在北京郊区劳动,后在新疆伊宁和伊宁县所属巴彦岱公社二大队生活。曾任中国文化部部长。自觉岗位不适,他是中国第一位主动辞职的省部级高级领导。有长篇小说《青春万岁》《青狐》等作品。

王蒙在随笔《逍遥集》中有一篇《我的喝酒》,谈了他对喝酒的感受。他说,他不是什么豪饮者,只是极无聊时想到喝酒,并喝醉过若干次。

饮酒,常常与人的心境有关,高兴时,要喝酒。穷极无聊时,要换取片刻的欢乐与兴奋,也常常想喝点酒。王蒙在忆起他在新疆一个队里生活的情景时说:"那岁月的最大痛苦是穷极无聊,是死一样地活着与活着死去……饮酒,当知道某次聚会要饮酒的时候便已有了三分兴奋了。未饮三分醉,将饮已动情。"

王蒙说的是与新疆维吾尔农民聚会:大家靠墙围坐在花毡子上,中间铺上一块布单,吃馕(一种烤饼),喝奶茶。吃饱了再喝酒,这种喝法有利于保养肠胃。饮酒中,说笑话、唱歌、弹琴,还有你一言我一语的笑谑。酒,引得人们大笑大闹,讲些似荤实荤的笑话。王蒙觉得这种饮酒笑谈的气氛颇具民俗学、文化学的价值。他在这种饮酒场面中不但感到心情亢奋,而且还渐渐地学会了维吾尔语。"酒几乎成了唯一的能使人获得一点兴奋和轻松的源泉"。

王蒙认为:"饮食满足的是肠胃的需要,酒满足的是精神的需要,是放松一下兴奋一下闹腾一下的需要,是哪怕一刻间忘记那些人皆有之的,于我尤烈的政治上的麻烦、压力的需要。在饮下酒两三杯以后,似乎人和人的关系变得轻松了乃至靠拢了。人变得想说话,话变得多了。这是多么好啊!"在人世间的一切饮品中,只有酒,才具有这种功能。当然,满足人们精神需求的方式是多方面的,但最简便易行的方式则是几个相识相悦的朋友聚会饮酒,诱发语言,宣泄倾诉,把酒谈心,饮酒交心,以酒暖心,以心暖心,常能缓解人们内心各方面的精神压力。从这一点看,酒,真有值得可亲可爱的一面。

有人把人的饮酒分为四个阶段:猴子→孔雀→老虎→猪。王蒙则认为:"真正喝醉了的境界是超阶段的,是不接受分期的。醉就是醉,不是猴子,不是孔雀,不是老虎,也不是猪。或者既是猴子,也是孔雀,还是老虎与猪,更是喝醉了的自己,是一个瞬间麻痹了的生命。"他列举自己几次醉后的言行:一次骑自行车回家大哭大叫,骑自行车见到一株大树便弃车扶树而俯身笑个不住,打乒乓球不记输赢,在新疆"五七"干校学习,醉后拍桌子大发牢骚等。人的微醉、中醉和大醉是有区别的,微醉和中醉,对自己做的事和说的话,还多少有点恍恍惚惚的记忆;而大醉之后,犹如石头。醉时的言行,一觉醒来,几乎忘得一干二净。王蒙还能想起醉中的言行,这说明他是在"醉与不醉"之间,类似于北宋欧阳修的醉。其实,饮酒与人的体温在逐渐升高一样,过量饮酒,犹如体温由 37℃ 升到 42℃,渐渐进入无知无觉的"石头"境界。有人讲酒后的自制力,也只是微醉时的自制力。果真喝得酩酊大醉,任何人都不会有自制力的。一同饮酒,同步进行。有的量大,进入醉乡,头脑清醒,给人的感觉是有自制力;有的量小,三杯五盏,语无伦次,早入醉乡,给人的感觉是无自制力。区别仅在于此。所以,只要饮酒,不管你有多大的量,如果不加节制,那也会烂醉如泥,自制力会因大醉剥夺得一无所有。正如王蒙所言:"酒醉到极点就无知无觉,进入比猪更上一层楼的大荒山青埂峰无稽崖的石头境界了。是的,在猴、孔雀、虎、猪之后,我们应该加上饮酒的最高阶段——石头。"只不过比石头稍强一点,是喝醉了的自己,是一个瞬间麻痹了的生命。

王蒙在探讨人的醉酒行为的前提下,提出一个更令人值得思考的问题:"好好的一个人,为什么要花钱买醉,一醉方休,追求一种不清醒不正常不自觉浑浑噩噩莫知所以的精神状态呢?"问得好!在太阳系众多星球中,只有地球这颗行星上有生命。在众多生命中,只有人有自我知觉并有无穷的欲望,有的欲望得到满足,因而快乐;有的欲望得不到满足,因而苦恼。相比之下,苦恼多于快乐,这是与人类伴随始终的一大课题,是人类独有的,也是上帝造人时就已内定了的组成元素之一。否则,你就不是人。欲望的满足和不能满足,贯穿于人类发展的长河中,内化在人的行为中,构成既是这样,又是那样的"二律背反",使人的精神迷宫常常处在分裂和复原的碰撞中,混乱中,无奈中……所以,在王蒙看来,由于人类这种生的痛苦,才有酒的需求:"追求宗教也罢,追求(某些情况下)艺术也罢,追求美酒的一醉也罢,不都含有缓解一下自我的紧张与压迫的动机吗?不都表现了人们在一瞬间宁愿意认同一只猴儿、一只孔雀、一只虎或者一头猪的动机吗?"因此,王蒙得出结论说:"酒是与人的某种情绪的失调或待调有关的。酒是人类的自慰的产物。动物是不喜欢喝酒的,酒是存在的痛苦的象征。酒又是生活的滋味、活着的滋味的体现。"王蒙的高见不是指酒本身,而是指人类酿酒饮酒的行为,是对饮酒行为的深刻揭示,可算是酒文化领域的又一家之言。

古往今来,常有不得意时徒然浪费生命的痛苦,在酒中寻找寄托,就成为许多人的曲意选择。因此,酒也就常常与某些颓废的情绪联系在一起,"渴望堕落"反倒成了某些人的内心企盼。在王蒙看来,"颓废也罢,有酒可浇,有诗可写,有情可抒,这仍然是一种文人的趣味,文人的方式,多获得一种趣味和方式,

中华酒典

总是使日子好过一些,也使我们的诗词里多一点既压抑又豁达自解的风流。酒的贡献仍然不能说是消极的"。

晚年的王蒙饮酒也很少了,但并未与酒一刀两断。"饮亦可,不沾唇亦可,饮亦一醉,不饮亦一醉。醉亦醒,不醉也醒。醒亦可猴,可孔雀,可虎,可猪,可石头。醉亦可。可饮而嗜,可嗜而不可饮"。一切随缘就俗,宜醉则醉,该醒则醒,顺其自然,未因年龄大而见酒则视为"仇敌"。这就是王蒙的达观通脱。

第九章　酒与文学

第一节　酒与诗

"诗言志",我国是诗之乡。古今诗文之多,无与伦比。酒诗尤多,比比皆是,代代有,代代传。这里仅摘录各时期之代表作。

《诗经》

为此春酒,以介眉寿。朋酒斯飨,曰杀羔羊。称彼兕觥,万寿无疆!

——《诗经·七月豳风》

《诗经》是我国古代第一部诗歌总集,共收作品305篇,分为风、雅、颂三类。约在公元前六世纪中叶编纂成书。"豳风"是当时豳国(今陕西构邑县西)的民间歌谣。

我姑酌彼金罍,维以不永怀。我姑酌彼兕觥,维以不永伤。

——《诗经·卷耳周南》

"周南"是产生在周公及其后代统治过的南方(洛阳以南至湖北一带)的诗歌。

宜言饮酒,与子偕老。琴瑟在御,莫不静好。

——《诗经·女曰鸡鸣·郑风》

"郑风",春秋时郑国(今河南新郑市一带)的歌谣。

《楚辞》

瑶浆密勺,实羽觞些。挫糟冻饮,酎清凉些。

华酌既陈,有琼浆些……美人既醉,朱颜酡些……

娱酒不废,沈日夜些……酌饮尽欢,乐先故些

——《招魂》

操余弧兮反沦降,援北斗兮酌桂浆。

——《东君》

作者:屈原(约公元前 340~前 278),名平,楚国贵族,曾任左徒、三闾大夫等职。因反对腐朽没落的贵族势力,遭到仇视和迫害,长期过着流放的生活,最后自沉于汨罗江。

汉诗

欲酌醴以娱忧兮,蹇骚骚而不释。

——《远逝》

作者:刘向(公元前 77~前 6 年),字子政,本名更生。西汉经学家、目录学家、文学家。

斗酒相娱乐,聊厚不为薄,驱车策驽马,游戏宛与洛。

——《古诗十九首》

作者:汉代无名氏,身世不详。

我有一樽酒,欲以赠远人。愿子留斟酌,叙此平生亲。

——《别诗》

远望悲风至,对酒不能酬。

行人怀往路,何以慰我愁?

独有盈觞酒,与子结绸缪。

——《别诗》

作者:相传这是苏武和李陵相赠答的诗。经近代人研究,断定不是苏李的作品,其作者已不可考。产生时期约在东汉末年。

昔有霍家奴,姓冯名子都。依倚将军势,调笑酒家胡。

胡姬年十五,春日独当垆。……就我求清酒,丝绳提玉壶。

——《羽林郎》

作者:辛延年,东汉人,生平不详。

羊肉千斤酒百斛,令君马肥麦与粟。

——《盘中诗》

作者:苏伯玉妻,身世不详。苏伯玉久客于蜀(今四川省)不归,她长期孤居长安,作诗于盘中,以寄托其思夫之情怀。

魏诗

玉樽盈桂酒,河伯献神鱼。

——《仙人篇》

亲昵并集送,置酒此河阳。中馈岂独薄?宾饮不尽觞。

——《送应氏》

置酒高殿上,亲交从我游。中厨办丰膳,烹羊宰肥牛。

乐饮过三爵,缓带倾庶羞。主称千年寿,宾奉万年酬。

——《箜篌引》

作者:曹植(192~232年)字子建,曹操第三子,曹丕同母弟。建安时期的杰出作家。曹丕登位后,他一直处于被软禁状态。他的后期作品多抒发由此产生的愤慨不平。

堂上置玄酒,室中盛稻粱。

——《咏怀诗》

作者:阮籍。

荆轲与高渐离饮于燕市图

晋诗

苍梧竹叶清,宜城九醖醝。

浮醪随觞转,素蚁自跳波。

……

淳于前行酒,雍门坐相和。

……

三雅来何迟,耳热眼中花。

……

簪珥或堕落,冠冕皆倾邪。

酣饮终日夜,明灯继朝霞。

——《轻薄篇》

作者:张华(232~300年),字茂先,范阳方城(今河北固安县南)人。少年时曾以牧羊为生。博闻强记,著"博物志"十卷。他又有处理政事的才能,是晋惠帝时代有名望的大臣。

荆轲饮燕市,酒酣气益震。

——《咏史》

作者:左思(250?~305?)齐国临淄(今山东临淄)人。出身寒门,仕进不得意。著有"三都赋"。

静寄东轩,春醪独抚。……良朋悠邈,搔首延伫,有酒有酒,闲饮东窗。

——《停云》

挥兹一觞,陶然自乐。

——《时运》

酒能祛百虑,菊为制颓龄。尘爵耻虚罍,寒华徒自荣。

——《九日闲居》

白日掩荆扉,对酒绝尘想。

——《归园田居》(二)

漉我新熟酒,只鸡招近局。

——《归园田居》(五)

提壶接宾侣,引满更献酬。……中觞纵遥情,忘彼千载忧。

——《游斜川》

故老赠余酒,乃言饮得仙;试酌百情远,重觞忽忘天。

——《连雨独饮》

春秫作美酒,酒熟吾自斟。弱子戏我侧,学语未成音。

——《和郭主簿》

忽与一觞酒，日夕欢相持。……有酒不肯饮，但顾世间名。……

一觞虽独进，杯尽壶自倾。……壶浆远见候，疑我与时乖。……

且共欢此饮，吾驾不可回。……一士长独醉，一夫终年醒。……

醒醉还相笑，发言各不领。……故人赏我趣，挈壶相与至。……

班荆坐松下，数斟已复醉。父老杂乱言，觞酌失行次。……

悠悠迷所留，酒中有深味！……子云性嗜酒，家贫无由得。

时赖好事人，载醪祛所惑。觞来为之尽，是谘无不塞。……

虽无挥金事，浊酒聊可恃。……但恨多谬误，君当恕醉人。

——《饮酒二十首》

平生不止酒，止酒情无喜。暮止不安寝，晨止不能起。

日日欲止之，营卫止不理。徒知止不乐，未知止利己。

始觉止为善，今朝真止矣。从此一止去，将止扶桑涘。

清颜止宿容，奚止千万祀。

——《止酒》

未言心先醉，不在接杯酒。

——《拟古》

欢然酌春酒，摘我园中蔬。

——《读山海经》

作者：陶渊明（365～427年），字元亮，又名潜，浔阳柴桑（今江西九江西南）人。出生于没落士族，生活贫困。做过几次小官，后弃官归隐田园。

南北朝诗

妙物莫为赏，芳醑谁与伐？

——《夜宿石门》

作者：谢灵运（385～433年）祖籍陈郡阳夏（今河南太康县），生于会稽始宁（今浙江上虞市），东晋谢玄的孙子，袭封康乐公。刘裕建立宋朝后，降为侯。

山川不可尽，况乃故人杯。

——《离夜》

作者：谢朓（464～499年），字玄晖，祖籍陈郡阳夏（今河南太康附近），出身士族，做过宣城太守等官。

勿言一樽酒，明日难重持。

——《别范安成》

作者：沈约（441～13年），字休文，吴兴武康（今浙江省武康县）人。幼孤贫，笃志好学，博通群籍。历仕宋、齐、梁三代。

相悲各罢酒，何时同促膝？

——《临行与故游夜别》

作者：何逊（？～518年），字仲言，东海郯（今山东郯城县）人，做过尚书水部郎等官。

沈约像。沈约为南朝诗人，以诗多且工整精致而著称。

对酒心自足，故人来共持。

方悦罗衿解,谁念发成丝。

徇性良为达,求名本自欺。

迨君当歌日,及我倾樽时。

——《当对酒》

春酿煎松叶,秋杯浸菊花。

相逢宁可醉,定不学丹砂。

——《赠学仙者》

对酒诚可乐,此酒复芳醇。

如华良可贵,似乳更甘珍。

何当留上客,为寄掌中人。

金樽清复满,玉椀亚来亲。

谁能共迟暮,对酒惜芳辰。

君歌尚未罢,却坐避梁尘。

——《对酒》

作者:范云(451~503年),南朝诗人。字彦龙,南朝舞阴(今河南泌阳北)人。范缜从弟。年少即能赋诗,兼善属文,下笔成章。官至侍中、吏部尚书、尚书右仆射,封霄城侯。有集三十卷,已佚。

眼前一杯酒,谁论身后名?

——《咏怀》

仙童下赤城,仙酒饷王平。 野人相就饮,山鸟一群惊。

细雪翻沙下,寒风战鼓鸣。 此时逢一醉,应枯反更荣。

——《奉答赐酒》

云光偏乱眼,风声特噪心。 冷猿披雪啸,寒鱼抱冻沉。

今朝一壶酒,实是胜千金。 负恩无以谢,唯知就竹林。

——《奉答赐酒鹅诗》

今日小园中,桃花数树红。 开君一壶酒,细酌对春风。

未能扶毕卓,犹足武王戎。 仙人一捧露,判不及杯中。

——《答王司空饷酒》

数杯还已醉,风云不复知。唯有龙吟笛,桓伊能独吹。

——《对酒》

作者:庾信(513~581年),字子山,南阳新野(今河南新野县)人。梁元帝时出使西魏,因文学上有成就而被留在北朝做官。著有《庾子山集》。

隋诗

桂酒徒盈樽,故人不在席。

——《山斋独坐赠薛内史》

作者:杨素(?~606年)字处道,华阴(今陕西华阴市)人。在北周官至车骑大将军。后随杨坚创立隋朝有功,封为越国公。炀帝时为司徒。

郎去何太速,郎归何太迟。欲借一樽酒,共叙十年悲。

——《因故人归作》

作者:苏蝉翼,女,隋代人。生平事迹不详。

杯酒恒无乐,弦歌讵有声。

——《书屏风诗》

作者:大义公主。北朝北周王宇文昭女儿,初名千斤公主,嫁突厥沙钵略为妻。杨坚推翻北周后建立隋朝,公主附隋,被赐姓杨,改封大义公主。隋灭南朝陈国后,将陈后主屏风赐她,她触物生情,题诗屏风。

唐诗

阮籍醒时少,陶潜醉日多。百年何足度,乘兴且长歌。

——《醉后》

昨夜瓶始尽,今朝瓮即开。梦中占梦罢,还向酒家来。

——《题酒店壁》

竹叶连糟翠,葡萄带曲红。相逢不令尽,别后为谁空?

——《题酒店壁》

对酒但知饮,逢人莫强牵。倚炉便得睡,横瓮足堪眠。

——《同上》

此日长昏饮,非关养性灵。眼看人尽醉,何忍独为醒。

——《同上》

有客须教饮,无钱可别沽。来时常道贳,惭愧酒家胡。

——《同上》

作者:王绩(585~644年),字无功,号东皋子,绛州龙门(今山西河津市)人。在隋官秘书省正字,出任六合县丞。入唐为太乐丞。诗风质朴自然。

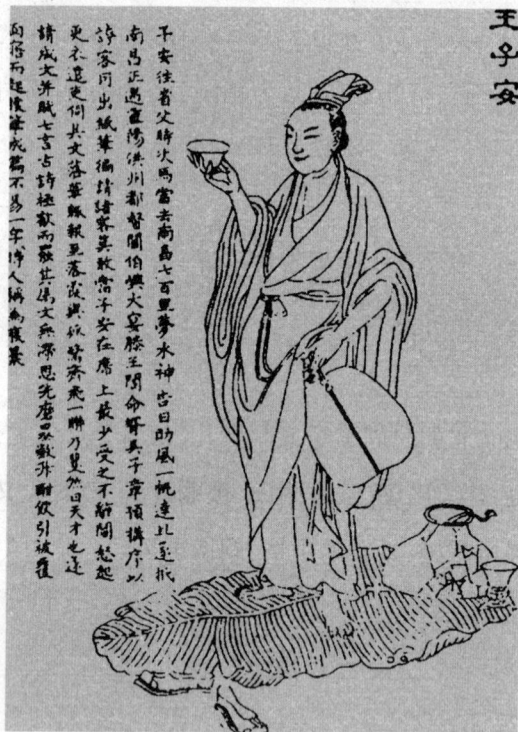

唐代诗人王勃像,图出自清·上官周绘《晚笑堂画传》。

小径偏宜草,空庭不厌花。

平生诗与酒,自得会仙家。

——《赠李十四》

抱琴开野室,携酒对情人。
林塘花月下,别似一家春。

——《山扉夜坐》

还持千日醉,共作百年人。

——《春园》

九月九日望乡台,
他席他乡送客杯。

——《蜀中九日》

作者:王勃(650~676年)字子安,王绩的侄孙。曾为沛王府修撰,后任虢州参军,因罪革职。

莫漫愁酤酒,囊中自有钱。

——《偶游主人园》

作者:贺知章(659~744年),字季真,越州永兴(今浙江萧山)人。武则天证圣元年(695)进士。累官至太子宾客、秘书监。为人旷达不羁,自号"四明狂客"。天宝初还乡为道士。

自有金杯迎甲夜,还将绮席代阳春。

——《夜宴安乐公主宅》

作者:沈佺期(生卒年不详),字云卿,相州内黄(今河南内黄)人。上元二年(675)进士。曾任给事中,考功员外郎等官。和宋之问等谄附张易之,张被杀,他流放驩州。中宗时召回,官至中书舍人、太子少詹事。

辟恶茱萸囊,延年菊花酒。与子结绸缪,丹心此何有?

——《秋歌》

作者:郭震(656~713年),字元振,魏州贵乡(今河北大名县附近)人。18岁中进士,授梓州通泉县尉。好结交豪侠,劫财济人。武后时为凉州都督,其后参与边防立功有名。

夜风吹醉舞,庭户对酣歌。愁逐前年少,欢迎今岁多。

——《岳州守岁二首》

醉后方知乐,弥胜未醉时。动容皆是舞,出语总成诗。

——《醉中作》

秋阴士多感,雨息夜无尘。清尊宜明月,复有平生人。

——《清夜酌》

黄花宜泛酒,青岳好登高。(一)

菊酒携山客,茱囊系牧童。(二)

醉中知遇圣,梦里见寻仙。(三)

——《九日进茱萸山五首》

除夜清樽满,寒庭燎火多。舞衣连臂拂,醉坐合声歌。

——《岳州守岁》

作者:张说(667~730年),字道济,一字说之,洛阳人。历仕武后、中宗、睿宗、玄宗四朝。玄宗时为中书令,封燕国公,后为集贤院学士。尚书左丞相。

银烛吐青烟,金樽对绮筵。

——《春夜别友人》

作者:陈子昂(661~702年)字伯玉,梓州射洪(今四川射洪)人。24岁中进士,后升右拾遗。因他的政治抱负和进步主张不能实现,38岁辞官回乡,后被县令段简害死。

葡萄美酒夜光杯,欲饮琵琶马上催。醉卧沙场君莫笑,古来征战几人回!

——《凉州词》

作者:王翰,生卒年不详,字子羽,并州晋阳(今山西太原)人。景云进士,官仙州别驾。任侠使酒,恃才不羁,喜纵酒游乐。

伊川桃李正芳新,寒食山中酒复春。

——《寒食还陆浑别业》

作者:宋之问(?~712午)一名少连,字延清,汾州(今山西汾阳附近)人。上元(675)二年进士。武后朝做宫廷侍臣,官至修文馆学士。后因受贿贬为越州长史,玄宗先天年间赐死。

酒酣白日暮,走马入红尘。

——《洛阳道中》

何当载酒来,共醉重阳节。

——《秋登万山寄张五》

开轩面场圃,把酒话桑麻。待到重阳日,还来就菊花。

——《过故人庄》

作者:孟浩然(629~740年),湖北襄阳人,是唐代一位不甘隐沦却以隐沦终老的诗人。壮年时曾往吴越漫游,后又赴长安谋求官职,未成,还归故里,52岁时,死于故乡。

今日暂同芳菊酒,明朝应作断蓬飞。

——《九日送别》

作者,王之涣(627~742年)字季陵,原籍晋阳,宦徙绛郡(今山西新绛)。曾任冀州衡水主簿,后拂衣去官,优游山水。晚年又出任文安县尉。他是盛唐著名的边塞诗人。

霜天留饮故情欢,银烛金炉夜不寒。

——《李仓曹宅夜饮》

沅溪夏晚足凉风,春酒相携就竹丛。莫道弦歌愁远谪,青山明月不曾空。

——《龙标野宴》

醉别江楼橘柚香,江风引雨入舟凉。

——《送魏二》

作者:王昌龄(692~756年),字少伯,江宁(今南京)人,一作太原(今属山西)人。开元进士,授汜水尉,再迁江宁丞。晚年贬龙标尉。因世乱还乡,为刺史闾丘晓所杀。擅长七言绝句。

当轩对樽酒,四面芙蓉开。

——《临湖亭》

新丰美酒斗十千,咸阳游侠多少年。相逢意气为君饮,系马高楼垂柳边。

渭城朝雨浥轻尘,客舍青青柳色新。劝君更尽一杯酒,西出阳关无故人。

——《送元二使西安》

襄阳好风日,留醉与山翁。

——《汉江临泛》

临觞忽不御,惆怅思运客。

——《春中田园作》

作者:王维(701~761年),字摩诘,太原祁(今山西祁县)人。开元九年中进士。一度奉使出塞。官至尚书、右丞。写了大量山水田园诗。在音乐,绘画、书法等方面造诣很深。

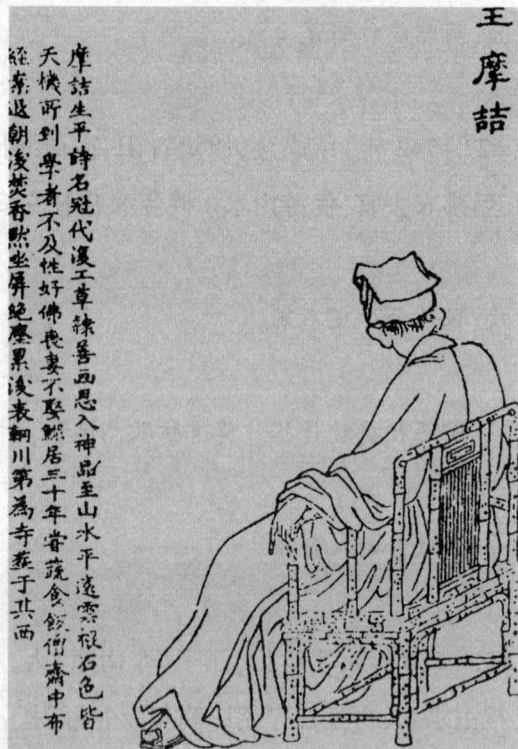

王维像

花间一壶酒,独酌无相亲。

举杯邀明月,对影成三人。

月既不解饮,影徒随我身。

暂伴月将影，行乐须及春。

我歌月徘徊，我舞影凌乱。

醒时同交欢，醉后各分散。

永结无情游，相期邀云汉。

——《月下独酌》

兰陵美酒郁金香，

玉碗盛来琥珀光。

但使主人能醉客，

不知何处是他乡。

——《客中作》

两人对酌山花开。

一杯一杯复一杯。

我醉欲眠卿且去，

明朝有意抱琴来。

——《山中与幽人对酌》

金樽清酒斗十千，

玉盘珍馐直万钱。

停杯投箸不能食，

拔剑四顾心茫然。

——《行路难》

昨日绣衣倾绿樽。病如桃李竟何言。……

愁来饮酒二千石，寒灰重暖生阳春。

山公醉后能骑马，别是风流贤主人。

——《江夏赠韦南陵冰》

白玉一杯酒，绿杨三月时。

春风余几日，两鬓各成丝。

秉烛唯须饮，投竿也未迟……

家庭经典藏书

中华酒典

鲁酒不可醉,齐歌空复情。

思君若汶水,浩荡寄南征。

——《沙丘城下寄杜甫》

南风吹归心,飞坠酒楼前。

——《寄东鲁二稚子》

风吹柳花满店香,吴姬压酒劝客尝。

金陵子弟来相送,欲行不行各尽觞。

请君试问东流水,别意与之谁短长?

——《金陵酒肆留别》

白酒新熟山中归,黄鸡啄黍秋正肥。

呼童烹鸡酌白酒,儿女嬉笑牵人衣。

高歌取醉欲自慰,起舞落日争光辉……

——《南陵别儿童入京》

醉别复几日,登临遍池台。

何时石门路,重有金樽开?……

飞蓬各自远,且尽手中杯!

——《鲁郡东石门送杜二甫》

抽刀断水水更流,举杯消愁愁更愁。

——《宣州谢朓楼饯别校书叔云》

欢言得所憩,美酒聊共挥。

长歌吟松风,曲尽河星稀。

我醉君复乐,陶然共忘机。

——《下终南山过斛斯山人宿置酒》

划却君山好,平铺湘水流。巴陵无限酒,醉杀洞庭秋。

今日竹林宴,我家贤侍郎。三杯容小阮,醉后发清狂。

——《陪侍郎叔游洞庭醉后二首》

南湖秋水夜无烟,耐可乘流直上天。

且就洞庭赊月色,将船买酒白云边。

——《陪族叔刑部侍郎晔及中书贾舍人至游洞庭》

醉后凉风起,吹人舞袖回。

——《与夏十二登岳阳楼》

纪叟黄泉里,还应酿老春。夜台无李白,沽酒与何人?

——《哭宣城善酿纪叟》

九日龙山饮,黄花笑逐臣。醉看风落帽,舞爱月留人。

——《九日龙山饮》

对酒不觉暝,落花盈我衣。醉起步溪月,鸟还人亦稀。

——《自遣》

昨日登高罢,今朝再举觞。菊花何太苦,遭此两重阳。

——《九月十日即事》

昔日绣衣何足荣,今宵贳酒与君倾。

——《送韩侍御之广德令》

落花踏尽游何处?笑入吴姬酒肆中。

——《少年行》

颜公二十万,尽付酒家钱。兴发每取之,聊向醉中仙。

——《赠宣城宇文太守兼呈崔侍御》

情人道来竟不来,何人共醉新丰酒。

——《春日独坐寄郑明府》

倾壶事幽酌,顾影还独尽。

——《北山独酌寄韦六》

东山春酒绿,归隐谢浮名。

——《临别西河刘少府》

劝君一杯酒,岂唯道路长。

——《留别贾舍人至》

別离有相思，瑶瑟与金樽。

——《别韦少府》

人分千里外，兴在一杯中。

——《江夏别宋之悌》

斗酒勿为薄，寸心贵不忘。

——《南阳送客》

玉壶契美酒，送别强为欢。

——《送梁四归东平》

人生达命岂暇愁，

且饮美酒登高楼。

——《梁园吟》

提壶莫辞贫，取酒会四邻。

仙中殊恍惚，未若醉中真。

——《拟古》

作者：李白（见美酒与名人）。

虏酒千钟不醉人，

胡儿十岁能骑马。

——《营州歌》

主人酒尽君未醉，

薄暮途遥归不归？

——《客舍送李少府》

作者：高适（702？～765年），字达夫。渤海蓨（今河北景县）人。早年仕途失意。后客游河西，为歌舒翰书记。历任淮南、四川节度使，终散骑常侍。封渤海县侯。边塞诗和岑参齐名，并称"高岑"，风格也大略相近。

杜酒偏劳劝，张梨不外求。前村山路险，归醉每无愁。

——《题张氏隐居二首》

渭北春天树,江东日暮云。何时一樽酒,重与细论文。

——《春日忆李白》

父老四五人,问我久远行。

手中各有携,倾榼浊复清。

苦辞"酒味薄",黍地无人耕。

——《羌村三首》

一片花飞减却春,风飘万点正愁人。且看欲尽花经眼,莫厌伤多酒入唇。

朝回日日典春衣,每日江头尽醉归。酒债寻常行处有,人生七十古来稀。

——《曲江二首》

纵饮久判人共弃,懒朝真与世相违。

——《曲江对酒》

明年此会知谁健?醉把茱萸仔细看。

——《九日蓝田崔氏庄》

问答乃末已,驱儿罗酒浆。夜雨剪春韭,新炊间黄粱。

主称会面难,一举累十觞。十觞亦不醉,感子故意长。

——《赠卫八处士》

舍南舍北皆春水,但见群鸥日日来。花径不曾缘客扫,蓬门今始为君开。

盘飧市远无兼味,樽酒家贫只旧醅。肯与邻翁相对饮,隔篱呼取尽余杯。

——《客至》

敏捷诗千首,飘零酒一杯。

——《不见》

几时杯重把?昨夜月同行。

——《奉济驿重送严公四韵》

白首放歌须纵酒,青春做伴好还乡。

——《闻官军收河南河北》

剑南春色还无赖,触忤愁人到酒边。

——《送路六侍御入朝》

家庭经典藏书

中华酒典

833

李白像

重阳独酌杯中酒,抱病起登江上台。

——《九日》

秋来相顾尚飘蓬,

未就丹砂愧葛洪。

痛饮狂歌空度日,

飞扬跋扈为谁雄?

——《赠李白》

作者:杜甫(见美酒与名人)。

脱鞍暂入酒家垆,

送君万里西击胡。

——《送李副使赴碛西官军》

强欲登高去,无人送酒来。

——《行军九日思长安故园》

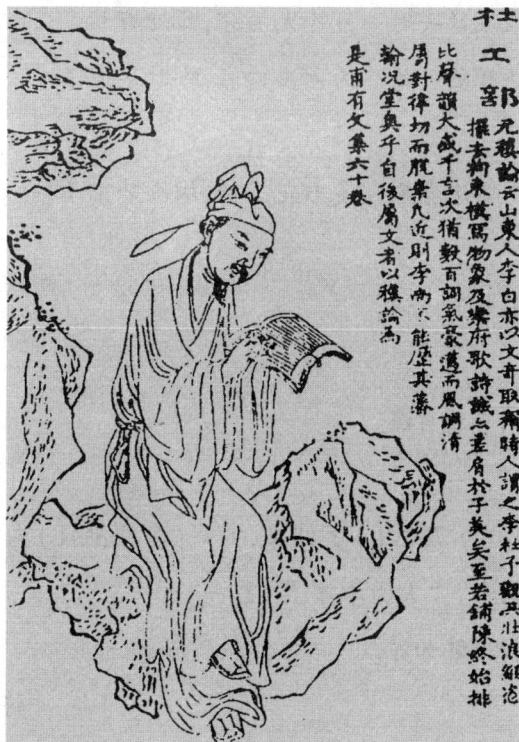

杜工部

元稹論云山東人李白亦以文奇取稱時人謂之李杜予觀其壯浪縱恣
摭摘蒼東橫寫物象及樂府歌詩誠亦差肩於子美矣至若舖陳終始
排比聲韻大或千言次猶數百詞氣豪邁而風調清
深屬對律切而脫棄凡近則李尚不能歷其藩
翰況堂奧乎予自後屬文者以稹論為
是甫有文集六十卷

杜甫像

考人七十仍沽酒，

千壶百瓮花门口。

道旁榆荚仍似钱，

摘来沽酒君肯否？

——《戏问花门酒家翁》

醉后未能别，待醒方送君。

——《醉里送人赴西镇》

荆南渭北难相见，

莫惜衫襟着酒痕。

——《送贾侍御史江外》

作者：岑参（约715～770年）南阳（今属河南）人，天宝进士，曾随高仙芝到安西，武威，后又往来于北庭，轮台问。官至嘉州刺史。卒于成都。

835

倾酒向涟漪,乘流欲去时。可怜无酒分,处处有旗亭。

不负佳山水,还开酒一樽。为问幽楼客,吟时得酒不?

——《江竹》

药径深红藓,山窗满翠微。羡君花下醉,蝴蝶梦中飞。

——《崔逸人山亭》

有时载酒来,不与清风遇。

——《竹问路》

对酒灞亭暮,相看愁自深。

——《送友人》

作者:钱起(710?~780年)字仲文,吴兴(今属浙江)人。天宝进士,曾任蓝田尉,官终考功郎中。"大历十才子"之一。

明朝上征去,相伴醉如泥。

——《将赴行营劝客同醉》

麋鹿自成群,何人到白云?山中无外事,终日醉醺醺。

——《山居》

且向白云求一醉,莫教愁梦到乡关。

《——对酒》

作者:戴叔伦(732~789年),字幼公,一作次公,金坛(今属江苏)人。曾任抚州刺史,容管经略史。其诗多表现隐逸生活和闲适情调。

欲持一瓢酒,远慰风雨夕。

——《寄全椒山中道士》

把酒看花想诸弟,杜陵寒食草青青。

——《寒食寄京师诸弟》

作者:韦应物(737~约792年)京兆长安(今陕西西安)人。少年时以三卫郎事玄宗。后为滁州、江州、苏州刺史,故称韦江州或韦苏州。诗以写田园风物著名。

万里桥边多酒家,游人爱向谁家宿?

——《成都曲》

作者:张籍(约766~830年)字文昌,原籍吴郡(今治所江苏苏州)人。贞元进士,历任太常寺太祝,水部员外郎、国子司业等职,故世称张司业或张水部。其诗与王建齐名,世称"张王"。

长安恶少出名字,楼下劫商楼上醉。

——《羽林行》

临上马时齐赐酒,男儿跪拜谢君王。

——《宫词》

作者:王建(约766~830年)字仲初,颍川(今河南许昌)人。出身寒微。大历进士。晚年为陕州司马,又从军塞上。擅长乐府诗,与张籍齐名世称"张王"。

一杯相属君当歌,……一年明月今宵多,人生由命非由他,有酒不饮奈明何?

——《八月十五夜赠张功曹》

力携一樽独就醉,不忍虚掷委黄埃。

——《李花赠张十一署》

此日足可惜,此酒不可尝。舍酒去相语,共分一日荣。

——《赠张籍》

扰扰驰名者,谁能一日闲?我来无伴侣,把酒对南山。

——《把酒》

一壶情所寄,四句意能多。秋到无诗酒,其如月色何!

——《酬马侍郎寄酒》

直把春偿酒,都把命乞花。

——《嘲少年》

闻道郭西千树雪,欲将君去醉如何?

——《闻梨花发赠刘师命》

断送一生唯有酒,寻思百计不如闲。莫忧世事兼身世,须著人间比梦间。

——《遣兴》

作者,韩愈(768～824 年),字退之,河南河阳(今河南孟州市西)人。自谓郡望昌黎,世称韩昌黎。贞元进士,曾任国子博士、刑部侍郎等职,因谏阻宪宗迎佛骨,贬为潮州刺史。后官至吏部侍郎。卒谥文。倡导古文运动,其散文被列为"唐宋八大家"之首。

法酒调神气,清琴入性灵。

——《昼居池上亭独吟》

今日听君歌一曲,暂凭杯酒长精神。

——《酬乐天扬州初逢席上见赠》

酒旗相望大堤头,堤下连樯堤上楼。

——《堤上行》

作者:刘禹锡(772～842 年)字梦得,洛阳(今属河南)人。贞元间擢进士,登博学宏辞科。授监察御史,因参加王叔文集团,被贬朗州司马,迁连州刺史。后任太子宾客,加检校礼部尚书。世称"刘宾客"。

醉貌如霜叶,虽红不是春。

——《醉中对红叶》

劝君一杯君莫辞,劝君两杯君莫疑,劝君三杯君始知:
面上今日老昨日,心中醉时胜醒时。天地迢遥日长久,
白兔赤乌相趋走。身后堆金到北斗,不如生前一樽酒。
君不见春明门外天欲明,喧喧歌哭半死生,游人驻马出不得,
白舆紫车争路行。归去来兮头已白,典钱将用沽酒吃。

——《劝酒》

食饱心自若,酒酣气益振。

——《轻肥》

花时同醉破春愁,醉折花枝作酒筹。

——《同李十一醉忆元九》

绿蚁新醅酒。红泥小火炉。晚来天欲雪,能饮一杯无?

——《问刘十九》

红袖织绫夸柿蒂，青旗沽酒趁梨花。

——《杭州春望》

白居易像

少时犹不忧生计，老后谁能惜酒钱？共把十千沽一斗，相看七十欠三年。

闲征雅令穷经史，醉听清吟胜管弦。更待菊黄家酿熟，共君一醉一陶然。

——《与梦得沽酒闲饮且约后期》

作者：白居易（772~846），字乐天，晚年号"香山居士"。贞元进士，授秘书省校书郎。后任左拾遗及左赞善大夫，因得罪权贵被贬为江州司马。宝历初年任苏州刺史，官至刑部尚书。其诗语言通俗易懂。

伴客消愁长日饮，偶然乘兴便醺醺。

怪来醒后旁人泣，醉里时时错问君！

——《六年春遣怀八首》

今宵还似当时醉，

半夜觉来闻笑声。

——《醉醒》

今日尊前败饮名，
三杯未尽不能倾。
怪来花下常先醉，
半是春风荡酒情。

——《先醉》

桃花解笑莺能语，
自醉自眠哪藉人？

——《独醉》

风引春心不自由，
等闲冲席饮多筹。
朝来始向花前觉，
度却醒时一夜愁。

——《宿醉》

闻道秋来怯夜寒，
不辞泥水为杯盘。
殷勤惧醉有深意，
愁到醒时灯火阑。

——《惧醉》

也应自有寻春日，虚度而今正少年。

——《羡醉》

自叹旅人行意速，每嫌杯酒缓归期。
今朝偏遇醒时别，泪落风前忆醉时。

——《忆醉》

醉伴见侬因病酒，道侬无酒不相窥。

哪如下药还沽底，人去人来剩一卮。

——《病醉》

九月闲宵初向火，一樽清酒始行杯。

怜君城外遥相忆，冒雨冲泥黑地来。

——《似醉》

窦家能酿消愁酒，但是愁人便与销。

顾我共君俱寂寞，只应连夜复连朝。

——《劝醉》

本怕酒醒浑不饮，因君相劝觉情来。

殷勤满酌从听醉，乍可欲醒还一杯。

——《任醉》

心源一种闲如水，同醉樱桃树下春。

——《同醉》

岘亭今日癫狂醉，舞引红娘乱打人。

——《狂醉》

作者：元稹（779～831年）字微之，河南（今洛阳）人，早年家贫。举贞元九年明经科，曾任监察御史。

醁醽今夕酒，缃帙去时书。

——《示弟》

旗亭下马解秋衣，请贳宜阳一壶酒。

壶中唤天云不开，白昼万里闲凄迷。

——《开愁歌》

作者：李贺（790～816年），字长吉，福昌（今河南宜阳西）人。唐皇室远支。曾官奉礼郎。因避家讳，被迫不得应进士科考试。早岁即工诗，见知于韩愈、皇甫湜，并和沈亚之友善，死时仅二十七岁。

红叶晚萧萧，长亭酒一瓢。

——《秋日赴阙题潼关驿楼》

日暮酒醒人已远,满天风雨下西楼。

——《谢亭送别》

作者:许浑,字用晦,一作仲梅,润州丹阳(今属江苏)人。太和进士,官虞部员外郎、郢州刺史。自少苦学多病,喜爱林泉。

半醒半醉游三日,红白花开山雨中。

——《念昔游三首》

江涵秋影雁初飞,与客携壶上翠微。尘世难逢开口笑,菊花须插满头归。但将酩酊酬佳节,不用登临恨落晖。古往今来只如此,牛山何必独沾衣?

——《九日齐山登高》

烟笼寒水月笼沙,夜泊秦淮近酒家。
商女不知亡国恨,隔江犹唱后庭花。

——《泊秦淮》

几度思归还把酒,拂云堆上祝明妃。

——《题木兰庙》

清明时节雨纷纷,路上行人欲断魂。借问酒家何处有,牧童遥指杏花村。

——《清明》

作者:杜牧(803~852年),字牧之,京兆万年(今陕西西安)人,杜佑孙。太和进士,曾为江西观察使、宣歙观察使沈传师和淮南节度使牛僧儒的幕僚,历任监察御史,官终中书舍人。后人称为"小杜"。以济世之才自负。

酒酣夜别淮阴市,月照高楼一曲歌。

——《赠少年》

何当重相见,尊酒慰离颜。

——《送人东归》

作者:温庭筠(约812~866年)原名岐,字飞卿,太原祁(今山西)人。每入试,押官韵,凡八叉手而成八韵,时号温八叉。仕途不得意,官止国子助教。

忍放花如雪,青楼扑酒旗。

——《赠柳》

心断新丰酒,销愁斗几千?

——《风雨》

座中醉客延醒客,江上晴云杂雨云。
美酒成都堪送老,当垆仍是卓文君。

——《杜工部属中离席》

寻芳不觉醉流霞,倚树沉眠日已斜。
客散酒醒深夜后,更持红烛赏残花。

——《花下醉》

作者:李商隐(约813~858年)字义山,号玉溪生,怀州河内(今河南沁阳)人。开成进士,曾任县尉、秘书郎和东川节度使判官等职。

李商隐像,出自清·上官周《晚笑堂画传》。

得即高歌失即休,多愁多恨亦悠悠。
今朝有酒今朝醉,明日愁来明日愁。

——《自遣》

作者:罗隐(833~909年),字昭谏,一作新登,余杭(今属浙江)人,本名横,以十举进士不第,乃改名。光启中,入镇海军节度使钱镠幕,后迁节度判官,给事中等职。其诗颇有讽刺现实之作,多用口语,少数作品流传于民间。

四弦才罢醉蛮奴,酃醁余香在翠炉。夜半醒来红蜡短,一枝寒泪作珊瑚。

——《春夕酒醒》

作者:皮日休(约834~902年),字逸少,后改袭美,襄阳(今属湖北)人。早年住鹿门山,自号鹿门子、间气布衣等。咸通进士,曾任太常博士。后参加黄巢起义军,任翰林学士。旧史说他因故为巢所杀,一说为唐室所害,或谓病死。

老去不知花有态,乱来唯觉酒多情。

——《与东吴生相遇》

作者:韦庄(约836~910年),字端己,长安杜陵(今陕西西安)人。乾宁进士,后仕蜀,官至吏部侍郎兼平章事。

惜春连日醉昏昏,醒后衣裳见酒痕。

——《春尽》

渔翁醉着无人唤,过午醒来雪满船。

——《醉着》

作者:韩偓(842~923?年),字致尧,小字冬郎,自号玉山樵人,京兆万年(今陕西西安)人。龙纪进士,官至翰林学士,中书舍人。

唯有日斜溪上思,酒旗风影落春流。

——《怀宛陵旧游》

作者:陆龟蒙(?~约881年)。字鲁望,姑苏(今江苏苏州)人。曾任苏湖二郡从事。后隐居甫里,自号江湖散人、甫里先生,又号天随于。与皮日休齐名,人称"皮陆"。

井放辘轳闲浸酒,笼开鹦鹉报煎茶。

——《夏日题老将林亭》

每到月圆思共醉,不宜同醉不成欢。

——《十五夜与友人对月》

作者:张蠙,字象文,清河(今属北京)人。乾宁进士,曾官校书郎、犀浦令等职。王建立蜀,任膳部员外郎、金堂令。

酒瓮琴书伴病身,熟谙时事乐于贫。

——《自叙》

作者:杜荀鹤(246~904年),字彦之,号九华山人,池州石埭(今安徽太平)人。46岁中进士,最后任五代梁太祖(朱温)的翰林学士,到任即卒。

鹅湖山下稻粱肥,豚栅鸡栖对掩扉。桑柘影斜村社散,家家扶得醉人归。

——《社日》

作者:王驾,字大用,自号守素先生,大顺进士。官至礼部员外郎。

情多最恨花无语,愁破方知酒有权。

——《中年》

作者:郑谷,字守愚,宜春(今属江西)人。光启进士,官都官郎中,人称郑都官。又以鹧鸪诗得名,又称郑鹧鸪。

醉后不知天在水,满船清梦压星河。

——《题龙阳县青草湖》

作者:唐温如,晚唐诗人。身世不详。

五代诗

知道醉乡无户税,任他荒却下丹田。

——《北梦琐言》

作者:刘虚向,身世不详。

宋诗

薪刍未缺供,酒肴亦能备。数杯奉亲老,一酌均兄弟。

——《对雪》

无花无酒过清明,兴味萧然似野僧。

——《清明》

鼓声猎猎酒醺醺,斫上高山入乱云。

——《畲田词》

作者:王禹偁(947~1001年),字元之,号东郊野夫,补亡先生,大名(今属河北)人。宋太祖开宝六年中进士。宋初散文家。

花光浓烂柳轻明,酌酒花前送我行。我亦且如常日醉,莫教弦管作离声。

——《别滁》

鸟歌花舞太守醉,明日酒醒春已归。

——《丰乐亭游春》

棋散不知人换世,酒阑无奈客思家。

——《梦中作》

田家种糯官酿酒,榷利秋毫升与斗。

酒沽得钱糟弃物,大屋经年堆欲朽。

酒醅浇瀹如沸汤,东风吹来酒瓮香。

累累罂与瓶,唯恐不得尝。

官酒味浓村酒薄,

日饮官酒诚可乐。

不见田中种糯人,

釜无糜粥度冬春。

还来就官买糟食,

官吏散糟以为德!……

我饮酒,尔食糟,

尔虽不我责,我责何由逃!

——《食糟民》

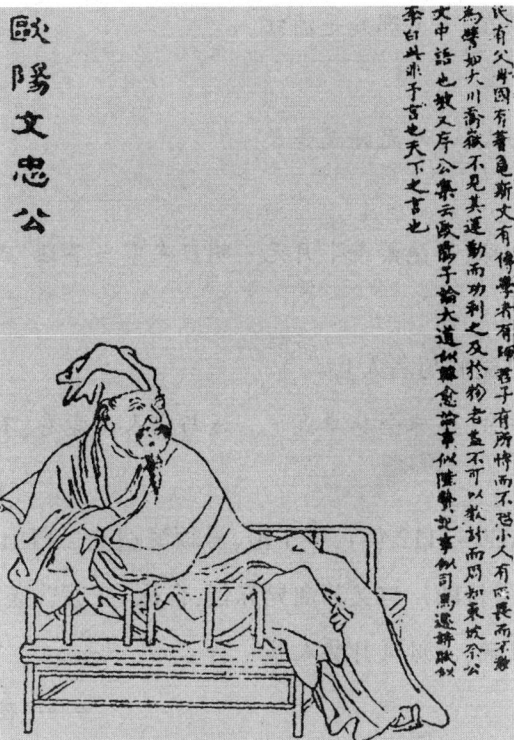

欧阳修像

作者:欧阳修(1007~1072年),字永叔,号醉翁、六一居士。庐陵(今江西)人。宋仁宗天圣八年进士,为谏官。因正直敢言被贬滁州等地,后任枢密副使、参知政事,修《新唐书》、撰《五代史》。北宋著名文学家。

爆竹声中一岁除,

春风送暖入屠苏。

千门万户曈曈日,

总把新桃换旧符。

——《元日》

作者;王安石(1021~1086年),字介甫,号半山,抚州临川(今江西抚州市)人。22岁中进士,为淮南判官、鄞县知县。留心民生疾苦。宋神宗时曾为宰相,推行新法,改革旧政,是北宋杰出的政治家,文学家。诗文都很有成就,为宋朝一大家。

小儿误喜朱颜在，一笑那知是酒红。

——《纵笔》

醉眼有花书字大，老人无睡漏声长。

——《夜直玉堂》

北船不到米如珠，醉饱萧条半月无。明日东家当祭灶，只鸡斗酒定膰吾。

——《纵笔二》

作者：苏轼（见美酒与名人）。

床头酿酒一年余，气味全非卓氏垆。送与幽人试尝看，不应只是百花须。

——《以蜜酒送柳真公》

作者：苏辙（1039~1112年），字子由，号颍滨遗老。眉山（今四川眉县）人。官至尚书右丞、门下侍郎。与父苏洵兄苏轼，合称"三苏"，著有《栾城集》。

我自只如常日醉，满川风月替人愁。

——《夜发分宁寄杜涧叟》

桃李春风一杯酒，江湖夜雨十年灯。

——《寄黄几复》

可无明日黄花酒，又是春风柳絮时。

——《答余洪范二首》

短世风惊雨过，成功梦迷酒酣。

——《有怀半山老人再次韵》

少游醉卧古藤下，谁与愁眉唱一杯？

——《寄贺方回》

作者：黄庭坚（1045~1105年），字鲁直，号山谷道人，洪州分宁（今江西修水）人。英宗平四年治（1067）进士。熙宁初，任国子监教授。哲宗元祐初，召为校书郎，《神宗实录》检讨官，国史编修官等。后新党掌权屡遭贬。卒于宜州任所。

风打篷窗秋浪急，一杯寒酒夜深眠。

——《舟行》

作者:张耒(1052~1112年),字文潜,号柯山,江苏淮阴人。熙宁进士,官龙图阁直学士,太常少卿。为苏门四学士之一。

壶空怕酌一杯酒,笔下难成和韵诗。

——《回文诗》

作者:李禺,宋代诗人。生平事迹不详。

九日清樽欺白发,十年为客负黄花。

——《九日寄秦觏》

作者:陈师道(1053~1101年),字履常,一字无已,号后山居土,彭城(今江苏徐州)人。是江西诗派中的重要作家,以苦吟著名。

衣上征尘杂酒痕,远游无处不销魂。此身合是诗人未?细雨骑驴入剑门。

——《剑门道中遇微雨》

玉关去路心如铁,把酒何妨听《渭城》。

——《塞上曲》

青铜三百饮旗亭,关路骑驴半醉醒。

——《闻四师复华州》

莫笑农家腊酒浑,丰年留客足鸡豚。

——《游山西村》

谁知得酒尚能狂,脱帽向人时大叫。

——《三月十七日夜醉中作》

买醉村场夜半归,西山月落照柴扉。

——《夜归偶怀故人孤独景略》

花荫扫地置清樽,烂醉归时夜已分。

——《花时遍游诸家园》

日日得钱惟买酒,不愁醉倒有儿扶。

——《初夏》

不论夹道壶浆满,洛笋河鲂次第来。

——《追忆征西幕中旧事》

杖头高挂百青铜。小立旗亭满袖风。莫笑村醪薄无力,衰颜也得暂时红。

——《对酒戏作》

乱插酴醿压帽偏,鹅黄酒色映舣船。醺然一醉虚堂睡,顿觉情怀似少年。

——《同上》

醉面贪承夕露,钓竿喜近秋风。

——《夏日六言》

幽鸟呼人出睡乡,层层露叶漏阳光。临池只欲消残醉,无奈鹅儿似酒黄。

——《即事》

闲愁如飞雪,入酒即消融。花好如故人,一笑杯自空。

——《对酒》

长安不到十四载,酒徒往往成衰翁。九环宝带光照地,不如留君双颊红。

——《对酒》

温如春色爽如秋,一榼灯前自献酬。百万愁魔降未得,故应用尔作戈矛。

——《对酒》

作者:陆游(112~—1210年),字务观,号放翁,越州山阴(今浙江绍兴)人。少有大志,29岁应进士试,名列第一,复试时被秦桧除名。桧死后三年,始为福州宁德主簿。孝宗继位初,赐进士出身,任枢密院编修兼类圣政所检讨。后入蜀。孝宗淳熙五年离蜀东归,在江西、浙江等地任职。终因坚持抗金复国,不为当权者所容而罢官。为南宋大诗人。

青灯聊自照,浊酒为谁温。

——《元夜忆群从》

衰鬓都共荻花老,
醉面不如枫叶深。

——《再渡胥口》

雪催未动诗无力,
愁遣还来酒不神。

——《春前十日作》

陆游像

豚蹄满盘酒满杯，

清风萧萧神欲来。

——《乐神曲》

何日却同湖上醉，

露帏宵幄为君张。

——《次韵杨同年秘监见寄》

酒冷花寒无好怀，柴荆终日为谁开？

——《赋瓶花二绝》（其一）

老翁把杯心茫然，增年翻是减吾年。荆钗劝酒仍祝愿，"但愿尊前且强健；君看今岁旧交亲，大有人无此杯分！"老翁饮罢笑捻须："明朝重来醉屠苏"！

——《分岁词》

陶写赖歌酒，意象颇沉着。

谓言老将至，不饮何时乐？

岂惟背声尘,亦自屏杯酌。

——《读白傅洛中老病后诗戏书》

客里无人共一杯,故园桃李为谁开。

——《浙江小矶春日》

昭光殿下起楼台,拼得山河付酒杯。

——《胭脂井》

连衽成帷迓汉宫,翠楼沽酒满城欢。

——《翠楼》

郭里人家拜扫回,新开醪酒荐青梅。

日长路好城门近,借我茅亭暖一杯。

——《四时田园杂兴》

长宫头脑冬烘甚,乞汝青钱买酒回。

——《四时田园杂兴》

酿泥深巷五更雨,吹酒小楼三面风。

——《客中呈幼度》

老去读书随忘却,醉中得句若飞来。

——《明盼弓亭按阅,再用"西楼"韵》

作者:范成大(1126~1193年),字致能,号石湖居士,吴县(今江苏苏州)人。高宗绍兴二十四年(1154)中进士。历任处州知府等地方官,颇有政绩。在朝中先后任过吏部郎官、参知政事等官。曾奉命使金,冒死慷慨陈词,抗争不屈。晚年退居家乡石湖。

白玉青丝那得说,一杯咽下少陵诗。

——《立春日有怀二首》

随分杯盘随处醉,自怜不及踏青人。

——《三月晦日游越王台》

忍寒不睡妨底事,来早卖鱼充酒钱。

——《湖天暮景》

长亭阿姥短亭翁,探借桃花作面红。

酒熟自尝仍自卖,一生割据醉乡中。

——《至后入城道中杂兴》

作者:杨万里(1127~1206 年),字廷秀,号诚斋,西州西(今江西)人。高宗绍兴二十四年(1154)进士。曾任太常博士、广东提点行狱、秘书监等职。主张抗金,正直敢言。后因奸相专权,辞官归家。

万马行空转屋檐,高寒屡索酒杯添。

——《雪中六解》

作者:姜夔(1155~1221 年),字尧章,号白石道人。饶州鄱阳(今江西鄱阳县)人。早年随父宦游,居汉阳。屡试不第,布衣终身。兼长书法、音乐,诗负盛名。

自言房畏不敢犯,射麋捕鹿来行酒。更阑酒醒山月落,彩缣百段支女乐。

——《军中乐》

叶浮嫩绿酒初熟,橙切香黄蟹正肥。蓉菊满园皆可美,赏心从此莫相违。

——《冬景》

作者:刘克庄(1187~1269 年),初名灼,字潜夫,号后村居士。莆田(今属福建)人。以父荫入仕,曾任建阳、仙都县令。因得罪权贵,废置十年。理宗淳祐六年赐同进士出身。历任枢密院编修、中书舍人、兵部侍郎等,以龙图阁直学士致仕,是江湖诗派最大作家。

傍岸买鱼切问米,登楼呼酒更持螯。

——《长沙》

作者:汪元量,字大有,号水云子,钱塘(今浙江杭州)人。本是宫廷琴师,元灭宋时,宋恭帝赵㬎和太后被俘至燕京,他也随行,亲身体验了亡国的痛苦。晚年请为黄冠道士,归老南方。

远近皆僧刹,西村八九家。得鱼无卖处,沽酒入芦花。

——《西村》

作者:郭祥正,字功父,安徽当涂人。少有诗名,举进士,官县令。

我似杨雄贫嗜酒,

笔作耕犁纸为亩。

辛勤耕植三十年,

往往糟醨罕濡口。

——《九日会饮》

作者:王十朋(1112~1171年),南宋学者。字龟龄,号梅溪,温州乐清(今浙江乐清)人。授绍兴府签判,出知绍兴府,龙图学士。为学以孔孟为正宗,以韩愈、欧阳修、司马光为帅。著有《梅溪集》。

闻说崇安市,家家面米春。

楼头邀上客,花底觅南邻。

讵有当垆子,应无折券人。

劝君浑莫问,一酌便还醇。

——《酒市》

作者:朱熹(1130~1200年),字元晦,号晦庵,别称紫阳,婺源(今江西婺源)人。历任枢密院编修官、秘阁修撰、侍讲。赠太师,封信国公。他在哲学上为理学之集大成者。学术著作很多,辑于《朱子大全》。

篮里无鱼少酒钱,酒家门外系渔船。几回欲脱蓑衣当,又恐明朝是雨天。

——《咏渔翁·上贾似道》

作者:无名氏。

不惜千金一醉君,唤歌催舞语纷纷。

——《赠别上官良史》

作者:吴仲孚,字惟信,浙江吴兴人。1250年前后人。生平事迹不详。

风高霜挟月,酒暖夜生春。一曲清歌罢,华胥有醉人。

——《夜饮》

作者:姜特立。宋学者,身世不详。

赏花归去马如飞,去马如飞酒力微。

酒力微醒时已暮,醒时已暮赏花归。

先儒朱子

元吳澄贊

名熹字元晦南直徽州府婺源縣人父韋射以高宗建炎四年庚戌九月十五日甲午時生熹於尤溪之官舍年十四以父遺言葬於建寧府崇安縣東南寂歷山遂家焉

義理玄微　繭絲牛毛　心貿開豁　海濶天高
豪傑之才　聖賢之學　景星慶雲　泰山喬嶽

朱熹像

——《回文诗》

作者:无名氏。

金元诗

应分千斗酒,来洗百年忧!

——《中秋觅酒》

作者:宇文虚中,字叔通,成都人。宋黄门侍郎。建炎二年(1128)为太上祈请使至金,被留,官以翰林学士承旨,掌辞命,尊为国师。皇统六年(金熙宗年号),密谋挟宋钦宗赵桓南归,为人告发,全家遭杀害。

一樽对花饮,况有风流客。

酒阑思故乡,相顾空叹息。

——《梨花》

作者:高士谈,字子文,一字季默。宣和末,任忻州(今山西)户曹。入金,为翰林直学士。后因宇文虚中起事失败，被牵连，遭杀害。

江南春水碧如酒，客子往来船是家。

——《题宗之家初序潇湘图》

作者：吴激，字彦高，又号东山，建州（今福建）人。能诗文。宋钦宗靖康末，奉命使金，因知名被留，任翰林待制。后知深州，到任即卒。

举杯更欲邀明月，暂向尧封作逸民。

——《月夜泛舟》

作者：刘著，字鹏南，舒州皖城人。宋宣和年间进士。入金，预铨州县，年60馀，始入翰林充修撰，出守武遂，终于忻州刺史任上。

壶觞送客柳亭东，回首三齐落照中。老去厌陪新客醉，兴来多与古人同。

——《送图南》

作者：马定国，字子卿，任平人。宣政末，题诗酒家壁，得罪宋廷权贵，金立刘豫为齐帝，定国往投，授监察御史，仕致翰林学士。

清泉便当如渑酒，浇尽胸中累劫尘。

——《题西岩》

对床喜清夜，樽酒话平生。

——《留别四弟》

作者：刘汲，字伯深，天德三年进士。入翰林为供奉，自号西岩老人。

少年携酒日寻花，老去花前欲饮茶。今日传觞似年少，一枝香雪上乌纱。

——《梨花》

作者：史旭，字景阳，第进士。历官临真、秀容二县令，

临村有新酒。篱畔看黄花。

——《秋郊》

作者：王庭筠，字子端，熊岳人。大定十六年进士，官至供奉翰林，稍迁修撰。

预愁老罢废诗酒，负此冰玉秋婵娟。

——《中秋对月》

元朝诗人萨都刺像,图出自清·顾
沅《古圣贤像传略》。

作者:萧贡,字真卿,咸阳人。大定二十二年进士,预修《太和律令》,官至
户部尚书。

新诗淡似鹅黄酒,

归思浓如鸭绿江。

——《思归》

作者:完颜璹,字子瑜,章宗诸孙。哀宗正大初封密国公。为宗室中最能诗
爱画者。晚号樗轩老人。

今日兴来但破戒,

黄花篱落醉西风。

——《醉后》

买酒消闲愁,剪刀剪流水。

闲愁不可消,流水无穷已。

——《都门观别》

作者:刘昂,字之昂,兴州人。大定十九年进士。官至左司郎中。

皮囊乳酒锣锅肉,

奴视山阴对角羊。

——《滦京杂咏》

作者:杨允孚,字和吉,吉水(今属江西)人。约生活在元惠宗至正(1334~1368年)年前后。早年不仕,遍走西北各地,记述山川风物,做过宫廷膳食供奉。

祭天马酒洒平野,沙际风来草亦香。

——《上京即事》

作者:萨都剌(1300~1355年?),字天赐,号直斋,蒙古族人。元泰定四年(1327)进士。历官闽海廉访知事、河北廉访经略等职。

卖鱼买酒归来晚,风飐芦花雪满溪。

——《渔翁》

作者:周权,字衡之,号此生,处州(今浙江丽水县)人。工诗。

西郊一亩宅,闭门秋草深。床头有新酿,意惬成孤斟。

举杯谢明月,蓬荜肯相临。愿将万古色,照我万古心。

去古日已远,百伪无一真。独余醉乡地,中有羲皇淳。

圣教难为功,乃见酒力神。谁能酿沧海,尽醉区中民。

——《饮酒》

金丹换凡骨,诞幻若无实。如何杯杓间,乃有此乐国。

天生至神物,与世作醋适。岂曰无妙理,混漾莫容诘。

康衢吾自乐,何者为帝力。大笑白与刘,区区颂功德。

酒中有胜地,名流所同归。人若不解饮,俗病从何医。

此语谁所云,吾友田紫芝。紫芝虽吾友,痛饮真吾师。

一饮三百杯,谈笑成歌诗。九原不可作,想见当年时。

饮人不饮酒,正自可饮泉。饮酒不饮人,屠沽从击鲜。

酒如以人废,美禄何负焉。我爱靖节翁,于酒得其天。

庞通何物人,亦复为陶然。兼忘物与我,更觉此翁贤。

——《后饮酒》

作者:元好问(1190~1257年),金末文学家。字裕之,号遗山,秀容(今山西忻县)人。官至尚书省司左员外郎。金亡不仕。著有《遗山集》。

烂醉归来驴失脚,破靴指天冠倒卓。足来白眼望青天,狂气峥嵘无处著。

陶潜止酒意有在,铺糟啜醨良未害。君看谢奕对桓温,得失老兵何足怪。

螟蛉蝶赢待二豪,饮中宁有山家涛。平明径访阵惊坐,相对春风把蟹螯。

——《醉中》

作者:侯册,元人。身世不详。

寻常行处酒债,何日江头醉归。薄暮斜风细雨,长安一片花飞。

——《老杜醉归图》

作者:李俊明(1176~1260年),字用章,号鹤鸣,泽州晋城(今山西晋城)人。金末元初学者。授翰林应奉。不久,弃官不仕,后隐居嵩州鸣皋山。潜心研究术数。著有《庄靖集》。

仙酪谁夸有太元,汉家桐马亦空传。香来乳面人如醉,力尽皮囊味始全。

千尺银驰开晓宴,一杯璃露洒秋天。山中唤起陶弘景,轰饮高歌敕勒川。

——《黑马酒》

翠霞腾晕紫成堆,收尽烟云酒一杯。想见浮岚在眉宇,人人知道看山回。

——《下山》

作者:刘因(1249—1293年),元朝理学家。字梦吉,号静修。保定容城(今河北容城)人。钻研程朱之学,官至右赞善大夫,未几,以母疾辞归。著有《静修集》。

明诗

将军玉帐貂鼠衣,手持酒杯看雪飞。

——《北风行》

作者:刘基(1311~1375年)字伯温,处州青田(今属浙江)人。元末进士。

做过高安县丞、浙江元帅府都事，后弃官。朱元璋扫荡天下时，他受邀到金陵，出谋划策，为明朝的开国功臣，封诚意伯。是元末明初的著名诗人。

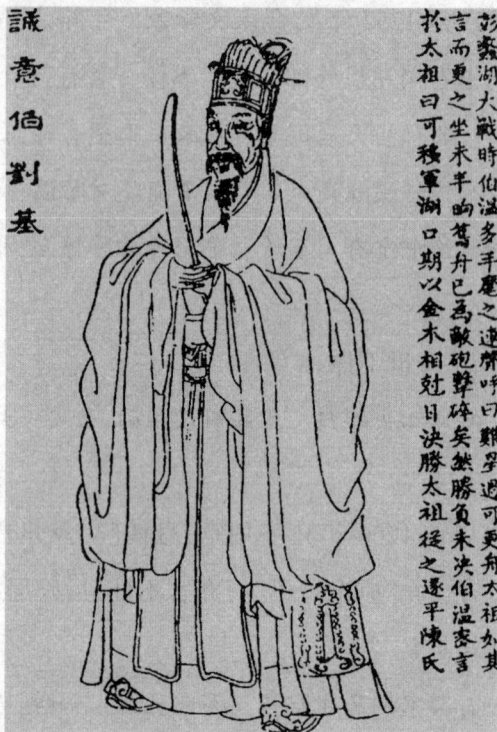

刘基像

堂上张灯酒正豪，

帐前骏马缩寒毛。

忽闻羽檄传来急，

上马酕醄弄宝刀。

——《塞上曲》

作者：李开先（1502~1568年）字伯华，号中麓，章丘（今属山东）人。嘉靖八年（1529年）进士，做过户部主事、太常少卿。四十岁罢官归乡，专心写作，他是著名传奇作家。

偶向新丰市里过，

故人尊酒共悲歌。

十年别泪知多少，

不道相逢泪更多。

——《酒店逢李大》

作者：徐𤊹，字惟和，闽县（今福州）人。神宗万历十六年（1588 年）举人。生活清苦，常四处奔波，写此类题材诗较多。

深夜忽听巴渝曲，起剔残灯酒尚温。

——《竹枝词》

作者：王叔承，吴江（今江苏省内）人。少孤家贫，四出谋生，跑遍南北许多地方。写诗广学博取，不愿拟古。

村旗夸酒莲花白，津鼓开帆杨柳青。谁向高楼横玉笛，落梅愁绝醉中听。

——《杨柳青》

作者：吴承恩（1500~1582 年）字汝忠，山阳（今江苏淮安）人。曾做过短期的县丞，仕途上一直不得意。诗文多出自胸臆，清新明丽，独具一格。

野花遮眼酒沾涕，塞耳怒听新潮事。

——《显灵宫集，诸公以城市山林为韵》

刘伶之酒味太浅，渊明之酒味太深。

非深非浅谪仙家，未饮陶陶先醉心。

——《饮酒》

作者：袁宏道（见美酒与名人）。

朔风房酒不成醉，落业归鸦无数来。

——《盘山绝顶》

作者：戚继光（1528~1587 年）字元敬，号南塘，登州（今山东蓬莱）人，明代著名爱国将领。

石头敲火炙黄羊，胡女低歌劝酪浆。

醉杀群胡不知夜，鹞儿岭下月如霜。

——《漠北词》

作者：谢榛（1495~1575 年）字茂秦，号四溟山人，临清（今属山东）人。一生没做官,遍游各地,致力读书写诗。

人世几登高,寂寞黄花酒。

——《九月舟中》

作者:汪时元,字惟一。安徽休宁人,生平事迹不详。

桃花源头酿春酒,滴滴真珠红欲然。

——《红酒》

江南处处烽烟起,海上年年御酒来。

如此烽烟如此酒,老夫怀抱几时开。

——《席上作》

作者:杨维桢(1296~1370年)字廉夫,晚号东维子。会稽(今浙江绍兴)人。读书铁崖山,因自号铁崖。元泰定进士,授天台县尹,改绍兴钱清场司令,坐损盐久不调。其诗名盛一时,号铁崖体。著有《东维子集》《铁崖先生古乐府》等。

莫惜黄金醉青春,几人不饮身亦贫。酒中有趣世不识,但好富贵亡其真。

——《将进酒》

作者:高启(1336~1374)明初文学家。字季迪,号槎轩,长洲(今江苏苏州)人。居城北郭,因与王行等号"北郭十友",时称"十才子。"博学、工诗,与杨基、张羽、徐贲并称"吴中四杰"后因激帝怒被杀。

梦断高阳旧酒徒,坐惊神语落虚无。若教对饮应差胜,纵使微醺不用扶。

往事分明成一笑,远情珍重得双壶。公子亦是醒狂客,幸未麤豪比灌夫。

——《不善饮答之》

作者:李东阳(1447~1516年)明朝大臣、文学家。字宾之,号西涯,茶陵(今湖南茶陵)人。天顺进士,由庶吉士授编修,累迁侍讲学士。官至太少保、吏部尚书兼华盖殿大学士,后受饮命,辅冀武宗。善诗文、工隶、篆书,名重一时。

常年送酒愧诸邻,陡觉今年富十分。水法特教担柳毅,麴材先已谢桐君。

床头夜滴晴阶雨,瓮面香浮暖阁云。莫笑陶公巾自漉,年来正策醉乡勳。

——《酒熟志喜》

作者：王鏊（1450～1524年）明朝大臣，文学家，字济之，吴县（今江苏苏州）人。成化进士，授编修。博学有卓识，尚经术，善文章，有《姑书志》《震泽集》《震泽长语》《震泽纪闻》等。

元酒曾闻侑大烹，酿来寒雪品尤清。也知承露能高致，须信藏冰为曲成。

光重夜杯如有物，暖销春瓮本无声。相看莫谓人间味，一滴先天万古情。

——《雪酒诗为孙司徒赋》

作者：邵宝（1460～1527年），明朝学者，字国贤，号二泉，无锡（今江苏无锡）人。成化进士，授许州知州。（1509年）擢右副都御史，总督漕运，以终养乞归。著有《学史录》《简端录》《容春堂集》多部著作。

我从燕山望京阙，五陵豪客伤离别。

相逢不饮君奈何，瓮泼葡萄色如血。

须臾吸尽身百壶，西陵之日驱金乌。

眼中谁是高阳徒，醉来忽见醉人图。

图中之人谁最醉，美而鉴者眦如泪。

——《醉中题醉人图》

作者：徐学谟（1522～1593年）明朝大臣、史学家。字叔明，又字子言，号太室山人，初名学诗，后更名，嘉定（今上海嘉定）人，嘉靖进士，授兵部主事。有《万历湖广总志》《春秋亿》《世庙识余录》等多种著作。

津亭杨柳碧毵毵，人立东风酒半酣。

万点落花舟一叶，载将春色到江南。

——《代父送人之新安》

作者：陆娟，松江（今江苏上海市）人，马龙妻。能诗。她的父亲，陆德蕴是明代画家沈周的老师。

珍重复珍重，叮咛须记将。既为远别去，饮余手中觞。

莫辞手中觞，为君整行装。阳关歌欲断，柳条丝更长。

——《送夫人觐》

作者：屈安人，明副御史屈直女，参议韩邦靖妻，华阴（今陕西华阴市）人。

徐学谟像

醋有新糟酸有酶,杜康桥上客题诗。最怜苦相身为女,千载曾无仪狄祠。

——《杜康庙》

作者:周淑禧,江阴(今江苏省江阴市)人,周荣公第三女。能诗善画,所绘大士像十六幅,陈仲醇谓其"十脂放光,直造卢楞伽、吴道子笔墨之外。"

将进酒,鼓琴瑟,调凤凰,如胶漆。

斗酒饮醇,松竹犹存,东风不驻,桃李无言。

青天有月圆又缺,愁见杨花乱如雪。

——《将进酒》

作者:方孟式(？~1639年)明末女诗人。字如耀,桐城(今安徽桐城)人。山东布政使,张秉文妻。清兵破济南,秉文战死,遂投大明湖自尽。志笃诗书,能绘画,尤工诗。有《纫兰阁前后集》

清诗

呼鸡过篱栅。行酒尽儿孙。

——《过湖北山家》

作者:施闰章(1618~1688年)字尚白,宣城(今安徽宣城)人。顺治进士,官江西布政司参议,分守湖西道。后举博学鸿儒,授侍讲,迁侍读。

庑廊移得学梦春,沉醉君王夜宴频。

——《吴宫词》

作者:庞鸣,字远公,江苏嘉定人。大约生活在康熙年间。

野店酒香帆尽落。塞塘渔散鹭初回。

——《过真州》

作者:沈德潜(1673~1769年)字确士,长洲(今江苏苏州)人。乾隆进士。官至内阁学士兼礼部侍郎。

暮下雨,富儿漉酒聚俦侣,酒后只愁身醉死。

——《朝雨下》

作者:吴嘉纪(1618~1684年),字宾贤,泰州(今江苏泰州)人。隐居家贫,终身不仕。性耿介高洁,与时流落落寡合。

千株红紫斗芳妍,春到频添酒债钱。

——《过王园看花》

作者:祁文友,字兰尚,广东东莞人。顺治进士,官工部主事。

廿年交旧散,把酒叹浮名。

——《过吴江有感》

作者:吴伟业(1609~1671年),字骏公,号梅村,太仓(今江苏省太仓市)人,明崇祯四年进士,官至编修,南京国子监司业。因与马士英等意见不合,辞官归隐。

诗才忆曹植,酒盏愧陈遵;上巳前三日,相劳醉碧茵。

——《小诗代简寄曹雪芹》

野浦冻云深,柴扉晚酒薄;山村不见人,夕阳寒欲落。

——《访曹雪芹不值》

醉余奋扫如椽笔,写出胸中傀儡时。

——《题芹圃画石》

碧水青山曲径迤，薜萝门巷足烟霞。寻诗人去留僧舍，卖画钱来付酒家。

燕市哭歌悲遇合，秦淮风月忆繁华。新仇旧恨知多少，一醉醄醄白眼斜。

——《赠芹圃》

秦淮旧梦人犹在，燕市悲歌酒易醵。忽漫相逢频把袂，年来聚散感浮云。

——《樊斋诗钞》

花明两岸柳霏微，到眼风光春欲归。逝水不留诗客杳，登楼空忆酒徒非。

——《吊雪芹》

作者：敦敏，字子明。（1729～1783年），少年时和弟敦诚同读于右翼宗学，才和曹雪芹相识。乾隆二十年（1755年）敦敏参加宗学岁试，考列优等，官至总管，作有《懋斋诗钞》。居北京内城西槐园。

满径蓬蒿老不华，举家食粥酒常赊。衡门僻巷愁今雨，废馆颓楼梦旧家。

司业青钱留客醉，步兵白眼向人斜。何人肯与猪肝食？日望西山餐暮霞！

——《赠曹雪芹图》

作者：敦诚（1734～1791年），字敬亭，号松堂。瑚玑次子，敦敏的胞弟，出继于从堂叔父宁仁为嗣。他在宗室诗人中成就较高，著作有《四松堂集》《闻笛集》等多部。

夫婿长贫老岁华，生憎名字满天涯。席门却有闲车马，自拔金钗付酒家。

——《琐窗杂事》

作者：庞婉，字小宛，吴江（今江苏吴江市）人，诗人吴锵妻。

王师问罪近江渍。宰相中书醉未闻。

——《阅明史马士英传》

作者：倪瑞璿，江苏宿迁人。徐起泰继室。性情温柔，但其诗诛奸斥佞者多，有丈夫气概。

一杯凉酽莫灵床，滴向泉台哭断肠。谁是酒浆谁是泪，教儿酸苦自家尝。

——《哭安儿》

作者：席佩兰，字韵芬。曾从袁枚学诗。后嫁孙子潇，夫妇皆能诗。袁枚说她"诗才清妙"。

东风劝酒生绿波,为君倒提全巨罗。

天边明月不常好,世上浮云事日多。

劝君且饮吾作歌。……

——《劝酒》

作者:无名氏摘《清稗类钞》

苍厓先生屡绝粮,一钱犹自买琼浆。家人笑我多颠倒,不疗饥肠疗渴肠。

——《一钱觅酒》

作者:无名氏摘《坚瓠集》

行尽蓬莱弱水源,金朝忍渴过昆仑。兴来莫问酒中圣,且把金盉和月吞。

——《醉客赋诗》

作者:同上。

近代诗

朝从屠沽游,夕拉驵卒饮。长跪奠一卮,风云扑人冷。

——《偶有所触》

作者:龚自珍(1792~1841),清朝思想家、文学家。一名巩祚,字璱人,号定庵,仁和(今浙江杭州)人。道光进士。早年从外祖父段玉裁学文字学,又研讨经学、史学。官内阁中书、礼部主事。诗文富有战斗性,多抒发政治观点,语言丰富,风格多变,堪称"开一代风气的文学家"。有《龚自珍全集》。

夫婿昨伤死,还遣行杯酒。

——《古从军乐》

分付驯猿攀摘去,喝茶喝酒正枯喉。

——《和番客篇》

寒炉爆粟死灰然,酒冷灯昏倦欲眠。

——《冬烘》

作者:黄遵宪(1837~1905年),清末维新派诗人。字公度,号人境庐主人、水苍雁红馆主人,东海公等,广东嘉应州(今梅州)人。光绪举人。1877年任驻日使馆参赞。任职期间,力倡中日平等,友好相处。撰《日本杂事诗》百余首。《日本国志》四十卷。先后出任驻美驻英领事、参赞,驻新加坡总领事等职。主张变法维新,晚年提倡改革诗歌,著有《人境庐诗草》。

声随风咽鼓,泪杂酒霑袍。

——《角声》

斗酒纵横天下事,

名山风雨百年心。

——《夜成》

自笑琼浆无分饮。

兰桥薄酒醉如泥。

——《蓝桥七绝》

作者:谭嗣同(1865~1898年),清末维新派。字复生,号壮飞,湖南浏阳人。巡抚谭继洵之子。先后游历西北、东南各省考察民情,结交名士。先后设立时务学堂、《湘学新报》(旬刊)、《湘报》、南学会等。戊戌政变时,为袁世凯出卖,遇害,为"戊戌六君子"之一。有《谭嗣同全集》。

南村舍人复何如,西山载酒宁忘诸。

——《讯叔峤三丈》

晴川虚阁记峥嵘,未忘将军醉客情。

——《留别》

诗翁不慕酒中仙,贪把深杯取易眠。

——《叩冯庵门就睡》

今朝有喜何人共,酌酒西头寿士龙。

——《冯庵移居以诗贺之》

一树婆娑原不醉,三更独自恐无眠。

——《荒城得此足珍也》

谭嗣同像

意如生物动,愁到醉人休。

——《花朝饮散》

南塘水涨多新景,连日无妨取醉吟。

——《南塘诗》

逆旅匆匆聊命酒,相逢莫道马宾王。

——《同陈清湘饮唐沽酒楼》

酒醒作痛何情绪,梦见吴淞十里江。

——《寄内》

作者:林旭(1875~1898年),清末维新派。字暾谷,福建侯官(今福州)人。举人出身,积极开展维新运动,光绪帝宣布变法后,特加四品卿衔军机章京,与谭嗣同等人同参新政。戊戌政变时遇害。为"戊戌六君子"之一。有《晚翠轩诗集》。

风波幽赏惬,不待酒杯添。

——《舟望》

强得一尊酒,欲以慰饥渴。

——《长安寄严雁峰秀才》

三年薄命随书简,九日狂歌对酒樽。

——《送于彰武门》

曲江宴冷社鼓阒,酒香雨气红罗湦。

——《三月》

自足傲霜饶酒态,莫教漂泊逐西东。

——《红叶》

作者:杨锐(1857~1898年),清末维新派。字叔峤,又字钝叔,四川绵竹人。初为张之洞弟子,后以举人授内阁中书。光绪帝宣布变法后,为四品卿衔,任军机处章京,参与新政,戊戌政变时遇害。为"戊戌六君子"之一。

灯火笛里落,木叶酒中深。

——《山居秋夜客至》

钝吟天自老,熟醉道非贫。

——《宝鹅山访曾处士》

酒国满人世,不能陶一卮。

——《陶家榭》

霜园小集筍兰过,负郭人家讶醉歌。
腐史盲儒心眼别,酒龙诗虎角牙多。
拍觚酣极呼铜钵,翦烛淡深落绛荷

——《饮杜寉斋同年家偕镜湖》

五中竟摧酒,三叹到亡琴。

——《哭胡正之秀才》

美酒乐高会,广筵开曲房。……
不举酒无醉,形能忘去我。……
主人命射覆,还成赌百觞。

——《美酒行》

入世酒能出,今来欲少欢。

至无愁可说,宜得醉相看。

——《不酒思饮》

江静忽闻船角动,西风吹帽酒人醒。

——《沪上舟中》

孤雁声中两酒桡,万荷香里一诗飘。

——《飘湖》

作者:刘光第(1859~1898年),清末维新派。字裴村,四川富顺人。光绪进士、刑部主事。戊戌变法时,参与新政,被杀。为"戊戌六君子"之一。有《介白堂诗文集》《衷圣斋文集》。

交杯饮罢甫团圆,何处曾缔一面缘。

——《闻邑竹枝词》

斗酒十千恣欢谑,黄金用尽还疏索。

——《集唐人句成转韵体》

倘典征袍谋醉月,中秋计已到中山。

——《送许桂一孝廉》

朔风吹雪花卯掌,酒醒萧斋中夜朗。

——《雪夜奇刘选之狩氏》

作者:杨深秀(1849—1898年)清末维新派。本名毓秀,字漪村或仪村,又号春眷子,山西闻喜人。光绪进士,精通中西数学。官至山东道监察御史。戊戌变法时遇害,为"戊戌六君子"之一。有《杨漪村侍御奏稿》《虚声堂诗抄》《闻喜县新志》。

有人饮酒迎杯问,何处吹箫倚槛传?

——《月》

对酒难逢元亮酒,登楼愧乏仲宣才。

——《九日感赋》

愁城十丈坚难破,清酒三杯醉不辞。

——《独对次清明韵》

冷吟秋色寻新句,醉酹寒香拨旧醅。

——《秋菊》

素车白马难为继,斗酒只鸡徒自嗟。

——《挽故人陈阕生》

将军大笑呼汉儿,痛饮黄龙自由酒。

——《秋风曲》

楚囚相对无聊极,樽酒悲歌泪梯多。

——《感时》

楼头烟雨新诗句,风月情怀旧酒场。

——《题乐天词丈春郊试马图》

不惜千金;买宝刀,貂裘换酒也堪豪。
一腔热血勤珍重,洒去犹能化碧涛。

——《对酒》

浊酒不消忧国泪,救时应仗出群才。

——《黄海舟中日人索句并见日俄战争地图》

作者:秋瑾(1879~1907年),字璿卿,一字竞雄。号鉴湖女侠,浙江绍兴人。少即蔑视礼教,慷慨任侠。1904年赴日本留学。次年加入同盟会。归国后创办中国公学和《中国女报》,鼓吹资产阶级革命。并奔走于江、浙,组织光复军,配合徐锡麟在安庆起义。1907年徐起义失败,她也在绍兴被捕殉难。

几时痛饮黄龙酒,
横揽江流一奠公。

——《挽刘道一》

作者:孙文(1866~1925年),字逸仙,号中山,广东香山县(今中山市)人,是伟大的革命先行者。在我国民主革命准备时期,他以鲜明的革命民主派立场,同改良派作尖锐斗争,并在辛亥革命时期,领导人民推翻帝制,建立了共和国。

现代诗

内忧外患澄清日。

痛饮黄龙定约君。

——《和郭沫若同志》

作者:朱德(1886~1976 年),伟大的无产阶级革命家、军事家,党、国家和军队的卓越领导人,中国人民解放军的创始人之一。字玉阶,四川义陇人。早年加入同盟会,参加了辛亥革命活动。后参加反对袁世凯称帝的起义,反对段祺瑞的护法斗争。十月革命后,接受马克思列宁主义,随后去德国留学,1922 年加入中国共产党,一生从事革命活动,受到全党全军全国各族人民的衷心爱戴,1976 年 7 月 6 日在北京逝世。

英灵如不昧,鸭绿奠三觥。

——《挽涂罗十烈士遇害》

举杯互敬屠苏酒,散席分尝胜利茶。

——《元旦口占用柳亚子怀人韵》

恰逢令节为生日,柏酒延年共举卮。

——《谢寿》

血染沙场气化虹,捐躯为国是英雄。

——《邯郸烈士塔》

支持唯正义,举酒数蓬莱。

——《赠日本友人》

作者:董必武(1885~1975 年),伟大的无产阶级革命家,中国共产党创始人之一。党和国家卓越领导人之一。又名用威,湖北黄安(今红安)人,青年时代参加了辛亥革命。1921 年出席中国共产党第一次全国代表大会。1934 年参加了二万五千里长征。在中共第六至第十次全国代表大会上,均当选为中央委员,六届六中全会后当选为历届政治局委员、常委,1975年在北京逝世。

蓬人便说杏花村,汾酒名牌天下闻。草长莺飞春已暮,我来仍是雨纷纷。

作者:谢觉哉(1883~1971年),湖南宁乡人,1925年加入中国共产党,从事党的宣传和教育工作。1934年参加二万五千里长征。历任中央工农民主政府秘书长、党校副校长、司法部长等职。新中国成立后历任内务部部长、最高人民法院院长、中国人民政治协商会议副主席,中国共产党第八次全国代表大会当选为候补中央委员。

大雪纷飞万里囚,花枪挑着酒葫芦。

——《林冲雪夜沽酒》

东虏何时朝上国,重来煮酒七星缸。

——《重阳登杭州玉皇山顶》

黄龙痛饮炮千鸣,好与先生祝寿考。

——《五百字诗并序》

我与将军交未久,青年食堂共一觞。

——《赠叶剑英将军》

少陵诗座沾沾喜,酒后茶余信手挥。

——《寿徐老》

旧瓶不能装新酒,只因瓶中有旧酒。若把旧酒洗干净,依然可以装新酒。只要洗干净,瓶旧君莫愁,不但装新酒,还可去打油。

——《旧瓶新酒》

作者:续范亭(1893~1947年),山西崞县(今原平)人,早年参加同盟会,辛亥革命,任革命军山西远征队队长。后在国民党军中工作任旅长、军事政治学校校长等职。1935年因痛恨国民党政府卖国投降政策,在南京中山陵剖腹自杀,遇救未死。后随共产党抗日,任抗日决死队总指挥、人民代表会议筹委会副主任等职,1947年在山西临县病逝。遗著编有《续范亭诗文集》。

杏花村里酒如泉,解放以来别有天。

——《访杏花村》

作者:郭沫若(1898~1978年),中国现代杰出的作家、诗人、历史学家、剧作家、考古学家、古文字学家,著名的社会活动家。四川乐山人。1914年赴日本留学,原学医,回国后从事文艺运动。著有《中国古代社会研究》《甲申三百年集》《青铜时代》《十批判书》。有《屈原》《虎符》《棠棣之花》等历史剧。平生著述很多,现有《沫若文集》行世。1978年病逝于北京。

和风华雨正纷纷,举盏欲招千古魂。

——《访杏花村》

作者:赵朴初,当代学者。

酒好人好工作好,参观一回忘不了。

——《参观杏花村汾酒》

作者:巴金,当代作家。

汾酒世所珍,芳香扑鼻闻。

——《汾酒世所珍》

作者:吴晗(1909~1969年),现代史学家。原名吴春晗,字辰伯,浙江义乌人。1934年清华大学毕业。先后任云南大学、西南联合大学、清华大学教授、系主任和院长。著有《朱元璋》《历史的镜子》《灯下集》《春天集》《投枪集》《学习集》等。

豪饮李太白,雅酌陶渊明。

——《五粮液史话》

作者:华罗庚,当代数学家。

她是可爱的,喝吧,为了胜利!

具有火的性格,喝吧,为了友谊!

水的外形;喝吧,为了爱情!

她是欢乐的精灵,你可要当心,

哪儿有喜庆,在你高兴的时候,

就有她光临。她会偷走你的理性。

她真是会逗,不要以为她是水,

中华酒典

能让你说真话，能扑灭你的烦忧，
掏出你的心。她是倒在火上的油。
她会使你会使聪明的更聪明。
忘掉痛苦，会使愚蠢的更愚蠢。
喜气盈盈。

——《酒诗》

作者：艾青，当代诗人。

家庭经典藏书

中华酒典

[主编] 董 飞

线装书局

也茶国众

第二节　酒与词

　　词,是一种配乐而歌唱的抒情诗体,她的兴起与音乐有着密切关系。她的产生可以追溯到隋唐的"新声"(燕乐)或更早的"汉魏乐府",到晚唐五代发展成为一种独立的新诗体。酒词,是以酒为内容或借酒抒情遣兴的词,最早是社会名流、文人学士、宦官、帝王在楼台舞榭,饮酒吟诗,聆听清歌妙曲时,作为自娱或娱宾遣兴的文字游戏而出现的。以后,内容有所提高,随之发展起来。

隋词

　　湖上酒,终日助清欢。檀板轻声银甲缓,醅浮香米玉蛆寒,醉眼暗相看。春殿晓,仙艳奉杯盘。湖上风光真可爱,醉乡天地就中宽,帝王正清安。

——《望江南·御制湖上酒》

　　作者:隋炀帝(569~618年),即杨广,隋代皇帝,公元604~618年在位。即位后大兴土木,建东都洛阳,修建宫殿和西苑。掘运河,筑长城,开辟驰道。役使民众无偿劳役,严重破坏生产,民不聊生,各地农民不断起义,杨广被禁军将领宇文化及等缢杀。

唐五代词

　　吴酒一杯春竹叶,吴娃双舞醉芙蓉。早晚复相逢?

——《忆江南》

　　作者:白居易(见酒之诗)。

　　金翡翠,为我南飞传我意:卷画桥边春水,几年花下醉?

——《归国遥》

　　劝君今夜须沉醉,樽前莫话明朝事。珍重主人心,酒深情亦深。

须愁春漏短，莫诉金杯满。遇酒且呵呵，人生能几何。

——《菩萨蛮·劝酒》

且倾清醑图一醉，无求世上荣华事，焦却利名心，不如杯酒深。

应知来日短，饮醉须斟满。醉去不须呵，问君情若何。

——《菩萨蛮·和·劝酒》

深夜归来长酩酊，扶入流苏犹未醒。醺醺酒气与兰和。

惊睡觉，笑呵呵，长道人生能几何。

——《天仙子·醉归》

休笑吾侪时酩酊，三日之中难一醒。醺醺酒气与兰和。

惊睡觉，笑呵呵，有限年光怎奈何。

——《天仙子·和·醉归》

作者：韦庄（见酒之诗）。

买得杏花，十载归来方始坼。假山西畔药栏东。满枝红。

旋开旋落旋成空。白发多情人更惜，黄昏把酒祝东风，且从容。

——《酒泉子·饮兴》

作者：司空图（837～908年），字表圣，河中虞乡（今山西永济）人。三十三岁登进士第，官至中书舍人、知制诰。光启三年（887年）归隐中条山王官谷，成为著名的大庄园主。

十载逍遥物外居，白云流水似相于。

乘兴有时携短棹，江岛，谁知求道不求鱼。

到处等闲邀鹤伴，春岸，野花香气扑琴书。

更饮一杯红霞酒，回首，半钩新月贴清虚。

——《定风波·幽居》

草色幽然溪上居，白蘋红蓼日相于。

明月吐山移桂棹，依岛，闲抛香饵钓江鱼。

日逐闲鸥为侣伴，桃岸，卷纶归去枕残书。

老妻慢开宜城酒，聚首，满斟低唱乐空虚。

——《定风波·和·幽居》

山果熟，水花香，家家风景有池塘。

木兰舟上珠帘卷,歌声远,椰子酒倾鹦鹉盏。

——《南乡子·兰舟载酒二阕》

新酒熟,芰荷香,扁舟移过碧方塘。
野风吹面浮云卷,渔歌远,醽醁漫斟犀角盏。

——《兰舟载酒·和》

新月上,远烟开,惯随潮水采珠来。
棹穿花过归溪口,沽春酒,小艇缆牵垂岸柳。

——《同上·其二》

芳沼上,绿荷开,漫携嘉客若耶来。
系兰舟在清江口,罄村酒,汉外月轮悬绿柳。

——《同上·和》

楚山青,湘水绿,春风澹荡看不足。
草芊芊,花簇簇,渔艇棹歌相续。
信浮沉,无管束,钓回乘月归湾曲。
酒盈樽,云满屋,不见人间荣辱。

——《渔歌子·渔家东四阕》

柳条青,溪藻绿,扁舟一叶生涯足。
水悠悠,波浪簇,欸乃歌声断续。
身无拘,心不束,兴将羌笛调新曲。
不须田,何用屋,醉舞风前忘辱。

——《同上·和》

荻花秋,潇湘夜,橘州佳景如屏画。
碧烟中,明月下,小艇垂纶初罢。
水为乡,蓬作舍,鱼羹稻饭常餐也。
酒盈杯,书满架,名利不将心挂。

——《同上·其二》

九疑山,三湘水,芦花时节秋风起。
水云间,山月里,棹月穿云游戏。
鼓清琴,倾绿蚁,扁舟自得逍遥志。

任东西,无定止,不议人间醒醉。

——《同上·其四》

驾孤舟,浮鸳水,悠悠渔笛篷窗起。

月光中,波心里,触藻惊鸥嬉戏。

釜烹鱼,杯泛蚁,潇然且乐渔家志。

兴无涯,歌不止,且博生平几醉。

作者:李珣(约855~930年),字德润。其祖先为波斯人,后移家梓州(今四川三台),曾以秀才预宾贡。少有诗名,尤工词。为"花间派"重要词人之一。

佳人舞点金钗溜,

酒恶时拈花蕊嗅。

别殿遥闻箫鼓奏。

——《浣溪沙》

临风谁更飘香屑,

醉拍阑干情未切

——《玉楼春》

作者:李煜(937~978年),字重光,初名从嘉,号钟隐,南唐中主第六子,961年嗣位,史称南唐后主,徐州人。在位十五年,后降宋。他工书,善画,洞晓音

南唐后主李煜像

律,具有多方面文艺才能。他前期之词风格柔靡。后期写的词,反映亡国之痛,情挚意深,富有感染力,在唐末五代诗中具有极高的成就。

昨夜笙歌容易散,酒醒添得愁无限。

——《鹊踏枝》

醉里不辞金爵满,阳关一曲肠千断。

——《蝶恋花》

酒罢歌余兴未阑,小桥流水共盘桓。

——《抛球乐》

谷莺语软花边过,水调声长醉里听。款举金觥劝,谁是当筵最有情?

——《抛球乐》

日日花前常病酒,不辞镜里朱颜瘦。

——《鹊踏枝》

作者:冯延巳(903~960 年),又名延嗣,字正中,广陵(今江苏扬州)人。自幼跟随李璟,官至同平章事。他是南唐词坛中存词最多的一个,在唐五代词人中也是一位大家。

饮散离亭西去,浮生长恨飘蓬。……
酒醒人静奈愁浓! 残灯孤枕梦,轻浪五更风。

——《临江仙》

作者:徐昌图(生卒年不详),莆田人。初仕闽、南唐,入宋后任国子监博士,官至殿中丞。

月照玉楼花似锦,楼上醉和春色寝。绿杨风送小莺声,残梦不成离玉枕。
堪爱晚来韶景甚,宝柱秦筝方再品。春蛾红脸笑来迎,又向海棠花下饮。

——《玉楼春·南楼漫酌》

日映碧桃如片锦,花色满楼人欲寝。隔墙时递巧禽声,惊醒逸人清梦枕。
花萼柳丝娇媚甚,古调新诗宜细品。楼前飞燕莛帘迎,笑坐玉楼窗畔饮。

——《和·同上》

晓来中酒和春睡,四肢无力云鬟坠。斜卧脸波春,玉郎休恼人。
日高犹未起,为恋鸳鸯被。鹦鹉语金笼,道儿还是慵。

——《菩萨蛮·美人夜醉》

月中欢饮人忘睡,晓来行履身将坠。无限好芳春,鸟啼醒醉人。

象床眠懒起,且伴鲛绡被。朱户碧烟笼,逸情方已慵。

——《和·同上》

作者:欧阳炯(896~971年),益州华阳(今属四川)人。先事前蜀后主王衍,为中书舍人。又仕后蜀,拜翰林学士,任门下侍郎、平章事。后从后蜀主孟昶降宋,官至散骑常侍。工诗词。

翠凝仙艳非凡有,窈窕年华方十九。鬓如云,腰似柳。妙对绮筵歌绿酒。醉瑶台,携玉手,共燕此宵相偶。魂断晚窗分首,泪沾金缕袖。

——《应天长》

春病与春愁,何事年年有?半为枕前人,半为花间酒。醉金樽,携玉手。共作鸳鸯偶。倒载卧云屏,雪面腰如柳。

——《生查子·春宴》

无虑亦无愁,清醑床头有。醉后哂醒人,醉后频呼酒。欲开樽,挥素手。此乐应难偶。半倚翠云屏,笑折风中柳。

——《生查子·和·春宴》

志在烟霞慕隐沦,功成归看五湖春。一叶身中吟复醉。云水,此时方识自由身。花鸟为邻鸥作侣。深处,经年不见市朝人。已得希夷微妙旨。潜喜,荷衣蕙带绝纤尘。

——《定风波·扁舟泛湖》

不慕功名迹且沦,扁舟时泛曲将春。兴至开樽成一醉。烟水,漫随鸥鸟乐闲身。萍藻相亲渔似侣。潜处,缘钩静钓远时人。自悟鸥夷玄奥旨,心喜,青蓑绿笠却风尘。

——《和·同上》

为惜美人娇,长有如花笑。半醉依红妆,鞡语传青鸟。眷方深,怜恰好,唯恐相逢少。似这,一般情肯信春光老。

——《生查子·春宴》

喜柳绿花娇,如共人嬉笑。爱杀海棠桩,忽听啼山鸟。酒杯深,怀更好,母虑樽中少。且乐此高情,莫待人生老。

——《和·同上》

作者:孙光宪(？~968年),字孟文,自号葆光子,贵平(今四川仁寿附近)人。家世业农,独好学。聚书数千卷,校勘抄写,老而不辍。后唐时为陵州判官。后唐明宗天成初,避难江陵。其时高从诲据荆南,称南平王。在南平历任检校秘书监兼御史大夫等职。后归宋,在宋任黄州刺史。

宋词

明月楼高休独倚,酒入愁肠,化作相思泪。

——《苏幕遮》

浊酒一杯家万里,燕然未勒归无计。

——《渔家傲》

愁肠已断无由醉,酒未到,先成泪。

——《御街行》

作者:范仲淹(见美酒与名人)。

满斟绿醑留君住,莫匆匆归去。三分春色二分愁,更一分风雨。

——《贺圣朝·留别》

作者:叶清臣(1031年前后),字道卿,湖州乌程(今浙江吴兴)人,天圣初进士,历官翰林学士。卒赠左谏议大夫。

相见争如不见,有情还是无情。笙歌散后酒微醒,深院月明人静。

——《西江月·佳人》

作者:司马光(1019~1086年),字君实,陕州夏县(今山西文喜)涑水乡人,世称涑水先生。宋仁宗宝元元年(1038年)进士。历知谏院、翰林学士。以反对王安石新法,出知永兴(今陕西西安),后退居洛阳,主编《资治通鉴》。元丰八年(1085年)被召入主国政。任尚书左仆射,兼门下侍郎,尽废新法,复旧制。卒赠太师,温国公,谥文正。

多情自古伤别离? 更哪堪,冷落清秋节。今宵酒醒何处? 杨柳岸,晓风残月。

——《雨霖铃》

司马文正

光居洛十五年天下以為真宰相田夫野老皆號為司馬相公婦人孺子点知其為司馬君實也蘇軾自登州還緣道人相聚歡呼曰莫非司馬相公耶丞去朝廷厚自愛以活我先自听至百姓遮道聚觀馬至不得行点嘗自言吾無一通人寒但平生未嘗有一事不可對人言者

司马光像

也拟疏狂图一醉，对酒当歌，强饮还无味。

——《凤栖梧》

帝里风光好，当年少日，暮宴朝欢；况有狂朋怪侣，遇当歌，对酒竞留连。

——《戚氏》

望中酒旆闪闪，一簇烟村，数行霜树，残日下，渔人鸣榔归去。

——《夜半乐》

千骑拥高牙，乘醉听萧鼓，吟赏烟霞。

——《望海潮》

难忘：文期酒会，几孤风月，屡变星霜。

——《玉蝴蝶》

欢情。对佳丽地，信金罍罄竭玉山倾。拚却明朝永日，画堂一枕春醒。

——《木兰花慢》

作者：柳永(984~1053 年)，字耆卿，初名三变，福建崇安人，是大量作慢词的第一个词人,在词的发展上有重大贡献。景祐元年(1034年)约50岁中进士,官至屯田员外郎,世称柳屯田。

水调歌声持酒听,午醉醒来愁未醒。送春春去几时回?
临晚镜,伤流景,往事后期空记省。
沙上并禽池上暝,云破月来花弄影。重重帘幕密遮灯,
风不定,人初静,明日落红应满径。

——《天仙子》

乍暖还轻冷,风雨晚来方定。庭轩寂寞近清明,残花中酒,又是去年病。楼头画角风吹醒,入夜重门静。那堪更被明月,隔墙送过秋千影。

——《青门引》

作者:张先(990~1078年),字子野,乌程(今浙江湖州)人。仁宗天圣八年(1030年)进士。曾知吴江县。官至都官郎中。晚年游憩乡里而卒。为人疏放不羁,与晏殊等人交游,能诗,尤工乐府。因善用"影"字,世称张三影。

一曲新词酒一杯,去年天气旧亭台。夕阳西下几时回?
无可奈何花落去,似曾相识燕归来。小园香径独徘徊。

——《浣溪沙》

小阁重帘有燕过,晚花红片落庭莎。曲栏杆影入凉波。
一霎好风生翠幕,几回疏雨滴园荷。酒醒人散得愁多?

——《浣溪沙》

一向年光有限身,等闲离别易销魂。酒筵歌席莫辞频。
满目山河空念远,落花风雨更伤春,不如怜取眼前人。

——《浣溪沙》

金风细细,叶叶梧桐坠。绿酒初尝人易醉,一枕小窗浓睡。
紫薇朱槿花残,斜阳却照栏干。双燕欲归时节,银屏昨夜微寒。

——《清平乐》

时光只解催人老,不信多情。长亭离恨。泪滴春衫酒易醒。
梧桐昨夜西风急,淡月胧明。好梦频惊。何处高楼雁一声。

——《采桑子》

燕鸿过后莺归去。细算浮生千万绪。长于春梦几多时?散似秋云无觅处。

闻琴解佩神仙侣,挽断罗衣留不住。劝君莫做独醒人,烂醉花间应有数。

——《木兰花》

小径红稀,芳郊绿遍,高台树色阴阴见。春风不解禁杨花,濛濛乱扑行人面。翠叶藏莺,朱帘隔燕,炉香静逐游丝转。一场愁梦酒醒时,斜阳却照深深院。

——《踏莎行》

乐秋天,晚荷花上露珠圆。风日好,数行新雁贴寒烟。银簧调翠管,琼柱拨清弦。捧觥觫。一声声齐唱太平年。

人生百岁,离别易,会逢难。无事日,腾呼宾友启芳筵。星霜催绿鬓,风露损朱颜。惜清欢,又何妨沉醉玉樽前。

——《饮兴·拂霓裳》

睹遥天,一乾明月皓团圆。蝉韵促,草间萤焰破苍烟。山童歌白苎,犹胜抚冰弦。举银舡,兴悠悠,同赏乐尧年。良朋谦集,挤沉醉,又何难。烧银烛,满堂灿烂映华筵。金樽频劝饮,俄顷已酡颜。此宵欢,勿瞻星斗,朗照窗前。

——《和·饮兴·拂霓裳》

作者:晏殊(991~1055年),字同叔,抚州临川(今江西抚州)人。少以神童召试,赐同进士出身。出仕真宗、仁宗两朝,官至同平章事兼枢密使。后出知永兴军,徙河南,以疾回京师。卒,赠司空兼侍中,谥元献,世称晏元献。他是北宋词坛上重要词人。

把酒祝东风,且共从容。垂杨紫陌洛城东。总是当时携手处,游遍芳丛。聚散苦匆匆,此恨无穷。今年花胜去年红。可惜明年花更好,知与谁同?

——《浪淘沙》

画船载酒西湖好,急管繁弦。玉盏催传。稳泛平波任醉眠。行云却在行舟下,空水澄鲜。俯仰留连。疑是湖中别有天。

——《采桑子》

白发戴花君莫笑,六么催拍盏频传。人生何处似樽前?

——《浣溪沙》

当路游丝萦醉客,隔花啼鸟唤行人。

——《浣溪沙》

西南月上浮云散,轩槛凉生,莲芰香清,水面风来酒面醒。

——《采桑子》

把酒花前欲问他,对花何惜醉颜酡。春到几人能烂喷,何况,无情风雨等闲多。

——《定风波》

把酒花前欲问伊,忍嫌金盏负春时。红艳不能旬日看,宜算,须知开谢只相随。

——《同上》

把酒花前欲问公,对花何事诉金钟。为甚去年春甚处,虚度,莺声缭乱一场空。今岁春来须爱惜,难得,须知花面不长红。待得酒醒君不见,千片,不随流水即随风。

——《同上》

把酒花前欲问君,世间何计可留春。纵使青春留得住,虚语,无情花对有情人。任是好花须落去,自古,红颜能得几时新。暗想浮生何事好,唯有,清歌一曲倒金尊。

——《同上》

对酒追欢莫负春,春光归去可饶人。昨日红芳今绿树,已暮,残花飞絮两纷纷。粉面丽妹歌窈窕,清妙,尊前信任醉醺醺。不是狂心贪燕乐,自觉,年来白发满头新。

——《同上》

对对鸳鸯近酒船,飞飞柳絮飐晴天,遥看墙内戏鞦韆。
呼卢抚掌风前笑,殷勤对客玉杯传,问谁何胜醉花前。

——《和·咏酒·浣溪沙》

作者:欧阳修(见酒与诗)。

为君持酒劝斜阳,为向花间留晚照。

——《玉楼春》

作者:宋祁(998~1061年),字子京,安州安陆(今属湖北)人。宋仁宗天圣二年(1024年)举进士,曾官翰林学士,史馆修撰,与欧阳修等人同修《新唐书》。谥景文,后人称宋景文公。

征帆去棹残阳里,背西风、酒旗斜矗。

——《桂枝香》

作者:王安石(见酒与诗)。

不用移舟酌酒,自有青山绿水,掩映似潇湘。

——《水调歌头·和苏子美》

苏轼《水调歌头》词意图

作者:尹洙(1001~1047年),字师鲁,河南洛阳人,官至起居舍人。博学多识,渴望富国强兵。但累遭贬斥,终至死于贬所。

尽日沉香烟一缕,宿酒醒迟,恼破春情绪。

——《蝶恋花》

醉别西楼醒不记。春梦秋云，聚散真容易。

……衣上酒痕诗里字，点点行行，总是凄凉意。

——《蝶恋花》

彩袖殷勤捧玉钟，当年拼却醉颜红。舞低杨柳楼心月，舞罢桃花扇底风。
从别后，忆相逢，几回魂梦与君同。今宵剩把银釭照，犹恐相逢是梦中。

——《咏酒鹧鸪天》

吴姬嫋娜把金钟，醽醁光浮琥珀红。玉貌清辉如宝月，石榴裙底动轻风。
春归后，恨难逢，相思应许尔相同。朝来试拂菱花照，不比当年花柳中。

——《和·咏酒》

小令尊前见玉箫，银灯一曲太妖娆。歌中醉倒谁能恨，唱罢归来酒未消。
春悄悄，夜迢迢，碧云天共楚宫遥。梦魂惯得无拘检，又踏杨花过谢桥。

——《鹧鸪天》

留人不住，醉解兰舟去。一棹碧涛春水路，过尽晓莺啼处。渡头杨柳青青，
枝枝叶叶离情。此后锦书休寄，画楼云雨无凭。

——《清平乐》

天边金掌露成霜，云随雁字长。绿杯红袖趁重阳，人情似故乡。
兰佩紫，菊簪黄，殷勤理旧狂。欲将沉醉换悲凉，清歌莫断肠。

——《阮郎归》

旧香残粉似当初，人情恨不如。一春犹有数行书，秋来书更疏。
衾凤冷，枕鸳孤，愁肠待酒舒。梦魂纵有也成虚，那堪和梦无！

——《阮郎归》

梦后楼台高琐，酒醒帘幕低垂，去年春恨却来时。落花人独立，微雨燕双
飞。

记得小颦初见，两重心字罗衣，琵琶弦上说相思。当时明月在，曾照彩云
归。

——《临江仙》

作者：晏幾道(生卒不详)，字叔原，号小山，抚州临川(今江西抚州)人。晏
殊幼子。曾任颍昌府许田镇监，开封府判官等。一生仕途失意，晚年家道中落。
能文善词，与其父齐名，时称"二晏"。

木叶下君山，空水漫漫。十分斟酒敛芳颜。不是渭城西去客，休唱《阳关》。醉袖扶危栏，天淡云闲。何人此路得生还？回首夕阳红尽处，应是长安。

——《卖花声·题岳阳楼》

作者：张舜民(？~1100年)，字芸叟，自号浮休居士，又号矴斋，邠州(今陕西彬县)人。英宗治平二年(1065年)进士。哲宗元祐元年(1086年)授秘阁校理，次年任监察御史。后以龙图阁待制知同州。被指为元祐党人，贬商州，后复集贤修撰。能文辞，嗜画，尤工诗。

烛影摇红向夜阑，乍酒醒，心情懒。尊前谁为唱《阳关》，离恨天涯远。

——《忆故人》

作者：王诜，字晋卿，太原人。熙宁二年娶英宗女蜀国大长公主，拜左卫将军，驸马都尉，为利州防御史。后因受苏轼牵连贬官，落驸马都尉。工书画，词亦清丽幽远。

归去来兮，吾归何处？万里家在岷峨。百年强半，来日苦无多。坐见黄州再闰，儿童尽，楚语吴歌。山中友，鸡豚社酒，相邀老东坡。

——《满庭芳》

明月几时有？把酒问青天。不知天上宫阙，今夕是何年。我欲乘风归去，又恐琼楼玉宇，高处不胜寒。起舞弄清影，何似在人间！

——《水调歌头》

故国神游，多情应笑我，早生华发。人间如梦，一樽还酹江月。

——《念奴娇》

照野弥弥浅浪，横空隐隐层霄。障泥未解玉骢骄。我欲醉眠芳草。可惜一溪明月，莫教踏破琼瑶。解鞍欹枕绿杨桥。杜宇一声春晓。

——《西江月》

尊酒何人怀李白，草堂遥指江东。珠帘十里卷春风。花开花又谢，离恨几千重。轻舸渡江连夜到，一时惊笑衰容。语音犹自带吴侬。夜阑相对处，依旧楚魂中。

——《临江仙》

……惆怅孤帆连夜发，送行淡月微云。尊前不用翠眉颦。人生如逆旅，我亦是行人。

——《临江仙》

夜饮东坡醒复醉,归来仿佛三更。家童鼻已雷鸣。敲门都不应,倚杖听江声。长恨此身非我有,何时忘却营营! 夜阑风静縠纹平。小舟从此逝,江海寄余生。

——《临江仙》

……料峭春风吹酒醒,微冷,山头斜照却相迎。回首向来萧瑟处,归去,也无风雨也无晴。

——《定风波》

春未老,风细柳斜斜。试上超然台上望:半壕春水一城花,烟雨暗千家。寒食后,酒醒却咨嗟。休对故人思故国,且将新火试新茶,诗酒趁年华。

——《望江南·超然台作》

……酒酣胸胆尚开张。鬓微霜。又何妨! 持节云中,何日遣冯唐? 会挽雕弓如满月,西北望,射天狼。

——《江城子·密州出猎》

湖山信是东南美,一望弥千里。使君能得几回来? 便使樽前醉倒更徘徊。沙河塘里灯初上,水调谁家唱? 夜阑风静夜归时,惟有一江明月碧琉璃。

——《虞美人·有美堂赠述古》

……翠袖倚风萦柳絮,绛唇得酒烂樱珠。樽前呵手镊霜须。

——《浣溪沙》

簌簌衣巾落枣花。村南村北响缫车。牛衣古柳卖黄瓜。酒困路长惟欲睡,日高人渴漫思茶,敲门试问野人家。

——《浣溪沙》

墨云拖雨过西楼,水东流,晓烟收,柳外残阳,回照动帘钩。今夜巫山真个好,花未落,酒新篘。美人微笑转星眸,月华羞。捧金瓯。歌扇萦风。吹散一春愁。试问江南诸伴侣,谁似我,醉扬州。

——《江城子》

……我醉拍手狂歌,举杯邀月,对影成三客。起舞徘徊风露下,今夕不知何夕? 便欲乘风,翻然归去,何用骑鹏翼。水晶宫里,一声吹断横笛。

——《念奴娇·中秋》

琅然,清圆,谁弹,响空山。无言,惟翁醉中知其天。月明风露娟娟,人未眠。荷蒉过山前,曰有心也哉此贤。醉翁啸咏,声和流泉。醉翁去后,空有朝吟夜怨。山有时而童巅,水有时而回川。思翁无岁年,翁今为飞仙。此意在人间,试听徽外三两弦。

——《醉翁操》

醉醒醒醉,凭君会滋味。浓斟琥珀香浮蚁。一到愁肠,别有阳春意。须将幕席为天地。歌前起舞花前睡,从他落魄陶陶里。犹胜醒醒,惹得闲憔悴。

——《咏醉·醉落魄》

旦日一醉,何人晓真味。新筈满泛杯生蚁,一罄三杯,顿觉宽愁意。浑忘来去眠花地,鼾鼾一枕风中睡。梦回浑似高阳里,终日陶陶,免却身成悴。

——《和·咏醉》

作者:苏轼(见酒与诗)。

画船捶鼓催君去,高楼把酒留君住。去住若为情?江头潮欲平。江潮容易得,却是人南北。今日此樽空,知君何日同?

——《菩萨蛮》

尊前休话人生事,人生只合尊前醉。金盏大为船,江城风雪天。绮窗灯自语,一夜芭蕉雨。玉漏为谁长,枕衾残酒香。

——《菩萨蛮》

作者:舒亶(1041~1103年),字信道,号懒堂,明州慈溪(今浙江宁波)人。英宗治平二年(1065年)进十。神宗元丰五年任知制诰。六年,试御史中丞、权直学士院。不久,被罢免。徽宗朝,拜龙图阁待制。

断送一生惟有,破除万事无过。远山微影蘸横波,不饮旁人笑我。花病等闲瘦弱,春愁没处遮拦。杯行到手莫留残,不道月斜人散。

——《西江月·劝酒》

陶陶兀兀,尊前是我华胥国。争名争利休休莫。雪月风花,不醉怎生得。

......

——《醉落魄》

陶陶兀兀,人生无累何由得。杯中三万六千日,闷损旁观,自我解落魄。

......

——《同上》

陶陶兀兀,人生梦里槐安国。教公休醉公但莫,戏倒垂莲,一笑是赢得。街头酒贱民声乐,寻常别处寻欢适,醉看檐雨森银竹,我欲忧民,渠有二千石。

——《同上》

……坐玉石,倚玉枕,拂金徽。谪仙何处?无人伴我白螺杯。我为灵芝仙草,不为朱唇丹脸,长啸亦何为!醉舞下山去,明月逐人归。

——《水调歌头·游览》

黄菊枝头生晓寒,人生莫放酒杯干。风前横笛斜吹雨,醉里簪花倒著冠。身健在,且加餐,舞裙歌板尽清欢。黄花白发相牵挽,付与时人冷眼看。

——《鹧鸪天》

作者:黄庭坚(见酒与诗)。

小雨纤纤风细细,万家杨柳青烟里,恋树湿花飞不起。愁无比,和风付与西流水。九十光阴能有几?金龟解尽留无计。寄语东城沽酒市,拚一醉,而今乐事他年泪。

——《渔家傲》

作者:朱服(1048~?)字行中,湖州乌程(今浙江吴兴)人。熙宁六年(1073年)进士。累官国子司业、起居舍人,以直龙图阁知润州等地。哲宗朝历宫中书舍人、礼部侍郎。徽宗时,先任集贤殿修撰,后知广州,黜知袁州,再贬蕲州安置,改兴国军卒。

长记小妆才了,一杯未尽,离怀多少。醉里秋波,梦中朝雨,都是醒时烦恼。料有牵情处,忍思量,耳边曾道。

——《青门饮》

作者:时彦(生卒不详),字邦彦,开封(今河南)人。神宗元丰二年进士第一。历官开封尹、兵部员外郎、吏部尚书、河东转运使。

水边沙外,城郭春寒退。花影乱,莺声碎。飘零疏酒盏,离别宽衣带。人不见,碧云暮合空相对。……

——《千秋岁》

……多情,行乐处,珠钿翠盖,玉辔红缨。渐酒空金榼,花困蓬瀛。豆蔻梢头旧恨,十年梦、屈指堪惊。凭阑久,疏烟淡日,寂寞下芜城。

——《满庭芳》

中华酒典

碧桃天上栽和露,不是凡花数。乱山深处水萦回。可惜一枝如画、为谁开。轻寒细雨情何限,不道春难管。为君沉醉又何妨,只怕酒醒时候、断人肠。

——《虞美人》

作者:秦观(见酒与诗)。

砧声送风急,蟋蟀思高秋。我来对景,不学宋玉解悲愁。收拾凄凉兴况,分咐尊中醽醁,倍觉不胜幽。自有多情处,明月挂南楼。怅襟怀,横玉笛,韵悠悠。清时良夜,借我此地倒金瓯。可爱一天风物,遍倚阑干十二,宇宙若萍浮。醉困不知醒,欹枕卧江流。

——《水调歌头·中秋》

作者:米芾(1051~1107年),字元章,号襄阳漫士、海岳外史等。丹徒(今江苏镇江)人。世居太原(今山西)。以母侍宣仁后藩邸恩、补校书郎、太常博士。徽宗时召为书画博士,擢礼部员外郎,知淮阳军。因举止癫狂,人称"米颠"。中国大书画家之一。

米芾像

……尽日沉烟香一缕,宿酒醒迟,恼破春情绪。飞燕又将归信误,小屏风上西江路。

——《蝶恋花》

作者:赵令畤(1051~1134年),字德麟,太祖次子燕王德昭之玄孙。哲宗元祐时签书颍州公事。因接近苏轼,招至新党排斥。后为右朝请大夫,改右监门卫大将军,管州防御使,迁洪州观察使。绍兴初,袭封安定郡王。

……六国扰,三秦扫,初谓商山遗四老。驰单车,致缄书,裂荷焚芰、接武曳长裙。高流端得酒中趣,深入醉乡安稳处。生忘形,死忘名,谁论二豪、初不数刘伶?

——《将进酒》

……酌大斗,更为寿,青鬓常青古无有。笑嫣然,舞翩然,当垆秦女,十五语如弦。遗音能记秋风曲,事去千年犹恨促。揽流光,系扶桑,争奈愁来,一日却为长。

——《行路难》

午醉厌厌醒自晚,鸳鸯春梦初惊。闲花深院听啼莺。斜阳如有意,偏傍小窗明。莫倚雕栏怀往事,吴山楚水纵横。多情人奈物无情。闲愁朝复暮,相应两潮生。

——《鸳鸯梦》

作者:贺铸(1052~1125年),字方回,自号庆湖遗老,卫州共城(今河南辉县)人。孝惠皇后族孙,授右班殿直。元祐中曾任泗州、太平州通判。晚年退居苏州,杜门校书。不附权贵,喜论天下事。

……汀洲渐生杜若。料身依岸曲,人在天角。漫记得,当日音书,把闲语闲言,待总烧却。水驿春回,望寄我、江南梅萼。拼今生、对花对酒,为伊泪落。

——《解连环》

几日轻阴寒恻恻,东风急处花成积。醉踏阳春怀故国。归未得,黄鹂久住如相识。赖有蛾眉能暖客,长歌屡劝金杯恻。歌罢月痕来照席。贪闲适,帘前重露成涓滴。

——《渔家傲·春饮》

雨过芳园花落恻,纷纭落地残红积。座上吴姬色倾国。佳兴得,清歌一曲无人识,慢把金樽酬侠客。情浓潦倒行歌侧。山月流光满绮席,高怀适,楼头玉漏频频滴。

——《和·同上》

凤老莺雏,雨肥梅子,午阴嘉树清圆。地卑山近,衣润费炉烟。人静乌鸢自乐。小桥外,新绿芊芊。凭栏久,黄芦苦竹,拟泛九江船。年年。如社燕,漂流翰海,来寄修椽。且莫思身外,长近樽前。憔悴江南倦客,不堪听、急管繁弦。歌筵畔,先安枕簟,容我醉时眠。

——《满庭芳·初夏饮兴》

杨柳垂阴,古槐浓荫,沼中荷叶初圆。昼长庭静,窗外袅茶烟,开宴漫成一乐。碧波清色彻溅溅。凝眸处,悠悠野调,欸乃起渔船。萧萧新翠竹,芭蕉展绿,深契良缘。漫把金尊倒,挤醉花前。沉湎风流侠客,醉来时懒听鸣弦。花屏畔,神劳思倦,潦倒且安眠。

——《和·同上》

……但徘徊班草,唏嘘醉酒,极望天西。

——《夜飞鹊》

作者:周邦彦(1056~1121年),字美成,号清真居士,钱塘(今浙江杭州)人。少有才学,元丰初入都为太学生,擢为太学正。后遭贬谪。哲宗亲政,召为国子主簿。徽宗朝累官至微猷阁待制,提举大晟府,后出知顺昌府,徙处州。

绿暗藏城市,清香扑酒尊。淡烟疏柳冷黄昏,零落荼蘼花片损春痕。润入笙箫腻,春余笑语温。更深不锁醉乡门,先遣歌声留住欲归云。

——《南歌子》

……谁见江南憔悴客,端忧懒步芳尘。小屏风畔冷香凝。酒浓春入梦,窗破月寻人。

——《临江仙·都城元夕》

多病酒樽疏,饮少辄醉。年少衔杯可追记。无多酌我,醉倒阿谁扶起。满怀明月冷,炉烟细。云汉虽高,风波无际,何似归来醉乡里。玻璃江山,满载春光花气。葡萄仙浪,软迷红翠。

——《感皇恩·饮兴》

追兴俗情疏,且寻一醉。心上闲愁不须记,高歌痛饮。任酕醄扶不起。一腔春思,柳枝腰细。……

——《和·同上》

年迈与时疏,终朝博醉。昔年胜事俱忘记。人毋笑我,醉花前呼不起。满怀幽思,凉飚细细。……

——《又和·同上》

作者:毛滂(1055?~1120?年),字泽民。衢州江山(今属浙江)人。哲宗元祐间为杭州法曹,官至侍部员外郎,知秀州,一生仕途失意。其词受苏轼、柳永影响,别树清圆明润一格。

……应未许,嫁春风。天教雪月伴玲珑。池塘疏影伤幽独,何似横斜酒杯中。

——《鹧鸪天》

作者:郑少微(生卒不详),字明举,成都(今属四川)人。元祐三年(1088年)进士。以文知名。政和中,曾知德阳。晚号木雁居士。

新月娟娟,夜寒江静山衔斗。起来搔首,梅影横窗瘦。好个霜天,闲却传杯子。君知否?乱鸦啼后,归兴浓于酒。

——《点绛唇》

作者:苏过(1072~1123年),字叔党,眉州眉山(今属四川)人。苏轼幼子,时称"小坡"。官至中山府通判。苏轼屡遭贬谪,过始终随侍左右。自号斜川居士。能文辞,善书画。

一鞭清晓喜还家,宿醉困流霞。夜来小雨新霁,双燕舞风斜。……

——《诉衷情》

作者:万俟咏(生卒不详),字雅言,里居不详。以诗著名。纵情歌酒,自号大梁词隐。每制一腔哄传京中。后为大晟乐府制撰。高宗绍兴五年(1120年)补下州文学。

梦怕愁时断,春从醉里回。……

——《南柯子》

作者:田为(生卒不详)字不伐,里居不详。徽宗崇宁间为大晟乐府制撰。宣和元年为晟府乐令。擅长琵琶,精通音律。

天上人间酒最尊,非甘非苦味通神。一杯能变愁山色,三盏全迥冷谷春。

欢后笑,怒时瞋,醒来不记有何因。古时有个陶元亮,解道君当恕醉人。

——《鹧鸪天》

有个仙人捧玉卮,满斟坚劝不须辞。瑞龙透顶香难比,甘露浇心味更奇。
开道域,洗尘机,融融天乐醉瑶池。霓裳拽住君休去,待我醒时更一瓶。

——《同上》

……诗万首,酒千觞。几曾着眼看侯王。玉楼金阙慵归去,且插梅花醉洛阳。

——《鹧鸪天》

作者:朱敦儒(1081~1159年),字希真,号岩壑老人,河南(今河南洛阳)
人。早有声名,但不愿为官。后应召入朝,赐进士出身,为秘书省正字,擢兵部
郎中,迁两浙东路提点刑狱。秦桧为相时,任鸿胪少卿,桧死,遭罢免。

老饕嗜酒若鸱夷。拣珠玑,自蒸炊。笃尽云腴,浮蚁在瑶卮。有客相过同
一醉,无客至,独中之。麹生风味有谁知。豁心脾,展愁眉,玉颊红潮,还似少年
时。醉倒不知天地大,浑忘却,是和非。

——《江城子·新酒初熟》

新酒熟,云液满香笃。溜溜清声归小瓮,温温玉色照氍毹,饮兴洁难收。嘉
客至,一酌散千忧。愿我老方齐物论,与君同作醉乡游,万事总休休。

——《望江南》

作者:李纲(1083~1140年),字伯纪,邵武(今属福建)人。政和二年(1112
年)进士。历官太常少卿、兵部侍郎,尚书右丞。靖康九年曾固守汴京(今河南
开封),击退金人的侵略。主张抗金,后受投降派迫害,不得志而死。宋代著名
爱国民族英雄。

……造化可能偏有意,故教明月玲珑地。共赏金尊沈绿蚁,莫辞醉,此花不
与群花比。

——《渔家傲》

常记溪亭日暮。沈醉不知归路。兴尽晚回舟,误入藕花深处。争渡。争
渡。惊起一滩鸥鹭。

——《如梦令》

昨夜雨疏风骤,浓睡不消残酒。试问卷帘人,却道海棠依旧。知否?知否?
应是绿肥红瘦。

——《如梦令》

风柔日薄春犹早。夹衫乍著心情好。睡起觉微寒,梅花鬓上残。故乡何处是?忘了除非醉,沉水卧时烧,香消酒未消。

——《菩萨蛮》

莫许杯深琥珀浓,未成沉醉意先融,疏钟已应晚来风。瑞脑香销魂梦断,辟寒金小髻鬟松,醒时空对烛花红。

——《浣溪沙》

寒日萧萧上锁窗,梧桐应恨夜来霜。酒阑更喜团茶苦,梦断偏宜瑞脑香。秋已尽,日犹长,仲宣怀远更凄凉。不知随分尊前醉,莫负东篱菊蕊黄。

——《鹧鸪天》

薄雾浓云消永昼,瑞脑消金兽。佳节又重阳,玉枕纱厨,半夜凉初透。东篱

李纲像

把酒黄昏后,有暗香盈袖。莫道不消魂,帘卷西风,人比黄花瘦"。

——《醉花阴》

夜来沉醉卸妆迟,梅萼插残枝。酒醒熏破春梦,梦远不成归。……

——《诉衷情》

永夜恹恹欢意少,空梦长安,认取长安道。为报今年春色好,花光月影宜相照。随意杯盘虽草草,酒美梅酸,恰称人怀抱。醉莫插花花莫笑,可怜春似人将老。

——《蝶恋花》

……乍暖还寒时候,最难将息。三杯两盏淡酒,怎敌他、晚来风急!雁过也,正伤心,却是旧时相识。……

——《声声慢》

作者:李清照(1084~1055年后),号易安居士,齐州章丘(今属山东)人。著名学者李格非之女。丈夫赵明诚历任地方官职,对金石学很有研究。南渡后不久,丈夫死去,颠沛流离,境遇孤苦。她是南宋有名的女作家,诗词散文都有成就。

……须信道、消忧除是酒,奈酒行、有尽情无权。便挽取、长江入尊罍,浇胸臆。

——《满江红》

作者:赵鼎(1085~1147年),字元镇,号得全居士,解州闻喜(今属山西)人。崇宁五年(1106年)进士。绍兴初,累官签书枢密院事,拜尚书右仆射,同中书门下平章事。以争与金和议事,忤秦桧,知桧欲加害,绝食死。

笺玉液,酿花光,来趁北窗凉。为君小摘蜀葵黄,一似嗅枝香。饮中儒,山中相,也道十分宫样。一般时候最宜尝,竹院月侵床。

——《鹤冲天》

作者:李弥逊(1089~1053年),字似之,号筠溪翁,连江(今属福建)人。大观三年进士。曾任校书郎、户部侍郎等职。主张抗金,为秦桧所排斥。晚年归隐连江西山。

篆缕消金鼎,醉沉沉、庭阴转午,画堂人静。芳草王孙知何处?惟有杨花糁径。渐玉枕、腾腾春醒,帘外残红春已透,镇无聊,殢酒厌厌病。云髻乱,未恢整。……

——《贺新郎·春情》

作者:李玉(生卒不详)。

……东风妒花恶,吹落,梢头嫩萼。屏山掩、沉水倦熏,中酒心情怕杯勺。……

——《兰陵王·春恨》

……夜帆风驶,满湖烟水苍茫,菰蒲零乱秋声咽。梦断酒醒时,倚危樯清绝。……

——《石州慢》

白衣苍狗变浮云,千古功名一聚尘。好是悲秋将进酒,不妨同赋惜余春。……雨后飞花知底数,醉来赢取自由身。

——《瑞鹧鸪》

作者;张元幹(1091~1170年),字仲宗,号芦川居士、真隐山人,长乐(今属福建)人。官至将作监丞。因不愿与奸臣秦桧同朝,致仕南归。后因作词赠送主战派胡铨,触犯秦桧,被削去官职。其词以清新婉丽著称于世。

……记年时、偷掷春心,花间隔雾遥相见。便角枕题诗,宝钗贳酒,共醉青苔深院。……

——《薄律》

作者:吕渭老(生卒不详),一作滨老,字圣求,秀州嘉兴(今属浙江)人。宣和、靖康年间在朝做过小官。其词,后期作品以写忧国词作出名,豪放悲壮,诚挚感人。

百年强半,高秋犹在天南畔。幽怀已被黄花乱。更恨银蟾。故向愁人满。招呼诗酒颠狂伴。羽觞到手判无算。浩歌箕踞巾聊岸。酒欲醒时,兴在卢同碗。

——《醉落魄》

作者:胡铨(1102~1180年),字邦衡,号澹庵,吉州庐陵(今江西吉安)人。高宗建炎二年(1128年)进士,授抚州事军判官,绍兴七年任枢密院编修官。因坚持抗金,遭秦桧迫害,谪吉阳军。孝宗时起为工部员外郎、端明殿学士。

趁酴醿香暖,持杯且醉瑶台露……

——《薄倖》

作者:韩元吉(1118~1187年),字无咎,号南涧,许昌人。宋孝宗初年官至吏部尚书。力主抗金,与张孝祥、范成大、陆游、辛弃疾等常以词相唱和。

梦回酒醒春愁怯。宝鸭烟销香未歇。薄衾无奈五更寒,杜鹃叫落西楼月。

——《阿那曲》

作者:朱淑真(生卒不详),自号幽栖居士,钱塘(今浙江杭州)人。出身仕宦之家,一生落落寡合,抑郁而终。能画,通音律。工诗词。

人间何处难忘酒,迟迟暖日群花秀。红紫斗芳菲,满园张锦机。春光能几许,多少闻风雨。一盏此时疏,非痴即是愚。

——《菩萨蛮·咏酒》

人间何处难忘酒,中秋皓月明如昼。银汉洗晴空,清辉万古同。凉风生玉宇,只怕云来去。一琖此时迟,阴晴未可知。

——《同上》

人间何处难忘酒,六花投隙琼瑶透。火满地炉红,萧萧屋角风。飘飘飞絮乱,浩荡银涛卷。一琖此时干,清吟可那寒。

——《同上》

人间何处难忘酒,闭门永日无交友。何以乐天真,云山发兴新。听风松下坐,趁蝶花边过,一琖此时空,幽怀谁与同。

——《同上》

人间何处难忘酒,山村野店清明后。满路野花红,一帘杨柳风。田家春最好,箫鼓村村闹。一琖此时辞,将何乐圣时。

——《同上》

人间何处难忘酒,兴来独步登岩岫。倚杖看云生,时闻流水声。山花明照眼,更有提壶劝,一琖此时斟,都忘名利心。

——《同上》

人间何处难忘酒,水边石上逢山友。相约老山林,幽居不怕深。浮名心已尽,倾倒都无隐。一琖此时无,交情何以舒。

——《同上》

作者:张抡(生卒不详),字才甫,自号莲社居士,河南开封人。淳熙五年(1178年)为宁武军承宣使。后知阁门事,兼客省四方馆事。其词风格清丽秀雅。

月破轻云天淡注,夜悄花无语。莫听《阳关》牵离绪,挤酪酊,花深处。
……

——《四犯令》

作者:侯置(生卒不详),字彦周,东武(今山东诸城)人。南渡居长沙,绍兴中以直学士知建康。卒于孝宗时。其词风格清婉娴雅。

红酥手,黄滕酒,满城春色宫墙柳。东风恶,欢情薄。一杯愁绪,几年离索。错!错!错!春如旧,人空瘦,泪痕红浥鲛绡透。桃花落,闲池阁。山盟虽在,锦书难托。莫!莫!莫!

——《钗头凤》

秋到边城角声哀,烽火照高台。悲歌击筑,凭高醉酒,此兴悠哉。……

——《秋波媚》

作者:陆游(见酒与诗)。

……春婉娩,客飘零,残花浅酒片时清。一杯且买明朝事,送了斜阳月又生。

——《鹧鸪天》

作者:范成大(见酒与诗)。

……万里中原烽火北,一尊浊酒戍楼东,酒阑挥泪向悲风。

——《浣溪沙》

作者:张孝祥(1132~1170年),字安国,号于湖居士,历阳乌江(今属安徽和县)人。绍兴二十四年(1154年)进士第一。曾任中书舍人、显漠阁直学士,又任建康留守,因赞助张浚北伐被免职。

万事一杯酒,长叹复长歌。杜陵有客刚赋,云外筑婆娑。须信功名儿辈,谁识年来心事,古井不生波。种种看余发,积雪就中多。……

——《水调歌头》

昨夜山翁倒载归,儿童应笑醉如泥。试与扶头浑未醒。休问,梦魂犹在葛家溪。欲觅醉乡今古路,知处,温柔东畔白云西。起向绿窗高处看,题偏,刘伶元自有贤妻。

——《定风波》

一个去学仙,一个去学佛。仙饮千杯醉似泥,皮骨如金石。不饮便康疆。

903

佛寿须千百。八十余年入涅槃。且进杯中物。

——《卜算子·饮酒成病》

一饮动连宵,一醉长三日。废尽寒温不写书,富贵何由得。请看塚中人,塚似当时笔,万札千言只凭休。且进杯中物。

——《同上·饮酒不写书》

醉里且贪欢笑,要愁那得工夫。近来始觉古人书,信著全无是处。昨夜松边醉倒,问松我醉何如? 只疑松动要来扶,以手推松曰去!

——《西江月·遣兴》

作者:辛弃疾(见美酒与名人)。

……把酒对斜日,无语问西风。……天在阑干角,人倚醉醒中。

——《水调歌头》

作者:杨炎正(1145~? 年),字济翁,庐陵(今江西吉安)人。庆元二年登进士第。嘉定三年任大理司直,后又知滕州、琼州。词作风致清爽。

一春长费买花钱,日日醉湖边。玉骢惯识西湖路,骄嘶过、沽酒楼前。红杏香中歌舞,绿杨影里秋千。暖风十里丽人天,花压鬓云偏。画船载春归去,余情付、湖水湖烟。明日重扶残醉,来寻陌上花钿。

——《风入松》

作者:俞国宝? 临川(今属江西)人。南宋淳熙年间的太学生。

芙蓉心上三更露,茸香漱泉玉井。自洗银州,徐开素酌,月落空杯无影。庭阴未暝,度一曲新蝉,韵秋堪听。瘦骨侵冰,怕惊纹簟夜深冷。当时湖上载酒,翠云开处,共雪面波境,万感琼浆,千茎鬓雪,烟锁蓝桥花径。留连暮景,但偷觅孤欢,强宽秋兴。醉倚修篁,晚风吹半醒。

——《齐天乐·白酒自酌有感》

作者:吴文英(1212~1274年?),字君特,号梦窗,四明(今浙江宁波)人。布衣词人,所与交游则颇多权贵。曾为浙东安抚使吴潜幕僚。

……酒酣耳热说文章,惊倒邻墙,推倒胡床。旁观拍手笑疏狂,疏又何妨,狂又何妨。

——《一剪梅》

作者:刘克庄(见酒之诗)。

惜时长怕君先去,直待醉时休。……

——《眼儿媚》

落日解鞍芳草岸。花无人戴,酒无人劝,醉也无人管。

——《青玉案》

作者:无名氏。

金元词

把酒祝东风,吹取人归去。……

——《迎春乐·立春》

作者:宇文虚中(见酒之诗)。

……醉魂应逐凌波梦,分付西风此夜凉。

——《鹧鸪天·赏荷》

作者:吴激(见酒与诗)。

痛饮休辞今夕永。与君洗尽,满襟烦暑,剧作高寒境,

——《青玉案·饮兴》

作者:党怀英(1134~1211年),字世杰,冯翊(今陕西大荔)人。金世宗大定十年(1170年)擢进士甲科,官翰林学士承旨。

……剩着黄金换酒,羯鼓醉凉州。

——《望海潮·从军舟中作》

作者:折元礼,字安上,世为麟抚经略使。明昌(完颜景年号)五年(1194年)两科擢第。学问渊博,为文有法度。官至廷安治中。死于葭州之难。

只近浮名不近情,且看不饮更何成。三杯渐觉纷华远,一斗都浇块磊平。

醒复醉,醉还醒,灵均憔悴可怜生。《离骚》读杀浑无味,好个诗家阮步兵。

——《鹧鸪天》

作者:元好问(1190~1257年),字裕之,太原秀容(今山西忻县)人。进士出身,官至尚书省左司员外郎。金亡不仕,以整理故国文献自任,就金源历代实录而编纂之。是金代著名诗人。

中华酒典

金代诗人元好问像,图出自清·顾

沅《古圣贤像传略》。

……漏声未残,人半醉,尚追欢。……繁华梦断,醉几度春风双鬓斑。

——《望月·婆罗门引》

作者:段克己(1196~1254年),字复之,号遯离,稷山(今山西稷山)人。金末举进士,入元不仕,与从弟成己避地龙门山中二十余年而卒。

一杯聊为送征鞍。

落叶满长安。……

且放酒肠宽,道蜀道,而今更难。

——《太常引》

作者:杨果(1197~1269年),字正卿,号西庵,祁州蒲阴(今河北安国)人。金正大初登进士第。元初官河南课弹及经略司幕官,中统二年入拜参知政事,后为怀孟路总管。

花月流连醉客,江山憔悴醒人。……

——《木兰花慢》

作者:刘秉忠(1216~1274年),字仲晦,自号藏春散人,刑州(今河北邢台)人。元时,拜太保,参领中书省事。死后封赵国公,常山王。

谁道微官淡无味?锦障泥,路人争笑山翁醉。

——《越调·小桃红》

作者:王恽(1227~1304年),字仲谋,号秋涧,卫州汲县(今河南卫辉)人。元朝时,姚枢宣抚东平,辟为详议官,累官至中奉大夫。

闷酒将来刚刚咽,欲饮先浇奠。频祝愿,普天下心厮爱早团圆。……

——《双调·潘妃曲》

作者:商挺(1209~1288年),字孟卿,号左山老人,曹州济阴(今山东菏泽)人。由金入元后,官至参知政事、枢密副使。

……从今万八千场醉,莫酹刘伶荷锸坟。……

——《鹧鸪天》

作者:姚燧(1238~1313年),字端甫,洛阳人。元时累官至翰林学士承旨、知制诰。

……裴公绿野堂,陶令白莲社。爱秋来那些:和露摘黄花,带霜烹紫蟹,煮酒烧红叶。人生有限杯,几时登高节?嘱咐俺顽童,记者:便北海探吾来,道东篱醉了也。

——《双调·夜行船·秋思》

作者:马致远(1251~1321年以后),号东篱,大都(今北京)人。曾任江浙行省务官,晚年退隐。

……画船儿天边至。酒旗儿风外飐,爱杀江南。

——《双调·水仙子》

作者:张养浩(1270~1329年),字希孟,山东济南人。初为东平学正,累迁至礼部尚书。

……酒醒寒惊梦,笛凄春断肠,淡月昏黄。

——《双调·水仙子》

作者:乔吉(1280~1345年),字梦符,太原人。流寓杭州。词曲多清丽,善写景。

芳草平沙,斜阳远树,无情桃叶江头渡。醉来扶上木兰舟,将愁不去将人去。

——《踏莎行·江上送客》

作者:张翥(1287~1368年),字仲举,晋宁(今属云南)人。元初召为国子助教,累迁翰林学士承旨致仕。以诗知名。

明词

独坐数欢期,花影重重月影低。无计徘徊思好句,支颐,除却春愁没个题!闲倚画楼西,芳草青青失旧堤。犹记当时人去处,依依,红杏花边扬酒旗。

——《南乡子》

作者:徐元端,女,字延香,江都(今江苏江都县)人。夫范姓,名不传。著有《绣余集》。

风屑雨愁,渐柳眠无力。花如中酒,睡怯象牙寒悄,幽梦几回浑不就。燕搊华绂,莺调清管,细谱新词杜鹃嚼。行路方难,归期无据,愁与闷相守。

芳醪点出天公手,解翻寒作暖,挥辰戍酉,枕畔华胥暂拖逗。青眼朦胧,一任长门,送来银漏,未举杯前,乍停杯后,半刻也堪白首。

——《春云怨·饮酒》

檀槽细压,紫溜泛泠,滴碎珠千斛。鹈鹕初赎,谁偕醒,卓女远山黛绿,朱樱小壁。风袅处山香几曲,捧屈厄徐露春芽,一样纤纤玉。

何事锦围翠簇,只枝头一点。买断金谷。灵犀轻嚼,微酣后。记取夜来题目,双鬟趁逐。扶掩向碧纱厨宿,夸醉乡还傍温柔,此际平生足。

——《解语花·题美人捧觞》

春意归风雨,到如今缓红舒翠。一番重起,况更索居无一事。镇日琴书而已,待醉也如何得醉。多谢白衣能远致,把葛巾忙却科头倚。胸磊块,故应洗。

琼膏慢入清尊细,似当年掌分茎露。雪消春水,欲折个荷充泛驾。凭借麹生为驭,直引到华胥路里,遮莫归来问名姓,道清真袁粲频为主。天下事,任公耳。

——《贺新郎·谢袁履善惠酒》

酒债寻常有,闲闲门落花长昼;独吟搔首。可怪袁君相赠后,镇日惟寻绿友，到骄惹传杯之手。从事督邮何足轻，但醉乡别业吾能受。君不见，扫愁帚。

清狂阮籍天应厚，醉醒时漫开青眼。阮咸为寿，犹可焦生风格旧。试问无功知否？待徒倚临风频嗅。曲沼游鱼堪投馔，况隔帘歌鸟来行酒。洗盏罢，醉杨柳。

——《贺新郎·谢汝钦蛭惠酒》

是谁嫌我酒闲过，唆得病来磨。无奈业缘尚在，清尊又倚清歌。高阳旧侣，频频相劝。不饮如何，屈指乾坤佳事，垆头领取偏多。

——《朝中措·病起饮酒》

拨乳屠苏新绿泛，金花巧胜初裁。东风殢雨印泥苔，腊随残漏尽，春逐烧痕来。

昨岁贪杯今岁病，病时依旧贪杯。欲填新令雪儿排，小园梅未吐，先报一枝开。

——《临江仙·元旦醉题》

问先生酒后如何？潦倒模糊。偃蹇婆娑，枕底烟霞，杖头日月，门外风波，俫皇都眼眶看破，望青天信却胡过。好也由他，歹也由他，便做公卿，当甚么麽！

——《折桂令·问先生酒后如何》

作者：王世贞（1526～1590年），字元美，号凤洲，弇州山人。太仓（今江苏）人。嘉靖进士，授刑部主事，迁青州兵备副使。明代著名的文学家、戏曲理论家。

疏雨滴蕉声，独对银灯，俗虑凄清，春愁莫遣思纵横。寻巧句，诗成且未评。

当年豪侠成春梦，霜华上髻心惊，琴调流水散孤情，人生浑逆旅，君醉我还醒。

——《调临江仙·雨夜》

玉堂开宴祝贤臣，列奇珍。蓬莱此日聚群真，捧金尊。漫酌松花酒，齐声拜贺千春。凤孙麟子荷君恩，荷君恩，芳誉播乾坤。

——《望仙门》

玉芝瑶草，桂子兰荪好。华屋畔，祥云绕，筵开龙凤脯，老子同欢笑。如海水汪洋，浩浩应难较。

莫惜芳尊倒，紫诰天边到，跻玉阙，游蓬岛，遐龄祈八百，驻世人常老。还应

909

是善缘佳报。

——《千秋岁》

八洞群仙到,来祝曹君耄。玉盘珍馔,金杯佳醑,齐称不老。喜今宵,欢庆寿筵前,睹童颜鹤貌。

华屋奇香绕,王母同欢乐。锦瑟瑶笙,朱弦翠管。刘晨阮肇,共登仙。齐上那蓬莱,任逍遥海岛。

——《连理枝》

海屋添筹,祝曹侯上寿。黄鹤玄鹿,瑶草仙葩。松柏亭亭嘉木,堂下儿孙似玉,戏莱子娱亲绿服。银盘内凤髓龙肝,劝双亲,唱新曲。

欢情得悦慈颜,漫将金罍内。频倒醽醁,共美君家,顺子孝孙盈目。海上蟠桃已熟,愿岁岁开筵相祝。应知是积德弘深,受人间的全福。

——《万年欢》

昨闻四皓群真,共持火枣交梨馔。来同国舅,如欢佳宴。麻姑频劝,玉烛摇红,仙童奏乐,九天音遍。看遥空好月,当窗皎皎。欣弄盏,时相荐。

百川为寿,羡恩渡万重齐捲。乌纱象简,紫袍犀带,公侯佳眷,万里芳声。爱民如子,浙西留恋。愿千秋百岁,金尊玉液,几番持献。

——《鼓笛慢》

瀛海蟠桃,此日花开庭院。华席列排寿宴,嘉宾逸客,共捧金杯献。惟愿祝千万岁,如山远。

贵子登朝,龙孙世鲜。虎榜上,定应高荐。仙词一阕,漫鼓云阳板,如阆苑,曹国舅,年无限。

——《殢人娇》

犹喜残更雨,晓来时浥芳润翠。对花情起,独坐山斋欣寡事,遣兴哦诗而已。断酒也焉能取醉,心感故人贻雅致。步入空庭,开襟斜倚。愁满臆,顷刻洗。

芳樽泻出金光细,若遥天夜垂清露。惠山泉水,兴吸三杯情更畅,欲把海鲸来驾。不肯赴风尘堆里,休问狂夫讳和姓。是青山深处林泉主,名与利,不须耳。

——《贺新郎》

漫扶藤杖友家过，尊酒病消磨。倾倒此壶兴至，且调一曲高歌。

东君雅意，殷勤而劝，醉了如何？共对名花追赏，人生快活应多。

——《和王世贞病起饮酒》

桂醑盈杯欣蚁泛，诗题令节应裁。梅花几千暎苍苔，屠苏才搁处。春色入门来。

树上黄莺声已滑，对花堪饮干杯。漫追佳节漫安排，兴高杯不歇，尊罍又当开。

——《和王世贞元旦醉题》

作者：以上皆明人周履靖作，身世不详。

清词

寒山几堵，风低削碎中原路，秋空一碧无今古。醉袒貂裘，略记寻呼处。男儿身手和谁赌？老来猛气还轩举。人间多少闲狐兔，月黑沙黄，此际偏思汝。

——《醉落魄·咏鹰》

作者：陈维崧（1625~1682年），字其年，号迦陵，江苏宜兴人。康熙年间，应博学鸿儒科考试，列为一等，古近体诗、骈文都有名，尤其擅长词，推为清初词人之代表。著有《迦陵词》等。

江城萧瑟似孤村，长日如年深闭门，消遣客愁空酒樽。

——《旅思》

作者：尤侗（1618~1704年），字同人，长洲（今江苏苏州）人。清世祖顺治拔贡，授水平推官。后举博学鸿词，授翰院检讨。

有酒惟浇赵州土，谁会成生此意？不信道，竟逢知己。青眼高歌俱末志，向尊前，拭尽英雄泪。共君此夜须沉醉，且由他，蛾眉谣诼，古今同忌。

——《金缕曲·赠梁汾》

作者：纳兰性德（1655~1685年），原名成德，字容若，满洲正黄旗人，大学士明珠之子。进士出身，授乾清门侍卫。生平淡泊名利，酷爱书史。为清代著名词人。著有《纳兰词》等。

仙山回磴重，酒楼空翠中。

——《北仙吕·后庭花》

清代词人纳兰性德像

作者:厉鹗(1692~1752年),字太鸿,钱塘(今杭州)人。少贫,性孤峭,词著名。

花亦无知,月亦无聊,酒亦无灵。

——《沁园春·恨》

作者:郑燮(1693~1765年),字克柔,号板桥,兴化(今江苏兴化)人。进士出身,做过县令。清代著名画家。

春夜,闻隔墙歌吹声。阑珊心绪,醉倚绿琴相伴住。一枕新愁,残夜花香月满楼。

——《减字木兰花》

作者:项鸿祚(1798~1835年),字莲生,浙江钱塘(今杭州)人。道光年间举人,工诗词。

寒梅报道春风至;莺啼翠帘,蝶飞锦檐,杨柳依依绿似烟。

桃花还同人面好;花映前川,人倚秋千,一曲清歌醉绮筵。

——《罗敷媚·春》

起严霜,悲画角,寒气冷白重幕。炉火艳,酒杯干,金貂笑倚栏。

云漠漠,风瑟瑟,飘尽玉阶琼屑。疏蕊放,暗香来,窗前开早梅。

——《更漏子·冬》

对影喃喃,书空咄咄,非关病酒与伤别。愁城一座筑心头,此情没个人堪说。

志量徒雄,生机太窄,襟怀枉自多豪陕。拟将厄运问天公,蛾眉遭忌同词客!

——《踏莎行》

把酒论文欢正好,同心况有同情。"阳关"一曲暗飞声,离愁随马足,别恨绕江城。

铁画银钩两行字,岐言无限丁宁。相逢异日可能凭?河梁携手处,千里暮云横。

——《临江仙》

作者:以上皆秋瑾(见酒与诗)。

第三节　酒与歌

歌,它是我国古诗体之一。诗与歌的区别,在于"诗言志,歌咏言。"即所谓"诗言志以导之,歌,咏其义以长其言。""曲合乐曰歌,徒歌曰谣。"后来也称诗为"歌诗",现代则统称为"诗歌"。但在实际生活中,人们还是有区别对待的。酒之歌,就是咏其义以长其言也。

两汉时期酒歌

《善哉行》

来日大难,口燥唇干。今日相乐,皆当喜欢。

经历名山,芝草翩翩,仙人王乔,奉药一丸。

自惜袖短,内手知寒。惭无灵辄,以报赵宣。

月没参横,北斗阑干。亲交在门,饥不及餐。

欢日尚少,戚日苦多,以何忘忧,弹筝酒歌。

淮南八公,要道不烦,参驾六龙,游戏云端。

作者:无名氏。

《西门行》

出西门,步念之:今日不作乐,当待何时?

夫为乐,为乐当及时。何能坐愁怫郁,当复待来兹?

饮醇酒,炙肥牛。请呼心所欢,可用解愁忧。

人生不满百,常怀千岁忧。昼短苦夜长,何不秉烛游?

自非仙人王子乔,计会寿命难与期。自非仙人王子乔,计会寿命难与期。

人寿非金石,年命安可期?贪财爱惜费,但为后世嗤。

作者:无名氏。

《驱车上东门行》

驱车上东门,遥望郭北墓。白杨何萧萧,松柏夹广路。

下有陈死人,杳杳即长暮。潜寐黄泉下,千载永不寤。

浩浩阴阳移,年命如朝露。人生忽如寄,寿无金石固。

万岁更相送,圣贤莫能度。服食求神仙,多为药所误。

不如饮美酒,被服纨与素。

作者:无名氏。

《古艳歌》

今日乐相乐,相从步云衢。天公出美酒,河伯出鲤鱼。
青龙前铺席,白虎持榼壶。南斗工鼓瑟,北斗吹笙竽。
妲娥垂明珰,织女奉瑛琚。苍霞扬东讴,清风流西歈。
垂露成帷幄,奔星扶轮舆。
作者:无名氏。

《高阳乐人歌》

可怜白鼻騧,相将入酒家。无钱但共饮,画地作交赊。
何处䴏鶵来?两颊红如火。自有桃花蓉,莫言人劝我。
作者:无名氏。

《豫州歌》

幸哉遗黎免俘虏,三辰既朗遇慈父。玄酒忘劳甘瓠脯,何以咏诗歌且舞。
作者:无名氏。

《羽林郎》

昔有霍家姝,姓冯名子都。依倚将军势,调笑酒家胡。
胡姬年十五,春日独当垆。长裾连理带,广袖合欢襦。
头上蓝田玉,耳后大秦珠。两鬟何窈窕!一世良所无。
一鬟五百万,两鬟千万余。不意金吾子,娉婷过我庐。
银鞍何煜烂,翠盖空踟蹰。就我求清酒,丝绳提玉壶。
就我求珍肴,金盘脍鲤鱼。贻我青铜镜,结我红罗裾。
不惜红罗裂,何论轻贱躯!男儿爱后妇,女子重前夫。
人生有新故,贵贱不相逾。多谢金吾子,私爱徒区区。
作者:辛延年,身世不详。

《董娇饶》

洛阳城东路,桃李生路傍,花花自相对,叶叶自相当。
春风东北起,花叶正低昂。不知谁家子,提笼行采桑,
纤手折其枝,花落何飘飏! 请谢彼姝子:何为见损伤?
高秋八九月,白露始为霜。终年会飘堕,安得久馨香?
秋时自零落,春月复芬芳。何时盛年去,欢爱永相忘?
吾欲竟此曲,此曲愁人肠。归来酌美酒,挟瑟上高堂。
作者:宋子侯,身世不详。

《行路难》

奉君金卮之美酒,瑇瑁玉匣之雕琴,七綵芙蓉之羽帐,九华葡萄之锦衾。
红颜零落岁将暮,寒光宛转时欲沉。愿君裁悲且减思,听我抵节行路吟。
不见柏梁铜雀上,宁闻古时清吹音?
作者:无名氏。

《白头吟》

今日斗酒会,明旦沟水头;躞蹀御沟上,沟水东西流。
作者:卓文君。西汉临邛(今四川省邛崃),巨富卓王孙之女,善鼓琴。年
轻丧夫返家寡居。后与文学家司马相如(前179~公元前117年)一见钟情,自
定终身,一同逃往成都。后又同返临邛开小酒店为生。文君当垆卖酒,传为美
谈。

魏晋南北朝时期酒歌

916

《短歌行》

对酒当歌,人生几何? 譬如朝露,去日苦多。
慨当以慷,忧思难忘。何以解忧? 唯有杜康。

青青子衿,悠悠我心。但为君故,沉吟至今。

呦呦鹿鸣,食野之苹。我有嘉宾,鼓瑟吹笙。

明明如月,何时可掇?忧从中来,不可断绝。

越陌度阡,枉用相存。契阔谈宴,心念旧恩。

月明星稀,乌鹊南飞。绕树三匝,何枝可依?

曹操像

山不厌高,海不厌深。周公吐哺,天下归心。

作者:曹操,(155~220 年),字孟德,沛国谯(今安徽亳县)人。汉献帝时官至丞相,后被封为魏王。死后其子曹丕称帝,追尊他为魏武帝。

《箜篌引》

置酒高殿上,亲交从我游。

中厨办丰膳,烹羊宰肥牛。

秦筝何慷慨,齐瑟和且柔。

阳阿奏奇舞,京洛出名讴。

乐饮过三爵,缓带倾庶羞。

主称千金寿,宾奉万年酬。

久要不可忘,薄终义所尤。

谦谦君子德,磬折欲何求。

惊风飘白日,光景驰西流。

盛时不再来,百年忽我遒。

生存华屋处,零落归山丘。

先民谁不死,知命复何忧?

作者:(同上)

《酒德歌》

地烈酒泉,天垂酒池。杜康妙识,仪狄先知。

纣丧殷邦,桀倾夏国。由此言之,先危后则。

作者:赵整,十六国前秦文人。字文业,略阳清水(今甘肃清水西北)人。官任黄门侍郎,曾召集僧人译出《增一阿含经》《中阿含经》等佛教典籍,后出家为僧,法名道整,终于襄阳。

《将进酒》

将进酒,庆三朝。备繁礼,荐嘉肴。荣枯换,霜雾交。

缓春带,命朋僚。车等旗,马齐镳。怀温克,乐林濠。

士先志,愠情劳。思旨酒,寄游邀。败德人,甘醇醪。

耽长夜,惑淫妖。兴屡舞,厉哇谣。形偎偎,声号呶。

首既濡,志亦荒。性命天,国家亡。嗟后生,节酣觞。

匪酒事,孰为殃。

作者:何承天(370~447年),南宋科学家。东海郯(今山东郯城西南)人,任御史中丞等职。参与撰修《宋书》,坚持四十年观察天象,并制成《元嘉历》,并精通天算之术,对后世颇有影响。

《独酌谣》

独酌谣,独酌且独谣。一酌岂陶暑,二酌断风飙。

三酌意不畅,四酌情无聊。五酌盂易覆,六酌欢欲调。

七酌累心去,八酌高志超。九酌忘物我,十酌忽凌霄。

凌霄异羽翼,任致得飘飘。宁学世人醉,扬波去我遥。

尔非浮丘伯,安见王子乔。独酌谣,独酌起中宵。

中宵照春月,初花发春朝。春花春月正徘徊,一尊一弦当夜开。

聊奏孙登曲,仍斟毕卓杯。罗绮徒纷乱,金翠转迟回。

中心幸如水,凝志更同灰。逍遥自可乐,世语世情哉。

独酌谣,独酌酒难消。独酌三两盌,弄曲两三调。

调弦忽未毕,忽值出房朝。更似游春苑,还如逢丽谯。

衣香逐娇去,眼语送杯娇。余樽尽复益,自得是逍遥。

独酌谣,独酌一尊酒。樽酒倾未酌,明月正当牖。

是牖非园瓮,吾乐非击缶。自任物外欢,更齐椿菌久。

卷舒乃一卷,忘情且十斗。宁复语绮罗,因情即山薮。

作者:陈后主(553~604年),南朝陈末代皇帝。字元秀,吴兴长城(今浙江长兴)人。582~589年在位。在位时,终日与宠妃狎客醋酒歌游宴,制作艳词,不问政事。最后为隋军俘获,死于洛阳。今存《陈后主集》系明人所辑。陈后主即陈叔宝。

《独酌谣》

独酌谣,独酌独长谣。智者不我顾,愚夫余未要。

不愚复不智,谁当余见招。所以成独酌,一酌倾一瓢。

生涯幸漫漫,神理暂超超。再酌矜许史,三酌傲松乔。

频烦四五酌,不觉凌丹霄。倏尔压五鼎,俄然贱九韶。

彭殇无异葬,夷跖可同朝。龙蠖非不屈,鹏鷃但逍遥。

寄语号呶侣,无乃太尘嚣。

作者:沈炯(502~560年),南朝梁陈间文人。字礼明,吴兴武康(今浙江德清西)人。曾任吴令,为北魏所虏,后得释南归。曾有集多卷已佚。今存诗十余首如独酌谣等。

《独酌谣》

独酌谣,芳气饶。一倾荡神虑,再酌动神飚。
忽逢风楼下,非待鸾弦招。膒明影乘入,人来香逆飘。
杯随转态尽,钏逐画杯遥。桂宫非蜀郡,当垆也至宵。
作者:陆瑜,身世不详。

《对酒歌》

春水望桃花,春洲藉芳杜。琴从绿珠借,酒就文君取。
牵马向渭桥,日曝山头脯。山简接羅倒,王戎如意舞。
筝鸣金谷园,笛韵平阳坞。人生一百年,欢笑惟三五。
何处觅钱刀,求为洛阳贾。
作者:庾信(见酒与诗)

《余杭醉歌赠吴山人》

晓幕红襟燕,春城白项乌。只来梁上语,不向府中趋。
城头坎坎鼓声曙,满庭新种樱桃树。桃花昨夜撩乱开,当轩发色映楼台。
十千兑得馀杭酒,二月春城长命杯。酒后留君待明月,还将明月送君回。
作者:丁仙芝,身世不详。

《拟行路难》

泻水置平地,各自东西南北流。人生亦有命,安能行叹复坐愁。
酌酒以自宽,举杯断绝歌路难。心非木石岂无感?吞声踯躅不敢言。
作者:鲍照(约414~466年),字明远,东海(今属山东)人。家世贫贱。因
献诗临川王刘义庆,征为国侍郎,后迁中书舍人。临海王刘子顼镇荆州,鲍照为
前军参军。刘子顼作乱,照为乱兵所杀。

唐代酒歌

《对酒吟》

行行日将夕,荒村古冢无人迹。蒙茏荆棘一鸟呼,屡唱提壶沽酒吃。
古人不达酒不足,遗恨精灵传此曲。寄言世上诸少年,平生且尽杯中醁。
作者:崔国辅,唐朝诗人。山阴(今浙江绍兴)人,开元进士、礼部员外郎等
职。长于乐府诗,篇幅短小,有《全唐诗》辑诗一卷,凡四十一首。

《将进酒》

君不见黄河之水天上来,奔流到海不复回。
君不见高堂明镜悲白发,朝如青丝暮成雪。
人生得意须尽欢,莫使金樽空对月。
天生我才必有用,千金散尽还复来。
烹羊宰牛且为乐,会须一饮三百杯。
岑夫子、丹丘生,将进酒君莫停。
与君歌一曲,请君为我侧耳听。
钟鼓馔玉不足贵,但愿长醉不复醒。
古来圣贤皆寂寞,惟有饮者留其名。
陈王昔时宴平乐,斗酒十千恣欢谑。
主人何为言少钱,经须沽取对君酌。
五花马千金裘,呼儿将出换美酒,与尔同销万古愁。

《襄阳歌》

落日欲没岘山西,倒著接篱花下迷。
襄阳小儿齐拍手,拦街争唱白铜鞮。
傍人借问笑何事,笑杀山翁醉似泥。
鸬鹚杓,鹦鹉杯。

百年三万六千日,一日须倾三百杯。

遥看汉水鸭头绿,恰似葡萄初泼醅。

此江若变作春酒,垒麹便筑糟丘台。

千金骏马换少妾,醉坐雕鞍歌落梅。

车旁侧挂一壶酒,凤笙龙管行相催。

咸阳市上叹黄犬,何如月下倾金罍。

君不见晋朝羊公一片石,龟头剥落生莓苔。

泪已不能为之堕,心亦不能为之哀。

谁能忧彼身后事,金凫银鸭葬寒灰。

清风朗月不用一钱买,玉山自倒非人推。

舒州杓,力士铛。

李白与尔同死生,襄王云雨今安在,江水东流猿夜声。

《梁甫吟》

长啸梁甫吟,何时见阳春?君不见朝歌屠叟辞棘津,八十西来钓渭滨。

宁羞白发照渌水,逢时吐气思经纶。广张三千六百钓,风期暗与文王亲。

大贤虎变愚不测,当年颇似寻常人。君不见高阳酒徒起草中,长揖山东隆
准公。

入门不拜骋雄辩,两女辍洗来趋风。东下齐城七十二,指挥楚汉如旋蓬。

狂客落魄尚如此,何况壮士当群雄。我欲攀龙见明主,雷公砰訇震天鼓。

帝旁投壶多玉女,三时大笑开电光。倏烁晦暝起风雨,阊阖九门不可通。

以额扣关阍者怒,白日不照吾精诚。杞国无事忧天倾,猰㺄磨牙竞人肉。

驺虞不折生草茎,手接飞猱搏雕虎。侧足焦原未言苦,智者可卷愚者豪。

世人见我轻鸿毛,力排南山三壮士。齐相杀之费二桃,吴楚弄兵无剧孟。

亚夫哈尔为徒劳,梁甫吟,声正悲。张公两龙剑,神物合有时。

风云感会起屠钓。大人岪岹当安之!

作者:以上皆李白之歌(见酒与诗)

《饮中八仙歌》

知章骑马似乘船,眼花落井水底眠。汝阳三斗始朝天,道逢曲车口流涎。
恨不移封向酒泉,左相日兴费万钱。饮如长鲸吸百川,衔杯乐圣称避贤。
宗之潇洒美少年,举觞白眼望青天。皎如玉树临风前,苏晋长斋绣佛前。
醉中往往爱逃禅,
李白一斗诗百篇。
长安市上酒家眠,
天子呼来不上船。
自称臣是酒中仙,
张旭三杯草圣传。
脱帽露顶王公前,
挥毫落纸如云烟。
焦遂五斗方卓然,
高谈雄辩惊四筵。
作者:杜甫(见酒与诗)。

《秦王饮酒歌》

秦王骑虎游八极,
剑光照空天自碧。
义和敲日玻璃声,
劫灰飞尽今太平。
龙头泻酒邀酒星,
金樽琵琶夜枨枨。
洞庭雨脚来吹笙,
酒酣喝月使倒行。
银云栉栉瑶殿明,宫门掌声报一更。花楼玉凤声娇狞,海绡红文香浅清。
黄娥跌舞千年觥,仙人烛树蜡烟轻。青春醉眼泪泓泓。
作者:李贺(见酒与诗)。

杜甫像

《八月十五日夜赠张功曹》

纤云四卷天无河,清风吹空月舒波。沙平水息声影绝,一杯相属君当歌。
……

君歌且休听我歌,我君今与君殊科;一年明月今宵多,人生由命非由他,有
酒不饮奈明何!

作者:韩愈(见酒与诗)。

《琵琶行》

浔阳江头夜送客,枫叶荻花秋瑟瑟。主人下马客在船,举酒欲饮无管弦。
醉不成欢惨将别,别时茫茫江浸月。忽闻水上琵琶声,主人忘归客不发。
寻声暗问弹者谁,琵琶声停欲语迟。移船相近邀相见,添酒回灯重开宴。

作者:白居易(见酒与诗)。

家庭经典藏书

中华酒典

《醉歌》

负薪朝出卖,沽酒日西归。借问家何在,穿云入翠微。
作者:许宣平,身世不详。

宋金元酒歌

《酒歌》

生酒清於雪,煮酒赤如血。煮酒只带烟火气,生酒不离泉石味。
石根泉眼新汲将,曲米酿出春风香。坐上猪红间熊白,瓮头鸭绿变鹅黄。
先生一醉万事已,那知身在尘埃里。
作者:杨万里(见酒与诗)。

《醉时歌》

茫茫古堪舆,何日分九州。九州封域如许大,仅能著我胸中愁。
浇愁须是如渑酒,翻波酿尽银河流。贮以倒海千顷黄金罍,酌以倾江万斛玻璃舟。
天为青罗幕,月为白玉钩。月边天孙织云锦,制成五色蒙茸裘。
披裘把酒踏月窟,长揖北斗相劝酬。一饮一千石,一醉三千秋。
高卧五城十二楼,刚风冽冽吹酒醒。起来披发骑赤虬,大呼洪崖拉浮丘。
飞上昆仑山顶头,下视尘寰一培塿。挥斥八极逍遥游。
作者:黄庚,身世不详。

《醉樵歌》

东吴市中逢酒樵,铁冠欹侧发飘萧。两肩矻矻何所负,青松一枝悬酒瓢。
自言华盖峰头住,足迹踏遍人间路。学书学剑总不成,惟有饮酒得真趣。
管乐本是霸王才,松乔自有烟霞具。手持昆仑白玉斧,曾向月里砍桂树。
月里仙人不我嗔,特令下饮洞庭春。兴来一吸海水尽,却把珊瑚樵作薪。

醒时邂逅逢王质,石上看棋黄鹄立。斧柯烂尽不成仙,不如一醉三千日。
于今老去名空在,处处题诗偿酒债。淋漓醉墨落人间,夜夜风雷起光怪。
作者:张简,身世不详。

《夔州竹枝歌》

新城果园连瀼西,枇杷压枝杏子肥。半青半黄朝出卖,日午买盐沽酒归。
作者:范成大(见酒与诗)。

《塞上曲》

老矣犹思万里行,翩然上马始身轻。玉关去路心如铁,把酒何妨听渭城。
作者:陆游(见酒与诗)。

《别情》

自别后遥山隐隐,更哪堪远水鳞鳞。是杨柳飞绵滚滚,对桃花醉脸醺醺。
作者:王实甫(1260~1336年?)名德信,大都(今北京)人。元代著名杂剧
作家。《西厢记》是其代表作。

明代酒歌

《红酒歌》

杨子渴如马文园,宰官特赐桃花源。桃花源头酿春酒,滴滴真珠红欲然。
左官忽落东海边,渴心盐井生炎烟。相呼西子湖上船,莲花博士饮中仙。
如银酒色未为贵,令人长忆桃花泉。胶州判官玉牒贤,忆者同醉墉林筵。
别来南北不通问,夜梦玉树春风前。朝来五马过陋塵,赠以同袍五色彩。
副以五凤楼头笺,何以浇我磊落抑塞之感慨。桃花美酒斗十千,垂虹桥下
水拍天。
虹光散作真珠涎,吴娃斗色樱在口。不放白雪盈人颠,我有文园渴。
苦无曲奏鸳鸯弦,预恐沙头双玉尽。力醉未与长瓶眠,径当垂虹去。

鲸量吸百川,我歌君扣舷,一斗不惜诗百篇。

作者:杨维桢(见酒与诗)。

《拟不如来饮酒歌》

莫向忙中去,闲时自养神。功名一场梦,世界半分尘。
日月朝还暮,时光秋复春。不如来饮酒,醉里乐天真。
寄语红尘客,其如岁月何。新诗随意写,时曲放怀歌。
老去朱颜改,年高白发多。不如来饮酒,看我舞婆娑。
攫攘何因尔,终朝傀儡牢。望尘忙趁市,满贯苦多钱。
造物商嵒板,羲和穆骏鞭。不如来饮酒,一醉大家眠。
世态看来熟,浮生何苦忙。好花供长眠,佳茗刷枯肠。
池上红鸳并,帘前紫燕翔。不如来饮酒,高卧北窗凉。
故友成衰谢,新交未是俦。心劳悲幕燕,计拙笑巢鸠。
莫作少年事,休将老态愁。不如来饮酒,赏玩菊花秋。
莫入三街市,宜乘九夏凉。随缘得妙术,守分是仙乡。
写字腾龙虎,吹箫引凤凰。不如来饮酒,烂醉锦筝旁。
羡我霜髯老,逢时正太平。园畦频点检,书画悦心情。
绿竹栽千个,红棋著一枰。不如来饮酒,且莫问输赢。
幸喜身康健,体论愚共贤。诗联有神助,老懒得天全。
十日一风雨,三家百顷田。不如来饮酒,同乐好丰年。

作者:周宪王,身世不详。

《将进酒》

君不见陈孟公,一生爱酒称豪雄。君不见扬子云,三世执戟徒工文。
得失如今两何有,劝君相逢且相寿。试看六印尽垂腰,何似一卮长在手。
莫惜黄金醉青春,几人不饮身亦贫。酒中有趣世不识,但好富贵亡其真。
便须吐车茵,莫畏丞相嗔。桃花满溪口,笑杀醒游人。
丝绳玉缸酿初熟,摇荡春光若波绿。前无御史可尽欢,倒著锦袍舞鹧鸪。
爱妾已去曲池平,此时欲饮焉能倾。地下应无酒垆处,何苦寂寞孤平生。

一杯一曲,我歌君续。明月自来,不须秉烛。

五岳既远,三山亦空。欲求神仙,在酒杯中。

作者:高启(1336~1374年)明初文学家。字季迪,号槎轩,长州(今江苏苏州)人,居城北郭,因与王行等号"北郭十友",时称"十才子"。博学、工诗,与杨基、张羽、徐贲并称"吴中四杰"。因在其所作上梁文中有"龙盘虎踞"四字,激帝怒,被杀。有《高太史大全集》《凫藻集》《缶鸣集》等。

《漫歌》

酒旗招摇西北指,

北斗频倾渴不止。

天上有酒饮不足,

翻身直下解作人间顾仲子。

酒中生,酒中死。

糟丘酒池何龌龊,

千盅百觚亦徒尔。

堪笑刘伶六尺身,

死便埋我须他人。

此身血肉岂是我,乌鸢蝼蚁谁疏亲。四鳃鲈鱼千里莼,有此下酒物。

刘季张良焉足论,左携孔北海。右挽李太白,余杭老姥寄信来,道我新封合欢伯。

作者:顾大武,身世不详。

《酒歌》

蓬壶影里啼青鸟,梦觉华胥春已晓。吴姬携酒叩我门,连声大叫惊邻媪。

口传达官不敢名,开封嫩碧光银罂。呼儿不用借盘盏,巨碗亦足张吾兵。

一碗入灵府,浑如枯槁获甘雨。二碗和风生,辙鲋得水鳞鬐轻。

三碗肝肠热,扫却阴山万斛雪。四碗新新成,挥毫落纸天机鸣。

五碗叱穷鬼,成我佳名令人毁。六碗头颅偏,轰雷不觉声连天。

七碗玉山倒,枕卧晴霞藉烟草。醒来好恶不自知,宁能更为苍生恼。

苍生四海非不多，圣明治化极中和。翘令鼎鼐付房魏，变理阴阳无偏颇。
吾当衔杯偃仰卧蓬草，解衣、鼓腹尧民歌。

作者：李冠，身世不详。

清代酒歌

《官酒歌》

钱塘妓女颜如玉，一一红妆新结束。问渠结束意何为，八月皇都新酒熟。
玛瑙瓮列浮蛆香，十三库中谁最强。临安大尹索酒尝，旧有故事须迎将。
翠翘金凤乌云髻，雕鞍玉勒三千骑。金鞭争道万人看，香尘冉冉沙河市。
琉璃杯深琥珀浓，新翻曲调声摩空。使君一笑赐金帛，今年酒赛珍珠红。
画楼兀突临官道，处处绣旗夸酒好。五陵年少事豪华，一斗十千谁复校。
黄金垆下漫徜徉，何曾见此大堤娼。惜无颜公三十万，枉醉金钗十二行。

作者：杨炎正，身世不详。

《好独酌》

顷来爱独酌，颇得酒中趣。既无酬酢劳，亦无谐谑迕。
形骸且自外，肴核岂必具。得酒欣满斟，小醉宜浅注。
近时饮酒人，饮亦循世故。天趣苟不存，焉得安余素。
因兹谢朋好，沈冥未为误。油然方酣适，偶念古人书。
全章或遗忘，数语记有余。在口自咀诵，惬理心独娱。
庭前海石榴，舒丹耀吾庐。其下有萱草，抽花媚阶除。
一觞且独进，慨此芳岁徂。四十而无闻，不饮将焉如。
毁誉本无端，闭门省愆尤。穷达自我命，通塞皆有曲。
但见得者乐，不见失者忧。得失两不化，身灭愿未酬。
有愿必酬之，造物穷其谋。解此颇自得，泛泛此闻鸥。
无酒苦寂寞，有酒不暇愁。将来百无虑，吾当营糟邱。
何以观造化，我身来去是。既来就不去，万物同兹理。

荣枯随所值，妄念生忧喜。结则为屯云，散则为复水。

千秋万代人，殊涂而同轨。吾将埋吾轮，沈醉卧不起。

人生如一舟，大小各殊量。置舟风水中，夷险各殊向。

顺风与下水，快处乃多妨。得势矜喧阗，失势任飘荡。

一生负重载，终老成空舫。未知收帆时，前途保无恙。

家贫苦无书，有书苦不熟。中年多遗忘，掩卷如未读。

一心营百虑，螟蟊食嘉穀。亦知求放心，中断烦屡续。

独於饮酒时，恬然见来复。

作者：江桐敏，身世不详。

《佩刀质酒歌》

我闻贺鉴湖，不惜金龟掷酒垆。又闻阮遥集，直卸金貂作鲸吸。

嗟余本非二子狂，腰间更无黄金珰。秋气酿寒风雨恶，满园榆柳飞苍黄。

主人未出童子睡，罍乾瓮涩何可当。相逢况是淳于辈，一石差可温枯肠。

身外长物亦何有？鸾刀昨夜磨秋霜。且酤满眼作软饱，谁暇齐高分低昂。

元忠两裤何妨质，孙济缊袍须先偿。我今此刀空作佩，岂是吕虔遗王祥。

欲耕不能买犍牯，杀赋何能临边疆？未若一斗复一斗，令此肝肺生角芒？

曹子大笑称快哉，击后作歌声琅琅。知君诗胆昔如铁，堪与刀颖交寒光。

我有古剑尚在匣，一条秋水苍波凉。君才抑塞倘欲拔，不妨斫地歌王郎。

作者：敦诚（见酒与诗）。

《田家四时苦乐歌》

疏篱外，桃花灼；池塘上，杨丝弱。

渐茅檐日暖，小姑衣薄；春韭满园随意剪，腊醅半瓮邀人酌。

喜白头人醉白头扶，田家乐。

作者：郑燮（见酒与诗）。

930

《买书歌》

十钱买书书半残，十钱买酒酒可餐；我言舍酒憧曰否，咿唔万卷不疗饥，斟酌一杯酒适口,我感懂言意良厚;酒到醒时愁复来,书堪咀处味逾久。
淳于豪饮能一石,子建雄才得八斗;二事我俱逊古人,不如把书聊当酒。
虽然一编残字半蠹鱼,区区蠡测我真愚;秦灰而后无完书。
作者:陶十璜,身世不详。

《勉女权歌》

吾辈爱自由,勉励自由一杯酒。男女平权天赋就,岂甘居牛后?
愿奋然自拔,一洗从前羞耻垢。若安作同俦,恢复江山劳素手。
作者:秋瑾(见酒与诗)

《酒神曲》

九月九酿新酒,好酒出自咱的手。喝了咱的酒,上下通气不咳嗽;
喝了咱的酒,滋阴壮阳嘴不臭;喝了咱的酒,一人敢走青杀口;
喝了咱的酒,见了皇帝不磕头。一四七,三六九,九九归一跟我走。
好酒!好酒!好酒!
作者:张艺谋、扬风良,当代作家。

《相聚在龙年》

我在大海的这边,你在大海的那边,终于盼来这相聚的一天。
我在长城的脚下,你在日月潭边,终于迎来这团圆的夜晚。
听不够的乡音哟,诉不尽的思念,止不住的喜泪把金杯斟满。
啊,彼此深情地看一眼,请你记住我们曾相聚在龙年,
啊。彼此深情地看一眼,请你记住我们曾相聚在龙年。
作者:曹勇、韩伟,当代作家。

《我们见面又分手》

我们相见的时候,热情洋溢在心头,这情景还没看够,我们又要分手。
歌声代表我的心,掌声阵阵暖心头,今夜里我们在一起,把欢乐撒向九洲。
但愿友谊天长地久,让我们举起干杯别离酒,各位朋友,各位朋友,祝你们

健康长寿。

作者:邹友开,当代作家。

《太湖美》

太湖美呀太湖美,美就美在太湖水。
红旗映绿波哪,啊春风湖面吹哪,啊水是丰收酒,
湖是碧玉杯,装满深情盛满爱,捧给祖国报春晖,
哎咳唷,太湖美呀太湖美。
作者:任红举,当代作家。

祝酒歌

美酒飘香啊歌声飞,朋友啊请你干一杯,请你干一杯,
胜利的十月永难忘,杯中酒满幸福泪。
咪咪咪咪,咪咪咪咪,咪咪咪咪,咪咪咪咪,
十月里,
响春雷,
八亿神州举金杯,舒心的酒啊浓又美,千杯万盏也不醉。
今天啊畅饮胜利酒,明日啊上阵劲百倍,为了实现四个现代化,愿洒热血和汗水。

咪咪咪咪,咪咪咪咪,咪咪咪咪,咪咪咪咪,
征途上,战鼓擂,条条战线捷报飞,待到理想化宏图,咱重摆美酒再相会,
咪咪咪咪,咪咪咪咪,咪咪咪咪咪,咪咪咪咪咪,
咱重摆美酒再相会!
手捧美酒啊望北京,豪情啊胜过长江水,胜过长江水,
锦绣前程党指引,万里山河尽朝晖。
咪咪咪咪,咪咪咪咪,咪咪咪咪咪,咪咪咪咪咪,
瞻未来,
无限美,
人人胸中春风吹,美酒浇旺心头火,燃得斗志永不退。

今天啊畅饮胜利酒,明日啊上阵劲百倍,为了实现四个现代化,愿洒热血和汗水。

哎哎哎哎哎,哎哎哎哎哎,哎哎哎哎哎哎,哎哎哎哎哎哎,

征途上,

战鼓擂,

条条战线捷报飞,待到理想化宏图,咱重摆美酒再相会。

哎哎哎哎哎,哎哎哎哎哎,哎哎哎哎,哎哎哎哎哎哎,

咱重摆美酒再相会!

《祝酒歌》

三伏天下雨哟,雷对雷;

朱仙镇交战哟,锤对锤:

今儿晚上哟,咱们杯对杯!

舒心的酒,千杯不醉;

知心的话,万言不赘;

今儿晚上啊,咱这是瑞雪丰年祝捷的会!

酗酒作乐的,是浪荡鬼;

醉酒哭天的,是窝囊废;

饮酒赞前程的,是咱们社会主义新人这一辈!

财主醉了,因为心黑;

衙役醉了,因为受贿;

咱们就是醉了,也只因为生活的酒太浓太美!

山中的老虎呀,美在背;

树上的百灵呀,美在嘴;

咱们林区的工人啊,美在内。

斟满酒,高举杯! 一杯酒,开心扉;

豪情,美酒,自古长相随。

祖国是一座花园,北方就是园中的蜡梅;

小兴安岭是一朵花,森林就是花中的蕊。

花香呀，沁满咱们的肺。

祖国情呀，春风一般往这儿吹；

同志爱呀，河流一般往这儿汇。

党是太阳，等这儿的木材做门楣；

铁路千百条，咱是向日葵。等这儿的枕木铺钢轨。

国家的任务是大旗，咱是旗下的突击队。

广厦亿万间。

骏马哟，不用鞭催；好鼓哟，不用重锤；

咱们林区工人哟，知道怎样答对！

且饮酒，莫停杯！三杯酒，三杯欢喜泪；

五杯酒，豪情胜似长江水。

雪片呀，恰似群群仙鹤天外归；

松树林呀，犹如寿星老儿来赴会。

老寿星啊，白须、白发、白眼眉。

雪花呀，恰似繁星从天坠；

桦树林呀，犹如古代兵将守边陲。

好兵将啊，白旗、白甲、白头盔。

草原上的骏马哟，最快的是乌骓；

深山里的好汉哟，最勇的是李逵；

天上地下的英雄啊，最风流的是咱们这一辈！

目标远，大步追。雪上走，就像云里飞；

人在山，就像鱼在水。

重活儿，甜滋味。锯大树，就像割麦穗；

扛木头，就像举酒杯。

一声呼，千声回；

林荫道上，机器如乐队；

森林铁路上，火车似滚雷。

一声令下。万树来归：

冰雪滑道上，木材如流水；

贮木场上，枕木似山堆。

且饮酒，莫停杯！

七杯酒，豪情与大雪齐飞；

十杯酒，红心和朝日同辉！

小兴安岭的山哟，雷打不碎；

汤旺河的水哟，百折不回。

林区的工人啊，专爱在这儿跟困难作对！

一天歇工，三天累；

三天歇工，十天不能安生睡；

十天歇工，简直觉得犯了罪。

要出山，茶饭没有了味；

快出山，一时三刻拉不动腿；

出了山，夜夜梦中回。

旧话说：当一天的乌龟，驮一天的石碑；

咱们说：占三尺地位，放万丈光辉！

旧话说：跑一天的腿，张一天的嘴；

咱们说：喝三瓢雪水，放万朵花蕾！

人在山里，木柴走遍东西南北；

身在林中，志在千山万水。

祖国叫咱怎样答对，咱就怎样答对！

想昨天：百炼千锤；

看明朝：千娇百媚；

谁不想干它百岁！活它百岁！

舒心的酒，千杯不醉；

知心的话，万言不赘；

今儿晚上啊，咱这是瑞雪丰年宣誓的会。……

作者：郭小川，当代作家。

935

《酒》

人生是一杯透明的酒，

如何酿造如何品尝全凭你自己。

酒的香醇迷惑过许多人，

酒的苦辣也造就过许多人。

真诚者的酒清淡如水，

品来异香扑鼻；

虚伪者的酒异香扑鼻，

品来清淡如水。

酒能燃起一时的激情，

却换不来恒久的情谊。

醉不醉酒只有自己心里最清楚。

理智的人从不醉倒，

不自量力者常常烂醉如泥。

大醉一场，醒来后往往要比酒前清醒得多。

作者：陆浩，当代作家。

第四节　酒与赋

赋是我国文体中的一种，是《诗经》中"风、雅、颂、赋、比、兴"六义之一。所以称之为"赋者，古诗之流也。"最早以赋名篇的作者为战国时荀况，著有《礼赋》《知赋》等五篇。到汉代形成一种特定的体制，讲究文采、韵节，兼具诗歌与散文的性质。盛行于两汉，后人称它为"汉赋"。它较之诗与楚辞，在句式上进一步散文化。其酒赋内容多咏物说理，富有抒情色彩。

两汉时期酒赋

《酒赋》

子犹瓶矣。观瓶之居，居井之湄。处高临深，动常近危。酒醪不入，藏水满怀。不得左右，牵于缠徽。自用如此，不如鸱夷。鸱夷滑稽，腹大如壶。尽日盛酒，人复藉酤。常为国器，讬于属车。出入两宫，经营公家。由是言之，酒何过乎？

作者：扬雄（前53~18年），西汉著名辞赋家、哲学家、语言学家。字子云，蜀郡成都（今四川成都）人。少好学，博览群书。为人简易佚荡，口吃不能剧谈，默而好深湛之思，尤爱学司马相如、屈原之赋。成帝时，以文见召，任为郎，给事黄门。历经成、哀、平三朝。王莽篡位后，经过波折，后召为大大。晚年颇感辞赋无益于世道，转而研究哲学。作《法言》《太玄》《训纂编》《方言》等。

西汉著名文学家扬雄像

丰侯涸酒,荷甖负缶。自戮于世,图形戒后。

作者:崔骃(? ~92年),东汉文学家。字亭伯,涿郡安平(今河北安平)人。通《诗》《易》《春秋》,博学多才,尽通训诂百家之言。与班固、傅毅齐名。章帝时曾上《四巡颂》,文辞典美,为章帝所重。窦太后临朝,为窦宪府掾,后改任主簿。后因微言谏宪,窦宪不能容,遂归家不仕。

魏晋南北朝时期酒赋

上九酝酒法奏

奏云:臣县故令南阳郭芝,有九酝春酒法。法用曲三十斤,流水五石。腊月二日清曲,正月冻解。用好稻米漉去曲滓,便酿法饮。日譬诸虫,虽久多完,三日一酿,满九石米止,臣得法酿之。常善。其上清滓,亦可饮。若以九酝苦难饮。增为十酿,差甘易饮,不病。今谨上献。

作者:魏武帝(即曹操。见酒与诗)。

与群臣诏

盖闻千盅百觚,尧舜之饮也。惟酒无量,仲尼之能也。姬旦酒酸不彻,故能制礼作乐。汉高婆娑巨醉,故能斩蛇鞠旅。

作者:曹丕(见酒与诗)。

《酒赋》

余览杨雄酒赋,辞甚瑰玮,颇戏而不雅。聊作酒赋,粗究其终始。赋曰:

嘉仪氏之造思,亮兹美之独珍。仰酒旗之景曜,协嘉号于天辰。穆生以醴而辞楚,侯嬴感爵而轻身。其味有宜城醪醴,苍梧缥清。或秋藏冬发,或春酝夏成,或云沸潮涌,或素蚁浮萍。尔乃王孙公子,游侠翔翔。将承芬以接意,会陵云之朱堂。献酬交错,宴笑无方。于是饮者并醉,纵横喧哗。或扬袂屡舞,或扣剑清歌，或嘲啾辞觞，或奋爵横飞，或叹骊驹既驾，或称朝露未晞。于斯时也，质者或文，刚者或仁，卑者忘贱，窭者忘贫。于是矫俗先生闻之而叹曰：噫，夫言何容易，此乃淫荒之源，非作者之事。若耽于觞酌，流情纵逸，先王所禁，君子所斥。

作者：曹植（见酒与诗）。

《酒赋》

帝女仪狄，旨酒是献。苾芬享祀，人神式宴。辩其五齐，节其三事。醍沈盎泛，清谓各异。章文德于庙堂，协武义于三军。致子弟之存养，纠骨肉之睦亲。成朋友之欢好，赞交往之主宾。既无礼而不入，又何事而不因。贼功业而败事，毁名行以取诟。遗大耻于载籍，满简帛而见书。孰不饮而罹兹，罔非酒而惟事。昔在公旦，极兹话言，濡首屡舞，谈易作难。大禹所忌，文王是艰。

作者：王粲（177~217年），东汉末文学家，字仲宣，山阳高平（今山东邹县西南）人。"建安七子"之一。17岁时，诏任黄门侍郎，辞不就，避难至荆州，依刘表。后归曹操，任丞相掾，赐爵关内侯，迁军谋祭酒。魏国建立后，迁任侍中。博学多识，尤以诗赋见长。

《鄢酒赋》

唯贤圣之兴作，贵重功而不泯。嘉康锹之先识，亦应天而顺人。拟酒旗于元象，造甘醴以颐神。虽贤愚之同好，似大化之齐均。物无往而不变，独居旧而弥新。经盛衰而无废，历百代而作珍。若乃中山冬启，醇酎秋发。长安春御，乐浪夏设。漂蚁萍布，芬香酷烈。播殊美于圣载，信人神之所悦，未闻珍酒，出于湘东。既不显于皇都，乃潜沦于吴邦。往逢天地之否运，今遭六合之开通。播殊美于圣代，宣至味而大同。匪徒法用之穷理，信泉壤之所钟。故其为酒也，殊功绝伦。三事既节，五齐必均。造酿在秋，告成在春。备味滋和，体色淳清。宣御神志，导气养形。遣忧消患，适性顺情。言之者嘉其旨美，味之者亲事忘荣。于是纠合同好，以遨以游。嘉宾云会，矩坐四周。设金樽于南楹，酌浮觞以施流。备鲜肴以绮进，错时馐之珍饶。礼仪攸序，是献是酬。赪颜既发，溢思凯休。德音晏晏，弘此徽猷。咸德至以自足，愿栖迟于一丘。于是懽乐既洽，日薄西隅。主称湛露,宾歌骊驹,仆夫整驾,言旋其居。乃冯轼以回轨,骋轻驷于通衢。反衡门以隐迹,览前圣之典谟。感夏禹之防微,悟仪氏之见疏。鉴往事而作戒,冏非酒而惟愆。哀秦穆之既醉,歼良人而弃贤。嘉卫武之能悔,著屡舞于初筵。察成败于往古,垂将来于兹篇。

作者:张载,西晋文学家。字孟阳,安平(今河北安平)人。博学善文。历官乐安相,弘农太守。八王之乱起,长沙王司马乂请为记室督,拜中书侍郎。后鉴于世道纷乱,无意仕进,告病归家。长于诗赋,为太康文学代表人物之一。

《酒诰》

酒之所兴,肇自上皇。或云仪狄,一曰杜康。有饭不尽,委余空桑。郁积成味,久蓄气芳。本出于此,不由奇方。

作者:江统(?~310年),西晋官吏。字应元,一说字元世、德元,陈留圉(今河南杞县西南)人。西晋初,曾任山阴令、太子洗马、转尚书郎、散骑常侍。"八王之乱"中,属齐王司马冏、成都王司马颖,对时事多有规谏。

《断酒戒》

盖神明智慧,人之所以灵也。好恶情欲,人之所以生也。明智运于常性,好恶安于自然。吾以知穷智之害性,任欲之丧真也。于是椎金罍,碎玉椀,破觥觚,损觚瓒,遗举白,废引满,使巷无行榼,家无停壶。剖樽折杓,沈炭销炉。屏神州之竹叶,绝缥醪乎华都。言未及尽,有一醉夫,勃然作色曰:盖空桑珍味,始于无情。灵和陶醞,奇液特生。圣贤所美,百代同营。故醴泉涌于上世,悬象焕乎列星。断蛇者以兴霸,折狱者以流声。是以达人畅而不壅。抑其小节,而济大通。子独区区,检情自封。无或口闭其味,而心驰其听者乎?庚生曰:尔不闻先哲之言乎,人生而静,天之性也。感物而动,性之欲也。物之感人无穷,而情之好恶无节。故不见可欲,使心不乱,是以恶迹止步。灭影即阴,形情绝于所托。万感无累乎心,心静则乐非外唱。乐足则欲无所滥。惟味作戒,其道弥深。宾曰唯唯,敬承德音。

作者:庚阐,东晋官员、文士。字仲初,颍川鄢陵(今河南鄢陵西北)人。咸和二年(327年)苏峻之乱,他往投郗鉴,任司空参军。卒年54岁。好学能文,作《扬都赋》,一时士人纷纷传写,京师为之纸贵。

《酒赋》

素醪玉润,清酤渊澄。纤罗轻布,浮蚁竞升。泛芳樽以琥珀,馨桂发而兰兴。一饮宣百体之关,一饮荡六府之务。

作者:袁山松(?~401年),东晋官吏,学者。一作袁崧。陈郡阳夏(今河南太康)人。历任吴郡太守等职。

《酒箴》

爰建上业,曰康曰狄。作酒于社,献之朋辟。仰郊昊天,俯祭后土。歆祷灵祇,辨定宾主。啐酒成礼,则彝伦攸叙。此酒之用也。

作者:刘恢,晋人,身世不详。

《酒赞》

余与王元琳,集于露立亭。临觞抚琴,有味乎二物之间。遂共为赞曰:

醇醪之兴,与理不乖。古人既陶,至乐乃开。有客乘之,隗若山颓。目绝群动,耳隔迅雷。万异既冥,唯无有怀。

作者:戴逵(?~396年),东晋雕塑家。字安道,谯国铚(今安徽宿州西)人。少时,绝意仕进,朝廷屡征召,固辞不就。善鼓琴,好作画,尤工雕塑及佛像铸造。

《谢晋安王赐宜城酒启》

孝仪启奉教,垂赐宜城酒四器。岁暮不聊,在阴即惨。惟斯二理,总萃一时。少府斗猴,莫能致笑。大夫落雄,不足解颜。忽值瓶泻椒芳,壶开玉液。汉遵莫遇,殷杯未逢。方平醉而遁仙,羲和耽而废职。仰凭殊渥,便申私饮。未瞩曩耻,已观愤岸。倾耳求音,不闻霆击。澄神密眠,岂觊山高。愈疾消忧,于斯已验。遗荣勿贱,即事不欺。酪酊之中,犹知铭荷。

作者:刘潜,身世不详。

《与兄子秀书》

　　具见汝书。与孝典陈吾饮酒过差,吾有此好五十余年。昔吴国张长公,亦称耽嗜。吾见张公时,伊已六十。自言引满,大胜少年时。吾今所进,亦多于往日。老而弥笃,惟吾与张季舒耳。吾方与此子交欢于地下,汝欲天吾所志邪。昔阮咸阮籍,同游竹林。宣子不闻斯言,王湛能文言巧骑。武子呼为痴叔。何陈留之风不嗣,太厚之气岂然。翻成可怪。吾既寂寞当世,朽病残年。产不异于颜原,名未动于卿相。若不日饮醇酒,复欲安归。汝以饮酒为非,吾以不饮酒为过。昔周伯仁渡江唯三日醒。吾不以为少。郑康伯一饮三百盃,吾不以为多。然洪醉之后,有得有失。成厩养之志,是其得也。使次公之狂,是其失也。吾常譬酒犹水也。亦可以济舟,亦可以覆舟。故江咨议有言:酒犹兵也。兵可千日而不用,不可一日而不备。酒可千日而不一饮,不可一饮而不醉。美哉江公,可与共论酒矣。汝惊吾堕马侍中之门,陷池武陵之第。遍布朝野,自言憔悴。丘也幸,苟有过,人必知之。吾生平所愿,身没之后,题吾墓云:陈故酒徒陈君之神道。若斯志意,岂避南征之不复,贾谊之恸哭者哉。何水曹眼不识杯铛,吾口不离觚杓。汝宁与吾同日而醒,与吾同日而醉乎。政言其醒可及,其醉不可及也。速营糟丘,吾将老焉。

　　作者:陈宣,身世不详。

隋唐五代时期酒赋

《醉乡记》

　　醉之乡,去中国不知其几千里也。其土旷然无涯,无丘陵阪险。其气和平一揆,无晦明寒暑。其俗大同,无邑居聚落。其人甚精,无爱憎喜怒。吸风饮露,不食五谷。其寝于于,其行徐徐。与鸟兽鱼鳖杂处,不知有舟车器械之用。昔者黄帝氏,尝获游其都。归而杳然,丧其天下,以为结绳之政已薄矣。降及尧舜,作为千盅百壶之献。因姑射神人以假道,盖至其边鄙,终身太平。禹汤立法,礼繁乐杂,数十代与醉乡隔。其臣義和,弃甲子而逃。冀臻其乡,失路而道天,天下遂不宁。至乎末孙桀纣,怒而升糟丘。阶级千仞,南向而望,卒不见醉乡。武王得志于世,乃命公旦立酒人氏之职。典司五齐,拓土七千里,仅与醉乡达焉,故四十年刑措不用。下逮幽厉,迄乎秦汉。中国丧乱,遂与醉乡绝。而臣下之爱道者,往往窃至焉。阮嗣宗陶渊明等十数人,并游于醉乡,没身不返,死葬其壤。中国以为酒仙云。嗟乎,醉乡氏之俗,岂古华胥氏之国乎。何其淳寂也如是。予得游焉,故为之记。

作者:王绩(见《酒与诗》)。

《送进士王含秀才序》

吾少时读醉乡记,私怪隐居者,无所累于世,而犹有是言,岂诚旨于味耶。及读阮籍陶潜诗,乃知彼虽偃蹇,不欲与世接,然犹未能平其心,或为事物是非相感发。于是有托而逃焉者也。若颜氏子,操瓢与箪,曾参歌声若出金石,彼得圣人而师之。汲汲每若不可及。其于外也固不暇,尚何事曲蘖之托,而昏冥之逃耶。吾又以为悲醉乡之徒不遇也。建中初,天子嗣位,有意贞观开元之丕绩。在朝廷之臣,争言事。当此时,醉乡之后世,又以直废。吾既悲醉乡之文辞,而又嘉良臣之烈。思识其子孙。今子之来见我也,无所挟,吾犹将张之。况文与行,不失其世守,浑然端且厚。惜乎,吾力不能振之,而其言不见信于世也。于其行,姑与之饮酒。

作者:韩愈(见《酒与诗》)。

《醉赋》

昔刘伶作酒德颂,以折搢绅处士。余尝为沉湎所困。因作醉赋,寄啁任山君。君嗜此物,亦以警之尔。

沉湎于酒,有晋之七贤,心游于梦,境堕于烟。六府漫漫,四支绵绵,逶随津涔,陶和浑鲜。遗天地之阔大,失膏火之消煎。寂寂寞寞,根归复朴。居若死灰,行犹飘觳。车屡堕兮无伤,首镇濡兮不觉。机发而动,魂交而合。暝文字之醇味,反骚人之独醒。曾不知其耳目,尚何惧于雷霆。偶四体以合莫,归一元而亿宁。曲蘖气散,竹桂滋已。百虑森复,七情纷始。风飘火燕,矜夸跱踌。嗟害马之骤还,顾息肩兮未几。苏门子闻而笑之曰:子之于道,其醯鸡软。彼至人

943

韩愈像

者,天地根、性情虚,披拂众万,脱遗寰区,形犹大象,心冥太初。故大患乃失,而至道可居也。乃今假荒惑之具,沈耳目之机,其解须臾,忧患繁滋。中心不可损,外患生之。为疹为痏,为狂为醺。负责之道,阴阳庋违。束乎巫医,殴乎有司。辱身灭名,瘵肺溢支。狼徂猖獗,为大人嗤。不得尽年,玉色先衰,曾不如睹无醉时,使人困苦如斯。

作者:皇甫湜,唐人,身世不详。

《酒功赞》

晋建威将军刘伯伦,嗜酒,有酒德颂传于世。唐太子宾客白乐天,亦嗜酒,作酒功赞以继之。其词曰:

麦曲之英,米泉之精,作合为酒,孕和产灵。孕和者何,浊醪一樽。霜天雪夜,变寒为温。产灵者何,清醑一酌,离人迁客,转忧为乐。纳诸喉舌之内,淳淳泄泄,醍醐沆瀣。沃诸心胸之中,熙熙融融。膏泽和风,百虑齐息,时乃之德,万缘皆空。时乃之功,吾尝终日不食,终夜不寝。以思无益,不如且饮。

作者:白居易(见《酒与诗》)。

《酒箴》

　　皮子性嗜酒,虽行止穷泰,非酒不能适。居襄阳之鹿门山,以山税之余,继日而酿,终年荒醉,自戏曰醉士。居襄阳之洞湖,以舸艋载醇酎一籯,往来湖上,遇兴将酌。因自谐曰酒民。于戏,吾性至荒,而嗜于此,其亦为圣哲之罪人也。又自戏曰醉士。自谐曰酒民,将天地至广,不能害醉士酒民哉。又何必厕丝竹之筵,粉黛之产也。襄阳元侯,闻醉士酒民之称也,谓皮子曰:子耽饮之性,于喧静岂异耶。皮子曰:酒之道,岂止于充口腹,乐悲欢而已哉。甚则化上为淫溺,化下为酗祸。是以圣人节之以酬酢,谕之以诰训。然尚有上为淫溺所化,化为亡国。下为酗祸所化,化为杀身。且不见前世之饮祸耶。潞酆舒有五罪,其一嗜酒。为晋所杀。庆封易内而耽饮,则国朝迁。郑伯有窟室而耽酒,终奔于驷氏之甲。蘩高嗜酒而信内,卒败于陈鲍氏。卫侯饮于籍圃,卒为大夫所害。呜呼,吾不贤者,性实嗜酒,尚惧为酆舒之儌,过此吾不为也。又焉能俾喧为静乎,俾静为喧乎;不为静中淫溺乎,不为酗祸之波平。既淫溺酗祸作于心,得不为庆封乎,郑伯有乎,滛高乎,卫侯乎。盖中性不能自节,因箴以自符。箴曰:酒之所乐,乐其全真。宁能我醉,不醉于人。

　　作者:皮日休(见《酒与诗》)。

《中酒赋》

　　书编百氏,病载千名。将有滨于九死,谅无敌于余醒。窗间落月,枕上残更。意欲问而无问,梦将成而不成。心悄悄,目瞠瞠。爱静中而人且语,愁曙后而鸡已鸣。才遭辀轹,适别恩情。屈大夫之独行,应难共语。阮校尉之连醉,不可同行。气缕支绵,神杂色沮。前欢已誓于抛掷,往事空经乎思虑。有藏卓擒伶之伍,我愿先登。有殛狄放杜之君,臣能执御。聿当拔酒树,平曲封,培仲楂,碎尧钟。先刊美橼,次削真龙。编虎颢者,宁教咔去。持蟹螯者,不要相逢。欲倚还眠,将词又默。深穷寂寞之境,别有凄凉之域。黄昏细雨,迷途而不到长亭。白昼繁花,失意而初归故国。背枕求稳,牵帏就黑。愁应平子分与,渴是相如传得。感物逾嗟,怀人有恻,谢月镜共王清去去不乏风流。杜兰香别张硕永永更无消息,冠缨不遇,怀案空陈徒歼蕃之髀。浸费猩猩之唇。牛心表异,熊掌称珍。剪云梦苣蕈，探泮宫芹。周子之菘向晚，庾郎之薤初春。加以欧川桂蠹，颍谷榆人。虽驰心于万品，且忘味于兹辰。莫话三年，谁云五斗。从齐奴车骑如水，任阿宁风姿似柳。仙莫得而媒，艳何能而有。麟毫帘近遮云母，不足惊心。琥珀钏将还玉儿，未能回首。或乃强迎宾友，力答笺书。落魄不啻，压伊有余。襜褕犹嫩整，解散固慵梳。下士蔚专讽虾蟆，诚堪窃笑。庄周子化为蝴蝶，实是凭虚。客曰：虽鲭鲊能珍，微风可折，岂比夫榴花竹叶之味，鄘永之清，中山之碧。必能酺骨酡颜，潜销暗释。况前覆乃后车之警，独行为众人之僻。不然，吾将受教于圣贤，敢忘欢伯。

作者：陆龟蒙（？～881年），唐末文学家，字鲁望，姑苏（今江苏苏州）人。试进士不第，曾任苏、湖二州从事。后退隐松江甫里，自号江湖散人、甫里先生、天随子。与皮日休齐名，时称"皮陆"。

两宋时期酒赋

《酒赋》

鱼丽于罶，鳏鲤。君子有酒，旨且有。若夫仪狄初制，少康造始。九投百品之精，一宿三重之美。既阴阳之相感，亦吉凶之所起。挹此思柔，诵兹反耻。则有优韦曜而赐荈，为穆生而置醴。定国数石而精明，郑玄一斛而温伟。三日仆射，百钱阮子。陈谏每唱于回波，养性亦浇于曩魄。尔其乐兹在镐，挹此如渑。法郑君之能酿，忆刘伶之解酲。山涛既闻于八斗，陆纳才堪于二升。陶侃则过限便止，孔觊则弥月不醒。文举嘲曹公之禁，简雍讥先主之刑。伐木许许，酾酒有觑，倾荒外之樽，探海中之树。三雅既闻于刘表，百榼仍传于子路。赏钟会之不拜，美孟嘉之得趣。酌此中圣，赐之上尊。梁武之称臧质，谢奕之逼桓温。行朱虚之军法，醉丞相之后园。或投醪而感义，或举杯而杀人。谢朓曾闻于指口，管仲尝忧其弃身。饮之孔偕，乐此今夕。营彼槽丘，溺滋窟室。子良持铫以乍进，延之据鞍而自适。既营度于五齐，亦均调乎六物，遗羊祜而弗疑。折张昭而屡屈，嘉皇甫之质厚，鄙王琨之俭啬。则有眠毕卓之瓮，入步兵之厨。饮瀛洲之玉膏，挹南岳之琼酥。亦闻醉里遗冠，瓮头加帽。银钟之宠思话，缥醪之赐崔浩。裴粲则勤以献诚。阴铿则仁而获报，逢括颈于消难。见倾家之次道。复闻孔群喻之糟肉，孙朝积年曲封。显父之钱百壶，唐尧之举千盅。岂顾季鹰之身后，且醉高欢之手中。应彼东风，醞兹狂药。冬酿分夏成，汾清分阽酌。亦云玉瞻三术，鄞舒五罪。汉有长乐之仪，吴有钓台之会。一斗河东之赐，千日中山之醉。苏微为之而成疾，庆封为之而易内。至若老羌之渴，次公之狂，倒山公之接羅，脱相如之鹔鹴。故其成礼而弗继以淫。无量而不及于乱，唯公荣而不与。独崔暹而可劝。礼成宴酺，名称圣贤。湛酒泉而在地。瞻酒旗之丽天，味兼百末，价重千钱。尝美味于鄮湖，酌不极于青田。复闻败见宋樽，怪消秦狱。或以青州作号，或以建康为目。名传上顿，味称美禄。阮孚以金貂相换，渊明以葛巾见漉。亦云曲阿既酾，邯郸被围。步白杨之野，坐黄菊之篱。高允败德以为训，元忠坐酌而言怡，或取陶陶之乐，或矜抑抑之仪。及夫行车酌醴，鸣钟举燧。餔糟分歠醨，举白分扬觯。高昌浐林之贡，西域蒲桃之味，或以蟹螯俱执，或以麑肩并赐。礼有生祸之诏，书著崇饮之旨。邴原有废业之忧，范泰述伤生之理。苟忘濡首之戒，将贻腐胁之毙。故三爵以退，而百拜成礼。所以喻之于兵，而譬之于水也。

作者：吴淑（947～1002 年），北宋学者。字正仪，润州丹阳（今江苏丹阳）人。南唐时为校书郎直内史。宋平江南，授大理评事，预修《太平御览》《太平广记》《文苑英华》。历太府寺丞、著作佐郎、职方员外郎等职。善笔札，工篆籀。

《浊醪有妙理赋》

酒勿嫌浊，人当取醇。失忧心于昨梦，信妙理之凝神。浑盎盎以无声，始从味入。杳冥冥其似道，径得天真。伊人之生，以酒为命。常因既醉之适，方识此心之正。稻米无知，岂解穷理；麴蘖有毒，安能发性。乃知神物之自然，盖与天工而相并。得时行送，我则师齐相之饮醇。远害全身，我则学徐公之中圣。湛若秋露，穆如春风。疑宿云之解驳，漏朝日之暾红。初醴粟之失去，旋眼花之扫空。酷爱孟生，知其中之有趣。犹嫌白老，不颂德而言功。兀尔坐忘，浩然天纵。如如不动而体无碍，了了常知而心不用。座中客满，惟忧百榼之空。身后名轻，但觉一杯之重。今夫明月之珠，不可以襦；夜光之璧，不可以餔。刍豢饱

我,而不我觉。布帛燠我,而不我娱。唯此君独游万物之表,盖天下不可一日而无。在醉常醒,孰是狂人之药。得意忘味,始知至道之腴。又何必一石亦醉,囷间州同。五斗解酲,不问妻妾。结袜庭中,观廷尉之度量。脱鞴殿上,夸谪仙之敏捷。阳醉逷地,常陋王式之褊。歌鸣仰天,每讥杨恽之狭。我欲眠而君且去,有客何嫌。人皆劝而我不闻,其谁敢接。殊不知人之齐圣,匪昏之如。古者晤语,必旅之于。独醒者汨罗之道也,屡舞者高阳之徒欤。恶蒋济而射木人,又何狭浅。杀王敦而取金印,亦自狂疏。故我内全其天,外寓于酒,浊者以饮吾仆,清者以酌吾友。吾方耕于渺莽之野,而汲于清泠之渊。以酿此醪,然后举窪樽而属予口。

《酒子赋》

米为母,麹为父。蒸羔豚,出髓乳。怜二子,自节口。饷滑甘,辅衰朽。先生醉,二子舞。归沦其糟,饮其友。先生既醉而醒,醒而歌之曰:吾观稴酒之初泛兮,若婴儿之未孩。及其溢流而走空兮,又若时女之方笄。割玉脾于蜂室兮,黏雏鹅之毷毸。味盎盎其春融兮,气凛冽而秋凄。自我蟠腹之瓜罂兮,入我凹中之荷杯。暾朝霞于霜谷兮,瀁夜稻于露畦。吾饮少而辄醉兮,与百榼其均齐。游物初而神凝兮,反实际而形开。顾无以酬二子之勤兮,出妙语为琼瑰,归怀璧且握珠兮,挟所有以傲厥妻。遂讽诵以忘食兮,殷空肠之转雷。

《中山松醪赋》

始予宵济于衡漳,车徒涉而夜号。燧松明以记浅,散星宿于亭皋。郁风中之香雾,若诉予以不遭。岂千岁之妙质,而死斤斧于鸿毛。效区区之寸明,曾何异于东蒿。烂文章之纠缠,惊节解而流膏。嘻作厦其已远,尚药石之可曹。收薄用于桑榆,制中山之松醪。救尔灰烬之中,免尔萤爝之劳。取通明于盘错,出肪泽于烹熬。与黍麦而皆熟,沸春声之嘈嘈。味甘余而小苦,叹幽姿之独高。知甘酸之易坏,笑凉州之葡萄。似玉池之生肥,非内府之蒸羔。酌以瘿藤之纹樽,荐以石盘之霜螯,曾日饮之几何。觉天刑之可逃,投拄杖而起行。罢儿童之抑骚,望西山之咫尺,欲褰裳以游邀。跨超峰之奔鹿,接挂壁之飞猱。遂从此而入海,眇翻天之云涛。使夫嵇阮之伦,与八仙之群豪。或骑麟而翳凤,争榼挐而瓢操。颠倒白纶巾,淋漓宫锦袍。追东坡而不可及,归餔歠其醨糟。漱松风于齿牙,犹足以赋远游而续离骚也。

《洞庭春色赋》

吾闻桔中之乐,不减商山,岂霜余之不食。而四老人者,游戏于其间。悟此世之泡幻,藏千里于一斑。举枣叶之有余,纳芥子其何艰。宜贤王之达观,寄逸想于人寰。嫋嫋兮秋风,泛天宇兮清闲。吹洞庭之白浪,涨北渚之苍湾。携佳人而往游,勒雾鬓与风鬟。命黄头之千奴,卷震泽而与俱还。糁以二米之禾,藉以三脊之菅。忽云蒸而冰解,旋珠零而涕潸。翠勺银罂,紫络青纶。随属车之鸱夷,款木门之铜镮。分帝觞之余沥,幸公子之破悭。我洗盏而起尝,散腰疾之痹顽。尽三江于一吸吞鱼龙之神奸。醉梦纷纭,始如髦蛮,鼓巴山之桂楫,叩林屋之琼关。卧松风之瑟缩,揭春溜之淙潺。进范蠡于渺茫。吊夫差之悍鳏。属此觞于西子,洗亡国之愁颜。惊罗袜之尘飞,失舞袖之弓弯。觉而赋之,以授公子曰:呜呼噫嘻,吾言夸矣。公子其为我删之。

《书东皋子传后》

予饮酒终日,不过五合。天下之不能饮,无在予下者。然喜人饮酒,见客举杯徐饮。则予胸中,为之浩浩焉,落落焉。酣适之味,乃过于客。闲居未尝一日无客,客至未尝不置酒。天下之好饮,亦无在予上者。常以谓人之至乐,莫若身无病而心无忧。我则无是二者矣。然人之有是者,接于予前,则予安得全其乐乎。故所至常蓄善药,有求者则与之。尤善酿酒以饮客。或曰:予无病而多蓄药,不饮而多酿酒,劳已以为人,何也。予笑曰:病者得药,吾为之体轻。饮者困于酒,吾为之酣适。盖专以自为也。东皋子待诏门下省日给酒三升。其弟静问曰:待诏乐乎? 曰:待诏何所乐,但美醖三升,殊可恋耳。今岭南法不禁酒,予既得自酿,月用米一斛,得酒六斗。而南雄广惠循梅五太守,间复以酒遗予。略计其所获,殆过于东皋子矣。然东皋子自谓五斗先生,则日给三升。救口不暇,安能及客乎。若予者,乃日有三升五合,入野人道士腹中矣。东皋子与仲长子光游,好养性服食,预刻死日,自为墓志。予盖友其人于千载,或庶几焉。

《既醉备五福论》

善夫诗人之为诗也，当成王之时，天下已平，其君子优柔和易，而无所怨怒。天下之民，各乐其所。年毂时熟，父子兄弟相爱，而无有暴戾不和之节。行不相与，作为酒醴。剥烹牛羊，以享以祀，以相与宴乐而不厌。诗人欲乐其事，而以为未足以见其盛也。于是推而上之，至于朝廷之间，见其君臣相安，而宗族相爱，至于祭祀宗庙既毕，而又与其诸兄昆弟，皆宴于寝。旅酬上下，至于无算爵，君臣释然皆醉。为作既醉之诗以美之。而后之博诗者，又深思而极观之，以为一篇之中，而五福备焉。然观于诗书，至抑与酒诰之篇，观其所以悲伤前世之失，及其所以深惩切戒于后者，莫不以饮酒无度，沉湎荒乱，号呶倨肆，以败乱其德为首。故曰，百福之所由生，百福之所由消耗。而不享者，莫急于酒。周公之戒康叔曰，酒之失，妇人是用，二者合并，故五福不降，而六极尽至。愚请以山民之家而明之，今夫养生之人，深自覆护壅闭。无战斗危亡之患，而率至于不寿者，何耶？是酒夺之也。力田之人，仓廪富矣，俄而至于饥寒者，何耶？是酒困之也。服食之人，乳药饵，不无风雨暴露之苦。而常至于不宁者，何耶？是酒病之也。修身之人，带钩蹈矩，不敢忘行，而常至于失德者，何耶？是酒乱之也。四者既具，则夫则考终天命，而其道无由也。然而曰五福备于既醉者，何也？愚固言之矣，天下之民，相与饮酒欢乐于下。而君臣乃相与偕醉于上，醉面愈恭，和而有礼，缪戾之气，不作于心，心和神安，而寿不可胜计也。用财有节，御已有度，而富不可胜用也。寿命长永，而又加之以富，则非安宁而何。既寿而富，身且安矣。而无所用其心，则非好德而何。富寿而安，且有德以不朽于后也。则非考终命而何。故世之君子，能观既醉之诗，以和平其心。而又观夫抑与酒诰之篇，以自戒也，则五福可以坐致，而六极可以远却，而孔子之说所以分而别之者，又何足为君子陈于前哉。

作者：苏轼（1037~1101），北宋文学家。字子瞻，一字和仲，号东坡居士，眉山（今四川眉山）人。嘉祐进士，授商州军事推官。哲宗立，召为右司谏。元祐占六年（1091年）拜尚书右丞，进门下侍郎。绍圣初、落职知州，贬至雷州、岳州等地。后筑室于许州（今河南许昌），终日默坐。与父洵、弟辙合称"三苏"，同为"唐宋八大家"。

苏轼像

《浊醪有妙理赋》

尽弃糟粕,独留精醇。导性理以通妙,知麹蘖之有神。融方寸于混茫,处心合道。齐天地于毫末,遇境皆真。厥初生民,时维司命。天有星以垂象,周建官而设正。泉香器洁,既曲尽于人为。气洌味甘,乃资陶于天性。盖百礼之所须,宁五浆之可并。荒耽失职,当戒义和之沉湎。温克自将,宜法文武之齐圣。良辰美景,明月清风,沸新筐之蚁白。滴小槽之珠红,味流霞而细酌。扫浮云之一空,醇德可嘉。颂觚瓢于刘子,醉乡不远。记风土于无功,恍尔神游。窈然心纵,天光泰定而遗万物。根尘解脱而忘六用。藉之饮药,能资疾疹之痊。或使坠车,岂觉死生之重。嗟夫,此异随珠,寒可当襦。此异和璧,饥可当脯。疗饥寒以饱暖,化忧愁为欢娱。信麹生之风味,岂侍坐之可无。霞散冰肌,谢仙人之石髓。红潮五颊,殊北苑之云腴。又岂贵盗醉瓮下,见郿州同。得饮播间,归骄妻妾。三升起待诏之恋,千首矜翰林之捷。分田种秫,未讶渊明之迁;看剑引杯,更觉少陵之狭。治则醒而乱则醉。其智足称,饮愈多而貌愈恭。其贤可接,察行观德,莫酒之如。自昔达者,必取之于。饮而粹者,元鲁山之德也。饮而拙者,扬道州之政欤。袒裼相从,笑竹林之七逸。供帐出钱,贤都门之二疏。故我取足于心,得全于酒。内以此而怡弟昆,外以此而燕宾友。虽一杯于一石,同酣适之功,又何必吸百川以长鲸之口。

《椰子酒赋》

伊南方之硕果,禀炎辉之正气,实石致而晬文,肤脂挺而腻理。厥中枵然,自含天体。酿阴阳之缊缊,蓄雨露之清泚。不假麴蘖,作成方美。流糟粕之精英,杂羔豚之乳髓。何烦九醖,宛同五齐。资达人之噍呿,有君子之多旨。穆生对而欣然,杜康尝而愕尔。谢凉州之葡萄,笑渊明之秫米。气盎盎而春和,色温温而玉粹。当炎荒之九秋,寄美人于千里。不费饼罍,以介寿社。破紫殻之坚固,剖冰肌之柔脆。酌彼窪樽,荐兹妙味。吸沆瀣而咀瑶瑶,可忘杯而一醉。

作者:李纲(见《酒与诗》)。

《石门酒器五铭》

《磨铭》
上动下静象天地,前推后荡象父子。昼夜运行命不已。精粗纷纭物资始,君子省身盍顾误,无小无大亦一理。

《酢牀铭》
责酒清易责人清难,智者于酒,可以反观。

《陶器铭》
一线之漏,足以败酒。一念之差,得无败所守乎。

《烧器铭》
厚其耳,广其腹。厚故胜,广故蓄。绵薄任重,祇以覆其悚。

《升铭》
凡物之理,不平则鸣。不足则慊,太溢则倾。谁谓剖斗而民不争,其取也宁过于啬,其予也宁过于盈。是又所以为不平之平乎。

作者:黄榦(1152~1221年),南宋学者,字直卿,世称勉斋先生,福州闽县(今福建福州)人。受业于朱熹。宁宗即位,授迪功郎,监台州酒务。后入庐山,讲学于白鹿书院。归乡里,巴蜀、江湖之士皆来学,弟子日盛。

《晓示科卖民户麹引及抑勒打酒》

勘会民间吉凶会聚,或修造之类。若用酒,依条听随力沽买。如不用,亦从其便并不得抑勒。今访闻诸县并佐官厅,每遇人户,辄以承买麹引为名,科纳人户钱物,以至坊场违法,抑勒人户打酒。切恐良民被害,婚葬造作失时,须至约束。

右今印榜晓示民户知悉,今后如遇吉凶聚会,或修造之类,官司辄敢买麹引,或酒务坊场,抑勒买酒,并仰指定见证。具状径赴使军陈告,切待拘收犯人根勘,依条施行。

作者:朱熹(见《酒与诗》)。

《醉翁亭记》

环滁皆山也。其西南诸峰,林壑尤美。望之蔚然而深秀者,琅琊也。山行六七里,渐闻水声潺潺,而泻出于两峰之间者,酿泉也。峰回路转,有亭翼然,临于泉上者,醉翁亭也。作亭者谁? 山之僧智仙也。名之者谁? 太守自谓也。太守与客来饮于此,饮少辄醉,而年又最高,故自号曰醉翁也。醉翁之意不在酒,在乎山水之间也。山水之乐,得之心而寓之酒也。

若夫日出而林霏开,云归而岩穴暝,晦明变化者,山间之朝暮也。野芳发而幽香,佳木秀而繁阴,风霜高洁,水落而石出者,山间之四时也。朝而往,暮而归,四时之景不同,而乐亦无穷也。

至于负者歌于途,行者休于树,前者呼,后者应,伛偻提携,往来而不绝者,滁人游也。临溪而渔,溪深而鱼肥;酿泉为酒,泉香而酒洌;山肴野蔌,杂然而前陈者,太守宴也。宴酣之乐,非丝非竹;射者中,弈者胜;觥筹交错,坐起而喧哗者,众宾欢也。苍颜白发,颓乎其中者,太守醉也。

已而夕阳在山,人影散乱,太守归而宾客从也。树林荫翳,鸣声上下,游人去而禽鸟乐也。然而禽鸟知山林之乐,而不知人之乐,人知从太守游而乐。不知太守之乐其乐也。醉能同其乐,醒能述以文者,太守也。太守谓谁? 庐陵欧阳修也。

作者:欧阳修(见《酒与诗》)。

金元时期酒赋

《大酺赋》

圣宋绍休兮三叶重光,祥符荐祉兮万寿无疆。昭景贶于纪元之号,还淳风于建德之乡。庆无邈而不被,俗无细而不康。乃下明诏,申旧章,赐大灿之五日,洽欢心于庶邦。尔乃京邑翼翼,四方是则。通衢十二兮砥平,广路三条兮绳直。固不以列肆千里,集民万亿。群有司而先置,戒掌次而具饬。幕九章兮灿若舒霞,廊千步兮轩如布翼。外飨之百品有叙,酒正之六物不忒。分命司市,迁阛阓于东西。鸠集梓人,校轮舆于南北,将以极瑰奇诡异之欢,示深慈至惠之泽也。于是二月初吉,春日载阳,皇帝乃乘步辇,出披香,排飞阅,历未央。御南端之峣阙,临迥望之广场。百戏备,万乐张,仙车九九而并鹜,楼船两两而相当。昭其瑞也。则银瓮丹甑。象其武也,则青翰馀艘。声砰磕兮非雷而震,势凭凌兮弗苇而航。且观夫鱼龙曼衍,鹿马腾骧。长蛇白象,麒麟凤凰。吞刀璀璨,吐火荧煌。或叱石而成羊,文豹左拿兮右攫,元珠倏耀兮忽藏。画地而川流淅淅,移山而列岫蒋蒋。神木垂实,灵草擢芒。髳髳豆兽,绰约天倡。曳绡纨而焠缲,振环佩兮铿锵。赤刀受黄公之祝,大面体兰陵之王。木女发机于曲逆,鸟言流俗于冶长。千变万化,纷纭颉颃。前者拗怒而欲息,后者技痒而激昂。舞以七盘之妍袖,间以九部之清商。弹筝恹篪,吹竽鼓簧。南音变楚,陇篷明羌。琵琶出于胡部,掺鼓发于称狂。方响遗铜磬之韵,羯鼓斗山花之芳。筌篌之妙引初毕,笳管之新声更扬。洞箫参差兮上处,燕筑慷慨兮在旁。琴瑟合奏而奕辨,埙篪相须而靡遑。信满莛而满谷,岂止乎洋洋盈耳而已哉。又若橦末之枝,趫捷之徒,籍其名于乐府,世其业于都卢。竿险百尺,力雄大夫。望仙盘于云际,视高緪子坦途。俊轶鹰隼,巧遇猿狙。衔多能于悬绝,校微命于锱铢。左回右转,既亟只且。嘈嘈沸渍,鼓澡殹歆。突倒投而将坠,旋敛态而自如。亦有倀僮赤子,提携叫呼。脱去褛襦,负集危躯。效山夔之踽踽,恃一足而有余。歘对舞于索山,跳九剑而争趋。偃仰拜起,如礼之拘。杂以拔距投石,冲狭戏车。蛇矛交击,猿骑分驱。韩媪之金九叠中,孟光之石臼凌虚。习五案者,于斯尽矣,透三峡者,何以加诸。复有俳优旃孟,滑稽淳于。诙谐方朔,调笑酒胡。纵横谲浪,突梯啯嘘。混妍丑于威施,变舒惨于蘧篨。乃至角抵蹴蹋,分朋列族。其胜也气若雄虹,其败也形如槁木。谁谓乎狼子野心,而熊黑可扰。谁谓乎以强凌弱,而猫鼠同育。斯固掖之下者,亦可以娱情而悦目。是时也,都人士女,农商工贾,鳞萃乎九达之衢。星拱乎两观之下。举袂分连帷,挥汗分霈雨。钿车金勒,杂遝而晶荧。祛服靓装,藻缛而容与。网利者罢登垄断,力田者竞辞畎亩。屠羊说或慕功名,斫轮扁亦忘规矩。寂寂分巷无居人,憧憧分观者如堵。以遨以游,爰笑爰语。始乃抃舞于康庄,终乃含歌于樽俎。旁有相如涤器,浊氏卖脯,乘时射利,鬻良杂苦。芍药之味,蚔蠵尽取。既贾用以兼赢,成满志而自许。又乃百工居肆,众货丛聚。锦绣之设,焰朗薁庑。竞相高以奢丽,羌难得而视缕。于以见国家蕃富,上下充足。女有余丝,男有余粟,顾金土分同价,兴礼让分郁郁。若夫七相茂族,四姓良家,蝉联鼎盛,照耀繁华。皆结驷而连骑,虽两汉其宁加。则又有菟裘老臣,逍遥高尚,乘下泽之车,曳灵寿之杖。爰稽首于尧云,把衢樽而无量。乡里俊造,草泽英才,览德辉而狎至,观国光而辈来。顾鼎食之可取,岂直野荤之谓哉。羽林戴鹖之夫,期门伱飞之子。罢羽猎于长杨,投宾壶于棘矢。袭楚楚之衣裳,喜交臂于厘里。大矣哉,惟尧舜之作主分,盛德日新。矧皋夔之为佐分,嘉猷矢陈。奏君臣相悦之乐,会比屋可封之民。湛露未晞,在藻之懽允洽。大牢如享,登台之众成臻。老吾老以幼吾幼,不独子其子而亲其亲。鳏寡孤惸分各有所养,蛮夷戎狄分孰非我臣。粟帛之赐已厚,牛酒之给仍均。春醴惟醇,炮炙蔫芬。皤发者驾肩而洩洩,支离者攘臂而欣欣。莫不含和而吐气,蹈德而咏仁。一之二之日,乐且有仪。三之四之日,不醉无归。五日分餍饫斯极。但见夫含哺而嬉,介尔眉寿,和尔天倪。非夫上圣之乾乾致治,其孰能逸豫而融怡者哉。敢为系曰:于铄我宋,巍乎帝先。创业垂统,静直动杀。威烈既茂,文德是宣。谦而不宰,让之于天。上帝允答,灵贶昭然。厥庆惟大,庶民赖焉。爰锡酺饮,流惠周旋。有稻如阜,有酒如川。既醉既饱,无党无偏。体安舒分被尧日,气和乐分畅薰絃。祝圣祚分扬纯懿,永延长分弥亿年。

作者:刘筠,身世不详。

元代蓝釉金彩爵杯

《蒲桃酒赋》

西域开，汉节回，得蒲桃之奇种，与天马兮俱来。枝蔓千年，郁其无涯。欲清秋以春煦，发至美乎胚胎。意天以美酿而饱予，出遗法于湮埋。索罔象之元珠，荐清明于玉杯。露初零而未结，云已薄而仍裁。挹幽气之薰然，释烦悁于中怀。觉松津之孤峭，羞桂醑之尘埃。我观酒经，必曲蘖之中媒。水泉资香洁之助，秫稻取精良之材。效众技之毕前，敢一物之不谐。艰难而出美好，徒酖毒之贻哀。繄工倕之物化，与梓庆之心斋。既以天而合，天故无桎乎灵台。吾然后知珪璋玉毁，青黄木灾。音哀而鼓钟，味薄而盐梅。惟挥残天下之圣法，可以复婴儿之未孩。安得纯白之士，而与之同此味哉。

作者：元好问（见《酒与诗》）。

明代酒赋

《葡萄酒赋》

赋曰：有西域先生蔓硕生者谒安邑主人。主人曰：何先生质性朴木，声谀而体丰，不动而能与人同，不言而能为人容，慕先生之风，能遗千乘之贵，味先生之道者,可忘万钟之隆。且支派之繁衍,流泽之不穷者,其有自乎。西域客起而揖曰:昔卯金氏之五叶,好逞兵而四征,广利之师律未辑,博望之使节已行。吾皇考时方埋名遁形,弢光匿馨,何聘帛之三往,竟上贡乎西京。虽一拔而遽起,冀中叶之足荣。尚未忘乎故土,尝含酸而寄情。于是觐武皇于未央之殿,因上表而致名也。武皇见皇考中硕而外茂,气芳而德醇。曰:此真席上之珍也。或待诏于上林,或备问于几筵,或与全母之桃同荐,或与玉屑之露同蠲。东方之谑,因吾而逞其技,相如之渴,赖吾以获其瘳。向使武皇,能尽用吾皇考之道,必不祀窀而求仙也。尔后太原之蔓延,安邑之蝉联,吾能一说,使百匹之帛可得,三品之职遽迁。叔达之行,以吾而表其孝,宋公之赋,因我而著其贤。予小子诚中原之一枝,共大宛之一天者也。主人曰:出处地望,吾既闻之矣。请问先生之为道也。客曰:吾始也,好甘言以媚人,畜阴冷以发疾,愧学道之不醇,方发愤以改习。遵曲生之遗法,亦禁水而绝粒。讶刀圭之入口,疑骨蜕而生翼。其心也湛然若止水,其气也盎然若春色。把之而不污浊,引之而不反戾。先生问言,质性朴木,言谀而体丰者,实由乎此矣。吾能使稜峭者浑沦,强暴者藏神。戕贼而机变者,皆抱璞而含真。欲使区宇之人,皆从吾于无何有之乡,而为葛天氏之民也。主人曰:善乎先生之方道也。于是命仆执席具几,百科定交于先生。先生于是哑言而笑,欣然而谈,泛然而把春江之波,湛然若临秋月之潭。嘅九天之珠玉,蜚万壑之烟岚。主人不觉气和而意适,体薰而心酣。颓然而就枕,不知明月之在西南。觉而使童子之执笔,记先生之良醲。

作者:王翰,身世不详。

《酒德颂和刘伶韵》

有放浪狂生,日洒落于昏朝,万古如须臾。心不营利禄,足不蹋云衢。衣无罗绮,寝无室庐,席草枕石,四体如如。兴至辄操杯觚,倾倒不计罇壶。惟以沈酣,安问其余。哂达人才子,王孙名士,无此逍遥。不知所以,大笑而与言。唇不阖齿,两眼模糊。呼之不起,狂生犹是。持杯接其槽,痛饮醇醪。开襟而踞,不滤其糟。并无他虑,思畅情陶。怡然成醉,唤之弗醒。聆之何能闻其音声,惟观其黑甜而躲形。弗顾风露之拂身,但适其性情。醉睨荣华易更分,似波浪而逐青萍,微躯易殒分,若蜉蝣而同螟蛉。

作者:周履靖,身世不详。

清代酒赋

《蒋芸轩嗜酒》

道咸间,富阳蒋芸轩茂才琴山性豪迈,嗜酒。一日,醉而为歌曰:彭泽我为师,供奉我为友。得鱼且忘筌,一杯时在手。天空地阔何悠悠,人生百年三万六千余春秋。华屋兮山邱,妻孥兮马牛。马牛奔走朝复暮,秋月春花等闲度。身家念重性命轻,草亡木卒惊朝露。朝露晞,试回首,不如意事常八九。人生行乐须及时,何如樽前一杯酒。君不见屈灵均,世浊怀独清,世醉怀独醒,我愿长醉。醉来当拥花月睡,醉时欢乐醒时愁。何必矫矫与世相怨怼。世事颠倒如转蓬。庸耳俗目岂有真,是非在其中。天无私覆,地无私载,达人知命,何论穷通。穷兮通兮乐陶然,开尊把酒问青天。不知莽莽天地,始于何代,终于何年。我欲乘槎日月边,日月远云遮望烟。我欲垂钓广漠渊,渊深鱼伏难钩连。今朝有人射猎北山前,驱鹰逐犬招我随执鞭。为我谢日,我今倦矣醉欲眠。

第五节　酒与散文

散文是文学的一大体裁。自六朝以后,为区别韵文和骈文,将凡是不押韵、不重排偶的散体文章,包括经传史书,全部归为"散文";后又泛指除诗歌以外的所有文学体裁。"五四"以后,将现代散文、小说、诗歌、戏剧并称为四大文体。现代散文又有广义狭义之分:广义者包括杂文、随笔、报告文学、游记、传记、小品文等;狭义者则专指表现作者情思的叙事、抒情散文。散文以表现性情见长,其形式自由、结构灵活、手法多样,可叙事、抒情、议论各主其事,也可兼而有之。

历代关于酒方面的散文是很多很多的,在此仅能列举若干。如东晋庚阐的《断酒戒》、戴逵的《酒赞》及刘伶的《酒德颂》;南朝梁刘潜的《谢晋安王赐宜城酒启》;北魏高允的《酒训》;唐代王绩的《醉乡记》、皮日休的《酒箴》;宋苏轼的《书东皋子传后》;明周履靖的《酒德颂和刘伶韵》;清代黄九烟的《论饮酒》等。在司马迁的《信陵君列传》及《荆轲传》中,以及其他不是专论酒散文中,均对饮酒有深刻的描写。现列出几篇美文以供大家欣赏。

《论语》中有关酒的描写

酒质方面:"沽酒不食。"因为当时喝的是古代黄酒,而且是从市场上零沽的酒,往往容易酸败,故孔子喝的是"家酿酒"。

饮酒的度:"不为酒困";"唯酒无量。不及乱"。"不为酒困"可理解为"不是有人请你喝酒你必去"及"从来不因喝醉"而误事伤身。孔子还说:"损者三乐。乐骄乐,乐佚游,乐宴乐,损矣。"他将骄傲、闲游、醉酒并列为有损德行的三种喜好,这与《酒诰》中的"不崇(酗)饮""不湎于酒"的观点是一致的。"唯量无量"这四个字,有人理解为不能给所有的人规定统一的饮量;也有人解释为孔子酒量很大或很小。这都无所谓,关键是不要喝多了。这也与《酒诰》中的"德将无醉"的意思是相同的。

讲究礼节:"有酒食,先生馔";"乡人饮酒,杖者出,斯出矣";"君子不争"。这里说若有酒和菜,要先让父母享受;孔子和本乡人一起饮酒后,一定要等拄着拐杖的老者先出门后,自己才出去;按周礼在举行射箭比赛后,要"下而饮",互相敬酒祝贺,要注意谦虚。另外,古代国君在厅堂内建有放置空酒器的土台,称为"反坫",为招待别国国君举办国宴时专用。故孔子认为管仲小是国君而家设"反坫"是失礼之举。他说:"邦君为两君之好,有坫。管氏亦有反坫。管氏而知礼,孰不知礼?"古代,将天子祭祀祖先的形式称为禘,而鲁国经天子特准则可举行禘祭,但第一次献酒是祭太祖亡灵的,叫"灌",然后再祭列祖列宗,而且在祭祀前,要注意斋戒,即不能喝酒等。可是有人违背这一规定,所以孔子就生气。他说"禘自既灌而往者,吾不欲观之矣。"据《论语》记载:"子之所慎,齐(斋)、战、疾。"即孔子将斋戒、战争、流行病同等看待。

此外,孔子还主张饮酒时须使用相宜的酒杯等。

《论语》中的上述"饮酒观",有些至今仍然是可取的。《论语》是孔子弟子

中华酒典

及其再传弟子关于孔子言行的记录,它与《大学》《中庸》《孟子》并称为"四书",长期成为封建社会科举取士的初级标准本。《大学》由孔子的学生荀子所作;《中庸》的作者是孔子的孙子子思,他是孔子的学生曾子的学生;《孟子》由孟子及其弟子万章等所著,而孟子则受业于子思的门人。

欧阳修的《醉翁亭记》

被称为"唐宋八大家"之一的欧阳修的传世之作《醉翁亭记》,是他被贬于滁州任太守时所写的一篇山水游记。滁州地僻事简,而作者为政以宽,又正值年岁丰稔,因此能放情于山水之间。文章绘声绘色地描述了幽深秀丽、变化多姿的自然风光;既畅达地表现了他与游客在亭中饮酒赏景的欢乐情景,也委婉含蓄地流露出作者对构陷者的不满和爱国忧民的思绪;并反映了人民和平宁静的生活状态,可谓情景交融、蕴意深广。

欧阳修像

在写作手法上,语言骈散兼行、音调和谐振作、文气舒缓;写景由远及近、由面到点;通篇采用判断句和自问句的句式,连用了 21 个"也"字,是文赋的新形式,开了连用"也"字之端;全文写到与饮酒有关的饮、杯、酿、酒、酣、醉字有 16 处,名副其实,为酒文化的一朵奇葩,真具有"耐读"的价值,故将全文录释如下。

醉翁亭记

环滁皆山也。其西南诸峰,林壑尤美,望之蔚然而深秀者,琅琊也。山行六七里,渐闻水声潺潺而泻出于两峰之间者,酿泉也。峰回路转,有亭翼然临于泉上者,醉翁亭也。作亭者谁? 山之僧智仙也。名之者谁? 太守自谓也。太守与客来饮于此,饮少辄醉,而年又最高,故自号曰醉翁也。醉翁之意不在酒,在乎山水之间也。山水之乐,得之心而寓之酒也。

若夫日出而林霏开,云归而岩穴暝,晦明变化者,山间之朝暮也。野芳发而幽香,佳木秀而繁阴,风霜高洁,水落而石出者,山间之四时也。朝而往,暮而归,四时之景不同,而乐亦无穷也。

至于负者歌于途,行者休于树,前者呼,后者应,伛偻提携,往来而不绝者,滁人游也。临溪而渔,溪深而鱼肥;酿泉为酒,泉香而酒洌;山肴野蔌,杂然而前陈者,太守宴也。宴酣之乐,非丝非竹,射者中,弈者胜,觥筹交错,起坐而喧哗者,众宾欢也。苍颜白发,颓然乎其间者,太守醉也。

已而夕阳在山,人影散乱,太守归而宾客从也。树林荫翳,鸣声上下,游人去而禽鸟乐也。然而禽鸟知山林之乐,而不知人之乐;人知从太守游而乐,而不知太守之乐其乐也。醉能同其乐,醒能述以文者,太守也。太守谓谁? 庐陵欧阳修也。

智仙:和尚之名。太守:为一郡的最高行政长官。得之心而寓之酒:领会在心里,寄托在喝酒上。若夫:象那。霏:雾。云归:古人以为云是自山中的,故又回去了。暝:昏暗。伛偻提携:弯腰曲背的老人牵扯着小孩。蔌:菜蔬。射者中:古代饮宴时有一种"投壶"的娱乐,以矢投壶中,投中者胜,酌酒给负者饮。弈者胜:下棋的赢了。翳:遮盖。鸣声上下:飞鸟忽然在高处叫,忽然在低处叫;或理解为鸟叫声忽高忽低。庐陵:今江西吉安市。

司马光的《训俭示康》

这是司马光训诫儿子司马康的一篇散文,要他崇高节俭,不要追求奢靡。文中以实例做对比,并采用现身说法,使晚辈读来觉得亲切,容易接受,今天阅读,仍可从中受到一些启发。

"吾本家寒世以清白相承。吾性不喜华靡,自为乳儿,长者加以金银华美之服,辄羞赧弃去之……"

"近岁风俗尤为侈靡,走卒类士服,农夫蹑丝履。吾记天圣中先公为群牧判官,客至未尝不置酒,或三行五行;多不过七行,酒酤于市,果止于梨、栗、枣、柿之类,肴止于脯醢、菜羹,器用瓷、漆:当时士大夫家皆然,人不相非也。会数而礼勤,物薄而情厚。近日士大夫家,酒非内法,果、肴非远方珍异,食非多品,器皿非满案,不敢会宾友,常数月营聚,然后敢发书。苟或不然,人争非之,以为鄙吝,故不随俗靡者盖鲜矣。嗟乎,风俗颓弊如是,居位者虽不能禁,忍助之乎!"

近岁:近年。类:大都。天圣中:天圣年间,"天圣"为宋仁宗年号。先公:司马光称已故的父亲。三行五行:给客人斟酒的次数。酤:通"沽",买酒。止:只不过是。脯:干肉。醢:肉酱。羹:汤。相非:相互讥评或认为不对。会数而礼勤:聚会次数多而礼意殷勤。"数"作"屡"解。数月营聚:先用几个月时间为请客做准备。苟:如果。鄙吝:没见过世面,舍不得花钱。盖鲜:几乎没有了。居位者:居高位有权势的人。虽:即使。忍助之乎:忍心助长这种坏风气吗?

又闻昔李文靖公为相,治居第于天门内,听事前仅客旋马。或言其太隘,公笑曰:"居第当传子孙,此为宰相听事诚隘,为太祝、奉礼听事已宽矣。参政鲁公为谏官,真宗遣使急召之,得于酒家。既入,问其所来,以实对。上曰:'卿为清望官,奈何饮于酒肆?'对曰:'臣家贫,客至无器皿、肴、果,故就酒家觞之。'上以无隐。益重之……"

治居第:修住宅。听事:听取、处理公事、接待宾客的厅堂。仅容旋马:仅能让一匹马转过身。隘:狭窄。太祝、奉礼:太祝和奉礼郎,是太常寺的两种官,主管祭祀,通常让功臣的子孙担任。得于酒市:在酒馆里找到他。上:皇上。清望官:清高有名望的官。觞:酒杯,这里指喝酒。上以无隐,益重之:宋真宗因为宰相不隐瞒实情而越发尊重他。

酗酒和嗜酒的文章——《酒祸》

《酒祸》将酗酒和嗜酒者造成的后果，以一言以蔽之，完全归咎于酒；并对当事者酒后的不良形象做了描述。笔者认为，应对酒的作用有个较全面、正确的评价；文中的一些现象，也应从饮酒者本身找其原因。因为若能做到科学饮酒，则"何祸之有"？所以该文的题目至少应改为"酗酒之祸"较为妥当，"酗、之"二字不宜省略。现将全文辑录如下，供参阅。

酒祸

诚曰："酒是伤人之物，平地能生荆棘。惺惺好汉错迷，醉倒东西南北。看看手软脚酸，蓦地头红面赤。弱者谈笑多言，强者逞凶半力。官人断事乖方，史典文书堆积。狱座不觉办逃，皂隶横遭马踢。僧道更是猖狂，寺观登时狼藉。三清认作三官，观音唤用弥勒。医卜失志张慌，会饮交争坐席。当归认作人参，丙丁唤作甲乙。乐人唤笛当萧，染匠以红为碧。推车哪管高低，把舵不知横直。打男骂女伤妻，鸡犬不得安宁。扬声叫讨茶汤，将来却又不吃。妻奴通夜不眠，搅得人家苦极。病魔无计支持，悔恨捶胸何益。"

皂隶：古代贱役。三清：道教所尊的三位最高尊神。三官：道教所信奉的天官、地官、水官三种。弥勒：佛教大乘菩萨。

从上文可见，所谓"酒祸"的提法是古已有之，对酒的功用的评价，以及对如何饮酒问题的讨论，估计还将继续很长时间。

第六节　酒与小说

《三国演义》《水浒传》《西游记》《红楼梦》这四大名著小说，均多次写到酒。《聊斋志异》《三言二拍》等很多作品，也都与酒有关。例如《老残游记》中，作者借酒虚构故事；《金瓶梅》中的"李瓶儿私语翡翠轩、潘金莲醉闹葡萄架"；《镜花缘》中，描写了武则天如何醉酒逞淫威；《儒林外史》中的周学道校士拔真

中华酒典

才,胡屠户行凶闹捷报;《官场现形记》中的"摆花酒大闹喜春堂,撞木钟初访文殊院"……在现代著名作家鲁迅、巴金等的小说中,也离不了酒。而且,通常是在小说中写到酒的相关情节,都较为生动,可读性较强。

《水浒传》是著名的描写农民起义的长篇古典小说,明代小说家施耐庵(约1296~1370年)著。作者以艺术笔触描写北宋末年山东地区以宋江为首的农民起义队伍形成、发展乃至失败的整个过程。这部宏伟的英雄史画卷,以梁山好汉"替天行道"为题材,把他们豪爽侠义的性格刻画得淋漓尽致,作者以"酒"作为小说中的重要"道具",抓住不同人物的身份、经历,始终把握人物的不同特点和同类型人物各种不同因素的发掘,努力在同中显异,细腻地写出他们的区别,人物形象多姿多彩、特点迥异,"酒"对塑造人物起了重要作用。

《水浒传》是中国古典小说中描写到"酒"频率最高的作品之一,全书一百二十回,发生饮酒场面共达647次:

(1)联谊类209次。其中待客78次,联谊聚饮104次。(2)鼓励安慰类97次。其中犒赏72次,慰劳7次,压惊8次,壮胆壮行10次。(3)庆贺类69次。其中庆功62次,婚庆6次,庆寿1次。(4)疏通关系类46次。其中贿赂疏通25次,酬谢15次,赔礼3次,答谢3次。(5)礼节礼仪常例类128次。其中接风44次,送行41次,结义盟誓13次,年节习俗饮宴10次,寺院请客用素酒1次,做道场用酒1次,祭奠用酒9次,犯人被行刑前例行饮"永别酒"1次。(6)闲饮类64次。其中日常习惯性饮酒63次,专为解闷1次。(7)其他类共32次。以酒用计21次,以毒酒杀人8次。另外,还有烹调用酒1次,酿酒1次。

全书平均每回写到吃酒处5次之多。

施耐庵先生在《水浒传》第一回说明,"一部七十回正书"。这七十回正书写酒的次数更是了得,共计达410次,平均每回近6次。

《三国演义》

《三国演义》是我国章回小说的开山之作,是第一部最完整的艺术成就最高的长篇历史演义小说。明代小说家罗贯中(1330~1400年)著。

作者以蜀汉矛盾为全书的主导方面,描写了蜀、魏、吴三国统治集团之间在军事、政治、外交等方面的种种斗争。作者不受史书的束缚,真实细节与渲染夸张并用、现实主义同浪漫主义结合,不论是"温酒斩华雄",还是"青梅煮酒论英雄","群英会蒋干中计","关云长单刀赴会",经常以酒为道具,有简有详,错落有致,恰到好处地表现了人物的性格、身份,给读者留下真实深刻的印象,佐使《三国演义》成为演义小说的顶峰之作。

全书一百二十回,发生饮酒场面319次:

(1)联谊类93次。其中联谊聚饮27次,宴宾待客66次。(2)闲饮类51次。其中闲饮解闷45次,饮酒误事6次。(3)以酒用计类29次。(4)鼓励安慰类61次。其中赏赐犒劳37次,压惊慰劳21次,壮行3次。(5)礼节礼仪常例类47次。其中接风送行17次,年节习俗3次,祭奠22次,结盟起誓7次。(6)庆贺类16次。(7)疏通关系类15次。其中疏通笼络9次,酬谢6次。(8)鸩酒杀人类5次。(9)其他:酿酒2次。

《西游记》

《西游记》是一部积极浪漫主义长篇神话小说,但作者的想象并非毫无依据,他塑造的形象,在描写人物所处的环境时往往具有人类本身的属性,假想的事件,依据人类(或动物)的本性特征设计;从人物的塑造,以神性、人性、动物性三者融合的方式塑造人物,不仅具有超自然的神性、动物独具的属性,更具有社会化的人物个性,在深化题材中注入现实生活的内容,使瑰丽的想象与真实的细节相辅相成,从而使这些形象姿态万千,面目各异,有血有肉,富有社会意义,人或事或多或少有社会现实的影子,给人以可信的印象。千百年来,人们不断地从中汲取养料,理解其中与现实生活相关的象征意义。

《西游记》中主人公是出家人,佛教戒酒,可是《西游记》一书仍旧离不了酒。全书共一百回,仅各种饮酒场面直接出现103次(场)之多;尤其是前八回,饮酒达25场(次),每回平均有3次之多。

(1)联谊类11次。其中联谊酒6次,钱别酒5次。(2)礼节礼仪类23次。其中接风酒7次,饮宴14次,祭祀2次。(3)庆贺类9次。其中庆贺酒5次,喜酒4次。(4)闲饮筵宴类15次。其中闲饮11次,治疗药酒1次,偷饮酒3次。(5)鼓励奖赏类10次。其中奖赏4次,犒劳3次,压惊酒3次。(6)疏通关系类17次。其中求助酒1次,赔礼1次,酬谢酒15次。(7)驱寒1次。(8)另外,还

中华酒典

有其他涉及酒的地方 17 处。

《红楼梦》

《红楼梦》,清代小说家曹雪芹(1715~1763 年)著,细致描述了金陵贾家荣宁二府由盛而衰的经历。小说以描写家庭盛衰和爱情婚姻反映现实社会所达到的深度和广度,以其现实主义创作方法和精湛的小说技巧所达到的炉火纯青的高度,夺得中国古代小说的皇冠。

独特环境能够显现人物身份及其素质,对于塑造人物性格有巨大的烘托作用。作者十分注意描写独特环境,通过细致准确、逼真自然、情景交融的环境描写,力求由环境凸现人物的身份、地位和性格,从而有力地表现了作品的主题,引起读者感情上的共鸣。《红楼梦》作者特别善于精雕细刻,详写细描,有的饮酒场面,如贾宝玉和平儿同过生日的饮宴场面描写竟占用了两回。《红楼梦》中对酒文化的记录十分详尽,留下了那个时期中国酒文化的宝贵资料。

全书一百二十回,发生饮酒场面达 152 场(次):

闲饮 66 次,年节饮宴 19 次,寿诞筵宴 18 次,饯行 3 次,接风 8 次,祭祀祭奠 8 次,宴宾待客 14 次,庆贺 2 次,赏赐 2 次,结社会盟 3 次,疏通关系 1 次,喜酒 3 次,答谢 3 次,其他 2 次。

《水浒传》——宋代酒文化缩影

宋代酒业在中国酿酒史上处于提高期和成熟期,大量酿酒理论著作问世,蒸馏白酒出现,酤酒业继承和发展唐代经营思路,标志着酒文化的成熟和大发展。

施耐庵先生通过《水浒传》全书六百多场(次)饮酒,描写相关的酒业状况、岁时饮酒习俗、饮酒礼仪、宴饮时尚、饮酒器具、酒令、酒的种类品牌等等,通过这些环境、背景描写,显示了那个时代酒文化的特点,向读者展现了一幅丰富的宋代酒文化全卷。

展现了繁荣昌盛的宋代酤酒业景象

1.酒业繁盛,酒店遍布

唐宋时期,从京城闹市到山村僻壤,到处有酒店,人迹罕至之处,也不例外。

(1)州府所在地大型酒店林立 大名府的"翠云楼,楼上楼下,大小有百十个阁子。"阁子:即雅间。有上百个雅间的酒楼,放到现在,也是超大规模饭店了。

第二十九回《施恩重霸孟州道,武松醉打蒋门神》写道"这快活林离东门去有十四五里田地,算来卖酒的人家,也有十二三家。"出城到"市井"快活林,沿途尚且有这许多酒店,城里可想而知。

(2)县城里有规模不等的酒店酒楼 如写阳谷县,有武大郎叫郓哥随去的小酒店、紫石街转角头的酒店,何九叔家出门巷口酒店,狮子桥下的狮子楼酒店等,随处可见。

(3)村镇酒店相当多 如鲁智深到五台山下一个市井,约有五七百人家,酒店稠密,离铁匠人家"行不到三二十步",有一家酒店;"行了几步",就又是一家酒店;起身从这里出来,连走了三五家酒店,都不肯卖给鲁智深酒,"远远地杏花深处,市稍尽头,一家挑出了草帚儿来",走到那里看时,却是个傍村小酒店。

(4)极小的居民聚居地有酒店 "(林冲)又行了一回,望见一簇人家,林冲住脚看时,见篱笆中,挑着一个草帚儿在露天里。"

(5)山野之中有酒店 武松"又行不得一里多路,来到一处,不村不郭,却早又望见一个酒旗儿,高挑出在树林里。来到树木丛中看时,却是一座卖村醪小酒店。"

"林冲踏着雪只顾走,看看天色冷得紧切,渐渐晚了,远远望见枕溪靠湖,一个酒店,被雪漫漫地压着。"

"武松上的一条土冈,早望见前面有一座高山,生得十分险峻。武行者下土冈子来,走得三五里路,早见一个酒店,门前一道清溪,屋后都是颠石乱山。"

(6)虎狼出没的山野也有酒店 如景阳冈下不远"有一个酒店,挑着一个招旗在门前,上头写着五个字道:'三碗不过冈'。"

(7)官道边隔不远就有酒店 书中多处提及。"出得孟州东门外来,行过得三五百步,只见官道旁边,早望见一座酒肆。""又行不到一二里,路上又见个酒店。"

2.宋代酒店强调名牌的文化个性

给酒店酒楼冠以名号始盛自宋代。《水浒传》中有名号的酒楼:狮子楼、鸳鸯楼、浔阳江楼、快活林酒店、琵琶亭、樊楼、翠云楼等等。浔阳江酒楼"旁边竖着一根望杆,悬挂着一个青布酒旆子,上写道'浔阳江正库'。雕檐外一面牌额,上有苏东坡大书'浔阳楼'三字。"

3.酒店注意宣传广告策划

大小酒店,以不同形式宣传昭示,招徕顾客。

浔阳楼"门边朱红华表柱上,两面白粉牌,各有五个大字,写道:'世间无比酒,天下有名楼'。"此酒楼请当时的文化大名人苏东坡题写牌匾,提高酒店的文化品位。

快活林酒店:"檐前立着望杆,上面挂着一个酒望子,写着四个大字道:'河阳风月'。转过来看时,门前一带绿油栏杆,插着两把销金旗,每把上五个金字,写道:'醉里乾坤大,壶中日月长'。"

描写了服务完善的宋代酤酒业状况

1.提供舒适宜人的饮酒场所及设施

(1)为适应顾客需要 有档次不同的酒楼酒店,各设有不同的饮酒场所,如"阁儿"(单间雅座),隐秘性饮宴有保证。

(2)为顾客提供抒发感情的条件 酒店四壁白墙,酒店备有笔墨,食客可以自由题诗题字。

在浔阳江楼,宋江"起身观玩,见白粉壁上多有先人题咏","乘着酒兴,磨得墨浓,蘸得笔饱,去那白粉壁上便写……"。

(3)有不同档次的各种酒类 书中写到的一般酒有:酒浆、素酒、荤酒、色酒,社酒、社酝、村酒、村醪、茅柴白酒、村醪水白酒、浑白酒、荤清白酒、白酒;高档酒有:"蓝桥风月""玉壶春""透瓶香(出门倒)"、老酒、青花瓷酒、琼浆玉液、黄封御酒、官酒、葡萄酒等。

(4)饮酒设施齐备,酒具豪华 宋代豪门贵族和大型酒店的酒具讲究奢华,金银酒器较前代多,多用金银制酒具,常以"两"计算。

皇宫筵宴酒具豪奢:"筵开玳瑁,七宝器黄金嵌就;炉列麒麟,百和香龙脑修成。玻璃盏间琥珀钟,玛瑙杯腾珊瑚斝。赤瑛盘内,高堆麟脯鸾肝,紫玉碟中,……"

东京名妓李师师招待宋江等,"希奇按酒,甘美肴馔,尽用锭器,摆一春台。劝罢酒,叫奶子将小小金杯巡筛。"

书中提到的盛酒具有:酒海、银酒海、酒缸、银壶、酒葫芦等。

饮酒器有:嵌宝金花钟、玻璃盏、琥珀钟、玛瑙杯、珊瑚斝、黄金盏、台盏、盏子、紫霞杯、金杯、酒杯、劝杯、赏钟、椰瓢等。"劝杯",敬酒用的杯子,较一般饮酒杯大些;"劝盘",敬酒、劝酒用的盘子;"赏钟","知府看了大喜,叫取酒来,一连赏了十大赏钟。"

温酒具有:"旋杓","镟子","注子"等。

2.为顾客提供方便周到的服务

(1)服务人员态度热情、服务周到 "酒保应了,下去取只碗来放在李逵面前,一面筛酒,一面铺下肴馔……酒保斟酒,连筛了五七遍。"

(2)顾客可以自带食品,只买酒吃 李逵在市镇上买了一包枣糕。汤隆"跟了李逵,直到酒店里来见公孙胜。……李逵取出枣糕,叫过卖将去整理。三个一同饮了几杯酒,吃了枣糕,算还了酒钱。"

(3)顾客可以自带原料,酒店代做 或客店兼卖酒肉粮米,客人可以自己动手。如杨雄、石秀、时迁投奔梁山路上,天晚时宿一客店。店小二问是否吃饭,时迁道:"我们自理会。"然后自己做菜。

店主人道:"青花瓷酒和鸡肉,都是那二郎家里自将来的,只借我店里坐地吃酒。"

宋江、张顺等在琵琶亭酒馆。张顺拿的鲜活鱼,"吩咐酒保,把一尾鱼做辣汤,用酒蒸一尾,叫酒保切鲙。"

(4)顾客喝剩下的酒,酒店代保管 如坐地吃酒,即把自己的酒食寄放在酒店里,随去随取随吃。武松在孟州杀了张都监等,奔青州去,路上一座高山下,逢"门前一道清溪,屋后都是颠石乱山"的酒店,孔明、孔亮便寄放了"青花瓷酒"和鸡肉,请店家做好,然后来吃。

3.完善的酒店功能和服务内容

（1）歌舞助兴　宋江、柴进等"正打从樊楼前过，听得楼上笙簧聒耳，鼓乐喧天，灯火凝眸，游人似蚁。宋江、柴进也上樊楼，寻个阁子坐下，取些酒食肴馔，也在楼上赏灯饮酒。"有"绰酒座儿""赶座"的，串酒楼卖唱，以求得顾客赏赐。

（2）歌妓陪饮　宋江、柴进和李师师对坐饮酒："但是李师师说些街市俊俏的话，皆是柴进回答，燕青立在边头和哄取笑。……李师师低唱苏东坡大江东去词。……"

"李师师叫燕青吹箫，伏侍圣上饮酒，少刻又拨一回阮，然后叫燕青唱曲。"

"叙礼已毕，请入后殿，大设华筵，水陆具备。番官进酒，戎将传杯，歌舞满筵，胡笳聒耳，燕姬美女，各奏戎乐，羯鼓埙篪，胡旋曼舞。"

描写了酒在节庆民俗中的地位

中华民族到秦汉时期，节日风俗基本定型，逢年节人们团圆宴饮，尤其是元旦（春节）、元宵节、端午节、中秋节、重阳节等重大节日，饮酒的礼节、酒的品种、饮宴的地点及内容、形式等各不相同，已成定式。

（1）注重形式和礼仪的元旦公筵　如宣和五年宋江军营中的元旦和宋江领军剿灭了王庆，班师回京的元旦筵宴等。

（2）注重于游乐的元宵节，一般为家宴　如宋江在花荣寨里度民间元宵节和描写京师元宵节，刻画得令人如临其境。

（3）欢聚庆贺的端阳节　分别写了梁中书那样豪门贵族的端阳节家宴和宋江军营中的端阳节。

（4）赏月宴饮的中秋节　如史进庄园的民间中秋节和官宦张都监府中的中秋节。

（5）传统岁时特色的重阳节　详细地描写了梁山寨中的重阳节。

细致描述了传统饮酒礼仪习俗

（1）以礼排定宴席座位，座次分明　对上下级之间、宾主之间、朋友之间、家人之间以及君臣之间的筵宴座次排位描写准确周详。

（2）记叙中国习俗礼节十分详细　如结盟、祭奠、接风、送行、甚至犯人临刑前,与一碗长休饭、永别酒的习俗等。

《红楼梦》·酒·酒令

一部《红楼梦》,全书一百二十回,描写的故事发生在荣、宁二府。书中有的整回(如第七十五回、第七十六回都是写贾府中秋酒宴)写一次饮宴场面,可谓精雕细刻,情景交融,通过对环境做出的细致、生动、准确的描写,并与人物描写密切相连。其中对酒令的描写十分细致。

酒文化现象

(1)酒器　酒壶有乌银梅花自斟壶,乌银洋錾自斟壶,热酒用的"暖壶"等等;酒杯有海棠冻石蕉叶杯,十锦珐琅杯,木头杯,竹根套杯,黄杨根整抠的套杯等等。

(2)酒　有惠泉酒、绍兴酒、黄酒、烧酒、合欢花浸的酒、椒柏酒、屠苏酒、西洋葡萄酒等等。

(3)宴饮时尚　小说描写的是贾府内发生的事情,反映了当时上层豪门贵族的饮宴时尚。正月里吃年酒,从年三十直吃到十七八,天天有席,天天摆酒;凡有名目的饮宴,要请戏班子唱戏,小聚闲饮要请歌妓劝酒;一家有事,亲友"送戏祝贺""送席祝贺""送酒接风""送席接风"等等。

饮酒的题目除了年节喜庆、待客宴宾、接风送行、祭祀寿典、答谢疏通等等缘由的必要饮宴,结社会诗、消寒送节也要饮酒,赏雪、赏月、赏灯、赏桂、赏海棠花开等等,皆需备酒助兴。

(4)酒令　细致描写饮酒行令的章回有第二十八回、第四十回、第六十二回、第六十三回、第七十五回、第一百八回、第一百十七回等。虽然不能将酒令一一尽数,从大类上游戏令、赌赛令、文字令·应俱全:写到的游戏令有抢红、占花名、传花令、猜枚行令、用骨牌副儿、击鼓传花、击鼓传梅等;赌赛令有"曲牌名儿赌输赢吃酒",斗牌赌酒、猜拳、射覆、姆战等;文字令有女儿令、复合令、猜谜赏罚、流觞等等;还有像贾珍不肯下力习射,闲极无聊,却用此"赌个酒东而已"。

细致描述酒令的一般规则

"酒令"是中国酒文化的精华之一,是中国独有的"国粹"。

《红楼梦》中的贾府是"钟鸣鼎食之家,诗书簪缨之族",他们饮酒,讲究"斯文高雅",正如贾宝玉所说"雅座无趣,须要行令才好。"书中饮酒行令的场面,刻画精细,表现了浓郁的中国酒文化的文化氛围,留下珍贵的明清时期酒令资料。

(1)酒令如军令　令出必行,违令罚酒。第四十回:"鸳鸯也半推半就,谢了坐,便坐下,也吃了一盅酒,笑道:'酒令大如军令,不论尊卑,唯我是主。违了我的话,是要受罚的。'王夫人等都笑道:'一定如此,快些说来。'"

(2)令官(酒官)先饮酒　推为令官的,要自己先饮一杯酒,再行使权力,这杯酒叫作"令酒"。以后行酒中,凡有违规的,由令官决定处罚轻重(饮酒多少)。第四十回丫鬟鸳鸯被推为令官,谢坐,吃令酒。而贾母作为一府之最长辈,也不例外:"薛姨妈点头笑道:'依令,老太太到底吃一杯令酒才是。'贾母笑道:'这个自然。'"第六十二回:"探春道:'我吃一杯,我是令官,也不用宣,只听我分派。'"

(3)依例饮酒　原来为维护"礼"、专门为贵族制定的酒令,到魏晋南北朝后成为劝酒、赌酒的游戏,行酒令的目的主要为了活跃酒席上的气氛,使饮酒更富有趣味。

第二十八回:"宝玉笑道:'听我说来,如此滥饮,易醉而无味。我先喝一大海,发一个新令,有不遵者,连罚十大海,逐出席外与人斟酒。'冯紫英、蒋玉涵等都道:'有理,有理。'宝玉拿起海来,一起饮干……"其他地方写到行酒令时,输者皆自动饮酒,决不要赖。

(4)行令时一律平等　当令官需先吃令酒,行令中输者吃酒,行酒中令官执掌酒席权力。无论尊卑长幼,"臣不易,君亦不易",没有例外。第四十回鸳鸯当令官说:"不论尊卑,唯我是主。违了我的话,是要受罚的。""不论尊卑,唯我是主",在礼教森严的封建社会,主子违了"奴才"——令官的话,照样要受到处罚,这种情况只有在酒桌上才可能。

(5)酒令不可违　探春掷的签为"一支杏花,那红字写着'瑶池仙品'四字,诗云：'日边红杏倚云栽。'注云：'得此签者，必得贵婿，大家须共贺一杯，再同饮一杯。'……大家来敬探春，探春哪里肯饮，却被湘云、香菱、李纨等三四人强死强活，灌了一种才罢。探春只叫益蜀这个，再行别的。众人断不肯依。"叶子令(筹令)随机性强，机会均等，不斗才智，所以探春想换酒令。尽管探春是大小姐，不肯依酒约行事也不行，几个人便"强死强活"灌她一种下去，以维护酒令的严肃性。

（6）不行苛令　"麝月便掷了一根出来。大家看时，上面是一支茶藦花，题着'韶华胜极，四字；那边写着一句旧诗，道是：'开到茶藦花事了。'注云：'在席各饮三杯送春。'麝月问：'怎么讲？'宝玉皱皱眉，忙把签藏了，说：'咱们且喝酒罢。'说着，大家吃了三口，以充三杯之数。"不行苛令，行令为劝酒，喝酒为行乐，况且"法不责众"，以三口代三杯充数罢了。"酒令如军令"还是可以变通的。

描述行令方法

（1）中国酒令花样纷繁　不同文化水平、不同阶层、不同性格、不同修养、不同专业人士可以任意选择适于自己的酒令，增加饮酒趣味，尽享饮酒乐趣。第六十三回，"宝玉因说：'咱们也该行个令才好。'袭人道：'斯文些才好。别大呼小叫，叫人听见。二则我们不识字，可不要那些文的。'麝月笑道：'拿骰子咱们抢红吧。'宝玉道：'没趣，不好。咱们占花名儿好。'晴雯笑道：'正是，早已想弄这个玩意儿了。'袭人道：'这个玩意儿虽好，人少了没趣。'"

文人饮酒讲究"雅"，划拳行令"大呼小叫"，未免有失大雅，所以袭人主张选"斯文些"的酒令玩。几个丫鬟"不识字"，争奇斗巧、显示才华的文字游戏来不得，只有选雅俗共赏、简便易行、趣味性较强的"占花名儿"筹令适合。

（2）挈签(令筹)方法　"晴雯拿了一个竹雕的签筒来，里面装着象牙花名签子，摇了一摇，放在当中；又取过骰子来，盛在盒内，摇了一摇，揭开一看，里面是六点，数至宝钗。宝钗便笑道：'我先抓，不知抓出个什么来。'说者，将筒摇了一摇，伸手挈出一签。"

（3）令词与酒约　"大家一看，只见上面画着一只牡丹，题着'艳冠群芳'四字；下面又有镌的小字，一句唐诗，道是：'任是无情也动人。'又注着：'在席共贺一杯。此为群芳之冠,随意命人,不拘诗词雅谑,或新曲一支为贺。'众人都笑道:'巧得很,你也原配牡丹花。'说着,大家恭贺了一杯。宝钗吃过,便笑道:'芳官唱一只我们听罢。'芳官道:'既这样,大家吃了门杯好听。'于是大家吃酒。芳官便唱:……"此筹令词是"任是无情也动人",酒约是"在席共贺一杯……"大家都按酒筹上酒约规定行事。

"门杯",饮酒行令时各人面前的酒杯。

(4)文字令逞才斗智,有较严格的格式要求 文字令引经据典,像邢大舅那种只会"设局赌钱喝酒"的浪荡子是一窍不通,正如第一百一十七回所描写的,一日,邢大舅和一帮"唱着喝着劝酒",贾蔷提出行"'月'字流觞令",要酒面酒底,刚刚说了三句,邢大舅便受不了了:"没趣,没趣。你又懂得什么字了,也假斯文起来! 这不是取乐,竟是怄人了。……"他感兴趣的,"倒是搳搳拳,输家喝输家唱,叫作'苦中苦'。若是不会唱了,说个笑话也使得,只要有趣。"于是乱嚷起来。这样的饮酒实在是无聊,几杯酒下去,"都醉起来。邢大舅说他姐姐不好,王仁说他妹妹不好,都说得狠毒狠毒的。"贾环竟然敢"趁着酒兴也说凤姐不好,怎样苛刻我们,怎样踏我们的头。"

文字令"须引经据典,分韵联吟,当筵构思",有严格的格式要求。如第二十八回,宝玉和冯紫英等行"女儿令"饮酒:"要说出悲、愁、喜、乐四字,却要说出女儿来,还要注明这四字缘故。说完了,饮门杯。酒面要唱一个新鲜时样曲子;酒底要席上生风一样东西、或古诗、旧对,《四书》《五经》成语。"

宝玉行令是:"女儿悲,青春已大守空闺。女儿愁,悔教夫婿觅封侯。女儿喜,对镜晨妆颜色美。女儿乐,秋千架上春衫薄。"……宝玉又唱一曲。(以上是"酒面",以下是"酒底")"饮了门杯,便拈起一片梨来,说道:'雨打梨花深闭门。'完了令。"这是一个大型的复合性酒令,难度相当大。当席的薛蟠是典型的不学无术的花花公子,对这种穷经史、搜典章的酒令自然行不来,只好信口胡诌,凑成一个庸俗不堪、毫无知识性的无聊酒令。难怪"众人都道:'免了罢,免了罢,倒别耽误了别人家。'"

第六十二回湘云出的酒令:"酒面要一句古文,一句旧诗,一句骨牌名,一句曲牌名,还要一句时宪书上的话,总共凑成一句话。酒底要关人事的果菜名。"黛玉说的酒面是:"落霞与孤鹜齐飞,风急江天过雁哀,却是一只折足雁,叫的人九回肠,这是鸿雁来宾。"酒底是:"榛子非关隔院砧,何来万户捣衣声。"

"落霞"句引自王勃的《滕王阁序》,"风急"句引自唐诗,"折足雁"是骨牌名,"九回肠"是曲牌名,"鸿雁来宾"是时宪书上的话(月令语)。此酒令刁钻古怪,既要精熟诗文曲牌,又要思维敏捷,即席而出,难怪宝玉要想一想儿,最后由黛玉代劳,出了风头。

(5)对"乱令"者罚酒　第六十二回,探春令官把盏,宝玉建议"雅座无趣,需要行令才好。"众人赞成,以抓阄决定行那样酒令,抓出"射覆"后,史湘云嫌"射覆""没得垂头丧气人",不合她的脾气,要"我只划拳去了"。这就是"乱令",那就要"不容分说,便灌湘云一杯。"

《三国演义》与以酒谋事

以酒谋事,是酒在社会生活中的一大功能。尤其在严酷的政治斗争和军事斗争中,"醉翁之意不在酒",往往收到奇效。《三国演义》中,不少政治、军事指挥者借酒相助,达到摧毁、消灭敌人的目的,收到兵力难以解决和以少胜多、以弱胜强的效果。

《三国演义》书中写以酒谋事 28 次,占饮酒总次数的 9%;同样是战争题材,《水浒传》以酒谋事 21 次,占饮酒总次数的 3.26%。怪不得有言道:"看了《水浒》学打架,看了《三国》学狡诈",酒在"三国"中,成为政治家、军事家、官僚政客甚至"家庭妇女"手里的得力武器。

使用的 28 次酒计是:

(1)王允巧施连环计,董吕上钩;(第八回)

(2)李傕设宴免干戈,计斩樊稠;(第十回)

(3)氾妻妒生离间计,毒酒挑拨;(第十三回)

(4)孙策设宴请严舆,酒酣头落;(第十五回)

(5)吕布酒宴射画戟,刘纪罢兵;(第十六回)

(6)胡东儿计败曹操,酒建奇功;(第十六回)

(7)刘备酒宴诈议事,计杀杨奉;(第十七回)

(8)曹操探刘酒为媒,反被瞒饰;(第二十一回)

(9)张飞施计诈酒醉,智擒刘岱;(第二十二回)

（10）曹操设宴留大臣，宴无好宴；（第二十三回）

（11）郭图酒计除二将，好计难圆；（第三十二回）

（12）蔡瑁酒计除刘备，伊藉告密；（第三十四回）

（13）徐氏复仇用酒计，连杀二将，（第三十八回）

（14）周瑜设宴除刘备，临场怯阵；（第四十五回）

（15）周瑜假醉发狂吟，蒋干中计；（第四十五回）

（16）赵云酒宴赚陈鲍，诈降不成；（第五十二回）

（17）孙权借酒谋刘备，巧计落空；（第五十四回）

（18）庞统假酒显才能，锥自囊出；（第五十七回）

（19）法正献计图西川，设宴杀璋。（第六十回）

（20）庞统酒计谋西川，刘备不忍；（第六十回）

（21）杨怀高沛假送酒，反中酒计；（第六十二回）

（22）鲁肃酒计杀关羽，佯醉作别；（第六十六回）

（23）张飞以酒赚张郃，智取三寨；（第七十回）

（24）孔明眼亮计劝酒，番兵醉败；（第八十八回）

（25）杨锋酒宴舞蛮姑，计擒孟获；（第八十九回）

（26）孔亮宫中酒宴毒，杀诸葛恪；（第一百八回）

（27）宋白施计设酒席，杀毋丘俭；（第一百十回）

（28）丁奉定计斩孙琳，株连三族。（第一百十三回）

且看其中几次典型的以酒用计。

1.张飞酒计擒刘岱

张飞，民间素称"猛张飞"，岂知，张飞粗鲁莽撞的另一面，却是个有勇有谋、粗中有细、极善用酒施计败敌的将军。张飞一向"酒后刚强，鞭挞士卒"；虽然保证不饮酒，刘备还是"终不放心。还请陈元龙辅之，早晚令其少饮酒，勿致失事"。就是这位曾经因酒使性鞭打督邮的猛将，在刘备一方实力微弱"勉从虎穴暂栖身"时，刘岱、王忠引军五万，与刘备方对垒。张飞领兵三千，攻打刘岱营寨：

"刘岱知王忠被擒，坚守不出。张飞每日在寨前叫骂，岱听知是张飞，越不敢出。飞守了数日，见岱不出，心生一计：传令今夜二更去劫寨；日间却在帐中饮酒诈醉,寻军士罪过,打了一顿,缚在营中,曰:'待我今夜出兵时,将来祭旗!'却暗使左右纵之去。军士得脱,偷走出营,径往刘岱营中来报劫寨之事。刘岱见降卒身受重伤,遂听其说,虚扎空寨,伏兵在外。是夜张飞却兵分三路:中间使三十余人,劫寨放火;却叫两路军抄出他寨后,看火起为号,夹击之。三更时分,张飞自引精兵,先断刘岱后路;中路三十余人,抢入寨中放火。刘岱伏兵恰待杀人,张飞两路兵齐出。岱军自乱,正不知飞兵多少,各自溃散。刘岱引一队残军,夺路而走,正遇见张飞;狭路相逢,急难回避,交马只一合,早被张飞生擒过去。余众皆降。飞使人先报入徐州。玄德闻之,谓云长曰:'翼德自来粗莽,今亦用智,吾无忧矣!'乃亲出郭迎之。飞曰:'哥哥道我暴躁,今日如何?'玄德曰:'不用言语相激,如何肯使机谋?'飞大笑。"

2.张飞假酒败张郃

在瓦口关一役中,张飞率军攻打张郃把守的宕渠山宕渠、蒙头、荡石三寨:

"张郃仍旧分兵守住三寨,多置檑木炮石,坚守不战。张飞离宕渠十里下寨,次日引兵战。郃在山上大吹大擂饮酒,并不下山。张飞令军士大骂,郃只不出。飞只得还营。次日,雷铜又去山下搦战,郃又不出。雷铜驱军士上山,山上檑木炮石打将下来。雷铜急退。荡石、蒙头两寨兵出,杀败雷铜。次日,张飞又去搦战,张郃又不出。飞使军士百般秽骂,郃在山上亦骂。张飞寻思,无计可施。相拒五十余日,飞就在山前扎住大寨,每日饮酒;饮至大醉,坐于山前辱骂。

玄德差人犒军,见张飞终日饮酒,使者回报玄德。玄德大惊,忙来问孔明。孔明笑道:'原来如此! 军前恐无好酒,成都佳酿极多;可将五十瓮作三车装,送到军前与张将军饮。'玄德曰:'吾弟自来饮酒误事,军师何故反送酒与他?'孔明笑曰:'主公与翼德做了许多年兄弟,还不知其为人耶? 翼德自来刚强,然前于收川之时,义释严颜,此非勇夫所为也。今与张郃相据五十余日,酒醉之后,便坐山前辱骂,旁若无人。此非贪杯,乃败张郃之计耳。'玄德曰:'虽然如此,未可托大。可使魏延助之。'孔明令魏延解酒赴军前,车上各插黄旗,大书'军前公用美酒'。魏延领命,解酒到寨中,见张飞,传说主公赐酒。飞拜受讫,吩咐魏延、雷铜各引一支人马,为左右翼;只看军中红旗起,便各进兵。叫将酒摆列帐下,令军士大张旗鼓而饮。

有细作报上山。张郃自来山顶观望,见张飞坐于帐下饮酒,令二小卒于前

中华酒典

面相扑为戏。郃曰:'张飞欺我太甚!'传令今夜下山劫飞寨,令蒙头、荡石二寨皆出,为左右援。当夜,张乘着月色微明,引军从山侧而下,径到寨前。遥望张飞大明灯烛,正坐在帐中饮酒。张郃当先大喊一声,山头擂鼓为助,直杀入中军。但见张飞端坐不动。张郃骤马到面前,一枪刺倒——却是个草人,急勒马回时,帐后连珠炮起。一将当先,拦住去路,睁圆环眼,声如巨雷——乃张飞也。挺矛跃马,直取张郃。两将在火光中,战到三五十合。张郃只盼两寨来救,谁知两寨救兵,已被魏延、雷铜两将杀退,就势夺了二寨。张郃不见救兵,正没奈何,又见山上火起,已被张飞后军夺了寨栅。张郃三寨俱失,只得奔瓦口关去了。张飞大获胜捷,报入成都。玄德大喜,方知翼德饮酒是计,只要诱张郃下山。"

猛张飞两次用酒做计,智赚刘岱、张郃。

3.周瑜假醉诈蒋干

"内事不决问张昭,外事不决问周瑜"。大都督周瑜是东吴孙权的"挑梁"大元帅,"是个精细人",用酒计步步深入、环环相扣,严丝合缝,定计赚蒋干上钩:

(1)蒋干到周瑜寨中,周瑜传令悉召江左英杰相见,文官武将,两旁列坐,大张筵席,奏军中得胜之乐,轮换行酒。——做出"骄兵"之态,为"大醉"的真实性铺垫基础。

(2)"瑜告众官曰:'此吾同窗契友也。虽从江北到此,却不是曹家说客。……公等勿疑。'遂解佩剑付太史慈,"令作"监酒",不听酒令者斩。——蒋干来时称自己是"久别足下,特来叙旧",非为说客。周瑜就将计就计,宴饮"但叙朋友交情",否则"斩"!使"蒋干惊愕,不敢多言。"周瑜此乃夯实下步用酒计的基础。

(3)周瑜曰:"吾自领军以来,滴酒不饮;今日见了故人,又无疑忌,当饮一醉。说罢,大笑畅饮。座上觥筹交错。"——表面"酒逢知己千杯少,唯愿当歌对酒时",实乃"醉翁之意不在酒",诱蒋干上钩。

(4)"饮至半酣,瑜携干手,同步出帐外","佯醉大笑曰:'想周瑜与子翼(蒋干)同学业时,不曾望有今日。'"——做出志满意得之态,以"佯醉"诱之深入。

(5)"瑜复携干入账,会诸将再饮,……饮至天晚。点上灯烛,瑜自起舞剑作歌。歌曰:'丈夫处世兮立功名,立功名兮慰平生。慰平生兮吾将醉,吾将醉兮发狂吟！'"——已经"醉了"，又"再饮"，做出已经饮醉、非要一醉方休的样子。

（6）"至夜深，干辞曰：'不胜酒力矣。'瑜命撤席，诸将辞出。"——要蒋干提出不饮才罢。

（7）"瑜曰：'久不与子翼同榻，今宵抵足而眠。'于是佯作大醉之状，携干入账中共寝。瑜和衣卧倒，呕吐狼藉。……鼻息如雷。"——周瑜做出醉成一摊泥状，为蒋干探秘提供"便利条件"。

（8）周瑜假意不知蒋干醒着，又"梦中做忽觉之状"，也不知"床上睡着何人"。——进一步钓牢蒋干。

周瑜是有卓越的独立谋划指挥才能的大都督，用酒计大败曹操。

《三国演义》中，还有弱女子徐氏使用酒计，首先借助酒宴使其"饮既醉"，"措手不及"；其次将妫、戴分而制之，一一击破；再是利用丈夫孙翊旧将心腹。徐氏用计替夫报仇，连杀二将，被赞为"才节双全世所无"的"女丈夫"。王允巧施珍宝、酒宴、美人"连环计"，最终达到了离间董卓、吕布的目的，董卓死于吕布画戟之下。

《西游记》·佛教·酒戒

佛教戒酒

佛教戒律禁止饮酒，《根本说一切有部毗奈耶》经云："佛告诸比丘，汝等若以我为师者，凡是诸酒不应自饮，亦不与人，乃至不以茅端淬酒而着口中，若故为者德越法醉。"《大智度论》说"略说若干若湿，若清若浊，如是等能令人心动放逸，是名为酒，一切不应饮，是名不饮酒。"《佛说大乘戒经》说"宁食毒药不得饮酒，宁人大火不得嗜欲。"《沙弥十戒法》说："宁饮洋铜，慎无犯酒。"很多佛教经书都说徒众不得饮酒，并且说明不得饮酒之原因。

佛教经典对酒有详细的分类，如分为果酒、谷酒、药草酒等三类；又有分为用各种谷物酿制的酒称为大酒，用植物的皮、茎、根、叶、花等酿制的酒称为杂酒两类。凡是有酒色、酒香、酒味的酒，只要具备其中一点，能致人醉的，不论是大

中华酒典

酒、杂酒，还是酒糟、酒酢，都在禁戒之列。"若但作酒色，无酒香无酒味，不能醉人，饮者不犯"（《十诵律》）。

《大爱道比丘尼经》说，无论出家人还是在家信徒，"不得饮酒，不得尝酒，不得嗅酒，不得粥酒，以酒饮人，不得言有欺药酒，不得至酒家，不得与酒客共语言。夫酒为毒药，酒为毒水。众失之源，众恶之本。"

《萨婆多毗尼婆沙》卷一说在家居士不得从事酤酒业，将之视为不道德的"邪业"，从之必招恶果。《梵网经菩萨戒品》以佛教徒持染"沽酒因、沽酒缘、沽酒法、沽酒业"为"菩萨波罗夷罪"。

《西游记》全书写饮酒场面103次，其中涉及孙悟空师徒场面36次。

猴王出世到被如来压在五行山下，共饮酒8场次；从第十四回三藏收了悟空为徒，到第一百回五圣成真，87回中涉及三藏师徒的宴饮场面共28场次，其中，酬谢15次，奉劳4次，饯行3次，以酒用计3次，联谊、庆功、结义各1次，从出家人角度，不可谓不多。但是唐僧师徒即使饮酒，很有分寸。

出家人非万不得已，决不沾酒

1.唐僧严守戒律，堪称典范

①玄奘去西天取经，唐太宗举爵赐酒饯行，玄奘谢恩接酒不敢饮，因为"酒乃僧家第一戒"，太宗道："今日之行，比他事不同。此乃素酒，只饮此一杯，以尽朕奉饯之意。"三藏才"不敢不受"。

②高老庄收了八戒，高老摆酒席把素酒开樽，三藏知道是素酒，"也不敢用酒。酒是我僧家第一戒者。"三藏知道八戒和悟空持斋不曾断酒，"既如此，你兄弟们吃些素酒也罢。只是不许醉饮误事。"

③在朱紫国为国王治好了病，国王摆素宴一次，三藏坚决不饮。

④比丘国王擎着紫霞杯，一一奉酒，惟唐僧不饮。

2.徒弟也自律

悟空、八戒、沙僧从师之后，基本上遵守戒律，不得已时饮一点。

①孙悟空为救人参果树，来到方丈仙山，东华大帝君"欲留奉玉液一杯"，被他婉拒。

②救活人参果树，镇元子安排蔬酒，与悟空结为兄弟。酒只是用在结盟仪

式。

③祭赛国悟空等捉了妖怪,国王排宴谢功,"俱是素果、素菜、素茶、素饭","国王把盏,三藏不敢饮酒,他三个(悟空、沙僧、八戒)各受了安席酒"。

④二郎和悟空见面设酒叙情,悟空道:"列位盛情,不敢固却。但自做和尚,都是斋戒,恐荤素不便。"知道是素果素酒,才敢举杯叙礼。

⑤灭法国国王要杀一万个和尚,尚差四个,好做圆满。唐僧师徒四人到来,"若到城中,都是送命王菩萨"。只好悟空盗俗衣,换俗装,混入城内,为掩人耳目,只好吃了素酒。

僧人为了达到克敌制胜的目的,也会用酒谋事

在陷空山无底洞,三藏听悟空的话,在"危急存亡之秋,万分出于无奈",为了哄住妖精,孙悟空好使手段,尽管是素酒,"没奈何吃了"。

孙悟空为骗取罗刹女的宝扇,变做牛魔王来到翠云山芭蕉洞,罗刹女整酒接风,擎杯奉上,悟空"不敢不接",先是"不敢破戒,只吃几个果子,与他言言语语",实不能推辞,为达到目的,只好相陪。

只有天竺国王酬谢,留春亭一次饮(素)酒,三位师兄弟才着实饮了一次酒。其他情况,都是因为做了好事被酬谢,酬礼奉酒(素酒),而书中往往一笔带过。

其他酒文化现象

对酒的评价一分为二:"断送一生唯有酒","钓诗钩,扫愁帚,破除万事无过酒","酒之为用多端"。

宴饮活动以礼为核心进行:席位有尊卑,座次排大小。金猴出世,统领全山众猴。当饮酒时,"猴王高登宝座",其余众猴则"分班序齿";"各以齿肩排于下边","一个个轮流上前,奉酒,奉花,奉果"等等。

宫廷筵宴、仙道饮酒、民间酒席等等,更是讲究礼节,座次分明。

饮宴各有名色:王母娘娘请"各宫各殿大小尊神"的"蟠桃嘉会";猴王盗了蟠桃大会的玉液,回山举办的"仙酒会";如来法力收伏妖猴,玉帝设宴奉谢的"安天大会";陈光蕊杀贼复位,找到母亲举办了"团圆会";黑熊怪盗了三藏的

袈裟,邀请各山魔王参加"佛衣会";大妖怪抢走了猪八戒的兵器,举办"钉耙会"庆贺;还有如安席酒、得功酒等等。

用到的酒有:椰子酒,葡萄酒,御酒,香醪佳酿,仙酒,玉液,素酒,香糯酒,国王亲用御酒,醴,暖酒,椰醪,紫府琼浆,熟酝醪,喜酒,美禄,药酒,松子酒,香腻酒,荤酒,暖素酒,琼浆,琼液,香酒,香醪,新酿等等。

所用的酒具有:金卮,斝,巨觥,玉杯,鹦鹉杯,鸬鹚杓,鹭鸶杓,金叵罗,银凿落,玻璃盏,水晶盆,蓬莱碗,琥珀盅,紫霞杯,双喜杯(交杯盏),三宝盅,四季杯,大爵等等。

写人间仙界的筵宴场面,有板有眼:如来用"五行山"压住了妖猴,玉帝会筵奉谢的饮宴,"命四大天师、九天仙女,大开玉京宫阙、太玄宝宫、洞阳玉馆,请如来高坐七宝灵台,调设各班座位,安排龙肝凤髓,玉液蟠桃。"凤箫玉管,仙乐玄歌,琼香缭绕,龙旗宝节,仙姬仙子,舞于佛前;众仙觥筹交错,走斝传觞,簪花鼓瑟,献丹献宝。

第七节　酒与杂文

古代的酒(周作人)

中国古代的酒怎么样,现时不容易知道,姑且不谈。我们从反面说来,火酒据说是起于元朝,这烧法是从外族传来的,那么可知以前有的只是米酒,也是用糯米所做,由陶渊明要多种秫可以知道。唐诗中常有药酒,那当然也是用黄酒的吧。我们乡下从前老太太们浸补药酒便是用老酒,与枣子酒一样。但是虽说米酒黄酒,却还不能算是老酒,因为古人喝的都是新酒,陶渊明用葛巾漉酒,固是一例,杜甫也说尊酒家贫只旧醅,这与绿蚁新醅酒可以对照,这绿蚁也即是酒滓,可见自晋至唐情形还是相同。唐时已有葡萄美酒,却不见通行,一则或因珍贵难得,一则古人大概酒量不大,只喜欢喝点淡薄的新做米酒罢了。在欧洲古代,希腊人喝葡萄酒都和了水,传说最初做酒的人拿去给牧牛人喝,他们不懂得掺水,喝得醺醺大醉,以为中了迷药,把那给酒的人打死了。现在朋友们中能喝得白酒半斤以上的比比皆是,可知酒量是今人好得多了。

过年的酒 (周作人)

在上海的朋友于旧历祭社之日写信给我,末云:"过年照例要过,开支也大增,酒想买一坛而不大能。而过年若无酒。在我就不是过年了。"初二那天的信里又说:"酒已得一坛,大约四五十斤,年前有人说起极好极好,价为廿万,比市价八折,又有人垫款,谁知是苏州的绍兴酒,大失所望。绍酒好处在其味鲜,伪绍酒的味道乃是木佺佺的也。"话虽如此,在四五十斤旁边小注云,已喝了三分之二,口渴的情形如见,东坡云饮酒饮湿,此公有点相近了。不过说起失望来,我也有相同的事,虽然并不是绍兴酒而是关于白干的。这样说来,好像我是比他还酒量大,因为弃黄而取白,其实当然不是。

北京的伪绍酒是玉泉,大概也不免木佺佺,不过在我们非专家也还没啥,问题是三斤一玻璃瓶,我要吃上半个月,不酸也变味了,所以只好改用白酒,一斤瓶尽可以放许多日子。可是不知怎的,二锅头没有齐公从前携尊就教时的那么好吃,就是有人送我的一瓶茅台酒也是辣得很,结果虽不是戒酒,实际上就很少吃了。小时候啐一口本地烧酒,觉得很香,后来尝到茅台,仿佛是一路的,不知道现有绍烧是否也同样的变辣了吗?

吃酒 (周作人)

在城里与乡下同样的说吃酒,意义则迥不相同。城里人说请或被请吃酒,总是大规模的宴会,如不是有十二碟以上的果品零食(俗名会浅,宁波也有这句话)的酒席,也是丰满的一桌十碗头。若是个人晚酌,虽然比不上抽大烟,却也算是一种奢侈的享乐,下酒的东西都很讲究,鸟肉腊脺与花红苹果,由人随意欣赏,到了花生豆腐干,那是顶寒酸的了。乡下人吃酒便只是如字的吃酒,小半斤的一小碗像是茶似的流进嘴里去,不一会就完了,不要什么过酒胚,看他的趣味是在吃茶与吃旱烟之间,说享乐也是享乐,但总之不是奢侈的。我说城里乡下,并不是严格的地方的分别,实在是说的两种社会的人,乡间绅士富翁自然吃酒也是阔绰的,城里有孔乙己那样的吃法,这又是乡下一路的了。

中国知识阶级大都是城里人,他们只知道城里的吃酒法,结果他们的反应是两路,一是颓废派的赞成,一是清教徒的反对。颓废派也就算了,清教徒说话做文章,反对乡下人的奢侈的享乐,却不知他们的茶、酒、烟一样,差不多只是副食物的性质,假如说酒吃不得,那么喝一碗涩的粗茶,抽一种臭湾奇,岂不也是不对么。民国初年有些主张也是出于改革的意思,可是出于城里人的立场,多有不妥当的地方,如关于演戏即是一例,可供后人参考。我并不主张乡下人应当吃酒,也只是举例,我们须得多向老百姓学习,说起话来才不会大错。

谈酒(周作人)

这个年头儿,喝酒倒是很有意思的。我虽是京兆人,却生长在东南的海边,是出产酒的有名的地方。我的舅父和姑父家里时常做几缸自用的酒,但我终于不知道酒是怎么做法,只觉得所用的是糯米,因为歌儿里说:"老糯米做,吃得变nionio",末一字是本地叫猪的俗语。做酒的方法与器具似乎都很简单,只有煮的时候的手法极不容易,非有经验的工人不办,平常做酒的人家大抵聘请一个人来,俗称"酒头工",以自己不能喝酒者为最上,叫他专管鉴定煮酒的时节。有一个远房亲戚,我们叫他"七斤公公"——他是我舅父的族叔,但是在他家里做短工,所以舅母只叫他作"七斤老",有时也听见他叫"老七斤",是这样的酒头工,每年去帮人家做酒;他喜吸旱烟,说玩话,打麻将。但是不大喝酒(海边的人喝一碗酒是不算能喝,照市价计算也不值十文钱的酒),所以生意很好,时常跑一二百里路被招到诸暨嵊县去。据他说这实在并不难,只需走到缸边屈着身听,听见里边起泡的声音切切察察的,好像是螃蟹吐沫(儿童称为蟹煮饭)的样子,便拿来煮就得了;早一点酒还未成,迟一点就变酸了。但是怎么是恰好的时期,别人仍不能知道,只有听熟的耳朵才能断定,正如古董家的眼睛辨别古物一样。

大人家饮酒多用酒盅,以表示其斯文,实在是不对的。正当的喝酒法是用一种酒碗,浅而大,底有高足,可以说是古已有之的香槟杯。平常起码总是两碗,合一"串筒",价值似是六文一碗。串筒略如倒写凸字,上下部如一与三之比,以洋铁为之,无盖无嘴,可倒而不可筛,据好酒家说酒以倒为正宗,筛出来的不大好吃。唯酒保好于量酒之前先"荡"(置水于器内,摇荡而洗涤之谓)串筒,荡后往往将清水之一部分留在筒内,客嫌酒淡,常起争执,故喝酒老手必先戒堂馆勿荡串筒,并监视其量好放在温酒架上。能饮者多索竹叶青,通称曰"本色","元红"系状元红之略,则着色者,唯外行人喜饮之。在外省有所谓花雕者,唯本地酒店中却没有这样东西。相传昔时人家生女,则酿酒贮花雕(一种有花纹的酒坛)中,至女儿出嫁时用以饷客,但此风今已不存,嫁女时偶用花雕,也只临时买元红充数,饮者不以为珍品。有些喝酒的人预备家酿,却有极好的,每年做醇酒若干坛,按次第埋园中,二十年后掘取,即每岁皆得饮二十年陈的老酒了。此种陈酒例不发售,故无处可买,我只有一回在旧日业师家里喝过这样的好酒,至今不忘记。

我既是酒乡的一个土著,又这样的喜欢喝酒,好像一定是个与"三酉"结不解缘的酒徒了。其实却不然。我的父亲是很能喝酒的,我不知道他可以喝多少,只记得他每晚用花生米水果等下酒,且喝且谈天,至少要花费两点钟,恐怕所喝的酒一定很不少了。但我却是不肖,或者可以说有志未逮,因为我很喜欢喝而不会喝,所以每逢酒宴我是第一个醉与脸红的。自从辛酉患病后,医生叫我喝酒以代药饵,定量是勃阑地每回二十格阑姆,葡萄酒与老酒等倍之,六年以后酒量一点没有进步,到现在只喝下一百格阑姆的花雕,便立即变成关夫子了(以前大家笑谈称作"赤化",此刻自然应当谨慎,虽然是说笑话)。有些有不醉之量的,愈饮愈是脸白的朋友,我觉得非常可以欣羡,只可惜他们愈能喝酒便愈不肯喝酒,好像是美人之不肯显示她的颜色,这实在是太不应该了。

黄酒比较的便宜一些,所以觉得时常可以买喝,其实别的酒也未尝不好。白干于我未免过凶一点,我喝了常怕口腔内要起泡,山西的汾酒与北京的莲花白虽然可喝少许,也总觉得不很和善。日本的清酒我颇喜欢,只是仿佛新酒模样,味道不很镇定。蒲桃酒与陈皮酒都很可口,但我以为最好的还是勃阑地。我觉得西洋人不能够了解茶的趣味,至于酒则很有工夫,决不下于中国。天天喝洋酒的当然是一个大的酒厄,正如吸烟卷一般,但不必一定进国货党,咬定牙根要抽净丝,随便喝一点什么酒其实都是无所不可的,至少我个人这样地想。

中华酒典

喝酒的趣味在什么地方？这下我恐怕有点说不明白。有人说酒的乐趣是在醉后陶然的境界。但我不很了解这个境界是怎样的,因为我自饮酒以来似乎不大陶然过,不知怎的我的醉大抵都只是生理的,而不是精神的陶醉。所以照我说来酒的趣味只是在饮的时候,我想快乐大抵在做的这一刹那,倘若说是陶然那也当是杯在口的一刻吧。醉了,困倦了,或者应当休息一会儿,也是很安舒的,却未必能说酒的真趣是此间。昏迷,梦魇,呓语,或是忘却现在忧患之一法门;其实这也是有限的,倒还不如把宇宙性命都投在一口美酒里的沉溺之力还要强大。我喝着酒,一面也怀着"杞人之虑",生恐强硬的礼教反动之后将引起颓废的风气,结果是借醇酒妇人以避礼教的迫害,沙宁(Sanin)时代的出现不是不可能的。但是,或者在中国什么运动都未必能彻底成功,青年的反驳力也未必怎么强盛,那么杞天终于只是杞天,仍旧能够让我们喝一口非耽溺的酒也可知。倘若如此,那时喝酒又一定另外觉得很有意思了吧？

谈酒二(周作人)

说到"绍兴酒",我以绍兴人的资格,不免假充内行人,来说几句关于老酒的话。不过这里内行也很有限制,因为我既不能喝,又不会得做,所以实在也只是道听途说的话。

做老酒的技巧,恐怕这并不只限于老酒一种,凡做酒都是一样,在于审定煮酒的时候,早了没有熟,迟了酒就酸了。这决定便完全掌握在技师的手里。乡下人称这种技师为"酒头工",做酒的人家出重资,路远迢迢的来聘人前去,专门鉴定酒熟了应该煮的时候。这酒头工的手段有高下,附带的条件是要他自己不吃老酒。做酒的地方去吃点老酒并不花费什么,这不打紧,要紧的是怕他醉了,耳朵听不清楚,误了大事,糟蹋了一缸酒倒不是玩的。据说酒头工无他巧妙,只是像一个贼似的轻轻在缸外巡行,听缸里气泡切切作声,听到了某一种声音,知道酒是成熟了,便立刻命令去煮。他的本领全在这一点,承收"包银",享受技师的待遇,这在科学不发达的时代,只能凭个人的经验,以后恐怕有科学方法了。现在公私合营以来,"酒头工"成为一种技工,情形已有不同,但这听酒的方法大概还是照旧,未曾被科学的机械所取而代之吧。

关于吃酒，我也想来几句假内行话，因为我是有心吃酒，却是没有实力喝多少的一个人。但是我的话有些也有根据，我是依据能喝酒的人说的，便是酒的"品"是甜最下，苦次之，酸要算顶好，酒有点酸味还不妨其为好酒，至于甜那要算是恶酒了。

沈永和酒厂在民国初年始创善酿酒，是一种"酒做酒"，很是有名，但是缺点是"甜"，不为好酒家所欢迎。近来报上发表新品种，大抵都是用老酒底子，做成甜酒，不是米酒的正宗，而是果酒和露酒了。甜酒的好处是好吃，而不能多吃，坏处则是醉了不好受，善酿酒便是这样，它的名誉一方面也就是它的不名誉。爱喝善酿酒的不是真喝酒的，所以得他们欢迎，却于推销方面不能发挥什么作用，是没有多大效力的。我有一个同乡，他善能吃酒，因为酒量极大，每回起码要喝一斤，此时感觉吃不起，结果以泸州大曲代之。他对于绍兴酒有一种感慨，说好酒不多，以后故乡的名誉差不多要依靠越剧了！对于这句话没有一分的折扣，我完全附议。

劝酒（周作人）

因为收罗同乡人著作，得见兰亭陈廷灿的《邮馀闲记》初二集各二卷，初集系抄本，二集木刻本，有康熙乙亥年序，大约可以知道著书的时日。陈君的思想多古旧，特别是关于女人的，如初集卷上云："人皆知妇女不可烧香看戏，余意并不宜探望亲戚及喜事宴会，即久住娘家亦非美事，归宁不可过三日，斯为得之。"但是卷下有关于饮酒的一节，即颇有意思：古者设酒原从大礼起见，酬天地，享鬼神，欲致其馨香之意耳。渐及后人，喜事宴会，借此酬酢，亦以通殷勤，致欢欣而止，非必欲其酩酊酖酶，淋漓几席而后为快也。今若享客而止设一饭，以他为度，草草散场，则太觉索然，故酒为必需之物矣。但会饮当有律度，小杯徐酌，假此叙谈，宾主之情通而酒事半矣，何必大觥加劝，互醉不休，甚至主以能劝为强，客以善避为阿，竞能争智之场，又何有于欢欣哉。

又见今人钱振锽著《课馀闲笔》补中一则云：

"天下第一下流莫如豁拳角酒，切记此等闹鬼万不可容他入席。"二君都说得有理，不佞很有同意，虽然觉得钱君的话未免稍愤激一点，简单一点，似乎还该有点说明。本来赌酒也并无什么不可,假如自己真是喜欢酒喝。豁拳我不大喜欢,第一因自己不会,许多东西觉得不喜欢,后来细细推想实在是因为不会之故,恐怕这里也是难免如此。第二,豁拳的叫声与姿势有点可畏,对角线的对豁或者还好,有时隔着两座动起手来,中间的人被左右夹攻,拳头直出,离鼻尖不过一公分,不由不感到点威吓。话虽如此,挥拳狂叫而抢酒喝,虽似粗暴,毕竟也还风雅,我想原是可以原谅的。不过这里当然有必要的条件,便是应该赢拳的人喝酒,因为这酒算是赏品。为什么呢?主人请客人吃酒,那么酒一定是好东西,希望大家多喝一点,豁拳赌酒,得胜的饮,正是当然的道理。现在的规矩似乎都是输者喝酒,仿佛是一种刑罚似的,这种办法恐怕既不合理也还要算失礼吧。盖酒如是敬客的好东西,不能拿来罚人,又如是用以罚人的坏东西,则岂可以敬客乎。不佞于此想引申钱君的意思,略为改订云:主客赌酒,胜者得饮。豁拳虽俗,抢酒则雅,此事可行。如现今所为,殊无可取,则不佞对于钱君之说亦只好附议耳。

陈君没有说到豁拳,所反对的只是劝酒,大约如干杯之类。主与客互酬,本是合理的事,但当有律度,要尽量却也不可太过量,到了酩酊酕醄,淋漓几席,那就出了限度,不是敬客而是以客人为快了。这里的意思似乎并不以酒为坏东西,乃因为酒醉是苦事的缘故吧。酒既是敬客的好东西,希望客人多喝,本来可以说是主人的好意,可是又要他们多喝以至于醉而难受,则好意即转为恶意了。凡事过度就会难受,不必一定是喝酒至醉,即吃饭过饱也是如此。我曾听过一件故事,前清有一位孝子是做知府者,每逢老太太用饭,站在旁边侍候着,老太太吃完一碗就够了,必定请求加餐,不听时便跪求,非允许添饭决不起来。老太太没法只好屈服,却恳求媳妇道,请你告诉老爷不要再孝了,我实在是受不住了。强劝喝酒的主人大有如此情形,客人也苦于受不住,却是无处告诉。先君是酒量很好的人,但是痛恨人家的强劝,祖母方面的一位表叔最喜劝酒,先君遇见他劝时就绝对不饮,尝训示云,对此等人只有一法,即任其满酾,就是流溢桌上也决不顾。此是昔者大将军对付石崇的方法,我虽佩服却不能实行,盖由意志不坚强,平常也只好应酬一半,若至金谷园中必蹈王丞相之复辙矣。

酒本是好东西,而主人要如此苦劝恶劝才能叫客人喝下去,这到底是什么缘故呢?我想,这大抵因为这东西虽好而敬客的没有好酒的缘故吧。不佞不会喝酒而性独喜喝,遇酒总喝,因此颇有阅历。截至今日为止我只喝过两次好酒,一回是在教我读《四书》的先生家里,一回是一位吾家请客的时候,那时真是抢了也想喝,结果都是自动吃得大醉而回。此外便都很平常,有时也会喝到些酒,盖虽是同类而且异味,这种时候大约劝酒的手段就很必须了,输了罚酒的道理也很讲得过去。刘继庄在《广阳杂记》中云:"村优如鬼,兼之恶酿如药,而主人之意则极诚且敬,必不能不终席,此生平之一劫也。"此寥寥数语,盖可为上文作一疏证矣。(廿六年七月十八日)

【附记一】阮葵生著《茶馀客话》卷二十有一则云:

俗语云,酒令严于军令,亦末世之弊俗也。偶尔招集,必以令为欢,有政焉,有纠焉,众奉命唯谨,受虐被凌,咸俯首听命,恬不为怪。陈几亭云,饮宴苦劝人醉,苟非不仁,既是客气,不然亦蠢俗也。君子饮酒,率真量情,文士儒雅,概有斯致。夫唯市井仆役以逼为恭敬,以虐为慷慨,以大醉为欢乐,士人而效斯习,必无礼无义不读书者。几亭之言可为酒人下一针砭矣。偶见宋人小说中酒戒云,少吃不济事,多吃济甚事,有事坏了事,无事生出事。旨哉斯言,语浅而意深。又几亭《小饮壶铭》曰,名花忽开,小饮。好友略憩,小饮。凌寒出门,小饮。冲暑远驰,小饮。馁甚不可遽食,小饮。珍酝不可多得,小饮。真得此中三昧矣。若酕醄流连,俾昼作夜,尤非向晦息宴之道。亭林云,樽罍无卜夜之笑宾,衢路有宵行之禁,故见星而行者非罪人即奔父母之丧。酒德衰而酗饮长夜,官邪作而昏夜乞哀,天地之气乖而晦明之节乱。所系岂浅鲜哉。法言云,侍坐则听言,有酒则观礼。何非学问之道。这一节在戴氏选本卷十,文句稍逊,今从王刊本。所说均有意思,陈几亭的话尤为可喜,我们不必有壶,但小饮的理想则自极佳也。(八月七日记)

【附记二】赵氏刊《仰视千七百二十九鹤斋丛书》中有《遁翁随笔》二卷,山阴祁骏佳著,卷上有一则云:

凡与亲朋相与,必以顺适其意为敬,唯劝酒必欲拂其意,逆其情,多方以强之,百计以苦之,则何也。而受之者虽觉其苦,亦不以为怪,而且以为主人之深爱,又何也。此事之甚戾而举世莫之察者,唯契丹使臣冯见善云,劝酒当观其量,如不以其量,犹徭役不以户等高下也,强之以不能,岂宾主之道哉。此言足醒古今之谜,乃始出于契丹使臣之口。

遁翁是明末遗民,故有此感慨,其实冯见善大概也仍是汉人,不过倚恃是使臣故敢说话,平常也会有人想到,只是怕事不肯开口,未必真是见识不及契丹人也。社会流行的势力很大,不必要有君主的威力压在上面,也就尽够统治,使人的言论不能自由,此事至堪叹息,伊勃生说少数总是对的,虽不免稍偏激,却亦似是事实。我想起李卓吾的事,便觉得世事确是颠倒着,他的有些意见实在是十分确实而且也平常,却永久被看作邪说,只因为其所是非与世俗相反耳。

劝酒细事,而乃喋喋不休,无乃小题而大作乎,实亦不然。世事颠倒,有些小事并不是真是小,而大事亦往往不怎么大也。(八月二十日再记)

【附记三】近日承兼士见赐抄本《平喋园先生酒话》一册,凡四十七则,不但是说酒而且又是越人所著,更是可喜。妙语甚多,今只录其第二十四则云:

饮酒不可猜拳,以十指之屈伸,作两人之胜负,则是争斗其民而施之以劫夺之教也。酒以为人合欢,因欢而赌,因赌而争,大煞风景矣。且所谓赢也者,以吾手指所伸之数合于彼指所伸之数,而适符吾口所猜之数,则谓之赢,反是则谓之输,然而甚无谓也。所谓赢者,其能将多馀之指悉断而去之乎?所谓输者,其能将无用之指终身屈而不伸乎?静言思之,皆不可也,皆不能。天下得酒甚难,得酒而逢我辈饮则更难,得酒而能与我辈能饮之人共饮则尤其难。夫以难得之酒而遇难饮之人,且遇难于共饮之人,吾方喜之不遑矣,又何必毒手交争为乐耶。盘中鸡肋,请免尊拳,无虎负隅,不劳攘臂。

《酒话》有嘉庆癸酉自题记,又有咸丰元年辛亥朱荫培序,称从蝶园平筠士得见此稿,乃应其请写此序文。寒斋有朱君所著《芸香阁尺一书》二卷,正是平筠士所编刊者,书中收有与筠士札数通,虽出偶然,亦是难得芸香阁原与秋水轩有连,前曾说及,今又见此序,乃知其与吾乡有缘非浅也。(十月三十日记于北平苦住庵)

我的酒友(周作人)

我是不会吃酒的,却是很喜欢吃,因此每吃必醉,往往面红耳赤,像戏文上所谓关公一般,看去一定灌下去不少的黄汤了,可是事实上大大的不然,说起来实在要被吃酒的朋友所耻笑的。民九的岁暮我生了一场大病,在家里和医院各躺了三个月，在西山养了三个月，民十的秋季下山来，又要上课了，医生叫我喝点酒，以仍能吃饭为条件，增加身体的营养，这效验是有的，身体比病前强了，可是十年二十年来酒量却是一点都没有进步。有一次我同一个友人试验过，叫了五芳斋很好的小菜来，一壶酒两人吃得大醉，算起来是各得半斤。这是在北伐刚成功的时候，现在已是二十年之前了，以后不曾试验，大概成绩还是一样，半斤是极量了，那么平常也只能喝且说五两吧，这自然是黄酒，若是白酒还得打个三折。这种酒量，以下棋论近于矢棋了，想要找对手很有点为难，谁有这耐性来应酬你呀。可是我却很运气能够有很好的酒友，一个是沈尹默，他的酒德与我正相同，而且又同样的喜吃糯米食，更是我的同志。又一个则是饼斋，他的量本来大，却不爱喝，而每逢造访的时候，留他吃饭，他总肯同主人一样的吃酒，也是很愉快的。晚年因为血压高，他不敢再喝了，曾手交一张酒誓给我，其文云："我从中华民国二十二年七月二起，当天发誓，绝对戒酒，即对于周百药、马凡将二氏亦不敷衍矣。恐后无凭，立此存照。钱龟竞。"盖朱文方印曰龟竞，名下书十字甚粗笨，则是花押也。马凡将即马叔平，凡将是他的斋名，百药则是我那时的别号。

绍兴酒的将来（周作人）

《西斋偶得》中说饮食与音乐变化最快，越数百年便全不可知，《东京梦华录》所记汴城食科，南渡后杭城所市食物，张沂王进高宗食单，大半不知其名，又尝见名人所刻书内有蒙古女真畏吾儿回回食物单，思之亦不能入口。后又云：今天下盛行三事，绍兴酒、昆腔曲、马吊戏，皆起于明之中叶，绍兴酒始见于《澜言长语》，说他入口便螫，味同烧刀，此酒一出，金华浙闽诸酒皆废矣。明朝中叶大概可以算作十六世纪初，到现在已将四百五十年。昆曲久已为京戏所压倒，再也站不起来。马吊也被麻将牌所取而代之了。绍兴酒总算还是健在，实在很不容易了。

不过就上边那一节看来，他也并非毫无变化。据《澜言长语》说他入口便螫，味同烧刀，假如这不是作者因为喝不惯而随口胡骂，那么一定当初绍兴酒的确是那么样了。现今再请教普天下吃绍兴酒的看官，目下是否如此，我想这答案总是说否,他和烧刀总不是一样的。所以我们可以推定绍兴酒最初乃是辛螫的,后来变得温和,像现代的那样。但是将来如何,我们可不能知道,说不定他又非变得像烧酒那么不可,这话无甚凭据,只是觉得并非不可能罢了。绍兴酒的价格不比烧酒便宜,吃起来却更为耗费,岂非失败之道乎?至于这要如何使他变化,可与烧刀竞爽,那是酿造上专门的事情,不是我们所能知道的了。

饮酒(梁实秋)

酒实在是妙。几杯落肚之后就会觉得飘飘然、醺醺然。平常道貌岸然的人,也会绽出笑脸;一向沉默寡言的人,也会议论风生。再灌下几杯之后,所有的苦闷烦恼全都忘了,酒酣耳热,只觉得意气飞扬,不可一世,若不及时知止,可就难免玉山颓欹,剔吐纵横,甚至撒疯骂座,以及种种的酒失酒过全部地呈现出来。莎士比亚的《暴风雨》里的卡力班,那个象征原始人的怪物,初尝酒味,觉得妙不可言,以为把酒给他喝的那个人是自天而降,以为酒是甘露琼浆,不是人间所有物。美洲印第安人初与白人接触,就是被酒所倾倒,往往不惜举土地界人以交换一些酒浆。印第安人的衰灭,至少一部分是由于他们的荒腆于酒。

我们中国人饮酒,历史久远。发明酒者,一说是仪狄,又说是杜康。仪狄夏朝人,杜康周朝人,相距很远,总之是无可稽考。也许制酿的原料不同、方法不同,所以仪狄的酒未必就是杜康的酒。尚书有《酒诰》之篇,谆谆以酒为戒,一再地说"祀兹酒"(停止这样的喝酒),"无彝酒"(勿常饮酒),想见古人饮酒早已相习成风,而且到了"大乱丧德"的地步。三代以上的事多不可考,不过从汉起就有酒榷之说,以后各代因之,都是课税以裕国帑,并没有寓禁于征的意思。酒很难禁绝,美国一九二〇年,起实施酒禁,雷厉风行,依然到处都有酒喝。当是笔者道出纽约,有一天友人邀我食于某中国餐馆,入门立趋后室,索五加皮,开怀畅饮。忽警察闯入,友人予勿惊。这位警察徐徐就坐,解手枪,锵然置于桌上,索五加皮独酌,不久即伏案酣睡。一九三三年酒禁废,真如一场儿戏。民这所好,非政令所能强制。在我们中国,汉萧何造律:"三人以上无故群饮,罚金四两。"此律不曾彻底实行。事实上,酒楼妓馆处处笙歌,无时不飞觞醉月。文人雅士水边修禊,山上登高,一向离不开酒,便足一生,甚至于酗饮无度,扬言"死便埋我"，好像大量饮酒不是什么不很体面的事，真所谓"酗于酒德"。对于酒，我有过多年的体验。第一次醉是在六岁的时候，侍先君饭于致美斋（北平煤市街路西）楼上雅座，窗外有一棵不知名的大叶树，随时簌簌作响。连喝几盅之后，微有醉意，先君禁我再喝，我一声不响站立在椅子上舀了一匙汤，泼在他的一件两截衫上。随后我就倒在旁边的小木炕上呼呼大睡，回家之后才醒。我的父母都喜欢酒，所以我一直都有喝酒的机会，"酒有别肠，不必长大"，语见《十国春秋》，意思是说酒量的大小与身体的大小不必成正比例，健壮者未必能饮，瘦小者也许能鲸吸。我小时候就是瘦弱如一根绿豆芽。酒量是可以慢慢磨炼出来的，不过有其极限。我的酒量不大，我也没有亲见过一般人所艳称的那种所谓的海量。古代传说"文王饮酒千盅，孔子百觚"，王充论衡语增篇就大加驳斥，他说："文王之身如防风之君，孔子之体如长狄之人，乃能堪之。"且"文王孔子率礼之人也"，何至于醉酗乱身？就我孤陋的见闻所及，无论是"青州从事"或"平原督邮"，大抵白酒一斤或三五斤就足以令任何人头昏目眩粘牙倒齿。惟酒无量，以不及于乱为度，看各人自制力如何耳。不为酒困，便是高手。

酒不能解忧，只是令人在由兴奋到麻醉的过程中暂时忘怀一切。即刘伶所谓"无思无虑，其乐陶陶"。可是酒醒之后，所谓"忧心如醒"，那份病酒的滋味是很不好受，所以代价也不算小。我在青岛居住的时候，那地方背山面海，风景如画，在很多人心目中是最理想的卜居之所，唯一缺憾的是很少文化背景，没有古迹耐人寻味，也没有适合的娱乐。看山观海，久了也会腻烦，于是乎朋聚饮，三日一小饮，五日一大宴，豁拳行令，三十斤花雕一坛，一夕而罄。七名酒徒加上一位女史，正好八仙之数，乃自命为酒中八仙。有时且结伙远征，近则济南，远则南京、北京，不自谦抑，狂言"酒压胶济一带，拳打南北二京"，高自期许，俨然豪气干云的样子。当时作践了身体，这笔账日后要算。一日，胡适之先生过青岛小憩，在宴席上看到八仙过海的盛况大吃一惊，急忙取出他太太给他的一个金戒指，上面携有"戒"字，戴在手上，表示免战。过后不久，胡先生就写信给我说："看你们喝酒的样子，就知道青岛不宜久居，还是到北京来吧！"我就到北京去了。现在回想当年酗酒，哪里算得是勇，简直是狂。酒能削弱人的自制力，所以有人酒后狂笑不止，也有人痛哭不已，更有人口吐洋语滔滔不绝，也许会把平素不敢告人之事吐露一二，甚至把别人的阴私也当众抖搂出来。最令人难堪

中华酒典

的是强人饮酒,或单挑,或围剿,或投下井之石,千方百计要把别人灌醉,有人诉诸武力,捏着人家的鼻子灌酒!这也许是人类长久压抑下的一部分兽性之泄,企图获得胜利的满足,比拿起大石棒给人迎头一击要文明一些而已。那咄咄逼人的声嘶力竭的豁拳,在赢拳的时候,那一声拖长了的绝叫,也是表示内心的一种满足。在别处得不到满足,就让他们在聚饮的时候如愿以偿吧!只是这种闹饮,以在有隔音设备的房间里举行为宜,免得侵扰他人。

《菜根谭》所谓"花看半开,酒饮微醺"的趣味,才是最令人低徊的境界。

酒缘(钱伯城)

据说什么事都有缘分,我相信吃酒真有酒缘。有的人天生能饮,这便是与酒有缘;有的人滴酒不沾,这便是与酒无缘了。前不久,我参加一次宴会,同桌十人,半数以上都推说不会吃酒;表示能吃一点,也只说来点啤酒。与我邻座的是钱君陶先生,已近九旬高龄,矍铄如五六十岁人,独说他吃黄酒(即通常说的绍兴酒)。后来为他斟酒,他一杯杯全不推辞,也不见酒态。一桌的人为之钦佩。有人问他酒量多少,他说过去是五斤,现在年迈,稍减一些。又说三十年代时,他在开明书店工作,下班后便随叶圣陶、夏丏尊、周予同诸先生去四马路高长兴酒店吃酒。每人五斤,习以为常。这几位先生自然是有酒缘的人了。

这使我想起宋朝人一个吃酒的故事。王审琦是宋朝开国大臣,与宋太祖友好,但不会吃喝。宋太祖宴会,因王审琦不吃喝,每为之不乐。一日酒酣,宋太祖举杯祝道:"审琦布衣之好,方共享富贵,酒乃天禄,何惜不赐饮?"这样一祝,王审琦果然能喝酒了。我看宋太祖说的"天禄",就是酒缘。但王审琦从不吃酒到能吃酒,大概是心理作用,与天其实是无关的。清朝阮葵生写过一本《茶馀客话》,他是爱吃酒的人,他对王审琦的这个故事一番议论:"是知酒量宽窄,关乎福泽,造物(指天或上帝)所靳惜,不轻予人。"他这话看来近于迷信,但也有一定道理。从欣赏与享受的角度看,吃酒是一种乐趣。懂不懂得这种乐趣,确实不是所有的人都能有的,这就要看同酒有没有缘了。

关于酒的乐趣,古往今来的人写过不少文章,我觉得刘伶的《酒德颂》还是体味最深。文中有几句形容酒后情景:"无思无虑,其乐陶陶。兀然而醉,豁尔而醒。静听不闻雷霆之声,熟视不睹泰山之形。"这是很形象的,一吃酒,世间一切事物都不在他的心中眼中了,一切都化繁为简了。

但是,吃酒最大的乐趣,还不在酩酊大醉。倘若酒醉糊涂,或睡或闹,就没有什么情趣可言了。最佳的境界应是似醉非醉之时。宋朝邵尧夫有两句诗:"美酒饮教微醉后,好花看到半开时。"这就是美学上的"含而不尽"的意境。有酒缘而又能欣赏此种意境者,当是高层次的酒人。

还有一种人,自己无酒量,不善饮酒,但爱酒并很喜欢看别人饮酒,这种人也是有酒缘的。明朝文学家袁中郎可称代表,他写过一部叫《觞政》的书,专谈饮酒。他说:"余饮不能一蕉叶(酒杯),每闻垆声,辄踊跃。遇酒客与留连,饮不竟夜不休。"我在六十年代编写《袁宏道集笺校》(一九八一年出版),在《觞政》后面曾加按语道"宏道不能饮,然雅习酒道,自谓趣高而不饮酒,其弟小修亦称其'不能酒,最爱人饮酒'。是《觞政》乃趣高之作,非酗酒之作也。知宏道者当能辩此。"我自以为是袁中郎知己,也欣赏他对酒的态度,所以特为写了这段文字,也表示我对饮酒的旨趣。

再附带说几句题外话。我在这篇文章中,将"吃酒"与"饮酒"两个词语并用。规范的叫法应说"饮酒"或"喝酒",但江南的口语,习惯叫"吃酒"。我看《水浒》,梁山泊英雄也说"吃酒",可知宋元时"吃酒"一词是南北通用的。从词义上说,"饮"或"喝"都包括在"吃"之内,说"吃酒"不能算错。

烟酒与朋友(钱歌川)

凡以利相结合而不讲道义的人,我们就称他为酒肉朋友,其实肉食者鄙,犹有可说,酒是不应该蒙此污名的。烟尤甚于酒,不仅不会使朋友分手,反而可以交结朋友。许多人的友谊,是由一支烟开始的。就是我们居常有客人来时,接待第一件事,不外乎敬一支烟。哪怕是不抽烟的人,家里也要备一包烟敬客,因为有客光临,生辉蓬荜,一支烟和一杯茶是表示起码的敬意,否则便难免不怠慢客人了。

烟比茶来得方便,所以客来先敬一支烟,然后泡茶。遇到不抽烟的朋友,只好让他坐一阵子冷板凳,待我把茶泡好端出去,才能接待他座谈的。如果是稀客,话投了机,自然不会很快离去,到了吃饭的时候,酒是免不了的。酒逢知己千杯少,话不投机半句多,能够坐下来喝酒的朋友不把瓶中物喝光,是不肯罢休的。至于那些话不投机的客人,甚至一支烟都是多余的,只消站在门口说两句话,就可以了事呢。

有些人每天都要喝一顿酒,独饮独酌,自得其乐,但我却无此习惯。我虽则也颇好酒,家里经常备有酒,然而不常喝。我一定要有客留饮才陪他喝酒的。我备得有各种各样的名酒,视客人的爱好而分别招待,爱喝甜酒的吃乌梅,缅怀大陆的喝绍兴,无所谓地用清酒,至于金门高粱则只能给善饮者喝,洋酒如威士忌或白兰地,便非上宾不轻易开瓶,因为我们文人,毕竟是寒士,家有一两瓶名贵的洋酒,都是阔朋友送的,自己决买不起。王平陵先生家住台北县景美镇,有次写信来邀我去玩,说备有洋酒洋烟招待,那时我住在台南,接信后为之怦然心动,恨不得马上搭乘直升飞机前往赴约,后来算一下来往的车费和耗费的时日,也就只好函谢,表示心领,自叹口福太薄。我知道文人不是常有那些珍品的,所以他特地远道相邀,以求与朋友共,而增加那些烟酒的味道呢。

家有好酒,确实可以召客,因为那引诱力是很大的,古之饮者都有家酿的酒,每到酒熟时,必要邀请朋友来喝。大家都知道的是白乐天问刘十九的那首千古名唱。"绿蚁新醅酒,红泥小火炉。晚来天欲雪,能饮一杯无?"酒已经新醅好了,又有温酒的小火炉,天寒欲雪,独酌无味,所以要去邀个朋友来共醉,正是雅人深致。平陵先生的远道简邀,大约也不外是这种意思。

日下在台湾实行公卖制度,私人不得酿酒,对那些诗人雅士未免有伤情趣。我有次从上海乘飞机来台,一切行李都交船运,手里只提了四瓶美酒。有次还从上海运来一大坛酒一天就喝光了。据说是开坛之后便留不得,留了要变味的,所以不得不喝光,好在谁也没有醉。这都是些可资回忆的往事。好酒难得,好友同欢。最近有位好友,贻我两瓶佳酿,我就邀了两个朋友来家,痛快地消磨了一个晚上。

酒在交际场中占着首要的位置,比方我们请客,分明是主要请人吃菜,但请帖上决不说菜,而只说酒,即所谓"敬备菲酌,恭候光临",从未闻有人写敬备菲菜的。可见酒已成为代表性的饮食物了。

日本人考证说我们人类饮酒是从猴子学来的。因为猴子采取了各种水果搬回猴洞贮藏,不久发酵,酿制成酒。所以猴子不仅是造酒的鼻祖,而且至今还是很会喝酒的。达尔文认为人是猴子变的,至少在喝酒一点上是共通嗜好的。猴子是群居的,遥想当年它们聚众喝酒的盛况,一定是不弱于史记殷本纪所载:"以酒为池,悬肉为林,使男女倮,相逐其间,为长夜之饮。"这种原始式露天大舞会,确是要具社交性的。

烟草在社交场中,也占着重要的地位。欧洲人吸烟是由英国拉利爵士从美洲土著印第安人那里学来的。人类学者研究的结果,说美洲的印第安人是从中国去的,若是,则吸烟的习惯,我们是最早有的了。当黄帝征伐蚩尤的时候,天时不利,瘴疠载途,士卒颇多死亡,黄帝便下令要官兵去采集"南山之草",烘干后点燃去吸,大家精神焕发,士气大振,卒把蚩尤打败。所谓"南山之草",就是我们今天的烟草,由此可证明,吃烟的始祖是我们中国人,而且烟草是为大家吸用而开始采集的。

我们吸了几千年的烟草,并没有患有什么癌症,所以有人说,如果吸烟会患癌症的话,应该是由卷烟的纸而来的。说到卷烟,倒是西洋人的发明。用纸把烟卷好,便可以吸用。现在愈制愈精,装潢别致,有用金头的,有用软木头的,有用色纸包的。我还记得友人熊式一兄,在伦敦因上演《王宝钏》一剧,发了一点洋财,所以对于一切物事都考究起来。遇到男女客人去访问他的时候,他取出烟盒来,便有各种不同的烟,敬给各种不同的客。对烟瘾大的敬较凶的烟,对普通客人敬温和的烟,对太太小姐敬彩色纸包卷的漂亮的烟。以烟来交际,这可说是发挥尽致了。

至于我们穷人,虽不能做到这个地步,然同样可以拿烟来交结朋友,而且并用不着要买"双喜",普通"新乐园"也就行了。不过有一点,是我积四十年的经验,研究出来的,现在索性传给你吧。那就是你最好买一个金碧辉煌的漂亮烟盒子,先在家里把"新乐园"打开来装进去,以后使用烟盒敬烟,别人看到你的烟盒漂亮,就联想到里面装的是好烟,不暇细看,抽起来味道果然不错呢?

酒与食(唐振常)

酒食,酒食,酒与食相连,中国饮食文化向来如此。没有听说孔夫子饮酒的

中华酒典

故事,尚且留下"有酒食,先生馔"的名言。至于文人学士,好酒嗜食,酒食不能分离者,更是所在多多。东坡游赤壁,叹"有酒无肴,如此良夜何",只是一例。

饭店自然有酒卖。号称酒楼、酒家者,自然也并非只供应酒,实酒食兼备。近年所谓酒店,更兼合了旅馆的意思。即使从前有所谓专以营酒号召并号称有所谓独家名酒者,如北京习见的冷酒摊,也总有一些佐酒的凉菜。成都此类酒店,则多卤味。上海的高长兴、王宝和、王三和之类的酒馆,菜更多了一些,凉菜之外,更有品种不多的热肴;到了食蟹时节,自是以代客煮蟹为主了。当秋风散发着凉意之时,上海此类大小酒店,门前都设摊位,铁丝网篮里装满干干净净的清水大闸蟹(这个闸字,起源于捕蟹须用竹闸固起来而得),客来任意选购,用绳扎成一串,入店交付烧煮。卖蟹人和酒店是两路人,彼此互利,也许有些互惠的银钱协定,而于食客更感方便。这种景象已经多年不见了,即使有之,恐怕除了大款也是吃不起的。现在有些饭店也卖清水大闸蟹,但是自营,食客既无挑选之余地,其价格更令人咋舌不敢问。

平民百姓,即使是酒徒,饮酒亦必有佐酒之食,孔乙己还须赊一碟茴香豆。四川穷苦农民、贩夫走卒,入乡村酒店,饮烈性的所谓干酒,桌上是大把大把的炒花生。四川火锅现正走红于上海,打出这个招牌的,其数之多,真是无从估计。其实,火锅一味各地都有,食法均无不同,无非用汤的精粗和用菜的贵贱而已。唯独重庆的所谓红汤火锅独异于众。上海面馆卖的面有红油一名,那是指面里加酱油而不用盐。重庆的红汤火锅又称红油火锅,红油者辣油也。其辣已足惊人,更令外地人吓倒的是用大量花椒油,即所谓麻。炭火一烧,自然成了麻辣烫三者俱备,和广东的打边炉决然不同,如以上海的菊花火锅视之,只有称重庆红汤火锅为野蛮。

红汤火锅在四川原不见经传,饭馆无此味,人家无此食,原是特殊情况下冒出来的一部分下层人民的专食。沿嘉陵江的纤夫劳动极辛苦,他们对饮食也特别寻刺激,以强烈对强烈,不如此不足以消解一日之劳。三伏天气,在山城这个大火炉里,江边地上,生火烧锅,一锅水盛加麻辣,入锅食物主要是四川所称毛肚,即牛肚也。上海人叫作牛百叶。四川人不吃水牛肉,内脏更不吃。水牛肚价极贱,甚至可以无代价讨索得来。纤夫以水牛肚烫红油火锅食之。不仅如此,每吃必饮大量度数极高的烧酒。上身脱光,汗如雨下,真所谓痛快淋漓。此味渐入店家,称之为毛肚火锅。不怕死之徒以身试法,自然除毛肚外加入了他味。其名渐渐传开,三四十年代,多有饭店专卖此物,门前高悬一牌,上写"毛肚开堂"四字。自然也卖酒,但皆白酒,称之为以刚克刚。这种店子多是小店,此味不能入中等菜馆,更勿论高级饭店了。后来成都也有了"毛肚开堂",温文尔雅的成都人向来不屑顾。这些年也变了,成都街边多设摊卖之,名称变成了"麻辣烫",锅中食物可谓乱七八糟,连带鱼也入锅烫而食之。其恶劣者,汤中加罂粟壳,以招食者成瘾。毛肚火锅也好,"麻辣烫"也好,离不了酒,且必白酒,真不知上海人如何吃得消。

这里只是讲中国人酒食必相偕(不饮酒者自是例外),至于佐酒之类的门道,实繁不胜讲,也讲不清楚。如食毛肚火锅必用白酒,食蟹只能是烫热的黄酒,也难说出服人的道理。

西人则异,酒食有相偕处,大体则分离。非饭时,饮酒均无菜,其中名目繁多,酒的品种各别,什么情况下喝什么酒,极有考究。饭前闲谈,少量喝一些酒,称之为开胃酒。饭桌上喝的酒多为白(葡萄)酒,饭后才喝白兰地之类的酒。法国 Cognac 之白兰地,尤其是 XO,确为佳品,但一般西人每饮,在酒杯中都只倒少量,一手握之,手的热气经杯入酒,酒香味乃更盛。于此方谙西人饮不同酒用不同酒杯之理。(其实中国过去也是喝不同的酒用不同的酒杯。现在每以大玻璃杯喝黄酒,不成话说。)过去只在香港饭店中见香港人、台湾人和日本人以 XO 作豪饮,近闻大陆大款亦渐兴此风,甚至比赛一餐饭中喝光了的 XO 酒瓶有多少。以此夸富豪,是否表明中国人都发财了,吾不知也。

当然,西人亦豪饮,一次在堪培拉,友人宴客,开了许多瓶白酒,一位大醉,当场倒地痛哭。好的红(葡萄)酒,味不差于 XO 白兰地,价之昂亦过之。一年在香港过冬至,香港习俗称"冬至赛大节",较过年尤为重视,都要在家中吃饭,全市饭馆亦关门。我在一朋友家,从饭前到饭桌上到饭后,喝了许多各种酒,其中一种红酒确好过 XO。朋友每问再喝什么,我总说红酒,朋友称我为知酒。一位老友居法国垂五十年,他说:法国有一种文学奖,奖金极高,规定须在一顿饭将奖金吃完,否则不认账。要吃完,就得靠猛喝价昂之红酒。我访美时正值病友不能饮,朋友惜之,说是某年法国葡萄树死,靠了加州移植,加州酒佳于法。确否不知。

中華酒典

喝酒的哲学（林清玄）

喝酒是有哲学的，准备许多下酒菜，喝得杯盘狼藉是下乘的喝法；几粒花生米一盘豆腐干，和三五好友天南地北是中乘的喝法；一个人独斟自酌，举杯邀明月，对影成三人，是上乘的喝法。

关于上乘的喝法，春天的时候可以面对满园怒放的杜鹃细饮五加皮；夏天的时候，在满树狂花中痛饮啤酒；秋日薄暮，用菊花煮竹叶青，人与海棠俱醉；冬寒时节则面对篱笆间的忍冬花，用蜡梅温一壶大曲。这种种，就到了无物不可下酒的境界。

当然，诗词也可以下酒。

俞文豹在《历代诗余引吹剑录》谈到一个故事，提到苏东坡有一次在玉堂日，有一幕士善歌，东坡因问曰："我词何如柳七（即柳永）？"幕士对曰："柳郎中词，只合十七八女郎，执红牙板，歌'杨柳岸，晓风残月'。学士词，须关西大汉、铜琵琶、铁样板，唱'大江东去'。"东坡为之绝倒。

这个故事也能引用到饮酒上来，喝淡酒的时候，宣读李清照；喝甜酒时，宣读柳永；喝烈酒则大歌东坡词。其他如辛弃疾，应饮高粱小口；读放翁，应大口喝大曲；读李后主，要用马祖老酒煮姜汁倒出怨苦味时最好；至于陶渊明、李太白则浓淡皆宜，狂饮细口皆可。

喝纯酒自然有真味，但酒中别掺物事也自有情趣。范成大在《骏驾录》里提道："番禺人作心字香，用素茉莉未开者，着净器，薄劈沉香，层层相间封，日一易，不待花蔫，花过香成。"我想，应做茉莉心香的法门也是掺酒的法门，有时不必直掺，斯能有纯酒的真味，也有纯酒所无的余香。我有一位朋友善做葡萄酒，酿酒时以秋天桂花围塞，酒成之际，桂香袅袅，直似天品。

我们读唐宋诗词，乃知饮酒不是容易的事，遥想李白当年斗酒诗百篇，气势如奔雷，作诗则如长鲸吸百川，可以知道这年头饮酒的人实在没有气魄。现代人饮酒讲格调，不讲诗酒。袁枚在《随园诗话》里提过杨诚斋的话："从来天分低拙之人，好谈格调，而不解风趣，何也？格调是空架子，有腔口易描，风趣专写性灵，非天才不辩。"在秦楼酒馆饮酒作乐，这是格调，能把去年的月光温到今年

中华酒典

才下酒，这是风趣，也是性灵，其中是有几分天分的。

《维摩经》里有一段天女散花的记载，正在菩萨为弟子讲经的时候，天女出现了，在菩萨与弟子之间遍洒鲜花，散布在菩萨身上的花全落在地上，散布在弟子身上的花却像粘米样粘在他们身上，弟子们不好意思，用神力想使它掉落也不掉落。仙女说："观诸菩萨花不着者，已断一切分别想故。譬如，人畏时，非人得其便。如是弟子畏生死故，色、声、香、味，触得其便也。已离畏者。一切五欲皆无能为也。结习未尽，花着身耳。结习尽者，花不着也。"

这也是非关格调，而是性灵，佛家虽然讲究酒、色、财、气四大皆空，我却觉得，喝酒到极处几可达佛家境界，试问，若能忍把浮名，换作浅酌低唱，即使天女来散花也不能着身，荣辱皆忘，前尘往事化成一缕轻烟，尽成因果，不正是佛家所谓苦修深修的境界吗？

酒（姚雪垠）

友人请客，为着病我没喝一滴酒，因此就成旁观者。

中国人劝酒的热情是可惊人的，中国人对于这好意的推辞也是可惊的。于是我就想到这样一个古怪的问题：假若酒对于人是有益而又好喝，客人们逢着酒为什么那样的害怕，逃避？假若它是无益而又难喝的，做主人的为什么还拿这种坏东西拼命地劝客。假若酒可以代表交情，实际上友人对那几位客人却没有好感。大概酒有时也真能助兴；有时其用处在于能麻醉自己，麻醉朋友，让大家于兴奋之余都被麻醉，忘掉愁闷，皆大欢喜；有时对于一个讨厌而又不能不接近和应酬的人，就更得借重杯酒之力了。

地主们的酒便另有用处：他们把酒给农夫们喝，主意是在希望酒会在喝者身上变做血汗，加倍地偿还他们。

酒被这样利用的时候最多，也是最可怕！

但禁酒是不可能的，要想禁绝酒，得先使人类生活上减少愁闷，使"做活人"的血汗不再被人觊觎，使聪明人不再欺骗傻子。

写到这里，我忽然想起了杰克·伦敦的《北极圈里的酿酒》，便不愿继续写下去了。

啤酒暮想曲（舒展）

一年一度的啤酒供销旺季又来到了。大热天，夕阳似火，带着汗盐、疲劳与饥渴，下得班来第一件事：一瓶冰镇啤酒沁入胃中，其境界之妙，绝非洗澡之类可以比拟。因为洗澡只解决外部问题，而啤酒才解决内因问题——涤荡燥热，清刷困乏。有诗为证：

一升鲜啤酒，馨润满胸口；

不落言筌味，快活君知否？

据说有一位力主禁酒女士劝夫戒酒。她说："喝热酒伤肝，饮冷酒伤肺，最佳方案是不喝！"丈夫爽然对曰："不喝伤人！"

请允许我补充一句：买不着啤酒，伤心！

一到伏天，啤酒供不应求已成"规律"，卖啤酒的一些售货员趁顾客排长龙渴求点滴之恩的迫切心理，经常缺斤少两，搞涓滴成溪式的克扣。你提意见，他说你小气："买到就不错啦！"是呵，啤酒花、大麦等生产基地，厂址设备，不是一口气吹起来的。啤酒供应紧张和克扣顾客，已经成了老掉牙的白胡子问题。

你若下班稍晚，瓶装啤酒早已售罄，散装的也高挂免战牌。回到家中，好饭不足以解其饥，香茶不能够解其渴，洗澡更不能解决本质问题。落落寡合，暗自反省：谁叫你不早早地去排队呢？既无朝思，必有暮想。看看人家，一箱箱啤酒从车上卸到家中，你只得望之兴叹而已。

饮无啤酒兮，可奈何！呜呼噫兮，奈若何！只好化悲愤为力量，以文代酒，写篇《啤酒暮想曲》吧。

据龙山文化遗存的斝（音甲，温酒器）、盉（音禾，也是温酒器）盛行于商周，考古学家认定，中国人在公元前 22 世纪以前就学会了以谷物酿酒。但用麦芽和谷芽做糖化剂酿甜淡的酒，则是三千多年之前的事。《尚书·说命篇》中有"若作酒醴，尔维曲蘖"的记载。明代的宋应星在《天工开物》中曾说："古来曲造酒，蘖造醴，后世厌醴味薄，遂至失传，则并蘖法亦亡。"（《曲案卷》第十七）就是以麦芽酿酒；醴，就是低度数的淡甜酒。它逐渐被酒曲与固体发酵的酿法所取代。除果露酒、黄酒之外，大小曲酒成为中国酒的正宗。1903 年，德国人在青岛建了一家英德啤酒公司。1915年,中国人在北京建了一家双合盛啤酒厂。

解放前,啤酒并不普及。像绍兴的咸亨酒店,是不卖啤酒的。那么,是中国人不喜欢不习惯喝啤酒吗?历史的误会!那年月,骆驼祥子、虾球、赵光腚、涓生那样的人太多,温饱都成问题,还谈得上喝酒?杨白劳过年喝的是赵大叔带去的四两水酒,肯定不是啤酒。

对啤酒需求成倍、数十倍的增长,是解放后的事。

啤酒大畅销,不仅是中国人消费水平提高的一个标志,同时在意识形态上也是对于旧的传统观念、封建禁欲主义的一个反动,一个群众性的持久无言的抗争。

酒、色、财、气历来被认为是坏东西。《全唐文》中有杨楚的一篇《溺赋》,说是酒、色、财、权四个东西,可以在无形中把人溺死。他说曲蘖之惑,酒之溺也。他把色比作爱河,把财比作药江,把权比作狼津,把酒比作甘波。这些话,看用在谁头上。如果用于封建统治者,抑奢戒贪,劝其不要纵欲,不无一定道理。若离开阶级地位、社会条件,应用于人民,那就未必恰当了。

中国的单音字,虽然读法上是一个音,而意义的内涵却极为丰富,常有好几个近似义或反义的解释。爱美、健康的恋爱与污浊的男女关系皆可含于一个色字之内。酒人包括更广:有李白那样的酒仙,有刘伶那样的酒徒,有薛蟠那样的酒棍。中国的大诗人,绝大多数都与酒结下了不解之缘,而一些衙内、泼皮、昏君、权奸,几乎全是酒色之徒。

对人的需求的抑制扼杀,生怕夷狄化我,是闭关锁国的封建思想对于商品经济的一种恐惧心理的反映。比如重本(农)抑末(商),戒奢禁欲,直至所谓"存天理,灭人欲"等等皆是。与这种说教针锋相对的是明末清初的唐大陶的《潜书》。他说:"王公之家一宴之味,费上农一岁之获,犹食之不甘。……提衡者权重于物则坠,负担者前重于后则倾,不平故也。"他主张处死皇帝,并且旗帜鲜明地说道:"立国之道无他,唯在富民。"

愚民锁国,盲目排外是政治腐败无能的表现。啤酒、茶叶不仅是商品,而且是人类的文化遗产,是共同的财富。洋人喝了茶,不会喝进封建主义的思想;我们饮啤酒,胃里冒出的也不是资本主义的污气。

无产阶级对酒的态度,历来友好。恩格斯在《自白》中回答对于幸福的理

中华酒典

解,是:饮1848年沙托——马尔高酒。

把贪财、好色、逞气与饮酒绑在一起加以谴责,并且推而广之曰:"人生在世,唯有酒、色、财、气是沾不得的。"(落落居士《招隐居》第二出)嗜酒,当然要不得;酒后无德,更丢人现眼。但,饮酒不等于嗜酒;喝点度数低的啤酒与60度以上的烈性酒,对人体的影响,也大有差异。酗酒与微醺,其境界,非个中人不能体会其天壤之别。

中国文学家与酒的缘分,久矣,甚矣,无可分矣! 即令用电子计算机,把陶渊明、李白诗中,凡带"酒"字的诗句一律加以剔出,但那酒魂仍在。皮日休说得好:"吾爱李太白,身是酒星(即轩辕右角南三星,谓之酒)魂。"李白被人称之为"醉圣"(《开元天宝遗事》)。白居易自命"醉尹",他说:"此翁何处富,酒库不曾空。"欧阳修自号"醉翁"。我们当然不会被这些个"醉"字所迷惑。只要翻翻《李太白集》《白香山集》《欧阳文忠公文集》,便可了然,他们并非整天泡在酒里。

人们对陶渊明借酒抒怀的诗,印象太深了:菊佳则饮,松奇想喝;田父见招去饮,客人临舍陪喝;名酒当饮,浊酒也喝。酒后还能大作其诗,可见并不酩酊大醉,又有助于灵感之迸发。他处在刘欲取司马氏而代之的那个变乱之际,诗写得那样的恬淡自然(也有金刚怒目),富于理趣,而又没有什么"走火"的地方。即令遇上"文字狱",走了火,又怎么样呢?"但恨多廖误,君当恕醉人。"(《饮酒》)

尤能说明陶潜并非整天醺醺然,能够掌握分寸,控制自己的有说服力的证据,是他的爱读书。"少学琴书,偶爱闲静,开卷有得,便欣然忘食";"好读书,不求甚(繁锁)解,每有会意,便欣然忘食";"乐琴书以消忧";"委怀在琴书";"得知千载上,正赖古人书";"诗书敦宿好";"遗览千载书,时时见遗烈"……他的好友颜延之在诔文中说他"心好异书",即除了六经典籍之外,还有《山海经》等等寓言、神话。

陶渊明可以说是写作、学习与饮酒三不误的"优秀酒人"。不仅像薛蟠之类不可同日而语,连刘伶那样的人也是无法望其项背的。

其实古人一饮三百杯、斗酒十千的那个酒,绝不是今天的烈性酒,其度数是与米酒、黄酒、啤酒不相上下的,否则就真成了酒神了。

现在,职工读书活动正在向纵深发展,若有哪位嗜酒如命的小伙子,把喝酒与读书对立起来,对着啤酒痛饮、狂饮,并说是由于看了《啤酒暮想曲》之后才发了豪气,耽误了读书,那么,笔者只好哑然一笑了。

希腊神话奥林匹斯山上,除了住着主神宙斯之处,还有太阳神、爱与美神、战神、谷物神、火神、海神等等。妙就妙在还有商业竞技之神。把商业与竞技由一位部长统管起来。更妙的是:有酒神狄俄尼索斯,他原是管蔬菜和蜂蜜的,后来才创造了酿酒,是酿葡萄酒法,但不是啤酒。大约在九千多年前,中亚的亚述人(今叙利亚)向女神尼哈罗敬献贡酒,才是用大麦酿造的淡甜酒。两千年前,巴比伦的汉谟拉比时代,已编出《啤酒酿造法》。以后,啤酒才由埃及传遍欧洲。

真正的啤酒之国,当推德国。据说慕尼黑市平均每人每年饮啤酒 220 公斤,其海量为我国哈尔滨市所不及。据马可铮同志介绍,慕尼黑有传统的啤酒节,一年一度,于 9 月底 10 月初,狂饮达半个月之久。到 1984 年秋已是第 150届了。届时正午,在几十公顷的大草坪上,乐队高奏啤酒《畅饮曲》,鸣礼炮 12响,由市长手持大木锤把黄铜龙头批入木酒桶。看吧! 馥郁馨香的啤酒淙淙流淌,市长举杯,向参加盛典的朋友和人民敬酒。广场上由几十个大啤酒亭组成了集市。酒厂的骏马佩着彩辔银饰,扛着木酒桶在大道通衢之上阔步过市。宾客如云,摩肩接踵,又跳又唱,游戏竞技。啤酒成了人们欢乐的灵魂。

中国作家如果派代表团去参加这一节日的话,程颢、朱熹恐怕不宜前往,免得他们神经受到刺激。我想,以李白为团长是再合适也没有了。诗歌与友谊,必将得到双丰收;与此同时,这位谪仙人可以大饱眼福,过足酒瘾,决不会出现"其醉也,傀俄若玉山之将崩",因为他是酒精(久经)考验的大诗人。

我国发展社会主义计划经济与商品经济的富民政策持续地实行下去,若干年(比方半个世纪或一个世纪)之后,啤酒供应的方式肯定会有一个大的飞跃。我设想:从啤酒厂安装大小管道通到啤酒爱好者家中,届时您只需启开不同的龙头,各种牌号的金黄透明的甘露,将会如潺潺泉水源源而来……

这似乎超越了《啤酒暮想曲》,但也未必是《梦想曲》。

酒话（蒋子龙）

喝酒必须说话。即所谓"酒一沾唇话就多"。"一壶好酒，三五好友"，喝酒需要"好友"，是为了好说话。喝闷酒醉死人，越喝越愁。

最好的下酒菜就是语言。酒之趣在雅，雅要说，要唱，吟诗作画，猜拳行令，或哭或笑，或骂或怨，放松、放达、放浪，缓解体内体外的各种紧张。古人云："饮酒者，乃学问之事，非饮食之事。"

今人把喝酒划分为七种境界，主要依据也是喝酒者的语言形态：第一种境界叫"欢歌笑语"，第二种境界叫"甜言蜜语"，往后依次是"花言巧语"，"豪言壮语"，"胡言乱语"，"自言自语"，"不言不语"。最后一种境界显然是放倒了。

酒是一种神秘的液体，它控制喜欢它的人如魔鬼附体。没有它人类似乎不能成为社会。喜的时候不可无它，愁的时候也不可无它。庆典不可少了它，祭祀也不能没有它。它有营养可健身，据说一克酒精可释放出7000卡热量，饮酒减肥法颇为新潮。它可开胃，闻酒香馋涎欲滴，饥肠辘辘，食欲大振，君不见善饮者喝多长时间的酒便能吃多长时间的菜，有惊人的酒量必有惊人的菜量。酒可做药，李时珍说："酒，天之美禄也，面曲之酒，少饮则和血行气、壮神、御寒、消愁遣兴。"酒可出智，李白斗酒诗百篇自不必提，与李白、裴旻并称三绝的张旭，"每大醉，呼叫狂走，乃下笔，或以头濡墨而书。既醒，自视，以为神，不可复得也。"酒能壮胆，汉高祖酒后斩白蛇起义，关羽温酒斩华雄。酒可交友，"酒是万能胶，越喝越要好"……

现代人更把酒的种种妙处发扬到淋漓尽致的地步。狠灌酒，多布菜，拂其意，逆其情，多方以强之，百计以苦之，看到对方出丑才算是敬，才算喝好了。

某厂，前几年被一股莫名其妙的潮流所裹挟，突然陷入一种困境，资金短缺，产品卖不出去，先是职工医药费不能报销，后来连工资也无着落，只能靠东挪西借。没有特殊的手段难以把这个工厂救活，厂长是个认真肯干的人，就是缺少一点"特殊手段"。他有个很大的优点也许是很大的缺点——不能喝酒。在一次全厂职工眼巴巴盼望着能起死回生的订货会议上，眼看又要吃零蛋。连厂长本人也恨自己不是骗子，正的不行有邪的也行，只要能搞到订货合同，搞到能救急的钱,他丢人现眼也认了。这时候办公室管档案的女干事自愿站了出来,她姿容靓妍,略有紧张更加显出女性的妩媚和羞怯,代表厂长到各桌敬酒。一对一,不怕;车轮战,也不怕。嘴角还始终挂着那妩媚的怯怯的笑意。她不仅能喝,还很会说,能喝不能说,是瞎喝、白喝、假喝。男人们叫好,叫绝,心服,口服,眼服。厂长跟在她后面收获了一批订货合同。工厂突然找到了金娃娃,扭亏为盈。厂长提拔她当了供销科长。

有人总结出一句话:"女人上阵必有妖法。"她自己则说:"当了科长,把胃交给厂;两袖清风,一肚子酒精。"三年后她因喝酒过多,严重地损伤了肝脏而住进了医院。工厂职工像崇敬一位英雄一样轮流到医院去看她。特别值得一提的是跟她的工厂有关系的各单位的头头也到医院去看她,并在她的病床前信誓旦旦地表示:决不因她住院就中断跟她的工厂的合作关系。

颇悲壮。

喝酒成了一种"舍己救人"的壮举,工作就是喝酒,深受其累的人,编出了逃酒的顺口溜儿:"早晨不能喝多,上午还有工作。中午不能喝醉,下午还要开会。晚上不能喝倒,省得老婆吵闹。"

人类可以搞一个"世界无烟日",却不可能搞一个"世界无酒日"。虽然历史上曾有过几次禁酒运动,一些举足轻重的大人物想借助无情的法律手段禁酒,最终也未能把酒禁住,倒是愈禁酒愈多,花色品种齐全,乃至出现大量假酒,成为一种社会公害。还不是因为喝酒的人太多,真酒供不应求才会有人造假酒谋利!

许多地区成立了"酒文化协会",也经常举办"酒文化研讨会"之类的学术活动。酒,太值得研究了!

不再浪漫的酒神(蒋子龙)

自古酒是和雅,和趣,和美妙,和浪漫,总之是和文化联系在一起的。"造饮辄尽,期在必醉"的陶渊明,终日迷恋酒醉中的世界,"芳草鲜美,落英缤纷。"嗜酒如命的白居易高唱:"身后金星挂北斗,不如生前一杯酒","面上今日老昨日,心中醉时胜醒时"。唐代大书法家,人称"草圣"的"张旭三杯草圣传,脱帽露顶王公前,挥毫落纸如云烟"。李白是"斗酒诗百篇"的"酒仙"——发明这一封号的杜甫本人,也是地道的"高阳酒徒"。还有"酒龙"蔡邕,"酒虎"谢灵运,"醉翁"欧阳修,一醉三年醒后和杜康成仙而去的刘伶,等等,哪一个不是大才子!

"以水为形,以火为性"的酒,真是妙物,没有它似乎历史会变得乏味,文化会变得单调,世界会变得苍白。然而,不是所有的人都具备享受酒之快乐的人格力量。尤其是现代人,迷上杯中物之后,成龙成虎成仙的不多,成鬼的不少。

他,是个搞美术的,不能说没有才华。若全无才华当年就考不上美术学院,也发表过一些作品。有一份清闲的令人羡慕的工作,大部分时间可以不坐班。还有一个在外人看来非常美满的家庭。妻子漂亮能干,工作也好,家是她管,孩子是她带,里里外外一切操心的事她全包了。如此一来,他成了活神仙——知足常乐。又没有太大的事业心,不想在绘画上搞出什么较大的名堂。因此,他有充裕的时间以酒做伴。

开始由每天1次、2次,后来变成无场次。别人邀他随叫随到,他对别人以酒代茶。没有酒友便自斟自饮,自哄自乐,照样眉飞色舞。

开始在量上还有所限制,2两、半斤,后来以喝足为乐。每喝必醉,十醉九吐,情态张狂,疯话连篇。

酒泡出了他性格中最脆弱最卑琐的一面。

他是独生子。独生子可能有许多优点。如果没有分量的优点,当初他妻子也不会爱上他。现在有酒精壮胆,优点可以不要,缺点任其膨胀扩散。对家庭、对别人,没有责任感,只要自己痛快就行。家里的事横草不拿,竖草不拾,油瓶倒了不扶。自私,任性,更缺乏一个纯粹的男人所应有的正直、自信、坚强和自制力。时间长了,让妻子还尊敬他什么呢?什么也不能依靠他。他不像个丈夫,像个永远长不大的不争气的浪荡子。

每天伺候一个醉鬼是很脏、很累和很恶心的事。容易厌烦和疲倦是很自然的。

酒是香的。烟吗,据喜欢它的人说也是香的。这两种香的东西到他肠胃里转了一遭再喷出来,就其臭无比。偏偏他又不太自重,床上、地毯上、沙发上、桌子上,随处乱吐。不仅经常制造满屋污秽,冲天恶臭,还同时伴以胡说八道,胡搅蛮缠,摔摔打打。妻子不可能不说他,不管他,他便借着酒力大耍酒疯。

过日子是很实际的,作为妻子得有多大的忍耐力,才能长期经受住这种恶臭、恶语、恶缠的折磨?

他又不像古代那些大才子,本身有重要的优点可以平衡喝酒带来的不利因素,人家也许是故意借着酒力好更充分地发挥自己的惊世才华。他除去能喝酒,别人似乎说不出他还有什么特殊的本事。

再一再二再三再四,妻子用尽了办法也不能使他戒酒,便不再管他了。但也不愿再见到他,无法再忍受他了。夫妻关系趋于苦涩,挺好的日子变成一团灰色,成了一种对生命的否定。她提出分手,想结束这种生活,就像脱掉了一双烂袜子一样。因为他们才三十多岁,后面的日子还很长着哪!

他当然不会同意离婚。亲戚朋友们劝他、骂他。更多的是不理解:有心肝的人怎么会为喝酒而丢掉一个这么好的老婆呢?不是酒鬼似乎就无法理解他,正像不是烟鬼就没有资格对烟说三道四一样。

他清醒的时候承认自己还爱着妻子。但他清醒的时候太少了。大部分时间更爱酒。一场几乎要拆散家庭的风险才使他戒了 10 天酒.妻子的情绪刚有一点稳定,还没有答应不再提出离婚,他又故态复萌。虽躲躲藏藏,偷偷摸摸,仍是不醉不休,不吐不快。只是更加没有男人相。

她彻底失望了,心里对他的厌烦又一次深化和扩散。

我以往认为自己很会解劝人,碰上哪位朋友生了病,打了架,被领导穿了小鞋,便站在旱岸上扮演智者,扮演正确和仗义。面对这一对夫妇,却感到无能为力。才知道劝人是很难很累很不负责任的,也不会有真正的实际价值。

于是拿起电话请教一位在检察院负责处理民事纠纷的朋友:"现在为了喝酒闹离婚的人多吗?"

"多,很多。"

"多到什么地步?"

"多得一言难尽,等我找点材料你自己看。"

朋友的材料尚未收到,由于我留心了,才发现每天报纸上、电视里都有酒。原来饮酒过度是世界新潮流。

近 25 年来,英国因酒精中毒而住进医院的猛增 19 倍。法国饮酒过量者占

9%。美国化学研究技师柯伊尔逊承认：美国现有 900 万酒鬼,其中几乎 1/3 的人因饮酒自杀。苏联全国性的反酗酒运动中,每年还有一万多人因饮酒丧命……

陶渊明有五个儿子,"皆愚钝不灵"。到暮年才领悟到"盖缘于杯中物",可惜为时已晚。"诗仙"李白,生有一子二女,儿子自幼出游,既无作为,又不知所住,二女智能低下,使李白成了没有直系后代的"绝嗣之家"。杜甫才华绝代,从十四五岁成为出名的"酒豪",一直喝到辞世,给两个儿子取名宗文、宗武,显然是希望他们文武兼备,不幸皆是"茅塞不开,低能庸碌之辈"。

可谓"酒极则乱,乐极则悲"。古代伟人也是如此。

酒来则智去——过不在酒而在人。因此有必要提出一个问题:什么样的人才配享受酒的美妙,才能够享受酒的美妙?

酒鬼是为酒所征服,人被酒享受。

你是不是酒徒的传人(周国立)

中国人一向自称为"龙的传人",并引以为荣。可是,有人说,按照进化论的观点,人都是猿猴进化而来的,因而中国人也毫无例外地应属"猴的传人";也有人不同意这一观点,认为人与海豚的相似之处最多,人类应是海豚进化而来。于是,人又成了"海豚的传人",等等。这个中是非笔者扯不清楚,也无意考证。不过,近来却突然发现、顿然醒悟:中国人其实是"酒徒的传人"。我们的老祖宗一个个都是高阳酒徒,中华民族的子子孙孙,一代一代,都是造酒卖酒为主、喝酒斗酒长大的。这绝非故作高深,妄作奇谈,而是从当前关于"酒文化"的宣传和各种酒广告中,不能不得出的结论。

据"酒文化"宣传者说,在中国这块土地上,是有人类活动即有"酒文化"流行的。在茹毛饮血、以树为家或穴洞而居的年代,中国人的先祖们嗜不嗜酒,文献没有记载,但据推测,当时虽无二锅头一类的谷物酒,至少也会有"果子露"一类的甜酒的(有人考证酒为野果溢地发酵所形成并为人类所发现),而且货真价实的是野生纯天然"果子露"。到了桀纣时代,不但有了谷物酿造的烈酒,而且更达到了肉林酒池的"辉煌"和鼎盛。嗣后关于酒的记载便比比皆是了,有关酒徒的各种奇闻逸事也充盈天地了。由是观之,中国莫不是"酒文化"繁盛之国,中国人莫不是"酒徒的传人"了吗?

从酒广告中更可以看到,中国自古以来各种各类有名的人物,无不与酒瓜葛,无不是道行高深的酒徒。孔老夫子乃一代圣人,儒学之鼻祖,就是这么一个光耀千古的人物,生前常常挨饿的角色,如今竟也成了"酿酒专家"。像当年便以开酿酒作坊而著名的杜康先生,今日当然更成了一些人认祖归宗、争奇抢占的对象。其他,文如司马相如、陶渊明、李白、欧阳修、苏东坡、袁宏道等等,哪一个不是因善酒而留名后世的? 武如周勃、樊哙、张飞、李逵、武松之流,哪一个又不是因豪饮而建一世之功的? 这些人物如今一个个都已成为或正在成为酿酒企业家开发的热门人物。就连一生清廉高洁的诸葛亮、郑板桥先生也都成了酒业先祖,让人惊叹不已。近日又看到一种专为女士酿造的"花木兰"酒,始知花女士不仅是位女扮男装的巾帼英雄,而且还是一位女中善饮之酒徒,亦令人大开眼界。

这种莫名其妙的"家酒"开发和"酒文化"的泛滥,我以为是不可只当作笑话闹剧观之的。其影响和后果,怕不单单是落个"酒徒传人"的恶名,也不单单是大量的惊人浪费,亦不单单是吃喝风肆虐、腐败现象蔓延,而更可怕的还是对民族和人民健康的摧残。如果某一天,"酒徒的传人"们一个个都变成了酒精中毒者,智能低下者,先天残疾者,甚至无"传人"可以下传,那才是可虑可悲的事情。

公款喝酒及其渊源考(李国文)

中国是酒古国,青铜器的爵、角、尊、彝、觥,都是古人用的酒具。同时,又是一个酒大国,一个穷县的酒厂,夺得中央电视台广告标王称号,使得那些外国酒厂,只有瞠目结舌的份儿,可见中国人敢在酒上花钱的那股豪气。

酒这个东西,小饮有舒筋活血之用,提神健身之功。会喝酒的人,追求的是那种微醉的境界,所谓壶中世界,世界壶中,一杯在手,其乐融融也。凡这样喝酒者,十之九是自掏腰包,十块八块,沽得一醉,倒头便睡,恬然快活如神仙中人,算得上是好样的酒鬼。而狂喝滥饮者,嗜酒如命者,酒德差,酒品坏,酒风恶劣者,最后无不败在这个酒上者,这类酒鬼就不敢恭维了。绝对是他人付账,公家报销,不花白不花,不喝白不喝的。

公款喝酒,始于何时,如何制度,史无记载。但李白斗酒诗百篇,陶潜种秫不种谷,阮籍饮酒步兵厨,一直上溯到给汉高祖出主意的高阳酒徒郦食其,他们喝酒,看来都有沾公家便宜的嫌疑。所以,凡能够坐到主宾席的中国人,都有资格喝不用自己掏钱的酒,大概是具有悠久历史的酒文化,或约定俗成的酒传统了。

但喝不花钱的酒,也有其弊端。唯其免费,便无节制;唯其无节制,便要坏事。《三国演义》有两位堪称英雄的人物,也是因喝这种公款酒而栽了大跟头。这两个人,一是张飞,一是吕布,是死对头,见面就要厮杀。张骂吕曰:"三姓家奴",吕骂张曰:"环眼贼"。这时候,他们都未喝酒,头脑都很清醒,居然不忘揭对方的老底。可一端起杯子,从壶中倒出来的是公家免费提供的酒,两位英雄就要犯糊涂了。

刘备征袁术,留张飞守徐州。怕他因酒闹事,不甚放心。张飞许诺说:"弟自今以后,不饮酒。"刘备起程后,张飞召来各官,宣布:"今日尽此一醉,明日都各戒酒。"席中,吕布的老丈人曹豹拒饮,张飞恼火,曹豹越说看女婿的面上求他饶恕,他越生气,命拖下去打。结果,曹豹趁张飞喝醉,开了城门,吕布就势把徐州夺了。

吕布占了张飞喝醉酒的便宜,却不引以为戒,后来,被围下邳期间,这位老兄因贪酒贪色,形容消减,遂走极端,下令城中但有饮酒者皆斩。这规定也未免太荒唐了些。恰巧他的部将侯成,因失马复得,左右祝贺,也是好意,先将些酒送与吕布。谁知他不但不赏脸,反说侯成违他军命,百官求饶无用,到底推出斩首。于是部下离心离德,将吕布出卖,最后命丧白门楼。

很明显,张飞,徐州留守处长;吕布,下邳城防司令,不用说,是相当负责的干部,是坐在主宾席的头面人物。所以,他们喝酒,自然就由总务科长拿支票来付账了。倘若要张飞自己掏腰包,他会舍得用 XO 死命灌曹豹吗?倘若吕布贪杯,需要貂蝉到酒吧"买单"的话,他好意思灌得酩酊大醉,喝坏了身子吗?

虽然,很难断定是这两位英雄把头带坏了,但公款喝酒的恶习,源远流长,至今盛行不衰,以致败坏社会风气。倘若没有这批当代的张飞、吕布式的拿支票的酒徒,一打开电视,会酒气冲天吗? 正因为这类酒鬼们,有理由喝,无理由找个理由也要喝,像曹操招待关羽那样,三日一小宴,五日一大宴。于是:名酒满天飞,酒楼到处开,樽中酒不空,座上客常来。好酒加好菜,卡拉又 OK,桑拿保龄球,三陪更开杯。据统计,每年光喝酒一项消耗人民币都得以百亿计。若将如此巨款,花在希望工程上,还用得着动员小学生,把可怜巴巴的零用钱捐献出来吗? 如果仅止于一醉,倒也罢了,但喝酒的目的,有几个是为了联络感情,加强友谊的呢? 而是有所企求,才频频举杯的。或要慷国家之慨,或要睁一眼闭一眼,或要高抬贵手,或要给予方便。试想,这世界上哪有免费的午餐呢? 所以,张飞失徐州,吕布命丧白门楼,真是值得一些酒鬼引以为戒呢!

尚有危害烈于假酒者 (彭见明)

山西朔州假酒毒死人,闹得全国沸沸扬扬。有人统计过,在此之前,从 1992 年以来,我国已发生重大的假酒中毒案 9 起,造成 55 人死亡,数百人伤残。朔州假酒之所以比前九次特别热闹,原因是死人的数字破了纪录。于是不仅在这个以汾酒、竹叶青驰名的山西省,而且在全国不少地方都查获假酒和造假酒窝点。光从电视屏幕上看到的,可以用上惊心动魄四个字——那毕竟不是一双穿了一个星期就裂口的假皮鞋之类,而是一瓶瓶、一坛坛可以致人死命的毒酒啊!

惊心动魄之后,仔细想想,毒酒的危害立竿见影,制造和销售毒酒者理应狠狠打击;但是,还有如《水浒》上写到的,高俅之流制造的另一种号称“御酒”的毒酒,让卢俊义、宋江等人喝下之后慢慢奔向死亡的。对比起来,后一种毒酒让人防不胜防,其危害之烈,更应让人担忧。

后面这种比直接毒死人的假酒危害更烈的,不一定就是酒,可以是其他东西,其它假货。有人告诉我,如今颇时兴卖文凭。这种文凭,比《围城》描写的方鸿渐买到的那种更顶用:学校(包括名牌学校)是真的而非虚有其名的野鸡大学,硕士、博士证书也肯定是特级查假专家也找不出丝毫破绽、如假包换的小红本,只是“学生”不必到校听课,报名并交上若干学费(此费多半也是公款)之后,仍旧在原岗位上当他的这长那书记,经过一段时间便可获得硕士、博士称号。这样一来,你说他是假的? 证书过硬;你说他是真的?"硕士"、"博士"根本没上过课,没写过(或没亲自写,由真硕士、真博士组成的写作班子代笔)毕业论文,肚子里全无硕士、博士应当拥有的学识,真中有假,假中有真,真真假假,假假真真,真有点像绕口令似的说不清道不明了。近年来,用钱或权买来一官半职的事不时见诸报端,凭假调令跻身于官宦之列的冒牌货也被揭发过,甚至还有连组织部门也讲不清何以从甲地的罪犯摇身一变为乙地的官员的咄咄怪事。这些假官当然情节有如朔州毒酒,但他们经不起审查,于是每每东窗事发丢官甚至坐牢。不同的是,那些凭着"硕士"、"博士"证书(当然还得加上让上级中意的"政绩"之类)一步步往上窜的官,谁有胆量说他们是假货呢? 于是,有法学博士身份的法官把有罪判无罪、无罪判有罪之类的事情便难以避免。决定一个地方、一个部门命运的,如果都是这种真假难分的官员,那后果不比卖假酒更严重?

从生产量之大,销售面之广和时间之长来看,说村长、镇长甚至局长、县长压根不知道有人生产假酒,很难让人信服。恐怕很大程度上是为了地方(包括个人腰包)利益而一只眼开一只眼闭纵容了毒酒的生产泛滥。因此,满可以套用"石在,火种不会灭绝"这句话说:"假官在,假酒不会灭绝。"如何消灭假官呢? 自上而下的委任制将面临严峻的挑战。

我想,五十前,赵树理小说里那投豆选举未必是他胡编的吧?

谈酒(台静农)

不记得什么时候同一友人谈到青岛有种苦老酒,而他这次竟从青岛带了两瓶来,立时打开一尝,果真是隔了很久而未忘却的味儿。我是爱酒的,虽喝过许多地方不同的酒,却写不出酒谱,因为我非知味者,有如我之爱茶,也不过因为不习惯喝白开水的关系而已。我于这苦老酒却是喜欢的,但是只能说是喜欢。普通的酒味不外辣和甜,这酒却是焦苦味,而亦不失其应有的甜与辣味;普通酒的颜色是白或黄或红,而这酒却是黑色,像中药水似的。原来青岛有一种叫作老酒的,颜色深黄,略似绍兴花雕,某年一家大酒坊,年终因酿酒的高粱预备少了,不足供应平日的主顾,仓促中拿已经酿过了的高粱,锅上重炒,再行酿出,结果，大家都以为比平常的酒还好，因其焦苦和黑色，故叫作苦老酒。这究竟算得苦老酒的发明史与否，不能确定，我不过这样听来的。可是中国民间的科学方法，本来就有些不规范，例如贵州茅台村的酒，原是山西汾酒的酿法，结果其芳冽与回味，竟大异于汾酒。

济南有种兰陵酒，号称为中国的白兰地，济宁又有一种金波酒，也是山东的名酒之一，苦老酒与这两种酒比，自然无其名贵，但我所喜欢的还是苦老酒，可也不因为他的苦味与黑色，而是喜欢它的乡土风味。即如它的色与味，就十足的代表它的乡土风，不像所有的出口货，随时在叫人"你看我这才是好货色"的神情；同时我又因它对于青岛的怀想，却又不是游子忽然见到故乡的物事的怀想，因为我没有这种资格，有资格的朋友于酒又无兴趣，偏说这酒有什么好喝？我仅能借此怀想昔年在青岛作客时的光景，不见汽车的街上，已经开设了不止一代的小酒楼，虽然一切设备简陋，却不是一点名气也没有，楼上灯火明蒙，水气昏然，照着各人面前酒碗里浓黑的酒，虽然外面的东北风带了哨子，我们却是酒酣耳热的。现在怀想，不免有点怅惘，但是当时若果喝的是花雕或白干一类的酒，则这一点怅惘也不会有的了。说起乡土风的酒，想到在四川白沙时曾经喝过的一种叫作杂酒的，这酒是将高粱等原料装在瓦罐里，用纸密封，再涂上石灰，待其发酵成酒。宴会时，酒罐置席旁茶几上，罐下设微火，罐中植一笔管粗的竹筒，客更次离席走三五步，俯下身子，就竹筒吸饮，时时注以白开水，水浸罐底，即变成酒，故竹筒必伸入罐底。据说这酒是民间专待新姑爷用的，二十七年秋我初到白沙时，还看见酒店里一罐一罐堆着，却不知其为酒，后来我喝到这酒时，市上早已不见有卖的了，想这以后即使新姑爷也喝不着了。

杂酒的味儿，并不在老酒之下，而杂酒且富有原始味。一则它没有原色可以辨别，再则大家共吸一竹筒，不若分饮为佳；一如某夫人所说，有次她刚吸上来，忽然又落了下去，因想别人也免不了如此，从此她再不愿喝杂酒了。据白沙友人说，杂酒并非当地土酿，而是苗人传来的，大概是的。李宗昉的《黔记》云："咂酒一名重阳酒，以九日贮米于瓮而成，他日味劣，以草塞瓶头，临饮注水平口，以通节小竹插草内吸之，视水容若干征饮量，苗人富者以多酿此为胜"；是杂酒之名，当系咂酒之误，而重阳酒一名尤为可喜，以易引人联想，九月天气，风高气爽，正好喝酒，不关昔人风雅也。又陆次云《峒谿纤志》云："咂酒名约藤酒，以米杂草子为之,以火酿成,不刍不酢,以藤吸取,多有以鼻饮者,谓由鼻入喉,更有异趣。"此又名约藤酒者,以藤吸引之故,似没有别的意思,据上面所引,所谓杂酒者,无疑义的是苗人的土酿了,却又不然。《星槎胜览》卷一"占城国"云:"鱼不腐烂不食,酿不生蛆不为美酒,以米拌药丸和入瓮中,封固如法,收藏日久,其糟生蛆为佳酿。他日开封用长节竹竿三四尺者,插入糟瓮中,或团坐五人,量人入水多寡,轮次吸竹,引酒入口,吸尽再入水,若无味则止,有味留封再用。"《星槎胜览》作者费信,明永乐七年随郑和王景宏下西洋者,据云到占城时,正是当年十二月,《胜览》记应是实录。占城在今之安南,亦称占婆,GeorgesMespero 的《占婆史》,考证占城史事甚详,独于占城的酿酒法,不甚了了。仅据《宋史·诸蕃志》云:"不知酝酿之法,止饮椰子酒",此外引新旧唐志云"槟榔汁为酒"云云,马氏且加接语云:"今日越南本岛居民,未闻有以槟榔酿酒之事",这样看来,马氏为《占婆史》时,似未参考《胜览》也。本来考订史事,谈何容易,即如现在我们想知道一种土酒的来源,就不免生出纠葛来,一时不能判断它的来源,只能说它是西南半开化民族一种普通的酿酒法,而且在五百年前就有了。

酒(马国亮)

秋风吹上脸来,使人感到一阵微微的冷意。这冷意又使我想起酒来了。并不是自己很爱吃酒,因为这是毛蟹的时节了,便想煮几个来做下酒物。因为记起几年前曾经有过冷到不得了而又没有买炭的钱,在斗室中喝着花雕取暖的时候。

对于酒,根本我便不大喜欢。生平喝醉酒也只有过两次的记录。第一次,是在十二三岁的时候,跟父亲到店里吃春宴,席间给店伙计左灌右灌,小孩子的好胜心又不甘示弱,于是便醉了。记得在席半的时候,走开小便,回来竟昏昏地闯进了别一个桌子里去。第二次,是四五年前和一班朋友到杭州写生去的时候,在一个也是像现在这么深秋的晚上,几个人走到岳坟前的庆元楼痛喝着花雕,一壶又一壶,也不知喝了多少,总之,同去的五六个人都醉了。花雕本来不容易使人醉的,我们竟至全喝醉,喝了多少,也就可想而知了。

为什么对于酒不很喜欢竟还要喝，而且更喝到醉？假如我掩饰着说，我便说是为陪别人的高兴。老实说吧，当时自己心里确是有点不舒服，或者说，可使自己昏迷而痛快地睡一顿。却不料醉后的结果，不但不会浇愁，而且也不能痛快地睡。头脑虽然昏昏的，但心里却加倍地清醒，一切新仇旧恨，反重重涌上脑来。

自从这次以后，我便推翻了酒能浇愁的见解，此后至今都不曾有过喝醉的事。有时兴之所至，还喝一点，不过总不会喝到醉的程度。有时候，真令人不能不有喝点酒的意思。几年前和几个穷愁的朋友，挤在一起，每每碰着彼此都感到了满怀感慨无从宣泄的时候，大家便掏出了各人袋里仅有的铜圆，凑合起来，分一半买花雕，一半买花生米，这样大家在严肃砭骨的深宵，那用漱口盅满满盛着的黄酒，便在摇曳的烛光所映照着的几张强为欢笑的忧郁的脸孔的面前，轮流传递地呷着，直至把最后的一滴呷完为止。这些情景不止一次，如今想起来还像昨宵的事一般，明显地浮在眼前。

我虽说酒不能浇愁，然而我始终承认，假如我们不是终日沉湎在杯中，而是偶然喝喝的话，它最少可以使一颗消沉的心活跃起来，使一个忧郁的情怀兴奋，而能够达到使忧郁尽量宣泄的机会。

且不站在卫生的立场来说，我觉得，一个人（我是指那些平素不是有酒癖的人）如没有需要喝酒的时候，顶好不要勉强喝。需要喝的时候，却最好只吃个半醉，半醉是喝酒的最痛快的境地。太少，酒力是不足以燃烧起生命的火焰；太多，使人跌入烦恼的深渊而已。日本有一句成语说，"第一杯，人饮酒，第二杯，酒饮酒，第三杯，酒饮人，"这也是含着叫人饮酒不宜过多，致失去它的真趣的意思。

古往今来文人的嗜酒，好像已成为不成文的法律一样。中国古代最著名的如李白，现代的如郁达夫，都是数一数二的酒徒，至从前的波斯大诗人莪默更把酒赞颂到竟是全宇宙间最好的东西。我不明白为什么文人便得嗜酒，虽然酒确是可以给人一点刺激，但我怀疑这恐怕是一种时髦病。酒这东西，确是怪容易惹人爱的，学起来并不难，第一次喝时像不能入口，第二次便似乎可以勉强下咽，第三次便觉得津津有味了。假使觉得津津有味之后，每天续着喝下去，那便很快地成为一个酒徒，可以领取毕业证书。既是时髦而又容易学，便难怪训练出许多人一壁拿着酒杯一壁作诗了。

学吃酒比许多别的东西容易，最少我自己的经验如是。初来上海喝花雕时，觉得它的味道很不好，后来竟喝得津津有味。初次喝啤酒时也是一样，感到的完全是一种苦味，使自己不想喝下去，但是后来就习惯了，倒觉得很有意味，竟至暑天时，常常在晚上拉着朋友到饮冰室两人共喝一瓶。所幸我对于这样东西并不依恋，随兴喝喝，喝后也便淡然，不会想着何时再来，否则此时必成为一个酒徒，而现在写这篇东西时，旁边必定放着一杯白玫瑰，或是花雕，或甚至会是一杯威士忌了。

自己虽说喝酒颇有意思，然而在这三两年来，竟不会有过半醉的时候。人事倥偬，似乎很少有这么的逸情闲致。虽然苦恼也仍是一样地不时来侵袭，也许是我对人生的观念比以前改变了；或者可以说我的神经一天天地磨得更麻木了，当苦闷来的时候，很容易地把它搁在一旁，不必用酒来去宣泄。

我从来的主张是，没有感到真正有喝的必要时，是无庸勉强去喝的。所以近年来朋辈筵席上的酬酢，虽则我也跟别人一样地举杯相祝，不过只是做个虚幌子，凑到嘴边舐了一舐而已。真正倒满了肚皮的，只是柠檬沙示之类的汽水，席散之后，面前的酒杯常常还是满满的一杯。我很感谢许多次同席的友人都没有强劝我喝。生平最怕的便是这件事。常常在亲友的筵席上，看见别人互相由善意的劝酒而变为强迫的灌酒，而变成面红耳热的互相责骂，直使双方成为恶意的敌对的时候，我就觉得如芒刺背一般地非逃席不可。且慢说人道的漂亮话，只看这本为快活而设的酒，而变成逞横刁蛮的工具，使满席的空气为之紧张，这情形根本便使我感到百般的不安了。

不想喝时自然不要喝，但是想喝的时候，我便是说逢到了有喝酒的情意的时候，是不该轻易放过的。人生几何？有喝酒的情怀的机会又几何？应喝而不喝，确是很可惜的。虽然大家都知道酒精是无益，然而我相信，偶然喝喝也会害了什么？快意的时候应该喝喝，失意的时候也得喝喝，那才不辜负那创造酒者的一片苦心。

写到这里，我想起了我这儿还有一副酒具——一只酒壶和四只酒杯。这是两年前一个朋友从异国远道遥遥地寄回给我的。我不是酒徒而朋友竟以酒具相馈赠，说来好像颇为不近情理，其实我的朋友一定不是为了它的用途而送给我的,在他大概是送给我一件美术品的意思。因为这酒瓶的外观特新颖而且雕着金碧辉煌的盘龙,瓶顶上一边是瓶盖,一边还蹲着一头金色的小鸟。把酒瓶倾倒,酒便从瓶口流出来,随着酒流下的疾徐,那小鸟便一壁唱着抑扬不同的音调。还有那四只酒杯也是有与别的不同的巧妙:每个杯底都镶着半块凸圆的玻璃,光看来,的确半决圆玻璃而已,可是若把酒斟进去,就会在每个杯中发现一个如花的美眷来。刚刚合着西谚所谓"Wine,Woman,And Song(醇酒,美人,与歌韵)"这句话。这件东西既这么精巧,我觉得非拉几个朋友一齐享受不可。心里时时盘算着应该怎样拣个寒冷的冬夜,买几角钱的烧酒与卤味,约几个知心的朋友同来享受这醇酒,美人,与歌韵。可是毕竟我不是个酒徒,老远也只是在心里盘算而已,到底不曾实行过。自己一个人静静地坐着想起的时候又来不及拉朋友,见了朋友的时候,又把这件事情丢在脑后。一直到现在两年多,酒瓶与酒杯跟着我从这儿搬到那儿,老是教它们安静地躺在抽屉里,简直连滴酒也不曾盛过(我试验它的歌喉时,也只是用一点清水而已),总算它们倒霉,碰在我的手里,酒瓶酒杯而有知,也该叹英雄无用武之地了。

喽苏地说了一大堆,酒的气味洒遍了满纸,却是滴酒毫无。朋友,你要感到失望吧!但是,这一片废话,就算是我的一杯抽象的献酒如何?酒味虽淡,情意却浓,现在我举杯敬祝祖国国运亨隆,祝你我,及我们的相识的或不相识的友人们康健幸福,尤其是对于我那四年前患难与共,花雕与共,花生米与共,如今是东分西散,飘萍各地的几个可怜的友人们!

谈饮酒(林语堂)

我生平不善饮酒,所以实在不配谈酒。我的酒量不过绍兴三杯,有时只喝了一杯啤酒便会觉得头脑晕晕然。这显是限于天赋,无从勉强。

……

我虽然没有饮酒资格,但不能就这个题目置而不论,因为这样东西,比之别物更有所助于文学,也如吸烟在早已知道吸烟之术的地方一般,能有助于人类的创作力,得到极持久的效果。饮酒之乐,尤其是中国文学中所常提到的所谓"小饮"之乐,起初我总视为神秘,不能了解。直到一位美丽的上海女士在她半醉之时,以灿花妙舌畅论酒的美德后,我方感到所描写的乐境必是真实不虚。"一个人在半醉时,说话含糊,喋喋不休,这是至乐至适之时。"她说,在这时节,一种扬扬得意的感觉,一种排除一切障碍力量的自信心,一种加强的锐感,和一种好像介于现实和幻想之间的创作思想力,好似都已被提升到比较平时更高的行列。这时好像使人具有一种创作中所必需的自信和解放动力。在下文论及艺术时,我们便能了解,这种自信的感觉和脱离规矩及技巧羁绊的感觉,是怎样的息息攸关。

有人说,现代欧洲独裁者如此危害人情,即因他们都不是饮酒的人。这个想法很聪明。我所以反对独裁者,就因为他们不近人情。因为不近人情的宗教不能算是宗教;不近人情的政治是愚蠢的政治;不近人情的艺术是恶劣的艺术;而不近人情的生活也就是畜类式的生活。这种是否近人情的试验,是普遍的可以适用于各界的人类和各种系统的思想。人类所能期望的最高理想,不应是一具德行陈列箱,而应是只去做一个和蔼可亲近情理的人。

中国人能以饮茶之术教西方人,而西方人则能以饮酒之术教中国人。当一个中国人踏进一家美国酒店,看见有五光十色的标签的酒瓶时,必觉得眼花缭乱。因为他在本国中所看见的无非是绍兴酒而已。除了绍兴酒之外,虽尚有其他六七种酒,如药酒和麦米所酿的高粱酒等,但总不过这几种。中国人尚没有发展以不同的酒类配供不同的菜肴的技巧。但绍兴酒则非常普遍,各处都有。绍兴本乡,甚至在一个女孩出世时,必特地另酿一坛酒,储藏起来,以便她将来出嫁的时候,嫁妆之中可至少有一坛二十年陈的美酒。"花雕"之名称即由此而得,因为这种坛子的外面,都是画着花的。

中国人极讲究饮酒的时机和环境。这一点即弥补了酒类缺少花色的缺点。饮酒应有饮酒时的心胸,所以有人分别酒茶之不同说:"茶如隐士,酒如豪士。酒以结友,茶当静品。"又一位中国作家列举饮酒时应具有的心胸和最适当的地点说:"法饮宜舒,放饮宜雅,病饮宜小,愁饮宜醉,春饮宜庭,夏饮宜郊,秋饮宜舟,冬饮宜室。夜饮宜月。"

中国人对于酒的态度和酒席上的行为,在我的心目中,一部分是难于了解应该斥责的,而一部分则是可加赞美的。应该斥责的部分就是:强行劝酒以取乐。这类事在我西方的社交中似乎没有看见过。在席的人,凡是稍能饮酒者,必以酒量自豪,而总以为别人不如他自己,于是没有强行劝酒,希望灌醉别人的举动。但劝酒时,总是出之以欢乐友谊的精神,其结果即引起许多大笑声和哄闹声。但也使这次欢会增出不少的兴趣。宴席到了这种时候,情形极为有趣。客人好似都已忘形:有的高声唤添酒,有的走来走去和别人调换位,所有的人到了这时都已浸沉于狂欢之中,甚至也无所谓主客之别了。这种宴席到了后来,必以豁拳行令斗酒为归宿。各人都必用尽心机以能胜对方为荣。并且还须时时防对方的取巧作弊。其中的欢乐,大约即在这种竞争精神的当中。

中国的食酒方式当中,可以赞美的部分就在声音的喧哗,在一家中国菜馆中吃饭,有时使人觉得好像是置身于一次足球比赛中。这些具有美妙韵节如同足球比赛时助威呐喊一般的嘈杂声音,究竟是因何而发的呢?其答语就是豁拳的。豁拳的方式是:两人同时伸出几个手指,一面即各由口中高声喊猜两方手指加起来的总数,猜着者为胜。所喊的一二三四等数字,都有极雅致的代表名词:如"七巧","八马"或"八仙过海"之类。豁拳伸指时。双方必须在快慢上和谐合拍,因之嘴里的喊声也随之而生出高低快慢,顿挫抑扬的韵调,如音乐中的节拍一般。还有些人并在上下句喊声的中间插入一种如音乐的过门一般的句子。所以这种豁喊声可以连续的有节拍的接下去,且到两人之中有一个胜了,由输者喝完事先所约定的杯酒时,方暂时停顿一下子。这种豁拳并不只是盲目胡猜,须极注意对方伸指数的习惯,而立刻加以极敏捷的推测。其兴趣完全须看豁拳者是否高兴,和豁时音调是否迅速合拍而定。

我们到此,方能算是对中国的酒筵有了真正的认识。因为下述的酒席面情形使我们明白了何以中国的宴集为时如此之久?和菜肴为什么如此之多?上菜为什么要如此之慢?一个人坐到酒席上去,并不是专为了吃菜饮酒,而也需作乐。我们须一面做富有兴趣的游戏如:讲故事,说笑话,和猜谜,行令等等。这种筵席其实好似一种口令游戏的集会,每隔五六分钟上一道菜,以便客人松脑筋,进一些酒菜。这办法有两种功效:第一,这种用嘴叫喊的游戏,无疑的可以使喝下去的酒易于从身体内发泄出来;第二,这种席面每延长到一小时之久,其时吃下去的东西,一部分已经消化,所以竟会越吃越饿。默不作声,实在是吃东西时一种恶习。这是不道德的,因为它是不合卫生的。有些在中国的西方人,如若他们依旧疑惑中国人是一种略带拉丁色彩的快乐民族,仍认为中国人

中華酒典

民是静默沉着,缺乏情感的人类,则他只需去看一看中国人请客吃饭时的情形,便会知道自己的认识错误,因为中国人只有在这个时候,方露出他的天生性格,和完备的道德。中国人若不在饮食之时找些乐趣,则其他尚有什么时候可以找寻乐趣呢?

……

所以一次宴集,时间延到两小时以上,很不足为奇。宴集的目的,不是专在吃喝,而是在欢笑作乐,因此在席者以半醉为最上,其情趣正如陶渊明之弹无弦的琴。因为好饮之人所重者不过是情趣而已。因此,一个人虽不善饮,也可享酒之趣。"世有目不识丁之人而知诗趣者,世有不能背诵经文之人而知宗教之趣者,世有滴酒不饮之人而识酒趣者,世有不识画之人而知画趣者。"像这些,都是诗人、圣贤、饮者和画家的知己。

吃酒(丰子恺)

酒,应该说饮,或喝。然而我们南方人都叫吃。古诗中有"吃茶",那么酒也不妨称吃。说起吃酒,我忘不了下述几种情境:

二十多岁时,我在日本结识了一个留学生,崇明人黄涵秋。此人爱吃酒,富有闲情逸致。我两人常常共饮。有一天风和日暖,我们乘小火车到江之岛去玩。这岛临海的一面,有一片平地,芳草如茵,柳荫如盖,中间设着许多矮塌,塌上铺着红毡毯,和环境作成强烈的对比。我们两人踞坐一榻,就有束红带的女子来招待。"两瓶正宗,两个壶烧。"正宗是日本的黄酒,色香味都不亚于绍兴酒,壶烧是这里的名菜,日本名 tsuboyaki,是一种大螺蛳,名叫荣螺(sazae),约有拳头来大,壳上生许多刺,把刺修整一下,可以摆平,像三足鼎一样。把这大螺蛳烧杀,取出肉来切碎,再放进去,加入酱油等调味品,煮熟,就用这壳作为器皿,请客人吃。这器皿像一把壶,所以名为壶烧,其味甚鲜,确是侑酒佳品。用的筷子更佳:这双筷用纸袋套好,纸袋上印着"消毒割箸"四个字,袋上又插着一个牙签,预备吃过之后用的。从纸袋中拔出筷来,但见一半已割裂,一半还连接,让客人自己去裂开来。这木头是消毒过的,而且没有人用过,所以用时心里非常快适。用后就丢弃,价廉并不可惜。我赞美这种筷,认为是世界上最进步的用品。西洋人用刀叉，太笨重，要洗过方能再用；中国人用竹筷，也是洗过再用，很不卫生，即使是象牙筷也不卫生。日本人的消毒割箸，就同牙签一样，只用一次就丢弃的。于此可见日本人很有小聪明。

且说我和老黄在江之岛吃壶烧酒，三杯入口，万虑皆消。海鸟长鸣，天风振袖。但觉心旷神怡，仿佛身在仙境。老黄爱调笑，看见年轻侍女，就和她搭讪，问年纪，问家乡，引起她身世之感，使她掉下泪来。于是临走多给小账，约定何日重来。我们又仿佛身在小说中了。又有一种情境，也忘不了。吃酒的对手还是老黄，地点却在上海城隍庙里。这里有一家素菜馆，叫作春风松月楼，百年老店，名闻遐迩。我和老黄都在上海当教师，每逢闲暇，便相约去吃素酒。我们的吃法很经济：两斤酒，两碗"过浇面"，一碗冬菇，一碗十景。所谓过浇，就是浇头不浇在面上，而另盛在碗里，作为酒菜。等到酒吃好了，才要面底子来当饭吃。人们叫别了，常喊作"过桥面"。这里的冬菇非常肥鲜。十景也非常入味。浇头的分量不少，下酒之后，还有剩余，可以浇在面上。我们常常去吃，后来那堂倌熟悉了，看见我们进去，就叫"过桥客人来了，请坐请坐！"现在，老黄早已作古，这素菜馆也改头换面，不可复识了。另有一种情境，则见于患难之中。那年日本侵略中国，石门湾沦陷，我们一家老幼九人逃到杭州，转桐庐，往城外河头上租屋而居。那屋主姓盛，兄弟四人。我们租住老三的屋子，隔壁就是老大，名叫宝函。他有一个孙子，名叫贞谦，约十七八岁，酷爱读书，常常来向我请教问题，因此宝函也和我要好，常常邀我到他家去坐。这老翁年约六十多岁，身体很健康，常常坐在一只小桌旁边的圆鼓凳上。我一到，他就请我坐在他对面的椅子上，站起身来，揭开鼓凳的盖，拿出一把大酒壶来，在桌上的杯子里满满地斟了两盅；又向鼓凳摸出一把花生米来，就和我对酌。他的鼓凳里装着棉絮，酒壶裹在棉絮里，可以保暖，斟出来的两碗黄酒，热气腾腾。酒是自家酿的，色香味都上等。我们就用花生米下酒，一面闲谈。谈的大都是关于他的孙子贞谦的事。他只有这孙子，很疼爱他。说："这小人一天到晚望书，身体不好……"望书即看书，是桐庐土白。我用空话安慰他，骗他酒吃。骗得太多，不好意思，我准备后来报谢他。但我们住在河头上不到一个月，杭州沦陷，我们匆匆离去，终于没有报谢他的酒惠。现在，这老翁不知是否在世，贞谦已入中年，情况不得而知。

最后一种情境，见于杭州西湖之畔。那时我就居住在里西湖招贤寺隔壁的小平屋里，对门就是孤山，所以朋友送我一副对联，叫作"居邻葛岭招贤寺，门对孤山放鹤亭"，家居多暇，则闲坐在湖边的石凳上，欣赏湖光山色。每见一中年男子。蹲在岸上。向湖边垂钓。他钓的不是鱼，而是虾。钓钩上装一粒米，挂在岸石边，一会拉起来，就有很大的一只虾。其人把它关在一个瓶子里。于是再装上饭米，挂下去钓，钓得了三四只大虾。他就把瓶子藏入藤蓝里，起身走了。我问他："何不再钓几只？"他笑着说："下酒够了。"我跟他去，见他走进岳坟旁边的一家酒店里，拣一座头坐下了。我就在他旁边的桌上坐下，叫酒保来一斤酒，一盆花生米。他也叫一斤酒，却不叫菜，取出瓶子来，用钓丝缚住了这三四只虾，拿到酒保烫酒的开水里去一浸，不久取出，虾已经变成红色了。他向酒保要了一小碟酱油，就用虾下酒。我看他吃菜很省，一只虾要吃很久，由此可知此人是个酒徒。

此人常到我家门前的岸边来钓虾。我被他引起酒兴，也常跟着他到岳坟去吃酒。彼此相熟了，但不问姓名。我们都独斟无伴，就相与交谈。他知道我住在这里，问我何不钓虾。我说我不爱此物。他就向我劝诱，尽力宣扬虾的滋味鲜美，营养丰富。又教我钓虾的窍门。他说："虾这东西，爱躲在湖岸石边。你倘到湖心去钓，是永远钓不着的。这东西爱吃饭粒和蚯蚓。但蚯蚓醒蜓，它吃了，你就吃它，等于你吃蚯蚓。所以我总是用饭粒。你看，它现在死了，还抱着饭粒呢。"他提起一只大虾来给我看，我果然看见那虾还抱着半粒饭。他继续说："这东西比鱼好得多。鱼，你钓了来，要剖，要洗，要用盐酱醋来烧，多少麻烦。这虾就便当得多：只要到开水里一煮，就好吃了。不须花钱，而且新鲜得很。"他这钓虾论讲得头头是道，我真心赞叹。

……

写这篇琐记时，我久病初愈，酒戒又开。回想上述情景，酒兴顿添。正是"昔年多病厌芳樽，今日芳樽唯恐浅"。

酒令（丰子恺）

我父亲中举人后，科举就废。他走不上仕途，在家闲居终老。每逢春秋佳节,必邀集亲友,饮酒取乐。席上必行酒令。我还是一个孩童,有些酒令我不懂得。懂得的是"击鼓传花"。其法,叫一个不参加饮酒的人在隔壁房间里击鼓。主人手持一枝花,传给邻座的人,依次传递,周流不息。鼓声停止之时,花在谁手中,谁饮酒。传花时非常紧张,每人一接到花,立刻交出,深恐在他手中时停止。击鼓的人,必须隔室,防止作弊。有的击鼓人很有技巧:忽而缓起来,好像要停止,却又响起来;忽而响起来,好像要继续,却突然停止了。持花的人就在一片笑声中饮酒。有时正在交代之际,鼓声停止了。两人一齐放手,花落在地上,主人叫这二人猜拳,输者饮酒。

又有一种酒令,是掷骰子。三颗骰子都用白纸糊住六面,上面写字。第一只上面写人物,第二只上面写地方,第三只上面写动作。文句是:公子章台走马,老僧方丈参禅,少妇闺阁刺绣,屠沽市井挥拳,妓女花街卖俏,乞儿古墓酣眠。第一只骰上写人物,即公子、老僧、少妇、屠沽、妓女、乞儿。第二只骰子上写地方,即章台、方丈、闺阁、市井、花街、古墓。第三只骰子上写动作,即走马、参禅、刺绣、挥拳、卖俏、酣眠。于是将骰子放在一只碗里,叫大家掷。凭掷出来的文句而行酒令。

如果手运奇好,掷出来是原句,例如"公子章台走马",那么满座喝彩,大家为他满饮一杯。但这是极难得的。有的虽非原句,而情理差可,则酌量罚酒或免饮。例如"老僧古墓挥拳",大约此老僧喜练武功;"公子闺阁酣眠",大约这闺阁是他的妻子的房间;"乞儿市井酣眠",也是寻常之事。但是骰子无知,有时乱说乱语:"屠沽章台卖俏","老僧闺阁酣眠","乞儿方丈走马"……那就满座大笑,讥议抨击,按例罚酒。众口嚣嚣,谈论纷纷,这正是侑酒的佳肴。原来饮酒最怕沉闷,有说有笑,酒便乘势入唇。

小孩子不吃酒,但也仿照这酒令,做三只骰子,以取笑乐。一只骰子上写"爸爸、妈妈、哥哥、姐姐、弟弟、妹妹";一只骰子上写"在床上、在厕所里、在街上、在船里、在学校里、在火车里";一只骰子上写"吃饭、唱歌、跳绳、大便、睡觉、踢球";掷出来的,是"爸爸在床上睡觉","哥哥在学校里踢球","姐姐在船里唱歌","弟弟在厕所里大便","妹妹在学校里跳绳",便是好的。如果是"爸爸在床上大便","妈妈在火车里跳绳","姐姐在厕所里踢球",那就要受罚。如果这一套玩厌了,可以另想一套新的。这玩法比打扑克牌另有风趣。

湖畔夜饮(丰子恺)

前天晚上,四位来西湖游春的朋友,在我的湖畔小屋里饮酒。酒阑人散,皓月当空。湖水如镜,花影满堤。我送客出门,舍不得这湖上的春月,也向湖畔散步去了。柳荫下一条石凳,空看等我去坐。我就坐了,想起小时在学校里唱的春月歌:"春夜有明月,都作欢喜相。每当灯火中,团团清辉上。人月交相庆,花月并生光。有酒不得饮,举杯献高堂。"觉得这歌词温柔敦厚,可爱得很! 又念现在的小学生,唱的歌粗浅俚鄙,没有福分唱这样的好歌,可惜得很! 回味那歌的最后两句,觉得我高堂俱亡,'虽有美酒,无处可献,又感伤得很! 三个"得很"逼得我立起身来,缓步回家。不然,恐怕把老泪掉在湖堤上,要被月魄花灵所笑了。回进家门,家中人说,我送客出门后,有一上海客人来访,其人名叫CT,住在葛岭饭庄。家中人告诉他,我在湖畔看月,他就向湖畔去找我了。这是半小时以前的事,此刻时钟已指十时半。我想,CT找我不到,一定已经回旅馆去歇息了。当夜我就不去找他,管自睡觉了。第二天早晨,我到葛岭饭店去找他,他已经出门,茶役正在打扫他的房间。我留了一张名片,请他正午或晚上来我家共饮。正午,他没有来。晚上,他又没有来。料想他这上海人难得到杭州来,一见西湖,就整日子寻花问柳,不回旅馆,没有看见我留在旅馆里的名片。我就独斟,照例倾尽一斤。

黄昏八点,我正在酪酊之余,CT来了。阔别十年,身经浩劫,他反而胖了,反而年轻了。他说我也还是老样子,不过头发白些。"十年离乱后,长大一相逢,问姓惊初见,称名忆旧容。"这诗句虽好,我们可以不唱。略略几句寒暄之后,我问他吃夜饭没有。他说,他是在湖滨吃了夜饭,——也饮一斤,——不回旅馆,一直来看我的。我留他旅馆里的名片,他根本没有看到。我肚里的一斤酒,在这位青年时代共我在上海豪饮的老朋友面前,立刻消解得干干净净,清清醒醒。我说:"我们再吃酒!"他说:"好,不要什么菜蔬。"窗外有些微雨,月色朦胧。西湖不像昨夜的开颜发艳,却有另一种轻颦浅笑,温润静穆的姿态。昨夜宜于到湖边赏月,今夜宜于在灯前和老友共饮。"夜雨剪春韭",多么动人的诗句! 可惜我没有家园,不曾种韭。即使我有园种韭,这晚上也不想去剪来和CT

下酒。因为实际的韭菜,远不及诗中的韭菜的好吃。照诗句实行,是多么愚蠢的事啊!

女仆端了一壶酒和四只盘子出来,酱鸭,酱肉,皮蛋和花生米,放在收音机旁的方桌上。我和 CT 就对坐饮酒。收音机上面的墙上,正好贴着一首我写的,数学家苏步青的诗:"草草杯盘共一欢,莫因柴米话辛酸。春风已绿门前草,又耐余寒放眼看。"有了这诗,酒味特别的好。我觉得世间最好的酒肴,莫如诗句。而数学家的诗句,滋味尤为纯正。因为我又觉得,别的事都可有专家,而诗不可有专家。因为作诗就是做人,人做得好的,诗也做得好。倘说作诗有专家,非专家不能作诗,就好比说做人有专家,非专家不能做人,岂不可笑? 因此,有些"专家"的诗,我不爱读。因为他们往往爱用古典,蹈袭传统;咬文嚼字,卖弄玄虚;扭扭捏捏,装腔作势;甚至神经过敏,出神见鬼。而非专家的诗,倒是直直落落,明明白白,天真自然,纯正朴茂,可爱得很。樽前有了苏步青的诗,桌上酱鸭,酱肉,皮蛋和花生米,味同嚼蜡,唾弃不足惜了!

我和 CT 共饮,另外还有一种美味的酒肴! 就是话旧。阔别十年,身经浩劫。他沦陷在孤岛上,我奔走于万山中。可惊可喜,可歌可泣的话,越谈越多。谈到酒酣耳热的时候,话声都变了呼号叫啸,把睡在隔壁房间里的人都惊醒。谈到二十余年前他在宝山路商务印书馆当编辑,我在江湾立达学园教课时的事,他要看看我的子女阿宝、软软和瞻瞻——《子恺漫画》里的三个主角,幼时他都见过的。瞻瞻现在叫作丰华瞻,正在北平北大研究院,我叫不到;阿宝和软软现在叫丰陈宝和丰宁馨,已经大学毕业而在中学教课了,此刻正在厢房里和她们的弟妹们练习评剧! 我就喊他们来"参见"。CT 用手在桌子旁边的地上比一比,说:"我在江湾看见你们时,只有这么高。"她们笑了,我们也笑了。这种笑的滋味,半甜半苦,半喜半悲。所谓"人生的滋味",在这里可以浓烈地尝到。CT 叫阿宝"大小姐",叫软软"三小姐"。我说:"《花生米不满足》《瞻瞻新官人,软软新娘子,宝姐姐做媒人》《阿宝两只脚,凳子四只脚》等画,都是你从我的墙壁上揭去,制了锌板在《文学周报》上发表的,你这老前辈对她们小孩又有什么客气? 依旧叫'阿宝'、'软软'好了。"大家都笑。人生的滋味,在这里又浓烈地尝到了。我们就默默地干了两杯。我见 CT 的豪饮,不减二十余年前。

我回忆起了二十余年前的一件旧事,有一天,我在日升楼前,遇见 CT。他拉住我的手说:"子恺,我们吃西菜去。"我说"好的"。他就同我向西走,走到新世界对面的晋隆西菜馆楼上,点了两客公司菜,外加一瓶白兰地。吃完以后,仆欧送账单来。CT对我说:"你身上有钱吗?"我说"有"!摸出一张五元钞票来,把账付了。于是一同下了楼,各自回家——他摸出一张拾元钞票来,说:"前几天要你付账,今天我还你。"我惊奇而又发笑,说:"账回过算了,何必还我?更何必加倍还我呢?"我定要把拾元钞票塞进他的西装袋里去,他定要拒绝。坐在旁边的立达同事刘薰宇,就过来抢了这张钞票去,说:"不要客气,拿到新江湾小店里去吃酒吧!"大家赞成,于是号召了七八个人,夏丏尊先生,匡互生,方光焘都在内,到新江湾小店里吃酒。吃完这张拾元钞票时,大家都已烂醉了,此情此景,憬然在目。如今夏先生和匡互生均已作古,刘薰宇远在贵阳,方光焘不知又在何处。只有CT仍在这里和我共饮。这岂非人世难得之事!我们又浮两大白。

夜阑饮散,春雨绵绵。我留CT宿在我家,他一定要回旅馆,我给他一把伞,看他的高大的身子在湖畔柳荫下的细雨中渐渐地消失了。我想:"他明天不要拿两把伞来还我!"

沙坪的美酒(丰子恺)

胜利快来到了。逃难的辛劳渐渐忘却了。我住在重庆郊外的沙坪坝庙湾特五号自造的抗战式小屋中的数年间,晚酌是每日的一件乐事,是白天笔耕的一种慰劳。

我不喜吃白酒,味近白酒的白兰地,我也不要吃。巴拿马赛会得奖的贵州茅台酒,我也不要吃。总之,凡白酒之类的,含有多量酒精的酒,我都不吃。所以我逃难中住在广西贵州的几年,差不多戒酒。因为广西的山花,贵州的茅台,均含有多量酒精,无论本地人说得怎样好,我都不要吃。

由贵州茅台酒的产地遵义迁居到重庆沙坪坝之后,我开始恢复晚酌,酌的是"渝酒",即重庆人仿造的黄酒。

我所以不喜白酒而喜黄酒,原因很简单:就为了白酒容易醉,而黄酒不易醉。"吃酒图醉,放债图利",这种功利的吃酒,实在不合于吃酒的本旨。吃饭,吃药,是功利的。吃饭求饱,吃药求愈,是对的。但吃酒这件事,性状就完全不同。吃酒是为兴味,为享乐,不是求其速醉。譬如二三人情投意合,促膝谈心,倘添上各人一杯黄酒在手,话兴一定更浓。吃到三杯,心窗洞开,真情挚语,娓娓而来。古人所谓"酒三昧",即在于此。但决不可吃醉,醉了,胡言乱语道,诽谤唾骂,甚至呕吐、打架。那真是不会吃酒,违背吃酒的本旨了。所以吃酒绝不是图醉。所以容易醉人的酒绝不是好酒。巴拿马赛会的评判员倘换了我,一定把一等奖给绍兴黄酒。

沙坪的酒,当然远不及杭州上海的绍兴酒。然而"使人醺醺而不醉",这重要条件是具足了的。人家都讲究好酒,我却不大关心。有的朋友把从上海坐飞机来的真正"陈绍"送我。其酒固然比沙坪的酒气味清香些,上口舒适些;但其效果也不过是"醺醺而不醉"。在抗日战争间,请绍酒坐飞机,与请洋狗坐飞机有相似的意义。这意义所给人的不快,早已抵消了其气味的清香与上口的舒适。我与其吃这种绍酒,宁愿吃沙坪的渝酒。

"醉翁之意不在酒",这真是善于吃酒的人说的至理名言。我抗战期间在沙坪小屋中的晚斟,正是"意不在酒"。我借饮酒作为一天的慰劳,又作为家庭聚合的一种助兴品,在我看来,晚餐是一天的大团圆。我的工作完毕了;读书的、办公的孩子们都回来了;家离市远,访客不再光临了;下文是休息和睡眠,时间尽可从容了。若是这大团圆的晚餐只有饭菜而没有酒,则不能延长时间,匆匆地把肚皮吃饱就散场,未免太少兴趣。况且我吃的饭,从小养成一种快速习惯,要慢也慢不下来,有的朋友吃一餐饭能消磨一两小时,我不相信他们如何吃法。在我,吃一餐饭至多只花十分钟。这是我小时候从李叔同先生学钢琴时养成的习惯。那时我在师范学校读书,只有吃午饭(十二点)后到一点钟上课的时间,和吃夜饭(六点)后到七点钟上自修的时间,是教弹琴的时间。我十二点吃午饭,十二点一刻须得到弹琴室;六点钟吃夜饭,六点一刻须到弹琴室。吃饭,洗碗,洗面,都要在十五分钟内了结。这样的数年,使我养成了快吃的习惯。后来虽无快吃的必要,但我仍是非快不可。这就好比反刍类的牛,野生时代因为怕狮虎侵害而匆匆吞入胃内,急忙回到洞内,再吐出来细细地咀嚼,养成了反刍的习惯;做了家畜以后,虽无快吃的必要,但它仍是要反刍。如果有人劝我慢慢吃,在我是一件苦事。因为慢吃违背了惯性,很不自然,很不舒服。一天的大团圆的晚餐，倘使我以十分钟了事，岂不太草草了？所以我的晚斟，意不在酒，是要借饮酒来延长晚餐的时间，增加晚餐的兴味。

沙坪的晚斟，回想起来颇有兴味。那时我的儿女五人，正在大学或专科或高中求学，晚上回家，报告学校的事情，讨论学业的问题。他们的身体在我的晚斟中渐渐地高大起来。我在晚斟中看他们升级，看他们毕业，看他们任职。就差一个没有看他们结婚。在晚斟中看成群的儿女长大成人，照一般的人生观来说是"福气"，照我的人生观说来只是"兴味"。这好比饮酒赏春，眼看花草树木，欣欣向荣；自然的美，造物的用意，神的恩宠，我在晚斟中历历的感觉到了。陶渊明诗云："试酌百情远，重觞忽忘天。"我在晚酌三杯以后，便能体会这两句诗的真味。我曾改古人诗云："满眼儿孙身外事，闲将美酒对银灯。"因为沙坪小屋的电灯特别明亮。

还有一种兴味，却是千载一遇的：我在沙坪小屋的晚酌中，眼看抗战局势的好转。我们白天各自看报，晚餐桌上大家报告讨论。我晚酌中看东京的大轰炸，墨索里尼的被杀，德国的败亡，独山的收复，直到波士坦宣言的发出，八月十日夜日本的无条件投降。我的酒味越吃越美。我的酒量越吃越大，从每晚八两增加到一斤。大家说我们的胜利是有史以来的一大奇迹。我对胜利的欢喜，是在沙坪小屋晚上吃酒吃出来的！所以我确认，世间的美酒，无过于沙坪坝的四川人仿造的渝酒。我有生以来，从未吃过那样的美酒。即如现在，我已"胜利复员，荣归故乡"；故乡的真正陈绍，比沙坪的渝酒好到不可比拟。我也照旧每天晚酌，然而味道远不及沙坪的渝酒。因为晚酌的下酒物，不是物价狂涨，便是盗贼蜂起；不是贪污舞弊，便是横暴压迫。沙坪小屋中的晚酌的那种兴味，现在已经不可复得了！唉，我很想回重庆去，再到沙坪小屋里去吃那种美酒。

酒（柯灵）

假如你向人提起绍兴，也许他不知道这是一个历史上的越国的古都，也许他没听说过山阴道上水秀山媚的胜景，也许他糊涂到这地方在中国哪一省也不大觉得清楚；可是他准会毫不含糊地告诉你："唔，绍兴的老酒顶有名。"

是的，说起绍兴的黄酒，那实在比绍兴的刑名师爷还著名，无论是雅人墨客,无论是贩夫走卒,他们都有这常识:从老酒上知道的绍兴。

在绍兴的乡下,十村有九村少不了酿酒的人家。随便跑进哪一个村庄,照例是绿水萦回,竹篱茅舍之间,点缀着疏疏的修竹;这些清丽的风景以外,最引人注目的,就是那广场上成堆的酒坛子。坛子是空的,一个个张着圆形的口,横起来叠着,打底的一层大概有四五十只,高一层少几只,愈高愈少,叠成一座一座立体的等边三角形:恰像是埃及古国的金字塔。酒坛外面垩着白粉,衬托在碧朗朗的晴空下,颜色非常的鲜明愉快。要是凑得巧,正赶上修坛的时节,金字塔便撤去了,随地零乱地摆着,可是修坛的声音显得十分热闹,——那是铁器打着瓷器,一种清脆悠扬的音乐般的声音:叮当,叮当……合着疾徐轻重的节奏,掠过水面,穿过竹林,整日在寂静的村落中响着。

这些酿酒的人家,有许多是小康的富农,把酿酒作为农家的副业;有许多是专门借此营生的作坊,雇用着几十个"司务",大量地酿造黄酒,推销到外路去——有的并且兼在城里开酒馆。

绍兴老酒虽然各处都可以买到,但是要喝真的好酒还是非到绍兴不可。而且绍兴还得分区域:山阴的酒最好,会稽的就差一点。——你知道陆放翁曾经在鉴湖上做过专门喝酒吟诗的渔翁,在山阴道畔度过中世纪式的隐遁生涯这历史的,因此你也许会想象出鉴湖的风光是如何秀娟,那满湖烟雨,扁舟独钓的场面又是如何诗意;但你不会知道鉴湖的水原来还是酿酒的甘泉,你试用杯子满满舀起鉴湖的清水,再向杯中投进一个铜圆,水向杯口凭空高涨起来了,却不会流下半滴;用这水酿成的黄酒,特别芳香醇厚。

生为绍兴人,自然多数是会喝酒的。但像我这样常年漂泊异乡的是例外,还有一种奇怪的,是做酒工人虽然都很"洪量",作坊主人却多数守口如瓶不进半滴。——"做酒是卖给人家喝的,做酒人家千万不要自己喝!"你懂得了这一点理由,对于绍兴人的性格,便至少可以明白一半。

酒店在绍兴自然也特别多,城里不必说,镇上小小一条街,街头望得见街尾,常常在十家以上;村庄上没有市集,一二家卖杂货的"乡下店"里也带卖酒。

那些酒店,大都非常简陋:单开店面,楼下设肆,楼上兼做堆栈,卧房,住宅。店堂里有一个曲尺形的柜台,恰好占住店堂直径的一半地位,临街那一面的柜台上,一盆盆地摆着下酒的菜,最普通的是芽豆,茴香豆,花生,豆腐干,海螺蛳;

间或也有些鱼干,熏鸡,白鸡之类,那是普通顾客绝少问津的珍馐上品。靠店堂那一面的柜台是空着,常只有一块油腻乌黑的揩台布,静静地躺在上面,这儿预备给一些匆忙的顾客,站着喝上一碗——不是杯——喝完就走;柜台对面的条凳板桌,那是预备给比较闲适的人坐的;至于店堂后半间"青龙牌"背后那些黑黝黝的座位,却要算是上好的雅座,顾客多有些斯文一脉,是杂货店里的"大伙先生"(绍兴人呼"经理"为"大伙")之类了。曲尺以内,那是店伙计们的区域,小伙计常站在曲尺的角上招待客人,当着冬天,便时常跑到"青龙牌"旁边的炉子上去双手捧着洋铁片制成的酒筒,利用它当作火炉;"大伙"兼"东家"的,除了来往接待客人以外,还得到账桌上去管理账务。这些酒店的狭窄阴暗,以及油腻腻的柜台桌凳,要是跑惯了上海的味雅、冠生园的先生们,一看见就会愁眉深锁,急流勇退地逃了出来的;但跑到那儿去的顾客,却决不对它嫌弃——不,岂但嫌弃呢,那简直是他们小小的乐园!

以上所说的不过是乡镇各处最普通的酒店,在繁华的城内大街,情形自然也就大不相同。那里除了偏街僻巷的小酒店以外,一般的酒楼酒馆大都整洁可观。底下一层,顾客比较杂乱,楼上雅座,却多是一些差不多的所谓"上等人"。雅座的布置很漂亮,四壁有字画屏对,有玻璃框子的印刷的洋画;若是在秋天,茶几上还摆上几盆菊花或佛手,显得几分风雅。但这些"上等"的酒楼中间,我们还可以把它们分为两种:一种酒肴都特别精致,不甚注意环境的华美;另一种似乎在新近二三年里面才流行,酒和菜都不大讲究,可是地方布置很好,还备着花布屏风,可以把座位彼此隔分开来;此地应该特别提明一笔,就是这种酒店都用着摩登的女招待。到前一种酒店里去的自然是为了口腹享用,后一种的顾客,却是"醉翁之意不在酒",假定这些喝酒的都是"名士",那么就得替他们在"名士"上面,加上"风流"二字的形容了。

至于说,喝酒是一种怎样的情趣呢?那在我似的不喝酒的人,是从无悬猜的。绍兴酒的味道,有点甜,有点酸,似乎又有点涩:我无法用适当的词句来做贴切的形容,笼统地说一句,实在不很好吃,喝醉了更其难受。这自然只是我似的人的直觉。但假如我们说酒的滋味全在于一点兴奋的刺激,或者麻痹的陶醉,那我想大概不会错得很远。

都市人的喝酒仿佛多数是带点歇斯底里性的。要享乐,要刺激,喝酒,喝了可以使你兴奋；失恋了，失意了，喝酒，喝了畅快地狂笑一阵，痛哭一场，然后昏然睡去，暂时间万虑皆空。绍兴人喝酒虽也有下意识地希图自我陶醉的，但多数人喝酒的意义却不是这样。绍兴人的性情最拘谨，他们明白酗酒足以伤身误事，经常少喝点却有裨于身体健康。关于这，有两句歌谣似的俗语，叫作"老酒糯米做，吃得变 NioNio"。——NioNio 是译音，因为我写不出那两个字；意思是肥猪，喝了酒可以变得肥猪那么壮。——"NioNio 主义"者喝酒跟吃饭差不多，每饭必进，有一定的分量，喝了也依然可以照常工作，无碍于事。

酒在绍兴是补品，也是应酬亲友最普通的交际品。宴会聚餐固然有酒，亲戚朋友在街上邂逅了，寒暄过后也总是这一句："我们酒店里去吃一碗，（他们把'喝'也叫'吃'）我的。"或者说："我们去'雅雅'来！"——"雅雅"来，话说得这么雅致，喝酒是一件雅事便可以想象了。

无论你是怎样的莽汉，除非是工作疲倦了，忙里偷闲地在柜台上站着匆匆喝一碗，返身便走的劳动者，一上酒店，就会斯文起来；因为喝酒不能大口大口地牛饮，只有低斟浅酌的吃法才合适。你看他们慢慢吃着，慢慢谈着，谈话越多，酒兴越好，这一喝也许会直到落日黄昏，才告罢休。

你觉得这样的喝法，时间上太不经济吗？但这根本便是一种闲情逸趣，时间越宽，心境越宽，便越加有味。你没见过绍兴人喝酒的艺术呢！第一，他们喝酒不必肴馔，而能喝得使旁边的人看起来也津津有味。平常下酒，一盘茴香豆最普通，要加一碟海螺蛳，或者一碟花生豆腐干，那要算是十分富丽了。真正喝酒的人连这一点也不必，在酒店里喝完半斤以后，只要跑到柜台上去，用两个指头拈起一决鸡肉（或者鸭肉）向伙计问一问价钱，然后放回原处说："啊？这么贵？这是吃不起的。"说着把两个指头放在嘴里舐一舐沾着的鸡味，便算完事，可以掉过头扬长而去。这虽是个近于荒唐的笑话，却可以看出他们喝酒的程度来。第二，那便是喝酒的神情动人了！端起碗来向嘴边轻轻一啜，又用两个指头拈起一粒茴香豆或者海螺蛳，送进口里去，让口去分壳吃肉地细细咀嚼。酒液下咽咂然作声，嘴唇皮呕了几下，辨别其中的醇味，那么从容舒婉，不慌不忙，一种满足的神气，使人不得不觉得他已经暂时登上了生活的绿洲，飘然离开现实的世界。同时也会相信酒楼中常见那副"醉里乾坤大，壶中日月长"的对联，实在并没有形容过火了。

在从前，"生意经"人和种田人都多数嗜酒，家里总藏着几坛，自用之外，兼以饷客。但近年来却已经没有那样的豪情胜慨，普通人家，连米瓮也常常见底，整坛的老酒更其难得。小酒店的营业一天比一天清淡，大的酒楼酒馆都雇了女招待来招徕生意，上酒店的人大都要先打一下算盘了。只有镇上那些"滥料"的流浪汉，虽然肚子一天难得饱，有了钱总还是倾爱买醉，踉踉跄跄地满街发牢骚骂人，寻事生非，在麻醉中打发着他们凄凉的岁月。

自己在故乡的几年，记得曾经有一时也常爱约几个相知的朋友，在黄昏后漫步到酒楼中去，喝半小樽甜甜的善酿，彼此海阔天空地谈着不经世故的闲话，带了薄醉，踏着悄无人声的一街凉月归去。——并不是爱酒，爱的是那一种清绝的情趣。——大概因为那时生活还不很恐慌，所以有这样的闲情逸致；要是在今日，即使我仍在故乡，恐怕也未必有这么好的心绪了吧？

第八节　酒与典故

帝不果觞

典出《龚定安全集》

群神朝于天。帝曰："觞之!"帝之司觞，执简记而簿之，三千秋而簿不成。

帝问焉。曰："皆有舁之与者。"帝曰："舁者亦簿之。"七千秋而簿不成。帝又问焉。乃反于帝曰："舁之与者，又皆有其舁之者!"帝默然而息，不果觞。

天上各方神仙都来朝拜天帝。

天帝命令说："赐给他们酒喝!"

天帝司觞的大臣，便拿了简记去登记每个神仙的姓名，但是登记了三千年也没有登记完。

天帝问是什么缘故。司觞大臣报告说："各位神仙都带着抬轿的轿夫。"

天帝说："轿夫也登记下来，赐给他们酒喝!"

司觞大臣又登记了七千年仍然没有登记完。

天帝又问什么原因。司觞大臣回答说："各位轿夫又都带着他们的轿夫。"

天帝默默地叹了一口气,没有赐成酒。

后人用这则寓言讽喻了封建官僚机构的极度臃肿重叠。连杯酒都赐不成,可见,办件正事更是难上加难了。

苏妲己请客

典出《封神演义》

苏妲己是九尾狐狸精的化身,变作美女以迷惑纣王,成为宠妃。她妖媚阴狠,助纣为虐,用炮烙、虿盆等酷刑,残杀了许多大臣和百姓,是人们所憎恨、诅咒的一个反面形象。

苏妲己为了替玉石琵琶精报仇,设计要害姜子牙。她邪言惑诱纣王,要姜子牙起造一座高四丈九尺的"鹿台",说造成鹿台,自有仙女来行乐。后来,鹿台造完,纣王就要妲己叫仙女下凡。妲己是妖不是仙,只好到朝歌城南三十五里的轩辕坟内,请来三十九只会变神仙的狐狸帮助,一同去鹿台参加纣王设的九龙宴席。九月十五夜,月满之辰,纣王治宴三十九席,排三层,摆在鹿台,等候神仙降临,并要皇叔比干宰相陪宴。

这些在轩辕坟内的狐狸,采天地之灵气,受日月之精华,或一二百年者,或三五百年者,此时都变化为仙子、仙女前来赴宴。比干宰相奉旨手执金壶,向三十九席一一斟酒。苏妲己为了让她的狐狸子孙多吃点皇封御酒,叫比干一再依次斟酒。这些狐狸,虽然变化成为神仙的样子,但是那种狐狸骚臭一点也变不掉;加上有些酒量不大的,渐渐醉了,把尾巴都拖下来只是晃。比干斟到第二层酒,见到头一层的狐狸都耷拉下尾巴。这时候,月照正中,比干看得明白,又闻狐臊臭难当,暗暗叫苦。心想:我身居相位,反向妖怪叩头斟酒,真是羞煞人啊!

散宴,比干宰相急忙出午门,向巡督皇城的武成王黄飞虎说了此事。黄飞虎令人探得众妖住在轩辕坟石洞里,派三百名家将架柴放火,塞住石洞,把洞穴内的狐狸全部烧死了。

后人用"苏妲己请客",比喻邀请、相聚的都是邪恶、不正派的东西。

毋忘在莒

典出《吕氏春秋·直谏》

齐桓公、管仲、鲍叔、宁戚相与饮酒,酣,桓公谓鲍叔曰:"何不起为寿?"鲍叔举杯而进,曰:"使公毋忘出奔在莒也,使管仲毋忘束缚而在于鲁也,使宁戚毋忘其饭牛而居于车下。"桓公避席再拜,曰:"寡人与大夫皆毋忘夫子之言,则齐国之社稷幸于不殆矣。"

春秋时,齐襄公无道,当时身为公子的齐桓公曾逃到莒国避难。襄公被杀,他才回国就位。有一次,齐桓公、管仲、鲍叔、宁戚等一道饮宴。酒酣之际,桓公对鲍叔说:"你怎么不起来敬酒祝寿呢?"鲍叔举起酒杯道:"愿您不要忘记出奔在莒的日子!"

后人用"毋忘在莒"比喻永不忘本的意思。

黎丘丈人

典出《吕氏春秋·慎行论·疑似》

梁北有黎丘部,有奇鬼焉,喜效人之子侄、昆弟之状。邑丈人有之市而醉归者,黎丘之鬼效其子之状,扶而道苦之。

丈人归,酒醒而诮其子,曰:"吾为汝父也,岂谓不慈哉?我醉,汝道苦我,何故?"

其子泣而触地曰:"孽矣!无此事也!昔也往债于东邑人,可问也。"其父信之,曰:"嘻!是必夫奇鬼也,我固尝闻之矣!明日,端复饮于市,欲遇而刺杀之。"

明旦之市而醉,其真子恐其父之不能反也,遂逝迎之。丈人望其真子,拔剑而刺之。

丈人智惑于似其子者,而杀其真子。

梁国的北部有个黎丘乡,那里有个奇鬼,善于装扮成人的子侄、兄弟的模样。有个乡里老人到集市上去喝酒,喝醉了酒回家,黎丘奇鬼就扮作他的儿子的模样,假意搀扶他,一路上却把他折磨得好苦。

老人回到家,酒醒以后,责备他的儿子,说:"我作为你的父亲,难道说不慈爱吗?我喝醉了酒,你在路上折磨我,是何道理呢?"

他的儿子流着眼泪,伏在地上叩头说:"真是罪孽啊!并没有这样的事呀!昨天我明明到东乡人那里讨债去了,是可以问清楚的。"

他父亲相信他的话,说:"唉!这必定是那个奇鬼了,我本来早就听说过这种事了!明天,我专门再到市上去喝酒,要遇见它就把它杀掉。"

第二天,老人在市上又喝醉了,他的真儿子担心他父亲回不来,就到路上迎接他。老人一望见自己的真儿子,当是奇鬼,便拔剑把他刺死。老人的智慧被像儿子的奇鬼弄糊涂了,结果杀死了自己的真儿子。

后人用"黎丘丈人"比喻世界上当然没有什么真的鬼。但是,伪装成好人而实际干着"鬼蜮"伎俩的坏人却是有的。黎丘丈人深受"奇鬼"的害,所以他决定要刺死它。然而他却判断不清真假,把自己的真儿子杀死了。这个寓言的主旨,就是教育人不要为似是而非的假象所迷惑而犯错误。

南柯一梦

典出《异闻集》

淳于棼,家居广陵,宅南有古槐树,棼醉卧其下。梦二使者曰:"槐安国王奉邀。"棼随使入穴中,见榜曰:"大槐安国"。其王曰:"吾南柯郡政事不理,屈卿为守,理之。"棼至郡凡二十载,使送归,遂觉。因寻古槐下穴,洞然明朗,可容一榻,有一大蚁,乃干也。又寻一穴,直卜南柯,即棼所守之郡也。

从前,有个人名叫淳于棼,家住广陵郡,喜爱喝酒,不守细行。

一天,淳于棼饮酒过度,酩酊大醉,躺在家门前的一棵大槐树下睡大觉。这时候,有两个酒友把淳于棼扶进屋里上床休息,两人就在床旁一面守候,一面洗脚。

淳于棼在床上迷迷糊糊地睡着了。恍惚间,他看见两个穿着紫色衣裳的使臣走进屋来,跪拜他说:"奉槐安国王之命,特来邀请。"淳于棼不觉下床整衣,跟随两人出门,登车往大槐树根部一个树洞直奔而去。一进洞里,淳于棼感到十分惊异!只见晴天丽日,山川旷野,城郭村庄,真是另外一个世界。淳于棼跟着使臣来到了大槐安国城内,进入王宫,拜见国王。

槐安国王亲自将次女瑶芳公主许配给他,择日完婚。淳于棼当上驸马爷,享尽人间的荣华富贵。他还想过官瘾,国王就任命他为南柯郡太守。于是,淳于棼携妻来到南柯上任。由于他自己勤奋,加上瑶芳公主内助,一切都很顺利,政绩优良,全郡百姓极为拥戴,国王也很器重他。

俗话说,光阴似箭,日月如梭,不知不觉就过了整整二十年。这时候,淳于棼已有五男二女,官位显赫,家庭美满,得意非凡。可是,乐极生悲,瑶芳公主突然得了急症,不幸病故。时逢檀萝国兴兵入侵,淳于棼领军出战,结果吃了败仗。从此,槐安国王不再信任他,不但免去了他的官职,还把他软禁了一个时期,最后差人将他送回老家广陵郡。

淳于棼懊悔万分,猛然醒了过来,原来是一场梦。这时,他的两个朋友正在床边洗脚,他自己还躺在床上,想着梦境竟像度过了一生。淳于棼把酒友送出大门,只见门前大槐树下有个蚂蚁洞。他梦中见到的槐安王国就是这个蚂蚁洞,洞里旁边有一条孔道,往上直通向南面的一支,大概就是所谓"南柯郡"。

后人用"南柯一梦"比喻一场梦,或者是空欢喜一场。

醇酒妇人

典出《史记·魏公子列传》

公子自知再以毁废,乃谢病不朝,与宾客为长夜饮,饮醇酒,多近妇女。日夜为乐饮者四岁,竟病酒而卒。

战国时,魏国有一个叫魏无忌的人,他是魏安王的弟弟,因封于信陵(今河南宁陵),号信陵君。公元前260年,秦军在长平将赵国的四十万士兵消灭后,包围了赵国的都城邯郸。赵国向魏国求救,魏王不愿派兵救援。魏无忌为了救赵,请魏王的宠姬如姬窃得发兵的虎符,击杀了魏将晋鄙,夺取了兵权,挑选了八万精兵,帮助赵国打败了秦国。

魏公子虽然窃兵符救了赵国,但却因此得罪了魏王。打败秦国以后,他把军队和兵符交给魏国的将军带回去,自己留在赵国,一呆就是十年。秦国见此情形,便连连出兵伐魏。魏王害怕秦国的威势,使人请魏无忌回国。起初,魏无忌不肯,后经人劝说,才回到魏国。魏王把上将军印授给了魏无忌。各国诸侯听说魏无忌又回到魏国带兵了,纷纷发兵援助魏国,共同对付强秦。魏无忌联合五国击退了秦将蒙骜的进攻。从此,魏无忌更加名扬诸侯,威震天下。

秦国见此情景,很害怕,便使用了反间计,用重金收买了晋鄙的一些旧友,造了魏无忌不少谣,使魏王罢了魏无忌的兵权。魏无忌心灰意冷,从此便消沉起来,称病不上朝,与一些宾客日夜饮酒作乐,沉溺于酒色之中,四年之后,因酒色过度而死。

"醇酒妇人"这个典故原指沉溺于酒色,后常用于形容颓废腐化的生活。

猩猩好酒

典出《猩猩铭·序》

猩猩在山谷行,常有数百为群。里人以酒并糟设于路侧;又爱著屐,里人织草为屐,更相连接。猩猩见酒及屐,知里人张设,则知张者祖先姓字,乃呼名骂云:"奴欲张我,舍尔而去!"复自再三。相谓曰:"试共尝酒。"及饮其味,遂乎醉,因取屐而著之,乃为人之所擒,皆获辄无遗者。

猩猩往往几百只在一起,成群结队地出没于山谷中。

它们好喝酒,乡下人把很多酒和酒糟摆在道路两边;它们还爱穿鞋,乡下人就编了不少草鞋并用绳子勾连起来,也放在路旁。

猩猩一见摆着的酒和鞋就知道是乡下人设置的机关,还知道他们祖先的姓名,便指名道姓地骂道:"你们这些家伙,想诱捕我们吗?我们决不上当!"说完就走了,但又舍不得美酒,一会儿又返了回来。这样三番五次,实在忍耐不住了,便互相商议说:"咱们少尝尝吧。"说着,这个一口那个一口地喝起来,越喝越有味,最后全都喝得酩酊大醉。于是,又都把草鞋穿上。就这样,一下子被人们统统捉住,没有一个逃脱。

后人用"猩猩好酒"这个典故教导人们,处世要当机立断,不要明明知道有害,却不能与之断然决裂,结果越陷越深,最终毁灭了自己。

鲁人窃糟

典出《郁离子》

昔者,鲁人不能为酒,惟中山之人善酿"千日之酒"。鲁人求其方,弗得。有仕于中山者,主酒家,取其糟归,以鲁酒渍之,谓之曰:"中山之酒也!"鲁人饮之,皆以为中山之酒也。一日,酒家之主者来,闻有酒,索而饮之,吐而笑,曰:"是予之糟液也!"

从前,鲁国人不会酿好酒,只有中山国的人才会酿造美浓烈的"千日之酒"。鲁国人便想得到中山人酿酒的方法,但拿不到。

有一个人在中山国做官,到酿酒人的家中喝酒,便偷了一些糟回去,用鲁国的酒浸泡上,对人们说:"这是中山国的酒呀!"鲁国人喝了,都以为真是中山国的好酒了。

有一天,中山国的那位酒家主人来了,听说这里有中山酒,便要来喝了一口,结果立即吐出来,笑着说:"嗨!这是用我家酒糟泡出来的糟液呀!"

后人用这则寓言说明强不知以为知,必然会做出盗窃别人糟粕、以冒充精华来欺骗人的勾当,然而假的就是假的,糟粕是诓不过"行家里手"的。这则寓言,对那些招摇撞骗、欺世盗名的人,是个莫大的讽刺。

狗猛酒酸

典出《韩非子·外储说左上》

宋人有酤酒者,升概甚平,遇客甚谨,为酒甚美,悬帜甚高,然而不售,酒酸。怪其故,问其所知间长者杨倩。倩曰:"汝狗猛耶?"曰:"狗猛则酒何故而不售?"曰:"人畏焉。或令孺子怀钱挈瓮而往酤,而狗迓而龁之。此酒所以酸而不售也。"

宋国有个卖酒的人,酒给的分量很足,招待顾客极殷勤、周到,酿造的酒味道甘美,酒旗也挂得很高很高。但是,酒却卖不出去,都变酸了。他百思不得其解,觉得很奇怪,就去请教他所熟悉的同街老人杨倩。杨倩问道:"你酒店里的狗凶猛吗?"卖酒的人说:"狗是凶猛,但这与卖不出酒有什么关系呢?"杨倩说:"因为顾客都怕它。有人让孩子拿着钱提着壶前去买酒,狗就会扑过来咬他。这就是酒变酸了也卖不出去的原因。"

"狗猛酒酸"也作"酒酸不售",就是从这个故事来的。作者韩非用这个寓言故事讽刺朝廷中的奸臣像狗一样,使国君受到欺蒙,使有道德、有才能的人得不到任用,贻误了国家的大事。现在人们用它比喻用人不当或经营无方。

玄石好酒

典出《郁离子》

昔者,玄石好酒,为酒困,五藏熏灼、肌骨蒸煮,如裂,百药不能救,三杯而后释。谓其人曰:"吾今而后,知酒可以丧人也,吾不敢复饮矣!"居不能阅月,同饮至,曰:"试尝之。"始而三爵止,明日而五之,又明日十之,又明日而大,忘其故,死矣。故猫不能无食鱼,鸡不能无食虫,犬不能无食臭,性之所耽,不能绝也。

从前,玄石嗜好饮酒,被酒损伤了身体。腹中五脏火烧火燎,肌肉骨骼像被热锅蒸煮过,全身像散了架一般。吃了各种药物都不见效,过了三天,症状才消除了。他对人说:"我今天才知道酒可以使人丧命,从今以后不敢再喝酒了!"过了半个月,他又喝酒,对人说:"我只是尝一尝。"刚开始只喝三杯,第二天又喝五杯,到了后天又喝十杯,以后,又开始大肆喝酒,忘记了以前醉酒生病的事情,不久他就死了。所以,猫不能没有鱼吃,鸡不能没有虫子吃,狗改不了吃屎,本性沉溺在其中是不能改变的。

后人用"玄石好酒"说明人的本性难改。

鲁酒薄而邯郸围

典出《庄子·胠箧》

鲁酒薄而邯郸围,圣人生而大盗起。抨击圣人,纵舍盗贼,而天下始治矣。

《疏》:昔楚宣王朝会诸侯,鲁恭公后至而酒薄。宣王怒,将辱之。恭公曰:"我周公之胤,行天子礼乐,勋在周室。今送酒已失礼,方责其薄,无乃太甚乎!"遂不辞而还。宣王怒,兴兵伐鲁。梁惠王恒欲伐赵,畏鲁救之。今楚鲁有事,梁遂伐赵而邯郸围。亦犹圣人生,非欲起大盗而大盗起,势使之然也。

战国时代,楚国的势力一度相当强大。有一次,楚宣王(名熊良夫,楚悼王之子)命令天下诸侯去见他。鲁恭公(名备,鲁穆公之子)来得晚,献给楚宣王的酒也比较薄(还有一种说法:楚国的主酒吏向赵国要酒,赵国不给,主酒吏发怒,用赵国的厚酒调换了鲁国的薄酒,楚宣王因为赵酒薄,而派兵围困赵国的首都邯郸),楚宣王发怒了,当众羞辱鲁恭公。鲁恭公说:"我是周公的后代,奉行周天子的礼乐制度,为周王室立下了功勋。如今向楚宣王献酒,已经降低了自己的身份!"于是,鲁恭公不辞而别。楚宣王大怒,派兵攻打鲁国。本来,魏惠王早想攻打赵国,只是害怕鲁国出兵救援,迟迟未敢对赵国用兵。如今,因为楚国和鲁国之间有战事,所以魏惠王乘机攻打赵国,包围了赵国的都城邯郸。

《庄子·胠箧》就此发表议论说,因为鲁国的薄酒而赵国的邯郸遭到围困,圣人出世而使大盗不断发生。抨击圣人,放纵强盗,而天下就可以大治了。

"鲁酒薄而邯郸围",又作"鲁酒围邯郸",就是从这个故事来的。人们用它比喻莫名其妙地受到牵连。

画蛇添足

典出《战国策·齐策二》

楚有祠者,赐其舍人卮酒。舍人相谓曰:"数人饮之不足,一人饮之有余,请画地为蛇,先成者饮酒。"一人蛇先成,引酒且饮之,乃左手持卮,右手画蛇,曰:"我能为之足。"未成,一人之蛇成,夺其卮曰:"蛇固无足,子安能为之足?"遂饮其酒。为蛇足者,终亡其酒。

楚国有个庙宇的主人,给看守庙宇的几个人酒喝。这几个人互相商议之后,说:"如果我们几个人都喝这壶酒,就不够喝;让一个喝吧,可又让谁喝呢?现在我们每个人都在地上画一条蛇,看谁先画成功了,谁就占有这一壶酒。"商议好后,几个人就在地上画起蛇来。其中一个人先把蛇画好了,端起酒壶准备喝酒。可是他看见其余几人还没有把蛇画成,就左手端着酒壶,右手又在地上作画,并且嘴里得意扬扬地说:"我还能替蛇画出脚来。"在他还没有把蛇脚画完的时候,另外一个人却已经把蛇画成功了。那人马上从他手里夺过酒壶,不客气地说:"蛇本来没有脚,你怎么能够替它添脚呢?"于是,这个人非常高兴地喝起酒来,替蛇添脚的人,只得懊恼地看着那个人咽口水。

后人用"画蛇添足"比喻多此一举,造成累赘。

造酒

典出《雪涛谐史》

一人问造酒之法于酒家。酒家曰:"一斗米,一两曲,加二斗水,相参加,酿七日便成酒。"其人善忘,归而用水二斗、曲一两,相参加。七日而尝之,犹水也。乃往消酒家,谓不传与真法。酒家曰:"尔第不循我法耳。"其人曰:"我循尔法,用二斗水,一两曲。"酒家曰:"可有米吗?"其人免首思曰:"是我忘记下米。"噫!并酒之本而忘之,欲求酒,及于不得酒,而反怨教之者之非也!世之学者,忘本逐末,而学不成,何以异于是?

有个人向专门造酒的人家问造酒的方法。酒家说:"用一斗米,一两曲,加二斗水,掺和在一起,酿造七天,便成了酒。"那个人很健忘,回来后只用一两曲与二斗水和在一起酿造。过了七天去尝,还是水,便去责怪酒家不把真法子传给他。酒家说:"你不过没有遵照我的法子罢了。"那人说:"我是照你的法子,用了二斗水,一两曲。"酒家说:"你用米了吗?"那人愣住了,低下头想了一阵才说:"是我忘记下米了。"

唉!连造酒的原料(米)都忘了,还想造出酒来;等到造不出酒来,反而埋怨教他的人不对。世界上有些求学的人,忘本逐末,终于学不成什么,与这个人有什么不同之处?

这个故事说明:舍本逐末,必定劳而无功。

斗酒彘肩

典出《史记·项羽本纪》

哙即带剑拥盾入军门。交戟之卫士欲止不内，樊哙侧其盾以撞，卫士仆地，哙遂入，披帷西向立，瞋目视项王，头发上指，目眦尽裂。项王按剑而跽曰："客何为者？"张良曰："沛公之参乘樊哙者也。"项王曰："壮士，赐之卮酒。"则与斗卮酒。哙拜谢，起，立而饮之。项王曰："赐之彘肩。"则与一生彘肩。樊哙覆其盾于地，加彘肩上，拔剑切而啖之。项王曰："壮士，能复饮乎？"樊哙曰："臣死且不避，卮酒安足辞！"

秦朝末年，刘邦攻破咸阳，收降了秦王子婴。项羽准备打败刘邦，独霸天下。他在鸿门设宴招待刘邦，其手下的武将项庄拔剑起舞，要杀死刘邦。刘邦的谋臣张良见势不妙，赶快把消息告诉了刘邦的猛将樊哙。

樊哙立即持剑握盾闯入项羽的军帐。两侧持戟的卫士制止樊哙，不让他进去，樊哙侧着盾牌进行撞击，两侧的卫士纷纷倒地。樊哙闯入军帐内，靠着帐幕向西站着，愤怒地瞪起眼睛，怒视项羽，头发都竖了起来，眼角也张裂流着鲜血。项羽按剑戒备，双膝跪着，上身挺直，问道："这个大汉是什么人？"张良回答说："他是沛公（刘邦）的陪乘，名叫樊哙。"

项羽说："真是一个壮士，快给他一碗酒。"手下人立即送给樊哙一斗酒，樊哙表示拜谢，站起来一饮而尽。项羽又说："送给他生猪肩。"樊哙把盾牌扣到地上，把生猪肩放在地上，拔剑切着猪肩，大嚼起来。项羽说："壮士，能再喝酒吗？"樊哙回答说："臣死都不怕，喝几斗酒算什么！"

樊哙陈述刘邦的功劳，他警告项羽，如果杀害刘邦，就是走秦朝施行暴政的老路，天下人都不会答应。樊哙的言行震慑了项羽及其手下的武将项庄等人，使其杀害刘邦的计划未能实现。

"斗酒彘肩"就是从这个故事来的。人们用这个典故，形容人言行豪壮，英勇无畏。

高阳酒徒

典出《史记·郦生陆贾列传》

初,沛公引兵过陈留,郦生踵军门上谒曰:"高阳贱民郦食其,窃闻沛公暴露,将兵助楚讨不义,敬劳从者,愿得望见,口画天下便事。"使者入通,沛公方洗,问使者曰:"何如人也?"使者对曰:"状貌类大儒,衣儒衣,冠侧注。"沛公曰:"为我谢之,言我方以天下为事,未暇见儒人也。"使者出谢曰:"沛公敬谢先生,方以天下为事,未暇见儒人也。"

郦生目案剑叱使者曰:"走!复入言沛公,吾高阳酒徒也,非儒人也。"使者惧而失谒,跪拾谒,还走,复入报曰:"客,天下壮士也,叱臣,臣恐,至失谒。曰:'走!复入言,而公高阳酒徒也。'"沛公遽雪足杖矛曰:"延客人!"

秦朝末年,刘邦举兵反秦。有一次,刘邦带兵经过陈留,有一个被称作"狂生"的人郦食其到军门求见,递上名片,向刘邦的侍者通报说:"我是高阳贱民郦食其,听说沛公(刘邦)冲风冒雨,率兵助楚讨伐不义的秦国,有劳你通报一声,我想见见他,谈谈天下的事情。"侍者进去通报时,刘邦正让两个女儿为他洗脚,他问侍者说:"什么样的人要见我?"侍者回答说:"像个大儒,穿着儒生的衣服,头戴一顶求见时才戴的高山冠。"刘邦向来讨厌儒生,有些儒生来见时,他就把人家戴的帽子拿下来,往里边撒尿。即使交谈几句,也常常破口大骂,什么难听说什么。这次郦食其求见,刘邦还算客气,对侍者说:"替我谢谢他吧,就说我正在关心天下大事,没有时间见儒生。"侍者出门婉言谢绝道:"沛公说了,谢谢你的美意。不过,沛公正在潜心研究天下大事,没工夫同儒生闲聊。"郦食其瞪起眼睛按着宝剑怒斥侍者说:"快去!再告诉沛公,我是高阳酒徒,不是什么儒生!"侍者害怕了,连名片都掉了,赶快跪下拾起郦食其的名片,扭头往回走,又进去报告说:"来的这位客人,是天下少见的壮士,他大骂我,我十分害怕,吓得连名片都掉了。他说:'快去!再进去通报,说你老子是高阳酒徒。'"刘邦一听,立刻光着脚操起矛命令道:"请客人进来!"

"高阳酒徒"就是从这个故事来的。人们用它形容好饮酒、狂放不羁的人。

灞陵醉尉

典出《史记·李将军列传》

顷之家居数岁。广家与故颍阴侯孙屏野居蓝田南山中射猎。尝夜从一骑出,从人田间饮。还至灞陵亭,灞陵尉醉,呵止广。广骑曰:"故李将军。"尉曰:"今将军尚不得夜行,何乃故也!"止广宿亭下。居无何,匈奴入杀辽西太守,败韩将军,韩将军徙右北平。于是天子乃召拜广为右北平太守。广即请灞陵尉与俱,至军而斩之。广居右北平,匈奴闻之,号曰:"汉之飞将军",避之数岁,不敢入右北平。

公元前 129 年,西汉名将李广奉武帝之命,率军从雁门山(今山西省代县西北)北出,去进攻匈奴。可是匈奴兵多将广,大败汉军,生擒李广,李广设法逃脱匈奴之手,回到汉营。然而,终因他损兵折将,又当了匈奴的俘虏,被削去官位,降为平民。

转眼之间,李广在家闲居了数年。当时,过去的颍阴侯灌婴的孙子(名强)也退职家居,李广常同他一起到蓝田南山中射取猎物。有一天夜里,李广只带着一个骑马的随从外出,跟人家在田间一起饮酒。回来路过灞陵亭时,守护在那里的亭尉喝醉了酒,便呵斥李广,不让他通过。李广的随从说:"这是旧任李将军。"那个亭尉说:"现任的将军都不得通过,何况是旧任的将军!"勒令李广停宿在驿亭中。过了不多久(公元 128 年),匈奴入边攻打辽西,掠去千余人及畜产等。汉武帝大为恼火,又召回李广,任他为右北平太守。李广临行前,请灞陵亭尉跟他一起去。那个可怜的亭尉来到军营之后,李广就下令把他杀了。李广镇守右北平的消息被匈奴人听到了,从此不敢再骚扰右北平。

"灞陵醉尉"就是从这个故事来的。人们用这个典故比喻那种盛气凌人的人。

载酒问字

典出《汉书·扬雄传》

雄以病免,复召为大夫。家素贫,嗜酒,人希至其门。时有好事者载酒肴从游学,而巨鹿侯芭常从雄居,受其《太玄》《法言》焉。刘歆亦尝观之,谓雄曰:"空自苦! 今学者有禄利,然尚不能明《易》,又如《玄》何? 吾恐。后人用覆酱瓿也。"雄笑而不应。年七十一,天凤五年卒,侯芭为起坟,丧之三年。

汉代,有一个人叫扬雄(公元前 53～公元 18 年),字子云,蜀郡成都(今四川成都)人,他是著名的学者和文学家。扬雄在青年时期就勤奋学习,博览群书,知识丰富。他口吃不善言谈,长于思考问题,清静寡欲,不追求富贵,不贪图虚名。一生喜爱文学,尤其偏爱辞赋。他家境贫寒,但尽力写作,著述很多。晚年在朝中当了一个大中大夫。

扬雄喜好喝酒,有爱好学问的人常带着酒菜向他讨教,巨鹿的侯芭经常和扬雄住在一起,学习他著的《太玄经》《法言》等哲学著作。

《法言》是模仿《论语》写的,《太玄经》是模仿《易经》写的,比较难懂。大学问家刘歆也看过这两部书,看后对扬雄说:"何必白白辛苦一场呢! 如今那些享有高官厚禄的学者,尚且弄不懂《易经》,何况你的《太玄经》是模仿《易经》写的。能有什么价值呢? 只恐怕后人要用它盖酱缸了。"对刘歆这番冷嘲热讽的话,扬雄笑而不答。公元 18 年(天凤五年),扬雄病逝,享年 71 岁。巨鹿人侯芭为他修了坟,并且守丧 3 年。

"载酒问字"就是从这个故事来的。人们用它比喻勤学好问,或用来比喻从师受业。

悬壶

典出《后汉书·费长房传》

费长房者,汝南人也。曾为市掾。市中有老翁卖药,悬一壶于肆头,及市罢,辄跳入壶中。市人莫之见,唯长房于楼上睹之,异焉,因往再拜奉酒脯。翁知长房之意其神也,谓之曰:"子明日可再来。"长房旦日复诣翁,翁乃与俱入壶中。唯见玉堂华丽,旨酒甘肴盈衍其中,共饮毕而出。翁约不听与人言之。后乃就楼上候费长房曰:"我神仙之人,以过见责,今事毕当去,子宁能相随乎? 楼下有少酒,与卿为别。"长房使人取之,不能胜,又令十人扛之,犹不举。翁闻,笑而下楼,以指一提之而上。视器如一升许,而二人饮之终日不尽。

费长房,东汉汝南人。他曾经当过市场的官员。集市上有一个卖药的老翁,在集市贸易之处悬挂着一只壶,等到集市散了,老翁就跳入壶中。集市上的人都看不见他,唯独费长房从楼上看得见,觉得很奇怪,于是前去拜访老翁,向他献上酒肉。老翁知道费长房觉察到自己是神,于是对费长房说:"明天再来。"第二天一大早,费长房又去拜访老翁,老翁和他一起进入壶中。只见玉堂生辉,庄严而华丽,美酒佳肴应有尽有,摆满了厅堂。老翁与费长房饮宴完毕,又跳出壶来。老翁叮咛费长房说,对任何人都不要提及这件事。后来,老翁到楼上回访费长房,对他说:"我是一个神仙,因为犯有过失而受到责罚,现在事情已经过去,我该回去了。你怎能跟随我呢?楼下有一点酒,你去把它取来,我与你饮酒话别。"费长房派人去取,但是拿不动;又派 10 个人去扛,还是举不动。老翁得知后,笑着走下楼来,用一个手指头提着酒器。走上楼来。看起来,那个酒器只能盛升把酒,可是两个人喝了一整天,也喝不完。

"悬壶"就是从这个神话故事概括而来的。后来,人们用"悬壶"比喻行医卖药。

张飞曹操打哑谜

典出《三国演义》

一天,曹操要请刘备赴宴。诸葛亮说:"酒无好酒,宴无好宴,曹操是当世奸雄,居心叵测。主公若去赴宴,必然为其所害;若是不去,他人定小看于我,说我汉营无人。我看——叫张飞去合适。"刘备想想别无他法,只好命张飞代他赴宴。

张飞单枪匹马来到曹营。曹操亲出辕门迎接,寒暄一番,问:"刘皇叔为何不来赴宴?"张飞说:"我大哥身体不适,命我代他赴宴,让我多谢丞相盛意。"曹操引张飞进帐后,即上筵席,酒过三巡,说:"久闻翼德将军海量,今日喝酒,老夫实在无法相陪,不如打几个哑谜,输者罚三大杯,将军以为如何?"张飞暗想:兵来将挡,水来土掩,看老贼能有什么手段?便说:"好好!请丞相先说。"

曹操首先伸开双手,比了个圆圈,意思是说他要独霸中原。张飞寻思一阵,以为让他吃锅饼,便把双臂伸直作拉面样子,意思是说吃拉面好。曹操吃了一惊,以为他说:"你想独霸中原,请看我的丈八长矛答应不答应?"曹操又伸出右手拇指,意思是说他乃当朝丞相,可以挟天子令诸侯。张飞以为只让他吃一碗拉面,心想,不干,不干,一碗怎么够吃?便伸出右手,连摇几摇。曹操又吃一惊,以为他说:"不值一提,当朝丞相也不过尔尔!"曹操再伸出右手五指,意思是说他有许褚、夏侯淳、张辽、张郃、于禁五员上将,你若不服,战场上见。张飞见了,以为让他只吃五碗。他嫌不够,摇了摇手,伸出右手三指,意思是说五碗装不满我的肚子啊,最少也得三锅才行!曹操却以为在耻笑他:"你五员大将不堪一击,怎抵我桃园结义三兄弟同生共死呢?"最后,曹操长叹一声,暗想:天呀!老夫只想张飞是个粗人,打算耻笑他一番,谁料他竟能连破老夫哑谜,想来,必定是诸葛亮教的。

曹操吃了哑巴亏,只好认输,端过酒杯,连饮三大杯。张飞乐得拍手大笑,说:"丞相一人喝酒没有意思,待我陪上一杯!"张飞酒足饭饱之后,告辞了曹操,飞马返回汉营。

后人用"张飞曹操打哑谜"比喻互相猜错对方的起初意思或事情的真相。

煮酒论英雄

典出《三国演义》第二十一回

东汉末年,刘备被吕布打败后,到许昌投奔曹操。他为了不引起曹操的猜疑和怀恨,便假装对天下大事毫不关心,成天在后园种菜。实质上,他胸怀称王天下的大志,而且还与国舅董承密谋除掉曹操。为此,他心中对曹操非常戒备。

一天,曹操邀请刘备去小亭中喝酒,桌上摆好了一盘青梅、一壶煮酒,二人开怀畅饮。酒兴正浓时,天上阴云密布,暴雨将临,一团浓云如飞龙悬挂天边。二人靠在栏杆上欣赏那天空中水墨画似的奇景,曹操有意问刘备:"先生知道龙的变化吗?"刘备说:"请您说说看。"曹操说:"龙能大能小,能显能隐,随时变化,如当世的英雄,纵横四海。先生您知道谁是当世的英雄吗?"刘备一连举了当时有势力的好几位,如袁术、袁绍、刘表、孙策等,曹操都认为够不上称"英雄"。最后,刘备只好假装糊涂地说:"那么还有谁才称得上英雄?我实在不知道。"曹操用手指指刘备,又指指自己,然后说:"天下英雄,只有您与我二人罢了。"刘备一听这话,大吃一惊,手里拿着的筷子"啪"的一声掉在地上。正好这时天上雷声大作,刘备乘机从容地拾起地上的筷子说:"雷声的威力可真大呀。"将自己惊慌失措的真正原因巧妙地掩饰过去,没有引起曹操的怀疑。

煮酒论英雄

后人用"煮酒论英雄"或"青梅煮酒论英雄"的典故比喻人与人之间评论功绩。

禁而不止魏人饮

汉末魏蜀吴三国只有吴国不禁酒,魏国全面禁酒。曹操在位时,下过严厉的禁酒令,但饮酒的人仍不少,其中不乏名人。一般人见面不说酒,谈及酒时以"贤者"代表白酒,以"圣人"代表清酒。

魏国丞相邴原自小酒量很大,在外读书八九年,滴酒不饮,只知苦读。他住在陈郡时,拜韩子助为师;在颍川时向陈仲弓学习;在汝南时交范孟博为友;在琢郡时跟庐士干接近;他们都是当时的贤人。临别离时,他们以为邴原不会饮酒,就改送米肉粉来饯行。邴原说:"我是怕荒废学业才忌酒的,今天是你们替我饯行,我是一定要喝酒的。"说完邴原就狂饮起来,饮了一天,整日未醉。

汝南太守豫州刺史满宠的年纪很大,酒量也很大,有人向魏明帝检举他不理公务整天沉湎酒中,不能担当重任,于是明帝准备撤换他。这时,有个叫郭谋的人对皇帝建议说:"据臣所知,满宠做刺史20多年,当地人民对他很敬畏,不如叫他回朝考察以后再定。"明帝觉得郭谋的话有道理,下令召满宠回朝,摆设酒宴迎他。满宠饮酒一石,面不改色,应对如流,明帝只好慰劳一番,叫他回任。

酒壮英雄色

　　三国时期,由于吴主孙权的鼓励和倡导,吴国饮酒之风甚盛。孙权自己就爱喝,据说是不醉不休,而他对自己的将士,从来都是以酒褒奖他们,即使打仗时也不例外。

　　一次曹操的大军从北面压上来,孙权派大将甘宁率本部人马迎敌。出征前,他亲自抬了许多好酒好菜来犒劳甘宁。甘宁了解孙权的性格,知道他喝酒时从不分卑尊,故而毫无顾忌地用银碗斟满两碗灌了下去。可是部下们都很拘束,不敢在吴主面前放肆。甘宁对手下兵将说:"有酒就喝,难道还要吴主亲自请?"这时众将才敢开怀畅饮起来,孙权看着十分高兴,居然也夹在将士中间喝五吆六地喝起来。因为送来的酒很多,一直喝到半夜。酒喝完了,甘宁趁着酒意,挑选出二百精悍的将士,每人身上系一块白巾为标志,轻骑快马直冲曹营。曹操的人马毫无准备,一时大乱,死伤无数。可甘宁的将士无一伤亡,全军大胜而归。后来曹兵一听甘宁的名字就闻风丧胆。

中圣人

　　典出《三国演义·魏书·徐邈传》

　　魏国初建,为尚书郎。时科禁酒,而邈私饮至于沉醉。校事赵达问以曹事,邈曰:"中圣人。"达白之太祖,太祖甚怒。度辽将军鲜于辅进曰:"平时醉客谓酒清者为圣人,浊者为贤人,邈性修慎,偶醉言耳。"竟坐得免刑。

　　徐邈,字景山,三国时期燕国蓟人。公元220年(魏文帝黄初元年),曹操的嫡长子曹丕(字子桓)建立魏国,当了皇帝,即魏文帝。

　　魏国初建时,徐邈任尚书郎。当时,曹操下令禁酒,而徐邈偷偷饮酒,喝得酩酊大醉。校事赵达向他询问官署里的事,徐邈醉醺醺地回答道:"我中圣人了。"

　　原来,曹操颁布戒酒令之后,人们都忌讳说"酒"字,于是把清酒称作"圣人"，把浊酒称作"贤人"。徐邈说自己"中圣人"，就是说自己喝酒多，中酒了。赵达把这件事报告了曹操，惹得曹操十分恼怒。度辽将军鲜于辅劝曹操说："平时，爱喝酒的人把清酒叫作圣人，浊酒叫作贤人。徐邈性情谨慎，这一回不过是偶然说句醉话罢了。"徐邈竟然被免于刑罚。

"中圣人"这一典故就是从这个故事来的。人们称喝醉酒为"中圣人"，也可省为"中圣"。

五斗解酲

典出《典书·刘伶传》

尝渴甚，求酒于其妻。妻捐酒毁器，涕泣谏曰："君酒太过，非摄生之道，必宜断之。"伶曰："善！吾不能自禁，惟当祝鬼神自誓耳。便可具酒肉。"妻从之。伶跪祝曰："天生刘伶，以酒为名。一饮一斛，五斗解酲。妇儿之言，慎不可听。"仍引酒御肉，隗然复醉。

晋代名士刘伶放浪不羁，喜欢饮酒。有一次，他感到口渴难忍，可怜巴巴地向妻子要酒喝。妻子很生气，反而倒掉酒，毁掉酒器，一把鼻涕一把泪地哭了起来，劝丈夫说："你喝酒太多，这不是保体养生之道，一定要戒掉。"刘伶说："好！可是我自己没有能力戒掉，只有祈祷鬼神，我亲自在鬼神面前赌咒发誓才行。你快去准备酒肉，我这就要祈祷了。"妻子照他的话办了。刘伶跪着祈祷说："老天生我刘伶，爱喝美酒出名。一次喝上一斛，五斗才解酒病。妇人说的话语，千万不要听从。"于是饮酒吃肉，歪歪倒倒地又大醉起来了。"五斗解酲"就是从这个故事来的。酲：喝醉了神志不清。"五斗解酲"本来的意思是，用五斗酒解酒病。

后来，人们用"五斗解酲"形容纵情饮酒，放浪不羁。

杜康美酒，醉伶三年

刘伶不仅爱喝酒，而且酒量非常大，没有人能比得过。当时，有个著名的造酒师叫杜康。他酿造的酒，味道香甜，但酒性很烈，一般人都不敢多喝。

刘伶听说杜康的酒很有名气,便特意登门造访。进了酒店后,杜康拿出小酒盅、小酒壶来招待刘伶。刘伶大手一挥:"拿大碗、搬酒坛来!"杜康微笑着说:"先生先喝一盅品品味再说嘛。"刘伶先喝了一盅,觉得味道异常甜美,接着又喝了一盅,头便开始发晕,他照样又喝了第三盅。这第三盅下肚,刘伶觉得天旋地转起来,舌头打了结,话也说不出,眼也睁不开,趴在桌上起不来了。

杜康叫两个伙计把刘伶扶回家去。刘伶回家后,蒙头大睡。一直睡了七天七夜,也不见醒来。他妻子急得要命,摸摸他的鼻息,发现没气了,大哭一场。把刘伶装进棺材里埋了。一晃三年过去了。有一天,刘伶的妻子正在家里纺线,忽有人来访。此人正是杜康,他是来要酒钱的。原来刘伶三杯下肚便烂醉如泥,酒钱的事早忘得一干二净。他妻子一听,顿时发火道:"原来我丈夫是喝了你的酒被醉死的!你要钱,我还要人呢!"说着,就要跟杜康拼命。杜康赶紧劝阻道:"大嫂休怒!刘伶不会死的。不信我们看看去。"两人来到刘伶坟前,挖开坟,刚打开棺材盖儿,红光满面的刘伶像刚睡醒似的,睁开眼,打了个哈欠。

从此后,"杜康美酒,醉伶三年"的故事便流传开了。后人曾为此事作诗云:

天下好酒数杜康,酒量最大数刘伶。

饮了杜康三杯酒,醉了刘伶三年整。

当然,这只是民间附会的传说而已,因为杜康和刘伶两人并非同一朝代的人。

葛巾漉酒

典出《宋书·陶潜传》

郡将侯潜,值其酒熟,取头上葛巾漉酒,毕,还复著之。

东晋大诗人陶潜,一名渊明,字元亮,特别喜欢喝酒。有时郡中的将领去拜访他,正赶上陶家新酒酿熟,陶潜就摘下头巾滤酒。滤酒完毕,又把头巾戴到头上。

"葛巾漉酒"就是从这个故事来的。葛巾:以葛布制成的头巾;漉:滤。人们用"葛巾滤酒"形容性情直率,行为豁达;也可用以形容喜欢饮酒。

东篱菊

典出《宋书·陶潜传》

尝九月九日无酒,出宅边菊丛中坐久,值弘送酒至,即便就酌,醉而后归。

陶潜性好酒。有一次,适逢九月九日重阳节,没有酒喝,他走到宅边的菊花丛中坐了很久,恰巧江州刺史王弘派人送酒来,陶潜打开酒就喝,酩酊大醉以后才回家。

陶潜写有《饮酒》诗,其中写道:"采菊东篱下,悠然见南山。"

"东篱菊"就是从这个故事来的。人们用它表现隐士的田园生活或咏菊。

我醉欲眠

典出《宋书·陶潜传》

子曰:"饭疏食,饮水,曲肱而枕之,乐亦在其中矣。不义而富且贵,于我如浮云。"

东晋大诗人陶潜,很喜欢喝酒。每逢有人来访,不论其地位高低、出身贵贱,只要有酒,就要摆酒款待一番。如果陶潜先喝醉了,便对客人说:"我醉了,要去睡觉,你可以回去了。"他对人就是如此真诚坦率。

"我醉欲眠"就是从这个故事来的。人们用它来形容人的自然真率。

无酒酌公荣

典出《世说新语·简傲》

王戎弱冠诣阮籍,时刘公荣在坐。阮谓王曰:"偶有二斗美酒,当与君共饮。彼公荣者,无预焉。"二人交觞酬酢,公荣遂不得一杯。而言语谈戏,三人无异。或有问之者,阮答曰:"胜公荣者,不得不与饮酒;不如公荣者,不可不与饮酒;唯公荣,可不与饮酒。"

"笺疏"引《容斋随笔》卷十二:"公荣与人饮酒,杂秽非类,人或讥之,答曰:

胜公荣者,不可不与饮;不如公荣者,亦不可不与饮。故终日其饮而醉。"

晋代人刘昶,字公荣,曾任兖州刺史。刘昶酷爱饮酒,不论是什么人,只要能饮酒,就同他们一起喝。有人嘲笑他,刘昶却回答道:"比我酒量大的,不能不与他一起喝;酒量不如我的,也不能不与他一起喝。"所以,他每天同别人一起喝酒,喝得醉醺醺的。

有一次,王戎(字浚冲,琅邪临沂人,比阮籍小20岁,与阮籍是好友)去拜访阮籍,同他一起饮酒,当时刘昶在坐。阮籍觉得酒少,如果三人一起喝恐怕不过瘾,就不想让刘昶参与饮酒。于是,他对王戎说:"我这里只有两斗美酒,我与你一起喝将起来。旁边坐着的刘公荣,你不参与了。"刘昶听了,毫无怨色。阮籍和王戎两人觥筹交错,大喝起来。刘昶在一旁干坐着,没有喝到一杯酒。三人互相谈论说笑,与平日毫无区别。事后,有人问阮籍说,叫刘昶干坐着,不让他喝酒,这样做合适吗?阮籍套用刘昶说过的话,对询问的人说:"酒量胜过公荣的,不得不与他喝;酒量不如公荣的,也不得不与他喝;唯有公荣,可以不与他喝。"

"无酒酌公荣"就是从这个故事中来的。其意是不给酒星公荣喝酒。人们用它表现喝酒的情趣,或用以表现士人相聚宴会饮酒,或用以再现性情狂放,不计小节,不拘礼俗。

步兵厨

典出《晋书·阮籍传》

籍本有济世志,属魏晋之际,天下多故,名士少有全者,籍由是不与世事,遂酣饮为常。文帝初欲为武帝求婚于籍,籍醉六十日,不得言而止。钟会数以时事问之,欲因其可否而致之罪,皆以酣醉获免……籍闻步兵厨营人善酿,有贮酒三百斛,乃求为步兵校尉。遗落世事,虽去佐职,恒游府内,朝宴必与焉。

三国时期魏国的文学家、思想家阮籍(公元210~263年,字嗣宗,陈留尉氏人),有匡时救世的大志,生在魏国与西晋之际,当时天下混乱,不断发生变故,政坛混乱如麻,乱哄哄你方唱罢我登场,名人秀士很少有能保全自己性命的。因此,阮籍不参与世事,经常开怀痛饮,以求自慰。

文帝司马昭(其子司马炎代魏称帝后,追尊司马昭为文帝)当初想为武帝司马炎向阮籍的女儿求婚,阮籍一醉就是 60 天,司马昭没有机会开口,只好作罢。魏国司徒钟会多次问他当时的政事,想借他对政事是非的议论而给他加上罪名,阮籍都以酩酊大醉躲过了灾难。阮籍当官不问政事,终日寄情诗酒。他听说步兵校尉空缺,那里的厨子善于酿酒,存有美酒 300 斛,于是他要求当步兵校尉。虽然任了职,却对政事和其他事务一概不闻不问,整天在官府内游来逛去,如朝中有宴会,他必定参加。

"步兵厨"就是从这个故事来的。它的意思是,步兵校尉的厨房。人们用"步兵厨""步兵酒"等借指美酒,也可用以指借酒避世。

倾家酿

典出《晋书·何充传》

充能饮酒,雅为刘所贵。每云:"见次道饮,令人欲倾家酿。"言其能温克也。

何充,字次道,东晋庐江人,是三国时魏国的光禄大夫何祯的曾孙。祖父何恽,曾任豫州刺史。父亲何曾任安丰太守。何充风流文雅,富有才学。晋成帝(司马衍)即位后,何充任给事黄侍郎。后任尚书令,加左将军。晋康帝(司马岳)建元(公元 343~344 年)初,出任骠骑将军、徐州刺史。晋康帝死,何充建议立皇太子司马聃为帝,即晋穆帝。何充专心辅佐幼主,虽然没有澄清时弊、改革弊端的能力,但是能以社稷为己任,选择官吏时,都以功臣为先,不以私人恩怨拉帮结派。公元 346 年(永和二年),何充病死,时年 55 岁。

何充善于饮酒,丹阳尹刘(字真长,沛国相人)向来很欣赏他。刘经常说:"见次道饮酒,使人想把家中的酒都搬出来给他喝。"意思是说,何充喝酒善于自我控制,不失态。

"倾家酿"就是从这个故事来的。它的意思是,愿倾尽家中之酒给别人喝。人们用它形容诚心以酒待客,也可用以表示极其赏识某人。

被发裸身

典出《晋书·王忱传》

忱性任达不拘,末年尤嗜酒,一饮连月不醒,或裸体而游,每叹三日不饮,便觉形神不相亲。妇父尝有惨,忱乘醉吊之,妇父痛哭,忱与宾客十许人,连臂被发裸体而入,绕之三匝而出。

东晋王忱,字元达。孝武帝时期,他曾任荆州刺史,都督荆州、益州、宁州三州诸军事。王忱自恃才气,狂放不羁,常常干出一些出人意料的事。

王忱性情豁达,放任不拘,晚年时特别喜欢喝酒,有时一醉方休,连月不醒,或者裸体而游。他经常感叹地说,三天不饮酒,就觉得神不守舍,形体和灵魂都分家了。岳父家曾有丧事,王忱在酒醉中赶去吊唁,岳父痛哭失声,王忱与十来个宾客一起互相挎着胳膊,披散着头发,光着身子,围绕着灵柩走了三圈,就出去了。

"被发裸身"就是从这个故事来的。人们用它形容狂放不羁,不拘小节。也可用以形容酒后醉态。

杯弓蛇影

典出汉·应劭《风俗通义·怪神》

予之祖父郴为汲令,以夏至日请见主簿杜宣,赐酒。时北壁上有悬赤弩,照于杯中,其行如蛇,宣畏恶之,然不敢不饮。其日便得胸腹痛切,妨损饮食,大用羸露,攻治万端,不为愈。后郴因事过至宣家,窥视,问其变故,云畏此蛇,蛇入腹中。郴还厅事,思惟良久,顾见悬弩,必是也。则使门下史将铃下侍徐扶辇载宣于故处设酒,杯中故复有蛇。因谓曰:"此壁上弩影耳,非有他怪。"宣意遂解,甚夷怿,由是瘳平。

《晋书·乐广传》:乐广,字彦辅,迁河南尹。尝有亲客,久阔不复来,广问其故,答曰:"前在坐,蒙赐酒,方欲饮,见杯中有蛇,意甚恶之,既饮而疾。"于是河南厅事壁上有角弓,漆画作蛇,广意杯中蛇即角影也。复置酒于前处,谓客曰:"杯中复有所见不?"答曰:"所见如初。"广乃告其所以,客豁然意解,沉疴顿愈。

　　晋代有一位善于谈论的名人,姓乐名广,字彦辅。某天,他想起一位亲戚,分别了很久,都没有来往,便叫人去问候问候,那位亲友答称:前一次他到乐广家里去拜访,乐广赐一杯酒给他喝,当他正要喝酒的时候,忽然看见酒杯里有一条小蛇,当时就引起了他心中的不安,非常害怕,后来勉强把酒喝下去,岂料身体便生了毛病,一直没有痊愈。当时乐广家中厅堂的墙壁上悬挂着一具角弓,弓的上面,用油漆绘画成一条蛇的形状。乐广听过了那亲戚的回话之后,忽然想起所谓酒杯里的小蛇必然是那一具角弓,当时倒影映现在酒杯里,因此引起了那位亲友的误会,竟当它是一条活蛇。他从此心里产生了不安,精神上受到了威胁,便无病也生出病来。于是,乐广再次邀请那位亲戚来,详细地把这件事的真相告诉他,他这才恍然大悟,心中如释重负,那缠绵了多时仍然没法治好的顽病,也当场宽舒了,霍然而愈。

　　后人用"杯弓蛇影"指因错觉而产生疑惧,形容疑虑多端,自相惊扰。

空洞无物

典出《世说新语·排调》

　　王丞相枕周伯仁膝,指其腹曰:"卿此中何所有?"答曰:"此中空洞无物,然容卿辈数百人。"

　　王导(公元276~339年),晋代临沂人,字茂弘,少年时代就很有见识,才智过人。晋元帝(司马睿)登基前,是琅琊王,王导为他出谋划策,笼络人心,给司马睿以很大的帮助。司马睿建立了东晋政权之后,任王导为丞相。王导在晋元帝(司马睿)时代、晋明帝(司马绍)时代、晋成帝(司马衍)时代,都出将入相当大官,一直当到太傅。

　　当时,有一个人叫周顗,字伯仁,少年时代就有很大的名气,二十岁继承了父亲周浚的爵位,当了武城侯,晋元帝(司马睿)时任宁远将军、荆州刺史、吏部尚书等职。他很有才华,酷爱饮酒,有时一个人能喝一石酒,整天都醉意朦胧。有一次,一个酒友来找他,两个人抱着二石酒大喝起来,都喝得酩酊大醉。周醒来一看,那个酒友已经醉死了。周的脾气很好,性情宽厚,对人十分友爱。他的弟弟周篙有一次喝醉了酒,瞪着眼睛对周说:"你的才能不及我,凭什么有那么大名气!"说着,把燃烧着的蜡烛投到哥哥的身上。周神色不变,一点也不发脾气。正因为周有这些长处,丞相王导很重视他,同他保持着相当亲密的关系。

有一次,王导枕着周的膝盖,指着周的肚子说:"您的肚子里有些什么东西呢?"周回答道:"我的肚子空空如也,什么东西也没有。不过,像您这样的人,我的肚子里能装上几百个。"听了周的话,王导并不生气。

"空洞无物"就是从这个故事来的。它的意思是空空如也,什么东西也没有。人们常用它形容文章或讲话空洞,没有内容,或不切合实际。

一杯酒

典出《晋书·张翰传》

翰任心自适,不求当世。或谓之曰:"卿乃可纵适一时,独不为身后月邪?"答曰:"使我有身后名,不如即时一杯酒。"时人贵其旷达。

张翰,字季鹰,晋代吴郡吴县人。为人清高放任,不拘名节。他身处晋代八王之乱时期,虽然在齐王司马冏属下任职,有官有禄,但对时势心灰意冷,毅然弃官不做,回到家乡居住。

张翰性情旷达,放任自适,不想阿求当世,谋取高官显爵。有人对他说:"您放任自适,可寻求一时的痛快,但是不考虑身后的名声吗?"张翰回答曰:"让我死后有名声,还不如眼下喝上一杯酒。"当时人都很看重他的豁达不拘的品格。

"一杯酒"就是从这个故事来的。人们用它形容以酒为乐,放任自适,不追求荣华富贵。

青州从事

典出南朝·宋·刘义庆《世说新语·术解》

桓公有主簿善别酒,有酒辄令先尝,好者谓"青州从事",恶者谓"平原督邮"。

桓公(桓温)手下有个主簿,善于辨别酒的好坏。每有酒时,桓公都要叫他

中华酒典

先尝。他把好酒叫作"青州从事",不好的酒叫作"平原督邮"。因为青州有个齐郡,"齐"与"脐"同音,好酒的酒力一直达到小腹的脐部,所以称好酒为"青州从事"。平原郡有个鬲县,"鬲"与"膈"同音,不好的酒,酒力只能达到胸腹之间,所以称不好的酒为"平原督邮"。

后人因此把不好的酒叫作"平原督邮",把好酒叫作"青州从事"。

斗酒学士

典出《新唐书·王绩传》

王绩,字无功,绛州龙门人。性简放嗜酒。高祖武德初,以前官待诏门下省。故事,官给酒日三升,或问:"待诏何乐邪?"答曰:"良酝可恋耳!"侍中陈叔达闻之,日给一斗,时称"斗酒学士"。

唐代王绩,字无功,绛州龙门(今山西河津西)人。他性情傲慢,举止放任不拘,特别喜欢喝酒。唐高祖(李渊)武德(公元618~626年)初年,王绩以从前所任官职的身份,在门下省(官署名)待诏。按照以往的惯例,官府每天供给待诏的人三升酒,王绩也不例外。有人问他说:"王待诏高兴什么呀?"王绩回答道:"美酒使我恋恋不舍呢!"门下省的长官陈叔达听到这个消息,便破例每天给王绩一斗酒喝,当时人都把王绩称作"斗酒学士"。

"斗酒学士"就是从这个故事来的。人们用它指喜欢饮酒的文人。也可用它借指性情高傲、举止狂放的文人。

十里桃花,万家酒店

李白一生喜好游览名山大川,面对大好河山,作诗抒发情怀。有一年他到安徽省南部的青弋江一带游玩,这一带风景优美,山清水秀。李白玩赏多日仍恋恋不舍。一天他站在江边,独自观赏四周的美景,突然,一个身穿粗布衣衫的青年跪到他面前,纳头便拜。李白大吃一惊,赶忙扶起这位素不相识的青年。原来他就是汪伦,家就住在青弋江边,自幼喜爱诗歌,尤其是李白的诗,但因家境贫寒,不能读书,只是听听别人的吟诵。听说李白来青弋江游览,便赶来拜会,能见到李白本人,他觉得万分荣幸。然后,他又对李白说:"先生,我领你去一个最美的地方,叫十里桃花,万家酒店。"李白一听,"十里桃花,万家酒店",果真有这么美妙的去处?他兴致勃勃,欣然同意。于是两人乘一只小船沿江而上。

船在一个野渡头停住了。两人举步上岸,迎面一株桃树,正开得花枝烂漫,但只是孤零零的一棵。再往前走,有一家很不起眼的小酒店,竖着一面杏黄的酒旗,酒客稀少。

李白抬头四望,到处都荒凉、冷清。哪里有什么"十里桃花,万家酒店"!他十分不高兴。汪伦赶紧请李白进小酒店,两人坐定之后,汪伦先给李白满满斟了一杯酒,然后不慌不忙地说:"先生不高兴,是吧?请听我慢慢说来。我非常想结识先生,所以才想了这么个办法把先生带到这里来。这地方叫桃花潭。但是'十里桃花,万家酒店'也一点儿不假。咱们走过来的渡口叫十里渡,那株桃花便叫'十里桃花';这家小酒店的主人姓万,酒店名字就叫'万家酒店'。"李白抬头看那飘动的酒旗,果然上书一"万"字。李白明白了,觉得有趣,哈哈大笑起来。

于是两人便愉快地交谈起来,越谈越投机。李白已经渐渐喜欢上汪伦这个聪明热情的青年。汪伦恳切地挽留李白在这里多游玩几日,李白欣然答应了。四周的乡亲们听说大诗人李白来到桃花潭,都赶来看望、拜访。

李白流连几日后,终于上路了。汪伦和乡亲们都到江边为李白送行。汪伦一路不停地唱着山歌,歌声真挚动人。李白乘上小舟驶去很远很远,汪伦的歌声犹在他的耳边回响。他诗兴大发,于是挥笔写下《赠汪伦》这首著名的诗篇:

李白乘舟将欲行,忽闻岸上踏歌声。

桃花潭水深千尺,不及汪伦送我情。

酒醉起舞似牡丹

著名舞伎关盼盼是唐朝张尚书的家伎,因她容貌俏丽,能歌善舞,因而成为张尚书的爱姬。

关盼盼对歌舞非常精通,唐代著名诗人白居易曾看到过关盼盼的歌舞表演,留下了深刻的印象。那还是在白居易游历徐州、泗水一带时。那里山清水秀,景色宜人,白居易玩得痛快,竟流连忘返。有一天,他接到在徐州任职的张尚书的请帖,便欣然赴约。张尚书摆下了丰盛的酒宴招待诗人。两人边饮酒,边高谈阔论。喝到高兴处,张尚书略带几分酒意,兴奋地对白居易说:"本府内有一舞伎,颇不俗,何不唤她出来,陪酒助兴。"语音未落,只见虚掩着的两扇厅门被轻轻推开,环响处,轻盈地走进来一位妩媚俊俏的少女。少女上前施礼,风度优雅,举止洒脱,她就是关盼盼。

盼盼入席后,陪客人喝了几盅酒,然后欠身离席,翩翩起舞。只见她身穿红色纱裙,体态轻盈,跳舞时,忽而如轻风吹拂,在人眼前飘来飘去,忽而似红玉雕像,动中有静,令人心旷神怡,又加上刚饮罢酒,舞起来,趁着飘飘然的醉意,更添了几分娇妍。白居易看得入神,诗兴大发,立刻向张尚书要来纸墨,即兴题诗相赠,诗中有一句:"醉娇胜不得,风袅牡丹花。"把关盼盼酒醉起舞的姿态比喻为在微风中摆动的雍容华贵的牡丹,惟妙惟肖。

关盼盼的晚年是在孤独和凄凉中度过的。张尚书死后,盼盼不愿出嫁,守在尚书的徐州旧宅中。宅中有一小楼,名曰"燕子楼",关盼盼就死在这楼中。

张公吃酒李公醉

典出宋·程大昌《演繁露续集》第二卷

则天时谶谣曰:"张公吃酒李公醉。"张公,易之兄弟也;李氏,言李氏不盛也。

唐朝皇帝姓李,女皇武则天时期,她宠爱张易之、张宗昌兄弟。这两兄弟长得很帅,又多才多艺,善于讨取武则天欢心,所以权势熏天,阿谀奉迎的人挤破他们家的门,倒像他俩是真正的皇亲国戚一样,姓李的皇族一点权势也没有了。所以民间流传谚语"张公吃酒李公醉",以讽刺张家兄弟。

后来有个叫陈亚的读书人,自小父母双亡,靠舅舅时时接济他生活。陈亚平时学习非常刻苦,终于考取了进士,心里非常高兴,可是一看:送礼道贺的人全都到他舅舅家去了,倒像是中进士的是他舅舅而不是他似的,他气愤不过,写了首诗道:"张公吃酒李公醉,自古人言信有之。"

后人用"张公吃酒李公醉"这个谚语比喻一方得到实惠,另一方却空担了虚名。

今朝有酒今朝醉

典出《全唐诗》

罗隐是唐代著名的诗人,自幼聪颖好学,善于赋诗著文,并且很有抱负,想用自己的学识报效国家。但是他的生活道路极不顺利,当时唐王朝正处于崩溃时期,到处都有农民起义,社会矛盾非常激烈。他看到朝廷的腐败、百姓的疾苦,感到前途无望。特别是他考了十次进士,十次都落榜了。自己的远大抱负无法实现,他从此消极下来,将自己的原名罗横,改成罗隐,打算后半生隐居在故乡浙江余杭,不再去忧国忧民了。罗隐写了一首诗,题为《自遣》,表达了他的这种悲观、消极遁世的感情。

罗隐的《自遣》诗是这样写的:

行即高歌失即休,多愁多恨亦悠悠。

今朝有酒今朝醉,明日愁来明日愁。

诗的大意是说:"你得意的时候,就尽情地欢歌吧,失意的时候就没这份心思了;发什么愁,说什么恨,那是白费心神毫无价值的事情,今天有好酒,今天就喝个够,一醉方休;明天有什么忧愁的事儿,等明天再去愁吧!"

罗隐后来在家乡当了钱塘令、节度判官、著作佐郎,活到七十七岁。他留下的诗歌有上千篇。

后来人们用"今朝有酒今朝醉"作为成语,形容腐朽没落生活和消极颓废情绪,有时也形容一个人只顾眼前的享乐。

贵妃醉鸡

唐明皇李隆基登基后,治理国家还算有所建树。在开元期间,唐朝的经济文化发展到新的高峰,史称"开元盛世"。但到晚年,他宠爱杨贵妃,生活骄奢淫逸,在长安整日寻欢作乐,笙歌达旦。有一天,他与杨贵妃饮酒对歌,弄得神魂颠倒,飘飘然了;最后,醉倒在地时还连声喊"好酒呀,好酒!"而杨贵妃也在胡言乱语地嚷叫:"我要飞上天!"唐明皇糊里糊涂,听错了,以为贵妃要吃什么"飞上天"这道菜,就马上令太监关照厨师烧一盘"飞上天"的菜来。皇帝的话是金口玉言,必须照办,这可弄得厨师们伤透了脑筋,什么是"飞上天"呢?有个厨师想,老鹰飞得最高,大概就是"飞上天"吧!于是赶紧去弄来两只老鹰,洗净一烧,发觉老鹰肉是酸的,当然不行。几个厨师急得团团转,想不出什么好法子。这时有个厨师把手一拍说:"有哉,弄几只童子鸡来,把斩下的翅膀配上香菇、淡菜、嫩笋、青椒,一起焖烧,这岂不叫飞上天吗?"于是他便试着干起来,待菜烧成,果然色香味俱佳。此刻,杨贵妃酒醉初醒,"飞上天"已摆在她面前。"呀,好香!"她尝了尝,连声赞道:"好吃,好吃!"唐明皇一听,随即问太监:"这叫什么菜名?"端菜的太监忙答道:"这就是陛下刚才所说的'飞上天'呀。"唐明皇一听,也似有所悟,他转脸一看,只见杨贵妃对他说道:"这道菜色艳、肉嫩、味香,与我贵妃相似,就叫它'贵妃鸡'吧!"

后来,这位苏州厨师告老回家,把这"贵妃鸡"烧制技艺传了出去,成为苏州一道名菜,一直传至今天。

杯酒释兵权

典出《宋史·石守信传》

帝因晚朝与守信等饮酒,酒酣,帝曰:"我非尔曹不及此,然吾为天子,殊不若为节度使之乐,吾终夕未尝安枕而卧。"守信等顿首曰:"今天命已定,谁复敢有异心,陛下何为出此言耶?"帝曰:"人孰不欲富贵,一旦有以黄袍加汝之身,虽欲不为,其可得乎。"守信等谢曰:"臣愚不及此,唯陛下哀矜之。"帝曰:"人生驹过隙耳,不如多积金、市田宅以遗子孙,歌儿舞女以终天年。君臣之间无所猜嫌,不亦善乎。"守信谢曰:"陛下念及此,所谓生死而肉骨也。"明日,皆称病,乞解兵权,帝从之,皆以散官就第,赏赍甚厚。

宋太祖(赵匡胤)以兵变的办法废掉了后周的皇帝,自己正式做了天子,改国号为宋(历史上称为北宋)。他担心的是,自己部下的将领也采用自己曾经用过的办法对付他,所以想方设法削掉重臣武将的兵权。

公元961年(建隆二年)秋天,某日,宋太祖因为散朝较晚,与大将石守信等人一起饮酒,酒意正浓时,宋太祖屏退左右,对这些将领们说:"我若没有你们的帮助,不会有今天。可是我做了天子,感到做皇帝实在没有做节度使快乐!我整夜都睡不好觉,不敢高枕无忧。"石守信等听了忙说:"现在天下已定,谁也不敢有异心,陛下为什么说这样的话?"

　　宋太祖说:"哪个人不想得到富贵呢?哪个节度使不想做皇帝?就算你们不想,有一天部下逼着你们做,硬把黄袍加在你们身上,你们虽然想不干,难道能办得到吗?"石守信等人诚惶诚恐地说:"我们断不敢有这种梦想,请求陛下怜悯我们,给我们指出一条出路。"宋太祖说:"人生短暂,光阴难留,就像快马闪过缝隙一样迅忽。你们不如多积金钱,购买田地房屋留给子孙后代,自己看着儿女歌唱跳舞,痛痛快快地享受晚年的快乐。这样,君臣之间也两好无猜,这不是很好吗?"石守信等人感恩地说:"你对我们想得如此周到,对我们真是再生之恩啊!"石守信等人明白宋太祖的心意。第二天,都自动告病,并请求朝廷解除自己的军职。宋太祖都一一批准,给他们封了品位很高的闲散官职,赏赐了极其丰厚的钱财。

　　"杯酒释兵权"就是从这个故事来的。人们用它指以巧妙的办法,夺取重臣武将的权力。

醉翁之意不在酒

典出宋·欧阳修《醉翁亭记》

　　太守与客来饮于此,饮少辄醉,而年又最高,故自号曰醉翁也。醉翁之意不在酒,在乎山水之间也。

　　北宋时期,有一位大文学家,同时也是一位大政治家,名叫欧阳修,字永叔,庐陵人(今江西吉安)。仁宗年间举进士甲科。他在很年轻的时候,父亲就死了,完全是母亲负责教养。他常到南州一个姓李的大户人家,找他家旧筐中藏贮的书,有一天找到了六卷唐《昌黎先生集》(韩愈文集),就借回家读,爱不忍释。当时天下学者,是以能诗文取科第。将来出人头地,夸耀人间,都赖时文。像韩文这种古朴的章法,是无人问津的。欧阳修立志,等到一旦显贵,决定提倡

中华酒典

韩昌黎体例的古文。他进士及第之后,就与尹师鲁等人,竭力倡韩文,把从前那部《昌黎先生集》,补缀校定,以致天下学者渐趋于古,始得盛行于世,那时如苏家父子、王安石等,莫不习韩文。今日有"唐宋八大家"之称号,即指"文起八代之衰"的韩愈为首,次及柳宗元、欧阳修、苏洵、苏轼、苏辙、王安石、曾巩八人而言。

王安石为相,倡新法,欧阳修是站在以司马光为首的旧派这一边,反对新法的。他做陈官;论事切直,被贬为滁州太守。滁州有一座琅琊山,风景绝佳。欧阳修做滁州太守时,琅琊山的寺僧建了一个亭子,欧阳修常到这个亭子上与客饮酒。他写了一篇文章,叫《醉翁亭记》。文章说:"环滁皆山也。其西南诸峰,林壑优美,望之蔚然而深秀者,琅琊也。山行六七里,渐闻水声潺潺,而泻出于两峰之间者,酿泉也。峰回路转,有亭翼然临于泉上者,醉翁亭也。作亭者谁?山之僧智仙也。名之者谁?太守与客来饮于此,饮少辄醉,而年又最高,故自号曰醉翁也。醉翁之意不在酒,在乎山水之间也。山水之乐,得于心而寓于酒者也……"

后人用"醉翁之意"比喻本意不在此而在彼。也比喻别有用心。

佛在心头坐,酒肉穿肠过

典出《醒世恒言》第二十六卷

就如鱼这一种,若不是被人取吃,普天下都是鱼,连河道也不通了。人人修善,全在自己心上,不在一张嘴上。故谚语有云:"佛在心头坐,酒肉穿肠过。"

宋朝时,杭州灵隐寺有个和尚,名叫济颠,被老百姓称为"济公活佛"。他戴个破帽子,拖双破鞋子,拿把破扇子,说话疯疯癫癫。一般和尚是不吃荤的,他却又喝酒又吃肉,特别喜欢吃狗肉,他说:"人人修善全在自己心上,不在一张口上,'佛在心头坐,酒肉穿肠过'。"他善于治病,喜欢帮助穷人。当时秦桧当宰相,听说他是"活佛",恰值其妻王夫人怀孕,就请济颠来看病。济颠知他是个卖国贼,因此对他十分鄙视。嘲弄王夫人说:"'月'、'长'是个'胀'。'月'、'半'是个'胖',王夫人怀抱大肚子满院转,不知她是胖,不知她是胀?"气得秦桧要死。后来派了个名叫何立的人来抓他。何立进了灵隐寺,只见济颠坐在蒲团上,哈哈大笑说:"何立从东来,我向西方去。"说完就死了,遗书一封送交秦桧,责备他弄权卖国,说他绝无好下场。现在灵隐寺中,塑有济公活佛像。

后人用"佛在心头坐,酒肉穿肠过"这个典故比喻只要坚持原则,不必拘泥小节。

武松打虎

典出《水浒传》第二十三回

武松要回清河县看望哥哥,来到阳谷县地界,单人路过景阳冈。过冈前,武松在一家酒店歇脚饮酒。因为景阳冈上有老虎伤人,所以店中写着"三碗不过冈"。可是,武松一连喝了十五碗温酒,又不听酒家相劝,带醉过冈。

此时,正是十月间天气,日短夜长。武松走了一阵,酒力发作,觉得口干舌燥,发起热来。他一手提着哨棒,一手解开上衣扣子,把胸膛敞露在外,踉踉跄跄,直奔乱林中来。武松觉得有点累,借着月亮,看见一块大青石板横在路旁。他把哨棒倚在一边,躺在青石板上,朦朦胧胧地就要睡着了。突然刮起一阵狂风,只听见乱树背后扑地一声响,跳出一只吊睛白额虎来。武松见了,"哎呀"一声,连忙从石板上翻身跳起,拿起那条哨棒,闪在青石板边。那猛虎又饥又渴,看见有人,把两只爪子在地下按一按,全身往上一扑,从半空里直向武松扑来。武松猛地一惊,出了一身冷汗,那酒劲也就没有了。说时迟,那时快,武松见老虎扑来,急闪身躲在一边。老虎扑了空,便一躬腰回过头来,把前爪搭在地上,张着大嘴,用屁股一掀,发起

武松打虎

中华酒典

狂来。武松暗叫："好厉害！"赶忙一躲身，绕在老虎的身后。老虎见掀不着他，大吼一声，把那铁棒似的尾巴，倒竖了起来，猛地一剪。武松见了，急忙双脚一踩，往旁边一跳，又闪在一边。

原来老虎拿人，只是一扑，一掀，一剪。这三样都没有得逞，气性就减没了一半。这时，武松见老虎又翻身回来，手就抡起哨棒，用尽平生力气，从半空里劈将下来。不料打急了，正打在枯树上，把那条哨棒折成两截。老虎更加猖狂，猛翻身向武松扑来。武松往后一跳，退了十步远。那猛虎又一扑，恰好把两只前爪搭在武松的面前。武松扔掉手中的半截哨棒，就势跳上老虎的后脊梁，双手抓住老虎的脖子，把老虎的头用力按在草地上。老虎急要挣扎，哪能挣扎得动？武松用尽平生气力，把脚往老虎面门上、眼睛里，只顾乱踢。老虎咆哮起来，将身子底下扒起两堆黄土，做了一个土坑。武松把虎嘴直按下黄泥坑里，左手紧紧揪住顶花皮，右手提起铁锤般大小拳头，尽力猛打。一连打了七八十拳，那老虎眼里、口里、鼻子里、耳朵里都迸出鲜血来。武松尽平昔神威，仗胸中武艺，一顿饭之间，一阵拳脚，就将这只猛虎打得动弹不得啦！

"武松打虎"，比喻本领高，胆子大。

七上八下

典出《水浒传》第二十六回

看看酒至三杯，那胡正卿便要起身，说道："小人忙些个。"武松叫道："去不得。既来到此，便忙也坐一坐。"那胡正卿心头十五个吊桶打水，七上八下，暗暗地寻思道："既是好意请我们吃酒，如何却这般相待，不许人动身？"只得坐下。

潘金莲与西门庆通奸，害死了丈夫武大。武松向官府告状，催逼知县拿人。谁知这官人贪图贿赂，不肯主持公道。武松决定亲报此仇，在家里安排酒席，要当场杀死潘金莲，请来街坊邻居作证。对门卖冷酒店的胡正卿，原是吏员出身，见此事干系重大，哪里肯来？武松不管他，硬拖了过来，安排坐定。武松请到四家邻居，并王婆和嫂嫂潘金莲，共六人。武松掇条凳子，却坐在横头，叫士兵把前后门关了，那后面士兵自来筛酒，武松只是客套一番，也不说干什么，士兵只顾筛酒，弄得众人怀着鬼胎，不知如何是好。

酒过三杯，胡正卿便要起身告辞，说："小人太忙了。"武松大声说道："你不能走。既然来到这里，再忙也要坐一坐。"那胡正卿心神不定，心头如十五个吊桶打水，七上八下，心中暗想："既然是好意请我们吃酒，为什么又这样对待，不许我动身？"又怕武松动怒，只得坐下。接着，武松审问潘金莲、王婆，让胡正卿一一记录在案。武松杀了潘金莲，又去杀了西门庆，报了杀兄之仇。

"七上八下"就是从这个故事来的。人们用它形容心神不定。

人生如风灯

典出《辽史·耶律和尚传》

和尚雅有美行，数以财恤亲友，人皆爱重。然嗜酒不事事，以故不获柄用。或以为言，答曰："吾非不知，顾人生如风灯石火，不饮将何为？"晚年沉湎尤甚，人称为"酒仙"。

辽兴宗(耶律宗真)重熙(公元1032~1055年)年间，辽国有一个大臣，叫耶律和尚，字特抹，曾任怀化军节度使、御史大夫、太平军节度使、检校太师、中京路按问使等职。耶律和尚品行高尚，经常把自己的钱财分发给贫困的亲友，人们都很爱戴、尊重他。然而，他喜欢喝酒，不认真办公事，所以不受重用。有人劝谏他，而耶律和尚却回答说："你说的道理，我并非不知道。只是人生短暂，如风前之灯，石击之火，转瞬即逝。不及时饮乐，做什么呢？"到了晚年，耶律和尚更加喜爱饮酒，人们把他称作"酒仙"。

"人生如风灯"就是从这个故事来的。它的意思是，人生如风前之灯，随时可能会熄灭。人们用它比喻生命短暂而微弱。

画付酒账

很多人都看过《三笑》，其中的风流才子唐寅给大家留下了深刻的印象。唐寅是明代名噪一时的大书画家，祖籍江苏吴县，字伯虎，倜傥狂放，不拘小节。关于他的轶闻趣事非常多，下面就是他与张灵、祝枝山三个人的小故事。

张灵，字梦晋，是唐寅的邻居，人物画很出名。祝枝山，名允明，是明代的大书法家,两人是唐寅最要好的朋友。当时这三个人的书画,哪一个都得价值千金。一天,三位好友结伴到酒楼买醉,觥筹交错,开怀畅饮,十分尽兴。但最后结账时,三人都傻了眼,原来谁都没带钱。这一顿吃了三十两银子,在当时可不是个小数目。最后祝枝山想出个办法,拿出一把一面写了自己的诗的扇子,让唐伯虎在另一面画上烂漫怒放的桃花。然后对老板说:"真是对不起,我们没带银子,不知这把扇子能不能抵这顿酒钱?"老板怎会不肯,满脸堆笑地答应了。这时有一位客人,认得这三位大名鼎鼎的文人,忙上前作揖道:"三位,如果张先生能在这扇子上再画个人物,我愿用更高的价钱买下这把扇子。"张灵当时已经半醉,听了这话,夺过扇子,唰唰几笔,在桃花旁勾出一个半身美人。这把扇子同时有唐寅、祝枝山、张灵三人的字画,其价值简直难以想象。于是那位客人躬身施礼,接过扇子问:"不知三位要价几何?"旁人以为这还不得要几千两,谁知唐伯虎却说:"刚才这事,使我们原来很尽兴的一顿酒饭扫了兴,阁下能否请我们一顿,再让我们尽一次兴?"那位客人真是喜出望外,忙吩咐酒家随意吃喝。结果这三个人又大吃大喝起来,最后都醉得东倒西歪了才离开酒楼。

那位客人可是得意得不得了,只用了几十两银子,就得到了价值千金的名家联名之作。

灭门刺史,破家县令

典出明·杨穆《西墅杂记》

宣德间,慈溪一县令谓群下曰:"汝不闻谚云:灭门刺史,破家县令乎?"

济宁有一狂生,善于喝酒,家里口粮不足,得了钱就买酒喝,不以穷困为意。恰好新任刺史到任,酒量很大,从无敌手。闻狂生能饮,便找了他来对饮,遂成了要好的酒伴。狂生因为刺史对他好,因此有人托他向刺史求什么事,他就向刺史说,刺史也就答应了,别人就给他送点礼。这样的事次数多了,刺史就厌烦了。一天,他又替人去向刺史求情,刺史没有立即答应,却冷笑一声。狂生大怒,说:"求你的事,答应就答应,不答应就不答应,冷笑干什么?士可杀不可辱,你会冷笑,我就不会吗?"于是放声大笑,声震堂壁。刺史大怒,道:"你怎敢对我如此无理?难道没听说过'灭门刺史,破家县令'吗?"狂生说:"我怕什么?

我无门可灭!"说完就走。刺史更怒,把他抓了起来,一打听,才知道狂生果然没有家,也无田产,和老婆两个住在城堞上。刺史可怜他,就把他放了,只是把他赶下城堞,不准他住那儿。朋友们同情他,给他买了几平方尺地,造了一间房子给他住。他搬进去后,叹息道:"现在有了门,今后怕刺史来灭门了,不自由啊!"

后人用"灭门刺史,破家县令"这个典故形容州、县官权力大,令人畏惧。

夫妻进贡桂花酒

常熟桂花酒,采用桂花酿制而成,酒色金黄,其味特别香醇。

据说,乾隆皇帝的生父是汉人,为了避祸在江南的寺庙里当和尚。乾隆为了寻父,一连多次下江南,到过镇江、常州、无锡、苏州等地,可总也找不着自己的父亲。有一年十月,他又听说父亲在常熟虞山兴福寺里,就决定再次启驾南下。这次他身穿便服,只带了一个贴身内侍,便匆匆启程了。

乾隆来到常熟,上了虞山,进了兴福寺。问遍寺内所有老和尚,还是未找到生父。乾隆皇帝有点灰心丧气,走下山来,感觉有点饿,于是走进山脚的一家小酒店。乾隆打算吃杯酒解解乏,散散心。

这店是家夫妻店。老板王四见来了客人,忙上前打躬问道:"客人要用酒吗?"内侍道:"我家老爷要吃酒,拣最好的酒拿来。"王四一面答应,一面观看乾隆,觉得此人相貌不凡。正在这时,一阵清风吹过,掀起了乾隆的衣角,露出里边的黄袍子。王四一见,不觉大吃一惊,心想:"他是何许人,竟敢穿只允许皇帝才能穿的黄色马褂。"

王四走进内室,见娘子正在烫酒,忙把刚才的情景说了一遍。娘子是个聪明人,想了想说:"当今皇上为了寻父,已几下江南,这次来的,说不定是皇上。"王四道:"那你赶快把老白酒烫热,去好好招待他们。"娘子瞪了他一眼:"皇帝最讨厌白色,最喜黄色,用老白酒招待,得罪了皇上,那还得了?"王四道:"那怎么办呀?"夫妻俩看着酒坛发起愁来。忽然,娘子灵机一动,"今年桂花盛开,前些时我采了一把撒在一瓮白酒里,有一个多月了,你去取来看看,要是好吃,就用它去招待。"

王四走进厢房,把那坛酒抱了出来。打开盖子,一股浓香直冲鼻子,真香呀!倒在杯子里一看,酒色金黄;喝进嘴里,又醇又香,果真是好酒。王四十分高兴,立即拿此酒招待客人。乾隆皇帝喝着这酒,觉得十分上口,便问:"酒家,这酒如此好喝,叫什么酒呀!"王四见问,一时慌张,答不上来,忽然想起是娘子用桂花做的,便随口答道:"禀客官,这叫桂花酒,是小店自家酿制的。"乾隆道:"怪不得尽是桂花香味,真是好酒呀!"乾隆痛饮了一阵,高高兴兴地离去了。

乾隆一回到京城,就下了一道圣旨,要苏州府进贡桂花酒,并令王四押酒进贡。王四和娘子一商量,索性大量收购桂花,做了几十坛桂花酒,一面上贡,一面自己也卖一些。从此,桂花酒就这样出名了。

大富贵的包子,老万全的酒

抗战前后的古城南京是个消费性城市,茶馆酒店鳞次栉比。当时人人想发财,开店挂招牌要图大吉大利,讨顾客欢心。夫子庙贡院西街的饭庄酒店特别多,老字号有奎光阁、奇乐园、永和园、老正兴、邵复兴等;新铺子有"洋味"的如六华春、太平洋等。有两个老板挺有心计。一个在贡院西街明远楼故址前开了个"大富贵"酒楼,重金聘请扬州厨师。该店包子皮薄馅多,深受南京人称赞,因而,"大富贵"的包子名声极响。另一位在内桥湾开一酒店,因老板生肖属"羊",取羊头做商标,招牌叫"老万全"。这三个字寓含"人寿年丰,福禄俱全"的意思。于是"大富贵的包子,老万全的酒"成了人们喜庆时设宴的口头禅。

第九节　酒与笑话

合本做酒

甲乙两人合伙酿酒做生意。甲对乙说:"你出米,我出水。"乙说:"米都是我出的,最后怎么算账?"甲说:"我决不会欺骗你的,到酒酿好后,你只需还我一些水就行了,其余全是你的了。"

屋为衣裤

刘伶纵酒,常醉。一次,他酒后脱了衣衫,裸露着身子在屋内,有人碰巧走来,就讥讽他。他反讥说:"我刘伶以天地为栋宇,以屋室为衣裤,你为何钻入我的裤中来了?"

刘伶鸡肋

有一次,刘伶喝醉了,同一个粗俗的人发生冲突,那个人捋袖举拳走过来动武,刘伶慢吞吞地说:"我的鸡肋似的瘦骨头承受不了您的拳头。"那个人被逗笑了,立即住了手。

淡酒词

云间一带酒淡,有人戏作《行香子》词说:浙右华亭,物价廉平,一道会买个三升。打开瓶后,滑辣约光馨。教君霎时饮,霎时醉,霎时醒。听得渊明,说与刘伶:"这一瓶约莫三斤。君还不信,把秤来称,有一斤酒,一斤水,一斤瓶。"

默默喝酒

酒宴上,某客行酒令说:"要沉默地喝,谁违反,罚谁酒!"后来,"啪"一个人放了个屁,令官说:"不沉默。"那人说:"这是屁响,并非说话。"令官说:"看!又不沉默。"席上哄然大笑。令官说:"大家都不沉默,都罚酒一大杯!"

酒鬼

一位嗜酒的人买了一瓶陈酒,装进裤子口袋,准备带回家独酌。谁知刚出店门,脚下一滑,摔了一跤。他觉得腿上湿漉漉的,想是打了酒瓶,心中十分悲痛。可是,他站起来朝下一看,忽然又笑起来,说:"嘿!谢天谢地,原来只是腿上流出来的血!"

贪酒

从前观音菩萨告诫吕洞宾说:"当初,你三次醉倒在岳阳楼,这是好酒;私自度何仙姑,这是好色;在鼎州卖墨,这是贪财;飞剑斩黄龙,这是尚气。现在既然成了仙,为何不戒除酒色财气?"

吕洞宾便攻击观音说:"你既然不好酒,为何旁边有净瓶?你既然不好色,养这童男童女干什么?你既然不贪财,为何要全身金妆?你既然不尚气,为何降伏大鹏?"

观音被抢白得无奈,便将茶盏、净瓶朝吕洞宾打来。洞宾笑道:"就你这一瓶两盏,也打不倒我!"

瓶饮也行

从前,有个人嘴馋贪杯。他在京城经商时,遇到一个过去的熟人。这熟人并无心请他回家吃饭,只在路上说话。贪酒的人见状便说:"我该到贵府去拜望一下,口渴心烦,或茶或酒,可借一杯止渴。"

熟人说:"我家离得很远,不敢烦劳您光临。"

贪酒人说:"谅也不过只有二三十里,不远。"

熟人说:"我家地方狭窄,怕是不方便。"

贪酒人说:"只要能张得开口就行。"

熟人又说:"我家器皿不全,没有杯子。"

贪酒人马上说道:"凭咱们两人的交情,用瓶子饮就行。"

醒酒

主人请客，心疼客人喝酒，使用小杯。客人举杯做出呜咽的样子，主人惊问原因。客人说："见物伤情而已。我哥哥去世时，并无疾病，只因朋友请他喝酒，用的酒杯也与府上这个一样，他不小心把杯误吞了下去，噎死了。今天见到这个杯，我怎能不伤心？"

主人只好让人换了大杯，但斟酒时不斟满。客人仔细端详着酒杯，笑道："这杯应当截去一半。"主人问为什么，客人说："上半截闲着，要它有什么用？"主人便让人把酒斟满。

客人端起酒，刚喝了一口，却全喷了出来。主人又问原因，客人笑道："我小时候曾把门牙跌落了一截，医生用分水犀的骨头为我补好，所以酒中一掺水，就喝不进去。"

主人说："酒既然有水，那就请吃饭。"说着令人从里面端饭来，客人说道："多谢内人。"主人说："'内人'不是你称呼的。"客人道："饭从内屋出来，不谢内人谢谁？"

吃完饭，主人送客，来到门口，客人问："我刚才到府上来时，看见门内有一堵照壁墙，现在怎么不见了？"主人说："我这里向来没有过照壁墙。"客人听了，恍然大悟说："不错，我是在家里喝醉了来的，所以眼神昏花，看错了。现在这才看清楚。"

发誓戒酒

有个人十分贪酒，整天沉醉不醒，仍然酒不离口，已经成了酒病。他的朋友们竭力劝他戒酒。贪杯的人说："我本来是要戒的，只因小儿子出门未归，我时时盼望，且以酒浇愁而已。等儿子回来后，我就戒酒。"

众人说："你要赌个咒，我们才相信。"贪酒的人便赌咒说："儿子回来之后，我若再不戒酒，就让大酒缸把我压死，小酒杯把我噎死，跌在酒池里泡死，掉进酒海里淹死，罚我活着是曲部的小民，死了做糟丘的鬼魂，在酒泉之下，永世不得翻身。"众友听了问道："你儿子到底上哪儿去了?"贪酒人回答说："到杏花村给我打酒去了!"

烧脚

有个老头儿在一个冬夜喝醉了酒,躺在床上。为了取暖,就把脚炉放在了被窝里,没想到竟把脚给烧伤了。一大早醒来,他就对家人大骂起来："我老人家昨晚多吃了几杯酒,让火把脚烧伤了。我喝醉了不知道倒还情有可原,你们年纪轻轻的,难道连烧人的气味也闻不到吗?"

音乐伴饮

有个人素来好诙谐调侃。有一次,他的朋友们起哄让他请客,他便给朋友发请柬,上面写着："诘旦音樽小叙。"众人不知"音樽"是什么意思,估计一定是有音乐助兴,一起饮酒。等走到他家一看,桌上只有冬瓜两大盘,清汤一碗而已。客人都很惊奇,大家举起筷子大吃一阵,很快就吃完了两盘冬瓜。但后面上来的菜还是冬瓜和清汤。

吃喝完后,一个客人问道："今天的良宴,'樽'是有了,但'音'在哪里?"

主人笑着说;"诸位还没明白?"众人都说不明白。主人便指着桌上的碗盘说："冬冬汤! 冬冬汤!"

不识酒为何物

有位书馆先生嗜酒如命,偏巧馆童特别爱偷喝酒,直偷得这位先生再也不用这馆童了。先生声称一定要再换一个不会吃酒的人,特别是连酒也不认得的人,才不至于偷酒吃。

一天,先生的一位朋友向他推荐了一个仆人过来,先生指着黄酒问仆人,仆人说是陈绍。先生很惊讶地说："他连酒的别名都知道,岂止会饮酒!"就把那人打发走了。

不几天,朋友又向他推荐了一个仆人过来,先生又指着黄酒试探着发问,仆人回答说是花雕对。先生一听,惊讶得很,说:"他竟连酒中佳品都知道,绝不是不饮酒的人,不可用! 不可用!"

不多久,朋友又推荐来一个仆人,先生拿黄酒给他看,仆人说不认得,又拿烧酒给他看,他仍然说不认得。先生心中大喜,以为这人绝对不会饮酒,就选中了他。

一天,先生将要出门,要留仆人看馆,一再嘱咐道:"墙上挂的火腿,院子里养的肥鸡,你一定要小心看守。屋里放着两只瓶子,一瓶盛着白砒霜,一瓶盛着红砒霜,万万动不得;如果吃下,必然肠胃崩裂,立时身亡。"

先生走后,仆人赶紧宰杀肥鸡,煮熟火腿,美美地吃起来,又专门把两瓶红白烧酒提来,一口接一口地美美地喝起来,不知不觉已酩酊大醉,瘫倒在地上酣睡起来。

先生从外面回来,推门一看,见仆人正躺卧在地,酒气熏人,又不见肥鸡和火腿,顿时火冒三丈,对着仆人连踢几脚把他踢醒,逐一责问起来。仆人假装很委屈地说:"您走了之后,小人就在学馆中小心地看守,忽然跑来一只猫,将火腿叼了去,又来了一条狗,把鸡追到邻家。小人一时害怕,恨自己未能把学馆看好,竟不想活着见您了。小人忽然想起您临走前嘱咐的红白二砒霜可致死人命的话,就先把白砒霜饮光,还不见死的动静,就又将红砒霜也喝尽,也未能死去。现在,小人头脑昏昏,不死不活地躺在地上挣命!"

"譬"字酒令

众客人饮酒,要行酒令。约好每人说《四书》上的一句话,开头要带"譬"字,说不出的罚一大杯。

第一个人说"譬如为山",第二人说"譬如行远必自迎",后面的则说"譬之宫墙"等句。轮到最后一个人,没什么可说,只好说"能近譬远"。众人嚷道:"不合规矩,该罚! 为何把譬字说在下面?"那人答道:

"屁本来就该在下面,诸兄都倒着从上面出来了,反倒来罚我!"

寿字令

在一次寿筵上,大家约定都说寿字酒令图个吉利。甲说:"寿高彭祖。"大家鼓掌。乙说:"寿比南山。"大家又称赞说得好。另一个说:"受福如受罪。"大家觉得不对劲,就对他说:"这话不仅不吉利,而且'受'字也不是'寿'字,不算不算,该罚酒三杯,另说好的。"

这人饮完酒,又说了一个:"寿夭莫非命。"大家全都责怪他竟在主人生日寿筵上说出这样不吉利的话来。这人非常惭愧地自责道:"该死了,该死了!"大家无不惊得目瞪口呆。

丈夫生子

以前有一家,弟兄三人脾气很不顺和,说话就抬杠。这天弟兄仨喝酒聚谈,约好说:"咱们弟兄只有三个人,成天犟来犟去的,让人家外人听见,多难为情!咱今天说好,以后一定和和顺顺,谁也不准再抬杠。谁要是违反了,就罚他三贯作酒钱。现在就开始算了。"

没多大会儿,老大就发话了,说:"昨天晚上街头的水井被街尾的人偷走了。"老二眼珠一转,装模作样地附和说:"怪不得昨天半夜里后街上水流得满地都是,人闹得乱哄哄的呢!"老三不知是计,老毛病又上来了,他责怪说:"真是瞎说一气,水井怎么能被偷走呢?"老大马上说:"你看你看,刚才说好了咱兄弟仨说话不再抬杠,你就违反了不是?罚三贯钱,罚三贯钱!"老三无奈,只得耷拉着头回家去取钱,他妻子追问他拿钱何用,他只好如实说了。

老三拿了钱,正准备往外走,他妻子一把抢过钱,一把把他按在床上,口中说:"你老实地在床上趴着吧,我替你去还大哥的钱!"说着一溜小跑出了门。她把三贯钱交到老大手里,说:"你三弟回家后就腹痛,五更时分生下一个男孩。他在月子中不能来,就叫我把钱还给大哥。"老大听得稀奇,就说:"你真是瞎说,丈夫怎么会生孩子?"老三的妻子"扑哧"一笑说:"大哥,你说话也抬杠,这钱我还是拿回去吧!"

坐在上首

有个人请来两位朋友在家里吃酒。两个客人互相谦让,谁也不肯坐在上首。主人的儿子见客人谦让了好大会儿,就不耐烦了,自己坐在上首椅子上说:"都不坐,我坐。"话还没说完,脸上就挨了爸爸的耳光。儿子说:"唉呀,怪不得你们都不肯坐在这里,原来是怕挨打呀!"

争座位

瞎子、矮子、驼背三个人吃酒争座位。他们约定:"说大话的坐第一位。"

瞎子说:"我目中无人,该我坐。"

矮子说;"我不比常(长)人,该我坐。"

驼背说:"不要争了,算来你们都是侄背(直背),自然得让我坐了。"

排座次

从前,一老汉有三个女婿,大女婿和二女婿是秀才,只有三女婿是个穷木匠。

老汉六十大寿时,三个女婿都来祝寿。吃饭的时候,女婿们都被并排安排坐在上席,老大、老二在两边,中间坐着老三。老大、老二很不高兴,认为老三一个穷木匠坐在他们一张板凳上,有伤大雅,便出主意要说字挖苦老三。老大清清喉咙,站起身,长袖几抖说:"我们座席,就说这个'坐'字。这个坐字嘛,是这样写的,两边两个人,中间一堆土。""妙!"老二跷起大拇指,看了一眼中间的老三,接着说:"我们从四方来,我就说这个'来'字。来是这样写的,两边也是人,中间一简木。""好!"老大喝彩。老三听了,只微微一笑,然后平静地说道:"今天岳父将我们平等相待,三人同坐一方,我在中间被你们二位秀才夹得不舒服,就来说这个'夹'字吧。夹字是这样写的,两边是小人,中间一大人,二位老兄,你们看我说得对吗?"老大、老二听后,傻了眼。

中华酒典

祝寿

一个秀才家境穷困,朋友生日,他又不能不去。可是去祝寿,秀才却没有酒。他就拿了一瓶水去。

到了朋友家后,秀才对朋友说:"我给你一条歇后语祝寿,叫'君子之交淡如水'。"

朋友马上答道:"醉翁之意不在酒。"

翁婿宴饮

从前有个富翁生了三个女儿,长女、次女都嫁了秀才,只有小女嫁了个村夫。

富翁生日这天,三个女婿都来给岳父祝寿。富翁见长婿、次婿言谈斯文,心里很喜欢,又见小婿说话粗俗,心中颇为不快。在宴席上,富翁特意说:"今天我来陪你们三人饮酒,席间不许胡言乱语。"说这话时,他还故意瞅了小婿一眼。

酒过数巡,富翁举起筷子请大女婿饮酒,大女婿也斯斯文文地欠身说:"君子谋道不谋食。"富翁一听大女婿出口就是孔子圣言,心里高兴极了。

酒至半酣,富翁又举起酒杯劝二女婿饮酒,二女婿也斯斯文文地欠身答道:"惟酒无量,不及乱。"富翁一听,又是《论语》之言,心里更高兴了。

丈母娘在一旁见老头子只劝大女婿、二女婿吃菜饮酒,却冷落了小女婿,就坐不住了。她连忙举起杯子斟满了酒请小女婿饮酒。小女婿也大大方方地欠起身来对丈母娘说:"我和你'酒逢知己千杯少'。"富翁听到刺耳,就骂道:"这畜牲竟如此无礼,哪有点斯文!"

小女婿把酒杯往地上一扔,拍案而起,还口道:"我与你'话不投机半句多'!"

财主能干

从前有个刘财主,是个刻薄鬼。有一次,刻薄鬼叫仆人去酒店买酒,只给仆人一只酒瓶,却不给钱。仆人感到莫名其妙,便问:"老爷,没有钱怎能买到酒呢?"刻薄鬼生气地说:"花钱买酒,谁不会买? 不花钱买酒,这才真是能干呢!"仆人听了,只好拿着酒瓶走出去了。一会儿,仆人仍旧拿着空瓶回来,财主见了,大发雷霆地叫骂:"真是岂有此理! 酒瓶里没有酒,叫我喝什么?"仆人答道:"酒瓶里有酒谁不会喝? 要是能够从空瓶里喝出酒来,这才真是能干呢!"

贼和尚

一个乡官到寺中游玩,问一个和尚:"你吃荤吗?"和尚说:"不怎么吃,只在喝酒的时候略略吃。"乡官问:"这么说你还喝酒?"和尚答道:"也不怎么喝,只是岳父、妻舅来时,陪他们喝点儿。"乡官听了大怒,说:"你吃荤吃酒,又有妻室,这全不像出家人的戒行。明天我要对县官说,没收你的出家凭证!"和尚又说:"不劳您费心,三年前我做贼事发时,早就没收了!"

僧酒难禁

有个寺里的僧人好喝酒,师父多次斥责惩罚,贪酒的僧人很怨恨,便聚到一起,把脸涂黑,手持木棒,直逼师父坐下说:"我们都是济颠的化身,除了贪、嗔、痴三者之外,我们无所忌讳,吃点酒肉有什么妨害?"说着,举棒就打。师父吓得伏地请罪,从此便不禁酒肉。

当地官府听说了此事后,把寺僧们的师父抓来,要责罚他。师父说道:"甘愿受老爷惩罚,也不敢违背活佛的教令!"

舍命陪君子

李西涯(李东阳号)先生在翰林院供职时,有一天,被邀去陪一位知府饮酒。因饮酒过多,以致酩酊大醉。酒醒后,西涯醉眼朦胧地对知府说:"晚生今日舍命陪君子了。"知府笑慰道:"学生(旧时对人的一种谦辞,不一定具有师生关系)我也不是什么君子,老先生您可不要轻生哟!"

妒影

有一对夫妇向酒坛里去取酒,彼此都看见了坛中的人影,于是互相怀疑、嫉妒,以为对方在酒坛里藏了人,以至打起架来,没个休止。一个深知道理的人,给他们打破了酒坛,酒流尽了,根本没有一个人影儿。这时,夫妇两人才解开了疙瘩。他们知道自己嫉妒的是影子,心里非常惭愧。

皇帝尚且害怕

唐朝大臣房玄龄的夫人性情嫉妒凶悍,房玄龄很怕她,一个妾也不敢娶。唐太宗让皇后召见房夫人,告诉她现今朝廷大臣娶妾有定制,皇帝将赏给房玄龄美女。房夫人听了,坚持不肯。皇帝让人斟了一杯酒,谎称是毒酒,用来吓唬房夫人说:"如果你再坚持不肯,那就是违抗圣旨了,抗旨者应喝毒酒死!"房夫人听了,毫不犹豫,接过酒来,一饮而尽。唐太宗见了,叹道:"这夫人我见了尚且害怕,更何况房玄龄!"

疯狂胜过痴呆

南齐黄门郎吴兴人沈昭略是侍中沈文叔的儿子,性格狂暴,好因酒发脾气,朝臣们常害怕而容忍他。一次,他喝酒拄着拐杖来到羌湖,遇到了琅琊人王约,瞪着眼看着王约说:"你是王约吧!为什么肥胖而痴呆?"王约说:"你是沈昭略吧！为什么瘦削而疯狂？"沈昭略拍手大声说："瘦削已胜过肥胖,疯狂又胜过痴呆。"

跌不倒

武阳太守卢思道常常早晨喝醉,在门外见到堂房侄子卢贲。卢贲说:"伯父在什么地方喝酒了,一清早就摇摇晃晃好像要跌倒似的。"卢思道说:"长安的酒价二百钱不下跌,有什么能跌倒的。"

低下昂起

王元景曾喝得酩酊大醉,杨遵彦对他说:"为什么头一会儿低下,一会儿高高昂起。"王元景说:"黍子熟了头低下,麦子熟了头昂起,肚子里黍麦都有,所以低下昂起。"

警察与醉鬼

银行遭抢劫,保险柜里一串价值连城的项链丢了。警察没有发现嫌疑人,只发现大厅里躺着一个酒鬼,就拿他审问。警察把酒鬼的头闷进水桶里一分钟,问一句:"项链在哪儿?"再闷进水里,再问,反复了几次,酒鬼实在坚持不住了,大喊起来:"停!停!停!你们换别的潜水员找项链吧。"

大惑不解

一个窃贼溜进军营俱乐部,偷一台电视机,可他刚准备把电视机搬走,就听到门外传来了脚步声,一急之下,窃贼钻进了电视机下面的柜子里。

门外进来两个喝得醉醺醺的大兵,他们进屋后一屁股坐在沙发上看起电视来。电视里正在直播一场足球赛,两个大兵看得津津有味,可柜子里的窃贼闷得有些受不了。终于,他从电视柜里爬出来,堂而皇之地从两个大兵面前走过,打开门扬长而去。过了一会,一个大兵大惑不解地看看电视机,对另一个大兵说:"嗨!我怎么没看见裁判把这家伙给罚下场,你看见了吗?""是啊,裁判没亮红牌那家伙怎么下场了?一定是那家伙喝醉了。"

乐观与悲观

教师:"你能说出乐观主义者与悲观主义者的区别吗?"

学生:"能!两人共饮一瓶酒,喝去一半时,乐观主义者说'还有半瓶';而悲观主义者说'半瓶完了',对吗?"

热烈拥抱

元旦前夜,一家酒吧挤满了男男女女,午夜的钟声敲响之后,一片欢腾。待尖叫声和喇叭声略略平息,一位女士跳上桌面,眼里闪着激动的泪花高声说:"各位身为丈夫、身为男士的先生们,在过去的一年里,谁给予你们温馨和归属感?谁让你们忘记忧愁和烦恼?谁令你们的生命更有意义?如果知道答案,就请你们热烈拥抱那个人!"人群中响起一阵阵赞同的欢呼声。

结果酒保几乎被拥抱致死。

金色酒吧

一名男子喝得醉醺醺地回家。

"你整个晚上到哪里去了?"老婆质问道。

"在那家新开的金色酒吧,那里的一切都是金色的。"他说。

"胡说八道,哪有这种地方!"

"当然有,金色的门,金色的地板,连尿壶也是金色的!"

老婆第二天打电话到那里查证老公说的话。

"这里是金色酒吧吗?"她问道。

"是的,这里是金色酒吧。"接电话的老板回答。

"你们的门是金色的吗?"

"没错。"

"你们有金色的地板?"

"当然!"

"还有金色的尿壶?"

电话那边停顿了好一会儿,然后女人听到老板大吼:"嘿,保安,我可逮到那个在萨克斯管里尿尿的家伙了!"

酒的故事

飞机上,神甫叫来了空姐。

——请问,我们的飞行高度是多少?

——3000 米。

——请给我来一杯白兰地。

过了一会儿,神甫又叫来空姐。

——现在高度是多少?

——5000 米。

——再来一杯白兰地。

不久神甫再次叫来空姐。

——飞行高度是多少?

——10000 米。

——请给我来一杯水。

——我可以再给你一杯白兰地。

——嘘,小点声,上帝会听到的。

中间阶级

在一座看起来像体育馆的啤酒馆里,一头是灌啤酒的柜台,另一头是洗手间。两头中间,数以百计的醉鬼边喝边唱边闹,一片喧哗。其中一个醉鬼在柜

中华酒典

台前将啤酒杯灌得满满的,一口不喝,摇摇晃晃地穿过醉鬼群,走进洗手间,把啤酒倒掉。然后,回到柜台前再灌上一杯,又晃过人群走进洗手间将啤酒倒掉。朋友见他反复灌酒倒酒,不解地问:"你究竟在干什么? 啤酒不喝尽往厕所里倒?"

这个人昂首挺胸,神气十足地回答:"理由嘛,是我不想介入中间而存在。"

判决

某人被指控酒后驾车,他在法庭上为自己辩护。

"我只是喝了些含有酒精的饮料,并没有像指控书上说的那样——喝醉了。"

"是啊,所以,我才没有判你七天监禁,而仅判你监禁一星期。"法官笑着答道。

醉话

两名无聊男子喝醉酒后,互相瞎吹。

"我要把全世界的珠宝、钻石都买下来!"

"哼,你凭什么认为我一定卖给你呢?"

成语妙用

某人平常说话好用成语。一天,他去祝贺朋友结婚,新郎新娘向来宾敬酒。他见新娘俏丽异常,便赞美说:"你今天真是'面目全非'。"接着新郎又向他敬酒,他举杯道:"好! 让我们'同归于尽'吧!"

狗父母

陆某好说笑话。可与他邻居的一位妇女又不喜欢笑。他的朋友对陆某说:

"你如果说出一个字让她笑,再说一个字让她骂,我就请你一桌酒席。"有一天,这位妇女站在门口,她前面卧着一条狗,陆某对着狗跪下,叫了声:"爸!"这妇女听了,破口大骂。陆某又仰脸对这位妇女叫了声:"娘!"妇女愕然大骂。

想象力

乐乐的父亲嗜酒如命。一天,他父亲从杂志上看到培养孩子智力的有效方法之一,是经常向孩子提出一些有想象力的问题。于是他问儿子:"你如果有一支马良的神笔,你准备先画什么?"儿子答:"二锅头,管你够。"

傻瓜吃酒

有个人家里很穷,喝不起酒,也不善饮。可是,他又特别爱充假面子,每次出门前都要吃上两枚酒糟小饼,弄得有些酒气,像是刚喝过酒的样子。有一天他在路上遇见一个老朋友,朋友见他有些酒意,就问:"你早晨刚喝过酒?"他如实地回答说:"没有,只吃了两枚糟饼。"他回到家里,把这件事对妻子说了。妻子给他出主意说:"若以后再有人问,你就说吃酒了,也可装些门面。"他点头同意了。

第二天遇到那位朋友时,他就说是吃了酒,朋友怀疑他说了假话,就追问道:"是热吃的,还是冷吃的?"他回答说:"是烤的。"朋友一听,笑着说:"你还是吃的糟饼。"他回家后又把这话说给妻子听了,妻子责怪说:"哪有说烤酒吃的?以后要说是热饮的。"

第三次遇见那位朋友时,还没等朋友开口,他就自己吹嘘说:"我今天的酒是热吃的。"朋友就问:"吃了多少?"他伸出两个指头说:"两个。"

请客

一个穷读书人患腹泻,请了个医生调治。他对医生说:"我家穷,拿不起药钱,只好等治好时,请您到家来喝顿酒。"医生答应了。读书人吃了几服药,病就

中华酒典

好了。但怕医生催他请客，便谎称病还没好。一天，医生探知读书人大便，就去检验，见他拉的都是干屎，顿时大怒，说道："拉了这样的好屎，为何不请我？"

远送当三杯

有一位客人去拜访朋友，坐了半天主人也不留他吃饭。主人怕他不走，便起身送客。送到门口，对客人说："古语说：'远送当三杯'，就让我送你几里吧。"又唯恐客人不走，便忙执着客人的衣袖往外走。客人笑着说："慢着点，我吃不得你这样的急酒。"

醋更贵

有家酒店的招牌上写着："酒每斤八厘，醋每斤一分。"两个人一同到店里来打酒，而酒很酸。其中一人咂舌皱眉地说："酒怎么会这样酸，莫非是把醋错当酒拿来了吧？"另一人急忙在旁捅捅他的腿说："呆子，快别作声！你看那招牌上写着醋比酒还贵呢！"

三个恍惚人

有三个人同睡一床。半夜里有一个人觉得腿上奇痒无比，睡梦恍惚中，竟在第二个人腿上使劲挠起来，可是仍然觉得奇痒丝毫未减，于是就更加用劲地抓挠，直到抓出血来。第二个人用手一摸腿上，觉得湿漉漉的，以为是第三个人尿床了，就赶紧把他推醒，催他起来到外面去撒尿。第三个人睡眼朦胧地起来站在外面撒尿，隔壁是家酒坊，榨酒之声滴滴沥沥不停，他以为自己小解未完，竟一直站到天明。

我哪里去了

有个傻解差押着一个犯罪的和尚到官府去，临行前恐怕忘记了东西，就细加盘查,还自编了两句话:"包裹、雨伞、枷,文书、和尚、我。"途中走一步背一遍,恐怕忘记了。那和尚知道解差呆傻,就在途中用酒把解差灌醉,剃光了他的头发,并给他戴上枷锁,然后潜逃了。解差醒酒后,自言自语道:"我且查一查东西少了没有。"说着就一一查点起来。看了看地上,说;"包裹、雨伞,有。"摸了摸脖子,说:"枷锁,有。"又翻了翻文书,说:"有。"忽然惊叫道:"哎呀,和尚不见了!"过了一会儿,他一摸自己的光头,忽然省悟道:"好在和尚还在,只是,我到哪里去了?"

嘲人好酒

从前有个人嗜酒,睡梦中见有一人送酒给他吃,因嫌酒冷,便教人拿去暖热,不觉醒了,便后悔地骂道:"早知快醒了,就是吃冷的也行啊!"

贪杯

一个人恋席贪杯,到人家座席,许久不肯离去。他的仆人想让他快走,看到天阴了,便说:"天要下雨了。"那人说:"要下雨了,怎能回去?"过了一会儿果然下了雨。许久,雨停了,仆人又说:"雨停了。"那人又说:"雨停了,还怕什么?"

暂时经过

一人最善溜须拍马。他去拜访某县令,县令留他喝酒。席上,他极力吹捧县令的政绩,还说由于县令仁义之风的感化,连虎狼也不在该县作恶,而是纷纷离开了。正说话间,忽然有人报告老虎吃人了,县令便问是何缘故,此人答道:"这肯定是暂时路过的。"

孔群好饮

古人孔群很爱喝酒。有人劝告他说:"你为什么经常喝酒呢？你看,酒店里

中華酒典

那些覆盖酒罐的布,一天天地霉烂了!"孔群回答说:"不,你没有看见浸在酒糟里的肉,不是能够保存更长的时间吗?"

嘴有年头

一酒鬼喝醉了酒,路过一财主家门口时,呕吐了一地。财主家看门人走过来骂道:"哪来的醉鬼,竟敢在我家门前乱吐乱泄!"酒鬼抬起一双醉眼,很轻蔑地斜视着看门人说:"是你家的大门没盖对地方,竟然与我的嘴对着!"看门人觉得这个醉鬼说话很有趣,就笑着反驳道:"我家的大门建得很久了,岂是今日对着你的嘴建的?"酒鬼指着自己的嘴说:"老子的嘴也有些年头了!"

迂公宴客

一天,迂公在家里请客人饮酒,他却先喝醉了,靠着几案就睡熟了。等他一觉醒来,还以为是第二天了呢,睁开眼看见客人还坐在那里,就说:"我今天没给你下请帖,你怎么又来啦?"客人嬉笑着说:"这就要怪你昨天不送客哟!"

近视眼

有一家设宴请客。在一酒桌上并排坐着两个各瞎一眼的客人,其中一人瞎左眼,一人瞎右眼。

不一会儿,另有一位高度近视的客人也来这个酒桌上落座。他审视了上首就坐的两位各瞎一眼的客人良久,竟把他俩当成了一个人,暗暗地问同桌的人:"上首就坐的那位宽脸膛的朋友是谁?"

吃屁

几个人一起喝酒,有个人放了屁,众人便互相推脱。其中一人说:"列位请各吃一杯,待小弟说了吧。"众人都吃了一杯后,那人说:"刚才的屁,其实是小弟放的。"众人不服,说道:"为何你放了屁,倒要我们吃?"

李胡子也是人

三个人一起行酒令,约好要从"相"字起,"人"字止。第一个人说:"相识满天下,知心能几人。"第二个人说:"相逢不饮空回去,洞口桃花也笑人。"第三个人说:"襄阳有个李胡子。"其余二人责问道:"约好了结尾要说'人'字,你为何说李胡子?"那人笑道:"李胡子难道不是人?"

没劲的酒

某翁善饮,一日同妻妾到集市去买酒。翁先尝,摇头曰:"像我的太太。"店主不解,翁曰:"水多也"。妻微愠,举酒少尝,则顾妾曰:"却像你。"妾亦不解,妻曰:"不是原封货。"妾怒亦举酒尝,旋向翁曰:"真是像你。"翁茫然,妾呼曰:"一点劲都没有。"

且可当酒

一人三餐不继,夫妻空腹上床,妻嗟叹不已。夫曰:"我今夜要连打三个拐,以当餐。"妻从之,次早起床,头晕眼花,站不住脚,谓妻曰:"此事妙极,不仅可以当饭,且可以当酒。"

开门七件事

有一对夫妻,妻子喜欢饮酒,常常跟丈夫索酒吃,而丈夫偏偏最讨厌女人饮酒,不但不给她酒吃,反倒振振有词地训斥她说:"咱庄户人家,每天开门七件事:柴、米、油、盐、酱、醋、茶,这里面何曾见个'酒'字?"

妻子听了,不紧不慢地反驳道:"你说的开门七件事,一点儿没错。但这酒却不是开门就要用的,应是前一天先买来,又怎么能放在开门七件事里面呢?"

四脏能活

有个人贪酒过度。他妻子和儿女便在一起商量说:"劝了多次也不听,只好用计来打动他。"有一天,这人喝得大醉后呕吐了。他儿子暗地里弄了个猪内脏放到他吐出的东西里。等那人醒过来后,儿子指着吐的东西对他说:"凡人都有五脏,现在你吐出了一脏,只剩下四脏了,以后怎么活?"那人仔细看了半天,说道:"连唐三藏都能活,更何况我有四脏!"

家当全在身上

一个穷人正在别人家喝酒。喝得正痛快时,有人来报告说他家里失了火。这穷人便把衣帽一整,仍然稳坐,说道:"不妨!我的家当全在身上了。"有人问:"那你妻子怎么办?"穷人答道:"她还怕没有人照顾吗?"

耳软该打

一个县官,惧怕老婆。有人教给他办法说:"你只要喝醉酒,胆气自然壮,趁此时回家,找个茬儿打她一顿,她自然会怕你。"

县官便照这个办法做了,果然将妻子打了一顿,他妻子也有点怕他了。醒过酒来之后,妻子便问:"你平时脾气挺好,这次为何能下得手?"县官说:"喝醉了,不记得。"妻子见他全没有醉酒时那样厉害,便又照旧揍他。他辩解道:"这不是我的错,是某某人教我这样的。"妻子喝道:"那人自然可恶。但你也是个做官的人,就凭这样耳软,就该打!"

记酒数

有个人请客吃饭。客人每喝一壶酒,女主人便用锅底灰在脸上画一道以计数。主人在客厅不断要酒,端菜递酒的小仆说道:"少喝几壶吧,家主婆的脸上可越来越不好看了!"

臭脚娘子

有一家宴请宾客,主人忽然闻到一股臭味,忙呼家童询问。家童附在主人耳边小声说:"是我家娘子在那边脱鞋了。"主人低声沉吟道:"即使是脱掉了鞋,也未必这么臭啊!"家童便又附在他耳边说:"娘子两只脚全脱了!"

不能戒色

有一人纵情酒色,卧病在床,医生诊断后,对他说:"这是所谓'酒色过度,正如双斧伐枯木',今后宜切戒之!"他的妻子在旁边白了医生一眼,医生顿时感到不安,因而转口说道:"既不能戒色,也须戒酒。"病人辩道:"色害甚于酒,宜先戒才是。"其妻顿足道:"看你这脾气! 医生的话不听,你这病怎么得好?"

免得拆了伴

苏轼到邻人家相聚饮酒,盘中有四个黄雀。一个人接连吃了三个,只剩下一个向苏轼推让。苏轼笑道:"您再吃了吧,免得黄雀拆了伴。"

梦中酌

有一人夜里做梦,梦见自己看戏,与戏中人物在一起饮酒。刚要开筵,不想被他的妻子惊醒了,便恨恨地大骂妻子。妻子笑着说:"别骂别骂,趁早睡去,还来得及饮,那边的戏文还没唱到一半哩。"

彼此不分

酒吧中喝酒的两个男士,其中一位瞥见酒吧另一角落也坐着的两位女士。

"快走吧！我看见我太太和情妇正坐在那边角落的椅子上。"这位男士突然脸色苍白，紧张低声地对他的同伴说。第二位男士顺着第一位男士的手指的方向看去，脸色也马上变了。"奇怪，怎么我的太太跟情妇也坐在那里？"

丈夫的解释

"我们结婚才一个星期，可你就总是回来这么晚。"妻子不满地对丈夫说。

"请原谅，亲爱的。我没能早回来是因为在酒吧的朋友总是缠着我，让我讲述我同你在一起是多么幸福。"

酒可难喝

妻子从丈夫杯里呷了一口酒，皱着眉头说："酒可难喝！"

"可不是嘛，"丈夫说，"你往日还唠唠叨叨，说我喝酒享乐呢！"

离酒远点

妻："怎么用吸管喝酒呢？"

夫："是的！因为医生叫我离酒远点儿。"

不能怪酒

妻子对酗酒的丈夫很有意见，一天，她看到报上有一则新闻，便拿着报纸对丈夫说："你看看，喝酒多么危险！报上说，一个年轻男子喝醉酒乘船，从船舷上掉下去淹死了。"

丈夫忙说："我看看——噢，掉进河以前他还没死，是水淹死了他，这怎么能怪酒呢！"

未到小树林

有个酒鬼要到镇上去办事。他老婆为他备了些好酒带在路上喝。动身前，她叮嘱到："到小树林以前不许喝。"

可酒鬼刚走到村口就想喝酒了，但又忍住了，因为没到小树林。过了一个钟头，他真是渴极了，也不管离小树林还有七八里路，就坐在路边上，打开那用纸包着的酒瓶，忽然看见里边有张纸条，看完后，立即酒意全无。纸条是他老婆写的，上面写着：

"你这个贪酒的蠢货，这儿是小树林吗？"

两月一年

剧院幕间休息时，丈夫到休息厅买了一杯啤酒。妻子说："您曾对我发誓，两个月之内滴酒不沾！"丈夫说："亲爱的，据节目单介绍，第一幕到第二幕之间的时间相隔一年！"

戏外戏

妻子："亲爱的，别再喝了，眼看你就要醉了！"

丈夫："醉了才好，这次导演让我演酒鬼，我正想体验体验……"

妻子："好吧，那我走了！"

丈夫："哎，你干吗要走呢"

妻子："剧本我看过了，那个酒鬼每次喝醉了酒，他的妻子都要出去躲几天。"

酒后失言

两个酒鬼一起闲聊。

"我真该死。那天我酒后失言,把我以前曾结过婚的事告诉了我老婆。"

"我更该死!我酒后失言,把我打算将来再结一次婚的想法也说了出来,给我老婆听到了。"

四杯酒

甲:"你每天晚上只喝两杯白酒,今天怎么要了四杯?"

乙:"我自己觉得喝两杯已经很够了,可我老婆还是不满意。"

甲:"那怎么说?"

乙:"每天我一到家,她总是埋怨我说,该死的,又喝个半醉!"

丈夫用计

丈夫喝了酒,回家晚了,总是受妻子的数落。

这天,他回来比平时更晚,他先在门口小心翼翼脱掉鞋子,然后蹑手蹑脚地走到孩子的摇篮边,哼着催眠曲,一下一下推着摇篮。

妻子听到他的声音,问道:"你在干什么呀?"

"唉,你真不像样子!"他责怪妻子,"你怎么当妈妈的?孩子哭了一个多钟头,都哭累了。我一直坐着摇他。"

"你骗谁?"妻子大声说,"孩子睡在我身边已经两个多钟头了!"

烫耳朵

有个醉汉在街上摇摇晃晃地走着,他的两只耳朵全是水泡。他的一个朋友遇见他,问他是怎么一回事。

"该死的,我老婆把烧烫了的熨斗放在电话机旁,铃声一响,我错把熨斗当听筒了。"

"那另一边又是怎么搞的?"

醉汉眼睛一瞪:"这边烫痛了不要换一边吗?"

默许

丈夫对妻子说："你每天都责备我喝酒,可是等我卖了空酒瓶给你买貂皮大衣时,你就一句话也不说了。"

记浑了

夜深两点,喝得醉醺醺的丈夫才回到家里。

"我一再告诉你,在外面喝啤酒一次不能超过两瓶,回家一定不能超过10点,你这是怎么了?"妻子发怒了。

"你真的是这么说的吗? 看来我整个给记浑了……"

重新做人

丈夫对妻子说："从明天开始,我决心重新做人,再也不喝酒了。"

第二天晚上,他依然是喝得醉醺醺地回家。

妻子说："我以为你要重新做人,就再也不喝酒了。"

丈夫答道："唉! 没想到我重新做的这个人也爱杯中之物。"

醉汉回家

醉汉深夜醉醺醺地回到家里,他在门外摸索了好久,就是开不了门。

妻子："是没带钥匙吧? 我这就扔给你。"

醉汉："带钥匙了,可锁孔忘了带了。"

左右为难

甲女："既然你和男朋友感情这么好,为什么不结婚呢?"

乙女："唉，每当他酒醉了，我不愿嫁给他；他清醒时，又不愿娶我了。"

喜欢酒窝

"他真是个十足的酒鬼。"女儿回家向母亲诉苦，"婚前装得滴酒不沾，婚后却天天醉倒。我现在总算明白当初他那句话的意思了。"

"他说什么？"

"他说，非常喜欢我的酒窝。"

轮流过夜

一财主想娶小老婆，便对结发妻子说："我要给你升官，升你为大老婆。"

财主娶了小老婆，便对两个老婆说："如果晚上我要葡萄酒，则在小老婆那里过夜；如果晚上我要白酒，则在大老婆那里过夜。"

第一天晚上，财主要了葡萄酒，在小老婆那里过了一夜。

第二天晚上，财主又要了葡萄酒，大老婆便问："今晚为什么不换白酒？"财主则说："昨晚的葡萄酒没有来得及喝，今晚需接着喝。"又在小老婆那里过了一夜。

第三天晚上，财主还是要葡萄酒。大老婆十分气愤地问："为什么你总爱喝葡萄酒，难道留下白酒用来招待别人吗？"

酒不行色行

一女人不知"色"是什么意思，便问丈夫，丈夫笑答："色，就是吃饭。"

一日女人赴宴，众人皆劝其饮酒，该女谢绝，并婉言道："酒不行，色还可以。"随后吩咐服务员上饭，众人大笑。

可惜

一男人坐在吧台喝酒,自言自语道:"我什么都有了:金钱、地位、美女……结果被我老婆发现了。"

蜂媒蝶使

一位男士独自坐在酒吧里喝酒。一个小女孩跑到他跟前问道:

"叔叔,您结婚了吗?""没有。"小女孩迟疑了一会儿,随后轻声问坐在酒吧另一角落里的一位女士:"妈妈,还该问什么?"

谁都不吃亏

一个常常喜欢寻花问柳的男士终于结了婚。但新婚次日,就有人看见他坐在酒吧里,满脸沮丧地喝酒。一个熟人问:"出了什么事吗?""我今早起床的时候,很习惯地掏了 100 块钱给我太太……""哎呀,真糟糕!""糟糕的还在后头,"男士说,"我太太很熟练地又给我找了 20 块。"

把柄

丈夫喝醉酒回家,蹑手蹑脚地摸进卫生间,找来一些橡皮膏,对着镜子,往自己酒醉闹事留下的伤口上贴,然后悄悄爬上床。第二天早上,他被妻子摇醒了。妻子叫嚷道:"你说再不喝酒了,可仍说话不算数,昨天又喝醉了。你瞧卫生间里的镜子上,横七竖八地贴了多少橡皮膏!"

真假难分

老刘喝醉了酒,到自家门口却不敢进屋。这时恰逢他妻子从外面回来,见

中华酒典

老刘站在门外便问他："你怎么不进屋?"

老刘醉眼朦胧地回答："喝醉了酒进去,我老婆又要骂我。"

妻子气得吼了句："你睁开眼看看我是什么人?"

老刘却嘟哝着回答："这个我知道,你是女人。"

为什么不回家

两名男子在酒吧里饮酒,带着微醉的神态谈论日常琐事。

"假如你回去晚,你太太会怎么样?"

"我没有太太!"

"什么? 没有太太? 那你为什么到这么晚了还不回家?"

酒鬼的见解

小孩:"打针之前为什么要给我擦棉球?"

父亲:"那可是酒精啊,她们要先把你屁股擦醉再扎就不疼了。"

小孩:"可我还是疼啊?"

父亲:"那是你的酒量大。"

送指南针

儿子:"爸爸,我送给你一只指南针,这是我自做的。"

爸爸:"你留着玩吧,我也用不到它。"

儿子:"您不是常常从酒吧里出来就迷路吗?"

醉的含义

一个孩子跟着父亲回家,在路上孩子问:"爸爸,醉是什么意思?"父亲说:"你看,那里站着两个警察,如果我把两个警察看成四个,那就是醉了。"

"可是,爸爸,"孩子说,"那里只有一个警察。"

父子视酒

视酒如命的儿子提着酒瓶回家来,不巧正碰上严厉的父亲。他只好撒谎说:"这瓶酒是和同学合买的,一半属于他。"父亲怒道:"把另一半酒给我倒掉!"儿子说:"没法倒,我那一半在下面。"父亲气得把酒瓶一把夺过来扔出窗外,酒瓶碎了,酒流了一地,但儿子还是愣愣地望着窗外。父亲说:"这么冷的天,你还站在窗子那儿干吗?"

儿子答道:"等着酒冻了,好收回来。"

酒鬼的对话

一天,爸爸在外面喝得酩酊大醉,摇摇晃晃地回到家里,一进门就生气地对儿子说:"你的脸怎么变了样儿?像你这样人不人鬼不鬼的,咱这幢房子决不能留给你!"

儿子在家里也已喝得烂醉如泥,听了爸爸的训斥,毫不示弱地回答:"那更好,像这样摇摇晃晃来回打转的房子,给我我也不要!"

请人代扶

一个大兵喝得醉醺醺地上了公共汽车,为了保持身体平衡,他死死抓住车上的扶杆。售票员见此情景问道:"请问,需要帮忙吗?"大兵回答:"那好吧,请你帮我抓住扶杆,我来买票。"

赶快停船

一名衣冠楚楚的海军军官走上一辆公共汽车,因为担心弄皱了熨得笔挺的军官制服,他坚持不坐下来而一直站在司机的旁边。汽车靠站,从下面上来一个醉汉,他晃晃悠悠地走到军官身边,拉了拉军官的衣袖,说要买张车票。军官看他刚喝过酒,便没有理睬他,但醉汉却站着不走,于是军官有些不快地说:"朋友,请你看清楚了,我不是售票员。我是海军军官。"醉汉惊骇道:"请你快把船停下来,我要去搭公共汽车。"

梯子与栏杆

两个喝醉了酒的士兵沿着铁路轨道踉踉跄跄地朝营地走去。

其中一个打着酒嗝说:"我当兵以来还没有见过这么长的梯子,你瞧,那些横在路上的阶梯怎么没有个完?"

另一个叽叽咕咕地说:"不,不对,那不是梯子,那是栏杆。"

令人信服的证据

士兵的汇报证明他是酒醉后开车的。他说,当他开着汽车行驶的时候,前面突然闯出一个醉汉司机,两者撞得很厉害。士兵被质问:"你怎么知道另一个司机是醉汉?"他回答说:"因为我看见他驾驶着一棵树往前跑,这说明他一定是喝醉了。"

自我感觉

一个老兵喝得酩酊大醉地回营地。"你何必醉成这模样,"长官告诫他道,"你如果不喝酒,说不定已经当上军官了。"

"报告上尉,"老兵回答,"我只要一杯酒下肚,就觉得自己是上校了!"

想吃什么

一个酗酒过度的士兵,被送进了医院接受挂点滴治疗。士兵躺在床上,两眼直直地盯着头上的盐水瓶。护士来问:"你想喝点什么吗?"士兵答:"是的,请你把酒瓶给换上去!"

顺水推舟

军舰上禁饮各种酒类饮料,因此,每当偷着喝酒的水兵听到有人进入餐厅的脚步声时,立即把餐桌上的酒瓶藏起来。来人是轮机长,非常爱喝酒,有人邀请他来餐厅喝酒。他刚刚把酒瓶送到嘴边,舰上的值勤官走进餐厅,轮机长立即开口打破了餐厅的寂静:"一点不假,确实是酒,罚你们全体关禁闭!"

不当水兵

两个水兵远航归来,相邀去镇上的酒吧。一阵狂酌豪饮后,他俩醉醺醺地走出酒吧,想到街上找点什么逗乐儿。这时一个村童牵着一头毛驴,慢慢地走来。于是,两个水兵决定拿他开开心。

"喂,小孩,"其中一个水兵对村童说,"你兄弟跟你一道散步时,脖子上怎么还套着一根绳子?"

"为了不让他当水兵!"那村童立即答道。

回家

一教官喝醉了酒,迷迷糊糊摸到家门口,拿着开办公室的钥匙开门,捅来捅去,怎么也打不开,气得眼冒金星。

再没有什么办法了,憋了一口气,用右肩对着房门猛然撞去。"咣",一声,门完好无损,他后退了三步,又憋了一口气,朝着门再次冲击,仍敲不开"铁将军"。

他已下定决心,非把门撞开不可。于是,聚集了全身力量,又后退几步,咬紧牙关,闭着眼睛,使劲地朝门冲去。"咣咣!"两声巨响,谁料自家的门没撞开,倒是反弹中把对家的门给撞开了。

中华酒典

把房子抓牢

醉汉喝得醉眼朦胧,深更半夜才回到家门口。他掏出钥匙,却怎么也对不准锁孔。

巡夜的警察见状,急忙上前问:"需要帮忙吗?"

醉汉大喜过望,赶快说:"请你帮我把这房子抓牢,别让它乱晃动。"

醉鬼还家

警察把一名醉鬼送到门口,对他说:"这的确是你的家吗?"

"如果你替我开了门,我就马上证明给你看!"

"你看见那架钢琴了吗?那是我的,你看见那台电视机了吗?那也是我的。"他们又上二楼。

"这是我的睡房,你看见那张床了吗?睡在床上的女人是我的太太,唔,看见和她睡在一起的人吗?"

"那就是我。"

醉汉找家

醉汉问警察:"顺着这条街走是不是就能找到我的家?"

警察问:"你的家在什么地方?"

醉汉说:"假如我知道我的家在什么地方,我就用不着问你了。"

小便流个不停

警察在一条小巷中巡夜,发现一个醉酒的男人,靠在电线杆旁哭泣,觉得很奇怪,便向前问他:"先生出了什么事啦?"醉汉边哭边说:"喔!警察先生,你来得正好,请你赶快替我想个办法。因为我的小便一直流个不停。"

警察于是走过去瞧个究竟,结果,发现电线杆旁的自来水龙头没有关好。

酒鬼问医

医生:"你的病已基本痊愈,现在,你白天可以喝一小杯酒了!"

醉鬼:"太好了!那请问,我夜间可以喝几杯呢?"

碰酒杯

甲:"你知道人们在欢宴时,为何碰酒杯吗?"

乙:"这好说,互相祝贺嘛!"

甲:"告诉你,这喝酒碰杯还有个来历呢!"

乙:"这还有来历?"

甲:"因为在喝酒时,眼睛能看到酒色,鼻子能闻到酒气,嘴巴能尝到酒味,唯独耳朵不能听到声音。所以,喝酒碰杯,是为了给耳朵一种补偿。"

痛下决心

有个嗜酒如命的人,整天抱着酒瓶不放。朋友规劝,他都充耳不闻。

一次,有位朋友看到书上有篇关于喝酒有害的文章,便立刻拿给他看。

这个酒鬼看到文章是这么写的:"多喝酒会使人产生许多毛病,会缩短寿命。"惊讶之余,痛下了决心:"这次我算下定决心了。"

朋友说道:"你看,你应该早下这个决心啊!"

酒鬼说:"不,我是说下定决心再也不看书了!"

不再涉足

一个酒徒脚朝天手撑地"走"进了酒吧间,大声嚷道:"伙计,给我来一杯上等的陈酒。"

掌柜的十分惊奇,问道:"你何苦这样走路呢?"

酒徒答:"我太太昨晚逼我发誓——今后决不再涉足酒吧了。我要信守诺言。"

意外之财

一个人喝得东倒西歪,在天地广场叫住了一辆出租车,并对司机说:"把我拉到海山大酒店去。"

司机纳闷地回答说:"这里就是海山大酒店。"

"真的吗?"醉汉又问。

"没错。我不会骗你的。"司机肯定地回答。

于是,醉汉无可奈何地从兜里掏出一张20元的钞票扔给司机说:"这是给你的,不过,下次可不要开得这么快。"

你们试试

节日的晚上,马路上躺着一个人。围观者吵吵嚷嚷地问:"您这是怎么回事?"

这人愤怒地喊道:"你们像我一样喝那么多酒试试看!"

醉鬼和公牛

一名男摔跤手在一个乡村酒店里喝酒。他不理会同伴对他狂喝滥饮的劝阻,一个劲地把酒喝光。当动身回家时已东倒西歪了。这伙人抄近路穿过田野时,被一只凶猛的公牛吸引了。摔跤手攥住公牛双角,与其搏斗,随之而来是一幕惊心动魄的角逐。最后,公牛竟然挣脱出来逃走了。

"你们是对的,"摔跤手说,"我喝过了头,不然我是能把那个小伙子从他的自行车上摔下来的!"

游荡太久

一个醉汉蹒跚地撞进了一间酒吧,对坐着的宾客叫道:"诸位新年好!"

酒吧老板提醒他:"你大概喝多了吧! 这已经是三月下旬了。"

"哦! 糟糕,我竟然在外面游荡了这么久。"醉汉嘟哝道。

难辨日月

一天晚上,一个酒鬼在酒吧喝醉了,刚走出大门,只见一个醉汉指着天上的月亮问他:"那是太阳还是月亮?"酒鬼摇了摇头说:"我不清楚,我也不是本地人。"

醉的感觉

"老师,您说地球每时每刻都在转动,我一点感觉都没有。可我爸爸说,他有时候能感觉到。"

"哦? 你爸爸是怎么感觉的?"

"每当他酒喝多了的时候。"

我对鸭子说的

坐在小酒店里的一个醉鬼,看到一个家伙胳膊下夹着一只鸭子走进来,就问:"你和那只猪在一起干嘛?"

那家伙说:"这不是一只猪,是一只鸭了。"醉汉立刻顶了回去:"我是对鸭子说的。"

坟场

有一个年轻人半夜回家,想抄一段近路,没想到掉进一处新挖好的坟穴里。过了一会,一个醉汉摇摇晃晃闯进坟场,听到坟穴下面有人呼叫:"我在这里快要冻僵了。"

醉汉:"我说呢! 你把盖在身上的土踢开了,能不冻僵吗?"

醉人醒语

富豪酒店的夜班接线员,一夜连续 10 次接到同一个男人打的电话,那人只重复着一句醉话:"请问酒店的酒吧间什么时候开门?"

接线员第 11 次听到这话时气坏了,没好气地说:

"记住,蠢货,早上 9 点开门!"

"早点开门吧。"醉汉哀求说,"我被锁在酒吧里了,我想离开呀!"

牙疼病人

某人牙疼,找到了牙医,但怕得要命,不敢让医生拔牙。医生给他喝了两杯烈酒,问:"怎么样? 现在不怕吧?"

"那当然!"病人睁着一双醉朦朦的眼睛,大声吼道:"我倒要看看,谁敢碰我的牙齿!"

时间的差别

一醉汉拦住路人问几点钟。别人告诉他已经是晚上 11 点了。醉汉摇摇晃晃地说:"真奇怪,怎么我问每一个人的时间都不同?"

以一当二

两个人酒喝多了，其中一个口齿不清地说："现在看所有的东西都是两层的。"听到他的话，另一个赶紧从袋里掏出张 1 元钞票，"这是我欠你的 2 元钱。"

恰恰相反

一个醉汉手握着酒瓶摇摇晃晃地撞在一位行人身上。

行人很不高兴地说："你没有眼睛吗？怎么看不见人？"

"恰恰相反，我把你看成两个人啦，我是想从你俩中间走过去。"

生意经

一对夫妇，在车站边开了一家酒店，每天总是开到深夜 12 点，等客人喝完酒，乘上最后一班车，才关门打烊。

一天，已经到了第二天凌晨 2 点，一个男客仍然没离开，他伏在桌上睡着了，还打着鼾。老板娘太困了，便要丈夫去叫醒他。她丈夫走到厅里又走回来，过了一会又走出去，又走回来，如此来来回回好多次。

老板娘不耐烦了："你已经出去 6 次了，为什么还不叫醒他？太晚了，快请他走！"

"不，不要让他走。"老板得意地笑着说，"你看，我每次去叫他，他总以为是找他结账，就掏出一张 5 元票子给我，然后又接着睡。现在我已经收了 6 张，离天亮还早着呢！"

两个酒徒

"医生，据说酒喝多了伤人，是这么回事吗？"

"一点不错。热酒伤肝，冷酒伤肺。"

中华酒典

"那么,还是不喝它好了?"

"可是,不喝伤人呀!"

"是吗?"

"不喝伤心。"

谁糊涂

一醉汉在马路上摔伤了腿,被路人送到了医院。

医生问醉汉:"你叫什么名字?"

醉汉说:"你问我的名字干什么?"

医生说:"知道你的名字,我们才好通知你的家人。"

醉汉说:"你真糊涂,我的家人不知道我的名字吗?"

真正凶手

法官对被告说:"你要明白,一切的罪行都是酒精引起的,你落到这个地步,也是酒精引起的!"

"谢谢法官。"被告喜形于色地答道,"所有人都说我是天生的坏蛋,只有你指出了真正的凶手。"

当事者明

某工厂的厂长对一个酗酒的工人吼道:"我要是醉成你这个样子,我就开枪打死自己!"

"厂长阁下,您要是醉成我这个样子,您肯定打不中自己,因为您一定会连枪都拿不稳。"醉汉反驳道。

空欢喜

"我喝酒的时候,每个人都可以喝酒!"酒店里有个人在招呼大家进去。

他喝干了杯子里的酒,又喊道:"我要再来一杯,每个人也可以再来一杯!"

于是大家伙怀着感激的心情又干了一杯。那人喝了第二杯酒,从兜里掏出2元钞票,"啪!"一声放到柜台上。"我付账的时候,"他吼道:"每个人也该付账了!"

戒酒

某人在酒店里要了两杯酒,喝完一杯又一杯。服务员说:"先生好酒量!"

那人说:"不! 一杯酒代表我,另一杯酒代表我病重的朋友。"

第二天,那人又到酒店里去,这次只喝一杯。

服务员问:"你的朋友……死了?"

他说:"不,我戒酒了。"

曾为酒友

在一个小酒吧里,聚集着许多人。其中一个问他的邻座:"您有很多酒友吧?"

"是的,在我的钱花光之前。"

逐客令

酒吧里常有许多人在关门后仍坐着不走。为了对付这些人,许多酒店门口都贴着这样的布告:"本店 11:25 停止营业,厕所 11:30 停止使用。"

酒徒本色

一位医生为说明饮酒的害处,劝人戒酒,他指着两个烧杯向人们说:"这个杯里装的是酒,这个杯里装的是水。"说着就把两条小虫分别放入两个杯子里。放在酒里的那条小虫不久就死了,而水里的那条小虫依然活着。一个酒徒认真地说:"噢,我明白了,多喝点酒,就不怕肚子里生这种虫子了。"

喝酒

一个酒徒因酒量失调而影响了肝脏功能。到医院检查时,医生对他说:"为什么不自我约束一下呢? 譬如事先在酒瓶上画一条线,绝对不超过这一条线,这样不是很好吗?"

"是啊! 这种办法我也实施过……"病人很沮丧地说,"可是,画线的地方远得很,还没有喝到那地方,我就已经醉得不省人事了!"

干净酒杯

在饭馆里一个顾客说:"我要一杯啤酒!""我也要一杯啤酒。"另一位顾客说。第三个顾客说:"我也来一杯,杯子要干净的!"服务员端来了啤酒,看看在场的客人问:"谁的啤酒要干净杯子?"

不该疏忽

一人走进酒店,要了杯白酒,刚尝了一口,顿时愣住了:"怎么,这不是一杯白开水吗?""哟!"店主也吃了一惊,"糟糕,我忘记掺酒了"

百里挑一

两个朋友见面了,寒暄一番后,其中一个问:"你还喝酒吗?""不喝。""抽烟吗?""不抽烟。""哈,那你真是百里挑一了!""不,我也有一样不好。""那是什么?""我常撒谎。"

陈酒

酒店里,一客人正在饮酒。

"服务员,你来看一下,这杯酒里为什么有一根白色毛发?"客人惊诧地问。

"先生,请不要奇怪,这一点正说明了我们这里的酒是地地道道的陈酒。"

伤心酒

一酒店打出广告,说:"本店最新推出名贵美酒,每杯 50 元,不喝伤心,喝了更伤心,好饮者莫失良机。"一客人好奇,认为这样名贵的酒味道一定不一样,便买来一杯,一尝什么滋味也没有,原来是一杯白开水。客人顿时伤心不已。

第十节　酒与讽刺

齐人乞余

战国时,有一个齐国人,家里很穷,可是他娶了一妻一妾,还经常在外面喝得醉醺醺的。妻妾问他上哪儿去了,他今天说某富人请他,明天说某贵人请他。

时间一长,妻妾都有点怀疑:丈夫总是说富贵人请他,可怎么没见一个阔绰的客人上门来找他呢? 为弄清真相,她们决定跟着丈夫看个究竟。

有一天,一大早丈夫就出去了。他的妻子尾随在后面。走了好长时间,只见丈夫往一处坟地走去。在那里,他向人乞讨一些祭奠用的酒菜,吃完抹抹嘴又向另一处坟地走去。妻子见到了这种情景非常伤心。回到家里,把丈夫的丑行告诉了妾,两人相对哭泣起来。正在这时,丈夫回来了。他不知道她们为何伤心,抹抹刚吃完酒菜的油嘴,呵斥妻妾说:"你们哭什么?有我这样的丈夫,你们难道还不满意吗?"

吃糠

有个闲汉,家中甚穷。有一天他吃糠后出门,在船上遇到大老官,大老官正在吃饭,便招呼闲汉一块吃。闲汉说:"早晨刚在家吃过狗肉,吃得过饱,有酒喝一杯还是可以的。"大老官便请他喝酒,他喝后就呕吐了。大老官见他吐的全是糠,便问:"你说吃的狗肉,怎么吐出糠来?"闲汉斜着眼睛看了好久,才说:"我是吃狗的,想这狗是吃糠的。"

不安贫

有一年冬天,一个穷亲戚赴一富亲戚的宴席。这个穷亲戚没有皮衣,仍穿着粗布单衣,恐人见笑,便故意摇着一把扇子赴宴,对众宾客说:"我就是怕热,虽是冬天也得取凉。"主人觉得这个亲戚太矫揉造作了,便想戏弄他一下。

酒席散后,主人故意装出投其所好的样子,在安排住宿时,把这个穷亲戚安排在池子中的凉亭里,床上是单被子、凉枕头。到了半夜,这个穷亲戚耐不住寒冷,便把床扛起来走动,不慎失足掉进池中。主人看见了,装作吃惊的样子,问他怎么在水里,这位穷亲戚答道:"只因为太怕热的缘故,虽然在冬天睡在凉亭里,还是想洗一个冷水澡。"

哑巴说话

有个叫花子,假装成哑巴,在街市上要钱。他常用手指指木碗,又指指自己的嘴,嘴里不停地"哑哑"。一天,他拿钱二文买酒,吃完后说:"再给我添些酒来。"酒家问他:"你每次来,都不会说话,为什么今天说起话来了?"叫花子说:"我以前无钱,叫我如何说得话?今日有了两文钱,自然会说了。"

装醉

王状元未考中进士,喝醉酒掉进汴河里,为水神救出。水神说:"在俸禄之外您还有三百千的津贴,假如您死在这里,这些钱就没法享受了。"第二年,王考中了进士。有一个久试不第的人,也想仿效王状元,就假装醉酒掉进河里,水神也把他救上来了。这个人大喜,就问道:"我的津贴有多少?"水神说:"这我就不知道了,但三百瓮发黄的腌菜够您享受的了。"

梦金

一青年学子,生性狡猾,极善以诡计骗人。他的教师执教甚严,学生稍有犯规,必派人捉来痛打一顿,绝不饶恕。

一天,这个学子刚犯了学规,教师就马上知道了,立即派人去捉他,教师便坐在彝伦堂上,怒气冲冲地等着。不一会儿,就把那个学生带来了。学生跪在地上,说道:"弟子偶然得到一千两金子,正在处置,所以来迟了。"教师听学生得了这么多金子,怒气便消了一大半,问道:"你的金子从何处得来?"学生说:"从地下得来。"又问:"你想作何处置?"学生说:"弟子一向贫穷,无家产,今天我与妻子商议,以五百金买地,二百金买宅,一百金买器具,买童妾,还剩下百金,再拿出一半买书,我将发愤读书做学问,还剩下的一半孝敬先生,感谢您的平日教育。这样,这千金就全处置完了。"教师说:"承蒙馈赠,我怎么能当得起!"于是便传呼仆人整治酒席,师生二人边喝酒边谈笑,关系非常融洽,大异于平日。饮酒半酣之时,教师问学生:"你刚才匆匆忙忙地来,是否拿到了金箱子的钥匙?"学生站起来说道:"弟子分配这批金子的用项刚刚完,不想我妻子翻身碰醒了我,醒来就忘记金子在哪里了,哪里还有什么箱子?"教师恍然大悟,说:"原来你所说的金子,是一场梦吧!"学生答道:"是个梦。"教师不悦,但刚才

家庭经典藏书

中华酒典

饮酒,关系十分融洽,不便再发火,就慢慢地说道:"承蒙您这份雅情,梦中得金,还念念不忘先生,何况要是真得了呢?"便一而再、再而三地劝学生饮酒。

酒坛太多

有个穷人,积了三四酒坛子米,自己觉得已经很富了。有一天,他与同伴在街上走,听见一个过路人说道:"今年收成不好,只打了三千来石米。"这穷人便对同伴说:"这个人真能吹牛,我就不信他一家能有这么多酒坛子!"

淡酒

河鱼与海鱼攀亲,河鱼屡次到海鱼那里去,海鱼招待得很周到。河鱼过意不去,对海鱼说:"亲家,你为何不到我那儿去走一走?"海鱼答应了。河鱼回家之后,派手下人到河道入海口处等候迎接。但海鱼到了海口,立即返回去了。河鱼听说后,追上去问原因,海鱼回答说:"我吃不惯贵处这样的淡酒。"

酒薄

夜半有个人到酒铺买酒,敲门不开。酒保说:"请从门缝里塞进钱来。"买酒的说:"酒从哪里出?"酒保说:"也从门缝里递出。"买酒的人笑了。酒保说:"不要取笑,我这酒儿薄薄的。"

死酒

有个人请客。客人正要举杯饮酒,忽然放声大哭。主人慌忙问道:"正要饮酒,为什么这样悲伤?"客人回答说:"我平时最喜欢的就是酒。现在酒已经死,因此哭起来。"主人笑道:"酒怎么能死?"客人说:"既然没死,为何没有一点酒气?"

蘸酒

有个人很吝啬。有一次,他同儿子一块出远门,在路上每天才买一文钱的酒。在喝酒的时候,他还怕酒很快被喝光,便和儿子约定,每次用筷子蘸酒尝尝就行。儿子连蘸了两次,父亲便训斥道:"你吃酒怎么这样急?"

晚宴

"昨天的晚宴怎么样?"

"这个——如果汤像酒一样热,酒像鸡一样老,鸡像女主人一样肥,那就算得上一个真正愉快的晚宴了。"

嘲不还席

卖韭菜、卖蒜、卖葱、卖白菜的四个人常常作酒会,唯独卖白菜的人从不还席。

后来,前面三个就避开卖白菜的去喝酒,结果,卖白菜的又找到他们。他们三个人就商量好一起来嘲弄卖白菜的不还席。

他们说:"今天喝酒的,必须将我们四个人的本行做一句诗。"

卖韭菜的说:"韭(久)饮他人酒。"

卖蒜的说:"蒜(算)来不可当。"

卖葱的说:"葱(聪)明人自晓。"

卖白菜的说:"白吃又何妨!"

萝卜对

有一家请了个教书先生,主人对先生饮食供奉得很差,每餐只让先生吃萝卜。先生心中不满,但嘴上却不说。

有一天,主人请先生饮酒,也借机考考儿子的功课。先生便预先对学生说:"令尊在酒席前如果让你对对子,你看我筷子夹什么,就以什么对。"学生答应了。第二天,东家摆了酒席,请先生坐上座,学生坐侧座。主人说:"先生每天费心,想必令徒的功课肯定每天都有长进了。"先生说:"若说对对子,还算可以。"

于是,主人说道:"那么,我出个两字对让学生对对看。这上句是:核桃。"学生看着先生,先生拿筷子去夹萝卜。学生便对道:"萝卜。"

主人听了说:"对得不怎么好。"便又出一句:"绸缎。"先生又用筷子夹萝卜,学生便又对道:"萝卜。"主人问:"绸缎怎么能对萝卜?"先生接过话头说:"萝是'绫罗绸缎'的'罗',卜是'布匹'的'布',有什么不可?"

主人无话可说,只好再想题目。他抬头看到隔壁东岳庙,便出题说:"鼓钟。"先生又用筷子夹萝卜,所以学生仍然对"萝卜"。主人说道:"这回更对不上了。"先生又接过话头说:"萝是'锣鼓'的'锣',卜是'铙钹'的'钹',有什么不可以?"主人听了,说:"勉强之至。"便又出了两字对说:"岳飞。"先生又夹萝卜,学生又对萝卜。主人说:"这可不行。"先生说:"岳飞是忠臣,萝卜是孝子,有什么不行?"主人听了大怒,问道:"先生为何总让学生对萝卜?"先生也怒说:"你天天叫我吃萝卜,好不容易请客,又让我吃萝卜。我眼睛看的是萝卜,肚里装的也是萝卜,你为何倒叫我不教令郎对萝卜?"

还我原面孔

有个人将去赴宴,在自己家先喝得半醉,面红而去。等到了宴席上,发现酒味很淡,跟凉水差不多,越喝反倒越清醒了。等吃完宴席,原先在家喝的酒的那个酒劲也就全无了。临告别时对主人说:"佳酿甚是醇浓,只求你还我原来的那样半红脸吧!"

下米

一家请客,用的酒味很淡。客人说道:"下酒菜有这些就足够了,倒是请你抓点米来。"主人问:"要米干什么?"客人答道:"酿这酒时可能未曾用米,只好现在补上点儿。"

酒煮白滚汤

有人用极清的水酒待客,客人尝了,对主人家的烹调术大加赞誉。主人说:"菜还未上,您怎么知道?"客人回答:"别的不论,只这一味酒煮白滚汤,就很好吃了!"

润肺心疼

主人宴请,有个客人抢着把满满一盘核桃吃得见了底。主人忍不住说:"你怎么只吃核桃?"客人答道:"多吃它可以润肺。"主人皱着眉头说:"你只管自己润肺,却不管我心疼。"

七十三、八十四

有个人很吝啬,一次他宴请宾客,暗中嘱咐他的仆人说:"你们注意不要浪费我的酒,你们只有听到我击桌一下,才能敬酒一次。"没想到这话让一客人偷听去了。饮酒之间,这客人故意问:"请问尊堂大人高寿?"主人答:"七十三岁了。"客人击桌说道:"难得!"仆人听到击桌声,便过来向客人敬酒。一会儿,这客人又问:"请问尊翁大人高寿?"主人答:"八十四岁了。"客人又击桌说道:"更是难得!"仆人听到击桌声,又过来敬酒。后来主人发觉是客人故意发问故意击桌而故意让仆人敬酒的,便不高兴地对这位客人说:"你也不要管他七十三、八十四,这酒你也吃得够多的了!"

"菜酒"与"而已"

有个文官,去迎接上司,刚骑上马要走,便碰上他的同乡来拜访他,他没工夫与同乡叙说,便匆匆告诉妻子说:"待以菜酒而已。"

他妻子听不懂他这文绉绉的话,搞不清"而已"是什么意思,便问婢女和仆人。婢女和仆人们也不懂,有的认为"已"就是尾,可能就是指的家里所养的肥羊吧。于是他妻子便宰羊,摆上丰盛的酒宴款待了同乡。

同乡走后,文官回家,问是怎么招待的,妻子把情况一说,文官叹道:"这是无端的浪费。"一连几天闷闷不乐。从此以后,他只要出外,就嘱咐家里人说:"今后如来客人,只用'菜酒'二字,切不可用'而已'了。"

恋酒

有个人见酒不要命,有一次与众客人同席,饮得正酣畅,便用眼睛扫瞄了一下大伙说:"凡路远的,只管退席先回吧。"众客先后都走了,就剩下他一个,主人还得陪他饮酒。那个人又说:"凡路近的先回吧。"主人说:"就我在这里了。"那个人说:"你还是请回房里休息吧,我就在席上打盹儿好了。"

醉酒

有个教师设馆教学生,学生问"《大学》之道"怎么讲,教师回答不出,便假装醉酒,说:"你偏偏在我醉的时候来问。"到家,他把学生问他的事给妻子说了。妻子说:《大学》是书名,'之道'是书中讲的道理。"丈夫点点头,表示记住了。

第二天,教师对他的学生说:"你真不懂事,昨天偏乘我醉的时候来问,今天我醒酒了偏又不来问,这是为什么? 你昨天问我什么来?"学生说:"问的是'《大学》之道'怎么讲。"教师就把妻子教给他的话给学生讲了。学生又问:"'在明明德'怎么讲?"教师又回答不出,这回他立即抱住头说:"先不要问,我的酒还没醒过来呢!"

酒疯

一只老鼠居油房,专偷油喝。一只老鼠居酒房,专偷酒喝。一天,酒鼠喝完酒,便邀油鼠到酒房来,请它喝酒。酒鼠用口衔住油鼠的尾巴,油鼠的头朝下,垂到酒瓮中喝酒。油鼠喝到高兴处,便向酒鼠表示感谢,说:"好酒好酒。"酒鼠开口应声说:"不敢不敢。"口一张,油鼠便掉入瓮中,翻来滚去出不来了。酒鼠长叹一声,说:"你少喝些也就罢了,为什么喝那么多,在这里撒开了酒疯!"

惯撒酒疯

有个人惯于撒酒疯,不论喝多喝少,都要撒一回,为这,他妻子很讨厌他。一天,他在家讨酒喝,妻子便拿出浸苎麻的水让他喝。不一会儿,他就手舞足蹈起来。妻子骂道:"天杀的,喝了浸苎麻的水也撒酒疯!"接着,那个人笑道:"我说呢,怪不得今天怎么撒不出来!"

风雨对

有个教书先生喜欢喝酒,喝了酒就撒酒疯。一天,他和学生对对子。他出一个字:"雨。"学生对:"风。"他又添成三个字:"催花雨。"学生对:"撒酒风(疯)。"他又添成五个字:"园中阵阵催花雨。"学生对:"席上常常撒酒风(疯)。"先生说:"对虽对得好,只不该说我先生的短处。"学生说:"您要是再不改过,我就是先生的先生。"

不知足

有个酒匠酿造了许多瓮酒,他把酒瓮一个挨一个地摆在一块。不久有个酒瓮坏了,里面的酒全漏光了。酒匠光知道一瓮酒没了,却不知道是酒瓮破了的缘故。

有一天,他忽然看见梁上有一群老鼠唧唧乱叫,以为一定是老鼠把酒偷喝了,就骂道:"死老鼠,已经被你吃了一瓮酒,还向我讨吃的。"说来也巧,有一天夜里果然有只老鼠浸死在酒瓮中。酒匠发现后,就借题发挥道:"死老鼠,你今后会知道我家的酒会把你浸杀死。"

中華酒典

只此一瓶

有个人在家里请客,客人久饮不去,主人便讲了个故事戏谑他。主人说道:"有个挑担子卖瓷瓶的,路上遇见一只老虎,他便拿瓷瓶一只一只地投向老虎,不一会儿,瓷瓶快投光了,只剩下一瓶在手了,他便对老虎说:'你这恶物,起身也只这一瓶,不起身也只这一瓶。'"

独食

从前有个人带着仆人外出,每次饮酒,主人只管自己饮,从不顾仆人。一天,有人请他饮酒,仆人用墨把自己的嘴唇涂黑了,立在主人旁边。主人看见了,说:"这奴才好嘴。"仆人说:"只顾你的嘴,莫顾我的嘴。"

属狗

有几个人在一起喝酒,其中一人猛吃猛喝,旁若无人。有个人就问他属什么的,他说是属狗的。问他的那个人说:"多亏您是属狗的,若属虎,连我也都吃了!"

换鱼

李章的邻人向来很贪吃。有一天,他和李章并肩坐在一处吃酒,看见送上一盘葱烤鲫鱼,便马上拣了一条大的放在自己的碟子里。

李章便问他说:"苏州的'苏'字,有人把其中的鱼字写在右边,也有写在左边的,这到底是什么道理?"

那邻人说:"鱼是活物,可以左边右边移动的。"

李章便把邻人的碟子移了过来,说:"那么,我就要移动一下了。"

1122

过手便酸

战国时期,苏秦的父亲诞辰那天,大儿子捧着酒杯为父亲祝寿,并连声说:"好酒,好酒。"轮到小儿子苏秦给父亲祝寿时,他捧着酒杯骂道:"酒好酸,酒好酸。"苏秦的妻子便从伯母家借来酒一杯,苏秦仍骂:"酒好酸,酒好酸。"苏秦的妻子说:"这酒可是从伯母家借来的。"公公怒斥道:"你这不行时的人,过手便酸。"

老鼠拼酒

三只老鼠,谁都不服谁,于是他们决定用拼酒量的方法来分高低。他们相约来到一酒吧,让老板拿出三瓶白酒。

第一只老鼠拿起一瓶白酒一饮而尽,他很快就醉得不省人事。

第二只老鼠也拿起一瓶白酒一饮而尽,他很快就跑到卫生间里,吐得一塌糊涂。

大家都觉得这两只老鼠酒量不行,于是都看着第三只老鼠。

只见第三只老鼠也拿起一瓶白酒一饮而尽。他没倒也没跑进卫生间,而是稳稳当当地出了酒吧。大家都觉得这第三只老鼠真是酒量惊人。

过了一会儿,只见第三只老鼠提了一块砖闯了进来,红着眼睛,大声问道:"猫在哪里?"

胜似强盗

几个人在一起饮酒,饮到高兴处,要行酒令,并议定:每句酒令的意思除了有强盗之外,也要有与强盗一样的。

一人说:"为首敛钱天窗开。"

一人说:"诈人害人坏秀才。"

又一人说:"四人轿儿喝道来。"

大家哗然,说:"你这句就不对了,你说的是官府,怎么会像是强盗?"那人说:"你看看如今坐在四人轿上的,十个倒有九个胜似强盗。"

醉猴

有个人买了只猴子,给它穿戴上衣帽,还教给它跪拜,这猴子似乎就有点人模人样了。一天,这人请客,令猴子给客人一一行礼,样子非常可爱。客人们纷纷把酒赏给猴子喝。不一会儿,猴子大醉,脱去衣帽,满地打滚。客人们笑道:"这猴子不喝酒时还像个人形,谁知喝下酒去,就不像个人了。"

再打三斤

有一个县令非常呆傻,但酒量很大,每天喝酒数斤。

一天,突然有一个人喊叫冤枉,前来告状。此时,县令正喝得飘飘然,酒兴被告状的人打断了。县令很生气地叫升堂。一升堂,县令不问三七二十一,拍案叫"打",但却没有掷签。衙役跪下请示说:"打多少?"县令伸出指头说:"再打三斤。"

吩咐

古代有一县官,让管家去买三瓶酒,却写成了"三平"。管家说:"老爷,不是这个'平'字。"县官提笔在"平"字下加了一钩,说:"三乎(壶)也罢。"

处乱不惊

一名歹徒冲进一家酒馆,连发两枪,大声喊道:"所有混蛋都给我滚出去!"顾客们纷纷夺门而逃,只有一人还站在柜台前不紧不慢地喝酒。歹徒走向他:"怎么?""没什么。"这位顾客从容地说:"看来混蛋还真不少,是不是?"

心里想

　　一群青年人在一起聚餐,有歌妓陪酒。大家在一起说说笑笑,唯有坐在首席的一位长者闭目叉手,端坐不看。酒席散,歌妓向长者索要重赏,长者拂衣而说道:"我又没看你,要什么赏钱!"歌妓用手拉着他说:"看的倒也无妨,倒是闭眼的想得独狠!"

不吃素

　　有个和尚和别人一起到一户人家吃宴席,主人见和尚是出家人,便问他:"师父能喝酒吗?"和尚笑着说:"酒倒是能喝些,只是不吃素。"

嫖客与妓女

　　有个嫖客与一妓女关系密切,相约同死,准备了鸩酒两盅。妓女让嫖客先饮,嫖客饮毕,催促妓女快饮,妓女说:"我的量窄,就免了这一盅吧。"

奶和尚秀才

　　某村之东,有桥一座,名增和桥。某日一秀才同一和尚携妓女饮于桥侧。席间和尚倡一酒令,即以增和桥三字为题各述自己本行,以作酒兴,遂首倡之曰:"有土地念增,无土地念曾,去了土边曾,添人便成僧,僧家人人爱,爱他好自在,又吃酒,又吃菜!"秀才接令曰:"有口也念和,无口也念禾,去掉和边口,添斗便成科,科家人人爱,爱他好义才,又吃酒,又吃菜。"最后轮至妓女,亦接令道:"有木也念桥,无木也念乔,去了桥边木,添女便成娇,娇家人人爱,爱她两大块,一个奶和尚,一个奶秀才,又吃酒,又吃菜。"

对句与出题

一个姓陆的官员与一个姓陈的官员一起饮酒。陆见陈头发稀少,便出句戏弄他说:"陈教授数茎头发,无法(发)可施(数)。"

陈答道:"陆大人满脸髭须,何须如此(髭)。"陆听了大为赞赏,又戏弄道:"两猿截木山中,这猴子也会对锯(句)?"陈对道:"匹马陷足泥内,此畜生怎得出蹄(题)!"

杜康庙

几个喜欢喝酒的人商议为酿酒的祖师杜康建一座庙。选好地基,破土动工时,掘地得到一块石碑。这时几个人都微有醉意,看东西已醉眼朦胧,见碑上依稀有"同大姐"字样,于是盖庙时就添加了一座后寝,将"同大姐"作为杜康的夫人。庙落成后,为隆重其事,就特地请来县令拈香。县令来到供奉杜康夫人的后寝,仔细看了碑文后大惊道:"这是周太祖的碑。"于是马上请人把碑移到庙外。县令晚上做了一个梦,梦见一个身着衮冕的人来道谢。县令问他,他说:"我是前朝周太祖,错配杜康为夫妇。若非县令亲识破,嫁给酒鬼一世苦。"

某领导

一领导酒后被扶到主席台上,坐定后说道:"上主食。"他的助手赶紧扶他去厕所醒酒。领导坐在马桶上吩咐:"开车!"助手看他实在不行了,就把他送回家。老婆帮他脱鞋并扶上床。这时领导亲切地抚摸着老婆的手问道:"小姐贵姓?"

修改上级文件

某处长写文字材料在局机关是数一数二的,但也有个癖好,就是爱修改别人的东西,以显示自己的才华。

一天下午,处长喝了一点酒,脑袋有点晕乎乎。恰好这时李干事送来了一个材料请处长阅看,处长一见材料,便来了精神,戴起眼镜,不管三七二十一拿着红笔就在上面修改,完毕交给李干事打印下发。李干事站在旁边显得很为难,便支支吾吾地说:"处长,这是上级发的文件还要修改吗?"处长一听马上答道:"噢! 上级的文件不是我们修改的范围,那就按原件转发吧!"

醒酒的东西

"我想我是喝多了,"老米对餐馆招待说,"给我拿点醒酒的东西来吧!"

"好的,"招待说,"我这就去拿账单!"

"啊! 这酒怎么这样贵!"

老米惊呆了,顿时醒了酒。

难堪的回答

某教授正在讲演大厅发表有关戒酒的演说。他举了一个例子:"你们想一想,假如这个讲台上有两个桶,一个装满水,一个装满酒,然后牵一头驴来,你们说,它会喝酒吗?"

台下一个学生大声回答:"不会?"

"为什么?"教授期待地问。

"因为它是一头驴!"

庆祝加薪

老板:"老王,上班时间,你怎么在办公室里喝酒?"

老王:"我这是在庆祝我最后一次加薪 20 周年啊!"

酒语六则

（一）

感情好,能喝多少算多少。

（二）

公家出钱我出胃,吃喝为了本单位。

（三）

人若不喝酒,白来世上走。

（四）

酒是粮食精,越喝越年轻。

（五）

跟着款哥走,拉着买单的手。

（六）

有酒不喝白不喝,掏钱不是你和我。

喝酒十则

（一）

兴也罢衰也罢喝罢,

穷也罢富也罢醉罢。

（二）

感情浅,舔一舔。

感情薄,喝不着。

感情深,一口吞。

感情厚,喝不够。

（三）

多吃菜,少喝酒。

吃不了,兜着走。

（四）

不贪污，

不受贿，

吃吃喝喝有啥罪？

（五）

酒量是胆量，

酒瓶是水平，

酒风是作风，

酒德是品德。

（六）

吃半天，喝半天，

酒足饭饱睡半天，

要办的事等明天，

天天如此赛神仙。

（七）

半斤酒，漱漱口，

一斤酒，照样走，

两斤酒，墙走我不走。

（八）

上午是包公，

中午是关公，

下午是济公。

（九）

早晨别喝多，上午有工作；

中午别喝醉。下午要开会：

晚上要喝少，老婆还得找。

（十）

天天喝酒天天醉，

喝得伤肝又伤胃；

喝得手软脚也软，
喝得记忆大减退；
喝得群众翻白眼，
喝得单位缺经费；
喝得老婆流眼泪，
晚上睡觉背靠背。

"酒"字箴言

能喝八两喝一斤，这样的同志可放心；
能喝一斤喝八两，这样的同志要培养；
能喝白酒喝啤酒，这样的同志要调走；
能喝啤酒喝饮料，这样的同志不能要。

"会"在酒乡开

会在酒乡开，会议巧安排；
厂家暗皱眉，佯笑迎客来。
今日喝"董酒"，明天品"茅台"；
后天"鸭溪窖"，再把"习水"开。
正客十余位，陪客多三倍；
宾主笑眼开，意在喝个醉。
索赠多慷慨，每人几瓶揣；
肚怀大如海，下次还要来。

古为今用

李时珍孙思邈扁鹊华佗，
不看病不采药专事卖酒；

王羲之曹子建杜甫李白，
不写字不作诗酒楼走穴；
诸葛亮范仲淹包公海瑞，
不当官不谋政举杯买醉；
杨家将岳家将秦佣汉佣，
不习武不打仗与酒联营；
孙悟空猪八戒武大焦大，
不吃饭不喝茶酒家天下；
老子庄子孙子孔子孟子，
弃哲学废兵书光临酒市；
不入股不分红不签合同，
借名人赚大钱古为今用。

老规矩

检查团进养鸡场，场里摆宴招待忙，
佳肴美味挤满桌，茅台特曲扑鼻香……
客人醺然含笑去，会计悄声问场长：
"是否仍照老规矩，费用记入饲料账？"

仿宋诗

山外青山楼外楼，公款吃喝几时休。
靡风熏得公仆醉，直把神州当汴洲。

仿陆游《钗头凤》

私家宴，公家酒，大吃大喝天天有。
客一个，陪满桌，猜拳行令，也算工作。

错！错！错！

酒如旧，人苦透，党纪国法全忘丢。

狂言多，理智薄，长此以往，误党误国。

莫！莫！莫！

仿虞美人·公费宴请何时了

公费宴请何时了，花费知多少？

灯红酒绿又香风，千个亿元吃掉在其中。

艰苦奋斗今安在，不怕红旗改？

问君为甚不知羞，竟把振兴华夏付东流。

仿李清照《如梦令》二则

（一）

昨夜雨疏风骤，浓睡不消残酒。

试问贵夫人，却道"醉容依旧"。

"知否？知否？已是己肥公瘦！"

（二）

昨夜饮酒过度，头晕不知归路。

迷乱中错步，误入树林深处，

呕吐，呕吐，惊起夜鸟无数。

成败好坏都因酒

酒是杜康造传流，能和万事解千愁。

成败好坏都因酒，洞宾醉倒岳阳楼。

李白贪酒溺江心，刘伶大醉卧荒丘。

盘古至今流誉世。酒迷真性不回头。

贪酒歌

老夫性与命,全靠水边西。
宁可不吃饭,节饮知谨守。
每常十遍饮,今番一加九。
每常饮十升,今番只一斗。
每常一气吞,今番分两口。
每常床上饮,今番地下走。
每常到三更,今番二更后。
再要裁减时,性命不值狗。

喝酒的好处

喝酒可以当借口,对谁有怨气就大打出手!
第二天赔个不是——我昨天喝了很多酒。
喝酒可以当借口,看谁不顺眼就骂个够!
第二天赔个不是——我昨天喝了很多酒。
喝酒可以当借口,昨天一伙人跟在我身后。
上来把我打得鼻青脸肿! 我喝酒太多没还手。
喝酒可以当借口,昨天有人跟我走。
上来把我骂得狗血喷头,我喝酒太多没还口。

酒后

走路东摇西晃,撒尿直淌裤裆。
回家不认家门,睡觉以地当床。

胃的今昔

想当年,胃是铁,喝酒三斤吃三鳖。
到如今,胃溃疡,喝口白水还吐血。

喝酒四部曲

彬彬有礼地敬酒,死乞白赖地劝酒,
不依不饶地罚酒,蛮横强硬地灌酒。
敬酒时轻言轻语,劝酒时花言巧语,
罚酒时粗言粗语,灌酒时恶言恶语。

体验

今朝体验受熬煎,生死由之命在天。
尿少且黄前列腺,口馋怕得脂肪肝。
心强何必先停酒,肺健无须早戒烟。
莫怪胸中多块垒,只因世界不平安。

吃喝风

除却琼筵无别求,羽觞飞舞足风流。
浮生若梦须当醉,哪管民贫与国忧。

仿电影《红高粱》插曲

花高价,买名酒,名酒待客堪应酬。
好酒! 好酒! 好酒!

喝了咱的酒,钢铸铁打变温柔;

喝了咱的酒,慷慨激昂化乌有;

喝了咱的酒。不想点头也点头;

喝了咱的酒,不愿举手也举手。

一四七,三六九,九九归一跟酒走。

好酒! 好酒! 好酒!

花高价,买名酒,名酒送礼赶火候;

好酒! 好酒! 好酒!

喝了咱的酒,官大难把威风抖;

喝了咱的酒,权重也将关卡收。

喝了咱的酒,方寸一乱万念休;

喝了咱的酒,党纪国法一边丢;

一四七,三六九,九九归一跟酒走。

好酒! 好酒! 好酒!

华室铭

官不在高,有威则名;

职不在大,有权则灵。

斯是别墅,唯我独尊;

茅台千盏绿,龙井一杯清。

谈笑有高官,往来无下层。

可以卧高枕,醉太平。

无国法之逆耳,无群众之呼声。

东阁暖气管,西厢电视屏。

嘻嘻乎,何罪之有?

诀窍铭

位不在高,头尖则灵;

官不在大,手长则行。

斯是诀窍,唯吾钻营。

对上抱粗腿。对下用私人;

吹牛行红运,拍马不碰钉。

可以开后门,讲交情。

无正义之细胞,无原则之准绳。

烟酒来开路,有钱能通神。

孔子曰:何鄙之有?

第十一节　酒与楹联

1.醉汉骑驴,步步点头算酒账;

艄公摇橹,深深作揖讨船钱。

2.道童锅里煎茶,不知罐煮(观主);

和尚墙头递酒,必是私沽(师姑)。

3.贾岛醉来非假倒,刘伶饮尽不留零。

4.无求不着看人面,有酒可以留客谈。

5.玉樽盈桂酒,河伯献神鱼。

6.酌酒花间,磨针石山;

倚剑天外,挂弓扶桑。

7.击筑且高歌,英雄意洽三杯酒;

弹琴复长啸,壮士胸罗八万兵。

8.独上西湖,天淡银河垂地;

高斟北斗,酒酣鼻息如雷。

9.人在画桥西,冷香飞上诗句;

酒醒明月下,梦魂欲断苍茫。

10.客已至矣,庭前准备茶汤;

宾既来兮,厨下安排酒席。

11.谯楼上,咚咚咚,铿铿铿,三更三点,正合三杯通大道;

草堂前,你你你,我我我,一人一盏,但愿一醉解千愁。

12.未言心先醉,不在接杯酒。

13.林间煮酒烧红叶,石上题诗扫绿苔。

14.楼雄三楚,水汇百川,镇落名区,依旧雕梁画栋;

大地兵销,遥天烽靖,悠谈往事,拓开酒胆诗肠。

15.襟江带湖,撑天拔地,喜前番古迹重新,独当半壁;

望云招鹤,载酒题诗,愿从此斯楼无恙,永镇中流。

16.鹤舞帆飞,两水浪开东海月;

楼成景换,五洲客醉楚天春。

17.对月临风,有声有色;

吟诗把酒,无我无人。

18.放不开眼底乾坤,何必登斯楼把酒;

吞得尽胸中云梦,方可对仙人吟诗。

19.湖景依然,谁为长醉吕仙,理乱不闻惟把酒?

昔人往矣,安得忧时范相,疮痍满目此登楼!

20.酒家何处?杨柳低垂,每当月白风清,胜地也应招子美;

潭水依然,桃花无恙,到此神怡心旷,前身或许是王伦。

21.此江若变作春酒;问余何事栖碧梧。

22.凭栏看真面庐山,顾盼自雄,苍莽乾坤双剑颖;

把酒吊小乔夫婿,翔游宛在,迷茫烟水一亭秋。

23.请看世俗如棋,天演竞争,万国人情同剧里;

好向湖亭举酒,烟波浩渺,双峰剑影落樽前。

24.悲欢聚合一杯酒;南北东西万里程。

25.游客到来须饮酒;先生在上莫题诗。

中华酒典

26.莫上层峦,睹江水狂澜,酒不尽英雄涕泪;
聊倾蚁酒,听秋林落叶,感从来才子飘零。

27.名士青衫千日酒;故人红豆两家灯。

28.黄酒白酒都不论;公鸡母鸡只要肥。

29.醉歌田舍酒;笑读古人书。

30.喜酒香浮蒲酒绿;榴花艳映佩花红。

31.名花艳映同心缕;美酒春留婪尾杯。

32.诗题红叶同心句;酒饮黄花合卺杯。

33.酒酿黄花,情联鸾凤;诗题红叶,梦占熊罴。

34.两小无猜,一个古钱先下定;
四方多难,三杯淡酒便成亲。

35.北海开樽,西园载酒;南山献礼,东阁延宾。

36.樽酒昔言欢,烛剪西窗,犹忆风姿磊落;
人琴今已杳,梅残东阁,只余月影横斜。

37.江上此台高,向坡颍而还,千载读书人几个?
蜀中游迹遍,喜嘉峨特秀,扁舟载酒我重来。

38.共对一樽酒;相看万里人。

39.为名忙,为利忙,忙里偷闲,吃杯茶去;
劳心苦,劳力苦,苦中作乐,斟碗酒来。

40.件件随心,饥有佳肴醉有酒;
般般适口,冷添汽水热添茶。

41.拔塞千家醉;开坛十里香。

42.瓶中色映葡萄紫;瓮里香浮竹叶青。

43.酒味冲天,飞鸟闻香化凤;
糟粕落地,游鱼得味成龙。

44.铁汉三杯脚软;金刚一盏头摇。

45.猛虎一杯山中醉;蛟龙两盏海底眠。

46.酿成春夏秋冬酒;醉倒东西南北人。

47.风来隔壁千家醉;雨过遥闻十里香。

48.消愁有绿蚁;解忧惟杜康。

49.闲开东阁索梅笑;坐对西湖把酒樽。

50.韩愈送穷,刘伶醉酒;江淹作赋,王粲登楼。

51.东不管西不管酒管;兴也罢衰也罢喝罢。

52.人座三杯醉者也;出门一拱歪之乎。

53.劝君更尽一杯酒;与尔同消万古愁。

54.挹东海以为觞,三楚云山浮酒里;
酿长江而作醴,四方豪杰集楼头。

55.世间无比酒;天下有名楼。

56.嫩寒锁梦因春冷;芳气袭人是酒香。

57.风约暗香清酒政;月邀诗影伴诗魂。

58.杯小乾坤大;壶中日月长。

59.掩鼻人间臭腐物;古来唯有酒偏香。

60.马上相逢须尽醉;明朝知隔几重山。

61.不醉多愁醉多病;几回爱酒又停杯。

62.劝君更饮一杯酒;一月人生笑几回。

63.有酒欲共饮;无宾可同欢。

64.观棋不语真君子;把酒多言是小人。

65.把酒不能饮;苦泪滴酒觞。

66.浊酒不妨留客醉;好山常是被云遮。

67.还持千日醉;共作百年人。

68.愿君把酒休惆怅;四海由来皆兄弟。

69.樽酒乐余春;棋局消长更。

70.人生有命非由他;有酒不饮奈明何?

71.人世几登高;寂寞黄花酒。

72.莫漫愁酤酒;囊中自有钱。

73.小儿误喜朱颜在;一笑哪知是酒红。

74.山僧过岭看茶老;村女当炉煮酒香。

75.独酌看流水;山花映酒杯。

中华酒典

76.人分千里外;兴在一杯中。

77.及时行乐地,春也乐,夏也乐,秋也乐,冬来寻诗风雪中,不乐也乐;

翘首仰仙踪,池也仙,林也仙,山也仙,我今买醉黄龙里,非仙也仙。

78.彩电喜收,无须再烟酒烟酒;

茅台笑纳,不妨先酌斟酌斟。

79.能烟、能酒、能扯皮,亦能钩心斗角;

善饮、善拍、善蛊惑,更善舞弊营私。

80.时代不同了,儿媳洞房花烛,爹娘破产忧心,问这般喜酒,是甜？是酸？是涩？

世风日下矣,金钱丧伦乱志,道德扫地蒙尘,看如此家庭,可叹！可怜！可悲！

81.因火生烟,若不撇去终是苦;

水酉为酒,人能回头便成人。

82.天阁正重修,畅谈今古文章,应追怀屈子九歌,贾生三策;

心田须广种,描写江山风月,好同那醉翁把酒,骚客题诗。

83.上盘山,走盘山,盘桓数日;

游热河,喝热酒,热闹一番。

84.扣舷而歌,风起云涌;

举酒属客,月明星稀。

85.放歌自得,心旷神怡,尽教风雪江湖,梦里不知身是客;

逸兴遄飞,酒酣耳热,难得烟花鱼鸟,老来专以醉为乡。

86.未免有情,忆酒绿灯红,一别竟惊春去了;

谁能遣此,恨梁空泥落,何时重盼燕归来。

87.举杯邀月饮;骑马踏花归。

88.玉帝行兵,风马雨箭云旗雷鼓天为阵;

龙王设宴,日灯月烛山肴海酒地作盘。

89.不拘乎山水之形,云阵皆山,月光皆水;

有得于酒诗之意,花酣也酒,鸟笑也诗。

90.座上不乏豪客饮;门前常扶醉人归。

91.楼外揽西施,风情最爱花雕酒;

坟前拜苏小,妒意难忘醋熘鱼。

92.一发酒疯思吞海;几度诗狂欲上天。

93.三代铜,西汉瓦,六朝砖,从吾所好;

五车书,七弦琴,一壶酒,此外何求。

94.下棋饮酒,一着一酌;弹琴赋诗,七弦七言。

95.此地孕大地灵奇,曲水潆洄资映带;

闲坐忆故乡风景,杯酒谈笑语从容。

96.天天饮酒天天醉;醉醉登楼醉醉天。

97.琼筵坐海外风光,偶为时日消闲,近局与抬邀,只应追太白自吟,刘伶醉酒;

华构会中原人物,犹助江山信美,长天同俯仰,休再拟兰亭作赋,王粲登楼。

98.父介眉,子画眉,扬眉吐气;

堂寿酒,房喜酒,把酒为欢。

99.酉卒是醉,目垂是睡,吕洞宾高卧岳阳楼,不知他是醉还是睡;

月半为胖,月长为胀,秦夫人怀抱大肚子,谁识彼肚胖或肚胀。

100.冰凉酒,一点水二点水三点水;

丁香花,百字头千字头万字头。

101.法酒调神气;清琴入性灵。

102.和尚上楼,楼高梯短,和尚如何上;

尼姑沽酒,酒美价廉,尼姑实宜沽。

103.香浮郁金酒;烟绕凤凰樽。

104.酒香十里春无价;醉买三杯梦也甜。

105.仙醴酿成天上露;香风占到世间春。

106.琼浆玉液名大卜;闻香不禁口流涎。

107.一杯香露落入口;千粒珍珠滚下喉。

108.三杯入腹浑身爽;一滴沾唇满口香。

109.风来隔壁三家醉;雨过开瓶十里香。

110.陈酿美酒迎风醉;琼浆玉液透瓶香。

111. 沽酒客来风亦醉;欢宴人去路还香。

112. 远客来沽,只因开坛香十里;

近邻不饮,原为隔壁醉三家。

113. 三杯能壮英雄胆;两盏便成锦绣文。

114. 周文王访太公知味停车;汉萧何追韩信闻香下马。

115. 情多最恨花无语;愁破方知酒有权。

116. 知道醉乡无户税;任他荒却下丹田。

117. 酒泉芳香眠龙凤;杜康甘醇醉神仙。

118. 开坛千君醉;上桌十里香。

119. 楼小乾坤大;酒香顾客多。

120. 壶空怕酌一杯酒;笔下难成和韵诗。

121. 日日得钱惟买酒;不愁醉倒有儿扶。

122. 不惜千金一醉君;唤歌催舞语纷纷。

123. 斗酒纵横天下事;名山风雨百年心。

第十二节　酒与谚语

1. 熬酒煮酒,谁也不敢称老手。

2. 熬糖做酒,越吃越有。

3. 把酒犯令不受罚,痴顽。

4. 白酒红人面,黄金黑人心。

5. 白酒酿成筵好客,黄金散尽为诗书。

6. 办酒容易请客难,请客容易款客难。

7. 半夜残灯天晓月,老健春寒酒后热。

8. 半壶酒摇得呱呱响。

9. 苞谷饭,小豆汤,越吃越香;点点酒,常常有,细水长流。

10. 杯酒块肉皆前定。

11. 背人偷酒吃,冷暖自家知。

12.背巷出好酒。

13.避色如避难,冷暖随时换,少饮卯时酒,莫吃申时饭。

14.薄薄酒,胜茶汤;粗粗布,胜无裳;丑妻恶妾胜空房。

15.不喝酒,不抽烟,三年积下无数钱。

16.不信但看筵中酒,杯杯先敬有钱人。

17.不吃酒者脸不红,不做贼者心不惊。

18.不贪意外财,不饮过量酒。

19.不吃奔牛酒,枉在江湖走。

20.不吃酒的人脸不红。

21.不吃酒者脸不红,不做贼者心不惊。

22.不可大饱入房,大饱入房伤脾胃;不可大醉入房,大醉入房伤骨骼;不可大疲入房,大疲入房伤其筋;不可大怒入房,大怒入房伤其精。

23.茶为花博士,酒是色媒人。

24.茶坊酒馆议闲事。

25.茶头酒尾饭中间。

26.茶酒饭肴匀着吃。

27.财乃身之胆,酒者色之媒。

28.柴米夫妻,酒肉朋友,盒儿亲戚。

29.娼妓卖酒,两样货。

30.长夜酒能淹社稷。

31.吃三成酒,装七成疯。

32.吃人酒饭,与人抬担;得人钱财,与人消灾。

33.吃了酒的嘴软,拿了钱的手软。

34.吃了无钱酒,耽搁了值钱的工夫。

35.吃饭不拉呱,酒醉不骑马。

36.吃酒念家贫。

37.吃酒要给提瓶的说。

38.吃酒、抽烟、赌钱,费钱、碍事、荒田。

39.吃酒不言真君子,财帛分明大丈夫。

40.吃酒吃厚,赌钱赌薄。

41.吃酒没人敬,说话没人信。

42.吃酒不吃菜,各人心头爱。

43.吃酒三年没有钱,戒酒三年也没钱。

44.吃酒赌博不用教。

45.吃酒三年穷,戒酒三年穷。

46.吃酒不吃菜,必定醉得快。

47.吃酒包婆娘,亦空三千粮。

48.吃了哪家酒,就说哪家话。

49.吃酒舐盘子,定是肚里饥;上炕不脱鞋,定是袜子破。

50.抽烟喝酒瞎胡混,省不下粮食攒不下粪。

51.仇人面前满筛酒。

52.聪明人买漏酒瓮。

53.大饮则血脉闭,大醉则神散。

54.大醉入房,气竭肝伤。丈夫则精液衰少,阳痿不起;女子则月事衰微,恶血淹留,生恶疮。

55.打酒卖砂糖,做一行怨一行。

56.打酒吃不醉,买米吃不饱,割肉吃不伤。

57.打坏一坛酒,结坏一门亲。

58.大道劝人三件事:戒酒、除花、莫赌钱。

59.大酒醉人,大话恼人。

60.但得酒中趣,莫为醒者传。

61.淡酒多杯也醉人。

62.得饮酒时且饮酒。

63.地方吃酒骂四邻。

64.第一杯,人饮酒;第二杯,酒饮酒;第三杯,酒饮人。

65.东家置酒客制令。

66.动为纲,酒少量,素为常,心舒畅。

67.肚子里有牢骚不敢喝酒。

68.杜诗颜字金华酒,海味围棋左传文。

69.断送一生唯有酒。

70.对酒当歌,人生几何。

71.饭胀脓包客,酒醉聪明人。

72.饭饱不洗澡,酒醉不剃头。

73.饭上加酒哪里有。

74.夫酒为毒药,酒为毒水,酒为毒气。众失之原,众恶之本。

75.富翁三餐猪肉酒,穷人三餐吃草糠。

76.富家一席酒,穷人半年粮。

77.富人天天吃酒谈欢,穷人节日愁眉苦脸。

78.富人花天酒地,穷人呼天唤地。

79.改朝不换代,旧瓶装新酒。

80.高酒卖深巷,深巷出好酒。

81.公子登筵,不醉便饱;壮士临阵,不死即伤。

82.狗乃虎之酒。

83.过日子怕三壶:酒壶、茶壶、烟壶。

84.喊的是酒,买的是醋。

85.好人说不坏,好酒搅不酸。

86.好酒不怕酿,好人不怕讲。

87.好人说不坏,好酒酿不坏。

88.好酒说不酸,酸酒说不甜。

89.好人不入三场:赌场、酒场、杀人场。

90.好酒担不住三杯呷。

91.好酒只一壶,毒药不用多。

92.好酒奿肉待女婿,好粪好料上秧田。

93.好饭不过高粱酒。

94.好茶者不入酒楼。

95.好酒者懒入茶房。

96.喝了人家的酒,跟着人家走。

中华酒典

97.喝酒是个里套棉,十天够个棉袄钱。

98.喝酒向提壶的要钱。

99.喝酒越喝越厚,耍钱越耍越奸。

100.喝酒喝厚了,赌钱赌薄了。

101.喝酒还是老烧,杀人还是小刀。

102.喝酒不醉最为高,贪色不迷逞英豪。

103.喝酒喝到人肚里,说话说到人心里。

104.喝酒莫说花钱少,仨月不喝做件袄。

105.喝醉酒不认酒钱。

106.喝不尽沽来酒,还不清前生债。

107.喝凉酒使贼钱,早晚是病。

108.胡萝卜就烧酒,仗个干脆。

109.壶中无酒难留客,池里没水难养鱼。

110.话是酒赶的,兔是狗赶的。

111.花花酒吃垮家当,绵绵雨打湿衣裳。

112.花下藕,胎下韭,新来媳妇干撒酒。

113.饥时不嫌恶食,薄酒胜过酽茶。

114.戒酒戒头一盅,戒烟戒头一口。

115.今日有酒今日醉,明日没酒喝凉风。

116.今朝有酒今朝醉,莫管门前是与非。

117.今日饮酒者私情,明日犯罪者公法。

118.今天有酒今天醉,哪管明天剑割头。

119.井水当酒卖,还说猪无糟。

120.酒后吐真言。

121.酒好不怕巷子深。

122.酒逢知己千杯少。

123.酒不醉人人自醉。

124.酒囊饭袋烟荷包。

125.酒肉朋友遍地有,危难朋友半个无。

126.酒醉是英雄,酒醒是狗熊。

127.酒多血气皆乱,味薄神魂自定。

128.酒是烧身硝焰,色为割肉钢刀。

129.酒者,五谷之华,味之至也,亦能损人。然美物难将而易过,养性所宜慎之。

130.酒,饮之体软神昏,是其有毒也,损益兼行。

131.酒者,昏乱人之心情。

132.酒敬救火的,不如先听防火的。

133.酒后人不好,雨后路不好。

134.酒后狂言醒时悔。

135.酒后无德。

136.酒后吐真言。

137.酒多伤身,气大伤人。

138.酒色毒如刀。

139.酒色祸之媒。

140.酒逢知己饮,诗向会人吟。

141.酒逢知己千杯少,话不投机半句多。

142.酒逢知己频添少,话若投机不厌多。

143.酒逢知己千杯少,不遇知音不与谈。

144.酒逢爱饮千杯少,话若难听半句多。

145.酒逢闷事难归口,话不投机且脱身。

146.酒逢知己惟嫌少,话若投机不怕多。

147.酒落欢肠千杯少,酒落愁肠烦恼多。

148.酒多伤身又误事,美色尤是刮骨刀。

149.酒是穿肠毒药,色是刮骨钢刀,恨是惹祸根苗。

150.酒有烂面之功。

151.酒有一日之长。

152.酒好不怕巷子深。

153.酒入宽肠。

154. 酒入舌出。

155. 酒龄如年龄。

156. 酒令如军令。

157. 酒令严于军令。

158. 酒酣耳热。

159. 酒香不怕价高。

160. 酒香虽好多饮醉,坏人良言意在外。

161. 酒不醉人人自醉,色不迷人人自迷。

162. 酒不言公。

163. 酒中不语真君子,财上分明大丈夫。

164. 酒中有误。

165. 酒中含毒,色上藏刀。

166. 酒吃人情饭吃饱。

167. 酒吃头杯,茶吃两盏。

168. 酒吃仁义肉吃味,饭吃多了打瞌睡。

169. 酒肯吃,面不肯红。

170. 酒发心腹之言。

171. 酒壶嘴,触倒入。

172. 酒朋饭友,没钱分手。

173. 酒养神,肉养膘。

174. 酒食地狱。

175. 酒席筵间分上下。

176. 酒席筵间无宾主。

177. 酒在肚里,事在心里。

178. 酒在心头,事在肚里。

179. 酒在习,马在骑。

180. 酒在口头,事在心头。

181. 酒在瓶中不能止渴。

182. 酒多人癫,书多人贤。

183.酒多犯心思。

184.酒囊饭袋烟荷包,何尝值得半分毫。

184.酒囊饭袋茶竹管。

185.酒无好酒,宴无好宴。

187.酒色人人爱,财帛动人心。

188.酒色财气四大害。

189.酒色是耽,如双斧伐枯树。

190.酒肉朋友多多有,落难之中半个无。

191.酒肉朋友朝朝有,患难之交一世无。

192.酒肉兄弟千个有,急难之时一个无。

193.酒肉兄弟要好,当脱一件布袄。

194.酒肉朋友好找,患难之交难逢。

195.酒肉当先,青草连遍。

196.酒肉穿肠吃,王法依正行。

197.酒肉穿肠过,佛在心头坐。

198.酒肉红人面,财色动人心。

199.酒醉如泥,酒醒悔不及。

200.酒醉心不醉。

201.酒醉还需酒来解。

202.酒醉吐真言。

203.酒醉不在浅满上。

204.酒醉英雄汉,饭胀傻老三。

205.酒醉心明,骂得仇人。

206.酒醉人邋遢,馍里有疙瘩。

207.酒醉话在心。

208.酒醉不知愁。

209.酒醉道真情。

210.酒醉心里明,银钱不让人。

211.酒醉总有一醒,财迷永无止境。

中華酒典

212.酒能乱性。

213.酒能合欢。

214.酒能伐性,色能戕身。

215.酒能成事,酒能败事。

216.酒要少吃,事要多知。

217.酒要少喝,话要少说。

218.酒似淳安知县彻底清。

219.酒头茶脚。

220.酒为色媒,色为酒媒。

221.酒情薄似海,色胆大如天。

222.酒荒色荒,有一必亡。

223.酒乱性,色迷人。

224.酒到散筵欢趣少,人逢失意叹声多。

225.酒解愁肠。

226.酒肠宽似海。

227.酒店里开了市,就挑出望布来了。

228.酒饮席面,话讲当面。

229.酒病酒药医。

230.酒道真情。

231.酒盅虽小淹死人。

232.酒,自己喝了头痛,别人喝了心疼。

233.酒缸子里的乌龟,手到擒来。

234.酒是歪吃,事是正应。

235.酒是高粱水,醉人先醉腿。

236.君子吃酒沉沉醉,小人吃酒乱癫狂。

237.君子避酒客。

238.尽情饮酒,莫管人事。

239.交人交到鬼,打酒买到水。

240.叫花子不吃打的酒,要吃哪里有。

241.渴时一滴若甘露,醉后添杯不如无。

242.客来茶当酒,意好水也甜。

243.腊月有雾露,无水做酒醋。

244.毛毛雨,打湿衣裳;杯杯酒,吃垮家当。

245.媒人吃了干杯酒,原人不肯没奈何。

246.没下马,先敬酒。

247.门上没挂牌,谁知你卖酒?

248.美酒饮到微醉后,好花看到半开时。

249.卖酒三年该水钱,卖纸三年该鬼钱。

250.卖瓜的不说瓜苦,卖酒的不说酒薄。

251.莫吃卯时酒,昏昏醉到西;莫打酉时妻,一路受孤栖。

252.宁得醇酒消肠,不与日月争光。

253.宁学斟酒意,莫学下棋心。

254.宁食毒药不得饮酒,宁入大火不得嗜欲。

255.怕老婆,有酒喝。

256.瓶是借的,酒是赊的。

257.平常不喝酒,余钱手里有。

258.乞浆得酒。

259.千家吃酒,一家还钱。

260.亲戚朋友拉一把,酒挨酒来茶挨茶。

261.青椒就酒,一口顶两口。

262.清清之水,为土所防;济济之士,为酒所伤。

263.清平豆腐杨老酒,黄丝姑娘家家有。

264.请客吃酒量家当。

265.劝人吃酒,绝无恶意。

266.劝人吃酒,总有恶意。

267.劝尔莫吃瓮头春,做件衣衫穿在身;目今世界人情薄,只重衣衫不要人。

268.人间路窄酒杯宽。

269.人有三迷:酒迷、色迷、财迷。

270.人无羔羊美酒,焉能适众人口。

271.人情若好,吃水也甜;人情不好,吃酒也嫌。

272.人之将死,恶闻酒肉之味;邦之将亡,恶闻忠臣之气。

273.若要断酒法,醒眼看醉人。

274.三年不喝酒,吃穿啥都有。

275.三年不喝酒,家里样样有。

276.三十六家花酒店,七十二座管弦楼。

277.三茶五酒十八袋烟,不怕主人喊皇天。

278.杀猪吊酒,多把人手。

279.生仔姑娘醉酒佬。

280.十分酒量吃了七八分,健脾活血养精神;一分酒量吃了十二分,打得人来骂得人。

281.时来易觅金千两,运去难赊酒一壶。

282.食惟半饱无兼味,酒至三分莫过频。

283.世事要多知,香酒要少吃。

284.世财、红粉、高楼酒,谁为三般事不迷。

285.死狗肉不能上酒席。

286.神仙不禁酒,以能行气壮神,然不过饮也。

287.讨饭讨得久,总要碰上一餐喜事酒。

288.贪酒不顾身,爱色不顾病;争财不顾亲,斗气不顾命。

289.天有酒星,地有酒泉,人有酒缘。

290.天上下雨地下滑,自己跌倒自己爬,亲戚朋友拉一把。酒换酒来茶换茶。

291.天好酒肉饭,雨落钉鞋伞。

292.调神气,慎酒色,节起居,省思虑,薄滋味者,长生之大端也。

293.歪缸出好酒。

294.为人莫学吹鼓手,坐在阶台喝冷酒。

295.卫生切要知三戒:大怒、大欲并大醉,三者若还有一焉,须防损失真元气。

296.无钱方断酒,临老始看经。

297.无酒不成席,无令不成欢。

298.无酒无浆,不成道场。

299.喜酒闷茶无拒的烟。

300.细雨能打湿衣裳,豆腐酒吃掉家当。

301.下不了高粱本,喝不到老烧酒。

302.先钱后酒,吃了就走。

303.嫌饭的饿煞,贪酒的醉煞。

304.消忧莫若酒,救贫莫若勤。

305.行要好伴,住要好友;引酵发酸,哪得好酒。

306.熊食盐而死,獭饮酒而毙。

307.延颈望酒,不入我口。

308.要吃好酒亲家公,要落好雨东北风。

309.要吃无钱酒,须用功夫守。

310.要得一天不好过,吃杯早酒;要得一辈子不好过,讨两个小老婆。

311.要使肝肺畅,须禁烟和酒。

312.药治不了假病,酒解不了真愁。

313.野花偏艳目,村酒醉人多。

314.一家十五口,七嘴八舌头,你要吃猪肉,他要喝烧酒。

315.一缸不出两样酒,一树不开两样花。

316.一尺布,不避风;一碗酒,暖烘烘。

317.一斤酒装进十六两的瓶子里,正好。

318.一分醉酒,十分醉德

319.一碗甜酒脸红润,十碗甜酒病缠身。

320.一杯酒暖烘烘,半夜里喊寒虫。

321.一壶浊酒喜相逢,古今多少事,都付笑谈中。

322.一壶酒,一竿身,世上如侬有几人?

323.一日之忌,暮无饱食;一月之忌,暮无大醉;一岁之忌,暮须远内;终身

中华酒典

之忌,暮常护气。

324.一杯酒,万种情,挥手送君行。

325.以酒为浆,以妄为常,醉以入房,以欲竭其精,以耗散其真,不知持满,不时御神,务快其心,逆于生乐,起居无节,故半百而衰也。

326.饮酒不饮酒,总要坐得久。

327.饮酒不醉,甚于活埋。

328.饮酒不谈公事。

329.饮酒以散愁,服药以去病。

330.饮酒千杯不计数,交易分毫莫含糊。

331.饮酒忌大醉,诸病自不生。

332.饮酒过度,则失身体之调,以致疾病也。

333.饮酒可以陶情性,大饮过多防有病。

334.饮酒莫教令大醉,大醉伤神损心志。

335.有钱不买醋酒吃。

336.有钱有酒,必有朋友。

337.有钱有酒款远亲,火烧盗抢喊四邻。

338.有酒有肉款朋友,急难之中叫四邻。

339.有了好邻居,又吃酒又戴花;没有好邻居,又挨板子又顶枷。

340.有酒有肉皆兄弟,无柴无米不夫妻。

341.有酒有肉多兄弟,急难何曾见一人。

342.有酒想着没酒时。

343.有酒胆,无饭胆。

344.有酒不吃要吃醋,有香不闻要闻臭。

345.有花方酌酒,无月不登楼。

346.有学问的人像酒瓶,肚大嘴小;"半桶水"的人像漏斗,肚小嘴大。

347.月到中秋明似镜,酒逢知己胜同胞。

348.养疾扶衰在酒,清神爽气唯茶。

349.乱性多因纵酒,损真慎勿伤茶。

350.狂饮伤身,暴食害胃。

351.怒后勿食,食后勿怒,醉后勿饮冷,饱食勿便卧。

352.软蒸饭,烂煮肉,少饮酒,独自宿。

353.凡聚精之道,一曰寡欲,二曰节劳,三曰息怒,四曰戒酒,五曰慎味。

354.再三防夜醉,第一戒晨嗔。

355.糟鼻子不吃酒,枉担其名。

356.早茶晚酒饭后烟。

357.招风败肾,毁筋腐骨,莫过于酒。

358.坐卧防风来脑后,脑内入风人不寿;更兼醉饱卧风中,风才着体成灾咎。

359.蒸酒染布,到老不免有误。

360.正月酒,家家有。

361.正直的男人不能陶醉于烈性的酒浆。

362.只管跟着喝喜酒,不管他娘嫁给谁。

363.只愿吃欢喜酒,不愿吃皱眉粮。

364.自打鼓,自划船,自吃酒,自开钱。

365.自无酒吃,怪人脸红。

366.最醇的酒会成为最酸的醋。

367.最好的下酒菜是知心言语。

368.醉后没不说的话。

369.醉后相骂,劝不得。

370.醉后许物,无凭据。

371.醉客逃席,必不来。

372.醉汉讲的是自己设想的,小孩说的是自己看见的。

373.醉汉不说误事。

374.醉汉、疯子心里明。

375.醉饱不入房。

376.醉死了不认酒钱。

377.醉是醒时言。

378.醉里乾坤大。

中华酒典

379.醉后强饮饱强食,未有此身不生疾。

380.醉饱莫行房,五脏皆翻覆。

381.醉卧当风,使人发喑。

第十章　酒令大观

第一节　酒令漫话

正如逐渐湮灭于历史的文化习俗和礼仪一样，酒令，这明白晓畅又铿锵易读的两个字，对年轻的一代来说，是多么陌生，又多么新奇！

酒令，它有悠久的历史，有过辉煌的兴盛，留下了丰富的佳话趣闻，贯穿了热烈的历练人生，也悄悄地埋伏下来，潜移默化地再现于现实当下；

酒令，它标树文化中的雅俗共存和分层发展，林林总总、五彩缤纷，却总是包含着一种人生的智慧，认同着一种公平的竞赛规则和游戏态度；

酒令，它是中国人特有的娱乐方式，也反映出中国人特有的人生态度，它以超迈的独特性保存在世界文化的万有文库中，需要回顾，需要总结，需要删减整理，需要批评匡正；

酒令，还可以有振兴的机会，还可以在被过度俗化的边缘得到拯救，还可以涌现出新的发展生机，形成一道时代的新的文化风景线。

酒令，你很悠久

酒令具有悠久的历史，大致起源于西周的酒官制度，滥觞于春秋战国，经历了两汉、魏晋、南北朝，完备于隋唐，又经由宋、元、明，在清代达到巅峰。

我们的祖先的确了不起,不但酿出了美酒,还发明了饮酒的种种法子,人见人爱,人见人乐。好吧,让我们沿着先人的足迹,去领略一下酒令的历程吧。

(一)西周:酒令是一种节制饮酒的礼仪制度

西周制造了包括天子大宗、属国臣服、爵位分封、土地分配、阶级划分等一系列巩固奴隶制统治的礼仪制度,有点走火入魔地热衷。在这样的政治局面和舆论氛围下,酒令作为礼仪制度的一个分支,也同样具有它的森严性。西周的酒官制度是什么样的呢?

第一,设立一个饮酒的监督机制。酒宴上不仅设有专门的"掌酒之政令"的酒官,还唯恐酒令不能贯彻落实,又设立了监视人们饮酒的"监""史",是相当严密的呢。

第二,坚决贯彻执行这些节制饮酒的律令,要依据和掌握一个节制的度,不能在饮酒问题上有失礼仪。《诗·小雅·宾之初筵》写道:"凡此饮酒,或醉或否。既立之监,或佐之史。"就是说不管敬酒还是罚酒,都不能喝得太多,大凡喝得五迷三倒,是要受惩处的。

不过,国王和大臣是否在酒令面前人人平等,就不大清楚了。

(二)春秋战国:酒令是劝酒的机制

西周灭亡,奴隶制度"礼崩乐坏","监""史"没有了,取而代之的是"觞政",在宴会上执行罚酒的使命。刘向《说苑·善说》里有一段珍贵的史料文字,翻译成白话是这样的:

魏文侯和大臣们饮酒,让公乘不仁当觞政,说:"谁要是不喝干杯中酒,你就罚他喝满满一杯下去!"但魏文侯自己却端着酒杯不喝,公乘不仁拿着满满一杯酒要罚魏文侯。侍者在旁边说:"你躲一边去!没看见主公已经喝多了吗?"公乘不仁一本正经地说:"《周书》上写着:'前车覆,后车戒。'说的是治理国家的危难。做臣子的不容易,做国君的也挺难。现在您已经设置了酒令,酒令到您这儿又不想执行,这合适吗?"魏文侯说:"好吧,我喝!"说着举杯一饮而尽,喝完对大家说:"让公乘不仁做上客!"

刘向把公乘不仁当觞政的这档事列入"善说"一类,但他的"善说"倒也简单明了,引了经典,说了时政,马上回到酒令上来。倒是魏文侯好脾气,有肚量:好,你说得对,我就照办,不但喝了,而且还把这位"觞政"推为上客。从中我们可以看出这样几点：

第一，魏文侯关心的不再是礼仪问题，不是侧重于罚酒，而是侧重于劝酒，让大家尽兴，相对来说，比"监""史"的律令要宽松；

第二，国君自己设定的酒令，自己也必须遵守，少了一些居高临下的权势感；

第三，魏文侯的这个酒令未免也太简单了点，说到底，是一个劝大家多喝，而且必须多喝的约定，没啥文化底蕴。倒是"浮以大白"这四个字演变成了满饮一大杯的"浮一大白"。嗬，俺们的"感情深，一口闷"的出典在这儿呢！

（三）汉代：饮酒赋诗"柏梁台"

将诗文化融入酒令，是在汉代。借酒抒怀、乘兴作诗的始作俑者不能不说是汉高祖刘邦。那首《大风歌》便是他平息英布叛乱后在家乡沛县同父老乡亲在欢宴上乘酒兴而发的："大风起兮云飞扬，威加海内兮归故乡，安得猛士兮守四方！"细细品来，恰是用楚歌的大白话来抒发真实的心情：既有胜利者的威仪和喜悦，又有对国家稳定的隐忧。

刘邦的后继者把饮酒作诗作为一种全新的酒令推广开来。汉武帝刘彻同群臣在柏梁台上饮酒，每人依次吟一句诗，都用相同的平声韵脚，每句七字，一韵到底，酒喝得很尽兴，诗也连成了，这就是所谓"柏梁体"。汉武帝吟首句"日月星辰和四时"，梁王接句"骖驾驷马从梁来"，大司马接句"郡国士马羽林材"，丞相接句"总领天下诚难治"，大将军接句"和抚四夷不易哉"，御史大夫接句"刀笔之吏臣执之"……完全是宫廷、官场的应时应景之辞，没啥诗味，兴许还是后人伪托。倒是这种酒席间联句成诗的方式成了一种融入诗文化的酒令，以后，又由众人联句发展为每人单独作诗，亦即当筵赋诗，一直延续到近代。

（四）魏晋：席间赋诗异化为罚酒

曹丕《与吴质书》说："每至觞酌流行，丝竹并奏，酒酣耳热，仰而赋诗，当此之时，忽然不自知乐也。"（《辞海·语词部分》）"仰而赋诗"这四个字，生动地描绘了仰首沉吟，构思诗句的神情。不知道他的代表作《燕歌行》——"秋风萧瑟天气凉，草木摇落露为霜……"是否也酝酿于当筵赋诗之时？

显然，魏晋时代当筵赋诗最豪放、最大气的当数曹丕的老子曹操。《三国演义》第四十八回"宴长江曹操赋诗"有意将《短歌行》放到赤壁大战前夕的长江上吟出。"时操已醉，乃取槊立于船头上，以酒奠于江中，满饮三爵，横槊谓诸将曰：'我持此槊，破黄巾、擒吕布、灭袁术、收袁绍，深入塞北，直抵辽东，纵横天下，颇不负大丈夫之志也。今对此景，甚有慷慨。吾当作歌，汝等和之。'歌曰：'对酒当歌，人生几何！譬如朝露，去日苦多。慨当以慷，忧思难忘，何以解忧，唯有杜康……'歌罢，众和之，共皆欢笑。"即使如罗贯中所说，曹操宴长江横槊赋诗，这首不朽的《短歌行》也不可能是即兴之作，一定是原来写好了乘兴朗诵出来，至于众人怎样"和之"，罗贯中没有写，一是没有必要写，二是没法子写。

曹氏父子继承、发展了汉高祖、汉武帝当筵作诗的传统，旨在抒发真情，立意高远，并且保持了诗的高格与内蕴，没有媚俗的功利目的。而正是那个臭名昭著的晋代石崇，将即席赋诗和恶性罚酒联系起来，使一个宽松的、高层次的诗酒文化联姻的环境变成了一种以吟诗为幌子，以罚酒为目的的施虐性环境。这实在是对中国酒令文化的一次逆推进。石崇在他的金谷园别墅宴客，让客人即席赋诗，还出了新花样："或不能者，罚酒三斗。"(《金谷诗序》)我的天哪！够凶狠的。但联想到石崇以美女进酒，王敦拒饮而连杀三女的血腥暴行，罚酒三斗则算不了什么。从石崇开始，产生了以诗为令进行罚酒的酒令，这也是那个腐朽的晋代必然产生的现象。

(五)南北朝：以诗为令，花样翻新，以令罚酒，坚定不移

南北朝，尤其是南朝的统治阶级在腐朽方面与两晋有过之而无不及，酒令到他们手里，同样带上了一种消极的狂欢色彩。因此他们发展了以诗为令，以令罚酒的具体办法。

萧道成是灭宋建齐的军阀，后称梁高祖(帝)。他的统治吸取了刘宋的教训，相对比较宽松。有一次他请了二十多人宴饮，"置酒赋诗"，其中有两个人，一个叫臧盾，一个叫萧介。臧盾作不出诗，便被罚酒一斗。臧盾没太在乎，捧起来就喝光了一斗酒，面不改色，谈笑自若，真叫海量；那萧介是个文人，拿起笔诗就写成了，还一点用不着修改。萧道成倒很高兴，对两人都很称赞，说："臧盾的饮酒风度，萧介的诗歌文采，都可以成为这次宴饮的美谈。"在萧道成的"酒令观"中，虽然还是"置酒赋诗"，但作不出诗，罚酒罚得有风度，也该叫好，和诗写得好的对手同样值得尊重。这也可视作他统治手段在酒令中的一种反映。(《梁书·萧介传》)

到陈后主那里,饮酒赋诗便带有了声色犬马的意味。"后主常使张贵妃、孔贵嫔等八人来坐,江总、孔范等十人预宴,号曰狎客。先命八妇襞彩笺,制五言诗。十客一时继和,迟则罚酒。"(《南史·陈后主纪》)但也可以看出,在南朝后期,饮酒赋诗的规定,加入了不少新鲜玩意儿,比较多样化,但以令罚酒这一条却是一如既往的。

(六)唐代:酒令的普遍盛行和内涵的空前丰富

唐诗是中国古典诗歌发展中的一座巅峰,产生了一大批杰出的诗人,写出了数以万计的优秀诗篇,诗文化达到了空前繁荣的境地,整个文化形态也得到了创造性的整合。酒令文化也在这文化繁荣的大背景下得到丰富与发展。

李白在文章中写道:"开琼筵以坐花,飞羽觞而醉月,不有佳作,何伸雅怀,如诗不成,罚依金谷酒数";韩愈有诗曰:"令征前事为觞咏","新翻酒令著辞章";白居易有诗曰:"闲征雅令穷经史,醉听新吟胜管弦""醉翻彩袖抛小令,笑掷骰盘呼大采""花时同醉破春愁,醉折花枝当酒筹";李商隐有诗曰:"隔座送钩春酒暖,分曹射覆蜡灯红"……唐代酒令已经冲破了即席联句、即席赋诗的范围,时事、辞章、经史,都可以进入诗歌构思与写作的角逐;射覆、藏钩、猜枚、掷骰,都可以成为酒令中的智力游戏,花样翻新,门类繁多,达到了空前的水平。正是在这个阶段,酒令的内涵才有了自觉拓展的条件,令官的推举可以不拘身份而不必都是宴会的主人。在唐代,酒令已经摆脱了森严的约束和浅俗的责罚,而融入了丰富的文化内涵和智与趣的狂欢趋向,宋、元、明、清各代的发展都离不开唐代这一鲜活的、新颖的、开创性的基础与前提。

(七)宋代:以唐代酒令为基础,酒令不断演绎,不断创新

词,进入了说诗令中,文字游戏的玩味性比唐代酒令更甚。欧阳修《醉翁亭记》所说的"射者中,弈者胜,觥筹交错,起座而喧哗"的场景,是对宋代酒令盛况的一种概括式记述。苏东坡一生与酒结下了不解之缘。他的诗、词、文、赋作品大都是在饮酒后写成的,酒令的追逼,也许正可使他的文学才华得到充分的发挥。向子諲撰《酒边词》,在《江南新词·满江红》中写道:"雁阵横空,江枫战几番风雨。天有意,作新秋令,欲麛残暑,蓠菊岩花俱秀发,清芬不断来窗户。共欢然一醉得黄香,仍叔度。"说明酒边作词,已成为宋代酒令的一道风景线。

(八)元代:这是一个曲的时代,酒令入曲,是为特色

中华酒典

曹绍撰《安雅堂觥律》一书。"觥律"这个词是他的创造,但同"觞政"相对,一眼便可知指酒令。其中收有一百零八首酒令之诗,虽是诗,却具有浓浓的曲味。比如:《樊哙厄酒》:"发上俱指冠,瞋目入离披。臣死且不避,厄安足辞";《文君当垆》:"文君奔相如,甘心自当垆。常向琴台下,妖娆唤人酤";《孔融开尊》:"孔融居北海,赋情故雍容。座上客常满,樽中酒不空";《李白醉仙》:"斗酒诗百篇,长安酒家眠。天子呼上船,称是酒中仙";《杜甫青钱》:"街头酒价贵,酒徒稀醉眠,相就饮一斗,三百青铜钱。"这里概括的五位历史名人事迹都用明白晓畅的语言写出,其中又都隐含着一种市井式的幽默。可以想见,由于元曲等通俗文学的发展,普通的市井庶民、农工商业者也往往能用活泼俚俗的语言做些顺口溜,唱些小曲,"酒令已不限于士大夫、文人雅士及富豪之家的酒宴之间","其应用范围就更加广泛了"(《中华酒典·酒之令》)是那个时代的实情。

(九)明代:酒令空前丰富、成熟

对酒令做总结性评判的是著名的袁中郎(宏道),这也是酒令发展到明代达到空前丰富、成熟之后才能实现的。他有一篇论酒令的专著,叫作《觞政》。

(十)清代:酒令又有新发明,也有新节制

一方面,接着明代发明了酒令方面的一些新玩意儿,比如"拧酒令",就是"不倒翁",广东人称为"酒令公仔",饮酒时拧它旋转,一待停下,它的脸朝谁,谁就得认罚饮酒。俞平伯先生引《桐桥倚棹录》称其为"牙筹",是苏州特产的泥胎彩绘,大都为逗乐滑稽的形象——不倒翁,许多人儿童时代玩过,却还真不知道它派行酒令的用场。酒令发展到清代,投壶、猜枚、联诗、对句(对联)、拆字、测签、猜拳等丰富多彩,但罚起来丝毫不轻松,每次总要"浮一大白"——满饮一大杯。因此,另一方面,就有人提出对酒令的节制。黄周星《酒杜刍言》告诫道:"饮酒乃学问之事,非饮食之事也……谨勒三章之戒冀成四美之贤。"意思是说:不要为饮酒而饮酒,最好是不饮酒时以礼和欢乐的形式,借以研究学问,因此提出了"三戒",即:戒苛令,戒说酒底字,戒拳闹。这同袁宏道的《觞政》有相通之处。蔡祖庚也写了一部"觞政",叫《懒园觞政》,介绍用掷骰子的方法,以升官图的方式来饮酒,以骰子的变换来分升什么官级,什么官级喝大杯还是小杯,行令过程中真如作者所说"冷敲紧拍,字字刺心窝",这也是官场丑态

家庭经典藏书

中华酒典

在酒令中的一次演出吧。

酒令,你很潇洒

沿着酒令发展的历史足迹,我们轻捷地做了一番巡视,似乎能够想见历代先人们在饮酒行令中狂欢的热烈和竞争的潇洒。

因为酒令不是赌博,而是竞赛,它不含物欲的功利目的,只求精神的愉悦;因为酒令不是独乐,而是同乐,它公开、公平、公正,适合于一定范围的社会交往和集会,增进友谊,促进交流;因为酒令不是角力,而是比智,它更富于综合文化内涵,又将这内涵寓于游戏之中;因为酒令不是玩世不恭,而是品味人生,酒尽人散,但余味醇醇,值得品尝,值得回顾,从此一回延及下一回。酒令,确很潇洒!

酒令,要给你下个定义真难!

《辞海》的解释大抵是:"酒令,旧时饮酒时助兴取乐的游戏。推一人为令官,余人听令轮流说诗词,或做其他游戏,违令或负者罚饮。"

酒令,你助的是什么样的兴?取的是什么样的乐?难道饮酒时要加上好多规矩,接受好多挑战,回答好多题目,还要冒罚饮的风险,才会有兴、有乐,请问乐在哪里?兴在何方?酒令的罚酒在于给饮酒聚会的过程融入了一种游戏的内涵,演绎出一种游戏规则,把饮酒的被动的愉快变成了行令的主动的渲染和激发,提高了酒兴酒乐的质量,充实了酒兴酒乐的内涵,将一次宴饮推举到情感与兴致的高潮。

酒令,你的潇洒在于以调节气氛、增添乐趣为宗旨,无其他功利目的,因而会立刻得到饮酒者的一致赞同。性格豪爽的人,会因行酒令而更加神采飞扬;性格内向的人,会因行酒令而透露不为人知的智慧;老者行酒令,会越发老当益壮;少年行酒令,会显示敏捷才思。行酒令是打破饮酒沉闷局面的良方,是制造活跃气氛,令满堂生辉的上策,也是激发在座每个人"童心",展露自己聪明和修养的平台。酒令的主题词是:同乐。因此,答对巧妙的,会获得举座喝彩;答对调侃幽默的,会引发哄堂大笑;偶尔窘困却想藏奸的,势必挑起一致"声讨";虽然屡屡失误却能遵令认罚的,反会得到同情而"减、免、缓"。那是人间众生相的大暴露、大展示，也是世俗欢乐的大检阅、大评估。

酒令，你的潇洒在于以约定俗成、不断翻新的共同游戏规则来规范、制约各个不同的宴饮场合。每次宴饮，都是一次性的聚会，但都服从酒令这一历史悠久的共同酒语言。正是在这种共同的酒语言面前，人人平等，虽有智拙黠厚之别，却无尊卑高下之分，只求博得众座欢谑的效果。这是中国传统文化中"依法行政"的一项世俗性的演示，"酒令大于军令"背后的潜台词恰恰是人人必须绝对地、无条件地服从酒令。以严格的执法来规范轻松的酒宴，这本身便造成了一种对比的效果。更妙的是，执法严明和惩罚的温和宽松又一次形成了鲜明的对照。人们在严与宽、无情与有情之间，体味着法令的监督，品尝着酒的滋味，除了多喝酒，不必承担任何"法律责任"，喝完酒，作个揖，说声"后会有期"便可走人。偶尔喝高了，还会有人搀扶回家。这一次又一次的一次性，不断地遵从、演绎着共同的规则与话语，人生就这样在不羁与有羁之间推演，这确实很潇洒！

酒令，你的潇洒在于用负载着文化内涵的游戏操练，达到了对饮酒的节制。《中华酒典·酒之令》有一段写得恰如其分："酒令一行，人人皆须遵令而行，不得乱来。投壶掷骰，可逞其技艺；吟诗拆字，可施其才华；分曹算筹，胜负自有公论；击鼓传花，酒战饶有兴味。败者罚饮，饮之甘心；胜者欢饮，十分快意。由于酒令花样翻新，具有一定难度，急切之间，很难答对或做得好，所以谁都有当场应付不来的时候，可谓胜负变化，出人意料，既无常胜将军，也无屡败使者；既能开怀畅饮，又不至于酩酊大醉。"你看，在酒令运作的过程中，不仅有游戏的快乐，文化竞赛的愉悦，而且在这种注意力转移的情势下，最终不知不觉地达到了对饮酒的"宏观调控"。呀，这真是我们的老祖宗的绝妙高招！

酒令，你的潇洒还在于在饮酒过程中共同温习和演练文化，将智力和技艺融入其中。每次酒令过程，实际上都是一次小群体的文化联欢，是对每个与会者的智力与修养以及技艺的检测与考验。倘若是熟识的老友同道，则可以交流近期学养的增益、历练的丰富、智力的提高；倘若是新交的生客远朋，则可以相互交换文化信息，寻找共同的爱好与兴奋点，为日后的友谊创造条件。雅令需要文化底蕴，通令需要技艺经验，无论雅令还是通令，都需要一种智力的沟通与默契，从而在实际操作过程中，使每位参加者都得到一次情感的陶冶。

清代有人提出酒令"巧不伤雅，严不入苛"的原则(郎廷极《胜饮编》)，既拒绝低级庸俗的东西进入酒令,又防止难度过大的内容为难酒客,而且,在酒令运作的过程中,也要有点灵活与宽容,有点"费厄泼赖"精神。做到这一点,便达到了酒令的高境界,便会获得真潇洒。

酒令,你很丰富

酒令至唐代而盛于士大夫间,至宋代又有新的丰富和发展,元、明、清也有不同的开拓,至清代(也同诗、词一样),有一个高层次的繁荣和终结。中国文化,有闻必录。记载和整理酒令的书也真挺多。后汉贾逵撰写《酒令》,历代又有《酒令丛钞》(俞敦培)、《酒杜刍言》《醉乡律令》《嘉宾心令》《小酒令》《安雅堂酒令》《两厢酒令》《酒中人仙令》《酒谱》《唐诗酒筹》等,所记载的酒令真叫名目繁多,分类也各有千秋。清人俞敦培《酒令丛钞》的分类比较简明而合理:古令和雅令,多为文士官宦们以诗词曲文为令的"智力竞赛";通令和筹令,多为一般人士以文字以外的游戏内容为令的"娱乐节目"。实际上,这种分类也反映了酒令中雅与俗的并举,雅中有俗、俗中见雅是贯穿酒令的文化特征,照顾到不同人群的文化层次与接受能力,真是考虑周全啊!这是后人总结酒令演变的分类,而在酒令自身的历史推衍中,绝不是按照这种分类来决定孰先孰后的。

论到古令,未必一定是雅令。古代的"燕射"和"投壶"都不能算作雅令来限定,而只能说是古代的一种通令。"燕射",是古时为宴饮而没的一种射礼,即通过射箭决定胜负,负者罚酒;"投壶"也是产生于西周,盛行于春秋战国时代的一种射礼,即在酒宴上设一壶,宾客依次将箭投向壶内,入壶者多的为胜,少的为负,负者罚酒。请注意,"燕射"是射箭,"投壶"是投箭,前者比较原始,没有脱离箭的本质的作用;后者比较先进,改射为投,赋予了箭一种文化的含义。两者都同古代的礼仪相关,但也显示出后者的进步。这两种酒令,也使人想到酒令与礼仪及游戏之间的有机联系。

论到雅令,也是在不断地拓展、改变的。"柏梁台"即席联诗,建安盛行的即席赋诗,一直延续到南朝的刻烛、击鼓赋诗,魏晋的流觞曲水按次序作诗乃至后来的即席吟诗酬唱应和,都是"作诗令"的推演和发展。以后,呈两种发展趋向。一种,就诗论诗,拿诗做文章,不仅要作诗,也可以说诗,用古人现成的诗句来应对酒令中的独特规定,有的须含字,有的须改字,有的须分真假,有的须干例禁,不论说诗、作诗,还可以对古诗进行颠覆、拆开、打乱、重组,以取幽默、诙谐,以求调侃的愉悦;另一种,干脆就做文字游戏,有"文字拆合增减象形令"、有"骨牌离合令"、有"文字颠倒令""体物令"直至"属对令",把个汉字颠来倒去地反复操练,炒作、挖掘出它的全部内蕴和智慧,要么让人苦思冥想,要么让人拍案叫绝。

如果说上述两种趋向都离不开"诗"和"字",那么,说典故、讲笑话、背急口令,无论在内涵和技巧两方面,都有质的不同,都更倾向于表演性、操作性和技术性而更接近于游戏的娱乐。这里,特别要说一说"射覆",它从本义来说,同样是属于文辞范畴的酒令,妙在有一个猜与藏之间的游戏环节,换句话说,"射覆"就是用诗文、成语、典故在事物中的隐喻性,来揭示隐藏于其中的谜底,它须有相当高的智力和修养条件,不着一字,又尽得风流。李商隐精于"射覆",但毕竟和者盖寡,"分曹射覆"毕竟不如"隔座送钩"那么拥有更广泛的群众基础,"藏钩"的猜与"射覆"的猜相比较,摆脱了"文字"的羁绊,成为纯游戏的酒令了。

我们再回到"通令"和"筹令"上来。既然"射覆"显示了文字酒令向游戏酒令的靠拢和渗入,那么"藏钩"则是既与"射覆"并存,又完全倾向于游戏酒令的一位先行者。"藏钩"的本质是猜物而非猜字,以后又拓展为"猜枚""猜花"以及"藏阄",以后又发展为不用费脑子靠猜测的"指掌令""拇战"等手的把戏,发展为靠运气决胜负的"双陆令""筹令""酒牌令""击鼓传花令""汤匙令"等乃至"剪刀、石头、布"式的"虎棒鸡虫令"。那依旧是一种成人游戏,尽管其中含有某种皈依童趣的意味,但比儿童的玩法要复杂一点,庄严一点,更加礼仪化一点,而且更加直接地同罚酒联系在一起。而"筹令",又是中国文化智慧的一次折射,集中地体现了雅俗共赏的特点,虽然它是从简中掣筹行令,但并不是抽到便罚酒了事,而要按照筹子上刻写的不同饮法,喝出花样,喝出仪态,喝出精神面貌,这种"觥筹交错令",不夸张,不喧闹,心平气和地抽筹,心甘情愿地受罚,不折不扣地执行,作风精严,举止文雅,而且条条落实,具有文人雅士的君子之风。说其雅俗共赏,还在于不用费心力,不用参与竞赛,不用心、眼、手、嘴四快,又有助于行令的快捷、便当、易行,还保持着酒文化中礼仪的内质,比一般的"投骰""猜拳"式的"通令"要雅致得多。

酒令为什么会如此丰富？酒令从诞生的那天起，就体现着中国传统文化的渗透和衍变，并且在实践中不断吸纳、融会新的内容。

（一）酒令在最初是礼仪教化的一个组成部分

《礼记·礼器》说："醴酒之用，玄酒之尚"，酒本身也分出尊卑。那么，饮酒的过程中，不能不体现礼仪的严整性。《礼记·投壶》详细地描述了古时酒令的烦琐程式；《礼记》射义、燕义、乡饮酒义则描述了民间与宫廷不同层次的饮酒礼仪，字里行间，处处散发出礼仪的气息，而礼仪的严整和烦琐也为酒令日趋丰富多彩创造了先决条件。

（二）酒令在礼仪内质中还具有文化的游戏化倾向

其主要表现是将传统文化中诗、词、曲、文、赋等文学的成分吸纳进来，将严肃的文字创作转换成饮酒过程中的一种戏谑的智力游戏。诗、词、曲、文、赋的语言样式便异彩纷呈，每一种转换，都可以给酒令内涵增添不同的色泽与机巧。另一方面，各种文学样式进入酒令时，不约而同地从语言的言志抒情功能转向文字游戏功能，由即席赋诗、即席联诗到各种诗文游戏表明：酒令拆卸了文学文本，颠覆了文学语言，让它们从文学范式中走出来，扮演优伶的角色，有多少种文学作品，便有多少种文字游戏的样式。外国人如果想认识中国语言文字的巧妙，从诗词酒令中便可触及大概。

（三）酒令在实际运行中必然照顾到不同文化层次的需要

从文字游戏样式转为直接的游戏样式，是酒令开拓一个新的领域的必然选择。这样，进入酒令的不仅是文士的修养，也可以是百姓的机智，许多博弈性、竞争性的游戏纷纷进入酒令，既给酒令增添了一份俗气，也让自身沾染到一份雅气。于是，雅令、通令、筹令既可分别进行，又可结合运作的局面构成了酒令的绚丽多姿。

酒令，你很聪明

说酒令聪明，有两层因由。第一，它的发端、发展、繁衍与丰富，取自中国传统文化的各个层面，如礼仪，如诗文，如辞章，如经史，如文字，如典故，如俗语，

中华酒典

如民谣,如笑话,如种种游戏,来源广泛,品种繁多,向世人宣示,从老祖宗文化宝库乃至民间可以取来做种种智力竞赛游戏和技艺展示的,其中必有特别的文化结构与特征,可以证明中华文化的大智慧、大聪明;第二,在酒令运行的过程中,要对雅令、通令、筹令的玩法了如指掌、烂熟于心,要对诗词与经史文化的理解作超常的、异趋的理解,既需要文化底蕴的深厚与广泛,又需要具体操作时的敏捷与聪明,即或是通令之游戏,也同样需要机敏与娴熟,对此,显然要提出不同于一般文化理解和把握的特殊要求。

我们叙说酒令所含的聪明,主要是对第二层因由而言的。

雅令,是最需要学养和机敏的结合的。这里也分两种:一种是即席创作,如即席联句、即席赋诗、即景联句,难在有切合题意、押限定的韵及时间等要求,但终究还是顺着惯常的创作路向进行的。只要经常写诗,构思敏捷,不论是刻烛为诗,还是击鼓为诗,都还是比较容易做到的。传为美谈的梁朝武将曹景宗以"竞""病"二字限韵成诗而有佳作的故事说明,"不有佳咏,何伸雅怀"(李白语)的情景,是雅令中的一个经常性的、属于常态的智力竞赛节目。另一种,则是征引诗文曲赋、谚语俗语、成语典故,进行吟咏联缀、拆合贯句的重新组合,是一种高智商的文字游戏,它不是即席创作,而是当场把玩。比如,背诵和引用古人现成的诗句,其中要含令官所指定的字样,如含数目、含乐器、含颜色、含花名、含药名、含干支等,看来只是享现成,却要求有深厚的诗文积累,有丰富的文化库存,不然,一定会"露怯"。又如,"将古诗读错一字,另引一句诗解之"的"改字诗令";从古诗名句中引申出"歇后语"式的故意歪曲的调侃之义的"诗句千例禁",更需要在对古诗深透理解的基础上,作另一种视角的扫描和搜索,这显然需要调动更多的诗文信息并加以高速处理。"回环令"中的粘头续尾、回文反复等,也需要同样的智慧。至于"文字拆合增减象形令",则离开诗歌创作更远,纯粹是一种文字游戏,检测的是一种"汉字"知识,需要有丰富的文字学修养,同时需要对文字的"形""义""音"有透彻的、灵活的把握,这在传统的文人学士那里,似乎应当受过某种专业训练,不然,真会不知所措。还有综合上述各类酒令的"混合令",如"落地无声令""骨牌离合令""颠倒令""体物令""人名皆姓令""属对令""射覆""花名暗令""花间两姓令""飞禽择木令"等,都是在文化内涵与文字游戏的结合上寻花样、做文章,酒令类书中的例子就已使我们久久玩味，真要参与运作起来，还真需要大聪明、大涵养。当然，其中"急口令"则非关文字的摆弄，而在摆弄好了文字，造成念诵时的困难，这实际上是一种言语操作上的技艺了。

那么，通令、筹令就不需要聪明与智慧了吗？并不是。但更多的是需要机智和纯熟的技艺。比如"投壶"，就需要临场发挥式的投掷技艺；"藏钩""猜枚""猜花""藏阄"等，就需要锻炼自己的观察力和直觉，以及对几率的把握，而并非完全依赖"撞大运"。"指掌令"需要灵活机智，善于变化，反应灵敏，还需要互相揣摩彼此的心理。民间最常见的"拇战"（猜拳）和"掷骰"（双陆令）都需要对数字的猜度和直觉的把握达到纯熟的地步。真的，民间最普通的"猜拳行令"中也含有聪明和智慧，因为单纯地比拼绝不会引发广大社会人群的认可与拥护。中国社会的每一阶层、每一角落，都需要文化的渗透、文化的娱乐，在娱乐中，也需要文化气息的体现，也需要斗智、斗趣、斗乐，在智慧与技艺的拼搏中，获得真悠闲、真快活。

最后，还要说说"筹令"。它的发明和丰富发展，真可称得上是在"雅俗共赏"原则下的一个创举。它既不像雅令中诗词曲文类酒令那样困难和苛刻，又不像通令中游戏形式那样喧闹、直接，而是既不伤脑筋，又不动肝火，不争不抢、不温不火、不急不躁，真算得上是"中庸"之道在酒文化中的一个成功范例。你看，名目繁多的筹令，将饮、罚之令刻在竹筹上，按照所刻的规定行令。最常见的是"人名令"，每一根竹筹上都刻写着一个人名，规定按其身份、地位、性格及生平遭遇来喝酒，同时规定抽到筹者该由座中哪一种人来喝酒，谁喝，怎么喝，都规定得清清楚楚、明明白白，多周到，多风雅！清代宫廷在此基础上发明了纸制的画有人物的酒牌，根据每张纸牌上的人物身份及事迹，规定相应的饮酒办法。只要任意抽取其中的一张牌，按照牌面上的饮酒法则行事，达到妙趣横生的效果。实际上"酒牌令"确可视作"筹令"的发展，且更精巧、更形象、更周密、更易通行。

聪明的中国人发明了酒令，行酒令的中国人展示了个体与群体的聪明。酒令，真是聪明人的产物，也真是聪明人才能玩弄的东西。

中华酒典

第二节　作诗令

中国不愧为诗的泱泱大国。酒宴中以诗为令,源远流长。在樽俎之间官宦文人必须赋诗、诵诗,早就成了不成文的立法。后来又演变成即席赋诗或联句等方式,并且一直延续流传到近代,真可谓生命力长盛而不衰。

作诗令的最大特点是限定时间的现场操作,不允许慢慢去想,而必须当堂交卷,交得晚了,也算输。这就要求参加作诗令的每个人都有诗文化的积淀和操练经验,而且要快捷、敏锐地做出表演,真有点像当代西方传来的"脱口秀"。

即席赋诗

要求在席者每人作诗一首,五言、七言、古诗、律诗、绝句不限,甚至顺口溜也成。诗仙李白没少参加这样的宴饮场面,他还做了精彩的记载:"开琼筵以坐花,飞羽觞而醉月。不有佳作,何伸雅怀? 如诗不成,罚依金谷酒数。"(《春夜宴诸从弟桃李园序》)看来字里行间渗出扬扬得意之态,谁叫他是中国古代首屈一指的大诗人呢?

即席赋诗,既要限定时间,又要规定韵脚,有相当难度。但难点主要不在押韵,而在限时。作诗令的规定,还是主要放在时间的限定上,时间越短,难度当然越大。

(一)刻烛为诗

"竟陵王子良尝夜集学士,刻烛为诗,四韵者则刻一寸,以此为率。(萧)文琰曰:'顿烧一寸烛,而成四韵诗,何难之有。'乃与(丘)令楷、江洪等共打铜钵立韵,响灭则诗成,皆可观览。"

在蜡烛上刻出一寸的长度记号,要求在此燃烧时间限度内完成一首四言诗,对一般文士来说,大概是个合适的尺度,但在萧文琰这样才思敏捷的文士,却以为时间太长,不足以展示自己的诗才,所以改为击钵为诗,是为击鼓为诗的先驱。

（二）击鼓为诗

《红楼梦》第五十回湘云逼宝玉作诗。贾宝玉是恋爱能手,风流情种,但作诗上并不在行。轮到他作诗,迟迟作不出,正处于难产的窘境。史湘云"便拿了一支铜火箸击着手炉,笑道:'我击鼓了,若鼓绝不成,又要罚的'。"你看,史湘云用手炉代替鼓,这小姐掌握着时间,一旦手停下来,贾宝玉就得吃不了兜着走,至少要喝一壶吧。

再说限韵成诗。

曹景宗硬要参加作诗令的比赛,拿到的是人家挑剩的两个难写的韵:"竞""病"。不想他从容写出一首好诗。看来限韵之难,难不倒有真情实感之人。

史学家范文澜以精到苗实的笔触描述了这段情景:

"有一次,梁武帝在兴华殿宴饮群臣,联句作诗,武将曹景宗力求参加。梁武帝说,你技能很多,何必在诗上争能? 意思就是劝他不必在士人面前出丑。曹景宗酒醉,力求不已。梁武帝给他'竞'、'病'二韵,曹景宗作诗道'去时儿女悲,归来笳鼓竞;借问行路人,何如霍去病'。宴会上人无不惊叹。这确是南朝唯一有气魄的一首好诗,比所有文士作的靡丽诗都要好得多,这说明不入仕流的武人,同样学五言诗。"

《红楼梦》第五十回,写李纨看见栊翠庵的红梅有趣,罚宝玉去折梅花,并规定作咏梅诗。薛宝钗建议用"红梅花"三字作韵,让邢岫烟作"红"字,李纨作"梅"字,薛宝琴作"花"字。史湘云还是不放过贾宝玉,命他作《访妙玉乞红梅》诗,很有情趣。

即席赋诗中,还有一种:不是限韵,而是限第一字。

如"天字头古诗令",要求每人吟诗一首,第一句的第一字必须是"天"字,每人依次赋诗,不能吟或违反要求的,都罚酒一杯。有人吟:"天风吹我上南楼,为恨姮娥得旧游。宝镜荧光开玉匣,桂花沉影入金瓯";有人吟:"天为罗衾地为毡,日月星辰伴我眠。看来气象真烜赫,创业鸿基万万年。"

又如"春字头诗令",不要求吟完整的一首,只要求每人吟诗一句,但句首有个要求,一定要有个"春"字,合席依次吟诵。比如"春宵一刻值千金""春城无处不飞花"……吟完这一轮,就要加大难度。第一人所吟诗句"春"字居首,第二人所吟诗句"春"字居二,依次降至"春"字居七,再从头来起。如"春城无处不飞花""新春莫误游人意""却疑春色在人家""草木知春不久归""十二街中春色遍""明夜人人典春花""诗家情景在新春"。四季都可为字头，再延伸开去，作字头的又岂止"春、夏、秋、冬"四字！

联句成诗

前面讲过，汉武帝与群臣在柏梁台饮酒作诗，开创了即席联句的先例。到了清代，这一传统有了很大的发展与提高。一是要联句成诗，而不是诗句并列；二是联句的规定也相当复杂。

还是《红楼梦》第五十回，生动地叙写了芦雪庵联句生动的雅趣。李纨同宝玉及黛玉众姊妹等参加，连王熙凤都不甘寂寞。凤姐起句"一夜北风紧"，李纨联道"开门雪尚飘。入泥怜洁白"，前一句联凤姐句，后一句留给下一人接联。香菱联道"匝地惜琼瑶。有意荣枯草"，同样，前句连"入泥怜洁白"，后句留给下一人连。于是她们三人连成了一首诗：

"一夜北风紧，

开门雪尚飘。

入泥怜洁白，

匝地惜琼瑶。"

头两句是开头的一联，不要求对仗。三、四句始，就要求对仗，且须押"飘"字的同部韵脚了。联句成诗也是作诗令的一种，妙趣横生，比起每人单独做诗文更加热闹。

第三节 说诗令

说诗令不同于作诗令，它不是现场创作，而是说出前人现成的诗句。在某种意义上说，说诗令比作诗令有更加严格而独特的规定，花样更加繁多，它需要更多的诗词文本的积累，更快的大脑记忆的搜索，更宽泛的临场发挥与更随机应变，赛过一场诗歌修养与学问的考试。俞敦培《酒令丛钞》对说诗令做了详细介绍。

诗中含字令

大家依次轮流背诵古诗一句，四言、五言、七言不拘，但句中必须含令官所指定的字样。

(一) 诗含数目字

《酒令丛钞》记载："各诵古诗，以数目字飞觞，多者为佳，仅有一数目字者罚：

> '花面丫头十三四，'
>
> '南朝四百八十寺，'
>
> '一二三四五六七。'

酒令行家认为，此令颇有趣，古诗中含两个数字以上者甚多，于是随手补举了一批：

> "十五府小吏，二十朝大夫，
>
> 三十侍中郎，四十专城居"（《陌上桑》）；
>
> "十三能织素，十四学裁衣，
>
> 十五弹箜篌，十六诵诗书，
>
> 十七为君妇"（《孔雀东南飞》）；
>
> "五剧三条控三市"（卢照邻）；
>
> "秦塞重关一百二，
>
> 汉家离宫三十六"（骆宾王）；
>
> "会须一饮三百杯"（李白）；
>
> "人生七十古来稀"（杜甫）；
>
> "十三学得琵琶成"（白居易）；
>
> "二十四桥明月夜"（杜牧）；
>
> "二十五弦弹夜月"（钱起）……

(二) 诗含乐器名字

《酒令丛钞》记载了"锦瑟无端五十弦""欲饮琵琶马上催""斜抱云和深见月""为我尊前横绿绮"等佳例。

酒令行家认为,古诗中含乐器的也很多,比如:

"黄鹤楼中吹玉笛"(李白);

"更吹羌笛关山月"(王昌龄);

"羌笛何须怨杨柳"(王之涣);

"胡琴琵琶与羌笛"(岑参);

"弹琴复长啸"(王维);

"悲笳数声动"(杜甫);

"几处吹笳明月夜"(李益);

"不知何处吹芦管"(李益);

"夜半钟声到客船"(张继);

"李凭中国弹箜篌"(李贺);

"玉人何处教吹箫"(杜牧);

"道人轻打五更钟"(苏轼);

"笛里谁知壮士心"(陆游);

"箫鼓追随春社近"(陆游)……

(三) 诗含五色字

《酒令丛钞》记载:"依青、黄、赤、白、黑五色飞觞。假如令官飞青字,接着飞黄字,下接赤字。错乱者罚,不成者倍罚。"俞敦培举了数例:

"两山排闼送青来",

"几时涂额借蜂黄",

"海东还驭赤虬来"。

这个酒令倘若放宽界限,所诵诗句中有颜色即可,不排次序,倒也不难。比如:"两个黄鹂鸣翠柳"(杜甫)、"一行白鹭上青天"(杜甫)、"风掣红旗冻不翻"(岑参)、"黑云压城城欲摧"(李贺)、"日照香炉生紫烟"(李白)、"春来江水绿如蓝"(白居易)……

(四)诗令花名字

《酒令丛钞》记载:"各诵诗一句,要飞(飞觞)花名,不得犯'花'字,误者罚。

红珠斗帐樱桃熟。

秦女金炉兰麝香。

芙蓉如面柳如眉。"

明明是花,却只能呼其本名,不能出现"花"字。这似乎也不很难。后人又很轻松地举出一堆:

"千门桃与李"(李白)

"只教桃李古年芳"(白居易)

"天上碧桃和露种,

日边红杏倚云栽"(高蟾)

"一枝红杏出墙来"(叶绍翁)

"共道牡丹时"(白居易)

"唯有牡丹真国色"(刘禹锡)

"芙蓉泣露香兰笑"(李贺)

"惊风乱飐芙蓉水"(柳宗元)

"涉江采芙蓉"(《古诗》)

"江南可采莲"(《古诗》)

"小荷才露尖尖角"(杨万里)

"采菊东篱下"(陶渊明)

"菊残犹有傲霜枝"(苏轼)

"有情芍药含春泪,

无力蔷薇卧晓枝"(秦观)

"墙角数枝梅"(王安石)

"一树寒梅白玉条"(庞蕴)

"红榴初绽拂檐低"(韦庄)……

可惜花名品种不够丰富,重复太多,若细细翻寻古诗,当会有更多发现与收获。

(五)诗含药名字

《酒令丛钞》记载:"各诵诗一句,要飞(飞觞)药名,须不觉为药,亦不得犯药字。误者罚。

> 计程应送到常山。
> 卧看牵牛织女星。
> 卢家少妇郁金香。"

大抵与"诗含花名字"相仿,但药名毕竟比花名更专门一些,故不翻"本草",难以飞觞。

(六)诗含干支字

《酒令丛钞》记载:"诵古诗一句,偏旁内要带干支,误者罚,不成者罚双杯。

> 忽见陌头杨柳色(带"卯")。
> 玉盘倾泻真珠滑(带"未")。
> 薛王沉醉寿王醒(带"辛""酉")。"

此令难度,主要在"偏旁内"这个限定,若是用干支本字则容易得多。

(七)诗含某字

《酒令丛钞》记载:"诵古诗一句,内有'车'、'马'二字飞觞。

> 漫劳车马驻江干。
> 门前冷落车马稀。
> 云为车兮风为马。"

古诗中含"车""马"字的颇多,后人又举例:

> "而无车马喧"(陶渊明)
> "须车策驽马"(《古诗》)
> "青牛白马七香车"(卢照邻)
> "不见行车马"(阮籍)
> "门有车马客"(陆游)

"征西车马羽书迟"（杜甫）

"晓路整车马"（戴叔伦）

"满城车马簇红筵"（皮日休）

"车马悠扬九陌中"（翁洮）……

《酒令丛钞》还记载："各诵古诗一首，无论五、七言，每句须含'口'字，误者罚。

　　　　故国三千里。

　　　　四月清明雨乍晴。

　　　　稚子牵衣问。"

既然大口、小口都可以，五言、七言都无妨，这类诗句真是随处可见。后人举例：

"细雨人不闻，北风吹裙带"（李端）

"欲得周郎顾，时时误拂弦"（李端）

"黄河入海流"（王之涣）

"低头思故乡"（李白）

"红豆生南国"（王维）

"喧呼而点兵"（杜甫）

"司空见惯浑闲事"（刘禹锡）

"霜叶红于二月花"（杜牧）

"欲把西湖比西子"（苏轼）

"夜半钟声到客船"（张继）

"山重水复疑无路"（陆游）

"小楼一夜听春雨，

深巷明朝卖杏花。"（陆游）……

这样比试，似乎太容易了一点，若要求一句诗中含三个以上"口"字，倒还有点意思。

诗分真假令

仍旧是列举诗句。古人诗中多以比喻手法,所以有真有假,因而此令难度不大,行之有趣。《酒令丛钞》举了数例:

"门泊东吴万里船"(真)

"花开十丈藕如船"(假)

"葡萄美酒夜光杯"(真)

"寒夜客来茶当酒"(假)

"经雨不随山鸟散"(真)

"体交云雨下山来"(假)

后人步其规矩,又举例若干:

"耿耿银河欲曙天"(真)

"疑是银河落九天"(假)

"胡天八月即飞雪"(真)

"朝如青丝暮成雪"(假)

"清泉石上流"(真)

"泪下如流泉"(假)

"梨花淡白柳深青"(真)

"千树万树梨花开"(假)

"虫声新透绿纱窗"(真)

"烟笼寒水月笼纱"(假)

"柳絮飞时花满城"(真)

"未若柳絮因风起"(假)

女儿令

人们首先联想到的是《红楼梦》第二十八回,写宝玉在冯紫英家和薛蟠、蒋玉菡饮酒时行的"女儿令"。贾宝玉规定行令之法:"如今要说'悲'、'愁'、

'喜'、'乐'四字,都要说出'女儿'来,还要注明这四字的缘故。"于是,他带头先说:

> "女儿悲,青春已大守空闺。
> 女儿愁,悔教夫婿觅封侯。
> 女儿喜,对镜晨妆颜色美。
> 女儿乐,秋千架上春衫薄。"

　　贾宝玉向来懒得读《四书》《五经》,但玩起这类酒令来,倒还真是个行家。这四句,编得都贴谱,其中第二句还用了王昌龄《闺怨》诗中的成句。冯紫英、薛蟠、蒋玉菡三人随即说的,则都是信口胡诌,没有一句是引自古诗的,其中尤以薛蟠粗俗不堪。

　　关于女儿令,《酒令丛钞》记载:"此令有数种行法,如'女儿愁,悔教夫婿觅封侯'之类,一法也。凡女儿之性情、言动、举止、执事,皆可言之。下七字用成句更妙。"还说:"二字用美人名","三字用曲牌名","四字用戏名","五字用五古","六字用词牌","七字用唐诗","八字用词","九字用曲","每加一字,通席遍行一周,则行之颇久,乃此令之变也"。例如:

> "女儿悲,'横卧乌龙作炉媒'。
> 女儿欢,'花须终发月须圆'。
> 女儿离,'化作鸳鸯一只飞'。
> 女儿夸,'颜如舜华'。
> 女儿权,'政不出房户,天下晏然'。
> 女儿色,'知其白'。
> 女儿歌,韩娥。
> 女儿听,莺莺。
> 女儿文,左芬。
> 女儿腰,《步步娇》。
> 女儿悲,《懒画眉》。
> 女儿归,《鲍老催》。
> 女儿灾,《花报瑶台》。
> 女儿冤,《卖子投渊》。

女儿供,《佳期拷红》。

女儿布,'故人工织素'。

女儿裳,'文采双鸳鸯'。

女儿香,'随风远飘扬'。

女儿叹,《潇湘故人慢》。

女儿习,《霓裳中序第一》。

女儿娇,《簇云松》《系裙腰》。

女儿妆,'满身兰麝扑人香'。

女儿家,'绿杨深巷马头斜'。

女儿媚,'桃叶桃根双姊妹'。

女儿乐,'花匣么弦,象奁双陆'。

女儿娇,'鬃丝湿雾,扇锦翻挑'。

女儿寄,'罗绶分香,翠俏封泪'。

女儿怨,'选名门,一例里神仙眷'。

女儿闷,'登临又不快,闲行又困'。

女儿诗,'原来是走霜毫,不构思'。"

后人沿用女儿令的行法,编出了不少妙句:

"女儿悲,'南陌征人去不归'。(宋之问)

女儿愁,'何处相思明月楼'。(张若虚)

女儿喜,'楼上箫声随凤史'。(骆宾王)

女儿乐,'春从春游夜专夜'。(白居易)

女儿欣,'果得深心共一心'。(骆宾王)

女儿欢,'只言容易得神仙'。(骆宾王)

女儿忧,'谁能脉脉待三秋'。(骆宾王)

女儿苦,'夫死战场子在腹'。(张籍)

女儿哀,'不胜清怨却飞来'。(钱起)

女儿凄,'侧耳空房听晓鸡'。(骆宾王)

女儿思,'在地愿作连理枝'。(白居易)

女儿行,'闻郎江上踏歌声'。(刘禹锡)

女儿现,'犹抱琵琶半遮面'。(白居易)

女儿苦,'谁人不言此离苦'。(李白)

女儿难,'相见时难别亦难'。(李商隐)

女儿愁,'水流无限似侬愁'。(刘禹锡)"

改字诗令

《酒令丛钞》记载:"将古诗读错一字,另引一句诗解之。不工者罚一杯,不成者罚双倍。

少小离家老二回。(明是老大,何云老二?)

只因'老大嫁作商人妇。'

菜花依旧笑春风。(明是桃花,何云菜花?)

只因'桃花净尽菜花开。'

旧时王谢堂前花。(明是燕,何云花?)

只因'红燕自归花自开。'"

看似简单,但仍需行令者饱读诗书,才能信手拈来、游刃有余,才能不胶柱鼓瑟而横生妙趣。

由改字诗令,后人又引申出一种诗令,不妨叫作"漏字诗令"。

话说清朝江南出了三个神童:孙寅、朱光、盛琳。他们学大人的样子,在家喝酒行令,约定每人先吟诵一首古诗,有意漏掉一个字,然后再吟一首诗来说明漏字的原因。

孙寅吟韦应物名诗:

独怜幽草涧边生,

上有黄鹂深树鸣。

春潮带雨晚来急,

野渡无人自横。

那"舟"为何不见?孙寅随即吟出李白《早发白帝城》:

> 朝辞白帝彩云间,
>
> 千里江陵一日还。
>
> 两岸猿声啼不住,
>
> 轻舟已过万重山。

"舟"在长江,一日千里而下,真有诗意!

朱光行令,先吟王昌龄《出塞》:

> 秦时明月汉时关,
>
> 万里长征人未还。
>
> 但使龙城飞将在,
>
> 不教胡　度阴山。

"马"放何处? 朱光随即吟出韩愈《左迁至蓝关示侄孙湘》:

> ……
>
> 云横秦岭家何在?
>
> 雪拥蓝关马不前。
>
> ……

原来马儿让韩愈骑着呢。

盛琳不慌不忙,吟出一首唐诗:

> 雨前初见花间蕊,
>
> 雨后全无叶底花。
>
> 蜂　纷纷过墙去,
>
> 却疑春色在邻家。

蜂蝶之"蝶"哪里去了? 盛琳随即吟出杨万里《宿新寺徐公店》:

> 篱落疏疏一径深,
>
> 树头花草未成荫。
>
> 儿童急走追黄蝶,
>
> 飞入菜花无处寻。

三位神童,胸藏百卷,文思敏捷,实在不俗,酒令行得好,让众人心服。

诗句千例禁

这种酒令,可谓"欲加之罪,何患无辞"。《酒令丛钞》记了数例:

"春宵一刻值千金。高抬物价。

夜半钟声到客船。私渡关津。

紫薇花对紫薇郎。同姓为婚。"

瞧,有点像歇后语,但分明又有调侃的转义。后人又引申出不少佳例:

野渡无人舟自横。玩忽职守。

天子呼来不上船。目无国法。

将谓偷闲学少年。老没正经。

四面云山谁做主。误入迷途。

更添波浪向人间。危害社会。

未收天子河源地。贻误军机。

无人知是荔枝来。暗中行贿。

不问苍生问鬼神。宣扬迷信。

飞入寻常百姓家。私闯民宅。

嫦娥应悔偷灵药。犯有前科。

上述的说诗令,都已经是化雅为俗的了。真正雅到骨子里去的说诗令,可真是有很高难度的。比如说,要择取《诗经》中的成句,合出某种花名,且还要"并头""并蒂"或连理。"宜尔子孙,男子之祥",两句的第一字合为"宜男",就是并头花;"驾彼四牡,颜如渥丹",两句中末尾字合为"牡丹",就是并蒂花;"不以其长,春日迟迟",前句末尾字和后面第一字合为"长春",就是连理花。试想,要不是把《诗经》里里外外琢磨透,谁能想出那么样的弯弯绕——太雅,伤脑!阳春白雪,和者盖寡。还有如各种曲牌贯药名、鸟名、果名等等,如《四书》贯人名、卦名、戏曲、小说、数目等的酒令,难度也相当大,只能在文人小圈子里通行。

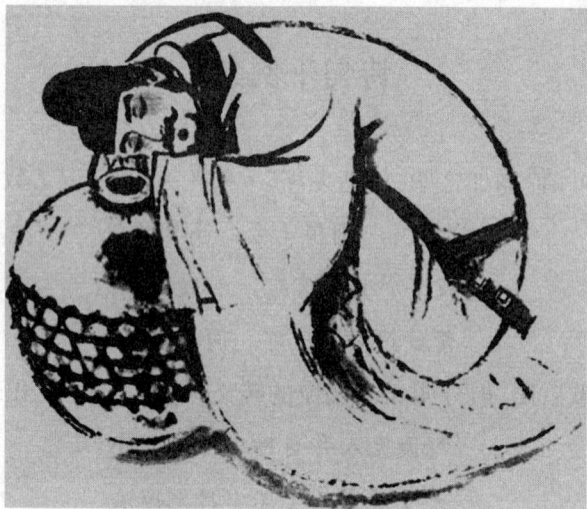

第四节　回环令

中国汉语诗文写作之妙,还在于蕴涵着许多游戏的机缘。我们的前人早已发现并出色地运用了这一点,并且将它规则化、约定俗成化。

在诗词曲文类酒令中,凡诗文句中首尾二字相联或回文反复者,可以组成"回环令"。"回环令"之妙,反映了汉语写作文本中一种不可替代的智慧,一种语言组合与关联的巧构。行"回环令"同样需要诗词曲文方面文化素养的积淀,更需要丰富的想象力和创造性思维,在某种意义上说,它是诗文创作的一种延伸,其难度不亚于即席赋诗与即席联句。

粘头续尾令

宋窦苹《酒谱》说:"今人多以文句首末二字相联,谓之粘头续尾令。"粘头续尾,修辞学称之为"顶针格"。这一酒令,内容上比较宽松,说成语、谚语、诗句、文句、词句、曲句、戏剧名、电影名都可以。最宽的限度,则凡是联成单句、单句皆可,如一时无恰当字,也可以用同音字代替,可谓古今皆宜,雅俗共赏。

（一）说成语

"一马当先"（甲）——"先睹为快"（乙）——"快人快语"（丙）——"语无伦次"（丁）——"赤地千里"（甲）……

"不翼而飞"（甲）——"飞蛾投火"（乙）——"火烧眉毛"（丙）——"毛遂自荐"（丁）——"见笑大方"（甲）……

（二）混说诗、词、曲、俗语等

甲："酒不醉人人自醉"（俗语）——乙："醉里挑灯看剑"（辛词）——丙："剑外忽传收蓟北"（杜诗）——丁："北雁南飞"（《西厢记》词）——甲："飞鸟各投林"（《红楼梦》句）。

甲："百兽之中虎为王"（俗语）——乙："王顾左右而言他"（《孟子》）——丙："他乡遇故知"（《容斋随笔》）——丁："知人知面不知心"（俗语）——甲："心心相印"（成语）。

回文反复令

所谓"回文反复"，是指诗句或对联等正反读出，不但能朗朗上口，而且完整表达一定的意义。《酒令丛钞》引皮日休《杂体诗序》："晋傅咸有回文反复诗云，反复其文者，以示忧心辗转也，'悠悠远迈独茕茕'是矣。愚按，齐梁以来之回文诗，今之反复令，皆本此。"这大概是回文反复诗的第一代版本。"悠悠远迈独茕茕"反读就是："茕茕独迈远悠悠"。当然，有的回文倒读时所表达的意义与顺读时的原意，或完全相同，或近于相同，或不尽相同，或完全不同。

（一）正反读来，意义相同或相近

"上海自来水来自海上"；
"山东落花生花落东山"；
"香山碧云寺云碧山香"；
"黄山落叶松叶落山黄"。

以上是昔时文士的成句,确实妙趣横生。还可以在诗句或俗语的"库存"中翻捡出一些回文反复的例子,如:

> "饮酒把愁消,消愁把酒饮";
>
> "中山藏老虎,虎老藏山中";
>
> "梅绽似白雪,雪白似绽梅";
>
> "荷塘映明月,月明映塘荷";
>
> "红花逐水流,流水逐花红";
>
> "窗前荫绿树,树绿荫前窗"。

(二)反正读来,意义不同

古人成句有"人过大佛寺,寺佛大过人",意义虽大相径庭,但却有另一种妙趣。依此仿作,也会有不俗的成果:

> "人醉花城春,春城花醉人";
>
> "走马拂柳枝,枝柳拂马走";
>
> "屏画远山青,青山远画屏";
>
> "人道邪怕正,正怕邪道人";
>
> "严管妻者夫,夫者妻管严"。

(三)古人姓名回环令

《酒谱》中有个佳例:

> "江革隔江见鲁般搬橹,
>
> 李元园里唤蔡释释菜。"

前句中"革""隔""鲁""橹""般""搬"都是叶音;后句中"元""园""李""里""蔡""菜"也都是叶音。这种挟带叶音字的回环,同时又是对古人姓名的一种巧妙的"嵌入"。按此仿作,还可以得:

> "韩愈愈寒收李贺贺礼,
>
> 杜牧暮渡见贾岛捣甲。"

沽酒图

第五节　拆合令

汉字的特殊性能,可以离(分拆)、合(组合),可以增、减,也可以根据字形作形象的比喻,有的同时还可贯以诗句、成句或俗语。这同样是一种智力游戏,被文人拿到酒席上,成为一种新的文字令,叫作"文字拆合增减象形令"。简称"拆合令"。俞敦培《酒令丛钞》等酒令著述中有详细记载。

离合字贯诗文成句

"《归田琐记》:前明陈询忤权贵,被谪,同僚送行,因饯席说令。

陈循曰:轟字三个车,余斗字成斜。车,车,车,'远上寒山石径斜。'

高谷曰:品字三个口,水酉字成酒。口,口,口,'劝君更尽一杯酒。'

(陈)询自言曰:蟲字三个直,黑出字成黜。直,直,直,'焉往而不三黜?'"

同色离合字贯俗语

"同色茶与酒,吕字两个口。饮茶小口,饮酒大口;
同色梅与雪,朋字两个月。赏梅邀月,赏雪邀月。"

后人仿此，也成一令：

"同色云与烟，出字两个山。云也在山，烟也在山。"

拆字贯诗句或俗语

"户方为房，二人坐床。一人吃酒，一人吃汤。薄口酒，胜茶汤。
户至为屋，二人借宿。一人有丝，一人有谷。'二月卖新丝，五月粜新谷。'
一卜为下，二人说话。一人争上，一人争下。青山在屋上，流水在屋下。"

离合字贯俗语

"门口问信，人言不久便来。

八刀分肉，内人私议不均。

双手拿花，艸化为萤飞起。"

离合同音贯俗语

"有卜姓者举令曰：'两火为炎，此非盐酱之盐；既非盐酱之盐，如何添水便淡？'

一人曰：'两日昌，此非娼女之娼；既非娼女之娼，如何开口便唱？'

一人还令曰：'两土为圭，此非龟鳖之龟；既非龟鳖之龟，如何来卜成卦？'"

这个还令很妙。古人占卦以火烧龟甲之纹，占卜凶吉。这位令官姓卜，"卜"字加"圭"（与"龟"同音）为"卦"，暗寓对令官的调侃嘲讽。

推字换形

"木在口内为困，推木在上成杏。

十在口内成田，推十往右成叶。

禾在口内成囷，推禾往左成和。"

一字化为三贯谚语

"同字添金即是铜,将同易童便成镗。俗话说:现镗不打,倒去炼铜。禾字添口即成和,小口易斗便成科。俗话说:宁赠一斗,莫增一口。余字添虫即成蛛,将虫易食便成馀。俗话说:比上不足,比下有余。"

词牌合字令

"木兰花,卜算子,早梅芳"—棹

"月下笛,两地锦,女冠子"—腰

"金缕曲,小秦王,月中行"—销

将三个词牌名的第一个字合成一个字,也很巧妙。

增减成字令

"臺字去吉,增直成室;

居字去古,增点成户。"

这是纯粹的拆字增减之法,比较通俗易行,也不乏趣味。后人仿此,可列出一串:

"科字去斗,增口成和;

忽字去心,增口成吻。

汤字去水,增木成杨;

否字去口,增木成杯。

李字去子,增目成相;

洪字去共,增目成泪。"

大人小人令

"都御史公韩雍与夏公埙饮,各出酒令。公欲一字内有大人、小人,复以谚语证之。曰:'伞'字有五人,下列众小人,上待一大人。所谓有福之人人服侍,无福之人服侍人。'

夏曰:'爽'字有五人,旁列众小人,中藏一大人。所谓人前莫说人长短,始信人中更有人。'"(《畜德录》)

这种特指的文字拆合令,只贯以谚语,又暗含对世事的感慨,比单纯的文章增减,高出岂止一筹。但在文字选择上有很大限定,难以推广。

一字象形令

"高骈镇成都,命酒佐薛涛改一字令。曰'须得一字象形,又须逐韵。'

公曰:'口,有似没梁斗。'

涛曰:'川,有似三条椽。'

公曰:'奈何一条曲?'

涛曰:'相公为四川节度,尚使一个没梁斗。至于穷酒佐有三条椽,唯此一条曲,又何足怪?'"(《芝田录》)

对文字的理解达到了微妙的引申,这个"酒佐"真是了不起!

一字藏六字令

每人举出一个字,要求将该字分剖成包括本字在内的六个字,合席依次轮流说,不成则罚酒。比如"章"字,可以分剖成为"六""立""日""十""早"及"章"本字,共藏六字。

另有一字藏三姓令:每人举出一姓,要求该字分解成两个字,而且都是姓,加上本字,共三个姓,合席轮说,不成则罚酒。比如:"鲍—鱼、包";"闵—门、文";"汪—水、王"(张潮《下酒物》)。

一字中有反义词令

每人举出一个字,要求这个字是由两个反义词或对义词构成的。合席依次轮说,不成罚酒。如"俄"字,"人"与"我",义相对;"捉"字,"手"与"足",义相对;"斌"字,"文"与"武",义相对;"傀"字,"人"与"鬼",义相反。

一字五行偏旁皆成字令

每人举出一字,要求在这个字的左右上下加上"五行"即"金""木""水""火""土"字后,都能组成另一个字,合席依次轮说,不成罚酒。比如"佳"字加上"五行",可变为"锥""椎""淮""煃""堆";又如"可"字加上"金"成"钶",加上"木"成"柯",加上"水"成"河",加上"土"成"坷";"兆"字加上"金"成"铫",加上"木"成"桃",加上"水"成"洮"——五行不全,也没关系,不必硬凑。

一字合成语令

又叫"合锦令"。每人举出一字,再用一个成语破解该字。反过来说,是该字隐含着这个成语。合席轮说,不成则罚酒。比如:

"捕——拆东补(補)西";

"豹——狗尾续貂":

"掠——半推半就";

"足——吴头楚尾"。(张潮《下酒物》)

第六节　混合令

酒令亦不总是将门类区分得十分清楚,它也有跨行业、跨领域的综合性。我们的祖先早已明察,将综合上述各类内容的酒令称作"混合令"。细细考辨,

"混合令"有三个特点：

一是不论哪种名目，都还是直接、间接地同文字的欢舞相关，都还真离不开对"文字令"的文化修养的一般要求；

二是由于是"混合令"，犹如做算术中的综合题，就需要更复杂的思考和更敏捷的反应，难度自然就更大；

三是因不脱文字，又求多面的综合，自然还是坚持雅俗共赏，雅在文化气息浓厚，俗在玩耍这种气息，但雅是其主要内质，其中包含着一些发明创造。

这三个特点，决定了"混合令"是雅令中高级层次的展现，必然只在文人雅士中操演竞赛。

落地无声令

《笔谈》记载："苏东坡，晁补之、秦少游同访佛印师。留饮般若汤，行令。上要落地无声之物，中要人名贯串，末要诗句。"瞧，四位大文士，都要操练上、中、末。难度不小（能想出这种酒令的，就不俗），但他们个个举重若轻。

苏东坡率先垂范，吟道：

"雪花落地无声，抬头是白起。白起问廉颇，如何爱养鹅？廉颇曰：'白毛浮绿水，红掌拨（拨）清波。'"细品来，除了完全附合上、中、末的要求之外，还分明有一种搞笑的意味：赏雪，怎么就会见到秦将白起？这白起怎么会问起廉颇如何爱养鹅？这纯属杜撰。更妙的是：廉颇居然对这个敌手以礼相待，用唐人王勃的诗句作答。

晁补之紧随其后，吟道："笔花落地无声，抬头见管仲。管仲问鲍叔。如何爱种竹？鲍叔曰：'只需两三竿，清风自然足。'"

秦少游也吟道："蛀屑落地无声，抬头见孔子。孔子问颜回：如何爱种梅？颜回曰：'前村风雪里，昨夜一枝开。'"

佛印也步此规矩吟道："天花落无声，抬头见宝光。宝光问维摩：僧行近如何？维摩曰：'对客头如鳖，逢斋项似鹅。'"

瞧，这三位都是步东坡后尘，蹈袭东坡规矩，只是更换了几处关键词而已。对他们这样的学识渊博者，更有何难？看来，"始作俑者"很重要，很值得尊敬，苏东坡(假定真是他)当之无愧。当然,"落地无声令"也可生发为"飞天有形令""入心无痕令"之类,也需要一位首倡者、引领者、先行者。

骨牌离合令

《酒令丛钞》记载:"令官说的牌名,次座接诗一句。令官又说一牌,三座接诗一句。以次递说,皆须叶韵,兼与牌意关合为妙。"所举例子是:

"令官:左边一张'地'。

次座接:'到处聚观香案吏。'

令官:右边两处'么'。

三座接:'二月春风似剪刀。'

令官:中间一个'么'和'六'。

四座接:'何人吹断参差竹。'

令官:合成一幅'公领孙'。

五座接:'馨香排解掩兰荪。'"

说到这里,聪明的读者一定会似曾相识地想到《红楼梦》第四十回"金鸳鸯三宣牙牌令"的场面,这同样是一种骨牌离合令,且更精彩热闹。

鸳鸯是令官,说得明白:"如今我说骨牌副儿,从老太太起,顺领说下去,至刘姥姥止。比如我说一副儿,将这三张牌拆开,先说头一张,次说第二张,再说第三张,说完了,合成这一副儿的名字。无论诗词歌赋,成语俗话,比上一句,都要叶韵。错了的罚一杯。"说完,她说了个牌名:"左边是张'天'。"

贾母说:"头上有青天。"

鸳鸯说:"当中是个'五'与'六'。"

贾母说:"六桥梅花香彻骨。"

鸳鸯说:"剩得一张'六'与'么'。"

贾母说:"一轮红日出云霄。"

鸳鸯说:"凑成便是个'蓬头鬼'。"

贾母说:"还是抱住钟馗腿。"

这是第一轮。鸳鸯出题干脆,贾母应对无误,博得大家称赞,气氛也活跃起来。轮到鸳鸯对迎春出题,迎春第一回合就出了错。鸳鸯说:"左边'四五'成花九。"迎春说:"桃花带雨浓。"大家一齐指出:"该罚!错了韵,且又不像。"迎春只好自罚一口酒。

下一轮该是乡下人刘姥姥了。这农家老妪见过世面,毫不怯场:"我们庄稼人闲了,也常会几个人弄这个,但不如说得这么好听,少不得我也试一试。"

鸳鸯说:"左边'四面'是个人。"

刘姥姥想了半天,对不上,只好说:"是个庄稼人罢。"引得哄堂大笑,算过了这关。

鸳鸯说:"中间'三四'绿配红。"

刘姥姥这回对上了:"大火烧了毛毛虫。"得到了大家首肯。

鸳鸯说:"左边'么四'真好看。"

刘姥姥说:"一个萝卜一头蒜。"

鸳鸯说:"凑成便是一枝花。"

刘姥姥这回有心来个"本色",说:"花儿落了结个大倭瓜。"引得大家大笑。

刘姥姥加入这种酒令的行列,本身是雅与俗的对照;用"现成的本色"应对严格的骨牌令,又是一种对照;对不上时,索性说一、两句似是而非的笑话,引得大家开心,蒙混过关,更是一绝。也亏得曹雪芹,能把这场景写得那样真实可信,惟妙惟肖。

颠倒令

《秋山醉锦》记载,倡此令者还是苏轼。"东坡在翰林日,尝宴同官,曰'某行一令,上以二字颠倒说,下以诗一句叶韵发其意。'即云:'闲似忙,蝴蝶纷纷过短墙;忙似闲,白鹭饥时立小滩。'"这个酒令比前面的"落花无声令"要难。关键在于,不仅要二字颠倒,而且要用一句押韵的诗"发其意"——阐发这颠倒的含意。且看同官们如何应对。

"一客云:'来似去,潮翻巨浪还西去;去似来,跃马翻身射箭回。'

一客云:'动似静,万顷碧波澄宝镜;静似动,长桥影逐酒旗远。'

又一客云:'难似易,百尺竿头呈巧艺;易似难,执手临歧话别间。'

又一客云：'悲似乐，送葬之家喧鼓乐；乐似悲，嫁女之家日日啼。'

又一客云：'有似无，仙子乘风游太虚；无似有，掬水分明月在手。'

又一客云：'贫似富，梢水满船金玉渡；富似贫，石崇穿得敝衣行。'

又一客云：'重似轻，万斛云帆一霎经；轻似重，柳絮纷纷铺画栋。''

同官们不含糊，应对得都不错。但细细一品，还是缺少苏东坡的那重真情实感的自我写照式的诗意，这是苏轼诗人气质的独特显示，是不易仿照的。

体物令

《读青琐高议》记载杨大年和丁谓所行的一种"体物令"：拿酒席上的东西说事。

杨大年说："有酒如线，遇斟则见。"丁谓接着说："有饼如月，遇食则缺。"一个拿酒说事，把酒比作线，遇针就会显现，但表面上又说的是斟酒之斟，不仅是同音字之妙，且是两种意思的交叉之巧；一个拿饼说事，把饼比作月亮，食之，饼会缺损，月之蚀即月之缺损，可谓同曲同工。

人名皆姓令

《酒令丛钞》记载："要双名古人，拆开皆成姓。

王孙贾。董仲舒。王安石。"

这个酒令当然不拘单名、双名，亦不论古人今人，但需要丰富扎实的历史知识和扫描的敏捷。如古人之单名者还可举：李白、李贺、孙武、邓艾、赵云、周仓；古人之双名者还可举：张仲景、欧阳修、司马师、鲁仲连、公孙高等。若以在席者的姓名或相识者的姓名行令，会更加有趣。

属对令

《蔡宽夫诗话》记载："唐人饮酒，必为令以佐欢……今就有其遗习也。尝有人举令云：'马援以马革裹尸，死而后已。'答者云：'李耳以李树为姓，生而知之。'又：'钼麑触槐,死作木边之鬼。'答者云：'豫让吞炭,终为山下之灰。'"

细分析,这两副属对令,具有丰富的内涵,也需很厚的修养与很高的技巧才能做出。先说第一副,概括了两个典故。上句中引东汉名将马援及其"马革裹尸"的豪言,下句中引道家始祖老子李耳及"生而指李树,因以为姓"的记载;上句说"死",下句说"生"。从内涵上说,对得非常贴切恰当;从技巧上看,也挺复杂:"马援"与"马革"有"马"字相重,"李耳"与"李树"也有"李"字相重;"死而后矣"不仅是对"以马革裹尸"的解说,而且"尸"(古体为"屍")字去了"尸"为"死",是"减字"法;"生而知之"是对"以李树为姓"的申说,而且"姓"字去了"女"为"生",也是"减字"法。

再说第二副,"钼麑触槐"和"豫让吞炭"也是见于《史记》的两个典故,这已经很妙。更妙的是将"触槐"的"槐"字拆开为"木""鬼"二字,引申为"死作木边之鬼";将"炭"字拆开为"山""灰"二字,引申为"山下之灰",拆合字之妙达到了精彩的高度。

这样的属对令,难度相当大。即使是渊博之才,也未必能当场对出。但中华文化中的对联堪称世间绝活,中国特有。若化雅入俗地融入酒令,倒确有一番不小的天地。比如将历代名联妙对烂熟于心,也可在席间以上联征下联,或者自出机杼地举些难度不大但内容新颖的属对令,会使气氛热烈,产生妙趣。

急口令

就是今天的绕口令,也可作酒令,每人轮说,错者罚酒。这是直接对口头表达技术的一种考验,但也需要发明、制作一些有趣而有难度的"词儿"。

据《才鬼录》记载:隋朝的侍郎名叫长孙鸾,年纪大,口吃,还是个秃子,大臣贺若弼想出了一个急口令戏耍他,这个急口令是:"鸾老头脑好,好头脑鸾老。"让他回环急诵,用来取乐。这分明是以大压小、以权势凌人的一个实例。说"今之急口令本于此",则还有可能。

射覆

射,猜;覆,遮盖、隐藏。顾名思义,所谓射覆,就是猜谜,但又不是一般的猜谜,而是用相连字句如诗文、成语、典故等隐喻某一事物为覆,射者去猜度,不直接说出,而须用同样隐喻该事物的另一诗文、成语、典故等揭开谜底。如果射者猜不出或猜错,或覆者误判射者的猜度时,都要罚酒。李商隐诗有"分曹射覆腊灯红"之句,可以想见斗智斗学的热闹有趣场面。这同样是一种高难度的文字游戏,非才子才女不能为之。

《红楼梦》第六十二回写探春和宝钗射覆。探春覆了"人""窗"二字。宝钗十分聪敏,看见席上有鸡,立刻猜到探春用的是"鸡窗""鸡人"之典,就射了一个"埘"字。探春是半个王熙凤,并且有文化素养,知道宝钗已经猜到,是用了"鸡栖于埘"之典。瞧,真是曲里拐弯,玄机难测。在整个文学史上,像韩愈、白居易、李商隐这样以辞章、经史、射覆等皆成酒令,花样不断翻新的名士,实在也是不多的。若不是胸有万卷诗书,心藏千般机巧,是绝对玩不转这实物、典故、诗文、成语综合运行的射覆的。

花名暗令

《酒令丛钞》记载:"令官宣令曰:'二月桃花放,九月菊花开。一般根在土,各自报时来。'坐客各报花名,须有时辰者方免饮。如李花是子时,柳花是卯时之类,不合格者皆饮。此为暗令。"

所谓花名"有时辰",是说花名中含有地支。李花的"李"字中含有"子"字,为地支的第一位;柳花的"柳"字中含有"卯"字,为地支的第四位。这也是"花名暗令"的奥秘所在。再可举出:

辛夷花是辛时,

栀子花是巳时,

茱萸花是未时,

酴醾花是酉时,

月季花是子时,

莲(蓮)花是申时。

只要翻熟花名,略加检索,倒也不太难。

鸟名贯穿令

《酒令丛钞》记载几例:

"鸬鹚捻线,十姊妹去买绣鸳鸯。"

"啄木为舟,杜宇撑来装布谷。"

"画眉年少,告天不啄白头翁。"

都是拿鸟名说事,合乎情节地推演开去,全句糅入三个鸟名,说出一件事。但也需要相当丰富的鸟的知识和诗文技巧,不然,还真难顺其自然,自圆其说呢!

花间两姓令

《酒令丛钞》记载几例:

"郁李""金钱""山查"。

所举之例都不带"花"字,但却是花,并且含着两个姓。这同样是拿花名说事,但与前述的"花名暗令"不同,不含"时",而含"姓"。其实,翻翻《中国古今姓氏辞典》,还可举出:

"金梅""万连""凤仙""月季""玉兰""紫荆""扶桑""秋葵""山丹"等。

飞禽择木令

《酒令丛钞》记载:"各说树名:桃、李、梅、杏之类。令官宣言:'一个鸟儿飞往李树上去了。'认李者忙应:'飞往杏树上去了。'随意可飞。应迟者罚酒。"

这种酒令倒不难。一是要快,二是要掌握树多,便不会出错。

以上所举之外,汉字的魅力,据说也引得名士雅客技痒,在席间行令,故意化雅为俗,又不离诗句,效果挺好。试举几例:

(一)欧阳修温婉说犯罪

一次宴饮,欧阳修突发奇想,出了一个酒令:吟两句诗,诗中的行事必须触刑律。一人吟道:"持刀哄寡妇,下海劫商人。"一人吟道:"月黑杀人夜,风高放火天。"这二位所吟之诗都合乎酒令要求,且听欧阳修如何应对? 只见他放下酒杯,朗声吟出两句:"酒粘衫袖重,花压帽檐偏。"众人愕然,以为欧阳公酒醉,跑了题,这两句诗中,既没有犯罪工具,又没有犯罪行动,真是离了谱! 欧阳修早已看出大家的心思,微笑着说出一番道理:"酒能乱性,这人醉得这样不成形,还有什么事干不出来呢?"众人再重新品味这两句诗,在温雅婉曲中暗含着犯罪的可能性,不由得拊掌叫绝。

(二)妙对说盗窃

几个秀才聚饮,约定酒令对对子,其中必须包含盗窃的行状。

第一位说:"发冢"可对"窝家",即盗墓的窝赃,大家一致同意。

第二位说:"白昼抢夺"可对"昏夜私奔",并将"私奔"解释为"偷香窃玉",这位也过了关。

第三位说:"打地洞"可对"开天窗"。众人问:"开天窗"怎么同盗窃相关?此人解释:贪官弄出许多搜刮民财、鱼肉百姓的名堂,民间谚语叫"开天窗",这叫作"大盗不盗",不用动手,也较安全。大家叫好。

第四位说:"三橹船"可对"四人轿"。他解释说:"三橹船用来载运江洋大盗,这自不用说,那四人抬的大轿里坐着的老爷更能大搜大刮,不是吗?"

中华酒典

(三)指物说亲带官衔

袁中郎(宏道)任吴县令时,常招饮同道。一次,他和长邑县令江盈科及远道来江西的某孝廉(他弟弟正做某部员外郎)三人在船上同饮。酒至半酣,中郎发了个酒令:讲一件实物,要暗含亲戚称谓,还要挂上官衔。发完酒令,中郎先说。他指着船头的水桶说:"此水桶,非水桶,乃是木员外的箍箍(哥哥)。"这句酒令妙在点出了席间的孝廉有一位员外郎的弟弟。那孝廉听了,点头微笑,随即也行一令:"此笤帚,非笤帚,乃是竹编修的扫扫(嫂嫂)。"原来中郎的哥哥宗道(伯修)和弟弟中道(小修)时任翰林院编修,孝廉的调侃也很切题。轮到江盈科了,他见岸上有人正在捆束稻草,灵机一动,说道:"此稻草,非稻草,乃是柴把总的束束(叔叔)。"原来那位孝廉,原属军籍,有族侄正在军中当把总,自然要叫他叔叔了。

(四)妙对说主客

有客人敲门,主人问:"谁?"

客人答:"我。"

主人开门迎客,问:"何来?"

客答:"特访。"

主人问:"君可好?"

客人答:"弟托福。"

主人呼唤仆人说:"两盏茶来。"

客人急摇手说:"一壶酒好。"

主人知道客人贪酒,便叫仆人取酒来饮,良久,主人问:"夜深君可去?"

客人说:"天明我始归。"

主人说:"盘中无菜肴。"

客人说:"厨内有鸡肉。"

主人说:"宅下童仆皆已睡。"

客人说:"房中老嫂尚未眠。"

主人厌极,说:"主人已倦,佳客难留。"

客人皮厚,说:"绍兴既完,高粱亦可。"

主人冷嘲道:"落拓相公,专图白食。"

客人回应说:"真正吃客,最好黄汤。"

主人说:"西洋自鸣钟,十二点三刻。"

客人说:"东明老字号,廿八两一瓶。"

主人说:"有意抽丰,看我愿意不愿意。"

客人说:"开心畅饮,管你舍得不舍得。"

主人说:"再过五分钟,开了房门君莫怪。"

客人说:"连干十大杯,撑开海量我无妨。"

主人叹口气,无可奈何地任他一饮到底。

第七节　游戏令

游戏令也是通令的一种,不涉文字,却比较雅致,是通令中比赌赛令文雅的一层,尽管不需要文字令那样的学养与才情,却也需要临场应变的机敏与巧妙。游戏令可以是文字令之余的一种调剂,是文人雅士斗智斗学斗才之后的一种休整。由于是做游戏,出席者必须有一定规模的人数,这才能保证气氛的热烈、情绪的高昂。酒令中的游戏,在某种意义上看,显示着另一种层次的文化内涵,同样具有中国传统的特色,可以划分为如下几种。

击鼓传花最常见游戏令中最常见的是最简单、最易操作的,也是可雅俗共赏的。

击鼓传花

一般的描述是:"令官拿着花枝在手,使人于屏后击鼓,座客依次传递花枝,鼓声止而花枝在手者饮。"

这个游戏,是以鼓声与传花相配合来完成的。花,也可用手帕等其他小物件代替;鼓,则有在当座敲击的,也有在屏风后敲击的,后者的好处在排除击鼓者故意操作的可能。

倘若一时没有找到鼓,这个游戏的操作就全由令官一人担当。他蒙上眼,就等于坐在屏风后;他将花传给旁座一人,依次顺递,迅速传递,适时喊停,就等于鼓声停止,让持花未传出的一人罚酒。

其实,在唐代,就有一种击鼓传花或彩球等物的酒令,称为"花枝令",场面热闹,气氛热烈。白居易词《就花枝》云:"就花枝,移酒海,今朝不醉明朝悔。且算欢娱逐来,任他容鬓随年改。"

《红楼梦》第七十五回也有一段"花枝令"的描写:

"贾母便命折一枝桂花来,命一媳妇在屏后击鼓传花。若花在手中,饮酒一杯,罚说笑话一个。于是先从贾母起,次贾赦,一一接过。鼓声两转,恰恰在贾政手中住了,只得饮了酒。"一本正经的贾政平日不曾说过笑话,在这场合,出人意料地说了一个"怕老婆"的笑话,引得大家都笑了。"于是又击鼓。便从贾政传起,可巧传至宝玉鼓止。"老爸已经树立了笑话的成功范例,怕老爸的宝玉央求道:"我不能说笑话,求再限别的罢了。"于是将说笑话变作限韵即景赋诗,诗作得不错,受到了贾母的嘉奖。"于是大家归座,复行起令来。这次贾赦在手内住了,只得吃了酒,说笑话。"贾赦的笑话寓"偏心"之意,使贾母不悦。而后花又传到贾环手里,贾环也写了一首诗,受到贾政的批评,却受到贾赦的表扬。在击鼓传花的场景里,曹雪芹也没有忘记凸现人物的内心与互相关系。

拍七

先由令官报数:"一、二、三、四……"顺报,报到"明七"(即七、十七……)和"暗七"(七的倍数十四、二十一……)时,应报者拍桌但不出声,出声报数者罚酒。下一轮就从罚酒者从头报起。

拍七进行时要求速度快,使行令者忙中出错受罚。

传花、拍七、猜谜三结合

由罚酒人出谜面,由上一轮传花、拍七的赢家猜谜底。猜不中者,罚酒;猜中,则由出谜者罚酒。猜中者并有下一轮的出谜权。

猜谜,还可以限定范围,如限于席上、室内所有之物,由令官行令前宣布。

虎棒鸡虫令

两人相对,以筷子相击,同时喊虎、喊鸡、喊棒、喊虫。以棒打虎、虎吃鸡、鸡吃虫、虫嗑棒论胜负,负者饮。若棒与鸡同时出现,则不论胜负,虫与虎同时出现,也不论胜负。

虎棒鸡虫令很易操作,流行甚广。

汤匙令

置一汤匙于空盘中心,用手拨动匙柄使其转动,转动停止时匙柄所指之人饮酒。

此令十分简单,流行至今。多不用汤匙,改作"鱼头鱼尾酒"。据说还有个"鱼酒令"的出处呢!本书下编有详细介绍。

说笑话

可由令官或上一轮行令受罚者开始,依次轮流说一个。如能逗引全席或多数人发笑,说笑话者算是成功,全席各饮一杯;倘若无人被逗笑,说笑话者罚酒;如仅有一人或少数人笑,则罚笑者酒。

猜谜语

谜语入酒令,古已有之。北魏孝文帝、北齐萧道成都曾用谜语作为席间的娱乐,花样繁多,各有千秋。

谜语酒令中,还有一种独创的发明,文字令的气息中有筹令的欢谑,那就是清初黄周星的"廋词"入酒令笺。每一支笺上刻着人名"廋词"四条,齐标明饮者。廋,隐藏之意也。在他的"廋词"笺令中,先要求猜谜,因此,另外规定"中者赏,不中者罚"。真可谓"真足以益神智而长聪明"(清人张潮语)也。比如:

第一笺　奉首座及高年者

金仙捧露万年长(上古人一)　　　　　　　　　　　　　　盘古

秦伯避周为纣王(战国人一)　　　　　　　　　　　　　　豫让

不是桂花即菊花,梅莲兰蕙不如他(汉人一)　　　　　　　黄香

娄金到午官,本德甚葱茏(宋人一)　　　　　　　　　　　　　狄青

第六笺　奉苦吟客

他家做知县,与我有何干(三代人一)　　　　　　　　　　　　伊尹

丹砂染就一猪儿(战国人一)　　　　　　　　　　　　　　　　朱亥

东海有树荫十洲,兽群三百大于牛(汉人一)　　　　　　　　　桑弘羊

寅卯合戍巳,人称美男子(唐人一)　　　　　　　　　　　　　杜甫

第十三笺　奉秋风客及衣冠华丽者,女客陪饮

猢狲皮作外郎袍(春秋人一)　　　　　　　　　　　　　　　　审包胥

手挽千钧弩,口含百沸泉(汉人一)　　　　　　　　　　　　　张汤

忽然冷,忽然热

冷时头上暖烘烘,热时耳边悲切切(三国女人一)　　　　　　　貂蝉

咸阳道上闲驰逐,正是机云入雏年(宋人一)　　　　　　　　　秦少游

细细品味,谜面与谜底之间的微妙联系,真是令人咀嚼而生趣味。但因为太雅,只能列在古代酒令的雅令之中。

筹令牌令花样繁

不费脑筋又颇具雅趣,这是酒令发明者们创造性的妙招。筹令和酒牌令,就是这一发明的相似而又不同的项目。

筹令

筹令是由竹制成的,在竹筹上刻着饮、罚之令。筹令创始于唐代,盛行于明清,多用于文人聚饮和闺房集宴。酒筹上所刻的饮、罚之令,很有一番讲究,常见的是经书或诗、词、曲的成句,或者《西厢记》《水浒传》《红楼梦》中的人名,由此引申出敬酒、劝酒、罚酒等名目。1982 年,在江苏丹阳县丁卯桥出土的金龟背负的《论语》玉烛筒一种,有酒筹五十枚。这是迄今发现的最早的筹令。

筹令,最常见的是人名令。《红楼人境》刻《红楼梦》书中六十四人名,以其身份、地位、性格及生平遭遇,规定抽到各筹者该由座中哪一种人饮酒,很有趣味(其余人名筹令亦和它相类似)。比如:

史太君：有福之人。

（合席饮，多子孙者饮一杯。）

贾宝玉：多情总被无情恼。

（凡黛玉、宝钗酒准代饮，新科得捷者、新得子者、善书者，各饮一杯。）

林黛玉：多半是相思泪。

（宝玉代饮一杯。善琴者、喜花者、烧香炉者、二月生日者，各饮一杯。）

薛宝钗：大人家举止端详。

（与宝玉饮合卺酒一杯，谈家务者、熟曲文者、体丰者，各饮一杯。）

探春：这人一事精，百事精。

（监令饮令酒一杯，将远行者、三月生日者，饮一杯。）

王熙凤：你忒忒过心算长。

（说笑话，免饮。说不笑，仍饮。九月生日者、当家者、放债者，各饮一杯。）

史湘云：绿莎便是宽绣榻。

（合席打通关。）

薛宝琴：猜诗谜的杜家。

（作谜令宝玉猜，不中者罚。服新衣者、未娶者各饮一杯。）

妙玉：真假。

（新剃头者、最善围棋者，各饮一杯。）

晴雯：嗤扯做了纸条儿。

（执扇者、贴头风膏药者、长指甲者、闻鼻烟者，各饮一杯。）

袭人：破题儿第一夜。

（自饮一大杯，能度一曲，免饮。爱优伶者，饮一杯。）

平儿：我做夫人便做得起。

（与宝玉、宝琴、岫烟吃同庚酒各一杯。带金镯者、带钥匙者……席中同庚者，各饮一杯。）

芳官：年纪小，性气刚。

（同姓者、装醉者，各饮一杯。）

刘姥姥：真是积世老婆婆。

（饮一大杯，说故事或新闻，免饮。）

中华酒典

香菱：世间草木是无情，就有相兼并。

（罚金桂一杯。与宝钗、平儿、袭人，饮同庚酒一杯。师生同席者、能诗者，皆饮。）

筹令，还有一种是诗歌中的句子同饮者的情状、相貌相连。《唐诗酒筹》举了一些例子：

玉颜不及寒鸦色	面黑者饮。
人面不知何处去	须多者饮。
相逢应觉声音近	近视者饮。
愿为明镜分娇面	戴眼镜者饮。
鸳鸯可羡头俱白	年高者饮。
养在深闺人未识	初会者饮。
千呼万唤始出来	后至者饮。
西楼望月几时圆	将婚者饮。
平头奴子摇大扇	打扇者饮。
无因得见玉纤纤	袖不卷者饮。
情多最恨花无语	不言者饮。
不许流莺声乱啼	问者即饮。
词中有誓两心知	耳语者饮。

以唐诗中的句子的寓意，来规定何者须饮，分明有一种调侃意味，但毕竟是一次诗与酒的呼应，当在雅趣之列。

筹令还有多种，各有妙趣。

（一）明人汪道昆《楚骚品令》以《九歌》十一章名字加上屈原，各立一筹，总计十二筹。又分别从《九歌》各章中提取四句，作为令辞，分刻在筹子上，最后再根据令辞的含意，酌定行令与饮酒之法，刻写在筹子上。行令时，席间诸人依次掣筹，每人一筹。得筹后，将筹倒扣桌上，秘不示人。

这个筹令拿屈原说事儿，楚辞文绉绉的，成了饮酒之法的注释。东皇太一、东君、云中君、湘君、河伯、大司命、少司命们一齐放下架子，按照世俗的办法饮酒，特别是"三闾大夫"屈原，必须先在席间遍访"湘夫人"，访到则令毕，没有访到，则访到谁，便按那人筹上所写令约饮酒——好欺负人哟！

(二)俞敦培《酒令丛钞》(卷四)还收有"饮中八仙筹令",将杜甫《饮中八仙歌》中提到的八位各立一筹,再根据诗中的句子,每筹编制一部饮酒的方法,合制为酒筹。行令时,从令官起,轮流掣筹,按筹中刻写的令约行令饮酒。

筹谱如下:

贺知章	已醉不饮
汝阳王	三巨杯
李适之	一口吸尽
崔宗之	白眼望天饮
苏 晋	逃禅避饮
李太白	一巨觥
张 旭	三杯
焦 遂	五大觥

(三)从王实甫《西厢记》中摘选的一百句曲文,分别刻在一百根筹上,每筹一句,再根据曲文的意思,酌定饮酒的办法,合制为酒筹。笔者从中选择若干,以飨读者:

翠袖殷勤捧玉钟	手拿杯者饮
光油油耀花人眼睛	新梳头者饮
软玉温香抱满怀	新娶者饮
着甚支吾此夜长	未婚者饮
打扮得娇滴滴的媚	穿衣色艳者饮
我悄悄相问你便低低应	私语者饮
银样镴枪头	输拳者饮
眼皮儿上供养	戴眼镜者饮
夫人只一家	同姓者饮
春生敝斋	貌美者与主人
对饮	
太平车敢有十余载	肥大者饮
仔细端详	近视者饮
侵入云鬓边	连鬓胡者饮

中华酒典

尊前酒一杯	年最长者饮
纸光明玉版	擅书法者饮
只将花笑拈	飞花送酒

（持此筹者吟诗一句，中含"花"字。"花"字在第几个字，便顺数至第几个人，持筹者请该人"浮一大白"）

教小生半途喜变忧	大笑一大杯,微笑一小杯
哈,怎不回过脸儿来	旁顾者饮
风过处,衣香细生	洒香水者饮
我只见头似雪鬓似霜	须发白者饮
香烟人气,两般儿氤氲得不分明	吸烟者饮
走霜毫,不构思	能诗文者饮
休言语,靠后些	说话者饮
氲的改变了朱颜	吃酒脸红者饮
愿天下有情的都成了眷属	情人对饮
春至人间花弄色	掷骰子,有四红者饮
今宵酒醒何处	微醉者饮
独上高楼	住楼房者饮
好事儿收拾得早	令毕　全席饮

（四）还有俞敦培编制的《艺云轩西厢新令》，同样是依次摇筒掣筹，依筹中刻写的令约、酒约行令饮酒，但筹上所刻的唱辞选得很新，相应的令约、酒约也别出心裁，有文字令的难度。试选取若干，再飨读者：

雁字排连	兄弟同席或订盟者饮,雁字流觞
花笺上删抹断肠诗	工诗者饮,改古人诗一句,另吟一句诗解之
弦上的心事	善琴者饮,吟古诗一句,举一乐器名,不成则罚
娇滴滴的玉人何处也	乍离家、乍断弦、乍别美人者饮,各吟诗一句,中嵌"玉人"二字,二字分嵌,不得相连,违者罚

把并头花蕊搓	交头语者饮,行并头花令
彩云何在	不吸烟者饮,行五色诗令
见安排着车儿马儿	乘车马来者饮,行车马诗令
露滴牡丹开	口不合者饮,合席每人诵《牡丹亭》曲文一句并贯一戏名
尔自年纪小	年轻者饮,"小"字飞觞
夫人专意等	欲先行者饮巨杯,行美人花名令
宦游在四方	现任官饮,出差者饮,行遇缺即升令
笔尖儿敢横扫五千人	有文名者、曾掌守中文案者皆饮,行考试令
疾忙快分说	口吃者饮,行急口令
君瑞胸中百万兵	善棋者饮,曾从军者饮,行打擂台令
眉儿浅浅描	善画者饮,姓张者饮,妻美者饮,行规矩令
分明打个照面	乍会面者饮,对坐各划三拳
一双心意两相投	相交最厚者同饮,划连环拳
银样镴枪头	体弱者饮,行输通关拳
便提刀仗剑,谁勒马停骖	豪爽者饮,行赢通关拳

(五)清末汪兆麟所制的《集西厢酒筹》,也借《西厢记》做文章,花样翻新,筹令内容与那个时代很贴切,可说是"以故为新"了。比如:

好教我左右为难	左右座各一杯
土气息泥滋味	嫌菜丑者一杯,吸洋烟者一杯
乍相逢记不真娇模样	初会者一杯
春意透酥胸	出汗者一杯
似呖呖莺声花外啭	喜歌者一杯
隔墙儿酬和到天明	能诗者一杯
半天风雨洒松梢	打喷嚏者一杯
我拽起罗衫欲行	逃席者一杯

家庭经典藏书

中华酒典

要看个十分饱	不肯吃菜者一杯
面如少年得内养	老健者一杯
手抵着牙儿慢慢地想	剔牙者一杯
樱桃红破玉粳白露	露齿者一杯
早晚怕夫人行破绽	惧内者一杯
休将兰麝熏	不吃烟者一杯
把一天愁都撮在眉尖上	皱眉者一杯
咽不下玉液金波	辞酒者一杯
你好事从天降	遇喜庆者一杯
遮遮掩掩穿芳径	小便解者一杯
为秦晋	有姻亲者一杯

酒牌令

以牌的形式,上刻所行酒令的内容。如清代咸丰年间的《列仙酒牌》,上刻四十八位仙人的名字,画有图案。根据每位诗人不同的身份、经历、特点,规定饮酒的法则。使用时,只要任意抽取其中的一张牌,按照牌面上的饮酒法则行事,便会妙趣横生。比如抽到"老子"牌,上写"寿者饮",就请席上年龄最长者饮酒;如抽到"黄石公"牌,上写"各酌有著述者一杯",就向席上有著作的人敬一杯酒。酒牌令的内容,大抵符合文人雅士的身份和经历,又同列仙相攀,自然是颇受欢迎的雅趣所在。

指掌拇战一双手

中国人饮酒,忘不了自己的一双手。席间,用手指、手掌做游戏,或伸出手指猜拳,都可以演出不同层次的饮酒游戏高潮。指掌令和拇战在游戏类酒令中虽与诗文无缘,却需要灵活、机敏的应变技巧,多须手、脑协调,也多为两人(或几人)面对面地竞争,因而更加现实,更易推广,更富有快感,也更易在民间流行。

独酌图

指掌令

《中华酒典》说："凡此类酒令,皆以指掌为戏,因称指掌令。"并列举了五种方式。

(一)五行生克令

《酒令丛钞》曰:"大指为金,食指为木,中指为水,无名指为火,小指为土。分胜负,则金克木,木克土,土克水,水克火,火克金。"

这就是说,二人同时出指,如甲出大指,乙出食指,则为"金克木",甲胜,乙负,乙饮酒;如甲出大指,乙出无名指,则为"火克金",乙胜,甲负,甲饮酒。如甲出大指,乙出中指,则"金""水"互不相克,不分胜负,再重新出指。其他情况,依此类推。

(二)五官搬家令

《酒令丛钞》曰:"假如令官问人:'眼睛在哪里?'忙将手指鼻而应曰:'鼻子在这里。'其所指或口、或耳、或眉皆可。如指眼睛、指鼻者罚。因令官所问眼,已所答鼻也。连问三次,答者还问三次。再问次座。"

此令的"妙谛"在于所答非所问,所指非所答。如若问眼睛在哪里,第一,不能答眼睛,要答鼻子(耳、口、眉等也可)在哪里;第二,答鼻子在哪里时,又不能指鼻子,却必须指在眼睛(令官有所问)、鼻子(故意错答)之外的其他部位上,如耳、口、眉,方才算胜。否则,错了任何一条,都要被罚饮。应此令须反应机敏,手脑协调。

(三)抬轿令

《酒令丛钞》曰:"三家出指而不作声,两手相同为抬轿,其不同者饮酒。"

行这个酒令看似简单,但必须严守规矩,不允许两家事先使暗号或递眼色相联络,共同算计第三家。行这个酒令妙在让三人互相揣摩彼此的心理,其趣味即在于此。

(四)石头剪刀布令

二人相对,同时出手,或喊"石头"(出拳头),或喊"剪子"(伸拇指、食指),或喊"布"(亮掌心)。以石头磕剪子、剪子剪布、布裹石头论胜负。若喊"石头"而出手为"剪子"或"布",亦算负。

(五)葫芦令

甲说"大葫芦",则双手同时作小葫芦状。乙须接说"小葫芦",而双手要做大葫芦状。丙又须说"大葫芦",双手仍作小葫芦状。其他人依此往复回环。说错或作错的罚饮。此令看似简单,但必须"口是"而"手非",稍一不慎,便会出错。

拇战令

就是老幼皆知的"猜拳",最为简单的是"同数",即:两人相对,各出手伸指,同时喊一数字,符合双方伸指数目之和者胜,不符合者输,输者罚酒。"猜拳"，在民间流行最广，行令时吆喝喧闹，造成公共场所"声音（氛围）污染"，似为酒令中最俗的一种。林语堂先生有专文描写中国人猜拳饮酒的情景，在本书下编中有评述。

"猜拳"在民间又叫"划拳"，在清代称为"拇战""招手令""打令"等。"划拳"中拆字、联诗很少，说吉庆话较多，如"一定恭喜，二相好，三星高照，四喜，五金魁，六六顺，七七巧，八匹马……"

第八节　赌赛令

文字令最雅最难，游戏令次之，赌赛令则既不需文化修养，又不需随机应变，而是一种赌博，好在输赢只关乎饮酒，不论及钱财，不会违法违纪。

赌赛令的特点有三：

其一，简便迅速，带有很大的偶然性，不需要太多技巧；

其二，立竿见影，带有很大的刺激性，易激起赌赛与饮酒的双重兴奋；

其三，秩序井然，带有明显的礼仪性，需要严守游戏规则。

把酒论人生

投壶礼仪成酒规

《礼记》记载了不少涉及饮酒的礼仪,如"投壶""乡饮酒义""射义""燕义"等,总起来说,都是将饮酒程序纳入君臣、贵贱、宾主的严格位次,是儒家之礼的延伸与演绎。真正演化为酒规酒令的,还是"投壶"。

《礼记·投壶第四十》曰:"投壶之礼:主人奉矢,司射奉中,使人执壶。"投壶用的壶,是一只小口径的瓶子(容器)。酒宴时,宾主依次取箭,在同样的距离外向壶中投掷,中壶者为胜,可以罚不中者饮酒。《礼记》上记载的投壶之礼相当烦琐——也许大夫们有的是时间。投壶前,主客之间要虚乎一阵,请让三次才能前行。投壶开始,有专门管数的人面东而立,是当时的"记分员"吧。主人投中一次,就从装着记数用的竹签的器皿里抽出一支,丢在南面;客人投中一次,就把竹签丢在北面,最后由"记分员"根据双方在南、北两面所得的竹签多少来计算胜负。两签叫"纯",一签叫"奇"。比如,主人投中十支,报数时称"五纯";客人共得九支签,报数时称"九奇",总成绩为主胜客"一奇";如双方得签数相等,称作"均",报数时称"左右均"。

南阳汉代画像石刻中,有一幅投壶图。图中左侧第二人执朴(木棒),他就是司射(酒监),负责指挥投壶,并负责处罚投壶时犯规之人。投壶时,参赛者若误中旁观者或侍从,司射也要用木棒罚他。图中左侧第一人,头部画得很大,露出一副接受责罚的窘相,想必是犯规者。

投壶赌酒,盛于两汉、魏晋、六朝,是当时最常行的酒令。唐宋之后,逐渐衰竭,只保留在少数人的酒宴上了。

猜物情趣通古今

将某物藏起来,使在席之人猜测其所藏之处,猜中者胜,猜错者饮。猜物的内容与方式也有多种,简单却有趣。

藏钩

把某物藏在众人之中的一人手中，令人去猜。这个玩法最初起于钩弋夫人（汉昭帝之母）："昭帝母钩弋夫人手拳而有国色，先帝宠之。世人藏钩法此也。"（《三秦记》）

《风土记》曰："腊月饮祭之后，叟妪儿童为藏钩之戏。分二曹（两队）以效胜负，若人偶即敌对，人奇即使奇人为游附，或属上曹，或属下曹，名为飞鸟以齐二曹人数。一钩藏在数十手中，曹人当射知所在。一藏为一筹，五筹为一赌。"

李商隐《无题》诗有"隔座送钩春酒暖"，说的就是这种酒令，但看来人数不是很多，还有点小猫腻。

猜枚

取若干小物件，如钱币、棋子、瓜子、松子、莲子等，握于掌中，供人猜测单双、数目、颜色等，中者为胜，不中者罚饮。

离了酒令，猜数也可单作一种游戏。《红楼梦》第二十三回写"宝玉自进园来……每日只和姊妹丫头们一处，或读书，或写字，或弹琴下棋，作画吟诗，以至描鸾刺凤，斗草簪花，低吟悄唱，拆字猜谜，无所不至，倒也十分快乐"。倘若纳入酒令，定会增添妙趣。

猜枚，也称猜拳。清代瞿颢《通俗编（卷三十一）》"俳优·猜拳"曰："《东皋杂录》：'唐人诗有：城头击鼓传花枝，席上博拳握松子。'乃知酒席猜拳为戏，其来已久。"

猜花

取十只杯子，事先将一朵花扣在其中一只杯子之下，分组猜揭，清代称为"猜花令"。《酒令丛钞》曰："今之猜花令，以十杯覆一花，分朋猜揭，亦藏钩之遗法。"是说猜花是藏钩的延伸。

藏阄

酒宴时设阄，一阄上写"饮"字，其余各阄皆无字。拈得"饮"字阄者饮酒。

明月几时有，把酒问青天

这种酒令游戏简便易行，在宋、辽时已很盛行。司马光《春帖事词·夫人阁》便有"藏阄新过腊"句。

双陆博戏助豪饮

这类酒令又称为"骰令"，必须以骰子作为工具。因骰子是正方形，六面体，所以叫双陆令。

以骰子来行令，有时用一枚，有时用多枚，最多的可达六枚。双陆令简便易行，不需要复杂的技巧，带有很大的偶然性，特别受豪饮者欢迎。双陆令名目繁多，方法多样，据《酒令丛钞》记载：

猜点令

"令官摇三骰,全席人猜点数。不中自饮,中则令官饮巨杯。"

六顺令

"一骰摇六次,挨座递摇。如摇云:'一摇自饮么,无么两邻挑。'左右座饮。'二摇自饮两,无两敬席长。'首座及年长饮。'三摇自饮川,无川对面端。'对坐饮。'四摇自饮红,无须奉主翁。'主人饮。'五摇自饮梅,无梅任我为。'随意奉大量。'六摇自饮全,非全饮少年。'年最少者饮,六摇毕,送次座摇。"

事事如意取十六令

令席用四枚骰子联掷。以总点数计得十六点免饮,少于十六点自饮,多于十六点对家饮,所饮杯数,以多于或少于十六点数为准。

第九节　说新词

当代酒令,时代不同,观念不同,语境不同,人群不同,大可不必机械"复古",但可以来个"古为今用""推陈出新",来创造和构建一个"百花齐放"的当代酒令体系。我们可以保留一点传统酒令的文化气息,却不必拘泥于即席赋诗、即席联句的旧套路,倘若以诗朗诵、诗构想、诗引用等来取代,未必不能产生宽松而浓郁的饮酒文化气息;当代文艺形式,当然要超越传统的诗、词、曲、赋、文的限制,电影、电视剧、戏曲、地方戏、小品中的生趣,必定会渗入酒席友朋间,这就为现实的、当下的酒令提供了厚实的民间基础;通俗歌曲、民间笑话、顺口溜、对对子、讲故事不一定要通过人人都说、人人有份儿的方式进入酒令,却可以确确实实地增添酒兴,只要不是低级庸俗,胡编硬凑,都不必拒之门外。饮酒场合,毕竟不是听报告、座谈会,而是一次生活场景的友情聚会,多一点轻松的幽默,多一点健康的诙谐,是人之常情,哪怕带一点讽刺,来一点批判,反一点腐败,也是顺乎情理,不必阻挡的。

怡然自乐图

咏酒名句大家来

这应当是酒令的延伸与丰富，也是弘扬体现于诗歌的酒文化的一条途径。酒令不仅要竞智，也要有趣。主人把盏，以诗之咏酒名句（而非全首）点题，或略加说明，能增添许多气氛与意趣，也会使酒席上洋溢诗歌的审美趣味与文化气息，营建一份雅致。

酒之诗

1."美人既醉，朱颜酡些。"

屈原《招魂》

2."玉樽盈桂酒，河伯献神鱼。"

曹植《仙人篇》

3."三雅来何迟，耳热眼中花。"

张华《轻薄篇》

4."中觞纵遥情，忘彼千载忧。"

陶渊明《游斜川》

5."悠悠迷所留，酒中有深味！"

陶渊明《饮酒》

6."平生不止酒,止酒情无喜。"

陶渊明《止酒》

7."未言心先醉,不在接酒杯。"

陶渊明《拟古》

8."欣然酌春酒,摘我园中蔬。"

陶渊明《读山海经》

9."眼前一杯酒,谁论身后名?"

庾信《咏怀》

10."今朝一壶酒,实是胜千金。"

庾信《奉答赐酒》

11."开君一壶酒,细酌对春风。"

庾信《答王司空饷酒》

12."相逢不令尽,别后为谁空?"

王绩《题酒店壁》

13."葡萄美酒夜光杯,欲饮琵琶马上催。"

王翰《凉州词》

14."开轩面场圃,把酒话桑麻。"

孟浩然《过故人庄》

15."霜天留饮故情欢,银烛金炉夜不寒。"

王昌龄《李仓曹宅夜饮》

16."新丰美酒斗十千,咸阳游侠多少年。"

王维《少年行》

17."劝君更尽一杯酒,西出阳关无故人。"

王维《送元二使安西》

18."花间一壶酒,独酌无相亲。
举杯邀明月,对影成三人。"

李白《月下独酌》

19. "兰陵美酒郁金香，玉碗盛来琥珀光。

但使主人能醉客，不知何处是他乡。"

李白《客中作》

20. "两人对酌山花开，一杯一杯复一杯。

我醉欲眠卿且去，明朝有意抱琴来。"

李白《山中与幽人对酌》

21. "抽刀断水水更流，举杯消愁愁更愁。"

李白《宣州谢朓楼饯别校书叔云》

22. "划却君山好，平铺湖水流。

巴陵无限酒，醉杀洞庭秋。"

李白《陪侍郎叔游洞庭醉后二首》

23. "盘飧市远无兼味，樽酒家贫只旧醅。"

杜甫《客至》

24. "敏捷诗千首，飘零酒一杯。"

杜甫《不见》

25. "白日放歌须纵酒，青春做伴好还乡。"

杜甫《闻官军收河南河北》

26. "剑南春色还无赖，触忤愁人到酒边。"

杜甫《送路六侍御入朝》

27. "把酒看花想诸弟，杜陵寒食草青青。"

韦应物《寒食寄京师诸弟》

28. "断送一生唯有酒，寻思百计不如闲。"

韩愈《遣兴》

29. "今日听君歌一曲，暂凭杯酒长精神。"

刘禹锡《酬乐天扬州初逢席上见赠》

30. "绿蚁新醅酒，红泥小火炉。

晚来天欲雪，能饮一杯无?"

白居易《问刘十九》

31."更待菊黄家酿熟,与君一醉一陶然。"

白居易《与梦得沽酒闲饮且约后期》

32."九月闲霄初向火,一樽清酒始行杯。"

元稹《拟醉》

33."旗亭下马解秋衣,清赏宜阳一壶酒。"

李贺《开愁歌》

34."日暮酒醒人已远,满天风雨下西楼。"

许浑《谢亭送别》

35."但将酩酊酬佳节,不用登临恨落晖。"

杜牧《九日齐山登高》

36."酒酣夜别淮阴市,月照高楼一曲歌。"

温庭筠《赠少年》

37."座中醉客延醒客,江上晴云杂雨云。"

李商隐《杜工部属中离席》

38."今朝有酒今朝醉,明日愁来明日愁。"

罗隐《自遣》

39."夜半醒来红蜡短,一枝寒泪化珊瑚。"

皮日休《春夕酒醒》

40."老去不知花有态,乱来唯觉酒多情。"

韦庄《与东吴生相遇》

41."渔翁醉着无人唤,过午醒来雪满船。"

韩偓《醉着》

42."每到月圆思共醉,不宜同醉不成欢。"

张蠙《十五夜与友人对月》

43."情多最恨花无语,愁破方知酒有权。"

郑谷《中年》

44."无花无酒过清明,兴味萧然似野僧。"

王禹偁《清明》

中华酒典

45."鸟歌花舞太守醉,明日酒醒春已归。"

欧阳修《丰乐亭游春》

46."爆竹声中一岁除,春风送暖入屠苏。"

王安石《元日》

47."小儿误喜朱颜在,一笑哪知是酒红。"

苏轼《纵笔》

48."醉眼有花书字大,老人无睡漏声长。"

苏轼《夜直玉堂》

49."我自只如常日醉,满川风月替人愁。"

黄庭坚《夜发分宁寄杜涧叟》

50."桃李春风一杯酒,江湖夜雨十年灯。"

黄庭坚《寄黄几复》

51."衣上征尘杂酒痕,远游无处不销魂。"

陆游《剑门道中遇微雨》

52."玉关去路心如铁,把酒何妨听《渭城》。"

陆游《塞上曲》

53."日日得钱唯买酒,不愁醉倒有儿扶。"

陆游《初夏》

54."醺然一醉虚堂睡,顿觉情怀似少年。"

陆游《对酒戏作》

55."酿泥酒巷五更雨,吹酒小楼三面风。"

范成大《客中呈幼度》

56."老去读书随忘却,醉中得句若飞来。"

范成大《明盼弓亭按阅,再用"西楼"韵》

57."白玉青丝那得说,一杯咽下少陵诗。"

杨万里《立春日有怀二首》

58."江南春水碧如酒,客子往来船是家。"

吴激《题宗之家初序潇湘图》

59. "新诗淡似鹅黄酒,归思恰如鸭绿江。"

完颜璹《思归》

60. "祭天马酒洒平野,沙际风来草亦香。"

萨都剌《上京即事》

61. "野花遮眼酒沾涕,塞耳怒听新潮事。"

袁宏道《显灵宫集诸公以城市山林为韵》

62. "桃花源头酿春酒,滴滴真珠红欲燃。"

杨维桢《红酒》

63. "楼头烟雨新诗句,风月情怀归酒场。"

秋瑾《题乐天词丈春郊试马图》

64. "几时痛饮黄龙酒,横揽江流一奠公。"

孙中山《挽刘道一》

65. "杏花村里酒如泉,解放以来别有天。"

郭沫若《访杏花村》

66. "她是可爱的,/具有火的性格,/水的外形;//她是欢乐的精灵,/哪儿有喜庆,就有她光临。//她真是会逗,/能让你说真话/掏出你的心。//她会使你/忘掉痛苦,/喜气盈盈。"……"喝吧,为了胜利! /喝吧,为了友谊! /喝吧,为了爱情!"

艾青《酒诗》

67. "三伏天下雨哟,雷对雷;/朱仙镇交锋哟,锤对锤;/今晚上哟,咱杯对杯! /舒心的酒,千杯不醉;/知心的话,万言不赘;/今晚上哟,咱这是瑞雪丰年的祝捷会!"

郭小川《祝酒歌》

酒之词

1. "黄昏把酒祝东风,且从容。"

司空图《饮兴·酒泉子》

2. "更饮一杯红霞酒,回首,半钩新月贴清虚。"

李珣《幽居·定风波》

3."明月楼高休独倚,酒入愁肠,化作相思泪。"

范仲淹《苏幕遮》

4."浊酒一杯家万里,燕然未勒归无计。"

范仲淹《渔家傲》

5."笙歌散后酒微醒,深院月明人静。"

司马光《西江月·佳人》

6."今宵酒醒何处?杨柳岸,晓风残月。"

柳永《雨霖铃》

7."一曲新词酒一杯,去年天气旧亭台。"

晏殊《浣溪沙》

8."把酒祝东风,且共从容。"

欧阳修《浪淘沙》

9."对酒追欢莫负春,春光归去可饶人。"

欧阳修《定风波》

10."征帆去棹残阳里,背西风、酒旗斜矗。"

王安石《桂枝香》

11."明月几时有?把酒问青天。
不知天上宫阙,今夕是何年。"

苏轼《水调歌头》

12."人间如梦,一樽还酹江月。"

苏轼《念奴娇》

13."障泥未解玉骢骄,我欲醉眠芳草。"

苏轼《西江月》

14."酒酣胸胆尚开张。鬓微霜,又何妨!"

苏轼《江城子》

15."酒困路长惟欲睡,日高人渴漫思茶。"

苏轼《浣溪沙》

16."旦日一醉,何人晓真味。"

苏轼《和·咏醉》

17. "杯行到手莫留残,不道月斜人散。"

黄庭坚《西江月》

18. "拼今生,对花对酒,为伊泪落。"

周邦彦《解连环》

19. "歌筵罢,先安枕簟,容我醉时眠。"

周邦彦《满庭芳》

20. "酒浓春入梦,窗破月寻人。"

毛滂《临江仙》

21. "一鞭清晓喜还家,宿醉困流霞。"

万俟咏《诉衷情》

22. "醉倒不知天地大,浑忘却,是与非。"

李纲《江城子》

23. "昨夜雨疏风骤,浓睡不消残酒。"

李清照《如梦令》

24. "东篱把酒黄昏后,有暗香盈袖。"

李清照《醉花阴》

25. "雨后飞花知底数,拿来赢取自由身。"

张元幹《瑞鹧鸪》

26. "人间何处能忘酒,中秋皓月明如舟。"

张抡《菩萨蛮·咏酒》

27. "一杯且买明朝事,送了斜阳月又生。"

范成大《鹧鸪天》

28. "昨夜松边醉倒,问松我醉何如?
只疑松动要来扶,以手推松曰去!"

辛弃疾《西江月》

29. "酒酣耳热说文章,惊倒邻墙,推倒胡床。"

刘克庄《一剪梅》

家庭经典藏书

中华酒典

酒之曲

1."一杯聊为送征鞍。落叶满长安。
且放酒肠宽,道蜀道,而今更难。"

杨果《太常引》

2."我玩的是梁园月,饮的是东京酒。"

关汉卿《南吕一枝花·不伏老》

3."酒杯浓,一葫芦春色醉山翁,一葫芦酒压花梢重。"

卢挚《双调·殿前欢》

4."和露摘黄花,带霜烹紫蟹,煮酒烧红叶。"

马致远《双调·夜行船·秋思》

5."画船儿天边至,酒旗儿风外飐:爱杀江南!"

张养浩《双调·水仙子》

6."山中何事? 松花酿酒,春水煎茶。"

张可久《黄钟·人月圆》

7."携鱼换酒,鱼鲜可口,酒热扶头。"

乔吉《中吕·满庭芳·渔父词》

8."诗狂悲壮,杯深豪放,恍然醉眼千峰上。"

刘时中《中吕·山坡羊》

9."知音三五人,痛饮何妨碍? 醉袍袖舞嫌天地窄。"

贯云石《双调·清江引》

10."记不得当年恨,篷窗酒醒,感起故乡情。"

陈铎《北中吕·满庭芳》

酒之联

1.禅伏诗魔归净城
酒破愁阵出奇兵

(杜甫)

2.闲征雅令穷经史
醉听清吟胜管弦

(白居易)

3.棋散不知人换世

酒阑无奈客思家 　　　　　　　　　　　　（欧阳修）

4.叶浮嫩绿酒初熟

橙切香黄蟹正肥 　　　　　　　　　　　　（刘克庄）

5.愁城十丈坚难破

清酒三杯醉不辞 　　　　　　　　　　　　（秋瑾）

6.举杯邀明月

放眼看青山 　　　　　　　　　　　（集唐人诗句）

7.明月雪时,金桥酒满

风日水滨,碧山人来 　　　　　　　（集司空图句）

8.闲开新酒尝数盏

醉忆旧诗吟一篇 　　　　　　　　（集白居易句）

9.玉宇无尘,时见疏星渡河汉

春心如酒,暗随流水到天涯 　　　　　（集宋词句）

10.醒醉一乾坤,伏酒被清愁,花销英气

俯仰悲今古,有丝阑旧曲,合谱新腔 　（集宋词句）

11.浊酒以汉书下之

清谈如晋人足矣 　　　　　　　　　（清·宋伯鲁）

12.竹宜着雨松宜雪

花可参禅酒可仙 　　　　　　　　　（清·王士祺）

13.酿五百斛酒,读三十年书,于愿足矣

制千丈大裘,营万间广厦,何日能之 　（清·曾国藩）

14.独上高楼,是山色湖光胜处

谁家画舫,正清歌美酒酣时 　　　　（济南·白下亭联）

15.凭栏看云影波光,最好是红蓼花疏,白苹秋至

把酒对琼楼玉宇,莫辜负天心月到,水面风来

　　　　　　　　　　　　　（西湖·平湖秋月联）

16.一碧浸孤亭,看参差烟柳楼台,绕岸几人沽酒去

明漪比西子,有多少青红儿女,停桡都学捧心来

(西湖·湖心亭联)

17.白云自向杯中落

小艇原从天上来

(南昌·滕王阁联)

18.痛饮读离骚,放开今古才子胆

狂歌吊湘水,照见江潭渔父心

(湖南·三闾大夫祠联)

19.客醉共陶然,四面凉风吹酒醒

人生行乐耳,百年几日得闲身

(北京·陶然亭联)

20.拙补以勤,问当年学士联吟,月下风前,留得几人诗酒

政余自暇,看此处名山雅集,辽东冀北,蔚成一代文章

(苏州·拙政园联)

21.登斯楼也,其喜洋洋,把酒临风忘宠辱

望美人兮,予怀渺渺,挟仙抱月侣渔樵

(南京·莫愁湖联)

22.三不朽,曰立德立功立言,偶曾尝试

一得闲,便醉花醉诗醉酒,聊共神游

(香港·三一园联)

23.山好好,水好好,开门一笑无烦恼

来匆匆,去匆匆,饮酒几杯各西东

(酒家用联)

饮酒乐

24.翘首仰仙踪:白也仙,林也仙,苏也仙,令我买醉湖山里,非仙亦仙及时

行乐地:春亦乐,夏亦乐,秋亦乐,冬来寻诗风雪中,不乐也乐

(西湖·"仙乐之家"联)

席间也行诗创造

古人即席赋诗、即席联句的酒令传统,实质上是拿诗歌创作说事儿,把诗歌创作游戏化。但在这种场合产生的诗句,大都是差强人意或挖空心思地戏作,很少有真情实感、语言隽永的好诗。真正的好诗,有不少产生在饮酒过程中,但一是要激发起真挚热烈的情感,二是借酒劲进入抒发、表达这种情感的最佳创作状态,而绝不是在匆忙促迫中急于应对。李白"斗酒诗百篇"就是如此。至于传说中的旗亭画壁,王之涣、王昌龄、高适三人饮酒赛诗,其实都不是即席所赋之诗,而是他们平时作品库中的精品,是真正的得意之作。而像袁小修(中道)在《游居柿录》中描述的饮酒作诗的场景,则是诗人酒后兴发,乘兴抒情,而不是硬憋硬凑。其实,真正的快乐,不在于文字的竞赛,而是真情的抒写。这是当下酒令中实现"现实的生趣"的基本出发点。

体物今的今用:咏物句

拿席间的酒菜等作题目,写出妙句,成为酒令中的杰作,是传统酒令的妙招。现在我们不必那么高深、复杂,但也可以即物咏诗,产生酒席间的"咏物句"。

东北有种面食叫筋饼,很薄又有韧劲,卷上肉丝、豆芽、土豆丝及葱丝、香菜,口感忒好。将筋饼展开,铺在报纸上,还依稀可以分辨报上的字。

有一次,酒席间上了这道风味菜。一位附庸风雅的中年客人在主人的指点介绍下,用手展开了筋饼,忽然口吟一句:"隔饼望佳人。"举座皆惊!原来他双手举饼正对着邻座的一位女士。更绝的是,那位女士微笑着说,"不如前面来一句'对月饮美酒',就成了五言律对了。"举座拍手,气氛异常热烈。

其实,像这样即兴发挥的"神来之笔",可以发生在许多酒友身上。请大家不妨都试一试自己的才华。

中华酒典

即席赋诗的民间化：打油诗

几位爱好诗歌的酒友，交流诗的感受与创作的乐趣，不妨在席间确定一个主题，每人来几句不拘格律、不落俗套的打油诗。文思敏捷者可以先吟，文思稍缓者可以后吟，不逼迫，不罚酒，轻松自如，其乐融融。

抑扬顿挫品韵味：诗朗诵

诗朗诵，其实古已有之。诗词的咏唱，词曲的吟诵，在文人雅士集会时，都不失为一个重要内容。而真正意义上的诗朗诵，则发轫于"五四"新文化运动的白话诗创作中。在新民主主义时期战火纷飞的革命岁月，诗朗诵更是激励斗志、争取胜利的文化武器。新中国成立以后，大量朗诵诗如雨后春笋般涌现。于是，诗朗诵又成了各种规模和类型的文娱联欢会的必不可少的节目。贺敬之的《回延安》、郭小川的《祝酒歌》，都是诗朗诵首选的佳作。用真挚的情感，洪亮的嗓音，标准的普通话，抑扬顿挫地处理好每一行诗、每一个词，朗诵者感受着诗歌情韵与节奏的愉悦，听诗者感受着诗歌佳作的演绎的美丽和淳厚。这既是诗歌文化底蕴的展示，又是诵读艺术水平的美的享受，也为酒席上情感的炽烈与净化提供了一个较为合适的话题。

诗朗诵，既可朗诵名家名作，也可朗诵自己的创作成果。有位朋友，经常乘兴在席间朗诵自己的作品。比如：

他有篇得意之作，叫《人生三悟》，分为三章。

第一章是"珍视生命"，其中有这样的妙句：

"珍视它吧，不要透支，/要像小溪那样，让它涓涓流淌。/决不能像赌徒，为权势、为金钱、为女人/随随便便地把它挥霍个精光。"

第二章是"珍惜生活"，也有这样的隽语：

"交友在于品位，生活在于质量。/千万别和名利斗个气败身伤。/笑看花开花落，仰望云卷云舒。/张开臂膀吧！迎送每一天的落日和朝阳。"

第三章是"珍重友情"，也写得十分精当：

"我珍重友情，/因为势利的天平绝对称不出它的分量。/拥有它，你就拥有一所学校；/没有它，你就会备感寂寞和凄凉。"

这样的诗句,质朴、直白、脱口而出,但却是真情的抒发,给酒席增添了浓浓的人生滋味的品赏。

引吭一曲歌亦诗

"诗言志""歌咏言"。诗歌可以咏唱。在酒席上,亮开歌喉,吟唱一曲,更是诗朗诵的一种延伸和变体。当下,卡拉 OK 之词早已习以为常。老友重逢,新朋相识,酒到酣时,选几支老歌,学几段旧腔,会回想起昔日友谊,品尝人生滋味;学几句新曲,哼几句新歌,会使青春再现,容光焕发,热情奔放,酒席气氛很快就会达到高潮。若以歌助酒兴,既便当又高雅,也易达到亦谐亦庄、老少咸宜的效果。

当今亦有妙对出

对对子,不只适用于古代。中国楹联传统不仅源远流长,而且十分民间化:
两字对:雅者如姓氏对:伊尹一阮元;俗者如俗语对:拍马一吹牛。再如:
姓名对:孙行者一胡适之。
地名对:柏林捷克巴黎一南京重庆成都。
中国古今妙对很多,也流传下来不少脍炙人口的佳例。就酒令而言,现实的生趣大体可体现在三个方面:
(一)历代佳联的席间讲析
(二)妙对逸闻的故事描述
(三)民间妙对的最新发明
古代酒令中不乏巧对的佳例,但都有"短""俗""趣""宽"等特点,说到底,是将传统语言文字体格中的对联向游戏化靠拢。现代的巧对酒令更应当有时代的内容与风采,如:

1.《鱼肠剑》　　　　　　　　　　　　　　　　　　　　　　（京剧名）

马头琴　　　　　　　　　　　　　　　　　　　　　　　　（乐器名）

2.田间牛得草　　　　　　　　　　　　　　　　　（诗人、演员名）

村里马识途　　　　　　　　　　　　　　　　　　　（演员、作家名）

3.黄山谷　　　　　　　　　　　　　　　　　　　　（宋代大诗人）

《白水滩》	（京剧名）
4.唐伯虎	（明代画家）
赵子龙	（蜀国大将）
5.李北海	（唐代画家）
苏东坡	（宋代大诗人）
6.《洪波曲》	（书名）
《大风歌》	（话剧名）
7.珍珠港	（地名）
《金银岛》	（小说名）
8.黄花岗	（广州胜迹）
《赤叶河》	（评剧名）
9.三角	（数学名词）
陆（六）羽	（唐茶圣名）
10.雪花	（自然物）
雨果	（法国作家）
11.踯躅	（常用词）
啰唆	（常用词）
12.《蹉跎岁月》	（电视剧名）
《艰难时代》	（英国小说）
13.愚公移山	（寓言故事）
知（智）母滑石	（三味中药）
14.三星白兰地	（酒名）
五月黄梅天	（时令）
15.南海诸岛	（地名）
西湖孤山	（名胜）

逸事传说可资当下酒令之辞

（一）晏殊金殿巧对

王御史嫉妒少年得志的晏殊。一天，他同晏殊一起饮酒，叹道："唉，我王某吟诗题词,学富五车,无人赏识,险些珠沉玉埋了。"晏殊听出话中有话,当即反驳:"题词答对,敝乡临川耕夫、牧童多能为之,又何足道哉!"王御史听在耳里,气在心头。第二天早朝,王御史便向真宗皇帝奏了晏殊一本:"晏殊口出狂言,轻视文人,若不加惩处,恐辜负圣上怜才爱士之意。"

真宗听了马上召晏殊面对。晏殊坚持:"凡人皆有所感,虽耕夫牧儿又何不可?"王御史气得脸色发白,请真宗允许他到临川踏访,以证晏殊欺君之罪。真宗当即同意,并派李太监一道查访此事。

王御史来到临川,见山下小阜上有一座宝塔,又见一老农在塔下拾粪,急忙差人将老农唤住,亲自向老农出对子:"宝塔巍巍,六面七层八方",要老农答对,不料老农向前走了两步,只举起右手,对王御史摇了摇,背着粪筐转身便走。王御史心中窃喜,便和李太监一同回京,向真宗告了晏殊的欺君大罪。

真宗大怒,唤晏殊进宫当面责对。王御史又扬扬得意地将老农的事说了一遍。晏殊从容道:"王大人所出之对,老农已对上了!只是王大人不识耳!"

真宗茫然不解,王御史更是紧皱眉头。晏殊接着说:"老农摇动右手,意思就是'右手摇摇,五指三长两短!'不是恰到妙处吗?"

相似的还有两则逸事。

一是徐文长智对窦太师。

窦太师口念上联:"宝塔圆圆,六角四面八方。"

徐文长举起一只手来摇摇。

窦太师正在得意时,徐文长说:"此联已经对出,就是:'玉手尖尖,五指三长两短。'"

二是周渔璜饯行斗智。

有一官员念道:"远望宝塔,八楞四方六面。"并嘲笑周渔璜的家乡农夫对不出,只是连连摆手。

周渔璜说,农夫已经对出,意思是:"近观手掌,五指两短三长。"

(二)解缙智对曹尚书

解缙少年聪慧,能文善诗,名声远扬。曹尚书有点不以为然,便请人把解缙找来,想当众考察个究竟。解缙那时才八岁,曹尚书就更不放在眼里了,冷笑着说:"我念出上句,你马上对出下句。答非所对,算输;间有停歇,也算输。"不等

中华酒典

解缙答允,便抢先念道:"小犬无知嫌路窄。"

解缙把胸脯一挺,答道:"大鹏有志恨天低。"

曹尚书一指堂前石狮子:"石狮子头顶焚香炉,几时得了?"

解缙答:"泥判官手拿生死簿,何日勾销?"

曹尚书抬手指天:"天作棋盘星作子,谁人能下?"

解缙挥手指地:"地为琵琶路为弦,哪个可弹?"

几个回合下来,曹尚书心中暗暗吃惊,但依旧不动声色,两眼骨碌碌直转,忽然发问!"你父母做何生意?"解缙的父母是卖烧饼、推豆腐磨子的下层百姓,这是曹尚书故意要揭他的家底让他出丑。谁知解缙从容答道:"父亲肩担日月街前卖,母亲在家推磨转乾坤。"

曹尚书愣了半晌,又生一计。他冷眼打量解缙身上的粗布绿袄,恶意戏弄道:"出水蛤蟆穿绿袄。"说完仰天大笑,以为这下准压过了解缙。不料解缙从容睨视曹尚书的大红袍带,答道:"落汤螃蟹着红袍!"

曹尚书一时羞得面红耳赤,满堂陪员面面相觑,只得拂袖退堂。

(三)妙联难倒吴梅村

吴伟业(梅村)是明末大诗人,三十一岁那年奉旨进京,途经昆山,看中了色艺双绝的陈圆圆,意欲收为妾,带往北京。船到苏州,陈圆圆说:"我要上岸去见一见姑父。"吴伟业放她去了。不一会,陈圆圆回到船上,对吴伟业说:"我姑父知道你是有名的诗人,他想出个对联考考你。如能对出,他便同意将我嫁给你;如对不上,你便放我回到他身边。"

吴伟业知道陈的姑父只是一个厨师,便点头请她出对。陈圆圆吟道:"酒坊通河无不利。"这是她家乡昆山的三座桥名,联起来成了上联。

吴伟业一时想不出对应的地名,尴尬地一笑,只好让陈圆圆上岸回去。事隔十多年,吴伟业为了写长诗《圆圆曲》,在顺治六年又来到昆山,搜索、寻访有关陈圆圆的生活情况,熟悉了昆山城里的许多街巷弄堂。忽然,三条弄堂名使他心中一亮,马上吟出久思不得的下联:"果老管家东太平。"

(四)郑板桥吟诗拒说情

郑板桥在潍县做县令时,逮捕了一个恶棍。恶棍的伯父和舅舅一个是员外,一个是郑的同科进士,急忙带着好酒好菜连夜登门说情。郑板桥早知来意,不动声色,热情接待。酒过三巡,进士提出要行个酒令,指着桌上盛有刻字骨牌的竹筒说:"就捡字行吟吧。"三人轮流捡出骨牌一看:郑板桥是个"湘"字,员外是"溪"字,进士是"清"字。

郑板桥指着"湘"字,吟出诗来:"有'水'念作'湘',无'水'还念'相',去'水'添'雨'便是'霜'。各人自扫门前雪,莫道他人瓦上霜!"

员外一听,知道郑板桥开口堵门儿,不由怒上心头,拿起"溪"字吟道:"有'水'念作'溪',无'水'还念'奚',去'水'添'鸟'便是'鹦',得时狸猫赛猛虎,落地凤凰不如鸡!"

郑板桥听完,哈哈大笑,此时员外后悔在郑板桥面前叹苦经,又羞又恼。进士此时已思考成熟,指着"清"字一字一板吟起来:"有'水'念作'清',无'水'还念'青'。去'水'添'心'便是'精'……"郑板桥急忙更正:"去'水'添'心',应当讲'情'才是。"进士双眉一扬,忙说:"我本有心来讲情,唯恐大人不准情!"

郑板桥稍一沉吟,从进士手中接过"清"字,以手指蘸酒,在桌上写了个碗大的"情"字,大声说:"酒若换'心'方讲'情',此处自古当讲'清'。"说着,又将酒写的"情"字抹掉,"清"字骨牌啪的一放:"老郑身为七品令,不认酒情但认清!"

两人一看,目瞪口呆,只好怏怏地告辞,再也不敢登门求情了。

(五)郑板桥西寺题联

郑板桥到南通几天,忙于应酬,十分疲倦。朋友们在西寺给他租了间房子住下来,让他调剂一下身心。寺里的当家和尚不认得郑板桥,只当是穷酸书生,还怕他赖了饭钱房费,暗中吩咐小和尚粗茶淡饭招待,每顿只是糁子饭、青菜,喝水连茶叶也不肯放,只是在开水上漂几朵菊花。

十天过后,朋友们来看郑板桥,正值中午时分,见和尚如此苛待郑板桥,纷纷责怪当家和尚对人势利刻薄,劝说郑板桥搬回他们家中去住。当家和尚此时才知道这位貌不惊人的书生是大名鼎鼎的郑板桥,自知理亏,想挽回面子,便请郑板和众人去后花园游玩。后花园里新造了一间凉亭,缺少一副楹联,老和尚便请郑板桥题联。郑板桥一口应允,回到住房,摊开宣纸,蘸墨挥笔,立刻写成。当家和尚拿到手中一看,只见上联为"白菜青盐糁子饭",下联为"瓦壶天水菊花茶"。众人齐声喝彩,当家和尚则羞得无地自容。

（六）李调元妙联驳狂士

乾隆年间，四川才子李调元上京赶考，路经一个州城，正碰上州官在传经书院摆设酒宴，请了当地名人学士，为州城进京赴试的学子们饯行，见李调元文士打扮，便也邀他入席，坐在末座。

席间，大家谈诗说文，目中无人，连李白、三苏都被贬得一无是处。有人也提到了李调元，坐在首席的一位鄙夷地说："我看过他的诗文，文章通篇都是胡说，诗也写得犹如放屁。"众人哄堂大笑，意态轻慢至极。李调元埋头饮酒，不动声色。

这时，州官命人拿出文房四宝，请众人作对，规定上联以书院右厢房的题名"大块"作起句，用正厅匾上的"起风"的"起"字落末字；下联以左厢房的题名"玉珠"作起句，用正厅匾上的"来龙"的"来"字落末字。众人都想抢交头卷，但在搜肠刮肚、抓耳挠腮间，李调元已将对联写出：

"大块投河，方知文从胡说起，

玉珠击鼓，始信诗由放屁来。"

众人一看，便知被此人骂了，只好硬着头皮上前请问他的名姓。李调元并不答话，挥笔又写了一首诗：

李白诗名高千古，

调奇律雅格尤高。

元盼多少风骚客，

也为斯人尽折腰。

写完，将笔一掷，飘然而去。

众人面面相觑，忽然有一个人发现诗头四字，便惊呼："呀，他就是李调元！"醒过神来后，又有人说："'大块投河'与'玉珠击鼓'用的什么典故呢？"想来想去，有一个猛拍脑门说："投河，击鼓，发出的声音都是'扑通'，那就是'不通'，说匾上的'大块'，'玉珠'都不通！"

大家灰溜溜地散去了。

（七）林则徐妙对斥同僚

林则徐顶着巨大的压力在广州禁烟，受到不少非议。一天，他同一个同僚去沿海视察，见塘里一群鸭子像小船一般排队游弋，使林则徐联想起建立强大的水师,才能抵御外侮。那个同僚见林则徐专注于鸭子,便说:"此地景致不错,不知林大人有没有吟联的雅兴?"

林则徐随口答道:"也好,你先出上联。"

那同僚原本对林则徐禁烟不满,便想乘机刺他一下,便指着那群鸭子说:"这上联是:'鸭子无鞋空洗脚'。"

林则徐一听便知,这上联的言外之意正是讽刺我禁烟多此一举,便冷冷一笑:"本人的下联也有了:'山鸡有髻不梳头'!"

那同僚听了,红着脸半晌无语。

(八)陈秋舫夜渡吟妙句

陈沆字秋舫,从黄州渡江去鄂城拜访一位老友。摇船的老渔翁认得是大名鼎鼎的陈秋舫,便道:"陈大人若要过江不难,我只要你吟小诗一首作为酬答,分文不取。"

陈沆不便推脱,只好请老渔翁命题。老翁沉思片刻,笑道:"请你用十个'一'字,在一首七言四句诗里把秋晚的江景,我这渔舟和我行头打扮都描绘出来,行吗?"陈沆朝天上、江中渔船和老渔翁扫了一眼,略一思索,便吟道:

> 一蓑一笠一渔翁,
>
> 一个渔翁一钓钩;
>
> 一仰一伏一场笑,
>
> 一轮明月一江秋。

原来老渔翁头戴斗笠,身披蓑衣,船边还插有一支钓竿,正值中秋之夜,月光如昼,满江银光熠熠,都囊括在这含有十个"一"的七言绝句中了。

(九)梁启超受责应妙对

少年梁启超聪慧过人,但也很顽皮。十岁时,他随父亲去做客,见主人家院里一株杏树花开满枝,十分艳丽,趁人不备,便偷偷折下一枝,藏在袖筒里准备带回家。其实,他父亲和旁人都看在眼里,当时谁也没有指责。

宾主在宴席坐定之后,梁父当众对梁启超说:"开宴之前,我先出一上联,由你来对,对得好,才可以入座同宴,否则,只能为长辈斟酒沏茶,不得落座。"众人都凝神听梁父出题。只听梁父出的上联是:"袖中笼花,小子暗藏春色。"

梁启超听后不由暗暗一惊——原来父亲知道自己折枝,借出联考问,暗含批评之意,也给众人一个交代。他脱口吟出下联:"堂前悬镜,大人明察秋毫。"

这句下联,对得十分恰当,又表示了对父亲责问的答复,十分机警。在众人的喝彩声中,梁父笑得十分开心。

梁启超的捷思妙对在成年时更是传为佳话。

"戊戌变法前夕,梁启超到武昌讲学期间,拜访坐镇武昌的湖广总督张之洞。张之洞有意刁难梁启超,便出上联求对:'四水江第一,四时夏第二,先生居江夏,谁是第一,谁是第二?'梁启超略思片刻,从容对答:'三教儒在前,三才人在后,小子本儒人,何敢在前,何敢在后?'联中所说的'四水'指长江、淮河、黄河、汉水;'四时'为春、夏、秋、冬;'江夏'是武昌的别解;'三教'指儒、释、道;'三才'系天、地、人;'儒人'即儒生、学者。上联盛气凌人,问得刁钻;下联不亢不卑,答得巧妙。上下联属对工整,暗藏机锋,一时传为佳话。"张之洞与梁启超打了个平手,但谁都知道,论双方地位、名望、年龄的悬殊,梁启超是赢家。(引自李玉铭《梁启超:一个说不尽的话题》)

(十)延安酒诗引佳话

抗战后期,黄炎培先生访问延安。毛泽东请他喝茅台酒,周恩来、陈毅作陪。席间,陈毅提议饮酒联句,大家赞同。毛泽东起首句:"延安重逢喝茅台。"

周恩来接道:"今有嘉宾陕北来。"

黄炎培吟出自己过去诗中的一句:"是真是假吾不管。"

陈毅也引黄炎培诗中的末句:"天寒且饮二三杯。"

毛泽东听了连说:"不算,不算!从头再来。"他又起首句:"赤水河畔清泉水。"

周恩来接道:"琼浆玉液酒之最。"

黄炎培接道:"天涯此时共举杯。"

陈毅结句:"唯有茅台喜相随。"

席间气氛热烈融洽,体现了中共领袖与民主人士和衷共济、共商国是的宽广胸怀。黄炎培先生的旧诗叫《茅台酒歌》,是针对国民党诬蔑中国工农红军经过贵州时在酿酒池中洗脚而发的,全诗是:"相传有客过茅台,酿酒池中洗脚来。是真是假吾不管,天寒且饮二三杯。"延安此番饮酒联句,旧诗重提,更是一段佳话。

(十一)陈毅再提茅台歌

1952年初春,时任上海市长的陈毅在南京设宴为北旋的国务院副总理黄炎培饯行,席上又饮茅台酒,并再度提起黄炎培的《茅台酒歌》,赋诗两首。

一首是:"金陵重逢饮茅台,万里长征洗脚来。深谢赋歌传韵事,雪压江南饮一杯。"

另一首是:"金陵重逢饮茅台,为有嘉宾冒雪来。服务人民数十载,共祝胜利饮一杯。"

黄炎培先生听后,十分感动,回想胜利得来不易,深感中共领导人重信义、讲友情的人格魅力与为人民服务的宗旨,立即赋诗一首:"万人血泪雨花台,沧海桑田客去来。消灭江山龙虎气,为人服务共一杯。"

南北酒话此刻汇

饮酒是一种特定的社交场合,除了叙旧言欢之外,更多的是信息交流,是对社会风尚与习俗的评判,对于其中的负面内容,不可能置之不理,听之任之。自古有之的民谣、顺口溜的最佳集散地就是茶馆、酒肆,而酒席上更易于引起共鸣,激励发掘"信息库",于是酒话、酒谣也便成了酒令的一个重要分支。酒令,从本质上说,是向雅文化中讨一份"世俗化"的素材,却还要进行"世俗化"的处理,达到雅俗共赏的水准。从这一角度来筛选、整理南北酒话,也是本书的一大任务。

伟人诗词中的文字令

"文革"期间,有人悄悄地把毛主席诗词这样神圣的诗歌经典制成酒令来行,现在回眸审视这一惊世骇俗的举动,却感到并无不敬之意。

比如,从主席诗词中,找出数字排序的句子,可以成为自"一"至"十"的独特的数字令:

"一从大地起风雷;

(或"独立寒秋",或"天生一个仙人

洞")

而今迈步从头越;

三军过后尽开颜;

(或"把汝裁为三截")

四海翻腾云水怒;

五洲震荡风雷激;

六亿神州尽舜尧;

齐声唤;

黑手高悬霸主鞭;

九嶷山上白云飞:

十万工农下吉安。

这是一位有心人的"杰思"。正是由于伟人诗词的恢宏气势和巨大的文化蕴涵,才使含数字令的琢磨得以顺利的组成。岂不知这只是其中比较表层的一部分,还有更多的"意象"可以类举入酒令。即使是含数字令,也绝不是这寥寥数行。我们还可以举出:

沉沉一线穿南北;

收拾金瓯一片:

一枕黄粱再现;

一年一度秋风劲;

赣水那边红一角;

国际悲歌歌一曲;

一代天骄;

一唱雄鸡天下白;

一片汪洋都不见;

一桥飞架南北;

一山飞峙大江边;

一万年太久,只争朝夕。

还可以举出:

二十万军重入赣;

惊回首,离天三尺三;

地动三河铁臂摇；

浪下三吴起白烟；

天连五岭银锄落；

飒爽英姿五尺枪；

六月天兵征腐恶；

六盘山上高峰；

七百里驱十五日；

坐地日行八万里；

茫茫九派流中国；

杨柳轻飏直上重霄九；

还可以举出：

百舸争流；

携来百侣曾游；

巡天遥看一千河；

千里冰封，

万里雪飘：

万类霜天竞自由；

粪土当年万户侯；

寥廓江天万里霜；

万木霜天红烂漫；

万里长空且为忠魂舞；

百万雄师过大江；

飞起玉龙三百万；

春风杨柳万千条。

　　可以看到，毛主席诗词中，不仅有从"一"至"十"的首字排序之句，而且可以枚举"一"字的巧妙运用的许多佳例，这可以构成现代酒令中的一道亮色，还可以写出"百""千""万""十万""百万""千百万""万千"等大数。让酒友们乘着酒兴重温主席诗词的韵味，列举一个比一个更大的数目，当会有极大的激昂的兴致，这正是一种"世俗化"的雅兴！

伟人诗词文本还为我们提供了极为丰富又老少皆知的"意象"：

写鸟：

鹰击长空；

黄鹤知何去；

万丈长缨要把鲲鹏缚；

长空雁叫霜晨月；

望断南飞雁；

只识弯弓射大雕；

云横九派浮黄鹤；

到处莺歌燕舞；

鲲鹏展翅；

吓倒蓬间雀。

写鱼：

鱼翔浅底；

人或为鱼鳖；

观鱼胜过富春江；

秦皇岛外打鱼船；

又食武昌鱼。

写秋日：

看万山红遍，层林尽染；

万类霜天竞自由；

战地黄花分外香；

万木霜天红烂漫；

寥廓江天万里霜；

索句渝州叶正黄，

萧瑟秋风今又是；

正西风落叶下长安。

写冬日：

漫天皆白，雪里行军情更迫；

　　　　　赣江风雪迷漫处；

　　　　　更喜岷山千里雪；

　　　　　千里冰封，万里雪飘；

　　　　　山舞银蛇，原驰蜡象；

　　　　　洞天波涌连天雪；

　　　　　已是悬崖百丈冰；

　　　　　雪压冬云白絮飞；

　　　　　梅花欢喜漫天雪。

写江河：

　　　　　湘江北去；

　　　　　茫茫九派流中国；

　　　　　龟蛇锁大江；

　　　　　红旗跃过汀江；

　　　　　赣水那片红一角；

　　　　　赣水苍茫闽山碧；

　　　　　夏日消溶，江河横溢，

　　　　　观鱼胜过富春江；

　　　　　万里长江横渡；

　　　　　云横九派浮黄鹤，

　　　　　浪下三吴起白烟。

写山岳：

　　　　　看万山红遍；

　　　　　直指武夷山下；

　　　　　头上高山；

　　　　　雾满龙冈千嶂暗；

　　　　　不周山下红旗乱；

　　　　　白云山头云欲立，

　　　　　白云山下呼声急；

　　　　　关山阵阵苍；

踏遍青山人未老；

会昌城外高峰，颠连直接东溟；

山，快马加鞭未下鞍，

山，倒海翻江卷巨澜，

山，刺破青天锷未残；

横空出世，莽昆仑；

六盘山上高峰；

山舞银蛇，

钟山风雨起苍黄；

截断巫山云雨；

天连五岭银锄落；

一山飞峙大江边；

九嶷山上白云飞；

无限风光在险峰；

已是悬崖百丈冰；

久有凌云志，重上井冈山。

写红旗：

红旗跃过汀江；

风展红旗如画；

风卷红旗过大关；

不周山下红旗乱；

红旗漫卷西风。

写雨：

烟雨莽苍苍；

雨后复斜阳，关山阵阵苍；

大雨落幽燕；

截断巫山云雨；

泪飞顿作倾盆雨；

红雨随心翻作浪；

热风吹雨洒江天：

　　风雨送春归。

　　依此类推，还可以举出写春日，写云霞，写梅花，写江山等许多诗句，对五十岁左右的酒友，在席间用这一方式，重温伟人诗句，回忆当年豪情，真是一种精神昂扬的享受。这比"步主席诗词原韵"去写股市，写饮酒场景，要雅致许多，合理许多。

三字颠倒连缀

　　这实质上是古代酒令中回文反复令的推演，由于注入了对一些社会现象的批判而超越了一般的文字游戏，呈现一定的内涵力度。有时在颠倒连缀中似乎说不通的组合，一经解释，会恍然大悟，另生妙趣。比如：

　　　　"马好拍拍好马拍马好，

　　　　脸皮厚厚脸皮厚皮脸，

　　　　收红包红包收包收红……"

　　对着似不通的"包收红"，有人解释可作两解：一是收了你的红包你就成了红人；二是某些人过年"包收得红了眼"。又如：

　　　　　　"发横财横发财发财横"

　　"发财横"何意？有人解释，发了财的人一般都挺横，常常走路时横着。

　　其他还有：

　　　　"黑厚学学黑厚厚学黑，

　　　　出大名名大出大名出。

　　　　假大空空大假假空大，

　　　　鬼见愁愁见鬼见鬼愁，

　　　　大贪官官大贪贪官大，

　　　　毒大米米大毒大毒米，

　　　　瘦肉精精肉瘦瘦精肉，

　　　　黑心棉棉心黑黑棉心，

　　　　酒兑水水兑酒酒水兑，

　　　　打假办假打办办打假……"

家庭经典藏书

中华酒典

1245

"办打假"是什么意思？有人解释:某些地方制假者和打假办很铁,谁敢去打假就办谁。

顺口溜、酒谣

古时有民谣,清人杜文澜辑有《古谣谚》,大都是底层百姓的真实的情感呼声,有的则成为朝代更迭、历史转折时的一种民意的标志而记入史册。在古代酒令中,文人雅士一般是拒绝顺口溜、民谣进入的,大抵是因为太俗,或者怕招惹是非。

当代酒桌上可不管古风的约束,大量的民谚、民谣进入了酒肆茶坊这些最适合的场所,不断滋生,不断传播,也不断改头换面,而在酒桌上尤为热闹。这是一个不可忽视,也不可回避的客观现象。冷静、客观地分析评判当代酒谣,进行去粗取精、变俗为雅的删汰与提取,是很有兴味与意义的。

(一)酒态的自我描述

这是一种快乐的自嘲,一种公众的揶揄,但也透出中国人"一醉方休"的饮酒态度。在酒席上,这种带节奏的、相对应的、有韵脚的酒谣,无疑是调节气氛的灵丹。

"嘴上没油,往下转悠。半斤酒,漱漱口;一斤酒,照样走;两斤酒,墙走我也走。"

"人若不喝酒,白来世上走。酒是粮食精,越喝越年轻。酒量是胆量,酒瓶是水平。酒风是作风,酒德是品德。"

"喝点'北大荒',逮谁跟谁装,

喝点'六十度',逮谁跟谁处,

喝点'滨州白',逮谁跟谁来。"

"开始喝时谦虚,喝到六分吹嘘,喝完回家心虚,吐光以后空虚。"

"眼珠子不转,说话舌头打弯。抽烟点不着火,走路摸不到边。看人两个脸,回家找不到钥匙链。进屋就撒尿,地毯上画的尽是圈。"

"酒是玫瑰,喝了不醉;

喝酒不闪神,不是东北人。"

"没喝酒时说酒是补药,喝酒时说酒是良药,喝醉时说酒是解药,呕吐时说酒是泻药,酒醒时说是吃了后悔药。"

"一杯酒,月亮走我也走;

二杯酒,跟着感觉走;

三杯酒,慢慢陪着你走;

四杯酒,妹妹大胆往前走;

五杯酒,三步四步来回走;

六杯酒,伦巴探戈胡乱走;

七杯酒,人走墙不走;

八杯酒,墙走人不走;

九杯酒,扶着墙根往家走。"

"一言不发,两眼发直,三餐难进,四肢无力,五脏六腑吐出,七颠八倒,酒是啥味道? 实在难受!"

"激动的心,颤抖的手,领导不喝咱不走,再不喝就是嫌我丑。"

"一杯两杯大步走,三杯四杯扶墙走;五杯六杯墙走我不走,喝上一斤你来抱我走。"

"饮到三分逍遥,饮到五分飘飘,饮到七分摇摇,饮到十分卧倒。"

"品尝的是嘴,陶醉的是心,眩晕的是头,发软的是腿,发花的是眼。"

"没喝的时候说大话,喝着的时候说实话,喝醉的时候说胡话。"

(二)酒则的自我约束

"早晨别喝多,上午有工作;中午别喝醉,下午要开会;晚上要喝少,省得老婆找。"

"感情深,一口闷;感情浅,舔一舔;感情好,喝得高;感情厚,喝不够;感情铁,喝出血。"

"少喝酒,多吃菜,夹不着,站起来。有人敬,耍耍赖,吃不了,兜回来。"

"男儿要喝酒,喝酒有讲究。酒多话就多,话多要惹祸。酒会乱人性,千万要小心。酒后不开车,家里不用愁。喝酒不喝醉,夸你是酒才。喝酒要适量,身体保健康。"

"酒量不高怕丢丑,自我约束不喝酒。"

"应酬最难受,酒桌扮角色。真情不敢露,真话不能吐。为帮别人忙,敬你没商量。别人帮了你,不喝过不去。最怕公共酒,酒场必发抖。老酒做媒人,酒不通人心。喝少客不满,拼命给你灌。喝多受不了,回家夫妻吵。今日醉不归,明日也难回。劝君少应酬,回家最自由。"

"实在喝不了,不要逞英豪。实话实在说,别人难强迫。劝酒要领情,感情要沟通。只要给面子,少喝不为耻。攻者若不饶,千万莫急躁。唱上一首歌,免喝一杯酒。跳上一支舞,免生啤酒肚。防守有武器,劝君要牢记。任你怎么说,防线永不破。"

饮酒时的自我约束,往往会被酒席上的热烈气氛打乱。有一次,两个酒友喝高了,红脸冲着红脸说起了"车轱辘话"——渐渐把止酒词当成劝酒词用。

"兄弟,咱俩感情深不深?"老王问。

"大哥,没看见我回回一口闷?"老李答。

"你没我喝得多。"

"扯!你又吃菜又玩赖!"老李说着,又倒上一杯酒往老王面前一放,"废话少说,知道你怕嫂子,这杯就别喝了。"

老王一点脑袋,指指心口说:"晚上不喝多,就怕俺老婆!"举杯就仰首干了。

老李拍拍老王的肩膀,憨笑起来:"酒多话就多,喝多没法活,劝你别喝你还喝。"也干了一杯。

老王两眼直直地盯着老李:"喝酒要——要——要适量,身——身——身体保——保健康……"拿起别人的酒杯又干了一杯。

散席时,这哥俩趴在酒桌上,已经醉得人事不省。

(三)酒讽的社会批判

对公费吃喝,败坏党风的现象,群众十分不满,社会上流行着不少酒谣,别此加以讽刺与批判。

"革命小酒天天醉,喝坏了党风喝伤了胃。喝得手软腿也软,喝得记忆大减退。喝得群众翻白眼,喝得单位没经费。喝得老婆流眼泪,晚上睡觉背靠背。"

"吃半天,喝半天,酒足饭饱睡半天,要办的事等明天,天天如此赛神仙。"

"不贪污,不受贿,吃吃喝喝有啥罪。"

"上班时像包公,喝酒时像关公,娱乐时像济公。"

"能喝八两喝一斤,这样的同志可放心;能喝一斤喝八两,这样的同志要培养;能喝白酒喝啤酒,这样的同志要调走;能喝啤酒喝饮料,这样的同志不能要。"

"村长爱喝二锅头,送他大曲劲不够。乡长爱喝古井贡,当个土皇帝乐无穷。县长爱喝五粮液,专挑名酒不撒手。书记喝惯茅台酒,各地名酒不离口。办公室主任,最爱喝的是洋酒。"

"喝白酒,摸白腿,打白条;

喝红酒,亲红嘴,收红包;

喝黄酒,玩黄毛,收黄条。"

"兴也罢,衰也罢,喝罢,

穷也罢,富也罢,醉罢。"

"只要为集体,咋喝咋有理;

天天脸通红,月月有分红;

干部一顿饭,我们干半年。"

"酒盅虽浅淹死人,

筷子虽细打断腰。

吃、喝、贪、占然后变,

馋病不改栽大跤。"

"早晨睡着,中午喝着,晚上醉着。"

"公仆不怕喝酒难,千杯万盏只等闲。

'习水''洋河'腾细浪,孔府佳酿佐鱼丸。

'酒鬼'下肚肚里暖,'特曲'壮胆胆不寒。

'茅台''汾酒''五粮液',请君饮后笑开颜。"

"一路小酒一路歌,革命小酒天天喝。喝坏了党风喝坏了胃,喝得夫妻背对背。老婆告到纪委会:'这样吃喝对不对?'纪委回答很干脆:'胡吃海喝是不对,该喝不喝也不对,我们也是天天醉。'老婆又告到县委会,书记说:'还是纪委说得对。'说着起身往外退:'对不起,我们也去赴宴会。'"

"有事理直气壮喝,无事绕着弯子喝,上面来人陪着喝,一般关系混着喝,没有关系讨着喝。"

"你一杯,我一杯,舌头硬处政策软;劝几口,灌几口,喉头狭窄后门宽。"

"和领导喝酒叫上吊(调),和群众喝酒叫吊(掉)价;和女友喝酒叫吊(钓)鱼,和朋友喝酒叫吊钱。"

"多吃多喝无所谓,反正打在'预算'内。"

"'茅台'诚可贵,洋酒价更高。昏官开怀饮,'老公'掏腰包。"

再此辑录了两则故事,以飨读者:

下午全厂开大会。中午赴宴的厂长醉醺醺地坐在主席台上,叫板似的宣布开会,由副厂长作经营情况报告,自己却睡了过去,还打起了鼾。副厂长的报告就由这麦克风前扩大了的鼾声伴奏。全场交头接耳。秘书借续水的时机,小心翼翼地推了推厂长,想把他叫醒。厂长睁开眼睛,瞪着秘书,急忙说了句:"快上主食!"引得全场大笑。会议只好草草收场。

秘书把厂长送回家。厂长夫人为老公脱鞋,扶到床上休息,动作很温柔、体贴。厂长又一次睁开眼睛,涎笑道:"谢谢小姐,你真可爱。"夫人气得给了他一巴掌,厂长一骨碌从床上摔到地板上,嘴里喃喃道:"蹦极,蹦极,一次见底。"夫人再看丈夫时,他又醉了过去,不由得怒火中烧:"你个没心没肺的酒包!"左右开弓,打了他两巴掌。不料口冒白沫的厂长又睁开眼睛说:"先别得意,我炒你鱿鱼!"

席间,有人将唐诗宋词篡改成顺口溜,用来嘲讽酒态、酒局。不想张继的《枫桥夜泊》和李清照的《如梦令》都成了篡改的对象。笔者在为传统诗词打抱不平的情况下,记录了下列场景:

主人说:我来改首唐诗,看贴不贴谱?——"月落乌啼醉满天,老兄老弟杯对杯。美食街上歌舞厅,夜半歌声震耳边。"

客人说:我也来联一首——"月落乌啼席不散,上级下级背靠背。桑拿浴后一壶茶,夜半按摩为休闲。"

客人说:改得好!我也来联一首——"月落乌啼人未眠,谁人不知酒精害?休闲中心红灯照,夜半莺声沥沥甜。"

主人说:那是唐诗,再来一阕宋词,行吗?大家鼓掌赞成。主人清清嗓子,想了一想,说:"一进酒桌深处,沉醉不知归路。误入垃圾堆里,呕吐,呕吐,惊起苍蝇无数。"

客人摇头说:好虽好,不过,有点恶心。瞧我的——

"二进包间深处,沉迷不知归路。趴倒石榴裙下,唱喏,唱喏,吓得小姐狂呼。"

大家喝彩。

又一客人说:事不过三。我也来填一阕——

"三进太阳明处,酒醒不知归途。睡在马路中间,是我,是我,行人纷纷让路。"

大家笑道:果然一阕赛过一阕,妙,妙!

(四)酒局的自我描述

"最怕公关酒,酒场心发抖。喝少客不醉,喝多找罪受。"

"公关公关,无酒不沾;友谊友谊,酒来垫底。"

"八菜一汤,办事有方;六菜一汤,商量商量;四菜一汤,客户跑光。"

"花高价,买名酒,名酒送礼赶火候。喝了咱的酒,不想点头也点头;喝了咱的酒,不愿举手也举手;一四七、三六九;九九归一跟我走。好酒!好酒!"

"攻酒讲战术,时机把握住。舆论来引导,基调要定好。火力来侦察,切莫乱拼杀。选好主攻点,集中打攻坚。遇到恶作剧,定要镇住他。乘机再进攻,无往而不胜!"

"倘若无酒量,上桌就投降。若要喝几杯,酒前做准备,蛋糕吃几块,奶油可保胃;对方是高手,你先吃馒头,馒头吸收快,酒水渗开来;喝酒不吃菜,必然醉得快,多吃醋和糖,酒精可以挡。实在喝不了,不要逞英豪,唱上一支歌,免喝一杯酒。任你怎样说,防线永不破。"

"酒宴要办好,祝酒少不了。祝酒有学问,随意要乱套。主人先举杯,脸上要带笑。致酒有韵味,简明又扼要。碰杯有讲究,乱碰不礼貌。举杯讲身份,切莫杯抬高。双方换杯喝,证明没毒药。祝酒为灌酒,理由有千条。如此祝酒法,客人受不了。还是适量喝,品尝酒味道。被敬者随意,敬酒可干掉。几人交叉喝,能多且能少。祝酒为祝福,酒场勿吵闹。敬酒为敬人,目光不要飘。朋友提举杯,不要都喝掉。大家喝高兴,祝福身体好。"

(五)劝酒的煽情炒作

能饮不饮,或当席而不能饮者,古人称做"欢场害马"。可见在酒席上要守身如玉般地拒绝饮酒，是多么艰难！须知一大堆劝酒妙语对着胆敢做"害马"的人。

一是正面宣扬：

"宁伤身体，不伤感情。"

"感情好，能喝多少算多少。"

"不吃不喝，怎么工作？"

"一杯一枝花，两杯红当家；

三杯由生变熟，四杯万事如意；

五杯五福献寿，六杯六六大顺；

七杯七星高照，八杯八仙过海；

九杯天长地久，十杯十全十美。"

二是侧面煽动：

"酒场就是战场，酒风就是作风；酒量就是胆量，酒瓶就是水平。"

"早上溜一溜，中午喝个够，晚上不醉不罢休；早上喝一扎，中午喝上三，晚上一打不算啥。"

"喝酒就要喝个醉，你不醉来我不醉，这么宽的马路谁来睡？"

"男儿不喝酒，白来世上走。酒中有滋味，不喝没体会。酒能舒筋骨，男儿劲更足。酒能壮人胆，男儿最勇敢。酒能出灵感，帮你长才干。酒能通感情，朋友数不清。"

"宁可让胃喝出个洞洞，不让感情留出条缝缝。"

三是全面进攻：

"酒菜摆上桌，酒场开了火。主人频举杯，敬客三五回。客人不服输，借花反攻主。攻酒讲战术，战情靠把握。既要出气氛，又不伤害人。选好酒司令，然后发号令。舆论来引导，基调要定好。还要助好兴，喝酒有心情。遇到新朋友，切莫乱拼杀。选好主攻点，集中打攻击。遇到恶作剧，千万不用怕。采取震慑法，定要镇住他。与他斗言语，诱他成钓鱼。言毕酒下肚，抽梯便上屋。花样要翻新，喝酒才欢畅：每人一瓶盖，喝得心花开；猜猜火柴杆，个个都饮完。还可摆擂台，酒友赛一赛；或者来猜拳，饮酒最简便；击鼓来传花，花落酒就罚。最乐数游戏，最雅猜字谜。笑话来劝酒，酒场乐悠悠。对歌又对诗，酒场美滋滋。"

四是借诗劝酒：

"锄禾日当午,汗滴禾下土。连干三杯酒,一点也不苦。"

"春眠不觉晓,处处闻啼鸟。举杯问老兄,我该喝多少?"

"日出江花红胜火,祝君生意更红火。"

"少小离家老大回,这杯要请你来陪。"

五是借歌词劝酒：

"路见不平一声吼,你不喝酒谁喝酒?"

"一条大河波浪宽,端起这杯咱就干。"

"东风吹,战鼓擂,今天喝酒谁怕谁?"

"危难时刻显身手,兄弟替哥喝杯酒。"

右些场合,酒嗑酒谣、各色人等,交相掺揉,令人捧腹。

某领导县到某乡检查工作,中午,乡里几位头头陪县领导到乡机关食堂用餐。一进单间,见摆了丰盛酒宴,县领导脸一沉说:"工作餐,工作餐,谁把茅台往上搬?"

乡党委书记连忙说:"好菜是我买,好酒家里带,领导难得来,招待理应该。"其他乡干部也帮腔:"酒桌上谈工作,一份时间两齐全,一位领导九个陪,俺们也好开开胃。"于是,县领导不再谦让,入席就座。

乡党委书记举杯敬酒:"我来请罪,先干一杯。"乡长接着站起来:"书记请罪我请酒,招待不周很内疚。"一直到第四位乡干部敬过酒,县领导才一字一板地说:"出门在外,老婆交代:少喝酒多吃菜,别人劝酒要会赖,千万不可逞能耐!"

这时,门外走进一位漂亮小姐,面带微笑,走到县领导跟前,举着酒杯说:"我给领导敬杯酒,不喝便是嫌我丑,领导喝了我再走。"县领导历来尊重女性,不由得站起身来,抿了 小口,说:"只要感情好,能喝多少算多少。"小姐佯嗔:"感情浅,舔一舔;感情深,一口吞。"县领导回应道:"只要感情有,喝啥都是酒。"小姐机敏地夺过县领导酒杯浅浅呷一口,知是白开水,蛾眉上挑,双目直视领导:"男人不喝酒,白来世上走;男人喝了酒,豪爽又风流!"几句话逼得县领导倒掉杯中白开水,一拧脖大声说:"公家出钱我出胃,舍命陪你喝个醉,斟酒,干!"

乡干部一见领导开了酒戒，全都乐了。小姐却并未罢休，借着酒劲说："有的干部白天文明不精神，晚上精神不文明；有的干部上午基层跑跑，中午小酒浇浇，下午浴室泡泡，晚上小姐抱抱。"明明是讽刺，县领导却没听出来——原来他有点醉了。只见他双手撑桌，环视全桌说："早上无所谓，稀饭养养胃；中午别喝醉，下午要开会；晚上别喝倒，省得老婆找。"这几句酒嗑真妙——既是对小姐的答复，又是自我约束的宣示，赢得了一片喝彩。县领导更来劲了，只见他站起来，高举一杯酒，宣布他选拔干部的标准："能喝半斤喝八两，这个干部要培养；能喝八两喝半斤，这个干部要当心；能喝白酒喝啤酒，这个干部要调走；能喝啤酒喝饮料，这个干部往边靠！"

县领导一番"酒精考验"经，让乡干部们争相举杯，喝了一杯又一杯，很快都东倒西歪了。县领导舌头已不听使唤，两腿好似踩棉花。副乡长一把抓住县领导的前襟，流着泪说："喝得伤肝又伤胃，喝得单位没经费，喝得老婆分开睡，万一喝得醒不来，能否开个追悼会？"这时县领导目光呆滞，只剩傻笑了。

尖尖圆圆新酒令

本书"席间也行诗创造"一章曾经援引过中国古代文士中关于"尖尖""圆圆"之对的不同版本。现在，当代酒令的编辑者从中得到启示，编出了一套"新酒令"，嘲讽了当前的一些社会现象。

市领导："筷子尖尖，盘子圆圆，我去过的饭店千千万，我吃过的酒楼万万千，我掏过一分钱没有？没有！"

笔杆子："笔杆尖尖，笔头圆圆，我写过的文章千千万，我发表的也有万万千，有一句实话没有？没有！"

大款："金条尖尖，金表圆圆，我家包的工程千千万，伪劣工程万万千，有追究我责任的没有？没有！"

小偷："钥匙尖尖，锁头圆圆，我偷过的经理千千万，我偷过的老板万万千，有一个报案的没有？没有！"

证婚人："新郎手指尖尖，新娘小嘴圆圆，我主持的婚礼千千万，我见过的新娘万万千，有一个新婚之夜叫痛的没有？没有！"

贪官："良心尖尖，大印圆圆，给我送礼的千千万，我收下的万万千，有一个

李白醉酒

让我们交税的没有？没有！"

其他还有什么（"鼠标"）"击一击""点一点"开头，也是"千千万，万万千"这个"程序"，但庸俗不堪，不少还越过了政治界限，实在不可取，笔者无法辑录。

第十节　定新规

传统酒令中的通令、筹令，有的可以直接沿用，也有的可以创新发展。由于时代变迁和文化环境的转换，通令、筹令也须带上当下的、现实的气息。这就需要有一番"推陈出新"的举措，在行令的实践中，创造、发明一些新的花样，制定一些新的规矩。大致有这样几个特点：

一曰方便压缩。古代的通令和筹令，有细致的规定，也有不同的用具，如果一一照搬，则不便实行，也有拘泥传统的种种不宜。因此，在确定花样和规矩时，首先要以简易、方便、可行为原则。这样，即便是生客，也可在现场学会，一回生,两回熟,很快也会操作。

二曰化俗为雅。喝酒行令,以助酒兴,古今同此一理,但不能因为摆脱了古人的那份雅气,就一味求俗,也不能因为只求轻松快活,就不顾风俗和伦理的健康准则。因此,现实当下的通令、筹令,也须保持一个清醒的尺度,扶正祛邪,化俗为雅。

三曰古今合用。传统酒令中简便易行的项目,可以略加改造,直接运用,比如"猜枚""拇战""掷骰"等技艺性的通令;比如"击鼓传花""虎棒鸡虫"等老少咸宜的玩法;比如"不倒翁""汤匙令"等南北皆认可的规矩,都可纳入当下酒令。

我们的古人真是聪明,在分类学上也有自己的眼光,并且那样雅致,那样准确。"通令"的一个"通"字,就涵盖了它的全部特征:它的少长咸宜,它的便于操作与运行,它的广泛的公众接受度,它的全方位的雅俗共赏,它的更加直观的娱乐情景等,都可以包蕴无遗。我们要在当代的酒令中,划分出一个"通"的领域,同样要保持其"通"的各个方面的特征,同时,要有所创造,有所翻新,使我们的酒令文化保持着现实的生趣。

酒令通行亦翻新

有人针对近年来广州酒吧的兴起,认为酒令在广州找到了它的生存土壤,而且带有明显的广州本地色彩:在酒吧里玩点小玩意儿,助助酒兴,搞搞气氛,使满座生春,轻松快乐。

古汉语中的不少古音,依旧保存在广东方言中,可见广东素有保存文化遗存、呈现文化积淀方面的悠久传统和优越条件。那么,被称为"小玩意儿"的广州酒吧酒令是什么呢?

(一)是不怎么需要动脑筋的互动游戏,却需要全神贯注,需要机敏聪明;

(二)是古代通令中"猜枚""拇战""掷骰"的翻版与延伸;

(三)要适合于在小场合运作。

猜数花样更翻新

眼下酒令中的不少名堂,渗入了不少"时代气息"与"新理念",但终归是由传统酒令、猜枚演化过来的,花样确实不少。

(一)甜蜜蜜的小蜜蜂

口令:"两只小蜜蜂呀,飞到花丛中呀,嘿!石头、剪刀、布",谁猜赢了,谁就做打人耳光的动作,左一下,右一下,同时口中发出"啪、啪"两声,猜输的那位就要顺对方手势摇头,做出挨打状,口中还要喊出"啊、啊"两声。必须配合默契,动作、声音协调,如同电影的配音,倘若动作、声音出错,就要罚酒。如果打个平手,双方就要做出亲吻状,并发出两声配音(真是甜蜜蜜的小蜜蜂——适合于情侣之间玩)。

(二)湿淋淋的老青蛙

口令:"一只青蛙一张嘴,两只眼睛四条腿,跌落水,扑通!两只青蛙两张嘴,四只眼睛八条腿,跌落水,扑通!扑通!三只青蛙三张嘴,六只眼睛十二条腿,跌落水,扑通!扑通!扑通!……"依此类推,每人说一句,出错者罚酒。这个游戏也可以不发"扑通"的声音,只用手势动作来表示。别看这个游戏简单,讲到后来眼睛数、腿数难记数,很易出错,千万别掉以轻心哦!

(三)随手开枪007

由一人发出"0"字声,随声任指一人,那人亦即发出"0"字声,再任指另一人,此人则发"7"字声,随声用手指作开枪状任"击"一人,"中枪"者不发声亦不做任何动作,但他左右两侧的人则要发"啊"声,并举手做投降状,出错便罚酒。这个游戏适合众人玩,由于不按轮流的次序,而是突发任指一人,所以整个过程处于紧张状态——因为下一个可能就是你!

(四)明7暗7大家品

这是一个数数游戏,按自己数的顺序一路数下来。遇到7、17、27、37等以7为尾数的数字,称作"明7";遇到14、21、28等7的倍数的数字,称作"暗7"。到"明7""暗7"的人都不能发声,只能敲击一下桌子,然后逆顺序再数下去。比如,从左到右1,2,3,4,5,6,7(不发声),然后逆顺序,喊"6"者要紧接着喊"8",9,10,11,12,13,14(不发声),喊"13"者又要紧接着喊"15",依此类推一直喊下去,到"27""28"时最容易出错,因为"27"是明7,"28"是"暗7",两个数字又紧挨着,弄不好就会乱套。

虎棒鸡虫超时速

此令古已有之,当今更图快捷为乐。老虎、棒子、鸡、虫四物,一物克一物。两人相对,各用一根筷子相击,同时口喊其中一物:或喊"老虎,老虎",或喊"棒子,棒子",或喊"鸡鸡",或喊"虫虫"。以棒击虎,虎吃鸡,鸡吃虫,虫吃棒,负者罚饮;若棒子与鸡,虎与虫同时喊出,则为和。

"拇战"岂止一双手

"拇战",古已有之。但现今玩法更加多样,更加切合酒席的气氛,也更加民间化。

(一)猜测输赢

玩法有多种。最基本的规则是一方随意做出手势,如对方顺应做出相同的手势则对方输,要罚酒。

一种,叫"青蛙青蛙跳"。两人手指拱在桌面,一人先喊"青蛙青蛙跳",在"跳"字发出时,五指弹起一个手指做"跳"状,如此人出中指,对方亦出中指,则对方输,罚酒;如对方出其他四指则过,且轮到对方喊"青蛙青蛙跳",一直玩下去。

一种,叫"两人猜"。也就是"石头、剪刀、布"地猜拳,赢方立即用手指向上下左右各一方,输方顺应就要罚酒。

(二)读数字

基本的玩法是:自成数和喝数相符者胜,负者罚酒。

一种,"十五二十"两人玩,两双手,轮流喊数,有"收齐、五、十、十五、开晒"五种数字,喊数者可出手也可不出,看双方一共凑成多少数目。

一种,一人唱小曲,小曲中含有随意说的一个数,双方用手指表示,若凑成的刚好是那个数字,唱小曲者赢,输者罚酒。这个酒令在吟唱时要是加上相应的手势动作,则会更加搞笑。

"掷骰"花样万万千

"掷骰",古已有之,但其简单易行的特点再加上一点新创造,更是广泛运行,颇受青睐。

(一)猜大小

六颗骰子一起玩。摇骰后,猜骰盒中骰子的大小数目,十五点为半数,过半则大,未过半则小。猜错者罚酒。

(二)摇五骰

庄家先随意说出三个数字(1~6中任意三个),此时任何人不能看自己骰盒里的骰子数目。然后,大家同时掀开,如果有跟上述三个数字相同的骰子,就要移开,再摇骰,到下一家做庄,依此类推,最先清空的则输。

(三)七、八、九

两颗骰子,一个骰盒,两人以上可玩。轮流摇骰,每人摇一次就立即开骰,尾数是7则加酒,尾数是8则喝一半,尾数是9则喝全杯,其他数目则过。这个游戏比较简单,每人轮流摇一次,但有可能只加酒不罚酒,也可能每次都喝酒。

(四)大话古惑

五个骰子,每人各摇一次,然后看自己盒内的点数,从庄家开始,吆喝自己骰盒里有多少点数(一般都叫成两个2,两个6,三个2等),让对方猜信或不信,对方信,就下家重来,不信就开盒验证,以合计其他骰盒的数目为准。如果属实,庄家赢,猜者输,罚酒;如果不属实,猜者赢,庄家输,罚酒。

(五)三宫

三颗骰子,各人摇骰,同时开。三颗骰子相加,尾数大者为胜(其中三粒都是3最大)。

(六)二十一点

每人先拿一颗骰子、一个骰盒,摇骰后自己看底骰是多少点。然后庄家摇骰发点,凑够二十一点,越接近二十一点的为胜,相去甚远者为输,罚酒。

(七)牛牛

每人五颗骰子,摇骰,然后开骰盒,其中三颗成10个点数为一牛,剩下的两颗总数大为胜,20点为两牛,即牛牛,最大。

双方各执一小碗（或骰盒），内放五个骰子（俗称"宝子"），骰子中的 1 点可以抵 1、2、3、4、5、6 中的任何一个点数。游戏开始，双方各摇一次或多次，然后，在局外人监督下双方开始"吹宝"，可以以碗中骰子的点数为依据，也可以不管实际点数放胆胡吹。比如，甲方吹四个 6，乙方就可以吹五个 6；若甲方再吹六个 3，乙方可以吹六个 4 或六个 5……直到一方确认自己已输或胜券在握时，主动亮出底牌讲"开宝"。此时，双方亮出小碗，由局外的监督人共同查看点数之和，以此决出胜负，负者罚酒。

酒规创造南北新

还有一种酒规，是不用费脑费心去参加竞赛、博弈来决定胜负，而是一种"成规"，按规定行事就可以了。这是一种入乡随俗的快乐的"就范"，目的只有一个：让你多喝酒。

苏东坡

以少见多一瓶盖

酒喝到酣时，一般人都不免有点怕酒、拒酒，不愿意再大杯喝酒。这时，还要让大家接着喝，就只能采取一种"以少见多"的办法。主人揭下酒瓶盖，斟上酒,倒进自己酒杯,酒浅浅的,一点不拿人,他率先垂范地端杯喝了下去。别人见只是浅浅的一点酒就都纷纷仿效。在瓶盖上倒一点点,倒到自己杯中只需舔一舔,不料此风一开,积少成多,又喝了不少,微醉便成大醉。

客人主人三一开

河南人席间劝酒,恭恭敬敬,斯斯文文,端着酒杯就到客人面前相敬,自己先不喝,请客人先喝。客人情面难却,一饮而尽,让主人也喝。不料主人侃侃而论:按本地规矩,客人必须喝好三杯,方为看得起主人。无奈客人只好再连饮两杯。此时,主人才扬扬得意地喝下手中端了半天的那杯酒。所以,在河南喝酒,或者赴河南人的宴会,一定要注意这"杰米扬鱼汤"式的酒。

喝酒围着一条鱼

黑龙江乃至整个东北三省,有好长一段时间喝酒拿"鱼"说事儿。先是鱼头鱼尾冲谁。就必须站起来,干一杯;再是鱼肚子冲谁,谁就要干一杯,名曰:推心置腹;再是鱼背冲谁,谁也要干一杯,名曰:备(背)感亲切。再就连鱼眼珠也不放过,尊长者用筷子去抠出鱼眼,名曰"点炮",再将鱼眼放到谁的菜碟里,名曰:"高看一眼",这位受宠者也须喝一杯。

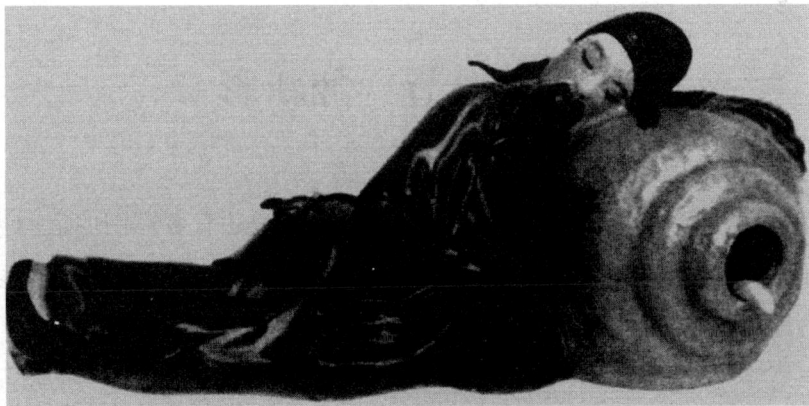

醉酒图

这"鱼头鱼尾"的规矩据说起源于赵匡胤的"陈桥兵变"。他在陈桥驿安营扎寨,在东岳庙大殿里设宴招待文武大员。席间,上了一条鲤鱼。赵普不由分说,称之为"金龙腾飞"。大家谁也不敢先动筷,恰好鱼头对着赵匡胤,便齐声道:"请赵检点领头!"赵匡胤毫不推辞,连干三杯。此时,大伙已心知肚明。鱼尾对着文官,文官表了忠心,干了一杯;鱼背对着武将,武将立了誓言,干了一杯;鱼肚对赵普,赵普鼓动对赵匡胤效忠,干了一杯。赵匡胤大喜,喝得大醉,赵普便与大伙儿密谋,把早已准备好的黄龙袍披在赵匡胤身上,拥戴他为天子,这就是"黄袍加身"。

其实,"鱼头鱼尾"的规矩是江湖豪杰发明的,成为等级高低、论资排辈的象征。后来流传民间,以助酒兴。主人上鱼时,有意将鱼头朝辈分最大、职务最高的或者酒量最大的人摆放,请他带头吃鱼喝酒。

还有一种"篮尾酒"

这种劝酒的方式,始见于唐代。"唐代宴饮,酒巡至末座,谓之蓝尾酒。"怎么个饮法呢?"唐人言蓝尾,谓酒巡匝末,连饮三杯为蓝尾。盖末座远,酒行到常迟,连饮以慰之,有贪婪之意。"(《石林燕语》)说白了,这种劝酒游戏是:酒传到最后座者,当将壶中剩的酒底倒出,连饮三杯方止,实际上是将酒壶中的酒全部饮尽。多有意思,人家不一定想一下子喝那么多,还说人家贪婪。倒是使人想到这样的场面:谁迟到,谁自罚三杯;一瓶将尽,将酒底倒在谁的杯中,谓之"福根"。

第十一节　翻新彩

除"说新词"和"定新规"之外,酒令现实的生趣还有着广阔的空间可以衍生,特别是在传统的旧令与当下的新令之间,不但有着血缘联系,而且可以借旧令的格局和方式,来个与时俱进,开拓创新。这叫作推陈出新借传统。

汉语雅俗都生新

酒令文化,本质上是依靠汉语汉字采取的一种游戏姿态。在很大程度上,酒令离不开汉语。而当代酒令中,可以容纳、融会、吸收许许多多古今相宜、雅俗并赏的汉语内容,呈现出令人惊奇的光彩。

成语的多侧面观照:呈博识

中国的成语是传统文化保存最为完整,同现代、当代接轨最为有效的因素,同样,也成了当下文字类游戏的老少咸宜、雅俗共赏的一个重要内容。比如将成语"接龙"是一种通俗游戏,引入酒令,古已有之(见"粘头续尾令"),也是最为顺理成章的。

一次酒场,笔者遇到成语接龙令的精彩操练。

酒过三巡,酒兴渐浓。只见一位酒友端起酒杯,仰首饮尽满满一杯,微笑道:"我浮一大白,只求当个令官。"

"酒令太难。"好几位都说。

醉酒图

"不妨,我出个雅俗共赏的,大家都会,叫成语接龙——扑克牌就有接龙。

我先说：'绰绰有余'，下一位便说'渔翁得利'，第三位说'力不从心'，第四位……"

大家点头笑道："不难不难，来吧！"令官重新开始："项庄舞剑，意在沛公"；下一位接道："功德无量"；第三位接："量入为出"；第四位接"初出茅庐"；第五位接"炉火纯青"；第六位接"蜻蜓点水"；第七位接"水到渠成"；第八位接"乘风破浪"；第九位接"浪子回头"，第十位接"投其所好"，最后一位接"好说歹说"……令官一拍桌子说："这哪是成语呀？罚酒！"那位只好饮下一杯，但颇不以为然："这样的成语接龙，本来就很宽，字首同音便可，掺入个俗语，也并不算出格。索性来个难的——成语的末一字必须是接句的第一字，同音不可替代，怎样？"

大家一致同意："你先说！"

那位略一思索，便说："百年树人。"下一位接："人言可畏"；第三位接："畏首畏尾"；第四位接："尾大不掉"；第五位接："掉以轻心"；第六位接"心猿意马"；第七位接"马到成功"；第八位接"功成身退"；第九位接"退避三舍"；第十位接"舍己为人"，又回到了发令的那位，接道"人寿丰年"，一圈过去，顺利通过。

拿成语说事儿，还有许多种玩法，兹列举如下：

（一）人名令

中国人的名字，体现了汉语的独特功能魅力，有许多可以嵌藏在成语或诗句、俗语里进入酒令，便增添了成语令的内涵，文化气息便双倍地增强。

成语中含人名的，着实不少，比如："顾曲周郎"（周瑜）、"江郎才尽"（江淹）、"吴下阿蒙"（吕蒙）、"毛遂自荐"（毛遂）、"唐突西施"（西施）、"再作冯妇"（冯妇）、"陈蕃下榻"（陈蕃）、"徐娘半老"（徐昭佩，梁元帝妃）、"曾参杀人"（曾参）、"叶公好龙"（叶公，楚公子高）、"冯唐易老"（冯唐）、"傅粉何郎"（何晏）、"灌夫骂座"（灌夫）、"韩信点兵，多多益善"（韩信）、"黄帝子孙"（轩辕氏）、"江左夷吾"（管仲）等，只需有一定的文史知识，都可列举不少。但这类明含人名的成语或诗句、俗语缺少点蕴藉，不如暗藏人名的更有趣。其实，暗藏人名并不神秘，仔细一想，便会涌现许多：

1.现代作家名

周而复始——藏"周而复"；

老马识途——藏"马识途"；

下里巴人——藏"巴人"（王任叔）；

一片冰心——藏"冰心"；

金人缄口——藏"金人"（翻译家）；

浩然正气——藏"浩然"；

旱苗得雨——藏"苗得雨"；

颊上三毛——藏"三毛"……

2.古代高僧名

一行作吏——藏"一行"；

无可奈何——藏"无可"；

辩才无碍——藏"辩才"。

3.艺术家名

不以规矩不成方圆——藏"成方圆"；

壮志凌云——藏"凌云"；

青出于蓝——藏"于蓝"；

桑弧蓬矢——藏"桑弧"；

凤凰于飞——藏"凤凰"（女演员）"于飞"（男演员）。

4.名著中人物名

袭人故智——藏"袭人"；

棒打鸳鸯——藏"鸳鸯"；

施恩图报——藏"施恩"；

不求闻达——藏"闻达"；

浪子回头——藏"浪子"（燕青）。

还有隐藏得更深的呢：有好几种变格。

一叫"醉锦格"：读成语时须跳过间隔的闲字，才能得出所藏人名。如：

桃李不言,下自成蹊——藏"李自成"；

文质彬彬——藏"文彬彬"（滑稽演员）

歌功颂德——藏"歌德"（德国大诗人）；

绕梁之音——藏"梁音"（电影演员）；

白手起家——藏"白起"（秦将）；

虚怀若谷——藏"虚谷"（画僧）。

二叫"卷帘格"：须逆读成语，方可识破所藏人名。如：

威武不屈——"屈武"（民主人士）；

怜香惜玉——藏"香玉"（《红楼梦》人物）；

远走高飞——藏"高远"（香港影星）；

晚节黄花——藏"黄节"（学者）；

云龙风虎——藏"龙云"（人士）。

三叫"免冠格"：成语中所藏人名，都要摒去姓氏。如：

作如是观——藏"（柳）如是"；

百年树人——藏"（周）树人"；

两全其美——藏"（陈）其美"；

正中下怀——藏"（冯）延巳（正中）"；

师道尊严——藏"（陈）师道"；

自成一家——藏"（李）自成"；

气贯长虹——藏"（高）长虹"；

正本清源——藏"（吴）清源"；

万里长城——藏"（杨）万里"；

马到成功——藏"（郑）成功"；

大千世界——藏"（张）大千"；

亿万斯年——藏"（傅）斯年"；

长江天堑——藏"（范）长江"。

四叫"偕声格"，以谐声（同音）手法把人名藏在成语中。如：

金科玉律——藏"荆轲"；

方兴未艾——藏"辛未艾"（翻译家）；

无孔不入——藏"（孙）悟空"；

毋庸讳言——藏"吴用"；

照单全收——藏"赵丹"；

经济实惠——藏"石慧";

崇山峻岭——藏"丛珊"。

(二)生肖令

这又是一种成语酒令,同中国特有的"十二生肖"相连,玩起来也别有一种意兴。在行生肖令时,不妨推举正值"本命年"的酒友为令官,请他先饮清门杯酒,然后说一句成语,将所属生肖藏在里边。

如适逢猴年,起令者不宜说什么"杀鸡儆猴""树倒猢狲散""沐猴而冠"之类的成语,而须说"金猴闹春""山中无老虎,猴子称大王""金猴迎春""金猴瑞祥""马上封侯"之类的喜庆成语。

属鸡应令者,也不宜说什么"鸡鸣狗盗""鸡犬不宁""牝鸡司晨"之类的成语,而须说"鸡有五德""鸡皮鹤发""闻鸡起舞""鹤立鸡群"等等。

属狗者挺难,关于狗的成语除了像"白云苍狗(更多的是'驹')"外,真没有什么好听的,"九狗一獒""打狗欺主""声色犬马""狗吠非主"等,还算是不错的了,好在酒令是游戏,大家宽容,不必将属相酒友自身等同起来便可。

属猪的更惨,除"猪突豨勇"外,便是"猪狗不如""猪头三牲""牧猪奴戏""一龙一猪",诸位见谅吧。

属鼠的呢,大家更须包涵了,瞧:"鼠肚鸡肠""鼠目寸光""投鼠忌器""猫鼠同眠""首鼠两端""抱头鼠窜""獐头鼠目""无名鼠辈""胆小如鼠"……

属牛的不错,好成语比比皆是:"牛刀小试""牛郎织女""牛眠吉地""九牛一毛""汗牛充栋""老牛舐犊""执牛耳""气冲斗牛""初生牛犊不怕虎",尽量避开什么"牛鬼蛇神""吴牛喘月""对牛弹琴""泥牛入海""牛头不对马嘴"之类自嘲之语便是。

属虎的也是旗鼓相当:"虎踞龙盘""虎视眈眈""如虎添翼""龙吟虎啸""龙骧虎步""藏龙卧虎""生龙活虎""不入虎穴,焉得虎子",倒不必说"虎头蛇尾""虎落平阳""与虎谋皮""调虎离山""骑虎难下""降龙伏虎""画虎不成反类犬"之类的。

属兔者应令,好语不多,仅有"动如脱兔""出如脱兔"几句,剩下的都是"兔起鹘落""兔死狐悲""兔死狗烹""狡兔三窟""守株待兔"之类的,只好在席间委屈自己,谦恭一点了。

中华酒典

属龙者应令,净是好词:"龙飞凤舞""龙章凤姿""龙马精神""龙生九子""龙争虎斗""来龙去脉""攀龙附凤""画龙点睛""生龙活虎""活龙活现""乘龙快婿""叶公好龙"……也有些差的,如"群龙无首""鱼龙混杂",避开便是。

属蛇者最惨,成语中没啥好词,听起来也冷飕飕的。"杯弓蛇影""蛇口蜂针""蛇行匍匐""蛇蝎心肠""画蛇添足""龙蛇混杂""打草惊蛇"……对不住哦,谁让您属蛇?最多来个"金蛇狂舞"吧。

属马的不错,成语多,并且绝大部分吉利。如"马到成功""马不停蹄""一马当先""万马奔腾""老马识途""汗马功劳""快马加鞭""车水马龙""千军万马""香车宝马""青梅竹马""路遥知马力""一言既出,驷马难追"……

属羊者净拣那些弱势者的词:"羊肠小道""羊质虎皮""羊落虎口""亡羊补牢""饿虎扑羊""挂羊头,卖狗肉",顶好的那个,就数"羚羊挂角,无迹可求"了。

(三)数字令

成语含数,中国人自己也会有意外惊喜,引入酒令,更是一种狂欢。细细推举,成语中有含一个数字的,有含两个数字的,最多可达三个数字。

先说含一个数字的,自一到十,再延伸到百、千、万。

比如:从一本正经,便可引出一丝不苟、一表人才、一步登天、一尘不染、一成不变、一触即发、一蹴而就、一帆风顺、一鼓作气、一挥而就、一见倾心、一见如故……

从二话不说,便可引出二月分明、二龙戏珠、二仙传道、二姓之好、二酉才高、二罪并罚……

从三足鼎立,便可引出三朝元老、三顾茅庐、三缄其口、三寸之舌、三户亡秦、三生有幸、三思而行……

从四海为家,便可引出四方之志、四方云游、四海晏然、四面楚歌、四大皆空、四方辐辏……

从五谷丰登,便可引出五彩缤纷、五体投地、五陵年少、五味俱全、五世其昌、五色相宜、五方杂处、五斗米折腰……

从六朝金粉,便可引出六尺之孤、六根清净、六合之内、六神无主、六月飞霜、六亲不认、六道轮回……

从七步之才,也可引出七尺之躯、七出之条、七窍生烟……

从八面威风,便可引出八音齐奏、八面玲珑、八拜之交、八方呼应、八方风雨、八年之才、八公山上,草木皆兵……

从九天揽月,便可引出九霄云外、九鼎大吕、九品中正、九原可作、九世之仇、九曲回肠……

从十全十美,便可引出十全大补、十指连心、十字街头、十里荷花、十有八九、十方同感……

从百花齐放,便可引出百年树人、百年大计、百折不挠、百步穿杨、百废俱兴、百战不殆、百家争鸣、百感交集、百炼成钢、百无禁忌……

从千里迢迢,便可引出千古流芳、千古不灭、千里姻缘一线牵、千里莼羹、千金市骨、千金敝帚……

从万马奔腾,便可引出万古长青、万寿无疆、万事大吉、万全之策、万家灯火、万物之灵、万籁俱寂、万象更新……

再说含两个数字的。如:

一草一木、一心一意、一丘一壑、一丝一毫、一年一度、一针一线、一手一足、一张一弛、一举一动、一模一样、一琴一鹤、一鳞一爪、一颦一笑……

四通八达、四舍五入、四书五经、四面八方、四平八稳、四乡八镇、四会五达……

七手八脚、七上八下、七折八扣、七零八落、七嘴八舌、七颠八倒、七拼八凑、七言八语……

千方百计、千山万水、千奇百怪、千娇百媚、千锤百炼、千门万户、千叮万嘱、千军万马、千言万语、千岩万壑、千变万化、千秋万代、千恩万谢……

再说含三个数字的。如:

一五一十、三十六行、一传十,十传百、二一添作五、十万八千里、八九不离十、九九归一、三三两两、三十六计走为上、三一三十一……不过越来越不像成语,意思就淡了。

(四)姓氏令

成语中含姓氏,也是中国文字的一绝。席间各人直接用姓氏去组成成语行令并不难,但少雅趣。难一点,并且有点意思的是以典隐姓成语。

如：一身是胆(赵,三国赵云);指鹿为马(赵,秦赵高);望梅止渴(曹,三国曹操);一鼓作气(曹,春秋曹刿);东山再起(谢,晋谢安);三顾茅庐(诸葛,三国诸葛亮);直捣黄龙(岳,宋岳飞);闻鸡起舞(祖,晋祖逖);有教无类(孔,春秋孔子);金屋藏娇(刘,汉武帝刘彻);长安居,大不易(白,唐白居易);一诺千金(季,汉季布);一箭双雕(孙,北周孙晟);模棱两可(苏,唐苏味道);四面楚歌(项,楚项羽);司空见惯(刘,唐刘禹锡);负荆请罪(廉,战国廉颇);投笔从戎(班,汉班超);纸上谈兵(赵,战国赵括),咄咄怪事(殷,晋殷浩);画龙点睛(张,晋张僧繇);传神阿堵(顾,晋顾恺之);刮目相看(吕,三国吕蒙);背水一战(韩,汉韩信);胸有成竹(文,宋文同);铁杵成针(李,唐李白)……

说到底,此类成语必须含一个典故,而典故中的人物之姓,便是行令者想说出的姓。以典隐姓的姓氏令,对席间酒友也是一次典故成语涵养的考验与温习交流,玩一玩,蛮有趣的!

(五)身份令

以成语行令,说出切合同席者身份,得体、恰当,是要花费一点脑筋的。一是只说别人,不说自己,可免自夸自谶之嫌;二是可将成语别做解释,方有妙趣。被身份令点到者,饮敬酒一杯;重复前者,或不得体、不恰当、不贴切者,饮罚酒一杯。比如:

说教师:桃李满天下、树木树人、诲人不倦、释疑解惑……

说学生:青出于蓝、莘莘学子、孺子可教……

说理发师:以理服人、顶头上司……

说服装业人士:量体裁衣、衣冠楚楚、布衣之交……

说制鞋业人士:捷足先登、千里之行始于足下、健步如飞、脚踏实地、行有余力……

说医务工作者:救死扶伤、妙手回春、着手成春、药到病除……

说饮食业人士:脍炙人口、和调五味、炮凤烹龙、回味无穷、山珍海味、令人垂涎、民以食为天……

说建筑业人士:大兴土木、安居乐业、琼楼玉宇、高屋建瓴、楼阁相接、平地高楼、筑土构土……

说演艺界人士:惟妙惟肖、粉墨生涯、艺高胆大、声情并茂、绘色绘声、手舞足蹈、余音绕梁……

　　说务农人员：五谷丰登、田园风光、耕者有其田、种瓜得瓜、种豆得豆……

　　说棋手：星罗棋布、棋逢敌手、举棋不定、楚河汉界、黑白分明……

　　说作家：如椽巨笔、文思如涌、笔下生春、出口成章、著作等身……

　　说财会人员：心中有数、量入为出、精打细算、老谋深算……

　　说邮递员：破除迷信、信手拈来……

　　说气象员：呼风唤雨、耕云播雨……

　　说夫妇：神仙侣俦、天作之合、举案齐眉、比翼连理、白头偕老、凤凰于飞……

　　说兄弟：情同手足、玉昆金友、天生羽翼、陟冈瞻望……

　　说模特：以身作则……

（六）四美令

　　王勃《滕王阁序》云："四美具，二难并。"所谓"四难"，不是指四件难事，而是"良辰""美景""赏心""乐事"四事同时具备很难。酒令由此得到启发，将同类的四件事物组合起来行令，是对中国四字成语内涵的一次回瞻与检测，也别有生趣，不妨叫作"四美令"吧。

　　行此令时，令官首先将"四美"报出，随即说四句成语，分别嵌有"四美"，应令者如法炮制，依次一一行令，不能完成者罚酒一杯。如：

　　起令："文房四宝"为"笔、墨、纸、砚"——笔走龙蛇、墨守成规、纸上谈兵、磨穿铁砚。

　　应令："一年四季"为"春、夏、秋、冬"——春风得意、夏日可畏、秋高气爽、冬裘夏葛。

　　"四库全书"为"经、史、子、集"——经天纬地、史不绝书、子虚乌有、集思广益。

　　"四方"为"东、南、西、北"——东山再起、南柯一梦、西风落叶、面北称臣。

　　"四声"为"平、上、去、入"——平分秋色、上行下效、去伪存真、入木三分。

　　"四岳"为"泰、衡、华、恒"——稳如泰山、权衡利弊、华而不实、持之以恒。

　　"四则运算"为"加、减、乘、除"——雷电交加、不减当年、乘龙快婿、除恶务尽。

"四君子"为"梅、兰、竹、菊"——望梅止渴、兰桂齐芳、竹报平安、春兰秋菊。

"四灵"为"龙、凤、麟、龟"——龙马精神、凤凰于飞、凤毛麟角、龟寿鹤龄。

(七)串演故事令

成语,许多来自寓言或史实的浓缩,便为"串演故事"为令提供了得天独厚的条件。这种酒令游戏,先由一人出令说一句含故事情节的成语,随即由第二人按该成语意思作合理想象与推演,说一句对故事情节起承转作用的成语,最后由第三人说一句含有叠词的成语加以小结。此令,可谓三人的衔接默契,可谓三人行必有愉悦。如:

第一人出令:"牛郎织女",第二人应"天上人间",第三人以"心心相印"作结;

第一人出令"西子捧心",第二人应"心如刀割",第三人以"楚楚动人"作结;

第一人出令"七步成诗",第二人应"煮豆燃萁",第三人以"杀气腾腾"作结;

第一人出令"高山流水",第二人应"人琴俱亡",第三人以"茕茕孑立"作结;

第一人出令"守株待兔",第二人应"坐以待毙"(曲解为待兔再来撞毙);第三人以"想入非非"作结;

第一人出令"沐猴而冠",第二人应"搔首弄姿",第三人以"衣冠楚楚"作结;

第一人出令"天壤王郎",第二人应"同床异梦",第三人以"郁郁不乐"作结;

第一人出令"掷果盈车"(晋美男子潘安出行,被妇人爱慕,掷果满车),第二人应"投桃报李"(曲解为投桃与李),第三人以"硕果累累"作结;

第一人出令"狙公赋芧"(用狙公分栗,朝三暮四的故事),第二人应"说三道四",第三人以"朝朝暮暮"作结;

第一人出令"期期艾艾"(三国邓艾口吃故事),第二人应"言不由衷"(曲

解为说话不由自主),第三人以"吞吞吐吐"作结;

第一人出令"杞人忧天",第二人应"天无宁日",第三人以"摇摇欲坠"作结;

第一人出令"盲人瞎马",第二人应"一团漆黑",第三人以"岌岌可危"作结;

第一人出令"举案齐眉"(东汉梁鸿、孟光夫妇相敬如宾的故事),第二人应"相敬如宾",第三人以"卿卿我我"作结;

第一人出令"纸上谈兵",第二人应"虚有其表",第三人以"夸夸其谈"作结;

第一人出令"对牛弹琴",第二人应"执牛耳"(曲解为强拉牛耳让其听琴),第三人以"格格不入"作结;

第一人出令"邯郸学步",第二人应"亦步亦趋",第三人以"步步为营"作结。

(八)地名令

成语中还嵌有地名。以这类成语行酒令,在行觞间神游中华大地,既可斗智劝饮,又可增添地理知识,颇具雅兴。

行地名令前,先约法三章:一是说中国地名而非外国地名;二是所嵌地名一律除去"县""市""省"等字眼,"花县""万县"之类,便只剩一字,不准入令;三是地名必须县级以上,如欲以小地名入成语,须事先商定。之后,起令者饮满杯酒,起令,其他人依次应令。如:

起令者说:"我说的成语是'大兴土木'(北京"大兴"区),请应酒令。"

应令者有许多成语可嵌地名:

"长治久安"(山西"长治");

"四季长春"(吉林"长春");

"四平八稳"(吉林"四平");

"六合之内"(江苏"六合");

"大名鼎鼎"(河北"大名");

"乐山乐水"(四川"乐山");

"安邦定国"(河北"安国");

"接二连三"(内蒙古"二连");

"太仓一粟"(江苏"太仓");

"三尺龙泉"(浙江"龙泉");

"六神不安"(安徽"六安");

"无为而治"(安徽"无为");

"东山再起"(福建"东山");

"顺我者昌"(福建"顺昌");

"君子之交淡如水"(台湾"淡水");

"庐山真面目"(江西"庐山");

"蓬莱仙境"(山东"蓬莱");

"修文堰武"(河南"修武",贵州"修文");

"孝感动天"(湖北"孝感");

"凤凰于飞"(湖南"凤凰");

"乐昌分镜"(广东"乐昌");

"合浦珠还"(广西"合浦");

"宝山空回"(上海"宝山");

"河清海晏"(青海"海晏");

"玉树临风"(青海"玉树");

"洛阳纸贵"(河南"洛阳");

"昆山片玉"(江苏"昆山");

"山阳闻笛"(陕西"山阳");

"山阴道上"(山西"山阴");

……

还可以列出许多,请诸位有空再找一找。

(九)书名令

成语与书名更有缘分。

起令者说:"我先说一句成语'桃李不言,下自成蹊',内藏姚雪垠的历史长篇小说《李自成》名,请各位接令出句。"

应合者的天地很大,如:

"老子天下第一",内藏先秦哲学著作《老子》名;

"顽石点头",内藏明代话本小说《石点头》名;

"梦笔生花",内藏清代弹词《笔生花》名;

"三寸金莲",内藏冯骥才中篇小说《三寸金莲》名;

"百花齐放",内藏郭沫若诗集《百花齐放》名;

"良师益友",内藏30年代著名画报《良友》名;

"泰山北斗",内藏30年代"左联"刊物《北斗》名;

"啼笑皆非",内藏林语堂小说《啼笑皆非》名;

"逼上梁山",内藏杨绍萱京剧《逼上梁山》名;

"日出三竿",内藏曹禺剧作《日出》名;

"雷雨交加",内藏曹禺剧作《雷雨》名;

"万水千山",内藏陈其通剧作《万水千山》名;

"人生如梦",内藏莫泊桑小说《人生》、陈学昭小说《如梦》名;

"镜花水月",内藏清代陈昊子植物学著作《花镜》名;

"元元本本",内藏元代所刻佛经总集《元本》名;

"焚书坑儒",内藏明代李贽《焚书》名;

"混沌初开",内藏丛维熙回忆录《混沌初开》名……

俗语的深度开掘:玩机智

俗语的范围,可扩大到俚语、谚语。在中国文化悠久的岁月里,人们创造了大量言近旨远、形象生动、机智巧妙、意味深长的俗语,内容丰富,流传广泛。以俗语入酒令,总的要求是"俗不伤雅""平易通俗""俗"味可掬,足以让行令者在施展"巧舌如簧"的口才时,对俗语进行深度开掘。

俗语与成语其实很好区别:俗话来自口语,主要也以口语形式存在;成语从古书流传下来,主要以书面语形式存在,一个白、一个文、一个俗、一个雅,但也不是绝对的,作大体区分,限制不要太苛,俗语令也行得潇洒。

中華酒典

　　行令者依次以俗语句式嵌藏鸟、兽、虫、鱼等名字,应对俗语,应令中单独重复出现别人说过的名字,对得不确或一时语塞、无言以对者都须罚酒。

　　1.鸟名俗语

　　"天下乌鸦一般黑";

　　"草窝里飞出金凤凰";

　　"棒打鸳鸯两分离";

　　"墨染鹭鸶染不黑";

　　"野雀搭窝斑鸠住";

　　"公鸡不啼母鸡啼";

　　"家鸡哪有野鹜好";

　　"一个老鹳站一枝儿";

　　"打败的鹌鹑斗败的鸡"。　　　　　　　　　　　　　　　　（以上单句式）

　　"会说的八哥,飞不过潼关";

　　"啄木鸟有个硬嘴,喜鹊有个长尾";

　　"家鸡打得团团转,野鸡打得插翅飞";

　　"鹦鹉舌头画眉嘴,心里藏个害人鬼";

　　"凤凰乌鸦不同音,稻谷稗草不同形";

　　"喜鹊嘴,老鸦心";

　　"麻雀虽小,五脏俱全";

　　"百日鸡,正好吃;百日鸭,正好杀";

　　"不舍金弹子,打不中巧鸳鸯";

　　"大雁离群难过关,独条鲤鱼难出湾";

　　"公鸡腿,鲤鱼腰"。　　　　　　　　　　　　　　　　　　（以上复句式）

　　2.兽名俗语

　　"狐狸尾巴藏不住";

　　"黄鼠狼不嫌小鸡瘦";

　　"狼披羊皮还是狼";

"老鼠专拣窟窿钻";

"狗改不了吃屎";

"马有三分龙性";

"哪个猫儿不贪腥";

"驴唇不对马嘴";

"虎毒不食儿";

"瘦死的骆驼比马大";

"窥一斑而知全豹";

"猴子身上放不下虱子";

"狗嘴里吐不出象牙"。 （以上单句式）

"山中无老虎,猴子称大王";

"挂羊头,卖狗肉";

"外披羊皮,内藏狼心";

"老鼠过街,人人喊打";

"狐狸再狡猾,也逃不过猎人手";

"不用猎枪,赶不走豺狼";

"马耳不怕短,驴耳不怕长";

"牛多毛多,蠢人事多";

"要吃野猪肉,亲自入山林";

"猪睡长肉,人睡卖屋";

"不图大骡大马,只愿细狗还家";

"关东三件宝,人参、貂皮、乌拉草"。 （以上复句式）

3.虫名俗语

"蝗虫蚂蚱一齐数";

"号寒虫儿得过且过";

"蟋蟀无毛难过冬";

"秋后马蜂命不长";

"谁是谁肚里蛔虫";

中华酒典

"打蛇打七寸";

"蜜蜂专拣旺花飞";

"蚯蚓成不了龙";

"蛆往肉里钻";

"穷螳螂当蚂蚁";

"扑灯蛾子不怕死";

"菩萨面孔蝎子心"。   (以上单句式)

"蜂多出王,人多出将";

"促织鸣,懒婆惊";

"飞蛾扑火,不知死活";

"蝉翼为重,千钧为轻";

"蚂蚁虽小,敢搬大山";

"打蛇打头,钓鱼钓口";

"黄蜂针毒,财主心狠";

"多一条青虫,少一棵青菜";

"大虫欺小虫,蚱蜢欺蝗虫"。   (以上复句式)

4.水族俗语

"白手拿白鱼";

"打死田螺是死肉";

"螺蛳壳里做道场";

"当泥鳅不怕糊眼睛";

"蛤蟆蝌蚪子成不了精";

"拼死吃河豚";

"鲟黄鱼吃自来食";

"瓮里走不了鳖";

"龟通海底"。   (以上单句式)

"大鱼吃小鱼,小鱼吃虾米";

"当鳖自当鳖,各扫门前雪";

"鱼找鱼,虾找虾,鱿鱼老鳖会王八";

"长腰粳米,缩腰鳊鱼";

"吃豆腐出骨,吃乍鱼出血";

"大拐食细拐,蛤蟆食老蟹";

"鳄鱼流了泪,并非是求怜";

"飞的都是鹌鹑,漏网的都是大鲤鱼";

"湖蟹团,海蟹尖";

"虾有虾路,蟹有蟹路";

"坏人心难捉,泥鳅滑难捉"。 （以上复句式）

(二)花木蔬果令

玩法同前述"鸟兽虫鱼令"。

1.花草名俗语

"梅花香自苦寒来";

"弯竹子生直笋子";

"采动荷花牵动藕";

"春天的牡丹不如冬天的松柏";

"千朵桃花一树生";

"蜡梅不怕寒霜降";

"牵牛上不得树";

"家花不及野花香";

"花无百日红";

"去家千里勿念枸杞";

"无根萍不能贴地"。 （以上单句式）

"十个指头有长短,荷花出水有高低";

"牡丹虽好,终须绿叶扶持";

"芭蕉根多,矮子心多";

"不种今年竹,哪得明年笋";

"山中无大树,芳草欲称尊";

"石头浸久了，也能生青苔"；

"十朵菊花九朵黄，十个女儿九像娘"；

"多种桃花，少种荆棘"；

"人才出在贫寒家，莲花开在污泥上"；

"怒画竹，喜画兰，不喜不怒画牡丹"；

"牡丹洗脚，芍药梳头"。（以上复句式）

2.树木名俗语

"房前栽柳，屋后栽桑"；

"炒豆子出芽，铁树开花"；

"门前不栽椿，屋后不栽槐"；

"家有梧桐树，不愁凤凰来"；

"杉不离竹，英台不离山伯"；

"藤绕树，树绕藤"；

"有心栽花花不发，无意插柳柳成荫"；

"檀木越老身越红，苏木越老心越红"；

"杨柳发青，百病丛生"；

"岁寒知松柏，患难见真情"；

"有了木耳吃，忘记黄花树"；

"种荆棘得刺，种桃李得荫"；

"槿树开花人歇力，乌贼树开花牛歇力"。 （以上均复句式）

3.蔬菜名俗语

"一时韭菜一时葱"；

"红萝卜算在蜡烛账上"；

"本地姜不辣"；

"水萝卜皮红心不红"；

"歹竹出好笋"；

"青皮萝卜紫皮蒜"；

"藕断丝不断"；

"采茄子要让个老";

"扯蒜苗带起葱来";

"菜根滋味香";

"深栽芋头浅栽姜";

"夏葫芦秋丝瓜"。

（以上单句式）

"南瓜不怕雨,冬瓜莫长枝";

"豆芽长一房高,也是菜货";

"冻不死的葱。干不死的蒜";

"入乡随俗,黄瓜做汤";

"吃尽芋头粥,享尽天下福";

"吃得马齿苋菜,一年无病无害";

"芹菜拌虾米,客自心中喜";

"苜蓿地里刺金花,人家不夸自己夸";

"斗大个荸荠,还有些土气";

"黄瓜爱水,丝瓜爱藤";

"山药勤翻秧,刨的时候用车装";

"芫不热不种,不冷不弄";

"种下苦瓠子,不得甜菜吃"。

（以上复句式）

4.果品名俗语

"吃烘柿拣软的捏";

"有枣没枣打三竿子";

"椰子是摇钱树";

"满树葡萄一条根";

"黄熟梅子卖青";

"黄梅不落青梅落";

"旱枣涝梨";

"歪桃正梨";

"立夏三日樱桃红";

中华酒典

"樱桃桑葚货当卖时":

"桃膨李胀杏伤人";

"不能核桃栗子一块儿数"。 （以上单句式）

"荔枝惜花,龙眼惜子";

"栽李不结桃,假的真不了";

"莲子心中苦,梨儿腹内酸";

"橘子皮,假孝意";

"橄榄核垫台脚,愈垫愈不平";

"东路槟榔,西路米粮";

"枇杷黄,果子荒";

"宁吃鲜桃一口,不吃烂杏一筐";

"樱桃好吃树难栽,馍馍好吃磨难推";

"桃饱李拉稀,酸味杨梅多吃些";

"桃三杏四李五年,花红果子七八年";

"桃南杏北梨东西,石榴藏在枝叶里";

"谷子上场,核桃满瓢";

"谷子进囤,核桃捡棍"。 （以上复句式）

(三)雅俗共赏令

俗语酒令行得腻了,便会想来点雅。俗语与成语相结合,在行令中一次完成,先说一句俗语,再说一句成语,二者含义相同或相近,互为注释相映成趣,还可增加不少语文知识,真可称作雅俗共赏! 比如:

1."三天打鱼,两天晒网" （俗语）

"一曝十寒" （成语）

2."偷鸡不成反蚀把米" （俗语）

"弄巧成拙" （成语）

3."鸡蛋里挑骨头" （俗语）

"吹毛求疵" （成语）

4."搬起石头砸自己的脚" （俗语）

"自作自受" （成语）

5."金要足赤,人要完人" （俗语）

"求全责备" （成语）

6."脸上三分笑,肚里一把刀" （俗语）

"口蜜腹剑" （成语）

7."螺蛳壳里做道场" （俗语）

"立锥之地" （成语）

8."到什么山,砍什么柴" （俗语）

"因地制宜" （成语）

9."前怕狼,后怕虎" （俗语）

"畏首畏尾" （成语）

10."众人拾柴火焰高" （俗语）

"众擎易举" （成语）

11."这山望见那山高" （俗语）

"见异思迁" （成语）

12."不是鱼死就是网破" （俗语）

"你死我活" （成语）

13."吃橘子不忘洞庭山,乘风凉不忘栽树人" （俗语）

"饮水思源" （成语）

14."大家一条心,黄土变成金" （俗语）

"众志成城" （成语）

15."树经不起百斧,人经不起百语" （俗语）

"众口铄金" （成语）

16."打老鼠怕伤了玉瓶儿" （俗语）

"投鼠忌器" （成语）

17."一粒老鼠屎,搞坏一锅粥" （俗语）

"害群之马" （成语）

18."三个臭皮匠,顶个诸葛亮" （俗语）

"集思广益"　　　　　　　　　　　　　　　　　　（成语）

19."天下乌鸦一般黑"　　　　　　　　　　　　　　（俗语）

　　"一丘之貉"　　　　　　　　　　　　　　　　　　（成语）

20."你走你的阳关道,我过我的独木桥"　　　　　（俗语）

　　"分道扬镳"　　　　　　　　　　　　　　　　　　（成语）

21."一块石头落了地"　　　　　　　　　　　　　　（俗语）

　　"如释重负"　　　　　　　　　　　　　　　　　　（成语）

22."宁吃鲜桃一口,不吃烂杏一筐"　　　　　　　（俗语）

　　"宁缺毋滥"　　　　　　　　　　　　　　　　　　（成语）

23."剥得皮的蛤蟆,临死还要跳三下"　　　　　　（俗语）

　　"垂死挣扎"　　　　　　　　　　　　　　　　　　（成语）

24."长舌底下压死人"　　　　　　　　　　　　　　（俗语）

　　"积毁销骨"　　　　　　　　　　　　　　　　　　（成语）

（四）中西合璧令

中国有俗语,可以同成语并说,来个雅俗共赏;外国有谚语,也很精彩,翻译过来的也不少,中国俗语和外国谚语放在一起行令,便是土洋结合,试试看,很有味道。

1."宁为鸡首,不为牛后"

　"宁做自由民的首领,不做绅士的随从"　　　　（英国）

2."好死不如赖活"

　"斧子砍到根上的时候,松树真恨自己不是灌木"　（英国）

3."一文钱逼死英雄汉"

　"紧要关头,一便士可顶一镑"　　　　　　　　　（英国）

4."看人挑担不吃力"

　"朋友的不幸好忍受"　　　　　　　　　　　　　（英国）

5."一山不容二虎"

　"一颗樱桃树容不下两只鸟"　　　　　　　　　　（英国）

6."一颗老鼠屎,搞坏一锅粥"

"一滴毒药坏一桶酒"　　　　　　　　　　　　（英国）

7."一日之计在于晨"

"一周中星期一是关键的一天"　　　　　　　　（英国）

8."马善被人骑,人善被人欺"

"篱笆哪里矮,人从哪里过"　　　　　　　　　（英国）

9."胜者为王,败者为贼"

"输的人总是错的"　　　　　　　　　　　　　（英国）

10."吃白食不要嫌咸淡"

"别人送的马不要看马齿"　　　　　　　　　　（英国）

11."一个巴掌拍不响"

"要有两个拳头才能打起架来"　　　　　　　　（英国）

12."勤是摇钱树,俭是聚宝盆"

"勤劳是好运的右手,节俭是好运的左手"　　　（英国）

13."老大一多要翻船"

"木匠多了盖不好房子"　　　　　　　　　　　（法国）

14."情人眼里出西施"

"不是因为漂亮才可爱,而是因为可爱才漂亮"　（苏联）

15."出头椽子先烂"

"长果子的树常挨打"　　　　　　　　　　　　（非洲）

16."江山是打出来的,盐菜是腌出来的"

"打鱼的浑身湿,打猎的两腿勤"　　　　　　　（日本）

17."小卒过河能吃车"

"虾子虽小,能登大宴席"　　　　　　　　　　（缅甸）

18."人有失手,马有失蹄"

"再好的射手难免有脱靶的时候"　　　　　　　（英国）

19."远水救不了近火"

"我有一把好弓,可惜不在身边"　　　　　　　（英国）

20."天网恢恢,疏而不漏"

中华酒典

"上帝的磨石转得慢,碾得细"   (英国)

21."知人知面不知心"

"人心像是一面神秘的镜子"   (英国)

22."江山易改,本性难移"

"花豹永远不能改变身上的斑点"   (英国)

(五)言过其实令

"言过其实",说白了就是"吹牛皮""说大话",夸大其词,形容过头,谁也不会当成真事,但足可行令取乐。比如:

1."鼻子大过脸";

2."阴沟里翻船";

3."黄狗出角变麒麟";

4."雨打冬丁卯,石人饿得跌倒";

5."铜钱眼里打秋千";

6."一口吸尽两江水";

7."舌头底下压死人";

8."藕丝系得盐船住";

9."脸有城墙厚,胆有笆斗大";

10."眼睛生在头顶上";

11."生姜树上生";

12."砻糠搓绳起头难";

13."拳头上立得起人,胳膊上跑得过马";

14."脑子生了锈";

15."尾巴翘到天上去";

16."七窍里冒火,五脏里生烟";

17."人是铁,饭是钢";

18."三个鼻窟窿眼儿,多出你这口气";

19."上眼皮同下眼皮打架";

20."伸一个指头比别人腰粗";

21."棉花的耳朵风车的心";

22."喉咙里伸出手来";

23."后脑勺长眼";

24."冷锅里爆热豆";

25."秤砣漂了起来"。

(六)强作解人令

俗语酒令,本身充满谐趣,如果再添点悖论,说它欠妥,并说出振振有词的理由,给俗语做个意料之外、情理之中的解释,让人无法反驳,真可让人佩服且大笑。比如:

1."纸包不住火"——防火纸可以;

2."鸡蛋里找骨头"——喜蛋里有骨头;

3."胳膊总是朝里弯"——脱臼的时候也可能朝外弯;

4."石子里挖不出油来"——石油是从岩石里榨出来的;

5."天下乌鸦一般黑"——也有白色的乌鸦;

6."人往高处走,水往低处流"——下山时人往低处走,喷泉是水往高处流;

7."秤砣漂不起来"——把秤砣放在水银里便会浮起来;

8."树上钓不到鱼"——有种攀鲈会爬到树上去;

9."石头人落出眼泪来"——《石头记》(《红楼梦》)里流泪的"石头"人不少;

10."鸡毛飞不上天"——飞机空运鸡毛掸子,鸡毛便飞上了天;

11."又要马儿跑,又要马儿不吃草"——体操器械跳马不吃草;

12."煮熟的鸭子飞不了"——鸭肉罐头空运出口,就飞了。

歇后语的席间展示:调俏皮

歇后语,由"语面"与"语底"组成,语底不用你去猜,语面说出后,略一停歇,便说出语底,反过来觉得语面的奥妙。歇后语久传民间,生动、形象、含蓄、夸张,具有简练而强烈的效果。非常适合做酒令。

(一)谐音令

每人所说的歇后语中一定须有谐音字,否则犯令。也可由起令者对"语面"部分加以限定,如限定为动物名、植物名、器物名、食品名等。

1.动物名

公鸡害嗓子——不能提(啼);

乌龟爬门槛——但看此一番(翻);

狗长犄角——洋(羊)式;

猪鼻子里插葱——装象(像);

老虎拉车——谁敢(赶)哪;

老鼠啃碟子——口口是词(瓷);

耗子啃皮球——客(嗑)气;

狗咬屁股——肯定(啃腚);

蛤蟆生气——干鼓肚(咕嘟);

鸡戴帽子——官(冠)上加官(冠);

骆驼放屁——想(响)得不低;

水蝎子——不怎么着(蛰);

王八肚子插鸡毛——归(龟)心似箭。

2.植物名

冬瓜敲木钟——想(响)也不想(响);

大蒜苗做枕头——昏(荤)头昏(荤)脑;

花椒不叫花椒——麻利(粒);

一坛子萝卜——抓不到僵(姜);

十月的桑叶——谁睬(采)你;

小豆做干饭——总闷(焖)着;

四两棉花——谈(弹)不上;

怀里揣老玉米——不肯(啃);

屋檐种菜——无缘(园);

腊月的萝卜——动(冻)了心;

墙头上种萝卜——难交(浇);

甘蔗地里长草——荒唐(糖);

花生去皮——红人(仁)。

3.器物名

秤钩打钉——值(直)了;

灯草拐杖——做不得主(柱);

倒了碾子砸了磨——实(石)打实(石)着;

电线杆上挂暖壶——水平(瓶)高;

怀里揣笊篱——光劳(捞)那份心;

火烧桅杆——好长叹(炭);

空中挂剪刀——高才(裁);

拿着棒槌缝衣服——啥也当真(针);

纳底子不用锥子——真(针)行;

皮棰敲鼓——不想(响);

破琵琶——谈(弹)不得了;

墙上贴草纸——没话(画)儿;

秃头洋钉儿——没冒(帽)儿;

五管笔——半疯(封);

秀才手巾——包输(书)。

4.食品名

壮小伙子吃冷糕——为(胃)好;

猪蹄子不放盐——旦(淡)角(脚);

赵匡胤卖包子——御驾亲征(蒸);

小碟打醋——傻(撒)了;

咸菜煎大酱——太严(盐)重了;

山里红包粽子——少找(枣);

肉汤里煮元宵——浑(荤)蛋;

七月蒸年糕——赶早儿(枣儿);

卖烧饼吹喇叭——吹着唠(烙);

卖煎饼的赔本儿——贪(摊)大了;

六月的腊肉——有言(盐)在先;

花椒大料——两位(味);

过小年买糖瓜——急躁(祭灶);

梳头姑娘吃火腿——游(油)手好闲(咸)。

(二)人物令

以人物做比喻的歇后语为酒令,不仅能娱乐,还能交流文史知识,启发丰富语言,是一得两便之举。

1.历史人物

曹刿论战——一鼓作气;

楚霸王自刎——身败名裂;

包公搽粉——表面一层;

孔夫子搬家——尽是输(书);

李林甫为相——口蜜腹剑;

秦始皇治卢生——坑了;

苏武牧羊——趴冰卧雪;

孙膑吃屎——假装疯魔;

周幽王点烽火台——千金一笑;

郑庄公掘地——不到黄泉不见娘;

王羲之看鹅——渐渐消磨(墨);

姜太公钓鱼——愿者上钩。

2.三国人物

刘备摔孩子——收买人心;

周瑜打黄盖——两相情愿;

刘备借荆州——有借无还;

张飞卖刺猬——人硬货扎手;

徐庶进曹营——一言不发;

关公卖豆腐——人硬货不硬;

董卓进京——不怀好意；

东吴的大将——干拧（甘宁）；

许褚战马超——脱了大干；

庞统做知县——大材小用；

刘备的夫人——没（糜）事（氏）；

曹操的堂弟——噪（曹）人（仁）。

3.水浒人物

武大郎开店——高的不要；

武松打虎——硬上岗；

王婆照应武大郎——没安好心；

潘金莲熬药——暗地里放毒；

鲁智深出家——是个花和尚；

晁盖的军师——无（吴）用；

林冲误闯白虎堂——单刀直入；

李逵打宋江——事后赔不是；

林冲上梁山——走投无路；

孙二娘开店——进不得；

石秀进祝家庄——走了不少盘陀路；

张顺浪里斗李逵——以长攻短。

4.西游记人物

唐僧的紧箍咒——约束别人的；

唐僧肉——人人都想吃；

牛魔王请客——净是妖；

如来佛捉孙大圣——易如反掌；

海龙王搬家——厉（离）害（海）；

哪吒再世——三头六臂；

玉帝拜财神——有钱的大三级；

猪八戒的法号——无（悟）能；

猪八戒吃人参果——不知其味；

白骨精骗唐僧——一计不成又生一计；

孙悟空到南天门——慌了神；

孙猴子当了弼马温——不知官大小。

5.红楼梦人名

刘姥姥进大观园——眼花缭乱；

刘姥姥坐席——净出洋相；

宝玉的爹——假(贾)正(政)；

贾宝玉的通灵玉——命根子；

焦大不爱林妹妹——有自知之明；

林黛玉的脾气——爱使小性子；

林黛玉葬花——自叹命薄；

王熙凤害死尤二姐——心狠手毒：

刘姥姥出大观园——满载而归；

贾宝玉拜堂——不是心上人；

贾宝玉哭灵——真心；

贾宝玉出家——有福不享。

绕口令旧瓶装新酒：练口力

绕口令,又叫急口令、拗口令,很早就成为酒令游戏了(本书上编"历史的雅趣"中已有介绍)。说绕口令时,古人借机捉弄对方,现在则是对"口才"的一种训练,初上场者,难免出错,大家同乐可矣。

绕口令,也须选择内容清新健康的,事先清楚地写在卡纸上(每卡一令),并在上面标明序号。"令官"发令后,让各人抽取数字酒筹,按点数对序号念绕口令。念前可允许准备片刻,接着开念,须一口气急速念到底,念错或结巴,都要罚酒一杯。

(一)传统绕口令

1.借绿豆

"出南门,走六步,见着六叔和六舅;叫声六叔和六舅,借我六斗六升好绿豆。过了秋,打了豆,还我六叔六舅六斗六升好绿豆。"

2.鸡鸭猫狗

"鸡呀,鸭呀,猫哇,狗哇,一块儿水里游哇!牛哇,羊哇,马呀,骡呀,一块进鸡窝呀!狼啊,虫啊,虎哇,豹哇,一块儿街上跑哇!兔哇,鹿哇,鼠哇,孩儿啊,一块儿上窗台儿啊!"

3.喇嘛和哑巴

"有一个喇嘛,手里提着个鳎目;有一个哑巴,腰里别着个喇叭。手里提着鳎目的喇嘛,要拿鳎目换哑巴腰里别着的喇叭,腰里别着喇叭的哑巴,不肯拿喇叭换喇嘛手里提着的鳎目。手里提着鳎目的喇嘛,打了腰里别着喇叭的哑巴;腰里别着喇叭的哑巴,也打了手里提着鳎目的喇嘛一喇叭。"

4.老爷堂上一面鼓

"老爷堂上一面鼓,鼓上一只皮老虎。皮老虎抓破了鼓,就拿块破布往上补。只见过破布补破裤,哪见过破布补破鼓。"

5.俩判官

"城隍庙内俩判官,左边是潘判官,右边是庞判官。不知是潘判官管庞判官,还是庞判官管潘判官。"

6.两只饭碗

"红饭碗,黄饭碗。红饭碗盛满饭碗,黄饭碗盛半饭碗;黄饭碗添半饭碗,像红饭碗一样满饭碗。"

7.两只猫

"白猫黑鼻子,黑猫白鼻子;黑猫的白鼻子,碰破了白猫的黑鼻子。白猫的黑鼻子碰破了,剥个秕谷壳儿补鼻子;黑猫的白鼻子没破,就不剥秕谷壳儿补鼻子。"

8.六十六岁的刘老六

"六十六岁的刘老六,修了六十六座走马楼,楼上摆了六十六瓶苏合油,门前栽了六十六棵垂杨柳,垂杨柳上拴了六十六匹大马猴儿。忽然一阵狂风起,吹倒了六十六座走马楼,打翻了六十六瓶苏合油,压倒了六十六棵垂杨柳,跑掉了六十六匹大马猴儿,气死了六十六岁的刘老六。"

9.买饽饽

"张伯伯,李伯伯,饽饽铺里买饽饽。张伯伯买了个饽饽大,李伯伯买了个大饽饽。拿到家里给婆婆,婆婆又去比饽饽。也不知是张伯伯买的饽饽大,还是李伯伯买了个大饽饽。"

10.买丝线

"妈妈给我四十四个钱,跑到施家店里买丝线。花了四个钱,买了四条白色细丝线;花了四十个钱,买了四十条红色细丝线。"

(二)新绕口令

1.戒烟

老侯把烟抽,一抽就抽两钟头;越抽越抽越想抽,瘾头越大越爱抽。抽烟抽得熏黄手,抽得牙黑嘴发臭;抽得气喘又咳嗽,抽得眼珠往外抠;抽得脸儿黄又瘦,抽得掉却几斤肉。抽得老侯似老猴,赌咒戒烟再不抽。老侯戒烟决心有:"再抽老侯不姓侯。"戒烟戒了没一周,老侯猴急又抽抽;抽一口,又一口,口口抽,抽口口;抽抽抽,抽又抽,不知老侯姓侯不姓侯。

2.近形同音字

木甬读桶不读捅,月农读脓不读胧;米更读粳不读梗,日青读晴不读睛;米宗读粽不读综,言丁读订不读钉;土平读坪不读评,耳令读聆不读伶;火登读灯不读澄,言甬读诵不读蛹;土境读境不读晋,月星读腥不读醒;须把近形字弄清,看看字旁分分声。

3.比富

傅家屯老傅会植树,扈家村老扈会养兔。老傅致富靠植树,老扈致富赖养兔;养兔的老扈和植树的老傅比富,植树的老傅和养兔的老扈同迈步。老傅带动傅家屯户户多植树,老扈带动扈家村户户多养兔;傅家屯户户植树户户富,扈家村户户养兔户户富;老傅老扈迈步不停步,富上加富日子越过越富。

4.火柴和劈柴

火炉膛里搁劈柴,火炉台上有火柴,划火柴,点劈柴,点不着劈柴还得划火柴。

5.舅舅打球

裘小友有个舅舅,爱打手球,周小柳有个舅舅,爱打排球;裘小友的舅舅打手球在球门口守球,周小柳的舅舅打排球在球网前叩球。

6.包字进了包子馆

承包的包字进了包子馆,包子馆承包包包子。包包子的搞包字,包字包出好包子。吃包子的夸包字,包子馆改革靠包字。

7.有错认错改错

有错认错改错,认错改错不错。有错不认错,错上又加错。认错不改错,还有错中错。有错不怕错,要认错改错。

8.念台胞

苗山有个小苗胞,台湾有个小台胞。苗山小苗胞想念台湾小台胞,台湾小台胞想念苗山小苗胞。等到台湾回到祖国怀抱,小苗胞笑,小台胞笑;小苗胞要拥抱小台胞,小台胞要拥抱小苗胞。

9.送瓜

东家哈哈,西家华华,两家种瓜筑篱笆。东家哈哈种南瓜,西家华华种丝瓜。丝瓜蔓爬上篱笆到哈哈家,南瓜蔓爬过篱笆到华华家。哈哈家结丝瓜,华华家结南瓜。哈哈摘下丝瓜送华华,华华摘下南瓜送哈哈。哈哈不收华华的南瓜,华华不收哈哈的丝瓜。哈哈华华拿上南瓜丝瓜,送给军属马妈妈。

文字高峡出平湖

文字令中的回文、射覆、谜语、诗词乃至笑话,不但古时有过辉煌的历史,在酒令中是一支劲旅,而且在现实中也依旧可以沿用、生发、创造。经过筛选和提炼改造的文字令,可以在新时代的酒席上成为新的酒令,生出新的乐趣,焕发新的光彩。

回文酒令

回文,是修辞学中辞格的一种,也叫"回环",运用词序回环往复的语句,表现两种事物或情理的相互关系。古时回文诗则更刻意追求文字形式上的回绕,顺读逆读皆可顺理成诗,本书上编中已有介绍。

回文酒令不必像回文诗那样难,往往选择容易寻找的词语、地名等,以使行令易行而顺畅。比如,起令者说一词,其回文亦为一词,二词的意思大不一样,但都成立,说出后要对二词略加说明。应令者必须学说,以词语对词语,以地名对地名,不可逾规。

(一)词儿回文令

1."故事"——"事故";

2."处长"——"长处";

3."传单"——"单传";

4."错过"——"过错";

5."刺骨"——"骨刺";

6."胆瓶"(形如胆状的瓶子)——"瓶胆";

7."子弹"——"弹子";

8."质地"——"地质";

9."子弟"——"弟子";

10."典雅"——"雅典";

11."人道"——"道人";

12."地道"——"道地";

13."巴结"——"结巴";

14."草本"——"本草";

15."办法"——"法办";

16."伴舞"——"舞伴";

17."采风"——"风采";

18."北朝"——"朝北";

19."九重"——"重九";

20."笔画"——"画笔";

21."辰时"——"时辰";

22."茶花"——"花茶";

23."地产"——"产地";

24."蜂蜜"——"蜜蜂";

25."火柴"——"柴火";

26."带领"——"领带";

27."人头"——"头人";

28."手鼓"——"鼓手";

29."斑白"——"白斑";

30."道岔"——"岔道";

31."花插"——"插花";

32."当家"——"家当";

33."书包"——"包书";

34."饭菜"——"菜饭"。

(二)地名回文令

1."吉安"(江西)——"安吉"(浙江);

2."信阳"(河南)——"阳信"(山东);

3."阳高"(山西)——"高阳"(河北);

4."开封"(河南)——"封开"(广东);

5."昌平"(北京)——"平昌"(四川);

6."丰南"(河北)——"南丰"(江西);

7."安福"(江西)——"福安"(福建);

8."新安"(江西)——"安新"(河北);

9."子长"(陕西)——"长子"(山西);

10."宁安"(安徽)——"安宁"(云南);

11."平和"(福建)——"和平"(广东);

12."仁怀"(贵州)——"怀仁"(山西);

13."阳原"(河北)——"原阳"(河南);

14."上高"(江西)——"高上"(山东);

15."保康"(湖北)——"康保"(河北);

16."政和"(福建)——"和政"(甘肃);

17."曲阳"(河北)——"阳曲"(山西);

18."南宁"(广西)——"宁南"(四川);

19."安庆"(安徽)——"庆安"(黑龙江);

20."宁武"(山西)——"武宁"(江西);

21."都昌"(江西)——"昌都"(西藏);

22."西安"(陕西)——"安西"(甘肃);

23."海宁"(浙江)——"宁海"(浙江);

24."化隆"(青海)——"隆化"(河北);

25."平兴"(河南)——"兴平"(陕西)。

射覆酒令

前面介绍过古代的射覆。最新的办法是将一样东西藏在器皿中,叫人去猜,但不能直说物名,而要用韵语描摹该物;后来由射物发展为射字,到今天,射覆就演变成填字游戏式的酒令。

射覆酒令是一种文字令,有一定难度。"酒面"须是现成的词或短语,写在纸卡上,空出几个字的地方(或首尾、或居中、或间隔)画成圆圈或方格,在文字和圆圈(方格)的下方,标明要填的名目,让应令者据此悟出词语,说出"酒底",嵌在圆圈(方格)内,使前后左右连缀成词,而所填之词又正好符合要填的名目。

射覆大体有四种格式:

正格:圆圈(方格)居中间;

反格:圆圈(方格)在首尾;

悬露格:圆圈(方格)间隔在尾;

卷帘格:圆圈(方格)间隔在首。

其中正格最为常见。比如:

1.雷州

酒面是我国半岛名,要求在空圈内填一电影演员名,使它承前缀成一军事设施名,续后缀成一江苏地名。酒底是"达式常":

雷 达 式 常 州

2.巴西

酒面为国名,也是我国四川省的区域名,射一电影演员名,承前缀成"巴金"续后缀成"山西"。酒底为"金山":

巴 金 山 西

3.李子

酒面为果名。要求射一影片名,承前缀成唐代诗人,续后缀成植物名词。酒底是"白莲花":

李 白 莲 花 子

4.大娘

酒面为称谓。要求射一影片名,承前缀成中药名,续后缀成称谓。酒底是"黄英姑":

大 黄 英 姑 娘

5.黄瓜

酒面为蔬菜名。要求射一戏曲影片名,承前缀成植物名,续后缀成蔬菜名。酒底是"杨乃武与小白菜":

黄 杨 乃 武 与 小 白 菜 瓜

6.小生

酒面为戏曲行当。要求射一《红楼梦》人名,承前缀成影片名,续后缀成莫泊桑小说名。酒底是"花袭人":

小 花 袭 人 生

7.台北

酒面为台湾地名。要求射一江苏地名,承前续后均缀成我国地名。酒底是"南通":

台 南 通 北

8.海岛

酒面为地理名词。要求射一影片名,前三字为我国岛名,后三字也为一影片名。酒底是"南岛风云":

海 南 岛 风 云 岛

9.天山

酒面为山名。要求射一电影导演名,承前缀成甘肃地名,续后缀成山名。酒底是"水华":

天 水 华 山

10.柳州

酒面为广西地名。要求射一省名,承前缀成作家名,续后缀成江苏地名。酒底是"青海":

柳 青 海 州

11.江西

酒面为省名。要求射一吉林地名,承前缀成四川地名,续后缀成省名。酒底是"安广":

江 安 广 西

12.南昌

酒面为江西地名。要求射一山西地名,承前缀成广西地名,续后缀成湖北地名。酒底是"宁武":

南 宁 武 昌

13.九江

酒面为江西地名。要求射一广东地名,承前续后均缀成四川地名。酒底是"龙川":

九 龙 川 江

14.云南

酒面为省名。要求射一上海地名,承前缀成云南地名,续后缀成地区名。酒底是"龙华":

15.昆明

酒面为云南地名。要求射一山西地名,承前缀成云南地名,续后缀成明代戏曲家名。酒底是"阳高":

昆 阳 高 明

16.春节

酒面为节日名。要求射一常用词,承前缀成假日名,续后缀成外交名词。酒底是"假使":

春 假 使 节

17.中宁

酒面为宁夏地名。要求射一影片名,承前缀成地区名,续后缀成广西旧县名。酒底是"南昌起义":

中 南 昌 起 义 宁

18.河口

酒面为江西地名。要求射一影片名,承前缀成省名,续后缀成四川地名。酒底是"南海长城":

河 南 海 长 城 口

19.西平

酒面为河南地名。要求射一影片名,承前缀成广西地名,续后缀成山西地名。酒底是"林海雪原":

西 林 海 雪 原 平

20.长春

酒面为吉林地名。要求射一外国电视剧名,承前缀成称谓,续后缀成一《红楼梦》人名。酒底是"老干探":

长 老 干 探 春

21.宝山

酒面为上海地名。要求射一沪剧名,承前缀成陕西地名,续后缀成山名。

酒底是"鸡毛飞上天"：

宝 鸡 毛 飞 上 天 山

22.大理

酒面为云南地名。要求射一话剧名,承前续后皆缀成常用词。酒底是"于无声处"：

大 于 无 声 处 理

23.三水

酒面为广东地名。要求射一京剧名,承前缀成文学史名词,续后缀成江西地名。酒底是"曹操与杨修"：

三 曹 操 与 杨 修 水

24.大同

酒面为山西地名。要求射一京剧名,承前缀成节气名,续后缀成一五代画家名。酒底是"雪拥蓝关"：

大 雪 拥 蓝 关 同

25.李广

酒面为汉代人名。要求射一电影演员,承前缀成唐代诗人。续后缀成隋代人名,酒底是"白杨"：

李 白 杨 广

26.东德

酒面为国名简称。要求射一作家名,承前缀成山东地名,续后缀成广东地名。酒底是"阿英"：

东 阿 英 德

27.黄山

酒面为山名。要求射一京剧演员名,承前缀成《三国演义》人名,续后缀成山名。酒底是"盖叫天"：

黄 盖 叫 天 山

28.金山

酒面为电影演员名。要求射一电影演员名,承前缀成广西地名,续后缀成山名。酒底是"田华":

金 田 华 山

29.方化

酒面为电影演员名。要求射一电影演员名,承前缀成电影演员名,续后缀成一常用词。酒底是"舒绣文":

方 舒 绣 文 化

30.硫酸

酒面为化学名词。要求射一化学名词,承前续后均为化学名词。酒底是"磺磷":

硫 磺 磷 酸

31.电学

酒面为物理名词。要求射一物理名词,承前续后皆缀成物理名词。酒底是"阻力":

电 阻 力 学

32.海军

酒面为军事名词。要求射一军事名词,承前续后皆为军事名词。酒底是"防空":

海 防 空 军

33.武汉

酒面为湖北地名。要求射一果品,前二字为《水浒》人名,后二字为称谓。酒底是"松子":

武 松 汉 子

34.军士

酒面为名词。要求射一明代人名。前二字为军事名词,后二字为国名。酒底是"海瑞":

海 军 瑞 士

35.古干

酒面为中国现代画家名。要求射一饮料名,承前缀成台湾作家名,续后缀成食品名。酒底是"龙井茶":

古 龙 井 茶 干

36.奶白

酒面为一种颜色。要求射一食品名,承前缀成饮料名,续后缀成一食品原料。酒底是"茶叶蛋":

奶 茶 叶 蛋 白

37.柳林

酒面为山西旧地名。要求射一食品名,承前缀成北宋文学家,续后缀成相声演员名。酒底是"开口笑":

柳 开 口 笑 林

38.西子

酒面为古代美女西施别称。要求射一《红楼梦》人名,承前缀成太平天国人物封号,续后缀成中国现代女作家。酒底是"王熙凤":

西 王 熙 凤 子

39.探花

酒面为科举名词。要求射一影片名,承前缀成《红楼梦》人名,续后缀成花卉名。酒底是"春桃":

探 春 桃 花

40.王成

酒面为《聊斋志异》篇目名。要求射一外国影片名,承前缀成一《岳传》人名,续后缀成一《隋唐演义》人名。酒底是"佐罗":

王 佐 罗 成

1304

谜语酒令

谜语酒令从南北朝发展到今天,形式更加多样,内容更加丰富,品类更加齐全,大致可分为"民间谜语酒令""灯谜酒令""以菜为谜""哑谜"等多种令式,但有一个共同的特点,就是具有浓重的生活气息。

我们不妨来猜猜看。

(一)民间谜语令

1.头戴红帽子,嘴衔小铲子;脚拿小扇子,走路摆架子。请猜今天桌上一种家禽(鹅)。

2.四海遨游,墨水满肚皆是;一身清白,硬说它"梁上君子"。请猜席间一种水产(乌贼)。

3.圆又圆,扁又扁,芝麻脖子扁豆眼。请猜席间一种水产(鳖)。

4.头插雉尾毛,身穿铁青袍,走进汤家巷,改换大红袄。请猜席间一种水产(虾)。

5.周身银甲耀眼明,浑身上下冷冰冰,有翅寸步不能飞,没脚五湖四海行。请猜席间一种水产(鱼)。

6.红口袋,绿口袋,有人害怕有人爱。请猜席间一种蔬菜(辣椒)。

7.不是葱,不是蒜,一层一层裹紫缎。说葱长得矮,像蒜不分瓣。请猜席间一种蔬菜(洋葱)。

8.长长一条带,家乡在浅海,身中藏海碘,佐餐味道美。请猜席间一种海产(海带)。

9.背靠背,腿挨腿,走路睡觉不用它,今天聚餐要它陪。请猜眼前一物(椅子)。

10.像糖不甜,像盐不咸,撒在菜里,人人开颜。请猜席间一物(味精)。

11.一只雀,飞上桌,捏尾巴,跳下河。请猜眼前一用物(汤匙)。

(二)灯谜令

1.铸钱(打一歌唱演员)(成方圆)

2.三个臭皮匠,抵个诸葛亮(打一个《红楼梦》人名)(赖大家的智能)

3.养花期间,禁止入内(打一京剧演员)(杜近芳)

4.世界之窗(打一中国画家)(张大千)

5.前面看看是音乐家,后面看看是电影演员,上下一看是旅行家(打一外国旅行家)(马可波罗)

6.一语欢四座(打一京剧演员)(言兴朋)

7.红肥绿瘦(打一电影演员)(朱时茂)

8.逢人说项(打一电影演员)(陈佩斯)

9.女扮男装(打一沪剧演员)(丁是娥)

10.姜蒜能驱疾病(打一宋代词人)(辛弃疾)

(三)菜谜令

1.盘中青鱼,此鱼无头无尾(猜一字)(田)

2.夹一块羊肉放在鱼边(猜一字)(鲜)

3.动过几筷子的鱼汤(猜一京剧名)(《刺汤》)

4.两只包子放在桌上(猜一京剧名)(《双包案》)

5.一盘辣椒,一只胡椒瓶(猜一安徽地名)(全椒)

6.一盘青椒(猜一电视剧名)(《翠辣子》)

7.一盘油炸锅巴(猜两个《红楼梦》人名)(焦大、沁香)

8.烧干贝的盆里取一只干贝放入汤中(猜一字)(溃)

9.一碗东坡肉加一碗粉蒸肉或走油肉(猜一安徽地名)(合肥)

10.一只砂锅,里面粉丝正翻滚(猜《水浒》人名、诨名各一)(汤隆、浪里白条)

11.一盆洒有葱花的炒螺蛳(猜两个《红楼梦》人名)(小螺儿、碧痕)

12.一盘焖烟笋(猜台湾地区)(新竹)

13.一盆生烧干贝(猜一外国音乐家,或猜三个《红楼梦》人名)(贝多芬;玉柱儿、小红、沁香)

(四)哑谜令

1.以两双红木筷子与一块餐巾为谜面,要求做一动作,打两个外国名人,一个是巴基斯坦的,另一个是日本的(猜者上前从4根木筷中取出3根,放在布质餐巾上,然后用手托着它——谜底:布托、三木)。

2.桌上放一根火柴,旁边置空小砂锅一只,要求猜者做一动作,打两出京剧(猜者上前拿起钵子合覆在这根火柴上——谜底:合钵、独木关)

3.桌上放一盆白鸡,要求猜者做一动作,打三字俗语一句(猜者用筷子夹起一块鸡,往汤里一放,谜底就出来了——落汤鸡)

4.桌上放一包香烟和一只打火机,要求做一动作,打《水浒》诨名、人名各一(猜者取一支烟卷,"喀嚓"一声,将打火机打出火来点燃烟卷,吸上几口便成了,原来谜底是——霹雳火、呼延灼)

5.桌上放一小撮绿茶叶和一小撮红茶叶,一只电热杯,要求猜者做一动作,打五个《红楼梦》人名(猜者抓些红茶叶,抓些绿茶叶,放入盛有开水的电热杯中,然后接通电源,只见茶水沸滚,小小茶叶舒展开了,一杯浓茶煮好便算猜罢。谜底:焙茗、翠缕、小红、叶儿、大丫)

6.桌上一盆西瓜子,旁有餐巾纸一张,要求猜者做一动作,打一民间传说人物名(猜者抓些西瓜子放在餐巾纸上,接着用纸包住这些黑色的瓜子,谜底"包黑子"——包公(拯)的民间昵称)

7.桌上放一瓶用丝带结束的礼品酒,要求夫妇同席者一起做动作猜射,打两出京剧名(猜者先由太太上前解开丝带,取出酒瓶,倾酒于杯,再由先生呷一口酒,谜底就出来了:《女起解》《汉津口》。当然,也可先由男士解开丝带,让女士面带笑容地饮酒,酒后佯作醉态,则可加猜一出京剧,为三出京剧:《男起解》《莫愁女》《醉酒》)

8.以一盘金针菇(或有黄花菜,即金针菜的菜肴)为谜具,要求猜者做一动作,打一句成语(猜者用筷子夹起金针菇或金针菜往别人面前的碟子里送,谜底:金针度人)

9.桌上放一只带根的萝卜(颜色不拘),旁边有小刀一把,要求猜者做动作,打数学名词二(猜者取刀用刀背将萝卜的根切去,谜底:反切、失根)

10.一只瓷盆里放有一朵红色康乃馨(其他红色鲜花也可),要求猜者做一动作,打两味中药名(猜者将瓷盆覆盖住红色的花朵,谜底为:覆盆子、藏红花)

11.桌上分放几只盛有酒的小杯子,另放一只酒壶于旁,要求猜者做一动

中华酒典

作,打文学名词二(猜者将分散的酒全部集中倒入酒壶,谜底:散曲、全集)

12.将几枚硬币分置于桌上,要求猜者做一动作,打唐代诗人二(猜者将钱——拾起即可,谜底:拾得、钱起)

13.桌上分放若干小胡桃或核桃,要求猜者做一动作,打国名二(猜者将分散的核桃——相加拿到自己跟前,谜底:加拿大、刚果)

诗词酒令

诗词入酒令,是传统酒令中文字令的一个重要内容。在酒席间用诗句驳难打趣,颇多愉悦。

现代的"诗词酒令"虽借古典诗词说事,类似上编中的"诗中含字令",但内容丰富,角度新颖,雅俗共赏,足以让我们在席间重温诗词,陶冶性情。

(一)唐诗数目令

一行白鹭上青天(杜甫《绝句》)

一骑红尘妃子笑(杜牧《过华清宫绝句》)

一道残阳铺水中(白居易《暮江吟》)

一夜绿荷霜剪破(来鹄《偶题》)

一条雪浪吼巫峡(李商隐《送崔珏往西川》)

二十四桥明月夜(杜牧《寄扬州韩绰判官》)

二月杨花触处飞(张籍《杨柳枝词》)

二十五弦弹夜月(李适《归雁》)

二毛晓落梳头懒(白居易《自叹》)

二分无赖是扬州(徐凝《忆扬州》)

三山半落青天外(李白《登金陵凤凰台》)

三峡星河影动摇(杜甫《阁夜》)

三千宠爱在一身(白居易《长恨歌》)

三年笛里关山月(杜甫《洗兵马》)

三条九陌丽城隈(骆宾王《帝京篇》)

四边伐鼓雪海涌(岑参《轮台歌奉送封大夫出师西征》)

四望云天直下低(岑参《过碛》)

四郭青山处处同(戴叔伦《题友人山居》)

四千里外北归人(韩愈《诏追赴都》)

四海于今是一家(李商隐《旧顿》)

五陵年少争缠头(白居易《琵琶行》)

五更鼓角声悲壮(杜甫《阁夜》)

五岳寻仙不辞远(李白《庐山谣寄户侍御虚舟》)

五原春色归来迟(张敬忠《边词》)

五湖秋叶满行船(顾况《送李秀才入京》)

六宫粉黛无颜色(白居易《长恨歌》)

六出飞花处处飘(章孝标《春雪献李相公》)

六朝遗事何处寻(刘禹锡《台城怀古》)

六月滩声如猛雨(白居易《香山避暑》)

六朝如梦鸟空啼(韦庄《金陵图》)

七月七日长生殿(白居易《长恨歌》)

七尺青竿一丈丝(李商隐《钓鱼》)

七十行兵仍未休(岑参《胡歌》)

七纵七擒何处在(施肩吾《诸葛武侯庙》)

七条弦上五音寒(崔珏《席间咏琴客》)

八月严霜草已枯(王缙《九日作》)

八卦真形一气中(王昌龄《黄道士房问易》)

八月涛声吼地来(刘禹锡《浪淘沙词》)

八骏日行三万里(李商隐《瑶池》)

八年流落醉腾腾(许浑《腾腾》)

九江何处是归期(刘长卿《小鱼咏寄泾州杨侍郎》)

九曲黄河万里沙(刘禹锡《浪淘沙词》)

九月天山风似刀(岑参《赵将军歌》)

九秋风露越窑开(陆龟蒙《秘色越器》)

中华酒典

九十风光在何处（杜牧《春归去》）

十年一觉扬州梦（杜牧《遣怀》）

十年宫里无人问（施肩吾《帝内宫》）

十斛明珠也是闲（罗虬《比红儿诗》）

十里松萝阴乱石（陆龟蒙《怀鹿门县名离合》）

十漾蛮笺出益州（韩浦《寄弟泊蜀笺》）

百年多病独登台（杜甫《登高》）

百年世事不胜悲（杜甫《秋兴八首》）

百年苦乐由他人（白居易《太行路》）

百鸟声中酒一杯（郭震《题龙华山寺》）

百岁几回同酩酊（白居易《县南花下醉中留刘五》）

千里江陵一日还（李白《早发白帝城》）

千金散尽还复来（李白《将进酒》）

千呼万唤始出来（白居易《琵琶行》）

千村万落如寒食（韩偓《自沙县抵龙溪县道中作》）

千山红树万山云（韦庄《江上别李秀才》）

万古云霄一羽毛（杜甫《咏怀古迹》）

万里悲秋常作客（杜甫《登高》）

万里归心对月明（卢纶《晚次鄂州》）

万里桥西一草堂（杜甫《狂夫》）

万丈赤幢潭底日（白居易《入峡次巴东》）

（二）宋（五代）词数目令

一樽还酹江月（苏轼《念奴娇》）

二十四桥仍在，波心荡，冷月无声（姜夔《扬州慢》）

三分春色二分愁，更一分风雨（叶靖臣《贺圣朝回留别》）

四面边声连角起（范仲淹《渔家傲》）

五月渔郎，相忆否（周邦彦《清真集》）

六朝旧事随流水，但寒烟衰草凝绿（王安石《桂枝香》）

七八个星天外,两三点雨山前(辛弃疾《西江月》)

八千里路云和月(岳飞《满江红》)

九疑云杳断魂啼(姜夔《小重山令·赋潭州红梅》)

十年生死两茫茫(苏轼《江城子》)

百草千花寒食路(冯延巳《蝶恋花》)

千古盈亏休问(王沂孙《眉妩·新月》)

万事到头都是梦(苏轼《南乡子》)

(三)唐诗七彩合

1.限色七彩令

(1)限红色令

①一骑红尘妃子笑(杜牧《过华清宫》)

②人面桃花相映红(崔护《题都城南庄》)

③半江瑟瑟半江红(白居易《暮江吟》)

④一树红花山顶头(白居易《山枇杷花》)

⑤一枝红艳露凝香(李白《清平调词》)

⑥红颜未老恩先断(白居易《后宫词》)

⑦一株浓红傍脸斜(罗虬《比红儿诗》)

⑧红旗半卷出辕门(王昌龄《从军行》)

⑨千岁红桃香破鼻(曹唐《小游仙诗》)

⑩纵是残红也入诗(朱庆余《闻友人看花》)

(2)限绿色令

①一夜绿荷霜剪破(来鹄《偶题》)

②绿杨阴里白沙堤(白居易《钱塘湖春行》)

③与君依旧绿衫行(元稹《寄刘颇》)

④山无绿兮水无萋(贯休《边上作二首》)

⑤千杯绿酒何辞醉(李白《赠段七娘》)

⑥千条碧绿轻拖水(张碧《游春引三首》)

⑦夕阳沉沉山更绿(薛涛《题竹郎庙》)

中華酒典

⑧不关春草绿萋萋（温庭筠《杨柳枝》）

⑨日暮东风春草绿（窦庠《南游感兴》）

⑩水荇斜牵绿藻浮（薛涛《菱荇沼》）

（3）限黄色令

①上有黄鹂深树鸣（韦应物《滁州西涧》）

②上阳宫柳啭黄鹂（温庭筠《洛阳》）

③山上黄犊走避人（李郢《出关》）

④不知花落黄金地（施肩吾《题山僧水阁》）

⑤水流黄叶意无穷（皇甫冉《重阳日酬寄二首》）

⑥黄河之水天上来（李白《将进酒》）

⑦可怜黄河九曲尽（鲍溶《塞上行》）

⑧江边枫落菊花黄（崔国辅《九日》）

⑨江西日入起黄云（王昌龄《送李五》）

⑩池柳初黄杏欲红（白居易《宿窦使君庄水亭》）

（4）限白色令

①山禽毛如白练带（张籍《山禽》）

②山遮白日寺门寒（姚合《题游仙寺》）

③小于潘岳头先白（元稹《六年春遣怀》）

④少年莫听白君头（白居易《冬夜闻虫》）

⑤不遣髭须一茎白（贾岛《赠丘先生》）

⑥不知白发谁医得（高蟾《秋日北固晚望》）

⑦水满桑田白日沉（曹唐《小游仙诗》）

⑧今年到时夏云白（白居易《再因公事到骆口驿》）

⑨公道世间惟白发（杜牧《送隐者》）

⑩头白骑驴悬布囊（卢纶《赠别李纷》）

（5）限紫色令

①内人宜着紫衣裳（王涯《宫词》）

②少帝长安开紫极（王昌龄《上皇西巡南京歌》）

③日照香炉生紫烟(李白《望庐山瀑布》)

④可能飞上紫云端(陆龟蒙《答遗青精饭》)

⑤石上溪荪发紫茸(李德裕《寄茅山孙炼师》)

⑥白布长衫紫领巾(韩愈《赛神》)

⑦红霞紫气尽氤氲(皇甫冉《少室山韦炼师升仙歌》)

⑧红莲幕下紫梨新(李商隐《寄成都二从事》)

⑨红叶多从紫阁来(许浑《寄敬上人》)

⑩花濑濛濛紫色昏(陆龟蒙《自遣诗》)

(6)限黑色令

①黑姓番王貂鼠裘(岑参《胡歌》)

②黑花满眼丝满头(白居易《自问》)

③黑洞深藏避网罗(白居易《洞中蝙蝠》)

④黑皮年少学采珠(施肩吾《岛夷行》)

⑤黑白分明子数停(王建《夜看美人宫棋》)

⑥黑纱方帽君边得(张籍《答元八遗纱帽》)

⑦黑白谁能用入玄(张乔《咏棋子赠弈僧》)

⑧黑山南面更无州(杜牧《边上晚秋》)

⑨黑黍春来酿酒饮(陈陶《田家效陶》)

⑩黑须寄在白须生(司空图《寓居有感》)

(7)限二色令

①千里莺啼绿映红(杜牧《江南春》)

②绿杨阴里白沙堤(白居易《钱塘湖春行》)

③为求白日上青天(刘得仁《省试日上崔侍郎》)

④不见朱颜见白丝(白居易《湖中自照》)

⑤不下青山老白云(武元衡《送白将军》)

⑥长开白日上青天(韦庄《焦崖阁》)

⑦丹凤门开白日明(张祜《元日仗》)

⑨水绿天青不起尘(李白《上皇西巡南京歌》)

中華酒典

⑨水碧山青知好处(刘禹锡《中逢韩七之吴兴》)

⑩丹青不知老将至(杜甫《丹青引》)

(8)限多色令

①白鳞红稻紫莼羹(郑谷《雨霁池上作》)

②红红绿绿苑中花(王建《古谣》)

③红兰莫笑青青色(韦庄《庭前菊》)

④红龙锦襜黄金勒(曹唐《小游仙诗》)

⑤苍苍宫树锁青苔(窦巩《过骊山》)

⑥蝉翼红冠粉黛轻(刘言史《乐府杂词》)

⑦翠娥红粉浑如剑(郑云叟《题霍山秦尊师》)

⑧翠黛红妆画鹢中(郎士元《曲江春望》)

⑨翠娥红粉敞云屏(杨巨源《观妓人入道》)

⑩红粉青娥映楚云(张渭《赠赵使君美人》)

笑话酒令

笑话,同样是可入酒令的一种文化因子。古代酒令中已有不少佳例。当下,笑话也带上了许多时代气息。以笑话入酒令,要求的是健康而机智、诙谐而有趣,是真正的幽默而非庸俗无聊。

笑话酒令,也先由起令者发布,规定每个参加游戏者讲一个笑话,内容既要健康,又须引人发笑,依次轮流讲述。内容庸俗或无味,不能引发笑声的,都要罚酒。另外,入令的笑话,还必须短小精悍,绝不能长篇大论——不然,酒菜都凉了,要逗笑更不易了。

辑录并选择一些笑话酒令佳例,供读者在席间显示口才时参考。

(一)传统笑话

1.我有四脏

艾子喜欢喝酒,成天醉醺醺的。他的学生劝他戒酒,但屡劝不止,便商量说:"想个事吓唬吓唬他,才能听劝。"

有一天,艾子又因饮酒过量呕吐了。有个学生便悄悄地把猪肠放到呕吐的秽物中,再提起来给艾子看,说:"人须有五脏才能活,你如今把肠子都吐出来了,只剩下四脏了,可不得了!"

艾子仔细地看了看肠子,笑道:"唐三藏只有三脏都可以活,何况我还有四脏呢! 快拿酒来吧!"

2.不死酒

有人给汉武帝献了一坛"不死酒"。东方朔偷着把这坛酒喝光了。汉武帝大怒,要杀东方朔。

东方朔闻讯,立刻来见汉武帝,说:"皇上息怒,我喝的是'不死酒'。你今天要杀我,肯定杀不死;要是杀死了,那就肯定不是'不死酒'了!"

汉武帝听后,笑了笑,把东方朔放了。

3.吃急酒

有户人家,父子俩都好喝酒,也都十分吝啬。每天,只买一文钱的酒喝,怕一下子喝光,于是,父子俩约定,都只准用筷子头蘸着尝。

有一次,儿子一连蘸了两次,父亲搂了他一筷子,骂道:"你怎么吃急酒? 也不怕落毛病!"

4.闲官游庙

有个当官的到寺院去游玩,连吃带喝,十分痛快。还大声念起古诗:

"因过竹院逢僧话,又得浮生半日闲。"

站在一旁侍候他的和尚听后,笑起来。

当官的问:"你笑啥?"

和尚答:"老爷有这半日的消闲,那是因为我们忙着准备了三天。"

5.合买靴

兄弟俩合伙出钱买了一双新靴子,哥哥每天穿了到处拜访亲友,参加酒宴。弟弟穿不上,不甘心,就每天夜里穿着靴子在屋里绕圈子来回走。靴子很快穿坏了。哥哥又来和弟弟商量合买靴子,弟弟说:"我要睡觉了!"

6.不出声

一次行酒令,规定要不出声地干杯。有个客人放了个屁,众人说:"你怎么出声呀?"那人想解释,刚开口,就又自纠道:"对不起,又出声了。"

7.娘舅外甥

某甲的外甥,开了一个酒店,某甲天天去吃白食。外甥心疼,念了一首宝塔诗宣泄:

"舅,好酒,陈得久,味道很厚,只能吃一斗,倘若贪吃不走,舅舅就要变作狗。"

舅舅某甲是个酒鬼,也应了一首宝塔诗:

"甥,勿惊,酒量宏,五斗解醒,再吃百十觥,仍旧月明清清,断弗今朝量地平。"

8.勿拆对

两人对饮,碗里有四只麻雀做下酒菜。一人贪婪,吃了其中三只,还假意问对方:"您怎么不吃?"那人说:"索性把它都放到老兄的肚子里吧,省得把它们拆了对。"

9.加字令

主人宴客,出了一个"加字令"——从一字联起,依次加字,到十一字为止。

主人说:"雨。"

首座应:"风。"第二位应:"花雨。"第三位应:"酒风。"第四位应:"飞花雨。"第五位应:"发酒风。"第六位应:"点点飞花雨。"第七位应:"回回发酒风。"第八位应:"檐前点点飞花雨。"第九位应:"席上回回发酒风。"主人应:"皇王有道,檐前点点飞花雨。"末座应:"祖宗无德,席上回回发酒风。"

10.粗月

有个人每当和别人比较时,没有一次不是用"粗"来自谦的。一天,他请客在家饮酒,不觉月亮升上了天空。客人高兴地说:"今夜月亮这么好!"这人马上作揖说:"不敢,不敢欺人,这不过是寒舍的一个粗月亮罢了!"

(二)现代酒令

1.醒酒之物

某人整整喝了一个下午的酒。快要开灯的时候,他对酒店服务员说:"给我弄点醒酒的东西好吗?"

服务员笑道:"好嘞,瞧,这是你的账单!"

2.易醉之人

某人易醉,听说邻家也有一个易醉的人,便过门拜访,要同他比一比。邻人说:"我昨天看见了一个酒瓶,就晕倒了。"再看某人时,只见他听完此话,早已晕倒在地了。

3.等葡萄酒

甲:"前天宴会,你不是晕倒了吗?"

乙:"没晕!不过我装作没醒。"

甲:"为什么?"

乙:"等他们拿葡萄酒来灌我。"

4.好酒送下

医生嘱咐病人:"这丸药,每晚临睡服一粒,用好酒送下。"

过了两周,医生在路上遇见这个病人,问:"你近来身体如何?"

病人答:"还可以。"

医生问:"丸药吃完了吗?"

病人答:"丸药没吃,送药的酒,是遵嘱每晚喝一杯的。"

5.宛似老板

老板:"你若不喝酒,我就可以雇你做办事员。"

雇员:"我们喝酒,一喝酒,精神上就真像做了老板!"

6.第二志愿

刚生产的妻子对丈夫表示歉意:"你想要个男孩子,偏偏是个女的。"

丈夫安慰她:"没关系,这也是我的第二志愿。"

7.默许

女的在树下等候,男的从后面掩住她的眼睛。

男的说:"你猜我是谁?三次猜不中,我要吻你。"

女的猜了:"诸葛亮?曹雪芹?唐伯虎?"

8.也有坏处

甲说:"为了让我太太开心,我已经不吸烟,不喝酒,不赌钱了。"

乙说:"那嫂夫人一定很高兴啰?"

甲说:"未必,现在每当她想数落我,常为找不到理由而苦恼。"

9.无醉辩护

律师质问交通警察:"一个人跪在马路中间,你就能认定他一定是喝醉酒了吗?"

"当然不能。"交通警察回答,"可是,这位先生跪在马路中间,是要把涂在马路中间的那条白线卷起来。"

10.电脑婚介

吕小姐:"我要找一个年龄比我大一点,个子比我高一点,学历比我强一点,收入比我多一点,风度比我酷一点,家里房子要大一点,老人要少一点的男友。"

婚介所的电脑立刻显示出如下文字:"吕小姐,你的'口'多了一点,应找一个姓聂的男子与你相配,使他有足够的耳朵听你唠叨。"

11."太"的含义

老师:"'太'的意思就是至高无上,像太上皇呀,太空呀等,明白了吗?"

学生:"明白了。怪不得我爸爸叫妈妈太太呢。"

12.信用卡号

一位用户将一张信用卡塞进软驱,然后又很快抽出来。

丈夫问她在干什么。

她说她正在 Internet 上购物,他们向她要一个信用卡号。

13.多少朋友

某县令清廉正直,十分好客,拜会他的人络绎不绝。

有人问:"你学问渊博,道德高尚,宾客盈门。请问,你究竟有多少朋友?"

县令答:"现在可说不上,等我不当县令时就知道了。"

14.有命无钱

强盗用手枪对着一位过路人:"要钱还是要命?"

"你最好还是要我的命,"过路人说,"因为我比你更需要钱。"

15.不需要加温

女:"为什么对我总是这样冷淡,而不给我一点温暖?"

男:"现在是什么时候?"

女："不正是夏天吗?"

男："难道还要加温?"

16.老猫的心思

在动物课上,老师提问:"黄嘉,老鼠的寿命你知道吗? 它能活多少年呢?"

黄嘉随即答道:"老师,这得看老猫的心思!"

17.吞吞吐吐

在婚姻介绍所里,介绍人边抽烟边问:"你对男方的印象如何?"

姑娘:"他说话时和你抽烟一样。"

介绍人:"是自然潇洒?"

姑娘:"不,是吞吞吐吐。"

18.储蓄对话

储户:"同志,我要存款。"

存款员:"要死? 还是要活?"

储户:"啊……"

存款员:"到底存死期还是存活期?"

储户:"我存不死不活的。"

19.三从四德

甲:"夫人品行如何?"

乙:"三从四'得'(德)!"

甲:"怎么讲?"

乙:"有钱则从,有貌则从,年少则从,吃得做不得,穿得动不得。"

20.向中央反映问题

老师讲了鲁迅的小说《故乡》后,问:"闰土的家乡为什么那么荒凉? 鲁迅先生这样写有什么用意?"

一同学道:"那是因为他们那里还没有推广生产承包责任制,鲁迅先生想以小说的形式向中央反映问题。"

21.亲自……

一个善于吹拍逢迎者,每遇领导,即笑容可掬地说:"您亲自……"接着是番叫人心醉的话。一次，他走出厕所时与副局长相逢，脱口而出："您……亲自上厕所吗？"

22.嫁祸于人

甲：听说陈家终于把好吃懒做的、其貌不扬的阿华嫁出去了吗？

乙：听说了，这简直是"嫁祸于人"嘛！

23.公元前见面

他约她星期天去公园，写了这样一张字条：公元前见面。

她看后，也回了一张纸条：我无法与古人见面。

24.郁达夫渎钱

一次，作家郁达夫收到一笔稿酬，就和朋友去吃饭。结账时，郁达夫从皮鞋里抽出一沓钞票。

朋友觉得奇怪："你怎么把钱放在鞋底下了？"

郁达夫说："这东西一直压迫我，现在我要压迫它。"

畅饮图

25.各有所思

妻子："你这个人太不正经了,每次看见漂亮女人,就忘了自己已经结婚了。"

丈夫："你说错了,恰恰相反,每次我看见漂亮女人,心里最耿耿于怀的就是:我已经结过婚了。"

26.写文章赚钱

明明的爸爸听说写作能赚大钱,于是鼓励十岁的儿子写文章。

明明的"处女作"出来了,可是不知道往哪儿寄。爸爸想了想说:"哪儿钱多就往哪儿寄吧!"

明明找来个大信封,工工整整地写了七个字——中国人民银行收。

27.最佳动物

父亲和儿子一起看电视节目《动物世界》。

父亲问:"我来考考你:哪些动物既能给你肉吃,又能给你皮鞋穿?"

儿子想了一下说:"那就是爸爸了!"

28.安徒生的帽子

文学家、童话大王安徒生一生生活很俭朴。有一天,他戴着一顶破旧帽子在街上行走。有位公子哥儿样的行路人嘲笑他:"你脑袋上边的那个玩意儿是什么? 能算帽子吗?"

机智的安徒生毫不客气地反问:"你帽子下边的那个东西,能算脑袋吗?"

29.野猪的长相

生物老师正兴致勃勃地描述非洲野猪的长相,竟发现不少学生在打瞌睡。

他很恼火,大声喝道:"喂,醒醒,都看着我! 不看我,你们怎么知道非洲野猪的长相?"

30.斜眼的妙用

两个小偷专门偷百货公司的东西。

一天他们碰在一起,甲问乙:"眼前这家公司好偷吗?"乙说:"千万别进去!""为什么?""这家公司最近来了个斜眼售货员,我老是摸不准她的眼睛在瞄哪一边。"

31.四颗金牙

"真傻,你的手表、钱包被抢时,为什么不大声呼救呢?"

"如果我张开嘴呼救,他们就会发现我还有四颗金牙,那样就更糟糕了。"

32.什么最重

爸爸想测验一下儿子,于是问:"什么物体最重?"

答:"外公最重!"

问:"为什么?"

答:"你每次给外公写信,不总称他是'泰山'吗?"

家庭经典藏书

中華酒典

[主编] 董 飞

线装书局

第十一章　酒的鉴别

天是一壶酒,酿日月星斗。地是一盏杯,盛喜怒哀愁。酒啊酒!都说你晶莹剔透,却原来百味俱有;一半阳刚,一半阴柔,一半魔障,一半灵秀。你是火焰,能把人间暖透;你是大海,也能淘尽千古风流。

——李发模

中国各族人民伴随着时代的脚步,昂首阔步跨入了新世纪。全面建设小康社会,推进社会主义现代化进程,更加快了时代前进的步伐;日益提高的生活水平,使绝大多数人快速融入了都市生活的主流,以休闲、娱乐为目的文化消费——饮酒成了人们日常生活的必需。它催生了酿酒业的发展,促进了酿酒工艺的创新,于是品种繁多、花色艳丽的美酒涌入了都市,进驻了寻常百姓家,随着入世后的全面开放的启动,各种洋酒也涌进了国内的市场,摆上了中国人的餐桌,泱泱 960 万平方公里的神州大地上到处飘逸着酒的醇香。但是,大潮汹涌,泥沙俱下,不法分子在暴利的驱使下,铤险违法,贩假造假,坑害消费者,危害了饮酒者的身心健康。为了维护消费者的合法权益,引导人们科学合理地饮酒,特别是防治中毒事件的发生,我们依据国家颁布的酒类标准,对市场正在流行的各类酒产品进行科学的分析,以指导人们辨别真伪,科学消费。

第一节　白酒的鉴别

任何事物之间既互相联系又互相区别,这是物质世界的一个普遍现象,也是事物存在发展的基础。酒类物质同其他事物一样,它们既互相联系又互相区别,构成了酒类系统的有机体。但是,人们要认识某类酒品的特征,就必须把握各种酒品的不同特点。各种酒类不同的特点,反映着该类酒品的内在本质因素,就成为我们对酒进行科学归类的标准和依据。

任何类酒品都有色、气、味诸多特性,但是其最本质的特征就是酒品液体中的酒精浓度的大小。因此,我们对酒类标准的设定是:以酒品的浓度为核心,以色、气、味为参数,结合酿造工艺及原材料等因素,对各类酒品的不同标准给予不同的阐释,以便于人们对酒品的鉴定、欣赏和饮用。

按照中国人的传统观念,依照国家颁布的标准,目前达成共识的主要有:

酒的划分标准

1.依照酒精浓度的高低,分为厚质酒和薄质酒。有的地方又叫高度酒和低度酒。这里主要是指以谷物为主要原料,采取蒸馏法工艺酿造的白酒。人们常以 54 度(即每百毫升含有 54 毫升的酒精)为界限,54 度以上为高度酒,54 度以下为低度酒。如:河北省衡水酿酒厂生产的"衡水老白干"、北京市酿酒总厂生产的"红星牌北京二锅头"均为 54 度以上的高度酒;而河南省宋河粮液酒厂生产的"宋河粮液"和河南仰韶酒厂生产的"仰韶大曲",却是在 54 度以下被称为低度酒或薄质酒。特别说明的是,随着人们需求的变化,即便是同一个品牌的酒品,酒精浓度亦有高有低,呈系列化的方式,例如,四川宜宾五粮液酒厂生产的五粮液系列白酒,有高度也有低度。

2.依照酒液气味的不同,以把酒分为辣味酒(多指白酒)、苦味酒(指黄酒,即墨老酒)、香甘味酒(指果露类),还有各种啤酒。

3.依照酒的酿造原料的不同又分为薯类酒、粮食酒、米类酒、乳制酒和果酒。

4.依照酒的使用价值的不同,人们又分为:一般饮用酒、医药用酒、滋补用酒以及保健用酒。

5.依照酿造工艺的不同,人们又将各种白酒分为固体发酵酒、液体串香酒、配制酒。目前市场销售的多为配制酒,即人们常说的勾兑酒。

6.依照糖化发酵的作用不同,人们又将蒸馏的白酒分为大曲酒、小曲酒和麸曲酒等。

白酒的分类

中国白酒是世界著名的六大蒸馏酒之一。其品种繁多,所用原料各异,酒的特点也各呈千秋、风格迥异。它洁白晶莹、无色透明、香气宜人、口感醇厚绵甜、润凉清冽、回味无穷。

1.按所用酒曲和主要工艺分类

在固态法白酒中主要的种类为:

(1)大曲酒

大曲酒,以大曲(指曲的形状)为糖化发酵剂,大曲的原料主要是小麦、大麦,加上一定数量的豌豆。大曲又分为中温曲、高温曲和超高温曲,一般是固态发酵,大曲酒所酿的酒质量较好,多数名优酒均以大曲酿成。

(2)小曲酒

小曲是以稻米为原料制成的,多采用半固态发酵。因气候关系,它适宜于我国南方较热地带生产。用小曲制成的酒统称为米香型酒。

(3)麸曲酒

这是新中国成立后在烟台操作法的基础上发展起来的,分别以纯培养的曲霉菌及纯培养的酒母作为糖化、发酵剂,发酵时间较短,由于生产成本较低,为多数酒厂所采用,这种类型的酒产量最大,以大众为消费对象。

(4)混曲法白酒

主要是大曲和小曲混用所酿成的酒。

(5)其他糖化剂法白酒

这是以糖化酶为糖化剂,加酿酒活性干酵母(或生香酵母)发酵酿制而成的白酒。

固液结合法白酒的种类有:

(1)半固、半液发酵法白酒

这种酒是以大米为原料,小曲为糖化发酵剂,先在固态条件下糖化,再于半固态、半液态下发酵,而后蒸馏制成的白酒,其典型代表是桂林三花酒。

(2)串香白酒

这种白酒采用串香工艺制成,其代表有:四川沱牌酒等。还有一种香精串蒸法白酒,此酒在香醅中加入香精后串蒸而得。

（3）勾兑白酒

这种酒是将固态法白酒（不少于10％）与液态法白酒或食用酒精按适当比例进行勾兑而成的白酒。

液态发酵法白酒

又称"一步法"白酒，生产工艺类似于酒精生产，但在工艺上吸取了白酒的一些传统工艺，酒质一般较为淡薄；有的工艺采用生香酵母加以弥补。此外还有调香白酒，这是以食用酒精为酒基，用食用香精及特制的调香白酒经调配而成。

2.按酒的香型分类

这种方法是按酒的主体香气成分的特征分类，在国家级评酒中，往往按这种方法对酒进行归类。我国白酒的香型，目前被国家承认的只有五种：即酱香、浓香、清香、米香和其他香型。

（1）酱香型白酒

农家丰收酒乐图，出自明邝璠纂《便民图纂》。

亦称茅香型白酒,以茅台酒为代表,属大曲酒类,采用超高温制曲、凉堂、堆积、清蒸、回沙等酿造工艺,石窖或泥窖发酵而成。其酱香突出,幽雅细致,酒体醇厚,回味悠长,清澈透明,色泽微黄。以酱香为主,略有焦香(但不能出头),香气柔和幽雅,香而不艳,柔而不淡,入口醇厚柔绵,倒入杯中过夜,香气持久不失,饮后空杯香气犹存(茅台酒有"扣杯隔日香"的说法),味大于香,苦度适中,酒度低而不变。

(2)浓香型白酒

亦称泸香型、五粮液香型,以泸州老窖特曲及五粮液为代表,属大曲酒类,采用混蒸续渣工艺,陈酿老窖或人工老窖发酵而成。其特点是窖香浓郁,清冽甘爽,绵柔醇厚,香味协调,尾净余长;也可以用六个字来概括,即香、醇、浓、绵、甜、净。浓香型白酒的种类是丰富多彩的,但其共性是:香要浓郁,入口要绵并要甜(有"无甜不成泸"的说法),进口、落口后味都应甜(不应是糖的甜),不应出现明显的苦味。

浓香型酒的主体香气成分是窖香(乙酸乙酯),并有糟香或老白干香(乳酸乙酯),以及微量泥香(丁乙酸等)。窖香和糟香要谐调,其中主体香(窖香)要明确,窖泥香要有,也是这种香型酒的独有风格,但不应出头,糟香味应大于香味,浓淡要适宜、均衡,不能有暴香。在名优酒中,浓香型白酒的产量最大,四川、江苏等地的酒厂所产的酒均是这种类型。

(3)清香型白酒

亦称汾香型,以山西汾酒为代表,属大曲酒类,采用清蒸清渣工艺和地缸发酵而成。它入口绵,落口甜,清香醇正,醇甜柔和,自然谐调,余味爽净。清香醇正就是主体香乙酸乙酯与乳酸乙酯搭配谐调,琥珀酸的含量也很高,无杂味,亦可称酯香匀称,干净利落。总之,清香型白酒可以概括为:清、正、甜、净、长五个字,清字当头,净字到底。

(4)米香型白酒

亦称蜜香型,以桂林三花酒为代表,属小曲酒类,采取浓、酱两种香型酒的某些特殊工艺酿造而成。小曲香型酒,一般以大米为原料,其典型风格是在"米酿香"及小曲香基础上,突出以乳酸乙酯、乙酸乙酯与β~苯乙醇为主体组成的幽雅清柔的香气。一些消费者和评酒专家认为,用蜜香表达这种综合的香气较为确切。概括为:蜜香清雅,入口柔绵,落口甘冽,回味怡畅,即米酿香明显,入口醇和,饮后微甜,尾子干净,不应有苦涩或焦煳苦味(允许微苦)。

(5)其他香型白酒

亦称兼香型、复香型、混合香型,属大曲酒类,此类酒大都是工艺独特,大小曲都用,发酵时间长。凡不属上述四类香型的白酒(兼有两种香型或两种以上香型的酒)均可归于此类。此类酒的主要代表有西凤酒、董酒,香型各有特征,口感绵柔、醇甜、味正、余长,其特有风格突出,如董酒既有大曲酒的浓郁芳香,又有小曲酒的柔绵、醇和、回味等特点,还有令人愉快的药香。

3.按酒质分类

(1)国家名酒

国家评定质量最高的酒,白酒的国家级评比,共进行过五次。茅台酒、汾酒、泸州老窖、五粮液等酒在历次国家评酒会上都被评为名酒。

(2)国家级优质酒

国家级优质酒的评比与名酒的评比同时进行。

(3)各省、部评比的名优酒

(4)一般白酒

一般白酒占酒产量的大多数,价格低廉,为百姓所接受,有的质量也不错。这种白酒大多是用液态法生产的。

4.按酒度的高低分类

(1)高度白酒

这是我国传统生产方式所形成的白酒,酒度在41度以上,多在55度以上,一般不超过65度。

(2)低度白酒

采用了降度工艺,酒度一般在38度,也有的20多度。

5.按产品档次分类

(1)高档酒

高档酒是用料好、工艺精湛、发酵期和贮存期较长、售价较高的酒,如:名酒类和特曲、特窖、陈曲、陈窖、陈酿、老窖、佳酿等。

(2)中档酒

中档酒是工艺较为复杂、发酵期和贮存期稍长、售价中等的白酒,如:大曲酒、杂粮酒等。

(3)低档酒

低档酒如：瓜干酒、串香酒、调香酒、粮香酒和广大农村销售的散装白酒等。

曲乃酒中之骨

纵观世界各国用谷物原料酿酒的历史，可发现有两大类，一类是以谷物发芽的方式，利用谷物发芽时产生的酶将原料本身糖化成糖分，再用酵母菌将糖分转变成酒精；另一类是用发霉的谷物，制成酒曲，用酒曲中所含的酶制剂将谷物原料糖化发酵成酒。从有文字记载以来，中国的酒绝大多数是用酒曲酿造的，而且中国的酒曲法酿酒对于周边国家，如日本、越南和泰国等都有较大的影响。因此在讲述中国酒的品种及特征之前，有必要对中国的酒曲做一个比较详细的了解。

虽然中国人民与曲蘖打了几千年的交道，关于酒曲的最早文字可能就是周朝著作《书经说命篇》中的"若作酒醴，尔惟曲蘖"，酒曲的生产技术在北魏时代的《齐民要术》中第一次得到全面总结，在宋代已达到极高的水平。主要表现在：酒曲品种齐全，工艺技术完善，酒曲尤其是南方的小曲糖化发酵力都很高。现代酒曲仍广泛用于黄酒、白酒等的酿造。

古人虽然知道酿酒一定要加入酒曲，但一直不知道曲蘖的本质所在。现代科学才解开其中的奥秘。酿酒加曲，是因为酒曲上生长有大量的微生物，还有微生物所分泌的酶（淀粉酶、糖化酶和蛋白酶等），酶具有生物催化作用，可以加速将谷物中的淀粉、蛋白质等转变成糖、氨基酸。糖分在酵母菌的酶的作用下，分解成乙醇，即酒精。蘖也含有许多这样的酶，具有糖化作用。可以将蘖本身中的淀粉转变成糖分，在酵母菌的作用下再转变成乙醇。同时，酒曲本身含有淀粉和蛋白质等，也是酿酒原料。

酒曲酿酒是中国酿酒的精华所在。酒曲中所生长的微生物主要是霉菌。对霉菌的利用是中国人的一大发明创造。日本有位著名的微生物学家坂口谨一郎教授认为这甚至可与中国古代的四大发明相媲美，这显然是从生物工程技术在当今科学技术的重要地位推断出来的。随着时代的发展，我国古代人民所创立的方法将日益显示其重要的作用。

下面，让我们再来看看酒曲的分类。

1.酒曲的分类体系

(1)按制曲原料来分主要有小麦和稻米。故分别称为麦曲和米曲。用稻米制的曲,种类也很多,如用米粉制成的小曲,用蒸熟的米饭制成的红曲或乌衣红曲、米曲(米曲霉)。

(2)按原料是否熟化处理可分为生麦曲和熟麦曲。

(3)按曲中的添加物来分,又有很多种类,如加入中草药的称为药曲,加入豆类原料的称为豆曲(豌豆,绿豆等)。

(4)按曲的形体可分为大曲(草包曲,砖曲,挂曲)和小曲(饼曲),散曲。

(5)按酒曲中微生物的来源,分为传统酒曲(微生物的天然接种)和纯种酒曲(如米曲霉接种的米曲,根霉菌接种的根霉曲,黑曲霉接种的酒曲)。

2.酒曲的分类

现代大致将酒曲分为五大类,分别用于不同的酒。它们是:

(1)麦曲,主要用于黄酒的酿造;

(2)小曲,主要用于黄酒和小曲白酒的酿造;

(3)红曲,主要用于红曲酒的酿造(红曲酒是黄酒的一个品种);

(4)大曲,用于蒸馏酒的酿造;

(5)麸曲,这是现代才发展起来的,用纯种霉菌接种以麸皮为原料的培养物。可用于代替部分大曲或小曲。目前麸曲法白酒是我国由酒生产的主要操作法之一。其白酒产量占总产量的70%以上。

中国酒曲的分类

类别	品种
大曲	传统大曲、强化大曲(半纯种)、纯种大曲。
小曲	按接种法分传统小曲和纯种小曲; 按用途分为黄酒小曲,白酒小曲,甜酒药; 按原料,分为麸皮小曲,米粉曲,液体曲。
红曲	主要分为乌衣红曲和红曲,红曲又分为传统红曲和纯种红曲。
麦曲	传统麦曲(草包曲,砖曲,挂曲,爆曲) 纯种麦曲(通风曲,地面曲,盒子曲)。
麸曲	地面曲、盒子曲、帘子曲、通风曲、液体曲

白酒的营养功能

白酒在营养上的作用:从饮食学而言,酒精既是一种调味品或刺激剂,也是一种营养,每克酒精在人体内燃烧,完全氧化后能发生热量 7.1 千卡。例如每克淀粉可发热量 4.1 千卡,葡萄糖仅发 3.37 千卡热量。

过去有人认为乙醇有较强的特殊食物作用,它在体内代谢燃烧时,不但乙醇本身的热量散出体外,被人体利用,而且还能促进其他营养素吸收,增加代谢率,也可造成散发蛋白质、脂肪、碳水化合物所产生的热量。

现在实验证明:白酒的 1/3 热量补偿肝脏消耗的能量,2/3 的能量在肝外参加蛋白质、碳水化合物等营养素能量代谢,乙醇 70% 可供给人体热量,并被人体利用,因此,纠正了过去片面的论点。现认为乙醇可实际供给热量 5 千卡。

白酒在烹饪上的作用:在烹饪鱼虾鸡肉类时,常用白酒或黄酒做调味品,使菜肴香气浓郁,可减少鱼肉内三甲基胺,能去掉鱼虾的腥臭味,使鱼虾肉禽的口味更鲜美。

白酒在医疗保健方面也有巨大的作用:夜晚服用少量的白酒,可平缓的促进血液循环,起到催眠作用。饮少量白酒可刺激胃液分泌与唾液分泌,因而起到健胃和止疼痛、利小便及驱虫的作用。中医用白酒治疗疾病或作为强肾补剂已有很久的历史。西医也经常劝告感冒的人饮些白兰地酒。

白酒的选购和品尝

如何正确选购白酒

华夏文明源远流长,作为华夏文明的承载以及联系彼此感情的纽带——酒,是我国传统的饮料,工艺独特,历史悠久,享誉中外。从古至今白酒在消费者心目中都占有十分重要的位置,是社交、喜庆等活动中不可缺少的特殊饮品。在选购、饮用白酒产品时应注意以下几点:

(1)在选购白酒产品时,应首先选择大中型企业生产的国家名优产品。经国家质量技监、工商、卫生等部门对白酒产品质量的监督抽查发现,名优白酒质量上乘,感官品质、理化指标俱佳,低度化的产品也能保持其固有的独特风格。

(2)建议不要购买无生产日期、厂名、厂址的白酒产品。因为这些产品可能在采购原料、生产加工过程中不符合卫生要求,甲醇、杂醇油等有毒有害物质超标。

(3)白酒产品并非"越陈越香"。低度白酒(通常指酒精度 40 度以下的产品)是我国当前白酒产品中的主流,它的发展是我国白酒行业遵循产品结构调整方针的结果。近几年来,低度白酒在存放一段时间后(通常指一年或更久)出现的酯类物质水解,并导致口味寡淡的问题已逐步成为白酒行业关注的焦点。因此,在购买低度白酒时,最好选择两年以内的白酒产品饮用。

名优白酒巧识别

看外包装箱:酒箱多用纸板制成,名优酒用的纸箱新颖整齐,纸质坚硬,不破不烂,印字齐全,字迹清楚。

看包装盒:真品名优白酒的包装都十分精美,做工精细,印刷质量好,套色准确,线条(尤其是标签、包装上的细节部分)流畅、完整、粗细均匀。整箱未开的酒其生产日期或批号不会超过两个,且为连续号,绝大多数情况为同一批号和日期。而假冒名酒在包装工艺上欠精美,或印刷色泽黯淡,或有套色偏差等现象,标签、包装上的图案、线条中的精细部分往往有破绽,或线条粗细不匀,或字体排列不整齐,或笔画粗细不一致。回收包装生产的假酒,往往在同一箱中出现多个不同日期、批号的酒。

看酒瓶:名优酒采用固定用瓶,瓶上有特点、标记,瓶子质量高,表面光洁度好,玻璃质地均匀,泡花极小,不破不损,不使用回收旧瓶,更不用杂酒瓶,其瓶盖多为铝质扭断式防盗盖或塑盖塑胶套,瓶盖上印有厂名或酒名,个别名种(如茅台)还有暗记。假名优酒使用的多是铁制的扭断防盗盖,瓶与盖不和谐,难以断裂或有明显焊迹,盖上字迹、图案模糊不清,人工剪垫,人工上盖,压盖有锈,塑胶套薄,风干后呈不规则破裂,有时倒瓶有渗漏现象。

看标签:真实名优酒的标签做工精细,工艺考究,使用特定的颜色,而且标签色泽清晰,印刷规整,裁边整齐,有"注册××商标"或"R"字样。标签的背面有出厂日期、检验代号,有的还设有特定暗记。假酒使用的标签粗制滥造,字迹不清,标签图案有偏色、重影等现象。

看外观:优质白酒为无色(酱香型酒有极浅的黄色)、澄清、透明的液体,无混浊沉淀及悬浮物,而假冒白酒往往透明度较差,部分有混浊、沉淀或悬浮物质。

品风味:真品名优白酒有其典型的相应香型的风味特色,口感醇正柔和、醇香,没有不良的口味和后味,而假冒名酒往往或香型特点不明显、不突出,或带有异香、口感欠绵软、味淡薄,后味较淡、短,有时有焦煳、涩等异味。

白酒的品尝

白酒价值有三种：一是饮用，喜庆应酬，亲友饮宴；二是收藏和馈赠；三是品尝，品味、品评，即品酒。真正体现白酒价值的是品酒。

为什么呢？因为白酒的真正风韵和全部滋味只有在轻闻细品中才能体味得到。人的舌头各部分是有分工侧重的，如舌尖对甜敏感，两侧对酸敏感，舌后部对苦涩敏感，而整个口腔和喉头对辛辣都敏感。所以你干杯，一杯酒猛倒入口中，就会感到又冲又辣（质量不好的酒则又苦又涩）。如果你先闻再浅啜，让它在舌中滋润和匀，那么白酒的甜、绵、软、净、香你都能尝得到，得到一种享受，这叫科学文明饮酒。

品酒的好处和方法：简单地讲一是享受，体味酒的全部滋味风韵；二是调节，悠闲雅趣，怡情舒畅。以前说借酒浇愁即用饮酒来排遣，这是消极的，若以品来舒缓就是一种积极的调节。还要指出，品酒即使再多，也不易醉人，因为酒入体内最终被转化（H_2O 和 CO_2），这种转化速度是恒定的，一般的品酒进量与这种转化速度（能力）相适应，不会因积聚过多的酒精而在未被转化时就大量进入血液、肝、脑，所以不会醉，不伤身体，这也是科学用酒。

品酒的方法：以太吉酒为例，先举杯轻闻，静静地吸闻，让幽雅的太吉香韵悠然进入腔腑，能令你舒畅愉悦，如此反复数次，你就兴致盎然。

然后，轻啜一小口（两毫升），让它先在舌尖上停 $1 \sim 2$ 秒，此时，太吉百年酒的甜绵显现，再把舌头轻触颚，让酒液渗润全舌，并转几回，太吉百年酒之醇厚爽滑就弥漫口腔，既不冲又不辣，酒体协调干净，真是别有一番好滋味。

最后，把口腔中的余酒慢慢咽入喉中，你会感到太吉百年酒顺口顺喉，一脉而下，过一阵，又从喉内回出一种芳香，这叫入如一脉，出如一线。

中国人很看重饮食文化，欧美人则看重品酒文化，你到他们那里，他们会斟一小杯酒给你，在轻摇慢啜中交谈相叙，情趣盎然。

白酒的饮用禁忌

（1）忌混杂饮

白酒、啤酒、葡萄酒、果酒等不能混杂饮，因为各种酒的主要成分都是酒精，人们饮酒后，约80%的酒精由十二指肠的空肠吸收，20%由胃吸收。如单饮白酒，虽然相对而言含酒精高，但喝的数量较少，加上边饮美酒，边吃佳肴，胃内酒

中华酒典

与食物混杂在一起,一时不能流入十二指肠,这就大大减缓了十二指肠吸收酒精的速度。假如白酒、啤酒混杂喝,由于液体量大增,酒很快就会流入十二指肠中,促使吸收酒精的速度加快,因而人易醉、早醉。

(2)忌饮早酒、空腹酒

此时饮酒,酒精被吸收得快,使血液中酒精含量迅速提高,同时对胃的刺激也大,易伤身,也易醉。

(3)忌餐餐海量、天天豪饮或猛饮快饮

据专家测算,嗜酒者和猛饮者的心脏负担,比不饮酒、少饮酒或慢饮酒者增加几倍。由于心脏负担过重,会导致心肌肥厚、心脏扩大,形成一种病态——"牛心"。嗜酒者应忌日日暴饮和猛饮快饮。

(4)忌喝冷酒

一般说来,无论是白酒还是黄酒,喝热酒都比喝冷酒要好。因为酒中除了含有酒精外,还掺杂着一些甲醇、甲醛等少量有害物质,如人体摄入 4~8 毫克甲醛,便会影响视力。而这些有害物质的酒精潜液和水溶液混合后的沸点低于 60℃,如果将酒加热,酒中的这些有害物质就能基本上挥发了。喝温酒,既舒服又安全。

白酒的贮藏

白酒的保存,瓶装白酒应选择较为干燥、清洁、光亮和通风较好的地方,相对湿度在 70% 左右为宜,湿度较高瓶盖易霉烂。白酒贮存的环境温度不得超过 30℃,严禁烟火靠近。容器封口要严密,防止漏酒。

第二节　啤酒的鉴别

啤酒的来历

据资料记载,啤酒起源于现在的地中海南岸地区,距今已有四千多年的历史,后传入埃及、欧美、东亚。起初,啤酒的原料和香料很杂,酒也混浊不清。八世纪以后,德国人把啤酒的原料固定为大麦芽,规定酒花为唯一的啤酒香料。这种由大麦芽、酒花、酵母和水酿制而成的啤酒清冽爽口,深受各层人士的欢迎。这种方法传到法国、荷兰等国,酿酒业者纷纷效仿,于是将这种以大麦芽和酒花为主要原料的饮料,统称为啤酒。

古老的啤酒,主要是家庭酿造的,工艺落后,酒质很不稳定。随着显微镜的发明,人们借助于它观察到啤酒沉淀中的酵母菌和杂菌。随后,路易·巴斯德发现啤酒变混的原因是微生物的作用,他发明了灭菌技术,即现在的巴氏德灭菌法。酵母学家汉逊,对啤酒酵母的培养与分离的研究获得成功,又使啤酒的提纯向前迈进一步。而后发电机、冷冻机等近现代技术的发明,对啤酒生产的发展起到了一定的推动作用。

我国最早的啤酒厂是 1900 年俄国人乌鲁布列夫斯基投资建设的。1901年,俄国人和德国人在哈尔滨香坊联合建立了哈盖迈耶尔——柳切尔曼啤酒厂;1903 年,捷克人在哈尔滨建立了东巴伐利亚啤酒厂;德国人与英国人合营在山东青岛建立了英德啤酒公司(青岛啤酒厂前身);以后,又有俄、德、法、日等国商人相继在中国开办了斯堪的那维亚啤酒厂(上海啤酒厂前身)、沈阳啤酒厂、哈尔滨啤酒厂、北京啤酒厂、怡和啤酒厂(上海华光啤酒厂前身)。

1904 年,中国建立了自己的啤酒厂,是由杨连名在黑龙江一面坡经营的中东啤酒公司。1914 年李希珍在哈尔滨发起成立股份公司,建立东三省啤酒厂,王立堂等人建立五洲啤酒汽水公司。1915 年张庭阁在北京开办双合盛五星啤酒汽水厂,后来又有人于 1920 年在山东烟台建立醴泉啤酒厂,1935 年在广州建立五羊啤酒厂等。新中国成立前夕,中国仅有的十几家啤酒厂的产量加在一起,年产仅万吨左右。

啤酒工业在新中国成立后有了长足的发展。截止到 1990 年上半年,我国年产 10 万吨以上的厂家就有青岛、北京、沈阳、华都、上海益民、武汉长江啤酒公司、杭州、重庆、广州珠江、钱江、哈尔滨啤酒厂等。万吨以上的啤酒厂遍及全国各地。

啤酒的分类

根据国家标准规定:啤酒是以大麦芽(包括特种麦芽)为主要原料,加酒花,经酵母发酵酿制而成的、含二氧化碳的、起泡的、低酒精度(2.5%~7.5%)的各类熟鲜啤酒。

啤酒从不同的角度可以分很多类别:

1.按啤酒的色泽分

淡色啤酒、浓色啤酒、黑啤酒。

淡色啤酒:它的色度一般保持在 7EBC 单位左右,是啤酒中产量最多的一种。淡色啤酒中又分深浅不同的类型:色度在 7EBC 单位以下者,为淡黄色啤酒,这种啤酒多采用色泽极浅、溶解度不甚高的麦芽,糖化周期比较短,麦汁接触空气少,而且多经过非生物稳定剂处理,除去了酒内的一部分多酚物质,因此啤酒色泽不带红棕色,而带黄绿色,在口感上多属淡爽型,要求酒花香味突出;色度在 7～10EBC 单位者为金黄色啤酒,这种啤酒所采用的麦芽溶解度一般较上述者高一些,其非生物稳定性的处理过程,也不像上述者那么强烈,口味清爽而醇和,要求酒花香味突出;色度在 10EBC 单位以上的淡色啤酒为棕黄色啤酒,这种啤酒采用的麦芽大都是溶解度高,或者焙焦温度高,通风不良,色泽较深的麦芽,糖化周期较长,麦汁冷却时间长,接触空气多,其口感比较粗重,色泽黄中略带棕色。

浓色啤酒:它的色度在 15～40EBC 单位之间,其色泽呈红棕色或红褐色,但产量比例远较淡色啤酒低,在国内则缺乏这类啤酒。制造浓色啤酒除采用溶解度较高的浓色麦芽外,尚需要采用部分特种麦芽如结晶麦芽、琥珀麦芽、巧克力麦芽等。浓色啤酒根据其色度深浅,又可划分为以下三种:色度在 15～25EBC 单位的棕色啤酒,色度在 25～35EBC 单位的红棕色啤酒,色度在 35～40EBC 单位的红褐色啤酒。浓色啤酒的口感特点,要求麦芽香味突出,口味醇厚,苦味较轻。

黑啤酒:它的色度大于 40EBC 单位,色泽呈咖啡色或黑褐色。原麦芽汁浓度 12～20 度,酒精含量在 3.5% 以上,其酒液突出麦片香味和麦芽焦香味,口味比较醇厚,略带甜味,酒花的苦味不明显。

2.按啤酒的原辅材料分

纯生啤酒、全麦芽啤酒、小麦啤酒、混浊啤酒。

纯生啤酒:是一种在生产工艺中不经热处理灭菌,就能达到一定的生物稳定性的啤酒。

全麦芽啤酒:全部以麦芽为原料或部分用大麦代替,采用浸出或煮出法糖化酿制而成。

小麦啤酒:以小麦芽为主要原料(占总原料 40% 以上),采用上面发酵法或下面发酵法酿制而成。

混浊啤酒:这种啤酒在成品中存在一定量的活酵母菌,浊度为 2.0~5.0EBC 浊度单位。

3.按生产方式分

鲜啤酒、熟啤酒。

鲜啤酒:是指啤酒经过包装后,不经过低温灭菌(也称巴氏灭菌)就可直接销售的啤酒,这类啤酒一般就地销售,保存时间不宜太长,在低温下一般为一周。

熟啤酒:是指啤酒经过包装后,再经巴氏灭菌的啤酒,它的保存时间较长,可达三个月左右。

4.按啤酒的包装容器分

瓶装啤酒、桶装啤酒、罐装啤酒和听装啤酒。

瓶装啤酒有 350 毫升和 640 毫升两种规格;罐装啤酒有 330 毫升规格的。

5.按国家标准分

熟啤酒、生啤酒、鲜啤酒。

根据中华人民共和国关于啤酒的国家标准 GB4927—2001 定义:

熟啤酒:是经过巴氏灭菌或瞬时高温灭菌的啤酒。

生啤酒:是不经巴氏灭菌或瞬时高温灭菌,而采用物理过滤方法除菌,达到一定生物稳定性的啤酒。

鲜啤酒:是不经巴氏灭菌或瞬时高温杀菌,成品中允许含有一定量的活酵母菌,达到一定生物稳定性的啤酒。

6.按消费对象分

普通啤酒、无酒精(或低酒精度)啤酒、无糖或低糖啤酒、酸啤酒等。

无酒精或低酒精度啤酒适于司机或不会饮酒的人饮用。

无糖或低糖啤酒适宜于糖尿病患者饮用。

7.啤酒新品种

干啤酒、头道麦汁啤酒、冰啤酒、绿啤酒、暖啤酒、菠萝啤酒、白啤酒、沙棘啤酒、黑米啤酒、玉米啤酒、火锅啤酒、速溶啤酒、有机啤酒、绞股蓝啤酒、姜汁啤酒等。

干啤酒:80 年代末由日本朝日公司率先推出,一经推出大受欢迎。由于糖的含量低,属于低热量啤酒。该啤酒的发酵度高,含糖低,CO_2 含量高。故具有口味干爽、杀口力强的特点。

头道麦汁啤酒:由日本麒麟啤酒公司率先推出,即利用过滤所得的麦汁直接进行发酵,而不掺入冲洗残糖的二道麦汁,具有口味醇爽、后味干净的特点。目前,麒麟公司在我国珠海的厂中已经推出,名为"一番榨"。

冰啤酒:由加拿大拉巴特公司开发。将啤酒冷却至冰点,使啤酒出现微小冰晶,然后经过过滤,将大冰晶过滤掉。通过这一步处理解决了啤酒冷混浊和氧化混浊问题,处理后的啤酒浓度和酒精度并未增加很多。

绿啤酒:国内已有生产啤酒中加入天然螺旋藻提取液,富含氨基酸和微量元素,啤酒呈绿色。

暖啤酒:属于啤酒的后调味。后酵中加入姜汁或枸杞,有预防感冒和胃寒的作用。

菠萝啤酒:后酵中加入菠萝提取物,适于妇女、老年人饮用。

白啤酒:它的主要原料为小麦芽,酒液呈白色,清凉透明,酒花香气突出,泡沫持久,适合于各种场合饮用。

沙棘啤酒:啤酒中加入沙棘果汁,有酸甜感,富含多种维生素、氨基酸,酒液清亮,泡沫洁白细腻,属于天然果汁饮料型啤酒。

黑米啤酒:它的酿酒原料为黑米。黑米营养丰富,含有人体必需的八种氨基酸,而且量比协调,都接近或超过氨基酸模式,特别是赖氨酸含量高于普通大米$2\sim3$倍,富含维生素B_1、B_2和钙、磷、铁、锌微量元素,堪称米中一绝和瑰宝。黑米啤酒还具有一定保健作用。明代大医学家李时珍在《本草纲目》中记载黑米具有"滋阴补肾、健胃暖肝、明目活血"的功能。

玉米啤酒:它是以玉米为主要原料而酿成的一种新型啤酒,口味醇正,色泽清透,酒精度低,热量少,并含有丰富的蛋白质和维生素及氨基酸,对人体有营养保健作用。

火锅啤酒:这种啤酒适宜冬季饮用,其特点是发热量高,以优质麦饭石矿泉水为母液,选用上乘金银花、进口酒花制品等精心酿制而成,酒体呈咖啡色,具有柔和醇正的口味。

速溶啤酒:根据速溶咖啡的原理生产的这种啤酒饮用十分方便,只需要将浓缩的啤酒精倒入杯中,加入汽水或矿泉水,稍加搅拌即可饮用,浓淡自调,极为方便。

有机啤酒:这是由德国推出的无污染啤酒,从原料生产到造酒全过程都不添加任何化学物质,是利用动植物的有机肥料种植的大麦和啤酒花酿制而成。

这种啤酒酸味更浓,时下已成为流行的饮料。

绞股蓝啤酒:进口大麦、优质大米和新疆香型酒花是酿制绞股蓝啤酒的原料,以天然矿泉水为基质,添加绞股蓝总皂甙,科学酿制而成,不仅保持了啤酒原有的色、香、味和营养成分,而且增加了绞股蓝总皂甙的有效成分,具有绞股蓝的独特香气,产品清亮透明,泡沫细腻,洁白持久,口味醇正爽口,杀口力强。绞股蓝是多年生草质藤本植物,含有83种人参皂甙成分,具有人参的部分功能与作用,还含有人体必需的微量元素和维生素等多种营养物质。

姜汁啤酒:主要使用生姜汁渣汁进行分离,再对姜汁进行处理,姜渣在糖化阶段添加,姜汁在发酵阶段加入,酿制出的产品质量好,口味独特,适合冬季饮用,具有防病健身、理气健胃的保健作用。

啤酒的功用

啤酒素有"液体面包"的美称。在日常生活中,啤酒到底有哪些作用,我们其实并不十分清楚。

1.卫生

啤酒是由天然原料制成,并在符合卫生标准的条件下生产的,是可靠的纯天然食品。

2.解渴

啤酒的水含量(90%以上)较高,喝起来清火润喉,夏日一杯酒,清凉爽心头,其感觉不言而喻。

3.提神

CO_2 和有机酸具有清新、提神的功效,因此啤酒中含有这些物质一方面适量饮用可减少过度兴奋和紧张情绪,并能促进肌肉松弛;另一方面,能刺激神经,促进消化。

4.助消化

生产啤酒用的主要原料是大麦、醇类、酒花成分和多酚物质,能促进胃液分泌,兴奋胃功能,提高其消化吸收能力。

5.利尿

啤酒中低含量的钠、酒精、核酸,对于增加大脑血液的供给,扩张冠状动脉,并通过提供的血液对肾脏的刺激而加快人体的代谢活动具有重要的作用。

6.减肥

啤酒具有减肥的功效是因为它含有非常少的钠、蛋白质和钙,不含脂肪和胆固醇,对抑制体形的过快增长非常有效,喝啤酒"大肚福体"之说是没有道理的。

7.防病

适度饮啤酒的人比禁酒者和嗜酒狂可减少患心脏病、溃疡病的几率,而且可预防高血压和其他疾病。这在美国加州奥克兰市的帝王永久医疗中心的试验中得到证明。

啤酒的选购

选购啤酒是一门学问,一般情况下是一闻一尝三看:

一闻

闻香气:用鼻子在酒杯上方轻轻吸气,应有明显的酒花香气,新鲜、无老化气味及生酒花气味;黑啤酒还应有焦麦芽的香气。

一尝

尝味道:入口醇正,没有酵母味或其他怪味杂味,口感清爽、柔和、协调,苦味愉快而消失迅速,无明显的涩味,有 CO_2 碳的刺激,使人感到杀口。

三看

看日期:啤酒商标边缘印有两排数字,一排为 1~12,表示月份;一排为 1~31,表示日期。某月某日生产的啤酒,即在相应的月日数字上划一个小口或染上颜色,购买时可依此判断啤酒是否过期。

看颜色:市面上一般有三种颜色的啤酒:浅黄色,黄色和黑色。浅黄色啤酒应呈微带青色的金黄色;黄啤酒应呈淡黄色或淡黄带绿色,色淡者为优。不论是哪种啤酒,都要求酒液清亮透明,不能有悬浮物或沉淀物。

看泡沫:当往无油腻的玻璃杯中注入啤酒时,泡沫应迅速升起,泡沫高度应占杯子的 1/3,当啤酒温度在 8~15℃ 时,五分钟内泡沫不应消失,同时泡沫还应细腻、洁白,散落杯壁后仍然留有泡沫的痕迹("挂杯")。

1.啤酒 B 瓶是什么

所谓 B 瓶,就是在啤酒瓶底以上 20 毫米范围内打有专用标记 B,并有生产企业标记、生产的年和季度等标识。比如瓶脚打有"BACIGD2885198 田"标记,分别表示:B 瓶、××玻璃厂、广东、B 瓶模具号、99 年第二季度。据了解,B 瓶的安全性高于非B瓶,关键是"耐内压力"标准在1.2以上,而非B瓶对此没有严格限定,如被碰撞或受热不均等,可能爆炸。但专家提醒,即使用B瓶,也不要曝晒火烤、碰撞敲打。

"B瓶话题"早在1996年就出现。当时国家质监局制订了啤酒瓶的新标准,规定要有"B"字标记等。这有助于改变啤酒瓶与其他瓶子混用的状况,也为今后限定啤酒瓶的使用期打下了基础。

2.扎啤为何价格高

"扎啤"的英文名Draftbeer,意思是"醇正的啤酒",中国人取其谐音叫作"扎啤",它的完整称呼是"重加CO_2鲜啤酒"。

扎啤既不同于经过高温杀菌的瓶装、听装熟啤酒,也不同于没经过杀菌的散装啤酒,而是一种纯天然、无色素、无防腐剂、不加糖、不加任何香精的优质酒,营养极为丰富,被人们誉为"啤酒原汁"。扎啤是啤酒王国中的一朵奇葩,扎啤是将最优质的清酒从生产线上直接注入全封闭的不锈钢桶,饮用时用扎啤机充入CO_2,并用扎啤机把酒控制在$3\sim8℃$,饮用时从扎啤机里直接打到啤酒杯里,避免了啤酒与空气的接触,使啤酒更新鲜、更醇厚、泡沫更丰富,饮用时更加爽口,回味无穷。

关于扎啤为什么称"扎",一般有两种说法:一是外文音译而来;二是港粤地区习惯称呼。从酿造工艺来讲,其本质就是酿制成熟的,未经热处理的,在市场上以特定方式出售的鲜啤酒。

扎啤的价格一般较高,比同等量的熟啤酒高$3\sim5$倍,究其原因有以下几个方面:其一,它是鲜啤酒,保持了啤酒良好的口味和营养;其二,生产过程中,无菌条件要求严格,设备投资大,在灌装前要经过膜过滤或孔过滤,除去所有的微生物,啤酒桶和生产环境也要严格无菌;其三,销售方式独特,要通过鲜啤酒销售机进行降温和补充CO_2,并利用CO_2压送啤酒,避免了啤酒接触空气而产生氧化味;其四,因为桶装鲜啤酒的保质期不长,经销商承担了一定的风险,如果不能及时售出,会造成很大的经济损失;其五,是商业性方面的因素,由于扎啤是一种新型的商品,为了维持其自身的价值,同时也为了其长期的生存,一问世就抬高了身价。最后,是因为消费心理方面的原因,宾馆饭店纷纷推出这一产品来迎合部分赶时髦消费者的心理,亦即"周瑜打黄盖,一个愿打,一个愿挨"。不论什么原因,其独特的风味,总令消费者对其情有独钟,一饮为快。

中華酒典

啤酒的正确饮法

喝啤酒的科学

盛夏时节,啤酒是人们的首选饮料,除解暑开胃之外,就营养成分而言,人们还称它为"液体面包"。其实啤酒中还有很丰富的精神营养,我们喝啤酒时等于同时喝下了一杯杯科学。

(1)啤酒云

当我们打开从冰箱里取出的啤酒时通常会听到"嗤"的一声,随即冒出一股白烟,这就是"啤酒云"。其实所谓的啤酒云亦非云。原来,啤酒里的 CO_2 是经压力溶入的,打开瓶盖时液面上下的平衡被破坏,瓶颈处的气体立即冲出,这些气体分子的快速运动消耗能量,使啤酒的温度骤然从 9℃ 降至 ~1℃,时间只有 0.1 秒,瞬间的降温使瓶颈内的蒸气凝结成小水珠,如一缕缕白色云烟从瓶口冒出。

(2)泡沫

啤酒的泡沫并不是越多越好,这是因为发酵时产生的 CO_2 在啤酒中的结合溶解状态比较稳定,分解释放的过程比较缓慢,又由于"起泡蛋白质"的黏着度比较大,这就使啤酒泡沫留存的时间比较长,优质啤酒的泡沫应洁白、细腻,且挂杯持久,酒液饮完之后仍有大量泡沫在杯壁之上,才是真正的好啤酒。

(3)压力

通常,人们认为打开瓶盖前猛烈摇晃会增加瓶内压力,这其实只是一种错觉。国外有专家做过这样一个实验,他在酒瓶里灌入温啤酒,并用特制瓶盖上的压力表观察摇动中的压力变化,结果表明,摇动与瓶内压力无关。因为溶入啤酒的 CO_2 的量是固定不变的,摇动与否压力都是一样大,而温度骤然升高倒是压力增加的一大因素,这也是保管上需要格外注意的地方。

(4)色泽

只要细心观察,便会发现,我们喝到的啤酒是橘黄色的,金属容器中的啤酒则呈现出红色。杯中啤酒之所以是橘黄色,是因为啤酒中的化学成分可吸收大部分光谱的光,唯独橘黄色不能为其所吸收,所以才能被我们的视觉感受到。而酒罐等金属容器中的啤酒橘黄色已消失在罐底酒液的深处,只有红光才能从酒液、空气中透射出来。

（5）温度

啤酒最佳饮用温度为 4~6℃，否则就会变味。

（6）斟酒

往大杯子里倒入 300~330 毫升啤酒最容易出现泡沫，泡沫有防氧化作用，应带着泡沫喝完。斟酒时要分两次倒满，从距杯口 20 厘米高处倒酒，首先左右摇摆玻璃杯，途中稍事停顿泡沫消失一半后再继续倒满。易拉罐啤酒最好不要直接对嘴喝，应该倒在玻璃杯里放掉多余的 CO_2 后再喝可以感觉柔和一些。

（7）杯子

喝啤酒时一般用玻璃杯。啤酒杯不能与其他餐具一同洗，因为残留的油脂和洗涤剂成分会影响泡沫的产生，而且，单洗之后还要注意自然晾干以后再用，因为擦拭后，附在杯上的抹布纤维会妨碍泡沫产生。未干的杯子一定不要放入冰箱冷冻室，因为即使微弱的冰膜也会影响香型、口味。

（8）保管

啤酒一定不能接触光照，即便易拉罐啤酒也不例外，否则两三天内就会变质。家庭短期贮藏啤酒时应放在冰箱冷藏室或 25℃ 以下的稳定室温环境中。

怎样喝啤酒才好

要想真正尝到啤酒的鲜美味道，在喝啤酒时一定要注意以下几个问题：

最佳温度：15℃ 最好。第一，在这个温度调节下，许多香气可以正常地发挥出来；第二，在这个温度下，酒里面的 CO_2 会慢慢地起作用，起沫的同时会带出酒香，温度高了 CO_2 很快消失，口感不好，温度太低了则影响香气的挥发，从而使口感不好。喝啤酒不要放冰块，因为啤酒本身就已经很淡了，放冰块会影响口感。

最佳口感：啤酒要喝一口至少到 15 毫升以上，也就是你要大口地喝啤酒，啤酒不宜细饮慢酌。要是喝少了就不能充满口腔，酒在口中升温，会加重苦味，感受不到啤酒特有的香味。

最佳环境：一般储存在阴凉的地方，避免日晒。有条件的可以放在冰箱里，切忌不能冰冻，不仅影响口感还会引起爆炸，反复地冷冻解冻对酒本身也不好。

另外，使用透明的洁净玻璃杯，可以欣赏到啤酒的金黄色泽和洁白泡沫。盛啤酒的容器、杯具要热洗冷刷，自然晾干，保持清洁无油污。饮用时，不能用手指触及杯沿及杯内壁。要使用开瓶启子开启啤酒,不能用牙去咬,不能用撞击的方法来开瓶,避免爆炸受伤。不要在喝剩的啤酒杯内倒入新啤酒,这样会破坏新啤酒的味道,最好是喝干之后再倒。啤酒应单独饮用,不宜加入果汁、汽水、可乐再饮。

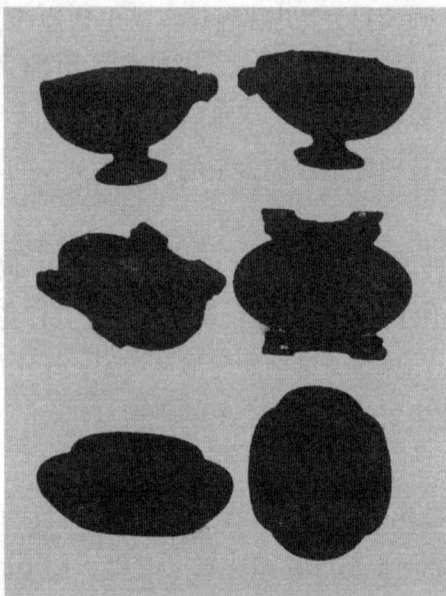

湖北江陵出土的战国楚文化漆器酒杯

众所周知,啤酒中的 CO_2 是形成泡沫的关键成分,泡沫可使啤酒花的苦味和酒精的刺激性变得柔和,从而增加饮后爽快的感觉。温度不同,啤酒的泡沫也多寡不一,其风味优劣会有明显差异。泡沫还有使啤酒与空气隔绝的功用,它可减弱空气对啤酒的氧化,而氧化了的啤酒,其爽口风味将全部消失,甚至不堪入口。那么,如何保持啤酒的泡沫?

第一,啤酒应存放在 10℃ 左右的环境中,温度过高泡沫多而不持久,温度过低则泡沫减少并使苦味加重。

第二,饮用时尽量用大杯,这样啤酒在室温中就不至于急剧升温。

第三,油是啤酒泡沫的大敌,当然,吃菜时嘴上沾的油,也同样是泡沫的销蚀剂。为此,斟酒八成满,一杯酒要尽快喝完,吃罢荤菜擦一下嘴等,都是保持啤酒泡沫和风味的诀窍。

常喝啤酒会使人发胖,喝啤酒发胖的原因是:啤酒中略含苦味的啤酒花成分促使人体消脂液的分泌,进而帮助食物的消化及吸收,结果导致有些人发胖。所以,为防发胖饮用啤酒一要适量,成人每次饮用量不宜超过300毫升(不足1易拉罐量),一天不超过500毫升(一啤酒瓶量),每次饮用100～200毫升更为适宜;二要选择清淡、低热的下酒菜,酒后饭量应适当减少;三要在酒饭后作适当运动,以消耗人体一些过剩的热能。

因人而异喝啤酒

如今市场上的啤酒种类繁多,有生啤酒、熟啤酒、运动啤酒和无醇啤酒等。这些啤酒的成分不同,而人的体质也不同,所以喝啤酒要因人而异。

(1)生啤酒。比较适于瘦人饮用,生啤酒(即鲜啤酒),是没有经过巴氏杀菌的啤酒。由于酒中和活酵母菌在罐装后,甚至在人体内仍可以继续进行生化反应,因而这种啤酒喝了很容易使人发胖,另外生啤酒中的鲜酵母可以促进胃液分解,增进食欲,加强消化,增加营养,对瘦人增强体质,增加体重也是有好处的。

(2)熟啤酒。比较适宜胖人饮用经过巴氏杀菌后的啤酒就成了熟啤酒,因为酒中的酵母已被加温杀死,不会继续发酵,稳定性较好,不会在胃中继续繁殖。

(3)干啤酒。适合怕发胖和有糖尿病的病人饮用。这种啤酒源于葡萄酒,酒中所含糖的浓度不同,普通的啤酒还会有一定糖分的残留,干啤酒使用特殊的酵母使剩余的糖继续发酵,把糖降到一定的浓度之下,就叫干啤酒,当然对有糖尿病的人还是不主张饮酒。

(4)低醇啤酒。低醇啤酒适合从事特殊工作的人饮用,如驾驶员、演员等。低醇啤酒是啤酒家族新成员之一,它也属低度啤酒。低醇啤酒含有多种微量元素,具有很高的营养成分。人喝了这种啤酒不容易"上头",还能满足"瘾君子"们的酒瘾。

(5)无醇啤酒。适合妇女、儿童和老弱病残者饮用。啤酒家族中的一名新成员,也属于低度啤酒,只是它的糖化麦汁的浓度和酒精度比低醇啤酒还要低,无醇啤酒的营养同低醇啤酒一样丰富,因为它酒精度特别低。

(6)运动啤酒。顾名思义是供运动员饮用的,它也是啤酒家族的新成员。运动啤酒除了酒精度低以外,还含有黄芪等15种中药成分,能大大加快运动员在剧烈运动后恢复体能的速度。

中华酒典

现在市场啤酒种类很多，大家可根据个人的身体状况，有选择地饮用，那样才会对你的身体更加有益。

四季的啤酒，另类的滋味

啤酒可以说是一种偏于平民的饮料，许多人虽然喜爱，但不讲究。不信，问一下有关英式的 Ale 与德式的 Lager 之间的区别，肯定大多数人是回答不出来的。当然普通的啤酒爱好者或许不愿意费时费力去弄懂这里面的种种区别，不过行家的另一个建议就必须认真对待了：一年四季都有不同的美味啤酒可供爱好者们享用。

春季：适宜这个季节饮用的啤酒，主要集中在德国，特别是巴伐利亚的首府——"啤酒之城"慕尼黑，以口味与酒色同样浓重的 Lager 啤酒为主。不少对德国啤酒略有所知的人都会说出"Paulaner"这个词，而 Paulaner Salvalor 这个由 17 世纪的修道院僧侣创立的啤酒品牌，以浓厚的酒液、丰富细腻的泡沫、深棕红的酒色著称，特别是其口感浓烈，混合了巧克力、焦糖与巴伐利亚苦酒花的味道，最适合春天饮用。

夏季：夏天被喻为"啤酒的季节"，目前国内绝大部分品牌啤酒都十分适合在炎热的夏季饮用，其实海外的情况也大同小异，不过行家为了追求极致的享受也会有一些极为特别的建议。除了冰凉以外，更加爽口，英国的 Ale 风格啤酒是行家的最爱。Hopback Summer Lightning 从 20 世纪 80 年代中后期开始，就以特别的清爽与较"干"的风格赢得了啤酒品尝大家的喜爱。除了英国以外，比利时以及南非等均有特别适合夏季品尝的"清淡型"啤酒，这些酒虽然从黄到红以及黑深浅不一，但都充溢着丰富的气泡与较"干"的味道。

盛夏喝啤酒的人日渐增多。夏天如何饮用啤酒，也有不少学问：

（1）切忌喝变质的啤酒。变质的啤酒不仅没有营养，而且还对人体有害。瓶装啤酒，一般保质期为三个月。买散装啤酒，要用清洁的盛器装，最好不要用装过开水的暖瓶，因为暖瓶中碱性的水垢与酸性的啤酒会发生中和反应，直接破坏啤酒的质量和风味。

（2）要防止泡沫消失。啤酒中泡沫的主要成分是蛋白质和碳酸气。泡沫可使酒花的苦味和酒精的刺激变得柔和、爽快，为保持泡沫，啤酒的盛器不应沾油腻，而且以缩口的玻璃杯为好。

（3）忌照。啤酒对光敏感，曝光的啤酒，营养成分易被破坏，特殊的香味也会消失。

（4）喝啤酒要适量，正常人适量饮些啤酒，是能起到消热、解毒、健胃、利尿、增进食欲、帮助消化、消除疲劳等作用的。若过量饮用，则可造成对健康的危害。酒量大小因人而异，每天量以不超过两杯为好。

秋季：到了金秋十月，品尝啤酒的行家又得回到慕尼黑，那里有着醇美浓厚的上等啤酒。Steiner Marzen 的麦香合着泡沫的升腾，给人以更加变化多端的深沉感。其实，其他的巴伐利亚啤酒如 Oktoberfestbier 等莫不如是。但有些人还是觉得天气渐凉，应该到英国去享受更加浓重的 Ale。

冬季：我们都知道，啤酒是炎炎盛夏降温防暑、解渴止汗的清凉饮料，尤其是在啤酒中放些冰淇淋或冰块，使其泡沫丰富、甜苦适度，不仅别具独特风味，更是开胃消暑佳品。但是啤酒也是寒冷冬天宴席餐桌上的美味佳品这一点却鲜为人知，实践证明，啤酒温度在 15℃ 时饮用，味道醇正，爽口舒适，太热则酒味苦涩，太凉酒味又淡薄，因此，冬饮啤酒，应先用 30~40℃ 的温水将未开瓶的啤酒加热至 15~20℃，然后摇动均匀倒入杯中饮用，同时可以领略到啤酒细腻的泡沫，幽雅的清香和醇正的口味，令人舌下生津，胃口大开。此可谓夏饮"冰啤酒"，冬饮"暖啤酒"，盛夏隆冬两相宜。

不宜喝啤酒的八类人

含有丰富的营养成分，适量饮用能增进食欲，促进消化，散热解暑和消除疲劳。但是，对酒精过敏或不宜饮酒的人来说，喝啤酒不仅不是一种享受，反而还会带来诸多的麻烦，甚至危及生命。

医学研究证明，下列八类人群应忌饮或慎饮啤酒：

1.糖尿病患者

一升 12 度的普通啤酒，产生的热量相当于 800 毫升牛奶或 500 克瘦肉，或 250 克面包。若糖尿病患者大量饮啤酒又不控制其他食物，会使血糖升高，导致酸中毒，使病情恶化。

2.高血压患者

啤酒中富含酪酸，能促使交感神经纤维中的肾上腺素释放，全身小动脉强烈收缩，使血压剧升，甚至引发高血压危变。

3.慢性胃炎患者

慢性胃炎患者饮用啤酒可抑制或减少胃黏膜合成前列腺素 E,造成胃黏膜损害,引起腹胀、胃部灼烧感、嗳气、食欲减退等。

4.孕产妇

啤酒是以大麦为原料酿制成的,中医认为,大麦有回乳作用,用其配制的啤酒会抑制乳汁的分泌,影响母乳喂养。而且酒精会通过脐带或乳汁传递给孩子,影响孩子的大脑发育。

5.泌尿系统结石患者

有泌尿系统结石的病人,应尽量少饮甚至不饮啤酒。据研究,在配制啤酒的麦芽汁中,不但含有钙和草酸,还含有乌核苷酸和嘌呤核苷酸等,它们相互作用,能使人体中的尿酸量增加,促进肾结石的形成。

6.肝病患者

有急慢性肝炎的人,其肝脏功能不健全,乙醇和乙酸代谢生成的乙醛,可导致肝细胞坏死或变性,同时也影响肝脏对蛋白质、胆红素、药物等的代谢功能,导致肝病复发或加重,并且还容易导致酒精性肝炎的发生。

7.痛风患者

饮酒可使痛风发作,特别是啤酒的危害更大。啤酒能够增加血清中的酸性水平,能够使尿液中的酸性晶体集结在一起,从而引起、加重痛风。

8.服用药物者

痢特灵等药物可增加机体对啤酒的敏感性,引起恶心、呕吐、腹痛、腹泻、呼吸困难等不良反应;此外,啤酒可增加解热、镇痛、感冒药对胃肠道的刺激作用,因此,在服用上述药物时,应忌饮啤酒。

第三节　葡萄酒的鉴别

历史悠久的葡萄酒

关于葡萄酒的起源,众说纷纭,有的说起源于古埃及;有的说起源于古希腊;还有的说起源于希腊克里特岛。而据现有的葡萄酒档案资料来,确切地说,应是一万年前我们共同的祖先酿造了葡萄酒,从而随着葡萄酒文化流传到了今天。

据可考的资料记载，葡萄栽培和酿造技术，是随着旅行者和新的疆土征服者，从小亚细亚和埃及，在到达希腊及其诸海岛之前，先流传到希腊的克里特岛，再经意大利的西西里岛，北非的利比亚和意大利，从海上到达法国濒临地中海东南的瓦尔省境内靠海的普罗旺斯地区和西班牙沿海地区，与此同时，通过陆路，由欧洲的多瑙河河谷进入中欧诸国。

不管是哪种起源说，我们的祖先，在上述最早的发源地，在生活和劳动中，偶然发现了在大自然中早已生长着的野生葡萄，从而酿造出最原始的饮料，也就是我们称为的"葡萄酒"。人类随着火的发现和应用，而进入捕鱼、狩猎、家畜饲养和农业的时代。在此漫长的岁月中，谷物种子和葡萄苗木或葡萄蔓藤一起流传于世，为人类的生存和发展，做出了巨大的贡献。

据考古记载：在古埃及，特别在尼罗河河谷地带，从发掘的墓葬群中，考古学家发现一种底部小圆，肚粗圆，上部颈口大的盛液体的土罐陪葬物品，经考证，这是古埃及人用来装葡萄酒或油的土陶罐；在希腊，在考古发掘中，在一座古墓窟里，发现墓壁上有一幅公元前二世纪的浮雕：希神阿波罗和胜利女神共向造物主敬献葡萄的景观。在埃及十八代王朝时期的纳黑特古墓中，发掘出一幅壁画，上面画有一站着面略向左侧身穿一身白色服装的贵夫人，从其左脚跟起，经头部向右脚跟，用一串葡萄蔓藤叶饰物围着，而在其两侧，左为一狼头人身，右为一美丽年轻的侍女，他们各擎一长圆形酒杯似向女主人从头上浇葡萄酒之状。

据史料记载：耶稣基督诞生约离现今 4000 年时，此时的埃及，虽然它的农业、手工业和航海业已很发达，但其进步的曙光才刚刚露头……但到公元前1085 年左右，相传埃及神话中的地狱神奥西里斯被公认为葡萄树和葡萄酒之神。在新石器时代，濒临黑海的外高加索的安纳托利亚（Aratolia）（古称小亚细亚）、格鲁吉亚和亚美尼亚，已成为部落的群居区。这是由于当时这些地区，气候温度适宜、土地肥沃，所以远离该地区的原始部族人，纷纷迁移至此定居，在绿树成荫的山丘地带种植葡萄，而在平原地区的广阔田野从事农业生产，从而使葡萄栽培和葡萄酒酿造日渐向远方流传。

据考证，我国种植葡萄并生产葡萄酒是在汉代以前。司马迁著名的《史记》里就有记载。公元前 138 年，外交家张骞奉汉武帝之命出使西域，看到"宛左右以葡萄为酒，富人藏酒至万余石，久者数十岁不败。俗嗜酒，马嗜苜蓿。汉

中华酒典

使(指张骞)取其实来,于是天子始种苜蓿,葡萄肥饶地。及天马多,外国使来众,则离宫别观旁尽种葡萄,苜蓿极望"。(《史记·大宛列传》第六十三)。大宛是古西域的一个国家,在中亚地区,这一例史料充分说明我国在西汉时期,已从邻国学习并掌握了葡萄种植和葡萄酿酒技术。西域自古以来一直是我国葡萄酒的主要产地。《吐鲁番出土文书》(现代根据出土文书汇编而成的)中有不少史料记载了公元4~8世纪期间吐鲁番地区葡萄园种植、经营、租让及葡萄酒买卖的情况。从这些史料可以看出在那一历史时期葡萄酒生产的规模是较大的。

东汉时,葡萄酒是非常珍贵的,据《太平御览》卷972引《续汉书》记载:"扶风孟佗以葡萄酒一斗遗张让,即以为凉州刺史。"足以证明当时葡萄酒的稀罕。

葡萄酒的酿造过程比黄酒酿造要简化,但是葡萄酒的酿造技术并未大面积推广,是因为葡萄原料的生产有季节性,不如谷物原料那么方便。史上内地的葡萄酒,一直是断断续续维持下来的。唐朝和元朝从外地将葡萄酿酒方法引入内地,而以元朝时的规模最大。其生产主要集中在新疆一带,在元朝,在山西太原一带也有过大规模的葡萄种植和葡萄酒酿造的历史,而汉民族对葡萄酒的生产技术基本上是不得要领的。

唐朝是我国葡萄酒酿造史上很辉煌的时期,葡萄酒的酿造已经从宫廷走向民间。李白诗曰:"葡萄酒,金叵罗,吴姬十五细马驮……"这诗既说明了葡萄酒已普及到民间,又说明了葡萄酒的珍贵,它像金叵罗一样,可以作为少女出嫁的陪嫁。唐诗中有许多赞美葡萄酒的脍炙人口的诗篇,如王翰的诗:"葡萄美酒夜光杯,欲饮琵琶马上催,醉卧沙场君莫笑,古今征战几人回?"说出了出征前的将士,贪杯葡萄酒,视死如归的英雄气概。许多人把李白的"遥着汉水鸭头绿,恰似葡萄初发醅"和宋朝诗人苏武的"认得岷峨春雪浪,初来万顷葡萄涨绿醅"理解为形容葡萄酒发酵时的壮观规模和场面:葡萄酒发酵,如波涛翻滚。这样理解虽有些道理,但和"鸭头绿"联系到一起,总觉得有些牵强。如果把"醅"字理解为"芽胚"的"胚"字,这几句诗就更容易想象:汉水初涨,鸭头泛绿,如万顷葡萄芽胚初发,一片碧绿。这样理解,可以说明当时葡萄种植的规模,也变相说明了当时葡萄酒酿造的规模。

在元代,葡萄酒已经有大量的产品在市场销售。马可波罗在《中国游记》一书中说道:在山西太原府,那里有许多好葡萄园,制造很多的葡萄酒,贩运到各地去销售。所以在山西,早就有这样一首诗:"自言我晋人,种此如种玉,酿之成美酒,令人饮不足。"说明当地老百姓把种葡萄酿造葡萄酒看成是一件很自豪的事。

明代李时珍在《本草纲目》中,多处提到葡萄酒的酿造方法及葡萄酒的药用价值。李时珍说:"葡萄酒……驻颜色,耐寒。"就是说葡萄酒能促进健康,养颜悦色。徐光启的《农政全书》卷30中曾记载了我国栽培的葡萄品种,有:水晶葡萄,晕色带白,如着粉,形大而长,味甘;紫葡萄,黑色,有大小两种,酸甜两味;绿葡萄,出蜀中,熟时色绿,至若西番之绿葡萄,名兔睛,味胜甜蜜,无核则异品也;琐琐葡萄,出西番,实小如胡椒……云南者,大如枣,味尤长。

清朝后期爱国华侨张弼士先生,于1892年投资300万两白银在山东烟台建立张裕葡萄酿酒公司。聘请奥地利人拔保担任酒师,引进120多个酿酒葡萄品种,在东山葡萄园和西山葡萄园栽培,并引进国外的酿酒工艺和酿酒设备,使我国的葡萄酒生产走上了工业化大生产的道路。

综观上述史话,葡萄酒为全人类提供了一种全新的饮料,也为人类社会的生存和发展提供了幸福的源泉。至于葡萄酒的起源说,已并不重要,让它成为留待史学家们继续去挖掘和研讨的学术问题;而对于现代人来说,饮葡萄酒,尤其是名贵的葡萄酒,则是一种美好的享受,并为人类创造了一份不小的财富。

酿造葡萄酒的葡萄种类

葡萄的品种不同,葡萄酒的味道、特性也有很大差异。全世界的葡萄有几千种,但可以用来酿造葡萄酒的,只有50多种。主要分为白葡萄和红葡萄两种。

1.白葡萄:白葡萄酒和香槟酒用此酿制而成,色泽包括青色和黄色等。

(1)雪当尼,主要产自法国,美国加利福尼亚州也有种植,是酿制白葡萄酒和香槟酒的主要葡萄。

(2)白苏维安及白富美,主要种植于法国的波尔多区、卢亚区和美国加利福尼亚州,用以酿造上好的白葡萄酒。

(3)白雪尼,法国卢亚区和干邑区种植的葡萄,可以酿造甜白葡萄酒和白兰地。

(4)雷斯令或意斯林,是一种种植面积最广的葡萄,法国、德国、美国、中国等地都有种植,用它可酿造白葡萄酒。

（5）斯万娜，种植区域也很广，主要是法国、德国、澳大利亚、美国、加拿大等地，能酿造清新可口的白葡萄酒。

（6）斯美安，法国格夫区和素丹区种植，用以酿造甜白葡萄酒。

（7）目斯吉，广泛种植于全球的葡萄，种类繁多，用以酿造甜白葡萄酒。

2.红葡萄：可以用来酿造各种葡萄酒，色泽有黑、蓝、紫和深红等。

（1）甘美，主要法国勃艮第区和美国加利福尼亚州种植，用以酿造新鲜红葡萄酒和玫瑰红葡萄酒。

（2）辛范多，主要种植在法国和美国加利福尼亚州，用以酿造红葡萄酒。

（3）占美娜和格胡斯占美娜，普遍种植于法国阿尔萨斯区，德国莱茵区和意大利，可以酿制品味独特的白葡萄酒。

（4）皮诺卢亚，主要种植区在法国勃艮第，可以酿造出上乘的红葡萄酒和香槟酒。

（5）加比纳苏维安，法国波尔多区、美国加利福尼亚州和澳大利亚都有种植，在我国山东省也有种植。用以酿制上乘的红葡萄酒。

（6）美诺，主要种植区在法国波尔多区、意大利北部、瑞士等地，用以酿制红葡萄酒。

（7）雪华沙，法国龙区和澳大利亚等地都有种植，用以酿制上乘的红葡萄酒。

葡萄酒的分类

葡萄酒的品种繁多，分类方法也不尽相同。

1.按颜色分类

（1）白葡萄酒

白葡萄或浅色果皮的酿酒葡萄，经过皮汁分离。取其果汁进行发酵酿制而成的葡萄酒。这类酒的色泽应近似无色，浅黄带绿，浅黄，金黄色。颜色过深则不符合葡萄酒的色泽要求。

（2）红葡萄酒

用皮红肉白或皮肉皆红的酿酒葡萄进行皮汁短时间混合发酵，然后进行分离陈酿而成的葡萄酒。这类酒的色泽应呈天然红宝石色、紫红色、石榴红色、失去自然感的红色不符合红葡萄酒的色泽要求。

（3）桃红葡萄酒

此酒介于红、白葡萄酒之间。选用皮红肉白的酿酒葡萄,进行皮汁短时期混合发酵,达到色泽要求后进行皮渣分离,继续发酵,陈酿成为桃红葡萄酒。这类酒的色泽应该是桃红色、玫瑰红或淡红色。

2.按含糖量分类

（1）干葡萄酒

干葡萄酒指每升葡萄酒中含糖(以葡萄糖计)低于或等于 4 克。酒的糖分几乎已发酵完,饮用时觉不出甜味,酸味明显。如干白葡萄酒、干红葡萄酒、干桃红葡萄酒。

（2）半干葡萄酒

它是指每升葡萄酒中含糖在 4~12 克之间。饮用时有微甜感,如半干红葡萄酒、半干白葡萄酒、半干桃红葡萄酒。

（3）半甜葡萄酒

它是指每升葡萄酒中含糖在 12~50 克之间。饮用时有爽顺感、甘甜。

（4）甜葡萄酒

它是指每升葡萄酒中含糖在 50 克以上。饮用时有明显的甜醉感。

3.按 CO_2 含量分类

（1）平静葡萄酒

在 20℃时含有 CO_2 的压力低于 0.05MPa 时,叫作平静葡萄酒。

（2）起泡葡萄酒

在 20℃时含有 CO_2 压力等于或大于 0.05MPa 时,叫作起泡葡萄酒。

（3）低起泡葡萄酒

在 20℃时含有 CO_2 的压力在 0.05~0.25MPa 时,叫作低起泡葡萄酒(或葡萄汽酒)。

（4）高起泡葡萄酒

在 20℃时含有 CO_2 的压力等于或大于 0.35MPa(对容量小于 250 毫升的瓶子压力等于或大于 0.3MPa)时,叫作高起泡葡萄酒。

4.按含汁量分类

（1）全汁葡萄酒

葡萄原汁的含量为 100%,不另加糖、酒精与其他成分。例如干型葡萄酒。

（2）半汁葡萄酒

葡萄原汁的含量达 50%，另一半可加入糖、酒精、水等其他辅料。例如半汁葡萄酒。

5.按生长来源不同分类

（1）山葡萄酒（野葡萄酒）

以野生葡萄为原料酿成的葡萄酒,常以山葡萄酒或野葡萄酒命名。

（2）家葡萄酒

以人工培植的酿酒品种葡萄为原料酿成的葡萄酒,直接以葡萄酒命名。国内葡萄酒生产厂家大都以生产家葡萄酒为主。

6.特种葡萄酒

用鲜葡萄或葡萄汁在采摘或酿造工艺中使用特定方法酿成的葡萄酒称为特种葡萄酒。

（1）利口葡萄酒:成品酒度在 15%~22%之间。

利口葡萄酒由于酿造方法不同而包括下列几种类型：

掺酒精利口葡萄酒:指由葡萄生成总酒度为 12%以上的葡萄酒再加工制成的利口酒。可以加入葡萄白兰地、食用精馏酒精或葡萄酒精。其中由葡萄所含的原始糖发酵的酒度不低于 4%。

甜利口葡萄酒:指由葡萄生成总酒度至少为 12%以上的葡萄酒再加工制成的利口酒。可以加入白兰地、食用精馏酒精、浓缩葡萄汁、含焦糖葡萄汁或白砂糖。其中由葡萄所含的原始糖发酵的酒度不低于 4%。

（2）冰葡萄酒

把葡萄采收时间推迟,当气温低于 7℃ 以后使葡萄在树枝上保持一定时间,结冰,然后采收、压榨,用此葡萄汁酿成的酒。

（3）贵腐葡萄酒

指在葡萄的成熟后期,葡萄果实感染了灰绿葡萄孢,使果实的成分发生了明显的变化,用这种葡萄酿成的酒。

（4）产膜葡萄酒

指葡萄汁经过全部酒精发酵,在酒的自由表面产生一层典型的酵母膜后,加入葡萄白兰地、葡萄酒精或食用精馏酒精,所含酒度等于或高于 15%的葡萄酒。

（5）加香葡萄酒

指以葡萄原酒为酒基,经浸泡芳香植物或加入芳香植物的浸出液（或馏出液)而制成的葡萄酒。

(6)低醇葡萄酒

指采用鲜葡萄或葡萄汁经全部或部分发酵,经特种工艺加工而成的一种饮料酒,它所含酒度 1%~7%。

(7)无醇葡萄酒

指采用鲜葡萄或葡萄汁经过全部或部分发酵,经特种工艺脱醇加工而成的一种饮料酒,它所含酒度不超过 1%。

7.精品葡萄酒

(1)加本力苏维翁(赤霞珠)——红葡萄

加本力苏维翁是红葡萄品种中最为著名、最为丰富多彩的一种,是白莎当妮的红葡萄竞争者。加本力苏维翁葡萄皮较厚,生长于温暖的气候,在世界各地都有种植。此葡萄成熟较晚,并且需要时间在橡木桶中或酒瓶中进行陈酿,如与梅洛葡萄混合则口味更佳。在波尔多地区加本力苏维翁和梅洛的混合比例在每个古堡皆有可能不同,但此种葡萄酒的影响是深远悠长的。

口味特征:黑加仑、雪松、薄荷味、青辣椒、黑巧克力味、橄榄味、烟草味。

(2)莎当妮(霞多丽)——白葡萄

莎当妮是世界上最为时尚且最著名的葡萄品种。经典的白葡萄,源于法国的勃艮第地区,现在世界上广泛种植。酿酒师们喜爱莎当妮是因为其品种多样,用途广泛。它被广泛地用于勃艮第以及香槟的制作,酿制出来的一些酒可称为是世界上最伟大的葡萄酒。饮酒的人喜爱莎当妮是由于它的口感既不干涩又没有强烈的酸味。位于华盛顿州的哥伦比亚山峰酒厂生产的莎当妮酒是太平洋西北岸口味最好的莎当妮酒之一。

口味特征:苹果、柑橘、生梨、甜瓜、桃子、凤梨、黄油、香草、蜂蜜、辣味、苏格兰黄油。

(3)法国科伦巴——白葡萄

科伦巴葡萄所酿制出来的白葡萄酒口味柔和,清淡,果香浓郁。法国科伦巴葡萄广泛种植于美国加州中央山谷地区,由于其比较清脆爽滑的葡萄酒及与其他白葡萄品种混合平衡的能力而为人所称道。圣皮尔古堡中含有 75% 这种科伦巴葡萄成分,也是此类葡萄品种最好体现的典范。

口味特征:柑橘、苹果、甜瓜、生梨。

(4)马尔白克——紫皮红葡萄

葡萄皮近似黑色,在法国西南部的大部分地区,卢瓦山谷以及波尔多的部分地区都称之为蔻特。阿根廷的红葡萄酒大部分是由此类葡萄品种酿制而成,并在当地被称为马尔白克。马尔白克葡萄在温暖的气候中蓬勃生长,酿制出来的甘美葡萄酒色彩浓重,成熟,非常诱人,值得珍藏。此类葡萄在智利、加州、澳大利亚和意大利北部均有种植。产于阿根廷门多萨省的诺顿庄园的马尔白克葡萄酒便是此类诱人的葡萄酒的完美典范。

口味特征:黑加仑、青椒、麻辣味、樱桃以及烟草味。

(5)梅洛——红葡萄

梅洛是酿制多种芳香四溢的精品葡萄酒的基本葡萄品种。梅洛与加本力苏维翁葡萄品种很相似,但单宁味较轻,黑草莓的味道也不是很强烈。此葡萄品种所酿制的葡萄酒更为柔和,果汁味浓,较为早熟。梅洛葡萄起源于波尔多地区,而最为人们所赞赏熟识的梅洛葡萄酒来自法国的勃梅龙和圣特米隆地区。不管是与其他葡萄混合或是单独酿制成葡萄酒,梅洛都是一种现代时尚的葡萄品种,享誉世界。

口味特征:与加本力苏维翁葡萄的口味相似,但李子和玫瑰的味道浓于黑加仑,更加麻辣,具有丰富的水果蛋糕味,薄荷味较淡。

(6)内毕罗——紫皮的红葡萄

内毕罗是意大利皮特蒙地区的著名葡萄品种。它是酿制巴罗洛和巴芭罗斯克葡萄酒的基本成分。此类葡萄酿制而成的葡萄酒果香浓郁,感觉滑爽,酒体饱满,强劲,适于陈酿。内毕罗葡萄对于地区和土壤是很挑剔的,质量最好的此类品种为种植在山峡中的葡萄,在山峡中,葡萄可以在秋雾,或内毕罗的环绕中成熟,这也就是内毕罗葡萄名称的由来。此类葡萄酿制的葡萄酒是意大利红葡萄酒中最为昂贵的品种之一,口味多样,丝一般柔滑,诱人而又令人印象深刻。巴罗洛侯爵庄园酿制的巴罗洛葡萄酒便是此类诱人的红葡萄酒的最佳典范。

口味特征:皮革、樱桃、甘草、烟草味和巧克力口味。

香槟——葡萄酒之王

说起香槟,人们就会想起身着深色的玻璃礼服,头戴金色的皇冠,香槟宛如少女肩膀的曲线,修长脖颈上的一枚亮丽的项圈,即使是瓶塞也呈现出优美的线条。铁丝质封口里被禁锢的激情等你开启,高雅的标签是最雍容的华彩,更是其贵族身份的显露。酒瓶用厚实的玻璃制成,任调皮的气泡翻腾也万无一失。深色的玻璃霓裳使最强烈的日光也无法侵入。

三个世纪以来,香槟酒一直是法式生活艺术的一部分。自国王在兰斯加冕以来,香槟酒一直是国王和法国乃至全世界名流显贵餐桌上的佳酿。它不但深受文人墨客的偏爱,还是体育运动、合约签订和家庭聚会的庆典上品。香槟酒为 18 和 19 世纪的浪漫聚会送去了高雅,并融入了黄金时代的所有奇思妙想。现在,香槟酒仍是所有快乐、光荣及温馨时刻必不可少的伴侣,成为庆典中公认的象征。

最初的香槟酒是"清明透亮、新鲜淡雅并微微颤动的"。香槟制造者在对这一佳酿的特点加以完善时表现出了自己的智慧。早在 17 世纪初,他们就用白葡萄和红葡萄通过缓慢压榨的方法来生产葡萄酒,以此来获得一种少有的葡萄酒的光泽。17 世纪末,他们又发现把不同品牌、年份和产区的酒勾兑在一起,可以达到所期望的光泽的平衡。通过反复不断地品尝、调节不同成分的含量,使每种品牌特有的风格和谐地体现出来。最后是对气泡的把握,这是香槟制造者智慧的第三笔。没有奇妙的气泡就没有香槟酒,是酵母在酒窖的凉爽环境中缓慢发酵产生了气泡,二次发酵在密封的酒瓶中进行,气泡被尘封在瓶中,直到被开启。这些不知道疲倦的舞女升腾到酒面,画出一串串的"水晶珠链",带给人阵阵果香与花香。

香槟酒是在法国香槟酒区内的法定区域内生产的起泡葡萄酒。其葡萄原料的生产、葡萄酒的酿造或陈酿以及销售,都受到严格的管制。

法国历史上著名女性庞巴度夫人有一句至理名言:香槟是唯一能让女人饮用之后仍然保持美丽的葡萄酒。作为一种略酸、极顺口的气泡葡萄酒,香槟的口味非常大众化。细碎的气泡令人心情舒畅,闪烁的金黄让人赏心悦目。如果在香槟里加入微量的红葡萄酒,不仅能改善色泽,也为香槟微微地添加了一点儿红葡萄酒的涩味,甜蜜顺口之余微有浅浅酸涩残留舌根,没有什么比这款"粉红香槟"更具女性气质的了。

香槟"Champagne"一词,与快乐、欢笑同义,它一直被奢侈、诱惑和浪漫的色彩包围,是葡萄酒之王。没有人不喜欢香槟,因为它不但有如珠串般不停冒升涌起的气泡,而且拥有柔顺、清新、易于亲近的美好滋味。更有随时令欢饮时刻的心情与气氛一起 high 到最高点的魔力。最难得的是,香槟还拥有丰富多

中華酒典

元的内涵,尤其上好的陈酿香槟往往在香气、口感上呈现出特别多重的层次与馥郁、醇厚的内在质感,不管是单独品饮或佐餐都能绽放出变化多端的风味面貌。所有人,都难以抵挡香槟的慑人滋味。相传玛丽莲·梦露喜欢用香槟酒洗澡,还有人说海明威在巴黎里茨饭店下榻时,每天早餐都要喝掉两瓶香槟。至于那些富有的品酒行家,更是不惜为一瓶上品香槟而一掷千金。

如今香槟酒已经成了全世界无可替代的节庆标志,可以说每天都有人在痛饮香槟,或是为了合同签订,或是为了婴儿诞生,或是为了庆贺生日,或者干脆就是为了庆祝自己的生活。不过,可不是所有有气泡的酒都可以称为"香槟"。事实上,只有产自法国香槟区(Champagne)内的气泡葡萄酒才能使用"Champagne"之名,也只有产自法国地区的香槟酒才是正宗香槟。这个地区位于巴黎东北150公里处,占地35155公顷,遍布陡峭的山丘和狭小的平原,平原上河网密布。每年这里出产2.7亿瓶香槟酒,收入达150亿法郎。香槟地区产的白葡萄酒总爱冒气泡,这长期被看作是一种缺陷,因为有时存酒的酒桶会因此而爆炸。有意思的是,最先在17世纪制成香槟型汽酒的,是英国人。当时英国的玻璃制造工艺远比法国先进,所以能造出更为坚固结实的酒瓶来。这一点很重要,否则的话就不会有香槟酒的今天了。因为这种酒要经历两次发酵过程:第一次是从压榨机流入酒桶后进行的,第二次则是在灌入酒瓶中约一年半后开始的。英国人从香槟地区买回散装的白葡萄酒,在装瓶时加入糖以加快第二次发酵过程,这次发酵会使酒中冒出气泡。他们之所以敢这么做,就是因为知道他们的酒瓶相当结实,不会爆炸。

香槟酒真正变得尊贵起来是在18世纪初。那时凡尔赛宫经常举行盛大宴会,为国王祝酒时人们必用香槟,特别是在圣诞节等重大节日。从那时起人们开始习惯于用香槟酒欢快的气泡来迎接新年,45%的香槟都是在10月至12月这段时间被痛饮掉的。自19世纪初开始,香槟酒渐渐名满欧洲。这多亏了精明的酒商们,几年前他们就把这种酒介绍到了叶卡捷琳娜二世女皇的宫中,俄国人很快迷上了这种举世无双的佳酿。

香槟酒的种类繁多,从小瓶到大瓶,从玫瑰红到水晶白,从干而微酸到湿润稍甜,从价钱公道到漫天要价,应有尽有。当你端起一杯清凉的香槟,细细体味那在唇齿间萦绕的奇妙酒香时,你也许会想起温斯顿·丘吉尔对香槟酒的评价:我们胜利时才配喝它,我们失败时更需要喝它。

有关香槟小常识

1.香槟种类

（1）高级香槟酒——玫瑰香槟酒。凡标有"Blanc de Blanc"的，即表示此瓶酒全部用白葡萄酿成；凡标有"Blanc de Noir"的，即表示此瓶酒全部用黑葡萄酿成；凡标有"Champagne brut zero or champagne non dose"的，即表示此香槟酒不含有任何的"补充用甜酒"。

（2）无泡香槟酒——俗称"Coteaux Champenois"，它同时还被称为"Vin Nature de Champagne"。这个称呼被用在香槟区的无气泡酒上。

2.香槟的放置

香槟不要直立摆放（除非你打算于数日内饮用），正确的放置方法是横置于干爽且温度稳定的地方。

3.香槟饮用前要冷藏

饮用香槟前，必须要冷藏（6~8℃最适合），其目的是带出香槟的真正风味。冷藏方法有两种，一是喝前把香槟放入冰箱，温度固定于7℃，约一小时；其二，可把酒放在冰桶内，桶内一半冰、一半水，约20分钟即可开瓶饮用了。

4.最适宜的饮用时间

无年份香槟酒三年；有年份香槟酒四年；无泡香槟酒一年。

5.如何打开香槟酒

将香槟瓶摇晃，泡沫喷洒而出的开法，是庆功宴中的戏剧效果，既浪费又不专业。正确的开法如下：

①手旁准备一个酒杯，以防打开瓶塞时因操作失误而有大量的香槟溢出。建议将酒充分地冰镇，移动时动作小一点，尽量不要摇晃。（在20℃时一般的起泡酒瓶内气体约有3MPa的压力，而香槟酒至少有6MPa的压力，但冰到6~9℃时，瓶内气体的压力也减小到1 MPa。）

②撕开锡箔封套。起泡酒的瓶封很容易撕开，不必用什么工具。

③冰过的香槟酒要放在桌面或其他平整的物面上，一只手握住瓶塞，拇指紧紧地按在软木塞的顶端，其余手指握紧瓶颈，另一只手转开软木塞上固定用的铁丝网。

④一只手仍紧握住瓶塞以防它突然冲出，另一只手慢慢旋转瓶身。当瓶塞已松动时，请务必将酒瓶倾斜一个角度，将瓶身略微向外倾斜，但不可对着人。手掌像刹车那样控制住瓶塞，让软木塞缓缓地推出，直到听到砰的一声开瓶声。注意：控制软木塞拔出或弹出的声响，愈安静愈好。

由于瓶内气体的压力比瓶外大，有时软木塞会弹出，所以永远要把手放在软木塞上，成功地完成上述步骤。

6.有关香槟酒的凄美传说

著名的法国路易十六国王的妻子玛丽·安托瓦内特是香槟区埃佩尔纳的一个葡萄酒农的女儿，1770年才18岁的她被路易十六选为王后，埃佩尔纳的酒农为玛丽王后建了一座凯旋门，玛丽王后离家那天，全镇的人出来欢送玛丽王后。带着香槟赴巴黎的玛丽激动地打开一瓶香槟酒向欢乐的人群。然而，好景不长，1789年法国大革命爆发，玛丽王后仓皇出逃，当她逃到家乡的凯旋门时，被革命党人抓住了。"感时花溅泪"，面对凯旋门，玛丽王后触景生情，再次打开香槟，人们听到的却是玛丽王后的一声叹息。后来，为了纪念玛丽王后，从1789年至今的两百多年里，香槟区的酒农们除了盛大的庆典活动外，平时在开启香槟时，是不弄出声响的。当酒农们拧开瓶盖酒体发出"咝"的气声时，他们便会说这就是玛丽王后的叹息声。

玛丽王后画像

冰酒——酒中极品

"冰酒"这个词出现的时间并不很长，但冰酒的历史却很长，大约已经有

200 年的历史了。冰酒诞生于德国或者奥地利,但很难讲清楚具体是哪个地区,哪一家酒庄。目前,能够考证到的最早生产冰酒的时间是 1794 年,出自德国的弗兰克尼(Framconia)。另一种说法又称冰酒起源于 1858 年莱因高地(Rheingau)地区的 Schloss Johannisberg 酒庄。

在德国和奥地利的许多酒庄还广泛流传着一个冰酒诞生的传说:约 200 年前的一个深秋时节,酒庄主人外出,没能及时回来,挂在枝头的成熟葡萄错过了通常的采摘时间,并被一场突如其来的大雪袭击。庄园主人不得已,尝试用已被冻成冰的葡萄酿酒,却发现酿出的酒风味独特,芬芳异常,从此发现了冰酒的酿制方法,并传承至今。

尽管,冰酒究竟发源于哪里很难考证,但是冰酒的酿制工艺,从上面的传说可以看到可见一斑。简而言之,冰酒就是用冰冻的葡萄酿制而成的酒。

除了传统冰酒产地,德国和奥地利以外,一些世界新产地也纷纷出现,成为冰酒的新兴产区,如美国和加拿大。特别是加拿大,拥有生产冰酒的绝佳气候条件,甚至比冰酒的老家——德国和奥地利的气候条件还要适宜。要知道,在德国,冰酒并不是每个年份都能生产的,而在加拿大,在安大略湖周围的地区,几乎年年都具有生产冰酒的自然条件。

1.冰酒的定义

冰酒(英语 Icewine,德语 Eiswein)就是冰葡萄酒的意思。跟"有机"一词一样,"冰酒"在不同的国家有不同的定义。一般说来,冰酒指的是用采摘时已经冻硬的葡萄酿造的甜白葡萄酒。但在正宗冰酒产地加拿大和德国,冰酒的定义强调的是自然冰冻。《中国葡萄酿酒技术规范》中对冰葡萄酒的定义是:将葡萄推迟采收,当气温低于−7℃以后,使葡萄在树枝上保持一定时间,结冰,然后采收、压榨,用此葡萄汁酿成的酒。

冰酒最初于 1794 年诞生在德国的弗兰克尼(franconia)。当时人们就发现,留在葡萄树上的葡萄,经过了一次大的霜冻,再经过冰冻和解冻的过程之后,葡萄的糖分和味道会得到浓缩。经过 200 多年的发展,冰酒已经成为酒中极品,且真正的冰酒只有在德国、奥地利和加拿大才生产。加拿大安大略省的尼亚加拉地区是目前世界上最著名的冰酒产区。

加拿大 VQA(Vintners Quality ALliance,酒商质量联盟)对冰酒(Icewine)的定义是:利用在−8℃以下,在葡萄树上自然冰冻的葡萄酿造的葡萄酒。葡萄在被冻成固体状时才压榨,并流出少量浓缩的葡萄汁。这种葡萄汁被慢慢发酵并

中華酒典

在几个月之后装瓶。在压榨过程中外界温度必须保持在-8℃以下。

在德国,冰酒属于葡萄酒质量分级中的 Qualit tswein 等级,并受相关法律法规的约束。

在加拿大,冰酒的生产和酿造受 VQA 的管制。真正的加拿大冰酒都必须符合 VQA 的规定,以保证产品的质量。其中最重要的一条规定是:冰酒必须采用天然方法生产,绝不允许人工冷冻。这就使得冰酒的酿造变得极其困难,因为葡萄必须得到妥善保护以防剧烈的温度变化而且,由于酿造冰酒的葡萄是留在葡萄树上的最后一批葡萄,所以人们还要想办法防止鸟兽来偷食。

冰酒十分讲究葡萄的采收时间。最理想的采摘温度应该是-10℃到-13℃,因为葡萄在这个温度可以获得最理想的糖度和风味。当到了采收葡萄的时间,必须手工小心仔细地采摘。这时的葡萄产量极低,往往一整棵葡萄树仅能生产一瓶冰酒,这也是冰酒为什么如此昂贵并且通常装半瓶销售的原因。

2.冰酒的饮用和贮藏

冰葡萄酒甜性高,酸性妙,美味均衡,可独饮或与鲜奶酪、新鲜水果、桃子奶酪蛋糕、不加糖的水果馅饼或蛋糕等美味搭配。

加拿大冰葡萄酒香味丰富,有杏子、桃子、芒果、太妃糖、西番莲果、荔枝等果实的香气。

冰葡萄酒上桌前须冷藏(4~8℃),饮用前放入冰块桶15分钟或者放入冰箱2个钟头,若未饮完,密封放入冰箱可保留数周。

冰葡萄酒的贮藏:加拿大 VQA 标识的冰葡萄酒购买后即可享用,亦可贮藏5~8年,同其他葡萄酒贮藏方式一样,冰葡萄酒在阴凉、恒温下贮藏,不宜震动,在热带及亚热带国家须冷藏。

红葡萄酒——神奇的液体

现今,有许多人已养成定期购买进口红葡萄酒的习惯,甚至在家中收藏了不少颇为昂贵的红葡萄酒留待特别时刻饮用。实际上,红葡萄酒的饮用是很讲究的。

红葡萄酒入口之道

一般人喝红酒时的做法是在酒入口之前,先深深在酒杯里嗅一下,而真正懂得酒的人在品酒后一定会闻瓶塞。

第一步：酒温(冰镇后红酒味道较涩)

一般的饮用红酒的温度是清凉室温,18~21℃之间,在这个温度下,各种年份的红酒都在最佳状态下。一瓶经过冰镇的红酒,比清凉室温下的红酒单宁特性会更为显著,因而味道较涩。

第二步：醒酒(红酒充分氧化后才够香)

一瓶佳酿一般是尘封多年的,刚刚打开时会有异味出现,这时就需要"唤醒"这瓶酒,在将酒倒入精美的醒酒器后稍待十分钟,待酒的异味散去,醒酒器一般要求让酒和空气的接触面最大,红酒充分氧化之后,浓郁的香味就流露出来了。

第三步：观酒(陈酿佳酿的酒边呈棕色)

红酒的那种红色足以撩人心扉,斟酒时以酒杯横置,酒不溢出为基本要求。在光线充足的情况下将红酒杯横置在白纸上,观看红酒的边缘就能判断出酒的年龄。层次分明者多是新酒,颜色均匀的是有点岁数了,如果微微呈棕色,那有可能碰到了一瓶陈酿佳酿。

第四步：饮酒(让它在口腔内多留片刻)

在酒入口之前,先深深在酒杯里嗅一下,此时已能领会到红酒的幽香,再吞入一口红酒,让红酒在口腔内多停留片刻,在舌头上打两个滚儿,使感官充分体验红酒,最后全部咽下,一股幽香立即萦绕其中。

第五步：酒序(先尝新酒再尝陈酒)

一次品酒聚会通常会品尝两至三瓶以上的红酒,以达到对比的效果。喝酒时应按照新在先陈在后、淡在先浓在后的原则。

红葡萄酒的饮用礼节

在较低的屋温下饮用大部分红酒是适合的。如果温度过低,可以手捧着杯身利用体温来给酒加热。

与白酒类似,红酒的饮用规则也并非那样死板苛刻。传统上与红酒相搭配的菜是牛肉、奶酪食品、拌着红色沙司的空心粉以及禽肉。当然,很多人并不管主菜是什么,仅仅因为个人喜好而一直选择红酒。这时,所喝的红酒更倾向于口味清淡的波尔多干红。而勃艮第所产的红酒,口味浓郁,一般不太合适。不起泡的粉色葡萄酒也是红酒家族的一员。它们适合于冰镇后饮用,与其搭配的

中华酒典

主菜口味清淡,例如小牛肉、鱼类、水果和鸡肉。

对于一瓶好年份的红酒,如果要尽情欣赏它的美妙,就一定要仔细遵循它稍显复杂的上酒程序:

饮用前一至两天,将酒从酒窖或酒橱中取出,以最轻柔的方式把它转移至稻草编制的篮子里并保持酒瓶处于半水平的位置——比藏酒时要更立起15~20°度。然后静置至少一天的时间以待酒中的沉淀物沉至瓶底。假如您并没有专门的酒窖,酒就必须在一两天之前购买,然后遵循同样的程序准备。饮用之前一小时左右是开启瓶塞的最佳时间。当然,瓶塞上的金属箔也应同时削去,以免在倒酒时接触到酒浆而影响其品质。基于同样的考虑,瓶嘴应用一块潮湿的布擦拭干净以除去上面积攒的残渣。拔软木塞的时候要十分仔细,而拔出的瓶塞应放在酒瓶颈的旁边,让有心之人能注意到它的完好无损。

开启瓶塞后的这一个小时是酒瓶内琼浆的"呼吸期",它可以趁此时间将在酒窖保存时所吸收的霉味儿或其他的奇怪气味散发干净。为了让客人知道酒的情况,酒瓶一定要放在篮中,上面的标签也不能撕走。斟酒时要格外留意,否则酒液可能因"后冲"而从瓶嘴向瓶底回流甚至起泡,激起瓶底的沉淀。

最后,瓶中的酒显然不能倒空,要留下约一厘米深的酒液,因为这些酒液早已因沉淀而混浊。

红葡萄酒陈酿

优等的红酒都需要陈酿。陈酿一般选用在橡木桶和瓶中进行。橡木桶陈酿是在酒庄中进行,通常一至两年不等。一般而言,装瓶后的陈酿由购酒者负责,亦有例外,如利奥哈。

陈酿可以让酒中的单宁自然消耗,产生出沉稳、平滑的香气和口感。红酒最大的敌人是氧气(酒瓶中的气体是 CO_2),一经氧化,酒会变成醋。所以陈酿时瓶子要平放,使酒填充木塞中的缝隙和膨胀,以阻止空气透入。12~18℃的恒温,是陈酿过程中必备的条件。紫外线会产生氧化还原反应,亦是酒的杀手之一,再就是不能震动。

总之,如果没有酒窖或酒柜,就不要买高价酒来尝试陈酿。如果设备齐全,同一种类要陈酿的酒最好买一箱,因为每两年必须开一瓶,来欣赏陈酿中的变化,确保酒没有被氧化。

另外,酒要储存在阴暗和潮湿的酒窖中。酒标受潮发霉理所当然,历久如

中华酒典

新的酒标,反而令人发毛。只要酒的质量合格便不用担心。

葡萄酒的选购

细读瓶外标签

　　标签是用来向消费者介绍葡萄酒的产地、出厂日期、级别、原料等方面的信息的,葡萄酒也不例外。酒的品质越优良,酒标内容也会更加全面和丰富。了解葡萄酒的最佳方式是收集已享用过的葡萄酒酒瓶上的标签,许多知识都可以从瓶上的标签中学到。

法国波尔多干红葡萄酒

　　(1)产地

　　葡萄酒的质量越好,则标定的区域越小。例如,标签上只标有"法国葡萄酒"或"勃艮第葡萄酒",这种酒的品质一定不如在标签上清楚地标出产地为"Meursault"或"Volnay"的葡萄酒。如果一个城堡或领地被列在葡萄酒标签上,这说明该葡萄酒是产自特定葡萄酒厂的特定类型。以祁连的庄园红酒为例,

中華酒典

"祁连庄园"便是这种葡萄酒的出处。还有的庄园名称旁边会附带庄园的图案。

有的标签上还以较小的字体标明"产区",这点也很重要,是反映葡萄酒品质的一大依据,国际上的产区划分森严,像祁连庄园酒出自中国葡萄酒的故乡甘肃凉州,同时也意味着葡萄酒品质有保证。

(2)出厂日期

国外一般没有保质期一说,人们完全可以根据经验和知识来辨别葡萄酒的最佳饮用期。按有关法律规定必须在标签上注明保质期,可谓我国特色。例如祁连牌干红、干白葡萄酒的幼年期大致有半年至一年,这段时间的酒是在酒厂度过的,到出厂时已步入成熟期,五六年之后逐步进入衰老期。所以,按出厂日期算,五六年之内都属于葡萄酒的最佳饮用期。

(3)级别

在葡萄酒市场发展较为规范成熟的国家,酒的级别都有专门的法律规定。酒的级别大致分为两种:法定庄园级别和庄园内部级别。例如法国政府就将入流的酒庄分为一级酒庄、特别酒庄、特别特酒庄。一个庄园想从一级晋升到更高的一个级别,其审核之严格就像星级饭店晋级一样。庄园内部会根据当年的原料情况、酿制水平等确定该年品质是否出众,然后定级。有的酒庄直接在酒标上标出等级,一目了然;有的酒庄则按品质划分品牌,如果该年未能酿出好酒,某品牌就干脆不出产,这也是一些名庄园为保住金字招牌的一招。

目前,我国的葡萄酒一般按照不同产区划分,消费者按个人不同品位选择,没有严格的级别之分。

(4)生产编号

据国外有关法律规定,评上一定级别的葡萄酒为了保证产品品质,原料要精挑细选,出产数量不能太多,为了掌控数量,出产的酒必须在标签上列明生产编号。这不仅是限量生产的顺序号,也是收藏的重要依据。有的庄园,尤其是年产量不多的小庄园的酒标上也必须标有编号。更有甚者,一些庄园主为了防伪会亲笔在酒标上签名。

(5)采用原料

酿酒所采用葡萄的品种名称一般会在酒标下方中央或酒瓶背后的标签上标明。按一些国家的生产标准规定,在酒标上明示的葡萄品种至少要达到85%以上。酿制干红最佳的品种有赤霞珠、梅鹿辄等,干白则有雷司令、霞多丽(又名查多尼)等,光是听这些优雅的名字,就知道是世界级名品葡萄。

必加提语在酒标左下角或右下角会有酒精度数和容量的标记,这两点一看便知。各庄园酒标的主要内容大致相同。有的在瓶颈处或瓶背上贴有另外的小标签,有的在木塞上还印有庄园名字。有些庄园为了突出文化传统,酒标设计一成不变,只是年份不同;有的为了突出每年的特点,而采用不同年份、不同设计风格的酒标。

端看瓶中物

(1)分清沉淀

葡萄酒中一般会存在一些沉淀物。沉淀物如果有软木渣,则不影响饮用;沉淀物如果呈粒状,瓶倒立沉淀迅速下降,且酒液仍透明,则多为酒石沉淀,亦不影响其饮用;但如果酒体混浊或者有絮状物,则可能发生霉变,不宜选购。

(2)察"颜"观色

干白葡萄酒多为微黄带绿,干红葡萄酒也有宝石红、深红、砖红等多种颜色。红酒的色度随红酒的藏酿而变化,新酒通常为深红色,藏酿酒就如秋天的枫叶般,杯边处的颜色变浅,并带有淡棕色。

通常用黏度术语来描述红酒的质地,最为人知的是粗纹,即附在杯边的油状的液体滴珠。粗纹反映了葡萄酒的酒精度数和甘油含量及颜色提取程度。对于壮实的葡萄酿制的红酒,如温热气候中生长的卡本妮萧伟昂,粗纹是好现象,但对于红勃艮第,粗纹说明酿酒手法过重,且过于依赖加糖。发暗失去光泽的干红葡萄酒则不宜选购。

分辨葡萄酒的果香风味

多样丰富的果香气是葡萄酒迷人的地方之一。它的果香气基本上由葡萄的品种决定,下面我们以红酒和白酒为例:

1.红酒的果香

(1)黑醋栗 Black Currant

最常在赤霞珠(Cabernet Sauvignon)、美乐(Merlot)、品丽珠(Cabernet-Franc)、设拉子(Shiraz)等红葡萄酒中。

(2)红醋栗 Red Currant

最常在设拉子中。

（3）黑莓 Blackberry

则常在年轻的歌海娜（Grenache）、赤霞珠、设拉子、美乐、增芳德（Zinfandel）等酒中。

（4）覆盆子 Raspberry

常在品丽珠、美乐、佳美、年轻的桑娇维塞（Sangiovese）、年轻的黑比诺（Pinot Noir）、设拉子等酒中。

（5）李子 Plum

常在赤霞珠、美乐、歌海娜、设拉子、年轻的黑比诺等酒中。

（6）樱桃 Cherry

常在薄酒莱（Beaujolais）和其他佳美（Gamay）、桑娇维塞、美乐、设拉子等酒中。

（7）蔓越橘 Cranberry

常在黑比诺中。

（8）桑葚 Mulberry

常在美乐、赤霞珠、设拉子等酒中。

（9）草莓 Strawberry

常在佳美、美乐、年轻的黑比诺等酒中。

2.白酒的果香

（1）苹果 Apple

常在灰比诺（Pinot Gris）、霞多丽（Chardonnay）、密斯卡得（Muscadet）等白葡萄酒中。

（2）杏仁 Apricot

常在如灰比诺、维奥涅尔 Viognier、Oaked 的霞多丽等较成熟风味的白酒中。

（3）醋栗莓 Gooseberry

常在 FumeBlanc、长相思（Sauvignon Blanc）等酒中。

（4）葡萄 Grape

常在麝香（Moscatel）、麝香葡萄（Muscat）等酒中。

（5）柑橘 Citrus

常在清新口味的酒如长相思、霞多丽、赛美蓉（Semillon）中。

（6）葡萄柚 Grapefruit

常在年轻的霞多丽、雷司令(Riesling)等酒中。

(7)柠檬 Lemon

常在赛美蓉等酒中。

(8)朗姆 Lame

常在霞多丽中。

(9)荔枝 Lychee

常在维欧尼(Viognier)、格乌兹塔明那等酒中。

(10)芒果 Mango

常在长相思、霞多丽等。

(11)甜瓜 Melon

常在霞多丽、长相思、赛美蓉等酒中。

(12)桃子 Peach

常在维欧尼、赛美蓉等酒中。

(13)梨子 Pear

常在灰比诺、赛美蓉、雷司令等酒中。

(14)百香果 Passion fruit

常在灰比诺、雷司令等酒中。

(15)凤梨 Pineapple

常在雷司令、霞多丽、赛美蓉等酒中。

澳洲长相思、雷司令、霞多丽和赛美蓉等白酒中则常可发现热带水果香。另外,香蕉味常显示其为储存状况不佳的旧白酒。

酒杯的选择

酒和杯子完美组合,喝酒才更有情趣,因此,我们还要选择合适的杯子。

你有没有想拥有一套葡萄酒酒具的欲望? 水晶的那种,晶莹剔透得让人爱不释手。因为只有拥有了它们,才能让你尽享每一缕的袭人酒香。

酒杯的形状决定酒的流向以及酒的香味的品强度,酒杯的造型、容量、杯口的直径、杯缘吹制的处理以及水晶的厚度,决定了酒入口时的最先接触点。当把酒杯推向嘴唇时,味蕾开始全面警戒,当酒的流向被引导至适当的味觉感应区时,也产生了各种不同的味觉。而当舌头开始与酒接触时,立即会有三种信息被释放出来,那就是:质感、温度及酒的风味……

传统的一套完整的酒具应包括一个酒樽,一套水杯(又称"常饮杯",喝水和软饮料），一套红酒杯，一套白葡萄酒杯，一套香槟杯，一套烈性酒（威士忌等）酒杯。酒杯在餐桌上的摆放也有特别的讲究：从左到右，最大号杯（水杯）在最左边，最小号杯（白葡萄酒杯）在最右边。至今最受欧洲人喜爱。每一个不同杯口及杯身形状，不同杯壁厚度，不同花饰及不同设计家族的水晶杯，似乎都代表一份美丽的心情。当微醺的酒意在杯里快乐地打旋时，且不说品，单是把玩甚至静静地把它摆在客人的席前，便已美得令人无法形容了。

适于饮用葡萄酒的酒杯

酒杯的造型完全决定于酒的成分。首先，酒杯的大小很重要，它会影响到酒的香气及强度，吸气的空间需要依不同酒的特质来决定。红酒需要用大的杯子，白酒需要用中型的杯子，烈酒则用较小的杯子，如此，可以强化果香的特质而不是酒精味；其次，斟酒时，不该将酒杯倒得太满，红酒最好约4～5盎司，白酒三盎司，烈酒为一盎司。

种类多样的杯子

每一种葡萄所含的果味果酸都不尽相同，白葡萄酒的主流是 Chardonnay 和 Riesling。前者强劲，酒精含量高、果酸低、酒质醇厚；Riesling 产自北部较凉的地区，酒精含量低、果酸较高。充分体会 Chardonnay 白葡萄酒的风味要选用它的专用酒杯——杯口的设计令酒入口时先流向舌头中部，然后向四面散开，酒的各种成分产生和谐的感觉。而品尝 Riesling 所用的杯子，杯口微岔，先把酒导入舌尖，即舌头的甜味区，因此突出了果味，使高酸度的酒的酸味相对降低。

一提到红酒,人们便会想到 Carbernet Sauvignon(赤霞珠),它的果味重,酸度低,品尝时用的酒杯,可以让酒流向舌头中部,然后向四面流散,令果味和果酸产生和谐的感觉,至于 Pinot Noir(黑比诺),由于具有相当高的酸度,应该选用郁金香杯形的酒杯,杯口可以令酒先流过舌尖的甜味区,突出其果味,平衡了本来较高的酸度。酒杯虽然不会改变酒的本质,但是通过合适杯形的引导,可以让酒流进舌头适当的味觉区(舌头有四个味觉区,舌尖对甜味最敏感,舌头后面对苦味最敏感,舌头的内侧对酸度最敏感,而外侧则对咸度最敏感),从而得到最高的味觉享受。

笛形的杯一般用来盛香槟。因为笛形的杯身可令酒的气泡不会轻易散掉,令香槟更加"新鲜可口",同时非常适于女性取握。

名目繁多的品牌

Riedel:是世界上最负盛名的酒杯专业制造厂。公元 1756 年,Riedel 家族在奥地利创立了他们的第一座工厂,距今已有两百多年的历史。每年,Riedel 生产 100 万个以上人工吹制的水晶杯以及 300 万个以上机器吹制的水晶杯。全部产品畅销世界各地,可以说有喝葡萄酒的地方,就有 Riedel 玻璃杯。

Perfection:始创于 1886 年,薄而光滑的杯壁以及纤细的杯颈是雅致的经典,是完美的同义词。

Empire:制造于 1825 年,在拿破仑时期,它以厚重、富有、高贵的式样而得名,这一款酒具被用在教皇的夏宫里。

Nancy:制造于 1867 年,杯壁上有雕刻得很细致的横竖线的条饰,而成为一流的造型,Nancy 是法国 Lor~Raine 地区的中心城市名。

挑选适合你的水晶酒杯

如何挑选一款适合自己的水晶酒杯,这里面有很深的学问。

一看选料。选料精良的水晶酒杯,应看不到星点状、云雾状和絮状分布的气液包体,质地以纯净、光润、晶莹最好。

二看做工。磨工是为水晶酒杯进行加工时的一道工艺。一件做工好的水晶酒杯应考究精细,不仅能充分展现出水晶制品的外在美(造型、款式、对称性等),而且能最大限度地挖掘其内在美(晶莹)。

三看抛光。水晶酒杯的身价与抛光的好坏密切相关。水晶酒杯在加工过程中要经过金刚砂的琢磨,粗糙的制作会使水晶表面存在摩擦的痕迹。好的水晶酒杯自然透明度、光泽都比较好,按行话说法是"火头足"。

葡萄酒的饮用

一直以来，葡萄酒都是身份的象征，当我们拿起高脚杯品尝葡萄酒的时候，高贵而优雅的感觉总是会随着那剔透的玻璃杯流向我们全身，甚至影响我们的感觉。葡萄酒被西方国家渲染而成功塑造为贵族的象征，这与文化、市场、国情是不可分割的。

喝葡萄酒就像谈恋爱，用最坦诚的态度对待，仿佛就能品尝到爱情的存在一样，那是能幻化成美妙乐章的琼浆玉液。

葡萄酒的饮用一般分为四个步骤：上酒、开酒、醒酒和倒酒。

上酒——饮用葡萄酒的规则

在西式的餐饮文化中，葡萄酒又称为佐餐酒（Table wines）。因为被用来佐餐的饮料除了水之外，便要属葡萄酒了。

在上葡萄酒时，如有多种葡萄酒，哪种酒先上，哪种酒后上，有几条国际通用规则：

先上白葡萄酒，后上红葡萄酒；

先上新酒，后上陈酒；

先上淡酒，后上醇酒；

先上干酒，后上甜酒。

普通的酒在名牌的酒前喝；

口味酸的酒在甜酒前喝；

年头短、轻型的酒在成熟醇厚的酒前喝。

开酒——开瓶心得

优美的开瓶动作是一种艺术。国外酒侍开葡萄酒是一种专业的表演，他们的专业演出及服务水平，可以决定他们的收入。如果，我们也掌握了这门小技术，在家里宴客时，便可以好好地露一手。

优质高档葡萄酒，一般都用软木塞做瓶塞，在瓶塞外部套有热收缩性胶帽。下面介绍应如何拿掉瓶塞并应该注意什么：

1.先将酒瓶擦干净，若在家宴客，将酒标朝着客人，以便展示一下您的佳酿。

2.用开瓶器上的小刀沿着瓶口下陷处将胶帽的顶盖划开除去,用干净细丝棉布将瓶口和木塞顶部擦拭干净。注意,最好不要转动酒瓶,以防将沉淀在酒瓶里的杂质"惊醒"。也有些即饮型的餐酒,通常会有一条"开封带",只需要用手拉开即可将瓶封完美地除掉。

3.将开瓶器的螺旋体插入软木塞中心点,缓缓地转入,如用双杆拔塞器(也称蝴蝶形拔塞器),当螺旋体渐渐进入软木塞时,两边的把手会渐渐升起,当把手到达顶端时,轻轻地将它扳下,即可把软木塞拔出(但若软木塞太长,就不容易一次顺利拔出)。

如果用最普通的拔塞器,最好不要将螺丝一次全钻进去,因为不知道木塞的长短,如果过深会将木塞穿透,使木塞屑进入葡萄酒中;如果过浅,启塞时可能将木塞拉断。

开瓶时应留出一环,然后将把手扳下,把另一端的爪子扣住瓶口,一手握住瓶颈,另一只手缓慢地提起把手,若发现软木塞太长,无法顺利拔出,停下来将预先留下的一环钻体再钻入,重新上提把手,感觉快拔出时停住,用手握住木塞轻轻晃动或转动,适力拔出软木塞。

开瓶时,如软木塞断裂,请用"两夹型开瓶器"把瓶塞夹出来。

4.拔出木塞后,再用干净细丝棉布把瓶口擦拭干净,就可以倒酒品尝了。

醒酒——葡萄酒的"醒酒"

葡萄酒会随着与空气接触的时间长短而不停变化,然而是不是每一瓶葡萄酒开瓶后,都需要让它透气一段时间(所谓"醒酒")才能喝呢? 到底要用多长时间来醒酒?

实际上,这是一个至今仍没有答案的问题。的确,某些酒在开瓶后,每个小时的变化都不尽相同,细心的酒客可以从中体验出不同的风味,获得许多的乐趣,而经验丰富的品酒师更可依据酒的变化来判断酒质是否已至巅峰,或仍需要继续陈酿,这也是葡萄酒之所以引人入胜之处。但也有研究报告指出,其实醒酒并不能提升酒本身的品质,尤其是新酒(最近五年内推出的酒),因陈酿的时间较短,其实不需要醒酒,若是刻意去醒酒,反而多此一举。相反,一些陈酿已久的佳酿,在瓶子中的时间越长,会有一股"怨气",所以就需要一段时间让它透透气。通常经过陈酿后的美酒,两小时以上的醒酒时间是很正常的事,因此,若预定晚上7点要品尝,请在下午5点的时候就先开瓶醒酒。但要注意的是,马上要喝的酒不可再经长途跋涉,所以最好先把酒送至餐厅,请服务人员在一定的时间先开酒。若是信不过餐厅的服务员,开瓶后,在运送酒的途中,切忌不要让它过度晃动,以免"晕酒",虽然听起来有点儿麻烦,但是为了能品尝最佳状态的葡萄美酒,这一点点小常识还是必须清楚的。

这里所提到的醒酒时间,大多以红酒为主,因为白酒通常不需要陈酿处置。一般的白酒,只要温度够冰,基本上是不太需要醒酒的,所以当到餐厅用餐的时候,记得请服务人员将酒放入冰桶内保持低温(不是在酒里加入冰块)。这样一来,一杯杯冰凉的白酒才能秀出它的风情,沁人心脾。若您品尝的是高级的陈酿甜白酒,除了要保持低温饮用外,还要经过正确的醒酒程序,那样真正的酒香才能得以展现,品酒才会更加充满乐趣。

倒酒——如何倒酒

往酒杯里倒酒(白酒或红酒)时,不易太多,大概够尝一口就行,约为酒杯容积的1/3,最多不能超过2/5,即在标准品尝杯中倒入70~80毫升。这样,在摇动酒杯时葡萄酒可以回荡而不会溅出来,而且可在酒杯的空余部分充满葡萄酒的香气物质,以便探鼻子到杯中分析鉴赏其香气,从而能全面欣赏该酒的特性。

香槟酒(起泡酒)应分次倒,第一次倒入酒杯后,气泡会迅速地冒起,注意不要溢出杯口,待气泡消退后再倒第二次,八分满为益。

对于一些在瓶内陈酿时间较长的葡萄酒,可能会形成少量质轻的沉淀。在这种情况下,应将酒瓶直立静置,使沉淀物下沉到瓶的底部后再倒酒,倒酒时需避免晃动;或者小心地把酒从原载瓶中倒入另一个换酒瓶中,留除沉淀,这样可避免沉淀物倒入酒杯中。

·品尝葡萄酒

有位品酒家曾经说过:"每个人的一生中都会有一瓶属于自己的酒,就看你是否能耐心等待,与它相遇。如果你不喜欢品酒,是因为你还没有找到你喜欢的味道;如果你已经开始品酒,你一定可以找到你喜欢的味道并继续寻找你心动的契合;如果你一直在品酒,那你一定能找到与你契合又心动的味道,并且继续尝试如何与你融为一体的感觉。"所以,为了找到属于你自己的那一瓶酒,你一定要学会品酒。

所谓品尝,就是用人的感觉器官努力去了解、确定某一产品的感官特性及其优缺点,并最后评价其质量。葡萄酒的品尝是通过人的嗅觉、视觉、味觉对葡萄酒进行观察、分析、描述、定义、归类及分级等。

在众多的饮料当中,葡萄酒的名目繁多,气味和口感变化最大,也最复杂。比如干酒、甜酒、白兰地、起泡酒、利口酒等,品尝这些酒,都要有基本的常识。

· 品尝的分类

品尝一般分为商业品尝和技术品尝两种,商业品尝的目的是为了迎合消费者的口味,确定市场销售价格,扩大产品销路;技术品尝的目的主要是针对产品的某些缺陷,为了改进工艺技术,提高产品质量。

因此,品尝可以说是一门科学,也是一门艺术。如同欣赏一幅美丽的画或听一曲美妙的音乐,如果你没有美术与音乐方面的修养,就不可能评论出它的好与坏。一种好的葡萄酒,宛如一件艺术品,能陶冶人的情操,丰富人的物质生活和精神生活。要对艺术品进行鉴赏,就需要有一定的艺术修养。葡萄酒品尝学就是研究对葡萄酒的艺术欣赏的科学。因为葡萄酒是供人饮用的,是供人陶醉和欣赏的,所以葡萄酒的感官品尝,是鉴别葡萄酒质优劣的重要手段。

品尝是食物作用于人的感觉器官引起感觉的过程,它由化学或物理方面的"刺激"而来。在酒中有各种各样的物质能刺激人体器官,而且不仅仅是各种物质的单一刺激,而是综合的作用,在综合中的不同点,要求能比较正确地察觉与表达出来。在几秒钟内不但要把这种刺激感觉出来、记忆下来,还要用准确的词语描述出来,这也需要有一定的知识,需要有相当时间来熟悉业务,会用行业术语来表达你的感觉,还要有较长时间的练习。具备了一定的基本功之后,你就能自如地品尝了。

葡萄酒不仅仅只是一种饮料,更是一种赏心悦目的美酒。我们要懂得去品尝和鉴赏,而不是将酒倒进嘴里然后喝下就行。在西方,品酒被视为一种高雅而细致的情趣,鉴赏葡萄酒更是有钱阶层的风雅之举。品酒比较具有挑战性,要有敏锐的感觉和灵性,再付出相应的耐心和时间,便可领略其中的玄妙之处。另外,品酒在葡萄酒的相关行业也扮演着非常重要的角色,因为只有经常性地品酒才能协助建立对酒特质记忆的数据库,作为日后选酒判断的依据。

· 品尝葡萄酒的基本步骤

1.观色

(1)液面

用食指和拇指捏着酒杯的杯脚,将酒杯置于腰带的高度,低头垂直观察葡萄酒的液面。或者将酒杯置于品尝桌上,站立弯腰垂直观察。葡萄酒的液面呈圆盘状,必须洁净、光亮、完整。

如果葡萄酒的液面失光,而且均匀地分布有非常细小的尘状物,那么该葡萄酒很有可能已受微生物病害的侵染;液面具虹彩状,则说明葡萄酒中的色素物质在酶的作用下被氧化;如果液面具有蓝色色调,则葡萄酒很容易患金属破败病。除此之外,有时在液面上还可观察到木塞的残屑等。

透过圆盘状的波面,可观察到呈珍珠状的杯体与杯柱的相接处,这表现出葡萄酒良好的透明性。如果葡萄酒透明度良好,也可从酒杯的下方向上观察液面。在这一观察过程中,应避免混淆"混浊"和"沉淀"两个不同的概念。混浊往往是由微生物病害、酶破败或金属破败引起的,而且会降低葡萄酒的质量;而沉淀则是葡萄酒构成成分的溶解度变化而引起的,一般不会影响葡萄酒的质量。

(2)酒体

在观察酒时,光线很重要。在自然光或白炽灯光下可以看到葡萄酒的本色。柔和的灯光能增添情趣,特别是当你一边享用着罗曼蒂克式的晚餐一边饮着葡萄酒时,就更是如此了。在酒器背后衬白纸或白色餐巾纸有助于观察葡萄酒的色泽。

查看葡萄酒关键要看清晰度和色泽。一杯不清澈的酒是一种警告,说明该酒生物性能不稳定或者受到了细菌或化学物质的污染,从而可以判断它的澄清工序和过滤工序是否完好,保藏条件是否卫生,是否变质等等。酒的颜色应该明亮,如果缺乏亮度则表明其味道有可能呈现单调,因为酒的亮度是由其酸和品质所构成。

正常的酒一般是明亮的,好酒的亮度更是明显而具有宝石般灿烂的光泽。白酒的颜色从年轻时的水白色或浅黄带绿边到成熟后的禾秆黄、深金黄色。红酒会因酒的陈酿而颜色淡退,从紫红变为深红、宝石红、桃红、橙红,其颜色转变速度也视其品种而定。

(3)酒柱

摇动手中的酒杯,让葡萄酒在杯中旋动起来,你会发现酒液像瀑布一样从杯壁上滑动下来,静止后就可观察到在酒杯内壁上形成的无色酒柱,这被称为"挂杯现象",是酒体完满或酒精度高的标志。产生挂杯现象是由于葡萄酒中的不同液体的挥发性不一样。有时,葡萄酒中的甘油、还原糖等也会导致挂杯现象的产生。出现挂杯现象象征着酒的质量不错,但也并不是绝对的,需要整体来鉴别。

对起泡葡萄酒进行外观分析时,就必须观察它的气泡状况,包括气泡的大小、数量和更新速度等。香槟陈酿越久泡沫越少。

(4)颜色

①白葡萄酒:白葡萄酒是几乎不含红色素(花色素苷)的葡萄酒,它分为用白色品种酿成的白葡萄酒和用红色品种酿成的白葡萄酒两大类。在白葡萄酒中,我们几乎可以找到所有的颜色。主要有:

几近无色,即接近水的颜色,但也绝非无色。因为无色一般不能用于形容葡萄酒。

古人聚饮图

禾秆黄色,常用于令人愉悦的外观,而黄色则用于外观使人不太舒适的葡萄酒。

绿禾秆黄色,绿色色调较重的禾秆黄色,为大多数干白葡萄酒——特别是

中华酒典

新酒的共同颜色。

暗黄色,带黄色,但色调不是很清晰、明快。

金黄色,是陈酿甜型白葡萄酒或利口白葡萄酒的典型颜色。

琥珀黄色,为一些陈酿白葡萄酒的典型颜色,但具有这种颜色的葡萄酒,只有当其口感无氧化味时才为优质葡萄酒。

铅色,略带灰色,一般用于形容失光的葡萄酒。

棕色,除开胃酒和餐后酒外,这种颜色常为氧化或衰老的白葡萄酒的颜色。如果白葡萄酒染色(略带红色色调),则该葡萄酒带有葡萄或红葡萄酒的颜色,特别是当用红色品种酿造白葡萄酒时,容易出现这种情况,当然,如果用未清洗干净的、贮藏过红葡萄酒的容器贮藏白葡萄酒,也会出现染色现象。染色的葡萄酒,通常含有数个 PPM 的花色素苷,必须进行脱色处理。如果白葡萄酒已染色而用肉眼观察不到时,可用增酸的方法进行检验。

②桃红葡萄酒:是一种含有少量红色素略带红色色调的葡萄酒。桃红葡萄酒的颜色介于黄色和浅红色之间,因葡萄品种、酿造方法和陈酿方式不同而有很大的差异,最常见的有:黄玫瑰红、橙玫瑰红、玫瑰红、橙红、洋葱皮红、紫玫瑰红等。

③粉红葡萄酒:略带红色主要为用红色品种经压榨后用纯汁发酵酿成的桃红葡萄酒,其花色素苷含量为 10~50 毫克/升。用短期浸渍方法酿造的桃红葡萄酒(如"一夜葡萄酒""24 小时葡萄酒"等),含有 80 毫克/升以上的花色素苷,如果花色素含量大于 100 毫克/升,那么,葡萄酒的颜色就近似于红葡萄酒的颜色了。

④红葡萄酒:几乎包括所有的红色,主要有:宝石红,深红,鲜红,紫红,暗红,砖红,瓦红,棕红,黄红,黑红等。

⑤新红葡萄酒:颜色通常为紫红色,主要是花色素苷引起的。在葡萄酒的成熟过程中,单宁逐渐与游离花色素苷等结合,而使葡萄酒带有黄色色调。瓦红或砖红色为陈酿红葡萄酒的常有的颜色,而棕红色则为在瓶内陈酿十年以上的红葡萄酒的颜色。

·视觉常用术语说明

(1)澄清度

清亮透明(晶莹透明)有光泽、光亮等。

(2)混浊度

略失光、失光、欠透明，微混浊、混浊、极混浊、雾状混浊。

（3）沉淀

有沉淀、有纤维状沉淀、有颗粒状沉淀、有酒石结晶、有片状沉淀、有块状沉淀等。

2.闻香

对酒的品质做初步判断，只用看还不够的，接下来应该是用嗅觉来闻。

摇晃杯中的酒，使氧气与葡萄酒充分融合，最大限度地释放出葡萄酒的独特香气，接着把鼻子探入杯中，短促地轻闻几下，不是长长地深吸，因为嗅觉容易疲倦，尤其是当你要评试几种较浅嫩的红酒时。

葡萄酒是唯一具有层次丰富的酒香、香气和味道的天然饮料。你可以把葡萄酒称为感觉上的交响乐，它的气味和香气几乎无穷无尽，有丰富的酒香和葡萄果香，又像宝石一样，具有多面的特性，你可以极尽自己的想象来描绘它。

但酒闻起来有哪种形态的 nose？"nose"一般用来形容综合气味的"酒香"，这是品酒过程中一个非常重要的步骤。精确地指出酒的 nose，其意义就是让你辨识出酒的某些特性。

果香、芳香、醇香都属于酒香"果香"即葡萄本身散发出的香味；"芳香"是指没有经年发酵的新酿葡萄酒的气味；用"醇香"一词来描绘层次更加丰富的陈酿葡萄酒的气味。

专业人士一般喜欢分两三次来进行香气分析。第一次先闻静止状态的酒，闻到的气味很淡，因为只闻到了扩散性最强的那一部分香气。因此，第一次闻香的结果不能作为评价葡萄酒香气的主要依据。然后晃动酒杯，促使酒与空气中的氧接触，让酒的香味释放出来，再进行第二次闻香。这次闻到的香味应该是比较丰富、浓郁、复杂的。如果说第二次闻香所闻到的是使人舒适的香气的话，那么，第三次闻香则主要用于鉴别香气中的缺陷。这次闻香前，先使劲儿摇动酒杯，使葡萄酒剧烈转动，这样可加强葡萄酒中使人不愉快的气味如醋酸乙酯、氧化、霉味、苯乙烯、硫化氢等气味的释放。

在完成上述步骤后，应记录所感觉到的气味的种类、持续性和浓度，并通过酒香来鉴别酒的结构和协调程度，即酒的味道、酒精以及酸度之间的关系。

·嗅觉常用术语及说明

（1）芬芳馥郁

一种葡萄酒是否符合该条件，取决于葡萄固有香料和芳香物之间的配组与

中华酒典

土壤和发酵工艺,要使酒味的全貌充分反映出来,这是葡萄酒应该具有的优美风格的基本条件。

（2）清馨

清馨的酒充分保持了葡萄本身的果实香味,它丰满、可爱,有时微带酵母香的味道。出于蛋白质的缘故而使饮用者情绪活泼,特别是它一般保留 CO_2 较多,说明它没有老化。清新的酒可能还免不了有其他的缺点。

（3）温馨

浆浓厚花香浓含情之酒。满口的酒常常使人感觉它富饶、美不胜收。

（4）香料味

指带有各种香料味的葡萄酒。从前习惯用此勾兑香料酒,现在葡萄酒中有用带很重香料味的葡萄酿制成的葡萄酒。

（5）刺痒

一切新酒都含有 CO_2,刺痒的酒则含量更多些,属于发酵不彻底,但是已经接近于达到珍珠酒的程度。它的风味令人特别愉快,但不能持久,时常只经过几天或几个星期就已失去这个优点了。刺痒也表示一定程度的不稳定,所以难于长期保存,容易坏。

3.尝味

尝味也有一层的步骤。首先,将酒杯举起,杯口放在嘴唇之间,并压住下唇,头部稍往后仰,就像平时喝酒一样,但应避免像喝酒那样让酒依靠重力的作用流入口中,而应轻轻地向口中吸气,并控制吸入的酒量,使葡萄酒均匀地分布在平展的舌头表面,然后将葡萄酒控制在口腔前部。

每次吸入的酒量不能过多,也不能过少,最好控制在 6～10 毫升之间。酒量过多,不仅所需加热时间长,而且很难在口内保持住,迫使我们在品尝过程中摄入过量的葡萄酒,特别是当一次品尝酒样较多时。相应的,如果吸入的酒量过少,则不能湿润口腔和舌头的整个表面,而且由于唾液的稀释也不能代表葡萄酒本身的口味。除此之外,每次吸入的酒量应一致,否则,在品尝不同酒样时就没有可比性。

当葡萄酒进入口腔后,闭上双唇,头微向前倾,利用舌头和面部肌肉的运动,搅动葡萄酒,也可将口微张,轻轻地向内吸气。这样不仅可防止葡萄酒从口中流出,还可使葡萄酒蒸气进入鼻腔后部。

在口味分析结束时,最好咽下少量葡萄酒,将其余部分吐出,然后,用舌头舔牙齿和口腔内表面,以鉴别尾味。

根据品尝目的的不同,将葡萄酒在口内保留的时间一般为 2~5 秒,也可延长到 12~15 秒。如果酒在口内保留的时间为 2~3 秒,则不可能品尝到红葡萄酒的单宁味道。如果要全面、深入分析葡萄酒的口味,应将葡萄酒在口中保留 12~15 秒。

在结束第一个酒样后,应停留一段时间,以鉴别它的余味。只有当这个酒样引起的所有感觉消失后,才能品尝下一个酒样。

·味觉常用术语及说明

(1)涩味

有涩味是因为含单宁太多,这种酒特别在红葡萄酒中为数较多。饮这种酒涩的感觉较之甜、酸来得更快,但发涩些的酒不一定就是有缺点的酒。经过窖藏、涩味会降低,特别是反映苦涩的色素物质降低,尤其对红葡萄酒而言更如此。

(2)果实味

在味道上带有各种水果的味道,诸如梨的味、杏的味、桃的味以及苹果的味等。

(3)醇正

好酒具有的一个重要的条件就是醇正。所谓醇正不仅是酒中主香物质和主味物质要有美妙的组合,更重要的是酒中使人感到愉快的酸应当成为形成酒的整幅图景的主导因素。酸的后味较长。甜在醇正的葡萄酒中占主导作用,然而苦和酸配合得好的话,就会收到相得益彰的效果。醇正的酒从来不带酒精后味,而它的酸总是对舌头起着愉快和清凉的作用。醇正的酒应归入清凉酒的种类。

(4)纯净

纯净的酒的气味和味道都没有瑕疵,它既可以是天然葡萄酒,也可以是改善酒。无论天然酒还是改善酒,都可以按照"国家标准""国际标准"达到纯净的水平。那就是说,只要酒中不含任何丑恶的东西或者是什么过分的东西,酒味可口的话,就可以称它达到纯净的标准了。

(5)天鹅绒状

丰满柔和的名酒不仅色泽美丽,而且多汁。甚至使你觉不出什么酒精味,人们形容它为天鹅绒状的酒。这种酒一入口轻拂舌头,便感觉如同用手抚摩在天鹅绒上面一样舒服。窖藏的葡萄酒是最易产生这种情调的。

(6) 干净

不出什么缺点的酒被人们称为干净的酒,也就是说它是已达到正常标准的酒。倘若有一种酒人们觉出其含有土气味,或者觉出它有木桶味或软木塞的味,这种酒基本就可称为干净的酒,"干净"是人们对于上市葡萄酒的起码要求。酵母成分会把酒搞得不干净,不过这不是指新酒而言,因为新酒要经过几道澄清,所以新原酒含有酵母味是自然的。但是如果酒放置一年以后仍有酵母味,说明酒后阶段处理得不正确或不及时、不彻底,也就算不上是干净的酒了。

(7) 含脂肪

这样的酒表现为满口而多汁,给人留下的不是年轻的味道,而是走向成熟的味道,其味丰满、优美、饶有余味。

(8) 酒尾

当酒经过上脖进入咽道时,它的味道便会逐渐减弱,内行称其为"酒尾巴"。它可以是愉快的,也可以是不愉快的,另外还有小尾巴的说法,那是指后味太弱。这样的酒仍然可认为可爱,但是如果酒味在咽喉处一扫而过,这就认为此酒没有尾巴,也就是后味过于贫乏。更进一步地说,酒味所应有的饱满和美丽如果忽然一去无踪,那就根本不在美酒之列了。

(9) 飞溅

如果葡萄酒的 CO_2 含量高,那么在斟杯时,不仅能使人"尝"到它,而且还可以"看"到它。内行把这种酒叫作"飞溅"的酒。

(10) 强烈

其特点在于酒精味浓,在酒味整体图中酒精味最突出。假若酒精味强烈到"威胁"的程度,那已造成"烧酒味",使人们认为是酒精饮料了,因此这种葡萄酒要不得的。

(11) 甜味

指有些葡萄酒品种遗留着未转化的糖,饮用时可明显感觉到甜味。

(12) 满口

一种酒,倘若它所含的甘油和它的全部浆液融合得特别好,这种酒就称为是"满口"的。满口的酒总为多汁的酒,它的酒精度比较高,而酒精味又不突出,那就是人们比喻为可以放在嘴里"嚼"的葡萄酒的原因。

(13) 滑润

滑润是对一种柔和的、协调的葡萄酒而言。由于葡萄酒经过窖藏、澄清和过滤等处理,因此显出"滑润"。滑润的酒容易被认为是用一般的葡萄品种酿造的。

· 品酒的最佳温度

酒的温度会影响酒的品质因此品酒也要注意酒本身最适饮用的温度。不同种类的葡萄酒有最能表现其品质的温度。由于品尝员是带着挑剔的眼光进行品尝的,所以,并不一定能在减轻葡萄酒缺陷和提高其质量的最佳条件下进行品尝。所以,实际上多数专业品尝都是在酒温为15~20℃的条件下进行的。

葡萄酒的最佳品定温度范围一般是:

白葡萄酒和桃红葡萄酒的温度范围是12~14℃,放置冰箱(不是冷冻室)约一小时后的效果;

红葡萄酒的温度在16~18℃,放在冰箱里约一小时;

起泡葡萄酒的温度在8~10℃;

利口酒和甜酒的温度在8~10℃。

品白酒时,加上冰桶效果会更好;

红酒因为有回温的顾虑,建议直接以室温品酒为佳;

品香槟时,冰桶加冰块不可少。

葡萄酒的最佳品尝温度和最佳饮用温度不一定完全一样,但葡萄酒如果控制在适宜的温度饮用,其风味会更佳。

一般来说,年份近的、清淡的白酒饮用温度要比浓郁的白酒更低。甜白酒应冰到6℃左右,清淡的白酒可冰到6~10℃,而酒精度、酸度及品质较高的年份近的白酒,其适饮温度约在10~12℃,淡雅的红酒约在12℃左右饮用最佳,酒精度稍高的约在14~16℃,口感浓郁丰厚的约在18℃左右,但最高不要超过20℃。因为温度太高会让酒快速氧化而挥发,使酒精味太浓,气味变浊,而太冰又会使酒香味冻凝而不易散发,易出现酸味。起泡酒的饮用温度也应在4~6℃左右最佳。

· 葡萄酒与食物的巧搭妙配

葡萄酒与食物搭配不成文之定律:

咸味葡萄酒加强食物的苦味;

酸味的葡萄酒令甜味食物更甜;

甜味葡萄酒减轻食物的咸、苦和酸的味道;

中華酒典

苦味葡萄酒可中和食物的酸味。

葡萄酒与食物相互影响彼此的口感是很明显的,如果配得好可以说是相得益彰。那么什么状况算是好的搭配呢? 因为食物可使葡萄酒的单宁酸软化和降低酒的酸度,而葡萄酒可使食物的味道增强,促进食欲、帮助消化,不过这种食物与葡萄酒的搭配宛如婚姻一样,总有一方想去支配一方,以至于不是食物的口味过重,就是葡萄酒的气味过于突出,所以必须避免这样的情形发生。一般的,和谐、滑顺是食物与葡萄酒搭配的最高境界。

·葡萄美酒夜光杯

美好的月光,美味的佳肴。此时此刻,一杯上好的法国葡萄酒会让月光更美,让我们的心更沉醉。

中国的很多菜式都能与葡萄酒搭配,在这里无法一一帮你列出所有可能的组合,因此只列举一二。

(1)海鲜和贝类

搭配香槟和不甜白酒最为适宜。根据你个人的口味可选择清淡的 Sancerre、Muscadet、Pouilly Fume 和 Rhone 等。

(2)鸡肉和猪肉

这两种肉口味细微,但也有很多变化。当使用清淡的调味料或快炒时,以上所有的建议都是很好的搭配,但猪肉如被烤成"叉烧",那么可以搭配一瓶清淡到中稠度的红酒。海南鸡饭与香槟、Chablis、Macon~Villages、Alsace Riesling,甚至与较浓的 Meursault 搭配都颇是美味。

(3)广东点心

如果是油炸的点心,搭配香槟和清淡、新鲜的白酒最佳,包括 Entre~deux~Mers、Muscadet、Pouilly Fume、Sancerre 以及来自 Alsace 的 Pinot Blanc、Sylvaner 和 Riesling。若是蒸的虾子、豆腐皮、鸡肉或猪肉,则可搭配一瓶中稠度到浓郁丰厚的白酒。若是芋头角、烤鸭和其他肉类,那么搭配红酒较好,包括 Rhone、Bearjolais Crus 和 Bordeaux。

(4)鸭肉

鸭肉在中国菜中是非常普遍的,包括北京菜、广东菜、四川菜和潮州菜。若是熏鸭或烤鸭,可以选择清淡到中稠度的红酒,如 Beaujolais、Chinon、Rhone 或 Burgundy。若是带有肉汁的(如潮州酱鸭),则可搭配较浓郁丰厚的 Bordeaux 或 Rhone(Hermitage、Chateauneuf~du~Page、Cote Rotie)。

（5）四川菜

四川菜通常又辣又油,若使用白肉或是海鲜贝类,可选择香槟或新鲜爽口的白酒。若是其他材料,则搭配 Rhone 红酒,包括 Cote Rofie、Chateauneuf～du～pape、Gigondas 和 Hermitage。

（6）鱼翅

香槟是最完美的搭配,当然在汤中还要加上一滴干邑白兰地。

（7）香菇

菜肴中如果带有大量的香菇,红酒是最佳搭配,包括中稠度到浓郁丰厚的 Bor-deaux、Burgundy、Rhone 和 Beaujolais Crus。

（8）咖喱和其他辛辣食物

当菜肴中有太多辣椒和椰浆时,要尽量避免搭配葡萄酒。如果食物不是很辣,可依据菜肴中的成分,看看是海鲜、贝类、白肉或红肉选择香槟,或带点辛辣的白酒如 Pouilly Fume 或 Graves,或简单便宜的 Rhone,或 Bor deaux 红酒。

葡萄酒与食物的搭配不仅是一种艺术,而且也充满了无尽的趣味,所以不要过度地复杂化。葡萄酒与食物的搭配仿佛是一场比赛,搭配错误也没什么损失,反而是累积另一种难得的经验。每个人都有自己饮食的背景与习性,加上后天养成的偏好口味,若有清淡白葡萄酒搭配黑胡椒牛排,或浓郁厚重红葡萄酒搭配清蒸明虾,这种偏离传统的搭配方式,对吗?

或许葡萄酒的价格有普世之认知,但最佳的搭配方式却没绝对的标准,所以遵循传统,有时倒不如服从自己的饮食惯性,来一场葡萄酒与食物搭配冒险之旅,让自己的心情快乐并善待自己的肠胃。

葡萄酒与餐食搭配的秘诀是需要注意整个餐食,而非将每道菜分开再一道又一道地去搭配葡萄酒,假如能将一顿餐食的前后安排妥当,那么葡萄酒的搭配便可非常容易地顺势而为。不过从饮食习惯上说,通常这种比较丰盛的餐食与葡萄酒搭配的时机,大部分都集中在晚餐,午餐出现的机会较少,可能这种情形带有些许的情绪与感觉吧。

当然,累积了长时间及许多人饮用葡萄酒的经验,将它们认为最恰当的饮用顺序及搭配方式一一地排列出来,并建议如此饮用方式与搭配是不错的方针,但请不要将之认为是金科玉律,不可更改。

·葡萄酒配菜三忌

葡萄酒是一种天然的、复杂的却又容易被人们所欣赏的饮品。葡萄酒与菜肴的搭配原则是酒与菜的风格不要一个压过或掩盖了另一个。葡萄酒和食物不要吵吵打打的姻缘。

一忌与海鲜为伍

葡萄酒中的单宁与红肉中的蛋白质相结合,使消化几乎立即开始。尽管新鲜的剑鱼、大马哈鱼或金枪鱼由于富含天然油脂,能够与体量轻盈的红葡萄酒搭配良好,但红葡萄酒与某些海鲜相搭配时,高含量的单宁会严重破坏海鲜的口味,葡萄酒自身甚至也会带上令人讨厌的金属味。

白葡萄酒配白肉类菜肴或海鲜也是常用的好建议。一些白葡萄酒的口味也许会被牛肉或羊肉所掩盖,但它们为龙虾、虾、板鱼或烤鸡胸脯佐餐都会将美味推到极高的境界。

二忌有醋相伴

各种色拉通常不会对葡萄酒的风格产生影响,但如果拌了醋,则会钝化口腔的感受,使葡萄酒失去活力,口味变得呆滞平淡。柠檬水是好的选择,这是因为其中的柠檬酸与葡萄酒的品格能够协调一致。

奶酪和葡萄酒是天生的理想组合,只需要注意不要将辛辣的奶酪与体量轻盈的葡萄酒相搭配,反之亦然。

三是浓香辛辣食品配酒有挑选

辛辣或浓香的食品配酒可能有一定难度,但搭配辛香型或果香特别浓郁的葡萄酒,可算找对了伴侣。

巧克力有时也对葡萄酒口味有不利的影响,有些人宣称配陈酿的赤霞珠葡萄酒能够获得成功。班费巴切托得阿奎葡萄酒配巧克力尤其是黑巧克力效果极佳,令人欣喜。这款意大利葡萄酒果香细腻而爽脆,恰到好处的天然酸度足以平衡巧克力的馥郁与香甜,同时又能使你的口腔保持舒适的清爽与洁净。

·葡萄酒的餐桌礼仪

葡萄酒的餐桌礼仪最早形成于西方,如今已逐渐为国际社会所通用。葡萄酒是西方人常用的佐餐饮料,所以一般都是先点菜,再根据菜的需要点酒。

按惯例,在开瓶前,应先让客人阅读酒标,确认该酒在种类、年份等方面与所点的是否一致,再看瓶盖封口处有无漏酒痕迹,酒标是否干净,然后开瓶。

开瓶取出软木塞,让客人看看软木塞是否潮湿,若潮湿则证明该瓶酒采用了较为合理的保存方式,否则,很可能是因保存不当而变质了。客人还可以闻闻软木塞有无异味,或进行试喝,以进一步确认酒的品质。在确定无误后,方可正式倒酒。

请人斟酒时,客人将酒杯置于桌面即可,如果不想再续酒,只需用手轻摇杯子或掩杯即可。需要注意的是,喝酒前应用餐巾抹去嘴上油渍,以免有碍观瞻,且影响对酒香味的感觉。

西方各国的宴会敬酒一般选择在主菜吃完、甜菜未上之间。敬酒时将杯子高举齐眼,并注视对方,且最少要喝一口酒,以示敬意。

在上酒的品种上,应按先轻后重、先甜后干、先白后红顺序安排;在品质上,则一般遵循越饮越高档的规律,先上普通酒,最高级酒在餐末敬上,如被誉为"红酒瑰宝"的张裕解百纳干红,因使用国际精品葡萄精心酿造,属于高级酒种,在餐末饮用将给人带来无穷的回味。需要注意的是,在更换酒的品种时,一定要换用另一杯具,否则会被认为是服务的严重缺陷。

我国的葡萄酒礼仪大体上依照国际惯用做法,只是在服务顺序上有所区别:斟酒等服务一般为主宾、主人、陪客、其他人员;在家宴中则先为长辈,后为小辈,先为客人,后为主人。而国际上较流行的服务顺序是先女宾后主人;先女士后先生;先长辈后幼者,总之,妇女处于绝对的优先地位。

葡萄酒的保健作用

我们通常都认为,生活上的享受总是与身体健康背道而驰,而葡萄酒却向我们证明了,只要不过度,享受和健康是可以兼得的。1992 年,美加流行病学家艾利森指出:在法国,人们经常食用富含脂肪类的食品,法国人平均胆固醇含量也都不低于其他国家,但法国患心脏病死亡的比例,在各工业化国家中却是最低的,它的发病率只有美国的 60%,而平均寿命比美国人长寿的秘方,就在于经常饮用葡萄酒,以及其他饮食和生活习惯的协调。

1.增进食欲

葡萄酒鲜艳的颜色,清澈透明的体态,令人赏心悦目;倒入杯中,果香酒香扑鼻;品尝时酒中单宁微带涩味,能促进食欲。所有这些都会使人体处于舒适、愉快的状态中,因此有利于身心健康。

2.滋补作用

葡萄酒中含有人体必不可少的营养素,如氨基酸、糖、矿物质等,它可以不经过预先消化,直接被人体吸收,特别是对体弱者,经常饮用适量葡萄酒,对恢

长城干红葡萄酒

复健康有利。葡萄酒中的酚类物质和奥立多元素,具有氧化剂的功能,可以防止人体新陈代谢过程中发生的反应性氧对人体的伤害(如对细胞中的 DNA 和 RNA 的伤害),这些伤害是导致一些退化性疾病,如白内障、心血管病、动脉硬化、老化的因素之一。因此,经常饮用适量葡萄酒具有防衰老、益寿延年的功效。

3.助消化作用

葡萄酒是蛋白质最优良的佐餐饮料。它可以刺激胃酸分泌胃液,每 60 ~ 100 克葡萄酒能使胃液分泌增加 120 毫升。葡萄酒中单宁物质,有增加肠道肌肉系统中平滑肌肉纤维的收缩、调整结肠的功能,对结肠炎有一定疗效。甜白葡萄酒含有可山梨醇,有助于消化,可防止便秘。

4.减肥作用

葡萄酒有减轻体重的功能,每升干葡萄酒中含 525 卡热量,这些热量只相当于人体每天平均需要热量的 1/15。饮酒后,葡萄酒能直接被人体吸收、消化,在四小时内全部消耗掉而不会使体重增加。所以经常饮用干葡萄酒的人,不但能补充人体需要的水分和多种营养素,还有助于减肥。

5.利尿作用

在一些白葡萄酒中,氧化钾、硫酸钾、酒石酸钾含量较高,具有利尿的作用,可以防止水肿,以维持体内酸碱平衡。

6.杀菌作用

人们很早就认识到葡萄酒的杀菌作用。例如:感冒是一种常见的多发病,葡萄酒中的抗菌物质对流感病毒有抑制作用,传统的方法是喝一杯热葡萄酒或将一杯红葡萄酒加热后,打入一个鸡蛋,搅拌一下,即停止加热,稍凉后饮用。有关研究证明:葡萄酒的杀菌作用是因为它含有抑菌、杀菌物质。

7.提高有益胆固醇的作用

一项英国的研究资料显示,每天喝一至两杯红葡萄酒的人,体内高密度脂蛋白(一种对人体有益的胆固醇)升高了37%。另一项美国的研究也发现,每月饮酒4~30杯的女性比一月饮酒不到四杯的女性的高密度脂蛋白要高。

专家提醒大家:没有饮酒习惯的人,最好保持滴酒不沾;喜爱喝酒的人,最好能节制酒量。每天适量饮用葡萄酒,男性不超过四杯,女性不超过二杯(以一杯含有十克酒精成分、120~150毫升的葡萄酒为标准)。且喝酒时一定要慢慢品用,而且要进食菜肴。

葡萄酒对某些疾病的辅助治疗作用

1.葡萄酒与心血管病的防治

葡萄酒中含有原花色素具有稳定构成各种膜的胶原纤维,抑制组氨酸脱羧的分解,避免产生过多的组氨,降低血管壁的透性,防止动脉硬化的作用。另外,原花色素还有预防梗塞死亡的危险的功效。据美国医学研究会统计资料表明:喜欢饮用低度葡萄酒的法国人、意大利人,心脏病死亡率最低,而喝烈性酒多,葡萄酒少的美国人、芬兰人,心脏病死亡率则比较高。

2.葡萄酒对脑血栓的防治作用

葡萄酒中的白藜芦,是一种植物抗毒素,能抑制血小板凝聚。在红葡萄酒中每升含一微克左右,而在白葡萄酒中只含0.2微克。实验表明:即使将红葡萄酒稀释1000倍,对抑制血小板的凝聚作用仍然有效,抑制率达42%,可减少脑血栓的发生。

3.葡萄酒可防治肾结石

德国科学家的研究中显示,饮用适量葡萄酒可以防止肾结石。慕尼黑大学医学研究所的医学家们最近指出:通过多饮用饮料来防止肾结石的传统说法并不科学,最重要的是要看饮用何种饮料。通过对 4.5 万健康人和病人的临床观察,研究人员确认,经常饮用适量葡萄酒的人,不易得肾结石。研究人员还发现,适量饮用不同饮料的人,得肾结石的风险也不一样,每天饮用 0.25 升咖啡的人,得肾结石的风险要比无此习惯的人低 10%;常饮红茶则要低 14%;而常饮葡萄酒的人得肾结石的机会最小,得病的风险要比无习惯的人低 36%。

4.葡萄酒可预防乳腺癌

最新研究结果发现:以葡萄酒饮料,喂养已诱发得了癌症的老鼠,发现葡萄酒对癌症有强烈的抑制作用。美国伊利诺伊药科大学的研究人员,选用了桑葚、花生、葡萄进行研究,结果发现葡萄皮中抗癌活力最强。美国科学家最近发现,葡萄酒里含有一种可预防乳腺癌的化学物质,位于旧金山葡萄酒研究所的罗伊·威廉姆斯在华盛顿举行的记者招待会上说,他们在红葡萄酒和白葡萄酒中发现一种有预防乳腺癌作用的物质。因为这种物质能抗雌激素,而雌激素与乳腺癌有关。

5.葡萄酒能抑制脂肪吸收

日本科学家在研究中发现,红葡萄酒能抑制脂肪吸收,用老鼠做试验,发现老鼠饮用葡萄酒一段时间后,其肠道对脂肪的吸收变缓,对人做临床试验,也获得了同样的结论。

6.红葡萄酒防治视网膜变性

美国哈佛大学的一项研究显示:红葡萄酒能防止黄斑(视网膜)变性。试验证实:经常饮用少量红葡萄酒的人,患黄斑变性的可能性比不饮用者低 20%。黄斑变性是由于有害氧分子游离,使机体内黄斑受损,而葡萄酒,特别是红葡萄酒中含有能消除氧游离基的物质——白藜芦醇,能保护视觉免受其害。

7.葡萄酒有助于提高记忆力

科学试验结果显示:适量饮用葡萄酒,具有提高大脑记忆力和学习能力的作用。两位来自米兰大学的医生经过大量实验发现,适量饮用葡萄酒将促使大脑内产生一种化学物质,这种物质能促进一种与神经细胞记忆有关的物质生成。据测定:饮用葡萄酒后这种物质的生成量比未饮者增强大脑的记忆力和学习能力。另一位医生发现,肥胖患者在减肥期间适当饮用葡萄酒,将保持旺盛的精力,不会因为节食而萎靡不振,导致记忆力减退。

8.葡萄酒能防治感冒

迄今为止全世界对流行性感冒尚无良策,因为流行性感冒的病毒对大多数药物都有抗药性。但是,人们发现:常饮葡萄酒的人群,很少感冒。这一现象引起了科学家注意,他们把红、白葡萄酒和葡萄原汁加在病毒培养液中进行试验,结果是:单纯疱疹病毒各柯萨奇病毒等常见感冒病毒,在葡萄酒和原汁中都可丧失活力,其中葡萄皮浸出的原汁效果最好。因此科学家认为,这是因为葡萄含有"苯酚"类化合物,能在病毒体表形成一层薄膜,使其难以进入人体细胞,从而达到防治感冒的作用。由于"苯酚"主要存在葡萄皮上,所以感冒时,饮用热的红葡萄酒,可减轻感冒症状和预防感冒。

9.红葡萄酒可降低患老年痴呆症的几率

每天饮用适量的红酒,能有效预防老年性痴呆症和阿兹海默症。每天以高脚杯饮用3—4杯红酒的人,阿兹海默症的发病率与完全不喝酒的人相比不到1/4。至于包含阿兹海默症的全部老年痴呆症,每天以高脚杯饮用3~4杯红酒的人,其发病率是完全不喝酒的人的1/5。

据科学研究发现葡萄酒中的某种物质可以降低痴呆症的发生率,可以根据这种物质研发出痴呆症的治疗和预防方法。这可能是一种抗氧化物,它可以防止脑细胞受损。这种物质在红葡萄酒中的含量很高。

10.红葡萄酒能防衰抗老

红葡萄酒也是一种美容养颜的佳品,因此深受女士们的喜爱。红葡萄酒能防衰抗老。这就包括延缓皮肤衰老,使皮肤少生皱纹。除饮用外,还有不少人喜欢将红葡萄酒外搽于面部及体表,因为低浓度的果酸有抗皱洁肤的作用。虽然,饮用红葡萄酒的好处非常多,然而也要注意适量。专家认为,饮用红葡萄酒,按酒精含量12%计算,每天不宜超过250毫升,否则会危害健康。

11.红酒可预防动脉硬化

科学证明,红酒中含有的聚酚能抑制LDL(坏的胆固醇)的氧化。为了预防动脉硬化,当务之急就是减少LDL的量,如果不幸LDL的量已经增加,那么如何预防LDL的氧化则是要点。

红酒中含有能预防氧化的聚酚,科学研究证明,在人体的LDL中加入以浓缩红酒酒精散发出的浓缩聚酚,和对LDL有抗氧化作用的维生素E,并加入铜为氧化触媒来比较二者被氧化的情形,结果红酒中的聚酚需要维生素的一半浓度就能够预防氧化。因此可以证明红酒的聚酚具有维生素E两倍以上的抗氧

中華酒典

化能力。

12.葡萄酒可提高妇女受孕可能

丹麦的科学家最新一项研究显示,滴酒不沾的妇女不容易怀孕。丹麦的研究人员称,经常喝葡萄酒的妇女比喝啤酒和白酒的妇女更容易受孕。目前科学家尚不能定论,葡萄酒本身是否会影响生育能力,但是,经常饮用葡萄酒的妇女受孕的可能性确实很高。

以上事实表明,葡萄酒被当作是"整个世界历史长河中最古老的饮料和最主要的药物"并不夸张。

葡萄酒的贮藏

葡萄酒非常敏感,装入酒瓶之后仍然会逐渐成熟,因此保存不良的话会破坏味道的平衡。所以,要注意湿度、温度、光度、臭味、震动等影响因素。

1.温度

葡萄酒最佳的储存温度是摄氏10度恒温,而冰箱的蔬菜水果储藏室一般约在8度左右,因此葡萄酒保存的时间较长,甚至可到两年以上。不过要注意的是:若是温度太低,可能会使软木塞很快地干缩,之后冰箱里面的味道就会渗透到葡萄酒之中。

2.湿度

理想湿度为70%左右。湿度过低会造成软木塞干燥,不容易拔起;湿度过高则会使软木塞综合缩小,造成空气或有害微生物进入葡萄酒中,使酒变质。之所以保存葡萄酒时必须横躺摆放,就是为了维持软木塞的湿度。

3.光度

葡萄酒对光线相当敏感,尽管通常会采用不易透光的材料作酒瓶,阳光或日光灯都是让葡萄酒变质的原因。

4.震动

震动也会使葡萄酒过度成熟(速度过快,)从而造成劣质化(变坏)。购买餐用酒后立刻畅饮而尽,或是摆放在客厅,倒是没保存的问题。

5.平放

不论是红酒、白酒,或是香槟,要尽量让酒平躺呈水平状,以使葡萄酒与软木塞接触,保持软木塞不干缩,否则外在的空气和气味,就会渗透到瓶中破坏葡萄酒。另外,过高的温度或是温差太大,都可能会使酒质变差,丧失鲜度与个性。

那么什么样的葡萄酒需要贮藏?

在葡萄酒分级中属于日常餐酒和地区餐酒的,可随时打开喝。只有法定产区餐酒 AOC 才需要贮藏。

通常贮藏的是红葡萄酒。白葡萄酒不含单宁,所以一般不用贮藏。

葡萄酒并不是愈陈愈好,它也有生命周期。贮藏时间的长短取决于酒单宁的含量,单宁多则需要贮藏时间长。通常,好酒可以贮藏 15～25 年,其他的一般不超过 10 年。

(注:单宁——化学结构比较复杂,是一种多元酚的衍生物,此物仅能与钙、镁等金属阳离子作用,生成单宁酸盐,而且还能吸收游离的氧,特别是在碱性溶液中,是一种强氧化剂。)

第四节　黄酒的鉴别

黄酒的历史

春秋战国之时黄酒已有正式的文字记载。公元前 496 年越王勾践即位,在与吴国的争霸斗争中,酒似乎就与政治、外交及军事紧紧地连接在一起,成为一种重要的工具。从勾践战败到卧薪尝胆取得最后胜利,在史书中都反复提及"酒"这个字,这个酒,指的就是黄酒。据《国语·越语》载:在报仇雪耻的过程中,勾践为了增加兵力和劳动力,甚至出现过以赐酒奖励生育的政策,当时生男丁,可以得到两壶酒和一条狗,生女的可以得到两壶酒和一头猪。据《吕氏春秋·顺民》载,勾践出师伐吴时,民众向他献酒,他把酒倒在河的上游,与将士们一起迎流共饮,于是全军士气大振,史称"箪醪劳师","一壶解遣三军醉",而这条河就是现在浙江绍兴市南的投醪河,醪是一种带酒糟的浊酒,当时史书所记载的酒,指的就是这种酒,这也是黄酒最原始的雏形,但可能还未能表现出现今黄酒的特色。

西汉末年,王莽篡汉时,确认官酒原料与出酒比例为"粗米二斛,曲一斛,得成酒六斛之斗"。这个比例与现今淋饭酒所用原料和成酒数量的比例大致相同，可见今日的黄酒，在某些酿造方法上，是承袭西汉以来的传统并加以发展的。

煮酒在东汉时期经过一个转折，当今黄酒为人所称道，且无法取代的水源，便是源于东汉。因为东汉时期为发展农业与经济，大兴水利，公元 102 ~ 115 年间，在今禹陵乡一带建立了大型滞洪水库，从而使得现今绍兴的水利工程由小型水库晋升到大型水库，到了公元 140 年，会稽太守马臻发动民众围堤筑成鉴湖，把会稽山的山泉汇集到湖内，为绍兴地区的酿酒业提供了优质、丰沛的水源，也奠定了黄酒名闻中外的基础。

勾践三战灭吴图

魏晋南北朝时，黄酒中的花雕酒已然成形，这时期很多著作都为黄酒流传后世奠定了基础，如上虞人嵇含所著《南方草木状》，不只记载了黄酒用酒曲的制法，还记载了会稽人为刚出生的女儿酿制花雕酒，等女儿出嫁再取出饮用的习俗；另一本书贾思勰的《天工开物》，其第六十四篇"造神曲并酒"中，详细记录了制曲与酿造、保存与饮用方法，可见当时酿酒的工艺已受到重视，而被人写入书中以便流传后世。另外在南北朝时，黄酒的口味也有了重大演进，经过了一千多年的演进，黄酒已由越王勾践时的浊醪，进步成一种甜酒，清人梁章锯在其著作《浪迹丛谈》中有提到，清朝时喝到的黄酒，就是以这种甜酒为基础演变的。的确，现在的黄酒都是略带甜味的，由此可知，黄酒特有的风味，在南北朝时就已形成。

黄酒进入全面发展的阶段在唐宋时期，唐朝著名的诗人如贺知章、李白、杜甫、白居易、孟浩然等，他们都和黄酒结下了不解之缘，名人的推崇爱戴，更带动了黄酒在文人雅士之间的流传,更提升了黄酒在社交场合中的地位。到了宋朝,因为连年征战,政府需要更多经费来应付军事支出,所以为了增加税收,朝廷方面便鼓励酿酒,这个政策让黄酒的产量大增,但产量提高还要有人买才行,因此政府还要设法提高酒的销售量,最后连烟花女子也被派上用场,用以引诱民众买酒。在政府的鼓励与提倡下,原本已有深厚基础的浙江绍兴酿酒事业自然是更加发达,据载:北宋神宗熙宁十年(1077年),天下诸州酒课岁额,越州(即今绍兴)列在十万贯以上的等级,较附近各州高出一倍。可知浙江绍兴在当时已是十分知名的酒乡了。

明中期以后,绍兴的酿酒业登上了新的高峰,最明显的例子是大酿坊的陆续出现,绍兴县东浦镇的孝贞酒坊、湖塘乡的叶万源、田德润等酒坊,都是在这时建立的,当时的酒坊资金雄厚,有宽大的作场,又有集中的技术力量,甚至已有负责行销的业务人员,这些业务人员称为"水客"。在原料的采购上也步入商业化的阶段,为了应对大产量,绍兴的酒坊也不得不通过水路。向苏南丹阳、无锡等产粮区大批收购糯米作为原料,以扩大生产。因此无论从生产规模、产能以及经营方法等方面,都是过去一家一户的家酿或零星小作坊所望尘莫及的,可以说明代的绍兴酿酒业正式步入了商业化的时代。

到了清朝初期,黄酒的行销范围遍及全国各地,各大酿坊也如雨后春笋般成立,这个时期开设的酿坊,很多到现在还很活跃,现在在上海被评为最受欢迎的王宝和老酒,就是在乾隆九年时设坊开始酿造的。

因为酿坊越来越多,于是出现了产能增加、销路不断扩大的情况,黄酒的市场开始出现混乱,名称之多让人无所适从。为了改善这一现象,各大酿坊开始协商,黄酒的品项、规格和包装开始出现系统化的统一,这时候的黄酒品项,基本上统一成"状元红""加饭酒""善酿酒"三类。而包装名称也因销售地区的不同而有不同称呼,销北方的,一般称为"京装",销南方的称为"建装"或"广装",为了扩大和便利销售,有些酿坊还在外地开设酒店、酒馆或酒庄,经营零售批发业务,如章东明酿坊就在天津侯家庄开设"金城明记"酒庄,专营北方批发业务,并专门供应北京同仁堂制药用酒,年销近万坛以上。

自清末至民初时期,黄酒声誉声名远扬,1910年在南京举办的南洋劝业会上,谦豫萃、沈永和酿制的黄酒便获得金牌奖;1915年在美国旧金山举办的万国博览会上,绍兴云集信记酒坊的黄酒荣获金牌奖;1929年在杭州举办的西湖博览会上,沈永和酒坊的黄酒再夺一金;1936年的浙赣特产展览会上,黄酒又

中华酒典

获金牌奖。多次获奖,使得黄酒身价骤增,备受青睐,产量和销售量也是直线上升。

黄酒的种类

黄酒是中华民族特有的酒种,是中华民族历史上最悠久、最古老的酒种之一。历史上,黄酒名品数不胜数,迄今已有<? >年的悠久历史,是中华民族的瑰宝。

1.名目繁多的黄酒品种

数千年的发展,使黄酒家族的成员不断扩大,品种繁多,名称更是丰富多彩,但是最为常见的是按酒的产地来命名,如绍兴酒、金华酒、丹阳酒、九江封缸酒、山东兰陵酒等。这种分法在古代较为普遍。

另有一种是按某种类型酒的代表作为分类依据,如"加饭酒",指的是半干型黄酒;"花雕酒"表示半干酒;"封缸酒"(绍兴地区又称为"香雪酒"),往往是甜型或浓甜型黄酒;"善酿酒"表示半甜酒。

还有按酒的外观(如颜色、浊度等)来划分的,如清酒、白酒、浊酒、红酒(红曲酿造的酒)、黄;再就是按酒的原料来划分,如黑米酒、糯米酒、玉米黄酒、青稞酒、粟米酒等;古代还有煮酒和非煮酒的区别,甚至还有根据销售对象来分,如"路庄"(具体的如"京装",清代销往北京的酒)。

还有一些酒名,则是根据酒的习惯称呼来划分,如江南一带的"老白酒"、陕西的"稠酒"、江西的"水酒"等。除了液态的酒外,还有半固态的"酒娘"。这些称呼都带有一定的地方色彩,要想准确知道黄酒的类型,还得依据现代黄酒的分类方法。

2.最新国家标准中黄酒的分类法

在最新的国家标准中,黄酒的定义是:以稻米、黍米、黑米、玉米、小麦等为原料,经过蒸馏,拌以麦曲、米曲或酒药,进行糖化和发酵酿制而成的酒。

按含糖量可以把黄酒分为以下六类:

(1)干黄酒

最新的国家标准中,其含糖量小于1.00克100毫升(以葡萄糖计)时称为"干"。"干"表示酒中的含糖量少,糖分都发酵变成了酒精,所以酒中的糖分含量最低。

在绍兴地区,干黄酒的代表是"元红酒"。这种酒属稀醪发酵,总加水量为原料米的三倍左右,发酵温度控制得较低,开耙搅拌的时间间隔较短,酵母生长较为旺盛,故发酵彻底,残糖很低。这种酒口味醇正鲜爽,浓郁醇香,呈橙黄至深褐色,清亮透明,有光泽。

(2)半干黄酒

按国家标准酒的含糖量在 1.00%~3.00% 之间称为半干。"半干"表示酒中的糖分还未全部发酵成酒精,还保留了一些糖分。在生产上,这种酒的加水量较低,相当于在配料时增加了饭量,故又称为"加饭酒"。

在发酵过程中,要求较高,酒质浓厚,风味优良,可以长久贮藏。这种酒口味醇厚柔和鲜爽,浓郁醇香,呈橙黄至深褐色,清透有光泽,是黄酒中的上品。我国大多数出口酒,均属此种类型。

(3)半甜黄酒

酒的含糖分在 3.00%~10.00% 之间谓之"半甜"。此酒采用工艺独特,是用成品黄酒代水,加入发酵醪中,使糖化发酵的开始之际,发酵醪中的酒精浓度就达到较高的水平,在一定程度上抑制了酵母菌的生长速度,由于酵母菌数量较少,对发酵醪中产生的糖分不能转化成酒精,故成品酒中的糖分较高。

半甜黄酒酒香浓郁,酒度适中,甘甜醇厚,是黄酒中的珍品。但它不宜久存,贮藏时间越长,色泽越深。

(4)甜黄酒

甜黄酒,一般是采用淋饭操作法,拌入酒药,搭窝先酿成甜酒酿,当糖化至一定程度时,加入 40%~50% 浓度的米白酒或糟烧酒,以抑制微生物的糖化发酵作用,酒中的糖分含量达到 10.00~20.00 克/100 毫升。由于加入了米白酒,酒度也较高。甜型黄酒可常年生产。

(5)甜黄酒

这种酒含糖分大于或等于 20 克/100 毫升。

(6)加香黄酒

这是一种以黄酒为酒基,经浸泡(或复蒸)芳香动、植物或加入芳香动、植物的浸出液而酿制成的黄酒。

3.淋饭酒、摊饭酒和喂饭酒

按酿造方法,可以将黄酒分成三类:

(1)淋饭酒

这是一种把蒸熟的米饭用冷水淋凉,然后,拌入酒药粉末,搭窝、糖化,最后加水发酵成酒,口味较淡薄。这样酿成的淋饭酒,有的工厂是用来作为酒母的,即所谓的"淋饭酒母"。

(2)摊饭酒

这是一种指将蒸熟的米饭摊在竹箅上,使米饭在空气中冷却,然后再加入麦曲、酒母(淋饭酒母)、浸米浆水等,混合后直接进行发酵而制成的酒。

(3)喂饭酒

这是指在酿酒时,米饭不是一次性加入,而是分批加入。

4.麦曲黄酒、小曲黄酒、红曲黄酒、乌衣红曲黄酒

按酿酒用曲的种类来分黄酒可以分熟麦曲黄酒,纯种曲黄酒,生麦曲黄酒,红曲黄酒,黄衣红曲黄酒,乌衣红曲黄酒等。

绍兴黄酒的品种

绍兴黄酒是一个地域范围的概念,即指在绍兴境内所产黄酒的总称。在历史发展过程中,代有创造,时有发展,绍兴黄酒品种繁多,如朵朵奇葩丰富多彩。这些不同品类的酒既有绍兴黄酒共有的甘洌芬芳、橙黄澄洁的特色,又各具独特风味。其主要名品如下:

元红酒——俗称"状元红",因过去在坛壁外涂刷朱红色而得名,是绍兴黄酒的代表品种和大宗产品。此酒发酵完全,色泽橙黄清亮,含残糖少,有独特芳香,味爽微苦,含酒精16%~19%,含糖0.4~0.8克/100毫升以下,总酸0.45克/100毫升以下,是干型黄酒的典型代表,受到好酒者的普遍喜爱。

加饭酒——绍兴黄酒中的最佳品种。加饭,其意是与酒相比,在原料配比中,加水量减少,而饭量增加。由于醪液浓度大,成品酒度高,所以酒质特醇,又称"肉子厚"。

以前,因配方不同,分为单加饭和双加饭,后来为迎合消费者的需求,全部生产双加饭,外销称为特加饭。加饭酒酒液像琥珀那样深黄带红,透明晶莹,味醇甘鲜,郁香异常,含酒精17.5%~9.5%,含糖1.5~3.0克/100毫升,总酸0.45克/100毫升以下。在绍兴黄酒总外销量中占9/10,深得中外饮者青睐,是半干型黄酒的典型代表。以坛装的陈酿加饭酒,叫"花雕酒",其坛包装精美,可做高档礼品。

清代学者袁枚像，袁枚曾在《随园食单》中对绍兴黄酒大加赞美。

善酿酒——为绍兴黄酒之高档品种，以存储 1～3 年的元红酒代水酿成的双套酒，其香芳郁，深黄色，质地特浓，口味甜美，含酒精 13.5%～16.5%，含糖 6～7 克/100 毫升，总酸 0.5～0.55 克/100 毫升。此酒在清代由沈永和酿坛始创。该坊在酿酒的同时酿制酱油，酿酒师傅从酱油酿制中得到启发，即以酱油代水做母子酱油的原理来酿制绍兴黄酒，以提高品质，得以成功。所以，善酿酒是品质优良的母子酒，也是半甜型黄酒的典型代表。

香雪酒——也是一种双套酒，以陈酿糟烧代水用淋饭法酿制而成。酒液淡黄清亮，芳香幽雅，味醇浓甜。含酒精 17.5～19.5 克/100 毫升，含糖 19～23 克/100 毫升，总酸 0.4 克/100 毫升以下。

陈学本在《绍兴加工技术史》中记载：1912 年，东浦乡周云集酿坊的吴阿惠师傅和其他酿师们，用糯米饭、酒药和糟烧，试酿了一缸绍兴黄酒，得酒 12 大坛，以后逐年增加产量，出而应市。试酿成功后，工人师傅认为这种酒由于加用了糟烧，味特浓，又因酿制时不加促使酒色变深的麦曲，只用白色的酒药，所以酒糟色如白雪，故称香雪酒。它是甜型黄酒的典型代表。

中华酒典

绍兴黄酒有悠久的历史,历史文献中绍兴酒的芳名屡有出现,从春秋时的《吕氏春秋》起就有记载。尤其是清代饮食名著《调鼎集》对绍兴酒的历史演变、品种和优良品质进行了较全面阐述,在当时绍兴酒已风靡全国,在酒类中独树一帜。

绍兴酒之所以闻名于海内外,主要在于其优良的品质。清代袁枚《随园食单》中赞美:"绍兴酒如清官廉吏,不参一毫假,而其味方真又如名士耆英,长留人间,阅尽世故而其质愈厚。"

《调鼎集》中把绍兴酒与其他地方酒相比,认为:"像天下酒,有灰者甚多,饮之令人发渴,而绍酒独无;天下酒甜者居多,饮之令人体中满闷,而绍酒之性芳香醇烈,走而不守,故嗜之者为上品,非私评也。"并对绍兴酒的品质作了"味甘、气香、色清、力醇之上品唯陈绍兴酒为第一"的概括。这说明绍兴酒在色香味格四个方面在酒类中已独领风骚。

色:多为黄色,有橙黄、褐黄、褐红、诸色等。尽管颜色多种多样,但都要鲜亮、透明、有光泽。绍兴黄酒主要呈琥珀色,即橙色,纯洁可爱,透明澄澈,使人赏心悦目。这种透明琥珀色主要来自原料米和小麦本身的自然色素并加入了适量糖色。

香:黄酒讲的是醇香,即具有该品种特有的香气。要求融溶、自然、协调、舒适、有韵味。绍兴黄酒有诱人的馥郁芳香。凡是名酒,都重芳香,绍兴酒所独具的馥香,不是指某一种特别重的香气,而是一种复合香,是由酯类、酸类、醛类、醇类、羰基化合物和酚类等多种成分组成的。这些有香物质来自米、麦曲本身以及发酵中多种微生物的代谢和贮存期中醇与酸的反应,它们结合起来就产生了馥香,而且往往随着时间的久远而更为浓烈。

味:黄酒有酸、甜、涩、苦、辣、咸、鲜七味。但作为一个成品酒,均要达到醇正、协调、丰满、幽雅、柔和、爽口,只是有的要求甜、酸、香、鲜适口,有的讲求甜润、焦糊,有的讲求浓甜鲜,有的讲求鲜美醇厚,有的要求甜酸爽口,有的要求干爽鲜美,有的讲究甜鲜香美……总之,味感是关系到酒质优劣的重要标准,古今中外都是如此。不管人们对味感怎么讲究,都要求有典型的风格特点。

——甜味。主要是发酵时未全部转化成酒精的糖类,如麦芽糖、葡萄糖等。同时,黄酒中的甜味,既有味觉成分,又有营养成分,还赋予黄酒浓厚感,这是其他酒类所不可比拟的。

——酸味。黄酒的酸,主要以乙酸、乳酸为主,其次为琥珀酸、焦谷氨酸和酒石酸等有机酸类,酸有增强浓厚味及降低甜味的作用。以丁酸、乙酸等为主的挥发酸是导致醇厚感觉的主要物质;以乳酸、琥珀酸、酒石酸等为主的挥发酸是导致回味的主要物质。酸性不足,往往寡淡乏味;酸性过大,又辛酸粗糙;只有一定量多种的酸,才能组成甘洌、爽口、醇厚的特有的酒味。所谓酒的"老""嫩",即是指酸的含量多少,它对酒的滋味起着至关重要的缓冲作用。

——苦味。酒中的苦味物质,在口味上灵敏度很高,而且持续时间较长,但它并不一定是不好的滋味。黄酒中含有大量的氨基酸,在相当的数量上决定着黄酒的口味,以八种必需氨基酸为例,多为苦味,微带一点酸甜感,它赋予黄酒刚劲、爽口的特点,所以在饮用中,为了摄取营养,就必须适应加饭类黄酒的苦味感,否则,就会舍本逐末,得不到宝贵的营养成分。

——辛味(辛辣)。辛味不是饮者所追求的口味,但却是绍兴黄酒中不可缺少的一味。它由高级醇、酒精及乙醛等成分构成,以酒精为主。适度的辛辣味,有增进食欲的作用,没有适度的辛辣味,就会像喝一般饮料那样,缺乏一种滋味感。

——鲜味:来源于氨基酸,在已知的 18 种氨基酸中,大都具有鲜、酸味。另外,发酵中酵母分解产生的核苷酸类,都具有鲜味。因此,可以说,鲜味是黄酒区别于其他酒种的一大特点,它具有增进食饮的功能。

——涩味:黄酒的苦、涩两味是同时产生的。涩味主要由酪氨酸、乳酸、异丁醇和异戊醇等成分构成。苦、涩味适当,不但不会使酒呈明显的苦涩味,反而能使酒味有浓厚的柔和感。

黄酒类名酒

黄酒历史悠久,品种繁多,是中华民族的瑰宝。历史上,黄酒名品数不胜数。由于蒸馏白酒的发展,黄酒产地逐渐缩小到江南一带,产量也大大低于白酒。但是,酿酒技术精华非但没有被遗弃,在新的历史时期反而得到了长足的发展。黄酒魅力依旧,黄酒中的名品仍然家喻户晓,黄酒中的佼佼者仍然像一颗颗璀璨的东方明珠,闪闪发光。

1.绍兴加饭酒

绍兴黄酒是我国黄酒的佼佼者可谓当之无愧。绍兴酒在历史上久负盛名,在历代文献中均有记载。宋代以来,江南黄酒的发展进入了全盛时期,尤其是南宋政权建都于杭州,绍兴与杭州相距很近,绍兴酒有较大的发展,当时的绍酒

中华酒典

名酒中,首推"蓬莱春"为珍品。南宋诗人陆游的诗句中,不少都流露出对家乡黄酒的赞美之情。清代是绍兴酒的全盛时期,酿酒规模在全国堪称第一。绍兴酒行销全国,甚至还出口到国外,绍兴酒几乎成了黄酒的代名词。目前,绍兴黄酒在出口酒中所占的比例最大,产品远销世界各地。绍兴酒酿酒总公司所生产的品种很多,现代国家标准中的黄酒分类方法,基本上都是以绍兴酒的品种及质量指标为依据制定的。其中绍兴加饭酒在历届名酒评选中都榜上有名。加饭酒,是在酿酒过程中,增加酿酒用米饭的数量,相对来说,用水量较少。加饭酒是一种半干酒,酒度15%左右,糖分0.5%~3%,酒质醇厚,气郁芳香。此外,还有元红酒、善酿酒、香雪酒等酒都具有很高的品质,远销国外30多个国家和地区。

2.福建龙岩沉缸酒

龙岩沉缸酒,具有悠久的历史。在清代的一些笔记体文学作品中,多有记载。现在为福建省龙岩酒厂所产。这是一种特甜型酒,酒度在14%~16%,总糖可达22.5%~25%。酒质呈琥珀光泽,甘甜醇厚,风格独特。内销酒一般储存两年,外销酒需要储存三年。该酒分别在1963、1979、1983年三次荣获国家名酒称号。龙岩沉缸酒的酿法集我国黄酒酿造的各项传统精湛技术于一身,比如说,龙岩酒用曲多达四种,有当地祖传的药曲,其中加入30多味中药材;有散曲,这是我国最为传统的散曲,作为糖化用曲;有白曲,这是南方所特有的米曲;红曲更是龙岩酒酿造必加之曲。酿造时,先加入药曲、散曲和白曲,先酿成甜酒,再分别投入著名的古田红曲及特制的米白酒,长期陈酿。龙岩酒有不加糖而甜,不着色而艳红,不调香而芬芳三大特点。

黄酒常识

1.黄酒对人体的保健作用

黄酒是世界上三大最古老的酒种之一,是我国的民族特产,它所采用的曲制酒、复式发酵的酿造方法,与世界上其他酿造酒有明显的差异。

(1)黄酒中的蛋白质含量最高

黄酒中含为酒中之最的蛋白质为酒中之最,每升绍兴加饭酒的蛋白质为16克,是啤酒的4倍。黄酒中的蛋白质经微生物酶的降解,绝大部分以肽和氨基酸的形式存在,极易为人体吸收利用。

众所周知氨基酸是一种重要的营养物质,每一升加饭酒中的必需氨基酸达3400毫克,半必需氨基酸达2960毫克,而啤酒和葡萄酒中的必需氨基酸仅为440毫克或更少。

(2)含较高的功能性低聚糖

这种中含有较高的功能性低聚糖。低聚糖又称寡糖类或少糖类,分功能性低聚糖和非功能性低聚糖,如今,功能性低聚糖已日益受世人瞩目。由于人体不具备分解、消化功能性低聚糖的酶系统,在摄入后,它很少或根本不产生热量,但能被肠道中的有益微生物双歧菌利用,促进双歧杆菌繁殖。

(3)丰富的无机盐及微量元素

人体内的无机盐是构成机体组织和维护正常生理功能所必需的,按其在体内含量的多少分为常量元素和微量元素。黄酒中已检测出的无机盐有18种之多,包括镁、钙、磷、钾等常量元素和铜、铁、硒、锌等微量元素。

镁不仅是人体内糖、脂肪、蛋白质代谢和细胞呼吸酶系统不可缺少的辅助因子,还是维护肌肉神经兴奋性和心脏正常功能、保护心血管系统所必需的。

锌是人体100多种酶的组成成分,对糖、脂肪和蛋白质等多种代谢及免疫调节过程起着重要的作用。锌具有保护心肌细胞,促进溃疡修复的功能,还与多种慢性病的发生和康复密切相关。

硒是谷胱甘肽过氧化酶的重要组成成分,有着多方面的生理功能,其中最重要的功能是消除体内产生过多的活性氧自由基,因而能有效提高机体免疫力、抗衰老、抗癌、保护心血管和心肌健康。

(4)黄酒中的多种生理活性成分

黄酒中含类黑精、多酚物质、谷胱甘肽等生理活性成分。多酚物质具有很强的自由基清除能力。类黑精是还原性胶体,具有较强的抗突变活性。

有的研究认为,其抗突变机理是清除致突变自由基和通过与致突变化学物结合而减少其致突变毒性。谷胱甘肽在人体内具有重要的生理功能。当人体摄入食物中含不洁净或药物等有毒物时,在肝脏中谷胱甘肽能和有毒物质结合而解毒。谷胱甘肽过氧化酶是一种含硒酶,能消除体内自由基的危害。它们具有清除自由基,防止心血管病、抗衰老、抗癌等多种生理功能。

(5)黄酒中的维生素

黄酒中含有丰富的维生素,除维生素C等少数几种维生素外,黄酒中其他种类的维生素含量比啤酒和葡萄酒高。

中华酒典

原料和酵母的自溶物是酒中维生素的来源。黄酒主要以稻米和小麦为原料,除含丰富的 B 族维生素外,小麦胚中的维生素 E(生育酚)含量高达 554 毫克/千克。维生素 E 具有多种生理功能,其中最重要的功能是与谷胱甘肽过氧化酶协同作用清除体内自由基。酵母是维生素的宝库,黄酒在长时间的发酵过程中,有大量酵母自溶,将细胞中的维生素释放出来,可成为人体维族很好的来源。

绍兴女儿红,黄酒的一种。

(6)黄酒的药用价值

黄酒是一种药用必需品,它既可以做药引子,又可以作丸散膏丹的重要辅助材料,《本草纲目》上记载:"诸酒醇不同,唯米酒入药用。"米酒即是黄酒,它具有厚肠胃、通曲脉、润皮肤、养脾气、扶肝、除风下气等功效。

因为它黄酒对人们有较好的保健作用,又有烹饪价值和药用价值,但在饮用黄酒时也要注意不要酗酒、暴饮,不要空腹饮酒,不要与碳酸类饮料同喝(如可乐、雪碧),否则会促进乙醇的吸收。黄酒若适量常饮,则可延年益寿。

黄酒是一种营养价值很高的低酒度饮料,倘能适量常饮,具有舒筋活血、健身强心、延年益寿的功效。近年来,新发现黄酒还可用于供洗澡的浴料中,有消除疲劳、美化肌肤和保健作用。

（7）黄酒的营养价值

黄酒的历史悠久，是世界上最古老的饮料酒之一。黄酒的营养价值超过了有"液体面包"之称的啤酒和营养丰富的葡萄酒。黄酒含有多种氨基酸，据检测，黄酒中的主要成分除乙醇和水外，还含有17种氨基酸，其中有七种是人体必需而又不能合成的。这七种氨基酸，黄酒中的含量最全，居各种酿造酒之首，尤其是能助长人体发育的赖氨酸，含量比同量啤酒、葡萄酒多一至数倍。黄酒的发热量是啤酒的3~5倍，是葡萄酒的1~10倍。每升含有氢化合物1.6~2.8克，碳水化合物28~200克。此外还含有许多易被人体消化的营养物质，如：葡萄糖、麦芽糖、脂类、甘油、维生素、高级醇及有机酸等。这些成分经贮存陈化，又形成了浓郁的酒香，鲜美醇厚的口味，丰富和谐的酒体，最终使黄酒成为营养价值极高的低酒度饮料。

2.黄酒的饮法

黄酒的饮法，可带糟食用，也可仅饮酒汁，一般采用后者。

（1）温饮黄酒

温饮是黄酒最传统的饮法，温饮的显著特点是酒香浓郁，酒味柔和。温酒的方法一般有两种：一种是将盛酒器放入热水中烫热，另一种是隔火加温。黄酒的最佳品评温度是在38℃左右。

在黄酒烫热的过程中，黄酒中含有的极微量对人体健康无益的醚类、醛甲醇、等有机化合物，会随着温度升高而挥发掉，同时，脂类芳香物则随着温度的升高而蒸腾，从而使酒味更加甘爽醇厚，芬芳浓郁。但加热时间不宜过长，否则酒精都挥发了，反而淡而无味。冬天盛行温饮。

（2）冰镇黄酒

这是一种在年轻人中盛行的黄酒的喝法，特别是在我国香港地区及日本，流行黄酒冰镇后饮用。自制冰镇黄酒，可以从超市买来黄酒后，放入冰箱冷藏室。如是温控冰箱，温度控制在3℃左右为宜。饮时再在杯中放几块冰，口感更好。也可根据个人口味，在酒中放入柠檬、话梅等，或兑些雪碧、可乐、果汁，有促进食欲的功效。有的黄酒如1995年东方之酒，已配有枸杞、话梅、蜂蜜等，就不用再勾兑。

（3）佐餐黄酒

黄酒十分讲究配餐，以不同的菜配不同的酒，则更可领略黄酒的特有风味，以绍兴酒为例：

中华酒典

干型的元红酒,宜配蔬菜类、海蜇皮等冷盘;

半干型的加饭酒,宜配肉类、大闸蟹;

半甜型的善酿酒,宜配鸡鸭类;

甜型的香雪酒,宜配甜菜类。

3.黄酒的品评

饮用黄酒时一般从色、香、味三方面去品评:

色:将黄酒倒入酒杯,观察杯中酒液的酒色是否纯正。如为橙红、橙黄或黄褐色、红褐酒液,且酒液透明清亮有光泽,均为正常黄酒色泽(黄酒的色泽由于酿制过程中的诸多因素而具多种色度),如酒色偏红、偏黑或混浊无光,则说明此酒的质量较差。

香:各类黄酒也各具独特的典型香(以主体香为主)。黄酒在贮存过程中,酒中的蛋白质成分会分解成氨基酸,而氨基酸能与酒液发生化学反应,脂化成香料,密封在酒坛中的黄酒贮存时间愈长,氨基酸的含量愈高(故陈酿黄酒更能生成一种醇香),闻香时可将鼻端凑近杯口,如闻到一股强烈而优美的特殊芳香,则为正常黄酒香。如香气沉闷、暗淡,则说明酒质较差。

味:黄酒的酒味有酸、甜、苦、辛等,质量好的黄酒应各种酒味都十分协调。品尝时,含一小口酒在口中,并移动舌面细细品味后再徐徐下咽,如果口感非常柔和,酒味醇正可口,余味绵长,酒香扑鼻,香味悠长则为好酒;如果酒味过甜过酸或有苦辣感,则酒质差。

4.黄酒的自制及贮存方法

(1)黄酒的自制

黄酒既饮用,也可以做料酒。家庭制作煮酒的方法比较简单简便易行。自制的黄酒虽然不能与名牌酒媲美,却也芳香可口,别具风味,而且成本低廉。

制作方法:

①泡米:选择上等的大米,淘洗过后,用普通凉水浸泡8～10小时,沥干后备用。②蒸饭:将沥干的米上锅蒸至九成熟离火。要求米饭蒸到外硬内软,无夹心,疏松不糊,均匀熟透后不要马上掀锅盖,在锅内把饭放至快凉时再出锅;出锅后打散,摊盘晾至28℃以下入缸。③前期发酵:把准备好的水、培养曲和酒药倒入缸内与蒸好的米饭搅拌均匀,盖好盖,夏季置于室温下,冬天放在暖气上或火炉前,大概三天时间,米饭变软变甜,用筷子搅动,随即可见到有酒渗出。此时缸里的温度达到23℃左右,即可停止前期发酵。④压榨:把经过前期发酵

的物料装入一干净的布袋中,上面压上木板、重物,榨出酒液。⑤煎酒(加热杀菌):将压榨出的酒液放入锅内蒸(各种蒸锅均可),当锅内温度升到85度时,停止加热。⑥过滤:用豆包布做成一个布袋,将蒸过的酒液倒入袋中过滤,并把滤液收存起来。⑦封存:将滤液装进一个干净的坛子里,用干净的牛皮纸把坛口包好,再用稻草或稻壳与土和成稀泥把坛口封严,然后把坛子放到适宜的地方,两个多月后即可开坛饮用。存放时间越长,酒的质量越好、味道越香。

(2)黄酒的储存

储存黄酒十分讲究,如果方法不当,黄酒就会酸败、变质。下面,介绍黄酒储存的方法。

①黄酒是发酵低度酒,贮存地点最好在阴凉、干燥的地方,即温度应在4℃以上,15℃以下,变化平稳,干湿度合适的地下室或地窖。这样,能促进酒质陈化,并能减少酒的损耗。但在-5℃至-15℃则会出现冰冻,影响酒质,甚至会冻裂酒坛和酒瓶。

②黄酒的酒精含量较低,容易使细菌繁殖。启封后,因为空气进入,容易酸败,不宜久存。

③黄酒贮存时间要适当。普通黄酒一般贮存一年,这样能使酒质变得芳香醇和,如果贮存时间过长,酒的色泽则会加深,尤其是含糖分高的酒更为严重;香气则会由醇香变为水果香,这是酸类和醇类结合生成的醇香,并有焦臭味;口味会由醇和变为淡薄。

④黄酒经贮存会出现沉淀现象,这是酒中的蛋白质凝聚所致,属于正常现象,不影响酒的质量。但应注意不要把细菌引起的酸败混浊视为正常的沉淀,如果酒液发浑,酸味很浓,那是变质,已不可饮用。

(3)黄酒的选购

购买用泥封口的坛装黄酒时,最关键的是要注意封口的泥是否有破裂缺损,因为只有泥封口严密才能保证酒质。

购买瓶装黄酒时也要首先检验封口的严密性,封口不严密,有渗漏,就会影响酒质。可将瓶装黄酒举起,用透光法鉴别其酒液是否清澈透明醇厚,有无沉淀,酒液面是否悬浮一层薄膜等等。

中華酒典

第五节　鸡尾酒的鉴别

鸡尾酒的起源

　　国际上关于鸡尾酒（Cocktail）一词的起源，至今尚无定论。最流行的一种说法是源于18世纪的美国。1748年，美国出版《The Square Recipe》一书，书中的"Cocktail"专指混合饮料。1855年沙卡烈所著《Newcomes》则出现"白兰地鸡尾酒"一词，而此时鸡尾酒已经相当普及。

　　关于鸡尾酒的由来，民间存在着4个不同版本的传说，为鸡尾酒增加了不少神秘的色彩，也为我们了解鸡尾酒带来了不少的乐趣。

最浪漫的传说一

　　相传，19世纪美国人克里福德在美国哈德逊河边经营着一间酒店。他有三件引以为荣的事情，人称克氏三绝：一是他有一只威武有力、气宇轩昂的大公鸡，它是斗鸡场上的好手；二是他的酒库里藏有世界上最优良的美酒；三是他的女儿艾恩米莉，是全镇第一的绝色佳人。

　　镇里有个叫阿普鲁恩的年轻人，是一名船员，每晚都要来酒店闲坐一会儿。时间一长，他和艾恩米莉坠入了爱河。这小伙子性情又好，工作又踏实，老头子打心眼儿里喜欢他，但老是作弄他说："小伙子，你想吃天鹅肉？给你个条件吧，赶快努力当个船长！你做了船长，我就把我女儿嫁给你。"

　　小伙子很有毅力，几年后，果真当上了船长，然后和艾恩米莉举行了婚礼。老头子比谁都快乐，他从酒窖里把最好的陈年佳酿全部拿出来，调成美酒，在杯边饰以雄鸡尾，美艳之极。然后为他绝色的女儿和顶呱呱的女婿干杯："鸡尾万岁！"从此鸡尾酒大行其道。

因误会而来的传说二

　　在国际酒吧者协会（IBA）的正式教科书中介绍了如下的说法：很久以前，英国船只开进了墨西哥的尤卡里半岛的坎佩切港，经过长期海上颠簸的水手们找到了一间酒吧,他们便在那里休息,喝酒用以解除疲劳。

酒吧台中,一位少年酒保正用一根漂亮的鸡尾形无皮树枝调搅着一种混合饮料。水手们好奇地问酒保混合饮料的名字,酒保误以为对方是在问他树枝的名称,于是答道:"考拉德嘎窖。"这在西班牙语中是公鸡尾的意思。如此一来,"公鸡尾"就成了混合饮料的代名词。

由贵族命名的传说三

"鸡尾酒"一词起源自 1519 年左右,是住在墨西哥高原地带或新墨西哥、中美等地统治墨西哥人的阿兹特克族的土语,在这个民族中,有位曾经拥有统治权的阿兹特克贵族,他让爱女 Xoehifl 将亲自配制的珍贵混合酒奉送给当时的国王,国王品尝后大加赞赏。于是,将此酒以那位贵族女儿的名字命名为 Xoehol。以后逐渐演变成为今天的 Cocktail(本传说载自《纽约世界》杂志,它对以后有关鸡尾酒语源的探讨,起着有利的佐证作用)。

最刺激的传说四

据美国小说家柯柏传述,鸡尾酒源自美国独立战争末期。有一个移民美国的爱尔兰少女名叫蓓丝,在约克镇附近开了一家客栈,还兼营酒吧生意,1779年,美法联军官兵到客栈集会,品尝蓓丝发明的一种名唤"臂章"的饮料,饮后可以提神解乏,养精蓄锐,鼓舞士气,所以深受欢迎。

不过,蓓丝的邻居,是一个擅长养鸡的保守派人士,敌视美法联军。尽管他所饲养的鸡肥美无比,却不被爱国人士一顾。军士们还嘲笑蓓丝与其为邻、讥笑她是"最美丽的小母鸡"。

蓓丝对此耿耿于怀,趁黑漆漆的夜色,把邻居饲养的鸡全宰了,烹制成"全鸡大餐"招待那些军士。不仅如此,蓓丝还将拔掉的鸡毛用来装饰供饮的"臂章",更引得军士们兴奋无比,一位法国军官激动地举杯高喊:"鸡尾万岁!"从此,凡是蓓丝调制的酒,都被称为鸡尾酒。于是鸡尾酒就一哄而起,风行不衰了。

鸡尾酒和酒吧饮料一样,最初作为一种预先配制的用于体育活动和野餐的清凉开胃的混合饮料。直到 20 世纪初期,伦敦才有了第一家美式酒吧。

在全球兴起饮用鸡尾酒兴趣的巨大刺激是"咆哮的 20 年代",当时美国的禁酒法规改变了每一个人的饮酒习惯,好酒之徒纷纷在酒中掺加果汁来掩饰酒味,从此各式各样的鸡尾酒诞生了。

19世纪70年代和80年代,人们不仅广泛赏识在奇妙无穷的鸡尾酒世界中长期发展而成的"古典"混合饮料,而且顾客的口味也发生了巨大变化,从而大大促进了积极的和专业性的探索。

鸡尾酒的种类

鸡尾酒在最初是指一种量少而性烈的冰镇混合饮料,后来不断发展变化,到现在它的范围已变得广泛了。到目前为止,各种类型的鸡尾酒已有两千多种,多达30多个类别。通常,我们将两种或两种以上的饮料,通过一定的方式,混合而成的一种新口味的含酒精饮品,统称之为鸡尾酒,所以鸡尾酒有很多的分类。

按饮用时间和场合分

按照饮用时间和场合鸡尾酒可分为餐前鸡尾酒、餐后鸡尾酒、晚餐鸡尾酒、睡前鸡尾酒和派对鸡尾酒五大类。

1.餐前鸡尾酒

餐前鸡尾酒俗称餐前开胃鸡尾酒,主要是在餐前饮用,其目的是滋润喉咙,增进食欲。这类鸡尾酒通常含糖分较少,口味或酸、或干烈,即使是甜型餐前鸡尾酒。口味也不是十分甜腻。常见的餐前鸡尾酒有曼哈顿、马提尼、各类酸酒等。

2.餐后鸡尾酒

餐后鸡尾酒是餐后佐助甜品、清新口气或促进消化的,因而口味较甜、且酒中使用较多的利口酒,尤其是香草类利口酒,这类利口酒中掺入了诸多药材,饮后能化解食物,促进消化,常见的餐后鸡尾酒有B和B、亚力山大、史丁格等。

3.晚餐鸡尾酒

晚餐鸡尾酒即所谓晚餐时佐餐用的鸡尾酒,一般酒品色泽鲜艳,口味较辣,且非常注重酒品与菜肴口味的搭配,有些可以作为头盆、汤等的替代品,在一些较正规和高雅的用餐场合,通常以葡萄酒佐餐,而较少用鸡尾酒佐餐。

4.睡前鸡尾酒

鸡尾酒

睡前鸡尾酒又称安眠酒。睡前,为能熟睡而喝。以白兰地为基酒,一般认为是睡前最好的酒,味道浓重的鸡尾酒和使用鸡蛋的鸡尾酒。

5.派对鸡尾酒

派对鸡尾酒是指在一些聚会场合使用的鸡尾酒品,其特点是注重酒品的口味和色彩搭配,酒精含量一般较低。派对鸡尾酒既可以满足人们交际的需要,又可以烘托各种派对的气氛,很受年轻人的喜爱。常见的酒有马颈、自由古巴、特基拉日出等。

6.夏日鸡尾酒

夏日鸡尾酒清凉爽口,具有生津解渴的妙用,尤其是在热带地区或盛夏酷暑时饮用,味美怡神,香醇可口,如冷饮类酒品、长岛冰茶、庄园宾治、柯林类酒品等。

按调制方法分

按照鸡尾酒的调制方法,鸡尾酒可分为长饮和短饮两大类。

1.长饮

长饮是指对上苏打水、果汁等,调制成适于消磨时间悠闲饮用的鸡尾酒。长饮鸡尾酒几乎全都是用平底玻璃酒杯或果汁水酒酒杯这种大容量的杯子。它是加冰的冷饮,也可以是加开水或热奶趁热喝的热饮,尽管如此,一般认为30分钟左右饮用最好,与短饮相比酒精浓度低,所以容易喝。依制法不同长饮又可分为若干种。

（1）果汁水酒

烈性酒中加柠檬汁和糖浆或砂糖，再加满苏打水的类型。著名的有汤加连酒、约翰克林酒等。

（2）清凉饮料

是烈性酒中加柠檬、酸橙的果汁和甜味料，再加满苏打水或姜麦酒的类型。Cooler，即清凉饮料之意，不一定非用吸管不可，也有以葡萄酒为酒基的无酒精的类型。

（3）香甜酒

在葡萄酒、烈性酒中加砂糖、鸡蛋的类型。喜欢的话最后撒上点肉豆蔻，有冷热两种。

（4）餐后饮料

把各个种类的甜露酒、烈性酒、鲜奶按密度的大小依次倒进杯子，使之不混合在一起的类型。重要的是事先了解各种酒的密度，同种酒其密度也有差异，也要注意。

（5）宾治

以烈性酒、葡萄酒为基酒，加入各种甜露酒、水果、果汁等制成的。作为宴会饮料，多用混合香甜饮料的大酒钵调制，够几个人喝的，几乎都是冷饮，但也有热的。

（6）酸味鸡尾酒

酸味鸡尾酒是在烈性酒中加砂糖、柠檬汁等甜东西和酸东西的类型。此酒在美国原则上不用苏打水，其他国家有用苏打水和香槟酒的。Sour 就是酸味的意思，在日本用酸东西或甜东西对入烧酒的酸味鸡尾酒颇受欢迎。

2.短饮

短饮，顾名思义就是指短时间喝的鸡尾酒，时间一长风味就减弱了。此种酒采用摇动或搅拌以及冰镇的方法制成，使用鸡尾酒杯。一般认为鸡尾酒在调好后 10~20 分钟饮用为好，大部分酒精度数是 30 度左右。

按酒基分

按照调制鸡尾酒酒基的品种进行分类也是一种较为常见的分类方法，而且分类方法比较简单易记，主要分以下几种：

以金酒为酒基的鸡尾酒,如:新加坡司令、阿拉斯加、金菲斯等。

以威士忌为酒基的鸡尾酒,如:纽约、罗伯罗伊、老式鸡尾酒等。

以白兰地为酒基的鸡尾酒,如:白兰地酸酒、阿拉巴马、亚历山大等。

以朗姆为酒基的鸡尾酒,如:迈泰、得其利、百家地鸡尾酒等。

以伏特加酒为酒基的鸡尾酒,如:螺丝钻、血玛丽、黑俄罗斯等。

以中国酒为酒基,如梦幻洋河、青草、干汾马提尼等。

鸡尾酒的调制

鸡尾酒的世界多彩多姿,虽然它千变万化,但却遵循一定的公式,只要你备齐以下基本材料,你就有可能成为调酒高手。

1.六大基酒

威士忌、白兰地、朗姆酒、伏特加、金(琴)酒、龙舌兰。

2.五大汽水

苏打汽水、七喜汽水、姜汁汽水、通宁汽水、可乐。

3.重要配料

红石榴汁、鲜奶油、朗姆汁、柠檬汁、椰奶、鲜奶、薄荷蜜、蓝柑汁、蜂蜜、可尔必思、葡萄糖浆。

4.重要果汁

柳橙汁、番茄汁、凤梨汁、葡萄柚汁、芭乐汁、葡萄汁、苹果汁、运动饮料、小红莓果汁、杨桃汁、椰子汁。

5.备用配料

豆蔻粉、杏仁露、芹菜粉、绿樱桃、红樱桃。

准备好以上材料后,就可以开始调制了,方法非常简单,让我们一起来 DIY 一杯吧,让那酒的热情混合清爽的感觉,一同滑过舌头。

鸡尾酒的调制法大致分为四种,即:

摇荡法

调制鸡尾酒最普遍而简易的方法就是摇荡法了,将酒楼材料及配料、冰块等放入雪克壶内,用劲来回摇晃,使其充分混合即可,能除去酒的辛辣,使酒温和且入口顺畅。

中华酒典

基本器材:雪克壶、酒杯、量杯、夹冰器、隔冰器、冰块。

注意:摇荡时速度要快并有节奏感,摇荡的声音才会好听。

步骤:

(1)将材料以量杯量出正确分量后,倒入打开的雪克壶中。

(2)以夹冰器夹取冰块,放入雪克壶。

(3)盖好雪克壶后,用右手大拇指抵住上盖,食指及小指夹住雪克壶,中指及无名指支撑雪克壶,左手无名指及中指托住雪克壶底部,食指及小指夹住雪克壶,大拇指夹住过滤盖。

(4)双手握紧雪克壶,手背抬高至肩膀,再用手腕来回甩动。摇晃时速度要快,来回甩动约十次,再以水平方式前后来回摇动约十次即可。

搅拌法

搅拌法是将材料倒入调酒杯中,用调酒匙充分搅拌的一种调酒法,常用在调制烈性夹味酒时,例如:马丁尼、曼哈顿等酒味较辛辣、后劲较强的鸡尾酒。

基本器材:调酒匙、调酒杯、量杯、酒杯、隔冰器。

注意:有时亦可直接在酒杯中搅拌。

步骤:

(1)将材料用量杯量出正确分量后,倒入调酒杯中。

(2)以夹冰器夹取冰块,放入调酒杯中。

(3)用调酒匙在调酒杯中,前后来回搅三次,再正转两圈倒转两圈。

(4)移开调酒匙后加上隔冰器滤出冰块,再把酒液倒入酒杯内。

直接注入法

直接注入法做法非常简单是把材料直接注入酒杯的一种鸡尾酒制法,只要材料分量控制好,初学者也可以做得很好!

基本器材:量杯、鸡尾酒杯、夹冰器、冰块。

步骤:

(1)将基酒以量杯量出正确分量后,倒入鸡尾酒杯中。

(2)以夹冰器取冰块,放入调酒杯中。

(3)最后倒入其他配料至满杯即可。

果汁机混合法

果汁机混合法是目前最流行的做法。它是用果汁机取代摇荡法,主要用于水果类块状材料需要搅拌时,它的混合效果相当好。

基本器材:量杯、果汁机、夹冰器、冰块、杯具。

步骤:

(1)将酒以量杯量出正确分量后,倒入果汁机内。

(2)以夹冰器夹取冰块,放入果汁机内。

(3)最后倒入其他配料,开动果汁机搅拌,约十秒钟左右关掉开关,等马达停止时拿下混合杯,把酒液倒入酒杯中即可。

读到这里。你是不是想跃跃欲试了呀?不要着急,下面再教你一些调制鸡尾酒的小窍门。

鸡尾酒调制小窍门

如何削柠檬皮

1.把柠檬彻底洗净后沥干,再用一把锋利的小刀把柠檬皮削成螺旋伏。

2.皮尽可能削薄一点儿,注意上面不要有果肉。尽量挑选没有瑕疵、未喷过农药的水果。

如何制作碎冰

1.把冰块用一块干净的布包起来,放在一个坚实的平台上,用锤肉棒敲到布里只剩下碎冰为止。

2.把碎冰放进杯子或碗里,用汤匙把沾在布上的碎冰刮下来,然后放进冷库里待用。

如何使用调酒壶

1.把冰块放进两截式调酒壶的上层,然后放进其余的材料,阖上调酒壶后,再以水平方向用力摇动约八秒钟。

2.透过隔冰器把调好的酒倒进杯里,视情况,事先在杯里放进碎冰。

如何使用果汁机

1.把彻底洗净的水果加上冰块和其他材料一起放进果汁机,注意需要香槟的饮料则另外加进40毫升的香槟。

2.用果汁机打6~8秒钟,直到完全打匀为止。倒进事先冰镇过的酒杯里,根据需要再倒进香槟,然后稍微搅匀即可。

如何挑选合适的工具

用具:冰桶和冰夹、榨汁机、果汁机、制冰机、调酒壶、有刻度的调酒杯、隔冰器、木制研杵、量杯、搅拌长匙、刀子及砧板、香槟酒瓶塞。(初学者不需要马上购买专业的调酒用具。要想偶尔在家调一杯鸡尾酒,只需要调酒壶、果汁机、隔冰器和量杯就够了)

好用的调酒壶:调酒壶一般分两截和三截两种。使用两截调酒壶时,冰块和材料都放在上层;使用三截调酒壶时,冰块和材料都放在下层。另外有一种实用的不锈钢制量杯,一端可以量 20 毫升的分量,另一端则可以量 40 毫升的分量。

刀具:此外您还需要一个砧板,一把锋利的小刀,刀刃最好是锯齿状而有两个刀尖,还有一个木制的研杵,可以用来磨碎薄荷之类的东西。

专业调酒用具:如果您在家里调制鸡尾酒的话,在购买调酒壶、果汁机或榨汁机时务必挑选品质高的品牌。有条件的话,最好买一部制冰机,可以快速制出碎冰。

一些聪明的小道具。一些小工具可以简化调酒的工作:用有刻度的调酒杯和搅拌长匙可以帮以专业水准来调制饮料;香槟专用的瓶塞可以让含气泡的酒类在开瓶后数小时仍不跑气,并保持原味;冰桶和冰夹也很有用处。

经典的九款鸡尾酒

如果上面那些鸡尾酒的调制方法你都学会了,那就再尝试一下调制几款经典的鸡尾酒吧,相信你一定会做到的。

鸡尾酒酒精含量较低甚至不含酒精它的色泽、口感以及所带来的愉悦感受,使越来越多人的喜爱上它,但对于很多白领来说,他们甚至还没尝过第一杯鸡尾酒的味道。当你在社交场合面对各种经典的鸡尾酒时,你知道它们的含义是什么吗?

下面,让我们邀请调酒师来跟你说说独处时、和朋友聚会时、和客户应酬时、想邀约朋友聊天时、看球赛时,选择什么样的经典鸡尾酒最合适。

教父

材料:安摩拉多 1/4,威士忌 3/4。

用具:搅拌长匙、岩石杯。

做法:把冰块放入杯中倒入材料轻搅即可。

安摩拉多酒味甜,散发出一股芳香的杏仁味道,配上浓厚的威士忌酒香,就是美味可口的"教父"。威士忌的英语拼音为 Whisky,爱尔兰威士忌及美国威士忌却拼成 Whiskey。这是商场上的习惯,当你看到商标上的拼音时别误以为是印错了。

绿色蚱蜢

材料:绿色薄荷酒 1/3,白色可可酒 1/3,鲜奶油 1/3。

用具:鸡尾酒杯、调酒壶。

做法:将冰块和材料放入调酒壶中摇匀倒入杯中即可

这种鸡尾酒的香味浓浓,杯中散发着薄荷清爽的香味及可可酒的芳香配方中加了鲜奶油,入喉香浓、滑溜,非常可口。因其酒色呈淡绿色,故名为绿色蚱蜢,此酒口味很甜,可以当甜点饮用。

天蝎宫

材料:白兰地 30 毫升,无色朗姆酒 45 毫升,柳橙汁 20 毫升,柠檬汁 20 毫升,柠檬片 1 片,朗姆汁 15 毫升,红樱桃 1 粒,朗姆片 1 片。

用具:吸管、高脚玻璃杯、调酒壶。

做法:(1)将冰块和材料依序倒入调酒壶内摇匀。

(2)倒入装满细碎冰的杯中。

(3)用柠檬、朗姆、红樱桃作为装饰。

(4)附上一根吸管。

这种鸡尾酒正如其名,是一种非常危险的鸡尾酒,因为它喝起来的口感很好,等到发现不对的时候,早已醉了。

美伦鲍尔

材料:伏特加 20 毫升,瓜类利口酒 40 毫升,柳橙汁 80 毫升。

用具:高脚玻璃杯、搅拌长匙。

做法:(1)将材料倒入装有冰块的杯中

(2)轻轻搅匀即可。

中华酒典

这种鸡尾酒,色泽漂亮,味道甘美。瓜类鸡尾酒的甜味配上柳橙汁甜中带苦的味道,别有一番风味。这种酒是山多利瓜类利口酒在美国发售时所设计出来的,由于口感很好评价不错。

贝里尼

材料:桃子酒 1/3,发泡性葡萄酒 2/3,石榴糖浆微量。

用具:香槟杯、搅拌长匙。

做法:(1)将冰冷的桃子酒和石榴糖浆倒入杯中搅匀。

(2)倒入冰冷的葡萄酒,轻轻搅匀后即可。

发泡性葡萄酒口味清爽,加上桃子酒典雅的甜味,就能调制出这种容易入口的鸡尾酒。它是由意大利贝里尼一家有名的餐厅酒吧经营者在 1948 年发明的,其目的据说是为了纪念在当地举行的文艺复兴初期画家贝里尼的画展。

黑色天鹅绒

材料:发泡性葡萄酒 1/2,黑啤酒 1/2。

用具:高脚玻璃杯。

做法:将啤酒与葡萄酒同时从两侧倒入酒杯中即可。

喝过这种鸡尾酒,你会非常惊讶:口味浓厚的啤酒跟清爽的发泡型葡萄酒,竟然这么协调!杯中冉冉上升的细泡宛如丝质天鹅绒般细致,是一种口感滑溜顺口且十分美丽的鸡尾酒。

梦幻勒曼湖

材料:樱桃酒 1/10,清酒 5/10,柠檬汁 1/10,蓝色柑香酒微量,汤尼汽水适量,白色柑香酒 3/10。

用具:调酒棒、调酒壶、高脚玻璃杯。

做法:(1)将清酒、冰块、白色柑香酒、樱桃酒与柠檬汁倒入调酒壶中。

(2)摇荡后倒入杯中,加满汤尼汽水。

(3)将蓝色柑香酒慢慢倒入杯底。

(4)附上一根调酒棒即可。

这是由上田和男先生发明的,这种酒的杯中呈现蓝色浓淡层次,它在各种鸡尾酒大赛中获得很多的大奖,也曾获得世界鸡尾酒表演会的银牌,它是以瑞士的梦幻之湖(勒曼湖)为主题所调制而成的鸡尾酒。

马丁尼

材料:辛辣苦艾酒 1/5,辛辣琴酒 4/5,橄榄 1 粒。

用具:隔冰器、调酒杯、搅拌长匙、鸡尾酒杯。

做法:(1)将冰块和材料倒入调酒杯内,搅匀倒入杯中。

(2)用橄榄作为装饰。

马丁尼杯

人们称它为鸡尾酒中的杰作、鸡尾酒之王。在所有鸡尾酒中,就数马丁尼的调法最多。虽然它只是由琴酒和辛辣苦艾酒搅拌调制而成,但是口感却非常锐利、深奥。有人说光是马丁尼的配方就有 268 种之多。据说丘吉尔非常喜欢喝超辛辣口味,所以喝这种酒的时候是一边饮酒,一边看着苦艾酒瓶。

尼克拉斯加

材料:柠檬片 1 片,白兰地 1 杯,糖浆 1 茶匙。

用具:利口杯一只。

做法:

(1)倒入九分满的白兰地。

(2)把堆有砂糖的柠檬片放在酒杯上。

它是一种在口中调制的鸡尾酒。第一次饮用这种鸡尾酒的人往往不知从何喝起。它的喝法是:先用摆在酒杯上的柠檬包住砂糖,在嘴中用力一咬,待口中充满甜味及酸味后,再一口喝下白兰地。

小知识:鸡尾酒用语

基酒:是指调鸡尾酒时所使用的最基本的酒。

注入调和:是一种附于苦味酒酒瓶的计量器。

滴:1Drop 是 1 滴,2 Drop 是 2 滴,依此类推。

茶匙:用来量材料分量,我们所说的 1 茶匙通常是指 1 平茶匙。糖浆、砂糖、果汁最常用。

涩味酒:是指调好的酒略带辛辣味。

单份:指 30 毫升,大约为威士忌酒杯 1 杯。

双份:指 60 毫升,就是 Single 的两倍,也有双份的威士忌酒杯。

纯粹:是指酒不加入任何东西。

酒后水:指喝过较烈的酒之后所添加的冰水,可与烈酒中和保持味觉的新鲜,也可依个人喜好加入苏打水、矿泉水、啤酒等代替;或指饮料中加入某些材料使其浮于酒中,如鲜奶油等,密度较酒轻则可浮于苏打水之上。

Recipe:意指鸡尾酒的配方而言,在制作饮料时,材料的分量或调合法的标示。

Proof:酒精浓度的单位。比如美国标准酒精浓度 50% 为 100Proof,英国标准酒精浓度则是 57% 为 100Proof。

成分:指酒的含有成分(酒精浓度除外),诸如咖啡因成分、糖成分等。

(五)鸡尾酒的品尝

鸡尾酒最初只是一种量少而性烈的冰镇混合饮料,后来经过发展变化,现在它的范围已变得非常广泛。到目前为止,各种类型的鸡尾酒已有 2000 多种,达 30 个类别之多。

不同类型的鸡尾酒,品尝方法也不相同。但首先要记得让自己身心放松,然后在美妙的音乐中,让鸡尾酒冲进血液里,这样才能带来心花怒放的感觉。

1.短饮型鸡尾酒,虽将材料与冰块混在一起摇动。但并不将冰块一起注入鸡尾酒杯,所以一般要一口吞下,然后在嘴里再细品其味。

2.加冰冷却型鸡尾酒,如红粉佳人、蓝色玛格丽特等,则应在酒温升高前喝完。

3.碳酸型鸡尾酒,如清凉世界、长岛冰茶等,酒杯里的吸管多为装饰物,最好不用,否则会降低爽口感。

4.传统经典型鸡尾酒,如马丁尼、曼哈顿等,一定要仔细品尝,品尝之前最好先用清水漱口。

第六节　威士忌的鉴别

威士忌的起源

中世纪的炼金术士们在炼金的同时，偶然发现制造蒸馏酒的技术，并随之把这种可以焕发激情的酒以拉丁语命名为生命之水，也就是如今我们的威士忌。

随着蒸馏技术传遍欧洲各地，Aqua Viate 被译成各地语言，其意指蒸馏酒。生命之水辗转漂洋过海传至古爱尔兰，将当地的麦酒蒸馏之后，生产出强烈的酒性饮料，并称之为 Visge Beatha，这是公认为威士忌的起源，也是名称的由来。

威士忌的酿制是将上等的大麦浸于水中，使其发芽，再用木炭烟将其烘干，经发酵、蒸馏、陈酿而成，贮藏期最少三年，也有多至 15 年以上的。专家们认为：劣质的酒陈年再久也不会变好的，所以，经二次蒸馏过滤的原威士忌，必须经酿酒师鉴定合格后，才可放入酒槽，注入黑橡木桶里贮藏酝酿。

橡木本身的成分及透过橡木桶进入桶内的空气，会与威士忌发生作用，使酒中不洁之物得以澄清，口味更加醇正，产生独一无二的酒香味，并且会使酒染上焦糖般的颜色。所有威士忌都具有相同的特征：略带微妙的烟草味。

一般情况下威士忌在蒸馏时，酒精纯度需高达 140～180Proof，装瓶时需稀释至 80～86Proof，这时酒的陈年作用便自然消失了，也不会因时间的长短而使酒的质量有所改变。

几百年来，威士忌一般是用麦芽酿制的，直至 1831 年才诞生了用玉米、燕麦等其他谷类来酿制威士忌。到了 1860 年，威士忌的酿造又出现了一个新的转折，人们学会了用掺杂法来酿造威士忌，所以威士忌因原料不同和酿制方法的区别可分为谷物威士忌、麦芽威士忌、五谷威士忌、混合威士忌和稞麦威士忌五大类。

中华酒典

威士忌的分类

掺杂法酿造威士忌的出现之后,世界各国的威士忌家族日益壮大,许多国家和地区都没有生产威士忌的酒厂,生产的威士忌酒更是种类齐全、花样繁多,其中最著名、最具代表性的威士忌分别是苏格兰威士忌、爱尔兰威士忌、美国威士忌和加拿大威士忌四大类。

苏格兰威士忌

苏格兰威士忌是指英国北部苏格兰地方酿造的威士忌。中世纪,苏格兰地区就已经开始酿造威士忌,酿法由爱尔兰人传入,直到19世纪以后,才出现像现在一样经过橡木桶成熟、带有泥煤烟薰香气的褐色威士忌。

苏格兰威士忌是世界上最好的威士忌之一。

在苏格兰有四个生产威士忌的区域,即低地、高地、伊莱和康倍尔镇,这四个区域生产的产品各有其独特风格。

苏格兰威士忌具有独特的风格,它的色泽棕黄带红,清澈透明,气味焦香,略带烟薰味的特色,口感干冽、醇厚、劲足、圆正绵柔,酒度一般在40~43度之间。

苏格兰威士忌的配制要严格经过六道工序,即:将大麦浸水发芽→烘干、搅拌麦芽→入槽加水糖化→入桶加酵母发酵→两次蒸馏→陈酿、混合。调制的苏格兰威士忌,是由麦芽威士忌供给其香味特色。谷物威士忌的酒味较淡,酿藏时间也较短,调和时占整个苏格兰威士忌的60%~70%,调和后的威士忌口味比较粗劣,仍需要注入橡木桶中贮存、陈酿。苏格兰威士忌在酿制过程中,需要将浸水的麦芽置于泥煤上烤干,所以成品酒均含有烟薰味道,在贮存过程中,酒中粗劣的味道逐渐被橡木桶吸收,木桶的颜色也慢慢渗入酒中,因而成品酒的颜色呈淡琥珀色。

苏格兰威士忌必须陈酿五年以上才能饮用,普通的成品酒需要贮存7~8年,醇美的威士忌需要贮存十年以上,通常贮存15~20年的威士忌是最优质的,这时的酒色、香味均是上乘的。贮存超过20年的威士忌,酒质会逐渐变坏,但装瓶以后,则可保持酒质永久不变。

衡量苏格兰威士忌的重要标准是嗅觉的感受,即酒香气味。

苏格兰威士忌分为纯威士忌和混合威士忌两大类。所谓纯威士忌是以一种原料加工酿制而成的,通常指纯麦威士忌,而混合威士忌通常指的足谷物威士忌和兑和威士忌。

黑方威士忌

（1）纯麦威士忌

纯麦威士忌是以在露天泥煤上烘烤的大麦芽为原料,经过发酵,用罐式蒸馏器蒸馏,然后装入特别的木桶(由美国的一种白橡木制成,内壁需要经火烤炙后才能使用)中陈酿,装瓶前再加以稀释,酒度在 40 度以上的一种酒。

一般人认为,纯麦威士忌的泥煤味太浓了,不能被接受,而混合威士忌,原有的麦芽味已经被冲淡,嗅觉上更为吸引人。所以提到威士忌,多数是指混合威士忌而言的。

较著名的纯麦威士忌的品牌有:托玛亭、格兰菲蒂切、卡尔都、不列颠尼亚、格兰利非特、马加兰、阿尔吉利、高地帕克、斯布尔邦克。

（2）谷物威士忌

谷物威士忌是以燕麦、小麦、黑麦、玉米等谷物为主料(大麦只占 20%),主要用来制麦芽作为糖化剂使用酿造而成的一种威士忌,谷物威士忌的口味很平

中华酒典

淡,几乎和食用酒精相同,属清淡性烈酒,多用于勾兑其他威士忌酒,谷物威士忌很少零售。

(3)兑和威士忌

兑和威士忌是用纯麦威士忌、谷物威士忌或食用酒精勾兑而成的混合威士忌。勾兑时加入食用酒精者,一般在商标上都有注明。

勾兑威士忌要求很强的技术性,通常由出色的兑酒师来掌握。在兑和时,不仅要考虑到纯、杂粮酒液的兑和比例,还要照顾到各种勾兑酒液的年龄、产地、口味及其他特征。威士忌的勾兑不同于 Cognac(干邑,白兰地名品),它在勾兑时,不用口品尝,而是用嗅觉判断来勾兑,在气味分辨遇到困难时,取一点酒液涂于手背上,使其香味挥发,再仔细嗅别鉴定。

著名的厂家,凭其出色的酿酒师的经验和技术,独到而保密的勾兑方式,调制出比原来各种个别原料更令人畅快的新口味来。据不完全统计,苏格兰威士忌约有 2000 多种勾兑方式,但只有 100 种左右的苏格兰威士忌,在勾兑后能达到卓越的水平,因而风靡一时,销售量远远高于其他混合威士忌。

在英国名气最大,产量又最高的牌子"红方""黑方",则是由 40 种不同的原酒样品勾兑而成的,经勾兑混合、贮存若干年后的威士忌,烟熏味则被冲淡,香味更加诱人,并且在世界上销量最多,这是苏格兰威士忌的精华所在。

兑和威士忌通常分为有普通和高级两种。一般来说,纯麦威士忌用量在 50%~80% 之间者,为高级兑和威士忌,如果谷物威士忌所占的比重大于纯麦威士忌,即为普通威士忌。高级威士忌兑和后要在橡木桶中贮存 12 年以上,而普通威士忌在兑和后贮存八年左右即可出售。

普通威士忌名品有:特醇百龄坛、红方威、金铃威、白马威、先生威、龙津威、顺风威、珍宝、维特。

高级威士忌名品有:金玺百龄坛、高级海格、百龄坛 30 年、高级白马、格兰、特级威士忌、黑方威、高级詹姆斯·巴切南、百龄坛 17 年、芝华士、老牌、皇室敬礼等。

在饮用苏格兰威士忌时用古典杯,这种宽大而不深的平底杯,是苏格兰威士忌风格的一种表现。苏格兰威士忌一般在餐前或餐后饮用,标准用量为每份 40 毫升,可纯饮,也可加冰、加水或用来调制鸡尾酒。

爱尔兰威士忌

据说爱尔兰制造威士忌至少已有700多年的历史了,还有一些专家和权威人士认为蒸馏技术起源于爱尔兰,而后才传到苏格兰。

爱尔兰威士忌以80%的大麦为主要原料,混以小麦、黑麦、燕麦、玉米等配料,制作工序与苏格兰威士忌大致相同,但不像苏格兰威士忌那样要进行复杂的勾兑。另外,爱尔兰威士忌在口味上没有那种烟熏的味道,这是因为在熏麦芽时,所用的不是泥煤而是无烟煤,爱尔兰威士忌陈酿时间一般为8~15年,成熟度也较高,因此口味较绵柔长润,并略带甜味。

蒸馏酒液一般高达86°,用蒸馏水稀释后陈酿,装瓶出售时酒度为40°,名品有:约翰波尔斯父子、老布什米尔、约翰·詹姆森父子、特拉莫尔露、帕蒂等。

爱尔兰威士忌口味比较醇正、适中,所以人们很少净饮,一般用来做鸡尾酒的基酒。比较著名的爱尔兰咖啡,就是以爱尔兰威士忌为基酒的一款热饮,其制作方法是:先用酒精炉把杯子温热,倒入少量的爱尔兰威士忌,用火把酒点燃,转动杯子使酒液均匀地涂于杯壁上,加糖、热咖啡搅拌均匀,最后在咖啡上加上鲜奶油,同一杯冰水配合饮用。

美国威士忌

美国威士忌与苏格兰威士忌在制法上大体相同,但由于所用的谷物不同,蒸馏出的酒精纯度也较苏格兰威士忌低。

(1)纯威士忌是指不混合其他威士忌或谷类制成的中性酒精,以黑麦、玉米,大麦或小麦为原料,制成后存放在炭化的橡木桶中至少两年。此酒又细分为四种:

①波本威士忌。波本是美国肯塔基州的一个地名,所以波本威士忌又称为Ken-tucky Stright Bom-bon Whiskey,它是用51%~75%的玉米谷物发酵蒸馏而成的,在新的内壁经烘炙的白橡木桶中陈酿4~8年,酒液呈琥珀色,酒体香味浓郁,口感醇厚绵柔,回味悠长,酒度为43.5度,波本威士忌并不意味着必须生产于肯塔基州波本县。

按美国酒法规定,只要符合以下三个条件的产品,都可以用此名:第一,酿造原料中,玉米至少占51%;第二,蒸馏出的酒液度数应在40~80度范围内;第三,以酒度40~62.5度贮存在新制烧焦的橡木桶中,且贮存期在二年以上。

所以,虽然印第安纳、伊利诺伊、宾夕法尼亚、俄亥俄、田纳西和密苏里州也出产波本威士忌,但只有肯塔基州生产的才能称 Kentucky Straight Bourbon Whiskey。

②黑麦威士忌。它用51%以上的黑麦及其他谷物制成,颜色为琥珀色,其味道与波本不同,略感清洌。

③保税威士忌。它是一种纯威士忌,通常是波本或黑麦威士忌,是在美国政府监督下制成的。政府不保证它的质量,只要求至少陈年四年,酒精纯度在装瓶时为100Proot,必须是一个酒厂所造,酒瓶也为政府所监督。

④玉米威士忌。它用80%,以上的玉米和其他谷物制成,一般用旧的炭橡木桶贮陈。

(2)混合威士忌是用一种以上的单一威士忌,以及20%的中性谷物类酒精混合而成的。装瓶时酒度为40%,常用来做混合饮料的基酒,共分三种:

①纯混合威士忌是用两种以上的纯威士忌混合而成的,但不加中性谷物类酒精。

②肯塔基威士忌是用该州所产的纯威士忌和中性谷物类酒精混合而成的。

③美国混合淡质威士忌是美国的一种新酒种,用不得多于20%的纯威士忌和80%的酒精,纯度为100Proof的淡质威士忌混合而成。

淡质威士忌是美国政府认可的一种新威士忌,蒸馏时酒精纯度高达161~189,口味清淡,用旧桶陈年。淡质威士忌所加的100Proof的纯威士忌用量不得超过20%。

在美国还有一种酒称为 Sour Mash Whiskey,多用在波本酒中,是由比利加·克莱在1789年所发明使用的。这种酒是用老酵母加入要发酵的原料里蒸馏而成的,其新旧比率为1:2。此种发酵的情况比较稳定。

美国西部的宾西法尼亚州、肯塔基和田纳西地区,水中含有石灰质成分,这是制造威士忌最重要的条件,所以这几个区为美国制造威士忌的中心。

美国威士忌的名品有:天高、美格波本威士忌、四玫瑰、西格兰姆斯7王冠、杰克·丹尼、老祖父、老林头、老乌鸦、伊万·威廉斯、老火鸡、野鸡、金冰。

美国威士忌的饮用方法与苏格兰威士忌大体相似,有时也常加可乐兑饮。

加拿大威士忌

加拿大威士忌在国外比国内更富名气,它的原料构成受到国家法律条文的制约。主要酿制原料为黑麦、玉米，再掺入其他一些谷物原料，但没有一种谷物超过 50%的，并且各个酒厂都有自己的配方，比例都保密。

加拿大威士忌在酿制过程中需要两次蒸馏，然后在橡木桶中陈酿两年以上，再与各种烈酒混合后装瓶，装瓶时酒度为 45 度。一般上市的酒都要陈酿六年以上，如果少于四年，在瓶盖上必须注明。

加拿大威士忌呈棕黄色，酒香芬芳，口感轻快爽适，酒体丰满，以淡雅的风格著称。据专家研究，加拿大威士忌味道独特的原因主要有以下几点：

（1）水质较好，发酵技术特别；

（2）加拿大轻冷的气候影响谷物的质地；

（3）蒸馏出酒后，马上加以兑和。

加拿大威士忌的名品有：西格兰姆斯特醇、加拿大俱乐部、米·盖伊尼斯、怀瑟斯、辛雷、加拿大之家。

加拿大威士忌一般在餐前或餐后饮用，可纯饮也可兑入可口可乐或七喜汽水饮用。

威士忌的品尝

人生就似品酒，只有浅斟慢酌才能细细品味自己的人生，没有人愿意在 20 年后，蓦然回首之时，竟看不见自己的人生轨迹。同样，当我们喝干杯中的最后一口酒时，如果不知酒的芬芳从何而来，也是件遗憾的事情。好酒靠"品"，懂得享受生活的人也一定懂得品酒。

威士忌是一种值得细细品尝的酒，在国人的印象里喝威士忌通常是身份、权势或者是有品位和时尚的象征。在这里给大家介绍一下威士忌的品酒知识，看看你是否也是位时尚的懂品酒的人。

一看色泽

威士忌的颜色从深琥珀色到浅琥珀色都有，因此，我们首先要观察威士忌的颜色。

把威士忌倒在酒杯中，不添加任何冰或水，拿住杯子的下方杯脚（不能托着杯壁，因为手指的温度会让杯中的酒发生变化），把它对着光线，仔细观察杯中的酒，试着用以下词语来形容（当然你也可以创造自己的词库）：昏黄，浅淡，富裕、柔美、诱人……由于威士忌都是存放在橡木桶中醇化的，一般来说，存放时间越长，威士忌的色泽就越深，但是并非颜色越深，年份就越长，它的色泽和生产中的细节，像橡木桶的种类、是否添加着色剂等都会影响威士忌的颜色。

二看挂杯

接下来要看威士忌的挂杯。首先，把酒杯慢慢地倾斜，请注意一定要很轻柔很小心，然后再恢复原状。细心的人会发现，酒从杯壁流回去的时候，留下了一道道酒痕，这就是酒的挂杯。所谓"长挂杯"就是酒痕流的速度比较慢，"短挂杯"就是酒痕流的速度比较快。挂杯长意味着酒更浓，更稠，也可能是酒精含量更高。

三闻香味

第三，就是要学会用鼻子来评判威士忌的好坏，但在这过程中，要注意以下几点：

要使用专用的闻香杯。这种郁金香形高脚杯兼具了白兰地杯和香槟杯的特色，高度像白兰地杯，但杯肚像香槟杯，收口非常小，适合威士忌酒香气的聚集。

在酒中加适量的水，所谓适量就是加入杯子里大约 1/3 的水，因为威士忌的酒精浓度在 40% 时，酒精的气味会盖住其他的香气，只有用水稀释，才比较容易感觉出藏在酒精后的复杂的香味，同时水也能带出和增进威士忌的香味和丰韵。

闻酒时，将酒杯的杯口慢慢掠过鼻前，用鼻子嗅闻威士忌散发出的香味，或用一只手掌盖住杯口，另一只手摇晃杯子，目的是充分释放威士忌中的香味。然后，将鼻子探入杯中，用力而短促地嗅一至两下，感觉并分辨其中的味道：刺激、奶油味、果香、烟熏味、药味、麦香、新鲜的草香、咸味、泥炭味、蜂蜜味……当你感觉出味道后，马上用笔把闪现在你头脑中的名词或者形容词写在纸上。

四要品尝

最经典的往往是最简单的！慢慢地啜饮一口威士忌，用舌头把它在嘴里回荡一圈，威士忌的香味将溢满整个口腔，口腔中的不同部位会感觉到不同的味道。然后缓缓咽下，回味它的味道，体会它是否圆滑、醇厚、有何香味、甜度如何、回味是否绵长……当你吞咽威士忌的时候，注意这时威士忌味道的变化，这就是我们常说的"终感"。很多威士忌有较显著的余香，而且变化无穷。

我们也可以依据个人喜好来选择加冰与否，您可以纯饮，或加入可乐，或加入冰块，或加入苏打，哪怕加入绿茶，您都不必担心酒的味道会被改变。

第七节　白兰地的鉴别

人们授予白兰地以至高无上的地位，称之为"英雄的酒"。在法国当地流传这样一句谚语：男孩子喝红酒，男人喝跑特（Port），要想当英雄，就喝白兰地。

白兰地的起源

白兰地是英文 Brandy 的音译，用它做酒的命名有多种说法和传说。

第一种说法：相传在 15 世纪时的荷兰有个船长，一次他往家乡运送葡萄酒，因路途遥远，般载重量有限，为了多装，他将葡萄酒甩蒸锅浓缩后使液体减少一半，到达目的地后再兑水，这样就可多运一倍的酒。出乎意料的是经过浓缩后的葡萄酒味道更为醇美，他觉得不必兑水了。当地人把这种经过蒸锅浓缩后的葡萄酒叫白兰地，荷兰语的意思是：再浓缩过的葡萄酒。16 世纪前后，荷兰就开始用葡萄酒再蒸馏的方法生产白兰地了。

第二种说法：15 世纪在意大利有个卫士叫霍夫曼，他把自制的葡萄酒储存在木桶里。有一年发生战争，卫士赶忙把酒藏入地窖内，战争中卫士被敌军杀害，酒就无人知晓了。十年后有人无意中发现了地窖中的酒，由于陈酿已久，酒已蒸发许多，剩下的一半左右为金色，酒味醇厚，人们为了纪念死去的卫士为酒取名为"白兰地"。

当今法国生产的白兰地最负盛名，夏朗德省人用当地产的葡萄酿制而成的科涅克白兰地酒被公认为是最佳品种。1909 年法国政府明令科涅克白兰地酒受法律保护，其他地区不得伪造。此外法国的阿玛尼克白兰地、恭纳白兰地、马尔白兰地酒也各有千秋，受人喜爱。

还有一种传说：13 世纪那些到法国沿海运盐的荷兰船只将法国干邑地区盛产的葡萄酒运至北海沿岸国家，这些葡萄酒深受欢迎。至 16 世纪，葡萄酒产量的增加及海运的途耗时间长,使法国葡萄酒变质滞销。

这时,聪明的荷兰商人利用这些葡萄酒作为原料,加工成葡萄蒸馏酒,这样的蒸馏酒不仅不会因长途运输而变质,并且由于浓度高反而使运费大幅度降低,葡萄蒸馏酒销量逐渐增大,荷兰人在夏朗德地区所设的蒸馏设备也逐步改进,法国人开始掌握蒸馏技术,并将其发展为二次蒸馏法,但这时的葡萄蒸馏酒为无色,也就是现在的被称之为原白兰地的蒸馏酒。

1701 年,法国卷入了一场西班牙战争,其间,葡萄蒸馏酒销路大跌,大量存货不得不被存放于橡木桶中,然而正是由于这一偶然,产生了现在的白兰地。战后,人们发现储存于橡木桶中的白兰地酒质实在妙不可言,芳香浓郁,香醇可口,那色泽更是晶莹剔透,琥珀般的金黄色,如此高贵典雅。

至此,产生了白兰地生产工艺的雏形——发酵、蒸馏、贮藏,也为白兰地的发展奠定了基础。

各国白兰地

世界上有许多国家和地区生产葡萄蒸馏酒,都可以称为白兰地。

干邑白兰地

法国白兰地是一种烈酒,由葡萄酒或水果发酵后蒸馏而成,但必须存放在木桶里经过相当时间的陈酿。世界各国都出产白兰地,而葡萄酒以法国产的最好,因此法国白兰地也是最好的,其中以干邑白兰地尤为驰名。干邑是一个地名,按法文发音译成科涅克,但因为这里是世界生产最佳品质白兰地的地方,所以"干邑"就成了白兰地的代名词。

干邑是法国开伦脱河旁的一座古镇,属夏郎德省,位于法国西南部大西洋比斯开湾之滨,面积约十万公顷,每年有 30 万人从事干邑酒的生产和贸易工作。当地常年储存的白兰地多达亿瓶,年平均产量为 500 万加仑(纯酒精)干邑酒,每年可为干邑地区增加收入 900 万法郎。该地区按照土质的不同分为 6 个葡萄种植区,所产酒的品质也有高低,按顺序排列如下:

A.Grande Champagne 大香槟区

B.Petite Champagne 小香槟区

C.Borderies 边缘区

D.Fins Bois 植林区

E.Bons Bois 优等植林区

F.Bois Ordinaires 一般植林区

干邑的品质之所以超过其他白兰地,一方面是因为该地区的特殊蒸馏技巧,另外一方面是因为该地区的土壤好、天气好等原因,因此产的葡萄特别好。

干邑白兰地的名品很多,远销世界各地,常见的有:

人头马 V.S.O.P(Remy Martin V.S.O.P)

马爹利 V.S.O.P(Martell V.S.O.P)

拿破仑 V.S.O.P(Courvoisier V.S.O.P)

轩诗 V.S.O.P(Hennessy V.S.O.P)

百事吉 V.S.O.P(Bisquit V.S.O.P)

普利内 V.S.O.P(Polignae V.S.O.P)

蓝带马爹利(Ribbion Martell)

长颈 F.O.V(F.O.V)

人头马俱乐部(Remy Martin Club)

马爹利 X.O(Martell X.O)

轩尼诗 X.O(Hennessy X.O)

人头马 X.O(Remy Martin X.O)

卡米 X.O(Camu's X.O)

人头马路易十三(Remy Mattin Louisx III Par adise))

拿破仑 X.O(Courvoisier X.O)

天堂马爹利(Martell Paradise)

天堂轩尼诗(Hennessy Paradise)

金像 X.O(Otard X.O)

金像 V.S.O.P(Otard V.S.O.P)

海因 X.O.(Hine X.O)

海因 V.S.O.P(Hine V.S.O.P)

大将军拿破仑(Counroisier Napolone)

卡姆斯 V.S.O.P(Came's V.S.O.P)

金路易拿破仑(Louis P'or Napolone)

奥吉尔 V.S.O.P(Auger V.S.O.P)等。

值得说明的是干邑白兰地是用多种不同年龄的蒸馏葡萄酒精混合起来的。这其中既有年轻的酒,也有中年的酒和老年的酒。酒龄,并非指整瓶酒都在桶内储存了 20 年,而是调酒师将不同年份的酒,以不同的比例调制混合而成,这酒中当然也有在桶内储存了 20 年的酒的成分,但是,由于白兰地的平均酒龄事实上是无法计算的,因此,上面提到的所谓"20 年酒龄",也只是"所谓"而已,因此白兰地酒瓶上的标贴是不印存贮年份的。

法国拿破仑干邑白兰地

一般来说,入桶三年的酒,还有辛辣感觉,色泽不深;50 年的陈酒则味醇和,而色泽已太深;若是 100 年的陈酒,不仅色泽很深,而且味道已死,只有浓重的木头味。当然,优质的酒不在此列。优秀的调酒师能分辨出干邑酒中 200 余种不同香味的细微差别,当将这些同年龄的酒,以恰当的比例加以混合后就会产生极好的效果,而且色泽也好。由此可见,如以某种具体年份来标志白兰地的酒龄是不确切的。

所有干邑全都是白兰地,但是白兰地却并不都是干邑。因为干邑只能指在法国开伦脱河流一带地区种植的葡萄,并在当地采摘、发酵、蒸馏和贮存所得的酒,它受到法律的限制和保护。而在法国其他地区种植的同一品种葡萄,经酿造、蒸馏、贮存得到的酒,即使工艺与干邑地区的相同,法律规定只允许说是白兰地,不能称为干邑。所以干邑只是一个以地名定酒名的专用名词,绝对不能误用。

干邑酒能在世界上赢得这样高的声誉是与它非常严格地控制质量是分不

开的。它明确规定葡萄酒的品质,清楚界定种植葡萄的地区,规定葡萄的种类和酿酒规则的具体细节,不断改善蒸馏器材,以及控制木桶内存放的时间等。

法国政府为保证酒质,制定了严格的监督管理措施,将干邑酒分为三级。第一级为 V.S.,也称三星级,酒龄至少两年。这种三星白兰地曾经盛行一时,但由于星星的多少,无法代表存贮年份,当星的个数从一颗发展到五颗后,就不得不停止加星。然后由于竞争,各酒厂都想方设法不断提高质量,增加存储年份,这就需要寻找一种新的表示方法。到 70 年代时,开始使用字母来分别酒质,例如 E 代表特别的,F 代表好,O 代表老的,S 代表上好的,P 代表淡的,X 代表格外的,C 代表干邑。因此第二级都是用法文的大写字母来代表酒质优劣,例如 V.S.O.P.意思是 Very Superior Old Pale,年龄至少四年。第三级为拿破仑,酒龄至少六年。凡是大于六年酒龄的称 X.O.,意思是特醇;凡是大于 20 年的称顶级,或称路易十三。需要说明的是,以上等级标志仅仅标志每个等级中酒的最低年龄,至于参与混配的酒的最高年龄,在标志上也看不出来。也就是说,一瓶 X.O.级的白兰地,用以混配的每种蒸馏葡萄酒精,在橡木桶中的存储期都必须在六年以上,其中存储年份最长久的,可能是 20 年以上,也可能是 40~50 年,但究竟多少,无法知道,由各厂自行掌握,一瓶酒的年份及价值,除了等级标志,还同时从商标的等级上反映出来,因为只有老牌子的酒厂才会有存贮年份很久的老龄酒,酒厂要保持自己的老牌子,也只有以保证质量来赢得顾客的信任,同时要提醒的是,"拿破仑"这个词,是一种酒质等级的标志,而不是商标名称,但后来也有酒厂以"拿破仑"来作为自己牌号的,对此一定要注意区分开来。

著名的干邑白兰地酒厂

(1)人头马集团

1724 年著名的老字号干邑白兰地制造商创立了人头马集团。人头马香槟干邑系列是世界公认的最著名的白兰地,其产品采用产自"Grande Champagne"(大香槟)区及"Petite Champagne"(小香槟)区的上等葡萄酿制而成,并始终严格控制品质,所以被法国政府冠以特别荣誉的名称——"特优香槟干邑"。实际,经过人头马超越两个世纪的历史实践,选用最优质的原料,加上人头马酿酒大师的丰富经验和艺术智慧,使得人头马成为当今世界顶尖级的干邑白兰地,历来均受世界各地饮家广泛的爱戴及赞誉。所以,以人头马形象出现的高质量产品一直稳占销量前列。

人头马 VSOP 特优香槟干邑,一共经过两次蒸馏,然后再放入橡木桶内蕴藏八年以上,力求酒质充分吸收橡木的精华,成为香醇美酒。

人头马 CLUB 特级干邑,是法国政府严格规定之干邑级别的拿破仑级,而人头马特级则在桶内蕴藏超过 12 年,酒色金黄,通透宜人,这种颜色被称为琥珀色,是最佳干邑的标志。

人头马极品 XO,采用法国大小香槟区上等葡萄酿造并经多年蕴藏,酒质香醇无比,酒味雄劲浓郁,凹凸有致的圆形瓶身,典雅华贵,堪称 XO 中之极品干邑。

于 1724 年创业的雷米·马田家族,以希腊神话中的半人半马作为家族的象征符号,他就是"肯达尔斯",而其英姿则作为重品的酒瓶造型。人头马所出的高级品种"人头马马标",采用由贝尔纳德公司制造的世界上少数具有烧焦痕迹的陶器酒瓶。

人头马黄金时代,瓶身金光闪耀,瓶颈部分更是用 24K 纯金镶嵌,并有线条细腻的花纹,显出高贵不凡的气派。而"金色年代"秉承了人头马的特优香槟干邑的特性,在橡木桶里储藏逾 40 年之久,又经过三代酿酒师的精心酿制,酒质馥郁淳厚,酒香更是细绵悠长。

人头马路易十三纯采用产量最稀少、品质最上乘的顶级名酿,酒质浑然天成,芳香扑鼻,醇美无瑕,达至酿酒艺术的最高境界,而每年产量稀少,使人头马路易十三更稀少珍贵。设计独特的酒瓶由驰名世界的百乐水晶玻璃厂以手工制造,再精雕细琢而成。

(2)轩尼诗酒厂

轩尼诗酒厂,创建于 1765 年,它可算是法国干邑领域中最优秀的一员。该厂的创办人李察·轩尼诗,原是爱尔兰的一位皇室侍卫,当他在 20 岁时就立志要在干邑地区发展酿酒事业。经过六代人的努力,轩尼诗干邑的质量不断提高,产量不断上升,已成为干邑地区最大的三家酒厂之一。该厂深知木桶对干邑酒质的重要作用,因此特别重视橡木林的栽培和保养工作,目前他们的橡木林已足够供应酒厂所需橡木百年以上。另外,轩尼诗厂是最早发明用星的多少来确定干邑酒质优劣的厂家,1870 年,首次推出了以 XO 命名的轩尼诗。目前该厂的产品已牢牢扎根于亚洲市场。

(3)金花酒厂

1863 年,约翰·柏蒂·斯金花与他的好友在法国干邑地区创办了金花酒厂,并"伟大的标记"作为徽号。金花白兰地酒厂是现在法国干邑地区中仅存的家庭企业酒厂中的极少数酒厂之一。它的产品特点是品质轻淡,而且使用旧的橡木桶存酒老熟,以使橡木的颜色和味道很少渗入酒液中,由此形成的风格,非常别致。

金花酒厂在干邑的大香槟区及边缘区两个地区都拥有葡萄园。它以这两个地区生产的原葡萄蒸馏酒为主,再配合其他干邑各地区葡萄园的白兰地,互相调配而生产出各级干邑佳酿。调制工作由现任主席米斯尔及他的两个儿子约翰保罗与菲律普共同进行,秘诀保密。三星级金花白兰地产量极少,V.S.O.P.级干邑,则以边缘区所酿的原酒为主,但是拿破仑级的干邑,其原酒则分别来自大香槟区和小香槟区,然后进行调配而成,此外对另外一种更为高级的拿破仑特级,却特意选用另外两个干邑小地区的原酒为主要成分,精心调制而成。如今 X.O.级的干邑产品,究竟选用什么地方的原酒就不得而知了,不过在目前世界市场上,金花干邑始终以拿破仑产品及拿破仑特级佳酿而受到人们的欢迎。

同时,金花酒厂非常重视酒瓶的包装,他们为打开亚洲市场,特别是海峡两岸的中国市场,推出了多种漂亮的瓷瓶包装,以专门吸引收藏家的兴趣,其中以书本杯型的设计包装最受欢迎。

(4)拿破仑酒厂

拿破仑干邑白兰地是法国干邑区的佳酿。早在 19 世纪初就已深受拿破仑一世欣赏,1869 年被指定为拿破仑宫廷御用美酒。凭借其品质优良,产品远销世界 160 多个国家,并获得许多奖牌。在它们的干邑酒瓶上因别出心裁地印有拿破仑塑像投影,而成为大家熟悉的干邑极品标志。自 1988 年以来,他们进一步选用法国著名艺术大师伊德的七幅作品,把它们逐一投影在干邑酒瓶上,这七副幅是伊德出于对拿破仑干邑白兰地的热爱和认识,特意为拿破仑干邑白兰地酒而设计的。

第一版名为《葡萄树》,选用洋溢绮丽的暖红色调,显示法国干邑地区葡萄园的无穷魅力。第二版名为《丰收》,以手持葡萄串的少女,在祥和的阳光下祝福,呈现一片富饶景象。第三版名为《精炼》,运用灼烧的火焰,描述蒸馏白兰地的工艺过程。第四版名为《待陈》,以优雅的人像凝视橡木桶中的陈酿白兰地,象征拿破仑干邑白兰地的珍贵。第五版名为《品尝》,透过玻璃器皿中回旋的白兰地酒,激发您欣赏的欲望。第六版名为《馥郁》,展现羽扇轻摇,身穿紫

中華酒典

拿破仑画像

袍的雅丽舞姬,从琥珀色的液体中冉冉升起,表达了拿破仑干邑白兰地的珍贵特性。

这多种不同画面的拿破仑干邑白兰地,被简称为伊德珍藏系列产品,其贮藏的年份可追溯至伊德的诞生之年——1892年,而且每一版本的酒仅向全球推出12 000瓶。第一版于1988年首次在美国纽约向全球推出;第二版于1989年在法国巴黎推出;第三版于1990年在荷兰阿姆斯特丹推出;第四版于1991年在意大利米兰推出;第五版于1992年在泰国曼谷推出;第六版于1993年在中国上海推出。

(5)法国百事吉酒厂

法国百事吉酒厂创立于1819年,已经有170余年酿制干邑的历史。百事吉酒厂拥有干邑区内最广阔的葡萄园地,是最具规模的大型蒸馏酒厂,全部采用由手工精制的储存干邑酒所需要的橡木桶,以确保干邑酒在整个酿制工艺中的每一步骤都能一丝不苟地进行,使得酒质馥郁醇厚。

百事吉酒厂酒库内贮藏的陈酿干邑,其储藏量极为丰厚,足够提供调配各级干邑产品所需要的不同酒龄干邑原酒,故而能完全保证产品质量。外包装和

中华酒典

玻璃瓶配合钻石型系列装潢,显得高贵而出众。

凭借大香槟区得天独厚的气候和土壤条件,加上百事吉酒厂对干邑的丰富酿造经验,该厂特别推出一种名为"百事吉世纪珍藏"的珍品。据了解,它的每一滴酒液都经过100年以上的酿藏,其中更含有19世纪中末期Phylloxera蚜虫出现前的奇珍,经过缜密的调配,酒香馥郁扑鼻,质醇浓,入口似丝绸般柔顺,余韵绵长,酒精度为41.5%,是完全天然的结果,绝无人工加水稀释的痕迹。

"百事吉世纪珍藏"的包装极为讲究,采用Daum的著名的水晶玻璃瓶,其特点是水晶玻璃纯洁异常,雕刻工艺高超,并配有设计高雅的精致木盒,可谓酒、瓶、盒三者相得益彰。此酒每年生产的数量极少,配售给全球各国市场,售价每盒人民币万元以上。

(6)威来酒厂

威来酒厂是法国干邑地区历史最悠久的酒厂之一,产品都以高级陈酿酒为主,最低级干邑产品为V.S.O.P.。威来酒厂对包装十分讲究,采用古董车造型的瓷质酒瓶包装,外形典雅、高贵、独特,色泽分蓝宝石、金漆和纯乳白色三种,车型又分小型和大型两种,车内盛装远年干邑,广受干邑收藏家欢迎。

(7)奥吉尔酒厂

奥吉尔酒厂创立丁1643年,是世界上最古老的干邑酒厂之一,其著名产品吉尔V.S.O.P.干邑酒,采用传统酿酒技术,在利莫辛橡木桶中醇化20~30年,再由经验丰富的酿酒师精心调配而成,具有平滑顺畅的口味。此外,奥吉尔拿破仑级的干邑产品,在橡木桶中蕴藏必须超过五年,再经过精心调配,齿颊留香,入口柔顺,深受人们的喜爱。

(8)马爹利公司

马爹利公司1715年由生于英法海峡上的贾济岛的尚·马爹利所创。马爹利热心地培训酿酒师,并自己从事酒类混合工作,使得他所酿制的白兰地,具有"稀世罕见之美酒"的美誉。此公司一直由马爹利家属世代经营,是少数保持纯粹血统的名门企业之一。

马爹公司生产的三星级和V.S.O.P.级产品,是世界上最受欢迎的白兰地之一,在日本的销量一直处于前三名。该公司在中国推出的XO马爹利、名士马爹利和金牌马爹利,深受人们的喜爱。

(9)路易老爷

创办于1853年的路易老爷在干邑白兰地的200多个牌子中跻身前十 1994

年的营业额达两亿多法郎。

路易老爷家族继承人一百多年来凭着丰富的经验及祖传秘方,酿造出无数香醇芬芳的陈年佳酿,每一位家族继承人都相信只有最出色的极品葡萄,才能酿造出被传颂的极品佳酿,因此每年他们都要派专人亲自到园里精选顶级中的顶级葡萄。路易老爷拥有自己的葡萄园,因此能够从一开始就控制葡萄的品质,并且拥有足够的储存。路易老爷 X.O.级酒质极佳,年份中最陈的可达 20~22 年。

雅邑白兰地

雅邑是港澳地区的译音,通常译为亚曼涅克,是指在法国波尔多地区东南部裘司地方生产的白兰地。

雅邑白兰地是仅次于干邑的白兰地,雅邑位于干邑南部,即法国西南部的热尔省境内,以产深色白兰地驰名,虽没有干邑著名,但风格与它很相近。酒体呈琥珀色,发黑发亮,因贮存时间较短,所以口味浓烈。陈酿或远年的雅邑白兰地酒香袭人,风格稳健沉着,醇厚浓郁,回味悠长,而且留杯许久,有时可达一星期之久。雅邑白兰地酒度为 43 度,雅邑也是受法国法律保护的白兰地品种,只有雅邑当地产的白兰地才可以在商标上冠以 Armagnac 字样。雅邑白兰地的名品有:夏博、卡斯塔浓、珍尼、桑卜、索法尔。

雅邑白兰地所采用的葡萄品种与干邑白兰地相同,均为白玉霓和白福儿。雅邑地区的土壤是沙质的。雅邑与干邑两地产的白兰地口味有所不同,主要原因是:干邑酒的初次蒸馏和二次蒸馏是分开进行的,而雅邑则是连续进行的,另外干邑酒贮存在利莫辛木桶中,而雅邑白兰地则是藏在黑木桶酒桶中老熟的。由于雅邑酒主要供应内销,出口量较少,因此其知名度就比不上干邑白兰地。雅邑酒质优秀,虽酒味较烈,但还是有不少人喜爱它,因此曾有人这样评价说:雅邑是有田园风味的白兰地。

著名的雅邑白兰地酒厂

(1)法国爱德诗话酒厂

法国爱德诗话酒厂创立于 1852 年,由法国罗兰爱德和夏利诗话两青年在波尔多合资设厂而生产,其后人秉承传统的酿酒技术使产品行销世界百余个国家。该厂的产品有蜂巢大三星白兰地,选用波尔多最优良的葡萄酿造,其销售

中华酒典

网遍布世界各地,尤其是在东南亚颇受欢迎。此外尚有多寿拿破仑白兰地,蜂皇 V.S.O.P.白兰地,以及特醇拿破仑白兰地。

(2)梦特娇酒厂

梦特娇酒厂创立于三百年前,其创立者是大仲马小说《三剑客》中主要人物达尔尼安的直系子孙。长期以来,该厂严格保持雅邑的水准,产品有扁圆磨砂和水晶形 X.O 级两种,受到人们的喜爱。

其他国家和地区的白兰地

法国白兰地指除干邑、雅邑以外的法国其他地区生产的白兰地,与其他国家的白兰地相比,品质上乘。

西班牙白兰地:西班牙白兰地的质量仅次于法国,居世界第二位。它是用舍利酒蒸馏、橡木桶贮存而成。它的口味与法国干邑和亚曼涅克相差迥异,具有较显著的甜味和土壤味。由于这个国家盛产不经过发酵的甜葡萄酒,也就是当地葡萄榨汁后,马上添加白兰地以抑制其发酵,为此需要耗用的白兰地量很大。因此它们生产白兰地的酒厂,都是向各地帐购用葡萄蒸馏所得的白兰地原酒,再经过调配师的调制,并贮存而成。

美国白兰地:大部分产自于加州,它是以加州产的葡萄为原料,发酵蒸馏至85Proof,贮存在白色橡木桶中至少两年,有的加焦糖调色而成。自 1993 年起,全都是在加利福尼亚州生产的,它是用当地葡萄酒蒸馏得到的酒精,贮存在 50加仑的美国橡木桶中。酒法规定最少酒龄为两年,一般是 2~4 年,也有多达八年的陈白兰地上市。

葡萄牙白兰地:是用舍利酒蒸馏而得的,与西班牙白兰地酷似。该国的舍利酒是由 Douro 地区栽培的葡萄制成葡萄酒,然后再蒸馏成白兰地。二战期间,曾经有部分含糖量特高、香浓、烈酒的白兰地出口。

秘鲁白兰地:秘鲁生产白兰地的历史相当悠久。一般不称它为白兰地,而叫它为 Pisco,这是以秘鲁南方的港口名来命名的。其实,这个名字还有另外的意思,Pisco 指的是南美洲一个会制作独特酒瓶的种族名字,这个民族善于制造一些黑色造型的陶器,当地所产的白兰地,大多采用这种陶瓶来盛装,时间一长,大家便称这种酒为 Pisco。尽管现在都用玻璃瓶来包装秘鲁白兰地了,但还是按习惯称之为 Pisco。它是采用 Pisco 港口附近的伊卡尔山谷中栽培的葡萄为原料,经酿成白葡萄酒后,再蒸馏而成。它采用陶罐贮存,不使用橡木酒桶,

中華酒典

而且贮存期限很短。

德国白兰地：醇美是德国白兰地的特点。因为德国生产葡萄酒的量比较少，因此它除了利用国内生产的少量葡萄酒来蒸馏白兰地外，多数是进口法国葡萄酒后再生产白兰地，同时也用法国的橡木桶来贮存白兰地。

希腊白兰地：希腊的白兰地大多数出口国外销售，而且深受饮者喜爱。Metaxa是希腊最有名的白兰地，由S.E.A.Metaxa酒厂制造。该厂建于1888年，以厂名定酒名，在它的标贴上还有一个特别之处，那就是它用七颗五角星来表示陈酿的久远，这在世界其他国家也比较罕见。希腊与葡萄牙、西班牙一样也生产强化葡萄酒，这是使用葡萄酒精（即白兰地）来抑制葡萄汁发酵，而使酒中保留糖分的方法，事实上，所加入的白兰地其质量是不差的。希腊白兰地味清美而甜润，用焦糖着色，因此酒色较深。

除此之外，南非、澳洲、以色列、日本和意大利也主产优质白兰地。

白兰地的特点

在法国，人们授予白兰地以至高无上的地位，称之为"英雄的酒"。在法国当地流传这样一句谚语：男孩子喝红酒，男人喝跑特，要想当英雄，就喝白兰地。因为它有很多让人喜欢的理由：

1.白兰地有一种高雅醇厚的口味，具有特殊的芳香。

原料是白兰地中的芳香物质来源。法国著名的白兰地是以科涅克地区的白福儿、白玉霓、格伦巴优良葡萄原料酿制的。这些优良葡萄品种富含独特的香气，经过发酵和蒸馏，得到原白兰地。原白兰地是指通过蒸馏得到的，还未调配的白兰地。

优质白兰地的高雅芳香还有一个来源，并且是非常重要的来源，那就是橡木桶。原白兰地酒贮存在橡木桶中，要发生一系列变化，从而变得柔和、高雅、成熟、醇厚，在葡萄酒行业，这叫"天然老熟"。

在"天然老熟"过程中，发生两方面的变化：一是颜色的变化，二是口味的变化。原白兰地都是白色的，它在贮存时不断地提取橡木桶的木质成分，加上白兰地所含的单宁成分被氧化，经过五年、十年以及更长时间，逐渐变成金黄色、深金黄色以至浓茶色。

1904 年生产的白兰地的瓶标

　　新蒸馏出来的原白兰地口味暴辣,香气不足,它从橡木桶的木质素中抽取橡木的香气,与自身单宁成分氧化产生的香气结合起来,形成白兰地特有的奇妙的香气。

　　2.合格的白兰地,还有一个极为重要的程序,那就是调配。

　　调配也叫勾兑,是白兰地生产的点睛之笔,它使葡萄酒的感观、香气和口感实现高度的和谐统一。各厂都有自己的配方和自己的调配专家。怎样调配是各葡萄酒厂家的秘密,作为白兰地调配大师,不仅需要精深的酿酒知识,丰富的实践经验,而且需要异常灵敏的嗅觉、味觉和艺术鉴赏能力。

　　白兰地有一个特点,它不怕稀释。在白兰地中放进白水,风味不变还可降低酒度。因此,人们饮用白兰地时往往放进矿泉水、冰块或苏打水,更有加茶水的,越是名贵茶叶越好,白兰地的芳香加上茶香,具有浓郁的民族特色。

　　3.最好的白兰地是由不同酒龄、不同来源的多种白兰地勾兑而成的。

　　兑酒师要通过品尝储藏在桶内的酒类来判断酒的品质和风格,并决定勾兑比例。兑酒师都有自己的配方,绝不外传。勾兑后的白兰地在适当的容器中贮存六个月才可装瓶。

　　白兰地与葡萄酒不一样,不在瓶中沉淀,装瓶以后就成为定型产品。只要密封后避光、低温保存就可长期留用。勾兑的白兰地酒度在国际上采用的标准

中華酒典

是 42~43 度,我国采用的标准则是 38~44 度。

白兰地的选购与饮用

1.白兰地的选购

选购白兰地时,首先能看到的是产品的外在品质如颜色、标签等。

一瓶好的白兰地,首先在视觉上就会给人以美的享受。澄清透亮、晶莹光灿,颜色一般为金黄色或者赤金黄色,庄重而不娇艳。

白兰地的颜色和色调,在某种程度上反映了白兰地贮藏时间的长短和质量的好坏,如果酒液呈暗红或瓦灰色,就说明该酒的质量较差或者有铁污染的象征。

白兰地产品标签上标注的内容,也为消费者选择适合自己的产品提供了重要的信息。在选购时,一般从以下三个方面来着手:

一是产品的名称,如果名称为其他水果白兰地(或 X.O、VSOP 等),则这个产品就不是以葡萄为原料酿成的。

二是产品的配料,在产品的背标上有配料表的内容,消费者在购买时要看清配料,确认原料是葡萄或其他水果。

三是产品的等级,不同等级的白兰地品质不同,其价格差异也很悬殊,消费者应该根据自己的个人喜好以及消费水平,选择合适的产品。

另外,选购白兰地时,认清白兰地牌号,尽量选择一些名牌和大型企业的产品,因为,相对而言这些企业,具备较成熟的工艺和完备的技术、设备,质量更有保证。

对于许多白兰地爱好者来说,经常关注国家权威部门对于白兰地产品质量的相关公告和报道,提高白兰地的认识水平,增加对市场的了解也是十分有用的。

2.白兰地的饮用

净饮足一种比较讲究的白兰地饮用方法,用白兰地杯,另外用水杯配一杯冰水,喝时用手掌握住白兰地杯壁,让手掌的温度经过酒杯稍微暖和一下白兰地,让其香味挥发,充满整个酒杯(224 毫升的白兰地杯只倒入 28 毫升白兰地酒),边闻边喝,才能真正地享受饮用白兰地酒的奥妙,冰水的作用是:每喝完一小口白兰地,喝一口冰水,清新味觉可以让下一口白兰地的味道更香醇。

英国人喝白兰地喜欢加水,而中国人一般喜欢加冰,那只是喝一般牌子的白兰地,殊不知对于陈酿上佳的干邑白兰地来说,加水、加冰是浪费了几十年的陈化时间,丢失了香甜浓醇的味道。

白兰地也可以与其他软饮料混合在一起喝,例如,白兰地加可乐。其具体做法是:用一个柯林杯,放半杯冰块,量28毫升白兰地,168毫升可乐,用酒吧匙搅拌一下。

混合饮料的做法基本一样,熟练后只要记住:白兰地加可乐,长饮杯就行了。

3.白兰地的品尝和欣赏

一种好的白兰地,就是一种艺术品,令人向往,令人陶醉。艺术的鉴赏离不开人,白兰地的鉴赏与评价,也只能靠人的感觉器官。

酒杯

郁金香花开高脚杯一般用来品尝或饮用白兰地。这种杯形,能使白兰地的芳香成分缓缓上升。品尝白兰地时,斟酒不能太多,至多不超过杯容量的1/4,要让杯子留出足够的空间,使白兰地的芳香在此萦绕不散,这样就能使品尝者对白兰地中的长短不同、强弱各异、错落有致的各种芳香成分,进行仔细分析和欣赏。

品赏

品尝白兰地的第一步:举杯齐眉,仔细看白兰地的清度和颜色。

在打开酒瓶将酒液倒入酒杯以后,将酒杯端起,与眉同齐,用肉眼去观察酒液的颜色及精度。白兰地酒的颜色应是:金黄色、赤金黄色、浅金黄色,好的白兰地应该澄清晶亮、富有光泽。

描述白兰地酒外观常用的词有:澄清度——清亮透明、晶莹透明、有光泽、有光亮等;混浊度——略失光、失光、欠透明、微混浊、混浊等;沉淀——有明显悬浮物、有沉淀。

品尝白兰地的第二步:闻白兰地的香气。

用手端起酒杯底座,使杯口与鼻子接近,闻白兰地酒的香气,优质的白兰地酒是用优良的葡萄品种酿制而成的,它的香气首先应体现出葡萄原料的品种香,这是白兰地的前香。再轻轻晃动酒杯使酒的香气充分散发出来,用鼻子去闻,然后加盖,用手握杯腹部两分钟,摇动后再闻香,优质白兰地酒的香气是持久而复杂的,应该具有浓郁的葡萄原料品种香,醇正细腻的陈酿橡木香及在陈酿过程所产生的醇和的酒香等,像葡萄花、椴树花、干的葡萄嫩枝、压榨后的葡萄渣、香草、紫罗兰、等等,这种香很细腻,幽雅浓郁,是白兰地的后香。以上几种香气应达到诸香和谐的程度。如果白兰地酒中,有不协调的异香和浮香,或木质香过重都可以说是酒的缺陷。

描述白兰地酒香气常用的述语有:含蓄而优雅的橡木香,具有和谐的葡萄品种香,陈酿的橡木香,醇和的酒香,酒香沉着,优雅浓郁,酒香和谐,酯香柔细,酒香浓郁,诸香和谐,香气较和谐,浮香过重,香气不协调,有异香、木质香过重等。

品尝白兰地的第三步:入口品尝。

酒的好坏,只有尝一尝才能知晓。将酒液啜入一小口(约2毫升左右)放在口腔的前部,让它在口腔里扩散回旋,使舌头和口腔广泛地接触,细细地感受它品尝者可以体察到白兰地奇妙的酒香、滋味和特性:醇和、协调、甘洌、细腻、沁润、丰满、醇正、绵延……所有的这些,都能让您辨别和享用您所钟情的白兰地。

描述白兰地酒口感常用的述语有:味感醇和、沁润而细腻、甘洌、口感醇厚、酒质纯净、绵延、酒体完整、丰满、溢满口腔、较醇正、口味淡薄、无邪杂味、有邪杂味、苦涩感重、具有白兰地酒的典型风格、白兰地酒风格不明显。一种优质白兰地酒应达到:将盛过白兰地酒的空杯放置,应达到即留香长而不失其原香的程度。

对一种白兰地酒根据自己的感觉如实地进行描述和表达,对其色、香、味一一进行感官鉴定后,将各项鉴定结果汇总起来,做出综合评价,填写记录表。一杯具有典型风格及个性的白兰地酒会使人感到舒适愉快,给人美感和享受。

4.各式干邑白兰地喝法

首先,将干邑白兰地倒入郁金香杯内约1/3满,然后用手指捏住杯脚底部,以避免手心温度传抵杯中影响酒质,其余品酒步骤如下:

1.欣赏色泽

拿起酒杯对着光源,仔细观察干邑白兰地的色泽和清澈程度,品质优良的干邑白兰地应该呈现出金黄色或琥珀色,而不是红色。

2.试验稠度

将杯身倾斜约45度,慢慢转动一周,再将杯身直立,让酒汁沿着杯壁滑落,此时,杯壁上所呈现之宛如美女玉腿舞动的纹路,即为所谓的"酒脚",越好的干邑白兰地,滑动的速度越慢,即酒脚越圆润。

3.嗅闻香气

将酒杯由远处移近鼻子,以刚好能嗅到干邑白兰地酒香的距离来衡量香气的强度与基本香气,再轻轻地摇动酒杯,逐渐靠近鼻子,最后将鼻子靠近杯口深闻酒气,以便辨别各种香气的特征与确定酒香的持久力。干邑白兰地的香气有淡雅的葡萄香味、橡木桶的木质风味、青草与花香的自然芬芳等,要享受这些不同香气,必须深深地吸气,用鼻根接近双眉交叉处的嗅觉来感觉。

4.品尝佳酿

从舌尖开始品尝干邑白兰地,先含一些醇酒在舌间滑动,再顺着舌缘让酒流到舌根,然后在口中滑动一下,入喉之后趁势吸气伴随酒液咽下,让醇美厚实的酒味散发出来,再用鼻子深闻一次。

第十二章 酒器

饮酒在我国有其源远流长的历史。随着酒的产生和发展,随着整个社会生产力的发展和人们精神文明程度的提高,酒的器皿,也相应地日益发展与提高,因而创造出举世闻名、璀璨绚丽的种种酒器。这些酒器,不仅标志着我国酒文化和酒工艺水平,也是我国劳动人民的智慧结晶。对于研究酒文化具有深远意义。

第一节 酒器种类

酒制品原材料

从制品原材料来讲,常用的可分为:陶制品酒器、青铜制品酒器、漆制品酒器、玉制品酒器、瓷制品酒器、水晶制品酒器、金银制品酒器、玻璃制品酒器、动植物制品酒器、塑料制品酒器,等等。

这些酒器制品,并不是偶然产生的。每种制品酒器的产生,都是与时代的经济发展条件和工艺水平相关联的。在远古的原始社会,由于社会生产力低下,社会上需要的各种器皿也只能是陶制品,至于陶制品的酒器,在中国陶器发展史上,也不是人们发明陶制品时,就能制作酒器的。在彩陶、红陶、灰陶文化的石器时代,即母系社会,迄今尚未发掘出陶制品的酒器,直到进入新石器父系社会的黑陶义化时期,人们在山东泰安大汶口,发掘的文物中才发现黑陶制作的酒器。在这样生产力条件下,绝对不可能出现超越由经济发展水平所制约的工艺产品。

至于其他各种制品的酒器,同样是受着当时生产力和经济发展水平所制约的。青铜制品的酒器,只能进入奴隶社会,商周时期才能出现,并有条件促其传宗接代,任其发展。漆制品的酒器,也只能在两汉时期盛行;瓷制品的酒器,只能在隋唐以后才能盛行,乃至于发展。玻璃和塑料制品的酒器,只有在近现代才能得以盛行和普及。这些都说明了任何的产品,都要受时代的经济规律所制约。

　　此外,如玉制品的酒器、水晶制品的酒器、金银制品的酒器,均属于高档次的产品。从奴隶社会到封建社会,多用于上层人物筵席之间。这些千姿万态的酒器,就文物来讲,有一定的传世价值,就实质来讲,无论哪种高贵而华美的酒器,都反映了劳动人民伟大的创造力。这也是酒文化的不可忽视的一个重要方面。

酒器分类

　　从酒器的用途来讲。大致可分三类:即盛酒之器、温酒之器、饮酒之器。在我国漫长的酒文化史上,虽然经历过原始社会末期、奴隶社会、封建社会、半封建半殖民地社会,乃至社会主义社会今天的更迭变化,然而,酒器的分类,时至今日,并没有什么变化。但是,就其每一分类来讲,确实在由低级的形式、简陋的装饰,都已逐步地朝向高级的、婷嫭多姿的方向发展。每一种类型的发展,都表明了生产力的发展。

　　1.盛酒酒器。我国古代盛酒酒器,是非常讲究的,不仅名目繁多,而且样式新颖,堪为历代王朝之珍品,迄今仍有国宝的价值。据不完全统计,从名称来讲,经发掘出土文物证实,有尊、觚、彝、罍、瓿、斝、卣、盉、壶,等名目繁多的盛酒酒器。不仅如此,每一盛酒酒器的体形,都有自己独特的外貌和引人注目的风采。乃自每一盛器的表面,都雕有精美的花纹和饕餮纹,艺术价值极高。

　　这不单单是盛酒之器皿,实际上也变成了精美的艺术装饰品。就是说,这种器皿并不只是为了盛酒之用,很大的成分是用于装潢和欣赏。这些器皿,不仅显示了物主的高雅风貌,而且无疑的也显示了帝王将相和有产之家的豪富。但是,随着社会的发展。到了近现代,由于酿酒业的发达,用酒数量的大增,这种盛器已经满足不了社会的需求了。于是,盛酒之器朝向着容量大的桶,和使

中华酒典

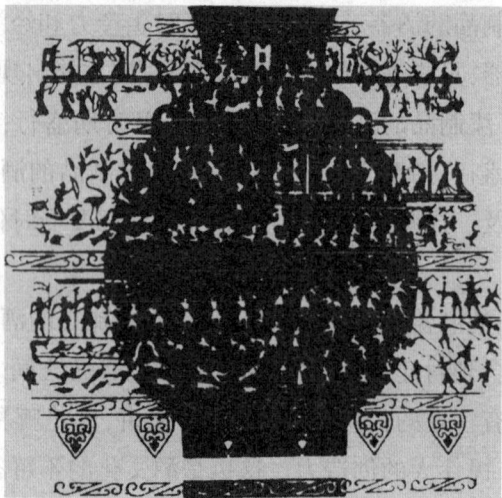

1965 年成都百花潭出土的战图青铜酒壶，
上面的画面表现了战国宴乐渔猎攻战的情景。

用方便的酒瓶发展。过去美观而多姿的盛酒之器皿，被后来居上的桶、瓶所代替。过去的盛酒之器皿，就变成历史文物的高贵客人进入博物馆了。

2.温酒酒器。在出土文物中尚未多见，一般地来讲有两种，即盛酒之器皿中的斝、盉。这两种器皿是一身兼二用，既是盛酒之器皿，又是温酒的器皿。到后来又把过去盛酒器皿中的壶，也发展为温酒的器皿了。但是，古代酒壶与当代的酒壶，并不完全相同，当代的酒壶多是瓷制品或锡制品，不仅形状简单，而且使用起来也极为方便。所谓温酒酒器，即今天烫酒的酒壶。

3.饮酒酒器。在古代有爵、角、觚、觯、觥等器皿。它的造型和工艺，与盛酒酒器，温酒酒器大致相同，都有较高保存价值。到后来，由陶制品到青铜制品、瓷制品，以及各种原材料制作的饮酒酒器，发展到盏、盅、杯等现代形状的饮酒之器皿。这种变化，就文化艺术价值来讲，当代使用之饮酒酒器，远远不如古代饮器那样值钱和有保存价值，但就其使用和普及方面来讲，可远远超过了古代之器皿。

酒器历史分期

关于我国酒器的历史分期，目前划分的标准并不一致。有的按历史发展阶段来划分；有的是以时代生产力发展的程度来划分；有的是以科技水平来划分。

本书为了便于读者的系统了解有关酒的器皿知识,我们则采取按历史朝代的发展顺序,分为上古时期的酒器、中古时期的酒器、近古时期的酒器和当代的酒器。

上古时期酒器代表产品,是以陶制品酒器、青铜制品酒器、漆制品酒器为主的时期。

中古时期。酒器代表产品,是以各种瓷制品酒器为主的时期。

近古时期。是瓷制品酒器,继续发展的鼎盛时期。

当代时期。酒器代表产品,是以玻璃制品酒器为主,瓷制品酒器为辅的时期。目前出现用塑料制品制成的盛酒酒器,和饮酒酒器。

我国的酒之器皿,在漫长的岁月中,形成了自己独特的酒器发展史,它是研究酒与酒文化最宝贵的历史鉴证。

第二节　上古酒器

我国上古时期的酒器,囊括陶制品酒器、青铜制品酒器、漆制品酒器和襁褓中瓷制品酒器。它经历了我国古代十余个王朝,发展起来。

陶制品的酒器

它始于我国原始社会末期父系氏族社会,是我国最早的酒器。陶制品酒器的发现,并不是有了陶制品就出现了酒器。早在母系氏族社会,形成的仰韶文化,也称之为彩陶文化。由于在这一地区发掘出来的陶器,上面画有色调的花纹,所以考古学家命名为彩陶文化层。在彩陶文化层出土的陶器很多,但迄今还没有发现任何陶制品的酒器。后来不知经过多少岁月,进入父系氏族社会。在父系氏族社会,较晚的大汶口文化层中,才发现有陶制品酒器,但已不是彩陶,而是颇有加工的黑陶。

在山东泰安大汶口文化遗址发现了相当精致的带圆耳的小茶碗形的酒杯,和带孔的高脚酒杯。这说明在当时已经能够酿酒,反映出父系氏族时期的粮食不但有了剩余,而且数量还相当可观。这种陶制品的酒器,都具有黑陶文化的特征。酒器的陶片很薄,像蛋壳那样的薄;颜色很黑,像墨一样的黑。制作的技术已进入了轮制操作,制作出的产品,相当精巧。黑色杯子与现在酒杯,几乎媲美。可见这种酒器已经注意到形象之美了。

青铜制品的酒器

以青铜制品为代表的酒器,是商周和春秋战国时期为主的常见的饮酒器皿。

夏王朝的建立,标志着我国进入奴隶制的开始,到成汤灭夏桀而建商王朝时,正处于奴隶制上升发展阶段。奴隶制使生产协作和社会分工都有了扩大,促使生产技术水平有了较大的提高。由于大批奴隶被强制投入生产部门,进行艰苦而辛勤劳动,商朝的生产水平和文化水平空前发达。到了周王朝和春秋战国时期,青铜铸造业已经跨入鼎盛阶段,从出土文物来看,除农具和手工工具以及兵器,在发现大量的青铜礼器和生活用具的同时,又发现大量的青铜制品的酒器。这都说明青铜冶炼手工业技术水平是相当高超的。青铜制品的酒器的制作,也不例外。

安阳殷墟妇好墓出土的商代酒器方爵

1.商周时期的酒器有盛酒、温酒、饮酒三种酒器。此时青铜制品的酒器,可以说是最为开放时期,不仅"花样翻新,小巧玲珑",而且具有"古拙敦厚,纹饰繁缛"的青铜艺术的风采。

盛酒酒器:尊、觚、彝、罍、瓿、罘、卣、盉、壶。

尊:类似圆柱形,口部外侈,腹部为鼓形,底部亦外侈,即:通体呈"凸"形。如:"三羊饕餮(音陶添)纹尊。"通常说有口部直径大于底部直径,亦有底部直径大于口部直径的不等。上面常常有"兽形"纹饰;如"饕餮""牛""羊"纹饰等,通常见到的是饕餮纹。所谓饕餮,传说上古时一种怪兽,有鼻、眼、眉,奇怪的是有上额,无下颚,因为没有下颚,所以吃得再多,也满足不了胃、肠的要求,后来比喻某某人,"贪吃无厌"如饕餮,即由此物而来。尊,除圆柱形外,极少数的也有方柱形的。

据传,商代用尊盛酒,限制非常严格,除国王外"相邦"或相当于这一级人物方可用尊盛酒。由于这部分人地位很高,人们对他们不得不尊重,加上他们以尊盛酒,故后世人们常常谈到,对人要"尊敬","尊重",其含意便是由"尊"而来的。

觚(音姑):亦类似圆柱形,口部外侈,腹部稍呈鼓形,但不明显,底部外侈,与尊大同小异。但不同的是尊较矮而粗;觚较高而细,多呈喇叭形,俗称"哑铃形",即通体呈"Ⅱ"形。

觚,有大小两种。大的可盛酒,小的可饮酒。在商周来说,并非一般酒器。"不能操觚自为"这一典故便是由"觚"而来的。现在看来有两种比喻义:觚是饮酒酒器,当你操起觚的时候,您是否知道,您的酒量如何?如果没有那么大的海量,最好不要操(端起)觚。不能操觚自为,显然不够善饮,因此,不要操觚。今日来说,某某人没有做过这种工作,心中没数,可用不能操觚自为去比喻。这是一说。再一说法是:在商周时,不能随便向对方敬酒,要有一定身份地位,才可以,就是说身份地位与人家相称,才能向人敬酒。否则,相差悬殊,不能向人家敬酒,所说不能操觚自为。这两种说法,前者似乎较为合适。

彝:器身较高,多为方形,有盖,盖上有钮,有起脊状,个别的盖顶上还带有扉棱,腹有直的,有凸的,有的在腹两旁还出现两个耳朵。这种盛酒器,多产生于商与西周,春秋战国时期便渐渐地没落了。

罍(音累):类似坛子形,盛水又可以盛酒。《诗经·国风·卷耳》:有"我姑酌彼金罍"的记载。《仪礼·少牢馈食礼》谓:"司宫设罍水于洗东,有枓。"可见

中华酒典

不仅是盛器，而且也是礼器。有方、圆两种：方形宽肩，有盖。圆形大腹，圈足，方圆两种均有双耳。两种形状的罍，一般来讲，在两侧的下部，都有一个系用的鼻钮。如"卷体夔纹罍"，即是一例。这种盛器主要盛行于商和西周。方形多为商代器，圆形商与西周时都有。

瓿(音陪)：类似大腹罐，盛水又可以盛酒。圆腹，敛口(亦有侈口的)，圈足，少数有双耳，极个别的为方形，如1976年河南安阳殷墟妇好墓出土瓿，即是一例。

斝(音甲)：类似爵，因为是盛酒的酒器，所以比爵大得多。口部没有流，为圆形，唇上有相对的两个立柱，腹部略有凸起，但不十分明显。底部与三足的铜鼎相类似，但多为平底，三足外侈，足上实心，足末端为尖状。有的一侧在腹与肩之中有把柄，为上下状。主要用于商代。《礼记·明堂位》载："灌尊，夏后氏以鸡彝，殷以斝，周以黄目。"有的是三足，个别的腹部下呈方形的，因此，极少数也有四足的。

卣(音友)：腹部呈圆形或椭圆形两种，腹比较深，圈足，有盖，有双耳，有梁，梁两端可套在两侧耳子上面，可提可落。如商代"四祀邲其卣"，即是最有力的说明。目前发现的比较多；有的做成鸱鸮形，(类似猫头鹰的一种鸟)，也有做成虎吞食物的样子，不等。据文献记述：铜器铭文常有"秬鬯一卣"之语。(参见《说文诗》·大雅·江汉·书)秬鬯(音巨畅)，秬，黑色黍子；鬯，古代祭祀的酒。秬鬯："以黑黍香草酿成的酒，用于祭祀或赐有功之诸侯者，谓'秬鬯'。"(见舒新城等人编《辞海》午集990页)此种盛酒器，商代多为椭圆形或方形，西周多为圆形。

盉(音禾)：形状较多，通常见到的是深腹，圆口，有盖，有梁，前有流(类似今天瓷壶壶嘴，但，且是直的)，后有鋬，腹下部为圆形的，则是三足；近于方圆之间的，则是四足。盖和鋬有链相连接，亦有无链、足，如商代"马永盉"。自商至周末，流行这种酒器，但，多盛行于商和西周。这种酒器较大的可盛酒，略小的是调和酒与水用的。

壶：盛水或盛酒用。

温酒酒器：这时期主要有斝、盉。

斝：除盛酒外，由于有三足，成鼎立之势，下部生火，所以可温酒。依此可知，也是温酒酒器。形状同上。

安徽阜南出土的商代青铜酒斝

盉:盉与斝作用有相同地方,因为下有三足,故可生火温酒。

饮酒酒器:这时期有爵、角、觥、觯(音知)、瓿。

爵:圆腹,前有倒酒用的流,后有尾(呈尖状柳叶形),口上有两柱,下有外侈三高足,也有极少数单柱或无柱的。还曾出土过罕有的平腹爵。如商代"妇好爵",便是此时与西周初期典型饮酒器的代表,春秋,战国时期,并不多见。商前期爵略呈平底,二柱很短,并且紧靠近折处,商后期和西周的爵,腹下多为凸底,两柱距流折处也较远。

爵在商周时,也并非普通酒器,出自上层人物所用。今天往往谈到"爵位"二字,系出自此物而来。不但在我国有种种之说,在外国也常常讲到。如近世英国仍称"公爵""勋爵"即是。说明在英国上古时"高贵人物"可能也曾用爵饮过酒,所以亦有用"爵"这一尊称的。

角:形状似爵,前后似尾又似流,没有两柱,部分有盖。目前发现的青铜角,多数属商代时期。有关角的传说,《礼记·礼器》曾载:"宗庙之祭,尊者举觯,卑者举角。"可见角是一种仅次于爵、觯,是普通人用的一种酒器。

觥:腹部近椭圆形与长方形之间、口部有流,腹下有圈足,有的在腹一端下部至口部有把柄,柄为半桃形。如商代"鸟兽纹觥"。此觥有三足,根据发现到的多数没有三足,所说圈足居多。对觥的传说,《诗经》曾有记载:如《诗经·卷耳》:"我姑酌彼兕觥。"觥,主要盛行于商和西周。

觥有典故,如"觥筹交错"一语。按字意解释,觥为酒器;筹,运筹,在此指酒令而言,俗呼"划拳"。就是说,是"饮酒",还是"划拳"行酒令呢?又比喻某某人事情很多,需要处理解决,忙的不以乐乎,故常常用"觥筹交错"来形容。

觯:腹部近椭圆形与长方形之间,下有圈足,侈口,类似小壶,多数有盖。此种觯,多为商代遗物,如:"直纹觯。"西周有方形或四角形两种。春秋出现立体长身,近于瓠的形状。有的有铭文,如"锸"字。据我国历史上著名学者王国维研究,"锸",即是觯。(参见《中国美术辞典》·青铜器)

瓠:大者可盛酒,小者可饮酒。

商周时期盛酒的酒器,高约40~50公分,宽30~40公分不等。饮酒酒器高为15~20公分,看来比今天饮酒酒器大得多,给人们感觉可能要吃得酩酊大醉。不过饮的是米酒,发酵率低,多吃一点也不会大醉的。

商周以后,进入春秋战国时期的酒器,远远不如以前了,特别是饮酒的酒器,更显得丑陋,不论其厚度、花纹、造型,等等都无法与其前比拟。其原因有三:

第一,铁器的出现:铁器产生以来,不仅酒器受到排斥、冲击,连一些生产工具也逐渐被铁器所代替。原因很简单:铁矿埋藏量比铜矿埋藏量丰富的多,便于寻找;其次虽说铁矿石需摄氏3 000度以上方能熔化,然而铁器硬度比铜器硬的多,耐久性很强。这是造成酒器衰落的因素之一,但不是根本原因。

第二,周代宗法制受到破坏:大家知道,周武王(姬发)即位后,建立起封建庄园制度,后来,由于封建割据势力的不断增长,严重地破坏了宗法制度,形成各霸一方的不安定局面,动荡、战争搅得天下大乱。这样一来,周天子及太师、太保、太傅之辈,更感孤立,有谁对他们"五天一奏乐,十日一庆典"来过问呢?那种繁缛的"礼器",有谁还去筹集而制作呢?这是铜器衰落、酒器衰落的第二个原因。

第三,礼乐的崩溃:这个问题与前面问题,产生根源在一起。就是说"宗法制"受到破坏,必然导致"礼乐的崩溃"。反过来讲,礼乐的崩溃,是宗法制破坏带来的结果。这是青铜器没落,促使酒器衰落的第三个原因。

总之,春秋战国时期的青铜艺术,日趋逊色,处地没落的前夜。

此时酒器,由于上述种种原因,不但不那么"敦厚","古拙",甚至连原来的"名字"都很少见到。这时普遍的酒器是"羽觞"。这种酒器,从商周酒器演变而来,虽说样式不那么讲究美观,然而,使用起来很方便。羽觞,两侧有翅膀,端起酒来,便一饮而尽。它没有三足,样子像椭圆形杯子,因两侧有耳,所以学名称为"耳杯"。又因像人的面庞,古玩商人呼为"人面洗子"。这种饮酒器,一直延续到隋唐时期。在此同时,玉制的酒器,也时而出现于上层人物之中,由于价值较高,因此,也不可能普遍应用。

木漆制品的酒器

它是秦汉时期较为常见的酒器。这种酒器的特点,既不同于陶制品酒器,而又不同于青铜器酒器,而是涂漆于木制的酒器上,通过地下出土物来看,常常是面有黑色,而里部往往着有朱彩。这种酒器十分讲究,不仅美观大方,而且用

西汉时期的鎏金铜制温酒尊

起来很轻便。它的出现早于秦汉,早在战国时期,就已能制造这种酒器了。只是用于饮酒,而不能温酒,更不能盛酒。有的富有之家,用之为装饰品,直到秦汉时期才得以普遍应用。

目前出土文物中木漆制品的酒器年代较早的是:四川青川、湖北江陵战国

墓出土的"木制朱漆耳杯";其次是河南泌阳发现秦代墓葬中出土的"木制漆耳杯";陕西茂陵、甘肃武威、湖北云梦、湖南马王堆出土的汉代"朱漆木制耳杯"。值得大书特书的是马王堆西汉"软侯墓"发现的"木制朱漆耳杯"。虽说距今两千余年不见天日,江南四季又多雨,地下潮湿厉害,但是,漆色仍很"艳丽夺目",朱、墨分明,不减原来面目。(陕西茂陵,甘肃武威,湖北云梦,出土木制漆耳杯,参见《文物》简报,为此不再一一注释)陕西茂陵出土耳杯,附有引人注目的铜温酒器。杯,置于铜温酒器之上,温酒器为一杓形,杓壁周围有镂孔,制作十分讲究,既有艺术价值,又有实用价值。这时期青铜制品酒器,仍可沿用,不过制作的产品,与商周时期做一比较,不能同日而语。至于那种铜制华美的酒器,已成举世罕见之珍品。

青瓷制品的酒器

青瓷制品的酒器萌芽,始于魏晋南北朝时期。这时期人们使用的主要酒器,仍然以"耳杯"为代表。出土文物中虽然不时发现有"朱漆耳杯",但数量不多了,相反的却发掘出一定数量的"青铜耳杯"。如四川忠县出土的西蜀"铜耳杯",安徽马鞍山出土的东吴"犀牛皮黄口耳杯",南京江宁出土的晋代"青瓷耳杯盘",杯在盘上,二者有目的粘连在一起,别具一格。这种粘连在一起的杯盘,国内博物馆曾有珍藏。更为我们感叹的是,在我国南方开放城市深圳,也发现了南朝(宋、齐、梁、陈)"青釉瓷盏"。魏晋南北朝酒器是以耳杯为主,可是在辽宁省朝阳北燕冯素弗墓发现三件玻璃器皿中,有一件却为"圆形杯"。杯为孔雀绿色,色泽非常艳丽夺目,高7.7公分,口宽9公分。据考证,早在西汉时已有"玻璃",如1955年,辽宁省博物馆(当时为东北博物馆)原文物工作队,在辽阳西汉村落遗址,发现"琉璃耳珰",足可以证明这一问题。目前,中外学术界普遍主张"琉璃"是玻璃前身,也有少数人不同意这种主张。我国陶瓷专家杨伯达先生认为,这几件玻璃器皿来自中东古罗马帝国。如果确是来自彼国,可以推断北燕与东罗马帝国,已有初步的往来贸易关系。两晋时期出现较早的青釉瓷器,是我国瓷器产生的萌芽,为唐宋时期瓷器的发展,铺平了宽阔的道路。

第三节　中古酒器

我国中古时期的酒器特征,是以瓷制品酒器为主的新历史时期。这个时期经历了隋唐五代宋辽金元等王朝,由于各个王朝的经济、文化发展的不平衡,因而每一朝代的瓷制酒器,都有自己的独特风格。这是我国瓷制酒器方兴未艾的发展时期。

酒器发展时期的隋唐五代。隋唐五代处于我国封建社会中期,由于生产力的提高,封建经济得到了长足的发展。这时期的酒器虽已是不少,但就产品来讲,具有划时代特点的酒器,当推瓷制品的酒器。

我国的瓷制品,是由古代陶制品发展而来。早在我国商王朝时,制陶业就已很发展了,仅郑州早商遗址,面积仅 140 平米,发现的陶窑就有 14 座之多,时至今日发掘出土的陶制品酒器,相当数量是这时期的产品。经过几千年的经济、文化的发展和科技水平的不断提高,在古代制陶业的基础上,逐步向更高的制瓷业发展。这一转变的关键,在于科技操作水平。瓷制酒器的制作与其他瓷制品的制作工序是一样的,仅是在工艺上的不同而已。迄今常见的工序为:选料、粉碎、筛选、沉淀、拉坯、粘接等工序。特别是粘接工序,颇为复杂。以"辽代鸡冠"壶为例,特别能说明问题。鸡冠壶有的原来底部是圆的,可是梁与壶身连在一起,毫无疑问,梁比壶身要扁得多,要使制成这种"壶",虽说事隔千年左右,不难掌握,但在当时经过研究,"腹部以上,是用双手共同向里拍打"而成的。上部提梁经过黏结而成,之后在腹部经过一番修饰。瓷器形状完成后,即可入窑烧造了。瓷器上的各种花纹,有的是画花,有的是印花,有的是帖花,有的是划花,有的是刻花,有的是剔花。这几种制法,最为引人注目的是剔花。不难看出凝结其中的血汗和智慧。就这样,精美璀璨的瓷制酒器,便脱颖而出,开始了自己的新天地。

隋代时期

隋王朝统治不久,仅仅 37 年,便被"太原留守"李渊推翻了。这时的瓷器,虽说出现"乳白釉","茶沫釉"瓷器,但是发展不大,因此,酒器无甚进展。目前,我们见到的有"青釉六耳瓷罐",耳在肩与颈之间。罐上扣一碗,罐旁有一小圆杯,看来这是一组酒器,也是隋代酒器一大发明。很明显罐是盛酒用的,杯是饮酒用的。隋代时间,虽说很短暂,流传至今保存下来酒器不多,然而,或多或少地反映了时代的特点。

唐五代时期

　　唐王朝是我国历史上的黄金时代,疆域辽阔,南至云、贵,北抵大漠以北,东达东海之滨,西去葱岭以西。由于有雄厚的物质基础,经济条件十分优越,所以从历史角度来讲,它是一个十分强大的国家。反映在手工业方面,表现在制瓷上,是异常惊人的。这一时期产瓷主要用"酱黄、乳白、葱绿"三种釉色组成,间有翠蓝,调配起来给人一种"既典雅、陈朴,又艳丽、鲜明"的美感,给人难以名状的享受。因用三种釉色制成,所以呼作"唐三彩"。这种三彩陶瓷,是我国唐代制瓷业上一种空前的创举,达到顶峰之结晶,不仅有很高的艺术价值,重要的还有历史价值。如:在辽宁博物馆二楼陈列室陈列的"三彩酒盅、圆案",令人"赞不绝口,久览忘归"。唐三彩酒器,给我们留下了不可磨灭的印象。

　　唐和五代时期的瓷制酒器,种类极多,样式也新颖奇特。据说中唐时期宰相李适之,被杜甫称为"饮中八仙"之一。他家藏的酒器有九种之多,即"蓬莱盏""川螺""舞仙""瓠子卮""慢卷荷""金蕉叶""玉蟾儿""醉刘伶""东溟样"等。各种酒器上面都印有精彩的"人物故事,翱翔飞禽走兽",如"舞仙"杯,酒满了就见杯中有一小仙人出来舞蹈,还有瑞香毬子落到杯外来。巧夺天工,精巧之极。

　　唐代出现了"三彩酒盅",说明酿酒业已相当发展了。酒盅和今天用的盅是一样的,标志着酒的度数很高。据酒专家研究,唐代已经发明了白酒,它的度数无疑比原来度数高得多了。所以,饮酒酒器要小些,出现了与现在相仿的酒盅,是适应"酒"发展规律的。再像商周用的爵、觥那样大的酒器,人们吃起酒来,若不"酩酊大醉,左蹒右跚",倒是怪哉?又有谁还能操觚自为呢?由于唐帝国封建经济有了高度的发展,除瓷制品酒器之外,金、银制成的酒器,已经成了司空见惯之物。远的不说,自新中国成立以来,地下出土的有:陕西省西安南郊何家村发现的"仕女狩猎纹八瓣银杯""狩猎纹高足银杯""掐丝团花金杯"

唐代金酒器

"舞伎八棱金杯""镶金牛首玛瑙杯";浙江长兴出土的"圈足银杯""平底银杯",另外还有"掐丝团花金杯""狩猎纹八瓣银杯"。现在出现大家面前,能够饱眼全福的是"银花鸟纹八棱杯""银花鸟纹高足杯"。诚然,这些金银酒器出自"帝王将相"之家,或"尚书侍郎"之辈,不过也看到"诗家骚客""进士员外"抚杯抒情的一个侧面。例如唐代大诗人王维,在《送使安西》中提到的"劝君更尽一杯酒,西山阳关无故人",还有沈佺期,在《侍宴》中提到的"称觞献寿乐钧天";又李适之,在《春夜别友人》中提到的"银烛吐青烟,金尊对绮筵"等等。他们使用的酒器,大概属于这种贵重的金银或玉制的酒器吧!

唐代的酒器形状也在改变,椭圆形的杯子不存在了,取代而来的多为圆形酒杯,而且,以瓷器的居多。

唐代陶瓷除三彩以外,主要是青瓷,全国有六处出产青瓷最负盛名;这些地区是:越州窑(今浙江余姚)、婺州窑(今浙江金华)、寿州窑(今安徽淮南)、湘阴窑(今湖南湘阴)、秘色窑(今浙江余姚)其他有说是潮安窑(今广东潮安),也有说丰城窑(今江西丰城)。唐代不仅以青瓷享有盛名,而且"白瓷"亦不亚于青瓷。请看白瓷在人们心目中的印象:

大邑烧瓷轻且坚,好似美玉天下传;

君家白碗盛霜雪,急送茅斋也可怜。

通过这种真实刻画的诗句,窥测到"唐瓷"工艺已达到惊人的程度。造瓷水平之高超,手工艺术的精湛,和十分成熟的技巧,都可为"后起之秀"的宋辽金元制瓷业,奠定了坚强的基础。五代处于动乱时期,在酒器方面没有什么发展。

宋辽金元时期

宋辽金元是瓷制酒器继续发展的时期。在这一历史时期,由于农业的发展,酿酒业的发展飞快,因而瓷制酒器,也随着发展起来了。在这几个王朝中,两宋王朝可圈可点。

宋代虽说外受辽金的欺凌,可是瓷制酒器,就"工艺美术"来讲,比起唐来,不能说超越多少,然而,至少可以与之媲美。有诗句赞曰:"代白如雪,明如镜,薄如纸,声如磬。"两宋名窑众多最著名的有河北定窑、河南均窑、河南汝窑,其余为哥窑、弟窑。(即:兄弟二人,各自经营的窑业)定窑,以白釉、黑釉、酱釉为主。钧窑,以玫瑰紫、海棠红为主,给人"清澈明亮,别具一格"之感。烧造瓷器,以多仿"三代"(夏商周)铜器造型为主。哥窑与弟窑最为引人注目的是"冰裂"。看去像冰裂了很多纹饰,给人一种自然美的感受,俗呼"开片"。其他各种名窑,如龙泉窑、德化窑、崇安窑、泉州窑、建阳窑等等,在此不再一一罗列。不过,中外驰名的要算江西浮梁县"景德镇"瓷制酒器了。由于宋代瓷器空前发展,有些流传到今天,很有代表性,如江西婺源发现的"影青圆腹瓷杯"即是。其他大量瓷制酒器,仍旧长眠酣睡于地下!如果说没被唤醒,这将意味着地下还有宋代酒器需重见光明。由于宋代城市经济得到高度发展,制瓷业十分兴盛,酒器大量涌现于市场。值得注意的是宋代金、银制的酒器,大为发展。如闪闪发光的"鎏金八角杯"即是。又如《全国拣选文物展览会》上展出的"双鱼银耳杯",江苏溧阳出土的"梅花形银盏""莲花形银盏",都已列为中外的珍品。诚然,为数虽是甚少,但是物以稀为贵,它少而精,因而大为有识之士所欣赏。

在此之后的辽、金、元几个王朝,在酒器方面也有相当的发展。我国古代北方民族较多(据说比今日南方民族还复杂),可是地下出土文物最丰富的要算是辽(契丹)族。不仅有大量瓷制酒器出土,如称誉古今的细瓷制的盛酒、乳用的鸡冠壶和各种酒器,而且还有不少水晶制品的酒器。又如:内蒙古奈曼旗辽陈国公主驸马合葬墓出土"玛瑙盅""提链水晶杯"(前者高 3.6 公分,口径 7.4 公分;后者高 3.5 公分,口径2.8公分)、"水晶杯""带把玻璃杯"(前者高 2.3 公分,口径 3.6~5.3 公分;后者高 11.6 公分,口径 8.4 公分)。1974 年,辽宁省法库县叶茂台辽墓出出的"玛瑙盅"。内蒙古昭盟巴林右旗发现"柳斗形银杯"辽宁建昌龟山一号辽墓出土"银杯"。据传,那时一个水晶珠,能换来一匹马,故称此珠为"马价珠"。由此可见,这种水晶杯,其价值非语言所能表达。这些饮酒器,不仅水晶杯价值甚高,而且如玛瑙盅制作是"高低适中,宽圆相应",小巧玲珑,技艺高超,都实在令人赞不绝口,爱不释手。堪称为"国之瑰宝",价值连城,重抵千金,这样评价,不算过分。

金(女真)族,文化并不发达,出土文化中不但未见酒器,诸如瓷器也多为白釉黑花粗瓷,价值不高。

元代蒙古族,在酒器方面,主要是沿用历代王朝所制的酒器,不过在造瓷方面,也有惊人地方。不但"釉采明亮",而且还有描金的表现,更为难得的是有了"青花"瓷器。(即蓝花)如安徽歙县发现"白釉描金高足杯""卵白釉高足杯",安徽安庆出土"葵花形瓷盏""淡青釉盏",河北内丘发现"细白瓷杯",江西乐安山土"青釉高足杯",杭州市发现"卵白釉高足杯"等。这些都清楚地表明,元代造瓷工艺水平比之两宋有所提高。

第四节　近代酒器

我国明清时期是瓷制酒器发展的最高峰。明清王朝,处于我国封建经济即将解体和资本主义经济萌芽阶段。外国列强的入侵,致使资本主义经济在萌芽茁壮发展之际,而遭到夭折,岂知半封建半殖民地的经济又苟延残喘一百余年。

然而,任何人不能否认的是,清王朝中期以前,中国社会是在发展前进的。从鸦片战争失败后,才开始衰落了。在这时期酒器的发展,也是具备一定特点的。

明代时期

瓷制品继续发展的明王朝,也是我国瓷制酒器发展的最高峰。

明初制瓷业,以永乐、宣德年间为最盛,不论数量或质量,都超过了前代。江西浮梁景德镇成为当时陶瓷业的中心,所烧制的白釉及青花瓷器,当然也包括酒器在内,最为有名,不但畅销国内,同时也是国外贸易的主要商品。饶州御

中华酒典

1974年河北大城县出土的明代酒器——青玉双龙耳杯

窑厂所设工场都有细致的分工。宣德八年(公元1433),往饶州传造瓷器,一次就达443.500件。在制瓷技术方面,永乐和宣德年间,都有新的创造。当时生产出的"斗彩""五彩""冬青"等,都有盛名。所谓"斗彩",其中有斗绿、红、蓝、黄,四色组成,尤以前两种色为主。调配好以后,给人以格外的美的享受。争斗彩色,互为媲美,故称之为"斗色"。其他"五彩"和"冬青"等产品,都别具风采。

明代是我国封建社会发展最高阶段,特别是进入明中叶,城市手工业的发展极为迅速,出现了资本主义萌芽,产品的商品化,促进了国内外贸易交往,值得大书特书的是在景泰年间,在制瓷业中传出来令人振奋的喜讯,即"景泰蓝"工艺问世。据说这种工艺产生在"景泰"年间,以蓝色为主,故称"景泰蓝"。诚然,这种工艺美术品,多为帝王将相欣赏、玩味而用,但"高贵达显,朱门深宅"的富豪之家也常用做餐具、酒器。至于小康之家,似乎亦有可能用的。因它美观,不仅用于餐具、酒器,还可装饰室内陈列,尤得人们所喜爱。它的制法是:器物胎质完全用铜制成的,上面的各种纹饰,是用很快很快的刀子划成,之后,按着划出的沟纹,镶嵌金丝,然后挂上珐琅,入窑加热,达到一定高温,方可制成。新中国成立后,时到今日,我国仿制的"景泰蓝",大量出口,蜚声中外,换取外汇,为祖国赢得了荣誉。

"景泰蓝"的出现,强有力地推动了明代瓷制业的发展,到了成化年间,生产的"成化斗色高士杯""葡萄纹杯""人物、山水、兰草杯"都是历史见证文物。此时的青花瓷器,最为引人注目,给人以"清淡典雅",而又"明暗清晰"的感觉。

清代有位文人,名叫阮葵生撰写一本《茶馀客话》,书中提到明代成化年间生产的瓷器,专题介绍了官办的窑厂生产的酒杯,多种多样,如有的名为"灰堆杯",在杯上描绘了"折枝花果堆四面";有的名为"高烧银烛照红粧",在杯上描绘了"一美人举灯看海棠",还介绍有:"鞦韆杯""龙舟杯""高士杯"多种,杯上"皆描画精工,点色深浅,瓷色莹洁而坚",其中尤以"鸡冠杯"最为名贵,在"鸡冠杯"上画有牡丹,下有子母鸡跃跃欲动,奇物已绝。到明代后期,制瓷业内部产生分工,已经相当精细。一件成品酒器来讲,就有:澄泥、印坯(或称造坯)、水、过利、打圈、绘画、过锈、入匣、满窑、供烧等项分工,其中制坯成型须经七道工序。"共计一坯工力,过手七十二,方克成器"。由此可见,明代瓷器制作业的科技水平,已远远超过了宋代,精工细作的酒器也有新的发展。

清代时期

清代鸦片战争前,手工业中的资本主义萌芽有了进一步的发展,主要表现在手工作坊和手工工场的规模不断扩大。以制瓷业来讲,"景德一镇,僻处浮梁,邑境周袤十余里,……绿瓷产其地,商贩毕集;民窑二、三区,终岁烟火相望,工匠人夫不下数十余万,靡不藉瓷资生"。他们工序中的分工精密已远超明代,操作工人分工,计有"淘泥工、拉坯工、印坯工、旋坯工、画坯工、舂灰工、合渤工、上渤工、抬坯工、装坯工、满掇工、开窑工"等。其中有些操作极其精细。如画坯工因"青花绘于圆器,一号动累百千,若非画技相同,必致参差互异,故画者只学画而不学染,染者只学染而不学画,所以一其手而不分其心,画者、染者各分类聚处一室,以成其画一之功"。正因有如此科技操作水平,制出的瓷器,好如一枝鲜花,博得人人赞赏。这时瓷窑很多,几乎遍布全国各地,除唐时六大青瓷产地有所恢复外,宋代五大名窑也不断地发展。与此同时,广东石湾窑也出现了,它为我国造瓷工艺"增颜添色"直到现在,石湾窑的瓷器产品,仍不失当年青春之本色,其产品在国内外,有广阔的市场。

这时瓷器除"青花""斗彩""冬青"等彩外,有"粉彩""珐琅彩""软彩""硬彩""古铜彩"等。原制的五彩、素三彩,也有明显的改进。此外,在红、黄、蓝、白、黑中,从色彩来看,又各有不同。黄中有柠檬黄、蛋黄、土黄;蓝中有霁蓝、浅蓝、翠蓝;红中有霁红、紫红、玫瑰红、豇豆红;白中有鱼白、蛋白、灰白、草白;黑中有紫黑、灰黑、鳝黑等。如若将这些瓷器陈列起来,真是"五光十色,耀眼夺目,万紫千红,美不胜收"。保存到今天的如康熙官窑产的"青花十二月盅",上绘代表各个月所开的鲜花;如三月开的桃花,六月开的荷花,九月开的菊花,腊月开的梅花。青花盅制作得相当漂亮,盅内外几乎透明,显得使人爱不释手。此外,同治年间官窑产的"粉彩梅鹊餐具",也非常引人注目,堪称精品。与此同时,有一种可放茶杯或酒杯瓷盏,亦为官窑之名品,其名为"黄地粉彩开光海棠式茶托"。其上有五言律诗:

佳茗头纲贡,浇诗必月团;

竹鲈添活火,石铫沸惊湍。

鱼蟹眼徐飔,旗枪影细攒;

一瓯清兴足,春盎避轻寒。

春盎避轻寒,"盎",据传也是饮酒器,介与碗、盅之间,不过,不常见到。

从官窑瓷器的发展,无疑可看到大清帝国强盛的一个侧面。然而,一切事物的发展,总是有它的产生、发展直至消亡的过程。大清帝国也不例外,鸦片战争开始了,洋枪洋炮打开了中国大门,清政府不得不走向灭亡。清代瓷器,无疑也要得到如此的结局。

第五节　当代酒器

古代的种种酒器,除了为世代继承而发展的品种之外,绝大多数虽是破土而生,但已时过境迁了。它们的历史任务都告结束,但其价值,不但没有消逝,反而身价越来越高了。有的变成"国宝",价值连城;有的变成珍奇的文物,价值千金难购;还有的进入了历史博物馆,成了有保存价值的历史文物,供人们的鉴赏和研究对象。总之,过去的盛酒之器,温酒之器、饮酒之器,几乎全都束之高阁,藏之"金柜玉橱"之中了。然而,酒,它不管人世间如何变化,在大千世界之中,总是有如泉水似的,奔放向前,在发展中。人间只要有酒的存在,就需有为它服务的酒器出现。酒器依然在发展中。

"萧瑟秋风今又是,换了人间"。当代酒的酿造业在飞快发展,酒器也在紧跟发展。

盛酒之器

由于当代生产力的高度发展和酿酒业的增多,酒的生产量的扩大,过去的尊、觚、彝、罍、瓿、斝、卣、盉、壶等,盛酒之器,已经满足不了当今的需要,都已纷纷进入了博物馆。代之而起的有篓、缶、桶、瓶等,盛酒器皿。

篓:新中国成立前后,常见的一种盛酒器皿。它是用柳条,或竹藤编织而成,形状身大口小,方圆不一;有大有小,大者可盛几十斤,小者可盛几斤。篓编成后,用桐油纸内外裱好,滴滴不漏,方可使用。在民国期间,颇为盛行。但随着人们生活水平和生产力提高;逐渐被先进器皿所淘汰。

缶:缶的制造原材料很多。种类有瓷制缶、搪瓷缶、金属缶等,还有塑料缶和玻璃制品缶。大小不等,形状不一,多为圆形,咀小腹大。特别是用金属制造生产的“一拉缶”等产品,使用起来,极为方便。

桶:桶有木制桶、金属制桶、塑料制桶。其形状大小不等,也颇为实用。近年来,由于木料奇缺,加之制作工艺颇费工时,成本很高,目前已在淘汰中。当前塑料制品桶,很受用户欢迎,它体轻,光滑,用起来方便,特别是用于盛酒,尤为得当。

瓶:这是当今盛酒最为常见的器皿。酒瓶目前有两种,一种是瓷瓶,它颇为讲究,无论瓶面的彩绘或是形状,都装潢得精益求精。不仅用之盛酒出售,艺术价值也较高,还可作室内装饰品。另一种是玻璃制品,即目前使用的啤酒瓶和其他等盛酒的玻璃瓶。装潢这种酒瓶,唯一的办法是用美丽的商标贴在瓶腹之处,以显示质量之高贵。

温酒之器

古代的斝、盉等温酒器皿,和古代盛酒器皿一样,都已先后进入博物馆安家落户,从此永不为当代酒朋友服务了。当前代替古代的温酒之器是壶。

壶有两种制品,一种是金属制品,如铜壶、锡壶等;一种是瓷制品,而多是小酒壶。壶有大小之分,形状不一。过去常见较大的酒壶,有的高约 30 公分,圆形,平底,细颈,侈口,能盛 7、8 斤白酒,红铜制成,其铜色好像火锅一般。这种大酒壶是用于温酒的。就是说把酒从酒篓里倒到铜壶里,再将壶放在炉灶上,壶酒热了以后,把酒倒在小壶里,然后,拿起来就可慢斟细饮了。小壶与大壶形

中华酒典

状相似,不同的是:大壶在靠近脖的地方,有一把柄(竖状)这专为提取方便用的。小壶多数没有把,个别的也有带把柄的。现在大型的温酒酒壶,已不多见了,尤其是当代酒种类万万千,与过去大不相同。许多酒不用温热,就可以喝,只要打开盛酒酒器,即可喝了。如啤酒、黄酒、果酒和各种洋酒,都可不加温而饮之,只有白酒一种尚须加热较佳。即使用壶温酒,也是较多的用小瓷壶烫酒。因而,温酒器皿发展的可能性甚小了。

饮酒之器

过去用之饮酒的爵、角、觥、觯、觚、盉、杯、盅、盏等酒器,其中除有杯、盅、盏,向多样化发展外,其他种类都已成为历史文物了。当今的酒器,从种类来讲,有瓷制品酒器、玻璃制品酒器和塑料制品酒器。此外,用玉和金银制品的酒器,在使用价

值和性质上。已发生新的变化,可当别论。当前常见饮器有:

杯:杯有瓷制品杯、搪瓷制品杯、玻璃制品杯、塑料制品杯。从其形状来讲有平底杯、高足杯、圈足杯、单耳杯、双耳杯。而多数是底部较小,口部较大,也有常见的口与底,大小相同的。总之,样式翻新,特别是玻璃酒杯,更是鹤立鸡群,多为国内大酒家使用。玻璃、瓷制杯,虽然易碎不好保管,可是它精美而又有艺术价值,便于消毒,去污。塑料制品,虽体轻,便于保管,但易污,有垢难去。当今酒家多用于饮啤酒,因而,用之甚广。

盅:又名酒盅,体小形圆,多为瓷制品。这种酒器,多用于饮白酒或曲酒,还适用于啤酒和果酒。当今城镇小酒馆和个人家庭酌饮,多使用小酒盅饮酒。

盏:它是酒盅的另一品种。其形状"浅而小",是一种宴客的酒具。盏,多为瓷器所制作,讲究工艺,注重形美,不仅有高档的使用价值,而且又有"小巧玲珑"的艺术品价值,颇为人们所喜爱。

碗:有瓷制碗、塑料碗。它既可作为食具,也可以当作酒具。但多用于一般劳动人民之间,不适于高雅宴会之用。

第十三章　名酒鉴赏

自古文人爱美酒,酒中自有诗千首。文万言,诗千首。且从茅台唱起头。茅台醇厚,亦刚亦柔。杏花村里,汾酒清秀。泸州特曲,芬芳清喉。最销魂,五粮液,本色天成能解愁。还有那,绍兴黄,状元红,加饮花雕酒……

——王蒙《文人与酒》

在漫长的历史岁月中,酒与文学艺术结缘,珠联璧合,相得益彰。酒借着文学艺术的流传远播,使其畅行不衰,春色永驻;诗凭着酒香漂洋越海,使其万人传颂,风靡世界。千百年来,杜康借助曹操的"何以解忧,唯有杜康"的绝唱登上了"酒祖"的宝座;杏花村酒乘着杜牧和煦的"清明"之风,香溢五洲四海。与此同时,诗歌、文章也假酒之滥觞声名鹊起,家喻户晓。每每端起兰陵美酒便会想起诗仙李白,品尝杜康琼浆则顿生景仰曹操之情。悠悠岁月久,滴滴玉液情。酒孕育了诗文,诗史弘扬了酒魂,天人合一,相融相生。中国酒文化传播着民族之魂,颂扬着时代精神,谱写着一个又一个美丽动人的故事;中国酒文化源远流长,蕴含着华夏民族的智慧和力量。欣赏它,可以陶冶情操;品味它,可以诱发激情。它给人以美的享受,给人以乐的欢愉;它光辉灿烂普照神州,它包罗万象容纳大千世界,它似珍珠落玉盘又似彩练当空舞。

当我们手捧着晶莹剔透的夜光杯,闻着四溢流淌的米酒香,抬头仰望着那高悬于空中的玉盘儿,不禁心潮起伏,忆起了峥嵘的岁月,又想起了巧夺天工的酿酒匠人,还有那一个个美丽动人的故事。

第一节　金奖名酒

1915 年的中国,处在风雨动荡的时期,中国人民在惴惴不安的担忧中生活着。可是,在大洋彼岸的巴拿马,正在举行太平洋万国博览会,展示进入工业化后的各国创新发明的名优产品。作为有着四万万之众的中华民族却在此遭受了冷落,没有尖端技术,没有精制产品,便丧失了夺魁获奖的资格。但是,不甘受辱的中国人,将自己的民族瑰宝茅台酒,怒掷展厅大堂。顿时,芳香四溢,满堂皆惊。"中国人胜利了!胜利了!"随着此起彼伏连绵不断的欢呼声,金光闪闪的一盏盏奖杯送到了中国参展者的手中。在这次大会上,共有9盏奖杯被中国人收入帐中。于此之前,在1904年的日本大阪国际博览会,1906年意大利万国博览会上也曾夺魁获奖,为中国人争得了荣誉。

酒千杯诗万首,且从茅台唱起头——国酒茅台

人们若说起名酒的逸闻趣事及其悠久历史,这应该像诗人王蒙先生所说:"文千言,诗千首,且从茅台唱起头。"这是因为茅台为中国之国酒,酒国之君王。茅台酒的酿造者们,以神奇的智慧,淬高粱之精,取小麦之魂,捕捉不可替代的独有的泥土和气息的情思,发酵、糅和、升华,从而耸起了一座"液体金字塔"。

茅台酒纳山川之灵气,聚日月之精华,运用纯天然生物之工艺,采取开放式固态发酵法,依照端午踩曲、重阳下沙、两次投料、九次蒸馏、八次发酵、五年陈放、艺术勾兑的精工制作,形成"酱香突出、酒体幽雅、细腻、醇厚、协调、丰满、回味悠长"的特点。空杯留香长而舒适,酒度低而不淡,酒味香而不

国酒茅台

艳,饮用之后,不晕不眩而使精神大振。自创始以来,备受国人青睐。1915年,在巴拿马举办的太平洋万国博览会上,中国代表怒掷酒瓶溢酒香,令与会者目瞪口呆,一片惊惶。最后,主办者以五体投地般的敬佩,将金质奖章挂在了中国代表的胸前,自此以后声名鹊起,冠压群芳,成为世界三大名酒之一(法国科涅克的白兰地、英国的苏格兰威士忌)。新中国成立后,在党和政府的领导下,茅台酒人与时俱进,开拓创新,永葆春色,终使茅台酒以"国宴专用酒"的美誉被国人誉之为"国酒"。

(一)悠久弥香,源远流长

追溯茅台酒的渊流，可上溯到2000多年前的西汉时期。当时贵州怀仁县茅台镇盛产着一种有名的酱香型美酒——"枸酱"。当地的官员把它当作贡品送入了京城皇宫，到唐宋时已名扬天下，并把当时的怀仁誉为酒乡，成为当时全国大曲酒的集散中心。元、明两朝，正规的制酒作坊已四处林立；到清初之际，茅台镇所产"回沙香"酒的香型已定位于"酱香"。尔后，"茅春""回沙茅台"也紧随其后，不久也闻名于世。嘉庆、道光年间，茅台镇酒业辉煌，已有制作酱香型茅台酒的正规作坊二十多家。直到现在在茅台酒业股份有限公司的近处，仍有原酿酒作坊遗址两处，一处为1784年兴建的"偈盛酒号"，一处为1803年兴建的"太和烧房"。

现在的贵州茅台酒股份公司，改制前为国营贵州省茅台酒厂，位于怀仁县茅台镇。该厂于1951年建立，是当时人民政府对茅台镇有名的"成义烧房""荣太和烧房"和"恒兴烧房"进行社会主义改造后，合并组建的。据历史文献记载，当时茅台镇尽管烧酒作坊林立，酿酒业十分发达，但是有名气的却只有三家：一是同治二年（1863年），团溪人华桎坞成立的成义酒坊。该作坊规模较大，产销日盛，其所产茅台酒被人们称为"华茅"；二是同治十二年（1874年），茅台镇当地人石荣霄、孙全太以及经营"天和盐号"的王定天三家集资成立的"荣太和烧房"，后孙全太退股，石荣霄归祖换姓为王，其所产茅台酒为"王茅"；三是1938年，贵阳民族资本家赖永初与周秉衡组成大兴实业公司。周秉衡以在茅台镇开设的"衡昌茅台酒厂"做股，加入了大兴实业公司。1940年，周秉衡与赖永初分手，将酒厂全部卖给赖家，由赖永初独自经营，改名为"恒兴茅台酒厂"，所产茅台酒被称为"赖茅"。这三家较有名气的酿酒作坊，尽管在兵荒马乱的年代遭受了多种灾难，但是酿酒事业并没有停止，一直延续到新中国成立后，并接受了社会主义的改造，奠定了现在茅台酒股份公司的根基和基础。之后，自山东东阿人张兴忠受命接掌茅台大印始，至现今的季克良酿酒大师，缔造着茅台一个又一个神话。

（二）轶闻趣事多，赏鉴乐无穷

关于茅台镇盛产茅台酒的逸闻趣事多得实在是枚不胜数。20世纪80年代，为了弘扬中华民族优秀酒文化，展示中国人民的精神风貌，中央电视台及有关电影厂联合制作了宣传茅台酒悠久历史的故事影片《关于茅台镇的传说》，但所涉及的内容只是大海中闪亮的几颗珍珠。其实，光是颂扬茅台酒的诗歌就不下千首，有古代的、近代的，还有现代的、当代的。至于那些美丽动人的故事更是俯首可拾,到处都在传颂着,现采集一二,供大家欣赏。

　　1.马忠献酒醉刘备

　　三国蜀汉时期,刘备退守四川,派名将马超之弟马忠驻守牂牁郡,当时盛产美酒的茅台村就归其辖治。一天,马忠率兵丁巡逻,途经赤水河畔,刚到一老榕树下,便闻酒香飘逸。马忠勒马命一名士兵前去打探,"酒香从何而来?"兵士跨马奔驰而去,不大一会儿,回报说:前方五里处有一村庄名曰茅台,百十户人家,家家喜酿,取名'茅酒',其酒香就是从那茅台村来的。"马忠闻知,心中大喜。于是催马前进,急赴茅台村。一干人马,旌旗猎猎,风尘滚滚,威风凛凛,惊动了全村百姓。村首陶应率乡亲列队迎接,马忠与陶应径直来到陶应家中,两人相互寒暄,以示尊敬。陶应命家人捧上家酿茅酒献给马忠,马忠接过酒碗,只闻得酒香阵阵,扑鼻而入,不由得心花怒放,兴致骤起,随之一饮而尽,只觉得舌底余香悠长,回肠荡气,实在是琼浆玉液,连声赞叹不止。马忠遂问陶应:"这穷乡僻壤,何以有此美酒?"陶应回答:"这赤水甘美,醇厚,土地肥沃。历来先人擅种高粱、小麦,物阜年华,岁岁盈余。于是,便置窖酿酒。起初是自酿自喝,后来,越酿越多,喝不完,就使用酒坛盛装好,封牢,窖于地下,何时饮用,何时取之,谁知,窖之时间愈久,酒体就愈加醇香,而且细而不腻,厚而不艳,是以名声大振,远播四方。外地人纷纷来此沽酒取乐,茅台人就以此为业,维持生计。"陶应还讲了汉代唐蒙入黔时,将茅台酒进贡于汉武帝的故事。话还没有讲完,村民们便纷纷从家中搬来美酒,犒赏马忠将士。将士们万分激动,感谢茅台村百姓的厚爱。

　　时光飞快流逝,马忠的使命已完,将班师回朝听命。临行之前,他又派人来到茅台村,购置数百坛茅台酒准备回成都之后献于刘备。返回成都后,刘备召见了班师回朝的马忠。马忠献上从茅台村带回来的茅台酒,可是刘备却不以为然。一是其酒坛粗糙,二是"茅"字歪歪斜斜,但当马忠命人打开酒坛时,顿时满屋酒香,惊得刘备连声叫喊:"好酒,美哉,美哉!"一口气连饮三碗,醉倒在大堂之上,后经侍役千呼万唤多时才慢慢苏醒过来。

　　数日过后,刘备宴请诸葛亮及关羽、张飞众将领。席间,把马忠献出的茅台酒摆到筵席上来,供大家品尝。众人饮用后交口称赞:"琼浆佳酿,天下一绝!"自此,刘备便命当地的官吏时常到茅台村购置"茅台酒",使之成为蜀汉宫廷的"御酒"。

　　2.石达开酿水卜凶

太平天国的悲壮结局,反映了农民革命的局限性。天京内讧之后的翼王石达开,率兵西进,企图逃往云南,另谋良策。1856 年,他率部来到了茅台村。深夜,他和衣而卧,想到多年征战沙场,戎马一生,却落得个东躲西藏的悲哀下场,不觉潸然泪下。他躺卧不安,辗转反侧,久久不能入睡,便转身而起,走出户外,看到茅台村在朦胧的月色下,酒家林立,旌肆飘扬,便想起了李白的"兰陵美酒郁金香,玉碗盛来琥珀光,但使主人能醉客,不知何处是故乡"的诗句。他的情感被诗中意境所倾倒,既然找不到自己落脚的地方,何不在"茅台香酿醑如油,三五呼朋买小舟,醉倒绿波人不觉,老渔唤醒月斜钩"的茅台村小住一时呢?

　　石达开在茅台村安全地住了几日。一天,他举觞畅饮诗兴触发,提笔赋诗一首:"万顷明珠一瓮状,君王到此也低头,赤虬托起擎天柱,饮尽长江水倒流。"诗刚写完,忽报部下数万之众,皆大饮茅台美酒而罄,石达开甚是扫兴。他忽然灵机一动,唤来茅台酒师,要他们连夜火速把窖坑里的原料蒸馏出茅台酒来。酒师见石达开心烦颓丧,虽然知道此时酿酒不成,但又不敢违抗,只好从命。

　　在酿酒过程中,石达开疑神疑鬼,害怕酿酒师捣鬼。便亲自督酿,令酿酒师们一个窖坑一个窖坑的挖开,又一个窖坑一个窖坑地酿造,其结果连一斤茅酒也没能酿出来。石达开好生烦恼,又叫人把已酿过的原料加曲下窖后再酿,说来也奇,蒸馏出来的竟是毫无酒味的白水。石达开很迷信,又信命运。对酿酒得水,预感是命运不吉,甚至有了灭顶之灾的征兆。于是让巫师占卜,巫师也讲,此酿造之水,也是凶多吉少,于是马上命部队撤离茅台,然后辗转于四川、贵州等地。后来在大渡河畔,被清军追杀,十万大军葬身大渡河,成为人们茶余饭后的笑柄。

　　其实,这并非老天故意与石达开作对,是因为茅台酒的酿制方法十分的独特。首先是要选用籽粒饱满的高粱、小麦发酵作曲料,高粱粉碎后与麦曲混合窖藏一年后,第二年挖出土甑蒸馏。第一次蒸馏无所获,将酒糟酌加麦曲再次窖于地下,十天后,进行第二次蒸馏。说也奇怪,这第二次蒸馏所得确系白水一缸,只有如此反复八次才能完成。因此这茅台酒就有"回沙茅酒"的称谓。

　　石达开随着大渡河滔滔大浪而葬身鱼腹,然而他那脍炙人口的咏酒佳作却留在了民间,现在经书法家的妙笔抄录,又重现于茅台镇上。

中華酒典

醉猿石处话美酒，洪泽湖畔尽笑颜——双沟大曲

20世纪50年代中期，一项惊人的考古发掘成果令全世界惊骇：我国考古工作者在江苏淮阴洪泽湖畔的草湾首次发现了"醉猿化石"，为我国古书典籍中有关"猿猴造酒"的传说提供了信实的证据，使我国关于酒的历史研究有了长足的进展，把我国酿酒的历史年代追溯到更加遥远的洪荒岁月。

尽管"猿猴造酒"的传说显得那么荒诞、可笑。可是，就在"猿猴造酒"的故乡附近，江苏泗洪县双沟镇，一座闻名遐迩的现代化酿酒基地——江苏双沟酒厂拔地而起，浓郁的酒香飘逸到了五洲四海。

双沟镇处在淮河与洪泽湖交汇处，依山傍淮，森林掩映，像站在梭形山上的凤凰。

双沟大曲

在其东、南两侧山包隆起，宛如凤凰敛翅而落。它的两腋淮水潺流，若登高鸟瞰，又似凤首与身躯分离，其神奇奥妙，至今使人百思不解。

神秘莫测的地貌，有奇特的灵气，它哺育了代代人杰；物华天宝，蕴藏着无数珍奇。人间琼浆玉液——双沟大曲就诞生于此地。

酿制双沟大曲使用的是淮河水，清冽甘甜；选用优质高粱为原料，以麦豆高温特制酒曲作为发酵剂，用传统混蒸工艺，经老窖适温缓慢发酵，分层出醅配料，再适温缓慢蒸馏，分层品尝截酒，分级密封贮存，根据质地不一，科学精心勾兑而成。它品质独特、风格迥异，其表现为：酒度虽高，但醇和不烈；酒液清澈透明，芳香扑鼻，风味纯正，入口甜美，回香悠长。

历代文人骚客，社会名流，无不对双沟大曲垂涎不已。入夜，洪泽湖畔，丝竹声声，笑语朗朗，品茗饮酒，吟诗咏歌，醉倒过无数的"醉翁""仙客"。他们也为之灵感泉涌，引吭高歌。大文豪苏东坡说："使君半夜分酥酒，惊起妻孥一笑哗。"北宋唐介也说："斜阳无幸事，沽酒听渔歌。"

中国老一辈革命家邓子恢、彭雪枫、陈毅，在抗战时期也曾来到双沟镇，多次品尝到"双沟大曲"。为了感谢泗洪人民的盛情招待，陈毅这位文武双全的将军，挥毫写下了"不愧天下第一流"的赞美之词。

尽管"双沟大曲"酒的历史并不是那么悠久,但追溯到山西太谷人贺氏经营的"全德"糟坊,也有三百多年的历史。据史料记载,清代雍正、乾隆之际,山西太谷人贺氏路过这里,发现双沟一带盛产高粱,又有清醇甘美的水源,于是将山西精湛的酿造技术传入这里,酿出"香浓味美"的曲酒,获得了"香飘十里,知味息船"的赞美。

现今江苏双沟酒厂生产的"双沟大曲",是国家浓香型系列白酒的代表。它与四川宜宾五粮液酒厂生产的"五粮液",四川泸州曲酒厂生产的"泸州老窖"同为国家三大品牌。"双沟大曲"自1955年在第一届全国评酒会上被评为甲等白酒后,届届评酒会上金榜题名,先后被评为"全国优质酒"、大曲酒第一名,多次获金质奖章和奖杯。"双沟大曲"品格典雅,但价格低廉,雅俗共享,是广大人民群众十分喜爱的"大众类"优质酒。

蜂醉蝶不舞,美哉柳林酒——西凤酒

陕西,乃三秦故地,有着悠久的历史。半坡文化遗址的发掘,秦陵兵马俑的重见天日,更使这方热土饮誉华夏,扬名环球。悠悠岁月久,滴滴美酒情。陕西又是中国酒文化的发祥地之一。据《凤翔县志》记载,周秦时期,这里就有了酿酒作坊。1986年,在发掘秦公一号大墓时,出土了大量的酒具和酒器,这就充分地说明了陕西的宝鸡、凤翔地区酿酒历史源远流长。

有着百年历史,产于陕西省凤翔县柳林镇的西凤酒就是在此基础发展起来的。陕西西凤酒厂始建于20世纪初,坐落在渭水河畔,与秦西古城宝鸡毗邻。渭水清冽甘甜,肥沃的汉中平原盛产大麦、豌豆、高粱,聪明的柳林人采用传统的酿造工艺,科学的先进技术,精心制作,分级贮藏,终于酿造出

西凤酒

了名扬天下的甘泉佳酿——"西凤酒"。它酒体清澈透明,看上去闪金耀银,而喝到嘴里则是绵甜可口,余香悠悠。1910年,西凤酒宛若美丽的凤凰展开双翅,跨海越洋,到达了风景秀丽的岛国——新加坡,在南洋劝业会上获得殊荣。新中国成立后,"西凤酒"青春焕发,再铸辉煌,先后在全国第一、第二、第三届

评酒会上蝉联桂冠,被评为"中国八大名酒之一""中国名酒""中国优质酒"等。

"西凤酒"饮誉华夏,扬名海外,是与她悠久的历史和美丽动人的传说分不开的。早在一千多年的唐代露元年间,吏部侍郎裴行俭护送波斯国王子泥涅斯,沿丝绸之路西行回国,途经凤翔县城。当行至城西亭子头时,发现蜂蝶坠地而卧,顿感惊异,即令郡守察看究竟。郡守沿途查询,直到5里以外的柳林镇才发现一酿酒作坊正从地窖里提取陈年老酒,清风送酒香,使得蜂醉蝶不舞。郡守据实禀报,并将酒献与裴公。裴公喜闻酒香,兴致大发,开怀畅饮,顿觉神清气爽、精神焕发,即兴赋诗赠予郡守:"送客亭子头,蜂醉蝶不舞。三阳开国泰,美哉柳林酒。"裴公回朝复命时又将"柳林酒"献于唐高宗李治皇帝。高宗皇帝将它倒入玉杯之中,仔细观赏,其酒色清澈透明,芳香醇厚的酒香扑面而来,他情不自禁,连声叫道:"好酒!好酒!"这便是西府"凤翔酒"的前身。

西凤酒取"凤凰"为自己的品牌标识,并非心血来潮的无缘之攀,而是依据"三眼泉"的神话传说,为纪念构筑凤翔县城蓝图的凤凰而为。

相传,唐代天宝年间,安禄山、史思明兴兵作乱,唐玄宗李隆基携杨贵妃离京出逃。安禄山攻凤翔伐唐,平原太守颜真卿举兵讨伐安禄山。两军对峙,杀声震天,形势十分危急。西府凤翔太守,为防安禄山,意欲加固城池。但是,因年久失修,尽管多次努力,却是劳而无功,无法建成。于是又意欲另建新城,但是屡建屡塌,怎么也修不成。一天夜里,瑞雪纷扬,漫天皆白,突然一只色彩斑斓的大凤凰乘祥云飞来,落在了旧城茵北三里许的"三眼清泉"旁。虽值隆冬,冰天雪地,而泉上仍雾霭腾腾,泉水滔滔,碧波荡漾,倒映出那五彩缤纷神鸟的美丽身影。凤凰品饮了三泉清水,志得意舒,情不自禁昂首高鸣,声音清厉、冲霄遏云。霎时,风止雪停,万籁俱静。凤凰一时兴起,踏雪走了一圈,周长约十里左右,然后展翅飞上天空,转瞬即逝。到第二天清晨,太守听得此事,便亲自察看。他沿凤凰踏雪留在雪地上的印迹察看一周,忽然发现凤凰足迹倒是一张十分理想的凤翔新城图。太守大喜,拍手称绝,立即命人顺着凤凰脚印构筑城墙,不久凤翔新城拔地而起。人们为了纪念"三眼泉"和凤凰的功绩,将"三眼泉"更名为"凤凰泉"。此后,凤凰泉水清澈、甘美,成为酿酒的最好水源。于是人们就在泉水的附近,盖房建屋,酿造美酒。因此,"西凤酒"取西府凤翔之意为酒名之时,又选择凤凰这一神鸟作为自己的品牌标识。

老窖放光彩，衔杯"泸州好"——泸州老窖

自 1953 年在首届全国评酒会上，泸州曲酒厂生产的"泸州老窖"特曲酒被授予"中国八大名酒"后，半个多世纪以来，它依然宝刀不老，在全国的博览会上、评酒会上，届届榜上有名，屡有斩获。特别是进入新时期以来，漂洋过海，梅开二度，先后获取"金鹰""金鼎"国际大奖，誉满全球。进入新世纪，泸州曲酒厂再铸辉煌，其惊人业绩仍是酿酒行业的佼佼者。更令人兴奋的是，党和政府为了弘扬祖国的优秀酒文化，展示华夏酒文化的艳丽风姿，国务院将具有 800 年历史的泸州曲酒厂的酿酒窖池列入国家一级历史文物并对其重点保护，这对于拥有 5000 多年酿酒历史、50000 多家酿酒企业的中国来说，无疑是一伟大的壮举，其重大历史影响及深远意义不亚于国际赛事上的夺冠摘金。

泸州曲酒厂的八百年窖池是我国目前建窖时间最早、保存最完好、最具特色的古老窖池。由它酿造出的酒液与五粮液、双沟大曲同属浓香型的代表，但又各有千秋。泸州老窖特曲酒具有浓香、醇和、回味长、味甜等特色，尤其浓郁的芳香，回味时一股苹果香气，令饮者心旷神怡。

泸州老窖

据史料记载，泸州最早的酿酒窖池始建于北宋庆元年间(1195~1200 年)，距今约有 800 多年的历史。建窖之初，以取自距泸州县城 10 里的五渡溪的黄泥作涂料，铺地护壁。这里的黄泥绵软、无砂、细腻，再加入黄水糅和、踩糅后即可铺底涂壁，窖墙经 7~8 个月后由黄变乌；又经 1~2 年，乌色开始变白，此时的泥质也由绵软变成硬脆；再经 20 余年，乌白色又变成乌黑色，并出现红绿色彩。酒精发酵时，与酒墙接触后，蒸馏出来的酒就有了特殊的芳香。这样的窖被人们称为"老窖"，现在泸州曲酒厂的窖池都在百年以上，所以，酿造出的酒液便无色、晶莹、芬芳、浓郁，其酒体柔和纯正、清洌甘爽，酒味谐调醇浓。

泸州大曲酿造原料的选择十分讲究。首先，选用四川盆地专门生产的糯高粱及优质小麦，要求不仅颗粒饱满、均匀，而且干燥，不霉变。再者，其水专取硬

度适宜的龙泉井水。该井水微甜,能促进酵母菌的生长繁殖,有利于原料的糖化和发酵,然后再运用独特的工艺进行酿造。泸州老窖的酿造工艺特点主要有"万年糟""低温发酵""回酒发酵""熟糟合料""长周期发酵"以及"摘窖处理"等。

泸州曲酒厂的历史虽不及茅台酒厂的历史悠久,但是从宋代庆元年间舒大的酿酒开始,至今已有800多年的历史。相传宋代泸州有位舒大,娶一良家妇女为妻,其妻贤淑惠敏,待人心诚热情,真可谓百里挑一。夫妻二人以酿酒为业,其酿造技艺高人一筹,质忧价廉,买酒的人越来越多,生意十分兴隆,家庭也美满幸福。唯一使舒大不能开心的是,膝下无子,难以传续祖业。有一年,艳阳三月,泸州举行观音会。吕洞宾闻到泸州酒香袭人,下凡人间。用仙桃换取舒大的美酒开怀畅饮,一醉三月。一日,暴雨骤至,将吕洞宾淋醒,吕洞宾对舒大说:"你家的酒的确不凡,使我大饱了口福,知恩应报是仙家的规矩,不知我该如何报答您?"舒大面有难色,不好意思让人答谢。吕洞宾催促说:"无妨,无妨,我一定要报答您!"于是舒大便将心中之隐说了出来,吕洞宾听罢,哈哈大笑,忽然化作一片祥云而去。次年,舒大夫妻如愿以偿,喜得贵子。其子长大后,继承祖业,将舒家的窖酿技术传了下来。舒大一家为酬谢吕祖恩赐,便带头捐资修建了一座洞宾阁,并在摩崖险处镌刻吕洞宾像,并配有楹联,其一"飞雨散酒气,虚枕纳湖声";其二"醉月临汉醋万古,活人感梦破三泸"。这舒家酿酒的秘方传至清代已名声大震,清乾隆五十七年(1792年),诗人张船山从北京赴四川,沿途饮酒赋诗,甚是快活。当他饮用了泸州舒家窖酒后,挥毫泼墨写下了颂扬泸州窖酒的"衔杯却爱泸州好"诗句。

相共举杯酹汾酒,腾为霖雨润林田——汾酒

名人与汾酒结缘的历史源远流长,最早的是南北朝时的北齐帝王。《北齐术》记载:"帝在晋阳,手敕之曰:'吾饮汾清(当时汾酒的名称)二杯,劝汝亦饮两杯。'"可见当时的汾酒已名声显赫,成了宫廷的珍馐。

汾酒源于汉魏以前的黄酒,盛行于唐代时,亦变成了"烧酒"(白酒)。借助大诗人杜牧的旷世绝唱"借问酒家何处有,牧童遥指杏花村",增色生辉,身价百倍,声蜚中外,至今辉煌。

汾酒纯净、雅郁、清香的特点为世人所陶醉。1960年暮春时分,细雨纷纷,

革命老人谢觉哉,亲临山西汾阳,游览杏花村。他兴致勃发,以革命乐观主义精神,赞美汾酒,颂扬共产党领导下的人民群众克服困难,战胜自然灾害的革命英雄精神。五年之后,我国现代伟大的文学巨人、历史学家、古文字学家郭沫若大师被汾酒的芳香所陶醉,挥笔泼墨写下了他对汾酒故乡的崇敬和自豪:"杏花村里酒为泉,解放以来别有天。白玉含香甜蜜蜜,红霞成阵软绵绵。折冲樽俎传千里,缔结盟书定万年。相共举杯酹汾水,腾为霖雨润林田。"

汾酒

为何名人独钟"汾酒"?这是因为酒香和酿酒人的善良诚实之心。正如巴金先生赞美的"酒好、人好、工作好"。传说明末时,杏花村有上千户人家,其中酿酒作坊就有72家。酒肆云集八槐街,酒幡五颜六色,繁花簇拥。每年端阳花会,更是名花荟萃,名人相聚,饮酒观花,赏心悦目,人欢马嘶,其乐融融,赛江南秦淮丝竹之乐,胜天界仙山琼阁美景。闯王李自成率义军进攻北京,路过杏花村,军纪严明,秋毫无犯,村民深受感动,留驻义军三天,以美酒相待。闯王饮了汾酒后,感慨万分,认为天下唯有"汾酒"尽美尽善,唯有杏花村村民胆心赤诚、善良,遂将村名改为"尽善村",这个名字一直保留到新中国成立后的1956年——人们才将叫了三百余年的"尽善村"恢复了原名——"杏花村"。

"汾酒"酒味醇美无比,令世人流连忘返;其古泉仙井的故事曲折动听,更使人激动不已。清代爱国诗人博山为古泉题写的"得造花香"匾额悬于亭上并刻石纪念,铭文写道:"近十山之麓有井泉焉,其味如醴,河东桑落不足比其甘馨,禄俗梨春不足方其清冽。"杏花村水质无色透明,无悬浮物,无邪味,煮沸时,不溢锅,不生水垢,洗衣服时棉软织物不发硬,是天然的"甘泉佳酿"。所以,酿出的酒液其风格更加独特。汾酒是我国白酒类清香型系列的典型代表。它虽然酒精浓度高达60度,但强劲而无刺激,据专家介绍,汾酒其香"淡雅恬静",其味甜绵、柔和,饮后使人感到心旷神怡;它爽净纯洁,幽雅绵甜,回味悠长,被世人广为称颂。

清末,汾酒就扬名海外。1915年在巴拿马万国博览会上获得一等优胜金质奖章。但是,在新中国成立前,由于战乱灾害,汾酒厂濒临倒闭、停产。

中华酒典

1948年6月,汾阳解放,汾酒厂获得新生。1951年,汾阳县人民政府在原有的基础上建立了山西汾阳杏花村汾酒厂,并逐年扩大规模。现如今,已成为我国规模最大的白酒生产基地之一。

1952年"汾酒"荣登"中国八大名酒"的宝座后,蝉联各届"中国名酒"桂冠。改革的春风,使杏花村汾酒厂更加生气蓬勃。目前,汾酒厂已进行了股份制改造,成为酿酒业中最具有活力的企业,产量和质量不断创新。1993年,世界妇女代表大会在我国首都北京召开,汾酒厂专为大会研制的女士专用"汾酒"一炮打响,走出了国门,走向了世界,成为酿酒行业一道亮丽的风景线。古色古香的豪华式包装,绵甜可口的醇香品质,深受女士们青睐。

愿汾酒青春永驻!愿汾酒灿烂辉煌!

卧薪尝胆立志复国,以酒酬军破吴雪耻——绍兴老酒

春秋时期的越国所在地浙江绍兴,是中国酿酒术的发祥地之一,距今有2500多年的历史。这里水光山色融为一体,被誉为"人间天堂";这里物华天宝,地灵人杰,流传着许许多多美丽动人的传说,而其中流传最早、影响最大的,当属越王与绍兴老酒的故事。

俗话讲:"成也萧何,败也萧何。"对于越王勾践来说,"成也绍兴老酒,败也绍兴老酒"。当时为楚国属国的越国,屡遭邻国吴国侵犯,经济落后,国力微弱,民不聊生。勾践即位后足智多谋,立志图强。他"徙治山北,引属东海";他改革变法,学习中原先进生产技术;他加强联盟外交,促进贸易,使越国日益强大起来;他举旗抗吴,大败吴兵,使吴国不再敢侵犯越国国界。

但是,勾践被胜利冲昏了头脑,认为"阖闾既没,吴不足惧"。于是他在"酒池肉林中"通宵达旦"纵情娱乐","朝朝暮暮欢悦情,圣主昏昏不理政"。自此越国经济衰落,民心浮动,特别是马放南山,剑戟斑锈,国防岌岌可危。果然,两年之后,

绍兴老酒

吴国卷土重来，再次兵临会稽，大败越国，勾践携妻与重臣范蠡赴吴充当人质，以保越国领地。勾践在吴三年，卧薪尝胆，不忘复国之志，尽管受尽折磨与凌辱，但从无愠色，终于获释回国。

三年奴隶般的生活经历，使勾践在磨难中成熟起来，他励精图强、重视农耕、发展贸易。在生活上节衣缩食，杜绝一切奢侈的欲望。为汲取因酒误国的沉痛教训，他带头戒酒，并用自己的鲜血在白帛上书写两个酒字，以示警世。他还曾打算下令全国，禁止酿酒，全民戒酒，永绝酒患。但是，勾践还是一个比较开明的国君，遇事善与大臣们协商，于是就酒禁一事召集朝廷各位重臣献策献计。大夫文种是个很有谋略的人，他看问题十分全面，既晓此害又明彼利，一反一正，说得勾践五体投地。他说："大王所言极是，酒固然可以误国，然也可兴国，臣以为，以其弊，使吴自丧，以其利，兴我大越，则可报仇雪耻，固酒可禁不宜绝。"于是献三策，助越王复仇兴国：

其一，为吴王献美女、美酒，使吴王夫差及大臣们在灯红酒绿中意志消沉。果然吴王夫差在美女西施的千种风情、百般媚意中整日沉湎酒色，忘记了越国的潜在威胁，反而对越友好备至，归还了越国的疆土。

其二，勾践以礼待客，躬身屈膝，厚待智者，使他们纷纷南下，为振兴越国献策尽力。

其三，勾践为恢复生产，壮大国力，以酒奖赏百姓，使越国国力迅速得到恢复，兵力日益强大。勾践为奖励百姓曾规定，凡生育男婴者，奖酒两壶、狗一条；生女婴者，奖酒两壶、猪一头，再加上薄赋轻徭，人民群众休养生息，使国力及人口在短期内迅速恢复。

勾践二十年的日积月累，使越国有了复国图强的力量。公元前 473 年，越王勾践率全国将士，出征伐吴，倾国百姓万人空巷，一齐将酿制多年的家藏美酒送到将士面前以壮军威。全国将士在痛饮壮行酒后，发出了"不灭吴国，誓死不归"的誓言。征战中，铁马金骑，疾风猎猎，骁勇将士众志成城，同仇敌忾，一举攻克姑苏灭了吴国，终于将家仇国耻雪洗。尔后，越王勾践又率越国将士，乘胜追击，一鼓作气，挺进中原，谋取到了霸主的地位。宋人徐天佑为纪念越王勾践以酒复国的历史功绩，写下了著名诗篇《泳箪醪河》，诗中云："往事悠悠逝水知，习流淌想报吴时。一壶解遗三军醉，不比夫差酒作池。"

源于春秋时期的绍兴酿酒业，经过两千多年的发展，至今已成为"东方名酒之冠"。早在 1915 年巴拿马国际博览会上夺冠的浙江绍兴酿酒总公司，现在已

中华酒典

是黄酒酿酒行业的龙头老大,它"盛行天下,品种颇多,而又名老特奇"。

绍兴老酒是中国黄酒类的珍品,其制作程序极为严格。它选用鉴湖湖心之冰,限冬季酿造,其原料为当年产优质糯米。在其酒中配伍了以辣蓼草为代表的多种珍贵中药材,麦曲中含有米曲霉、根霉、毛霉、黑曲霉、灰绿曲霉和青霉等,在工艺上有两种方法:其一,淋饭法;其二,摊饭法。

淋饭法:在酿造时,将蒸熟的糯米用冷水淋凉,再加酒药、水和麦曲等发酵,成品叫淋饭酒,是造酒的"酒母"。

摊饭法:将蒸熟的糯米摊在竹簟上凉起来,再加浆水、酒母、麦曲、水装入陶缸中发酵。酒酿成后,再进行压榨、杀菌、装坛。

在工艺操作上,一直严守传统的操作规程,因而始终保持酒的质地优良。绍兴酒的酿制有着严格的季节性,即冬季"小雪"淋饭(制酒母)至"大雪"摊饭(投料、发酵),到来年立春时,开始榨酒,然后将酒煮沸,用酒坛密封进行贮藏,一般三年后,投放市场。无论是淋饭法还是摊饭法酿造的绍兴老酒,其酒度均不高,酒中的营养成分却十分丰富且能长期贮存,而且越陈越美,故曰"绍兴老酒"。

绍兴老酒,色泽橙黄清澈,香气馥郁芬芳,滋味甘甜醇厚。适量饮用,能生津活血,促进新陈代谢,有提神、开胃、消除疲劳之功效。它既是美酒佳酿,还是烹饪中的上等佐料,也是医用药酒。

绍兴老酒的品种繁多,呈系列化形态。其中以"绍兴加饭酒""状元红"(亦称女儿红)为最。目前年产十万余吨,畅销三十多个国家和地区,五次荣获国际大奖,1988年被定为中国国宴专用酒。

绍兴,中国历史文化名城,中国酒文化的发祥地之一。绍兴人擅长酿酒,喜爱饮酒,又谙熟酒性,也是名副其实的酒乡。"咸亨酒店"的金字招牌,越洋跨海,已遍及全世界,太白遗风的酒文化也已在中国声名鹊起,成为千古不朽的品牌。

弼士酿酒振国威,张裕美酒夜光杯——金奖白兰地

19世纪初,灾难深重的中华民族,面临着亡国灭种的危急。"中国向何处去?"智者见智,仁者见仁,众说纷纭,莫衷一是。伟大的民主革命先驱孙中山先生发出"实业救国"的号召,国人纷纷响应,兴办民族工业,使"实业强国"成为

滚滚洪流,势不可挡。其中被誉为"北洋新政"一面旗帜的便是烟台张裕葡萄酒公司。

张裕葡萄酒公司,创办于1892年,距今已有一百多年的历史。它是名振南洋的亿万富翁张弼士投资300万两白银,怀着"心系祖国,实业兴邦"的鸿鹄心愿,在山东烟台兴建的。张弼士先生是广东梅州大埔人,从小家中贫寒,18岁那年只身闯荡南洋到印尼做苦工。张先生在海外30年,艰苦创业,逐渐发展成为声名显赫南洋的亿万巨富。

在中国创办葡萄酒酿造公司,是张先生的多年夙愿。当他客居海外参加法国驻印尼巴城领事的一次酒会时,该领事的酒后狂言深深地刺痛了他:"张先生,你们中国种植葡萄还可以,但是要造出美好的葡萄酒是不可能的……"面对洋鬼子的羞辱,张先生先是面红耳赤的尴尬,继而是怒火燃起,双眉竖立,心中涌聚了愤怒的激情,心中暗道:洋鬼子走着瞧……

金奖白兰地

张先生是个颇有心计的人。为了实现自己的心愿,与洋鬼子们比个高低,他挑灯夜战,苦读古书,钻研酿酒技术。他了解到,尽管酿造葡萄酒的历史渊源出在西亚的两河流域,但后来者居上,我国早在唐代就已酿造出了居全世界领先水平的葡萄美酒。继承传统,学习科学。中国人就一定还能酿造出更美更甜的葡萄美酒。1891年,他来到了依山傍海,气候湿润,具有种植葡萄得天独厚优势的烟台,当即购买下两座山场,辟田造地,种植葡萄。同时,选址构图,着手建厂。

尽管中国有着传统的酿酒技术,但要高人一等,达到更高水平,还必须紧跟时代步伐,学习先进科学技术。因此,一流酿酒师的选聘,就成了公司的重头戏。为此,张弼士先生周游各地,寻访名师,最后不惜重金聘请了奥地利驻烟台领事拔保先生为技师。拔保先生是酿酒世家出身,其父是奥地利著名酿酒师。拔保早年从父酿酒,既精通全部酿造工艺,又具有丰富的实践经验。拔保受聘后,不负重托,在他的精心配制和指导下,张裕美酒隆重登市后,即受各界好评。

1912年,孙中山先生北上,途经烟台,品尝了张裕葡萄酒,盛赞之余,泼墨

中华酒典

挥毫,写了方道苍劲的"品重醴泉"四个大字,赠予张裕公司作为横幅匾额,悬挂在公司大门之上。它既是对酒品的赞美,也是对张弼士先生的褒奖。

中国近代维新派领袖康有为曾两次莅临烟台,品尝到张裕葡萄美酒。他触景生情,寄意于葡萄美酒,写下了著名的诗句:"浅倾张裕葡萄酒,移植丰台芍药花。更读法华写新句,欣于所遇即为家。"

张裕公司在清廷中堂李鸿章的引荐下,也受到了清政府的褒奖。"张裕酿酒公司"的门额大字,就是光绪皇帝老师翁同合先生所题。

张裕百年历史孕育着百年辉煌。但是,张裕从不靠名人为自己添光增色,而是靠自身的发展,自身的品格,以及形成的名气、形象和精神。然而,名人名家却折服于张裕品牌之下,愿为它讴歌,愿为他颂扬,留下了难以胜数的美文佳句。著名国画大师刘海粟题赠张裕葡萄酒:"醇厚芳香,朝晖光灿。"董寿平先生则称"葡萄佳酿,万里飘香"。沈鹏先生更是锦上添花:"酒渴思张裕,诗狂欲上天。"启功最为心情舒畅,挥毫写下了脍炙人口的小诗:"饮中仙客喜颜开,佳酿绵延百岁来。举世共持稀世宝,葡萄美酒夜光杯。"

张裕酿酒公司出品的红葡萄酒呈鲜艳红宝石色,酒香浓郁,甜而微带酸涩;金奖白兰地则色泽金黄透明,具有独特的芳香和优雅柔谐的酯香;味美思则是一种甜型加香葡萄酒,它是用上等白葡萄配入藏红花、肉桂、公丁香、大豆蔻等名贵药材勾制而成。1915 年,张弼士携张裕公司所产的玫瑰香红葡萄酒、琼瑶浆(味美思)、可雅白兰地(金奖白兰地)、雷司令白葡萄酒,漂洋过海去旧金山参评,最终荣获金质奖章。

前贤辟路,后人再铸辉煌。自 1953 年第一届全国评酒会以来,张裕公司届届榜上有名,次次获得殊荣,第一届共评出"八大名酒",张裕公司就有三个品种及第,雄冠中国之首。

"百年张裕,传奇品质"。张裕人视质量为第一生命,世代相衍,不改初衷。

景芝古酿越千年,醉世神功代代传——景阳春

景芝,因宋景祐裕年间,其地古井三产灵芝而得名,明代大学者顾炎武所著《天下郡国利病书》称之为"齐鲁三大古镇",此地以酿酒闻名于世,素有"齐鲁古酒镇"之说。景芝酿酒历史悠久,现藏于中国国家博物馆的蛋壳黑陶高柄酒杯就是 1957 年出土于景芝的珍贵文物,足见景芝本地酒文化资源之深厚。山

东景芝酒业股份有限公司,就植根于景芝这块酿酒宝地之上。

景芝古酿越千年,醉世神功代代传。景芝酒业的主导产品景阳春酒,系山东省第一个浓香型粮食酒,第一个出口创汇白酒,2004~2006年在国家质检总局公布的白酒质检结果中,连续三年荣登"红榜";景阳牌景阳神酿与茅台、五粮液同获"中国白酒著名创新品牌",系中国芝麻香型白酒典范代表产品;传统产品景芝白干1915年入展巴拿马万国博览会,系"中国八大大众名酒"之一。

(一)苏东坡的景芝情缘

宋代大词人苏东坡,一生中有三年时间在密州(今山东诸城)任职太守。1076年中秋夜,苏轼和朋友围坐在超然台上饮酒赏月,几盅烧酒下肚,思绪满怀,百情并生,吟哦而出不朽诗篇——《水调歌头·仲秋》:"明月几时有,把酒问青天。不知天上宫阙,今夕是何年。我欲乘风归去,又恐琼楼玉宇,高处不胜寒。起舞弄清影,何似在人间。转朱阁,低绮户,照无眠。不应有恨,何事长向别时圆?人有悲欢离合,月有阴晴圆缺,此事古难全。但愿人长久,千里共婵娟。"

诗中的明月亘古未变,而传递着永恒情感的美酒指的是哪一种佳酿呢?中国人民大学中文系教授、中国苏轼研究学会常务理事朱靖华撰文道:东坡当年"把酒"之酒系景芝高烧(即今景芝白干)!原因有四:

一是当年东坡任职的密州城方圆数百里内,唯有距离35公里的景芝盛产美酒。诸城现在的酒厂还是新中国成立后景芝派的技术人员去帮助修建的,邻近的胶州、高密、日照等地原本也无酒厂,过去这些地方要喝酒,大多是从景芝挑运过去。当时交通闭塞,买酒不可能舍近求远,而历史上的景芝镇又隶属于密州管辖。可见在密州饮好酒,只能是饮景芝酒了。

二是山东酒当时大致分为黄酒、白酒两种,据《山东通志》记载:黄酒,黍米所酿,蓬莱、即墨为盛,烧酒以安丘景芝镇为最盛。东坡在其密州诗中屡屡

景阳春

记述他饮之酒是"白赔""白酒",如《谢郡人田贺二生献花》云:"玉腕揎红袖,金樽泻白赔。"《玉盘盂》其二云:"但持白酒劝嘉客,直待琼舟覆玉彝。"而景芝烧酒即为白酒。

三是东坡在《超然台记》中言及"酿秫酒",即黏高粱也。而景芝烧酒正是用高粱酿制。

四是东坡在杭州通判任上时,其作品中言酒者虽有,但较之密州任上时却少得多。密州诗词中言酒者高达其作品的百分之七十以上,从东坡个人说,他在杭州尚是个"不解饮"者,而在密州却越饮越多,且花样翻新,不仅诗饮、书画饮、宴饮,还野饮、刀剑饮、抚琴饮、流杯饮、打猎饮,甚至要强饮、痛饮、狂饮。酒成为他寻觅乐趣、待客宴游、思亲怀友、消愁解闷的伴侣,成为促使他产生创作灵感,发挥艺术才能的催化剂。"径饮不觉醉,欲和先昏疲","仆醉后辄作草书十数行,便觉酒气拂拂,从十指间出也"。他在其《饮酒说》中更直抒了对当地烧酒的偏爱:"予虽饮酒不多,然而日欲把盏为乐,不可一日无此君。"可见苏轼任密州太守时,对密州之酒已十分感兴趣,如不是当地酒美,本不胜酒力的东坡,缘何要"一日饮十五银盏"之多呢。

明月、美酒就这样定格在历史的瞬间,定格在中国酒文化史的灿烂长廊里,透过一千年悠长的岁月,给今天的人们洒过来一片清辉,一阵浓浓的酒香,而景芝酒能与旷世无双的东坡盛名相连,足见其历史悠久与博大精深。

(二)景芝酒情牵乾隆

在洋洋大观的酒林之中,真正见诸奏章并有皇帝朱批的极为罕见,而景芝早年所酿的景芝高烧却在乾隆年间就列在了呈报的奏章上。作为历史的见证,当年的这份奏章现仍完好无损地被珍藏在中国第一历史档案馆。

经过顺治(18年)、康熙(61年)、雍正(13年)近百年的苦心经营,到了乾隆年间,国力雄厚,文治武功,民康物阜,江山一统,史称"康乾盛世"。乾隆在位历时60个春秋,一直笃信"养民之政莫失储备",他说,仓廪充实了,百姓安居乐业,社会便能达到长治久安。但当时的生产力毕竟有限,而"耗费米麦,莫如踩曲一事""迨今春秋以来雨泽愆期,尤宜留心民食",于是,乾隆下令在全国范围内开始了大规模的禁酒运动,并要求在查禁过程中,为了不滋扰民间,责令下属单骑亲往暗中查明,立即审究。

乾隆二年(1737年)禁直隶、河南、山东、山西、陕西北方五省烧酒,违者杖一百……乾隆七年(1742午)通州酒铺征税,其他地方烧锅须经官府登记,缴纳

"票钱"，发给官贴，方可开酿，否则即属违法，所酿酒则为私酒。乾隆八年（1743年）农历十一月六日，新上任的山东巡抚喀尔吉善给皇帝上奏折，点了景芝的名，说道："商贾在于高房邃室踩曲烧锅，贩运渔利……潜藏影射未能尽无。"乾隆在该奏折后的朱批赫然入目："好，应如是留心者也，钦此。"然而，景芝酒却尤其难以禁绝，相传缘由有二：一是景芝地处诸城、安丘、高密三县之交，当时一个不到5000人口的酒镇，在同一个城墙圈内，居然劈街道的中心划开分属两县、三县，这在行政区划史上也是罕见的。古代的皇权本来对县以下的地方控制较为疏松，对景芝则更显得无能为力，那里的烧锅众多，但转移灵活，时聚时散，"闻风知儆，亦颇敛迹"，过后又近乎肆行无忌，加上该地有数千年的黄酒酿造史，又有千年的烧酒历史，名气大，声望高，自有它顽强而恒久的生命力和存在的合理性。二是当年的奏折上，当禁的除景芝外还涉及阿城、张秋、鲁桥、马头等酿酒古镇，而这些古镇的酒香为啥随着日月的更替均日渐消散，唯有"景芝"顽强地生存下来，且酿酒日盛一日呢？这恐怕与乾隆皇帝曾涉足景芝有关。相传当年乾隆与刘墉（古密州今诸城人，又称刘罗锅）微服私访时，假扮布衣在景芝一邹姓酿酒世家当了半月的"烧包"，并相中了邹家美丽的女儿，欲结秦晋之好，只是后来传旨接其进宫时，被大臣"挡驾"，才未能和景芝人"沾亲带故"，但乾隆皇帝对带回京城的景芝酒的认可，一定程度上成为景芝这块酿酒宝地的"护身符"和"挡箭牌"，于是"尽管查查禁禁，景芝'高房邃室'内仍酿造不辍"。

岁月如歌，此奏章实属一份难得的有关景芝酒的珍贵文献，而其中浸润飘逸的景芝酒文化更令人回味久长。

兰陵美酒郁金香，玉碗盛来琥珀光——兰陵美酒

兰陵，古代名邑，因近邻土陵，兰草繁茂，兰花芳香而得其名；因盛产美酒三千余年而蜚声中外。

追溯历史，公元1995年，兰陵酒于狮子山楚王陵发掘出土，这是一个令整个世界酿酒业和考古界震惊的重大发现。楚王陵以石成墓，墓道长117米，墓室面积850余平方米，规模庞大，气势恢宏，兰陵美酒置于墓室庖厨间，陶制球形缸内。泥封上印有"兰陵贡酒""兰陵丞印""兰陵之印"戳记，乃目前出土年代最久，保存最完好，直接印有贡酒名之酒品，被尊为当年十大考古发现之首。

经国内外考古专家鉴定,与今日兰陵美酒同为一宗,无可辩驳地印证了兰陵美酒三千年的酿造历史。

三千年岁月沧桑,唯有经典傲然独立,文人骚客竞相传颂,兰陵美酒声名远扬。

据史料记载:兰陵美酒始酿于商代,古卜辞中的"鬯其酒"记载,便是兰陵美酒的最早见证,迄今已有3000多年的历史。战国时期,这里为楚国重邑,曾对中国思想变革产生巨大影响的一代圣哲——荀子,在这里两任兰陵令,为兰陵酒业的发展奠定了历史文化基础。

两汉时期,兰陵美酒已成贡品。北魏时期,农学家贾思勰对兰陵美酒生产工艺进行科学分析,加工整理,并载入世界第一部农业科学经典《齐民要术》之中,使这一宝贵的历史文化遗产得以保留至今。

唐代诗人李白开元二十八年五月曾游历山东,经下邳过兰陵,闻酒香弥漫,见酒旗飞舞,于是痛饮神往已久的兰陵美酒,灵感迸发,写下了"兰陵美酒郁金香,玉碗盛来琥珀光。但使主人能醉客,不知何处是他乡"的千古绝句。李白号称"诗仙""酒仙",斗酒诗百篇,对兰陵美酒从色、香、味、情进行了综合鉴赏,描绘出兰陵美酒风格独特、色泽殊美、味压群芳的独特风味。

北宋著名书画家米芾畅饮兰陵美酒后,挥毫泼墨,写下了"阳羡春茶瑶草碧,兰陵美酒郁金香"的诗句。目前,这一巨联真迹仍完好保存于湖北襄樊的米公祠内。由此可见,北宋年间,兰陵美酒与阳羡春茶已驰名于大江南北,被颂为宋代的两大名产。

明代医学泰斗李时珍饮兰陵美酒后,从医学的角度给予高度赞赏,在他的名著《本草纲目》中写道:"兰陵美酒,清香远达,色复金黄,饮之至醉,不头痛,不口干,不作泻。共水秤之重于他水,邻邑所造俱不然,皆水土之美也,常饮入药俱良。"

清代诗坛盟主王渔洋在《寄任同年》一诗中写道:"阳羡六斑茶,兰陵十千酒。古来佳丽区,遥当五湖口……"王渔洋不仅赞美了兰陵美酒的尊贵,更赞美了兰陵自古以来就是一个美丽富饶的地方。

1915年,在美国旧金山召开的"巴拿马万国博览会"上,兰陵美酒荣获金质奖章,使这一传统名酒名播海外,誉满神州,跻身于国家名酒之列。

综观兰陵历史,上下三千年,光照千秋。历代文人墨客不吝佳句华章,兰陵王不负盛名,集鲁酒之精髓,醇香浓厚,扬名四海,流芳千古。

1948 年 11 月,兰陵新中国成立后,在兰陵古镇东醴源私人酒店基础上,联合八家私人大酒店和三十余家私人作坊组建了山东兰陵美酒厂。

1954 年,国务院总理周恩来率团参加日内瓦国际和平会议,把兰陵美酒作为"国酒"带到宴会上招待与会各国首脑,再次提高了这一传统名酒的国际声誉。

沧海桑田,世事变幻,兰陵美酒成为中华酒文化的瑰宝。

1993 年春,经过不断规模发展,以山东兰陵美酒厂(1994 年 6 月改组为兰陵美酒股份有限公司)为核心,组建成立了山东兰陵企业(集团)总公司。"八五""九五"期间,兰陵集团不断发展壮大,跻身于中国 500 家最大工业企业、中国十大酿酒企业集团和山东省 136 家重点企业集团之列。

目前,兰陵集团拥有山东兰陵美酒股份有限公司、山东兰陵陈香酒业股份有限公司等多家企业,拥有星级兰陵陈香、兰陵美酒、星级兰陵王、星级兰陵特曲、兰陵喜临门等著名品牌,其中,兰陵陈香、兰陵喜临门、兰陵特曲等系列产品始终保持了国家、省质量技术监督局免检产品称号。兰陵陈香荣获中国名优食品、中国白酒著名创新品牌称号;兰陵王白酒获得国家"纯粮固态发酵白酒"认证标志,并被指定为山东省政府机关接待专用酒。"兰陵"商标被国家工商行政管理总局认定为"中国驰名商标"。

孔府佳酿,千年传奇——孔府家酒

春秋孔子创中华酒礼之先河,圣门私酿初为家宴,不传于市。孔子嫡孙孔融喜宴宾朋,常邀鸿儒名士于孔府聚饮,有诗曰:"座上客常满,樽中酒不空。"孔府家酒名扬天下。

曲阜的酿酒业历史悠久,有史料说已有两千多年了。而孔府酿酒则始于明代,新酿之酒,开始专为祭孔用,后因到孔府走访的达官贵人较多,又逐步转为宴席用酒。

孔府家酒取龙头泉水,齐鲁精粮,遵儒家礼法,志于道,据以德,依于仁,约以礼,所酿琼浆晶莹香郁,酒质醇厚,深得儒家风范,为礼仪文化之上品!

清乾隆三十六年,乾隆亲赴曲阜祭孔,宴上酒下三杯,意兴大发,高吟"孔府佳酿,储醇激义"。孔子 72 代嫡孙孔宪培对曰:"君子怀德,儒香透瓶。"乾隆大喜,竟借酒兴将爱女许与孔宪培为妻。此后孔府贡品皆免,唯孔府家酒为圣上钦点贡酒,必不可少。

清代乾隆皇帝曾先后八次到曲阜祭孔,在他最后一次到曲阜祭孔时(1790年),顺便看望了他的女儿于氏(孔子72代衍圣公孔宪培之妻)。在招待乾隆皇帝的宴席上,孔宪培又拿出了孔府家酒款待岳父,乾隆饮后,连连赞赏家酒味美好喝。席间他对孔宪培说,以后赴京时给我带上几坛家酒,还有西关的小羊羔。因此,后人有"羊羔美酒"之称。

如今的曲阜孔府家酒业有限公司,是沿袭当年孔子及孔府家用酒坊的历史发展起来的,距今已有

孔府家酒

两千五百多年的酿酒历史。他们始终以弘扬儒家文化为己任,借助儒家文化的地域优势,坚持以"诚信"为经营之本,以"双赢"为经营之道,用传统的酿酒工艺与现代技术有机结合,酿制出独具儒家文化底蕴的孔府家酒。

孔府家酒的企业文化理念保证了产品的质量和消费者的根本利益。公司率先通过了ISO9001:2000质量管理体系和ISO14001环境管理体系认证,是山东省白酒行业首家通过双认证的企业。公司秉承孔府酒坊的生产工艺,将传统与现代技术有机结合,有计算机精密的勾兑系统,确保400多种微量成分一一保留,酒质、口味始终如一,加上公司拥有一支雄厚的技术队伍,全国评酒准确第一的国家级评酒师和多位省、市级的白酒评委对整体工艺全程监管,始终把生产质量处于完全受控状态,细化酿酒工艺标准,从生产曲料的分堆、装甑放酒、量质摘酒、鼓风凉渣、封窖发酵等每一个环节都制定了全方位的质量监控管理体系,保证了产品质量的稳定提升。

目前,孔府家酒的主导产品已形成孔府家道德人家、仁义、盛世、经典、水晶、大陶六大系列,产品低、中、高度兼备,高、中、低档齐全,曾开创了"白酒低度、包装古朴典雅、名人广告宣传、优质粮食酒出口第一"的四个先河。

孔府家酒素以三香(闻香、入口香、回味香),三正(香正、味正、酒体正)而

中华酒典

著称,加之古朴典雅包装及厚重的儒家文化内涵,1989年荣获国家质量银质奖章,产品畅销全国并远销二十多个国家和地区,连续8年出口量雄居全国第一;2001年荣获"中国十大文化名酒"的荣誉称号,2003年、2004年连续两年进入中国白酒百强企业,2005年孔府家酒荣获"中国消费者(用户)十大满意意品牌"称号,历年为山东省免检产品,2006年被推荐为"第四届山东省白酒行业争创中国名牌产品";同年12月,孔府家酒业有限公司被授予"中国酒业文化百强企业"称号。

第二节　酒中花王

经过28年的浴血奋战,中国人民终于在中国共产党的领导下赢得了新民主主义革命的胜利。获得新生的各族人民,高举毛泽东思想的伟大旗帜,又开始了建设社会主义的新长征。三大改造的胜利完成,社会主义工业化体系的建立,使我国的新兴工业化道路迈出了坚定的步伐!"以人为本"是中国共产党的立党之本,改善人民群众生活是人民政府的执政之基。于是,发展轻工业生产,繁荣中国酒业是百废待兴的开局重头戏。于是,一个个国营酒厂组建起来,近两千家的酒厂林立于神州大地;一个个传统秘方被挖掘整理,使优良的民族传统发扬光大,到处飘逸着酒香,到处是欢歌笑语。为了继承传统,开拓未来,国家曾于1952年、1963年、1979年、1983～1986年和1989年共举办了五次全国酒类评比活动,评选了近百个品牌作为中国酒类的佼佼者,引领中国酿酒工业的发展方向。这些被评选上的酒类品牌继往开来,为中国走上新兴的工业化道路做出了积极贡献。

这些获奖品牌各个英姿飒爽,气度不凡,是中国人民骄傲的资本。为了展示它们的风采,我们采撷几朵酒中花王献给那些为此献出毕生心血的、使酿酒事业兴旺发达的创业英雄们。

谁能品此胜绝味,唯有老杜东楼诗——五粮液

在岷江和金沙江的交汇处,坐落着万里长江第一城——宜宾。风靡全国,扬名四海的中国名酒"五粮液"就诞生于此。1999年,四川大成集团与五粮液

家庭经典藏书

中华酒典

集团为纪念"五粮液"问世一百周年（1909年），联袂隆重推出了"百年老店"酒，受到了江泽民、李鹏、朱镕基及李瑞环等党和国家领导人的高度重视，并亲自莅临宜宾五粮液集团视察指导工作。党和国家领导人如此重视一家酿酒企业，这在共和国的历史上还尚属首例。

"五粮液"酒自正式命名到现在已有百年。自1915年从巴拿马获金奖以来，共获国际金奖33枚；三次在全国评酒会上蝉联夺冠并荣获"中国十大名酒"荣誉称号，铸造了五粮液酒八十年金牌不倒的辉煌。现在五

五粮液

粮液集团正在实施"走向世界的发展战略"，产品已远销世界130多个国家和地区。她以芳香绝伦的美质，醇厚风雅的魅力，给人们带来了无尽的乐趣，给世界带来了亲睦的情谊，被国际友人誉为"中国国酒"。

五粮液酒誉满全球，并非是一日之"寒"。悠悠的岁月，凝聚了五粮液几代人甚至是十几代人的不懈努力和勤劳。这是他们祖祖辈辈勤奋劳作、勇于开拓进取的结果。让我们沿着时光的踪迹，追溯五粮液在发展中的那些非凡经历。

宜宾是个古老的城市，大约在2000年前，这里聚居着一个古代民族——僰人。汉初，在设置行政区时，定这里为"僰道"。西汉建元元年（公元前140年），汉武帝派唐蒙出使南越。一天，唐蒙到番禺城（今广州附近），南越王用"蒟酱"宴请他。唐蒙尝了后备加赞赏，忙问："是从哪里来的？"越王说："是从牂牁江运来的。"这牂牁江即当今的北盘江，西汉时属夜郎。后来唐蒙回到长安，将带去的"蒟酱"献于汉武帝。汉武帝饮用后赞不绝口，称之为"玉馈之酒，美酒如肉！"并询问此物出自何方？唐蒙回答："出自牂牁。"于是命僰道官员连年贡奉"蒟酱"，这便是五粮液酒的源头。

"蒟酱"原来是用荔枝酿的果酒，唐时人们称它为"重碧酒"。唐永泰元年（公元765年），杜甫沿岷江东下，路过戎州（今宜宾）。戎州刺史特意在戎州东楼设宴为他洗尘。席间，轻歌曼舞，丝竹悠悠，诗人被一杯杯深绿色的美酒和一

颗颗轻红的荔枝陶醉了。他情不自禁诗兴大发,吟咏道:"碧重拈春酒,轻红擘荔枝。"自此,这曾招待过杜甫的重碧酒便定为戎州的"官酿"。三百年后,宋朝的黄庭坚被贬,寓居戎州三年。他尝遍了戎州佳酿,写下了有关酒的诗文17篇,其中他最推崇是戎州的"荔枝绿"酒。他在诗中写道:"谁能同此胜绝味,唯有老杜东楼诗。"两位著名诗人,相距三百年光阴,但品评的"重碧春"与"荔枝绿",同色同味,毫无差别,这说明荔枝绿是在重碧春的基础上发展起来的。两者"危露以为味",犹如仙山降下的露水,无色、透明,具有厚、甘、辛的特点。

时过境迁,沧桑巨变,戎州的酿酒技艺也在改变。宜宾人取岷江江心纯净、洁白的江水,集五粮(高粱、小麦、糯米、大米和玉米)之精华,在具有300年窖龄的陈年窖池中,运用外形独特的"包包曲"精工酿造,最后终于酿成了无色透明、冰清玉洁般的酒汁。开窖时,香味喷放,浓郁扑鼻;饮用时,香满溢口,四座生香;饮用后,香留一室,余香悠长。其特点是:口感柔和、味性甘美、醇厚净爽、各味协调,特别是喷香之特色为酒类举世无双之妙,是中国白酒中浓香型的经典之作,其酒以味全、醇厚、甘美而冠压群雄。

"五粮液"酒的雏形始于明朝初年,是宜宾人陈氏在继承宋人姚君玉秘方的基础上,通过自己的创新,在"温德丰"糟坊内酿造的。起初,百姓称其为"杂粮酒",文雅人誉为"姚子雪曲";清代陈三是陈氏的第六代传人,陈三膝下无子,照祖规"传子不传女",将酿造秘方授予爱徒赵铭盛。赵铭盛改"温德丰"为"利川永",自任酿酒总技师。赵死后,同样将秘方传给了徒弟邓子钧。邓子钧为近代五粮液酿酒第一人。1909年,邓子钧携带"姚子雪曲"参加宜宾县团练局局长雷东垣的家宴。席间,晚清举人杨惠泉品尝后说:"如此佳酿,名为杂粮酒,似嫌凡俗。而'姚子雪曲'虽雅,但不能体现酒的风格,此酒采五谷精华酿成,何不更名为'五粮液'呢?"众人拍案叫绝。邓子钧纳举人之议,将"杂粮酒"("姚子雪曲")更名为"五粮液"酒,至今已近百年。1932年,邓子钧正式注册了商标,并制作了第一代"五粮液"商标图案,通过上海"利川东货栈",将酒销往美国旧金山等地,获海外人士的称赞,五粮液酒从此名震全球。

"五粮液"的醇香、甘美,感动得文人雅士们手舞足蹈,激动不已。就连数学泰斗华罗庚也拍案叫绝,泼墨赋诗,他感叹酒仙李白、雅酌陶潜"恨生太早、只能受春光"。若是今生再世,也会像杜甫那样:"胜绝惊身志,情忘发兴奇。"毕竟江水滔滔东流,春光逝去不复返,只有那五粮液美酒还在散发着醇厚的芳香,伴随着历史的脚步,不停地向前发展。

二、白醪酒嫩迎秋熟，红枣林繁喜岁丰——古井贡酒

淮北是酒乡，有人说抓把淮北黄土都能闻出酒的芳香。淮北酒像一泓溪水，有时纤细如丝，有时汹涌如潮。淮北人强悍、暴烈、不屈不挠，是酒火辣辣锻造的结果。因此淮北的酒风酒情五彩纷呈，斑斓多姿，令世人感慨万千。

亳州，中国古老的都邑，在汉代称"陵"，是魏武王曹操的家乡。相传曹操曾酿出了有名的"九坛春酒"，联系到他威武扬鞭，征战沙场的豪迈气概，去体味他那"老骥伏枥、壮心不已"的人生真谛，不觉肃然起敬。

这"九坛春酒"是否就是当今风靡中外的"古井贡酒"的源头，有待史学家们的探讨。但是，无可争议的事实证明，现今的中国名酒古井贡酒比起古老的"九坛春酒""减酒"来说，真可是有过之而无不及。它继承了"九坛春""减酒"的优良传统，融入现代科技，形成了独特的酿造工艺，酿造出了人间美酒。

古井贡酒的酒液清澈透明如水晶一般，香气纯净如幽兰之美，倒入杯子的酒汁挂杯，浓烈的香味，令人神往、陶醉，虽然有着高浓度的酒精含量（52～60度），但却无刺激的感觉，软绵香甜，爽净可口。1963 年在全国评酒会上首获"中国名酒"称号，接着又在第三届、第四届、第五届等三届大会上蝉联"国家名酒"桂冠。

古井贡酒，酿造历史悠久，曾多次与历史名人有缘，留下许许多多的动人故事。南北朝南梁时，梁武帝萧衍中大通四年（532 年）率军攻取谯城（今亳州），北魏守将孤独将军守疆拒降，投戟井中，激愤而死。顿时井水竟变成微乳色，水质纯净，甘甜爽口。此井水不仅宜于人们饮用，而且用它酿制的美酒更加醇厚、香甜。此后就有了"九酝春酒好，先有古井奇"的美谈。千百年来，亳州人取古井之水酿造美酒，遂以命名为"古井酒"。宋代大文学家，自称"醉翁"的欧阳修，任亳州知州时，在金秋粮熟的时候出游四郊，造访减店集市，凭吊古井。借着酣饮美酒的悠悠醉意，写下了令人叹止的诗句：其一，"若无颖水肥鱼蟹，终老仙乡作醉乡"。其二，"雨过紫苔惟鸟迹，夜凉苍然起天风。白醪酒嫩迎秋熟，红枣林繁喜岁丰"。诗人着意表达了丰收之后，人们以酒祝贺的喜悦之情。

古井贡酒是在"减酒"的基础上发展而来。当时名为古井酒，进贡到皇家宫廷时，始于明朝万历年间（1573～1620 年），迄今已有三四百年的历史，故又得"古井贡酒"之名。

减酒产于亳州的减店集。亳州一带，土质多盐碱，水苦涩而咸，人们因此叫这一带为咸阳店，后孤独将军投戟诸井，变成为甘，成为酿酒美泉，人们讳咸就

减,改咸阳店为减店集。古井之泉所酿美酒,就称为减酒。当时,减店集酿酒业十分昌盛,大小数十家作坊,竞相酿造佳酿,后来被当地官员作为贡品献给皇上。皇上品尝之后,十分高兴并令地方官吏以美酒作贡赋,献于皇家享用。减店人为感谢孤独将军的恩泽,不仅为其修建庙宇世代供奉,而且还惠及投戟之井,修碑葺亭,以示纪念,并将投戟之井誉为"古井"。"古井酒"由此而名。

现在的安徽古井贡酒股份有限公司,是在1958年亳县古井酒厂的基础上发展起来的。它继承了怀姓"公兴糟房"的传统工艺,利用古井的优质矿泉水,以上等高粱为原料,用小麦、大麦、豌豆制作的酒曲作发酵剂,引进现代科学技术,酿出了"色、香、味三绝,名酒复生"的古井贡酒,受到了广大群众的喜爱。

巴蜀自古多酒家,全兴美名第一楼——全兴大曲

四川成都,曾是古巴蜀的都府。这里土地肥沃,气候温和,特别宜于农事耕作,因此物产丰富,是天府之国的聚宝盆。

随着农业生产的发展,商业也日趋繁荣。作为经济昌盛的标志——酿酒业,其规模在不断扩大,酒肆也在城市大街小巷中林立。为此,唐代张籍写了一首《成都曲》,发出了"万里桥边多酒家,游人爱向谁家宿"的感慨。

唐代诗人张籍为解心中的忧愁而开怀畅饮美酒,得意乐情之中流露出对巴蜀都市美酒的赞美。这赞美首先来自对巴蜀悠久酿酒史的思念。成都自古就是酿酒名乡,最早可以追溯到2300多年的春秋时期。秦昭王曾对巴蜀盛产的"清酒"有着浓厚的兴趣。秦汉魏晋,酿酒饮酒之风日渐风行,唐代以后更为炽烈,尤其是赞美巴蜀美酒的诗句更是不计其数,其中杜甫的"酒忆郫筒不同沽"最为有名(郫筒酒,产于成都郊区)。

历代文人在赞美巴蜀美酒的同时,又对传说之中的酿酒女神更有仰慕之情。成都城南有一条锦江,又名府河,相传古巴蜀时锦江两岸酒肆林立,旌幡招展,是个十分繁华、热闹的游览胜地。这锦江南岸有一叫锦江春的作坊,作坊主人为酿酒挖得一眼清泉水井。其井与众不同,不仅春旱不涸,夏涝不溢不浊,而且清冽甘甜,纯净爽正。酿出的美酒不浓不烈,清香幽雅,醇和绵软。传说此井是美女薛涛神灵所现,故当地人为该井取名为"薛涛井",用该井之水所酿美酒为"锦江春"酒。据说,薛涛原是官宦门第之女,风雅芳菲,才识非凡。她幼年随父亲来到成都,后来其父病逝,薛涛贫困无援,沦为乐伎。她住在望江楼下,

取门前井泉之水研墨,作诗咏吟,其墨宝清丽传神,深受世人喜爱。后来,人们汲井泉之水酿酒,其酒美盖四方。一时文人骚客慕名附庸,酒借文人名气,也随之显赫起来。薛涛死后,酒名贯天下人之耳目,一时风靡巴蜀。为纪念薛涛,后人在原址建"吟诗楼"以示纪念薛涛恩泽。楼有楹联一副,气势非凡,寓意深刻,值得铭记。其下句为:"天地间多少韵事,对此名笺旨酒,半江明月放酣歌。"诗人李商隐曾到此赏酒,追思薛涛,他写道:"座中醉客廷醒客,江上晴云杂雨云,美酒成都堪送志,当垆仍是卓文君。"南宋陆游也题诗留念:"益州官楼酒如海,我来解旗论日买。"

全兴大曲

张籍借困惑而赞美成都的真实感情,更得益于成都的酒美醉人。成都美酒虽多,但以"锦江春"为最。该酒液汁清澈、晶莹、亮丽、醇香、软绵、甘甜,"饮之如甘霖,回味如幽兰"。成都无酒不待客,待客必饮锦江春,否则宴席失色,宾客不乐。

古人陶醉于琼浆玉液,今人更是开怀畅饮。成都现有"狂饮不死不罢休"的风俗。热气腾腾的麻辣火锅,伴随着浓烈的酒香,喝得宾客大汗淋淋,醉意朦胧,是酒美,还是人美,醉醺醺,全然不觉。现在的全兴大曲,原是从锦江春衍繁而来。全兴大曲流行150多年,畅销不衰,名扬四海。

1952年,人民政府建立了成都酒厂,使"全兴大曲"的发展进入了全盛时期,不仅产量大幅度提高,而且品质更加优异。自1963年跻身"全国名酒"行列之后,届届评酒会蝉联桂冠并多次荣获金质奖章和奖杯。该酒被专家们一致誉为:"此酒曲香醇和,味净最为显著,举杯即能感到它的风韵,其风格尤为突出。"

酒花仙女酿美酒,醇香清冽五味醇——董酒

　　董酒产于贵州省遵义城郊的董公寺,是贵州遵义董酒厂的产品。董酒品味独特,风格迥异。它是采用液态工艺酿制,大曲、小曲互串,两类香味俱全,被誉为兼香型白酒的代表。自1958年投产以来,便以质优价廉,深受人民群众的青睐。1963年,在全国第二届评酒会上,被评为"八大名酒"。

　　关于董酒的渊源,可以追溯到20世纪初。董公寺一带盛产美酒,有大小作坊数十家,酿造大曲、小曲两种曲酒。大曲酒浓郁芳香,小曲酒醇和,回味甘甜,别有风味。20世纪30年代,董公寺附近有一家程姓酒坊,用两种酒曲混合在一起,作为发酵酿造制剂,酿造五味俱全的美酒,即兼香型白酒。这种特制的曲酒,既含大曲的浓郁,又具有小曲的醇和,是为董酒的雏形。

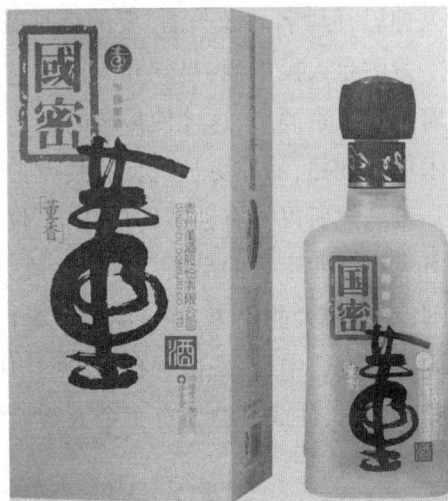

董酒

　　由于风格独特,销路很好,作坊老板严密控制生产工艺,谋图独家垄断获得暴利。因此,生产规模很小,产量甚微,仅供上层极少人享用。

　　尽管董酒的酿造历史不算太长,但也有一个美丽动人的传说:很久以前,董公寺有一家酿酒作坊,当时已小有名气。作坊老板有一个儿子叫醇,他自幼聪明好学,潜心钻研酿酒技术。醇的奶奶告诉他说:"在酒的故乡有一个美丽的大花园,花园里有一位酒花仙女,她精通各种酿酒技术,许多人想求她指点,但是均未得到真谛。因为她圣洁、纯真,不容冒犯,稍有不慎,便一无所得。"从那时,醇便牢记着奶奶的嘱咐,一心仰慕酒乡花园的仙女,盼望着有缘相会,得到酿酒的真经。

　　醇长到17岁,风流倜傥,一表人才。但为保其纯洁,对很多漂亮姑娘执意地追求,始终不允。更是为着酿酒的技艺,思念着酒乡花园的仙女。

　　一天傍晚,醇在郊外散步。忽然暴雨骤至,醇迷失了方向,昏昏迷迷却走到了酒乡花园,巧遇美貌双全的酒乡仙女。两人一见钟情,坠入爱河。于是仙女

设宴款待醇,酒过三巡,均有醉意,而仙女更是双颊显红,有昏昏欲睡之态。醇虽有醉意,但理智清醒,牢记奶奶的教诲,尽管面对仙女的美丽睡态,一股春情涌起但依然循规蹈矩,和衣静卧在仙女身旁,静静地伴陪着仙女。次日,云开雾散,原野朝霞灿烂,空气清新、爽美。醇睁开眼睛,发现自己躺卧在淙淙长流的小溪边。他心有灵犀一点通,精湛的酿造技术已然掌握在手。回家后,醇用这小溪之水,酿出了醇厚香甜、回味无穷的董酒。这美丽的传说,其信实程度固然费人神思,但"名泉酿美酒"要的就是诚心实意、人淳酒醇。

董酒是人民的酒,是党和人民使它获得了新生。新中国成立后,党和人民政府组建了董酒厂,这才使传统的工艺得到革新,严格的配伍得到科学的监控,技术更加娴熟,品质更加优良。其声誉日盛,产品行销国内外。

董酒之所以具有独特的口味,不仅是因为它的生产工艺独特,而且还因为它有大小酒曲串香的品质。它以高粱为原料,以大曲(麦曲)、小曲(米曲)为发酵剂,小曲与大曲串蒸,并将酒糟下窖再发酵半年以上重新酿制,只有这样才能使酒液酸度适中,窖底留香持久,回味中略带爽口的酸味。大小曲中又配入了多味的药材,使成品酒又有了令人欢愉的药香。

齐鲁多甘泉,青啤甲天下——青岛啤酒

啤酒本是舶来品。相传最早酿制啤酒的国家是中东地区的埃及和叙利亚,距今已有4000多年的历史,20世纪初由德国商人引入中国。中国最早的啤酒酿造便是1903年由德国商人建造的青岛英德啤酒厂(即山东青岛啤酒厂),距今也已有了百年的历史。

山东青岛啤酒厂生产的"青岛啤酒"被人们称为"啤酒之王",这是因为它是中国啤酒进入中国名酒的第一品牌。在一个世纪里,唯有青岛啤酒长盛不衰,届届蝉联桂冠,并成为国宴专用饮品。

青岛啤酒,得天独厚的优势就在于崂山矿泉,这种与花岗岩地脉有关形成的泉水,溶解了岩体中的多种矿物质和释放出来的二氧化碳,被人们称为"仙饮"。这种仙饮泉水可使"积年之疾,一饮而愈"。经化验分析,泉水中含有益于身体健康的多种矿物质,而且二氧化碳含量也高,每升含2.3克,具有健胃活血的功效,并且水中还含有微量的氧氟,可防龋齿。

青岛啤酒厂采用崂山泉水,选用宁波、舟山一带出产的优质大麦为原料,伴

之本厂自种的啤酒花酿制而成。它设备先进,工艺独特,科技含量高,不仅产品质量高而且年生产能力大,被外国厂商誉为中国啤酒之王。该厂生产的啤酒,其液汁呈米黄色,清澈透明富有光泽,酒质柔和,有明显的啤酒花香和麦芽香。自1954年开始出口港澳和东南亚起,现已远销世界各地三十多个国家和地区,成为国际知名品牌。1963年,青岛啤酒获得名酒桂冠之后,便冲出了国门,走向了世界。20世纪90年代之后,青岛市利用"青岛啤酒"品牌优势,多次举办青岛国际啤酒节,更使青岛啤酒名声大振。这真是"齐鲁多名泉,青啤甲天下"。

珍奇秘方酿御酒,养生保健乐悠悠——中国红葡萄酒

1963年,刚刚战胜了自然灾害的中国各族人民,又开始了社会主义经济建设的新高潮。也就是这个时候,全国酿酒工业战线上的数十万名干部、职工又一次迎来了自己的盛大节日——全国第二届评酒大会。来自全国各地的酒业生产厂家,各自带着自己的优质产品在会上比试高低。这次盛会在原首届八大名酒的基础上,又添新成员,不仅有茅台等18种产品被授予"中国名酒"称号,而且还有27种产品被授予了"优质酒"荣誉称号,真可谓众星拱月,辉煌灿烂。最令人惊奇的是,许多久不见经传的酒类生产厂家生产的产品如:北京葡萄酒厂生产的"中国红葡萄酒"和"特别白兰地"也双双跻身中国十八大名酒行列。

北京葡萄酒厂位于著名圣山——玉泉山,是一个有着悠久历史的老厂。其前身是1910年设立的上义酒厂,人们又称它为"北京栅栏洋酒厂"。

北京是辽、金、元、明、清五朝帝都,仅清朝就达260余年之久。长期的帝都区位优势,豪华奢靡的宫廷生活,为酿酒业的兴旺发达创造了契机。于是上义酒厂便利用收集到的御膳酿酒秘方,精工酿制了许多专供皇亲国戚、达官贵人享用的御用美酒——葡萄酒、桂花陈酒和莲花白酒。还引进西洋人酿酒秘方,酿造出适合对外交往的"特别白兰地"等。其中用于宫廷滋补保健的莲花白酒更是蜚声于海内外。据《清稗类钞》记载:"瀛台(今中南海)种荷万柄,青盘翠盖,一望无涯。孝钦皇太后(即慈禧太后),每令小阉(小太监)采其蕊,加药料,制成佳酿,名'莲花白',注于瓷器,上盖黄云缎袱,以赏信宠之臣,其味清醇,玉液琼浆,不能过也。"清朝宣统皇帝的胞弟博杰先生曾写诗赞美莲花白酒,其诗曰:"酿美醇凝露,香幽远溢清,秘方传禁苑,寿世旧闻名。"

中华酒典

咸丰皇帝,本来身体就十分虚弱,可他偏又沉湎于女色,便日渐不支,面容憔悴,胃腹痛疼,神情恍惚,整日无精打采,难理朝政。虽经太医诊治,但仍不见明显之效,且有落入九泉之危。因此,朝廷上下,万分忧愁。这时有一位太监进言:"用白莲池内所产白莲花加药料酿酒,乃是古代宫廷莲花白酒。此酒有滋阴补肾、和胃健脾、舒筋活血、祛风避瘴之功效。"劝说太医给咸丰皇帝试用。太医征得咸丰皇帝同意,便命人采荷莲之蕊,照秘方酿制,配着黄芪、当归、首乌、砂仁等中药送给皇上饮用。不过数日,便见病情好转,连饮数月,病症痊

中国红葡萄酒

愈。咸丰皇帝亲自御笔颂扬其酒为"酒中之冠",并将农历六月二十五日钦定为宫中莲花节。届时,皇帝便在颐和园内的藕香榭,用莲花白酒宴请皇亲国戚与文武功臣。

北京曾是中国北方葡萄酒的酿造基地。早在清朝中叶便开始酿造,其中最有名的作坊便是生产名贵红葡萄酒的上义酒厂,这便是北京葡萄酒厂的前身。该厂以明清御膳秘方为蓝图,以西方先进工艺为先导,继承传统,改革创新,以最精湛的酿造手段,酿制出独具特色的中国红葡萄酒。该酒清新爽口,果香浓郁,甘醇流芳。1963年,被国家轻工业部授予"中国名酒"称号的两种产品就是"夜光杯牌"北京中国红葡萄酒和北京特别白兰地。

闽南美酒号陈缸,妙手琼浆天下扬——陈缸酒

闽西龙岩,我国新民主主义革命的老区之一。为了中华民族的复兴和共和国的成立,老区人民做出了杰出的贡献。新中国成立后,老区人民发扬革命传统,积极参加社会主义经济建设,又谱写了新的篇章。1963年,龙岩市酒厂生产的新罗泉陈缸酒(沉缸酒),在第二届全国评酒会上被授予"中国名酒"称号。继而,又在第三届、第四届全国评酒会上蝉联夺魁,被授予国优金牌奖、金质奖。1988年获国家优秀出口产品金牌奖。

具有两百多年酿制历史的陈缸酒,以它独特的传统技艺,祖传的药曲配方

（内含冬虫夏草等名贵中药材），优质的矿泉水与山区糯米，三沉三浮酿制而成。它醇香浓郁，风格独特，具有自然形成的色、香、味等特点。它不仅能以芬芳醇厚的气味吸引人、诱惑人，使人开怀畅饮，得到美的享受；而且滋肝养胃，活血舒筋，具有营养保健作用，被国外友人誉为"新生活的珍贵饮品"。已出口大洋彼岸，远销世界各地。1988年3月被中国酒文化研究会列为"中华名优保健酒"之一（共10种），并荣获国家营养学会高级营养滋补酒"熊猫杯"金奖。至此，闽西龙岩陈缸酒名扬全国，饮誉环球。

具有两百多年酿制历史的陈缸酒，不仅工艺独特，原料上乘，配方科学，而且还蕴含着丰富的民族文化，有着许多动人的故事和传说：

清初乾隆年间，闽西遭遇百年不遇的大旱，田地龟裂，山泉断流，苗枯禾死，颗粒无收，人们为了求生，四处漂泊流浪。一天，上杭县白砂乡有一对青年夫妇逃难落脚龙岩。男的姓关，排行第五，人们便称他五老关。五老关曾经在家开过酿酒作坊，有一手酿酒手艺，便在龙岩的榕树下开了一个泉兴酒家。凡是来往于汀州、龙岩一带的商客和行人，都在此饮酒歇息，久而久之，泉兴酒家红红火火地发达起来。

五老关不仅乐于接济乡邻，还爱帮助过往客商，特别是对自己家人更是严格，要求他们以诚待客。在酿酒时他精心选择籽粒饱满，没有任何杂质的纯糯，门前的溪水他不用，屋后的圳水也不取，专程到几里外的铁炉坑中挑矿泉水。糯米发酵后，泡在酒缸里，深埋地下，经三沉三浮之后，澄清的酒液便应运而生，其色美、味香、醇甘。

那时兵荒马乱，日子经常不得安宁。一天，有一位从中原南徙的老者，昏倒在泉兴酒家的大榕树下。时值深更半夜，五老关睡梦中被老者的呻吟声惊醒。他招呼夫人一起起来，打开大门，发现是一垂死老人，便立即把老人抬进屋里，安顿在床上。五老关懂点民间医术，急忙给他刮痧、点穴、抓筋，但都无济于事。五老关的夫人急中生智，打开老人的牙床，硬是往老人口里灌了一碗陈缸酒。果然这一招还真灵，过了一会儿，那老者便苏醒过来。原来他是劳累过度，多日未进食物才晕倒的。灌入了陈缸酒，他的身体渐渐复原。

几天后，老人的身体已恢复得差不多了，就打算离开泉兴酒家。五老关夫妇认为还需调养几日，老人固执不留，说着掏出钱来便付账。五老关婉言谢绝，不仅不收饭钱，反又拿出一壶酒、十个银圆资助老人。老人激动地热泪直流，就从怀中掏出相传的药曲秘方赠送给了五老关。五老关急忙屈膝叩拜，谁知，一

中华酒典

瞬间,老人冉冉升腾到了空中,乘着五彩祥云飞走了。五老关夫妇朝着老人飞去的方向,再次叩首拜谢,连声叫道:"神仙、神仙,天助我也!"此后,五老关就又用药曲酿酒,使酒更香、更美、更甜。

千年大运河,万家古贝春——古贝春

武城始建于战国年间,后曾隶属于贝州。地处华北大平原,濒临千年京杭大运河畔。当地水美谷丰,物华天宝,有着得天独厚的酿酒资源和传统悠久的酿酒历史,历来是著名的美酒之乡。

商代国宴"禾巨鬯酒"就产于武城之地,隋唐时期更名为"状元红",盛极于世。当时曾到处流传着"买好酒,贝州走,大船开到城门口";"一杯状元红,醉的公鸡不打鸣"。唐太宗即位后,将"状元红"列为宫廷宴酒。

从宋朝至民国一千多年的历史长河中,武城民间一直以酿"小米香"酒而闻名遐迩。小米为五谷之首,系当地农业特产,其营养十分丰富,所酿制的"小米香"白酒甘醇、绵柔,香浓满口,曾做过宋、元、明、清各朝的贡酒。

新中国成立以后,武城酒厂集民间优秀酒作坊为一体,挖掘传统优良工艺,利用甘美运河泉水和当地五谷之精华,终于酿制出了琼浆佳酿"古贝春"。

由武城酒厂改制后的山东古贝春有限公司,是山东省纯粮食酒重点生产厂家。公司现有员工2200余人,总资产3.5亿元,年生产优质白酒能力30000吨。浓厚悠远的酒文化底蕴深深影响着古贝春,影响着古贝春人,更为古贝春美酒增添了一份历史的芳香。

主导产品"古贝春""古贝元"系列酒,先后荣获轻工部优质产品、山东省优质产品等称号,并被评为山东省名牌产品、山东省白酒行业十大品牌暨创新品牌等,产品连年蝉联山东省白酒感官评分第一名。2005年,在全国众多名酒品牌中脱颖而出,38度古贝春酒荣获全国浓香型白酒质量鉴评第一名,52度古贝春酒荣获第二名。

古贝春

"古贝春"商标连续六年被认定为"山东省著名商标",2005年被认定为中国驰名商标。2003 年荣获中国质量服务信誉 AAA 级企业、中国白酒工业百强企业,全国同行业综合效益排名第十六位。2005 年被评为全国重合同守信用企业,灌装车间被共青团中央授予全国青年文明号单位。此外,古贝春酒还被评为中国历史文化名酒、中国白酒工业十大区域优势品牌,获得国家"纯粮固态发酵白酒"认证标志,被国务院机关事务管理局指定为机关服务特供酒。2007 年 4 月,由国家商务部公示的第六届中国名酒企业中,古贝春酒榜上有名。

近年来,公司在科研开发上积极加深与四川五粮液酒厂的技术合作,不断提高产品质量,开发高科技含量产品,并坚持一业为主,多元化经营的方针,拓宽多种渠道,扩大企业效益的增长点,增强了企业的发展后劲。古贝春精制系列高档白酒的开发成功,不仅填补了山东省浓香型高档白酒的空白,还对企业的产品结构优化起到了划时代的意义。在生产技术上,坚持以创新促发展,在多材质、新工艺上下功夫,成功研制出历史上只有南方气候条件下才能生产的包包曲,使产品质量大幅度提高。在销售工作上坚持网络建设与终端促销相结合、重点市场与目标市场相结合、省外市场与省内市场相结合等战略使销售额连续递增。在企业管理中推行动态化管理,员工上岗实施竞争上岗、述职评议、岗位测评、优胜劣淘,不断强化员工在职培训工作,使公司逐步向学习型企业过渡。在企业文化建设上,注重现代运营理念打造与培育,将古老运河文化与产品的经营相融合。古贝春酒文化节的举办,企业各类文艺团体的组建,公司的不断美化、靓化,为企业发展营造了较好的文化氛围,保持了企业健康向上的精神风貌,促进了企业的稳定发展。古贝春正逐步实现立足山东、做强做大的战略格局,其必将发展成为齐鲁大地上一颗熠熠闪光的明珠而光耀酒的王国。

太祖神功,中国之力——扳倒井

相传,宋朝初创,太祖赵匡胤领兵南征北战,驰骋沙场,历经磨难。一日鏖战,兵至山东高青地界,正值酷暑,烈日炎炎,饮水枯竭,人困马乏,将士群情躁动。忽见一井,井水晶莹清澈、清凉宜人,无奈井深难以汲取,情急之下,赵匡胤伸双臂,使神力,欲将井扳倒。真命天子,自有天助,太祖神力到处,神井轰然而倾。一股清泉,喷涌而出。见此神奇,观者无不瞠目,顿时山呼万岁,欢声雷动。将士淋漓畅饮,个个神清气爽,全军士气顿时高涨。由此,赵匡胤大军倍添神勇,攻无不克,战无不胜,旗帜指处,所向披靡,终成一代伟业。太祖登基,感念神井溢水助战之恩,亲笔御书"扳倒井",并封此井为"大宋第一井"。天子册封,世人以得饮为荣,为遂心愿,不计路遥千百里汲取者,络绎于途。宫廷御用酒师以此井水酿酒,贡奉太祖,扳倒井酒由此得名。宋代以降,国井美酒,香袭国邦,王公国卿,品鉴为雅,英雄豪杰,争饮为豪。国井声名远播,遂万古流芳。

一千年前宋太祖赵匡胤在高青地扳倒水井解大军之渴,并御封"国井"扳倒井的传奇,为扳倒井酒留下了丰厚的历史文化遗产;一千年来扳倒井畔一代代酿酒人留下的独特的酿酒技术,也赋予了扳倒井文化以丰富的内涵。

位于高青的这块神奇土地上的山东扳倒井集团系国家大型酿酒企业,目前纯粮固态生产规模居国内前列,独创了"二次窖泥技术"和"DMADV"酒体设计控制技术,获全国食品科技奖和首届白酒科技大会优秀成果奖。目前在扳倒井集团,有中国白酒历史上第一个"品酒状元"张锋国,有白酒"高淀发酵"理论的创立者、白酒"二次窖泥技术"的发明人,并被评为中国白酒优秀科技专家称号的信春晖,有国家注册高级评酒师、白酒国家评委胡凤艳。张锋国、信春晖、胡凤艳作为国内白酒界知名的酿造专家,成为扳倒井的三张技术"王牌"。除此之外,企业还培养造就了高级工程师等各类技术人员350余人。企业核心竞争力取决于人才和技术,强大人才队伍和技术力量成就了扳倒井今天的辉煌。

经大世界基尼斯总部严格的审核确认,山东扳倒井集团第九纯粮固态发酵酿酒生产车间获"大世界基尼斯之最",成为迄今最大的集生产、科研、文化参观等为一体的现代化固态纯粮酒酿造生产车间,为企业的扩张和发展打造坚实的产能基础。"扳倒井"商标被认定为"中国驰名商标";企业荣获

扳倒井

"中国食品工业质量效益奖""中国白酒质量优秀产品"等多项荣誉;扳倒井酒被指定为"山东接待用酒"。2007年,扳倒井酒与茅台、五粮液一起被商务部公示为第六届中国名酒,与此同时,扳倒井酒又被授予象征着中国高档白酒的"金字招牌"——纯粮固态发酵白酒认证标志,这不仅是对扳倒井酒独特工艺、完美品质的高度认可,也给了广大消费者消费扳倒井酒更充分的理由,标志着扳倒井已进入了国家高档白酒行列。

从"饮不尽的豪爽"到"为奋斗者倾情",再到"中国之力","扳倒井"不断

变化的传播诉求，让人有些眼花缭乱之感。2007年山东省春季糖酒会上，"国井·扳倒井"豪华亮相。中国第一品酒师、全国唯一井窖工艺酿酒、全国最大的复粮芝麻香型白酒基地、迄今最大的纯粮白酒酿造车间等，使扳倒井成为在高端白酒市场中占有率最高的鲁酒企业，品牌上升到了一定的高度。但要上升到新的高端，需打造一个新的高端品牌，"国井"的出现，也恰时满足了这一需求。"国井"战略的出台，使"扳倒井"成为第一家采用井窖工艺发酵原酒的企业，这是"扳倒井"走向成熟的重要标志之一，是扳倒井自身优势资源和品牌传统有机结合的产物，是扳倒井在感性与理性之间平衡取舍的智慧之作。

目前，山东扳倒井集团已形成了以酿酒、新材料、生物工程三大产业为支柱的产业格局，并策划推出了"走进扳倒井，感受基尼斯"的活动，以扳倒井千年井窖、酒海、酒文化博物馆、立体灌装车间一起组成"扳倒井工业旅游"的主体，着力打造一条集"酒文化、科研、生产"等为一体的经典工业旅游线路，使之成为扳倒井宣传品牌、释放品牌的又一平台。

会当凌绝顶，一览众山小——泰山特曲

《诗经》云："泰山岩岩，鲁邦所瞻。"

泰山，五岳独尊，驰名中外，是中华民族的灵魂和象征。泰山文化博大精深，几千年的历史文化积淀造就了泰山的王者风范，历代帝王大都登临泰山，举行封禅大礼，以此祈求风调雨顺、国泰民安。

五岳独尊的泰山，以其雄伟壮丽著称于世，所产美酒亦闻名遐迩。泰山的酒文化也像泰山一样源远流长，有实物查考的可追溯到距今五六千年的大汶口文化时期。大汶口是中华民族的发祥地之一，大量出土的文物证明，中国古老的酒文化，最早就发祥于此。自秦始皇起，历代帝王封禅用酒，饮的自然也是泰山酒。水是酒之骨，泰山酒好，在于其水好，泰山龙潭水素有"仙露""甘霖"之称。唐代大诗人杜甫《望岳》诗中提到，天地神秀之气都聚于泰山，那么，用泰山水酿制的泰山酒自然也透着灵气，属酒中的上品了，诗中"会当凌绝顶，一览众山小"更成为千

泰山特曲

古绝唱。相传儒学创始人孔子有一个爱好就是登泰山,饮泰山酒,在微醺中登临岱顶领略"登泰山而小天下"的境界。集诗仙与酒仙于一身的李白,也留下了"朝饮王母池,暝投天门关,独抱绿绮琴,夜行青山间"的诗句。清朝皇帝乾隆曾12次登泰山,把泰山酒钦定为宫廷御酒。

博大精深、厚积薄发的泰山文化赋予了泰山生力源集团"泰山牌"系列酒独特的内涵和无穷的魅力,而生力源的企业文化同样给泰山酒注入了勃勃生机。现在的泰山系列酒,也时时刻刻在挖掘和弘扬着泰山文化,中高档产品如五岳独尊酒、泰山封禅酒、泰山魂酒、泰山御酒等等,让人在享受泰山美酒的同时,沉醉在厚重的泰山文化和历史长河中。因此,著名书法家武中奇先生挥毫泼墨:泰山驰名中外,特曲誉满九州。

泰山生力源自主开发的 CAD 白酒勾兑系统,使白酒勾兑的科技含量大大提高,质量得到了更加有效的保证,目前这一技术在全国处于领先地位。针对近年消费者需求的变化,公司不断加强对新工艺、新风格的研究,目前清蒸混烧工艺和多粮工艺已完成中试,并成熟应用,为适应消费者追求净爽、淡雅口味的新趋势做好了技术准备。现在泰山生力源集团基本形成了具有浓香型风格且独具特色的三大类产品,即以酒仙、泰山特曲为代表的窖香突出的纯浓型产品,以五岳独尊、泰山王为代表的陈味突出、浓中带陈的产品,以金银泰山、33 度专供特曲为代表的绵甜突出的淡雅型产品。

经过几十年的艰苦努力,生力源人培育出了以泰山特曲为主导的"泰山牌"系列白酒,2000 年,泰山特曲被中国食品工业协会评为"中国白酒新秀著名品牌",成为山东省唯一享有此殊荣的白酒品牌;2002 年以来,在全省白酒行业评比中泰山牌白酒连续荣获山东省十大品牌第一名的佳绩;2006 年,荣膺"中国白酒工业十大竞争力品牌",也是鲁酒唯一入选品牌;2005 年,企业被国家标准委确认为"AAAA 级国家标准化良好行为企业",成为全国首批、山东省继海尔、青啤之后第三家、全省白酒行业第一家标准化水平达到最高级别的企业。"泰山牌"商标连年被认定为山东省著名商标,并被认定为"中国驰名商标",成为泰安市第一枚中国驰名商标。至此,泰山生力源的名牌战略取得了战略性突破。从 1995 年省外市场不到 10%,到今天省外市场高达 60%,并成为江浙粤闽等地的主导品牌……都标志着"泰山"已经有了质的飞跃,已经成功走出家门,成长为全国性品牌和鲁酒振兴的排头兵。

"泰山"的崛起备受关注,被业内专家们称之为"泰山现象",泰山特曲、五岳独尊等"泰山牌"系列酒凭着深厚的文化积淀、实实在在的质量以及广泛的知名度和美誉度驰骋大江南北，并逐渐被港澳同胞所接受，"泰山"的魅力愈加彰显。

第三节　名酒荟萃

历史是一条奔腾不息的长河，汹涌的波浪追逐着奔向远方。富有创新精神的中国人民，以孜孜不倦的执着，创造出惊天动地的辉煌业绩。他们与时俱进，他们开拓创新，成为中华民族伟大复兴的巨大动力！

中国酿酒工业在改革开放的大潮中创新发展，竖起了一座座丰碑。传统品牌在继承中与时俱进，发扬光大民主精华，吸收先进科学技术，使其风光无限，春色永驻；新优名特品牌在创新中继往开来，以敢为天下先的精神引领中国酿酒工业不断前进。"俱往矣，数风流人物，还看今朝"。在全面建设小康社会的伟大征程中，相信中国的酿酒工业将会更加繁荣昌盛，兴旺发达。

剑南飘香春送暖，太白在世忘归还——剑南春

说起剑南春酒，就会使人想起了西蜀文化古城——绵竹。绵竹地处天府之国的西北隅，在唐代，是剑南道的辖县，盛产稻谷，美酒，素有"七十二洞天福地"之称。

绵竹，历史悠久，风光秀丽，景色宜人。数百眼清泉星罗棋布，依山傍水，是避暑旅游的胜地。一个个美丽的传说，引起了人们许许多多的遐想和神思。

相传，很久以前，绵竹有个美丽的姑娘，当她出生仅两个月的时候，其母亲就因病死了。她哇哇大哭，惊动了鹿堂山上的一只梅花母鹿。于是梅花鹿下山把她衔进了樟树林里，自此，梅花鹿妈妈用乳汁将她喂养。她长大成人后像天仙玉女一样的美丽。一天，蜀王到山中狩猎，发现了她，便一见钟情爱上了她。蜀王召她进宫做了王妃，赐名为玉。但是，过惯平民生活的玉姑娘不习惯宫中生活，整天闷闷不乐，私下流泪，忧郁成疾，不到三年，就病死在宫中。蜀王只好将她安葬在那条伴她长大成人的小溪旁。

玉妃死后，绵竹遭大旱，溪涸地裂，颗粒不收，百姓放声恸哭，祈雨救生未

成。这事惊动了地下的玉妃,她走出墓门来到鹿堂山头,注视着绵竹的土地,然后取下头上的凤冠,将冠上四百多颗珍珠摘下来,向天空撒去,转瞬间,颗颗珍珠化成了一眼眼清泉。庄稼绿了,人们笑了。乡亲们为了报答玉妃的送水之恩,便把她墓旁的小溪命名为"玉妃溪"。

剑南春

俗话说,"名泉必酿美酒"。千百年来,绵竹盛产佳酿不绝,盖源于"玉妃溪"溪水不断。唐代把绵竹产生"剑南之烧春"作为皇帝专门享用的贡品,奉送到宫廷。唐代诗仙李白闻讯赶来,在绵竹狂喝豪饮,连连数日,忘了归途。最后,盘缠用尽,无钱沽酒,于是解貂赎酒,留下了"士解金貂,价重洛阳"的佳话。

"剑南之烧春"就是绵竹大曲,到明清之际,已远近闻名。它最早是由"朱天益酢坊"酿造(坊主朱煜,陕西三原人氏)的,迄今已逾三百余年。

绵竹大曲是酒中珍品,味醇香,色清白,状似清露。它夏能清暑,冬可御寒,能止呕吐,除风湿瘴气,其功效超过人参。清代经学家李德扬说:"代仪充土物,却病比人参,盖纪实也。惟西南一线泉脉可酿此酒。"(《函海》)一线泉即玉妃溪。

清末民初,绵竹大曲有较大发展。1922年,曾获四川第七次劝业会一等奖。1928年又获国货展览会奖章。就是在清朝中期,也很有名气,乾隆年间,官拜太史的罗江人李调元,遍游中国,写了《童山诗集》,其中有"天下美酒皆尝尽,却爱绵竹大曲醇"之句。

新中国成立后,党和政府十分关心绵竹地区的酿酒事业。1951年,四川省绵竹剑南春酒厂成立。该厂成立后,科技人员发掘整理民族工艺宝贵遗产,通过技术革新,融入现代科技,酿造出了超越原来绵竹大曲品质的新产品——剑南春。其产品透明晶亮,气味芳香浓郁,口味醇和甘甜,清冽净爽,饮后余香悠长,并有独特的曲香。它集芳、浓、醇、冽、甘五味于一身,形成独特的风格。这种风格除选料精细、制曲讲究、工艺先进外,更重要的是得益于天然矿泉水质的纯净、清澈、甘甜。"今朝飘香神州,明朝醇醉世界"是剑南春人的奋斗目标。

1958 年正式命名的"剑南春酒",1963 年被评为四川名酒;1967 年金榜题名,荣获国家优质金奖;20 世纪 70 年代中期出口海外,在第三届、第四届全国评酒会上被评为"中国名酒"。

桂林山水甲天下,三花美酒誉大地——三花酒

广西桂林,是举世闻名的旅游胜地。这里山峦叠翠,漓水清澈,景致宜人,有"山水甲天下"的美誉。广西桂林酿酒总厂就坐落在该市繁华的上海路上。凭借天时、地利、人和三大优势,桂林酒厂独辟蹊径,酿造了我国米香型小曲酒——"桂林三花酒"和"瑞露"两大珍品,在全国评酒会上荣膺小曲酒第一名。此后,在全国历届评酒会上蝉联优质酒称号。1988 年在首届中国名酒名饮交易会上,又获"金天鹅"奖杯。该酒是小曲酒中米香型的代表,为中国名优白酒。该酒工艺独特,选料精良。它取漓江之水,采用半固态发酵,经蒸馏、贮存后,科学勾兑而成。该酒液晶莹透明,蜜香清雅,醇甘爽冽,并独具米香特色。其销量占此类白酒的 30%,并冲出国门,享誉欧美,远销世界各地。

桂林三花酒最早酿造于唐宋时期,并被当地官府誉为"桂林三宝"之一,输入朝廷宫中,受到皇帝及大臣们的垂青。其中著名诗人苏东坡、范成大等人泼墨挥毫,为其多有赞颂。

醇美的珍酒,都蕴藏着一个动人的故事。关于桂林三花酒的传说,更是激动人心。

现今在桂林市七星公园内,有座酷似酒壶的石头山,人们叫它"酒壶山"。传说,过去的酒壶山是能够出酒的,谁家来了客人或者逢年过节要以酒为宴,便到酒壶山前折一桃枝,轻轻朝壶的尾部敲一下,壶嘴就会流出酒来,不过,每次只得一壶。其实这么好的仙酒,一壶本可足也。可是,后来有一贪心县官嫌一壶太少,便派人去把壶嘴凿大点,这一凿,适得其反,再也不流酒了。

这县官嗜酒如命,没有酒吃怎还了得。于是,他另谋他图,命小吏召集全桂林的酿酒艺人,限月余酿出仙酒,否则杀头问斩。酿酒艺人们,个个愁眉紧锁,无可奈何,大家你瞧他,他瞧你,最后把目光聚焦在一老者身上。这老者,七旬年纪,身高八尺,长得童颜鹤发,一副仙者模样。他一言不发,只是一口接一口地抽烟,思考着如何去对付贪官,为大家解燃眉之急。后来,他慢慢地启动自己的双唇,叹了口长气,对大家说:"别害怕,法子总是会有的!"

一天、两天、三天过去了，这老者仍是无计可施，于是就愁病卧在了床上，长吁短叹。护理他的小女儿三花看在眼里，疼在心中，百般细心伺候老人。她蒸了条鲤鱼，又做了一碗荷包面，端到床前。可是，老人家心事重重，难以吃下，就放在饭桌上凉着。

碰巧，这时有一男一女两位乞丐，前来乞讨。心地善良的老人嘱咐女儿三花，将饭菜送给他们充饥。谁料想两个乞丐得陇望蜀，不仅接了饭菜，反而又讨要酒吃。三花有些不耐烦，但是还是给了他们两碗酒。那两位乞丐于是边吃边喝起来，俄顷，饭净酒光。他们吃得满嘴油脂，连声道谢都没有，还抱怨酒不好喝。

本来就愁思缠身不愉快的老者，见两乞丐如此无理，也火了起来，说道："给脸不要脸，你们也太欺负人了。"谁知那一女乞丐，更是肆无忌惮反唇相讥道："给你脸!"说着将手中乞讨的钵体中的发酵汤水，全部洒在了晾晒的酒曲上。三花姑娘只得难过地将麦曲放到炉火旁烘干。

几天后，父女二人以此曲酿酒，奇怪极了，酒浸出后，醇香四溢，整个村子到处都可闻到酒香。老者用手指沾了一下，伸进口中，用舌尖品味，酷似原酒壶山仙酒，只可惜淡了些。这时，前几天叨扰的两位乞丐又来到了老者门前讨要酒吃，老者正在兴头上，连忙招呼他们进屋品尝。

两乞丐喝过后，也讲是"口味太淡"。老者询问他们："你们长年云游四方，知道不知道有何方可使酒液浓些?"谁知那两个乞丐，疯疯癫癫边走边说："头花香，二花冲，三蒸三熬香就重……"

这老者悟性极高，恍然大悟。于是又将原酒液复蒸两遍，又熬三次，结果，那酒果真又香又浓，与原来酒壶山的仙酒一样，特别是那酒液轻轻摇晃一下，叠起的酒花像颗颗珍珠浮在水面，经久不散。酿酒师们在老者的指挥下，终于酿出了符合酒壶山仙酒神韵的美酒。

人们就把这三蒸三熬的美酒叫"三熬酒"或"三蒸酒"。后来为纪念三花姑娘又叫"三花酒"，久而久之，便流传下来。

春风二月杨柳新，洋河佳酿游人醉——洋河大曲

洋河大曲产于江苏泗阳县洋河镇。据史料记载，早在唐代这里已盛产名酒，明清之际，更为繁华。不大的一个农村集镇，最繁荣时，酿酒糟房曾达十余

处之多。各路名师云集洋河竞相献艺,酿制的美酒誉满天下,赢得了"卜里闻香竞下马,天天豪饮不归还"的美誉。

　　洋河镇是我国的历史重镇,历来为兵家必争之要塞。它位于古黄河与淮河之间,北临落马湖,南凭洪泽湖,紧靠京杭大运河,水陆交通发达,物产丰富,商业繁华,是苏北重要的商埠。全国各地的商贾纷拥来此经商,现存的九省会馆便是历史最好的见证。但是,真正让洋河镇名声大振的还是清朝的历代帝王。1716年,大学问家张玉书、陈廷敬等奉敕编撰的《康熙大字典》,将洋河大曲产于江苏白洋河的历史事实,以文字方式记录在案,说明早在300多年前,洋河大曲已经是声名显赫、流芳百世了。康熙皇帝两次南巡,两次在洋河停车"知味",足见洋河大曲在清统治者眼中的地位。更值

洋河大曲

得称道的是,乾隆皇帝第二次下江南时,在宿迁皂河修建了行宫,住了七天。这个品尝过天下美酒又颇有文采的皇帝,当喝过洋河大曲后,欣然泼墨,写下了"洋河大曲酒味香醇真,佳酒也"的御宝,赞美之情跃然纸上。

　　洋河大曲经帝王钦定后,更加身价百倍,一时"洛阳纸贵"。沽酒者远道而来且不计其数,实有车水马龙、川流不息之状。有一传说便是见证:

　　洋河镇的白洋关处有一徐姓夫妇,经营一家酿酒作坊,自酿自卖,苦心经营并握有酿酒独特手艺,所以酒质醇美,闻名乡里。朝官邹缉出差路过这里"闻香停车知味",来此酒坊品尝徐姓自酿佳酿。邹缉饮过此酒,赞美之词溢于言表,并想资助徐老夫妇扩大经营。无奈自己为官清正,廉洁为本,没有银两馈赠。于是对徐姓夫妇说:"本官有心助翁事业发达,但财力无有,只好写几个字献丑,为您作酒肆幡旌,招徕宾客,略表心意。"徐老夫妇感激涕零,忙拿笔墨侍候。邹缉挥挥洒洒,四句墨宝跃然纸上:"白洋河下春水碧,白洋河中多酤客;春风二月杨柳新,却念行人千里隔。"徐老夫妇俯首拜谢,尔后制成酒幡,招徕宾客。果然,车水马龙,络绎不绝,生意十分红火。这就是说,无论是官府还是民间,洋河大曲已是久负盛名,深入民心。

　　洋河大曲深得人们的喜爱,靠的是"甜、绵、软"三绝。它"色清而明,味鲜而浓,质厚而醇";该酒透明清澈、醇香浓郁,口感鲜美、软绵、甜润、圆正,回味爽净,是我国浓香型白酒的代表,被誉为"中国名酒"。

洋河大曲得益于天时、地利、人和。首先是苏北，气候温和，水分充沛，有利于农作物的生长；其次是土地肥沃，甘泉星罗棋布，使优质高粱丰实；再者，泗阳一带，地灵人杰，名师荟萃。相传，最早的名师就是清初从山西远道而来的白姓商人。他不惜重金，从老家聘来名师，虚心好学，得到真传，酿出了最为醇香的洋河大曲。

洋河大曲，用料讲究，选用颗粒饱满的晶莹泛红的优质高粱；配水严格、科学，首先是取"美人泉"中的矿泉水，其水质清澈醇甜、绵软爽净，"增一滴过多，失一滴缺欠"，严格匹配，适量适度，不浓不淡，相宜相适；特别是窖壁的垒土，选用富含有丁酸菌和乙酸菌的肉红色黏土，它能促进乙酸乙酯香气和丁酸乙酯成分的产生，使酒醅蒸馏出来的曲酒更加香甜。"福全酒海清香美，味占江南第一家"。

宋河粮液艳丽花，中原崛起贡献大——宋河粮液

产于中原大地的宋河粮液酒，是中国十七大名酒之一。它始于春秋，盛于隋唐，流传至今，连绵数千载，有着悠久的历史。

人们常说，水是酒的血液，人是酒的神韵，宋河粮液，融天地人为一体，以道家精神为底蕴，经千百年之造化，形成了具有华夏之魂的酒之神韵。

宋河粮液酒厂坐落在豫东平原的古宋河之畔，现今的鹿邑县枣集镇。据说，这里曾是道家鼻祖李耳（老聃）的家乡，春秋时为豫州苦县。苦县人虽苦犹乐，诚信、淳朴是当地人的风尚。特别是在道家精神的影响下，以诚为本，实事求是更为人们所称道。儒家先驱孔丘慕名来此寻求道家真谛，以丰富儒家仁义之意。老子用枣集人以古宋河水酿造的琼浆美酒——枣集酒招待孔子，与其对酌。盛情的款待，醇香的美酒，使一向"非礼勿闻、勿动"的孔丘开怀畅饮。孔丘陶醉了，他事后以赞美的口吻对子路说："惟酒无量不及乱。"留下了儒道相融的一段佳话。由此可见，当时的枣集酒（宋河粮液之前身）已是相当醇美了。

时至隋唐，风云突变，沧桑改颜。隋末瓦岗义军首领、唐初帝王也纷纷造次枣集，最为有名者当属唐玄宗李隆基。当他在鹿邑太清宫谒拜了老子之后，亲自御封枣集酒为皇家祭酒，命枣集人献酒入宫，供皇家燕飨。自此，历代均有封赏，使皇封祭酒的美名广为流传。

现时的宋河粮液就是在古枣集酒的基础上发展起来的。它以优质高粱为

原料,以小麦为酒曲,采用固态泥池发酵,老五甑续渣混蒸的传统工艺与现代科技相结合,精工酿制而成。具有"无色透明,窖香浓郁,绵甜爽净,回味悠长"之特点,被各界人士称之为"香的庄重,甜的大方,绵的亲切,净的爽脱"。

进入21世纪之后,宋河粮液酒厂的广大员工沐浴着改革开放的春风,团结奋进,开拓进取,迎来了万紫千红春满园的大好发展机遇,积极引进资金,扩大生产规模,开拓广阔的营销市场,通过集约化经营,规范化管理,不断扩张社会经济效益,为中原崛起做出了巨大贡献。

天下第一泉水,酿就名酒飘香——趵突泉特酿

以生产趵突泉特酿而闻名的济南趵突泉酿酒有限责任公司,位于风景秀丽的省城后花园——山东省济南市历城区仲宫镇。闻名天下的趵突泉的源头来自泰山山脉,仲宫的位置恰恰就在这条泉脉之间,因而仲宫周围布满了大小泉群,如涌泉、滴水泉、龙门泉、染池泉、悬泉、突泉、柳泉、车泉、白虎泉、古苣泉、汝泉等十余处天然泉眼。

明代诗人晏璧赋诗曰:"遥望仲宫廿里余,清泉都汇鹊山湖;齐城大旱作露雨,一滴能苏万物枯。"经国家地质部门鉴定,仲宫地下水富含对人体有益的锶、锌、碘等矿物质。"水为酒之血",正因为有了这种优质的泉水,加之得天独厚的自然环境,因此这里酿出的趵突泉特酿自然口味纯正、香飘万里。

公司是山东省粮食酒重点生产企业,拥有资产3亿元,职工800余人,年商品酒生产能力3万吨,销售收入3亿元。自1996年以来连续被济南市委、市政府评为先进企业,并多次被评为济南市最佳效益企业和山东省消费者满意单位。公司技术力量雄厚,生产设施先进,配有齐全的质量监测系统,采用先进的质量管

趵突泉特酿

理控制体系,通过了ISO9001国际质量体系认证并保持有效运行,产品质量稳步提高。主导产品"趵突泉"牌趵突泉特酿采用传统工艺与现代科学技术相结

中華酒典

合,利用被誉为"天下第一泉"的趵突泉源头之优质甘甜矿泉水精工酿造,具有醇厚丰满、诸味协调、绵甜爽净、香而不艳、窖香口感独好的特点,充分代表了鲁酒的典型风格。特别是他们推出的54度芝麻香型白酒,是公司技术人员和酿酒工人经过几十年的艰苦努力,挖掘传统酿酒工艺与现代酿酒技术,融合酱香、浓香、清香型白酒生产工艺为一体,经长期发酵、高温溜酒、陶瓷缸、洞窖长期贮存、精心勾兑而成。它具有芝麻香典型突出、幽雅细腻、醇厚丰满、回味留香持久之风格,其品质典雅高贵,其香气舒适宜人,其味道绵柔爽净,是白酒中的特色极品。2004年,在江苏洋河酒厂召开的苏、鲁、豫、皖四省白酒高峰论坛会上,受到了17名国家级白酒评委的好评,白酒泰斗沈怡方老先生高度评价道:"自第五届全国评酒会以后,二十多年来这是全国最好的芝麻香型白酒。"产品先后三次荣获"世界金奖",一举通过国际KTC最高标准鉴定,被命名为"济南市市酒",荣获"山东省名牌产品""山东省免检产品""山东省著名商标"和"山东省白酒行业十大品牌"。特别是2005年,"趵突泉"商标被认定为"中国驰名商标",这是山东省白酒行业的第一个驰名商标。

值得大书特书的是,2006年趵突泉特酿斥资999万元,独家买断了山东鲁能泰山足球队三个赛季的后背广告发布权。2006年,鲁能泰山将士身披"趵突泉特酿"之战袍,鏖战在中国足球的绿茵场上,勇夺中国足球超级联赛冠军和中国足球协会杯赛冠军。球迷们感叹道:正是趵突泉特酿的醇香,才成就了鲁能泰山的第二个"双冠王"之梦!

云门天下秀,洞藏第一春——云门春

青州,地名也,中华古九州之一。典载史说,源远流长。而美酒和青州这个名字联袂为"青州从事"行世,这令美酒的雅号,少说也有1500年了。

南朝人刘义庆的《世说新语》载:"桓公有主簿善别酒,有酒辄先尝。好者谓'青州从事',恶者为'平原督邮'。"这位主簿把酒拟人化了。从此人们把好酒为"青州从事",恶酒为"平原督邮"。唐代诗人皮日休有诗云:"醉中不得亲相倚,故遣青州从事来。"苏东坡《真一酒》有句:"人间真一东坡老,与作青州从事名。"郑板桥《再和卢雅雨》有句:"才子新诗高白傅,故园名酒载青州。"

古老的中华文明向来都与传统的酒文化血脉相连,不可分割,文人墨客大都借美酒激发灵感,吟诗作赋。商代出土的酒器,表明青州至少有3000年的酿酒历史。北魏青州人贾思勰在其名作《齐民要术》中提出了世界上最早的制曲工艺学理论，一代文豪欧阳修曾经在青州饮下美酒后，挥毫泼墨，写下了"醉翁倒处不曾醒，问向青州做么生。公退留宾夸酒美，睡余倚枕看山横"的醉人诗篇。因此，从古代的烧酒作坊，到如今的现代酒厂，都能够流淌出如岁月般醇厚、像诗词般饱含韵味的玉液琼浆。

三千年酿酒工艺衣钵相传。1948年，青州有了一家规模较大的私人御封酒坊。解放战争时期，陈毅元帅率部征战青州，这位将军诗人喝过青州美酒后赞不绝口，指着被日寇摧毁的御封酒坊，用浓重的四川口音说："这里可以再建一个大酒厂子吗!"就这样，云门酒业的前身青州酒厂，在枪鸣弹响的火光中诞生了! 1998年，又构筑起今天的山东青州云门酒业集团。他们秉承古老的酿酒传统，承载着厚重的文明积淀，兼收并蓄了先进的酿酒工艺，把古老的酒文化再度弘扬，在青州这片曾经辉煌于世的土地上，酿造出更加馥郁的芳香。

云门酒业集团地处云门山北麓，继承古青州三千年酿酒工艺之精华，采用先进的技术，生产"云门春"牌、"八喜"牌、"云门"牌浓香、酱香、兼香型三大系列30多个品种的饮料酒，年产能力达15000吨。

20世纪70年代末期，他们与国酒贵州茅台酒厂合作进一步研制开发酱香型白酒——云门陈酿酒。云门陈酿酒采用茅台酿酒工艺，经过八次发酵、七次蒸馏取酒、贮存三年方成，具有"微黄透明、优雅细腻、酒体醇厚、空杯留香、回味悠长"之特点，1983年获省优，1984年获部优，有"江北茅台""鲁酒之峰"之美誉。云门陈酿获奖后，贵州茅台酒厂厂长、国家酿酒大师季克良先生专门发来书法贺信:胜利的决策，友谊的成果，技术的硕果，智慧的结晶。

进入90年代，他们与五粮液酒厂科研所进行技术合作，采用五粮酿酒工艺，泥窖双轮底发酵，经长期贮存，精心酿制而成的浓香型云门春牌系列酒，具有窖香浓郁、绵甜爽净、香味和谐、低而不淡、饮后不口干不上头的显著特点，历年行评均获山东省优质酒、山东名牌称号，并获得中华美酒金爵杯技术精品博览会金奖。1999年，在北京召开的云门春酒专家品评会上，全国著名评酒专家们一直认为:此酒窖香突出、绵柔醇甜、爽净协调、风格鲜明，堪称酒中珍品。2007年，云门春酒获得国家"纯粮固态发酵白酒"认证标志;"云门"商标也被认定为"中国驰名商标"。

2003年春，云门酒业凭借青州古城得天独厚的自然条件，启动了总投资6000万元的"洞藏云门春"系统工程。在风景秀丽、气候宜人的仰天山脉狮子

中华酒典

峪天人洞开发了洞藏基地，成为江北第一家洞藏储存白酒的企业。洞藏云门春分二年、三年、五年、十年、二十年洞藏。这一划时代意义的新工艺强化了云门春酒的独特优势，使之更加绵甜醇厚、口味和谐，而其所处的独具特色的地理优势和自然优势也因此而发挥到了极致，因为我们今天所品味到的，已不仅仅是人为的酿酒工艺所生产的美酒，而是它与优美的自然、与深厚的积淀合力凝结而成的玉液琼浆。而他们专为北京奥运洞藏的2008坛五年期美酒，吸纳天地灵气，温润成世间甘冽，为2008年北京奥运隆重出山，香薰盛宴。

洞者，大自然鬼斧神工与人类智慧的产物，因其超乎冷暖而成幽居储物之所，因其隐秘诡异而成神奇滋生之处。仰天山上，绿树葱郁，空气鲜润，花草香美，鸟鸣山涧。狮子峪天人洞薄雾弥漫，常年恒温湿润，承接矿泉沁润，微生物群丰富，便成为窖藏白酒无法企及的天然二次发酵场。云门春洞藏酒，气势恢宏地陈列其间，可承接矿泉沁润，积蓄山体灵性，实现一个增加营养、愈发醇厚的再酿造过程。

洞藏云门春酒首创中国淡雅兼香型白酒。一经问世，便引起了巨大反响。全国著名白酒专家沈怡方、于桥、高景炎和黄业立等在品尝后赞叹不已，称之为洞藏琼浆，并从专业角度对此工艺给予了肯定和褒扬。在洞藏云门春系列酒召开的新闻发布会上，公司曾对部分洞藏小罐酒进行了现场拍卖，其中，编号为2008的拍出了6888元的高价。在2008年8月8日举行的云门洞藏奥运纪念酒公益拍卖会上，9瓶洞藏酒共拍出了30.35万元的天价，其中一瓶拍价达到了4万元，创下了云门春酒价格之最。

酒中知天地，洞里有乾坤。云门天下秀，洞藏第一春。云门酒业集团凭借自然优势，吸纳天地恩赐，凭借不懈努力，添加文化积累，使古老的美酒变得更具纯净而又醇厚的灵性，装载着自然与人文的双重积淀。他们将在青州古文明的基础上，延续一段崭新的历史，以市场为舞台，以产品为主角，上演着一场气势恢宏的时代大戏。

源自水浒传，成于金瓶梅——景阳冈

《水浒传》《金瓶梅》两部古典文学名著，一个神威过人的打虎英雄，造就了独具特色的景阳冈酒文化。

据史书地志记载和专家者考证，景阳冈今属山东省阳谷县张秋镇。景阳冈位于黄河下游山东西部,恰是中华民族发源地的重要地区。1996年考古工作者在景阳冈一带,成功地发掘了距今4500年前的龙山文化古城遗址,古城占地35万平方米,几乎与《水浒》描写的景阳冈完全重叠,不仅城墙历历可见,而且城中还有台基、墓葬等,出土文物中陶和黑陶制做的尊、杯等酒器颇多。如此规模的城池坐落于此,可知当年经济之繁盛,饮酒之风已经盛行。

至于经济文化空前繁荣的唐宋时期,景阳冈所在的张秋镇,酒坊已达七十多家。乾隆八年(1743年)农历十一月六日,新上任的山东巡抚喀尔吉善给皇帝上奏折,就点了阳谷县张秋镇和阿城镇的名,说"商贾在于高房邃室踩曲烧锅,贩运渔利……潜藏影射未能尽无"。乾隆在该奏折后的朱批赫然入目:"好,应如是留心者也,钦此。"由此可见,当时此地已是著名的酿酒重镇。武松途经此地能喝上"透瓶香"这样的好酒,全在情理当中。英雄武松在酒店里喝过"烧酒",酒助豪性,英武过人,来到景阳冈上,打死一只猛虎,从此,景阳冈的"烧酒"也就声名日增。相传,不少豪富官吏慕名而往,古运河上泛舟饮酒,鳞次栉比的酒馆里美酒飘香,莫不以争先一酌为快。景阳冈和景阳冈酒一直被世人所敬仰,相传自宋以后的历代皇朝都把景阳冈酒作为贡酒,岁岁征调进献皇宫。宋神宗曾亲笔御赐"贵人佳酒"金匾,使它的身价倍增。"造成玉液流霞,香甜津润堪夸。开坛隔壁醉三家,过客停车驻马。洞宾曾留宝剑,太白当过乌纱。神仙爱酒不归家,醉倒景阳冈下"。一首宋词更是把景阳冈酒赞美得淋漓尽致。

景阳冈酒文化是中国酒界独树一帜的英雄酒文化。共和国的领袖、将领及当代文学大师、学界泰斗、艺术大师的赋诗题词,极大地丰富了景阳冈酒文化。开国领袖毛泽东同志在1956年11月9日题写了"阳谷县是打虎英雄武松的故乡"。中共中央原政治局委员、中央军委副主席、国务委员兼国防部长迟浩田上将专为景阳冈酒题词:"昔日助武松除虎豹,今朝壮军威杀豺狼。"著名国画大师李苦禅先生为景阳冈题诗云:"景阳冈上踞猛虎,傍及十里无人烟。二郎武松真好汉,臂力除暴万民安。八百年来成佳话,口碑载道世世传。"国学大师季羡林为景阳冈题字:"三碗不过冈。"著名书法教育家欧阳中石先后两次为景阳冈酒题词:"可壮英雄打虎胆,能增隽士兴诗才""阳谷人厚,景阳酒香"。原山东省委书记、中国书法协会主席舒同为景阳冈酒题词:"难得景阳一品香。"北京奥运会"福娃"设计者、当代美术大师韩美林先生为景阳冈酒精心制作了精美的"武松打虎图"。著名文学家沈雁冰、著名书画家吴作人及古今诗人题赠的

中华酒典

墨宝诗文不下百件,成为景阳冈酒文化的珍品。

景阳冈酒由山东景阳冈酒业有限公司生产。该公司是由阳谷酒厂、山东景阳冈酒厂变革而来。远在上世纪 80 年代,景阳冈酒因质优名佳而享誉国内外。1988 年,企业被原轻工业部评为"轻工出口产品优秀企业",景阳冈酒被国内各大媒体和香港大公报广为宣传。2002 年 6 月,38 度景阳冈酒被中国商业联合会授予"中国名牌商品",这也是山东省白酒行业唯一的商业名牌。

景阳冈酒极具个性,尤其是景阳冈陈酿和赖茆酒更有其鲜明的特点。景阳冈陈酿继承和发展了"透瓶香""三碗不过冈"工艺,博采中国名酒之长,精选"五粮"为原料,以高、中温麦曲为发酵剂,采用双轮底回沙发酵,清蒸清烧,分段馏酒,分质储存,合理勾兑等一整套科学酿造操作规范。赖茆酒采用前清咸丰年间茅台酒的工艺,且比茅台多一个复窖工艺,具有典型的药香。上世纪八九十年代,中国白酒泰斗周恒刚、秦含章对这两种酒均给予高度评价。2007 年 11 月 27 日,白酒泰斗沈怡方先生专程来到山东景阳冈酒业有限公司,考察了"千秋阳谷"文化园区、酿酒车间和灌装车间,品评了景阳冈陈酿、赖茆和景阳冈 1 号酒、英雄酒,盛赞"景阳冈陈酿(兼香型)酱头浓尾,饮后舒畅,工艺独特,全国独此一家,绝对好;赖茆酒(酱香)是北方酱香典范,具有独特的药香,饮后有舒适感,其复窖工艺优于茅台,酒很好;景阳冈 1 号酒和英雄酒(浓香型)主体干净,酒质很好"。

景阳冈酒业十分重视企业文化建设,他们把"人淳酒纯"作为景阳冈酒业的企业精神,并不断付诸实践,扎扎实实做人,认认真真酿酒,规规矩矩经营。同时他们还不断弘扬景阳冈酒文化,在广告文化中,实现了三次文化提升:"昔日景阳冈三碗不过冈,今日景阳冈三杯酒更香";"千年景阳冈,今日酒更香";"景阳冈酒,英雄的酒",从而使景阳冈酒文化更具个性和特色。

由于景阳冈酒独特的酒文化和优良的产品质量,景阳冈酒不仅具有较大的影响力,更具有得天独厚的市场竞争力,企业自 2003~2005 年连续三年被评为"中国白酒工业百强企业",跨入全国白酒工业前三十名和山东省白酒行业前六名,2006 年荣获"中国食品行业酒业影响力 100 强"。2008 年 3 月 18 日,"景阳冈"商标被认定为"中国驰名商标"。

千年齐文化，一杯百粮春——百粮春

百粮春酒业公司所坐落的山东省淄博市傅山村，在南北朝时隶属北魏高阳郡。在傅山村东南处，便有春秋时期诸侯盟主齐桓公点将的将台和驻扎军队营寨的遗址。在村南蟠龙山古庙残墙颓壁间，曾发现刻有"吊齐古迹"的碑石。据史料证实，当时的傅山村"户户蒸粮，巷巷酒香"。

地理上，这个村名普通的如沧海一粟；历史上，这个曾在南北朝时隶属北魏高阳郡的村庄，却因当时就盛行的酿酒手工业，成为世界上首部酿酒工艺学——《齐民要术》的产源地。

高阳郡是历史上有名的酒乡。高阳郡原是春秋时齐国的重镇葵丘，南北朝时宋在这里设冀州高阳郡。这里逐渐成为当时齐地的工商繁华、商贾云集之所在，特别是酿酒技术达到了当时中国的先进水平。由于齐国酿酒业历史悠久，技术精良，一以贯之，又加上高阳附近土地肥沃，宜种五谷，水质优美，因此，高阳酒业更是兴旺发达，出现了高阳城内"户户垂酒幌，家家设酒垆"的繁荣景象，发生了"开坛十里香，酒酿三年醒"的动人故事。据考证：高阳郡周边地区，受传统文化的影响，有大大小小的酿酒作坊。高阳古城周边村落的碑刻，普遍有"高阳郡境地酿酒业兴旺"方面的记载。古代临淄八大景之中，便有"高阳馆外酒旗风"之说。

北魏永熙二年至东魏武定二年（533～544年），贾思勰任职高阳郡太守。当时的高阳郡原属齐国领域，粮产富饶，酿酒等产业发达。这对于农家子弟出身、爱好农学的贾思勰无疑是提供了丰富的研究资料。贾思勰倾其心血，收集、研究和总结提炼出了一部内容丰富的农学书《齐民要术》。《齐民要术》作为我国现存最早的一部完整的农学专著，关于酿酒的工艺与技术是其主要内容之一。全文92个篇章中有4篇是专记酿酒的，其中有九例制曲法，四十余例酿酒法，对我国的酿酒传统工艺的发展，具有深远影响。

任何理论都是来源于实践。高阳郡及寿光地区等原齐国区域兴旺发达的酿酒业，为《齐民要术》酿酒篇章的著写提供了创作的源泉。因此，担任高阳郡太守的贾思勰，在《齐民要术》中能对酿酒技术有着娴熟的把握，准确的记录与总结，便是情理之中的事了。

作为对酿酒技术实践经验予以总结并上升为理论的《齐民要术》酿酒篇章

反过来又指导了后世的酿酒实践,传播了成熟完善的酿酒工艺,对全国的酿酒业都起到了重要的指导作用。作为淡雅白酒的典范,百粮春酒古法真酿,更好地传承了这一历史工艺。

上世纪 80 年代初期,在傅山村这块拥有一千多年传统酿酒文化历史的古隶属于高阳郡的土地上,山东天下第一店酒厂(即现在的山东百粮春酒业有限公司)应势而生。

经过二十多年的发展,当时的小规模酒厂已壮大为如今现代化的白酒工业企业。公司现有总资产 1.3 亿元,固定资产 5000 多万元,成为国家大(二)型企业、山东省综合实力 500 强企业,2003 年通过 ISO9001 国际质量体系认证。所生产的"百粮"春系列白酒,先后被评为中国名优食品、山东省著名商标、山东名牌产品、全省质量免检产品等。

百粮春酒追求"纯粮、绿色、健康营养"的三大特色,在继承和挖掘春秋酒文化酿制工艺和《齐民要术》有关酿酒精华原理的基础上,全部采用粮食为原料的纯粮固态发酵工艺。虽然这种"纯粮固态发酵"的传统制作模式,工艺复杂,配粮讲究,而且周期较长,相对成本较高,但却有效地保证了百粮春酒"滴滴精华"的品质。

科研开发上,百粮春公司积极加强与中科院、四川五粮液酒厂等专家的技术合作,不断开发高科技含量产品。公司利用全国政协常委、我国著名生物学家、生命基因动力能理论奠基人金日光教授发明的生物能活力素新技术,酿制出系列绿色、纯粮、健康营养型的百粮春酒,酒中富含的几十种与生命相关的动力元素,易于人体吸收并能代谢有害残存物,减少乙醇在人体中残留时间,具有益智醒神,舒面悦颜之功效。专家鉴定,百粮春饮后不口干,不上头,醒酒快,符合目前的健康饮酒潮流。该酒的问世,是白酒历史上的一次革命,是传统白酒的换代珍品,是名副其实的健康饮用酒。目前,百粮春酒业生产的"百粮春"星级系列酒、二十年庆典酒、贵宾特供酒、婚宴专供酒等,广受全国消费者的厚爱,在省内外市场占有着重要位置。

2005 年 11 月 26 日,全国政府采购论坛正式宣布,百粮春被认定为人民大会堂会议指定白酒,之后又被认定为钓鱼台国宾馆会议指定用酒、全国政协会议指定用酒和全国政府采购重点推荐产品。2008 年 3 月 8 日,公司与中国酿酒非物质文化遗产传承人、国际酿酒大师赖高准进行技术合作,推出了"百粮真酿"浓香型高档珍藏白酒,从而一举奠定了百粮春酒在中国酒界的真正地位。

一杯东阿王,七步诗成章——东阿王

东阿,是一块古老而神奇的土地,历史悠久,文化灿烂。"风俗淳朴,舆情笃厚;士乐弦诵,农勤耕织"(旧志语)。在东阿这块肥田沃土上,上至六千年左右的大汶口文化,下至两千年左右的汉魏风情,无不标明东阿文化的传统性和延续性,并形成一个剪不断的文化链,传承至今。

谈到文化,使我们想到领一代风骚的历史文化名人曹植。曹植(192~232),字子建,魏武帝曹操的儿子。才高八斗,七步成章,词彩华茂,骨气奇高,世目为"绣虎",是建安文学的杰出代表。他曾于公元229年封东阿王,食户三千,在东阿期间,常登临鱼山,吟诗作赋并空中闻梵,创作梵呗(即佛教音乐)。将东阿的文化,推到了历史峰巅。后人将这段历史时期称之为"曹植文化",不为过矣。

东阿养育了曹植,曹植又创造并促进了东阿文化,影响了一代又一代的东阿人。诞生在东阿这块土地上的"东阿王"系列白酒,便是突出的一例。这是曹植文化的结晶,也是曹植文化的延续。"一杯东阿王,七步诗成章",早已家喻户晓,妇幼皆知。你说这是酒,还是文化? 据传曹植偶品东阿之酒,颇感妙不可言,日渐手不释壶,酩醉方休。

数千年的历史文化积淀,使这块古老而又神奇的土地愈加厚重而坚实,这里人杰地灵,物产丰富,是国药瑰宝阿胶的发源地,举世闻名的黄河绕县东流,"五岳"之首泰山的余脉绵延至此,地质结构独特,地下水资源异常丰富,而且含有人体所必需的多种微量元素,水质甜美,为酿酒提供了得天独厚的条件。当地流传着谚语:"七十二面琉璃井,八十二条透胡同。"东阿酒厂的"琉璃"古井,常年水深6米,清冽甘甜,富含硅、锗、锌、锶等十几种矿物质,酸碱硬度也极适宜酿酒,氯化物对酶的繁殖最为有益。

山东东阿酒厂创建于1958年,现拥有资产6000万元,占地10万平方米,年产优质粮酒5000吨、阿胶酒500吨,年创利税近3000万元。

"东阿王"酒是东阿酒厂在发扬传统工艺的基础上精工酿制而成。它是提高粱之精,取小麦之魂,采天地之灵气,捕捉特殊环境里的微生物发酵、糅合、升华而形成的琼浆玉液。人工老窖技术,使"东阿王"酒窖池的微生物含量与活力大大增强,可与百年老窖媲美。窖池由上而下泥色深青而灰,6米以下才见黄土,且香味扑鼻。香泥中,数百种微生物与酒醅永不停息的生化过程,对酒体、酒味、酒香形成了无可比拟的作用。"东阿王"酒的工艺流程属于典型的混蒸续粮工艺,蒸粮与蒸酒同时进行,然后再扬冷加曲,入窖发酵。窖池内发酵一周期的香醅,再次回入窖池底进行第二次脂化发酵,这就是独特的"回醅发酵"。独特的酿制工艺和得天独厚的水源优势,赋予"东阿王"酒特有的品质和灵气,她"色清如水晶,香醇如幽兰,入口绵甜甘爽,回味爽净悠长"。

"曹植醉"系列白酒是东阿酒厂在深入挖掘传统工艺的基础上,经过"白酒泰斗"周恒刚先生的亲自指导,采用"北斗工艺",精工酿制而成。周老对该酒的评价是:香气纯正,主体香气乙酸乙酯含量适宜;柔和细腻,尾味干净,具有浓香型的典型性。

"东阿王""曹植醉"系列白酒先后荣获"山东省优质产品""山东省最受消费者喜爱的白酒"等荣誉称号。1995～2001年,34度东阿王陈酿、44度曹植醉连续7年在山东省白酒质量鉴评活动中被评为"省优级产品"。2000年12月"东阿王"系列白酒被评为"山东名牌"。2001年6月"东阿王"被认定为"山东省著名商标"。国内首创的阿胶酒在1997年被中华人民共和国卫生部批准为"营养保健食品",目前已出口到日本、马来西亚、新加坡以及港澳台等国家和地区。

天下第一银杏树,世上无双浮来春——浮来春

莒地,古属人方,即东夷文化发祥地。西周初年,周成王封"兹与期于莒",始称莒国。至春秋时期,莒国在政治、军事、经济、文化等方面,已十分强盛。

天下第一银杏树,生长于山东省莒县浮来山定林寺内,相传为商周时所植,至今已有4000年历史。树高26.7米,粗18.7米。该树远看形如山丘,龙盘虎踞,气势磅礴,巍然屹立,冠似华盖,枝叶扶苏,繁荫数亩;树下古碑林立,诗词萃集,令人叹为观止。

距古银杏树北100米的"校经楼",是我国第一部文学评论专著《文心雕龙》的作者刘勰晚年校定经藏的地方。1962年,郭沫若先生亲笔题写了"校经楼""文心亭",并分别勒石作额,立碑以志,以纪念《文心雕龙》成书1460年。

莒酒的历史,虽不敢说是华夏酒的始祖,但也可追溯到上古时期的大禹文化。从莒国古城4300多年的历史考证,陵阳河遗址出土的古老的酒器足以说

明，在人类渡过了"构木为巢""钻木取火"之后，先民们已进入刀耕火种的古文明时代，而那时期，在莒县这片古老的土地上就已有了酒的诞生。从商周时期"姜太公携酒入西岐"（史书记载莒地是姜太公的出生地），到清乾隆年代"莒酒纳贡献朝廷"，莒酒自古至今延续着一个永恒的主题，那就是莒酒作为承传古老的历史文明与世代酿酒人改良提升的酒文化史。

浮来春

莒酒的起源，与莒国古城近五千年的文明史一路相伴。1977 年该地出土的 1.2 立方米的腐朽粟、稻谷焦渣，据考证都与造酒有关。莒县陵阳河遗址挖掘出土的滤缸、酒釜、鸟型等酒器，充分证明了莒酒的历史堪称酒中先师，这 28 件酿酒器和 225 件饮酒具，也是我国目前为止出土数量最多、种类最全、时间最早的酿酒器具。

莒人与酒相拥而来，历史的尘埃淹没了无数英魂，而无法阻挡的是世代延续的酒文化。

浮来春酒厂，是在沿袭传统莒酒的基础上，于 1958 年由莒县政府创建，经过近半个世纪的滚动发展，现已成为占地 12 万平方米，员工 1108 人，专业技术人员 198 名，固定资产 6506 万元，有 860 个大型发酵窖池，年生产能力 10000 余吨，产值逾 2 亿元的大型酒类企业。浮来春系列酒系浮来春酿酒集团引用哺育天下第一银杏树的卧龙泉水，采用 5000 年酿酒的传统工艺和现代科技酿制，经全国著名白酒专家，精心指导勾兑而成。具有清冽透明，窖香浓郁，绵柔醇甜，回味悠长，饮后不口渴、不头痛等特点。

浮来春酒，连续二届被评为"山东省优质产品""国家商品最畅销金桥奖""全国亿万民众最喜爱的家用产品奖"，在国家轻工部及全国性的名优产品（食品）博览会上，先后荣获"部优产品银牌奖"，"具有公众信誉的名优食品"和"中国名牌产品"称号。"浮来春"商标被认定为"山东省著名商标"和"中国驰名商标"。企业 9 项基础管理工作达到省级和国家二级管理标准；8 项科研成果荣获省地级科技进步一等奖、国家轻工部二等奖和金龙腾飞奖。企业还先后荣获

中华酒典

"省级先进企业"、省级"重合同守信用企业""山东省富民兴鲁劳动奖状先进集体""山东省食品卫生示范单位""山东省综合实力 50 强企业""中国酒行业明星企业"等称号。

而今,在市场经济大潮的涌动下,浮来春酒厂在经过一番阵痛之后,正以永恒不断的内在品质和全新的花容月貌闪亮出世,让人为之心动。喝酒喝韵味,品酒品文化,具有五千年酿造史的莒酒的代表——浮来春系列美酒,当您邀朋相聚,举杯言欢之时,难道还不能让您潇洒醉一回?为古色古香的浮来春酒,为魅力无限的浮来春酒,深情地呷上一口,那醉情的一刻,您尽可自我陶醉在一宵春梦里……

第十四章 酒与养生

第一节 科学饮酒

科学饮酒的条件

饮酒要选时节吗

古往今来,对这个问题有很多说法,这里只从一般人平时在家里饮酒的角度予以讨论。

1.一年四季饮什么酒为宜

在寒冷而需要滋补的冬季,通常以饮用黄酒、果酒、白酒和滋补酒为好。而常温下带有一定压力的含二氧化碳的酒喝入常压的人体后,由于压差和温度的升高,二氧化碳很易从体内溢出,并带走部分热量,使人感到发冷。

在夏季,啤酒和一般汽酒,有消暑解渴的功效;干型或半干型的果酒和用鲜果汁调配成的鸡尾酒,也很适于饮用。

春秋时节,可按个人爱好,选用各种酒类。

2.一日内何时饮酒为好

在一天的 24 小时之内,人体对酒的适应能力是存在差异的:早晨,肝脏中的有毒物质已排除,若这时饮酒,则会给肝脏带来明显的损害;中午 12 点左右,人体对酒精最为敏感,即最易致醉,若午餐饮酒,往往会使人下午精神不振。下午 3～5 点,是人体的味觉和嗅觉的最佳时刻,由于血中尚有较多的糖分,故对酒精的承受能力较强;因此这时最适于锻炼品酒技能;下午 6 点左右,人的体力和耐力均较强,至晚间 11 点时,人体对酒精不大敏感。

因此,以晚餐时适量饮酒为好。

饮酒须讲求环境吗

古代文人对饮酒的环境有很多要求。试想,合适的室内布置、灯光、色彩、音乐,乃至细细的雨声和室外悦人的景色,不是都可为饮酒增添情趣吗?

饮酒需求合适的对象吗

是的。但不提倡"酒逢知己千杯少"。可边饮边回忆美好的事情,向往美好的未来。在温馨融洽的氛围中饮酒,对身心是有益的。除了一般的礼让外,最好不要劝酒,以自便为好。

饮酒需要良好的心情吗

是的。心情不好的时候,是不宜饮酒的,因为借酒浇愁人更愁。美酒应该与美好的一切联系在一起。另外,身体不适时,一般不宜饮酒。

酒席上准备什么酒

这是指一般家宴。应预先了解赴宴者的饮酒习惯。若来者有喝蒸馏酒历史的,应准备一瓶酒度较低但质量较好的蒸馏酒,并准备适量的名优果酒或黄酒和啤酒。在饮酒时,可以按来宾对酒知识兴趣的浓淡,适当讲述酒的文化。千万不要喝劣质酒。

饮酒时的酒具有讲究吗

应该是什么酒用什么杯。喝啤酒可用市售的专用玻璃啤酒杯;白酒、黄酒、果酒或鸡尾酒,可用容量约 50 毫升的郁金香杯。因为是家用,不必每种酒一种杯。对于色彩鲜艳的酒,是不宜用瓷杯的,以免看不到夺目的色泽。酒杯不宜大,但也不要过小,以免酒杯随时倒下,酒液外溢,甚至持杯时十分不便。

美酒佳肴两相宜

饮食搭配是一门艺术,讲究四方面的搭配:酒与菜之间的搭配;酒与酒之间的搭配;酒与其他饮料之间的搭配;菜与菜之间的搭配。

酒菜须谐调

一桌酒席犹如一曲交响乐,尤其是酒菜之间有其微妙的关系。这是因为:

①酒主要起佐餐的作用。因此,除了酒菜双方的色、香、味须协调外,使你喝了酒想吃这种菜。反之亦然。

②从生理角度看,如果只饮酒不吃菜,则肝脏等会受到损害,因为肝脏在分解酒精时,需要来自食物的维生素等成分。通常,水在胃中只停留 2~3 分钟;碳水化合物停留约 2 小时;脂肪停留 5 个小时以上。如果胃中上一餐的食物已基本排空而饮酒,则对人体健康显然是不利的,因为这时酒对胃壁的刺激作用很强烈。此外,饮食科学讲究酸碱性,即要求酸碱相对平衡。这里所指的酸碱性,并非口味上的直觉,而是食物在人体内分解后引起的生理反应。除葡萄酒和果酒是碱性之外,其余酒类多是酸性的,一些荤菜、花生米等,也多是酸性的;而水果和蔬菜等食品,如芹菜、大蒜、青豆、大豆、黄瓜、菠菜、马铃薯、豆芽、卷心菜、胡萝卜、洋葱、蘑菇、蛋黄、葡萄、苹果、草莓、梨、桃、菠萝及蜂蜜等,则多是碱性的,可与酸性食物抗拮,以保持人体内的酸碱平衡。

③糖对肝脏有保护作用,故饮酒时可备些诸如糖水水果罐头及拔丝山药、糖醋鱼等菜肴,或喝点甜饮料。

④菜的解酒功能:醋和豆腐有解酒作用,故可吃些醋拌菜类、或汤菜中放些醋,再配个豆腐菜。豆制品中含有较丰富的半胱氨酸,能加速乙醇自人体内排出,以减轻酒精对人体的不良反应。

⑤当然,菜肴或点心等,还须符合营养、卫生,以及酒后用饭的要求。

饮酒如何配菜

1.酒菜搭配总的原则

总的原则是酒与菜的风味要对应、和谐,为饮食者所接受。

(1)佐餐酒的要求

中华酒典

有助于食品色、香、味的充分体现，不抑制食欲和消化功能；佐餐酒以佐为主。

如甜酒不宜佐餐，因甜味和咸味的味蕾都集中于舌尖；配制酒和鸡尾酒通常也不作为佐餐酒，可用作餐前酒、餐后酒、酒会酒。

（2）佐酒食品的要求

有助于酒的色、香、味、格的体现，量少而质精，以佐饮为主。

汤类、甜食、大鱼大肉、整鸡整鸭等菜肴，一般不宜佐饮；有明显咸、酸、苦、辣、麻、怪味的食品，通常也不宜佐饮。

2.西餐酒菜相配方法

外国有东西方之分。西菜中也有法国菜、意大利菜、英美菜、德国菜、俄国菜等之分，它们之间也有明显的差别。所以将法国菜称为西洋菜或西菜是不够确切的，但法国的酒菜搭配具有一定的代表性。

西方比较讲究的酒席，酒按上酒的先后，分为餐前酒、佐餐酒和餐后酒。所谓餐前酒是指上第一道正菜，如法文的正菜（entrees）和英文的热菜（hot dishes）之前饮用的酒，即开胃酒，有各种鸡尾酒、干或半干的雪利酒、干白葡萄酒、味美思、香槟酒、白兰地或掺加含汽矿泉水的威士忌等；在正菜上完后，宴会结束前饮用的酒，称为餐后酒或待散酒，如红、白葡萄酒、利口酒等，也可饮些白兰地或波尔图酒。

专家们总结出的酒菜相配实例（供参考）如下：

（1）以酒论菜

①一般干红葡萄酒：适于吃油炸羊、牛肉时饮用。

②一般干白葡萄酒：适于吃海鲜、鱼虾时饮用。

③一般玫瑰葡萄酒：适于吃任何菜时饮用。

④香槟酒：可配任何菜，可一顿饭从头至尾喝香槟酒。

⑤雪利酒：吃羹汤时饮用。

⑥波尔图酒：吃红烧牛羊肉时饮用。

但吃熏鱼时，可配饮干或甜型红葡萄酒；吃一般禽类肉食，通常配饮高档白葡萄酒。但如吃红烧野兔肉时，不能饮用清淡的白葡萄酒，以免菜味盖住酒味。一般吃野味肉菜时，宜饮用红葡萄酒；吃清蒸的鲥鱼等，不宜饮用红葡萄酒，以免酒味盖住菜的味道。

⑦酒度高而不浓的干白葡萄酒：配海鲜、贝类、山羊干酪。

⑧酒度高而较浓的干白葡萄酒：配炸鱼、冻鸡。

⑨中等酒度的桃红葡萄酒：配冷盘、冻肉、肉类、烧鸡、肉饼、干酪。

⑩甜而浓的白葡萄酒：配带汁鱼类、鹅肝酱、各种甜品。

⑪酒类高而不浓的干红葡萄酒：配扒肉类、烧肉类、熟食类、蛋类、法国卡门堡村和布里生产的干酪。

⑫酒度高而浓的干红葡萄酒：配野味、带汁家禽类、带汁红色肉类、味浓的干酪。

⑬最高级的干雪利酒：配微咸的干杏或榛子。

⑭波尔图干白葡萄酒：配极细腻的比目鱼（清蒸或干烧，并调以辣酱酒）。

⑮陈酿甜玛得拉酒：配以胡桃或作餐后酒。

⑯陈酿干玛得拉酒：配以甲鱼。

⑰丰收年份的葡萄牙 Port：配以胡桃或作餐后酒。

⑱最高档夏伯利酒：配以牡蛎（幨）或野味。

⑲特级非寻常的意大利 Chianti：配牛肉或小牛肉、干酪。

⑳布尔高尼白酒：配特制盘鱼或大红虾。

㉑陈酿意大利 Barolo Gattinara Barbaresco：配牛肉或野味、干酪、小牛肉。

㉒最佳年份的波尔图红酒：配羊羔腿或肢体（不要加大量辣酱油）。

㉓非常细致的 Auslesen、Beerenauslesen 等莱茵酒：配蛋奶酥或淡味面食品，或作餐后酒。

㉔布尔高尼的 et Emilion、Pomerol：配牛排、烤牛肉、野鸡或干酪。

㉕晚摘葡萄质量上乘的莱茵酒：配鱼、鸡。

㉖最高档布高尼红的 Co∑te de Beaune：配珍珠鸡、野鸡、干酪。

㉗好年份特细致的 Moselles：仅用作淡味餐后的待散酒。

㉘最高档布尔高尼红的 Co∑te de Nuits：配牛肉、野鸭、干酪。

㉙由穗选葡萄酿制的 Mouselles 白葡萄酒：配蓝鳟鱼或烤板鱼。

㉚中国长城干白葡萄酒：配以鱼、鱼饼、烤鱼、螃蟹、盐水大虾。

㉛最高档 Sauternes 或好年份的 Anjous 白葡萄酒：配发面食品或精选的蛋奶酥。

㉜天津王朝干白葡萄酒：配幨、海蛎子、蛤、烤火腿。

㉝香槟酒：配冷盘，或用作餐前酒、餐后酒。

㉞昌黎 B.D.H 牌赤霞珠红葡萄酒：配小牛肉、炖菜、烤鸭、烤鸡、火鸡或野

鸡。

㉟特制 Bho∑ne 红葡萄酒:配野鸭、山鹬、山羊干酪。

㊱昌黎 B.D.H.牌桃红葡萄酒:配烤火腿、烤乳猪、冷菜。

(2)以菜论酒

头道菜:

①牛油果伴虾/螃蟹:配德国花美白葡萄酒或德国格富白葡萄酒。

②熏三文鱼:配夏布利白葡萄酒或法国普丽富美白葡萄酒。

③鸡或鹅肝酱:配青岛干红葡萄酒,或法国芳色丽高白葡萄酒,或保祖利红葡萄酒。

④意大利菜汤:配意大利凯安提红酒。

⑤沙拉:因用醋调味,已有损味觉,可用干白葡萄酒。

⑥法式肉汤:配半干雪利酒。

⑦开胃拼盘:配法国山策拉白葡萄酒或麝香葡萄酒。

⑧虾:配法国芳色丽高白葡萄酒或法国普利富白葡萄酒。

⑨意大利薄饼:配西班牙歌尔奥索红酒或意大利凯安提红酒。

⑩鲜芦笋:配青岛霞多丽干白葡萄酒或德国特维富桃红葡萄酒。

⑪鱼子酱:配香槟酒或青岛起泡葡萄汽酒。

肉类:

①红烧牛肉:配法国三杯浅红葡萄酒或法国梅多克红葡萄酒。

②炖牛肉:配法国罗纳红葡萄酒或法国圣·爱米利翁葡萄酒。

③煮牛肉:配法国黑王子红葡萄酒,或法国罗纳红葡萄酒,或北京干红葡萄酒。

④咖喱:配美国白诗南白葡萄酒或法国胡富利白葡萄酒。

⑤鸭或鹅:配德国日规庄白葡萄酒。

⑥烧小牛肉:配德国熊堡白葡萄酒。

⑦牛尾:配法国马贡红葡萄酒或赤霞珠红葡萄酒。

⑧牛扒:配赤霞珠红葡萄酒。

⑨汉堡牛扒:配意大利凯安提红葡萄酒或保祖利红葡萄酒。

⑩野味:配法国教皇新堡红葡萄酒或法国圣佐治红葡萄酒。

⑪烧羊扒:配法国邦治堡红葡萄酒或法国马龙堡红葡萄酒。

⑫烧猪扒:配西班牙歌尔奥索白葡萄酒或意大利苏华妃白葡萄酒。

⑬火鸡或烧鸡:配保祖利红葡萄酒或长城干白葡萄酒。

水产类:

①重鳟鱼:配德国卡思特顶级白葡萄酒。

②冻螃蟹沙拉:配德国歌费里白葡萄酒或加州莱茵区白葡萄酒。

③鲍鱼:配美国长相思白葡萄酒,或夏布利白葡萄酒,或青岛霞多丽白葡萄酒。

④龙虾:配夏布利白葡萄酒,或青岛意斯林白葡萄酒,或青岛葡萄汽酒。

⑤贝类:配德国熊堡白葡萄酒。

⑥舌鳎鱼:配天津王朝白葡萄酒或夏布利白葡萄酒。

⑦沙丁鱼:配麝香葡萄酒。

甜食:

①饼食:配甜雪利酒或珍藏波尔多。

②苹果脯:配德国尼斯坦村白葡萄酒或美国绿宝石白葡萄酒。

③酪饼:配法国胡富利白葡萄酒。

④阿拉斯加冰淇淋:配甜香槟酒或加州保美神香槟酒。

⑤鲜果:配加州绿宝石白葡萄酒。

⑥草莓:配法国索丹甜酒或法国胡富利白葡萄酒。

⑦果仁:配特制干雪利酒。

⑧夏日布丁:配美国泰莱起泡酒或法国索丹甜酒。

⑨巧克力及其制品、柑橘类:无须葡萄酒。

综合菜肴、食品与类型葡萄酒相配:

①俄式鱼子酱、烟熏鲑鱼、橄榄、杏仁等开胃食品:配香槟酒、起泡酒、干雪利酒、干玛得拉酒。

②鹿肉、野鸡、牛排:配布尔高尼的 Hermitage、Chateaneuf pape 等红葡萄酒或意大利的 Barolo。

③夏季户外冷餐、鸡或牛肉:配桃红葡萄酒、质轻干白葡萄酒或法国保祖利红酒、增芳德酒。

④用红葡萄酒做的炖肉、炖菜:配布尔高尼红酒或罗纳产的红酒。

⑤炖牛肉、牛尾或浓味蔬菜汤:配任何红酒。

⑥炖菜、烤罐类:配法国保祖利红酒,或法国罗纳酒、增芳德或佳美。

⑦海鲜汤或其他奶油汤:配任何白葡萄酒。

中华酒典

⑧牛肉、野鸡等:配布尔高尼质轻的 Pomerol、et Emilion 等质轻的红酒,或意大利的 Bibb oerseco、Barole classico Chianti 等红酒,或中国昌黎的赤霞珠葡萄酒。

⑨浓肉汤或斑鸠汤:配玛德拉酒,或半甜雪利酒,或不配以酒类。

⑩羊羔:配波尔多细腻的红酒,或中国昌黎的赤霞珠酒。

⑪牡蛎(幪、海蛎子):配夏伯利酒、波尔多干白葡萄酒、麝香酒、白品乐酒、天津王朝白干葡萄酒、中国昌黎麝香白葡萄酒。

⑫小牛肉、甜面包等:配波尔多质轻红酒,或法国保祖利红酒,或中国昌黎赤霞珠酒。

⑬蛤:配雪利酒或白品乐酒。

⑭烤火腿或烤猪肉:配半干型白葡萄酒,或中国长城半甜白葡萄酒及昌黎桃红葡萄酒。

⑮鱼、鱼饼、烤鱼、螃蟹、大红虾:配布尔高尼的 Pouilly ~ Fuisse 或 dry Graves、Alsatian 等轻质白葡萄酒,或中国长城干白葡萄酒。

⑯鸡或火鸡:配轻质波尔多白葡萄酒或布尔高尼较丰满的白葡萄酒,或中国昌黎的赤霞珠葡萄酒。

⑰鱼、带壳贝类、冷野禽、凉肉:配布尔高尼较丰满的 Meursault、Graves 等白葡萄酒,或中国昌黎的麝香白葡萄酒。

⑱餐后发面点心、水果:配索丹酒、法国安汝甜白葡萄酒、德国莱茵粒选的白葡萄酒或香槟酒。

⑲胡桃等:配波尔多酒、甜玛德拉、甜雪利酒。

⑳其他:咸食选用干、半干型酒类;辣食选用强香型酒类;甜食选用甜型酒类;西式菜原则上选用西洋酒,或用中性酒类,应视主客意愿而定。

一般正宗的西餐用酒习惯为:吃鱼或壳鲜饮无甜味的干白葡萄酒;吃禽类肉食时饮中性或干白葡萄酒;或低度红葡萄酒及红玫瑰葡萄酒,吃肥腻或味浓的牛羊肉或野餐饮高度红葡萄酒,通常是勃根弟酒;吃其他牛羊肉时饮波尔多等低度红葡萄酒;吃羹汤时饮雪利酒;吃奶酪时饮红葡萄酒;吃布丁时饮甜味葡萄酒或香槟酒。

吃水产及冷菜时,所饮的酒温度应低些,通常为 4~10℃;对高档葡萄酒,在任何季节,其饮用温度不宜超过 22℃。

上述实例,是专家们长期实践的结晶,反映了酒食相配能增进色、香、味感觉实效的某些规律,颇具实用价值。但饮食与人、时、地等诸多因素相关,故读者不可全盘照搬。

3.法国餐的酒肴相配

餐前酒为味美思酒、鸡尾酒和雪利酒等;餐后酒为甜食酒、鸡尾酒及部分蒸馏酒及利口酒:如威士忌、白兰地、葡萄牙的波尔多酒及西班牙的雪利酒等。

正菜的配酒实例如下:

(1)以菜论酒

①序菜:配干白葡萄酒、玫瑰红葡萄酒或低度干红葡萄酒。法国有的葡萄酒的酒精含量仅为8毫升/100毫升。

②冷盘:配低度干型白葡萄酒。如:法国的勃根第白葡萄酒和阿尔萨斯白葡萄,以及德国的摩泽尔白葡萄酒。

③鱼鲜海味:配以酒度较高(酒精含量为12~14毫升/100毫升)的干白葡萄酒。如法国波尔多葡萄酒和勃根第白葡萄酒、德国的莱茵白葡萄酒。

④肉禽野味:配以酒精含量为11~16毫升/100毫升的干红葡萄酒。其中猪肉、小牛肉及鸡肉等白色肉类,宜配以酒精含量为11~13毫升/100毫升的干红葡萄酒,如法国布绕菜、马孔、波尔多等红葡萄酒;牛肉、羊肉、火鸡肉等红色肉菜,宜配以酒精含量为13毫升/100毫升的干红葡萄酒,如法国的夜坡地、博讷坡地、罗讷谷地、圣爱米永红葡萄及意大利的红葡萄烈酒。

⑤汤类:通常不配以酒;特殊情况下可饮一些如干雪利酒等干型酒。

⑥干酪类:可配以甜型以外的任何葡萄酒;也可继续饮用吃正菜的酒。

⑦甜食:配甜葡萄酒或含气葡萄酒。如法国香槟酒、哥拉夫斯葡萄酒、苏太尼葡萄酒,德国的莱茵葡萄酒,匈牙利的托凯葡萄酒。

在法国,若名菜"生食牡蛎"不配以法国勃根第一种名叫"夏布丽"的白葡萄酒,则认为是贻笑大方的事;里昂香肠专配布绕菜(Beaujolais)酒;图尔肉酱专配卢瓦河一带产的葡萄酒。

(2)以葡萄酒的类型论菜

①干型白葡萄酒:如佐餐葡萄酒、乡土葡萄酒、阿尔萨斯、波尔多的格拉浮和两海间、索缪尔、玛斯凯特、桑赛尔、勃根第的夏布利和马贡及萨瓦葡萄酒等,应配以牛肉、烤白家禽、猪肉食品、酱汁鱼、煎鱼、贝类;或用作餐前酒。

②甜型白葡萄酒:如甜波尔多索丹和巴匀尔萨克、莱雄山坡、符佛来、阿尔萨斯琼瑶浆、蒙巴齐押克、徐郎松葡萄酒,可配以酱汁鱼、肝、肥肉、浓味或淡味

奶酪;也可用作餐前酒。

③干型桃红葡萄酒:如佐餐葡萄酒,乡土葡萄酒,普罗旺斯山波、图尔伦、卢瓦尔、罗河流域的李腊克和答凡尔、阿尔瀑、裴埃思葡萄酒,可配以牛肉、烤白家禽、猪肉食品、煎鱼。

④半干型桃红葡萄酒:如安柔桃红葡萄酒及安柔解百纳葡萄酒,可配以牛肉或猪肉食品。

⑤轻质干型红葡萄酒:如酒精含量达 11 毫升/100 毫升的佐餐和乡土葡萄酒,波尔多的湄渡和格拉浮、保祖利、马贡、贝尔、希农、索缪尔、才拉克、菩尔过佑、兰多克谷、香比尼、科尔皮爱、科斯嘉葡萄酒,可配以牛肉、猪肉食品、烤红肉、酱汁红肉,鸟肉、烤白家禽、酱汁鱼、煎鱼。

⑥浓醇红葡萄酒:如酒精含量为 11 毫升/100 毫升以上的佐餐和乡土葡萄酒,勃根第的蒲糯谷和虞禹谷、波尔多的圣一爱米里翁和波眉乐、菲都、鲁修谷、科斯嘉葡萄酒,可配以烤红肉、鸟肉、酱汁红肉、淡味奶酪、甜食。

⑦香槟酒:可用作餐前酒、餐后酒以及能适应于一切菜肴的佐餐酒。但用作餐前酒和佐餐酒的为极干或干型香槟酒;用作餐后酒者则为半甜型或甜型香槟酒。

⑧起泡葡萄酒:如第地方(Die)的小水晶发泡葡萄酒,利木地区发泡葡萄酒,阿爱萨斯起泡酒,勃根第、卢瓦尔、轧亚起泡酒,可配以贝类、肝、肥肉、牛肉和浓味奶酪;也可用作餐前酒或餐后酒。但用作餐前酒和佐餐酒者为极干或干型酒;用作餐后酒者为甜型或半甜型酒。

⑨天然甜型葡萄酒:配肝、肥肉或浓味奶酪;也可用作餐前酒。

⑩强化型葡萄酒:如夏朗德省产的比努和富隆蒂仰葡萄酒,可配以浓味奶酪,也可用作餐前酒。

4.意大利式的餐饮模式

意大利及葡萄牙等欧洲国家的餐饮方式,与法国有许多相似之处,情况大致如下。

(1)餐前酒为各种鸡尾酒、味美思、干型白葡萄酒、雪利酒、白兰地及掺苏打水的威士忌等。正菜前有冷盘。

(2)餐后酒

为红甜葡萄酒、白甜葡萄酒、利口酒。在吃点心及喝咖啡和闲谈时,通常饮用白兰地或利口酒,以提神醒脑。

（3）正菜配酒

①干型白葡萄酒：配海鲜、鱼虾等水产品，以除腥味，清淡相宜。

②干型红葡萄酒：配香浓、肥腻的红烧或油炸的牛羊肉。

③干型红葡萄酒或微甜型红葡萄酒：配熏鱼。

④干型红葡萄酒或干型白葡萄酒：配以用文火焖、炖、烘烤的肉类食品；或雉肉、火鸡、野兔等野味。

⑤雪利酒：配以汤类。

因此，餐桌上酒杯较多，以各尽其用。

意大利人饮酒时也讲究酒温：如红葡萄酒的温度与室温相同，为20℃左右；白葡萄酒宜降温后饮用；香槟酒、啤酒及酒度较高的巴德酒和雪利酒，须冰冷后饮用；威士忌宜加冰块；但白兰地切忌放冰块，以免有失原有的风韵；鸡尾酒多以冰块降温，但也有用热水、热咖啡、热牛奶等冲兑的。

5.德国人就餐时饮酒方法

德国人在餐前，即上正菜前喝啤酒；吃正菜时才饮葡萄酒。

6.美国人就餐饮酒的习惯如何

美国人通常吃正菜时佐以葡萄酒或啤酒。

7.日本人的酒肴相配方法

日本人多喜欢其国酒——清酒，并专配以"和食"。日本是个岛国，山珍海味来源易得。日本厨师的突出技能是将这些新鲜原料精细加工后不予致热成熟，以不失其原有的肉味。这是与中餐和西餐的菜肴所不同的地方：中菜最大的特点是将一般的原料经复杂而巧妙的加工，制成具有各种特色的美味佳肴；而西菜的主要特征则擅长用野兽肉类等野味为主要原料，佐以辣酱油、香味调料等按适量的配比制成名菜。

8.我国的餐饮习惯

（1）一般酒席的餐饮过程

①餐前：这里是指在上冷盘之前，通常是先饮一些用茶叶或菊花之类泡的茶；有的在上冷盘之前先上几小碟腌制的具有不同风味的小菜，可能也是欲起开胃的作用吧；有的在就餐前吃点甜食或零食，诸如糕点、果脯、瓜子，乃至酒酿圆子之类的食品，给胃"垫底"。

②就餐：通常是先上荤素搭配、色泽各异、口味谐调的冷盘；再按顺序上各种热菜；最后上汤和甜食、水果。

我国北方的一些酒席,是以四甜、四凉、四热(炒、炸等)、四烩和若干大菜以及汤类为一套菜谱的。其中四甜为糕点、糖果、蜜饯、现制点心等甜食,用于饮酒之前;四凉、四热为开胃、佐酒的下酒菜;四烩和若干大菜的油较重、味较浓,适于下饭。我国南方的酒席,大致与北方相似,但四甜在正菜之后才上,为甜咸皆具的点心和以荸荠、木薯淀粉及珍珠米等制成的甜羹,也有供应小馄饨之类的。当然在餐前也有点心等可吃的。待散席时的多种切成小块的水果是必不可少的。

③餐后:可饮茶,但有人对此有异议。如果是家宴,餐后可继续按各人需要,享用各种饮料,或吃各种水果等食品。

(2)中餐的酒菜相配例

吃中菜尽可能饮用国产酒。中餐酒菜的相配,与西餐也有相似之处:如色调冷、香气雅、口味较纯的菜点,应配以色、香、味淡雅的酒品;色调热、香气馥、口味较复杂的菜肴,应配以色、香味较浓郁的酒品;吃咸食饮用干型酒;吃辣食饮用强香型酒;吃甜食饮用甜型酒。

例如:

①冷盘:配加饭酒、汾酒。清爽相宜。

②吃蟹:专配黄酒。如此不仅鲜味相强,且相互烘托。

③鸡鸭:配元红酒、浓香型的泸州老窖酒。

④海鲜等水产品:配干型白葡萄酒。

⑤红烧猪肉、牛肉等:配干型红葡萄酒。

⑥甜味菜及水果:配甜型黄酒和葡萄酒。

西方一些国家的人,往往在餐前饮一杯干型白葡萄酒;餐后饮一杯甜型红葡萄酒。若侍者送错,则可能被解雇。

酒菜相配,并非是新的课题。中国古代贵族的佐酒菜,还追求什么"猩唇貛炙,象约驼峰"之类。明代文人袁宏道的《觞政》提及佐酒之物为:一叫"清品",如鲜蛤、糟蚶、醉蟹之类;二称"异品",如熊白、西施乳之类;三谓"腻品",如羔羊子、鹅炙之类;四是"果品",如松子、杏仁之类;五为"蔬品",如鲜笋、早韭之类。他认为:"瓦盆蔬具,亦何损高雅"。以现代科学的观点,若多以脂肪含量高的肥肉佐酒,则其产热量过多,脂肪有可能氧化不充分而产生酮体,久而久之会导致酸中毒;若以鱼类、豆制品、新鲜蔬菜类制成的菜肴佐酒,则较为适宜。

饮酒过量危害大

饮酒过量的害处

任何食品吃喝过量,都会有害于身心,酒当然也不例外。如果过量饮酒或嗜酒成癖,将导致严重的后果。元代饮膳太医忽思慧的《饮膳正要》载:"酒味苦甘辛,大热有毒,主行药势,杀百邪,去恶气,通血脉,厚肠胃,消忧愁。少饮尤佳,多饮伤神损寿,易人本性,其毒甚也。醉饮过度,丧生之源。"李时珍在《本草纲目》中,也将酒的作用一分为二,在说了少量饮酒的好处之后,又特别指出:"无夫沉湎无度,醉以为常者,轻者则致疾败行,甚则伤躯殒命,其害可甚言哉。"这里仅就酒中的主要成分酒精而言,归纳饮酒过量的害处如下。

1.酒精对神经系统的伤害

饮酒过量,当血液中酒精含量达 0.05~0.02 毫升/100 毫升时,可使大脑的抑制功能减弱,记忆减退,辨别力、集中力及理解力明显下降,以致神经衰弱,智力迟钝,视觉模糊,由此而引发一些恶性事件,造成很多不良后果。一次大量酗酒,当人的血液中的酒精含量达到 0.4 毫升/100 毫升时,会出现急性中毒而脑神经麻醉,人陷入昏睡或昏迷状态,脸色苍白,呼吸缓慢,体温下降,严重者危及生命。一些慢性酒精中毒者患有多发性神经炎、视神经炎等疾病。

2.酒精对人体许多器官的影响

长期过量饮酒,胃和胰腺多受酒精刺激而造成炎症;慢性酒精中毒,可导致肝、心、肾等脏器变性;酒精随血液进入肝脏而损害肝细胞,日久可出现肝脂肪、肝硬化;酒精可使心脏功能减弱,造成血管硬化、高血压;酒精能降低呼吸道的防御功能而导致气管炎;酒精还会降低主要男性荷尔蒙——睾丸酮的水平,能延缓男青年性功能的成熟;孕妇过量饮酒,可能使婴儿畸形、智力迟钝,甚至造成死胎。对正服用抗高血压药物的患者,酒精不但会降低药物的疗效,还能速溶缓效药物的外衣,使药力骤发过猛而危及生命。

3.长期饮酒过量,可导致营养缺乏症

尤其是蒸馏酒,缺乏人体所需的蛋白质、维生素及矿物质等成分;酒精还能降低小肠对硫胺素、烟酸、维生素 B_6 和 B_1 及叶酸的吸收率。据美国匹兹堡大学嗜酒研究所,对 300 名长期嗜酒者的营养摄取量的调查,在不饮酒时,每人每天从膳食中摄取的营养素平均值为:热量 11720.8 焦耳,蛋白质 105 克,硫胺素 1.6 毫克,核黄素 2.1 毫克,烟酸 17 毫克;在饮酒的条件下,每人每天摄取食物营养素的平均热量为 3558.1 焦耳,蛋白质 35 克,硫胺素 0.5 毫克,核黄素 0.7 毫克,烟酸 6 毫克。故长期饮酒会导致营养缺乏症,以及各种营养性的疾病。

4.饮酒过量能致癌

据调查,患消化系统的喉癌、食道癌、胃癌、肝癌等癌症的,嗜酒者为数较多。

饮酒适量如何确定

1.不能一概而论

因为每个人的体重、耐酒力等状况,差异很大;各种酒的酒度及其他成分的含量也千差万别,所以不能笼统地说每人一律以某个"适量"为准。现在有所谓"一个标准饮量""合理饮量""经验酒量""实际感受酒量"等说法。实际感受酒量与饮酒时的心情和身体状况,以及客观环境乃至季节等因素有关。如果身心疲惫,则体内的乳酸积累较多,酒量相对为小;在饥饿时饮酒,亦易致醉……自我控制酒量是酒德的重要方面。这里,不妨看一个古人的例子。

春秋战国时期,齐国的大臣陈敬仲被国君齐桓公召去伴饮,一直喝到傍晚时分。但桓公酒兴未尽,就令侍从上灯,以尽其兴。可是陈敬仲却起辞谢道:臣只想的是白天饮酒,没有想到晚上,故已足量了,不敢再喝下去。这就是历史上"臣卜其昼,未卜其夜"的故事。

2.自我控制,以何为度

一般认为,如果你有十分酒量,应只喝到六七分乃至四五分,最多也不能超过八分。古诗有"好花乘看半开时,好酒宜在半醉中"之句,这里的醉字,应理解为"量"字为好。明代的莫云卿在他所撰的《酗酒戒》中认为,饮酒应以"唇齿间觉酒然以甘,肠胃间觉欣然以悦"为度,若到了这个限度,则"覆觞止酒",即将酒杯倒扣于桌,以示决不再饮。

3.一个标准饮量

英国卫生教育委员会发行的《这就是限度》认为:半品脱(284 毫升)的啤酒或淡啤酒,或一杯葡萄酒,其酒精总含量基本相同,故可将此视为"一个标准饮量"。其他酒的饮量,只要酒精总的含量与此相等,则均可视为一个标准饮量。至于每人一次饮酒量应合多少标准饮量,则可因人而异。

4.合理酒量的标准

合理酒量实际上也是指饮酒量的适当限度。可用下列公式表示:

合理酒量(毫升)=体重(公斤)×0.7÷酒的酒度

例如体重为60公斤,若饮用酒含量为50毫升/100毫升的白酒,则饮量应在84毫升之内。

有的葡萄酒专家认为,一个正常人每1公斤体重,每次饮入折合0.6~0.8毫升酒精的葡萄酒,则不会有害,而使人轻松愉快。若按此标准计算,一个体重为50公斤的人,一次可饮用酒精含量为12毫升/100毫升的葡萄酒250~334毫升;每次饮用酒精含量为16毫升/100毫升的葡萄酒190~250毫升。若饮用量超此标准,譬如,每1公斤体重的酒精量增加至1.2毫升,则会微醉;增至4~5毫升,则可昏迷;超过6毫升,则可严重中毒。当然,如前所述,每个人的体质等状况各异,故不可一概而论。

国外有些部门,笼统地说每人每次可饮某种酒多少,这种提法是不大科学的。

5.男女的饮酒限量是一样的吗

应略有差别。因为男子的含水量是体重的55%~65%;而女子仅为45%~55%。故酒精在男子体内更易冲淡些。

6.为何有人酒后脸红,而有人却脸白或发青

有人一喝酒就脸红,眼球充血。这是因为饮酒人人体的酒精,经尿直接排出的不超过饮入量的2.4%,且所饮酒的酒度越高或饮量越多,排出量占总摄入量的比例反而下降。而80%的酒精被十二指肠和空肠所吸收,其余的由胃吸收。酒精需经肝脏中的醛脱氢酶类分解为酸,再排出体外。但有的人,其体内的脱氢酶功能不全,即缺乏Ⅰ型醛脱氢酶,故酒精被氧化成乙醛后,不能进一步酸化而积累;另一种肝电脉属于β_2型的人,体内酒精氧化成乙醛的速度比γ、β_1、α等型的人要快得多。上述这两种人,饮酒后受乙醛的刺激,反应较强烈,故导致脸部、眼球、耳部等微血管迅速扩张,使血液大量流向体表。

饮酒后脸色变白的人,其体内的醛脱氢酶功能较全,能将酒精较迅速地氧化成乙醛,并迅速酸化。但当饮酒致使血压下降时,机体为维持血压正常,就分泌一种收缩血管的成分,使血压上升。这样,会引起末梢血管血流量减少,因而呈现脸色发白现象。通常这种人酒量较大。但当饮酒量超过一定限度时,则会脸色苍白,产生不良反应。

中华酒典

有的人饮酒后脸色发青,身体发冷。这除了因交感神经兴奋、血管收缩外,也可能是空腹饮酒所引起的低血糖症反应。低血糖症的表象很多,诸如头晕、脸色青白、出冷汗、四肢发冷、脉搏细弱而快速、恶心呕吐、情绪激动、神志恍惚等;严重者呈昏迷状态,表面上似"醉酒"。若喝点糖水,则可缓解症状;若饮入食醋,则易引起化学性胃炎。因此,切忌空腹喝酒。

7.酗酒能遗传吗

美国依阿华州大学医学系教授里米·卡多雷特,曾对 443 名年龄为 18~25 岁的青年进行调查,其中有 40 人的双亲长期饮酒过量,现在他们也染有严重的酗酒恶习。该教授的研究报告指出:酗酒者将通过他们的基因,把自己的坏嗜好遗传给后代。

德国的科学家对 208 个酗酒者的染色体的研究表明,染色体易位、双着丝点染色体、环状染色体等染色体畸变的发生率,酗酒者为非酗酒者的 3 倍;而既酗酒又抽烟者的染色体畸变率更高于单酗酒者。

因此,为了你的下一代,也应注意不要酗酒;当然,后天的自我控制等因素,往往也起决定性作用。

8.为什么中国人酒量小者居多

因为我国人口中乙醛脱氢酶缺陷型的人所占的比例,比欧美为多。其中朝鲜族中占 24%,蒙古族中占 29%,汉族中占 44%,壮族中占 45%,侗族中占 48%,此外,女性占的比例大于男性,南方人中占的比例大于北方人。

9.为什么要有饮酒间隔好

每次饮酒要适度,各次之间也应间隔适当时间。有人认为以间隔一天为好;但多数专家认为以间隔 3 天以上为宜。这是因为,人饮酒后,脂肪易堆积于肝上;酒精会刺激胃粘膜,使之遭受一定的损伤。通常在酒后 3 天左右,机体才能恢复正常。

酒精在人体内有的被乙醛脱氢酶分解成乙醛和氢,经 6~10 小时,被分解成水和二氧化碳,通过排尿、出汗或呼吸排出。在这个过程中,乙醛和氢会直接损伤肝细胞;或使肝上积累脂肪形成脂肪肝。通常,当健康者的体内酒精浓度达 0.08%时,即可有损于肝组织。

另外,频繁又过量饮酒,还会引发急性胃炎、急性胰腺炎,甚至造成胃渗血和溃疡。

因此,不仅每次饮酒要适量,而且必须有间隔,这是不可分割的两个方面。

10.喝啤酒可以不限量吗

有人认为啤酒的酒精含量仅为 2~5 毫升/100 毫升,所以可不限量。这种认识是不全面的。因为啤酒虽然酒度较低,但毕竟也是含酒精饮料,是一大酒类。因此,当饮量超过一定限度时,即人体内的酒精含量达到一定程度时,也会致醉和酒精中毒。

过量饮用啤酒,会使血液中液体含量增多。故经常饮用大量啤酒,会使心脏长期加重负担而心肌肥厚、心腔扩大;加之酒精对心脏的损害,会致使心肌组织中沉积脂肪而收缩功能减弱。这些人的心脏比一般人大,这种体积增大而收缩力减弱的心被称之为"牛心"或"啤酒心"。

啤酒的含热量较大,1 升啤酒含热量高达 7534.8~14023.1 卡,约相当于人体一日所需热量的 25%;在饮酒的同时,通常食用较多的高脂肪菜肴,致使体内脂肪过剩,皮下脂肪层增厚,被称之为"啤酒肚",并能导致高血压、冠心病、动脉硬化等疾病。

另外,过量饮用啤酒,还会使血液中的铝含量增高而直接影响健康。

第二节　饮酒得法

饮酒,除了应注意条件、酒肴相配得量外,还须方法得当。譬如应小酌慢饮,才能真正领略酒的色、香、味、格的美妙,饮酒应是欣赏、享受和求得趣味的过程。酒不仅是许多成分的载体,从某种意义上讲,酒也是精神的载体。对于一个真正尊重科学的酿造工作者而言,不但在正式评酒时要考虑一些问题,即使是在平时走进商店看到瓶酒,抑或在一般的饮酒场合,都会自然地联想到某种酒与原料、微生物、酶类、工艺设备乃至阳光、空气的关系,这是职业习惯使然。只有将自己的喜怒哀乐与酒的质量相联的人,才能称得起是真正的酒类酿造工作者。对于一般的人来说,所谓饮酒得法,也包括酒礼和酒德的含义。

中华酒典

酒店和酒吧

国内的酒店和酒吧

国内将提供住宿及饮食的大型服务单位称之为饭店、宾馆、酒店或招待所。但一般小酒店则没有一定的格式。即售酒的单位,也备有些下酒菜肴,供顾客在店内酌饮。有的仅设置较简陋的桌、凳;有的设置铺布的桌子和较好的椅子,桌上置有烟灰缸、调味用具及餐纸等;有的还出售一些点心。

国内城市中也有一些模仿国外的室内或室外的酒吧。

国外酒店和酒吧

1.酒店 世界上的酒店以星级制分级较为普遍。

①一星级酒店:代表经济型。店内客房一般设施较完备,有地毯和电视等;至少有 10 间客房有取暖装置;有早餐备供。

②二星级酒店:除一星级酒店所具的条件外,尚设电梯;客房有电话分机,有接待服务。

③三星级酒店:除二星级酒店必具的条件外,尚有接待厅和阅览室,一半客房装外线电话;员工的素质也较高。

④四星级酒店:除三星级饭店必具的条件外,尚有宽大的公共场所;有套间公寓或客房;有兑换货币等服务。

⑤五星级酒店:在四星级饭店的基础上,要求公共场所高级宽敞;尚有露天或室内游泳池,或设室外网球场等;设直通国际电话,以及 24 小时世界各地快邮等服务。

2.酒吧 可独立经营,也有饮食店附设的;或附设于大餐厅、大酒店、大宾馆内。所售酒类因消费对象而异。通常,对单一的酒吧,其饮品种类不必求全责备;附设于大酒店等之内的酒吧,其酒品的种类和档次较全。

酒吧设有高约 1.2 米的售(饮)酒台,其下部有踩脚栏杆;酒柜里放置各种酒、配酒用具及酒杯等,靠墙处设工作台和洗手池等。有的酒吧设有类似火车座位的"火车座"。即在一长台的两边,设有可面对面而坐的沙发,多为 2~4 人共饮而设,灯光不宜过强。

3.调酒员须知

①用料:所用的苏打、果汁、乳制品、砂糖及冰等,均应选择最优者。如冰威士忌苏打(Highball)应为"俱乐部苏打(aub soda)",使其在饮至最后一口时仍有起泡存在。高质量的苏打水启盖后,应呈连珠状发泡,直至最后一滴;而不是呈喷涌状。使用优质的苏打水,能增强酒香,并保持本酒品特有的风味。果汁要求新鲜,不要用长时间放置的压榨汁,因其在冰箱内24小时以上,维生素 C 会损失;不能用罐头果汁;糖只用砂糖,不用制成糖果的糖;冰要求纯净。

②操作:

1)调酒应用量杯或量筒等计量器,不宜凭目测而定。

2)若有可能,鸡尾酒杯应先冷冻一下后再使用。

3)若调配中须加果汁和砂糖者,蒸馏酒在最后加入。

4)若注明须摇振者,须用配酒摇振壶充分摇振;若注明须搅匀,也决不采取摇振。通常摇振操作适用于浑浊饮品;搅匀则适用于清亮饮品。

5)调好的鸡尾酒,应尽快饮用。

餐前准备

酒杯

酒杯与酒品相配。如饮用葡萄酒,通常使用高脚杯,其容量不少于 20 毫升。

酒的准备

1.酒温 应有足够的冰箱冰桶和合适室温的场所予以保证。

①要求饮用温度较低的酒:如发泡葡萄酒 2~5.5℃;香槟酒 5.5~8.5℃;干白葡萄酒 7~11.5℃。啤酒饮用温度以 10℃ 左右为宜。威士忌等蒸馏酒及鸡尾酒可加冰块;但其他酒不能加入冰块降温。

②要求饮用温度一般的酒:如甜红葡萄酒 12~14℃;干红葡萄酒 16~18℃;甜黄酒、半甜黄酒及干黄酒 20℃ 左右。故黄酒在冬天应温热后再饮用。

③白酒,尤其是中、低档的白酒,应加温后再饮用。因为白酒中的不良成分甲醇的沸点,为64℃,乙醛沸点仅21℃。在使用电动电热温酒器将白酒加热过

程中,那些有害成分可挥发掉一大部分。但酒温最高不宜超过65℃,以免酒精损失较多,因为酒精的沸点为78.3℃。对于名优白酒的品温,可控制在30℃以下。因其低沸点不良成分含量相对为少,温度低些,也以免有效特殊芳香成分的挥发。半干型黄酒,在冬天可温热至25~30℃饮用。

2.去除沉淀　贮存期长的红葡萄酒等,有时会有一些沉淀物附于瓶壁和瓶底。在饮用前一天,应将外壁的尘土擦去后将瓶立置,使沉淀物集结于瓶底。再细心地开启金属或塑料的封口套,并将瓶口的蜡或灰尘擦净。然后用螺旋开塞器拔去软木塞,将上清酒液缓慢地倒入洁净的盛器中封存,置于18~21℃的室内,使酒温与室温接近。

也可采用虹吸法,或将瓶酒置于一只一端有凹口的船形篮中,将上清酒液倾流而出。

准备其他饮料

应准备些矿泉水及别的饮料及相应的杯子。矿泉水以备进餐过程中口渴时饮用。有时人们凭自己的兴趣进行配饮。如我国民间常用橘子水兑啤酒,葡萄酒掺果汁;东欧人喜以水兑中性酒精;英美等人爱用冰块、冰霜、冰水稀释烈性酒;有的人用奎宁水兑金酒;有的民族如爱尔兰人用咖啡兑酒,但有人对此有异议。

科学、文明的饮酒方法

开瓶、倒酒

1.开瓶

不带木塞的瓶酒,只要用简单的开瓶器很方便地进行开盖。

(1)带软木塞的瓶酒的开启

服务员应随身携带开塞钻,以便随时使用。先将某餐桌主人所点的酒拿到他面前,让其看标签鉴定一下,并告诉他该酒的有关情况。在主人认可后,将瓶口的铅盖上部用刀割掉,并用餐巾将瓶口擦干净。再用餐巾包着瓶颈,将螺旋式开塞器从塞中心慢慢旋入,旋入深度以钻头不穿出木塞为准,以免木渣进入酒中。利用杠杆原理将瓶塞慢慢地拔出,拔塞过程中不要晃动酒瓶。当瓶塞拔出大半时,再次用餐巾擦瓶口部位,最后将瓶塞轻轻拔出,并擦干净瓶口。

木塞的长短,与酒质及贮存期有关。通常高级酒的木塞较长。酒在贮存中,总要蒸发损耗一些。木塞与酒液面之间的距离,称为瓶颈空隙,一般葡萄酒为4~5厘米;贮存期长的优质葡萄酒为5~6厘米。但每种酒装瓶时的装量是一定的,若有意少装,则有损酒质。一些名红葡萄酒的木塞很长,开瓶操作更应细致。通常,红葡萄酒应在饮用前半小时开瓶,以利于饮酒的氛围。

(2)香槟酒的开启

将香槟酒从冰桶中取出,用餐巾抹去瓶表面的水,并端给餐桌主人认可。再用餐巾包瓶颈和瓶口,将瓶朝外倾斜呈45度;在布巾下除去铁丝扣及盖;用一只手握紧用餐巾包住的瓶塞,另一手轻轻转动瓶子,瓶内的压力会把瓶塞渐渐顶出。若不用餐巾把瓶塞包住,瓶塞在冲出时可能会伤人。

2.倒酒

(1)倒一般的静酒　开瓶后的酒,先给餐桌主人倒少量酒品尝。若认为有异味、软木味或因保存不善而变质等现象,则予以更换。在主人认为酒合格后,可从他右侧的第一位女士倒酒,再按反时针方向顺次给所有的女士斟酒;然后顺次为男士斟酒,最后为主人斟酒。若主人为女士、同桌者均为先生,则应先倒少量酒让其中一位先生品尝,并询问结果。

通常酒杯置于饮者右手边,倒酒也在饮者右边,须当着饮者面倒,尤其是红葡萄酒;以右手持瓶,标签向上;不须在饮者面前传递酒瓶,更不应变更倒酒的顺序,须注意同桌人的年龄及身份等。

斟酒不应满杯。通常白葡萄酒、黄酒等倒至杯容量的2/3即可;红葡萄酒可更少些。

倒白葡萄酒时,瓶口与杯口应相距5~10厘米;若为发泡型酒,位置还可高些,以利于看到气泡;但倒红葡萄酒时,几乎是瓶口接近杯口的,以保持酒香,对优质酒或老酒更应注意。

倒酒后,将须保持低温的酒,立即放回冰桶;并将所有的酒一并放于主人的右手处。

在特别高级的宴会上,若宾客需饮一杯陈年红葡萄酒时,侍者应左手持杯,慢慢将酒倒入杯中后送给对方。

一般的特选餐酒,是已经精心挑选过的,通常可以零杯、半瓶或整瓶出售,则无须遵守上述各项规矩。

（2）倒香槟酒等含气酒　因其含有泡沫,故只需倒半满即可。为了让桌上每位宾客都欣赏到高贵、漂亮的香槟全貌,侍者在用餐巾将瓶子表面的水抹净后,倒酒时不要再以餐巾包着酒瓶。

各种酒的饮法

1.饮白兰地酒

一般倒入高脚大肚杯内,只倒1/3杯或更少。将杯脚夹于中指和无名指之间,使酒被掌心加温并便于摇动,促使酒香挥发。在挥发过程中,散发不同的香气,以鉴赏酒的优劣。通常不加冰块,以免冲淡酒的香味。要细品慢饮。但也有人在白兰地中冲入热茶、咖啡和糖,或加入冰矿泉水或冰块的,认为如此可增添情趣。

2.饮用威士忌、伏特加、金酒、老姆酒

威士忌单饮时较辣,因其酒精含量约40毫升/100毫升。可加些冰或水,或苏打水;也可兑入柠檬汽水或可乐等混饮。还可调制鸡尾酒。

伏特加酒精含量较高,可以单饮;也可加入冰块或柠檬后饮用;或用以调制各种鸡尾酒。

金酒兑入奎宁水,是世界性的饮料。

老姆酒可加冰饮用;亦可掺入别的饮料混饮。如老姆酒兑可乐,是世界较为流行的饮料。

3.饮用白酒

如前所述,传统的冷天饮用法为先要烫酒。即将酒倒入瓷壶中,置于盛有热水的大碗或恒温电加热温酒器内,使酒香四逸,并挥发掉甲醇乙醛等不良成分后,再趁热细饮。

4.如何饮啤酒?冬天也可饮啤酒吗

（1）酒杯　可用带把的瓷杯,以免打破,但更多的是用玻璃杯。无论用什么杯,使用前一定要用清洁剂和清水充分洗净,不宜用毛巾去擦。因为杯壁若稍有油性成分,则会消除啤酒的泡沫。

（2）酒温　比利时人将啤酒冷到10℃后再喝,因为这个温度可使其香味充分散发;美国人喜饮冰至5～10℃的啤酒。当然,我们不必认定某个温度。但也应将酒温掌握在5～15℃之间。譬如在夏天,在饮用前,可将啤酒置于自来水充分冷却;或在冰箱中放置2小时左右后,再取出隔15～20分再喝。因为品温较低的啤酒,不但有利于香气的逐渐挥发,而且可使酒中的二氧化碳和泡沫能较持久地保持;饮用时有清爽之感,并不失本品固有的风味。

(3)开启 啤酒内含有较多的二氧化碳,是带压的饮料。因此若开盖方式不当,则会造成爆炸事故。譬如有人用牙啃瓶盖、或用筷子撬、找棱角处碰、两瓶酒的盖对搓,甚至将酒猛烈振动后,在膝盖或桌面上一震,使瓶内的压力顶开瓶盖,这些都是不安全的做法。因为瓶酒经激烈振动后,瓶内压力增大,尤其是那些厚薄不均匀,甚至有气泡的瓶子,因承受不住突然增大的压力而爆炸。所以应在酒温较低、不振荡、瓶子离人体尤其是脸部不太近的条件下,用启子开盖。

(4)倒酒 倒酒速度要适宜。若过速,则泡沫太多,不便饮用;若过慢,则酒中二氧化碳含量过多。应先慢倒,再猛冲,最后轻轻抬起,这样形成的泡沫美观。另外,应在一杯喝完后再倒酒,不要随喝随倒,以免泡沫全无,最好一瓶一次倒空。

(5)饮法 啤酒酒度较低,饮用温度较低,又带有泡沫和二氧化碳,口味也较特殊,故不像一般酒宜慢饮细酌,而应较大口地喝。若小口地喝,啤酒饮入口腔后即很快升温,使苦味显露;大口地与泡沫一起喝,口味较柔和,可避免酒液与空气接触而氧化。另外,油是消泡剂,若吃菜后嘴唇上沾满油腻,应用餐巾擦去后再饮啤酒。

(6)新鲜度 通常认为鲜啤酒的保存期为7天,经加热灭菌的熟啤酒保存期为1~3个月;经无菌过滤和无菌灌装的纯生啤酒,其保存期也较长。但啤酒是还原性的弱性胶体,不管工艺如何严格,啤酒中总会留存一定量的溶解氧及瓶颈氧。因此随着保存时间的延长,总会给啤酒带来不同程度的氧化味,所以,啤酒以新鲜时饮用为好。

(7)冬天也可饮啤酒

啤酒的饮用价值,不只是为了在夏天消暑解渴。在冬天饮用啤酒,有利于增加人体的热能,提高机体对外界寒冷的抵抗力;啤酒中的酒花成分具有强心、利尿和杀菌的功能;喝温度稍高的啤酒,可增加啤酒花中的啤酒素,对肺病及淋巴结核病有一定的辅助治疗作用,并可加快血液循环,以防冻疮生成。

冬天饮用啤酒的温度,以12~15℃为宜。但若用温水浸泡瓶温,则应严格控制温度,以免因玻璃瓶耐温能力有限,或因品温升高使内压骤增而引发爆炸事故。

中华酒典

中华酒典

5.饮用葡萄酒

关于葡萄酒的科学饮用知识,诸如酒肴相配等内容,在本章第一节中已介绍较多。总之,吃大鱼大肉等荤腥食物,宜饮干型葡萄酒,能起解腻的作用。

对于饮用甜葡萄酒,最好选择纯度高者,倒在专盛甜酒的杯中,细饮慢酌。若感到甜得发腻,可采用以下几法。

(1)泡沫法　即添加苏打水。先将甜酒倒入平底的杯中,约占杯容量的60%,再加苏打水至满杯即可。若觉得太淡,可以半个柠檬的汁代替苏打水为宜。

(2)碎冰法　将冰块用布包好,用锤子敲碎后,将碎冰倒入杯中,再倒进甜酒即可。

(3)其他方法　将甜酒加于冰淇淋或果冻里饮用;代替蜂蜜制蛋糕。

6.怎样饮用黄酒

总的原则是以饮用温热的酒为好,酒温不低于20℃。

7.选饮鸡尾酒

纵观鸡尾酒的来历,可知它有两层含义。一是指在午、晚餐之前所饮用的各种酒的总称。早在古罗马时代,雅典的绅士们常在饭前带着羊皮囊装的酒到邻户去串门,邻居拿出些小菜,一起边谈边喝。这类饭前的小饮之品,统称为鸡尾酒。

另一层含义是将多种酒混合后再喝。酒吧备有威士忌等烈性酒、开胃酒、加香甜酒、香槟酒等各种酒品;酸味饮料、矿泉水、鲜果汁、果子露等饮料;香料、苦味剂等调香味剂;装饰用的红樱桃、小洋葱、酿水橄榄、柠檬片等。

鸡尾酒的名目繁多,风格各异。通常男士们大多喜欢以烈性酒为基底者;女士则爱喝以软性酒为基底者为多,可随个人爱好自行选择。调酒师可按规定的配方进行调制:将酒按比例倒入专用调酒壶或调酒杯内,加入冰块,或再加糖或糖油、柠檬汁等,各种香料等,凡清亮者,予以搅匀;凡浑浊者,予以摇振,再滤入鸡尾酒杯或其他相应的杯中,有的还饰以红樱桃、青橄榄等;插入吸管后,即可供客。

鸡尾酒若以基底酒种类分,主要有威士忌鸡尾酒、金酒鸡尾酒、白兰地鸡尾酒、伏特加鸡尾酒及雪利鸡尾酒等。

8.酒能混饮吗

所谓混饮,或称杂饮或混杂饮酒。有人认为混饮易醉。如宋代陶谷的《清异录》载:"酒不可杂饮,饮之,虽善酒者亦醉,乃饮家所深忌。"但也有人不信此理。实际上如著名的鸡尾酒之一的曼哈顿酒,就是由3种酒兑成的。所以饮食不必拘泥一格,但应讲究科学。如兑酒,应找到合适的比例,恰到好处,如果随便混杂,由于各种成分的量比关系不谐调,会使饮者无好感,或者饮者当时能接受,但实际上可能有负效应。

(三)酒菜上桌有序,搭配合理

上述部分,对酒与酒之间,菜与菜之间,酒与菜之间,酒与其他饮料相兑等四方面如何进行艺术而科学地搭配,已多次述及。除了酒与软饮料等的搭配没有明显的规律性之外,其余三方面的搭配还是有一定规律可循的。当然,在饮食的搭配艺术的设计上,饮食工作者的看法也有不尽一致之处。例如,西方饮食界普遍认为原汁酒不能和蒸馏酒同餐同席饮用;蒸馏酒不能作为正菜的佐餐酒品。这些都是与我国饮食业中普遍的作法所不同的。究竟哪种作法更为合理些,还有待于有心人继续实践和探究。

1.上酒、上菜次序的总原则是什么

总的原则是:除餐前酒和餐后酒之外,酒与菜通常是遵循先弱后强,先淡后浓,先一般后名贵的规律上桌,即酒菜协调同步,这几乎已成为不成文的国际通则。

2.上酒的具体次序怎样

(1)低度酒居先,高度酒居后;

(2)软性酒居先,硬性酒居后;

(3)汽酒居先,静酒居后;

(4)新酒及贮存期短的酒居先,陈酿酒居后;

(5)普通酒居先,名贵酒居后;

(6)淡雅型酒居先,浓硕型酒居后;

(7)甘洌酒居先,甘甜酒居后;

(8)除甜型白葡萄酒外,白葡萄酒居先,红葡萄酒居后。

如上安排,均是源于先抑后扬的艺术设计思想,以利于逐步达到高潮和高境界。因为宴会或酒席,总要备有多种酒品,应充分发挥每种酒的作用。若甜酒在先,则甘洌酒会带甜味;若高度酒或陈酒居先,则低度酒或新酒就会显得寡淡、轻薄。

另外,某次宴会或酒席,若选用同一国家或同一地区的酒,效果可能较好。

中华酒典

3.上菜次序的原则是什么

一句话,先清淡,后浓重。当然各种菜之间,还须注意有机的搭配才是。

(四)为何说劝酒和敬酒既是艺术,又是礼仪

1.美酒外观及内在的美

(1)外观美 美酒各异的瓶型、美丽的标签,美酒特有的色泽,都是它的艺术与美的象征。

(2)内在美 美在言中和不言之中。

①谐调美:美酒是经精心酿制、贮存、勾调而成的。勾调犹如艺术的修饰,是艺术的综合。酒的色、香、味之间的谐调,多达数百种成分的各香气成分和各口味成分之间的谐调,难道还称不上谐调美吗?有人说:所谓诗,在某种意义上说,就是和谐、简洁和对称美。凡有这些要素的事物,均可称之为诗,或谓有诗的意境。中外名酒一直与诗有不解之缘。

②柔顺美:中国酒讲求细腻幽雅的韵味,以柔和圆润为美。而一些西方国家的人多讲冒险,追求强烈的刺激和豪放的生活,由于东西方文化的差异,在对某些酒类的要求上也有所不同。

2.体现在饮用环境及方式等方面

美酒通常是置于较精致的酒柜内;所用的酒也较精美;一般酒家和宴厅,多以诗画装饰,以优美的音乐歌舞伴酒。当然饮用美酒,更须有愉快的心情和良好的心理素质,才能收到预期的效果。

(1)敬酒

这是一种通常的礼节和文明的体现。古人所谓"酬酢",即指互相敬酒:主敬客谓酬;客敬主谓酢。在喜庆或迎送等酒席上举杯相敬,表示祝贺、祝福、欢迎或惜别。英国人将敬酒称为 toast。该词原指"烤面包",有人音译为"吐司"。原来,英国人有在葡萄酒或淡啤酒中加一小块烤面包的风俗,以增加酒的香味。这种加了烤面包的酒,也叫"吐司"。由此而引申,"吐司"乃指接受敬酒的主宾,意为此人可使举座增光。最初可享此礼遇的通常是名媛,后来就不受此限了,此词也就转变为"举杯祝贺"之意。莎士比亚著作中的敬酒辞是:"有好友、好酒、好款待,便成好人。"在美国历史上,也有在设宴时致敬酒辞的风俗。通常先由主持人致辞;再介绍若干贵宾致辞。敬酒辞通常表示良好的祝愿。如美国曾有这样一段充满爱国情思的祝酒词:"谨以此酒敬当年种玉蜀黍的人,喂鹅的人,制鹅毛笔的人,写独立宣言的人。"美国著名报人贺兰德在敬酒时曾如此致

辞:"愿主赐给我们一些不为官欲所害的人;不为利诱所动的人;既有见解又有意志的人;爱荣誉的人;不谎骗的人。"多么良好的祈愿啊!因此,敬酒辞是敬酒的最重要的方面,一定要真正体现"敬"。当然,在客人酒量的最低限度内,经客人同意,由主人斟酒,以及同桌人之间相互碰杯等,也属于敬酒的内容。

(2)劝酒

西方人大多无劝酒的习惯,这个习惯不错。相比之下,我们国家的劝酒风倒是真值得研究了。

在我国,目前大凡有酒席,便少不了劝酒。但一定要劝之得法。为此,应注意如下三点。

①要明确劝酒的目的和效果。目的即动机,除了有时不自觉地有意想看别人出洋相者外,一般劝酒多是好意,是热情和真心的表现。但动机和效果要力求统一才好。如果劝酒是出于逞强好胜,显示自己的"海量",逞英雄,求"美名",那则是不足取的。劝之得法,劝之有度,是否会影响热烈的氛围呢?不一定。热烈是需要的,但也要以有度为好。

②劝酒辞:古代文人在这方面是比较讲究的,似乎在理、义、情字上下一定功夫。如李白的《将进酒》中有"人生得意须尽欢,莫使金樽空对月""将进酒、莫停杯"之句。这是指劝酒的理,当然我们不能以现在的标准来衡量其正确性。最后是:"五花马,千金裘,呼儿将换美酒,与尔同销万古愁。"这是重在义,但只字未提彼此的关系如何。而王维在《渭城曲》中则写道:"劝君更尽一杯酒,西出阳关无故人。"这是着重于情。

相比之下,现在一些酒桌上的劝酒辞的确让人难以接受。诸如"酒逢知己千杯少""感情深,一口闷;感情浅,舐一舐","一醉方休","人生难得几回醉","你不干这一杯是看不起我"等,不一而足。难怪有人说:什么酒文化,不就是从头到尾一个"灌"字吗?是的,现在有些人喝酒时的确像"灌"。这绝不是酒文化的实质,也不是"准"酒文化的内容,而正是我们要防止和改正的地方。

③劝酒者、被劝酒者要有理智,两者相敬,两情相悦。要劝酒有术、劝酒有度,创造一个良好的饮酒氛围,使饮酒成为真正的享受。

中华酒典

饮酒的禁忌

饮酒的"四质""四不""四忌""四态"

1.四质

心质,指心情好坏;身质,指健康状况如何;酒质,指酒的类别及质量高低;境质,是氛围,饮酒对象如何。四质与饮酒效果密切相关。

2.四不

心情欠佳不饮,因为举杯浇愁愁更愁。身体不适、有病不饮,因为酒扶盛不扶衰,尤其是心、肺、肝、肾病患者,多饮酒有害无益;若着凉患感冒,可喝点酒;若筋肌伤病,可遵医嘱喝点相应的药酒,以助于活血通络。酒质差不饮,尤其是假酒,犹如猛虎,若胡乱饮用,则非死即伤。环境气氛不好不饮。

3.四忌

忌饮酒过猛、过量、空腹、独自闷饮。

4.四态

或称四等。一态为加引号的所谓"酒仙",多饮后呈醉态,飘飘欲"仙",但未明显失态。我们不提倡有现代的什么酒仙之类的人物。二态为"酒花",有一定酒量,有时饮醉后其态不雅。三为"酒皮",其酒量不大,但从不认输,软泡硬饮,醉态不雅。四为"酒赖",饮则丑态百出。

上述四态,均属酗酒之列,都是饮量超过了限度。所谓节制饮量,应将饮量控制在自己酒量的1/2以下。有的人欣赏和崇拜所谓的"酒友圣贤",即其人酒量大,百饮不醉,从不失态。其实酒量怎么能与"圣贤"相联呢? 何况古往今来,也从来没有真正的什么圣人。如果你非要用"酒圣"此词不可的话,应该指那些从来就能真正欣赏酒、研究酒、能做到科学、文明饮酒的人。

饮用啤酒的禁忌

饮用啤酒时,除了前述的应注意正确倒酒及饮量等事项外,还须注意以下一些问题。

1.为何切忌大汗之后饮用啤酒

因此时汗毛孔扩张,若饮用大量温度较低的啤酒,则汗毛孔会急速闭合,致使体温不能散发而诱发感冒等疾病。

2.为何剧烈运动后不能饮啤酒

在剧烈运动或进行重体力劳动后,喝一些凉啤酒,当时感觉既解渴,又能消除疲劳,似乎很舒服。其实,这样饮用啤酒有可能导致痛风病。据日本风湿病专家研究证明,若在剧烈运动后立即饮用 1 瓶 640 毫升的啤酒,则可使血液中的尿酸含量增加1.1倍;使可转化为尿酸的前体成分次黄嘌呤增加 500 倍以上。

尿酸是人体内高分子有机含氮物由酶分解的产物,当血液中尿酸浓度很高而排泄发生障碍时,就会在全身的内脏等组织中形成结晶沉积,尤其是较多地集积于关节部位,使其受到很大的刺激而引起发炎,形成痛风病。这种危险性的大小,因人的体质、运动剧烈程度和啤酒的饮量而异。如果进食畜、禽类肉,也会形成较多的尿酸,但比剧烈运动后立即喝啤酒的增加量少。故在剧烈运动之后,应稍休息,多吃点水果和蔬菜,不要急于喝啤酒,尤其是冰镇啤酒。因饮用这种啤酒,会使肠胃道的温度急剧下降,致使血流量减少,造成其功能失调,甚至引发习惯性腹痛和腹泻症状,那真是得不偿失了。

3.为什么啤酒不能与烈性酒同饮

因同饮对肠道、胃的刺激作用较大,易引起消化功能紊乱,也易致醉,甚至造成酒精中毒事故。

4.为什么不能饮用变质、变色的啤酒

由于啤酒存放期长等原因,会使色泽加深或混浊,这称为非生物混浊,致使口味较差;但若由于操作不严而污染杂菌,则啤酒会变质而产生异味,如果饮用这种啤酒,则会致病或中毒。

5.为什么啤酒不能与汽水同饮

因两者均含有二氧化碳,过多的二氧化碳会促进胃肠粘膜对酒精的吸收作用。故以汽水冲淡啤酒的方法不可取。

6.为什么空腹不能多饮冰镇啤酒

因会使胃肠道温度急速降低、血管收缩、血流量骤减致使生理功能失调,影响正常进餐;使人体内胃酸、胃蛋白酶、小肠淀粉酶、酯酶的分泌量骤减,影响人体对食物的消化和吸收;若经常空腹饮用冰镇啤酒,则导致胃肠蠕动加速,易诱发经常性腹痛、腹泻及营养缺乏症,严重影响身体健康。

7.为什么饮用啤酒时不宜吃腌熏食品

中华酒典

因腌熏食品含有胺及由于加工不得法而产生的多环芳烃类苯并芘、胺甲基衍生物;大量饮用啤酒并吃腌制食品,致使人体血液内铅含量亦增高。这些有害成分综合作用,极易诱发消化道等疾病。

8.为什么饮啤酒忌食海鲜

专家们认为,食入的海鲜大多会产生大量的尿酸。若同时饮用啤酒,则可能引发痛风症,使身体不能排泄过多的尿酸,尿酸沉积于关节及软组织内而导致发炎。痛风症发作时,关节红肿热痛,甚至全身高烧而战栗。久之,患部关节会渐遭损害,还可能造成肾结石或尿毒症。

9.为何不能以啤酒送服药物

因啤酒与一些药物混合会产生副作用,尤其是抗生素、镇静药、降压药及抗糖尿病等药物。

10.为何消化系统疾病患者不宜饮用啤酒

有慢性胃炎、胃溃疡和十二指肠溃疡等疾病者,若经常饮用啤酒,则酒内的二氧化碳使胃肠的压力增加,因而导致胃及十二指肠球部溃疡穿孔的严重后果。

11.为什么不能用热水瓶装啤酒

因热水瓶内往往积有较多的水垢,而啤酒呈酸性,会将水垢中的汞、镉、砷、铅等成分溶解。若饮用这样的啤酒,势必不利于健康,若常饮则可能造成金属中毒。如果用容积较大的塑料饮料瓶盛散售啤酒,则较为安全。若万不得已要用热水瓶盛啤酒,则预先应用米醋或高效去垢剂除垢,洗净后再使用。

12.为何前列腺肥大者不宜饮啤酒

老年人大多患有前列腺肥大症,应防止着凉和劳累,并应知道若饮用啤酒会使前列腺肥大病变、加重。因为啤酒性寒而味苦,并含有钙、草酸等成分。故饮用啤酒后会使小腹及会阴部发凉、灼疼和肛门部位有抽缩感,以至加重排尿不畅等不适症状。

13.为何有泌尿系结石者不宜饮啤酒

因用以酿制啤酒的麦芽汁中含有钙、草酸等可使肾结石形成的成分,故若饮用啤酒会加重结石症状。

14.为何哺乳期的妇女不宜饮啤酒

因为以大麦芽为原料酿成的啤酒,有抑制乳汁分泌的作用。

用锡壶盛酒易中毒

过去,我国民间习惯于用锡壶盛酒;并连酒带壶放入热水浴中温热,至今有些地方仍保留着这种做法。其实,这样很易引起铅中毒。

因为制作锡壶的锡,实际上是锡与铅的混合物,铅起到保持强度和硬度作用。

国内曾有50多例关于因饮酒而铅中毒的报道,均为长期使用锡壶装酒所致。若将酒盛于锡壶24~48小时之后,再置于热水浴中烫酒。则测知1升酒中的铅含量达33~778毫克;而未装入锡壶的酒,未检出铅。酒在加热过程中,会将锡壶的铅急剧溶出。而正常人体内的含铅总量为100~200毫克,1升尿的含铅正常值为0.08毫克以下。故长期用锡壶盛酒、烫酒,很可能造成铅中毒,应予废止才是。

同理,有水垢的旅行水壶也不宜盛酒。

不能边饮酒边吸烟,不宜烟酒同嗜

有的人烟酒同嗜;在酒席上,有的人喜欢边饮酒边吸烟,似乎是潇洒之举,其实对健康是不利的。其理由有三。

①酒精是良好的有机溶剂,通常人们用以浸泡药材,溶取有效成分;同理,酒精也能将烟中的有害成分尼古丁等溶解,进而在胃中被血液吸收。这种作用,随酒的酒精含量而增强。

②美国酗酒与酒精中毒全国研究协会认为:"酒与烟的一种增效作用增加了患癌症的危险。设于法国里昂的国际癌症协会发现,凡饮酒适度,但抽烟很多者,患癌症的可能性为烟酒均适度者的5倍;饮酒过多,但抽烟适度者,患食道癌的几率比烟酒均适度者高18倍;烟酒均很重者,患癌症的危险比烟酒适度者高44倍。为什么烟酒彼此有如此大的增强作用呢?经科学研究证明:烟在燃烧时可产生氰化氢、一氧化碳等有毒成分,以及苯并芘,放射性钋—20等致癌物质,它们可溶于酒精,并进入机体组织而致病。

③肝脏有解毒功能。若饮酒又吸烟,势必使肝脏不堪重负,年深月久,致使肝脏发生病变、功能减弱。况且,酒精还会干扰肌体对维生素 B_1、维生素 B_2 的正常吸收;吸烟会减少肌体对维生素 C 和维生素 B_{12} 的吸收。

饮酒御寒不可取

因为饮酒可加速人体血液循环,使毛细血管扩张、充血,将体内的热量传至身体表面,一时似乎全身暖和;正由于体热的散发,故很快感觉更冷,尤其是远端肢体,很易发生冻伤现象。

孕妇不能饮酒

不少国家的研究证明,孕妇饮酒可能会导致婴儿畸形和智力低劣。因为酒精可较顺利地进入胎儿体内。

法国某医学博士曾对127位嗜酒妇女所生的婴儿做过观察,发现其脸部多有以下缺陷:单眼皮者居多,极少数为不明显的双眼皮,内侧眼角眼皮外翻;鼻子扁平,鼻沟模糊;脸形扁平而窄小;下巴短;上嘴唇紧、薄。具有上述状况者,约占嗜酒妇女所生婴儿的1/3,足见酒精对胎儿的毒害作用是肯定的。

更为严重的是,嗜酒妇女所生婴儿患心脏病的几率为30%左右;有些国家孕妇因经常酗酒而婴儿夭折的现象也司空见惯。这类死婴经解剖发现,其大脑不仅小于正常婴儿,且脑发育不全,呈明显的畸形。一些国家对胎儿期受酒精影响的儿童作智商测定,结果均低于一般水平。有人对嗜酒成癖的妇女的孩子做过调查,证明其中患酒精毒害综合征者占60%;一般嗜酒妇女的孩子,酒精综合征患者为20%。

若妇女嗜酒又嗜烟,据调查,轻度嗜酒者,其婴儿死亡率为0.99%;嗜酒成癖者,其婴儿死亡率为2.25%;嗜酒又嗜烟者,其婴儿死亡率为5.05%。

动物试验的结果,亦可证明酒精对胎体的毒害作用。若对成胎期的小老鼠供以酒精,则其心脏、眼睛及神经系统的机能均欠健全;生长缓慢而体重不足;头部较小;骨骼发育不谐调;反应迟钝。

因此,为了保障儿童的正常发育和健康,某些国家正采取各种措施,大力宣传孕妇饮酒的害处,以期人们对此有所认识。

儿童不宜饮酒

如上所述,饮酒可使血管扩张、心跳加速、血压上升;急性酒精中毒可引起腹部疼痛、恶心呕吐等急性胃炎,乃至昏迷、言行反常,致使身心抵抗力大为降低,易招致细菌或病毒感染;酗酒成习者可使肝组织大面积急性坏死,甚至危及生命……儿童正处于发育期,身体的各种组织尚未成熟,故酒精对其的毒害作用更明显。若儿童期就开始饮酒,则日久会造成慢性胃炎、消化不良、营养缺乏症、肝硬化。若饮酒期越长,则酒精慢性中毒的可能性和程度也就越大。

故此,为了保障孩子的身心健康,家长们不要让儿童饮酒。

酒醉后不宜同房

因为饮酒可使睾丸酮水平降低,据统计,有 70%~80%的嗜酒男士有阳痿或不育现象。即使平时不饮酒者,偶尔喝一次烈性酒,其睾丸酮水平,也须经 24 小时才能恢复正常。

嗜酒对孕妇和胎儿的影响前面已谈了一些。可以说对后代贻害无穷:如早产、流产或死胎;生长不良;大脑受损、智力发育差;细微动作障碍、颅骨及脸部缺陷;心脏畸形及其他畸形率较高;神经系统受伤害;视功能障碍……

据历史记载,我国古代的李白、杜甫及陶渊明等诗圣,都嗜酒无度,其后代均一无所成。陶翁曾对 5 个儿子期望值很高,想将其培养为“猛志逸四海”的人物,然而结果是个个平庸无能且呆滞。及至晚年,他悔恨道:“后代之鲁钝,盖缘于杯中物所害,”但毕竟是为时太晚了。

酒精对后代的影响,其机理较为复杂,因限于篇幅,不可能予以详细分析。总之,酗酒者生育的几率比一般人少 6%~10%;所生子女的体重平均少约 181 克;酒精使妊娠期的胚胎受损,酒精对胎儿的神经系统有危害。据研究,酒精的作用方式,是以改变细胞膜的功能为中心的;酒精能改变妊娠期母尿和羊水中的环核苷酸成分……这些均与当代的前沿学科生物工程密切相关,有待于人们更深入地加以研究。

空腹饮酒有害身体,腹中有食不易致醉

若空腹饮酒,即使饮量较少,也是对人体不利的。因为酒饮入后,其酒精的 80%由十二指肠和空肠吸收;其余由胃吸收,约 1.5 小时的吸收量为 90%以上;饮酒后约 5 分钟,血液中即有酒精,当酒精含量达 0.2%~0.4%时,就会致醉甚至中毒。故空腹饮酒的危害很大。

空腹饮酒,酒精直接刺激胃壁,有可能引起胃炎,或导致吐血,久之,会引发溃疡。做过胃切除者,饮酒后被吸收快,更不要空腹饮酒,并注意节制酒量。

正常人血液中的葡萄糖,简称血糖,是由肝脏将贮存的糖供给的。肝脏依

家庭经典藏书

中华酒典

靠酶将一些非糖成分分解为葡萄糖,再源源不断地输送给血液。若上述分解作用受到阻碍,则人体很快会呈现"低血糖"症状,而酒精正是这种分解作用的强烈抑制剂。

当人体呈低血糖时,脑组织会发生功能障碍,出现头晕、心悸、冒冷汗和饥饿感等现象。若血糖低于一定限度,则会昏迷甚至危及生命。故在饥饿时,尤其是在一夜断食、作剧烈运动或体力劳动后饮多量的酒,则是危险的。通常吃些米饭及面食等,可免发低血糖症。

为了在酒席上不易致醉,可在赴宴前吃些甜味点心,或多吃点菜。依对胃壁保护值的序列,可食用乳脂、全脂牛奶、黄油及肉类等,使其成为胃壁的保护层。酒的成分,尤其是蒸馏酒,其营养是不全的,故在饮酒时多吃点高蛋白的动物或植物性食品,也是很必要的。

借酒催眠弊多于利

从饮酒后的脑电图,发现在饮毕一段时间后,脑电活动反而比平时更活跃。故酒后尽管暂时可使人轻度麻醉,似进入睡眠状态,但从脑电图看,酒后睡眠和正常睡眠有其质的差异。前者难以真正达到消除疲劳、保证各组织器官充分休息的目的。即使在酒后昏昏然地睡了相当的时间,但一觉醒来仍感头晕、头痛、浑身乏力等不舒服。若长期以酒助眠,则会加重酒精对大脑的不良影响,甚至使其退化和萎缩;还可能引发酒精中毒性精神病、手足麻木等多发性神经炎等疾病。

因此,从健康角度考虑,以酒催眠的做法不足取。若长期失眠,应遵医嘱采用切实可靠有效的方法才是。

以酒解愁的做法是雪上加霜

因为人的情绪低落时,各机体的功能也都减弱。人若长期处于精神郁闷状态,则抵抗癌作用最主要的三种免疫细胞,即T淋巴细胞、巨噬细胞和自然杀伤细胞的功能均极度低下,则很易诱发癌症。有人对2020个中年人经17年追访,证明在最初的心理测验中抑郁分高者,死于癌症危险性高于其他人的2倍。由此认为,不良情绪是癌症的活化剂和催化剂。医学家们还认为,多种疾病,诸如慢性腹泻、溃疡、肝病、高血压、心脏病、糖尿病、哮喘病乃至月经不调、斑秃、感冒等,都有可能因情绪反常而诱发,或加重症状。如果想以酒解愁,则此时人

家庭经典藏书

中华酒典

的机体对酒精的抵抗力和解毒功能均较弱,故对健康更为不利。所谓以酒解愁,也只能适得其反。

美酒不宜加咖啡

国外有的人有美酒加咖啡而饮的习惯。但多数专家认为不妥。因为如上所述,酒被饮入人体后,其酒精很快由消化器官吸收,并进入血液循环系统,影响到肠胃、心脏、肝、肾、内分泌器官及大脑等组织的功能,造成体内新陈代谢的紊乱。其中以大脑受损程度为最。因咖啡的主要成分是咖啡因,若适量饮用,可起到提神和健胃的作用,而饮用过量则有害;长期饮用咖啡者若停饮,则大脑会处于高度抑制状态,呈现血压降低和头痛症状,或精神亢奋、喜怒无常。若酒和咖啡同饮,则可使大脑由极度兴奋转为极度抑制,并促使血管扩张,加速血液循环,因而增大血管负担。如此对人体造成的不良影响,比单喝酒要大得多。故美酒不宜加咖啡。

混浊的酒能饮用吗? 为何不能喝变质的黄酒

酒的混浊有两种。若不是由于污染杂菌,而是由物理、化学等因素而造成的混浊,称为非生物混浊。例如前述的啤酒蛋白质混浊或氧化混浊等,白酒的高级脂肪酸乙酯等在低温度下因其溶解度减小而被析出造成的混浊,果酒的酒石酸盐类沉淀和单宁、色素及果胶等形成的混浊,黄酒的蛋白质等造成的混浊,均为非生物混浊。这种酒仍可饮用。如果因污染有害菌而造成的混浊,即为生物混浊,通常酒呈现异常的味道。例如黄酒污染有害细菌后,会产生大量的酸及其他有害成分。如果饮用这种黄酒,其酸类及有害成分会强烈刺激和腐蚀肠胃的粘膜及肌层,并麻痹、侵蚀胃肠的毛细血管,抑制胃肠的神经感受器,因而致使胃肠蠕动功能降低、消化排泄滞缓、新陈代谢功能减弱。进而引发食物中毒、胃及十二指肠溃疡、胃肠出血、恶心呕吐及肛裂等一系列病症。若长期饮用变质的黄酒,则可能导致慢性肠胃炎、胃穿孔、胃癌、肠癌、混合痔等疾病。

慎用雄黄酒

雄黄酒由白酒加入雄黄而成。而雄黄的主要成分是二硫化砷;雄黄经加热可变为三氧化二砷,即为平常人们所说的剧毒品砒霜。因此,如果饮用或涂抹雄黄酒均是很危险的。因为酒精可扩张血管,加速消化道及皮肤对砷的吸收,短至十几分钟,长则4~5小时,即可中毒。轻者脑骨后疼痛、恶心、呕吐、腹痛腹泻;严重者危及生命。

我国农村有些地区,每逢端午节时,就以雄黄酒在孩子额头上画个"王"字,或在鼻尖、耳垂上涂抹少许;或加热后直接饮用一些;或抹在身上。说如此可驱邪,避免"疫疠"之气。这实在是危险的行为。

若使用得当,雄黄酒也有除害作用。我国古代把雄黄酒作为夏季除害灭病的主要清毒药剂。将其喷洒于农家床下、墙角等阴暗、潮湿之处,以杀灭毒虫之类。

饮酒吃大豆制品好

有的人因饮酒过量而得了肝炎、心脏肥大等疾病,治疗时难以康复。经一些医学家研究发现,若这类病人经常喝豆浆,则可使病情较快地得以改善。

因为大豆,尤其是大豆发酵制品,不但含有丰富的植物蛋白,而且含有大量的维生素 B 等成分,故可减轻酒精对肝脏的负担;大豆蛋白中含量较高的半胱氨酸,可解除酒中的乙醛,使其迅速排泄。因此,只要饮酒适量,并配以大豆制品,则可有效地保护肝脏及心脏等重要器官。

饮酒应少吃凉粉

因有的凉粉中含有白矾,能使肠胃蠕动速度减慢。故饮酒时多吃凉粉,会延长酒在胃肠中的滞留时间,增加人体对酒精的吸收,并增强对肠胃的刺激作用;白矾还能降低血液循环速度,相对地延长酒在血液中的停留时间。因此,饮酒多量时不宜多吃凉粉及其制品。

饮酒不宜吃柿子

经试验,若饮用黄酒、葡萄酒、五加皮酒、竹叶青酒等,又同时吃柿子,则身体会不适;若饮用玫瑰露酒、啤酒、大曲酒,又同时吃柿子,则身体有轻度不适感。故在饮酒时或饮酒前、后不宜吃柿子。

酒后皮肤瘙痒者不宜饮酒

有的人对酒精过敏,即对酒精的耐受力很差。故饮酒后会皮肤潮汗、冒汗或瘙痒。这是因为即使少量饮酒也会引起全身血管扩张,毛细血管血浆渗出明显增加,刺激皮下组织内的浅表神经末梢的缘故。

大脑是酗酒致害的首要部位

经医生对酗酒死亡者的检测证明,若其血液中的酒精浓度为1,则在肝脏为1.48,在脑脊髓中为1.59,在脑组织中为1.75。有医学家对酗酒者的大脑进行计算断层扫描,即 CT 试验,结果表明,其中95%存在大脑体积缩小的现象。这是酒精伤害大脑神经细胞所致。经检测,85%的酗酒者,有智力、记忆力、逻辑思维能力均明显下降的状况。长期酗酒,还易诱发动脉硬化、脑血管意外破裂,以及老年性痴呆等病症。

饮酒能引起哮喘病复发

若长期饮酒过量,可引起哮喘病复发。其症状为:颜面潮红,眼泪盈眶,流清鼻涕,皮肤瘙痒,起皮疹,继而心慌,胸闷,呼吸急促并有喘鸣声。

其原因还未完全清楚。据专家分析认为:可能是患者对酒精过敏,或酒精经肺发散而损伤支气管粘膜细胞及肺泡所致;也可能酒精直接刺激支气管,使其平滑肌痉挛而引发哮喘。

患者应在哮喘复发时速离酒桌,并及时服用有效药物,或至医院就诊。

酒精能引起饥饿

嗜酒者在酒后往往会呈现饥饿感。若每天喝 200 毫升烈性酒,则在半个月之内,就可使消化系统紊乱;小肠不但不能吸收食物中的维生素及无机盐,还会分泌某种液体,使食物未经消化吸收即排泄;由于嗜酒者的饮食结构大多欠平衡,故久而久之会导致营养不良症。长期过量饮酒者易得主要疾病之一是肝硬化,但更多的是致使营养不良或肠功能紊乱。

饮酒过量会头痛

因饮酒过量,人体的酶来不及分解酒精,故对脑血管和脑神经产生刺激而导致头痛眩晕。经常大量饮用红葡萄酒或陈年黄酒者,通常会有这种反应。如白酒等若杂醇油的含量超标,则更易损及脑神经。

醉酒者走路不稳

人们常用"烂醉如泥"来形容醉态。以往多认为醉酒者走路摇晃是由于酒精麻痹了大脑运动中枢。但经美国的诺拉·沃尔科博士研究发现,是人体内进入多量酒精后,使大脑的大部分血管扩张,并使这部分脑组织的血流量骤增;而专起运动平衡及协调的小脑供血量则相对减少,其功能也就此减弱,因而使人体"头重脚轻"。

病人不宜饮酒

1.冠心病能饮酒吗

冠心病的主要特征是由于血中脂肪(简称血脂)过多致使冠状动脉粥样硬化。血脂包括胆固醇、低密度脂蛋白、极低密度脂蛋白及甘油三酯等。其中以胆固醇的作用最为明显,即过多的胆固醇沉附于动脉壁时,就可能造成动脉粥状硬化。在不饮酒的正常情况下,血中含有一种叫作高密度脂蛋白的成分,能将动脉壁上一定量的胆固醇吸收,并转送至肝脏分解后排至体外。但是在饮酒时情况就不同了。通常可将每月饮用白酒2公斤以上的人视为大量饮酒者;每月饮1.5~2公斤的为中等饮酒者。由于酒本身就是高热量的含醇饮料,故过量饮酒可减少脂肪作为热能的消耗,而致使血中的脂肪含量增加。脂肪是由脂肪酸和甘油组成的,或称甘油三酯。脂肪酸也是合成极低密度脂蛋白的成分。因此,过量饮酒首先可使血液中的甘油三酯及低密度脂蛋白的浓度增高,并能阻碍血中高密度脂蛋白的合成,也就相对增加了动脉壁上胆固醇的沉附量。第二,人体内须由脂蛋白脂肪酶对极低密度脂蛋白进行处理。但大量饮酒会抑制这种酶的活性,因而也增加了动脉粥样硬化的程度。第三,过量饮酒可使血压骤然增高,因而突然加大了心脏的负荷,这对冠心病患者也极为不利。总之,过量饮酒对冠心病的形成和加重,都有不良的影响。

但医学界也存在这样的观点:适量饮酒可减少冠样动脉粥状硬化的可能性。据有人观察,在每天饮酒适量的人群中,得冠心病者反而低于不饮酒的人群。认为适量饮酒可使血中高密度脂蛋白的浓度增高,因而降低了胆固醇过多地沉附于动脉壁的可能性。医学家对每天适量饮酒的冠心病者,采用冠状动脉造影法观察其冠状动脉管腔的狭窄程度,有所减轻,冠状循环亦得以改善。此外,每天适量饮酒,还可加速血液循环,提高血液携氧能力,因而心肌供氧状况亦可得以改善。故冠心病患者适量饮酒还是可以的。

2.高血压患者能否饮酒

关于高血压与嗜酒的关系,早在1915年就有报道。嗜酒者随着饮酒量的增加,血压呈进行性上升;脑血管疾病等高血压的并发症亦较多。嗜酒者中患高血压的比例,随年龄增长而增大:50~55岁患高血压者约25%;56~60岁者为39%。

嗜酒引起高血压的机理,多认为与交感神经、肾素(血管紧张素)系统及皮质激素分泌有关。据检测,长期饮酒过量者血浆及尿中的儿茶酚胺含量增高,而儿茶酚胺可引起小动脉痉挛,是血压升高的元凶。据观察,持续饮酒过量达半年以上者,其高血压的发病率明显增加;但停止饮酒后血压下降;再饮酒,血压又回升。据统计,约有10%~30%的所谓原发性高血压症,可能是因饮酒过量所致;高血压者饮酒过量,还可能引发脑溢血及猝死。

3.糖尿病人不宜饮酒

因酒精可使胰腺分泌的消化酶及胰腺液的成分改变,致使胰腺内蛋白质高度浓缩而堵塞胰腺导管,或形成胰腺结石。

4.肝炎病人不宜饮酒

酒精性肝脏疾病有三种。一是酒精抑制糖原的分解作用,促进脂肪的合成,加上抗脂肝因素缺乏,使脂肪在肝组织内沉积而形成脂肪肝;二是酒精直接损害肝脏细胞而形成的急性或慢性肝炎;三是由酒精性脂肪肝或酒精性肝炎发展成酒精性肝硬化。

酒精除了能引发上述酒精性肝脏疾病外,还会使肝细胞内许多重要酶的含量及活性降低,直接影响正常代谢,并减弱肝脏对酒精的分解作用。如乙醇脱氢酶,在肝细胞中含量最高,是酒精在体内被代谢的关键酶;该酶在胃、肠粘膜、肾及睾丸等肝外组织中的活力,不足肝内的10%。长期饮酒过量者,体内的乙醇脱氢酶水平,仅为正常人的20%。

酒精还会使肝内氨基酸的代谢状况改变而蓄积某些氨基酸。凡酒精性肝炎、肝硬化、肝功能全的患者,均存在血浆氨基酸异常的现象;酒精可抑制白蛋白、转铁蛋白和补体的合成,因而降低人体的抵抗力;酒精可促使肝极低密脂度蛋白的合成,形成高甘油三酯血症;酒精还可使肝线粒体、Na~k~ATP的酶活力增强,因而伴发高代谢状态。

有的肝脏疾病患者,以饮酒抑制肝区疼痛,这实在是"饮鸩止渴"之举。

5.饮酒导致营养障碍、胃肠病及慢性胰腺炎

（1）酗酒导致营养障碍

①酒与蛋白质、碳水化合物和脂肪的关系：若以等热量的酒来代替碳水化合物，则无论膳食中蛋白质或脂肪的含量比例如何，均可使肝脏内的甘油三酯含量增加3~14倍，并伴有肝脏组织脂肪变性及肝细胞线粒体肿大症状。如前所述，酒精在肝脏内有积聚脂肪的作用，并影响肝脏对各种营养成分的吸收。

试验证明，若人体的小肠粘膜接触0.5%~3%的酒精溶液，则可抑制对氨基酸和葡萄糖的吸收；也可促进甘油三酯的合成。嗜酒过量者，常有腹泻和体重减轻等症状，这即人体对营养的吸收不良所致。据调查，在患有肝脏疾病的嗜酒者中，约有1/3呈现脂肪痢和D~木糖吸收障碍现象。

②酒与维生素：酒精能抑制贮存叶酸的释放，或减少肠道对叶酸的吸收，故能引起人体叶酸缺乏症；酒精对吡哆醛磷酸激酶也有抑制作用；并有阻挠维生素B_6参与血红素的合成；嗜酒者体内缺乏硫胺素，其症状为周围神经发炎、水肿、急性心力衰竭，伴以膈神经瘫痪致使呼吸、喉返神经瘫痪而发音嘶哑或失音；嗜酒的肝脏病患者，可引起维生素A代谢的改变。

酒精可影响小肠对硫胺素、烟酸、维生素B_6、维生素B_{12}及叶酸的吸收。即使是营养良好的嗜酒者，也在所难免。故长期嗜酒者，多患有多种维生素缺乏症。

③酒与无机盐：长期嗜酒者可降低肠胃吸收能力，故可导致人体钾、镁、锌等缺乏症。低钾者，头昏、头痛、四肢乏力，甚至瘫痪；低镁者可引起全身震颤，并能使甲状旁腺激素的反应降低，以及加重低钙症状；锌参与各种脱氢酶的合成。慢性中毒并患肝病者，因酒精使肾对锌的排泄量大增，故血液中的锌含量极低，影响多种脱氢酶的形成。

因此，对长期饮酒者而言，除了食用高蛋白、多种维生素和有效无机盐的食物外，应注意适量饮酒或戒酒。

（2）过量饮酒致使患肠胃病：其原因是酒精刺激肠胃粘膜，使乳糖酶、蔗糖酶、碱性磷酸酶等分泌量减少；也阻碍多种营养成分及无机离子的吸收，但胃液中的盐酸含量增高。经显微镜观察，肠胃组织的改变，包括细胞核染色质的凝集、上皮细胞胞浆密度的减低、胞膜及细胞间质大量破裂、胃粘膜细胞崩溃等现象。

（3）过量饮酒可诱发胰腺炎：资料表明，约有75%的急性胰腺炎，是由酒精

中毒所引起的;即使是无胰腺炎症状的嗜酒者,也有约 50% 的胰腺功能变化或胰腺病理可现。其原因首先是酒精刺激胃分泌的盐酸使十二指肠形成促胰激素,因此胰腺分泌旺盛。第二是酒精可导致胃及十二指肠发炎、十二指肠乳头部水肿、胆道口括约肌痉挛,使胰管梗塞。由于上述两方面的共同作用,使胰管及其分支的压力增高,最终导致胰小管及胰腺腺泡破裂、胰酶外溢而成的急性胰腺炎。第三是因多量饮酒造成营养缺乏,尤其是含氮营养成分不足。试验证明,对抗蛋氨酸可引发急性胰腺炎。

(4)为何过量饮酒会影响人体造血功能

经检测,酒精中毒者的血清中铁含量较高,约为一般人的 1 倍。这说明铁未被充分利用,因为铁在骨髓造血时起主要作用。此外,酒精中毒者中,约 70% 的血小板低于健康人的一半。据欧美的统计,酒精中毒者中有 60%～70% 贫血,其种类也较复杂。

嗜酒者易患肺结核症

据统计,嗜酒者中患肺结核症的比例,为不饮酒者的 10 倍。这是因为饮入的酒精有一部分通过呼吸系统排至体外,正由于酒精对呼吸系统的刺激作用,降低了其抵御感染的能力。

醉酒后易使膀胱破裂

因过量饮酒后加快了血液循环,尿量也增多,尿液充盈膀胱而高于耻骨联合;腹壁肌肉松弛;饮者神志模糊,很容易跌震;加之膀胱早已存在炎症或溃疡,故醉酒后更易破裂。破裂后,尿液进入腹腔,会引起弥漫性腹膜炎的剧痛、休克等症状,应立即动手术予以抢救。

妇女嗜酒比男士更易肝硬化

据调查,女士因饮酒患肝硬化症,其饮酒期比男嗜酒者短 10 年,且饮酒量为男士的一半。这与女性荷尔蒙有关。

你知道饮酒过量而致癌的机理吗

经医学家初步研究,因饮酒过量而致癌的主要原因有五。

1.酒精可干扰人体的防御系统,损及免疫功能。

中华酒典

2.酒精使人体的酶合成的作用异常,因而肝脏等组织的功能降低,并发生病变。

3.酒精对人体各器官等有直接的刺激作用。

4.酒精以等值热能替代碳源,使人体营养缺乏。

5.酒中的有害成分,尤其是发霉原料等带来的黄曲霉毒素以及水质差或工艺不当使酒中含有亚硝胺、3.4-苯并芘等致癌成分,也是诱发癌症的原因之一。

饮酒前后 12 小时之内不宜服用药物

为了以酒溶解药物中的有效成分,提高药效,一些中药甚至西药的几种内服用酊剂,都含有酒的成分;或对高烧不退的病人,可以白酒擦身使其体温降低……但是,若在饮酒前后 12 小时之内服药,由于酒与药物之间的种种相互作用,则会增强酒精的毒性,影响药物疗效,加大药物副作用,甚至危及生命,故应密切注意。

1.增强酒精毒性的药物有:利尿酸、肼苯哒嗪、苯海拉明、闷可乐、苯已肼、非那根、优降宁等。如高血压者服用肼苯哒嗪时饮酒,可增强酒精的麻醉作用,使患者呈现呕吐、头晕、昏睡等酒精中毒反应。

2.饮酒能影响疗效的药物有:抗惊厥的苯妥英钠、降血糖的甲苯磺丁脲和胰岛素等。如癫痫病人在服用苯妥因钠前饮酒,则可加快药物的代谢而降低药物的作用,引起癫痫发作。

3.饮酒能加大副作用的药物有:巴比妥、双氢克尿噻、胍乙啶、氯噻酮、阿司匹林、灭滴灵、安定、利眠宁、非那根、冬眠灵、苯海拉明、奋乃静、APC 片、气甲喋呤、水杨酸钠等。如发烧病人在服用 APC 片后饮酒,则会恶心,诱发胃出血乃至胃穿孔等事故。

4.饮酒能引起乙醛中毒的药物有:痢特灵、硝酸甘油、D860、戒酒硫、氯霉素、氯磺内脲、灰黄霉素、氯丙嗪、妥打苏林、奋乃静等。如糖尿病人服用 D860 时饮酒,易引发恶心、呕吐、头痛、腹痛、呼吸困难、低血压等乙醛中毒的症状。

如前所说,因酒的主要成分酒精本身就有抑制中枢神经、扩张血管、刺激胃肠、肝组织、诱导或阻遏各种酶的合成、影响酶的活性等作用,故饮酒前后不宜服药,以免引起可知的和意想不到的严重后果。例如服用降压宁时,就不宜吃酒酿。因为酒酿、蚕豆、扁豆、腐乳、乳油、酸奶、腌鱼、红肠、香蕉、巧克力、啤酒及动物肝脏等,均含有酪胺或多巴。在通常不吃药的情况下,这些食物中的酪胺等在到达体循环前,已被肝及小肠内的单胺氧化酶分解;而当该酶的作用受到优降宁、闷可乐、苯乙肼、苯丙胺、痢特灵等药物抑制时,则酪胺会在体内大量积蓄而释放出去甲肾上腺素,致使血压升高,剧烈头痛,心律紊乱,甚至引起颅内出血而危及生命。所以一定要认真对待酒与药物之间的相互作用,千万不能随心所欲地加以饮用。

过量饮酒后不宜看电视

因酒精能吸收由电视荧光屏射线产生的有害成分,所以在看电视前适量饮酒,可使人体细胞免受损害。但若在正常情况下连续收看 4~5 小时的电视节目,则视力会暂时降低 30%。尤其是长时间观看彩电,会使视网膜上圆柱细胞中的视紫红质大量消耗,因而使视力明显降低。若过量饮酒后再看电视,尤其是饮用甲醇含量相对为多的低档白酒,则会使眼睛受到双重的伤害。即使是少量饮酒后看电视,也应在距屏幕 2 米以上,与荧光屏成 45°的位置为好。

酒后不宜洗澡

若饮酒后立即洗澡,则人体内储存的葡萄糖因血液循环加速而大量消耗,致使体温降低;由于酒精干扰了肝脏的正常生理功能,使葡萄糖的生成速度降低,因而易呈现机体疲劳、低血糖休克,甚至危及生命等现象。尤其是高血压、心脏病患者,若在醉酒后立即洗澡,则更易发生意外事故。

酒后不宜饮浓茶

酒后喝些淡茶,可兴奋中枢神经,缓解酒精的抑制作用;提高肝脏代谢能力;利尿,促使一部分酒精迅速排至体外。

但若酒后饮用过量的浓茶,则对健康不利。因为过多的水可冲淡胃液,刺激胃酸分泌,不利于消化,并能增加心脏和血管的负担,对高血压、心脏病及肝硬化患者更为不利;因鞣酸过多,会影响胃壁对含氮物等有效成分的吸收;鞣酸还可阻碍人体对铁的吸收,并能导致缺铁性贫血;酒精及茶中的咖啡碱共同刺激大脑,使其功能减低;酒后饮用过量浓茶,还会损伤肾脏,使膀胱冷痛,并造成阳痿。

因此,酒后还是以少饮茶为好,可多吃些水果或饮用蜂蜜水。

中华酒典

酒后会口渴

因为酒精能刺激肾脏,加速其过滤作用,故饮酒后排尿次数较多;酒精溶于血液进入人体细胞后,促使细胞内的水暂时渗透至胞外,亦致使人体内储存的部分水被排至体外。上述体液减少的信息,经过神经反射,使人有口渴感,尤其是饮用酒精含量较高的蒸馏酒。

故在饮酒后,应及时饮用白开水或淡茶水等以补充体内的水分。

为何不准酒后开车

据报道,法国有40%的车祸是由于司机酒后开车造成的。因为人饮酒后,中枢神经受抑制,使人的辨别能力明显下降,视力减弱,手足失灵。有些嗜酒的司机,认为晚上不开车,因而开怀畅饮。实际上,若饮酒较多,血中酒精的含量很难在短时间内降至最低限度,故在第二天早上开车时仍有影响。因此若晚上饮酒过量或致醉,至少应2天停止驾驶才较安全。

鸡尾酒会和宴会

宴饮聚会有多种,其中最常见的形式有以下两种。

(一)鸡尾酒会

鸡尾酒会又称酒会,它有以下几个特点。

1.有较明确的主题

专为饮酒而无明确主题的酒会不多,大多有其明确的主题。如家庭酒会、婚礼酒会、乔迁酒会、欢聚酒会、庆功、庆典或庆祝酒会、节日酒会、纪念酒会、开业酒会、招待酒会、告别酒会、生日酒会及狂欢酒会………

2.酒会的类型

有两大类型。一种叫宴前酒会,即在正式宴会前,先举行鸡尾酒会;另一种是专门的鸡尾酒会,其程序完整,内容丰富,时间较长。

3.鸡尾酒会的特点

鸡尾酒会的形式、地点、规格及礼节等均没有像正式宴会那样复杂和刻板。它无须豪华的设备;与会者不分高低贵贱,一律平等待遇;具有简便、开支小、接待量大及易于组织实施等优点。

中华酒典

因鸡尾酒会上是站立而食,故可不设或设少量座位;与会者可随便走动,找人交谈,自取食物及饮品。所以整个酒会的气氛和谐、热闹、欢愉、轻松、不拘束;接触人多,交际面广。专门的鸡尾酒会,不拘形式,可晚来或早退;参加人数可几人至上百人不等。因此欧美各国的新闻界和贸易界人多愿意参加。宴会之前的鸡尾酒会,是招集宾客、等待开宴的前奏,并给与会人士提供互相介绍和认识的机会。

4.鸡尾酒会的时间

若在大型饭店、酒店举办,则通常为下午 2 点半至五点半;若在酒吧举行,则为下午 2 点至 5 点。

5.鸡尾酒会的饮食

一个丰盛的鸡尾酒会,应有数十种风味各异的酒品和饮料;佐酒的食品通常为花生、乳酪、馅饼、炸土豆片、炸虾片等,通常以咸味食品为主。鸡尾酒会不同于冷餐会,冷餐会是宴会的形式之一,其食物较丰富,大多在傍晚举行,与会者也较多。

6.鸡尾酒会的实施

请帖应在鸡尾酒会的几天前发出,写明目的、时间、地点和鸡尾酒会的名称等项;接到请帖者须写回执,表明自己是否出席等内容。

鸡尾酒会的通常经办程序为:受理经办事宜、确认预订内容、制定实施计划、举办酒会、清点、结账、收费。

实施计划为两大内容。一是物资计划,包括饮品、食品、酒具、餐具、布件、家具的准备、场地设计布置,以及备用物品和材料的安排等;二是服务组织计划,包括服务人员的准备工作、服务程序及服务注意事项等。例如应尽可能别让客人重复使用同一种酒杯;场地布置以工作台为中心,有一台靠墙的一侧式和居中的中心式、两台置于两侧但不靠墙的对称式、六台靠边但不贴墙的环绕式,共 4 种基本形式;国际上具有服务传统的某些国家对人员安排为:每 200 人与会配备一名管理员,每 60~80 人与会配备一名厨师,每 20~30 人与会配备一名服务员。

(二)宴会

宴会上饮酒称为宴饮,宴饮是宴会的一个组成部分。其方式通常受宴会食品和仪式的制约,形式不及鸡尾酒会灵活多样化。

按宴会用酒的方式,宴饮可分为以下两个基本类型。

1.散点式

多用于私人宴会或临时的聚餐。其特点是事先未预订和计划安排,饮酒内

中華酒典

容和方式由客人即兴而定,不讲究规格及仪式。因此,要求服务者做好客人的技术顾问,体现出灵活的应变能力,以从容应付各种临时出现的要求和情况。散点式宴饮的具体服务程序为:说明提供宴饮的可能性,询问是否需饮酒,递酒单并帮助选择酒品、备桌椅、备酒、备用具、示瓶、作酒的冰镇或温烫等饮用前处理,请顾客品尝确认,倒酒和添酒,清理卫生,记账收费。

2.配套式

主要用于正式宴会的宴饮。共特点是有事先的预约和计划安排,饮酒内容和方式由顾客及宴会实施者共同确认,较讲究饮宴仪式和用酒规格,以及祝酒时机和顺序等。

我国国宴的服务要求很严格。服务人员要切实遵守宴会招待服务规则,熟悉来访贵宾的喜好、忌讳及饮食特点。要突出主桌应大于其他桌面。国宴摆台与中餐宴会摆台基本相同。国宴的菜肴和酒品,应按宴会标准、人数、贵宾的生活习惯、饮食特点、宗教信仰,并兼顾季节、食品原料、营养、烹调方法、风味等进行科学设计。通常为四菜一汤,并有一道冷菜及一道甜食,最后上水果。

所谓冷餐会,是以冷菜为主、热菜为辅,配以点心、酒水,设菜台,不固定座位,而由与会者自行取用菜点的宴会形式。现在,中餐或中西餐并用的冷餐会已广泛应用于我国官方正式活动、节假日或纪念日聚会、各种联谊会、新闻发布会、展览会开幕及闭幕,以及迎送宾客等场合。

冷餐会通常在中午或晚上举行。其具体形式又可分两种。一种是设主宾席,通常为大圆桌;其余为小桌,每桌为4~6座,不分座次,各人自取菜点及酒水后落座。另一种是不设主宾席,均为小桌,也不备座椅,各取菜点及酒水后站立食用。

冷餐会的规格按主、客的身份及宴请人数而定;可于室内或院里举行;与会者可随意走动、交谈,便于广泛接触。

冷餐会的菜台等的设置须因地制宜,便于宾客取用;布置应整齐,并以花草或用萝卜等雕成的花卉等点缀台面。全部冷菜、点心、酒水及餐、饮具,均在客人就餐前置于菜台和酒水台上。主、宾致辞后,即可用餐和上热菜,通常为两荤一素的三道热菜,不备汤。最后上冰淇淋或水果。进餐期间,服务员可进行适时整理,补充菜点;酒水、冰淇淋及水果,亦可由服务员送供客人选用。

现在,在江苏无锡太湖等处,还盛行船宴;在家中也可设置家宴。这些均为非正式宴会,因而不必讲究特定的礼仪。

第三节　解酒戒酒

关于解酒

(一)醉酒的程度及饮酒者的自我诊断

当人体的中枢神经受到酒精的抑制时,思维及动作会呈现不同程度的障碍;同时会出现一些难以自制的言论和行为,诸如吐词不清、走路摇晃等。说明这时饮者已处于微醉状态。

1.酒醉的分度法之一

(1)暂时兴奋　这时血液中酒精含量为 0.05 毫升/100 毫升。饮者多表现脸红或发青。

(2)轻度酒醉　血液中酒精含量为 0.1 毫升/100 毫升。这是酒精中毒的开始。若为司机,则开车时最易发生事故。

(3)中度酒醉　血液中酒精含量为 0.2 毫升/100 毫升。此时中枢神经系统出现较严重障碍,甚至会诱发心肌梗塞。

(4)严重酒醉　血液中酒精含量为 0.4~0.5 毫升/100 毫升。会导致严重酒精中毒乃至死亡。

(5)病态酒醉　这种状态较少见,与饮酒量关系不大。在过度疲劳或在夏天、高温作业、重病后饮酒,会引起这种酒醉。其症状多为有听幻觉和视幻觉。

2.酒醉分度法之二

有的学者通过试验,也把酒醉与酒精在血液中的含量联系起来,认为酒醉可分为如下五期。

(1)微醉期　血中的酒精含量为 0.1~0.2 毫升/100 毫升。

(2)兴奋期　血中酒精含量为 0.2~0.3 毫升/100 毫升。

(3)癫狂期　血中酒精含量为 0.3~0.4 毫升/100 毫升。

(4)弱智期　血中酒精含量为 0.4~0.5 毫升/100 毫升。

(5)泥醉期　血中酒精含量为 0.5 毫升/100 毫升以上。呈现急性中毒现

中华酒典

象,有生命危险。

经正电子放射体层摄影检查,发现酒醉达如上述第二期以上者,小脑的血流量明显下降;酒后胡言乱语者,大脑顶部皮质代谢率高,而即葡萄糖使用率高,而酒后抑郁思睡者则相反,大脑顶部皮质代谢下降。

3.饮酒者的自我诊断

美国某大学为饮酒者制订了如下20条异常反应的自我诊断标准。

①酒后懒惰;

②酒后引发家庭矛盾;

③因饮酒而名声不好;

④酒后深感懊悔;

⑤每天于同一时刻酒瘾发作;

⑥不饮酒不能入睡;

⑦每天早晨即想饮酒;

⑧单独在外亦饮酒;

⑨家庭观念淡薄,不关心子女的教育与培养;

⑩因饮酒而经济拮据;

⑪为消除恐惧感而饮酒;

⑫为提高自信心而饮酒;

⑬为解除愁闷、逃避现实而饮酒;

⑭因饮酒而轻视他人,粗暴无礼,语多易怒。

⑮酒后工作效率骤降;

⑯丧失上进心;

⑰曾因饮酒而丧失记忆力;

⑱曾因饮酒而就医;

⑲曾因饮酒而造成工作的失误;

⑳曾因饮酒而住进医院。

按上述标准对照,若有其中3项,则应引起注意;若有其中4项以上,则须引起极大注意,并自觉控制饮酒量。

(二)解酒方法

解酒的方法很多,现列举若干供参考。

①将鲜白薯切碎、捣烂,用干净纱布绞汁饮用;或将白薯拌白糖食用。

②饮用温热的红糖开水一杯。

③《随息居饮食谱》载:"苹果润肺悦心,生津开胃,醒酒,"随量生食即可。

④《经验后方·独醒汤》载:柑子皮烘干为末,加食盐少许,以凉开水送服;《日华子本草》载:"柑子皮作汤,可解酒毒及酒喝。"

⑤《日华子本草》载:柚子随量食用,可醒酒。

⑥白萝卜捣成汁,拌红糖后食用。

⑦枳椇子,又名拐枣,以其果梗嚼食;《滇南本草》载:枳椇子梗,干煮煎水服用;《陕西中草药》:枳椇叶15克煎水服用。

⑧取生鸡蛋2个的蛋清吞服。

⑨草果5克熬水饮用。

⑩《医林纂要》:随量食用红橘。

⑪《本草纲目》:生食菱角。

⑫饮用适量陈醋。

⑬饮用甘蔗榨汁。

⑭《本草纲目》:饮用鲜桑葚捣汁。

⑮《本草纲目》:雪梨切碎,随量食之。

⑯《本草汇言》:青果10枚,煎水服之。

⑰绿豆、赤豆各半,加甘草15克煎汤后,去甘草,连豆带汤一起食用。

⑱《湖南药物志》:樟树皮适量煎水服。

⑲野葛花9克煎水服。

⑳生吃西瓜或榨汁饮用,有利尿解酒作用。但贫血及痢疾者不宜。

㉑食醋50~100克,红糖25克,生姜3片,同煎后饮服。

㉒枳椇子12克,葛花10克,加水煎服。

㉓解酒药:以砂仁、葛花、葡萄糖、B族维生素等配伍。服用一次后,可使血液中酒精含量下降约50%,醒酒时间提前56%。

㉔豆腐解酒:饮酒时以豆腐类菜肴做下酒菜,菜中的半胱氨酸能解乙醛毒。

㉕酸枣、葛花根各10~15克,一同煎服,具有醒酒、清凉、利尿利用。

㉖生蛋清、鲜牛奶、霜柿饼三者煎汤服用。

㉗芹菜挤汁服用,可解除醉后头痛、脑涨、颜面潮红现象。

㉘鲜藕洗净后捣成藕泥,取汁饮服。

㉙蜂蜜水解酒。

中华酒典

㉚食盐解酒:若饮酒过量,胸膜难受,则可在白开水中加少许食盐后饮用,能立即醒酒。

以上方法,均仅适用于极轻度的酒醉者;对于其他的酒醉者,应将其平卧保暖,并送医院急救。

关于戒酒

①首先要掌握有关酒的知识,充分了解各种酒的特性、适量饮酒的好处和过量饮酒的危害。只有这样,才能摆脱以酒为伴的无知状态,从而下决心戒酒。这里所说的戒酒,并非是从此永远滴酒不沾,而是要真正从嗜酒成癖的行列中解脱而出。

②长期嗜酒者。可采取递减的方式,即逐步减次、减量,例如由每天饮二次减为一次;由每日饮一次减为2~3天饮一次;再减为平日不饮,只在周末饮一次;或定为逢年过节、亲朋相聚时适量饮酒,平时则不饮酒。

③由饮用高度烈性酒改饮低度烈性酒;由饮用低度烈性酒改饮果酒等酿造酒,并将饮量控制在最低限度之内;再继续减少饮酒次数。

④不要将瓶酒置于随手可取之处,可锁于柜中,须招待宾客时再取饮。

⑤开始戒酒时,除本人决心大之外,家人也可对其实行经济措施;可不买酒、不存酒,坚持下去定可见效。

⑥分散注意力法:当想饮酒时,即吃饭、饮茶、或找人聊天、下棋;或出外散步,以避过酒瘾。

嗜酒成癖者,因突然中断饮酒或急骤减少饮酒量,会发生一系列症状和体征的表象,这种症候群被称为"戒酒综合征"或"酒精脱离症候群"。可将其分为轻度脱离型、急进严重型和谵妄震颤型。

有的学者,将戒酒综合征的临床上的症状分为下列三型:一为轻微戒酒反应,于最后一次饮酒后的几小时呈现,通常在48小时后消失,其症状是震颤、兴奋、厌食、恶心及失眠,亦可呈现幻觉;二为癫痫发作,出现于停止饮酒后12~48小时之后。通常可发作2~6次。有的患者可能曾有癫痫病史。三为震颤性谵妄,这是严重的戒酒反应,通常呈现于戒酒之后的72~96小时。其症状为:震颤、幻视、幻听、激动、精神错乱、定向力障碍、误认人物和地点,可出现发烧、心动过速、大量出汗的自主神经过度兴奋。其病程一般不足3天,死亡率为5%~

10%。

有的日本学者经多年临床观察后认为,戒酒综合征的症状可为下列四阶段:在戒酒 7~8 小时,有手颤现象,再伴有幻视,继而出现幻听,这三部曲统称为"小脱离症候群",在断酒后 12 小时内基本结束。在戒酒后约 72 小时,可见到患者谵妄震颤,持续 2~3 天后熟睡,称之为"大脱离症候群"。

上述戒酒综合征,必要时应及时诊断、治疗,以免发生意外。

第四节　中医药酒

药酒适用范围广、便于服用、吸收快、疗效高、易保存,有许多独到的优点,日益受到人们的重视和欢迎。然而人们在乐于接受药酒的同时,对药酒的一些不可不知的常识,如:药酒的泡制方法及形形色色的保健药酒的功用等,也要引起高度重视,以免事与愿违。本篇介绍了基本的药酒常识,将帮助读者逐渐掌握药酒的基本概念。并说明了药酒祛病养生的源流、原理、功效和主治范围以及注意事项等,旨在帮你熟悉药酒的作用,选用适宜的药酒。

中医药酒的源流

酒的源流

药酒是酒与中药相配制而成的。在研究药酒前,应先了解酒的源流。

我国是世界上酿酒最早的国家之一,对世界酿酒技术的发展做出了巨大的贡献。酒的发明,在我国已有相当悠久的历史。一般认为,人类社会进入旧石器时代后期已能打造出许多用于获取自然物的石头工具,对于食物的好恶也就有了选择的可能性。据有关史料记载:大约在农业尚未兴起的采集经济时代,野果和蜂蜜便成了可供人类酿酒的理想而又容易得到的原料。我们聪明的祖先在劳动过程中就注意到野果和蜜中含有发酵性的糖分,一旦接触了空气中的霉菌和酵母就会发酵成酒。从自然发酵的野果更好吃而受到启发,产生了极大兴趣,于是他们开始有目的地将野果采摘并贮存起来,让其在适宜条件下自然发酵成酒。这可以说是最原始的,也是最早的酿酒了。

中华酒典

　　约在原始社会的末期，人类进入农业社会后，我们的祖先贮存谷物，由于保存的方法原始，条件较差，谷物容易受潮发芽霉变。这些长霉的谷物就成了天然的曲（蘖），遇水后便开始发酵成酒。正如原始人用水果酿酒一样，我们的祖先在品尝了由谷物变成的酒后很喜爱，于是就有目的地利用曲（蘖）来酿酒，这样谷物酿酒也就应运而生了。甲骨文中，酒写作"凸"，意即粮食与水在缸中发酵后变成了酒。《尚书》记有商王武丁"若作酒醴，尔为曲（蘖）"之说。汉朝淮南王刘安在其所著的《淮南子》中也认为，谷物酿酒的起源应是和农业同时开始的。到了商周时代，谷物酿酒已相当普遍，从商代废墟中发现规模可观的酿酒作坊，还有许许多多酒器，例如，距今约四千余年前的龙山文化遗址中就有陶制的樽、杯、小壶等酒器；又如殷商时代的青铜文物中亦有许多酒器，如壶、爵、角、觚、觯、樽等，其中一些还是铜制的；再如 1959 年在山东泰安大汶口村南发掘的新石器时代的"大汶口文化"遗址时，发掘出了许多专用的陶制酒器，如高柄杯、双耳杯等。这些专用酒器的发现也为我国的谷物酿酒起源于六七千年以前的说法提供了有力的证据。

　　到了周朝，随着生产力的提高，酿酒技术也有了大的进步。国家成立了专门机构，还设立了专管酿酒的官员。《礼记·月令》中指出：酿酒要用煮熟的谷物，投曲必须掌握好时机，火候要适宜。这是我国古代劳动人民对酿酒技术的总结和概括，也是世界上最早的酿酒工艺规程，如 1974 年在河北省平山县出土了战国时代的古酒，它的生产距今已有二千二百多年的历史。《战国策》中有"昔者帝女令仪狄作酒而美，进了禹，禹饮而甘之，遂疏仪，绝旨酒。"

药酒

说明了酒的质量已达到了一定的技术要求。《礼记·月令》在谈及酿酒的准备过程时，"曲"是用含有丰富的必要的发酵微生物的谷物制成，"蘖"就是发了芽的谷物。从现代科学观点来看，谷物中的淀粉是不能直接与微生物作用而发酵成酒的，淀粉必须经过水解变成葡萄糖、麦芽糖、果糖等以后才能酒化，而由淀粉变为糖的过程称之为糖化。用曲酿酒可以使糖化和酒化的过程连续地交替进行，这叫作复式发酵法，是我国古代劳动人民首创的特有的酿酒方法。以

"蘖"为原料酿酒,酿出的成品酒中,酒精的含量较低,而糖分较多容易酸化,故汉代以后,多用曲酿酒。

从原料上来看,汉代制曲所用的原料有大麦、小麦、稻谷、高粱和小米等。用所不同的谷物制曲,因而酒的品种增加。两晋时,我国出现了制作药曲和使用药曲酿酒的工艺。制成的药酒既有大曲酒的风味,又有中草药的芳香和具有健身祛病功效的药物成分。

唐代,我国已酿造出世界上最早的蒸馏酒(也就是通常所说的烧酒或白酒),这是酿酒史上的一个里程碑。制取蒸馏酒是利用酒精与水的沸点不同来蒸馏取酒。唐代的那些贪杯豪饮的人不但饮酒,而且还写下了许多与酒有关的流传千古的绝妙名句。

宋代,是我国制曲史上的飞跃时期,当时不仅有曲(蘖)、饼曲和药曲,还使用曲母传醅,以及酒花酿酒。在酿酒技术的发展方面,还出现了像宋·朱肱所著《北山酒经》之类的专著。该书对制曲的原料和操作技术有了新的发展和改进,突出介绍了"干酵"的制作方法,还记载了 13 种药曲和部分药酒的内容,是一本专门论述酿酒的书。该书上卷论酒、中卷论曲、下卷论酿酒之法,共记载了十多种酿酒的方法,它基本上代表了北宋时期的酿酒水平,说明当时我国的酿酒技术提高到了一个新水平。

发展至明代,酿酒业已初具规模,建有御酒房,专造各种名酒。到清代乾隆初年,就有"酒品之多,京师为最"一说。

到了现代,酿酒业如雨后春笋遍布祖国大地。随着科学技术的发展,其酒的品种之多,品位之高,可称盛期。现代酒类,根据酿造方法不同,可分为蒸馏酒、发酵酒和配制酒三大类。蒸馏酒是将淀粉或糖类经发酵后蒸馏而成,酒精浓度可高达 60%。发酵酒是用大麦、大米、水果和酒花等原料经发酵而酿成,酒精含量较低。配制酒的酒精浓度,一般为 25%~40%,介于蒸馏酒和发酵酒之间。酒的品种,根据商品名称则有白酒、啤酒、葡萄酒、果露酒、黄酒、汽酒、米酒和药酒之别。其品位,若根据酒精含量不同,可分为高度酒、中度酒和低度酒三种。若论其酿酒原料,生产条件,制作工艺,水质和存放时间不同,酒质亦异。概而言之,一般可分为高档、中档和低档酒三种。

药酒的形成

酒与医药结合形成的药酒,是我国医药发展史上的重要创举。古时"酒"

中华酒典

写作"酉",《说文解字》这么解释:"酉,就也,八月黍成,可为酎酒"。"就"意为"成熟","黍成"就可做酒(酉),黍,甘平,益气补中,不也是中药吗?古时候"(酉)"字从酉(酒),即说明酒与医药的密切关系,所以后世又有"酒为百药之长"的说法。所以说药酒的起源与酒的产生是分不开的,我国现存的最早的药酒方见于1973年发掘的马王堆汉墓出土的《五十二病方》,约记载内外用药酒30余首用以治疗疽、蛇伤、疥瘙等疾病的药酒方。马王堆汉墓出土的帛书《养生方》《杂疗方》中,虽多已不完整,但仍可辨认出药酒方(药酒用药),酿制工艺等记述。由此可见,我国的药酒在先秦时期就有了一定的发展。

药酒,在中医方剂学上又称为酒剂。所谓药酒,一般是把植物的根、茎、叶、花、果和动物的全体或内脏以及某些矿物质成分按一定比例浸泡在低浓度食用酒精、白酒、黄酒、米酒或葡萄酒中,使药物的有效成分溶解于酒中,经过一定时间后去除渣滓而制成的,也有一些药酒是通过发酵等方法制得的。因为酒有它的自身作用,所以酒与中药材结合,可以增强药力,既能防治疾病,又可用于病后辅助治疗的一种酒剂。有目的地运用药酒,有意识地将药与酒配合,在我国也已有了悠久的历史。

秦汉之际,我国现存最早的中医经典著作《黄帝内经》也对酒在医学上的贡献做了专门论述,其中,《素问·汤液醪醴篇》论述了醪醴与防病治病的关系,在其他篇章中还提及了治臌胀的"鸡矢醴",治经络不通,病生不仁的"醪药",主治身体不爽的"醪酒"等,均系较早的药酒记载。

至汉代,随着中药方剂的发展,药酒逐渐成为中药方剂中的一个组成部分,而且针对性和疗效也有了很大提高。在《史记·扁鹊仓公列传》中有"其在肠胃,酒醪之所及也"的记载,表明扁鹊认为用酒醪治疗肠胃疾病的看法。这篇著作中还收载了西汉名医淳于意的25个医案,如用药酒治愈济兆王病"风蹶胸满"和甾川王美人患"难产症"的验案。东汉,张仲景的《伤寒杂病论》中载"妇人六十二种风,腹中血气刺痛,红蓝花酒主之",书中除有红蓝花酒、麻黄醇酒汤、栝蒌薤白白酒外,尚有很多方药均是以酒煎煮,或以酒和水混煎,借酒以加强药效。时至汉代,药酒和将酒用于医疗方面已非常丰富和普遍,故班固在《前汉书·食货志》称酒"为百药之长"。

北魏,贾思勰的《齐民要术》,虽为农业专著,但对浸药专用酒的制作,从曲的选择到酿造步骤均做了详细的说明,并总结性论述了当时的制曲酿酒技术、经验及原理。晋·葛洪的《肘后备急方》则记有桃仁酒、猪胰酒、金牙酒、海藻酒等治病药酒。梁·陶弘景在《本草经集注》提出"酒可行药势",尤其是对药酒的浸制方法论述较详,提出"凡渍药酒,皆经细切,生绢袋盛之,乃入酒密封,随寒暑数日,视其浓烈,便可流出,不必待至酒尽也。滓可暴燥微捣,更清饮之,亦可散服"。这一时期对药酒的制法经历了不断完善的过程。

唐·孙思邈的《备急千金要方》卷七"酒醴",卷十二"风虚杂补酒煎",书中共收有药酒方80余首,涉及补益强身、内科、外科、妇科等方面,并对酒与药酒的毒副作用有了一定认识,针对当时一些人因嗜酒纵欲所引起的种种病症,研制了一些相应的解酒方剂。《千金翼方》还对药酒的服法提出了要求:"凡服药酒,饮得使酒气相接,无得断绝,绝则不达药力,多少皆以知为度,不可全醉及吐,则大损人也。"唐·王焘的《外台秘要》卷三十一"古今诸家酒方"一节中共收载了药酒11方。其中9方为用加药酿制法,同时对酿造的工艺也记述颇详。此外,《千金要方》中还记有用药酒治唐国寺僧允葱患"癫疾失心"的验案。这一切都说明了药酒的形成过程是很长的。

药酒的发展

我国宋元时期的药酒有了很大发展,药酒的种类和应用范围均有了明显的扩大。仅《太平圣惠方》中就设有药酒专节达6篇之多,连同《圣济总录》《太平惠民和剂局方》《三因方》《本事方》《济生方》等书中的药酒方,计有药酒方数百种,运用药酒治病的范围也已涉及内科、外科、妇科、五官科等多种疾病,对于药酒的主要功效也有了明确的认识,如《圣济总录》卷四认为"药酒长于宣通气血,扶助阳气,既可用于祛疾,又可以用其防病。""兼有血虚气滞,陈寒痼冷,偏枯不随,拘挛痹厥之类,悉宜常服。"在药酒的制法上,已开始对多种药物均采用隔水加热的"煮酒法",这样可以提高药物有效成分的浸出率,增强药酒的功效。这一时期药酒发展的一个重要特点就是用于补益强身的养生保健药酒渐多,有些药酒不但具有治病养生的特点,而且口味纯正,成了宫廷御酒。除了上述大型方书所记载的药酒外,宋·陈直《养老奉亲书》和元·忽思慧《饮膳正要》《御药院方》等书中也收载了许多适合老年人服用的养生保健药酒。

明代的医药学家在整理继承前人经验的同时,又创制出许多新的药酒方。在明代医学书《普济方》《奇效良方》《医学全录》《证治准绳》《本草纲目》中等收载了大量的药酒配方,既有前人的传世经典之作,又有当代人的创新之举。仅《本草纲目》就辑了各类药酒配方200余种,《普济方》通卷收载的药酒配

中华酒典

达 300 余首。此外,如明代吴昆的《医方考》载药酒 7 种,吴(日文)的《扶寿精方》载药酒 9 种,龚廷贤的《万病回春》和《寿世保元》两书载药酒近 40 种。明代的民间作坊已有药酒出售、如慧仁酒、羊羔酒等、而老百姓自饮自酿的酒中也有不少药酒,如端午节的菖蒲酒、中秋节的桂花酒、重阳节的菊花酒等。

至清代,药酒又有了进一步的发展,又创造出许多新的药酒配方。如汪昂的《医方集解》,王孟英的《随息居饮食谱》,吴谦等人的《医宗金鉴》,孙伟的《良朋汇集经验神方》和项友清的《同寿录》等等,均收载了不少明清时期新创制的一些药酒配方。清代的药酒,除了用于治病外,最大的特点就是养生保健药酒较为盛行,尤其是宫廷补益药酒空前兴旺发达。例如,清乾隆皇帝经常饮用之益寿药酒方"松龄太平春酒"对老年人诸虚百损、关节酸痛、纳食少味、夜寐不实诸症均有治疗作用。"夜合枝酒"也是清宫御制的药酒,组方中除了夜合枝外,还有柏枝、槐枝、桑枝、石榴枝、糯米、黑豆和细曲等,可治中风挛缩之症。

民国时期,由于战乱不断,百业不兴,加之大肆扼杀中医,药酒自然也难逃厄运。

新中国成立后,中医中药事业得到了空前的大发展,作为中医方剂之一的药酒,不仅继承了传统的制作经验,而且采取了现代科学技术的方法,严格了卫生与质量标准,使药酒的生产逐步向标准化和工业化发展,药酒的质量也大大提高。医药学家还对许多传统中药名酒(如五加皮酒、十全大补酒、史国公药酒、龟龄集酒等)的功效、配方进行了大量的实验研究和临床验证,为药酒的应用和提高疗效提供了宝贵依据。

同时,在中药药酒的文献整理、研究和不断开发药酒新品种方面都有了不少成绩。药酒专著就是其中一证明:如许青峰的《治疗与保健药酒》辑药酒方146 首,孙文奇的《药酒验方选》载药酒方 361 首,李明哲的《药酒配方 800 例》,陈贵廷等的《百病中医药酒疗法》共载药酒 1364 首。此外,如《中国药典》等国家颁布的书籍中,亦对一些传统中药名酒的配方,制作工艺,质量与卫生要求等做了规定。以上均为中药药酒的开发研究,药酒的制作工艺和质量的提高提供了方便。

在不断开发研制药酒的新品种和剂型改革方面也取得了很大进展。一是开发新品种。如根据清代宫廷配方研制的"清宫大补酒",根据宋代名方配以绍兴名水酿成的饮料酒精研制而成的"十全大补酒",根据古方研制的"金童常乐酒""罗汉补酒"等多品种,高质量的药酒,不断涌向市场,受到广大人民和患者的欢迎。二是药酒的制作工艺和剂型改革,也正朝着节约利用中药材,提高其有效成分的浸出和回收以及方便使用,疗效显著的方向发展。例如近年来有报道认为:采用比《中国药典》规定含醇量(40%～50%)高10%以上白酒(含醇量达60%左右)作为提取用溶液,浸泡中药饮片,中药用量为处方全量的50%左右,即可减少杂质的浸出,而提高有效成分浸出的效果,并认为采取"浸渍→渗漉→洗涤→甩干"的新工艺方法,可最大程度(几乎全部利用)地利用药渣中的有效成分,并提高了药酒的收得率,减少了白酒用量,且能保证药酒的质量,从而改进了采用榨法榨取效果差的旧方法。此外,由于中药酒剂(配)具有用量小(内服或外用),药效迅速,有一定防腐性等优点,因而便于长期保管和使用。

"酒"系谷类和曲酿而成的流质,其气剽悍,质清,具有治病强身的功效。而中药一般多系天然之品,毒副作用少。酒药结合配制的药酒,介于食药之间,有病可以医病,无病可以防病健身,古代即用药酒来预防瘟疫流行,如《千金要方》所说:"一人饮,一家无疫,一家饮,一里无疫。"随着人们生活水平的不断提高,中药药酒的应用必将更为广泛。

我们深信,中药药酒,在医药学家的不断努力下,通过继承与提高,发掘与创新,必将有品种更多,质量更好,范围更广的药酒走向市场,走出国门,进入千家万户,造福人民,更好地发挥药酒在医疗和保健事业中的重要作用,为人类的健康事业做出新贡献,为振兴中医事业,使祖国医药进一步发扬光大,具有十分重要的意义。

药酒的制作

药酒制作的准备

药酒,除专业厂家制作外,在民间家庭中也可以自配自制药酒,许多人喜欢自己动手配制药酒,并且保持着每年配制、饮用药酒的习惯。无论专业厂家或家庭配制药酒,在制作前,都必须做好以下几项准备工作:

1.保持作坊清洁,严格卫生要求。配制药酒作坊要做到"三无",即无灰尘、无沉积、无污染。同时配制人员,亦要保持清洁,闲杂人等一律不准进入场地。

中華酒典

2.要根据自身生产条件制作适宜药酒。凡是药酒,每一种药酒,都有不同的配方和制作工艺要求,所以不是每个专业厂家,更不是每个家庭都能配制的,要根据自身生产条件,配制技术而定。如家庭自制药酒,首先需要选择适合家庭制作的药酒配方,并不是所有药酒配方都适宜家庭制作,例如有毒副作用的中药材需经炮制后才能使用,如果对药性,剂量不甚清楚,又不懂药酒配制常识,则需要请教中医师,切忌盲目配制饮用药酒。

3.配制药酒中的酒和中药材,要选取正宗纯品,切忌用假酒,伪药,以免造成不良后果。配制药酒,一般宜用优质高度白酒(或中低度白酒或其他酒类,按需要而定)。但是,现在市售的白酒中不时会有假冒伪劣产品出现,应当引起注意。假酒中的甲醇含量高,甲醇绝对不是甲等好酒,它的分子是由一个甲基与羟基化合而成,具有毒性,甲醇蒸气可经呼吸道吸收进入人体,即使外用,反应接触也可少量吸收,如果经口误服可经消化道吸收,并产生中毒症状。甲醇对人体的毒性,主要是对神经系统的刺激和麻痹作用。甲醇在人体内先后被氧化成甲醛和甲酸,甲醛和甲酸的毒性更强,分别比甲醇大30倍和6倍。人在饮用甲醇含量很高的酒后,就会引起急性中毒,一般8~36小时左右即出现中毒症状。轻度中毒的症状有头晕、头痛、呕吐;较严重的可出现眼珠疼痛、视力模糊、复视、眼前闪光等视力障碍症状,进而视力急剧减退,甚至双目失明。因为甲醇对视网膜有特殊亲和力,可使视网膜细胞发生变性,造成视神经萎缩,以致两目失明。且甲醇具有蓄积性,多次少量饮用工业酒精兑制的酒,往往也会使进入体内的甲醇积累而造成对人体的危害。甲醇中毒尚无特效疗法,对于误服甲醇中毒者,应及时送医院抢救。因此选用白酒配制药酒,一定要辨清真伪,切忌用假酒配制。按配方选用中药,一定要选用上等正宗中药材,切忌用假冒伪劣药材;对于集市贸易出售的中药材,要先认准后再购,不可轻信商贩之言。即使自行采集的鲜药、生药往往还需要先行按规定要求加工炮制。对于来源于民间验方中的中药,首先要弄清其品名、规格、要防止同名异物而造成用药错误。

4.准备好基质用酒。目前用于配制药酒的酒类,除白酒外,还有医用酒精(忌用工业酒精)、黄酒、葡萄酒、米酒和果露酒等多种,具体选用何种酒,要按配方需要和疾病而定。

5.制备药酒的中药材,制作前都要切成薄片,或捣碎成粗颗粒状。凡坚硬的皮、根、茎等植物药材可切成3毫米厚的薄片,草质茎、根可切成3厘米长碎段,种子类药材可以用棒击碎。同时在配制前,要将加工后的药材洗净(防止污染杂质)、晾干后方能使用。

6.要准备好配制药酒用的容器和加工器材及封容器口等一切必备材料。容器大小要按配制量而定。

7.要熟悉和掌握配制药酒常识及制作工艺技术。

简单的制作工具

按照中医传统的习惯,煎煮中药一般用砂锅,这是有一定科学道理的。一些金属如铁、铜、锡之类的器皿,煎煮药物时容易发生沉淀,降低溶解度,甚至器皿本身和药物及酒发生化学反应,影响药性的正常发挥。所以配制药酒要用一些非金属的容器,诸如砂锅、瓦坛、瓷瓮、玻璃器皿等。

药酒制作的方法

药酒制作法,古人早有论述,如《素问》中有"上古圣人作汤液醪醴","邪气时至、服之万全"的论述,这是药酒治病的较早记载。东汉·张仲景的《金匮要略》中收载的红蓝花酒、麻黄醇酒汤所采取的煮服方法,则类似于现代的热浸法。唐·孙思邈的《备急千金要方》则较全面地论述了药酒的制法、服法,"凡合酒,皆薄切药,以绢袋盛药内酒中,密封头,春夏四五日,秋冬七八日,皆以味足为度,去渣服酒,……大诸冬宜服酒、至立春宜停。"又如《本草纲目》记载烧酒的制作即用蒸馏法,"用浓酒和糟入甑,蒸汽令上,用器承取露滴,凡酸之酒,皆可烧酒,和曲酿瓮中七日,以甑蒸取,其清如水,味极浓烈,盖酒露也。"此种操作方法即与现代基本相同。此外,还对冷浸法加药酿制及传统热浸法等制作药酒的方法及操作要法,均做了比较详细的说明。根据历代的医药文献记载,古人的药酒与现代药酒具有不同的特点,一是古代药酒多以酿制酒的药酒为主,亦有冷浸法、热浸法;二是基质酒,多以黄酒为主,而黄酒性较白酒缓和。现代药酒,则多以白酒为溶媒,含酒精量一般在50%~60%,少数品种仍用黄酒制作,含酒精量在30%~50%,制作方法为浸提法,很少有用酿造的。

一般来说,现代药酒的制作多选用50~60度(%)的白酒。其依据是:因为酒精浓度太低不利于中药材中有效成分的溶出,而酒精浓度过高,有时反而使药材中的少量水分被吸收,使得药材质地坚硬,有效成分难以溶出。对于不善于饮酒的人来说或因病情需要,也可以采用低度白酒、黄酒、米酒或果酒等基质酒,但浸出时间要适当延长,或浸出次数适当增加,以保证药物中有效成分的溶

中华酒典

出。

制作药酒时,通常是将中药材浸泡在酒中,经过一段时间后,药材中的有效成分溶解在酒中,此时过滤去渣后即可饮用。

根据我国古今医学文献资料和家传经验介绍,配制药酒的方法概括起来,一般常用的有如下几种:

1.冷浸法:冷浸法最为简单,尤其适合家庭配制药酒。采用此法时可先将炮制后的中药材薄片或粗碎颗粒,置于密封的容器中(或先以绢袋盛药再纳入容器中),加入适量的白酒(接配方比例加入),浸泡14天左右,并经常摇动,待有效成分溶解到酒中以后,即可滤出药液;药渣可压榨,再将浸出液与榨出液合并,静置数日后再过滤即成。或者将白酒分成两份,将药材浸渍两次,操作方法同前,合并两次浸出液和榨出液,静置数日过滤后,即得澄清的药酒。若所制的药酒需要加糖或蜜矫味时,可将白糖用等量的白酒温热溶解、过滤,再将药液和糖液混匀,过滤后即成药酒。

2.热浸法:热浸法是一种古老而有效的制作药酒的方法。通常是将中药材与酒同煮一定时间,然后放冷贮存。此法既能加快浸取速度,又能使中药材中的有效成分更容易浸出。但煮酒时一定要注意安全,既要防止酒精燃烧,又要防止酒精挥发。因此也可采用隔水煮炖的间接加热方法。此法适宜于家庭制作药酒,其方法是:将中药材与酒先放在小砂锅内,或搪瓷罐等容器中,然后放在另一更大的盛水锅中炖煮,时间不宜过长,以免酒精挥发。此时一般可于药面出现泡沫时离火,趁热密封,静置半个月后过滤去渣即得。工业生产时,可将粗碎后的中药材用纱布包好,悬于白酒中,再放入密封的容器内,置水浴上用40~50℃低温浸渍3~7天,也可浸渍两次,合并浸液,放置数日后过滤即得。此外,还可在实验室或生产车间中采用回流法提取,即在浸药的容器上方加上回流冷却器,使浸泡的药材和酒的混合物保持微沸状态,根据不同的中药材和不同的酒度,再确定回流时间。回流结束后即进行冷却,然后过滤即得。

3.煎煮法:此法必须将中药材粉碎成粗末,全部放入砂锅中,加水至出药面约10厘米,浸泡约6小时,然后加热煮沸1~2小时,过滤后,药渣再加水适量复煎1次,合并两次药液,静置8小时后,再取上清液加热浓缩成稠膏状,待冷却后,再加入等量的酒,混匀,置于容器中,密封,约7天后取上清液,即成。煎煮法,用酒量较少,服用时酒味不重,便于饮用,尤其对不善于饮酒的人尤为适宜。但含挥发油的芳香性中药材不宜采用此法。

4.酿酒法:先将中药材加水煎熬,过滤去渣后,浓缩成药汁,有些药物也可直接压榨取汁,再将糯米煮成饭,然后将药汁、糯米饭和酒曲拌匀,置于干净的容器中,加盖密封,置保温处10天左右,并尽量减少与空气的接触,且保持一定的温度,发酵后滤渣即成。

5.渗漉法:渗漉法适用于药厂生产。先将中药材粉碎成粗末,加入适量的白酒浸润2~4小时,使药材粗粉充分膨胀,分次均匀地装入底部垫有脱脂棉的渗漉器中,每次装好后用木棒压紧。装完中药材,上面盖上纱布,并压上一层洗净的小石子,以免加入白酒后使药粉浮起。然后打开渗漉器下口的开关,再慢慢地从渗漉器上部加进白酒,当液体自下口流出时关闭上开关,从而使流出的液体倒入渗漉器内,继续加入白酒至高出药粉面数厘米为止,然后加盖,放置24~48小时后打开下口开关,使渗滤液缓缓流出。按规定量收集流液,加入矫味剂搅匀,溶解后密封,静置数日后滤出药液,再添加白酒至规定量,即得药酒。

泡服药酒有讲究

药酒在日常生活中的用途极广,许多家庭都要自备一点药酒。那么,泡服药酒要注意哪些问题呢?

一般来说,家庭自制保健药酒应按中医辨证施治的原则,根据病情和自身需要来选择中药,并在医生的指导下服用。主要应注意以下几个方面:

首先,泡药酒的白酒度数不宜过高。因为药材中的有效成分,有的易溶于水,有的易溶于酒,如果酒的度数过高,虽然可以增加溶性成分的析出,但不利于水溶性成分的溶解。一般而言,泡药酒的白酒度数在40度左右为宜。

其次,泡药酒时应将动植物药材分别浸泡,服用时再将泡好的药酒混合均匀。这是因为动物药材中含有丰富的脂肪和蛋白质,其药性需要较长的时间才能泡出来,而植物药材中的有效成分能迅速溶解于水或酒精中,分开浸泡,便于掌握浸泡时间。

其三,泡药酒不宜用塑料制品,因为塑料制品中的有害物质容易溶解于酒里,会对人体造成危害。最好用陶瓷或玻璃瓶子。同时,泡药酒还应尽量避免阳光照射或灼热逼烤。

服用药酒也多有讲究,如服药酒宜缓慢饮服,不宜大口灌下,以减轻酒精对胃肠的刺激;服药酒还要特别注意把握好饮用量,可按本人对酒的耐受力,每次饮 10~30 毫升,每天饮用 2~3 次,若不会饮酒者,可把 1 份药酒兑入 10 份加蜜

中华酒典

糖的冷开水中,然后再服用。还应注意的是,治疗用的药酒应病愈即止,而不宜久服。妇女经期不宜服用活血功能较强的药酒;小儿、孕妇和乳母不宜饮用药酒;当遇有感冒、发热、呕吐、腹泻等疾病时,不宜饮用滋补类药酒;肝肾疾病、消化道疾病、过敏性疾病及心功能不全等疾病患者要禁用药酒,以免补之不当而危及生命。

药酒的种类

果酒

果酒以葡萄酒为主,法国是世界上人均寿命最长的国家之一。法国人平时的饮食中含有大量黄油、奶油、奶酪、鹅肝等高胆固醇的食品,可是法国人患心血管病的人却比美国少40%。这是为什么呢?1992年世界卫生组织(WHO)在英国《针刺》医学杂志上提出了一个观点,他们认为这与法国人酷爱饮葡萄酒有关。法国是目前世界上最大的葡萄酒生产国,拥有大批专门种植名贵品种葡萄的葡萄园和发达的酿酒业。同时,法国也是世界上葡萄酒消费量最多的国家,每年人均约消费78升,是美国人消费葡萄酒的10倍。法国有句名言:"没有葡萄酒的聚餐犹如没有阳光的白昼。"法国人用餐时,葡萄酒几乎是必不可少的饮料。

葡萄酒因其酒精含量低,并且具有多种保健功能而被世界卫生组织认定为保健饮品。

制作葡萄酒的原料基10%的葡萄。葡萄酒的化学成分十分丰富,含有很多人体所必需的矿物质和多种维生素。

葡萄酒中的丹宁含有水杨酸,即俗称的阿司匹林,它可软化血管,维持血管的渗透性,防止动脉硬化。因此对心脏、脑血管具有保护作用。

美国的科研人员通过对5万人调查统计发现:每天喝1~2杯红葡萄酒的人,患心肌梗死的危险性要比滴酒不沾的人少26%。

葡萄酒内含多种维生素,维生素 B_1、B_2、B_6、B_{12} 和泛酸,以及20多种氨基酸,它具有升高血压、兴奋神经的作用,可使人从疲劳中迅速恢复过来。因此,低血压的人常喝葡萄酒可起到有效的治疗作用。

葡萄酒内富含核黄素,它可促进细胞氧化还原,防止口角溃疡和白内障的发生。

葡萄酒中的尼克酸,具有维持皮肤健康、美容养颜等作用,因此葡萄酒尤其适宜妇女饮用。

葡萄酒中所含肌醇能促进内分泌,有助消化,还可增强机体活力,故老年人常饮葡萄酒定能益寿延年。

葡萄酒中含有一种叫"多酚"的天然物质,这是美国科学家的最新发现。经过实验,表明常饮葡萄酒可使血液中的好胆固醇增加,而坏胆固醇减少。因此可起到预防动脉血管硬化的作用。

葡萄酒

葡萄酒中含有钾、钙、镁、铁、铜、硒微量元素,其中钙可直接被吸收,钾有保护心脏的作用,镁和硒有预防冠状动脉硬化和心肌病变的功效。

葡萄酒中含有多种维生素,种类齐全,如 B_1、B_2、PP、B_6、B_{12} 和泛酸等,还含有 20 多种氨基酸,对人体都有不同的营养价值。

葡萄酒中酚类化合物具有极强的抗氧化活性,能中和人体内自由基,保持血管弹性。红葡萄酒中酚类化合物高于白葡萄酒。

近年来科学家发现,红葡萄酒中含有的白藜芦醇,能防止炎症,抑制病菌的生长,并具有防癌作用。

此外,红葡萄酒对肠胃功能以及皮肤也有一定的保健功能。

美国的一项研究认为,葡萄酒可提高肾脏的排泄功能,排出更多的毒素,减少患肾结石的可能性。

葡萄酒的饮用方面也颇有学问。

饮葡萄酒讲究温度适宜,不同品种的葡萄酒对温度有不同的要求,只有在最合适的温度时饮用,才能更显其地道的醇香味道。为了避免手握杯时手掌的温度影响杯中酒的美味,所以喝葡萄酒讲究使用高脚杯。一般来说,白葡萄酒要冰镇后饮用更好,而红葡萄酒可在室温条件下饮用。如果想表述得更准确些,葡萄酒的最佳饮用温度如下:

甜白葡萄酒 4℃~6℃

干白葡萄酒 6℃~10℃

中华酒典

干红葡萄酒 10℃~13℃

甜红葡萄酒 13℃~18℃

只有在最标准的温度下饮用,才可能品味出美酒的醇香。

葡萄酒与菜肴搭配方面也是很讲究的。

大体上说,白葡萄酒应与白色肉类食物搭配,如鸡肉、鱼肉、壳类海产品等;而红葡萄酒与红色肉类搭配最相宜,如牛肉、猪肉、鸭肉等。

调味中带醋的食品不能当葡萄酒的酒菜。此外,咖喱、巧克力及带巧克力的甜食也不适合与葡萄酒一起食用。否则会相互抵触,产生出很不柔和的味道。

还需要注意的是,甜葡萄酒一般不宜在餐前饮用。否则会使食欲减退。

对我们这些普通消费者来说,不可能像专业品酒师那样,凭借嗅觉及味觉便能鉴别酒的优劣。我们在选购时,只能凭品牌、看外观。优质的葡萄酒应是无任何杂质、无浮悬物,酒色清澈透亮的。相反,颜色晦暗,浑浊不清的则肯定是劣质葡萄酒了。在这里还要多提一句:定价高的洋葡萄酒未必就真的比便宜的国产酒好。

葡萄酒有补益气血、滋补脾肾、能利小便、强筋骨、祛风湿作用。适用于治疗气血不足、脾肾虚损所致的脾虚气弱、心悸盗汗、津液不足、少气无力、纳食不佳、干咳痨嗽、小便不利及腰腿酸痛等症。

若在葡萄酒内加入适量人参,即为参葡酒,其补益作用会更好。

蛇酒

自古以来,酒和医药有着极为密切的关系。把中草药材与酒制成药酒用于治疗疾病,这在殷商甲骨文已有记载。至于蛇酒的起源的问题则少有记述。有人认为,广东是蛇酒的发源地,理由是该地自古蛇多且当地人喜欢吃蛇;有人认为,蛇酒发端于陕西,因为《朝野金载》记载陕西商县有一麻风病患者饮"乌蛇酒"而愈。在李肇的《唐国史补》中有这样的记述:有人听说乌蛇酒可治麻风,于是"乃求黑蛇,生置瓮中,酝中曲蘖,嘎嘎蛇声,数日不绝,及熟,香气酷烈……"这大概是酿造蛇酒的最早记载。后来,蛇酒的种类越来越多,甚至占据着酒林的重要地位。广东的"三蛇酒"和广西的"五蛇酒",具有舒筋活血、滋补强壮的功效;湖南的"龟蛇酒"具有滋阴补肾、祛湿健筋的作用,均被誉为健身益寿的"仙酒",颇受人们的欢迎。在民间,大多根据体质、病种的不同选择五步蛇、银环蛇、眼镜蛇等,分别配以补益类或祛风类的中药,泡制成各种各样的"蛇药酒",服用简便,疗效显著,从而为人们所常用。

如何泡制蛇酒?下面介绍几种蛇酒的配制方法:

1.三蛇酒:将眼镜蛇、金环蛇、灰鼠蛇 3 种蛇除去头部及内脏,冲洗干净后浸泡于米白酒中,半年之后即可饮用。

蛇酒

2.五蛇酒:将眼镜蛇、金环蛇、灰鼠蛇、银环蛇、百花锦蛇 5 种蛇除去头部及内脏,冲洗干净后浸泡于米白酒中,半年以上即饮用。

3.龟蛇酒:用金龟、眼镜蛇(去头和内脏),配以当归、杜仲、枸杞子、蜜糖、冰糖,浸泡于优质小曲酒中,3 个月之后即可饮用。

4.其他蛇酒:可选择五步蛇、银环蛇、眼镜蛇、蝮蛇、赤链蛇、灰鼠蛇等毒蛇或无毒蛇中的一种或数种,剖腹去内脏,洗净晾干后浸泡于 50% 以上米白酒中,或将活蛇饿上 1 周后直接投入酒中,3 个月以上即可饮用。也可根据需要,分别加入补益药类如当归、黄芪、党参,或祛风湿药类如五加皮、木瓜、秦艽等,制成蛇药酒。

泡制蛇酒的容器,最好是用有遮光作用的棕色广口瓶。蛇与酒的比例:500克:1500~2200 毫升。蛇酒配置好后,应加盖密封,放在床下等阴暗、凉爽的地方(温度以 10~25℃ 为宜)。饮用蛇酒,一般人可每日 2 次,每次 10 毫升左右,酒量好的可适当多饮一些。但应注意不要空腹服用。

米酒

米酒的历史也很悠久,日本青年女子用一种由中国请过去的叫"比哈达"的米酒擦脸,从而使整个面部富有光泽、美丽动人。"比哈达"是一种美容的特别酒,虽然可以喝,但喝了起不了美容的作用。妇女们用温水把这种酒冲淡了,轻轻搽在脸上,使皮肤变得无比光泽。洗浴时往盆里放些这种酒,能使水温透激肌肤,感到格外舒服,浴后全身光彩照人。

中华酒典

苦酒

释苦酒为醋,是中医传统的解释,始自梁代之陶弘景,继有明代之李时珍。但在古代,苦酒并非醋,苦酒是苦酒,醋是醋,各为一物,后世才混为一谈。

苦酒入药,旧说首出张仲景《伤寒论》之苦酒汤。近年来的新发现是,远在先秦时代,苦酒已作药用,事见马王堆汉墓帛书《五十二病方》。苦酒旧释即醋,始于梁之陶弘景,他说:"酢酒为用,无所不入,愈久愈良,以有苦味,俗呼苦酒。"后明代李时珍亦从此说,并将苦酒之名列于醋条"释名"之下,自陶氏后,苦酒为醋,千载无异议。

近年,上海文人邹立昌在《〈辞海〉与我》一短文中说:"《本草纲目·醋》将醋直释别名苦酒,感到与人称'自酿苦酒'意相悖"。《辞海》曾载《齐民要求》有"作苦酒法"。"醇酒"条说郑玄注《周礼》即"苦酒"。查阅之,《齐民要术》还有作酢(今醋字)法,原来南北朝前,是有苦酒;它是酒而非醋,只是到唐代苦酒被淘汰(见宋代《太平广记》),后代才将苦酒等同于醋。

邹先生还说:古医方中多有用苦酒者,了解这历史,当不致闹出"巴豆不可轻用",而加重用量致祸之类的笑话。

邹先生这一考证,有根有据,铁证如山,无可非议。

对于苦酒的这一史实,中医药著作鲜有提及。现在由门外汉的文化人提出来,就大有"医不识苦酒,笑煞读书人"的味道了。

查张仲景所药用的苦酒,确乎不是醋。有《金匮要略》一书为证,在该书黄芪芍药桂枝苦酒汤下,有一段注文曰:"一方用美酒醯代苦酒。"

"用美酒醯代苦酒",意谓在缺乏苦酒的时候,可以用美酒醯代替。美酒醯即醋。醋可以代苦酒,则证明苦酒不是醋。

泡酒

1.洋葱泡酒的妙用

洋葱泡红葡萄酒,可治疗和预防多种老年慢性病。如老年白内障、老年痴呆症、高血压、高血脂、动脉硬化、糖尿病、失眠症、眼肌疲劳等等。

制作方法:取洋葱1~2个,红葡萄酒400~500毫升(喜欢甜食的可加点蜂蜜)。将洋葱洗净、去掉表面的茶色外皮,切成等分的月牙形块,装入玻璃瓶内,加上红葡萄酒、将瓶盖好密闭,放在阴凉处2~8天。然后,将瓶内的葱片用网过滤后所成葱汁分开,再分别装入瓶内放置冰箱内冷藏备用。

用法每日量50毫升,年纪大的每次20毫升也行,每天1~2次,将浸过的葱片一起食用更好。不喝酒的人,可用2倍左右的开水稀释后饮用,或每次饮前倒入电锅内煮4~5分钟,待酒精蒸发后饮用亦可。

2.无花果叶泡酒治白癜风

取长得不嫩不老的无花果叶五六片,洗干净,切成碎末放容器里,倒入50度以上的二锅头酒150毫升然后加盖,浸泡1周后即可使用。用脱脂棉蘸酒轻轻擦抹患处,务必遍及患病的所有地方。

药酒

1.薯蓣酒有哪些保健作用

薯蓣(即山药)200克,黄酒1000毫升。把生山药洗净、刮皮、切片、备用。先将酒500克倒入瓷器内,置火上煮,待沸后,徐徐放入山药,边煮边添酒。待酒添尽,山药煮熟时,将山药捞出,酒冷后贮入净瓶内。煮过的山药可与蜂蜜适量拌匀,食用。每日早、晚各服1次,每次温饮20~40毫升。山药片每日早晨空腹食之。中医认为,薯蓣酒有健脾补肺、固肾益精、祛风除湿作用。适用于脾、肺、肾不足所致的虚劳咳嗽、泄泻、消渴、尿频急、腰酸、下肢乏力等病症。

2.荔枝酒有哪些保健作用

鲜荔枝2 000克,糯米2 000克,酒曲250克。将酒曲研成末,备用。把糯米洗净、煮蒸,倒入坛内,待冷备用。然后将荔枝置于大砂锅内,加水煮至5千克,待冷后倒入坛里,加入酒曲末,搅拌均匀,加盖密封,置保温处。经14~20日后开封,酒味不淡即成。最后压去糟渣,用细纱布过滤,贮入净瓶中,每日3次,每次温饮20~30毫升。

荔枝酒能补气血、健脾胃、益肝肾、滋心营、增智慧、悦颜色、养身益寿。适用于治疗气血不足、脾肾亏虚所致的食欲不振、胃痛呃逆、五更泄泻等病症。

3.松子酒有哪些保健作用

松子仁70克,黄酒500毫升。先把松子仁炒香,捣烂成泥,备用。再将黄酒倒入小坛内,放入松子泥,然后置文火上煮沸,取下待冷,加盖密封,置阴凉处。经3昼夜后开封,用细纱布滤去渣,贮入净瓶中。每日3次,每次用开水送服20~30毫升。松子仁酒有补气血、润五脏、止渴、滑肠作用。适用于病后体虚、羸瘦少气、头晕目眩、口渴便秘、燥咳痰少、皮肤干燥、心悸、盗汗等症。

由于松子仁脂多滋润,故凡是便溏、滑精及有湿痰者不宜饮服本酒。

4.枸杞酒有无补精壮阳作用

枸杞酒以枸杞子90克,白酒500毫升为原料。把枸杞子洗净拍破后浸泡酒中,以常法泡制而成,一般经12~15日后即可饮用。早、晚各饮服1次,每次饮10~15毫升。

枸杞子能补精壮阳、滋肾养肝,具有"阴兴阳起"的功效。适用于腰膝酸软、阳痿滑泻、头目眩晕、视物模糊及未老先衰等病症的治疗。据介绍,用枸杞酒治目视不明、迎风流泪也有较好疗效。服用时,可将猪肝煮熟切片,蘸花椒盐同食,疗效更佳。

但若遇脾胃虚弱引起的泄泻,阳盛发热及性功能亢进者勿用。

5.桑葚酒有哪些保健作用

桑葚3 000克,粳米1 500克,酒曲180克。将桑葚用纱布包,压出汁,煮沸,待冷备用;酒曲碎为细末,备用。将粳米煮半熟,沥干,与桑葚汁拌和,置锅中蒸煮后,装入小坛内待冷,加入酒曲,搅拌均匀,加盖密封,置保温处,经14日后开封,味甜可口即熟。压去糟,贮入净器中。每日3次,每次温饮10~15毫升,也可用开水冲服。

桑葚酒有补肝肾,滋阴液,利水,明耳目等功效。适用于治疗肝肾阴亏所致的眩晕、口渴、耳鸣、目暗等症,并对下肢浮肿、小便不利、便秘及须发早白等病症也有一定疗效。

6.雀肉酒有哪些保健作用

麻雀6只,精盐适量,白酒1200毫升。将麻雀去掉毛爪及内脏,洗净备用。将白酒倒入净坛内,放入雀肉、精盐,置文火上煮至约1000毫升,取下待冷。将酒坛置阴凉干燥处,加盖密封,经3日后即可开封取饮。每日早、晚各温服15~20毫升。

雀肉酒有补肾阳、益精髓、暖腰膝、健身益寿之功效。适用于阳虚羸瘦、腰膝冷痛、小腹不温、阳痿、耳鸣、小便频数等病症。

7.明虾酒有哪些保健作用

明虾6只,白酒500克。将明虾用清水洗净,拍烂,用宽大细纱布袋盛,扎紧口,置瓷器内,倒入白酒,再置文火上煮沸,取下待冷,加盖密封,静置阴凉处。每日晃动数下,经3日后启封,悬起药袋沥尽汁液。将药酒用细纱布过滤一遍,贮入净瓶中。每日早、中、晚各温服15~20毫升。药渣再可配酒饮服。

明虾酒有补肾兴阳、益气开胃、散寒止痛作用,适用于久病体虚、阳痿不举、气短乏力、面黄羸瘦、饮食不思等病症。

药酒的用法

药酒的适用范围

因为药酒具有"药食同用"的特点,因此药酒的适用范围日益广泛。概而言之,主要适用于:

1.能治疗疾病。药酒能治疗的疾病甚多,凡内科、妇科、儿科、骨伤科、外科、皮肤科、眼科和耳鼻喉科,为各科190多种常见多发病和部分疑难病症均可疗之,无论急性疾病,还是慢性疾病均适用,而且疗效显著。

2.能预防疾病。药酒有补益健身,增强人体的免疫功能和抗病能力,防止病邪对人体的侵害,故能预防疾病而免于发病。

3.能美容润肤。

4.能养生保健,益寿延年。对年老体弱者尤为适用。

5.能做病后调养和辅助治疗,促进病体早日康复。

有针对性服用的原则

服治疗药酒一定要适合病情,有针对性服用,不可几种治疗作用不同的药酒同时或交叉服用,以免影响疗效或引起不良反应。服补性药酒,也要与自己的身体状况相吻合,要有针对性,不可乱饮,否则会适得其反,有碍健康。

药酒的作用

药酒的选用,除了要了解前面所讲的"药酒的适用范围和禁忌"外,还要熟悉药酒的作用,并选用适宜药酒。

药酒的作用,包含有"酒的作用和药物功效"双重作用。由于每种药酒都配入了不同的中药材,因此药酒的作用也各有不同。就其总体而言,药酒的作用非常广泛,既有补益人体之阴、阳、气、血偏虚的补性药酒,也有祛邪治病的药性药酒,其作用是有区别的。如以补虚强壮为主的养生保健美容药酒,主要有滋补气血、温肾壮阳、养胃生精、强心安神、抗老防衰、延年益寿的作用。以治病为主的药性药酒,主要作用有祛风散寒、止咳平喘、清热解毒、养血活血、舒经通络等。疾病不同,作用亦异。

药酒,是由酒与药物配制而成。然而药物的配入,是有针对性的和选择性的,都是按特定要求加入的,因此配入酒中的药物不同,其药酒的作用也不同。加药性药酒,是以防治疾病为主的药酒,在配方上都有严格细致的要求,是专为疾病而设的;补性药酒,虽然对某些疾病也有一定的防治作用,但主要是对人体起滋补增益作用,促进人体健康,精力充沛,预防病邪侵入。但也有一定要求,是专门为补虚纠偏,调整阴阳而设的。因此每一种药酒都有不同的作用重点,都有其适应范围,难以尽述。

由此可见,药酒的作用,是多种多样的。其另一主要作用是可以反佐或缓和苦寒药物的药性,免除了平时服药的苦涩,也为人们所乐于接受。如有很多善于饮酒的人,常用人们日常食品配制药酒,既有医疗作用,又有滋补保健作用,乃一举两得之功。

因人而用药酒

选用药酒很重要,一要熟悉药酒的种类和性质;二要针对病情,适合疾病的需要;三要考虑自己的身体状况;四要了解药酒的使用方法。

具体如何选用药酒呢?一般可以请教中医师,也可以参考本书目录对症选用。现举例如下:

1.气血双亏者可选用龙凤酒、山鸡大补酒、益寿补酒、八珍酒、十全大补酒等。

2.脾气虚弱者可选用人参酒、当归北芪酒、长寿补酒、参桂营养酒等。

3.肝肾阴虚者可选用当归酒、枸杞子酒、蛤蚧酒、枸圆酒等。

4.肾阳亏损者可选用羊羔补酒、龟龄集酒、参茸酒、三鞭酒等。

5.风寒湿痹、中风后遗症等病症可选用驰名中外的国公酒、冯了性药酒和其他对症药酒。

6.风湿性类风湿性关节炎或风湿所致的肌肉酸痛者可选用风湿药酒、追风药酒、风湿性骨痛酒、五加皮酒等。如果风湿症状较轻者可选用药性温和的木瓜酒、养血愈风酒等;如风湿多年,肢体麻木,半身不遂者则可选用药性较猛的蟒蛇药酒、三蛇酒、五蛇酒等。

7.骨肌损伤者可选用跌打损伤酒、跌打药酒等。

8.阳痿者可选用多鞭壮阳酒、助阳酒、淫羊藿酒、青松龄药酒、海狗肾酒等。

9.神经衰弱者可选用五味子酒、宁心酒、合欢皮酒等。

10.月经病者可选用妇女调经酒、当归酒等。

凡此种种,这里不一一列举。总之药酒所治疾病甚多,一般可参考本书所列病症之药酒方,随症选用。

在预防疾病上,民间早有实践,如重阳节饮用菊花酒,可抗老防衰;夏季饮用杨梅醴,可预防中暑;常饮山楂酒,可防止高血脂的形成,减少动脉硬化的产生;长期服用五加皮酒、人参酒则可健骨强筋、补益气血、扶正防病等等。

总之,选用药酒要因人因病而异。如选用滋补药酒时要考虑到人的体质,如形体消瘦的人,多偏于阴虚血亏,容易生火,伤津,宜选用滋阴补血的药酒;肥胖的人,多偏于阳衰气虚,容易生痰、怕冷,宜选用补心安神的药酒。选用以治病为主的药酒,更要随症选用,最好在中医师的指导下选用为宜。总之要选用有针对性适宜药酒。药酒既可治病,又可强身,这并不是说每一种药酒都能包治百病,患者随意拿一种药酒饮用即可见效,饮用者必须仔细挑选,认清自己的病症和身体状况,要有明确的目的选用,切不可人用亦用,见酒就饮。

内服、外用的药酒

药酒的使用方法,一般可分为内服和外用两种。药酒中,多数是内服或外用,但有的药酒,既可内服也可外用。外用法,一般按要求使用即可,但内服法,尤宜注意。

1.服用量要适度。服用药酒,要根据人的耐受力,一般每次可饮用 10～30 毫升。每日早晚各饮 1 次。或根据病情及所用药物的性质和浓度而调整。总之饮用不宜过多,要按要求而定。平时习惯饮酒的人服用药酒的量可稍高于一般人,但要掌握分寸,不能过度。不习惯饮酒的人服用药酒时则应从小剂量开始,逐步过渡到需要服用的量,也可以用冷开水稀释后服用。

2.服用药酒要注意年龄和生理特点。女性在妊娠期和哺乳期一般不宜饮用药酒;在行经期,如果月经正常也不宜服用活血功能较强的药酒。就年龄而言,年老体弱者因新陈代谢较为缓慢,服用药酒的量宜适当减少;而青壮年的新陈代谢相对旺盛,服用药酒的量可相对多一些;对于儿童来说,其大脑皮质生理功能尚未健全,身体器官均处于生长发育过程中,容易受到酒精的伤害。酒精可对儿童组织器官产生损害,可导致急性胃炎或溃疡病,还能引起肝损伤,导

中华酒典

致肝硬化。酒精对脑组织的损害更为明显,使儿童记忆力减退,智力发育迟缓。因此,儿童一般不宜服用药酒。

3.药酒服用时间。通常应在饭前或睡前服用,一般佐膳饮用,以使药性迅速吸收,较快地发挥治疗作用。同时药酒以温饮为佳,以便更好地发挥药性的温通补益作用,迅速发挥药效。

4.病愈即止。用于治疗的药酒,在饮用过程中,应病愈即止,不宜长久服用;补性药酒,也要根据自己的身体状况,适宜少饮,不可过量。

5.饮用药酒时,应避免不同治疗作用的药酒交叉使用,以免影响治疗效果。

饮用药酒注意事项

酒本身就是药,与药酒一样,在饮用时,除前面提到的还必须注意,服用某些西药时不宜饮用酒和药酒,饮了酒和药酒后就不要连着服用下列药物:

1.巴比妥类中枢神经抑制药:它会引起严重的中枢抑制。当饮用了中等量的酒并同时服用镇静剂量的巴比妥类药物时就引起明显的中枢抑制,使病人的反应能力低下,判断及分析能力下降,出现明显的镇静和催眠效果,如再加大用量可导致昏迷意外。

2.精神安定剂氯丙嗪、异丙嗪、奋乃静、安定、利眠宁和抗过敏药物扑尔敏、赛庚啶、苯海拉明等:这些如与酒同用对中枢神经亦有协同抑制作用,轻则使人昏昏欲睡;重则使人血压降低,产生昏迷,甚至出现呼吸抑制而死亡。

3.单胺氧化酶抑制剂:此时饮酒会因其分解酒精的酶系统受抑制而使血液中的乙醛浓度增加,导致乙醛中毒,出现恶心、呕吐、头痛、血压下降等反应。酒精还有诱导增加药物分解酶的作用,可使抗凝血药的作用时间缩短。

4.酒精对凝血因子有抑制作用,会使末梢血管扩张,所以,酒与抗凝血药不宜同时服用。

5.酒精的药酶诱导作用可使利福平分解加快,对肝脏的毒性增强;还可使苯妥英钠、氨基比林等药物的分解加快,从而降低了药物的作用。

6.糖尿病人服药期间宜戒酒,因为少量的酒即可使药酶分泌增多,使降血糖药物胰岛素,优降糖等药物的疗效降低,以致达不到治疗效果。如果大量饮用酒会抑制肝脏中药酶的分泌,使降糖药的作用增强,导致严重的低血糖反应,甚至昏迷死亡。

7.心血管疾病患者服药时宜戒酒,以免出现严重的不良反应。服用硝酸甘油的患者,如果大量饮酒会引起肠胃不适,血压下降,甚至会发生昏厥。

8.高血压患者如果既饮酒又服用胍乙啶、肼苯达嗪等降压药或速尿、利尿酸、氯噻酮等利尿药,均会引起体位性低血压。服用优降宁时则反应更为严重,会出现恶心、呕吐、胸闷、呼吸困难等,甚至会出现高血压危象。

9.酗酒会增加和诱发多种药物的毒副作用,酗酒者会发生酒精性肝炎,如再服用氨甲蝶呤可干扰胆碱合成,加重肝损伤,使谷丙转氨酶升高,引起肝昏迷或抑制呼吸。

10.酒精和阿司匹林都能抑制胃黏膜分泌,增加上皮细胞脱落,并破坏胃黏膜对酸的屏障作用,阻断维生素 K 在肝脏的作用,阻止凝血酶原在肝脏中的形成,引起出血性胃炎,促使胃出血加剧或导致胃穿孔等严重后果。

11.酒与磺胺类药物同用会增强酒精的精神毒性。而灰黄霉素与酒同用则易出现情绪异常及神经症状。酒与地高辛等洋地黄制剂同用,可因酒精降低血钾浓度的作用,使机体对洋地黄药物的敏感性增强而导致中毒。

药酒的禁忌

当心药酒"杀人"

药酒是药,不是酒。

近年来,人们常用人参、五味子、枸杞子等药泡酒饮用,可起到通利血脉、舒筋活络、祛风散寒的功用,本是无可厚非的,但药酒已不同于一般的酒,须在医生指导下方可饮用。

近闻某君平日豪饮,有一瓶二锅头的量,一日到友人家小宴,白酒喝光仍未尽兴,又将友人所泡的人参酒喝了多半瓶。回家后,狂躁不安,胡言乱语,自觉胸中一团火,未几,口吐鲜血一盆而暴亡。

中医对酒的认识:"过饮不节,杀人顷刻","孕妇饮之,能消胎气"。还规定:"阴虚勿服,失血勿服,湿热勿服。"指出酗酒后"酒狂",饱食后就寝可"劳其脾胃,停湿生疮,乱其神明","酒后当风卧,易感恶风","酒后冷水洗,易成痛痹","饱后再饮,易成痞癖","空腹饮酒,必患呕逆"。诸如此类,饮者不可不知。

我国二锅头属烈性酒,不可多饮。浸泡人参后,已改变了酒的成分,它已属于药品——人参酒。

人参乃滋补强壮之药,本身具有兴奋中枢神经、加快神经冲动的传导、增加条件反射的强度、兴奋肾上腺皮质激素的作用,酒浸液作用强于水浸泡,饮用人参酒比单纯白酒的效力要大 10 倍,不啻火上浇油、热上加热,以致出现上述迫血妄行、吐血身亡的悲剧。这一惨痛教训,值得饮酒者警惕。

五味子、枸杞子亦皆补品,有兴奋作用,因此对多种药酒不能单纯视为"酒",作为"药"岂可乱服!医生可视其病情,根据"虚则补之"的理论指导病人服用。一般药酒只能服 5~15 毫升,不会饮酒者可用白水 50 毫升稀释后服用,是不会发生副作用的。

切记药酒禁忌

古谓:"水能载舟、亦能覆舟"。酒和药酒与健康的关系,正如古训这一哲理。药酒不是万能疗法,既有它的适用范围,自有它禁忌的一面。适用的饮之则受益,反之则受害;适量饮用者受益,过量饮用者则受害。

酒本身就是药,也可以治病,与药同用,药借酒势,酒助药力,其效尤著,而且使适用范围不断扩大。因为药酒既有防病治病之效,又有养生保健、延年益寿之功,因而深受民众欢迎。我国目前饮酒者约 1.6 亿人,每年酿酒用粮食约 125 亿公斤,可谓饮酒大国。但如果不宜饮用或饮用不当,也会适得其反。因此有节制地饮酒和注意饮用酒和药酒的各种禁忌则尤为重要。

1.饮用不宜过多,要少饮。凡服用药酒或饮用酒,要根据人的耐受力,要合理、适宜,不可多饮滥服,以免引起头晕、呕吐、心悸等不良反应。即使是补性药酒也不宜多服,如多服了含人参的补酒,可造成胸腹胀闷、不思饮食;多服了含鹿茸的补酒则可引起发热、烦躁、甚至鼻衄(即鼻出血)等症状。

2.不宜饮酒的人,不能饮。凡是药酒或饮用酒,不是任何人都适用的,不适用的,就要禁饮。如孕妇、乳母和儿童等人就不宜饮用药酒,也不宜饮用酒。年老体弱者,因新陈代谢功能相对缓慢,饮用药酒也应当减量,不宜多饮。

3.要根据病情选用药酒,不能乱饮。每一种药酒,都有适应范围,不能见药酒就饮。如遇有感冒、发热、呕吐、腹泻等病症的人,要选用适应药酒,不宜饮用滋补类药酒。

4.不宜饮酒的病症,不能饮酒。对于慢性肾炎、慢性肾功能不全、慢性结肠炎和肝炎、肝硬化、消化系统溃疡、浸润性或空洞型肺结核、癫痫、心脏功能不全、高血压等患者来说，禁饮酒，即使药酒也是不适宜的，以免加重病情。不过，也不是绝对的，有的病症若服用针对性的低度药酒，不仅无碍，反而有益。但也应当慎用。此外，对酒过敏的人或某些皮肤病患者也要禁用或慎用药酒。

5.外用药酒，不能内服。凡规定外用的药酒，则禁内服。如我国民间有端午节用雄黄酒灭五毒和饮雄黄酒的习俗。其实，雄黄酒只宜外用杀虫，不宜内服。因为雄黄是一种有毒的结晶矿物质，主要成分为二硫化砷，遇热可分解成三氧化二砷，毒性更大。如果雄黄中混有朱砂（硫化汞）则情况更糟。因为砷和汞都是致癌物质，并易为消化道吸收而引起肝脏损伤。饮用雄黄酒，轻则出现头昏、头痛、呕吐、腹泻等症状；重则引起中毒死亡。

药酒的独到优点

为什么药酒越来越受到人们的欢迎呢？因为它在养生保健方面具有独到优点。概括起来，主要表现在以下几方面：

1.适应范围广。药酒，既可治病防病，凡临床各科190余种常见多发病和部分疑难病症均可疗之；又可养生保健、美容润肤；还可作病后调养和日常饮酒使用而延年益寿，真可谓神通广大。难怪有人称药酒为神酒，是中国医学宝库中的一股香泉。

2.便于服用。饮用药酒，不同于中药其他剂型，可以缩小剂量，便于服用。有些药酒方中，虽然药味庞杂众多，但制成药酒后，其药物中有效成分均溶于酒中，剂量较之汤剂、丸剂明显缩小，服用起来也很方便。又因药酒多一次购进或自己配制而成，可较长时间服用，不必经常购药、煎药，减少了不必要的重复麻烦，且省时省力。

3.吸收迅速。饮用药酒后，吸收迅速，可及早发挥药效。因为人体对酒的吸收较快，药物之性（药力）通过酒的吸收而进入血液循环，周流全身，能较快地发挥治疗作用。临床观察，一般比汤剂的治疗作用快到4~5倍，比丸剂作用更快。

4.能有效掌握剂量。汤剂1次服用有多有少，药液浓度不一，而药酒是均匀的溶液，单位体积中的有效成分固定不变，按量（规定饮用量）服用，能有效掌握治疗剂量，一般可放心饮用。

5.人们乐于接受。服用药酒，既没有饮用酒的辛辣呛口，又没有汤剂之药味苦涩，较为平和适口。因为大多数药酒中渗有糖和蜜，作为方剂的一个组成部分,糖和蜜具有一定的矫味和矫臭作用,因而服用起来甘甜悦目。习惯饮酒的人喜欢饮用,即使不习惯饮酒的人,因药酒多甘甜悦口,避免了药物的苦涩气味,故也乐于接受。

6.药酒较其他剂型的药物容易保存。因为酒本身就具有一定的杀菌防腐作用,药酒只要配制适当,遮光密封保存,便可经久存放,不至于发生腐败变质现象。

7.见效快、疗效高。

妥善贮存药酒有讲究

凡从药房购进或自己配制的药酒,如果贮存与保管不善,不但影响药酒的治疗效果,而且会造成药酒的变质和污染。因此,对于服用药酒的人来说,掌握一定的贮存和保管药酒的基本知识,是十分必要的。一般来说,贮存药酒的要求是:

1.凡是用来配制或分装药酒的容器均应清洗干净,然后用开水煮烫消毒,方可盛酒贮存。

2.家庭配制的药酒,应及时装进细口长颈大肚的玻璃瓶中,或者其他有盖的容器中,并将器口密封好。

3.药酒贮存应选择在温度变化不大的阴凉处,室温以 10～15℃ 为宜。不能与汽油、煤油以及有刺激性气味的物品混放,以免药酒变质、变味。

4.夏季存放药酒时要避免阳光的直接照射,以免药酒中的有效成分被破坏,使药酒的功效减低。

5.家庭自制的药酒,要贴上标签,并写明药酒的名称、作用和配制时间、用量等内容,以免时间久了记不清楚,造成不必要的麻烦,或导致误用错饮而引起麻烦。

忌与白酒同饮

用药酒治病可单用,必要时也可与中药汤剂或其他外治法配合治疗;有时药酒仅作为辅助疗法之用,不可偏执。此外,服用药酒后,不宜再服白酒;也不宜与白酒同饮。

总之,饮用药酒,要切记《药酒禁忌》和注意事项,适用则用,不宜用则禁。同时用量要按要求饮用或遵医嘱,切忌过饮滥饮。

四季药酒:春夏秋冬疗法

自然界一年四季的变化与人体的变化密切相关,所以,药酒疗病也要适应季节,从四季的变化着手,针对不同季节选用不同之药酒。本章从春、夏、秋、冬入手,介绍了适合人体的四季药酒,相信定会对您起到事半功倍的效果。

春季酒品疗法

◎枸杞酒

【配方】枸杞子 300 克,白酒 500 毫升。

【制法】将枸杞子洗净,摘去蒂,放入酒瓶中,倒入白酒,浸泡半月即可。

【主治】补益肝肾、明目。适用于肝肾不足的腰膝酸软、阳痿早泄、遗精、目视物昏花、头晕、阴血不足等症。

【解说】枸杞子为平补之品,既补阳,又滋阴,能益肾养精,平肝明目,凡肝肾不足之人,应常食之。

枸杞酒

【说明】本品质润,脾虚泄泻者忌用。

◎山楂酒

【配方】山楂 200 克,白酒 500 毫升。

【制法】将山楂洗净切片,放入酒瓶中,倒入白酒,浸泡半月左右即可。

【主治】消食化积、行气散瘀、降压降脂。适用于肉食积滞症,及泻痢、产后瘀血腹痛、恶露不尽、瘀血经闭等,并且对于高血压、高血脂等引起的心血管疾病有一定防治作用。

【解说】山楂为蔷薇科落地叶灌或小乔木植物山里红、山楂及野山楂的干燥成熟果实,其又名赤瓜实。山楂味酸、甘,性温,归脾、胃、肝经。山楂可健脾开胃,促进消化,尤其是消油腻肉食之积滞。另外,山楂还可破血瘀,散血结,消胀止痛。《随息居饮食谱》说其可"醒脾气,消肉食,破瘀血,散结消胀,解酒化痰、除痃疾、止泻痢"。现代药理分析认为山楂对心血管系统有多方面的药理作用，如扩张血管、降低血压、降血脂、增加冠状动脉血流量等。另外，山楂还有增强胃消化酶活性和收缩子宫的作用。纳呆、消化吸收差之人可常饮此酒，四季均可。

◎人参酒

【配方】人参20克，白酒500毫升。

【制法】将人参放入盛有白酒的瓶中，浸泡半月即可。

【主治】大补元气、补益脾肺、生津止渴、定志安神。适用于一切气虚之症，肺脾气虚之症，还可用于津伤之口渴、气血不足之神志不安等。

【解说】人参为五加科多年生草本植物人参的根，其味甘、微苦，性微温，归肺、脾经。人参为名贵的补品，为扶正补虚、大补元气之品。《本草纲目》载其"治男妇一切虚症，发热自汗，眩晕头痛，反胃吐食，滑泄久痢，小便频数淋沥，劳倦内伤，中风中暑，痿痹，吐血嗽血下血，血淋血崩，胎前产后诸病"。人参酒常饮，可使身体强健、精神倍增、益寿延年。

人参酒

【说明】热证、实证者忌饮。人参不宜与萝卜、茶同食。

夏季酒品疗法

◎薏苡仁酒

【配方】薏苡仁100克，白酒500毫升。

【制法】将薏苡仁洗净，放入瓶中，倒入白酒，浸泡半月即可。

【主治】健脾止泻、利水渗湿、祛湿除痹、清热排脓。适用于脾失健运、水湿内停之水肿、脚气病、小便不利、泄泻，湿阻经络引起的四肢拘急、风湿痹痛，湿热壅滞之肺痈、肠痈等症。

【解说】薏苡仁性微寒能清热，味甘淡能利湿，又可健脾，为清补之品，补而

不腻。另外,薏苡仁还可解热镇痛,有解除肌肉痉挛的作用。其煎剂对癌细胞也有抑制作用。

【说明】因其渗湿,故津液不足者慎用;因其有收缩子宫的作用,故孕妇忌用。

◎云苓酒

【配方】云苓 100 克,白酒 500 毫升。

【制法】将云苓洗净,放入瓶中,倒入白酒,浸泡半月即可。

【主治】健脾和中,利水渗湿,适用于脾虚泄泻、纳呆、痰饮、水肿、小便不利、肥胖症、老年性水肿及心脾两虚之失眠等。

【解说】云苓又名茯苓、白茯苓,味甘、淡,性平,归心、脾、肾经。其成分含茯苓聚糖、茯苓酸、卵磷脂、胆碱及钾盐等。茯苓有缓慢而持久的利尿作用,能促进钠、氯、钾等电解质的排出。此外,还有镇静和降血压的作用。白茯苓应与赤茯苓相区别,白茯苓为多孔菌科真菌茯苓的菌核,功用偏补;赤茯苓为菌核近外皮部的淡红色部分,功用以渗利湿热为主。

【说明】肾虚或小便不禁者忌用。

◎桑葚子酒

【配方】桑葚子 200 克,白酒 500 毫升。

【制法】将桑葚子洗净,放入瓶中,倒入白酒,浸泡半月即可。

【主治】清热润肺、滋阴养血。适用于肺阴不足之干咳燥咳、劳嗽咯血,胃阴不足之口干、口渴,及心烦失眠、阴虚有热、身热夜甚,及温热病热入营血之身热口干,后期津液大伤所致之夜热早凉、虚热无汗、舌红脉数之症。还可用于治疗慢性病阴虚发热,及血热妄行、吐血、衄血、尿血、便血等。

【解说】桑葚入心经,可滋阴补血,入肝、肾二经,可平补肝肾之阴,其质润又可润肠通便。夏季常饮此酒,清热养阴效果好。

◎竹叶酒

【配方】竹叶 200 克,白酒 500 毫升。

【制法】将竹叶洗净,放入瓶中,倒入白酒,浸泡半月即可。

【主治】清热除烦利小便。适用于热病伤津之烦渴或温热病初起,以及心经实火之尿赤、热淋、小便不利等。

【解说】竹叶又名苦竹叶、鲜竹叶,其卷而未放的幼叶称竹叶卷心。其味甘、淡,性寒,归心、肺、胃经。竹叶味淡可渗利小便,味甘、性寒可清热生津,入肺经可除胸中痰热,入心经可清心除烦,入胃经可养阴生津并可导热下行而利尿。夏季常饮此酒清暑效好。

【说明】素体寒凉之人少食。

◎菖蒲酒

【配方】石菖蒲 25 克,白酒 500 毫升。

【制法】将石菖蒲洗净,切成片,用纱布袋包起扎紧口,放入盛有白酒的瓶中,浸泡半月即可。

【主治】祛痰开窍、定志安神、健脾化湿。适用于痰迷中风、癫症、狂症,及痰扰心神之惊悸、失眠、健忘等。还可用于湿困脾胃之纳呆、困倦等。

菖蒲酒

【解说】石菖蒲为天南星科多年生草本植物石菖蒲的根茎,其味辛、苦,性温,归心、脾、胃经。石菖蒲气味辛香苦燥,有祛痰开窍之功,它又入心经,可宁心安神,入脾胃经,可健脾化湿。《神农本草经》说其"主风寒湿痹,咳逆上气,开心孔,补五脏,通九窍,明耳目,出音声"。石菖蒲酒常饮,祛痰开窍之效好,又可健脾胃,补五脏。

【说明】阴虚阳亢者忌食。

◎猕猴桃酒

【配方】猕猴桃 300 克,白酒 500 毫升。

【制法】将猕猴桃去皮,放入盛有白酒的瓶中,浸泡 1 个月左右即可。

【主治】清热生津、利尿通淋。适用于热病伤津、小便不利、尿路结石及黄疸、痔疮等。

【解说】猕猴桃为猕猴科植物猕猴桃的果实,其味甘、酸,性寒,归胃、肾经。猕猴桃含有丰富的维生素、糖分及钙、磷、铁、钠等多种物质。猕猴桃为夏季清热解渴之佳品。

【说明】猕猴桃性寒,脾胃虚寒者忌食。

秋季酒品疗法

◎黄精酒

【配方】黄精 20 克,白酒 500 毫升。

【制法】将黄精洗净,切片,装入布袋内,扎紧口,放入盛有白酒的瓶中,浸泡半月左右即可。

【主治】补脾、润肺、滋肾。适用于脾胃虚弱之纳呆、体倦乏力,肺阴虚之肺燥咳嗽、干咳无痰或少痰、肺痨,肾虚精亏之腰酸腿软、头晕等。

【解说】黄精为百合科多年生草本植物黄精或囊丝黄精、滇黄精及同属多种植物的根。其味甘、性平,归脾、肺、肾经。其主要成分为黏液质、淀粉和糖类。《本经逢源》载"黄精,宽中益气,使五脏调和,肌肉充盛,骨髓强坚,皆是补阴之功"。《本草纲目》也说其"补诸虚,填精髓"。现代药理研究表明,黄精可降血压,还可防止动脉粥样硬化和脂肪肝。黄精入脾经可益气,入肺经可润燥,入肾经可滋阴,故黄精酒为常服之滋补佳品。

【说明】黄精性质滋腻,故脾虚有湿、脾虚便溏、咳嗽痰多者忌食。

◎黑芝麻酒

【配方】黑芝麻 50 克,白酒 500 毫升。

【制法】将芝麻洗净,放入瓶中,倒入白酒,密封浸泡半月即可。

【主治】强壮身体、延缓衰老、滋补肝肾、润养脾肺。适用于肝肾不足的眩晕、健忘、腰膝酸软、头发早白,肺阴虚的干咳少痰、皮肤干燥症,脾胃阴虚的大便干结,阴血不足的产后少乳。

【解说】芝麻为滋补强壮之品,尤宜于阴虚之人。芝麻中的不饱和脂肪酸、维生素 E、卵磷脂可延缓衰老,益寿延年。黑芝麻酒常饮,可乌须发,抗衰老。

【说明】腹泻者忌食。

◎核桃酒

【配方】核桃仁 50~100 克,白酒 500 毫升。

【制法】将核桃仁洗净,放入瓶中,倒入白酒,密封浸泡半月即可。

中华酒典

【主治】润肺止咳、补肾固精、润肠通便。适用于肺燥咳喘、肾虚咳喘、腰膝酸软、遗精、阳痿、小便频数、大便干燥等症。

【解说】核桃古时已成为补肾延缓衰老之佳品。秋季补肾润燥,老幼皆宜。

【说明】有痰火积热或大便溏泄或阴虚火旺者忌食。

◎黑芝麻核桃酒

【配方】黑芝麻25克,核桃仁25克,白酒500毫升。

【制法】将黑芝麻、核桃仁洗净,同放入瓶中,倒入白酒,密封浸泡半月即可。

【主治】润肺止咳、补肾固精、润肠通便、强壮身体、延缓衰老。适用于肺燥咳喘、肺阴虚的干咳少痰,肾虚咳喘、腰膝酸软、遗精、阳痿、小便频数、大便干燥等症,肝肾不足的眩晕、健忘、腰膝酸软、头发早白,及大便干结,阴血不足的产后少乳。

【解说】黑芝麻滋补肝肾、乌须发;核桃仁润肺止咳、补肾固精、润肠通便。二者均为秋季润燥、滋补肺肾之佳品,且二者又均为益寿延年、抗衰老之佳品。二者配伍,泡酒饮用,可强壮身体、延缓衰老。

◎薏苡仁芡实酒

【配方】薏苡仁25克,芡实25克,白酒500毫升。

【制法】将薏苡仁、芡实洗净,放入瓶中,倒入白酒,密封浸泡半月即可。

【主治】固肾涩精、补脾止泻、利水渗湿、祛湿除痹、清热排脓。适用于肾虚遗精、早泄、小便频数,脾虚泄泻、带下等,及脾失健运、水湿内停之水肿、脚气病、小便不利、泄泻,湿阻经络引起的四肢拘急、风湿痹痛,湿热壅滞之肺痈、肠痈等症。

【解说】芡实味甘、涩,性平,归肾、脾经。《本草纲目》说其"止渴益肾,治小便不禁,遗精,白浊,带下"。薏苡仁微寒能清热,味甘淡能利湿,又可健脾,为清补之品,补而不腻。另外,薏苡仁对寒、热引起的风湿痹痛有效。薏苡仁芡实酒补脾固肾,中老年人常食之好。

◎菊花酒

【配方】菊花50克,白酒500毫升。

【制法】将菊花洗净去蒂,放入瓶中,倒入白酒,密封浸泡10天至半月即可。

【主治】疏散风热、清肝明目、平肝潜阳。适用于外感风热表证,温病初起之头痛、发热等,肝经风火上炎之目赤肿痛,肝阳上亢之眩晕、头胀、头痛、高血压等。

【解说】菊花入肺经可散上焦风热,入肝经平抑肝阳。现代研究表明,菊花有显著的降压和解热的作用,还可扩张冠状动脉,治疗冠心病、心绞痛等。菊花可防治秋燥之肝火上炎,为夏秋两季之常食之品。菊花酒尤适于秋季饮用。

【说明】素体寒凉之人慎用。

◎莲子酒

【配方】莲子50克,白酒500毫升。

【制法】将莲子去皮、心(也可不去心),放入瓶中,倒入白酒,密封浸泡半月即可。

【主治】养心安神、健脾止泻、益肾止遗。适用于心肾不交或心肾两虚之失眠、心悸、遗精、尿频、白浊、带下,脾虚泄泻等症。另外,还可补虚损、抗衰老,适用于年老体弱者。

【解说】莲子不但可治疗心、脾、肾虚引起的多种症候,还可补五脏及十二经脉气血,体弱之人可常饮此酒。

【说明】莲子味涩,有收敛作用,大便干结、痞积、疟疾及外感初起有表证者忌用。

◎人参枸杞酒

【配方】人参10克,枸杞子20克,白酒500毫升。

【制法】将人参切片,枸杞子洗净,放入盛有白酒的瓶中,浸泡半月即可。

【主治】大补元气、养肝明目。适用于一切气虚之症,如肺气虚之呼吸短促,脾气虚之食欲不振,肾气虚之小便频数、不禁,心气虚之心悸、失眠,中气不足之脱肛、胃下垂等。另外,还可用于肝肾不足之夜盲、视物不清等。

【解说】人参大补元气,枸杞子养肝明目,二者泡酒常饮,可保健强身。

【说明】人参不宜与萝卜、茶同食。

◎西洋参酒

【配方】西洋参 50 克,白酒 500 毫升。

【制法】将西洋参切片,放入盛有白酒的瓶中,浸泡半月即可。

【主治】益气滋阴清热。适用于气阴亏虚之少气、口干、咽干、声音嘶哑、干咳、午后潮热、咯血盗汗、肺结核等。

【解说】西洋参为名贵补药,以益气养阴为主,补而不燥,泡酒常饮是益气养阴、疗虚损之上品。

西洋参

【说明】体质虚寒者忌食。有腹冷痛、寒性泄泻者忌食。

四季皆可用的保健药酒选萃

◎鹿茸虫草酒

【配方】鹿茸 5 克,虫草 10 克,黄芪 15 克,党参 30 克,白酒 500 毫升。

【制法】将三药切片,与虫草同置酒中,密封浸泡 7 日即成,每次饮用一小盅,每日 2 次。

【主治】可补肾助阳,适用于肾阳不足,精气寒冷,阳痿、小腹冷痛、白带清稀,夜尿频数,老年性慢性心衰、贫血、低血压状态等。

◎人参枸杞熟地酒

【配方】人参 10 克,枸杞 50 克,熟地 30 克,冰糖 50 克,白酒 1000 克。

【制法】先将人参切片,枸杞、熟地择净,再将冰糖加适量清水炖化,同时放入酒中,密封浸泡 15 天,每天摇动数次,至人参、枸杞颜色变淡时即成,据患者酒量饮用。

【主治】可大补元气,安神固脱,滋肝明目,适用于劳倦内伤,少食倦怠,惊悸健忘,头痛眩晕,阳痿,腰膝酸痛等,是冬春季节老年人平补佳酒。

◎长寿药酒

【配方】仙人掌 100 克,低度白酒 500 毫升。

【制法】将仙人掌去刺、洗净,切为细条,放入白酒中浸泡 3 天后饮用,每日早晚各饮 30~50 毫升。

【主治】可提高机体对疾病的抵抗力、免疫力,预防感冒、支气管炎等疾病的发生,并可增进食欲,促进消化。

◎山药酒

【配方】山药、白术、五味子、枣皮各 30 克,人参、丹参、生姜各 20 克,黄酒 1500 毫升。

【制法】将上述药捣碎,置黄酒中,密封浸泡 7 天饮用,每次 5~10 毫升,每日 2 次。

【主治】可健脾开胃,适用于少男少女冬春季脾胃虚弱,食少乏力,畏寒肢冷等。易患感冒者饮用亦有良好效果。

◎十全大补酒

【配方】当归、川芎、白芍、熟地、党参、白术、茯苓、黄芪各 60 克,甘草、肉桂各 30 克,白酒 1500 毫升。

【制法】共密封浸泡 7 日后饮用,每次 10 毫升,每日 2 次。

当归

【主治】可大补气血、温肾散寒,适用于阳虚有寒的各种病症。对妇女春季气血虚弱、少气乏力、头晕心悸、月经不调、崩漏不止和产后恶露不净等症效果尤佳。

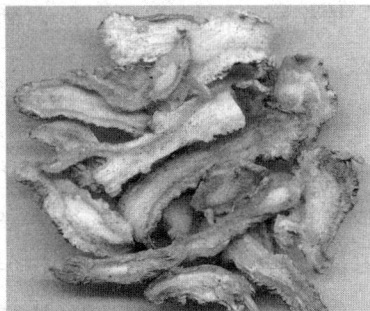

◎寒凉咳嗽药酒

【配方】紫苏 120 克,杏仁、栝蒌、贝母、法夏、茯苓、干姜、细辛、枳壳、百部、白前、桔梗、桑皮、枇杷叶各 30 克,粉甘草、白蔻仁、五味子各 15 克,广陈皮 60 克,白酒 5 升。

【制法】共密封浸泡 7 天即成。每天 30~60 毫升,每日 1 次,饭前或睡前饮服。

【主治】可疏风散寒,宣肺理气,化痰止咳,适用于慢性支气管炎、哮喘等,是冬春季节治疗寒凉咳嗽的良方。

冬令进补话药酒

冬季是进补的季节,适当服用药酒,对治疗疾病、养元蓄锐、强身健体均有一定的裨益。

冬令饮补酒是历代民间最常用的一种进补方法。酒本身就是很好的药物,素有"百药之长"的说法。冬令饮药酒,既能御寒,又能防病。《千金要方》载:"冬服药酒两三剂,立春则止,此法则终身常乐,则百病不生。"又因其制作简便,很适合家庭自制,"药酒养生"就备受世人推崇。这里介绍几种泡制方法简易,适宜冬令服用,强身滋补的大众药酒。

西洋参酒 西洋参 40 克,白酒 1000 毫升。将西洋参切成薄片,与白酒密封浸泡 10 天即成。每日饮 1~2 次,每次 15~20 毫升。具有滋阴补气,提神益精等功效。

枸杞酒 枸杞子 120 克,白酒 1000 毫升。将枸杞子洗净晾干,与白酒共置于容器,密封浸泡 10 天以上服用。每日饮 2 次,每次 10~20 毫升。具有明目清火等功效。

杜仲酒 杜仲 50 克,丹参 50 克,川芎 30 克,白酒 1000 毫升。将杜仲等药切成块状与白酒密封浸泡 20 天,用纱布滤清后饮用。每日饮 2 次,每次 15~20 毫升。有活血化瘀,强壮机体作用。

宁心酒 桂圆肉 100 克,桂花 24 克,白糖 48 克,白酒 1000 毫升。药物入容器,注入白酒,密封浸泡 10 天后服用。每日 2 次。每次 20~30 毫升。具有宁心安神等功效。

胡桃酒 胡桃仁 20 克,杜仲、补骨脂各 60 克,小茴香 20 克,白酒 1000 毫升。将药物切成小块后,注入白酒,密封浸泡 15 天即成。每日 2 次,每次 20~30 毫升。具有温阳补肾固精的功效。

鹿茸酒 取鹿茸 30~40 克,用白酒 500 克浸泡半个月后取酒饮服,每日 1~2 次,每次一小杯。这种药酒具有壮肾阳、益精、补气的作用,对阳虚精亏气弱的男子及老人尤为有效。

十全大补酒 当归、白芍、熟地、党参、白术、川芎、茯苓、黄芪各 60 克,甘草、肉桂各30克,白酒1000毫升。将各药切碎浸泡于白酒中,7日后过滤服用。日服2次,每次10毫升。具有补气等功效。

六神酒　麦冬60克,生地黄150克,杏仁80克,枸杞子150克,人参60克,白茯苓60克。将诸药同入白酒1000毫升中,密封浸泡10天后服用。日服2次,每次20~30毫升。具有补髓填精,益气养血等功效。

五子酒　覆盆子、菟丝子、楮实子、金樱子、枸杞子各60克,将诸药共入3000毫升白酒内,密封浸泡15天后饮用。日服2次,每次10~20毫升。具有补益肝肾,填精髓等功效。

龙眼肉酒　龙眼肉250克,置于2000毫升白酒中,密封浸泡30天后开始饮用。每日2次,每次饮10~20毫升。具有补益心脾、活血补血等功效。

天门冬酒　天门冬60克,白酒500毫升。将洗净的天门冬用纱布包好,放入酒瓶内浸泡1月可饮。有润五脏,和血脉的作用。

茯苓酒　茯苓60克,白酒500毫升。将茯苓切片装入纱布袋再放入酒瓶内,浸泡7日即成。有补虚益寿,强筋壮骨之效。

菊花酒　甘菊30克、干地黄10克、当归10克、枸杞子20克、白酒500毫升。将上述药物洗净装入纱布袋,放入酒瓶内浸泡7日即成。有醒脑明目作用。

人参酒　取人参1支,重约15~20克,用白酒500毫升,浸泡7天以后饮服。每日1~2次(最好在晚上睡前服),每次饮5毫升。人参能补气健脾、益智宁神,有增强机体抗病能力、提高免疫系统功能的作用。

红颜酒　取红枣(去核捣成泥状)、胡桃肉(捣碎)各120克,杏仁30克,白蜜100克,酥油70克。用好白酒1000毫升,先放入白蜜、酥油,再放入胡桃肉、红枣、杏仁,密封酒瓶,7天后开取。每天饮用2次,每次不超过25毫升。此药酒有补肾乌须发、润肺泽肌肤、悦容颜的作用。

冬虫夏草酒　取冬虫夏草20克,用酒适量浸泡5天后饮用。日服1~2次,每次5~10毫升。该药酒对由肺阴不足、肾阳虚衰引起的虚喘、咳痰带血、肾虚腰膝酸痛及病后体虚,尤为适宜。

冬季服药酒一般每日早晚各服1次,最好能在饭前服用。这样药物能乘酒力迅速为人体吸收,较快地发挥作用。药酒性温偏热,每次饮用宜10~30毫升,嗜酒者服药酒亦不可过量。饮用补益类药酒,忌与萝卜、葱、大蒜等同服。感冒、发热、孕妇、妇女经期应停服。此外,高血压、心脏病、肝脏病、严重溃疡病

中华酒典

患者也应慎服药酒。

因病而治：百种药酒妙方

药酒既可治病，又可强身，但这并不是说每一种药酒都能包治百病，患者随意拿一种药酒饮用，就可见效。药酒治病的秘方包罗万象，但饮用者必须因病而治，仔细挑选。本章精选了古今家庭酒疗的百种养生药酒良方，分别可以防治人体各大系统近百种疾病，可谓是集家庭酒疗之大全。

药酒治疗呼吸系统疾病

感冒

普通感冒与流行性感冒，中医学称为伤风感冒与时行感冒，为四季常见病、多发病，尤以春冬二季为多见。其一般症状多表现为头痛、鼻塞、恶寒、流涕、发热、全身酸痛等。普通感冒常由细菌或病毒引起，流行性感冒则主要由病毒感染所致，并可传染他人，造成流行。感冒为一种自限性疾病，一般情况下，只要患者适当休息，并注意不再受风着凉，经过 1 周左右，大多可自行缓解症状或不药自愈。但流行性感冒患者如因治疗和休息不当，则可出现并发症，一般为肺炎。

中医认为，感冒多为风邪侵袭所致。但风邪一般并不单独致病，而常与寒、热、湿、暑相杂致病，故又分为风寒感冒、风热感冒及暑湿感冒。

风寒感冒的临床症状为恶寒重，发热轻，无汗，头痛，鼻塞流涕，声重，喉痒咳嗽，痰白清稀，四肢酸痛，苔薄白而润，脉浮。治宜辛温解表，宣肺散寒。

风热感冒的临床症状为发热重，恶寒轻，咽红肿疼，咳嗽痰黄，口干欲饮，身楚有汗，苔白而燥，脉浮数。治宜辛凉解表，宣肺清热。

暑湿感冒的临床症状为发热重，头晕且胀，心中烦热，身倦无汗，口渴喜饮，时有呕恶，小便短黄，舌苔黄腻，脉濡数。治宜清暑解表，芳香化浊。

◎葱豉酒

【配方】生大葱 30 克，淡豆豉 15 克，黄酒 50 毫升。

【制法】先将豆豉放入小铝锅内，加水 1 小碗，煮沸 10 分钟，再放入洗净切碎的大葱,煎沸 5 分钟,然后加入黄酒,立即出锅,趁热服下。

【功用】发汗解表,祛寒和胃。

【主治】风寒感冒,发热头痛,恶心呕吐等。

◎ 姜蒜柠檬酒

【配方】生姜 100 克,大蒜 400 克,柠檬 3~4 个,蜂蜜 20 克,白酒 800 毫升。

【制法】将大蒜去皮蒸 5 分钟后切片,柠檬去皮切片,生姜切片,与蜂蜜共浸入酒内,密封贮存,3 日后即成。每服 1 小盅,每日 2 次。

【功用】辛温解表,宣肺散寒。

【主治】风寒感冒。

◎ 桑菊连翘酒

【配方】桑叶 30 克,菊花 30 克,连翘 30 克,薄荷 10 克,芦根 35 克,杏仁 10 克,桔梗 20 克,甘草 10 克,糯米酒 1000 毫升。

【制法】将上药共研细末,浸入糯米酒内,密封贮存,5 日后过滤即可饮服。每服 15 毫升,早晚各 1 次。

【功用】清热解毒。

【主治】风热感冒之发热不重,微恶风寒,咳嗽鼻塞,口微渴等。

◎ 蔓荆子酒

【配方】蔓荆子 200 克,白酒 500 毫升。

【制法】将蔓荆子制为粗末,浸入白酒内,密封 7 日,支渣即成。每服 10~15 毫升,每日 3 次。

【功用】疏散风热,清利头目,目痛。

【主治】外感风热所致的感冒,头昏头痛,偏头痛,目发暗或多泪症。

咳嗽

作为一种生理现象,咳嗽是清除呼吸道内的分泌物和进入气道内的异物的保护性反射动作,但如果持续、频繁的咳嗽,则为病理现象。

咳嗽是常见病、多发病,许多疾病如呼吸道感染、支气管扩张、肺炎、咽喉炎等均可有咳嗽的症状。治疗方法以消炎止咳为主。

所谓咳嗽,乃指肺气上逆作声,咯吐痰液等病理现象。西医中的急、慢性支气管炎、支气管扩张等病,常以咳嗽为主要症状,与中医学的咳嗽概念相结合。

中医认为,外邪侵袭和内伤皆可引起咳嗽。外邪侵袭所致之咳嗽又称外感咳嗽,而有寒热之分,其主要特征是:发病急,病程短,并常可并发感冒。风寒咳嗽的临床症状为咳嗽声重、气急、咽痒、咳痰稀薄色白等;风热咳嗽的临床症状则为咳嗽频剧、气粗、咽痛痰稠等。内伤咳嗽的特征是:病情缓,病程长,皆由五脏功能失常所致。内伤咳嗽又可分为痰湿咳嗽、痰热咳嗽、阳虚咳嗽及阴虚咳嗽四种。痰湿咳嗽的临床症状为咳嗽痰多,痰出咳平,咳痰色白或呈灰色等;痰热咳嗽的临床症状为咳嗽痰多,咯吐不爽,质黏厚或稠黄等;阳虚咳嗽的临床症状为咳嗽反复发作,痰涎清稀,心悸,畏寒等;阴虚咳嗽的临床症状为干咳少痰,痰中挟血等。

◎雪梨酒

【配方】雪梨 500 克,白酒 1000 毫升。

【制法】将雪梨洗净去皮、核,切成小块,浸入酒内,加盖密封,7 日后即成。每取药酒适量饮服,每日 2~3 次。

【功用】清热化痰,生津润燥。

【主治】咳嗽,烦渴,痰热惊狂,噎嗝,便秘等。

◎芝麻核桃酒

【配方】黑芝麻 50 克,核桃仁 50 克,白酒 500 毫升。

【制法】将黑芝麻去杂洗净,核桃仁捣碎,共浸入白酒内,密封。置阴凉处,15 日后即成。每服 15 毫升,每日 2 次。

【功用】补肾纳气平喘。

【主治】肾虚咳喘,腰痛脚软,阳痿遗精,大便燥结等。

◎天门冬酒

【配方】天门冬 500 克,米酒 1500 毫升。

【制法】每遇冬月将天门冬去心,洗净,晾干,然后放入瓶内,加入米酒,密闭浸泡 5 日,去渣,每服 1~2 小杯。常令酒气相接,但勿令大醉。

【功用】清肺降火,滋阴润燥。

【主治】阴虚咳嗽,症见干咳少痰,痰黏如胶,口咽干燥,咳血潮热,胸痛颧红,饮食减少,舌红而干,脉细数。本酒亦适应吐浊沫的肺痿症,咳吐脓血的肺痈症。

【说明】忌食生冷。

◎双参麦冬酒

【配方】西洋参36克,沙参、麦冬各24克,黄酒1000毫升。

【制法】将西洋参、沙参切片,麦冬捣碎,一同置于砂锅内,加入黄酒,文火煎5~7沸,离火,冷却后放入洁净的玻璃瓶中密闭浸泡,7日后再加入200毫升凉开水调匀即成。每服30~50毫升,每早晚各1次。

【功用】补气养阴,清热润肺,止咳。

【主治】肺阴虚咳嗽、烦渴等。

【说明】服药期间忌食萝卜。

天门冬

哮喘

支气管哮喘,俗称哮喘,是一种严重威胁公众健康的慢性疾病。本病可发于任何年龄,但以12岁以前开始发病者居多,发病季节以秋冬两季最多,春季次之,夏季最少。

临床典型的支气管哮喘,发作前有先兆,症状如打喷嚏、流涕、咳嗽、胸闷等,如不及时处理,可出现哮喘,甚者端坐呼吸,干咳或咯白色泡沫样痰,甚至出现发绀。双肺可闻及散在或弥漫性的以呼气期为主的哮鸣音。哮喘急性严重发作后,如经一般药物治疗而仍不能缓解并持续发作在24小时以上者,则称为哮喘持续状态。

引发支气管哮喘的原因很复杂,一般认为,本病大多是在遗传的基础上受到体内外某些因素,如过敏、感染、劳累过度以及精神因素所致。

中医学认为,哮和喘,虽同是呼吸急促的疾病,但所不同者,哮以呼吸急促,喉间有哮鸣音为特征;而喘则以呼吸急促困难,甚至张口抬肩为特征。临床所见,哮必兼喘,而喘则未必兼哮。

中华酒典

哮症分为发作期和缓解期,而发作期又有冷哮和热哮之分,缓解期则有肺、脾、肾亏虚之别。喘症有实喘与虚喘之分,实喘有风寒、肺热、痰浊之异,而虚喘则有肺、肾虚损之不同。但临床上喘症多为实中有虚,虚中有实,虚实相杂。故中医的治疗原则是,哮症发作时以祛邪为主,未发作时则以扶正为主;喘症则祛邪与扶正两相兼顾,并各有侧重。

◎清肺止咳酒

【配方】桑白皮 200 克,米酒 1000 毫升。

【制法】将桑白皮切碎,浸入米酒内,密封贮存,7 日后即成。每服 20 毫升,每日 3 次。

【功用】泻肺行水,清肺止咳。

【主治】肺热咳喘,症见咳嗽气粗,痰黄而稠,身热、口渴等。

◎茱萸桑皮酒

【配方】吴茱萸根 50 克,桑白皮 100 克,黄酒 2500 毫升。

【制法】将茱萸根、桑白皮制为粗末,放入砂锅内,加入黄酒,文火煎沸 15~20 分钟,去渣,收贮备用。每服 50 毫升,每日 2 次,空腹服用。

【功用】泻肺行水,清肺止咳。

【主治】肺热咳喘,四肢水肿等。

◎竹黄酒

【配方】竹黄 30 克,白酒 500 毫升。

【制法】将竹黄浸入白酒内,加盖密封,5 日后即可饮用。每服 10 毫升,每日 2 次。

【功用】化痰散寒。

【主治】支气管哮喘,慢性支气管炎,咳嗽痰多等。

◎蛤蚧酒

【配方】蛤蚧 1 对,白酒 2500 毫升。

【制法】将蛤蚧去头、足、鳞,切成小块,浸入白酒内,加盖密封,置阴凉处贮存,每日摇荡 2 次,30 日后即成。每服 15~20 毫升,每日 2 次。

【功用】补肺益肾,纳气定喘。

【主治】久病体虚的慢性虚劳咳喘、动则气喘、咳嗽少气、阳痿等症。

支气管炎

支气管炎分为急性与慢性两种,属于中医学"咳嗽"范畴。急性支气管炎多属于外感咳嗽,慢性支气管炎多属于内伤咳嗽。

◎橘红酒

【配方】橘红 30 克,白酒 500 毫升。

【制法】将橘红浸入白酒内,密封贮存,7 日后即成。每晚睡前饮服 1 小杯。

【功用】理气散寒,化痰止嗽。

【主治】寒湿偏盛所致的慢性支气管炎、哮喘,每逢感寒即复发不愈者。

【说明】每次不可多饮,以免反助湿邪。

◎苏叶陈皮酒

【配方】陈皮 15 克,苏叶 20 克,黄酒 200 毫升。

【制法】将好陈皮制为粗末,与苏叶一同浸入白酒内,密闭 3 日即成。每服 1 小杯,每日 3 次。

【功用】健脾理气,燥湿化痰,止咳。

【主治】适用于支气管炎之咳嗽、气急、痰多色白等。

肺结核

肺结核是一种具有传染性的慢性疾患,其临床主要症状有咳嗽、咯血、潮热、盗汗及身体逐渐消瘦等。

肺结核是由结核分枝杆菌引起的慢性肺部感染性疾病,其中痰中排菌者称为传染性肺结核病。排菌病人为传染源,主要由患者咳嗽排出结核菌并经呼吸道传播,在人体抵抗力降低时,较易感染发病。本病可累及所有年龄段,但以青壮年居多,男性多于女性,近年来老年人发病有增加趋势。

中医学认为,肺结核常因体质虚弱或精气耗损过甚,痨虫趁机侵袭肺部所引发,其病理主要为阴虚火旺,但随着病情的恶化,可出现气阴两虚,甚至阴阳两虚而致死亡。

中华酒典

根据现代中医临床研究,将肺结核分为四种类型进行辨证施治。

1.肺阴亏耗,伤及肺络。症见干咳少痰,痰中带血,色鲜红,或有潮热,手足心热,胸痛,口干咽燥,饮食减少等。治宜滋阴润肺,止咳杀虫。

2.阴虚火旺,肺肾亏虚。症见呛咳痰少,或咯血反复发作,量多血鲜,混有泡沫,胸肋掣痛,颧红盗汗,骨蒸潮热,心烦失眠,性躁善怒,形体消瘦,男子可见梦遗,女子可见月经不调等。治宜滋阴降火,润肺养肾。

3.气阴两伤,精血亏涸。症见咳呛咯血,劳热骨蒸,盗汗,遗精,声嘶失音,形体消瘦,形寒畏风,自汗,喘息,面浮肢肿,饮食少进,大便溏薄等。治宜益气养阴,填精补血。

4.阴阳两虚,三脏并损。症见咳嗽喘息,气短乏力,痰中带血,色暗淡,潮热盗汗,形寒自汗,大肉脱形,舌光红少津或淡胖边有齿痕,脉沉细数而无力。治宜滋阴补阳。

由于肺结核是一种慢性疾患,病程长,治疗所需的时间也长,目前治疗一般要持续用药1年以上。

◎芥子酒

【配方】芥子250克,白酒1000毫升,黄酒2000毫升。

【制法】将芥子去杂洗净,晾干,用纱布包好,放入净瓶中,倒入白酒,浸泡3日,再倒入黄酒,浸泡3~4日即可饮用。每服30毫升,每日3次。

【功用】温中散寒,利气豁痰。

【主治】肺结核。

◎灵芝强筋酒

【配方】灵芝50克,人参25克,冰糖450克,白酒1500毫升。

【制法】将灵芝、人参洗将切片,与冰糖一同装入纱布袋中,封好袋口,置入酒坛内,倾入白酒,加盖密封,浸泡10日后取出药袋,搅拌均匀后静置3日即可饮。每服15~20毫升,每日2次,每次不宜多饮。

【功用】益肺气,强筋骨,利关节。

【主治】肺结核久咳痰多、肺虚气喘及消化不良、失眠等。

消化系统疾病

呃逆

呃逆,俗称"打嗝",是气逆上冲,致使喉间呃呃连声,声短而频,令人难以自制的一种病症。其病因为多种因素使膈肌运动神经受到刺激,过度兴奋,膈肌痉挛所致。可见于多种疾病,分为急性与慢性两种。

中医学认为,本症乃系胃失和降,胃气上逆,或嗜食辛热,阴阳腑实及情志不畅,以至肝气横逆等所致,并有寒逆、热逆、食滞、阴虚及阳虚之别。应根据病症的不同,辨证施治。

◎柠檬酒

【配方】鲜柠檬3~5个,白酒适量。

【制法】将柠檬洗净,浸入白酒内,密封贮存,3~5日即成。每遇打呃时嚼食酒浸柠檬(去皮)1~2个。

【功用】降逆止呃,止渴除烦,和胃。

【主治】呃逆,中暑,胎动不安等。

◎姜汁葡萄酒

【配方】生姜60克,葡萄酒500毫升。

【制法】将生姜洗净,捣烂,浸入葡萄酒中,密封贮存,3日后滤取酒液即成。每日2次,一次50毫升。

【功用】健胃祛湿,散寒止痛。

【主治】适用于嗳气呃逆,寒性腹痛等。

呕吐

呕吐是将食物及痰涎等胃内容物经口腔排出体外的一种病症。呕吐是机体的保护性反应,而频繁剧烈的呕吐可引起水、电解质紊乱及营养障碍。呕吐常见于西医学中的神经性呕吐、胆囊炎、胰腺炎、肾炎、幽门痉挛或梗阻以及某些急性传染病等。

中医学认为,呕吐乃胃失和降、气逆于上而致发,并有实症与虚症之分。实

中华酒典

症多由外邪、饮食所伤,虚症多为脾胃功能减退所致。而二者又相互夹杂,实中有虚,虚中有实,故临床多运用扶正祛邪的方法以期达到治疗目的。

1.实症:①外邪犯胃:突然恶心呕吐,并可伴有恶寒发热、头身疼痛,或兼有脘腹胀闷、肠鸣腹泻、舌苔薄腻或白腻、脉浮滑;②饮食停滞:呕吐泛酸,脘腹胀满、食后加重、吐后则轻,厌食肠鸣,舌苔厚腻,脉濡滑;③肝气犯胃:呕吐吞酸,郁怒而发,嗳气频繁,胸胁胀痛,口苦咽干,舌边红苔薄腻,脉弦滑;④痰浊中阻:呕吐痰涎,脘闷纳呆,眩晕心悸,口干不欲饮,身体困重,大便不爽,苔白滑或白腻,脉濡缓或弦滑。

2.虚症:①脾胃虚寒:稍感凉即呕吐,四肢困重,脘腹冷痛,面色苍白,神疲乏力,喜热喜按,大便溏薄,舌质淡苔白,脉濡弱;②胃阴不足:呕吐反复发作,饥不欲食,口燥咽干,舌红少津、或嫩红苔,脉细数。

◎橘皮酒

【配方】橘皮 90 克,米酒 1000 毫升。

【制法】将橘皮制成粗末,用纱布包好,浸入米酒内,密封贮存,7 日后即成。每服 30 毫升,每日 2 次。

【功用】健脾理气,燥湿化痰。

【主治】恶心呕吐,食少腹胀。

橘皮酒

◎茴香姜汁酒

【配方】小茴香茎叶(鲜品)300 克,生姜汁 9 克,烧酒 30 毫升。

【制法】将小茴香茎叶洗净,捣烂取汁,兑入姜汁、烧酒,煮沸,趁热温服,1 次服下。

【功用】温中散寒,理气止痛。

【主治】适用于寒冷侵袭或过食生冷所致的恶心呕吐,胃脘胀痛或下腹疼痛等。

◎疏肝理脾酒

【配方】佛手 60 克,白酒 500 毫升。

【制法】将佛手洗净,用清水润透,切片,晾干后浸入白酒内,密封贮存,每日摇荡 1 次,7 日后即成。每服 20 毫升,每日 2 次。

【功用】疏肝理脾,消食化痰,解酒醒脾。

【主治】适用于肝气郁结所致的情志抑郁,胸胁胀满,恶心呕吐,食欲不振,咳嗽痰多等。

◎鸡内金酒

【制法】将鸡内金(烧存性),研末,每服 5 克,每日 2 次,以热黄酒 30 毫升冲服。

【功用】补脾健胃,消积化瘀。

【主治】适用于食积,反胃呕吐,泻痢,水肿腹胀等。

腹痛

腹痛是由腹部、胸部、全身性疾病引发的腹部疼痛,有急性与慢性之分。现代医学中的急性阑尾炎、肠结核、胆道蛔虫症、急性腹膜炎等均可出现本症症状。

中医学认为,腹痛的发生主要为外感时邪、饮食不节、情志失调及素体阳虚等导致气机郁滞、脉络痹阻或经络失养、气血运行不畅所致。并将其分为实寒、实热、虚寒、食滞、气滞、瘀血几种类型,根据病因及症状的不同,分别采用理气祛邪、清热化湿、消食导滞、行气化瘀、温中补虚等治疗方法。

◎鲜姜葡萄酒

【配方】鲜姜 100 克,葡萄酒 1000 毫升。

【制法】将鲜姜洗净切片,浸入葡萄酒内,密封贮存,5 日后即成。每服 50 毫升,每日 2~3 次。

【功用】健胃祛湿,散寒止痛。

【主治】适用于寒性腹痛,嗳气呃逆等。

◎姜附酒

【配方】淡干姜 60 克,制附子 40 克,黄酒 500 毫升。

【制法】将淡干姜、制附子共制粗末,置于净瓶内,倾入黄酒,密封浸泡,7 日后去渣即成。每于饭前温服 1~2 小杯,每日 3 次。

【功用】温中散寒,回阳通脉,温肺化饮。

【主治】心腹冷痛,呃逆呕吐,泄泻,痢疾,完谷不化,寒饮喘咳,痰白而清稀,肢冷汗出等。

【说明】阴虚内热,火热腹痛者及孕妇忌用。

◎参姜甘草酒

【配方】人参40克,干姜60克,甘草60克,大黄60克,制附子40克,黄酒2000毫升。

【制法】将上述药共捣碎,用干净纱布包好,浸入黄酒内,密封贮存,每日摇荡1次,15日后即成。每服10~20毫升,每日早晚各1次。

【功用】温中散寒,通便。

【主治】脘腹冷痛,大便秘结及久痢等。

胃痛

胃痛又称胃脘痛,是以胃脘部疼痛为主的病症。此病的发生多与过度劳累,外受风寒,情志刺激,饮食失调及脾胃不和等因素有关,现代医学中急、慢性胃炎及消化道溃疡、胃痉挛、胃神经官能症、胃黏膜脱垂症等均可出现胃痛的症状。

中医学将胃痛分为如下几种类型:

1.风寒伤胃:胃脘冷痛、呕吐清水痰涎、胃寒喜暖、得热痛减、口淡不渴、舌淡苔白、脉浮紧且弦。

2.胃中实热:痛势急迫、胃脘部有烧灼感而拒按、吐酸嘈杂、心烦口苦、大便干结、小便短赤、舌红苔黄腻、脉弦滑。

3.食滞内停:胃痛且胀、嗳酸厚腻或呕吐不消化的食物、吐后则痛减、舌苔厚腻、脉滑实有力。

4.肝气犯胃:胸胁胀痛、胃脘痞满且痛、嗳气频作、恶心呕吐、逢情志抑郁则疼痛加重、舌苔薄白、脉象弦数。

5.阴虚胃痛:胃痛隐隐、灼热不适、嘈杂似饥、饥不择食、口干口渴、大便干结、舌红少津、脉细数。

6.脾胃虚寒:面色萎黄、神疲乏力、四肢欠温、胃痛缠绵、喜温喜按、空腹为甚或呕吐清水、大便稀薄、舌质淡苔薄白、脉沉细无力。

7.气滞血瘀:胃痛如遭针刺或刀割、痛无定处、拒按或兼有呕血及黑便、舌质紫黯或有瘀斑、脉弦涩。

◎桂花酒

【配方】桂花 60 克,白酒 500 毫升。

【制法】将桂花浸入白酒内,密闭贮存,常摇动之,7 日后即成。胃痛发作时,炖热温服,每服 10 毫升。

桂花酒

【功用】散寒止痛。

【主治】胃寒疼痛。

◎佛手酒

【配方】佛手 30 克,白酒 500 毫升。

【制法】将佛手洗净后,用清水润透后切片,晾干,浸入白酒内,密封贮存,每日摇荡 2~3 次,7~10 日后即成。每服 30~50 毫升,每日 1 次。

【功用】舒肝解郁,调和气血。

【主治】适用于肝气抑郁、气血不调所致的肝胃胀痛、精神抑郁等症。

注意:胃痛吐血及胃火重者不宜饮用。

◎干姜酒

【配方】干姜末 3 克,白酒 15 毫升。

【制法】将白酒隔水加热,趁温送服干姜末。胃痛剧烈时,1 次服下。

【功用】温中散寒,活血止痛。

【主治】适用于寒凝气滞血瘀所致的胃脘剧痛。

◎玫瑰花酒

【配方】鲜玫瑰花 350 克,冰糖 200 克,白酒 1500 毫升。

【制法】将玫瑰花洗净晾干,冰糖捣碎,一同浸入酒内,加盖密封,15 日后即成。每服 15~20 毫升,每日 2 次。

【功用】疏肝理气,和胃止痛。

中华酒典

【主治】适用于肝胃不和引起的胃脘胀痛或刺痛,对痛及两肋,嗳气,食欲不振病症均有效。

消化不良

消化不良的临床表现以不思饮食,或食而不化、呕吐、腹泻、消瘦等为主要症候。

中医学认为,消化不良多因脾胃虚弱,或饮食不节制,过食瓜果生冷之物;或喂养不当,营养吸收障碍;或因感受外邪,损伤脾胃,以致运化失职而引发本病。治疗上,应根据病因及症状表现,辨证施治,但以健脾益胃助消化为主。

◎杨梅酒

【配方】杨梅250克,白酒1000毫升。

【制法】将杨梅洗净,晾干,浸入白酒内,密封贮存7~10日即成。每服1小杯,每日2~3次。

【功用】和胃消食,止呕止痢。

【主治】食欲不振,呕吐等。

◎山棘果酒

【配方】山棘果2500克,白酒1000毫升。

【制法】将山棘果洗净捣烂,绞取汁液,倒入白酒内,调匀即成。每次温服30毫升,每日3次。

【功用】健脾开胃。

【主治】适用于脾虚纳呆,食积不化等症。

◎枸杞麻仁酒

【配方】枸杞子、火麻仁各150克,生地黄90克,黄酒2500毫升。

【制法】将火麻仁蒸熟,晾凉,与枸杞子、生地黄混匀,分别装入4个纱布袋中,放入酒坛内,倒入黄酒,密封浸泡,每日摇荡1次。夏季7日,冬季14日,春秋季10日,即可饮服。每服30毫升,每日2次。午饭前及晚上睡前温服。

【功用】健脾补肾,益气养血。

【主治】适用于虚羸黄瘦,不思饮食等。

◎神曲酒

【配方】神曲90克,米酒1000毫升。

【制法】将神曲研碎,用绢布包好,浸入米酒内,密封贮存,7日后即成。每服30毫升,每日2次。

【功用】健脾和胃,消食化积。

【主治】消化不良,食积腹胀。

便秘

便秘是指大便次数明显减少,或排出困难,也指粪便坚硬或有排便不尽的感觉。一般来说,如粪便在肠内停留过久并超过48小时以上者,即可认定便秘。根据有无器质性病变,可将便秘分为器质性便秘和功能性便秘两种。器质性便秘可由多种器质性病变引起,如结肠、直肠及肛门病变,老年营养不良、全身衰竭、内分泌及代谢疾病等均可引起便秘;功能性便秘则多由功能性疾病如肠道易激综合征、滥用药物及饮食失节、排便、不良生活习惯所致。便秘的临床表现除有大便秘结以外,还可伴见腹胀、腹痛、食欲减退、嗳气反胃等症状。

中医学认为,便秘多与大肠的传导功能失常有关,并且与脾胃及肾脏的关系也较为密切。其发病的病因可分为燥热内结,津热不足;情志失和,气机郁滞;以及劳倦内伤,身体衰弱,气血不足等。根据便秘症状的不同,又可分为热秘、气秘、气虚、血虚、阴虚五种。治疗原则应根据不同的病因,有针对性地采取不同的方法,辨证施治。

◎桃仁润肠酒

【配方】桃仁60克,米酒1000毫升。

【制法】将桃仁浸入酒内,密封贮存,10日后即成。每服30毫升,每日2次。

【功用】破血行瘀,润肠通便。

【主治】产后血虚便秘。

◎韭菜汁酒

【配方】韭菜汁1杯,白酒半杯,开水半杯。

【制法】将上述 3 味混匀，3 次服下。

【功用】散结，滑肠通便。

【主治】习惯性便秘。

◎芝麻酒

【配方】黑芝麻 150 克，黄酒 500 毫升。

【制法】将黑芝麻微炒，研成细末，浸入黄酒内，密封贮存，每日摇荡 1 次，3 日后即成。一次 20~30 毫升，每日 2 次。

芝麻

【功用】补肝益肾，润燥滑肠。

【主治】肠燥便秘，须发早白，腰膝酸软，眩晕等。

腹泻

腹泻又称泄泻，是指排便次数增多，粪便稀薄或伴有黏液、脓血、未消化的食物。有急性腹泻与慢性腹泻之分。

起病急，病程在 2 个月以内者称为急性腹泻，常由急性肠道传染病、食物中毒、胃肠功能紊乱及饮食不当所致。起急缓慢，常反复发作，病程超过 2 个月者称为慢性腹泻，常由胃部疾病如慢性萎缩性胃炎致胃酸缺乏、慢性肠道感染、慢性肠道疾病、肝与胆及胰腺病变、内分泌及代谢性疾病，神经功能紊乱等引起。腹泻严重者可造成胃肠分泌液的大量丢失，产生水与电解质平衡的紊乱以及营养物质的缺乏所带来的各种后果。

中医学认为，腹泻是由于脾胃功能障碍，脾虚湿盛，传导失常而致的一种常见疾患。可根据感受外邪、饮食所伤、脾胃虚弱、肾阳虚等不同病因而辨证施治。

◎杨梅高粱酒

【配方】杨梅、高粱酒各适量。

【制法】将杨梅洗净晾干，放入瓶内，加酒浸没，密封贮存，24 小时即成。每服 1~2 枚，每日 2 次。

【功用】和胃消食，止呕止痢。

【主治】腹泻，痢疾等。

◎荔枝酒

【配方】鲜荔枝肉 500 克,陈米酒 1000 毫升。

【制法】将荔枝肉浸入米酒中,密封贮存,置于阴凉处,7 日后即成。每服 20～30 毫升,每日 2 次。

【功用】益气健脾,养血益肝。

【主治】适用于脾气不足所致的泄泻,食欲不振,妇女子宫脱垂等。

◎茯苓酒

【配方】白茯苓 60 克,米酒 1000 毫升。

【制法】将白茯苓制为粗末,用纱布包好,浸入米酒内,密封贮存,7 日后即成。每服 20 毫升,每日 2 次。

【功用】补益脾胃,渗利水湿。

【主治】慢性腹泻,慢性胃炎以及病后体虚,周身无力等。

痢疾

痢疾是以发热、腹痛、里急后重、下痢赤白脓血为主要特征。可分为急性与慢性两种。为夏秋两季较为常见的消化道传染病。

中医学认为,本病多由外受暑湿疫毒之气,内伤饮食生冷,损伤肠胃所致,但二者相互影响,往往向外交感而发病。

本病的病位在肠,病邪侵入肠中,肠络受伤,气血与邪相搏结,化为脓血,而致痢下赤白。肠与胃密切相连,如果疫毒湿热之邪上攻于胃,则胃不纳食,成为噤口痢。若迁延日久,邪恋正衰,脾气更虚,则成久痢,或为时发时愈的休息痢。痢久不愈,或反复发作,不但伤及脾胃,更能影响到肾,使肾气虚衰,而成为虚寒痢。

治疗原则应为初痢且通,久痢宜涩。初期症候多属湿热,久痢之后,多从寒化。年老、久病体虚者以温中健脾为主。

◎鸡冠花酒

【配方】鸡冠花(赤痢用红花,白痢用白花)20 克,白酒 1 小杯。

【制法】将鸡冠花洗净,与白酒一同放入砂锅内,加水 3 杯,煎沸 3～5 分钟,取汁饮用。

【功用】凉血,止血,止痢。

【主治】赤白下痢,痔漏下血,崩中,赤白带下等。

◎山楂红糖酒

【配方】山楂、红糖各 60 克,白酒 30 毫升。

【制法】将山楂片用文火炒至略焦,离火加酒拌匀,再加水 200 毫升,煎沸 15 分钟,去渣,加入红糖令溶,1 次服下。每日 1 剂。

【功用】止痢。

【主治】赤白下痢、老年肠胃虚弱。

◎生姜芍药酒

【配方】生姜 30 克,炒芍药 15 克,黄酒 70 毫升。

【制法】将生姜洗净捣烂,与芍药同置砂锅内,加入黄酒,煮沸 1 分钟,去渣,1 次服下。每日 1 剂。

【功用】温通气血。

【主治】适用于下痢不止,腹痛转筋难忍等。

肠胃炎

肠胃炎是由不同病因引发的急、慢性肠胃黏膜炎疾患。本病患者可见胃痛、呕吐、腹痛及泄泻等症状,严重者可导致脱水及水电解质紊乱等现象。本病属于中医的"胃脘痛""胀满""泄泻"等范围。

中医学认为,肠胃炎多因饮食不节、情志所伤、劳倦而发病,并根据病因及症状的不同,发为寒湿、暑湿、虚寒、食滞四种类型,患者应据临床表现,合理地选择食物,辨证施治。

◎蒲公英大枣酒

【配方】蒲公英 550 克,大枣 100 克,白糖 200 克,黄酒 2000 毫升。

【制法】将蒲公英洗净切碎,大枣洗净去核,一同用纱布包好,浸入黄酒内,密封贮存,每日摇荡 1 次,10 日后加入白糖,再浸泡 3 日即成。每服 15~20 毫升,每日 3 次。

【功用】清热解毒,散结止痛,健胃。

【主治】慢性胃炎。

◎青梅酒

【配方】青梅 150 克,白酒 1000 毫升。

【制法】将青梅洗净晾干,浸入白酒内,密封贮存,7 日后即成。每服 20～30 毫升,每日 3 次。

青梅酒

【功用】生津止渴,健脾开胃。

【主治】慢性胃炎,食欲不振,消化不良性腹泻等。

心血管循环系统疾病

高血压

高血压又称原发性(或特发性)高血压,是一种以血压持续升高为主的全身性慢性疾病。长期高血压极易导致心、脑、肾等重要脏器产生严重的危及生命的或招致残疾的并发症。

高血压的病因至今尚未十分明确,但患者以长期精神紧张、缺少体力活动、遗传因素、肥胖、食盐过多者为多见。一般认为,高级神经中枢功能障碍在发病过程中占主导地位,此外,体液因素、内分泌、肾脏等也参与了发病过程。其临床症状,除患者血压上升超过 18.7/12kPa 以外,还可伴有头痛、眼花心悸、失眠、脚步轻飘、注意力不集中、容易疲倦等症状。高血压晚期可并发心绞痛、肾功能减退、中风等疾病。本病多见于中、老年人。

中医学认为,本病发生的原因,多属肝肾阴阳失调所致。肝脏主升主动,如忧郁恼怒,肝阴暗耗,郁结化热,热冲于上,而为风阳上扰;肝肾两脏,相互资生,肾水亏乏,不能养肝,而致阴虚阳亢;阴虚过极,可以及阳,而致阴阳俱虚。因此,中医将高血压分为肝郁化火、风阳上扰,肝肾阴虚、肝阳上亢,阴阳俱虚、虚阳上亢三种类型,并加以辨证施治。

中华酒典

◎竹酒

【配方】嫩竹 120 克,白酒 1000 毫升。

【制法】将嫩竹洗净,切碎,浸入白酒内,密封贮存,每日摇荡 1 次,15 日后即成。每服 20 毫升,每日 2 次。

【功用】清热利窍。

【主治】适用于原发性高血压,便秘等。

◎双地菊花酒

【配方】地骨皮、生地黄、甘菊花各 50 克,糯米 1500 克,酒曲适量。

【制法】将地骨皮、生地黄、甘菊花放入砂锅内,加水漫过药面 10 厘米,煎取浓汁,再与淘洗干净的糯米煮成米饭,候冷,加入酒曲,拌匀,置于洁净容器内,密封,保温发酵 4~6 日,滤取酒液,装瓶即成。每服 10~20 毫升,每日 3 次。

【功用】滋阴养血,补肾延年。

【主治】高血压晕眩,中老年体弱,目暗多泪,视物模糊等。

◎香菇酒

【配方】干香菇 50 克,柠檬 3 枚,蜂蜜 250 克,白酒 1800 毫升。

【制法】将柠檬洗净,带皮切片;香菇去杂洗净,放入酒坛内。加入蜂蜜、白酒,密封,置于阴凉处贮存,每日摇荡 1 次,30 日即成。每服 15~20 毫升,每日 2 次。

【功用】降血压,降血脂,增进食欲。

【主治】高血压,高脂血症等。

◎杜仲酒

【配方】杜仲 60 克,白酒 500 毫升。

【制法】将杜仲捣碎,浸入酒内,密封贮存,7~10 日即成。每服 10~20 毫升,每日 2~3 次。

【功用】补肝益肾,强腰膝,降血压。

【主治】高血压。

【说明】外感发热、阴虚火旺、牙龈肿痛、目赤尿黄者忌服。

高脂血症

高脂血症是指血浆脂原浓度明显超过正常范围的一种慢性病症,一般以测定血浆胆固醇和甘油三脂含量为诊断本病的结论。血脂增高是脂质代谢紊乱的结果。病因可由遗传、环境以及饮食失调等引发。其临床表现主要为:头痛、四肢麻木、头晕目眩、胸部闷痛、气促心悸等症状。高脂血症可分为原发性和继发性两种。前者较罕见,属遗传性脂质代谢紊乱疾病;后者多为未控制的糖尿病、动脉粥样硬化、肾脏综合征、黏液性水肿、甲状腺功能低下、胆汁性肝硬化等疾病所伴发的并发症。

中医学认为,高脂血症是由于肝肾脾三脏虚损、痰瘀内积所致,并分为脾虚湿盛、湿热壅滞、肝火炽热、阴虚阳亢、气血瘀滞、肝肾阴亏六种类型,针对不同类型,辨证采用调理三脏功能、行瘀化痰等方法以达到降低血脂的目的。

◎龙眼首乌酒

【配方】龙眼肉、何首乌、鸡血藤各 250 克,黄酒 1500 毫升。

【制法】将龙眼肉、何首乌、鸡血藤洗净晒干,放入净瓶中,加入黄酒,密封浸泡,10 日后即可饮服。早晚各 1 次,一次 10 毫升。

【功用】补肾养血,降脂宁心,生发乌发。

【主治】高脂血脂,斑秃,脱发,白发及壮年早衰等。

◎绿茶蜂蜜酒

【配方】绿茶 150 克,蜂蜜 250 克,米酒 1000 毫升。

【制法】将绿茶、蜂蜜浸入米酒内,密封,置于阴凉处,每日摇荡 2 次,15 日后即成。每于饭后饮服 10~20 毫升,每日 3 次。

【功用】降压降脂,强心利尿。

【主治】高脂血症。

◎山楂麦冬酒

【配方】山楂片 50 克,麦冬 30 克,低度白酒 1000 毫升。

【制法】将山楂片、麦冬浸入白酒内,密封,每日摇荡 1~2 次,7 日后即可饮用。边饮边添加白酒(约再添 500 毫升)。一次 1 小杯,每日 1 次。

中华酒典

【功用】活血，化瘀，清热，降血脂。

【主治】高脂血症。

冠心病

冠心病是指冠状动脉粥样硬化导致心肌缺血、缺氧而引起的心脏病，是动脉粥样硬化导致器官病变的最常见的类型。其临床表现以胸骨后、心前区出现发作性或持续性疼痛，或憋闷感，疼痛常放射至颈、臂或上腹部为主要特征，有时可伴有四肢厥冷、青紫、脉微细。引发本病的因素有年龄、性别、职业、遗传、饮食等。本病患者以中、老年人为多见，男性多于女性。

中医学将冠心病分为五种类型，并加以辨证施治。

1.胸阳不振，心脉闭阻：胸闷憋气，阵发性心痛，心悸，气短，面色苍白，倦怠无力，畏寒肢冷，或自汗出，夜寐不宁，食欲不振，小便清长，大便稀薄，舌淡胖嫩，苔白润或腻，脉沉缓或结代。治宜温助心阳，宣通脉络。

2.气滞血瘀，心络受阻：阵发性心胸刺痛，痛引肩背，胸闷气短，舌质黯，舌边尖有瘀点，脉沉涩或结。治宜行气活血，化瘀通络。

3.脾虚聚痰，阻遏心络：体多肥胖，嗜睡神倦，咳嗽痰稀，胸闷发憋作痛，头蒙如裹，心悸不宁，舌苔白厚或腻，脉滑或弦滑。治宜健脾化痰，除湿养心。

4.肝肾阴虚，心血瘀阻：胸闷气弊，夜间胸痛，头晕耳鸣，口干目眩，夜寐不宁，盗汗，腰酸腿软，或足跟疼痛，舌质嫩红，脉细数或细涩。治宜滋补肝肾，活血化瘀。

5.阴阳两虚，气血不继：胸闷心痛，有时夜间憋醒，心悸气短，头晕耳鸣，食少倦怠，腰酸腿软，恶风肢冷，或手心发热，夜尿频数，舌质紫黯，苔白少津，脉细数或结代。治宜调补阴阳，益气养血。

◎灵芝丹参酒

【配方】灵芝30克，丹参5克，三七5克，白酒500毫升。

【制法】将上药洗净切片，与白酒一同置入净瓶内，密封浸泡，每日摇荡1次，15日后即成。每服20~30毫升，每日2次。

【功用】治虚弱，益精神。

【主治】冠心病，神经衰弱等。

中风

中风又名卒中,是以突然昏倒,不省人事,并伴有口眼㖞斜、半身不遂、语言不利等为主症的疾病。发病率、死亡率及致残率都比较高。

本病的发生多由于平素气血亏虚,加之忧思恼怒,或饮食不节、恣酒纵欲,以致阴阳失调,气血运行受阻,脏腑功能紊乱所引发。本病的治疗原则以急则治标,缓则治本为宜,早期预防是控制本病的关键所在。

◎樱桃酒

【配方】鲜樱桃 200 克,白酒 500 毫升。

【制法】将樱桃洗净,浸入白酒内,密封贮存,每 2～3 日摇荡 1 次,15～20 日即成。每服 15～30 毫升,每日 2 次。

【功用】益气,祛风湿。

【主治】适用于中风之四肢不仁、瘫痪以及风湿性腰腿疼痛,冻疮等。

【注意】不可多饮,以防发暗风。

樱桃酒

◎乌鸡酒

【配方】乌雌鸡 1 只,糯米酒 4000 毫升。

【制法】将乌鸡宰杀,去毛及嘴、爪,开膛,去肠杂,洗净,与糯米酒共入砂锅内,文火煮至 1000 毫升,取酒液备用。每服 30 毫升,每日 3 次。

【功用】祛风,补虚。

【主治】适用于体虚中风,项强口噤,舌硬不得语,目睛不转,烦热口渴,身重瘙痒等。

◎全蝎地龙酒

【配方】全蝎、地龙、白附子、白僵蚕各 10 克,蜈蚣 3 条,白酒 500 毫升。

【制法】将前 5 味研为细末,混匀备用。每取药末 5 克,以热酒 20 毫升送服,每日 2 次。

【功用】活血祛风,通痹活络。

中華酒典

【主治】适用于中风之口眼歪斜，半身不遂，语言不利等。

【注意】孕妇忌服。

贫血

缺铁性贫血是各种贫血疾患中最常见的一种，其发病原因为机体对铁的需要量增加、摄入不足或丢失过多等导致体内铁元素的明显缺乏，从而影响血红蛋白的合成而造成的贫血。本病的特点为骨髓、肝、脾及其他组织中缺乏可染色铁。血清铁蛋白、血清铁及铁蛋白饱和度降低，属小细胞低色素性贫血。

缺铁对人体有着广泛的影响，缺铁性贫血普遍存在于世界各地、各民族当中。但由于一些程度较轻的缺铁性贫血缺乏症状和体征，所以不易察觉，常被忽视。本病可见于各年龄组，尤以育龄妇女为多见。

缺铁性贫血的一般临床表现为头晕、头痛、乏力、易倦、心悸、气促、眼花、耳鸣、食欲减退和腹胀等。儿童和青少年可见体格发育迟缓、体重降低、体力下降、智力迟钝、注意力不集中、情绪易波动、烦躁、易怒或淡漠，少数患者还有异食癖。

中医学认为，缺铁性贫血的发病原因，主要是由于饮食不调，劳倦内伤或失血过多，以致脾肾亏损、气血两虚，而又涉及心、肝两脏。

脾主运化，若饮食不调，营养失源，或劳倦伤脾，运化功能失常，不能生血，心失所养，而致心脾两亏；肾藏精、生髓、养肝，若内损精亏，或失血过多，以致肾虚不能生髓化精，肝失濡养，相火偏亢，更易迫血妄行；阴血精髓，亏损日久，可以导致脾肾阳衰，如此相互影响，使病情日益严重。

◎枸杞人参酒

【配方】枸杞子35克，人参2克，熟地10克，冰糖40克，白酒500毫升。

【制法】将人参、熟地捣碎，与枸杞子一同用纱布包好，浸入白酒内，密封贮存，每日摇荡1次，15日后拣去药袋，加入冰糖令溶即成。一次10~15毫升，每日2次。

【功用】滋阴补血，乌须发，壮腰膝，清热生津，强身益寿。

【主治】适用于体虚贫血，营养不良，神经衰弱，头晕目眩，失眠，盗汗等症。

◎桂圆大枣酒

【配方】桂圆肉 250 克,大枣、熟地、生地各 50 克,黄酒 1000 毫升。

【制法】将桂圆肉、大枣、熟地、生地洗净,放入砂锅内,加水漫过药面 10 厘米,煎沸 3~5 分钟,离火,冷却后倒入酒坛,再加入黄酒,密封贮存,30 日后即成。每于饭后饮服 20 毫升,每日 3 次。

【功用】滋阴养血。

【主治】适用于贫血,低血压,血虚,头晕等。

◎李子蜂蜜酒

【配方】李子干 400 克,蜂蜜 750 克,白酒 1800 毫升。

【制法】将李子干洗净晾干,放入酒坛内,加入蜂蜜、白酒,密封贮存,每日摇荡 1 次,浸泡 30 日后即成。每服 15~25 毫升,每日 2 次。

【功用】补血,消除疲劳,恢复体力。

【主治】贫血,便秘等。

◎龙眼补血酒

【配方】龙眼肉、何首乌、鸡血藤各 125 克,白酒 1500 毫升。

【制法】将何首乌、鸡血藤切成小块,与龙眼肉一同浸入白酒内,密封贮存,每日摇荡 1 次,15 日后即成。每服 15~20 毫升,每日 2 次。

【功用】补血益精,养心宁神。

【主治】适用于贫血、神经衰弱、健忘失眠等。

泌尿生殖系统疾病

淋症

　　淋症的临床表现主要有小便频数短涩,滴沥刺痛,欲出未尽,小腹拘急,或痛引腰腹等。致病菌以大肠杆菌为多见,上行感染常是细菌侵入肾脏的主要途径。中医学认为,本病多因过食肥甘、肝气郁结、劳伤过度等导致湿热之邪蕴结下焦,使肾与膀胱气化功能失常所导致。按其临床实际可分为气淋、血淋、热淋、膏淋、石淋和劳淋。本病相当于西医的泌尿系统感染,包括尿道炎、膀胱炎、肾盂肾炎。

◎鸡眼草酒

【配方】鸡眼草 30 克,米酒 500 毫升。

【制法】将鸡眼草洗净切碎,放入砂锅内,加入米酒及等量的水,文火煎至 500 毫升,滤取酒液,候冷装瓶备用。每服 10 毫升,每日 2 次。

【功用】清热解毒,健脾利湿。

【主治】热淋。

◎参芪地黄酒

【配方】党参、黄芪、熟地黄、杜仲、黄精、枸杞子各 8 克,红枣 10 克,何首乌、菟丝子各 5 克,当归 4 克,川芎 3 克,白酒 500 毫升。

【制法】将上药共制粗末,用纱布包好,浸入白酒内,密封贮存,每日摇荡 1 次,15 日即成。每服 20 毫升,每日 2 次。

【功用】补气助阳,健脾益肾。

地黄酒

【主治】适用于小便淋漓,腰膝背痛,倦乏无力,动则气促等。

阳痿

阳痿是指在性生活中男子虽有性欲,但阴茎不能勃起,或能勃起但不坚硬,从而不能插入阴道进行性交的一种性功能障碍。

阳痿可由器质性病变或精神心理因素造成。一般认为器质性病变引起的阳痿仅占 10%～15%,这种阳痿往往属于原发性阳痿,表现为阴茎在任何时候都不能勃起。造成的原因很多,包括生殖系统疾病、全身性疾病、药物因素、血管疾病等。由此可见,阳痿与勃起机制直接相关的神经、血管和内分泌疾病损伤均有联系。

精神心理因素引起的阳痿,又称为功能性阳痿,这是最常见的一种性功能障碍,占 85%～90%。这种阳痿属于继发性阳痿,病人经检查并没有引起性功能障碍的器质性疾病。精神性阳痿常与某一次精神创伤有关,常以突然发病为特点,有的刚接触配偶时能勃起,但企图性交时却又立即萎缩,有时发病为一过

性或暂时性,经过治疗多数可恢复。这种阳痿是由于大脑皮质抑制作用增强,使大脑性中枢得不到足够的兴奋所造成。造成的原因很多,包括精神因素(如过度紧张、疲劳、悲痛、忧愁、恐惧、焦虑、抑郁以及夫妻感情不和等),婚后纵欲过度或婚前长期无节制的手淫,鳏夫综合征以及生活和药物因素(如大量吸烟、酗酒、长期服用镇静安眠药物等)。

中医学认为,肾主藏精,为人之先天之本,若肾精不足,阳无阴精以充养,故见阳痿。又肾中真阳虚衰,不能作强,或惊恐伤肾亦可致痿。脾为人之后天之本,气血化生之源,运精而归肾,而肾有所养,后天脾胃强则阴精充,充则阳势始可振雄。反之,"阳明虚则宗筋(弛)纵",故势衰而用废也。肝性条达疏泄而主筋,宗筋聚于阴器。若肝失疏泄之职,宗筋失职,亦令筋痿之病生矣。此外,湿热下注肝肾,致宗筋弛纵不收,而阳事不举,思虑太过,伤及心脾,亦可致痿。

中医学将阳痿分成四种类型,并进行辨证施治。

1.肾阳不足。由于素体阳虚,或久病伤肾,或恣情纵欲,房事过度,或手淫无节制,久之致肾阳亏虚,元阳不足,不能促进性功能,故性欲减退,而阳痿不举。故患者面色㿠白,精神萎靡,形寒肢冷,腰膝酸软无力,腰背畏寒,伴有滑精,精液滑冷,小便频数,头晕耳鸣,舌淡胖而嫩,有齿痕,脉沉细尺弱。治宜温肾壮阳。

2.心脾两虚。由于思虑过度,心脾两伤,气血生化无源,或大病久病之后,中气虚弱,血气未复,均可导致阳痿。患者心悸健忘,失眠多梦,形体消瘦,食欲不振,疲软无力,腹胀便溏,面色萎黄或苍白,舌淡白,脉细弱无力。治宜补益心脾。

3.肝郁不舒。长期情志不遂,忧思郁怒,或长期夫妻感情不和,或性生活不和谐,使肝失疏泄之职,导致宗筋所聚无能而痿。患者常性情急躁,心烦易怒,胁肋不舒或胀痛,睡眠多梦,食欲不振,便溏不爽,苔白脉弦。治宜疏肝解郁。

4.湿热下注。平素过食肥甘、膏粱厚味,酗酒无度戕伤脾胃,运化失司,聚湿生热,湿热内蕴,下注肝肾致宗筋弛纵,导致阳事不举。患者常兼有遗精之症,阴囊潮湿瘙痒坠胀,甚或肿痛,小腹及阴茎根部胀痛,小便赤热灼痛,腰膝酸痛,口干苦,舌红苔黄腻,脉弦滑。治宜清热利湿。

◎海马补肾酒

【配方】海马1对,白酒500毫升。

【制法】将海马洗净,放入净瓶中,倾入白酒,密封浸泡 15 日即成。每服 1 小杯,每日 3 次。

【功用】补肾助阳。

【主治】阳痿不举,腰膝酸软等。

◎鹿茸山药酒

【配方】鹿茸 15 克,山药 60 克,白酒 1000 毫升。

【制法】将鹿茸、山药、白酒共置于容器中,密封浸泡 7 日即可饮用。每服 15~20 毫升,每日 3 次。

【功用】补肾壮阳。

【主治】适用于肾阳虚弱所致的性欲减退、阳痿、遗精、早泄、遗尿、久泻等。再生障碍性贫血及其他贫血症亦宜服用。

【注意】阴虚火旺者忌服。

◎阳春酒

【配方】淫羊藿 30 克,菟丝子 30 克,何首乌 30 克,枸杞子 60 克,鹿茸 10 克,黄芪 30 克,肉苁蓉 30 克,阳起石 30 克,水貂鞭 10 克,羊鞭 30 克,狗鞭 30 克,白酒 3000 毫升。

【制法】将上述药用绢布包好,与白酒一同置于干净容器内,密封浸泡,10 日后即成。秋冬季每日早晚各饮服 10 毫升。

【功用】补肾壮阳,益精补虚。

【主治】适用于中、老年肾阳虚衰所致之阳痿不举、性欲低下、早泄等。

【注意】本方性大热,青壮年及阴虚有热者忌服,春夏两季慎服。

遗精

所谓遗精,是指在无性交活动状况下发生射精的现象。遗精是进入青春期发育后的男性常见的正常生理现象。一般而言,性功能正常的成年男子每月有 1~2 次或 2~3 次遗精属正常范围,大约 80% 的男性都有遗精的现象。但如果 1 周数次或 1 夜数次遗精,或一个性冲动精液就流出来,或已婚男子在正常性生活的情况下,仍然出现遗精,而且伴有头昏眼花,精神萎靡不振,失眠健忘,腰痛腿软等症状,则为病理状态,属于性功能障碍的一种表现。因为频繁遗精常常使大脑皮质处于兴奋性增强的状态,常会引起早泄,进而由于过分的兴奋而变为抑制,又会产生阳痿。

中医学认为,人体精液藏之于肾,宜封固而不宜外泄,因此失精之病主要责之肾失固秘,精关不固,又与心、肝、脾诸脏关系密切。其证有虚实之别,实证多为湿热下注,肝郁化火,相火妄动,以致精室受扰;虚证多为心脾损伤,肾气不固,封藏失职。初起的遗精以实症居多,久病则以虚症常见,或虚实夹杂。

中医学将遗精分为两种类型,并针对不同病因加以辨证施治。

1.心肾不交型。人之心阳应下交于肾,以温肾水;肾水应上济于心,以养心火,称之为心肾相交或云水火既济。若人欲念太过或心为物所惑,则使心火亢于上,不能下交于肾;性生活过频又使肾阴亏于下,不能上济于心,心火无所制,则可导致心肾不交,火扰肾精不得固藏,故遗泄频繁。此类患者临床多表现为心神不宁,虚烦少眠,怔忡健忘,头晕耳鸣,精神不振,口干舌燥,多梦遗精,潮热盗汗,舌尖红,苔薄黄,脉细数。治宜滋阴降火,交通心肾。

2.肾虚不藏型。房事过度,恣情纵欲,或青年早婚,或因大病久病,耗损肾精,导致肾阴亏损,虚火扰窍而遗泄,或导致肾气虚亏,固守精液无能,而使精液自滑。

①阴虚火旺:患者情欲亢进,梦中遗精甚则动情即遗,腰腿酸软,头晕耳鸣,五心烦热,舌红少津,脉弦细数。治宜滋阴降火,佐以固肾。

②阳虚不固:患者常滑精繁作,精液清冷,阴茎寒凉,腰腿酸软,背寒肢冷,精神萎靡,面色苍白,夜尿频繁,余沥不尽,大便溏薄,舌淡苔白,脉沉弱,两尺尤甚。治宜补肾固精。

③湿热下注:平素过食辛辣肥甘、醇酒厚味,湿热内生,或感受湿邪,蕴积化热,下注于肾,扰动精室而遗精频作。症状可见梦遗,有时伴有热刺痛,小便赤涩不爽,或见混浊,口干口苦,舌红苔黄腻,脉滑数或濡数。治宜清热利湿。

◎兴阳补肾酒

【配方】阳起石、淫羊藿各50克,米酒1000毫升。

【制法】将阳起石、淫羊藿浸入米酒内,密封贮存,每日摇荡1次,30日即成。每晚睡前服40毫升。

【功用】壮阳补肾。

【主治】适用于肾阳虚所致的阳痿,遗精,早泄等。

中华酒典

◎ 首乌地黄酒

【配方】何首乌 24 克,生地黄 16 克,芝麻、当归各 12 克,白酒 500 毫升。

【制法】将何首乌、生地黄、芝麻、当归共捣碎,用纱布袋包好,放入砂锅内,加入白酒,隔水炖沸 1~2 分钟,候冷,装入酒坛内密封贮存,7~10 日即成。每服 20 毫升,每日 2 次。

【功用】补肝肾,养精血,清热生津,乌发。

【主治】适用于阴虚血枯,腰膝酸痛,遗精带下,须发早白等。

◎ 三味涩精酒

【配方】覆盆子、巴戟天、菟丝子各 15 克,米酒 500 毫升。

【制法】将前 3 味共捣碎,浸入白酒内,密封贮存,7~10 日后滤取酒液即成。每服 10 毫升,每日 2 次。

【功用】补肾涩精。

【主治】适用于精液异常,滑精,小便频数,腰膝冷痛等。

◎ 地黄枸杞酒

【配方】熟地黄 125 克,枸杞子 60 克,高粱酒 1800 毫升。

【制法】将前 3 味浸入高粱酒内,密封贮存,每日摇荡 1 次,10 日后即成。每晚饮用 20~30 毫升。

【功用】补肾强腰,乌发明目。

【主治】腰酸肢软,发白齿摇。

早泄

所谓早泄,是指在男方还没有和女方性交,或者刚刚开始性交即阴茎插入阴道之时和刚插入之后,立即出现射精现象,致使阴茎立即软缩,性生活不能继续进行下去,而导致的性功能障碍。如果在性交时,由于男方不能控制足够长的时间而射精,以致使其具有性高潮的女性得不到满足,或者不能随意地控制射精反射,也可归属于早泄范畴,但这是从性和谐角度讲的。

根据发病原因,早泄可分为器质性和功能性两大类。真正由于器质性病变引起的早泄极为少见,绝大多数属于功能性早泄。由于长期不能从容地从事性生活(环境不良),或过多地为在性生活中的"表现"而焦虑(怕不能满足女方),致使"精关不固",这样就形成了快速射精的习惯。如果早泄发生在首次性交时,称为原发;如果在发生早泄之前,曾有过一个时期满意的性生活,则称为继发。早泄如长期得不到彻底的治疗,可导致中枢性功能衰弱,出现阳痿。

中医学认为,精液的藏泄,是与心、肝、肾三脏功能失调有关。倘若心火过旺,肝内相火炽烈,二火相交、扰动精关,致使精关不固,因而发生早泄或滑精;或者情志不遂,肝郁气滞;疏泄失常,约束无能,因而造成过早泄精;或纵欲精竭,阴亏火旺,精室受灼,致使固守无权;或者少年误犯手淫,过早婚育,戕伐太过,以致肾气虚衰,封藏失固,以致精泄过早。

中医临床将早泄分为四种类型,并针对不同病因进行辨证施治。

1.相火炽盛。多由于欲念不遂或屡犯手淫,肝肾阴血亏耗,不能潜藏相火。又因欲念过旺,所愿不遂,引动心火,二火相煽则精室被灼,固守无能而早泄。临床观察,患者有情欲亢盛,泄精过早,急躁易怒,易激动,心悸失眠,怔忡不安,头晕目眩,口苦咽干,小便色黄,舌红苔黄,脉弦滑数等症状。治宜清泻相火。

2.阴虚火旺。青年早婚,或婚后房事不加节制,肾精过耗,致使阴虚火旺,精室受扰,封藏失职,迫精早泄。患者常伴有遗精,腰膝酸软,头晕耳鸣,五心烦热或潮热盗汗,虚烦不寐,小便色黄,舌红少津,脉细数等症。治宜滋阴降火。

3.肾气不固。先天禀赋不足,或房事过度,或少年手淫过多,或年老多病之人,损伤肾气,致使肾气虚衰,不能固守精关,故交媾而早泄。患者常伴有遗精,精液清冷质稀,性欲减退,腰膝酸软,下肢无力,精神萎靡不振,背寒肢冷,小便清长频数,夜尿频多,余沥不尽,舌淡胖大而嫩,脉沉弱,尺脉尤甚。治宜温肾固精。

4.心脾两虚。思虑过度,积劳成疾,致使心脾亏损而早泄。患者多有心悸、多梦、睡眠不实、不思饮食、面色无华、疲倦乏力、大便溏薄、舌淡脉细等症。治宜补益心脾,益气固精。

◎三鞭双地酒

【配方】狗鞭、海狗鞭、黄牛鞭各60克,生熟地各30克,白酒1500毫升。

【制法】将上药共制粗末,浸入白酒内,密封贮存,每日摇荡1次,30日后即成。每晚饮服30毫升。

【功用】壮阳补肾。

中华酒典

【主治】适用于肾阳虚衰所致的阳痿,早泄,遗精,畏寒肢冷等症。

◎温肾固精酒

【配方】肉苁蓉、锁阳各 60 克,桑螵蛸 40 克,龙骨 30 克,茯苓 20 克,白酒 2500 毫升。

【制法】将上药共制粗末,用纱布包好,浸入白酒内,密封贮存,每日摇荡 1 次,15 日后即成。每服 10~20 毫升,每日 2 次。

【功用】温阳补肾,固精。

【主治】适用于肾阳虚衰所致的阳痿,早泄,便溏,腰酸等。

◎蚕蛾壮阳酒

【配方】活雄蚕蛾 20 只,白酒适量。

【制法】将雄蚕蛾焙干研末,每服 3 克,每日 2 次,热白酒冲服。

【功用】壮阳益精,助性。

【主治】适用于肾虚阳痿,早泄,滑精,不育症等。

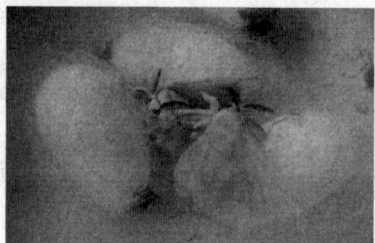
蚕蛾

◎五子酒

【配方】枸杞子、菟丝子各 80 克,车前子、北五味子各 20 克,覆盆子 40 克,白酒 2500 毫升。

【制法】将上药制为粗末,用纱布包好,浸入白酒内,密封贮存,每日摇荡 1 次,15 日后即成。每服 20~30 毫升,每日 2 次。

【功用】补肾固精,填精益髓。

【主治】肾虚精少,阳痿早泄,遗精,精冷等。

女子不孕

夫妻同居 3 年以上,如配偶生殖功能及性生活正常,未避孕而不受孕者,称为不孕症。女子从未受孕者,称原发性不孕;曾有生育及流产后,2 年以上再未受孕者,称继发性不孕。根据引起不孕原因的不同,可伴见月经失调、痛经、带下异常、盆腔炎症及内分泌失调等症状。

中医学认为,因病理变化而导致的不孕,主要是由于肾气不足,精亏血少,胞宫虚寒,阴盛血热以及肝郁气滞,引起冲任气血失调所致。

1.肾虚:月经量少,面色晦暗,精神疲惫,腰酸腿软,性欲低下。小便清长,带下色淡或清稀,舌质淡、苔薄,脉沉细。治宜滋肾壮阳,养血调经。

2.宫寒:经期延迟,量少色紫有块,行经疼痛,小腹虚冷,舌淡苔薄,脉细缓。治宜温宫散寒。

3.血虚:经量少而色淡,体质虚弱,面色㿠白,头晕目眩,心悸,失眠,舌质淡、苔薄,脉沉细。治宜补益精血。

4.阴虚火旺:咽干口苦,唇红,手足心热,舌质红、苔薄黄,脉细数。治宜养阴清热。

5.痰湿:月经不调,色淡,形体肥胖,面色㿠白,头晕心慌,白带量多,口淡痰多,胸脘满闷,舌苔白腻,脉滑。治宜健脾燥湿,理气化痰。

6.肝郁气滞:经期不定,量少,经前乳胀,经行腹痛,胸胁胀满,精神抑郁不乐,舌质红、苔薄腻,脉沉弦。治宜舒肝解郁,养血调经。

◎灵脾地黄酒

【配方】仙灵脾 250 克,熟地黄 150 克,黄酒 1250 毫升。

【制法】将仙灵脾、熟地黄制为粗末,用纱布包好,浸入黄酒内,密封贮存,每日摇荡 1 次,春夏 3 日,秋冬 5 日,即可饮用。每日不拘时随量饮之,常令酒力相接,但勿大醉。若酒尽,再依法泡制。

【功用】补肾壮阳,祛风湿,强筋骨。

【主治】肾虚阳痿,宫冷不孕,腰膝无力,筋骨酸痛等。

◎益肾补元酒

【配方】仙灵脾 200 克,肉苁蓉、当归、赤芍、川芎、乌药、益母草各 60 克,白酒、甜酒各 100 毫升。

【制法】将上药共捣碎,用纱布包好,放入坛内,注入白酒、甜酒,密封贮存,7 日后即成。每服 25 毫升,每日 2 次。

【功用】益肾补元。

【主治】适用于肾亏所致的不孕症。

【配方】茯苓 100 克,红枣肉 50 克,核桃仁 40 克,黄芪(蜜炙)5 克,人参 5 克,当归 5 克,炒白芍 5 克,生地黄 5 克,熟地黄 5 克,小茴香 5 克,枸杞子 5 克,覆盆子 5 克,陈皮 5 克,沉香 5 克,官桂 5 克,砂仁 5 克,甘草 5 克,五味子 3 克,乳香 3 克,没药 3 克,蜂蜜 600 克,糯米酒 1000 毫升,白酒 2000 毫升。

【制法】先将蜂蜜入锅煮沸,加入乳香、没药,搅匀煮沸,候冷,倾入酒坛内。加入捣碎的余药及糯米酒、白酒,密封,隔水煮沸 40 分钟,候冷,埋入土中,3~5 日即成。每服 30 毫升,每日 3 次。

【功用】补元调经,补精填髓,壮筋骨,明耳目,悦颜色。

【主治】适用于气血不足所致的头晕耳鸣,视物昏花,腰膝酸软,面色无华,精少不育以及女人月经不调、不孕症等。

水肿

水肿是指水液泛溢肌表,引起头面、眼睑、四肢、腹背甚至全身水肿的一种病症,严重者还可伴有胸水和腹水。中医学认为,其病机主要是肺脾肾功能障碍,三焦气化失常,导致体内水液潴留,泛溢肌肤而成。

中医学将水肿分为阳水与阴水两大类型,其中阳水又分为风侵水停(风水)、水湿内聚(皮水)、水湿壅滞三种类型,阴水又分为脾阳不振和肾阳衰弱两种类型。

1.风侵水停(风水):来势迅速,目睑水肿,继则全身水肿,伴有发热恶寒,咳嗽喘促,肢节酸重,小便不利,舌苔薄白,脉浮紧。治宜祛风行水。

2.水湿内聚(皮水):肢体水肿,按之没指,兼见身重困倦,小便短少,舌苔白腻,脉沉缓。治宜通阳利水。

3.水湿壅滞:遍身水肿,润泽光亮,兼见胸腹痞闷,烦热,小便短赤,大便干结,苔黄腻,脉沉细。治宜通腑泄水。

4.脾阳不振:身肿,腰以下为甚,按之凹陷不起,脘闷腹胀,纳减便溏,神倦肢冷,小便短少,舌淡苔滑,脉沉缓。治宜温运脾阳,化湿行水。

5.肾阳衰弱:身肿,腰以下为甚,按之凹陷不起,兼见腰痛肢冷,神倦畏寒,阴囊湿冷,面色灰黯,滑精,阳痿,天亮前泄泻,舌质淡胖,苔白滑润,脉沉细。治宜温肾壮阳,化气行水。

◎ 田螺酒

【配方】鲜活田螺 300 克,黄酒 300 毫升。

【制法】将田螺养于清水中,滴入少许香油,换水 3~4 次,使其吐尽泥沙污物,然后冲洗干净,放入锅内,加入黄酒及清水各 300 毫升,煮沸 15 分钟即成。每日 1 剂,3 次服完,吃田螺肉,喝酒。

【功用】清热利尿。

【主治】适用于水肿,小便不利,慢性肾炎等。

田螺

◎ 大豆皮酒

【配方】大豆皮 200 克,黄酒 1000 毫升。

【制法】将大豆皮洗净,放入砂锅内,加水 1000 毫升,煮沸 3~5 分钟,加入黄酒,煮至 1200 毫升左右,去渣,候冷装瓶即成。每服 50 毫升,每日 3 次。

【功用】利水消肿。

【主治】适用于水肿胀满,黄疸水肿,小便不利等。

遗尿

遗尿症又称夜尿症,是指 3 岁以后尚不能控制排尿,又无神经系统或泌尿生殖系统器质性病变,临床上没有排尿困难或剩余尿,尿常规检查亦属正常,而在夜间入睡后产生无意识排尿。此病多见于 10 岁以下儿童,偶可延到十几岁。小儿遗尿多在夜间一定的钟点,有时一夜遗尿数次,往往在梦中排尿。遗尿可以是一时性的,亦可持续数月,有时消失,有时再出现,还有持续数年到性成熟前而自然消失的。

对于遗尿症中医学认为由于肾气不足,膀胱不能制约小便所致。治以补益肾气为主,佐以固涩小便之品。

◎ 仙茅山药酒

【配方】仙茅、淮山药各 15 克,益智仁 10 克,白酒 500 毫升。

【制法】将仙茅、山药、益智仁制为粗末,浸入酒内,密封贮存,每日摇荡 1

中华酒典

次,10 日后即成。每服 10~20 毫升,每日服 2 次。

【功用】温肾固摄。

【主治】遗尿,腰酸,肢冷畏寒等。

◎龙虱酒

【配方】龙虱 3 克,白酒 500 毫升。

【制法】将龙虱捣碎,浸入白酒内,密封,隔水煮沸 7~10 分钟,候冷,置阴凉处,21 日后滤取酒液即成。每服 10~20 毫升,每晚睡前 1 次。

【功用】活血,补肾,固精。

【主治】适用于遗尿,夜尿频多等。

性欲减退

性欲减退是由于人体性功能降低所导致的一个典型症状,从中医学角度来说,是由于肝肾气虚或阳虚所引起的,产生这类症状的病人大多在 40 岁以上,也可因心理及疾病并发症所引起,采用药酒疗法的总原则是:食药结合,以补肾壮阳作为药酒疗法的主要原则。

◎鹿茸山药酒

【配方】鹿茸 25 克,山药 100 克,白酒 1500 毫升。

【制法】将鹿茸、山药浸入白酒内,密封贮存,15 日后即成。每服 15~25 毫升,每日 2 次。

【功用】壮阳补肾。

【主治】性欲减退,阳痿,遗精,早泄,遗尿,再生障碍性贫血等。

◎对虾酒

【配方】鲜对虾 2 对,白酒 500 毫升。

【制法】将对虾洗净,晾干,浸入白酒内,密封,置于阴凉处,7 日后即成。每服 15 毫升,每日 2 次。

【功用】壮阳补肾。

【主治】适用于性欲减退,阳痿等。

【说明】食虾过敏及皮肤病患者忌服。

神经内分泌疾病

心悸

心悸是惊悸和怔忡的合称,是一种自觉心脏悸动的不适感或心慌感,心律失常,心率过快或过慢时都可有心悸感。一般多呈阵发性,每因情绪波动,或劳累过度而发作。同时可伴有失眠、健忘、眩晕、耳鸣、心前区痛、发热、晕厥或抽搐、神经紊乱等症状。

中医学认为,心悸的发生,多因气血不足、阴虚火旺、心阳虚弱及心神不宁等所致。

1.气血不足:心悸不安,面色少华,夜寐不宁,舌淡红,苔薄白,脉细弱。治宜补血益气,养心安神。

2.阴虚火旺:心悸而烦,失眠健忘,口苦咽干,耳鸣眩晕,舌尖红,脉细数无力。治宜滋阴降火,益肾宁心。

3.心阳虚弱:心下悸而喘满,头晕神倦,形寒肢冷,面色㿠白,胸闷不适,气短,自汗,尿少,舌淡苔白,或腻滑,脉濡或沉紧。治宜温助心阳,益气行水。

4.心神不宁:惊悸烦乱,甚则坐卧不安,多梦易醒,饮食无味,舌如常,脉小而数。治宜镇惊安神,补心养血。

◎麦冬柏仁酒

【配方】麦冬30克,柏子仁、当归、龙眼肉、白茯苓各20克,生地22克,白酒1500毫升。

【制法】将上药共制粗末,用纱布包好,浸入白酒内,密封贮存,每日摇荡1次,10日后即成。每服25毫升,每日2次。

【功用】滋阴养血,补心安神。

【主治】适用于阴血不足,心神失养引起的心烦,心悸,精神疲倦,失眠健忘等。

◎六味养心酒

【配方】麦冬30克,生地22克,柏子仁、桂圆肉、当归、白茯苓各15克,白酒1250毫升。

【制法】将上药共制粗末,用纱布包好,浸入白酒内,密封贮存,7～10日即成。每服10～15毫升,每日2次。

【功用】滋阴补血,养心安神。

【主治】适用于心悸失眠,神疲乏力等。

头痛

头痛是指额、顶、颞、枕部的疼痛。引起头痛的原因复杂而多样,可见于现代医学的内、外、神经、精神、五官等各种疾病。在内科临床上常遇到的头痛多见于感染性、发热性疾病,以及高血压、颅内疾病、神经官能症、偏头痛等疾病。本症患者在自觉头痛的同时,还可伴有呕吐、头晕、发热、视力障碍、癫痫、神经功能紊乱等症状。

中医学认为,头痛是由外感或内伤杂病所致。凡风寒、湿热之邪外袭,或痰浊、瘀血阻滞致使经气逆上,或肝阳上扰清窍,或气虚清阳不升,血虚脑髓失荣等均可引起头痛。头痛剧烈,经久不愈常发作者又称为头风。

中医学将头痛分为八种类型,并针对不同病因加以辨证施治。

1.风寒:头痛项强,发热恶寒,鼻塞流涕,口不作渴,舌苔薄白,脉象浮紧。治宜疏风散寒,利窍止痛。

2.风热:头目胀痛,发热恶风,口渴咽痛,尿黄,舌苔薄黄,脉浮数。治宜疏风散热,利窍止痛。

3.风湿:头痛如裹,肢体倦重,纳呆胸闷,小便不利,大便或溏,苔白腻,脉濡。治宜祛风胜湿,利窍止痛。

4.肝阳上亢:多在偏侧,胀痛攻逆,常见暴怒,睡眠不宁,眩晕胁痛,面红口苦,脉弦有力。治宜平肝潜阳,息风止痛。

5.痰浊:头痛昏蒙,眩晕烦乱,胸脘满闷,呕恶痰涎,舌苔白腻,脉弦滑。治宜化痰运脾,降逆止痛。

6.气虚:头痛绵绵,过劳则甚,多于上午发作,体倦无力,食欲不振,畏寒少气,舌胖质淡白,脉细无力。治宜补气升阳,养荣清窍。

7.血虚:头痛如细筋牵引,唇面苍白,心悸易慌,目眩,怔忡,舌淡,脉虚涩。治宜养血柔肝,养荣清窍。

8.肾虚:头中空痛,重者脑鸣,眩晕,耳鸣,耳聋,腰膝无力,遗精,带下,舌红或淡,脉细无力。治宜补肾益精,濡养清窍。

◎黄连酒

【配方】黄连 30 克,白酒 180 毫升。

【制法】将黄连捣碎,与白酒一同放入砂锅内,文火煎至 60 毫升,滤取酒液即成。每日 1 剂,2 次分服。

【功用】清热燥湿,泻火解毒。

【主治】适用于头痛日久不愈。

◎杞菊归地酒

【配方】白菊花 500 克,生地黄 300 克,枸杞子、当归各 100 克,糯米 3000 克,酒曲适量。

【制法】将白菊花、生地黄、枸杞子、当归放入砂锅内,加入清水使之浸过药面 5 厘米,煎取浓汁,备用。将糯米淘洗干净,煮成米饭,候冷,放入酒坛内,加入药液、酒曲末,搅拌均匀,密封,置于温暖处贮存,7 日后即成。每服 20~30 毫升,每日早晚各 1 次。

【功用】滋阴清热,养肝明目。

【主治】适用于肝肾不足所致的头痛、目眩、耳鸣等。

◎菖蒲黄酒饮

【配方】鲜菖蒲 15 克,黄酒 1 小杯。

【制法】将菖蒲洗净,捣烂取汁,兑入黄酒饮服。每日 1 剂。

【功用】散风祛湿,止痛。

【主治】适用于偏头痛,耳聋,关节不利,咳嗽痰多,失眠健忘等。

◎川芎酒

【配方】川芎 200 克,白酒 2500 毫升。

【制法】将川芎制为粗末,用干净纱布包好,浸入白酒内,密封贮存,每日摇荡 1 次,15 日后即可饮用。每服 15~20 毫升,每日 2 次。

川芎

中华酒典

【功用】活血行气,散风止痛。

【主治】适用于偏正头痛,胸胁疼痛,关节痛,痛经等。

糖尿病

糖尿病是由多种环境因素和遗传因素综合作用而导致的一种慢性内分泌代谢性疾病,常因胰岛素分泌绝对或相对不足引起糖类、蛋白质、脂肪、水、电解质代谢紊乱所致。本病可分为原发性和继发性两种。可发于任何年龄。某些病毒感染或不良的饮食习惯,也可导致本病的发生。

糖尿病主要是由于体内胰岛素缺乏,糖类不能被自身组织分解利用而潴留于血液导致血糖过高发生尿糖。此外,体内糖代谢障碍引起蛋白质、脂肪代谢紊乱也可导致糖尿病的发生。本病临床典型症状为多饮、多食、多尿、体重减轻、疲乏无力、皮肤发痒等。

糖尿病属于中医学"消渴"的范畴。中医学认为,本病多由于嗜酒厚味,损伤脾胃,运化失职,酿成内热,蕴结化痰,消谷耗津;或纵欲伤阴,肝郁化火,消烁津液,致使肺、胃、肾阴虚燥热,发为消渴。但阴虚与燥热,往往互为因果,热盛是由于阴虚,而阴虚又由于热盛,其始则异,其终则同。若迁延日久,阴损及阳,导致肾阳也虚。

中医学将糖尿病分为四种类型,并针对不同病因辨证施治。

1.肺热津伤:烦渴多饮,口干舌燥,大便如常,尿多尿频,舌红,苔薄黄,脉数。治宜清热润肺,生津止渴。

2.胃热炽盛:口渴多饮,多食易饥,形体消瘦,大便燥结,舌苔黄燥,脉象滑数。治宜清胃泻火,养阴润燥。

3.肾阳虚及阴阳两虚:尿频量多,混浊如膏脂,头晕,口干舌燥,舌红,脉沉细数;兼阳虚者则畏寒肢冷,腰膝酸软,舌淡苔白,脉沉细无力。治宜滋阴固肾,阳虚者兼温肾固阳。

4.瘀血阻络:面暗唇青,心悸身肿,四肢麻木,舌暗有瘀斑。治宜行气化瘀,通络。

◎枣脂酒

【配方】红枣 250 克,羊脂 25 克,糯米酒 1500 毫升。

【制法】将红枣洗净,加水煮软,倒去水,加入羊脂、糯米酒,烧沸后候冷,一并倒入酒坛内,密封,置阴凉处贮存,5 日后即成。每服 10~15 毫升,吃枣 3~5 枚,每日 2 次。

【功用】益气健脾,补虚。

【主治】适用于糖尿病,久病体虚,食欲不振等。

◎双花酒

【配方】白梅花 5 克,合欢花 10 克,黄酒 50 毫升。

【制法】将上 3 味一同放入碗内,隔水炖沸,候温,晚饭后 1 小时饮用。每日 1 剂。

【功用】疏肝开郁,理气安神。

【主治】失眠,健忘,梅核气,头晕等。

◎百合花酒

【配方】百合花 20 克,黄酒 50 毫升。

【制法】将百合花放入黄酒中,隔水炖沸,候温 1 次服下。每晚 1 剂。

【功用】润肺,清火,安神。

【主治】失眠,咳嗽,眩晕等。

神经衰弱

神经衰弱是神经官能症中最常见的一种病症,其发病原因是精神高度紧张,思虑太过,致使中枢神经兴奋与抑制过程失调,高级神经活动规律被破坏所引发的一种功能性疾病。临床症状一般表现为疲劳、神经过敏、失眠多梦、心慌心跳、多疑、焦虑及忧郁等。

中医学认为,神经衰弱多由情志所伤,精神过度紧张,或大病久病之后,脏腑功能失调所致。

若恼怒抑郁,肝郁化火,灼伤心阴,扰及神明,可致心肝热盛;忧思过度,耗伤心脾,脾虚血少,心失濡养,心神不守,而为心脾两亏;纵欲不节,肾阴亏耗,虚火上炎,肾水不能上潮。心火不能下济,可成心肾不交。以上三种皆能导致神经衰弱。

中医学将神经衰弱分为四种类型,并针对不同病因加以辨证施治。

1.阴虚阳亢:头晕耳鸣,失眠多梦,烦躁易怒,心悸、眼花,面多潮红,口干咽燥,小便黄赤,舌质红、舌苔薄黄,脉象弦数。治宜清泻肝火,养心安神。

2.心脾不足:心悸失眠,多梦易醒,胆怯不安,头晕健忘,食欲不振,食少腹胀,面色发白,身体消瘦,神疲体倦,月经不调,舌淡苔白边有齿痕,脉沉细数。治宜健脾益气,补血养心。

3.心肾阴虚:心悸不宁,虚烦不眠,寐梦惊恐,盗汗,健忘,精神不振,腰酸腿软,或有遗精、月经不调,舌质淡红、苔薄白,脉细数。治宜滋阴清热,交通心肾。

4.肾阳不足:阳痿,早泄,遗精,腰酸腿软,少寐易醒,夜尿频多,畏寒肢冷,舌淡苔白,脉沉细无力。治宜补肾壮阳。

◎安神酒

【配方】黄精、肉苁蓉各250克,白酒5000毫升。

【制法】将黄精、肉苁蓉置于干净容器内,倾入白酒,密封浸泡,7~10日即成。每服25~50毫升,每日2次。

【功用】壮阳益精,安神。

【主治】适用于神经衰弱、阳痿、遗精等。

◎三参养心酒

【配方】党参24克,玄参16克,丹参、茯苓、天冬、麦冬、柏子仁各18克,酸枣仁、生地黄各30克,桔梗、当归各12克,远志、五味子各9克,白酒2500毫升。

【制法】将上药共捣碎,浸入白酒内,密封贮存,每日摇荡1次,30日即成。每服10~20毫升,每日2次。

【功用】益心脾,补气血,养心安神。

【主治】神经衰弱。

◎人参花酒

【配方】人参花30克,白酒500毫升。

【制法】将人参花浸入白酒内,密闭贮存,经常晃动,15日后即成。每服20~30毫升,每日1次。

【功用】补虚,兴奋。

【主治】神经衰弱。

中暑

中暑是发生于夏季或高温作业的一种急性病症,长时间受到烈日暴晒或气温过高是导致本病的主要因素。本病患者以老年人、身体虚弱者及长期卧床的病人与产妇为多见。临床表现轻者可见头痛、头晕、恶心、呕吐等症状,严重者可突然昏迷、肢厥、面色苍白、呼吸不匀、血压降低、高热、汗出等症状。本病属于中医学"暑厥""暑风""闭症"的范围。

中医学认为,中暑是因感受夏令暑热病邪而引起。因夏日暑气当令,气候炎热,人或元气有亏,暑邪即乘虚袭人而发病。暑邪有轻重,体质有差异,故有的燔灼阳明,有的触犯心包,有的引动肝风,更有的阴损及阳,而导致阴阳离决。

中医学将中暑分为四种类型,并针对不同病因辨证施治。

1.暑入阳明,气津两伤:头痛且晕,恶热心烦,面赤气粗,口燥渴饮,汗多,背微恶寒,脉洪大而芤。治宜清泄阳明,益气生津。

2.暑犯心包,热郁气机:猝然晕倒,昏不知人,身热肢厥,气粗如喘,不声不语,牙关微紧或口开,脉洪大或滑数。治宜清心开窍,苏醒神志。

3.暑热亢盛,引动肝风:身热,四肢抽搐,甚或角弓反张,牙关紧闭,神迷不清,脉象弦数。治宜清热祛暑,息风镇痉。

4.阴损及阳,气虚欲脱:头晕心慌,四肢无力,面色苍白,汗出肢冷,随即昏倒,脉象细数而微。治宜益阴温阳,补气固脱。

◎苹果酒

【配方】苹果 250 克,白酒 500 毫升。

【制法】将苹果洗净,去皮、核,切碎,浸入白酒内,密封,每日摇荡 1 次,7 日后即成。不拘时,随量饮服。

【功用】润肺生津,解暑除烦。

【主治】中暑,脾虚火盛,中焦诸气不足,烦热,醉酒等。

苹果

眩晕

眩晕是一种头目晕眩,不能站立的病症。现代医学认为多由心脑血管疾病和神经系统疾病所引起,常见于高血压、梅尼埃病等病症中。中医认为,无痰不作眩,无虚不作眩,因而采用行气化痰、安神补血的方法加以治疗。

◎人参五味酒

【配方】人参9克,枸杞子30克,五味子30克,白酒(高粱酒)500毫升。

【制法】将人参、枸杞子、五味子浸入酒内,密封贮存,每日摇荡数次,7日后即成。每晚睡前饮服10~15毫升,不可过量。

【功用】益气养阴,补肾壮肾。

【主治】适用于气血不足,肾精亏损,心虚胆怯所致的心悸、失眠、神经衰弱等症。

【说明】胃肠急性出血、感冒患者忌服。

◎百益长寿酒

【配方】党参、茯苓、生地各9克,当归、红曲、白术、白芍各6克,木樨花50克,桂圆肉24克,川芎3克,白酒1500毫升,冰糖150克。

【制法】将前10味共制粗末,用纱布包好,浸入白酒内,密封贮存,每日摇荡1次,5~7日滤取酒液,加入冰糖令溶即成。每服30~50毫升,每日2~3次。

【功用】益气健脾,养心补血。

【主治】适用于心脾两虚,气血不足所致的失眠,面色无华,乏力少气,食少腹胀等症。

◎枸杞枣仁酒

【配方】枸杞子45克,酸枣仁30克,五味子25克,香橼20克,何首乌18克,红枣15枚,白酒1000毫升。

【制法】将上药共制粗末,用纱布包好,浸入白酒内,密封贮存,每日摇荡1次,7~10日即成。每晚睡前饮服20~30毫升。

【功用】养心和血,养肝宁神。

【主治】适用于失眠多症,头晕目眩等。

◎菊花枸杞酒

【配方】菊花100克,枸杞子50克,绍兴酒500毫升,蜂蜜适量。

【制法】将菊花、枸杞子浸入酒中,密闭存放 15 日,过滤去渣,兑入蜂蜜适量,调匀即成。每服 3~5 汤匙,每日 3 次。

【功用】养肝补肾,疏风清热。

【主治】眩晕,头痛等。

坐骨神经痛

坐骨神经痛是临床常见的一种病症,主要表现为病人大腿及腰骶部疼痛,活动受限。中医学认为,此病多由于风寒湿侵袭人体所致,因而采取祛风胜湿、行气活血的药物加以治疗,药酒疗法正体现了这一原则。

◎五加皮糯米酿

【配方】五加皮 50 克,糯米 500 克,酒曲适量。

【制法】将五加皮洗净,加水浸透,水煎 2 次,取汁混匀,与淘洗干净的糯米共烧成米饭,候冷,放入酒坛内,加入酒曲拌匀,密封,置温暖处保存,5~7 日即成。每服 20~30 毫升,每日 2 次。

【功用】祛风化湿,强筋通络。

【主治】坐骨神经痛,风湿性关节炎等。

◎归芪双乌酒

【配方】全当归、生黄芪各 60 克,草乌、生川乌、红花各 15 克,伸筋草、地龙、寻骨风各 10 克,白米酒 1000 毫升。

【制法】将上药共制粗末,用干净纱布包好,浸入酒内,密封贮存,每日摇荡 1 次,30 日后即可饮用。每服 10~20 毫升,早晚各 1 次,空腹服用。

【功用】活血通络,祛风止痛。

【主治】适用于坐骨神经痛。

甲状腺肿大

甲状腺肿大是由于缺碘所引起的一种甲状腺肿大的疾病。中医认为,多由痰湿气瘀所致,因而药酒疗法多采用化痰行气的药物治疗。

◎紫菜黄独酒

【配方】紫菜 100 克,黄独 50 克,60 度高粱酒 1000 毫升。

【制法】将紫菜、黄独洗净晒干,浸入酒内,密封贮存,10 日后即成。每服 30 毫升,每日 2 次。

【功用】软坚散结。

【主治】甲状腺肿大等。

◎海藻酒

【配方】海藻 500 克,黄酒 1000 毫升。

【制法】将海藻去杂洗净,晒干,切碎,浸入黄酒内,密封贮存,15 日后即成。每服 15 毫升,每日 3 次。

【功用】消痰结,散瘿瘤。

【主治】适用于缺碘性甲状腺肿大、高脂血症。

肥胖症

肥胖可由多种原因所导致,但总的来说,与人体热量过多,内分泌失调有关。中医认为,肥胖多由脾虚引起,因而在治疗上多采取健脾胃、消痰浊的方法。

◎地黄麻仁酒

【配方】鲜地黄汁 500 毫升,火麻仁、杏仁各 500 克,糯米 2500 克,细曲 750 克。

【制法】将火麻仁去杂,捣碎。杏仁用清水浸泡 24 小时,去皮、尖,晒干,文火炒黄,捣烂如泥。将糯米用清水淘洗干净,取米泔水与火麻仁末、杏仁末和泥。糯米加水煮成稀米饭,待温度降至 32℃ 左右时,与诸药及细曲混合,搅拌均匀,置于坛内,密封贮存,20 日后加入地黄汁,勿须搅拌,仍密封贮存,又 60 日后压去酒糟,滤取酒液,装瓶即可。每服 30 毫升,每日 2 次。

【功用】益气养血,轻身明目,延年益寿。

【主治】适用于肥胖症,虚损,贫血,须发早白,肺虚久咳,体虚早衰等。

骨科关节病

关节炎

风湿性关节炎是一种常见疾病,以关节疼痛(以双膝关节和双肘关节为主)、酸楚、麻木、重着、活动障碍等为主要临床症状,常因气候变化,寒冷刺激,劳累过度等为诱因而发作。发作时患部疼痛剧烈,有灼热感或自觉烧灼而扪之不热。本病迁延日久,可致关节变形甚至弯腰驼背,渐至足不能行,手不能抬,日常生活不能处理,严重者危及心脏,可引起风湿性心脏瓣膜病,应引起高度重视。本病的发病原因尚未明确,但一般认为,可能与甲型溶血性链球菌感染后引起机体的变态反应有关。

中医学认为,风湿性关节炎是由于机体内在正气虚,阳气不足,卫气不能固表,以及外在风、寒、湿三邪相杂作用于人体,侵犯关节所致。临床症状为肢体关节、肌肉、筋骨发生疼痛、酸麻、沉重、屈伸不利,受凉及阴雨天加重,甚至关节红肿、发热等。

◎生地加皮酒

【配方】生地60克,五加皮30克,薏苡仁50克,羚羊角屑20克,防风30克,独活30克,牛蒡根60克,肉桂10克,牛膝50克,黑豆60克,海桐皮20克,大麻仁60克,酒2000毫升。

【制法】将牛蒡根、肉桂分别去皮,黑豆炒熟,然后将上药共捣细碎,用生夏布袋包好,置于净器中,用醇酒2000毫升浸泡,密封,7日后即成。每于饭前随量饮服。

【功用】祛风湿,清热止痛舒筋。

【主治】适用于关节疼痛,筋脉拘紧,关节不利,步履艰难等。

◎雪莲花蜈蚣酒

【配方】雪莲花1株,蜈蚣4条,白酒500毫升。

【制法】将雪莲花、蜈蚣浸入白酒内,密封贮存,经常摇荡,7日后即成。每服10~30毫升,每日1次,炖热温服。

【功用】祛风散寒,活血调经。

中华酒典

【主治】风湿性关节炎。

◎生地黄酒

【配方】生地500克,生牛蒡根500克,大豆500克,白酒1500毫升。

【制法】将大豆炒香,生地、牛蒡根洗净切片,共装入干净纱布袋中,浸入白酒内,密封贮存,7日后即成。每服20~30毫升,每日2次。同时可取适量药酒外擦关节肿痛处。

【功用】凉血活血,祛风止痛。

【主治】历节风、关节红肿、肢节拘挛疼痛等症。

【注意】风湿热初起者不宜服用。

◎海桐皮牛膝酒

【配方】海桐皮60克,牛膝60克,生地70克,枳壳60克,杜仲60克,白术40克,防风60克,五加皮60克,薏苡仁30克,独活60克,好白酒2000毫升。

【制法】将上药制为粗末,用夏白布包好,置于净瓶中,倾入白酒,密封浸泡,10日后即可饮服。每服10~15毫升,每日3次。

【功用】祛风除湿,活血止痛。

【主治】适用于风湿痹证,肢节疼痛无力,脚膝软弱等。

◎乌梢蛇酒

【配方】大乌梢蛇1条,优质白酒500毫升。

【制法】将大乌梢蛇依法制净,放入净瓶内,加入白酒,密封浸泡,7~10日后即可饮用。每服10毫升,每日1~2次。

【功用】祛风通络,活血止痛。

【主治】关节炎,跌打伤痛及皮肤顽疾等。

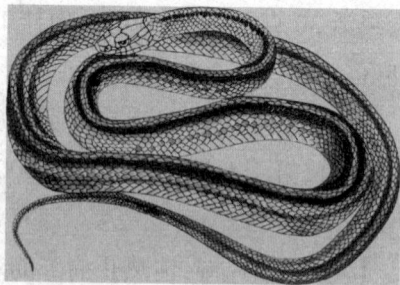

乌梢蛇

◎雪莲花酒

【配方】雪莲花30克,白酒或黄酒200毫升。

【制法】将雪莲花浸入酒内,密封贮存,7日后即成。每服10毫升,每日2

次。

【功用】祛湿,散寒,活血。

【主治】风湿性关节炎,月经不调,崩漏带下等。

腰疼痛

腰痛是以腰部疼痛为主要症状的一种疾患,可表现在腰部的一侧或两侧的局部疼痛,由腰痛而引及小腹、股胯、尾部及其他部位,亦属腰痛范围。西医学中的肾炎、肾盂盂炎、肾结石、肾结核、肾下垂、肾积水以及腰肌劳损、腰椎骨质增生、脊髓空洞症、腰部挫伤或软组织急性扭伤等皆可出现腰痛。

中医学认为,腰为肾之府,故腰痛与肾的关系最为密切。导致腰痛的病因很多,但不外乎外感与内伤,外感以寒湿之邪为主,内伤以肾气亏虚为主。

中医学将腰痛分为五种类型,并针对不同病因辨证施治。

1.寒湿型:腰部冷痛重浊,屈伸不利,拘急,阴雨天加重,得温则减,或见恶寒发热,舌苔白腻,脉沉而缓。

2.湿热型:腰部疼痛,痛处伴热感,暑湿或梅雨季节腰痛加重,或肢节红肿,烦热口渴,小便短赤,舌苔黄腻,脉濡数。

3.气滞型:腰痛或胁腹胀痛且串,多与情志不遂有关,舌质偏红、苔薄,脉弦细或沉细。

4.肾虚型:腰痛以酸软为主,喜温喜揉,腰膝无力,遇劳加重。偏阳虚者则少腹拘急,面色㿠白,手足不温,舌淡,脉沉细;偏阴虚者则心烦少眠,口燥咽干,面色潮红,手足心热,舌红少苔或无苔,脉弦细数。

5.瘀血型:腰痛如刺,有定处,或疼痛不得转侧,痛处拒按,舌质紫暗,或有瘀斑,脉弦。

本处着重介绍寒湿型及肾虚型腰痛。

◎凤仙花枸杞酒

【配方】凤仙花15克,枸杞子50克,白酒500毫升。

【制法】将凤仙花、枸杞子浸入白酒内,密闭贮存,经常晃动,15日后即成。每服20~50毫升,每日1~2次,炖热温服。

【功用】养肝补肾,祛风消肿,活血止痛。

【主治】风湿腰痛,肾虚腰痛。

中华酒典

◎狗骨酒

【配方】狗骨 120 克,白酒 500 毫升。

【制法】将狗骨洗净晾干,打碎,浸入白酒内,密封贮存,15 日后即可饮用。每服 15~25 毫升,每日 2 次。

【功用】益血脉,暖腰膝。

【主治】适用于风湿痹证,腰腿疼痛,肌肉萎缩等。

◎菟丝五味酒

【配方】菟丝子、五味子各 50 克,白酒 900 毫升。

【制法】将菟丝子、五味子浸入白酒内,密封贮存,每日摇荡 1 次,10 日后即可饮服。每服 25 毫升,每日 2 次。

【功用】补肝益肾,养心安神,收敛精气。

【主治】适用于肝肾亏虚所致的腰膝酸痛,伴见眩晕遗精,神经衰弱,失眠等。

◎山楂桂圆大枣酒

【配方】山楂片、桂圆肉各 250 克,大枣、红糖各 30 克,米酒 1000 毫升。

【制法】将山楂片、桂圆肉、大枣、红糖浸入米酒中,密封贮存,每日摇荡 1 次,10 日后即成。每晚睡前饮服 30~60 毫升。

【功用】活血化瘀,顺气止痛,安神补脾。

【主治】适用于老年人腰酸腿痛及因劳累过度引起的全身酸软无力、肌肉关节疼痛、头晕眼花等。

【说明】有实热便秘者忌用。

肩周炎

肩周炎是关节囊和关节周围软组织的一种非细菌性、慢性损伤性或退行性炎症性疾病。临床所见,肩部疼痛,活动不利,局部畏寒,有僵硬感,夜间疼痛加重等。本病患者肩部活动受限,不能摸裤袋、扎裤带、摸背、梳头,甚至不能洗脸等。本病属于中医痹证的范畴。中医学认为,肩周炎主要由于正气不足,外感风、寒、湿、热之邪所致。

◎桑独酒

【配方】桑枝 20 克,独活 20 克,五加皮 20 克,白酒 250 毫升。

【制法】将三味药物切碎,浸入白酒内,密封,7 日后即成。每取药酒适量,涂擦患处,每日 2~3 次。

【功用】温中散寒,祛湿通络。

【主治】肩周炎,风湿痛,冻疮等。

◎鸡通酒

【配方】鸡血藤 20 克,路路通 20 克,川芎 20 克,白酒 250 毫升。

【制法】将三味药物切碎,浸入白酒内,密封,7 日后即成。每取药酒 20~50 毫升饮用,每日 1 次。

【功用】温经散寒,活血祛湿。

【主治】肩周炎,腰腿痛,坐骨神经痛等。

骨质增生

骨质增生,又称骨刺,是由骨或关节软骨变性和关节遭受慢性损伤所致,继发于先天、后天关节畸形、损伤和炎症之后。本病好发于活动多、负重大的颈椎、腰椎、膝、肩、肘等关节。骨质增生改变了关节面的结构和功能,致使关节活动受限和压迫周围神经组织,临床表现为不同程度的关节活动受限,常随体位改变的肢体酸、麻、胀、痛等症状。中医学认为,肾主骨,所以,本病多与肾虚相关。

◎辣椒酒

【配方】尖辣椒 50 克,白酒 250 毫升。

【制法】将尖辣椒切碎,浸入白酒内,密封,7 日后即成。每取药酒适量,涂擦患处,每日 2~3 次。

【功用】温中散寒,祛湿通络。

【主治】骨质增生,风湿痛,冻疮,斑秃等。

◎骨刺酒

【配方】伸筋草、透骨草、赤芍、海带、桑寄生、杜仲、落得打各15克,防己、秦艽、茯苓、千年健、钻地风、党参、白术、黄芪、佛手、陈皮、牛膝、红药、川芎、当归各9克,枸杞子6克,细辛、甘草各3克,白酒1750毫升。

【制法】将上药共制粗末,用纱布包好,浸入白酒内,密封贮存,每日摇荡1次,15日即成。每服10毫升,每日3次。

【功用】活血化瘀,通络止痛。

【主治】适用于颈椎及腰椎骨质增生。

【说明】阴虚内热者及孕妇忌服。

癫痫

癫痫俗称"羊癫风",是由多种因素引起的脑功能障碍综合征。本病可分为原发性和继发性两类。原发性癫痫病因尚未明确,继发性癫痫多见于先天性脑畸形、颅脑外伤、脑肿瘤等。本病的临床特点是发作性神志丧失及全身抽搐,或不伴神志丧失的躯体局部肌肉抽搐。本病发作具有突然、短暂、反复三个主要特点。

中医学认为,本病发生多由于肝气郁结,惊恐伤肾等精神因素,或饮食不节,伤及脾胃,或先天禀赋不足等所致。

◎蟾蜍酒

【配方】蟾蜍1只,黄酒适量。

【制法】将蟾蜍焙炒研末,每取15克,以温黄酒调服,每日2次。

【功用】理气,解郁,安神。

【主治】适用于痰迷心窍所致的狂言乱语,哭笑无常,言语错乱等。

◎壁虎酒

【配方】壁虎1对,白酒60毫升。

【制法】将壁虎焙干研末,每取1/3,以白酒调服。每日3次,连服7日为1个疗程。

壁虎

【功用】清肝泻火,祛风定惊。

【主治】适用于痰浊阻滞,气积逆乱,闭塞心窍所致的性情急躁,心烦意乱,睡眠不实,便结尿赤,突然跌倒,不知人事,抽搐惊痫。

◎ 白鱼竹茹酒

【配方】衣中白鱼7条,竹茹10克,黄酒150毫升。

【制法】将竹茹洗净捣碎,与衣中白鱼一同放入砂锅,加水煎沸30分钟,然后加入黄酒,再用文火煎沸10分钟,滤取药液备用。每日1剂,2次分服。

【功用】清心,祛风,祛痰。

【主治】适用于小儿癫痫。

妇科疾病

月经量多

本病系月经周期基本正常,而经量明显超出正常,经期延长者。临床表现为月经量多,口渴心烦,夜寐不安;亦或气短懒言,肢软无力等。月经过多常与月经先期合并出现。

中医学认为,月经过多主要是由气虚及血热所致。因为气为血帅,血随气行,气虚则摄纳无权,血失统摄,血热则迫血妄行,流溢失常,而致月经过多。治疗原则以健脾补气和清热凉血为主。

◎ 皮冻红糖酒

【配方】猪皮1000克,红糖250克,黄酒250毫升。

【制法】将猪皮去毛,洗净,切成小块,加水炖至肉皮烂透,待汤汁稠黏时,注入黄酒、红糖,调匀后即可离火,倒入盆中,候冷,冷藏备用。随意食用。

【功用】滋阴清热,养血止血。

【主治】用治血热型月经量多,症见经血过多,色深红或紫红,质稠有小血块,尿黄便秘等。

◎ 双地白芍酒

【配方】生地、熟地各40克,白芍20克,菟丝子32克,艾叶炭、党参、阿胶珠各 16 克,升麻、甘草各 8 克,当归身 12 克,白术 20 克,煅龙骨 40 克,黄酒 2500 毫升。

【制法】将上药共制粗末,用纱布包装好,扎口悬于酒坛内,倒入黄酒,隔水煮沸,候冷,密封坛口,每日摇荡 1 次,20 日后即成。每服 15～20 毫升,每日 1 次。

【功用】滋阴养血,平抑肝阳。

【主治】月经量多。

◎双黄白芍酒

【配方】黄芪、生地黄、白芍各 150 克,艾叶 60 克,白酒 1000 毫升。

【制法】将上药共制粗末,用纱布包好,浸入白酒内,密封,每日摇荡 1 次,5～7 日即成。每服 15～20 毫升,每日 2 次。

【功用】益气温经,止血止带。

【主治】适用于气血两亏所致的月经量多,症见经血色淡质薄,清稀如水,小腹空坠,肢软无力,心悸怔忡,面色㿠白,气短懒言,舌淡红、苔薄白,脉软弱无力。

月经量少

月经量少是指月经周期基本正常,而经量很少,行经时间持续缩短,甚至月经点滴即净的一种疾病。常合并月经后期;多为闭经之前驱症状。中医学认为,本病的发病机制有虚有实。虚者多为营血不足,血海空虚;实者多为冲任受阻,血行不畅所致。临床上可分为血虚、肾虚和血瘀三种类型。

◎红花酒

【配方】藏红花 100 克,白酒 250 毫升。

【制法】将藏红花放入白酒内,密封浸泡 10 天即成。每次饮 1 小杯,每日 2 次。视酒量大小,微醉为度。

【功用】活血化瘀,散郁开结。

【主治】经来量少,紫黑有块,小腹胀痛,拒按,血块排出后疼痛减轻等。

◎月季花黄酒

【配方】月季花 12 朵,黄酒 120 毫升。

【制法】将月季烧存性,研末,以温黄酒冲服。每日 1 剂,2 次分服。

【功用】行气活血。

【主治】适用于月经量少,紫黑有块,小腹胀痛。

月经后期

月经周期后错 8~9 天,甚至每隔 40~50 日一至的,称为月经后期。如仅延后 3~5 天,且无其他任何症状者,则不做月经后期论。

中医学认为,本病的发生,有虚有实。虚者机体营血不足,血海空虚,不能按时满溢;实者经脉不通,冲任受阻,气血运行不畅。本病临床表现主要为月经错后,经血量少等。

中医学将月经后期分为血寒、血虚、气滞等几种类型,并针对不同病因分别采用散寒、舒肝及补血益气等治疗方法。

1.血寒:月经后期,量少色黯,伴见小腹疼痛、面色青白、畏寒肢冷,舌苔薄白,脉沉紧。治宜温中散寒,补血调经。

2.血虚:月经后期,量少色淡,伴小腹隐隐作痛、面色萎黄、头晕心悸,舌质淡,苔薄,脉虚细。治宜补血活血,滋肾调经。

3.气滞:月经后期,色紫红而量少,小腹胀痛,精神郁闷,胸痞不舒,嗳气稍减,苔薄黄,脉弦涩。治宜清肝解郁。

◎党参红花酒

【配方】党参 30 克,红花 50 克,红糖 20 克,白酒 500 毫升。

【制法】将党参捣碎,与红花一同用纱布包好,浸入白酒内,加入红糖,密封贮存,每日摇荡 1 次,30 日后酒呈紫红色,滤取酒液即成。每日清晨 10 毫升,晚上 15 毫升,温服。连服 10 日为 1 个疗程。

【功用】益气通经,活血化瘀。

【主治】适用于因气虚无力推动血行,瘀血内阻引起的月经后期,血瘀经闭等。

【配方】小茴香 60 克,桂枝 30 克,白酒 600 毫升。

【制法】将上 2 味浸入白酒内,密封,每日摇荡 1 次,7 日后即成。每服 15～20 毫升,每日 2 次。

【功用】温经散寒。

【主治】适用于月经后期,色暗红,量少,小腹冷痛,得热稍减等。

月经先后不定期

月经不按周期来潮,或前或后,称为月经先后不定期。本病的产生,主要是气血不调,冲任功能紊乱所致,引起气血不调的原因以肝郁、肾虚为多见。

月经先后不定期的病理以肝气不和为主,因肝司血海而主疏泄,太过或不及均可导致经期紊乱。此外,肾气不足致闭藏失职,亦可引起月经周期紊乱。

◎茴香青皮酒

【配方】小茴香、青皮各 30 克,黄酒 500 毫升。

【制法】将上 2 味浸入黄酒内,密封,每日摇荡 1 次,3～5 日即成。每服 15～30 毫升,每日 2 次。

【功用】疏肝理气,调经。

【主治】适用于肝郁所致的月经先后不定期,症见经色正常,无块,行而不畅,乳房及小腹胀痛,连及两胁,胸闷,喜叹息,舌苔薄,脉弦。

◎核桃仁月季花酒

【配方】核桃仁 100 克,鲜月季花 60 克(干品 30 克),红糖 160 克,甜酒 240 毫升。

【制法】将核桃仁捣碎,月季花洗净,共入砂锅内,水煎 2 次,取汁混匀,再将药液放入砂锅内,加入红糖搅匀,煮至红糖溶化,离火,兑入甜酒即成。每日 1 剂,2 次分服,于月经来潮前连服 3 天。

【功用】补肝肾,调经血。

【主治】适用于肝肾不足所致的月经先后不定期,症见经血量少色淡,头眩耳鸣,腰背酸痛,舌质淡,脉沉缓。

◎月季花蒲黄酒

【配方】月季花 30 克(鲜品 60 克),蒲黄 12 克,米酒 300 毫升。

【制法】将月季花、蒲黄、米酒放入砂锅内,加入 250 毫升水,文火煎沸 30 分钟,滤取药液即成。每日 1 剂,2 次分服,于月经来潮前连服 3 天。

【功用】疏肝解郁,芳香醒脾,调经。

【主治】适用于肝郁,或肝气犯脾,以致脾运失常所致的月经先后不定期。

月季花

痛经

痛经系指经期或月经前后发生的下腹疼痛、腰痛者,甚至剧痛难忍的一种自觉症状。疼痛多在月经来潮后数小时,也可见于经前 1 ~ 2 天开始,经期加重。临床表现为下腹坠胀痛,或下腹冷痛、绞痛,可放射至腰骶、肛门、会阴部。疼痛可持续数小时或 2 ~ 3 天,其程度因人而异。严重者面色苍白、四肢发冷,甚至晕厥,还可伴有恶心、呕吐、腹泻、尿频、头晕、心慌等症状。若为膜样痛经,在排出大块子宫内膜前疼痛加重,排出后疼痛减轻。本症多见于初潮后不久的青春期少女和未生育的年轻女性。

中医学认为,痛经的主要病理为情志不舒,肝气郁结,或感受寒凉,瘀阻经络,或体质虚弱,气血不足致气血运行不畅。

痛经可分为实证与虚证两类。

实证:①气滞血瘀:肝气不舒,气机不利,使气不能运血,致经血滞于胞中而作痛。②寒湿凝滞:经期淋雨,涉水感寒,或久居湿地及经期过食生冷之物,寒湿伤于下焦,客于胞宫,经血为寒湿所凝,运行不畅而作痛。③血热瘀结:子宫本身炎症及盆腔附近脏器炎症,长期发热,热则血沸,热亦伤阴,阴耗则血滞。

虚证:气血虚弱,平时气血不足,或大病久病气血受损,经血运行无力亦可导致痛经。

中医学将痛经又分为五种类型,针对不同病因辨证施治。

1.气滞血瘀,偏于气滞:经前乳胀,胸胁胀痛,呃逆,小腹胀痛,烦躁易怒,经色紫黑量少,舌质暗,少苔,脉弦。治宜疏肝理气,佐以活血。

中华酒典

2.气滞血瘀,偏于血瘀:经量少,腹痛,经期痛重于胀,痛如刀割,拒按,服止痛片不能止痛,下血块则痛减,血块色紫黑,舌质暗有瘀斑,脉沉迟。治宜行气活血,化瘀止痛。

3.寒湿凝滞:经前或经期小腹发冷,按之痛重,经量少,色黑有块,四肢发凉,便溏,舌边紫,苔白腻,脉沉紧。治宜温经化湿,理气化瘀。

4.血热瘀结(多见于炎症引起的痛经):经前或经期腹痛下坠,腹部刺痛,痛比胀为重,身热或腹部发热,尿黄,经色紫红,质稠有臭味,舌质红,苔白腻,脉滑数。治宜清热凉血。

5.气血虚弱:经期或经后,小腹隐痛,按之则痛减,面色苍白,语音低微,身倦乏力,心跳气短,食欲减退,月经量少,色淡质稀,舌淡,苔薄白,脉细弱。治宜补气养血调经。

◎鸭蛋姜片酒

【配方】青皮鸭蛋3个,生姜25克,黄酒250毫升,白糖30克。

【制法】将生姜洗净切片,放入锅内,加黄酒煮沸,打入鸭蛋搅匀,加入白糖即成。每日1剂,2次分服。

【功用】温中散寒,调经止痛。

【主治】适用于经期胃痛,小腹疼痛,腰酸,不思饮食等。

◎三草双花酒

【配方】金钱草、益母草、月季花、红花、紫苏梗、水菖蒲各24克,茜草12克,白酒2000毫升。

【制法】将上药制为粗末,用纱布包好,浸入白酒内,密封,每日摇荡1次,30日后即成。每服10~15毫升,每日2次。于月经来潮前5~7日开始服用,一直服至本次月经结束。连服3个月经周期。

【功用】活血调经,止痛。

【主治】适用于气血瘀滞所致的痛经,月经不调等。

◎当归红糖酒

【配方】当归、红糖各15克,米酒20毫升。

【制法】先将当归水煎去渣,再入红糖、米酒稍煮二三沸即成。每日1剂,2

次分服。

【功用】补血调经,活血止痛。

【主治】用于治气血虚弱型痛经,症见经期或经后,小腹隐痛,按之则减,面色苍白,语音低微,身倦乏力,心跳气短,食欲减退,月经量少,色淡质稀,舌淡,苔薄白,脉细弱。

闭经

正常发育的女性,一般在13~14岁左右月经即可来潮。但如果超过18岁,而仍无月经来潮,或月经周期已经建立,但又出现3个月以上(孕期、哺乳期除外)无月经者,总称为闭经。前者为原发性闭经,后者为继发性闭经。

闭经患者常伴有腰酸乏力,精神疲倦,甚至头昏、失眠、毛发脱落等症状。生殖器官发育不良或畸形、神经及内分泌系统疾患、全身性疾病等都可引发闭经。本处所论闭经只限于因功能失调所导致,不包括先天性无子宫、无卵巢、阴道闭锁及生殖器肿瘤等器质性疾病所致的闭经。

中医学认为,闭经可分为虚实两类。虚者多因脾肾不足,肝肾阴亏,胞宫空虚,无血可行;实者多因寒凝或气滞血瘀,脉道闭塞不通,经血不得下行。

1.脾肾不足:头晕耳鸣,腰膝酸软,倦怠乏力,纳少,心跳,气短,腹胀,便溏,面色晦暗,舌质淡,苔薄白,脉沉细或细弱。治宜益气养血,健脾补肾。

2.肝肾阴亏:头晕目涩,腰膝酸软,心烦潮热,四肢麻木,带下量少,阴部干涩,夜寐梦多,甚则形体消瘦,面色萎黄,毛发脱落,性欲淡漠,舌质淡、苔薄白或薄黄,脉细无力。治宜滋补肝肾,养血填精。

3.气血虚弱:倦怠乏力,气短懒言,头晕眼花,心悸失眠,毛发少泽,肌肤欠润,舌质淡、苔薄白,脉细弱。治宜益气养血,调经。

4.气滞血瘀:烦躁易怒,情志抑郁,胸胁胀满,少腹刺痛或胀痛,腹部拒按,舌质黯或有瘀斑瘀点、苔薄白或薄黄,脉沉涩或细弦。治宜理气活血,化瘀通经。

5.寒湿阻滞:神疲倦怠,形体渐胖,胸脘满闷,食少痰多,带下量多,色白质稠,舌质淡胖、苔白腻,脉滑。治宜燥湿化痰,活血通经。

◎牡丹花月季花酒

【配方】牡丹花、月季花各30克,白酒250毫升。

中华酒典

【制法】将牡丹花、月季花洗净,晒干,放入白酒中,密闭浸泡,7 日后即成。每饮 5~10 毫升,每日 2 次。

【功用】活血调经。

【主治】闭经,痛经。

◎ 党参牛膝酒

【配方】党参、牛膝各 60 克,香附、当归各 30 克,肉桂、红花各 18 克,白酒 1000 毫升。

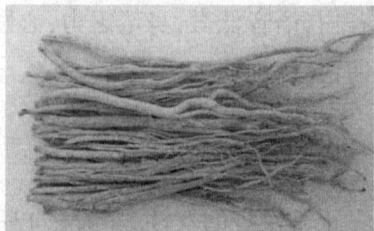

党参

【制法】将上药共制粗末,用纱布包好,浸入白酒内,密封,每日摇荡 1 次,7~10 日即成。每服 10 毫升,每日 2 次。

【功用】疏肝理气,温经活血。

【主治】适用于闭经伴见小腹胀痛或冷痛,面色晦暗,腰部酸痛等。

◎ 蚕砂酒

【配方】蚕砂 60 克,米酒 1000 毫升。

【制法】将蚕砂浸入米酒内,30 分钟后加热煮沸 3~5 分钟,候冷,滤取酒液,装瓶备用。每服 15~25 毫升,每日 1 次。

【功用】行气活血,祛风化瘀。

【主治】适用于闭经,伴见烦躁易怒,胸胁胀满,小腹刺痛或胀痛,腹部拒按等。

带下

身体健康的女性阴道内有少量白色无臭味的分泌物,以滑润阴道壁黏膜,月经前后、排卵期及妊娠期量较多,而并无其他不适症状者,为生理性白带。但如果分泌物异常增多,或杂有其他色泽者,或黏稠如胶液,或稀薄如水状,秽臭,并伴有瘙痒、灼热痛等局部刺激症状,以及腰酸腿软、小腹胀痛时,即可确诊为带下病。白带异常是生殖器官疾病的一种信号,如患有滴虫性阴道炎、霉菌性阴道炎、子宫颈的炎症、息肉或癌变、子宫内膜炎、淋病等疾病时,白带可出现异常现象。

中医学认为,导致本病的发生,多与脾虚、肾虚、肝郁及湿毒等因素相关。

1.脾虚:带下色白质薄,无臭味,面色晄白,神疲乏力,纳少,小腹坠胀,大便溏薄,下肢水肿,舌质淡,苔薄腻,脉象缓弱。治宜健脾益气,除湿止带。

2.肾虚:肾阴虚者,则带下量多,呈黄色或赤白相兼,阴部瘙痒,心烦易怒,头晕目眩,耳鸣心慌,失眠,易出血及腰痛,舌质红、少苔,脉细数或弦数,治宜滋阴补肾,清热泻火;肾阳虚者,则带下量多,质稀薄,终日不断,小腹冷,腰酸如折,脉沉迟,治宜温肾壮阳,收敛止带。

3.肝郁:肝郁化火,则带下色赤,或赤白相兼,质黏稠臭味大,淋漓不断,月经先后无定期,烦躁易怒,胸胁胀满,口苦咽干,舌质红苔黄,脉弦数。治宜疏肝解郁,化湿止带。

4.湿毒:带下量多,色黄黏稠,呈泡沫状,臭味,阴部瘙痒,尿短赤,口苦咽干,舌质红、苔黄,脉滑数。治宜清热解毒,活血止带。

◎鳖甲酒

【配方】鳖甲 9 克,黄酒 30 毫升。

【制法】将鳖甲焙黄后研为细末,以黄酒送服。每日 2 剂。

【功用】补肾养阴。

【主治】肾虚带下,因早婚或分娩次数过多而损伤肾气之带下量多,淋漓不断,腰胀等。

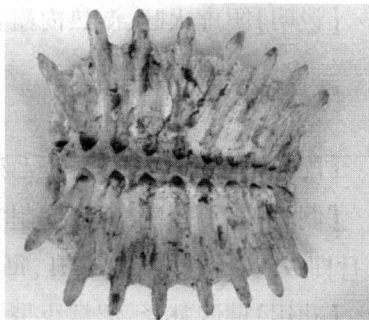

鳖甲

◎木槿皮酒

【配方】木槿皮 120 克,白酒 1500 毫升。

【制法】将木槿皮洗净,晾干,切碎,浸入白酒内,隔水炖沸 30 分钟,候冷,密封贮存,每日摇荡 1 次,5 日后滤取酒液即成。每服 10 毫升,每日 2 次。

【功用】清热利湿止带。

【主治】适用于赤白带下。

◎扶桑花酒

【配方】扶桑花 100 克,白酒 500 毫升。

【制法】做米饭时,将扶桑花放在饭上蒸熟,取出晒干,放入白酒中密闭浸泡,7日后即成。每服10毫升,每日2次,温开水调服。

【功用】清肺化痰,凉血解毒。

【主治】赤白带下。

◎水陆二仙酒

【配方】金樱子、芡实各120克,米酒2500毫升。

【制法】将金樱子、芡实洗净,晒干,捣碎,用纱布袋包好,放入酒坛内,加入米酒,密封坛口,隔水炖沸1小时,候冷,置阴凉处贮存,每日摇荡1次,7日后即成。每服50毫升,每日2次。

【功用】益气补元。

【主治】适用于白浊带下。

【说明】阴虚火旺、湿热内蕴者忌服。

◎刺梨根酒

【配方】刺梨根250克,金毛狗脊120克,白酒1000毫升。

【制法】将上药洗净晾干,制为粗末,浸入白酒内,密封,每日摇荡1次,7~10日即成。每服20~25毫升,每日2次。

【功用】健脾补肾,涩精止带。

【主治】适用于赤白带下。

崩漏

崩漏是妇女不在行经期间阴道出血的总称。临床以阴道出血为其主要症状。若出血量多而来势凶猛者,称"血崩"或"崩下";若出血量少,但持续不断的,称为"漏下"。本病多发生在青春期及更年期。现代医学中的功能性子宫出血、女性生殖器炎症和肿瘤等所出现的阴道出血症,皆属崩漏的范围。本处着重介绍功能性子宫出血的病因、症状及治疗方法。

功能性子宫出血的特征,表现为两种形式:

1.规则性出血,经期延长量多;

2.不规则出血,量多或淋漓出血,时间长短不一,长期出血者可致贫血。

中医学认为,本病的发生,主要与肝、脾、肾三脏有关。①肝:精神刺激,使肝郁气滞,郁久化热,热盛迫血妄行。②脾:思虑伤脾或饮食不节损伤脾气,脾虚不能统血,营血外溢引起。亦有由于平素阳盛血热,饮食不节,脾不运湿,湿从热化,湿热内蕴,血热妄行而引起的。③肾:为先天之本,肾气不足,或大病久病耗伤阴血,而致肝肾阴虚,冲任不能固摄而出血。

中医学将功能性子宫出血分为四种类型,并针对不同病因辨证施治。

1.肝郁血热(多见于青春期功能性子宫出血或发病初期):经前胸胁胀痛,性情急躁,头晕头痛,口干,尿黄,大便干结,月经量多,色红或深红,黏稠有块,舌质红,苔薄白,脉弦滑稍数。治宜平肝解郁,清热凉血。

2.脾不统血(多见于出血日久患者):头晕目眩,面色苍白,下肢水肿,食欲减退,便溏,心跳,失眠,月经量多,色淡质稀,舌质淡,苔薄白,脉细缓。治宜健脾益气,固摄冲任。

3.湿热内蕴(多见于功能性子宫出血合并盆腔炎):下腹灼热,尿黄尿频,白带黄稠有恶臭味,月经量多,色紫红,舌红,苔黄腻,脉滑数。治宜清热利湿,凉血止血。

4.肝肾阴虚:头晕,眼干涩,视物不清,手足心热,腰酸痛,腿酸软,肩背酸沉,记忆力减退,尿频急,舌红或正常,脉弦细。治宜滋补肝肾,固护冲任。

◎蚕茧酒

【配方】蚕茧 60 克,黄酒适量。

【制法】将蚕茧研为细末,每取 3 克,以 20~30 毫升热黄酒调服。每日 2~3 次。

【功用】活血散瘀。

【主治】适用于血瘀崩漏。因瘀血内阻,冲任失调所致的小腹疼痛,拒按,淋漓涩滞不止,有血块等。

◎滋阴养血酒

【配方】鲜生地黄 10000 克,米酒 1500 毫升。

【制法】将生地黄洗净晾干,捣烂取汁,与米酒和匀,放入瓷器中,隔水炖沸 2~3 分钟,候冷,贮瓶备用。每服 20~30 毫升,每日 2 次,温饮。

【功用】养阴生津,清热凉血。

【主治】适用于妇女崩漏,阴虚低热,心慌不安,以及吐血,便血,衄血等。

中华酒典

◎槐花酒

【配方】槐花 120 克,黄酒适量。

【制法】将槐花焙焦,研为细末,每服 15 克,以黄酒 30 毫升送服,每日 1 次。

【功用】清热凉血,止血调经。

【主治】适用于崩漏下血不止。因愤怒过度,或阴虚内热所致的出血量多,色深红色或紫红色。

胎动不安

妇女妊娠后若出现少量阴道出血,量比月经少,呈鲜红色、粉红色或深褐色,妊娠反应继续存在,并有时伴有轻微下腹痛、腰酸及下坠感等症状,称为胎动不安。

中医学认为,本病是由于冲任不固,不能摄血养胎所致。病因虽为冲任不固,但又有气虚、血虚、肾虚、血热及外伤等之别。治疗原则以安胎为主,并根据病症的不同分别采用固肾、调气养血、清热等方法。经过治疗,若出血被迅速控制,腹痛消失,可以继续妊娠。若出血持续不断,量多,并且腰酸、腹痛加重,则已发展至堕胎或小产,当急以去胎益母,按流产处理。

◎黄酒煮蛋黄

【配方】黄酒(以陈酿为佳)500 毫升,鸡蛋黄 14 个。

【制法】将黄酒、鸡蛋黄共入砂锅内,文火炖至黏稠时离火,待冷后贮存备用。每服 15~20 克,每日 2 次,以开水冲服。

【功用】滋阴润燥,养血安胎。

【主治】用于治胎动不安、胎漏下血。

◎蛋黄阿胶酒

【配方】鸡蛋黄 4 枚,阿胶 20 克,食盐少许,米酒 500 毫升。

【制法】将米酒放入砂锅内,煮沸后加入阿胶,搅拌均匀,溶化后再入鸡蛋黄和食盐,拌匀,再煮 5~7 沸,离火,候冷,装瓶即成。每服 30~50 毫升,每日 2 次。

【功用】补虚养血,滋阴润燥,止血息风。

【主治】适用于体虚乏力,血虚萎黄,虚劳咳嗽,胎动不安,胎漏下血,崩漏,子宫出血等。

◎归胶参芎酒

【配方】当归、阿胶、人参、川芎各 15 克,大枣 6 枚,艾叶 6 克,白酒 250 毫升。

【制法】将阿胶捣碎,备用。其余药物与白酒一同放入砂锅内,加水 250 毫升,文火煎至 1 半,去渣,加入烊化后的阿胶,搅拌均匀即成。每服 20~40 毫升,每日 3 次。

【功用】益气活血安胎。

【主治】适用于妊娠中期,因惊吓或劳累所致的胎动不安,伴见阴道出血,小腹疼痛,小便疼痛等。

难产

孕妇产道狭窄、子宫收缩无力和胎位或胎儿异常,均可以引起难产。出现难产时应对引起难产的原因作相适宜的治疗,亦可参考下述酒剂。

◎蛋黄酒

【配方】鸡蛋黄 1 枚,苦酒 30~50 毫升。

【制法】将鸡蛋黄放入苦酒中,搅拌均匀,1 次服下。

【功用】催产。

【主治】二三日不产。

◎加味龟甲酒

【配方】龟甲(煅烧存性,研末)18 克,川芎、当归、血余炭各 9 克,米酒 200 毫升。

【制法】将上药共研细末,过筛,放入碗中,以米酒冲和即成。1 次服下。如不愈,可再制再服。

【功用】活血化瘀。

【主治】适用于难产,矮小女子交骨不开。

产后缺乳

一般情况下,分娩后 2~3 天产妇即有乳汁分泌,此时量少为正常现象。但如果 2~3 天后乳房虽胀,而乳汁却很少或乳房不胀,而乳汁点滴皆无,出现这种症状即为产后缺乳。产后缺乳可因精神抑郁,睡眠不足,营养不良,哺乳方法不当等所致。

中医学认为,产后缺乳可分为虚实两种,虚者气血虚弱,或脾胃虚弱,或分娩时失血过多,致使气血不足,影响乳汁分泌;实者肝郁气滞,气机不畅,脉道阻滞,致使乳汁运行受阻。

1.气血虚弱:产后乳汁分泌少,面色苍白,纳少,气短,乏力,便溏,乳房柔软而无胀痛,舌淡少苔,脉虚细。治宜补气养血,佐以通乳。

2.肝郁气滞血瘀:产后乳汁不行,乳房胀满,疼痛或有肿块,食少,胸闷,呃逆,便干,舌红、苔薄黄,脉弦滑。治宜疏肝活血通络。

◎花生红糖酒

【配方】花生 60 克,红糖 30 克,黄酒 30 毫升。

【制法】先将花生洗净,入锅煮至水色发白,再入红糖、黄酒,稍煮即可饮服。每日 1 剂。

【功用】益气通乳。

【主治】用于治产后缺乳。

◎鲤鱼头酒

【配方】鲤鱼头 500 克,黄酒 500 毫升。

【制法】将鱼头洗净,放在瓦上烧成灰,研为细末,与黄酒同煮数沸,滤取酒液即成。每服 20~30 毫升,每日 3 次。

【功用】通乳。

【主治】适用于产后乳汁不下。

◎王瓜酒

【配方】王瓜 60 克,黄酒 100 毫升。

【制法】将王瓜洗净切片,与黄酒同入砂锅内,文火煎沸 5~7 分钟,1 次服下。

【功用】通乳。

【主治】适用于产后乳汁不下。

◎猪七星酒

【配方】猪七星、黑芝麻各30克,黄酒500毫升。

【制法】将猪七星洗净切碎,以黄酒煎至300毫升,去渣,加入黑芝麻(先炒香,研细),搅拌均匀即成。每服30~50毫升,每日2次。

【功用】滋养生乳。

【主治】适用于产后乳汁不下。

◎催乳酒

【配方】猪蹄(熟炙切细)2只,通草(洗净切碎)30克,米酒500毫升。

【制法】将猪蹄、通草浸入米酒内,密封3~5日即成。每服30~50毫升,每日2~3次,喝酒吃猪蹄。

【功用】催乳。

【主治】适用于产后无乳。

产后腹痛

产妇分娩后出现的下腹疼痛或脘腹疼痛,称为产后腹痛。一般情况下,经产妇症状较初产妇为重,3~4天后疼痛可逐渐消失。如果疼痛严重,则需治疗。临床所见,本病患者或腹部疼痛剧烈,拒按,有结块,恶露不下等,此为瘀血阻在子宫所致;或腹痛并伴有冷感,得热则痛感减轻,恶露量少、色紫、有块等,此为寒气入宫、气血阻塞所致。根据中医"不通则痛"的原则,可以认为本病的原因在于气血运行不畅,治疗原则以调畅气血为主,虚者益气补血,实者活血散寒。

◎鱼腥草酒

【配方】鱼腥草20克,黄酒100毫升。

【制法】将鱼腥草、黄酒共入砂锅内,文火炖沸5分钟,去渣,1次服下。

【功用】祛瘀血,散热毒。

【主治】适用于产后血瘀所致的小腹刺痛,按之则恶露极少,面色紫暗等。

◎芹菜籽酒

【配方】芹菜籽 100 克,黄酒 1000 毫升。

【制法】将芹菜籽用纱布包好,浸入黄酒内,密封,每日摇荡 1 次,7~10 日即成。每服 20 毫升,每日 2 次,温服。

【功用】固肾止血,健脾暖胃。

【主治】适用于产后脘腹寒痛等。

◎红兰花酒

【配方】红兰花 20 克,白酒 200 毫升。

【制法】将红兰花、白酒共入砂锅内,隔水煮 5~7 分钟,去渣,候温饮服。每服 50 毫升,不愈再服。

【功用】行血,消肿,止痛。

【主治】适用于因风寒所致的腹中疼痛。

鱼腥草

产后痛风

妇女产褥期间,出现肢体、腰膝、关节疼痛、酸楚麻木重着者,称为"产后痛风",又称"产后身痛"。本病属于中医"痹证"范畴。

中医学认为,本病的病因为产后多虚多瘀,如因血瘀,筋脉失养,或气虚卫阳不固,外邪侵入经络,或瘀血阻滞脉络,或产时耗伤肾气等均可导致本病的发生。本病的治疗原则以扶正祛邪、补血为主。适当佐以祛风、散寒或除湿、通络。

◎黑豆红枣酒

【配方】黑豆 250 克,红枣 30 克,黄酒 600 毫升。

【制法】将黑豆炒熟,捣碎研末,红枣洗净后晾干,同浸入黄酒内,密封贮存,7~10 日即成。每服 25 毫升,每日 2 次。

【功用】益气养血止痛。

【主治】适用于气血虚弱所致的产后痛风。

◎双活人参酒

【配方】独活45克,羌活30克,人参20克,白鲜皮15克,黄酒适量。

【制法】将独活、羌活去芦头,与另2味研细末,每取10克,放入砂锅内,加入黄酒120毫升,清水300毫升,文火煎沸15~20分钟,去渣即成。每日2次,温服。

【功用】祛风解痉,补虚清热。

【主治】适用于产后痛风、体热头痛、困乏多汗等。

产后便秘

产后便秘多因产时或产后失血过多,津液不足,阴液不能润肠,致使肠燥便干所引发。

产后因津液不足之便燥,极为常见,轻者不必服药,饮食调治即可。若日久不通或便时艰涩过甚,则应配合服药。

◎麻仁酒

【配方】火麻仁250克,米酒500毫升。

【制法】将火麻仁捣烂,浸入米酒内,密封,每日摇荡,3日后滤取酒液即成。每服30毫升,每日2次。

【功用】润肠通便。

【主治】适用于老人或产后津伤血虚所致的大便干结。

产后体虚

产后体虚乃由于妇女平素体虚,或孕后营养不良、产时出血过多、产后过早操劳以及哺乳等因素所致。本症患者除注意合理饮食、增加营养之外,尚应保持情志舒畅,避免过度刺激。中医学认为,本症的治疗原则以调理机体、补益为主。本症有气虚、血虚、阴虚、阳虚及脾胃虚弱、肝肾不足之别,应根据病症的不同辨证施治。

◎糯米甜酒

【配方】糯米4000克,冰糖500克,黄酒2000毫升,酒曲适量。

【制法】将糯米淘洗干净,蒸成米饭,取出摊开降温待温度降至 40~50℃时,撒入酒曲粉,装入酒坛,密封口,置于温暖处,5 日后加入黄酒及冰糖,搅拌均匀,再封坛口,3 日后即成。每服 50~200 毫升,每日 1 次。

【功用】温中益气,补气养颜。

【主治】适用于产后虚弱、面色不华、自汗,或平素体质虚弱、头目眩晕、面色萎黄、少气乏力及中虚胃病、便溏等。

子宫脱垂

子宫脱垂,指子宫位置低于正常,轻者子宫颈仍在阴道内,重者子宫全部脱出阴道外,主要原因是支托子宫的韧带、肌肉、筋膜松弛所致。产时宫口未开全而过早用力、产伤未及时修补、产后过早参加重体力劳动,老年性组织萎缩和长期腹腔压力增加(如慢性咳嗽等),都能引起子宫脱垂。

中医认为:本病发生,主要是由于中气不足或肾气亏损,冲任不固,带脉失约所致。如《妇人良方大全》云:"妇人阴挺下脱,或因胞络伤损,或因子脏寒虚冷,或因分娩用力所致。"此外,慢性咳嗽、便秘、年老体衰等,也易发生。

临床根据子宫脱垂程度,分为三度。

第一度:子宫颈下垂到坐骨棘水平以下,但不超越阴道口。

第二度:子宫及部分子宫体脱出于阴道口外。

第三度:整个子宫体脱出于阴道口外。

◎月季花红酒

【配方】月季花 30 克,红酒 500 毫升。

【制法】将月季花放入红酒中,隔水炖沸,候温,贮瓶备用。每服 30~50 毫升,每日 2 次,空腹服用。

【功用】治血调经,消肿解毒。

【主治】产后子宫脱垂。

外科疾病

痈

痈是发生于皮肤和皮下组织的化脓性炎症,是由金黄色葡萄球菌引起的多个相邻毛囊和皮脂腺的急性化脓性感染。痈为多头疖,常发生于颈项、背、腰等处,因而有颈痈、背痈、腰痈之称。本病多见于成年人,糖尿病患者尤为易发。

本病初起局部皮肤肿胀不适,表面有粟状脓头,继而脓头变多,疼痛剧烈,逐渐向外扩大,形成蜂窝,色红紫,最后中心坏死,并向深处发展,流出稠厚黄白色脓液。如脓栓、坏死组织脱净,可逐渐愈合。常伴有发热、恶寒、头痛、乏力、食欲减退等全身症状。

中医学认为,本病多因湿热火毒内蕴,复感毒热之邪,而致毒热壅阻经络,气血凝滞、壅塞不通、红肿灼痛。一般多由于过食膏粱厚味,湿热毒火内生;或因肾水亏损,阴虚火旺,复感外邪而发病。故中年、老年及糖尿病患者较易患上本病。

◎金银花甘草酒

【配方】金银花 150 克,甘草 30 克,黄酒 250 毫升。

【制法】将金银花、甘草放入砂锅内,加水 500 毫升煎至 250 毫升,去渣,加入黄酒,煎沸即成。每日 1 剂,3 次分服。药渣外敷患处。

【功用】解毒消痈。

【主治】适用于痈疽恶疮,肺痈、肠痈初起等。

金银花

◎银花陈皮酒

【配方】金银花、陈皮各 9 克,没药、乳香、天花粉、穿山甲(炙)、皂角刺(炒)、甘草、当归、赤芍、防风、浙贝母、白芷各 3 克,黄酒 1000 毫升。

【制法】将上药与黄酒共入砂锅内,文火煎至 500 毫升,滤取酒液即成。每取酒液适量饮服,以不醉为度,每日 2~3 次。

中华酒典

【功用】清热解毒,消肿溃坚,活血止痛。

【主治】适用于疮痈肿毒初起,局部红肿热痛。

◎必效酒

【配方】大蒜250克,黄酒500毫升。

【制法】将大蒜去皮,捣烂,与黄酒一同放入砂锅内,文火煎沸3~5分钟,候冷,装瓶备用。每服30毫升,每日2~3次,服后以取微汗尤佳。

【功用】解痉祛风。

【主治】适用于疮疡受风所致的痉挛。

疣

疣,俗称"猴子",为皮肤骤然出现米粒大的扁平隆起,呈浅褐色或正常皮色,好发于颜面及手背处,常对称出现。本病有扁平疣、寻常疣两种类型。

◎造酒生发方

【配方】生地黄120克,当归60克,小红枣肉90克,赤白何首乌各500克,生姜汁120毫升,麦冬30克,核桃肉90克,枸杞子60克,莲子肉90克,蜂蜜90克,糯米1000克,酒曲适量。

【制法】先将糯米蒸成黏饭,拌入酒曲,盛于酒坛,酿制7日后,至有酒浆;将何首乌用水煎煮,生地以酒洗净,再用煎煮何首乌的药液煮地黄至水渐干时,加入生姜汁,再以文火煮至水尽,取出地黄捣烂;将捣烂的地黄均匀地调入前已制备的酒槽中,3日后滤取酒液,再将何首乌等诸药一同用纱布袋包好,浸入酒内,密封,隔水煮沸90分钟,候冷,埋入土中以去火毒,3日后取出即成。每服20~30毫升,每日3次。

【功用】补益肝肾,养血益精,乌须黑发,强壮筋骨。

【主治】适用于肝肾亏损、精血不足所致的须发早脱,面色萎黄,腰酸无力,便秘等。

◎侧柏叶酒

【配方】侧柏叶30克,60度白酒500毫升。

【制法】将侧柏叶洗净沥干,切碎,浸入白酒内,密封,每日摇荡1次,7日后去渣即成。外用涂搽患处,每日 3 次。

【功用】清热凉血,祛风生发。

【主治】脱发,脂溢性皮炎等。

跌打损伤

跌打损伤是指由于意外的碰、磕、挤、压、擦、砸或锐器伤等所造成的皮肤肌肉损伤,对于伤势严重者,如内外出血,或疑有骨折者,应及时止血、包扎固定,并迅速送往医院救治。同时,患者还可以根据自身的伤情选用下述酒剂。

◎续筋接骨酒

【配方】透骨草 10 克,大黄 10 克,当归 10 克,白芍 10 克,丹皮 5 克,生地 15 克,土狗 10 克,土虱 30 克,红花 10 克,自然铜末 3 克,好酒 350 毫升。

【制法】将土狗槌碎,再将上药中除自然铜末外,共制为粗末,以好酒 350 毫升煎至 175 毫升,取汁,候温备用。将药酒分成 3 份,每日用 1 份药酒送服铜末 1 克。

【功用】接骨续筋,止痛。

【主治】跌伤。

【注意】孕妇忌服。

◎玫瑰红花酒

【配方】玫瑰花、红花各 15 克,60 度白酒 500 毫升。

【制法】将玫瑰花、红花浸入白酒内,密闭贮存,经常摇荡,15 日后即成。每服 20~30 毫升,每日 2 次,温服同时以棉球蘸药酒涂搽患处,令局部有热感。

【功用】活血行瘀,止痛。

【主治】跌打损伤之瘀血疼痛。

◎山茶花酒

【配方】山茶花 15 克,黄酒 50 毫升。

【制法】将山茶花、黄酒共置钵内,加水适量,隔水炖沸,候温饮用。每日 1~2 剂。

【功用】凉血,止血,散瘀,消肿。

中华酒典

【主治】跌打损伤,瘀血肿痛。

◎杜鹃花酒

【配方】杜鹃花 20 克,黄酒 100 毫升。

【制法】将杜鹃花放入黄酒中,隔水炖沸,趁温饮用。每日 1 剂。

【功用】和血止血。

【主治】跌打损伤。

◎消肿止血酒

【配方】延胡索、刘寄奴、骨碎补各 80 克,白酒 1350 毫升。

【制法】将上药共制粗末,浸入白酒内,密封,每日摇荡 1 次,15 日后即成,每服 15 毫升,每日 2 次。

【功用】消肿定痛,止血续筋。

【主治】适用于跌打损伤,瘀血肿痛。

◎地椒酒

【配方】地椒 60 克,白酒 500 毫升。

【制法】将地椒浸入白酒内,密封,每日摇荡 1 次,3 日后即成。每服 30 毫升,每日 2 次。

【功用】祛风散寒,活络止痛。

【主治】适用于外伤周身疼痛。

◎三七红花酒

【配方】参三七、红花、川芎、乌药、乳香、防风、干姜、肉桂、姜黄、生地黄、当归身、落得打、五加皮、川牛膝、牡丹皮、延胡索、海桐皮各 15 克,好白酒 2500 毫升。

【制法】将上药制为粗末,用纱布袋包好,放入酒坛内,加入白酒,隔水煮沸 1 小时,候冷,密封贮存,5 日后即可饮用。每服 20~30 毫升,每日 2 次。

【功用】行气活血,消肿止痛。

【主治】适用于跌打损伤,气滞血瘀,筋骨疼痛等。

◎金雀花酒

【配方】金雀花 10 克,黄酒 100 毫升。

【制法】将金雀花放入黄酒内,隔水炖沸,候温饮服。每日 1 剂,早晚分服。

【功用】滋阴,和血,祛风,健脾。

【主治】跌打损伤,劳热咳嗽,带下等。

◎桃仁生地酒

【配方】桃仁 30 克,生地黄汁 500 毫升,白酒 500 毫升。

【制法】将桃仁去皮、尖,捣烂如泥,备用。生地黄汁、白酒共入砂锅内,煮沸后下入桃仁泥,再煮沸 2~3 分钟,滤取酒液即成。每服 20~30 毫升,每日数次,不拘时,温服。

桃仁

【功用】疏通脉络,活血祛瘀。

【主治】跌打损伤筋脉。

骨折

骨折一般是由外伤所致,有闭合性骨折和开放性骨折两种类型。现场急救处理以局部固定为主,如有伤口,应以消毒纱布或干净布覆盖并加压包扎。治疗原则有复位、固定和功能锻炼三个方面。本病患者可同时选用下述酒剂,以利于病体的康复。

◎骨碎补酒配方

【配方】骨碎补 60 克,黄酒 500 毫升。

【制法】将骨碎补浸入黄酒中,密封贮存,7 日后即成。每服 30 毫升,每日 2 次。

【功用】补骨,治折伤。

【主治】骨折,跌打损伤等。药渣晒干,研末外敷患处,可接骨续断。

◎鸡血酒

【配方】鸡血 120 克,白酒 500 毫升。

【制法】将鸡血、白酒共置干净器皿中,用竹筷搅拌均匀,密封,置阴凉处贮存,24 小时后即成。每服 20~30 毫升,每日 2 次。

【功用】补血活血,祛风通络。

【主治】适用于跌打损伤,筋骨折伤等。

◎接骨续筋酒

【配方】没药、地龙、降香、桑枝、白芷、苏木、土鳖、乳香各 32 克,黄酒 2500 毫升。

【制法】将上药共制细末,浸入黄酒内,密封,每日摇荡 1 次,5 日后滤取酒液即成。每于晚上睡前温服 10~15 毫升。

【功用】接骨续筋,消肿止痛。

【主治】骨折。

疝气

本病是指体腔内容物向外突出的病症。又称"小肠气""小肠气痛"等。多伴有气痛症状。中医学认为,疝气的病因主要是由于感受寒邪及肝气郁结,气机不畅,或小儿先天不足,年老气血虚弱,妇女多孕产后气虚下陷,升提失职所导致。

疝气的主要临床表现为:站立、劳累或剧咳后腹股沟部出现肿块,并可伴有腹胀痛、坠痛等不适感。中医学将本病分为寒湿内盛、肝气郁滞和气虚下陷三种类型,辨证施治。

◎桂姜黄酒

【配方】桂心 100 克,生姜 60 克,吴茱萸 30 克,白酒或黄酒 200 毫升。

【制法】将上药共制细末,与酒一同放入砂锅内,隔水炖沸,酒剩余一半时,去渣即成。每日 1 剂,3 次分服。

【功用】温中散寒,止痛。

【主治】适用于腹股沟疝之腹痛。

【注意】服药期间忌食生姜。

◎丁香煮酒

【配方】丁香3粒,黄酒50毫升。

【制法】将丁香、黄酒共置碗内,上笼蒸沸10分钟即成。趁热1次服下。

【功用】温中,暖肾,降逆。

【主治】适用于疝气,腹胀,感寒性腹痛,吐泻反胃等。

◎茴香酒

【配方】小茴香120克,黄酒500毫升。

【制法】将小茴香炒黄,放入砂锅内,加入黄酒煮数沸,候凉,装瓶备用。每于饭前温饮1~2杯,每日3次。

【功用】散寒止痛,开胃进食。

【主治】寒疝,症见小腹胀痛,牵引睾丸,阴囊硬结,喜暖喜按等。本酒亦适用于妇女带下,脘腹疼痛胀闷,不思饮食,呕吐等。

【说明】忌食生冷油腻。

痔疮

痔疮是痔静脉曲张所引发的肛门疾病。根据发病的部位,可分为内痔、外痔及混合痔三种。内痔发生于肛门齿线以上,由内痔静脉丛曲张形成,表面为黏膜,易于出血。外痔由外痔静脉丛曲张形成,发生于肛门齿线以下,表面为皮肤。混合痔发生在齿线上下,有内痔和外痔同一部位存在。

痔疮的发生多与便秘、过食辛辣刺激性食物、久泻、久坐、久蹲、腹内肿物、妊娠、前列腺肥大、肝病等因素密切相关。内痔的早期多无明显的自觉症状,以后逐渐出现便血、内痔脱出、肛门痛痒等症状,血为鲜红色,不与粪便相混。单纯性外痔可无明显感觉,有时肛门处有异物感,检查时可见肛缘处有圆形或椭圆形隆起,触处有弹性,无压痛。

中医学认为,本病多因饮食不节、过食辛辣、久泻等,造成湿热下注,气血不畅,脉络阻滞所致。治宜清热利湿,活血化瘀,凉血止血。

◎茄子酒

【配方】大茄子 1 枚,黄酒 750 毫升。

【制法】选用成熟之大茄子,用湿纸包裹,于灰火中煨熟后取出,再入酒坛内,趁热加入黄酒,密封坛口,浸泡 3 日后去渣即成。空腹随量温服。连服 3 剂为 1 个疗程。

【功用】清热解毒,活血化瘀,祛风通络。

【主治】适用于久痔之大便出血。

◎地瓜藤酒

【配方】地瓜藤 25 克,白酒 500 毫升。

【制法】将地瓜藤切碎,浸入白酒内,密封,5~7 日即成。每服 30 毫升,每日 2 次。

【功用】清热除湿,行气活血。

【主治】适用于痔疮,腹泻,黄疸,消化不良,白带增多等。

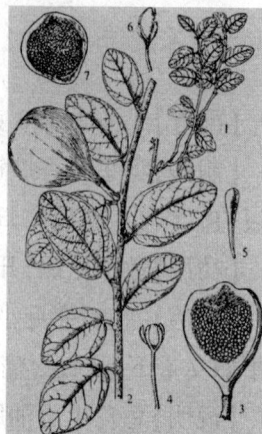

地瓜藤

◎血三七酒

【配方】血三七(红三七)100 克,白酒 1000 毫升。

【制法】将血三七浸入白酒内,密封,每日摇荡 1 次,7 日后即可饮用。每服 20~25 毫升,每晚睡前 1 次。

【功用】活血通络,祛瘀止痛。

【主治】痔疮。

烧烫伤

烧烫伤是由火焰、热水、蒸汽、放射能、电能或化学物质等灼伤皮表而造成的损伤。重症患者应及时送医院救治,一般的可酌选下述酒剂。

◎鸡蛋清酒

【配方】鸡蛋清 3 个,白酒 10 毫升。

【制法】将鸡蛋清与白酒共置瓷器内,搅匀,加温水少许,隔水炖至半熟,搅如糊状,候冷即成。每取适量涂搽患处,每日 2~3 次。

【功用】消肿止痛。

【主治】适用于烧伤、烫伤等。

冻疮

冻疮是冬季里常见的皮肤病,好发于四肢远端,以手背及手指伸侧、足缘及足趾伸侧、下肢、面颊、耳廓等处多见。患者可自觉局部有胀痛感,瘙痒,遇热后更甚,溃烂后疼痛。

中医学认为,本病是由于暴露部位御寒不够、寒邪侵犯、气血凝滞所致。另外,也与患者体质素虚不耐风寒及少动久坐、过度劳累等因素有关。

◎姜椒酒

【配方】鲜生姜、花椒各 100 克,95% 酒精 300 毫升。

【制法】将生姜洗净切片,与花椒一同浸入酒精内,密封,每日摇荡 1 次,3~5 日即成。每日 2~3 次以药棉蘸取药液涂搽患处。

【功用】温经散寒。

【主治】冻疮。

◎生姜酒

【配方】鲜生姜 240 克,白酒 300 毫升。

【制法】将生姜洗净捣烂,浸入白酒内,密封,每日摇荡 1 次,5 日后即成。每日 3~5 次用药棉蘸取药酒涂擦患处。同时也可内服,每次 10~15 毫升,每日 2 次。

【功用】温经通络。

【主治】适用于冻疮,斑秃。

◎红花干姜酒

【配方】红花、干姜各 18 克、制附子 12 克,徐长卿 15 克,肉桂 9 克,60 度白酒 1000 毫升。

【制法】将上药共制粗末,浸入白酒内,密封,每日摇荡 1 次。7 日后即成。每服 10~15 毫升,每日 2~4 次。一般 1 剂即可痊愈。

【功用】温经散寒,活血通络。

【主治】防治冻疮。

乳腺炎

乳腺炎以初产妇为多见,常因乳头皲裂、畸形、内陷和乳汁郁积而诱发。致病菌主要为金黄色葡萄球菌或链球菌。如果炎症得不到及时治疗或控制,易形成乳房脓肿。中医学称之为"乳痈"。

急性乳腺炎在临床上主要表现为:畏寒、发热等全身性症状;乳腺肿胀疼痛,肿块界限不清,触痛明显。皮肤表面发红,肿胀明显时,腋下可扪及肿大淋巴结,如脓肿形成时,乳头可排出脓液。

中医学认为,本病多因情志影响,急怒忧郁,肝气不舒,以致乳汁排泌不畅,气滞血瘀,壅聚肿硬。或因产后饮食不节,过食腥荤厚味,胃肠热盛,复感毒热之邪,毒热壅阻而成痈,热盛肉腐而成脓。

肝郁、胃热是乳腺炎发病的内在根据。由于肝郁和胃热,再感受毒热外邪,毒热壅盛,瘀滞的乳汁被腐,逐渐扩散而发病。

1.初期:发热恶寒,乳房胀痛肿硬,或有轻度水肿及压痛,尚无明显波动,伴有发烧,口干口渴,大便干燥,脉数。治宜清热解毒,理气活血。

2.脓肿期:肿块增大,疼痛加重,乳房胀满,皮色掀红,壮热不退,时有寒战,口渴喜饮,舌红苔黄腻,脉弦数。如局部触摸有波动感,为脓已形成。治宜清热解毒,活血透脓。

3.破溃期:脓肿日久,张力较大,自行破溃或手术切开后,毒随脓泄,肿消痛减,热势渐退,疲乏无力,时有低热,食欲不振,舌胖偏淡、苔白或少苔,脉细数。如脓出不畅,肿痛不减,热势不退,仍以脓肿期治法治之。也可见肿消缓慢,或溃脓清稀,久不收口者。治宜补益气血,扶正托毒。

◎蒲公英酒

【配方】鲜蒲公英50克,黄酒30毫升。

【制法】将蒲公英洗净晾干,捣烂取汁,兑入黄酒调匀饮服。每日1~2剂。同时可用蒲公英渣外敷患处。

【功用】清热解毒,消肿散结。

【主治】适用于乳腺炎、乳房肿痛。

◎橙汁酒

【配方】鲜橙汁 100 毫升,米酒 15~20 毫升。

【制法】将米酒兑入橙汁内,调匀即成。每日 1 剂,2 次分服。

【功用】行气止痛。

【主治】急性乳腺炎早期,症见妇女哺乳期乳汁排出不畅,乳房红肿,硬结疼痛等。

◎白果仁酒

【配方】白果仁 400 克,白酒 500 毫升。

【制法】将白果仁研为细末,每取 10 克,以白酒 15 毫升冲服,每日 2 次。同时取药末 20 克,以低度白酒调敷患处,每日 1 次。

【功用】消炎,收敛。

【主治】适用于乳腺炎患处溃烂。

◎红糖酒

【配方】红糖 50 克,白酒 30 毫升。

【制法】将红糖、白酒共置瓷器内,隔水煮成糊状(边煮边搅拌),每取适量贴敷乳头,每日 3 次。

【功用】润肤,和血,止痛。

【主治】产后乳头皲裂生疮疼痛难忍。

◎露蜂房酒

【配方】露蜂房 150 克,黄酒 400 毫升。

【制法】将露蜂房去杂质,制为粗末,入铁锅内文火焙至焦黄,研为细末,加入黄酒调匀即成。每服 30 毫升,每日 3 次。服药前应摇匀酒液。

【功用】活血解毒,消肿排脓。

【主治】乳腺炎。

◎丝瓜络酒

【配方】干丝瓜络 20 克,白酒 20 毫升。

【制法】将丝瓜络放入碗内,点火烧成粉末,加入白酒搅匀即成。1次服下。

【功用】通经活络,清热解毒。

【主治】适用于急性乳腺炎,乳房局部肿痛,乳汁不通,微有恶寒,发热等。

◎牡荆子酒

【配方】牡荆子12克,白酒30~50毫升。

【制法】将牡荆子研为细末,加入白酒及少量温水调匀服下。每日2剂。

【功用】祛风,清热,止痛。

【主治】适用于妇女停乳奶胀等。

虫蛇咬伤

虫蛇咬伤为夏季常见病,主要由蜂、蚊、蝎、蛇等所致。患者局部可见红肿发痒等症状。如为毒蛇咬伤,则可表现为局部剧痛,迅速肿胀,并伴有口渴、恶心、咽喉痛、皮肤湿冷等。中医治疗此类疾病的原则以清热解毒、消肿止痛为主,可取得相当满意的疗效。

◎蜈蚣全蝎酒

【配方】蜈蚣3条,全蝎10克,金钱蛇5克,75%酒精100毫升。

【制法】将上药去杂质,浸入酒精内,密封贮存,7日后即可使用。用时取棉签蘸药酒涂搽患部,每日2~4次。

【功用】活血解毒,消肿止痒。

【主治】适用于夏季各种毒虫、蚊虫咬伤。

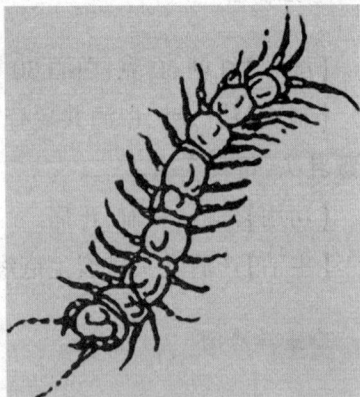

蜈蚣

◎热酒

【配方】白酒50毫升。

【制法】将白酒放入杯内,隔水加热,涂搽患处。每日数次。

【功用】解毒攻邪。

【主治】适用于蜂蜇伤,局部肿疼发痒。

狂犬咬伤

被狂犬咬伤后,可出现伤口疼痛,红肿发热,呼吸困难,全身无力,恐惧等症状。治疗原则以清热解毒,消肿止痛为主。

◎板蓝根酒

【配方】板蓝根 200 克,白酒 250 毫升。

【制法】将板蓝根洗净切碎,与白酒共置砂锅内,隔水炖沸 3~5 分钟即成。每服 30~50 毫升。

【功用】清热解毒,排毒疗伤。

【主治】狂犬咬伤,伤口疼痛,红肿发热,呼吸困难,全身无力,恐惧等。

◎华山矾酒

【配方】华山矾根二层皮 25 克,米酒 60 毫升。

【制法】将华山矾根捣烂取汁,兑入米酒即成。于狂犬咬伤后第一天服 1 剂,以后每隔 1 天服 1 剂,连服 9 剂。

【功用】解表退热,解毒除烦。

【主治】狂犬咬伤。

◎荔枝草酒

【配方】荔枝草 45 克,黄酒 500 毫升。

【制法】将荔枝草洗净切碎,与黄酒共入锅内,文火煎沸至 250 毫升,滤取酒液即成。每服 50 毫升,每日 3 次,服后以出微汗为佳。

【功用】凉血利水,解毒杀虫。

【主治】适用于狂犬咬伤、蛇咬伤及破伤风等。

皮肤科疾病

牛皮癣

牛皮癣又名银屑病,是常见的慢性炎症性皮肤病。基本病损为红色丘疹或斑块,上覆银白色鳞屑。可发生于任何部位,但以四肢和头部较多。任何年龄都可以发病,以青年发病者居多。病程长,经过极为缓慢,夏季减轻或消退,冬季加重。

本病病因目前尚不清楚,但一般认为,可能与遗传、感染、代谢障碍、免疫功能紊乱、内分泌失调及精神因素等有关。此外,外伤、手术、月经、妊娠和食物等可为诱发因素或使皮损加重。

中医学认为,本病多因情志内伤、饮食失节、过食腥发动风的食物,以致脾胃失和,内有蕴热,外受风热毒邪而致。若反复发作,阴血被耗,肌肤失去濡养,气血失和,邪热凝滞于皮肤,致使病情加重。

中医学根据银屑病的临床特点将其分为血热、血燥、血瘀和冲任不调四种类型,但以血热型和血燥型较为常见。

1.血热型:皮疹发生及发展比较迅速,呈鲜红色,且连续不断出现新皮疹,浸润较经,心烦急、口渴、便干、善怒,舌尖红,脉弦滑。治宜清热凉血活血。

2.血燥型:皮疹日久,呈暗红色斑块,有明显浸润,表面鳞屑不多,附着较紧,很少有新疹出现,舌质淡,或有苔,脉沉缓,或细缓。治宜养血润肤,活血通络。

◎首乌穿山甲酒

【配方】何首乌30克,穿山甲、当归身、生地、熟地、蛤蟆各20克,侧柏叶15克,松针、五加皮各30克,川草乌5克,黄酒3000毫升。

【制法】将上药共制粗末,布包,浸入黄酒内,密封贮存,每日摇荡1次,7日后即成。不拘时,空腹随量饮服。

【功用】祛风解毒。

【主治】牛皮癣。

◎葡萄糯米酒

【配方】葡萄干1000克,糯米5000克,酒曲500克。

【制法】将葡萄于去杂洗净,加水煮沸50分钟。将糯米淘洗干净,煮成米饭,与葡萄干连汁一起混合,待温度降至30℃左右时,拌入酒曲,搅拌均匀,置于酒坛内,加盖密封。21日后开封,压去酒糟,滤取酒液即成。每服100毫升,每日3次。

【功用】滋阴养血,活血通络。

【主治】适用于阴血亏虚,不能濡养肌肤所致的牛皮癣。

荨麻疹

荨麻疹是在皮肤上突然出现的暂时性水肿性风团,一般在 24 小时内消退。临床主要表现为:皮肤突然出现风团,形状大小不一,颜色为红色或白色,迅速发生,消退亦快,剧烈瘙痒。患者常有恶心、呕吐、腹痛、腹泻、咽部发紧、声哑、胸闷、呼吸困难等症状,甚至有窒息的危险。

根据临床特点,本病分为急性和慢性两种。

急性荨麻疹多因体质关系,又食鱼、虾、蟹、蛋等荤腥不新鲜食物;或因饮酒;或因内有食滞、邪热,复感风寒、风热之邪;或因平素体健汗出当风,风邪郁于皮肤腠理之间而诱发。也有因为服药、注射药物引起过敏而诱发。

慢性荨麻疹,多因情志不遂,肝郁不舒,郁久化热,伤及阴液,或因有慢性病(如肠寄生虫、肾炎、肝炎、月经不调等)平素体弱,阴血不足;或因皮疹反复发作,经久不愈,气血被耗。在此情况下,复感风邪,以致内不得疏泄,外不得透达,郁于皮肤腠理之间,邪正交争而发病。

1.风热袭肺:发病急,风团色红,灼热剧痒,伴发热、恶寒、咽喉肿痛,或呕吐腹痛,遇热皮疹加重,苔薄黄,脉浮数。治宜辛凉透表,宣肺清热。

2.风寒束表:皮疹色粉白,遇风冷加重,口不渴,或有腹泻,舌淡体胖、苔白,脉浮紧。治宜辛温解表,宣肺散寒。

3.阴血不足:皮疹反复发作,迁延日久,午后或夜间加剧,心烦口干,手足心热,舌红少津或舌淡,脉沉细。治宜滋阴养血,疏散风邪。

◎芝麻黄酒羹

【配方】黑芝麻 40 克,白糖 10 克,黄酒 50 毫升。

【制法】将黑芝麻炒焦,研为极细末,与黄酒同置碗内,搅匀,隔水蒸沸 20 分钟,取出,加入白糖调服。每日晨起空腹 1 次服下,轻者连服 2~3 天,重症者连服 4~5 天。

【功用】补肝益肾,祛风止痒,润肠通便。

【主治】适用于外感风邪或血虚生风所致的荨麻疹。

中华酒典

◎独活当归酒

【配方】独活60克,当归、地肤干、石楠叶各50克,白酒适量。

【制法】将上药共制细末,混匀,每取5~6克,以热白酒冲服,每日3次,空腹服用。

【功用】解毒透疹。

【主治】适用于荨麻疹及过敏性皮疹。

◎大黄防风酒

【配方】大黄1000克,防风500克,白酒1500毫升。

【制法】将上2味捣碎,浸入白酒内,密封贮存,每日摇荡1次,15日后滤取酒液即成。每服15毫升,每日3次。

【功用】活血散风。

【主治】荨麻疹。

【说明】孕妇及脾虚溏泄者忌用。

◎茄根酒

【配方】白茄根100克(干品50克),60℃白酒100毫升。

【制法】将白茄根洗净捣烂浸入白酒内,密封,3日后滤取酒液即成。每服10~15毫升,每日2次。

【功用】抗过敏。

【主治】过敏性荨麻疹。

◎牛蒡蝉蜕酒

【配方】牛蒡子500克,蝉蜕30克,黄酒1500毫升。

【制法】将牛蒡子打碎,与蝉蜕一同浸入酒内,密封贮存,10日后即成。每于饭后饮服30毫升,每日2次。

【功用】散风宣肺,清热解毒。

【主治】适用于风热袭表型荨麻疹,症见风团时消、痒甚或兼咳嗽痒,红肿病痛等。

湿疹

湿疹是一种变态反应性炎症皮肤病,临床比较多见。其主要特点是多形损害、对称分布、自觉瘙痒、反复发作和趋向慢性化等。湿疹的发病原因很复杂,一般认为是由于内在刺激(如病灶感染、消化不良、某些食物过敏、肠寄生虫、服用某些药物等)或外来刺激因素(如寒冷、毛织品、肥皂、花粉、昆虫及某些粉末的接触等)作用于机体而引起的皮肤变态反应性炎症。在日常生活中,人们接触多种刺激因素的机会很多,但是否发生湿疹,主要取决于机体的内在因素,机体敏感性高者易发生湿疹,而过敏体质又与遗传及生活、工作环境等因素有关。

中医学认为,湿疹的发生多因体质关系,或饮食失节,脾失健运,内蕴湿热;或素患他病(如肾炎、肝炎、溃疡病、习惯性便秘等)日久耗伤阴血,在此基础上或过食荤腥及发物;或因接触刺激物(如动物、植物、化学原料等过敏物质);或外感风湿热邪而诱发。

根据湿疹的临床特点和演变过程,可将其分为急性期、亚急性期和慢性期三种。

1.急性湿疹

①热盛型:发病急骤,皮疹为红斑、丘疹,水疱糜烂出水结痂,水肿明显,瘙痒甚剧,灼热感明显,兼有口渴、便干等症。舌尖红,苔薄白或黄,脉弦滑。治宜清热利湿,凉血解毒。

②湿盛期型:发病比较缓慢,皮疹为丘疹、丘疱疹及小水疱,皮肤轻度潮红,有瘙痒,抓后糜烂渗出液较多,伴有纳食不香,身倦等症,舌白或白腻,脉滑或弦滑。治宜健脾利湿,佐以清热。

2.亚急性湿疹:急性湿疹经适当治疗,炎症显著消退后,局部仅呈暗红色斑或小丘疹,无明显全身症状。治宜清热凉血,健脾利湿。

3.慢性湿疹:病程日久,皮肤粗糙变厚,境界清楚,有明显瘙痒,表面搔痕、血痂,颜色暗红。治宜健脾利湿,养血润肤。

◎祛风止痒酊

【配方】蛇床子 30 克,苦参、威灵仙各 10 克,冰片 0.3 克,95%酒精 200 毫升。

【制法】将上药共制粗末,浸入酒精内,密封,每日摇荡 1 次,10 日后去渣即成。本品外用,可用棉签蘸取适量药酒涂搽患处,每日 2~3 次。

【功用】祛风活血,润肤止痒。

【主治】适用于慢性湿疹,脂溢性皮炎,神经性皮炎,皮肤瘙痒及牛皮癣等。

◎甘草酒

【配方】甘草 50 克,甘油 100 毫升,75%酒精 100 毫升。

【制法】将甘草制为粗末,浸入酒精内,密封,每日摇荡 2 次,3 日后滤取酒液,加入甘油,调匀后装瓶即成。每用涂搽患处,每日 3 次,连用 7~10 日为 1 个疗程。

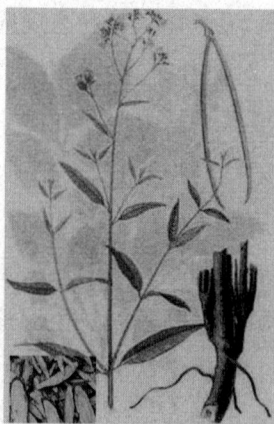

甘草

【功用】调和气血,滋润皮肤。

【主治】适用于慢性湿疹,接触性皮炎,手足癣,鱼鳞病等。

【注意】用药期间忌食辛辣刺激及荤腥食物。

疥疮

疥疮是由疥虫引起的接触传染性皮肤病,易在人口群集中传播。发病多从手指间开始,好发于手腕屈侧、腋前缘、乳晕、脐周、阴部及大腿内侧。皮损初发为米粒大红色丘疹、水疱、脓疱和疥虫隧道。日久因搔抓可继发化脓感染,湿疹样变或苔藓化等。此外,在阴囊、阴茎等处可发现红褐色结节性损害。本病夜间瘙痒剧烈,白天轻微。常致全身抓伤、结痂及色素沉着。

◎苦白酒

【配方】苦参、白鲜皮、川楝子、篇蓄、蛇床子、石榴皮、藜芦各 10 克,百部 30 克,皂角刺、羊蹄根各 20 克,白酒 2000 毫升。

【制法】将上药共制粗末,浸入白酒内,密封,每日摇荡 1 次,7 日后去渣即成。本品外用,每晚睡前取药酒涂搽患处,连用 7~10 天。

【功用】杀虫癣瘴。

【主治】疥疮。

◎蟒蛇羌活酒

【配方】蟒蛇 1 条,羌活 40 克,白酒 1000 毫升。

【制法】将上药制为粗末,用纱布袋包好,浸入白酒内,密封,每日摇荡 1 次,10 日后滤取酒液即成。每服 30~50 毫升,每日 3 次。

【功用】祛风除湿,通络止痒。

【主治】适用于风湿毒邪侵袭所致的疥疮。

◎百部根酒

【配方】百部根 50 克,白酒 500 毫升。

【制法】将百部根洗净切片,用文火炒至微黄,候凉,浸入白酒内,密封,每日摇荡 1 次,5 日后即成。每服 15 毫升,每日 3 次,空腹服用。

【功用】滋阴清热,杀虫止痒。

◎龟板酒

【配方】龟板(炙)50 克,白酒 750 毫升。

【制法】将龟板制为细末,浸入白酒内,密封,每日摇荡 1 次,30 日后即成。每服 15 毫升,每日 2 次。酒尽后可再添再服。

【功用】滋阴补肾,养血止血。

【主治】适用于疥癣死肌,骨蒸劳热,盗汗。

痱子

在夏季或湿热环境下,皮肤发生的红色粟粒样疹,称为痱子。本病多因夏季闷热,汗出不畅,热郁皮肤所致。本病患者以小儿为多见,好发于颈、肘窝、胸背、头面部。初起皮肤发红,继而出现针头大小丘疹及丘疱疹,周围有轻度红晕,皮疹排列密集,但无融合倾向。患者自觉皮肤瘙痒、刺痛或灼热难忍,因热或哭闹后更甚,如搔抓感染成脓疱者则为脓痱。

◎冰黄止痒酒

【配方】大黄 15 克,冰片 5 克,75%酒精 100 毫升。

【制法】将大黄制为粗末,与冰片一同浸入酒精内,密封,每日摇荡 1 次,5~

中华酒典

7 日滤取酒液即成。每于洗浴后用药液涂搽患处,每日 2~3 次。

【功用】泻火解毒,活血逐瘀。

【主治】暑季痱子,毛囊炎,疖子,疮痈。

白癜风

白癜风为一种皮肤色素缺乏症,是由于皮肤表皮与真皮交界处色素细胞功能丧失而不能产生黑色素所致。可发生于任何部位的皮肤上,但常见于面、颈、手、背、前臂等处,大小形态不一。患处皮肤色素消失而呈白色,界限清楚,毛发往往变白,边沿可有色素沉着,患处皮肤知觉、分泌及排泄功能均正常,无自觉症状。属于中医学"白癜""白驳""白驳风"的范围。

中医学认为,本病系风湿郁于皮毛、气血失和、肤失濡养所致,治疗原则以活血疏风,调和气血为主。

◎乌蛇浸酒方

【配方】乌蛇(酒浸去皮、骨,炙微酥)180 克,防风、白蒺藜、桂心、五加皮各 60 克,天麻、羌活、牛膝、枳壳(炒)各 90 克,熟地黄 120 克,白酒 2000 毫升。

【制法】将上药制为粗末,用纱布袋包好,浸入白酒内,密封,15 日后滤取酒液即成。每服 10 毫升,每日 3 次。

【功用】滋阴,祛风,止痒。

【主治】白癜风。

◎菟丝子酒

【配方】鲜菟丝子全草 180 克,白酒 360 毫升。

【制法】将菟丝子洗净晾干切碎,浸入白酒内,密封,每日摇荡 1 次,5~7 日后去渣即成。外用涂搽患处,每日 3~5 次。

【功用】祛风止痒。

【主治】白癜风。

菟丝子

◎苦参蜂房酒

【配方】苦参 400 克,露蜂房 20 克,糯米 1000 克,酒曲 100 克。

【制法】先将糯米用清水 2 升浸泡 12 小时,捞出上笼蒸成熟米饭,然后与米泔水混匀,待温度降至 30℃ 左右时,拌入酒曲调匀,置瓷瓮中,密封瓮口。21 日后酒热启封,压去酒糟,滤取酒液备用。将苦参、露蜂房用凉开水快速淘洗,沥干水液,晒干,研为细末,用纱布袋包好,置于酒坛内,注入上述酒液,密封,隔水炖沸 6 小时,候凉,埋入地下 3 日,以去火毒,取出,滤取酒液即成。每服 30~50毫升,每日 3 次。

【功用】祛风解毒杀虫。

◎复方补骨脂酊

【配方】补骨脂 30 克,前胡 20 克,防风 10 克,75% 酒精 100 毫升,氯仿 50 毫升。

【制法】将补骨脂、前胡浸入酒精内,防风浸入氯仿中,分别密封贮存,10 日后滤取药液混合均匀即成。外用涂搽患处。每日 2 次。

【功用】祛风和血,增色祛斑。

黄褐斑

黄褐斑又名肝斑,为颜面部出现局限性淡褐色或褐色皮肤色素改变。其病因目前尚未明确,一般认为可能与内分泌有关。本病的临床表现为:对称发生于颜面,尤以两颊、额部、鼻、唇及颏等处多见。损害为黄褐色或深褐色斑片,边缘一般清晰,形状不规则。本病多见于女性。日光照射可引发本病或加重症状。

◎龙眼桂花酒

【配方】龙眼肉 150 克,桂花 60 克,白糖 120 克,白酒 2000 毫升。

【制法】将上 4 味共置酒坛内,密封贮存,时间越长越好,至少半年以上,滤取酒液即成。每服 30 毫升,每日 2 次。

【功用】益心脾,补气血。

【主治】黄褐斑,妇女体虚,面色无华,更年期失眠多梦,心悸怔忡等。

【注意】牙龈肿痛、口渴尿黄、目赤咽痛者忌服。

◎槟榔橘皮酒

【配方】槟榔、橘皮各 20 克,青皮、玫瑰花各 10 克,砂仁 5 克,冰糖 60 克,黄酒 1500 毫升。

【制法】将前 5 味共制粗末,用纱布包好,与黄酒共置酒坛内,密封,隔水煮沸 30 分钟,候冷,埋入土中以去火毒,3 日后滤取酒液,加入冰糖令溶即成。每服 20 毫升,每日 2 次。

【功用】疏肝解郁,活血行气。

【主治】黄褐斑,胃气痛,痛经,胸胁胀满疼痛等。

皮肤粗糙

颜面皮肤总以细腻、光泽、润滑为佳。引起皮肤粗糙的原因很多,应针对病因作相应的治疗。本症患者可根据自身情况选用下述酒剂。

◎红颜酒

【配方】核桃仁、小红枣各 80 克,甜杏仁、酥油各 50 克,白蜜 140 毫升,白酒 2500 毫升。

【制法】将核桃仁、红枣捣碎,杏仁泡去皮尖,加水煮 4~5 沸,取出后晒干研末,与白蜜、酥油共置酒坛内,加入白酒,密封浸泡,7 日后调匀即成。每服 10~20 毫升,每日 2 次。

【功用】滋补肺肾,补益脾胃,滑润肌肤,悦泽容颜。

【主治】皮肤粗糙,面色憔悴,未老先衰等。

◎葡萄酒

【配方】葡萄干 250 克,糯米 1250 克,酒曲适量。

【制法】将葡萄干洗净晾干,与酒曲共研细末,备用。糯米淘洗干净,加水煮成米饭,待温度降至 30℃ 左右时,拌入酒曲、葡萄干末及冷开水 1000 毫升,搅拌均匀,入坛封口,10 日后滤取酒液即成。每服 20~30 毫升,每日 3 次。

【功用】补脾肾,益气血,悦颜色。

【主治】适用于气血不足、脾肾虚损所致的脾虚气弱、津液不足、肌肤粗糙、容颜无华等。

◎玉液酒

【配方】生猪板油50克,蜂蜜10~20克,白酒500毫升。

【制法】将猪板油切碎,与蜂蜜、白酒共置瓷器内,加盖,隔水炖沸10分钟,候温,去渣即成。每日20毫升,每日3次,空腹温服。

【功用】润肺生津,泽肤美发。

【主治】老年肺虚久咳,肌肤粗糙,毛发枯黄等。

斑秃

斑秃俗称"咬发癣",又叫"鬼剃头",是一种局限性非疤痕性斑片状脱发,骤然发生,经过迟缓,可自行缓解和复发。本病男女老幼均可发生,但以青壮年为多见。其病因目前尚不清楚,一般认为,可能与遗传、精神创伤、病灶感染、屈光异常、自身免疫等因素有关。

斑秃的临床表现为:①头发突然出现大小不等呈圆形或椭圆形斑状秃发,患处无炎症,也无自觉症状。②有些病例短期内头发可全部脱光而成为全秃;有的甚至眉毛、腋毛和毳毛等全部脱落而成普秃。③有自愈倾向,初长时新发大部纤细柔软,呈发白色,类似毳毛。可随长随脱,痊愈时发渐变粗变黑。

斑秃相当于中医学的"油风"。中医学认为,本病多因肝肾阴亏,气虚血弱,使风邪乘虚而入,风盛血燥,发失所养而致。

1.血虚风燥:脱发时间较短,轻度瘙痒,伴有头昏,失眠,苔薄,脉细数。治宜养血散风。

2.气滞血瘀:病程较长或伴头痛,胸胁疼痛,病变处或有外伤史,舌暗有瘀斑,脉沉细。治宜理气活血。

3.肝肾不足:病程日久,甚至全秃或普秃,头昏耳鸣,失眠,舌淡苔少,脉细。治宜滋补肝肾。

◎冬虫夏草酒

【配方】冬虫夏草120克,白酒500毫升。

【制法】将冬虫夏草洗净晾干,浸入白酒内,密封,每日摇荡1次,7~10日即成。外用涂搽患处,每日早晚各1次,每次2~3分钟。

【功用】补气血,乌须黑发。

【主治】圆形脱发,脂溢性脱发,小儿头发生长迟缓等。

◎枸杞沉香酒

【配方】熟地黄、枸杞子各60克,沉香6克,白酒1000毫升。

【制法】将上药共制粉末,浸入白酒内,密封,每日摇荡1次,10日后去渣即成。每服10毫升,每日3次。

【功用】补肝肾,益精血。

【主治】适用于肝肾精血不足所致的脱发、白发、健忘,甚至斑秃等。

◎四味生发酒

【配方】鲜骨碎补30克,丹参20克,侧柏叶、洋金花各9克,白酒500毫升。

【制法】将上4味浸入白酒内,密封贮存,每日摇荡1次,7~10日后去渣即成。外用涂搽患处,每日3~5次。

【功用】补肾通络,和血生发。

【主治】适用于斑秃,脱发等。

◎斑秃酊

【配方】闹羊花、骨碎补各15克,川椒30克,高粱酒150毫升。

【制法】将上药共制粗末,浸入高粱酒内,密封,每日摇荡1次,7日后去渣即成。本品外用。先用老生姜片涂擦患处至皮肤有刺痛感时,再蘸取药酒涂擦患处,每日早晚各1次。

【功用】解毒,杀虫,生发。

【主治】斑秃之呈圆形脱落,肤色红光亮,痒如蚁行等。

脱发

脱发是指头发稀疏渐落,枯燥无泽,细软发黄。脱发区多在额顶及额部两侧,严重者可致头发大部脱落或全部脱落。临床上根据病症的不同,将其分为脂溢性脱发、先天性脱发、症状性脱发及男性型脱发等类型。

中医学认为,本病多因肝肾精血不足、气血亏损、瘀血、血虚受风等因素所致,此外,精神过度紧张或遭受某种强烈刺激,或局部皮肤疾病等也可导致脱发。治疗上,应根据病因及症状的不同,分别采取相应的措施。

◎ 首乌双地酒

【配方】制首乌 100 克,生地黄、熟地黄、麦冬、天冬各 50 克,当归、牛膝、枸杞子、女贞子各 35 克,黑豆 60 克,白酒 2500 毫升。

【制法】将上药共制粗末,用纱布袋包好,浸入白酒内,密封,每日摇荡 1 次,15 日后滤取酒液即成。每服 25~30 毫升,每日 2~3 次。

【功用】补益肝肾,生发乌发。

【主治】适用于青年脱发、白发等。

◎ 双子洗发酒

【配方】蔓荆子 6 克,附子 2 枚,白酒 500 毫升。

【制法】将上 2 味共捣碎,浸入白酒内,密封,每日摇荡 1 次,15 日后去渣即成。每取药酒适量,兑入温水洗头,每日 1~2 次。

【功用】温阳祛风,通经和血。

【主治】适用于头发脱落,偏正头痛等。

酒糟鼻

酒糟鼻又名玫瑰痤疮,多见于中老年人,损害特点是在颜面中部发生弥漫性潮红,伴发丘疹、脓疱及毛细血管扩张。其病因尚未明确,一般认为,可能是在皮脂溢出的基础上,由于颜面血管运动神经失调,毛细血管长期扩张所致。刺激性食物、胃肠功能紊乱及内分泌障碍等可诱发本病。皮损发生于面部,多见于鼻部及其两侧。

◎ 硫磺酒

【配方】硫磺 120 克,烧酒 1500 毫升。

【制法】将硫磺、烧酒放入砂锅内,隔水煎至酒干,取出备用。每取少许,放入手内化开,涂敷患处。每日 2~3 次。制作时应注意安全。

【功用】解毒,化瘀,止痒。

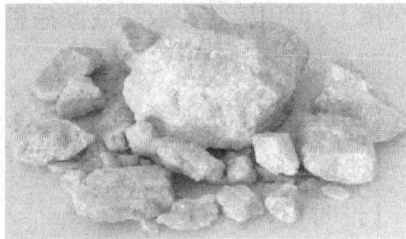

硫磺

中华酒典

【主治】酒糟鼻。

狐臭

本病又称"腋臭",为大汗腺臭汗症,主要发生于腋窝。本病是在遗传的基础上,由革兰阳性细菌分解大汗腺的汗液,产生短链脂肪酸而有特异性臭味。外阴、肛门及乳晕等处亦可有臭味。狐臭主要见于青壮年,表现为腋下有一股特殊的汗臭味。

◎狐臭灵酒

【配方】公丁香、尖头小辣椒各15克,白芷20克,冰片3克,50%酒精300毫升。

【制法】将辣椒烘干切碎,与余药共浸入酒精,密封贮存,每日摇荡1次,10日后去渣即成。本品外用,先将患处洗净,再取药液涂搽,每日2~4次,连用10日为1个疗程。一般连用3个疗程即可痊愈。

【功用】芳香祛湿,疏通经络。

【主治】狐臭。

【说明】忌烟酒及辛辣之物。

◎冰片酊

【配方】冰片10克,75%酒精100毫升。

【制法】取1只洁净干燥的棕色玻璃瓶,将冰片、酒精同置瓶内,密封后摇匀,浸泡7天,制成气味清凉浓烈、无色透明的酊剂即成。本品外用,先将患处洗净擦干,再用棉签蘸取药液涂搽患处。每日1次,连用8~10次为1个疗程。使用前应将药液摇匀。

【功用】清凉祛虫,杀菌敛汗。

【主治】狐臭。

【说明】忌食辛辣燥烈之物。

脚气

脚气是一种浅部真菌感染所致的常见皮肤病,可分为干性和湿性两种类型。干性脚气的症状为脚底皮肤干燥、粗糙、变厚、脱皮、冬季易皲裂等;湿性脚气的症状是脚趾间有小水疱、糜烂、皮肤湿润、发白、擦破老皮后可见潮红,渗出黄水等。二者均有奇痒的特点,也可同时出现,反复发作,春夏加重,秋冬减轻。本病属于中医学"脚湿气"的范围。治疗原则以清热利湿消肿为宜。

◎香豉酒

【配方】香豉 250 克,白酒 1500 毫升。

【制法】将香豉混入白酒内,密封,每日摇荡 1 次,3 日后即成。每日不拘时,随量饮服,但不可太醉。

【功用】清心除烦,祛湿痹。

【主治】脚气。

◎松节麻仁酒

【配方】肥松节 500 克,大麻仁 200 克,干生地黄、牛膝、生牛蒡根各 100 克,丹参、草萆薢各 60 克,桂心 30 克,白酒 3000 毫升。

【制法】将牛蒡根去皮,与其他诸药共洗净捣碎,用纱布袋包好,浸入白酒内,密封,每日摇荡 1 次,7~10 日即成。每服 20~30 毫升,每日 2~3 次,饭前饮服。

【功用】养阴,温阳,解毒,舒筋。

【主治】风毒脚气,痹挛掣痛等。

◎黄柏苦参酒

【配方】黄柏、苦参各 50 克,白酒 250 毫升。

【制法】将上药共捣碎,浸入白酒内,密封,每日摇荡 2 次,3 日后去渣即成。本品外用,每取适量温洗脚肿处,每日 3~4 次。

【功用】清热解毒消肿。

【主治】适用于热毒流注脚胫,肿痛欲脱等。

◎青风藤酒

【配方】青风藤 15 克,白酒 500 毫升。

【制法】将青风藤捣碎,浸入白酒内,密封,每日摇荡 1 次,7 日后去渣即成。每服 15~20 毫升,每日 2 次。

中华酒典

【功用】祛风湿,通经络。

【主治】适用于脚气湿肿,风湿痹痛,麻木瘙痒等。

◎独活附子酒

【配方】独活、附子各30克,黄酒1500毫升。

【制法】将附子炮制去皮脐,与独活共制粗末,用纱布袋包好,置于酒坛内,注入黄酒,密封坛口,隔水以文火煮沸4~6小时,离火,再浸泡3~5日,滤取酒液即成。每服20~30毫升,每日2~3次,饭前温服。

【功用】温肾阳,祛风湿。

【主治】适用于脚气风毒,寒湿痹痛,筋脉挛急疼痛等。

杨梅疮

杨梅疮又称为"梅毒",是由梅毒螺旋体通过性接触所致的一种慢性全身性传染病。病程长,症状繁多,表现多种多样。早期很容易侵犯内脏及中枢神经系统。本病不但通过性交传给别人,而且还可以通过孕妇传染给下一代,引起流产、早产、死胎或先天性梅毒儿。

中医学认为,本病多因湿热内蕴,腠理不密,外感邪毒所致;或因母血不洁,胎脑受染,遗毒后代所致。治疗原则以清热解毒,活血通络为主。

◎金蝉脱壳酒

【配方】大蛤蟆1个,土茯苓150克,黄酒2500毫升。

【制法】将大蛤蟆去内脏,洗净晾干;土茯苓洗净晾干捣碎,一同放入酒坛内,注入黄酒,密封,隔水煮沸40~50分钟,离火,置阴凉处贮存1夜,次日去渣即成。随量饮服,以醉为度,无论冬夏,服后盖被出汗。内存之酒,次日随量饮服,酒尽疮愈。

【功用】解毒,消疮痛。

【主治】杨梅疮,结毒筋骨疼痛。

◎十叶生地酒

【配方】生地黄200克,海桐皮60克,牛膝、土茯苓、羌活、五加皮、杜仲、甘草、地骨皮、薏苡仁各30克,白酒2000毫升。

【制法】将上药共制粗末,用纱布袋包好,浸入白酒内,密封,每日摇荡 1 次,7~10 日即成。每服 10~15 毫升,每日 3 次,饭前饮服。

【功用】祛风解毒。

【主治】杨梅疮,风毒腰痛。

五官科疾病及其他病

白内障

视力减退是指眼睛视物体的能力逐渐减弱,外观与正常一样,瞳孔无变形或变色等。中医学认为,本病多由肝肾阴虚、精血不足所致。因肝肾阴虚引起者,除视力减退外,多有眩晕、头胀耳鸣、五心烦热、遗精失眠、腰膝酸痛、舌质红、脉细数;若为精血不足引起者,则眩晕、头痛、视力减退或视物不清、经闭、遗精健忘、神疲乏力、手足心热,舌质红、无苔、脉细数。

◎疏风明目酒

【配方】枸杞子 250 克,黄酒 2000 毫升。

【制法】将枸杞子浸入黄酒中,密封贮存,四个月即成。每饮 30~50 毫升,每日 2 次,饭后服用。

【功用】清热疏风,养肝明目。

【主治】用于治肝虚所致的白内障、迎风流泪等。

视力减退

视力减退是指眼睛视物体的能力逐渐减弱,外观与正常一样,瞳孔无变形或变色等。中医学认为,本病多由肝肾阴虚、精血不足所致。因肝肾阴虚引起者,除视力减退外,多有眩晕、头胀耳鸣、五心烦热、遗精失眠、腰膝酸痛、舌质红、脉细数;若为精血不足引起者,则眩晕、头痛、视力减退或视物不清、经闭、遗精健忘、神疲乏力、手足心热,舌质红、无苔、脉细数。

◎枸杞地黄酒

【配方】枸杞子 250 克,生地黄 300 克,白酒 1500 毫升。

【制法】将上药共浸入酒内,密封贮存,每日摇荡 1 次,15 日后去渣即成。

每服 20 毫升,每日 2 次,空腹温服。

【功用】补精益肾,养肝明目。

【主治】适用于视物模糊,腰膝酸软等。

【注意】忌食香菜、葱、蒜等。

◎黄精枸杞酒

【配方】黄精、枸杞子各 20 克,炙首乌 15 克,白酒 500 毫升。

【制法】将上药洗净晾干,再将黄精、首乌制为粗末,与枸杞子一同用纱布袋包好,浸入白酒内,密封,每日摇荡 1 次,30 日后滤取酒液即成。每于晚饭前饮服 25~30 毫升。

【功用】补肾填精,养血生发。

【主治】适用于头昏眼花,顶秃发白,失眠健忘。

耳鸣

自觉耳中有蝉鸣或其他各种声响的,称为耳鸣。中医学认为,耳鸣有虚实之分。虚者因肾阴亏损,虚火上炎,常伴有头晕、目眩、腰痛等症状。若因暴怒伤肝,致肝胆之火上逆,耳中暴鸣如钟鼓之声,则为实症。耳鸣迁延日久,可导致耳聋。

◎茴香菖蒲酒

【配方】小茴香 10 克,鲜石菖蒲、九月菊、鲜木瓜各 20 克,桑寄生 30 克,白酒 1500 毫升。

【制法】将上药用纱布袋包好,浸入白酒内,密封,每日摇荡 1 次,7~10 日即成。每日清晨温饮 10~15 毫升。

【功用】补肾,柔肝,清心。

【主治】适用于肝肾虚损所致的眩晕耳鸣,消化不良,双足痿软无力等。

◎鹿龄集酒

【配方】肉苁蓉 20 克,人参、熟地黄各 15 克,海马、鹿茸各 10 克,白酒 1000 毫升。

【制法】将人参、鹿茸制为粗末,与另 3 味一同浸入白酒内,密封,每日摇荡

1 次,30 日后去渣即成。每服 10~15 毫升,每日 2 次。

【功用】补肾壮阳,益气补血。

【主治】适用于肾阳虚所致的阳痿,不育,耳鸣等。

【注意】感冒发热者忌服。

◎杞菊麦冬酒

【配方】枸杞子 150 克,甘菊花 30 克,麦冬 25 克,糯米酒 2000 克。

【制法】将上药去杂,用冷开水快速洗净,晾干,浸入糯米酒内,密封,每日摇荡 1 次,7~10 日后滤取酒液即成。每服 20~25 毫升,每日早、晚餐前各 1 次。

【功用】补肾益精,养肝明目,止泪。

【主治】适用于视力模糊,头目昏暗,阳痿遗精,消渴,足膝酸软,肺燥咳嗽等。

◎苁蓉枸杞酒

【配方】肉苁蓉 125 克,枸杞子、巴戟天、滁菊花各 65 克,糯米 1250 克,酒曲适量。

【制法】先将酒曲研为细末,备用。肉苁蓉、枸杞子、巴戟天、滁菊花水煎 2 次,取汁 3000 毫升,备用。糯米淘洗干净,煮成米饭,待温度降至 30℃ 左右时,与酒曲、药液共置酒坛内,搅拌均匀,密封坛口,置温暖处贮存,14 日后开封,压去酒糟,滤取酒液即成。每服 20~30 毫升,每日 2 次。

【功用】补肝养肾,益精血,健筋骨,明目,养身益寿。

【主治】适用于肝肾亏损所致的视物模糊,腰背酸痛,足膝无力,头晕目眩等。

◎鸡肝酒

【配方】雄鸡肝 60 克,白酒 500 毫升。

【制法】将鸡肝洗净切碎,浸入白酒内,密封,每日摇荡 1 次,7 日后滤取酒液即成。每服 20~30 毫升,每日 2~3 次。

【功用】补益肝肾,明目。

【主治】适用于目暗不明,女子产后贫血,倦怠无力等。

中華酒典

耳聋

耳聋的先期症状为耳鸣,逐渐发展为气闭暴聋,失去听觉。有虚、实之分。虚者,发病缓慢,初起多先有听力减退,称为重听,其病因为下元亏损,肾精不足;实者则发病急骤,多由外伤、外感风火及虚火上炎所致。应根据病因的不同,辨证施治。

◎耳聋铁酒

【配方】铁块 500 克,黄酒 1000 毫升。

【制法】将铁块冲洗干净,以炭火烧红,趁热投入酒中,候温,取出铁块,滤取药酒即成。每服 30~50 毫升,每日 3 次。

【功用】镇肝充耳。

【主治】耳聋。

◎益智聪耳酒

【配方】人参 9 克,猪板油 90 克,白酒 1000 毫升。

【制法】将人参制为细末,猪板油入锅熬油,候温,共浸入白酒内,密封,21日后去渣即成。每服 15 毫升,每日 2 次。

【功用】开心益智,聪耳明目,润泽肌肤。

【主治】适用于耳聋眼花,面色不华,记忆力衰退等。

【注意】忌食萝卜、葱、蒜等。

◎加味茱萸酒

【配方】山茱萸、覆盆子各 30 克,肉苁蓉、巴戟天、远志、川牛膝、五味子、续断各 10 克,白酒 1500 毫升。

【制法】将上药共制粗末,用纱布袋包好,浸入白酒内,密封,每日摇荡 1 次,7日后去渣即成。每服 10~20 毫升,每日 3 次。

【功用】滋补肝肾。

【主治】适用于肝肾亏虚,头昏耳聋,腰膝酸软,神疲乏力,性欲低下等。

◎核桃益肾酒

【配方】核桃肉、胡桃夹、磁石、菖蒲各 30 克,黄酒 1500 毫升。

【制法】将上药共制粗末,用纱布袋包好,浸入黄酒内,每日摇荡 1 次,15 日后即成。每服 15~20 毫升,每日 2 次。

【功用】益肾补脑,通窍。

【主治】适用于肾虚所致的耳聋耳鸣等。

山茱萸

鼻炎

如反复流鼻血,并伴有口渴、心烦等,系由阴虚燥热所致;若反复流鼻血,伴见面色少血、气短、精神困倦等,则系气虚不能摄血所致。

◎芫花酊

【配方】芫花根(干品)30 克,75%酒精 100 毫升。

【制法】将芫花根制为粗末,浸入酒精内,密封贮存,15 日后去渣即成。本品外用,用黄豆大小的干棉球,蘸芫花酊,拧干,外裹薄层医用脱脂棉,成一棉卷,塞入鼻腔内。棉卷之位置,以深塞为宜,过浅则达不到治疗的目的。对慢性鼻炎患者,可塞中隔与下甲之间;对副鼻窦炎患者,则塞中鼻道较好。若觉刺激黏膜有灼热感后,5~10 分钟取出,用温热生理盐水冲洗鼻腔。每日塞 1 次,每次持续 1~2 小时后取出或自行脱出。连用 5 次为 1 个疗程。

【功用】消肿解毒,活血止痛。

【主治】鼻炎。

鼻出血

鼻出血常见于外伤及局部炎症充血导致小血管破裂的病症,采用药酒外敷常可以收到良好的疗效。

中华酒典

◎葱汁酒

【配方】鲜葱汁、白酒各5毫升。

【制法】将葱汁、白酒调匀,取少许滴入鼻中,可立愈。

【功用】止血。

【主治】鼻出血。

声音嘶哑

声音嘶哑是指发音不清脆响亮,微弱、低沉、粗糙或沙哑,失去正常的音质,可由多种病因引起。本症患者除可选用下述方剂外,还应针对病因,积极治疗引发本症的原发病。

◎蜜膏酒

【配方】蜂蜜、饴糖各250克,生姜汁、生百部汁各125毫升,枣肉泥、杏仁泥各75克,橘皮末60克。

【制法】先将杏仁泥、生百部汁加水1000毫升,文火煎至500毫升,去渣,再加入余药,以文火煎至1000毫升即成。每服蜜膏2汤匙,以温酒10~15毫升调服,每日3次。

【功用】疏风散寒,止咳平喘。

【主治】适用于肺气虚弱、风寒所伤所致的声音嘶哑、咳唾上气、喘嗽及寒邪郁内等。

◎西洋参止渴酒

【配方】西洋参60克,白酒1000毫升。

【制法】将西洋参制为粗末,浸入白酒内,密封,每日摇荡1次,15~20日即成。每服15毫升,每日2次。

【功用】益气养阴,生津止渴。

【主治】适用于少气口干,疲乏无力,声音嘶哑,肺虚火咳,咯血等。

咽喉疼痛

咽喉疼痛为常见症状之一,可由咽喉局部病变引起,亦可由其他疾病所诱发。临床表现以咽喉部位发红、肿痛,吞咽东西困难等为主。中医学认为,本症多因外感风寒或风热,虚火侵犯咽喉所致。

◎蛇胆酒

【配方】蛇胆(鲜品)2枚,白酒50毫升。

【制法】将蛇胆刺破使胆汁流入杯内,兑入白酒调匀即成。每日1剂,徐徐饮服。

【功用】滋阴清热,活血解毒。

【主治】适用于火热内盛所致的口燥咽痛,结膜充血,眼干涩痛等。

牙痛

牙痛为口腔疾患中常见的自觉症状,每遇冷、热、酸、甜等刺激时疼痛加剧。本症可见于多种牙病,如龋齿、牙髓炎、冠周炎等。

◎花椒酒

【配方】花椒30克,白酒100毫升。

【制法】将花椒洗净晾干,浸入白酒内,密封,每日摇荡1次,10~15日后去渣即成。如系虫蛀牙痛,可用药棉蘸酒塞入蛀孔内;一般性牙痛用药酒于口内含漱即可。

【功用】消炎止痛。

【主治】虫蛀牙痛,一般性牙痛等。

【注意】不宜内服。

◎鸡蛋酒

【配方】鸡蛋1个,白酒30毫升。

【制法】先将白酒放入碗内,再将鸡蛋打破入碗内,然后将碗内白酒点燃,白酒燃烧后鸡蛋即熟。将熟鸡蛋1次吃下,一般1小时后即可止痛。

【功用】益气活血,止痛。

【主治】牙痛。

◎黑豆煮酒

【配方】黑豆 60 克,黄酒 200 毫升。

【制法】将黑豆洗净晾干,浸入黄酒内,12 小时后一同置于砂锅内,文火煮至豆烂,取汁频频漱口。

【功用】消肿止痛。

【主治】适用于火热内盛所致的牙痛、牙龈肿痛等。

◎生地独活酒

【配方】生地黄、独活各 80 克,细辛 30 克,白酒 500 毫升。

【制法】将上药共制粗末,浸入白酒内,密封,每日摇荡 1 次,7 日后去渣即成。每取适量药酒含漱后服下,痛止即可。

【功用】通络止痛。

【主治】适用于齿根松动疼痛。

口舌生疮

口舌生疮又称为口腔溃疡,是一种具有反复发作特征的口腔黏膜溃疡性损害。其病因尚未明确,一般认为是一种自身免疫性疾病。发病部位以唇、颊黏膜为多见,初起时,口腔黏膜出现细红小点,局部有烧灼感,接着形成圆形或椭圆形溃疡,直径约 2~4 毫米,中央稍凹。病程有自限性,一般 7~10 日可自愈。

◎竹叶糯米酒

【配方】淡竹叶 250 克,糯米、酒曲各适量。

【制法】将淡竹叶水煎取汁,与淘洗干净的糯米共煮成米饭,放入酒坛内,拌入酒曲,密封至酒熟,压去酒糟,取出酒液即成。每日不拘时徐徐饮下,以愈为度。

【功用】清心利尿。

【主治】小便赤涩热痛,心烦口渴,口舌生疮,舌质红,苔薄黄,脉浮数。

疟疾

疟疾是由疟原虫所引起的传染病,疟疾病人和无症状的带虫者是唯一的传染源。本病的临床症状为突然发作的寒战、壮热、头痛、汗出、休作有时等。多在夏秋季节发病。寄生人体的疟原虫有间日疟原虫、三日疟原虫、恶性疟原虫和卵圆疟原虫4种。各种疟原虫在人体内生长繁殖特有的周期性为:间日疟每2日发作1次;3日疟每3天发作1次;恶性疟的发作不规则。长期多次发作后,可出现贫血和肝脾肿大。

中医学认为,疟疾是由于疟邪、瘴毒或风寒暑湿之气,侵袭人体,伏于少阳,出入营卫,邪正相争所致,故表现出以毛孔粟起,寒战鼓颔,寒至则身壮热。

◎龙骨酒

【配方】生龙骨末15克,黄酒100毫升。

【制法】将龙骨末、黄酒共入砂锅内,煎至50毫升,滤取酒液即成。趁热1次服下,服后卧床盖被取汗。

【功用】截疟。

【主治】适用于始发寒热、疟疾初期。

◎常山乌梅酒

【配方】常山54克,乌梅肉、甘草各36克,黄酒2000毫升。

【制法】将上药制为粗末,以黄酒浸泡1夜,清晨放入砂锅内,文火煎至1000毫升,滤取酒液,候冷装瓶备用。每服60毫升,每日3次,温服。发作前饮服120毫升。

【功用】祛痰截疟。

【主治】疟疾之发歇不止。

◎观音黑豆酒

【配方】观音苋根30克,黑豆30克,烧酒25毫升。

【制法】将上药洗净,入锅加水煮烂,去观音苋根,兑入烧酒,再煎沸3~5分钟即成。于疟疾发作前2小时,吃豆饮汤。

【功用】行气,活血,补肾,截疟。

【主治】疟疾。

中华酒典

◎秦艽柴胡酒

【配方】秦艽、柴胡各30克、常山、炙甘草各20克,鳖甲(醋炙)30克,葱白35克,淡豆豉10克,白酒1000毫升。

【制法】将上药共制细末,浸入白酒内,密封,置近火处常令微温,1夜后滤取酒液即成。每服10毫升,每日3次,或未发时不拘时饮服。服后即添酒,至味薄为止。

【功用】截疟。

【主治】适用于劳疟、寒热互作、肌体羸瘦、身体乏力等。

美容保健:药酒原来可以这样用

药酒作用非常广泛,包含有"酒的作用和药物功效"的双重作用。自古以来,我国中医药酒既有祛邪治病的药性药酒——祛风散寒、止咳平喘、清热解毒、舒经通络,也有补虚壮阳养生保健美容的补性药酒——滋补气血、温肾壮阳、养胃生津、强心安神、抗老防衰、延年益寿。

补益类药酒

补益气

盖人体五脏六腑之气,为肺所主,来自中焦脾胃水谷之精气,由上焦宣发,输布全身,所以气虚多责之于肺、脾二脏。故补气药酒是为肺、脾气虚病症而设。适用于久病体虚,劳累,年老体弱等因素引起的脏腑组织功能减退所表现的症候。常见的主要表现为神疲乏力、声低(少气)、懒言、头晕、目眩、面色淡白,自汗怕风,大便溏泄,活动时诸症加剧,舌淡苔白,脉虚或虚大无力。常用药酒有:

◎人参糯米酒

【配方】①人参30克,白酒500毫升;②人参500克,糯米500克,酒曲适量。

【制法】①冷浸法:即将人参入白酒内,加盖密封,置阴凉处,浸泡7日后即可服用。酒尽添酒,味薄即止。②酿酒法:即将人参压末,米煮半熟,沥干,曲压细末,合一处拌匀,入坛内密封,周围用棉花或稻草保温,令其发酵,10日后启封,即可启用。口服。每次服20毫升,每日早、晚各服1次。本药酒还可用于治疗脾虚泄泻、气喘、失眠多梦、惊悸、健忘等症,效果亦佳。

【功用】补中益气、通治诸虚。

【主治】面色萎黄、神疲乏力、气短懒言、音低、久病气虚、心慌、自汗、食欲不振、易感冒等症。

◎人参茯苓酒

【配方】人参、生地黄、白茯苓、白术、白芍、当归、红曲面各30克,川芎15克,桂圆肉120克,高粱酒2000毫升,冰糖250克。

【制法】将前9味共研为粗末,入布袋,置容器中,加入白酒,密封,浸泡4~7日后,过滤去渣,取药酒,加入冰糖,溶化后即可饮用。口服。每次服15~30毫升,口服2~3次,或适量徐徐饮之,不拘时。

【功用】气血双补、健脾养胃。

【主治】气血亏损、脾胃虚弱、形体消瘦、面色萎黄。

◎百益长春酒

【配方】党参、生地黄、茯苓各90克,白术、白芍、当归、红曲各60克,川芎30克,木樨花500克,桂圆肉240克,高粱酒1500毫升,冰糖1500克。

【制法】将前10味共研为粗末,入布袋,置容器中,加入高粱酒,密封,浸泡5~7天后,滤取澄清酒液,加入冰糖,溶化即成。口服。每次服25~50毫升,日服2~3次,或视个人酒量大小适量饮用。

【功用】健脾益气、益精血、通经络。

【主治】气血不足、心脾两虚之气少乏力、食少脘满、睡眠欠安、面色无华等症。气虚血弱、筋脉失于濡养、肢体运动不遂者亦可服用。

◎人参百岁酒

【配方】红参1克,熟地黄9克,玉竹、何首乌各15克,红花、炙甘草各3克,麦冬6克,上好白酒及蔗糖适量。

【制法】上药用上好白酒1072毫升作为溶剂,置坛内密封,浸渍2天以上,再按每分钟 1~3 毫升的速度渗漉。然后将渗滤液与压榨液得到的药液合并，加入蔗糖 100 克，搅拌溶解后，静置滤过，贮瓶备用。口服。每次服 15~30 毫升，日服 2 次。

【功用】补养气血、乌须黑发、宁神生津。

【主治】头晕目眩、耳鸣健忘、心悸不宁、失眠梦差、气短汗出、面色苍白、舌淡脉细弱者。

【说明】高血压患者及孕妇慎饮此药酒。感冒时暂停服饮。

◎竹根七酒

【配方】竹根七、长春七、牛砂莲各 15 克，牛膝、木瓜各 9 克，芋儿七、伸筋骨各 6 克，夏枯草 30 克，白酒 500 毫升。

【制法】将前 8 味切碎，置容器中，加入白酒，密封，浸泡 10 天后，过滤去渣，即成。口服。每次服 10~15 毫升，日服 1 次。

【功用】补中益气、清利虚热。

【主治】骨蒸潮热。

◎人参天麻药酒

【配方】天麻、川牛膝各 210 克，黄芪 175 克，穿山龙 700 克，红花 28 克，人参 40 克，50 度白酒 10 升，蔗糖 850 克。

【制法】将前 6 味药碎断，置容器中，加入白酒，密封，浸泡 30~40 天后，取出浸液，去渣压榨，合并滤液，加蔗糖，搅拌溶解，密封，静置 15 天以上，滤过，分装，备用。

【功用】益气活血、舒筋止痛。

【主治】气血不足、关节痛、腰腿痛、四肢麻木等。

【说明】孕妇忌服。

◎大黄芪酒

【配方】黄芪、桂心、巴戟天、石斛、泽泻、茯苓、柏子仁、干姜、蜀椒各 90 克，防风、独活、人参各 60 克，天雄（制）、芍药、附子（制）、乌头（制）、茵陈、制半夏、细辛、白术、黄芩、栝蒌根、山茱萸各 30 克，白酒 4500 毫升。

【制法】将前 23 味共制为粉末，入布袋，置容器中，加入白酒，密封，浸泡 3~7 天后即可取用。口服。初服 30 毫升，渐渐增加，微醉为度，日服 2 次。

【功用】益气助阳、健脾利湿、温经通络。

【主治】内极虚寒为脾风。引动伤寒、体重怠惰、四肢不欲举、关节疼痛、不嗜饮食、虚极所致。

【说明】忌食猪肉、桃、李、雀肉、生菜、生葱、炸物。

◎万金药酒

【配方】当归、白术、云茯苓各90克,白芍60克,生黄芪120克,川芎、甘草各45克,生地黄、胡桃仁、小红枣、龙眼肉、枸杞子、潞党参各150克,黄精、五加皮各210克,远志90克,破故纸30克,紫草60克,白酒10升,白糖、蜂蜜各1500克。

【制法】将前18味,用水煎两次,共取浓汁1000毫升,加入白酒,白糖和蜂蜜,拌匀,即成,贮瓶备用。口服。每次服30~50毫升,日服2~3次,或不拘时,适量饮用。

【功用】益气健脾、温肾柔肝、活血通络。

【主治】气血虚弱、肾阳不足所致的虚弱病症,如气短乏力、面色无华、食欲不振、头晕心悸、腰膝酸软无力等症。平素气血不足,偏于虚寒者,如无明显症状,也可饮用。

◎术苓忍冬酒

【配方】白术、白茯苓、甘菊花各60克,忍冬叶40克,白酒1500毫升。

【制法】将前4味共为粗末,入布袋,置容器中,加入白酒,密封,浸泡7日后,开封,再添加冷开水1000毫升,备用。口服。每次空腹温服20~40毫升,日服2次。

【功用】健脾燥湿、清热平肝。

【主治】脾虚湿盛、脘腹痞满、心悸、目眩、腰腿沉重等症。

龙眼

补气血

盖人体五脏六腑之血,莫不本乎于心、肝、脾之脏。心生血,肝藏血,脾统血;又脾胃为后天之本,气血生化之源,通过心"变化而赤,谓之血",归肝所藏。故血虚症,皆责之于脾、心、肝。补血药酒,适用于禀赋不足,或脾胃素虚、气血生化不足;或各种急慢性出血;或思虑过度、暗耗营血;或瘀血阻络、新血不生等所表现的虚弱症候。血虚常见的临床表现为面色苍白而无华或萎黄、唇色淡白、爪甲苍白、头晕眼花、心悸气短、失眠、手足发麻、脉细、妇女经血量少色淡、衍期、甚或闭经、舌淡苔白。常用药酒方有:

◎归圆杞菊酒

【配方】当归身(酒洗)30克,龙眼肉240克,枸杞子120克,甘菊花60克,白酒浆3500毫升,好烧酒1500毫升。

【制法】将前4味共制为粗末,入布袋,置容器中,加入白酒浆和烧酒,密封,浸泡月余后即可饮用。口服。不拘时,随意饮之。

【功用】补心肾、和气血、益精髓、壮筋骨、发五脏、旺精神、润肌肤、悦颜色。

【主治】阴血不足、养生健身。

◎归圆仙酒

【配方】当归、桂圆肉各50克,白酒300毫升。

【制法】将前2味置容器中,加入白酒,密封,浸泡7天后即可取用。口服,不拘时,徐徐饮之。

【功用】养血活血。

【主治】血虚诸症。

◎圆肉补血酒

【配方】桂圆肉、制首乌、鸡血藤各250克,米酒1500毫升。

【制法】将前3味捣碎或切片,置容器中,加入米酒,密封,浸泡10天后,过滤去渣,即成。在浸泡过程中,每天振摇1~2次,以促使有效成分的浸出。口服。每次服10~20毫升,日服1~2次。

【功用】养血补心、益肝肾。

【主治】血虚气弱所致的面色无华、头眩心悸、失眠、四肢乏力、须发早白等症。

补阴阳类

盖肾水火之宅,总统一身之阴。又肝肾同源,五脏各有所属。故凡阴虚病症,以肾阴虚为主,但五脏各有阴虚之症。如心阴虚表现为心悸、健忘、失眠多梦、舌质红嫩、苔少、脉细弱而数等症;肝阴虚表现为眩晕、头痛、耳鸣耳聋、麻木、震颤、夜盲、舌干红少津、苔少、脉弦细数等症;肺阴虚表现为咳嗽气逆、痰少质黏、痰中带血、午后低热、颧红、夜间盗汗、虚烦不眠、口中干燥或音哑、舌红少苔、脉细数等症;肾阴虚表现为腰酸腿软、遗精、头昏耳鸣、睡眠不熟、健忘、口干、舌红少苔、脉细或细数等症。临床表现不同,所用药酒亦应选择。常用药酒方有以下 14 种。

◎红葡萄酒

【配方】干葡萄末 250 克,红曲 1250 克,糯米 1250 克。

【制法】按常法酿酒。将糯米蒸熟,候冷,入红曲与葡萄末,水 10 升,搅拌均匀,入瓮盖覆,保温,候熟即成。口服。不拘时候,随量温饮,勿醉。

【功用】养胃阴、健脾胃。

【主治】胃阴不足、食欲不佳、肌肤粗糙、容颜无华。

【说明】坚持服用,其效始著。

◎地黄首乌酒

【配方】肥生地 400 克,何首乌 500 克,黄米 2500 克,酒曲 100 克。

【制法】将前 2 味加水煎,取浓汁,同曲、米如常法酿酒、密封于容器中,12 日后启封,中有绿汁,此真精英,宜先饮之。余滤汁收贮备用。口服。每次服 10~20 毫升,日服 3 次。

【功用】滋阴清热。

【主治】阳虚内热、烦热口渴、须发早白、遗精、带下、腰膝酸疼、手足心热等症。

◎枸杞糯米酒

【配方】枸杞根、生地黄各 10 千克,秋麻子仁 300 克,香豉 200 克,糯米 50 千克,酒曲 10 千克。

【制法】将枸杞根加水煮,取汁,煮秋麻子仁、豆豉,三物药汁总和取 6000 毫升,地黄切细和米蒸熟。地黄取一半渍米汤,一半与曲和酿饭。候饭如人体温,与药汁和一处,拌匀,入瓮密封,经二七日压取,封固,复经 7 日。初一度一酿,用麻子仁 200 克,若多即令人头痛。口服。每次服 10 毫升,日服 3 次。

【功用】滋阴坚筋骨、填骨髓、消积瘀、利耳目、长肌肉、利大小便。

【主治】五脏邪气、消渴风湿、下胸胁气、头风、五劳七伤、去胃中宿食、衄血、吐血、风症、伤寒瘴疠毒气、烦躁满闷、虚劳喘吸、脚气肿痹等症悉主之。

【说明】忌食生冷炸滑鸡鱼、面蒜、白酒，戒房事等。服完二周为一疗程。

◎长生滋补酒

【配方】熟地（主药）、女贞子、党参、黄芪、玉竹（4味为辅药）、陈皮（佐药）、蜂蜜、蔗糖、白酒。

【制法】上药与蜂蜜、蔗糖、白酒制成药酒，每瓶500毫升。口服。每次服15~20毫升，日服2次。

【功用】滋阴补血、益气增智。

【主治】面色萎黄、唇甲色淡、头目眩晕、心悸气短、健忘少寐、神疲乏力、舌质淡白、脉细无力。

【说明】病证属实、热者忌服。

◎杞蓉补酒

【配方】枸杞子、何首乌、麦门冬、当归、肉苁蓉、补骨脂、茯苓、栀子、淮牛膝、红花、冰糖、神曲、白酒。

【制法】制成酒剂，装瓶，备用。口服。每次服10~15毫升，日服2次。

红花

【功用】补肝肾、益精血。

【主治】腰膝酸软、头晕目眩、精神倦怠、健忘耳鸣、少寐多梦、自汗盗汗、舌淡白、脉沉细。

【说明】孕妇忌服；感冒者暂时停服。眩晕健忘兼见腰膝酸软者，服之尤良。

◎固精酒

【配方】枸杞子120克，当归（酒洗切片）60克，熟地黄90克，白酒1000毫升。

【制法】将前3味置容器中，加入白酒，密封，隔水煮沸20分钟，取出，埋入土中7天以去火毒。取出开封，即可取用。口服。每次服30~50毫升（不可多服),每日早、晚各服 1 次。

【功用】滋阴活血益肾。

【主治】阳痿不育。

◎杞菊酒

【配方】枸杞子 50 克,甘菊花 10 克,麦门冬 30 克,杜仲 15 克,白酒 1500 毫升。

【制法】将前 4 味捣碎为粗末,置容器中,加入白酒,密封,浸泡 21 天后,过滤去渣,即成。口服。每次服 15 毫升,日服 2 次。

【功用】养肝明目、补肾益精。

【主治】腰背疼痛、足膝酸软、头晕目眩、阳痿遗精、肺燥咳嗽等症。

◎补肾地黄酒

【配方】生地黄、牛蒡根各 100 克,大豆 200 克(炒香),白酒 2500 毫升。

【制法】将前 2 味切片,与大豆一同入布袋,置容器中,加入白酒,密封,浸泡 5~7 天后,即可取用。口服。每次服 15~30 毫升,日服 3 次,或不拘时,随量饮之,勿醉。

【功用】补肾通络。

【主治】老年人肾水不足、风热湿邪、壅滞经络、心烦、关节筋骨疼痛、日久不已者。

◎龟胶仙酒

【配方】龟板胶、金樱子、党参、女贞子、枸杞子、当归、熟地黄、白酒。

【制法】制成药酒,装瓶,备用。口服。每次饭后服 20~30 毫升,日服 2 次。

【功用】滋补肝肾、益气养血。

【主治】头晕耳鸣、面色㿠白、疲乏健忘、腰膝酸软、舌淡红苔少、脉虚弱。

【说明】脾虚便溏者忌服。

◎固本遐龄酒

【配方】当归、巴戟天、肉苁蓉、杜仲、人参、沉香、小茴香、破故纸、熟地黄、石菖蒲、青盐、木通、山茱萸、石斛、天门冬、陈皮、狗脊、菟丝子、牛膝、酸枣仁、覆盆子各 30 克,枸杞子、神曲各 60 克,川椒 21 克,白豆蔻、木香各 9 克,砂仁、大茴香、益智仁、乳香各 15 克,狗胫骨 200 克,淫羊藿 120 克,糯米 1000 克,大枣 500 克,生姜 60 克(捣汁)、鲜山药 120 克(捣汁),远志 30 克,白酒 35 升。

【制法】将前 32 味和远志共制为粗末,糯米同大枣同蒸为黏饭,待温,加入姜汁、山药。药末和 120 克炼蜜。拌和令匀,分作 4 份,分别装入 4 个绢袋,各置酒坛中,每坛各注入白酒四分之一,密封,浸泡 21 天后,即可取用。口服。每次温服 10~20 毫升,每日早、晚各服 1 次,以瘥为度。

【功用】温肾阳、益气血、散寒邪、通经络。

【主治】肾阳不足、气血不足、腰膝酸痛、筋骨无力、食少脘满、面色不华等症。

【说明】本方中原用豹骨 120 克,今以狗胫骨 200 克代之,用之临床,效果亦佳。

◎八味黄芪酒

【配方】黄芪、五味子各 60 克,萆薢、防风、川芎、川牛膝各 45 克,独活、山茱萸肉各 30 克,白酒 1500 毫升。

【制法】将前 8 味共研为粗末,入布袋,置容器中,加入白酒,密封,浸泡 5~7 天后,过滤去渣,即成。口服。每次空腹温服 10~20 毫升,日服 1~2 次。

【功用】益气活血、益肾助阳、祛风除湿。

【主治】阳气虚弱、手足逆冷,腰膝疼痛。

◎清宫大补酒

【配方】鹿茸、杜仲、人参、白酒(或糯米、酒曲)。

【制法】本酒系采用清朝宫廷秘方,用传统工艺方法精制而成(浸渍法或酿酒法)口服。每次饭后服 20 毫升,日服 2 次。

【功用】滋肾壮阳、健脾和中。

【主治】疲乏神倦、食欲不振、失眠、头晕、目眩、耳鸣、腰酸、健忘、性功能减退等一切脾肾虚损之症。

◎御龙酒

【配方】人参 30 克,鹿茸 20 克,龙滨酒 500 毫升。

【制法】将人参、鹿茸浸泡于龙滨酒内,10 日后即可饮用。口服。每次服 20

毫升,日服 2~3 次,亦可作佐餐饮用。

【功用】补气益血、活络祛湿、壮阳耐寒。

【主治】疲乏神倦、气短懒言、食欲不振、畏寒怕冷、腰酸腿软、健忘、失眠等虚损之症。

◎ 助阳益寿酒

【配方】老条党参、熟地黄、枸杞子各 20 克,沙苑子、淫羊藿、公丁香各 15 克,远志肉 10 克,广沉香 6 克,荔枝肉 10 克,白酒 1000 毫升。

【制法】将前 9 味共制为粗末,入布袋,置容器中,加入白酒,密封,置阴凉干燥处,经 3 昼夜后,稍打开口盖,再置文火上煮百沸,取下稍冷后,加盖,再放入凉水中拔出火毒,密封后置干燥处,经 21 天后开封,去掉药袋,即可饮用。口服。每次空腹温服 10~20 毫升,每日早、晚各服 1 次。

【功用】补肾壮阳、益寿延年。

【主治】肾虚阳痿、腰膝无力、头晕眼花、心悸、遗精、早泄、面色发白等症。

【说明】无明显症状,且体质偏阳虚者,常服之,有益寿延年之功。

◎ 参椒酒

【配方】丹砂(细研后,用水飞过,另包)20 克,人参、白花等各 30 克,蜀椒(去目并闭口老,炒出汗)120 克,白酒 1000 毫升。

【制法】上药除丹砂外,其余共捣为粗末,与丹砂同置容器中,密封,浸泡 5~7 天后,过滤去渣,即成。口服。每次空腹温服 10 毫升,日服 3 次,勿间断。

【功用】温补脾肾。

【主治】脾肾阳虚、下元虚冷、耳目昏花、面容苍白。

【说明】临床证明:本酒不仅适用上述诸症,还因脾肾阳虚所致诸症,用之皆有良效。

◎ 硫磺川椒酒

【配方】老硫磺 30 克,川椒 120 克,诃子 72 粒,白酒 500 毫升。

【制法】将前 3 味捣碎,置容器中,加入白酒,密封,浸泡 7 天后,过滤去渣,即成。口服。少量饮之(约 5~10 毫升),不必多杯也。

【功用】温肾壮阳。

【主治】诸虚百损皆妙。

◎健步酒方

【配方】生羊肠(洗净晾燥)1具,龙眼肉、沙苑蒺藜(微焙)、生薏苡仁(淘净晒燥)、仙灵脾、真仙茅各120克,滴花烧酒10000毫升。

【制法】将前6味切碎,置容器中,加入烧酒,密封,浸泡21天后,过滤去渣,即成。口服。频频饮之,常令酒气相续为妙。

【功用】温肾补虚、散寒利湿。

【主治】下部(焦)虚寒者宜之。

◎仙灵脾酒

【配方】仙灵脾(剉鹅脂30克炒)180克,陈皮15克,连皮大腹槟榔、黑豆皮、淡豆豉各30克,桂心3克,生姜2克,葱白3根,白酒1200毫升。

【制法】将前8味细剉,入布袋,置容器中,加入白酒,密封,用糠灰火外煨一昼夜时,取出候冷。去渣,即成。口服。每次空腹或夜卧前各服10毫升。服此酒后,再用水浴药淋浴,壮阳气。

【功用】补肾益精、壮阳通络、健脾利湿。

【主治】肾虚精气不足诸症。

◎西洋药酒方

【配方】红豆蔻(去壳)、肉豆蔻(面裹煨,用粗纸包,压去油)、白豆蔻(去壳)、高良姜、甜肉桂各30克,公丁香15克,淮山药15克,白糖120克,鸡子清2枚,干烧酒500毫升。

【制法】先将前7味各研净细末,混匀备用;再将白糖加水1碗,入铜锅内熬化,再入鸡子清,煎10余沸,入干烧酒,离火置隐秘处,将药末入锅内拌匀,以火点着烧酒片刻,即盖锅盖,火灭,用纱罗滤去渣,入瓷瓶内,用冷水冰去火气即成。口服。每次温服15~30毫升,日服2次,或不拘时,适量饮用,以瘥为度。

【功用】温中散寒、理气止痛。

【主治】脾胃虚寒、气滞脘满、进食不化、呕吐恶心、腹泻腹痛。

【说明】制法亦可改用:将前7味研末,待用;另将白糖加水1碗,入铜锅内熬化,再入鸡子清,煎10余沸,与药末同置容器中,加入烧酒,密封,浸泡7~14天后,过滤去渣,即可。

◎醉虾酒

【配方】虾仁干、鹿茸、人参、海马、当归、韭菜子、玉竹、狗鞭、狗脊、仙茅、淫羊藿、肉豆蔻、丁香、肉桂、白酒等。

【制法】依浸渍法制成酒剂,装瓶。口服。每次服 15～30 毫升,日服 2 次。

【功用】补肾壮阳、生精益髓、益智延年。

【主治】肾虚阳痿不举、遗精早泄、头晕耳鸣、心悸怔忡、失眠健忘、腰膝酸软、未老先衰、宫寒不孕等病症。

【说明】凡阴虚火旺者忌饮;孕妇、心脏病、高血压病患者慎饮。

◎仙茅龙眼肉酒

【配方】仙茅(米泔水浸)、淫羊藿、五加皮各 120 克,龙眼肉 100 克,白酒 9000 毫升。

【制法】将前 3 味切碎,与龙眼肉同置容器中,加入白酒,密封,浸泡 21 天后,过滤去渣,即成。口服。每次服 10～15 毫升,每日早、晚各服 1 次。

【功用】补肾阳、益精血、祛风湿、壮筋骨。

【主治】阳痿而兼腰膝酸软、精液清冷、小便清长、手足不温,或见食少、睡眠不实等症。舌苔多白润、脉沉迟。

【说明】如见五心烦热、小便黄赤、舌红少苔,脉细数是阴虚有热的表现,禁用此酒。

◎仙灵木瓜酒

【配方】仙灵脾 15 克,川木瓜 12 克,甘草 9 克,白酒 500 毫升。

【制法】将前 3 味切片,置容器中,加入白酒,密封,浸泡 7 天后,过滤去渣,即成。口服。每次服 15～20 毫升,日服 3 次。

【功用】益肝肾、壮阳。

【主治】阳气不振、性功能减退。

◎清宫换春酒

【配方】巴戟天、枸杞子、肉苁蓉、人参等。浸渍法用白酒,酿酒法加糯米、酒曲。

【制法】本酒是根据清代宫廷秘方,用传统工艺精制而成。属低度药酒。口服。每次服20毫升,日服(午、晚饭后)2次,或作佐餐饮用。

【功用】壮肾阳、益精血。

【主治】身体虚损、神疲健忘、腰膝酸软、阳痿、遗精、性功能减退等虚损之症。

◎鹿茸补肾壮阳酒

【配方】鹿茸10克,怀山药30克,白酒500毫升。

【制法】将鹿茸切成薄片,与山药同置容器中,加入白酒,密封,浸泡7日后取用。酒尽添酒,味薄即止。口服。每次空腹服15~30毫升,日服3次。

【功用】补肾壮阳。

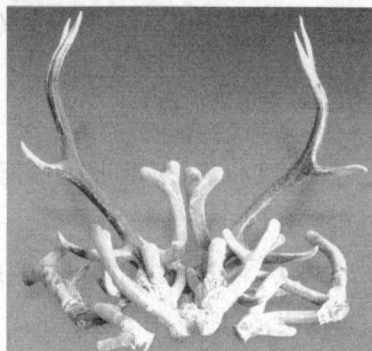
鹿茸

【主治】男子虚劳精衰、精血两亏、阳痿不举、腰膝酸软、畏寒无力、骨弱神疲、遗尿、滑精、眩晕、耳聋、小儿发育不良、妇女宫冷不孕、崩漏带下等虚寒症状。

◎麻雀酒

【配方】麻雀3只,菟丝子15克,肉苁蓉30克,黄酒(或米酒)1000毫升。

【制法】将麻雀去毛爪及内脏;肉苁蓉切片,与菟丝子一齐置容器中,加入黄酒,密封,浸泡15天后,过滤去渣,即成。口服。每次服10~20毫升,日服2次。

【功用】补肾壮阳、益气固本。

【主治】阳痿。

◎鹿鞭酒

【配方】鹿鞭1条,白酒1000毫升。

【制法】将上药先用温水浸润,去内膜,切片,再置容器中,加入白酒,密封,浸泡1个月后即可取用。口服。每次服10毫升,日服2次。

【功用】补肾阳、益精血。

【主治】肾阳不足、精血亏损、腰膝酸软、肢体乏力、畏寒怕冷、男子阳痿、妇女宫冷等症。

【说明】凡阴虚火旺者忌服。

◎核桃茴香酒

【配方】核桃仁 30 克,小茴香 5 克,杜仲、补骨脂各 15 克,白酒 500 毫升。

【制法】将前 4 味切碎,置容器中,加入白酒,密封,浸泡 15 天后,过滤去渣,即成。口服。每次服 20 毫升,日服 2 次。

【功用】温阳补肾、固精。

【主治】肾阳虚弱、腰膝酸软、阳痿滑精、小便频数等。

【说明】凡阴虚火旺者忌服。

◎灵脾血藤酒

【配方】仙灵脾 100 克,鸡血藤 80 克,白酒(或米酒)1000 毫升。

【制法】将前 2 味切碎,置容器中,加入白酒,密封,浸泡 10 天后,过滤去渣,即成。口服。每次温服 10~20 毫升,日服 3 次。

【功用】温补肾阳、舒筋活络。

【主治】肾阳不足的腰膝痛、筋骨疼痛。

◎三物延年酒

【配方】猪肾 2 具、杜仲 60 克,肉桂 20 克,白酒 2000 毫升。

【制法】先将猪肾洗净,用花椒盐水腌去腥味,切成小碎块;其余 2 味药共研为粗末,与猪肾同置容器中,加入白酒,密封,浸泡 14 天后,过滤去渣,即成。药渣再添酒浸,味薄即止。口服。每次服 10~15 毫升,日服 2 次。

【功用】补肾壮阳。

【主治】肾虚遗精、腰膝疼痛、体倦神疲、行走无力、耳鸣等症。

◎仙茅助阳酒

【配方】仙茅(用乌豆汁浸 3 日,九蒸九晒)200 克,白酒 1000 毫升。

【制法】将上药切碎,置容器中,加入白酒,密封,浸泡 7 天后,过滤去渣,即成。口服。每次空腹服 10~15 毫升,日服 2 次。

【功用】补肾壮阳、祛风除湿。

【主治】阳痿、精冷、畏寒、腰膝冷痛、女子宫寒不孕等症。兼治老年人遗尿、小便余沥等症。

【说明】相火旺盛者忌服。

◎鹿茸虫草酒

【配方】鹿茸 20 克,冬虫夏草 90 克,高粱酒 1500 毫升。

【制法】将前 2 味切薄片,置容器中,加入白酒,密封,浸泡 10 天后,过滤去渣,即成。口服。每次服 20~30 毫升,日服 2 次。

【功用】补肾壮阳。

【主治】肾阳虚衰、精血亏损所致的腰膝酸软无力、畏寒肢冷、男子阳痿不育等症。

【说明】阴虚者禁用。

◎雀肉补骨脂酒

【配方】麻雀 9 只,补骨脂、远志、蛇床子、小茴香各 30 克,冰糖 90 克,白酒 2000 毫升。

【制法】将麻雀去毛爪及内脏,洗净备用;其余 4 味药捣碎,与麻雀同入布袋,置容器中,加入白酒,加盖,置文火上煮约 30 分钟,离火待冷,密封,浸泡 7 天后,过滤去渣,加入冰糖即成。口服。每次空腹服 10~20 毫升,日服 2 次。

【功用】补肾阳、暖腰膝、壮身体。

【主治】腰膝冷痛、小腹不温、阳痿、耳鸣、小便频数、精神不振等肾虚症状。

祛病强身药酒

凡体质虚弱之人,抗病能力低下,而受外邪(大淫)侵袭;或阴阳失调,脏腑功能紊乱,因而引起种种病症。运用祛病强身药酒,标本兼治,颇具效验。

◎十仙酒

【配方】枸杞子 40 克,当归、川芎、白芍、熟地、黄芪、人参、白术、白茯苓、炙甘草各 50 克,生姜 100 克,红枣 50 枚,白酒 20 毫升。

【制法】将前 12 味共制为粗末,入布袋,置容器中,加入白酒,密封,隔水煮 30 分钟,取出静置 10 天后即可取用。口服。每次服 20 毫升,日服 2 次。

【功用】补益气血。

【主治】身体虚弱、气血不足诸症。

◎轻身酒

【配方】何首乌60克,全当归、肉苁蓉、胡麻仁、生地黄各30克,蜂蜜60克,白酒2000毫升。

【制法】将前5味共制为粗末,入布袋,置容器中,加入白酒,密封,隔日振摇数下,浸泡14天后,过滤去渣,加入蜂蜜,拌匀,即成。口服。每次服10~20毫升,日服3次。

【功用】益精润燥。

【主治】腰膝酸软、头昏目暗、肠燥便秘等症。

◎扶衰酒

【配方】五味子、柏子仁、丹参各6克,桂圆肉、党参各9克,白酒600毫升。

【制法】将前5味捣碎,入布袋,置容器中,加入白酒,密封,浸泡14天后(浸泡期间,每日振摇1次),过滤去渣,即成。口服。每次服20毫升,日服2次。

【功用】补气血、滋肺肾、宁心安神。

【主治】体虚无力、食欲不振、怔忡健忘、心悸不安、失眠等。

◎人参荔枝酒

【配方】人参13克,荔枝肉100克,白酒500毫升。

【制法】将前2味切碎,置容器中,加入白酒,密封,浸泡7天后即可取用。口服。每次服20毫升,日服2次。

【功用】大补元气、安神益智。

【主治】体质虚弱、精神萎靡等。

【说明】常用此酒,有"延年益寿、安神益智"之功。

◎人参葡萄酒

【配方】人参20克,葡萄200克,白酒500毫升。

【制法】将人参切碎,葡萄绞汁,同置容器中,加入白酒,密封,每日振摇1次,浸泡7天后即可取用。口服。每次空腹服10毫升,日服2次。

中華酒典

【功用】益气、健脾、补肾。

【主治】体虚气弱、腰酸乏力、食欲不振、心悸、盗汗、干咳劳嗽、津液不足等症。

【说明】常作肺结核辅助治疗之用。阴虚火旺者忌服。

◎ 健康补肾酒

【配方】熟地黄、桂圆肉、地骨皮、当归、牛膝各 120 克,沙苑子(炒)、杜仲(盐炒)、巴戟天(去心盐炒)、枸杞子、菟丝子(炒)、楮实子(炒)、韭菜子(炒)、怀山药各 60 克,补骨脂(盐炒)30 克,蔗糖 480 克,白酒 9 600 毫升。

【制法】将前 14 味共制为粗末,置容器中,加入白酒,用蔗糖制成的糖酒作溶剂,密封,浸渍 48 小时后,按渗漉法,以每分钟 1~3 毫升的速度进行渗漉,收集滤液,静置,滤过,即成。口服。每次服 20~30 毫升,日服 2 次。

【功用】补肾益脾、强健腰膝。

【主治】脾肾虚弱、腰膝酸软、年老体虚、精神疲倦等症。

【说明】风寒感冒患者停服。

◎ 首乌枸杞酒

【配方】何首乌、枸杞子各 120 克,熟地黄 60 克,全当归、黄精各 30 克,白酒 2 500 毫升。

【制法】将前 5 味洗净,切碎,入布袋,置容器中,加入白酒,密封,每日振摇 1 次,浸泡 7 天后,过滤去渣,贮瓶备用。口服。每次服 10~20 毫升,日服 3 次。

【功用】补肝肾、健脾胃、益精血。

【主治】腰膝酸软、头晕眼花、食欲不振、精神萎靡等。

【说明】常服有"强身健体"之功。

◎ 菊花地黄酒

【配方】甘菊花 500 克,生地黄 300 克,枸杞子、当归各 100 克,糯米 3 000 克,酒曲适量。

【制法】将前 4 味,水煎 2 次,取浓汁 2 500 毫升,备用;再将糯米用药汁 500 毫升浸湿,沥干,蒸饭,待凉后,与酒曲(压细)、药汁拌匀,装入瓦坛中发酵,如常法酿酒,味甜后去渣,即成。口服。每次服 20~30 毫升,日服 2 次。

【功用】养肝明目、滋阴清热。

【主治】肝肾不足之头痛、头昏目眩、耳鸣、腰膝酸软、手足震颤等症。

◎周公百岁药酒

【配方】黄芪(蜜炙)、茯神各60克,潞党参、麦门冬、茯苓、白术、枣皮、川芎、龟板胶、阿胶、防风、广陈皮、枸杞子各30克,当归、熟地黄、生地黄各36克,桂心18克,五味子、羌活各24克,红枣1000克,冰糖1500克,高粱酒15升。

菊花

【制法】将前19味加工捣碎,置容器中,加入白酒、大枣和冰糖,密封,浸泡30天后,过滤去渣,即成。口服。每次服30~50毫升,日服2次。不善饮酒者可减半,并以温开水冲淡服之。

【功用】补益气血、养心安神。

【主治】虚损、五劳七伤、精神疲倦、心悸气短、喘促多汗、头晕目眩、健忘寐差、筋骨疼痛、腰酸肢麻、形容憔悴、反胃噎嗝、妇人崩漏、带下、脉虚无力等症。老年人常服,亦能乌须黑发。

【说明】此药酒是以温补为主,寓散于补,补而不壅,是一有效的补益药酒。凡阴虚火旺者慎服,病症属实者忌服。

◎补益延龄酒

【配方】潞党参、沉香、丁香、檀香、甘草各30克,白茯苓熟地黄、当归、广皮、白术、黄芪、枸杞子、白芍各60克,红曲120克,蜂蜜3 000克,高粱酒15000毫升,酒酿4000克。

【制法】将前13味加工捣碎,置容器中,加入高粱酒、红曲、酒酿和蜂蜜,密封,浸泡15天后,药性尽出,即可开封启用。口服。不拘时候,随意饮用。

【功用】健脾养胃、顺气消食、调营益气。

【主治】诸虚百损。

◎九仙酒

【配方】枸杞子24克,当归身、川芎、白芍、熟地黄、人参、白术、白茯苓各30克,大枣10枚、生姜60克,炙甘草30克,白酒25 000毫升。

中华酒典

【制法】将前 11 味捣碎,置容器中,加入白酒,密封,浸泡 14 天后即可。冬季制备时,可采用热浸法,即密封后,隔水加热 30 分钟,取出,静置数日后,即可取用。均过滤去渣,即成。口服。每次服 15~30 毫升,日服 2~3 次,或适量饮之。

【功用】大补气血、保健强身。

【主治】凡气血不足引起的诸虚损症、体质素属气怯血弱、而无明显症状者,亦可用之。

【说明】本药酒药性平和,有病治病,无病健身,为治病与保健之良方。

◎补肾健脾酒

【配方】白术(土炒)、青皮、生地黄、厚朴(姜炒)、杜仲(姜炒)、破故纸(微炒)、广陈皮、川椒、巴戟肉、白茯苓、小茴香、肉苁蓉各 30 克,青盐 15 克,黑豆(炒香)60 克,白酒 1500 毫升。

【制法】将前 14 味共研粗末,置容器中,加入白酒,密封,浸泡 7~10 天后,过滤去渣,即成。口服。每次空腹温服 15~30 毫升,每日早、晚各服 1 次。

【功用】补肾健脾。

【主治】脾肾两虚、男子阳痿、女子月经不调、赤白带下等症。

【说明】忌食牛、马肉;妇女怀孕不可服。

◎人参七味酒

【配方】人参 40 克,龙眼肉 20 克,当归 25 克,酸枣仁 10 克,生地黄 20 克,远志 15 克,冰糖 40 克,白酒 1500 毫升。

【制法】将前 6 味共制为粗末,入布袋,置容器中,加入白酒,密封,浸泡 14 天后,去药袋;另将冰糖置锅中,加水适量,文火煮沸,色微黄之际,趁热过滤;倒入药酒中,搅匀,即成。口服。每次服 10~20 毫升,每日早、晚各服 1 次。

【功用】补气血、安心神。

【主治】气虚血亏之体倦乏力、面色不华、食欲不振、惊悸不安、失眠健忘等症。

◎双乌暖胃酒

【配方】川乌(烧存性)、草乌(烧存性)、当归、黄连、生甘草、高良姜、陈皮各 5 克,烧酒 5000 毫升,甜酒 2500 毫升,红砂糖 520 克。

【制法】将前7味捣碎,入布袋,待用;另将红砂糖,以水、醋各半调匀,去渣,与药袋同置容器中,加入烧酒和甜酒,密封,浸泡5天后,过滤去渣,即成。口服。不拘时候,随量饮用。

【功用】温通经络、暖补脾胃。

【主治】脾胃虚弱、精神疲乏。

◎ 木瓜牛膝酒

【配方】木瓜、牛膝各25克,白酒500毫升。

【制法】将前2味捣碎,置容器中,加入白酒,密封,浸泡15天后,过滤去渣,即成。口服。每次服10毫升,日服2次。

【功用】舒筋活络、祛风除湿。

【主治】关节僵硬、活动不利、筋骨酸痛等症。

◎ 五积散酒

【配方】茯苓80克,桔梗、当归、白芍、陈皮、苍术(炒)、白芷、厚朴(姜制)、枳壳(炒)、麻黄、制半夏、甘草各60克,川芎、干姜备30克,蔗糖2 000克,白酒17 500毫升。

【制法】将前14味共制为粗末,置容器中,加入白酒,浸渍15天后,按渗漉法,以每分钟1~3毫升的速度进行渗漉,收集滤液;另取蔗糖制成糖浆,待温,加入上述渗滤液中,搅匀,静置,滤过,约制成17500毫升,分装贮瓶,备用。口服。每次服15~30毫升,日服2次。

【功用】散寒解表、祛风燥湿、消积止痛。

【主治】风寒湿痹、头痛、身痛、腰膝冷痛及外感风寒、内有积滞等症。

◎ 桑枝酒

【配方】桑枝、黑大豆(炒香)、五加皮、木瓜、金银花、薏苡仁、黄柏、蚕沙、松仁各10克,白酒1000毫升。

【制法】将前10味捣碎,入布袋,置容器中,加入白酒,密封,浸泡15天后,过滤去渣,即成。口服。每次服30毫升,日服3次。

【功用】祛风除湿、清热通络。

【主治】湿热痹痛、口渴心烦、筋脉拘急等症。

中华酒典

◎菟丝杜仲酒

【配方】菟丝子 30 克,牛膝、炒杜仲各 15 克,低度白酒 500 毫升。

【制法】将前 3 味捣碎入布袋,置容器中,加入白酒,密封,浸泡 7 天后,过滤去渣,即成。口服。每次服 30 毫升,日服 2 次。

【功用】补肝肾、壮腰膝。

【主治】肝肾虚损、腰膝酸痛、神疲乏力等症。

◎天麻石斛酒

【配方】石斛、天麻、川芎、仙灵脾、五加皮、牛膝、草薢、桂心、当归、牛蒡子、杜仲、制附子、乌蛇肉、茵芋、狗脊、丹参各 20 克,川椒 25 克,白酒 1500 毫升。

【制法】将前 17 味捣碎,置容器中,加入白酒,密封,浸泡 7 天后,过滤去渣,即成。口服。每次温服 10~15 毫升,日服 3 次。

【功用】舒筋活血、强筋壮骨、祛风除湿。

【主治】中风手足不遂、骨节疼痛、肌肉顽麻、腰膝酸痛、不能仰俯、腿脚肿胀等。

◎钟乳浸酒方

【配方】钟乳粉 90 克,石斛、牛膝、黄芪、防风各 60 克,熟地黄 150 克,白酒 1500 毫升。

【制法】将前 6 味细锉,入布袋,置容器中,加入白酒,密封,浸泡 3~7 天后,过滤去渣,即成。口服。每次温服 10~15 毫升,日服 3 次。

【功用】补养五脏、疗风气、坚筋骨、益精髓。

【主治】虚劳不足。

【说明】又单用钟乳石,炼后细研,用白酒浸,密封,隔水煎至半,再添酒满数,烫封好,7 日后服。每次空腹温服 450 毫升,主治风虚气上、下焦伤竭、脚弱疼痛。有安五脏、通百节、利九窍、益精、明目之功。久服延年益寿,肥健悦色不老。宜节饮食,忌阳事。

◎参归养荣酒

【配方】生晒参、糖参、全当归各 50 克,桂圆肉 200 克,玉竹 80 克,红砂糖

1600 克,52 度白酒 22 400 毫升。

【制法】将前 5 味和匀,置容器中,加入白酒 4 800 毫升,密封,浸泡 2 周以上,过滤去渣,与压榨液合并,加入砂糖(加水适量,加热溶解),然后加入剩余的白酒,拌匀,静置 14 天以上,滤过,分装,备用。口服。每次服 15~20 毫升,日服 2 次。

【功用】补气养血、滋阴润燥、养心益脾。

【主治】气阴两虚、心脾不足之虚损贫血、神疲乏力、面色萎黄、失眠多梦、心悸健忘、眩晕、耳鸣、食少纳差者。

【说明】此药酒以补益为主,不滞不腻,颇适用于气阴两虚、心脾不足引起的病症患者饮用。

◎黄芪浸酒方

【配方】黄芪、萆薢、桂心、制附子、山茱萸、白茯苓、白薇各 20 克,防风 45 克,石斛、杜仲(炙微黄)、肉苁蓉(酒浸炙)各 60 克,白酒 1800 毫升。

【制法】将前 11 味细锉,入布袋,置容器中,加入白酒,密封,浸泡 5~7 天后,过滤去渣,即成。口服。每次空腹温服 5~10 毫升,日服 3 次。

【功用】补益肝肾、温经散寒、疏风渗湿。

【主治】虚劳膝冷。

◎补虚黄芪酒

【配方】黄芪、五味子各 60 克,萆薢、防风、川芎、川牛膝各 45 克,独活、山茱萸各 30 克,白酒 3 000 毫升。

【制法】将前 8 味细锉,入布袋,置容器中,加入白酒,密封,浸泡 5~7 天后,过滤去渣,即成。口服。每次空腹温服 10~15 毫升,日服 1~2 次。

【功用】补虚泻实、活血祛风、温经止痛。

【主治】虚劳、手足逆冷、腰膝疼痛。

◎小金牙酒

【配方】金牙、细辛、地肤子、莽草、干地黄、防风、葫芦根、附子、茵芋、川续断、蜀椒、独活各 120 克,白酒 4000 毫升。

【制法】将前 12 味,金牙研细末,入布袋,余皆薄切,同置容器中,加入白酒,密封,浸泡 4~7 天后,过滤去渣,即成。口服。每次温服 20 毫升,3 日渐增之,日服 2 次。

【功用】补肾壮骨、祛风除湿、温经通络。

【主治】风痊百病、虚劳湿冷、肌缓不仁、不能行步。

◎喇嘛酒方

【配方】胡桃肉、龙眼肉各 120 克,枸杞子、何首乌、熟地黄各 30 克,白术、当归、川芎、牛膝、杜仲、稀莶草、茯苓、丹皮各 15 克,砂仁、乌药各 7.5 克,白酒 2 500 毫升。

【制法】将前 15 味切碎,入布袋,置容器中,加入白酒,加盖,隔水加热至沸,候冷,再加入滴花烧酒 7 500 毫升,密封,浸泡 7 天后,过滤去渣,即成。口服。每次随意饮服,日服 3 次。

【功用】滋肾舒筋、养血祛风、温经通络。

【主治】半身不遂、风痹麻木。

◎鲁公酿酒

【配方】干姜、踯躅、桂心、甘草、川芎、川续断、细辛、附子、秦艽、天雄、石膏、紫菀各 150 克,葛根、石龙芮、石斛、通草、石楠、柏子仁、防风、巴戟天、山茱萸各 120 克,牛膝、天门冬各 240 克,乌头 20 枚,蜀椒 100 克,糯米 15 千克,酒曲 500 克。

【制法】将前 25 味捣碎,以水 5 000 毫升浸渍 3 日,入酒曲合渍;糯米浸湿,沥干,蒸饭,候冷,入药材与水,拌匀,合酿。置容器中,密封,置保温处,候酒熟(约酿 3 宿)。去渣,即成。口服。每次空腹服 10~15 毫升,日服 2 次。待酒尽,取药渣,晒干研细末,服之(每次 5 克,酒送)。

【功用】壮肾阳、祛风湿、温经通络。

【主治】主风偏枯半死、行劳得风、若鬼所击、四肢不遂、不能行步、不能自解带衣、挛擘五缓六急、妇人带下、产乳中风、五劳七伤。

◎增损茵芋酒

【配方】茵芋叶、制川乌、石楠叶、防风、川椒、女萎、制附子、北细辛、独活、卷柏、肉桂、天雄(制)、秦艽、防己各 30 克,踯躅花(炒)、当归、干地黄各 60 克,芍药 30 克,白酒 5 000 毫升。

【制法】将前 18 味捣碎,置容器中,加入白酒,密封,浸泡 3~7 天后,过滤去渣,即出。口服。初服 10 毫升,渐增之,以知为度,日服 2 次,常令酒气相续。

【功用】补肾助阳、祛风除湿、温经通络。

【主治】半身不遂、肌肤干燥、渐渐细瘦,或时酸痛,病名偏枯。

◎二活川芎酒

【配方】羌活,独活各 15 克,川芎 20 克,黑豆(炒香)、大麻仁各 30 克,米酒 2 000 毫升。

【制法】将前 5 味(除黑豆外)捣碎,置容器中,加入米酒,密封,浸泡 10 余日后,开封,再将黑豆炒香令烟起,趁热投入酒中,候冷,过滤去渣,即成。口服。每次服 20~30 毫升(约 1~2 小杯),每日早、晚各服 1 次。

【功用】祛风、活血、解痉。

【主治】中风初得、颈项强直、肩背酸痛、肢体拘急、时有恶风、发热。

◎黑豆酒

【配方】黑豆 125 克,黄酒 1000 毫升。

【制法】将黑豆用文火炒至半焦,置密器中,加入黄酒,密封,浸泡 7 天后,去渣即成;或炒至令香,置容器中,加入黄酒,盖好,以文火煮沸后,离火,浸泡 1 宿,去渣,即成。口服。每次服 10~30 毫升,日服 3 次。

【功用】补肾利水、祛风止痉、通络止痛。

【主治】口噤不开,妊娠腰痛如折,产后受风引起的腰痛、筋急、口噤不开。兼治腰痛。

【说明】凡产后服黑神散,皆宜以此药酒调服,活血祛风,最为要药,妊娠折伤胎死,服此得效。

◎三两半药酒

【配方】当归、黄芪(蜜炙)、牛膝各 10 克,防风 5 克,白酒 240 毫升,黄酒 800 毫升,蔗糖 84 克。

【制法】将前 4 味粉碎成粗粉,置容器中,加入白酒和黄酒,浸渍 48 小时后,按渗漉法以每分钟 3~5 毫升的速度进行渗漉,并在漉液中加入蔗糖,搅拌后,静置数日,滤过,即成。口服。每次服 30~60 毫升,口服 3 次。

【功用】益气活血、祛风通络。

【主治】气血不和、四肢疼痛、感受风湿、筋脉拘挛等症。

【说明】上四味各以三倍量入剂,用之临床,功力尤佳。用治关节痛,肌肉疼痛,上方加桂枝 30 克,白花蛇舌草 45 克,效佳。

◎天雄浸酒方

【配方】制天雄、茵芋各 90 克,蜀椒(炒)、防风、羊踯躅(炒)各 45 克,制乌头、制附子各 60 克,炮姜 30 克,白酒 15 000 毫升。

【制法】将前 8 味细锉,入布袋,置容器中,加入白酒,密封,浸泡 5~7 天后即可取用。口服。每次空腹服 10~15 毫升,每日早晨,临卧前各服 1 次。酒尽,将药渣晒干,共研细末,每服 1.5~3 克,以白酒送服。

【功用】补肾阳、壮筋骨。

【主治】肾风筋急、两膝不得屈伸、手不为用、起居增剧、恶寒、通身流肿生疮。凡风冷疾病在腰膝、挛急缓纵、均可用之。

延年益寿药酒

"抗衰老,增寿命"的药物及方剂。古代称为"益气轻身""不老增年""返老还童""延年益寿"或"补益"方药。凡能补益正气、扶持虚弱,用以治疗虚症和推迟衰老,延长生命的药酒,称为益寿延寿药酒。这类药酒,是为正气虚而设,旨在通过补益或祛病,直接或间接增强人体的体质,提高机体的免疫能力,不仅能祛邪、还能推迟生命的衰老过程,从而"尽终其天年、度百年乃去"。因此,凡身体健康,脏腑功能活动正常的人,则不宜服用,否则,反而适得其反,影响健康。

◎神仙延寿酒

【配方】生地黄、熟地黄、天门冬、麦门冬、当归、川牛膝、杜仲、小茴香、巴戟天、枸杞子、肉苁蓉各 60 克,破故纸、砂仁、白术、远志各 30 克,人参、木香、石菖蒲、柏子仁各 15 克,川芎、白芍、茯苓各 60 克,黄柏 90 克,知母 60 克,白酒 30 升。

【制法】将前 24 味捣碎,入布袋,置容器中,加入白酒,密封,隔水加热 1.5 小时,取出容器,埋入土中 3 日以去火毒,静置待用。口服。每次服 10~15 毫升,日服 1~2 次。

【功用】滋阴助阳、益气活血、清虚热、安神志。

【主治】气血虚弱、阴阳两亏、夹有虚热而出现的腰酸腿软、乏力、气短、头眩目暗、食少消瘦、心悸失眠等症。

◎延龄酒

【配方】枸杞子240克,龙眼肉120克,当归60克,炒白术30克,大黑豆100克,白酒5 000~7 000毫升。

【制法】将前4味捣碎,置容器中,加入白酒,另将黑豆炒至香,趁热投入酒中,密封,浸泡10天后,过滤去渣,即成。口服。每次服10毫升,日服2次。

【功用】养血健脾、延缓衰老。

【主治】精血不足、脾虚湿困所致的头晕、心悸、睡眠不安、目视不明、食少困倦、筋骨关节不利等症;或身体虚弱、面色不华。平素偏于精血不足、脾气不健者,虽无明显症状,宜常服,具有保健延年的作用。

◎延年百岁酒

【配方】大熟地、紫丹参、北黄芪各50克,当归身、川续断、枸杞子、龟板胶、鹿角胶各30克,北丽参(切片)15克,红花15克,黑豆(炒香)100克,苏木10克,米双酒1500毫升。

【制法】将前5味研成粗粉,与余药(二胶先烊化)同置容器中,加入米酒,密封,浸泡1~3个月后即可取用。口服。每次服10~15毫升,每日早、晚各服1次。

【功用】补气活血、滋阴壮阳。

【主治】早衰、体弱或病后所致之气血不足而症见头晕眼花、心悸气短、四肢乏力及腰膝酸软等。

◎精神药酒秘方

【配方】东北人参、干地黄、甘枸杞各15克,淫羊藿、沙苑蒺藜、母丁香各9克,沉香、远志肉各3克,荔枝核7枚(捣碎),60度高粱白酒1000毫升。

【制法】将前9味,先去掉杂质、灰尘,再同置容器中,加入白酒,密封,浸泡45天后即可饮用。口服。每次服10毫升,徐徐呷服。日服1次。

【功用】补气养阴、温肾健脾。

【主治】体虚、精神疲乏、延年益寿。

【说明】青壮年及阴虚肝旺者禁用。

◎万病无忧酒

【配方】当归、川芎、白芷、荆芥穗、地骨皮、牛膝、大茴香、木瓜、乌药、煅自然铜、木香、乳香、没药、炙甘草各15克,白芍、破故纸、威灵仙、钩藤、石楠藤各30克,防风22.5克,羌活、雄黑豆(炒香)各60克,炒杜仲45克,紫荆皮45克,白酒一大坛(约25升)。

【制法】将前24味共捣碎,和匀,入布袋,置容器中,加入白酒、密封,浸泡5~10天后即可饮用。口服。每取温酒适量饮之,或晨昏午后随量饮之。饮至一半,再添加白酒为妙。

【功用】祛风活血、养神理气、补虚损、除百病。

【主治】能除百病、理风湿、乌鬓发、清心明目、利腰肾腿膝、补精髓、疗跌打损伤筋骨、和五脏、平六腑、快脾胃、进饮食、补虚怯、养气血。

【说明】须坚持服用,以效为度。

◎滋补肝肾酒

【配方】女贞子、枸杞子各60克,生地黄30克,胡麻仁60克,冰糖100克,白酒2000毫升。

【制法】将前4味,胡麻仁水浸,去掉浮物,洗净蒸过,研烂;余药捣碎,与胡麻仁,同入布袋,待用;另将冰糖放锅中,加水适量,置文火上加热溶化,待变成黄色时,趁热用净细纱布过滤一遍,备用;将白酒放入容器中,加入药袋,加盖,置炉上大火煮至水沸时取下,待冷后密封,置阴凉处隔日摇动数下,浸泡14天后,过滤去渣,加入冰糖液,再加入500毫升凉开水,拌匀,过滤,贮瓶备用。口服。每次空腹服10~20毫升,每日早、晚各服1次。

【功用】滋肝肾、补精血、益气力、乌须发、延年益寿。

【主治】腰膝酸软、肾虚遗精、头晕目眩、须发早白、老年肠燥便秘等症。

【说明】老年人、壮年人常饮此酒,有"延年益寿、抗早衰"之作用。

◎神仙酒

【配方】肥生地、菊花、当归各30克,牛膝15克,红糖600克,好陈醋600毫升,干烧酒5 000毫升。

【制法】将前4味入布袋,待用;将干烧酒置容器中,以红糖、陈醋和水2 500毫升调匀,去渣入酒内,再装入药袋,密封,浸泡5~7天后即可取用。口服。不

家庭经典藏书

中华酒典

拘时候，随意饮服。勿醉。

【功用】益精血、明耳目、添筋力、延衰老。

【主治】阴血不足、诸虚百损。

◎复方仙茅酒

【配方】仙茅、淫羊藿、五加皮各100克，白酒2000毫升。

【制法】将前3味切碎，入布袋，置容器中，加入白酒，密封，浸泡14天后，即可取用。口服。每次温服10~20毫升，每日早、晚各服1次。

仙茅

【功用】温补肝肾、壮阳强身、散寒除痹。

【主治】老年昏耄、中年健忘、腰膝酸软。

◎蜂蜜酒

【配方】蜂蜜500克，红曲50克。

【制法】将蜂蜜加水1000毫升，加红曲入内，拌匀，装入净瓶中，用牛皮纸封口，发酵一个半月即成。过滤去渣，即可饮用。口服。不拘时，随量饮服。

【功用】本品有补益与治疗作用。

【主治】成年和老年人长期饮用对身体都有好处，特别是对患有神经衰弱、失眠、性功能减退、慢性支气管炎、高血压、心脏病等慢性疾病患者，都大有裨益。

◎补肾壮阳酒

【配方】老条党参、熟地黄、枸杞子各20克，沙苑子、淫羊藿、公丁香各15克，远志肉10克，广沉香6克，荔枝肉10个，白酒1000毫升。

【制法】将前9味加工使细碎，入布袋，置容器中，加入白酒，密封，置阴凉干燥处。经3昼夜后，打开口，盖一半，再置文火上煮数百沸，取下稍冷后加盖，再放入冷水中拔出火毒，密封后放干燥处，21日后开封，过滤去渣，即成。口服。每次空腹温服10~20毫升，每日早、晚各服1次，以瘥为度。

【功用】补肾壮阳、养肝填精、健脾和胃、延年益寿。

【主治】肾虚阳痿、腰膝无力、血虚心悸、头晕眼花、遗精早泄、气虚乏力、面容萎黄、食欲不振及中虚呃逆、泄泻等症。

【说明】老年阳气不足而无器质性病变时,经常适量饮用,可延年益寿。阴虚火旺者慎用。服用期禁服郁金。

◎玉竹高龄酒

【配方】玉竹、桑葚各488克,白芍、茯苓、党参、菊花各122克,炙甘草、陈皮各31克,制何首乌183克,当归91克,白酒50 000毫升。

【制法】将前10味共制为粗末,用白酒浸渍10~15天后,按渗漉法缓缓渗漉,收集渗滤液;另取蔗糖3 000克,制成糖浆,加入漉液中,另加红曲适量调色,搅匀,静置,滤过约制成50 000毫升,贮瓶备用。口服。每次服25~50毫升,日3夜1服。

【功用】补脾肾、益气血。

【主治】精神困倦、食欲不振等。

◎草还丹酒

【配方】石菖蒲、补骨脂、熟地黄、远志、地骨皮、牛膝各30克,白酒500毫升。

【制法】将前6味共研细末,置容器中,加入白酒,密封,浸泡5天后即可饮用。口服。每次空腹服10毫升,每日早、午各服1次。

【功用】理气活血、聪耳明目、轻身延年、安神益智。

【主治】老年人五脏不足、精神恍惚、耳聋耳鸣、少寐多梦、食欲不振等症。

◎松子酒

【配方】松子仁600克,甘菊花300克,白酒1000毫升。

【制法】将松子仁捣碎,与菊花同置容器中。加入白酒,密封,浸泡7天后,过滤去渣,即成。口服。每次空腹服10毫升,日服3次。

【功用】益精补脑。

【主治】虚羸少气、体弱无力、风痹寒气。

◎黄精延年酒

【配方】黄精、白术各4克,天门冬3克,松叶6克,枸杞子5克,酒曲适量。

【制法】将前5味加水适量煎汤,去渣取液,加入酒曲拌匀,如常法酿酒。酒熟即可饮用。口服。不拘时候,适量饮服,勿醉。

【功用】延年益寿、强筋壮骨、益肾填精、调和五脏。

【主治】老人食少体虚、筋骨软弱、腰膝酸软。

◎松龄太平春酒

【配方】熟地黄、当归、枸杞子、红曲、龙眼肉、荔枝蜜、整松仁、茯苓各100克,白酒10 000毫升。

【制法】将前8味捣碎,入布袋,置容器中,加入白酒,密封,隔水煮1小时时间,或酒煎1小时亦可。过滤去渣,即成。口服。每次服25毫升,每日早、晚各服1次。

【功用】益寿延年、如松之盛。

【主治】老年人气血不足、体质虚弱、心悸怔忡、健忘、失眠等症。

◎三味杜仲酒

【配方】杜仲、丹参各60克,川芎30克,白酒2 000毫升。

【制法】将前3味共制为粗末,入布袋,置容器中,加入白酒,密封,浸泡14天后,过滤去渣,即成。口服。每次服10~15毫升,每日早、晚各服1次。

【功用】补肝肾、强筋骨、活血通络。

【主治】筋骨疼痛、足膝痿弱、小便余沥、腰脊酸困。

◎杞地红参酒

【配方】枸杞子、熟地黄各80克,红参15克,茯苓20克,何首乌50克,白酒1000毫升。

【制法】将前5味捣碎,置容器中,加入白酒,密封,浸泡15天后,过滤去渣,即成。口服。每次服15~20毫升,每次早、晚各服1次。

【功用】补肝肾、益精血、补五脏、益寿延年。

【主治】虚衰、耳鸣、目昏花。

健脑益智药酒

脑是人之灵机与记忆所在,为元神所藏之处,故又称"元神之府"。中医认

中華酒典

为：肾藏精、精生髓、脑为髓海，都说明"元神"与肾有关。若肾精充足、脑髓充盈，则博闻强记、思维敏捷、志意摩坚；若肾精亏损、髓海空虚，则会出现记忆减退、思维迟钝、早衰健忘、耳目不聪等病症。健脑益智药酒即为上述病症而设。

◎读书丸浸酒

【配方】远志、熟地黄、菟丝子、五味子各 18 克，石菖蒲、川芎各 12 克，地骨皮 24 克，白酒 600 毫升。

【制法】将前 7 味捣碎，置容器中，加入白酒，密封，浸泡 7 日后，过滤去渣，贮瓶备用。勿泄气。口服。每次服 10 毫升，每日早、晚各服 1 次。

【功用】滋肾养心、健脑益智。

【主治】青年健忘，症见心悸、失眠、头痛耳鸣、腰膝酸软等症。

【说明】如瘀血内蓄、痰迷心窍、心脾两虚所致的健忘，不可服此药酒。

◎精神药酒方

【配方】枸杞子 30 克，熟地黄、红参、淫羊藿各 15 克，沙苑蒺藜 25 克，母丁香 10 克，沉香 5 克，荔枝核 12 克，炒远志 3 克，冰糖 250 克，白酒 1000 毫升。

【制法】将前 9 味捣碎，置容器中，加入白酒和冰糖，密封，浸泡 1 个月后，过滤去渣，即成。口服。每晚服 20 毫升，分数下缓缓饮下。

【功用】健脑补肾。

【主治】凡因脑力劳动过度、精神疲倦、头昏脑涨、腰酸背痛、男子遗精、阳痿、女子月经不调等症。

【说明】幼少年禁服。治男子阳虚精亏不育之症极效，曾治疗 10 余例，服 1~2 料泡酒后皆生育。

◎石燕酒

【配方】石燕 20 枚，白酒 1000 毫升。

【制法】上药和五味炒令熟，入白酒浸泡 3 日即可。口服。每晚临睡时服 10~20 毫升，随需要进食，令人力健。

【功用】益精气、强志意。

【主治】体质虚弱、精神疲倦、健忘、思维迟钝。

◎脑伤宁酒

【配方】鹿茸、人参、黄芪、茯苓、当归、熟地、白芍、川芎、陈皮、半夏、竹茹、枳实、桃仁、红花、牛膝、知母、石膏、柏子仁、酸枣仁、远志、菊花、薄荷、柴胡、冰片、甘草、白酒等。

【制法】酒剂,每瓶250毫升。口服。成人每次服20~25毫升,日服3次。儿童酌减。

【功用】醒脑安神。

【主治】头晕头痛、目眩耳鸣、心烦健忘、失眠多梦、心悸不宁、舌质紫暗、苔薄白或白腻、脉沉细或沉涩等症。

【说明】本药酒可供脑震荡后遗症、更年期综合征、神经衰弱、偏头痛、血管神经性头痛以及各种功能性或器质性心脏病而见记忆力减退、头晕目眩耳鸣者服用。此药酒,孕妇忌服;阴虚火旺者慎用。

乌须黑发药酒

乌须黑发药酒是为须发早白症而设。须发早白,除老年自然衰老变白者外,多因疾病引起的肝血肾阴不足、血气不荣、须发失养所致。青年少白头(俗称少年白),亦可因血热风燥所引起。

◎乌发益寿酒

【配方】女贞子80克、旱莲草、黑桑葚各60克、黄酒1500毫升。

【制法】将前3味捣碎,入布袋,置容器中,加入黄酒,密封,浸泡14天后,过滤去渣,即成。口服。每次空腹温服20~30毫升,日服2次。

【功用】滋肝肾、清虚热、乌发益寿。

【主治】肝肾不足所致的须发早白、头晕目眩、腰膝酸痛、面容枯槁、耳鸣等症。

女贞子

◎中山还童酒

【配方】马蔺子、马蔺根各100克,黄米500克,陈曲2块,酒酵子2碗。

【制法】将马蔺子埋入土中 3 日,马蔺根切碎;将黄米加水煮成糜;陈曲研末,与酒酵子,并前马蔺子共合一处作酒,待熟;另用马蔺根,加水煎 10 沸,取汁入酒内 3 日即成。口服。随时随量饮之,使之微醉。

【功用】清热利湿、解毒、乌须发。

【主治】须发变白。

【说明】并歌云:"中山还童酒,人间处处有。善缘得遇者,便是蓬莱叟"。

◎乌须黑发药酒

【配方】当归、枸杞子、生地黄、人参、莲心、桑葚子、何首乌各 120 克,五加皮 60 克,黑豆(炒香)250 克,槐角子 30 克,没食子 1 对,旱莲草 90 克,五加皮酒 15 000 毫升。

【制法】将前 12 味视情切片或捣碎,入布袋,置容器中,加入五加皮酒,密封,浸泡 21 天后,压榨以滤取澄清液,贮瓶备用。药渣晒干,共研细末,为丸,如梧桐子大,备用。口服。每日适量饮用,并送服丸药。

【功用】补肝肾、益气血、祛风湿、乌须发、固肾气。

【主治】肾气不固、肝肾不足、气血虚弱所致的腰酸、头晕、遗精、须发早白、乏力等症。

【说明】五加皮酒应是用单味南五加皮酿制,或白酒浸制而成的药酒。

◎强壮酒

【配方】枸杞子、甘菊花、熟地黄各 60 克,肉苁蓉 30 克,肉桂 20 克,神曲 60 克,白酒 2500 毫升。

【制法】将前 6 味共制为粗末,入布袋,置容器中,加入白酒,密封,浸泡 7 天后,过滤去渣,即成。口服。每次服 10~20 毫升,日服 3 次。

【功用】补肝肾、益精血。

【主治】腰膝软弱、身疲乏力、须发早白等症。

◎耐老酒

【配方】生地黄、枸杞子、滁菊花各 250 克,糯米 2 500 克,细曲 200 克。

【制法】将前 3 味加工捣碎,置炒锅中,加水 5 000 毫升,煎取 2 500 毫升,倒入净瓶中,待冷备用;细曲碎为粗末,备用;再将糯米洗净,蒸煮,沥半干,待冷后,拌入细曲末,然后倒入药坛内,与药汁拌匀,密封,置保温处,经 21 天后,酒熟,去渣,贮瓶备用。口服。每次空腹温服 20~25 毫升,每日早、中、晚各服 1 次,以瘥为度。

【功用】滋肝肾、补精髓、延年益寿。

【主治】肝肾不足所致的头晕目眩、须发早白、腰膝酸软等症。阴虚久生内热,老年肝肾不足者经常饮用此药酒,能达到"防病治病、延年益寿"之功。

◎不老酒

【配方】熟地黄、生地黄、五加皮、莲子芯、槐角子各 90 克,没食子 6 枚,白酒 4 000 毫升。

【制法】将前 6 味共制为粗末,入布袋,置容器中,加入白酒,密封,经常摇动数下,浸泡 14 天后,过滤去渣,即成。药渣晒干,加工成细末,与大麦适量炒合,炼蜜为丸,每丸重 6 克。口服。每次空腹服 10~15 毫升,日服 2 次,饭后服药丸 1~2 粒。

【功用】补肾固精、养血乌发、壮筋骨。

【主治】须发早白、腰膝无力、遗精滑泄、精神萎靡等症。

◎常春酒

【配方】常春果、枸杞子各 200 克,白酒 1500 毫升。

【制法】将前 2 味拍裂,入布袋,置容器中,加入白酒,密封,浸泡 7 天后,过滤去渣,即成。口服。每次服 20~40 毫升,日服 3 次。

【功用】益精血、乌须发、悦颜色、强腰膝。

【主治】须发早白、身体虚弱、腰冷痛、妇女经闭等。

◎五精酒

【配方】枸杞子、天门冬各 500 克,松叶 600 克,黄精、白术各 400 克,细曲 1200 克,糯米 12 500 克。

【制法】将前 5 味置砂锅中,加水煎汁 1000 毫升(一般水煎 2 次,浓缩而成);细曲研末,备用;糯米沥半干蒸熟后,倒入缸中待冷,加入药汁和曲末,拌匀,密封,置保温处,21 天后,候酒熟,去渣,备用。口服。每次服 10~25 毫升,日服 2 次。

【功用】补肝肾、益精血、健脾胃、祛风湿。

【主治】体倦乏力、食欲不振、头晕目眩、须发早白、肌肤干燥、易痒等症。

【说明】忌食鲤鱼、桃李、雀肉等。常年补养,发白反黑,齿去更生。

◎康壮酒

【配方】枸杞子、甘菊花、熟地黄、炒陈曲各 45 克,肉苁蓉 36 克,白酒 1500 毫升。

【制法】将前 5 味捣碎为粗末,入布袋,置容器中,加入白酒,密封,浸泡 7 天后,过滤去渣,加入凉白开水 1000 毫升,混匀,即成。口服。不拘时,随量,空腹温服。

【功用】滋补肝肾、助阳。

【主治】须发早白、神疲乏力、腰膝酸软等症。

【说明】一方除炒陈曲,加炒陈皮、肉桂各 45 克。余同上。

◎经验乌须酒

【配方】大枸杞 200 克,生地黄汁 300 毫升,白酒 1500 毫升。

【制法】大枸杞要每年冬 10 月壬癸日,面东采摘,红肥者,捣破,同酒盛于瓷器内,浸泡 21 天后,开封,添生地黄汁搅匀,各以纸三层封其口,候至立春前 30 日开瓶饮用。口服。每次空腹暖饮 20~30 毫升,日服 2 次。

【功用】滋肝肾、乌须发、身轻体健、功不可述。

【主治】须发早白。

【说明】勿食白芨、白薇、白芷。

◎首乌当归酒

【配方】何首乌、熟地黄各 30 克,当归 15 克,白酒 1000 毫升。

【制法】将前 3 味洗净,切碎,入布袋,置容器中,加入白酒,密封,每日振摇数下,浸泡 14 天后,过滤去渣,即成。口服。每次服 10~15 毫升,日服 2 次。

何首乌

【功用】补肝肾、益精血。

【主治】须发早白、腰酸、头晕、耳鸣等症。

◎枸杞芝麻酒

【配方】枸杞子60克,黑芝麻30克(炒),生地黄汁80毫升,白酒1000毫升。

【制法】将枸杞子捣,与黑芝麻同置容器中,加入白酒,密封,浸泡20天,再加入地黄汁,搅匀,密封,浸泡30天后,过滤去渣,即成。口服。每次空腹服20~30毫升,日服2次。

【功用】滋阴养肝、乌须健身、凉血清热。

【主治】阴虚血热、头晕目眩、须发早白、口舌干燥等症。

◎十四首乌酒

【配方】何首乌30克,熟地黄24克,枸杞子、麦门冬、当归、西党参各15克,龙胆草、白术、茯苓各12克。广陈皮、五味子、黄柏各9克,桂圆肉15克,黑枣30克,白酒1000毫升。

【制法】将前14味捣碎,置容器中,加入白酒,密封,浸泡14天后,过滤去渣,即成。口服。每次服15毫升,每日早、晚各服1次。

【功用】补肝肾、益气血、清湿毒、养血生发。

【主治】青壮年血气衰弱、头发脱落不复生,且继续脱落者。

【说明】忌鱼腥。

◎外敷斑秃酒

【配方】鲜骨碎补、何首乌各30克,丹参20克,洋金花,侧柏叶各9克,白酒250毫升。

【制法】将前5味捣碎,置容器中,加入白酒,密封,浸泡7天后,即可取用。外用。涂擦患处,日涂擦3~4次。

【功用】补肾通络、和血生发。

【主治】斑秃、脱发等。

◎枸杞桂心酒

【配方】枸杞根500克,干地黄、干姜、商陆根、泽泻、蜀椒、桂心各100克,酒曲适量。

【制法】将枸杞根切碎,以东流水 40 000 毫升,煮一日一夜,取汁 10 000 毫升,渍曲酿之,如家酿法,酒熟取清液。后 6 味,共研末,入布袋,内酒中,密封,埋入地下 3 尺,坚覆之,经 20 日后,取出,开封,其酒当赤如金色。口服。平旦空腹服 30~50 毫升。

【功用】滋肾助阳、温阳利水。

【主治】灭瘢痕、除百病。

养颜嫩肤药酒

美好的容颜,悦泽的肤色,白皙嫩鲜的皮肤,是身体强壮的重要标志,也是人体外在美的重要体现。凡此皆取决于人体气血的强弱。若气血旺盛、精力充沛、心情舒畅、注重摄养,方能使人面色光华、色若桃花、容如少女、青春常驻。反之若体质虚弱,尤其病后、产后,往往可使人之气血亏损、皮肤颜色萎黄无华、粗糙失嫩。养颜嫩肤药酒是为皮肤粗糙失嫩、萎黄无华症而设。常用药酒方有:

◎四补酒

【配方】柏子仁、何首乌、肉苁蓉、牛膝各 15 克,白酒 500 毫升。

【制法】将前 4 味捣碎,置容器中,加入白酒,密封,每日振摇 1 次,浸泡 20 天后,过滤去渣,即成。口服。每次服 10~20 毫升,日服 2 次。

【功用】益气血、补五脏、悦颜色。

【主治】气血不足、面色不华、心慌气短等。

◎参术酒

【配方】党参、炙甘草、红枣各 30 克,炒白术 40 克,生姜 20 克,白茯苓 40 克,黄酒 1000 毫升。

【制法】将前 6 味共研为粗末,置容器中,加入黄酒,密封,浸泡 5~7 天后,过滤去渣,即成。口服。每次服 15~30 毫升,日服 2 次。

【功用】益气健脾。

【主治】脾胃气虚、食少便溏、面色萎黄、四肢乏力等。

◎桃花酒

【配方】桃花(3 月 3 日采)20 克,白酒 250 毫升。

【制法】将上药浸入白酒内浸泡 3~5 日即可取用。口服。每次服 15 毫升，日服 2 次。或临睡前服 20 毫升，以瘥为度。

【功用】活血润肤、益颜色。

【主治】除百病、皮肤老化、肤色无华等。

◎ 雄鸡酒

【配方】黑雄鸡 1 只(理如食法,和五味炒香熟),白酒 2 000 毫升。

【制法】将鸡投入酒中封口,经宿取饮。口服。不拘时,随量饮酒食鸡肉。

【功用】补益增白。

【主治】新产妇、令人肤白。

◎ 白鸽滋养酒

【配方】白鸽 1 只,血竭 30 克,黄酒 1000 毫升。

【制法】将白鸽去毛及肠杂,洗净,纳血竭(研末)于鸽腹内,针线缝合,入砂锅中,倒入黄酒,煮数沸令熟,候温,备用。口服。每次服 15 毫升,日服 2 次,鸽肉分 2 次食之。

【功用】活血行瘀、补血养颜。

【主治】于血痨(面目黑暗、骨蒸潮热、盗汗、颧红、肤糙肌瘦、月经涩少)。

◎ 逡巡酒

【配方】桃花(3 月 3 日采)106 克,马兰花(5 月 6 日采)175 克,芝麻花(6 月 6 日采)211 克,黄菊花(9 月 9 日采)317 克,腊水(12 月 8 日取)10 000 毫升,桃仁(春分田采)49 枚,白面 5 000 克,酒曲适量。

桃花

【制法】将前四花、桃仁(捣碎)、白面和腊水共置容器中,入曲(历末)拌匀,密封,发酵,49 日酒熟,去渣,即成。口服。每次服 30~50 毫升,日服 2~3 次。

【功用】补虚益气、益寿耐老、悦色美容。

【主治】一切风痹湿气及面容憔悴无华。

◎桃仁朱砂酒

【配方】桃仁 100 克,朱砂 10 克,白酒 500 毫升。

【制法】先将桃仁烫浸去皮尖,炒黄研末,置容器中,加入白酒,密封,煮沸,冷后加入朱砂(先研细),搅匀,静置经宿,过滤去渣,即成。口服。每次温服 10~15 毫升,日服 2 次。

【功用】活血安神。

【主治】心悸怔忡、面色不华、筋脉挛急疼痛等。

附录　中国近代百年酒业大事记
（1892~2000 年）

公元 1892 年

烟台葡萄酿酒公司建立。

公元 1915 年

双合盛啤酒厂建立。

公元 1937 年

通化葡萄酒厂建立。

公元 1941 年

7 月,国民政府发布《国产烟酒类税暂行条例》。

8 月,国民政府财政部发布《国产烟酒类税稽征暂行规程》。

公元 1942 年

9 月,财政部发布《管理国产酒类制造商暂行办法》。

公元 1943 年

5 月,行政院发布《修正国产酒类认额摊缴办法》。

12 月 9 日,晋冀鲁豫边区政府发布"建字第 295 号通令",规定"酿酒业一律改为政府经营"。

公元 1944 年

4 月,晋冀鲁豫边区政府发布《关于酿酒运销办法的通令》。

公元 1945 年

1 月,晋冀鲁豫边区政府发布"财建字第 27 号"命令:《关于造酒的规定》。

4 月,晋冀鲁豫边区政府发布"边审字第 136 号"命令:《关于统一造酒的决定》。

4 月,晋冀鲁豫边区政府发布"建字第 103 号"命令:《造酒业完全由政府直接经营》。

公元 1946 年

8 月,国民政府发布《国产烟酒类税条例》。

公元 1949 年

全国酒类总产量约 16 万吨,其中酒精约 1 万吨,黄酒为 2.3 万吨,白酒约 11 万吨,啤酒为 0.7 万吨,葡萄酒为 260 吨。年人均饮料酒消费量约 250 克。

全国啤酒厂共 13 家:

厂名	厂址
青岛啤酒厂	山东青岛
双合盛五星啤酒厂	北京
北京啤酒厂	北京
怡和啤酒厂	上海
广州啤酒厂	广东广州
沈阳啤酒厂	辽宁沈阳
哈尔滨啤酒厂	黑龙江哈尔滨油坊街
一面坡啤酒厂	黑龙江尚志县
东方啤酒厂	黑龙江绥芬河
奥边特啤酒厂	黑龙江哈尔滨
哈尔滨啤酒厂(后易名)	黑龙江哈尔滨花园街
五洲啤酒厂	黑龙江哈尔滨北屯
马来啤酒厂	黑龙江海林县横道河子

20 世纪 50 年代

黄酒工业实现用水自流化、供热蒸汽化、运输车辆化;试验成功蛇管加热器;轻工业部组织力量,在绍兴酒厂试验并应用螺杆压榨机、板框压滤机及水压机。

家庭经典藏书

中华酒典

白酒工业较普遍地由直接火蒸馏改为蒸汽蒸馏;人工运水改为机井自来水;麸曲培养采用通风设备;制大曲采用成型机;扬糟机、抓斗、甑吊在东北、华北、天津等地的大型白酒厂开始采用;四川的"天锅小甑"蒸馏的锡质列管冷凝器改为铝制列管冷凝器。

改造和扩建烟台张裕酿酒公司、青岛葡萄酒厂、通化葡萄酒厂、北京葡萄酒厂;新建北京东郊葡萄酒厂、山西清徐酒厂。在黄河故道新建了郑州、民权及兰考葡萄酒厂之后,又新建和扩建了江苏连云港、宿迁葡萄酒厂,安徽肖县、砀山葡萄酒厂,东北长白山葡萄酒厂。

扩建和新建了天津啤酒厂、武汉啤酒厂、宣化啤酒厂、南京金陵酒厂等。

公元 1950 年

中国专卖事业总公司成立。

公元 1951 年

中国专卖事业总公司制定专卖事业暂行条例。

公元 1952 年

7 月,由中国专卖事业总公司在北京主办第一届全国评酒会。共收到酒样 103 个,其中白酒 19 个,葡萄酒 16 个,白兰地 9 个,配制酒 28 个,其他酒(当时称为杂酒)7 个,药酒 24 个。获奖产品为 8 个,被称为八大名酒。其中白酒 4 个,即茅台酒、汾酒、西凤酒、泸州老窖特曲;黄酒一种,即绍兴鉴湖长春酒;白兰地一个,即烟台金奖白兰地;葡萄酒 2 个,即烟台玫瑰香红葡萄酒及味美思酒。

公元 1955 年

原地方工业部与轻工业部组织 13 个省市的先进工人、工程技术人员 70 多人,在山东省烟台市酒厂进行了白酒生产的"试点",即为著名的"烟台试点"。这次试点,科学地总结出了"做好麸曲酒母、低温发酵、合理安排发酵期、定温蒸烧"生产经验和试验成果。该成果经全国第一届酿酒工作会议审议肯定,被作为 1956 年节约 12.5 万吨粮食的重要措施。

11 月 3 日至 19 日,全国第一届酿酒会议在唐山市召开,会议由地方工业部主持,沙千里部长做重要报告。会上着重讨论了"低温入窖、定温蒸烧、养糟挤回、麸曲酒母"的"烟台酿酒操作法",并总结了小曲酒和酒精生产的经验,第一次对我国白酒质量的标准作了适当的规定,同时举办了新酒源展览。会议针对全国酿酒工业存在的问题,认真贯彻国家第一个五年计划中关于酿酒工业的有关规定,并提出了全国酿酒行业节约12.5万吨粮食的号召。

公元 1956 年

地方工业部组织编写的《烟台酿酒操作法》一书,由中国轻工业出版社出版,准确地总结了"麸曲酒母、合理配料、低温入窖、定温蒸烧"的工艺原则。

原食品工业部上海食品研究所,对绍兴酒生产工艺进行了全面总结和研究。

全国黄酒技术协作组正式成立,规定每两年举行一次全国黄酒技术交流会。

中国科学院微生物研究所方心芳、乐爱华对根霉菌的分类及生理特性进行了系统地研究,从全国10多个省市收集100多种小曲样品,分离得5株根霉菌种,向全国推广应用后取得良好效果,为我国小曲纯种化奠定了基础。

江苏苏州东吴酒厂采用 AS3800 号米曲霉试制成生麦曲,代替原来的草包曲,可减少用曲量、缩短黄酒发酵周期、提高出酒率;在纯种生麦曲的基础上,浙江湖州、嘉兴等地又试制成功纯种熟麦曲。

9~11 月,原食品工业部组织 10 省(市)53 人,在南京市金陵酒厂进行提高薯干酒质量的试点。

公元 1957 年

食品工业部组织进行涿县试点,提出白酒生产的"稳、准、细、净"操作法。并在周口进行了橡子酿酒的试点。

四川专卖公司等有关单位组织全国 12 省 158 人,在永川县城关酒厂试点,并编写《四川糯高粱小曲酒操作法》一书,明确提出"匀、透、适"的焖粮、泡粮、蒸粮操作,以及"定时、定温"培菌、发酵的工艺要求。

临沂试点是推广液态发酵法白酒技术的开端。

食品工业部与四川糖酒研究室组织人员,在泸州酒厂进行试点,对传统操作及现行操作法作了标定、对比。

浙江省等开始采用粳米代替糯米酿制黄酒,摸索出许多经验。如嘉兴地区采用"双蒸双泡"的蒸饭法;福建永安酒厂的"三翻三淋"蒸饭法。

轻工业部发酵工业科学研究所建立。

公元 1958 年

北京轻工业学院、无锡轻工业学院(现江南大学)、天津轻工业学院、大连轻工业学院建立。

20 世纪 60 年代

福州酒厂及黄岩一利酒厂,先后试制成我国第一台卧式履带连续蒸饭机。

浙江台州地区试验成功采用酒药和麦曲糖化发酵剂生产籼米黄酒。

浙江省全部采用籼米生产乌衣红曲酒。

轻工业部发酵工业科学研究所、中国科学院大连化学物理研究所使用气相色谱、质谱、红外光谱仪剖析茅台酒芳香成分。

麸曲制作由曲盒法发展为帘子曲,并较普遍地采用曲池深层通风制曲。

公元 1960 年

徐洪顺主编的《黄酒酿造》一书由中国轻工业出版社出版。

中国科学院微生物研究所工业微生物研究室进行了茅台酒和汾酒大曲微生物的分离和鉴定,首先发现茅台酒高温大曲中耐高温的芽孢杆菌占主导地位;从汾酒大曲中分离得能产酯的异常汉逊酵母。

公元 1962 年

推广酒精浓醪发酵新技术。

辽宁锦州酒厂试点,开始将产酯酵母用于白酒生产。

公元 1963 年

10 月,由轻工业部组织的全国评酒委员会主持,在北京举行第二届全国评酒会,共收到酒样 196 个,分白酒、黄酒、果酒、啤酒 4 个组进行品评。露酒中以白酒为酒基者由白酒组品评;以酒精为酒基者由果酒组品评。这届评酒会,白酒没有按香型或原料和糖化剂的不同分别编组,而是采取混合编组大排队的办法进行品评。评酒委员对密码编号的酒样的色、香、味,以百分制打分并写出评语。经初赛、复赛和决赛,按最终得分多少择优推荐。与第一届全国评酒会相比,这届已按几大酒类组织成评酒委员会,并制定了一套较为完整而严格的评酒办法。共评出全国名酒 18 种,其中白酒 8 种,即安徽省亳县古井酒厂的古井贡酒、四川省泸州酒厂的泸州老窖特曲、四川成都酒厂的全兴大曲酒、贵州省茅台酒厂的茅台酒、四川宜宾五粮液酒厂的五粮液、陕西省西凤酒厂的西凤酒、山西省杏花村汾酒厂的汾酒、贵州省遵义董酒厂的董酒;黄酒 2 个,即浙江绍兴酿酒总厂的绍兴加饭酒、福建龙岩酒厂的沉缸酒;啤酒一个,即青岛啤酒厂的青岛啤酒;葡萄酒及果酒和配制酒 7 个,即山东烟台张裕葡萄酿酒公司的烟台红葡萄酒、北京东郊葡萄酒厂的中国红葡萄酒、山东青岛葡萄酒厂的青岛白葡萄酒、山东烟台张裕葡萄酿酒公司的金奖白兰地、烟台味美思山西杏花村汾酒厂的竹叶青酒、北京东郊葡萄酒厂的特制白兰地。

公元 1964 年

中国科学院微生物所对我国红曲进行分离研究,挑选出 11 株红曲霉优良菌种,在全国推广应用。

轻工业部组织轻工业部发酵工业科学研究所及绍兴、杭州、青浦等黄酒厂,研制成 BKAY54/820 板框式气膜压滤机,并推广全国,获国家科委发明奖。

无锡市酒厂及兰溪酒厂分别进行黄酒的大罐发酵试验及大池发酵试验,获得成功。

轻工业部发酵工业科学研究所与无锡市酒厂协作,使卧式蒸饭机更趋完善。

啤酒行业总结出较完整的"青岛啤酒操作法",推动了我国啤酒技术水平的提高。

原北京酿酒厂率先参照董酒工艺,用串蒸香醅法制成新工艺白酒。

茅台酒厂试点证明,窖底香酒的主体香气成分为己酸乙酯。

汾酒厂试点,制订了较完整的酿酒操作法及化学分析法,解析了汾酒的主要香气成分,制定了汾酒质量指标,以及解决了汾酒沉淀等问题。

公元 1965 年

福州酒厂试验应用大容器贮存黄酒获得成功。

山西祁县酒厂试点,将汾酒试点分离的菌株应用于六曲香醅发酵,试制成六曲香酒。

公元 1966 年

轻工业部发酵工业科学研究所与山东省轻工业厅组织有关人员在山东临沂酒厂进行串香白酒试点：以薯干为原料，添加氮源麸皮或米糠，采用麸曲、酒母、生香酵母和回醅、回酒等酿制香醅，用液态发酵法生产的酒精串蒸。

公元 1967 年

轻工业部发酵工业科学研究所，组织全国 7 个地区 15 名工程技术人员在山东青岛酒精厂进行白酒调香试点，仿老窖酒风味制"曲香白酒"。

轻工业部发酵工业科学研究所、江苏省化工设计研究所及东吴酒厂等单位协作，进行曲酿改革制造仿绍酒的试点，分离得米曲霉苏 16、酵母菌 652 等优良菌株，为黄酒机械化生产提供了纯培养菌种。

20 世纪 70 年代

黄酒生产采用列管式煎酒器。

上海枫泾酒厂从黄酒酒醪中分离得 2～1392 号酵母菌株。该菌株具有发酵力和抗杂菌污染能力强、生产性能稳定等特点，被推广应用于江、浙、沪等地黄酒生产。

推广应用红葡萄酒连续发酵技术。

推广应用中国科学院微生物所的优良黑曲霉菌株 AS3.4309，俗称 UV～11。

推广应用酒精管式连续蒸煮技术及浮阀式蒸馏塔。

采用大曲坯成型机、麸曲白酒机械化作业线。以唐山酒厂为样板，采用酒醅由皮带输送、经拌料后进入连续蒸馏机蒸馏后，由通风晾糟机冷散、加曲、加酒母、加量水，再由皮带输送机送入发酵池发酵。

内蒙古轻化工科学研究所首次公布全国有关名优白酒、普通白酒、液态发酵法白酒的气相色谱分析数据。

公元 1973 年

轻工业部下达"优质白兰地和威士忌的研究"课题，由轻工业部食品发酵研究所负责指导，烟台张裕葡萄酿酒公司及北京东郊葡萄酒厂承担优质白兰地的研究；青岛葡萄酒厂、北京葡萄酒厂承担优质威士忌的研究。

公元 1976 年

张弓酒厂等首先采用低温过滤法解决低度白酒的混浊问题。

公元 1978 年

我国著名微生物学家、著名发酵酿造学家金培松去世。

在无锡轻工业学院（现江南大学）专家指导下，上海白鹤酒厂试制立式蒸饭机获得成功。它具有结构简单、造价低、节约能源等优点。适用于糯米和粳米原料的蒸煮。

公元 1979 年

杭州酒厂在杭州大学帮助下，试制成一套负压密相输米装置，并采用水泥池或钢罐浸米。

6 月 30 日，经国务院批准，国家经委颁布中华人民共和国优质产品奖励条例，规定了国家优质产品最高奖分为金质奖、银质奖，并由国家经委颁发。

8 月，在辽宁省大连市，由轻工业部主办第三届全国评酒会上，最终评选出国家名酒共 18 个。其中白酒 8 个，即贵州茅台酒、山西汾酒、四川五粮液、四川剑南春、安徽古井贡酒、江苏洋河大曲、贵州董酒、四川泸州老窖特曲；黄酒 2 种，即绍兴加饭酒和福建龙岩沉缸酒；葡萄酒及果露酒 7 种，即烟台红葡萄酒、北京中国红葡萄酒、河北沙城干白葡萄酒、河南民权白葡萄酒、烟台味美思、烟台金奖白兰地、山西竹叶青；啤酒 1 种，即青岛啤酒。

20 世纪 80 年代

轻工业部日用化学工业研究所、山西省食品工业研究所首次采用毛细管色谱柱和质谱联用技术剖析汾酒中的 204 种成分。

推广应用红葡萄酒的转桶发酵及热浸法技术。

黄酒的煎酒采用薄板式热交换器。

推广白酒勾兑、调味新技术。

公元 1981 年

在济南白马山啤酒厂召开全面推广啤酒露天大罐发酵技术现场会。

国家标准局发布中华人民共和国国家标准的发酵酒卫生标准 GB2758~81 及蒸馏酒及配制酒卫生标准 GB2757~81、酒类卫生管理办法及酒类添加剂使用卫生标准 GB32760~81。

10 月,中国食品工业协会成立。

公元 1982 年

管敦仪主编的《啤酒工业手册》由中国轻工业出版社出版。

吉林省长春市酿酒厂利用玉米酿制黄酒获得成功,并由轻工业部组织鉴定。

公元 1983 年

第十三届全国黄酒会议在上海召开。

公元 1984 年

8 月,中国绍兴黄酒集团公司成立。它是我国最大的黄酒生产和出口基地。

公元 1985 年

开始直接从国外引进许多现代化啤酒生产新设备和新工艺及新菌种;国家为发展啤酒工业而设立专项工程。

5 月,由中国食品工业协会主持第四届全国评酒会,果露酒、啤酒评比会在山东省青岛市召开。

9 月,中国食品工业协会中国白酒协会正式成立。

公元 1987 年

3 月 22 日至 26 日,全国酿酒工业增产节约工作会议在贵阳市召开。这是一次由国家经委、轻工业部、商业部、农牧渔业部联合召开的一次很重要的会议。参加会议的有国家有关部委、29 个省(市)、自治区的酿酒主管部门、高等院校、科研单位、生产企业和新闻单位等共 470 人。会上共收到典型经验资料 80 份;由轻工业部副部长康仲伦代表一委三部做报告,他在分析了全国酿酒行业的形势和任务后指出:我国酿酒工业必须坚持"优质、低度、多品种、低消耗"

中华酒典

的发展方向,逐步实现四个转变,即"高度酒向低度酒转变,蒸馏酒向酿造酒转变,粮食酒向果类酒转变,普通酒向优质酒转变"。

公元 1988 年

中华人民共和国国家标准白酒厂卫生规范 GB38951~88 及啤酒厂卫生规范 GB8952~88 发布。

公元 1989 年

中华人民共和国国家标准白兰地标准 GB11856~89、威士忌标准 GB11857~89、伏特加标准 GB11858~89 颁布。

20 世纪 90 年代

活性干酵母及糖化酶等新型糖化发酵剂被广泛应用于酒精、白酒、黄酒及葡萄酒生产;淡爽型啤酒、小麦啤酒及无醇啤酒等啤酒新产品不断出现;干型及半干型葡萄酒销售量上升;名优低度白酒继续得以开发,白酒微机勾兑技术逐渐推广应用。

公元 1990 年

中华人民共和国国家标准葡萄酒厂卫生规范 GB12696~90、果酒厂卫生规范 GB12697~90、黄酒厂卫生规范 GB12698~90 颁布。

12 月,国务院召开会议,专门研究加强酒类生产经销管理问题。

公元 1991 年

2 月,陈摘声任主编的《发酵工业辞典》由中国轻工业出版社出版。

公元 1992 年

2 月 17 日,我国发酵工业著名教授陈摘声去世。

公元 1993 年

8 月,中国酿酒协会成立。

公元 1994 年

全国饮料酒总产量为 2233.07 万吨。其中啤酒 1414 万吨,白酒 651 万吨,黄酒 104 万吨,葡萄酒 19 万吨,酒精 170 万吨。

公元 1995 年

3 月 27 日,中华人民共和国行业标准"酿酒活性干酵母"QB2074~75 发布。

公元 1997 年

11 月 17~20 日,第三届国际酒文化交流会在无锡召开。

公元 1998 年

11 月 18~21 日,首届中国国际酒类产品及技术展览会在上海世贸商城举行。

公元 1999 年

11 月 17~20 日,第二届中国国际酒类产品及技术展览会在北京的中国国际展览中心举行。

公元 2000 年

9 月,2000 年秋季糖酒交易会。
10 月,第三届中国四川名酒文化节暨第二届成都商品交易博览会。

公元 2001 年

鲁酒"扳倒井"独创了"二次窖泥技术",在鲁酒中率先进行了优质粮食酒规模扩建。

公元 2002 年

河南、云南等地 就接连爆出查获大量假冒通化山葡萄酒的案件。

公元 2003 年

国家经贸委发出规定,要求从 2003 年 5 月 17 日起,凡不是由纯葡萄汁酿造的产品不得再称为葡萄酒,市场上的产品可以继续销售到 2004 年 6 月 30

日,此后将一律按违规产品处理。

公元 2004 年

9 月 6 日~10 日,由中国轻工业机械总公司主办,中国酿酒工业协会、中国饮料工业协会协办的 2004(第六届)中国国际啤酒饮料制造技术及设备展览会在北京隆重举行。

公元 2005 年

2005 年 7 月 23 日,五粮液陈酿年份酒系列在北京九华山庄召开上市发布盛典,标志着五粮液陈酿年份酒正式上市。

公元 2006 年

9 月 6 日,国内葡萄酒巨头张裕宣布斥资 5000 万元,与加拿大奥罗丝公司合资打造全球最大的冰酒酒庄——辽宁张裕冰酒酒庄有限公司。据悉,"张裕冰酒酒庄",烟台张裕葡萄酿酒股份有限公司持股 51%,而奥罗丝持股 49%.根据协议,奥罗丝将为"张裕冰酒酒庄"提供技术支持,并承担合资冰酒酒庄产品部分国际市场拓展职责。

公元 2007 年

贵州茅台自 2007 年 1 月 1 日宣布 2007 年第一次涨价后不久,即 2007 年 2 月 20 日,五粮液旗下产品就已开始调价。其中,52 度五粮液市场零售价从 438 元/瓶上涨到 458 元/瓶,39 度五粮液零售价从 358 元/瓶上涨到 368 元/瓶;另外"川酒六朵金花"之一的"泸州老窖"旗下的高档酒品牌"国窖 1573",其零售价已上涨 50 元,即由 358 元/瓶提高到 408 元/瓶;剑南春以及全兴等部分高端白酒品牌也随之上调价格,其中全兴上调幅度最大,约为 20% 左右。

公元 2008 年

长城葡萄酒作为有史以来首家赞助奥运会的葡萄酒品牌,今年夏天也如同奥运会那样光芒闪耀。

公元 2009 年

"中国名酒名企质量行"的足迹遍布华东、华中、西南、西北,把安全生产的种子撒播到酒行业版图上的每一寸土地。

公元 2010 年

6 月 28 日,第七届世界品牌大会暨中国 500 最具价值品牌发布会在北京举行,贵州茅台、青岛啤酒等 42 家酒类企业榜上有名。

自 7 月 15 日起,我国将取消酒精的出口退税。

公元 2011 年

高端酒挡不住的涨价,集体破千。从 4 月 1 日起,53 度飞天茅台的终端指导价上调 420 元至 1519 元/瓶。

公元 2012 年

2012 年,五粮液、茅台、古井贡、西凤酒等均借 2012 年各种契机推出各种高端纪念酒品,而这些限量酒品的持续火爆亦再次证明了其市场价值。

11 月 19 日,21 世纪网发表《致命危机:酒鬼酒塑化剂超标 260%》。随后,中国酒协发布声明,白酒产品中基本都含有塑化剂成分,最高 2.32 毫克/千克,最低 0.495 毫克/千克,平均 0.537 毫克/千克。11 月 21 日,湖南省质监局向质检总局报告称,50 度酒鬼酒样品中塑化剂最高检出值为 1.04 毫克/千克,而规定的最大残留量限定为 0.3 毫克/千克。11 月 22 日,"塑化剂"风波继续席卷股市,酒鬼酒股 4 天市值蒸发了 436 亿元。

公元 2013 年

1 月,受此前中央八项规定、六项禁令,以及中央军委"禁酒令"等影响,高端白酒销售遇挫,销量大跌。之后,随着中央对"三公消费"严格管控工作的不断落实,高端酒类市场持续低迷。

12 月 8 日,中共中央办公厅、国务院办公厅公布了新修订的《党政机关国内公务接待管理规定》,其中明确提出:接待对象应当按照规定标准自行用餐。确因工作需要,接待单位可以安排工作餐一次……不得提供香烟和高档酒水。这标志着政府对"三公消费"的监管力度进一步加大,"禁酒令"全面升级,并具有系统性、针对性和可操作性强等显著的特点。政府对"三公消费"的严格管理,以及各项"禁酒令"的出台,不仅对公务接待中的铺张浪费现象进行了有效

中华酒典

约束,客观上也打破了长期以来酒行业对政务消费的过度依赖,有助于酒业营销与文化的理性回归。但由于"禁酒令"中并未对"高档酒水"做出明确界定,正常的酒水消费因此受到波及,公务接待之外的高端酒水消费同样受到了一定影响。未来,酒业应积极配合相关部门,结合"禁酒令"的落实执行,尽快制定明确的酒类消费管理细则。

公元 2014 年

3 月 28 日,河套酒业集团副董事长、总经理张卫东荣获第一届中国酒业"金高粱"奖青年榜样荣誉称号。

5 月 26 日,酒鬼酒提出 30 亿战略规划;据悉,五粮液于近期成立 5 人营销领导小组;28 日泸州老窖表示,集团公司已在代培养生酒;6 月 5 日,京东集团与五粮液签署战略合作协议;6 月 7 日,水井坊宣布收缩业务;茅台新组建的电子商务公司第一次董事会已经召开;6 月 13 日从 1919 获悉,5 月,在 1919 全平台上,国窖 1573 销量已经反超五粮液普五。

6 月 26 日,由中国酒业协会组织的"2014 年中国国际酒业博览会年度最佳新产品颁奖会议"在北京举行,最终评选出"52 度五粮特曲(精品)""生态苏酒(地锦)""52 度泸州老窖特曲老酒"等 8 个年度最佳新产品。

特别提示:

本书在编写过程中,参阅和使用了一些报刊、著述和图片。由于联系上的困难,和部分作品的作者(或译者)未能取得联系,对此谨致深深的歉意。敬请原作者(或译者)见到本书后,及时与本书编者联系,以便我们按照国家有关规定支付稿酬并赠送样书。

联系电话:010-80776121　　联系人:马老师